SCIENTIFIC
AMERICAN

Cumulative Index

1948–1978

SCIENTIFIC
AMERICAN

Cumulative Index 1948–1978

Index to the 362 issues from May, 1948, through June, 1978

Scientific American, Inc., New York

Published by SCIENTIFIC AMERICAN, INC.
415 Madison Avenue, New York, N. Y. 10017

ISBN: 0-89454-002-5

Preface

This *Cumulative Index* embraces, inclusively, all issues of SCIENTIFIC AMERICAN from May, 1948, (the first under the magazine's present editorial direction) through June, 1978.

References are by year, month and page of issue, in that order; thus, the entry "1954 Aug. p. 77" refers to page 77 of the August, 1954, issue. The Index consists of eight independent parts, each alphabetically arranged, as follows:

Index to Topics offers access to the subject matter covered in 2,964 articles and some 3,500 "Science and the Citizen" items published in 362 issues indexed. This is a rotated key-word index. That is, the topics covered in a given article or item are cited by "key words" (average of seven per article and two per item). The key words are entered together in a cluster, and each key word takes its turn as the first term in the cluster in its entry and reentry down through the alphabet of this Index. Thus:

DNA, double helix, X-ray crystallography, genetic code, structure of DNA resolved 1954 Oct. p. 54–61 [5]
double helix, DNA, X-ray crystallography, genetic code, structure of DNA resolved 1954 Oct. p. 54–61 [5]
genetic code, DNA, double helix, X-ray crystallography, structure of DNA resolved 1954 Oct. p. 54–61 [5]
X-ray crystallography, DNA, double helix, genetic code, structure of DNA resolved 1954 Oct. p. 54–61 [5]

In most cases, a secondary descriptive phrase, highlighting some aspect of the entry (in the example above: structure of DNA resolved) rides along with the rotating key words. Each entry is designed to serve, therefore, as a "mini-abstract" of the original.

Entries that begin with the same key word are listed in chronological order; articles are listed first, and "Science and the Citizen" items follow.

Articles are referenced by first and last page numbers (thus: 1978 June p. 60–72); "Science and the Citizen" items, by first page number (thus: 1978 June p. 74).

References to about one third of the articles close with a one- to four-digit number in brackets (in the example above: [5]); this is the Offprint number and identifies articles republished as Offprints by W. H. Freeman and Company (660 Market Street, San Francisco, California 94104).

Listing of Tables of Contents in chronological order permits ready identification, by titles and authors, of the articles cited in the foregoing index.

Index to Authors lists all authors of articles.

Index to Titles lists all articles by the first word in the title (exclusive of "The" or "A") and by the other key words in the title. "Underwater Archaeology in the Maya Highlands" thus appears under "Archaeology" and "Maya" as well as "Underwater."

Index to Book Reviews lists longer book reviews. The section is divided into three parts: Authors of books reviewed, Titles of the books and Reviewers.

Index to Mathematical Games lists the puzzles, games and diversions presented in the department since its inception in January, 1957, under editorship of Martin Gardner. It also includes Gardner's article on Flexagons (December, 1956) and the "twelve-ball" problem that cropped up in "The Amateur Scientist" in 1955.

Index to The Amateur Scientist lists the projects, experiments and demonstrations presented in this department from April, 1952, through February, 1976, (under the editorship of A. G. Ingalls until April, 1955, and thereafter under the editorship of C. L. Stong) and from July, 1977, through June, 1978, under the editorship of Jearl Walker.

Index to Proper Names lists the names of all persons mentioned in the articles or "Science and the Citizen" items and of places and institutions featured in a primary role.

The indexing was accomplished with collaboration of Excerpta Medica B. V., of Amsterdam; Infonet B. V., of Amsterdam, conducted the computer processing of the entries and composition of the pages.

THE EDITORS

November, 1978

Contents

	Preface	*v*
Index to	Topics	*1*
Listing of	Tables of Contents	*251*
Index to	Authors	*273*
Index to	Titles	*305*
Index to	Book Reviews	*365*
	Authors	*365*
	Titles	*377*
	Reviewers	*389*
Index to	Mathematical Games	*397*
Index to	The Amateur Scientist	*401*
Index to	Proper Names	*407*

SCIENTIFIC AMERICAN

Index to Topics

A

A.A.A.S.: American Association for the Advancement of Science
A.A.A.S., centennial 1948 Aug. p. 22
Roger Adams president-elect 1949 Feb. p. 29
annual meeting 1950 Feb. p. 24
annual meeting 1951 Feb. p. 30
annual meeting 1952 Feb. p. 30
annual meeting 1953 Feb. p. 34
presidents Condon and Weaver 1953 May p. 54
annual meeting 1954 Feb. p. 42
annual meeting 1955 Feb. p. 52
Carnegie teaching grant 1955 Aug. p. 48
annual meeting 1956 Feb. p. 48
to boycott racially segregated cities 1956 Mar. p. 52
annual meeting 1957 Feb. p. 58
annual meeting 1958 Feb. p. 42
science policy, A.A.A.S.-sponsored 'Parliament of Science' 1958 May p. 51
annual meeting 1960 Feb. p. 66
annual meeting 1961 Feb. p. 66
annual meeting 1962 Jan. p. 72
science and public policy 1970 Feb. p. 42
abacus, calculating machine, Galileo's sexton, mechanical calculators, slide rule, sexton 1976 Apr. p. 104–113
ablation, heat, materials, temperature limits, rocket nozzle, turbine bucket, high temperatures: materials 1954 Sept. p. 98–106
artificial satellite, orbital motion, space exploration, Mercury, re-entry vehicle, re-entry corridor, re-entry from space 1961 Jan. p. 49–57
ABM: antiballistic missile
ABM, radar blackout, atomic warfare, arms race, counterforce strategy, ICBM, U.S. ABM system capabilities and limitations 1968 Mar. p. 21–31
MIRV, SALT, deterrence, ICBM, arms race, counterforce strategy, dynamics, instability of arms race 1969 Apr. p. 15–25 [642]
arms race, ICBM, MIRV, SLBM, mutual assured destruction, counterforce strategy, strategic balance, national security 1969 Aug. p. 17–29 [330]
ICBM, MIRV, atomic armaments, counterforce strategy, strategic weapons, mutual assured destruction, arms race 1973 Nov. p. 18–27
ABM controversy, Operations Research Society of America 1971 Nov. p. 48
ABM systems, arms race, ICBM, MIRV, atomic weapons, SALT, atomic test ban, strategic weapons, prospects for freeze on numbers and qualitative improvement of weapons 1971 Jan. p. 15–25
abnormal behavior, spider webs, drug action, animal behavior 1954 Dec. p. 80–86
comparative psychology, parental care, emotional development, maternal deprivation, early experience and emotional development, experiments with rats 1963 June p. 138–146 [478]
aboriginal culture, hunting, herding, food gathering, tribal cultures, agricultural society, India, 'living prehistory' in India 1967 Feb. p. 104–114
aborigine, stone tools, Paleolithic man, dingo, Tasmanian devil, Australian aborigine, antiquity of man in Australia 1966 Mar. p. 84–93 [628]
abortion, birth control, infant mortality, maternal mortality, public opinion, legal status, incidence in U.S. and other countries 1969 Jan. p. 21–27 [1129]
population, marriage rate, death rate, birth rate, vital statistics, menarche, infant mortality, 1538-1812, parish registers, York, England 1970 Jan. p. 105–112
birth control, contraception, family planning, population control, public policy in U.S. 1973 July p. 17–23
population, birth control, public health, infant mortality, maternal mortality, international comparison of experience with legalization of abortion 1977 Jan. p. 21–27 [1348]
liberalization of U.S. legislation 1969 Nov. p. 56
U.S. District of Columbia abortion statute 1970 Jan. p. 50
model abortion law 1970 June p. 47
legal in N.Y. State 1971 Oct. p. 42
legalization in U.S., social implications 1972 July p. 51
U.S. Supreme Court affirms legality 1973 Mar. p. 44
fetal research 1975 Feb. p. 40
abrasive wear, materials technology, wear, adhesive wear, corrosion, fatigue wear, surfaces in sliding contact 1962 Feb. p. 127–136
absorption line, phosphors, energy emission, energy transformation 1954 Oct. p. 62–66 [237]
spectroscopy, radio astronomy, hydrogen, interstellar matter, 21-centimeter wave absorption 1957 July p. 48–55
absorption of energy, *see:* absorption line
abyss, climate, ocean circulation, currents in the abyss 1958 July p. 85–90
abyssal fish, bioluminescence, glow worm, firefly, luciferase, 'cold light' 1948 May p. 46–49
abyssal life, ocean abyss, bioluminescence, marine biology, fauna at 4000 meters 1957 Nov. p. 50–57
abyssal sediments, oxygen isotopes, temperature measurement, foraminifera, paleontology, glaciation, climatic change, measurement of ancient temperatures 1958 Feb. p. 54–63
Acapulco trench, Pacific Ocean, earth crust, Tonga Trench, Cedros Trough, ocean floor 1955 Nov. p. 36–41 [814]
accelerated-ion technique, ion implantation, microelectronics, semiconductor, 'doping' 1973 Apr. p. 64–71
acceleration, space medicine, g-forces, weightlessness, semicircular canals, black-out 1951 Jan. p. 16–19
human physiology, manned space flight, weightlessness, space medicine, human centrifuge, g stress 1962 Feb. p. 60–70
rocket sled 1955 Oct. p. 44

accelerometer, aircraft navigation, navigation, air transport, inertial navigation, gyroscope, commercial adaptation of military and space technology 1970 Mar. p. 80–86
accident-proneness, predisposition over-rated 1949 Oct. p. 28
acclimatization, metabolism, oxygen starvation, erythrocyte, attitude adaptation 1955 Dec. p. 58–68
brown fat, altitude adaptation, Quechua Indians, deer mice, hemoglobin, metabolic rate, exercise, human physiology at high altitude 1970 Feb. p. 52–62 [1168]
sports medicine, Olympics at 7,450 feet altitude 1968 Jan. p. 51
accounting, systems design, computer technology, computer decision making, bookkeeping, uses of computers in organizations 1966 Sept. p. 192–202
Acetabularia, giant cells, mermaid's wineglass, cell nucleus, cytoplasm, algae, giant cells in study of nucleus-cytoplasm interaction 1966 Nov. p. 118–124 [1057]
acetaldehyde, metabolism, alcohol tolerance, drug abuse, liver function 1953 Dec. p. 86–90
acetaldehydism, defective alcohol metabolism 1975 May p. 43
acetic acid, fatty acid synthesis, microsome, coenzyme A, lecithin, lipids, synthesis not breakdown in reverse 1960 Feb. p. 46–51
acetylcholine, nervous system, nerve impulse, nerve excitation, inhibitory impulse, neuromuscular synapse, neurotransmitters, dynamics of inhibition 1948 Sept. p. 44–49
hormone, nerve impulse, serotonin, synapse, emotional illness, neurotransmitters, central nervous system, physiological psychology, chemical mediation of nerve impulses 1957 Feb. p. 86–94
algal bloom, Dinoflagellata, marine ecology, nerve poisons, poisonous tide 1958 Aug. p. 92–98
acetylcholinesterase, nerve gases, nerve poisons, citric-acid cycle, alkaloids, toxins, lethal mechanisms at cellular level 1959 Nov. p. 76–84
electric fishes, sodium ion potential, electroplaques, neurophysiology, synapse, animal behavior, nerve impulse, bioluminescence 1960 Oct. p. 115–124
adrenalin, catecholamines, dopamine, drug effects, nerve physiology, neurotransmitters, noradrenaline 1974 June p. 58–71 [1297]
nerve impulse, synapse, neurotransmitters, nerve-muscle synapse, chemical mediation of neuromuscular transmission 1977 Feb. p. 106–118 [1352]
acetylcholinesterase, acetylcholine, nerve gases, nerve poisons, citric-acid cycle, alkaloids, toxins, lethal mechanisms at cellular level 1959 Nov. p. 76–84
acetylene, chemical industry, plastics 1949 Jan. p. 16–21
Acheson-Lilienthal plan, arms race, U.S.S.R. atomic bomb, Baruch plan, U.S. negotiating position at termination of 'atomic monopoly' 1949 Nov. p. 11–13
Acheulean culture, man as hunter 1966 Dec. p. 58
achievement, motivation, aspiration, social surveys, psychological testing, self-anchoring scale 1963 Feb. p. 41–45
acidity, pH, galvanic cell, glass electrode, hydrogen ions 1951 Jan. p. 40–43
acoustic analysis, voice analysis, sound spectrogram, speech quality of mental patients 1965 Mar. p. 82–91 [492]
acoustic circuit, ultrasonic wave amplification 1961 Nov. p. 84
acoustic formants, verbal communication, communication, phonetics, markedness/unmarkedness dyad, morphemes, syntax, context sensitivity, invariant/variable dyad 1972 Sept. p. 72–80
acoustic holography, laser, sound waves, interference, holography, acoustic imaging, nondestructive testing, medical diagnosis 1969 Oct. p. 36
acoustic imaging, acoustic holography, laser, sound waves, interference, holography, nondestructive testing, medical diagnosis 1969 Oct. p. 36
acoustic oscillation, combustion instability, rocket engine, resonant combustion, propellant 1968 Dec. p. 94–103
acoustic pulses, air pressure, lightning, thunder 1975 July p. 80–90
acoustic reverberation, architectual acoustics, sound waves, auditoriums, wave acoustics, sound interference, sound diffraction, effective management of sound in public buildings and dwellings 1963 Nov. p. 78–92
acoustic toys, Corrugahorn, Hummer 1974 June p. 56
acoustics, physics, harmony, string instruments, wind instruments, piano, voice, musical scale, agreeable melodies and physical laws 1948 July p. 32–41
whip-crack physics 1959 Feb. p. 68
acquired characteristics, Lysenkoism, Lamarck, genotype, evolution, phenotype, mutation, ostrich calluses, speciation, religion, orthodoxy, Darwinism, experiments in acquired characteristics 1953 Dec. p. 92–99
acrasin, amoebae, cell differentiation, social amoebae, slime mold, Dictyostelium cell aggregation 1959 Dec. p. 152–162
amoebae, adrenalin, social amoebae, slime mold, Dictyostelium, cyclic AMP 1969 June p. 78–91
acrosome reaction, fertilization, sea urchin, spermatozoon, sexual reproduction, moment of fertilization 1959 July p. 124–134
A.C.S.: American Chemical Society
A.C.S., annual meeting 1951 Oct. p. 33
annual meeting 1952 Nov. p. 44
annual meeting 1953 Nov. p. 56
annual meeting 1954 Nov. p. 48
annual meeting 1955 Nov. p. 49
annual meeting 1957 Nov. p. 70
A.C.S. vs A.M.A., charges of 'monopoly' 1951 Oct. p. 33
ACTH: adrenocorticotrophic hormone
ACTH, cortisone, inflammation, degenerative diseases, hormone, stress, experience with and appraisal of two hormonal drugs 1950 Mar. p. 30–37 [14]
pituitary gland, gonadotrophic hormones, metabolic hormones, growth hormone, endocrine system, the master gland 1950 Oct. p. 18–22
war, stress, combat fatigue, psychiatry, Korean war studies of battlestress 1956 Mar. p. 31–35
hormone, sexual characteristics, growth, thyroid-stimulating hormone, follicle-stimulating hormone, prolactin, androgens, estrogens, secondary sexual characteristics, human physiology, endocrine system, chemical integrators of the body 1957 Mar. p. 76–88 [1122]
adrenal gland, pituitary gland, cell communication, molecular structure of ACTH, relation to function 1963 July p. 46–53 [160]
actinomyosin, ecdysone, cortisone, insulin, estrogens, gene activation, RNA synthesis, aldosterone, growth hormone, thyroxin, mechanism of hormone action 1965 June p. 36–45 [1013]
adrenal hormones, glucocorticoids, pituitary hormones, stress 1971 Jan. p. 26–31 [532]
child development, dwarfism, emotional deprivation, growth hormone, deprivation dwarfism, 'bone age', anorexia nervosa 1972 July p. 76–82 [1253]
ATP, glucogenesis, glycolysis, hormone, epinephrine, cell metabolism, cyclic AMP, activation of cyclic AMP by hormones 1972 Aug. p. 97–105 [1256]
cortisone, conference on potent new drugs 1949 Dec. p. 28
structure resolved 1955 Aug. p. 49
synthetic ACTH 1961 Jan. p. 83
total synthesis 1963 Oct. p. 57
pituary gland, hormone function 1964 May p. 62
actin, muscle contraction, ATP, myosin, muscle fibril, biochemical mechanism of muscle contraction 1949 June p. 22–25
electron microscopy, muscle contraction, muscle fiber, myosin, muscle fiber structure and function 1958 Nov. p. 66–82 [19]
actinomyosin, cyclosis, cilia, muscle contraction, flagella, cytology, cytoplasmic streaming, myosin, underlying unity of cellular motion 1961 Sept. p. 184–204 [97]
muscle contraction, myosin, ATP, electron microscopy, sliding-filament hypothesis 1965 Dec. p. 18–27 [1026]
ATP, myosin, actinomyosin, muscle contraction, tropomyosin, troponin, calcium, microstructure of muscle filament and biochemistry of contraction 1974 Feb. p. 58–71 [1290]
muscle contraction, muscle fibril, protein switch, tropomyosin, troponin, myosin, calicum in muscle 1975 Nov. p. 36–45 [1329]
actinomycin, antibiotics, DNA-actinomycin binding, mRNA inhibition, protein synthesis 1974 Aug. p. 82–91 [1303]
actinomyosin, muscle contraction, artificial muscle, Langmuir trough, ATP, muscle relaxation 1952 Dec. p. 18–21
energy transformation, mechanochemical engine, muscle contraction 1954 Mar. p. 72–76
cyclosis, cilia, muscle contraction, flagella, cytology, cytoplasmic streaming, actin, myosin, underlying unity of cellular motion 1961 Sept. p. 184–204 [97]
ecdysone, cortisone, insulin, estrogens, gene activation, RNA synthesis, aldosterone, growth hormone, ACTH, thyroxin, mechanism of hormone action 1965 June p. 36–45 [1013]
ATP, actin, myosin, muscle contraction, tropomyosin, troponin, calcium, microstructure of muscle filament and biochemistry of contraction 1974 Feb. p. 58–71 [1290]

action potential, nerve impulse, refractory period, sodium ion potential, nodes of Ranvier, nerve membrane 1952 Nov. p. 55–65 [20]
activated nucleotides, DNA synthesis, virus π X 174, cell-free system, DNA polymerase, first test-tube synthesis of biologically active DNA 1968 Oct. p. 64–78 [1124]
active site, antibodies, antigens, immune response, lock-and-key theory, immunoglobin, Bence-Jones proteins, Fab fragments, Fc unit 1977 Jan. p. 50–59 [1350]
see also: antibodies, enzymes
active transport, passive transport, pinocytosis, phagocytosis, cytology, osmosis, cell membrane, fertilization, functions of cell membranes 1961 Sept. p. 167–180 [96]
kidney tubule, sodium pump, membrane potential, cell membrane, biological pumps 1962 Aug. p. 100–108
cell membrane, membrane lipids, membrane permeability, phospholipids, membrane proteins 1972 Feb. p. 30–38 [1241]
cell membrane, lipid molecules, membrane proteins, membrane structure 1974 Mar. p. 26–33 [1292]
ATP, cell membrane, colicine, membrane energetics, E. coli 1975 Dec. p. 30–37 [1332]
ATP, oxidative phosphorylation, cell membrane, mitochondrion, chloroplast, formation of the energy-exchange molecule in the cell 1978 Mar. p. 104–123 [1383]
active trapper, carnivorous plants, passive trapper, digestive enzymes, natural history 1978 Feb. p. 104–155 [1382]
actuators, control systems, automatic control, servomechanisms, frequency response, pneumatic servomechanisms, hydraulic servomechanisms, control systems 1952 Sept. p. 56–64
acupuncture, in the Western world 1974 Apr. p. 51
acute illness, infectious disease, national health insurance, medical care, child health care, chronic illness, delivery of medical care 1973 Apr. p. 13–17
acute respiratory failure, intensive care, tracheostomy, lung, alveolar collapse, emphysema, pathogenesis and treatment of acute respiratory failure 1969 Nov. p. 23–29
artificial lung 1975 Apr. p. 57
AD-X2, NBS chief Astin fired 1953 May p. 53
Astin reinstated at NBS 1953 June p. 44
'formula' still 'secret' 1953 Aug. p. 41
Astin gets tenure 1953 Oct. p. 51
inquest: NBS OK 1953 Dec. p. 50
official burial 1954 Jan. p. 38
F.T.C. condones maker's claims 1956 July p. 48
still on market 1962 Feb. p. 81
adaptation, hot springs, high temperature, low temperature, glaciation 1949 Feb. p. 46–49
extinction, species specificity, natural selection, evolutionary radiation, ecological niche, 'Is man here to stay?' 1950 Nov. p. 52–55
birds, geographical distribution, speciation, ornithology, behavioral adaptation, bird migration, provinciality of birds 1957 July p. 118–128
comparative physiology, reptile, marine birds, salt excreting glands 1959 Jan. p. 109–116
germination, seed dispersal, dormancy 1959 Apr. p. 75–84
sand dune ecology, thermoregulation, succulent plants, behavioral adaptation, symbiosis, adaptive mechanism for life in hot acid environment 1959 July p. 91–99
fleas, parasitism, host-parasite relationship, hormone, rabbits, estrus, the rabbit flea and rabbit hormones 1965 Dec. p. 44–53 [1027]
fungi, orchids, symbiosis, mycorrhiza, plant evolution, adaptive ability of orchids 1966 Jan. p. 70–78
Ama, diving, diving women, Korea, Japan, breathing, human physiology, basal metabolism 1967 May p. 34–43
aquatic insect, insect eggshell, respiration, entomology, selective permeability of insect 1970 Aug. p. 84–91 [1187]
auxins, trees, plant hormones, tree structure, ax-head model, mechanical design of trees 1975 July p. 92–102
see also: behavioral adaptation
addition polymers, molecular science, polymers, condensation polymers, introduction to single-topic issue on 'giant molecules' 1957 Sept. p. 80–89
molecular science, polymers, condensation polymers, introduction to single-topic issue on 'giant molecules' 1957 Nov. p. 80–89
adenoids, tonsils, myriads of viruses 1954 Nov. p. 50
adenosinetriphosphate, *see:* ATP
adenoviruses, virology, X-ray diffraction, poliomyelitis virus, polyoma virus, herpes virus, influenza virus, vaccinia virus, tobacco mosaic virus, bacteriophage, structure of viruses 1963 Jan. p. 48–56
cancer virus, SV40 virus, DNA virus, DNA recombination, gene transformation, tumor-virus antigen, virus etiology of cancer 1966 Mar. p. 34–41
cancer virus, herpes virus, virus disease, viral vaccines 1973 Oct. p. 26–33
viral etiology of cancer 1962 May p. 80
adhesive, molecular attraction, surface tension, elastic energy, epoxy resins, molecular repulsion, micromechanics of adhesion 1962 Apr. p. 114–126
polybutadiene glue 1957 Nov. p. 72
adhesive wear, materials technology, wear, abrasive wear, corrosion, fatigue wear, surfaces in sliding contact 1962 Feb. p. 127–136
adipose tissue, hibernation, brown fat, thermoregulation, homeostasis, metabolism, cold adaptation, neonatal physiology, heat production in newborn animals, including man 1965 Aug. p. 62–65 [1018]
adjacency principle, visual perception, motion perception, contextual cues in perception 1978 May p. 126–139 [582]
adobe house, building construction, architecture, primitive architecture, climate, igloo, teepee, yurt, tent, sod hut, hogan, stilt house 1960 Dec. p. 134–144
adolescence, conformity, interpersonal relationships, social psychology, U.S. teenage attitudes 1958 June p. 25–29
child development, growth, menarche, earlier maturation of children in industrial countries 1968 Jan. p. 21–27
child development, medical care, growth hormone, 'bone age', menarche, heredity vs. environment 1973 Sept. p. 34–43
family, alienation, racial discrimination, divorce, poverty, infant mortality, crime, suicide, drug addiction, changes in American family structure 1974 Aug. p. 53–61 [561]
adolescent development, menarche, bespeaks health rather than habits 1972 May p. 50
adrenal gland, stress, psychosomatic illness, alarm reaction, kidney disorder, cardiovascular disease 1949 Mar. p. 20–23 [4]
schizophrenia, stress, steroid hormones 1949 July p. 44–47
ACTH, pituitary gland, cell communication, molecular structure of ACTH, relation to function 1963 July p. 46–53 [160]
pineal organ, biological clock, estrogens, progesterone, melatonin, serotonin, pineal regulation of sex glands 1965 July p. 50–60 [1015]
effect on sexual receptivity 1972 Aug. p. 46
adrenal hormones, ACTH, glucocorticoids, pituitary hormones, stress 1971 Jan. p. 26–31 [532]
brain circuitry, gonadal hormones, hormone-sensitive neurons, sex hormones, sexual behavior, sex differences, steroid hormones, action of hormones on nerve tissue 1976 July p. 48–58 [1341]
electrocortin 1953 Nov. p. 54
adrenalin, fear, anger, noradrenalin 1955 May p. 74–81 [428]
anxiety neurosis, lactic acidosis, biochemistry of anxiety 1969 Feb. p. 69–75 [521]
acrasin, amoebae, social amoebae, slime mold, Dictyostelium, cyclic AMP 1969 June p. 78–91
acetylcholine, catecholamines, dopamine, drug effects, nerve physiology, neurotransmitters, noradrenaline 1974 June p. 58–71 [1297]
adrenocorticotrophic hormone, *see:* ACTH
adsorption, zeolites, molecular sieves, ion exchange, separation of similar molecules 1959 Jan. p. 85–94
Advanced Research Projects Agency computer Network, *see:* ARPANET
advanced study, $2.75 million bequest to Berkeley 1955 Dec. p. 52
new school at M.I.T. 1956 Feb. p. 49
advertising, subliminal stimulation 1958 Aug. p. 52
A.E.C.: Atomic Energy Commission
A.E.C., isotopes, U.S. Atomic Energy Commission makes isotopes available, free, to cancer research 1949 Apr. p. 16–17
atomic weapons, nuclear power, science funding, university research, military secrecy 1949 July p. 30–43
support for research 1948 June p. 24
budget cut 1948 Aug. p. 22
nuclear power, optimistic report 1948 Sept. p. 28
loyalty and security, clearance procedures 1948 Sept. p. 28
personnel security office 1949 Apr. p. 26
new commissioners 1949 June p. 26
Senatorial ordeal of David E. Lilienthal 1949 July p. 26
Lilienthal hearings terminate 1949 Oct. p. 26
Lilienthal resigns 1950 Jan. p. 28

successor to Lilienthal 1950 May p. 27
reluctant confirmation of Commissioner Pike 1950 Aug. p. 28
roster filled 1950 Oct. p. 24
new general manager 1950 Dec. p. 26
nation's armorer 1951 Sept. p. 50
Pike resigns 1952 Feb. p. 32
reactors and weapons 1952 Mar. p. 34
$4 billion budget 1952 Sept. p. 70
third uranium-separation plant 1952 Oct. p. 39
Ohio uranium-separation plant 1952 Nov. p. 44
Glennan resigns 1952 Dec. p. 38
House-Senate Joint Committee 1953 Jan. p. 31
uranium, weapons, reactors 1953 Mar. p. 44
Adm. Strauss in wings 1953 Apr. p. 45
new chairman 1953 May p. 53
Strauss chairman 1953 Aug. p. 40
Campbell appointed 1953 Sept. p. 72
submarine reactors 1953 Sept. p. 72
General general manager 1953 Nov. p. 50
loyalty and security, 'Oppenheimer case', leaks from Oppenheimer hearing 1954 June p. 44
loyalty and security, 'Oppenheimer case', Oppenheimer a security risk 1954 July p. 42
loyalty and security, 'Oppenheimer case', Oppenheimer verdict sustained 1954 Aug. p. 36
Libby succeeds Smyth 1954 Nov. p. 48
Commissioner von Neumann 1954 Dec. p. 52
Eisenhower commissioners 1955 May p. 50
loyalty and security, 'Oppenheimer case', boycott of Oppenheimer boycott 1955 May p. 54
new general manager 1955 June p. 47
Vance commissioner 1955 Dec. p. 52
appointments 1958 Aug. p. 50
Libby resigns 1959 Apr. p. 64
oil-man commissioner 1960 Apr. p. 88
three scientists, two laymen 1961 May p. 74
new commissioners 1962 Sept. p. 100
first female commissioner 1964 May p. 60

Aegyptopithecus, primate evolution, hominoid, fossil primates, apes, man-apes, Fayum, Oligocene ancestor of hominoids 1967 Dec. p. 28–35 [636]

aequorin, ATP, muscle contraction, calcium, barnacle, bioluminescence, calcium ions in muscle construction 1970 Apr. p. 84–93 [1175]

aerial mapping, aerial photography, airborne radar, all-weather imaging, radar, radar holography, side-looking radar 1977 Oct. p. 84–95 [386]

aerial photography, natural resources, infrared photography, remote sensing, multiband camera, remote sensing of natural resources 1968 Jan. p. 54–69
aerial mapping, airborne radar, all-weather imaging, radar, radar holography, side-looking radar 1977 Oct. p. 84–95 [386]

aerial plankton, animal migration, species dispersion, insect physiology, agricultural pest, entomology, wind-borne dispersal of species 1963 Dec. p. 132–138

aerobic metabolism, chloroplast, oxygen cycle, photosynthesis, biosphere, ozone, oxidation-reduction reactions, geological record, oxygen-carbon balance 1970 Sept. p. 110–123 [1192]
ATP, muscle, glycolysis, aerobic metabolism, oxygen debt, lactic acid formation, anaerobic metabolism, energy mechanisms in muscle 1972 Mar. p. 84–91 [1244]
ATP, muscle, glycolysis, oxygen debt, lactic acid formation, aerobic metabolism, anaerobic metabolism, energy mechanisms in muscle 1972 Mar. p. 84–91 [1244]
see also: oxidative phosphorylation

aerodynamic whistles, feedback, vortex, edge tone, hole tone, sound waves, whistles, flutes, organs and rocket engines 1970 Jan. p. 40–46

aerodynamics, shock waves, shadow photography, speed of sound, Mach cones, ballistics 1949 Nov. p. 14–19
bird flight, airfoil, soaring, thermal cells 1952 Apr. p. 24–29
boundary layer, airfoil, laminar flow, turbulence 1954 Aug. p. 72–77
bridges, suspension bridges, harmonic oscillation 1954 Nov. p. 60–71
bird flight, weight-strength ratio, bone structure, respiratory air sacs, birds as flying machines 1955 Mar. p. 88–96
insect flight, locust, wind tunnel, efficiency of locust flight 1956 Mar. p. 116–124
ailerons, aircraft design, smoke tunnel, airfoil, boundary layer, low-speed flight 1956 Apr. p. 46–51
supersonic flight, shock waves, wind tunnel, molecular beam, ultra-high altitude aerodynamics 1958 Jan. p. 36–42
insect flight, Stokes law 1958 Dec. p. 92–98
soaring, wind velocity, thermal cells, air currents, ornithology, bird flight, flight of soaring birds 1962 Apr. p. 130–140
air pollution, microclimate, micrometeorology, fluid dynamics, troposphere, meteorology, turbulence, atmospheric phenomena near the ground 1964 Oct. p. 62–76
aerospace technology, Coanda effect, fluid dynamics, propulsion, nozzles, burners, nature and applications of Coanda effect 1966 June p. 84–92
airfoil, boomerang, computer graphics, actual and theoretical boomerang orbits 1968 Nov. p. 124–136
aircraft-wake vortexes, contrails, flight safety, jet flight, wake turbulence 1974 Mar. p. 76–83
animal behavior, bird flight, insect flight, clap-fling mechanism, flip mechanism, hovering flight, lift generation 1975 Nov. p. 80–87 [1331]
see also: aeronautics, air transport

aeronautics, aircraft design, vertical take-off aircraft 1960 Aug. p. 41–49
supersonic flight, commercial aircraft, aircraft design, sonic boom, aviation industry, technology and economics of supersonic transport 1964 June p. 25–35
aircraft design, helicopters, helicopter flight, history, future development 1967 Apr. p. 38–46
radiation hazards at 60,000 feet 1950 Dec. p. 30
design and pilot error 1955 Apr. p. 49
aircraft wing, speed of sound 1969 Sept. p. 95
Gossamer Condor, man-powered flight 1977 Oct. p. 74

aerosol, light scattering, photometry, molecular size, hydrosol, Tyndall spectra, measurement 1953 Feb. p. 69–76

aerospace technology, Coanda effect, fluid dynamics, aerodynamics, propulsion, nozzles, burners, nature and applications of Coanda effect 1966 June p. 84–92

aerothermodynamics, heat, propulsion, energy transformation, laminar flow, turbulence, high temperatures: propulsion 1954 Sept. p. 120–131

Afar triangle, Red Sea, Rift Valley, guyot, Gulf of Aden, sea-floor spreading, continental drift, sea-floor spreading opens new ocean 1970 Feb. p. 32–40 [891]

afforestation, soil erosion, irrigation, agricultural technology, poverty, economic development, Mediterranean Project, United Nations 1960 July p. 86–103

aflatoxin, carcinogenesis, Aspergilles flavus 1964 Nov. p. 60

Africa, termite, entomology, insect behavior, air conditioning, airconditioned termite nests 1961 July p. 138–145
marriage, sister exchange, marriage contracts 1975 Dec. p. 84–94
Bantu language, Early Iron Age culture, language diffusion, linguistics 1977 Apr. p. 106–114

African drum language, communication, drums, gong language, talking drums 1971 Dec. p. 90–94

African hominids, brain evolution, fossil hominid brains, hominid, human brain, pongid brains, endocranial casts 1974 July p. 106–115 [686]

African rifts, gravity, ocean floor, mid-ocean ridge, oceanography, discovery of submarine rifted ridge 1960 Oct. p. 98–110

'after effects', human eye, optical illusion, vision, sensory perception, visual cortex, 'cortical satiation' 1962 Jan. p. 44–49

afterimages, color vision, photochemistry, sensory discrimination, visual pigments, photochemistry of color perception 1963 Oct. p. 84–93 [1089]
phosphenes, vision, perception, prosthesis for blind, self-illumination of visual centers 1970 Feb. p. 82–87
negative aftereffects, optical illusion, visual perception 1976 Dec. p. 42–48 [574]

Agamemnon, Mycenaean civilization, Classical archeology, burial treasure, dig started by Schliemann continues 1954 Dec. p. 72–78

agammaglobulinemia, gene expression, alkaptonuria, Wilson's disease, congenital anomalies, chemistry of hereditary disease, one gene-one enzyme hypothesis 1956 Dec. p. 126–136
bacterial infection, blood proteins, gammaglobulin, antibodies, immunology, tissue grafts, hereditary immunological deficiency 1957 July p. 93–104
immunology, value of normally unhygienic environment 1958 Oct. p. 56

agar, algae, phytoplankton, kelp, food chain, algin 1952 Dec. p. 15–17

Agassiz, glaciation, paleontology, natural history, Louis Agassiz, fostering of science in America 1949 July p. 48–51

age of elements, spectroscopy, age of universe, element formation, mass spectroscopy, nucleochronology, radioactive nuclei, stellar evolution, supernovae 1974 Jan. p. 69–77
cosmology, 'big bang' theory, 'closed' universe, 'open' universe, universe expansion, deuterium abundance, average density 1976 Mar. p. 62–79
age of universe, spectroscopy, age of elements, element formation, mass spectroscopy, nucleochronology, radioactive nuclei, stellar evolution, supernovae 1974 Jan. p. 69–77
age-sex distribution, fertility, U.S. census, human resources, mortality rates, population of U.S. 1951 Sept. p. 28–35
U.S. census, urbanization, baby boom, family size, central city, suburbs, U.S. census at 1960 1961 July p. 39–45
education, U.S. population, labor force, demographics, gross national product, U.S. census, more from the U.S. census of 1960 1962 Oct. p. 30–37
agglutination response, cancer, cell membrane, immunology, lectins, proteins 1977 June p. 108–119 [1360]
aggression, group behavior, pecking order, social psychology, experiments in group behavior 1956 Nov. p. 54–58 [154]
violence, delinquency, motion picture film, television, catharsis, effects of observing filmed violence 1964 Feb. p. 35–41 [481]
rats, animal behavior, social behavior, territorial behavior, natural history, Rattus rattus, Rattus norvegicus 1967 Jan. p. 78–85
aging, death, life expectancy, biology of senescence 1948 June p. 40–43
leaf shape, duckweed, systematic study of familiar amateur observation 1949 Oct. p. 22–24
rotifer, life expectancy, experiments in aging, age of mother 1953 Apr. p. 38–42
death rate, disease etiology, life expectancy, male:female life expectancy 1958 Feb. p. 22–27
death rate, life expectancy, comparative life spans in man and other animals 1961 Aug. p. 108–119
cell physiology, gerontology, life expectancy, manifestations of aging 1962 Jan. p. 100–110
collagen, tendons, biological age 1963 Apr. p. 104–114 [155]
fibroblasts, mitosis, cell culture, somatic cells, cell, DNA replication, experiments in aging 1968 Mar. p. 32–37 [1103]
radiation damage, free radicals, electron-spin resonance, chemical bond, spectroscopy, effects of free radicals on living systems 1970 Aug. p. 70–83 [335]
gerontology, longevity, senility, medical care 1973 Sept. p. 44–52
cataract, eye lens, human eye, vision 1975 Dec. p. 70–81
cytochrome C for senility? 1949 Aug. p. 24
free radicals 1969 Mar. p. 50
Agora, Classical archeology, Athens 1950 Aug. p. 46–51
Agricola, de re Metallica, woodcuts from Hoover translation 1951 Feb. p. 46–47
agricultural economics, forage crops, grasses, agronomy, hay, legumes, livestock feed, ruminants, silage, Rhizobium bacteria 1976 Feb. p. 60–75
food and agriculture, food processing, U.S. agriculture, 'agribusiness' 1976 Sept. p. 106–123
agricultural system, cropping systems, food and agriculture 1976 Sept. p. 98–105
agricultural ecosystem, solar radiation, photosynthesis, biosphere, climax ecosystem, energy cycle, ecosystem, food chain, respiration, biosphere energy cycle 1970 Sept. p. 64–74 [1190]
agricultural history, animal domestication, archeology, plant domestication, food and agriculture 1976 Sept. p. 88–97
agricultural irrigation, canals, hydro-engineering, pipelines, Jordan Valley Plan, water supply, Israel, Jordan 1965 Mar. p. 23–31
agricultural pest, alfalfa caterpillar, ecology, insecticide, life cycle, wilt disease, predation 1954 June p. 38–42
bacteriology, biological pest control, insecticide, insect physiology, virology, entomology, living insecticides 1956 Aug. p. 96–104
fire ants, dieldrin, pest control, insecticide 1958 Mar. p. 36–41
corn borer, insect behavior, species specificity, corn, adaptation of parasite to host 1958 May p. 87–94
aerial plankton, animal migration, species dispersion, insect physiology, entomology, wind-borne dispersal of species 1963 Dec. p. 132–138
agricultural production, poverty, education, economic development, language, Peru, literacy, Cornell-Peru experiment in economic development 1957 Jan. p. 37–45
economic development, industrialization, population control, technology transfer, food production, economic planning, India, economic development by democratic planning 1963 Sept. p. 189–206
equatorial rain forests, tropical climate, laterization, developing countries, lateritic soil 1964 Nov. p. 96–102 [870]
food supply, human nutrition, population control, world food bank, human population 1974 Sept. p. 160–170
world food production 1971 Oct. p. 41
world food production 1972 Jan. p. 45
agricultural resources, land use, grazing, forestry, rangeland, land management, U.S. Western states 1970 Feb. p. 88–96 [1169]
gene manipulation, irrigation, photosynthesis, food and agriculture 1976 Sept. p. 164–178
agricultural revolution, slavery, Classical civilization 1949 June p. 40–43
New World archeology, mound builders, statistical seriation, Mississippian culture, pre-Columbian Mississippi valley on verge of urban revolution 1952 Mar. p. 22–27
Jarmo site, radiocarbon dating archeology, cave to village at Jarmo 1952 Oct. p. 62–66
Neolithic archeology, tools, slash-burn agriculture, cultural evolution, Stone Age forestry and agronomy 1956 Mar. p. 36–41
Fertile Crescent, human evolution, cultural anthropology, Neolithic archeology, 8000 B.C. domestication of plants and animals 1960 Sept. p. 130–148 [605]
demographics, population growth, cultural evolution, Industrial Revolution, population explosion, human evolution, historical perspective on human population growth, how many ever lived 1960 Sept. p. 194–204 [608]
New World archeology, Mexican agriculture, corn, urbanization, New World agricultural revolution 1964 Nov. p. 29–37 [625]
cities, urbanization, Industrial Revolution, communication, origin and evolution of cities 1965 Sept. p. 54–63
human population, food production, fertilizers, pollution, irrigation, biosphere, soil erosion, biosphere capacity to produce food 1970 Sept. p. 160–170 [1196]
Hoabinhian culture, Neolithic archeology, Spirit Cave site, Thailand 1972 Apr. p. 34–41 [675]
agricultural society, Macedonia, Nea Nikomedeia, Neolithic village, clay figurines, domestic animals, oldest Neolithic site in Europe 1965 Apr. p. 82–92
hunting, herding, food gathering, tribal cultures, aboriginal culture, India, 'living prehistory' in India 1967 Feb. p. 104–114
agricultural system, Nabataean culture, irrigation, wadi, desert, restoration of Nabataean irrigation works in the Negev 1956 Apr. p. 39–45
social values, Mormons, Zunis, Spanish-Americans, Navaho, comparative study of cultures in New Mexico 1956 July p. 25–31
commerce, market, peasants, peasant markets in Haiti 1960 Aug. p. 112–122 [647]
chinampa, canals, drainage, Mexican agriculture, Aztec civilization, highly productive farm plots, Aztec empire 1964 July p. 90–98 [648]
Arawak Indians, earthworks, flood plain, ridged fields, New World archeology 1967 July p. 92–100
water cycle, transpiration, evaporation, runoff, ocean, precipitation, biosphere, photosynthesis 1970 Sept. p. 98–108 [1191]
animal husbandry, ecosystem, energy cycle, power, New Guinea, tropical agriculture 1971 Sept. p. 116–132 [666]
agricultural economics, cropping systems, food and agriculture 1976 Sept. p. 98–105
agricultural technology, dust storms, drought, dry-land farming, soil reclamation, mulch, shelter belts, U.S. High Plains 1948 1948 Aug. p. 7–11
fertilizers, insecticide, herbicide, chemical agriculture 1952 Aug. p. 15–19
dust storms, dry-land farming, Great Plains, marginal farmlands, wind erosion 1954 July p. 25–29
weed control, insect herbivores, leaf-eating beetle, Klamath weed, living herbicides 1957 July p. 56–67
trace elements, cobalt, desert ecology, land reclamation, vitamin B12 synthesis, reclamation of infertile Australian land 1959 Jan. p. 97–106
Negev desert, irrigation, desert ecology, land reclamation, Israel, desert reclamation 1960 Mar. p. 54–63
soil erosion, irrigation, poverty, economic development, afforestation, Mediterranean Project, United Nations 1960 July p. 86–103

economic development, technology transfer, human nutrition, food production, nutritional self-sufficiency in economic development 1963 Sept. p. 72–80 [1153]
economic development, industrialization, national economic policy, Federal intervention in economic development of U.S. South 1963 Sept. p. 224–232
plant growth, food production, fertilizers, chemical industry, increasing world food supply 1965 June p. 62–72
irrigation, ground water, artesian well, Sahara desert, water resource management, land reclamation, intercalary water, 'fossil' water, making desert fertile 1966 May p. 21–29
poultry production, food production, animal husbandry, chicken, eggs, U.S. chicken factories 1966 July p. 56–64
People's Republic of China, industrial technology, economic development, technology in People's Republic of China 1966 Nov. p. 37–45
mechanical harvesting, cotton picker, tomato harvester, hay cuber, cherry picker, grain combine 1967 Aug. p. 50–59
sulfur, sulfuric acid, Frasch process, sulfur demand-and-supply production 1970 May p. 62–72
land reform, food supply, population growth, F.A.O., human nutrition, F.A.O. Indicative World Plan 1970 Aug. p. 54–69 [1186]
China, economic development, rice, hybrid wheat, hybrid rice, irrigation, livestock 1975 June p. 13–21
center-pivot irrigation, irrigation, ground water 1976 June p. 90–99
herbicide, mulch, weed control, tillage without plow 1977 Jan. p. 28–33 [1349]
drip irrigation, irrigation, trickle irrigation 1977 Nov. p. 62–68 [1371]
chemical revolution 1952 Apr. p. 36
no-tillage farming 1968 Aug. p. 46
drip irrigation 1975 Aug. p. 48
plowless farming 1975 Nov. p. 60

agriculture, *see:* agronomy, agricultural system, agricultural technology and the like

agronomy, soil structure, chernozems, podzols, latozols, tundra, alluvial soils, ecology of soil, soil erosion, the soils of the world and their management 1950 July p. 30–39
corn, hybrid corn, technology and promise of hybrid corn 1951 Aug. p. 39–47
auxins, plant growth, oak, giberellin, function of plant growth hormone 1957 Apr. p. 125–134 [11]
climate, plant growth, greenhouse, photoperiodicity, day-night temperature, 'phytotron', environment simulator 1957 June p. 82–94
Lysenko, genetics, potato virus, virus disease, vernalization, the Lysenko affair 1962 Nov. p. 41–49
irrigation, sea water, salt-water agriculture, arid lands, salt tolerance 1967 Mar. p. 89–96
plant hybrids, wheat, hybrid wheat, food production 1969 May p. 21–29
chemical mutagens, plant breeding 1971 Jan. p. 86–95 [1210]
corn, lysine, plant breeding, plant protein, human nutrition, malnutrition, high-lysine corn 1971 Aug. p. 34–42 [1229]
legumes, nitrogen fixation, soybean products, plant protein 1974 Feb. p. 14–21
grain, proteins, plant protein, plant hybrids, Triticale 1974 Aug. p. 72–80
disease-resistant plants, plant breeding, plant disease, fungal infection, plant pathogens, sugarcane, mechanism of disease resistance in plants 1975 Jan. p. 80–88 [1313]
agricultural economics, forage crops, grasses, hay, legumes, livestock feed, ruminants, silage, Rhizobium bacteria 1976 Feb. p. 60–75
'green revolution', food and agriculture, maize, potatoes, Mexican agriculture 1976 Sept. p. 128–150
'green revolution', India, food and agriculture, technology transfer, monsoons, irrigation, fertilizers, rice, wheat, hybrid crop plants 1976 Sept. p. 154–163
crop yields, plant breeding, rice, wheat, maize, food and agriculture, plant genetics 1976 Sept. p. 180–194
Southern leaf blight 1970 Oct. p. 54
plant origins, sweet potato 1972 Sept. p. 68
high protein sorghum 1974 Jan. p. 51
barley, salt-tolerant crops 1976 Aug. p. 44D
herbicide, nitrogen stabilizer 1976 Oct. p. 60

ailanthus, city trees, pollution effects, tree cloning, ginkgo, London plane, Norway maple 1976 Nov. p. 110–118

ailerons, aircraft design, aerodynamics, smoke tunnel, airfoil, boundary layer, low-speed flight 1956 Apr. p. 46–51

air-breathing fishes, evolution, lungfish, Devonian period, fish physiology, conquest of land-breathing organs 1968 Oct. p. 102–111 [1125]

air conditioning, Africa, termite, entomology, insect behavior, airconditioned termite nests 1961 July p. 138–145
air vent, wind tower, domed roof, architecture, cooling system, passive cooling systems in Iranian architecture 1978 Feb. p. 144–154 [705]
heat storage in salt 1971 Aug. p. 46

air currents, soaring, wind velocity, thermal cells, aerodynamics, ornithology, bird flight, flight of soaring birds 1962 Apr. p. 130–140

air drive, ultracentrifuge, molecular weight, sedimentation, fractionation, oil drive, magnetic suspension, 900,000 g; 60 million r.p.m. 1951 June p. 42–51

air masses, atmospheric circulation, hurricanes, upper atmosphere, tropical origin of hurricanes 1957 Aug. p. 33–39 [847]
weather satellites, Tiros, telemetry, atmospheric circulation, heat budget of Earth, videocameras, photographic weather maps, weather forecasting 1961 July p. 80–94

air pollution, catalysis, combustibility, fly ash, dust storms, metallurgy, fine particles 1950 Dec. p. 50–53
smog, atmospheric inversion 1952 May p. 15–19
smog, 'blue haze', atmospheric inversion, particulates, ozone, peroxides, photochemistry 1955 May p. 62–72
camouflage, evolution, melanism, moths, speciation, population genetics, mutation, genetic variation, evolution observed 1959 Mar. p. 48–53 [842]
climate, carbon dioxide 'window', meteorology, fossil fuel, threat of 'greenhouse effect' 1959 July p. 41–47 [823]
bronchitis, emphysema, public health, smog, environmental health, U.S. cities, smog and public health 1961 Oct. p. 49–57 [612]
smog, automobile emissions, ozone, urban transport, air pollution control in Los Angeles 1964 Jan. p. 24–31 [618]
aerodynamics, microclimate, micrometeorology, fluid dynamics, troposphere, meteorology, turbulence, atmospheric phenomena near the ground 1964 Oct. p. 62–76
cities, water supply, sewage disposal, smog, water pollution, taxation, Los Angeles, New York, metabolism of cities 1965 Sept. p. 178–190
automobile, electric automobile, battery, weight, cost, performance of electric automobile 1966 Oct. p. 34–40
cities, climate, heat emission, heat pollution, microclimate, infrared photography, heat island, climate of cities 1967 Aug. p. 15–23 [1215]
cloud seeding, water cycle, water drop, ice crystals, fog, inversion layer, smog 1968 Dec. p. 74–82 [876]
air transport, technology assessment, science policy, automobile transportation, noise pollution, technology assessment institutions proposed 1970 Feb. p. 13–21 [332]
rickets, vitamin D, ultraviolet radiation, osteogenesis, calcium metabolism, epidemiology, sunlight 1970 Dec. p. 76–91 [1207]
climate, atmospheric circulation, carbon dioxide 'window', particulates, ozone, temperature of Earth, human activity and climatic change 1971 Jan. p. 32–42 [894]
corona discharge, electrocoating, fly ash, electrostatics, photocopying, xerography, electrostatic precipitation and seperation 1972 Mar. p. 46–58
automobile engines, rotary engine, Wankel engine, auto engineering 1972 Aug. p. 14–23
Clean Air Act, emission standards, Environmental Protection Agency 1973 June p. 14–21
evolution, melanism, moths, gene mutation, population genetics, predation, evolution observed again 1975 Jan. p. 90–99 [1314]
effect of rocket exhaust on upper-air 1963 Mar. p. 74
asbestos dust carcinogen 1964 Dec. p. 64
Los Angeles carbon monoxide emission control 1965 May p. 52
auto emission standards, safety standards 1965 Aug. p. 44
increased precipitation downwind from industry 1968 Apr. p. 49
sulfur dioxide 1968 Nov. p. 56
U.S. clean-air auto race 1970 Nov. p. 44
cadmium, toxic metal 1971 Aug. p. 47
low-pollution automobile engines 1971 Sept. p. 80
automobile engines, catalytic converter 1973 Apr. p. 44
LPG for internal combustion fuel? 1973 Sept. p. 69
automobile exhaust-emission standard 1975 Apr. p. 53
automobile engines, fuel economy 1977 Jan. p. 43

air pressure, acoustic pulses, lightning, thunder 1975 July p. 80–90

air traffic control, air transport, radar 1952 June p. 64–65
airport, transportation industry, radar 1960 Dec. p. 47–55
air transport, air traffic control, radar 1952 June p. 64–65
aircraft landing, automatic pilot, blind landing, instrument landing system, precision approach radar, ground-controlled approach 1964 Mar. p. 25–35
cargo handling, shipping, containerization, automatic control, loading 1968 Oct. p. 80–88
technology assessment, science policy, automobile transportation, air pollution, noise pollution, technology assessment institutions proposed 1970 Feb. p. 13–21 [332]
accelerometer, aircraft navigation, navigation, inertial navigation, gyroscope, commercial adaptation of military and space technology 1970 Mar. p. 80–86
air vent, air conditioning, wind tower, domed roof, architecture, cooling system, passive cooling systems in Iranian architecture 1978 Feb. p. 144–154 [705]
airbag, automobile design, automotive safety, seat belts, crashworthiness tests 1973 Feb. p. 78–86
airborne infection, histoplasmosis, fungal infection, respiratory infection, epidemiology, coccidioidomycosis 1948 June p. 12–15
airborne radar, aerial mapping, aerial photography, all-weather imaging, radar, radar holography, side-looking radar 1977 Oct. p. 84–95 [386]
airborne warning and control system aircraft, *see:* AWACS
aircraft design, ailerons, aerodynamics, smoke tunnel, airfoil, boundary layer, low-speed flight 1956 Apr. p. 46–51
aeronautics, vertical take-off aircraft 1960 Aug. p. 41–49
aeronautics, supersonic flight, commercial aircraft, sonic boom, aviation industry, technology and economics of supersonic transport 1964 June p. 25–35
aeronautics, helicopters, helicopter flight, history, future development 1967 Apr. p. 38–46
aircraft landing, automatic pilot, blind landing, air transport, instrument landing system, precision approach radar, ground-controlled approach 1964 Mar. p. 25–35
aircraft navigation, accelerometer, navigation, air transport, inertial navigation, gyroscope, commercial adaptation of military and space technology 1970 Mar. p. 80–86
inertial guidance 1957 June p. 70
aircraft propulsion, gas turbine, centrifugal compressor, axial-flow compressor, ducted fan, electric power generation 1953 Nov. p. 65–72
aircraft-wake vortexes, aerodynamics, contrails, flight safety, jet flight, wake turbulence 1974 Mar. p. 76–83
aircraft wing, aeronautics, speed of sound 1969 Sept. p. 95
Airflow automobile, automobile history, streamlining 1977 Aug. p. 98–106 [697]
airfoil, aerodynamics, bird flight, soaring, thermal cells 1952 Apr. p. 24–29
boundary layer, laminar flow, turbulence, aerodynamics 1954 Aug. p. 72–77
ailerons, aircraft design, aerodynamics, smoke tunnel, boundary layer, low-speed flight 1956 Apr. p. 46–51
aerodynamics, boomerang, computer graphics, actual and theoretical boomerang orbits 1968 Nov. p. 124–136
airglow, Earth, aurora, corpuscular streams, solar spicules, nightglow, aurora and airglow 1955 Sept. p. 140–150
atmosphere, ionosphere, solar radiation, ozone, oxygen atoms, upper atmosphere, laboratory simulation, atomic energy levels 1966 Mar. p. 102–110
atmospheric ionization, spectroscopy, atmospheric light, photochemistry 1972 Jan. p. 78–85
airplane seats, should face stern 1951 Dec. p. 36
airport, air traffic control, transportation industry, radar 1960 Dec. p. 47–55
alanine, RNA, nucleic acid, nucleotide sequence, tRNA, enzyme cleavage, fragment assembly, first nucleotide sequence 1966 Feb. p. 30–39 [1033]
alarm reaction, stress, psychosomatic illness, kidney disorder, cardiovascular disease, adrenal gland 1949 Mar. p. 20–23 [4]
wild rats stronger 1951 Dec. p. 42
Alaska, Arctic, Stone Age hunters, Siberia, Greenland, Dorset culture, circumpolar Stone Age culture 1954 June p. 82–88
New World archeology, Onion Portage site, Eskimo, Bering land bridge, human migration, stone artifacts, gateway to America 1968 June p. 24–33
Alaskan oil, Prudhoe Bay discovery 1968 Sept. p. 86
albatross, evolution, animal behavior, bird flight, sexual behavior, soaring, natural history 1970 Nov. p. 84–93 [1204]
Albatross voyage, ocean floor, sonar, seismology, sedimentary cores, isotope dating, Swedish deep-sea expedition 1950 Aug. p. 42–45
albedo, Antarctica, climatology, solar radiation, atmospheric circulation, Antarctica in Earth's heat budget 1962 Sept. p. 84–94 [859]
wind, solar radiation, energy cycle, biosphere, atmospheric circulation, climate, ocean circulation, terrestrial radiation, carbon dioxide 'window', Earth energy cycle 1970 Sept. p. 54–63 [1189]
asteroids, meteorites, planetisimal collisions, solar system formation, primordial dust cloud 1975 Jan. p. 24–33
albinism, gene mutation, Siamese cat, visual cortex, white mink, white tiger, cross-eyed trait 1974 May p. 44–54 [1294]
associated with cross-eyedness in Siamese cats and white tigers 1973 Aug. p. 43
alchemy, transmutation, philosopher's stone, science history 1952 Oct. p. 72–76
alcohol, digestion, hydrochloric acid, aspirin, stomach mucosa, self-digestion safeguards 1972 Jan. p. 86–93 [1240]
depresses appetite 1951 Jan. p. 30
in violent deaths 1951 Aug. p. 30
cardiovascular reaction 1965 June p. 57
alcohol metabolism, detoxification, drug inactivation, enzyme, liver function, metabolism of drugs, cirrhosis 1975 June p. 22–31 [1322]
alcoholism, fatty liver, liver function, malnutrition, 'empty calories', acetaldehyde, cirrhosis 1976 Mar. p. 25–33 [1336]
limit of metabolism 1952 Nov. p. 50
alcohol tolerance, metabolism, drug abuse, liver function, acetaldehyde 1953 Dec. p. 86–90
alcoholism, metabolism, drunkeness, physiological individuality conditions effect of alcohol 1948 Dec. p. 50–53
alcohol metabolism, fatty liver, liver function, malnutrition, 'empty calories', acetaldehyde, cirrhosis 1976 Mar. p. 25–33 [1336]
drug reinforces abstinence 1949 May p. 28
on the increase 1952 June p. 40
as occupational disorder 1953 Apr. p. 48
role of culture in etiology 1957 July p. 69
aldosterone, actinomyosin, ecdysone, cortisone, insulin, estrogens, gene activation, RNA synthesis, growth hormone, ACTH, thyroxin, mechanism of hormone action 1965 June p. 36–45 [1013]
Aleutian culture, subverted by dories 1955 June p. 54
Aleutian Islands, Aleuts, Eskimo, genocide, Aleuts as 'Southern Eskimos' 1958 Nov. p. 112–124
Aleutian Trench, ocean floor, topography, seamounts, fathogram, sonar, echo-sounding, the Pacific floor 1952 Apr. p. 19–33
Aleuts, Eskimo, genocide, Aleutian Islands, Aleuts as 'Southern Eskimos' 1958 Nov. p. 112–124
Alexander, archeological excavation, Phrygian civilization, Gordion, 700 B.C., preclassical Greek link with East 1959 July p. 100–109
alfalfa caterpillar, ecology, insecticide, life cycle, agricultural pest, wilt disease, predation 1954 June p. 38–42
algae, phytoplankton, kelp, food chain, algin, agar 1952 Dec. p. 15–17
chlorella, food production 1953 Oct. p. 31–35
lichens, symbiosis, fungi, desert ecology, polar ecology, symbiotic nature of lichens 1959 Oct. p. 144–156 [111]
deuterium, reaction kinetics, metabolism of mammals, penicillin mold, heavy water biology 1960 July p. 106–116
photosynthesis, chloroplast, oxidative phosphorylation, Calvin cycle, path of carbon in photosynthesis 1962 June p. 88–100 [122]
lichens, fungi, symbiosis, fungi as symbionts in lichens 1963 Feb. p. 122–132
coral, coral rings, fossil reefs, paleontology, climatic change, dating by coral rings 1966 Oct. p. 26–33 [871]
Acetabularia, giant cells, mermaid's wineglass, cell nucleus, cytoplasm, giant cells in study of nucleus-cytoplasm interaction 1966 Nov. p. 118–124 [1057]
xylan, mannan, plant cell wall, cellulose, xylan, mannan in place of cellulose in marine plant tissue 1968 June p. 102–108 [1110]
forest communities, lichens, ecology, food chain, nitrogen cycle, treetop ecosystems 1973 June p. 74–80 [1274]
bacteria, legumes, nitrogen fixation, nitrogenase, genetic engineering, Haber process, rhizobium, legumes, symbiosis, nitrogenase, biological nitrogen fixation 1977 Mar. p. 68–81
algal bloom, blue-green bacteria, cyanobacteria, gas vacuoles 1977 Aug. p. 90–97 [1367]
bacteria, photoelectric effect 1964 Mar. p. 59

algal bloom, Dinoflagellata, marine ecology, acetylcholine, nerve poisons, poisonous tide 1958 Aug. p. 92–98
bacteria, symbiosis, blue-green algae, simplest plants, resemblance to bacteria 1966 June p. 74–81
algae, blue-green bacteria, cyanobacteria, gas vacuoles 1977 Aug. p. 90–97 [1367]
algebra, mathematics, science history, matrix, vector 1964 Sept. p. 70–78
algin, algae, phytoplankton, kelp, food chain, agar 1952 Dec. p. 15–17
algorithms, games theory, logic, computer theory, problem solving, Turing machine 1965 Nov. p. 98–106
incompleteness theory, mathematical proof, random numbers, algorithmic definition of randomness 1975 May p. 47–52
computer language, computer programming, hash table, binary search trees 1977 Apr. p. 63–80
computer science, Koenigsberg bridges, undecidable questions, polynomial-time problems, exponential-time problems, efficiency of algorithms 1978 Jan. p. 96–109 [395]
scheduling, combinatorial analysis, critical path scheduling, bin-packing, mathematization of efficiency 1978 Mar. p. 124–132 [3001]
'Alice in Wonderland', mathematics, logic, Carroll, Dodgson, Lewis Carroll (Charles Lutwidge Dodgson), biography 1956 Apr. p. 116–128
alienation, adolescence, family, racial discrimination, divorce, poverty, infant mortality, crime, suicide, drug addiction, changes in American family structure 1974 Aug. p. 53–61 [561]
aligned crystals, crystal structure, materials technology, metals, alignment of crystals for control of mechanical and magnetic properties 1959 Apr. p. 125–141
alkali, ion exchange, desalination, amino-acid separation 1950 Nov. p. 48–51
alkali bog, quicksand, fluidized sand 1953 June p. 97–102
alkali-metal anions, alkali-metal cations, cryptands, electron orbitals, solvated electrons, quantum mechanics 1977 July p. 92–105 [368]
alkali-metal cations, alkali-metal anions, cryptands, electron orbitals, solvated electrons, quantum mechanics 1977 July p. 92–105 [368]
alkaloids, anthropology, medicine, magic, psychoactive drugs, hypnosis psychiatry, lessons from primitive medicine 1948 Sept. p. 24–27
plant physiology, morphine, strychnine, 'hemlock', physostigmine, caffeine, coniine, quinine, cocaine, ricinine, LSD, human toxins in plant physiology 1959 July p. 113–121 [1087]
acetylcholine, acetylcholinesterase, nerve gases, nerve poisons, citric-acid cycle, toxins, lethal mechanisms at cellular level 1959 Nov. p. 76–84
hallucinogens, mental health, drug addiction, consciousness alteration, LSD, psychosis, psilocybin, mescaline, effects of LSD 1964 Apr. p. 29–37 [483]
butterfly, larvae, symbiosis, insect repellants, behavioral adaptation, plant evolution, mimicry, butterfly-plant association 1967 June p. 104–113 [1076]
alkaptonuria, agammaglobulinemia, gene expression, Wilson's disease, congenital anomalies, chemistry of hereditary disease, one gene-one enzyme hypothesis 1956 Dec. p. 126–136
all-weather imaging, aerial mapping, aerial photography, airborne radar, radar, radar holography, side-looking radar 1977 Oct. p. 84–95 [386]
allergic reaction, autosensitivity, poison ivy, dermatitis, rheumatoid arthritis, multiple sclerosis, delayed hypersensitivity 1960 Apr. p. 129–137
antibodies, antigen complement, immune response, lymphocytes, virus antigens, virus disease, autoimmune disease, immune-complex disease, glomerulonephritis, lymphocytic choriomeningitis, serum sickness 1973 Jan. p. 22–31 [1263]
antibodies, antigens, immune response, anaphylactic shock, immunology, lymphocytes 1973 Nov. p. 54–66 [1283]
allergy, immune reaction, antigens, antibodies, serum sickness, hypersensitivity 1948 July p. 26–29
asthma, hypersensitivity, stress 1952 Aug. p. 28–30
antigens, immune response, antibodies, hypersensitivity, phagocytosis, inflammatory response, leukocyte, thymus gland, lymphatic system, cellular immunity 1964 Feb. p. 58–64
allocation of time, television, content analysis, a critical review by educators 1951 June p. 15–17
allosteric enzymes, myoglobin, hemoglobin, X-ray diffraction, amino-acid sequence, contour maps, folding of four chains, alpha chain, beta chain 1964 Nov. p. 64–76 [196]
enzymes, protein synthesis, hemoglobin, myoglobin, control systems, feedback, cooperative enzymes, control of biochemical reactions 1965 Apr. p. 36–45 [1008]
chemical reaction, chemical kinetics, proton transfer, enzymes, catalysis, chemical equilibrium, relaxation methods in chemistry 1969 May p. 30–41
alloying, mechanical alloying, metallurgy, metal-powder alloying 1976 May p. 40–48
alloys, eutectics, crystal structure, metallurgy, controlled eutectics, whiskers, controlled-cooling magnets 1967 Feb. p. 86–92
materials technology, metals, crystal structure, grain boundaries, lattice defects, dislocations, electron 'gas', nature of metals 1967 Sept. p. 90–100
metalliding, materials technology, diffusion, surface alloy, molten fluoride, electrolysis 1969 Aug. p. 38–46
crystal structure, dendrites, metal casting, metallurgy, solidification of metal 1974 Dec. p. 88–95
superconductors, alloy by ultrarapid cooling 1964 Sept. p. 88
superconductors, intense magnetic fields 1970 May p. 56
alluvial soils, soil structure, chernozems, podzols, latozols, tundra, agronomy, ecology of soil, soil erosion, the soils of the world and their management 1950 July p. 30–39
alluvial valley, Mississippi river, meanders, deltas, floods 1951 Apr. p. 18–23
Alnico, cobalt-rare earth alloys, magnetism, permanent magnets, magnetic domains, anisotropy 1970 Dec. p. 92–100
alopecia areata, white hair 'overnight' 1972 Nov. p. 54
alpha clustering, alpha particles, atomic nucleus, elementary particles, nuclear clustering, neutron, nuclear forces, nuclear surface, proton 1972 Oct. p. 100–108
alpha decay, neutrino, elementary particles, neutron decay, beta decay, setting trap for detection of theoretical particle 1956 Jan. p. 58–68
transuranium elements, isotopes, nuclear stability, beta decay, radioactive decay, 'synthetic' elements, periodic table, the 'superheavy' elements beyond 103 1969 Apr. p. 56–67
alpha helix, proteins, amino acids, peptide chain, enzyme catalysis, lock-and-key theory, how is a protein made? 1953 Sept. p. 100–106
proteins, polypeptide chain, amino acids, hydrogen bonds, X-ray crystallography 1954 July p. 51–59 [31]
collagen, proteins, beta chain, polypeptide synthesis, polymers, amino acids, synthesis and architecture of proteins 1957 Sept. p. 173–184 [7]
amino acids, myoglobin, proteins, X-ray crystallography, 3-D structure of protein molecule 1961 Dec. p. 96–11 [121]
proposed by Pauling 1951 Aug. p. 33
alpha keratin, keratin, X-ray diffraction, protein structure, feather keratin 1969 Aug. p. 86–96 [1155]
alpha particles, alpha clustering, atomic nucleus, elementary particles, nuclear clustering, neutron, nuclear forces, nuclear surface, proton 1972 Oct. p. 100–108
alpha rhythms, electroencephalography, brain waves, medical diagnosis, Fourier analysis, toposcope display, automata theory 1954 June p. 54–63
alpine environment, cushion plant, pinks, lammergeier, Himalayan mountain ecology 1961 Oct. p. 68–78
Altai Mountains, Scythian culture, Siberia, tombs, refrigerated tombs, archeology, cloth, leather and wood artifacts preserved by refrigeration 1965 May p. 100–109
Altamira, cave art, cave paintings, Paleolithic archeology, sculpture, Lascaux 1968 Feb. p. 58–72
alternating current, electric light, lighting, zinc sulfide, technology of indoor lighting 1957 Aug. p. 40–47 [221]
electric power, high-voltage transmission, power transmission, hydroelectric power generation, corona discharge, economic advantages of high-voltage transmission 1964 May p. 38–47
alternating-gradient synchrotron, 'eightfold way', omega-minus particle, bubble chamber, particle accelerator, high-energy physics, U.S. Brookhaven National Laboratory experiment 1964 Oct. p. 36–45
Altintepe, Biblical archeology, Mount Ararat, Urartu, 800 B.C. culture at Noah's landing-place 1967 Mar. p. 38–46
altitude, highest mountain: Mount Chimborazo 1973 Feb. p. 49
altitude adaptation, brown fat, Quechua Indians, acclimatization, deer mice, hemoglobin, metabolic rate, exercise, human physiology at high altitude 1970 Feb. p. 52–62 [1168]
aluminates, materials technology, ceramics, crystal structure, silicates, heat resistance, ionic bonds, covalent bonds, nature of ceramics 1967 Sept. p. 112–124

aluminum 'soldering', by ultrasonics 1953 Sept. p. 80
alveolar collapse, acute respiratory failure, intensive care, tracheostomy, lung, emphysema, pathogenesis and treatment of acute respiratory failure 1969 Nov. p. 23–29
alveoli, lung, human physiology, breathing, mechanism of breathing 1960 Jan. p. 138–148
lung collapse, premature infants, lecithin, breathing, surface tension, surfactant, hyaline membrane disease, soaplike agents regulate surface tension in lungs 1962 Dec. p. 120–130
gas exchange, thorax, lung, pulmonary ventilation, breathing, human physiology, vital capacity, mechanics and physiology of breathing, anatomy of lung 1966 Feb. p. 56–68 [1034]
Ama, diving, diving women, Korea, Japan, breathing, human physiology, basal metabolism, adaptation 1967 May p. 34–43
amanita, mycology, fungi, wheat rust, ergot, potato blight, morel, Penicillium notatum, yeast, molds and men 1952 Jan. p. 28–32 [115]
Amanita phalloides, fungi, mushrooms, mushroom poisoning, toxins, thioctic acid 1975 Mar. p. 90–101
Amazon, tropical rain forest, developing countries, resource prospecting, economic planning, forest management, mineral resources, electric power, the Amazon frontier 1948 May p. 11–14
amber, ants, insect evolution, insect census, insects in 'more than royal tomb' 1951 Nov. p. 56–61 [838]
amber mutants, bacteriophage, gene mapping, virus particles 1965 Feb. p. 70–78 [1004]
ambulatory care, medical care, medicine, physical incapacitation, morbidity, mortality rates, hospital care, triage, health insurance, introduction to single-topic issue on medical care 1973 Sept. p. 22–33
medical technology, medical care, hospital care, morbidity, international comparison of medical care systems 1975 Aug. p. 17–25
American Association for the Advancement of Science, *see:* A.A.A.S.
American Book Exchange, to rebuild science libraries 1948 Nov. p. 25
American Chemical Society, *see:* A.C.S.
American Geological Institute, Earth sciences federate 1948 Dec. p. 26
American Indian, *see:* Amerindian
American Institute of Biological Sciences, established 1948 May p. 33
American Institute of Physics, launches 'Physics Today' 1948 May p. 33
American languages, speech, language, dialects, linguistics, changes in U.S. speech 1950 Jan. p. 48–51
palatalization, speech, changes in American speech 1955 Aug. p. 78–83
American Negro, skin color, blood typing, recessive gene, marriage preferences, population genetics, genetic meaning of race 1954 Oct. p. 80–85
public opinion, U.S. whites, desegregation, attitude survey, racial segregation, sociology, longitudinal attitude study 1956 Dec. p. 35–39
cities, racial discrimination, social geography, segregation, metropolitan segregation 1957 Oct. p. 33–41
desegregation, racial integration, public opinion, attitude survey, U.S. whites, longitudinal attitude study reported in 1956 1964 July p. 16–23 [623]
racial discrimination, segregation, Puerto Ricans, housing, poverty 1965 Aug. p. 12–19 [626]
black power, racial discrimination, group identity, economic power, ethnic groups, slavery, social deprivation 1967 Apr. p. 21–27 [633]
ghetto, racial discrimination, unemployment, urban riots, public opinion, social class, 'riffraff theory' versus 'blocked-opportunity' theory 1968 Aug. p. 15–21 [638]
intelligence, race, whites, IQ, heredity, heredity, population genetics, science policy, social psychology, twins, environment, racial discrimination 1970 Oct. p. 19–29 [1199]
desegregation, racial integration, U.S. whites, attitude survey, public opinion, longitudinal attitudes study 1971 Dec. p. 13–19 [673]
racial discrimination, prejudice, public opinion, attitude survey, U.S. whites, segregation, integration, longitudinal attitude study 1978 June p. 42–49 [707]
American Nuclear Society, convenes 1954 Dec. p. 53
American Revolution, white pine, North American forests, Royal Navy, King's Broad Arrow, colonial building 1948 June p. 48–53
American soldiers, public opinion, attitude survey, social discrimination, sociology, studies of attitudes and morale of U.S. troops during World War II, including experiments in racial integration of military units 1949 May p. 11–15
America's Cup race, yachting, yacht design 1974 Dec. p. 64
Amerindian, Hopi Indians, Tewa Indians, cultural assimilation, Pueblo Indians 1957 June p. 126–136
Havasupai, Cohonina, Paleolithic culture, prehistoric man in the Grand Canyon 1958 Feb. p. 97–102
racial discrimination, genocide, cultural assimilation, civil rights, persisting identity of Amerindians 1960 Feb. p. 37–45
mining, gypsum, New World archeology, prehistoric man in Mammoth cave 1960 July p. 130–140
Hopewell cult, burial mounds, New World archeology 1964 Dec. p. 90–102
Eskimo, burial site, New World archeology, 2000 B.C., Port au Choix, Newfoundland, skeletons 1970 June p. 112–121 [657]
Iroquois Confederacy, New World archeology, cannibalism, Onandaga tribe 1971 Feb. p. 32–42 [658]
burial mounds, Cahokia, Mississippian culture, New World archeology 1975 Aug. p. 92–101 [688]
New World archeology, burial mounds, Labrador 1976 Nov. p. 122–129
Amerindian antiquity, radiocarbon dating 1950 Nov. p. 26
Amerindian prehistory, Teotihuacan, Middle America, Mexico, New World archeology, pre-Columbian metropolis 1967 June p. 38–48
'Ames room', visual perception, distance perception, motion perception, optical illusion, size perception, illusions as clues to organization of perception 1951 Aug. p. 50–55
visual perception, personality, aniseikonic lenses, anxiety, 'Honi' phenomenon, emotional relationships condition perception 1959 Apr. p. 56–60
amino-acid deficiencies, dietary requirements, human nutrition, metabolism, food and agriculture 1976 Sept. p. 50–64
amino-acid pairing, genetic code, codon, DNA, RNA, Gamow proposes triplet codon 1955 Oct. p. 70–78
amino-acid separation, ion exchange, alkali, desalination 1950 Nov. p. 48–51
chromatography, fractionation, paper chromatography 1951 Mar. p. 35–41
amino-acid sequence, protein structure, protein synthesis, peptide bond, hydrogen bonds, tertiary structure, nature, diversity and function of proteins 1950 June p. 32–41 [10]
insulin, protein structure, first total sequence 1955 May p. 36–41
virology, mutation, tobacco mosaic virus 1955 July p. 74–78 [59]
insulin, sugar metabolism, cell membrane, human physiology, action of insulin 1958 May p. 99–106
insulin, protein structure, ribonuclease, enzyme action, myoglobin, resolution of atomic structure of three molecules 1961 Feb. p. 81–92 [80]
genetic code, tobacco mosaic virus, RNA nucleotides, protein synthesis, mutation, relation of RNA mutations to amino acid changes 1964 Oct. p. 46–54 [193]
allosteric enzymes, myoglobin, hemoglobin, X-ray diffraction, contour maps, folding of four chains, alpha chain, beta chain 1964 Nov. p. 64–76 [196]
lysozyme, X-ray crystallography, enzyme-substrate complex, protein folding, three-dimensional structure and action of lysozyme 1966 Nov. p. 78–90 [1055]
protein structure, gene-protein colinearity, DNA structure, mutation, gene mapping, base 1967 May p. 80–94 [1074]
antibodies, antibody molecule, immunoglobin, Bence-Jones proteins, heavy chain, light chain, antigen-antibody complex 1967 Oct. p. 81–90 [1083]
antibody molecule, myeloma, immunoglobin, antigen binding, Bence-Jones proteins, antibody amino-acid sequence determination 1970 Aug. p. 34–42 [1185]
amino-acid substitution, sickle cell disease, malaria, anemia, hemoglobin 1951 Aug. p. 56–59
evolution, proteins, species specificity, computer analysis, cytochrome, phylogeny from amino-acid substitution 1969 July p. 86–95 [1148]
cytochrome C, protein evolution, protein structure, respiration, mutation rate, 1.2 billion year record of evolution, ancient protein 1972 Apr. p. 58–72 [1245]
amino acids, proteins, peptide chain, alpha helix, enzyme catalysis, lock-and-key theory, how is a protein made? 1953 Sept. p. 100–106

proteins, polypeptide chain, hydrogen bonds, X-ray crystallography, alpha helix 1954 July p. 51–59 [31]
fossil, bone, mollusk shells, paleontology, paleobiochemistry 1956 July p. 83–92 [101]
collagen, proteins, beta chain, alpha helix, polypeptide synthesis, polymers, synthesis and architecture of proteins 1957 Sept. p. 173–184 [7]
myoglobin, proteins, X-ray crystallography, alpha helix, 3-D structure of protein molecule 1961 Dec. p. 96–11 [121]
evolution, hemoglobin, myoglobin, molecular evolution, evolutionary distance measured by amino-acid substitution 1965 May p. 110–118 [1012]
DNA, protein synthesis, genetic code, mutation, molecular biology, triplets, RNA, anticodon, ribosomes, triplets, wobble hypothesis 1966 Oct. p. 55–62 [1052]
protein synthesis, formylmethionine, ribosome, mRNA, tRNA, initiation of protein synthesis 1968 Jan. p. 36–42 [1092]
insulin, automatic synthesis, protein synthesis, peptide bond, 'solid phase' method of synthesis, polystyrene beads 1968 Mar. p. 56–74 [320]
left from right, amino acid isomers separated 1949 Nov. p. 31
in Precambrian rock 1968 May p. 50

amino acids synthesized, Miller-Urey experiment 1953 July p. 42

ammonia, nitrogen, biological nitrogen fixation, nitrifiers, denitrifiers, nitrogen cycle, legumes 1953 Mar. p. 38–42
solvated electrons, radiolysis, ionization, radiation chemistry, sodium, alkali metals 1967 Feb. p. 76–83

ammonia manufacture, biological nitrogen fixation, Haber process, metallo-organic process, nitrogen fixation 1974 Oct. p. 64–70

ammonia maser, atomic clock, cesium clock, maser, zenith tube, mercury mirror, improvements on sidereal time 1957 Feb. p. 71–82 [225]

amniocentesis, enzyme deficiency, genetic disease, prenatal genetic diagnosis, hemophilia, Down's syndrome, Tay-Sachs disease, chromosomal anomalies 1971 Nov. p. 34–42 [1234]
enzyme deficiency, fat metabolism, genetic disease, Tay-Sachs disease, lipids, lipid-storage diseases, 10 lipid-storage diseases 1973 Aug. p. 88–97

amoebae, social amoebae, slime mold, Dictyostelium acrasin, role of acrasin in cell aggregation 1949 June p. 44–47
cell, cytology, sol-gel reaction, high pressure, effect of high pressure on cellular activity 1958 Oct. p. 36–43
cell differentiation, social amoebae, slime mold, Dictyostelium cell aggregation, acrasin 1959 Dec. p. 152–162
phagocytosis, cell motility, cytoplasmic streaming, sol-gel reaction, front contraction theory of amoeboid motion 1962 Feb. p. 112–122 [182]
social behavior, slime mold, Dictyostelium, chemotaxis communication, spatial orientation 1963 Aug. p. 84–93 [164]
acrasin, adrenalin, social amoebae, slime mold, Dictyostelium, cyclic AMP 1969 June p. 78–91

amorphous metals, glassy metals 1978 Apr. p. 86

amorphous polymers, polymer microstructure, random-coil model, semicrystalline polymers, synthetic polymers, thermoplastic polymers 1975 Dec. p. 96–106

amorphous semiconductors, switching, glass, memory, threshold switch, memory switch 1969 Nov. p. 30–41
nonperiodic systems, Ovshinsky devices, quantum mechanics, semiconductor technology, switching phenomena 1977 May p. 36–48 [362]
Ovshinsky devices 1972 Mar. p. 40

amorphous solid, materials technology, glass fiber, optical glass, ceramics, properties of glass as 'undercooled liquid' 1961 Jan. p. 92–104
crystal structure, solid-state electronics, X-ray crystallography, metals, semiconductor, nonmetals, materials technology, electrical conductivity 1967 Sept. p. 80–89
materials technology, glass, supercooling, crystal structure, geometry of glass, two-phase glasses 1967 Sept. p. 126–136

amphetamines, behavior, encephalitis, hyperactive child, temperament, genetic disease, possibly innate disease syndrome 1970 Apr. p. 94–98 [527]

amphibian, frog, color vision, retina, retinal image-processing, visual perception, retinal processing of visual sensation 1964 Mar. p. 110–119
metamorphosis, frog, thyroxin, pituitary gland, hypothalamus, neurosecretory system, hormone, chemistry of amphibian metamorphosis 1966 May p. 76–88 [1042]

amphibian metamorphosis, tadpole, frog, thyroid hormone, chemistry of amphibian metamorphosis 1963 Nov. p. 110–118 [170]

amphora, Classical archeology, commerce, underwater archeology, Roman empire 1954 Nov. p. 98–104

amplification, *see:* amplifiers

amplifiers, electronics, electron tubes, communication technology, rectifiers, electron optics, cathode-ray tube, communication, power, thermionic emission, state of the technology 1950 Oct. p. 30–39
junction diode amplifiers, sound reproduction, transistor, electronic circuitry, noise 1959 June p. 118–129
fluid dynamics, switching, Coanda effect, logic gates 1964 Dec. p. 80–88

anaerobic metabolism, ruminants, metabolism, symbiosis, cellulose digestion, fermentation, how cows digest grass 1958 Feb. p. 34–38
animal behavior, cryptobiotic animals, metabolism, suspended animation, Nematoda, Rotifera, Tardigrada 1971 Dec. p. 30–36
ATP, muscle, glycolysis, aerobic metabolism, oxygen debt, lactic acid formation, aerobic metabolism, energy mechanisms in muscle 1972 Mar. p. 84–91 [1244]

analgesics, aspirin, inflammation, fever, histamine reaction, bronchospasm, anaphylactic shock, mode of action and hazards of most widely used drug 1963 Nov. p. 96–108
morphine, opium, poppy, heroin, codeine, Bentley's compound, drug action, search for strong, safe analgesic 1966 Nov. p. 131–136 [304]

analog-to-digital conversion, computer, automatic control, solid-state electronics, digital computer, analogue computer, the universal machine 1952 Sept. p. 116–130
computer applications, syntactic analysis, computer modeling, computer technology, computer as instrument and as 'actor' in science 1966 Sept. p. 160–172

analogue computer, computer technology, digital computer, relay computers, binary arithmetic, logic, automatic control, computer memory, control systems, status of 'mathematical machines' 1949 Apr. p. 28–39
computer, automatic control, solid-state electronics, analog-to-digital conversion, digital computer, the universal machine 1952 Sept. p. 116–130
ancient instruments, astrolabe, planispheric astrolabe, science history, how they did it then 1974 Jan. p. 96–106

analogue storage media, information theory, statistics, thermodynamics, noise, redundancy, digital storage media, information compression, automatic control, information 1952 Sept. p. 132–148

analytic geometry, Fermat, Descartes, mathematics history, conic sections, Euler, mathematics 1949 Jan. p. 40–45
creativity, mathematical invention, set theory, Fermat's last theorem, innovation in mathematics 1958 Sept. p. 66–73
Cartesian geometry, mathematics, philosophy, Descartes, René Descartes, biography 1959 Oct. p. 160–173

analytical engine, Babbage, computer, difference engine, digital computer, life and work of Charles Babbage 1952 Apr. p. 66–72

anaphylactic shock, aspirin, inflammation, analgesics, fever, histamine reaction, bronchospasm, mode of action and hazards of most widely used drug 1963 Nov. p. 96–108
antibodies, antigens, allergic reaction, immune response, immunology, lymphocytes 1973 Nov. p. 54–66 [1283]

Anatolia, Arzawa, archeology, Hittites 1955 July p. 42–46
Assyrian civilization, commerce, 2000 B.C., trade patterns 1963 Feb. p. 96–106

Anatolian plateau, Neolithic archeology, Catal Hüyük 1964 Apr. p. 94–104 [620]

anatomy, *see:* human anatomy, comparative anatomy and the like

anchovy, Peru Current, guano, seagulls, El Niño, upwelling 1954 Mar. p. 66–71

anchovy crisis, El Niño, fishing, upwelling, Peru Current, Peruvian anchovy 1973 June p. 22–29 [1273]

anchovy disaster, El Niño and overfishing 1977 July p. 60

ancient instruments, Antikythera, planetary motion, Greek computer, science history, Classical archeology, computer technology, 2,000-year-old computer 1959 June p. 60–67
analogue computer, astrolabe, planispheric astrolabe, science history, how they did it then 1974 Jan. p. 96–106

ancient trade, archeology, writing, Elamite culture, Mesopotamian culture, Persia, Sumer, Iran, Tepe Yahya 1971 June p. 102–111 [660]

Andes, anthropology, Paleolithic culture, stone tools, obsidian, El Inga site, prehistoric man in the Andes 1963 May p. 116–128

earthquake distribution, mountain formation, plate tectonics, seismic waves, volcanic activity 1973 Aug. p. 60–69 [910]
androgens, ACTH, hormone, sexual characteristics, growth, thyroid-stimulating hormone, follicle-stimulating hormone, prolactin, estrogens, secondary sexual characteristics, human physiology, endocrine system, chemical integrators of the body 1957 Mar. p. 76–88 [1122]
Andromeda Galaxy, universe expansion, Cepheid variable, Clouds of Magellan, galactic yardstick, doubling of yardstick doubles size and age of the universe 1953 June p. 56–66
galactic rotation 1973 June p. 30–36
galactic clusters, local clusters, M81 cluster, Virgo cluster 1977 Nov. p. 76–98 [390]
anemia, sickle cell disease, malaria, amino-acid substitution, hemoglobin 1951 Aug. p. 56–59
sickle cell disease, hemoglobin S, human evolution, malaria hematology, adaptive benefits of sickle-cell anemia 1956 Aug. p. 87–94 [1065]
brain damage, environmental toxins, blood disorders, kidney disorder, lead poisoning, nerve disorders 1971 Feb. p. 15–23 [1211]
chemotherapy, cyanate, genetic disease, hemoglobin, erythrocyte, sickle cell disease 1975 Apr. p. 44–50 [1319]
sickle cell disease, chemical basis of hemoglobin mutation 1957 Aug. p. 58
anemometer, meteorology, radiosonde, rain gauge, barometer, hygrometer, instrumentation of meteorology 1951 Dec. p. 64–70
anesthesia, pain, cocaine, procaine, surgery, medical research, neuropharmacology, pharmacology, psychiatry, research in pain suppression 1957 Jan. p. 70–82
barbiturates, hypnotics, tranquilizers, sedatives, pharmacology 1958 Jan. p. 60–64
senility hastened 1955 Dec. p. 54
dissociative anesthesia 1971 June p. 56
aneurysm, common etiology 1968 Dec. p. 50
anger, fear, adrenalin, noradrenalin 1955 May p. 74–81 [428]
fear, different adrenalins 1951 Nov. p. 40
angiogenesis, avascular tumors, cancer, tumor inhibition, tumor vascularization, tumor angiogenesis factor (TAF) 1976 May p. 58–73 [1339]
angiotensin, hypertension, atherosclerosis, stress, etiology and care of hypertension 1948 Aug. p. 44–47
hypertension, kidney function, human physiology, isolation of angiotension 1959 Mar. p. 54–58
angiotonin, *see:* angiotensin
Anglo-Saxon King, Sutton Hoo, ship burial, a treasure hoard 1951 Apr. p. 24–30
angular momentum, dust cloud hypothesis, binary stars, photophoresis, gravitational collapse, element abundance, origin of the Earth 1952 Oct. p. 53–61 [833]
ultracentrifuge, ultra-high speed rotation, magnetic flotation, molecular weight determination, 90 million r.p.s. 1961 Apr. p. 134–147
pulsar, white dwarfs, neutron stars, gravitational collapse, 'lighthouse' model proposed 1968 Oct. p. 25–35
Crab Nebula, neutron stars, pulsar, radio source, stellar evolution, gravitational collapse 1971 Jan. p. 48–60
animal behavior, opossum, marsupial, death-simulation, playing possum by opossum and other animals 1950 Jan. p. 52–55
sexual behavior, courtship display 1950 July p. 52–55
hibernation, metabolic rate, thermoregulation, body temperature 1950 Dec. p. 18–21
problem box, intelligence test 1951 June p. 64–68
stickleback, courtship display, sexual behavior, displacement activity, ethology 1952 Dec. p. 22–26 [414]
curiosity, rhesus monkeys, problem solving, genetic traits 1954 Feb. p. 70–75
zoos, captivity 1954 May p. 76–80
courtship display, gulls, releaser stimulus, displacement activity, ethology 1954 Nov. p. 42–46
spider webs, drug action, abnormal behavior 1954 Dec. p. 80–86
tawny owl, nocturnal animals, predator-prey relationship 1955 Oct. p. 88–98
bowerbirds, sexual behavior, courtship display, arena behavior, Australian bowerbird, natural history 1956 June p. 48–52
bird song, animal communication, learning, innate behavior 1956 Oct. p. 128–138 [145]
learning, imprinting, developmental psychology, effect of early life on later learning 1958 Mar. p. 81–90 [416]
ethology, evolution, ritualized behavior, innate behavior, releaser stimulus, evolution of behavioral patterns 1958 Dec. p. 67–78 [412]
incubator birds, eggs, chicken, fowl, ornithology, hatching eggs in hot places 1959 Aug. p. 52–58
comparative psychology, prairie dogs, social behavior, territorial behavior, innate behavior, learning behavior, field observation of prairie dog communities 1959 Oct. p. 128–140
ornithology, crow, signal behavior, language of crows 1959 Nov. p. 119–131
learning, stress, behavior disorders, stimulation in infancy 1960 May p. 80–86 [436]
electric fishes, sodium ion potential, electroplaques, neurophysiology, synapse, acetylcholine, nerve impulse, bioluminescence 1960 Oct. p. 115–124
ethology, social behavior, gulls, comparative psychology, evolution, reconstructing gull family tree from behavior of species 1960 Dec. p. 118–130 [456]
ecological niche, symbiosis, reef ecology, cleaning behavior, behavioral integration of reef ecology 1961 Aug. p. 42–49 [135]
behavioral adaptation, ground squirrels, Mojave desert, kidney function, thermoregulation, desert adaptation, desert mammals' adaptations to heat and aridity 1961 Nov. p. 107–116
cichlid fish, marine iguana, rattlesnake, fighting behavior, comparative psychology, oryx 1961 Dec. p. 112–122 [470]
evolution, innate behavior, lovebird, sexual behavior, interspecies differentiation of behavior 1962 Jan. p. 88–98
bioelectricity, physiological psychology, electrically controlled behavior 1962 Mar. p. 50–59 [464]
marine biology, fish, schooling behavior, sensory systems for parallel orientation 1962 June p. 128–138 [124]
sharks, attack prevention, sensory systems, feeding behavior 1962 July p. 60–68 [127]
Phalangida, harvestman, daddy longlegs, Arachnida, natural history 1962 Oct. p. 119–128 [137]
archer fish, predator-prey relationship, natural history, Toxotes 1963 July p. 100–108
arena behavior, bowerbirds, sexual behavior, courtship display, releaser stimulus, ethology, natural history 1963 Aug. p. 38–46 [1098]
Antarctica, ornithology, skua, south polar skua 1964 Feb. p. 94–100
chimpanzee, symbolic language, learning, operant conditioning, binary numbers, chimpanzee learning arithmatic 1964 May p. 98–106 [484]
brain stimulation, neurotransmitters, hormone, drive activation by injection of chemicals into rat brain 1964 June p. 60–68 [485]
population control, territorial behavior, reproduction, homeostatic population controls 1964 Aug. p. 68–74 [192]
habitat selection, ecological adaptation, heredity, learning, field experiments with mice 1964 Oct. p. 109–116 [195]
Arachnida, false scorpion, natural history, Chelifer canroides 1966 Mar. p. 95–100 [1039]
sex differences, hypothalamus, testosterone, physiological psychology, sex hormones, pituitary hormones, sex differences in rat brain, effect of testosterone 1966 Apr. p. 84–90 [498]
aggression, rats, social behavior, territorial behavior, natural history, Rattus rattus, Rattus norvegicus 1967 Jan. p. 78–85
nervous system, vision, reflex arc, motor neuron, interneuron, small neuron systems as models for study 1967 May p. 44–52 [1073]
evolution, fossil tracks, fossil animal tracks, burrows 1967 Aug. p. 72–80 [872]
speciation, gulls, evolution, sexual behavior, innate behavior, ethology, species discrimination, Larus, eye rings 1967 Oct. p. 94–102 [1084]
learning, cerebral cortex, striatum, bird nervous system, crows, pigeons, canaries, chickens 1968 June p. 64–76 [515]
cryptozoa, Berlese funnel, natural history, ecological niche, cryptosphere, life under rocks and rotting logs 1968 July p. 108–114 [1112]
marine birds, phalarope, sexual behavior, parental care, sex role, hormone 1969 June p. 104–111
innate behavior, learning, parental care, feeding behavior, sea gull chicks 1969 Dec. p. 98–106 [1165]
locomotion, herpetology, snake, lateral, rectilinear, concertina and sidewinding modes of progression 1970 June p. 82–96 [1180]
albatross, evolution, bird flight, sexual behavior, soaring, natural history 1970 Nov. p. 84–93 [1204]
mollusks, central nervous system, neurophysiology 1971 Feb. p. 68–75 [1212]
biological clock, circadian rhythm, circannual rhythm, hibernation, animal migration, manic depression 1971 Apr. p. 72–79 [1219]

courtship display, turkeys, pecking order, sexual behavior, lek behavior, Welder Wildlife Refuge 1971 June p. 112–118
cryptobiotic animals, metabolism, anaerobic metabolism, suspended animation, Nematoda, Rotifera, Tardigrada 1971 Dec. p. 30–36
ducks, imprinting, auditory interaction 1972 Aug. p. 24–31 [546]
developmental psychology, homing behavior, kittens, learning, suckling 1972 Dec. p. 18–25 [552]
escape response, neurophysiology, toad, visual perception, visually guided behavior 1974 Mar. p. 34–42 [1293]
population cycles, population control, lemmings 1974 June p. 38–46 [1296]
birds, finches, mimicry, parasitism, sexual behavior, widow birds 1974 Oct. p. 92–98
lions, symbiosis, predator-prey relationship 1975 May p. 54–65
aerodynamics, bird flight, insect flight, clap-fling mechanism, flip mechanism, hovering flight, lift generation 1975 Nov. p. 80–87 [1331]
mantis shrimps, marine life, stomatopods 1976 Jan. p. 80–89
predator-prey relationship, spiders, Arachnida, social spiders 1976 Mar. p. 100–106
crocodile, Nile crocodile, parental care, reptile 1976 Apr. p. 114–124
hopping energetics, kangaroos, mammalian evolution, marsupial 1977 Aug. p. 78–89 [1366]
milk hijacking by British songbirds 1950 June p. 30
hedgehog's egg preferences 1952 Apr. p. 44
crow-calls, bird semantics 1956 Aug. p. 52
see also: insect behavior, primate behavior, animal navigation and the like

animal communication, insect behavior, social insect, bee dances, directional orientation, 'language of the bees' 1948 Aug. p. 18–21 [21]
bee dances, more on the 'language of the bees' 1953 July p. 60–64
fish communication, crustacea, whale, porpoises, marine biology, animal sounds in the sea 1956 Apr. p. 93–102
bird song, learning, innate behavior, animal behavior 1956 Oct. p. 128–138 [145]
ants, insect behavior, ant 'guests', comensalism, parasitism, pheromones 1971 Mar. p. 86–93 [1213]
chemotaxis, pheromones, bullheads, catfish 1971 May p. 98–108 [1222]
ape language, chimpanzee learning, Sara learns grammar to 'read' 1972 Oct. p. 92–99 [549]
bird song, bell shrike, bird duets 1973 Aug. p. 70–79 [1279]
behavioral adaptation, firefly, bioluminescence, insect behavior, synchronous flashing of fireflies 1976 May p. 74–85
brown rat, rats 1977 May p. 106–116 [577]
stereotyped dances of bees 1957 Mar. p. 70
insect behavior, signal dance of the blowfly 1957 May p. 72
ornithology, Lanarius erythrogaster song 1963 May p. 80
insect behavior, cricket song, mole cricket 1972 Feb. p. 44

animal domestication, agricultural history, archeology, plant domestication, food and agriculture 1976 Sept. p. 88–97

animal electricity, Galvani, voltaic pile, a major discovery in physics as well as biology 1950 Feb. p. 40–43

animal husbandry, cattle, dairying, Zebu cattle, European cattle, selective stock breeding 1958 June p. 51–59
antelope, giraffe, elephant, buffalo, rhinoceros, hippopotamus, wildlife husbandry in Africa 1960 Nov. p. 123–134
agricultural technology, poultry production, food production, chicken, eggs, U.S. chicken factories 1966 July p. 56–64
water buffalo, domestic animals, agricultural water buffalo as draft and 'beef' animal 1967 Dec. p. 118–125 [1088]
Karimojong, cattle, subsistence herding, Uganda 1969 Feb. p. 76–89
mules, horse, donkeys , genetics and natural history of mule 1970 Dec. p. 102–109 [1208]
ecosystem, energy cycle, agricultural system, power, New Guinea, tropical agriculture 1971 Sept. p. 116–132 [666]
dwarf chickens 1971 June p. 59
endangered species in zoos 1973 June p. 40
featherless chickens 1975 Feb. p. 43
wild-domestic hybrids 1977 Oct. p. 81

animal migration, gray whale, whale, extinction 1955 Jan. p. 62–66
mouse, population control, food supply 1955 Dec. p. 92–100
plant migration, oceanography, New World archeology, Bering land bridge, continental shelf, glaciation, Wisconsin glaciation, animal-plant migration, Asia-North America 1962 Jan. p. 112–123
aerial plankton, species dispersion, insect physiology, agricultural pest, entomology, wind-borne dispersal of species 1963 Dec. p. 132–138
animal navigation, turtles, telemetry, sexual behavior, nesting, Chelonia mydas, green turtle, 1,400-mile journey 1965 May p. 78–86 [1010]
penguin, animal navigation, Antarctica, Adélie penguin navigation system 1966 Oct. p. 104–113
polar bears, telemetry, satellite, Arctic, satellite tracking of migratory animals 1968 Feb. p. 108–116 [1102]
animal behavior, biological clock, circadian rhythm, circannual rhythm, hibernation, manic depression 1971 Apr. p. 72–79 [1219]
grassland, grazing animals, grazing ecosystem, savanna topography, Serengeti National Park, Tanzania 1971 July p. 86–93 [1228]

animal navigation, sonar, bat sonar, ultrasonic signal, bat navigation demonstrated in laboratory 1950 Aug. p. 52–55
bee, crustacea, solar navigation 1954 Oct. p. 74–78
polarized light, Nichol prism, dichroic material, horseshoe crab 1955 July p. 88–94
salmon, fish migration, homing behavior, chemotaxis 1955 Aug. p. 72–75
bird navigation, spatial orientation, bird migration, celestial navigation by birds 1958 Aug. p. 42–47 [133]
bioluminescence, electric fishes, electric field 1963 Mar. p. 50–59
animal migration, turtles, telemetry, sexual behavior, nesting, Chelonia mydas, green turtle, 1,400-mile journey 1965 May p. 78–86 [1010]
penguin, animal migration, Antarctica, Adélie penguin navigation system 1966 Oct. p. 104–113
insect behavior, locust, nervous system, insect flight, response to stimuli, schistocerca gregaria 1971 Aug. p. 74–81 [1231]
chemotaxis, herring, shad migration, homing behavior, temperature as migration control 1973 Mar. p. 92–98 [1268]
insect behavior, ants, bee, insect eye, polarized light 1976 July p. 106–115 [1342]
porpoise navigation, by sonar? 1953 May p. 60

animal psychology, *see also:* comparative psychology

animal sacrifice, oxtail omen experimentally demonstrated 1966 Feb. p. 54

animal toxins, nerve conduction block, tetrodotoxin, saxitoxin, poisons, puffer fish, California newt 1967 Aug. p. 60–71 [1080]

animal vectors, encephalitis, virus disease, influenza virus 1949 Sept. p. 18–21
brain disease, scrapie, kuru, Chédiak-Higashi syndrome, virus disease, multiple sclerosis 1967 Jan. p. 110–116

animals, Audubon, animals by John James Audubon 1952 Jan. p. 64–65

anionic detergent, synthetic detergents, cationic detergent, surfactant, nature and action of synthetic detergents 1951 Oct. p. 26–30

aniseikonic lenses, visual perception, 'Ames room', personality, anxiety, 'Honi' phenomenon, emotional relationships condition perception 1959 Apr. p. 56–60

anisotropy, cobalt-rare earth alloys, magnetism, permanent magnets, magnetic domains, Alnico 1970 Dec. p. 92–100

Annelida, feather duster worm, lugworm, biological clock, circadian rhythm, marine worm 1959 June p. 132–142

anomalous diffusion, magnetic field, plasma instability, thermonuclear reaction, fusion reactor, magnetic bottle, nuclear power, leakage of plasma 1967 July p. 76–88

'anomalous' water, 'biological' water, blood, hemoglobin, water, membrane permeability, osmosis, erythrocyte, van 't Hoff law 1971 Feb. p. 88–96 [1213]

Anopheles mosquito, tropical medicine, malaria, Plasmodium, epidemiology, W.H.O. malaria eradication 1962 May p. 86–96

anoxia, epidemiology, stress, pregnancy, Down's syndrome, trisomy 21, etiology of Down's syndrome 1952 Feb. p. 60–66

ant 'guests', ants, insect behavior, animal communication, comensalism, parasitism, pheromones 1971 Mar. p. 86–93 [1213]

Antarctic climate, no warmer 1953 Jan. p. 34

Antarctic continental glacier, Antarctica, glaciation, ice, stratigraphy, volume of ice in glaciers ecological implications 1962 Sept. p. 132–146 [861]

Antarctic convergence, food chain, plankton, krill, whale, Euphausia superba 1958 Jan. p. 84–89 [853]
Antarctica, ocean circulation, Antarctic Ocean, physical oceanography of Antarctic 1962 Sept. p. 113–128 [860]
Antarctica, oceanography, marine biology, food chain, krill, blue whale, ecology, biological province of Antarctic convergence 1962 Sept. p. 186–210

whaling industry, blue whale, endangered species, International Whaling Commission 1966 Aug. p. 13–21
Antarctic glacier, Earth, glaciation, climate, sea level, hydrologic cycle 1955 Sept. p. 84–92 [809]
Antarctic Ocean, Antarctica, ocean circulation, Antarctic convergence, physical oceanography of Antarctic 1962 Sept. p. 113–128 [860]
Antarctic Treaty, Antarctica, history of exploration, I.G.Y., introduction to a single-topic issue on Antarctica 1962 Sept. p. 60–63
inspection procedures 1963 Nov. p. 65
Antarctica, Atka, oceanography, icebreaker, I.G.Y., introduction to a single-topic issue on the planet Earth 1955 Sept. p. 50–55
penguin, sexual behavior, behavioral adaptation, natural history 1957 Dec. p. 44–51
history of exploration, I.G.Y., Antarctic Treaty, introduction to a single-topic issue on Antarctica 1962 Sept. p. 60–63
Earth magnetic field, 'whistlers', upper atmosphere, solar wind, aurora, atmosphere-magnetic field-solar wind interaction 1962 Sept. p. 74–83 [858]
climatology, solar radiation, atmospheric circulation, albedo, Antarctica in Earth's heat budget 1962 Sept. p. 84–94 [859]
ocean circulation, Antarctic convergence, Antarctic Ocean, physical oceanography of Antarctic 1962 Sept. p. 113–128 [860]
glaciation, Antarctic continental glacier, ice, stratigraphy, volume of ice in glaciers ecological implications 1962 Sept. p. 132–146 [861]
geology, glaciation, seismology, seismic mapping, Antarctic land mass, part continent-part archipelago 1962 Sept. p. 151–166
fossil fauna, fossil flora, geology, paleontology, Glossopteris, coal, continental drift evidence 1962 Sept. p. 168–184 [863]
oceanography, marine biology, food chain, krill, blue whale, ecology, Antarctic convergence, biological province of Antarctic convergence 1962 Sept. p. 186–210
fauna, flora, lichens, blue-green algae, ecology, Antarctica terrestrial life 1962 Sept. p. 212–230 [865]
animal behavior, ornithology, skua, south polar skua 1964 Feb. p. 94–100
penguin, animal migration, animal navigation, Adélie penguin navigation system 1966 Oct. p. 104–113
seal, directional orientation, breathing, breathing holes in ice 1969 Aug. p. 100–106 [1156]
ice perils Atka 1955 Apr. p. 52
I.G.Y. 1956 Jan. p. 45
I.G.Y. 1957 July p. 65
I.G.Y. 1957 Oct. p. 58
weapons test fallout 1957 Nov. p. 70
I.G.Y. results reviewed 1958 Mar. p. 54
I.G.Y. 1958 May p. 56
I.G.Y. 1958 Aug. p. 49
Special Committee for Antarctic Research 1958 Nov. p. 53
I.G.Y. results 1959 Feb. p. 59
reserved for science by treaty 1960 Jan. p. 70
sub-glacial topography 1960 Mar. p. 86
results of scientific exploration 1960 Oct. p. 83
research ships described 1961 May p. 80
U.S. National Science Foundation research program 1962 Oct. p. 60
antelope, animal husbandry, giraffe, elephant, buffalo, rhinoceros, hippopotamus, wildlife husbandry in Africa 1960 Nov. p. 123–134
desert adaptation, thermoregulation, water drinking, evaporation, eland and oryx, survival without drinking 1969 Jan. p. 88–95
antennae, artificial satellite, orbital motion, interferometry, radio astronomy, tracking station, satellite tracking 1958 Jan. p. 23–29
anthocyanins, leaf color, chlorophyll, carotene, primary synthesis of aromatic compounds 1950 Oct. p. 40–43
carotenoids, flower pigments, pigment synthesis, flavonoids, biochemistry and genetics of flower pigments 1964 June p. 84–92 [186]
anthracene, crystallography, photosynthesis, electron transfer, exciton, plants, organic crystals, conjugated aromatic hydrocarbons 1967 Jan. p. 86–97
anthropoid, primate evolution, fossil primates, hominoid, early relatives of man 1964 July p. 50–62 [622]
anthropology, medicine, magic, alkaloids, psychoactive drugs, hypnosis psychiatry, lessons from primitive medicine 1948 Sept. p. 24–27
human evolution, culture as concept, science, anthropology 1900-1950 1950 Sept. p. 87–94
Kuanyama Ambo, social controls, murder, monarchy 1950 Oct. p. 52–55
Halloween, Druid holiday 1951 Oct. p. 62–66
cultural evolution, sociology, multilinear human culture changes 1956 May p. 69–80
nonverbal communication, posture, cultural relativism 1957 Feb. p. 122–132
Neanderthal man, human evolution, co-existence of Homo sapiens and Neanderthal man 1957 Dec. p. 89–96 [844]
nonverbal communication, pictograph, Easter Island talking boards 1958 June p. 61–68
human evolution, steatopygia, climate, human migration, race, population, genetic variation, ancient migration and human diversity 1960 Sept. p. 112–127 [604]
Paleolithic culture, stone tools, obsidian, Andes, El Inga site, prehistoric man in the Andes 1963 May p. 116–128
bride price, marriage contracts, Sebei tribe 1973 July p. 74–85
central-place theory, market networks, People's Republic of China, Guatemala, rural markets 1975 May p. 66–79
bison hunting 1971 June p. 59
human evolution, Lake Rudolf skull 1973 June p. 39
human evolution, Ethiopian skull 1974 Dec. p. 64
human evolution 1976 Oct. p. 57
North American prehistory 1977 June p. 61
see also: social anthropology
anti-histamines, puffing reduced by F.D.A. 1950 Aug. p. 30
anti-scientific attitudes, fluoridation, public opinion, voting behavior 1955 Feb. p. 35–39 [453]
antiballistic missile, *see:* ABM
antibiotic hazard, from animal feeding 1952 Jan. p. 38
antibiotic resistance, hospital infections, staphylococcus, revival of classical aseptic routines 1959 Jan. p. 41–45
antibiotics, staphylococcus septicemia, toxicology, oxidative phosphorylation, cause of death from staphylococcal infection 1968 Feb. p. 84–94
bacteria, infectious disease, drug resistance, gene mutation, plasmids, Rh factor, bacterial conjugation 1973 Apr. p. 18–27 [1269]
antibiotics, aureomycin, virus disease, rickettsial disease, bacterial infection, 'broad spectrum' antibiotic 1949 Apr. p. 18–23
infectious disease, toxicity, bacterial resistance, virus disease, status of new medical technology 1949 Aug. p. 26–35
biochemistry, enzymes, virus, citric-acid cycle, metabolism, co-enzymes, sulfa drugs, science, biochemistry 1900-1950 1950 Sept. p. 62–68
penicillin, streptomycin, aureomycin, chloramphenicol, infectious disease, the antibiotic revolution 1952 Apr. p. 49–57
plant disease, rot, blight, smut, wilt disease, mold, mildew 1955 June p. 82–91
protein synthesis, streptomycin, genetic code, ribosome, DNA, RNA, mutation, 'misreadings' induced by antibiotic alterations of ribosomes 1966 Apr. p. 102–109
bacteria, drug resistance, mutation, DNA R-factor, transferable drug resistance, multiple resistance 1967 Dec. p. 19–27
staphylococcus septicemia, antibiotic resistance, toxicology, oxidative phosphorylation, cause of death from staphylococcal infection 1968 Feb. p. 84–94
chemotherapy, drug effects, liver function, pharmacology, vaccine, hormone, medical care, herbial medicine 1973 Sept. p. 102–112
actinomycin, DNA-actinomycin binding, mRNA inhibition, protein synthesis 1974 Aug. p. 82–91 [1303]
mutagenic streptomycin 1949 Aug. p. 24
show synergy 1950 Sept. p. 46
plant-growth stimulants 1952 Oct. p. 48
misuse, livestock feed pens 1966 Oct. p. 44
antibodies, allergy, immune reaction, antigens, serum sickness, hypersensitivity 1948 July p. 26–29
leukocyte, infection, phagocytosis, 'the first line of defense' 1951 Feb. p. 48–52 [51]
fertilization, antigen-antibody reaction, fertilizin 1954 June p. 70–75 [43]
immunity, how antibodies are made, self-marker hypothesis 1954 Nov. p. 74–78
bacterial infection, blood proteins, gammaglobulin, immunology, tissue grafts, agammaglobulinemia, hereditary immunological deficiency 1957 July p. 93–104
antigens, antigen-antibody reaction, gammaglobulin, antibody-antigen specificity 1957 Oct. p. 99–106
electrophoresis, immunoelectrophoresis, antigens, separation of proteins 1960 Mar. p. 130–140 [84]

antigens, protein synthesis, immunology, immune response, mutation, selection theory of immunity 1961 Jan. p. 58–67 [78]
antigens, immune response, hypersensitivity, phagocytosis, inflammatory response, leukocyte, allergy, thymus gland, lymphatic system, cellular immunity 1964 Feb. p. 58–64
thymus, lymphatic system, immune system, lymphocytes, thymus implant in mouse, humoral factor 1964 July p. 66–77
amino-acid sequence, antibody molecule, immunoglobin, Bence-Jones proteins, heavy chain, light chain, antigen-antibody complex 1967 Oct. p. 81–90 [1083]
antigen complement, immune response, lymphocytes, virus antigens, virus disease, autoimmune disease, allergic reaction, immune-complex disease, glomerulonephritis, lymphocytic choriomeningitis, serum sickness 1973 Jan. p. 22–31 [1263]
antigens, allergic reaction, immune response, anaphylactic shock, immunology, lymphocytes 1973 Nov. p. 54–66 [1283]
bursa, cell differentiation, humoral immunity, B-cells, T-cells, immune system, lymphocytes, thymus 1974 Nov. p. 58–72 [1306]
cell membrane, histocomptability, antigens, immune response, immunoglobin, lymphocytes, B-cells, T-cells 1976 May p. 30–39 [1338]
antigens, active site, immune response, lock-and-key theory, immunoglobin, Bence-Jones proteins, Fab fragments, Fc unit 1977 Jan. p. 50–59 [1350]
cancer, cell-surface antigens, cancer immunology, immunopotentiators, immune response, tumor-specific antigens, leukemia, transplantation antigens 1977 May p. 62–79 [1358]
hepatitis A, hepatitis B, tranfusion hepatitis, viral hepatitis, Australian antigen (B), viral structure, viral disease 1977 July p. 44–52 [1365]
architecture of antibodies 1958 Nov. p. 58
thymus in antibody-production 1962 Apr. p. 82

antibody molecule, amino-acid sequence, antibodies, immunoglobin, Bence-Jones proteins, heavy chain, light chain, antigen-antibody complex 1967 Oct. p. 81–90 [1083]
myeloma, immunoglobin, antigen binding, Bence-Jones proteins, amino-acid sequence, antibody amino-acid sequence determination 1970 Aug. p. 34–42 [1185]
antigens, B-cells, immune system, lymphatic system, lymphocytes, T-cells 1973 July p. 52–60 [1276]
first electron micrograph 1960 Apr. p. 85

antibody persistence, vaccine, poliomyelitis virus, epidemiology 1955 Apr. p. 42–44

antibody production, thymus, immunology, lymphocytes, DNA, autoimmune disease, thymus role in producing antibodies 1962 Nov. p. 50–57 [138]
antigen-antibody reaction, lymphocytes, RNA synthesis, immune response, clonal selection theory 1964 Dec. p. 106–115 [199]

anticoagulant therapy, blood clotting, Dicumarol, thrombus 1951 Mar. p. 18–21

anticodon, amino acids, DNA, protein synthesis, genetic code, mutation, molecular biology, triplets, RNA, ribosomes, triplets, wobble hypothesis 1966 Oct. p. 55–62 [1052]

anticyclones, wind, meteorology, atmospheric circulation, cyclone, source of prevailing winds 1956 Dec. p. 40–45 [841]

antifungal agent, from fungus 1953 Apr. p. 52

antigen-antibody reaction, ionic bonds, covalent bonds, hydrogen bonds, Van der Waals force, long-range forces, chemical bond, proposed intermolecular long-range force 1948 Oct. p. 14–17
molecular biology, physical chemistry, interdisciplinary collaboration, collaboration of G. Beadle and L. Pauling 1949 May p. 16–21
virus disease, influenza virus, bacteriophage, poliomyelitis virus, bacteriophage, immunity, infection, host-specificity, viruses in infection and in the laboratory 1951 May p. 43–51
species specificity, speciation, determination of 'blood relationships' 1951 July p. 59–63
fertilization, antibodies, fertilizin 1954 June p. 70–75 [43]
antibodies, antigens, gammaglobulin, antibody-antigen specificity 1957 Oct. p. 99–106
antibody production, lymphocytes, RNA synthesis, immune response, clonal selection theory 1964 Dec. p. 106–115 [199]

antigen binding, antibody molecule, myeloma, immunoglobin, Bence-Jones proteins, amino-acid sequence, antibody amino-acid sequence determination 1970 Aug. p. 34–42 [1185]

antigen complement, antibodies, immune response, lymphocytes, virus antigens, virus disease, autoimmune disease, allergic reaction, immune-complex disease, glomerulonephritis, lymphocytic choriomeningitis, serum sickness 1973 Jan. p. 22–31 [1263]

antigen variation, disease, medical history, influenza virus, encephalitis, pandemics, virus disease, animal vectors, Hong Kong flu, swine flu 1977 Dec. p. 88–106 [1375]

antigens, allergy, immune reaction, antibodies, serum sickness, hypersensitivity 1948 July p. 26–29
antibodies, antigen-antibody reaction, gammaglobulin, antibody-antigen specificity 1957 Oct. p. 99–106
electrophoresis, immunoelectrophoresis, antibodies, separation of proteins 1960 Mar. p. 130–140 [84]
antibodies, protein synthesis, immunology, immune response, mutation, selection theory of immunity 1961 Jan. p. 58–67 [78]
immune response, antibodies, hypersensitivity, phagocytosis, inflammatory response, leukocyte, allergy, thymus gland, lymphatic system, cellular immunity 1964 Feb. p. 58–64
antibody molecule, B-cells, immune system, lymphatic system, lymphocytes, T-cells 1973 July p. 52–60 [1276]
antibodies, allergic reaction, immune response, anaphylactic shock, immunology, lymphocytes 1973 Nov. p. 54–66 [1283]
antibodies, cell membrane, histocomptability, immune response, immunoglobin, lymphocytes, B-cells, T-cells 1976 May p. 30–39 [1338]
antibodies, active site, immune response, lock-and-key theory, immunoglobin, Bence-Jones proteins, Fab fragments, Fc unit 1977 Jan. p. 50–59 [1350]
cell-surface antigens, graft rejection, histocompatability, immune response, H-2 antigens, HLA antigens 1977 Oct. p. 96–107 [1369]
histocompatibility, HLA-associated diseases 1978 Jan. p. 64

antigravity, time reversal, CPT symmetry, antimatter, probability, philosophy of science 1967 Jan. p. 98–108

antihistamines, best-selling patent medicines 1950 May p. 28

Antikythera, planetary motion, Greek computer, ancient instruments, science history, Classical archeology, computer technology, 2,000-year-old computer 1959 June p. 60–67
astronomical calculator circa 1.B.C. 1959 Apr. p. 62
gear train reconstructed 1974 Apr. p. 50

antimatter, antiproton, positron, proton, Bevatron, high-energy physics, postulation and discovery of antiproton 1956 June p. 37–41 [244]
high-energy physics, antiproton, antineutron, Bevatron, cosmology, 'universon', 'cosmon', 'anticosmon' 1958 Apr. p. 34–39
symmetry, elementary particles, 'weak' force, parity, particle interaction, recognition of 'fourth force' 1959 Mar. p. 72–84 [247]
atom, Pauli, exclusion principle, theoretical physics, quantum mechanics, structure of atoms and nuclei 1959 July p. 74–86 [264]
antigravity, time reversal, CPT symmetry, probability, philosophy of science 1967 Jan. p. 98–108
Leidenfrost phenomenon, Zeeman effect, Klein theory, high-energy physics, cosmology, high-energy physics and cosmology 1967 Apr. p. 106–114 [311]
g factor, electron, magnetic moment, electron spin, positron, magnetic bottle 1968 Jan. p. 72–85
high-energy physics, colliding-beam accelerator, electron-positron annihilation, proton, parton model, quantum electrodynamics 1973 Oct. p. 104–113
electron-positron annihilation, J particle, psi particle, charm, color, quark, high-energy physics, storage rings, virtual particles 1975 June p. 50–62
crystal structure, gamma radiation, gravitational interaction, positron probes, solid state physics, scintigraph 1975 July p. 34–42
antineutron demonstrated 1956 Nov. p. 64
beta decay, bias for positive 1966 Aug. p. 40
C.E.R.N. experiment upholds charge-conjugation symmetry 1966 Nov. p. 64

antineutron, antimatter, high-energy physics, antiproton, Bevatron, cosmology, 'universon', 'cosmon', 'anticosmon' 1958 Apr. p. 34–39

antinomy, paradox, mathematical logic, logic, barber paradox, undecidable questions, Gödel's proof, Grelling's paradox, Epimenides' paradox, Zeno's paradox, paradox and foundations of logic 1962 Apr. p. 84–96

antiproton, positron, proton, Bevatron, antimatter, high-energy physics, postulation and discovery of antiproton 1956 June p. 37–41 [244]
antimatter, high-energy physics, antineutron, Bevatron, cosmology, 'universon', 'cosmon', 'anticosmon' 1958 Apr. p. 34–39
experiment designed 1949 Dec. p. 30
Dirac substantiated 1955 Dec. p. 46

antiproton found, theory substantiated 1954 July p. 44

antisubmarine warfare, arms control, missile submarines, SALT, mutual assured destruction, SLBM, sonar, acoustic detection

1972 July p. 14–25 [345]

antivivisection, scientists sue Hearst 1949 Sept. p. 26
loses in Baltimore 1950 Feb. p. 27
animals from the pound 1952 Apr. p. 40
Hearst settles libel suit 1953 July p. 46
U.S. legislation 1963 June p. 70
laboratory animals 1966 Mar. p. 55
judicial ruling on 'justifiable pain' 1966 June p. 56
U.S. Federal legislation on animal experimentation 1966 Nov. p. 65

antler, evolution, horn, osteogenesis, bone, keratin, ungulates, differences between horns and antlers 1969 Apr. p. 114–122 [1139]

ants, insect behavior, social insect, army ant, comparative psychology, reproduction, feedback, pheromones, trophallaxis, natural history, philosophy of science, anthropomorphism 1948 June p. 16–23
amber, insect evolution, insect census, insects in 'more than royal tomb' 1951 Nov. p. 56–61 [838]
insect behavior, animal communication, ant 'guests', comensalism, parasitism, pheromones 1971 Mar. p. 86–93 [1213]
insect behavior, army ant, social insect, retrospective summary of work of T.C. Schneirla 1972 Nov. p. 70–79 [550]
social insect, parasitism, pheromones, insect behavior, ant slavery 1975 June p. 32–36 [1323]
insect behavior, bee, insect eye, animal navigation, polarized light 1976 July p. 106–115 [1342]
insect behavior, pheromones, social insect, weaver ants 1977 Dec. p. 146–154 [1373]
insect behavior, pheromone, raider ants 1971 July p. 45

anxiety, visual perception, 'Ames room', personality, aniseikonic lenses, 'Honi' phenomenon, emotional relationships condition perception 1959 Apr. p. 56–60
personality, factor analysis 1963 Mar. p. 96–104 [475]
polygraph, lying, psychosomatic illness, guilt, breathing, pulse rate, skin temperature, 'lie detector' mis-named 1967 Jan. p. 25–31 [503]
lactate induction 1968 Feb. p. 54

anxiety neurosis, lactic acidosis, adrenalin, biochemistry of anxiety 1969 Feb. p. 69–75 [521]

ape language, animal communication, chimpanzee learning, Sara learns grammar to 'read' 1972 Oct. p. 92–99 [549]

apes, primate evolution, hominoid, fossil primates, man-apes, Fayum, Aegyptopithecus, Oligocene ancestor of hominoids 1967 Dec. p. 28–35 [636]
fossil primates, human evolution, population genetics, genetic variation 1972 Jan. p. 94–103 [676]

aphasia, brain damage, Broca's area, language, speech disorders 1972 Apr. p. 76–83 [1246]

aphids, sap circulation, phloem, xylem, trees, use of aphids to measure forces in sap flow 1963 Mar. p. 132–142 [154]

aphrodisiac, para-chlorophenylalaline 1970 Feb. p. 44

apical bud, auxins, leaf scission 1955 Nov. p. 82–89 [116]

aplysia, neurones, behavior, learning, memory, synapse, heterosynaptic facilitation, memory and learning at nerve-cell level 1970 July p. 57–70 [1182]

Apollo 11 landing site, Lunar Orbiter V photograph 1969 Sept. p. 96

Apollo 12, lunar-rock analysis, lunar sample 12013 1971 Jan. p. 44

Apollo project, laser reflection, moon, orbital motion, lunar-ranging experiment, corner reflector, Earth-Moon distance measurement 1970 Mar. p. 38–49
moon, meteorites, lunar soil, regolith, structure and history of moon 1970 Aug. p. 14–23
lunar evolution, lunar magnetism, magnetometers on moon, space exploration 1971 Aug. p. 62–73
lunar evolution, lunar rocks, space exploration 1971 Oct. p. 48–58

Apollo samples, carbon chemistry, moon, cosmology, solar wind 1972 Oct. p. 80–90

apparent distance theory, visual perception, moon illusion, Gestalt psychology, explanation of a familiar illusion 1962 July p. 120–130 [462]

apparent movement, visual perception, optical illusion, illusion of movement, motion perception 1964 Oct. p. 98–106 [487]

appetite, obesity, human nutrition, hunger, neurophysiology, physiological mechanisms of overeating 1956 Nov. p. 108–116

applied mathematics, mathematics, introduction to single-topic issue on mathematics 1964 Sept. p. 40–49

applied science, invention, creativity, industrial research, solid state physics, Bell Laboratories solid-state physics 1958 Sept. p. 116–130

aquaculture, fisheries, proteins, food, tilapia, pond culture 1963 May p. 143–152

aquatic insect, insect eggshell, respiration, adaptation, entomology, selective permeability of insect 1970 Aug. p. 84–91 [1187]
surface tension, water-strider, backswimmer, whirligig beetle, ecology, springtail, insects of the water surface 1978 Apr. p. 134–142 [1387]

aquatic life, thermal pollution, nuclear power, industrial cooling, water pollution, cooling towers, waste heat 1969 Mar. p. 18–27 [1135]
see also: marine life

aqueducts, ground water, irrigation, tunneling, Iran, underground system, 3,00 years old, still in use 1968 Apr. p. 94–105
Roman technology, siphons, water-supply system of ancient Rome 1978 May p. 154–161 [3009]

Arabia, irrigation, trade, Near East, frankincense, myrrh, Biblical archeology, cultures of southern Arabia 1969 Dec. p. 36–46 [653]

arachnid, spiders, spider webs, evolution, orb web 1960 Apr. p. 114–124

Arachnida, Phalangida, harvestman, daddy longlegs, animal behavior, natural history 1962 Oct. p. 119–128 [137]
false scorpion, natural history, animal behavior, Chelifer canroides 1966 Mar. p. 95–100 [1039]
animal behavior, predator-prey relationship, spiders, social spiders 1976 Mar. p. 100–106

Arawak Indians, earthworks, flood plain, agricultural system, ridged fields, New World archeology 1967 July p. 92–100

archeological dating, radiocarbon dating, paleobotany, carbon 14, pollen analysis 1952 Feb. p. 24–28
carbon 14 dating, European prehistory, dendrochronology 1971 Oct. p. 63–72 [672]
clocks from physics 1976 Mar. p. 60D

archeological excavation, Phrygian civilization, Gordion, Alexander, 700 B.C., preclassical Greek link with East 1959 July p. 100–109
Lydian civilization, Croesus, Sardis, 6th century B.C. 1961 June p. 124–135

archeology, disease, morbidity, surgery, record of illness among the ancients 1949 Jan. p. 52–55
peat bog, weapons deposits, organic relics, Danish history 1953 Oct. p. 84–88
Mohenjo-Daro, Harappan civilization, Indus valley, Sumer 1953 Nov. p. 42–48
Arzawa, Anatolia, Hittites 1955 July p. 42–46
Nemrud Dagh, burial site, funerary monument, Turkey, tomb of Antiochus I 1956 July p. 38–44
Sumer, cuneiform script, law code, 3000 B.C. to 1500 B.C., Ur, Nippur 1957 Oct. p. 70–83
Scythian culture, Siberia, tombs, refrigerated tombs, Altai Mountains, cloth, leather and wood artifacts preserved by refrigeration 1965 May p. 100–109
coins, statistics, numismatics, Taxila hoard, India 1966 Feb. p. 102–111
Harappan civilization, Indus valley, Mohenjo-Daro, floods as cause of demise 1966 May p. 92–100
ancient trade, writing, Elamite culture, Mesopotamian culture, Persia, Sumer, Iran, Tepe Yahya 1971 June p. 102–111 [660]
agricultural history, animal domestication, plant domestication, food and agriculture 1976 Sept. p. 88–97
Celtic Britain, Celtic culture, Gussage site 1977 Dec. p. 156–159 [702]
design of Her-Neit tomb, Egypt 1956 July p. 50
flint tool deposit in Negev 1956 Sept. p. 116
Linear A script deciphered 1957 Oct. p. 58
hoax of Kensington Stone 1958 Dec. p. 64
in mining camp 1959 July p. 72
Scotland, 8th c. A.D. metalwork 1960 Feb. p. 74
Aswan High Dam emergency 1960 May p. 98
3000 B.C. Asia-South America link 1962 Apr. p. 80
hunter-gatherer village Euphrates 1966 May p. 53
Britain, looting of sites 1972 May p. 54
early seafarers, Franchthi cave 1973 Mar. p. 48
British graffiti on Hadrian's Wall 1975 Jan. p. 52
rehabilitation of Glozel find 1975 Feb. p. 41
China, Huang Ti tomb 1975 Sept. p. 54
wheel in New World 1975 Oct. p. 54
oldest bronze 1976 Sept. p. 70
origins of Iron Age 1977 May p. 61
see also: New World archeology, underwater archeology and the like; Acheulean culture, Cochise culture and the like

archer fish, predator-prey relationship, animal behavior, natural history, Toxotes 1963 July p. 100–108

archery, war, sling, accuracy, range and lethality of sling 1973 Oct. p. 34–42

Arches of Science Award, Kalinga prize, to Warren Weaver 1965 Nov. p. 48
'Archimedes' mirrors, incendiary weapon 1977 June p. 64
architectual acoustics, sound waves, auditoriums, wave acoustics, sound interference, sound diffraction, acoustic reverberation, effective management of sound in public buildings and dwellings 1963 Nov. p. 78–92
architectural drawing, computer graphics, computer modeling 1974 May p. 98–106
architectural engineering, war, castle, Norman invasion, English castles, A.D. 1066 1958 Mar. p. 42–48
building construction, prestressed concrete, materials technology 1958 July p. 25–31
roof, vault, Gothic arch, Romanesque barrel vault, Byzantine dome, building construction, vaulting technics 1961 Nov. p. 144–154
Gothic cathedrals, optical model, Bourges cathedral, Chartres cathedral 1972 Nov. p. 90–99
Pisa tower 1972 Oct. p. 48
architecture, building construction, primitive architecture, climate, igloo, teepee, yurt, tent, sod hut, adobe house, hogan, stilt house 1960 Dec. p. 134–144
sunlight, lighting, solar radiation, building construction, glass 1968 Sept. p. 190–202
information theory, painting, sculpture, visual communication, communication, trademarks, language, visual stimulus, visual signals 1972 Sept. p. 82–96 [548]
stairs, stride, walking 1974 Oct. p. 82–90
air conditioning, air vent, wind tower, domed roof, cooling system, passive cooling systems in Iranian architecture 1978 Feb. p. 144–154 [705]
sculpture, erosion, marble, limestone, atmospheric pollution, weathering, preservation of stone 1978 June p. 126–136 [3012]
Wren as astronomer 1976 Jan. p. 63
Arctic, Stone Age hunters, Alaska, Siberia, Greenland, Dorset culture, circumpolar Stone Age culture 1954 June p. 82–88
animal migration, polar bears, telemetry, satellite, satellite tracking of migratory animals 1968 Feb. p. 108–116 [1102]
Arctic flora, desert adaptation, cold adaptation, paleobotany, Greenland flora, adaptations to Arctic climate 1956 Feb. p. 88–98
Arctic Ocean, ocean circulation, telemetry, meteorology, Northeast Passage, ice-floe islands, bathymetry, marine biology, Soviet Arctic research 1961 May p. 88–102
warming up 1954 Dec. p. 56
Arctic Ocean currents, ice-floe islands, weather 1954 Dec. p. 40–45
area-minimizing principle, measure theory, mathematical model, mathematical surfaces, soap bubbles, surface geometry 1976 July p. 82–93
arena behavior, bowerbirds, sexual behavior, courtship display, animal behavior, Australian bowerbird, natural history 1956 June p. 48–52
bowerbirds, sexual behavior, animal behavior, courtship display, releaser stimulus, ethology, natural history 1963 Aug. p. 38–46 [1098]
see also: lek behavior
argon, crystal structure, cryogenics, noble gases, solid state physics, solid noble gases 1966 Oct. p. 64–74
arid lands, irrigation, sea water, salt-water agriculture, agronomy, salt tolerance 1967 Mar. p. 89–96
U.N. conference 1955 June p. 48
A.A.A.S. conference 1955 Sept. p. 78
Aristotle, Classical physics, appraisal of a physicist of more ancient fame than Newton 1950 May p. 48–51
non-Euclidian geometry, parallel lines, non-Euclidian geometry before Euclid 1969 Nov. p. 87–98
arithmetic, mathematics, computer history, computer's contribution to mathematics 1964 Sept. p. 202–216
armed forces hospitals, over-bedded 1949 Feb. p. 29
armed forces of U.S., arms production, employment 1951 Sept. p. 89–99
arms case, atomic bomb, U.S.S.R. explodes its first bomb 1949 Nov. p. 26

arms control, U.N., role of U.N. in resumed negotiation of arms control 1950 Jan. p. 11–13
input-output analysis, economics, military expenditures, impact of disarmament on U.S. economy 1961 Apr. p. 47–55 [611]
military deterrence, counterforce strategy, arms race, atomic weapons, U.S.A.-U.S.S.R. negotiating postures 1962 Apr. p. 45–53
seismology, atomic bomb test, underground nuclear explosions, how to detect underground weapons tests and distinguish from small earthquakes 1962 June p. 55–59
earthquakes, atomic test ban, atomic bomb test, underground nuclear explosions, seismology, detection and discrimination of underground atomic weapons tests 1966 July p. 19–29
atomic test ban, seismology, underground nuclear explosions, technology for verification of underground nuclear test ban 1972 Jan. p. 13–23 [343]
antisubmarine warfare, missile submarines, SALT, mutual assured destruction, SLBM, sonar, acoustic detection 1972 July p. 14–25 [345]
atomic test ban, 'fireball blackout', EMP effect, underground nuclear explosions, strategic weapons 1972 Nov. p. 15–23 [342]
satellite, SALT, strategic weapons, verification technology, 'national technical means of verification' 1973 Feb. p. 14–25 [346]
'International Disarmament Control Organization' 1974 Oct. p. 21–33
hydrogen bomb, 'Oppenheimer case', debate over 'super' 1975 Oct. p. 106–113
SALT, cruise missiles, bombers, strategic weapons, Carter administration 'comprehensive proposal' for U.S.-U.S.S.R. force levels 1977 Aug. p. 24–31 [696]
nuclear power, atomic-weapon proliferation, plutonium fuel cycle, breeder reactor, U.S. energy policy and proliferation of atomic weapons 1978 Apr. p. 45–57 [3004]
re-grouping for negotiations 1949 Dec. p. 26
U.S.-U.S.S.R., deadlock 1954 Aug. p. 38
stand-off at U.N. 1962 Jan. p. 58
Arctic arms-inspection zone 1965 Jan. p. 48
ABM moratorium proposed 1966 Jan. p. 46
underground-test ban, U.S. position 1966 Aug. p. 40
chemical and biological weapons 1966 Nov. p. 64
outer space treaty 1967 Jan. p. 54
chemical and biological weapons 1967 Apr. p. 48
ABM debate, advantage of offensive 1968 Feb. p. 50
marine disarmament 1968 Apr. p. 42
Treaty of Platelolco, Latin America nuclear-free zone 1968 May p. 48
Mc Namara on mutual assured destruction 1968 Nov. p. 54
demilitarization of ocean floor proposed 1969 Nov. p. 56
ocean floor demilitarised 1971 Jan. p. 44
on-site inspection, SALT I 1971 Mar. p. 44
SALT prospects bleak 1971 Apr. p. 48
biological-weapon treaty 1971 Nov. p. 46
chemical-warfare conference 1972 Apr. p. 54
SALT I, missile numbers 1972 July p. 48
SIPRI report on SALT I 1972 Dec. p. 40
chemical weapons 1974 Oct. p. 55
MIRV limits 1975 Jan. p. 48
arms production, armed forces of U.S., employment 1951 Sept. p. 89–99
military expenditures, arms trade, arms race, economic development, the world cost of the arms race 1969 Oct. p. 21–27 [650]
U.S. conglomerates 1957 Feb. p. 56
arms race, U.S.S.R. atomic bomb, Acheson-Lilienthal plan, Baruch plan, U.S. negotiating position at termination of 'atomic monopoly' 1949 Nov. p. 11–13
hydrogen bomb, thermonuclear reaction, the Hydrogen Bomb – first of four articles published at the time the U.S. government determined to proceed with its development, production, perfection and deployment 1950 Mar. p. 11–15
hydrogen bomb, the Hydrogen Bomb – second of four articles published at the time the U.S. government determined to proceed with its development, production, perfection and deployment 1950 Apr. p. 18–23
hydrogen bomb, the Hydrogen Bomb – third of four articles published at the time the U.S. government determined to proceed with its development, production, perfection and deployment 1950 May p. 11–15
hydrogen bomb, the Hydrogen Bomb – fourth of four articles published at the time the U.S. government determined to proceed with its development, production, perfection and deployment 1950 June p. 11–15
military deterrence, counterforce strategy, arms control, atomic weapons, U.S.A.-U.S.S.R. negotiating postures 1962 Apr. p. 45–53
fallout shelters, civil defense, social psychology, counterforce strategy, social impact of fallout shelters 1962 May p. 46–51 [637]

atomic test ban, national security, atomic bomb test, missile policy, military technology, fallout shelters 1964 Oct. p. 27–35 [319]
radar blackout, atomic warfare, counterforce strategy, ABM, ICBM, U.S. ABM system capabilities and limitations 1968 Mar. p. 21–31
ABM, MIRV, SALT, deterrence, ICBM, counterforce strategy, dynamics, instability of arms race 1969 Apr. p. 15–25 [642]
ABM, ICBM, MIRV, SLBM, mutual assured destruction, counterforce strategy, strategic balance, national security 1969 Aug. p. 17–29 [330]
arms production, military expenditures, arms trade, economic development, the world cost of the arms race 1969 Oct. p. 21–27 [650]
atomic weapons, SALT, MIRV, counterforce strategy, mutual assured destruction, MIRV, as key to SALT negotiations 1970 Jan. p. 19–29 [654]
bacteria, chemical weapons, biological weapons, Vietnam war, CS gas, virus disease, rickettsiae, tear gas, herbicide, chemical-biological warfare 1970 May p. 15–25 [1176]
ABM systems, ICBM, MIRV, atomic weapons, SALT, atomic test ban, strategic weapons, prospects for freeze on numbers and qualitative improvement of weapons 1971 Jan. p. 15–25
missile submarines, SLBM, MIRV, Polaris, Trident, Poseidon missile 1972 June p. 15–27 [344]
bombers, SALT, AWACS, strategic weapons, military expenditures, antiaircraft sytems 1973 Aug. p. 11–19
ABM, ICBM, MIRV, atomic armaments, counterforce strategy, strategic weapons, mutual assured destruction 1973 Nov. p. 18–27
mutual assured destruction, counterforce strategy, military expenditures, SALT, MIRV, MARV 1974 May p. 20–31
counterforce strategy, atomic weapons, cruise missiles, MIRV, missile accuracy, strategic weapons, C.E.P., accuracy as multiplier of force 1975 July p. 14–23
civil defense, fallout, limited nuclear warfare, technology assessment, flexible-response strategy, limited nuclear war 1976 Nov. p. 27–37
cruise missiles, SALT, strategic weapons, tactical weapons, control systems, navigation systems 1977 Feb. p. 20–29 [691]
neutron bomb, atomic weapons, tactical nuclear weapons, U.S. decision to develop and deploy enhanced radiation weapons 1978 May p. 44–51 [3007]
U.S.S.R. explodes its first bomb 1949 Nov. p. 26
acceleration of U.S. atomic weapons research and production 1949 Dec. p. 26
U.S. accelerates production of atomic weapons 1950 Mar. p. 26
Kapitza 'on strike' 1957 Feb. p. 57
U.S. and U.S.S.R. capabilities 1960 Dec. p. 76
lunar radar reflection trips missile alert 1961 Feb. p. 66
U.S.S.R. breaks moratorium; tests big H-bombs 1961 Oct. p. 80
radio astronomy, defense of Project West Ford 1961 Nov. p. 78
200th ICBM in place 1963 Feb. p. 64
thermonuclear-weapons test in China 1966 July p. 48
Nike-X ABM 1967 July p. 40
China's first fusion bomb explosion 1967 Aug. p. 38
Nike-X ABM 1967 Nov. p. 52
antimissile warhead 1968 Jan. p. 44
worldwide wide arms expenditures 1970 May p. 56
world military expenditures 1971 July p. 42
B-1 bomber planned 1973 May p. 42
strategic-arms modernization under SALT 1973 June p. 38
after MIRV, MARV: maneuverable reentry vehicle 1973 Dec. p. 55
U.S. budget increase 1974 Mar. p. 44
land-based missiles, triad concept 1974 Apr. p. 48
SIPRI report 1974 Dec. p. 60
cruise missile 1975 June p. 41
'Missile X', mobile ICBM's 1977 Mar. p. 58
reviewed by U.N. 1977 Nov. p. 70
declaration by 12,000 U.S. scientists 1978 Feb. p. 76
see also: atomic bomb, atomic bomb test, hydrogen bomb and the like

arms trade, arms production, military expenditures, arms race, economic development, the world cost of the arms race 1969 Oct. p. 21–27 [650]
third-world weapons 1972 Jan. p. 44

Armstrong, radio, communication, frequency modulation, life and work of Edwin H. Armstrong 1954 Apr. p. 64–69

army ant, insect behavior, social insect, ants, comparative psychology, reproduction, feedback, pheromones, trophallaxis, natural history, philosophy of science, anthropomorphism 1948 June p. 16–23
insect behavior, ants, social insect, retrospective summary of work of T.C. Schneirla 1972 Nov. p. 70–79 [550]

aromatic compounds, lignin, wood, paper, chemical identity of elusive lignin 1958 Oct. p. 104–113

aromatic hydrocarbons, heat resistance, polymers, materials technology, plastics, high-temperature-resistant plastics 1969 July p. 96–105
benzene derivatives, molecular structure, aromaticity 1972 Aug. p. 32–40
molecular structure, pyrogenesis, polycyclic aromatic compunds 1976 Mar. p. 34–45

aromaticity, aromatic hydrocarbons, benzene derivatives, molecular structure 1972 Aug. p. 32–40

ARPANET: Advanced Research Projects Agency computer Network

ARPANET, computer technology, computer inter-communication 1972 June p. 52

'arrested vision', vision, learning, experience, sensory deprivation, role of environment experience in normal development 1950 July p. 16–19 [408]

arrow of time, entropy, time reversal, information theory, hierarchy of structures, macroscopic information increase 1975 Dec. p. 56–69

arroyo, climatic change, flash floods 1952 Dec. p. 70–76

art, schizophrenia, psychoanalysis, a case study 1952 Apr. p. 30–34
Escher's prints, optical illusion, perception of pictures, psychology, visual perception 1974 July p. 90–104 [560]
no 'natural' palette, Roy G. Biv 1954 Oct. p. 50

art restoration, painting, X-ray, microchemistry, spectroscopy, science in the art museum 1952 July p. 22–27

arteries, atherosclerosis, cardiovascular disease, human nutrition, epidemiology, cholesterol, coronary occlusion, diet, lipids, plaque, artery wall 1966 Aug. p. 48–56
atherosclerosis, coronary disease, medicine, thrombus, monoclonal hypothesis, plaque formation 1977 Feb. p. 74–85 [1351]

arteriography, heart surgery, atherosclerosis, coronary bypass, coronary occlusion 1968 Oct. p. 36–43

arteriole, capillary bed, blood circulation, mesentery, venule, cardiovascular system 1959 Jan. p. 54–60

artery prostheses, cardiovascular disease, vascular surgery, atherosclerosis, repair of vascular disease damage 1961 Apr. p. 88–104

artesian well, ground water, piezometric surface, water table, water cycle, resource management, runoff, ground water in water-resource management 1950 Nov. p. 14–19 [818]
irrigation, ground water, agricultural technology, Sahara desert, water resource management, land reclamation, intercalary water, 'fossil' water, making desert fertile 1966 May p. 21–29

arthritis, gout, colchicine, metabolism, chemistry of gout 1958 June p. 73–81
medical diagnosis, thermography, tumor, skin temperature, circulatory disorders 1967 Feb. p. 94–102
an infectious disease? 1951 Aug. p. 30
growth hormone blamed 1953 May p. 58

arthritis remedies, cortisone and ACTH 1949 July p. 28

artificial diamonds, lithosphere, ultra-high pressure, coesite, borazon, properties of matter under 2×10^6 p.s.i. 1959 Nov. p. 61–67

artificial fibers, natural fibers, spinning technology, textile fibers, yarn 1972 Dec. p. 46–56

artificial heart, heart transplant, kidney transplant, immunosupression, organ transplant, mechanical heart implant 1965 Nov. p. 38–46 [1023]

artificial intelligence, computer chess, automata theory, 'thinking' approaches an operational definition 1950 Feb. p. 48–51
computer chess, chess-playing computer 1958 June p. 96–105
language, Loglan, linguistics, 'language of logic' 1960 June p. 53–63
computer technology, pattern recognition 1960 Aug. p. 60–68
computer technology, heuristic programs, computer programming 1966 Sept. p. 246–260
computer chess, minutes of man-machine chess game 1973 June p. 92–105
evolutionary model 1952 Sept. p. 68

artificial kidney, kidney, dialysis 1961 July p. 56–64
dialysis of lymph 1967 May p. 58

artificial light, biological clock, sunlight, suntanning, vitamin D, body's response to light 1975 July p. 68–77 [1325]

artificial membranes, cell membrane, enzymes, enzyme action, enzymes as industrial catalysts 1971 Mar. p. 26–33 [1216]

artificial muscle, muscle contraction, Langmuir trough, ATP, actinomyosin, muscle relaxation 1952 Dec. p. 18–21
synthetic muscles 1949 Oct. p. 28

artificial respiration, Schaefer method, Sylvester method 1951 July p. 18–21
first aid 1952 Jan. p. 35
mouth-to-mouth resuscitation 1958 June p. 49
artificial rice, tapioca and peanuts 1954 Oct. p. 48
artificial satellite, orbital motion, telemetry, rocket launcher, plans for U.S. 10-pound (pre-Sputnik) satellite 1956 Nov. p. 41–47
artificial satellites, orbital motion, forecast of lunar rocket expeditions 1957 June p. 47–53
orbital motion, satellite, space exploration, Sputnik, tracking station, first artificial Earth satellite 1957 Dec. p. 37–43
orbital motion, interferometry, antennae, radio astronomy, tracking station, satellite tracking 1958 Jan. p. 23–29
solar particles, cosmic radiation, telemetry, Van Allen belts, geomagnetism, radiation belts, space exploration, mapping of radiation belts by Explorer satellites 1959 Mar. p. 39–47 [248]
relativity theory, Mercury, stellar shift, electromagnetic frequency shift, perihelion shift, clock paradox, general relativity, testing Einstein's general theory of relativity 1959 May p. 149–160
ionosphere, climate, aurora borealis, Van Allen belts, orbital motion, meteorology, solar particle influence on Earth atmosphere 1959 Aug. p. 37–43 [851]
orbital motion, space exploration, Mercury, re-entry vehicle, ablation, re-entry corridor, re-entry from space 1961 Jan. p. 49–57
communication satellite, telecommunication, orbital motion, Echo II satellite, radio, satellite communication systems, consideration of alternatives 1961 Oct. p. 90–102
geomagnetism, Lorentz force, magnetosphere, solar radiation, Van Allen belts, radiation belts, aurora, physics of Van Allen belts 1963 May p. 84–96
orbital motion, X-ray astronomy, satellite-emplaced telescope 1963 Aug. p. 28–37
geomagnetism, solar wind, magnetosphere, aurora, magnetometer, orbital motion 1965 Mar. p. 58–65
Mars, space exploration, Mariner 4, telemetry, spacecraft navigation, spacecraft 1966 Mar. p. 42–52
communication, telecommunication, data transmission, pulse-code modulation, digital transmission 1966 Sept. p. 144–156
Earth, orbital motion, geoid, equatorial bulge, shape of the Earth 1967 Oct. p. 67–76 [873]
ultraviolet radiation, ultraviolet astronomy, Sun, spectroheliograph 1969 June p. 92–102
communication satellite, COMSAT, Intelsat, Communications Satellite Act (1962) 1977 Feb. p. 58–73 [353]
tracked by amateurs 1956 Mar. p. 54
U.S. launches world's third 1958 Mar. p. 52
artificial satellites, artificial satellite, orbital motion, forecast of lunar rocket expeditions 1957 June p. 47–53
artificial sensory organs, automata theory, feedback, mechanical behavior, an imitation of life 1950 May p. 42–45
artistic creations, premature discoveries, scientific creations, uniqueness of scientific discoveries 1972 Dec. p. 84–93 [1261]
Arum family, voodoo lily, insect attractant, carnivorous plants, respiration 1966 July p. 80–88
Arzawa, Anatolia, archeology, Hittites 1955 July p. 42–46
Aschoff bodies, rheumatic fever, streptococcus, infection, immune response, heart disease, hypersensitivity 1965 Dec. p. 66–74
ascites tumor, isotopes, radioautography, cell life cycle, cellular autobiography 1963 Aug. p. 103–110 [165]
asexual reproduction, Hydra, sexual reproduction, cell differentiation, growth regulation, carbon dioxide as 'sex gas' 1959 Apr. p. 145–156
Ashanti, Tallensi, social anthropology, kinship, extended family, social structure, social psychology, primitive Tallensian and Ashantian kinship 1959 June p. 146–158
Asilomar conference, gene manipulation, molecular cloning, plasmids, recombinant DNA, hazard evaluation 1975 July p. 24–33 [1324]
asocial behavior, behavioral psychology, criminal law, human behavior, punishment, criminology, milieu therapy, behavioral science and the criminal law 1963 Nov. p. 39–45 [480]
asparaginase, cancer therapy, leukemia 1968 Aug. p. 34–40
asphalt, petroleum, for beneficiation of sandy soils 1967 Jan. p. 60
asphalt binder, earthen building block 1967 Sept. p. 106
asphyxia, breathing, diving bradycardia, respiratory gas exchange, diving mammals, diving birds, hibernation, oxygen storage, selective ischemia, human physiology, redistribution of oxygenated blood and 'master switch of life' 1963 Dec. p. 92–106
brain damage, birth trauma, cerebral palsy, monkey experiments, implications for human infants 1969 Oct. p. 76–84 [1158]
aspiration, achievement, motivation, social surveys, psychological testing, self-anchoring scale 1963 Feb. p. 41–45
aspirin, inflammation, analgesics, fever, histamine reaction, bronchospasm, anaphylactic shock, mode of action and hazards of most widely used drug 1963 Nov. p. 96–108
chelation, hemochromatosis, lead poisoning, pharmacology, drug action, Wilson's disease, metal poisoning, heavy metal poisoning, bone cancer, salicylates, cancer therapy, chemotherapy, medical exploitation of chelates 1966 May p. 40–50
digestion, hydrochloric acid, alcohol, stomach mucosa, self-digestion safeguards 1972 Jan. p. 86–93 [1240]
prostaglandin inhibition 1971 Aug. p. 45
aspirin action, in pituitary circuit 1951 Nov. p. 34
assassin bugs, insect venom, Chaga's disease, predator-prey relationship, entomology, natural history 1960 June p. 72–78
assembly, robot, labor-saving devices, computer applications, manufacturing productivity, programmable robot for product assembly 1978 Feb. p. 62–74 [929]
assembly lines, mass production, Sweden, work satisfaction, worker teams, management science, 'scientific management' 1975 Mar. p. 17–23
Assyrian civilization, commerce, Anatolia, 2000 B.C., trade patterns 1963 Feb. p. 96–106
aster yellow, virus, leafhopper, virus infective to plant and insect 1953 June p. 78–86
asteroid belt, meteorite 1970 Mar. p. 59
asteroids, Icarus, meteorites, orbital motion 1965 Apr. p. 106–115
diamond, meteorites, Canyon Diablo meteorite, iron-nickel phases, shock hypothesis, origin of meteorites 1965 Oct. p. 26–36
albedo, meteorites, planetisimal collisions, solar system formation, primordial dust cloud 1975 Jan. p. 24–33
meteorids, moons, solar system, planetisimals 1975 Sept. p. 142–159
reflectivity 1970 Aug. p. 46
asthma, allergy, hypersensitivity, stress 1952 Aug. p. 28–30
astroblemes, fossil crater, Chubb crater, meteoritic impact, cratering 1951 May p. 64–69
coesite, meteorites, shatter cones, cratering, fossil Earth-catastrophes 1961 Aug. p. 50–58 [801]
exhumed by glaciation on Canadian shield 1973 July p. 51
astrochemistry, interstellar matter, molecular spectra, space exploration, local galaxy 1973 Mar. p. 50–69
see also: interstellar chemistry
astrolabe, ancient instruments, analogue computer, planispheric astrolabe, science history, how they did it then 1974 Jan. p. 96–106
astronaut, scientist 1966 Nov. p. 72
astronomical atlas, Palomar sky survey 1949 Aug. p. 24
astronomical observatory, genesis of Kitt Peak 1956 Jan. p. 44
astronomical probabilities, intelligent life, evolution, The thesis: man is alone in space 1953 July p. 80–86
astronomical telescope, infrared astronomy, infrared stars, 62-inch telescope at Mount Wilson 1968 Aug. p. 50–65
astronomical unit, solar system, space exploration, Venus probes, Doppler effect, radar, Earth-Sun distance more precisely measured 1961 Apr. p. 64–72
astronomy, Greek astronomy, Ptolemaic system 1949 Apr. p. 44–47
galaxies, red shift, galactic recession, universe expansion, science, stellar evolution, general relativity, astronomy 1900-1950 1950 Sept. p. 24–27
Schmidt telescope, sky survey, the 48-inch Schmidt telescope at Palomar Mountain 1950 Dec. p. 34–41
Hooke, microbiology, science history, life and work of Robert Hooke 1954 Dec. p. 94–98
image enhancement, electronic camera, image intensifier, telescope, electronic image processing 1956 Mar. p. 81–90
philosophy of science, galactic clusters, universe, planetary motion, solar system, cosmology, introduction to single-topic issue on the universe 1956 Sept. p. 72–81
ultraviolet radiation, telemetry, Sun, rocket-borne instrumentation 1959 June p. 52–59
observatory, scientific instrumentation, Tycho Brahe, Stjerneborg, science history, 16th century Hven observatory 1961 Feb. p. 118–128
polarization, supernovae, Crab Nebula, photometric observations of nova outbursts 1962 Apr. p. 54–63

gamma-ray astronomy, Earth satellite, telemetry, first glimpse of gamma-ray sky 1962 May p. 52–61
calendar, solar system, planetary motion, time, heliocentric theory, year, Copernicus, astronomy, Copernicus, length of calendar year 1966 Oct. p. 88–98
Stone Age Polynesian navigators 1959 Nov. p. 92
telescope construction program urged 1965 Jan. p. 48
instrumentation improvements 1968 Nov. p. 55
prescientific astronomy 1974 Sept. p. 72
see also: radio astronomy, gamma-ray astronomy and the like

astrophysics, light scattering, zodiacal light, zodiacal light and interplanetary dust 1960 July p. 54–63
neutrino, high-energy physics, neutrino astronomy, neutrino 'telescope' 1962 Aug. p. 90–98 [283]
Eötvös experiment, red shift measurement, relativity theory, gravitation theories assessed 1974 Nov. p. 24–33
maser, cosmic masers, hydroxyl maser, water maser, maser star, interstellar matter, quantum mechanics, 'nature imitates art' 1978 June p. 90–105
chemistry of comet 1956 Sept. p. 113
Kozyrev controversy 1960 Jan. p. 72
Lacerta celestial supermagnet 1961 Mar. p. 84
Gegenschein 1962 Jan. p. 66
X-ray source near galactic center 1963 Dec. p. 67
Hubble constant, red shift 1972 Feb. p. 41
expansion of universe; test by microwave absorption 1973 Oct. p. 48
gamma-ray bursts 1975 Apr. p. 56

asynchronous muscle, muscle fibril, sarcoplasmic reticulum, insect flight, synchronous muscle, insect flight muscles 1965 June p. 76–88 [1014]

atelectasis, *see:* hyaline membrane disease

ateliosis, midgets, pituitary insufficiency, dwarfism, genetic disease, congenital anomalies, consanguinity, growth hormone deficiency, panhypopituitarism, General Tom Thumb 1967 July p. 102–110

Athens, Agora, Classical archeology 1950 Aug. p. 46–51
Xerxes, Themistocles, Salamis, Classical archeology, Battle of Salamis, 480 B.C., tablets deciphered 1961 Mar. p. 111–120

atherosclerosis, hypertension, angiotensin, stress, etiology and care of hypertension 1948 Aug. p. 44–47
artery prostheses, cardiovascular disease, vascular surgery, repair of vascular disease damage 1961 Apr. p. 88–104
cardiovascular disease, human nutrition, arteries, epidemiology, cholesterol, coronary occlusion, diet, lipids, plaque, artery wall 1966 Aug. p. 48–56
arteriography, heart surgery, coronary bypass, coronary occlusion 1968 Oct. p. 36–43
arteries, coronary disease, medicine, thrombus, monoclonal hypothesis, plaque formation 1977 Feb. p. 74–85 [1351]
surgery, cerebral vascular accident, microvascular surgery, cerebral hemorrhage, repair and prevention of stroke by microvascular bypass operation 1978 Apr. p. 58–67 [1385]
cholesterol in diet 1952 July p. 40
cholesterol and calories 1955 Nov. p. 48
significance of lipoprotein level disputed 1957 June p. 74
monoclonal hypothesis 1973 Aug. p. 44

athlete, weight-lifting limits 1956 Nov. p. 70

athletics, sports, running records, forecasting by extrapolation 1952 Aug. p. 52–54
sports, footracing, human physiology, psychology, metabolism, running records, Aesop principle 1976 June p. 109–119
sports, running dynamics, foot pressure measured 1967 Mar. p. 57

Atka, oceanography, icebreaker, Antarctica, I.G.Y., introduction to a single-topic issue on the planet Earth 1955 Sept. p. 50–55

Atlantic Ocean, Gulf Stream, ocean circulation, salinity, oxygen level, ocean temperature, Coriolis effect, 'anatomy' of the Atlantic 1955 Jan. p. 30–35 [810]
subsurface current detected 1961 Sept. p. 94

atmosphere, atmospheric ionization, thunderstorms, electric field, Wilson hypothesis, thunderstorms replenish Earth's charge 1953 Apr. p. 32–37
Mars, polar cap, desert, climate, 'canals', picture from Earth-bound study 1953 May p. 65–73
escape velocity, photosynthesis, volcanoes, water of crystallization, nitrogen, oxygen, origin and evolution of Earth's atmosphere 1953 Aug. p. 82–86 [824]
solar corona, solar prominences, solar flares, ionosphere, coupling of solar and terrestrial atmospheres 1958 Aug. p. 34–41
airglow, ionosphere, solar radiation, ozone, oxygen atoms, upper atmosphere, laboratory simulation, atomic energy levels 1966 Mar. p. 102–110
interplanetary space, Mars, Mariner 4, magnetosphere, micrometeorites, trapped radiation, solar wind, cosmic radiation, space exploration 1966 May p. 62–72
Mars, Venus, space exploration, atmospheric differences 1969 Mar. p. 78–88
wind, ocean circulation, climate, Coriolis effect 1969 Sept. p. 76–86
calcium carbonate, carbon cycle, sedimentary rock, photosynthesis, fossil fuel combustion, biosphere, carbon dioxide 1970 Sept. p. 125–132 [1193]
Earth crust, geochemical cycle, hydrologic cycle, lithospheric cycle 1974 June p. 72–79 [414]
carbon dioxide 'window', climate, biomass, ocean sediments, humus, 'greenhouse effect', threat of 'greenhouse effect' 1978 Jan. p. 34–43 [1376]
oxygen level 1970 Oct. p. 54
soil as CO sink 1971 Aug. p. 47
superpressure balloon 1974 Oct. p. 58

atmosphere-hydrosphere cycles, biosphere, Earth, evolution, photosynthesis, environment, introduction to single-topic issue on biosphere 1970 Sept. p. 44–53 [1188]

atmospheric circulation, Coriolis effect, ocean circulation, relativity of motion 1952 May p. 72–78 [839]
jet stream, upper atmosphere, weather, index cycle, polar front 1952 Oct. p. 26–31
trade wind clouds, climate, cumulus clouds, ocean-atmosphere interface 1953 Nov. p. 31–35
Earth, solar energy, Earth rotation, circulation of the atmosphere 1955 Sept. p. 114–124
wind, meteorology, cyclone, anticyclones, source of prevailing winds 1956 Dec. p. 40–45 [841]
hurricanes, air masses, upper atmosphere, tropical origin of hurricanes 1957 Aug. p. 33–39 [847]
weather satellites, Tiros, telemetry, heat budget of Earth, air masses, videocameras, photographic weather maps, weather forecasting 1961 July p. 80–94
Antarctica, climatology, solar radiation, albedo, Antarctica in Earth's heat budget 1962 Sept. p. 84–94 [859]
meteorology, weather, upper atmosphere, solar radiation, balloon and rocket observations 1964 Mar. p. 62–74
wind, solar radiation, energy cycle, biosphere, albedo, climate, ocean circulation, terrestrial radiation, carbon dioxide 'window', Earth energy cycle 1970 Sept. p. 54–63 [1189]
climate, air pollution, carbon dioxide 'window', particulates, ozone, temperature of Earth, human activity and climatic change 1971 Jan. p. 32–42 [894]
hydrology, ground water, water cycle, 'aerological accelerator' 1973 Apr. p. 46–61 [907]
Great Red Spot, liquid planets, Jovian moons, Jupiter, solar system 1975 Sept. p. 118–126

atmospheric engine, internal combustion engine, stratified charge, Otto-Langen engine, history of Otto engine 1967 Mar. p. 102–112

atmospheric inversion, air pollution, smog 1952 May p. 15–19
air pollution, smog, 'blue haze', particulates, ozone, peroxides, photochemistry 1955 May p. 62–72

atmospheric ionization, thunderstorms, electric field, Wilson hypothesis, atmosphere, thunderstorms replenish Earth's charge 1953 Apr. p. 32–37
airglow, spectroscopy, atmospheric light, photochemistry 1972 Jan. p. 78–85

atmospheric light, airglow, atmospheric ionization, spectroscopy, photochemistry 1972 Jan. p. 78–85

atmospheric optics, mirages, optical illusion, refraction, Fata Morgana, walking on water 1976 Jan. p. 102–111
rainbow, reflection, refraction 1977 Apr. p. 116–127

atmospheric pollution, architecture, sculpture, erosion, marble, limestone, weathering, preservation of stone 1978 June p. 126–136 [3012]

atmospheric radiation, radiation danger to astronauts 1958 Oct. p. 54

atmospheric tides, solar gravitation, lunar gravitation 1954 May p. 36–39
ozone, Earth, ultraviolet radiation, ultraviolet-radiation hypothesis 1962 Dec. p. 48–55

atmospheric windows, extraterrestrial life, infrared astronomy, Venus, Mars, Jupiter, moon, spectrometry, history and recent results of infrared astronomy 1965 Aug. p. 20–29

atom, Democritus, science history 1949 Nov. p. 48–49

Pauli, exclusion principle, theoretical physics, antimatter, quantum mechanics, structure of atoms and nuclei 1959 July p. 74–86 [264]
muonium, muon, electron, elementary particles, electromagnetism, positronium, structure of muonium 1966 Apr. p. 93–100
glass, metals, materials technology, ceramics, polymers, chemical band, composite materials, elements, introduction to single-topic issue on materials 1967 Sept. p. 68–79
field-ion microscope 1968 Mar. p. 53–54
elementary particles, energy levels, nucleus, high-energy physics, spectroscopy, 'three spectroscopies' 1968 May p. 15–19
bibliography of the atom, U.N. Atomic Energy Commission 1948 Oct. p. 25
atom visibility, electron microscopy, microscopy, scanning electron microscope 1971 Apr. p. 26–35
'Atomgrad', rumor and speculation 1949 Nov. p. 26
atomic armaments, ABM, ICBM, MIRV, counterforce strategy, strategic weapons, mutual assured destruction, arms race 1973 Nov. p. 18–27
atomic armory accident, technician killed by radiation flash 1959 June p. 86
'atomic batteries', Adm. Strauss proposal for automobiles 1948 Dec. p. 26
atomic bomb, Eniwetok tests 1949 Oct. p. 20–21
blast waves, property damage 1953 Apr. p. 94–102
Blackett on fear, war and the bomb 1949 Jan. p. 28
strategic bombing, civilian morale, 'bomb not absolute weapon' says P.M.S. Blackett 1949 Mar. p. 19
a decisive weapon says L. N. Ridenour 1949 Mar. p. 19
U.S. stockpile estimated 1949 Mar. p. 24
Blackett views decried in U.S. 1949 Apr. p. 24
U.S.S.R. producing, says Heisenberg 1949 Apr. p. 25
critical mass experiment 1949 Oct. p. 26
arms case, U.S.S.R. explodes its first bomb 1949 Nov. p. 26

Klaus Fuchs convicted as spy 1950 Apr. p. 30
A.E.C. 'effects' handbook 1950 Sept. p. 44
backyard fallout shelters 1950 Nov. p. 24
military secrecy, 'secret' disclosed at Rosenberg-Sobell trial 1951 May p. 33
U.S. tactical nuclear weapons 1951 Nov. p. 32
fission-fusion-fission, 'dirty' bomb 1955 July p. 50
A.E.C. 'effects' handbook in third edition 1962 July p. 70
France, China and 'nth' country 1964 Dec. p. 60
Rosenberg-Sobell trial evidence declassified 1966 Oct. p. 43
atomic bomb test, environmental pollution, ionizing radiation, background radiation, nuclear medicine, introduction to single-topic tissue on ionizing radiation 1959 Sept. p. 74–83
ionizing radiation, isotopes, fallout, environmental pollution, nuclear medicine, circulation of radioisotopes 1959 Sept. p. 84–93
radiation damage, ionizing radiation, leukemia, immune response, fallout, nuclear medicine, radiation damage, whole-body irradiation 1959 Sept. p. 117–137
environmental pollution, ionizing radiation, fallout, radiation damage, mutation, public health, hazards of radiation to society 1959 Sept. p. 219–232 [1214]
arms control, seismology, underground nuclear explosions, how to detect underground weapons tests and distinguish from small earthquakes 1962 June p. 55–59
forest ecosystem, X-ray, gamma radiation, white oak, weeds, environmental pollution, ecological effects of high-energy radiation 1963 June p. 40–49 [159]
arms race, atomic test ban, national security, missile policy, military technology, fallout shelters 1964 Oct. p. 27–35 [319]
earthquakes, atomic test ban, underground nuclear explosions, seismology, arms control, detection and discrimination of underground atomic weapons tests 1966 July p. 19–29
in atmosphere, in Nevada 1951 Mar. p. 28
testing continues in Nevada 1951 Dec. p. 34
by the U.K. 1952 Apr. p. 36
British bomb 1952 Dec. p. 34
hydrogen bomb, Fortunate Dragon, Marshall island 1954 May p. 46
fallout hazards 1956 Dec. p. 56
strontium 90 fallout 1957 Apr. p. 76
cobalt 60 in clams 1957 June p. 80
fallout, A.E.C. Project Sunshine 1957 Aug. p. 56
fallout, irradiation effect on human population 1958 Sept. p. 84
fallout, carbon 14, C14 fallout 1959 Jan. p. 62
in atmosphere 1959 May p. 69
fallout, U.S. Federal Radiation Council recommendations 1959 Oct. p. 80
moratorium 1959 Oct. p. 80
169 U.S. tests disclosed 1960 Sept. p. 104
hydrogen bomb, U.S.S.R. 100 mT device 1961 Dec. p. 72
not muffled by 'Latter hole' 1962 Feb. p. 72
fallout, assessment of cumulative fallout 1962 July p. 71
hazard to Van Allen belts 1962 July p. 78
generates evanescent 'Van Allen belt' 1962 Oct. p. 58
detection by seismic methods 1971 Nov. p. 46
'atomic city', in Brazil 1952 Mar. p. 34
atomic clock, ammonia maser, cesium clock, maser, zenith tube, mercury mirror, improvements on sidereal time 1957 Feb. p. 71–82 [225]
Mössbauer effect, relativity theory, resonance absorption, Doppler effect, general relativity tested by atomic clock 1960 Apr. p. 72–80 [271]
ammonia standard 1949 Feb. p. 28
interstellar travel time 1956 Dec. p. 58
clock paradox of special relativity 1959 Sept. p. 102
terrestrial relativity test 1960 Jan. p. 72
hydrogen clock 1962 Aug. p. 55
atomic energy, *see:* nuclear energy, nuclear power
Atomic Energy Act, patent law, power, licensing, international cooperation, military secrecy, inernational cooperation, major provisions of Atomic Energy Act of 1954 1954 Nov. p. 31–35
in conference committee 1954 Sept. p. 71
1954 bill becomes law 1954 Oct. p. 46
atomic energy bill, Eisenhower amendments 1954 Apr. p. 44
1954 bill in Congress 1954 May p. 50
in hearings 1954 July p. 44
Atomic Energy Commission, *see:* A.E.C.
atomic explosions, 'Plowshare', underground nuclear explosions, Rainier explosion, search for constructive use for nuclear explosions 1958 Dec. p. 29–35
atomic microscope, X-ray diffraction, diffraction 1951 July p. 56–57
atomic nucleus, shell model, 'magic numbers', spin-orbit coupling, table of isotopes 1951 Mar. p. 22–26
nuclear structure, neutron cross sections, 'model atom', 'cloudy crystal ball' 1955 Dec. p. 84–91
nuclear physics, high-energy physics, particle-scattering experiments, electron scattering, models of the atomic nucleus 1956 July p. 55–68 [217]
science history, particle-scattering experiments, Rutherford, biography 1956 Nov. p. 93–104
shell model, optical model, high-energy physics, liquid-drop model, charge exchange, spin-orbit force, resonance 'particles', proton, neutron, structure of the nucleus 1959 Jan. p. 75–82
high-energy physics, particle-scattering experiments, particle accelerator, method and technology of high-energy physics 1960 Mar. p. 98–114
spectroscopy, fast neutrons, nuclear probe, neutron spectroscopy, structure of atomic nucleus 1964 Mar. p. 79–88
nuclear fission, charge distribution, nuclear probe, shell model, shape and size of nucleus 1969 Aug. p. 58–73
chemical bond, energy levels, gamma radiation, molecular structure, Mössbauer spectroscopy 1971 Oct. p. 86–95
alpha clustering, alpha particles, elementary particles, nuclear clustering, neutron, nuclear forces, nuclear surface, proton 1972 Oct. p. 100–108
atomic structure, exotic atoms, kaonic atoms, muonic atoms, particle accelerator, pions, quantum mechanics, high-energy physics 1972 Nov. p. 102–110
isotopes, elements, radioactive decay, 'synthetic' elements, exotic isotopes of light elements 1978 June p. 60–72 [3010]
smaller 'measuring rod' 1953 July p. 41
structure of nucleus by electron-scattering 1956 Feb. p. 50
particle physics, strong interactions 1962 Nov. p. 70
kaon probe measures radius 1969 July p. 52
atomic patents, payoff on plutonium 1955 Sept. p. 70
'atomic pool' proposal, nuclear power, international cooperation 1955 Apr. p. 31–35
atomic power, *see:* nuclear power
atomic proliferation, underground test in India 1974 July p. 46
atomic radiation, molecular beam, electron theory, resonance absorption, coherent radiation, gas molecules, nuclear magnetic resonance, Stern-Gerlach experiment 1965 May p. 58–74

atomic reactor, *see:* breeder reactor, fission reactor, fusion reactor and the like
atomic rocket, terminated 1951 Apr. p. 32
atomic structure, quantum mechanics, special relativity, high-energy physics, science, physics 1900-1950 1950 Sept. p. 28–31
magnetic resonance, high pressure, magnetic field, electric field of atom, behavior of atoms under high pressure 1965 Jan. p. 102–108
Bragg's law, X-ray crystallography, crystal structure, X-ray diffraction, Fourier analysis 1968 July p. 58–70 [325]
atomic nucleus, exotic atoms, kaonic atoms, muonic atoms, particle accelerator, pions, quantum mechanics, high-energy physics 1972 Nov. p. 102–110
crystallographic techniques, 'extended fine structure' effect, materials technology, X-ray absorption 1976 Apr. p. 96–103
crystal structure, disclinations, dislocations, molecular structure, periodic structures 1977 Dec. p. 130–145 [393]
atomic test ban, arms race, national security, atomic bomb test, missile policy, military technology, fallout shelters 1964 Oct. p. 27–35 [319]
earthquakes, atomic bomb test, underground nuclear explosions, seismology, arms control, detection and discrimination of underground atomic weapons tests 1966 July p. 19–29
ABM systems, arms race, ICBM, MIRV, atomic weapons, SALT, strategic weapons, prospects for freeze on numbers and qualitative improvement of weapons 1971 Jan. p. 15–25
arms control, seismology, underground nuclear explosions, technology for verification of underground nuclear test ban 1972 Jan. p. 13–23 [343]
arms control, 'fireball blackout', EMP effect, underground nuclear explosions, strategic weapons 1972 Nov. p. 15–23 [342]
India as atomic power, nuclear nonproliferation treaty, 'nuclear club', SALT 1975 Apr. p. 18–33
variety of methods for surveillance 1949 Nov. p. 27
detection of underground nuclear explosion 1958 Oct. p. 52
question of detecting and indentifying underground explosions 1959 Apr. p. 64
strontium 90 fallout 1959 May p. 68
detection of underground nuclear explosion 1959 Aug. p. 61
detection of high-altitude testing 1959 Sept. p. 103
control organization 1960 Jan. p. 70
disagreement on seismic surveillance 1960 Feb. p. 64
Geneva 1960 talks 1960 Apr. p. 82
detection of underground nuclear explosion 1960 June p. 80
U.S.-U.S.S.R. negotiations 1960 July p. 76
U.S. & U.S.S.R. approach agreement 1962 Sept. p. 98
underground testing 1962 Oct. p. 58
monitoring underground explosions 1963 Jan. p. 58
inspection controversy 1963 Mar. p. 72
inspection controversy (cont.) 1963 Apr. p. 80
U.S.-U.S.S.R. negotiations 1963 Aug. p. 48
terms of U.S.-U.K.-U.S.S.R. agreement, 31 signers 1963 Sept. p. 82
next in outer space 1963 Nov. p. 64
brake on arms race 1964 Feb. p. 66
seismograph array 1965 Mar. p. 54
'threshold' treaty criticized 1976 July p. 60
threshold test ban treaty 1977 Apr. p. 52
atomic theory, Rutherford-Soddy theory, element transmutation, science history, radioactivity, radioactive decay transmutation, reception of 'newer alchemy' 1966 Aug. p. 88–94
Greek science, Renaissance science, science history, Boscovich, Lucretius, forces between atoms 1970 May p. 116–122
atomic warfare, radar blackout, arms race, counterforce strategy, ABM, ICBM, U.S. ABM system capabilities and limitations 1968 Mar. p. 21–31
fission products as weapons 1950 Sept. p. 46
atomic-weapon proliferation, nuclear nonproliferation treaty, nuclear-free zones, Treaty of Tlatelolco 1975 Nov. p. 25–35
energy conservation, energy resources, nuclear reactor, fission reactor, nuclear-waste disposal, Rasmussen report 1976 Jan. p. 21–31 [348]
nuclear power, arms control, plutonium fuel cycle, breeder reactor, U.S. energy policy and proliferation of atomic weapons 1978 Apr. p. 45–57 [3004]
atomic weapons, A.E.C., nuclear power, science funding, university research, military secrecy 1949 July p. 30–43
military deterrence, counterforce strategy, arms control, arms race, U.S.A.-U.S.S.R. negotiating postures 1962 Apr. p. 45–53
arms race, SALT, MIRV, counterforce strategy, mutual assured destruction, MIRV, as key to SALT negotiations 1970 Jan. p. 19–29 [654]
ABM systems, arms race, ICBM, MIRV, SALT, atomic test ban, strategic weapons, prospects for freeze on numbers and qualitative improvement of weapons 1971 Jan. p. 15–25
counterforce strategy, cruise missiles, MIRV, arms race, missile accuracy, strategic weapons, C.E.P., accuracy as multiplier of force 1975 July p. 14–23
arms race, neutron bomb, tactical nuclear weapons, U.S. decision to develop and deploy enhanced radiation weapons 1978 May p. 44–51 [3007]
Savannah River reactor 1951 Jan. p. 28
Livermore laboratory 1954 Mar. p. 44
negotiations revived 1955 Jan. p. 42
German Federal Republic denunciation 1957 June p. 71
simulation of nuclear explosion 1961 Aug. p. 68
nth power question 1973 Sept. p. 64
atomic weight, carbon 12 standard 1961 Oct. p. 80
atoms, elementary particles, electron, neutron, proton, matter, structure of 'ordinary matter' 1967 May p. 126–134
'atoms for peace', nuclear power, thermonuclear reaction, fission reactor, fusion reactor, C.E.R.N., first of a four-part report on the International Conference on the Peaceful Uses of Atomic Energy, Geneva, August 1945 1955 Oct. p. 27–33
nuclear power, nuclear fuel, fuel-element fabrication, uranium ore, Geneva: chemistry 1955 Oct. p. 34–37
radiation hazards, gene mutation, safety standards, Geneva: biology 1955 Oct. p. 38–42
fission reactor, nuclear power, breeder reactor, Geneva: reactors 1955 Oct. p. 56–68
secrecy downgraded 1955 July p. 49
Ford Motor Company award 1955 Oct. p. 44
international community 1955 Nov. p. 50
U.N. nuclear energy agency 1956 June p. 58
U.N.A.E.C. constituted 1956 Dec. p. 53
U.N. agency staffed 1957 Dec. p. 60
U.N. agency in Latin America 1958 Aug. p. 50
Atoms for Peace Award, to Bohr 1957 May p. 62
Enrico Fermi Award, 1958 winners 1959 Jan. p. 62
to Szilard, Wigner, Weinberg, Zinn 1960 June p. 82
ATP: adenosinetriphosphate
ATP, muscle contraction, actin, myosin, muscle fibril, biochemical mechanism of muscle contraction 1949 June p. 22–25
muscle contraction, artificial muscle, Langmuir trough, actinomyosin, muscle relaxation 1952 Dec. p. 18–21
muscle contraction, fermentation, citric-acid cycle, energy transformation 1953 Apr. p. 85–92
fat metabolism, fatty acids, coenzyme A, enzymes 1954 Jan. p. 32–36 [16]
citric-acid cycle, mitochondrion, cell metabolism, mitochondrion as site of biological oxidation 1958 July p. 56–62
cytology, energy transformation, mitochondrion, citric-acid cycle, glycolysis, oxidative phosphorylation, membrane, energy transformation in the cell 1960 May p. 102–114
photosynthesis, chlorophyll, chloroplast, primary capture of light energy in photosynthesis 1960 Nov. p. 104–118
biotin, B vitamin, function of little-known B vitamin 1961 June p. 139–146
chloroplast, mitochondrion, photosynthesis, cell metabolism, glucogenesis, citric-acid cycle, glycolysis, oxidative phosphorylation, cytology, cellular transformation of energy 1961 Sept. p. 62–73 [91]
chlorophyll, photosynthesis, chloroplast, electron transfer, cytochrome, pigments, role of chlorophyll in photosynthesis, 1965 July p. 74–83 [1016]
actin, muscle contraction, myosin, electron microscopy, sliding-filament hypothesis 1965 Dec. p. 18–27 [1026]
mitochondrion, glycolysis, cell membrane, enzymes, oxidative phosphorylation, cell metabolism, mitochondrial membrane 1968 Feb. p. 32–39 [1101]
muscle contraction, calcium, barnacle, bioluminescence, aequorin, calcium ions in muscle construction 1970 Apr. p. 84–93 [1175]
mineral cycles, biosphere, phosphorus cycle, sulfur cycle, sulfur bacteria, carboxylation cycle, eutrophication, mineral cycles in the biosphere 1970 Sept. p. 148–158 [1195]

muscle, glycolysis, aerobic metabolism, oxygen debt, lactic acid formation, aerobic metabolism, anaerobic metabolism, energy mechanisms in muscle 1972 Mar. p. 84–91 [1244]
ACTH, glucogenesis, glycolysis, hormone, epinephrine, cell metabolism, cyclic AMP, activation of cyclic AMP by hormones 1972 Aug. p. 97–105 [1256]
actin, myosin, actinomyosin, muscle contraction, tropomyosin, troponin, calcium, microstructure of muscle filament and biochemistry of contraction 1974 Feb. p. 58–71 [1290]
axoneme, cell motility, cilia, flagella, microtubules, how cilia move, paramecium, sperm 1974 Oct. p. 44–52 [1304]
cell membrane, colicine, membrane energetics, active transport, E. coli 1975 Dec. p. 30–37 [1332]
oxidative phosphorylation, cell membrane, active transport, mitochondrion, chloroplast, formation of the energy-exchange molecule in the cell 1978 Mar. p. 104–123 [1383]
in muscle contraction 1955 Mar. p. 52
mitochondria 1963 June p. 77

ATP synthesis, mitochondria, electron transfer, oxidation membrane, mitochondrion, proposed structure of mitochondrion 1964 Jan. p. 63–74

atrioventricular node, heart contraction, heart rate, cardiac pacemaker, sinus node 1967 Mar. p. 32–37 [1067]

attack prevention, animal behavior, sharks, sensory systems, feeding behavior 1962 July p. 60–68 [127]

attention, emotion, pupil size, attitude, eye, effect of attitude on pupil size 1965 Apr. p. 46–54 [493]
learning, physiological psychology, novelty, conflict, monotony, conflict and arousal, aid to learning 1966 Aug. p. 82–87 [500]
brain waves 1974 Apr. p. 51

attention mechanism, speech perception, hearing, cochlea, phonetics, neuropsychology, hearing two messages at a time 1962 Apr. p. 143–151 [467]

attitude, emotion, pupil size, eye, attention, effect of attitude on pupil size 1965 Apr. p. 46–54 [493]

attitude adaptation, metabolism, oxygen starvation, erythrocyte, acclimatization 1955 Dec. p. 58–68

attitude survey, public opinion, American soldiers, social discrimination, sociology, studies of attitudes and morale of U.S. troops during World War II, including experiments in racial integration of military units 1949 May p. 11–15
prejudice, hostility, insecurity 1950 Oct. p. 11–13
mass communications, elections, public opinion 1953 May p. 46–48
elections, public opinion, voting behavior, election of 1952 1954 May p. 31–35
public opinion, American Negro, U.S. whites, desegregation, racial segregation, sociology, longitudinal attitude study 1956 Dec. p. 35–39
desegregation, racial integration, public opinion, U.S. whites, American Negro, longitudinal attitude study reported in 1956 1964 July p. 16–23 [623]
desegregation, racial integration, American Negro, U.S. whites, public opinion, longitudinal attitudes study 1971 Dec. p. 13–19 [673]
female-role ideology, sex roles, women's aspirations 1972 Jan. p. 34–42
racial discrimination, prejudice, American Negro, public opinion, U.S. whites, segregation, integration, longitudinal attitude study 1978 June p. 42–49 [707]

atypical pneumonia, by aspiration 1952 Jan. p. 36

audiological research, cocktail-party effect 1960 Apr. p. 92

audiovisual technology, thermoplastic recording 1960 Feb. p. 70

auditoriums, architectual acoustics, sound waves, wave acoustics, sound interference, sound diffraction, acoustic reverberation, effective management of sound in public buildings and dwellings 1963 Nov. p. 78–92

auditory beats, brain, hearing, neurology, sound vibrations, auditory perception 1973 Oct. p. 94–102 [1282]

auditory discrimination, bats, bat sonar, sonar, echo-sounding, sensory perception, supersonic sonar of bats 1958 July p. 40–49 [1121]

auditory illusions, hearing, perception, phonetics, speech perception, illusions, psychology, illusions as clues to organization of perceptual apparatus 1970 Dec. p. 30–33 [531]

auditory impairment, noise-induced hearing loss, occupational health, noise pollution, industrial hygiene, public health, preventing noise-induced hearing loss, U.S. noise pollution legislation 1966 Dec. p. 66–76 [306]

auditory localization, directional orientation, auditory perception, hearing, binaural hearing 1961 Oct. p. 132–142 [501]

auditory perception, music, sound reproduction, tape recorders, speech grammaphones, engineering of sound systems 1961 Aug. p. 72–84
directional orientation, hearing, auditory localization, binaural hearing 1961 Oct. p. 132–142 [501]
sonar, bats, predator-prey relationship, moths, ultrasound, moth sonar detection of bat ultrasound 1965 Apr. p. 94–102 [1009]
brain hemispheres, cerebral dominance, left-hemisphere functions, music perception, right-hemisphere functions, visual perception 1973 Mar. p. 70–78 [554]
auditory beats, brain, hearing, neurology, sound vibrations 1973 Oct. p. 94–102 [1282]
brain hemispheres, cerebral dominance, musical illusions, handedness, hearing, illusions, perception, two-tone illusion 1975 Oct. p. 92–104 [566]

Audubon, animals, animals by John James Audubon 1952 Jan. p. 64–65

aureomycin, antibiotics, virus disease, rickettsial disease, bacterial infection, 'broad spectrum' antibiotic 1949 Apr. p. 18–23
antibiotics, penicillin, streptomycin, chloramphenicol, infectious disease, the antibiotic revolution 1952 Apr. p. 49–57
promising in radiation sickness 1949 Dec. p. 27
animal growth accelerator 1950 June p. 29

Aurignacian-Perigordian, Paleolithic Europe, Cro Magno art, Magdalenian, cave paintings 1953 Aug. p. 30–33

aurora, upper atmosphere, stratosphere, ionosphere, radio communication, noctilucent clouds, meteorology 1949 Jan. p. 30–39
Sun, solar flares, ionospheric storms, sunspots, geomagnetic storms 1951 Dec. p. 17–21
magnetic storms, sunspots, cone of avoidance, solar wind, solar rotation, corpuscular streams, cycles in 'solar wind' 1955 Feb. p. 40–45
Earth, airglow, corpuscular streams, solar spicules, nightglow, aurora and airglow 1955 Sept. p. 140–150
Antarctica, Earth magnetic field, 'whistlers', upper atmosphere, solar wind, atmosphere-magnetic field-solar wind interaction 1962 Sept. p. 74–83 [858]
artificial satellite, geomagnetism, Lorentz force, magnetosphere, solar radiation, Van Allen belts, radiation belts, physics of Van Allen belts 1963 May p. 84–96
artificial satellite, geomagnetism, solar wind, magnetosphere, magnetometer, orbital motion 1965 Mar. p. 58–65
cosmic radiation, interplanetary fields, interplanetary particles, magnetosphere, solar flares, solar wind, Van Allen belts, solar system 1975 Sept. p. 160–173

aurora borealis, artificial satellite, ionosphere, climate, Van Allen belts, orbital motion, meteorology, solar particle influence on Earth atmosphere 1959 Aug. p. 37–43 [851]
solar wind, solar corona, Earth magnetic field, Van Allen belts, comet tails, magnetic storms 1964 Apr. p. 66–76
geomagnetism, solar radiation, ionosphere, magnetosphere, solar wind, physics of the aurora 1965 Dec. p. 54–62

ausform process, crystal structure, steel alloys, materials technology, heat-treating for strength 1963 Aug. p. 72–82

Australia, rabbit plague, myxomatosis, pest control 1954 Feb. p. 30–35
behavioral adaptation, ecology, insect behavior, sand wasps, solitary insects, Bembix 1975 Dec. p. 108–115

Australian antigen (B), antibodies, hepatitis A, hepatitis B, tranfusion hepatitis, viral hepatitis, viral structure, viral disease 1977 July p. 44–52 [1365]

Australopithecus, man-apes, human evolution, Homo, Paranthropus, Plesianthropus 1949 Nov. p. 20–24 [832]
Gigantopithecus, human evolution, hominid, pongids 1970 Jan. p. 76–85
ape-man tools 1957 June p. 80
tool and fire user 1960 May p. 95
hominid antiquity 1967 Mar. p. 52
hominids, toolmaking 1971 Mar. p. 46
fossil dating 1971 Apr. p. 52
stone tools, toolmaker 1974 Aug. p. 48
from Homo to ape 1976 Feb. p. 54B

Australopithecus Paranthropus, man-apes, human evolution, Plesianthropus, primates, hominids branched from other primates 30 million years ago 1948 May p. 16–19

Australopithecus robustus, Homo, divergence 1969 June p. 56

autism, child psychiatry, schizophrenia, psychoanalysis, emotional deprivation, 'mechanical boy' 1959 Mar. p. 116–127 [439]

behavioral psychology, child psychiatry, emotional illness, schizophrenia 1967 Mar. p. 78–86 [505]
rubella, measles implicated in autism 1972 Dec. p. 42
autoimmune disease, autosensitivity, nervous disease, multiple sclerosis, allergic mechanisms in nervous disease 1949 July p. 16–19
antibody production, thymus, immunology, lymphocytes, DNA, thymus role in producing antibodies 1962 Nov. p. 50–57 [138]
antibodies, antigen complement, immune response, lymphocytes, virus antigens, virus disease, allergic reaction, immune-complex disease, glomerulonephritis, lymphocytic choriomeningitis, serum sickness 1973 Jan. p. 22–31 [1263]
autolysis, lysosomes, enzymes, phagocytosis, pinocytosis, metamorphosis, cellular digestive organ, 'suicide bag' 1963 May p. 64–72 [156]
lysosomes, enzymes, phagocytosis, lysis, chromosome breakage, lysosome implication in disease processes 1967 Nov. p. 62–72 [1085]
automata theory, cybernetics, feedback, automatic control, self-regulation, computer science, mechanical, biological, social self-regulation 1948 Nov. p. 14–19
computer chess, artificial intelligence, 'thinking' approaches an operational definition 1950 Feb. p. 48–51
feedback, artificial sensory organs, mechanical behavior, an imitation of life 1950 May p. 42–45
learning, feedback, conditioned reflex 1951 Aug. p. 60–63
automatic control, self-regulation, information theory, feedback, introduction to single-topic issue on automatic control 1952 Sept. p. 44–47
electroencephalography, brain waves, alpha rhythms, medical diagnosis, Fourier analysis, toposcope display 1954 June p. 54–63
Turing machine, von Neumann machine, brain circuitry, computer design 1955 Apr. p. 58–67
feedback, computer science, von Neumann machine, Turing machine, self-reproducing machine, 'artificial living plants' 1956 Oct. p. 118–126
molecular replication, self-reproducing machine, computer technology, machine models of molecular assembly 1959 June p. 105–114 [74]
biological sciences, mathematics, self-reproducing machine, nerve impulse, predation, Turing machine, mathematics in biology 1964 Sept. p. 148–164
automatic cell sorting, blood cell analysis, computer analysis, lymphocytes, pattern recognition, automatic analysis of white cells 1970 Nov. p. 72–82
cell sorting, fluorescence-activated technique 1976 Mar. p. 108–117
automatic control, cybernetics, feedback, self-regulation, computer science, automata theory, mechanical, biological, social self-regulation 1948 Nov. p. 14–19
computer technology, digital computer, analogue computer, relay computers, binary arithmetic, logic, computer memory, control systems, status of 'mathematical machines' 1949 Apr. p. 28–39
self-regulation, automata theory, information theory, feedback, introduction to single-topic issue on automatic control 1952 Sept. p. 44–47
feedback, control loop, servomechanisms, flyball governor, positive feedback, negative feedback, ecological system, nervous system, economic system, feedback concept 1952 Sept. p. 48–55
control systems, servomechanisms, actuators, frequency response, pneumatic servomechanisms, hydraulic servomechanisms, control systems 1952 Sept. p. 56–64
continuous processing, fluid dynamics, petroleum refinery, control panel, automatic chemical plant 1952 Sept. p. 82–96
machine tool, batch process, digital-to-analogue conversion, numerical instructions, automatic machine tool 1952 Sept. p. 101–114
computer, solid-state electronics, analog-to-digital conversion, digital computer, analogue computer, the universal machine 1952 Sept. p. 116–130
information theory, statistics, thermodynamics, noise, redundancy, digital storage media, analogue storage media, information compression, information 1952 Sept. p. 132–148
productivity, capital-output ratio, labor force, economic and social impact of automatic control 1952 Sept. p. 150–160
manipulators, remote control, robot, feedback, industrial manipulators 1964 Oct. p. 88–96
economics, technology, input-output analysis, labor force, U.S. impact of technological change, 1947-1958, input-output tables 1966 Apr. p. 25–31 [629]
computerized design, computer technology, control systems, computer graphics, uses of computer in technology 1966 Sept. p. 176–188
cargo handling, shipping, containerization, loading, air transport 1968 Oct. p. 80–88
chromatography, process control, control systems, predictive control 1969 June p. 112–120
control systems, feedback, water clock, thermostat, windmills, flyball governor, origins of feedback control 1970 Oct. p. 110–118
computer technology, electric power generation, generator control, power-system control 1974 Nov. p. 34–44
computer applications, machine tool, parts manufacture, batch process production methods 1975 Feb. p. 22–29
computer technology, instructable machines, robot systems, servomechanisms 1976 Feb. p. 76–86B
automatic test systems, microelectronics, measuring instruments, control systems 1977 Sept. p. 180–190 [381]
impact assessed 1966 Mar. p. 54
automatic factory, on paper 1951 Sept. p. 58
automatic library, 'electronic selector' hunts references 1949 May p. 26
automatic manufacture, electronic equipment, Project Tinkertoy, modular design 1955 Aug. p. 29–33
automatic pilot, aircraft landing, blind landing, air transport, instrument landing system, precision approach radar, ground-controlled approach 1964 Mar. p. 25–35
automatic research, cell analyser 1949 Sept. p. 30
automatic synthesis, insulin, protein synthesis, amino acids, peptide bond, 'solid phase' method of synthesis, polystyrene beads 1968 Mar. p. 56–74 [320]
automatic test systems, automatic control, microelectronics, measuring instruments, control systems 1977 Sept. p. 180–190 [381]
automation, *see:* automatic control
automobile, railway, traffic patterns, cities, commutation, mass transit, transportation, Bay Area Rapid Transit system as model for urban transportation 1965 Sept. p. 162–174
electric automobile, battery, air pollution, weight, cost, performance of electric automobile 1966 Oct. p. 34–40
progress in electrical propulsion 1966 Nov. p. 66
electric for short hauls 1967 May p. 58
automobile design, technology history, automobile racing, Paris-Bordeaux race of 1895 1972 May p. 102–111
airbag, automotive safety, seat belts, crashworthiness tests 1973 Feb. p. 78–86
automobile emissions, air pollution, smog, ozone, urban transport, air pollution control in Los Angeles 1964 Jan. p. 24–31 [618]
automobile engines, high compression, 'knock', combustion chamber design, high-octane fuel, mechanical vs chemical solutions for premature combustion 1950 Feb. p. 16–19
Wankel engine, rotary engine, Tschudi engine 1969 Feb. p. 90–99
Carnot cycle, Diesel engine, isothermal combustion, Diesel's 'rational' engine 1969 Aug. p. 108–117
air pollution, rotary engine, Wankel engine, auto engineering 1972 Aug. p. 14–23
external combustion engines, Stirling engine, engine efficiency 1973 Aug. p. 80–87
free-piston 1956 June p. 66
fuel economy 1975 Nov. p. 56
automobile fuel, ammonia, emission control 1967 Aug. p. 39
automobile history, Airflow automobile, streamlining 1977 Aug. p. 98–106 [697]
automobile propulsion, electric power generation, energy storage, composite materials, materials technology, flywheels 1973 Dec. p. 17–23
automobile racing, automobile design, technology history, Paris-Bordeaux race of 1895 1972 May p. 102–111
automobile transportation, air transport, technology assessment, science policy, air pollution, noise pollution, technology assessment institutions proposed 1970 Feb. p. 13–21 [332]
automobiles, wheel bounce, road building, highway engineering, 'corrugated' road surface, 'washboard' road surface 1963 Jan. p. 128–136
energy conservation, engine efficiency, fuel consumption 1975 Jan. p. 34–44
automotive safety, airbag, automobile design, seat belts, crashworthiness tests 1973 Feb. p. 78–86
model car 1957 Apr. p. 70
crash-proof locks 1962 July p. 60
autonomic nervous system, learning, heart rate, blood pressure, curare, electrocardiography, learning voluntary control of autonomic nervous system 1970 Jan. p. 30–39 [525]

blood pressure, human physiology, transcendental meditation, yoga, Zen Buddhism, physiology of meditation 1972 Feb. p. 84–90 [1242]
learning 1969 Apr. p. 49
autopilot, taught to stall 1953 Dec. p. 56
autoradiography, DNA synthesis, bacterial chromosome, labeled thymine, incorporation in DNA chain, relation of template and new chain 1966 Jan. p. 36–44 [1030]
rod cells, cone cells, visual cells, protein synthesis, renewal mechanisms in retinal cells 1970 Oct. p. 80–91
autosensitivity, nervous disease, autoimmune disease, multiple sclerosis, allergic mechanisms in nervous disease 1949 July p. 16–19
allergic reaction, poison ivy, dermatitis, rheumatoid arthritis, multiple sclerosis, delayed hypersensitivity 1960 Apr. p. 129–137
autosomes, chromosome, gene mapping, genetic disease, chromosomal anomalies 1971 Apr. p. 104–113 [1220]
autotrophs, origins of life, Miller-Urey experiment, high-energy radiation, heterotrophs, fermentation, photosynthesis 1954 Aug. p. 44–53 [47]
ecology, energy cycle, biomass, solar energy, food chain, element abundance, heterotrophs, the ecosphere 1958 Apr. p. 83–92
auxins, apical bud, leaf scission 1955 Nov. p. 82–89 [116]
agronomy, plant growth, oak, giberellin, function of plant growth hormone 1957 Apr. p. 125–134 [11]
serotonin, LSD, comparative physiology, neurophysiology, physiological function of serotonin 1957 Dec. p. 52–56
plant growth, cytokinins, dormin, plant hormones, giberellin 1968 July p. 75–81 [1111]
adaptation, trees, plant hormones, tree structure, ax-head model, mechanical design of trees 1975 July p. 92–102
avalanche, snow, loose-snow avalanche, slab avalanche 1954 Jan. p. 26–31
avalanche control, snow, mountains, hoar frost, types, causes and prevention of slides 1966 Feb. p. 92–101
avascular tumors, angiogenesis, cancer, tumor inhibition, tumor vascularization, tumor angiogenesis factor (TAF) 1976 May p. 58–73 [1339]
avian, *see:* bird, birds
avian evolution, birds from dinosaurus 1973 Aug. p. 44
avian reproduction, ring dove, breeding cycle, sexual behavior, hormone, fertilization 1964 Nov. p. 48–54 [488]
calcium metabolism, eggshell thinning, pollution, chorinated hydrocarbons, DDT, dieldrin, insecticide, food chain, ecological effect of pesticides 1970 Apr. p. 72–78 [1174]
avian respiratory system, breathing, bird bones, lung structure 1971 Dec. p. 72–79 [1238]
aviation, stratosphere, flight at high altitude 1952 Feb. p. 20–23
'sound barrier', rocket engine 1953 Oct. p. 36–41
heat barrier, supersonic flight, lift barrier 1953 Dec. p. 80–84
traffic control in U.S. 1962 Jan. p. 60
aviation industry, aeronautics, supersonic flight, commercial aircraft, aircraft design, sonic boom, technology and economics of supersonic transport 1964 June p. 25–35
aviation medicine, Bert, medical history, Paul Bert, 'father' of aviation medicine 1952 Jan. p. 66–72
break-off phenomenon 1957 June p. 78
manned space flight 1959 Mar. p. 61
aviators, Medieval and Byzantine claimants to title of first 1961 June p. 90
AWACS: airborne warning and control system aircraft
AWACS, arms race, bombers, SALT, strategic weapons, military expenditures, antiaircraft sytems 1973 Aug. p. 11–19
awards, Einstein and Stalin prizes 1951 May p. 36
ax-head model, auxins, adaptation, trees, plant hormones, tree structure, mechanical design of trees 1975 July p. 92–102
axe-handles, hickory, fences, smoked ham, hickory nuts, economic botany, forest, natural history, shagbark hickory 1948 Sept. p. 40–43
axial-flow compressor, gas turbine, aircraft propulsion, centrifugal compressor, ducted fan, electric power generation 1953 Nov. p. 65–72
axiom of choice, mathematics, set theory, non-Cantorian sets, Russell's paradox, Cantor, non-Euclidian geometry 1967 Dec. p. 104–116
axiomatics, mathematics, Bourbaki, philosophy of science, science history, labors of the mathematical collective self-styled Bourbaki 1957 May p. 88–99
axis of rotation, physics, crystal structure, polygons, polyhedra, philosophy of science, topological limits of physics 1953 Jan. p. 50–56
axon, neurology, nerve conduction, Schwann cell, axoplasm, membrane potential, perfusion technique, cell perfusion, structure of axonal tube, physiology of neural transmission, concentration gradients 1966 Mar. p. 74–82 [1038]
see also: giant axon
axoneme, ATP, cell motility, cilia, flagella, microtubules, how cilia move, paramecium, sperm 1974 Oct. p. 44–52 [1304]
axoplasm, axon, neurology, nerve conduction, Schwann cell, membrane potential, perfusion technique, cell perfusion, structure of axonal tube, physiology of neural transmission, concentration gradients 1966 Mar. p. 74–82 [1038]
Aztec civilization, chinampa, canals, drainage, Mexican agriculture, agricultural system, highly productive farm plots, Aztec empire 1964 July p. 90–98 [648]

B

B-cells, antibody molecule, antigens, immune system, lymphatic system, lymphocytes, T-cells 1973 July p. 52–60 [1276]
antibodies, bursa, cell differentiation, humoral immunity, T-cells, immune system, lymphocytes, thymus 1974 Nov. p. 58–72 [1306]
antibodies, cell membrane, histocomptability, antigens, immune response, immunoglobin, lymphocytes, T-cells 1976 May p. 30–39 [1338]
B vitamin, biotin, ATP, function of little-known B vitamin 1961 June p. 139–146
Babbage, computer, difference engine, analytical engine, digital computer, life and work of Charles Babbage 1952 Apr. p. 66–72
babies, operant conditioning, learning, pets, how to teach animals 1951 Dec. p. 26–29 [423]
baboons, human evolution, social behavior, comparative psychology, social anthropology, Kung bushmen, sexual behavior, origin of society 1960 Sept. p. 76–87 [602]
social behavior, comparative psychology, sexual behavior, baboon troops in their natural environment 1961 June p. 62–71 [614]
baby boom, U.S. census, urbanization, age-sex distribution, family size, central city, suburbs, U.S. census at 1960 1961 July p. 39–45
baby fat, obesity, pathological obesity 1973 Aug. p. 44
background radiation, environmental pollution, ionizing radiation, nuclear medicine, atomic bomb test, introduction to single-topic tissue on ionizing radiation 1959 Sept. p. 74–83
backswimmer, surface tension, water-strider, whirligig beetle, ecology, springtail, aquatic insect, insects of the water surface 1978 Apr. p. 134–142 [1387]
Bacon's cipher, binary code, Boolean algebra, computer history, science history, Jacquard loom, punched cards 1972 Aug. p. 76–83
bacteria, protein synthesis, genetic code, DNA, RNA, protein synthesis by bacterial DNA-RNA in vitro 1956 Mar. p. 42–46
sexual reproduction, conjugation, recombinant DNA, gene recombination, sexuality in bacteria 1956 July p. 109–118 [50]
gene transformation, drug resistance, streptomycin, pneumococcus, recombinant DNA, biochemistry of Avery, McLeod and McCarty experiment 1956 Nov. p. 48–53 [18]
gene transduction, bacteriophage, recombinant DNA, bacterial gene transduction by phage infection 1958 Nov. p. 38–43 [106]
bacteriophage, conjugation, gene recombination, recombinant DNA, mechanisms of heredity and infection in bacteria 1961 June p. 92–107 [89]
flies, epidemiology, maggot, dysentery, virology, disease vector 1965 July p. 92–99
symbiosis, algal bloom, blue-green algae, simplest plants, resemblance to bacteria 1966 June p. 74–81
drug resistance, mutation, DNA R-factor, antibiotics, transferable drug resistance, multiple resistance 1967 Dec. p. 19–27
ectoparasites, skin, fungi, lice, hair, human skin ecosystem 1969 Jan. p. 108–115 [1132]
proteolysis, infection, viral DNA, DNA sequence, restriction enzymes, bacterial recognition and rejection of exotic DNA 1970 Jan. p. 88–102 [1167]
chemical weapons, biological weapons, Vietnam war, arms race, CS gas, virus disease, rickettsiae, tear gas, herbicide, chemical-biological warfare 1970 May p. 15–25 [1176]
nitrogen cycle, nitrogen fixation, blue-green algae, Haber process, biosphere, nitrate, legumes, eutrophication 1970 Sept. p. 136–146 [1194]

blue-green algae, fossil cells, evolution, Gunflint cherts, origins of life, Precambrian rocks, prokaryotic cells, oldest fossils 1971 May p. 30–42 [395]
antibiotic resistance, infectious disease, drug resistance, gene mutation, plasmids, Rh factor, bacterial conjugation 1973 Apr. p. 18–27 [1269]
bacterial motility, flagella, 'twiddling', rotation of flagella 1975 Aug. p. 36–44
cell membrane, halobacteria, photosynthesis, rhodopsin, salt-loving bacteria 1976 June p. 38–46 [1340]
algae, legumes, nitrogen fixation, nitrogenase, genetic engineering, Haber process, rhizobium, legumes, symbiosis, nitrogenase, biological nitrogen fixation 1977 Mar. p. 68–81
bioluminescence, fish, flashlight fishes, symbiosis 1977 Mar. p. 106–114
barophilic bacteria, deep-sea environment, deep-sea microbes, Alvin submersible 1977 June p. 42–52 [926]
in crystalline array 1955 Jan. p. 44
algae, photoelectric effect 1964 Mar. p. 59

bacteria disrupted, synthesize proteins 1954 Oct. p. 49

bacterial cell, cell wall, bacterial metabolism, penicillin, polysaccharides, glycopeptides, membrane 1969 May p. 92–98

bacterial-cell surface, glycocalyx, bacterial infection, infective specificity, how bacteria stick 1978 Jan. p. 86–95 [1379]

bacterial-cell wall, lysozyme, homeostasis, bacterial cytoplasm, protoplasts, bacteriophage, flagella, dissection of bacteria by lysozyme 1960 June p. 132–142

bacterial chromosome, autoradiography, DNA synthesis, labeled thymine, incorporation in DNA chain, relation of template and new chain 1966 Jan. p. 36–44 [1030]

bacterial conjugation, antibiotic resistance, bacteria, infectious disease, drug resistance, gene mutation, plasmids, Rh factor 1973 Apr. p. 18–27 [1269]

bacterial cytoplasm, bacterial-cell wall, lysozyme, homeostasis, protoplasts, bacteriophage, flagella, dissection of bacteria by lysozyme 1960 June p. 132–142

bacterial infection, antibiotics, aureomycin, virus disease, rickettsial disease, 'broad spectrum' antibiotic 1949 Apr. p. 18–23
blood proteins, gammaglobulin, antibodies, immunology, tissue grafts, agammaglobulinemia, hereditary immunological deficiency 1957 July p. 93–104
endotoxins, exotoxins, toxins, bacterial toxin, effects of endotoxins 1964 Mar. p. 36–45
bacterial-cell surface, glycocalyx, infective specificity, how bacteria stick 1978 Jan. p. 86–95 [1379]

bacterial magnets, magnetic-field tropism observed in bacteria 1978 Mar. p. 72

bacterial metabolism, bacterial cell, cell wall, penicillin, polysaccharides, glycopeptides, membrane 1969 May p. 92–98

bacterial motility, bacteria, flagella, 'twiddling', rotation of flagella 1975 Aug. p. 36–44
cell motility, chemotaxis, flagellar action, E.coli 1976 Apr. p. 40–47 [1337]

bacterial resistance, antibiotics, infectious disease, toxicity, virus disease, status of new medical technology 1949 Aug. p. 26–35

bacterial toxin, bacterial infection, endotoxins, exotoxins, toxins, effects of endotoxins 1964 Mar. p. 36–45
tetanus, botulism, paralysis, nerve impulse, inhibitory impulse, synapse, motor neuron, Clostridium tetani, Clostridium botulinum 1968 Apr. p. 69–77
plague bacillus, Black Death, respiration, electron transport, mechanism of death by plague toxin 1969 Mar. p. 92–100
cholera, disease, medical care, sanitation, water supply, epidemiology 1971 Aug. p. 15–21

bacterial transformation, gene transformation, Diplococcus pneumoniae, extra-cellular activator of transformation competence 1969 Dec. p. 38–44

bacterial virus, *see:* bacteriophage

bacteriology, caries, dentistry, fluoridation, new theory of tooth decay 1948 Oct. p. 20–23
tuberculosis, tubercle bacillus, biology of the germ 1955 June p. 102–110
biological pest control, agricultural pest, insecticide, insect physiology, virology, entomology, living insecticides 1956 Aug. p. 96–104
caries, dentistry, tooth enamel, causes of tooth decay 1957 Dec. p. 109–116
mutation, penicillin, drug resistance 1961 Mar. p. 66–71
microorganisms, PPLO, virus, electron microscopy, cytology, smallest free-living cells 1962 Mar. p. 117–126 [1005]
antibiotic-resistant staphylococcus 1960 May p. 95

bacteriophage, genetic exchange, sexual reproduction 1948 Nov. p. 46–51
virus disease, influenza virus, bacteriophage, poliomyelitis virus, antigen-antibody reaction, immunity, infection, host-specificity, viruses in infection and in the laboratory 1951 May p. 43–51
virus disease, influenza virus, poliomyelitis virus, bacteriophage, antigen-antibody reaction, immunity, infection, host-specificity, viruses in infection and in the laboratory 1951 May p. 43–51
genetics, reproduction, tracer experiments, DNA, protein coat 1953 May p. 36–39
virus, life cycle, reproduction, provirus 1954 Mar. p. 34–37
virology, recombinant DNA, provirus, modified virus 1955 Apr. p. 92–98 [24]
bacteria, gene transduction, recombinant DNA, bacterial gene transduction by phage infection 1958 Nov. p. 38–43 [106]
bacterial-cell wall, lysozyme, homeostasis, bacterial cytoplasm, protoplasts, flagella, dissection of bacteria by lysozyme 1960 June p. 132–142
bacteria, conjugation, gene recombination, recombinant DNA, mechanisms of heredity and infection in bacteria 1961 June p. 92–107 [89]
DNA, gene mapping, chromosome, mapping genes by induced and spontaneous mutations 1962 Jan. p. 70–84 [120]
adenoviruses, virology, X-ray diffraction, poliomyelitis virus, polyoma virus, herpes virus, influenza virus, vaccinia virus, tobacco mosaic virus, structure of viruses 1963 Jan. p. 48–56
gene mapping, amber mutants, virus particles 1965 Feb. p. 70–78 [1004]
virus structure, polyhedra, virus shell, assembly of T4 subunits from core out 1966 Dec. p. 32–39 [1058]
virus structure, T4 virus, DNA, mutation, morphogenesis, test-tube reconstruction of viral components 1967 July p. 60–74 [1079]
receptor specificity, cell membrane, bacterial receptor sites, O antigen, Salmonella 1969 Nov. p. 120–124 [1161]
electrical attachment 1953 Aug. p. 44
one-molecule DNA virus 1958 July p. 52
pili 1967 Dec. p. 55

bacteriophage structure, gene expression, latent viruses, provirus, virus action, coexisting viruses, viral genes in host chromosome 1976 Dec. p. 102–113 [1347]

badger, dog, horse, cheetah, locomotion, deer, comparative anatomy, running, how animals run 1960 May p. 148–157

Baffin Island, energy cycle, Eskimo, hunting societies, food chain, seal, power, ecosystem 1971 Sept. p. 104–115 [665]

bags under the eyes, J.A.M.A. colloquy 1951 May p. 38

baking, yeast, brewing, riboflavin synthesis, cryptococcal meningitis, fermentation, cell physiology, yeasts, useful and noxious 1960 Feb. p. 136–144

balancing rock, capstones explained 1974 Mar. p. 46

ball lightning, nuclear fusion, gas plasma, ionization, Kapitza theory, Hill theory 1963 Mar. p. 106–116

ballistic missile, *see:* atomic weapons, ICBM, SLBM and the like

ballistics, shock waves, shadow photography, speed of sound, Mach cones, aerodynamics 1949 Nov. p. 14–19
caloric heat theory, science history, oven, Rumford, heat as motion, Benjamin Thomson, biography 1960 Oct. p. 158–168

balloon astronomy, Sun, ultraviolet radiation 1959 May p. 52–59
spectrometry, Venus, infrared astronomy 1965 Jan. p. 28–37
solar observatory 1957 Sept. p. 107

balsam, forestry, spruce, climax ecosystem, birch, climax forest of Northeast U.S. 1948 Nov. p. 20–23

balsam-fir factor, insecticide, insect hormones, insecticide resistance, juvenile hormone, species specificity, DDT, third-generation pesticides 1967 July p. 13–17 [1078]

Bambuti, Pygmies, Congo, social anthropology, symbyotic relationship of jungle Pygmies and pastoral-village peoples 1963 Jan. p. 28–37 [615]

bandwidth, carrier-wave modulation, coaxial cable, communication technology, electromagnetic spectrum, fiber optics, radiowave, communication channels, noise 1972 Sept. p. 98–113

Bantu language, Africa, Early Iron Age culture, language diffusion, linguistics 1977 Apr. p. 106–114

barber paradox, antinomy, paradox, mathematical logic, logic, undecidable questions, Gödel's proof, Grelling's paradox,

Epimenides' paradox, Zeno's paradox, paradox and foundations of logic 1962 Apr. p. 84–96
symbolic logic, Dodgson, mathematics, paradox 1972 July p. 38–46
barbiturates, hypnotics, tranquilizers, sedatives, anesthesia, pharmacology 1958 Jan. p. 60–64
Bardeen, Cooper, Schriever theory, *see:* BCS theory
barge transport, canals, technology history, transportation, in U.S. 1976 July p. 116–124
barium clouds, plasma, solar radiation, ionosphere, Earth magnetic field, geomagnetism, magnetosphere, electric field, artificial plasma clouds from rockets 1968 Nov. p. 80–92
barley, agronomy, salt-tolerant crops 1976 Aug. p. 44D
barnacle, ATP, muscle contraction, calcium, bioluminescence, aequorin, calcium ions in muscle construction 1970 Apr. p. 84–93 [1175]
Barnard's star, a solar system 1969 June p. 58
barometer, meteorology, radiosonde, rain gauge, anemometer, hygrometer, instrumentation of meteorology 1951 Dec. p. 64–70
barophilic bacteria, bacteria, deep-sea environment, deep-sea microbes, Alvin submersible 1977 June p. 42–52 [926]
Barr body, sex differences, chromosome, genetic mosaic, cytology, Klinefelter's syndrome, Turner's syndrome, chromosomal anomalies, sex differences in tissue cells 1963 July p. 54–62 [161]
barred galaxy, gravitational collapse, galactic evolution, spiral galaxies, elliptical galaxies, evolution from taxonomy 1956 Sept. p. 100–108
Baruch plan, arms race, U.S.S.R. atomic bomb, Acheson-Lilienthal plan, U.S. negotiating position at termination of 'atomic monopoly' 1949 Nov. p. 11–13
baryons, high-energy physics, mesons, 'strong' force, 'eightfold way', conservation laws, Regge trajectory, resonance 'particles', 'bootstrap' hypothesis 1964 Feb. p. 74–93 [296]
high-energy physics, hadrons, leptons, mesons, quantum numbers, quark confinement, bag model, infrared-slavery model, string model 1976 Nov. p. 48–60
basal metabolism, Ama, diving, diving women, Korea, Japan, breathing, human physiology, adaptation 1967 May p. 34–43
hibernation, homeothermy, circadian rhythm, feeding behavior, circannual rhythm, hypothalamus, squirrels, dormice in hibernation 1968 Mar. p. 110–118 [513]
basalt, Earth mantle, plastic zone, seismology, isostatic equilibrium, Mohorovicic discontinuity, plastic zone at depth between 37 and 155 miles 1962 July p. 52–59
base, protein structure, amino-acid sequence, gene-protein colinearity, DNA structure, mutation, gene mapping 1967 May p. 80–94 [1074]
base triplets, DNA, genetic code, protein synthesis, nucleotide sequence, codon, base triplet established as codon 1962 Oct. p. 66–74 [123]
baseball, properties of 'perfect curve' 1959 May p. 71
outfielder's trigonometry 1969 Jan. p. 49
computer simulation 1974 Oct. p. 63
knuckleball dynamics 1976 Jan. p. 63
bass, cello, viola, violin, Chladni patterns, music, musical instruments, physics of violins 1962 Nov. p. 78–93
bassoon, musical instruments, vibrating air column, clarinet, oboe, flute, English horn, saxophone, physics of the wood winds 1960 Oct. p. 144–154
bat sonar, sonar, animal navigation, ultrasonic signal, bat navigation demonstrated in laboratory 1950 Aug. p. 52–55
auditory discrimination, bats, sonar, echo-sounding, sensory perception, supersonic sonar of bats 1958 July p. 40–49 [1121]
batch process, automatic control, machine tool, digital-to-analogue conversion, numerical instructions, automatic machine tool 1952 Sept. p. 101–114
bathtub vortex, *see:* Coriolis effect
bathymetry, sonar, gravimetry, ocean floor, continental shelf, sedimentary cores, Lamont Geophyscial Observatory 1956 Dec. p. 83–94
Arctic Ocean, ocean circulation, telemetry, meteorology, Northeast Passage, ice-floe islands, marine biology, Soviet Arctic research 1961 May p. 88–102
bathyscaph, ocean floor, submarine 'blimp' 1958 Apr. p. 27–33
bats, natural history 1957 Nov. p. 105–114
auditory discrimination, bat sonar, sonar, echo-sounding, sensory perception, supersonic sonar of bats 1958 July p. 40–49 [1121]
sonar, predator-prey relationship, moths, auditory perception, ultrasound, moth sonar detection of bat ultrasound 1965 Apr. p. 94–102 [1009]
battered child syndrome, children's injuries 1972 Oct. p. 47
battery, fuel cell, electric power generation, energy transformation, energy economics, direct conversion chemical to electric energy 1959 Oct. p. 72–78
electrochemistry, electric power, Volta, Galvani, Volta's contributions, biography 1965 Jan. p. 82–91
automobile, electric automobile, air pollution, weight, cost, performance of electric automobile 1966 Oct. p. 34–40
batting averages, estimation theory, statistics, Stein's paradox, approach of averages to norm 1977 May p. 119–126 [363]
BCS theory: Bardeen, Cooper, Schriever theory
BCS theory, crystal structure, electrical properties of metals, intermetallic compounds, intercalated crystals, superconductors, layered superconductors 1971 Nov. p. 22–33
beaches, sand dune, sand bar, berm, ocean, surf, rip channels, conservation of beaches 1960 Aug. p. 80–94 [845]
bearing, friction, stick-slip friction, violin bow, lubrication, uses and prevention of friction 1956 May p. 109–118
friction, mechanical engineering, lubrication, sliding, rolling, pressurized-contactless bearings 1966 Mar. p. 60–71
friction, gears, technology history, Leonardo, Codex Madrid I 1971 Feb. p. 100–110
lubrication, friction, journal bearing, wear 1975 July p. 50–64
choice of metals 1955 Nov. p. 54
bears, cave bear, Ice Age, extinction mechanism 1972 Mar. p. 60–72
bedbugs, spiders, leeches, spermatozoon transfer, sponges, sexual reproduction, unorthodox methods of sperm transfer 1956 Nov. p. 121–132
bee, animal navigation, crustacea, solar navigation 1954 Oct. p. 74–78
bumblebee energetics, flower, symbiosis 1973 Apr. p. 96–102 [1270]
insect behavior, ants, insect eye, animal navigation, polarized light 1976 July p. 106–115 [1342]
'dancing' communication 1962 Dec. p. 70
killer bees, reputation inflated 1976 Jan. p. 63
bee dances, insect behavior, social insect, animal communication, directional orientation, 'language of the bees' 1948 Aug. p. 18–21 [21]
animal communication, more on the 'language of the bees' 1953 July p. 60–64
insect behavior, social insect, evolution, evolutionary 'dialects' of 'language of the bees' 1962 Aug. p. 78–86
communication, honeybee, insect behavior, honeybee sound communication 1964 Apr. p. 116–124 [181]
insect behavior, directional orientation, species specificity, evolution, communication by sound, by dancing 1967 Apr. p. 96–104 [1071]
insect behavior, pheromones, sex attractants, courtship display 1972 Sept. p. 52–60 [1280]
Frisch work dazzles Thorpe 1949 Sept. p. 30
swarming warble 1955 Apr. p. 54
communication 1970 Oct. p. 60
beef, tenderizing process 1951 May p. 32
beer, enzymes, yeast, brewing, fermentation, hops, chemistry and microbiology of brewing 1959 June p. 90–100
heavy water in brewing process 1956 Aug. p. 54
beetle, cattle, coprid beetles, dung beetles 1974 Apr. p. 100–109
insect behavior, burying beetles, beetle reproduction 1976 Aug. p. 84–89 [1344]
behavior, speech, facial expression, vocal display, nonverbal communication, facial expression in communication 1965 Oct. p. 88–94 [627]
self esteem, child development, personality 1968 Feb. p. 96–106 [511]
value judgments, pleasure 1968 Dec. p. 84–90 [518]
encephalitis, hyperactive child, temperament, genetic disease, amphetamines, possibly innate disease syndrome 1970 Apr. p. 94–98 [527]
aplysia, neurones, learning, memory, synapse, heterosynaptic facilitation, memory and learning at nerve-cell level 1970 July p. 57–70 [1182]
see also: insect behavior, fighting behavior and the like; behavioral adaptation, courtship display, etc.
behavior biochemistry, cholinesterase correlation 1955 Feb. p. 58
behavior disorders, learning, stress, animal behavior, stimulation in infancy 1960 May p. 80–86 [436]
behavior modification, ethical questions 1957 Jan. p. 58
institutional inmates 1974 May p. 60
behavioral adaptation, termite, social insect, cell analogy, insect behavior 1953 May p. 74–78

homeothermy, clothing, clothing and body-temperature control 1956 Feb. p. 109–116
birds, geographical distribution, speciation, ornithology, bird migration, adaptation, provinciality of birds 1957 July p. 118–128
birds, camouflage, caterpillars, mimicry, defense by color 1957 Oct. p. 48–54
penguin, sexual behavior, Antarctica, natural history 1957 Dec. p. 44–51
'cold-blooded' animals, pigmentation, thermoregulation, lizard, reptile, behavioral thermoregulation 1959 Apr. p. 105–120
sand dune ecology, thermoregulation, succulent plants, symbiosis, adaptation, adaptive mechanism for life in hot acid environment 1959 July p. 91–99
ground squirrels, Mojave desert, animal behavior, kidney function, thermoregulation, desert adaptation, desert mammals' adaptations to heat and aridity 1961 Nov. p. 107–116
alkaloids, butterfly, larvae, symbiosis, insect repellants, plant evolution, mimicry, butterfly-plant association 1967 June p. 104–113 [1076]
mouse, water retention, physiological adaptation, Mus musculus, commensal of man 1969 Oct. p. 103–110 [1159]
Australia, ecology, insect behavior, sand wasps, solitary insects, Bembix 1975 Dec. p. 108–115
animal communication, firefly, bioluminescence, insect behavior, synchronous flashing of fireflies 1976 May p. 74–85

behavioral genetics, cricket song, insect behavior, nervous system 1974 Aug. p. 34–44 [1302]

behavioral psychology, Pavlov, conditioned behavior, biography and appraisal of I.P. Pavlov 1949 Sept. p. 44–47
color vision, learning, conditioned behavior, Skinner box, visual discrimination, pigeons conditioned to respond to discrete wavelengths of light 1958 Jan. p. 77–82 [403]
emotional deprivation, maternal deprivation, rhesus monkeys, surrogate mother, infant monkey 'love' 1959 June p. 68–74 [429]
learning, visual perception, Fechner's law, psychophysics, Skinner box, conditioned behavior, pigeon perception 1961 July p. 113–122 [458]
conditioned behavior, learning, kinesthetic memory, place-learning 1963 Oct. p. 116–122 [479]
asocial behavior, criminal law, human behavior, punishment, criminology, milieu therapy, behavioral science and the criminal law 1963 Nov. p. 39–45 [480]
child psychiatry, autism, emotional illness, schizophrenia 1967 Mar. p. 78–86 [505]
Skinner's utopia 1957 Jan. p. 58
conditioned behavior, effect of reinforcement on learning 1958 Dec. p. 58

behavioral regression, child development, cognitive development, human behavior, infant perceptions, learning 1976 Nov. p. 38–47 [572]

Beilby layer, polishing, burnishing, abrasion hypothesis, melting hypothesis 1968 June p. 91–99
ferrograph analysis, friction, lubrication, machine wear, metal fatigue, particles of wear, wear 1974 May p. 88–97

bell shrike, animal communication, bird song, bird duets 1973 Aug. p. 70–79 [1279]

bellows, science history, technological innovation, windmills, pumps, blast furnace, medieval technology, medieval uses of the air 1970 Aug. p. 92–100 [336]

Bence-Jones proteins, amino-acid sequence, antibodies, antibody molecule, immunoglobin, heavy chain, light chain, antigen-antibody complex 1967 Oct. p. 81–90 [1083]
antibody molecule, myeloma, immunoglobin, antigen binding, amino-acid sequence, antibody amino-acid sequence determination 1970 Aug. p. 34–42 [1185]

Benford's Law, probability, digits, number theory, first-digit distribution 1969 Dec. p. 109–120

Bentley's compound, analgesics, morphine, opium, poppy, heroin, codeine, drug action, search for strong, safe analgesic 1966 Nov. p. 131–136 [304]

benzene, carbon chemistry, chemical accelerators, origins of life, high-energy carbon reactions 1975 Jan. p. 72–79

benzene derivatives, aromatic hydrocarbons, molecular structure, aromaticity 1972 Aug. p. 32–40

Bering land bridge, New World archeology, MacKenzie river, human migration, 'How man came to North America' 1951 Jan. p. 11–15
plant migration, oceanography, New World archeology, animal migration, continental shelf, glaciation, Wisconsin glaciation, animal-plant migration, Asia-North America 1962 Jan. p. 112–123
New World archeology, Onion Portage site, Eskimo, human migration, Alaska, stone artifacts, gateway to America 1968 June p. 24–33

Berlese funnel, cryptozoa, natural history, ecological niche, cryptosphere, animal behavior, life under rocks and rotting logs 1968 July p. 108–114 [1112]

berm, beaches, sand dune, sand bar, ocean, surf, rip channels, conservation of beaches 1960 Aug. p. 80–94 [845]

Bert, aviation medicine, medical history, Paul Bert, 'father' of aviation medicine 1952 Jan. p. 66–72

berylliosis, occupational health, phosphorus, fluorescent light, chelation, high technology disease 1958 Aug. p. 27–33
Manhattan Project casualty 1951 Jan. p. 27

beta chain, collagen, proteins, alpha helix, polypeptide synthesis, polymers, amino acids, synthesis and architecture of proteins 1957 Sept. p. 173–184 [7]

beta decay, neutrino, elementary particles, neutron decay, alpha decay, setting trap for detection of theoretical particle 1956 Jan. p. 58–68
neutrino, particle accelerator, muon neutrino, a particle interaction, 'weak' force, experiment demonstrating existence of muon neutrino 1963 Mar. p. 60–70 [324]
alpha decay, transuranium elements, isotopes, nuclear stability, radioactive decay, 'synthetic' elements, periodic table, the 'superheavy' elements beyond 103 1969 Apr. p. 56–67
bubble chamber experiments, high-energy physics, hadrons, neutrino beam, particle accelerator, positron 1973 Aug. p. 30–38
antimatter, bias for positive 1966 Aug. p. 40

Betelgeuse, giant star, photographic close-up 1975 Feb. p. 42

Bevatron: billion electron volt proton synchrotron

Bevatron, particle accelerator, cosmotron, high-energy physics, technology of high-energy physics moves into the Giga (billion) volt range 1951 Feb. p. 20–25
antiproton, positron, proton, antimatter, high-energy physics, postulation and discovery of antiproton 1956 June p. 37–41 [244]
antimatter, high-energy physics, antiproton, antineutron, cosmology, 'universon', 'cosmon', 'anticosmon' 1958 Apr. p. 34–39
5 Bev 1954 May p. 52

Bible, science teaching, evolution, religion, curriculum reform, Darwinism, creationism, high school, Man, a Course of Study, biological sciences curriculum study 1976 Apr. p. 33–39

Biblical archeology, Jericho, Neolithic archeology, 'world's oldest city' 1954 Apr. p. 76–82
Elamite culture, ziggurat, religion, Tower of Babel, 1000 B.C., Iran 1961 Jan. p. 68–76
Jerusalem, Palestine, city of Jebusites, David, Herod 1965 July p. 84–91
Mount Ararat, Urartu, Altintepe, 800 B.C. culture at Noah's landing-place 1967 Mar. p. 38–46
Arabia, irrigation, trade, Near East, frankincense, myrrh, cultures of southern Arabia 1969 Dec. p. 36–46 [653]
Dead Sea scrolls, Judaism, New Covenanters, Qumran site 1971 Nov. p. 72–81
Jericho, oldest city 1956 Nov. p. 68
Jericho, from cave to village 1957 Sept. p. 116

bibliography of the atom, atom, U.N. Atomic Energy Commission 1948 Oct. p. 25

bicycle technology, technology history, economic development 1973 Mar. p. 81–91
stability, steering geometry 1970 May p. 58
17-pound plastic bike 1973 May p. 43

'big bang' theory, cosmology, universe evolution, universe, space curvature, according to Gamow 1956 Sept. p. 136–154
cosmology, universe expansion, cosmic background radiation, low-energy radiowaves, isotropy, primeval fireball, helium abundance, 'big bang' theory and cosmic background radiation 1967 June p. 28–37
deuterium-hydrogen ratio, deuterium synthesis, cosmology, heavy hydrogen, interstellar matter 1974 May p. 108–118
cosmic background radiation, evolutionary universe, universe expansion, radio galaxies 1974 Aug. p. 26–33
cosmology, 'closed' universe, 'open' universe, universe expansion, deuterium abundance, age of elements, average density 1976 Mar. p. 62–79
cosmic background radiation, ether drift, Hubble constant, anisotropy in 3-degree Kelvin radiation 1978 May p. 64–74 [3008]
quasar recession velocities, primordial radiation detected 1965 July p. 44
cosmic background radiation 1966 May p. 54

see also: primordial fire ball, cosmic background radiation
Big Thompson disaster, cloudburst and flash flood 1977 Apr. p. 60
bilateral symmetry, left-right asymmetry, mirror images, central nervous system 1971 Mar. p. 96–104 [535]
bilingualism, language, communication, reading, information processing, learning 1968 Mar. p. 78–86
visual perception, dyslexia, eye movement, grammatical relations, language, reading, perception of words 1972 July p. 84–91 [545]
billion electron volt proton synchrotron, *see:* Bevatron
bin-packing, scheduling, combinatorial analysis, algorithms, critical path scheduling, mathematization of efficiency 1978 Mar. p. 124–132 [3001]
binary arithmetic, computer technology, digital computer, analogue computer, relay computers, logic, automatic control, computer memory, control systems, status of 'mathematical machines' 1949 Apr. p. 28–39
number theory, magic squares, prime number, composite numbers 1951 July p. 52–55
computer technology, information theory, computer industry, computer privacy, computer applications, introduction to single-topic issue on information processing 1966 Sept. p. 64–73
computer technology, integrated circuits, switching elements, logic circuits, computer memory, microelectronics, hardware of computer 1966 Sept. p. 74–85
communication technology, pulse-code modulation, digital transmission, television, transmission quality, telephone, AM, FM 1968 Mar. p. 102–108
computer technology, maximum computer speed 1968 Oct. p. 93–100
Boolean logic, integrated circuits, large-scale integrated circuits, logic elements, microelectronics 1977 Sept. p. 82–106 [376]
binary code, Bacon's cipher, Boolean algebra, computer history, science history, Jacquard loom, punched cards 1972 Aug. p. 76–83
binary numbers, chimpanzee, symbolic language, learning, operant conditioning, animal behavior, chimpanzee learning arithmatic 1964 May p. 98–106 [484]
names for 'thinking binary' 1958 Nov. p. 62
binary search trees, algorithms, computer language, computer programming, hash table 1977 Apr. p. 63–80
binary stars, solar system, stellar evolution 1949 Oct. p. 42–45
dust cloud hypothesis, photophoresis, gravitational collapse, element abundance, angular momentum, origin of the Earth 1952 Oct. p. 53–61 [833]
dwarf stars, degenerate gas, gravitational collapse, white dwarfs, 'dying' stars 1959 Jan. p. 46–53
extraterrestrial life, stellar evolution, main-sequence stars, probability of extra terrestrial life calculated from astronomical numbers 1960 Apr. p. 55–63
stellar evolution, tidal effects, gravitation effects, contact binaries, stellar fission 1968 June p. 34–40
neutron stars, black hole, pulsar, quasars, X-ray astronomy, X-ray sources 1972 July p. 26–37
black hole, Cygnus X-1, black hole search 1974 Dec. p. 32–43
dense stars, supernovae, X-ray binary stars 1975 Mar. p. 24–35
black hole, galactic energetics, globular cluster stars, neutron stars, stellar evolution, X-ray stars, astronomy satellites, 'bursters' 1977 Oct. p. 42–55 [385]
found in variable star 1952 Aug. p. 36
Bingham plan, medical care, community hospital, medical center, general practitioner, medical specialist, laboratory services, organization of medical technology 1948 Oct. p. 7–13
binocular vision, infant development, visual perception, operant conditioning, developmental psychology, information processing, space, size, shape perception in human infants 1966 Dec. p. 80–92 [502]
depth perception, eye, neurophysiology, optic chiasm, stereopsis, visual cortex 1972 Aug. p. 84–95 [1255]
random-dot stereograms, stereogram experiments, vision, visual perception 1976 Mar. p. 80–86 [569]
biochemistry, enzymes, virus, citric-acid cycle, metabolism, co-enzymes, sulfa drugs, antibiotics, science, biochemistry 1900-1950 1950 Sept. p. 62–68
bioelectricity, animal behavior, physiological psychology, electrically controlled behavior 1962 Mar. p. 50–59 [464]
biofeedback, *see:* autonomic nervous sytem
biological clock, sleep, body temperature, waking 1952 Nov. p. 34–38 [431]
fiddler crab, circadian rhythm 1954 Apr. p. 34–37
Annelida, feather duster worm, lugworm, circadian rhythm, marine worm 1959 June p. 132–142
adrenal gland, pineal organ, estrogens, progesterone, melatonin, serotonin, pineal regulation of sex glands 1965 July p. 50–60 [1015]
malaria, Plasmodium, parasitism, reproduction, gametocyte, mosquitoes 1970 June p. 123–131 [1181]
animal behavior, circadian rhythm, circannual rhythm, hibernation, animal migration, manic depression 1971 Apr. p. 72–79 [1219]
circadian rhythm, house sparrow, photoperiodicity, pineal organ, nonvisual light receptors 1972 Mar. p. 22–29 [1243]
homing behavior, bird navigation 1974 Dec. p. 96–107 [1311]
crabs, diatoms, marine algae, sand hoppers, tidal-zone organisms, tidal rhythms, integration of biological and sidereal cycles 1975 Feb. p. 70–79 [1316]
artificial light, sunlight, suntanning, vitamin D, body's response to light 1975 July p. 68–77 [1325]
circadian rhythm, diapause, dormancy, insect behavior, insect metabolism, photoperiodicity 1976 Feb. p. 114–121 [1335]
fiddler crabs 1955 Oct. p. 46
unicorn's lunar rhythm 1957 July p. 68
temporal relations, time perception, temperature-time interrelation, kappa movement effect 1964 Nov. p. 116, 124
enzyme oscillations 1967 Oct. p. 50
see also: circadian rhythm
biological energy, energy, power machines, mechanical energy, economic development, power, introduction to a single-topic issue on energy and power 1971 Sept. p. 36–49 [661]
biological form, regeneration, cell differentiation, cellular polarity, embryonic development, Hydra, morphogenesis, morphogens 1974 Dec. p. 44–54 [1309]
biological nitrogen fixation, nitrogen, ammonia, nitrifiers, denitrifiers, nitrogen cycle, legumes 1953 Mar. p. 38–42
ammonia manufacture, Haber process, metallo-organic process, nitrogen fixation 1974 Oct. p. 64–70
biological oxygen demand, water pollution, sewage treatment, radioactive waste disposal, stream pollution 1952 Mar. p. 17–21
biological pest control, bacteriology, agricultural pest, insecticide, insect physiology, virology, entomology, living insecticides 1956 Aug. p. 96–104
screw worm fly, X-ray, sterilization, pest control, cattle, eradication of the screw worm fly 1960 Oct. p. 54–61
gypsy moth, pheromones, olfactory receptors, sex attractants, silk moth, chemotaxis, communication 1974 July p. 28–35 [1299]
biological sciences, mathematics, self-reproducing machine, nerve impulse, predation, Turing machine, automata theory, mathematics in biology 1964 Sept. p. 148–164
international program 1967 May p. 55
biological warfare, U.S. military enterprise 1949 Apr. p. 26
bacterial toxin 1970 Apr. p. 44
'biological' water, 'anomalous' water, blood, hemoglobin, water, membrane permeability, osmosis, erythrocyte, van 't Hoff law 1971 Feb. p. 88–96 [1213]
biological wax, copepod lipids, coral reef wax, marine wax, metabolic fuel, food chain 1975 Mar. p. 76–86 [1318]
biological weapons, bacteria, chemical weapons, Vietnam war, arms race, CS gas, virus disease, rickettsiae, tear gas, herbicide, chemical-biological warfare 1970 May p. 15–25 [1176]
biology, evolution, philosophy of science, natural selection, creativity, innovation in biology 1958 Sept. p. 100–113 [48]
biology research ship, Amazon expedition 1967 Mar. p. 50
bioluminescence, glow worm, firefly, abyssal fish, luciferase, 'cold light' 1948 May p. 46–49
abyssal life, ocean abyss, marine biology, fauna at 4000 meters 1957 Nov. p. 50–57
photosynthesis, chlorophyll, carotene, retinene, vision, photobiology, phototropism, sunlight, life and light 1959 Oct. p. 92–108
electric fishes, sodium ion potential, electroplaques, neurophysiology, synapse, acetylcholine, animal behavior, nerve impulse 1960 Oct. p. 115–124
membrane potential, plant cell, calcium pump, ion potential, electricity in plants 1962 Oct. p. 107–117 [136]
firefly, insect behavior, insect physiology, luciferin, luciferase, chemotaxis, biochemistry of bioluminescence 1962 Dec. p. 76–89 [141]
electric fishes, electric field, animal navigation 1963 Mar. p. 50–59
ATP, muscle contraction, calcium, barnacle, aequorin, calcium ions in muscle construction 1970 Apr. p. 84–93 [1175]

fish, fish-scale crystals, tapetum lucidum, optics under water, camouflage 1971 Jan. p. 64–72 [1209]
animal communication, behavioral adaptation, firefly, insect behavior, synchronous flashing of fireflies 1976 May p. 74–85
bacteria, fish, flashlight fishes, symbiosis 1977 Mar. p. 106–114

biomass, ecology, energy cycle, solar energy, food chain, element abundance, autotrophs, heterotrophs, the ecosphere 1958 Apr. p. 83–92
carbon dioxide 'window', atmosphere, climate, ocean sediments, humus, 'greenhouse effect', threat of 'greenhouse effect' 1978 Jan. p. 34–43 [1376]

biorhythm, *see:* circannual rhythm, circadian rhythm, biological clock

biosphere, Earth, evolution, photosynthesis, environment, atmosphere-hydrosphere cycles, introduction to single-topic issue on biosphere 1970 Sept. p. 44–53 [1188]
wind, solar radiation, energy cycle, albedo, atmospheric circulation, climate, ocean circulation, terrestrial radiation, carbon dioxide 'window', Earth energy cycle 1970 Sept. p. 54–63 [1189]
solar radiation, photosynthesis, agricultural ecosystem, climax ecosystem, energy cycle, ecosystem, food chain, respiration, biosphere energy cycle 1970 Sept. p. 64–74 [1190]
water cycle, transpiration, evaporation, runoff, agricultural system, ocean, precipitation, photosynthesis 1970 Sept. p. 98–108 [1191]
chloroplast, oxygen cycle, photosynthesis, aerobic metabolism, ozone, oxidation-reduction reactions, geological record, oxygen-carbon balance 1970 Sept. p. 110–123 [1192]
calcium carbonate, carbon cycle, sedimentary rock, photosynthesis, fossil fuel combustion, atmosphere, carbon dioxide 1970 Sept. p. 125–132 [1193]
bacteria, nitrogen cycle, nitrogen fixation, blue-green algae, Haber process, nitrate, legumes, eutrophication 1970 Sept. p. 136–146 [1194]
ATP, mineral cycles, phosphorus cycle, sulfur cycle, sulfur bacteria, carboxylation cycle, eutrophication, mineral cycles in the biosphere 1970 Sept. p. 148–158 [1195]
human population, food production, fertilizers, pollution, irrigation, agricultural revolution, soil erosion, biosphere capacity to produce food 1970 Sept. p. 160–170 [1196]
energy demand, thermal pollution, Industrial Revolution, energy technology, fossil fuel cycle, carbon dioxide, industrial emissions, modification of natural cycles by man 1970 Sept. p. 174–190 [1197]
recycling, material resources, nonrenewable resources, inorganic-materials cycle 1970 Sept. p. 194–208 [1198]
energy cycle, photosynthesis, respiration, power, radiation energy, solar radiation, terrestrial radiation 1971 Sept. p. 88–100 [664]
continental drift, marine biology, ocean evolution, Pangaea, plate tectonics 1974 Apr. p. 80–89 [912]
M.I.T. study of critical environmental problems 1970 Sept. p. 78

biotin, B vitamin, ATP, function of little-known B vitamin 1961 June p. 139–146

bipedal walking, human evolution, lumbar vertebrae, pelvis, lower-back pain, 'scars of human evolution' 1951 Dec. p. 54–57 [632]
locomotion, walking, primates, human evolution, muscle, bone, fossil record, origin of human walking 1967 Apr. p. 56–66 [1070]

birch, forestry, spruce, climax ecosystem, balsam, climax forest of Northeast U.S. 1948 Nov. p. 20–23

bird bones, avian respiratory system, breathing, lung structure 1971 Dec. p. 72–79 [1238]

bird flight, aerodynamics, airfoil, soaring, thermal cells 1952 Apr. p. 24–29
aerodynamics, weight-strength ratio, bone structure, respiratory air sacs, birds as flying machines 1955 Mar. p. 88–96
soaring, wind velocity, thermal cells, air currents, aerodynamics, ornithology, flight of soaring birds 1962 Apr. p. 130–140
metabolism, energy output, wind tunnel experiments, gull, budgerigar 1969 May p. 70–78 [1141]
albatross, evolution, animal behavior, sexual behavior, soaring, natural history 1970 Nov. p. 84–93 [1204]
gliding birds, soaring, vultures, thermal cells, lift phenomena 1973 Dec. p. 102–109
aerodynamics, animal behavior, insect flight, clap-fling mechanism, flip mechanism, hovering flight, lift generation 1975 Nov. p. 80–87 [1331]

bird migration, bird navigation, homing behavior 1948 Dec. p. 18–25
birds, geographical distribution, speciation, ornithology, behavioral adaptation, adaptation, provinciality of birds 1957 July p. 118–128
bird navigation, spatial orientation, animal navigation, celestial navigation by birds 1958 Aug. p. 42–47 [133]
bird navigation, blackpoll warbler, celestial navigation, indigo bunting, planetarium experiments 1975 Aug. p. 102–111 [1327]

bird navigation, bird migration, homing behavior 1948 Dec. p. 18–25
guacharos, sonar, 'oil birds' 1954 Mar. p. 78–83
spatial orientation, animal navigation, bird migration, celestial navigation by birds 1958 Aug. p. 42–47 [133]
homing behavior, biological clock 1974 Dec. p. 96–107 [1311]
bird migration, blackpoll warbler, celestial navigation, indigo bunting, planetarium experiments 1975 Aug. p. 102–111 [1327]

bird nervous system, animal behavior, learning, cerebral cortex, striatum, crows, pigeons, canaries, chickens 1968 June p. 64–76 [515]

bird song, animal communication, learning, innate behavior, animal behavior 1956 Oct. p. 128–138 [145]
communication, songbirds, syrinx, mechanism of sound production 1969 Nov. p. 126–139 [1162]
animal communication, bell shrike, bird duets 1973 Aug. p. 70–79 [1279]
correlated with behavior 1955 Sept. p. 80

birds, geographical distribution, speciation, ornithology, behavioral adaptation, bird migration, adaptation, provinciality of birds 1957 July p. 118–128
camouflage, caterpillars, mimicry, behavioral adaptation, defense by color 1957 Oct. p. 48–54
finches, mimicry, parasitism, sexual behavior, widow birds, animal behavior 1974 Oct. p. 92–98
dinosaurs, ectothermy, endothermy, metabolism, birds descended from dinosaurs 1975 Apr. p. 58–78 [916]

Birmingham, high-energy physics, Manchester, report on visit by Leopold Infeld 1949 Nov. p. 40–43

birth control, male fertility, spermatozoon count, ovulation timing 1950 May p. 16–19
contraception, reproduction, ovulation, nidation, fertilization 1954 Apr. p. 31–34
population growth, Malthusian doctrine, developing countries, food production, Julian Huxley on world population growth 1956 Mar. p. 64–76 [616]
birth rate, family planning, family size, contraception, U.S. population trends, acceptance of contraception 1959 Apr. p. 50–55
family planning, population growth, economic development, promotion of birth control in Taiwan 1964 May p. 29–37 [621]
abortion, infant mortality, maternal mortality, public opinion, legal status, incidence in U.S. and other countries 1969 Jan. p. 21–27 [1129]
human population, India, infant mortality, family planning, medical care, experience in an Indian village 1970 July p. 106–114 [1184]
celibacy, disease, foundling institutions, infanticide, Malthusian doctrine, marriage age, population growth, population control in Europe 1750-1850 1972 Feb. p. 92–99 [674]
abortion, contraception, family planning, population control, public policy in U.S. 1973 July p. 17–23
reproductive physiology, sex hormones, human population 1974 Sept. p. 52–62
developed countries, demographic transition, human population, zero population growth 1974 Sept. p. 108–120
abortion, population, public health, infant mortality, maternal mortality, international comparison of experience with legalization of abortion 1977 Jan. p. 21–27 [1348]
intrauterine device 1964 Jan. p. 54
family planning, U.S. public health 1965 July p. 46
Japan population growth 1971 July p. 43
population growth assessed 1971 Oct. p. 40
family planning in the People's Republic 1972 Nov. p. 50
in U.S.S.R. 1973 Jan. p. 46
birthrate decline in U.S. 1973 Feb. p. 46
demographic transition, in China 1973 Nov. p. 49
ethics 1974 Sept. p. 64
industrial societies approach zero population growth 1978 May p. 81
see also: family planning, contraception

birth rate, birth control, family planning, family size, contraception, U.S. population trends, acceptance of contraception 1959 Apr. p. 50–55
abortion, population, marriage rate, death rate, vital statistics, menarche, infant mortality, 1538-1812, parish registers, York, England 1970 Jan. p. 105–112

demographic transition, population growth, world population, zero population growth, gross reproduction rate, net reproduction rate, extrapolation from world-statistics population model 1973 Mar. p. 15–23 [683]
death rate, demographic transition, human population, population-growth history 1974 Sept. p. 40–51
mortality rates, population explosion, developing countries, human population 1974 Sept. p. 148–159
natalist policy in U.S.S.R. 1952 Oct. p. 44
U.S. population 1965 June p. 56
U.S. population 1968 Apr. p. 49
U.S., zero population growth 1971 Apr. p. 50
contraception, U.S. 1972 Oct. p. 46
birth trauma, brain damage, cerebral palsy, asphyxia, monkey experiments, implications for human infants 1969 Oct. p. 76–84 [1158]
bison, Paleo-Indians, hunting, Olsen-Chubbuck site, New World archeology, reconstruction of bison hunt, kill, butchering 1967 Jan. p. 44–52
bites by humans, no fatalities 1951 Jan. p. 30
Bitter solenoid, magnetic field, magnetism, superconductors, U.S. National Magnet Laboratory 1965 Apr. p. 66–78
bivalves, clams, marine life, mollusks, symbiosis 1975 Apr. p. 96–105
BL Lacertae objects, galaxies, quasars, radio astronomy 1977 Aug. p. 32–39 [372]
black body, quantum mechanics, Planck, science history, spectroscopy, resonators, Einstein, photoelectric effect, Compton effect, quantum jumps 1952 Mar. p. 47–54 [205]
black body radiation, heat, thermodynamics, quantum mechanics, entropy, equation of state, energy, temperature, What is heat? 1954 Sept. p. 58–63
Black Death, epidemiology, human behavior, bubonic plague, public health, population history, long-term effects of plague, Europe 1348-50 1964 Feb. p. 114–121 [619]
bacterial toxin, plague bacillus, respiration, electron transport, mechanism of death by plague toxin 1969 Mar. p. 92–100
black hole, gravity, stellar evolution, space-time continuum, gravitational collapse, thermal pressure, singularity, gravitational radius 1967 Nov. p. 88–98
gravitational waves, neutron stars, pulsar, relativity theory, Red Giant stars, rotational energy, white dwarfs 1972 May p. 38–46
binary stars, neutron stars, pulsar, quasars, X-ray astronomy, X-ray sources 1972 July p. 26–37
gravitational energy, pulsar, quasars, rotational energy, radiation in universe 1973 Feb. p. 98–105
binary stars, Cygnus X-1, black hole search 1974 Dec. p. 32–43
interstellar gas, magnetohydrodynamics, neutron stars, pulsar, stellar evolution, supernovae, X-ray sources 1975 Dec. p. 38–46
cosmic radiation, gamma-ray astronomy, neutron stars, pulsar, satellite astronomy, Cygnus X-1 1976 Oct. p. 66–79A
gravitational fields, quantum mechanics, relativity theory, event horizon 1977 Jan. p. 34–40 [349]
binary stars, galactic energetics, globular cluster stars, neutron stars, stellar evolution, X-ray stars, astronomy satellites, 'bursters' 1977 Oct. p. 42–55 [385]
elliptical galaxies 1970 Oct. p. 54
'collapsar', Epsilon Aurigae 1971 Mar. p. 46
candidate in Cygnus 1973 Nov. p. 48
variable X-ray sources 1976 Aug. p. 44B
black-jack, how to beat the odds 1961 Apr. p. 84
black power, American Negro, racial discrimination, group identity, economic power, ethnic groups, slavery, social deprivation 1967 Apr. p. 21–27 [633]
Black Sea, Tethys Sea, Mediterranean Sea, sea level, geological history of Black Sea 1978 May p. 52–63 [932]
Blackett hypothesis, geomagnetism, permanent magnets, electromagnetism, Elsasser-Bullard hypothesis, theories on origin of terrestrial magnetism 1950 June p. 20–24
blackpoll warbler, bird migration, bird navigation, celestial navigation, indigo bunting, planetarium experiments 1975 Aug. p. 102–111 [1327]
blacks, *see:* American Negro
bladder stones, crystal structure, lithiasis, kidney calculi, X-ray diffraction, gallstones, urinary calculi 1968 Dec. p. 104–111
comparative incidence in time and place 1968 June p. 46
blast furnace, steel production, iron ore, smelting, furnace smelting under pressure 1948 May p. 54–57
science history, technological innovation, windmills, pumps, bellows, medieval technology, medieval uses of the air 1970 Aug. p. 92–100 [336]
blast waves, atomic bomb, property damage 1953 Apr. p. 94–102
blastocyst, mitosis, ovum, fertilization, embryonic development, meiosis, human embryos in the laboratory 1970 Dec. p. 44–54 [1206]
blastula, cell differentiation, embryonic development, gastrula, fertilization, ectoderm, mesoderm, endoderm, embryological 'organizer', science history, review of classical embryology 1957 Nov. p. 79–88 [103]
Bligh, Bounty, breadfruit, mutiny on a scientific expedition 1953 Mar. p. 88–94
blight, antibiotics, plant disease, rot, smut, wilt disease, mold, mildew 1955 June p. 82–91
blind landing, aircraft landing, automatic pilot, air transport, instrument landing system, precision approach radar, ground-controlled approach 1964 Mar. p. 25–35
blindness, premature infants, retrolental fibroplasia, epidemiology, oxygen, infant mortality, 'blind babies' 1955 Dec. p. 40–44
vision, glaucoma, iridectomy, human eye 1959 Aug. p. 110–117
neonatal disorder, medical ethics, premature infants, medical researches, retrolental fibroplasia, 'blind babies' 1977 June p. 100–107 [1361]
type made tactile for 'reading' 1974 Jan. p. 51
phosphenes, 'sight' for blind 1974 Mar. p. 45
block fault, geology, tectonic processes, mathematical model, scaling, geosyncline, experimental geology 1961 Feb. p. 96–106
'block portraits', visual perception, information theory, computer graphics, computer enhancement, pattern recognition, recognition of faces 1973 Nov. p. 70–82
blood, comparative physiology, ice fish, oxygen, hemoglobin, Antarctic fish without red cells or hemoglobin 1965 Nov. p. 108–114
'anomalous' water, 'biological' water, hemoglobin, water, membrane permeability, osmosis, erythrocyte, van 't Hoff law 1971 Feb. p. 88–96 [1213]
see also: frozen blood cells
blood banks, blood plasma, blood fractionation, erythrocyte, leukocyte, platelets, centrifuge, blood transfusion 1954 Feb. p. 54–62
blood-brain barrier, epilepsy, brain metabolism, neurology, neurophysiology, physiology of the barrier and its reinforcement 1956 Feb. p. 101–106
blood cell analysis, automatic cell sorting, computer analysis, lymphocytes, pattern recognition, automatic analysis of white cells 1970 Nov. p. 72–82
blood circulation, Harvey, science history, life and work of William Harvey 1952 June p. 56–62
capillary bed, mesentery, arteriole, venule, cardiovascular system 1959 Jan. p. 54–60
exercise adaptation, breathing, heart, hemoglobin, human physiology 1965 May p. 88–96 [1011]
blood clotting, Dicumarol, anticoagulant therapy, thrombus 1951 Mar. p. 18–21
platelets, hemagglutination, hemostasis, role of platelets in clotting mechanism 1961 Feb. p. 58–64
hemagglutination, fibrinogen, molecular biology, thrombin, fibrin, role of thrombin in converting fibrinogen into fibrin 1962 Mar. p. 60–66
blood disorders, anemia, brain damage, environmental toxins, kidney disorder, lead poisoning, nerve disorders 1971 Feb. p. 15–23 [1211]
blood donors, Red Cross campaign 1948 Sept. p. 28
blood fractionation, poliomyelitis, gammaglobulin, epidemiology, immunity, vaccine 1953 July p. 25–29
blood plasma, erythrocyte, leukocyte, platelets, centrifuge, blood transfusion, blood banks 1954 Feb. p. 54–62
more fractions on market 1949 Sept. p. 32
more by-products 1950 Sept. p. 51
portable fractionator 1951 Sept. p. 54
blood groups, immune response, Rh factor, Rh incompatibility, prevention of 'Rhesus' babies 1968 Nov. p. 46–52 [1126]
genetic drift, mutation, consanguinity, gene pool, evolution, population genetics, Parma Valley, Italy 1969 Aug. p. 30–37
blood pigments, hemoglobin, hemocyanin, chlorocruorin 1950 Mar. p. 20–22
blood plasma, blood fractionation, erythrocyte, leukocyte, platelets, centrifuge, blood transfusion, blood banks 1954 Feb. p. 54–62
collagen, cell-surface antigens, glycoproteins, interferon, protein molecule 1974 May p. 78–86 [1295]

blood pressure, learning, autonomic nervous system, heart rate, curare, electrocardiography, learning voluntary control of autonomic nervous system 1970 Jan. p. 30–39 [525]
human physiology, autonomic nervous system, transcendental meditation, yoga, Zen Buddhism, physiology of meditation 1972 Feb. p. 84–90 [1242]
comparative physiology, extravascular pressure, breathing, giraffe respiration 1974 Nov. p. 96–105 [1307]
science history, plant physiology, sap flow, Stephen Hales's work 1976 May p. 98–107
blood proteins, bacterial infection, gammaglobulin, antibodies, immunology, tissue grafts, agammaglobulinemia, hereditary immunological deficiency 1957 July p. 93–104
blood transfusion, shock, traumatic shock, capillary bed, electrolyte balance, cardiovascular system 1952 Dec. p. 62–68
blood plasma, blood fractionation, erythrocyte, leukocyte, platelets, centrifuge, blood banks 1954 Feb. p. 54–62
self-donated blood 1972 Jan. p. 47
see also: cross transfusion
blood typing, Rh factor, human evolution, Rh negative gene, Ro gene, race 1951 Nov. p. 22–25
Dunkers, genetic drift, endogamous group, ear lobes, 'hitch-hiker's' thumb 1953 Aug. p. 76–81 [1062]
parentage, forensic medicine 1954 July p. 78–82
American Negro, skin color, recessive gene, marriage preferences, population genetics, genetic meaning of race 1954 Oct. p. 80–85
Judaism, racial discrimination, religious persecution, social evolution, genetic drift, population genetics, Jewish community of Rome 1957 Mar. p. 118–128
pharaohs' relationship 1969 Dec. p. 55
blood-vessel bank, in New York City 1951 May p. 36
blowfly, taste receptors, chemoreceptor 1961 May p. 135–144
blue-green algae, Antarctica, fauna, flora, lichens, ecology, Antarctica terrestrial life 1962 Sept. p. 212–230 [865]
bacteria, symbiosis, algal bloom, simplest plants, resemblance to bacteria 1966 June p. 74–81
bacteria, nitrogen cycle, nitrogen fixation, Haber process, biosphere, nitrate, legumes, eutrophication 1970 Sept. p. 136–146 [1194]
bacteria, fossil cells, evolution, Gunflint cherts, origins of life, Precambrian rocks, prokaryotic cells, oldest fossils 1971 May p. 30–42 [395]
blue-green bacteria, algae, algal bloom, cyanobacteria, gas vacuoles 1977 Aug. p. 90–97 [1367]
'blue haze', air pollution, smog, atmospheric inversion, particulates, ozone, peroxides, photochemistry 1955 May p. 62–72
blue jay, predation, plant toxins, food chain, milkweed, predator-prey relationship, mimicry, ecology, chemical defense against predation 1969 Feb. p. 22–29 [1133]
blue whale, sonar, krill, food chain, whaling, natural history of the largest animal 1956 Dec. p. 46–50
Antarctica, oceanography, marine biology, food chain, krill, ecology, Antarctic convergence, biological province of Antarctic convergence 1962 Sept. p. 186–210
Antarctic convergence, whaling industry, endangered species, International Whaling Commission 1966 Aug. p. 13–21
body fluids, homeostasis, wound shock, shock, emergency medicine, treatment of shock 1958 Dec. p. 115–124
body-organ reversal, ciliary immobility 1976 Sept. p. 68
body temperature, hibernation, metabolic rate, thermoregulation, animal behavior 1950 Dec. p. 18–21
sleep, biological clock, waking 1952 Nov. p. 34–38 [431]
hummingbird, metabolism, thermoregulation, hibernation, surface-to-volume ratio 1953 Jan. p. 69–72
shrews, metabolism, thermoregulation, surface-to-volume ratio 1954 Aug. p. 66–70
hibernation, hypothermia, surgery, shock, metabolism, artificial lowering of body temperature for surgery and shock 1958 Mar. p. 104–114
body temperature regulation, *see:* thermoregulation
body water, water balance, homeostasis, distribution between intracellular and extracellular 'compartments' 1958 Nov. p. 125–132
boiling, liquids, heat transfer, nuclear boiling, transition boiling, film boiling 1954 June p. 64–68
boiling-water reactor, fission reactor, nuclear power, breeder reactor, homogeneous reactor, sodium-cooled reactor, fast neutron reactor 1954 Dec. p. 33–39
Bok globules, galaxy structure, interstellar matter, Milky Way, stellar formation, supernovae, galactic dust clouds, nebulae, Gum Nebula 1972 Aug. p. 48–61
gravitational instability, interstellar clouds, interstellar dust, stellar formation, local galaxy 1977 June p. 66–81 [366]
bomb craters, cratering, ecological warfare, defoliation, laterization, Vietnam war 1972 May p. 20–29 [1248]
bombers, arms race, SALT, AWACS, strategic weapons, military expenditures, antiaircraft sytems 1973 Aug. p. 11–19
arms control, SALT, cruise missiles, strategic weapons, Carter administration 'comprehensive proposal' for U.S.-U.S.S.R. force levels 1977 Aug. p. 24–31 [696]
bone, calcium, muscle fiber, mitotic spindle, calcium and life 1951 June p. 60–63
calcium, cartilage, feedback, hydroxyapatite crystal, osteoclasts 1955 Feb. p. 84–91
amino acids, fossil, mollusk shells, paleontology, paleobiochemistry 1956 July p. 83–92 [101]
piezoelectricity, osteogenesis, collagen, calcium metabolism, bone adaptation to mechanical stress 1965 Oct. p. 18–25 [1021]
locomotion, walking, primates, human evolution, bipedal walking, muscle, fossil record, origin of human walking 1967 Apr. p. 56–66 [1070]
hunting societies, Neolithic archeology, Neolithic village, Suberde site in Turkey 1968 Nov. p. 96–106
evolution, horn, antler, osteogenesis, keratin, ungulates, differences between horns and antlers 1969 Apr. p. 114–122 [1139]
calcium metabolism, eggshell, chicken, calcite, mobilization of calcium from bone 1970 Mar. p. 88–95 [1171]
calcitonin, thyroid, metabolism, calcium metabolism, human physiology, hormone, recognition and characterization of calcitonin 1970 Oct. p. 42–50
'bone age', adolescence, child development, medical care, growth hormone, menarche, heredity vs. environment 1973 Sept. p. 34–43
bone cancer, chelation, hemochromatosis, lead poisoning, pharmacology, drug action, Wilson's disease, metal poisoning, heavy metal poisoning, salicylates, aspirin, cancer therapy, chemotherapy, medical exploitation of chelates 1966 May p. 40–50
bone graft, preventing graft rejection 1956 Aug. p. 54
bone marrow, mouse-rat hybrid 1957 Oct. p. 60
bone marrow transplantation, kidney transplant, immune response, radiotherapy, circumventing immune response 1959 Oct. p. 57–63
'bone-seekers', poisons, ionizing radiation, radioautography, chelate, scintillation counter 1955 Aug. p. 34–39
bone structure, bird flight, aerodynamics, weight-strength ratio, respiratory air sacs, birds as flying machines 1955 Mar. p. 88–96
bookkeeping, accounting, systems design, computer technology, computer decision making, uses of computers in organizations 1966 Sept. p. 192–202
Boolean algebra, symbolic logic, switching circuits, paradox 1950 Dec. p. 22–24
logic machine, Stanhope demonstrator, symbolic logic, syllogisms 1952 Mar. p. 68–73
Bacon's cipher, binary code, computer history, science history, Jacquard loom, punched cards 1972 Aug. p. 76–83
Boolean logic, binary arithmetic, integrated circuits, large-scale integrated circuits, logic elements, microelectronics 1977 Sept. p. 82–106 [376]
boomerang, aerodynamics, airfoil, computer graphics, actual and theoretical boomerang orbits 1968 Nov. p. 124–136
borane fuels, boron, metalloid element, crystal structure, properties and applications of boron compounds 1964 Jan. p. 88–97
borazon, artificial diamonds, lithosphere, ultra-high pressure, coesite, properties of matter under 2×10^6 p.s.i. 1959 Nov. p. 61–67
production process 1957 Apr. p. 69
Bordes method, stone tools, tool assemblages, multivariate analysis, factor analysis, computer analysis, Paleolithic archeology, stone tools as fossils of behavior 1969 Apr. p. 70–84 [643]
boredom, electroencephalography, perceptual isolation, hallucination, neuropsychology, sensory deprivation, effect of exposure to monotonous environment 1957 Jan. p. 52–56 [430]
boron, metalloid element, crystal structure, borane fuels, properties and applications of boron compounds 1964 Jan. p. 88–97
crystal structure, crystallography, X-ray diffraction 1966 July p. 96–107
Boscovich, atomic theory, Greek science, Renaissance science, science history, Lucretius, forces between atoms 1970 May p. 116–122

boson, high-energy physics, mesons, v-particles, fermion, the multiplicity of particles 1952 Jan. p. 22–27
cosmic rays, intermediate boson 1971 Oct. p. 42
high-energy physics, fermion, guage theory 1977 Mar. p. 61
botanical collections, food plants, herbarium resources, pharmacology 1977 May p. 96–104 [1359]
botany, taxonomy, set theory, computer applications, zoology, numerical taxonomy, computer classification of living things 1966 Dec. p. 106–116 [1059]
botulism, bacterial toxin, tetanus, paralysis, nerve impulse, inhibitory impulse, synapse, motor neuron, Clostridium tetani, Clostridium botulinum 1968 Apr. p. 69–77
boundary layer, airfoil, laminar flow, turbulence, aerodynamics 1954 Aug. p. 72–77
ailerons, aircraft design, aerodynamics, smoke tunnel, airfoil, low-speed flight 1956 Apr. p. 46–51
boundary-phase hypothesis, superdense water, water II, polymerization, polywater, thermal conductivity, surface tension, evidence for water II argued 1970 Nov. p. 52–71
Bounty, Bligh, breadfruit, mutiny on a scientific expedition 1953 Mar. p. 88–94
Bourbaki, mathematics, philosophy of science, axiomatics, science history, labors of the mathematical collective self-styled Bourbaki 1957 May p. 88–99
bowerbirds, sexual behavior, courtship display, animal behavior, arena behavior, Australian bowerbird, natural history 1956 June p. 48–52
arena behavior, sexual behavior, animal behavior, courtship display, releaser stimulus, ethology, natural history 1963 Aug. p. 38–46 [1098]
boxing, the bottom rung 1952 May p. 44
bad for health 1952 Oct. p. 46
Boyle's law, chemical experimentation, pneumatics, science history, philosophy 1967 Aug. p. 96–102
bradykinin, kinins, peptides, kallidin, venom, inflammation, globulin, local hormones, production and distribution 1962 Aug. p. 111–118 [132]
Bragg's law, X-ray crystallography, atomic structure, crystal structure, X-ray diffraction, Fourier analysis 1968 July p. 58–70 [325]
brain, cerebral cortex, cerebrum, cerebellum, brain surgery, electroencephalography, 'the great raveled knot', localization of brain function 1948 Oct. p. 26–39 [13]
memory, learning, cerebral cortex, fundamental research, What is memory? 1953 Sept. p. 118–126 [11]
learning, neurophysiology, neuropsychology, pleasure centers, hypothalamus, electrode stimulation of pleasure centers in rat brain 1956 Oct. p. 105–116 [30]
central nervous system, medulla, reticular formation, perception, motor reflex, neurophysiology, attention and orienting mechanism in brain 1957 May p. 54–60 [66]
cerebellum, central nervous system, cerebrum, neurophysiology, cerebral-cerebellar coordination 1958 Aug. p. 84–90 [38]
glial cells, learning theory, memory, neurones, RNA, molecular theory of memory 1961 Dec. p. 62–70 [134]
auditory beats, hearing, neurology, sound vibrations, auditory perception 1973 Oct. p. 94–102 [1282]
brain circuitry, cerebellar cortex, neuronal networks, Purkinje cells, mossy fibers 1975 Jan. p. 56–71 [1312]
memory sites 1971 Nov. p. 48
self-nourishment in homeostasis 1973 July p. 51
brain circuitry, automata theory, Turing machine, von Neumann machine, computer design 1955 Apr. p. 58–67
microscopy, nerve signals, nerve structure, olfactory system, staining techniques, Golgi stain, Nissl stain 1971 July p. 48–60 [1227]
mammalian brain, nerve signals, sensory systems, stimulus localization, visual perception, superior colliculus in integration at brain function 1972 Dec. p. 72–82 [553]
embryonic development, nerve cells, neuronal specificity, visual cortex, Xenopus laevis 1973 Feb. p. 26–35 [1265]
brain, cerebellar cortex, neuronal networks, Purkinje cells, mossy fibers 1975 Jan. p. 56–71 [1312]
adrenal hormones, gonadal hormones, hormone-sensitive neurons, sex hormones, sexual behavior, sex differences, steroid hormones, action of hormones on nerve tissue 1976 July p. 48–58 [1341]
eye movement, neurophysiology, pons, visual cortex, visual processing, visual cells in pons 1976 Nov. p. 90–98
brain damage, birth trauma, cerebral palsy, asphyxia, monkey experiments, implications for human infants 1969 Oct. p. 76–84 [1158]
speech, writing, brain hemispheres, cerebral cortex, functional organization of the brain 1970 Mar. p. 66–78 [526]
anemia, environmental toxins, blood disorders, kidney disorder, lead poisoning, nerve disorders 1971 Feb. p. 15–23 [1211]
aphasia, Broca's area, language, speech disorders 1972 Apr. p. 76–83 [1246]
brain death, irreversible coma as definition of death 1968 Sept. p. 85
Kansas law 1971 Dec. p. 40
brain development, environmental stimuli, learning, memory, rats, sensory deprivation 1972 Feb. p. 22–29 [541]
brain disease, scrapie, kuru, Chédiak-Higashi syndrome, virus disease, animal vectors, multiple sclerosis 1967 Jan. p. 110–116
'brain drain', science manpower, U.K. to U.S. 1955 Nov. p. 56
science manpower, to U.S. 1963 Apr. p. 81
immigration of scientists and engineers 1966 July p. 49
supplies 45 percent of postdoctorals in U.S. 1970 Jan. p. 52
brain endocrinology, brain function, drug action, drug addiction, endodorphins, enkephalins, internal opiates, opiate receptors 1977 Mar. p. 44–56
brain evolution, African hominids, fossil hominid brains, hominid, human brain, pongid brains, endocranial casts 1974 July p. 106–115 [686]
brain size, cephalization index, endocranial casts, intelligence, paleoneurology 1976 Jan. p. 90–101 [568]
brain function, holography, memory, learning, interference patterns, monkey brain, holographic model, neurophysiology of remembering 1969 Jan. p. 73–86 [520]
carbohydrate, neurotransmitters, serotonin, human nutrition, tryptophan, feedback 1974 Feb. p. 84–91 [1291]
drug action, drug addiction, endodorphins, enkephalins, internal opiates, opiate receptors, brain endocrinology 1977 Mar. p. 44–56
cyclic AMP, dopamine, endocrine system, messenger molecules, nervous system, neurotransmitters, L-DOPA treatment, Parkinson's disease, 'second messengers', brain endocrinology 1977 Aug. p. 108–119 [1368]
brain hemispheres, cerebral cortex, mammalian brain, corpus callosum, split-brain experiments, monkey, cat, human post-operative subject 1964 Jan. p. 42–52 [174]
cerebral dominance, perception, split-brain experiments, corpus callosum, intelligence, language, localization of brain function 1967 Aug. p. 24–29 [508]
brain damage, speech, writing, cerebral cortex, functional organization of the brain 1970 Mar. p. 66–78 [526]
cerebral dominance, left-hemisphere functions, music perception, right-hemisphere functions, auditory perception, visual perception 1973 Mar. p. 70–78 [554]
auditory perception, cerebral dominance, musical illusions, handedness, hearing, illusions, perception, two-tone illusion 1975 Oct. p. 92–104 [566]
brain metabolism, blood-brain barrier, epilepsy, neurology, neurophysiology, physiology of the barrier and its reinforcement 1956 Feb. p. 101–106
memory, protein synthesis, goldfish, learning, conditioned behavior 1967 June p. 115–122 [1077]
brain organization, cerebellum, cerebral motor cortex, muscle control, monkey experiments 1973 July p. 96–103 [1277]
memory, hippocampal system, rats, spatial memory 1977 June p. 82–98
brain size, brain evolution, cephalization index, endocranial casts, intelligence, paleoneurology 1976 Jan. p. 90–101 [568]
brain stimulation, animal behavior, neurotransmitters, hormone, drive activation by injection of chemicals into rat brain 1964 June p. 60–68 [485]
brain surgery, brain, cerebral cortex, cerebrum, cerebellum, electroencephalography, 'the great raveled knot', localization of brain function 1948 Oct. p. 26–39 [13]
brain waves, electroencephalography, alpha rhythms, medical diagnosis, Fourier analysis, toposcope display, automata theory 1954 June p. 54–63
electroencephalography, learning, sleep, conditioned behavior, correlation of brain waves to behavior 1959 Aug. p. 89–96
electroencephalography, computerized EEG observation of behavior in man, localization of brain function 1962 June p. 142–153

dreams, sleep research, electroencephalography, reticular formation, paradoxical sleep, REM sleep, cat brain, the states of sleep 1967 Feb. p. 62–72 [504]
kappa for thinking 1949 Dec. p. 29
brain weight, effect of experience 1965 Jan. p. 52
Brauron, Classical archeology, Greek civilization, 500 B.C. temple 1963 June p. 110–120
Brazil, economic development, industrialization, tropical rain forest, subsistence economy, tropical rain forest, urbanization, resource management, uneven national development 1963 Sept. p. 208–220
bread, kneading and baking by continuous process 1966 Aug. p. 44
smell of bread 1968 June p. 46
breadfruit, Bounty, Bligh, mutiny on a scientific expedition 1953 Mar. p. 88–94
breakers, tsunamis, seiches, ocean waves, surf, generation and propagation of ocean waves 1959 Aug. p. 74–84 [828]
breath-holding, record 1956 Oct. p. 74
carotid bodies 1974 June p. 51
breathing, whale, diving physiology 1949 July p. 52–55
lung, human physiology, alveoli, mechanism of breathing 1960 Jan. p. 138–148
alveoli, lung collapse, premature infants, lecithin, surface tension, surfactant, hyaline membrane disease, soaplike agents regulate surface tension in lungs 1962 Dec. p. 120–130
lung, neonatal physiology, respiration, first breath of newborn 1963 Oct. p. 27–38
asphyxia, diving bradycardia, respiratory gas exchange, diving mammals, diving birds, hibernation, oxygen storage, selective ischemia, human physiology, redistribution of oxygenated blood and 'master switch of life' 1963 Dec. p. 92–106
exercise adaptation, heart, blood circulation, hemoglobin, human physiology 1965 May p. 88–96 [1011]
gas exchange, thorax, lung, pulmonary ventilation, alveoli, human physiology, vital capacity, mechanics and physiology of breathing, anatomy of lung 1966 Feb. p. 56–68 [1034]
anxiety, polygraph, lying, psychosomatic illness, guilt, pulse rate, skin temperature, 'lie detector' mis-named 1967 Jan. p. 25–31 [503]
Ama, diving, diving women, Korea, Japan, human physiology, basal metabolism, adaptation 1967 May p. 34–43
lung, gill, oxygen transfer, carbon dioxide, gas exchange, water-breathing by mammals, animal experiments in water-breathing 1968 Aug. p. 66–74 [1123]
Antarctica, seal, directional orientation, breathing holes in ice 1969 Aug. p. 100–106 [1156]
avian respiratory system, bird bones, lung structure 1971 Dec. p. 72–79 [1238]
comparative physiology, blood pressure, extravascular pressure, giraffe respiration 1974 Nov. p. 96–105 [1307]
breeder reactor, liquid-metal coolant 1952 Dec. p. 58–60
fission reactor, nuclear power, boiling-water reactor, homogeneous reactor, sodium-cooled reactor, fast neutron reactor 1954 Dec. p. 33–39
'atoms for peace', fission reactor, nuclear power, Geneva: reactors 1955 Oct. p. 56–68
fission reactor, nuclear power, energy economics, atomic power in U.K. 1958 Mar. p. 29–35
fission reactor, nuclear power, energy economics, thorium cycle, uranium cycle, breeder reactor development 1960 Jan. p. 82–94
fission reactor, energy demand, uranium fission, plutonium, 'third generation' breeder reactors 1967 May p. 25–33
nuclear power, fast neutron reactor, uranium cycle, thorium cycle, liquid-metal reactor, fission reactor, energy demand 1970 Nov. p. 13–21 [339]
fast neutron reactor, nuclear power, fission reactor, Superphénix in France 1977 Mar. p. 26–35
nuclear power, atomic-weapon proliferation, arms control, plutonium fuel cycle, U.S. energy policy and proliferation of atomic weapons 1978 Apr. p. 45–57 [3004]
A.E.C. approves design 1950 Jan. p. 28
deferred by A.E.C. 1950 June p. 27
at Arco, Idaho 1952 Feb. p. 34
Arco design discolsed 1952 Nov. p. 42
breaking even 1953 July p. 40
nitrogen, use of heavy nitrogen in reactor 1956 Feb. p. 52
plutonium fueled 1959 July p. 65
uranium ore resources 1961 Mar. p. 82
Atomic Energy Commission program 1963 Jan. p. 58
reactor safety 1967 Nov. p. 59
uranium-thorium cycle 1968 June p. 44
British and French success 1976 May p. 50
program in U.S. 1977 Mar. p. 58
nuclear energy and weapons proliferation 1978 May p. 81
breeding cycle, avian reproduction, ring dove, sexual behavior, hormone, fertilization 1964 Nov. p. 48–54 [488]
brewing, beer, enzymes, yeast, fermentation, hops, chemistry and microbiology of brewing 1959 June p. 90–100
baking, yeast, riboflavin synthesis, cryptococcal meningitis, fermentation, cell physiology, yeasts, useful and noxious 1960 Feb. p. 136–144
bride price, commerce, money, cultural anthropology, red-feather money, Southwest Pacific-Solomon Islands culture 1962 Mar. p. 94–104
marriage contracts, anthropology, Sebei tribe 1973 July p. 74–85
bridges, suspension bridges, aerodynamics, harmonic oscillation 1954 Nov. p. 60–71
bright-light exposure, electroretinography, vitamin A deficiency, night blindness, opsin, rhodopsin, retinitis pigmentosa, night blindness in rat, action of vit. A on eye 1966 Oct. p. 78–84 [1053]
Brillouin scattering, coherent radiation, interference, energy levels, laser light 1968 Sept. p. 120–136
brine, Red Sea hot brines, salinity, percolation, ocean floor, sea-floor spreading 1970 Apr. p. 32–42
Britain, Neolithic archeology, woodhenges, henge monuments, Stonehenge 1970 Nov. p. 30–38
frontier life, Roman Britain, Hadrian's Wall, Vindolanda site 1977 Feb. p. 39–46 [692]
Broca's area, aphasia, brain damage, language, speech disorders 1972 Apr. p. 76–83 [1246]
broken English, humor, language, physics, jocular physics, tribute to Niels Bohr 1956 Mar. p. 93–102
bromide poisoning, patent medicine hazard 1950 Aug. p. 30
bronchitis, air pollution, emphysema, public health, smog, environmental health, U.S. cities, smog and public health 1961 Oct. p. 49–57 [612]
bronchospasm, aspirin, inflammation, analgesics, fever, histamine reaction, anaphylactic shock, mode of action and hazards of most widely used drug 1963 Nov. p. 96–108
bronze, Etruscans, metallurgy 1955 Nov. p. 90–98
Bronze Age, Iron age culture, rock paintings, Camunian culture, Mycenaean civilization, Italian rock carvings 1960 Jan. p. 52–59
burial site, Classical archeology, Greek colony, Bahrain, Sumerian-Indian culture link 1960 Oct. p. 62–71
Iron Age, ironworking history, metallurgy, carburizing, quenching 1977 Oct. p. 122–131 [699]
wine vessels 1959 Aug. p. 70
arsenic bronze 1967 Apr. p. 52
brown fat, adipose tissue, hibernation, thermoregulation, homeostasis, metabolism, cold adaptation, neonatal physiology, heat production in newborn animals, including man 1965 Aug. p. 62–65 [1018]
altitude adaptation, Quechua Indians, acclimatization, deer mice, hemoglobin, metabolic rate, exercise, human physiology at high altitude 1970 Feb. p. 52–62 [1168]
brown rat, animal communication, rats 1977 May p. 106–116 [577]
Brownian motion, measurement, time, velocity, uncertainty principle, Planck's constant, limits of measurement 1950 July p. 48–51 [255]
mathematics, probality, combinatorial analysis, normal curve, Markov chain, Pascal's triangle, statistics, probability theory 1964 Sept. p. 92–108
probabilistic potential theory, potential theory, harmonic functions 1969 Mar. p. 66–74
brucellosis in animals, vaccine 1953 Sept. p. 84
Bruegel the Elder, Renaissance technology, technology, glimpses of practical knowledge at work 400 years ago 1978 Mar. p. 134–140 [3003]
Bruno, science history, Copernican revolution, Galileo's heresy, martyrdom of Giordano Bruno re-examined 1973 Apr. p. 86–94
Bryan, Darwinism, evolution, creationism, Darrow, Scopes trial, Scopes trial, U.S.A. 1959 Jan. p. 120–130
bubble chamber, cloud chamber, liquid hydrogen, superheated fluid 1955 Feb. p. 46–50 [216]
spark chamber, particle accelerator, cloud chamber, particle tracks 1962 Aug. p. 36–43
alternating-gradient synchrotron, 'eightfold way', omega-minus particle, particle accelerator, high-energy physics, U.S. Brookhaven National Laboratory experiment 1964 Oct. p. 36–45
new particle trap 1954 Jan. p. 39

xenon bubble chamber tracks 1956 May p. 59
bubble chamber experiments, beta decay, high-energy physics, hadrons, neutrino beam, particle accelerator, positron 1973 Aug. p. 30–38
bubbles, flotation, mineral separation, surfactant, collector ions, ore beneficiation 1956 Dec. p. 99–110
bubonic plague, epidemiology, human behavior, public health, Black Death, population history, long-term effects of plague, Europe 1348-50 1964 Feb. p. 114–121 [619]
endemic in U.S. prairie rodents 1950 Dec. p. 30
buffalo, animal husbandry, antelope, giraffe, elephant, rhinoceros, hippopotamus, wildlife husbandry in Africa 1960 Nov. p. 123–134
Buffon needle problem, Monte Carlo method, random numbers, probability, mathematics 1955 May p. 90–96
building codes, building construction, construction technology, housing 1971 Mar. p. 16–25 [341]
building construction, skyscrapers, curtain wall, load-bearing wall 1955 Mar. p. 44–48
radar domes, pneumatic buildings, construction technology 1956 June p. 131–138
prestressed concrete, architectural engineering, materials technology 1958 July p. 25–31
Mycenaean civilization, castle, nuraghi, Classical archeology, 1000 BC proto-castles in Sardinia 1959 Dec. p. 62–69
architecture, primitive architecture, climate, igloo, teepee, yurt, tent, sod hut, adobe house, hogan, stilt house 1960 Dec. p. 134–144
architectural engineering, roof, vault, Gothic arch, Romanesque barrel vault, Byzantine dome, vaulting technics 1961 Nov. p. 144–154
architecture, sunlight, lighting, solar radiation, glass 1968 Sept. p. 190–202
building codes, construction technology, housing 1971 Mar. p. 16–25 [341]
climate, Cape Cod cottages in California 1949 Nov. p. 29
bulk effect, isomerism, isotopes, organic chemistry, paths of atoms in chemical reactions 1957 Nov. p. 117–126 [85]
bullet clusters, snow crystals, hexagonal habit, cloud physics, tsuzumi crystals, variations on a theme 1973 Jan. p. 100–107
bumblebee energetics, bee, flower, symbiosis 1973 Apr. p. 96–102 [1270]
buoyancy, marine biology, swim bladder, chambered nautilus, cuttlebone 1960 July p. 118–128
burial mounds, Amerindian, Hopewell cult, New World archeology 1964 Dec. p. 90–102
Amerindian, Cahokia, Mississippian culture, New World archeology 1975 Aug. p. 92–101 [688]
Amerindian, New World archeology, Labrador 1976 Nov. p. 122–129
burial site, archeology, Nemrud Dagh, funerary monument, Turkey, tomb of Antiochus I 1956 July p. 38–44
Nile valley, Egyptian civilization, Sakkara, pharaohs, tombs of the first pharaohs 1957 July p. 106–116
Bronze Age, Classical archeology, Greek colony, Bahrain, Sumerian-Indian culture link 1960 Oct. p. 62–71
Amerindian, Eskimo, New World archeology, 2000 B.C., Port au Choix, Newfoundland, skeletons 1970 June p. 112–121 [657]
burial treasure, Mycenaean civilization, Classical archeology, Agamemnon, dig started by Schliemann continues 1954 Dec. p. 72–78
burners, aerospace technology, Coanda effect, fluid dynamics, aerodynamics, propulsion, nozzles, nature and applications of Coanda effect 1966 June p. 84–92
burnishing, Beilby layer, polishing, abrasion hypothesis, melting hypothesis 1968 June p. 91–99
bursa, antibodies, cell differentiation, humoral immunity, B-cells, T-cells, immune system, lymphocytes, thymus 1974 Nov. p. 58–72 [1306]
burying beetles, insect behavior, beetle, beetle reproduction 1976 Aug. p. 84–89 [1344]
business computers, computer applications, computer goes to market 1954 Jan. p. 21–25
business cycle, economic analysis, economic forecasting, economic indicators 1975 Jan. p. 17–23
butadiene, rubber synthesis, isoprene, vulcanization, latex, elastomers, synthetic rubber, molecular structure 1956 Nov. p. 74–88
butterfly, alkaloids, larvae, symbiosis, insect repellants, behavioral adaptation, plant evolution, mimicry, butterfly-plant association 1967 June p. 104–113 [1076]
buying habits, poverty, Mexico City, sociology, culture of poverty 1969 Oct. p. 114–124 [651]
Byzantine dome, architectural engineering, roof, vault, Gothic arch, Romanesque barrel vault, building construction, vaulting technics 1961 Nov. p. 144–154
Byzantine shipping, shipbuilding, Rhodian sea law, underwater archeology, shipwreck of 17th century 1971 Aug. p. 22–33

C

C-4 trait, desert plants, efficiency, plant breeding 1973 Oct. p. 80–93 [1281]
cable television, communication technology, television, wired-city concept 1971 Oct. p. 22–29
caffeine, alkaloids, plant physiology, morphine, strychnine, 'hemlock', physostigmine, coniine, quinine, cocaine, ricinine, LSD, human toxins in plant physiology 1959 July p. 113–121 [1087]
Cahokia, Amerindian, burial mounds, Mississippian culture, New World archeology 1975 Aug. p. 92–101 [688]
calcite, bone, calcium metabolism, eggshell, chicken, mobilization of calcium from bone 1970 Mar. p. 88–95 [1171]
crystals, calcium carbonate crystals, crystal structure, embryonic development, sea urchin embryo 1977 Apr. p. 82–92
calcitonin, thyroid, metabolism, calcium metabolism, bone, human physiology, hormone, recognition and characterization of calcitonin 1970 Oct. p. 42–50
calcium, bone, muscle fiber, mitotic spindle, calcium and life 1951 June p. 60–63
bone, cartilage, feedback, hydroxyapatite crystal, osteoclasts 1955 Feb. p. 84–91
ATP, muscle contraction, barnacle, bioluminescence, aequorin, calcium ions in muscle construction 1970 Apr. p. 84–93 [1175]
ATP, actin, myosin, actinomyosin, muscle contraction, tropomyosin, troponin, microstructure of muscle filament and biochemistry of contraction 1974 Feb. p. 58–71 [1290]
calcium carbonate, carbon cycle, sedimentary rock, photosynthesis, fossil fuel combustion, biosphere, atmosphere, carbon dioxide 1970 Sept. p. 125–132 [1193]
calcium carbonate crystals, crystals, calcite, crystal structure, embryonic development, sea urchin embryo 1977 Apr. p. 82–92
calcium-ion activator, cell motility, cell shape, embryonic development, microfilaments, microtubules 1971 Oct. p. 76–82 [1233]
calcium metabolism, parathyroid hormone, phosphate metabolism, vitamin D, osteogenesis, parathyroid function 1961 Apr. p. 56–63 [86]
bone, piezoelectricity, osteogenesis, collagen, bone adaptation to mechanical stress 1965 Oct. p. 18–25 [1021]
bone, eggshell, chicken, calcite, mobilization of calcium from bone 1970 Mar. p. 88–95 [1171]
eggshell thinning, pollution, chorinated hydrocarbons, DDT, dieldrin, avian reproduction, insecticide, food chain, ecological effect of pesticides 1970 Apr. p. 72–78 [1174]
calcitonin, thyroid, metabolism, bone, human physiology, hormone, recognition and characterization of calcitonin 1970 Oct. p. 42–50
air pollution, rickets, vitamin D, ultraviolet radiation, osteogenesis, epidemiology, sunlight 1970 Dec. p. 76–91 [1207]
calcium pump, bioluminescence, membrane potential, plant cell, ion potential, electricity in plants 1962 Oct. p. 107–117 [136]
calculating machine, mathematics, philosophy, Leibnitz, calculus, symbolic logic, Leibnitz, biography 1968 May p. 94–100
computer, pocket calculator, integrated circuits, memory 1976 Mar. p. 88–98
abacus, Galileo's sexton, mechanical calculators, slide rule, sexton 1976 Apr. p. 104–113
calculus, Newton, mechanics, optics, life and work of Isaac Newton 1955 Dec. p. 73–80
mathematics, philosophy, Leibnitz, symbolic logic, calculating machine, Leibnitz, biography 1968 May p. 94–100
Euclidean geometry, falling-stone problem, infinitesimals, mathematical logic, method of exhaustion, nonstandard analysis 1972 June p. 78–86
calculus of chances, chance, probability, odds, causation, philosophy of science, logician's point-of-view 1965 Oct. p. 44–54
Calcutta, shantytowns, cities, urbanization, caste, housing, poverty, traffic, Calcutta, a city of the poor 1965 Sept. p. 90–102

calefaction, Connecticut River, fission reactor, thermal pollution, industrial cooling, nuclear power, fisheries, ecology, fish crisis 1970 May p. 42–52 [1177]
calendar, solar system, planetary motion, time, heliocentric theory, year, astronomy, Copernicus, astronomy, Copernicus, length of calendar year 1966 Oct. p. 88–98
californium, table of elements, einsteinium, fermium, 'synthetic' elements, transuranium elements, mendelevium, radioactive decay, periodic table at 101 1956 Dec. p. 66–80 [243]
Callisto, Galileo, Jupiter, Jovian satellites, solar system, Europa, Ganymede, Io 1976 May p. 108–116
caloric heat theory, ballistics, science history, oven, Rumford, heat as motion, Benjamin Thomson, biography 1960 Oct. p. 158–168
calorie: down, joule: up 1951 Feb. p. 34
Calvin cycle, algae, photosynthesis, chloroplast, oxidative phosphorylation, path of carbon in photosynthesis 1962 June p. 88–100 [122]
camera, eye, rod cells, cone cells, retina, iris, optogram, rhodopsin, anatomy and physiology of the eye, camera as metaphor 1950 Aug. p. 32–41 [46]
lens design, telescope, interferometry, computer graphics, image formation, light 1968 Sept. p. 96–108
camouflage, birds, caterpillars, mimicry, behavioral adaptation, defense by color 1957 Oct. p. 48–54
evolution, melanism, moths, speciation, air pollution, population genetics, mutation, genetic variation, evolution observed 1959 Mar. p. 48–53 [842]
bioluminescence, fish, fish-scale crystals, tapetum lucidum, optics under water 1971 Jan. p. 64–72 [1209]
Camunian culture, Bronze Age, Iron age culture, rock paintings, Mycenaean civilization, Italian rock carvings 1960 Jan. p. 52–59
Canadian deuterium oxide reactor, *see:* CANDU reactor
'canals', Mars, polar cap, desert, atmosphere, climate, picture from Earth-bound study 1953 May p. 65–73
canals, chinampa, drainage, Mexican agriculture, agricultural system, Aztec civilization, highly productive farm plots, Aztec empire 1964 July p. 90–98 [648]
agricultural irrigation, hydro-engineering, pipelines, Jordan Valley Plan, water supply, Israel, Jordan 1965 Mar. p. 23–31
barge transport, technology history, transportation, in U.S. 1976 July p. 116–124
canary, learning, 'unique stimulus' problem 1955 June p. 72–79
Canary Islands, language, nonverbal communication, whistling, phonology, the whistled language of La Gomera 1957 Apr. p. 111–118
cancer, tissue grafts, tissue culture, medical diagnosis, cancer tissue grows in heterologous graft 1948 Dec. p. 40–43
cancer epidemiology, carcinogenesis, occupational cancer, cancer prevention, increased incidence of cancer sought in environmental and behavioral factors 1949 Jan. p. 11–15
embryonic development, dedifferentiation of tissue cells, regeneration 1949 Dec. p. 22–24
gene mutation, evidence for genetic factor in laboratory animals 1950 July p. 44–47
crown gall, plant tissue culture 1952 June p. 66–72
tissue culture, drug research, clone, somatic cells, technique and uses of tissue culture 1956 Oct. p. 50–55
enzyme blood levels, myocardial infarction, hepatitis, cancer diagnosis, leukemia, medical diagnosis, diagnosis by presence of abnormal enzymes 1961 Aug. p. 99–107
leukemia, leukocyte, chemotherapy, virus, ionizing radiation, Down's syndrome, origin and treatment of lymphocytic and granulocytic leukemia 1964 May p. 88–96
multipotential cells, tumor, teratoma, gene expression, plant cell, inhibitions 1965 Nov. p. 75–83 [1024]
ultraviolet radiation, melanocytes, suntanning, epidermis, skin, vitamin D 1968 July p. 38–46
angiogenesis, avascular tumors, tumor inhibition, tumor vascularization, tumor angiogenesis factor (TAF) 1976 May p. 58–73 [1339]
antibodies, cell-surface antigens, cancer immunology, immunopotentiators, immune response, tumor-specific antigens, leukemia, transplantation antigens 1977 May p. 62–79 [1358]
agglutination response, cell membrane, immunology, lectins, proteins 1977 June p. 108–119 [1360]
SV40 virus, gene transformation, chromosome mapping, tissue culture, somatic cells, hybrid cells, genetics of human cancer 1978 Feb. p. 117–125 [1381]
research status 1949 June p. 26
as psychosomatic illness 1952 June p. 34
human cancer in rats, grafts secured by cortisone 1953 July p. 46
cancer-inducing DNA 1960 Mar. p. 93
viral cancer, mosquito carrier 1962 Apr. p. 74
fetal antigens 1972 Mar. p. 43
Type C tumor virus 1973 Sept. p. 66
cancer 'cure', herbal quackery 1950 Dec. p. 31
cancer diagnosis, cancer, enzyme blood levels, myocardial infarction, hepatitis, leukemia, medical diagnosis, diagnosis by presence of abnormal enzymes 1961 Aug. p. 99–107
cancer epidemiology, cancer, carcinogenesis, occupational cancer, cancer prevention, increased incidence of cancer sought in environmental and behavioral factors 1949 Jan. p. 11–15
carcinogenesis, environmental carcinogens, immune response, gene mutation, virus disease, cancer prevention 1975 Nov. p. 64–78 [1330]
environmental and behavioral causes 1948 Dec. p. 27
cancer immunology, antibodies, cancer, cell-surface antigens, immunopotentiators, immune response, tumor-specific antigens, leukemia, transplantation antigens 1977 May p. 62–79 [1358]
cancer prevention, cancer, cancer epidemiology, carcinogenesis, occupational cancer, increased incidence of cancer sought in environmental and behavioral factors 1949 Jan. p. 11–15
cancer surgery, perfusing malignant tumors 1959 June p. 85
cancer therapy, isotopes, X-ray, radiotherapy, ionizing radiation, dosimetry, roentgenology, nuclear medicine, radiation use in medicine 1959 Sept. p. 164–176
radiation damage, nitrogen mustard, carcinogenesis, mutation, nuclear medicine, chemical imitation of radiation injury 1960 Jan. p. 99–108
chelation, hemochromatosis, lead poisoning, pharmacology, drug action, Wilson's disease, metal poisoning, heavy metal poisoning, bone cancer, salicylates, aspirin, chemotherapy, medical exploitation of chelates 1966 May p. 40–50
asparaginase, leukemia 1968 Aug. p. 34–40
interferon 1969 Oct. p. 50
cancer virus, cancer virus, Rous sarcoma virus, RNA virus, leukemia, 'Rous-associated virus' capacitates 'defective' Rous sarcoma virus 1964 June p. 46–52 [185]
Rous sarcoma virus, cancer virus, RNA virus, leukemia, 'Rous-associated virus' capacitates 'defective' Rous sarcoma virus 1964 June p. 46–52 [185]
adenoviruses, SV40 virus, DNA virus, DNA recombination, gene transformation, tumor-virus antigen, virus etiology of cancer 1966 Mar. p. 34–41
DNA, gene mutation, RNA-DNA 'reverse' transfer, DNA polymerase, RNA-directed DNA polymerase 1972 Jan. p. 24–33 [1239]
adenoviruses, herpes virus, virus disease, viral vaccines 1973 Oct. p. 26–33
degenerative diseases, immune system, slow virus infection, virus disease, kuru, scrapie, herpes virus 1974 Feb. p. 32–40 [1289]
isolated in mice 1949 May p. 28
CANDU reactor: Canadian deuterium oxide reactor
CANDU reactor, nuclear power, natural reactor, heavy-water reactor, fission reactor, CANDU system 1975 Oct. p. 17–27
Cannabis sativa, marijuana, drug abuse, consciousness, pharmacology, sociology 1969 Dec. p. 17–25 [524]
cannibalism, Amerindian, Iroquois Confederacy, New World archeology, Onandaga tribe 1971 Feb. p. 32–42 [658]
cantilever, wind bracing, skyscrapers, construction technology, Eiffel Tower, truss bridge, steel frame construction, curtain wall 1974 Feb. p. 92–105
Cantor, infinity, set theory, equivalent sets, cardinal number 1952 Nov. p. 76–84
mathematics, set theory, non-Cantorian sets, Russell's paradox, non-Euclidian geometry, axiom of choice 1967 Dec. p. 104–116
Canyon Diablo meteorite, diamond, meteorites, iron-nickel phases, shock hypothesis, asteroids, origin of meteorites 1965 Oct. p. 26–36
capillary action, heat pipes, latent heat, vaporization, heat transfer, heat radiator 1968 May p. 38–46
capillary bed, frostbite, rapid thawing prescribed 1952 Feb. p. 52–56
shock, traumatic shock, electrolyte balance, cardiovascular system, blood transfusion 1952 Dec. p. 62–68

blood circulation, mesentery, arteriole, venule, cardiovascular system 1959 Jan. p. 54–60
capital cost, nuclear power, cost assessment, energy economics, competitive with fossil fuels 1951 Jan. p. 32–38
productivity, mechanization, labor cost 1955 July p. 33–35
capital-output ratio, productivity, labor force, automatic control, economic and social impact of automatic control 1952 Sept. p. 150–160
capital punishment, U.N. death-penalty report 1973 July p. 48
captivity, animal behavior, zoos 1954 May p. 76–80
capybara, malnutrition, food supply, human population, hunger, human nutrition, Incaparina, eland, manatee, mussels, developing countries, unorthodox food sources 1967 Feb. p. 27–35 [1068]
carbenes, carbon chemistry, chemical reaction, molecular orbitals, reactive intermediates 1976 Feb. p. 101–113
carbohydrate, glycoprotein synthesis, Golgi apparatus, goblet cells, mucus, saccules 1969 Feb. p. 100–107 [1134]
brain function, neurotransmitters, serotonin, human nutrition, tryptophan, feedback 1974 Feb. p. 84–91 [1291]
carbon, silicon, polymers, silicon, plastics, silicon in place of carbon 1948 Oct. p. 50–53
polyethylene, spherulites, plastics, solid state physics, crystallography 1964 Nov. p. 80–94
in vitreous state 1968 Feb. p. 54
carbon 14, radiocarbon dating, paleobotany, archeological dating, pollen analysis 1952 Feb. p. 24–28
atomic bomb test, fallout, C14 fallout 1959 Jan. p. 62
carbon 14 abundance, climate, ice ages, Maunder minimum, solar physics, sunspots, dendrochronology 1977 May p. 80–92 [925]
carbon 14 dating, archeological dating, European prehistory, dendrochronology 1971 Oct. p. 63–72 [672]
bristlecone pine, dating technique 1970 July p. 52
carbon chemistry, Apollo samples, moon, cosmology, solar wind 1972 Oct. p. 80–90
benzene, chemical accelerators, origins of life, high-energy carbon reactions 1975 Jan. p. 72–79
carbenes, chemical reaction, molecular orbitals, reactive intermediates 1976 Feb. p. 101–113
carbon cycle, Sun, thermonuclear reaction, sunspots, solar spectrum, nearest star 1948 Nov. p. 26–39
thermonuclear reaction, proton-proton interaction, stellar energy 1950 Jan. p. 42–45
calcium carbonate, sedimentary rock, photosynthesis, fossil fuel combustion, biosphere, atmosphere, carbon dioxide 1970 Sept. p. 125–132 [1193]
carbon dioxide, photosynthesis, chlorophyll, water, tracer experiments 1948 Aug. p. 24–35
laser, infrared radiation, nitrogen, gas laser, physics of carbon dioxide laser 1968 Aug. p. 22–33
lung, gill, oxygen transfer, gas exchange, water-breathing by mammals, breathing, animal experiments in water-breathing 1968 Aug. p. 66–74 [1123]
calcium carbonate, carbon cycle, sedimentary rock, photosynthesis, fossil fuel combustion, biosphere, atmosphere 1970 Sept. p. 125–132 [1193]
energy demand, thermal pollution, Industrial Revolution, biosphere, energy technology, fossil fuel cycle, industrial emissions, modification of natural cycles by man 1970 Sept. p. 174–190 [1197]
neuston, marine life, microlayer oceanography, ocean surface, rainwater composition, surfactant 1974 May p. 62–77 [913]
carbon dioxide 'window', climate, meteorology, air pollution, fossil fuel, threat of 'greenhouse effect' 1959 July p. 41–47 [823]
wind, solar radiation, energy cycle, biosphere, albedo, atmospheric circulation, climate, ocean circulation, terrestrial radiation, Earth energy cycle 1970 Sept. p. 54–63 [1189]
climate, air pollution, atmospheric circulation, particulates, ozone, temperature of Earth, human activity and climatic change 1971 Jan. p. 32–42 [894]
atmosphere, climate, biomass, ocean sediments, humus, 'greenhouse effect', threat of 'greenhouse effect' 1978 Jan. p. 34–43 [1376]
Earth heating up? 1953 July p. 44
carbon phases, synthetic diamonds, high pressure, thermodynamics, states of matter 1955 Nov. p. 42–46
carbon-phosphorus bonding, phosphorus biochemistry 1969 June p. 58
carbonaceous chondrites, chemical evolution, meteoritic amino acids, meteoritic hydrocarbons, Oparin-Haldane hypothesis 1972 June p. 38–46 [902]
chondrites, meteorites, solar system, primordial dust cloud 1975 Feb. p. 30–38
Orgueil hoax 1965 Jan. p. 52
carbonate, sea-floor spreading, volcanoes, rain, sea water composition, geochemical cycle, salinity, hydrologic cycle, why the sea is salt 1970 Nov. p. 104–115 [839]
carbonated water, soft-drink evolution 1974 Sept. p. 76
Carboniferous period, coal, fossil, flora, Mississippian period, Pennsylvanian period, tropical flora, deposition of coal 1948 July p. 46–51
carboxylation cycle, ATP, mineral cycles, biosphere, phosphorus cycle, sulfur cycle, sulfur bacteria, eutrophication, mineral cycles in the biosphere 1970 Sept. p. 148–158 [1195]
carcinogenesis, cancer, cancer epidemiology, occupational cancer, cancer prevention, increased incidence of cancer sought in environmental and behavioral factors 1949 Jan. p. 11–15
cancer therapy, radiation damage, nitrogen mustard, mutation, nuclear medicine, chemical imitation of radiation injury 1960 Jan. p. 99–108
polyoma virus, recombinant DNA, virus disease, 'temperate' infection, genetic transduction, viral induced malignancy 1960 Nov. p. 63–71 [77]
cigarette smoking, tobacco, human physiology, lung cancer, coronary disease, effects of smoking 1962 July p. 39–51
cancer epidemiology, environmental carcinogens, immune response, gene mutation, virus disease, cancer prevention 1975 Nov. p. 64–78 [1330]
aflatoxin, Aspergilles flavus 1964 Nov. p. 60
virus disease, integrated DNA 1968 Nov. p. 56
cardiac arrhythmia, heart, muscle contraction, coronary occlusion, cardiac pacemaker, operation of cardiac pump 1957 May p. 74–87 [62]
intensive care, coronary care unit, fibrillation, coronary occlusion, electrocardiography, nerve conduction, heart infarct 1968 July p. 19–27
cardiac 'conduction bundle', cardiology, electrocardiography, electrical events in the heart 1961 Nov. p. 132–141
cardiac disease, *see:* coronary disease, cardiovascular disease and the like
cardiac function, hagfish, comparative psychology, cyclosomes, knot-tying fish, hermaphrodite 1966 Feb. p. 82–90 [1035]
cardiac hormone, cats 1968 Mar. p. 54
cardiac insufficiency, digitalis, foxglove, heart physiology, dropsy, digitoxin, history of digitalis 1965 June p. 110–119
cardiac pacemaker, cardiac arrhythmia, heart, muscle contraction, coronary occlusion, operation of cardiac pump 1957 May p. 74–87 [62]
atrioventricular node, heart contraction, heart rate, sinus node 1967 Mar. p. 32–37 [1067]
interference from electromagnetic radiation 1971 June p. 59
cardiac prostheses, cardiac surgery, heart-lung machine, Fallot tetralogy, patent ductus arteriosus, technology and technique of open-heart surgery 1960 Feb. p. 76–90
cardiac surgery, cardiac prostheses, heart-lung machine, Fallot tetralogy, patent ductus arteriosus, technology and technique of open-heart surgery 1960 Feb. p. 76–90
artificial aortic valve 1962 Jan. p. 68
see also: cardiovascular surgery, heart surgery
cardinal number, infinity, set theory, equivalent sets, Cantor 1952 Nov. p. 76–84
cardinal numbers, child development, mathematics education, mathematics history, number concepts, ordinal numbers 1973 Mar. p. 101–109
cardiogram, whale 1952 Oct. p. 68–70
cardiology, Fallot tetralogy, ductus arteriosus, cardiovascular surgery 1950 Jan. p. 14–17
Starling, 'Law of the Heart', biography of Ernest Starling 1951 Oct. p. 56–61
sound spectrography, heart, heart sounds, electronic analysis of heart sounds 1956 May p. 120–130
heart metabolism, Starling, 'Law of the Heart', venous catheter study 1957 Feb. p. 50–54
medical diagnosis, Newton's third law, ballistocardiography 1958 Feb. p. 89–95
electrocardiography, cardiac 'conduction bundle', electrical events in the heart 1961 Nov. p. 132–141
stethoscopic catheter 1956 July p. 57
reserpine 1958 Oct. p. 56
heart disease hereditary not dietary 1958 Nov. p. 56

cardiovascular disease, stress, psychosomatic illness, alarm reaction, kidney disorder, adrenal gland 1949 Mar. p. 20–23 [4]
artery prostheses, vascular surgery, atherosclerosis, repair of vascular disease damage 1961 Apr. p. 88–104
atherosclerosis, human nutrition, arteries, epidemiology, cholesterol, coronary occlusion, diet, lipids, plaque, artery wall 1966 Aug. p. 48–56
cardiovascular surgery, cardiology, Fallot tetralogy, ductus arteriosus 1950 Jan. p. 14–17
vascular surgery, surgical stapler, stapling technic for joining vessels 1962 Oct. p. 48–56
cardiovascular system, shock, traumatic shock, capillary bed, electrolyte balance, blood transfusion 1952 Dec. p. 62–68
capillary bed, blood circulation, mesentery, arteriole, venule 1959 Jan. p. 54–60
cargo cult, Christianity, religion, cultural anthropology, Melanesian cargo cult 1959 May p. 117–125
cargo handling, shipping, containerization, automatic control, loading, air transport 1968 Oct. p. 80–88
caribou, cold adaptation, rodent, moose, polar ecology, animal adaptation to Arctic 1960 Jan. p. 60–68
caries, dentistry, bacteriology, fluoridation, new theory of tooth decay 1948 Oct. p. 20–23
dentistry, tooth enamel, bacteriology, causes of tooth decay 1957 Dec. p. 109–116
carnivorous chimpanzees, chimpanzee, food sharing, hunting, omnivorous chimpanzees, feeding behavior, Gombe National Park, Tanzania 1973 Jan. p. 32–42 [382]
carnivorous plants, fungi, soil molds, nematodes, carnivorous fungi 1958 July p. 67–72 [1094]
voodoo lily, insect attractant, Arum family, respiration 1966 July p. 80–88
active trapper, passive trapper, digestive enzymes, natural history 1978 Feb. p. 104–155 [1382]
Carnot, Rumford, Joule, science history, heat, pioneers in the theory of heat 1954 Sept. p. 60–61
Carnot cycle, heat pump, thermodynamics, principles and applications of heat pump 1951 May p. 54–59
Diesel engine, isothermal combustion, automobile engines, Diesel's 'rational' engine 1969 Aug. p. 108–117
carotene, leaf color, anthocyanins, chlorophyll, primary synthesis of aromatic compounds 1950 Oct. p. 40–43
photosynthesis, chlorophyll, retinene, vision, photobiology, phototropism, bioluminescence, sunlight, life and light 1959 Oct. p. 92–108
carotenoids, chloroplast, photosynthesis, chlorophyll, biology of pigments 1956 Jan. p. 80–86
flower pigments, pigment synthesis, flavonoids, anthocyanins, biochemistry and genetics of flower pigments 1964 June p. 84–92 [186]
carrier-wave generator, communication technology, crystal structure, diode laser, laser, heterostructure lasers, light-emitting semiconductor, solid-state electronics 1971 July p. 32–40
carrier-wave modulation, coaxial cable, communication technology, electromagnetic spectrum, fiber optics, radiowave, communication channels, bandwidth, noise 1972 Sept. p. 98–113
Carroll, mathematics, logic, Dodgson, 'Alice in Wonderland', Lewis Carroll (Charles Lutwidge Dodgson), biography 1956 Apr. p. 116–128
Cartesian diver, embryonic development, cell differentiation, embryological 'organizer', fundamental research, How do cells differentiate? 1953 Sept. p. 108–116
Cartesian geometry, mathematics, analytic geometry, philosophy, Descartes, René Descartes, biography 1959 Oct. p. 160–173
Carthage, Classical archeology, Roman colony, archeological 'rescue' campaign 1978 Jan. p. 110–120 [704]
Carthaginian fortress, military history, Sardinia 1975 Feb. p. 80–87
cartilage, bone, calcium, feedback, hydroxyapatite crystal, osteoclasts 1955 Feb. p. 84–91
cartography, Mount McKinley, photogrammetry 1949 Jan. p. 46–51
carts, transportation, wheeled vehicles, oxen, wagons, Transcaucasus, Mesopotamia, origin of wheeled transport 5,000 years ago 1968 July p. 82–90
casein, lactogenesis, milk, mammary gland, hormonal action, cell secretion, composition and synthesis of cow's milk 1969 July p. 58–68
Caspian sea, salt, falling level of Caspian 1963 Aug. p. 94–100
cassava, manioc, yield tripled by first systematic study 1976 Sept. p. 68
Cassiopeia, radio star, Crab Nebula, supernovae, galactic collision, with 200 radio stars counted, some speculation on their nature 1953 Jan. p. 17–21
universe, radio galaxies, Cygnus A, red shift, Crab Nebula, colliding galaxies 1956 Sept. p. 204–220
caste, shantytowns, Calcutta, cities, urbanization, housing, poverty, traffic, Calcutta, a city of the poor 1965 Sept. p. 90–102
class discrimination, Harijans, untouchables, Hinduism, India, civil rights 1965 Dec. p. 13–17
castle, architectural engineering, war, Norman invasion, English castles, A.D. 1066 1958 Mar. p. 42–48
Mycenaean civilization, nuraghi, Classical archeology, building construction, 1000 BC proto-castles in Sardinia 1959 Dec. p. 62–69
cat brain, dreams, sleep research, electroencephalography, reticular formation, brain waves, paradoxical sleep, REM sleep, the states of sleep 1967 Feb. p. 62–72 [504]
cat color, genetic variation, human migration, gene mutation, population genetics, cline maps, Hardy-Weinberg equilibrium 1977 Nov. p. 100–107 [1370]
CAT scan: computer assisted tomography
CAT scan, computer algorithms, computer-assisted imaging, image reconstruction, computer graphics, medical care, tomography 1975 Oct. p. 56–68
catalysis, enzymes, digestion, respiration, fermentation, lock-and-key theory, science history 1948 Dec. p. 28–39
air pollution, combustibility, fly ash, dust storms, metallurgy, fine particles 1950 Dec. p. 50–53
polymers, materials technology, industrial chemistry, stereoisomers, synthesizing giant molecules 1957 Sept. p. 98–104
polymers, materials technology, industrial chemistry, stereoisomers, synthesizing giant molecules 1957 Nov. p. 98–104
enzyme-substrate complex, enzymes, dialysis 1959 Aug. p. 119–125
lithium, polymerization, stereoisomers, promotion of polymerization by lithium 1963 Jan. p. 88–102
corona discharge, free radicals, ozone, polymerization, corona chemistry, water purification, hydrocarbon cracking 1965 June p. 90–98
chemical reaction, chemical kinetics, allosteric enzymes, proton transfer, enzymes, chemical equilibrium, relaxation methods in chemistry 1969 May p. 30–41
chemical reaction, industrial processes, petroleum cracking 1971 Dec. p. 46–58
catalytic polymerization, polyethylene, polymers, thermoplastic polymers, properties, production, economics of first 1,000 million-pound plastic 1957 Sept. p. 139–152
polymers, 'stereoregular' polymers, isotactic polymers, polyethylene, polypropylene, precisely constructed polymers 1961 Aug. p. 33–41 [315]
catalytic proteins, enzyme action, protein-cutting enzymes, proteolytic enzymes, serum proteins, chymotrypsin, elastase, trypsin 1974 July p. 74–88 [1301]
cataract, eye lens, retina, etiology, course and treatment of cataract 1962 Mar. p. 106–114
aging, eye lens, human eye, vision 1975 Dec. p. 70–81
catastrophe theory, discontinuous phenomena, mathematical model, topology 1976 Apr. p. 65–83
to describe discontinuous processes 1976 Mar. p. 60D
'catastrophism', fossil record, species extinction, natural selection, glaciation, crises in the history of life 1963 Feb. p. 76–92 [867]
catecholamines, acetylcholine, adrenalin, dopamine, drug effects, nerve physiology, neurotransmitters, noradrenaline 1974 June p. 58–71 [1297]
catenane, chemical topology, topological isomer, cyclic molecules, molecular structure, ring molecules, linking and knotting of ring molecules 1962 Nov. p. 94–102 [286]
formation of hydrocarton rings 1960 Nov. p. 92
caterpillars, birds, camouflage, mimicry, behavioral adaptation, defense by color 1957 Oct. p. 48–54
catfish, hyla, chameleon, skin color, chromatophores, how animals change color 1952 Mar. p. 64–67
walks and breathes air 1969 Jan. p. 50
catharsis, aggression, violence, delinquency, motion picture film, television, effects of observing filmed violence 1964 Feb. p. 35–41 [481]
cathode-ray tube, electronics, electron tubes, amplifiers, communication technology, rectifiers, electron optics, communication, power,

thermionic emission, state of the technology 1950 Oct. p. 30–39
computer technology, computer displays, information theory, light pen, computer graphics, rand tablet, computer graphics and man-machine interface 1966 Sept. p. 86–96
electronic typesetting, printing, photographic typesetting, digital computer, mechanical composition, computer applications 1969 May p. 60–69
Crookes tube, oscilloscope, vacuum tube, Ferdinand Braun's invention 1974 Mar. p. 92–101
cationic detergent, synthetic detergents, anionic detergent, surfactant, nature and action of synthetic detergents 1951 Oct. p. 26–30
catnip, insect repellant 1965 Feb. p. 54
cattle, animal husbandry, dairying, Zebu cattle, European cattle, selective stock breeding 1958 June p. 51–59
biological pest control, screw worm fly, X-ray, sterilization, pest control, eradication of the screw worm fly 1960 Oct. p. 54–61
animal husbandry, Karimojong, subsistence herding, Uganda 1969 Feb. p. 76–89
beetle, coprid beetles, dung beetles 1974 Apr. p. 100–109
a disease called 'X' 1948 Dec. p. 27
synthetic diet 1966 Aug. p. 42
causation, chance, probability, odds, calculus of chances, philosophy of science, logician's point-of-view 1965 Oct. p. 44–54
cavalry, Mongol conquests, war, Chingis Khan, frontier history, nomatic civilization, Chingis Khan, biography 1963 Aug. p. 54–68
cave art, cave paintings, Paleolithic archeology, sculpture, Lascaux, Altamira 1968 Feb. p. 58–72
cave bear, bears, Ice Age, extinction mechanism 1972 Mar. p. 60–72
cave dwellers, Peru, stone tools, human evolution, Ayacucho site 1971 Apr. p. 36–46
cave paintings, Paleolithic Europe, Cro Magno art, Magdalenian, Aurignacian-Perigordian 1953 Aug. p. 30–33
cave art, Paleolithic archeology, sculpture, Lascaux, Altamira 1968 Feb. p. 58–72
caves, ecology, degenerative evolution 1955 May p. 98–106
cavitation, droplet-levitation technique, liquids, negative-pressure concept, tensile strength, surface tension 1972 Dec. p. 58–71
C.E.D.: Committee for Economic Development
C.E.D. recommendations, Congressional role in arms policy 1974 Oct. p. 55
Cedros Trough, Pacific Ocean, earth crust, Acapulco trench, Tonga Trench, ocean floor 1955 Nov. p. 36–41 [814]
celestial energy, cosmological 'hangups', energy cycle, power, radiation energy, entropy per unit energy, gravitational energy, stellar evolution, thermonuclear energy 1971 Sept. p. 50–59 [662]
celestial maser, radio astronomy 1966 Jan. p. 48
celestial navigation, bird migration, bird navigation, blackpoll warbler, indigo bunting, planetarium experiments 1975 Aug. p. 102–111 [1327]
by radio sextant 1959 Apr. p. 70
celibacy, birth control, disease, foundling institutions, infanticide, Malthusian doctrine, marriage age, population growth, population control in Europe 1750-1850 1972 Feb. p. 92–99 [674]
cell, virology, electron microscopy, viruses inside cells 1953 Dec. p. 38–41
collagen, elastin, keratin, myosin, fibrin, polymers, polymers in living cells 1957 Sept. p. 204–216 [35]
amoebae, cytology, sol-gel reaction, high pressure, effect of high pressure on cellular activity 1958 Oct. p. 36–43
aging, fibroblasts, mitosis, cell culture, somatic cells, DNA replication, experiments in aging 1968 Mar. p. 32–37 [1103]
microsurgery, laser, physiology, laser lesions, cell organelle 1970 Feb. p. 98–110 [1170]
cell aggregation, Volvox, metazoa, between single-celled and multi-celled organisms 1950 May p. 52–55
tissue differentiation, cell 'recognition', cytology, embryonic development, how cells associate 1961 Sept. p. 142–165
cell differentiation, heart cells, heart contraction, myogenic rhythm, rat cardiac cells in vitro 1962 May p. 141–152
marine organisms, Mesozoa, multicellular organisms 1972 Dec. p. 94–101 [1262]
cell analogy, termite, social insect, behavioral adaptation, insect behavior 1953 May p. 74–78
cell anatomy, spermatozoon, ovum, virus, science history, cytology, muscle cell, plant cell, connective tissue cell, introduction to single-topic issue on the living cell 1961 Sept. p. 50–61 [90]
cell communication, central nervous system, nerve conduction, ganglion reflexes, neuroreceptors, retina, nerve impulse, neurotransmitters, neural synapse, cytology, neuromuscular synapse, how cells communicate 1961 Sept. p. 209–220 [98]
adrenal gland, ACTH, pituitary gland, molecular structure of ACTH, relation to function 1963 July p. 46–53 [160]
genetic code, communication, nerve impulse, hormonal action, metabolic information 1972 Sept. p. 42–51 [1257]
cell culture, clone, HeLa cancer cells, somatic cells, tissue culture, single human cells 1957 Aug. p. 91–100 [33]
muscle tissue, embryonic cells, cell differentiation, clone, origin of muscle in embryonic development 1964 Aug. p. 61–66
aging, fibroblasts, mitosis, somatic cells, cell, DNA replication, experiments in aging 1968 Mar. p. 32–37 [1103]
cell differentiation, larvae, fruit fly, transdetermination 1968 Nov. p. 110–120 [1127]
cell hybridization, cell differentiation, hybrid cells, Sendai virus, gene mapping, mouse-rat, mouse-human hybrid cells in laboratory 1969 Apr. p. 26–35 [1137]
cell differentiation, cell-surface antigens, immune response, immunoglobin, lymphocytes 1973 June p. 82–91 [1275]
cell differentiation, protozoon, regeneration, embryonic development, protozoon as model for embryological study 1953 Mar. p. 76–82
embryonic development, embryological 'organizer', Cartesian diver, fundamental research, How do cells differentiate? 1953 Sept. p. 108–116
embryonic development, blastula, gastrula, fertilization, ectoderm, mesoderm, endoderm, embryological 'organizer', science history, review of classical embryology 1957 Nov. p. 79–88 [103]
embryonic development, feedback, tissue specialization 1958 Dec. p. 36–41
Hydra, sexual reproduction, asexual reproduction, growth regulation, carbon dioxide as 'sex gas' 1959 Apr. p. 145–156
amoebae, social amoebae, slime mold, Dictyostelium cell aggregation, acrasin 1959 Dec. p. 152–162
tissue specialization, 'lampbrush' chromosome, embryonic development, zygote, fertilization, ovum, clone, cytology, how cells specialize 1961 Sept. p. 124–140
cell aggregation, heart cells, heart contraction, myogenic rhythm, rat cardiac cells in vitro 1962 May p. 141–152
muscle tissue, embryonic cells, cell culture, clone, origin of muscle in embryonic development 1964 Aug. p. 61–66
cell culture, larvae, fruit fly, transdetermination 1968 Nov. p. 110–120 [1127]
nucleus transplantation, clone, genetic engineering, somatic cell nucleus, gene complement, frog embryo, gene regulation 1968 Dec. p. 24–35 [1128]
embryonic development, pancreas, mesoderm, endoderm, tissue culture 1969 Mar. p. 36–44 [1136]
cell culture, cell hybridization, hybrid cells, Sendai virus, gene mapping, mouse-rat, mouse-human hybrid cells in laboratory 1969 Apr. p. 26–35 [1137]
cell culture, cell-surface antigens, immune response, immunoglobin, lymphocytes 1973 June p. 82–91 [1275]
antibodies, bursa, humoral immunity, B-cells, T-cells, immune system, lymphocytes, thymus 1974 Nov. p. 58–72 [1306]
regeneration, biological form, cellular polarity, embryonic development, Hydra, morphogenesis, morphogens 1974 Dec. p. 44–54 [1309]
regeneration, cockroach, embryo-graft experiments, embryonic development, newt, biological form 1977 July p. 66–81 [1363]
cell division, *see:* mitosis, meiosis
cell evolution, chloroplast, mitochondria, symbiosis, cell organelle, DNA, prokaryote origin, protein synthesis, plastids, extra-nuclear genetic activity in cell 1970 Nov. p. 22–29 [1203]
cell organelle, chloroplast, endosymbiosis, eukaryotic cells, mitochondria, symbiosis, prokaryotic cells, algae, cilia, flagella, plastids 1971 Aug. p. 48–57 [1230]
cell-free system, DNA synthesis, virus π X 174, DNA polymerase, activated nucleotides, first test-tube synthesis of biologically active DNA 1968 Oct. p. 64–78 [1124]
cell fusion, mouse and human cells fused 1965 Apr. p. 62
cell hybridization, cell culture, cell differentiation, hybrid cells, Sendai virus, gene mapping, mouse-rat, mouse-human hybrid cells in laboratory 1969 Apr. p. 26–35 [1137]
gene mapping, hybrid cells, mouse-human hybrid cells, somatic cells 1974 July p. 36–44 [1300]

cell junctions, cell membrane, the three kinds of cell junction 1978 May p. 140–152 [1388]
cell life cycle, ascites tumor, isotopes, radioautography, cellular autobiography 1963 Aug. p. 103–110 [165]
cell membrane, ion potential, nerve impulse, biological role of potassium 1949 Aug. p. 16–21
cell organelle, mitochondria, metabolism, enzymes, cell metabolism, 'powerhouse of the cell' 1957 July p. 131–140 [36]
insulin, amino-acid sequence, sugar metabolism, human physiology, action of insulin 1958 May p. 99–106
pores, erythrocyte 1960 Dec. p. 146–156
pinocytosis, cytology, cell metabolism, ingestion by outer membrane 1961 Apr. p. 120–130
active transport, passive transport, pinocytosis, phagocytosis, cytology, osmosis, fertilization, functions of cell membranes 1961 Sept. p. 167–180 [96]
electron microscopy, endoplasmic reticulum, myelin sheath, mitochondria, nuclear membrane, electron microscope study of membranes in cell 1962 Apr. p. 64–72 [151]
kidney tubule, sodium pump, membrane potential, active transport, biological pumps 1962 Aug. p. 100–108
phospholipids, phosphatidic acid cycle, nerve cells, cell secretion, membrane transport potential 1965 Oct. p. 78–86 [1022]
ATP, mitochondrion, glycolysis, enzymes, oxidative phosphorylation, cell metabolism, mitochondrial membrane 1968 Feb. p. 32–39 [1101]
bacteriophage, receptor specificity, bacterial receptor sites, O antigen, Salmonella 1969 Nov. p. 120–124 [1161]
intercellular communication, salivary gland, epithelium, molecular signals, membrane permeability, junctions in cell membrane 1970 May p. 78–86 [1178]
enzymes, artificial membranes, enzyme action, enzymes as industrial catalysts 1971 Mar. p. 26–33 [1216]
membrane lipids, membrane permeability, phospholipids, membrane proteins, active transport 1972 Feb. p. 30–38 [1241]
immune response, organ transplant, tissue grafts, tissue-typing, self-marker hypothesis 1972 June p. 28–37 [1251]
mitosis, mitotic spindle, cell reproduction, chromosome replication, cell life cycle 1974 Jan. p. 54–64 [1288]
lipid molecules, membrane proteins, membrane structure, active transport 1974 Mar. p. 26–33 [1292]
cell secretion, endoplasmic reticulum, exocytosis, membrane fusion, fluid-mosaic model of membrane 1975 Oct. p. 28–37 [1328]
ATP, colicine, membrane energetics, active transport, E. coli 1975 Dec. p. 30–37 [1332]
antibodies, histocomptability, antigens, immune response, immunoglobin, lymphocytes, B-cells, T-cells 1976 May p. 30–39 [1338]
bacteria, halobacteria, photosynthesis, rhodopsin, salt-loving bacteria 1976 June p. 38–46 [1340]
agglutination response, cancer, immunology, lectins, proteins 1977 June p. 108–119 [1360]
ATP, oxidative phosphorylation, active transport, mitochondrion, chloroplast, formation of the energy-exchange molecule in the cell 1978 Mar. p. 104–123 [1383]
cell junctions, the three kinds of cell junction 1978 May p. 140–152 [1388]
membrane proteins 1975 June p. 44
cell memory, mollusk nerve cell 1965 Oct. p. 41
cell metabolism, cell organelle, mitochondria, metabolism, enzymes, cell membrane, 'powerhouse of the cell' 1957 July p. 131–140 [36]
ATP, citric-acid cycle, mitochondrion, mitochondrion as site of biological oxidation 1958 July p. 56–62
cell membrane, pinocytosis, cytology, ingestion by outer membrane 1961 Apr. p. 120–130
ATP, chloroplast, mitochondrion, photosynthesis, glucogenesis, citric-acid cycle, glycolysis, oxidative phosphorylation, cytology, cellular transformation of energy 1961 Sept. p. 62–73 [91]
ATP, mitochondrion, glycolysis, cell membrane, enzymes, oxidative phosphorylation, mitochondrial membrane 1968 Feb. p. 32–39 [1101]
ACTH, ATP, glucogenesis, glycolysis, hormone, epinephrine, cyclic AMP, activation of cyclic AMP by hormones 1972 Aug. p. 97–105 [1256]
cell motility, amoebae, phagocytosis, cytoplasmic streaming, sol-gel reaction, front contraction theory of amoeboid motion 1962 Feb. p. 112–122 [182]
calcium-ion activator, cell shape, embryonic development, microfilaments, microtubules 1971 Oct. p. 76–82 [1233]
ATP, axoneme, cilia, flagella, microtubules, how cilia move, paramecium, sperm 1974 Oct. p. 44–52 [1304]
bacterial motility, chemotaxis, flagellar action, E.coli 1976 Apr. p. 40–47 [1337]
wound healing, cell tracks, embryonic development, tubulin, mitotic apparatus, cell motion made visible to naked eye 1978 Apr. p. 68–76 [1386]
cell nucleus, cytosurgery, micromanipulator, on transplanting nuclei 1952 Apr. p. 58–64
cytoplasm, cell organelle, chromosome, cell physiology, RNA, DNA, endoplasmic reticulum, cytology, nuclear control of cell 1960 Jan. p. 126–136
Acetabularia, giant cells, mermaid's wineglass, cytoplasm, algae, giant cells in study of nucleus-cytoplasm interaction 1966 Nov. p. 118–124 [1057]
chromatin, chromosomal proteins, DNA, gene regulation, histones, nucleoproteins, oxidative phosphorylation 1975 Feb. p. 46–57 [1315]
see also: spermatozoon nucleus
cell organelle, mitochondria, metabolism, enzymes, cell metabolism, cell membrane, 'powerhouse of the cell' 1957 July p. 131–140 [36]
cell nucleus, cytoplasm, chromosome, cell physiology, RNA, DNA, endoplasmic reticulum, cytology, nuclear control of cell 1960 Jan. p. 126–136
microsurgery, laser, cell, physiology, laser lesions 1970 Feb. p. 98–110 [1170]
chloroplast, mitochondria, symbiosis, DNA, prokaryote origin, protein synthesis, plastids, cell evolution, extra-nuclear genetic activity in cell 1970 Nov. p. 22–29 [1203]
cell evolution, chloroplast, endosymbiosis, eukaryotic cells, mitochondria, symbiosis, prokaryotic cells, algae, cilia, flagella, plastids 1971 Aug. p. 48–57 [1230]
peroxisome 1969 July p. 52
ribosome, RNA, protein synthesis, structure of the ribosome 1969 Oct. p. 28 [1157]
cell perfusion, axon, neurology, nerve conduction, Schwann cell, axoplasm, membrane potential, perfusion technique, structure of axonal tube, physiology of neural transmission, concentration gradients 1966 Mar. p. 74–82 [1038]
cell physiology, cell nucleus, cytoplasm, cell organelle, chromosome, RNA, DNA, endoplasmic reticulum, cytology, nuclear control of cell 1960 Jan. p. 126–136
baking, yeast, brewing, riboflavin synthesis, cryptococcal meningitis, fermentation, yeasts, useful and noxious 1960 Feb. p. 136–144
aging, gerontology, life expectancy, manifestations of aging 1962 Jan. p. 100–110
cell receptors, endocrine hormones, gene regulation, hormonal action, protein synthesis, steroid hormones 1976 Feb. p. 32–43 [1334]
cell 'recognition', cell aggregation, tissue differentiation, cytology, embryonic development, how cells associate 1961 Sept. p. 142–165
cell reproduction, mitosis, mitotic spindle, cell membrane, chromosome replication, cell life cycle 1974 Jan. p. 54–64 [1288]
see also: chromosome replication, meiosis, mitosis
cell secretion, cell membrane, phospholipids, phosphatidic acid cycle, nerve cells, membrane transport potential 1965 Oct. p. 78–86 [1022]
lactogenesis, milk, mammary gland, casein, hormonal action, composition and synthesis of cow's milk 1969 July p. 58–68
cell membrane, endoplasmic reticulum, exocytosis, membrane fusion, fluid-mosaic model of membrane 1975 Oct. p. 28–37 [1328]
cell shape, calcium-ion activator, cell motility, embryonic development, microfilaments, microtubules 1971 Oct. p. 76–82 [1233]
cell sorting, automatic cell sorting, fluorescence-activated technique 1976 Mar. p. 108–117
cell structure, wood, cellulose, lignin, grain structure 1953 Jan. p. 64–67
neutron-beam-scattering technique, protein synthesis, ribosome, structure of ribosome 1976 Oct. p. 44–54
cell-surface antigens, cell culture, cell differentiation, immune response, immunoglobin, lymphocytes 1973 June p. 82–91 [1275]
blood plasma, collagen, glycoproteins, interferon, protein molecule 1974 May p. 78–86 [1295]
antibodies, cancer, cancer immunology, immunopotentiators, immune response, tumor-specific antigens, leukemia, transplantation antigens 1977 May p. 62–79 [1358]
antigens, graft rejection, histocompatability, immune response, H-2 antigens, HLA antigens 1977 Oct. p. 96–107 [1369]

cell tracks, cell motility, wound healing, embryonic development, tubulin, mitotic apparatus, cell motion made visible to naked eye 1978 Apr. p. 68–76 [1386]
in gold dust 1977 Sept. p. 102
cell transformation, gene culture, polyoma virus, SV40 virus, viral DNA, viral carcinogenesis 1967 Apr. p. 28–37 [1069]
cell wall, gene transformation, pneumococcus, recombinant DNA, transformation induced by factor synthesized by cell 1969 Jan. p. 38–44
bacterial cell, bacterial metabolism, penicillin, polysaccharides, glycopeptides, membrane 1969 May p. 92–98
cellulose, monosaccharides, plant cell, polysaccharides 1975 Apr. p. 80–95 [1320]
cello, bass, viola, violin, Chladni patterns, music, musical instruments, physics of violins 1962 Nov. p. 78–93
cellular polarity, regeneration, biological form, cell differentiation, embryonic development, Hydra, morphogenesis, morphogens 1974 Dec. p. 44–54 [1309]
cellulose, synthetic fiber, rayon, nylon, synthetic macromolecules, glass, man-made textile fibers 1951 July p. 37–45
wood, lignin, cell structure, grain structure 1953 Jan. p. 64–67
soil conditioners, humus, polyacrylates, polyvinylites, tilth 1953 Aug. p. 36–38
rayon, forest products, crystal structure, lignin, polymers, paper, polysaccharides, overview of natural polymer 1957 Sept. p. 156–168
algae, xylan, mannan, plant cell wall, xylan, mannan in place of cellulose in marine plant tissue 1968 June p. 102–108 [1110]
forest products, wood pulp, paper, lignin, rayon, waste recycling, kraft process 1974 Apr. p. 52–62
cell wall, monosaccharides, plant cell, polysaccharides 1975 Apr. p. 80–95 [1320]
molecule synthesized 1957 Aug. p. 60
cellulose digestion, ruminants, metabolism, symbiosis, anaerobic metabolism, fermentation, how cows digest grass 1958 Feb. p. 34–38
shipworm, Teredo, natural history 1961 Feb. p. 132–142
Celtic Britain, archeology, Celtic culture, Gussage site 1977 Dec. p. 156–159 [702]
Celtic culture, archeology, Celtic Britain, Gussage site 1977 Dec. p. 156–159 [702]
Celtic religion, Gauls in France, Seine River source, shrine of Sequana 1971 July p. 65–73
cement, concrete, Portland cement, hydration, X-ray diffraction, chemistry of concrete 1964 Apr. p. 80–92
chemical reaction, high-alumina cement, Portland cement, cement hardening and strength 1977 July p. 82–90 [370]
census, U.S.S.R. 1959 Sept. p. 104
see also: U.S. census
center-pivot irrigation, irrigation, ground water, agricultural technology 1976 June p. 90–99
central city, U.S. census, urbanization, age-sex distribution, baby boom, family size, suburbs, U.S. census at 1960 1961 July p. 39–45
housing, urban planning, suburbs, cities, metropolitan area, conurbation, evolution of the metropolis 1965 Sept. p. 64–74
local goverment, cities, New York, metropolitan region, suburbs, Northeast Corridor, regional planning 1965 Sept. p. 134–148
urban planning, cities, highway engineering, mass transit, open space, diversity, 'paths' 1965 Sept. p. 209–219
central nervous system, poliomyelitis virus, infective specificty, infective specificity, epidemiology, nature of the disease and public health status before production of the vaccines 1950 Aug. p. 22–26
acetylcholine, hormone, nerve impulse, serotonin, synapse, emotional illness, neurotransmitters, physiological psychology, chemical mediation of nerve impulses 1957 Feb. p. 86–94
medulla, reticular formation, brain, perception, motor reflex, neurophysiology, attention and orienting mechanism in brain 1957 May p. 54–60 [66]
brain, cerebellum, cerebrum, neurophysiology, cerebral-cerebellar coordination 1958 Aug. p. 84–90 [38]
cell communication, nerve conduction, ganglion reflexes, neuroreceptors, retina, nerve impulse, neurotransmitters, neural synapse, cytology, neuromuscular synapse, how cells communicate 1961 Sept. p. 209–220 [98]
computer technology, redundancy, reliability, error suppression 1964 Feb. p. 103–112 [298]
reflex arc, neuromuscular control, muscle contraction, nerve inhibition, interneuron, motor neuron, stretch reflex, Renshaw cell, synapse 1966 May p. 102–110
animal behavior, mollusks, neurophysiology 1971 Feb. p. 68–75 [1212]
bilateral symmetry, left-right asymmetry, mirror images 1971 Mar. p. 96–104 [535]
drug-induced imagery, hallucination, perceptual illusions, perceptual-release theory 1977 Oct. p. 132–140 [579]
central-place theory, anthropology, market networks, People's Republic of China, Guatemala, rural markets 1975 May p. 66–79
centrifugal compressor, gas turbine, aircraft propulsion, axial-flow compressor, ducted fan, electric power generation 1953 Nov. p. 65–72
centrifuge, blood plasma, blood fractionation, erythrocyte, leukocyte, platelets, blood transfusion, blood banks 1954 Feb. p. 54–62
centrioles, mitotic spindle, sea urching egg, chromosome, digitonin 1953 Aug. p. 53–63
C.E.P.: circular error probability
C.E.P., counterforce strategy, atomic weapons, cruise missiles, MIRV, arms race, missile accuracy, strategic weapons, accuracy as multiplier of force 1975 July p. 14–23
cephalization index, brain evolution, brain size, endocranial casts, intelligence, paleoneurology 1976 Jan. p. 90–101 [568]
cephalopods, squid, giant axon, nerve impulse 1951 Apr. p. 64–69
Cepheid variable, universe expansion, Clouds of Magellan, Andromeda Galaxy, galactic yardstick, doubling of yardstick doubles size and age of the universe 1953 June p. 56–66
galactic evolution, 'cosmic yardstick', universe evolution 1959 July p. 48–55
invisible twin North Star of Polaris 1956 Feb. p. 56
cosmology, intergalactic yardstick lengthens 1958 Sept. p. 86
ceramics, materials technology, glass fiber, optical glass, amorphous solid, properties of glass as 'undercooled liquid' 1961 Jan. p. 92–104
glass, metals, materials technology, polymers, chemical band, composite materials, atom, elements, introduction to single-topic issue on materials 1967 Sept. p. 68–79
aluminates, materials technology, crystal structure, silicates, heat resistance, ionic bonds, covalent bonds, nature of ceramics 1967 Sept. p. 112–124
ductility in single-crystal magnesium oxide 1958 Apr. p. 50
cerebellar cortex, brain, brain circuitry, neuronal networks, Purkinje cells, mossy fibers 1975 Jan. p. 56–71 [1312]
cerebellum, brain, cerebral cortex, cerebrum, brain surgery, electroencephalography, 'the great raveled knot', localization of brain function 1948 Oct. p. 26–39 [13]
brain, central nervous system, cerebrum, neurophysiology, cerebral-cerebellar coordination 1958 Aug. p. 84–90 [38]
brain organization, cerebral motor cortex, muscle control, monkey experiments 1973 July p. 96–103 [1277]
cerebral cortex, brain, cerebrum, cerebellum, brain surgery, electroencephalography, 'the great raveled knot', localization of brain function 1948 Oct. p. 26–39 [13]
memory, brain, learning, fundamental research, What is memory? 1953 Sept. p. 118–126 [11]
creativity, neurophysiology, imagination, neuronal networks, physiology of imagination 1958 Sept. p. 135–146 [65]
mammalian brain, corpus callosum, brain hemispheres, split-brain experiments, monkey, cat, human post-operative subject 1964 Jan. p. 42–52 [174]
animal behavior, learning, striatum, bird nervous system, crows, pigeons, canaries, chickens 1968 June p. 64–76 [515]
brain damage, speech, writing, brain hemispheres, functional organization of the brain 1970 Mar. p. 66–78 [526]
information processing 1956 Oct. p. 72
see also: visual cortex
cerebral dominance, brain hemispheres, perception, split-brain experiments, corpus callosum, intelligence, language, localization of brain function 1967 Aug. p. 24–29 [508]
brain hemispheres, left-hemisphere functions, music perception, right-hemisphere functions, auditory perception, visual perception 1973 Mar. p. 70–78 [554]
auditory perception, brain hemispheres, musical illusions, handedness, hearing, illusions, perception, two-tone illusion 1975 Oct. p. 92–104 [566]
cerebral hemorrhage, surgery, cerebral vascular accident, atherosclerosis, microvascular surgery, repair and prevention of stroke by microvascular bypass operation 1978 Apr. p. 58–67 [1385]

cerebral motor cortex, brain organization, cerebellum, muscle control, monkey experiments 1973 July p. 96–103 [1277]
cerebral organization, split-brain 1961 Aug. p. 66
cerebral palsy, brain damage, birth trauma, asphyxia, monkey experiments, implications for human infants 1969 Oct. p. 76–84 [1158]
cerebral vascular accident, surgery, atherosclerosis, microvascular surgery, cerebral hemorrhage, repair and prevention of stroke by microvascular bypass operation 1978 Apr. p. 58–67 [1385]
cerebrospinal fluid, sleep deprivation, goat experiments 1976 Aug. p. 24–29 [571]
cerebrum, brain, cerebral cortex, cerebellum, brain surgery, electroencephalography, 'the great raveled knot', localization of brain function 1948 Oct. p. 26–39 [13]
brain, cerebellum, central nervous system, neurophysiology, cerebral-cerebellar coordination 1958 Aug. p. 84–90 [38]
Cerenkov radiation, Compton effect 1951 Oct. p. 54–55
high-energy physics, tachyons, speed of light, special relativity, hypothetical particles faster than light 1970 Feb. p. 68–77
for particle counting 1952 Aug. p. 33
cermets, composite materials, dispersion-strengthened composites, fiber-reinforced composites, particulates 1973 July p. 36–44
C.E.R.N.: European Organization for Nuclear Research
C.E.R.N., nuclear power, 'atoms for peace', thermonuclear reaction, fission reactor, fusion reactor, first of a four-part report on the International Conference on the Peaceful Uses of Atomic Energy, Geneva, August 1945 1955 Oct. p. 27–33
colliding-beam accelerator, high-energy physics, particle interaction, proton-proton interaction 1973 Nov. p. 36–44
Bloch director 1954 Sept. p. 74
Bakker, director 1955 May p. 50
300-GeV particle accelerator 1971 Apr. p. 49
ceruloplasmin, hemocyanin, oxygen transport, enzymes, copper deficiency, cytochrome oxidase, copper biochemistry, Wilson's disease, tyrosinase 1968 May p. 102–114
cesium clock, atomic clock, ammonia maser, maser, zenith tube, mercury mirror, improvements on sidereal time 1957 Feb. p. 71–82 [225]
length standard, mass standard, time standard, temperature standard, interferometry, measurement 1968 June p. 50–62
cesium-ion beam, ion propulsion, plasma jet, jet velocity, magnetohydrodynamics, electrical propulsion, space exploration 1961 Mar. p. 57–65
cetacea, *see:* whale, porpoises
Chaga's disease, public health, 'zoonoses', parasitism, trypanosomiasis, malaria, filariasis, leishmaniasis, plague, yellow fever, typhus, epidemiology, animal infection and human disease 1960 May p. 161–170
insect venom, assassin bugs, predator-prey relationship, entomology, natural history 1960 June p. 72–78
chain reaction, free radicals, chain initiators, half-life reaction kinetics 1953 Dec. p. 74–78
Challenger, oceanography, marine biology 1953 May p. 88–94
chalone, cell-division depresser 1967 July p. 44
chambered nautilus, marine biology, buoyancy, swim bladder, cuttlebone 1960 July p. 118–128
chameleon, hyla, catfish, skin color, chromatophores, how animals change color 1952 Mar. p. 64–67
chance, probability, odds, calculus of chances, causation, philosophy of science, logician's point-of-view 1965 Oct. p. 44–54
Chandler wobble, earthquake effects, Earth rotation, precession 1971 Dec. p. 80–88 [897]
Channeled Scabland, post-glacial 'catastrophe' 1974 June p. 52
channeling, crystal structure, ion beam 1968 Mar. p. 90–98
Charente skull, Homo sapiens, Neanderthal man, Galley Hill skull, human evolution, Swanscombe cranium, antiquity of Homo sapiens 1948 July p. 16–19
charge carriers, electrical conductivity, Fermi surface, semiconductor, materials technology, quantum mechanics, electron mean free path, electrical properties of materials 1967 Sept. p. 194–204
charge-changing accelerator, particle accelerator, Van de Graaf generator, electrostatic belt generator, negative ion 1970 Aug. p. 24–33
charge conservation, time reversal, symmetry, parity, lambda decay, CPT conservation, proton spin, experiments in time reversal 1969 Oct. p. 88–101
charge-coupled devices, charge transfer, computer memory, image sensing, semiconductor memories 1974 Feb. p. 22–31
digital computer, magnetic bubble memories, moving-surface memories, semiconductor memories, microelectronics 1977 Sept. p. 130–145 [378]
find early application 1972 June p. 52
charge distribution, atomic nucleus, nuclear fission, nuclear probe, shell model, shape and size of nucleus 1969 Aug. p. 58–73
charge exchange, atomic nucleus, shell model, optical model, high-energy physics, liquid-drop model, spin-orbit force, resonance 'particles', proton, neutron, structure of the nucleus 1959 Jan. p. 75–82
charge parity, *see:* CP
charge parity time, *see:* CPT
charge transfer, charge-coupled devices, computer memory, image sensing, semiconductor memories 1974 Feb. p. 22–31
charm, antimatter, electron-positron annihilation, J particle, psi particle, color, quark, high-energy physics, storage rings, virtual particles 1975 June p. 50–62
charmed quarks, charmonium, high-energy physics, gauge theory, hadrons, leptons, quark hypothesis, 'color' and 'flavor' in quarks 1975 Oct. p. 38–50
hadrons, high-energy physics, quantum mechanics, quark, charm 1977 Oct. p. 56–70 [388]
charmonium, charmed quarks, high-energy physics, gauge theory, hadrons, leptons, quark hypothesis, 'color' and 'flavor' in quarks 1975 Oct. p. 38–50
Chaucer, amateur astronomer 1952 Dec. p. 30
Chédiak-Higashi syndrome, brain disease, scrapie, kuru, virus disease, animal vectors, multiple sclerosis 1967 Jan. p. 110–116
cheetah, badger, dog, horse, locomotion, deer, comparative anatomy, running, how animals run 1960 May p. 148–157
Chekhov, as physician 1974 Nov. p. 54
chelate, poisons, ionizing radiation, radioautography, 'bone-seekers', scintillation counter 1955 Aug. p. 34–39
chelate cage, laser, liquid lasers, rare-earth ions, solvation shell, comparison of liquid, gas and solid-state lasers 1967 June p. 80–90
chelation, metal ions, sequestering, ring compounds, porphyrin ring, organometallic compounds, metal-poisoning antidote, chemical separation 1953 June p. 68–76
beryllios is, occupational health, phosphorus, fluorescent light, high technology disease 1958 Aug. p. 27–33
hemochromatosis, lead poisoning, pharmacology, drug action, Wilson's disease, metal poisoning, heavy metal poisoning, bone cancer, salicylates, aspirin, cancer therapy, chemotherapy, medical exploitation of chelates 1966 May p. 40–50
chemical accelerators, molecular beam, ion beam, sputtering, high-energy chemistry 1968 Oct. p. 44–52
benzene, carbon chemistry, origins of life, high-energy carbon reactions 1975 Jan. p. 72–79
chemical analysis, infrared spectroscopy, molecular bonds, molecular vibrations 1953 Oct. p. 42–48 [257]
prospecting, uranium ore, chemical prospecting 1957 July p. 41–47
chemical band, glass, metals, materials technology, ceramics, polymers, composite materials, atom, elements, introduction to single-topic issue on materials 1967 Sept. p. 68–79
chemical-biological warfare, bacteria, chemical weapons, biological weapons, Vietnam war, arms race, CS gas, virus disease, rickettsiae, tear gas, herbicide 1970 May p. 15–25 [1176]
U.S. policy 1966 Apr. p. 49
U.S. policy 1970 Jan. p. 48
Geneva Protocol 1975 Mar. p. 47
chemical bond, ionic bonds, covalent bonds, hydrogen bonds, Van der Waals force, long-range forces, antigen-antibody reaction, proposed intermolecular long-range force 1948 Oct. p. 14–17
radioactive decay, 'hot atom' chemistry 1950 Mar. p. 44–47
chemistry, molecular structure, crystal structure, protein structure, chemical kinetics, science, chemistry 1900-1950 1950 Sept. p. 32–35
quantum mechanics, noble gases, compounds of 'inert elements' 1964 May p. 66–77
conformational isomerism, hydrocarbons, organic molecules, conformation and reactivity 1970 Jan. p. 58–70 [331]
aging, radiation damage, free radicals, electron-spin resonance, spectroscopy, effects of free radicals on living systems 1970 Aug. p. 70–83 [335]
atomic nucleus, energy levels, gamma radiation, molecular structure, Mössbauer spectroscopy 1971 Oct. p. 86–95
chemical communication, *see:* neurotransmitters, pheromones and the like
chemical-compound reporting center, National Research Council 1948 Oct. p. 25

chemical defense, sawfly larva 1974 July p. 48
chemical effects, ionizing radiation, photoelectric effect, Compton effect, cytology, free radicals, lethal effects of radiation 1951 Dec. p. 22–25
chemical equilibrium, chemical reaction, chemical kinetics, allosteric enzymes, proton transfer, enzymes, catalysis, relaxation methods in chemistry 1969 May p. 30–41
chemical evolution, carbonaceous chondrites, meteoritic amino acids, meteoritic hydrocarbons, Oparin-Haldane hypothesis 1972 June p. 38–46 [902]
chemical experimentation, Boyle's law, pneumatics, science history, philosophy 1967 Aug. p. 96–102
chemical industry, acetylene, plastics 1949 Jan. p. 16–21
plant growth, food production, fertilizers, agricultural technology, increasing world food supply 1965 June p. 62–72
Germany, recovering from war 1949 June p. 28
plant expansion 1953 Mar. p. 47
chemical kinetics, chemistry, chemical bond, molecular structure, crystal structure, protein structure, science, chemistry 1900-1950 1950 Sept. p. 32–35
flame chemistry, flash tube, ram jet, heat, velocity, luminosity, spectroscopy 1953 May p. 29–35
chemical reaction, allosteric enzymes, proton transfer, enzymes, catalysis, chemical equilibrium, relaxation methods in chemistry 1969 May p. 30–41
chemical laser, laser, infrared radiation, chemical pumping 1966 Apr. p. 32–39 [303]
hydrogen-chlorine reaction 1965 Apr. p. 58
chemical milling, etching, metal cutting, operation of chemical mill 1957 Jan. p. 104–112
chemical mutagens, agronomy, plant breeding 1971 Jan. p. 86–95 [1210]
chemical pesticides, U.S. legislation 1963 July p. 64
chemical publication, U.S. leading 1948 Dec. p. 26
chemical pumping, chemical laser, laser, infrared radiation 1966 Apr. p. 32–39 [303]
chemical raw material, coal, fossil fuel, coking, 'water gas' process, hydrogenation 1955 July p. 58–67
chemical reaction, photolysis, photochemistry, reaction kinetics, free radicals, spectroscopy, color centers, high speed chemistry 1960 May p. 134–145
nuclear reaction, hot-atom chemistry, hydrogen, chemistry at high velocity 1966 Jan. p. 82–90
chemical kinetics, allosteric enzymes, proton transfer, enzymes, catalysis, chemical equilibrium, relaxation methods in chemistry 1969 May p. 30–41
catalysis, industrial processes, petroleum cracking 1971 Dec. p. 46–58
computer modeling, oscillating reagents, rotating chemical reactions, non-linear reactions 1974 June p. 82–95
carbenes, carbon chemistry, molecular orbitals, reactive intermediates 1976 Feb. p. 101–113
cement, high-alumina cement, Portland cement, cement hardening and strength 1977 July p. 82–90 [370]
chemical senses, olfaction, taste, chemoreceptor 1952 Mar. p. 28–32 [404]
silkworm, olfaction, taste, insect chemoreception, comparative physiology 1958 Apr. p. 97–106
chemical separation, chelation, metal ions, sequestering, ring compounds, porphyrin ring, organometallic compounds, metal-poisoning antidote 1953 June p. 68–76
gas chromatography, sensitivity and application 1961 Oct. p. 58–67 [276]
chemical topology, catenane, topological isomer, cyclic molecules, molecular structure, ring molecules, linking and knotting of ring molecules 1962 Nov. p. 94–102 [286]
chemical weapons, bacteria, biological weapons, Vietnam war, arms race, CS gas, virus disease, rickettsiae, tear gas, herbicide, chemical-biological warfare 1970 May p. 15–25 [1176]
chemistry, chemical bond, molecular structure, crystal structure, protein structure, chemical kinetics, science, chemistry 1900-1950 1950 Sept. p. 32–35
plutonium, ultra-microchemistry, embryonic development, cytology, isolation of plutonium established a new research technology 1954 Feb. p. 76–81
heat, regenerative furnace, nitrogen fixation, temperature limits, high temperatures: chemistry 1954 Sept. p. 109–119
phlogiston, oxygen, Priestley, life and work of Joseph Priestley 1954 Oct. p. 68–73
phlogiston theory, science history, Lavoisier, biography of Antoine Lavoisier 1956 May p. 84–94
chemoreceptor, chemical senses, olfaction, taste 1952 Mar. p. 28–32 [404]
taste receptors, blowfly 1961 May p. 135–144
mosquito repellants, mosquito targets 1975 July p. 104–111
chemosensors, *see:* chemoreceptor
chemotaxis, salmon, fish migration, homing behavior, animal navigation 1955 Aug. p. 72–75
bioluminescence, firefly, insect behavior, insect physiology, luciferin, luciferase, biochemistry of bioluminescence 1962 Dec. p. 76–89 [141]
insecticide, insect attractant, synthetic attractants, odor-baited lure, pheromones, third-generation insecticides 1964 Aug. p. 20–27 [189]
animal communication, pheromones, bullheads, catfish 1971 May p. 98–108 [1222]
animal navigation, herring, shad migration, homing behavior, temperature as migration control 1973 Mar. p. 92–98 [1268]
gypsy moth, biological pest control, pheromones, olfactory receptors, sex attractants, silk moth, communication 1974 July p. 28–35 [1299]
bacterial motility, cell motility, flagellar action, E.coli 1976 Apr. p. 40–47 [1337]
insecticide, sex-hormone attractant 1953 Dec. p. 54
chemotherapy, leukemia, leukocyte, cancer, virus, ionizing radiation, Down's syndrome, origin and treatment of lymphocytic and granulocytic leukemia 1964 May p. 88–96
chelation, hemochromatosis, lead poisoning, pharmacology, drug action, Wilson's disease, metal poisoning, heavy metal poisoning, bone cancer, salicylates, aspirin, cancer therapy, medical exploitation of chelates 1966 May p. 40–50
drug effects, liver function, pharmacology, vaccine, hormone, antibiotics, medical care, herbial medicine 1973 Sept. p. 102–112
cyanate, genetic disease, anemia, hemoglobin, erythrocyte, sickle cell disease 1975 Apr. p. 44–50 [1319]
see also: antibiotics, cancer therapy, nitrogen mustard and the like
chernozems, soil structure, podzols, latozols, tundra, alluvial soils, agronomy, ecology of soil, soil erosion, the soils of the world and their management 1950 July p. 30–39
cherry picker, mechanical harvesting, cotton picker, agricultural technology, tomato harvester, hay cuber, grain combine 1967 Aug. p. 50–59
chess, *see:* computer chess
chest X-rays, greater hazard than TB 1958 Jan. p. 46
chick-embryo culture, virus, herpes simplex, symbiosis 1949 Nov. p. 50–53
influenza virus, immunization, hemagglutination, genetic variation, vaccine, difficulty in securing flu immunization 1953 Apr. p. 27–31
rickettsiae, typhus, Rocky Mountain spotted fever 1955 Jan. p. 74–79
chicken, social behavior, pecking order, sexuality and dominance 1956 Feb. p. 42–46 [471]
animal behavior, incubator birds, eggs, fowl, ornithology, hatching eggs in hot places 1959 Aug. p. 52–58
agricultural technology, poultry production, food production, animal husbandry, eggs, U.S. chicken factories 1966 July p. 56–64
bone, calcium metabolism, eggshell, calcite, mobilization of calcium from bone 1970 Mar. p. 88–95 [1171]
chicken pox, herpes zoster immune globulin 1969 Aug. p. 56
child development, growth rate, Denver longitudinal study, changes in proportion 1953 Oct. p. 65–76 [1063]
mathematical concepts, how children form mathematical concepts 1953 Nov. p. 74–79 [420]
Lorentz transformation, Einstein, relativity, child's view of reality 1957 Mar. p. 46–51
adolescence, growth, menarche, earlier maturation of children in industrial countries 1968 Jan. p. 21–27
behavior, self esteem, personality 1968 Feb. p. 96–106 [511]
personality, parental care, infant behavior, temperament, interaction of temperament and environment, nature-nurture 1970 Aug. p. 102–109 [529]
social discrimination, discrimination, group behavior, 'in vs out' group discrimination 1970 Nov. p. 96–102 [530]
eye-hand coordination, infant perceptions, object concept, perceptual development 1971 Oct. p. 30–38 [539]
cognitive development, human behavior, infant perceptions, discrepancy principle 1972 Mar. p. 74–82 [542]
ACTH, dwarfism, emotional deprivation, growth hormone, deprivation dwarfism, 'bone age', anorexia nervosa 1972 July p. 76–82 [1253]

cardinal numbers, mathematics education, mathematics history, number concepts, ordinal numbers 1973 Mar. p. 101–109
adolescence, medical care, growth hormone, 'bone age', menarche, heredity vs. environment 1973 Sept. p. 34–43
behavioral regression, cognitive development, human behavior, infant perceptions, learning 1976 Nov. p. 38–47 [572]
communication, language, social speech 1977 Feb. p. 100–105 [576]
24-year longitudinal study 1952 Sept. p. 76
Japanese children taller 1958 Aug. p. 52
study in Great Britain 1973 Oct. p. 50

child health care, infectious disease, national health insurance, medical care, acute illness, chronic illness, delivery of medical care 1973 Apr. p. 13–17

child psychiatry, autism, schizophrenia, psychoanalysis, emotional deprivation, 'mechanical boy' 1959 Mar. p. 116–127 [439]
behavioral psychology, autism, emotional illness, schizophrenia 1967 Mar. p. 78–86 [505]

child psychology, vision, eidetic images, perceptual memory, 'photographic' memory 1969 Apr. p. 36–44 [522]
birth-order effect 1957 May p. 70
indulge or discipline 1958 May p. 60

child welfare, social indicators, state of the child, New York City 1976 July p. 65

children's humor, develops according to plan 1951 Nov. p. 34

chilling test, common cold, virus disease, human subjects, Salisbury, England, study 1951 Feb. p. 39–45

chimera, chromosomal anomalies, genetic mosaic, gynandromorphism, organisms with tissue cells of different genes 1960 May p. 118–130

chimney swift, life cycle, natural history 1954 July p. 60–64

chimpanzee, primate biology, Yerkes Laboratories 1955 Feb. p. 67–75
primate behavior, social behavior, tool-using, comparative psychology, observation of chimpanzees in the wild 1962 May p. 128–138 [463]
symbolic language, learning, operant conditioning, binary numbers, animal behavior, chimpanzee learning arithmatic 1964 May p. 98–106 [484]
food sharing, hunting, carnivorous chimpanzees, omnivorous chimpanzees, feeding behavior, Gombe National Park, Tanzania 1973 Jan. p. 32–42 [382]
chimpanzee infant in human family 1951 July p. 32
toolmaking 1964 July p. 48

chimpanzee learning, ape language, animal communication, Sara learns grammar to 'read' 1972 Oct. p. 92–99 [549]
Viki's progress 1954 Feb. p. 48
sign-language training 1969 Jan. p. 50
Sarah learning language 1971 July p. 44

China, economic development, rice, hybrid wheat, agricultural technology, hybrid rice, irrigation, livestock 1975 June p. 13–21

chinampa, canals, drainage, Mexican agriculture, agricultural system, Aztec civilization, highly productive farm plots, Aztec empire 1964 July p. 90–98 [648]

Chinese dialects, Chinese language, Chinese writing, tones, computer translation, Mandarin Chinese 1973 Feb. p. 50–60

Chinese industry, technology, economic development, progress of People's Republic of China in computer electronics, instrumentation and control technologies 1972 Dec. p. 13–17

Chinese language, computer translation, pattern recognition, experiment in machine translation 1963 June p. 124–135
Chinese writing, tones, computer translation, Mandarin Chinese, Chinese dialects 1973 Feb. p. 50–60

Chinese remainder theory, computability theory, Diophantine equations, Hilbert program, mathematics 1973 Nov. p. 84–91

Chinese starcharts, supernovae, Tycho's supernova, Kepler's supernova, 'guest stars', the seven observed supernovae 1976 June p. 100–107

Chinese writing, Chinese language, tones, computer translation, Mandarin Chinese, Chinese dialects 1973 Feb. p. 50–60

Chingis Khan, cavalry, Mongol conquests, war, frontier history, nomatic civilization, Chingis Khan, biography 1963 Aug. p. 54–68

Chladni patterns, bass, cello, viola, violin, music, musical instruments, physics of violins 1962 Nov. p. 78–93

Chlamydomonas, cytoplasmic inheritance, maternal inheritance, extranuclear DNA, mitochondria, chloroplast 1965 Jan. p. 70–79 [1002]

chloramphenicol, antibiotics, penicillin, streptomycin, aureomycin, infectious disease, the antibiotic revolution 1952 Apr. p. 49–57

chlorella, algae, food production 1953 Oct. p. 31–35

chlorocruorin, hemoglobin, hemocyanin, blood pigments 1950 Mar. p. 20–22

chloromycetin, anemia side-effect 1952 Sept. p. 72
qualified approval 1952 Oct. p. 44

chlorophyll, photosynthesis, carbon dioxide, water, tracer experiments 1948 Aug. p. 24–35
leaf color, anthocyanins, carotene, primary synthesis of aromatic compounds 1950 Oct. p. 40–43
carotenoids, chloroplast, photosynthesis, biology of pigments 1956 Jan. p. 80–86
tetrapyrrole ring, hemoglobin, cytochrome, respiration, enzymes, tetrapyrrole virtuosity 1958 Aug. p. 77–81
photosynthesis, carotene, retinene, vision, photobiology, phototropism, bioluminescence, sunlight, life and light 1959 Oct. p. 92–108
ATP, photosynthesis, chloroplast, primary capture of light energy in photosynthesis 1960 Nov. p. 104–118
photosynthesis, chloroplast, electron transfer, ATP, cytochrome, pigments, role of chlorophyll in photosynthesis, 1965 July p. 74–83 [1016]
fossil record, organic molecules, sedimentary rock, gas chromatography, hydrocarbons, 'chemical fossils' 1967 Jan. p. 32–43 [308]
vision, photosynthesis, photoperiodicity, visual pigments, phytochrome, retina cells, plant growth, light and living matter 1968 Sept. p. 174–186
chloroplast, photosynthesis, photochemistry, electron transport, mechanism of photosynthesis 1969 Dec. p. 58–70 [1163]
chloroplast, electron transfer, photosynthesis, light absorption 1974 Dec. p. 68–82 [1310]
in puffery vogue 1953 Feb. p. 39

chloroplast, cytoplasmic inheritance, reciprocal crossing, maternal inheritance, sex linked traits, non-Mendelian inheritance, male sterility, paramecium, plastids, cytogene, review of evidence for an extra-chromosomal genetics 1950 Nov. p. 30–39 [39]
photosynthesis, grana, Hill reaction 1953 Nov. p. 80–84
carotenoids, photosynthesis, chlorophyll, biology of pigments 1956 Jan. p. 80–86
ATP, photosynthesis, chlorophyll, primary capture of light energy in photosynthesis 1960 Nov. p. 104–118
ATP, mitochondrion, photosynthesis, cell metabolism, glucogenesis, citric-acid cycle, glycolysis, oxidative phosphorylation, cytology, cellular transformation of energy 1961 Sept. p. 62–73 [91]
algae, photosynthesis, oxidative phosphorylation, Calvin cycle, path of carbon in photosynthesis 1962 June p. 88–100 [122]
cytoplasmic inheritance, maternal inheritance, extranuclear DNA, mitochondria, Chlamydomonas 1965 Jan. p. 70–79 [1002]
chlorophyll, photosynthesis, electron transfer, ATP, cytochrome, pigments, role of chlorophyll in photosynthesis, 1965 July p. 74–83 [1016]
photosynthesis, photochemistry, electron transport, chlorophyll, mechanism of photosynthesis 1969 Dec. p. 58–70 [1163]
oxygen cycle, photosynthesis, biosphere, aerobic metabolism, ozone, oxidation-reduction reactions, geological record, oxygen-carbon balance 1970 Sept. p. 110–123 [1192]
mitochondria, symbiosis, cell organelle, DNA, prokaryote origin, protein synthesis, plastids, cell evolution, extra-nuclear genetic activity in cell 1970 Nov. p. 22–29 [1203]
cell evolution, cell organelle, endosymbiosis, eukaryotic cells, mitochondria, symbiosis, prokaryotic cells, algae, cilia, flagella, plastids 1971 Aug. p. 48–57 [1230]
chlorophyll, electron transfer, photosynthesis, light absorption 1974 Dec. p. 68–82 [1310]
ATP, oxidative phosphorylation, cell membrane, active transport, mitochondrion, formation of the energy-exchange molecule in the cell 1978 Mar. p. 104–123 [1383]
semiconducting solar battery 1957 Apr. p. 72
plastid DNA 1962 Mar. p. 74

chlorpromazine, psychoactive drugs, tranquilizers, reserpine, Frenquel 1955 Oct. p. 80–86

cholera, disease, plague, yellow fever, epidemiology 1953 Feb. p. 22–27
bacterial toxin, disease, medical care, sanitation, water supply, epidemiology 1971 Aug. p. 15–21

cholesteric, liquid crystals, soap bubbles, smectic, nematic 1964 Aug. p. 76–85

cholesterol, steroid hormones, vitamin D, sex hormones, cortisone 1955 Jan. p. 52–60 [8]
atherosclerosis, cardiovascular disease, human nutrition, arteries, epidemiology, coronary occlusion, diet, lipids, plaque, artery wall 1966 Aug. p. 48–56

diet and heart disease hypothesis 1956 Feb. p. 56
the hypothesis 1956 Apr. p. 64
the hypothesis 1961 Feb. p. 74
the hypothesis 1969 Sept. p. 98
the hypothesis questioned 1977 Dec. p. 86
chondrites, extraterrestrial life, meteorites, pangenesis, organic molecules, organic molecules in carbonaceous chondrites 1963 Mar. p. 43–49
chondrule, primordial dust cloud, solar system, shock waves, genesis of the solar system 1963 Oct. p. 64–82
element formation, planets, solar system chemistry, space exploration, stellar evolution 1974 Mar. p. 50–65
carbonaceous chondrites, meteorites, solar system, primordial dust cloud 1975 Feb. p. 30–38
hypersthene meteorites' origin 1964 July p. 46
chondrule, oldest solar system rock 1963 Mar. p. 72–74
chondrites, primordial dust cloud, solar system, shock waves, genesis of the solar system 1963 Oct. p. 64–82
chordates, salpa, marine biology, natural history 1961 Jan. p. 150–160
chorinated hydrocarbons, calcium metabolism, eggshell thinning, pollution, DDT, dieldrin, avian reproduction, insecticide, food chain, ecological effect of pesticides 1970 Apr. p. 72–78 [1174]
Christianity, cargo cult, religion, cultural anthropology, Melanesian cargo cult 1959 May p. 117–125
Christmas cards, sociology of exchange 1971 Mar. p. 48
chromatic saturation, color perception, surface colors, hue 1975 Aug. p. 62–75 [565]
chromatid, chromosome replication, DNA replication, double helix, micromechanics of reproduction 1958 June p. 36–42 [60]
chromatin, leukocyte, nucleus, DNA, Miescher, spermatozoon nucleus, hereditary material, discovery of DNA 1968 June p. 78–88 [1109]
cell nucleus, chromosomal proteins, DNA, gene regulation, histones, nucleoproteins, oxidative phosphorylation 1975 Feb. p. 46–57 [1315]
DNA packaging 1977 Nov. p. 72
chromatography, fractionation, paper chromatography, amino-acid separation 1951 Mar. p. 35–41
process control, automatic control, control systems, predictive control 1969 June p. 112–120
gas chromatography 1953 Sept. p. 82
cellulose column 1958 Aug. p. 50
cellulose chromatography 1958 Aug. p. 50
chromatophores, hyla, chameleon, catfish, skin color, how animals change color 1952 Mar. p. 64–67
chromosomal anomalies, gene mutation, lethal heredity 1952 July p. 58–61
genetic mosaic, gynandromorphism, chimera, organisms with tissue cells of different genes 1960 May p. 118–130
Down's syndrome, Klinefelter's syndrome, trisomy 21, genetic defect, meiosis, mitosis, gene translocation, nondisjunction, afflictions associated with abnormal chromosome complement 1961 Nov. p. 66–76 [150]
Barr body, sex differences, chromosome, genetic mosaic, cytology, Klinefelter's syndrome, Turner's syndrome, sex differences in tissue cells 1963 July p. 54–62 [161]
pattern recognition, computer analysis, computer graphics, computer recognition and classification of chromosomes 1966 Apr. p. 40–46 [1040]
embryonic development, oocytogenesis, meiosis, mitosis, mammalian eggs, ovum, in vitro fertilization 1966 Aug. p. 72–81 [1047]
dermatoglyphics, skin, epidermal ridges 1969 Dec. p. 72–84 [1164]
chromosome, gene mapping, genetic disease, autosomes 1971 Apr. p. 104–113 [1220]
amniocentesis, enzyme deficiency, genetic disease, prenatal genetic diagnosis, hemophilia, Down's syndrome, Tay-Sachs disease 1971 Nov. p. 34–42 [1234]
miscarriage embryos 1964 June p. 59
see also: Down's syndrome, Klinefelter's syndrome and the like
chromosomal proteins, cell nucleus, chromatin, DNA, gene regulation, histones, nucleoproteins, oxidative phosphorylation 1975 Feb. p. 46–57 [1315]
chromosome, mutation, evolutionary diversity, science, genetics 1900-1950, one gene-one enzyme 1950 Sept. p. 55–58
heredity, DNA, RNA, nucleoproteins, protein synthesis, DNA identified as agent of heredity 1953 Feb. p. 47–57 [28]
mitotic spindle, sea urching egg, digitonin, centrioles 1953 Aug. p. 53–63
DNA, RNA, genetic code, protein synthesis, polymers, molecular genetics as of mid-1957 1957 Sept. p. 188–200 [54]
cell nucleus, cytoplasm, cell organelle, cell physiology, RNA, DNA, endoplasmic reticulum, cytology, nuclear control of cell 1960 Jan. p. 126–136
ribosome, protein synthesis, DNA, mRNA, tRNA, nucleus, cytology, how cells make molecules 1961 Sept. p. 74–82 [92]
mitotic apparatus, cytology, meiosis, mitosis, mechanism of cell division 1961 Sept. p. 100–120 [93]
DNA, gene mapping, bacteriophage, mapping genes by induced and spontaneous mutations 1962 Jan. p. 70–84 [120]
Barr body, sex differences, genetic mosaic, cytology, Klinefelter's syndrome, Turner's syndrome, chromosomal anomalies, sex differences in tissue cells 1963 July p. 54–62 [161]
gene mapping, genetic disease, autosomes, chromosomal anomalies 1971 Apr. p. 104–113 [1220]
may vary in number in somatic cells 1951 Oct. p. 34
structure 1956 Apr. p. 66
histone in genetic expression 1962 Sept. p. 106
chromosome breakage, radiation damage, ionizing radiation, mutation, cytology, radiation damage to living cell 1959 Sept. p. 94–100 [57]
autolysis, lysosomes, enzymes, phagocytosis, lysis, lysosome implication in disease processes 1967 Nov. p. 62–72 [1085]
chromosome doubling, colchicine, plant genetics, hybrid cells, 'cataclysmic evolution' 1951 Apr. p. 54–59
wheat, einkorn, wild einkorn, emmer, hybrid cells, fungi, plant breeding, origin and perfection of wheat 1953 July p. 50–59
chromosome mapping, Mendel's laws, mutation, science history, the gene on the eve of the resolution of the genetic code 1956 Oct. p. 78–90 [17]
cancer, SV40 virus, gene transformation, tissue culture, somatic cells, hybrid cells, genetics of human cancer 1978 Feb. p. 117–125 [1381]
chromosome puffs, DNA, insect chromosome, RNA synthesis, hormonal induction, gene regulation 1964 Apr. p. 50–58 [180]
chromosome replication, DNA replication, chromatid, double helix, micromechanics of reproduction 1958 June p. 36–42 [60]
mitosis, mitotic spindle, cell reproduction, cell membrane, cell life cycle 1974 Jan. p. 54–64 [1288]
chromosome structure, chemical dissection 1954 Sept. p. 80
chromosphere, Sun, solar eclipse, ionosphere, solar flares, ultraviolet radiation, Earth-Sun chromosphere-ionosphere interaction 1962 Feb. p. 50–59
magnetic field, solar magnetism, Sun cycle, photosphere, solar atmosphere, 11-year solar cycle explained 1966 Nov. p. 54–62
corona, eclipse phenomena, photosphere, solar corona, Sun 1973 Oct. p. 68–79
chronic illness, infectious disease, national health insurance, medical care, child health care, acute illness, delivery of medical care 1973 Apr. p. 13–17
morbidity, mortality rates, medical care, vital statistics, life expectancy, infectious disease, degenerative diseases, causes of death 1973 Sept. p. 76–84
chronic myloid leukemia, No. 21 or 22 chromosome implicated 1961 Mar. p. 88
Chubb crater, fossil crater, meteoritic impact, cratering, astroblemes 1951 May p. 64–69
iron meteorite fragments 1951 Oct. p. 34
chymotrypsin, catalytic proteins, enzyme action, protein-cutting enzymes, proteolytic enzymes, serum proteins, elastase, trypsin 1974 July p. 74–88 [1301]
cichlid fish, marine iguana, rattlesnake, fighting behavior, animal behavior, comparative psychology, oryx 1961 Dec. p. 112–122 [470]
cigarette smoking, carcinogenesis, tobacco, human physiology, lung cancer, coronary disease, effects of smoking 1962 July p. 39–51
implicated in lung cancer 1950 July p. 29
implicated in deaths 1954 Aug. p. 37
cancer no inhibition 1955 May p. 58
public smoking bans 1956 Sept. p. 118
cancer 1964 Feb. p. 66
coronary disease 1965 Dec. p. 40
mortality rates 1966 Apr. p. 48
emphysema in dogs 1966 Aug. p. 42
coronary disease 1967 Oct. p. 48
decline in U.S. 1968 Apr. p. 44
first decline in consumption 1969 May p. 52
decline in U.S. 1969 May p. 52
women 1970 Sept. p. 82

life expectancy 1970 Oct. p. 53
cardiac disease and CO 1974 Mar. p. 46
cilia, flagella, cytology, structure and function 1961 Feb. p. 108–116 [79]
actinomyosin, cyclosis, muscle contraction, flagella, cytology, cytoplasmic streaming, actin, myosin, underlying unity of cellular motion 1961 Sept. p. 184–204 [97]
ATP, axoneme, cell motility, flagella, microtubules, how cilia move, paramecium, sperm 1974 Oct. p. 44–52 [1304]
cipher, cryptology, code, polyalphabetic systems, rotor machine, history and technology of making and breaking ciphers and codes 1966 July p. 38–46
circadian rhythm, biological clock, fiddler crab 1954 Apr. p. 34–37
filariasis, parasitism, elephantiasis, tropical disease 1958 July p. 94–101
Annelida, feather duster worm, lugworm, biological clock, marine worm 1959 June p. 132–142
basal metabolism, hibernation, homeothermy, feeding behavior, circannual rhythm, hypothalamus, squirrels, dormice in hibernation 1968 Mar. p. 110–118 [513]
animal behavior, biological clock, circannual rhythm, hibernation, animal migration, manic depression 1971 Apr. p. 72–79 [1219]
biological clock, house sparrow, photoperiodicity, pineal organ, nonvisual light receptors 1972 Mar. p. 22–29 [1243]
biological clock, diapause, dormancy, insect behavior, insect metabolism, photoperiodicity 1976 Feb. p. 114–121 [1335]
daily fluctuation as effect of X-radiation 1963 Mar. p. 78
circannual rhythm, basal metabolism, hibernation, homeothermy, circadian rhythm, feeding behavior, hypothalamus, squirrels, dormice in hibernation 1968 Mar. p. 110–118 [513]
animal behavior, biological clock, circadian rhythm, hibernation, animal migration, manic depression 1971 Apr. p. 72–79 [1219]
circle-grid analysis, crystal structure, metal stamping, sheet-metal production, strain hardening, metal structure 1976 Nov. p. 100–108
circuit breakers, electric power, high-voltage current, plasma arcs 1971 Jan. p. 76–84
circular error probability, *see:* C.E.P.
circulation of the atmosphere, *see:* atmospheric circulation
circulation of the oceans, *see:* ocean circulation
circulatory disorders, medical diagnosis, thermography, tumor, arthritis, skin temperature 1967 Feb. p. 94–102
circulatory system, thermoregulation, cold adaptation, fur, metabolism, insulation 1966 Jan. p. 94–101 [1032]
circumcision, questioned 1970 Nov. p. 45
cities, urban density, form of cities 1954 Apr. p. 54–63
racial discrimination, social geography, American Negro, segregation, metropolitan segregation 1957 Oct. p. 33–41
social evolution, social behavior, human evolution, urban revolution, 1500 B.C. origin of cities 1960 Sept. p. 153–168 [606]
Industrial Revolution, urbanization, population growth, introduction to a single-topic issue on cities 1965 Sept. p. 40–53 [659]
urbanization, Industrial Revolution, agricultural revolution, communication, origin and evolution of cities 1965 Sept. p. 54–63
housing, urban planning, central city, suburbs, metropolitan area, conurbation, evolution of the metropolis 1965 Sept. p. 64–74
shantytowns, Calcutta, urbanization, caste, housing, poverty, traffic, Calcutta, a city of the poor 1965 Sept. p. 90–102
land use, urban planning, Stockholm, land ownership, urban renewal, Stockholm as a planned city 1965 Sept. p. 106–115
urban planning, Ciudad Guyana, land ownership, economic geography, highway engineering, a model city in Venezuela 1965 Sept. p. 122–132
local goverment, New York, metropolitan region, central city, suburbs, Northeast Corridor, regional planning 1965 Sept. p. 134–148
housing, land use, population density, shantytowns, taxation, government regulation, urban planning, control of land use 1965 Sept. p. 150–160
railway, traffic patterns, commutation, mass transit, automobile, transportation, Bay Area Rapid Transit system as model for urban transportation 1965 Sept. p. 162–174
air pollution, water supply, sewage disposal, smog, water pollution, taxation, Los Angeles, New York, metabolism of cities 1965 Sept. p. 178–190
urban renewal, slums, housing, relocation, eminent domain, urban planning, U.S. experience with Federal subsidy of urban renewal 1965 Sept. p. 194–204
urban planning, central city, highway engineering, mass transit, open space, diversity, 'paths' 1965 Sept. p. 209–219
air pollution, climate, heat emission, heat pollution, microclimate, infrared photography, heat island, climate of cities 1967 Aug. p. 15–23 [1215]
urban transport, computer modeling, personal-transit systems, systems analysis, mass transit 1969 July p. 19–27
American Negroes 1970 Apr. p. 46
citric-acid cycle, enzymes, co-enzymes 1949 Sept. p. 48–50 [15]
biochemistry, enzymes, virus, metabolism, co-enzymes, sulfa drugs, antibiotics, science, biochemistry 1900-1950 1950 Sept. p. 62–68
ATP, muscle contraction, fermentation, energy transformation 1953 Apr. p. 85–92
ATP, mitochondrion, cell metabolism, mitochondrion as site of biological oxidation 1958 July p. 56–62
acetylcholine, acetylcholinesterase, nerve gases, nerve poisons, alkaloids, toxins, lethal mechanisms at cellular level 1959 Nov. p. 76–84
cytology, energy transformation, ATP, mitochondrion, glycolysis, oxidative phosphorylation, membrane, energy transformation in the cell 1960 May p. 102–114
ATP, chloroplast, mitochondrion, photosynthesis, cell metabolism, glucogenesis, glycolysis, oxidative phosphorylation, cytology, cellular transformation of energy 1961 Sept. p. 62–73 [91]
city as quarry, Classical archeology, Minturna, slow death of a city 1954 July p. 66–70
city trees, pollution effects, tree cloning, ailanthus, ginkgo, London plane, Norway maple 1976 Nov. p. 110–118
Ciudad Guyana, urban planning, cities, land ownership, economic geography, highway engineering, a model city in Venezuela 1965 Sept. p. 122–132
civil defense, fallout shelters, arms race, social psychology, counterforce strategy, social impact of fallout shelters 1962 May p. 46–51 [637]
arms race, fallout, limited nuclear warfare, technology assessment, flexible-response strategy, limited nuclear war 1976 Nov. p. 27–37
Congressional hearings 1950 Jan. p. 26
Congressional hearings 1950 May p. 26
counterforce strategy, civil defense revived 1976 Oct. p. 57
civil rights, racial discrimination, Amerindian, genocide, cultural assimilation, persisting identity of Amerindians 1960 Feb. p. 37–45
class discrimination, Harijans, untouchables, caste, Hinduism, India 1965 Dec. p. 13–17
communication, freedom of expression, U.S. First Amendment 1972 Sept. p. 163–172 [680]
for mentally ill 1950 Nov. p. 26
civil rights movement, crime incidence reduced 1965 May p. 48
civilian morale, atomic bomb, strategic bombing, 'bomb not absolute weapon' says P.M.S. Blackett 1949 Mar. p. 19
civilization, genetic adaptation, human evolution, natural selection, culture, human evolution in man-made environment 1960 Sept. p. 206–217 [609]
clams, bivalves, marine life, mollusks, symbiosis 1975 Apr. p. 96–105
clap-fling mechanism, aerodynamics, animal behavior, bird flight, insect flight, flip mechanism, hovering flight, lift generation 1975 Nov. p. 80–87 [1331]
clarinet, musical instruments, vibrating air column, oboe, flute, bassoon, English horn, saxophone, physics of the wood winds 1960 Oct. p. 144–154
class discrimination, Harijans, untouchables, caste, Hinduism, India, civil rights 1965 Dec. p. 13–17
class distinctions, in funerals 1950 Nov. p. 28
Classical archeology, Agora, Athens 1950 Aug. p. 46–51
Minturna, city as quarry, slow death of a city 1954 July p. 66–70
commerce, underwater archeology, Roman empire, amphora 1954 Nov. p. 98–104
Mycenaean civilization, burial treasure, Agamemnon, dig started by Schliemann continues 1954 Dec. p. 72–78
Greek civilization, Mycenaean civilization, Linear B script, Pylos, King Nestor's palace, 1200 B.C. 1958 May p. 110–121
Antikythera, planetary motion, Greek computer, ancient instruments, science history, computer technology, 2,000-year-old computer 1959 June p. 60–67
Mycenaean civilization, castle, nuraghi, building construction, 1000 BC proto-castles in Sardinia 1959 Dec. p. 62–69
Bronze Age, burial site, Greek colony, Bahrain, Sumerian-Indian culture link 1960 Oct. p. 62–71
Athens, Xerxes, Themistocles, Salamis, Battle of Salamis, 480 B.C., tablets deciphered 1961 Mar. p. 111–120
Etruscans, overview of Etruscan civilization 1962 Feb. p. 82–94

Brauron, Greek civilization, 500 B.C. temple 1963 June p. 110–120
Greek civilization, Cumae, Italy, 8th c B.C. Greek colony first in Italy 1963 Dec. p. 108–121
tunnel of Eupalinus, Samos, Greek civilization, water supply, feat of Classical engineering 1964 June p. 104–112
Carthage, Roman colony, archeological 'rescue' campaign 1978 Jan. p. 110–120 [704]
burial mounds at Marathon 1970 July p. 52
fall of Minoa a collapse 1976 Apr. p. 56
Bronze Age bull-leaping 1976 Aug. p. 44D

Classical physics, Aristotle, appraisal of a physicist of more ancient fame than Newton 1950 May p. 48–51
field theory, high-energy physics, quantum fields, elementary particles, with 20 particles known, a review of the theoretical foundations of physics 1953 Apr. p. 57–64 [208]

classified research, stops at M.I.T. 1969 June p. 54
resumes at M.I.T. 1969 July p. 50
halted at Columbia and Stanford 1970 Mar. p. 58
Project Camelot 1971 May p. 45
'counter-insurgency research' in Thailand 1972 Jan. p. 47
military secrecy, controversy engages trustees, faculty, students 1973 Jan. p. 44
military secrecy, laser-induced fusion 1973 Feb. p. 46

clathrates, inclusion compounds, crystallography, gas hydrates, inclusion compounds in biology and technology 1962 July p. 82–92 [280]

clay, quick clay, landslide, formation and properties of quick clay 1963 Nov. p. 132–142

clay figurines, Macedonia, Nea Nikomedeia, Neolithic village, domestic animals, agricultural society, oldest Neolithic site in Europe 1965 Apr. p. 82–92

Clean Air Act, air pollution, emission standards, Environmental Protection Agency 1973 June p. 14–21

cleaning behavior, ecological niche, symbiosis, reef ecology, animal behavior, behavioral integration of reef ecology 1961 Aug. p. 42–49 [135]

cleft palate, congenital anomalies, fetal injury, embryonic development, teratogenesis, rubella, teratology 1957 Oct. p. 109–116

'client-centered' therapy, psychotherapy 1952 Nov. p. 66–74 [448]

Clifford, mathematics, science history, life and work of William Kingdon Clifford 1953 Feb. p. 78–84

climate, cloud seeding, weather control, does control of weather constitute a climatic hazard? 1950 Apr. p. 48–52
volcanoes, dust, solar radiation, world climate and volcanic activity 1952 Apr. p. 74–80 [843]
Mars, polar cap, desert, atmosphere, 'canals', picture from Earth-bound study 1953 May p. 65–73
trade wind clouds, atmospheric circulation, cumulus clouds, ocean-atmosphere interface 1953 Nov. p. 31–35
Earth, glaciation, Antarctic glacier, sea level, hydrologic cycle 1955 Sept. p. 84–92 [809]
weather, solar wind, ionosphere, meteorology, coronametry, Earth's weather and solar wind 1957 Apr. p. 138–148 [849]
plant growth, greenhouse, agronomy, photoperiodicity, day-night temperature, 'phytotron', environment simulator 1957 June p. 82–94
ocean circulation, abyss, currents in the abyss 1958 July p. 85–90
marshland, swamp, ecology, eutrophication, wetlands, natural history of marsh, effect on climate 1958 Oct. p. 114–122 [840]
carbon dioxide 'window', meteorology, air pollution, fossil fuel, threat of 'greenhouse effect' 1959 July p. 41–47 [823]
artificial satellite, ionosphere, aurora borealis, Van Allen belts, orbital motion, meteorology, solar particle influence on Earth atmosphere 1959 Aug. p. 37–43 [851]
anthropology, human evolution, steatopygia, human migration, race, population, genetic variation, ancient migration and human diversity 1960 Sept. p. 112–127 [604]
building construction, architecture, primitive architecture, igloo, teepee, yurt, tent, sod hut, adobe house, hogan, stilt house 1960 Dec. p. 134–144
grape fermentation, wine, yeast, viticulture, enzymes, chemical explanation of a good wine, role of climate 1964 Aug. p. 46–56 [190]
Peru Current, Inca civilization, New World archeology, environmental influences on early Peruvian cultures 1965 Oct. p. 68–76
air pollution, cities, heat emission, heat pollution, microclimate, infrared photography, heat island, climate of cities 1967 Aug. p. 15–23 [1215]
atmosphere, wind, ocean circulation, Coriolis effect 1969 Sept. p. 76–86
glaciation since Ice Age, mountain glaciers, sea-ice fluctuations, glacier fluctuations 1970 June p. 100–110
wind, solar radiation, energy cycle, biosphere, albedo, atmospheric circulation, ocean circulation, terrestrial radiation, carbon dioxide 'window', Earth energy cycle 1970 Sept. p. 54–63 [1189]
air pollution, atmospheric circulation, carbon dioxide 'window', particulates, ozone, temperature of Earth, human activity and climatic change 1971 Jan. p. 32–42 [894]
dendrochronology, radiocarbon dating 1972 May p. 92–100 [1250]
Europe, hunting, Paleolithic settlements, stone tools 1976 Feb. p. 88–99
cultural evolution, hunter-gatherer societies, Nile prehistory, Paleolithic settlements, stone tools 1976 Aug. p. 30–38
carbon 14 abundance, ice ages, Maunder minimum, solar physics, sunspots, dendrochronology 1977 May p. 80–92 [925]
carbon dioxide 'window', atmosphere, biomass, ocean sediments, humus, 'greenhouse effect', threat of 'greenhouse effect' 1978 Jan. p. 34–43 [1376]
building construction, Cape Cod cottages in California 1949 Nov. p. 29

climatic change, arroyo, flash floods 1952 Dec. p. 70–76
oxygen isotopes, temperature measurement, foraminifera, abyssal sediments, paleontology, glaciation, measurement of ancient temperatures 1958 Feb. p. 54–63
glaciation, solar radiation, solar evolution and terrestrial climate 1958 June p. 85–92 [835]
algae, coral, coral rings, fossil reefs, paleontology, dating by coral rings 1966 Oct. p. 26–33 [871]
water erosion, rivers, drainage patterns, river evolution 1967 Apr. p. 84–94
coral reefs, energy cycle, fossil reefs, marine ecosystems, reef evolution 1972 June p. 54–65 [901]

climatology, Antarctica, solar radiation, atmospheric circulation, albedo, Antarctica in Earth's heat budget 1962 Sept. p. 84–94 [859]

climax ecosystem, forestry, spruce, balsam, birch, climax forest of Northeast U.S. 1948 Nov. p. 20–23
solar radiation, photosynthesis, biosphere, agricultural ecosystem, energy cycle, ecosystem, food chain, respiration, biosphere energy cycle 1970 Sept. p. 64–74 [1190]

clock paradox, artificial satellite, relativity theory, Mercury, stellar shift, electromagnetic frequency shift, perihelion shift, general relativity, testing Einstein's general theory of relativity 1959 May p. 149–160
Pythagorean theorem, time, special relativity 1963 Feb. p. 134–144
long-lived mesons 1957 Mar. p. 63
special relativity demonstrated with help of Mössbauer effect 1960 Dec. p. 76

clone, cancer, tissue culture, drug research, somatic cells, technique and uses of tissue culture 1956 Oct. p. 50–55
HeLa cancer cells, cell culture, somatic cells, tissue culture, single human cells 1957 Aug. p. 91–100 [33]
cell differentiation, tissue specialization, 'lampbrush' chromosome, embryonic development, zygote, fertilization, ovum, cytology, how cells specialize 1961 Sept. p. 124–140
tissue culture, meiosis, mitosis, plant cell differentiation, generation of whole organism from tissue cell (carrot) 1963 Oct. p. 104–113
muscle tissue, embryonic cells, cell differentiation, cell culture, origin of muscle in embryonic development 1964 Aug. p. 61–66
cell differentiation, nucleus transplantation, genetic engineering, somatic cell nucleus, gene complement, frog embryo, gene regulation 1968 Dec. p. 24–35 [1128]
potato plants from tissue cell 1978 June p. 83

closed cycle, cryogenic technology, Stirling cycle, refrigeration, hot-air engine, displacer 1965 Apr. p. 119–127

'closed' universe, cosmology, 'big bang' theory, 'open' universe, universe expansion, deuterium abundance, age of elements, average density 1976 Mar. p. 62–79

clothing, insulation, objective, physical standards for 'warm' 1951 Mar. p. 56–60
behavioral adaptation, homeothermy, clothing and body-temperature control 1956 Feb. p. 109–116

cloud, meteorology, wind, lee waves, soaring, glider, esthetic exploitation of lee waves 1961 Mar. p. 124–134
upper atmosphere, mesopause, meteoritic dust, condensation nuclei, rocket-borne collectors sample noctilucent clouds 1963 June p. 50–59

cloud chamber, bubble chamber, liquid hydrogen, superheated fluid 1955 Feb. p. 46–50 [216]
spark chamber, particle accelerator, bubble chamber, particle tracks 1962 Aug. p. 36–43
cloud chamber design, build your own! 1951 Jan. p. 29
cloud physics, meteorology, condensation nuclei, ocean foam, salt particles, rain, seasalt and rain 1957 Oct. p. 42–47
snow crystals, hexagonal habit, bullet clusters, tsuzumi crystals, variations on a theme 1973 Jan. p. 100–107
cloud seeding, climate, weather control, does control of weather constitute a climatic hazard? 1950 Apr. p. 48–52
weather control, silver iodide, Project Cirrus, condensation nuclei, dry ice 1952 Jan. p. 17–21
water cycle, air pollution, water drop, ice crystals, fog, inversion layer, smog 1968 Dec. p. 74–82 [876]
to trigger air mass movement 1950 Sept. p. 48
need for planning 1954 Feb. p. 46
effective rainmaking 1957 July p. 64
cloud structures, radar, weather observation 1953 July p. 34–38
Clouds of Magellan, galactic center, nebulae, globular cluster stars, Southern sky, Eta Carina, astronomical riches of the southern sky 1952 July p. 46–57
universe expansion, Cepheid variable, Andromeda Galaxy, galactic yardstick, doubling of yardstick doubles size and age of the universe 1953 June p. 56–66
spiral galaxies, radio astronomy, galactic structure, resolution of structure of nearest galaxies 1956 Apr. p. 52–58
galaxy, stellar evolution, ultraviolet radiation 1964 Jan. p. 32–41
radio source outside Earth's galaxy 1963 Oct. p. 59
supernova remnants 1976 June p. 49
'cloudy crystal ball', atomic nucleus, nuclear structure, neutron cross sections, 'model atom' 1955 Dec. p. 84–91
Clovis culture, hunting, mammoth-bone deposits, Folsom points, New World archeology, elephant extinction 1966 June p. 104–112
mammoth-bone shaft wrench 1968 Mar. p. 54
cluster, *see:* galactic clusters, globular cluster stars
cluster-seeking algorithms, pattern recognition, computer technology, reading machines 1971 Apr. p. 56–71
co-enzymes, enzymes, citric-acid cycle 1949 Sept. p. 48–50 [15]
biochemistry, enzymes, virus, citric-acid cycle, metabolism, sulfa drugs, antibiotics, science, biochemistry 1900-1950 1950 Sept. p. 62–68
CO_2 acceptor process, coal gasification, energy resources, gasification processes, Lurgi process, Hygas process, synthane process, coal technology 1974 Mar. p. 19–25
coal, fossil, flora, Mississippian period, Pennsylvanian period, Carboniferous period, tropical flora, deposition of coal 1948 July p. 46–51
fossil fuel, underground gasification of coal 1950 June p. 52–55
chemical raw material, fossil fuel, coking, 'water gas' process, hydrogenation 1955 July p. 58–67
energy resources, natural gas, oil reserves, energy economics, fossil fuel, impending petroleum shortage 1956 Oct. p. 43–49
Antarctica, fossil fauna, fossil flora, geology, paleontology, Glossopteris, continental drift evidence 1962 Sept. p. 168–184 [863]
fossil fuel, underground gasification of coal 1948 Aug. p. 23
coal gasification, gas turbine, pollution control, oil gasification, energy resources 1972 Oct. p. 26–35
energy resources, gasification processes, Lurgi process, Hygas process, synthane process, CO_2 acceptor process, coal technology 1974 Mar. p. 19–25
coal hydrogenation, coal liquefaction, energy economics, energy resources, oil and gas from coal 1976 May p. 24–29
competes with coking 1952 July p. 35
coal liquefaction, fossil fuel, petroleum reserves, coal reserves, energy consumption, liquid-fuel consumption, shale, tar sands, the fuel problem 1949 Dec. p. 32–39
coal hydrogenation, energy economics, energy resources, oil and gas from coal 1976 May p. 24–29
Federal funding voted 1948 May p. 32
coal mining, land reclamation, strip-mining 1975 Dec. p. 23–29
coal reserves, fossil fuel, petroleum reserves, energy consumption, liquid-fuel consumption, shale, tar sands, coal liquefaction, the fuel problem 1949 Dec. p. 32–39
iron ore, steel markets, transportation, changing geography of steel 1952 Jan. p. 44–53
coal-tar chemistry, dye, science history, mauveine, 'Perkin reaction', biography of William Perkin 1957 Feb. p. 110–117
coal technology, technology history, Industrial Revolution, iron smelting, blast furnace, Newcomen engine 1974 Aug. p. 92–97
fossil fuel, technology history, Industrial Revolution, 16th c. energy crisis, wood-fuel shortage 1977 Nov. p. 140–151 [391]
technology assessment, coal-slurry pipelines 1978 Mar. p. 70
Coanda effect, fluid dynamics, amplifiers, switching, logic gates 1964 Dec. p. 80–88
aerospace technology, fluid dynamics, aerodynamics, propulsion, nozzles, burners, nature and applications of Coanda effect 1966 June p. 84–92
coated optics, optical interference coatings, light reflection, light transmission, dielectric mirrors, laser, interferometry 1970 Dec. p. 58–75
coaxial cable, carrier-wave modulation, communication technology, electromagnetic spectrum, fiber optics, radiowave, communication channels, bandwidth, noise 1972 Sept. p. 98–113
cobalt, magnetism, magnetic domains, iron, ferrites 1955 Jan. p. 68–73
trace elements, desert ecology, land reclamation, vitamin B12 synthesis, agricultural technology, reclamation of infertile Austrialian land 1959 Jan. p. 97–106
cobalt-rare earth alloys, magnetism, permanent magnets, magnetic domains, anisotropy, Alnico 1970 Dec. p. 92–100
cocaine, anesthesia, pain, procaine, surgery, medical research, neuropharmacology, pharmacology, psychiatry, research in pain suppression 1957 Jan. p. 70–82
alkaloids, plant physiology, morphine, strychnine, 'hemlock', physostigmine, caffeine, coniine, quinine, ricinine, LSD, human toxins in plant physiology 1959 July p. 113–121 [1087]
drug addiction, addiction fashionable 1977 Nov. p. 75
coccidioidomycosis, histoplasmosis, fungal infection, respiratory infection, airborne infection, epidemiology 1948 June p. 12–15
Cochise culture, New World archeology, Folsom man, stone tools 1951 Feb. p. 15–19
New World archeology, Pine Lawn Valley, Mogollon culture, 2500 B.C. to 1300 A.D. in New Mexico 1951 July p. 46–51
cochlea, deafness, ear, directional orientation, hearing 1957 Aug. p. 66–78 [44]
attention mechanism, speech perception, hearing, phonetics, neuropsychology, hearing two messages at a time 1962 Apr. p. 143–151 [467]
cockroach, woodroach, endocrinology, cockroach as laboratory animal 1951 Dec. p. 58–63
regeneration, cell differentiation, embryo-graft experiments, embryonic development, newt, biological form 1977 July p. 66–81 [1363]
cocoon, insect metamorphosis, silkworm, neurophysiology, insect behavior, cocoon record of silkworm spinning movements 1956 Apr. p. 131–140
code, cryptology, polyalphabetic systems, rotor machine, cipher, history and technology of making and breaking ciphers and codes 1966 July p. 38–46
code security, computer privacy, cryptography, data-bank confidentiality 1973 May p. 15–23
codeine, analgesics, morphine, opium, poppy, heroin, Bentley's compound, drug action, search for strong, safe analgesic 1966 Nov. p. 131–136 [304]
codon, genetic code, amino-acid pairing, DNA, RNA, Gamow proposes triplet codon 1955 Oct. p. 70–78
DNA, genetic code, base triplets, protein synthesis, nucleotide sequence, base triplet established as codon 1962 Oct. p. 66–74 [123]
coelenterata, fossil record, precambrian animals, life 500 million years before present 1961 Mar. p. 72–78 [837]
coelocanth, fossil fish, evolution, land animals 1955 Dec. p. 34–39 [831]
coenzyme A: pantothenic acid
coenzyme A, fat metabolism, fatty acids, ATP, enzymes 1954 Jan. p. 32–36 [16]
fatty acid synthesis, microsome, acetic acid, lecithin, lipids, synthesis not breakdown in reverse 1960 Feb. p. 46–51
coesite, artificial diamonds, lithosphere, ultra-high pressure, borazon, properties of matter under 2×10^6 p.s.i. 1959 Nov. p. 61–67
meteorites, astroblemes, shatter cones, cratering, fossil Earth-catastrophes 1961 Aug. p. 50–58 [801]
found in nature 1960 Sept. p. 104
Arizona Barringer Crater 1962 Feb. p. 78
cognitive development, child development, human behavior, infant perceptions, discrepancy principle 1972 Mar. p. 74–82 [542]
behavioral regression, child development, human behavior, infant perceptions, learning 1976 Nov. p. 38–47 [572]

cognitive dissonance, human behavior, social psychology, experiments in preperception 1962 Oct. p. 93–102 [472]
coherent radiation, radar, microwaves, spectroscopy, molecular bonds, resonance absorption, energy levels, quantum jumps, quantum electrodynamics, time-keeping, foundation of maser, laser technology 1948 Sept. p. 16–23
maser, microwave amplification, stimulated emission, quantum mechanics, principles and uses of maser 1958 Dec. p. 42–50 [215]
laser, maser, stimulated emission, first lasers as 'optical masers' 1961 June p. 52–61 [274]
molecular beam, electron theory, resonance absorption, atomic radiation, gas molecules, nuclear magnetic resonance, Stern-Gerlach experiment 1965 May p. 58–74
interference, Brillouin scattering, energy levels, laser light 1968 Sept. p. 120–136
Cohonina, Amerindian, Havasupai, Paleolithic culture, prehistoric man in the Grand Canyon 1958 Feb. p. 97–102
coins, archeology, statistics, numismatics, Taxila hoard, India 1966 Feb. p. 102–111
counterfeiting, numismatics, Roman Britain 1974 Dec. p. 120–130
coking, coal, chemical raw material, fossil fuel, 'water gas' process, hydrogenation 1955 July p. 58–67
colchicine, chromosome doubling, plant genetics, hybrid cells, 'cataclysmic evolution' 1951 Apr. p. 54–59
arthritis, gout, metabolism, chemistry of gout 1958 June p. 73–81
cold adaptation, Arctic flora, desert adaptation, paleobotany, Greenland flora, adaptations to Arctic climate 1956 Feb. p. 88–98
caribou, rodent, moose, polar ecology, animal adaptation to Arctic 1960 Jan. p. 60–68
adipose tissue, hibernation, brown fat, thermoregulation, homeostasis, metabolism, neonatal physiology, heat production in newborn animals, including man 1965 Aug. p. 62–65 [1018]
circulatory system, thermoregulation, fur, metabolism, insulation 1966 Jan. p. 94–101 [1032]
'cold-blooded' animals, behavioral adaptation, pigmentation, thermoregulation, lizard, reptile, behavioral thermoregulation 1959 Apr. p. 105–120
ectothermy, metabolism, heterothermy, insect flight, sphinx moths, temperature regulation, Mandura sexta warm-up mechanisms 1972 June p. 70–77 [1252]
cold cathode, electron beam, current density, X-ray photography, field emission 1964 Jan. p. 108–118
'cold light', bioluminescence, glow worm, firefly, abyssal fish, luciferase 1948 May p. 46–49
cold war, economic development, military expenditures, politics of aid, 'rich' nations, 'poor' nations 1972 Apr. p. 15–21
colicine, ATP, cell membrane, membrane energetics, active transport, E. coli 1975 Dec. p. 30–37 [1332]
colicine-K, action defined 1959 June p. 81
collagen, proteins, beta chain, alpha helix, polypeptide synthesis, polymers, amino acids, synthesis and architecture of proteins 1957 Sept. p. 173–184 [7]
elastin, keratin, myosin, fibrin, cell, polymers, polymers in living cells 1957 Sept. p. 204–216 [35]
proline, hydroxyproline, collagen fibril, tropocollagen, connective tissue, nature and properties of most abundant protein 1961 May p. 120–130
aging, tendons, biological age 1963 Apr. p. 104–114 [155]
bone, piezoelectricity, osteogenesis, calcium metabolism, bone adaptation to mechanical stress 1965 Oct. p. 18–25 [1021]
wound healing, regeneration, leukocyte, fibroblasts, epidermal cells 1969 June p. 40–50 [1144]
elastin, fibroblasts, microfibrils 1971 June p. 44–52 [1225]
blood plasma, cell-surface antigens, glycoproteins, interferon, protein molecule 1974 May p. 78–86 [1295]
collagen-cutting enzyme, collagenase in disease 1974 Nov. p. 49
collagen fibril, collagen, proline, hydroxyproline, tropocollagen, connective tissue, nature and properties of most abundant protein 1961 May p. 120–130
collagen structure, helix and superhelix 1965 June p. 61
collective-effect accelerators, electron-ring accelerator, particle accelerator, particle-storage rings 1972 Apr. p. 22–33
collector ions, flotation, mineral separation, surfactant, bubbles, ore beneficiation 1956 Dec. p. 99–110
college graduates, intellectual resources of U.S., doctorates, test scores 1951 Sept. p. 42–46
colliding beam accelerator, cyclotron, synchrotron, high-energy physics, strong-focusing synchrotron, design and purposes of big accelerators 1958 Mar. p. 64–76 [251]
high-energy physics, storage rings, synchrotron, particle accelerator, spark chamber 1966 Nov. p. 107–116 [323]
antimatter, high-energy physics, electron-positron annihilation, proton, parton model, quantum electrodynamics 1973 Oct. p. 104–113
high-energy physics, particle interaction, proton-proton interaction, C.E.R.N. 1973 Nov. p. 36–44
particle accelerator, new orders of collision energy 1978 Mar. p. 70
colliding galaxies, galactic clusters, radio astronomy, powerful signals may extend reach of astronomy 1956 Sept. p. 125–134
colonial building, white pine, North American forests, Royal Navy, King's Broad Arrow, American Revolution 1948 June p. 48–53
colonialism, pidgin, linguistics, Creole, gullah, grammar, evolution and elaboration of colonial languages 1959 Feb. p. 124–134
colonization, human population, human migration, immigration policy, slave trade 1974 Sept. p. 92–105
color, stellar evolution, short-lived stars, main sequence 1953 Mar. p. 34–37
spectroscopy, materials technology, photoelectric effect, laser, transparency, optical properties of materials 1967 Sept. p. 238–248
photoelectric effect, reflection, refraction, light, resonance absorption, photon, electron, interaction of light with matter 1968 Sept. p. 60–71
antimatter, electron-positron annihilation, J particle, psi particle, charm, quark, high-energy physics, storage rings, virtual particles 1975 June p. 50–62
color and illumination, color vision, reflection, 'retinex' theory, visual perception, visual pigments, 'color Mondrian' experiment 1977 Dec. p. 108–128 [1392]
color blindness, sex linked traits, dichromatism, physiology and psychology of a vision defect 1951 Mar. p. 48–53
cone cells, fovea, genetic disease, retinal image-processing, visual pigments 1975 Mar. p. 64–74 [1317]
color centers, photolysis, photochemistry, chemical reaction, reaction kinetics, free radicals, spectroscopy, high speed chemistry 1960 May p. 134–145
color discriminination, in cats 1964 June p. 59
color fusion, color scission, perceptual transparency, physical transparency, optical illusion, transparency, visual perception 1974 Apr. p. 90–98 [559]
color holography, holography, laser, microscopy, white-light reconstruction 1968 Feb. p. 40–48
color perception, insect eye, compound eye, optical resolution, insect behavior 1948 July p. 42–45
vision, form perception, role of experience in visual perception 1949 Aug. p. 52–55
eye, vision, retinal pigments, cone cells, trichromaticity implies three cone pigments 1962 Nov. p. 120–132 [139]
surface colors, chromatic saturation, hue 1975 Aug. p. 62–75 [565]
frog's blue preference 1963 Jan. p. 62
cone cells of three kinds 1964 May p. 60
color photography, science history, Maxwell's color photograph, first three-color photograph 1961 Nov. p. 118–128
emission nebulae, interstellar gas, ionization, nebular luminosity 1974 Oct. p. 34–43
from silver-halide emulsions 1951 Jan. p. 30
color scission, color fusion, perceptual transparency, physical transparency, optical illusion, transparency, visual perception 1974 Apr. p. 90–98 [559]
color television, picture elements, line structure, field-scanning rate, technology assessment, competing color television systems weighed 1950 Dec. p. 13–17
compatability with black and white 1950 Oct. p. 25
litigation continues 1951 July p. 28
designed by E.O. Lawrence 1951 Nov. p. 33
back to the laboratory 1951 Dec. p. 34
color vision, learning, conditioned behavior, behavioral psychology, Skinner box, visual discrimination, pigeons conditioned to respond to discrete wavelengths of light 1958 Jan. p. 77–82 [403]
visual perception, 'long' and 'short' wavelengths in color perception 1959 May p. 84–99 [223]
vision, visual adaptation, human eye 1962 May p. 62–72 [465]
visual perception, constancy effect, neutral colors 1963 Jan. p. 107–116 [474]

afterimages, photochemistry, sensory discrimination, visual pigments, photochemistry of color perception 1963 Oct. p. 84–93 [1089]
amphibian, frog, retina, retinal image-processing, visual perception, retinal processing of visual sensation 1964 Mar. p. 110–119
retina, cone cells, pigments, ganglion cells, spectrophotometry, three-color receptor system 1964 Dec. p. 48–56 [197]
color and illumination, reflection, 'retinex' theory, visual perception, visual pigments, 'color Mondrian' experiment 1977 Dec. p. 108–128 [1392]
light-pipe experiment 1961 Dec. p. 78
three pigments identified 1963 Dec. p. 68
blue at 450, green at 533, red at 590 millimicrons 1964 Nov. p. 56
rhodopsin mobility 1972 May p. 50
with rod cells 1976 Feb. p. 57
Columbia Valley Authority, on TVA model 1949 Mar. p. 26
coma cluster, optical and radio red shift 1956 Oct. p. 66
combat fatigue, ACTH, war, stress, psychiatry, Korean war studies of battlestress 1956 Mar. p. 31–35
combinatorial analysis, mathematics, probalility, normal curve, Brownian motion, Markov chain, Pascal's triangle, statistics, probability theory 1964 Sept. p. 92–108
scheduling, algorithms, critical path scheduling, bin-packing, mathematization of efficiency 1978 Mar. p. 124–132 [3001]
combustibility, air pollution, catalysis, fly ash, dust storms, metallurgy, fine particles 1950 Dec. p. 50–53
combustion chamber design, automobile engines, high compression, 'knock', high-octane fuel, mechanical vs chemical solutions for premature combustion 1950 Feb. p. 16–19
combustion instability, rocket engine, resonant combustion, propellant, acoustic oscillation 1968 Dec. p. 94–103
Comecon, computer technology, U.S.S.R., software, integrated circuits 1970 Oct. p. 102–108
comensalism, ants, insect behavior, animal communication, ant 'guests', parasitism, pheromones 1971 Mar. p. 86–93 [1213]
comet, orbital motion, comet tails, spectroscopy, composition and origin of comets 1951 July p. 22–26
solar radiation, Halley's comet, physics of comet tails 1958 Oct. p. 44–50
geomagnetism, magnetic reversals, tektites, meteorites, meteoritic impacts 1967 July p. 32–38
galactic formation, nebular hypothesis, solar system evolution, stellar evolution 1975 Sept. p. 32–41
backward tail explained 1957 Sept. p. 58
comet belt, Pluto, Neptune's orbit 1964 Aug. p. 43
comet origins, cometary structure, exotic molecules, solar system, primordial dust cloud, Comet Kohoutek 1974 Feb. p. 48–57
comet tails, comet, orbital motion, spectroscopy, composition and origin of comets 1951 July p. 22–26
cometary structure, comet origins, exotic molecules, solar system, primordial dust cloud, Comet Kohoutek 1974 Feb. p. 48–57
commerce, Classical archeology, underwater archeology, Roman empire, amphora 1954 Nov. p. 98–104
market, agricultural system, peasants, peasant markets in Haiti 1960 Aug. p. 112–122 [647]
money, bride price, cultural anthropology, red-feather money, Southwest Pacific-Solomon Islands culture 1962 Mar. p. 94–104
Assyrian civilization, Anatolia, 2000 B.C., trade patterns 1963 Feb. p. 96–106
Vikings, nomads, Scandinavia, Vinland, Siegfried legend, seafaring, Svea, appraisal of 400-year Viking ascendance 1967 May p. 66–78
invention, technology, patent-law reform 1967 June p. 19–27
commercial aircraft, aeronautics, supersonic flight, aircraft design, sonic boom, aviation industry, technology and economics of supersonic transport 1964 June p. 25–35
Committee for Economic Development, *see:* C.E.D.
commodity prices, underdeveloped countries 1974 July p. 46
common cold, virus disease, human subjects, chilling test, Salisbury, England, study 1951 Feb. p. 39–45
virus disease, tissue culture, 20 strains cultured 1960 Dec. p. 88–102
virus in tissue culture 1953 Nov. p. 52
Johns Hopkins virus vaccine 1957 Nov. p. 72
virus cultured in monkey embryo kidney tissue 1960 Apr. p. 86
six distinct cold viruses 1962 Mar. p. 70
not caused by chilling 1968 Dec. p. 56
communication, information theory, thermodynamics, entropy 1949 July p. 11–15
infant speech, language, learning, meaningful consistencies in infant babble 1949 Sept. p. 22–24 [417]
electronics, electron tubes, amplifiers, communication technology, rectifiers, electron optics, cathode-ray tube, power, thermionic emission, state of the technology 1950 Oct. p. 30–39
leadership, social psychology, 'work patterns profiles', people in groups 1951 Feb. p. 26–28
microwaves, optical properties, Maxwell's equations, traveling-wave tube, klystron, magnetron, waveguides, radar 1952 Aug. p. 43–51
radio, frequency modulation, Armstrong, life and work of Edwin H. Armstrong 1954 Apr. p. 64–69
human evolution, speech, language, origin of speech 1960 Sept. p. 88–96 [603]
honeybee, insect behavior, bee dances, honeybee sound communication 1964 Apr. p. 116–124 [181]
cities, urbanization, Industrial Revolution, agricultural revolution, origin and evolution of cities 1965 Sept. p. 54–63
artificial satellite, telecommunication, data transmission, pulse-code modulation, digital transmission 1966 Sept. p. 144–156
bilingualism, language, reading, information processing, learning 1968 Mar. p. 78–86
territorial behavior, pheromones, rabbits, scent glands, pecking order, territorial marking by rabbit 1968 May p. 116–126 [1108]
bird song, songbirds, syrinx, mechanism of sound production 1969 Nov. p. 126–139 [1162]
African drum language, drums, gong language, talking drums 1971 Dec. p. 90–94
communication technology, cybernetics, information theory, language, machine communication, introduction to single-topic issue on communication 1972 Sept. p. 30–41 [677]
cell communication, genetic code, nerve impulse, hormonal action, metabolic information 1972 Sept. p. 42–51 [1257]
verbal communication, acoustic formants, phonetics, markedness/unmarkedness dyad, morphemes, syntax, context sensitivity, invariant/variable dyad 1972 Sept. p. 72–80
information theory, painting, sculpture, architecture, visual communication, trademarks, language, visual stimulus, visual signals 1972 Sept. p. 82–96 [548]
communication networks, communication satellite, electronic switching, multiplexing, network theory, radio, telephone systems, television systems 1972 Sept. p. 116–128
communication terminals, computer technology, communication technology, microwave relays, transmitters, receivers 1972 Sept. p. 130–140
communication technology, network hierarchies, two-way channels, computer-assisted instruction, information retrieval, National Academy of Engineering study, 'Communications Technology for Urban Improvement', 'wired city' concept 1972 Sept. p. 142–150
mass-communication media, message systems, television violence, cultural patterns, sociology, mass communications as social environment 1972 Sept. p. 152–160 [679]
freedom of expression, civil rights, U.S. First Amendment 1972 Sept. p. 163–172 [680]
crying, infant behavior, neonatal disorder, mother-child interaction, sound spectrogram 1974 Mar. p. 84–90 [558]
gypsy moth, biological pest control, pheromones, olfactory receptors, sex attractants, silk moth, chemotaxis 1974 July p. 28–35 [1299]
computer language, man-machine interface, talking computers 1975 Mar. p. 36–42
eye, nonverbal communication, pupil size, effect of pupil size on attitude 1975 Nov. p. 110–119 [567]
child development, language, social speech 1977 Feb. p. 100–105 [576]
radio, bouncing microwaves 1955 Sept. p. 69
radio, millimeter-wave region proposed 1970 Dec. p. 42
communication channels, carrier-wave modulation, coaxial cable, communication technology, electromagnetic spectrum, fiber optics, radiowave, bandwidth, noise 1972 Sept. p. 98–113
communication networks, communication satellite, electronic switching, multiplexing, network theory, radio, communication, telephone systems, television systems 1972 Sept. p. 116–128
communication satellite, artificial satellite, telecommunication, orbital motion, Echo II satellite, radio, satellite communication systems, consideration of alternatives 1961 Oct. p. 90–102
communication networks, electronic switching, multiplexing, network theory, radio, communication, telephone systems, television systems 1972 Sept. p. 116–128

artificial satellite, COMSAT, Intelsat, Communications Satellite Act (1962) 1977 Feb. p. 58–73 [353]
U.S. authorized carriers 1961 Sept. p. 84
Telstar described 1962 Sept. p. 99
comparative performance of satellite systems 1963 Sept. p. 84
educational television 1966 Sept. p. 101
COMSAT plans 1971 Sept. p. 76
on line 1976 Apr. p. 54

communication technology, electronics, electron tubes, amplifiers, rectifiers, electron optics, cathode-ray tube, communication, power, thermionic emission, state of the technology 1950 Oct. p. 30–39
radio, ionosphere, microwave transmission, troposphere, ionospheric and tropospheric scattering 1957 Jan. p. 46–51
interplanetary navigation, spacecraft, orbital motion, rocket, navigation, technology of space navigation 1960 Mar. p. 64–73
laser, signal transmission, multiplexing, signal transmission by laser 1966 Jan. p. 19–27 [302]
pulse-code modulation, digital transmission, binary arithmetic, television, transmission quality, telephone, AM, FM 1968 Mar. p. 102–108
laser, pulse-code modulation, electron optics, Kerr effect, Pockel's effect, polarization, modulators, modulation of laser light 1968 June p. 17–23
magnetic tape, computer, magneto-optical recording, recording, playback 1969 Nov. p. 70–82
carrier-wave generator, crystal structure, diode laser, laser, heterostructure lasers, light-emitting semiconductor, solid-state electronics 1971 July p. 32–40
cable television, television, wired-city concept 1971 Oct. p. 22–29
cybernetics, information theory, language, machine communication, communication, introduction to single-topic issue on communication 1972 Sept. p. 30–41 [677]
carrier-wave modulation, coaxial cable, electromagnetic spectrum, fiber optics, radiowave, communication channels, bandwidth, noise 1972 Sept. p. 98–113
communication terminals, computer technology, communication, microwave relays, transmitters, receivers 1972 Sept. p. 130–140
network hierarchies, communication, two-way channels, computer-assisted instruction, information retrieval, National Academy of Engineering study, 'Communications Technology for Urban Improvement', 'wired city' concept 1972 Sept. p. 142–150
sound waves, crystal surface waves, electronic equipment, Rayleigh waves, signal processing, ultrasonic waves 1972 Oct. p. 50–68
laser, fiber optics, light pipe, light-emitting diode 1973 Nov. p. 28–35
digital transmission, microelectronics, telecommunication 1977 Sept. p. 192–209 [382]

communication terminals, computer technology, communication technology, communication, microwave relays, transmitters, receivers 1972 Sept. p. 130–140

community action, education, poverty, group behavior, rural poverty, emotional illness, social psychology, study of community regeneration 1965 May p. 21–27 [634]
group behavior, poverty, culture of poverty, subculture of Western market societies 1966 Oct. p. 19–25 [631]

community hospital, medical care, medical center, general practitioner, medical specialist, laboratory services, Bingham plan, organization of medical technology 1948 Oct. p. 7–13
beds/1000 population 1948 Aug. p. 22

community mental-health centers, mental health, emotional illness, psychiatric hospital population, psychoactive drugs, psychotherapy, psychiatry, psychoanalysis 1973 Sept. p. 116–127
emotional illness, skid row, drug addiction, psychoactive drugs, 'deinstitutionalization' of the emotionally ill 1978 Feb. p. 46–53 [581]

community mental-health movement, Gheel, Belgium, model 1975 Jan. p. 49

commutation, railway, traffic patterns, cities, mass transit, automobile, transportation, Bay Area Rapid Transit system as model for urban transportation 1965 Sept. p. 162–174

comparative anatomy, badger, dog, horse, cheetah, locomotion, deer, running, how animals run 1960 May p. 148–157

comparative grammar, Indo-European language, linguistics, root words, reconstructing genealogy of Indo-European languages 1958 Oct. p. 63–74

comparative physiology, erythrocyte, hematology, structure of red blood cell 1957 Jan. p. 95–102
auxins, serotonin, LSD, neurophysiology, physiological function of serotonin 1957 Dec. p. 52–56
reptile, marine birds, adaptation, salt excreting glands 1959 Jan. p. 109–116
ice fish, oxygen, hemoglobin, blood, Antarctic fish without red cells or hemoglobin 1965 Nov. p. 108–114
laboratory animals, pig, small pig as experimental animal, resemblance to man 1966 June p. 94–100 [1045]
heat exchange, mackerel shark, rete mirabile, thermoregulation, tuna, warm-bodied fishes 1973 Feb. p. 36–44 [1266]
blood pressure, extravascular pressure, breathing, giraffe respiration 1974 Nov. p. 96–105 [1307]

comparative psychology, insect behavior, social insect, army ant, ants, reproduction, feedback, pheromones, trophallaxis, natural history, philosophy of science, anthropomorphism 1948 June p. 16–23
learning, thinking, rhesus monkeys, 'learning to think' 1949 Aug. p. 36–39 [415]
fear, emotional development, learning, influence of early environment, experiments with dogs 1956 Jan. p. 38–42 [469]
animal behavior, prairie dogs, social behavior, territorial behavior, innate behavior, learning behavior, field observation of prairie dog communities 1959 Oct. p. 128–140
desert adaptation, kidney function, salt-water balance, thermoregulation, man:camel comparison 1959 Dec. p. 140–151 [1096]
'visual cliff', depth perception, infant, visual perception, genesis of depth perception 1960 Apr. p. 64–71
baboons, human evolution, social behavior, social anthropology, Kung bushmen, sexual behavior, origin of society 1960 Sept. p. 76–87 [602]
ethology, social behavior, gulls, animal behavior, evolution, reconstructing gull family tree from behavior of species 1960 Dec. p. 118–130 [456]
baboons, social behavior, sexual behavior, baboon troops in their natural environment 1961 June p. 62–71 [614]
cichlid fish, marine iguana, rattlesnake, fighting behavior, animal behavior, oryx 1961 Dec. p. 112–122 [470]
group behavior, crowding, rats, population density, social pathology of crowding 1962 Feb. p. 139–148 [506]
primate behavior, chimpanzee, social behavior, tool-using, observation of chimpanzees in the wild 1962 May p. 128–138 [463]
social deprivation, rhesus monkeys, maternal deprivation, peer group, experiments in social deprivation 1962 Nov. p. 136–146 [473]
parental care, emotional development, abnormal behavior, maternal deprivation, early experience and emotional development, experiments with rats 1963 June p. 138–146 [478]
cardiac function, hagfish, cyclosomes, knot-tying fish, hermaphrodite 1966 Feb. p. 82–90 [1035]
teaching elephants 1956 June p. 66

comparative religion, ethnic groups, gene isolation, Israel, Judaism, Samaritans, Holon and Nablus communities 1977 Jan. p. 100–108 [690]

competition, cooperation, social psychology 1950 Apr. p. 54–56

complement-fixation test, virology, neutralization test, hemagglutination test 1955 Mar. p. 60–70

complex numbers, quaternions, non-commutative algebra, mathematics, high-energy physics, Hamilton, life and work of William Rowan Hamilton 1954 May p. 82–87
mathematics, number theory, negative numbers, irrational numbers, matrix 1964 Sept. p. 50–59

complexity theory, networks, switchboards, mathematics from networks and switching systems 1978 June p. 114–124 [3013]

composite materials, glass fiber, materials technology, synthetic fiber, plastics, properties of 'two-phase' materials 1962 Jan. p. 124–134
crystal structure, metals, whiskers, fiber-reinforced, dislocations, matrix, two-phase materials 1965 Feb. p. 28–37
glass, metals, materials technology, ceramics, polymers, chemical band, atom, elements, introduction to single-topic issue on materials 1967 Sept. p. 68–79
materials technology, whiskers, fiber glass, two-phase materials, fiber-reinforced composites, matrix, eutectics 1967 Sept. p. 160–176
cermets, dispersion-strengthened composites, fiber-reinforced composites, particulates 1973 July p. 36–44
automobile propulsion, electric power generation, energy storage, materials technology, flywheels 1973 Dec. p. 17–23

composite numbers, number theory, magic squares, binary arithmetic, prime number 1951 July p. 52–55

compound eye, insect eye, color perception, optical resolution, insect behavior 1948 July p. 42–45
eye, insect eye, ommatidia 1977 July p. 108–120 [1364]
Compton effect, Cerenkov radiation 1951 Oct. p. 54–55
ionizing radiation, photoelectric effect, chemical effects, cytology, free radicals, lethal effects of radiation 1951 Dec. p. 22–25
quantum mechanics, Planck, science history, spectroscopy, black body, resonators, Einstein, photoelectric effect, quantum jumps 1952 Mar. p. 47–54 [205]
computability theory, Chinese remainder theory, Diophantine equations, Hilbert program, mathematics 1973 Nov. p. 84–91
computer, integrated circuits, memory circuits, 'Simple Simon' a mimimal computer 1950 Nov. p. 40–43
Babbage, difference engine, analytical engine, digital computer, life and work of Charles Babbage 1952 Apr. p. 66–72
automatic control, solid-state electronics, analog-to-digital conversion, digital computer, analogue computer, the universal machine 1952 Sept. p. 116–130
mathematics, number theory, computer finds five perfect numbers 1953 Mar. p. 84–86
communication technology, magnetic tape, magneto-optical recording, recording, playback 1969 Nov. p. 70–82
calculating machine, pocket calculator, integrated circuits, memory 1976 Mar. p. 88–98
speed limits 1968 Mar. p. 50
computer algorithms, computer-assisted imaging, image reconstruction, computer graphics, medical care, tomography, CAT scan 1975 Oct. p. 56–68
computer analysis, chromosomal anomalies, pattern recognition, computer graphics, computer recognition and classification of chromosomes 1966 Apr. p. 40–46 [1040]
stone tools, tool assemblages, multivariate analysis, factor analysis, Paleolithic archeology, Bordes method, stone tools as fossils of behavior 1969 Apr. p. 70–84 [643]
evolution, proteins, species specificity, cytochrome, amino-acid substitution, phylogeny from amino-acid substitution 1969 July p. 86–95 [1148]
automatic cell sorting, blood cell analysis, lymphocytes, pattern recognition, automatic analysis of white cells 1970 Nov. p. 72–82
Epistles of St.Paul 1964 Jan. p. 56
the meaning of Samuel Becket's 'lessness' 1973 Aug. p. 47
computer applications, business computers, computer goes to market 1954 Jan. p. 21–25
fluid dynamics, computer modeling, scaling, wind tunnel, vortex, computer graphics 1965 Mar. p. 104–110
reapportionment, redistricting, elections, representative government, gerrymander 1965 Nov. p. 20–27
computer technology, information theory, binary arithmetic, computer industry, computer privacy, introduction to single-topic issue on information processing 1966 Sept. p. 64–73
syntactic analysis, analog-to-digital conversion, computer modeling, computer technology, computer as instrument and as 'actor' in science 1966 Sept. p. 160–172
botany, taxonomy, set theory, zoology, numerical taxonomy, computer classification of living things 1966 Dec. p. 106–116 [1059]
electronic typesetting, printing, photographic typesetting, digital computer, mechanical composition, cathode-ray tube 1969 May p. 60–69
automatic control, machine tool, parts manufacture, batch process production methods 1975 Feb. p. 22–29
robot, assembly, labor-saving devices, manufacturing productivity, programmable robot for product assembly 1978 Feb. p. 62–74 [929]
on production line 1953 May p. 55
computer-assisted imaging, computer algorithms, image reconstruction, computer graphics, medical care, tomography, CAT scan 1975 Oct. p. 56–68
ultrasonics, medical diagnosis, optics, echo-sounding, sonar, imaging internal organs by ultrasound 1978 May p. 98–112 [1389]
computer-assisted instruction, communication technology, network hierarchies, communication, two-way channels, information retrieval, National Academy of Engineering study, 'Communications Technology for Urban Improvement', 'wired city' concept 1972 Sept. p. 142–150
computer assisted tomography, *see:* CAT scan
computer champions, MANIAC and ENIAC 1952 Aug. p. 36
computer chess, artificial intelligence, automata theory, 'thinking' approaches an operational definition 1950 Feb. p. 48–51
artificial intelligence, chess-playing computer 1958 June p. 96–105
artificial intelligence, minutes of man-machine chess game 1973 June p. 92–105
championship 1974 Nov. p. 51
Cheops readied for play 1976 July p. 66
Chess 4.5 vs. Levy 1977 June p. 56
computer-controlled fabrication, electron optics, microcircuit fabrication, silicon 'chips', computer technology, integrated circuits 1972 Nov. p. 34–44
computer decision making, accounting, systems design, computer technology, bookkeeping, uses of computers in organizations 1966 Sept. p. 192–202
computer design, automata theory, Turing machine, von Neumann machine, brain circuitry 1955 Apr. p. 58–67
computer theory, integration of processor and memory, parallel processing, sequential processing, microelectronics 1977 Sept. p. 210–228 [383]
computer displays, cathode-ray tube, computer technology, information theory, light pen, computer graphics, rand tablet, computer graphics and man-machine interface 1966 Sept. p. 86–96
computer enhancement, Mars, space exploration, telemetry, television camera, computer graphics, Mariner IV photographs, Martian topography 1966 Apr. p. 54–68
visual perception, information theory, computer graphics, 'block portraits', pattern recognition, recognition of faces 1973 Nov. p. 70–82
Caruso recording 1975 July p. 48
computer failure, flip-flop indecision 1973 Apr. p. 43
computer graphics, pattern recognition, visual perception, stereoscopic images, texture discrimination, depth perception 1965 Feb. p. 38–48 [318]
computer applications, fluid dynamics, computer modeling, scaling, wind tunnel, vortex 1965 Mar. p. 104–110
chromosomal anomalies, pattern recognition, computer analysis, computer recognition and classification of chromosomes 1966 Apr. p. 40–46 [1040]
Mars, space exploration, computer enhancement, telemetry, television camera, Mariner IV photographs, Martian topography 1966 Apr. p. 54–68
cathode-ray tube, computer technology, computer displays, information theory, light pen, rand tablet, computer graphics and man-machine interface 1966 Sept. p. 86–96
camera, lens design, telescope, interferometry, image formation, light 1968 Sept. p. 96–108
automatic control, computerized design, computer technology, control systems, uses of computer in technology 1966 Sept. p. 176–188
aerodynamics, airfoil, boomerang, actual and theoretical boomerang orbits 1968 Nov. p. 124–136
molecular structure, electron shells, computer modeling, quantum chemistry, molecular orbits 1970 Apr. p. 54–70
laser, integrated circuits, computer technology, computer modeling, programs, logic of displays 1970 June p. 56–81
visual perception, information theory, 'block portraits', computer enhancement, pattern recognition, recognition of faces 1973 Nov. p. 70–82
architectural drawing, computer modeling 1974 May p. 98–106
computer algorithms, computer-assisted imaging, image reconstruction, medical care, tomography, CAT scan 1975 Oct. p. 56–68
computer history, mathematics, arithmetic, computer's contribution to mathematics 1964 Sept. p. 202–216
Bacon's cipher, binary code, Boolean algebra, science history, Jacquard loom, punched cards 1972 Aug. p. 76–83
computer industry, computer technology, information theory, binary arithmetic, computer privacy, computer applications, introduction to single-topic issue on information processing 1966 Sept. p. 64–73
computer language, computer programming, systems analysis, computer technology, how to write a computer program 1966 Sept. p. 112–124
communication, man-machine interface, talking computers 1975 Mar. p. 36–42
algorithms, computer programming, hash table, binary search trees 1977 Apr. p. 63–80
in natural languages 1976 Oct. p. 60
computer memory, computer technology, digital computer, analogue computer, relay computers, binary arithmetic, logic, automatic control, control systems, status of 'mathematical machines' 1949 Apr. p. 28–39

ferroelectric crystal memory, ferrite cores, mercury delay line, magnetic tape, magnetic drum 1955 June p. 92–100
crystal structure, magnetism, ferrites, materials technology, microwave radiation, industrial applications of iron oxides 1960 June p. 92–104
binary arithmetic, computer technology, integrated circuits, switching elements, logic circuits, microelectronics, hardware of computer 1966 Sept. p. 74–85
oxide semiconductors, magnetic core, integrated circuits, microelectronics, advent of integrated-circuit semiconductor memories 1967 July p. 18–31
integrated circuits, metal-oxide semiconductors, microelectronics, large-scale integrated circuits, logic circuits, transistor 1970 Feb. p. 22–31
magnetic-bubble memories, magnetic domains 1971 June p. 78–90
charge-coupled devices, charge transfer, image sensing, semiconductor memories 1974 Feb. p. 22–31
photographic film 1955 Sept. p. 74
cryotron circuitry 1956 June p. 64

computer modeling, crystal structure, molecular motion, particle motion key to bulk properties of materials 1959 Oct. p. 113–126 [265]
Monte Carlo method, gas kinetics, mathematical model, chemistry by computer 1964 July p. 100–108
computer applications, fluid dynamics, scaling, wind tunnel, vortex, computer graphics 1965 Mar. p. 104–110
mathematical model, giant molecules, cytochrome helix, myoglobin, hemoglobin, molecular modeling, DNA 1966 June p. 42–52 [1043]
computer applications, syntactic analysis, analog-to-digital conversion, computer technology, computer as instrument and as 'actor' in science 1966 Sept. p. 160–172
cities, urban transport, personal-transit systems, systems analysis, mass transit 1969 July p. 19–27
molecular structure, electron shells, quantum chemistry, molecular orbits, computer graphics 1970 Apr. p. 54–70
computer graphics, laser, integrated circuits, computer technology, programs, logic of displays 1970 June p. 56–81
continental drift, plate tectonics, scaling, subduction, sea-floor spreading, Earth crust, Triassic period, Pangaea, supercontinents, breakup of Pangaea traced 1970 Oct. p. 30–41 [892]
architectural drawing, computer graphics 1974 May p. 98–106
chemical reaction, oscillating reagents, rotating chemical reactions, non-linear reactions 1974 June p. 82–95
microelectronics, minicomputers, personal computers, FLEX, LOGO, SMALLTALK 1977 Sept. p. 230–244 [384]
embryonic development, growth, grid-transformation, the shaping of tissues in embryos 1978 June p. 106–113 [1391]
paranoia 1973 Feb. p. 48

computer music, music, information theory, redundancy, computer study of structure of music 1959 Dec. p. 109–120
Datatron compositions 1956 Sept. p. 120

computer privacy, computer technology, information theory, binary arithmetic, computer industry, computer applications, introduction to single-topic issue on information processing 1966 Sept. p. 64–73
code security, cryptography, data-bank confidentiality 1973 May p. 15–23
by cryptography 1970 Jan. p. 52
National Bureau of Standards safeguards 1977 Feb. p. 50

computer programming, error-correcting codes, computer technology, redundancy for error detection 1962 Feb. p. 96–108
control theory, mathematics, cybernetics, feedback, frequency response, stability, dynamic programming, 'policy' concept 1964 Sept. p. 186–200
computer language, systems analysis, computer technology, how to write a computer program 1966 Sept. p. 112–124
artificial intelligence, computer technology, heuristic programs 1966 Sept. p. 246–260
computer technology, parallel processing, sequential processing, ILLIAC IV fastest computer 1971 Feb. p. 76–87
algorithms, computer language, hash table, binary search trees 1977 Apr. p. 63–80
poetry by computer 1964 Aug. p. 44
Cooley-Tukey algorithm for Fourier analysis 1966 Oct. p. 46

computer science, cybernetics, feedback, automatic control, self-regulation, automata theory, mechanical, biological, social self-regulation 1948 Nov. p. 14–19
feedback, von Neumann machine, automata theory, Turing machine, self-reproducing machine, 'artificial living plants' 1956 Oct. p. 118–126
algorithms, Koenigsberg bridges, undecidable questions, polynomial-time problems, exponential-time problems, efficiency of algorithms 1978 Jan. p. 96–109 [395]

computer technology, digital computer, analogue computer, relay computers, binary arithmetic, logic, automatic control, computer memory, control systems, status of 'mathematical machines' 1949 Apr. p. 28–39
transistor, junction transistor, vacuum tube, electronics, forecast of a 'revolution in electronics' 1951 Aug. p. 13–17
Voder, speech recognition, sound spectrogram 1955 Feb. p. 92–98
Antikythera, planetary motion, Greek computer, ancient instruments, science history, Classical archeology, 2,000-year-old computer 1959 June p. 60–67
molecular replication, self-reproducing machine, automata theory, machine models of molecular assembly 1959 June p. 105–114 [74]
pattern recognition, artificial intelligence 1960 Aug. p. 60–68
cryogenic technology, superconductivity, superconducting computers 1961 July p. 124–136
computer programming, error-correcting codes, redundancy for error detection 1962 Feb. p. 96–108
central nervous system, redundancy, reliability, error suppression 1964 Feb. p. 103–112 [298]
information theory, binary arithmetic, computer industry, computer privacy, computer applications, introduction to single-topic issue on information processing 1966 Sept. p. 64–73
binary arithmetic, integrated circuits, switching elements, logic circuits, computer memory, microelectronics, hardware of computer 1966 Sept. p. 74–85
cathode-ray tube, computer displays, information theory, light pen, computer graphics, rand tablet, computer graphics and man-machine interface 1966 Sept. p. 86–96
computer programming, computer language, systems analysis, how to write a computer program 1966 Sept. p. 112–124
time-sharing, man-machine interface, multipe terminals, multiple users 1966 Sept. p. 128–140
computer applications, syntactic analysis, analog-to-digital conversion, computer modeling, computer as instrument and as 'actor' in science 1966 Sept. p. 160–172
automatic control, computerized design, control systems, computer graphics, uses of computer in technology 1966 Sept. p. 176–188
accounting, systems design, computer decision making, bookkeeping, uses of computers in organizations 1966 Sept. p. 192–202
education, teaching machine, programmed instruction, individualized teaching 1966 Sept. p. 206–220 [533]
information storage, information retrieval, microrecording, electronic scanner, microfiche, library science 1966 Sept. p. 224–242
artificial intelligence, heuristic programs, computer programming 1966 Sept. p. 246–260
binary arithmetic, maximum computer speed 1968 Oct. p. 93–100
computer graphics, laser, integrated circuits, computer modeling, programs, logic of displays 1970 June p. 56–81
U.S.S.R., software, Comecon, integrated circuits 1970 Oct. p. 102–108
computer programming, parallel processing, sequential processing, ILLIAC IV fastest computer 1971 Feb. p. 76–87
cluster-seeking algorithms, pattern recognition, reading machines 1971 Apr. p. 56–71
communication terminals, communication technology, communication, microwave relays, transmitters, receivers 1972 Sept. p. 130–140
electron optics, microcircuit fabrication, computer-controlled fabrication, silicon 'chips', integrated circuits 1972 Nov. p. 34–44
automatic control, electric power generation, generator control, power-system control 1974 Nov. p. 34–44
automatic control, instructable machines, robot systems, servomechanisms 1976 Feb. p. 76–86B
microcomputers, microprocessors, microelectronics 1977 Sept. p. 146–161
distributed-processing networks, microelectronics 1977 Sept. p. 162–177 [380]
tik-tak-toe machine 1949 Oct. p. 29
machine for translation 1949 Dec. p. 30
'parity' check in programs 1950 July p. 27
for Naval ordnance 1955 Feb. p. 62
high-speed printer 1956 June p. 62
software into hardware, SYMBOL system 1972 Mar. p. 42

ARPANET, computer inter-communication 1972 June p. 52
computer theory, games theory, logic, algorithms, problem solving, Turing machine 1965 Nov. p. 98–106
computer design, integration of processor and memory, parallel processing, sequential processing, microelectronics 1977 Sept. p. 210–228 [383]
computer time sharing, queues, traffic, mathematics, operations research, applications of queuing theory 1968 Aug. p. 96–103
computer translation, linguistics, information theory 1956 Jan. p. 29–33
language, computer study of structure of language 1962 June p. 68–76
Chinese language, pattern recognition, experiment in machine translation 1963 June p. 124–135
Chinese language, Chinese writing, tones, Mandarin Chinese, Chinese dialects 1973 Feb. p. 50–60
computerized design, automatic control, computer technology, control systems, computer graphics, uses of computer in technology 1966 Sept. p. 176–188
COMSAT, artificial satellite, communication satellite, Intelsat, Communications Satellite Act (1962) 1977 Feb. p. 58–73 [353]
concrete, Portland cement, hydration, X-ray diffraction, cement, chemistry of concrete 1964 Apr. p. 80–92
concrete-polymer, gamma-radiation hardening process 1969 Apr. p. 50
concrete shrinkage, cement expander 1964 Oct. p. 60
condensation nuclei, weather control, cloud seeding, silver iodide, Project Cirrus, dry ice 1952 Jan. p. 17–21
meteorology, ocean foam, salt particles, cloud physics, rain, seasalt and rain 1957 Oct. p. 42–47
ice, snow, water, frost, supercooling, ice worms, how water freezes 1959 Feb. p. 114–122
crystal growth, snow crystals, natural and artificial condensation nuclei 1961 Jan. p. 120–131
upper atmosphere, cloud, mesopause, meteoritic dust, rocket-borne collectors sample noctilucent clouds 1963 June p. 50–59
condensation polymers, molecular science, polymers, addition polymers, introduction to single-topic issue on 'giant molecules' 1957 Sept. p. 80–89
molecular science, polymers, addition polymers, introduction to single-topic issue on 'giant molecules' 1957 Nov. p. 80–89
conditioned behavior, Pavlov, behavioral psychology, biography and appraisal of I.P. Pavlov 1949 Sept. p. 44–47
color vision, learning, behavioral psychology, Skinner box, visual discrimination, pigeons conditioned to respond to discrete wavelengths of light 1958 Jan. p. 77–82 [403]
electroencephalography, brain waves, learning, sleep, correlation of brain waves to behavior 1959 Aug. p. 89–96
learning, visual perception, Fechner's law, psychophysics, Skinner box, behavioral psychology, pigeon perception 1961 July p. 113–122 [458]
planarian, learning, maze running, 'protopsychology', evidence of learning in a primitive nervous system 1963 Feb. p. 54–62
learning, kinesthetic memory, behavioral psychology, place-learning 1963 Oct. p. 116–122 [479]
learning, long-term memory, short-term memory, lobotomy, octopus, touch, sensory perception, correlation of brain structure and function in octopus 1965 Mar. p. 42–50 [1006]
brain metabolism, memory, protein synthesis, goldfish, learning 1967 June p. 115–122 [1077]
electrochemistry of conditioned behavior 1957 Nov. p. 74
behavioral psychology, effect of reinforcement on learning 1958 Dec. p. 58
see also: operant conditioning, behavioral psychology
conditioned reflex, spinal reflexes, reflex conditioning, '"spinal" cats (i.e.: with resected spinal cords) walk' 1950 Nov. p. 20–22
automata theory, learning, feedback 1951 Aug. p. 60–63
neurosis, operant conditioning, Pavlov, psychology, thyroidectomy, stress, emotional behavior, neurosis, conditioned reflex is shown to be a neurosis 1954 Jan. p. 48–57 [418]
'Condon case', content analysis, newspapers, military secrecy, Congressional investigation, content analysis of newspaper coverage of political attacks on E. U. Condon 1949 Feb. p. 16–21
loyalty and security, Condon's multiple jeopardy 1955 Feb. p. 54
conduction electrons, crystal energetics, crystal structure, metallurgy, quantum mechanics, quasi-particle concept, Fermi surface, metal properties 1973 Jan. p. 88–98
cone cells, eye, rod cells, retina, iris, optogram, rhodopsin, camera, anatomy and physiology of the eye, camera as metaphor 1950 Aug. p. 32–41 [46]
eye, vision, retinal pigments, color perception, trichromaticity implies three cone pigments 1962 Nov. p. 120–132 [139]
color vision, retina, pigments, ganglion cells, spectrophotometry, three-color receptor system 1964 Dec. p. 48–56 [197]
rod cells, visual cells, autoradiography, protein synthesis, renewal mechanisms in retinal cells 1970 Oct. p. 80–91
retina, receptor cells, rod cells, retinal sensitivity, retinal information processing maintains high-contrast image over broad range of illumination 1973 Jan. p. 70–79
color blindness, fovea, genetic disease, retinal image-processing, visual pigments 1975 Mar. p. 64–74 [1317]
cone of avoidance, aurora, magnetic storms, sunspots, solar wind, solar rotation, corpuscular streams, cycles in 'solar wind' 1955 Feb. p. 40–45
conference, group behavior, interpersonal relationships, social psychology 1955 Mar. p. 31–35
confirmation theory, hypothesis-testing, logic, inductive proof, philosophy of science, probability 1973 May p. 75–83
conflict, attention, learning, physiological psychology, novelty, monotony, conflict and arousal, aid to learning 1966 Aug. p. 82–87 [500]
conformational isomerism, hydrocarbons, chemical bond, organic molecules, conformation and reactivity 1970 Jan. p. 58–70 [331]
conformity, perception, social pressure 1955 Nov. p. 31–35 [450]
adolescence, interpersonal relationships, social psychology, U.S. teenage attitudes 1958 June p. 25–29
group behavior, social psychology, human subjects, group pressure, experiments in susceptibility to group pressure 1961 Dec. p. 45–51
congenital anomalies, agammaglobulinemia, gene expression, alkaptonuria, Wilson's disease, chemistry of hereditary disease, one gene-one enzyme hypothesis 1956 Dec. p. 126–136
cleft palate, fetal injury, embryonic development, teratogenesis, rubella, teratology 1957 Oct. p. 109–116
genetic disease, hemophilia, epidemiology, mutation, in Queen Victoria's descendants 1965 Aug. p. 88–95
purpura, virus disease, vaccine, teratogenesis, pregnancy, congenital rubella, rubella 1966 July p. 30–37
ateliosis, midgets, pituitary insufficiency, dwarfism, genetic disease, consanguinity, growth hormone deficiency, panhypopituitarism, General Tom Thumb 1967 July p. 102–110
see also: genetic disease, chromosomal anomalies
congenital rubella, congenital anomalies, purpura, virus disease, vaccine, teratogenesis, pregnancy, rubella 1966 July p. 30–37
Congo, Pygmies, social anthropology, Bambuti, symbyotic relationship of jungle Pygmies and pastoral-village peoples 1963 Jan. p. 28–37 [615]
Congressional investigation, content analysis, newspapers, military secrecy, 'Condon case', content analysis of newspaper coverage of political attacks on E. U. Condon 1949 Feb. p. 16–21
conic sections, Fermat, Descartes, mathematics history, analytic geometry, Euler, mathematics 1949 Jan. p. 40–45
geometry, mathematics, topology, non-Euclidian geometry, history and current uses of geometry 1964 Sept. p. 60–69
coniine, alkaloids, plant physiology, morphine, strychnine, 'hemlock', physostigmine, caffeine, quinine, cocaine, ricinine, LSD, human toxins in plant physiology 1959 July p. 113–121 [1087]
conjugation, bacteria, sexual reproduction, recombinant DNA, gene recombination, sexuality in bacteria 1956 July p. 109–118 [50]
bacteria, bacteriophage, gene recombination, recombinant DNA, mechanisms of heredity and infection in bacteria 1961 June p. 92–107 [89]
Connecticut River, calefaction, fission reactor, thermal pollution, industrial cooling, nuclear power, fisheries, ecology, fish crisis 1970 May p. 42–52 [1177]
connective tissue, collagen, proline, hydroxyproline, collagen fibril, tropocollagen, nature and properties of most abundant protein 1961 May p. 120–130
connective tissue cell, cell anatomy, spermatozoon, ovum, virus, science history, cytology, muscle cell, plant cell, introduction to single-topic issue on the living cell 1961 Sept. p. 50–61 [90]
consanguinity, ateliosis, midgets, pituitary insufficiency, dwarfism, genetic disease, congenital anomalies, growth hormone deficiency, panhypopituitarism, General Tom Thumb 1967 July p. 102–110
blood groups, genetic drift, mutation, gene pool, evolution, population genetics, Parma Valley, Italy 1969 Aug. p. 30–37
consciousness, Cannabis sativa, marijuana, drug abuse, pharmacology, sociology 1969 Dec. p. 17–25 [524]

consciousness alteration, alkaloids, hallucinogens, mental health, drug addiction, LSD, psychosis, psilocybin, mescaline, effects of LSD 1964 Apr. p. 29–37 [483]
conservation, U.N. conference 1949 May p. 29
conservation of vector current 1963 Apr. p. 82
conservation law, Helmholtz resonators, matter conservation, ophthalmoscope, science history, Hermann von Helmholtz, biography 1958 Mar. p. 94–102
matter, energy, momentum, high-energy physics, conservation laws in particle physics 1963 Oct. p. 36–45
high-energy physics, baryons, mesons, 'strong' force, 'eightfold way', Regge trajectory, resonance 'particles', 'bootstrap' hypothesis 1964 Feb. p. 74–93 [296]
upheld by court 1950 Jan. p. 30
conservation of strangeness, high-energy physics, strange particles, pions, muon, sorting out the multiplicity of particles 1957 July p. 72–88 [213]
constancy effect, visual perception, color vision, neutral colors 1963 Jan. p. 107–116 [474]
constrained-layer damping, noise control, vibration, viscoelastic material 1969 Jan. p. 98–106
construction technology, radar domes, building construction, pneumatic buildings 1956 June p. 131–138
building codes, building construction, housing 1971 Mar. p. 16–25 [341]
wind bracing, skyscrapers, Eiffel Tower, cantilever, truss bridge, steel frame construction, curtain wall 1974 Feb. p. 92–105
heat reflection, from a roof paint 1954 June p. 46
tapered columns stronger 1968 July p. 55
plastic roof 1969 May p. 56
consumer-product research, consumer protection, energy conservation, household appliances, product safety, product technology, N.B.S. 1977 Dec. p. 47–53
consumer protection, consumer-product research, energy conservation, household appliances, product safety, product technology, N.B.S. 1977 Dec. p. 47–53
contact binaries, stellar evolution, tidal effects, gravitation effects, binary stars, stellar fission 1968 June p. 34–40
containerization, cargo handling, shipping, automatic control, loading, air transport 1968 Oct. p. 80–88
marine technology, drilling platforms, ocean, supertankers, submersibles, technology and the ocean 1969 Sept. p. 198–217 [887]
content analysis, newspapers, military secrecy, Congressional investigation, 'Condon case', content analysis of newspaper coverage of political attacks on E. U. Condon 1949 Feb. p. 16–21
dreams, 10,000 dreams 1951 May p. 60–63
television, allocation of time, a critical review by educators 1951 June p. 15–17
context sensitivity, verbal communication, communication, acoustic formants, phonetics, markedness/unmarkedness dyad, morphemes, syntax, invariant/variable dyad 1972 Sept. p. 72–80
continental drift, remanent magnetism, plate tectonics, ocean floor, island arcs, Wegener hypothesis re-stated with new evidence, age of rocks 1963 Apr. p. 86–100 [868]
evolution, Infra-Cambrian Ice Age, glaciation, fossil record, paleomagnetism 1964 Aug. p. 28–36
glaciation, Gondwanaland, Laurasia, paleomagnetism, Glossopteris, sea-floor spreading, supercontinents, plate tectonics, continental drift confirmed 1968 Apr. p. 52–64 [874]
sea-floor spreading, magnetic reversals, crustal movement, earthquakes, plate tectonics 1968 Dec. p. 60–70 [875]
speciation, reptile evolution, radiation, genetic convergence, Gondwanaland, Laurasia, mammalian evolution, supercontinent breakup and animal diversification 1969 Mar. p. 54–64 [877]
sea-floor spreading, ocean ridges, magnetic reversals, origin of oceans 1969 Sept. p. 66–75 [888]
plate tectonics, sea-floor spreading, ocean ridges, convection currents, Earth mantle, tensile-stress hypothesis 1969 Nov. p. 102–119
Afar triangle, Red Sea, Rift Valley, guyot, Gulf of Aden, sea-floor spreading, sea-floor spreading opens new ocean 1970 Feb. p. 32–40 [891]
plate tectonics, scaling, subduction, sea-floor spreading, Earth crust, Triassic period, Pangaea, computer modeling, supercontinents, breakup of Pangaea traced 1970 Oct. p. 30–41 [892]
earthquake zones, magnetization patterns, subduction zones, mountain formation, plate tectonics, sea-floor spreading, overview of the new geology 1972 May p. 56–68 [900]
species dispersion, fossil record, evolution, plate tectonics 1972 Nov. p. 56–66 [903]
mountain formation, Gondwanaland, Himalaya formation, Indian-Ocean formation, magnetization patterns, plate tectonics, sea-floor spreading 1973 May p. 62–72 [908]
biosphere, marine biology, ocean evolution, Pangaea, plate tectonics 1974 Apr. p. 80–89 [912]
contracting-Earth theory, science history, Pangaea, plate tectonics, Wegener's hypothesis 1975 Feb. p. 88–97
plate tectonics, age of rocks 1977 Mar. p. 92–104
mountain formation, earthquake zones, Gobi Desert, Himalaya formation, India-Eurasia collision, plate tectonics, sea-floor spreading, Tibetan plateau 1977 Apr. p. 30–41
radioactive dating and remanent magnetism 1963 June p. 73
paleomagnetic evidence of its intermittance 1967 Dec. p. 50
fossil amphibian in Antarctica 1968 Apr. p. 43
Australia-Antarctica land mass 1969 Aug. p. 50
see also: plate tectonics
continental evolution, Earth crust, volcanoes, island arcs, sedimentation, origin of the continents 1955 Sept. p. 62–66 [816]
geosyncline, mountain formation, plate tectonics, sedimentary rock, Apallachian foldbelt 1972 Mar. p. 30–38 [899]
continental shelf, ocean floor, submarine canyons 1949 Apr. p. 40–43
continental terrace, onlap process, offlap process, geology 1955 Mar. p. 82–86 [808]
ocean floor, submarine canyons, turbidity currents, submarine avalanches and topography of ocean floor 1956 Aug. p. 36–41
bathymetry, sonar, gravimetry, ocean floor, sedimentary cores, Lamont Geophyscial Observatory 1956 Dec. p. 83–94
plant migration, oceanography, New World archeology, animal migration, Bering land bridge, glaciation, Wisconsin glaciation, animal-plant migration, Asia-North America 1962 Jan. p. 112–123
glaciation, ocean, shelf sediments, marine geology 1969 Sept. p. 106–122 [882]
continental shelf exploitation, saturation diving, underwater shelters, decompression, diving, oceanographic exploration 1966 Mar. p. 24–33 [1036]
continental terrace, continental shelf, onlap process, offlap process, geology 1955 Mar. p. 82–86 [808]
continental uplift, glaciation, a theory of glaciation 1952 Aug. p. 57–59
ocean floor, glaciation, sea level, sea level variations 1960 May p. 70–79
continuous casting, steel production, metallurgical engineering, economic advantages 1963 Dec. p. 74–88
continuous processing, automatic control, fluid dynamics, petroleum refinery, control panel, automatic chemical plant 1952 Sept. p. 82–96
contour perception, contrast perception, Mach bands, neuronal response, optical illusion, visual perception, Craik-O'Brien effect 1972 June p. 90–101 [543]
optical illusion, visual perception 1976 Apr. p. 48–52 [570]
contraception, birth control, reproduction, ovulation, nidation, fertilization 1954 Apr. p. 31–34
birth rate, birth control, family planning, family size, U.S. population trends, acceptance of contraception 1959 Apr. p. 50–55
abortion, birth control, family planning, population control, public policy in U.S. 1973 July p. 17–23
research objective 1953 Aug. p. 48
'morning-after pill' 1966 June p. 56
Roman Catholics 1968 Dec. p. 50
see also: birth control
contractile proteins, flagella, keratin, myosin, epidermis, 'k.m.e.f.' group, motility in bacteria 1951 Jan. p. 20–24
contracting-Earth theory, continental drift, science history, Pangaea, plate tectonics, Wegener's hypothesis 1975 Feb. p. 88–97
contraction, fixed point theorems, mathematics, topology, surface deformation 1966 Jan. p. 105–110
contrails, aerodynamics, aircraft-wake vortexes, flight safety, jet flight, wake turbulence 1974 Mar. p. 76–83
contrast perception, contour perception, Mach bands, neuronal response, optical illusion, visual perception, Craik-O'Brien effect 1972 June p. 90–101 [543]
spatial frequency, visual perception, visual thresholds 1974 Nov. p. 106–114 [1308]
control loop, feedback, servomechanisms, flyball governor, positive feedback, negative feedback, ecological system, nervous system, economic system, automatic control, feedback concept 1952 Sept. p. 48–55

control panel, automatic control, continuous processing, fluid dynamics, petroleum refinery, automatic chemical plant 1952 Sept. p. 82–96
control systems, computer technology, digital computer, analogue computer, relay computers, binary arithmetic, logic, automatic control, computer memory, status of 'mathematical machines' 1949 Apr. p. 28–39
automatic control, servomechanisms, actuators, frequency response, pneumatic servomechanisms, hydraulic servomechanisms, control systems 1952 Sept. p. 56–64
enzymes, protein synthesis, hemoglobin, myoglobin, feedback, cooperative enzymes, allosteric enzymes, control of biochemical reactions 1965 Apr. p. 36–45 [1008]
automatic control, computerized design, computer technology, computer graphics, uses of computer in technology 1966 Sept. p. 176–188
chromatography, process control, automatic control, predictive control 1969 June p. 112–120
feedback, water clock, thermostat, windmills, automatic control, flyball governor, origins of feedback control 1970 Oct. p. 110–118
arms race, cruise missiles, SALT, strategic weapons, tactical weapons, navigation systems 1977 Feb. p. 20–29 [691]
automatic test systems, automatic control, microelectronics, measuring instruments 1977 Sept. p. 180–190 [381]
control theory, mathematics, cybernetics, computer programming, feedback, frequency response, stability, dynamic programming, 'policy' concept 1964 Sept. p. 186–200
controlled eutectics, alloys, eutectics, crystal structure, metallurgy, whiskers, controlled-cooling magnets 1967 Feb. p. 86–92
controlled mutation, by synthetic gene 1957 Oct. p. 60
conurbation, housing, urban planning, central city, suburbs, cities, metropolitan area, evolution of the metropolis 1965 Sept. p. 64–74
convection cells, Earth mantle, convection currents, plate tectonics, driving force of continental drift, large-scale circulation 1976 Nov. p. 72–89 [921]
convection currents, tectonic processes, mountain formation, Earth mantle, the 'blister hypothesis' 1949 June p. 16–21
Earth heat, Earth mantle, Earth core, heat flow, radioactivity 1950 Dec. p. 54–57
geomagnetism, geophysics, electromagnetism, magnetohydrodynamics, Earth core, origin of terrestial magnetism 1958 May p. 44–48
plants, thermoregulation, solar radiation, thermal radiation, transpiration, energy transfer, heat transfer in plant leaves 1965 Dec. p. 76–84 [1029]
continental drift, plate tectonics, sea-floor spreading, ocean ridges, Earth mantle, tensile-stress hypothesis 1969 Nov. p. 102–119
convection cells, Earth mantle, plate tectonics, driving force of continental drift, large-scale circulation 1976 Nov. p. 72–89 [921]
in Earth's mantle 1949 Dec. p. 30
cooking, fire-making, human evolution, fire vegetation, Neolithic revolution, kiln, furnace, heat, introduction to single-topic issue on heat 1954 Sept. p. 52–57
cooling system, air conditioning, air vent, wind tower, domed roof, architecture, passive cooling systems in Iranian architecture 1978 Feb. p. 144–154 [705]
cooling towers, heat exchange, industrial cooling, energy technology, microclimate 1971 May p. 70–78
cooperation, competition, social psychology 1950 Apr. p. 54–56
cooperative enzymes, enzymes, protein synthesis, hemoglobin, myoglobin, control systems, feedback, allosteric enzymes, control of biochemical reactions 1965 Apr. p. 36–45 [1008]
coordination of movement, eye-head coordination, sensory feedback, visual targeting 1974 Oct. p. 100–106 [1305]
copepod lipids, biological wax, coral reef wax, marine wax, metabolic fuel, food chain 1975 Mar. p. 76–86 [1318]
Copernican revolution, Bruno, science history, Galileo's heresy, martyrdom of Giordano Bruno re-examined 1973 Apr. p. 86–94
English poetry, 'Space Rapture' 1977 June p. 120–129 [367]
Copernicus, calendar, solar system, planetary motion, time, heliocentric theory, year, astronomy, astronomy, Copernicus, length of calendar year 1966 Oct. p. 88–98
planetary motion models, Tycho Brahe, solar system, science history, Tycho's notes in de Revolutionibus 1973 Dec. p. 86–101
as physician 1973 Oct. p. 48
coping behavior, psychosomatic illness, rats, stress 1972 June p. 104–113 [544]
copper, trace elements, iron, manganese, zinc, magnesium, iodine, human nutrition 1953 Jan. p. 22–25
metallurgy, New World archeology, New World archeology, Old Copper culture, Peru, gold, lost-wax casting, metalwork, pre-Columbian, New World, 4,000 B.C. 1966 Apr. p. 72–81
metal artifacts, Turkey, metallurgy, Neolithic archeology, village-farming communities, man's first use of metals: 7,500 B.C. 1970 Mar. p. 50–56
copper biochemistry, ceruloplasmin, hemocyanin, oxygen transport, enzymes, copper deficiency, cytochrome oxidase, Wilson's disease, tyrosinase 1968 May p. 102–114
copper deficiency, ceruloplasmin, hemocyanin, oxygen transport, enzymes, cytochrome oxidase, copper biochemistry, Wilson's disease, tyrosinase 1968 May p. 102–114
'coppering', friction, Leonardo, Coulomb, technology history, sliding surfaces, molecular cohesion 1951 Feb. p. 54–58
coprid beetles, beetle, cattle, dung beetles 1974 Apr. p. 100–109
coprolites, diet, human feces, human nutrition, prehistoric man 1975 Jan. p. 100–109 [687]
coral, algae, coral rings, fossil reefs, paleontology, climatic change, dating by coral rings 1966 Oct. p. 26–33 [871]
geochronometry, dating by coral growth rings 1963 May p. 78
coral reef wax, biological wax, copepod lipids, marine wax, metabolic fuel, food chain 1975 Mar. p. 76–86 [1318]
coral reefs, climatic change, energy cycle, fossil reefs, marine ecosystems, reef evolution 1972 June p. 54–65 [901]
coral rings, algae, coral, fossil reefs, paleontology, climatic change, dating by coral rings 1966 Oct. p. 26–33 [871]
core memory, *see:* computer memory
Coriolis effect, ocean circulation, atmospheric circulation, relativity of motion 1952 May p. 72–78 [839]
Atlantic Ocean, Gulf Stream, ocean circulation, salinity, oxygen level, ocean temperature, 'anatomy' of the Atlantic 1955 Jan. p. 30–35 [810]
atmosphere, wind, ocean circulation, climate 1969 Sept. p. 76–86
ocean circulation, wind effect, currents, laboratory analogues 1970 Jan. p. 114–121 [390]
bathtub vortex 1962 Nov. p. 74
bathtub vortex clockwise in Southern hemisphere 1965 Nov. p. 54
corn, genetics, teosinte, tripsacum, pod corn, popcorn, hybrid cells, New World archeology, plant genetic experiment and archeological finds point to pool corn as wild ancester of maise 1950 July p. 20–24 [26]
hybrid corn, agronomy, technology and promise of hybrid corn 1951 Aug. p. 39–47
agricultural pest, corn borer, insect behavior, species specificity, adaptation of parasite to host 1958 May p. 87–94
New World archeology, agricultural revolution, Mexican agriculture, urbanization, New World agricultural revolution 1964 Nov. p. 29–37 [625]
lysine, plant breeding, plant protein, agronomy, human nutrition, malnutrition, high-lysine corn 1971 Aug. p. 34–42 [1229]
gene-pool bank 1951 Sept. p. 60
U.S. No. 13 dwarf corn 1958 Oct. p. 54
crop yield, oriented planting 1959 May p. 76
lysine, opaque-2 lysine-rich corn 1965 Aug. p. 44
reinstatement of teosinte 1973 Jan. p. 44
see also: maize
corn borer, agricultural pest, insect behavior, species specificity, corn, adaptation of parasite to host 1958 May p. 87–94
corner reflector, Apollo project, laser reflection, moon, orbital motion, lunar-ranging experiment, Earth-Moon distance measurement 1970 Mar. p. 38–49
corona, chromosphere, eclipse phenomena, photosphere, solar corona, Sun 1973 Oct. p. 68–79
corona chemistry, catalysis, corona discharge, free radicals, ozone, polymerization, water purification, hydrocarbon cracking 1965 June p. 90–98
corona discharge, alternating current, electric power, high-voltage transmission, power transmission, hydroelectric power generation, economic advantages of high-voltage transmission 1964 May p. 38–47
catalysis, free radicals, ozone, polymerization, corona chemistry, water purification, hydrocarbon cracking 1965 June p. 90–98
air pollution, electrocoating, fly ash, electrostatics, photocopying, xerography, electrostatic precipitation and seperation 1972 Mar. p. 46–58

coronametry, climate, weather, solar wind, ionosphere, meteorology, Earth's weather and solar wind 1957 Apr. p. 138–148 [849]
coronary bypass, arteriography, heart surgery, atherosclerosis, coronary occlusion 1968 Oct. p. 36–43
coronary care unit, cardiac arrhythmia, intensive care, fibrillation, coronary occlusion, electrocardiography, nerve conduction, heart infarct 1968 July p. 19–27
coronary disease, carcinogenesis, cigarette smoking, tobacco, human physiology, lung cancer, effects of smoking 1962 July p. 39–51
arteries, atherosclerosis, medicine, thrombus, monoclonal hypothesis, plaque formation 1977 Feb. p. 74–85 [1351]
etiology of heart disease in U.S. 1957 Dec. p. 62
soft water 1969 June p. 58
survival kit 1972 Aug. p. 45
coronary occlusion, heart attack, etiology and course of a principal cause of death 1950 June p. 44–46
cardiac arrhythmia, heart, muscle contraction, cardiac pacemaker, operation of cardiac pump 1957 May p. 74–87 [62]
atherosclerosis, cardiovascular disease, human nutrition, arteries, epidemiology, cholesterol, diet, lipids, plaque, artery wall 1966 Aug. p. 48–56
cardiac arrhythmia, intensive care, coronary care unit, fibrillation, electrocardiography, nerve conduction, heart infarct 1968 July p. 19–27
arteriography, heart surgery, atherosclerosis, coronary bypass 1968 Oct. p. 36–43
corpus callosum, cerebral cortex, mammalian brain, brain hemispheres, split-brain experiments, monkey, cat, human post-operative subject 1964 Jan. p. 42–52 [174]
brain hemispheres, cerebral dominance, perception, split-brain experiments, intelligence, language, localization of brain function 1967 Aug. p. 24–29 [508]
corpuscular streams, matter, wave-particle duality, energy levels, electromagnetic force, nuclear forces, gravitation, field theory, fundamental research, quantum jumps, what is matter? 1953 Sept. p. 52–57 [241]
aurora, magnetic storms, sunspots, cone of avoidance, solar wind, solar rotation, cycles in 'solar wind' 1955 Feb. p. 40–45
Sun, radio emissions, sunspots, magnetic storms 1955 June p. 40–44
Earth, aurora, airglow, solar spicules, nightglow, aurora and airglow 1955 Sept. p. 140–150
correlation analysis, public opinion, voters' attitudes, voting behavior, ethnic groups, income, social status, family, 'votes in the making' 1950 Nov. p. 11–13
correlation theory, Galton, eugenics, dermatoglyphics, life and work of Francis Galton, regression to mean 1954 Jan. p. 72–76
corrosion, rust, technetium, oxidation, studies in corrosion 1956 May p. 35–39
materials technology, wear, adhesive wear, abrasive wear, fatigue wear, surfaces in sliding contact 1962 Feb. p. 127–136
corrosion tunnel, stress-corrosion failure, crystal structure, dislocations, metalliding 1966 Feb. p. 72–81
Corrugahorn, acoustic toys, Hummer 1974 June p. 56
cortisone, ACTH, inflammation, degenerative diseases, hormone, stress, experience with and appraisal of two hormonal drugs 1950 Mar. p. 30–37 [14]
steroid hormones, vitamin D, sex hormones, cholesterol 1955 Jan. p. 52–60 [8]
actinomyosin, ecdysone, insulin, estrogens, gene activation, RNA synthesis, aldosterone, growth hormone, ACTH, thyroxin, mechanism of hormone action 1965 June p. 36–45 [1013]
ACTH, conference on potent new drugs 1949 Dec. p. 28
cheaper synthesis 1951 July p. 31
from progesteron 1952 May p. 40
corundum, crystal structure, cubic boron nitride, diamond, hardness, materials technology, Mohs scale 1974 Aug. p. 62–70
cosmic background radiation, cosmology, universe expansion, 'big bang' theory, low-energy radiowaves, isotropy, primeval fireball, helium abundance, 'big bang' theory and cosmic background radiation 1967 June p. 28–37
evolutionary universe, universe expansion, radio galaxies, 'big bang' theory 1974 Aug. p. 26–33
'big bang' theory, ether drift, Hubble constant, anisotropy in 3-degree Kelvin radiation 1978 May p. 64–74 [3008]
Earth rotation, 'new ether drift' 1967 May p. 54
Earth's relative movement 1977 Nov. p. 70
cosmic distribution, elements, element abundance 1950 Oct. p. 14–17
cosmic dust grains, interstellar matter, ultraviolet radiation, hydrogen 1955 Nov. p. 72–80
cosmic masers, maser, hydroxyl maser, water maser, maser star, interstellar matter, astrophysics, quantum mechanics, 'nature imitates art' 1978 June p. 90–105
cosmic radiation, elementary particles, ion traps, secondary radiation, high-energy physics 1949 Mar. p. 28–39
massive nuclei 1951 May p. 26–30
stellar magnetic fields, radio emissions, megnetohydrodynamics, electrical induction, electricity in space 1952 May p. 26–29
massive nuclei, high-energy physics, Milky Way, magnetic field, particle acceleration, supernovae, fundamental research, where do cosmic rays come from? 1953 Sept. p. 64–70 [239]
tritium, lithium, nuclear reactor, radioisotope, tracer chemistry 1954 Apr. p. 38–40
meteorites, helium content, origin of meteorites 1954 Nov. p. 36–41
photographic emulsion, particle tracks, neutron, proton, electron, characteristic 'signatures' of particles 1956 May p. 40–47
artificial satellite, solar particles, telemetry, Van Allen belts, geomagnetism, radiation belts, space exploration, mapping of radiation belts by Explorer satellites 1959 Mar. p. 39–47 [248]
galactic magnetism, supernovae, cosmic ray showers, evidence for particles of 10^{18} ev energy 1959 Nov. p. 134–146
solar particles, geomagnetism, galactic magnetism, galactic accelerator theory 1960 June p. 64–71
radio galaxies, synchrotron radiation, galaxy M 82, exploding galaxies, proposed origin of cosmic rays 1964 Nov. p. 38–47
interplanetary space, Mars, Mariner 4, magnetosphere, micrometeorites, trapped radiation, atmosphere, solar wind, space exploration 1966 May p. 62–72
radio galaxies, quasars, galactic halo, radio astronomy, radio source, extragalactic radio source as origin of cosmic rays 1966 Aug. p. 32–38
cosmic ray showers, supernovae, galactic halo, synchrotron radiation, particle acceleration, abundance, energies, sources of cosmic rays 1969 Feb. p. 50–63
nuclear tracks, fission-track dating, etching, ionizing radiation, applications of charged-particle tracks in solids 1969 June p. 30–39
solar radiation, neutrino, solar neutrino detector, thermonuclear reaction, neutrino detection experiment and predictions 1969 July p. 28–37
pulsar, radio emissions, superdense matter, supernovae 1971 July p. 74–85
cosmogenic helium, meteorite radioactivity, solar system evolution, spallation of meteorites 1973 July p. 64–73
interplanetary fields, interplanetary particles, magnetosphere, solar flares, solar wind, aurora, Van Allen belts, solar system 1975 Sept. p. 160–173
black hole, gamma-ray astronomy, neutron stars, pulsar, satellite astronomy, Cygnus X-1 1976 Oct. p. 66–79A
solar system origin argued 1949 Aug. p. 24
indium 49 recorded 1951 Dec. p. 36
U.S. Explorer radiation studies 1958 June p. 44
origin of high-energy rays 1960 Nov. p. 91
detection of primary electrons 1961 Apr. p. 75
origin in supernovas 1964 Feb. p. 71
cosmic radiation neutrinos, neutrino, solar neutrinos, intermediate vector boson, scintillation counter boson, detection of natural neutrinos 1966 Feb. p. 40–48
cosmic ray showers, cosmic radiation, galactic magnetism, supernovae, evidence for particles of 10^{18} ev energy 1959 Nov. p. 134–146
cosmic radiation, supernovae, galactic halo, synchrotron radiation, particle acceleration, abundance, energies, sources of cosmic rays 1969 Feb. p. 50–63
'cosmic yardstick', Cepheid variable, galactic evolution, universe evolution 1959 July p. 48–55
cosmogenic helium, cosmic radiation, meteorite radioactivity, solar system evolution, spallation of meteorites 1973 July p. 64–73
cosmological controversy, argument for evolutionary hypothesis 1959 July p. 68
radio telescope promises evidence 1959 Aug. p. 60
Xenon 129 supports 'steady state' theory 1960 Apr. p. 85
cosmological distance, spectroscopy, quasars, recession velocity, red shift, whether quasars are intra- or extra-galactic 1966 Dec. p. 40–52 [305]
cosmological 'hangups', celestial energy, energy cycle, power, radiation energy, entropy per unit energy, gravitational energy, stellar

evolution, thermonuclear energy 1971 Sept. p. 50–59 [662]
cosmology, solar system, Sun, dust cloud hypothesis, gravity, light pressure, gravitational collapse, thermonuclear reaction, genesis of solar system 1948 May p. 35–45
red shift, galactic recession, element abundance, 'synthetic' elements, universe expansion 1948 July p. 20–25
Palomar Observatory, Hale telescope, Schmidt telescope, galactic survey, 200-inch and 48-inch Palomar telescopes 1948 Aug. p. 12–17
Palomar Observatory, red shift, stellar populations, interstellar matter, galactic evolution, Hale telescope, first yield from 200 inch telescope 1952 Feb. p. 43–51
universe expansion, Olber's paradox, world lines, curvature of space, red shift, galactic evolution, evolutionary universe, element formation, genesis 1954 Mar. p. 54–63
politics, Laplace, physics, life and work of Pierre Simon de Laplace 1954 June p. 76–81
astronomy, philosophy of science, galactic clusters, universe, planetary motion, solar system, introduction to single-topic issue on the universe 1956 Sept. p. 72–81
universe evolution, 'big bang' theory, universe, space curvature, according to Gamow 1956 Sept. p. 136–154
energy transformation, universe, steady-state universe, according to Hoyle 1956 Sept. p. 157–166
red shift, universe expansion, universe, spectroscopy, galaxies, recession velocity, galactic clusters, observational cosmology 1956 Sept. p. 170–182 [240]
galactic clusters, probability, universe, gravitation, Monte Carlo method, distribution of galaxies as test of cosmologies 1956 Sept. p. 187–200
universe evolution, science history, philosophy of science, a skeptical view of cosmology 1956 Sept. p. 224–236
antimatter, high-energy physics, antiproton, antineutron, Bevatron, 'universon', 'cosmon', 'anticosmon' 1958 Apr. p. 34–39
antimatter, Leidenfrost phenomenon, Zeeman effect, Klein theory, high-energy physics, high-energy physics and cosmology 1967 Apr. p. 106–114 [311]
universe expansion, cosmic background radiation, 'big bang' theory, low-energy radiowaves, isotropy, primeval fireball, helium abundance, 'big bang' theory and cosmic background radiation 1967 June p. 28–37
quasars, red shift, universe expansion 1971 May p. 54–69
Apollo samples, carbon chemistry, moon, solar wind 1972 Oct. p. 80–90
'big bang' theory, deuterium-hydrogen ratio, deuterium synthesis, heavy hydrogen, interstellar matter 1974 May p. 108–118
'big bang' theory, 'closed' universe, 'open' universe, universe expansion, deuterium abundance, age of elements, average density 1976 Mar. p. 62–79
heavier radioactive elements 1956 June p. 60
biggest red shift 1956 Oct. p. 66
Cepheid variable, intergalactic yardstick lengthens 1958 Sept. p. 86
universe expansion, electrostatic repulsion explanation of expansion 1959 Oct. p. 84
steady-state universe vs. 'big bang', N.G.C. 188 1960 Mar. p. 85
cosmological uncertainty 1960 Sept. p. 102
Einstein-De Sitter universe 1961 Feb. p. 74
heavy-element formation, plutonium 244 1971 June p. 54
most distant object, quasar OH471 1973 June p. 38
a 12th century European school 1978 Jan. p. 68
cosmotron, particle accelerator, Bevatron, high-energy physics, technology of high-energy physics moves into the Giga (billion) volt range 1951 Feb. p. 20–25
up to 2.2 Bev 1952 July p. 34
cosmotron outage, cooling system leak 1955 Jan. p. 44
cost assessment, nuclear power, capital cost, energy economics, competitive with fossil fuels 1951 Jan. p. 32–38
input-output analysis, interchangeability of materials, price trends, materials technology, metals, plastics, competition among materials 1967 Sept. p. 254–266
cost of living, household appliances 1974 Sept. p. 74
'cost-push' inflation, 'demand-pull', economic analysis, inflation, input-output analysis 1971 Nov. p. 15–21
cotton, mildew-proofed 1953 Oct. p. 58
cotton picker, mechanical harvesting, agricultural technology, tomato harvester, hay cuber, cherry picker, grain combine 1967 Aug. p. 50–59
Coulomb, friction, Leonardo, technology history, sliding surfaces, molecular cohesion, 'coppering' 1951 Feb. p. 54–58
Coulomb force, electromagnetism, molecular physics, intermolecular force, measurement of intermolecular force between macroscopic bodies 1960 July p. 47–53
Coulomb's law, electromagnetic radiation, photon, quantum mechanics, mass of photon 1976 May p. 86–96
counter-current exchange, kidney, urine, nephron, glomerulus, osmosis, anatomy and physiology of the kidney 1953 Jan. p. 40–48 [37]
rete mirabile, heat conservation, physiology, swim bladder, kidney, gill, physics of a physiological invention 1957 Apr. p. 96
counterfeiting, coins, numismatics, Roman Britain 1974 Dec. p. 120–130
counterforce strategy, military deterrence, arms control, arms race, atomic weapons, U.S.A.-U.S.S.R. negotiating postures 1962 Apr. p. 45–53
fallout shelters, civil defense, arms race, social psychology, social impact of fallout shelters 1962 May p. 46–51 [637]
radar blackout, atomic warfare, arms race, ABM, ICBM, U.S. ABM system capabilities and limitations 1968 Mar. p. 21–31
ABM, MIRV, SALT, deterrence, ICBM, arms race, dynamics, instability of arms race 1969 Apr. p. 15–25 [642]
ABM, arms race, ICBM, MIRV, SLBM, mutual assured destruction, strategic balance, national security 1969 Aug. p. 17–29 [330]
atomic weapons, arms race, SALT, MIRV, mutual assured destruction, MIRV, as key to SALT negotiations 1970 Jan. p. 19–29 [654]
ABM, ICBM, MIRV, atomic armaments, strategic weapons, mutual assured destruction, arms race 1973 Nov. p. 18–27
mutual assured destruction, military expenditures, SALT, arms race, MIRV, MARV 1974 May p. 20–31
atomic weapons, cruise missiles, MIRV, arms race, missile accuracy, strategic weapons, C.E.P., accuracy as multiplier of force 1975 July p. 14–23
counters, *see:* Geiger counter, scintillation counter
courtship display, sexual behavior, animal behavior 1950 July p. 52–55
stickleback, animal behavior, sexual behavior, displacement activity, ethology 1952 Dec. p. 22–26 [414]
gulls, animal behavior, releaser stimulus, displacement activity, ethology 1954 Nov. p. 42–46
bowerbirds, sexual behavior, animal behavior, arena behavior, Australian bowerbird, natural history 1956 June p. 48–52
arena behavior, bowerbirds, sexual behavior, animal behavior, releaser stimulus, ethology, natural history 1963 Aug. p. 38–46 [1098]
animal behavior, turkeys, pecking order, sexual behavior, lek behavior, Welder Wildlife Refuge 1971 June p. 112–118
insect behavior, bee dances, pheromones, sex attractants 1972 Sept. p. 52–60 [1280]
courtship song, fruit fly, sexual behavior, releaser stimulus, insect behavior, species specificity 1970 July p. 84–92
covalent bonds, ionic bonds, hydrogen bonds, Van der Waals force, long-range forces, chemical bond, antigen-antibody reaction, proposed intermolecular long-range force 1948 Oct. p. 14–17
solid state physics, crystal structure, X-ray diffraction, ionic bonds, metallic bonds, molecular bonds, energy levels, the nature of solids 1952 Dec. p. 39–49 [249]
aluminates, materials technology, ceramics, crystal structure, silicates, heat resistance, ionic bonds, nature of ceramics 1967 Sept. p. 112–124
materials technology, polymers, natural polymers, plastics, cross-linking 1967 Sept. p. 148–156
cowpox, medical history, smallpox immunization, variolation, vaccination, 'vaccination' before Jenner 1976 Jan. p. 112–117
Coxsackie virus, enteroviruses, poliomyelitis virus, tissue culture, echo viruses, epidemiology, benign and infectious intestinal viruses 1959 Feb. p. 88–97
CP: charge parity
CP invariance, superweak-force hypothesis 1967 Mar. p. 50
CPT: charge parity time
CPT conservation, time reversal, symmetry, parity, charge conservation, lambda decay, proton spin, experiments in time reversal 1969 Oct. p. 88–101
CPT mirror, parity, symmetry, time reversal, mirror images 1965 Dec. p. 28–36 [301]
CPT symmetry, antigravity, time reversal, antimatter, probability, philosophy of science 1967 Jan. p. 98–108
Crab Nebula, supernovae, stellar evolution 1949 Dec. p. 18–21
radio star, supernovae, Cassiopeia, galactic collision, with 200 radio stars counted, some speculation on their nature 1953 Jan. p. 17–21

universe, Cassiopeia, radio galaxies, Cygnus A, red shift, colliding galaxies 1956 Sept. p. 204–220
synchrotron radiation, radio star, supernovae, natural synchrotron 1957 Mar. p. 52–60
polarization, astronomy, supernovae, photometric observations of nova outbursts 1962 Apr. p. 54–63
X-ray astronomy, sychrotron radiation, Scorpius, neutron stars, X-ray astronomy by rocket-borne instruments 1964 June p. 36–45
neutron stars, pulsar, radio source, stellar evolution, gravitational collapse, angular momentum 1971 Jan. p. 48–60
natural synchrotron 1956 Jan. p. 48
neutron star origin of X-rays disproved 1964 Sept. p. 86
crabmeat, picking machine 1972 Sept. p. 69
crabs, biological clock, diatoms, marine algae, sand hoppers, tidal-zone organisms, tidal rhythms, integration of biological and sidereal cycles 1975 Feb. p. 70–79 [1316]
crankcase oil, as pollutant 1973 Feb. p. 48
cratering, moon, meteorites, tectonic processes, origin of lunar craters 1949 July p. 20–24
fossil crater, Chubb crater, meteoritic impact, astroblemes 1951 May p. 64–69
meteorite craters, fossil crater, fossil craters in Canadian Shield 1958 July p. 32–39
meteorites, projectile, impact crater, fluid impact, effect of high-speed impact 1960 Oct. p. 128–140
coesite, meteorites, astroblemes, shatter cones, fossil Earth-catastrophes 1961 Aug. p. 50–58 [801]
moon surface, spacecraft, lunar geology, lunar exploration, structure, history, origin of moon from nine spacecraft visitations 1967 Mar. p. 60–74
Mariner 6, Mars, Mariner 7, telemetry, orbital motion, polar cap, television camera, surface pictures and map of Mars 1970 May p. 26–41
bomb craters, ecological warfare, defoliation, laterization, Vietnam war 1972 May p. 20–29 [1248]
planets, solar system, Earth, Venus, Venutian atmosphere 1975 Sept. p. 70–78
dust storms, Mars, terrestrial planets, tectonic processes, mountain formation, erosion, hydrology, solar system 1975 Sept. p. 106–117
meteorite bombardment, planetary ages, solar system evolution, cratering of four inner planets as key to solar-system history 1977 Jan. p. 84–99 [351]
ultramafic-mafic lava rock 1976 June p. 50
see also: astroblemes
craters, Mercury, planets, solar system, Mariner 10 mission 1975 Sept. p. 58–68
creationism, Darwinism, evolution, Bryan, Darrow, Scopes trial, Scopes trial, U.S.A. 1959 Jan. p. 120–130
Darwinism, evolution, religion, Scopes trial, science teaching, antievolution laws in U.S. 1969 Feb. p. 15–21
science teaching, evolution, religion, curriculum reform, Darwinism, Bible, high school, Man, a Course of Study, biological sciences curriculum study 1976 Apr. p. 33–39
Darwinism, Tennessee 'monkey law' repealed 1967 July p. 42
Darwinism, textbooks in California 1970 May p. 55
Darwinism, creationism in California textbook controversy 1971 Jan. p. 46
Darwinism, Mississippi court overturns 'monkey law' 1971 Feb. p. 46
Darwinism, 'equal time' in California schools 1972 Aug. p. 43
Darwinism, 'equal time' for creationism in California rescinded 1973 Feb. p. 47
Darwinism, creationist textbook banned from Indiana schools 1977 June p. 61
creationists, lose Texas textbook fight 1965 Jan. p. 50
creativity, scientific revolution, Renaissance, Leonardo, philosophy of science, introduction to single-topic issue on innovation in science 1958 Sept. p. 58–65
mathematical invention, set theory, analytic geometry, Fermat's last theorem, innovation in mathematics 1958 Sept. p. 66–73
physics, physical models, mathematical model, innovation in physics 1958 Sept. p. 74–82
biology, evolution, philosophy of science, natural selection, innovation in biology 1958 Sept. p. 100–113 [48]
invention, industrial research, applied science, solid state physics, Bell Laboratories solid-state physics 1958 Sept. p. 116–130
neurophysiology, imagination, neuronal networks, cerebral cortex, physiology of imagination 1958 Sept. p. 135–146 [65]
psychology, imagination, psychological testing, psychology of imagination 1958 Sept. p. 150–166
science funding, science policy, university science, freedom of science, conditions favoring advance in science 1958 Sept. p. 170–178
profile of scientific creativity 1958 July p. 54
Creole, pidgin, linguistics, gullah, colonialism, grammar, evolution and elaboration of colonial languages 1959 Feb. p. 124–134
creosote bushes, desert ecology, Joshua trees, mesquite 1955 Apr. p. 68–75 [114]
Crete, Mycenaean civilization, Hebrew civilization, Linear A script, Linear B script, Minoan civilization, Semites, common origin of Greek and Hebrew civilizations 1965 Feb. p. 102–111
cricket song, behavioral genetics, insect behavior, nervous system 1974 Aug. p. 34–44 [1302]
crime, adolescence, family, alienation, racial discrimination, divorce, poverty, infant mortality, suicide, drug addiction, changes in American family structure 1974 Aug. p. 53–61 [561]
eye-witness testimony, perception, memory, jury trial 1974 Dec. p. 23–31 [562]
crime detection, police laboratory, forensic chemistry 1953 Feb. p. 58–66
crime deterrence, 'warden's fallacy' 1971 May p. 50
crime statistics, uniform crime report 1977 July p. 56
criminal law, asocial behavior, behavioral psychology, human behavior, punishment, criminology, milieu therapy, behavioral science and the criminal law 1963 Nov. p. 39–45 [480]
expert witnesses, insanity defense, M'Naghten rule, Durham rule, psychiatrists as witnesses 1974 June p. 18–23
insanity defense 1972 Nov. p. 51
criminal responsibility, evidence in brain waves? 1950 Apr. p. 36
criminology, asocial behavior, behavioral psychology, criminal law, human behavior, punishment, milieu therapy, behavioral science and the criminal law 1963 Nov. p. 39–45 [480]
critical field strength, superconductivity, low-temperature physics, superconductive motor, fluxtrap, superconductive bearing, superconductive amplifier, applications of superconductivity 1960 Mar. p. 74–82
critical path scheduling, scheduling, combinatorial analysis, algorithms, bin-packing, mathematization of efficiency 1978 Mar. p. 124–132 [3001]
critical temperature, superconductivity, high pressure, critical temperature in certain metals increases with pressure 1971 Apr. p. 83–94
Cro Magno art, Paleolithic Europe, Magdalenian, Aurignacian-Perigordian, cave paintings 1953 Aug. p. 30–33
crocodile, animal behavior, Nile crocodile, parental care, reptile 1976 Apr. p. 114–124
Croesus, archeological excavation, Lydian civilization, Sardis, 6th century B.C. 1961 June p. 124–135
Cromwell Current, ocean circulation, subsurface Equator stream 1961 Apr. p. 105–116
Crookes tube, cathode-ray tube, oscilloscope, vacuum tube, Ferdinand Braun's invention 1974 Mar. p. 92–101
crop yields, agronomy, plant breeding, rice, wheat, maize, food and agriculture, plant genetics 1976 Sept. p. 180–194
cropping systems, agricultural economics, agricultural system, food and agriculture 1976 Sept. p. 98–105
cross-eyed trait, albinism, gene mutation, Siamese cat, visual cortex, white mink, white tiger 1974 May p. 44–54 [1294]
cross-linking, materials technology, polymers, natural polymers, plastics, covalent bonds 1967 Sept. p. 148–156
cross transfusion, between humans 1951 Oct. p. 36
crow, ornithology, signal behavior, animal behavior, language of crows 1959 Nov. p. 119–131
crow-calls, animal behavior, bird semantics 1956 Aug. p. 52
crowding, group behavior, rats, population density, comparative psychology, social pathology of crowding 1962 Feb. p. 139–148 [506]
crown gall, cancer, plant tissue culture 1952 June p. 66–72
cruise missiles, counterforce strategy, atomic weapons, MIRV, arms race, missile accuracy, strategic weapons, C.E.P., accuracy as multiplier of force 1975 July p. 14–23
arms race, SALT, strategic weapons, tactical weapons, control systems, navigation systems 1977 Feb. p. 20–29 [691]

arms control, SALT, bombers, strategic weapons, Carter administration 'comprehensive proposal' for U.S.-U.S.S.R. force levels 1977 Aug. p. 24–31 [696]
crustacea, animal navigation, bee, solar navigation 1954 Oct. p. 74–78
animal communication, fish communication, whale, porpoises, marine biology, animal sounds in the sea 1956 Apr. p. 93–102
crustal movement, continental drift, sea-floor spreading, magnetic reversals, earthquakes, plate tectonics 1968 Dec. p. 60–70 [875]
crying, communication, infant behavior, neonatal disorder, mother-child interaction, sound spectrogram 1974 Mar. p. 84–90 [558]
cryogenic pump, spectroscopy, vacuum, ultra-high vacuum, oil diffusion pump, sputter-ion pump, mass, vacuum down to 10^{-12} mm of mercury 1962 Mar. p. 78–90
cryogenic storage, spermatozoon bank, tissue preservation, frostbite, freezing of living cells 1956 June p. 105–114
energy resources, hydrogen, electrolyzer technology, hydrogen-energy economy, liquified hydrogen, fuel cell 1973 Jan. p. 13–21
cryogenic technology, low-temperature physics, helium, superfluidity, superconductivity 1949 June p. 30–39 [206]
superconductivity, computer technology, superconducting computers 1961 July p. 124–136
Stirling cycle, refrigeration, hot-air engine, closed cycle, displacer 1965 Apr. p. 119–127
cryogenics, free radicals, frozen free radicals, free radicals trapped for study 1957 Mar. p. 90–102 [263]
electrical resistance, superconductivity, magnetism, upper limit of temperature of superconductivity 1957 Nov. p. 92–103 [227]
sound energy, heat conduction, phonon, thermoelectricity, quantum mechanics of heat conduction 1962 Dec. p. 92–104 [288]
fluid dynamics, liquid, supercooling, nucleation, crystal growth, behavior of supercooled fluids 1965 Jan. p. 38–46
argon, crystal structure, noble gases, solid state physics, solid noble gases 1966 Oct. p. 64–74
supercooling, helium 3/helium 4 dilution, nuclear cooling, approaching absolute zero, Pomeranchuk method 1969 Dec. p. 26–35
heat, diffusion, solid state physics, thermal waves, second sound, wave propagation, phonon, helium, thermal waves in solid helium 1970 May p. 92–101
cryostat, *see:* cryogenics, liquid helium, low-temperature physics
cryptands, alkali-metal anions, alkali-metal cations, electron orbitals, solvated electrons, quantum mechanics 1977 July p. 92–105 [368]
cryptobiotic animals, animal behavior, metabolism, anaerobic metabolism, suspended animation, Nematoda, Rotifera, Tardigrada 1971 Dec. p. 30–36
cryptococcal meningitis, baking, yeast, brewing, riboflavin synthesis, fermentation, cell physiology, yeasts, useful and noxious 1960 Feb. p. 136–144
cryptography, code security, computer privacy, data-bank confidentiality 1973 May p. 15–23
cryptology, Sumer, hieroglyphs, a 3,500-year-old agricultural handbook 1951 Nov. p. 54–55
Linear B script, Homer, Minoan language, Greek civilization, an account of the decipherment 1954 May p. 70–75
code, polyalphabetic systems, rotor machine, cipher, history and technology of making and breaking ciphers and codes 1966 July p. 38–46
cryptosphere, cryptozoa, Berlese funnel, natural history, ecological niche, animal behavior, life under rocks and rotting logs 1968 July p. 108–114 [1112]
cryptozoa, Berlese funnel, natural history, ecological niche, cryptosphere, animal behavior, life under rocks and rotting logs 1968 July p. 108–114 [1112]
crystal defects, materials technology, solid state physics, epitaxial growth, surface chemistry, precipitation in solids, 'doping', chemical properties of materials 1967 Sept. p. 210–220
crystal energetics, crystal structure, metallurgy, conduction electrons, quantum mechanics, quasi-particle concept, Fermi surface, metal properties 1973 Jan. p. 88–98
crystal growth, spiral growth, screw dislocation, loop growth 1955 Mar. p. 74–80
surface defects, metal 'whiskers', lattice defects, growth of metal whiskers 1960 July p. 64–72
condensation nuclei, snow crystals, natural and artificial condensation nuclei 1961 Jan. p. 120–131
fluid dynamics, liquid, supercooling, nucleation, cryogenics, behavior of supercooled fluids 1965 Jan. p. 38–46
diamond-crystal structure, synthetic diamonds, graphite-crystal structure, synthesis at low pressure 1975 Nov. p. 102–109
crystal structure, piezoelectricity, quartz, ultrasonic transducer, nature and uses of piezoelectricity 1949 Dec. p. 46–51
chemistry, chemical bond, molecular structure, protein structure, chemical kinetics, science, chemistry 1900-1950 1950 Sept. p. 32–35
solid state physics, X-ray diffraction, ionic bonds, covalent bonds, metallic bonds, molecular bonds, energy levels, the nature of solids 1952 Dec. p. 39–49 [249]
physics, polygons, polyhedra, axis of rotation, philosophy of science, topological limits of physics 1953 Jan. p. 50–56
metallurgy, zone melting, vacuum furnace, pure metals 1954 July p. 36–40
dislocations, edge dislocation, soap bubbles, slip planes 1955 July p. 80–87 [204]
neutron, radiation, nuclear fission, solid state physics, effects of radiation on solids 1956 Aug. p. 76–84 [245]
diffusion, metallurgy, wandering of atoms in crystal lattice 1957 May p. 103–110
field-emission microscope, metals, pictures of atoms 1957 June p. 113–122
cellulose, rayon, forest products, lignin, polymers, paper, polysaccharides, overview of natural polymer 1957 Sept. p. 156–168
materials technology, metals, aligned crystals, alignment of crystals for control of mechanical and magnetic properties 1959 Apr. p. 125–141
ionizing radiation, metals, solid state physics, displacement of crystal structure by radiation 1959 Sept. p. 200–213
molecular motion, computer modeling, particle motion key to bulk properties of materials 1959 Oct. p. 113–126 [265]
stress fracture, materials technology, metallurgy, cracks and fracture 1960 Feb. p. 94–104
magnetism, ferrites, materials technology, microwave radiation, computer memory, industrial applications of iron oxides 1960 June p. 92–104
lattice defects, lattice dislocations observed 1961 Oct. p. 107–116
Fermi surface, metals, gross properties explained as quantum effects 1963 July p. 110–120
steel alloys, ausform process, materials technology, heat-treating for strength 1963 Aug. p. 72–82
boron, metalloid element, borane fuels, properties and applications of boron compounds 1964 Jan. p. 88–97
metals, whiskers, fiber-reinforced, dislocations, matrix, composite materials, two-phase materials 1965 Feb. p. 28–37
crystallography, electron diffraction, slow electrons as diffraction probe 1965 Mar. p. 32–41
corrosion tunnel, stress-corrosion failure, dislocations, metalliding 1966 Feb. p. 72–81
boron, crystallography, X-ray diffraction 1966 July p. 96–107
argon, cryogenics, noble gases, solid state physics, solid noble gases 1966 Oct. p. 64–74
crystallography, ice, water molecules, snow crystals, migrating lattice faults in ice 1966 Dec. p. 118–126 [307]
alloys, eutectics, metallurgy, controlled eutectics, whiskers, controlled-cooling magnets 1967 Feb. p. 86–92
helium, solid state physics, zero-point motion, quantum solid, solid helium, physical and theoretical properties 1967 Aug. p. 84–95
solid-state electronics, X-ray crystallography, metals, semiconductor, nonmetals, materials technology, amorphous solid, electrical conductivity 1967 Sept. p. 80–89
alloys, materials technology, metals, grain boundaries, lattice defects, dislocations, electron 'gas', nature of metals 1967 Sept. p. 90–100
aluminates, materials technology, ceramics, silicates, heat resistance, ionic bonds, covalent bonds, nature of ceramics 1967 Sept. p. 112–124
amorphous solid, materials technology, glass, supercooling, geometry of glass, two-phase glasses 1967 Sept. p. 126–136
channeling, ion beam 1968 Mar. p. 90–98
phase memory, photon echoes, laser, nuclear-spin echo 1968 Apr. p. 32–40
Bragg's law, X-ray crystallography, atomic structure, X-ray diffraction, Fourier analysis 1968 July p. 58–70 [325]
lithiasis, kidney calculi, X-ray diffraction, bladder stones, gallstones, urinary calculi 1968 Dec. p. 104–111
metals, X-ray diffraction, liquid state, physics of metals in the liquid state 1969 July p. 72–82

carrier-wave generator, communication technology, diode laser, laser, heterostructure lasers, light-emitting semiconductor, solid-state electronics 1971 July p. 32–40
BCS theory, electrical properties of metals, intermetallic compounds, intercalated crystals, superconductors, layered superconductors 1971 Nov. p. 22–33
crystal energetics, metallurgy, conduction electrons, quantum mechanics, quasi-particle concept, Fermi surface, metal properties 1973 Jan. p. 88–98
corundum, cubic boron nitride, diamond, hardness, materials technology, Mohs scale 1974 Aug. p. 62–70
alloys, dendrites, metal casting, metallurgy, solidification of metal 1974 Dec. p. 88–95
dislocations, forging, metal forming, strain hardening, creep in metals 1975 Apr. p. 116–125
antimatter, gamma radiation, gravitational interaction, positron probes, solid state physics, scintigraph 1975 July p. 34–42
circle-grid analysis, metal stamping, sheet-metal production, strain hardening, metal structure 1976 Nov. p. 100–108
crystals, calcite, calcium carbonate crystals, embryonic development, sea urchin embryo 1977 Apr. p. 82–92
atomic structure, disclinations, dislocations, molecular structure, periodic structures 1977 Dec. p. 130–145 [393]
polio virus architecture 1959 Aug. p. 65

crystal surface waves, sound waves, communication technology, electronic equipment, Rayleigh waves, signal processing, ultrasonic waves 1972 Oct. p. 50–68

crystal surfaces, molecular surface films, monomolecular films, two-dimensional crystals 1973 May p. 30–40

crystallographic techniques, atomic structure, 'extended fine structure' effect, materials technology, X-ray absorption 1976 Apr. p. 96–103

crystallography, clathrates, inclusion compounds, gas hydrates, inclusion compounds in biology and technology 1962 July p. 82–92 [280]
laser, light refraction, nonlinear optics, light interactions, ultraviolet radiation, photon 1964 Apr. p. 38–49
magnetothermoelectricity, thermomagnetic cooling, semimetal, solid-state refrigeration 1964 June p. 70–82
carbon, polyethylene, spherulites, plastics, solid state physics 1964 Nov. p. 80–94
electron diffraction, crystal structure, slow electrons as diffraction probe 1965 Mar. p. 32–41
Earth core, iron-nickel alloy, high-pressure technology, X-ray diffraction, core studies by analogy, diffraction patterns of iron alloys 1965 June p. 100–108
boron, crystal structure, X-ray diffraction 1966 July p. 96–107
ice, crystal structure, water molecules, snow crystals, migrating lattice faults in ice 1966 Dec. p. 118–126 [307]
anthracene, photosynthesis, electron transfer, exciton, plants, organic crystals, conjugated aromatic hydrocarbons 1967 Jan. p. 86–97

crystals, calcite, calcium carbonate crystals, crystal structure, embryonic development, sea urchin embryo 1977 Apr. p. 82–92

CS gas, bacteria, chemical weapons, biological weapons, Vietnam war, arms race, virus disease, rickettsiae, tear gas, herbicide, chemical-biological warfare 1970 May p. 15–25 [1176]

cubic boron nitride, corundum, crystal structure, diamond, hardness, materials technology, Mohs scale 1974 Aug. p. 62–70

cultural anthropology, 'national character', tribes 1949 Aug. p. 11–15
racial discrimination, genocide, Tasmanians, Yumbri, Yamana, vanishing primitive cultures 1957 May p. 39–45
cargo cult, Christianity, religion, Melanesian cargo cult 1959 May p. 117–125
agricultural revolution, Fertile Crescent, human evolution, Neolithic archeology, 8000 B.C. domestication of plants and animals 1960 Sept. p. 130–148 [605]
commerce, money, bride price, red-feather money, Southwest Pacific-Solomon Islands culture 1962 Mar. p. 94–104
Mesolithic era, Ishango man, harpoon, African culture 10,000 B.C. 1962 June p. 105–116

cultural archeology, Isimila, Paleolithic culture, stone tools, Old Stone Age site in Africa 1961 Oct. p. 118–129

cultural assimilation, Amerindian, Hopi Indians, Tewa Indians, Pueblo Indians 1957 June p. 126–136
racial discrimination, Amerindian, genocide, civil rights, persisting identity of Amerindians 1960 Feb. p. 37–45

cultural context of perception, cultural differences, split-style art, visual perception, Hudson test 1972 Nov. p. 82–88 [551]

cultural differences, split-style art, visual perception, cultural context of perception, Hudson test 1972 Nov. p. 82–88 [551]

cultural diffusion, pictograph, Vinca culture, writing, Tartaria tablets, Romania, Sumer, Sumerian writing 1968 May p. 30–37
similar symbolism from Tigris to Danubr 2,000 B.C. 1967 Aug. p. 40

cultural evolution, agricultural revolution, Neolithic archeology, tools, slash-burn agriculture, Stone Age forestry and agronomy 1956 Mar. p. 36–41
sociology, anthropology, multilinear human culture changes 1956 May p. 69–80
Polynesian culture, language, tools, settlement of South Sea Islands, origin of Polynesians 1956 Aug. p. 58–72
toolmakers, man-apes, Olduvai Gorge, human evolution, role of tool-making in biological evolution of man, introduction to single-topic issue 1960 Sept. p. 62–75 [601]
demographics, population growth, agricultural revolution, Industrial Revolution, population explosion, human evolution, historical perspective on human population growth, how many ever lived 1960 Sept. p. 194–204 [608]
climate, hunter-gatherer societies, Nile prehistory, Paleolithic settlements, stone tools 1976 Aug. p. 30–38

cultural patterns, Irish families, Italian families, schizophrenia, schizophrenia and culture 1957 Aug. p. 103–110
communication, mass-communication media, message systems, television violence, sociology, mass communications as social environment 1972 Sept. p. 152–160 [679]

cultural relativism, nonverbal communication, posture, anthropology 1957 Feb. p. 122–132

culture, genetic adaptation, human evolution, natural selection, civilization, human evolution in man-made environment 1960 Sept. p. 206–217 [609]

culture as concept, anthropology, human evolution, science, anthropology 1900-1950 1950 Sept. p. 87–94

culture of poverty, group behavior, poverty, community action, subculture of Western market societies 1966 Oct. p. 19–25 [631]
poverty, Mexico City, buying habits, sociology 1969 Oct. p. 114–124 [651]

Cumae, Greek civilization, Classical archeology, Italy, 8th c B.C. Greek colony first in Italy 1963 Dec. p. 108–121

cumulus clouds, trade wind clouds, climate, atmospheric circulation, ocean-atmosphere interface 1953 Nov. p. 31–35

cuneiform script, Sumer, law code, Lipit Ishtar, Hammurabi, earliest law code 1865 B.C. 1948 June p. 44–47
archeology, Sumer, law code, 3000 B.C. to 1500 B.C., Ur, Nippur 1957 Oct. p. 70–83

curare, learning, autonomic nervous system, heart rate, blood pressure, electrocardiography, learning voluntary control of autonomic nervous system 1970 Jan. p. 30–39 [525]

curiosity, fundamental research, science funding, 'mission-oriented' funding agencies, university science, N.S.F., introduction to a single-topic issue on fundamental questions in science 1953 Sept. p. 47–51
rhesus monkeys, problem solving, genetic traits, animal behavior 1954 Feb. p. 70–75

current density, electron beam, cold cathode, X-ray photography, field emission 1964 Jan. p. 108–118

currents, Coriolis effect, ocean circulation, wind effect, laboratory analogues 1970 Jan. p. 114–121 [390]

curriculum reform, science curriculum, science teaching, high school, not enough scientists and engineers 1954 Feb. p. 27–29
high school, science teaching, physics curriculum, Physical Science Study Committee, university sponsored curriculum reform 1958 Apr. p. 56–64 [229]
education, mathematics teaching, high school, university sponsored curriculum reform 1958 May p. 64–74 [238]
science teaching, evolution, religion, Darwinism, creationism, Bible, high school, Man, a Course of Study, biological sciences curriculum study 1976 Apr. p. 33–39
science teaching, summer institutes for teacher-training 1956 Apr. p. 72
science teaching, U.S. secondary schools 1957 Feb. p. 57
science teaching, U.S. secondary schools 1958 Feb. p. 40
education funding, U.S. National Science Foundation program 1958 July p. 47
Chemical Education Materials Study 1960 June p. 82
science teaching, Biological Sciences Curriculum Study 1960 July p. 81

curtain wall, skyscrapers, building construction, load-bearing wall 1955 Mar. p. 44–48
wind bracing, skyscrapers, construction technology, Eiffel Tower, cantilever, truss bridge, steel frame construction 1974 Feb. p. 92–105
curvature of space, cosmology, universe expansion, Olber's paradox, world lines, red shift, galactic evolution, evolutionary universe, element formation, genesis 1954 Mar. p. 54–63
Riemann, non-Euclidian geometry, general relativity 1954 Nov. p. 80–86
curved line, mathematics, straight line, Euclidean geometry, geometry, reach and limits of axiomatic approach 1956 Mar. p. 104–114
cushion plant, alpine environment, pinks, lammergeier, Himalayan mountain ecology 1961 Oct. p. 68–78
cut glass, by photochemistry 1953 Mar. p. 50
cuttlebone, marine biology, buoyancy, swim bladder, chambered nautilus 1960 July p. 118–128
cyanate, chemotherapy, genetic disease, anemia, hemoglobin, erythrocyte, sickle cell disease 1975 Apr. p. 44–50 [1319]
cyanobacteria, algae, algal bloom, blue-green bacteria, gas vacuoles 1977 Aug. p. 90–97 [1367]
cybernetics, feedback, automatic control, self-regulation, computer science, automata theory, mechanical, biological, social self-regulation 1948 Nov. p. 14–19
control theory, mathematics, computer programming, feedback, frequency response, stability, dynamic programming, 'policy' concept 1964 Sept. p. 186–200
communication technology, information theory, language, machine communication, communication, introduction to single-topic issue on communication 1972 Sept. p. 30–41 [677]
cyclic AMP, acrasin, amoebae, adrenalin, social amoebae, slime mold, Dictyostelium 1969 June p. 78–91
ACTH, ATP, glucogenesis, glycolysis, hormone, epinephrine, cell metabolism, activation of cyclic AMP by hormones 1972 Aug. p. 97–105 [1256]
brain function, dopamine, endocrine system, messenger molecules, nervous system, neurotransmitters, L-DOPA treatment, Parkinson's disease, 'second messengers', brain endocrinology 1977 Aug. p. 108–119 [1368]
cyclic molecules, catenane, chemical topology, topological isomer, molecular structure, ring molecules, linking and knotting of ring molecules 1962 Nov. p. 94–102 [286]
cyclone, wind, meteorology, atmospheric circulation, anticyclones, source of prevailing winds 1956 Dec. p. 40–45 [841]
East Pakistan flood, flood disasters 1971 Mar. p. 46
cyclosis, actinomyosin, cilia, muscle contraction, flagella, cytology, cytoplasmic streaming, actin, myosin, underlying unity of cellular motion 1961 Sept. p. 184–204 [97]
cyclosomes, cardiac function, hagfish, comparative psychology, knot-tying fish, hermaphrodite 1966 Feb. p. 82–90 [1035]
cyclotron, colliding beam accelerator, synchrotron, high-energy physics, strong-focusing synchrotron, design and purposes of big accelerators 1958 Mar. p. 64–76 [251]
technological advances 1959 Jan. p. 69
Cygnus A, universe, Cassiopeia, radio galaxies, red shift, Crab Nebula, colliding galaxies 1956 Sept. p. 204–220
Cygnus X-1, binary stars, black hole, black hole search 1974 Dec. p. 32–43
Cygnus X-3, radio outbursts 1973 Jan. p. 45
cytochrome, chlorophyll, tetrapyrrole ring, hemoglobin, respiration, enzymes, tetrapyrrole virtuosity 1958 Aug. p. 77–81
chlorophyll, photosynthesis, chloroplast, electron transfer, ATP, pigments, role of chlorophyll in photosynthesis, 1965 July p. 74–83 [1016]
evolution, proteins, species specificity, computer analysis, amino-acid substitution, phylogeny from amino-acid substitution 1969 July p. 86–95 [1148]
cytochrome antagonist, diphtheria toxin, toxicity, diphtheria toxoid, diphtheria antitoxin 1952 Oct. p. 32–36
cytochrome C, protein evolution, protein structure, respiration, amino-acid substitution, mutation rate, 1.2 billion year record of evolution, ancient protein 1972 Apr. p. 58–72 [1245]
cytochrome helix, mathematical model, computer modeling, giant molecules, myoglobin, hemoglobin, molecular modeling, DNA 1966 June p. 42–52 [1043]
cytochrome oxidase, ceruloplasmin, hemocyanin, oxygen transport, enzymes, copper deficiency, copper biochemistry, Wilson's disease, tyrosinase 1968 May p. 102–114
cytogene, cytoplasmic inheritance, reciprocal crossing, maternal inheritance, sex linked traits, non-Mendelian inheritance, male sterility, paramecium, chloroplast, plastids, review of evidence for an extra-chromosomal genetics 1950 Nov. p. 30–39 [39]
cytokinins, auxins, plant growth, dormin, plant hormones, giberellin 1968 July p. 75–81 [1111]
cytology, isotopes, radioautography, molecular biology, use of radioisotopes in biological research 1949 Feb. p. 30–41
ionizing radiation, photoelectric effect, Compton effect, chemical effects, free radicals, lethal effects of radiation 1951 Dec. p. 22–25
plutonium, ultra-microchemistry, embryonic development, chemistry, isolation of plutonium established a new research technology 1954 Feb. p. 76–81
microsome, protein synthesis, ribosome, RNA, recognition of ribosome as site of protein synthesis 1958 Mar. p. 118–124 [52]
amoebae, cell, sol-gel reaction, high pressure, effect of high pressure on cellular activity 1958 Oct. p. 36–43
chromosome breakage, radiation damage, ionizing radiation, mutation, radiation damage to living cell 1959 Sept. p. 94–100 [57]
cell nucleus, cytoplasm, cell organelle, chromosome, cell physiology, RNA, DNA, endoplasmic reticulum, nuclear control of cell 1960 Jan. p. 126–136
energy transformation, ATP, mitochondrion, citric-acid cycle, glycolysis, oxidative phosphorylation, membrane, energy transformation in the cell 1960 May p. 102–114
cilia, flagella, structure and function 1961 Feb. p. 108–116 [79]
cell membrane, pinocytosis, cell metabolism, ingestion by outer membrane 1961 Apr. p. 120–130
cell anatomy, spermatozoon, ovum, virus, science history, muscle cell, plant cell, connective tissue cell, introduction to single-topic issue on the living cell 1961 Sept. p. 50–61 [90]
ATP, chloroplast, mitochondrion, photosynthesis, cell metabolism, glucogenesis, citric-acid cycle, glycolysis, oxidative phosphorylation, cellular transformation of energy 1961 Sept. p. 62–73 [91]
ribosome, protein synthesis, DNA, mRNA, tRNA, nucleus, chromosome, how cells make molecules 1961 Sept. p. 74–82 [92]
mitotic apparatus, chromosome, meiosis, mitosis, mechanism of cell division 1961 Sept. p. 100–120 [93]
cell differentiation, tissue specialization, 'lampbrush' chromosome, embryonic development, zygote, fertilization, ovum, clone, how cells specialize 1961 Sept. p. 124–140
cell aggregation, tissue differentiation, cell 'recognition', embryonic development, how cells associate 1961 Sept. p. 142–165
active transport, passive transport, pinocytosis, phagocytosis, osmosis, cell membrane, fertilization, functions of cell membranes 1961 Sept. p. 167–180 [96]
actinomyosin, cyclosis, cilia, muscle contraction, flagella, cytoplasmic streaming, actin, myosin, underlying unity of cellular motion 1961 Sept. p. 184–204 [97]
cell communication, central nervous system, nerve conduction, ganglion reflexes, neuroreceptors, retina, nerve impulse, neurotransmitters, neural synapse, neuromuscular synapse, how cells communicate 1961 Sept. p. 209–220 [98]
hearing, vision, sensory organs, ommatidia, neuroreceptor cells, taste buds, how cells receive stimuli 1961 Sept. p. 222–238 [99]
bacteriology, microorganisms, PPLO, virus, electron microscopy, smallest free-living cells 1962 Mar. p. 117–126 [1005]
Barr body, sex differences, chromosome, genetic mosaic, Klinefelter's syndrome, Turner's syndrome, chromosomal anomalies, sex differences in tissue cells 1963 July p. 54–62 [161]
dialectical-materialist cell theory 1958 Sept. p. 89
electron micrograph of living cell 1961 Apr. p. 78
reconstituted amoebas 1970 May p. 57
cytoplasm, cell nucleus, cell organelle, chromosome, cell physiology, RNA, DNA, endoplasmic reticulum, cytology, nuclear control of cell 1960 Jan. p. 126–136
Acetabularia, giant cells, mermaid's wineglass, cell nucleus, algae, giant cells in study of nucleus-cytoplasm interaction 1966 Nov. p. 118–124 [1057]
cytoplasmic inheritance, reciprocal crossing, maternal inheritance, sex linked traits, non-Mendelian inheritance, male sterility, paramecium, chloroplast, plastids, cytogene, review of evidence for an extra-chromosomal genetics 1950 Nov. p. 30–39 [39]

maternal inheritance, extranuclear DNA, mitochondria, chloroplast, Chlamydomonas 1965 Jan. p. 70–79 [1002]
cytoplasmic streaming, actinomyosin, cyclosis, cilia, muscle contraction, flagella, cytology, actin, myosin, underlying unity of cellular motion 1961 Sept. p. 184–204 [97]
amoebae, phagocytosis, cell motility, sol-gel reaction, front contraction theory of amoeboid motion 1962 Feb. p. 112–122 [182]
cytosurgery, microsurgery, micromanipulator, enucleation 1950 Oct. p. 48–51
micromanipulator, cell nucleus, on transplanting nuclei 1952 Apr. p. 58–64

D

daddy longlegs, Phalangida, harvestman, Arachnida, animal behavior, natural history 1962 Oct. p. 119–128 [137]
dairying, animal husbandry, cattle, Zebu cattle, European cattle, selective stock breeding 1958 June p. 51–59
dam safety, reservoir, earthquake zones 1977 Jan. p. 46
Dance of the Solids, materials technology, a poem by John Updike, occasioned by the September 1967 issue 1969 Jan. p. 130–131
Danish history, peat bog, archeology, weapons deposits, organic relics 1953 Oct. p. 84–88
Danube River, pre-Neolithic village 1968 Apr. p. 50
Darrow, Darwinism, evolution, creationism, Bryan, Scopes trial, Scopes trial, U.S.A. 1959 Jan. p. 120–130
Darwin, evolution, science history, Charles Darwin biography 1956 Feb. p. 62–72 [108]
Darwinism, Lysenkoism, Lamarck, acquired characteristics, genotype, evolution, phenotype, mutation, ostrich calluses, speciation, religion, orthodoxy, experiments in acquired characteristics 1953 Dec. p. 92–99
evolution, creationism, Bryan, Darrow, Scopes trial, Scopes trial, U.S.A. 1959 Jan. p. 120–130
natural selection, Wallace, science history, life and work of Alfred Russel Wallace 1959 Feb. p. 70–84
science history, Darwin's predecessors 1959 May p. 60–66
evolution, religion, Scopes trial, science teaching, creationism, antievolution laws in U.S. 1969 Feb. p. 15–21
science teaching, evolution, religion, curriculum reform, creationism, Bible, high school, Man, a Course of Study, biological sciences curriculum study 1976 Apr. p. 33–39
evolution, Huxley's own account, 'apes and bishops' 1954 Mar. p. 52
creationism, Tennessee 'monkey law' repealed 1967 July p. 42
creationism, textbooks in California 1970 May p. 55
creationism, creationism in California textbook controversy 1971 Jan. p. 46
creationism, Mississippi court overturns 'monkey law' 1971 Feb. p. 46
creationism, 'equal time' in California schools 1972 Aug. p. 43
creationism, 'equal time' for creationism in California rescinded 1973 Feb. p. 47
creationism, creationist textbook banned from Indiana schools 1977 June p. 61
creationism at Michigan State University 1977 Dec. p. 87
Darwin's finches, speciation, Galapagos Islands, evolution 1953 Apr. p. 66–72 [22]
data transmission, artificial satellite, communication, telecommunication, pulse-code modulation, digital transmission 1966 Sept. p. 144–156
dating, *see:* dendrochronology, coral rings, radioisotope dating, and the like
Davisson-Germer experiment, electron, wave-particle duality, diffraction, interference fringes, electron diffraction 1948 May p. 50–53
Davy lamp, electrochemistry, phlogiston theory, electrolysis, science history, Humphry Davy, biography 1960 June p. 106–116
day-night temperature, climate, plant growth, greenhouse, agronomy, photoperiodicity, 'phytotron', environment simulator 1957 June p. 82–94
day's length, Earth-Moon system, lunar orbit, moon, tides 1972 Apr. p. 42–52
DDT: dichlorodiphenyltrichloroethane
DDT, malaria, W.H.O., mosquitoes, eradication of malaria 1952 June p. 22–25
insecticide resistance, persistent insecticides 1952 Oct. p. 21–25
insecticide, balsam-fir factor, insect hormones, insecticide resistance, juvenile hormone, species specificity, third-generation pesticides 1967 July p. 13–17 [1078]
soil pollution, herbicide, gamma radiation, X-ray, soil ecology 1969 Apr. p. 88–99 [1138]
calcium metabolism, eggshell thinning, pollution, chorinated hydrocarbons, dieldrin, avian reproduction, insecticide, food chain, ecological effect of pesticides 1970 Apr. p. 72–78 [1174]
world shortage 1951 Apr. p. 32
a peril to honey bee 1951 Aug. p. 34
trace amounts in Antarctic fauna 1965 Sept. p. 80
concentrations in marine mammals 1968 Mar. p. 53
DDT residues, insecticide, fallout, ecological cycles, food chain, ecological redistribution of pollutants 1967 Mar. p. 24–31 [1066]
De Forest, radio, triode, vacuum tube, Marconi, Fleming valve, diode, rectification, De Forest's 1906 contributions 1965 Mar. p. 92–100
de re Metallica, Agricola, woodcuts from Hoover translation 1951 Feb. p. 46–47
dead galaxies, mean density of matter 1969 Apr. p. 50
Dead Sea scrolls, Judaism, New Covenanters, Biblical archeology, Qumran site 1971 Nov. p. 72–81
Gnostic library, Judaism, religion 1973 Jan. p. 80–87
deafness, ear, directional orientation, hearing, cochlea 1957 Aug. p. 66–78 [44]
Waardenburg's syndrome 1971 Nov. p. 50
death, aging, life expectancy, biology of senescence 1948 June p. 40–43
psychological autopsy 1968 Oct. p. 60
death rate, aging, disease etiology, life expectancy, male:female life expectancy 1958 Feb. p. 22–27
aging, life expectancy, comparative life spans in man and other animals 1961 Aug. p. 108–119
abortion, population, marriage rate, birth rate, vital statistics, menarche, infant mortality, 1538-1812, parish registers, York, England 1970 Jan. p. 105–112
birth rate, demographic transition, human population, population-growth history 1974 Sept. p. 40–51
death-simulation, opossum, marsupial, animal behavior, playing possum by opossum and other animals 1950 Jan. p. 52–55
Death Valley, desert pupfish, fish, species isolation, endangered species 1971 Nov. p. 104–110 [1236]
debt financing, economic development, Japan, employment policy, investment, government-business relations, Japan's economic growth 1970 Mar. p. 31–37
decimal system, mathematics, geometry, topology, quinary system, tessellation, knots, primitive mathematics 1948 Dec. p. 44–49
from atto- to tera- 1962 July p. 56
decision making, psychology, probability, subjective probability, Monte Carlo fallacy, gambling, subjective and objective probability 1957 Nov. p. 128–138 [427]
decision theory, mathematics, games theory, work of J. Von Neumann and O. Morgenstern 1949 May p. 22–25
games theory, uncertainty principle, probability, pure strategy, card games illustrate theory 1951 Jan. p. 44–47
operations research, systems analysis 1951 Mar. p. 15–17
linear programming, mathematical model 1954 Aug. p. 21–23
games theory, minimax, pure strategy, mixed stratgey, worst-case analysis 1955 Feb. p. 78–83
economics, mathematical model, social sciences, mathematics in economics and other social sciences 1964 Sept. p. 168–182
games theory, mathematical logic, paradox, 'metalogic' to solve paradox 1967 July p. 50–56
energy economics, power production, technology assessment, tort law, economic planning, market process 1971 Sept. p. 191–200 [671]
decompression, continental shelf exploitation, saturation diving, underwater shelters, diving, oceanographic exploration 1966 Mar. p. 24–33 [1036]
dedifferentiation of plant cells, tissue culture, plant tissue grafts, plant hormones, plant growth requirements 1950 Mar. p. 48–51
dedifferentiation of tissue cells, embryonic development, regeneration, cancer 1949 Dec. p. 22–24
deep-sea diving, laser illumination 1970 Dec. p. 41
deep-sea drilling, Earth crust, ocean evolution, Pacific plate, plate tectonics, sedimentary cores, voyager of the Glomar Challenger 1973 Nov. p. 102–112 [911]
deep-sea environment, bacteria, barophilic bacteria, deep-sea microbes, Alvin submersible 1977 June p. 42–52 [926]

deep-sea microbes, bacteria, barophilic bacteria, deep-sea environment, Alvin submersible 1977 June p. 42–52 [926]
deep-sea scattering layer, 'false bottom', marine biology, plankton, sonar, shrimp, heteropod, deep-sea 'layer of life' 1951 Aug. p. 24–28
sonar, echo-sounding, ocean floor, plankton, photic zone, 'false bottom' 1962 July p. 44–50
deer, food supply, hunting, population control 1955 Nov. p. 101–108
badger, dog, horse, cheetah, locomotion, comparative anatomy, running, how animals run 1960 May p. 148–157
deer mice, brown fat, altitude adaptation, Quechua Indians, acclimatization, hemoglobin, metabolic rate, exercise, human physiology at high altitude 1970 Feb. p. 52–62 [1168]
defense, *see:* military
defoliation, bomb craters, cratering, ecological warfare, laterization, Vietnam war 1972 May p. 20–29 [1248]
deforestation, forestry, nitrogen fixation, ecosystem, resource management, runoff, erosion, watershed, deforestation experiment 1970 Oct. p. 92–101 [1202]
degenerate gas, dwarf stars, gravitational collapse, white dwarfs, binary stars, 'dying' stars 1959 Jan. p. 46–53
degenerative diseases, cortisone, ACTH, inflammation, hormone, stress, experience with and appraisal of two hormonal drugs 1950 Mar. p. 30–37 [14]
chronic illness, morbidity, mortality rates, medical care, vital statistics, life expectancy, infectious disease, causes of death 1973 Sept. p. 76–84
immune system, slow virus infection, virus disease, kuru, scrapie, cancer virus, herpes virus 1974 Feb. p. 32–40 [1289]
degenerative evolution, caves, ecology 1955 May p. 98–106
degrees C, temperature, means Celsius, not Centigrade 1949 May p. 26
Deimos, Mars, Martian moons, Phobos, Mariner spacecraft missions 1977 Feb. p. 30–37 [352]
delay-Doppler mapping, Doppler effect, planetary motion, radar astronomy, Mercury, Venus, microwaves 1968 July p. 28–37
delayed feedback, confusion instant 1951 Feb. p. 36
delinquency, aggression, violence, motion picture film, television, catharsis, effects of observing filmed violence 1964 Feb. p. 35–41 [481]
deltas, Mississippi river, meanders, alluvial valley, floods 1951 Apr. p. 18–23
'demand-pull', 'cost-push' inflation, economic analysis, inflation, input-output analysis 1971 Nov. p. 15–21
Democritus, atom, science history 1949 Nov. p. 48–49
demographic transition, economic development, industrialization, urbanization, population control, family planning, economic development and the demographic transition 1963 Sept. p. 62–71 [645]
population growth, world population, zero population growth, birth rate, gross reproduction rate, net reproduction rate, extrapolation from world-statistics population model 1973 Mar. p. 15–23 [683]
economic development, human population, population explosion, zero population growth, introduction to single-topic issue on the human population 1974 Sept. p. 30–39
birth rate, death rate, human population, population-growth history 1974 Sept. p. 40–51
developed countries, human population, birth control, zero population growth 1974 Sept. p. 108–120
developed countries, progenitive family, human population 1974 Sept. p. 122–132
distribution of wealth, economic development, middle classes, population growth, production statistics, natural resources 1976 July p. 28–35
economic-level role 1964 June p. 56
birth control, in China 1973 Nov. p. 49
world statistics 1976 Nov. p. 67
demographics, population growth, cultural evolution, agricultural revolution, Industrial Revolution, population explosion, human evolution, historical perspective on human population growth, how many ever lived 1960 Sept. p. 194–204 [608]
education, U.S. population, labor force, age-sex distribution, gross national product, U.S. census, more from the U.S. census of 1960 1962 Oct. p. 30–37
demyelinating factor, slow virus infection, multiple sclerosis, myelin sheath, poliomyelitis, latent viruses 1970 July p. 40–46
dendrites, alloys, crystal structure, metal casting, metallurgy, solidification of metal 1974 Dec. p. 88–95
nerve circuits, synapse, postsynaptic potential, olfactory bulb, retina, microcircuits in the nervous system 1978 Feb. p. 92–103 [1380]
dendrochronology, Douglass, science history, A.E. Douglass and tree-ring clock 1952 Jan. p. 54–58
archeological dating, carbon 14 dating, European prehistory 1971 Oct. p. 63–72 [672]
climate, radiocarbon dating 1972 May p. 92–100 [1250]
carbon 14 abundance, climate, ice ages, Maunder minimum, solar physics, sunspots 1977 May p. 80–92 [925]
denitrifiers, nitrogen, biological nitrogen fixation, ammonia, nitrifiers, nitrogen cycle, legumes 1953 Mar. p. 38–42
dense stars, binary stars, supernovae, X-ray binary stars 1975 Mar. p. 24–35
density-gradient, ultracentrifugation, separation techniques 1965 Aug. p. 70–76
density-gradient centrifugation, hybrid cells, DNA, RNA, ribosomal RNA, gene transcription, gene complement, DNA-RNA hybridization experiments 1964 May p. 48–56
dental adhesive, barnacle cement 1968 Aug. p. 46
dental hygiene, effectiveness of fluoridation 1956 Feb. p. 58
dental insurance, experimental prepayment plans 1950 Sept. p. 51
dental research, germ-free environment, immune response, surgical isolator 1964 July p. 78–88
dentin, teeth, enamel, metabolism, fluoridation 1953 June p. 38–42
dentistry, caries, bacteriology, fluoridation, new theory of tooth decay 1948 Oct. p. 20–23
caries, tooth enamel, bacteriology, causes of tooth decay 1957 Dec. p. 109–116
transplanting and re-planting of teeth 1964 Feb. p. 72
caries and periodontitis in buccal ecology 1972 Feb. p. 42
deoxyribonucleic acid, *see:* DNA
depression, blue Monday, morale, not fatigue 1950 Aug. p. 31
deprivation dwarfism, ACTH, child development, dwarfism, emotional deprivation, growth hormone, 'bone age', anorexia nervosa 1972 July p. 76–82 [1253]
depth perception, 'visual cliff', infant, comparative psychology, visual perception, genesis of depth perception 1960 Apr. p. 64–71
vision, learning, visual perception, innate and learned response to visual cues 1961 Mar. p. 138–148
pattern recognition, visual perception, computer graphics, stereoscopic images, texture discrimination 1965 Feb. p. 38–48 [318]
binocular vision, eye, neurophysiology, optic chiasm, stereopsis, visual cortex 1972 Aug. p. 84–95 [1255]
depth reversal, Necker cube, optical illusion, reversing figures, visual perception 1971 Dec. p. 62–71 [540]
dermatitis, allergic reaction, autosensitivity, poison ivy, rheumatoid arthritis, multiple sclerosis, delayed hypersensitivity 1960 Apr. p. 129–137
from brass 1952 May p. 42
dermatoglyphics, correlation theory, Galton, eugenics, life and work of Francis Galton, regression to mean 1954 Jan. p. 72–76
skin, hair, surface area, skin glands, thermoregulation, structure and function of human skin 1965 Feb. p. 56–66 [1003]
skin, epidermal ridges, chromosomal anomalies 1969 Dec. p. 72–84 [1164]
dermatology, porphyria, pink tooth disease, gene pool, tracking porphyria among Afrikaaners 1957 Mar. p. 133–142
desalination, ion exchange, alkali, amino-acid separation 1950 Nov. p. 48–51
distillation, water, ion exchange, solar still, alternative technologies 1957 Mar. p. 37–45
ice crystals, isobutane, sea-water freezing, heat of fusion, freezing as alternative to distillation 1962 Dec. p. 41–47
economic development, industrialization, water supply, irrigation, water resource management, technology and economics of water in economic development 1963 Sept. p. 92–108
by ion-exchange 1952 Apr. p. 40
Desargue's theorem, projective geometry, Renaissance paintings, Leonardo, Durer, Pascal's theorem, mathematics, projective geometry as systematized by Poncelet and Klein 1955 Jan. p. 80–86
Descartes, Fermat, mathematics history, analytic geometry, conic sections, Euler, mathematics 1949 Jan. p. 40–45
Cartesian geometry, mathematics, analytic geometry, philosophy, René Descartes, biography 1959 Oct. p. 160–173
human anatomy, sensory perception, neuropsychology, eye, ear, 17th c. approach to human perception, mechanistic hypothesis 1964 May p. 108–116 [184]

desegregation, public opinion, American Negro, U.S. whites, attitude survey, racial segregation, sociology, longitudinal attitude study 1956 Dec. p. 35–39
racial integration, public opinion, attitude survey, U.S. whites, American Negro, longitudinal attitude study reported in 1956 1964 July p. 16–23 [623]
racial integration, American Negro, U.S. whites, attitude survey, public opinion, longitudinal attitudes study 1971 Dec. p. 13–19 [673]
desert, Mars, polar cap, atmosphere, climate, 'canals', picture from Earth-bound study 1953 May p. 65–73
Nabataean culture, irrigation, wadi, agricultural system, restoration of Nabataean irrigation works in the Negev 1956 Apr. p. 39–45
desert adaptation, Arctic flora, cold adaptation, paleobotany, Greenland flora, adaptations to Arctic climate 1956 Feb. p. 88–98
comparative psychology, kidney function, salt-water balance, thermoregulation, man:camel comparison 1959 Dec. p. 140–151 [1096]
behavioral adaptation, ground squirrels, Mojave desert, animal behavior, kidney function, thermoregulation, desert mammals' adaptations to heat and aridity 1961 Nov. p. 107–116
antelope, thermoregulation, water drinking, evaporation, eland and oryx, survival without drinking 1969 Jan. p. 88–95
desert ecology, Joshua trees, mesquite, creosote bushes 1955 Apr. p. 68–75 [114]
trace elements, cobalt, land reclamation, vitamin B12 synthesis, agricultural technology, reclamation of infertile Austrialian land 1959 Jan. p. 97–106
algae, lichens, symbiosis, fungi, polar ecology, symbiotic nature of lichens 1959 Oct. p. 144–156 [111]
Negev desert, irrigation, agricultural technology, land reclamation, Israel, desert reclamation 1960 Mar. p. 54–63
desert plants, C-4 trait, efficiency, plant breeding 1973 Oct. p. 80–93 [1281]
desert pupfish, Death Valley, fish, species isolation, endangered species 1971 Nov. p. 104–110 [1236]
desert rat, kidney, water balance, oxidation of food, how banner-tailed kangaroo rat survives without water 1953 July p. 73–78 [1050]
detergents, an explanation of their action 1959 July p. 71
pollution curbed 1964 Sept. p. 84
deterrence, ABM, MIRV, SALT, ICBM, arms race, counterforce strategy, dynamics, instability of arms race 1969 Apr. p. 15–25 [642]
detoxification, alcohol metabolism, drug inactivation, enzyme, liver function, metabolism of drugs, cirrhosis 1975 June p. 22–31 [1322]
deuterium, fusion reactor, nuclear power, magnetic bottle, plasma confinement, tritium, magnetic pumping, stellerator 1958 Oct. p. 28–35
algae, reaction kinetics, metabolism of mammals, penicillin mold, heavy water biology 1960 July p. 106–116
deuterium abundance, cosmology, 'big bang' theory, 'closed' universe, 'open' universe, universe expansion, age of elements, average density 1976 Mar. p. 62–79
deuterium-hydrogen ratio, 'big bang' theory, deuterium synthesis, cosmology, heavy hydrogen, interstellar matter 1974 May p. 108–118
deuterium-labeled proteins, ribosome mapping 1976 July p. 65
deuterium synthesis, 'big bang' theory, deuterium-hydrogen ratio, cosmology, heavy hydrogen, interstellar matter 1974 May p. 108–118
developed countries, economic development, input-output analysis, developing countries, complementary economic structures of developed and underdeveloped countries 1963 Sept. p. 148–166 [617]
demographic transition, human population, birth control, zero population growth 1974 Sept. p. 108–120
progenitive family, human population, demographic transition 1974 Sept. p. 122–132
labor force, sex role, human population, women's status 1974 Sept. p. 136–147
developing countries, Amazon, tropical rain forest, resource prospecting, economic planning, forest management, mineral resources, electric power, the Amazon frontier 1948 May p. 11–14
economic development, technical assistance, industrialization, 'point four' 1950 Mar. p. 16–19
birth control, population growth, Malthusian doctrine, food production, Julian Huxley on world population growth 1956 Mar. p. 64–76 [616]
economic development, input-output analysis, developed countries, complementary economic structures of developed and underdeveloped countries 1963 Sept. p. 148–166 [617]
agricultural production, equatorial rain forests, tropical climate, laterization, lateritic soil 1964 Nov. p. 96–102 [870]
human nutrition, poverty, hunger, population growth, health, world poverty 1968 Nov. p. 27–35
birth rate, mortality rates, population explosion, human population 1974 Sept. p. 148–159
foreign aid, technology transfer, technical assistance, human population 1974 Sept. p. 172–182
poverty, hunger, malnutrition, food and agriculture, human nutrition 1976 Sept. p. 40–49
'green revolution', technology transfer, food and agriculture, economic development 1976 Sept. p. 196–205
food-production increase 1969 Dec. p. 50
sex role, U.N. conference on women's role 1975 Sept. p. 53
developmental psychology, learning, imprinting, animal behavior, effect of early life on later learning 1958 Mar. p. 81–90 [416]
binocular vision, infant development, visual perception, operant conditioning, information processing, space, size, shape perception in human infants 1966 Dec. p. 80–92 [502]
animal behavior, homing behavior, kittens, learning, suckling 1972 Dec. p. 18–25 [552]
Devon caves, science history, Neanderthal man, human evolution, stone tools, idea of man's antiquity 1959 Nov. p. 167–176
Devonian period, evolution, lungfish, air-breathing fishes, fish physiology, conquest of land-breathing organs 1968 Oct. p. 102–111 [1125]
diabetes, first synthetic insulin 1963 Dec. p. 72
viral as well as genetic etiology? 1976 Feb. p. 55
diabetes insipidus, thirst, salt excretion, electrolyte balance, thermoregulation, urine, kidney, physiological psychology, osmoreceptor theory of thirst, Cannon 'dry mouth' theory 1956 Jan. p. 70–76
dialects, speech, language, American languages, linguistics, changes in U.S. speech 1950 Jan. p. 48–51
dialysis, heart-lung machine, kidney machine, surgery 1954 Aug. p. 24–27
enzyme-substrate complex, enzymes, catalysis 1959 Aug. p. 119–125
kidney, artificial kidney 1961 July p. 56–64
diamond, meteorites, Canyon Diablo meteorite, iron-nickel phases, shock hypothesis, asteroids, origin of meteorites 1965 Oct. p. 26–36
corundum, crystal structure, cubic boron nitride, hardness, materials technology, Mohs scale 1974 Aug. p. 62–70
plumes, Earth mantle, kimberlite pipes, volcanic eruption, genesis of kimberlite pipes 1978 Apr. p. 120–132 [931]
see also: synthetic diamonds
diamond-crystal structure, crystal growth, synthetic diamonds, graphite-crystal structure, synthesis at low pressure 1975 Nov. p. 102–109
Dianetics, validity questioned 1950 Oct. p. 26
diapause, biological clock, circadian rhythm, dormancy, insect behavior, insect metabolism, photoperiodicity 1976 Feb. p. 114–121 [1335]
diatoms, biological clock, crabs, marine algae, sand hoppers, tidal-zone organisms, tidal rhythms, integration of biological and sidereal cycles 1975 Feb. p. 70–79 [1316]
dichlorodiphenyltrichloroethane, *see:* DDT
dichroic material, animal navigation, polarized light, Nichol prism, horseshoe crab 1955 July p. 88–94
dichromatism, color blindness, sex linked traits, physiology and psychology of a vision defect 1951 Mar. p. 48–53
Dictyostelium, amoebae, social behavior, slime mold, chemotaxis communication, spatial orientation 1963 Aug. p. 84–93 [164]
acrasin, amoebae, adrenalin, social amoebae, slime mold, cyclic AMP 1969 June p. 78–91
slime mold, acrasin as 'social hormone' 1968 Oct. p. 60
Dictyostelium acrasin, amoebae, social amoebae, slime mold, role of acrasin in cell aggregation 1949 June p. 44–47
Dictyostelium cell aggregation, amoebae, cell differentiation, social amoebae, slime mold, acrasin 1959 Dec. p. 152–162
Dicumarol, blood clotting, anticoagulant therapy, thrombus 1951 Mar. p. 18–21
die extrusion, hydrostatic pressure 1969 Oct. p. 49
dieldrin, agricultural pest, fire ants, pest control, insecticide 1958 Mar. p. 36–41
calcium metabolism, eggshell thinning, pollution, chorinated hydrocarbons, DDT, avian reproduction, insecticide, food chain, ecological effect of pesticides 1970 Apr. p. 72–78 [1174]

dielectric mirrors, coated optics, optical interference coatings, light reflection, light transmission, laser, interferometry 1970 Dec. p. 58–75
dielectric pump, separation of nonconductive liquids 1956 July p. 52
Diesel engine, Carnot cycle, isothermal combustion, automobile engines, Diesel's 'rational' engine 1969 Aug. p. 108–117
diet, kwashiorkor, malnutrition, food supply, human nutrition 1954 Dec. p. 46–50
fat metabolism, tissue, hormone, obesity, fat tissue, role of fat metabolism in human physiology 1959 Dec. p. 70–76
atherosclerosis, cardiovascular disease, human nutrition, arteries, epidemiology, cholesterol, coronary occlusion, lipids, plaque, artery wall 1966 Aug. p. 48–56
fasting, human nutrition, metabolism, starvation, kwashiorkor, marasmus, physiology of starvation 1971 Oct. p. 14–21 [1232]
coprolites, human feces, human nutrition, prehistoric man 1975 Jan. p. 100–109 [687]
dietary requirements, amino-acid deficiencies, human nutrition, metabolism, food and agriculture 1976 Sept. p. 50–64
difference engine, Babbage, computer, analytical engine, digital computer, life and work of Charles Babbage 1952 Apr. p. 66–72
differential topology, mathematics, topology, sphere, torus, everted sphere proof 1966 May p. 112–120
diffraction, electron, wave-particle duality, interference fringes, electron diffraction, Davisson-Germer experiment 1948 May p. 50–53
atomic microscope, X-ray diffraction 1951 July p. 56–57
light, wave-particle duality, optics, interference, electromagnetic waves, photon emission, introduction to single-topic issue on light 1968 Sept. p. 50–59
gemstones, grain structure, opal colors, periodic structures, silica-sphere packing 1976 Apr. p. 84–95
diffraction grating, spectroscopy, ruling engine, Strong engine, Rowland engine, the ultimate machine 1952 June p. 45–54
spectroscopy, Fraunhofer lines, prism, light, Fourier analysis, Girard grid, interferometry 1968 Sept. p. 72–82
more and better from Johns Hopkins 1950 May p. 28
diffusion, crystal structure, metallurgy, wandering of atoms in crystal lattice 1957 May p. 103–110
alloys, metalliding, materials technology, surface alloy, molten fluoride, electrolysis 1969 Aug. p. 38–46
heat, solid state physics, thermal waves, second sound, cryogenics, wave propagation, phonon, helium, thermal waves in solid helium 1970 May p. 92–101
digestion, enzymes, catalysis, respiration, fermentation, lock-and-key theory, science history 1948 Dec. p. 28–39
hydrochloric acid, alcohol, aspirin, stomach mucosa, self-digestion safeguards 1972 Jan. p. 86–93 [1240]
digestive enzymes, carnivorous plants, active trapper, passive trapper, natural history 1978 Feb. p. 104–155 [1382]
digger wasp, tarantula, symbiosis, predator-prey relationship 1952 Aug. p. 20–23
digit recall, short-term memory, long-term memory, memory, tachistoscope 1966 July p. 90–95 [499]
digital computer, computer technology, analogue computer, relay computers, binary arithmetic, logic, automatic control, computer memory, control systems, status of 'mathematical machines' 1949 Apr. p. 28–39
Babbage, computer, difference engine, analytical engine, life and work of Charles Babbage 1952 Apr. p. 66–72
computer, automatic control, solid-state electronics, analog-to-digital conversion, analogue computer, the universal machine 1952 Sept. p. 116–130
electronic typesetting, printing, photographic typesetting, mechanical composition, cathode-ray tube, computer applications 1969 May p. 60–69
charge-coupled devices, magnetic bubble memories, moving-surface memories, semiconductor memories, microelectronics 1977 Sept. p. 130–145 [378]
digital storage media, information theory, statistics, thermodynamics, noise, redundancy, analogue storage media, information compression, automatic control, information 1952 Sept. p. 132–148
digital-to-analogue conversion, automatic control, machine tool, batch process, numerical instructions, automatic machine tool 1952 Sept. p. 101–114
digital transmission, artificial satellite, communication, telecommunication, data transmission, pulse-code modulation 1966 Sept. p. 144–156
communication technology, pulse-code modulation, binary arithmetic, television, transmission quality, telephone, AM, FM 1968 Mar. p. 102–108
diode laser, fiber optics, glass fiber cables, light-emitting diode, light-wave communication, pulse-code modulation, lightwave telephone 1977 Aug. p. 40–48 [373]
communication technology, microelectronics, telecommunication 1977 Sept. p. 192–209 [382]
digitalis, foxglove, heart physiology, dropsy, digitoxin, cardiac insufficiency, history of digitalis 1965 June p. 110–119
neural effects 1975 Dec. p. 54
digitonin, mitotic spindle, sea urching egg, chromosome, centrioles 1953 Aug. p. 53–63
digitoxin, digitalis, foxglove, heart physiology, dropsy, cardiac insufficiency, history of digitalis 1965 June p. 110–119
digits, Benford's Law, probability, number theory, first-digit distribution 1969 Dec. p. 109–120
dikes, ocean floor, sea-floor spreading, lava, magnetic bands, mid-ocean ridge, the deep-ocean floor 1969 Sept. p. 126–142 [883]
dingo, aborigine, stone tools, Paleolithic man, Tasmanian devil, Australian aborigine, antiquity of man in Australia 1966 Mar. p. 84–93 [628]
Dinoflagellata, algal bloom, marine ecology, acetylcholine, nerve poisons, poisonous tide 1958 Aug. p. 92–98
dinosaur agility 1968 July p. 55
dinosaurs, reptile, mammalian evolution, paleontology, therapsids, ichthyosaurs, evolution, origin of mammals 1949 Mar. p. 40–43
birds, ectothermy, endothermy, metabolism, birds descended from dinosaurs 1975 Apr. p. 58–78 [916]
Triassic brownstone 1969 Oct. p. 50
sauropod habitat 1971 Mar. p. 48
diode, solid state physics, transistor, vacuum tube, electronics, germanium, triode, dawn of solid-state electronics 1948 Sept. p. 52–55
radio, triode, De Forest, vacuum tube, Marconi, Fleming valve, rectification, De Forest's 1906 contributions 1965 Mar. p. 92–100
rectification, radio, thermionic tube, Fleming, electron tube , history of science, England, Edison, lamps, Deforest 1969 Mar. p. 104–112
light-emitting 1962 Sept. p. 102
diode detector, P-N junction diode technology 1960 Apr. p. 88
diode junction laser, Raman laser effect, gas laser, solid-state lasers, laser technology in rapid development 1963 July p. 34–45 [294]
diode laser, carrier-wave generator, communication technology, crystal structure, laser, heterostructure lasers, light-emitting semiconductor, solid-state electronics 1971 July p. 32–40
digital transmission, fiber optics, glass fiber cables, light-emitting diode, light-wave communication, pulse-code modulation, lightwave telephone 1977 Aug. p. 40–48 [373]
Diophantine equations, Chinese remainder theory, computability theory, Hilbert program, mathematics 1973 Nov. p. 84–91
diphtheria antitoxin, diphtheria toxin, toxicity, diphtheria toxoid, cytochrome antagonist 1952 Oct. p. 32–36
diphtheria toxin, toxicity, diphtheria toxoid, diphtheria antitoxin, cytochrome antagonist 1952 Oct. p. 32–36
diphtheria toxoid, diphtheria toxin, toxicity, diphtheria antitoxin, cytochrome antagonist 1952 Oct. p. 32–36
direct-reduction processes, iron ore, iron melting, sponge iron, steel production 1976 July p. 68–80
directional orientation, insect behavior, social insect, animal communication, bee dances, 'language of the bees' 1948 Aug. p. 18–21 [21]
deafness, ear, hearing, cochlea 1957 Aug. p. 66–78 [44]
auditory perception, hearing, auditory localization, binaural hearing 1961 Oct. p. 132–142 [501]
bee dances, insect behavior, species specificity, evolution, communication by sound, by dancing 1967 Apr. p. 96–104 [1071]
Antarctica, seal, breathing, breathing holes in ice 1969 Aug. p. 100–106 [1156]
disaster psychology, life over property 1952 Mar. p. 44
disciplinary distribution, science manpower, labor force, employment by sector 1951 Sept. p. 71–76
disclinations, atomic structure, crystal structure, dislocations, molecular structure, periodic structures 1977 Dec. p. 130–145 [393]
discontinuous phenomena, catastrophe theory, mathematical model, topology 1976 Apr. p. 65–83

discrimination, social discrimination, group behavior, child development, 'in vs out' group discrimination 1970 Nov. p. 96–102 [530]
disease, morbidity, archeology, surgery, record of illness among the ancients 1949 Jan. p. 52–55
cholera, plague, yellow fever, epidemiology 1953 Feb. p. 22–27
bacterial toxin, cholera, medical care, sanitation, water supply, epidemiology 1971 Aug. p. 15–21
birth control, celibacy, foundling institutions, infanticide, Malthusian doctrine, marriage age, population growth, population control in Europe 1750-1850 1972 Feb. p. 92–99 [674]
antigen variation, medical history, influenza virus, encephalitis, pandemics, virus disease, animal vectors, Hong Kong flu, swine flu 1977 Dec. p. 88–106 [1375]
disease etiology, aging, death rate, life expectancy, male:female life expectancy 1958 Feb. p. 22–27
disease-resistant plants, plant breeding, agronomy, plant disease, fungal infection, plant pathogens, sugarcane, mechanism of disease resistance in plants 1975 Jan. p. 80–88 [1313]
disease vector, bacteria, flies, epidemiology, maggot, dysentery, virology 1965 July p. 92–99
dislocations, crystal structure, edge dislocation, soap bubbles, slip planes 1955 July p. 80–87 [204]
crystal structure, metals, whiskers, fiber-reinforced, matrix, composite materials, two-phase materials 1965 Feb. p. 28–37
corrosion tunnel, stress-corrosion failure, crystal structure, metalliding 1966 Feb. p. 72–81
alloys, materials technology, metals, crystal structure, grain boundaries, lattice defects, electron 'gas', nature of metals 1967 Sept. p. 90–100
crystal structure, forging, metal forming, strain hardening, creep in metals 1975 Apr. p. 116–125
atomic structure, crystal structure, disclinations, molecular structure, periodic structures 1977 Dec. p. 130–145 [393]
disoriented figures, form perception, retinal orientation, visual perception 1974 Jan. p. 78–85 [557]
dispersion-strengthened composites, cermets, composite materials, fiber-reinforced composites, particulates 1973 July p. 36–44
displacement activity, stickleback, courtship display, animal behavior, sexual behavior, ethology 1952 Dec. p. 22–26 [414]
courtship display, gulls, animal behavior, releaser stimulus, ethology 1954 Nov. p. 42–46
displacer, cryogenic technology, Stirling cycle, refrigeration, hot-air engine, closed cycle 1965 Apr. p. 119–127
display devices, liquid crystals, dynamic scattering, storage mode, television receiver 1970 Apr. p. 100–106
dissociated cells, embryonic development, tissue culture, tissue differentiation, reassembly of dissociated tissue cells 1959 May p. 132–144
dissolved oxygen, limnology, pond life, plankton, thermocline, hypolimnion, oxidation-reduction balance in depths of a pond 1951 Oct. p. 68–72
distance perception, visual perception, 'Ames room', motion perception, optical illusion, size perception, illusions as clues to organization of perception 1951 Aug. p. 50–55
distillation, water, desalination, ion exchange, solar still, alternative technologies 1957 Mar. p. 37–45
distortion, visual perception, optical illusion, size constancy, pictures as objects, illusions arise from normally useful mechanisms 1968 Nov. p. 66–76 [517]
distributed-processing networks, computer technology, microelectronics 1977 Sept. p. 162–177 [380]
distribution coefficient, materials technology, zone refining, zone melting, germanium, silicon, single crystals purified 1967 Dec. p. 62–72
distribution of wealth, economic development, middle classes, population growth, production statistics, natural resources, demographic transition 1976 July p. 28–35
diving, continental shelf exploitation, saturation diving, underwater shelters, decompression, oceanographic exploration 1966 Mar. p. 24–33 [1036]
Ama, diving women, Korea, Japan, breathing, human physiology, basal metabolism, adaptation 1967 May p. 34–43
prolonged underwater work 1967 Aug. p. 44
depth limit 1971 Oct. p. 44
depth limit 1975 Oct. p. 53
diving birds, asphyxia, breathing, diving bradycardia, respiratory gas exchange, diving mammals, hibernation, oxygen storage, selective ischemia, human physiology, redistribution of oxygenated blood and 'master switch of life' 1963 Dec. p. 92–106
diving bradycardia, asphyxia, breathing, respiratory gas exchange, diving mammals, diving birds, hibernation, oxygen storage, selective ischemia, human physiology, redistribution of oxygenated blood and 'master switch of life' 1963 Dec. p. 92–106
diving mammals, asphyxia, breathing, diving bradycardia, respiratory gas exchange, diving birds, hibernation, oxygen storage, selective ischemia, human physiology, redistribution of oxygenated blood and 'master switch of life' 1963 Dec. p. 92–106
diving physiology, whale, breathing 1949 July p. 52–55
diving reflex, observed in man 1977 Aug. p. 57
diving women, Ama, diving, Korea, Japan, breathing, human physiology, basal metabolism, adaptation 1967 May p. 34–43
divorce, adolescence, family, alienation, racial discrimination, poverty, infant mortality, crime, suicide, drug addiction, changes in American family structure 1974 Aug. p. 53–61 [561]
DNA: deoxyribonucleic acid
DNA, heredity, chromosome, RNA, nucleoproteins, protein synthesis, DNA identified as agent of heredity 1953 Feb. p. 47–57 [28]
bacteriophage, genetics, reproduction, tracer experiments, protein coat 1953 May p. 36–39
double helix, X-ray crystallography, genetic code, structure of DNA resolved 1954 Oct. p. 54–61 [5]
virus structure, protein 'overcoat' 1954 Dec. p. 62–70 [32]
genetic code, codon, amino-acid pairing, RNA, Gamow proposes triplet codon 1955 Oct. p. 70–78
bacteria, protein synthesis, genetic code, RNA, protein synthesis by bacterial DNA-RNA in vitro 1956 Mar. p. 42–46
RNA, genetic code, chromosome, protein synthesis, polymers, molecular genetics as of mid-1957 1957 Sept. p. 188–200 [54]
RNA, protein synthesis, recognition of RNA as transcriber of DNA 1959 Dec. p. 55–61
cell nucleus, cytoplasm, cell organelle, chromosome, cell physiology, RNA, endoplasmic reticulum, cytology, nuclear control of cell 1960 Jan. p. 126–136
ribosome, protein synthesis, mRNA, tRNA, nucleus, chromosome, cytology, how cells make molecules 1961 Sept. p. 74–82 [92]
gene mapping, chromosome, bacteriophage, mapping genes by induced and spontaneous mutations 1962 Jan. p. 70–84 [120]
phage X174, gene mutation, single-stranded DNA 1962 July p. 109–116 [128]
genetic code, base triplets, protein synthesis, nucleotide sequence, codon, base triplet established as codon 1962 Oct. p. 66–74 [123]
antibody production, thymus, immunology, lymphocytes, autoimmune disease, thymus role in producing antibodies 1962 Nov. p. 50–57 [138]
ultraviolet radiation, mutation, effects of ultraviolet on weakest links in chain 1962 Dec. p. 135–144 [143]
mRNA, tRNA, genetic code, ribosome, protein synthesis, genetic code elucidated, amino acid 'dictionary' 1963 Mar. p. 80–94 [153]
polyribosomes, protein synthesis, RNA, ribosome 1963 Dec. p. 44–53
chromosome puffs, insect chromosome, RNA synthesis, hormonal induction, gene regulation 1964 Apr. p. 50–58 [180]
hybrid cells, RNA, ribosomal RNA, gene transcription, gene complement, density-gradient centrifugation, DNA-RNA hybridization experiments 1964 May p. 48–56
antibiotics, protein synthesis, streptomycin, genetic code, ribosome, RNA, mutation, 'misreadings' induced by antibiotic alterations of ribosomes 1966 Apr. p. 102–109
mathematical model, computer modeling, giant molecules, cytochrome helix, myoglobin, hemoglobin, molecular modeling 1966 June p. 42–52 [1043]
amino acids, protein synthesis, genetic code, mutation, molecular biology, triplets, RNA, anticodon, ribosomes, triplets, wobble hypothesis 1966 Oct. p. 55–62 [1052]
bacteriophage, virus structure, T4 virus, mutation, morphogenesis, test-tube reconstruction of viral components 1967 July p. 60–74 [1079]
leukocyte, nucleus, Miescher, spermatozoon nucleus, chromatin, hereditary material, discovery of DNA 1968 June p. 78–88 [1109]
chloroplast, mitochondria, symbiosis, cell organelle, prokaryote origin, protein synthesis, plastids, cell evolution, extra-nuclear genetic activity in cell 1970 Nov. p. 22–29 [1203]
gene mutation, RNA-DNA 'reverse' transfer, cancer virus, DNA polymerase, RNA-directed DNA polymerase 1972 Jan. p. 24–33 [1239]
cell nucleus, chromatin, chromosomal proteins, gene regulation, histones, nucleoproteins, oxidative phosphorylation 1975 Feb. p. 46–57 [1315]

genetic code, poliomyelitis virus, protein synthesis, RNA, virus multiplication, virus structure 1975 May p. 24–31
E. coli, gene structure, nucleotide sequence, viral DNA, bacterial virus 0×174, plus-and-minus method 1977 Dec. p. 54–67 [1374]
constant in tissue cells; half as much in egg and sperm cells 1949 Mar. p. 25
assembled in vitro 1956 Sept. p. 114
two-part molecular structure 1958 Apr. p. 50
synthesis of DNA outside living cell 1958 Nov. p. 54
activation of DNA by negative electric charges 1958 Dec. p. 64
mutation mechanism 1961 Apr. p. 82
mRNA, synthesis of RNA 1961 Aug. p. 62
breaking the code 1962 Mar. p. 68
universality of code 1962 July p. 76
template for all the RNA's 1963 Mar. p. 76
how double helix untwists 1963 July p. 69
genetic code, codon has three nucleotides 1964 Mar. p. 54
0X174 DNA synthesized 1968 Feb. p. 51
histone-chromatin scaffold 1975 July p. 46
phase-shift reading 1977 May p. 50
DNA-actinomycin binding, antibiotics, actinomycin, mRNA inhibition, protein synthesis 1974 Aug. p. 82–91 [1303]
DNA fractionation, gene isolation, ribosome, ribosomal RNA-coding genes 1973 Aug. p. 20–29 [1278]
DNA from RNA, RNA-directed DNA polymerase 1970 Sept. p. 82
'central dogma' restated 1970 Nov. p. 44
DNA operator, DNA repressor, gene expression, gene regulation, host-restriction endonuclease, operator-repressor system 1976 Jan. p. 64–76 [1333]
DNA polymerase, DNA synthesis, virus π X 174, cell-free system, activated nucleotides, first test-tube synthesis of biologically active DNA 1968 Oct. p. 64–78 [1124]
DNA, gene mutation, RNA-DNA 'reverse' transfer, cancer virus, RNA-directed DNA polymerase 1972 Jan. p. 24–33 [1239]
DNA R-factor, bacteria, drug resistance, mutation, antibiotics, transferable drug resistance, multiple resistance 1967 Dec. p. 19–27
DNA recombination, adenoviruses, cancer virus, SV40 virus, DNA virus, gene transformation, tumor-virus antigen, virus etiology of cancer 1966 Mar. p. 34–41
DNA repeat segments, evolution, genome size, sDNA, DNA-RNA hybridization 1970 Apr. p. 24–31 [1173]
DNA replication, chromosome replication, chromatid, double helix, micromechanics of reproduction 1958 June p. 36–42 [60]
ultraviolet radiation, mutation rate, radiation damage, thymine dimer, repair of DNA 1967 Feb. p. 36–43
aging, fibroblasts, mitosis, cell culture, somatic cells, cell, experiments in aging 1968 Mar. p. 32–37 [1103]
'Okazaki fragments' 1968 Aug. p. 43
DNA repressor, DNA operator, gene expression, gene regulation, host-restriction endonuclease, operator-repressor system 1976 Jan. p. 64–76 [1333]
DNA-RNA hybridization, DNA repeat segments, evolution, genome size, sDNA 1970 Apr. p. 24–31 [1173]
DNA sequence, bacteria, proteolysis, infection, viral DNA, restriction enzymes, bacterial recognition and rejection of exotic DNA 1970 Jan. p. 88–102 [1167]
DNA structure, protein structure, amino-acid sequence, gene-protein colinearity, mutation, gene mapping, base 1967 May p. 80–94 [1074]
DNA synthesis, autoradiography, bacterial chromosome, labeled thymine, incorporation in DNA chain, relation of template and new chain 1966 Jan. p. 36–44 [1030]
virus π X 174, cell-free system, DNA polymerase, activated nucleotides, first test-tube synthesis of biologically active DNA 1968 Oct. p. 64–78 [1124]
lac operator, recombinant DNA 1977 Jan. p. 47
DNA transcription, electron microscopy, gene action visualized, ribosome, mRNA 1973 Mar. p. 34–42 [1267]
process of RNA synthesis 1962 Feb. p. 76
'split' genes 1978 Feb. p. 76
DNA virus, adenoviruses, cancer virus, SV40 virus, DNA recombination, gene transformation, tumor-virus antigen, virus etiology of cancer 1966 Mar. p. 34–41
Doctor of Philosophy, *see:* Ph.D.
doctor-patient relations, medical care, medical jargon 1972 Aug. p. 66–74
medical care, informed consent, medical ethics, placebos 1974 Nov. p. 17–23
malpractice insurance, medical care, medical malpractice 1976 Aug. p. 18–23
doctorates, intellectual resources of U.S., college graduates, test scores 1951 Sept. p. 42–46
Dodgson, mathematics, logic, Carroll, 'Alice in Wonderland', Lewis Carroll (Charles Lutwidge Dodgson), biography 1956 Apr. p. 116–128
symbolic logic, barber paradox, mathematics, paradox 1972 July p. 38–46
dog, badger, horse, cheetah, locomotion, deer, comparative anatomy, running, how animals run 1960 May p. 148–157
cooling by panting 1970 Nov. p. 46
oldest known fossil 1975 Dec. p. 50
dolorimeter, pain, what is pain? 1953 Mar. p. 59–66
dolphin, gas exchange in deep diving 1970 Mar. p. 64
domed roof, air conditioning, air vent, wind tower, architecture, cooling system, passive cooling systems in Iranian architecture 1978 Feb. p. 144–154 [705]
domes, hot spots, island arcs, plate tectonics, ocean rifts, plumes, volcanoes 1976 Aug. p. 46–57 [920]
domestic animals, Macedonia, Nea Nikomedeia, Neolithic village, clay figurines, agricultural society, oldest Neolithic site in Europe 1965 Apr. p. 82–92
water buffalo, animal husbandry, agricultural water buffalo as draft and 'beef' animal 1967 Dec. p. 118–125 [1088]
donkeys , animal husbandry, mules, horse, genetics and natural history of mule 1970 Dec. p. 102–109 [1208]
dopamine, acetylcholine, adrenalin, catecholamines, drug effects, nerve physiology, neurotransmitters, noradrenaline 1974 June p. 58–71 [1297]
brain function, cyclic AMP, endocrine system, messenger molecules, nervous system, neurotransmitters, L-DOPA treatment, Parkinson's disease, 'second messengers', brain endocrinology 1977 Aug. p. 108–119 [1368]
'doping', junction transistor, germanium crystal, triode 1952 July p. 28–32
materials technology, solid state physics, crystal defects, epitaxial growth, surface chemistry, precipitation in solids, chemical properties of materials 1967 Sept. p. 210–220
Doppler effect, Mössbauer effect, relativity theory, atomic clock, resonance absorption, general relativity tested by atomic clock 1960 Apr. p. 72–80 [271]
solar system, astronomical unit, space exploration, Venus probes, radar, Earth-Sun distance more precisely measured 1961 Apr. p. 64–72
stellar rotation, stellar evolution, spectroscopy, violet shift, red shift, correlation of rotational velocity with mass 1963 Feb. p. 46–53
hydroxyl radical, microwaves, galaxy, radio-absorption, gas clouds 1965 July p. 26–33
planetary motion, radar astronomy, delay-Doppler mapping, Mercury, Venus, microwaves 1968 July p. 28–37
spectroscopy, red shift, quasars, shell hypothesis, radio source, absorption lines clue to quasar structure 1970 Dec. p. 22–29
energy levels, gas laser, laser spectroscopy, spectroscopy 1973 Dec. p. 69–85
Doppler shift, interstellar gas, magnetic field, radio 'photographs', structured in shells and filaments rather than clouds 1978 Jan. p. 74–84 [394]
dormancy, adaptation, germination, seed dispersal 1959 Apr. p. 75–84
biological clock, circadian rhythm, diapause, insect behavior, insect metabolism, photoperiodicity 1976 Feb. p. 114–121 [1335]
dormin, auxins, plant growth, cytokinins, plant hormones, giberellin 1968 July p. 75–81 [1111]
Dorset culture, Arctic, Stone Age hunters, Alaska, Siberia, Greenland, circumpolar Stone Age culture 1954 June p. 82–88
village in Alaska 1954 Sept. p. 78
dosimetry, cancer therapy, isotopes, X-ray, radiotherapy, ionizing radiation, roentgenology, nuclear medicine, radiation use in medicine 1959 Sept. p. 164–176
double bind, schizophrenia, emotional illness, psychoanalysis, psychiatry, psychosis, neurosis, taxonomy of emotional illness, family therapy 1962 Aug. p. 65–74 [468]
double helix, DNA, X-ray crystallography, genetic code, structure of DNA resolved 1954 Oct. p. 54–61 [5]
chromosome replication, DNA replication, chromatid, micromechanics of reproduction 1958 June p. 36–42 [60]
double stars, *see:* binary stars

Douglass, dendrochronology, science history, A.E. Douglass and tree-ring clock 1952 Jan. p. 54–58
Down's syndrome, epidemiology, stress, anoxia, pregnancy, trisomy 21, etiology of Down's syndrome 1952 Feb. p. 60–66
chromosomal anomalies, Klinefelter's syndrome, trisomy 21, genetic defect, meiosis, mitosis, gene translocation, nondisjunction, afflictions associated with abnormal chromosome complement 1961 Nov. p. 66–76 [150]
leukemia, leukocyte, cancer, chemotherapy, virus, ionizing radiation, origin and treatment of lymphocytic and granulocytic leukemia 1964 May p. 88–96
amniocentesis, enzyme deficiency, genetic disease, prenatal genetic diagnosis, hemophilia, Tay-Sachs disease, chromosomal anomalies 1971 Nov. p. 34–42 [1234]
partial trisomy 1965 July p. 48
fertilization delay 1968 Apr. p. 50
drainage, chinampa, canals, Mexican agriculture, agricultural system, Aztec civilization, highly productive farm plots, Aztec empire 1964 July p. 90–98 [648]
drainage patterns, climatic change, water erosion, rivers, river evolution 1967 Apr. p. 84–94
dreams, psychoanalysis, Freud 1949 May p. 44–47 [495]
content analysis, 10,000 dreams 1951 May p. 60–63
sleep, electroencephalography, REM sleep, function of dreams 1960 Nov. p. 82–88 [460]
sleep research, electroencephalography, reticular formation, brain waves, paradoxical sleep, REM sleep, cat brain, the states of sleep 1967 Feb. p. 62–72 [504]
drilling platforms, marine technology, ocean, supertankers, submersibles, containerization, technology and the ocean 1969 Sept. p. 198–217 [887]
drip irrigation, irrigation, trickle irrigation, agricultural technology 1977 Nov. p. 62–68 [1371]
droplet-levitation technique, cavitation, liquids, negative-pressure concept, tensile strength, surface tension 1972 Dec. p. 58–71
dropsy, digitalis, foxglove, heart physiology, digitoxin, cardiac insufficiency, history of digitalis 1965 June p. 110–119
Drosophila, population genetics, evolution, E. coli, mutation, sexual recombination, speciation, natural selection, genetic basis of evolution 1950 Jan. p. 32–41 [6]
drought, dust storms, dry-land farming, soil reclamation, agricultural technology, mulch, shelter belts, U.S. High Plains 1948 1948 Aug. p. 7–11
drug abuse, metabolism, alcohol tolerance, liver function, acetaldehyde 1953 Dec. p. 86–90
Cannabis sativa, marijuana, consciousness, pharmacology, sociology 1969 Dec. p. 17–25 [524]
drug action, spider webs, animal behavior, abnormal behavior 1954 Dec. p. 80–86
chelation, hemochromatosis, lead poisoning, pharmacology, Wilson's disease, metal poisoning, heavy metal poisoning, bone cancer, salicylates, aspirin, cancer therapy, chemotherapy, medical exploitation of chelates 1966 May p. 40–50
analgesics, morphine, opium, poppy, heroin, codeine, Bentley's compound, search for strong, safe analgesic 1966 Nov. p. 131–136 [304]
brain function, drug addiction, endodorphins, enkephalins, internal opiates, opiate receptors, brain endocrinology 1977 Mar. p. 44–56
hyperactivity 1974 July p. 47
drug addiction, narcotics, withdrawal syndrome, rats and monkeys, voluntary self-injection 1964 Mar. p. 46–52 [178]
alkaloids, hallucinogens, mental health, consciousness alteration, LSD, psychosis, psilocybin, mescaline, effects of LSD 1964 Apr. p. 29–37 [483]
morphine, opiate-directed behavior, withdrawal syndrome, self-addiction in rat 1965 Feb. p. 80–88
medical history, morphine, hypodermic medication, mechanisms of morphine addiction 1971 Jan. p. 96–102
adolescence, family, alienation, racial discrimination, divorce, poverty, infant mortality, crime, suicide, changes in American family structure 1974 Aug. p. 53–61 [561]
brain function, drug action, endodorphins, enkephalins, internal opiates, opiate receptors, brain endocrinology 1977 Mar. p. 44–56
emotional illness, community mental-health centers, skid row, psychoactive drugs, 'deinstitutionalization' of the emotionally ill 1978 Feb. p. 46–53 [581]
heroin on increase 1949 Feb. p. 29
methadone guidelines 1970 July p. 50
epidemiology of addiction 1973 Oct. p. 50
heroin epidemiology 1975 Feb. p. 41
cocaine, addiction fashionable 1977 Nov. p. 75
drug-effectiveness, evaluation 1966 Aug. p. 42
drug effects, chemotherapy, liver function, pharmacology, vaccine, hormone, antibiotics, medical care, herbial medicine 1973 Sept. p. 102–112
acetylcholine, adrenalin, catecholamines, dopamine, nerve physiology, neurotransmitters, noradrenaline 1974 June p. 58–71 [1297]
drug inactivation, alcohol metabolism, detoxification, enzyme, liver function, metabolism of drugs, cirrhosis 1975 June p. 22–31 [1322]
drug-induced imagery, central nervous system, hallucination, perceptual illusions, perceptual-release theory 1977 Oct. p. 132–140 [579]
drug prescription, pharmaceutical industry, prostheses, F.D.A., medical care, medical economics, drug research, medical laboratory services 1973 Sept. p. 161–166
FDA wants physician's OK for refills 1949 Aug. p. 25
drug research, cancer, tissue culture, clone, somatic cells, technique and uses of tissue culture 1956 Oct. p. 50–55
pharmaceutical industry, prostheses, F.D.A., medical care, medical economics, drug prescription, medical laboratory services 1973 Sept. p. 161–166
drug resistance, bacteria, gene transformation, streptomycin, pneumococcus, recombinant DNA, biochemistry of Avery, McLeod and McCarty experiment 1956 Nov. p. 48–53 [18]
mutation, penicillin, bacteriology 1961 Mar. p. 66–71
bacteria, mutation, DNA R-factor, antibiotics, transferable drug resistance, multiple resistance 1967 Dec. p. 19–27
antibiotic resistance, bacteria, infectious disease, gene mutation, plasmids, Rh factor, bacterial conjugation 1973 Apr. p. 18–27 [1269]
drug therapy, fatty acids, feedback, hormone-like substances, nervous system, prostaglandin 1971 Nov. p. 84–92 [1235]
drugs, tuberculosis, facilitate surgery 1954 Sept. p. 80
Druid holiday, Halloween, anthropology 1951 Oct. p. 62–66
drums, African drum language, communication, gong language, talking drums 1971 Dec. p. 90–94
drunkeness, alcoholism, metabolism, physiological individuality conditions effect of alcohol 1948 Dec. p. 50–53
dry ice, weather control, cloud seeding, silver iodide, Project Cirrus, condensation nuclei 1952 Jan. p. 17–21
dry ice fogs, Mars, Martian atmosphere, dust storms, wind erosion, Mariner voyages 1977 July p. 34–43
dry-land farming, dust storms, drought, soil reclamation, agricultural technology, mulch, shelter belts, U.S. High Plains 1948 1948 Aug. p. 7–11
dust storms, Great Plains, marginal farmlands, wind erosion, agricultural technology 1954 July p. 25–29
dual-resonance model, high-energy physics, hadrons, light-string theory, quark, strong interactions 1975 Feb. p. 61–67
Dublin Institute for Advanced Study, high-energy physics, report on a visit by Leopold Infeld 1949 Oct. p. 11–15
duck-billed platypus, lactogenesis, isotope tracing, milk, mammal, synthesis of milk 1957 Oct. p. 121–128
ducks, animal behavior, imprinting, auditory interaction 1972 Aug. p. 24–31 [546]
duckweed, leaf shape, aging, systematic study of familiar amateur observation 1949 Oct. p. 22–24
ducted fan, gas turbine, aircraft propulsion, centrifugal compressor, axial-flow compressor, electric power generation 1953 Nov. p. 65–72
ductility, materials technology, steel, transformation-induced plasticity, strength 1968 Nov. p. 36–45
ductus arteriosus, cardiology, Fallot tetralogy, cardiovascular surgery 1950 Jan. p. 14–17
dung beetles, beetle, cattle, coprid beetles 1974 Apr. p. 100–109
Dunkers, genetic drift, endogamous group, ear lobes, blood typing, 'hitch-hiker's' thumb 1953 Aug. p. 76–81 [1062]
Durer, projective geometry, Renaissance paintings, Leonardo, Desargue's theorem, Pascal's theorem, mathematics, projective geometry as systematized by Poncelet and Klein 1955 Jan. p. 80–86
Durham rule, criminal law, expert witnesses, insanity defense, M'Naghten rule, psychiatrists as witnesses 1974 June p. 18–23
dust, climate, volcanoes, solar radiation, world climate and volcanic activity 1952 Apr. p. 74–80 [843]
dust cloud hypothesis, solar system, Sun, cosmology, gravity, light pressure, gravitational collapse, thermonuclear reaction, genesis of

solar system 1948 May p. 35–45
binary stars, photophoresis, gravitational collapse, element abundance, angular momentum, origin of the Earth 1952 Oct. p. 53–61 [833]
scenario refined 1949 Dec. p. 29
dust clouds, Milky Way, nebulae, globular cluster stars, spiral arms, galactic center, seeing a galaxy from the inside 1950 Feb. p. 30–39
dust storms, drought, dry-land farming, soil reclamation, agricultural technology, mulch, shelter belts, U.S. High Plains 1948 1948 Aug. p. 7–11
air pollution, catalysis, combustibility, fly ash, metallurgy, fine particles 1950 Dec. p. 50–53
dry-land farming, Great Plains, marginal farmlands, wind erosion, agricultural technology 1954 July p. 25–29
Mars, terrestrial planets, cratering, tectonic processes, mountain formation, erosion, hydrology, solar system 1975 Sept. p. 106–117
sand dune classification, haboob, soil erosion 1976 Oct. p. 108–114
Mars, Martian atmosphere, dry ice fogs, wind erosion, Mariner voyages 1977 July p. 34–43
Dutch elm disease, an antidote 1952 Feb. p. 38
dwarf stars, degenerate gas, gravitational collapse, white dwarfs, binary stars, 'dying' stars 1959 Jan. p. 46–53
globular cluster stars, H-R diagram, spectroscopy, stellar evolution, subdwarf stars bluer because poorer in heavy elements 1961 June p. 111–120
dwarfism, ateliosis, midgets, pituitary insufficiency, genetic disease, congenital anomalies, consanguinity, growth hormone deficiency, panhypopituitarism, General Tom Thumb 1967 July p. 102–110
ACTH, child development, emotional deprivation, growth hormone, deprivation dwarfism, 'bone age', anorexia nervosa 1972 July p. 76–82 [1253]
dye, science history, mauveine, coal-tar chemistry, 'Perkin reaction', biography of William Perkin 1957 Feb. p. 110–117
light-matter interaction, photochemistry, flash photolysis, ultraviolet light, photolysis, triplet state, photoreduction, photooxidation 1968 Sept. p. 158–170
dynamic scattering, liquid crystals, display devices, storage mode, television receiver 1970 Apr. p. 100–106
dynamo, electromagnetic induction, science history, Faraday to dynamo 1961 May p. 107–116
dysentery, bacteria, flies, epidemiology, maggot, virology, disease vector 1965 July p. 92–99
dyslexia, visual perception, bilingualism, eye movement, grammatical relations, language, reading, perception of words 1972 July p. 84–91 [545]

E

E. Coli: Escherichia coli
E. coli, population genetics, evolution, Drosophila, mutation, sexual recombination, speciation, natural selection, genetic basis of evolution 1950 Jan. p. 32–41 [6]
evolution, penicillin resistance, mutation rate, evolution observed 1953 Oct. p. 78–83
DNA, gene structure, nucleotide sequence, viral DNA, bacterial virus 0×174, plus-and-minus method 1977 Dec. p. 54–67 [1374]
ear, deafness, directional orientation, hearing, cochlea 1957 Aug. p. 66–78 [44]
human anatomy, sensory perception, neuropsychology, eye, Descartes, 17th c. approach to human perception, mechanistic hypothesis 1964 May p. 108–116 [184]
ear lobes, Dunkers, genetic drift, endogamous group, blood typing, 'hitch-hiker's' thumb 1953 Aug. p. 76–81 [1062]
Early Iron Age culture, Africa, Bantu language, language diffusion, linguistics 1977 Apr. p. 106–114
Earth, glaciation, orbital motion, eccentricities of motion, Milankovitch forecast, correlating glacial and sidereal time tables 1948 Oct. p. 40–45
solar eclipse, orbital motion, moon 1954 Feb. p. 36–40
glaciation, Antarctic glacier, climate, sea level, hydrologic cycle 1955 Sept. p. 84–92 [809]
rocket photograph, Earth from space 1955 Sept. p. 109–112
atmospheric circulation, solar energy, Earth rotation, circulation of the atmosphere 1955 Sept. p. 114–124
ionospheric winds, lunar tide, the ionosphere 1955 Sept. p. 126–138
aurora, airglow, corpuscular streams, solar spicules, nightglow, aurora and airglow 1955 Sept. p. 140–150
geomagnetism, remanent magnetism, wandering poles, magnetic reversals, Earth's magnetism 1955 Sept. p. 152–162
ocean circulation, gyres, wind, upwelling, the circulation of the oceans 1955 Sept. p. 96–104
atmospheric tides, ozone, ultraviolet radiation, ultraviolet-radiation hypothesis 1962 Dec. p. 48–55
tektites, meteorites, moon, moon as source of tektites 1964 Feb. p. 50–57
orbital motion, stellar aberration, Gamma Draconis, discovery of stellar aberration by James Bradley 1964 Mar. p. 100–108
artificial satellite, orbital motion, geoid, equatorial bulge, shape of the Earth 1967 Oct. p. 67–76 [873]
biosphere,.evolution, photosynthesis, environment, atmosphere-hydrosphere cycles, introduction to single-topic issue on biosphere 1970 Sept. p. 44–53 [1188]
planets, solar system, Venus, cratering, Venutian atmosphere 1975 Sept. p. 70–78
geoid, gravitation anomalies, Vening-Meinesz apparatus, Earth's gravity 1955 Sept. p. 164 [812]
magnetism, decreasing strength of magnetic field 1957 Feb. p. 64
age of Earth's 4,5 billion-year-old rocks 1960 May p. 95
ellipticity of equator 1961 Apr. p. 75
natural satellites 1961 Aug. p. 71
sedimentary to metamorphic transition 1963 May p. 75
Lunar Orbiter I photograph from moon 1966 Oct. p. 42
Earth age, 4.5 billion years 1954 Jan. p. 40
Earth atmosphere, Aerobee-Hi rocket data 1961 Aug. p. 64
Earth core, geology, seismology, Earth science, science, Earth mantle, geochronology, ocean floor, geology 1900-1950 1950 Sept. p. 36–39
Earth heat, Earth mantle, convection currents, heat flow, radioactivity 1950 Dec. p. 54–57
Earth mantle, earthquakes, seismology, the interior of the Earth 1955 Sept. p. 56–61 [804]
geomagnetism, geophysics, electromagnetism, magnetohydrodynamics, convection currents, origin of terrestial magnetism 1958 May p. 44–48
earthquakes, seismic waves, Earth mantle, low frequency seismic waves elucidate Earth structure 1959 Mar. p. 131–143 [827]
electromagnetic waves, micropulsations, magnetic field, Earth mantle, longest electromagnetic wave 1962 Mar. p. 128–137
iron-nickel alloy, high-pressure technology, X-ray diffraction, crystallography, core studies by analogy, diffraction patterns of iron alloys 1965 June p. 100–108
earthquakes, underground nuclear explosions, seismic waves, fine structure of Earth's interior, core within core 1973 Mar. p. 24–33 [906]
Earth heat, heat flow, plate tectonics 1977 Aug. p. 60–76 [927]
Earth crust, mountain formation, isostasis, granitization, ocean basins, ocean floor, tectonic processes, comprehensive review of understanding (before acceptance of continental drift) 1950 May p. 32–41
continental evolution, volcanoes, island arcs, sedimentation, origin of the continents 1955 Sept. p. 62–66 [816]
Pacific Ocean, Acapulco trench, Tonga Trench, Cedros Trough, ocean floor 1955 Nov. p. 36–41 [814]
isotope dating, radioactive decay, solar system, meteorites, age of solar system 1957 Apr. p. 80–94 [102]
Mohorovicic discontinuity, Mohole, Earth mantle, technology, objectives of Mohole Project 1959 Apr. p. 41–49
mining, metal ores, natural resources, natural concentration of metals 1960 June p. 146–154
earthquake prediction, laser, strain gauge, interferometry 1969 Dec. p. 88–95
continental drift, plate tectonics, scaling, subduction, sea-floor spreading, Triassic period, Pangaea, computer modeling, supercontinents, breakup of Pangaea traced 1970 Oct. p. 30–41 [892]
deep-sea drilling, ocean evolution, Pacific plate, plate tectonics, sedimentary cores, voyager of the Glomar Challenger 1973 Nov. p. 102–112 [911]
atmosphere, geochemical cycle, hydrologic cycle, lithospheric cycle 1974 June p. 72–79 [414]
Earth evolution, plate tectonics, solar system, erosion 1975 Sept. p. 82–90
Earth heat, Earth mantle, convection currents, Earth core, heat flow, radioactivity 1950 Dec. p. 54–57

electric power generation, geothermal power 1972 Jan. p. 70–77 [898]
Earth core, heat flow, plate tectonics 1977 Aug. p. 60–76 [927]
Earth history, minerals, fluid inclusions, geology, ancient fluids in crystals 1962 Oct. p. 38–47 [854]
Earth magnetic field, lightning, radio, ionosphere, 'whistlers', radio echoes of lightning 1956 Jan. p. 34–37
Antarctica, 'whistlers', upper atmosphere, solar wind, aurora, atmosphere-magnetic field-solar wind interaction 1962 Sept. p. 74–83 [858]
aurora borealis, solar wind, solar corona, Van Allen belts, comet tails, magnetic storms 1964 Apr. p. 66–76
plasma, solar radiation, ionosphere, geomagnetism, barium clouds, magnetosphere, electric field, artificial plasma clouds from rockets 1968 Nov. p. 80–92
triple equatorial electrojet 1959 Sept. p. 110
flipped magnetic poles 1963 Oct. p. 62
Earth mantle, tectonic processes, mountain formation, convection currents, the 'blister hypothesis' 1949 June p. 16–21
geology, seismology, Earth science, science, Earth core, geochronology, ocean floor, geology 1900-1950 1950 Sept. p. 36–39
Earth heat, convection currents, Earth core, heat flow, radioactivity 1950 Dec. p. 54–57
granitization 1955 Apr. p. 77–82
Earth core, earthquakes, seismology, the interior of the Earth 1955 Sept. p. 56–61 [804]
earthquakes, seismic waves, Earth core, low frequency seismic waves elucidate Earth structure 1959 Mar. p. 131–143 [827]
Earth crust, Mohorovicic discontinuity, Mohole, technology, objectives of Mohole Project 1959 Apr. p. 41–49
Earth core, electromagnetic waves, micropulsations, magnetic field, longest electromagnetic wave 1962 Mar. p. 128–137
plastic zone, seismology, isostatic equilibrium, basalt, Mohorovicic discontinuity, plastic zone at depth between 37 and 155 miles 1962 July p. 52–59
continental drift, plate tectonics, sea-floor spreading, ocean ridges, convection currents, tensile-stress hypothesis 1969 Nov. p. 102–119
kimberlites, meteorite composition, plate tectonics, seismic waves, plumes, Earth dynamics 1975 Mar. p. 50–63 [915]
convection cells, convection currents, plate tectonics, driving force of continental drift, large-scale circulation 1976 Nov. p. 72–89 [921]
diamond, plumes, kimberlite pipes, volcanic eruption, genesis of kimberlite pipes 1978 Apr. p. 120–132 [931]
plumes found to be intermittent 1973 July p. 48
Yellowstone Park thermal plume 1975 Feb. p. 43
Earth mantle convection, ocean floor, Pacific Ocean, Mendocino escarpment, fracture zones, seamounts 1955 July p. 36–41
hot spots and plumes 1972 Nov. p. 51
Earth-Moon system, day's length, lunar orbit, moon, tides 1972 Apr. p. 42–52
earth-moving, excavating machines, tunneling, rock borers, surface mining, mining 1967 Nov. p. 74–85
Earth radius, 6,378,260 meters 1956 July p. 50
Earth rotation, Earth, atmospheric circulation, solar energy, circulation of the atmosphere 1955 Sept. p. 114–124
Chandler wobble, earthquake effects, precession 1971 Dec. p. 80–88 [897]
cosmic background radiation, 'new ether drift' 1967 May p. 54
Earth satellite, orbital motion, space exploration 1955 Dec. p. 29–33
gamma-ray astronomy, astronomy, telemetry, first glimpse of gamma-ray sky 1962 May p. 52–61
U.S. plans for 1957 1955 Sept. p. 68
U.S.S.R. plans for 1957 1955 Oct. p. 45
Federal machinery 1955 Dec. p. 52
Earth science, geology, seismology, science, Earth core, Earth mantle, geochronology, ocean floor, geology 1900-1950 1950 Sept. p. 36–39
earthquake deformations, Earth's wobble 1968 Nov. p. 60
earthquake distribution, Andes, mountain formation, plate tectonics, seismic waves, volcanic activity 1973 Aug. p. 60–69 [910]
earthquake dynamics, earthquake prediction, ground motion, seismic waves, strong-motion seismology 1977 Dec. p. 68–78 [928]
earthquake effects, Chandler wobble, Earth rotation, precession 1971 Dec. p. 80–88 [897]
earthquake in Peru, glacier-mud damage 1970 Aug. p. 46
earthquake prediction, laser, strain gauge, interferometry, Earth crust 1969 Dec. p. 88–95
plate-boundary stresses, seismology, earthquake precursors 1975 May p. 14–23 [917]
earthquake dynamics, ground motion, seismic waves, strong-motion seismology 1977 Dec. p. 68–78 [928]
patterns in the seismograph 1950 Sept. p. 48
instrumentation proposed 1965 Nov. p. 52
earthquake zones, continental drift, magnetization patterns, subduction zones, mountain formation, plate tectonics, sea-floor spreading, overview of the new geology 1972 May p. 56–68 [900]
island arcs, lithospheric subduction, mountain formation, plate tectonics, sea-floor spreading, subduction zones, volcanic zones 1975 Nov. p. 88–98 [919]
mountain formation, continental drift, Gobi Desert, Himalaya formation, India-Eurasia collision, plate tectonics, sea-floor spreading, Tibetan plateau 1977 Apr. p. 30–41
earthquakes, microseisms, seismology, weather 1949 Feb. p. 42–45
tsunamis, 'tidal' waves 1954 Aug. p. 60–64
Earth core, Earth mantle, seismology, the interior of the Earth 1955 Sept. p. 56–61 [804]
seismic waves, Earth core, Earth mantle, low frequency seismic waves elucidate Earth structure 1959 Mar. p. 131–143 [827]
ocean floor, East Pacific Rise, subterranean heat flow, trench faults, convection currents 1961 Dec. p. 52–61
seismology, resonance vibration, seismic waves, Earth's free oscillations 1965 Nov. p. 28–37
atomic test ban, atomic bomb test, underground nuclear explosions, seismology, arms control, detection and discrimination of underground atomic weapons tests 1966 July p. 19–29
continental drift, sea-floor spreading, magnetic reversals, crustal movement, plate tectonics 1968 Dec. p. 60–70 [875]
plate boundaries, plate tectonics, San Andreas fault 1971 Nov. p. 52–68 [896]
Earth core, underground nuclear explosions, seismic waves, fine structure of Earth's interior, core within core 1973 Mar. p. 24–33 [906]
seismographic interpretation 1960 Aug. p. 75
quick-clay liquefaction 1965 Dec. p. 42
Los Angeles, San Andreas fault 1971 Apr. p. 48
ground displacement 1972 July p. 51
helpful safety hints 1973 Mar. p. 48
earthworks, Arawak Indians, flood plain, agricultural system, ridged fields, New World archeology 1967 July p. 92–100
earwax, variations by race 1971 June p. 56
East Pacific Rise, ocean floor, subterranean heat flow, trench faults, earthquakes, convection currents 1961 Dec. p. 52–61
East-West trade, economic development, European economy, trade deficit, Economic Commission for Europe, industrial reconstruction 1948 July p. 9–15
Easter Island, Polynesian culture, stone heads 1949 Feb. p. 50–55
Ebla tablets, Old Testament origins 1977 Sept. p. 101
eccentricities of motion, glaciation, orbital motion, Earth, Milankovitch forecast, correlating glacial and sidereal time tables 1948 Oct. p. 40–45
ecdysone, actinomyosin, cortisone, insulin, estrogens, gene activation, RNA synthesis, aldosterone, growth hormone, ACTH, thyroxin, mechanism of hormone action 1965 June p. 36–45 [1013]
Escherichia coli, *see:* E. coli
Echo II satellite, artificial satellite, communication satellite, telecommunication, orbital motion, radio, satellite communication systems, consideration of alternatives 1961 Oct. p. 90–102
echo-sounding, ocean floor, topography, Aleutian Trench, seamounts, fathogram, sonar, the Pacific floor 1952 Apr. p. 19–33
auditory discrimination, bats, bat sonar, sonar, sensory perception, supersonic sonar of bats 1958 July p. 40–49 [1121]
sonar, ocean floor, plankton, deep-sea scattering layer, photic zone, 'false bottom' 1962 July p. 44–50
ultrasonics, medical diagnosis, optics, computer-assisted imaging, sonar, imaging internal organs by ultrasound 1978 May p. 98–112 [1389]
echo viruses, enteroviruses, poliomyelitis virus, Coxsackie virus, tissue culture, epidemiology, benign and infectious intestinal viruses 1959 Feb. p. 88–97
eclipse, *see:* solar eclipse
eclipse phenomena, chromosphere, corona, photosphere, solar corona, Sun 1973 Oct. p. 68–79
predicted by Maya 1973 Nov. p. 50
ecological adaptation, animal behavior, habitat selection, heredity, learning, field experiments with mice 1964 Oct. p. 109–116 [195]

ecological cycles, DDT residues, insecticide, fallout, food chain, ecological redistribution of pollutants 1967 Mar. p. 24–31 [1066]
ecological fragility, rain-forest ecosystem, slash-burn agriculture, tropical rain forest, fungal hyphae 1973 Dec. p. 58–67 [1286]
ecological niche, extinction, species specificity, adaptation, natural selection, evolutionary radiation, 'Is man here to stay?' 1950 Nov. p. 52–55
symbiosis, reef ecology, cleaning behavior, animal behavior, behavioral integration of reef ecology 1961 Aug. p. 42–49 [135]
cryptozoa, Berlese funnel, natural history, cryptosphere, animal behavior, life under rocks and rotting logs 1968 July p. 108–114 [1112]
danger of intercontinental animal transport 1957 Apr. p. 76
ecological staircase, Pacific Coast marine terraces 1976 Apr. p. 56
ecological system, feedback, control loop, servomechanisms, flyball governor, positive feedback, negative feedback, nervous system, economic system, automatic control, feedback concept 1952 Sept. p. 48–55
ecological warfare, bomb craters, cratering, defoliation, laterization, Vietnam war 1972 May p. 20–29 [1248]
ecology, Krakatoa, volcanic eruption, plant succession 1949 Sept. p. 52–54
eelgrass, marine ecology, foodchain, fungal infection, account of an ecological catastrophe 1951 Jan. p. 52–55
strangler trees, evolution, tropical rain forest 1954 Jan. p. 78–80
estuary, natural history, a teeming life province 1954 May p. 64–68
alfalfa caterpillar, insecticide, life cycle, agricultural pest, wilt disease, predation 1954 June p. 38–42
caves, degenerative evolution 1955 May p. 98–106
foodchain, food chain, human population, population density, 'the human crop' 1956 Apr. p. 105–112
energy cycle, biomass, solar energy, food chain, element abundance, autotrophs, heterotrophs, the ecosphere 1958 Apr. p. 83–92
climate, marshland, swamp, eutrophication, wetlands, natural history of marsh, effect on climate 1958 Oct. p. 114–122 [840]
fire, forestry, grassland, forest fire, role of fire in climax ecology 1961 Apr. p. 150–160 [1099]
Antarctica, oceanography, marine biology, food chain, krill, blue whale, Antarctic convergence, biological province of Antarctic convergence 1962 Sept. p. 186–210
Antarctica, fauna, flora, lichens, blue-green algae, Antarctica terrestrial life 1962 Sept. p. 212–230 [865]
predation, plant toxins, food chain, milkweed, blue jay, predator-prey relationship, mimicry, chemical defense against predation 1969 Feb. p. 22–29 [1133]
calefaction, Connecticut River, fission reactor, thermal pollution, industrial cooling, nuclear power, fisheries, fish crisis 1970 May p. 42–52 [1177]
forest communities, lichens, algae, food chain, nitrogen cycle, treetop ecosystems 1973 June p. 74–80 [1274]
forest succession, trees, leaf distribution 1975 May p. 90–98 [1321]
Australia, behavioral adaptation, insect behavior, sand wasps, solitary insects, Bembix 1975 Dec. p. 108–115
surface tension, water-strider, backswimmer, whirligig beetle, springtail, aquatic insect, insects of the water surface 1978 Apr. p. 134–142 [1387]
bacteria in sourdough 1973 Nov. p. 50
see also: reef ecology, ecosystem, climax ecosystem, sand-dune ecology and the like
ecology of soil, soil structure, chernozems, podzols, latozols, tundra, alluvial soils, agronomy, soil erosion, the soils of the world and their management 1950 July p. 30–39
economic analysis, 'cost-push' inflation, 'demand-pull', inflation, input-output analysis 1971 Nov. p. 15–21
business cycle, economic forecasting, economic indicators 1975 Jan. p. 17–23
economic botany, hickory, fences, axe-handles, smoked ham, hickory nuts, forest, natural history, shagbark hickory 1948 Sept. p. 40–43
Economic Commission for Europe, economic development, European economy, trade deficit, East-West trade, industrial reconstruction 1948 July p. 9–15
economic development, European economy, trade deficit, Economic Commission for Europe, East-West trade, industrial reconstruction 1948 July p. 9–15
Middle East oil, petroleum resources, energy economics, Persian Gulf fields, Iran, Iraq, Saudi Arabia 1948 Sept. p. 9–15
epidemiology, morbidity, mortality rates, income status, occupational health, 'social medicine'; environment, material well-being, behavior of disease 1949 Apr. p. 11–15
tuberculosis, tubercle bacillus, mortality rates, public health, science history, popularization of well-being, not therapy, ends 'white plague' 1949 Oct. p. 30–41
world population, Malthusian doctrine 1950 Feb. p. 11–15
developing countries, technical assistance, industrialization, 'point four' 1950 Mar. p. 16–19
agricultural production, poverty, education, language, Peru, literacy, Cornell-Peru experiment in economic development 1957 Jan. p. 37–45
soil erosion, irrigation, agricultural technology, poverty, afforestation, Mediterranean Project, United Nations 1960 July p. 86–103
irrigation, Mekong river, monsoons, floods, hydro-engineering, rice, Mekong river plan, United Nations 1963 Apr. p. 49–59
technology transfer, Industrial Revolution, introduction to single-topic issue on technology and economic development 1963 Sept. p. 52–61
demographic transition, industrialization, urbanization, population control, family planning, economic development and the demographic transition 1963 Sept. p. 62–71 [645]
agricultural technology, technology transfer, human nutrition, food production, nutritional self-sufficiency in economic development 1963 Sept. p. 72–80 [1153]
industrialization, water supply, irrigation, desalination, water resource management, technology and economics of water in economic development 1963 Sept. p. 92–108
energy technology, industrialization, population, fuel consumption, energy resources, energy requirements and resources for economic development 1963 Sept. p. 110–126
technology transfer, industrialization, mineral resources, metal consumption, natural resources and technological substitution 1963 Sept. p. 128–136
industrial technology, industrialization, education, human-resource development, education for economic development 1963 Sept. p. 140–147
input-output analysis, developed countries, developing countries, complementary economic structures of developed and underdeveloped countries 1963 Sept. p. 148–166 [617]
industrial technology, Nigeria, technology transfer, tribal politics, economic development of former colonial region 1963 Sept. p. 168–184
industrialization, population control, agricultural production, technology transfer, food production, economic planning, India, economic development by democratic planning 1963 Sept. p. 189–206
industrialization, tropical rain forest, subsistence economy, tropical rain forest, urbanization, resource management, Brazil, uneven national development 1963 Sept. p. 208–220
industrialization, national economic policy, agricultural technology, Federal intervention in economic development of U.S. South 1963 Sept. p. 224–232
industrialization, technology transfer, economic planning, market process versus planning in economic development 1963 Sept. p. 235–244
birth control, family planning, population growth, promotion of birth control in Taiwan 1964 May p. 29–37 [621]
agricultural technology, People's Republic of China, industrial technology, technology in People's Republic of China 1966 Nov. p. 37–45
U.S.S.R., industrial technology 1968 Dec. p. 17–23
arms production, military expenditures, arms trade, arms race, the world cost of the arms race 1969 Oct. p. 21–27 [650]
Japan, employment policy, investment, debt financing, government-business relations, Japan's economic growth 1970 Mar. p. 31–37
energy, power machines, mechanical energy, biological energy, power, introduction to a single-topic issue on energy and power 1971 Sept. p. 36–49 [661]
military expenditures, cold war, politics of aid, 'rich' nations, 'poor' nations 1972 Apr. p. 15–21
Chinese industry, technology, progress of People's Republic of China in computer electronics, instrumentation and control technologies 1972 Dec. p. 13–17
bicycle technology, technology history 1973 Mar. p. 81–91
demographic transition, human population, population explosion, zero population growth, introduction to single-topic issue on the human population 1974 Sept. p. 30–39

China, rice, hybrid wheat, agricultural technology, hybrid rice, irrigation, livestock 1975 June p. 13–21
distribution of wealth, middle classes, population growth, production statistics, natural resources, demographic transition 1976 July p. 28–35
'green revolution', hunger, population, food and agriculture, introduction to single-topic issue on food and agriculture 1976 Sept. p. 30–39
developing countries, 'green revolution', technology transfer, food and agriculture 1976 Sept. p. 196–205
Congo research center 1948 Oct. p. 24
world economy turns up 1949 Mar. p. 26
U.N. laboratories 1949 Nov. p. 30
science in India 1950 Jan. p. 30
'too many Indians' 1954 Jan. p. 40
U.N. survey of scientific resources 1960 Aug. p. 70
rich and poor countries 1972 Sept. p. 64
comparative growth rates 1973 June p. 39
U.N. population conference 1974 Nov. p. 49
poor countries, rich countries 1975 Nov. p. 56

economic forecasting, business cycle, economic analysis, economic indicators 1975 Jan. p. 17–23

economic geography, urban planning, Ciudad Guyana, cities, land ownership, highway engineering, a model city in Venezuela 1965 Sept. p. 122–132
energy economics, energy storage, pipelines, power transmission, tankers, power, economic geography of energy production, distribution and consumption 1971 Sept. p. 164–175 [669]

economic indicators, business cycle, economic analysis, economic forecasting 1975 Jan. p. 17–23

economic planning, Amazon, tropical rain forest, developing countries, resource prospecting, forest management, mineral resources, electric power, the Amazon frontier 1948 May p. 11–14
economic development, industrialization, population control, agricultural production, technology transfer, food production, India, economic development by democratic planning 1963 Sept. p. 189–206
economic development, industrialization, technology transfer, market process versus planning in economic development 1963 Sept. p. 235–244
decision theory, energy economics, power production, technology assessment, tort law, market process 1971 Sept. p. 191–200 [671]

economic power, black power, American Negro, racial discrimination, group identity, ethnic groups, slavery, social deprivation 1967 Apr. p. 21–27 [633]

economic regionalism in U.S., natural gas, pipelines, appraisal of natural gas, economics and resources in U.S. 1951 Nov. p. 17–21

economic system, feedback, control loop, servomechanisms, flyball governor, positive feedback, negative feedback, ecological system, nervous system, automatic control, feedback concept 1952 Sept. p. 48–55

economics, psychology, economic psychology 1954 Oct. p. 31–35 [452]
input-output analysis, arms control, military expenditures, impact of disarmament on U.S. economy 1961 Apr. p. 47–55 [611]
mathematical model, social sciences, decision theory, mathematics in economics and other social sciences 1964 Sept. p. 168–182
input-output analysis, U.S. economy, interindustry transactions, 1958 U.S. Department of Commerce input-output table 1965 Apr. p. 25–35 [624]
automatic control, technology, input-output analysis, labor force, U.S. impact of technological change, 1947-1958, input-output tables 1966 Apr. p. 25–31 [629]
critique of 'Limits to Growth' 1974 Feb. p. 42
planning 1975 Aug. p. 46

ecosystem, solar radiation, photosynthesis, biosphere, agricultural ecosystem, climax ecosystem, energy cycle, food chain, respiration, biosphere energy cycle 1970 Sept. p. 64–74 [1190]
forestry, nitrogen fixation, resource management, runoff, erosion, watershed, deforestation, deforestation experiment 1970 Oct. p. 92–101 [1202]
energy cycle, Eskimo, hunting societies, food chain, seal, power, Baffin Island 1971 Sept. p. 104–115 [665]
animal husbandry, energy cycle, agricultural system, power, New Guinea, tropical agriculture 1971 Sept. p. 116–132 [666]
energy cycle, industrial society, U.S. economy, power, environmental protection 1971 Sept. p. 134–144 [667]
energy cycle, forest, partitioning of energy in a New England forest 1978 Mar. p. 92–103 [1384]

ectoderm, cell differentiation, embryonic development, blastula, gastrula, fertilization, mesoderm, endoderm, embryological 'organizer', science history, review of classical embryology 1957 Nov. p. 79–88 [103]

ectomorphs, into government 1951 Dec. p. 40

ectoparasites, bacteria, skin, fungi, lice, hair, human skin ecosystem 1969 Jan. p. 108–115 [1132]
flea jump, insect cuticle, insect flight, flea resilin as elastomer 1973 Nov. p. 92–100 [1284]
skin, 'New Year Greeting' a poem by W.H. Auden occasioned by article in January 1969 issue 1969 Dec. p. 134

ectothermy, 'cold-blooded' animals, metabolism, heterothermy, insect flight, sphinx moths, temperature regulation, Mandura sexta warm-up mechanisms 1972 June p. 70–77 [1252]
birds, dinosaurs, endothermy, metabolism, birds descended from dinosaurs 1975 Apr. p. 58–78 [916]

Ecuador, pottery, human migration, navigation, Japan, New World archeology, evidence for 3,000 B.C. trans-Pacific contact 1966 Jan. p. 28–35

eddies, Sun, solar atmosphere, sunspots, rotation, magnetic field, solar atmospheric circulation 1968 Jan. p. 100–113
negative viscosity, turbulence, wind, nonuniform flows, rotating systems, viscosity 1970 July p. 72–80

edge dislocation, crystal structure, dislocations, soap bubbles, slip planes 1955 July p. 80–87 [204]

edge tone, feedback, vortex, aerodynamic whistles, hole tone, sound waves, whistles, flutes, organs and rocket engines 1970 Jan. p. 40–46

Edison, electric light, incandescent lamp, industral research, science history, Thomas A. Edison, biography 1959 Nov. p. 98–114

education, agricultural production, poverty, economic development, language, Peru, literacy, Cornell-Peru experiment in economic development 1957 Jan. p. 37–45
mathematics teaching, curriculum reform, high school, university sponsored curriculum reform 1958 May p. 64–74 [238]
learning, memory, experimental psychology, 'drill' in learning 1958 Aug. p. 68–72 [422]
teaching machine, operant conditioning, inductive reasoning, rhythm, self-teaching by small, rigorous steps 1961 Nov. p. 90–102
U.S. population, labor force, age-sex distribution, demographics, gross national product, U.S. census, more from the U.S. census of 1960 1962 Oct. p. 30–37
industrial technology, economic development, industrialization, human-resource development, education for economic development 1963 Sept. p. 140–147
poverty, group behavior, rural poverty, community action, emotional illness, social psychology, study of community regeneration 1965 May p. 21–27 [634]
computer technology, teaching machine, programmed instruction, individualized teaching 1966 Sept. p. 206–220 [533]
Nobel prizes, university education, sociology, scientific careers, sociology of the Nobel prizes 1967 Nov. p. 25–33
teacher expectation and pupil performance 1967 Nov. p. 54–59
'psychology of desegregation' 1957 May p. 68
U.S.S.R. 1958 Jan. p. 44
Perceptron, self-teaching machine 1958 Sept. p. 88

education funding, Hill-Elliot bill 1958 Apr. p. 48
curriculum reform, U.S. National Science Foundation program 1958 July p. 47
U.S. Federal 1958 Oct. p. 52

educational performance, social deprivation, teacher expectations, experiment in self-fulfilling prophecy for disadvantaged children 1968 Apr. p. 19–23 [514]

educational research, National Institute of Education 1972 May p. 48

educational TV, channels dedicated 1951 May p. 34

eelgrass, marine ecology, foodchain, ecology, fungal infection, account of an ecological catastrophe 1951 Jan. p. 52–55

efficiency, desert plants, C-4 trait, plant breeding 1973 Oct. p. 80–93 [1281]

eggs, animal behavior, incubator birds, chicken, fowl, ornithology, hatching eggs in hot places 1959 Aug. p. 52–58
agricultural technology, poultry production, food production, animal husbandry, chicken, U.S. chicken factories 1966 July p. 56–64
mosquitoes, yellow fever, sexual behavior, reproduction, larvae, Aedes Aegypti 1968 Apr. p. 108–116

eggshell, bone, calcium metabolism, chicken, calcite, mobilization of calcium from bone 1970 Mar. p. 88–95 [1171]
thickness gauge 1967 Feb. p. 60
eggshell thinning, calcium metabolism, pollution, chorinated hydrocarbons, DDT, dieldrin, avian reproduction, insecticide, food chain, ecological effect of pesticides 1970 Apr. p. 72–78 [1174]
Egyptian civilization, Rhind papyrus, mathematics 1952 Aug. p. 24–27
Nile valley, Sakkara, burial site, pharaohs, tombs of the first pharaohs 1957 July p. 106–116
Egyptian glass, glass, glassmakers, Roman glass, faience, chemical and physical analysis of ancient glass 1963 Nov. p. 120–130
eidetic images, vision, child psychology, perceptual memory, 'photographic' memory 1969 Apr. p. 36–44 [522]
demonstration 1970 Mar. p. 62
Eiffel Tower, wind bracing, skyscrapers, construction technology, cantilever, truss bridge, steel frame construction, curtain wall 1974 Feb. p. 92–105
'eightfold way', high-energy physics, baryons, mesons, 'strong' force, conservation laws, Regge trajectory, resonance 'particles', 'bootstrap' hypothesis 1964 Feb. p. 74–93 [296]
mathematics, physical sciences, group theory, field theory, S-matrix theory, mathematics in physics 1964 Sept. p. 128–146
alternating-gradient synchrotron, omega-minus particle, bubble chamber, particle accelerator, high-energy physics, U.S. Brookhaven National Laboratory experiment 1964 Oct. p. 36–45
einkorn, wheat, wild einkorn, emmer, hybrid cells, fungi, chromosome doubling, plant breeding, origin and perfection of wheat 1953 July p. 50–59
Einstein, relativity, photoelectric effect, work of Albert Einstein appraised at 70 1949 Mar. p. 52–55
quantum mechanics, Planck, science history, spectroscopy, black body, resonators, photoelectric effect, Compton effect, quantum jumps 1952 Mar. p. 47–54 [205]
tributes to Albert Einstein by Niels Bohr and I.I. Rabi 1955 June p. 31–33
interview with Albert Einstein two weeks before his death 1955 July p. 68–73
gravity, inertia, Galilean relativity, frames of reference, philosophy of science, relativity, identity of inertia and gravity 1957 Feb. p. 99–109
Lorentz transformation, relativity, child development, child's view of reality 1957 Mar. p. 46–51
gravity, time-space continuum, electromagnetism 1961 Mar. p. 94–106
publishes 'unified field theory' 1950 Feb. p. 24
einsteinium, californium, table of elements, fermium, 'synthetic' elements, transuranium elements, mendelevium, radioactive decay, periodic table at 101 1956 Dec. p. 66–80 [243]
El Inga site, anthropology, Paleolithic culture, stone tools, obsidian, Andes, prehistoric man in the Andes 1963 May p. 116–128
El Niño, Peru Current, anchovy, guano, seagulls, upwelling 1954 Mar. p. 66–71
anchovy crisis, fishing, upwelling, Peru Current, Peruvian anchovy 1973 June p. 22–29 [1273]
Elamite culture, ziggurat, religion, Tower of Babel, Biblical archeology, 1000 B.C., Iran 1961 Jan. p. 68–76
ancient trade, archeology, writing, Mesopotamian culture, Persia, Sumer, Iran, Tepe Yahya 1971 June p. 102–111 [660]
eland, malnutrition, food supply, human population, hunger, human nutrition, Incaparina, capybara, manatee, mussels, developing countries, unorthodox food sources 1967 Feb. p. 27–35 [1068]
elastase, catalytic proteins, enzyme action, protein-cutting enzymes, proteolytic enzymes, serum proteins, chymotrypsin, trypsin 1974 July p. 74–88 [1301]
elastic energy, adhesive, molecular attraction, surface tension, epoxy resins, molecular repulsion, micromechanics of adhesion 1962 Apr. p. 114–126
elastin, collagen, keratin, myosin, fibrin, cell, polymers, polymers in living cells 1957 Sept. p. 204–216 [35]
collagen, fibroblasts, microfibrils 1971 June p. 44–52 [1225]
elastomers, butadiene, rubber synthesis, isoprene, vulcanization, latex, synthetic rubber, molecular structure 1956 Nov. p. 74–88
polymers, X-ray diffraction, molecular structure, mechanical properties of giant molecules 1957 Sept. p. 120–134
constrained-layer damping 1968 May p. 53
election-district boundaries, computers 1964 Mar. p. 57–58
elections, mass communications, public opinion, attitude survey 1953 May p. 46–48
public opinion, voting behavior, attitude survey, election of 1952 1954 May p. 31–35
reapportionment, redistricting, representative government, computer applications, gerrymander 1965 Nov. p. 20–27
public opinion, voting systems, paradox inescapable 1976 June p. 21–27 [689]
computerized voting 1975 Aug. p. 47
electric arc, plasma jet, heat, magnetohydrodynamics, 30,000 degrees F. torch, applications 1957 Aug. p. 80–88
electric automobile, automobile, battery, air pollution, weight, cost, performance of electric automobile 1966 Oct. p. 34–40
battery research 1966 Dec. p. 65
electric chair, technology history, Edison (DC) vs. Westinghouse (AC) 1973 Apr. p. 45
electric current, Josephson effects, superconductivity, microwave emission, tunnel junction, quantum mechanics, confirmation and applications of Josephson effects 1966 May p. 30–39
electric field, atmospheric ionization, thunderstorms, Wilson hypothesis, atmosphere, thunderstorms replenish Earth's charge 1953 Apr. p. 32–37
electric 'wind', electrophoresis, non-uniform electric field, applications of non-uniform electric fields 1960 Dec. p. 106–116
bioluminescence, electric fishes, animal navigation 1963 Mar. p. 50–59
Gunn effect, microwave emission, negative resistance, solid state physics, electronics, gallium arsenide, solid state microwave generation 1966 Aug. p. 22–31
plasma, solar radiation, ionosphere, Earth magnetic field, geomagnetism, barium clouds, magnetosphere, artificial plasma clouds from rockets 1968 Nov. p. 80–92
electric field of atom, magnetic resonance, atomic structure, high pressure, magnetic field, behavior of atoms under high pressure 1965 Jan. p. 102–108
electric fishes, sodium ion potential, electroplaques, neurophysiology, synapse, acetylcholine, animal behavior, nerve impulse, bioluminescence 1960 Oct. p. 115–124
bioluminescence, electric field, animal navigation 1963 Mar. p. 50–59
electric light, lighting, zinc sulfide, alternating current, technology of indoor lighting 1957 Aug. p. 40–47 [221]
incandescent lamp, industral research, science history, Edison, Thomas A. Edison, biography 1959 Nov. p. 98–114
indoor lighting panels 1951 Mar. p. 28
electric power, Amazon, tropical rain forest, developing countries, resource prospecting, economic planning, forest management, mineral resources, the Amazon frontier 1948 May p. 11–14
Hauksbee, light, science history, life and work of Francis Hauksbee 1953 Aug. p. 64–69
alternating current, high-voltage transmission, power transmission, hydroelectric power generation, corona discharge, economic advantages of high-voltage transmission 1964 May p. 38–47
battery, electrochemistry, Volta, Galvani, Volta's contributions, biography 1965 Jan. p. 82–91
fission reactor, energy demand, nuclear power, fossil fuel, energy economics, history and prospects of nuclear power in U.S. 1968 Feb. p. 21–31
circuit breakers, high-voltage current, plasma arcs 1971 Jan. p. 76–84
superconductors, transmission lines 1972 Apr. p. 84–91
magnetohydrodynamic plasma generator 1959 Dec. p. 89
platinum catalyst fuel cell 1963 June p. 78
Passamaquoddy Bay project 1963 Sept. p. 83
magnetohydrodynamics 1964 Feb. p. 68
nuclear capacity worldwide 1965 Sept. p. 80
nuclear power prospects 1966 Feb. p. 50
load-leveling 1977 July p. 58
electric power generation, gas turbine, aircraft propulsion, centrifugal compressor, axial-flow compressor, ducted fan 1953 Nov. p. 65–72
battery, fuel cell, energy transformation, energy economics, direct conversion chemical to electric energy 1959 Oct. p. 72–78
ship propulsion, steam turbines, turbine blade design, construction of turbines, applications, history 1969 Apr. p. 100–110
Earth heat, geothermal power 1972 Jan. p. 70–77 [898]
automobile propulsion, energy storage, composite materials, materials technology, flywheels 1973 Dec. p. 17–23
automatic control, computer technology, generator control, power-system control 1974 Nov. p. 34–44
photovoltaic conversion, semiconductor technology, silicon-crystal structure, solar cells 1976 Oct. p. 34–43

electric 'wind', electric field, electrophoresis, non-uniform electric field, applications of non-uniform electric fields 1960 Dec. p. 106–116
electrical conductivity, crystal structure, solid-state electronics, X-ray crystallography, metals, semiconductor, nonmetals, materials technology, amorphous solid 1967 Sept. p. 80–89
Fermi surface, semiconductor, materials technology, quantum mechanics, charge carriers, electron mean free path, electrical properties of materials 1967 Sept. p. 194–204
'electrical fluid', Franklin, science history, sentry-box experiment, electrical nature of lightning, Benjamin Franklin, life and work 1948 Aug. p. 36–43
electrical induction, stellar magnetic fields, cosmic radiation, radio emissions, megnetohydrodynamics, electricity in space 1952 May p. 26–29
Faraday, science history, life and work of Michael Faraday 1953 Oct. p. 90–98
science history, radiowave, Henry, life and work of Joseph Henry 1954 July p. 72–77
electrical nature of lightning, Franklin, science history, sentry-box experiment, 'electrical fluid', Benjamin Franklin, life and work 1948 Aug. p. 36–43
electrical properties of metals, BCS theory, crystal structure, intermetallic compounds, intercalated crystals, superconductors, layered superconductors 1971 Nov. p. 22–33
electrical propulsion, ion propulsion, plasma jet, jet velocity, cesium-ion beam, magnetohydrodynamics, space exploration 1961 Mar. p. 57–65
electrical resistance, superconductivity, magnetism, cryogenics, upper limit of temperature of superconductivity 1957 Nov. p. 92–103 [227]
electrocardiography, cardiology, cardiac 'conduction bundle', electrical events in the heart 1961 Nov. p. 132–141
cardiac arrhythmia, intensive care, coronary care unit, fibrillation, coronary occlusion, nerve conduction, heart infarct 1968 July p. 19–27
learning, autonomic nervous system, heart rate, blood pressure, curare, learning voluntary control of autonomic nervous system 1970 Jan. p. 30–39 [525]
electrochemical machining, electrolysis, metal forming 1974 Jan. p. 30–37
electrochemistry, phlogiston theory, electrolysis, Davy lamp, science history, Humphry Davy, biography 1960 June p. 106–116
battery, electric power, Volta, Galvani, Volta's contributions, biography 1965 Jan. p. 82–91
electrocoating, air pollution, corona discharge, fly ash, electrostatics, photocopying, xerography, electrostatic precipitation and seperation 1972 Mar. p. 46–58
electroencephalography, brain, cerebral cortex, cerebrum, cerebellum, brain surgery, 'the great raveled knot', localization of brain function 1948 Oct. p. 26–39 [13]
brain waves, alpha rhythms, medical diagnosis, Fourier analysis, toposcope display, automata theory 1954 June p. 54–63
perceptual isolation, hallucination, boredom, neuropsychology, sensory deprivation, effect of exposure to monotonous environment 1957 Jan. p. 52–56 [430]
brain waves, learning, sleep, conditioned behavior, correlation of brain waves to behavior 1959 Aug. p. 89–96
dreams, sleep, REM sleep, function of dreams 1960 Nov. p. 82–88 [460]
brain waves, computerized EEG observation of behavior in man, localization of brain function 1962 June p. 142–153
dreams, sleep research, reticular formation, brain waves, paradoxical sleep, REM sleep, cat brain, the states of sleep 1967 Feb. p. 62–72 [504]
electrolysis, electrochemistry, phlogiston theory, Davy lamp, science history, Humphry Davy, biography 1960 June p. 106–116
electrochemical machining, metal forming 1974 Jan. p. 30–37
electroorganic chemistry, electrolytic chemical processes 1967 Apr. p. 50
electrolyte balance, shock, traumatic shock, capillary bed, cardiovascular system, blood transfusion 1952 Dec. p. 62–68
diabetes insipidus, thirst, salt excretion, thermoregulation, urine, kidney, physiological psychology, osmoreceptor theory of thirst, Cannon 'dry mouth' theory 1956 Jan. p. 70–76
electrolyzer technology, energy resources, hydrogen, hydrogen-energy economy, liquified hydrogen, cryogenic storage, fuel cell 1973 Jan. p. 13–21
electromagnetic flight, transportation, linear induction motor, linear synchronous motor, 'magneplane' vehicle, magnetic levitation, superconductors 1973 Oct. p. 17–25
electromagnetic force, matter, wave-particle duality, energy levels, nuclear forces, gravitation, field theory, fundamental research, quantum jumps, corpuscular streams, what is matter? 1953 Sept. p. 52–57 [241]
nuclear forces, proton, neutron, mesons, particle scattering, high-energy physics, fundamental research, what holds the nucleus together? 1953 Sept. p. 58–63
particle interaction, high-energy physics, gauge theory, field theory, 'weak' force, 'strong' force 1974 July p. 50–59
particle interaction, gauge theory, neutrino interactions, 'weak' force, neutral-weak-current interactions 1974 Dec. p. 108–119
gravity, 'weak' force, 'strong' force, supergravity, symmetry, quest for unified theory of basic forces 1978 Feb. p. 126–143 [397]
electromagnetic frequency shift, artificial satellite, relativity theory, Mercury, stellar shift, perihelion shift, clock paradox, general relativity, testing Einstein's general theory of relativity 1959 May p. 149–160
electromagnetic induction, dynamo, science history, Faraday to dynamo 1961 May p. 107–116
electromagnetic pulse, *see:* EMP
electromagnetic radiation, magnetic monopoles, elementary particles, particle accelerator, search for elementary particle of magnetism 1963 Dec. p. 122–131
photon, Coulomb's law, quantum mechanics, mass of photon 1976 May p. 86–96
electron-hole liquid, exciton, quantum mechanics, semiconductor 1976 June p. 28–37
electromagnetic spectrum, radio, science history, electromagnetism, 'Hertzian' waves, Heinrich Hertz biography 1957 Dec. p. 98–106
irradiation standards, microwave diodes, microwave radiation, risk estimation, technology assessment 1972 Feb. p. 13–21
carrier-wave modulation, coaxial cable, communication technology, fiber optics, radiowave, communication channels, bandwidth, noise 1972 Sept. p. 98–113
electron manipulation, electron storage rings, spectroscopy, synchrotron radiation, X-ray lithography, X-ray probe, uses of synchrotron radiation 1977 June p. 32–41 [365]
electromagnetic waves, Earth core, micropulsations, magnetic field, Earth mantle, longest electromagnetic wave 1962 Mar. p. 128–137
diffraction, light, wave-particle duality, optics, interference, photon emission, introduction to single-topic issue on light 1968 Sept. p. 50–59
electromagnetism, unified field theory, gravity, nuclear forces, 'On the Generalized Theory of Gravitation', a personal account by Albert Einstein 1950 Apr. p. 13–17
geomagnetism, permanent magnets, Blackett hypothesis, Elsasser-Bullard hypothesis, theories on origin of terrestrial magnetism 1950 June p. 20–24
Maxwell's equations, field theory, life and work of James Clerk Maxwell 1955 June p. 58–71
radio, science history, 'Hertzian' waves, electromagnetic spectrum, Heinrich Hertz biography 1957 Dec. p. 98–106
magnetism, magnetic field, force-free windings, million gauss field 1958 Feb. p. 28–33
geomagnetism, geophysics, magnetohydrodynamics, convection currents, Earth core, origin of terrestial magnetism 1958 May p. 44–48
molecular physics, intermolecular force, Coulomb force, measurement of intermolecular force between macroscopic bodies 1960 July p. 47–53
gravity, time-space continuum, Einstein 1961 Mar. p. 94–106
superconductivity, shaped field, magnetic bottle, materials technology, development and applications of supermagnets 1962 June p. 60–67 [279]
muonium, muon, electron, elementary particles, positronium, atom, structure of muonium 1966 Apr. p. 93–100
niobium alloys, magnetism, superconductors, proton-beam focusing, generation of intense magnetic fields 1967 Mar. p. 114–123
electron discovery, induction coil, radio discovery, X-ray discovery, science history 1971 May p. 80–87
superconductors, niobium 1961 Apr. p. 80
electromechanical switching, electronic switching, telephone switching, markers, electronic replaces electromechanical switch 1962 July p. 132–143

electron, wave-particle duality, diffraction, interference fringes, electron diffraction, Davisson-Germer experiment 1948 May p. 50–53
elementary particles, proton, particle counters, neutron, positron, mesons, photon, neutrino, particle accelerator, nuclear binding force, 'Meson Song' 1948 June p. 26–39
positronium, positron, quantum electrodynamics, 'model atom' 1954 Dec. p. 88–92
photographic emulsion, particle tracks, cosmic radiation, neutron, proton, characteristic 'signatures' of particles 1956 May p. 40–47
particle interaction, muon, 'weak' force, high-energy physics, properties of massive negative particle 1961 July p. 46–55 [275]
muonium, muon, elementary particles, electromagnetism, positronium, atom, structure of muonium 1966 Apr. p. 93–100
atoms, elementary particles, neutron, proton, matter, structure of 'ordinary matter' 1967 May p. 126–134
antimatter, g factor, magnetic moment, electron spin, positron, magnetic bottle 1968 Jan. p. 72–85
photoelectric effect, color, reflection, refraction, light, resonance absorption, photon, interaction of light with matter 1968 Sept. p. 60–71
electric potential in centrifugal motion measured 1968 Dec. p. 56
electron tubes, electronics, amplifiers, communication technology, rectifiers, electron optics, cathode-ray tube, communication, power, thermionic emission, state of the technology 1950 Oct. p. 30–39
electron accelerator, linear accelerator, traveling-wave accelerator, internal drift-tube accelerator 1954 Oct. p. 40–44 [234]
linear accelerator, Stanford Linear Accelerator Center, klystron tube, two-mile Stanford Linear Accelerator 1961 Nov. p. 49–57 [322]
electron beam, cold cathode, current density, X-ray photography, field emission 1964 Jan. p. 108–118
light-emitting diode, semiconductor, laser, junction diode, solid-state lasers 1967 May p. 108–122
electron diffraction, electron, wave-particle duality, diffraction, interference fringes, Davisson-Germer experiment 1948 May p. 50–53
crystallography, crystal structure, slow electrons as diffraction probe 1965 Mar. p. 32–41
electron discovery, electromagnetism, induction coil, radio discovery, X-ray discovery, science history 1971 May p. 80–87
electron 'gas', alloys, materials technology, metals, crystal structure, grain boundaries, lattice defects, dislocations, nature of metals 1967 Sept. p. 90–100
electron-hole liquid, electromagnetic radiation, exciton, quantum mechanics, semiconductor 1976 June p. 28–37
electron interferometer, for perfect standards 1953 Aug. p. 42
electron manipulation, electromagnetic spectrum, electron storage rings, spectroscopy, synchrotron radiation, X-ray lithography, X-ray probe, uses of synchrotron radiation 1977 June p. 32–41 [365]
electron mass, physical constants, measurement, velocity of light, particle charge, least-squares method, standards of measurement, Planck's constant, Rydberg constant 1970 Oct. p. 62–78 [337]
electron mean free path, electrical conductivity, Fermi surface, semiconductor, materials technology, quantum mechanics, charge carriers, electrical properties of materials 1967 Sept. p. 194–204
electron micrographics, soap 1952 Feb. p. 58–59
electron microscopy, virology, cell, viruses inside cells 1953 Dec. p. 38–41
muscle contraction, muscle fiber, myosin, actin, muscle fiber structure and function 1958 Nov. p. 66–82 [19]
bacteriology, microorganisms, PPLO, virus, cytology, smallest free-living cells 1962 Mar. p. 117–126 [1005]
cell membrane, endoplasmic reticulum, myelin sheath, mitochondria, nuclear membrane, electron microscope study of membranes in cell 1962 Apr. p. 64–72 [151]
human physiology, sarcoplasmic reticulum, muscle fiber, sarcoplasmic reticulum, functions deduced from structure 1965 Mar. p. 72–80 [1007]
actin, muscle contraction, myosin, ATP, sliding-filament hypothesis 1965 Dec. p. 18–27 [1026]
atom visibility, microscopy, scanning electron microscope 1971 Apr. p. 26–35
DNA transcription, gene action visualized, ribosome, mRNA 1973 Mar. p. 34–42 [1267]
stains for cell subjects 1961 Sept. p. 96
improved 1972 Oct. p. 46
protein structure, purple membrane 1975 Nov. p. 58
electron mirror microscope, forerunner of scanning 1955 Dec. p. 54
electron-multiplier tube, scintillation counter, particle accelerator, scintillation counters 1953 Nov. p. 36–41
electron-muon, leptons as family 1977 May p. 55
electron optics, electronics, electron tubes, amplifiers, communication technology, rectifiers, cathode-ray tube, communication, power, thermionic emission, state of the technology 1950 Oct. p. 30–39
communication technology, laser, pulse-code modulation, Kerr effect, Pockel's effect, polarization, modulators, modulation of laser light 1968 June p. 17–23
microcircuit fabrication, computer-controlled fabrication, silicon 'chips', computer technology, integrated circuits 1972 Nov. p. 34–44
electron orbitals, alkali-metal anions, alkali-metal cations, cryptands, solvated electrons, quantum mechanics 1977 July p. 92–105 [368]
electron pairs, energy transfer, superconductors, organic superconductor, proposal for room-temperature superconductor 1965 Feb. p. 21–27
electron plasma, plasma physics, positive ion plasma, 'hole' plasma, plasmas in solids as models for study of gas plasmas 1963 Nov. p. 46–53
electron-positron annihilation, antimatter, high-energy physics, colliding-beam accelerator, proton, parton model, quantum electrodynamics 1973 Oct. p. 104–113
antimatter, J particle, psi particle, charm, color, quark, high-energy physics, storage rings, virtual particles 1975 June p. 50–62
electron-ring accelerator, collective-effect accelerators, particle accelerator, particle-storage rings 1972 Apr. p. 22–33
1,000 GeV(?) 1969 Oct. p. 48
electron scattering, atomic nucleus, nuclear physics, high-energy physics, particle-scattering experiments, models of the atomic nucleus 1956 July p. 55–68 [217]
proton spin, spin, high-energy physics, 'strong' force, dependence of nuclear forces on spin 1966 July p. 68–78
electron shells, molecular structure, computer modeling, quantum chemistry, molecular orbits, computer graphics 1970 Apr. p. 54–70
electron shower, detection of cosmic ray events 1957 June p. 70
electron spin, materials technology, ferromagnetism, magnetic domains, hysteresis, magnetic properties of materials 1967 Sept. p. 222–234
antimatter, g factor, electron, magnetic moment, positron, magnetic bottle 1968 Jan. p. 72–85
electron-spin resonance, aging, radiation damage, free radicals, chemical bond, spectroscopy, effects of free radicals on living systems 1970 Aug. p. 70–83 [335]
electron storage rings, electromagnetic spectrum, electron manipulation, spectroscopy, synchrotron radiation, X-ray lithography, X-ray probe, uses of synchrotron radiation 1977 June p. 32–41 [365]
electron theory, molecular beam, resonance absorption, atomic radiation, coherent radiation, gas molecules, nuclear magnetic resonance, Stern-Gerlach experiment 1965 May p. 58–74
electron transfer, ATP synthesis, mitochondria, oxidation membrane, mitochondrion, proposed structure of mitochondrion 1964 Jan. p. 63–74
chlorophyll, photosynthesis, chloroplast, ATP, cytochrome, pigments, role of chlorophyll in photosynthesis, 1965 July p. 74–83 [1016]
anthracene, crystallography, photosynthesis, exciton, plants, organic crystals, conjugated aromatic hydrocarbons 1967 Jan. p. 86–97
chlorophyll, chloroplast, photosynthesis, light absorption 1974 Dec. p. 68–82 [1310]
electron transport, bacterial toxin, plague bacillus, Black Death, respiration, mechanism of death by plague toxin 1969 Mar. p. 92–100
chloroplast, photosynthesis, photochemistry, chlorophyll, mechanism of photosynthesis 1969 Dec. p. 58–70 [1163]
electron tube , rectification, radio, thermionic tube, diode, Fleming, history of science, England, Edison, lamps, Deforest 1969 Mar. p. 104–112
electronic calculator, *see:* computer
electronic camera, astronomy, image enhancement, image intensifier, telescope, electronic image processing 1956 Mar. p. 81–90
vision, retina, photographic emulsion, vidicon, television camera, photochemistry, light, image detection 1968 Sept. p. 110–117
electronic circuitry, junction diode amplifiers, amplifiers, sound reproduction, transistor, noise 1959 June p. 118–129
integrated circuits, microelectronics, technological innovation, silicon 'chips', introduction to single-topic issue on microelectronics 1977 Sept. p. 62–69 [374]
electronic components industry, integrated circuits, transistor, microelectronics, silicon 'chips' 1965 Nov. p. 56–70

electronic equipment, automatic manufacture, Project Tinkertoy, modular design 1955 Aug. p. 29–33
sound waves, communication technology, crystal surface waves, Rayleigh waves, signal processing, ultrasonic waves 1972 Oct. p. 50–68
electronic scanner, computer technology, information storage, information retrieval, microrecording, microfiche, library science 1966 Sept. p. 224–242
electronic switching, telephone switching, electromechanical switching, markers, electronic replaces electromechanical switch 1962 July p. 132–143
communication networks, communication satellite, multiplexing, network theory, radio, communication, telephone systems, television systems 1972 Sept. p. 116–128
electronic telephone, telephone, solid-state electronics, integrated circuits, telephone based on integrated circuits 1978 Mar. p. 58–64 [3002]
electronic typesetter, letter-projection method 1967 Dec. p. 55
electronic typesetting, printing, photographic typesetting, digital computer, mechanical composition, cathode-ray tube, computer applications 1969 May p. 60–69
with help of photography 1949 Nov. p. 28
electronics, solid state physics, transistor, vacuum tube, germanium, diode, triode, dawn of solid-state electronics 1948 Sept. p. 52–55
electron tubes, amplifiers, communication technology, rectifiers, electron optics, cathode-ray tube, communication, power, thermionic emission, state of the technology 1950 Oct. p. 30–39
transistor, junction transistor, vacuum tube, computer technology, forecast of a 'revolution in electronics' 1951 Aug. p. 13–17
electric field, Gunn effect, microwave emission, negative resistance, solid state physics, gallium arsenide, solid state microwave generation 1966 Aug. p. 22–31
optical maser 1962 Jan. p. 62
electroorganic chemistry, electrolysis, electrolytic chemical processes 1967 Apr. p. 50
electrophoresis, protein separation, Schlieren scanning, moving-boundary electrophoresis 1951 Dec. p. 45–53
sex determination, spermatozoon motility, gene manipulation, sorting out Y-bearing sperm by electrophoresis 1958 Nov. p. 87–94
immunoelectrophoresis, antigens, antibodies, separation of proteins 1960 Mar. p. 130–140 [84]
electric field, electric 'wind', non-uniform electric field, applications of non-uniform electric fields 1960 Dec. p. 106–116
evolution, gene pool, mutation, genetic load, population genetics, heterozygosity 1970 Mar. p. 98–107 [1172]
electroplaques, electric fishes, sodium ion potential, neurophysiology, synapse, acetylcholine, animal behavior, nerve impulse, bioluminescence 1960 Oct. p. 115–124
electroplating, with titanium 1954 Dec. p. 58
plating refractory metals 1957 Aug. p. 62
electroretinography, vitamin A deficiency, night blindness, opsin, rhodopsin, bright-light exposure, retinitis pigmentosa, night blindness in rat, action of vit. A on eye 1966 Oct. p. 78–84 [1053]
electrostatic belt generator, particle accelerator, Van de Graaf generator, charge-changing accelerator, negative ion 1970 Aug. p. 24–33
electrostatics, air pollution, corona discharge, electrocoating, fly ash, photocopying, xerography, electrostatic precipitation and seperation 1972 Mar. p. 46–58
element 103, 'synthetic' elements, lawrencium, transuranium elements, high-flux isotope reactor, heavy-ion linear accelerator, periodic table at 103 1963 Apr. p. 68–78
element 104, synthesized 1969 June p. 56
element abundance, cosmology, red shift, galactic recession, 'synthetic' elements, universe expansion 1948 July p. 20–25
elements, cosmic distribution 1950 Oct. p. 14–17
dust cloud hypothesis, binary stars, photophoresis, gravitational collapse, angular momentum, origin of the Earth 1952 Oct. p. 53–61 [833]
thermonuclear reaction, stellar evolution, universe, isotopes, 'synthetic' elements, particle accelerator, experimental astrophysics 1956 Sept. p. 82–91
ecology, energy cycle, biomass, solar energy, food chain, autotrophs, heterotrophs, the ecosphere 1958 Apr. p. 83–92
element formation, cosmology, universe expansion, Olber's paradox, world lines, curvature of space, red shift, galactic evolution, evolutionary universe, genesis 1954 Mar. p. 54–63
spectroscopy, age of elements, age of universe, mass spectroscopy, nucleochronology, radioactive nuclei, stellar evolution, supernovae 1974 Jan. p. 69–77
chondrites, planets, solar system chemistry, space exploration, stellar evolution 1974 Mar. p. 50–65
element transmutation, atomic theory, Rutherford-Soddy theory, science history, radioactivity, radioactive decay transmutation, reception of 'newer alchemy' 1966 Aug. p. 88–94
elementary particles, electron, proton, particle counters, neutron, positron, mesons, photon, neutrino, particle accelerator, nuclear binding force, 'Meson Song' 1948 June p. 26–39
cosmic radiation, ion traps, secondary radiation, high-energy physics 1949 Mar. p. 28–39
field theory, high-energy physics, Classical physics, quantum fields, with 20 particles known, a review of the theoretical foundations of physics 1953 Apr. p. 57–64 [208]
neutrino, neutron decay, alpha decay, beta decay, setting trap for detection of theoretical particle 1956 Jan. p. 58–68
parity, 'weak' force, symmetry, quantum, particle interaction, right and left-handed particles breakdown of parity 1957 Apr. p. 45–53 [231]
antimatter, symmetry, 'weak' force, parity, particle interaction, recognition of 'fourth force' 1959 Mar. p. 72–84 [247]
magnetic monopoles, electromagnetic radiation, particle accelerator, search for elementary particle of magnetism 1963 Dec. p. 122–131
muonium, muon, electron, electromagnetism, positronium, atom, structure of muonium 1966 Apr. p. 93–100
atoms, electron, neutron, proton, matter, structure of 'ordinary matter' 1967 May p. 126–134
energy levels, atom, nucleus, high-energy physics, spectroscopy, 'three spectroscopies' 1968 May p. 15–19
alpha clustering, alpha particles, atomic nucleus, nuclear clustering, neutron, nuclear forces, nuclear surface, proton 1972 Oct. p. 100–108
leptons, heavy leptons, tau particle, small light-particle family gains new member 1978 Mar. p. 50–57 [398]
mesons, multiplying particles 1948 Dec. p. 26
see also: high-energy physics
elements, element abundance, cosmic distribution 1950 Oct. p. 14–17
glass, metals, materials technology, ceramics, polymers, chemical band, composite materials, atom, introduction to single-topic issue on materials 1967 Sept. p. 68–79
living matter, essential elements, metallo-enzymes, fluorine, silicon, tin, vanadium, list of elements essential to life lengthened to 24 1972 July p. 52–60
isotopes, radioactive decay, atomic nucleus, 'synthetic' elements, exotic isotopes of light elements 1978 June p. 60–72 [3010]
elements renamed, by Commission on Inorganic Nomenclature 1949 Nov. p. 30
elephant, intelligence, learning, vision, research in elephant learning 1957 Feb. p. 44–49
animal husbandry, antelope, giraffe, buffalo, rhinoceros, hippopotamus, wildlife husbandry in Africa 1960 Nov. p. 123–134
elephant extinction, Clovis culture, hunting, mammoth-bone deposits, Folsom points, New World archeology 1966 June p. 104–112
elephantiasis, circadian rhythm, filariasis, parasitism, tropical disease 1958 July p. 94–101
elliptical galaxies, gravitational collapse, galactic evolution, barred galaxy, spiral galaxies, evolution from taxonomy 1956 Sept. p. 100–108
galactic evolution, spiral galaxies, origin and history from shape 1963 Jan. p. 70–84
Elsasser-Bullard hypothesis, geomagnetism, permanent magnets, electromagnetism, Blackett hypothesis, theories on origin of terrestrial magnetism 1950 June p. 20–24
elutriation, rain drop, soil erosion, sheet erosion, micromechanics of soil erosion 1948 Nov. p. 40–45
embryo-graft experiments, regeneration, cell differentiation, cockroach, embryonic development, newt, biological form 1977 July p. 66–81 [1363]
embryological 'organizer', embryonic development, cell differentiation, Cartesian diver, fundamental research, How do cells differentiate? 1953 Sept. p. 108–116
cell differentiation, embryonic development, blastula, gastrula, fertilization, ectoderm, mesoderm, endoderm, science history, review of classical embryology 1957 Nov. p. 79–88 [103]
embryology, embryonic development, regeneration, nerve circuits, reflex arc, 'hard-wiring' of nervous system 1959 Nov. p. 68–75 [72]

embryonic cells, muscle tissue, cell differentiation, cell culture, clone, origin of muscle in embryonic development 1964 Aug. p. 61–66
embryonic development, dedifferentiation of tissue cells, regeneration, cancer 1949 Dec. p. 22–24
observed in the chick embryo 1950 Feb. p. 52–55
protozoon, cell differentiation, regeneration, protozoon as model for embryological study 1953 Mar. p. 76–82
cell differentiation, embryological 'organizer', Cartesian diver, fundamental research, How do cells differentiate? 1953 Sept. p. 108–116
plutonium, ultra-microchemistry, cytology, chemistry, isolation of plutonium established a new research technology 1954 Feb. p. 76–81
nerve regeneration, vision, learning, visual perception, inborn 'hard wiring' of nerve circuitry 1956 May p. 48–52 [1090]
cleft palate, congenital anomalies, fetal injury, teratogenesis, rubella, teratology 1957 Oct. p. 109–116
cell differentiation, blastula, gastrula, fertilization, ectoderm, mesoderm, endoderm, embryological 'organizer', science history, review of classical embryology 1957 Nov. p. 79–88 [103]
salamander, regeneration, frog, nerve fibers, role of nerve fibers in regeneration 1958 Oct. p. 79–88
cell differentiation, feedback, tissue specialization 1958 Dec. p. 36–41
heart embryology, mesoderm, first heartbeat 1959 Mar. p. 87–96 [56]
tissue culture, tissue differentiation, dissociated cells, reassembly of dissociated tissue cells 1959 May p. 132–144
regeneration, nerve circuits, embryology, reflex arc, 'hard-wiring' of nervous system 1959 Nov. p. 68–75 [72]
cell differentiation, tissue specialization, 'lampbrush' chromosome, zygote, fertilization, ovum, clone, cytology, how cells specialize 1961 Sept. p. 124–140
cell aggregation, tissue differentiation, cell 'recognition', cytology, how cells associate 1961 Sept. p. 142–165
oocytogenesis, meiosis, mitosis, mammalian eggs, chromosomal anomalies, ovum, in vitro fertilization 1966 Aug. p. 72–81 [1047]
cell differentiation, pancreas, mesoderm, endoderm, tissue culture 1969 Mar. p. 36–44 [1136]
mitosis, ovum, fertilization, meiosis, blastocyst, human embryos in the laboratory 1970 Dec. p. 44–54 [1206]
calcium-ion activator, cell motility, cell shape, microfilaments, microtubules 1971 Oct. p. 76–82 [1233]
brain circuitry, nerve cells, neuronal specificity, visual cortex, Xenopus laevis 1973 Feb. p. 26–35 [1265]
regeneration, biological form, cell differentiation, cellular polarity, Hydra, morphogenesis, morphogens 1974 Dec. p. 44–54 [1309]
crystals, calcite, calcium carbonate crystals, crystal structure, sea urchin embryo 1977 Apr. p. 82–92
regeneration, cell differentiation, cockroach, embryo-graft experiments, newt, biological form 1977 July p. 66–81 [1363]
cell motility, wound healing, cell tracks, tubulin, mitotic apparatus, cell motion made visible to naked eye 1978 Apr. p. 68–76 [1386]
growth, computer modeling, grid-transformation, the shaping of tissues in embryos 1978 June p. 106–113 [1391]
feedback control 1952 Oct. p. 42
differentiation inducers 1962 Apr. p. 77
emergency medicine, homeostasis, wound shock, body fluids, shock, treatment of shock 1958 Dec. p. 115–124
eminent domain, urban renewal, slums, cities, housing, relocation, urban planning, U.S. experience with Federal subsidy of urban renewal 1965 Sept. p. 194–204
emission nebulae, color photography, interstellar gas, ionization, nebular luminosity 1974 Oct. p. 34–43
emission standards, air pollution, Clean Air Act, Environmental Protection Agency 1973 June p. 14–21
emmer, wheat, einkorn, wild einkorn, hybrid cells, fungi, chromosome doubling, plant breeding, origin and perfection of wheat 1953 July p. 50–59
emotion, pupil size, attitude, eye, attention, effect of attitude on pupil size 1965 Apr. p. 46–54 [493]
emotional behavior, conditioned reflex, neurosis, operant conditioning, Pavlov, psychology, thyroidectomy, stress, neurosis, conditioned reflex is shown to be a neurosis 1954 Jan. p. 48–57 [418]
emotional deprivation, child psychiatry, autism, schizophrenia, psychoanalysis, 'mechanical boy' 1959 Mar. p. 116–127 [439]
behavioral psychology, maternal deprivation, rhesus monkeys, surrogate mother, infant monkey 'love' 1959 June p. 68–74 [429]
ACTH, child development, dwarfism, growth hormone, deprivation dwarfism, 'bone age', anorexia nervosa 1972 July p. 76–82 [1253]
emotional development, fear, comparative psychology, learning, influence of early environment, experiments with dogs 1956 Jan. p. 38–42 [469]
comparative psychology, parental care, abnormal behavior, maternal deprivation, early experience and emotional development, experiments with rats 1963 June p. 138–146 [478]
emotional illness, Oedipus complex, psychoanalysis 1949 Jan. p. 22–27
group psychotherapy, psychiatry 1950 Dec. p. 42–45 [449]
mental health, schizophrenia, epidemiology, family, psychosis, income status 1954 Mar. p. 38–42 [441]
acetylcholine, hormone, nerve impulse, serotonin, synapse, neurotransmitters, central nervous system, physiological psychology, chemical mediation of nerve impulses 1957 Feb. p. 86–94
'truth' drugs, psychoanalysis, psychoactive drugs, psychiatry, clinical use of psychoactive drugs 1960 Mar. p. 145–154 [497]
schizophrenia, psychoanalysis, psychiatry, psychosis, neurosis, double bind, taxonomy of emotional illness, family therapy 1962 Aug. p. 65–74 [468]
education, poverty, group behavior, rural poverty, community action, social psychology, study of community regeneration 1965 May p. 21–27 [634]
behavioral psychology, child psychiatry, autism, schizophrenia 1967 Mar. p. 78–86 [505]
group therapy, therapeutic community, role-channeling 1971 Mar. p. 34–42 [534]
community mental-health centers, mental health, psychiatric hospital population, psychoactive drugs, psychotherapy, psychiatry, psychoanalysis 1973 Sept. p. 116–127
community mental-health centers, skid row, drug addiction, psychoactive drugs, 'deinstitutionalization' of the emotionally ill 1978 Feb. p. 46–53 [581]
EMP: electromagnetic pulse
EMP effect, arms control, atomic test ban, 'fireball blackout', underground nuclear explosions, strategic weapons 1972 Nov. p. 15–23 [342]
emphysema, bronchitis, air pollution, public health, smog, environmental health, U.S. cities, smog and public health 1961 Oct. p. 49–57 [612]
acute respiratory failure, intensive care, tracheostomy, lung, alveolar collapse, pathogenesis and treatment of acute respiratory failure 1969 Nov. p. 23–29
employment, armed forces of U.S., arms production 1951 Sept. p. 89–99
pluralistic economy, public sector, private-enterprise sector, productivity, U.S. economy, not-for-profit sector 1976 Dec. p. 25–29
nearly full 1951 Sept. p. 49
employment by industry, engineering manpower, labor force, disciplinary distribution 1951 Sept. p. 65–68
employment by sector, science manpower, disciplinary distribution, labor force 1951 Sept. p. 71–76
employment levels, labor force, manpower policy, U.S. economy, women in labor force, job creation vs. job quality 1977 Nov. p. 43–51 [701]
employment policy, economic development, Japan, investment, debt financing, government-business relations, Japan's economic growth 1970 Mar. p. 31–37
emulsification, ultrasonics, interferometry, nondestructive testing, sonar 1954 May p. 54–63
emulsion, photography, silver halide, photographic development, photochemistry 1952 Nov. p. 30–33
enamel, teeth, dentin, metabolism, fluoridation 1953 June p. 38–42
enantiomers, olfaction, stereochemical theory of odor 1971 Aug. p. 46
encephalitis, virus disease, animal vectors, influenza virus 1949 Sept. p. 18–21
toxoplasmosis, parasitism, intracellular parasite, infectious disease, insect vectors 1953 Feb. p. 86–92
behavior, hyperactive child, temperament, genetic disease, amphetamines, possibly innate disease syndrome 1970 Apr. p. 94–98 [527]
antigen variation, disease, medical history, influenza virus, pandemics, virus disease, animal vectors, Hong Kong flu, swine flu 1977 Dec. p. 88–106 [1375]
endangered species, Antarctic convergence, whaling industry, blue whale, International Whaling Commission 1966 Aug. p. 13–21
Death Valley, desert pupfish, fish, species isolation 1971 Nov. p. 104–110 [1236]

endocranial casts, African hominids, brain evolution, fossil hominid brains, hominid, human brain, pongid brains 1974 July p. 106–115 [686]
brain evolution, brain size, cephalization index, intelligence, paleoneurology 1976 Jan. p. 90–101 [568]
endocrine function, found in arteries 1951 Sept. p. 52
endocrine hormones, cell receptors, gene regulation, hormonal action, protein synthesis, steroid hormones 1976 Feb. p. 32–43 [1334]
endocrine system, physiology, nervous system, respiration, nerve impulse, muscle contraction, science, physiology 1900-1950 1950 Sept. p. 71–76
pituitary gland, ACTH, gonadotrophic hormones, metabolic hormones, growth hormone, the master gland 1950 Oct. p. 18–22
ACTH, hormone, sexual characteristics, growth, thyroid-stimulating hormone, follicle-stimulating hormone, prolactin, androgens, estrogens, secondary sexual characteristics, human physiology, chemical integrators of the body 1957 Mar. p. 76–88 [1122]
brain function, cyclic AMP, dopamine, messenger molecules, nervous system, neurotransmitters, L-DOPA treatment, Parkinson's disease, 'second messengers', brain endocrinology 1977 Aug. p. 108–119 [1368]
endocrinology, cockroach, woodroach, cockroach as laboratory animal 1951 Dec. p. 58–63
endoderm, cell differentiation, embryonic development, blastula, gastrula, fertilization, ectoderm, mesoderm, embryological 'organizer', science history, review of classical embryology 1957 Nov. p. 79–88 [103]
cell differentiation, embryonic development, pancreas, mesoderm, tissue culture 1969 Mar. p. 36–44 [1136]
endodorphins, brain function, drug action, drug addiction, enkephalins, internal opiates, opiate receptors, brain endocrinology 1977 Mar. p. 44–56
internal opiates 1977 Feb. p. 50
endogamous group, Dunkers, genetic drift, ear lobes, blood typing, 'hitch-hiker's' thumb 1953 Aug. p. 76–81 [1062]
endoplasmic reticulum, cell nucleus, cytoplasm, cell organelle, chromosome, cell physiology, RNA, DNA, cytology, nuclear control of cell 1960 Jan. p. 126–136
cell membrane, electron microscopy, myelin sheath, mitochondria, nuclear membrane, electron microscope study of membranes in cell 1962 Apr. p. 64–72 [151]
cell membrane, cell secretion, exocytosis, membrane fusion, fluid-mosaic model of membrane 1975 Oct. p. 28–37 [1328]
endosymbiosis, cell evolution, cell organelle, chloroplast, eukaryotic cells, mitochondria, symbiosis, prokaryotic cells, algae, cilia, flagella, plastids 1971 Aug. p. 48–57 [1230]
endothermy, birds, dinosaurs, ectothermy, metabolism, birds descended from dinosaurs 1975 Apr. p. 58–78 [916]
endotoxins, bacterial infection, exotoxins, toxins, bacterial toxin, effects of endotoxins 1964 Mar. p. 36–45
endrin, insecticide, implicated in fish deaths 1964 May p. 64
energy, heat, thermodynamics, quantum mechanics, entropy, equation of state, black body radiation, temperature, What is heat? 1954 Sept. p. 58–63
matter, momentum, high-energy physics, conservation law, conservation laws in particle physics 1963 Oct. p. 36–45
power machines, mechanical energy, biological energy, economic development, power, introduction to a single-topic issue on energy and power 1971 Sept. p. 36–49 [661]
input to U.S. food system 1974 June p. 48
energy conservation, nuclear power, fossil fuel, solar energy, synthetic fuels, energy policy of U.S. 1974 Jan. p. 20–29 [684]
automobiles, engine efficiency, fuel consumption 1975 Jan. p. 34–44
energy resources, nuclear reactor, fission reactor, nuclear-waste disposal, atomic-weapon proliferation, Rasmussen report 1976 Jan. p. 21–31 [348]
consumer-product research, consumer protection, household appliances, product safety, product technology, N.B.S. 1977 Dec. p. 47–53
in appliances, buildings 1977 Apr. p. 57
energy consumption, fossil fuel, petroleum reserves, coal reserves, liquid-fuel consumption, shale, tar sands, coal liquefaction, the fuel problem 1949 Dec. p. 32–39
energy resources, fission fuels, power, fossil fuel, fusion fuels, geothermal energy, solar energy, tidal energy 1971 Sept. p. 60–70 [663]
energy conversion, solar energy, light absorption, pigments, solar collectors 1956 June p. 97–106
energy cycle, ecology, biomass, solar energy, food chain, element abundance, autotrophs, heterotrophs, the ecosphere 1958 Apr. p. 83–92
wind, solar radiation, biosphere, albedo, atmospheric circulation, climate, ocean circulation, terrestrial radiation, carbon dioxide 'window', Earth energy cycle 1970 Sept. p. 54–63 [1189]
solar radiation, photosynthesis, biosphere, agricultural ecosystem, climax ecosystem, ecosystem, food chain, respiration, biosphere energy cycle 1970 Sept. p. 64–74 [1190]
celestial energy, cosmological 'hangups', power, radiation energy, entropy per unit energy, gravitational energy, stellar evolution, thermonuclear energy 1971 Sept. p. 50–59 [662]
Eskimo, hunting societies, food chain, seal, power, Baffin Island, ecosystem 1971 Sept. p. 104–115 [665]
animal husbandry, ecosystem, agricultural system, power, New Guinea, tropical agriculture 1971 Sept. p. 116–132 [666]
industrial society, U.S. economy, power, ecosystem, environmental protection 1971 Sept. p. 134–144 [667]
biosphere, photosynthesis, respiration, power, radiation energy, solar radiation, terrestrial radiation 1971 Sept. p. 88–100 [664]
climatic change, coral reefs, fossil reefs, marine ecosystems, reef evolution 1972 June p. 54–65 [901]
nitrogen fertilizer, nutrient cycle, soil structure, food and agriculture, food chain 1976 Sept. p. 74–86
forest, ecosystem, partitioning of energy in a New England forest 1978 Mar. p. 92–103 [1384]
energy demand, breeder reactor, fission reactor, uranium fission, plutonium, 'third generation' breeder reactors 1967 May p. 25–33
fission reactor, electric power, nuclear power, fossil fuel, energy economics, history and prospects of nuclear power in U.S. 1968 Feb. p. 21–31
thermal pollution, Industrial Revolution, biosphere, energy technology, fossil fuel cycle, carbon dioxide, industrial emissions, modification of natural cycles by man 1970 Sept. p. 174–190 [1197]
breeder reactor, nuclear power, fast neutron reactor, uranium cycle, thorium cycle, liquid-metal reactor, fission reactor 1970 Nov. p. 13–21 [339]
energy transformation, fuel-conversion efficiency, power, prime movers, steam turbines, magnetohydrodynamics, gas turbine, internal combustion engine, fuel cell, solar cells, power, nuclear power, comparative efficiencies of energy transformation pathways in industrial civilization 1971 Sept. p. 148–160 [668]
energy economics, Middle East oil, petroleum resources, Persian Gulf fields, economic development, Iran, Iraq, Saudi Arabia 1948 Sept. p. 9–15
nuclear power, cost assessment, capital cost, competitive with fossil fuels 1951 Jan. p. 32–38
coal, energy resources, natural gas, oil reserves, fossil fuel, impending petroleum shortage 1956 Oct. p. 43–49
fission reactor, breeder reactor, nuclear power, atomic power in U.K. 1958 Mar. p. 29–35
fission reactor, nuclear power, fuel rods, design of reactor fuel elements 1959 Feb. p. 37–43
battery, fuel cell, electric power generation, energy transformation, direct conversion chemical to electric energy 1959 Oct. p. 72–78
fission reactor, breeder reactor, nuclear power, thorium cycle, uranium cycle, breeder reactor development 1960 Jan. p. 82–94
tar sands, oil shales, petroleum, shale retorts, potential liquid-hydrocarbon reserves 1966 Feb. p. 21–29
fission reactor, energy demand, electric power, nuclear power, fossil fuel, history and prospects of nuclear power in U.S. 1968 Feb. p. 21–31
energy storage, economic geography, pipelines, power transmission, tankers, power, economic geography of energy production, distribution and consumption 1971 Sept. p. 164–175 [669]
decision theory, power production, technology assessment, tort law, economic planning, market process 1971 Sept. p. 191–200 [671]
coal hydrogenation, coal liquefaction, energy resources, oil and gas from coal 1976 May p. 24–29
energy emission, phosphors, absorption line, energy transformation 1954 Oct. p. 62–66 [237]
energy exchange, ocean microstructure, ocean circulation, sea-water salinity, oceanic stirring, sea-water temperature 1973 Feb. p. 64–77 [905]
energy-information interaction, entropy in communication, power, information flow, information theory, thermodynamics 1971 Sept. p. 179–188 [670]

energy levels, radar, microwaves, spectroscopy, molecular bonds, coherent radiation, resonance absorption, quantum jumps, quantum electrodynamics, time-keeping, foundation of maser, laser technology 1948 Sept. p. 16–23
solid state physics, crystal structure, X-ray diffraction, ionic bonds, covalent bonds, metallic bonds, molecular bonds, the nature of solids 1952 Dec. p. 39–49 [249]
matter, wave-particle duality, electromagnetic force, nuclear forces, gravitation, field theory, fundamental research, quantum jumps, corpuscular streams, what is matter? 1953 Sept. p. 52–57 [241]
elementary particles, atom, nucleus, high-energy physics, spectroscopy, 'three spectroscopies' 1968 May p. 15–19
coherent radiation, interference, Brillouin scattering, laser light 1968 Sept. p. 120–136
microwaves, interstellar matter, maser, hydroxyl radical, infrared astronomy, protostars, interferometry 1968 Dec. p. 36–44
atomic nucleus, chemical bond, gamma radiation, molecular structure, Mössbauer spectroscopy 1971 Oct. p. 86–95
Doppler effect, gas laser, laser spectroscopy, spectroscopy 1973 Dec. p. 69–85
helium-cadmium laser, helium-selenium laser, laser, metal-gas mixtures, metal-vapor lasers 1973 Feb. p. 88
energy output, bird flight, metabolism, wind tunnel experiments, gull, budgerigar 1969 May p. 70–78 [1141]
energy policy of U.S.A., the coal option 1978 Jan. p. 64
energy resources, solar energy, residential heating, windows, low-potential energy, hot water, Sun can supply most of the 30 percent of fuel energy consumed in domestic heating 1951 Feb. p. 60–65
oil shales, shale rotors, mining, fossil fuel, oil from shales 1952 Feb. p. 15–19
coal, natural gas, oil reserves, energy economics, fossil fuel, impending petroleum shortage 1956 Oct. p. 43–49
economic development, energy technology, industrialization, population, fuel consumption, energy requirements and resources for economic development 1963 Sept. p. 110–126
energy consumption, fission fuels, power, fossil fuel, fusion fuels, geothermal energy, solar energy, tidal energy 1971 Sept. p. 60–70 [663]
coal gasification, gas turbine, pollution control, oil gasification 1972 Oct. p. 26–35
hydrogen, electrolyzer technology, hydrogen-energy economy, liquified hydrogen, cryogenic storage, fuel cell 1973 Jan. p. 13–21
coal gasification, gasification processes, Lurgi process, Hygas process, synthane process, CO_2 acceptor process, coal technology 1974 Mar. p. 19–25
energy conservation, nuclear reactor, fission reactor, nuclear-waste disposal, atomic-weapon proliferation, Rasmussen report 1976 Jan. p. 21–31 [348]
coal hydrogenation, coal liquefaction, energy economics, oil and gas from coal 1976 May p. 24–29
fuel imports, liquid natural gas, technology assessment, risk estimation, tankers, LNG 1977 Apr. p. 22–29
petroleum, oil reserves, oil consumption, OPEC, finite horizon of petroleum energy economy 1978 Mar. p. 42–49 [930]
Athabasca tar sands 1948 Nov. p. 24
petroleum alternatives 1974 Feb. p. 43
windmill power 1974 May p. 61
nuclear power as principal option 1975 May p. 42
energy plantations 1976 Mar. p. 60B
energy storage, energy economics, economic geography, pipelines, power transmission, tankers, power, economic geography of energy production, distribution and consumption 1971 Sept. p. 164–175 [669]
automobile propulsion, electric power generation, composite materials, materials technology, flywheels 1973 Dec. p. 17–23
energy technology, economic development, industrialization, population, fuel consumption, energy resources, energy requirements and resources for economic development 1963 Sept. p. 110–126
energy demand, thermal pollution, Industrial Revolution, biosphere, fossil fuel cycle, carbon dioxide, industrial emissions, modification of natural cycles by man 1970 Sept. p. 174–190 [1197]
cooling towers, heat exchange, industrial cooling, microclimate 1971 May p. 70–78
energy transfer, superconductors, electron pairs, organic superconductor, proposal for room-temperature superconductor 1965 Feb. p. 21–27
convection currents, plants, thermoregulation, solar radiation, thermal radiation, transpiration, heat transfer in plant leaves 1965 Dec. p. 76–84 [1029]
energy transformation, ATP, muscle contraction, fermentation, citric-acid cycle 1953 Apr. p. 85–92
actinomyosin, mechanochemical engine, muscle contraction 1954 Mar. p. 72–76
heat, propulsion, aerothermodynamics, laminar flow, turbulence, high temperatures: propulsion 1954 Sept. p. 120–131
phosphors, absorption line, energy emission 1954 Oct. p. 62–66 [237]
solar battery, solid state physics, semiconductor, photoelectric effect 1955 Dec. p. 102–110
cosmology, universe, steady-state universe, according to Hoyle 1956 Sept. p. 157–166
battery, fuel cell, electric power generation, energy economics, direct conversion chemical to electric energy 1959 Oct. p. 72–78
cytology, ATP, mitochondrion, citric-acid cycle, glycolysis, oxidative phosphorylation, membrane, energy transformation in the cell 1960 May p. 102–114
nuclear power, recycling, materials, fusion reactor, fusion torch, plasma containment, magnetohydrodynamics 1971 Feb. p. 50–64 [340]
energy demand, fuel-conversion efficiency, power, prime movers, steam turbines, magnetohydrodynamics, gas turbine, internal combustion engine, fuel cell, solar cells, power, nuclear power, comparative efficiencies of energy transformation pathways in industrial civilization 1971 Sept. p. 148–160 [668]
engine efficiency, automobiles, energy conservation, fuel consumption 1975 Jan. p. 34–44
engineering curriculum, U.S. recommendations 1956 June p. 56
engineering failure, molasses-tank disaster 1972 Mar. p. 44
engineering manpower, labor force, employment by industry, disciplinary distribution 1951 Sept. p. 65–68
shortage of 1951 July p. 28
enrollments up 1952 Mar. p. 36
in short supply 1956 May p. 54
enrollment down 1960 Aug. p. 72
engineers, scientists, low on happiness scale 1955 Apr. p. 50
English horn, musical instruments, vibrating air column, clarinet, oboe, flute, bassoon, saxophone, physics of the wood winds 1960 Oct. p. 144–154
English Kinsey report, human sexual behavior, cousins 1950 Apr. p. 32
English medieval village, medieval life, Wharram Percy site 1976 Oct. p. 116–128
English poetry, Copernican revolution, 'Space Rapture' 1977 June p. 120–129 [367]
Eniwetok tests, atomic bomb 1949 Oct. p. 20–21
enkephalins, brain function, drug action, drug addiction, endodorphins, internal opiates, opiate receptors, brain endocrinology 1977 Mar. p. 44–56
enriched uranium, nuclear power, fission reactor, heavy-water reactor, homogeneous reactor, A.E.C. program 1951 Apr. p. 43–50
Enrico Fermi Award, Atoms for Peace Award, 1958 winners 1959 Jan. p. 62
enteroviruses, poliomyelitis virus, Coxsackie virus, tissue culture, echo viruses, epidemiology, benign and infectious intestinal viruses 1959 Feb. p. 88–97
entomology, bacteriology, biological pest control, agricultural pest, insecticide, insect physiology, virology, living insecticides 1956 Aug. p. 96–104
silkworm, juvenile hormone, insect metamorphosis, hormone arrests development 1958 Feb. p. 67–74
photoperiodicity, insect diapause, Lepidoptera, hibernation governed by photoperiodicity 1960 Feb. p. 108–118
insect venom, Chaga's disease, assassin bugs, predator-prey relationship, natural history 1960 June p. 72–78
Africa, termite, insect behavior, air conditioning, airconditioned termite nests 1961 July p. 138–145
aerial plankton, animal migration, species dispersion, insect physiology, agricultural pest, wind-borne dispersal of species 1963 Dec. p. 132–138
aquatic insect, insect eggshell, respiration, adaptation, selective permeability of insect 1970 Aug. p. 84–91 [1187]
bombardier beetle's repellant 1969 Sept. p. 102
entropy, communication, information theory, thermodynamics 1949 July p. 11–15

heat, thermodynamics, quantum mechanics, equation of state, energy, black body radiation, temperature, What is heat? 1954 Sept. p. 58–63
friction, perpetual motion machines, thermodynamics 1968 Jan. p. 114–122
arrow of time, time reversal, information theory, hierarchy of structures, macroscopic information increase 1975 Dec. p. 56–69
entropy in communication, energy-information interaction, power, information flow, information theory, thermodynamics 1971 Sept. p. 179–188 [670]
entropy per unit energy, celestial energy, cosmological 'hangups', energy cycle, power, radiation energy, gravitational energy, stellar evolution, thermonuclear energy 1971 Sept. p. 50–59 [662]
enucleation, microsurgery, micromanipulator, cytosurgery 1950 Oct. p. 48–51
environment, biosphere, Earth, evolution, photosynthesis, atmosphere-hydrosphere cycles, introduction to single-topic issue on biosphere 1970 Sept. p. 44–53 [1188]
intelligence, race, whites, IQ, heredity, American Negro, heredity, population genetics, science policy, social psychology, twins, racial discrimination 1970 Oct. p. 19–29 [1199]
environmental carcinogens, carcinogenesis, cancer epidemiology, immune response, gene mutation, virus disease, cancer prevention 1975 Nov. p. 64–78 [1330]
environmental health, bronchitis, air pollution, emphysema, public health, smog, U.S. cities, smog and public health 1961 Oct. p. 49–57 [612]
cooperation of U.S. and U.S.S.R. 1972 Apr. p. 55
environmental legislation, DDT bans 1969 June p. 57
environmental pollution, ionizing radiation, background radiation, nuclear medicine, atomic bomb test, introduction to single-topic tissue on ionizing radiation 1959 Sept. p. 74–83
atomic bomb test, ionizing radiation, isotopes, fallout, nuclear medicine, circulation of radioisotopes 1959 Sept. p. 84–93
ionizing radiation, fallout, atomic bomb test, radiation damage, mutation, public health, hazards of radiation to society 1959 Sept. p. 219–232 [1214]
forest ecosystem, X-ray, gamma radiation, white oak, atomic bomb test, weeds, ecological effects of high-energy radiation 1963 June p. 40–49 [159]
fission reactor, nuclear power, public health, radioactive waste disposal, underground storage 1977 June p. 21–31 [364]
fallout, atomic radiation 1956 July p. 46
oceanic oil pollution 1962 Nov. p. 71
recycling plant, garbage processing 1967 Jan. p. 58
PCB's and bird eggs 1969 Feb. p. 44
environmental protection, energy cycle, industrial society, U.S. economy, power, ecosystem 1971 Sept. p. 134–144 [667]
U.N. conference in 1972 1969 Aug. p. 48
Washington responds to public concern 1970 Apr. p. 44
nuclear-plant regulation 1971 Dec. p. 40
U.N. conference on the human environment 1972 Aug. p. 42
Environmental Protection Agency, proposed 1970 Sept. p. 79
environmental stimuli, brain development, learning, memory, rats, sensory deprivation 1972 Feb. p. 22–29 [541]
rat experiments 1971 Sept. p. 84
environmental toxins, anemia, brain damage, blood disorders, kidney disorder, lead poisoning, nerve disorders 1971 Feb. p. 15–23 [1211]
enzyme, alcohol metabolism, detoxification, drug inactivation, liver function, metabolism of drugs, cirrhosis 1975 June p. 22–31 [1322]
enzyme action, insulin, protein structure, ribonuclease, amino-acid sequence, myoglobin, resolution of atomic structure of three molecules 1961 Feb. p. 81–92 [80]
cell membrane, enzymes, artificial membranes, enzymes as industrial catalysts 1971 Mar. p. 26–33 [1216]
lock-and-key theory, molecular structure, protein shape-change, protein structure 1973 Oct. p. 52–64 [1280]
catalytic proteins, protein-cutting enzymes, proteolytic enzymes, serum proteins, chymotrypsin, elastase, trypsin 1974 July p. 74–88 [1301]
specificity to substrate 1974 Mar. p. 45
enzyme blood levels, cancer, myocardial infarction, hepatitis, cancer diagnosis, leukemia, medical diagnosis, diagnosis by presence of abnormal enzymes 1961 Aug. p. 99–107
enzyme catalysis, proteins, amino acids, peptide chain, alpha helix, lock-and-key theory, how is a protein made? 1953 Sept. p. 100–106
enzyme cleavage, RNA, nucleic acid, nucleotide sequence, alanine, tRNA, fragment assembly, first nucleotide sequence 1966 Feb. p. 30–39 [1033]
enzyme deficiency, amniocentesis, genetic disease, prenatal genetic diagnosis, hemophilia, Down's syndrome, Tay-Sachs disease, chromosomal anomalies 1971 Nov. p. 34–42 [1234]
genetic disease, milk sugar, lactose tolerance, milk-digestion problem 1972 Oct. p. 70–78 [1259]
fat metabolism, genetic disease, amniocentesis, Tay-Sachs disease, lipids, lipid-storage diseases, 10 lipid-storage diseases 1973 Aug. p. 88–97
enzyme function, electron orbit 1970 Aug. p. 46
enzyme structure, self-assembly 1970 Feb. p. 45
lactate dehydrogenase elucidated 1970 June p. 48
enzyme-substrate complex, enzymes, dialysis, catalysis 1959 Aug. p. 119–125
lysozyme, X-ray crystallography, protein folding, amino-acid sequence, three-dimensional structure and action of lysozyme 1966 Nov. p. 78–90 [1055]
enzymes, catalysis, digestion, respiration, fermentation, lock-and-key theory, science history 1948 Dec. p. 28–39
co-enzymes, citric-acid cycle 1949 Sept. p. 48–50 [15]
biochemistry, virus, citric-acid cycle, metabolism, co-enzymes, sulfa drugs, antibiotics, science, biochemistry 1900-1950 1950 Sept. p. 62–68
fat metabolism, fatty acids, coenzyme A, ATP 1954 Jan. p. 32–36 [16]
cell organelle, mitochondria, metabolism, cell metabolism, cell membrane, 'powerhouse of the cell' 1957 July p. 131–140 [36]
chlorophyll, tetrapyrrole ring, hemoglobin, cytochrome, respiration, tetrapyrrole virtuosity 1958 Aug. p. 77–81
beer, yeast, brewing, fermentation, hops, chemistry and microbiology of brewing 1959 June p. 90–100
enzyme-substrate complex, dialysis, catalysis 1959 Aug. p. 119–125
autolysis, lysosomes, phagocytosis, pinocytosis, metamorphosis, cellular digestive organ, 'suicide bag' 1963 May p. 64–72 [156]
grape fermentation, wine, yeast, viticulture, climate, chemical explanation of a good wine, role of climate 1964 Aug. p. 46–56 [190]
proteins, peptide bond, zymogen, trypsin, proteolytic enzymes, hydrolysis, structure and function of protein-digesting enzymes 1964 Dec. p. 68–79
protein synthesis, hemoglobin, myoglobin, control systems, feedback, cooperative enzymes, allosteric enzymes, control of biochemical reactions 1965 Apr. p. 36–45 [1008]
autolysis, lysosomes, phagocytosis, lysis, chromosome breakage, lysosome implication in disease processes 1967 Nov. p. 62–72 [1085]
ATP, mitochondrion, glycolysis, cell membrane, oxidative phosphorylation, cell metabolism, mitochondrial membrane 1968 Feb. p. 32–39 [1101]
ceruloplasmin, hemocyanin, oxygen transport, copper deficiency, cytochrome oxidase, copper biochemistry, Wilson's disease, tyrosinase 1968 May p. 102–114
chemical reaction, chemical kinetics, allosteric enzymes, proton transfer, catalysis, chemical equilibrium, relaxation methods in chemistry 1969 May p. 30–41
cell membrane, artificial membranes, enzyme action, enzymes as industrial catalysts 1971 Mar. p. 26–33 [1216]
for wound healing 1949 Dec. p. 28
extra-cellular enzyme production 1961 July p. 66, 67
specificity and universality of binding sites 1974 Mar. p. 45
enzymology, extra-cellular enzyme production 1961 July p. 66, 67
Eötvös experiment, gravitational constant, science history, general relativity, Eötvös experiment confirmed 1961 Dec. p. 84–94
astrophysics, red shift measurement, relativity theory, gravitation theories assessed 1974 Nov. p. 24–33
Eocene epoch, Yellowstone National Park, petrified wood, erosion, volcanic sediments, petrified forests of Yellowstone 1964 Apr. p. 106–114
epidemic hysteria, fainting 1967 Feb. p. 58
epidemiology, histoplasmosis, fungal infection, respiratory infection, airborne infection, coccidioidomycosis 1948 June p. 12–15
morbidity, mortality rates, economic development, income status, occupational health, 'social medicine'; environment, material well-being, behavior of disease 1949 Apr. p. 11–15
poliomyelitis virus, central nervous system, infective specificty, infective specificity, nature of the disease and public health status before production of the vaccines 1950 Aug. p. 22–26
stress, anoxia, pregnancy, Down's syndrome, trisomy 21, etiology of Down's syndrome 1952 Feb. p. 60–66

disease, cholera, plague, yellow fever 1953 Feb. p. 22–27
poliomyelitis, gammaglobulin, immunity, blood fractionation, vaccine 1953 July p. 25–29
Hutterites, mental health, psychosis, standard expectancy method 1953 Dec. p. 31–37 [440]
emotional illness, mental health, schizophrenia, family, psychosis, income status 1954 Mar. p. 38–42 [441]
suicide, psychoanalysis 1954 Nov. p. 88–96
vaccine, poliomyelitis virus, antibody persistence 1955 Apr. p. 42–44
premature infants, retrolental fibroplasia, oxygen, infant mortality, blindness, 'blind babies' 1955 Dec. p. 40–44
immunology, virology, influenza virus, public health, structure and biochemistry of flu virus 1957 Feb. p. 37–43
enteroviruses, poliomyelitis virus, Coxsackie virus, tissue culture, echo viruses, benign and infectious intestinal viruses 1959 Feb. p. 88–97
Chaga's disease, public health, 'zoonoses', parasitism, trypanosomiasis, malaria, filariasis, leishmaniasis, plague, yellow fever, typhus, animal infection and human disease 1960 May p. 161–170
Anopheles mosquito, tropical medicine, malaria, Plasmodium, W.H.O. malaria eradication 1962 May p. 86–96
eye disease, trachoma, virus disease, vaccination, immunization 1964 Jan. p. 79–86
human behavior, bubonic plague, public health, Black Death, population history, long-term effects of plague, Europe 1348-50 1964 Feb. p. 114–121 [619]
bacteria, flies, maggot, dysentery, virology, disease vector 1965 July p. 92–99
congenital anomalies, genetic disease, hemophilia, mutation, in Queen Victoria's descendants 1965 Aug. p. 88–95
atherosclerosis, cardiovascular disease, human nutrition, arteries, cholesterol, coronary occlusion, diet, lipids, plaque, artery wall 1966 Aug. p. 48–56
air pollution, rickets, vitamin D, ultraviolet radiation, osteogenesis, calcium metabolism, sunlight 1970 Dec. p. 76–91 [1207]
goiter, hypothyroidism, iodine deficiency, thyroid, iodized salt 1971 June p. 92–101 [1223]
bacterial toxin, cholera, disease, medical care, sanitation, water supply 1971 Aug. p. 15–21
ecological histoplasmosis 1973 May p. 44
esophagal cancer 1974 May p. 60
W.H.O., 'river blindness' in Africa 1975 Oct. p. 53
river blindness in Africa 1975 Oct. p. 53
see also: cancer epidemiology
epidermal cells, wound healing, regeneration, leukocyte, fibroblasts, collagen 1969 June p. 40–50 [1144]
epidermal ridges, dermatoglyphics, skin, chromosomal anomalies 1969 Dec. p. 72–84 [1164]
epidermis, flagella, contractile proteins, keratin, myosin, 'k.m.e.f.' group, motility in bacteria 1951 Jan. p. 20–24
cancer, ultraviolet radiation, melanocytes, suntanning, skin, vitamin D 1968 July p. 38–46
epilepsy, blood-brain barrier, brain metabolism, neurology, neurophysiology, physiology of the barrier and its reinforcement 1956 Feb. p. 101–106
deep-sleep treatment 1953 Oct. p. 58
Epimenides' paradox, antinomy, paradox, mathematical logic, logic, barber paradox, undecidable questions, Gödel's proof, Grelling's paradox, Zeno's paradox, paradox and foundations of logic 1962 Apr. p. 84–96
epinephrine, ACTH, ATP, glucogenesis, glycolysis, hormone, cell metabolism, cyclic AMP, activation of cyclic AMP by hormones 1972 Aug. p. 97–105 [1256]
Epistles of St.Paul, computer analysis 1964 Jan. p. 56
epitaxial growth, materials technology, solid state physics, crystal defects, surface chemistry, precipitation in solids, 'doping', chemical properties of materials 1967 Sept. p. 210–220
epithelium, cell membrane, intercellular communication, salivary gland, molecular signals, membrane permeability, junctions in cell membrane 1970 May p. 78–86 [1178]
epoxy resins, adhesive, molecular attraction, surface tension, elastic energy, molecular repulsion, micromechanics of adhesion 1962 Apr. p. 114–126
equation of state, heat, thermodynamics, quantum mechanics, entropy, energy, black body radiation, temperature, What is heat? 1954 Sept. p. 58–63
equatorial bulge, artificial satellite, Earth, orbital motion, geoid, shape of the Earth 1967 Oct. p. 67–76 [873]
equatorial rain forests, agricultural production, tropical climate, laterization, developing countries, lateritic soil 1964 Nov. p. 96–102 [870]
equivalent sets, infinity, set theory, cardinal number, Cantor 1952 Nov. p. 76–84
ergonomics, psychology, instrument panel, pilot error, designing instrument panels for their users 1953 Apr. p. 74–82 [496]
ergot, mycology, fungi, wheat rust, potato blight, morel, amanita, Penicillium notatum, yeast, molds and men 1952 Jan. p. 28–32 [115]
LSD, psychosis, psychoanalysis, experimental psychoses 1955 June p. 34–39
erosion, Eocene epoch, Yellowstone National Park, petrified wood, volcanic sediments, petrified forests of Yellowstone 1964 Apr. p. 106–114
forestry, nitrogen fixation, ecosystem, resource management, runoff, watershed, deforestation, deforestation experiment 1970 Oct. p. 92–101 [1202]
Earth evolution, plate tectonics, solar system 1975 Sept. p. 82–90
dust storms, Mars, terrestrial planets, cratering, tectonic processes, mountain formation, hydrology, solar system 1975 Sept. p. 106–117
architecture, sculpture, marble, limestone, atmospheric pollution, weathering, preservation of stone 1978 June p. 126–136 [3012]
erosion rate, U.S. landmass 1964 Oct. p. 58
erothrocyte, sickle cell disease, gene mutation, genetic disease, single gene-single aminoacid deletion 1958 Jan. p. 68–74
error-correcting codes, computer programming, computer technology, redundancy for error detection 1962 Feb. p. 96–108
erythrocyte, blood plasma, blood fractionation, leukocyte, platelets, centrifuge, blood transfusion, blood banks 1954 Feb. p. 54–62
metabolism, oxygen starvation, acclimatization, attitude adaptation 1955 Dec. p. 58–68
comparative physiology, hematology, structure of red blood cell 1957 Jan. p. 95–102
cell membrane, pores 1960 Dec. p. 146–156
'anomalous' water, 'biological' water, blood, hemoglobin, water, membrane permeability, osmosis, van 't Hoff law 1971 Feb. p. 88–96 [1213]
chemotherapy, cyanate, genetic disease, anemia, hemoglobin, sickle cell disease 1975 Apr. p. 44–50 [1319]
escape response, marine invertebrates, starfish, limpets, scallop, prey-predator relationship, snail, chemical signals 1972 July p. 92–100 [1254]
animal behavior, neurophysiology, toad, visual perception, visually guided behavior 1974 Mar. p. 34–42 [1293]
escape velocity, atmosphere, photosynthesis, volcanoes, water of crystallization, nitrogen, oxygen, origin and evolution of Earth's atmosphere 1953 Aug. p. 82–86 [824]
Escher's prints, art, optical illusion, perception of pictures, psychology, visual perception 1974 July p. 90–104 [560]
Eskimo, Aleuts, genocide, Aleutian Islands, Aleuts as 'Southern Eskimos' 1958 Nov. p. 112–124
New World archeology, Onion Portage site, Bering land bridge, human migration, Alaska, stone artifacts, gateway to America 1968 June p. 24–33
Amerindian, burial site, New World archeology, 2000 B.C., Port au Choix, Newfoundland, skeletons 1970 June p. 112–121 [657]
energy cycle, hunting societies, food chain, seal, power, Baffin Island, ecosystem 1971 Sept. p. 104–115 [665]
ESP: extrasensory perception
ESP, statistical significance 1953 Oct. p. 54
essential elements, elements, living matter, metallo-enzymes, fluorine, silicon, tin, vanadium, list of elements essential to life lengthened to 24 1972 July p. 52–60
essential oils, oleoresins, steam distillation, vacuum distillation, flavors, perfumes 1953 Aug. p. 70–74
estimation theory, batting averages, statistics, Stein's paradox, approach of averages to norm 1977 May p. 119–126 [363]
estrin, twins, identical twins, fraternal twins, ovulation, physiology of twinning 1951 Jan. p. 48–51
estrogens, ACTH, hormone, sexual characteristics, growth, thyroid-stimulating hormone, follicle-stimulating hormone, prolactin, androgens, secondary sexual characteristics, human physiology, endocrine system, chemical integrators of the body 1957 Mar. p. 76–88 [1122]
actinomyosin, ecdysone, cortisone, insulin, gene activation, RNA synthesis, aldosterone, growth hormone, ACTH, thyroxin,

mechanism of hormone action 1965 June p. 36–45 [1013]
adrenal gland, pineal organ, biological clock, progesterone, melatonin, serotonin, pineal regulation of sex glands 1965 July p. 50–60 [1015]
estrus, fleas, parasitism, host-parasite relationship, hormone, rabbits, adaptation, the rabbit flea and rabbit hormones 1965 Dec. p. 44–53 [1027]
estuary, ecology, natural history, a teeming life province 1954 May p. 64–68
Eta Carina, Clouds of Magellan, galactic center, nebulae, globular cluster stars, Southern sky, astronomical riches of the southern sky 1952 July p. 46–57
nova de novo 1952 Aug. p. 34
etching, chemical milling, metal cutting, operation of chemical mill 1957 Jan. p. 104–112
cosmic radiation, nuclear tracks, fission-track dating, ionizing radiation, applications of charged-particle tracks in solids 1969 June p. 30–39
ether drift, Fitzgerald contraction, Maxwell's equations, relativity theory, Lorentz tranformation, life and work of G. F. Fitzgerald 1953 Nov. p. 93–98
luminiferous ether, special relativity, speed of light, interferometry, Michelson-Morley ether-drift experiment 1964 Nov. p. 107–114
'big bang' theory, cosmic background radiation, Hubble constant, anisotropy in 3-degree Kelvin radiation 1978 May p. 64–74 [3008]
at 9,000 megacycles 1954 July p. 46
ether reinstated, by Dirac 1952 Feb. p. 36
ethnic groups, public opinion, voters' attitudes, voting behavior, correlation analysis, income, social status, family, 'votes in the making' 1950 Nov. p. 11–13
black power, American Negro, racial discrimination, group identity, economic power, slavery, social deprivation 1967 Apr. p. 21–27 [633]
comparative religion, gene isolation, Israel, Judaism, Samaritans, Holon and Nablus communities 1977 Jan. p. 100–108 [690]
ethology, stickleback, courtship display, animal behavior, sexual behavior, displacement activity 1952 Dec. p. 22–26 [414]
courtship display, gulls, animal behavior, releaser stimulus, displacement activity 1954 Nov. p. 42–46
animal behavior, evolution, ritualized behavior, innate behavior, releaser stimulus, evolution of behavioral patterns 1958 Dec. p. 67–78 [412]
social behavior, gulls, comparative psychology, animal behavior, evolution, reconstructing gull family tree from behavior of species 1960 Dec. p. 118–130 [456]
arena behavior, bowerbirds, sexual behavior, animal behavior, courtship display, releaser stimulus, natural history 1963 Aug. p. 38–46 [1098]
animal behavior, speciation, gulls, evolution, sexual behavior, innate behavior, species discrimination, Larus, eye rings 1967 Oct. p. 94–102 [1084]
ethylene, fruit pectin 1954 May p. 40–44 [118]
Etruscans, metallurgy, bronze 1955 Nov. p. 90–98
Classical archeology, overview of Etruscan civilization 1962 Feb. p. 82–94
Ettingshausen effect, Hall effect, Nernst effect, Righi-Leduc effect, galvanomagnetism, thermomagnetism, science history, industrial technology, technological applications of 19th c. discoveries 1961 Dec. p. 124–136
eucaryotic cell, fossils in 1,2 billion-year-old rock 1969 Aug. p. 49
Euclidean geometry, mathematics, straight line, geometry, curved line, reach and limits of axiomatic approach 1956 Mar. p. 104–114
calculus, falling-stone problem, infinitesimals, mathematical logic, method of exhaustion, nonstandard analysis 1972 June p. 78–86
eugenics, human evolution, natural selection, gene mutation, mutation, 'man's genetic future' 1952 Feb. p. 68–74
correlation theory, Galton, dermatoglyphics, life and work of Francis Galton, regression to mean 1954 Jan. p. 72–76
eukaryotic cells, cell evolution, cell organelle, chloroplast, endosymbiosis, mitochondria, symbiosis, prokaryotic cells, algae, cilia, flagella, plastids 1971 Aug. p. 48–57 [1230]
Euler, Fermat, Descartes, mathematics history, analytic geometry, conic sections, mathematics 1949 Jan. p. 40–45
Koenigsberg bridges, topology, essay by Leonard Euler on the Koenigsberg bridges 1953 July p. 66–71
Euler's problem, *see:* Koenigsberg bridges
Europa, Galileo, Jupiter, Jovian satellites, solar system, Callisto, Ganymede, Io 1976 May p. 108–116
Europe, climate, hunting, Paleolithic settlements, stone tools 1976 Feb. p. 88–99
European cattle, animal husbandry, cattle, dairying, Zebu cattle, selective stock breeding 1958 June p. 51–59
European economy, economic development, trade deficit, Economic Commission for Europe, East-West trade, industrial reconstruction 1948 July p. 9–15
European Organization for Nuclear Research, *see:* C.E.R.N.
European prehistory, archeological dating, carbon 14 dating, dendrochronology 1971 Oct. p. 63–72 [672]
eutectics, alloys, crystal structure, metallurgy, controlled eutectics, whiskers, controlled-cooling magnets 1967 Feb. p. 86–92
composite materials, materials technology, whiskers, fiber glass, two-phase materials, fiber-reinforced composites, matrix 1967 Sept. p. 160–176
eutrophication, climate, marshland, swamp, ecology, wetlands, natural history of marsh, effect on climate 1958 Oct. p. 114–122 [840]
water pollution, fisheries, fish population, runoff, Great Lakes, silt, U.S. Great Lakes' aging 1966 Nov. p. 94–104 [1056]
bacteria, nitrogen cycle, nitrogen fixation, blue-green algae, Haber process, biosphere, nitrate, legumes 1970 Sept. p. 136–146 [1194]
ATP, mineral cycles, biosphere, phosphorus cycle, sulfur cycle, sulfur bacteria, carboxylation cycle, mineral cycles in the biosphere 1970 Sept. p. 148–158 [1195]
nitrogen role 1971 May p. 50
evaporation, antelope, desert adaptation, thermoregulation, water drinking, eland and oryx, survival without drinking 1969 Jan. p. 88–95
water cycle, transpiration, runoff, agricultural system, ocean, precipitation, biosphere, photosynthesis 1970 Sept. p. 98–108 [1191]
evaporite minerals, fossil record, Glomar Challenger findings, Miocene desiccation, salt, Mediterranean as desert 1972 Dec. p. 26–36 [904]
evolution, reptile, dinosaurs, mammalian evolution, paleontology, therapsids, ichthyosaurs, origin of mammals 1949 Mar. p. 40–43
sexual reproduction, heredity, origin of sexual reproduction 1949 Apr. p. 52–55
population genetics, E. coli, Drosophila, mutation, sexual recombination, speciation, natural selection, genetic basis of evolution 1950 Jan. p. 32–41 [6]
Darwin's finches, speciation, Galapagos Islands 1953 Apr. p. 66–72 [22]
intelligent life, astronomical probabilities, The thesis: man is alone in space 1953 July p. 80–86
E. coli, penicillin resistance, mutation rate, evolution observed 1953 Oct. p. 78–83
Lysenkoism, Lamarck, acquired characteristics, genotype, phenotype, mutation, ostrich calluses, speciation, religion, orthodoxy, Darwinism, experiments in acquired characteristics 1953 Dec. p. 92–99
strangler trees, ecology, tropical rain forest 1954 Jan. p. 78–80
moas, extinction, hunting, New Zealand flightless birds 1954 Feb. p. 84–90
fossil fish, coelocanth, land animals 1955 Dec. p. 34–39 [831]
science history, Darwin, Charles Darwin biography 1956 Feb. p. 62–72 [108]
speciation, guillemot, skua, melanism, ornithology, avian evolution 1957 May p. 124–134
intelligence, learning, memory, language, imagery, experimental psychology, learning in man and animals 1957 June p. 140–150
biology, philosophy of science, natural selection, creativity, innovation in biology 1958 Sept. p. 100–113 [48]
ethology, animal behavior, ritualized behavior, innate behavior, releaser stimulus, evolution of behavioral patterns 1958 Dec. p. 67–78 [412]
Darwinism, creationism, Bryan, Darrow, Scopes trial, Scopes trial, U.S.A. 1959 Jan. p. 120–130
camouflage, melanism, moths, speciation, air pollution, population genetics, mutation, genetic variation, evolution observed 1959 Mar. p. 48–53 [842]
science history, geology, Lyell, Charles Lyell, biography 1959 Aug. p. 98–106 [846]
ionizing radiation, mutation, radiation-induced mutation in evolution 1959 Sept. p. 138–160 [55]
arachnid, spiders, spider webs, orb web 1960 Apr. p. 114–124
ethology, social behavior, gulls, comparative psychology, animal behavior, reconstructing gull family tree from behavior of species 1960 Dec. p. 118–130 [456]

animal behavior, innate behavior, lovebird, sexual behavior, interspecies differentiation of behavior 1962 Jan. p. 88–98
insect behavior, bee dances, social insect, evolutionary 'dialects' of 'language of the bees' 1962 Aug. p. 78–86
Infra-Cambrian Ice Age, glaciation, fossil record, continental drift, paleomagnetism 1964 Aug. p. 28–36
intelligence, habit reversal, probability learning, intelligence compared in five animals 1965 Jan. p. 92–100 [490]
hemoglobin, myoglobin, molecular evolution, amino acids, evolutionary distance measured by amino-acid substitution 1965 May p. 110–118 [1012]
bee dances, insect behavior, directional orientation, species specificity, communication by sound, by dancing 1967 Apr. p. 96–104 [1071]
animal behavior, fossil tracks, fossil animal tracks, burrows 1967 Aug. p. 72–80 [872]
animal behavior, speciation, gulls, sexual behavior, innate behavior, ethology, species discrimination, Larus, eye rings 1967 Oct. p. 94–102 [1084]
lungfish, air-breathing fishes, Devonian period, fish physiology, conquest of land-breathing organs 1968 Oct. p. 102–111 [1125]
Darwinism, religion, Scopes trial, science teaching, creationism, antievolution laws in U.S. 1969 Feb. p. 15–21
horn, antler, osteogenesis, bone, keratin, ungulates, differences between horns and antlers 1969 Apr. p. 114–122 [1139]
proteins, species specificity, computer analysis, cytochrome, amino-acid substitution, phylogeny from amino-acid substitution 1969 July p. 86–95 [1148]
blood groups, genetic drift, mutation, consanguinity, gene pool, population genetics, Parma Valley, Italy 1969 Aug. p. 30–37
gene pool, mutation, genetic load, electrophoresis, population genetics, heterozygosity 1970 Mar. p. 98–107 [1172]
DNA repeat segments, genome size, sDNA, DNA-RNA hybridization 1970 Apr. p. 24–31 [1173]
biosphere, Earth, photosynthesis, environment, atmosphere-hydrosphere cycles, introduction to single-topic issue on biosphere 1970 Sept. p. 44–53 [1188]
albatross, animal behavior, bird flight, sexual behavior, soaring, natural history 1970 Nov. p. 84–93 [1204]
bacteria, blue-green algae, fossil cells, Gunflint cherts, origins of life, Precambrian rocks, prokaryotic cells, oldest fossils 1971 May p. 30–42 [395]
species dispersion, continental drift, fossil record, plate tectonics 1972 Nov. p. 56–66 [903]
air pollution, melanism, moths, gene mutation, population genetics, predation, evolution observed again 1975 Jan. p. 90–99 [1314]
science teaching, religion, curriculum reform, Darwinism, creationism, Bible, high school, Man, a Course of Study, biological sciences curriculum study 1976 Apr. p. 33–39
Darwinism, Huxley's own account, 'apes and bishops' 1954 Mar. p. 52
biology textbook controversy 1964 Oct. p. 56
organic molecules, early life on Earth 1965 June p. 58
protein clock 1976 Nov. p. 70
see also: galactic evolution, human evolution and the like; evolutionary universe

evolution of behavior, human evolution, toolmakers 1953 Dec. p. 65–72
hominid, Olduvai Gorge, toolmakers, human evolution, foodsharing, evidence for protohuman behavior in two-million-year-old sites 1978 Apr. p. 90–108 [706]

evolution of language, linguistics, information theory, a theory of natural selection in language 1952 Apr. p. 82–87

evolutionary diversity, chromosome, mutation, science, genetics 1900-1950, one gene-one enzyme 1950 Sept. p. 55–58

evolutionary pressure, female size 1976 Sept. p. 68

evolutionary radiation, extinction, species specificity, adaptation, natural selection, ecological niche, 'Is man here to stay?' 1950 Nov. p. 52–55

evolutionary universe, cosmology, universe expansion, Olber's paradox, world lines, curvature of space, red shift, galactic evolution, element formation, genesis 1954 Mar. p. 54–63
cosmic background radiation, universe expansion, radio galaxies, 'big bang' theory 1974 Aug. p. 26–33

excavating machines, tunneling, rock borers, earth-moving, surface mining, mining 1967 Nov. p. 74–85

exciton, anthracene, crystallography, photosynthesis, electron transfer, plants, organic crystals, conjugated aromatic hydrocarbons 1967 Jan. p. 86–97
electromagnetic radiation, electron-hole liquid, quantum mechanics, semiconductor 1976 June p. 28–37

exciton split, electron-hole pair 1969 May p. 56

exclusion principle, atom, Pauli, theoretical physics, antimatter, quantum mechanics, structure of atoms and nuclei 1959 July p. 74–86 [264]

executive, predicting success 1961 May p. 84

exercise, brown fat, altitude adaptation, Quechua Indians, acclimatization, deer mice, hemoglobin, metabolic rate, human physiology at high altitude 1970 Feb. p. 52–62 [1168]

exercise adaptation, breathing, heart, blood circulation, hemoglobin, human physiology 1965 May p. 88–96 [1011]

exocytosis, cell membrane, cell secretion, endoplasmic reticulum, membrane fusion, fluid-mosaic model of membrane 1975 Oct. p. 28–37 [1328]

exoelectrons, Geiger counter, metal fatigue, metal-surface defects, wear 1977 Jan. p. 74–82 [350]

exotic atoms, atomic nucleus, atomic structure, kaonic atoms, muonic atoms, particle accelerator, pions, quantum mechanics, high-energy physics 1972 Nov. p. 102–110
antiproton 1970 Nov. p. 45

exotic molecules, comet origins, cometary structure, solar system, primordial dust cloud, Comet Kohoutek 1974 Feb. p. 48–57

exotoxins, bacterial infection, endotoxins, toxins, bacterial toxin, effects of endotoxins 1964 Mar. p. 36–45

experience, vision, learning, sensory deprivation, 'arrested vision', role of environment experience in normal development 1950 July p. 16–19 [408]

experimental psychology, education, learning, memory, 'drill' in learning 1958 Aug. p. 68–72 [422]

expert witnesses, criminal law, insanity defense, M'Naghten rule, Durham rule, psychiatrists as witnesses 1974 June p. 18–23

exploding wire, meteorites, shock waves, streak photography, generation of shock waves by exploding wire 1962 May p. 102–112

explosion-suppression, by counter-explosion 1952 Feb. p. 36

explosions, shock waves, materials technology, solids, phase transitions 1969 May p. 82–91

explosive compression, high-pressure technology, magnetism, ultrastrong magnetic fields, implosion, flux compression 1965 July p. 64–73

exponential-time problems, algorithms, computer science, Koenigsberg bridges, undecidable questions, polynomial-time problems, efficiency of algorithms 1978 Jan. p. 96–109 [395]

extended family, Ashanti, Tallensi, social anthropology, kinship, social structure, social psychology, primitive Tallensian and Ashantian kinship 1959 June p. 146–158

'extended fine structure' effect, atomic structure, crystallographic techniques, materials technology, X-ray absorption 1976 Apr. p. 96–103

external combustion engines, Philips air engine, heat engines, Stirling engine, hot-air engine 1948 July p. 52–55
automobile engines, Stirling engine, engine efficiency 1973 Aug. p. 80–87

extinction, species specificity, adaptation, natural selection, evolutionary radiation, ecological niche, 'Is man here to stay?' 1950 Nov. p. 52–55
moas, evolution, hunting, New Zealand flightless birds 1954 Feb. p. 84–90
gray whale, whale, animal migration 1955 Jan. p. 62–66

extinction mechanism, bears, cave bear, Ice Age 1972 Mar. p. 60–72

extragalactic radio waves, radio astronomy, radio map of Galaxy, solar radio output, status and expectations of the new astronomy 1949 Sept. p. 34–41

extranuclear DNA, cytoplasmic inheritance, maternal inheritance, mitochondria, chloroplast, Chlamydomonas 1965 Jan. p. 70–79 [1002]

extrasensory perception, *see:* ESP

extraterrestrial communication, on frequencies of H2O 1974 Jan. p. 52

extraterrestrial intelligence, interstellar communication, origins of life, planetary systems, cyclops project 1975 May p. 80–89 [347]
N.A.S.A. report 1977 Dec. p. 84

extraterrestrial life, stellar evolution, main-sequence stars, binary stars, probability of extra terrestrial life calculated from astronomical numbers 1960 Apr. p. 55–63
meteorites, chondrites, pangenesis, organic molecules, organic molecules in carbonaceous chondrites 1963 Mar. p. 43–49
infrared astronomy, Venus, atmospheric windows, Mars, Jupiter, moon, spectrometry, history and recent results of infrared astronomy 1965 Aug. p. 20–29

Mars, space exploration, Viking lander experiments 1977 Nov. p. 52–61 [389]
views Earth as zoo or Petri dish? 1973 Oct. p. 51
extravascular pressure, comparative physiology, blood pressure, breathing, giraffe respiration 1974 Nov. p. 96–105 [1307]
eye, rod cells, cone cells, retina, iris, optogram, rhodopsin, camera, anatomy and physiology of the eye, camera as metaphor 1950 Aug. p. 32–41 [46]
Sherrington, Charles Scott Sherrington on the eye 1952 May p. 30–34
vision, retina, 'floaters', nature and origin of 'floaters' 1962 June p. 119–127
vision, retinal pigments, color perception, cone cells, trichromaticity implies three cone pigments 1962 Nov. p. 120–132 [139]
visual cortex, retina, optic nerve, vision, organization of sight into vision 1963 Nov. p. 54–62 [168]
human anatomy, sensory perception, neuropsychology, ear, Descartes, 17th c. approach to human perception, mechanistic hypothesis 1964 May p. 108–116 [184]
emotion, pupil size, attitude, attention, effect of attitude on pupil size 1965 Apr. p. 46–54 [493]
binocular vision, depth perception, neurophysiology, optic chiasm, stereopsis, visual cortex 1972 Aug. p. 84–95 [1255]
motion perception, visual perception 1975 June p. 76–88 [564]
communication, nonverbal communication, pupil size, effect of pupil size on attitude 1975 Nov. p. 110–119 [567]
motion-perception system, moving-target perception, neurophysiology, visual perception 1977 Jan. p. 60–73 [575]
compound eye, insect eye, ommatidia 1977 July p. 108–120 [1364]
eye disease, trachoma, virus disease, vaccination, epidemiology, immunization 1964 Jan. p. 79–86
eye-hand coordination, vision, infant, learning, human eye 1950 Feb. p. 20–22 [401]
child development, infant perceptions, object concept, perceptual development 1971 Oct. p. 30–38 [539]
eye-head coordination, coordination of movement, sensory feedback, visual targeting 1974 Oct. p. 100–106 [1305]
eye lens, cataract, retina, etiology, course and treatment of cataract 1962 Mar. p. 106–114
aging, cataract, human eye, vision 1975 Dec. p. 70–81
eye movement, feedback, visual tracking, visual scanning, human eye, control mechanisms of the eye 1964 July p. 24–33
vision, saccades, visual attention, fovea, human eye, visual fixation, experiments with eye-marker camera 1968 Aug. p. 88–95 [516]
pattern recognition, scan-path recordings, serial-recognition hypothesis, visual perception 1971 June p. 34–43 [537]
visual perception, bilingualism, dyslexia, grammatical relations, language, reading, perception of words 1972 July p. 84–91 [545]
brain circuitry, neurophysiology, pons, visual cortex, visual processing, visual cells in pons 1976 Nov. p. 90–98
eye-witness testimony, crime, perception, memory, jury trial 1974 Dec. p. 23–31 [562]

F

facial expression, behavior, speech, vocal display, nonverbal communication, facial expression in communication 1965 Oct. p. 88–94 [627]
factor analysis, anxiety, personality 1963 Mar. p. 96–104 [475]
stone tools, tool assemblages, multivariate analysis, computer analysis, Paleolithic archeology, Bordes method, stone tools as fossils of behavior 1969 Apr. p. 70–84 [643]
faience, Egyptian glass, glass, glassmakers, Roman glass, chemical and physical analysis of ancient glass 1963 Nov. p. 120–130
falling-body velocity, free fall, Galileo, Merton rule, science history 1973 May p. 84–92
falling-stone problem, calculus, Euclidean geometry, infinitesimals, mathematical logic, method of exhaustion, nonstandard analysis 1972 June p. 78–86
Fallot tetralogy, cardiology, ductus arteriosus, cardiovascular surgery 1950 Jan. p. 14–17
cardiac prostheses, cardiac surgery, heart-lung machine, patent ductus arteriosus, technology and technique of open-heart surgery 1960 Feb. p. 76–90
fallout, atomic bomb test, ionizing radiation, isotopes, environmental pollution, nuclear medicine, circulation of radioisotopes 1959 Sept. p. 84–93
atomic bomb test, radiation damage, ionizing radiation, leukemia, immune response, nuclear medicine, radiation damage, whole-body irradiation 1959 Sept. p. 117–137
environmental pollution, ionizing radiation, atomic bomb test, radiation damage, mutation, public health, hazards of radiation to society 1959 Sept. p. 219–232 [1214]
DDT residues, insecticide, ecological cycles, food chain, ecological redistribution of pollutants 1967 Mar. p. 24–31 [1066]
civil defense, arms race, limited nuclear warfare, technology assessment, flexible-response strategy, limited nuclear war 1976 Nov. p. 27–37
photographic film fogged 1949 Oct. p. 26
alarm and a death from H-bomb test 1954 Nov. p. 48
protest from Churchill 1955 Jan. p. 42
Fortunate Dragon settlement 1955 Mar. p. 50
'one chest X-ray' 1955 Apr. p. 46
Pauling's warnings 1955 May p. 52
NASA radiation study 1955 June p. 47
environmental pollution, atomic radiation 1956 July p. 46
alarm in Britain 1956 Sept. p. 110
ionizing radiation, radiation effects on human tissue cells 1957 Jan. p. 64
atomic bomb test, A.E.C. Project Sunshine 1957 Aug. p. 56
atomic bomb test, irradiation effect on human population 1958 Sept. p. 84
atomic bomb test, carbon 14, C14 fallout 1959 Jan. p. 62
bone-seeking strontium 90 1959 June p. 76
concentration in milk 1959 Aug. p. 62
atomic bomb test, U.S. Federal Radiation Council recommendations 1959 Oct. p. 80
monitored by U.S. Public Health Service 1960 July p. 79
strontium 90 radiation in decline 1960 Oct. p. 87
atomic bomb test, assessment of cumulative fallout 1962 July p. 71
1962 testing doubled the rate 1963 Aug. p. 48
strontium 90, iodine 131, carbon 14 1963 Nov. p. 64
fallout shelters, civil defense, arms race, social psychology, counterforce strategy, social impact of fallout shelters 1962 May p. 46–51 [637]
arms race, atomic test ban, national security, atomic bomb test, missile policy, military technology 1964 Oct. p. 27–35 [319]
'false bottom', marine biology, plankton, sonar, shrimp, heteropod, deep-sea scattering layer, deep-sea 'layer of life' 1951 Aug. p. 24–28
sonar, echo-sounding, ocean floor, plankton, deep-sea scattering layer, photic zone 1962 July p. 44–50
false scorpion, Arachnida, natural history, animal behavior, Chelifer canroides 1966 Mar. p. 95–100 [1039]
family, public opinion, voters' attitudes, voting behavior, correlation analysis, ethnic groups, income, social status, 'votes in the making' 1950 Nov. p. 11–13
emotional illness, mental health, schizophrenia, epidemiology, psychosis, income status 1954 Mar. p. 38–42 [441]
adolescence, alienation, racial discrimination, divorce, poverty, infant mortality, crime, suicide, drug addiction, changes in American family structure 1974 Aug. p. 53–61 [561]
family planning, birth rate, birth control, family size, contraception, U.S. population trends, acceptance of contraception 1959 Apr. p. 50–55
economic development, demographic transition, industrialization, urbanization, population control, economic development and the demographic transition 1963 Sept. p. 62–71 [645]
birth control, population growth, economic development, promotion of birth control in Taiwan 1964 May p. 29–37 [621]
birth control, human population, India, infant mortality, medical care, experience in an Indian village 1970 July p. 106–114 [1184]
abortion, birth control, contraception, population control, public policy in U.S. 1973 July p. 17–23
family size, urbanization, U.S. census, U.S. population, reapportionment, U.S. census of 1950 1951 Apr. p. 15–17
birth rate, birth control, family planning, contraception, U.S. population trends, acceptance of contraception 1959 Apr. p. 50–55
U.S. census, urbanization, age-sex distribution, baby boom, central city, suburbs, U.S. census at 1960 1961 July p. 39–45
fangs, rattlesnake, pit viper, high-speed photography, rattlesnake 'bite' is a stab 1953 Oct. p. 100–102
F.A.O.: Food and Agriculture Organization

F.A.O., human nutrition, population, food production, U.N. technical agencies, 'the food problem' 1950 Aug. p. 11–15
land reform, agricultural technology, food supply, population growth, human nutrition, F.A.O. Indicative World Plan 1970 Aug. p. 54–69 [1186]
Faraday, electrical induction, science history, life and work of Michael Faraday 1953 Oct. p. 90–98
Faraday rotation, galactic magnetism, starlight polarization, spiral galaxies, spiral arms, stiffening of spiral arms by Milky Way magnetic field 1965 June p. 46–54
fast neutron reactor, fission reactor, nuclear power, breeder reactor, boiling-water reactor, homogeneous reactor, sodium-cooled reactor 1954 Dec. p. 33–39
breeder reactor, nuclear power, uranium cycle, thorium cycle, liquid-metal reactor, fission reactor, energy demand 1970 Nov. p. 13–21 [339]
breeder reactor, nuclear power, fission reactor, Superphénix in France 1977 Mar. p. 26–35
fast neutrons, atomic nucleus, spectroscopy, nuclear probe, neutron spectroscopy, structure of atomic nucleus 1964 Mar. p. 79–88
fasting, diet, human nutrition, metabolism, starvation, kwashiorkor, marasmus, physiology of starvation 1971 Oct. p. 14–21 [1232]
fat metabolism, fatty acids, coenzyme A, ATP, enzymes 1954 Jan. p. 32–36 [16]
tissue, hormone, obesity, fat tissue, diet, role of fat metabolism in human physiology 1959 Dec. p. 70–76
enzyme deficiency, genetic disease, amniocentesis, Tay-Sachs disease, lipids, lipid-storage diseases, 10 lipid-storage diseases 1973 Aug. p. 88–97
obese mice 1952 Sept. p. 74
fat tissue, fat metabolism, tissue, hormone, obesity, diet, role of fat metabolism in human physiology 1959 Dec. p. 70–76
Fata Morgana, atmospheric optics, mirages, optical illusion, refraction, walking on water 1976 Jan. p. 102–111
fathogram, ocean floor, topography, Aleutian Trench, seamounts, sonar, echo-sounding, the Pacific floor 1952 Apr. p. 19–33
fatigue, motivation, 'reactive inhibition', schizophrenia, experiment in objective measurement of motivation 1963 May p. 130–140
fatigue wear, materials technology, wear, adhesive wear, abrasive wear, corrosion, surfaces in sliding contact 1962 Feb. p. 127–136
fatty acid synthesis, microsome, acetic acid, coenzyme A, lecithin, lipids, synthesis not breakdown in reverse 1960 Feb. p. 46–51
fatty acids, fat metabolism, coenzyme A, ATP, enzymes 1954 Jan. p. 32–36 [16]
thin-film optical devices, interferometry, fluorescence, wave motion, light waves, monomolecular films 1970 Mar. p. 108–119
feedback, hormone-like substances, drug therapy, nervous system, prostaglandin 1971 Nov. p. 84–92 [1235]
fatty liver, alcoholism, alcohol metabolism, liver function, malnutrition, 'empty calories', acetaldehyde, cirrhosis 1976 Mar. p. 25–33 [1336]
fault, *see:* plate tectonics, block fault
fauna, Antarctica, flora, lichens, blue-green algae, ecology, Antarctica terrestrial life 1962 Sept. p. 212–230 [865]
Fayum, primate evolution, hominoid, fossil primates, apes, man-apes, Aegyptopithecus, Oligocene ancestor of hominoids 1967 Dec. p. 28–35 [636]
F.D.A.: Food and Drug Administration
F.D.A., pharmaceutical industry, prostheses, medical care, medical economics, drug prescription, drug research, medical laboratory services 1973 Sept. p. 161–166
fear, anger, adrenalin, noradrenalin 1955 May p. 74–81 [428]
emotional development, comparative psychology, learning, influence of early environment, experiments with dogs 1956 Jan. p. 38–42 [469]
anger, different adrenalins 1951 Nov. p. 40
feather duster worm, Annelida, lugworm, biological clock, circadian rhythm, marine worm 1959 June p. 132–142
feather keratin, keratin, X-ray diffraction, protein structure, alpha keratin 1969 Aug. p. 86–96 [1155]
feathers, as food additive 1975 May p. 45
Fechner's law, learning, visual perception, psychophysics, Skinner box, behavioral psychology, conditioned behavior, pigeon perception 1961 July p. 113–122 [458]
Federation of American Societies for Experimental Biology, annual meeting 1956 June p. 54
feedback, insect behavior, social insect, army ant, ants, comparative psychology, reproduction, pheromones, trophallaxis, natural history, philosophy of science, anthropomorphism 1948 June p. 16–23
cybernetics, automatic control, self-regulation, computer science, automata theory, mechanical, biological, social self-regulation 1948 Nov. p. 14–19
automata theory, artificial sensory organs, mechanical behavior, an imitation of life 1950 May p. 42–45
automata theory, learning, conditioned reflex 1951 Aug. p. 60–63
automatic control, self-regulation, automata theory, information theory, introduction to single-topic issue on automatic control 1952 Sept. p. 44–47
control loop, servomechanisms, flyball governor, positive feedback, negative feedback, ecological system, nervous system, economic system, automatic control, feedback concept 1952 Sept. p. 48–55
bone, calcium, cartilage, hydroxyapatite crystal, osteoclasts 1955 Feb. p. 84–91
computer science, von Neumann machine, automata theory, Turing machine, self-reproducing machine, 'artificial living plants' 1956 Oct. p. 118–126
embryonic development, cell differentiation, tissue specialization 1958 Dec. p. 36–41
eye movement, visual tracking, visual scanning, human eye, control mechanisms of the eye 1964 July p. 24–33
control theory, mathematics, cybernetics, computer programming, frequency response, stability, dynamic programming, 'policy' concept 1964 Sept. p. 186–200
manipulators, remote control, robot, automatic control, industrial manipulators 1964 Oct. p. 88–96
enzymes, protein synthesis, hemoglobin, myoglobin, control systems, cooperative enzymes, allosteric enzymes, control of biochemical reactions 1965 Apr. p. 36–45 [1008]
vortex, edge tone, aerodynamic whistles, hole tone, sound waves, whistles, flutes, organs and rocket engines 1970 Jan. p. 40–46
control systems, water clock, thermostat, windmills, automatic control, flyball governor, origins of feedback control 1970 Oct. p. 110–118
fatty acids, hormone-like substances, drug therapy, nervous system, prostaglandin 1971 Nov. p. 84–92 [1235]
brain function, carbohydrate, neurotransmitters, serotonin, human nutrition, tryptophan 1974 Feb. p. 84–91 [1291]
feedback in biology, 'turbidostatic selector' 1952 Sept. p. 68
feeding behavior, animal behavior, sharks, attack prevention, sensory systems 1962 July p. 60–68 [127]
basal metabolism, hibernation, homeothermy, circadian rhythm, circannual rhythm, hypothalamus, squirrels, dormice in hibernation 1968 Mar. p. 110–118 [513]
animal behavior, innate behavior, learning, parental care, sea gull chicks 1969 Dec. p. 98–106 [1165]
chimpanzee, food sharing, hunting, carnivorous chimpanzees, omnivorous chimpanzees, Gombe National Park, Tanzania 1973 Jan. p. 32–42 [382]
mosquito bite, yellow fever, insect behavior, malaria, feeding behavior of mosquitoes 1978 June p. 138–148 [1392]
'feelies', tactile simulation 1974 May p. 61
female-role ideology, sex roles, women's aspirations, attitude survey 1972 Jan. p. 34–42
fences, hickory, axe-handles, smoked ham, hickory nuts, economic botany, forest, natural history, shagbark hickory 1948 Sept. p. 40–43
Fermat, Descartes, mathematics history, analytic geometry, conic sections, Euler, mathematics 1949 Jan. p. 40–45
fermentation, enzymes, catalysis, digestion, respiration, lock-and-key theory, science history 1948 Dec. p. 28–39
ATP, muscle contraction, citric-acid cycle, energy transformation 1953 Apr. p. 85–92
origins of life, Miller-Urey experiment, high-energy radiation, heterotrophs, photosynthesis, autotrophs 1954 Aug. p. 44–53 [47]
ruminants, metabolism, symbiosis, cellulose digestion, anaerobic metabolism, how cows digest grass 1958 Feb. p. 34–38
beer, enzymes, yeast, brewing, hops, chemistry and microbiology of brewing 1959 June p. 90–100
baking, yeast, brewing, riboflavin synthesis, cryptococcal meningitis, cell physiology, yeasts, useful and noxious 1960 Feb. p. 136–144
Fermi award, to E.O. Lawrence 1958 Jan. p. 44
to Bethe 1961 Aug. p. 62
Fermi dies, life and work 1955 Jan. p. 42
Fermi surface, crystal structure, metals, gross properties explained as quantum effects 1963 July p. 110–120
electrical conductivity, semiconductor, materials technology, quantum mechanics, charge carriers, electron mean free path, electrical properties of materials 1967 Sept. p. 194–204

crystal energetics, crystal structure, metallurgy, conduction electrons, quantum mechanics, quasi-particle concept, metal properties 1973 Jan. p. 88–98
fermion, high-energy physics, mesons, v-particles, boson, the multiplicity of particles 1952 Jan. p. 22–27
high-energy physics, boson, guage theory 1977 Mar. p. 61
fermium, californium, table of elements, einsteinium, 'synthetic' elements, transuranium elements, mendelevium, radioactive decay, periodic table at 101 1956 Dec. p. 66–80 [243]
ferredoxin, energy-carrying chain in photosynthesis 1962 Oct. p. 60
ferrite cores, computer memory, ferroelectric crystal memory, mercury delay line, magnetic tape, magnetic drum 1955 June p. 92–100
ferrites, magnetism, magnetic domains, iron, cobalt 1955 Jan. p. 68–73
crystal structure, magnetism, materials technology, microwave radiation, computer memory, industrial applications of iron oxides 1960 June p. 92–104
ferroelectric crystal memory, computer memory, ferrite cores, mercury delay line, magnetic tape, magnetic drum 1955 June p. 92–100
ferrograph analysis, Beilby layer, friction, lubrication, machine wear, metal fatigue, particles of wear, wear 1974 May p. 88–97
ferromagnetism, electron spin, materials technology, magnetic domains, hysteresis, magnetic properties of materials 1967 Sept. p. 222–234
noncrystalline alloy 1967 July p. 42
Fertile Crescent, agricultural revolution, human evolution, cultural anthropology, Neolithic archeology, 8000 B.C. domestication of plants and animals 1960 Sept. p. 130–148 [605]
fertility, age-sex distribution, U.S. census, human resources, mortality rates, population of U.S. 1951 Sept. p. 28–35
fertility control, *see:* birth control, contraception
fertilization, sea urchin egg, parthenogenesis 1950 Dec. p. 46–49
parthenogenesis, progesterone, hyaluronidase, zona pellucida 1951 Mar. p. 44–47
contraception, birth control, reproduction, ovulation, nidation 1954 Apr. p. 31–34
antibodies, antigen-antibody reaction, fertilizin 1954 June p. 70–75 [43]
cell differentiation, embryonic development, blastula, gastrula, ectoderm, mesoderm, endoderm, embryological 'organizer', science history, review of classical embryology 1957 Nov. p. 79–88 [103]
sea urchin, spermatozoon, acrosome reaction, sexual reproduction, moment of fertilization 1959 July p. 124–134
cell differentiation, tissue specialization, 'lampbrush' chromosome, embryonic development, zygote, ovum, clone, cytology, how cells specialize 1961 Sept. p. 124–140
active transport, passive transport, pinocytosis, phagocytosis, cytology, osmosis, cell membrane, functions of cell membranes 1961 Sept. p. 167–180 [96]
avian reproduction, ring dove, breeding cycle, sexual behavior, hormone 1964 Nov. p. 48–54 [488]
mitosis, ovum, embryonic development, meiosis, blastocyst, human embryos in the laboratory 1970 Dec. p. 44–54 [1206]
sexual reproduction, ionic regulatory mechanisms 1977 Nov. p. 128–138 [1372]
human physiology, 60-hour-old embryo 1950 July p. 28
fertilization of flowers, flower, pollinators, species specificity 1951 June p. 52–56
fertilizers, insecticide, herbicide, agricultural technology, chemical agriculture 1952 Aug. p. 15–19
plant growth, food production, chemical industry, agricultural technology, increasing world food supply 1965 June p. 62–72
human population, food production, pollution, irrigation, biosphere, agricultural revolution, soil erosion, biosphere capacity to produce food 1970 Sept. p. 160–170 [1196]
'green revolution', India, food and agriculture, technology transfer, monsoons, irrigation, rice, agronomy, wheat, hybrid crop plants 1976 Sept. p. 154–163
corn-fertilizer energy profit is 5.95 to 1.0 1976 Jan. p. 62
fertilizin, fertilization, antibodies, antigen-antibody reaction 1954 June p. 70–75 [43]
fetal conditioning, heartbeat, maternal behavior, mother-child interaction, left-side preference in babyholding 1973 May p. 24–29
fetal injury, cleft palate, congenital anomalies, embryonic development, teratogenesis, rubella, teratology 1957 Oct. p. 109–116
fetal lungs, infant, hyaline membrane disease, lung, surfactant 1973 Apr. p. 74–85
fetus, umbilical cord, placenta, anatomy and physiology of the umbilical cord 1952 July p. 70–74
in utero research 1959 Oct. p. 83
fetus as transplant, histocompatability, immune response, immunological privilege, reproduction, trophoblast, nidation, placenta 1974 Apr. p. 36–46
fever, leukocyte, thermoregulation, homeostasis, hypothalamus, etiology of fever 1957 June p. 62–68
aspirin, inflammation, analgesics, histamine reaction, bronchospasm, anaphylactic shock, mode of action and hazards of most widely used drug 1963 Nov. p. 96–108
fiber glass, composite materials, materials technology, whiskers, two-phase materials, fiber-reinforced composites, matrix, eutectics 1967 Sept. p. 160–176
fiber optics, light reflection, wave guide, image transmission, physics of light conduction 1960 Nov. p. 72–81
carrier-wave modulation, coaxial cable, communication technology, electromagnetic spectrum, radiowave, communication channels, bandwidth, noise 1972 Sept. p. 98–113
communication technology, laser, light pipe, light-emitting diode 1973 Nov. p. 28–35
digital transmission, diode laser, glass fiber cables, light-emitting diode, light-wave communication, pulse-code modulation, lightwave telephone 1977 Aug. p. 40–48 [373]
fiber-reinforced, crystal structure, metals, whiskers, dislocations, matrix, composite materials, two-phase materials 1965 Feb. p. 28–37
fiber-reinforced composites, composite materials, materials technology, whiskers, fiber glass, two-phase materials, matrix, eutectics 1967 Sept. p. 160–176
cermets, composite materials, dispersion-strengthened composites, particulates 1973 July p. 36–44
fibrillation, cardiac arrhythmia, intensive care, coronary care unit, coronary occlusion, electrocardiography, nerve conduction, heart infarct 1968 July p. 19–27
fibrin, collagen, elastin, keratin, myosin, cell, polymers, polymers in living cells 1957 Sept. p. 204–216 [35]
blood clotting, hemagglutination, fibrinogen, molecular biology, thrombin, role of thrombin in converting fibrinogen into fibrin 1962 Mar. p. 60–66
fibrinogen, blood clotting, hemagglutination, molecular biology, thrombin, fibrin, role of thrombin in converting fibrinogen into fibrin 1962 Mar. p. 60–66
fibroblasts, aging, mitosis, cell culture, somatic cells, cell, DNA replication, experiments in aging 1968 Mar. p. 32–37 [1103]
wound healing, regeneration, leukocyte, collagen, epidermal cells 1969 June p. 40–50 [1144]
collagen, elastin, microfibrils 1971 June p. 44–52 [1225]
fiddler crab, biological clock, circadian rhythm 1954 Apr. p. 34–37
field emission, electron beam, cold cathode, current density, X-ray photography 1964 Jan. p. 108–118
field-emission microscope, microscopy, pictures of atoms 1952 May p. 58–62
crystal structure, metals, pictures of atoms 1957 June p. 113–122
field-scanning rate, color television, picture elements, line structure, technology assessment, competing color television systems weighed 1950 Dec. p. 13–17
field theory, high-energy physics, Classical physics, quantum fields, elementary particles, with 20 particles known, a review of the theoretical foundations of physics 1953 Apr. p. 57–64 [208]
matter, wave-particle duality, energy levels, electromagnetic force, nuclear forces, gravitation, fundamental research, quantum jumps, corpuscular streams, what is matter? 1953 Sept. p. 52–57 [241]
Maxwell's equations, electromagnetism, life and work of James Clerk Maxwell 1955 June p. 58–71
mathematics, physical sciences, group theory, 'eightfold way', S-matrix theory, mathematics in physics 1964 Sept. p. 128–146
particle interaction, high-energy physics, gauge theory, 'weak' force, electromagnetic force, 'strong' force 1974 July p. 50–59
fighting behavior, cichlid fish, marine iguana, rattlesnake, animal behavior, comparative psychology, oryx 1961 Dec. p. 112–122 [470]
figure-ground perception, pattern recognition, texture discrimination, visual perception, perceptual limitations 1975 Apr. p. 34–43 [563]
filariasis, circadian rhythm, parasitism, elephantiasis, tropical disease 1958 July p. 94–101
Chaga's disease, public health, 'zoonoses', parasitism, trypanosomiasis, malaria, leishmaniasis, plague, yellow fever, typhus, epidemiology, animal infection and human disease 1960 May p. 161–170
chemotherapy found 1949 May p. 28

film boiling, boiling, liquids, heat transfer, nuclear boiling, transition boiling 1954 June p. 64–68
filter board, for radioactive dust 1955 Oct. p. 50
finches, birds, mimicry, parasitism, sexual behavior, widow birds, animal behavior 1974 Oct. p. 92–98
fingerprint, *see:* dermatoglyphics
fire, ecology, forestry, grassland, forest fire, role of fire in climax ecology 1961 Apr. p. 150–160 [1099]
fire protection, 'flashover', pyrolysis, flammability standards 1974 July p. 21–27
fire ants, agricultural pest, dieldrin, pest control, insecticide 1958 Mar. p. 36–41
fire-making, human evolution, fire vegetation, cooking, Neolithic revolution, kiln, furnace, heat, introduction to single-topic issue on heat 1954 Sept. p. 52–57
fire protection, fire, 'flashover', pyrolysis, flammability standards 1974 July p. 21–27
fire vegetation, fire-making, human evolution, cooking, Neolithic revolution, kiln, furnace, heat, introduction to single-topic issue on heat 1954 Sept. p. 52–57
'fireball blackout', arms control, atomic test ban, EMP effect, underground nuclear explosions, strategic weapons 1972 Nov. p. 15–23 [342]
firefly, bioluminescence, glow worm, abyssal fish, luciferase, 'cold light' 1948 May p. 46–49
bioluminescence, insect behavior, insect physiology, luciferin, luciferase, chemotaxis, biochemistry of bioluminescence 1962 Dec. p. 76–89 [141]
animal communication, behavioral adaptation, bioluminescence, insect behavior, synchronous flashing of fireflies 1976 May p. 74–85
first aid, artificial respiration 1952 Jan. p. 35
chest-thump heart remedy 1971 Feb. p. 47
Heimlich maneuver 1975 Dec. p. 50
fish, swimming, laminar flow, turbulence, purpoises, how fishes and sea-going mammals swim 1957 Aug. p. 48–54 [1113]
animal behavior, marine biology, schooling behavior, sensory systems for parallel orientation 1962 June p. 128–138 [124]
sea, food chain, plankton, marine ecology, ocean, marine life, life in the ocean 1969 Sept. p. 146–162 [884]
bioluminescence, fish-scale crystals, tapetum lucidum, optics under water, camouflage 1971 Jan. p. 64–72 [1209]
Death Valley, desert pupfish, species isolation, endangered species 1971 Nov. p. 104–110 [1236]
bacteria, bioluminescence, flashlight fishes, symbiosis 1977 Mar. p. 106–114
fish communication, animal communication, crustacea, whale, porpoises, marine biology, animal sounds in the sea 1956 Apr. p. 93–102
fish migration, salmon, homing behavior, animal navigation, chemotaxis 1955 Aug. p. 72–75
metabolism, salmon, swimming, laboratory observation of energy production by salmon 1965 Aug. p. 80–85 [1019]
fish physiology, evolution, lungfish, air-breathing fishes, Devonian period, conquest of land-breathing organs 1968 Oct. p. 102–111 [1125]
fish population, eutrophication, water pollution, fisheries, runoff, Great Lakes, silt, U.S. Great Lakes' aging 1966 Nov. p. 94–104 [1056]
fish-scale crystals, bioluminescence, fish, tapetum lucidum, optics under water, camouflage 1971 Jan. p. 64–72 [1209]
fisheries, aquaculture, proteins, food, tilapia, pond culture 1963 May p. 143–152
eutrophication, water pollution, fish population, runoff, Great Lakes, silt, U.S. Great Lakes' aging 1966 Nov. p. 94–104 [1056]
ocean, food chain, food supply, food resources of the ocean 1969 Sept. p. 178–194 [886]
calefaction, Connecticut River, fission reactor, thermal pollution, industrial cooling, nuclear power, ecology, fish crisis 1970 May p. 42–52 [1177]
food supply, marine farming, sea-water nutrients, upwelling, fishponds 1970 Dec. p. 14–21 [1205]
protein for Haitians 1951 July p. 30
fishing, anchovy crisis, El Niño, upwelling, Peru Current, Peruvian anchovy 1973 June p. 22–29 [1273]
fishponds, food supply, fisheries, marine farming, sea-water nutrients, upwelling 1970 Dec. p. 14–21 [1205]
five-fold fertilizer yield 1948 Dec. p. 27
fission, *see:* nuclear fission, meiosis, mitosis, fission reactor
fission bomb, *see:* atomic bomb
fission fragments, nuclear fission, heavy nuclei, liquid-drop model, neutron, uranium 235, shell model 1965 Aug. p. 49–59
fission fuels, energy consumption, energy resources, power, fossil fuel, fusion fuels, geothermal energy, solar energy, tidal energy 1971 Sept. p. 60–70 [663]
fission products, rare earths, table of elements, abundance in fission products draws attention to rare earths 1951 Nov. p. 26–30
isotopes, uses in science and technology 1952 June p. 19–21
nuclear fuel cycle, plutonium separation, fission reactor, nuclear power 1952 July p. 62–67
uranium fission, nuclear fission, 'synthetic' elements, radium, isotropy, transuranium elements, science history, discovery of fission 1958 Feb. p. 76–84
natural reactor, nuclear fission, Oklo phenomenon, Precambrian reactor, uranium deposits 1976 July p. 36–47
food preservation? 1954 Nov. p. 50
fission reactor, nuclear power, heavy-water reactor, homogeneous reactor, enriched uranium, A.E.C. program 1951 Apr. p. 43–50
zirconium, jet engines, ilmenite 1951 June p. 18–21
nuclear fuel cycle, plutonium separation, fission products, nuclear power 1952 July p. 62–67
neutron beam, monochromator, neutron diffraction, neutron flux, reactor as research instrument 1953 Aug. p. 23–29 [219]
nuclear power, breeder reactor, boiling-water reactor, homogeneous reactor, sodium-cooled reactor, fast neutron reactor 1954 Dec. p. 33–39
nuclear power, 'atoms for peace', thermonuclear reaction, fusion reactor, C.E.R.N., first of a four-part report on the International Conference on the Peaceful Uses of Atomic Energy, Geneva, August 1945 1955 Oct. p. 27–33
'atoms for peace', nuclear power, breeder reactor, Geneva: reactors 1955 Oct. p. 56–68
breeder reactor, nuclear power, energy economics, atomic power in U.K. 1958 Mar. p. 29–35
energy economics, nuclear power, fuel rods, design of reactor fuel elements 1959 Feb. p. 37–43
breeder reactor, nuclear power, energy economics, thorium cycle, uranium cycle, breeder reactor development 1960 Jan. p. 82–94
neutron radiography, thermal neutrons, nondestructive testing, neutrons as inspection tool 1962 Nov. p. 107–119 [287]
breeder reactor, energy demand, uranium fission, plutonium, 'third generation' breeder reactors 1967 May p. 25–33
energy demand, electric power, nuclear power, fossil fuel, energy economics, history and prospects of nuclear power in U.S. 1968 Feb. p. 21–31
calefaction, Connecticut River, thermal pollution, industrial cooling, nuclear power, fisheries, ecology, fish crisis 1970 May p. 42–52 [1177]
breeder reactor, nuclear power, fast neutron reactor, uranium cycle, thorium cycle, liquid-metal reactor, energy demand 1970 Nov. p. 13–21 [339]
CANDU reactor, nuclear power, natural reactor, heavy-water reactor, CANDU system 1975 Oct. p. 17–27
energy conservation, energy resources, nuclear reactor, nuclear-waste disposal, atomic-weapon proliferation, Rasmussen report 1976 Jan. p. 21–31 [348]
nuclear fuel, nuclear power, Purex process, reprocessing 1976 Dec. p. 30–41
breeder reactor, fast neutron reactor, nuclear power, Superphénix in France 1977 Mar. p. 26–35
environmental pollution, nuclear power, public health, radioactive waste disposal, underground storage 1977 June p. 21–31 [364]
in Scandinavia 1951 Nov. p. 32
low-cost 'swimming pool' 1952 July p. 35
Fermi et al. patent 1953 Oct. p. 51
molten U233 cycle 1954 Sept. p. 74
Germany at work 1955 Oct. p. 44
Calder Hall 1956 Dec. p. 52
heavy water-liquid sodium reactor 1956 Dec. p. 53
Zero Power Reactor No. V 1957 Jan. p. 64
uranium reactor technology 1957 Oct. p. 57
pressurized-water reactor 1957 Dec. p. 68
fire safety 1958 Feb. p. 46
experimental boiling water reactor 1958 Mar. p. 51
boiling-water reactor technology 1958 May p. 58
plutonium fission reactor 1958 Oct. p. 54
gold-plated reactor vessel withstands corrosion 1959 May p. 80

gas-cooled design for U.K. 1965 July p. 46
U.S.S.R. developments 1968 July p. 50
42 operable in U.S. 1974 Mar. p. 44
see also: breeder reactor
fission-track dating, cosmic radiation, nuclear tracks, etching, ionizing radiation, applications of charged-particle tracks in solids 1969 June p. 30–39
geochronology, glass age, meteorite age, mineral age, pottery age, radioactive decay, uranium fission 1976 Dec. p. 114–122
Fitzgerald contraction, ether drift, Maxwell's equations, relativity theory, Lorentz tranformation, life and work of G. F. Fitzgerald 1953 Nov. p. 93–98
five-fold symmetry, liquid structure, polyhedral-hole model, geometrical arrangement of molecules in a liquid 1960 Aug. p. 124–134 [267]
fixation, problem solving, Gestalt psychology, insight, the 'aha' reaction 1963 Apr. p. 118–128 [476]
fixed point theorems, mathematics, topology, surface deformation, contraction 1966 Jan. p. 105–110
flagella, contractile proteins, keratin, myosin, epidermis, 'k.m.e.f.' group, motility in bacteria 1951 Jan. p. 20–24
bacterial-cell wall, lysozyme, homeostasis, bacterial cytoplasm, protoplasts, bacteriophage, dissection of bacteria by lysozyme 1960 June p. 132–142
cilia, cytology, structure and function 1961 Feb. p. 108–116 [79]
actinomyosin, cyclosis, cilia, muscle contraction, cytology, cytoplasmic streaming, actin, myosin, underlying unity of cellular motion 1961 Sept. p. 184–204 [97]
ATP, axoneme, cell motility, cilia, microtubules, how cilia move, paramecium, sperm 1974 Oct. p. 44–52 [1304]
bacteria, bacterial motility, 'twiddling', rotation of flagella 1975 Aug. p. 36–44
flagellar action, bacterial motility, cell motility, chemotaxis, E.coli 1976 Apr. p. 40–47 [1337]
flame chemistry, chemical kinetics, flash tube, ram jet, heat, velocity, luminosity, spectroscopy 1953 May p. 29–35
heat, oxy-aluminum torch, reaction kinetics, high temperatures:flame 1954 Sept. p. 84–95
flare stars, radio astronomy, radio star, Jodrell Bank radio telescope, solar flares, definitive evidence of radiowaves from stars 1964 Aug. p. 13–19
flash floods, arroyo, climatic change 1952 Dec. p. 70–76
flash photolysis, light-matter interaction, photochemistry, ultraviolet light, photolysis, triplet state, photoreduction, photooxidation, dye 1968 Sept. p. 158–170
flash tube, flame chemistry, chemical kinetics, ram jet, heat, velocity, luminosity, spectroscopy 1953 May p. 29–35
flashlight fishes, bacteria, bioluminescence, fish, symbiosis 1977 Mar. p. 106–114
'flashover', fire, fire protection, pyrolysis, flammability standards 1974 July p. 21–27
flavonoids, carotenoids, flower pigments, pigment synthesis, anthocyanins, biochemistry and genetics of flower pigments 1964 June p. 84–92 [186]
flavoring, food additives, food coloring, food preservatives, texture agents, safety of additives 1972 Mar. p. 15–21
flavors, essential oils, oleoresins, steam distillation, vacuum distillation, perfumes 1953 Aug. p. 70–74
flea jump, ectoparasites, insect cuticle, insect flight, flea resilin as elastomer 1973 Nov. p. 92–100 [1284]
fleas, parasitism, host-parasite relationship, hormone, rabbits, estrus, adaptation, the rabbit flea and rabbit hormones 1965 Dec. p. 44–53 [1027]
Fleming, rectification, radio, thermionic tube, diode, electron tube , history of science, England, Edison, lamps, Deforest 1969 Mar. p. 104–112
Fleming valve, radio, triode, De Forest, vacuum tube, Marconi, diode, rectification, De Forest's 1906 contributions 1965 Mar. p. 92–100
flexagon, mathematics, hexaflexagons, flexigation, topology, delight and depth of mathematics 1956 Dec. p. 162–166
flexigation, mathematics, hexaflexagons, flexagon, topology, delight and depth of mathematics 1956 Dec. p. 162–166
Flexner report, medical education, medical specialties, primary physicians, foreign medical graduates, medical research, medical care 1973 Sept. p. 138–148
flies, bacteria, epidemiology, maggot, dysentery, virology, disease vector 1965 July p. 92–99
flight control system, locust, muscle contraction, insect flight, nerve network, inhibitory impulse 1968 May p. 83–90
flight safety, aerodynamics, aircraft-wake vortexes, contrails, jet flight, wake turbulence 1974 Mar. p. 76–83
flint tools, microwear analysis, Paleolithic archeology 1977 Nov. p. 108–126 [700]
flintknapping, technique in Turkey today 1969 Apr. p. 51
flip mechanism, aerodynamics, animal behavior, bird flight, insect flight, clap-fling mechanism, hovering flight, lift generation 1975 Nov. p. 80–87 [1331]
'floaters', eye, vision, retina, nature and origin of 'floaters' 1962 June p. 119–127
flood plain, Arawak Indians, earthworks, agricultural system, ridged fields, New World archeology 1967 July p. 92–100
floods, Mississippi river, meanders, alluvial valley, deltas 1951 Apr. p. 18–23
economic development, irrigation, Mekong river, monsoons, hydro-engineering, rice, Mekong river plan, United Nations 1963 Apr. p. 49–59
flora, coal, fossil, Mississippian period, Pennsylvanian period, Carboniferous period, tropical flora, deposition of coal 1948 July p. 46–51
Antarctica, fauna, lichens, blue-green algae, ecology, Antarctica terrestrial life 1962 Sept. p. 212–230 [865]
flotation, mineral separation, surfactant, bubbles, collector ions, ore beneficiation 1956 Dec. p. 99–110
flow of matter, rheology, Hooke body, Newton body, St. Venant body, how solids flow 1959 Dec. p. 122–138 [268]
flower, fertilization of flowers, pollinators, species specificity 1951 June p. 52–56
pollen, scanning electron microscope, plant cell, morphology 1968 Apr. p. 80–90 [1105]
bee, bumblebee energetics, symbiosis 1973 Apr. p. 96–102 [1270]
flower pigments, carotenoids, pigment synthesis, flavonoids, anthocyanins, biochemistry and genetics of flower pigments 1964 June p. 84–92 [186]
flowering, plant hormones, germination, photoperiodicity, phototropism 1949 May p. 40–43
plant hormones, photoperiodicity, horticulture, control of flowering 1952 May p. 49–56 [113]
photoperiodicity, plant circulation, pigment, hormone, photoperiodicity in regulation of plant physiology 1958 Apr. p. 108–117 [112]
plant growth, phytochrome, photoperiodicity, germination, pigments, pigment, photoreceptive enzyme in plants 1960 Dec. p. 56–63
flowmeter, Doppler effect 1953 June p. 54
flu, *see:* influenza
fluid dynamics, automatic control, continuous processing, petroleum refinery, control panel, automatic chemical plant 1952 Sept. p. 82–96
aerodynamics, air pollution, microclimate, micrometeorology, troposphere, meteorology, turbulence, atmospheric phenomena near the ground 1964 Oct. p. 62–76
amplifiers, switching, Coanda effect, logic gates 1964 Dec. p. 80–88
liquid, supercooling, nucleation, cryogenics, crystal growth, behavior of supercooled fluids 1965 Jan. p. 38–46
computer applications, computer modeling, scaling, wind tunnel, vortex, computer graphics 1965 Mar. p. 104–110
aerospace technology, Coanda effect, aerodynamics, propulsion, nozzles, burners, nature and applications of Coanda effect 1966 June p. 84–92
pipelines, oil, gas, slurries, history and technology of pipelines 1967 Jan. p. 62–72
fluid impact, meteorites, cratering, projectile, impact crater, effect of high-speed impact 1960 Oct. p. 128–140
fluid inclusions, minerals, geology, Earth history, ancient fluids in crystals 1962 Oct. p. 38–47 [854]
fluidization, petroleum cracking, particle bed, turbulence, gas stream, food processing 1968 July p. 94–104
fluidized sand, quicksand, alkali bog 1953 June p. 97–102
fluorescence, thin-film optical devices, interferometry, wave motion, light waves, monomolecular films, fatty acids 1970 Mar. p. 108–119
fluorescent light, berylliosis, occupational health, phosphorus, chelation, high technology disease 1958 Aug. p. 27–33
fluoridation, caries, dentistry, bacteriology, new theory of tooth decay 1948 Oct. p. 20–23
teeth, enamel, dentin, metabolism 1953 June p. 38–42

public opinion, anti-scientific attitudes, voting behavior 1955 Feb. p. 35–39 [453]
cavities down 47 per cent 1952 Oct. p. 38
fluoridation politics U.S.A. 1961 Jan. p. 79
fluoride, calcium held in bone and teeth 1967 Jan. p. 58
fluorine, fluorocarbons, plastics, stable and promising compounds 1949 Nov. p. 44–47
elements, living matter, essential elements, metallo-enzymes, silicon, tin, vanadium, list of elements essential to life lengthened to 24 1972 July p. 52–60
fluorine poisoning, Java man bone disease 1970 Apr. p. 48
fluorocarbons, plastics, fluorine, stable and promising compounds 1949 Nov. p. 44–47
in production 1951 Dec. p. 38
fortified by nitrogen 1956 Oct. p. 68
flute, musical instruments, vibrating air column, clarinet, oboe, bassoon, English horn, saxophone, physics of the wood winds 1960 Oct. p. 144–154
flux compression, high-pressure technology, magnetism, ultrastrong magnetic fields, explosive compression, implosion 1965 July p. 64–73
fluxtrap, superconductivity, low-temperature physics, critical field strength, superconductive motor, superconductive bearing, superconductive amplifier, applications of superconductivity 1960 Mar. p. 74–82
fly ash, air pollution, catalysis, combustibility, dust storms, metallurgy, fine particles 1950 Dec. p. 50–53
air pollution, corona discharge, electrocoating, electrostatics, photocopying, xerography, electrostatic precipitation and seperation 1972 Mar. p. 46–58
flyball governor, feedback, control loop, servomechanisms, positive feedback, negative feedback, ecological system, nervous system, economic system, automatic control, feedback concept 1952 Sept. p. 48–55
control systems, feedback, water clock, thermostat, windmills, automatic control, origins of feedback control 1970 Oct. p. 110–118
'flying spot' microscope, microscopy, ultraviolet radiation, ultra-microscopy of living cells 1958 May p. 38–43
flywheels, automobile propulsion, electric power generation, energy storage, composite materials, materials technology 1973 Dec. p. 17–23
fog, cloud seeding, water cycle, air pollution, water drop, ice crystals, inversion layer, smog 1968 Dec. p. 74–82 [876]
folic acid, metabolite antagonists, imitative drugs, sulfa drugs, para-aminobenzoic acid 1951 Apr. p. 60–63
folklore, opossum, marsupial, natural history 1953 June p. 88–94
follicle-stimulating hormone, ACTH, hormone, sexual characteristics, growth, thyroid-stimulating hormone, prolactin, androgens, estrogens, secondary sexual characteristics, human physiology, endocrine system, chemical integrators of the body 1957 Mar. p. 76–88 [1122]
'following bow' experiment, musical instruments, string instruments, Raman waves, 'wolf' note, physics of bowed string 1974 Jan. p. 87–95
Folsom man, New World archeology, stone tools, Cochise culture 1951 Feb. p. 15–19
rib found 1953 Apr. p. 52
antedated 1954 Sept. p. 76
Folsom points, Clovis culture, hunting, mammoth-bone deposits, New World archeology, elephant extinction 1966 June p. 104–112
food, marine biology, human nutrition, food from the sea 1949 Oct. p. 16–19
snail, Helix pomatia, natural history 1957 Aug. p. 113–118
fisheries, aquaculture, proteins, tilapia, pond culture 1963 May p. 143–152
food additives, flavoring, food coloring, food preservatives, texture agents, safety of additives 1972 Mar. p. 15–21
agene, flour bleach, banned 1949 Jan. p. 28
carcinogenic additives 1956 Oct. p. 68
Delaney clause in U.S.A. legislation 1960 May p. 89
food and agriculture, economic development, 'green revolution', hunger, population, introduction to single-topic issue on food and agriculture 1976 Sept. p. 30–39
developing countries, poverty, hunger, malnutrition, human nutrition 1976 Sept. p. 40–49
amino-acid deficiencies, dietary requirements, human nutrition, metabolism 1976 Sept. p. 50–64
energy cycle, nitrogen fertilizer, nutrient cycle, soil structure, food chain 1976 Sept. p. 74–86
agricultural history, animal domestication, archeology, plant domestication 1976 Sept. p. 88–97
agricultural economics, agricultural system, cropping systems 1976 Sept. p. 98–105
agricultural economics, food processing, U.S. agriculture, 'agribusiness' 1976 Sept. p. 106–123
'green revolution', agronomy, maize, potatoes, Mexican agriculture 1976 Sept. p. 128–150
'green revolution', India, technology transfer, monsoons, irrigation, fertilizers, rice, agronomy, wheat, hybrid crop plants 1976 Sept. p. 154–163
agricultural resources, gene manipulation, irrigation, photosynthesis 1976 Sept. p. 164–178
agronomy, crop yields, plant breeding, rice, wheat, maize, plant genetics 1976 Sept. p. 180–194
developing countries, 'green revolution', technology transfer, economic development 1976 Sept. p. 196–205
world food production 1976 Sept. p. 66
Food and Agriculture Organization, *see:* F.A.O.
Food and Drug Administration, *see:* F.D.A.
food chain, algae, phytoplankton, kelp, algin, agar 1952 Dec. p. 15–17
foodchain, human population, ecology, population density, 'the human crop' 1956 Apr. p. 105–112
blue whale, sonar, krill, whaling, natural history of the largest animal 1956 Dec. p. 46–50
plankton, krill, whale, Antarctic convergence, Euphausia superba 1958 Jan. p. 84–89 [853]
ecology, energy cycle, biomass, solar energy, element abundance, autotrophs, heterotrophs, the ecosphere 1958 Apr. p. 83–92
Antarctica, oceanography, marine biology, krill, blue whale, ecology, Antarctic convergence, biological province of Antarctic convergence 1962 Sept. p. 186–210
DDT residues, insecticide, fallout, ecological cycles, ecological redistribution of pollutants 1967 Mar. p. 24–31 [1066]
predation, plant toxins, milkweed, blue jay, predator-prey relationship, mimicry, ecology, chemical defense against predation 1969 Feb. p. 22–29 [1133]
sea, plankton, marine ecology, ocean, fish, marine life, life in the ocean 1969 Sept. p. 146–162 [884]
ocean, fisheries, food supply, food resources of the ocean 1969 Sept. p. 178–194 [886]
calcium metabolism, eggshell thinning, pollution, chorinated hydrocarbons, DDT, dieldrin, avian reproduction, insecticide, ecological effect of pesticides 1970 Apr. p. 72–78 [1174]
solar radiation, photosynthesis, biosphere, agricultural ecosystem, climax ecosystem, energy cycle, ecosystem, respiration, biosphere energy cycle 1970 Sept. p. 64–74 [1190]
energy cycle, Eskimo, hunting societies, seal, power, Baffin Island, ecosystem 1971 Sept. p. 104–115 [665]
forest communities, lichens, ecology, algae, nitrogen cycle, treetop ecosystems 1973 June p. 74–80 [1274]
biological wax, copepod lipids, coral reef wax, marine wax, metabolic fuel 1975 Mar. p. 76–86 [1318]
energy cycle, nitrogen fertilizer, nutrient cycle, soil structure, food and agriculture 1976 Sept. p. 74–86
food coloring, flavoring, food additives, food preservatives, texture agents, safety of additives 1972 Mar. p. 15–21
food gathering, hunting, herding, tribal cultures, agricultural society, aboriginal culture, India, 'living prehistory' in India 1967 Feb. p. 104–114
food plants, botanical collections, herbarium resources, pharmacology 1977 May p. 96–104 [1359]
food poisoning, leftover Hollandaise 1951 Apr. p. 37
food preservation, hypobaric storage 1976 June p. 54
food preservatives, flavoring, food additives, food coloring, texture agents, safety of additives 1972 Mar. p. 15–21
food processing, fluidization, petroleum cracking, particle bed, turbulence, gas stream 1968 July p. 94–104
agricultural economics, food and agriculture, U.S. agriculture, 'agribusiness' 1976 Sept. p. 106–123
food production, human nutrition, population, U.N. technical agencies, F.A.O., 'the food problem' 1950 Aug. p. 11–15
algae, chlorella 1953 Oct. p. 31–35
birth control, population growth, Malthusian doctrine, developing countries, Julian Huxley on world population growth 1956 Mar. p. 64–76 [616]

economic development, agricultural technology, technology transfer, human nutrition, nutritional self-sufficiency in economic development 1963 Sept. p. 72–80 [1153]
economic development, industrialization, population control, agricultural production, technology transfer, economic planning, India, economic development by democratic planning 1963 Sept. p. 189–206
plant growth, fertilizers, chemical industry, agricultural technology, increasing world food supply 1965 June p. 62–72
proteins, petroleum, petroleum fermentation 1965 Oct. p. 13–17
agricultural technology, poultry production, animal husbandry, chicken, eggs, U.S. chicken factories 1966 July p. 56–64
plant hybrids, wheat, hybrid wheat, agronomy 1969 May p. 21–29
human population, fertilizers, pollution, irrigation, biosphere, agricultural revolution, soil erosion, biosphere capacity to produce food 1970 Sept. p. 160–170 [1196]

food sharing, chimpanzee, hunting, carnivorous chimpanzees, omnivorous chimpanzees, feeding behavior, Gombe National Park, Tanzania 1973 Jan. p. 32–42 [382]

food supply, kwashiorkor, malnutrition, diet, human nutrition 1954 Dec. p. 46–50
deer, hunting, population control 1955 Nov. p. 101–108
mouse, population control, animal migration 1955 Dec. p. 92–100
malnutrition, human population, hunger, human nutrition, Incaparina, eland, capybara, manatee, mussels, developing countries, unorthodox food sources 1967 Feb. p. 27–35 [1068]
ocean, food chain, fisheries, food resources of the ocean 1969 Sept. p. 178–194 [886]
land reform, agricultural technology, population growth, F.A.O., human nutrition, F.A.O. Indicative World Plan 1970 Aug. p. 54–69 [1186]
fisheries, marine farming, sea-water nutrients, upwelling, fishponds 1970 Dec. p. 14–21 [1205]
human nutrition, population control, world food bank, human population, agricultural production 1974 Sept. p. 160–170

food supply for U.S., a Malthusian forecast 1952 Aug. p. 32

foodchain, eelgrass, marine ecology, ecology, fungal infection, account of an ecological catastrophe 1951 Jan. p. 52–55
food chain, human population, ecology, population density, 'the human crop' 1956 Apr. p. 105–112

foodsharing, hominid, Olduvai Gorge, toolmakers, human evolution, evolution of behavior, evidence for protohuman behavior in two-million-year-old sites 1978 Apr. p. 90–108 [706]

footracing, sports, human physiology, athletics, psychology, metabolism, running records, Aesop principle 1976 June p. 109–119

forage crops, agricultural economics, grasses, agronomy, hay, legumes, livestock feed, ruminants, silage, Rhizobium bacteria 1976 Feb. p. 60–75

foraminifera, oxygen isotopes, temperature measurement, abyssal sediments, paleontology, glaciation, climatic change, measurement of ancient temperatures 1958 Feb. p. 54–63
micropaleontology, ocean floor, climate history recorded in ocean sediments 1962 July p. 96–106 [856]
help date start of Pleistocene 1963 Mar. p. 76

force-free windings, electromagnetism, magnetism, magnetic field, million gauss field 1958 Feb. p. 28–33

foreign aid, technology transfer, developing countries, technical assistance, human population 1974 Sept. p. 172–182

foreign medical graduates, Flexner report, medical education, medical specialties, primary physicians, medical research, medical care 1973 Sept. p. 138–148

forensic chemistry, police laboratory, crime detection 1953 Feb. p. 58–66

forensic medicine, blood typing, parentage 1954 July p. 78–82
Napoleon Bonaparte autopsy 1962 Aug. p. 56

forensic psychiatry, loyalty and security, testimony at Hiss trial 1950 Mar. p. 29

forest, hickory, fences, axe-handles, smoked ham, hickory nuts, economic botany, natural history, shagbark hickory 1948 Sept. p. 40–43
energy cycle, ecosystem, partitioning of energy in a New England forest 1978 Mar. p. 92–103 [1384]

forest communities, lichens, ecology, algae, food chain, nitrogen cycle, treetop ecosystems 1973 June p. 74–80 [1274]

forest ecosystem, X-ray, gamma radiation, white oak, atomic bomb test, weeds, environmental pollution, ecological effects of high-energy radiation 1963 June p. 40–49 [159]

forest fire, ecology, fire, forestry, grassland, role of fire in climax ecology 1961 Apr. p. 150–160 [1099]

forest management, Amazon, tropical rain forest, developing countries, resource prospecting, economic planning, mineral resources, electric power, the Amazon frontier 1948 May p. 11–14

forest products, cellulose, rayon, crystal structure, lignin, polymers, paper, polysaccharides, overview of natural polymer 1957 Sept. p. 156–168
wood pulp, paper, cellulose, lignin, rayon, waste recycling, kraft process 1974 Apr. p. 52–62

forest succession, ecology, trees, leaf distribution 1975 May p. 90–98 [1321]

forestry, spruce, climax ecosystem, balsam, birch, climax forest of Northeast U.S. 1948 Nov. p. 20–23
oak blight, fungi, threat to U.S. oak population 1957 May p. 112–122
ecology, fire, grassland, forest fire, role of fire in climax ecology 1961 Apr. p. 150–160 [1099]
land use, grazing, rangeland, agricultural resources, land management, U.S. Western states 1970 Feb. p. 88–96 [1169]
nitrogen fixation, ecosystem, resource management, runoff, erosion, watershed, deforestation, deforestation experiment 1970 Oct. p. 92–101 [1202]
resource management, gene manipulation, grafting techniques, Southern pine, tree farming, seed-orchard concept 1971 Nov. p. 94–103
chemotherapy for blister rust 1961 Jan. p. 86

forgetting, learning, memory, proactive and retroactive interference 1964 Mar. p. 91–99 [482]
learning, retroactive inhibition, proactive inhibition, recall, interference theory 1967 Oct. p. 117–124 [509]

forging, crystal structure, dislocations, metal forming, strain hardening, creep in metals 1975 Apr. p. 116–125

form, Thompson, growth, science history, life and work of D'Arcy Thompson 1952 Aug. p. 60–66

form perception, vision, color perception, role of experience in visual perception 1949 Aug. p. 52–55
visual perception, learning, perception, innate or learned form perception 1961 May p. 66–72 [459]
disoriented figures, retinal orientation, visual perception 1974 Jan. p. 78–85 [557]

formalism, infinitesimals, mathematical logic, Platonism, real-number line 1971 Aug. p. 92–99

formylmethionine, amino acids, protein synthesis, ribosome, mRNA, tRNA, initiation of protein synthesis 1968 Jan. p. 36–42 [1092]

fornix, electrostimulation of fornix 1956 June p. 55

Fort Monmouth, loyalty and security, McCarthy, U.S. Army, Scientists' Committee on Loyalty and Security, report on Signal Corps Engineering Laboratory 1954 June p. 29–31

fortification illusions, migraine headaches, neurophysiology, optical illusion 1971 May p. 88–96 [536]

fossil, coal, flora, Mississippian period, Pennsylvanian period, Carboniferous period, tropical flora, deposition of coal 1948 July p. 46–51
amino acids, bone, mollusk shells, paleontology, paleobiochemistry 1956 July p. 83–92 [101]
Neopilina galatheae 1957 Sept. p. 114

fossil cells, bacteria, blue-green algae, evolution, Gunflint cherts, origins of life, Precambrian rocks, prokaryotic cells, oldest fossils 1971 May p. 30–42 [395]

fossil crater, Chubb crater, meteoritic impact, cratering, astroblemes 1951 May p. 64–69
meteorite craters, cratering, fossil craters in Canadian Shield 1958 July p. 32–39

fossil fauna, Antarctica, fossil flora, geology, paleontology, Glossopteris, coal, continental drift evidence 1962 Sept. p. 168–184 [863]

fossil fish, coelocanth, evolution, land animals 1955 Dec. p. 34–39 [831]
first coelocanth 1953 Feb. p. 36
six coeloecnths 1954 Nov. p. 56
90 lb. coelocanth 1955 July p. 54

fossil flora, Antarctica, fossil fauna, geology, paleontology, Glossopteris, coal, continental drift evidence 1962 Sept. p. 168–184 [863]
fossil algae and fungae two billion years old 1962 Dec. p. 69

fossil fuel, fossil fuels, Athabaska tar sands 1949 May p. 52–55
petroleum reserves, coal reserves, energy consumption, liquid-fuel consumption, shale, tar sands, coal liquefaction, the fuel problem 1949 Dec. p. 32–39
coal, underground gasification of coal 1950 June p. 52–55

oil shales, shale rotors, mining, energy resources, oil from shales 1952 Feb. p. 15–19
coal, chemical raw material, coking, 'water gas' process, hydrogenation 1955 July p. 58–67
coal, energy resources, natural gas, oil reserves, energy economics, impending petroleum shortage 1956 Oct. p. 43–49
climate, carbon dioxide 'window', meteorology, air pollution, threat of 'greenhouse effect' 1959 July p. 41–47 [823]
fission reactor, energy demand, electric power, nuclear power, energy economics, history and prospects of nuclear power in U.S. 1968 Feb. p. 21–31
energy consumption, energy resources, fission fuels, power, fusion fuels, geothermal energy, solar energy, tidal energy 1971 Sept. p. 60–70 [663]
energy conservation, nuclear power, solar energy, synthetic fuels, energy policy of U.S. 1974 Jan. p. 20–29 [684]
coal technology, technology history, Industrial Revolution, 16th c. energy crisis, wood-fuel shortage 1977 Nov. p. 140–151 [391]
coal, underground gasification of coal 1948 Aug. p. 23
in finite supply 1949 Apr. p. 26

fossil fuel combustion, calcium carbonate, carbon cycle, sedimentary rock, photosynthesis, biosphere, atmosphere, carbon dioxide 1970 Sept. p. 125–132 [1193]

fossil fuel cycle, energy demand, thermal pollution, Industrial Revolution, biosphere, energy technology, carbon dioxide, industrial emissions, modification of natural cycles by man 1970 Sept. p. 174–190 [1197]

fossil fuels, fossil fuel, Athabaska tar sands 1949 May p. 52–55

fossil hominid brains, African hominids, brain evolution, hominid, human brain, pongid brains, endocranial casts 1974 July p. 106–115 [686]

fossil men, human evolution, Homo erectus, Java man, Peking man, Homo erectus in family tree of H. sapiens 1966 Nov. p. 46–53 [630]

fossil primates, anthropoid, primate evolution, hominoid, early relatives of man 1964 July p. 50–62 [622]
primate evolution, hominoid, apes, man-apes, Fayum, Aegyptopithecus, Oligocene ancestor of hominoids 1967 Dec. p. 28–35 [636]
apes, human evolution, population genetics, genetic variation 1972 Jan. p. 94–103 [676]

fossil reactor, in Gabon 1975 June p. 41

fossil record, coelenterata, precambrian animals, life 500 million years before present 1961 Mar. p. 72–78 [837]
species extinction, natural selection, glaciation, 'catastrophism', crises in the history of life 1963 Feb. p. 76–92 [867]
evolution, Infra-Cambrian Ice Age, glaciation, continental drift, paleomagnetism 1964 Aug. p. 28–36
organic molecules, sedimentary rock, gas chromatography, chlorophyll, hydrocarbons, 'chemical fossils' 1967 Jan. p. 32–43 [308]
locomotion, walking, primates, human evolution, bipedal walking, muscle, bone, origin of human walking 1967 Apr. p. 56–66 [1070]
species dispersion, continental drift, evolution, plate tectonics 1972 Nov. p. 56–66 [903]
evaporite minerals, Glomar Challenger findings, Miocene desiccation, salt, Mediterranean as desert 1972 Dec. p. 26–36 [904]

fossil reefs, algae, coral, coral rings, paleontology, climatic change, dating by coral rings 1966 Oct. p. 26–33 [871]
climatic change, coral reefs, energy cycle, marine ecosystems, reef evolution 1972 June p. 54–65 [901]

fossil river, Teays river, Kanawha river 1952 June p. 74–80

fossil tracks, animal behavior, evolution, fossil animal tracks, burrows 1967 Aug. p. 72–80 [872]

'fossil' water, irrigation, ground water, artesian well, agricultural technology, Sahara desert, water resource management, land reclamation, intercalary water, making desert fertile 1966 May p. 21–29

foundations of mathematics, geometry, intuition, Hans Hahn on geometry and intuition 1954 Apr. p. 84–91
mathematical proof, mathematical philosophy, set theory 1964 Sept. p. 112–127
four-color-map problem, mathematical proof, proof by computer 1977 Oct. p. 108–121 [387]

foundling institutions, birth control, celibacy, disease, infanticide, Malthusian doctrine, marriage age, population growth, population control in Europe 1750-1850 1972 Feb. p. 92–99 [674]

fountain effect, helium, supercooling, superfluidity, neutron scattering, 'quasi particles' model of liquid helium 1960 Nov. p. 138–150 [272]

four-color-map problem, topology, inner-tube eversion, Möbius band, Klein bottle, trefoil knot, Koenigsberg bridges, three-cottages problem 1950 Jan. p. 18–24
mathematical proof, foundations of mathematics, proof by computer 1977 Oct. p. 108–121 [387]
proof by computer 1976 Oct. p. 57

Fourier analysis, electroencephalography, brain waves, alpha rhythms, medical diagnosis, toposcope display, automata theory 1954 June p. 54–63
Bragg's law, X-ray crystallography, atomic structure, crystal structure, X-ray diffraction 1968 July p. 58–70 [325]
spectroscopy, Fraunhofer lines, prism, light, diffraction grating, Girard grid, interferometry 1968 Sept. p. 72–82

fovea, vision, eye movement, saccades, visual attention, human eye, visual fixation, experiments with eye-marker camera 1968 Aug. p. 88–95 [516]
color blindness, cone cells, genetic disease, retinal image-processing, visual pigments 1975 Mar. p. 64–74 [1317]

fowl, animal behavior, incubator birds, eggs, chicken, ornithology, hatching eggs in hot places 1959 Aug. p. 52–58

foxglove, digitalis, heart physiology, dropsy, digitoxin, cardiac insufficiency, history of digitalis 1965 June p. 110–119

fractionation, chromatography, paper chromatography, amino-acid separation 1951 Mar. p. 35–41
ultracentrifuge, molecular weight, sedimentation, oil drive, air drive, magnetic suspension, 900,000 g; 60 million r.p.m. 1951 June p. 42–51

fracture zones, ocean floor, Pacific Ocean, Mendocino escarpment, seamounts, Earth mantle convection 1955 July p. 36–41

fragment assembly, RNA, nucleic acid, nucleotide sequence, alanine, tRNA, enzyme cleavage, first nucleotide sequence 1966 Feb. p. 30–39 [1033]

frames of reference, gravity, inertia, Galilean relativity, Einstein, philosophy of science, relativity, identity of inertia and gravity 1957 Feb. p. 99–109

frankincense, Arabia, irrigation, trade, Near East, myrrh, Biblical archeology, cultures of southern Arabia 1969 Dec. p. 36–46 [653]

Franklin, science history, sentry-box experiment, electrical nature of lightning, 'electrical fluid', Benjamin Franklin, life and work 1948 Aug. p. 36–43

Frasch process, sulfur, sulfuric acid, agricultural technology, sulfur demand-and-supply production 1970 May p. 62–72

fraternal twins, twins, identical twins, ovulation, estrin, physiology of twinning 1951 Jan. p. 48–51

Fraunhofer lines, spectroscopy, prism, light, Fourier analysis, diffraction grating, Girard grid, interferometry 1968 Sept. p. 72–82

free-electron density, light velocity, radiowave, phase velocity, plasma, 'things that go faster than light' 1960 July p. 142–152

free-electron laser, tunable laser 1977 June p. 62

free fall, falling-body velocity, Galileo, Merton rule, science history 1973 May p. 84–92
Galileo's experiments, terminal velocity, gravity, acceleration of gravity 1975 Mar. p. 102–111

free fall of sphere, oscillating path 1964 Feb. p. 71

free radicals, ionizing radiation, photoelectric effect, Compton effect, chemical effects, cytology, lethal effects of radiation 1951 Dec. p. 22–25
chain reaction, chain initiators, half-life reaction kinetics 1953 Dec. p. 74–78
cryogenics, frozen free radicals, free radicals trapped for study 1957 Mar. p. 90–102 [263]
ionizing radiation, polymerization, organic chemistry, ionizing radiation in industrial chemistry 1959 Sept. p. 180–196
photolysis, photochemistry, chemical reaction, reaction kinetics, spectroscopy, color centers, high speed chemistry 1960 May p. 134–145
catalysis, corona discharge, ozone, polymerization, corona chemistry, water purification, hydrocarbon cracking 1965 June p. 90–98
aging, radiation damage, electron-spin resonance, chemical bond, spectroscopy, effects of free radicals on living systems 1970 Aug. p. 70–83 [335]
trapped for study 1955 Jan. p. 48
solidified and stored radicals 1956 Nov. p. 68
formation in photosynthesis 1957 June p. 76

freedom of expression, communication, civil rights, U.S. First Amendment 1972 Sept. p. 163–172 [680]

freedom of science, science funding, science policy, university science, creativity, conditions favoring advance in science 1958 Sept. p. 170–178
freeze, accelerated by glycerol 1952 Dec. p. 30
Frenquel, psychoactive drugs, tranquilizers, chlorpromazine, reserpine 1955 Oct. p. 80–86
frequency modulation, radio, communication, Armstrong, life and work of Edwin H. Armstrong 1954 Apr. p. 64–69
frequency response, control systems, automatic control, servomechanisms, actuators, pneumatic servomechanisms, hydraulic servomechanisms, control systems 1952 Sept. p. 56–64
control theory, mathematics, cybernetics, computer programming, feedback, stability, dynamic programming, 'policy' concept 1964 Sept. p. 186–200
Fresnel rings, Moiré patterns, optics without lens, properties and uses 1963 May p. 54–63 [299]
Freud, psychoanalysis, dreams 1949 May p. 44–47 [495]
psychoanalysis, biography and appraisal of Sigmund Freud at 82 1949 Oct. p. 50–54
friction, Leonardo, Coulomb, technology history, sliding surfaces, molecular cohesion, 'coppering' 1951 Feb. p. 54–58
stick-slip friction, bearing, violin bow, lubrication, uses and prevention of friction 1956 May p. 109–118
bearing, mechanical engineering, lubrication, sliding, rolling, pressurized-contactless bearings 1966 Mar. p. 60–71
perpetual motion machines, entropy, thermodynamics 1968 Jan. p. 114–122
bearing, gears, technology history, Leonardo, Codex Madrid I 1971 Feb. p. 100–110
Beilby layer, ferrograph analysis, lubrication, machine wear, metal fatigue, particles of wear, wear 1974 May p. 88–97
bearing, lubrication, journal bearing, wear 1975 July p. 50–64
frog, salamander, regeneration, embryonic development, nerve fibers, role of nerve fibers in regeneration 1958 Oct. p. 79–88
tadpole, thyroid hormone, amphibian metamorphosis, chemistry of amphibian metamorphosis 1963 Nov. p. 110–118 [170]
amphibian, color vision, retina, retinal image-processing, visual perception, retinal processing of visual sensation 1964 Mar. p. 110–119
amphibian, metamorphosis, thyroxin, pituitary gland, hypothalamus, neurosecretory system, hormone, chemistry of amphibian metamorphosis 1966 May p. 76–88 [1042]
frog calls, sound spectrogram 1950 May p. 46–47
frog eggs, genetic engineering, gene expression, hemoglobin, mRNA, RNA molecule 1976 Aug. p. 60–71 [1343]
frog embryo, cell differentiation, nucleus transplantation, clone, genetic engineering, somatic cell nucleus, gene complement, gene regulation 1968 Dec. p. 24–35 [1128]
frontier history, cavalry, Mongol conquests, war, Chingis Khan, nomatic civilization, Chingis Khan, biography 1963 Aug. p. 54–68
frontier life, Britain, Roman Britain, Hadrian's Wall, Vindolanda site 1977 Feb. p. 39–46 [692]
frost, ice, snow, water, supercooling, condensation nuclei, ice worms, how water freezes 1959 Feb. p. 114–122
frostbite, capillary bed, rapid thawing prescribed 1952 Feb. p. 52–56
cryogenic storage, spermatozoon bank, tissue preservation, freezing of living cells 1956 June p. 105–114
frozen blood cells, stabilized with glycerin 1953 Apr. p. 52
frozen free radicals, Jupiter, imine radical, hydrazine radical, low temperature physics modelling of Jupiter 1956 June p. 119–128
cryogenics, free radicals, free radicals trapped for study 1957 Mar. p. 90–102 [263]
fruit flies homogenized, chemically distinguishable 1953 Aug. p. 46
fruit fly, gene mutation, insect eye, paper chromatography, fractionating the fruit fly 1962 Apr. p. 100–110 [1166]
cell culture, cell differentiation, larvae, transdetermination 1968 Nov. p. 110–120 [1127]
sexual behavior, releaser stimulus, courtship song, insect behavior, species specificity 1970 July p. 84–92
gene loci, genetics of behavior, insect behavior, genetic mosaic, mutants 1973 Dec. p. 24–37 [1285]
fruit pectin, ethylene 1954 May p. 40–44 [118]
fuel cell, battery, electric power generation, energy transformation, energy economics, direct conversion chemical to electric energy 1959 Oct. p. 72–78
energy transformation, energy demand, fuel-conversion efficiency, power, prime movers, steam turbines, magnetohydrodynamics, gas turbine, internal combustion engine, solar cells, power, nuclear power, comparative efficiencies of energy transformation pathways in industrial civilization 1971 Sept. p. 148–160 [668]
energy resources, hydrogen, electrolyzer technology, hydrogen-energy economy, liquified hydrogen, cryogenic storage 1973 Jan. p. 13–21
coal-burning 1952 Oct. p. 40
fuel consumption, economic development, energy technology, industrialization, population, energy resources, energy requirements and resources for economic development 1963 Sept. p. 110–126
automobiles, energy conservation, engine efficiency 1975 Jan. p. 34–44
spare tire, jettison the 'Fifth wheel'? 1978 Apr. p. 88
fuel-conversion efficiency, energy transformation, energy demand, power, prime movers, steam turbines, magnetohydrodynamics, gas turbine, internal combustion engine, fuel cell, solar cells, power, nuclear power, comparative efficiencies of energy transformation pathways in industrial civilization 1971 Sept. p. 148–160 [668]
fuel-element fabrication, 'atoms for peace', nuclear power, nuclear fuel, uranium ore, Geneva: chemistry 1955 Oct. p. 34–37
fuel imports, energy resources, liquid natural gas, technology assessment, risk estimation, tankers, LNG 1977 Apr. p. 22–29
fuel rods, energy economics, fission reactor, nuclear power, design of reactor fuel elements 1959 Feb. p. 37–43
fundamental reasoning, probability, statistics, mathematical proof, fundamental research, What is probability? 1953 Sept. p. 128–138
fundamental research, N.S.F., science funding, university research, science education 1948 June p. 7–11
curiosity, science funding, 'mission-oriented' funding agencies, university science, N.S.F., introduction to a single-topic issue on fundamental questions in science 1953 Sept. p. 47–51
matter, wave-particle duality, energy levels, electromagnetic force, nuclear forces, gravitation, field theory, quantum jumps, corpuscular streams, what is matter? 1953 Sept. p. 52–57 [241]
electromagnetic force, nuclear forces, proton, neutron, mesons, particle scattering, high-energy physics, what holds the nucleus together? 1953 Sept. p. 58–63
cosmic radiation, massive nuclei, high-energy physics, Milky Way, magnetic field, particle acceleration, supernovae, where do cosmic rays come from? 1953 Sept. p. 64–70 [239]
stellar populations, stellar evolution, galactic rotation, galactic evolution, Why do galaxies have spiral form? 1953 Sept. p. 89–99
embryonic development, cell differentiation, embryological 'organizer', Cartesian diver, How do cells differentiate? 1953 Sept. p. 108–116
memory, brain, learning, cerebral cortex, What is memory? 1953 Sept. p. 118–126 [11]
probability, statistics, mathematical proof, fundamental reasoning, What is probability? 1953 Sept. p. 128–138
N.S.F., science funding, university science 1954 Mar. p. 29–33
N.S.F., 'mission-oriented' funding agencies, science funding, institutional grants, science policy, project grants, university science, problems in government support of science in the U.S. 1965 July p. 19–25
funerary monument, archeology, Nemrud Dagh, burial site, Turkey, tomb of Antiochus I 1956 July p. 38–44
fungal hyphae, rain-forest ecosystem, slash-burn agriculture, ecological fragility, tropical rain forest 1973 Dec. p. 58–67 [1286]
fungal infection, histoplasmosis, respiratory infection, airborne infection, epidemiology, coccidioidomycosis 1948 June p. 12–15
eelgrass, marine ecology, foodchain, ecology, account of an ecological catastrophe 1951 Jan. p. 52–55
potato blight, plant genetics, late-blight of potatoes 1959 May p. 100–112 [109]
disease-resistant plants, plant breeding, agronomy, plant disease, plant pathogens, sugarcane, mechanism of disease resistance in plants 1975 Jan. p. 80–88 [1313]
fungi, mycology, wheat rust, ergot, potato blight, morel, amanita, Penicillium notatum, yeast, molds and men 1952 Jan. p. 28–32 [115]
wheat, einkorn, wild einkorn, emmer, hybrid cells, chromosome doubling, plant breeding, origin and perfection of wheat 1953 July p. 50–59
mushrooms, plant growth, mycelium, burgeoning explained 1956 May p. 97–106
oak blight, forestry, threat to U.S. oak population 1957 May p. 112–122

carnivorous plants, soil molds, nematodes, carnivorous fungi 1958 July p. 67–72 [1094]
algae, lichens, symbiosis, desert ecology, polar ecology, symbiotic nature of lichens 1959 Oct. p. 144–156 [111]
algae, lichens, symbiosis, fungi as symbionts in lichens 1963 Feb. p. 122–132
orchids, symbiosis, mycorrhiza, plant evolution, adaptation, adaptive ability of orchids 1966 Jan. p. 70–78
insect behavior, fungus gardens, mutualism, insect-fungus relations 1967 Nov. p. 112–120 [1086]
bacteria, ectoparasites, skin, lice, hair, human skin ecosystem 1969 Jan. p. 108–115 [1132]
mushrooms, mushroom poisoning, toxins, Amanita phalloides, thioctic acid 1975 Mar. p. 90–101
fungus gardens, fungi, insect behavior, mutualism, insect-fungus relations 1967 Nov. p. 112–120 [1086]
fur, circulatory system, thermoregulation, cold adaptation, metabolism, insulation 1966 Jan. p. 94–101 [1032]
furnace, fire-making, human evolution, fire vegetation, cooking, Neolithic revolution, kiln, heat, introduction to single-topic issue on heat 1954 Sept. p. 52–57
fusion reactor, nuclear power, astron technology 1958 Oct. p. 53
fusion bomb, *see:* hydrogen bomb, atomic bomb
fusion fuels, energy consumption, energy resources, fission fuels, power, fossil fuel, geothermal energy, solar energy, tidal energy 1971 Sept. p. 60–70 [663]
fusion reactor, nuclear power, 'atoms for peace', thermonuclear reaction, fission reactor, C.E.R.N., first of a four-part report on the International Conference on the Peaceful Uses of Atomic Energy, Geneva, August 1945 1955 Oct. p. 27–33
nuclear power, magnetohydrodynamics, plasma containment, pinch effect, thermonuclear reaction, thermonuclear energy for domestic power 1957 Dec. p. 73–84 [236]
nuclear power, magnetic bottle, plasma confinement, deuterium, tritium, magnetic pumping, stellerator 1958 Oct. p. 28–35
nuclear power, plasma confinement, magnetic bottle, magnetic shear, plasma physics 1966 Dec. p. 21–31
magnetic field, plasma instability, thermonuclear reaction, magnetic bottle, anomalous diffusion, nuclear power, leakage of plasma 1967 July p. 76–88
nuclear power, recycling, materials, fusion torch, energy transformation, plasma containment, magnetohydrodynamics 1971 Feb. p. 50–64 [340]
laser-pulse fusion, plasma physics, nuclear power 1971 June p. 21–33
nuclear power, plasma confinement, Tokomak, magnetic bottle 1972 July p. 65–75
laser implosion, nuclear power, nuclear power, thermonuclear reaction, plasma confinement 1974 June p. 24–37
research at Los Alamos 1949 May p. 29
Argentine tall tale 1951 May p. 32
Project Sherwood 1955 Nov. p. 54
magnetic 'pinch effect' 1956 Feb. p. 54
research in U.S.S.R. 1956 June p. 58
nuclear power, thermonuclear power potential 1956 Oct. p. 68
progress report 1956 Nov. p. 60
zero-energy thermonuclear assembly (Z.E.T.A.) 'Perhapsatron' 1958 Mar. p. 50
U.S. program 1958 June p. 45
Geneva conference on thermonuclear research 1958 Nov. p. 52
nuclear power, fusion reactor technology 1960 Nov. p. 100
progress at Livermore 1960 Dec. p. 82
U.S. version of Tokamak 1970 Mar. p. 60
proton-boron fuel cycle 1973 Nov. p. 48
fusion torch, nuclear power, recycling, materials, fusion reactor, energy transformation, plasma containment, magnetohydrodynamics 1971 Feb. p. 50–64 [340]

G

g factor, antimatter, electron, magnetic moment, electron spin, positron, magnetic bottle 1968 Jan. p. 72–85
g-forces, space medicine, acceleration, weightlessness, semicircular canals, black-out 1951 Jan. p. 16–19
galactic center, Milky Way, nebulae, globular cluster stars, spiral arms, dust clouds, seeing a galaxy from the inside 1950 Feb. p. 30–39
Clouds of Magellan, nebulae, globular cluster stars, Southern sky, Eta Carina, astronomical riches of the southern sky 1952 July p. 46–57
Milky Way, quasars, radio source, Sagittarius A, Seyfert galaxies, spiral galaxies 1974 Apr. p. 66–77
infrared observation 1967 June p. 52
galactic clusters, turbulence, nebulae, galaxies, hierarchy of turbulence in space 1952 June p. 26–30
supergalaxy, Milky Way, local clusters 1954 July p. 30–35
astronomy, philosophy of science, universe, planetary motion, solar system, cosmology, introduction to single-topic issue on the universe 1956 Sept. p. 72–81
radio astronomy, colliding galaxies, powerful signals may extend reach of astronomy 1956 Sept. p. 125–134
cosmology, red shift, universe expansion, universe, spectroscopy, galaxies, recession velocity, observational cosmology 1956 Sept. p. 170–182 [240]
probability, universe, gravitation, cosmology, Monte Carlo method, distribution of galaxies as test of cosmologies 1956 Sept. p. 187–200
galactic evolution, universe, irregular galaxies, irregular galaxies as clues to galactic evolution 1961 Feb. p. 50–57
Andromeda Galaxy, local clusters, M81 cluster, Virgo cluster 1977 Nov. p. 76–98 [390]
Milky Way belongs to one 1953 Dec. p. 54
galactic collision, radio star, Crab Nebula, supernovae, Cassiopeia, with 200 radio stars counted, some speculation on their nature 1953 Jan. p. 17–21
galactic dust clouds, galaxy structure, interstellar matter, Milky Way, stellar formation, supernovae, nebulae, Gum Nebula, Bok globules 1972 Aug. p. 48–61
galactic energetics, black hole, binary stars, globular cluster stars, neutron stars, stellar evolution, X-ray stars, astronomy satellites, 'bursters' 1977 Oct. p. 42–55 [385]
galactic evolution, Palomar Observatory, cosmology, red shift, stellar populations, interstellar matter, Hale telescope, first yield from 200 inch telescope 1952 Feb. p. 43–51
stellar populations, stellar evolution, galactic rotation, fundamental research, Why do galaxies have spiral form? 1953 Sept. p. 89–99
cosmology, universe expansion, Olber's paradox, world lines, curvature of space, red shift, evolutionary universe, element formation, genesis 1954 Mar. p. 54–63
gravitational collapse, barred galaxy, spiral galaxies, elliptical galaxies, evolution from taxonomy 1956 Sept. p. 100–108
Cepheid variable, 'cosmic yardstick', universe evolution 1959 July p. 48–55
universe, irregular galaxies, galactic clusters, irregular galaxies as clues to galactic evolution 1961 Feb. p. 50–57
spiral galaxies, elliptical galaxies, origin and history from shape 1963 Jan. p. 70–84
interstellar hydrogen, microwaves, radio astronomy, hydrogen in galaxies correlated with their structure 1963 June p. 94–106
gravity, red shift, gravitational instability, primordial fireball, nonuniformities, protogalaxies, origin of galaxies 1970 June p. 26–35
seen forming 1976 May p. 54
see also: dust cloud hypothesis
galactic formation, comet, nebular hypothesis, solar system evolution, stellar evolution 1975 Sept. p. 32–41
galactic halo, cosmic radiation, radio galaxies, quasars, radio astronomy, radio source, extragalactic radio source as origin of cosmic rays 1966 Aug. p. 32–38
cosmic radiation, cosmic ray showers, supernovae, synchrotron radiation, particle acceleration, abundance, energies, sources of cosmic rays 1969 Feb. p. 50–63
galactic interactions, galaxy shapes, intergalactic tides, gravitational dynamics, intergalactic bridges 1973 Dec. p. 38–48
galactic magnetism, cosmic radiation, supernovae, cosmic ray showers, evidence for particles of 10^{18} ev energy 1959 Nov. p. 134–146
cosmic radiation, solar particles, geomagnetism, galactic accelerator theory 1960 June p. 64–71
Faraday rotation, starlight polarization, spiral galaxies, spiral arms, stiffening of spiral arms by Milky Way magnetic field 1965 June p. 46–54
measurement based on Zeeman effect 1960 Nov. p. 94
magnetic fields 1964 July p. 46
galactic nucleus, spiral structure, interstellar hydrogen, radio astronomy, galaxy, mapping the local Galaxy 1959 Aug. p. 44–51 [250]
quasars, Seyfert galaxies, radio emission 1969 Jan. p. 28–37

galactic radiation, gravitational waves, gravitational-radiation detector, relativity theory 1971 May p. 22–29
galactic radio sources, radio astronomy, radio galaxies 1975 Aug. p. 26–35
galactic recession, cosmology, red shift, element abundance, 'synthetic' elements, universe expansion 1948 July p. 20–25
astronomy, galaxies, red shift, universe expansion, science, stellar evolution, general relativity, astronomy 1900-1950 1950 Sept. p. 24–27
galactic rotation, stellar populations, stellar evolution, galactic evolution, fundamental research, Why do galaxies have spiral form? 1953 Sept. p. 89–99
Andromeda Galaxy 1973 June p. 30–36
galactic structure, Clouds of Magellan, spiral galaxies, radio astronomy, resolution of structure of nearest galaxies 1956 Apr. p. 52–58
stellar populations, spiral arms, stellar classification and structure of galaxies 1958 Nov. p. 44–50 [203]
galactic survey, Palomar Observatory, Hale telescope, Schmidt telescope, cosmology, 200-inch and 48-inch Palomar telescopes 1948 Aug. p. 12–17
galactic yardstick, universe expansion, Cepheid variable, Clouds of Magellan, Andromeda Galaxy, doubling of yardstick doubles size and age of the universe 1953 June p. 56–66
spectroscopy, stellar distances, calcium absorption lines supply new 'yardstick' 1961 Jan. p. 107–119
Galapagos Islands, Darwin's finches, speciation, evolution 1953 Apr. p. 66–72 [22]
galaxies, astronomy, red shift, galactic recession, universe expansion, science, stellar evolution, general relativity, astronomy 1900-1950 1950 Sept. p. 24–27
turbulence, nebulae, galactic clusters, hierarchy of turbulence in space 1952 June p. 26–30
cosmology, red shift, universe expansion, universe, spectroscopy, recession velocity, galactic clusters, observational cosmology 1956 Sept. p. 170–182 [240]
BL Lacertae objects, quasars, radio astronomy 1977 Aug. p. 32–39 [372]
pregalactic formations 1963 Feb. p. 65
Local Group, Maffei 1 and 2 1971 Mar. p. 44
galaxy, stellar evolution, massive stars, nebulae, stellar associations, massive stars are short-lived 1956 Feb. p. 36–41
radio astronomy, interstellar hydrogen, radio star, the radio sky 1956 July p. 32–37
stellar evolution, universe, stellar populations, spiral galaxies, distribution of 'population I' and 'II' stars in local Galaxy 1956 Sept. p. 92–99
spiral structure, interstellar hydrogen, radio astronomy, galactic nucleus, mapping the local Galaxy 1959 Aug. p. 44–51 [250]
radio astronomy, spiral arms, interstellar hydrogen, mapping the spiral arms of the local Galaxy 1959 Dec. p. 92–104
Clouds of Magellan, stellar evolution, ultraviolet radiation 1964 Jan. p. 32–41
Doppler effect, hydroxyl radical, microwaves, radio-absorption, gas clouds 1965 July p. 26–33
M82 as supersupernova 1963 Sept. p. 86
X-ray galaxies 1966 Apr. p. 50
see also: galaxies, galactic evolution, galactic magnetism, galactic halo, Milky Way, galactic clusters
galaxy M 82, cosmic radiation, radio galaxies, synchrotron radiation, exploding galaxies, proposed origin of cosmic rays 1964 Nov. p. 38–47
galaxy-occulting galaxy, a gravitational lens 1950 Aug. p. 30
galaxy shapes, galactic interactions, intergalactic tides, gravitational dynamics, intergalactic bridges 1973 Dec. p. 38–48
galaxy structure, interstellar matter, Milky Way, stellar formation, supernovae, galactic dust clouds, nebulae, Gum Nebula, Bok globules 1972 Aug. p. 48–61
Galen, medical history, human anatomy, Galen, work and influence 1957 Mar. p. 105–114
Galilean relativity, gravity, inertia, Einstein, frames of reference, philosophy of science, relativity, identity of inertia and gravity 1957 Feb. p. 99–109
Galileo, moons of Jupiter, inertia, gravity, Galileo, biography and appraisal 1949 Aug. p. 40–47
falling-body velocity, free fall, Merton rule, science history 1973 May p. 84–92
Jupiter, Jovian satellites, solar system, Europa, Callisto, Ganymede, Io 1976 May p. 108–116
Galileo's experiments, free fall, terminal velocity, gravity, acceleration of gravity 1975 Mar. p. 102–111
time-keeping, gravitational acceleration, music as time measure 1975 June p. 98–104
Galileo's heresy, Bruno, science history, Copernican revolution, martyrdom of Giordano Bruno re-examined 1973 Apr. p. 86–94
Galileo's sexton, abacus, calculating machine, mechanical calculators, slide rule, sexton 1976 Apr. p. 104–113
Galley Hill skull, Homo sapiens, Neanderthal man, Charente skull, human evolution, Swanscombe cranium, antiquity of Homo sapiens 1948 July p. 16–19
gallium arsenide, electric field, Gunn effect, microwave emission, negative resistance, solid state physics, electronics, solid state microwave generation 1966 Aug. p. 22–31
gallstones, crystal structure, lithiasis, kidney calculi, X-ray diffraction, bladder stones, urinary calculi 1968 Dec. p. 104–111
Galton, correlation theory, eugenics, dermatoglyphics, life and work of Francis Galton, regression to mean 1954 Jan. p. 72–76
Galvani, animal electricity, voltaic pile, a major discovery in physics as well as biology 1950 Feb. p. 40–43
battery, electrochemistry, electric power, Volta, Volta's contributions, biography 1965 Jan. p. 82–91
galvanic cell, pH, glass electrode, hydrogen ions, acidity 1951 Jan. p. 40–43
galvanomagnetism, Ettingshausen effect, Hall effect, Nernst effect, Righi-Leduc effect, thermomagnetism, science history, industrial technology, technological applications of 19th c. discoveries 1961 Dec. p. 124–136
gambler's fallacy, probability, law of large numbers, random walk, mathematical proof, philosophy of science 1950 Oct. p. 44–47
gambling, psychology, probability, decision making, subjective probability, Monte Carlo fallacy, subjective and objective probability 1957 Nov. p. 128–138 [427]
games theory, mathematics, decision theory, work of J. Von Neumann and O. Morgenstern 1949 May p. 22–25
uncertainty principle, decision theory, probability, pure strategy, card games illustrate theory 1951 Jan. p. 44–47
decision theory, minimax, pure strategy, mixed stratgey, worst-case analysis 1955 Feb. p. 78–83
human conflict, probability, zero-sum game, military strategy, use and misuse of game theory 1962 Dec. p. 108–118
logic, computer theory, algorithms, problem solving, Turing machine 1965 Nov. p. 98–106
mathematical logic, paradox, decision theory, 'metalogic' to solve paradox 1967 July p. 50–56
gametocyte, biological clock, malaria, Plasmodium, parasitism, reproduction, mosquitoes 1970 June p. 123–131 [1181]
Gamma Draconis, Earth, orbital motion, stellar aberration, discovery of stellar aberration by James Bradley 1964 Mar. p. 100–108
gamma radiation, forest ecosystem, X-ray, white oak, atomic bomb test, weeds, environmental pollution, ecological effects of high-energy radiation 1963 June p. 40–49 [159]
DDT, soil pollution, herbicide, X-ray, soil ecology 1969 Apr. p. 88–99 [1138]
atomic nucleus, chemical bond, energy levels, molecular structure, Mössbauer spectroscopy 1971 Oct. p. 86–95
antimatter, crystal structure, gravitational interaction, positron probes, solid state physics, scintigraph 1975 July p. 34–42
gamma radiation spectrometry, variation of scintillation counter 1950 July p. 28
gamma-ray astronomy, astronomy, Earth satellite, telemetry, first glimpse of gamma-ray sky 1962 May p. 52–61
black hole, cosmic radiation, neutron stars, pulsar, satellite astronomy, Cygnus X-1 1976 Oct. p. 66–79A
gamma ray star, Sagittarius 1969 Nov. p. 57
gammaglobulin, poliomyelitis, epidemiology, immunity, blood fractionation, vaccine 1953 July p. 25–29
bacterial infection, blood proteins, antibodies, immunology, tissue grafts, agammaglobulinemia, hereditary immunological deficiency 1957 July p. 93–104
antibodies, antigens, antigen-antibody reaction, antibody-antigen specificity 1957 Oct. p. 99–106
ganglion cells, color vision, retina, cone cells, pigments, spectrophotometry, three-color receptor system 1964 Dec. p. 48–56 [197]

ganglion reflexes, cell communication, central nervous system, nerve conduction, neuroreceptors, retina, nerve impulse, neurotransmitters, neural synapse, cytology, neuromuscular synapse, how cells communicate 1961 Sept. p. 209–220 [98]
Ganymede, Galileo, Jupiter, Jovian satellites, solar system, Europa, Callisto, Io 1976 May p. 108–116
gas, pipelines, fluid dynamics, oil, slurries, history and technology of pipelines 1967 Jan. p. 62–72
gas chromatography, chemical separation, sensitivity and application 1961 Oct. p. 58–67 [276]
fossil record, organic molecules, sedimentary rock, chlorophyll, hydrocarbons, 'chemical fossils' 1967 Jan. p. 32–43 [308]
high sensitivity 1958 Apr. p. 52
bacterial 'signature' 1966 July p. 54
gas clouds, Doppler effect, hydroxyl radical, microwaves, galaxy, radio-absorption 1965 July p. 26–33
gas compression, shock waves, shock tube, high temperature, plasma, mechanically and electromagnetically driven shock waves 1963 Feb. p. 109–119
gas exchange, thorax, lung, pulmonary ventilation, breathing, alveoli, human physiology, vital capacity, mechanics and physiology of breathing, anatomy of lung 1966 Feb. p. 56–68 [1034]
lung, gill, oxygen transfer, carbon dioxide, water-breathing by mammals, breathing, animal experiments in water-breathing 1968 Aug. p. 66–74 [1123]
gas hydrates, clathrates, inclusion compounds, crystallography, inclusion compounds in biology and technology 1962 July p. 82–92 [280]
gas injection, petroleum, water injection, secondary recovery 1965 July p. 34–42
gas kinetics, Monte Carlo method, computer modeling, mathematical model, chemistry by computer 1964 July p. 100–108
gas laser, Raman laser effect, solid-state lasers, diode junction laser, laser technology in rapid development 1963 July p. 34–45 [294]
carbon dioxide, laser, infrared radiation, nitrogen, physics of carbon dioxide laser 1968 Aug. p. 22–33
Doppler effect, energy levels, laser spectroscopy, spectroscopy 1973 Dec. p. 69–85
gas molecules, molecular beam, electron theory, resonance absorption, atomic radiation, coherent radiation, nuclear magnetic resonance, Stern-Gerlach experiment 1965 May p. 58–74
gas phase, superfluidity, helium 3, liquid phase, solid state physics, quantum effects, quantum fluids, phase transitions 1976 Dec. p. 56–71
gas plasma, ball lightning, nuclear fusion, ionization, Kapitza theory, Hill theory 1963 Mar. p. 106–116
gas separation, laser, laser-light pressure, radiation pressure, isotope separation, 'optical bottle', atomic and molecular beams 1972 Feb. p. 62–71
gas stream, fluidization, petroleum cracking, particle bed, turbulence, food processing 1968 July p. 94–104
gas turbine, aircraft propulsion, centrifugal compressor, axial-flow compressor, ducted fan, electric power generation 1953 Nov. p. 65–72
energy transformation, energy demand, fuel-conversion efficiency, power, prime movers, steam turbines, magnetohydrodynamics, internal combustion engine, fuel cell, solar cells, power, nuclear power, comparative efficiencies of energy transformation pathways in industrial civilization 1971 Sept. p. 148–160 [668]
coal gasification, pollution control, oil gasification, energy resources 1972 Oct. p. 26–35
single-crystal blades 1967 Feb. p. 58
gas vacuoles, algae, algal bloom, blue-green bacteria, cyanobacteria 1977 Aug. p. 90–97 [1367]
gasification processes, coal gasification, energy resources, Lurgi process, Hygas process, synthane process, CO_2 acceptor process, coal technology 1974 Mar. p. 19–25
gasoline from coal, Bureau of Mines pilot plant 1951 Jan. p. 28
gastrointestinal gas, hydrogen from colon 1969 Sept. p. 95
gastrula, cell differentiation, embryonic development, blastula, fertilization, ectoderm, mesoderm, endoderm, embryological 'organizer', science history, review of classical embryology 1957 Nov. p. 79–88 [103]
gauge theory, particle interaction, high-energy physics, field theory, 'weak' force, electromagnetic force, 'strong' force 1974 July p. 50–59
electromagnetic force, particle interaction, neutrino interactions, 'weak' force, neutral-weak-current interactions 1974 Dec. p. 108–119
charmonium, charmed quarks, high-energy physics, hadrons, leptons, quark hypothesis, 'color' and 'flavor' in quarks 1975 Oct. p. 38–50
Gauls in France, Celtic religion, Seine River source, shrine of Sequana 1971 July p. 65–73
Gauss, mathematics history, number theory, Disquisitiones Arithmeticae 1977 July p. 122–131 [371]
gears, bearing, friction, technology history, Leonardo, Codex Madrid I 1971 Feb. p. 100–110
gegenschein, gas-tail hypothesis 1971 Aug. p. 47
Geiger counter, exoelectrons, metal fatigue, metal-surface defects, wear 1977 Jan. p. 74–82 [350]
gemstones, diffraction, grain structure, opal colors, periodic structures, silica-sphere packing 1976 Apr. p. 84–95
gene action visualized, DNA transcription, electron microscopy, ribosome, mRNA 1973 Mar. p. 34–42 [1267]
gene activation, actinomyosin, ecdysone, cortisone, insulin, estrogens, RNA synthesis, aldosterone, growth hormone, ACTH, thyroxin, mechanism of hormone action 1965 June p. 36–45 [1013]
gene complement, hybrid cells, DNA, RNA, ribosomal RNA, gene transcription, density-gradient centrifugation, DNA-RNA hybridization experiments 1964 May p. 48–56
cell differentiation, nucleus transplantation, clone, genetic engineering, somatic cell nucleus, frog embryo, gene regulation 1968 Dec. p. 24–35 [1128]
gene culture, polyoma virus, cell transformation, SV40 virus, viral DNA, viral carcinogenesis 1967 Apr. p. 28–37 [1069]
gene expression, neurospora, mutation, natural selection, Mendelian inheritance, genetic disease, tryptophan-niacin relation, one gene-one enzyme hypothesis; selection for defect 1948 Sept. p. 30–39 [1]
phenotype, genotype, mutation 1949 Oct. p. 46–49
agammaglobulinemia, alkaptonuria, Wilson's disease, congenital anomalies, chemistry of hereditary disease, one gene-one enzyme hypothesis 1956 Dec. p. 126–136
cancer, multipotential cells, tumor, teratoma, plant cell, inhibitions 1965 Nov. p. 75–83 [1024]
phagocytosis, repressor molecules, operator-repressor system, lac repressor, lambda repressor, isolation of two gene repressors; how they work 1970 June p. 36–44 [1179]
DNA operator, DNA repressor, gene regulation, host-restriction endonuclease, operator-repressor system 1976 Jan. p. 64–76 [1333]
genetic engineering, frog eggs, hemoglobin, mRNA, RNA molecule 1976 Aug. p. 60–71 [1343]
bacteriophage structure, latent viruses, provirus, virus action, coexisting viruses, viral genes in host chromosome 1976 Dec. p. 102–113 [1347]
repressors isolated 1967 June p. 52
bind to gene operators 1974 June p. 48
gene fusion, large, two-function enzymes 1971 Jan. p. 46
gene isolation, DNA fractionation, ribosome, ribosomal RNA-coding genes 1973 Aug. p. 20–29 [1278]
comparative religion, ethnic groups, Israel, Judaism, Samaritans, Holon and Nablus communities 1977 Jan. p. 100–108 [690]
isolation of single gene 1962 Apr. p. 77
lac operon 1970 Jan. p. 50
gene loci, fruit fly, genetics of behavior, insect behavior, genetic mosaic, mutants 1973 Dec. p. 24–37 [1285]
gene manipulation, electrophoresis, sex determination, spermatozoon motility, sorting out Y-bearing sperm by electrophoresis 1958 Nov. p. 87–94
resource management, grafting techniques, forestry, Southern pine, tree farming, seed-orchard concept 1971 Nov. p. 94–103
molecular cloning, plasmids, recombinant DNA, Asilomar conference, hazard evaluation 1975 July p. 24–33 [1324]
agricultural resources, irrigation, photosynthesis, food and agriculture 1976 Sept. p. 164–178
gene splicing, National Academy of Sciences, recombinant DNA, science policy, NIH guidelines 1977 July p. 22–23 [1362]
altering mutation rate 1961 Oct. p. 86
gene mapping, DNA, chromosome, bacteriophage, mapping genes by induced and spontaneous mutations 1962 Jan. p. 70–84 [120]
bacteriophage, amber mutants, virus particles 1965 Feb. p. 70–78 [1004]
protein structure, amino-acid sequence, gene-protein colinearity, DNA structure, mutation, base 1967 May p. 80–94 [1074]

cell culture, cell hybridization, cell differentiation, hybrid cells, Sendai virus, mouse-rat, mouse-human hybrid cells in laboratory 1969 Apr. p. 26–35 [1137]
chromosome, genetic disease, autosomes, chromosomal anomalies 1971 Apr. p. 104–113 [1220]
cell hybridization, hybrid cells, mouse-human hybrid cells, somatic cells 1974 July p. 36–44 [1300]
gene mutation, cancer, evidence for genetic factor in laboratory animals 1950 July p. 44–47
human evolution, natural selection, mutation, eugenics, 'man's genetic future' 1952 Feb. p. 68–74
chromosomal anomalies, lethal heredity 1952 July p. 58–61
'atoms for peace', radiation hazards, safety standards, Geneva: biology 1955 Oct. p. 38–42
erothrocyte, sickle cell disease, genetic disease, single gene-single aminoacid deletion 1958 Jan. p. 68–74
fruit fly, insect eye, paper chromatography, fractionating the fruit fly 1962 Apr. p. 100–110 [1166]
DNA, phage X174, single-stranded DNA 1962 July p. 109–116 [128]
DNA, RNA-DNA 'reverse' transfer, cancer virus, DNA polymerase, RNA-directed DNA polymerase 1972 Jan. p. 24–33 [1239]
antibiotic resistance, bacteria, infectious disease, drug resistance, plasmids, Rh factor, bacterial conjugation 1973 Apr. p. 18–27 [1269]
albinism, Siamese cat, visual cortex, white mink, white tiger, cross-eyed trait 1974 May p. 44–54 [1294]
air pollution, evolution, melanism, moths, population genetics, predation, evolution observed again 1975 Jan. p. 90–99 [1314]
genetic variation, natural selection, polymorphism, mollusk shells, biological diversity, discontinuous variation 1975 Aug. p. 50–60 [1326]
carcinogenesis, cancer epidemiology, environmental carcinogens, immune response, virus disease, cancer prevention 1975 Nov. p. 64–78 [1330]
cat color, genetic variation, human migration, population genetics, cline maps, Hardy-Weinberg equilibrium 1977 Nov. p. 100–107 [1370]
Hiroshima offspring, no genetic harm, yet 1954 Jan. p. 40
gene pool, porphyria, dermatology, pink tooth disease, tracking porphyria among Afrikaaners 1957 Mar. p. 133–142
blood groups, genetic drift, mutation, consanguinity, evolution, population genetics, Parma Valley, Italy 1969 Aug. p. 30–37
evolution, mutation, genetic load, electrophoresis, population genetics, heterozygosity 1970 Mar. p. 98–107 [1172]
gene-protein colinearity, protein structure, amino-acid sequence, DNA structure, mutation, gene mapping, base 1967 May p. 80–94 [1074]
gene recombination, 1951 Cold Spring Harbor conference 1951 Oct. p. 22–25
bacteria, sexual reproduction, conjugation, recombinant DNA, sexuality in bacteria 1956 July p. 109–118 [50]
bacteria, bacteriophage, conjugation, recombinant DNA, mechanisms of heredity and infection in bacteria 1961 June p. 92–107 [89]
gene regulation, DNA, chromosome puffs, insect chromosome, RNA synthesis, hormonal induction 1964 Apr. p. 50–58 [180]
cell differentiation, nucleus transplantation, clone, genetic engineering, somatic cell nucleus, gene complement, frog embryo 1968 Dec. p. 24–35 [1128]
cell nucleus, chromatin, chromosomal proteins, DNA, histones, nucleoproteins, oxidative phosphorylation 1975 Feb. p. 46–57 [1315]
DNA operator, DNA repressor, gene expression, host-restriction endonuclease, operator-repressor system 1976 Jan. p. 64–76 [1333]
cell receptors, endocrine hormones, hormonal action, protein synthesis, steroid hormones 1976 Feb. p. 32–43 [1334]
gene splicing, gene manipulation, National Academy of Sciences, recombinant DNA, science policy, NIH guidelines 1977 July p. 22–23 [1362]
gene structure, DNA, E. coli, nucleotide sequence, viral DNA, bacterial virus 0×174, plus-and-minus method 1977 Dec. p. 54–67 [1374]
gene synthesis, alanine transfer RNA gene 1970 July p. 49
gene transcription, mRNA, protein synthesis, the RNA messenger from gene to protein synthesis 1962 Feb. p. 41–49 [119]
hybrid cells, DNA, RNA, ribosomal RNA, gene complement, density-gradient centrifugation, DNA-RNA hybridization experiments 1964 May p. 48–56
tRNA, protein synthesis, molecular structure, 3-D structure of tRNA 1978 Jan. p. 52–62 [1377]
gene transduction, bacteria, bacteriophage, recombinant DNA, bacterial gene transduction by phage infection 1958 Nov. p. 38–43 [106]
gene transformation, bacteria, drug resistance, streptomycin, pneumococcus, recombinant DNA, biochemistry of Avery, McLeod and McCarty experiment 1956 Nov. p. 48–53 [18]
adenoviruses, cancer virus, SV40 virus, DNA virus, DNA recombination, tumor-virus antigen, virus etiology of cancer 1966 Mar. p. 34–41
pneumococcus, cell wall, recombinant DNA, transformation induced by factor synthesized by cell 1969 Jan. p. 38–44
bacterial transformation, Diplococcus pneumoniae, extra-cellular activator of transformation competence 1969 Dec. p. 38–44
cancer, SV40 virus, chromosome mapping, tissue culture, somatic cells, hybrid cells, genetics of human cancer 1978 Feb. p. 117–125 [1381]
gene translocation, Down's syndrome, chromosomal anomalies, Klinefelter's syndrome, trisomy 21, genetic defect, meiosis, mitosis, nondisjunction, afflictions associated with abnormal chromosome complement 1961 Nov. p. 66–76 [150]
general education, little of it 1954 Dec. p. 60
general practitioner, medical care, community hospital, medical center, medical specialist, laboratory services, Bingham plan, organization of medical technology 1948 Oct. p. 7–13
general relativity, astronomy, galaxies, red shift, galactic recession, universe expansion, science, stellar evolution, astronomy 1900-1950 1950 Sept. p. 24–27
curvature of space, Riemann, non-Euclidian geometry 1954 Nov. p. 80–86
artificial satellite, relativity theory, Mercury, stellar shift, electromagnetic frequency shift, perihelion shift, clock paradox, testing Einstein's general theory of relativity 1959 May p. 149–160
gravitational constant, science history, Eötvös experiment, Eötvös experiment confirmed 1961 Dec. p. 84–94
star displaced 1.70 sec. arc 1953 Feb. p. 39
revision by Einstein 1953 May p. 54
test for gravitational shift in frequency of gamma rays favorable but not conclusive 1960 Mar. p. 84
test for gravitational frequency shift now judged conclusive 1960 May p. 88
confirmed by Mössbauer-effect test of gravitational shift of solar radiation 1962 Mar. p. 72
test proposed: radio echoes from Mercury or Venus 1965 Mar. p. 56
solar oblateness and Mercury's orbit 1967 Mar. p. 48
solar deflection of quasar signal 1970 Aug. p. 44
reaffirmed by clock (cesium) paradox experiment 1972 Sept. p. 67
generator control, automatic control, computer technology, electric power generation, power-system control 1974 Nov. p. 34–44
genesis, cosmology, universe expansion, Olber's paradox, world lines, curvature of space, red shift, galactic evolution, evolutionary universe, element formation 1954 Mar. p. 54–63
genetic adaptation, human evolution, natural selection, civilization, culture, human evolution in man-made environment 1960 Sept. p. 206–217 [609]
genetic code, DNA, double helix, X-ray crystallography, structure of DNA resolved 1954 Oct. p. 54–61 [5]
codon, amino-acid pairing, DNA, RNA, Gamow proposes triplet codon 1955 Oct. p. 70–78
bacteria, protein synthesis, DNA, RNA, protein synthesis by bacterial DNA-RNA in vitro 1956 Mar. p. 42–46
DNA, RNA, chromosome, protein synthesis, polymers, molecular genetics as of mid-1957 1957 Sept. p. 188–200 [54]
DNA, base triplets, protein synthesis, nucleotide sequence, codon, base triplet established as codon 1962 Oct. p. 66–74 [123]
mRNA, tRNA, DNA, ribosome, protein synthesis, genetic code elucidated, amino acid 'dictionary' 1963 Mar. p. 80–94 [153]
tobacco mosaic virus, RNA nucleotides, protein synthesis, amino-acid sequence, mutation, relation of RNA mutations to amino acid changes 1964 Oct. p. 46–54 [193]
antibiotics, protein synthesis, streptomycin, ribosome, DNA, RNA, mutation, 'misreadings' induced by antibiotic alterations of ribosomes 1966 Apr. p. 102–109
amino acids, DNA, protein synthesis, mutation, molecular biology, triplets, RNA, anticodon, ribosomes, triplets, wobble hypothesis 1966 Oct. p. 55–62 [1052]
cell communication, communication, nerve impulse, hormonal action, metabolic information 1972 Sept. p. 42–51 [1257]

DNA, poliomyelitis virus, protein synthesis, RNA, virus multiplication, virus structure 1975 May p. 24–31
recombinant DNA 1960 July p. 82
coding specificity of sRNA 1963 Jan. p. 61
DNA codons universal 1963 Aug. p. 49
DNA, codon has three nucleotides 1964 Mar. p. 54
streptomycin 1964 July p. 44
GUU for valine 1964 Sept. p. 82
nonsense-codon punctuation 1965 Aug. p. 43
amino acid-codon structural fit 1966 June p. 56
gene-protein relation 1966 July p. 50
uniformity 1967 Apr. p. 48
UGA means stop 1968 Apr. p. 44

genetic code confirmation, virus R17 1969 Nov. p. 58

genetic convergence, continental drift, speciation, reptile evolution, radiation, Gondwanaland, Laurasia, mammalian evolution, supercontinent breakup and animal diversification 1969 Mar. p. 54–64 [877]

genetic defect, Down's syndrome, chromosomal anomalies, Klinefelter's syndrome, trisomy 21, meiosis, mitosis, gene translocation, nondisjunction, afflictions associated with abnormal chromosome complement 1961 Nov. p. 66–76 [150]

genetic disease, neurospora, mutation, natural selection, gene expression, Mendelian inheritance, tryptophan-niacin relation, one gene-one enzyme hypothesis; selection for defect 1948 Sept. p. 30–39 [1]
mutation, teratogenesis, studied for clues to genetic controls 1950 June p. 16–19
sensory perception, inherited sense defects 1952 May p. 64–70 [406]
erothrocyte, sickle cell disease, gene mutation, single gene-single aminoacid deletion 1958 Jan. p. 68–74
congenital anomalies, hemophilia, epidemiology, mutation, in Queen Victoria's descendants 1965 Aug. p. 88–95
ateliosis, midgets, pituitary insufficiency, dwarfism, congenital anomalies, consanguinity, growth hormone deficiency, panhypopituitarism, General Tom Thumb 1967 July p. 102–110
heredity, porphyria, metabolic disease, George III 1969 July p. 38–46 [1149]
behavior, encephalitis, hyperactive child, temperament, amphetamines, possibly innate disease syndrome 1970 Apr. p. 94–98 [527]
chromosome, gene mapping, autosomes, chromosomal anomalies 1971 Apr. p. 104–113 [1220]
amniocentesis, enzyme deficiency, prenatal genetic diagnosis, hemophilia, Down's syndrome, Tay-Sachs disease, chromosomal anomalies 1971 Nov. p. 34–42 [1234]
enzyme deficiency, milk sugar, lactose tolerance, milk-digestion problem 1972 Oct. p. 70–78 [1259]
enzyme deficiency, fat metabolism, amniocentesis, Tay-Sachs disease, lipids, lipid-storage diseases, 10 lipid-storage diseases 1973 Aug. p. 88–97
color blindness, cone cells, fovea, retinal image-processing, visual pigments 1975 Mar. p. 64–74 [1317]
chemotherapy, cyanate, anemia, hemoglobin, erythrocyte, sickle cell disease 1975 Apr. p. 44–50 [1319]
liposome-package treatment of lysosomal disease 1975 Apr. p. 56

genetic drift, Dunkers, endogamous group, ear lobes, blood typing, 'hitch-hiker's' thumb 1953 Aug. p. 76–81 [1062]
blood typing, Judaism, racial discrimination, religious persecution, social evolution, population genetics, Jewish community of Rome 1957 Mar. p. 118–128
blood groups, mutation, consanguinity, gene pool, evolution, population genetics, Parma Valley, Italy 1969 Aug. p. 30–37
human population, race, population genetics, serum protein analysis 1974 Sept. p. 80–89

genetic engineering, cell differentiation, nucleus transplantation, clone, somatic cell nucleus, gene complement, frog embryo, gene regulation 1968 Dec. p. 24–35 [1128]
frog eggs, gene expression, hemoglobin, mRNA, RNA molecule 1976 Aug. p. 60–71 [1343]
algae, bacteria, legumes, nitrogen fixation, nitrogenase, Haber process, rhizobium, legumes, symbiosis, nitrogenase, biological nitrogen fixation 1977 Mar. p. 68–81
passenger virus 1967 Feb. p. 57
'new eugenics' 1969 July p. 50
rabbit hemoglobin in frog cell 1971 Dec. p. 40
see also: gene manipulation, gene splicing, recombinant DNA

genetic exchange, bacteriophage, sexual reproduction 1948 Nov. p. 46–51

genetic load, evolution, gene pool, mutation, electrophoresis, population genetics, heterozygosity 1970 Mar. p. 98–107 [1172]

genetic message transfer, DNA, mRNA, tRNA 1961 July p. 66

genetic mosaic, chromosomal anomalies, gynandromorphism, chimera, organisms with tissue cells of different genes 1960 May p. 118–130
Barr body, sex differences, chromosome, cytology, Klinefelter's syndrome, Turner's syndrome, chromosomal anomalies, sex differences in tissue cells 1963 July p. 54–62 [161]
fruit fly, gene loci, genetics of behavior, insect behavior, mutants 1973 Dec. p. 24–37 [1285]
abnormalities of sexual development 1963 Nov. p. 70
cat color 1974 Apr. p. 50

genetic research, stable artificial mutants 1957 Feb. p. 67

genetic traits, curiosity, rhesus monkeys, problem solving, animal behavior 1954 Feb. p. 70–75

genetic transduction, carcinogenesis, polyoma virus, recombinant DNA, virus disease, 'temperate' infection, viral induced malignancy 1960 Nov. p. 63–71 [77]

genetic variation, influenza virus, immunization, chick-embryo culture, hemagglutination, vaccine, difficulty in securing flu immunization 1953 Apr. p. 27–31
camouflage, evolution, melanism, moths, speciation, air pollution, population genetics, mutation, evolution observed 1959 Mar. p. 48–53 [842]
anthropology, human evolution, steatopygia, climate, human migration, race, population, ancient migration and human diversity 1960 Sept. p. 112–127 [604]
apes, fossil primates, human evolution, population genetics 1972 Jan. p. 94–103 [676]
gene mutation, natural selection, polymorphism, mollusk shells, biological diversity, discontinuous variation 1975 Aug. p. 50–60 [1326]
cat color, human migration, gene mutation, population genetics, cline maps, Hardy-Weinberg equilibrium 1977 Nov. p. 100–107 [1370]

genetics, corn, teosinte, tripsacum, pod corn, popcorn, hybrid cells, New World archeology, plant genetic experiment and archeological finds point to pool corn as wild ancester of maise 1950 July p. 20–24 [26]
bacteriophage, reproduction, tracer experiments, DNA, protein coat 1953 May p. 36–39
Lysenko, potato virus, virus disease, vernalization, agronomy, the Lysenko affair 1962 Nov. p. 41–49
hereditary food reactions 1956 Dec. p. 62
see also: plant genetics, population genetics and the like; mutation, reproduction

genetics of behavior, fruit fly, gene loci, insect behavior, genetic mosaic, mutants 1973 Dec. p. 24–37 [1285]

genocide, cultural anthropology, racial discrimination, Tasmanians, Yumbri, Yamana, vanishing primitive cultures 1957 May p. 39–45
Aleuts, Eskimo, Aleutian Islands, Aleuts as 'Southern Eskimos' 1958 Nov. p. 112–124
racial discrimination, Amerindian, cultural assimilation, civil rights, persisting identity of Amerindians 1960 Feb. p. 37–45

genome size, DNA repeat segments, evolution, sDNA, DNA-RNA hybridization 1970 Apr. p. 24–31 [1173]

genotype, phenotype, gene expression, mutation 1949 Oct. p. 46–49
Lysenkoism, Lamarck, acquired characteristics, evolution, phenotype, mutation, ostrich calluses, speciation, religion, orthodoxy, Darwinism, experiments in acquired characteristics 1953 Dec. p. 92–99

geochemical cycle, sea-floor spreading, volcanoes, rain, sea water composition, salinity, carbonate, hydrologic cycle, why the sea is salt 1970 Nov. p. 104–115 [839]
atmosphere, Earth crust, hydrologic cycle, lithospheric cycle 1974 June p. 72–79 [414]

geochemistry, volcanoes, geophysics, their physics, chemistry, distribution and role in geological processes 1951 Nov. p. 45–52

geochronology, geology, seismology, Earth science, science, Earth core, Earth mantle, ocean floor, geology 1900-1950 1950 Sept. p. 36–39
fission-track dating, glass age, meteorite age, mineral age, pottery age, radioactive decay, uranium fission 1976 Dec. p. 114–122

geochronometry, coral, dating by coral growth rings 1963 May p. 78

geographical distribution, birds, speciation, ornithology, behavioral adaptation, bird migration, adaptation, provinciality of birds 1957 July p. 118–128

geoid, Maupertuis, least-action principle, natural history, life and work of Pierre-Louis Moreau de Maupertuis 1955 Oct. p. 100–110

artificial satellite, Earth, orbital motion, equatorial bulge, shape of the Earth 1967 Oct. p. 67–76 [873]
Earth, gravitation anomalies, Vening-Meinesz apparatus, Earth's gravity 1955 Sept. p. 164 [812]
pear-shaped longitudes; elliptical latitudes 1961 Nov. p. 82
geoid: pear-shaped, Vanguard satellite measurements 1959 Mar. p. 60
geological record, chloroplast, oxygen cycle, photosynthesis, biosphere, aerobic metabolism, ozone, oxidation-reduction reactions, oxygen-carbon balance 1970 Sept. p. 110–123 [1192]
geology, seismology, Earth science, science, Earth core, Earth mantle, geochronology, ocean floor, geology 1900-1950 1950 Sept. p. 36–39
continental shelf, continental terrace, onlap process, offlap process 1955 Mar. p. 82–86 [808]
evolution, science history, Lyell, Charles Lyell, biography 1959 Aug. p. 98–106 [846]
tectonic processes, mathematical model, scaling, block fault, geosyncline, experimental geology 1961 Feb. p. 96–106
Antarctica, glaciation, seismology, seismic mapping, Antarctic land mass, part continent-part archipelago 1962 Sept. p. 151–166
Antarctica, fossil fauna, fossil flora, paleontology, Glossopteris, coal, continental drift evidence 1962 Sept. p. 168–184 [863]
minerals, fluid inclusions, Earth history, ancient fluids in crystals 1962 Oct. p. 38–47 [854]
geomagnetic reversals, magnetic field, volcanic rocks, paleomagnetism, sea-floor spreading, reversals of Earth's magnetic field 1967 Feb. p. 44–54
geomagnetic storms, Sun, solar flares, ionospheric storms, aurora, sunspots 1951 Dec. p. 17–21
geomagnetism, permanent magnets, electromagnetism, Blackett hypothesis, Elsasser-Bullard hypothesis, theories on origin of terrestrial magnetism 1950 June p. 20–24
Earth, remanent magnetism, wandering poles, magnetic reversals, Earth's magnetism 1955 Sept. p. 152–162
geophysics, electromagnetism, magnetohydrodynamics, convection currents, Earth core, origin of terrestial magnetism 1958 May p. 44–48
artificial satellite, solar particles, cosmic radiation, telemetry, Van Allen belts, radiation belts, space exploration, mapping of radiation belts by Explorer satellites 1959 Mar. p. 39–47 [248]
cosmic radiation, solar particles, galactic magnetism, galactic accelerator theory 1960 June p. 64–71
magnetometer, natural resources, mining, mineral prospecting, aerial prospecting 1961 June p. 151–162
ocean floor, magnetometer, magnetic reversals, patterned magnetic field variations in the ocean floor 1961 Oct. p. 146–156
artificial satellite, Lorentz force, magnetosphere, solar radiation, Van Allen belts, radiation belts, aurora, physics of Van Allen belts 1963 May p. 84–96
artificial satellite, solar wind, magnetosphere, aurora, magnetometer, orbital motion 1965 Mar. p. 58–65
aurora borealis, solar radiation, ionosphere, magnetosphere, solar wind, physics of the aurora 1965 Dec. p. 54–62
comet, magnetic reversals, tektites, meteorites, meteoritic impacts 1967 July p. 32–38
plasma, solar radiation, ionosphere, Earth magnetic field, barium clouds, magnetosphere, electric field, artificial plasma clouds from rockets 1968 Nov. p. 80–92
geometry, mathematics, topology, quinary system, decimal system, tessellation, knots, primitive mathematics 1948 Dec. p. 44–49
intuition, foundations of mathematics, Hans Hahn on geometry and intuition 1954 Apr. p. 84–91
mathematics, straight line, Euclidean geometry, curved line, reach and limits of axiomatic approach 1956 Mar. p. 104–114
mathematics, topology, non-Euclidian geometry, conic sections, history and current uses of geometry 1964 Sept. p. 60–69
geophysics, volcanoes, geochemistry, their physics, chemistry, distribution and role in geological processes 1951 Nov. p. 45–52
geomagnetism, electromagnetism, magnetohydrodynamics, convection currents, Earth core, origin of terrestial magnetism 1958 May p. 44–48
geosyncline, geology, tectonic processes, mathematical model, scaling, block fault, experimental geology 1961 Feb. p. 96–106
continental evolution, mountain formation, plate tectonics, sedimentary rock, Apallachian foldbelt 1972 Mar. p. 30–38 [899]
geothermal energy, energy consumption, energy resources, fission fuels, power, fossil fuel, fusion fuels, solar energy, tidal energy 1971 Sept. p. 60–70 [663]
in British West Indies 1951 Oct. p. 38
geothermal power, Earth heat, electric power generation 1972 Jan. p. 70–77 [898]
New Zealand installation 1957 Dec. p. 62
geotropism, plant movement, nastic movement, turgor movement, phototropism, touch orientation 1955 Feb. p. 100–106
germ-free environment, dental research, immune response, surgical isolator 1964 July p. 78–88
germ theory, immunity, variable host, infection, germ-free animals 1955 May p. 31–35
germ theory of disease, suppressed in New York schools 1952 Feb. p. 38
germanium, solid state physics, transistor, vacuum tube, electronics, diode, triode, dawn of solid-state electronics 1948 Sept. p. 52–55
germanium crystal, junction transistor, 'doping', triode 1952 July p. 28–32
Germany, science, documents released in Washington 1948 July p. 30
chemical industry, recovering from war 1949 June p. 28
germination, plant hormones, flowering, photoperiodicity, phototropism 1949 May p. 40–43
adaptation, seed dispersal, dormancy 1959 Apr. p. 75–84
plant growth, phytochrome, photoperiodicity, pigments, pigment, flowering, photoreceptive enzyme in plants 1960 Dec. p. 56–63
seed, sprout after 800 year 1951 Nov. p. 34
seed, artic lupine after 10,00 years 1967 Dec. p. 55
gerontology, aging, cell physiology, life expectancy, manifestations of aging 1962 Jan. p. 100–110
aging, longevity, senility, medical care 1973 Sept. p. 44–52
health guidelines 1952 Aug. p. 32
gerrymander, reapportionment, redistricting, elections, representative government, computer applications 1965 Nov. p. 20–27
Gestalt psychology, retina, vision, visual perception, learning, stabilized retinal images, evidence for perceptual theories 1961 June p. 72–78 [466]
visual perception, moon illusion, apparent distance theory, explanation of a familiar illusion 1962 July p. 120–130 [462]
problem solving, insight, fixation, the 'aha' reaction 1963 Apr. p. 118–128 [476]
ghetto, racial discrimination, unemployment, urban riots, public opinion, social class, American Negro, 'riffraff theory' versus 'blocked-opportunity' theory 1968 Aug. p. 15–21 [638]
G.I. bill, for Korea veterans 1951 Sept. p. 48
giant atoms, 'as big as bacteria' 1976 Feb. p. 54B
giant axon, squid, cephalopods, nerve impulse 1951 Apr. p. 64–69
squid, nerve impulse, sodium pump, nerve cells, 'voltage clamp' technique 1958 Dec. p. 83–90
giant cells, Acetabularia, mermaid's wineglass, cell nucleus, cytoplasm, algae, giant cells in study of nucleus-cytoplasm interaction 1966 Nov. p. 118–124 [1057]
giant molecules, mathematical model, computer modeling, cytochrome helix, myoglobin, hemoglobin, molecular modeling, DNA 1966 June p. 42–52 [1043]
giant star, Betelgeuse, photographic close-up 1975 Feb. p. 42
giberellin, agronomy, auxins, plant growth, oak, function of plant growth hormone 1957 Apr. p. 125–134 [11]
auxins, plant growth, cytokinins, dormin, plant hormones 1968 July p. 75–81 [1111]
plant growth hormone 1956 Oct. p. 72
gift giving, human behavior, psychological implications 1967 Oct. p. 62
Gigantopithecus, Australopithecus, human evolution, hominid, pongids 1970 Jan. p. 76–85
gill, lung, oxygen transfer, carbon dioxide, gas exchange, water-breathing by mammals, breathing, animal experiments in water-breathing 1968 Aug. p. 66–74 [1123]
counter-current exchange, rete mirabile, heat conservation, physiology, swim bladder, kidney, physics of a physiological invention 1957 Apr. p. 96
ginkgo, city trees, pollution effects, tree cloning, ailanthus, London plane, Norway maple 1976 Nov. p. 110–118
giraffe, animal husbandry, antelope, elephant, buffalo, rhinoceros, hippopotamus, wildlife husbandry in Africa 1960 Nov. p. 123–134
giraffe respiration, comparative physiology, blood pressure, extravascular pressure, breathing 1974 Nov. p. 96–105 [1307]
Girard grid, spectroscopy, Fraunhofer lines, prism, light, Fourier analysis, diffraction grating, interferometry 1968 Sept. p. 72–82

glaciation, orbital motion, Earth, eccentricities of motion, Milankovitch forecast, correlating glacial and sidereal time tables 1948 Oct. p. 40–45
hot springs, adaptation, high temperature, low temperature 1949 Feb. p. 46–49
pollen chronology, micropaleontology, living records of the ice age 1949 May p. 48–51 [834]
paleontology, natural history, Agassiz, Louis Agassiz, fostering of science in America 1949 July p. 48–51
continental uplift, a theory of glaciation 1952 Aug. p. 57–59
Earth, Antarctic glacier, climate, sea level, hydrologic cycle 1955 Sept. p. 84–92 [809]
oxygen isotopes, temperature measurement, foraminifera, abyssal sediments, paleontology, climatic change, measurement of ancient temperatures 1958 Feb. p. 54–63
climatic change, solar radiation, solar evolution and terrestrial climate 1958 June p. 85–92 [835]
ocean floor, sea level, continental uplift, sea level variations 1960 May p. 70–79
plant migration, oceanography, New World archeology, animal migration, Bering land bridge, continental shelf, Wisconsin glaciation, animal-plant migration, Asia-North America 1962 Jan. p. 112–123
Antarctica, Antarctic continental glacier, ice, stratigraphy, volume of ice in glaciers ecological implications 1962 Sept. p. 132–146 [861]
Antarctica, geology, seismology, seismic mapping, Antarctic land mass, part continent-part archipelago 1962 Sept. p. 151–166
fossil record, species extinction, natural selection, 'catastrophism', crises in the history of life 1963 Feb. p. 76–92 [867]
evolution, Infra-Cambrian Ice Age, fossil record, continental drift, paleomagnetism 1964 Aug. p. 28–36
continental drift, Gondwanaland, Laurasia, paleomagnetism, Glossopteris, sea-floor spreading, supercontinents, plate tectonics, continental drift confirmed 1968 Apr. p. 52–64 [874]
continental shelf, ocean, shelf sediments, marine geology 1969 Sept. p. 106–122 [882]
Ice Age hunters, mammoths, Mousterian assemblages, Ukraine 1974 June p. 96–105 [685]
glaciation since Ice Age, climate, mountain glaciers, sea-ice fluctuations, glacier fluctuations 1970 June p. 100–110
glacier fluctuations, climate, glaciation since Ice Age, mountain glaciers, sea-ice fluctuations 1970 June p. 100–110
glass, synthetic fiber, rayon, nylon, synthetic macromolecules, cellulose, man-made textile fibers 1951 July p. 37–45
Egyptian glass, glassmakers, Roman glass, faience, chemical and physical analysis of ancient glass 1963 Nov. p. 120–130
metals, materials technology, ceramics, polymers, chemical band, composite materials, atom, elements, introduction to single-topic issue on materials 1967 Sept. p. 68–79
amorphous solid, materials technology, supercooling, crystal structure, geometry of glass, two-phase glasses 1967 Sept. p. 126–136
architecture, sunlight, lighting, solar radiation, building construction 1968 Sept. p. 190–202
amorphous semiconductors, switching, memory, threshold switch, memory switch 1969 Nov. p. 30–41
lens aberrations, optics, photographic lenses 1976 Aug. p. 72–83
glass age, fission-track dating, geochronology, meteorite age, mineral age, pottery age, radioactive decay, uranium fission 1976 Dec. p. 114–122
glass electrode, pH, galvanic cell, hydrogen ions, acidity 1951 Jan. p. 40–43
glass fiber, materials technology, optical glass, ceramics, amorphous solid, properties of glass as 'undercooled liquid' 1961 Jan. p. 92–104
materials technology, synthetic fiber, composite materials, plastics, properties of 'two-phase' materials 1962 Jan. p. 124–134
glass fiber cables, digital transmission, diode laser, fiber optics, light-emitting diode, light-wave communication, pulse-code modulation, lightwave telephone 1977 Aug. p. 40–48 [373]
glassmakers, Egyptian glass, glass, Roman glass, faience, chemical and physical analysis of ancient glass 1963 Nov. p. 120–130
glaucoma, vision, iridectomy, blindness, human eye 1959 Aug. p. 110–117
glial cells, learning theory, memory, neurones, RNA, brain, molecular theory of memory 1961 Dec. p. 62–70 [134]
glider, meteorology, wind, cloud, lee waves, soaring, esthetic exploitation of lee waves 1961 Mar. p. 124–134
gliding birds, bird flight, soaring, vultures, thermal cells, lift phenomena 1973 Dec. p. 102–109
globular cluster stars, Milky Way, nebulae, spiral arms, dust clouds, galactic center, seeing a galaxy from the inside 1950 Feb. p. 30–39
Clouds of Magellan, galactic center, nebulae, Southern sky, Eta Carina, astronomical riches of the southern sky 1952 July p. 46–57
dwarf stars, H-R diagram, spectroscopy, stellar evolution, subdwarf stars bluer because poorer in heavy elements 1961 June p. 111–120
stellar evolution, Red Giant stars, stellar modeling, main-sequence stars, H-R diagram, stellar anatomy, age of cluster stars 1970 July p. 26–39
black hole, binary stars, galactic energetics, neutron stars, stellar evolution, X-ray stars, astronomy satellites, 'bursters' 1977 Oct. p. 42–55 [385]
globulin, kinins, peptides, kallidin, venom, inflammation, bradykinin, local hormones, production and distribution 1962 Aug. p. 111–118 [132]
Glomar Challenger, deep-sea drilling expeditions 1970 Aug. p. 45
findings 1972 June p. 51
Glomar Challenger findings, evaporite minerals, fossil record, Miocene desiccation, salt, Mediterranean as desert 1972 Dec. p. 26–36 [904]
glomerulus, kidney, counter-current exchange, urine, nephron, osmosis, anatomy and physiology of the kidney 1953 Jan. p. 40–48 [37]
glory, light diffraction, optics, rainbow 1974 July p. 60–73
Glossopteris, Antarctica, fossil fauna, fossil flora, geology, paleontology, coal, continental drift evidence 1962 Sept. p. 168–184 [863]
continental drift, glaciation, Gondwanaland, Laurasia, paleomagnetism, sea-floor spreading, supercontinents, plate tectonics, continental drift confirmed 1968 Apr. p. 52–64 [874]
glow worm, bioluminescence, firefly, abyssal fish, luciferase, 'cold light' 1948 May p. 46–49
glucocorticoids, ACTH, adrenal hormones, pituitary hormones, stress 1971 Jan. p. 26–31 [532]
glucogenesis, ATP, chloroplast, mitochondrion, photosynthesis, cell metabolism, citric-acid cycle, glycolysis, oxidative phosphorylation, cytology, cellular transformation of energy 1961 Sept. p. 62–73 [91]
ACTH, ATP, glycolysis, hormone, epinephrine, cell metabolism, cyclic AMP, activation of cyclic AMP by hormones 1972 Aug. p. 97–105 [1256]
glue, *see:* adhesive
glycocalyx, bacterial-cell surface, bacterial infection, infective specificity, how bacteria stick 1978 Jan. p. 86–95 [1379]
glycolysis, cytology, energy transformation, ATP, mitochondrion, citric-acid cycle, oxidative phosphorylation, membrane, energy transformation in the cell 1960 May p. 102–114
ATP, chloroplast, mitochondrion, photosynthesis, cell metabolism, glucogenesis, citric-acid cycle, oxidative phosphorylation, cytology, cellular transformation of energy 1961 Sept. p. 62–73 [91]
ATP, mitochondrion, cell membrane, enzymes, oxidative phosphorylation, cell metabolism, mitochondrial membrane 1968 Feb. p. 32–39 [1101]
ATP, muscle, aerobic metabolism, oxygen debt, lactic acid formation, aerobic metabolism, anaerobic metabolism, energy mechanisms in muscle 1972 Mar. p. 84–91 [1244]
ACTH, ATP, glucogenesis, hormone, epinephrine, cell metabolism, cyclic AMP, activation of cyclic AMP by hormones 1972 Aug. p. 97–105 [1256]
glycopeptides, bacterial cell, cell wall, bacterial metabolism, penicillin, polysaccharides, membrane 1969 May p. 92–98
glycoprotein synthesis, Golgi apparatus, goblet cells, mucus, carbohydrate, saccules 1969 Feb. p. 100–107 [1134]
glycoproteins, blood plasma, collagen, cell-surface antigens, interferon, protein molecule 1974 May p. 78–86 [1295]
Gnathostomulida, new animal phylum established 1969 Apr. p. 52
Gnostic library, Dead Sea scrolls, Judaism, religion 1973 Jan. p. 80–87
Gödel's proof, mathematics, logic, paradox, philosophy of science, undecidable problems in axioms of arithmetic 1956 June p. 71–86
antinomy, paradox, mathematical logic, logic, barber paradox, undecidable questions, Grelling's paradox, Epimenides' paradox, Zeno's paradox, paradox and foundations of logic 1962 Apr. p. 84–96
metalogic, mathematical logic, undecidable questions 1971 Mar. p. 50–60
Gobi Desert, mountain formation, continental drift, earthquake zones, Himalaya formation, India-Eurasia collision, plate tectonics, sea-floor spreading, Tibetan plateau 1977 Apr. p. 30–41

goblet cells, glycoprotein synthesis, Golgi apparatus, mucus, carbohydrate, saccules 1969 Feb. p. 100–107 [1134]
goiter, thyroid, metabolism control, thyroxin, pituitary gland, role of thyroid in governing metabolism 1960 Mar. p. 119–129
hypothyroidism, iodine deficiency, epidemiology, thyroid, iodized salt 1971 June p. 92–101 [1223]
gold, metallurgy, New World archeology, New World archeology, Old Copper culture, Peru, copper, lost-wax casting, metalwork, pre-Columbian, New World, 4,000 B.C. 1966 Apr. p. 72–81
goldfish, brain metabolism, memory, protein synthesis, learning, conditioned behavior 1967 June p. 115–122 [1077]
Golgi apparatus, glycoprotein synthesis, goblet cells, mucus, carbohydrate, saccules 1969 Feb. p. 100–107 [1134]
gonadal hormones, adrenal hormones, brain circuitry, hormone-sensitive neurons, sex hormones, sexual behavior, sex differences, steroid hormones, action of hormones on nerve tissue 1976 July p. 48–58 [1341]
gonadotrophic hormones, pituitary gland, ACTH, metabolic hormones, growth hormone, endocrine system, the master gland 1950 Oct. p. 18–22
Gondwanaland, continental drift, glaciation, Laurasia, paleomagnetism, Glossopteris, sea-floor spreading, supercontinents, plate tectonics, continental drift confirmed 1968 Apr. p. 52–64 [874]
continental drift, speciation, reptile evolution, radiation, genetic convergence, Laurasia, mammalian evolution, supercontinent breakup and animal diversification 1969 Mar. p. 54–64 [877]
mountain formation, continental drift, Himalaya formation, Indian-Ocean formation, magnetization patterns, plate tectonics, sea-floor spreading 1973 May p. 62–72 [908]
hypothesis confirmed 1967 Feb. p. 58
gong language, African drum language, communication, drums, talking drums 1971 Dec. p. 90–94
gonorrhea, resurgent 1976 June p. 50
Gordion, archeological excavation, Phrygian civilization, Alexander, 700 B.C., preclassical Greek link with East 1959 July p. 100–109
gorilla autopsy, poor zoo diet 1955 Dec. p. 56
Gossamer Condor, aeronautics, man-powered flight 1977 Oct. p. 74
Gothic arch, architectural engineering, roof, vault, Romanesque barrel vault, Byzantine dome, building construction, vaulting technics 1961 Nov. p. 144–154
Gothic cathedrals, optical model, architectural engineering, Bourges cathedral, Chartres cathedral 1972 Nov. p. 90–99
gout, arthritis, colchicine, metabolism, chemistry of gout 1958 June p. 73–81
chemistry of gout 1958 Aug. p. 50
government-business relations, economic development, Japan, employment policy, investment, debt financing, Japan's economic growth 1970 Mar. p. 31–37
government employment, scientists reject 1948 Oct. p. 24
government regulation, housing, land use, population density, shantytowns, taxation, urban planning, cities, control of land use 1965 Sept. p. 150–160
graffiti, prevention 1975 Oct. p. 54
graft rejection, skin transplants, immune response, biochemistry of 'self' 1957 Apr. p. 62–66
antigens, cell-surface antigens, histocompatability, immune response, H-2 antigens, HLA antigens 1977 Oct. p. 96–107 [1369]
thymectomy 1965 Dec. p. 40
grafting techniques, resource management, gene manipulation, forestry, Southern pine, tree farming, seed-orchard concept 1971 Nov. p. 94–103
grain, proteins, plant protein, plant hybrids, agronomy, Triticale 1974 Aug. p. 72–80
grain boundaries, alloys, materials technology, metals, crystal structure, lattice defects, dislocations, electron 'gas', nature of metals 1967 Sept. p. 90–100
grain combine, mechanical harvesting, cotton picker, agricultural technology, tomato harvester, hay cuber, cherry picker 1967 Aug. p. 50–59
grain structure, wood, cellulose, lignin, cell structure 1953 Jan. p. 64–67
materials technology, metalliding, superplasticity, microduplex structure, thermomechanical processing, metals that can be formed like plastics 1969 Mar. p. 28–35
diffraction, gemstones, opal colors, periodic structures, silica-sphere packing 1976 Apr. p. 84–95
grammar, pidgin, linguistics, Creole, gullah, colonialism, evolution and elaboration of colonial languages 1959 Feb. p. 124–134
truth, logic, philosophy, sentence, metalogic, mathematical proof, antimony of the liar, proof and truth 1969 June p. 63–77
language organization, linguistics, speech errors, spoonerisms, syntactic rules 1973 Dec. p. 110–117 [556]
grammatical relations, visual perception, bilingualism, dyslexia, eye movement, language, reading, perception of words 1972 July p. 84–91 [545]
grana, photosynthesis, chloroplast, Hill reaction 1953 Nov. p. 80–84
granite, sandstone, sand dune, weathering, turbidity currents, stratigraphy, sand: origin and history from shape of grain 1960 Apr. p. 94–110
granitization, Earth crust, mountain formation, isostasis, ocean basins, ocean floor, tectonic processes, comprehensive review of understanding (before acceptance of continental drift) 1950 May p. 32–41
Earth mantle 1955 Apr. p. 77–82
grape fermentation, wine, yeast, viticulture, climate, enzymes, chemical explanation of a good wine, role of climate 1964 Aug. p. 46–56 [190]
graph theory, network analysis, nodes and branches, pipelines, powergrids, reliability analysis 1970 July p. 94–103
graphite-crystal structure, crystal growth, diamond-crystal structure, synthetic diamonds, synthesis at low pressure 1975 Nov. p. 102–109
grasses, agricultural economics, forage crops, agronomy, hay, legumes, livestock feed, ruminants, silage, Rhizobium bacteria 1976 Feb. p. 60–75
grasshopper, nerve conduction, muscle contraction, biomechanics of leap 1958 Jan. p. 30–35
grassland, ecology, fire, forestry, forest fire, role of fire in climax ecology 1961 Apr. p. 150–160 [1099]
animal migration, grazing animals, grazing ecosystem, savanna topography, Serengeti National Park, Tanzania 1971 July p. 86–93 [1228]
gravimetry, bathymetry, sonar, ocean floor, continental shelf, sedimentary cores, Lamont Geophyscial Observatory 1956 Dec. p. 83–94
gravitation, matter, wave-particle duality, energy levels, electromagnetic force, nuclear forces, field theory, fundamental research, quantum jumps, corpuscular streams, what is matter? 1953 Sept. p. 52–57 [241]
galactic clusters, probability, universe, cosmology, Monte Carlo method, distribution of galaxies as test of cosmologies 1956 Sept. p. 187–200
wave-particle duality, relativity theory, quantum mechanics, space-time continuum, uncertainty principle, P.A.M. Dirac view of physics 1963 May p. 45–53
gravity waves and quanta 1959 Apr. p. 68
gravitation anomalies, geoid, Earth, Vening-Meinesz apparatus, Earth's gravity 1955 Sept. p. 164 [812]
gravitation effects, stellar evolution, tidal effects, contact binaries, binary stars, stellar fission 1968 June p. 34–40
gravitational acceleration, Galileo's experiments, time-keeping, music as time measure 1975 June p. 98–104
gravitational collapse, solar system, Sun, cosmology, dust cloud hypothesis, gravity, light pressure, thermonuclear reaction, genesis of solar system 1948 May p. 35–45
dust cloud hypothesis, binary stars, photophoresis, element abundance, angular momentum, origin of the Earth 1952 Oct. p. 53–61 [833]
galactic evolution, barred galaxy, spiral galaxies, elliptical galaxies, evolution from taxonomy 1956 Sept. p. 100–108
dwarf stars, degenerate gas, white dwarfs, binary stars, 'dying' stars 1959 Jan. p. 46–53
radio galaxies, nonthermal emission, supernovae, synchrotron radiation, intensity of galactic radio emission 1962 Mar. p. 41–49 [278]
gravity, stellar evolution, space-time continuum, thermal pressure, singularity, gravitational radius, black hole 1967 Nov. p. 88–98
pulsar, white dwarfs, neutron stars, angular momentum, 'lighthouse' model proposed 1968 Oct. p. 25–35
Crab Nebula, neutron stars, pulsar, radio source, stellar evolution, angular momentum 1971 Jan. p. 48–60
neutron stars, pulsar, stellar evolution, solid stars, white dwarfs, ultradense matter 1971 Feb. p. 24–31
interstellar matter, supernovae, shock waves, stellar formation, stellar evolution, birth of massive stars 1978 Apr. p. 110–118 [3005]
gravitational constant, science history, Eötvös experiment, general relativity, Eötvös experiment confirmed 1961 Dec. p. 84–94

decrease? 1974 Oct. p. 56
gravitational dynamics, galactic interactions, galaxy shapes, intergalactic tides, intergalactic bridges 1973 Dec. p. 38–48
gravitational energy, celestial energy, cosmological 'hangups', energy cycle, power, radiation energy, entropy per unit energy, stellar evolution, thermonuclear energy 1971 Sept. p. 50–59 [662]
black hole, pulsar, quasars, rotational energy, radiation in universe 1973 Feb. p. 98–105
gravitational fields, black hole, quantum mechanics, relativity theory, event horizon 1977 Jan. p. 34–40 [349]
gravitational instability, galactic evolution, gravity, red shift, primordial fireball, nonuniformities, protogalaxies, origin of galaxies 1970 June p. 26–35
Bok globules, interstellar clouds, interstellar dust, stellar formation, local galaxy 1977 June p. 66–81 [366]
gravitational interaction, antimatter, crystal structure, gamma radiation, positron probes, solid state physics, scintigraph 1975 July p. 34–42
gravitational-radiation detector, galactic radiation, gravitational waves, relativity theory 1971 May p. 22–29
gravitational radius, gravity, stellar evolution, space-time continuum, gravitational collapse, thermal pressure, singularity, black hole 1967 Nov. p. 88–98
gravitational waves, galactic radiation, gravitational-radiation detector, relativity theory 1971 May p. 22–29
black hole, neutron stars, pulsar, relativity theory, Red Giant stars, rotational energy, white dwarfs 1972 May p. 38–46
reported, galactic center 1970 Mar. p. 58
detection efforts fail 1973 Feb. p. 48
Weber's events remain unconfirmed 1975 Nov. p. 60
gravity, solar system, Sun, cosmology, dust cloud hypothesis, light pressure, gravitational collapse, thermonuclear reaction, genesis of solar system 1948 May p. 35–45
Galileo, moons of Jupiter, inertia, Galileo, biography and appraisal 1949 Aug. p. 40–47
unified field theory, electromagnetism, nuclear forces, 'On the Generalized Theory of Gravitation', a personal account by Albert Einstein 1950 Apr. p. 13–17
inertia, Galilean relativity, Einstein, frames of reference, philosophy of science, relativity, identity of inertia and gravity 1957 Feb. p. 99–109
ocean floor, mid-ocean ridge, oceanography, African rifts, discovery of submarine rifted ridge 1960 Oct. p. 98–110
time-space continuum, Einstein, electromagnetism 1961 Mar. p. 94–106
stellar evolution, space-time continuum, gravitational collapse, thermal pressure, singularity, gravitational radius, black hole 1967 Nov. p. 88–98
galactic evolution, red shift, gravitational instability, primordial fireball, nonuniformities, protogalaxies, origin of galaxies 1970 June p. 26–35
free fall, Galileo's experiments, terminal velocity, acceleration of gravity 1975 Mar. p. 102–111
electromagnetic force, 'weak' force, 'strong' force, supergravity, symmetry, quest for unified theory of basic forces 1978 Feb. p. 126–143 [397]
origin of radio energy in space 1963 Mar. p. 78
gravity constant, interplanetary radar-ranging, lunar occultation, lunar orbit, relativity theory, evidence for decrease of gravitational constant 1976 Feb. p. 44–52
gravity propulsion, mass transit, underground transport, pneumatic propulsion, railway, transport by 'pedulum' train 1965 Aug. p. 30–40
gravity theory, supergravity 1977 July p. 59
gray whale, whale, animal migration, extinction 1955 Jan. p. 62–66
grazing, land use, forestry, rangeland, agricultural resources, land management, U.S. Western states 1970 Feb. p. 88–96 [1169]
grazing animals, animal migration, grassland, grazing ecosystem, savanna topography, Serengeti National Park, Tanzania 1971 July p. 86–93 [1228]
grazing ecosystem, animal migration, grassland, grazing animals, savanna topography, Serengeti National Park, Tanzania 1971 July p. 86–93 [1228]
Great Lakes, lamprey, jawless fish, pest control, trout, whitefish 1955 Apr. p. 36–41
eutrophication, water pollution, fisheries, fish population, runoff, silt, U.S. Great Lakes' aging 1966 Nov. p. 94–104 [1056]
Great Plains, dust storms, dry-land farming, marginal farmlands, wind erosion, agricultural technology 1954 July p. 25–29
Great Red Spot, Jupiter, Taylor column, planetary atmosphere, rotation period, hydrodynamic explanation vs. raft hypothesis 1968 Feb. p. 74–82
liquid planets, Jovian moons, atmospheric circulation, Jupiter, solar system 1975 Sept. p. 118–126
Jupiter, Jovian meteorology, planetary atmosphere, planets, solar system 1976 Mar. p. 46–56
Greek astronomy, astronomy, Ptolemaic system 1949 Apr. p. 44–47
Greek civilization, Linear B script, Homer, Minoan language, cryptology, an account of the decipherment 1954 May p. 70–75
Mycenaean civilization, Linear B script, Classical archeology, Pylos, King Nestor's palace, 1200 B.C. 1958 May p. 110–121
Classical archeology, Brauron, 500 B.C. temple 1963 June p. 110–120
Nabataeans, Near East archeology, Petra, Hellenization of Arabs 1963 Oct. p. 94–102
Cumae, Classical archeology, Italy, 8th c B.C. Greek colony first in Italy 1963 Dec. p. 108–121
tunnel of Eupalinus, Samos, Classical archeology, water supply, feat of Classical engineering 1964 June p. 104–112
Macedonia, Hellenic art, Pella, mosaic, capital of Macedonia 1966 Dec. p. 98–105
sports, Olympic games, Iliad account 1968 Aug. p. 78–85
temple of Apollo, underwater archeology 1974 Oct. p. 110–118
Greek colony, Bronze Age, burial site, Classical archeology, Bahrain, Sumerian-Indian culture link 1960 Oct. p. 62–71
Greek computer, Antikythera, planetary motion, ancient instruments, science history, Classical archeology, computer technology, 2,000-year-old computer 1959 June p. 60–67
Greek prehistory, Mycenaean civilization, Linear B script, origins of writing 1972 Oct. p. 36–44 [681]
Stone Age civilization, Neolithic archeology, Franchthi Cave 1976 June p. 76–87
Greek science, atomic theory, Renaissance science, science history, Boscovich, Lucretius, forces between atoms 1970 May p. 116–122
Green Bank observatory, radio observatory, tornadoes, U.S. National Radio Observatory 1956 Oct. p. 56–64
green flash, sunset, sunrise, light scattering, green flash explained 1960 Jan. p. 112–122
'green revolution', economic development, hunger, population, food and agriculture, introduction to single-topic issue on food and agriculture 1976 Sept. p. 30–39
agronomy, food and agriculture, maize, potatoes, Mexican agriculture 1976 Sept. p. 128–150
India, food and agriculture, technology transfer, monsoons, irrigation, fertilizers, rice, agronomy, wheat, hybrid crop plants 1976 Sept. p. 154–163
developing countries, technology transfer, food and agriculture, economic development 1976 Sept. p. 196–205
greenhouse, climate, plant growth, agronomy, photoperiodicity, day-night temperature, 'phytotron', environment simulator 1957 June p. 82–94
'greenhouse effect', carbon dioxide 'window', atmosphere, climate, biomass, ocean sediments, humus, threat of 'greenhouse effect' 1978 Jan. p. 34–43 [1376]
Greenland, Arctic, Stone Age hunters, Alaska, Siberia, Dorset culture, circumpolar Stone Age culture 1954 June p. 82–88
Greenland flora, Arctic flora, desert adaptation, cold adaptation, paleobotany, adaptations to Arctic climate 1956 Feb. p. 88–98
Greenwich Observatory, poor seeing 1953 Oct. p. 52
Grelling's paradox, antinomy, paradox, mathematical logic, logic, barber paradox, undecidable questions, Gödel's proof, Epimenides' paradox, Zeno's paradox, paradox and foundations of logic 1962 Apr. p. 84–96
grid-transformation, embryonic development, growth, computer modeling, the shaping of tissues in embryos 1978 June p. 106–113 [1391]
grief, adaptive value 1969 Apr. p. 52
gross national product, education, U.S. population, labor force, age-sex distribution, demographics, U.S. census, more from the U.S. census of 1960 1962 Oct. p. 30–37
gross reproduction rate, demographic transition, population growth, world population, zero population growth, birth rate, net reproduction rate, extrapolation from world-statistics population model 1973 Mar. p. 15–23 [683]

ground motion, earthquake dynamics, earthquake prediction, seismic waves, strong-motion seismology 1977 Dec. p. 68–78 [928]
ground squirrels, behavioral adaptation, Mojave desert, animal behavior, kidney function, thermoregulation, desert adaptation, desert mammals' adaptations to heat and aridity 1961 Nov. p. 107–116
ground water, artesian well, piezometric surface, water table, water cycle, resource management, runoff, ground water in water-resource management 1950 Nov. p. 14–19 [818]
irrigation, artesian well, agricultural technology, Sahara desert, water resource management, land reclamation, intercalary water, 'fossil' water, making desert fertile 1966 May p. 21–29
irrigation, tunneling, aqueducts, Iran, underground system, 3,00 years old, still in use 1968 Apr. p. 94–105
atmospheric circulation, hydrology, water cycle, 'aerological accelerator' 1973 Apr. p. 46–61 [907]
center-pivot irrigation, irrigation, agricultural technology 1976 June p. 90–99
reservoir recharging, water resource management, water cycle 1977 May p. 21–27 [924]
group behavior, interpersonal relationships, social psychology, conference 1955 Mar. p. 31–35
aggression, pecking order, social psychology, experiments in group behavior 1956 Nov. p. 54–58 [154]
social psychology, conformity, human subjects, group pressure, experiments in susceptibility to group pressure 1961 Dec. p. 45–51
crowding, rats, population density, comparative psychology, social pathology of crowding 1962 Feb. p. 139–148 [506]
education, poverty, rural poverty, community action, emotional illness, social psychology, study of community regeneration 1965 May p. 21–27 [634]
poverty, community action, culture of poverty, subculture of Western market societies 1966 Oct. p. 19–25 [631]
social discrimination, discrimination, child development, 'in vs out' group discrimination 1970 Nov. p. 96–102 [530]
humor's function 1967 Sept. p. 106
group identity, black power, American Negro, racial discrimination, economic power, ethnic groups, slavery, social deprivation 1967 Apr. p. 21–27 [633]
group practice, national health insurance, medical care 1949 June p. 11–15
group pressure, group behavior, social psychology, conformity, human subjects, experiments in susceptibility to group pressure 1961 Dec. p. 45–51
group psychotherapy, psychiatry, emotional illness 1950 Dec. p. 42–45 [449]
for schizophrenics 1962 Mar. p. 42
group theory, high-energy physics, resonance 'particles', Regge poles, temporary associations of particles 1963 Jan. p. 38–47 [290]
mathematics, physical sciences, 'eightfold way', field theory, S-matrix theory, mathematics in physics 1964 Sept. p. 128–146
group therapy, emotional illness, therapeutic community, role-channeling 1971 Mar. p. 34–42 [534]
growth, Thompson, form, science history, life and work of D'Arcy Thompson 1952 Aug. p. 60–66
ACTH, hormone, sexual characteristics, thyroid-stimulating hormone, follicle-stimulating hormone, prolactin, androgens, estrogens, secondary sexual characteristics, human physiology, endocrine system, chemical integrators of the body 1957 Mar. p. 76–88 [1122]
adolescence, child development, menarche, earlier maturation of children in industrial countries 1968 Jan. p. 21–27
embryonic development, computer modeling, grid-transformation, the shaping of tissues in embryos 1978 June p. 106–113 [1391]
growth hormone, pituitary gland, ACTH, gonadotrophic hormones, metabolic hormones, endocrine system, the master gland 1950 Oct. p. 18–22
actinomyosin, ecdysone, cortisone, insulin, estrogens, gene activation, RNA synthesis, aldosterone, ACTH, thyroxin, mechanism of hormone action 1965 June p. 36–45 [1013]
ACTH, child development, dwarfism, emotional deprivation, deprivation dwarfism, 'bone age', anorexia nervosa 1972 July p. 76–82 [1253]
adolescence, child development, medical care, 'bone age', menarche, heredity vs. environment 1973 Sept. p. 34–43
growth hormone deficiency, ateliosis, midgets, pituitary insufficiency, dwarfism, genetic disease, congenital anomalies, consanguinity, panhypopituitarism, General Tom Thumb 1967 July p. 102–110
growth inhibitors, plant communities, plant hormones, plant chemicals antagonistic to other plants 1949 Mar. p. 48–51
growth rate, child development, Denver longitudinal study, changes in proportion 1953 Oct. p. 65–76 [1063]
growth regulation, Hydra, sexual reproduction, asexual reproduction, cell differentiation, carbon dioxide as 'sex gas' 1959 Apr. p. 145–156
guacharos, sonar, bird navigation, 'oil birds' 1954 Mar. p. 78–83
guano, Peru Current, anchovy, seagulls, El Niño, upwelling 1954 Mar. p. 66–71
Guatemala, anthropology, central-place theory, market networks, People's Republic of China, rural markets 1975 May p. 66–79
guillemot, evolution, speciation, skua, melanism, ornithology, avian evolution 1957 May p. 124–134
guilt, anxiety, polygraph, lying, psychosomatic illness, breathing, pulse rate, skin temperature, 'lie detector' mis-named 1967 Jan. p. 25–31 [503]
Gulf of Aden, Afar triangle, Red Sea, Rift Valley, guyot, sea-floor spreading, continental drift, sea-floor spreading opens new ocean 1970 Feb. p. 32–40 [891]
Gulf Stream, Atlantic Ocean, ocean circulation, salinity, oxygen level, ocean temperature, Coriolis effect, 'anatomy' of the Atlantic 1955 Jan. p. 30–35 [810]
cold-core rings 1976 Aug. p. 44B
gullah, pidgin, linguistics, Creole, colonialism, grammar, evolution and elaboration of colonial languages 1959 Feb. p. 124–134
gulls, courtship display, animal behavior, releaser stimulus, displacement activity, ethology 1954 Nov. p. 42–46
ethology, social behavior, comparative psychology, animal behavior, evolution, reconstructing gull family tree from behavior of species 1960 Dec. p. 118–130 [456]
animal behavior, speciation, evolution, sexual behavior, innate behavior, ethology, species discrimination, Larus, eye rings 1967 Oct. p. 94–102 [1084]
Gum Nebula, ionized-hydrogen cloud, Milky Way, Strömgren sphere 1971 Dec. p. 20–29
galaxy structure, interstellar matter, Milky Way, stellar formation, supernovae, galactic dust clouds, nebulae, Bok globules 1972 Aug. p. 48–61
Gunflint cherts, bacteria, blue-green algae, fossil cells, evolution, origins of life, Precambrian rocks, prokaryotic cells, oldest fossils 1971 May p. 30–42 [395]
Gunn effect, electric field, microwave emission, negative resistance, solid state physics, electronics, gallium arsenide, solid state microwave generation 1966 Aug. p. 22–31
gunshot wounds, surgery, medical history, assasination of U.S. President McKinley 1963 Mar. p. 118–120
guyot, Afar triangle, Red Sea, Rift Valley, Gulf of Aden, sea-floor spreading, continental drift, sea-floor spreading opens new ocean 1970 Feb. p. 32–40 [891]
gynandromorphism, chromosomal anomalies, genetic mosaic, chimera, organisms with tissue cells of different genes 1960 May p. 118–130
gypsum, mining, Amerindian, New World archeology, prehistoric man in Mammoth cave 1960 July p. 130–140
gypsy moth, biological pest control, pheromones, olfactory receptors, sex attractants, silk moth, chemotaxis, communication 1974 July p. 28–35 [1299]
gyres, Earth, ocean circulation, wind, upwelling, the circulation of the oceans 1955 Sept. p. 96–104
gyroscope, accelerometer, aircraft navigation, navigation, air transport, inertial navigation, commercial adaptation of military and space technology 1970 Mar. p. 80–86

H

H-R diagram: Hertzsprung-Russell diagram
H-R diagram, globular cluster stars, dwarf stars, spectroscopy, stellar evolution, subdwarf stars bluer because poorer in heavy elements 1961 June p. 111–120
globular cluster stars, stellar evolution, Red Giant stars, stellar modeling, main-sequence stars, stellar anatomy, age of cluster stars 1970 July p. 26–39
Haber process, bacteria, nitrogen cycle, nitrogen fixation, blue-green algae, biosphere, nitrate, legumes, eutrophication 1970 Sept. p. 136–146 [1194]

ammonia manufacture, biological nitrogen fixation, metallo-organic process, nitrogen fixation 1974 Oct. p. 64–70
algae, bacteria, legumes, nitrogen fixation, nitrogenase, genetic engineering, rhizobium, legumes, symbiosis, nitrogenase, biological nitrogen fixation 1977 Mar. p. 68–81
habit reversal, evolution, intelligence, probability learning, intelligence compared in five animals 1965 Jan. p. 92–100 [490]
habitat selection, animal behavior, ecological adaptation, heredity, learning, field experiments with mice 1964 Oct. p. 109–116 [195]
haboob, sand dune classification, dust storms, soil erosion 1976 Oct. p. 108–114
sandstorms, haboobs in U.S. 1973 Jan. p. 46
Hacilar culture, Neolithic archeology, Turkey, 7000 B.C. 1961 Aug. p. 86–97
Hadrian's Wall, Britain, frontier life, Roman Britain, Vindolanda site 1977 Feb. p. 39–46 [692]
hadron, neutron, neutron diffraction, the neutron as nuclear particle and as tool of physics 1951 Oct. p. 44–53
hadron jets, quark hypothesis supported 1976 Apr. p. 55
hadrons, high-energy photons, 'strong' force, photons as hadrons 1971 July p. 94–104
beta decay, bubble chamber experiments, high-energy physics, neutrino beam, particle accelerator, positron 1973 Aug. p. 30–38
dual-resonance model, high-energy physics, light-string theory, quark, strong interactions 1975 Feb. p. 61–67
charmonium, charmed quarks, high-energy physics, gauge theory, leptons, quark hypothesis, 'color' and 'flavor' in quarks 1975 Oct. p. 38–50
heavy leptons, J particle, high-energy physics, quantum mechanics, quark hypothesis, intermediate vector bosons 1976 Jan. p. 44–54
baryons, high-energy physics, leptons, mesons, quantum numbers, quark confinement, bag model, infrared-slavery model, string model 1976 Nov. p. 48–60
charmed quarks, high-energy physics, quantum mechanics, quark, charm 1977 Oct. p. 56–70 [388]
hagfish, cardiac function, comparative psychology, cyclosomes, knot-tying fish, hermaphrodite 1966 Feb. p. 82–90 [1035]
hahnium, element 105 synthesized 1970 June p. 48
hailstones, ice crystals, hailstorms 1971 Apr. p. 96–103
hair, dermatoglyphics, skin, surface area, skin glands, thermoregulation, structure and function of human skin 1965 Feb. p. 56–66 [1003]
bacteria, ectoparasites, skin, fungi, lice, human skin ecosystem 1969 Jan. p. 108–115 [1132]
Hale telescope, Palomar Observatory, Schmidt telescope, galactic survey, cosmology, 200-inch and 48-inch Palomar telescopes 1948 Aug. p. 12–17
Palomar Observatory, cosmology, red shift, stellar populations, interstellar matter, galactic evolution, first yield from 200 inch telescope 1952 Feb. p. 43–51
Hales, plants, root pressure, sap circulation, shoot tension, science history, Stephen Hales, founder of biophysics 1952 Oct. p. 78–82
Hall effect, Ettingshausen effect, Nernst effect, Righi-Leduc effect, galvanomagnetism, thermomagnetism, science history, industrial technology, technological applications of 19th c. discoveries 1961 Dec. p. 124–136
Halley's comet, comet, solar radiation, physics of comet tails 1958 Oct. p. 44–50
Halloween, Druid holiday, anthropology 1951 Oct. p. 62–66
hallucination, electroencephalography, perceptual isolation, boredom, neuropsychology, sensory deprivation, effect of exposure to monotonous environment 1957 Jan. p. 52–56 [430]
central nervous system, drug-induced imagery, perceptual illusions, perceptual-release theory 1977 Oct. p. 132–140 [579]
hallucinogenics, LSD adverse effects 1966 Feb. p. 54
hallucinogens, alkaloids, mental health, drug addiction, consciousness alteration, LSD, psychosis, psilocybin, mescaline, effects of LSD 1964 Apr. p. 29–37 [483]
halobacteria, bacteria, cell membrane, photosynthesis, rhodopsin, salt-loving bacteria 1976 June p. 38–46 [1340]
halos, Sun dogs, ice crystals, optics, atmospheric halos 1978 Apr. p. 144–152 [3006]
Hamilton, quaternions, complex numbers, non-commutative algebra, mathematics, high-energy physics, life and work of William Rowan Hamilton 1954 May p. 82–87
Hammurabi, Sumer, law code, Lipit Ishtar, cuneiform script, earliest law code 1865 B.C. 1948 June p. 44–47
hamster, tissue grafts, immune reaction, tolerance of grafts 1963 Jan. p. 118–127 [148]
hand, toolmakers, human evolution, hominid, evolution of the human hand 1962 Dec. p. 56–62 [140]
hand axes, human evolution, Olduvai Gorge, toolmakers, man-apes, stone tools 1954 Jan. p. 66–71
handedness, symmetry, natural and conventional 1948 Oct. p. 46–49
auditory perception, brain hemispheres, cerebral dominance, musical illusions, hearing, illusions, perception, two-tone illusion 1975 Oct. p. 92–104 [566]
Harappan civilization, Mohenjo-Daro, Indus valley, archeology, Sumer 1953 Nov. p. 42–48
archeology, Indus valley, Mohenjo-Daro, floods as cause of demise 1966 May p. 92–100
pre-Dravidian script deciphered 1969 Nov. p. 62
hardness, corundum, crystal structure, cubic boron nitride, diamond, materials technology, Mohs scale 1974 Aug. p. 62–70
Harijans, class discrimination, untouchables, caste, Hinduism, India, civil rights 1965 Dec. p. 13–17
harmonic functions, Brownian motion, probabilistic potential theory, potential theory 1969 Mar. p. 66–74
harmonic oscillation, bridges, suspension bridges, aerodynamics 1954 Nov. p. 60–71
harmonic proportions, musical scale, tone ladder, Pythagorean doctrine, music and mathematics, Kepler, vibrating string 1967 Dec. p. 92–103
harmonics, musical instruments, music, piano, harpsichord, physics of the piano 1965 Dec. p. 88–99
harmony, physics, string instruments, wind instruments, piano, voice, musical scale, acoustics, agreeable melodies and physical laws 1948 July p. 32–41
harpoon, cultural anthropology, Mesolithic era, Ishango man, African culture 10,000 B.C. 1962 June p. 105–116
harpsichord, musical instruments, music, piano, harmonics, physics of the piano 1965 Dec. p. 88–99
Harriot, 'English Galileo' 1975 June p. 49
harvestman, Phalangida, daddy longlegs, Arachnida, animal behavior, natural history 1962 Oct. p. 119–128 [137]
Harvey, science history, blood circulation, life and work of William Harvey 1952 June p. 56–62
hash table, algorithms, computer language, computer programming, binary search trees 1977 Apr. p. 63–80
Hauksbee, electric power, light, science history, life and work of Francis Hauksbee 1953 Aug. p. 64–69
Havasupai, Amerindian, Cohonina, Paleolithic culture, prehistoric man in the Grand Canyon 1958 Feb. p. 97–102
hay, agricultural economics, forage crops, grasses, agronomy, legumes, livestock feed, ruminants, silage, Rhizobium bacteria 1976 Feb. p. 60–75
hay cuber, mechanical harvesting, cotton picker, agricultural technology, tomato harvester, cherry picker, grain combine 1967 Aug. p. 50–59
health, human nutrition, poverty, hunger, population growth, developing countries, world poverty 1968 Nov. p. 27–35
health care, *see:* medical care
health economics, *see:* medical economics
health in Liberia, DDT reduces malaria incidence 1948 Dec. p. 27
health insurance, medical specialization, medical economics, medical care, need for organization of medical technology in U.S. 1963 Aug. p. 19–27
public health, morbidity, medical care, health statistics, mortality rates, U.S. National Health Survey 1966 June p. 21–29
medical care, medicine, physical incapacitation, morbidity, mortality rates, hospital care, ambulatory care, triage, introduction to single-topic issue on medical care 1973 Sept. p. 22–33
medical economics, hospital care, medical care, third-party payment 1973 Sept. p. 151–159
Health Maintenance Organization, *see:* H.M.O.
health research, *see:* medical research
health statistics, public health, morbidity, medical care, mortality rates, health insurance, U.S. National Health Survey 1966 June p. 21–29
medical care, medical-cost control, national health insurance, 'uncontrollable' expenditures, U.S. Federal expenditure on medical care 1971 Apr. p. 17–25
hearing, deafness, ear, directional orientation, cochlea 1957 Aug. p. 66–78 [44]
vision, sensory organs, ommatidia, neuroreceptor cells, cytology, taste buds, how cells receive stimuli 1961 Sept. p. 222–238 [99]

directional orientation, auditory perception, auditory localization, binaural hearing 1961 Oct. p. 132–142 [501]
attention mechanism, speech perception, cochlea, phonetics, neuropsychology, hearing two messages at a time 1962 Apr. p. 143–151 [467]
auditory illusions, perception, phonetics, speech perception, illusions, psychology, illusions as clues to organization of perceptual apparatus 1970 Dec. p. 30–33 [531]
auditory beats, brain, neurology, sound vibrations, auditory perception 1973 Oct. p. 94–102 [1282]
loudness variations, musical dynamics, musical instruments, musical notation, musician performance 1974 Nov. p. 78–95
auditory perception, brain hemispheres, cerebral dominance, musical illusions, handedness, illusions, perception, two-tone illusion 1975 Oct. p. 92–104 [566]
heart, cardiology, sound spectrography, heart sounds, electronic analysis of heart sounds 1956 May p. 120–130
cardiac arrhythmia, muscle contraction, coronary occlusion, cardiac pacemaker, operation of cardiac pump 1957 May p. 74–87 [62]
exercise adaptation, breathing, blood circulation, hemoglobin, human physiology 1965 May p. 88–96 [1011]
heart attack, coronary occlusion, etiology and course of a principal cause of death 1950 June p. 44–46
heart cells, cell differentiation, cell aggregation, heart contraction, myogenic rhythm, rat cardiac cells in vitro 1962 May p. 141–152
heart contraction, cell differentiation, cell aggregation, heart cells, myogenic rhythm, rat cardiac cells in vitro 1962 May p. 141–152
atrioventricular node, heart rate, cardiac pacemaker, sinus node 1967 Mar. p. 32–37 [1067]
heart disease, Aschoff bodies, rheumatic fever, streptococcus, infection, immune response, hypersensitivity 1965 Dec. p. 66–74
heart embryology, embryonic development, mesoderm, first heartbeat 1959 Mar. p. 87–96 [56]
heart infarct, cardiac arrhythmia, intensive care, coronary care unit, fibrillation, coronary occlusion, electrocardiography, nerve conduction 1968 July p. 19–27
heart-lung machine, dialysis, kidney machine, surgery 1954 Aug. p. 24–27
cardiac prostheses, cardiac surgery, Fallot tetralogy, patent ductus arteriosus, technology and technique of open-heart surgery 1960 Feb. p. 76–90
heart metabolism, cardiology, Starling, 'Law of the Heart', venous catheter study 1957 Feb. p. 50–54
heart muscle, structure in photographs 1951 Aug. p. 48–49
heart physiology, digitalis, foxglove, dropsy, digitoxin, cardiac insufficiency, history of digitalis 1965 June p. 110–119
heart rate, atrioventricular node, heart contraction, cardiac pacemaker, sinus node 1967 Mar. p. 32–37 [1067]
learning, autonomic nervous system, blood pressure, curare, electrocardiography, learning voluntary control of autonomic nervous system 1970 Jan. p. 30–39 [525]
heart sounds, cardiology, sound spectrography, heart, electronic analysis of heart sounds 1956 May p. 120–130
heart surgery, arteriography, atherosclerosis, coronary bypass, coronary occlusion 1968 Oct. p. 36–43
aortic shunt 1951 Apr. p. 33
heart transplant, artificial heart, kidney transplant, immunosupression, organ transplant, mechanical heart implant 1965 Nov. p. 38–46 [1023]
persistance of donor and donee rhythms 1970 Oct. p. 60
360 operations in retrospect 1978 May p. 84
heartbeat, maternal behavior, mother-child interaction, fetal conditioning, left-side preference in babyholding 1973 May p. 24–29
heat, flame chemistry, chemical kinetics, flash tube, ram jet, velocity, luminosity, spectroscopy 1953 May p. 29–35
fire-making, human evolution, fire vegetation, cooking, Neolithic revolution, kiln, furnace, introduction to single-topic issue on heat 1954 Sept. p. 52–57
thermodynamics, quantum mechanics, entropy, equation of state, energy, black body radiation, temperature, What is heat? 1954 Sept. p. 58–63
Carnot, Rumford, Joule, science history, pioneers in the theory of heat 1954 Sept. p. 60–61
life, temperature range, heat and life 1954 Sept. p. 64–68
flame chemistry, oxy-aluminum torch, reaction kinetics, high temperatures:flame 1954 Sept. p. 84–95
materials, temperature limits, ablation, rocket nozzle, turbine bucket, high temperatures: materials 1954 Sept. p. 98–106
chemistry, regenerative furnace, nitrogen fixation, temperature limits, high temperatures: chemistry 1954 Sept. p. 109–119
propulsion, energy transformation, aerothermodynamics, laminar flow, turbulence, high temperatures: propulsion 1954 Sept. p. 120–131
plasma, magnetohydrodynamics, shock tube, solar prominences, very high temperatures 1954 Sept. p. 132–142
thermonuclear reaction, stellar interiors, hydrogen bomb, solar corona, proton-proton interaction, helium reaction, ultrahigh temperatures 1954 Sept. p. 144–154
electric arc, plasma jet, magnetohydrodynamics, 30,000 degrees F. torch, applications 1957 Aug. p. 80–88
diffusion, solid state physics, thermal waves, second sound, cryogenics, wave propagation, phonon, helium, thermal waves in solid helium 1970 May p. 92–101
heat barrier, supersonic flight, aviation, lift barrier 1953 Dec. p. 80–84
heat budget of Earth, weather satellites, Tiros, telemetry, atmospheric circulation, air masses, videocameras, photographic weather maps, weather forecasting 1961 July p. 80–94
heat conduction, sound energy, cryogenics, phonon, thermoelectricity, quantum mechanics of heat conduction 1962 Dec. p. 92–104 [288]
phonon, thermal waves, materials technology, thermal conductivity, thermal properties of materials 1967 Sept. p. 180–188
heat conservation, counter-current exchange, rete mirabile, physiology, swim bladder, kidney, gill, physics of a physiological invention 1957 Apr. p. 96
heat crop, stem-rust peril 1951 July p. 29
heat death, human physiology, what causes heat death? 1954 Apr. p. 70–75
heat emission, air pollution, cities, climate, heat pollution, microclimate, infrared photography, heat island, climate of cities 1967 Aug. p. 15–23 [1215]
heat engines, Philips air engine, external combustion engines, Stirling engine, hot-air engine 1948 July p. 52–55
heat exchange, cooling towers, industrial cooling, energy technology, microclimate 1971 May p. 70–78
mackerel shark, rete mirabile, thermoregulation, comparative physiology, tuna, warm-bodied fishes 1973 Feb. p. 36–44 [1266]
heat flow, Earth heat, Earth mantle, convection currents, Earth core, radioactivity 1950 Dec. p. 54–57
Earth heat, Earth core, plate tectonics 1977 Aug. p. 60–76 [927]
heat of fusion, ice crystals, desalination, isobutane, sea-water freezing, freezing as alternative to distillation 1962 Dec. p. 41–47
heat pipes, capillary action, latent heat, vaporization, heat transfer, heat radiator 1968 May p. 38–46
heat pollution, air pollution, cities, climate, heat emission, microclimate, infrared photography, heat island, climate of cities 1967 Aug. p. 15–23 [1215]
heat pump, Carnot cycle, thermodynamics, principles and applications of heat pump 1951 May p. 54–59
heat radiator, capillary action, heat pipes, latent heat, vaporization, heat transfer 1968 May p. 38–46
heat reflection, construction technology, from a roof paint 1954 June p. 46
heat resistance, aluminates, materials technology, ceramics, crystal structure, silicates, ionic bonds, covalent bonds, nature of ceramics 1967 Sept. p. 112–124
polymers, materials technology, plastics, aromatic hydrocarbons, high-temperature-resistant plastics 1969 July p. 96–105
heat sensors, infrared receptors, sensory organs, snake, infrared laser, herpetology 1973 May p. 94–100 [1272]
heat transfer, boiling, liquids, nuclear boiling, transition boiling, film boiling 1954 June p. 64–68
capillary action, heat pipes, latent heat, vaporization, heat radiator 1968 May p. 38–46
heavy hydrogen, 'big bang' theory, deuterium-hydrogen ratio, deuterium synthesis, cosmology, interstellar matter 1974 May p. 108–118
heavy-ion linear accelerator, 'synthetic' elements, element 103, lawrencium, transuranium elements, high-flux isotope reactor, periodic table at 103 1963 Apr. p. 68–78
heavy leptons, hadrons, J particle, high-energy physics, quantum mechanics, quark hypothesis, intermediate vector bosons 1976 Jan. p. 44–54
leptons, tau particle, elementary particles, small light-particle family gains new member 1978 Mar. p. 50–57 [398]

heavy metal poisoning, chelation, hemochromatosis, lead poisoning, pharmacology, drug action, Wilson's disease, metal poisoning, bone cancer, salicylates, aspirin, cancer therapy, chemotherapy, medical exploitation of chelates 1966 May p. 40–50
heavy nuclei, nuclear fission, liquid-drop model, neutron, uranium 235, shell model, fission fragments 1965 Aug. p. 49–59
heavy oil, deposits in U.S. 1974 July p. 47
heavy water, U.S. sales abroad 1956 May p. 55
heavy-water reactor, nuclear power, fission reactor, homogeneous reactor, enriched uranium, A.E.C. program 1951 Apr. p. 43–50
CANDU reactor, nuclear power, natural reactor, fission reactor, CANDU system 1975 Oct. p. 17–27
Hebrew civilization, Mycenaean civilization, Linear A script, Linear B script, Minoan civilization, Crete, Semites, common origin of Greek and Hebrew civilizations 1965 Feb. p. 102–111
Heisenberg principle, *see:* uncertainty principle
HeLa cancer cells, clone, cell culture, somatic cells, tissue culture, single human cells 1957 Aug. p. 91–100 [33]
helical antenna, radio telescope, interferometry, radio 1955 Mar. p. 36–43
helicopters, rotary-wing aircraft, hovering flight, ram jet 1955 Jan. p. 36–40
aeronautics, aircraft design, helicopter flight, history, future development 1967 Apr. p. 38–46
heliocentric theory, calendar, solar system, planetary motion, time, year, astronomy, Copernicus, astronomy, Copernicus, length of calendar year 1966 Oct. p. 88–98
helium, low-temperature physics, cryogenic technology, superfluidity, superconductivity 1949 June p. 30–39 [206]
supercooling, superfluidity, neutron scattering, fountain effect, 'quasi particles' model of liquid helium 1960 Nov. p. 138–150 [272]
crystal structure, solid state physics, zero-point motion, quantum solid, solid helium, physical and theoretical properties 1967 Aug. p. 84–95
heat, diffusion, solid state physics, thermal waves, second sound, cryogenics, wave propagation, phonon, thermal waves in solid helium 1970 May p. 92–101
from natural gas 1958 July p. 52
see also: liquid helium, cryogenics, low-temperature physics
helium 1, superfluidity, helium 2, seond sound, quantum mechanics, low-temperature physics, liquid helium properties 1958 June p. 30–35 [224]
helium 2, superfluidity, helium 1, seond sound, quantum mechanics, low-temperature physics, liquid helium properties 1958 June p. 30–35 [224]
helium 3/helium 4 dilution, cryogenics, supercooling, nuclear cooling, approaching absolute zero, Pomeranchuk method 1969 Dec. p. 26–35
helium 3, superfluidity, liquid phase, gas phase, solid state physics, quantum effects, quantum fluids, phase transitions 1976 Dec. p. 56–71
as superfluid 1974 Dec. p. 66
helium abundance, cosmology, universe expansion, cosmic background radiation, 'big bang' theory, low-energy radiowaves, isotropy, primeval fireball, 'big bang' theory and cosmic background radiation 1967 June p. 28–37
helium-cadmium laser, energy levels, helium-selenium laser, laser, metal-gas mixtures, metal-vapor lasers 1973 Feb. p. 88
helium content, meteorites, cosmic radiation, origin of meteorites 1954 Nov. p. 36–41
helium reaction, heat, thermonuclear reaction, stellar interiors, hydrogen bomb, solar corona, proton-proton interaction, ultrahigh temperatures 1954 Sept. p. 144–154
helium-selenium laser, energy levels, helium-cadmium laser, laser, metal-gas mixtures, metal-vapor lasers 1973 Feb. p. 88
Hellenic art, Greek civilization, Macedonia, Pella, mosaic, capital of Macedonia 1966 Dec. p. 98–105
Hellenistic Athens, water clock in Tower of Winds 1969 Feb. p. 46
Helmholtz resonators, conservation law, matter conservation, ophthalmoscope, science history, Hermann von Helmholtz, biography 1958 Mar. p. 94–102
hemagglutination, influenza virus, immunization, chick-embryo culture, genetic variation, vaccine, difficulty in securing flu immunization 1953 Apr. p. 27–31
platelets, hemostasis, blood clotting, role of platelets in clotting mechanism 1961 Feb. p. 58–64
blood clotting, fibrinogen, molecular biology, thrombin, fibrin, role of thrombin in converting fibrinogen into fibrin 1962 Mar. p. 60–66
hemagglutination test, virology, complement-fixation test, neutralization test 1955 Mar. p. 60–70
hematite, iron ore, mining, ore beneficiation, low-grade ores, taconite 1968 Jan. p. 28–35
hematology, comparative physiology, erythrocyte, structure of red blood cell 1957 Jan. p. 95–102
'hemlock', alkaloids, plant physiology, morphine, strychnine, physostigmine, caffeine, coniine, quinine, cocaine, ricinine, LSD, human toxins in plant physiology 1959 July p. 113–121 [1087]
hemochromatosis, chelation, lead poisoning, pharmacology, drug action, Wilson's disease, metal poisoning, heavy metal poisoning, bone cancer, salicylates, aspirin, cancer therapy, chemotherapy, medical exploitation of chelates 1966 May p. 40–50
hemocyanin, hemoglobin, chlorocruorin, blood pigments 1950 Mar. p. 20–22
ceruloplasmin, oxygen transport, enzymes, copper deficiency, cytochrome oxidase, copper biochemistry, Wilson's disease, tyrosinase 1968 May p. 102–114
hemoglobin, hemocyanin, chlorocruorin, blood pigments 1950 Mar. p. 20–22
sickle cell disease, malaria, amino-acid substitution, anemia 1951 Aug. p. 56–59
chlorophyll, tetrapyrrole ring, cytochrome, respiration, enzymes, tetrapyrrole virtuosity 1958 Aug. p. 77–81
allosteric enzymes, myoglobin, X-ray diffraction, amino-acid sequence, contour maps, folding of four chains, alpha chain, beta chain 1964 Nov. p. 64–76 [196]
enzymes, protein synthesis, myoglobin, control systems, feedback, cooperative enzymes, allosteric enzymes, control of biochemical reactions 1965 Apr. p. 36–45 [1008]
exercise adaptation, breathing, heart, blood circulation, human physiology 1965 May p. 88–96 [1011]
evolution, myoglobin, molecular evolution, amino acids, evolutionary distance measured by amino-acid substitution 1965 May p. 110–118 [1012]
comparative physiology, ice fish, oxygen, blood, Antarctic fish without red cells or hemoglobin 1965 Nov. p. 108–114
mathematical model, computer modeling, giant molecules, cytochrome helix, myoglobin, molecular modeling, DNA 1966 June p. 42–52 [1043]
brown fat, altitude adaptation, Quechua Indians, acclimatization, deer mice, metabolic rate, exercise, human physiology at high altitude 1970 Feb. p. 52–62 [1168]
'anomalous' water, 'biological' water, blood, water, membrane permeability, osmosis, erythrocyte, van 't Hoff law 1971 Feb. p. 88–96 [1213]
chemotherapy, cyanate, genetic disease, anemia, erythrocyte, sickle cell disease 1975 Apr. p. 44–50 [1319]
genetic engineering, frog eggs, gene expression, mRNA, RNA molecule 1976 Aug. p. 60–71 [1343]
extracellular hemoglobin synthesis 1958 Dec. p. 56
alpha and beta chain 1959 July p. 63
hemoglobin S, anemia, sickle cell disease, human evolution, malaria hematology, adaptive benefits of sickle-cell anemia 1956 Aug. p. 87–94 [1065]
hemophilia, congenital anomalies, genetic disease, epidemiology, mutation, in Queen Victoria's descendants 1965 Aug. p. 88–95
amniocentesis, enzyme deficiency, genetic disease, prenatal genetic diagnosis, Down's syndrome, Tay-Sachs disease, chromosomal anomalies 1971 Nov. p. 34–42 [1234]
hemostasis, platelets, hemagglutination, blood clotting, role of platelets in clotting mechanism 1961 Feb. p. 58–64
henge monuments, Neolithic archeology, woodhenges, Britain, Stonehenge 1970 Nov. p. 30–38
Henry, electrical induction, science history, radiowave, life and work of Joseph Henry 1954 July p. 72–77
hepatitis, cancer, enzyme blood levels, myocardial infarction, cancer diagnosis, leukemia, medical diagnosis, diagnosis by presence of abnormal enzymes 1961 Aug. p. 99–107
Australia antigen 1970 Aug. p. 48
interferon, viral disease 1976 Nov. p. 68
hepatitis A, antibodies, hepatitis B, tranfusion hepatitis, viral hepatitis, Australian antigen (B), viral structure, viral disease 1977 July p. 44–52 [1365]
hepatitis B, antibodies, hepatitis A, tranfusion hepatitis, viral hepatitis, Australian antigen (B), viral structure, viral disease 1977 July p. 44–52 [1365]

herbarium resources, botanical collections, food plants, pharmacology 1977 May p. 96–104 [1359]
herbicide, fertilizers, insecticide, agricultural technology, chemical agriculture 1952 Aug. p. 15–19
DDT, soil pollution, gamma radiation, X-ray, soil ecology 1969 Apr. p. 88–99 [1138]
bacteria, chemical weapons, biological weapons, Vietnam war, arms race, CS gas, virus disease, rickettsiae, tear gas, chemical-biological warfare 1970 May p. 15–25 [1176]
agricultural technology, mulch, weed control, tillage without plow 1977 Jan. p. 28–33 [1349]
toxin form root-nodule bacterium 1969 July p. 54
herding, hunting, food gathering, tribal cultures, agricultural society, aboriginal culture, India, 'living prehistory' in India 1967 Feb. p. 104–114
hereditary material, leukocyte, nucleus, DNA, Miescher, spermatozoon nucleus, chromatin, discovery of DNA 1968 June p. 78–88 [1109]
heredity, sexual reproduction, evolution, origin of sexual reproduction 1949 Apr. p. 52–55
chromosome, DNA, RNA, nucleoproteins, protein synthesis, DNA identified as agent of heredity 1953 Feb. p. 47–57 [28]
animal behavior, habitat selection, ecological adaptation, learning, field experiments with mice 1964 Oct. p. 109–116 [195]
porphyria, genetic disease, metabolic disease, George III 1969 July p. 38–46 [1149]
intelligence, race, whites, IQ, heredity, American Negro, population genetics, science policy, social psychology, twins, environment, racial discrimination 1970 Oct. p. 19–29 [1199]
intelligence, race, whites, IQ, American Negro, heredity, population genetics, science policy, social psychology, twins, environment, racial discrimination 1970 Oct. p. 19–29 [1199]
hermaphrodite, cardiac function, hagfish, comparative psychology, cyclosomes, knot-tying fish 1966 Feb. p. 82–90 [1035]
heroin, analgesics, morphine, opium, poppy, codeine, Bentley's compound, drug action, search for strong, safe analgesic 1966 Nov. p. 131–136 [304]
herpes simplex, virus, chick-embryo culture, symbiosis 1949 Nov. p. 50–53
kerato-conjunctivitis, treatment 1962 Apr. p. 80
herpes virus, adenoviruses, virology, X-ray diffraction, poliomyelitis virus, polyoma virus, influenza virus, vaccinia virus, tobacco mosaic virus, bacteriophage, structure of viruses 1963 Jan. p. 48–56
adenoviruses, cancer virus, virus disease, viral vaccines 1973 Oct. p. 26–33
degenerative diseases, immune system, slow virus infection, virus disease, kuru, scrapie, cancer virus 1974 Feb. p. 32–40 [1289]
herpetology, animal behavior, locomotion, snake, lateral, rectilinear, concertina and sidewinding modes of progression 1970 June p. 82–96 [1180]
heat sensors, infrared receptors, sensory organs, snake, infrared laser 1973 May p. 94–100 [1272]
herring, animal navigation, chemotaxis, shad migration, homing behavior, temperature as migration control 1973 Mar. p. 92–98 [1268]
'Hertzian' waves, radio, science history, electromagnetism, electromagnetic spectrum, Heinrich Hertz biography 1957 Dec. p. 98–106
Hertzsprung-Russell diagram, *see:* H-R diagram
heteropod, 'false bottom', marine biology, plankton, sonar, shrimp, deep-sea scattering layer, deep-sea 'layer of life' 1951 Aug. p. 24–28
heterostructure lasers, carrier-wave generator, communication technology, crystal structure, diode laser, laser, light-emitting semiconductor, solid-state electronics 1971 July p. 32–40
heterosynaptic facilitation, aplysia, neurones, behavior, learning, memory, synapse, memory and learning at nerve-cell level 1970 July p. 57–70 [1182]
heterothermy, 'cold-blooded' animals, ectothermy, metabolism, insect flight, sphinx moths, temperature regulation, Mandura sexta warm-up mechanisms 1972 June p. 70–77 [1252]
heterotrophs, origins of life, Miller-Urey experiment, high-energy radiation, fermentation, photosynthesis, autotrophs 1954 Aug. p. 44–53 [47]
ecology, energy cycle, biomass, solar energy, food chain, element abundance, autotrophs, the ecosphere 1958 Apr. p. 83–92
heterozygosity, evolution, gene pool, mutation, genetic load, electrophoresis, population genetics 1970 Mar. p. 98–107 [1172]
heuristic programs, artificial intelligence, computer technology, computer programming 1966 Sept. p. 246–260
hexaflexagons, mathematics, flexagon, flexigation, topology, delight and depth of mathematics 1956 Dec. p. 162–166
hexagonal habit, snow crystals, cloud physics, bullet clusters, tsuzumi crystals, variations on a theme 1973 Jan. p. 100–107
hibernation, metabolic rate, thermoregulation, body temperature, animal behavior 1950 Dec. p. 18–21
hummingbird, metabolism, body temperature, thermoregulation, surface-to-volume ratio 1953 Jan. p. 69–72
hypothermia, surgery, shock, metabolism, body temperature, artificial lowering of body temperature for surgery and shock 1958 Mar. p. 104–114
asphyxia, breathing, diving bradycardia, respiratory gas exchange, diving mammals, diving birds, oxygen storage, selective ischemia, human physiology, redistribution of oxygenated blood and 'master switch of life' 1963 Dec. p. 92–106
adipose tissue, brown fat, thermoregulation, homeostasis, metabolism, cold adaptation, neonatal physiology, heat production in newborn animals, including man 1965 Aug. p. 62–65 [1018]
basal metabolism, homeothermy, circadian rhythm, feeding behavior, circannual rhythm, hypothalamus, squirrels, dormice in hibernation 1968 Mar. p. 110–118 [513]
animal behavior, biological clock, circadian rhythm, circannual rhythm, animal migration, manic depression 1971 Apr. p. 72–79 [1219]
hickory, fences, axe-handles, smoked ham, hickory nuts, economic botany, forest, natural history, shagbark hickory 1948 Sept. p. 40–43
hickory nuts, hickory, fences, axe-handles, smoked ham, economic botany, forest, natural history, shagbark hickory 1948 Sept. p. 40–43
hieroglyphs, Sumer, cryptology, a 3,500-year-old agricultural handbook 1951 Nov. p. 54–55
Sumer, law code, Ur-Nammu 1953 Jan. p. 26–28
writing, pictograph, ideographs, Mesopotamia, origin of writing in clay tokens 1978 June p. 50–59 [708]
high-alumina cement, cement, chemical reaction, Portland cement, cement hardening and strength 1977 July p. 82–90 [370]
high compression, automobile engines, 'knock', combustion chamber design, high-octane fuel, mechanical vs chemical solutions for premature combustion 1950 Feb. p. 16–19
high-energy chemistry, chemical accelerators, molecular beam, ion beam, sputtering 1968 Oct. p. 44–52
high-energy photons, hadrons, 'strong' force, photons as hadrons 1971 July p. 94–104
high-energy physics, particle accelerator, inventory of plant world-wide 1948 Oct. p. 18–19
cosmic radiation, elementary particles, ion traps, secondary radiation 1949 Mar. p. 28–39
Dublin Institute for Advanced Study, report on a visit by Leopold Infeld 1949 Oct. p. 11–15
Manchester, Birmingham, report on visit by Leopold Infeld 1949 Nov. p. 40–43
Warsaw, report on a visit by Leopold Infeld 1949 Dec. p. 40–43
radiation counters, particle counters, how counters work 1950 July p. 40–43
quantum mechanics, special relativity, atomic structure, science, physics 1900-1950 1950 Sept. p. 28–31
particle accelerator, cosmotron, Bevatron, technology of high-energy physics moves into the Giga (billion) volt range 1951 Feb. p. 20–25
mesons, v-particles, fermion, boson, the multiplicity of particles 1952 Jan. p. 22–27
field theory, Classical physics, quantum fields, elementary particles, with 20 particles known, a review of the theoretical foundations of physics 1953 Apr. p. 57–64 [208]
electromagnetic force, nuclear forces, proton, neutron, mesons, particle scattering, fundamental research, what holds the nucleus together? 1953 Sept. p. 58–63
cosmic radiation, massive nuclei, Milky Way, magnetic field, particle acceleration, supernovae, fundamental research, where do cosmic rays come from? 1953 Sept. p. 64–70 [239]
quaternions, complex numbers, non-commutative algebra, mathematics, Hamilton, life and work of William Rowan Hamilton 1954 May p. 82–87
antiproton, positron, proton, Bevatron, antimatter, postulation and discovery of antiproton 1956 June p. 37–41 [244]

atomic nucleus, nuclear physics, particle-scattering experiments, electron scattering, models of the atomic nucleus 1956 July p. 55–68 [217]
particle accelerator, research funding, U.S.S.R. 1956 Aug. p. 29–35
strange particles, pions, muon, conservation of strangeness, sorting out the multiplicity of particles 1957 July p. 72–88 [213]
colliding beam accelerator, cyclotron, synchrotron, strong-focusing synchrotron, design and purposes of big accelerators 1958 Mar. p. 64–76 [251]
antimatter, antiproton, antineutron, Bevatron, cosmology, 'universon', 'cosmon', 'anticosmon' 1958 Apr. p. 34–39
atomic nucleus, shell model, optical model, liquid-drop model, charge exchange, spin-orbit force, resonance 'particles', proton, neutron, structure of the nucleus 1959 Jan. p. 75–82
particle-scattering experiments, particle accelerator, atomic nucleus, method and technology of high-energy physics 1960 Mar. p. 98–114
particle interaction, muon, electron, 'weak' force, properties of massive negative particle 1961 July p. 46–55 [275]
astrophysics, neutrino, neutrino astronomy, neutrino 'telescope' 1962 Aug. p. 90–98 [283]
resonance 'particles', Regge poles, group theory, temporary associations of particles 1963 Jan. p. 38–47 [290]
matter, energy, momentum, conservation law, conservation laws in particle physics 1963 Oct. p. 36–45
baryons, mesons, 'strong' force, 'eightfold way', conservation laws, Regge trajectory, resonance 'particles', 'bootstrap' hypothesis 1964 Feb. p. 74–93 [296]
alternating-gradient synchrotron, 'eightfold way', omega-minus particle, bubble chamber, particle accelerator, U.S. Brookhaven National Laboratory experiment 1964 Oct. p. 36–45
proton spin, spin, 'strong' force, electron scattering, dependence of nuclear forces on spin 1966 July p. 68–78
storage rings, synchrotron, particle accelerator, colliding beam accelerator, spark chamber 1966 Nov. p. 107–116 [323]
antimatter, Leidenfrost phenomenon, Zeeman effect, Klein theory, cosmology, high-energy physics and cosmology 1967 Apr. p. 106–114 [311]
mesons, particle accelerator, pions, proton, quark, nucleons, Regge trajectory, high-energy scattering 1967 Dec. p. 76–91
elementary particles, energy levels, atom, nucleus, spectroscopy, 'three spectroscopies' 1968 May p. 15–19
Cerenkov radiation, tachyons, speed of light, special relativity, hypothetical particles faster than light 1970 Feb. p. 68–77
proton model, neutron structure, quark, scattering experiments, 'strong' force, virtual particles 1971 June p. 60–77
atomic nucleus, atomic structure, exotic atoms, kaonic atoms, muonic atoms, particle accelerator, pions, quantum mechanics 1972 Nov. p. 102–110
beta decay, bubble chamber experiments, hadrons, neutrino beam, particle accelerator, positron 1973 Aug. p. 30–38
antimatter, colliding-beam accelerator, electron-positron annihilation, proton, parton model, quantum electrodynamics 1973 Oct. p. 104–113
colliding-beam accelerator, particle interaction, proton-proton interaction, C.E.R.N. 1973 Nov. p. 36–44
particle interaction, gauge theory, field theory, 'weak' force, electromagnetic force, 'strong' force 1974 July p. 50–59
dual-resonance model, hadrons, light-string theory, quark, strong interactions 1975 Feb. p. 61–67
antimatter, electron-positron annihilation, J particle, psi particle, charm, color, quark, storage rings, virtual particles 1975 June p. 50–62
charmonium, charmed quarks, gauge theory, hadrons, leptons, quark hypothesis, 'color' and 'flavor' in quarks 1975 Oct. p. 38–50
hadrons, heavy leptons, J particle, quantum mechanics, quark hypothesis, intermediate vector bosons 1976 Jan. p. 44–54
baryons, hadrons, leptons, mesons, quantum numbers, quark confinement, bag model, infrared-slavery model, string model 1976 Nov. p. 48–60
charmed quarks, hadrons, quantum mechanics, quark, charm 1977 Oct. p. 56–70 [388]
mesons by proton and X-ray beams 1949 Mar. p. 25
neutral meson found 1950 Mar. p. 26
multiplicity of particles 1950 Mar. p. 27
particles proliterating 1950 June p. 28
European consortium (later C.E.R.N.) 1952 Feb. p. 34
C.E.R.N. financed 1952 Dec. p. 34
Cosmotron V-particles 1953 Sept. p. 78
genesis of Argonne accelerator 1956 Apr. p. 60
U.S.-U.S.S.R. joint facilities 1960 Jan. p. 71
omega meson found 1961 Nov. p. 79
anti-xi-zero 1963 Oct. p. 54
resonance 'particles', 'eightfold way' 1964 Jan. p. 54
particle physics, intermediate boson 1964 Mar. p. 54
quark not observed 1964 June p. 54
nine more particles 1964 July p. 44
intermediate boson not observed 1964 Oct. p. 59
quark, 'S.U. (3)' extended by 'S.U. (6)' 1965 Mar. p. 52
fifth force not found; time-reversal symmetry violated 1965 Apr. p. 56
'algebra of currents' 1967 Nov. p. 59
U.S. budget restrictions 1968 Aug. p. 42
Xi particles confirm SU(3) 1969 Mar. p. 48
intersecting storage ring at CERN 1971 Jan. p. 47
proton scattering at CERN 1971 Sept. p. 75
conference on unification of weak and electromagnetic forces 1972 Nov. p. 49
unexplained surplus of hadrons 1974 May p. 59
J and psi particles 1975 May p. 43
colliding-beam facilities 1976 Aug. p. 42
boson, fermion, guage theory 1977 Mar. p. 61

high-energy radiation, origins of life, Miller-Urey experiment, heterotrophs, fermentation, photosynthesis, autotrophs 1954 Aug. p. 44–53 [47]
mutation, radiation damage, nuclear medicine, X-ray, no threshhold to biological damage by radiation 1960 Apr. p. 142–153 [71]

high-flux isotope reactor, 'synthetic' elements, element 103, lawrencium, transuranium elements, heavy-ion linear accelerator, periodic table at 103 1963 Apr. p. 68–78

high-gradient magnetic separation, kaolin purification, magnetic separation, separation techniques, wastewater purification 1975 Nov. p. 46–54

high-octane fuel, automobile engines, high compression, 'knock', combustion chamber design, mechanical vs chemical solutions for premature combustion 1950 Feb. p. 16–19

high pressure, synthetic diamonds, carbon phases, thermodynamics, states of matter 1955 Nov. p. 42–46
amoebae, cell, cytology, sol-gel reaction, effect of high pressure on cellular activity 1958 Oct. p. 36–43
magnetic resonance, atomic structure, magnetic field, electric field of atom, behavior of atoms under high pressure 1965 Jan. p. 102–108
superconductivity, critical temperature, critical temperature in certain metals increases with pressure 1971 Apr. p. 83–94

high-pressure technology, synthetic diamonds, from laboratory to industrial applications 1965 May p. 38–46
Earth core, iron-nickel alloy, X-ray diffraction, crystallography, core studies by analogy, diffraction patterns of iron alloys 1965 June p. 100–108
magnetism, ultrastrong magnetic fields, explosive compression, implosion, flux compression 1965 July p. 64–73

high-resolution photography, moon, lunar surface, telemetry, space exploration, Lunar Orbiter space missions 1968 May p. 58–78

high school, science curriculum, curriculum reform, science teaching, not enough scientists and engineers 1954 Feb. p. 27–29
curriculum reform, science teaching, physics curriculum, Physical Science Study Committee, university sponsored curriculum reform 1958 Apr. p. 56–64 [229]
education, mathematics teaching, curriculum reform, university sponsored curriculum reform 1958 May p. 64–74 [238]
science teaching, evolution, religion, curriculum reform, Darwinism, creationism, Bible, Man, a Course of Study, biological sciences curriculum study 1976 Apr. p. 33–39

high-speed photography, Kerr cell 1949 June p. 48–49
rattlesnake, pit viper, fangs, rattlesnake 'bite' is a stab 1953 Oct. p. 100–102
rain, streamlining 1954 Feb. p. 64–68

high temperature, hot springs, adaptation, low temperature, glaciation 1949 Feb. p. 46–49
gas compression, shock waves, shock tube, plasma, mechanically and electromagnetically driven shock waves 1963 Feb. p. 109–119

high-temperature physics, plasma jet 26000 degrees F 1957 May p. 62

high vacuum, vacuum pump technology, achievement and uses of vacuum in laboratory 1950 May p. 20–24
ion pump 1953 Jan. p. 36

high-voltage current, circuit breakers, electric power, plasma arcs 1971 Jan. p. 76–84
high-voltage transmission, alternating current, electric power, power transmission, hydroelectric power generation, corona discharge, economic advantages of high-voltage transmission 1964 May p. 38–47
highway engineering, automobiles, wheel bounce, road building, 'corrugated' road surface, 'washboard' road surface 1963 Jan. p. 128–136
urban planning, Ciudad Guyana, cities, land ownership, economic geography, a model city in Venezuela 1965 Sept. p. 122–132
urban planning, central city, cities, mass transit, open space, diversity, 'paths' 1965 Sept. p. 209–219
highway safety, international statistics 1971 Feb. p. 46
motor-vehicle accidents 1971 Apr. p. 52
Hilbert program, Chinese remainder theory, computability theory, Diophantine equations, mathematics 1973 Nov. p. 84–91
negative proof of 10th problem 1970 Sept. p. 86
Hilbert spaces, mathematics, set theory, logic, paradox, non-Euclidian space, non-commutative algebra, science, mathematics 1900-1950, undecidable questions 1950 Sept. p. 40–42
Hill reaction, photosynthesis, chloroplast, grana 1953 Nov. p. 80–84
Himalaya formation, mountain formation, continental drift, Gondwanaland, Indian-Ocean formation, magnetization patterns, plate tectonics, sea-floor spreading 1973 May p. 62–72 [908]
mountain formation, continental drift, earthquake zones, Gobi Desert, India-Eurasia collision, plate tectonics, sea-floor spreading, Tibetan plateau 1977 Apr. p. 30–41
Hinduism, class discrimination, Harijans, untouchables, caste, India, civil rights 1965 Dec. p. 13–17
hippocampal system, memory, brain organization, rats, spatial memory 1977 June p. 82–98
Hippocratic oath for scientists, World Federation of Scientific Workers 1948 June p. 24
hippopotamus, animal husbandry, antelope, giraffe, elephant, buffalo, rhinoceros, wildlife husbandry in Africa 1960 Nov. p. 123–134
Hispaniola, West Indies, New World archeology, stone artifacts, island chains, sea routes, seafaring hunters from Central America? 1969 Nov. p. 42–52 [652]
histamine reaction, aspirin, inflammation, analgesics, fever, bronchospasm, anaphylactic shock, mode of action and hazards of most widely used drug 1963 Nov. p. 96–108
histocompatability, fetus as transplant, immune response, immunological privilege, reproduction, trophoblast, nidation, placenta 1974 Apr. p. 36–46
antigens, cell-surface antigens, graft rejection, immune response, H-2 antigens, HLA antigens 1977 Oct. p. 96–107 [1369]
histocompatibility, antigens, HLA-associated diseases 1978 Jan. p. 64
antibodies, cell membrane, antigens, immune response, immunoglobin, lymphocytes, B-cells, T-cells 1976 May p. 30–39 [1338]
histones, cell nucleus, chromatin, chromosomal proteins, DNA, gene regulation, nucleoproteins, oxidative phosphorylation 1975 Feb. p. 46–57 [1315]
histoplasmosis, fungal infection, respiratory infection, airborne infection, epidemiology, coccidioidomycosis 1948 June p. 12–15
tornado vector 1955 Jan. p. 44
history of exploration, Antarctica, I.G.Y., Antarctic Treaty, introduction to a single-topic issue on Antarctica 1962 Sept. p. 60–63
history of medicine, *see:* medical history
history of science, *see:* science history
history of technology, *see:* technology history
'hitch-hiker's' thumb, Dunkers, genetic drift, endogamous group, ear lobes, blood typing 1953 Aug. p. 76–81 [1062]
Hittites, Phoenician script, Karatepe citadel 1949 Aug. p. 22–23
Arzawa, Anatolia, archeology 1955 July p. 42–46
H.M.O.: Health Maintenance Organization
H.M.O., national health insurance, medical care, medical technology, multiphasic screening, Kaiser health plan, screening out the 'worried well' 1970 Apr. p. 15–23
medical care financing, Kaiser health plan, Medicaid, Medicare, medical technology, national health insurance 1973 Sept. p. 169–175
Hoabinhian culture, Neolithic archeology, agricultural revolution, Spirit Cave site, Thailand 1972 Apr. p. 34–41 [675]
hoar frost, avalanche control, snow, mountains, types, causes and prevention of slides 1966 Feb. p. 92–101
hoarding, observed in rats 1950 July p. 29
hogan, building construction, architecture, primitive architecture, climate, igloo, teepee, yurt, tent, sod hut, adobe house, stilt house 1960 Dec. p. 134–144
'hole' plasma, plasma physics, electron plasma, positive ion plasma, plasmas in solids as models for study of gas plasmas 1963 Nov. p. 46–53
hole tone, feedback, vortex, edge tone, aerodynamic whistles, sound waves, whistles, flutes, organs and rocket engines 1970 Jan. p. 40–46
holographic model, holography, memory, learning, brain function, interference patterns, monkey brain, neurophysiology of remembering 1969 Jan. p. 73–86 [520]
holography, laser, wave-front reconstruction, interferometry, lensless laser photography 1965 June p. 24–35 [300]
laser, microscopy, white-light reconstruction, color holography 1968 Feb. p. 40–48
laser, optical communication, surveying, welding, light, laser technology 1968 Sept. p. 140–156
memory, learning, brain function, interference patterns, monkey brain, holographic model, neurophysiology of remembering 1969 Jan. p. 73–86 [520]
laserless holograms, white-light holograms 1976 Oct. p. 80–95
character recognition by computer 1966 Jan. p. 48
by sound waves 1968 Jan. p. 46
bats, cetaceans 1968 Oct. p. 62
computer memory, magnetic-film holography 1969 Sept. p. 98
acoustic holography, laser, sound waves, interference, acoustic imaging, nondestructive testing, medical diagnosis 1969 Oct. p. 36
homeostasis, fever, leukocyte, thermoregulation, hypothalamus, etiology of fever 1957 June p. 62–68
body water, water balance, distribution between intracellular and extracellular 'compartments' 1958 Nov. p. 125–132
wound shock, body fluids, shock, emergency medicine, treatment of shock 1958 Dec. p. 115–124
bacterial-cell wall, lysozyme, bacterial cytoplasm, protoplasts, bacteriophage, flagella, dissection of bacteria by lysozyme 1960 June p. 132–142
thermoregulation, hypothalamus, human physiology, human body thermostat 1961 Jan. p. 134–147 [129]
adipose tissue, hibernation, brown fat, thermoregulation, metabolism, cold adaptation, neonatal physiology, heat production in newborn animals, including man 1965 Aug. p. 62–65 [1018]
homeothermy, behavioral adaptation, clothing, clothing and body-temperature control 1956 Feb. p. 109–116
basal metabolism, hibernation, circadian rhythm, feeding behavior, circannual rhythm, hypothalamus, squirrels, dormice in hibernation 1968 Mar. p. 110–118 [513]
Homer, Linear B script, Minoan language, Greek civilization, cryptology, an account of the decipherment 1954 May p. 70–75
homing behavior, bird migration, bird navigation 1948 Dec. p. 18–25
salmon, fish migration, animal navigation, chemotaxis 1955 Aug. p. 72–75
animal behavior, developmental psychology, kittens, learning, suckling 1972 Dec. p. 18–25 [552]
animal navigation, chemotaxis, herring, shad migration, temperature as migration control 1973 Mar. p. 92–98 [1268]
biological clock, bird navigation 1974 Dec. p. 96–107 [1311]
hominid, hand, toolmakers, human evolution, evolution of the human hand 1962 Dec. p. 56–62 [140]
Australopithecus, Gigantopithecus, human evolution, pongids 1970 Jan. p. 76–85
African hominids, brain evolution, fossil hominid brains, human brain, pongid brains, endocranial casts 1974 July p. 106–115 [686]
human evolution, Miocene fossils, primate evolution, Ramapithecus 1977 May p. 28–35 [695]
Olduvai Gorge, toolmakers, human evolution, foodsharing, evolution of behavior, evidence for protohuman behavior in two-million-year-old sites 1978 Apr. p. 90–108 [706]
see also: man-apes
hominoid, anthropoid, primate evolution, fossil primates, early relatives of man 1964 July p. 50–62 [622]
primate evolution, fossil primates, apes, man-apes, Fayum, Aegyptopithecus, Oligocene ancestor of hominoids 1967 Dec. p. 28–35 [636]
Homo, man-apes, human evolution, Australopithecus, Paranthropus, Plesianthropus 1949 Nov. p. 20–24 [832]

Homo erectus, human evolution, fossil men, Java man, Peking man, Homo erectus in family tree of H. sapiens 1966 Nov. p. 46–53 [630]
European fossils 1966 Jan. p. 49
dates in question 1969 Sept. p. 101
Homo habilis, earliest man(?) 1964 May p. 62
third human species? 1964 Aug. p. 43
human evolution, Olduvai Gorge 1965 May p. 50
Homo monstrosus, monsters, manlike creatures, mythology 1968 Oct. p. 112–118
Homo sapiens, Neanderthal man, Charente skull, Galley Hill skull, human evolution, Swanscombe cranium, antiquity of Homo sapiens 1948 July p. 16–19
bones 75,000 years old 1951 June p. 35
homogeneous reactor, nuclear power, fission reactor, heavy-water reactor, enriched uranium, A.E.C. program 1951 Apr. p. 43–50
fission reactor, nuclear power, breeder reactor, boiling-water reactor, sodium-cooled reactor, fast neutron reactor 1954 Dec. p. 33–39
honeybee, social insect, natural history 1955 Aug. p. 52–60
communication, insect behavior, bee dances, honeybee sound communication 1964 Apr. p. 116–124 [181]
honeybee housekeeping, pollen, hive environment 1972 Apr. p. 92–98 [1247]
honeybee housekeeping, honeybee, pollen, hive environment 1972 Apr. p. 92–98 [1247]
'Honi' phenomenon, visual perception, 'Ames room', personality, aniseikonic lenses, anxiety, emotional relationships condition perception 1959 Apr. p. 56–60
hoof-and-mouth disease, U.S.-Mexico convention 1952 Oct. p. 38
Hooke, astronomy, microbiology, science history, life and work of Robert Hooke 1954 Dec. p. 94–98
Hooke body, rheology, flow of matter, Newton body, St. Venant body, how solids flow 1959 Dec. p. 122–138 [268]
Hopewell cult, Amerindian, burial mounds, New World archeology 1964 Dec. p. 90–102
Hopi Indians, Amerindian, Tewa Indians, cultural assimilation, Pueblo Indians 1957 June p. 126–136
hopping energetics, animal behavior, kangaroos, mammalian evolution, marsupial 1977 Aug. p. 78–89 [1366]
hops, beer, enzymes, yeast, brewing, fermentation, chemistry and microbiology of brewing 1959 June p. 90–100
hormonal action, lactogenesis, milk, mammary gland, casein, cell secretion, composition and synthesis of cow's milk 1969 July p. 58–68
cell communication, genetic code, communication, nerve impulse, metabolic information 1972 Sept. p. 42–51 [1257]
cell receptors, endocrine hormones, gene regulation, protein synthesis, steroid hormones 1976 Feb. p. 32–43 [1334]
on maternal behavior 1972 Nov. p. 52
hormonal induction, DNA, chromosome puffs, insect chromosome, RNA synthesis, gene regulation 1964 Apr. p. 50–58 [180]
hormone, cortisone, ACTH, inflammation, degenerative diseases, stress, experience with and appraisal of two hormonal drugs 1950 Mar. p. 30–37 [14]
acetylcholine, nerve impulse, serotonin, synapse, emotional illness, neurotransmitters, central nervous system, physiological psychology, chemical mediation of nerve impulses 1957 Feb. p. 86–94
ACTH, sexual characteristics, growth, thyroid-stimulating hormone, follicle-stimulating hormone, prolactin, androgens, estrogens, secondary sexual characteristics, human physiology, endocrine system, chemical integrators of the body 1957 Mar. p. 76–88 [1122]
progesterone, pregnancy, uterine muscle, menstrual cycle, hormone inhibition of uterine muscle contraction 1958 Apr. p. 40–46 [163]
flowering, photoperiodicity, plant circulation, pigment, photoperiodicity in regulation of plant physiology 1958 Apr. p. 108–117 [112]
fat metabolism, tissue, obesity, fat tissue, diet, role of fat metabolism in human physiology 1959 Dec. p. 70–76
skin color, pigmentation, melanin, melanocytes, melatonin 1961 July p. 98–108
animal behavior, brain stimulation, neurotransmitters, drive activation by injection of chemicals into rat brain 1964 June p. 60–68 [485]
avian reproduction, ring dove, breeding cycle, sexual behavior, fertilization 1964 Nov. p. 48–54 [488]
fleas, parasitism, host-parasite relationship, rabbits, estrus, adaptation, the rabbit flea and rabbit hormones 1965 Dec. p. 44–53 [1027]
amphibian, metamorphosis, frog, thyroxin, pituitary gland, hypothalamus, neurosecretory system, chemistry of amphibian metamorphosis 1966 May p. 76–88 [1042]
marine birds, phalarope, sexual behavior, animal behavior, parental care, sex role 1969 June p. 104–111
calcitonin, thyroid, metabolism, calcium metabolism, bone, human physiology, recognition and characterization of calcitonin 1970 Oct. p. 42–50
ACTH, ATP, glucogenesis, glycolysis, epinephrine, cell metabolism, cyclic AMP, activation of cyclic AMP by hormones 1972 Aug. p. 97–105 [1256]
hypothalamic hormone, luteinizing hormone, neurohumoral factors, pituitary control, thyroid-stimulating hormone, TSH 1972 Nov. p. 24–33 [1260]
chemotherapy, drug effects, liver function, pharmacology, vaccine, antibiotics, medical care, herbial medicine 1973 Sept. p. 102–112
a pharmaceutical business 1951 Mar. p. 30
intermedin 1956 Nov. p. 70
medieval China 1964 Feb. p. 68
hormone-like substances, fatty acids, feedback, drug therapy, nervous system, prostaglandin 1971 Nov. p. 84–92 [1235]
hormone-sensitive neurons, adrenal hormones, brain circuitry, gonadal hormones, sex hormones, sexual behavior, sex differences, steroid hormones, action of hormones on nerve tissue 1976 July p. 48–58 [1341]
horn, evolution, antler, osteogenesis, bone, keratin, ungulates, differences between horns and antlers 1969 Apr. p. 114–122 [1139]
horn flare, musical instruments, physics of brasses, trumpet bell, trumpet pipe 1973 July p. 24–35
horology, evolution of the clock 1959 Oct. p. 86
horse, badger, dog, cheetah, locomotion, deer, comparative anatomy, running, how animals run 1960 May p. 148–157
animal husbandry, mules, donkeys , genetics and natural history of mule 1970 Dec. p. 102–109 [1208]
horseshoe crab, animal navigation, polarized light, Nichol prism, dichroic material 1955 July p. 88–94
vision, Limulus, ommatidia, visual perception, optic nerve, horseshoe crab as laboratory animal 1956 Dec. p. 113–122
horticulture, flowering, plant hormones, photoperiodicity, control of flowering 1952 May p. 49–56 [113]
virology, 'tulipomania', benign virus infection 1960 Aug. p. 138–144
hospital, in 'family doctor' role 1972 Feb. p. 40
hospital care, medical care, medicine, physical incapacitation, morbidity, mortality rates, ambulatory care, triage, health insurance, introduction to single-topic issue on medical care 1973 Sept. p. 22–33
medical care, in-patient care, out-patient care, medical technology, medical history, triage 1973 Sept. p. 128–137
health insurance, medical economics, medical care, third-party payment 1973 Sept. p. 151–159
medical technology, medical care, ambulatory care, morbidity, international comparison of medical care systems 1975 Aug. p. 17–25
hospital infections, staphylococcus, antibiotic resistance, revival of classical aseptic routines 1959 Jan. p. 41–45
host-parasite relationship, fleas, parasitism, hormone, rabbits, estrus, adaptation, the rabbit flea and rabbit hormones 1965 Dec. p. 44–53 [1027]
host-restriction endonuclease, DNA operator, DNA repressor, gene expression, gene regulation, operator-repressor system 1976 Jan. p. 64–76 [1333]
host-specificity, virus disease, influenza virus, bacteriophage, poliomyelitis virus, bacteriophage, antigen-antibody reaction, immunity, infection, viruses in infection and in the laboratory 1951 May p. 43–51
hostility, prejudice, insecurity, attitude survey 1950 Oct. p. 11–13
hot-air engine, Philips air engine, heat engines, external combustion engines, Stirling engine 1948 July p. 52–55
cryogenic technology, Stirling cycle, refrigeration, closed cycle, displacer 1965 Apr. p. 119–127
hot-atom chemistry, chemical reaction, nuclear reaction, hydrogen, chemistry at high velocity 1966 Jan. p. 82–90
hot spots, domes, island arcs, plate tectonics, ocean rifts, plumes, volcanoes 1976 Aug. p. 46–57 [920]
hot springs, adaptation, high temperature, low temperature, glaciation 1949 Feb. p. 46–49

hot water, energy resources, solar energy, residential heating, windows, low-potential energy, Sun can supply most of the 30 percent of fuel energy consumed in domestic heating 1951 Feb. p. 60–65
house sparrow, biological clock, circadian rhythm, photoperiodicity, pineal organ, nonvisual light receptors 1972 Mar. p. 22–29 [1243]
household appliances, consumer-product research, consumer protection, energy conservation, product safety, product technology, N.B.S. 1977 Dec. p. 47–53
housework, sex role, time spent in housework 1974 Nov. p. 116–120
housing, racial discrimination, segregation, American Negro, Puerto Ricans, poverty 1965 Aug. p. 12–19 [626]
urban planning, central city, suburbs, cities, metropolitan area, conurbation, evolution of the metropolis 1965 Sept. p. 64–74
land use, population density, shantytowns, taxation, government regulation, urban planning, cities, control of land use 1965 Sept. p. 150–160
urban renewal, slums, cities, relocation, eminent domain, urban planning, U.S. experience with Federal subsidy of urban renewal 1965 Sept. p. 194–204
shantytowns, Calcutta, cities, urbanization, caste, poverty, traffic, Calcutta, a city of the poor 1965 Sept. p. 90–102
shantytowns, squatters, land use, urban sociology, 'barriadas' of Lima, Peru 1967 Oct. p. 21–29
building codes, building construction, construction technology 1971 Mar. p. 16–25 [341]
world shortage 1949 Mar. p. 27
Housing and Urban Development, new U.S. cabinet office established 1965 Oct. p. 38
hovering flight, helicopters, rotary-wing aircraft, ram jet 1955 Jan. p. 36–40
aerodynamics, animal behavior, bird flight, insect flight, clap-fling mechanism, flip mechanism, lift generation 1975 Nov. p. 80–87 [1331]
Hubble constant, 'big bang' theory, cosmic background radiation, ether drift, anisotropy in 3-degree Kelvin radiation 1978 May p. 64–74 [3008]
astrophysics, red shift 1972 Feb. p. 41
hull design, marine engineering, yacht design, towing tank tests, sail design 1966 Aug. p. 60–68
human anatomy, Vesalius, Renaissance, medical history, his de Humani Corporis Fabrica, work of art 1948 May p. 24–31
medical history, Galen, Galen, work and influence 1957 Mar. p. 105–114
sensory perception, neuropsychology, eye, ear, Descartes, 17th c. approach to human perception, mechanistic hypothesis 1964 May p. 108–116 [184]
knee joint, surgical prosthesis, surgical replacement of the knee joint 1978 Jan. p. 44–51 [1378]
stature and geography, correlation? 1954 Apr. p. 46
human behavior, social psychology, cognitive dissonance, experiments in preperception 1962 Oct. p. 93–102 [472]
asocial behavior, behavioral psychology, criminal law, punishment, criminology, milieu therapy, behavioral science and the criminal law 1963 Nov. p. 39–45 [480]
epidemiology, bubonic plague, public health, Black Death, population history, long-term effects of plague, Europe 1348-50 1964 Feb. p. 114–121 [619]
child development, cognitive development, infant perceptions, discrepancy principle 1972 Mar. p. 74–82 [542]
behavioral regression, child development, cognitive development, infant perceptions, learning 1976 Nov. p. 38–47 [572]
Ford Foundation inquiry 1953 Mar. p. 44
gift giving, psychological implications 1967 Oct. p. 62
bystander intervention in 'emergency' 1968 June p. 46
human brain, African hominids, brain evolution, fossil hominid brains, hominid, pongid brains, endocranial casts 1974 July p. 106–115 [686]
human conflict, games theory, probability, zero-sum game, military strategy, use and misuse of game theory 1962 Dec. p. 108–118
human evolution, man-apes, Plesianthropus, Australopithecus Paranthropus, primates, hominids branched from other primates 30 million years ago 1948 May p. 16–19
Homo sapiens, Neanderthal man, Charente skull, Galley Hill skull, Swanscombe cranium, antiquity of Homo sapiens 1948 July p. 16–19
man-apes, Homo, Australopithecus, Paranthropus, Plesianthropus 1949 Nov. p. 20–24 [832]
anthropology, culture as concept, science, anthropology 1900-1950 1950 Sept. p. 87–94
Rh factor, Rh negative gene, Ro gene, blood typing, race 1951 Nov. p. 22–25
bipedal walking, lumbar vertebrae, pelvis, lower-back pain, 'scars of human evolution' 1951 Dec. p. 54–57 [632]
natural selection, gene mutation, mutation, eugenics, 'man's genetic future' 1952 Feb. p. 68–74
evolution of behavior, toolmakers 1953 Dec. p. 65–72
Olduvai Gorge, toolmakers, man-apes, hand axes, stone tools 1954 Jan. p. 66–71
fire-making, fire vegetation, cooking, Neolithic revolution, kiln, furnace, heat, introduction to single-topic issue on heat 1954 Sept. p. 52–57
primates, oreopithecus, orepithecus in lineage of Homo sapiens 1956 June p. 91–100
anemia, sickle cell disease, hemoglobin S, malaria hematology, adaptive benefits of sickle-cell anemia 1956 Aug. p. 87–94 [1065]
Neanderthal man, Neolithic archeology, Shanidar cave, layer by layer, 100,000 years occupation by man 1957 Nov. p. 58–64
anthropology, Neanderthal man, co-existence of Homo sapiens and Neanderthal man 1957 Dec. p. 89–96 [844]
science history, Neanderthal man, Devon caves, stone tools, idea of man's antiquity 1959 Nov. p. 167–176
toolmakers, man-apes, Olduvai Gorge, cultural evolution, role of tool-making in biological evolution of man, introduction to single-topic issue 1960 Sept. p. 62–75 [601]
baboons, social behavior, comparative psychology, social anthropology, Kung bushmen, sexual behavior, origin of society 1960 Sept. p. 76–87 [602]
communication, speech, language, origin of speech 1960 Sept. p. 88–96 [603]
anthropology, steatopygia, climate, human migration, race, population, genetic variation, ancient migration and human diversity 1960 Sept. p. 112–127 [604]
agricultural revolution, Fertile Crescent, cultural anthropology, Neolithic archeology, 8000 B.C. domestication of plants and animals 1960 Sept. p. 130–148 [605]
social evolution, social behavior, cities, urban revolution, 1500 B.C. origin of cities 1960 Sept. p. 153–168 [606]
Renaissance, scientific revolution, Industrial Revolution, interaction of science and technology, 13th c. to 20th c. 1960 Sept. p. 173–190
demographics, population growth, cultural evolution, agricultural revolution, Industrial Revolution, population explosion, historical perspective on human population growth, how many ever lived 1960 Sept. p. 194–204 [608]
genetic adaptation, natural selection, civilization, culture, human evolution in man-made environment 1960 Sept. p. 206–217 [609]
hand, toolmakers, hominid, evolution of the human hand 1962 Dec. p. 56–62 [140]
Homo erectus, fossil men, Java man, Peking man, Homo erectus in family tree of H. sapiens 1966 Nov. p. 46–53 [630]
locomotion, walking, primates, bipedal walking, muscle, bone, fossil record, origin of human walking 1967 Apr. p. 56–66 [1070]
Australopithecus, Gigantopithecus, hominid, pongids 1970 Jan. p. 76–85
cave dwellers, Peru, stone tools, Ayacucho site 1971 Apr. p. 36–46
apes, fossil primates, population genetics, genetic variation 1972 Jan. p. 94–103 [676]
hominid, Miocene fossils, primate evolution, Ramapithecus 1977 May p. 28–35 [695]
hominid, Olduvai Gorge, toolmakers, foodsharing, evolution of behavior, evidence for protohuman behavior in two-million-year-old sites 1978 Apr. p. 90–108 [706]
man-ape thumb 1950 Feb. p. 28
Makapansgat cave 1955 Mar. p. 56
Oreopithecus 1956 Apr. p. 61
physical anthropology, effect of diet on hereditary features 1958 Aug. p. 52
Australopithecus and Paranthropus 1959 Nov. p. 88
Shanidar cave, Mount Carmel findings 1960 July p. 85
Olduvai Gorge fossil 1961 Apr. p. 74
Fort Ternan primate 1962 May p. 76
Olduvai Gorge, Homo habilis 1965 May p. 50
natural-selection intensity appraised 1968 June p. 45
man-ape phylogeny by amino-acid substitution in hemoglobin chains 1970 Feb. p. 46

oldest Frenchman 1971 Dec. p. 42
Homo erectus in Australia 1972 Oct. p. 48
anthropology, Lake Rudolf skull 1973 June p. 39
anthropology, Ethiopian skull 1974 Dec. p. 64
Ramapithecus antecedent to Homo erectus 1976 May p. 56
anthropology 1976 Oct. p. 57
toolmakers, bones found near Olduvzi Gorge 1976 Oct. p. 57
human eye, vision, infant, learning, eye-hand coordination 1950 Feb. p. 20–22 [401]
vision, glaucoma, iridectomy, blindness 1959 Aug. p. 110–117
optical illusion, vision, sensory perception, 'after effects', visual cortex, 'cortical satiation' 1962 Jan. p. 44–49
color vision, vision, visual adaptation 1962 May p. 62–72 [465]
eye movement, feedback, visual tracking, visual scanning, control mechanisms of the eye 1964 July p. 24–33
vision, eye movement, saccades, visual attention, fovea, visual fixation, experiments with eye-marker camera 1968 Aug. p. 88–95 [516]
aging, cataract, eye lens, vision 1975 Dec. p. 70–81
human feces, coprolites, diet, human nutrition, prehistoric man 1975 Jan. p. 100–109 [687]
human migration, New World archeology, Bering land bridge, MacKenzie river, 'How man came to North America' 1951 Jan. p. 11–15
anthropology, human evolution, steatopygia, climate, race, population, genetic variation, ancient migration and human diversity 1960 Sept. p. 112–127 [604]
pottery, navigation, Japan, Ecuador, New World archeology, evidence for 3,000 B.C. trans-Pacific contact 1966 Jan. p. 28–35
New World archeology, Onion Portage site, Eskimo, Bering land bridge, Alaska, stone artifacts, gateway to America 1968 June p. 24–33
U.S. population, population redistribution, U.S. census, suburbanization, U.S. census of 1970 1971 July p. 17–25
colonization, human population, immigration policy, slave trade 1974 Sept. p. 92–105
cat color, genetic variation, gene mutation, population genetics, cline maps, Hardy-Weinberg equilibrium 1977 Nov. p. 100–107 [1370]
black migration in U.S. 1956 Apr. p. 68
human nutrition, marine biology, food, food from the sea 1949 Oct. p. 16–19
population, food production, U.N. technical agencies, F.A.O., 'the food problem' 1950 Aug. p. 11–15
trace elements, iron, manganese, zinc, copper, magnesium, iodine 1953 Jan. p. 22–25
kwashiorkor, malnutrition, diet, food supply 1954 Dec. p. 46–50
obesity, hunger, appetite, neurophysiology, physiological mechanisms of overeating 1956 Nov. p. 108–116
economic development, agricultural technology, technology transfer, food production, nutritional self-sufficiency in economic development 1963 Sept. p. 72–80 [1153]
atherosclerosis, cardiovascular disease, arteries, epidemiology, cholesterol, coronary occlusion, diet, lipids, plaque, artery wall 1966 Aug. p. 48–56
malnutrition, food supply, human population, hunger, Incaparina, eland, capybara, manatee, mussels, developing countries, unorthodox food sources 1967 Feb. p. 27–35 [1068]
poverty, hunger, population growth, developing countries, health, world poverty 1968 Nov. p. 27–35
land reform, agricultural technology, food supply, population growth, F.A.O., F.A.O. Indicative World Plan 1970 Aug. p. 54–69 [1186]
corn, lysine, plant breeding, plant protein, agronomy, malnutrition, high-lysine corn 1971 Aug. p. 34–42 [1229]
diet, fasting, metabolism, starvation, kwashiorkor, marasmus, physiology of starvation 1971 Oct. p. 14–21 [1232]
intravenous feeding, medical care, synthetic diet 1972 May p. 73–80
brain function, carbohydrate, neurotransmitters, serotonin, tryptophan, feedback 1974 Feb. p. 84–91 [1291]
food supply, population control, world food bank, human population, agricultural production 1974 Sept. p. 160–170
coprolites, diet, human feces, prehistoric man 1975 Jan. p. 100–109 [687]
developing countries, poverty, hunger, malnutrition, food and agriculture 1976 Sept. p. 40–49
amino-acid deficiencies, dietary requirements, metabolism, food and agriculture 1976 Sept. p. 50–64
protein deficiency assessed 1967 July p. 41
soybean protein beverages 1968 Aug. p. 44
relief of magnesium deficiency 1969 July p. 71
tests of 'enriched' food 1972 Jan. p. 50
polyunsaturated beef 1973 May p. 43
human physiology, heat death, what causes heat death? 1954 Apr. p. 70–75
ACTH, hormone, sexual characteristics, growth, thyroid-stimulating hormone, follicle-stimulating hormone, prolactin, androgens, estrogens, secondary sexual characteristics, endocrine system, chemical integrators of the body 1957 Mar. p. 76–88 [1122]
insulin, amino-acid sequence, sugar metabolism, cell membrane, action of insulin 1958 May p. 99–106
angiotensin, hypertension, kidney function, isolation of angiotension 1959 Mar. p. 54–58
lung, breathing, alveoli, mechanism of breathing 1960 Jan. p. 138–148
homeostasis, thermoregulation, hypothalamus, human body thermostat 1961 Jan. p. 134–147 [129]
acceleration, manned space flight, weightlessness, space medicine, human centrifuge, g stress 1962 Feb. p. 60–70
carcinogenesis, cigarette smoking, tobacco, lung cancer, coronary disease, effects of smoking 1962 July p. 39–51
asphyxia, breathing, diving bradycardia, respiratory gas exchange, diving mammals, diving birds, hibernation, oxygen storage, selective ischemia, redistribution of oxygenated blood and 'master switch of life' 1963 Dec. p. 92–106
sarcoplasmic reticulum, muscle fiber, electron microscopy, sarcoplasmic reticulum, functions deduced from structure 1965 Mar. p. 72–80 [1007]
exercise adaptation, breathing, heart, blood circulation, hemoglobin 1965 May p. 88–96 [1011]
gas exchange, thorax, lung, pulmonary ventilation, breathing, alveoli, vital capacity, mechanics and physiology of breathing, anatomy of lung 1966 Feb. p. 56–68 [1034]
Ama, diving, diving women, Korea, Japan, breathing, basal metabolism, adaptation 1967 May p. 34–43
calcitonin, thyroid, metabolism, calcium metabolism, bone, hormone, recognition and characterization of calcitonin 1970 Oct. p. 42–50
blood pressure, autonomic nervous system, transcendental meditation, yoga, Zen Buddhism, physiology of meditation 1972 Feb. p. 84–90 [1242]
sports, footracing, athletics, psychology, metabolism, running records, Aesop principle 1976 June p. 109–119
fertilization, 60-hour-old embryo 1950 July p. 28
effects of trumpet playing 1959 June p. 86
human population, foodchain, food chain, ecology, population density, 'the human crop' 1956 Apr. p. 105–112
malnutrition, food supply, hunger, human nutrition, Incaparina, eland, capybara, manatee, mussels, developing countries, unorthodox food sources 1967 Feb. p. 27–35 [1068]
birth control, India, infant mortality, family planning, medical care, experience in an Indian village 1970 July p. 106–114 [1184]
food production, fertilizers, pollution, irrigation, biosphere, agricultural revolution, soil erosion, biosphere capacity to produce food 1970 Sept. p. 160–170 [1196]
demographic transition, economic development, population explosion, zero population growth, introduction to single-topic issue on the human population 1974 Sept. p. 30–39
birth rate, death rate, demographic transition, population-growth history 1974 Sept. p. 40–51
birth control, reproductive physiology, sex hormones 1974 Sept. p. 52–62
genetic drift, race, population genetics, serum protein analysis 1974 Sept. p. 80–89
colonization, human migration, immigration policy, slave trade 1974 Sept. p. 92–105
developed countries, demographic transition, birth control, zero population growth 1974 Sept. p. 108–120
developed countries, progenitive family, demographic transition 1974 Sept. p. 122–132
developed countries, labor force, sex role, women's status 1974 Sept. p. 136–147
birth rate, mortality rates, population explosion, developing countries 1974 Sept. p. 148–159
food supply, human nutrition, population control, world food bank, agricultural production 1974 Sept. p. 160–170
foreign aid, technology transfer, developing countries, technical assistance 1974 Sept. p. 172–182
human-resource development, industrial technology, economic development, industrialization, education, education for economic

development 1963 Sept. p. 140–147
human resources, age-sex distribution, fertility, U.S. census, mortality rates, population of U.S. 1951 Sept. p. 28–35
physics gets the brightest 1952 Nov. p. 41
human sexual behavior, English Kinsey report, cousins 1950 Apr. p. 32
human subjects, common cold, virus disease, chilling test, Salisbury, England, study 1951 Feb. p. 39–45
group behavior, social psychology, conformity, group pressure, experiments in susceptibility to group pressure 1961 Dec. p. 45–51
informed consent, medical ethics, medical research 1976 Feb. p. 25–31
odd motivations 1954 Nov. p. 54
human value, science, social values, introduction to an issue reviewing advance of science 1900-1950 1950 Sept. p. 20–23
humanities, National Foundation on the Arts and Humanities 1966 Sept. p. 102
Hummer, acoustic toys, Corrugahorn 1974 June p. 56
hummingbird, metabolism, body temperature, thermoregulation, hibernation, surface-to-volume ratio 1953 Jan. p. 69–72
humor, psychoanalysis, psychiatry, laughter, psychosis, Freudian interpretation of humor 1956 Feb. p. 31–35 [435]
language, physics, jocular physics, broken English, tribute to Niels Bohr 1956 Mar. p. 93–102
humoral immunity, antibodies, bursa, cell differentiation, B-cells, T-cells, immune system, lymphocytes, thymus 1974 Nov. p. 58–72 [1306]
humus, soil conditioners, polyacrylates, polyvinylites, cellulose, tilth 1953 Aug. p. 36–38
carbon dioxide 'window', atmosphere, climate, biomass, ocean sediments, 'greenhouse effect', threat of 'greenhouse effect' 1978 Jan. p. 34–43 [1376]
hunger, obesity, human nutrition, appetite, neurophysiology, physiological mechanisms of overeating 1956 Nov. p. 108–116
malnutrition, food supply, human population, human nutrition, Incaparina, eland, capybara, manatee, mussels, developing countries, unorthodox food sources 1967 Feb. p. 27–35 [1068]
human nutrition, poverty, population growth, developing countries, health, world poverty 1968 Nov. p. 27–35
economic development, 'green revolution', population, food and agriculture, introduction to single-topic issue on food and agriculture 1976 Sept. p. 30–39
developing countries, poverty, malnutrition, food and agriculture, human nutrition 1976 Sept. p. 40–49
world map 1953 Oct. p. 52
hunter-gatherer societies, climate, cultural evolution, Nile prehistory, Paleolithic settlements, stone tools 1976 Aug. p. 30–38
hunting, moas, extinction, evolution, New Zealand flightless birds 1954 Feb. p. 84–90
deer, food supply, population control 1955 Nov. p. 101–108
Clovis culture, mammoth-bone deposits, Folsom points, New World archeology, elephant extinction 1966 June p. 104–112
Paleo-Indians, bison, Olsen-Chubbuck site, New World archeology, reconstruction of bison hunt, kill, butchering 1967 Jan. p. 44–52
herding, food gathering, tribal cultures, agricultural society, aboriginal culture, India, 'living prehistory' in India 1967 Feb. p. 104–114
chimpanzee, food sharing, carnivorous chimpanzees, omnivorous chimpanzees, feeding behavior, Gombe National Park, Tanzania 1973 Jan. p. 32–42 [382]
climate, Europe, Paleolithic settlements, stone tools 1976 Feb. p. 88–99
hunting societies, bone, Neolithic archeology, Neolithic village, Suberde site in Turkey 1968 Nov. p. 96–106
energy cycle, Eskimo, food chain, seal, power, Baffin Island, ecosystem 1971 Sept. p. 104–115 [665]
hurricane-modification experiments, weather control, hurricane-eye disruption 1964 Dec. p. 27–37
hurricanes, typhoons, radar, meteorology 1954 June p. 32–37
atmospheric circulation, air masses, upper atmosphere, tropical origin of hurricanes 1957 Aug. p. 33–39 [847]
huts, Paleolithic campsite, stone tools, structures from 300,000 years ago 1969 May p. 42–50
Hutterites, mental health, psychosis, standard expectancy method, epidemiology 1953 Dec. p. 31–37 [440]
no problems 1951 June p. 38
hyaline membrane disease, alveoli, lung collapse, premature infants, lecithin, breathing, surface tension, surfactant, soaplike agents regulate surface tension in lungs 1962 Dec. p. 120–130
fetal lungs, infant, lung, surfactant 1973 Apr. p. 74–85
hyaluronidase, fertilization, parthenogenesis, progesterone, zona pellucida 1951 Mar. p. 44–47
hybrid cells, corn, genetics, teosinte, tripsacum, pod corn, popcorn, New World archeology, plant genetic experiment and archeological finds point to pool corn as wild ancester of maise 1950 July p. 20–24 [26]
chromosome doubling, colchicine, plant genetics, 'cataclysmic evolution' 1951 Apr. p. 54–59
wheat, einkorn, wild einkorn, emmer, fungi, chromosome doubling, plant breeding, origin and perfection of wheat 1953 July p. 50–59
DNA, RNA, ribosomal RNA, gene transcription, gene complement, density-gradient centrifugation, DNA-RNA hybridization experiments 1964 May p. 48–56
cell culture, cell hybridization, cell differentiation, Sendai virus, gene mapping, mouse-rat, mouse-human hybrid cells in laboratory 1969 Apr. p. 26–35 [1137]
cell hybridization, gene mapping, mouse-human hybrid cells, somatic cells 1974 July p. 36–44 [1300]
cancer, SV40 virus, gene transformation, chromosome mapping, tissue culture, somatic cells, genetics of human cancer 1978 Feb. p. 117–125 [1381]
mouse and normal human cells 1968 Jan. p. 51
hybrid corn, corn, agronomy, technology and promise of hybrid corn 1951 Aug. p. 39–47
Food and Agriculture Organization supplies seed to Europe and Middle East 1948 July p. 31
genetic vulnerability 1971 June p. 54
hybrid crop plants, 'green revolution', India, food and agriculture, technology transfer, monsoons, irrigation, fertilizers, rice, agronomy, wheat 1976 Sept. p. 154–163
hybrid rice, China, economic development, rice, hybrid wheat, agricultural technology, irrigation, livestock 1975 June p. 13–21
hybrid wheat, plant hybrids, wheat, agronomy, food production 1969 May p. 21–29
China, economic development, rice, agricultural technology, hybrid rice, irrigation, livestock 1975 June p. 13–21
Hydra, regeneration, model for study of multi-cellularity 1957 Dec. p. 118–125
sexual reproduction, asexual reproduction, cell differentiation, growth regulation, carbon dioxide as 'sex gas' 1959 Apr. p. 145–156
regeneration, biological form, cell differentiation, cellular polarity, embryonic development, morphogenesis, morphogens 1974 Dec. p. 44–54 [1309]
hydration, water, ice, hydrogen-ion migration, snow crystals, hydrogen bonds, physical and chemical properties 1956 Apr. p. 76–89
concrete, Portland cement, X-ray diffraction, cement, chemistry of concrete 1964 Apr. p. 80–92
hydraulic press, ultrahigh-pressure technology 1960 Apr. p. 90
hydraulic servomechanisms, control systems, automatic control, servomechanisms, actuators, frequency response, pneumatic servomechanisms, control systems 1952 Sept. p. 56–64
hydraulics, riverbed, meanders, sine-generated curve, least-work path for river 1966 June p. 60–70 [869]
hydrazine, rocket fuel, Raschig synthesis, reducing agent 1953 July p. 30–33
hydrazine radical, Jupiter, imine radical, frozen free radicals, low temperature physics modelling of Jupiter 1956 June p. 119–128
hydro-engineering, economic development, irrigation, Mekong river, monsoons, floods, rice, Mekong river plan, United Nations 1963 Apr. p. 49–59
agricultural irrigation, canals, pipelines, Jordan Valley Plan, water supply, Israel, Jordan 1965 Mar. p. 23–31
hydrocarbon cracking, catalysis, corona discharge, free radicals, ozone, polymerization, corona chemistry, water purification 1965 June p. 90–98
hydrocarbons, fossil record, organic molecules, sedimentary rock, gas chromatography, chlorophyll, 'chemical fossils' 1967 Jan. p. 32–43 [308]
conformational isomerism, chemical bond, organic molecules, conformation and reactivity 1970 Jan. p. 58–70 [331]
hydrochloric acid, digestion, alcohol, aspirin, stomach mucosa, self-digestion safeguards 1972 Jan. p. 86–93 [1240]
hydroelectric power generation, alternating current, electric power, high-voltage transmission, power transmission, corona discharge, economic advantages of high-voltage transmission 1964 May p. 38–47
hydrogen, radio astronomy, interstellar matter, 21-centimeter line 1953 Dec. p. 42–46

interstellar matter, ultraviolet radiation, cosmic dust grains 1955 Nov. p. 72–80
spectroscopy, radio astronomy, absorption line, interstellar matter, 21-centimeter wave absorption 1957 July p. 48–55
chemical reaction, nuclear reaction, hot-atom chemistry, chemistry at high velocity 1966 Jan. p. 82–90
energy resources, electrolyzer technology, hydrogen-energy economy, liquified hydrogen, cryogenic storage, fuel cell 1973 Jan. p. 13–21
liquid state storage 1957 Oct. p. 56
superconducting in metallic state 1969 Feb. p. 44
storage in hydrides 1972 Aug. p. 46
hydrogen bomb, arms race, thermonuclear reaction, the Hydrogen Bomb – first of four articles published at the time the U.S. government determined to proceed with its development, production, perfection and deployment 1950 Mar. p. 11–15
arms race, the Hydrogen Bomb – second of four articles published at the time the U.S. government determined to proceed with its development, production, perfection and deployment 1950 Apr. p. 18–23
arms race, the Hydrogen Bomb – third of four articles published at the time the U.S. government determined to proceed with its development, production, perfection and deployment 1950 May p. 11–15
arms race, the Hydrogen Bomb – fourth of four articles published at the time the U.S. government determined to proceed with its development, production, perfection and deployment 1950 June p. 11–15
heat, thermonuclear reaction, stellar interiors, solar corona, proton-proton interaction, helium reaction, ultrahigh temperatures 1954 Sept. p. 144–154
arms control, 'Oppenheimer case', debate over 'super' 1975 Oct. p. 106–113
U.S. begins its development 1950 Mar. p. 24
military secrecy, censorship of Bethe article in SCIENTIFIC AMERICAN 1950 May p. 26
Doomsday machine 1950 Dec. p. 27
rumors from mid-Pacific 1953 Jan. p. 30
both sides announce 1953 Oct. p. 50
atomic bomb test, Fortunate Dragon, Marshall island 1954 May p. 46
measured in megatons 1955 Aug. p. 46
trigger for universal fusion? 1956 Feb. p. 54
atomic bomb test, U.S.S.R. 100 mT device 1961 Dec. p. 72
hydrogen bonds, ionic bonds, covalent bonds, Van der Waals force, long-range forces, chemical bond, antigen-antibody reaction, proposed intermolecular long-range force 1948 Oct. p. 14–17
protein structure, protein synthesis, amino-acid sequence, peptide bond, tertiary structure, nature, diversity and function of proteins 1950 June p. 32–41 [10]
proteins, polypeptide chain, amino acids, X-ray crystallography, alpha helix 1954 July p. 51–59 [31]
water, ice, hydrogen-ion migration, snow crystals, hydration, physical and chemical properties 1956 Apr. p. 76–89
hydrogen density, nebulae, Orion nebula, stellar evolution, ultraviolet radiation, dating interstellar bodies 1965 Feb. p. 90–101
hydrogen-energy economy, energy resources, hydrogen, electrolyzer technology, liquified hydrogen, cryogenic storage, fuel cell 1973 Jan. p. 13–21
hydrogen-ion migration, water, ice, snow crystals, hydrogen bonds, hydration, physical and chemical properties 1956 Apr. p. 76–89
hydrogen ions, pH, galvanic cell, glass electrode, acidity 1951 Jan. p. 40–43
hydrogenation, coal, chemical raw material, fossil fuel, coking, 'water gas' process 1955 July p. 58–67
hydrologic cycle, Earth, glaciation, Antarctic glacier, climate, sea level 1955 Sept. p. 84–92 [809]
sea-floor spreading, volcanoes, rain, sea water composition, geochemical cycle, salinity, carbonate, why the sea is salt 1970 Nov. p. 104–115 [839]
atmosphere, Earth crust, geochemical cycle, lithospheric cycle 1974 June p. 72–79 [414]
hydrology, atmospheric circulation, ground water, water cycle, 'aerological accelerator' 1973 Apr. p. 46–61 [907]
dust storms, Mars, terrestrial planets, cratering, tectonic processes, mountain formation, erosion, solar system 1975 Sept. p. 106–117
hydrolysis, proteins, peptide bond, zymogen, trypsin, proteolytic enzymes, enzymes, structure and function of protein-digesting enzymes 1964 Dec. p. 68–79
hydrosol, light scattering, photometry, molecular size, aerosol, Tyndall spectra, measurement 1953 Feb. p. 69–76
hydrothermal extraction, mineral deposits, mineral resources, plate tectonics, mineral prospecting, non-ferrous ore 1973 July p. 86–95 [909]
plate tectonics, sea-floor spreading, metals, mid-ocean ridge, manganese nodules, origin of metal deposits on ocean floor 1978 Feb. p. 54–61 [929]
hydroxyapatite crystal, bone, calcium, cartilage, feedback, osteoclasts 1955 Feb. p. 84–91
hydroxyl maser, maser, cosmic masers, water maser, maser star, interstellar matter, astrophysics, quantum mechanics, 'nature imitates art' 1978 June p. 90–105
hydroxyl monohydrate, ionospheric ion 1968 Nov. p. 60
hydroxyl radiation, protostars 1968 Mar. p. 54
hydroxyl radical, Doppler effect, microwaves, galaxy, radio-absorption, gas clouds 1965 July p. 26–33
microwaves, interstellar matter, maser, infrared astronomy, energy levels, protostars, interferometry 1968 Dec. p. 36–44
intense radiation unexplained 1967 Oct. p. 50
hydroxyproline, collagen, proline, collagen fibril, tropocollagen, connective tissue, nature and properties of most abundant protein 1961 May p. 120–130
Hygas process, coal gasification, energy resources, gasification processes, Lurgi process, synthane process, CO_2 acceptor process, coal technology 1974 Mar. p. 19–25
hygrometer, meteorology, radiosonde, rain gauge, anemometer, barometer, instrumentation of meteorology 1951 Dec. p. 64–70
hyla, chameleon, catfish, skin color, chromatophores, how animals change color 1952 Mar. p. 64–67
hyperactive child, behavior, encephalitis, temperament, genetic disease, amphetamines, possibly innate disease syndrome 1970 Apr. p. 94–98 [527]
hypernuclei, particle physics, lambda hyperon, hyperons 1962 Jan. p. 50–56
hyperons, particle physics, lambda hyperon, hypernuclei 1962 Jan. p. 50–56
hypersensitivity, allergy, immune reaction, antigens, antibodies, serum sickness 1948 July p. 26–29
asthma, allergy, stress 1952 Aug. p. 28–30
antigens, immune response, antibodies, phagocytosis, inflammatory response, leukocyte, allergy, thymus gland, lymphatic system, cellular immunity 1964 Feb. p. 58–64
Aschoff bodies, rheumatic fever, streptococcus, infection, immune response, heart disease 1965 Dec. p. 66–74
hypersonic wind tunnel, Mach 10 1949 Dec. p. 31
hypertension, atherosclerosis, angiotensin, stress, etiology and care of hypertension 1948 Aug. p. 44–47
angiotensin, kidney function, human physiology, isolation of angiotension 1959 Mar. p. 54–58
venous system, plethysmography, vasoconstriction, veins, actively dilating and constricting blood reservoir 1968 Jan. p. 86–96 [1093]
hyperthermia, physiology of fever 1956 Jan. p. 52
hypnosis, sleep, suggestibility, physiological psychology, experiments in hypnosis 1957 Apr. p. 54–61
hypnosis psychiatry, anthropology, medicine, magic, alkaloids, psychoactive drugs, lessons from primitive medicine 1948 Sept. p. 24–27
hypnotics, barbiturates, tranquilizers, sedatives, anesthesia, pharmacology 1958 Jan. p. 60–64
hypodermic medication, drug addiction, medical history, morphine, mechanisms of morphine addiction 1971 Jan. p. 96–102
hypolimnion, limnology, pond life, dissolved oxygen, plankton, thermocline, oxidation-reduction balance in depths of a pond 1951 Oct. p. 68–72
hypothalamic hormone, hormone, luteinizing hormone, neurohumoral factors, pituitary control, thyroid-stimulating hormone, TSH 1972 Nov. p. 24–33 [1260]
hypothalamus, brain, learning, neurophysiology, neuropsychology, pleasure centers, electrode stimulation of pleasure centers in rat brain 1956 Oct. p. 105–116 [30]
fever, leukocyte, thermoregulation, homeostasis, etiology of fever 1957 June p. 62–68

homeostasis, thermoregulation, human physiology, human body thermostat 1961 Jan. p. 134–147 [129]
lacrimal gland, tears, nerve impulse, reflex, psychogenic and continuous tears 1964 Oct. p. 78–86
animal behavior, sex differences, testosterone, physiological psychology, sex hormones, pituitary hormones, sex differences in rat brain, effect of testosterone 1966 Apr. p. 84–90 [498]
amphibian, metamorphosis, frog, thyroxin, pituitary gland, neurosecretory system, hormone, chemistry of amphibian metamorphosis 1966 May p. 76–88 [1042]
basal metabolism, hibernation, homeothermy, circadian rhythm, feeding behavior, circannual rhythm, squirrels, dormice in hibernation 1968 Mar. p. 110–118 [513]
hypothermia, hibernation, surgery, shock, metabolism, body temperature, artificial lowering of body temperature for surgery and shock 1958 Mar. p. 104–114
hypothesis-testing, confirmation theory, logic, inductive proof, philosophy of science, probability 1973 May p. 75–83
hypothyroidism, goiter, iodine deficiency, epidemiology, thyroid, iodized salt 1971 June p. 92–101 [1223]
hysteresis, electron spin, materials technology, ferromagnetism, magnetic domains, magnetic properties of materials 1967 Sept. p. 222–234

I

IC, offspring of interracial unions 1971 Feb. p. 46
Icarus, asteroids, meteorites, orbital motion 1965 Apr. p. 106–115
ICBM: intercontinental ballistic missile
ICBM, radar blackout, atomic warfare, arms race, counterforce strategy, ABM, U.S. ABM system capabilities and limitations 1968 Mar. p. 21–31
ABM, MIRV, SALT, deterrence, arms race, counterforce strategy, dynamics, instability of arms race 1969 Apr. p. 15–25 [642]
ABM, arms race, MIRV, SLBM, mutual assured destruction, counterforce strategy, strategic balance, national security 1969 Aug. p. 17–29 [330]
ABM systems, arms race, MIRV, atomic weapons, SALT, atomic test ban, strategic weapons, prospects for freeze on numbers and qualitative improvement of weapons 1971 Jan. p. 15–25
ABM, MIRV, atomic armaments, counterforce strategy, strategic weapons, mutual assured destruction, arms race 1973 Nov. p. 18–27
ice, water, hydrogen-ion migration, snow crystals, hydrogen bonds, hydration, physical and chemical properties 1956 Apr. p. 76–89
snow, water, frost, supercooling, condensation nuclei, ice worms, how water freezes 1959 Feb. p. 114–122
Antarctica, glaciation, Antarctic continental glacier, stratigraphy, volume of ice in glaciers ecological implications 1962 Sept. p. 132–146 [861]
crystallography, crystal structure, water molecules, snow crystals, migrating lattice faults in ice 1966 Dec. p. 118–126 [307]
Ice Age, bears, cave bear, extinction mechanism 1972 Mar. p. 60–72
Ice Age hunters, glaciation, mammoths, Mousterian assemblages, Ukraine 1974 June p. 96–105 [685]
ice ages, carbon 14 abundance, climate, Maunder minimum, solar physics, sunspots, dendrochronology 1977 May p. 80–92 [925]
ice crystals, desalination, isobutane, sea-water freezing, heat of fusion, freezing as alternative to distillation 1962 Dec. p. 41–47
cloud seeding, water cycle, air pollution, water drop, fog, inversion layer, smog 1968 Dec. p. 74–82 [876]
hailstones, hailstorms 1971 Apr. p. 96–103
halos, Sun dogs, optics, atmospheric halos 1978 Apr. p. 144–152 [3006]
ice fish, comparative physiology, oxygen, hemoglobin, blood, Antarctic fish without red cells or hemoglobin 1965 Nov. p. 108–114
ice-floe islands, Arctic Ocean currents, weather 1954 Dec. p. 40–45
Arctic Ocean, ocean circulation, telemetry, meteorology, Northeast Passage, bathymetry, marine biology, Soviet Arctic research 1961 May p. 88–102
ice worms, ice, snow, water, frost, supercooling, condensation nuclei, how water freezes 1959 Feb. p. 114–122
iceberg, physical constitution 1956 Mar. p. 54
icebreaker, Atka, oceanography, Antarctica, I.G.Y., introduction to a single-topic issue on the planet Earth 1955 Sept. p. 50–55
ichthyosaurs, reptile, dinosaurs, mammalian evolution, paleontology, therapsids, evolution, origin of mammals 1949 Mar. p. 40–43
identical twins, twins, fraternal twins, ovulation, estrin, physiology of twinning 1951 Jan. p. 48–51
ideographs, hieroglyphs, writing, pictograph, Mesopotamia, origin of writing in clay tokens 1978 June p. 50–59 [708]
igloo, building construction, architecture, primitive architecture, climate, teepee, yurt, tent, sod hut, adobe house, hogan, stilt house 1960 Dec. p. 134–144
I.G.Y.: International Geophysical Year
I.G.Y., Atka, oceanography, icebreaker, Antarctica, introduction to a single-topic issue on the planet Earth 1955 Sept. p. 50–55
Antarctica, history of exploration, Antarctic Treaty, introduction to a single-topic issue on Antarctica 1962 Sept. p. 60–63
set for 1957 1954 Apr. p. 45
underway in 1955 1955 Feb. p. 60
China joins 1955 Nov. p. 52
worldwide communications network 1957 June p. 72
to be continued 1958 Sept. p. 86
Ikhnaton's temple, computer restoration 1968 Nov. p. 64
illiteracy, world statistics 1966 Nov. p. 66
illusion of movement, visual perception, optical illusion, apparent movement, motion perception 1964 Oct. p. 98–106 [487]
illusions, auditory illusions, hearing, perception, phonetics, speech perception, psychology, illusions as clues to organization of perceptual apparatus 1970 Dec. p. 30–33 [531]
auditory perception, brain hemispheres, cerebral dominance, musical illusions, handedness, hearing, perception, two-tone illusion 1975 Oct. p. 92–104 [566]
ilmenite, titanium, metallurgy, properties and applications of titanium 1949 Apr. p. 48–51 [258]
zirconium, fission reactor, jet engines 1951 June p. 18–21
image amplification, by laser 1971 May p. 50
image detection, vision, retina, photographic emulsion, vidicon, television camera, photochemistry, light, electronic camera 1968 Sept. p. 110–117
image enhancement, astronomy, electronic camera, image intensifier, telescope, electronic image processing 1956 Mar. p. 81–90
image formation, camera, lens design, telescope, interferometry, computer graphics, light 1968 Sept. p. 96–108
image intensifier, astronomy, image enhancement, electronic camera, telescope, electronic image processing 1956 Mar. p. 81–90
image processing, vision, light, visual perception, imagery, eye and brain in visual perception 1968 Sept. p. 204–214 [519]
memory, perception, linguistic material, visual memory, remembering what is seen 1970 May p. 104–112 [528]
image reconstruction, computer algorithms, computer-assisted imaging, computer graphics, medical care, tomography, CAT scan 1975 Oct. p. 56–68
image sensing, charge-coupled devices, charge transfer, computer memory, semiconductor memories 1974 Feb. p. 22–31
image transmission, fiber optics, light reflection, wave guide, physics of light conduction 1960 Nov. p. 72–81
imagery, evolution, intelligence, learning, memory, language, experimental psychology, learning in man and animals 1957 June p. 140–150
vision, light, image processing, visual perception, eye and brain in visual perception 1968 Sept. p. 204–214 [519]
imagination, creativity, neurophysiology, neuronal networks, cerebral cortex, physiology of imagination 1958 Sept. p. 135–146 [65]
creativity, psychology, psychological testing, psychology of imagination 1958 Sept. p. 150–166
imine radical, Jupiter, hydrazine radical, frozen free radicals, low temperature physics modelling of Jupiter 1956 June p. 119–128
imitative drugs, metabolite antagonists, sulfa drugs, folic acid, para-aminobenzoic acid 1951 Apr. p. 60–63
immigration, U.S. quota system revised 1965 Nov. p. 48
immigration policy, colonization, human population, human migration, slave trade 1974 Sept. p. 92–105
immune reaction, allergy, antigens, antibodies, serum sickness, hypersensitivity 1948 July p. 26–29
hamster, tissue grafts, tolerance of grafts 1963 Jan. p. 118–127 [148]
immune response, graft rejection, skin transplants, biochemistry of 'self' 1957 Apr. p. 62–66
atomic bomb test, radiation damage, ionizing radiation, leukemia, fallout, nuclear medicine, radiation damage, whole-body irradiation 1959 Sept. p. 117–137
bone marrow transplantation, kidney transplant, radiotherapy, circumventing immune response 1959 Oct. p. 57–63

antibodies, antigens, protein synthesis, immunology, mutation, selection theory of immunity 1961 Jan. p. 58–67 [78]
antigens, antibodies, hypersensitivity, phagocytosis, inflammatory response, leukocyte, allergy, thymus gland, lymphatic system, cellular immunity 1964 Feb. p. 58–64
dental research, germ-free environment, surgical isolator 1964 July p. 78–88
antibody production, antigen-antibody reaction, lymphocytes, RNA synthesis, clonal selection theory 1964 Dec. p. 106–115 [199]
Aschoff bodies, rheumatic fever, streptococcus, infection, heart disease, hypersensitivity 1965 Dec. p. 66–74
blood groups, Rh factor, Rh incompatibility, prevention of 'Rhesus' babies 1968 Nov. p. 46–52 [1126]
cell membrane, organ transplant, tissue grafts, tissue-typing, self-marker hypothesis 1972 June p. 28–37 [1251]
antibodies, antigen complement, lymphocytes, virus antigens, virus disease, autoimmune disease, allergic reaction, immune-complex disease, glomerulonephritis, lymphocytic choriomeningitis, serum sickness 1973 Jan. p. 22–31 [1263]
cell culture, cell differentiation, cell-surface antigens, immunoglobin, lymphocytes 1973 June p. 82–91 [1275]
antibodies, antigens, allergic reaction, anaphylactic shock, immunology, lymphocytes 1973 Nov. p. 54–66 [1283]
fetus as transplant, histocompatability, immunological privilege, reproduction, trophoblast, nidation, placenta 1974 Apr. p. 36–46
carcinogenesis, cancer epidemiology, environmental carcinogens, gene mutation, virus disease, cancer prevention 1975 Nov. p. 64–78 [1330]
antibodies, cell membrane, histocomptability, antigens, immunoglobin, lymphocytes, B-cells, T-cells 1976 May p. 30–39 [1338]
antibodies, antigens, active site, lock-and-key theory, immunoglobin, Bence-Jones proteins, Fab fragments, Fc unit 1977 Jan. p. 50–59 [1350]
antibodies, cancer, cell-surface antigens, cancer immunology, immunopotentiators, tumor-specific antigens, leukemia, transplantation antigens 1977 May p. 62–79 [1358]
antigens, cell-surface antigens, graft rejection, histocompatability, H-2 antigens, HLA antigens 1977 Oct. p. 96–107 [1369]
thymus gland 1969 Feb. p. 42

immune system, antibodies, thymus, lymphatic system, lymphocytes, thymus implant in mouse, humoral factor 1964 July p. 66–77
antibody molecule, antigens, B-cells, lymphatic system, lymphocytes, T-cells 1973 July p. 52–60 [1276]
degenerative diseases, slow virus infection, virus disease, kuru, scrapie, cancer virus, herpes virus 1974 Feb. p. 32–40 [1289]
antibodies, bursa, cell differentiation, humoral immunity, B-cells, T-cells, lymphocytes, thymus 1974 Nov. p. 58–72 [1306]

immunity, virus disease, influenza virus, bacteriophage, poliomyelitis virus, bacteriophage, antigen-antibody reaction, infection, host-specificity, viruses in infection and in the laboratory 1951 May p. 43–51
poliomyelitis, gammaglobulin, epidemiology, blood fractionation, vaccine 1953 July p. 25–29
antibodies, how antibodies are made, self-marker hypothesis 1954 Nov. p. 74–78
germ theory, variable host, infection, germ-free animals 1955 May p. 31–35

immunization, influenza virus, chick-embryo culture, hemagglutination, genetic variation, vaccine, difficulty in securing flu immunization 1953 Apr. p. 27–31
eye disease, trachoma, virus disease, vaccination, epidemiology 1964 Jan. p. 79–86

immunoelectrophoresis, electrophoresis, antigens, antibodies, separation of proteins 1960 Mar. p. 130–140 [84]

immunoglobin, amino-acid sequence, antibodies, antibody molecule, Bence-Jones proteins, heavy chain, light chain, antigen-antibody complex 1967 Oct. p. 81–90 [1083]
antibody molecule, myeloma, antigen binding, Bence-Jones proteins, amino-acid sequence, antibody amino-acid sequence determination 1970 Aug. p. 34–42 [1185]
cell culture, cell differentiation, cell-surface antigens, immune response, lymphocytes 1973 June p. 82–91 [1275]
antibodies, cell membrane, histocomptability, antigens, immune response, lymphocytes, B-cells, T-cells 1976 May p. 30–39 [1338]
antibodies, antigens, active site, immune response, lock-and-key theory, Bence-Jones proteins, Fab fragments, Fc unit 1977 Jan. p. 50–59 [1350]

immunological privilege, fetus as transplant, histocompatability, immune response, reproduction, trophoblast, nidation, placenta 1974 Apr. p. 36–46

immunology, epidemiology, virology, influenza virus, public health, structure and biochemistry of flu virus 1957 Feb. p. 37–43
bacterial infection, blood proteins, gammaglobulin, antibodies, tissue grafts, agammaglobulinemia, hereditary immunological deficiency 1957 July p. 93–104
antibodies, antigens, protein synthesis, immune response, mutation, selection theory of immunity 1961 Jan. p. 58–67 [78]
antibody production, thymus, lymphocytes, DNA, autoimmune disease, thymus role in producing antibodies 1962 Nov. p. 50–57 [138]
antibodies, antigens, allergic reaction, immune response, anaphylactic shock, lymphocytes 1973 Nov. p. 54–66 [1283]
agglutination response, cancer, cell membrane, lectins, proteins 1977 June p. 108–119 [1360]
immune response theory 1956 Nov. p. 66
agammaglobulinemia, value of normally unhygienic environment 1958 Oct. p. 56
effects of bone marrow transplant 1959 July p. 66
antigen suppressive action of hamster cheek pouch mucilage 1961 Jan. p. 83
graft tolerance by antigen injection 1963 June p. 71
see also: immune response, hypersensitivity, allergy

immunopotentiators, antibodies, cancer, cell-surface antigens, cancer immunology, immune response, tumor-specific antigens, leukemia, transplantation antigens 1977 May p. 62–79 [1358]

immunosupression, artificial heart, heart transplant, kidney transplant, organ transplant, mechanical heart implant 1965 Nov. p. 38–46 [1023]

impact crater, meteorites, cratering, projectile, fluid impact, effect of high-speed impact 1960 Oct. p. 128–140

imperial system, measurement, metric system, metrication, U.K. metrication program 1970 July p. 17–25 [334]

implosion, high-pressure technology, magnetism, ultrastrong magnetic fields, explosive compression, flux compression 1965 July p. 64–73

imprinting, learning, developmental psychology, animal behavior, effect of early life on later learning 1958 Mar. p. 81–90 [416]
animal behavior, ducks, auditory interaction 1972 Aug. p. 24–31 [546]

in-patient care, hospital care, medical care, out-patient care, medical technology, medical history, triage 1973 Sept. p. 128–137

Inca civilization, road building, pre-Columbian engineering 1952 July p. 17–21
climate, Peru Current, New World archeology, environmental influences on early Peruvian cultures 1965 Oct. p. 68–76

incandescent lamp, electric light, industrial research, science history, Edison, Thomas A. Edison, biography 1959 Nov. p. 98–114

Incaparina, malnutrition, food supply, human population, hunger, human nutrition, eland, capybara, manatee, mussels, developing countries, unorthodox food sources 1967 Feb. p. 27–35 [1068]

incendiary device, weapons, SIPRI report 1976 Jan. p. 56

inclusion compounds, clathrates, crystallography, gas hydrates, inclusion compounds in biology and technology 1962 July p. 82–92 [280]

income, public opinion, voters' attitudes, voting behavior, correlation analysis, ethnic groups, social status, family, 'votes in the making' 1950 Nov. p. 11–13

income maintenance, negative-income-tax experiment, work attitudes, work incentives, welfare reform 1972 Oct. p. 19–25

income status, epidemiology, morbidity, mortality rates, economic development, occupational health, 'social medicine'; environment, material well-being, behavior of disease 1949 Apr. p. 11–15
emotional illness, mental health, schizophrenia, epidemiology, family, psychosis 1954 Mar. p. 38–42 [441]

incompleteness theory, algorithms, mathematical proof, random numbers, algorithmic definition of randomness 1975 May p. 47–52

incubator birds, animal behavior, eggs, chicken, fowl, ornithology, hatching eggs in hot places 1959 Aug. p. 52–58

index cycle, jet stream, upper atmosphere, weather, atmospheric circulation, polar front 1952 Oct. p. 26–31

India, economic development, industrialization, population control, agricultural production, technology transfer, food production, economic planning, economic development by democratic planning 1963 Sept. p. 189–206
class discrimination, Harijans, untouchables, caste, Hinduism, civil rights 1965 Dec. p. 13–17

hunting, herding, food gathering, tribal cultures, agricultural society, aboriginal culture, 'living prehistory' in India 1967 Feb. p. 104–114
birth control, human population, infant mortality, family planning, medical care, experience in an Indian village 1970 July p. 106–114 [1184]
'green revolution', food and agriculture, technology transfer, monsoons, irrigation, fertilizers, rice, agronomy, wheat, hybrid crop plants 1976 Sept. p. 154–163
India as atomic power, nuclear nonproliferation treaty, 'nuclear club', atomic test ban, SALT 1975 Apr. p. 18–33
India-Eurasia collision, mountain formation, continental drift, earthquake zones, Gobi Desert, Himalaya formation, plate tectonics, sea-floor spreading, Tibetan plateau 1977 Apr. p. 30–41
Indian-Ocean formation, mountain formation, continental drift, Gondwanaland, Himalaya formation, magnetization patterns, plate tectonics, sea-floor spreading 1973 May p. 62–72 [908]
indigo bunting, bird migration, bird navigation, blackpoll warbler, celestial navigation, planetarium experiments 1975 Aug. p. 102–111 [1327]
individualized teaching, computer technology, education, teaching machine, programmed instruction 1966 Sept. p. 206–220 [533]
Indo-European language, linguistics, comparative grammar, root words, reconstructing genealogy of Indo-European languages 1958 Oct. p. 63–74
induction coil, electromagnetism, electron discovery, radio discovery, X-ray discovery, science history 1971 May p. 80–87
inductive proof, confirmation theory, hypothesis-testing, logic, philosophy of science, probability 1973 May p. 75–83
inductive reasoning, teaching machine, operant conditioning, rhythm, education, self-teaching by small, rigorous steps 1961 Nov. p. 90–102
Indus valley, Mohenjo-Daro, Harappan civilization, archeology, Sumer 1953 Nov. p. 42–48
archeology, Harappan civilization, Mohenjo-Daro, floods as cause of demise 1966 May p. 92–100
industral research, electric light, incandescent lamp, science history, Edison, Thomas A. Edison, biography 1959 Nov. p. 98–114
industrial chemistry, catalysis, polymers, materials technology, stereoisomers, synthesizing giant molecules 1957 Sept. p. 98–104
catalysis, polymers, materials technology, stereoisomers, synthesizing giant molecules 1957 Nov. p. 98–104
industrial cooling, thermal pollution, nuclear power, water pollution, aquatic life, cooling towers, waste heat 1969 Mar. p. 18–27 [1135]
calefaction, Connecticut River, fission reactor, thermal pollution, nuclear power, fisheries, ecology, fish crisis 1970 May p. 42–52 [1177]
cooling towers, heat exchange, energy technology, microclimate 1971 May p. 70–78
industrial emissions, energy demand, thermal pollution, Industrial Revolution, biosphere, energy technology, fossil fuel cycle, carbon dioxide, modification of natural cycles by man 1970 Sept. p. 174–190 [1197]
industrial hygiene, noise-induced hearing loss, occupational health, noise pollution, auditory impairment, public health, preventing noise-induced hearing loss, U.S. noise pollution legislation 1966 Dec. p. 66–76 [306]
industrial processes, catalysis, chemical reaction, petroleum cracking 1971 Dec. p. 46–58
industrial reconstruction, economic development, European economy, trade deficit, Economic Commission for Europe, East-West trade 1948 July p. 9–15
industrial research, invention, creativity, applied science, solid state physics, Bell Laboratories solid-state physics 1958 Sept. p. 116–130
$3.5 billion budget 1953 Apr. p. 44
Industrial Revolution, Renaissance, scientific revolution, human evolution, interaction of science and technology, 13th c. to 20th c. 1960 Sept. p. 173–190
demographics, population growth, cultural evolution, agricultural revolution, population explosion, human evolution, historical perspective on human population growth, how many ever lived 1960 Sept. p. 194–204 [608]
lathes, industrial technology, development of lathe from Middle Ages 1963 Apr. p. 132–142
economic development, technology transfer, introduction to single-topic issue on technology and economic development 1963 Sept. p. 52–61
steam engine, mine drainage, technology history, Watt, pumps, Newcomen engine, origins of steam engine 1964 Jan. p. 98–107
cities, urbanization, population growth, introduction to a single-topic issue on cities 1965 Sept. p. 40–53 [659]
cities, urbanization, agricultural revolution, communication, origin and evolution of cities 1965 Sept. p. 54–63
energy demand, thermal pollution, biosphere, energy technology, fossil fuel cycle, carbon dioxide, industrial emissions, modification of natural cycles by man 1970 Sept. p. 174–190 [1197]
coal technology, technology history, iron smelting, blast furnace, Newcomen engine 1974 Aug. p. 92–97
fossil fuel, coal technology, technology history, 16th c. energy crisis, wood-fuel shortage 1977 Nov. p. 140–151 [391]
industrial society, energy cycle, U.S. economy, power, ecosystem, environmental protection 1971 Sept. p. 134–144 [667]
industrial technology, oil drilling, petroleum, advances in drilling technicology 1958 Nov. p. 99–111
Ettingshausen effect, Hall effect, Nernst effect, Righi-Leduc effect, galvanomagnetism, thermomagnetism, science history, technological applications of 19th c. discoveries 1961 Dec. p. 124–136
Industrial Revolution, lathes, development of lathe from Middle Ages 1963 Apr. p. 132–142
economic development, industrialization, education, human-resource development, education for economic development 1963 Sept. p. 140–147
Nigeria, economic development, technology transfer, tribal politics, economic development of former colonial region 1963 Sept. p. 168–184
agricultural technology, People's Republic of China, economic development, technology in People's Republic of China 1966 Nov. p. 37–45
economic development, U.S.S.R. 1968 Dec. p. 17–23
industrialization, developing countries, economic development, technical assistance, 'point four' 1950 Mar. p. 16–19
economic development, demographic transition, urbanization, population control, family planning, economic development and the demographic transition 1963 Sept. p. 62–71 [645]
economic development 1963 Sept. p. 92–108
economic development, energy technology, population, fuel consumption, energy resources, energy requirements and resources for economic development 1963 Sept. p. 110–126
economic development, technology transfer, mineral resources, metal consumption, natural resources and technological substitution 1963 Sept. p. 128–136
industrial technology, economic development, education, human-resource development, education for economic development 1963 Sept. p. 140–147
economic development, population control, agricultural production, technology transfer, food production, economic planning, India, economic development by democratic planning 1963 Sept. p. 189–206
economic development, tropical rain forest, subsistence economy, tropical rain forest, urbanization, resource management, Brazil, uneven national development 1963 Sept. p. 208–220
economic development, national economic policy, agricultural technology, Federal intervention in economic development of U.S. South 1963 Sept. p. 224–232
economic development, technology transfer, economic planning, market process versus planning in economic development 1963 Sept. p. 235–244
economic development, water supply, irrigation, desalination, water resource management, technology and economics of water in
inernational cooperation, Atomic Energy Act, patent law, power, licensing, international cooperation, military secrecy, major provisions of Atomic Energy Act of 1954 1954 Nov. p. 31–35
inertia, Galileo, moons of Jupiter, gravity, Galileo, biography and appraisal 1949 Aug. p. 40–47
gravity, Galilean relativity, Einstein, frames of reference, philosophy of science, relativity, identity of inertia and gravity 1957 Feb. p. 99–109
inertial navigation, accelerometer, aircraft navigation, navigation, air transport, gyroscope, commercial adaptation of military and space technology 1970 Mar. p. 80–86
infant, vision, learning, eye-hand coordination, human eye 1950 Feb. p. 20–22 [401]
'visual cliff', depth perception, comparative psychology, visual perception, genesis of depth perception 1960 Apr. p. 64–71

fetal lungs, hyaline membrane disease, lung, surfactant 1973 Apr. p. 74–85
infant behavior, personality, child development, parental care, temperament, interaction of temperament and environment, nature-nurture 1970 Aug. p. 102–109 [529]
communication, crying, neonatal disorder, mother-child interaction, sound spectrogram 1974 Mar. p. 84–90 [558]
infant development, binocular vision, visual perception, operant conditioning, developmental psychology, information processing, space, size, shape perception in human infants 1966 Dec. p. 80–92 [502]
infant experience, not so decisive 1952 Nov. p. 40
infant food, high-lysine corn 1969 Nov. p. 58
infant mortality, premature infants, retrolental fibroplasia, epidemiology, oxygen, blindness, 'blind babies' 1955 Dec. p. 40–44
abortion, birth control, maternal mortality, public opinion, legal status, incidence in U.S. and other countries 1969 Jan. p. 21–27 [1129]
abortion, population, marriage rate, death rate, birth rate, vital statistics, menarche, 1538-1812, parish registers, York, England 1970 Jan. p. 105–112
birth control, human population, India, family planning, medical care, experience in an Indian village 1970 July p. 106–114 [1184]
adolescence, family, alienation, racial discrimination, divorce, poverty, crime, suicide, drug addiction, changes in American family structure 1974 Aug. p. 53–61 [561]
abortion, population, birth control, public health, maternal mortality, international comparison of experience with legalization of abortion 1977 Jan. p. 21–27 [1348]
income status 1951 Nov. p. 36
one-third preventable 1955 Aug. p. 50
world statistics 1963 Oct. p. 59
and socioeconomic status 1972 Aug. p. 45
prenatal care in U.S. 1973 Sept. p. 64
infant perceptions, child development, eye-hand coordination, object concept, perceptual development 1971 Oct. p. 30–38 [539]
child development, cognitive development, human behavior, discrepancy principle 1972 Mar. p. 74–82 [542]
behavioral regression, child development, cognitive development, human behavior, learning 1976 Nov. p. 38–47 [572]
infant speech, language, learning, communication, meaningful consistencies in infant babble 1949 Sept. p. 22–24 [417]
infanticide, birth control, celibacy, disease, foundling institutions, Malthusian doctrine, marriage age, population growth, population control in Europe 1750-1850 1972 Feb. p. 92–99 [674]
infection, leukocyte, phagocytosis, antibodies, 'the first line of defense' 1951 Feb. p. 48–52 [51]
virus disease, influenza virus, bacteriophage, poliomyelitis virus, bacteriophage, antigen-antibody reaction, immunity, host-specificity, viruses in infection and in the laboratory 1951 May p. 43–51
germ theory, immunity, variable host, germ-free animals 1955 May p. 31–35
interferon, virology, virus interference, nucleic acid, anti-viral agent found to act against foreign nucleic acid 1963 Oct. p. 46–50 [166]
Aschoff bodies, rheumatic fever, streptococcus, immune response, heart disease, hypersensitivity 1965 Dec. p. 66–74
bacteria, proteolysis, viral DNA, DNA sequence, restriction enzymes, bacterial recognition and rejection of exotic DNA 1970 Jan. p. 88–102 [1167]
intestinal worms of pets 1966 Sept. p. 104
infectious disease, antibiotics, toxicity, bacterial resistance, virus disease, status of new medical technology 1949 Aug. p. 26–35
antibiotics, penicillin, streptomycin, aureomycin, chloramphenicol, the antibiotic revolution 1952 Apr. p. 49–57
toxoplasmosis, parasitism, intracellular parasite, encephalitis, insect vectors 1953 Feb. p. 86–92
national health insurance, medical care, child health care, acute illness, chronic illness, delivery of medical care 1973 Apr. p. 13–17
antibiotic resistance, bacteria, drug resistance, gene mutation, plasmids, Rh factor, bacterial conjugation 1973 Apr. p. 18–27 [1269]
chronic illness, morbidity, mortality rates, medical care, vital statistics, life expectancy, degenerative diseases, causes of death 1973 Sept. p. 76–84
infective specificity, poliomyelitis virus, central nervous system, epidemiology, nature of the disease and public health status before production of the vaccines 1950 Aug. p. 22–26
bacterial-cell surface, glycocalyx, bacterial infection, how bacteria stick 1978 Jan. p. 86–95 [1379]
infinitesimals, formalism, mathematical logic, Platonism, real-number line 1971 Aug. p. 92–99
calculus, Euclidean geometry, falling-stone problem, mathematical logic, method of exhaustion, nonstandard analysis 1972 June p. 78–86
infinity, set theory, equivalent sets, cardinal number, Cantor 1952 Nov. p. 76–84
relativity theory, space curvature, universe as finite or infinite 1976 Aug. p. 90–100
inflammation, cortisone, ACTH, degenerative diseases, hormone, stress, experience with and appraisal of two hormonal drugs 1950 Mar. p. 30–37 [14]
kinins, peptides, kallidin, venom, bradykinin, globulin, local hormones, production and distribution 1962 Aug. p. 111–118 [132]
aspirin, analgesics, fever, histamine reaction, bronchospasm, anaphylactic shock, mode of action and hazards of most widely used drug 1963 Nov. p. 96–108
inflammatory response, antigens, immune response, antibodies, hypersensitivity, phagocytosis, leukocyte, allergy, thymus gland, lymphatic system, cellular immunity 1964 Feb. p. 58–64
inflation, 'cost-push' inflation, 'demand-pull', economic analysis, input-output analysis 1971 Nov. p. 15–21
influenza vaccine, killed virus 1957 Mar. p. 68
influenza virus, encephalitis, virus disease, animal vectors 1949 Sept. p. 18–21
virus disease, bacteriophage, poliomyelitis virus, bacteriophage, antigen-antibody reaction, immunity, infection, host-specificity, viruses in infection and in the laboratory 1951 May p. 43–51
immunization, chick-embryo culture, hemagglutination, genetic variation, vaccine, difficulty in securing flu immunization 1953 Apr. p. 27–31
epidemiology, immunology, virology, public health, structure and biochemistry of flu virus 1957 Feb. p. 37–43
adenoviruses, virology, X-ray diffraction, poliomyelitis virus, polyoma virus, herpes virus, vaccinia virus, tobacco mosaic virus, bacteriophage, structure of viruses 1963 Jan. p. 48–56
antigen variation, disease, medical history, encephalitis, pandemics, virus disease, animal vectors, Hong Kong flu, swine flu 1977 Dec. p. 88–106 [1375]
information compression, information theory, statistics, thermodynamics, noise, redundancy, digital storage media, analogue storage media, automatic control, information 1952 Sept. p. 132–148
information flow, energy-information interaction, entropy in communication, power, information theory, thermodynamics 1971 Sept. p. 179–188 [670]
information processing, memory, learning theory, reason, rational association as aid to memory 1956 Aug. p. 42–46 [419]
memory, visual search, visual scanning, reading, pattern recognition 1964 June p. 94–102 [486]
binocular vision, infant development, visual perception, operant conditioning, developmental psychology, space, size, shape perception in human infants 1966 Dec. p. 80–92 [502]
bilingualism, language, communication, reading, learning 1968 Mar. p. 78–86
information retrieval, computer technology, information storage, microrecording, electronic scanner, microfiche, library science 1966 Sept. p. 224–242
learning, long-term memory, memory, short-term memory 1971 Aug. p. 82–90 [538]
communication technology, network hierarchies, communication, two-way channels, computer-assisted instruction, National Academy of Engineering study, 'Communications Technology for Urban Improvement', 'wired city' concept 1972 Sept. p. 142–150
information storage, computer technology, information retrieval, microrecording, electronic scanner, microfiche, library science 1966 Sept. p. 224–242
information theory, communication, thermodynamics, entropy 1949 July p. 11–15
linguistics, evolution of language, a theory of natural selection in language 1952 Apr. p. 82–87
automatic control, self-regulation, automata theory, feedback, introduction to single-topic issue on automatic control 1952 Sept. p. 44–47

statistics, thermodynamics, noise, redundancy, digital storage media, analogue storage media, information compression, automatic control, information 1952 Sept. p. 132–148
linguistics, computer translation 1956 Jan. p. 29–33
music, order and surprise 1956 Feb. p. 77–86
computer music, music, redundancy, computer study of structure of music 1959 Dec. p. 109–120
computer technology, binary arithmetic, computer industry, computer privacy, computer applications, introduction to single-topic issue on information processing 1966 Sept. p. 64–73
cathode-ray tube, computer technology, computer displays, light pen, computer graphics, rand tablet, computer graphics and man-machine interface 1966 Sept. p. 86–96
energy-information interaction, entropy in communication, power, information flow, thermodynamics 1971 Sept. p. 179–188 [670]
communication technology, cybernetics, language, machine communication, communication, introduction to single-topic issue on communication 1972 Sept. p. 30–41 [677]
painting, sculpture, architecture, visual communication, communication, trademarks, language, visual stimulus, visual signals 1972 Sept. p. 82–96 [548]
visual perception, computer graphics, 'block portraits', computer enhancement, pattern recognition, recognition of faces 1973 Nov. p. 70–82
arrow of time, entropy, time reversal, hierarchy of structures, macroscopic information increase 1975 Dec. p. 56–69
paintings 98 percent redundant 1956 May p. 66
limits of human verbal processing 1957 June p. 76
informed consent, doctor-patient relations, medical care, medical ethics, placebos 1974 Nov. p. 17–23
human subjects, medical ethics, medical research 1976 Feb. p. 25–31
Infra-Cambrian Ice Age, evolution, glaciation, fossil record, continental drift, paleomagnetism 1964 Aug. p. 28–36
infrared astronomy, spectrometry, balloon astronomy, Venus 1965 Jan. p. 28–37
extraterrestrial life, Venus, atmospheric windows, Mars, Jupiter, moon, spectrometry, history and recent results of infrared astronomy 1965 Aug. p. 20–29
astronomical telescope, infrared stars, 62-inch telescope at Mount Wilson 1968 Aug. p. 50–65
microwaves, interstellar matter, maser, hydroxyl radical, energy levels, protostars, interferometry 1968 Dec. p. 36–44
stellar evolution 1973 Apr. p. 28–40
coolest stars discovered 1965 Oct. p. 42
Edison's tasimeter 1972 Dec. p. 43
infrared laser, heat sensors, infrared receptors, sensory organs, snake, herpetology 1973 May p. 94–100 [1272]
infrared photography, air pollution, cities, climate, heat emission, heat pollution, microclimate, heat island, climate of cities 1967 Aug. p. 15–23 [1215]
aerial photography, natural resources, remote sensing, multiband camera, remote sensing of natural resources 1968 Jan. p. 54–69
infrared radiation, chemical laser, laser, chemical pumping 1966 Apr. p. 32–39 [303]
carbon dioxide, laser, nitrogen, gas laser, physics of carbon dioxide laser 1968 Aug. p. 22–33
Jupiter as a 'star' 1966 Jan. p. 47
interstellar matter, stellar formation, variable stars, lithium, youngest stars? 1967 Aug. p. 30
infrared receptors, heat sensors, sensory organs, snake, infrared laser, herpetology 1973 May p. 94–100 [1272]
infrared spectroscopy, chemical analysis, molecular bonds, molecular vibrations 1953 Oct. p. 42–48 [257]
infrared stars, astronomical telescope, infrared astronomy, 62-inch telescope at Mount Wilson 1968 Aug. p. 50–65
inhibitory impulse, nervous system, nerve impulse, nerve excitation, neuromuscular synapse, neurotransmitters, acetylcholine, dynamics of inhibition 1948 Sept. p. 44–49
visual perception, visual systems, scallop, surf clam, shadow-sensitive receptors, invertebrate 'eyes' as models for study of organization of sensation in perception 1963 July p. 122–130
nerve conduction, synapse, reflex arc, motor neuron, membrane potential, transmitter molecules, nerve excitation, activity at the neural synapse 1965 Jan. p. 56–66 [1001]
bacterial toxin, tetanus, botulism, paralysis, nerve impulse, synapse, motor neuron, Clostridium tetani, Clostridium botulinum 1968 Apr. p. 69–77
locust, muscle contraction, insect flight, flight control system, nerve network 1968 May p. 83–90
innate behavior, psychology, learning, spatial perception, perceptual learning, innate vs acquired space perception 1956 July p. 71–80
bird song, animal communication, learning, animal behavior 1956 Oct. p. 128–138 [145]
ethology, animal behavior, evolution, ritualized behavior, releaser stimulus, evolution of behavioral patterns 1958 Dec. p. 67–78 [412]
comparative psychology, animal behavior, prairie dogs, social behavior, territorial behavior, learning behavior, field observation of prairie dog communities 1959 Oct. p. 128–140
animal behavior, evolution, lovebird, sexual behavior, interspecies differentiation of behavior 1962 Jan. p. 88–98
animal behavior, speciation, gulls, evolution, sexual behavior, ethology, species discrimination, Larus, eye rings 1967 Oct. p. 94–102 [1084]
animal behavior, learning, parental care, feeding behavior, sea gull chicks 1969 Dec. p. 98–106 [1165]
inner-tube eversion, topology, Möbius band, Klein bottle, trefoil knot, Koenigsberg bridges, four-color-map problem, three-cottages problem 1950 Jan. p. 18–24
inorganic-materials cycle, recycling, material resources, biosphere, nonrenewable resources 1970 Sept. p. 194–208 [1198]
inorganic polymers, materials technology, polymer structure, polymeric sulfur, silicon polymers 1974 Mar. p. 66–74
input-output analysis, interindustry transactions, input-output coefficient, inverted coefficient, matrix algebra, 1947 input-output table of U.S. economy 1951 Oct. p. 15–21
economics, arms control, military expenditures, impact of disarmament on U.S. economy 1961 Apr. p. 47–55 [611]
economic development, developed countries, developing countries, complementary economic structures of developed and underdeveloped countries 1963 Sept. p. 148–166 [617]
economics, U.S. economy, interindustry transactions, 1958 U.S. Department of Commerce input-output table 1965 Apr. p. 25–35 [624]
automatic control, economics, technology, labor force, U.S. impact of technological change, 1947-1958, input-output tables 1966 Apr. p. 25–31 [629]
interchangeability of materials, cost assessment, price trends, materials technology, metals, plastics, competition among materials 1967 Sept. p. 254–266
'cost-push' inflation, 'demand-pull', economic analysis, inflation 1971 Nov. p. 15–21
input-output coefficient, input-output analysis, interindustry transactions, inverted coefficient, matrix algebra, 1947 input-output table of U.S. economy 1951 Oct. p. 15–21
insanity defense, criminal law, expert witnesses, M'Naghten rule, Durham rule, psychiatrists as witnesses 1974 June p. 18–23
legal definition questioned 1973 Mar. p. 46
insect attractant, insecticide, synthetic attractants, chemotaxis, odor-baited lure, pheromones, third-generation insecticides 1964 Aug. p. 20–27 [189]
voodoo lily, Arum family, carnivorous plants, respiration 1966 July p. 80–88
insect behavior, social insect, army ant, ants, comparative psychology, reproduction, feedback, pheromones, trophallaxis, natural history, philosophy of science, anthropomorphism 1948 June p. 16–23
insect eye, compound eye, color perception, optical resolution 1948 July p. 42–45
social insect, animal communication, bee dances, directional orientation, 'language of the bees' 1948 Aug. p. 18–21 [21]
termite, social insect, cell analogy, behavioral adaptation 1953 May p. 74–78
insect metamorphosis, silkworm, neurophysiology, cocoon, cocoon record of silkworm spinning movements 1956 Apr. p. 131–140
agricultural pest, corn borer, species specificity, corn, adaptation of parasite to host 1958 May p. 87–94
Africa, termite, entomology, air conditioning, airconditioned termite nests 1961 July p. 138–145
bee dances, social insect, evolution, evolutionary 'dialects' of 'language of the bees' 1962 Aug. p. 78–86
bioluminescence, firefly, insect physiology, luciferin, luciferase, chemotaxis, biochemistry of bioluminescence 1962 Dec. p. 76–89 [141]

communication, honeybee, bee dances, honeybee sound communication 1964 Apr. p. 116–124 [181]
bee dances, directional orientation, species specificity, evolution, communication by sound, by dancing 1967 Apr. p. 96–104 [1071]
fungi, fungus gardens, mutualism, insect-fungus relations 1967 Nov. p. 112–120 [1086]
fruit fly, sexual behavior, releaser stimulus, courtship song, species specificity 1970 July p. 84–92
ants, animal communication, ant 'guests', comensalism, parasitism, pheromones 1971 Mar. p. 86–93 [1213]
animal navigation, locust, nervous system, insect flight, response to stimuli, schistocerca gregaria 1971 Aug. p. 74–81 [1231]
bee dances, pheromones, sex attractants, courtship display 1972 Sept. p. 52–60 [1280]
ants, army ant, social insect, retrospective summary of work of T.C. Schneirla 1972 Nov. p. 70–79 [550]
fruit fly, gene loci, genetics of behavior, genetic mosaic, mutants 1973 Dec. p. 24–37 [1285]
cricket song, behavioral genetics, nervous system 1974 Aug. p. 34–44 [1302]
ants, social insect, parasitism, pheromones, ant slavery 1975 June p. 32–36 [1323]
Australia, behavioral adaptation, ecology, sand wasps, solitary insects, Bembix 1975 Dec. p. 108–115
biological clock, circadian rhythm, diapause, dormancy, insect metabolism, photoperiodicity 1976 Feb. p. 114–121 [1335]
animal communication, behavioral adaptation, firefly, bioluminescence, synchronous flashing of fireflies 1976 May p. 74–85
ants, bee, insect eye, animal navigation, polarized light 1976 July p. 106–115 [1342]
beetle, burying beetles, beetle reproduction 1976 Aug. p. 84–89 [1344]
ants, pheromones, social insect, weaver ants 1977 Dec. p. 146–154 [1373]
mosquito bite, yellow fever, malaria, feeding behavior, feeding behavior of mosquitoes 1978 June p. 138–148 [1392]
animal communication, signal dance of the blowfly 1957 May p. 72
insects as 'morticians' 1966 Jan. p. 51
ants, pheromone, raider ants 1971 July p. 45
animal communication, cricket song, mole cricket 1972 Feb. p. 44
insect census, ants, amber, insect evolution, insects in 'more than royal tomb' 1951 Nov. p. 56–61 [838]
insect chemoreception, silkworm, olfaction, taste, chemical senses, comparative physiology 1958 Apr. p. 97–106
insect chromosome, DNA, chromosome puffs, RNA synthesis, hormonal induction, gene regulation 1964 Apr. p. 50–58 [180]
insect control, sterile male screw-worm flies 1952 Jan. p. 42
housefly bait 1965 July p. 48
insect cuticle, ectoparasites, flea jump, insect flight, flea resilin as elastomer 1973 Nov. p. 92–100 [1284]
insect diapause, entomology, photoperiodicity, Lepidoptera, hibernation governed by photoperiodicity 1960 Feb. p. 108–118
insect eggshell, aquatic insect, respiration, adaptation, entomology, selective permeability of insect 1970 Aug. p. 84–91 [1187]
insect evolution, ants, amber, insect census, insects in 'more than royal tomb' 1951 Nov. p. 56–61 [838]
predatory wasps, solitary wasps, species specificity, predator-prey relationship, parasitism, behavioral clues to evolution 1963 Apr. p. 144–154
ants from wasps 1967 Oct. p. 60
insect eye, compound eye, color perception, optical resolution, insect behavior 1948 July p. 42–45
fruit fly, gene mutation, paper chromatography, fractionating the fruit fly 1962 Apr. p. 100–110 [1166]
insect behavior, ants, bee, animal navigation, polarized light 1976 July p. 106–115 [1342]
compound eye, eye, ommatidia 1977 July p. 108–120 [1364]
insect flight, aerodynamics, locust, wind tunnel, efficiency of locust flight 1956 Mar. p. 116–124
Stokes law, aerodynamics 1958 Dec. p. 92–98
muscle fibril, sarcoplasmic reticulum, synchronous muscle, asynchronous muscle, insect flight muscles 1965 June p. 76–88 [1014]
locust, muscle contraction, flight control system, nerve network, inhibitory impulse 1968 May p. 83–90
insect behavior, animal navigation, locust, nervous system, response to stimuli, schistocerca gregaria 1971 Aug. p. 74–81 [1231]
'cold-blooded' animals, ectothermy, metabolism, heterothermy, sphinx moths, temperature regulation, Mandura sexta warm-up mechanisms 1972 June p. 70–77 [1252]
ectoparasites, flea jump, insect cuticle, flea resilin as elastomer 1973 Nov. p. 92–100 [1284]
aerodynamics, animal behavior, bird flight, clap-fling mechanism, flip mechanism, hovering flight, lift generation 1975 Nov. p. 80–87 [1331]
insect-fungus relations, fungi, insect behavior, fungus gardens, mutualism 1967 Nov. p. 112–120 [1086]
insect herbivores, weed control, agricultural technology, leaf-eating beetle, Klamath weed, living herbicides 1957 July p. 56–67
insect hormones, insecticide, balsam-fir factor, insecticide resistance, juvenile hormone, species specificity, DDT, third-generation pesticides 1967 July p. 13–17 [1078]
insect metabolism, biological clock, circadian rhythm, diapause, dormancy, insect behavior, photoperiodicity 1976 Feb. p. 114–121 [1335]
insect metamorphosis, juvenile hormone, larvae, pupa, demonstration of hormonal control in silkworm moth 1950 Apr. p. 24–28
silkworm, neurophysiology, insect behavior, cocoon, cocoon record of silkworm spinning movements 1956 Apr. p. 131–140
entomology, silkworm, juvenile hormone, hormone arrests development 1958 Feb. p. 67–74
tissue differentiation, juvenile hormone, cellular specialization in insect development 1959 Feb. p. 100–110 [63]
insect physiology, tracheal system, underwater breathing, insect breathing 1953 Feb. p. 28–32
bacteriology, biological pest control, agricultural pest, insecticide, virology, entomology, living insecticides 1956 Aug. p. 96–104
bioluminescence, firefly, insect behavior, luciferin, luciferase, chemotaxis, biochemistry of bioluminescence 1962 Dec. p. 76–89 [141]
pheromones, sexual behavior, queen substance, muskone, social behavior, ants, Gypsy moths, mice 1963 May p. 100–114 [157]
aerial plankton, animal migration, species dispersion, agricultural pest, entomology, wind-borne dispersal of species 1963 Dec. p. 132–138
juvenile hormone, balsam fir factor 1965 Oct. p. 39
insect repellants, alkaloids, butterfly, larvae, symbiosis, behavioral adaptation, plant evolution, mimicry, butterfly-plant association 1967 June p. 104–113 [1076]
insect reproduction, plant galls, parasitism, plant growth, parasite-induced changes in plants 1959 Nov. p. 151–162
insect vectors, toxoplasmosis, parasitism, intracellular parasite, infectious disease, encephalitis 1953 Feb. p. 86–92
insect venom, Chaga's disease, assassin bugs, predator-prey relationship, entomology, natural history 1960 June p. 72–78
insecticide, fertilizers, herbicide, agricultural technology, chemical agriculture 1952 Aug. p. 15–19
alfalfa caterpillar, ecology, life cycle, agricultural pest, wilt disease, predation 1954 June p. 38–42
bacteriology, biological pest control, agricultural pest, insect physiology, virology, entomology, living insecticides 1956 Aug. p. 96–104
agricultural pest, fire ants, dieldrin, pest control 1958 Mar. p. 36–41
insect attractant, synthetic attractants, chemotaxis, odor-baited lure, pheromones, third-generation insecticides 1964 Aug. p. 20–27 [189]
DDT residues, fallout, ecological cycles, food chain, ecological redistribution of pollutants 1967 Mar. p. 24–31 [1066]
balsam-fir factor, insect hormones, insecticide resistance, juvenile hormone, species specificity, DDT, third-generation pesticides 1967 July p. 13–17 [1078]
calcium metabolism, eggshell thinning, pollution, chorinated hydrocarbons, DDT, dieldrin, avian reproduction, food chain, ecological effect of pesticides 1970 Apr. p. 72–78 [1174]
tree growth 1952 May p. 36
chemotaxis, sex-hormone attractant 1953 Dec. p. 54
juvenile hormone 1956 Oct. p. 71
synthetic hormone for moth control 1960 Dec. p. 84
gypsy moth female sex hormone 1960 Dec. p. 89
chemical sterilization of insect 1962 Jan. p. 58
endrin, implicated in fish deaths 1964 May p. 64
pheromone, sex attractant 1966 Dec. p. 64
synthetic juvenile-louse hormone 1967 Sept. p. 104
ecdysone in plants 1967 Nov. p. 54
contagious synthetic juvenile hormone 1968 May p. 54
bacterial and viral parasites 1969 Aug. p. 50

U.S. bans DDT 1970 Jan. p. 48
pheromones 1970 Apr. p. 46
artificial-light insect control 1972 Feb. p. 44
gypsy-moth control by pheromone 1972 Sept. p. 66
microwave 'zapper' 1973 Sept. p. 74
insecticide resistance, DDT, persistent insecticides 1952 Oct. p. 21–25
insecticide, balsam-fir factor, insect hormones, juvenile hormone, species specificity, DDT, third-generation pesticides 1967 July p. 13–17 [1078]
insecurity, prejudice, hostility, attitude survey 1950 Oct. p. 11–13
insight, problem solving, Gestalt psychology, fixation, the 'aha' reaction 1963 Apr. p. 118–128 [476]
Institute for Defense Analysis, university disaffiliation 1968 May p. 48
institutional grants, N.S.F., 'mission-oriented' funding agencies, science funding, science policy, fundamental research, project grants, university science, problems in government support of science in the U.S. 1965 July p. 19–25
instructable machines, automatic control, computer technology, robot systems, servomechanisms 1976 Feb. p. 76–86B
instrument panel, psychology, pilot error, ergonomics, designing instrument panels for their users 1953 Apr. p. 74–82 [496]
insulation, clothing, objective, physical standards for 'warm' 1951 Mar. p. 56–60
circulatory system, thermoregulation, cold adaptation, fur, metabolism 1966 Jan. p. 94–101 [1032]
insulin, amino-acid sequence, protein structure, first total sequence 1955 May p. 36–41
amino-acid sequence, sugar metabolism, cell membrane, human physiology, action of insulin 1958 May p. 99–106
protein structure, ribonuclease, amino-acid sequence, enzyme action, myoglobin, resolution of atomic structure of three molecules 1961 Feb. p. 81–92 [80]
actinomyosin, ecdysone, cortisone, estrogens, gene activation, RNA synthesis, aldosterone, growth hormone, ACTH, thyroxin, mechanism of hormone action 1965 June p. 36–45 [1013]
automatic synthesis, protein synthesis, amino acids, peptide bond, 'solid phase' method of synthesis, polystyrene beads 1968 Mar. p. 56–74 [320]
human protein synthesized 1966 Apr. p. 50
automatic synthesis 1966 Dec. p. 58
three-dimensional structure determined 1969 Oct. p. 47
integrated circuits, memory circuits, computer, 'Simple Simon' a mimimal computer 1950 Nov. p. 40–43
electronic components industry, transistor, microelectronics, silicon 'chips' 1965 Nov. p. 56–70
binary arithmetic, computer technology, switching elements, logic circuits, computer memory, microelectronics, hardware of computer 1966 Sept. p. 74–85
oxide semiconductors, magnetic core, computer memory, microelectronics, advent of integrated-circuit semiconductor memories 1967 July p. 18–31
computer memory, metal-oxide semiconductors, microelectronics, large-scale integrated circuits, logic circuits, transistor 1970 Feb. p. 22–31
computer graphics, laser, computer technology, computer modeling, programs, logic of displays 1970 June p. 56–81
computer technology, U.S.S.R., software, Comecon 1970 Oct. p. 102–108
electron optics, microcircuit fabrication, computer-controlled fabrication, silicon 'chips', computer technology 1972 Nov. p. 34–44
light-emitting diode, liquid crystals, Nixie tubes, numeric displays 1973 June p. 64–73
metal-oxide semiconductors, microelectronics, silicon 'chips', transistor 1973 Aug. p. 48–57
laser light manipulation, light propagation in thin films, thin-film optical devices, optical circuits, photons instead of electrons in circuits 1974 Apr. p. 28–35
metal-oxide semiconductors, microcomputers, microelectronics, microprocessors, minicomputers, silicon 'chips' 1975 May p. 32–40
calculating machine, computer, pocket calculator, memory 1976 Mar. p. 88–98
electronic circuitry, microelectronics, technological innovation, silicon 'chips', introduction to single-topic issue on microelectronics 1977 Sept. p. 62–69 [374]
logic gates, metal-oxide semiconductors, microelectronics, semiconductor technology, transistor 1977 Sept. p. 70–81 [375]
binary arithmetic, Boolean logic, large-scale integrated circuits, logic elements, microelectronics 1977 Sept. p. 82–106 [376]
large-scale integrated circuits, photolithographic techniques, manufacture of integrated circuits 1977 Sept. p. 110–128 [377]
telephone, electronic telephone, solid-state electronics, telephone based on integrated circuits 1978 Mar. p. 58–64 [3002]
three-mask technique 1970 Apr. p. 46
computer memory 1970 Nov. p. 44
integration, racial discrimination, prejudice, American Negro, public opinion, attitude survey, U.S. whites, segregation, longitudinal attitude study 1978 June p. 42–49 [707]
intellectual resources of U.S., college graduates, doctorates, test scores 1951 Sept. p. 42–46
intelligence, elephant, learning, vision, research in elephant learning 1957 Feb. p. 44–49
evolution, learning, memory, language, imagery, experimental psychology, learning in man and animals 1957 June p. 140–150
evolution, habit reversal, probability learning, intelligence compared in five animals 1965 Jan. p. 92–100 [490]
brain hemispheres, cerebral dominance, perception, split-brain experiments, corpus callosum, language, localization of brain function 1967 Aug. p. 24–29 [508]
race, whites, IQ, heredity, American Negro, heredity, population genetics, science policy, social psychology, twins, environment, racial discrimination 1970 Oct. p. 19–29 [1199]
brain evolution, brain size, cephalization index, endocranial casts, paleoneurology 1976 Jan. p. 90–101 [568]
intelligence quotient, *see:* IQ
intelligence test, animal behavior, problem box 1951 June p. 64–68
IQ, challenged on cultural bias 1970 Nov. p. 44
intelligence test scores, school attendance, U.S. youth 1951 Sept. p. 101–108
intelligent life, evolution, astronomical probabilities, The thesis: man is alone in space 1953 July p. 80–86
Intelsat, artificial satellite, communication satellite, COMSAT, Communications Satellite Act (1962) 1977 Feb. p. 58–73 [353]
intensive care, cardiac arrhythmia, coronary care unit, fibrillation, coronary occlusion, electrocardiography, nerve conduction, heart infarct 1968 July p. 19–27
acute respiratory failure, tracheostomy, lung, alveolar collapse, emphysema, pathogenesis and treatment of acute respiratory failure 1969 Nov. p. 23–29
intercalary water, irrigation, ground water, artesian well, agricultural technology, Sahara desert, water resource management, land reclamation, 'fossil' water, making desert fertile 1966 May p. 21–29
intercalated crystals, BCS theory, crystal structure, electrical properties of metals, intermetallic compounds, superconductors, layered superconductors 1971 Nov. p. 22–33
intercellular communication, cell membrane, salivary gland, epithelium, molecular signals, membrane permeability, junctions in cell membrane 1970 May p. 78–86 [1178]
intercellular fluid, lymphatic system, lymph nodes, lymph vessels, lymph ducts, Starlings' hypothesis, lymphatic circulation, lymphedema, the body's 'second circulation' 1963 June p. 80–90
interchangeability of materials, input-output analysis, cost assessment, price trends, materials technology, metals, plastics, competition among materials 1967 Sept. p. 254–266
intercontinental ballistic missile, *see:* ICBM
intercontinental interferometry, radio source, interferometry, radio telescope, long-base interferometry 1972 Feb. p. 72–83
interdisciplinary collaboration, molecular biology, physical chemistry, antigen-antibody reaction, collaboration of G. Beadle and L. Pauling 1949 May p. 16–21
interference, diffraction, light, wave-particle duality, optics, electromagnetic waves, photon emission, introduction to single-topic issue on light 1968 Sept. p. 50–59
coherent radiation, Brillouin scattering, energy levels, laser light 1968 Sept. p. 120–136
acoustic holography, laser, sound waves, holography, acoustic imaging, nondestructive testing, medical diagnosis 1969 Oct. p. 36
interference fringes, electron, wave-particle duality, diffraction, electron diffraction, Davisson-Germer experiment 1948 May p. 50–53
standard of length, interferometry, mercury 198 1948 Aug. p. 48–53
interference patterns, holography, memory, learning, brain function, monkey brain, holographic model, neurophysiology of remembering 1969 Jan. p. 73–86 [520]

interferometry, standard of length, mercury 198, interference fringes 1948 Aug. p. 48–53
ultrasonics, emulsification, nondestructive testing, sonar 1954 May p. 54–63
radio telescope, radio, helical antenna 1955 Mar. p. 36–43
artificial satellite, orbital motion, antennae, radio astronomy, tracking station, satellite tracking 1958 Jan. p. 23–29
solar system, moon, planets, ionosphere, radar astronomy, technology and promise of radar astronomy 1960 Aug. p. 50–59
ether drift, luminiferous ether, special relativity, speed of light, Michelson-Morley ether-drift experiment 1964 Nov. p. 107–114
holography, laser, wave-front reconstruction, lensless laser photography 1965 June p. 24–35 [300]
cesium clock, length standard, mass standard, time standard, temperature standard, measurement 1968 June p. 50–62
spectroscopy, Fraunhofer lines, prism, light, Fourier analysis, diffraction grating, Girard grid 1968 Sept. p. 72–82
camera, lens design, telescope, computer graphics, image formation, light 1968 Sept. p. 96–108
microwaves, interstellar matter, maser, hydroxyl radical, infrared astronomy, energy levels, protostars 1968 Dec. p. 36–44
earthquake prediction, laser, strain gauge, Earth crust 1969 Dec. p. 88–95
thin-film optical devices, fluorescence, wave motion, light waves, monomolecular films, fatty acids 1970 Mar. p. 108–119
coated optics, optical interference coatings, light reflection, light transmission, dielectric mirrors, laser 1970 Dec. p. 58–75
radio source, intercontinental interferometry, radio telescope, long-base interferometry 1972 Feb. p. 72–83
interferon, virology, virus interference, broad-spectrum natural anti-viral agent 1961 May p. 51–57 [87]
virology, virus interference, nucleic acid, infection, anti-viral agent found to act against foreign nucleic acid 1963 Oct. p. 46–50 [166]
blood plasma, collagen, cell-surface antigens, glycoproteins, protein molecule 1974 May p. 78–86 [1295]
anti-viral agent 1958 Aug. p. 48
antiviral roles of interferon 1963 Sept. p. 84
interferon 1972 Oct. p. 47
interferon induction, poly I:C, synthetic RNA, virus disease 1971 July p. 26–31 [1226]
medical care, virus disease 1977 Apr. p. 42–50
synthetic polymers 1968 Feb. p. 52
intergalactic bridges, galactic interactions, galaxy shapes, intergalactic tides, gravitational dynamics 1973 Dec. p. 38–48
intergalactic tides, galactic interactions, galaxy shapes, gravitational dynamics, intergalactic bridges 1973 Dec. p. 38–48
interindustry transactions, input-output analysis, input-output coefficient, inverted coefficient, matrix algebra, 1947 input-output table of U.S. economy 1951 Oct. p. 15–21
economics, input-output analysis, U.S. economy, 1958 U.S. Department of Commerce input-output table 1965 Apr. p. 25–35 [624]
intermediate vector boson, neutrino, cosmic radiation neutrinos, solar neutrinos, scintillation counter boson, detection of natural neutrinos 1966 Feb. p. 40–48
intermetallic compounds, BCS theory, crystal structure, electrical properties of metals, intercalated crystals, superconductors, layered superconductors 1971 Nov. p. 22–33
intermolecular force, electromagnetism, molecular physics, Coulomb force, measurement of intermolecular force between macroscopic bodies 1960 July p. 47–53
internal combustion engine, atmospheric engine, stratified charge, Otto-Langen engine, history of Otto engine 1967 Mar. p. 102–112
energy transformation, energy demand, fuel-conversion efficiency, power, prime movers, steam turbines, magnetohydrodynamics, gas turbine, fuel cell, solar cells, power, nuclear power, comparative efficiencies of energy transformation pathways in industrial civilization 1971 Sept. p. 148–160 [668]
internal drift-tube accelerator, linear accelerator, electron accelerator, traveling-wave accelerator 1954 Oct. p. 40–44 [234]
internal opiates, brain function, drug action, drug addiction, endodorphins, enkephalins, opiate receptors, brain endocrinology 1977 Mar. p. 44–56
International Astronomical Union, meeting in Rome 1952 Nov. p. 46
international cooperation, Atomic Energy Act, patent law, power, licensing, military secrecy, inernational cooperation, major provisions of Atomic Energy Act of 1954 1954 Nov. p. 31–35
nuclear power, 'atomic pool' proposal 1955 Apr. p. 31–35
pollution control, jurisdictional disputes, oceanography, resource management, international competition and cooperation 1969 Sept. p. 218–234 [888]
International Council of Scientific Unions, continuing I.G.Y. collaboration 1960 Apr. p. 83
International Geophysical Year, *see:* I.G.Y.
International Social Science Institute, U.N.E.S.C.O. 1948 Oct. p. 25
International Year of Quiet Sun, solar research 1964 Dec. p. 62
interneuron, central nervous system, reflex arc, neuromuscular control, muscle contraction, nerve inhibition, motor neuron, stretch reflex, Renshaw cell, synapse 1966 May p. 102–110
nervous system, vision, reflex arc, motor neuron, animal behavior, small neuron systems as models for study 1967 May p. 44–52 [1073]
interpersonal relationships, group behavior, social psychology, conference 1955 Mar. p. 31–35
social psychology, self-disclosure, idiosyncracy in self-disclosure 1958 May p. 77–82
adolescence, conformity, social psychology, U.S. teenage attitudes 1958 June p. 25–29
interplanetary fields, cosmic radiation, interplanetary particles, magnetosphere, solar flares, solar wind, aurora, Van Allen belts, solar system 1975 Sept. p. 160–173
interplanetary navigation, spacecraft, orbital motion, rocket, communication technology, navigation, technology of space navigation 1960 Mar. p. 64–73
Mars, navigational accuracy, spacecraft navigation, Viking missions 1976 June p. 58–74
interplanetary particles, cosmic radiation, interplanetary fields, magnetosphere, solar flares, solar wind, aurora, Van Allen belts, solar system 1975 Sept. p. 160–173
interplanetary radar-ranging, gravity constant, lunar occultation, lunar orbit, relativity theory, evidence for decrease of gravitational constant 1976 Feb. p. 44–52
interplanetary space, Mars, Mariner 4, magnetosphere, micrometeorites, trapped radiation, atmosphere, solar wind, cosmic radiation, space exploration 1966 May p. 62–72
interstellar chemistry, hydroxyl radical 1964 Nov. p. 60
ammonia molecule detected 1969 Feb. p. 42
water molecule detected 1969 Apr. p. 50
for maldehyde molecule detected 1969 May p. 53
carbon monoxide molecule detected 1970 June p. 49
hydroxyl radical detected 1971 Sept. p. 80
ethyl alcohol 1974 Dec. p. 66
interstellar clouds, Bok globules, gravitational instability, interstellar dust, stellar formation, local galaxy 1977 June p. 66–81 [366]
interstellar communication, extraterrestrial intelligence, origins of life, planetary systems, cyclops project 1975 May p. 80–89 [347]
Project Ozma 1960 Jan. p. 74
Project Ozma 1960 Nov. p. 97
interstellar dust, light polarization, interstellar gas, protostars 1967 Oct. p. 106–114
Bok globules, gravitational instability, interstellar clouds, stellar formation, local galaxy 1977 June p. 66–81 [366]
interstellar gas, pleiades, stellar evolution, stellar cluster, mass and motion in and of clusters, clues to formation 1962 Nov. p. 58–66 [285]
light polarization, interstellar dust, protostars 1967 Oct. p. 106–114
color photography, emission nebulae, ionization, nebular luminosity 1974 Oct. p. 34–43
black hole, magnetohydrodynamics, neutron stars, pulsar, stellar evolution, supernovae, X-ray sources 1975 Dec. p. 38–46
magnetic field, radio 'photographs', Doppler shift, structured in shells and filaments rather than clouds 1978 Jan. p. 74–84 [394]
interstellar hydrogen, Milky Way, spiral galaxies, radio astronomy 1955 May p. 42–48
galaxy, radio astronomy, radio star, the radio sky 1956 July p. 32–37
spiral structure, radio astronomy, galaxy, galactic nucleus, mapping the local Galaxy 1959 Aug. p. 44–51 [250]
radio astronomy, galaxy, spiral arms, mapping the spiral arms of the local Galaxy 1959 Dec. p. 92–104
galactic evolution, microwaves, radio astronomy, hydrogen in galaxies correlated with their structure 1963 June p. 94–106
interstellar matter, Palomar Observatory, cosmology, red shift, stellar populations, galactic evolution, Hale telescope, first yield from 200 inch telescope 1952 Feb. p. 43–51

photocell, light amplification, photomultiplier, variable stars, stellar temperature 1952 Mar. p. 56–59
hydrogen, radio astronomy, 21-centimeter line 1953 Dec. p. 42–46
ultraviolet radiation, cosmic dust grains, hydrogen 1955 Nov. p. 72–80
spectroscopy, radio astronomy, hydrogen, absorption line, 21-centimeter wave absorption 1957 July p. 48–55
microwaves, maser, hydroxyl radical, infrared astronomy, energy levels, protostars, interferometry 1968 Dec. p. 36–44
galaxy structure, Milky Way, stellar formation, supernovae, galactic dust clouds, nebulae, Gum Nebula, Bok globules 1972 Aug. p. 48–61
astrochemistry, molecular spectra, space exploration, local galaxy 1973 Mar. p. 50–69
'big bang' theory, deuterium-hydrogen ratio, deuterium synthesis, cosmology, heavy hydrogen 1974 May p. 108–118
supernovae, shock waves, gravitational collapse, stellar formation, stellar evolution, birth of massive stars 1978 Apr. p. 110–118 [3005]
maser, cosmic masers, hydroxyl maser, water maser, maser star, astrophysics, quantum mechanics, 'nature imitates art' 1978 June p. 90–105
stellar formation, variable stars, infrared radiation, lithium, youngest stars? 1967 Aug. p. 30

interstellar radiation, formation of interstellar infrared radiation 1967 Oct. p. 60

intracellular parasite, toxoplasmosis, parasitism, infectious disease, encephalitis, insect vectors 1953 Feb. p. 86–92

intrauterine device, employed for bovine birth control in India 1965 Jan. p. 51

intravenous feeding, human nutrition, medical care, synthetic diet 1972 May p. 73–80
total nutrition 1971 May p. 51

intuition, geometry, foundations of mathematics, Hans Hahn on geometry and intuition 1954 Apr. p. 84–91

invariant/variable dyad, verbal communication, communication, acoustic formants, phonetics, markedness/unmarkedness dyad, morphemes, syntax, context sensitivity 1972 Sept. p. 72–80

invention, creativity, industrial research, applied science, solid state physics, Bell Laboratories solid-state physics 1958 Sept. p. 116–130
commerce, technology, patent-law reform 1967 June p. 19–27

inversion layer, cloud seeding, water cycle, air pollution, water drop, ice crystals, fog, smog 1968 Dec. p. 74–82 [876]

inverted coefficient, input-output analysis, interindustry transactions, input-output coefficient, matrix algebra, 1947 input-output table of U.S. economy 1951 Oct. p. 15–21

investment, economic development, Japan, employment policy, debt financing, government-business relations, Japan's economic growth 1970 Mar. p. 31–37

Io, Galileo, Jupiter, Jovian satellites, solar system, Europa, Callisto, Ganymede 1976 May p. 108–116

iodine, trace elements, iron, manganese, zinc, copper, magnesium, human nutrition 1953 Jan. p. 22–25

iodine deficiency, goiter, hypothyroidism, epidemiology, thyroid, iodized salt 1971 June p. 92–101 [1223]

iodized salt, goiter, hypothyroidism, iodine deficiency, epidemiology, thyroid 1971 June p. 92–101 [1223]

ion beam, spectroscopy, mass spectroscopy, separation techniques 1953 Mar. p. 68–74
crystal structure, channeling 1968 Mar. p. 90–98
chemical accelerators, molecular beam, sputtering, high-energy chemistry 1968 Oct. p. 44–52

ion cloud, meteorites, radio echo, spectroscopy 1951 June p. 22–28

ion exchange, alkali, desalination, amino-acid separation 1950 Nov. p. 48–51
distillation, water, desalination, solar still, alternative technologies 1957 Mar. p. 37–45
zeolites, molecular sieves, adsorption, separation of similar molecules 1959 Jan. p. 85–94
metals from the ocean 1955 Oct. p. 48

ion exclusion, separation method 1953 Jan. p. 36

ion implantation, accelerated-ion technique, microelectronics, semiconductor, 'doping' 1973 Apr. p. 64–71

ion potential, cell membrane, nerve impulse, biological role of potassium 1949 Aug. p. 16–21
bioluminescence, membrane potential, plant cell, calcium pump, electricity in plants 1962 Oct. p. 107–117 [136]

ion propulsion, nuclear propulsion, nuclear rocket, space technology, rocket propulsion by nuclear reactions 1959 May p. 46–51
plasma jet, jet velocity, cesium-ion beam, magnetohydrodynamics, electrical propulsion, space exploration 1961 Mar. p. 57–65

ion traps, cosmic radiation, elementary particles, secondary radiation, high-energy physics 1949 Mar. p. 28–39

ionic bonds, covalent bonds, hydrogen bonds, Van der Waals force, long-range forces, chemical bond, antigen-antibody reaction, proposed intermolecular long-range force 1948 Oct. p. 14–17
solid state physics, crystal structure, X-ray diffraction, covalent bonds, metallic bonds, molecular bonds, energy levels, the nature of solids 1952 Dec. p. 39–49 [249]
aluminates, materials technology, ceramics, crystal structure, silicates, heat resistance, covalent bonds, nature of ceramics 1967 Sept. p. 112–124

ionization, lightning, thundercloud, physics of the lightning bolt 1949 Feb. p. 22–27
ball lightning, nuclear fusion, gas plasma, Kapitza theory, Hill theory 1963 Mar. p. 106–116
ammonia, solvated electrons, radiolysis, radiation chemistry, sodium, alkali metals 1967 Feb. p. 76–83
color photography, emission nebulae, interstellar gas, nebular luminosity 1974 Oct. p. 34–43

ionized-hydrogen cloud, Gum Nebula, Milky Way, Strömgren sphere 1971 Dec. p. 20–29

ionizing radiation, photoelectric effect, Compton effect, chemical effects, cytology, free radicals, lethal effects of radiation 1951 Dec. p. 22–25
poisons, radioautography, 'bone-seekers', chelate, scintillation counter 1955 Aug. p. 34–39
mutation, recessive gene 1955 Nov. p. 58–68 [29]
environmental pollution, background radiation, nuclear medicine, atomic bomb test, introduction to single-topic tissue on ionizing radiation 1959 Sept. p. 74–83
atomic bomb test, isotopes, fallout, environmental pollution, nuclear medicine, circulation of radioisotopes 1959 Sept. p. 84–93
chromosome breakage, radiation damage, mutation, cytology, radiation damage to living cell 1959 Sept. p. 94–100 [57]
atomic bomb test, radiation damage, leukemia, immune response, fallout, nuclear medicine, radiation damage, whole-body irradiation 1959 Sept. p. 117–137
evolution, mutation, radiation-induced mutation in evolution 1959 Sept. p. 138–160 [55]
cancer therapy, isotopes, X-ray, radiotherapy, dosimetry, roentgenology, nuclear medicine, radiation use in medicine 1959 Sept. p. 164–176
free radicals, polymerization, organic chemistry, ionizing radiation in industrial chemistry 1959 Sept. p. 180–196
metals, crystal structure, solid state physics, displacement of crystal structure by radiation 1959 Sept. p. 200–213
environmental pollution, fallout, atomic bomb test, radiation damage, mutation, public health, hazards of radiation to society 1959 Sept. p. 219–232 [1214]
leukemia, leukocyte, cancer, chemotherapy, virus, Down's syndrome, origin and treatment of lymphocytic and granulocytic leukemia 1964 May p. 88–96
cosmic radiation, nuclear tracks, fission-track dating, etching, applications of charged-particle tracks in solids 1969 June p. 30–39
fallout, radiation effects on human tissue cells 1957 Jan. p. 64
no genetic damage threshold 1958 Aug. p. 48

ionosphere, upper atmosphere, stratosphere, radio communication, aurora, noctilucent clouds, meteorology 1949 Jan. p. 30–39
Earth magnetic field, lightning, radio, 'whistlers', radio echoes of lightning 1956 Jan. p. 34–37
communication technology, radio, microwave transmission, troposphere, ionospheric and tropospheric scattering 1957 Jan. p. 46–51
climate, weather, solar wind, meteorology, coronametry, Earth's weather and solar wind 1957 Apr. p. 138–148 [849]
solar corona, solar prominences, solar flares, atmosphere, coupling of solar and terrestrial atmospheres 1958 Aug. p. 34–41
artificial satellite, climate, aurora borealis, Van Allen belts, orbital motion, meteorology, solar particle influence on Earth atmosphere 1959 Aug. p. 37–43 [851]
interferometry, solar system, moon, planets, radar astronomy, technology and promise of radar astronomy 1960 Aug. p. 50–59
Sun, solar eclipse, solar flares, chromosphere, ultraviolet radiation, Earth-Sun chromosphere-ionosphere interaction 1962 Feb. p. 50–59

aurora borealis, geomagnetism, solar radiation, magnetosphere, solar wind, physics of the aurora 1965 Dec. p. 54–62
airglow, atmosphere, solar radiation, ozone, oxygen atoms, upper atmosphere, laboratory simulation, atomic energy levels 1966 Mar. p. 102–110
plasma, solar radiation, Earth magnetic field, geomagnetism, barium clouds, magnetosphere, electric field, artificial plasma clouds from rockets 1968 Nov. p. 80–92
ionosphere reflection, long-range microwaves 1952 June p. 36
ionospheric storms, Sun, solar flares, aurora, sunspots, geomagnetic storms 1951 Dec. p. 17–21
solar corona, zodiacal light, Van Allen belts, solar prominences, solar atmosphere, Earth in the Sun's atmosphere 1959 Oct. p. 64–71
ionospheric winds, Earth, lunar tide, the ionosphere 1955 Sept. p. 126–138
IQ: intelligence quotient
IQ, intelligence, race, whites, heredity, American Negro, heredity, population genetics, science policy, social psychology, twins, environment, racial discrimination 1970 Oct. p. 19–29 [1199]
intelligence test, challenged on cultural bias 1970 Nov. p. 44
Iran, Middle East oil, petroleum resources, energy economics, Persian Gulf fields, economic development, Iraq, Saudi Arabia 1948 Sept. p. 9–15
ground water, irrigation, tunneling, aqueducts, underground system, 3,00 years old, still in use 1968 Apr. p. 94–105
Iraq, Middle East oil, petroleum resources, energy economics, Persian Gulf fields, economic development, Iran, Saudi Arabia 1948 Sept. p. 9–15
iridectomy, vision, glaucoma, blindness, human eye 1959 Aug. p. 110–117
iris, eye, rod cells, cone cells, retina, optogram, rhodopsin, camera, anatomy and physiology of the eye, camera as metaphor 1950 Aug. p. 32–41 [46]
Irish families, cultural patterns, Italian families, schizophrenia, schizophrenia and culture 1957 Aug. p. 103–110
Irish potato famine, potato blight, social influence of the potato 1952 Dec. p. 50–56
iron, trace elements, manganese, zinc, copper, magnesium, iodine, human nutrition 1953 Jan. p. 22–25
magnetism, magnetic domains, cobalt, ferrites 1955 Jan. p. 68–73
Iron Age, Bronze Age, ironworking history, metallurgy, carburizing, quenching 1977 Oct. p. 122–131 [699]
Iron age culture, Bronze Age, rock paintings, Camunian culture, Mycenaean civilization, Italian rock carvings 1960 Jan. p. 52–59
iron melting, direct-reduction processes, iron ore, sponge iron, steel production 1976 July p. 68–80
iron-nickel alloy, Earth core, high-pressure technology, X-ray diffraction, crystallography, core studies by analogy, diffraction patterns of iron alloys 1965 June p. 100–108
iron-nickel phases, diamond, meteorites, Canyon Diablo meteorite, shock hypothesis, asteroids, origin of meteorites 1965 Oct. p. 26–36
iron ore, steel production, blast furnace, smelting, furnace smelting under pressure 1948 May p. 54–57
steel production, Labrador deposit 1948 Nov. p. 9–13
coal reserves, steel markets, transportation, changing geography of steel 1952 Jan. p. 44–53
mining, ore beneficiation, low-grade ores, hematite, taconite 1968 Jan. p. 28–35
direct-reduction processes, iron melting, sponge iron, steel production 1976 July p. 68–80
Soviet magnetite fields 1960 Oct. p. 84
iron smelting, coal technology, technology history, Industrial Revolution, blast furnace, Newcomen engine 1974 Aug. p. 92–97
ironworking history, Bronze Age, Iron Age, metallurgy, carburizing, quenching 1977 Oct. p. 122–131 [699]
Iroquois Confederacy, Amerindian, New World archeology, cannibalism, Onandaga tribe 1971 Feb. p. 32–42 [658]
irradiated plastics, cross-linking improved 1954 Aug. p. 40
irradiated water, hydrated electron 1963 Apr. p. 82
irradiation standards, electromagnetic spectrum, microwave diodes, microwave radiation, risk estimation, technology assessment 1972 Feb. p. 13–21
irrational numbers, mathematics, number theory, negative numbers, complex numbers, matrix 1964 Sept. p. 50–59
irregular galaxies, galactic evolution, universe, galactic clusters, irregular galaxies as clues to galactic evolution 1961 Feb. p. 50–57
irrigation, Nabataean culture, wadi, desert, agricultural system, restoration of Nabataean irrigation works in the Negev 1956 Apr. p. 39–45
Negev desert, desert ecology, agricultural technology, land reclamation, Israel, desert reclamation 1960 Mar. p. 54–63
soil erosion, agricultural technology, poverty, economic development, afforestation, Mediterranean Project, United Nations 1960 July p. 86–103
economic development, Mekong river, monsoons, floods, hydro-engineering, rice, Mekong river plan, United Nations 1963 Apr. p. 49–59
economic development, industrialization, water supply, desalination, water resource management, technology and economics of water in economic development 1963 Sept. p. 92–108
ground water, artesian well, agricultural technology, Sahara desert, water resource management, land reclamation, intercalary water, 'fossil' water, making desert fertile 1966 May p. 21–29
sea water, salt-water agriculture, agronomy, arid lands, salt tolerance 1967 Mar. p. 89–96
ground water, tunneling, aqueducts, Iran, underground system, 3,00 years old, still in use 1968 Apr. p. 94–105
Arabia, trade, Near East, frankincense, myrrh, Biblical archeology, cultures of southern Arabia 1969 Dec. p. 36–46 [653]
human population, food production, fertilizers, pollution, biosphere, agricultural revolution, soil erosion, biosphere capacity to produce food 1970 Sept. p. 160–170 [1196]
China, economic development, rice, hybrid wheat, agricultural technology, hybrid rice, livestock 1975 June p. 13–21
center-pivot irrigation, ground water, agricultural technology 1976 June p. 90–99
'green revolution', India, food and agriculture, technology transfer, monsoons, fertilizers, rice, agronomy, wheat, hybrid crop plants 1976 Sept. p. 154–163
agricultural resources, gene manipulation, photosynthesis, food and agriculture 1976 Sept. p. 164–178
drip irrigation, trickle irrigation, agricultural technology 1977 Nov. p. 62–68 [1371]
Ishango man, cultural anthropology, Mesolithic era, harpoon, African culture 10,000 B.C. 1962 June p. 105–116
Isimila, Paleolithic culture, stone tools, cultural archeology, Old Stone Age site in Africa 1961 Oct. p. 118–129
island arcs, Earth crust, continental evolution, volcanoes, sedimentation, origin of the continents 1955 Sept. p. 62–66 [816]
continental drift, remanent magnetism, plate tectonics, ocean floor, Wegener hypothesis re-stated with new evidence, age of rocks 1963 Apr. p. 86–100 [868]
earthquake zones, lithospheric subduction, mountain formation, plate tectonics, sea-floor spreading, subduction zones, volcanic zones 1975 Nov. p. 88–98 [919]
domes, hot spots, plate tectonics, ocean rifts, plumes, volcanoes 1976 Aug. p. 46–57 [920]
island chains, West Indies, New World archeology, Hispaniola, stone artifacts, sea routes, seafaring hunters from Central America? 1969 Nov. p. 42–52 [652]
isobutane, ice crystals, desalination, sea-water freezing, heat of fusion, freezing as alternative to distillation 1962 Dec. p. 41–47
isomerism, isotopes, bulk effect, organic chemistry, paths of atoms in chemical reactions 1957 Nov. p. 117–126 [85]
vision, visual pigments, opsin, rhodopsin, vitamin A 1967 June p. 64–76 [1075]
isoniazid, isotopes, tuberculosis, streptomycin, para-aminosalicylic acid, pharmacology, tracing action of TB drugs 1956 Nov. p. 135–144
isoprene, butadiene, rubber synthesis, vulcanization, latex, elastomers, synthetic rubber, molecular structure 1956 Nov. p. 74–88
isostasis, Earth crust, mountain formation, granitization, ocean basins, ocean floor, tectonic processes, comprehensive review of understanding (before acceptance of continental drift) 1950 May p. 32–41
isostatic equilibrium, Earth mantle, plastic zone, seismology, basalt, Mohorovicic discontinuity, plastic zone at depth between 37 and 155 miles 1962 July p. 52–59
isotactic polymers, polymers, 'stereoregular' polymers, polyethylene, catalytic polymerization, polypropylene, precisely constructed polymers 1961 Aug. p. 33–41 [315]
isothermal combustion, Carnot cycle, Diesel engine, automobile engines, Diesel's 'rational' engine 1969 Aug. p. 108–117

isotope dating, lead isotopes, radioisotope dating, strontium-rubidium ratios, geological and paleontological time dated by radioactive decay 1949 Aug. p. 48–51
ocean floor, sonar, seismology, sedimentary cores, Albatross voyage, Swedish deep-sea expedition 1950 Aug. p. 42–45
radioactive decay, solar system, meteorites, Earth crust, age of solar system 1957 Apr. p. 80–94 [102]
mantle rock dating by strontium isotope 1965 Mar. p. 56
isotope separation, gas separation, laser, laser-light pressure, radiation pressure, 'optical bottle', atomic and molecular beams 1972 Feb. p. 62–71
laser-excitation technique, light absorption, quantum mechanics, uranium enrichment 1977 Feb. p. 86–98 [354]
isotope tracing, duck-billed platypus, lactogenesis, milk, mammal, synthesis of milk 1957 Oct. p. 121–128
isotopes, radioautography, molecular biology, cytology, use of radioisotopes in biological research 1949 Feb. p. 30–41
A.E.C., U.S. Atomic Energy Commission makes isotopes available, free, to cancer research 1949 Apr. p. 16–17
periodic table, 'synthetic' elements, transuranium elements, table of elements, stable isotopes, first of a series of articles, recounting the completion of the table of elements (43 [technetium], 61[promethium], 85[astatine] and 87[francium]) and the first five transuranic elements (93[neptunium], 94[plutonium], 95[americium], 96[curium] and 97[berkelium]) 1950 Apr. p. 38–47 [242]
fission products, uses in science and technology 1952 June p. 19–21
thermonuclear reaction, element abundance, stellar evolution, universe, 'synthetic' elements, particle accelerator, experimental astrophysics 1956 Sept. p. 82–91
isoniazid, tuberculosis, streptomycin, para-aminosalicylic acid, pharmacology, tracing action of TB drugs 1956 Nov. p. 135–144
isomerism, bulk effect, organic chemistry, paths of atoms in chemical reactions 1957 Nov. p. 117–126 [85]
atomic bomb test, ionizing radiation, fallout, environmental pollution, nuclear medicine, circulation of radioisotopes 1959 Sept. p. 84–93
cancer therapy, X-ray, radiotherapy, ionizing radiation, dosimetry, roentgenology, nuclear medicine, radiation use in medicine 1959 Sept. p. 164–176
ascites tumor, radioautography, cell life cycle, cellular autobiography 1963 Aug. p. 103–110 [165]
alpha decay, transuranium elements, nuclear stability, beta decay, radioactive decay, 'synthetic' elements, periodic table, the 'superheavy' elements beyond 103 1969 Apr. p. 56–67
elements, radioactive decay, atomic nucleus, 'synthetic' elements, exotic isotopes of light elements 1978 June p. 60–72 [3010]
Federation of American Scientists proposal 1949 Apr. p. 24
British exports ahead 1952 Dec. p. 38
labeled cortisone 1953 Aug. p. 46
uses in medicine 1956 Sept. p. 111
uses in agriculture and industry 1957 July p. 64
isotropy, uranium fission, nuclear fission, fission products, 'synthetic' elements, radium, transuranium elements, science history, discovery of fission 1958 Feb. p. 76–84
cosmology, universe expansion, cosmic background radiation, 'big bang' theory, low-energy radiowaves, primeval fireball, helium abundance, 'big bang' theory and cosmic background radiation 1967 June p. 28–37
Israel, comparative religion, ethnic groups, gene isolation, Judaism, Samaritans, Holon and Nablus communities 1977 Jan. p. 100–108 [690]
Italian families, cultural patterns, Irish families, schizophrenia, schizophrenia and culture 1957 Aug. p. 103–110
Italy, Greek civilization, Cumae, Classical archeology, 8th c B.C. Greek colony first in Italy 1963 Dec. p. 108–121

J

J particle, antimatter, electron-positron annihilation, psi particle, charm, color, quark, high-energy physics, storage rings, virtual particles 1975 June p. 50–62
hadrons, heavy leptons, high-energy physics, quantum mechanics, quark hypothesis, intermediate vector bosons 1976 Jan. p. 44–54
massive, long-lived puzzle 1975 Jan. p. 48
Jacquard loom, Bacon's cipher, binary code, Boolean algebra, computer history, science history, punched cards 1972 Aug. p. 76–83
Japan, pottery, human migration, navigation, Ecuador, New World archeology, evidence for 3,000 B.C. trans-Pacific contact 1966 Jan. p. 28–35
Ama, diving, diving women, Korea, breathing, human physiology, basal metabolism, adaptation 1967 May p. 34–43
economic development, employment policy, investment, debt financing, government-business relations, Japan's economic growth 1970 Mar. p. 31–37
Japanese macaques, primate behavior, monkey, primate societies, protocultural behavior, social status 1976 Oct. p. 96–106 [1345]
Japan's 'divine wind', typhoon that repelled Kublai Khan 1976 June p. 55
Jarmo site, agricultural revolution, radiocarbon dating archeology, cave to village at Jarmo 1952 Oct. p. 62–66
Java man, human evolution, Homo erectus, fossil men, Peking man, Homo erectus in family tree of H. sapiens 1966 Nov. p. 46–53 [630]
jawless fish, lamprey, pest control, Great Lakes, trout, whitefish 1955 Apr. p. 36–41
jazz musicians, strong sub-culture 1951 Nov. p. 38
Jericho, Neolithic archeology, Biblical archeology, 'world's oldest city' 1954 Apr. p. 76–82
world's oldest town 1952 Nov. p. 48
Biblical archeology, oldest city 1956 Nov. p. 68
Biblical archeology, from cave to village 1957 Sept. p. 116
Jerusalem, Palestine, Biblical archeology, city of Jebusites, David, Herod 1965 July p. 84–91
jet engines, zirconium, fission reactor, ilmenite 1951 June p. 18–21
jet flight, aerodynamics, aircraft-wake vortexes, contrails, flight safety, wake turbulence 1974 Mar. p. 76–83
jet lag, air travel 1966 Feb. p. 53
time-zone effects 1969 Aug. p. 57
jet liner, British Comet 1952 Aug. p. 33
jet stream, upper atmosphere, weather, atmospheric circulation, index cycle, polar front 1952 Oct. p. 26–31
weather forecasting, long-wave forecasting 1955 Aug. p. 40–44
weather, thunderstorms, wind, squall lines, low-altitude jet streams 1961 Aug. p. 120–131
jet velocity, ion propulsion, plasma jet, cesium-ion beam, magnetohydrodynamics, electrical propulsion, space exploration 1961 Mar. p. 57–65
jocular physics, humor, language, physics, broken English, tribute to Niels Bohr 1956 Mar. p. 93–102
Jodrell Bank radio telescope, flare stars, radio astronomy, radio star, solar flares, definitive evidence of radiowaves from stars 1964 Aug. p. 13–19
Johnson, melancholy hypochondriac 1951 June p. 38
Jordan Valley Plan, agricultural irrigation, canals, hydro-engineering, pipelines, water supply, Israel, Jordan 1965 Mar. p. 23–31
Josephson effects, electric current, superconductivity, microwave emission, tunnel junction, quantum mechanics, confirmation and applications of Josephson effects 1966 May p. 30–39
coherent matter waves 1965 June p. 61
Joshua trees, desert ecology, mesquite, creosote bushes 1955 Apr. p. 68–75 [114]
Joule, Carnot, Rumford, science history, heat, pioneers in the theory of heat 1954 Sept. p. 60–61
journal bearing, bearing, lubrication, friction, wear 1975 July p. 50–64
Jovian meteorology, Jupiter, planetary atmosphere, planets, solar system, Great Red Spot 1976 Mar. p. 46–56
Jovian moons, Great Red Spot, liquid planets, atmospheric circulation, Jupiter, solar system 1975 Sept. p. 118–126
Jovian satellites, Galileo, Jupiter, solar system, Europa, Callisto, Ganymede, Io 1976 May p. 108–116
Judaism, blood typing, racial discrimination, religious persecution, social evolution, genetic drift, population genetics, Jewish community of Rome 1957 Mar. p. 118–128
Dead Sea scrolls, New Covenanters, Biblical archeology, Qumran site 1971 Nov. p. 72–81
Dead Sea scrolls, Gnostic library, religion 1973 Jan. p. 80–87
comparative religion, ethnic groups, gene isolation, Israel, Samaritans, Holon and Nablus communities 1977 Jan. p. 100–108 [690]
junction diode, light-emitting diode, semiconductor, laser, electron beam, solid-state lasers 1967 May p. 108–122
junction diode amplifiers, amplifiers, sound reproduction, transistor, electronic circuitry, noise 1959 June p. 118–129
junction transistor, transistor, vacuum tube, electronics, computer technology, forecast of a 'revolution in electronics' 1951 Aug. p. 13–17

germanium crystal, 'doping', triode 1952 July p. 28–32
Jupiter, imine radical, hydrazine radical, frozen free radicals, low temperature physics modelling of Jupiter 1956 June p. 119–128
Venus, solar system, planets, radio astronomy, measuring planetary surface temperature 1961 May p. 58–65
Van Allen belts, radio emissions, magnetic field, origin of Jovian radio waves 1964 July p. 34–42
extraterrestrial life, infrared astronomy, Venus, atmospheric windows, Mars, moon, spectrometry, history and recent results of infrared astronomy 1965 Aug. p. 20–29
Taylor column, Great Red Spot, planetary atmosphere, rotation period, hydrodynamic explanation vs. raft hypothesis 1968 Feb. p. 74–82
Great Red Spot, liquid planets, Jovian moons, atmospheric circulation, solar system 1975 Sept. p. 118–126
Jovian meteorology, planetary atmosphere, planets, solar system, Great Red Spot 1976 Mar. p. 46–56
Galileo, Jovian satellites, solar system, Europa, Callisto, Ganymede, Io 1976 May p. 108–116
radio emissions 1955 June p. 50
Jovian Van Allen belt calculations 1960 July p. 81
report from Pioneer 10 mission 1974 Feb. p. 42
jurisdictional disputes, pollution control, international cooperation, oceanography, resource management, international competition and cooperation 1969 Sept. p. 218–234 [888]
jury trial, crime, eye-witness testimony, perception, memory 1974 Dec. p. 23–31 [562]
juvenile delinquency, its genesis 1950 Dec. p. 28
by contagion from parents 1954 June p. 50
personality of delinquent 1956 Aug. p. 57
juvenile hormone, insect metamorphosis, larvae, pupa, demonstration of hormonal control in silkworm moth 1950 Apr. p. 24–28
entomology, silkworm, insect metamorphosis, hormone arrests development 1958 Feb. p. 67–74
insect metamorphosis, tissue differentiation, cellular specialization in insect development 1959 Feb. p. 100–110 [63]
insecticide, balsam-fir factor, insect hormones, insecticide resistance, species specificity, DDT, third-generation pesticides 1967 July p. 13–17 [1078]
insect physiology, balsam fir factor 1965 Oct. p. 39
ecdysone synthesized 1966 May p. 52

K

Kaiser health plan, national health insurance, medical care, medical technology, multiphasic screening, H.M.O., screening out the 'worried well' 1970 Apr. p. 15–23
medical care financing, H.M.O., Medicaid, Medicare, medical technology, national health insurance 1973 Sept. p. 169–175
Kaiser Wilhelm Institute, replaced by Max Planck Society 1948 July p. 31
Kalinga prize, to Julian Huxley 1953 Sept. p. 74
to Kaempffert 1954 Aug. p. 38
to Gamow 1956 Dec. p. 52
to Bertrand Russell 1958 Apr. p. 48
Arches of Science Award, to Warren Weaver 1965 Nov. p. 48
kallidin, kinins, peptides, venom, inflammation, bradykinin, globulin, local hormones, production and distribution 1962 Aug. p. 111–118 [132]
Kanawha river, fossil river, Teays river 1952 June p. 74–80
kangaroos, animal behavior, hopping energetics, mammalian evolution, marsupial 1977 Aug. p. 78–89 [1366]
kaolin purification, high-gradient magnetic separation, magnetic separation, separation techniques, wastewater purification 1975 Nov. p. 46–54
kaonic atoms, atomic nucleus, atomic structure, exotic atoms, muonic atoms, particle accelerator, pions, quantum mechanics, high-energy physics 1972 Nov. p. 102–110
Karatepe citadel, Hittites, Phoenician script 1949 Aug. p. 22–23
Karimojong, animal husbandry, cattle, subsistence herding, Uganda 1969 Feb. p. 76–89
Keats, as medical student 1973 June p. 40
kelp, algae, phytoplankton, food chain, algin, agar 1952 Dec. p. 15–17
Kepler, musical scale, tone ladder, Pythagorean doctrine, music and mathematics, harmonic proportions, vibrating string 1967 Dec. p. 92–103
Kepler crater, lunar luminescence, moon, solar radiation, solar flares, meteorites, impact of solar protons? 1965 May p. 28–37
Kepler's laws, planetary motion, science history 1972 Mar. p. 92–106
Kepler's supernova, supernovae, Chinese starcharts, Tycho's supernova, 'guest stars', the seven observed supernovae 1976 June p. 100–107
keratin, flagella, contractile proteins, myosin, epidermis, 'k.m.e.f.' group, motility in bacteria 1951 Jan. p. 20–24
collagen, elastin, myosin, fibrin, cell, polymers, polymers in living cells 1957 Sept. p. 204–216 [35]
evolution, horn, antler, osteogenesis, bone, ungulates, differences between horns and antlers 1969 Apr. p. 114–122 [1139]
X-ray diffraction, protein structure, alpha keratin, feather keratin 1969 Aug. p. 86–96 [1155]
keratin myosin epidermis flagella, *see:* k.m.e.f.
kerato-conjunctivitis, herpes simplex, treatment 1962 Apr. p. 80
Kerr cell, high-speed photography 1949 June p. 48–49
Kerr effect, communication technology, laser, pulse-code modulation, electron optics, Pockel's effect, polarization, modulators, modulation of laser light 1968 June p. 17–23
Kerr gate, laser mode-locking, molecular motion, quantum mechanics, Raman clock, ultrafast phenomena, picosecond molecular processes 1973 June p. 42–60
kibbutz marriage patterns, exclude 'brothers' and 'sisters' 1972 Dec. p. 43
kidney, counter-current exchange, urine, nephron, glomerulus, osmosis, anatomy and physiology of the kidney 1953 Jan. p. 40–48 [37]
desert rat, water balance, oxidation of food, how banner-tailed kangaroo rat survives without water 1953 July p. 73–78 [1050]
diabetes insipidus, thirst, salt excretion, electrolyte balance, thermoregulation, urine, physiological psychology, osmoreceptor theory of thirst, Cannon 'dry mouth' theory 1956 Jan. p. 70–76
artificial kidney, dialysis 1961 July p. 56–64
counter-current exchange, rete mirabile, heat conservation, physiology, swim bladder, gill, physics of a physiological invention 1957 Apr. p. 96
kidney calculi, crystal structure, lithiasis, X-ray diffraction, bladder stones, gallstones, urinary calculi 1968 Dec. p. 104–111
kidney disorder, stress, psychosomatic illness, alarm reaction, cardiovascular disease, adrenal gland 1949 Mar. p. 20–23 [4]
anemia, brain damage, environmental toxins, blood disorders, lead poisoning, nerve disorders 1971 Feb. p. 15–23 [1211]
kidney function, angiotensin, hypertension, human physiology, isolation of angiotension 1959 Mar. p. 54–58
comparative psychology, desert adaptation, salt-water balance, thermoregulation, man:camel comparison 1959 Dec. p. 140–151 [1096]
behavioral adaptation, ground squirrels, Mojave desert, animal behavior, thermoregulation, desert adaptation, desert mammals' adaptations to heat and aridity 1961 Nov. p. 107–116
kidney machine, dialysis, heart-lung machine, surgery 1954 Aug. p. 24–27
kidney transplant, bone marrow transplantation, immune response, radiotherapy, circumventing immune response 1959 Oct. p. 57–63
artificial heart, heart transplant, immunosupression, organ transplant, mechanical heart implant 1965 Nov. p. 38–46 [1023]
kidney tubule, sodium pump, membrane potential, active transport, cell membrane, biological pumps 1962 Aug. p. 100–108
killer bees, bee, reputation inflated 1976 Jan. p. 63
killer whale, docile in captivity 1966 Nov. p. 72
kiln, fire-making, human evolution, fire vegetation, cooking, Neolithic revolution, furnace, heat, introduction to single-topic issue on heat 1954 Sept. p. 52–57
kilomegacycle waves, ultrasonics, sound waves, acoustic waves at optical wavelength 1963 June p. 60–68
kimberlite pipes, diamond, plumes, Earth mantle, volcanic eruption, genesis of kimberlite pipes 1978 Apr. p. 120–132 [931]
kimberlites, Earth mantle, meteorite composition, plate tectonics, seismic waves, plumes, Earth dynamics 1975 Mar. p. 50–63 [915]
kinesthetic memory, spatial orientation, visual perception, neuropsychology, perception of the upright 1959 Feb. p. 50–56 [410]
conditioned behavior, learning, behavioral psychology, place-learning 1963 Oct. p. 116–122 [479]

sensory perception, spatial orientation, sensory feedback, plasticity in sensory-motor systems in man and cats 1965 Nov. p. 84–94 [494]
King's Broad Arrow, white pine, North American forests, Royal Navy, American Revolution, colonial building 1948 June p. 48–53
kinins, peptides, kallidin, venom, inflammation, bradykinin, globulin, local hormones, production and distribution 1962 Aug. p. 111–118 [132]
kinship, Ashanti, Tallensi, social anthropology, extended family, social structure, social psychology, primitive Tallensian and Ashantian kinship 1959 June p. 146–158
Kirlian photography, analyzed 1976 Dec. p. 53
kittens, animal behavior, developmental psychology, homing behavior, learning, suckling 1972 Dec. p. 18–25 [552]
Klamath weed, weed control, insect herbivores, agricultural technology, leaf-eating beetle, living herbicides 1957 July p. 56–67
Klein bottle, topology, inner-tube eversion, Möbius band, trefoil knot, Koenigsberg bridges, four-color-map problem, three-cottages problem 1950 Jan. p. 18–24
Klein theory, antimatter, Leidenfrost phenomenon, Zeeman effect, high-energy physics, cosmology, high-energy physics and cosmology 1967 Apr. p. 106–114 [311]
Klinefelter's syndrome, Down's syndrome, chromosomal anomalies, trisomy 21, genetic defect, meiosis, mitosis, gene translocation, nondisjunction, afflictions associated with abnormal chromosome complement 1961 Nov. p. 66–76 [150]
Barr body, sex differences, chromosome, genetic mosaic, cytology, Turner's syndrome, chromosomal anomalies, sex differences in tissue cells 1963 July p. 54–62 [161]
klystron, microwaves, optical properties, Maxwell's equations, traveling-wave tube, magnetron, waveguides, communication, radar 1952 Aug. p. 43–51
microwaves, radar, particle accelerator 1954 Mar. p. 84–90
microwaves, molecular rotation, spectroscopy, laboratory applications of microwaves 1957 May p. 46–53
klystron giant, 15mW pulses 1952 Nov. p. 42
klystron tube, electron accelerator, linear accelerator, Stanford Linear Accelerator Center, two-mile Stanford Linear Accelerator 1961 Nov. p. 49–57 [322]
k.m.e.f.: keratin myosin epidermis flagella
'k.m.e.f.' group, flagella, contractile proteins, keratin, myosin, epidermis, motility in bacteria 1951 Jan. p. 20–24
knee joint, surgical prosthesis, human anatomy, surgical replacement of the knee joint 1978 Jan. p. 44–51 [1378]
'knock', automobile engines, high compression, combustion chamber design, high-octane fuel, mechanical vs chemical solutions for premature combustion 1950 Feb. p. 16–19
knot-tying fish, cardiac function, hagfish, comparative psychology, cyclosomes, hermaphrodite 1966 Feb. p. 82–90 [1035]
knots, mathematics, geometry, topology, quinary system, decimal system, tessellation, primitive mathematics 1948 Dec. p. 44–49
Koenigsberg bridges, topology, inner-tube eversion, Möbius band, Klein bottle, trefoil knot, four-color-map problem, three-cottages problem 1950 Jan. p. 18–24
Euler, topology, essay by Leonard Euler on the Koenigsberg bridges 1953 July p. 66–71
mathematics, mnemonics, salesman's route, delight and depth in mathematics 1961 May p. 148–158
algorithms, computer science, undecidable questions, polynomial-time problems, exponential-time problems, efficiency of algorithms 1978 Jan. p. 96–109 [395]
Korea, Ama, diving, diving women, Japan, breathing, human physiology, basal metabolism, adaptation 1967 May p. 34–43
kraft process, forest products, wood pulp, paper, cellulose, lignin, rayon, waste recycling 1974 Apr. p. 52–62
Krakatoa, volcanic eruption, plant succession, ecology 1949 Sept. p. 52–54
krebiozen, Dr. Ivy unfrocked 1952 Jan. p. 40
'Red' Grange fires Stoddard 1953 Sept. p. 72
creatine hydrate 1963 Oct. p. 54
krill, blue whale, sonar, food chain, whaling, natural history of the largest animal 1956 Dec. p. 46–50
food chain, plankton, whale, Antarctic convergence, Euphausia superba 1958 Jan. p. 84–89 [853]
Antarctica, oceanography, marine biology, food chain, blue whale, ecology, Antarctic convergence, biological province of Antarctic convergence 1962 Sept. p. 186–210
krypton 85, industrial application 1959 Aug. p. 68
krypton 86, international time standard 1960 Dec. p. 75
Kuanyama Ambo, anthropology, social controls, murder, monarchy 1950 Oct. p. 52–55
Kung bushmen, baboons, human evolution, social behavior, comparative psychology, social anthropology, sexual behavior, origin of society 1960 Sept. p. 76–87 [602]
kuru, brain disease, scrapie, Chédiak-Higashi syndrome, virus disease, animal vectors, multiple sclerosis 1967 Jan. p. 110–116
degenerative diseases, immune system, slow virus infection, virus disease, scrapie, cancer virus, herpes virus 1974 Feb. p. 32–40 [1289]
kwashiorkor, malnutrition, diet, food supply, human nutrition 1954 Dec. p. 46–50
diet, fasting, human nutrition, metabolism, starvation, marasmus, physiology of starvation 1971 Oct. p. 14–21 [1232]

L

labor capability, man-day, muscle power, 'scientific management' 1971 Oct. p. 96–103
labor cost, productivity, mechanization, capital cost 1955 July p. 33–35
labor force, productivity, production workers, service workers 1951 Sept. p. 36–41
engineering manpower, employment by industry, disciplinary distribution 1951 Sept. p. 65–68
science manpower, disciplinary distribution, employment by sector 1951 Sept. p. 71–76
productivity, capital-output ratio, automatic control, economic and social impact of automatic control 1952 Sept. p. 150–160
education, U.S. population, age-sex distribution, demographics, gross national product, U.S. census, more from the U.S. census of 1960 1962 Oct. p. 30–37
automatic control, economics, technology, input-output analysis, U.S. impact of technological change, 1947-1958, input-output tables 1966 Apr. p. 25–31 [629]
developed countries, sex role, human population, women's status 1974 Sept. p. 136–147
employment levels, manpower policy, U.S. economy, women in labor force, job creation vs. job quality 1977 Nov. p. 43–51 [701]
2.7 million in science and technology 1963 Sept. p. 82
U.S., a service economy 1969 Apr. p. 48
labor-saving devices, robot, assembly, computer applications, manufacturing productivity, programmable robot for product assembly 1978 Feb. p. 62–74 [929]
laboratory animals, pig, comparative physiology, small pig as experimental animal, resemblance to man 1966 June p. 94–100 [1045]
laboratory services, medical care, community hospital, medical center, general practitioner, medical specialist, Bingham plan, organization of medical technology 1948 Oct. p. 7–13
Labrador, Amerindian, New World archeology, burial mounds 1976 Nov. p. 122–129
Labrador deposit, steel production, iron ore 1948 Nov. p. 9–13
lac repressor, phagocytosis, gene expression, repressor molecules, operator-repressor system, lambda repressor, isolation of two gene repressors; how they work 1970 June p. 36–44 [1179]
lacrimal gland, hypothalamus, tears, nerve impulse, reflex, psychogenic and continuous tears 1964 Oct. p. 78–86
lactic acid formation, ATP, muscle, glycolysis, aerobic metabolism, oxygen debt, aerobic metabolism, anaerobic metabolism, energy mechanisms in muscle 1972 Mar. p. 84–91 [1244]
lactic acidosis, anxiety neurosis, adrenalin, biochemistry of anxiety 1969 Feb. p. 69–75 [521]
lactogenesis, duck-billed platypus, isotope tracing, milk, mammal, synthesis of milk 1957 Oct. p. 121–128
milk, mammary gland, casein, hormonal action, cell secretion, composition and synthesis of cow's milk 1969 July p. 58–68
lactose tolerance, enzyme deficiency, genetic disease, milk sugar, milk-digestion problem 1972 Oct. p. 70–78 [1259]
Lake Amatitlan, Maya civilization, underwater archeology, 500 B.C. Guatemala 1959 Mar. p. 100–113
'lake-dwellers', Paleolithic culture, Switzerland, prehistoric Swiss lake-dwellers 1961 Dec. p. 138–147
'lake gas', as fuel, Lake Kivu 1976 Oct. p. 65A
Lamarck, Lysenkoism, acquired characteristics, genotype, evolution, phenotype, mutation, ostrich calluses, speciation, religion,

orthodoxy, Darwinism, experiments in acquired characteristics 1953 Dec. p. 92–99
lambda decay, time reversal, symmetry, parity, charge conservation, CPT conservation, proton spin, experiments in time reversal 1969 Oct. p. 88–101
lambda hyperon, particle physics, hyperons, hypernuclei 1962 Jan. p. 50–56
lambda repressor, phagocytosis, gene expression, repressor molecules, operator-repressor system, lac repressor, isolation of two gene repressors; how they work 1970 June p. 36–44 [1179]
laminar flow, boundary layer, airfoil, turbulence, aerodynamics 1954 Aug. p. 72–77
heat, propulsion, energy transformation, aerothermodynamics, turbulence, high temperatures: propulsion 1954 Sept. p. 120–131
fish, swimming, turbulence, purpoises, how fishes and sea-going mammals swim 1957 Aug. p. 48–54 [1113]
lammergeier, alpine environment, cushion plant, pinks, Himalayan mountain ecology 1961 Oct. p. 68–78
'lampbrush' chromosome, cell differentiation, tissue specialization, embryonic development, zygote, fertilization, ovum, clone, cytology, how cells specialize 1961 Sept. p. 124–140
lamprey, jawless fish, pest control, Great Lakes, trout, whitefish 1955 Apr. p. 36–41
land animals, fossil fish, coelocanth, evolution 1955 Dec. p. 34–39 [831]
land management, land use, grazing, forestry, rangeland, agricultural resources, U.S. Western states 1970 Feb. p. 88–96 [1169]
land ownership, land use, urban planning, Stockholm, cities, urban renewal, Stockholm as a planned city 1965 Sept. p. 106–115
urban planning, Ciudad Guyana, cities, economic geography, highway engineering, a model city in Venezuela 1965 Sept. p. 122–132
land reclamation, trace elements, cobalt, desert ecology, vitamin B12 synthesis, agricultural technology, reclamation of infertile Austrialian land 1959 Jan. p. 97–106
Negev desert, irrigation, desert ecology, agricultural technology, Israel, desert reclamation 1960 Mar. p. 54–63
irrigation, ground water, artesian well, agricultural technology, Sahara desert, water resource management, intercalary water, 'fossil' water, making desert fertile 1966 May p. 21–29
coal mining, strip-mining 1975 Dec. p. 23–29
strip-mining 1974 Aug. p. 48
land reform, agricultural technology, food supply, population growth, F.A.O., human nutrition, F.A.O. Indicative World Plan 1970 Aug. p. 54–69 [1186]
land subsidence, petroleum extraction, water injection 1967 June p. 93–100
California oilfield 1950 Jan. p. 30
land use, urban planning, Stockholm, cities, land ownership, urban renewal, Stockholm as a planned city 1965 Sept. p. 106–115
housing, population density, shantytowns, taxation, government regulation, urban planning, cities, control of land use 1965 Sept. p. 150–160
shantytowns, squatters, urban sociology, housing, 'barriadas' of Lima, Peru 1967 Oct. p. 21–29
grazing, forestry, rangeland, agricultural resources, land management, U.S. Western states 1970 Feb. p. 88–96 [1169]
landslide, clay, quick clay, formation and properties of quick clay 1963 Nov. p. 132–142
Langmuir trough, muscle contraction, artificial muscle, ATP, actinomyosin, muscle relaxation 1952 Dec. p. 18–21
language, infant speech, learning, communication, meaningful consistencies in infant babble 1949 Sept. p. 22–24 [417]
speech, dialects, American languages, linguistics, changes in U.S. speech 1950 Jan. p. 48–51
humor, physics, jocular physics, broken English, tribute to Niels Bohr 1956 Mar. p. 93–102
Polynesian culture, cultural evolution, tools, settlement of South Sea Islands, origin of Polynesians 1956 Aug. p. 58–72
agricultural production, poverty, education, economic development, Peru, literacy, Cornell-Peru experiment in economic development 1957 Jan. p. 37–45
Canary Islands, nonverbal communication, whistling, phonology, the whistled language of La Gomera 1957 Apr. p. 111–118
evolution, intelligence, learning, memory, imagery, experimental psychology, learning in man and animals 1957 June p. 140–150
artificial intelligence, Loglan, linguistics, 'language of logic' 1960 June p. 53–63
communication, human evolution, speech, origin of speech 1960 Sept. p. 88–96 [603]
computer translation, computer study of structure of language 1962 June p. 68–76
brain hemispheres, cerebral dominance, perception, split-brain experiments, corpus callosum, intelligence, localization of brain function 1967 Aug. p. 24–29 [508]
bilingualism, communication, reading, information processing, learning 1968 Mar. p. 78–86
aphasia, brain damage, Broca's area, speech disorders 1972 Apr. p. 76–83 [1246]
visual perception, bilingualism, dyslexia, eye movement, grammatical relations, reading, perception of words 1972 July p. 84–91 [545]
communication technology, cybernetics, information theory, machine communication, communication, introduction to single-topic issue on communication 1972 Sept. p. 30–41 [677]
information theory, painting, sculpture, architecture, visual communication, communication, trademarks, visual stimulus, visual signals 1972 Sept. p. 82–96 [548]
child development, communication, social speech 1977 Feb. p. 100–105 [576]
language diffusion, Africa, Bantu language, Early Iron Age culture, linguistics 1977 Apr. p. 106–114
language of science, English or German 1956 Apr. p. 71
language organization, grammar, linguistics, speech errors, spoonerisms, syntactic rules 1973 Dec. p. 110–117 [556]
Laplace, politics, cosmology, physics, life and work of Pierre Simon de Laplace 1954 June p. 76–81
large-scale integrated circuits, computer memory, integrated circuits, metal-oxide semiconductors, microelectronics, logic circuits, transistor 1970 Feb. p. 22–31
integrated circuits, photolithographic techniques, manufacture of integrated circuits 1977 Sept. p. 110–128 [377]
binary arithmetic, Boolean logic, integrated circuits, logic elements, microelectronics 1977 Sept. p. 82–106 [376]
larvae, insect metamorphosis, juvenile hormone, pupa, demonstration of hormonal control in silkworm moth 1950 Apr. p. 24–28
alkaloids, butterfly, symbiosis, insect repellants, behavioral adaptation, plant evolution, mimicry, butterfly-plant association 1967 June p. 104–113 [1076]
mosquitoes, yellow fever, sexual behavior, reproduction, eggs, Aedes Aegypti 1968 Apr. p. 108–116
cell culture, cell differentiation, fruit fly, transdetermination 1968 Nov. p. 110–120 [1127]
larynx, music, voice, singing voice, pharynx, acoustics of singing voice 1977 Mar. p. 82–91
Lascaux, cave art, cave paintings, Paleolithic archeology, sculpture, Altamira 1968 Feb. p. 58–72
laser: light amplification by stimulated emission of radiation
laser, maser, coherent radiation, stimulated emission, first lasers as 'optical masers' 1961 June p. 52–61 [274]
crystallography, light refraction, nonlinear optics, light interactions, ultraviolet radiation, photon 1964 Apr. p. 38–49
holography, wave-front reconstruction, interferometry, lensless laser photography 1965 June p. 24–35 [300]
communication technology, signal transmission, multiplexing, signal transmission by laser 1966 Jan. p. 19–27 [302]
chemical laser, infrared radiation, chemical pumping 1966 Apr. p. 32–39 [303]
light-emitting diode, semiconductor, electron beam, junction diode, solid-state lasers 1967 May p. 108–122
liquid lasers, rare-earth ions, solvation shell, chelate cage, comparison of liquid, gas and solid-state lasers 1967 June p. 80–90
spectroscopy, materials technology, color, photoelectric effect, transparency, optical properties of materials 1967 Sept. p. 238–248
holography, microscopy, white-light reconstruction, color holography 1968 Feb. p. 40–48
crystal structure, phase memory, photon echoes, nuclear-spin echo 1968 Apr. p. 32–40
communication technology, pulse-code modulation, electron optics, Kerr effect, Pockel's effect, polarization, modulators, modulation of laser light 1968 June p. 17–23
carbon dioxide, infrared radiation, nitrogen, gas laser, physics of carbon dioxide laser 1968 Aug. p. 22–33
optical communication, holography, surveying, welding, light, laser technology 1968 Sept. p. 140–156

earthquake prediction, strain gauge, interferometry, Earth crust 1969 Dec. p. 88–95
microsurgery, cell, physiology, laser lesions, cell organelle 1970 Feb. p. 98–110 [1170]
computer graphics, integrated circuits, computer technology, computer modeling, programs, logic of displays 1970 June p. 56–81
coated optics, optical interference coatings, light reflection, light transmission, dielectric mirrors, interferometry 1970 Dec. p. 58–75
carrier-wave generator, communication technology, crystal structure, diode laser, heterostructure lasers, light-emitting semiconductor, solid-state electronics 1971 July p. 32–40
gas separation, laser-light pressure, radiation pressure, isotope separation, 'optical bottle', atomic and molecular beams 1972 Feb. p. 62–71
communication technology, fiber optics, light pipe, light-emitting diode 1973 Nov. p. 28–35
application to telecommunication 1960 Dec. p. 80
state of the art 1962 Mar. p. 70
in infrared 1962 Dec. p. 72
acoustic waves generated 1964 Aug. p. 40
liquid, high energy 1966 Oct. p. 48
acoustic holography, sound waves, interference, holography, acoustic imaging, nondestructive testing, medical diagnosis 1969 Oct. p. 36
exothermic carbon dioxide 1970 Feb. p. 44
gas-dynamic laser 1970 July p. 52
semiconductor minilaser 1970 Oct. p. 54
transmission by optical fiber 1972 Feb. p. 42
energy levels, helium-cadmium laser, helium-selenium laser, metal-gas mixtures, metal-vapor lasers 1973 Feb. p. 88
isotope separation by laser 1974 Oct. p. 57
see also: organic lasers, solid-state lasers, gas laser and the like

laser amplification, surface laser 1971 Nov. p. 49

laser-excitation technique, isotope separation, light absorption, quantum mechanics, uranium enrichment 1977 Feb. p. 86–98 [354]

laser implosion, fusion reactor, nuclear power, nuclear power, thermonuclear reaction, plasma confinement 1974 June p. 24–37

laser lesions, microsurgery, laser, cell, physiology, cell organelle 1970 Feb. p. 98–110 [1170]

laser light, coherent radiation, interference, Brillouin scattering, energy levels 1968 Sept. p. 120–136
self-induced transparency 1967 June p. 57

laser light manipulation, integrated circuits, light propagation in thin films, thin-film optical devices, optical circuits, photons instead of electrons in circuits 1974 Apr. p. 28–35

laser-light pressure, gas separation, laser, radiation pressure, isotope separation, 'optical bottle', atomic and molecular beams 1972 Feb. p. 62–71

laser mode-locking, Kerr gate, molecular motion, quantum mechanics, Raman clock, ultrafast phenomena, picosecond molecular processes 1973 June p. 42–60

laser-pulse fusion, fusion reactor, plasma physics, nuclear power 1971 June p. 21–33

laser-pumped oscillator, optical parametric oscillator 1967 May p. 56

laser reflection, Apollo project, moon, orbital motion, lunar-ranging experiment, corner reflector, Earth-Moon distance measurement 1970 Mar. p. 38–49

laser spectroscopy, Doppler effect, energy levels, gas laser, spectroscopy 1973 Dec. p. 69–85

laserless holograms, holography, white-light holograms 1976 Oct. p. 80–95

latent heat, capillary action, heat pipes, vaporization, heat transfer, heat radiator 1968 May p. 38–46

latent viruses, slow virus infection, multiple sclerosis, myelin sheath, poliomyelitis, demyelinating factor 1970 July p. 40–46
bacteriophage structure, gene expression, provirus, virus action, coexisting viruses, viral genes in host chromosome 1976 Dec. p. 102–113 [1347]

laterization, agricultural production, equatorial rain forests, tropical climate, developing countries, lateritic soil 1964 Nov. p. 96–102 [870]
bomb craters, cratering, ecological warfare, defoliation, Vietnam war 1972 May p. 20–29 [1248]

latex, butadiene, rubber synthesis, isoprene, vulcanization, elastomers, synthetic rubber, molecular structure 1956 Nov. p. 74–88

lathes, Industrial Revolution, industrial technology, development of lathe from Middle Ages 1963 Apr. p. 132–142

latozols, soil structure, chernozems, podzols, tundra, alluvial soils, agronomy, ecology of soil, soil erosion, the soils of the world and their management 1950 July p. 30–39

lattice defects, surface defects, crystal growth, metal 'whiskers', growth of metal whiskers 1960 July p. 64–72
crystal structure, lattice dislocations observed 1961 Oct. p. 107–116
alloys, materials technology, metals, crystal structure, grain boundaries, dislocations, electron 'gas', nature of metals 1967 Sept. p. 90–100

laughter, psychoanalysis, humor, psychiatry, psychosis, Freudian interpretation of humor 1956 Feb. p. 31–35 [435]
and social conformity 1974 June p. 52

Laurasia, continental drift, glaciation, Gondwanaland, paleomagnetism, Glossopteris, sea-floor spreading, supercontinents, plate tectonics, continental drift confirmed 1968 Apr. p. 52–64 [874]
continental drift, speciation, reptile evolution, radiation, genetic convergence, Gondwanaland, mammalian evolution, supercontinent breakup and animal diversification 1969 Mar. p. 54–64 [877]

lava, ocean floor, sea-floor spreading, dikes, magnetic bands, mid-ocean ridge, the deep-ocean floor 1969 Sept. p. 126–142 [883]

Lavoisier, chemistry, phlogiston theory, science history, biography of Antoine Lavoisier 1956 May p. 84–94

law code, Sumer, Lipit Ishtar, Hammurabi, cuneiform script, earliest law code 1865 B.C. 1948 June p. 44–47
Sumer, hieroglyphs, Ur-Nammu 1953 Jan. p. 26–28
archeology, Sumer, cuneiform script, 3000 B.C. to 1500 B.C., Ur, Nippur 1957 Oct. p. 70–83

law of large numbers, probability, gambler's fallacy, random walk, mathematical proof, philosophy of science 1950 Oct. p. 44–47

'Law of the Heart', Starling, cardiology, biography of Ernest Starling 1951 Oct. p. 56–61

law of the sea, U.N. Conference 1978 Apr. p. 78

lawn mower, random pattern most efficient 1969 Apr. p. 52

lawrencium, 'synthetic' elements, element 103, transuranium elements, high-flux isotope reactor, heavy-ion linear accelerator, periodic table at 103 1963 Apr. p. 68–78

layered superconductors, BCS theory, crystal structure, electrical properties of metals, intermetallic compounds, intercalated crystals, superconductors 1971 Nov. p. 22–33

lead isotopes, isotope dating, radioisotope dating, strontium-rubidium ratios, geological and paleontological time dated by radioactive decay 1949 Aug. p. 48–51

lead poisoning, chelation, hemochromatosis, pharmacology, drug action, Wilson's disease, metal poisoning, heavy metal poisoning, bone cancer, salicylates, aspirin, cancer therapy, chemotherapy, medical exploitation of chelates 1966 May p. 40–50
anemia, brain damage, environmental toxins, blood disorders, kidney disorder, nerve disorders 1971 Feb. p. 15–23 [1211]
paint 1969 May p. 54
of waterfowl by spent birdshot pellets 1972 Sept. p. 68

leadership, communication, social psychology, 'work patterns profiles', people in groups 1951 Feb. p. 26–28

leaf color, anthocyanins, chlorophyll, carotene, primary synthesis of aromatic compounds 1950 Oct. p. 40–43

leaf distribution, ecology, forest succession, trees 1975 May p. 90–98 [1321]

leaf-eating beetle, weed control, insect herbivores, agricultural technology, Klamath weed, living herbicides 1957 July p. 56–67

leaf scission, auxins, apical bud 1955 Nov. p. 82–89 [116]

leaf shape, aging, duckweed, systematic study of familiar amateur observation 1949 Oct. p. 22–24

leafhopper, aster yellow, virus, virus infective to plant and insect 1953 June p. 78–86

learning, thinking, comparative psychology, rhesus monkeys, 'learning to think' 1949 Aug. p. 36–39 [415]
infant speech, language, communication, meaningful consistencies in infant babble 1949 Sept. p. 22–24 [417]
vision, infant, eye-hand coordination, human eye 1950 Feb. p. 20–22 [401]
neurosis, stress, psychotherapy, experimental neuroses in cats 1950 Mar. p. 38–43 [443]
vision, experience, sensory deprivation, 'arrested vision', role of environment experience in normal development 1950 July p. 16–19 [408]
automata theory, feedback, conditioned reflex 1951 Aug. p. 60–63
operant conditioning, pets, babies, how to teach animals 1951 Dec. p. 26–29 [423]

memory, brain, cerebral cortex, fundamental research, What is memory? 1953 Sept. p. 118–126 [11]
canary, 'unique stimulus' problem 1955 June p. 72–79
fear, emotional development, comparative psychology, influence of early environment, experiments with dogs 1956 Jan. p. 38–42 [469]
nerve regeneration, vision, visual perception, embryonic development, inborn 'hard wiring' of nerve circuitry 1956 May p. 48–52 [1090]
psychology, spatial perception, innate behavior, perceptual learning, innate vs acquired space perception 1956 July p. 71–80
brain, neurophysiology, neuropsychology, pleasure centers, hypothalamus, electrode stimulation of pleasure centers in rat brain 1956 Oct. p. 105–116 [30]
bird song, animal communication, innate behavior, animal behavior 1956 Oct. p. 128–138 [145]
elephant, intelligence, vision, research in elephant learning 1957 Feb. p. 44–49
evolution, intelligence, memory, language, imagery, experimental psychology, learning in man and animals 1957 June p. 140–150
color vision, conditioned behavior, behavioral psychology, Skinner box, visual discrimination, pigeons conditioned to respond to discrete wavelengths of light 1958 Jan. p. 77–82 [403]
imprinting, developmental psychology, animal behavior, effect of early life on later learning 1958 Mar. p. 81–90 [416]
education, memory, experimental psychology, 'drill' in learning 1958 Aug. p. 68–72 [422]
electroencephalography, brain waves, sleep, conditioned behavior, correlation of brain waves to behavior 1959 Aug. p. 89–96
stress, behavior disorders, animal behavior, stimulation in infancy 1960 May p. 80–86 [436]
depth perception, vision, visual perception, innate and learned response to visual cues 1961 Mar. p. 138–148
visual perception, form perception, perception, innate or learned form perception 1961 May p. 66–72 [459]
retina, vision, visual perception, Gestalt psychology, stabilized retinal images, evidence for perceptual theories 1961 June p. 72–78 [466]
visual perception, Fechner's law, psychophysics, Skinner box, behavioral psychology, conditioned behavior, pigeon perception 1961 July p. 113–122 [458]
planarian, conditioned behavior, maze running, 'protopsychology', evidence of learning in a primitive nervous system 1963 Feb. p. 54–62
conditioned behavior, kinesthetic memory, behavioral psychology, place-learning 1963 Oct. p. 116–122 [479]
memory, forgetting, proactive and retroactive interference 1964 Mar. p. 91–99 [482]
chimpanzee, symbolic language, operant conditioning, binary numbers, animal behavior, chimpanzee learning arithmatic 1964 May p. 98–106 [484]
animal behavior, habitat selection, ecological adaptation, heredity, field experiments with mice 1964 Oct. p. 109–116 [195]
conditioned behavior, long-term memory, short-term memory, lobotomy, octopus, touch, sensory perception, correlation of brain structure and function in octopus 1965 Mar. p. 42–50 [1006]
attention, physiological psychology, novelty, conflict, monotony, conflict and arousal, aid to learning 1966 Aug. p. 82–87 [500]
sensory perception, vision, touch, visual perception dominates touch 1967 May p. 96–104 [507]
brain metabolism, memory, protein synthesis, goldfish, conditioned behavior 1967 June p. 115–122 [1077]
forgetting, retroactive inhibition, proactive inhibition, recall, interference theory 1967 Oct. p. 117–124 [509]
bilingualism, language, communication, reading, information processing 1968 Mar. p. 78–86
animal behavior, cerebral cortex, striatum, bird nervous system, crows, pigeons, canaries, chickens 1968 June p. 64–76 [515]
holography, memory, brain function, interference patterns, monkey brain, holographic model, neurophysiology of remembering 1969 Jan. p. 73–86 [520]
rhesus monkeys, social behavior, urban monkeys, urban and forest monkeys in India 1969 July p. 108–115 [523]
animal behavior, innate behavior, parental care, feeding behavior, sea gull chicks 1969 Dec. p. 98–106 [1165]
autonomic nervous system, heart rate, blood pressure, curare, electrocardiography, learning voluntary control of autonomic nervous system 1970 Jan. p. 30–39 [525]
aplysia, neurones, behavior, memory, synapse, heterosynaptic facilitation, memory and learning at nerve-cell level 1970 July p. 57–70 [1182]
information retrieval, long-term memory, memory, short-term memory 1971 Aug. p. 82–90 [538]
brain development, environmental stimuli, memory, rats, sensory deprivation 1972 Feb. p. 22–29 [541]
animal behavior, developmental psychology, homing behavior, kittens, suckling 1972 Dec. p. 18–25 [552]
behavioral regression, child development, cognitive development, human behavior, infant perceptions 1976 Nov. p. 38–47 [572]
gobies learn and remember 1951 Apr. p. 38
psychology, effect of delayed video feedback on maze solving 1961 Jan. p. 86
electrical activity in cerebral cortex 1967 July p. 42
autonomic nervous system 1969 Apr. p. 49
brain-tissue implant in Tilapia 1969 May p. 54

learning behavior, comparative psychology, animal behavior, prairie dogs, social behavior, territorial behavior, innate behavior, field observation of prairie dog communities 1959 Oct. p. 128–140

learning speed, number of brain cells 1955 June p. 56

learning theory, information processing, memory, reason, rational association as aid to memory 1956 Aug. p. 42–46 [419]
glial cells, memory, neurones, RNA, brain, molecular theory of memory 1961 Dec. p. 62–70 [134]

least-action principle, Maupertuis, natural history, geoid, life and work of Pierre-Louis Moreau de Maupertuis 1955 Oct. p. 100–110

least-squares method, physical constants, measurement, velocity of light, electron mass, particle charge, standards of measurement, Planck's constant, Rydberg constant 1970 Oct. p. 62–78 [337]

lecithin, fatty acid synthesis, microsome, acetic acid, coenzyme A, lipids, synthesis not breakdown in reverse 1960 Feb. p. 46–51
alveoli, lung collapse, premature infants, breathing, surface tension, surfactant, hyaline membrane disease, soaplike agents regulate surface tension in lungs 1962 Dec. p. 120–130

lectins, agglutination response, cancer, cell membrane, immunology, proteins 1977 June p. 108–119 [1360]

lee waves, meteorology, wind, cloud, soaring, glider, esthetic exploitation of lee waves 1961 Mar. p. 124–134

leeches, spiders, spermatozoon transfer, sponges, sexual reproduction, bedbugs, unorthodox methods of sperm transfer 1956 Nov. p. 121–132
neural organization, nerve cells, nerve physiology, nerve signals, nervous system, reflex arc, neuro motor synapse 1974 Jan. p. 38–48 [1287]

left-hemisphere functions, brain hemispheres, cerebral dominance, music perception, right-hemisphere functions, auditory perception, visual perception 1973 Mar. p. 70–78 [554]

left-right asymmetry, bilateral symmetry, mirror images, central nervous system 1971 Mar. p. 96–104 [535]

Legionnaires' disease, traced to airborne bacterium 1978 Feb. p. 80

legumes, nitrogen, biological nitrogen fixation, ammonia, nitrifiers, denitrifiers, nitrogen cycle 1953 Mar. p. 38–42
bacteria, nitrogen cycle, nitrogen fixation, blue-green algae, Haber process, biosphere, nitrate, eutrophication 1970 Sept. p. 136–146 [1194]
nitrogen fixation, agronomy, soybean products, plant protein 1974 Feb. p. 14–21
agricultural economics, forage crops, grasses, agronomy, hay, livestock feed, ruminants, silage, Rhizobium bacteria 1976 Feb. p. 60–75
algae, bacteria, legumes, nitrogen fixation, nitrogenase, genetic engineering, Haber process, rhizobium, symbiosis, nitrogenase, biological nitrogen fixation 1977 Mar. p. 68–81
algae, bacteria, nitrogen fixation, nitrogenase, genetic engineering, Haber process, rhizobium, legumes, symbiosis, nitrogenase, biological nitrogen fixation 1977 Mar. p. 68–81

Leibnitz, mathematics, philosophy, calculus, symbolic logic, calculating machine, Leibnitz, biography 1968 May p. 94–100

Leidenfrost phenomenon, antimatter, Zeeman effect, Klein theory, high-energy physics, cosmology, high-energy physics and cosmology 1967 Apr. p. 106–114 [311]

leishmaniasis, Chaga's disease, public health, 'zoonoses', parasitism, trypanosomiasis, malaria, filariasis, plague, yellow fever, typhus, epidemiology, animal infection and human disease 1960 May p. 161–170

lek behavior, animal behavior, courtship display, turkeys, pecking order, sexual behavior, Welder Wildlife Refuge 1971 June p. 112–118

sage grouse, sexual behavior, natural selection, lek mating behavior in sage grouse 1978 May p. 114–125 [1390]
see also: arena behavior
lemmings, animal behavior, population cycles, population control 1974 June p. 38–46 [1296]
length standard, cesium clock, mass standard, time standard, temperature standard, interferometry, measurement 1968 June p. 50–62
lens aberrations, glass, optics, photographic lenses 1976 Aug. p. 72–83
lens design, camera, telescope, interferometry, computer graphics, image formation, light 1968 Sept. p. 96–108
Leonardo, friction, Coulomb, technology history, sliding surfaces, molecular cohesion, 'coppering' 1951 Feb. p. 54–58
projective geometry, Renaissance paintings, Durer, Desargue's theorem, Pascal's theorem, mathematics, projective geometry as systematized by Poncelet and Klein 1955 Jan. p. 80–86
creativity, scientific revolution, Renaissance, philosophy of science, introduction to single-topic issue on innovation in science 1958 Sept. p. 58–65
bearing, friction, gears, technology history, Codex Madrid I 1971 Feb. p. 100–110
Lepidoptera, entomology, photoperiodicity, insect diapause, hibernation governed by photoperiodicity 1960 Feb. p. 108–118
leptons, charmonium, charmed quarks, high-energy physics, gauge theory, hadrons, quark hypothesis, 'color' and 'flavor' in quarks 1975 Oct. p. 38–50
baryons, high-energy physics, hadrons, mesons, quantum numbers, quark confinement, bag model, infrared-slavery model, string model 1976 Nov. p. 48–60
heavy leptons, tau particle, elementary particles, small light-particle family gains new member 1978 Mar. p. 50–57 [398]
letters, reading, words, pattern recognition, visual cues in recognition of letters and words 1978 Jan. p. 122–130 [122]
leukemia, atomic bomb test, radiation damage, ionizing radiation, immune response, fallout, nuclear medicine, radiation damage, whole-body irradiation 1959 Sept. p. 117–137
cancer, enzyme blood levels, myocardial infarction, hepatitis, cancer diagnosis, medical diagnosis, diagnosis by presence of abnormal enzymes 1961 Aug. p. 99–107
leukocyte, cancer, chemotherapy, virus, ionizing radiation, Down's syndrome, origin and treatment of lymphocytic and granulocytic leukemia 1964 May p. 88–96
cancer virus, Rous sarcoma virus, cancer virus, RNA virus, 'Rous-associated virus' capacitates 'defective' Rous sarcoma virus 1964 June p. 46–52 [185]
asparaginase, cancer therapy 1968 Aug. p. 34–40
leukocyte, infection, phagocytosis, antibodies, 'the first line of defense' 1951 Feb. p. 48–52 [51]
blood plasma, blood fractionation, erythrocyte, platelets, centrifuge, blood transfusion, blood banks 1954 Feb. p. 54–62
fever, thermoregulation, homeostasis, hypothalamus, etiology of fever 1957 June p. 62–68
antigens, immune response, antibodies, hypersensitivity, phagocytosis, inflammatory response, allergy, thymus gland, lymphatic system, cellular immunity 1964 Feb. p. 58–64
leukemia, cancer, chemotherapy, virus, ionizing radiation, Down's syndrome, origin and treatment of lymphocytic and granulocytic leukemia 1964 May p. 88–96
nucleus, DNA, Miescher, spermatozoon nucleus, chromatin, hereditary material, discovery of DNA 1968 June p. 78–88 [1109]
wound healing, regeneration, fibroblasts, collagen, epidermal cells 1969 June p. 40–50 [1144]
liberal arts colleges, scientists, science education, origins of U.S. scientists 1951 July p. 15–17
library cooperation, Research Libraries Group 1974 June p. 50
library science, computer technology, information storage, information retrieval, microrecording, electronic scanner, microfiche 1966 Sept. p. 224–242
printed-matter explosion quantified 1963 Nov. p. 72
lice, bacteria, ectoparasites, skin, fungi, hair, human skin ecosystem 1969 Jan. p. 108–115 [1132]
licensing, Atomic Energy Act, patent law, power, international cooperation, military secrecy, inernational cooperation, major provisions of Atomic Energy Act of 1954 1954 Nov. p. 31–35
lichens, algae, symbiosis, fungi, desert ecology, polar ecology, symbiotic nature of lichens 1959 Oct. p. 144–156 [111]
Antarctica, fauna, flora, blue-green algae, ecology, Antarctica terrestrial life 1962 Sept. p. 212–230 [865]
algae, fungi, symbiosis, fungi as symbionts in lichens 1963 Feb. p. 122–132
forest communities, ecology, algae, food chain, nitrogen cycle, treetop ecosystems 1973 June p. 74–80 [1274]
life, heat, temperature range, heat and life 1954 Sept. p. 64–68
life cycle, virus, reproduction, bacteriophage, provirus 1954 Mar. p. 34–37
alfalfa caterpillar, ecology, insecticide, agricultural pest, wilt disease, predation 1954 June p. 38–42
chimney swift, natural history 1954 July p. 60–64
life expectancy, aging, death, biology of senescence 1948 June p. 40–43
probability of death, historic changes in average length of human life 1950 Apr. p. 58–60
aging, rotifer, experiments in aging, age of mother 1953 Apr. p. 38–42
aging, death rate, disease etiology, male:female life expectancy 1958 Feb. p. 22–27
aging, death rate, comparative life spans in man and other animals 1961 Aug. p. 108–119
aging, cell physiology, gerontology, manifestations of aging 1962 Jan. p. 100–110
chronic illness, morbidity, mortality rates, medical care, vital statistics, infectious disease, degenerative diseases, causes of death 1973 Sept. p. 76–84
life processes, living tissue, limits of dimension and mass, Jonathan Swift was no biologist 1948 Nov. p. 52–55
lift barrier, heat barrier, supersonic flight, aviation 1953 Dec. p. 80–84
lift generation, aerodynamics, animal behavior, bird flight, insect flight, clap-fling mechanism, flip mechanism, hovering flight 1975 Nov. p. 80–87 [1331]
light, ultraviolet radiation, photoreactivation, visible light reactivates organisms killed by ultraviolet 1951 May p. 22–25
Hauksbee, electric power, science history, life and work of Francis Hauksbee 1953 Aug. p. 64–69
radiation pressure, sound-wave pressure, photophoresis, analogy and distinction, light- and sound-wave pressure 1957 June p. 99–108
diffraction, wave-particle duality, optics, interference, electromagnetic waves, photon emission, introduction to single-topic issue on light 1968 Sept. p. 50–59
photoelectric effect, color, reflection, refraction, resonance absorption, photon, electron, interaction of light with matter 1968 Sept. p. 60–71
spectroscopy, Fraunhofer lines, prism, Fourier analysis, diffraction grating, Girard grid, interferometry 1968 Sept. p. 72–82
camera, lens design, telescope, interferometry, computer graphics, image formation 1968 Sept. p. 96–108
vision, retina, photographic emulsion, vidicon, television camera, photochemistry, image detection, electronic camera 1968 Sept. p. 110–117
laser, optical communication, holography, surveying, welding, laser technology 1968 Sept. p. 140–156
vision, image processing, visual perception, imagery, eye and brain in visual perception 1968 Sept. p. 204–214 [519]
measuring speed of light 1957 Feb. p. 62
light absorption, solar energy, pigments, energy conversion, solar collectors 1956 June p. 97–106
chlorophyll, chloroplast, electron transfer, photosynthesis 1974 Dec. p. 68–82 [1310]
isotope separation, laser-excitation technique, quantum mechanics, uranium enrichment 1977 Feb. p. 86–98 [354]
light amplification, photocell, photomultiplier, variable stars, stellar temperature, interstellar matter 1952 Mar. p. 56–59
light amplification by stimulated emission of radiation, *see:* laser
light diffraction, glory, optics, rainbow 1974 July p. 60–73
light-emitting diode, semiconductor, laser, electron beam, junction diode, solid-state lasers 1967 May p. 108–122
integrated circuits, liquid crystals, Nixie tubes, numeric displays 1973 June p. 64–73
communication technology, laser, fiber optics, light pipe 1973 Nov. p. 28–35
digital transmission, diode laser, fiber optics, glass fiber cables, light-wave communication, pulse-code modulation, lightwave telephone 1977 Aug. p. 40–48 [373]
light-emitting semiconductor, carrier-wave generator, communication technology, crystal structure, diode laser, laser, heterostructure lasers, solid-state electronics 1971 July p. 32–40
light interactions, crystallography, laser, light refraction, nonlinear optics, ultraviolet radiation, photon 1964 Apr. p. 38–49

light-matter interaction, photochemistry, flash photolysis, ultraviolet light, photolysis, triplet state, photoreduction, photooxidation, dye 1968 Sept. p. 158–170
light microscope, microscopy, scanning electron microscope, transmission electron microscope, three-demensional pictures by scanning electron microscope 1972 Jan. p. 54–69
light pen, cathode-ray tube, computer technology, computer displays, information theory, computer graphics, rand tablet, computer graphics and man-machine interface 1966 Sept. p. 86–96
light pipe, communication technology, laser, fiber optics, light-emitting diode 1973 Nov. p. 28–35
light polarization, interstellar dust, interstellar gas, protostars 1967 Oct. p. 106–114
light pressure, solar system, Sun, cosmology, dust cloud hypothesis, gravity, gravitational collapse, thermonuclear reaction, genesis of solar system 1948 May p. 35–45
light propagation in thin films, integrated circuits, laser light manipulation, thin-film optical devices, optical circuits, photons instead of electrons in circuits 1974 Apr. p. 28–35
light reflection, fiber optics, wave guide, image transmission, physics of light conduction 1960 Nov. p. 72–81
coated optics, optical interference coatings, light transmission, dielectric mirrors, laser, interferometry 1970 Dec. p. 58–75
light refraction, crystallography, laser, nonlinear optics, light interactions, ultraviolet radiation, photon 1964 Apr. p. 38–49
light scattering, photometry, molecular size, aerosol, hydrosol, Tyndall spectra, measurement 1953 Feb. p. 69–76
molecular weight determination, polymers, viscometer, photometer, how giant molecules are measured 1957 Sept. p. 90–97
molecular weight determination, polymers, viscometer, photometer, how giant molecules are measured 1957 Nov. p. 90–97
sunset, sunrise, green flash, green flash explained 1960 Jan. p. 112–122
astrophysics, zodiacal light, zodiacal light and interplanetary dust 1960 July p. 54–63
light-string theory, dual-resonance model, high-energy physics, hadrons, quark, strong interactions 1975 Feb. p. 61–67
light-to-heat conversion, solar energy, photovoltaic conversion, photosynthesis, limitations and prospects of solar power 1950 Aug. p. 16–21
light transmission, coated optics, optical interference coatings, light reflection, dielectric mirrors, laser, interferometry 1970 Dec. p. 58–75
light velocity, radiowave, phase velocity, plasma, free-electron density, 'things that go faster than light' 1960 July p. 142–152
light-wave communication, digital transmission, diode laser, fiber optics, glass fiber cables, light-emitting diode, pulse-code modulation, lightwave telephone 1977 Aug. p. 40–48 [373]
light waves, thin-film optical devices, interferometry, fluorescence, wave motion, monomolecular films, fatty acids 1970 Mar. p. 108–119
lighting, electric light, zinc sulfide, alternating current, technology of indoor lighting 1957 Aug. p. 40–47 [221]
architecture, sunlight, solar radiation, building construction, glass 1968 Sept. p. 190–202
lightning, thundercloud, ionization, physics of the lightning bolt 1949 Feb. p. 22–27
Earth magnetic field, radio, ionosphere, 'whistlers', radio echoes of lightning 1956 Jan. p. 34–37
acoustic pulses, air pressure, thunder 1975 July p. 80–90
Earth-ionosphere resonator 1961 Feb. p. 70
temperature 1961 Oct. p. 86
triggered with rockets 1967 Dec. p. 58
thunder, classifying bolts by sound 1975 Jan. p. 49
superbolts 1977 Sept. p. 105
lignin, wood, cellulose, cell structure, grain structure 1953 Jan. p. 64–67
cellulose, rayon, forest products, crystal structure, polymers, paper, polysaccharides, overview of natural polymer 1957 Sept. p. 156–168
wood, paper, aromatic compounds, chemical identity of elusive lignin 1958 Oct. p. 104–113
forest products, wood pulp, paper, cellulose, rayon, waste recycling, kraft process 1974 Apr. p. 52–62
rubber filler 1951 Apr. p. 34
lignite beds, uranium ore, badlands of Dakotas 1954 Oct. p. 36–39
limestone, architecture, sculpture, erosion, marble, atmospheric pollution, weathering, preservation of stone 1978 June p. 126–136 [3012]
limited nuclear warfare, civil defense, arms race, fallout, technology assessment, flexible-response strategy, limited nuclear war 1976 Nov. p. 27–37
limits of dimension and mass, life processes, living tissue, Jonathan Swift was no biologist 1948 Nov. p. 52–55
limnology, pond life, dissolved oxygen, plankton, thermocline, hypolimnion, oxidation-reduction balance in depths of a pond 1951 Oct. p. 68–72
limpets, escape response, marine invertebrates, starfish, scallop, prey-predator relationship, snail, chemical signals 1972 July p. 92–100 [1254]
Limulus, horseshoe crab, vision, ommatidia, visual perception, optic nerve, horseshoe crab as laboratory animal 1956 Dec. p. 113–122
visual perception, ultraviolet receptor 1964 Apr. p. 62
line structure, color television, picture elements, field-scanning rate, technology assessment, competing color television systems weighed 1950 Dec. p. 13–17
Linear A script, Mycenaean civilization, Hebrew civilization, Linear B script, Minoan civilization, Crete, Semites, common origin of Greek and Hebrew civilizations 1965 Feb. p. 102–111
linear accelerator, electron accelerator, traveling-wave accelerator, internal drift-tube accelerator 1954 Oct. p. 40–44 [234]
electron accelerator, Stanford Linear Accelerator Center, klystron tube, two-mile Stanford Linear Accelerator 1961 Nov. p. 49–57 [322]
streamer chamber, track detectors, pulse generator, new particle detector 1967 Oct. p. 38–46
U.S. Federal funding 1961 Aug. p. 60
Linear B script, Homer, Minoan language, Greek civilization, cryptology, an account of the decipherment 1954 May p. 70–75
Greek civilization, Mycenaean civilization, Classical archeology, Pylos, King Nestor's palace, 1200 B.C. 1958 May p. 110–121
Mycenaean civilization, Hebrew civilization, Linear A script, Minoan civilization, Crete, Semites, common origin of Greek and Hebrew civilizations 1965 Feb. p. 102–111
Greek prehistory, Mycenaean civilization, origins of writing 1972 Oct. p. 36–44 [681]
code cracked 1954 Jan. p. 44
linear induction motor, electromagnetic flight, transportation, linear synchronous motor, 'magneplane' vehicle, magnetic levitation, superconductors 1973 Oct. p. 17–25
linear programming, decision theory, mathematical model 1954 Aug. p. 21–23
linear synchronous motor, electromagnetic flight, transportation, linear induction motor, 'magneplane' vehicle, magnetic levitation, superconductors 1973 Oct. p. 17–25
linguistic material, image processing, memory, perception, visual memory, remembering what is seen 1970 May p. 104–112 [528]
linguistics, speech, language, dialects, American languages, changes in U.S. speech 1950 Jan. p. 48–51
evolution of language, information theory, a theory of natural selection in language 1952 Apr. p. 82–87
computer translation, information theory 1956 Jan. p. 29–33
Indo-European language, comparative grammar, root words, reconstructing genealogy of Indo-European languages 1958 Oct. p. 63–74
pidgin, Creole, gullah, colonialism, grammar, evolution and elaboration of colonial languages 1959 Feb. p. 124–134
artificial intelligence, language, Loglan, 'language of logic' 1960 June p. 53–63
grammar, language organization, speech errors, spoonerisms, syntactic rules 1973 Dec. p. 110–117 [556]
Africa, Bantu language, Early Iron Age culture, language diffusion 1977 Apr. p. 106–114
lions, animal behavior, symbiosis, predator-prey relationship 1975 May p. 54–65
identification by whisker-growth patterns 1970 Sept. p. 94
lipid molecules, cell membrane, membrane proteins, membrane structure, active transport 1974 Mar. p. 26–33 [1292]
lipid-storage diseases, enzyme deficiency, fat metabolism, genetic disease, amniocentesis, Tay-Sachs disease, lipids, 10 lipid-storage diseases 1973 Aug. p. 88–97
lipids, fatty acid synthesis, microsome, acetic acid, coenzyme A, lecithin, synthesis not breakdown in reverse 1960 Feb. p. 46–51
enzyme deficiency, fat metabolism, genetic disease, amniocentesis, Tay-Sachs disease, lipid-storage diseases, 10 lipid-storage diseases 1973 Aug. p. 88–97

Lipit Ishtar, Sumer, law code, Hammurabi, cuneiform script, earliest law code 1865 B.C. 1948 June p. 44–47
liquid, fluid dynamics, supercooling, nucleation, cryogenics, crystal growth, behavior of supercooled fluids 1965 Jan. p. 38–46
liquid crystals, soap bubbles, cholesteric, smectic, nematic 1964 Aug. p. 76–85
display devices, dynamic scattering, storage mode, television receiver 1970 Apr. p. 100–106
integrated circuits, light-emitting diode, Nixie tubes, numeric displays 1973 June p. 64–73
liquid-drop model, atomic nucleus, shell model, optical model, high-energy physics, charge exchange, spin-orbit force, resonance 'particles', proton, neutron, structure of the nucleus 1959 Jan. p. 75–82
nuclear fission, heavy nuclei, neutron, uranium 235, shell model, fission fragments 1965 Aug. p. 49–59
liquid electronics, 'solion' circuit elements 1957 Aug. p. 60
liquid fuel, rocket engine, reaction propulsion, regenerative motor, technology history, status of the technology on eve of space age 1949 May p. 30–39
liquid-fuel consumption, fossil fuel, petroleum reserves, coal reserves, energy consumption, shale, tar sands, coal liquefaction, the fuel problem 1949 Dec. p. 32–39
liquid helium, heat conducting properties 1956 June p. 62
liquid hydrogen, bubble chamber, cloud chamber, superheated fluid 1955 Feb. p. 46–50 [216]
liquid lasers, laser, rare-earth ions, solvation shell, chelate cage, comparison of liquid, gas and solid-state lasers 1967 June p. 80–90
liquid-metal reactor, breeder reactor, nuclear power, fast neutron reactor, uranium cycle, thorium cycle, fission reactor, energy demand 1970 Nov. p. 13–21 [339]
liquid natural gas, natural gas, pipelines, tankers, storage, distribution of LNG 1967 Oct. p. 30–37
energy resources, fuel imports, technology assessment, risk estimation, tankers, LNG 1977 Apr. p. 22–29
liquid phase, superfluidity, helium 3, gas phase, solid state physics, quantum effects, quantum fluids, phase transitions 1976 Dec. p. 56–71
liquid planets, Great Red Spot, Jovian moons, atmospheric circulation, Jupiter, solar system 1975 Sept. p. 118–126
liquid state, crystal structure, metals, X-ray diffraction, physics of metals in the liquid state 1969 July p. 72–82
liquid structure, five-fold symmetry, polyhedral-hole model, geometrical arrangement of molecules in a liquid 1960 Aug. p. 124–134 [267]
liquids, boiling, heat transfer, nuclear boiling, transition boiling, film boiling 1954 June p. 64–68
cavitation, droplet-levitation technique, negative-pressure concept, tensile strength, surface tension 1972 Dec. p. 58–71
liquified hydrogen, energy resources, hydrogen, electrolyzer technology, hydrogen-energy economy, cryogenic storage, fuel cell 1973 Jan. p. 13–21
literacy, agricultural production, poverty, education, economic development, language, Peru, Cornell-Peru experiment in economic development 1957 Jan. p. 37–45
lithiasis, crystal structure, kidney calculi, X-ray diffraction, bladder stones, gallstones, urinary calculi 1968 Dec. p. 104–111
lithium, tritium, cosmic radiation, nuclear reactor, radioisotope, tracer chemistry 1954 Apr. p. 38–40
catalysis, polymerization, stereoisomers, promotion of polymerization by lithium 1963 Jan. p. 88–102
interstellar matter, stellar formation, variable stars, infrared radiation, youngest stars? 1967 Aug. p. 30
lithosphere, artificial diamonds, ultra-high pressure, coesite, borazon, properties of matter under 2×10^6 p.s.i. 1959 Nov. p. 61–67
lithospheric cycle, atmosphere, Earth crust, geochemical cycle, hydrologic cycle 1974 June p. 72–79 [414]
lithospheric subduction, earthquake zones, island arcs, mountain formation, plate tectonics, sea-floor spreading, subduction zones, volcanic zones 1975 Nov. p. 88–98 [919]
liver function, metabolism, alcohol tolerance, drug abuse, acetaldehyde 1953 Dec. p. 86–90
chemotherapy, drug effects, pharmacology, vaccine, hormone, antibiotics, medical care, herbial medicine 1973 Sept. p. 102–112
alcohol metabolism, detoxification, drug inactivation, enzyme, metabolism of drugs, cirrhosis 1975 June p. 22–31 [1322]
alcoholism, alcohol metabolism, fatty liver, malnutrition, 'empty calories', acetaldehyde, cirrhosis 1976 Mar. p. 25–33 [1336]
livestock, China, economic development, rice, hybrid wheat, agricultural technology, hybrid rice, irrigation 1975 June p. 13–21
livestock feed, agricultural economics, forage crops, grasses, agronomy, hay, legumes, ruminants, silage, Rhizobium bacteria 1976 Feb. p. 60–75
living cell, *see:* cytology
living matter, elements, essential elements, metallo-enzymes, fluorine, silicon, tin, vanadium, list of elements essential to life lengthened to 24 1972 July p. 52–60
living tissue, life processes, limits of dimension and mass, Jonathan Swift was no biologist 1948 Nov. p. 52–55
lizard, behavioral adaptation, 'cold-blooded' animals, pigmentation, thermoregulation, reptile, behavioral thermoregulation 1959 Apr. p. 105–120
lagarto Jesus Christo runs through water 1973 Sept. p. 70–72
load-bearing wall, skyscrapers, curtain wall, building construction 1955 Mar. p. 44–48
loading, cargo handling, shipping, containerization, automatic control, air transport 1968 Oct. p. 80–88
lobotomy, conditioned behavior, learning, long-term memory, short-term memory, octopus, touch, sensory perception, correlation of brain structure and function in octopus 1965 Mar. p. 42–50 [1006]
lobsters, homing instinct 1950 Oct. p. 28
local clusters, supergalaxy, Milky Way, galactic clusters 1954 July p. 30–35
Andromeda Galaxy, galactic clusters, M81 cluster, Virgo cluster 1977 Nov. p. 76–98 [390]
local goverment, cities, New York, metropolitan region, central city, suburbs, Northeast Corridor, regional planning 1965 Sept. p. 134–148
lock-and-key theory, enzymes, catalysis, digestion, respiration, fermentation, science history 1948 Dec. p. 28–39
proteins, amino acids, peptide chain, alpha helix, enzyme catalysis, how is a protein made? 1953 Sept. p. 100–106
enzyme action, molecular structure, protein shape-change, protein structure 1973 Oct. p. 52–64 [1280]
antibodies, antigens, active site, immune response, immunoglobin, Bence-Jones proteins, Fab fragments, Fc unit 1977 Jan. p. 50–59 [1350]
locomotion, badger, dog, horse, cheetah, deer, comparative anatomy, running, how animals run 1960 May p. 148–157
walking, primates, human evolution, bipedal walking, muscle, bone, fossil record, origin of human walking 1967 Apr. p. 56–66 [1070]
animal behavior, herpetology, snake, lateral, rectilinear, concertina and sidewinding modes of progression 1970 June p. 82–96 [1180]
nervous system, walking, Edweard Muybridge photographs, control of walking 1976 Dec. p. 72–86 [1346]
locust, aerodynamics, insect flight, wind tunnel, efficiency of locust flight 1956 Mar. p. 116–124
muscle contraction, insect flight, flight control system, nerve network, inhibitory impulse 1968 May p. 83–90
insect behavior, animal navigation, nervous system, insect flight, response to stimuli, schistocerca gregaria 1971 Aug. p. 74–81 [1231]
locust navigation, air-stream sensors 1950 May p. 29
logic, computer technology, digital computer, analogue computer, relay computers, binary arithmetic, automatic control, computer memory, control systems, status of 'mathematical machines' 1949 Apr. p. 28–39
mathematics, set theory, paradox, non-Euclidian space, non-commutative algebra, Hilbert spaces, science, mathematics 1900-1950, undecidable questions 1950 Sept. p. 40–42
mathematics, Carroll, Dodgson, 'Alice in Wonderland', Lewis Carroll (Charles Lutwidge Dodgson), biography 1956 Apr. p. 116–128
Gödel's proof, mathematics, paradox, philosophy of science, undecidable problems in axioms of arithmetic 1956 June p. 71–86
antinomy, paradox, mathematical logic, barber paradox, undecidable questions, Gödel's proof, Grelling's paradox, Epimenides' paradox, Zeno's paradox, paradox and foundations of logic 1962 Apr. p. 84–96
games theory, computer theory, algorithms, problem solving, Turing machine 1965 Nov. p. 98–106
grammar, truth, philosophy, sentence, metalogic, mathematical proof, antimony of the liar, proof and truth 1969 June p. 63–77
confirmation theory, hypothesis-testing, inductive proof, philosophy of science, probability 1973 May p. 75–83
logic circuits, binary arithmetic, computer technology, integrated circuits, switching elements, computer memory, microelectronics, hardware

of computer 1966 Sept. p. 74–85
computer memory, integrated circuits, metal-oxide semiconductors, microelectronics, large-scale integrated circuits, transistor 1970 Feb. p. 22–31
logic elements, binary arithmetic, Boolean logic, integrated circuits, large-scale integrated circuits, microelectronics 1977 Sept. p. 82–106 [376]
logic gates, fluid dynamics, amplifiers, switching, Coanda effect 1964 Dec. p. 80–88
integrated circuits, metal-oxide semiconductors, microelectronics, semiconductor technology, transistor 1977 Sept. p. 70–81 [375]
logic machine, Stanhope demonstrator, Boolean algebra, symbolic logic, syllogisms 1952 Mar. p. 68–73
Loglan, artificial intelligence, language, linguistics, 'language of logic' 1960 June p. 53–63
London plane, city trees, pollution effects, tree cloning, ailanthus, ginkgo, Norway maple 1976 Nov. p. 110–118
long-range forces, ionic bonds, covalent bonds, hydrogen bonds, Van der Waals force, chemical bond, antigen-antibody reaction, proposed intermolecular long-range force 1948 Oct. p. 14–17
Scotch verdict 1950 Mar. p. 28
long-term memory, conditioned behavior, learning, short-term memory, lobotomy, octopus, touch, sensory perception, correlation of brain structure and function in octopus 1965 Mar. p. 42–50 [1006]
digit recall, short-term memory, memory, tachistoscope 1966 July p. 90–95 [499]
information retrieval, learning, memory, short-term memory 1971 Aug. p. 82–90 [538]
longevity, aging, gerontology, senility, medical care 1973 Sept. p. 44–52
age of the mother 1950 Sept. p. 48
loop growth, crystal growth, spiral growth, screw dislocation 1955 Mar. p. 74–80
loose-snow avalanche, snow, avalanche, slab avalanche 1954 Jan. p. 26–31
Lorentz force, artificial satellite, geomagnetism, magnetosphere, solar radiation, Van Allen belts, radiation belts, aurora, physics of Van Allen belts 1963 May p. 84–96
Lorentz tranformation, ether drift, Fitzgerald contraction, Maxwell's equations, relativity theory, life and work of G. F. Fitzgerald 1953 Nov. p. 93–98
Lorentz transformation, Einstein, relativity, child development, child's view of reality 1957 Mar. p. 46–51
lost-wax casting, metallurgy, New World archeology, New World archeology, Old Copper culture, Peru, copper, gold, metalwork, pre-Columbian, New World, 4,000 B.C. 1966 Apr. p. 72–81
loudness variations, hearing, musical dynamics, musical instruments, muscial notation, musician performance 1974 Nov. p. 78–95
lovebird, animal behavior, evolution, innate behavior, sexual behavior, interspecies differentiation of behavior 1962 Jan. p. 88–98
low-energy radiowaves, cosmology, universe expansion, cosmic background radiation, 'big bang' theory, isotropy, primeval fireball, helium abundance, 'big bang' theory and cosmic background radiation 1967 June p. 28–37
low-grade ores, iron ore, mining, ore beneficiation, hematite, taconite 1968 Jan. p. 28–35
low-potential energy, energy resources, solar energy, residential heating, windows, hot water, Sun can supply most of the 30 percent of fuel energy consumed in domestic heating 1951 Feb. p. 60–65
low temperature, hot springs, adaptation, high temperature, glaciation 1949 Feb. p. 46–49
low-temperature physics, cryogenic technology, helium, superfluidity, superconductivity 1949 June p. 30–39 [206]
superfluidity, helium 1, helium 2, seond sound, quantum mechanics, liquid helium properties 1958 June p. 30–35 [224]
superconductivity, critical field strength, superconductive motor, fluxtrap, superconductive bearing, superconductive amplifier, applications of superconductivity 1960 Mar. p. 74–82
molecular magnet coolers 1957 Sept. p. 110
lower-back pain, bipedal walking, human evolution, lumbar vertebrae, pelvis, 'scars of human evolution' 1951 Dec. p. 54–57 [632]
lowest temperature, .006 degrees absolute at Leyden 1949 Jan. p. 28
loyalty and security, McCarthy, U.S. Army, Fort Monmouth, Scientists' Committee on Loyalty and Security, report on Signal Corps Engineering Laboratory 1954 June p. 29–31
A.E.C., clearance procedures 1948 Sept. p. 28
scientists' 'loyalty problem' committee 1948 Nov. p. 24
clearance with Federal science funding 1949 Aug. p. 25
A.A.A.S. protests Federal procedures 1949 Oct. p. 27
'secrets betrayed' at Great Falls 1950 Jan. p. 27
forensic psychiatry, testimony at Hiss trial 1950 Mar. p. 29
visa policy, scientists denied U.S. visas 1952 Mar. p. 35
'Security, Loyalty and Science', award to Walter Gellhorn 1952 June p. 36
visa policy, visa-troubled psychologists 1952 July p. 36
visa policy, visa to Pauling 1952 Sept. p. 72
visa policy, meetings go abroad 1953 Mar. p. 47
McCarthy on stage 1954 Feb. p. 44
fear of McCarthy 1954 Apr. p. 44
'Oppenheimer case', A.E.C., leaks from Oppenheimer hearing 1954 June p. 44
'Oppenheimer case', A.E.C., Oppenheimer a security risk 1954 July p. 42
'Oppenheimer case', A.E.C., Oppenheimer verdict sustained 1954 Aug. p. 36
scientists quit government over procedures 1954 Sept. p. 70
'Condon case', Condon's multiple jeopardy 1955 Feb. p. 54
'Oppenheimer case', A.E.C., boycott of Oppenheimer boycott 1955 May p. 54
visa policy, courts compel visas 1955 Sept. p. 72
science funding, eligibility and political attitudes of Federal grantees 1956 May p. 54
political views 'no obstacle' to research funding 1956 Oct. p. 67
N.S.F., Yellin case: 'In lieu of ability' 1961 Aug. p. 61
LSD: Lysergic acid diethylamide
LSD, ergot, psychosis, psychoanalysis, experimental psychoses 1955 June p. 34–39
auxins, serotonin, comparative physiology, neurophysiology, physiological function of serotonin 1957 Dec. p. 52–56
alkaloids, plant physiology, morphine, strychnine, 'hemlock', physostigmine, caffeine, coniine, quinine, cocaine, ricinine, human toxins in plant physiology 1959 July p. 113–121 [1087]
alkaloids, hallucinogens, mental health, drug addiction, consciousness alteration, psychosis, psilocybin, mescaline, effects of LSD 1964 Apr. p. 29–37 [483]
lubrication, friction, stick-slip friction, bearing, violin bow, uses and prevention of friction 1956 May p. 109–118
bearing, friction, mechanical engineering, sliding, rolling, pressurized-contactless bearings 1966 Mar. p. 60–71
Beilby layer, ferrograph analysis, friction, machine wear, metal fatigue, particles of wear, wear 1974 May p. 88–97
bearing, friction, journal bearing, wear 1975 July p. 50–64
luciferase, bioluminescence, glow worm, firefly, abyssal fish, 'cold light' 1948 May p. 46–49
bioluminescence, firefly, insect behavior, insect physiology, luciferin, chemotaxis, biochemistry of bioluminescence 1962 Dec. p. 76–89 [141]
luciferin, bioluminescence, firefly, insect behavior, insect physiology, luciferase, chemotaxis, biochemistry of bioluminescence 1962 Dec. p. 76–89 [141]
Lucretius, atomic theory, Greek science, Renaissance science, science history, Boscovich, forces between atoms 1970 May p. 116–122
lugworm, Annelida, feather duster worm, biological clock, circadian rhythm, marine worm 1959 June p. 132–142
lumbar vertebrae, bipedal walking, human evolution, pelvis, lower-back pain, 'scars of human evolution' 1951 Dec. p. 54–57 [632]
luminiferous ether, ether drift, special relativity, speed of light, interferometry, Michelson-Morley ether-drift experiment 1964 Nov. p. 107–114
luminosity, flame chemistry, chemical kinetics, flash tube, ram jet, heat, velocity, spectroscopy 1953 May p. 29–35
lunar evolution, Apollo project, lunar magnetism, magnetometers on moon, space exploration 1971 Aug. p. 62–73
Apollo project, lunar rocks, space exploration 1971 Oct. p. 48–58
lunar rocks, moon, solar system, Apollo missions 1975 Sept. p. 92–102
lunar exploration, moon, space exploration, lunar surface, spacecraft design, Ranger missions 1966 Jan. p. 52–67
moon surface, spacecraft, lunar geology, cratering, structure, history, origin of moon from nine spacecraft visitations 1967 Mar. p. 60–74
moon, lunar landing sites, manned space flight, remote sensing 1969 Oct. p. 54–72 [889]
Apollo 11 landing and Mariner 6 1969 Sept. p. 88
magnetometer, seismometer 1970 Jan. p. 49
lunar geology, moon, satellite, stratigraphy, cratering, lunar time scale, Ranger photographs 1964 Dec. p. 38–47

moon surface, spacecraft, cratering, lunar exploration, structure, history, origin of moon from nine spacecraft visitations 1967 Mar. p. 60–74
lunar gravitation, atmospheric tides, solar gravitation 1954 May p. 36–39
lunar landing sites, moon, lunar exploration, manned space flight, remote sensing 1969 Oct. p. 54–72 [889]
lunar luminescence, moon, solar radiation, Kepler crater, solar flares, meteorites, impact of solar protons? 1965 May p. 28–37
meteoritic debris(?) 1964 Mar. p. 56
lunar magnetism, Apollo project, lunar evolution, magnetometers on moon, space exploration 1971 Aug. p. 62–73
lunar occultation, red shift, radio galaxies, synchrotron radiation, radio astronomy, quasars found to be extra-galactic 1963 Dec. p. 54–62
gravity constant, interplanetary radar-ranging, lunar orbit, relativity theory, evidence for decrease of gravitational constant 1976 Feb. p. 44–52
lunar orbit, day's length, Earth-Moon system, moon, tides 1972 Apr. p. 42–52
gravity constant, interplanetary radar-ranging, lunar occultation, relativity theory, evidence for decrease of gravitational constant 1976 Feb. p. 44–52
lunar-ranging experiment, Apollo project, laser reflection, moon, orbital motion, corner reflector, Earth-Moon distance measurement 1970 Mar. p. 38–49
lunar rocks, Apollo project, lunar evolution, space exploration 1971 Oct. p. 48–58
lunar evolution, moon, solar system, Apollo missions 1975 Sept. p. 92–102
lunar soil, Apollo project, moon, meteorites, regolith, structure and history of moon 1970 Aug. p. 14–23
lunar surface, lunar exploration, moon, space exploration, spacecraft design, Ranger missions 1966 Jan. p. 52–67
moon, telemetry, space exploration, high-resolution photography, Lunar Orbiter space missions 1968 May p. 58–78
Ranger 7 photographs 1964 Sept. p. 80
Luna 9 photographs 1966 Mar. p. 56
Surveyor III radiation analysis 1967 Nov. p. 52
lunar surface material, Apollo 11 and 12 samples compared 1970 May p. 56
lunar tide, Earth, ionospheric winds, the ionosphere 1955 Sept. p. 126–138
lung, human physiology, breathing, alveoli, mechanism of breathing 1960 Jan. p. 138–148
neonatal physiology, breathing, respiration, first breath of newborn 1963 Oct. p. 27–38
gas exchange, thorax, pulmonary ventilation, breathing, alveoli, human physiology, vital capacity, mechanics and physiology of breathing, anatomy of lung 1966 Feb. p. 56–68 [1034]
gill, oxygen transfer, carbon dioxide, gas exchange, water-breathing by mammals, breathing, animal experiments in water-breathing 1968 Aug. p. 66–74 [1123]
acute respiratory failure, intensive care, tracheostomy, alveolar collapse, emphysema, pathogenesis and treatment of acute respiratory failure 1969 Nov. p. 23–29
fetal lungs, infant, hyaline membrane disease, surfactant 1973 Apr. p. 74–85
lung cancer, carcinogenesis, cigarette smoking, tobacco, human physiology, coronary disease, effects of smoking 1962 July p. 39–51
lung collapse, alveoli, premature infants, lecithin, breathing, surface tension, surfactant, hyaline membrane disease, soaplike agents regulate surface tension in lungs 1962 Dec. p. 120–130
lung structure, avian respiratory system, breathing, bird bones 1971 Dec. p. 72–79 [1238]
lungfish, evolution, air-breathing fishes, Devonian period, fish physiology, conquest of land-breathing organs 1968 Oct. p. 102–111 [1125]
Lurgi process, coal gasification, energy resources, gasification processes, Hygas process, synthane process, CO_2 acceptor process, coal technology 1974 Mar. p. 19–25
luteinizing hormone, hormone, hypothalamic hormone, neurohumoral factors, pituitary control, thyroid-stimulating hormone, TSH 1972 Nov. p. 24–33 [1260]
Lydian civilization, archeological excavation, Croesus, Sardis, 6th century B.C. 1961 June p. 124–135
Lyell, evolution, science history, geology, Charles Lyell, biography 1959 Aug. p. 98–106 [846]
lying, anxiety, polygraph, psychosomatic illness, guilt, breathing, pulse rate, skin temperature, 'lie detector' mis-named 1967 Jan. p. 25–31 [503]
lymph ducts, lymphatic system, intercellular fluid, lymph nodes, lymph vessels, Starlings' hypothesis, lymphatic circulation, lymphedema, the body's 'second circulation' 1963 June p. 80–90
lymph nodes, lymphatic system, intercellular fluid, lymph vessels, lymph ducts, Starlings' hypothesis, lymphatic circulation, lymphedema, the body's 'second circulation' 1963 June p. 80–90
lymph vessels, lymphatic system, intercellular fluid, lymph nodes, lymph ducts, Starlings' hypothesis, lymphatic circulation, lymphedema, the body's 'second circulation' 1963 June p. 80–90
lymphatic circulation, lymphatic system, intercellular fluid, lymph nodes, lymph vessels, lymph ducts, Starlings' hypothesis, lymphedema, the body's 'second circulation' 1963 June p. 80–90
lymphatic system, intercellular fluid, lymph nodes, lymph vessels, lymph ducts, Starlings' hypothesis, lymphatic circulation, lymphedema, the body's 'second circulation' 1963 June p. 80–90
antibodies, thymus, immune system, lymphocytes, thymus implant in mouse, humoral factor 1964 July p. 66–77
antibody molecule, antigens, B-cells, immune system, lymphocytes, T-cells 1973 July p. 52–60 [1276]
lymphedema, lymphatic system, intercellular fluid, lymph nodes, lymph vessels, lymph ducts, Starlings' hypothesis, lymphatic circulation, the body's 'second circulation' 1963 June p. 80–90
lymphocytes, antibody production, thymus, immunology, DNA, autoimmune disease, thymus role in producing antibodies 1962 Nov. p. 50–57 [138]
antibodies, thymus, lymphatic system, immune system, thymus implant in mouse, humoral factor 1964 July p. 66–77
antibody production, antigen-antibody reaction, RNA synthesis, immune response, clonal selection theory 1964 Dec. p. 106–115 [199]
automatic cell sorting, blood cell analysis, computer analysis, pattern recognition, automatic analysis of white cells 1970 Nov. p. 72–82
antibodies, antigen complement, immune response, virus antigens, virus disease, autoimmune disease, allergic reaction, immune-complex disease, glomerulonephritis, lymphocytic choriomeningitis, serum sickness 1973 Jan. p. 22–31 [1263]
cell culture, cell differentiation, cell-surface antigens, immune response, immunoglobin 1973 June p. 82–91 [1275]
antibody molecule, antigens, B-cells, immune system, lymphatic system, T-cells 1973 July p. 52–60 [1276]
antibodies, antigens, allergic reaction, immune response, anaphylactic shock, immunology 1973 Nov. p. 54–66 [1283]
antibodies, bursa, cell differentiation, humoral immunity, B-cells, T-cells, immune system, thymus 1974 Nov. p. 58–72 [1306]
antibodies, cell membrane, histocomptability, antigens, immune response, immunoglobin, B-cells, T-cells 1976 May p. 30–39 [1338]
Lysenko, genetics, potato virus, virus disease, vernalization, agronomy, the Lysenko affair 1962 Nov. p. 41–49
receives Stalin Prize 1949 May p. 26
beginning of the end 1953 Sept. p. 74
Lysenko eclipsed, hybrid corn planted in U.S.S.R. 1956 June p. 60
Lysenko off pedestal, Einstein on in U.S.S.R. 1954 Sept. p. 82
Lysenko resurgent, U.S.S.R., geneticists barred from international meeting 1958 Nov. p. 60
Lysenkoism, Lamarck, acquired characteristics, genotype, evolution, phenotype, mutation, ostrich calluses, speciation, religion, orthodoxy, Darwinism, experiments in acquired characteristics 1953 Dec. p. 92–99
Lysergic acid diethylamide, *see:* LSD
lysine, corn, plant breeding, plant protein, agronomy, human nutrition, malnutrition, high-lysine corn 1971 Aug. p. 34–42 [1229]
corn, opaque-2 lysine-rich corn 1965 Aug. p. 44
lysis, autolysis, lysosomes, enzymes, phagocytosis, chromosome breakage, lysosome implication in disease processes 1967 Nov. p. 62–72 [1085]
lysosomes, autolysis, enzymes, phagocytosis, pinocytosis, metamorphosis, cellular digestive organ, 'suicide bag' 1963 May p. 64–72 [156]
autolysis, enzymes, phagocytosis, lysis, chromosome breakage, lysosome implication in disease processes 1967 Nov. p. 62–72 [1085]
lysozyme, bacterial-cell wall, homeostasis, bacterial cytoplasm, protoplasts, bacteriophage, flagella, dissection of bacteria by lysozyme 1960 June p. 132–142

X-ray crystallography, enzyme-substrate complex, protein folding, amino-acid sequence, three-dimensional structure and action of lysozyme 1966 Nov. p. 78–90 [1055]
enzyme structure established first time 1965 July p. 46

M

M81 cluster, Andromeda Galaxy, galactic clusters, local clusters, Virgo cluster 1977 Nov. p. 76–98 [390]
Macedonia, Nea Nikomedeia, Neolithic village, clay figurines, domestic animals, agricultural society, oldest Neolithic site in Europe 1965 Apr. p. 82–92
Greek civilization, Hellenic art, Pella, mosaic, capital of Macedonia 1966 Dec. p. 98–105
Mach bands, contour perception, contrast perception, neuronal response, optical illusion, visual perception, Craik-O'Brien effect 1972 June p. 90–101 [543]
Mach cones, shock waves, shadow photography, speed of sound, aerodynamics, ballistics 1949 Nov. p. 14–19
machine communication, communication technology, cybernetics, information theory, language, communication, introduction to single-topic issue on communication 1972 Sept. p. 30–41 [677]
machine tool, automatic control, batch process, digital-to-analogue conversion, numerical instructions, automatic machine tool 1952 Sept. p. 101–114
automatic control, computer applications, parts manufacture, batch process production methods 1975 Feb. p. 22–29
ultraprecision positioner and shaper 1968 Oct. p. 62
machine wear, Beilby layer, ferrograph analysis, friction, lubrication, metal fatigue, particles of wear, wear 1974 May p. 88–97
MacKenzie river, New World archeology, Bering land bridge, human migration, 'How man came to North America' 1951 Jan. p. 11–15
mackerel shark, heat exchange, rete mirabile, thermoregulation, comparative physiology, tuna, warm-bodied fishes 1973 Feb. p. 36–44 [1266]
macroscopic quantum effects, quantum mechanics, superfluidity helium, vortex ring, quantized vortex rings 1964 Dec. p. 116–122
Magdalenian, Paleolithic Europe, Cro Magno art, Aurignacian-Perigordian, cave paintings 1953 Aug. p. 30–33
maggot, bacteria, flies, epidemiology, dysentery, virology, disease vector 1965 July p. 92–99
magic, anthropology, medicine, alkaloids, psychoactive drugs, hypnosis psychiatry, lessons from primitive medicine 1948 Sept. p. 24–27
'magic numbers', atomic nucleus, shell model, spin-orbit coupling, table of isotopes 1951 Mar. p. 22–26
magic squares, number theory, binary arithmetic, prime number, composite numbers 1951 July p. 52–55
'magneplane' vehicle, electromagnetic flight, transportation, linear induction motor, linear synchronous motor, magnetic levitation, superconductors 1973 Oct. p. 17–25
magnesium, trace elements, iron, manganese, zinc, copper, iodine, human nutrition 1953 Jan. p. 22–25
evidence for its importance as trace element in diet 1959 July p. 71
magnet, alignment of magnetic domains 1957 Jan. p. 62
magnetic bands, ocean floor, sea-floor spreading, lava, dikes, mid-ocean ridge, the deep-ocean floor 1969 Sept. p. 126–142 [883]
magnetic bottle, plasma physics, plasma confinement, behavior of magnetically confined plasmas 1957 Oct. p. 87–94
fusion reactor, nuclear power, plasma confinement, deuterium, tritium, magnetic pumping, stellerator 1958 Oct. p. 28–35
electromagnetism, superconductivity, shaped field, materials technology, development and applications of supermagnets 1962 June p. 60–67 [279]
nuclear power, fusion reactor, plasma confinement, magnetic shear, plasma physics 1966 Dec. p. 21–31
magnetic field, plasma instability, thermonuclear reaction, fusion reactor, anomalous diffusion, nuclear power, leakage of plasma 1967 July p. 76–88
nuclear power, fusion reactor, plasma confinement, Tokomak 1972 July p. 65–75
magnetic-bubble memories, computer memory, magnetic domains 1971 June p. 78–90
magnetic bubble memories, charge-coupled devices, digital computer, moving-surface memories, semiconductor memories, microelectronics 1977 Sept. p. 130–145 [378]
magnetic-bubble memories 1969 Oct. p. 46
magnetic core, oxide semiconductors, integrated circuits, computer memory, microelectronics, advent of integrated-circuit semiconductor memories 1967 July p. 18–31
magnetic domains, magnetism, iron, cobalt, ferrites 1955 Jan. p. 68–73
electron spin, materials technology, ferromagnetism, hysteresis, magnetic properties of materials 1967 Sept. p. 222–234
cobalt-rare earth alloys, magnetism, permanent magnets, anisotropy, Alnico 1970 Dec. p. 92–100
computer memory, magnetic-bubble memories 1971 June p. 78–90
magnetic drum, computer memory, ferroelectric crystal memory, ferrite cores, mercury delay line, magnetic tape 1955 June p. 92–100
magnetic field, cosmic radiation, massive nuclei, high-energy physics, Milky Way, particle acceleration, supernovae, fundamental research, where do cosmic rays come from? 1953 Sept. p. 64–70 [239]
electromagnetism, magnetism, force-free windings, million gauss field 1958 Feb. p. 28–33
solar magnetism, Zeeman effect, sunspots, mapping changes in solar magnetic field 1960 Feb. p. 52–62
Earth core, electromagnetic waves, micropulsations, Earth mantle, longest electromagnetic wave 1962 Mar. p. 128–137
Jupiter, Van Allen belts, radio emissions, origin of Jovian radio waves 1964 July p. 34–42
magnetic resonance, atomic structure, high pressure, electric field of atom, behavior of atoms under high pressure 1965 Jan. p. 102–108
magnetism, superconductors, Bitter solenoid, U.S. National Magnet Laboratory 1965 Apr. p. 66–78
superconductors, Meissner effect, quantum mechanics, magnetic impermeability, quantized vortexes, quantum effects in superconductors 1965 Oct. p. 57–67
solar magnetism, Sun cycle, photosphere, chromosphere, solar atmosphere, 11-year solar cycle explained 1966 Nov. p. 54–62
volcanic rocks, paleomagnetism, geomagnetic reversals, sea-floor spreading, reversals of Earth's magnetic field 1967 Feb. p. 44–54
plasma instability, thermonuclear reaction, fusion reactor, magnetic bottle, anomalous diffusion, nuclear power, leakage of plasma 1967 July p. 76–88
Sun, solar atmosphere, sunspots, rotation, eddies, solar atmospheric circulation 1968 Jan. p. 100–113
interstellar gas, radio 'photographs', Doppler shift, structured in shells and filaments rather than clouds 1978 Jan. p. 74–84 [394]
intense continuous and pulsed fields 1965 Jan. p. 50
magnetic flotation, ultracentrifuge, angular momentum, ultra-high speed rotation, molecular weight determination, 90 million r.p.s. 1961 Apr. p. 134–147
magnetic impermeability, superconductors, Meissner effect, quantum mechanics, magnetic field, quantized vortexes, quantum effects in superconductors 1965 Oct. p. 57–67
magnetic levitation, electromagnetic flight, transportation, linear induction motor, linear synchronous motor, 'magneplane' vehicle, superconductors 1973 Oct. p. 17–25
applied to metallurgy 1952 July p. 36
magnetic moment, antimatter, g factor, electron, electron spin, positron, magnetic bottle 1968 Jan. p. 72–85
magnetic monopoles, elementary particles, electromagnetic radiation, particle accelerator, search for elementary particle of magnetism 1963 Dec. p. 122–131
observation reported 1975 Oct. p. 52
magnetic pumping, fusion reactor, nuclear power, magnetic bottle, plasma confinement, deuterium, tritium, stellerator 1958 Oct. p. 28–35
magnetic resonance, nuclear magnetic resonance, spectroscopy, magnetometer, molecular structure, large molecule spectroscopy 1958 Aug. p. 58–66 [233]
atomic structure, high pressure, magnetic field, electric field of atom, behavior of atoms under high pressure 1965 Jan. p. 102–108
magnetic reversals, Earth, geomagnetism, remanent magnetism, wandering poles, Earth's magnetism 1955 Sept. p. 152–162
ocean floor, geomagnetism, magnetometer, patterned magnetic field variations in the ocean floor 1961 Oct. p. 146–156
comet, geomagnetism, tektites, meteorites, meteoritic impacts 1967 July p. 32–38
continental drift, sea-floor spreading, crustal movement, earthquakes, plate tectonics 1968 Dec. p. 60–70 [875]
sea-floor spreading, continental drift, ocean ridges, origin of oceans 1969 Sept. p. 66–75 [888]
cosmic collision 1967 June p. 52

magnetic separation, high-gradient magnetic separation, kaolin purification, separation techniques, wastewater purification 1975 Nov. p. 46–54
magnetic shear, nuclear power, fusion reactor, plasma confinement, magnetic bottle, plasma physics 1966 Dec. p. 21–31
magnetic storms, aurora, sunspots, cone of avoidance, solar wind, solar rotation, corpuscular streams, cycles in 'solar wind' 1955 Feb. p. 40–45
Sun, radio emissions, sunspots, corpuscular streams 1955 June p. 40–44
magnetic suspension, ultracentrifuge, molecular weight, sedimentation, fractionation, oil drive, air drive, 900,000 g; 60 million r.p.m. 1951 June p. 42–51
magnetic tape, computer memory, ferroelectric crystal memory, ferrite cores, mercury delay line, magnetic drum 1955 June p. 92–100
communication technology, computer, magneto-optical recording, recording, playback 1969 Nov. p. 70–82
magnetic vortexes, quantum effects, superconductivity, magnetism, superconductors, macroscopic quantum effect photographed 1971 Mar. p. 74–84
magnetism, magnetic domains, iron, cobalt, ferrites 1955 Jan. p. 68–73
electrical resistance, superconductivity, cryogenics, upper limit of temperature of superconductivity 1957 Nov. p. 92–103 [227]
electromagnetism, magnetic field, force-free windings, million gauss field 1958 Feb. p. 28–33
crystal structure, ferrites, materials technology, microwave radiation, computer memory, industrial applications of iron oxides 1960 June p. 92–104
magnetic field, superconductors, Bitter solenoid, U.S. National Magnet Laboratory 1965 Apr. p. 66–78
high-pressure technology, ultrastrong magnetic fields, explosive compression, implosion, flux compression 1965 July p. 64–73
electromagnetism, niobium alloys, superconductors, proton-beam focusing, generation of intense magnetic fields 1967 Mar. p. 114–123
cobalt-rare earth alloys, permanent magnets, magnetic domains, anisotropy, Alnico 1970 Dec. p. 92–100
quantum effects, superconductivity, magnetic vortexes, superconductors, macroscopic quantum effect photographed 1971 Mar. p. 74–84
Earth, decreasing strength of magnetic field 1957 Feb. p. 64
see also: Earth magnetic field, remanent magnetism and the like
magnetization patterns, continental drift, earthquake zones, subduction zones, mountain formation, plate tectonics, sea-floor spreading, overview of the new geology 1972 May p. 56–68 [900]
mountain formation, continental drift, Gondwanaland, Himalaya formation, Indian-Ocean formation, plate tectonics, sea-floor spreading 1973 May p. 62–72 [908]
magneto-optical recording, communication technology, magnetic tape, computer, recording, playback 1969 Nov. p. 70–82
magnetohydrodynamics, heat, plasma, shock tube, solar prominences, very high temperatures 1954 Sept. p. 132–142
electric arc, plasma jet, heat, 30,000 degrees F. torch, applications 1957 Aug. p. 80–88
fusion reactor, nuclear power, plasma containment, pinch effect, thermonuclear reaction, thermonuclear energy for domestic power 1957 Dec. p. 73–84 [236]
geomagnetism, geophysics, electromagnetism, convection currents, Earth core, origin of terrestial magnetism 1958 May p. 44–48
ion propulsion, plasma jet, jet velocity, cesium-ion beam, electrical propulsion, space exploration 1961 Mar. p. 57–65
nuclear power, recycling, materials, fusion reactor, fusion torch, energy transformation, plasma containment 1971 Feb. p. 50–64 [340]
energy transformation, energy demand, fuel-conversion efficiency, power, prime movers, steam turbines, gas turbine, internal combustion engine, fuel cell, solar cells, power, nuclear power, comparative efficiencies of energy transformation pathways in industrial civilization 1971 Sept. p. 148–160 [668]
black hole, interstellar gas, neutron stars, pulsar, stellar evolution, supernovae, X-ray sources 1975 Dec. p. 38–46
magnetometer, magnetic resonance, nuclear magnetic resonance, spectroscopy, molecular structure, large molecule spectroscopy 1958 Aug. p. 58–66 [233]
geomagnetism, natural resources, mining, mineral prospecting, aerial prospecting 1961 June p. 151–162
ocean floor, geomagnetism, magnetic reversals, patterned magnetic field variations in the ocean floor 1961 Oct. p. 146–156
artificial satellite, geomagnetism, solar wind, magnetosphere, aurora, orbital motion 1965 Mar. p. 58–65
magnetometers on moon, Apollo project, lunar evolution, lunar magnetism, space exploration 1971 Aug. p. 62–73
magnetosphere, artificial satellite, geomagnetism, Lorentz force, solar radiation, Van Allen belts, radiation belts, aurora, physics of Van Allen belts 1963 May p. 84–96
artificial satellite, geomagnetism, solar wind, aurora, magnetometer, orbital motion 1965 Mar. p. 58–65
aurora borealis, geomagnetism, solar radiation, ionosphere, solar wind, physics of the aurora 1965 Dec. p. 54–62
interplanetary space, Mars, Mariner 4, micrometeorites, trapped radiation, atmosphere, solar wind, cosmic radiation, space exploration 1966 May p. 62–72
plasma, solar radiation, ionosphere, Earth magnetic field, geomagnetism, barium clouds, electric field, artificial plasma clouds from rockets 1968 Nov. p. 80–92
cosmic radiation, interplanetary fields, interplanetary particles, solar flares, solar wind, aurora, Van Allen belts, solar system 1975 Sept. p. 160–173
magnetothermoelectricity, crystallography, thermomagnetic cooling, semimetal, solid-state refrigeration 1964 June p. 70–82
magnetron, microwaves, optical properties, Maxwell's equations, traveling-wave tube, klystron, waveguides, communication, radar 1952 Aug. p. 43–51
main-sequence stars, extraterrestrial life, stellar evolution, binary stars, probability of extra terrestrial life calculated from astronomical numbers 1960 Apr. p. 55–63
globular cluster stars, stellar evolution, Red Giant stars, stellar modeling, H-R diagram, stellar anatomy, age of cluster stars 1970 July p. 26–39
maize, 'green revolution', agronomy, food and agriculture, potatoes, Mexican agriculture 1976 Sept. p. 128–150
agronomy, crop yields, plant breeding, rice, wheat, food and agriculture, plant genetics 1976 Sept. p. 180–194
malaria, sickle cell disease, amino-acid substitution, anemia, hemoglobin 1951 Aug. p. 56–59
DDT, W.H.O., mosquitoes, eradication of malaria 1952 June p. 22–25
Chaga's disease, public health, 'zoonoses', parasitism, trypanosomiasis, filariasis, leishmaniasis, plague, yellow fever, typhus, epidemiology, animal infection and human disease 1960 May p. 161–170
Anopheles mosquito, tropical medicine, Plasmodium, epidemiology, W.H.O. malaria eradication 1962 May p. 86–96
biological clock, Plasmodium, parasitism, reproduction, gametocyte, mosquitoes 1970 June p. 123–131 [1181]
mosquito bite, yellow fever, insect behavior, feeding behavior, feeding behavior of mosquitoes 1978 June p. 138–148 [1392]
W.H.O., anti-malaria campaign 1949 Apr. p. 26
monkey vectors 1960 Sept. p. 106
malaria drug, primaquine 1951 Oct. p. 36
malaria hematology, anemia, sickle cell disease, hemoglobin S, human evolution, adaptive benefits of sickle-cell anemia 1956 Aug. p. 87–94 [1065]
malaria plasmodia, starve with milk? 1953 Apr. p. 50
male fertility, spermatozoon count, birth control, ovulation timing 1950 May p. 16–19
male paradise, female dominance 1953 Nov. p. 58
male sterility, cytoplasmic inheritance, reciprocal crossing, maternal inheritance, sex linked traits, non-Mendelian inheritance, paramecium, chloroplast, plastids, cytogene, review of evidence for an extra-chromosomal genetics 1950 Nov. p. 30–39 [39]
biochemistry of seminal plasma 1956 Sept. p. 116
malnutrition, kwashiorkor, diet, food supply, human nutrition 1954 Dec. p. 46–50
food supply, human population, hunger, human nutrition, Incaparina, eland, capybara, manatee, mussels, developing countries, unorthodox food sources 1967 Feb. p. 27–35 [1068]
corn, lysine, plant breeding, plant protein, agronomy, human nutrition, high-lysine corn 1971 Aug. p. 34–42 [1229]
alcoholism, alcohol metabolism, fatty liver, liver function, 'empty calories', acetaldehyde, cirrhosis 1976 Mar. p. 25–33 [1336]
developing countries, poverty, hunger, food and agriculture, human nutrition 1976 Sept. p. 40–49
malpractice claims, medical care, surgery, surgical specialties, mortality rates, post-operative negligence 1973 Sept. p. 90–98
malpractice insurance, medical care, medical malpractice, doctor-patient relations 1976 Aug. p. 18–23

Malthusian doctrine, world population, economic development 1950 Feb. p. 11–15
birth control, population growth, developing countries, food production, Julian Huxley on world population growth 1956 Mar. p. 64–76 [616]
birth control, celibacy, disease, foundling institutions, infanticide, marriage age, population growth, population control in Europe 1750-1850 1972 Feb. p. 92–99 [674]
mammal, duck-billed platypus, lactogenesis, isotope tracing, milk, synthesis of milk 1957 Oct. p. 121–128
mammalian brain, cerebral cortex, corpus callosum, brain hemispheres, split-brain experiments, monkey, cat, human post-operative subject 1964 Jan. p. 42–52 [174]
brain circuitry, nerve signals, sensory systems, stimulus localization, visual perception, superior colliculus in integration at brain function 1972 Dec. p. 72–82 [553]
mammalian eggs, embryonic development, oocytogenesis, meiosis, mitosis, chromosomal anomalies, ovum, in vitro fertilization 1966 Aug. p. 72–81 [1047]
mammalian evolution, reptile, dinosaurs, paleontology, therapsids, ichthyosaurs, evolution, origin of mammals 1949 Mar. p. 40–43
continental drift, speciation, reptile evolution, radiation, genetic convergence, Gondwanaland, Laurasia, supercontinent breakup and animal diversification 1969 Mar. p. 54–64 [877]
animal behavior, hopping energetics, kangaroos, marsupial 1977 Aug. p. 78–89 [1366]
mammary gland, lactogenesis, milk, casein, hormonal action, cell secretion, composition and synthesis of cow's milk 1969 July p. 58–68
mammoth-bone deposits, Clovis culture, hunting, Folsom points, New World archeology, elephant extinction 1966 June p. 104–112
mammoths, glaciation, Ice Age hunters, Mousterian assemblages, Ukraine 1974 June p. 96–105 [685]
man-mammoth cohabitation 1956 Apr. p. 68
man-apes, human evolution, Plesianthropus, Australopithecus Paranthropus, primates, hominids branched from other primates 30 million years ago 1948 May p. 16–19
human evolution, Homo, Australopithecus, Paranthropus, Plesianthropus 1949 Nov. p. 20–24 [832]
human evolution, Olduvai Gorge, toolmakers, hand axes, stone tools 1954 Jan. p. 66–71
toolmakers, Olduvai Gorge, human evolution, cultural evolution, role of tool-making in biological evolution of man, introduction to single-topic issue 1960 Sept. p. 62–75 [601]
primate evolution, hominoid, fossil primates, apes, Fayum, Aegyptopithecus, Oligocene ancestor of hominoids 1967 Dec. p. 28–35 [636]
Swartkrans man 1949 Jan. p. 29
man-day, labor capability, muscle power, 'scientific management' 1971 Oct. p. 96–103
man-machine interface, time-sharing, computer technology, multipe terminals, multiple users 1966 Sept. p. 128–140
communication, computer language, talking computers 1975 Mar. p. 36–42
management science, assembly lines, mass production, Sweden, work satisfaction, worker teams, 'scientific management' 1975 Mar. p. 17–23
manatee, malnutrition, food supply, human population, hunger, human nutrition, Incaparina, eland, capybara, mussels, developing countries, unorthodox food sources 1967 Feb. p. 27–35 [1068]
Manchester, high-energy physics, Birmingham, report on visit by Leopold Infeld 1949 Nov. p. 40–43
Mandarin Chinese, Chinese language, Chinese writing, tones, computer translation, Chinese dialects 1973 Feb. p. 50–60
manganese, trace elements, iron, zinc, copper, magnesium, iodine, human nutrition 1953 Jan. p. 22–25
from slag heaps 1952 May p. 36
manganese nodules, ocean floor, mineral resources, mining industry, minerals on the ocean floor 1960 Dec. p. 64–72
plate tectonics, sea-floor spreading, metals, mid-ocean ridge, hydrothermal extraction, origin of metal deposits on ocean floor 1978 Feb. p. 54–61 [929]
manic depression, animal behavior, biological clock, circadian rhythm, circannual rhythm, hibernation, animal migration 1971 Apr. p. 72–79 [1219]
manioc, cassava, yield tripled by first systematic study 1976 Sept. p. 68
manipulators, remote control, robot, feedback, automatic control, industrial manipulators 1964 Oct. p. 88–96
manlike creatures, monsters, Homo monstrosus, mythology 1968 Oct. p. 112–118
mannan, algae, xylan, plant cell wall, cellulose, xylan, mannan in place of cellulose in marine plant tissue 1968 June p. 102–108 [1110]
manned space flight, moon, robot spacecraft 1960 May p. 61–69
acceleration, human physiology, weightlessness, space medicine, human centrifuge, g stress 1962 Feb. p. 60–70
moon, lunar exploration, lunar landing sites, remote sensing 1969 Oct. p. 54–72 [889]
project derided as 'stunt' 1960 June p. 82
manoeverable reentry vehicle, *see:* MARV
manpower policy, employment levels, labor force, U.S. economy, women in labor force, job creation vs. job quality 1977 Nov. p. 43–51 [701]
mantis shrimps, animal behavior, marine life, stomatopods 1976 Jan. p. 80–89
manufacturing productivity, robot, assembly, labor-saving devices, computer applications, programmable robot for product assembly 1978 Feb. p. 62–74 [929]
marasmus, diet, fasting, human nutrition, metabolism, starvation, kwashiorkor, physiology of starvation 1971 Oct. p. 14–21 [1232]
marble, architecture, sculpture, erosion, limestone, atmospheric pollution, weathering, preservation of stone 1978 June p. 126–136 [3012]
Marconi, radio, triode, De Forest, vacuum tube, Fleming valve, diode, rectification, De Forest's 1906 contributions 1965 Mar. p. 92–100
marginal farmlands, dust storms, dry-land farming, Great Plains, wind erosion, agricultural technology 1954 July p. 25–29
marijuana, Cannabis sativa, drug abuse, consciousness, pharmacology, sociology 1969 Dec. p. 17–25 [524]
clinical and psychological effects 1969 Feb. p. 43
reverse Heisenberg effect 1977 Mar. p. 64
marine algae, biological clock, crabs, diatoms, sand hoppers, tidal-zone organisms, tidal rhythms, integration of biological and sidereal cycles 1975 Feb. p. 70–79 [1316]
marine biology, Woods Hole, oceanography 1949 Sept. p. 13–17
food, human nutrition, food from the sea 1949 Oct. p. 16–19
'false bottom', plankton, sonar, shrimp, heteropod, deep-sea scattering layer, deep-sea 'layer of life' 1951 Aug. p. 24–28
Challenger, oceanography 1953 May p. 88–94
animal communication, fish communication, crustacea, whale, porpoises, animal sounds in the sea 1956 Apr. p. 93–102
abyssal life, ocean abyss, bioluminescence, fauna at 4000 meters 1957 Nov. p. 50–57
buoyancy, swim bladder, chambered nautilus, cuttlebone 1960 July p. 118–128
chordates, salpa, natural history 1961 Jan. p. 150–160
Arctic Ocean, ocean circulation, telemetry, meteorology, Northeast Passage, ice-floe islands, bathymetry, Soviet Arctic research 1961 May p. 88–102
animal behavior, fish, schooling behavior, sensory systems for parallel orientation 1962 June p. 128–138 [124]
Antarctica, oceanography, food chain, krill, blue whale, ecology, Antarctic convergence, biological province of Antarctic convergence 1962 Sept. p. 186–210
biosphere, continental drift, ocean evolution, Pangaea, plate tectonics 1974 Apr. p. 80–89 [912]
marine birds, comparative physiology, reptile, adaptation, salt excreting glands 1959 Jan. p. 109–116
phalarope, sexual behavior, animal behavior, parental care, sex role, hormone 1969 June p. 104–111
marine ecology, eelgrass, foodchain, ecology, fungal infection, account of an ecological catastrophe 1951 Jan. p. 52–55
algal bloom, Dinoflagellata, acetylcholine, nerve poisons, poisonous tide 1958 Aug. p. 92–98
sea, food chain, plankton, ocean, fish, marine life, life in the ocean 1969 Sept. p. 146–162 [884]
marine pollution, tar, tanker wastes, pelagic tar 1975 June p. 90–97
marine ecosystems, climatic change, coral reefs, energy cycle, fossil reefs, reef evolution 1972 June p. 54–65 [901]
marine engineering, yacht design, hull design, towing tank tests, sail design 1966 Aug. p. 60–68
marine farming, food supply, fisheries, sea-water nutrients, upwelling, fishponds 1970 Dec. p. 14–21 [1205]
marine geology, continental shelf, glaciation, ocean, shelf sediments 1969 Sept. p. 106–122 [882]

marine iguana, cichlid fish, rattlesnake, fighting behavior, animal behavior, comparative psychology, oryx 1961 Dec. p. 112–122 [470]
marine insect, water strider Halobates 1969 Jan. p. 48
marine invertebrates, escape response, starfish, limpets, scallop, prey-predator relationship, snail, chemical signals 1972 July p. 92–100 [1254]
marine life, sea, food chain, plankton, marine ecology, ocean, fish, life in the ocean 1969 Sept. p. 146–162 [884]
carbon dioxide, neuston, microlayer oceanography, ocean surface, rainwater composition, surfactant 1974 May p. 62–77 [913]
bivalves, clams, mollusks, symbiosis 1975 Apr. p. 96–105
ocean-floor animals, ocean floor photography 1975 Oct. p. 84–91
animal behavior, mantis shrimps, stomatopods 1976 Jan. p. 80–89
marine organisms, cell aggregation, Mesozoa, multicellular organisms 1972 Dec. p. 94–101 [1262]
plankton, appendicularians 1976 July p. 94–102
marine pollution, marine ecology, tar, tanker wastes, pelagic tar 1975 June p. 90–97
marine resources, ocean floor, ocean, sea power, sea water, introduction to single-topic issue on the ocean 1969 Sept. p. 54–65 [879]
marine technology, drilling platforms, ocean, supertankers, submersibles, containerization, technology and the ocean 1969 Sept. p. 198–217 [887]
silicone ship coating 1960 Mar. p. 90
marine wax, biological wax, copepod lipids, coral reef wax, metabolic fuel, food chain 1975 Mar. p. 76–86 [1318]
marine worm, Annelida, feather duster worm, lugworm, biological clock, circadian rhythm 1959 June p. 132–142
Mariner 2, space exploration, telemetry, Venus, navigation, orbital motion, high-resolution studies of Venus 1963 July p. 70–84
Mariner 4, artificial satellite, Mars, space exploration, telemetry, spacecraft navigation, spacecraft 1966 Mar. p. 42–52
interplanetary space, Mars, magnetosphere, micrometeorites, trapped radiation, atmosphere, solar wind, cosmic radiation, space exploration 1966 May p. 62–72
Mariner 6, Mars, Mariner 7, telemetry, orbital motion, polar cap, television camera, cratering, surface pictures and map of Mars 1970 May p. 26–41
Mariner 7, Mariner 6, Mars, telemetry, orbital motion, polar cap, television camera, cratering, surface pictures and map of Mars 1970 May p. 26–41
Mars, Phobos photographed 1970 July p. 50
Mariner 7 photographs, Mars 1969 Sept. p. 97
Mariner 9 results, Martian topography, Martian atmosphere, planets, solar system, space exploration, polar cap, 'braided' channels, dune fields, photomosaic, volcanoes on Mars 1973 Jan. p. 48–69
Mariner spacecraft, Venus expedition 1974 Apr. p. 48
markedness/unmarkedness dyad, verbal communication, communication, acoustic formants, phonetics, morphemes, syntax, context sensitivity, invariant/variable dyad 1972 Sept. p. 72–80
markers, electronic switching, telephone switching, electromechanical switching, electronic replaces electromechanical switch 1962 July p. 132–143
market, commerce, agricultural system, peasants, peasant markets in Haiti 1960 Aug. p. 112–122 [647]
market networks, anthropology, central-place theory, People's Republic of China, Guatemala, rural markets 1975 May p. 66–79
market process, decision theory, energy economics, power production, technology assessment, tort law, economic planning 1971 Sept. p. 191–200 [671]
Markov chain, mathematics, probalility, combinatorial analysis, normal curve, Brownian motion, Pascal's triangle, statistics, probability theory 1964 Sept. p. 92–108
marriage, Africa, sister exchange, marriage contracts 1975 Dec. p. 84–94
marriage age, birth control, celibacy, disease, foundling institutions, infanticide, Malthusian doctrine, population growth, population control in Europe 1750-1850 1972 Feb. p. 92–99 [674]
marriage contracts, bride price, anthropology, Sebei tribe 1973 July p. 74–85
marriage partner, girl next door 1953 Aug. p. 48
marriage preferences, American Negro, skin color, blood typing, recessive gene, population genetics, genetic meaning of race 1954 Oct. p. 80–85
marriage rate, abortion, population, death rate, birth rate, vital statistics, menarche, infant mortality, 1538-1812, parish registers, York, England 1970 Jan. p. 105–112
Mars, polar cap, desert, atmosphere, climate, 'canals', picture from Earth-bound study 1953 May p. 65–73
extraterrestrial life, infrared astronomy, Venus, atmospheric windows, Jupiter, moon, spectrometry, history and recent results of infrared astronomy 1965 Aug. p. 20–29
artificial satellite, space exploration, Mariner 4, telemetry, spacecraft navigation, spacecraft 1966 Mar. p. 42–52
space exploration, computer enhancement, telemetry, television camera, computer graphics, Mariner IV photographs, Martian topography 1966 Apr. p. 54–68
interplanetary space, Mariner 4, magnetosphere, micrometeorites, trapped radiation, atmosphere, solar wind, cosmic radiation, space exploration 1966 May p. 62–72
Venus, atmosphere, space exploration, atmospheric differences 1969 Mar. p. 78–88
Mariner 6, Mariner 7, telemetry, orbital motion, polar cap, television camera, cratering, surface pictures and map of Mars 1970 May p. 26–41
dust storms, terrestrial planets, cratering, tectonic processes, mountain formation, erosion, hydrology, solar system 1975 Sept. p. 106–117
Martian volcanoes, Mariner 9 findings 1976 Jan. p. 32–43
interplanetary navigation, navigational accuracy, spacecraft navigation, Viking missions 1976 June p. 58–74
Deimos, Martian moons, Phobos, Mariner spacecraft missions 1977 Feb. p. 30–37 [352]
Martian atmosphere, dust storms, dry ice fogs, wind erosion, Mariner voyages 1977 July p. 34–43
extraterrestrial life, space exploration, Viking lander experiments 1977 Nov. p. 52–61 [389]
Viking landers, Viking orbiters, Martian surface, Martian winds, orbital and ground photography of Martian landscape 1978 Mar. p. 76–89 [399]
close approach 1955 Sept. p. 70
weather, topography 1957 Feb. p. 64
Martian water vapor 1963 Aug. p. 52
first data from Mariner IV 1965 Aug. p. 42
Mariner IV photographs 1965 Sept. p. 76
Mariner IV photographs 1965 Nov. p. 49
Mariner 7 photographs 1969 Sept. p. 97
Mariner 6 and 7 surface pictures 1969 Dec. p. 52
reddish color, carbon suboxide flakes(?) 1970 Feb. p. 46
radar and spectrometric measurements of topography 1970 Mar. p. 60
Mariner 7, Phobos photographed 1970 July p. 50
orbiting probes planned 1970 Sept. p. 80
spacecraft photographs analyzed 1971 Apr. p. 50
findings by Mariner 9 1972 Mar. p. 40
Viking missions 1972 May p. 49
floods 1976 Dec. p. 54
life-experiment ambiguities 1977 Feb. p. 48
marshland, climate, swamp, ecology, eutrophication, wetlands, natural history of marsh, effect on climate 1958 Oct. p. 114–122 [840]
marsupial, opossum, death-simulation, animal behavior, playing possum by opossum and other animals 1950 Jan. p. 52–55
opossum, folklore, natural history 1953 June p. 88–94
animal behavior, hopping energetics, kangaroos, mammalian evolution 1977 Aug. p. 78–89 [1366]
Martian atmosphere, Martian topography, Mariner 9 results, planets, solar system, space exploration, polar cap, 'braided' channels, dune fields, photomosaic, volcanoes on Mars 1973 Jan. p. 48–69
Mars, dust storms, dry ice fogs, wind erosion, Mariner voyages 1977 July p. 34–43
Martian moons, Deimos, Mars, Phobos, Mariner spacecraft missions 1977 Feb. p. 30–37 [352]
evidence of chondritic composition 1978 Mar. p. 70
Martian surface, Mars, Viking landers, Viking orbiters, Martian winds, orbital and ground photography of Martian landscape 1978 Mar. p. 76–89 [399]
Martian topography, Mariner 9 results, Martian atmosphere, planets, solar system, space exploration, polar cap, 'braided' channels, dune fields, photomosaic, volcanoes on Mars 1973 Jan. p. 48–69
Martian volcanoes, Mars, Mariner 9 findings 1976 Jan. p. 32–43
Martian winds, Mars, Viking landers, Viking orbiters, Martian surface, orbital and ground photography of Martian landscape 1978 Mar. p. 76–89 [399]
MARV: maneuverable reentry vehicle

MARV, mutual assured destruction, counterforce strategy, military expenditures, SALT, arms race, MIRV 1974 May p. 20–31
maser: microwave amplification by stimulated emission of radiation
maser, atomic clock, ammonia maser, cesium clock, zenith tube, mercury mirror, improvements on sidereal time 1957 Feb. p. 71–82 [225]
microwave amplification, stimulated emission, quantum mechanics, coherent radiation, principles and uses of maser 1958 Dec. p. 42–50 [215]
laser, coherent radiation, stimulated emission, first lasers as 'optical masers' 1961 June p. 52–61 [274]
microwaves, interstellar matter, hydroxyl radical, infrared astronomy, energy levels, protostars, interferometry 1968 Dec. p. 36–44
cosmic masers, hydroxyl maser, water maser, maser star, interstellar matter, astrophysics, quantum mechanics, 'nature imitates art' 1978 June p. 90–105
talking maser 1961 Mar. p. 91
stimulated by two photons 1965 Oct. p. 40
see also: laser
maser star, maser, cosmic masers, hydroxyl maser, water maser, interstellar matter, astrophysics, quantum mechanics, 'nature imitates art' 1978 June p. 90–105
maser telescope, precision of solid-state maser 1958 June p. 46
mass, spectroscopy, vacuum, ultra-high vacuum, oil diffusion pump, sputter-ion pump, cryogenic pump, vacuum down to 10^{-12} mm of mercury 1962 Mar. p. 78–90
mass-communication media, communication, message systems, television violence, cultural patterns, sociology, mass communications as social environment 1972 Sept. p. 152–160 [679]
mass communications, elections, public opinion, attitude survey 1953 May p. 46–48
mass production, assembly lines, Sweden, work satisfaction, worker teams, management science, 'scientific management' 1975 Mar. p. 17–23
mass spectroscopy, spectroscopy, separation techniques, ion beam 1953 Mar. p. 68–74
spectroscopy, age of elements, age of universe, element formation, nucleochronology, radioactive nuclei, stellar evolution, supernovae 1974 Jan. p. 69–77
mass standard, cesium clock, length standard, time standard, temperature standard, interferometry, measurement 1968 June p. 50–62
mass transit, underground transport, pneumatic propulsion, railway, gravity propulsion, transport by 'pedulum' train 1965 Aug. p. 30–40
railway, traffic patterns, cities, commutation, automobile, transportation, Bay Area Rapid Transit system as model for urban transportation 1965 Sept. p. 162–174
urban planning, central city, cities, highway engineering, open space, diversity, 'paths' 1965 Sept. p. 209–219
cities, urban transport, computer modeling, personal-transit systems, systems analysis 1969 July p. 19–27
massive nuclei, cosmic radiation 1951 May p. 26–30
cosmic radiation, high-energy physics, Milky Way, magnetic field, particle acceleration, supernovae, fundamental research, where do cosmic rays come from? 1953 Sept. p. 64–70 [239]
massive stars, galaxy, stellar evolution, nebulae, stellar associations, massive stars are short-lived 1956 Feb. p. 36–41
material resources, recycling, biosphere, nonrenewable resources, inorganic-materials cycle 1970 Sept. p. 194–208 [1198]
materials, heat, temperature limits, ablation, rocket nozzle, turbine bucket, high temperatures: materials 1954 Sept. p. 98–106
nuclear power, recycling, fusion reactor, fusion torch, energy transformation, plasma containment, magnetohydrodynamics 1971 Feb. p. 50–64 [340]
materials technology, catalysis, polymers, industrial chemistry, stereoisomers, synthesizing giant molecules 1957 Sept. p. 98–104
catalysis, polymers, industrial chemistry, stereoisomers, synthesizing giant molecules 1957 Nov. p. 98–104
building construction, prestressed concrete, architectural engineering 1958 July p. 25–31
crystal structure, metals, aligned crystals, alignment of crystals for control of mechanical and magnetic properties 1959 Apr. p. 125–141
crystal structure, stress fracture, metallurgy, cracks and fracture 1960 Feb. p. 94–104
crystal structure, magnetism, ferrites, microwave radiation, computer memory, industrial applications of iron oxides 1960 June p. 92–104
glass fiber, optical glass, ceramics, amorphous solid, properties of glass as 'undercooled liquid' 1961 Jan. p. 92–104
glass fiber, synthetic fiber, composite materials, plastics, properties of 'two-phase' materials 1962 Jan. p. 124–134
wear, adhesive wear, abrasive wear, corrosion, fatigue wear, surfaces in sliding contact 1962 Feb. p. 127–136
electromagnetism, superconductivity, shaped field, magnetic bottle, development and applications of supermagnets 1962 June p. 60–67 [279]
crystal structure, steel alloys, ausform process, heat-treating for strength 1963 Aug. p. 72–82
glass, metals, ceramics, polymers, chemical band, composite materials, atom, elements, introduction to single-topic issue on materials 1967 Sept. p. 68–79
crystal structure, solid-state electronics, X-ray crystallography, metals, semiconductor, nonmetals, amorphous solid, electrical conductivity 1967 Sept. p. 80–89
alloys, metals, crystal structure, grain boundaries, lattice defects, dislocations, electron 'gas', nature of metals 1967 Sept. p. 90–100
aluminates, ceramics, crystal structure, silicates, heat resistance, ionic bonds, covalent bonds, nature of ceramics 1967 Sept. p. 112–124
amorphous solid, glass, supercooling, crystal structure, geometry of glass, two-phase glasses 1967 Sept. p. 126–136
polymers, natural polymers, plastics, cross-linking, covalent bonds 1967 Sept. p. 148–156
composite materials, whiskers, fiber glass, two-phase materials, fiber-reinforced composites, matrix, eutectics 1967 Sept. p. 160–176
heat conduction, phonon, thermal waves, thermal conductivity, thermal properties of materials 1967 Sept. p. 180–188
electrical conductivity, Fermi surface, semiconductor, quantum mechanics, charge carriers, electron mean free path, electrical properties of materials 1967 Sept. p. 194–204
solid state physics, crystal defects, epitaxial growth, surface chemistry, precipitation in solids, 'doping', chemical properties of materials 1967 Sept. p. 210–220
electron spin, ferromagnetism, magnetic domains, hysteresis, magnetic properties of materials 1967 Sept. p. 222–234
spectroscopy, color, photoelectric effect, laser, transparency, optical properties of materials 1967 Sept. p. 238–248
input-output analysis, interchangeability of materials, cost assessment, price trends, metals, plastics, competition among materials 1967 Sept. p. 254–266
zone refining, zone melting, distribution coefficient, germanium, silicon, single crystals purified 1967 Dec. p. 62–72
steel, transformation-induced plasticity, strength, ductility 1968 Nov. p. 36–45
Dance of the Solids, a poem by John Updike, occasioned by the September 1967 issue 1969 Jan. p. 130–131
metalliding, superplasticity, microduplex structure, thermomechanical processing, grain structure, metals that can be formed like plastics 1969 Mar. p. 28–35
explosions, shock waves, solids, phase transitions 1969 May p. 82–91
heat resistance, polymers, plastics, aromatic hydrocarbons, high-temperature-resistant plastics 1969 July p. 96–105
alloys, metalliding, diffusion, surface alloy, molten fluoride, electrolysis 1969 Aug. p. 38–46
automobile propulsion, electric power generation, energy storage, composite materials, flywheels 1973 Dec. p. 17–23
inorganic polymers, polymer structure, polymeric sulfur, silicon polymers 1974 Mar. p. 66–74
corundum, crystal structure, cubic boron nitride, diamond, hardness, Mohs scale 1974 Aug. p. 62–70
atomic structure, crystallographic techniques, 'extended fine structure' effect, X-ray absorption 1976 Apr. p. 96–103
materials wanted, catalogue of dreams 1953 Aug. p. 40
maternal behavior, heartbeat, mother-child interaction, fetal conditioning, left-side preference in babyholding 1973 May p. 24–29
maternal deprivation, behavioral psychology, emotional deprivation, rhesus monkeys, surrogate mother, infant monkey 'love' 1959 June p. 68–74 [429]
social deprivation, comparative psychology, rhesus monkeys, peer group, experiments in social deprivation 1962 Nov. p. 136–146 [473]
comparative psychology, parental care, emotional development, abnormal behavior, early experience and emotional development, experiments with rats 1963 June p. 138–146 [478]
maternal inheritance, cytoplasmic inheritance, reciprocal crossing, sex linked traits, non-Mendelian inheritance, male sterility, paramecium, chloroplast, plastids, cytogene, review of evidence for an extra-

chromosomal genetics 1950 Nov. p. 30–39 [39]
cytoplasmic inheritance, extranuclear DNA, mitochondria, chloroplast, Chlamydomonas 1965 Jan. p. 70–79 [1002]
maternal mortality, abortion, birth control, infant mortality, public opinion, legal status, incidence in U.S. and other countries 1969 Jan. p. 21–27 [1129]
abortion, population, birth control, public health, infant mortality, international comparison of experience with legalization of abortion 1977 Jan. p. 21–27 [1348]
mathematical concepts, child development, how children form mathematical concepts 1953 Nov. p. 74–79 [420]
mathematical creation, essay by Henri Poincare 1948 Aug. p. 54–57
mathematical invention, creativity, set theory, analytic geometry, Fermat's last theorem, innovation in mathematics 1958 Sept. p. 66–73
mathematical logic, antinomy, paradox, logic, barber paradox, undecidable questions, Gödel's proof, Grelling's paradox, Epimenides' paradox, Zeno's paradox, paradox and foundations of logic 1962 Apr. p. 84–96
games theory, paradox, decision theory, 'metalogic' to solve paradox 1967 July p. 50–56
Gödel's proof, metalogic, undecidable questions 1971 Mar. p. 50–60
formalism, infinitesimals, Platonism, real-number line 1971 Aug. p. 92–99
calculus, Euclidean geometry, falling-stone problem, infinitesimals, method of exhaustion, nonstandard analysis 1972 June p. 78–86
mathematical model, linear programming, decision theory 1954 Aug. p. 21–23
physics, physical models, creativity, innovation in physics 1958 Sept. p. 74–82
geology, tectonic processes, scaling, block fault, geosyncline, experimental geology 1961 Feb. p. 96–106
vehicular traffic flow, urban transport, traffic theory, modeling auto flow patterns 1963 Dec. p. 35–43
Monte Carlo method, gas kinetics, computer modeling, chemistry by computer 1964 July p. 100–108
economics, social sciences, decision theory, mathematics in economics and other social sciences 1964 Sept. p. 168–182
computer modeling, giant molecules, cytochrome helix, myoglobin, hemoglobin, molecular modeling, DNA 1966 June p. 42–52 [1043]
catastrophe theory, discontinuous phenomena, topology 1976 Apr. p. 65–83
area-minimizing principle, measure theory, mathematical surfaces, soap bubbles, surface geometry 1976 July p. 82–93
mathematical philosophy, mathematical proof, foundations of mathematics, set theory 1964 Sept. p. 112–127
mathematical proof, probability, law of large numbers, gambler's fallacy, random walk, philosophy of science 1950 Oct. p. 44–47
probability, statistics, fundamental reasoning, fundamental research, What is probability? 1953 Sept. p. 128–138
foundations of mathematics, mathematical philosophy, set theory 1964 Sept. p. 112–127
grammar, truth, logic, philosophy, sentence, metalogic, antimony of the liar, proof and truth 1969 June p. 63–77
incompleteness theory, algorithms, random numbers, algorithmic definition of randomness 1975 May p. 47–52
four-color-map problem, foundations of mathematics, proof by computer 1977 Oct. p. 108–121 [387]
mathematical surfaces, area-minimizing principle, measure theory, mathematical model, soap bubbles, surface geometry 1976 July p. 82–93
mathematics, geometry, topology, quinary system, decimal system, tessellation, knots, primitive mathematics 1948 Dec. p. 44–49
Fermat, Descartes, mathematics history, analytic geometry, conic sections, Euler 1949 Jan. p. 40–45
games theory, decision theory, work of J. Von Neumann and O. Morgenstern 1949 May p. 22–25
set theory, logic, paradox, non-Euclidian space, non-commutative algebra, Hilbert spaces, science, mathematics 1900-1950, undecidable questions 1950 Sept. p. 40–42
Rhind papyrus, Egyptian civilization 1952 Aug. p. 24–27
Clifford, science history, life and work of William Kingdon Clifford 1953 Feb. p. 78–84
computer, number theory, computer finds five perfect numbers 1953 Mar. p. 84–86
quaternions, complex numbers, non-commutative algebra, high-energy physics, Hamilton, life and work of William Rowan Hamilton 1954 May p. 82–87
projective geometry, Renaissance paintings, Leonardo, Durer, Desargue's theorem, Pascal's theorem, projective geometry as systematized by Poncelet and Klein 1955 Jan. p. 80–86
Monte Carlo method, Buffon needle problem, random numbers, probability 1955 May p. 90–96
straight line, Euclidean geometry, geometry, curved line, reach and limits of axiomatic approach 1956 Mar. p. 104–114
logic, Carroll, Dodgson, 'Alice in Wonderland', Lewis Carroll (Charles Lutwidge Dodgson), biography 1956 Apr. p. 116–128
Gödel's proof, logic, paradox, philosophy of science, undecidable problems in axioms of arithmetic 1956 June p. 71–86
hexaflexagons, flexagon, flexigation, topology, delight and depth of mathematics 1956 Dec. p. 162–166
Bourbaki, philosophy of science, axiomatics, science history, labors of the mathematical collective self-styled Bourbaki 1957 May p. 88–99
prime number, science history, sieve of Eratosthenes, mathematical sieves and their uses 1958 Dec. p. 105–112
Cartesian geometry, analytic geometry, philosophy, Descartes, René Descartes, biography 1959 Oct. p. 160–173
Koenigsberg bridges, mnemonics, salesman's route, delight and depth in mathematics 1961 May p. 148–158
applied mathematics, introduction to single-topic issue on mathematics 1964 Sept. p. 40–49
number theory, negative numbers, irrational numbers, complex numbers, matrix 1964 Sept. p. 50–59
geometry, topology, non-Euclidian geometry, conic sections, history and current uses of geometry 1964 Sept. p. 60–69
algebra, science history, matrix, vector 1964 Sept. p. 70–78
probalility, combinatorial analysis, normal curve, Brownian motion, Markov chain, Pascal's triangle, statistics, probability theory 1964 Sept. p. 92–108
physical sciences, group theory, 'eightfold way', field theory, S-matrix theory, mathematics in physics 1964 Sept. p. 128–146
biological sciences, self-reproducing machine, nerve impulse, predation, Turing machine, automata theory, mathematics in biology 1964 Sept. p. 148–164
control theory, cybernetics, computer programming, feedback, frequency response, stability, dynamic programming, 'policy' concept 1964 Sept. p. 186–200
arithmetic, computer history, computer's contribution to mathematics 1964 Sept. p. 202–216
fixed point theorems, topology, surface deformation, contraction 1966 Jan. p. 105–110
topology, sphere, differential topology, torus, everted sphere proof 1966 May p. 112–120
set theory, non-Cantorian sets, Russell's paradox, Cantor, non-Euclidian geometry, axiom of choice 1967 Dec. p. 104–116
philosophy, Leibnitz, calculus, symbolic logic, calculating machine, Leibnitz, biography 1968 May p. 94–100
queues, traffic, operations research, computer time sharing, applications of queuing theory 1968 Aug. p. 96–103
symbolic logic, Dodgson, barber paradox, paradox 1972 July p. 38–46
Chinese remainder theory, computability theory, Diophantine equations, Hilbert program 1973 Nov. p. 84–91
arms-race soothsaying 1951 Dec. p. 35
set theory or 'modal logics' 1967 Apr. p. 52
see also: probability, topology, statistics and the like
mathematics education, cardinal numbers, child development, mathematics history, number concepts, ordinal numbers 1973 Mar. p. 101–109
mathematics history, Srinivasa Ramanujan, number theory, obituary by G.H. Hardy 1948 June p. 54–57
Fermat, Descartes, analytic geometry, conic sections, Euler, mathematics 1949 Jan. p. 40–45
cardinal numbers, child development, mathematics education, number concepts, ordinal numbers 1973 Mar. p. 101–109
Gauss, number theory, Disquisitiones Arithmeticae 1977 July p. 122–131 [371]
mathematics teaching, education, curriculum reform, high school, university sponsored curriculum reform 1958 May p. 64–74 [238]
turned off by arithmetic 1956 May p. 54
Carnegie Corporation funds reform 1956 July p. 50
matrix, mathematics, number theory, negative numbers, irrational numbers, complex numbers 1964 Sept. p. 50–59
algebra, mathematics, science history, vector 1964 Sept. p. 70–78
crystal structure, metals, whiskers, fiber-reinforced, dislocations, composite materials, two-phase materials 1965 Feb. p. 28–37

composite materials, materials technology, whiskers, fiber glass, two-phase materials, fiber-reinforced composites, eutectics 1967 Sept. p. 160–176
matrix algebra, input-output analysis, interindustry transactions, input-output coefficient, inverted coefficient, 1947 input-output table of U.S. economy 1951 Oct. p. 15–21
matter, wave-particle duality, energy levels, electromagnetic force, nuclear forces, gravitation, field theory, fundamental research, quantum jumps, corpuscular streams, what is matter? 1953 Sept. p. 52–57 [241]
energy, momentum, high-energy physics, conservation law, conservation laws in particle physics 1963 Oct. p. 36–45
atoms, elementary particles, electron, neutron, proton, structure of 'ordinary matter' 1967 May p. 126–134
matter and antimatter, force of gravity on electrons and positrons 1969 Jan. p. 48
matter conservation, conservation law, Helmholtz resonators, ophthalmoscope, science history, Hermann von Helmholtz, biography 1958 Mar. p. 94–102
Maunder minimum, carbon 14 abundance, climate, ice ages, solar physics, sunspots, dendrochronology 1977 May p. 80–92 [925]
Maupertuis, least-action principle, natural history, geoid, life and work of Pierre-Louis Moreau de Maupertuis 1955 Oct. p. 100–110
mauveine, dye, science history, coal-tar chemistry, 'Perkin reaction', biography of William Perkin 1957 Feb. p. 110–117
Maxwell's color photograph, color photography, science history, first three-color photograph 1961 Nov. p. 118–128
Maxwell's demon, perpetual motion, thermodynamics, second law of thermodynamics 1967 Nov. p. 103–110 [317]
Maxwell's equations, microwaves, optical properties, traveling-wave tube, klystron, magnetron, waveguides, communication, radar 1952 Aug. p. 43–51
ether drift, Fitzgerald contraction, relativity theory, Lorentz tranformation, life and work of G. F. Fitzgerald 1953 Nov. p. 93–98
electromagnetism, field theory, life and work of James Clerk Maxwell 1955 June p. 58–71
Maxwell's poetry, light verse by James Clerk Maxwell 1952 Mar. p. 62–63
Maya cermonial center, New World archeology, stelae cult, British Honduras, Lubaantun, Pusilha sites 1972 May p. 82–91
Maya civilization, New World archeology, decline and fall of Maya civilization 1955 May p. 82–88
Lake Amatitlan, underwater archeology, 500 B.C. Guatemala 1959 Mar. p. 100–113
Cozumel sites 1975 Oct. p. 72–82
New World archeology 1977 Mar. p. 116–133
Maya inscriptions, progress report on decipherment 1978 May p. 92
maze running, planarian, learning, conditioned behavior, 'protopsychology', evidence of learning in a primitive nervous system 1963 Feb. p. 54–62
McCarthy, loyalty and security, U.S. Army, Fort Monmouth, Scientists' Committee on Loyalty and Security, report on Signal Corps Engineering Laboratory 1954 June p. 29–31
meanders, Mississippi river, alluvial valley, deltas, floods 1951 Apr. p. 18–23
riverbed, sine-generated curve, hydraulics, least-work path for river 1966 June p. 60–70 [869]
measles vaccine, rubella, vaccine sougt 1963 May p. 74
N.S.F., rubella, vaccine sought, Haworth director 1963 May p. 74
measure theory, area-minimizing principle, mathematical model, mathematical surfaces, soap bubbles, surface geometry 1976 July p. 82–93
measurement, Brownian motion, time, velocity, uncertainty principle, Planck's constant, limits of measurement 1950 July p. 48–51 [255]
light scattering, photometry, molecular size, aerosol, hydrosol, Tyndall spectra 1953 Feb. p. 69–76
speed of light, universal constant 1955 Aug. p. 62–67
cesium clock, length standard, mass standard, time standard, temperature standard, interferometry 1968 June p. 50–62
metric system, imperial system, metrication, U.K. metrication program 1970 July p. 17–25 [334]
physical constants, velocity of light, electron mass, particle charge, least-squares method, standards of measurement, Planck's constant, Rydberg constant 1970 Oct. p. 62–78 [337]
krypton standard 1958 Mar. p. 56
metric system, U.S. changeover studied 1970 Oct. p. 52
metrication, metric system for U.S. 1971 Sept. p. 76
metric system, advantages for industry 1972 May p. 48
metrication, U.S. metric conversion act 1976 Mar. p. 60A
measuring instruments, automatic test systems, automatic control, microelectronics, control systems 1977 Sept. p. 180–190 [381]
mechanical alloying, alloying, metallurgy, metal-powder alloying 1976 May p. 40–48
mechanical behavior, automata theory, feedback, artificial sensory organs, an imitation of life 1950 May p. 42–45
mechanical calculators, abacus, calculating machine, Galileo's sexton, slide rule, sexton 1976 Apr. p. 104–113
mechanical composition, electronic typesetting, printing, photographic typesetting, digital computer, cathode-ray tube, computer applications 1969 May p. 60–69
mechanical energy, energy, power machines, biological energy, economic development, power, introduction to a single-topic issue on energy and power 1971 Sept. p. 36–49 [661]
mechanical engineering, bearing, friction, lubrication, sliding, rolling, pressurized-contactless bearings 1966 Mar. p. 60–71
mechanical harvesting, cotton picker, agricultural technology, tomato harvester, hay cuber, cherry picker, grain combine 1967 Aug. p. 50–59
mechanical heart, *see:* artificial heart
mechanics, Newton, calculus, optics, life and work of Isaac Newton 1955 Dec. p. 73–80
mechanization, productivity, capital cost, labor cost 1955 July p. 33–35
mechanochemical engine, energy transformation, actinomyosin, muscle contraction 1954 Mar. p. 72–76
mechanoreceptors, sensory perception, Pacinian corpuscle, touch, olfactory receptors, taste receptors, pain receptors, biological transducers 1960 Aug. p. 98–108 [70]
median, statistics, mode, sampling, sequential sampling 1952 Jan. p. 60–63
Medicaid, medical care financing, H.M.O., Kaiser health plan, Medicare, medical technology, national health insurance 1973 Sept. p. 169–175
medical care, community hospital, medical center, general practitioner, medical specialist, laboratory services, Bingham plan, organization of medical technology 1948 Oct. p. 7–13
national health insurance, group practice 1949 June p. 11–15
placebos, medical research 1955 Aug. p. 68–71
medical specialization, health insurance, medical economics, need for organization of medical technology in U.S. 1963 Aug. p. 19–27
medical economics, public funds, municipal hospitals, voluntary hospitals, proprietary hospitals, metropolitan medical economics in New York City 1965 Jan. p. 19–27
public health, morbidity, health statistics, mortality rates, health insurance, U.S. National Health Survey 1966 June p. 21–29
national health insurance, medical technology, multiphasic screening, Kaiser health plan, H.M.O., screening out the 'worried well' 1970 Apr. p. 15–23
birth control, human population, India, infant mortality, family planning, experience in an Indian village 1970 July p. 106–114 [1184]
health statistics, medical-cost control, national health insurance, 'uncontrollable' expenditures, U.S. Federal expenditure on medical care 1971 Apr. p. 17–25
bacterial toxin, cholera, disease, sanitation, water supply, epidemiology 1971 Aug. p. 15–21
human nutrition, intravenous feeding, synthetic diet 1972 May p. 73–80
doctor-patient relations, medical jargon 1972 Aug. p. 66–74
infectious disease, national health insurance, child health care, acute illness, chronic illness, delivery of medical care 1973 Apr. p. 13–17
medicine, physical incapacitation, morbidity, mortality rates, hospital care, ambulatory care, triage, health insurance, introduction to single-topic issue on medical care 1973 Sept. p. 22–33
adolescence, child development, growth hormone, 'bone age', menarche, heredity vs. environment 1973 Sept. p. 34–43
aging, gerontology, longevity, senility 1973 Sept. p. 44–52
chronic illness, morbidity, mortality rates, vital statistics, life expectancy, infectious disease, degenerative diseases, causes of death 1973 Sept. p. 76–84
surgery, surgical specialties, mortality rates, malpractice claims, post-operative negligence 1973 Sept. p. 90–98
chemotherapy, drug effects, liver function, pharmacology, vaccine, hormone, antibiotics, herbial medicine 1973 Sept. p. 102–112

hospital care, in-patient care, out-patient care, medical technology, medical history, triage 1973 Sept. p. 128–137
Flexner report, medical education, medical specialties, primary physicians, foreign medical graduates, medical research 1973 Sept. p. 138–148
health insurance, medical economics, hospital care, third-party payment 1973 Sept. p. 151–159
pharmaceutical industry, prostheses, F.D.A., medical economics, drug prescription, drug research, medical laboratory services 1973 Sept. p. 161–166
People's Republic of China, preventive medicine, primary care, 'barefoot doctors' 1974 Apr. p. 19–27
doctor-patient relations, informed consent, medical ethics, placebos 1974 Nov. p. 17–23
medical technology, hospital care, ambulatory care, morbidity, international comparison of medical care systems 1975 Aug. p. 17–25
computer algorithms, computer-assisted imaging, image reconstruction, computer graphics, tomography, CAT scan 1975 Oct. p. 56–68
malpractice insurance, medical malpractice, doctor-patient relations 1976 Aug. p. 18–23
interferon induction, virus disease 1977 Apr. p. 42–50
AMA public relations campaign 1949 Jan. p. 28
foreign medical graduates 1949 Mar. p. 26
shortage of pediatricians 1949 May p. 28
bedpan vs. commode 1951 Feb. p. 36
national Commission on Health Needs 1952 Mar. p. 38
commission commends compulsory insurance 1953 Feb. p. 40
expenditures rise 1954 Mar. p. 46
more M.D.s needed 1958 Sept. p. 86
Medicare and Medicaid 1966 Sept. p. 100
in U.S., U.K. and Yugoslavia 1967 Nov. p. 59
too much surgery? 1970 Mar. p. 60
spending in New York City 1974 Feb. p. 45
foreign medical graduates 1974 Oct. p. 64
Health Maintenance Organizations 1974 Nov. p. 50
malpractice suits 1975 Mar. p. 48
blood oxygen concentration measured through skin 1975 Sept. p. 57
spending in New York City 1977 Apr. p. 52
U.S. statistics on cost/benefit 1978 Mar. p. 69

medical care financing, H.M.O., Kaiser health plan, Medicaid, Medicare, medical technology, national health insurance 1973 Sept. p. 169–175

medical center, medical care, community hospital, general practitioner, medical specialist, laboratory services, Bingham plan, organization of medical technology 1948 Oct. p. 7–13

medical-cost control, medical care, health statistics, national health insurance, 'uncontrollable' expenditures, U.S. Federal expenditure on medical care 1971 Apr. p. 17–25

medical diagnosis, cancer, tissue grafts, tissue culture, cancer tissue grows in heterologous graft 1948 Dec. p. 40–43
electroencephalography, brain waves, alpha rhythms, Fourier analysis, toposcope display, automata theory 1954 June p. 54–63
cardiology, Newton's third law, ballistocardiography 1958 Feb. p. 89–95
cancer, enzyme blood levels, myocardial infarction, hepatitis, cancer diagnosis, leukemia, diagnosis by presence of abnormal enzymes 1961 Aug. p. 99–107
thermography, tumor, arthritis, skin temperature, circulatory disorders 1967 Feb. p. 94–102
ultrasonics, optics, echo-sounding, computer-assisted imaging, sonar, imaging internal organs by ultrasound 1978 May p. 98–112 [1389]
sonar imaging 1951 May p. 38
computerized diagnosis by self-questionnaire 1959 Sept. p. 113
bust of Menander (or Virgil?) evidences cerebral palsy 1959 Oct. p. 88
acoustic holography, laser, sound waves, interference, holography, acoustic imaging, nondestructive testing 1969 Oct. p. 36

medical economics, medical specialization, health insurance, medical care, need for organization of medical technology in U.S. 1963 Aug. p. 19–27
medical care, public funds, municipal hospitals, voluntary hospitals, proprietary hospitals, metropolitan medical economics in New York City 1965 Jan. p. 19–27
health insurance, hospital care, medical care, third-party payment 1973 Sept. p. 151–159
pharmaceutical industry, prostheses, F.D.A., medical care, drug prescription, drug research, medical laboratory services 1973 Sept. p. 161–166

medical education, Flexner report, medical specialties, primary physicians, foreign medical graduates, medical research, medical care 1973 Sept. p. 138–148
medical manpower, foreign medical graduates 1975 Feb. p. 14–21
foreign physicians in U.S. 1960 Oct. p. 90

medical engineering, hyperbaric surgery 1961 July p. 74

medical ethics, doctor-patient relations, medical care, informed consent, placebos 1974 Nov. p. 17–23
human subjects, informed consent, medical research 1976 Feb. p. 25–31
blindness, neonatal disorder, premature infants, medical researches, retrolental fibroplasia, 'blind babies' 1977 June p. 100–107 [1361]
human experimentation 1966 Aug. p. 44
prolongation of life 1968 Mar. p. 49

medical history, Vesalius, human anatomy, Renaissance, his de Humani Corporis Fabrica, work of art 1948 May p. 24–31
aviation medicine, Bert, Paul Bert, 'father' of aviation medicine 1952 Jan. p. 66–72
human anatomy, Galen, Galen, work and influence 1957 Mar. p. 105–114
gunshot wounds, surgery, assasination of U.S. President McKinley 1963 Mar. p. 118–120
drug addiction, morphine, hypodermic medication, mechanisms of morphine addiction 1971 Jan. p. 96–102
hospital care, medical care, in-patient care, out-patient care, medical technology, triage 1973 Sept. p. 128–137
cowpox, smallpox immunization, variolation, vaccination, 'vaccination' before Jenner 1976 Jan. p. 112–117
smallpox eradication, vaccination, W.H.O. campaign 1976 Oct. p. 25–33
antigen variation, disease, influenza virus, encephalitis, pandemics, virus disease, animal vectors, Hong Kong flu, swine flu 1977 Dec. p. 88–106 [1375]
amputation of Neanderthal forearm 1958 Aug. p. 52
alcoholism and Samuel Johnson 1967 Aug. p. 44

medical jargon, doctor-patient relations, medical care 1972 Aug. p. 66–74

medical laboratory services, pharmaceutical industry, prostheses, F.D.A., medical care, medical economics, drug prescription, drug research 1973 Sept. p. 161–166

medical malpractice, malpractice insurance, medical care, doctor-patient relations 1976 Aug. p. 18–23

medical manpower, distribution by speciality 1951 Sept. p. 79–84
medical education, foreign medical graduates 1975 Feb. p. 14–21
foreign graduates 46 percent of new physicians in U.S. in 1972 1974 Sept. p. 64

medical research, placebos, medical care 1955 Aug. p. 68–71
anesthesia, pain, cocaine, procaine, surgery, neuropharmacology, pharmacology, psychiatry, research in pain suppression 1957 Jan. p. 70–82
Flexner report, medical education, medical specialties, primary physicians, foreign medical graduates, medical care 1973 Sept. p. 138–148
human subjects, informed consent, medical ethics 1976 Feb. p. 25–31
international institute at N.I.H. 1959 Sept. p. 102

medical researches, blindness, neonatal disorder, medical ethics, premature infants, retrolental fibroplasia, 'blind babies' 1977 June p. 100–107 [1361]

medical specialist, medical care, community hospital, medical center, general practitioner, laboratory services, Bingham plan, organization of medical technology 1948 Oct. p. 7–13

medical specialization, health insurance, medical economics, medical care, need for organization of medical technology in U.S. 1963 Aug. p. 19–27

medical specialties, Flexner report, medical education, primary physicians, foreign medical graduates, medical research, medical care 1973 Sept. p. 138–148

medical statistics, U.S. population health survey 1957 Mar. p. 70

medical technology, national health insurance, medical care, multiphasic screening, Kaiser health plan, H.M.O., screening out the 'worried well' 1970 Apr. p. 15–23
hospital care, medical care, in-patient care, out-patient care, medical history, triage 1973 Sept. p. 128–137

medical care financing, H.M.O., Kaiser health plan, Medicaid, Medicare, national health insurance 1973 Sept. p. 169–175
medical care, hospital care, ambulatory care, morbidity, international comparison of medical care systems 1975 Aug. p. 17–25
Medicare, medical care financing, H.M.O., Kaiser health plan, Medicaid, medical technology, national health insurance 1973 Sept. p. 169–175
medicine, anthropology, magic, alkaloids, psychoactive drugs, hypnosis psychiatry, lessons from primitive medicine 1948 Sept. p. 24–27
military medicine, science history, Paré, surgery, life and work of Ambroise Paré 1956 Jan. p. 90–96
medical care, physical incapacitation, morbidity, mortality rates, hospital care, ambulatory care, triage, health insurance, introduction to single-topic issue on medical care 1973 Sept. p. 22–33
arteries, atherosclerosis, coronary disease, thrombus, monoclonal hypothesis, plaque formation 1977 Feb. p. 74–85 [1351]
medieval archeology, Scotland, St. Ninian's Isle, silver artifacts, the treasure of St. Ninian's 1960 Nov. p. 154–166
medieval life, English medieval village, Wharram Percy site 1976 Oct. p. 116–128
medieval technology, science history, technological innovation, windmills, pumps, blast furnace, bellows, medieval uses of the air 1970 Aug. p. 92–100 [336]
Mediterranean Sea, Black Sea, Tethys Sea, sea level, geological history of Black Sea 1978 May p. 52–63 [932]
Mediterranean wines, viticulture, wine varieties, temperate-climate wines 1974 June p. 106–115 [1298]
medulla, central nervous system, reticular formation, brain, perception, motor reflex, neurophysiology, attention and orienting mechanism in brain 1957 May p. 54–60 [66]
megalopolis, Great Lakes region 1966 Oct. p. 46
megnetohydrodynamics, stellar magnetic fields, cosmic radiation, radio emissions, electrical induction, electricity in space 1952 May p. 26–29
meiosis, mitotic apparatus, cytology, chromosome, mitosis, mechanism of cell division 1961 Sept. p. 100–120 [93]
Down's syndrome, chromosomal anomalies, Klinefelter's syndrome, trisomy 21, genetic defect, mitosis, gene translocation, nondisjunction, afflictions associated with abnormal chromosome complement 1961 Nov. p. 66–76 [150]
tissue culture, mitosis, plant cell differentiation, clone, generation of whole organism from tissue cell (carrot) 1963 Oct. p. 104–113
embryonic development, oocytogenesis, mitosis, mammalian eggs, chromosomal anomalies, ovum, in vitro fertilization 1966 Aug. p. 72–81 [1047]
mitosis, ovum, fertilization, embryonic development, blastocyst, human embryos in the laboratory 1970 Dec. p. 44–54 [1206]
Meissner effect, superconductors, quantum mechanics, magnetic field, magnetic impermeability, quantized vortexes, quantum effects in superconductors 1965 Oct. p. 57–67
Mekong river, economic development, irrigation, monsoons, floods, hydro-engineering, rice, Mekong river plan, United Nations 1963 Apr. p. 49–59
melanin, hormone, skin color, pigmentation, melanocytes, melatonin 1961 July p. 98–108
melanism, evolution, speciation, guillemot, skua, ornithology, avian evolution 1957 May p. 124–134
camouflage, evolution, moths, speciation, air pollution, population genetics, mutation, genetic variation, evolution observed 1959 Mar. p. 48–53 [842]
air pollution, evolution, moths, gene mutation, population genetics, predation, evolution observed again 1975 Jan. p. 90–99 [1314]
melanocytes, hormone, skin color, pigmentation, melanin, melatonin 1961 July p. 98–108
cancer, ultraviolet radiation, suntanning, epidermis, skin, vitamin D 1968 July p. 38–46
melatonin, hormone, skin color, pigmentation, melanin, melanocytes 1961 July p. 98–108
adrenal gland, pineal organ, biological clock, estrogens, progesterone, serotonin, pineal regulation of sex glands 1965 July p. 50–60 [1015]
membrane, cytology, energy transformation, ATP, mitochondrion, citric-acid cycle, glycolysis, oxidative phosphorylation, energy transformation in the cell 1960 May p. 102–114
bacterial cell, cell wall, bacterial metabolism, penicillin, polysaccharides, glycopeptides 1969 May p. 92–98
see also: cell membrane, artificial membranes and the like
membrane energetics, ATP, cell membrane, colicine, active transport, E. coli 1975 Dec. p. 30–37 [1332]
membrane fusion, cell membrane, cell secretion, endoplasmic reticulum, exocytosis, fluid-mosaic model of membrane 1975 Oct. p. 28–37 [1328]
membrane lipids, cell membrane, membrane permeability, phospholipids, membrane proteins, active transport 1972 Feb. p. 30–38 [1241]
membrane permeability, cell membrane, intercellular communication, salivary gland, epithelium, molecular signals, junctions in cell membrane 1970 May p. 78–86 [1178]
'anomalous' water, 'biological' water, blood, hemoglobin, water, osmosis, erythrocyte, van 't Hoff law 1971 Feb. p. 88–96 [1213]
cell membrane, membrane lipids, phospholipids, membrane proteins, active transport 1972 Feb. p. 30–38 [1241]
membrane potential, kidney tubule, sodium pump, active transport, cell membrane, biological pumps 1962 Aug. p. 100–108
bioluminescence, plant cell, calcium pump, ion potential, electricity in plants 1962 Oct. p. 107–117 [136]
nerve conduction, synapse, reflex arc, motor neuron, inhibitory impulse, transmitter molecules, nerve excitation, activity at the neural synapse 1965 Jan. p. 56–66 [1001]
axon, neurology, nerve conduction, Schwann cell, axoplasm, perfusion technique, cell perfusion, structure of axonal tube, physiology of neural transmission, concentration gradients 1966 Mar. p. 74–82 [1038]
membrane proteins, cell membrane, membrane lipids, membrane permeability, phospholipids, active transport 1972 Feb. p. 30–38 [1241]
cell membrane, lipid molecules, membrane structure, active transport 1974 Mar. p. 26–33 [1292]
membrane structure, cell membrane, lipid molecules, membrane proteins, active transport 1974 Mar. p. 26–33 [1292]
membrane technology, artificial gill 1964 Nov. p. 59
memory, brain, learning, cerebral cortex, fundamental research, What is memory? 1953 Sept. p. 118–126 [11]
information processing, learning theory, reason, rational association as aid to memory 1956 Aug. p. 42–46 [419]
evolution, intelligence, learning, language, imagery, experimental psychology, learning in man and animals 1957 June p. 140–150
education, learning, experimental psychology, 'drill' in learning 1958 Aug. p. 68–72 [422]
glial cells, learning theory, neurones, RNA, brain, molecular theory of memory 1961 Dec. p. 62–70 [134]
learning, forgetting, proactive and retroactive interference 1964 Mar. p. 91–99 [482]
visual search, visual scanning, information processing, reading, pattern recognition 1964 June p. 94–102 [486]
digit recall, short-term memory, long-term memory, tachistoscope 1966 July p. 90–95 [499]
brain metabolism, protein synthesis, goldfish, learning, conditioned behavior 1967 June p. 115–122 [1077]
holography, learning, brain function, interference patterns, monkey brain, holographic model, neurophysiology of remembering 1969 Jan. p. 73–86 [520]
amorphous semiconductors, switching, glass, threshold switch, memory switch 1969 Nov. p. 30–41
image processing, perception, linguistic material, visual memory, remembering what is seen 1970 May p. 104–112 [528]
aplysia, neurones, behavior, learning, synapse, heterosynaptic facilitation, memory and learning at nerve-cell level 1970 July p. 57–70 [1182]
information retrieval, learning, long-term memory, short-term memory 1971 Aug. p. 82–90 [538]
brain development, environmental stimuli, learning, rats, sensory deprivation 1972 Feb. p. 22–29 [541]
crime, eye-witness testimony, perception, jury trial 1974 Dec. p. 23–31 [562]
calculating machine, computer, pocket calculator, integrated circuits 1976 Mar. p. 88–98
brain organization, hippocampal system, rats, spatial memory 1977 June p. 82–98
molecular memory 1961 Dec. p. 76
site of short-term memory in brain 1965 Feb. p. 52
biochemical basis? 1966 Aug. p. 42
memory circuits, integrated circuits, computer, 'Simple Simon' a mimimal computer 1950 Nov. p. 40–43

menarche, adolescence, child development, growth, earlier maturation of children in industrial countries 1968 Jan. p. 21–27
abortion, population, marriage rate, death rate, birth rate, vital statistics, infant mortality, 1538-1812, parish registers, York, England 1970 Jan. p. 105–112
adolescence, child development, medical care, growth hormone, 'bone age', heredity vs. environment 1973 Sept. p. 34–43
adolescent development, bespeaks health rather than habits 1972 May p. 50
hastened by social stimulation? 1972 June p. 53
Mendeleev, deflater of psychic research 1978 June p. 88
mendelevium, californium, table of elements, einsteinium, fermium, 'synthetic' elements, transuranium elements, radioactive decay, periodic table at 101 1956 Dec. p. 66–80 [243]
Mendelian inheritance, neurospora, mutation, natural selection, gene expression, genetic disease, tryptophan-niacin relation, one gene-one enzyme hypothesis; selection for defect 1948 Sept. p. 30–39 [1]
Mendel's laws, chromosome mapping, mutation, science history, the gene on the eve of the resolution of the genetic code 1956 Oct. p. 78–90 [17]
Mendel's papers, widely circulated 1968 July p. 55
Mendocino escarpment, ocean floor, Pacific Ocean, fracture zones, seamounts, Earth mantle convection 1955 July p. 36–41
menstrual cycle, progesterone, pregnancy, uterine muscle, hormone, hormone inhibition of uterine muscle contraction 1958 Apr. p. 40–46 [163]
mental health, Hutterites, psychosis, standard expectancy method, epidemiology 1953 Dec. p. 31–37 [440]
emotional illness, schizophrenia, epidemiology, family, psychosis, income status 1954 Mar. p. 38–42 [441]
alkaloids, hallucinogens, drug addiction, consciousness alteration, LSD, psychosis, psilocybin, mescaline, effects of LSD 1964 Apr. p. 29–37 [483]
community mental-health centers, emotional illness, psychiatric hospital population, psychoactive drugs, psychotherapy, psychiatry, psychoanalysis 1973 Sept. p. 116–127
Federal program 1948 Sept. p. 28
diagnosis by art 1954 Mar. p. 48
Ford funds research 1955 July p. 52
mental illness, *see:* emotional illness
mental retardation, socioeconomic factors 1958 Mar. p. 60
phenylketonuria test 1964 July p. 46
idiot savant twins 1965 Aug. p. 46
environmental deprivation from age 1 to 3 1967 Dec. p. 50
environment change and IQ 1968 Sept. p. 91
Mercury, artificial satellite, relativity theory, stellar shift, electromagnetic frequency shift, perihelion shift, clock paradox, general relativity, testing Einstein's general theory of relativity 1959 May p. 149–160
artificial satellite, orbital motion, space exploration, re-entry vehicle, ablation, re-entry corridor, re-entry from space 1961 Jan. p. 49–57
Doppler effect, planetary motion, radar astronomy, delay-Doppler mapping, Venus, microwaves 1968 July p. 28–37
planets, solar system, craters, Mariner 10 mission 1975 Sept. p. 58–68
Venus, planetary temperature and motion 1964 Oct. p. 60
rotation detected by radar 1965 June p. 58
report from findings by Mariner 10 mission 1974 Mar. p. 44
radar reveals cratered topography 1974 Mar. p. 44
Mariner 10 mission report 1974 May p. 59
Mariner 10 report 1974 Sept. p. 68
mercury 198, standard of length, interferometry, interference fringes 1948 Aug. p. 48–53
mercury cycle, mercury poisoning, mercury pollution, Minamata disease 1971 May p. 15–21 [1221]
mercury delay line, computer memory, ferroelectric crystal memory, ferrite cores, magnetic tape, magnetic drum 1955 June p. 92–100
mercury mirror, atomic clock, ammonia maser, cesium clock, maser, zenith tube, improvements on sidereal time 1957 Feb. p. 71–82 [225]
mercury poisoning, mercury cycle, mercury pollution, Minamata disease 1971 May p. 15–21 [1221]
from fingerprint dust 1949 Dec. p. 28
mercury pollution, mercury cycle, mercury poisoning, Minamata disease 1971 May p. 15–21 [1221]
mercury uptake in foodchain 1970 Sept. p. 82
mermaid's wineglass, Acetabularia, giant cells, cell nucleus, cytoplasm, algae, giant cells in study of nucleus-cytoplasm interaction 1966 Nov. p. 118–124 [1057]
Merton rule, falling-body velocity, free fall, Galileo, science history 1973 May p. 84–92
mesentery, capillary bed, blood circulation, arteriole, venule, cardiovascular system 1959 Jan. p. 54–60
mesoderm, cell differentiation, embryonic development, blastula, gastrula, fertilization, ectoderm, endoderm, embryological 'organizer', science history, review of classical embryology 1957 Nov. p. 79–88 [103]
embryonic development, heart embryology, first heartbeat 1959 Mar. p. 87–96 [56]
cell differentiation, embryonic development, pancreas, endoderm, tissue culture 1969 Mar. p. 36–44 [1136]
Mesolithic era, cultural anthropology, Ishango man, harpoon, African culture 10,000 B.C. 1962 June p. 105–116
mesons, elementary particles, electron, proton, particle counters, neutron, positron, photon, neutrino, particle accelerator, nuclear binding force, 'Meson Song' 1948 June p. 26–39
high-energy physics, v-particles, fermion, boson, the multiplicity of particles 1952 Jan. p. 22–27
electromagnetic force, nuclear forces, proton, neutron, particle scattering, high-energy physics, fundamental research, what holds the nucleus together? 1953 Sept. p. 58–63
strong interactions, nuclear binding force, particle physics, fleeting associations of mesons and atomic nuclei 1956 Oct. p. 93–102 [207]
pions, strong interactions, particle physics, nuclear binding force, quantum of the strong force 1957 Jan. p. 84–92 [226]
high-energy physics, baryons, 'strong' force, 'eightfold way', conservation laws, Regge trajectory, resonance 'particles', 'bootstrap' hypothesis 1964 Feb. p. 74–93 [296]
particle accelerator, pions, proton, quark, high-energy physics, nucleons, Regge trajectory, high-energy scattering 1967 Dec. p. 76–91
baryons, high-energy physics, hadrons, leptons, quantum numbers, quark confinement, bag model, infrared-slavery model, string model 1976 Nov. p. 48–60
elementary particles, multiplying particles 1948 Dec. p. 26
16 new varieties in U.S.S.R. 1949 June p. 26
nuclear structure 1961 June p. 80
charmed meson quark model 1976 Aug. p. 44A
mesopause, upper atmosphere, cloud, meteoritic dust, condensation nuclei, rocket-borne collectors sample noctilucent clouds 1963 June p. 50–59
Mesopotamia, transportation, wheeled vehicles, oxen, carts, wagons, Transcaucasus, origin of wheeled transport 5,000 years ago 1968 July p. 82–90
hieroglyphs, writing, pictograph, ideographs, origin of writing in clay tokens 1978 June p. 50–59 [708]
Mesopotamian culture, ancient trade, archeology, writing, Elamite culture, Persia, Sumer, Iran, Tepe Yahya 1971 June p. 102–111 [660]
Mesozoa, cell aggregation, marine organisms, multicellular organisms 1972 Dec. p. 94–101 [1262]
mesquite, desert ecology, Joshua trees, creosote bushes 1955 Apr. p. 68–75 [114]
message systems, communication, mass-communication media, television violence, cultural patterns, sociology, mass communications as social environment 1972 Sept. p. 152–160 [679]
messenger molecules, brain function, cyclic AMP, dopamine, endocrine system, nervous system, neurotransmitters, L-DOPA treatment, Parkinson's disease, 'second messengers', brain endocrinology 1977 Aug. p. 108–119 [1368]
messenger ribonucleic acid, *see:* mRNA
metabolic disease, heredity, porphyria, genetic disease, George III 1969 July p. 38–46 [1149]
metabolic fuel, biological wax, copepod lipids, coral reef wax, marine wax, food chain 1975 Mar. p. 76–86 [1318]
metabolic hormones, pituitary gland, ACTH, gonadotrophic hormones, growth hormone, endocrine system, the master gland 1950 Oct. p. 18–22
metabolic information, cell communication, genetic code, communication, nerve impulse, hormonal action 1972 Sept. p. 42–51 [1257]
metabolic rate, hibernation, thermoregulation, body temperature, animal behavior 1950 Dec. p. 18–21
brown fat, altitude adaptation, Quechua Indians, acclimatization, deer mice, hemoglobin, exercise, human physiology at high altitude 1970 Feb. p. 52–62 [1168]

metabolism, alcoholism, drunkeness, physiological individuality conditions effect of alcohol 1948 Dec. p. 50–53
biochemistry, enzymes, virus, citric-acid cycle, co-enzymes, sulfa drugs, antibiotics, science, biochemistry 1900-1950 1950 Sept. p. 62–68
hummingbird, body temperature, thermoregulation, hibernation, surface-to-volume ratio 1953 Jan. p. 69–72
teeth, enamel, dentin, fluoridation 1953 June p. 38–42
alcohol tolerance, drug abuse, liver function, acetaldehyde 1953 Dec. p. 86–90
shrews, body temperature, thermoregulation, surface-to-volume ratio 1954 Aug. p. 66–70
oxygen starvation, erythrocyte, acclimatization, attitude adaptation 1955 Dec. p. 58–68
cell organelle, mitochondria, enzymes, cell metabolism, cell membrane, 'powerhouse of the cell' 1957 July p. 131–140 [36]
ruminants, symbiosis, cellulose digestion, anaerobic metabolism, fermentation, how cows digest grass 1958 Feb. p. 34–38
hibernation, hypothermia, surgery, shock, body temperature, artificial lowering of body temperature for surgery and shock 1958 Mar. p. 104–114
arthritis, gout, colchicine, chemistry of gout 1958 June p. 73–81
adipose tissue, hibernation, brown fat, thermoregulation, homeostasis, cold adaptation, neonatal physiology, heat production in newborn animals, including man 1965 Aug. p. 62–65 [1018]
salmon, fish migration, swimming, laboratory observation of energy production by salmon 1965 Aug. p. 80–85 [1019]
circulatory system, thermoregulation, cold adaptation, fur, insulation 1966 Jan. p. 94–101 [1032]
bird flight, energy output, wind tunnel experiments, gull, budgerigar 1969 May p. 70–78 [1141]
calcitonin, thyroid, calcium metabolism, bone, human physiology, hormone, recognition and characterization of calcitonin 1970 Oct. p. 42–50
diet, fasting, human nutrition, starvation, kwashiorkor, marasmus, physiology of starvation 1971 Oct. p. 14–21 [1232]
animal behavior, cryptobiotic animals, anaerobic metabolism, suspended animation, Nematoda, Rotifera, Tardigrada 1971 Dec. p. 30–36
'cold-blooded' animals, ectothermy, heterothermy, insect flight, sphinx moths, temperature regulation, Mandura sexta warm-up mechanisms 1972 June p. 70–77 [1252]
birds, dinosaurs, ectothermy, endothermy, birds descended from dinosaurs 1975 Apr. p. 58–78 [916]
sports, footracing, human physiology, athletics, psychology, running records, Aesop principle 1976 June p. 109–119
amino-acid deficiencies, dietary requirements, human nutrition, food and agriculture 1976 Sept. p. 50–64
Krebs cycle 1957 July p. 66
alcohol produced internally 1973 Sept. p. 66
see also: cell metabolism, aerobic metabolism and the like
metabolism control, goiter, thyroid, thyroxin, pituitary gland, role of thyroid in governing metabolism 1960 Mar. p. 119–129
metabolism of drugs, alcohol metabolism, detoxification, drug inactivation, enzyme, liver function, cirrhosis 1975 June p. 22–31 [1322]
metabolism of mammals, algae, deuterium, reaction kinetics, penicillin mold, heavy water biology 1960 July p. 106–116
metabolite antagonists, imitative drugs, sulfa drugs, folic acid, para-aminobenzoic acid 1951 Apr. p. 60–63
metal artifacts, Turkey, metallurgy, copper, Neolithic archeology, village-farming communities, man's first use of metals: 7,500 B.C. 1970 Mar. p. 50–56
metal casting, alloys, crystal structure, dendrites, metallurgy, solidification of metal 1974 Dec. p. 88–95
metal consumption, economic development, technology transfer, industrialization, mineral resources, natural resources and technological substitution 1963 Sept. p. 128–136
metal cutting, chemical milling, etching, operation of chemical mill 1957 Jan. p. 104–112
metal fatigue, Beilby layer, ferrograph analysis, friction, lubrication, machine wear, particles of wear, wear 1974 May p. 88–97
exoelectrons, Geiger counter, metal-surface defects, wear 1977 Jan. p. 74–82 [350]
metal forming, electrochemical machining, electrolysis 1974 Jan. p. 30–37
crystal structure, dislocations, forging, strain hardening, creep in metals 1975 Apr. p. 116–125
metal ions, chelation, sequestering, ring compounds, porphyrin ring, organometallic compounds, metal-poisoning antidote, chemical separation 1953 June p. 68–76
metal ores, Earth crust, mining, natural resources, natural concentration of metals 1960 June p. 146–154
metal-oxide semiconductors, computer memory, integrated circuits, microelectronics, large-scale integrated circuits, logic circuits, transistor 1970 Feb. p. 22–31
integrated circuits, microelectronics, silicon 'chips', transistor 1973 Aug. p. 48–57
integrated circuits, microcomputers, microelectronics, microprocessors, minicomputers, silicon 'chips' 1975 May p. 32–40
integrated circuits, logic gates, microelectronics, semiconductor technology, transistor 1977 Sept. p. 70–81 [375]
metal poisoning, chelation, hemochromatosis, lead poisoning, pharmacology, drug action, Wilson's disease, heavy metal poisoning, bone cancer, salicylates, aspirin, cancer therapy, chemotherapy, medical exploitation of chelates 1966 May p. 40–50
metal-poisoning antidote, chelation, metal ions, sequestering, ring compounds, porphyrin ring, organometallic compounds, chemical separation 1953 June p. 68–76
metal-powder alloying, alloying, mechanical alloying, metallurgy 1976 May p. 40–48
metal prospecting, moss leads to copper 1955 Oct. p. 52
metal refining, by chemistry 1952 June p. 32
metal stamping, circle-grid analysis, crystal structure, sheet-metal production, strain hardening, metal structure 1976 Nov. p. 100–108
metal-surface defects, exoelectrons, Geiger counter, metal fatigue, wear 1977 Jan. p. 74–82 [350]
metal 'whiskers', surface defects, crystal growth, lattice defects, growth of metal whiskers 1960 July p. 64–72
dislocation-free metals 1958 Oct. p. 56
metal with memory, Nitinol 1971 Mar. p. 47
metallic bonds, solid state physics, crystal structure, X-ray diffraction, ionic bonds, covalent bonds, molecular bonds, energy levels, the nature of solids 1952 Dec. p. 39–49 [249]
metalliding, corrosion tunnel, stress-corrosion failure, crystal structure, dislocations 1966 Feb. p. 72–81
materials technology, superplasticity, microduplex structure, thermomechanical processing, grain structure, metals that can be formed like plastics 1969 Mar. p. 28–35
alloys, materials technology, diffusion, surface alloy, molten fluoride, electrolysis 1969 Aug. p. 38–46
metallo-enzymes, elements, living matter, essential elements, fluorine, silicon, tin, vanadium, list of elements essential to life lengthened to 24 1972 July p. 52–60
metallo-organic process, ammonia manufacture, biological nitrogen fixation, Haber process, nitrogen fixation 1974 Oct. p. 64–70
metalloid element, boron, crystal structure, borane fuels, properties and applications of boron compounds 1964 Jan. p. 88–97
metalloiding, surface-alloying by diffusion 1967 Sept. p. 106
metalloids, prediction of alloy properties 1964 Aug. p. 40
metallurgical engineering, steel production, continuous casting, economic advantages 1963 Dec. p. 74–88
splat cooling 1960 Aug. p. 72
electroshaping metals 1961 Jan. p. 84
metallurgy, titanium, ilmenite, properties and applications of titanium 1949 Apr. p. 48–51 [258]
air pollution, catalysis, combustibility, fly ash, dust storms, fine particles 1950 Dec. p. 50–53
crystal structure, zone melting, vacuum furnace, pure metals 1954 July p. 36–40
Etruscans, bronze 1955 Nov. p. 90–98
crystal structure, diffusion, wandering of atoms in crystal lattice 1957 May p. 103–110
crystal structure, stress fracture, materials technology, cracks and fracture 1960 Feb. p. 94–104
New World archeology, New World archeology, Old Copper culture, Peru, copper, gold, lost-wax casting, metalwork, pre-Columbian, New World, 4,000 B.C. 1966 Apr. p. 72–81
alloys, eutectics, crystal structure, controlled eutectics, whiskers, controlled-cooling magnets 1967 Feb. p. 86–92
metal artifacts, Turkey, copper, Neolithic archeology, village-farming communities, man's first use of metals: 7,500 B.C. 1970 Mar. p. 50–56
crystal energetics, crystal structure, conduction electrons, quantum mechanics, quasi-particle concept, Fermi surface, metal properties 1973 Jan. p. 88–98

alloys, crystal structure, dendrites, metal casting, solidification of metal 1974 Dec. p. 88–95
alloying, mechanical alloying, metal-powder alloying 1976 May p. 40–48
Bronze Age, Iron Age, ironworking history, carburizing, quenching 1977 Oct. p. 122–131 [699]
fiber metallurgy 1956 Jan. p. 50
soldering technic 1956 Apr. p. 64
metalogic, grammar, truth, logic, philosophy, sentence, mathematical proof, antimony of the liar, proof and truth 1969 June p. 63–77
Gödel's proof, mathematical logic, undecidable questions 1971 Mar. p. 50–60
metals, crystal structure, field-emission microscope, pictures of atoms 1957 June p. 113–122
crystal structure, materials technology, aligned crystals, alignment of crystals for control of mechanical and magnetic properties 1959 Apr. p. 125–141
ionizing radiation, crystal structure, solid state physics, displacement of crystal structure by radiation 1959 Sept. p. 200–213
crystal structure, Fermi surface, gross properties explained as quantum effects 1963 July p. 110–120
crystal structure, whiskers, fiber-reinforced, dislocations, matrix, composite materials, two-phase materials 1965 Feb. p. 28–37
glass, materials technology, ceramics, polymers, chemical band, composite materials, atom, elements, introduction to single-topic issue on materials 1967 Sept. p. 68–79
crystal structure, solid-state electronics, X-ray crystallography, semiconductor, nonmetals, materials technology, amorphous solid, electrical conductivity 1967 Sept. p. 80–89
alloys, materials technology, crystal structure, grain boundaries, lattice defects, dislocations, electron 'gas', nature of metals 1967 Sept. p. 90–100
input-output analysis, interchangeability of materials, cost assessment, price trends, materials technology, plastics, competition among materials 1967 Sept. p. 254–266
crystal structure, X-ray diffraction, liquid state, physics of metals in the liquid state 1969 July p. 72–82
plate tectonics, sea-floor spreading, mid-ocean ridge, hydrothermal extraction, manganese nodules, origin of metal deposits on ocean floor 1978 Feb. p. 54–61 [929]
metamorphosis, autolysis, lysosomes, enzymes, phagocytosis, pinocytosis, cellular digestive organ, 'suicide bag' 1963 May p. 64–72 [156]
amphibian, frog, thyroxin, pituitary gland, hypothalamus, neurosecretory system, hormone, chemistry of amphibian metamorphosis 1966 May p. 76–88 [1042]
see also: insect metamorphosis
metazoa, Volvox, cell aggregation, between single-celled and multi-celled organisms 1950 May p. 52–55
meteor, photographed from above 1976 Apr. p. 61
meteorids, asteroids, moons, solar system, planetisimals 1975 Sept. p. 142–159
meteorite age, fission-track dating, geochronology, glass age, mineral age, pottery age, radioactive decay, uranium fission 1976 Dec. p. 114–122
meteorite bombardment, cratering, planetary ages, solar system evolution, cratering of four inner planets as key to solar-system history 1977 Jan. p. 84–99 [351]
meteorite composition, Earth mantle, kimberlites, plate tectonics, seismic waves, plumes, Earth dynamics 1975 Mar. p. 50–63 [915]
meteorite craters, cratering, fossil crater, fossil craters in Canadian Shield 1958 July p. 32–39
meteorite fall, observed in Peoples Republic of China 1978 Feb. p. 84
meteorite fall of 1947 1950 June p. 42–43
meteorite radioactivity, cosmic radiation, cosmogenic helium, solar system evolution, spallation of meteorites 1973 July p. 64–73
meteorites, moon, cratering, tectonic processes, origin of lunar craters 1949 July p. 20–24
radio echo, ion cloud, spectroscopy 1951 June p. 22–28
cosmic radiation, helium content, origin of meteorites 1954 Nov. p. 36–41
isotope dating, radioactive decay, solar system, Earth crust, age of solar system 1957 Apr. p. 80–94 [102]
meteoritic dust, solar system evolution, ocean sediments, 'cosmic spherules' in ocean sediments 1960 Feb. p. 123–132
cratering, projectile, impact crater, fluid impact, effect of high-speed impact 1960 Oct. p. 128–140
solar system, relative isotope abundance, age of solar system 1960 Nov. p. 171–182 [253]
coesite, astroblemes, shatter cones, cratering, fossil Earth-catastrophes 1961 Aug. p. 50–58 [801]
shock waves, exploding wire, streak photography, generation of shock waves by exploding wire 1962 May p. 102–112
extraterrestrial life, chondrites, pangenesis, organic molecules, organic molecules in carbonaceous chondrites 1963 Mar. p. 43–49
Earth, tektites, moon, moon as source of tektites 1964 Feb. p. 50–57
asteroids, Icarus, orbital motion 1965 Apr. p. 106–115
lunar luminescence, moon, solar radiation, Kepler crater, solar flares, impact of solar protons? 1965 May p. 28–37
diamond, Canyon Diablo meteorite, iron-nickel phases, shock hypothesis, asteroids, origin of meteorites 1965 Oct. p. 26–36
comet, geomagnetism, magnetic reversals, tektites, meteoritic impacts 1967 July p. 32–38
Apollo project, moon, lunar soil, regolith, structure and history of moon 1970 Aug. p. 14–23
albedo, asteroids, planetisimal collisions, solar system formation, primordial dust cloud 1975 Jan. p. 24–33
carbonaceous chondrites, chondrites, solar system, primordial dust cloud 1975 Feb. p. 30–38
potassium-argon dating 1960 Feb. p. 72
Tungus forest 1961 Jan. p. 80
Earth satellite(?) 1965 Nov. p. 50
fall on English town 1966 Sept. p. 109
Allende meteorite, meteorite analysis 1971 Aug. p. 46
grazing, pyrotechnic encounter 1974 Aug. p. 50
crater in France 1977 Nov. p. 75
meteoritic amino acids, carbonaceous chondrites, chemical evolution, meteoritic hydrocarbons, Oparin-Haldane hypothesis 1972 June p. 38–46 [902]
meteoritic dust, meteorites, solar system evolution, ocean sediments, 'cosmic spherules' in ocean sediments 1960 Feb. p. 123–132
upper atmosphere, cloud, mesopause, condensation nuclei, rocket-borne collectors sample noctilucent clouds 1963 June p. 50–59
meteoritic hydrocarbons, carbonaceous chondrites, chemical evolution, meteoritic amino acids, Oparin-Haldane hypothesis 1972 June p. 38–46 [902]
meteoritic impact, fossil crater, Chubb crater, cratering, astroblemes 1951 May p. 64–69
tektites, strewn fields, origin of glassy stone 1961 Nov. p. 58–65 [802]
meteorological research, U.S. National Institute of Atmospheric Research 1958 Apr. p. 50
meteorology, upper atmosphere, stratosphere, ionosphere, radio communication, aurora, noctilucent clouds 1949 Jan. p. 30 39
radiosonde, rain gauge, anemometer, barometer, hygrometer, instrumentation of meteorology 1951 Dec. p. 64–70
hurricanes, typhoons, radar 1954 June p. 32–37
wind, atmospheric circulation, cyclone, anticyclones, source of prevailing winds 1956 Dec. p. 40–45 [841]
climate, weather, solar wind, ionosphere, coronametry, Earth's weather and solar wind 1957 Apr. p. 138–148 [849]
condensation nuclei, ocean foam, salt particles, cloud physics, rain, seasalt and rain 1957 Oct. p. 42–47
tornadoes, radar tracking, thermal updraft, weather forecasting 1958 May p. 31–37
climate, carbon dioxide 'window', air pollution, fossil fuel, threat of 'greenhouse effect' 1959 July p. 41–47 [823]
artificial satellite, ionosphere, climate, aurora borealis, Van Allen belts, orbital motion, solar particle influence on Earth atmosphere 1959 Aug. p. 37–43 [851]
wind, cloud, lee waves, soaring, glider, esthetic exploitation of lee waves 1961 Mar. p. 124–134
Arctic Ocean, ocean circulation, telemetry, Northeast Passage, ice-floe islands, bathymetry, marine biology, Soviet Arctic research 1961 May p. 88–102
atmospheric circulation, weather, upper atmosphere, solar radiation, balloon and rocket observations 1964 Mar. p. 62–74
aerodynamics, air pollution, microclimate, micrometeorology, fluid dynamics, troposphere, turbulence, atmospheric phenomena near the ground 1964 Oct. p. 62–76
satellite, weather forecasting, weather satellites, Tiros, Essa, Applications Technology Satellites, Nimbus 1969 Jan. p. 52–68
U.S. withdraws Atlantic motherships 1953 Dec. p. 49
mathematical weather predictions 1957 Sept. p. 108
artificial generation of winds 1962 Mar. p. 76

methadone therapy, turning addicts into taxpayers 1968 Sept. p. 85
method of exhaustion, calculus, Euclidean geometry, falling-stone problem, infinitesimals, mathematical logic, nonstandard analysis 1972 June p. 78–86
metric system, measurement, imperial system, metrication, U.K. metrication program 1970 July p. 17–25 [334]
measurement, U.S. changeover studied 1970 Oct. p. 52
measurement, advantages for industry 1972 May p. 48
metrication, measurement, metric system, imperial system, U.K. metrication program 1970 July p. 17–25 [334]
measurement, metric system for U.S. 1971 Sept. p. 76
measurement, U.S. metric conversion act 1976 Mar. p. 60A
metropolitan area, housing, urban planning, central city, suburbs, cities, conurbation, evolution of the metropolis 1965 Sept. p. 64–74
metropolitan region, local goverment, cities, New York, central city, suburbs, Northeast Corridor, regional planning 1965 Sept. p. 134–148
Mexican agriculture, chinampa, canals, drainage, agricultural system, Aztec civilization, highly productive farm plots, Aztec empire 1964 July p. 90–98 [648]
New World archeology, agricultural revolution, corn, urbanization, New World agricultural revolution 1964 Nov. p. 29–37 [625]
'green revolution', agronomy, food and agriculture, maize, potatoes 1976 Sept. p. 128–150
Mexico, Amerindian prehistory, Teotihuacan, Middle America, New World archeology, pre-Columbian metropolis 1967 June p. 38–48
Mexico City, poverty, buying habits, sociology, culture of poverty 1969 Oct. p. 114–124 [651]
micro-machining, metals, semiconductors 1956 Apr. p. 62
microanalysis, neutron activation, trace elements, radionuclides, decay properties 1967 Apr. p. 68–82
microbiology, Hooke, astronomy, science history, life and work of Robert Hooke 1954 Dec. p. 94–98
microchemistry, painting, art restoration, X-ray, spectroscopy, science in the art museum 1952 July p. 22–27
microcircuit fabrication, electron optics, computer-controlled fabrication, silicon 'chips', computer technology, integrated circuits 1972 Nov. p. 34–44
microclimate, aerodynamics, air pollution, micrometeorology, fluid dynamics, troposphere, meteorology, turbulence, atmospheric phenomena near the ground 1964 Oct. p. 62–76
air pollution, cities, climate, heat emission, heat pollution, infrared photography, heat island, climate of cities 1967 Aug. p. 15–23 [1215]
cooling towers, heat exchange, industrial cooling, energy technology 1971 May p. 70–78
microcomputers, integrated circuits, metal-oxide semiconductors, microelectronics, microprocessors, minicomputers, silicon 'chips' 1975 May p. 32–40
computer technology, microprocessors, microelectronics 1977 Sept. p. 146–161
microduplex structure, materials technology, metalliding, superplasticity, thermomechanical processing, grain structure, metals that can be formed like plastics 1969 Mar. p. 28–35
microelectronics, integrated circuits, electronic components industry, transistor, silicon 'chips' 1965 Nov. p. 56–70
binary arithmetic, computer technology, integrated circuits, switching elements, logic circuits, computer memory, hardware of computer 1966 Sept. p. 74–85
oxide semiconductors, magnetic core, integrated circuits, computer memory, advent of integrated-circuit semiconductor memories 1967 July p. 18–31
computer memory, integrated circuits, metal-oxide semiconductors, large-scale integrated circuits, logic circuits, transistor 1970 Feb. p. 22–31
accelerated-ion technique, ion implantation, semiconductor, 'doping' 1973 Apr. p. 64–71
integrated circuits, metal-oxide semiconductors, silicon 'chips', transistor 1973 Aug. p. 48–57
integrated circuits, metal-oxide semiconductors, microcomputers, microprocessors, minicomputers, silicon 'chips' 1975 May p. 32–40
electronic circuitry, integrated circuits, technological innovation, silicon 'chips', introduction to single-topic issue on microelectronics 1977 Sept. p. 62–69 [374]
integrated circuits, logic gates, metal-oxide semiconductors, semiconductor technology, transistor 1977 Sept. p. 70–81 [375]
binary arithmetic, Boolean logic, integrated circuits, large-scale integrated circuits, logic elements 1977 Sept. p. 82–106 [376]
charge-coupled devices, digital computer, magnetic bubble memories, moving-surface memories, semiconductor memories 1977 Sept. p. 130–145 [378]
computer technology, microcomputers, microprocessors 1977 Sept. p. 146–161
distributed-processing networks, computer technology 1977 Sept. p. 162–177 [380]
automatic test systems, automatic control, measuring instruments, control systems 1977 Sept. p. 180–190 [381]
communication technology, digital transmission, telecommunication 1977 Sept. p. 192–209 [382]
computer modeling, minicomputers, personal computers, FLEX, LOGO, SMALLTALK 1977 Sept. p. 230–244 [384]
microfibrils, collagen, elastin, fibroblasts 1971 June p. 44–52 [1225]
microfiche, computer technology, information storage, information retrieval, microrecording, electronic scanner, library science 1966 Sept. p. 224–242
microfilaments, calcium-ion activator, cell motility, cell shape, embryonic development, microtubules 1971 Oct. p. 76–82 [1233]
microlayer oceanography, carbon dioxide, neuston, marine life, ocean surface, rainwater composition, surfactant 1974 May p. 62–77 [913]
micromanipulator, microsurgery, enucleation, cytosurgery 1950 Oct. p. 48–51
cytosurgery, cell nucleus, on transplanting nuclei 1952 Apr. p. 58–64
micrometeorites, interplanetary space, Mars, Mariner 4, magnetosphere, trapped radiation, atmosphere, solar wind, cosmic radiation, space exploration 1966 May p. 62–72
iron from a comet 1949 Dec. p. 30
micrometeorology, aerodynamics, air pollution, microclimate, fluid dynamics, troposphere, meteorology, turbulence, atmospheric phenomena near the ground 1964 Oct. p. 62–76
microorganisms, bacteriology, PPLO, virus, electron microscopy, cytology, smallest free-living cells 1962 Mar. p. 117–126 [1005]
micropaleontology, glaciation, pollen chronology, living records of the ice age 1949 May p. 48–51 [834]
foraminifera, ocean floor, climate history recorded in ocean sediments 1962 July p. 96–106 [856]
microprocessors, integrated circuits, metal-oxide semiconductors, microcomputers, microelectronics, minicomputers, silicon 'chips' 1975 May p. 32–40
computer technology, microcomputers, microelectronics 1977 Sept. p. 146–161
in automobiles 1975 Aug. p. 48
price still falling 1976 Sept. p. 66
micropulsations, Earth core, electromagnetic waves, magnetic field, Earth mantle, longest electromagnetic wave 1962 Mar. p. 128–137
microrecording, computer technology, information storage, information retrieval, electronic scanner, microfiche, library science 1966 Sept. p. 224–242
microscopy, X-ray, optical resolution, X-ray microscope projected 1949 Mar. p. 44–47
field-emission microscope, pictures of atoms 1952 May p. 58–62
topographic microscope 1954 Aug. p. 54–59
ultraviolet radiation, 'flying spot' microscope, ultra-microscopy of living cells 1958 May p. 38–43
holography, laser, white-light reconstruction, color holography 1968 Feb. p. 40–48
atom visibility, electron microscopy, scanning electron microscope 1971 Apr. p. 26–35
brain circuitry, nerve signals, nerve structure, olfactory system, staining techniques, Golgi stain, Nissl stain 1971 July p. 48–60 [1227]
scanning electron microscope, light microscope, transmission electron microscope, three-demensional pictures by scanning electron microscope 1972 Jan. p. 54–69
with depth of focus 1959 Jan. p. 69
microseisms, seismology, weather, earthquakes 1949 Feb. p. 42–45
microsome, protein synthesis, ribosome, RNA, cytology, recognition of ribosome as site of protein synthesis 1958 Mar. p. 118–124 [52]
fatty acid synthesis, acetic acid, coenzyme A, lecithin, lipids, synthesis not breakdown in reverse 1960 Feb. p. 46–51
microsurgery, micromanipulator, enucleation, cytosurgery 1950 Oct. p. 48–51
laser, cell, physiology, laser lesions, cell organelle 1970 Feb. p. 98–110 [1170]

microtubules, calcium-ion activator, cell motility, cell shape, embryonic development, microfilaments 1971 Oct. p. 76–82 [1233]
ATP, axoneme, cell motility, cilia, flagella, how cilia move, paramecium, sperm 1974 Oct. p. 44–52 [1304]
in mitosis 1974 July p. 48
as cytoskeleton 1978 Jan. p. 68
microvascular surgery, surgery, cerebral vascular accident, atherosclerosis, cerebral hemorrhage, repair and prevention of stroke by microvascular bypass operation 1978 Apr. p. 58–67 [1385]
microwave amplification, maser, stimulated emission, quantum mechanics, coherent radiation, principles and uses of maser 1958 Dec. p. 42–50 [215]
microwave amplification by stimulated emission of radiation, *see:* maser
microwave diodes, electromagnetic spectrum, irradiation standards, microwave radiation, risk estimation, technology assessment 1972 Feb. p. 13–21
microwave emission, electric current, Josephson effects, superconductivity, tunnel junction, quantum mechanics, confirmation and applications of Josephson effects 1966 May p. 30–39
electric field, Gunn effect, negative resistance, solid state physics, electronics, gallium arsenide, solid state microwave generation 1966 Aug. p. 22–31
microwave oscillators, electrically tunable 1954 Oct. p. 52
microwave radiation, crystal structure, magnetism, ferrites, materials technology, computer memory, industrial applications of iron oxides 1960 June p. 92–104
electromagnetic spectrum, irradiation standards, microwave diodes, risk estimation, technology assessment 1972 Feb. p. 13–21
microwave relays, communication terminals, computer technology, communication technology, communication, transmitters, receivers 1972 Sept. p. 130–140
microwave spectroscopy, optical pumping, spectroscopy, photon, quantum jumps, technique and uses of optical pumping 1960 Oct. p. 72–80
microwave transmission, communication technology, radio, ionosphere, troposphere, ionospheric and tropospheric scattering 1957 Jan. p. 46–51
microwaves, radar, spectroscopy, molecular bonds, coherent radiation, resonance absorption, energy levels, quantum jumps, quantum electrodynamics, time-keeping, foundation of maser, laser technology 1948 Sept. p. 16–23
optical properties, Maxwell's equations, traveling-wave tube, klystron, magnetron, waveguides, communication, radar 1952 Aug. p. 43–51
radar, klystron, particle accelerator 1954 Mar. p. 84–90
klystron, molecular rotation, spectroscopy, laboratory applications of microwaves 1957 May p. 46–53
galactic evolution, interstellar hydrogen, radio astronomy, hydrogen in galaxies correlated with their structure 1963 June p. 94–106
Doppler effect, hydroxyl radical, galaxy, radio-absorption, gas clouds 1965 July p. 26–33
Doppler effect, planetary motion, radar astronomy, delay-Doppler mapping, Mercury, Venus 1968 July p. 28–37
interstellar matter, maser, hydroxyl radical, infrared astronomy, energy levels, protostars, interferometry 1968 Dec. p. 36–44
microwear analysis, flint tools, Paleolithic archeology 1977 Nov. p. 108–126 [700]
mid-Atlantic rift, remanent magnetism, pillow lava, ocean ridges, sea-floor spreading, submersible research craft 1975 Aug. p. 79–90 [918]
mid-ocean ridge, gravity, ocean floor, oceanography, African rifts, discovery of submarine rifted ridge 1960 Oct. p. 98–110
ocean floor, sea-floor spreading, lava, dikes, magnetic bands, the deep-ocean floor 1969 Sept. p. 126–142 [883]
plate tectonics, sea-floor spreading, metals, hydrothermal extraction, manganese nodules, origin of metal deposits on ocean floor 1978 Feb. p. 54–61 [929]
Middle America, Amerindian prehistory, Teotihuacan, Mexico, New World archeology, pre-Columbian metropolis 1967 June p. 38–48
middle classes, distribution of wealth, economic development, population growth, production statistics, natural resources, demographic transition 1976 July p. 28–35
Middle East oil, petroleum resources, energy economics, Persian Gulf fields, economic development, Iran, Iraq, Saudi Arabia 1948 Sept. p. 9–15
midgets, ateliosis, pituitary insufficiency, dwarfism, genetic disease, congenital anomalies, consanguinity, growth hormone deficiency, panhypopituitarism, General Tom Thumb 1967 July p. 102–110
Miescher, leukocyte, nucleus, DNA, spermatozoon nucleus, chromatin, hereditary material, discovery of DNA 1968 June p. 78–88 [1109]
migraine headaches, fortification illusions, neurophysiology, optical illusion 1971 May p. 88–96 [536]
migration, *see:* bird migration, human migration, animal migration, species dispersion and the like
Milankovitch forecast, glaciation, orbital motion, Earth, eccentricities of motion, correlating glacial and sidereal time tables 1948 Oct. p. 40–45
mildew, antibiotics, plant disease, rot, blight, smut, wilt disease, mold 1955 June p. 82–91
milieu therapy, asocial behavior, behavioral psychology, criminal law, human behavior, punishment, criminology, behavioral science and the criminal law 1963 Nov. p. 39–45 [480]
military deterrence, counterforce strategy, arms control, arms race, atomic weapons, U.S.A.-U.S.S.R. negotiating postures 1962 Apr. p. 45–53
military expenditures, input-output analysis, economics, arms control, impact of disarmament on U.S. economy 1961 Apr. p. 47–55 [611]
arms production, arms trade, arms race, economic development, the world cost of the arms race 1969 Oct. p. 21–27 [650]
economic development, cold war, politics of aid, 'rich' nations, 'poor' nations 1972 Apr. p. 15–21
arms race, bombers, SALT, AWACS, strategic weapons, antiaircraft sytems 1973 Aug. p. 11–19
mutual assured destruction, counterforce strategy, SALT, arms race, MIRV, MARV 1974 May p. 20–31
military budget for fiscal 1976 1975 Apr. p. 53
compared to social expenditures 1976 Apr. p. 54
as percent of GNP worldwide 1977 May p. 52
military history, Carthaginian fortress, Sardinia 1975 Feb. p. 80–87
military medicine, medicine, science history, Paré, surgery, life and work of Ambroise Paré 1956 Jan. p. 90–96
Korean fatalities 4.5 percent 1953 Sept. p. 76
military secrecy, content analysis, newspapers, Congressional investigation, 'Condon case', content analysis of newspaper coverage of political attacks on E. U. Condon 1949 Feb. p. 16–21
A.E.C., atomic weapons, nuclear power, science funding, university research 1949 July p. 30–43
Atomic Energy Act, patent law, power, licensing, international cooperation, inernational cooperation, major provisions of Atomic Energy Act of 1954 1954 Nov. p. 31–35
hydrogen bomb, censorship of Bethe article in SCIENTIFIC AMERICAN 1950 May p. 26
declassification drive in A.E.C. 1950 July p. 26
reactors declassified 1951 Jan. p. 27
atomic bomb, 'secret' disclosed at Rosenberg-Sobell trial 1951 May p. 33
'cosmic top secret' 1953 Apr. p. 46
voluntary censorship revived 1955 Mar. p. 51
censorship of 'unclassified' material 1955 June p. 48
Muller censored 1955 Nov. p. 52
attacked as hampering to research 1958 July p. 46
U.S. Navy declassifies soundings 1960 May p. 96
classified research, controversy engages trustees, faculty, students 1973 Jan. p. 44
classified research, laser-induced fusion 1973 Feb. p. 46
military strategy, games theory, human conflict, probability, zero-sum game, use and misuse of game theory 1962 Dec. p. 108–118
military technology, arms race, atomic test ban, national security, atomic bomb test, missile policy, fallout shelters 1964 Oct. p. 27–35 [319]
milk, duck-billed platypus, lactogenesis, isotope tracing, mammal, synthesis of milk 1957 Oct. p. 121–128
lactogenesis, mammary gland, casein, hormonal action, cell secretion, composition and synthesis of cow's milk 1969 July p. 58–68
milk sugar, enzyme deficiency, genetic disease, lactose tolerance, milk-digestion problem 1972 Oct. p. 70–78 [1259]
milkweed, predation, plant toxins, food chain, blue jay, predator-prey relationship, mimicry, ecology, chemical defense against predation 1969 Feb. p. 22–29 [1133]
Milky Way, nebulae, globular cluster stars, spiral arms, dust clouds, galactic center, seeing a galaxy from the inside 1950 Feb. p. 30–39
cosmic radiation, massive nuclei, high-energy physics, magnetic field, particle acceleration, supernovae, fundamental research, where do cosmic rays come from? 1953 Sept. p. 64–70 [239]
supergalaxy, local clusters, galactic clusters 1954 July p. 30–35

spiral galaxies, interstellar hydrogen, radio astronomy 1955 May p. 42–48
Gum Nebula, ionized-hydrogen cloud, Strömgren sphere 1971 Dec. p. 20–29
galaxy structure, interstellar matter, stellar formation, supernovae, galactic dust clouds, nebulae, Gum Nebula, Bok globules 1972 Aug. p. 48–61
galactic center, quasars, radio source, Sagittarius A, Seyfert galaxies, spiral galaxies 1974 Apr. p. 66–77
size of galaxy 1957 July p. 65
gravitational attraction of extragalatic neighbors 1958 Jan. p. 46
galactic rotation 1960 June p. 84
Milky Way galaxy, reclassified as Sc spiral 1965 Apr. p. 64
Miller-Urey experiment, origins of life, high-energy radiation, heterotrophs, fermentation, photosynthesis, autotrophs 1954 Aug. p. 44–53 [47]
Milorganite, vitamins, from Milwaukee sewage 1952 Apr. p. 40
mimicry, birds, camouflage, caterpillars, behavioral adaptation, defense by color 1957 Oct. p. 48–54
alkaloids, butterfly, larvae, symbiosis, insect repellants, behavioral adaptation, plant evolution, butterfly-plant association 1967 June p. 104–113 [1076]
predation, plant toxins, food chain, milkweed, blue jay, predator-prey relationship, ecology, chemical defense against predation 1969 Feb. p. 22–29 [1133]
birds, finches, parasitism, sexual behavior, widow birds, animal behavior 1974 Oct. p. 92–98
Minamata disease, mercury cycle, mercury poisoning, mercury pollution 1971 May p. 15–21 [1221]
mine drainage, steam engine, technology history, Watt, pumps, Industrial Revolution, Newcomen engine, origins of steam engine 1964 Jan. p. 98–107
mineral age, fission-track dating, geochronology, glass age, meteorite age, pottery age, radioactive decay, uranium fission 1976 Dec. p. 114–122
mineral cycles, ATP, biosphere, phosphorus cycle, sulfur cycle, sulfur bacteria, carboxylation cycle, eutrophication, mineral cycles in the biosphere 1970 Sept. p. 148–158 [1195]
mineral deposits, hydrothermal extraction, mineral resources, plate tectonics, mineral prospecting, non-ferrous ore 1973 July p. 86–95 [909]
mineral prospecting, magnetometer, geomagnetism, natural resources, mining, aerial prospecting 1961 June p. 151–162
hydrothermal extraction, mineral deposits, mineral resources, plate tectonics, non-ferrous ore 1973 July p. 86–95 [909]
mineral resources, Amazon, tropical rain forest, developing countries, resource prospecting, economic planning, forest management, electric power, the Amazon frontier 1948 May p. 11–14
ocean floor, manganese nodules, mining industry, minerals on the ocean floor 1960 Dec. p. 64–72
economic development, technology transfer, industrialization, metal consumption, natural resources and technological substitution 1963 Sept. p. 128–136
pollution, ocean, sea water, wetlands, ocean floor, physical resources of the ocean 1969 Sept. p. 166–176 [885]
hydrothermal extraction, mineral deposits, plate tectonics, mineral prospecting, non-ferrous ore 1973 July p. 86–95 [909]
mineral separation, flotation, surfactant, bubbles, collector ions, ore beneficiation 1956 Dec. p. 99–110
minerals, fluid inclusions, geology, Earth history, ancient fluids in crystals 1962 Oct. p. 38–47 [854]
minicomputers, integrated circuits, metal-oxide semiconductors, microcomputers, microelectronics, microprocessors, silicon 'chips' 1975 May p. 32–40
computer modeling, microelectronics, personal computers, FLEX, LOGO, SMALLTALK 1977 Sept. p. 230–244 [384]
minimax, games theory, decision theory, pure strategy, mixed stratgey, worst-case analysis 1955 Feb. p. 78–83
mining, oil shales, shale rotors, energy resources, fossil fuel, oil from shales 1952 Feb. p. 15–19
Earth crust, metal ores, natural resources, natural concentration of metals 1960 June p. 146–154
gypsum, Amerindian, New World archeology, prehistoric man in Mammoth cave 1960 July p. 130–140
magnetometer, geomagnetism, natural resources, mineral prospecting, aerial prospecting 1961 June p. 151–162
excavating machines, tunneling, rock borers, earth-moving, surface mining 1967 Nov. p. 74–85
iron ore, ore beneficiation, low-grade ores, hematite, taconite 1968 Jan. p. 28–35
mining industry, ocean floor, mineral resources, manganese nodules, minerals on the ocean floor 1960 Dec. p. 64–72
Minoan civilization, Mycenaean civilization, Hebrew civilization, Linear A script, Linear B script, Crete, Semites, common origin of Greek and Hebrew civilizations 1965 Feb. p. 102–111
Minoan culture, texts deciphered 1962 May p. 82
Minoan language, Linear B script, Homer, Greek civilization, cryptology, an account of the decipherment 1954 May p. 70–75
Minturna, Classical archeology, city as quarry, slow death of a city 1954 July p. 66–70
Miocene desiccation, evaporite minerals, fossil record, Glomar Challenger findings, salt, Mediterranean as desert 1972 Dec. p. 26–36 [904]
Miocene fossils, hominid, human evolution, primate evolution, Ramapithecus 1977 May p. 28–35 [695]
mirages, atmospheric optics, optical illusion, refraction, Fata Morgana, walking on water 1976 Jan. p. 102–111
mirror images, parity, symmetry, time reversal, CPT mirror 1965 Dec. p. 28–36 [301]
bilateral symmetry, left-right asymmetry, central nervous system 1971 Mar. p. 96–104 [535]
MIRV: multiple independently-targetable reentry vehicle
MIRV, ABM, SALT, deterrence, ICBM, arms race, counterforce strategy, dynamics, instability of arms race 1969 Apr. p. 15–25 [642]
ABM, arms race, ICBM, SLBM, mutual assured destruction, counterforce strategy, strategic balance, national security 1969 Aug. p. 17–29 [330]
atomic weapons, arms race, SALT, counterforce strategy, mutual assured destruction, MIRV, as key to SALT negotiations 1970 Jan. p. 19–29 [654]
ABM systems, arms race, ICBM, atomic weapons, SALT, atomic test ban, strategic weapons, prospects for freeze on numbers and qualitative improvement of weapons 1971 Jan. p. 15–25
arms race, missile submarines, SLBM, Polaris, Trident, Poseidon missile 1972 June p. 15–27 [344]
ABM, ICBM, atomic armaments, counterforce strategy, strategic weapons, mutual assured destruction, arms race 1973 Nov. p. 18–27
mutual assured destruction, counterforce strategy, military expenditures, SALT, arms race, MARV 1974 May p. 20–31
counterforce strategy, atomic weapons, cruise missiles, arms race, missile accuracy, strategic weapons, C.E.P., accuracy as multiplier of force 1975 July p. 14–23
missile accuracy, counterforce strategy, atomic weapons, cruise missiles, MIRV, arms race, strategic weapons, C.E.P., accuracy as multiplier of force 1975 July p. 14–23
missile policy, arms race, atomic test ban, national security, atomic bomb test, military technology, fallout shelters 1964 Oct. p. 27–35 [319]
missile submarines, arms race, SLBM, MIRV, Polaris, Trident, Poseidon missile 1972 June p. 15–27 [344]
arms control, antisubmarine warfare, SALT, mutual assured destruction, SLBM, sonar, acoustic detection 1972 July p. 14–25 [345]
missiles, fizzles 1955 Sept. p. 72
'mission-oriented' funding agencies, fundamental research, curiosity, science funding, university science, N.S.F., introduction to a single-topic issue on fundamental questions in science 1953 Sept. p. 47–51
N.S.F., science funding, institutional grants, science policy, fundamental research, project grants, university science, problems in government support of science in the U.S. 1965 July p. 19–25
science funding, project funding decried 1952 Dec. p. 38
science funding, independence of scientist 1953 May p. 53
science funding, mission-oriented research 1958 Feb. p. 40
Mississippi river, meanders, alluvial valley, deltas, floods 1951 Apr. p. 18–23
Mississippian culture, New World archeology, mound builders, agricultural revolution, statistical seriation, pre-Columbian Mississippi valley on verge of urban revolution 1952 Mar. p. 22–27
Amerindian, burial mounds, Cahokia, New World archeology 1975 Aug. p. 92–101 [688]
Mississippian period, coal, fossil, flora, Pennsylvanian period, Carboniferous period, tropical flora, deposition of coal 1948 July p. 46–51

mitochondria, cell organelle, metabolism, enzymes, cell metabolism, cell membrane, 'powerhouse of the cell' 1957 July p. 131–140 [36]
cell membrane, electron microscopy, endoplasmic reticulum, myelin sheath, nuclear membrane, electron microscope study of membranes in cell 1962 Apr. p. 64–72 [151]
ATP synthesis, electron transfer, oxidation membrane, mitochondrion, proposed structure of mitochondrion 1964 Jan. p. 63–74
cytoplasmic inheritance, maternal inheritance, extranuclear DNA, chloroplast, Chlamydomonas 1965 Jan. p. 70–79 [1002]
chloroplast, symbiosis, cell organelle, DNA, prokaryote origin, protein synthesis, plastids, cell evolution, extra-nuclear genetic activity in cell 1970 Nov. p. 22–29 [1203]
cell evolution, cell organelle, chloroplast, endosymbiosis, eukaryotic cells, symbiosis, prokaryotic cells, algae, cilia, flagella, plastids 1971 Aug. p. 48–57 [1230]
plastids, extranuclear heredity 1964 Nov. p. 58
catenate DNA 1968 Jan. p. 46
mitochondrion, ATP, citric-acid cycle, cell metabolism, mitochondrion as site of biological oxidation 1958 July p. 56–62
cytology, energy transformation, ATP, citric-acid cycle, glycolysis, oxidative phosphorylation, membrane, energy transformation in the cell 1960 May p. 102–114
ATP, chloroplast, photosynthesis, cell metabolism, glucogenesis, citric-acid cycle, glycolysis, oxidative phosphorylation, cytology, cellular transformation of energy 1961 Sept. p. 62–73 [91]
ATP synthesis, mitochondria, electron transfer, oxidation membrane, proposed structure of mitochondrion 1964 Jan. p. 63–74
ATP, glycolysis, cell membrane, enzymes, oxidative phosphorylation, cell metabolism, mitochondrial membrane 1968 Feb. p. 32–39 [1101]
ATP, oxidative phosphorylation, cell membrane, active transport, chloroplast, formation of the energy-exchange molecule in the cell 1978 Mar. p. 104–123 [1383]
mitosis, mitotic apparatus, cytology, chromosome, meiosis, mechanism of cell division 1961 Sept. p. 100–120 [93]
Down's syndrome, chromosomal anomalies, Klinefelter's syndrome, trisomy 21, genetic defect, meiosis, gene translocation, nondisjunction, afflictions associated with abnormal chromosome complement 1961 Nov. p. 66–76 [150]
tissue culture, meiosis, plant cell differentiation, clone, generation of whole organism from tissue cell (carrot) 1963 Oct. p. 104–113
embryonic development, oocytogenesis, meiosis, mammalian eggs, chromosomal anomalies, ovum, in vitro fertilization 1966 Aug. p. 72–81 [1047]
aging, fibroblasts, cell culture, somatic cells, cell, DNA replication, experiments in aging 1968 Mar. p. 32–37 [1103]
ovum, fertilization, embryonic development, meiosis, blastocyst, human embryos in the laboratory 1970 Dec. p. 44–54 [1206]
mitotic spindle, cell reproduction, cell membrane, chromosome replication, cell life cycle 1974 Jan. p. 54–64 [1288]
mitotic apparatus, cytology, chromosome, meiosis, mitosis, mechanism of cell division 1961 Sept. p. 100–120 [93]
cell motility, wound healing, cell tracks, embryonic development, tubulin, cell motion made visible to naked eye 1978 Apr. p. 68–76 [1386]
mitotic spindle, calcium, bone, muscle fiber, calcium and life 1951 June p. 60–63
sea urching egg, chromosome, digitonin, centrioles 1953 Aug. p. 53–63
mitosis, cell reproduction, cell membrane, chromosome replication, cell life cycle 1974 Jan. p. 54–64 [1288]
isolated intact 1952 Dec. p. 32
mixed strategy, games theory, decision theory, minimax, pure strategy, worst-case analysis 1955 Feb. p. 78–83
M'Naghten rule, criminal law, expert witnesses, insanity defense, Durham rule, psychiatrists as witnesses 1974 June p. 18–23
mnemonics, Koenigsberg bridges, mathematics, salesman's route, delight and depth in mathematics 1961 May p. 148–158
Möbius band, topology, inner-tube eversion, Klein bottle, trefoil knot, Koenigsberg bridges, four-color-map problem, three-cottages problem 1950 Jan. p. 18–24
Mössbauer effect, relativity theory, atomic clock, resonance absorption, Doppler effect, general relativity tested by atomic clock 1960 Apr. p. 72–80 [271]
Mössbauer spectroscopy, atomic nucleus, chemical bond, energy levels, gamma radiation, molecular structure 1971 Oct. p. 86–95
moas, extinction, evolution, hunting, New Zealand flightless birds 1954 Feb. p. 84–90
mode, statistics, median, sampling, sequential sampling 1952 Jan. p. 60–63
'model atom', positronium, positron, electron, quantum electrodynamics 1954 Dec. p. 88–92
atomic nucleus, nuclear structure, neutron cross sections, 'cloudy crystal ball' 1955 Dec. p. 84–91
modified virus, bacteriophage, virology, recombinant DNA, provirus 1955 Apr. p. 92–98 [24]
modular design, automatic manufacture, electronic equipment, Project Tinkertoy 1955 Aug. p. 29–33
modulators, communication technology, laser, pulse-code modulation, electron optics, Kerr effect, Pockel's effect, polarization, modulation of laser light 1968 June p. 17–23
Mogollon culture, New World archeology, Pine Lawn Valley, Cochise culture, 2500 B.C. to 1300 A.D. in New Mexico 1951 July p. 46–51
Mohenjo-Daro, Harappan civilization, Indus valley, archeology, Sumer 1953 Nov. p. 42–48
archeology, Harappan civilization, Indus valley, floods as cause of demise 1966 May p. 92–100
Mohole, Earth crust, Mohorovicic discontinuity, Earth mantle, technology, objectives of Mohole Project 1959 Apr. p. 41–49
drilling to Earth's mantle 1958 Dec. p. 56
drilling to Earth's mantle 1959 June p. 78
Earth's mantle 1959 Aug. p. 66
practice holes drilled 1961 May p. 76
Upper Mantle Project 1963 Oct. p. 56
program in doubt 1966 July p. 48
Mohole project, mantle-drilling site selected 1965 Mar. p. 54
Mohorovicic discontinuity, Earth crust, Mohole, Earth mantle, technology, objectives of Mohole Project 1959 Apr. p. 41–49
Earth mantle, plastic zone, seismology, isostatic equilibrium, basalt, plastic zone at depth between 37 and 155 miles 1962 July p. 52–59
study of Earth's mantle 1959 Oct. p. 81
Mohs scale, corundum, crystal structure, cubic boron nitride, diamond, hardness, materials technology 1974 Aug. p. 62–70
Moiré patterns, Fresnel rings, optics without lens, properties and uses 1963 May p. 54–63 [299]
Mojave desert, behavioral adaptation, ground squirrels, animal behavior, kidney function, thermoregulation, desert adaptation, desert mammals' adaptations to heat and aridity 1961 Nov. p. 107–116
mold, antibiotics, plant disease, rot, blight, smut, wilt disease, mildew 1955 June p. 82–91
molecular attraction, adhesive, surface tension, elastic energy, epoxy resins, molecular repulsion, micromechanics of adhesion 1962 Apr. p. 114–126
molecular beam, aerodynamics, supersonic flight, shock waves, wind tunnel, ultra-high altitude aerodynamics 1958 Jan. p. 36–42
electron theory, resonance absorption, atomic radiation, coherent radiation, gas molecules, nuclear magnetic resonance, Stern-Gerlach experiment 1965 May p. 58–74
chemical accelerators, ion beam, sputtering, high-energy chemistry 1968 Oct. p. 44–52
molecular biology, isotopes, radioautography, cytology, use of radioisotopes in biological research 1949 Feb. p. 30–41
physical chemistry, interdisciplinary collaboration, antigen-antibody reaction, collaboration of G. Beadle and L. Pauling 1949 May p. 16–21
blood clotting, hemagglutination, fibrinogen, thrombin, fibrin, role of thrombin in converting fibrinogen into fibrin 1962 Mar. p. 60–66
amino acids, DNA, protein synthesis, genetic code, mutation, triplets, RNA, anticodon, ribosomes, triplets, wobble hypothesis 1966 Oct. p. 55–62 [1052]
molecular bonds, radar, microwaves, spectroscopy, coherent radiation, resonance absorption, energy levels, quantum jumps, quantum electrodynamics, time-keeping, foundation of maser, laser technology 1948 Sept. p. 16–23
solid state physics, crystal structure, X-ray diffraction, ionic bonds, covalent bonds, metallic bonds, energy levels, the nature of solids 1952 Dec. p. 39–49 [249]
infrared spectroscopy, chemical analysis, molecular vibrations 1953 Oct. p. 42–48 [257]
molecular cloning, gene manipulation, plasmids, recombinant DNA, Asilomar conference, hazard evaluation 1975 July p. 24–33 [1324]
molecular cohesion, friction, Leonardo, Coulomb, technology history, sliding surfaces, 'coppering' 1951 Feb. p. 54–58
molecular evolution, evolution, hemoglobin, myoglobin, amino acids, evolutionary distance measured by amino-acid substitution 1965 May p. 110–118 [1012]

molecular modeling, mathematical model, computer modeling, giant molecules, cytochrome helix, myoglobin, hemoglobin, DNA 1966 June p. 42–52 [1043]
molecular motion, crystal structure, computer modeling, particle motion key to bulk properties of materials 1959 Oct. p. 113–126 [265]
Kerr gate, laser mode-locking, quantum mechanics, Raman clock, ultrafast phenomena, picosecond molecular processes 1973 June p. 42–60
molecular orbitals, carbenes, carbon chemistry, chemical reaction, reactive intermediates 1976 Feb. p. 101–113
molecular orbits, molecular structure, electron shells, computer modeling, quantum chemistry, computer graphics 1970 Apr. p. 54–70
molecular physics, electromagnetism, intermolecular force, Coulomb force, measurement of intermolecular force between macroscopic bodies 1960 July p. 47–53
molecular replication, self-reproducing machine, automata theory, computer technology, machine models of molecular assembly 1959 June p. 105–114 [74]
molecular repulsion, adhesive, molecular attraction, surface tension, elastic energy, epoxy resins, micromechanics of adhesion 1962 Apr. p. 114–126
molecular rotation, klystron, microwaves, spectroscopy, laboratory applications of microwaves 1957 May p. 46–53
molecular science, polymers, addition polymers, condensation polymers, introduction to single-topic issue on 'giant molecules' 1957 Sept. p. 80–89
polymers, addition polymers, condensation polymers, introduction to single-topic issue on 'giant molecules' 1957 Nov. p. 80–89
molecular sieves, zeolites, ion exchange, adsorption, separation of similar molecules 1959 Jan. p. 85–94
molecular signals, cell membrane, intercellular communication, salivary gland, epithelium, membrane permeability, junctions in cell membrane 1970 May p. 78–86 [1178]
molecular size, light scattering, photometry, aerosol, hydrosol, Tyndall spectra, measurement 1953 Feb. p. 69–76
molecular spectra, astrochemistry, interstellar matter, space exploration, local galaxy 1973 Mar. p. 50–69
molecular structure, chemistry, chemical bond, crystal structure, protein structure, chemical kinetics, science, chemistry 1900-1950 1950 Sept. p. 32–35
polymers, elastomers, X-ray diffraction, mechanical properties of giant molecules 1957 Sept. p. 120–134
magnetic resonance, nuclear magnetic resonance, spectroscopy, magnetometer, large molecule spectroscopy 1958 Aug. p. 58–66 [233]
monomolecular films, properties and uses of monomolecular films 1961 Mar. p. 152–164
catenane, chemical topology, topological isomer, cyclic molecules, ring molecules, linking and knotting of ring molecules 1962 Nov. p. 94–102 [286]
electron shells, computer modeling, quantum chemistry, molecular orbits, computer graphics 1970 Apr. p. 54–70
atomic nucleus, chemical bond, energy levels, gamma radiation, Mössbauer spectroscopy 1971 Oct. p. 86–95
aromatic hydrocarbons, benzene derivatives, aromaticity 1972 Aug. p. 32–40
enzyme action, lock-and-key theory, protein shape-change, protein structure 1973 Oct. p. 52–64 [1280]
aromatic hydrocarbons, pyrogenesis, polycyclic aromatic compunds 1976 Mar. p. 34–45
atomic structure, crystal structure, disclinations, dislocations, periodic structures 1977 Dec. p. 130–145 [393]
tRNA, gene transcription, protein synthesis, 3-D structure of tRNA 1978 Jan. p. 52–62 [1377]
molecular surface films, crystal surfaces, monomolecular films, two-dimensional crystals 1973 May p. 30–40
molecular vibrations, infrared spectroscopy, chemical analysis, molecular bonds 1953 Oct. p. 42–48 [257]
molecular weight, ultracentrifuge, sedimentation, fractionation, oil drive, air drive, magnetic suspension, 900,000 g; 60 million r.p.m. 1951 June p. 42–51
molecular weight determination, polymers, light scattering, viscometer, photometer, how giant molecules are measured 1957 Sept. p. 90–97
polymers, light scattering, viscometer, photometer, how giant molecules are measured 1957 Nov. p. 90–97
ultracentrifuge, angular momentum, ultra-high speed rotation, magnetic flotation, 90 million r.p.s. 1961 Apr. p. 134–147
mollusk shells, amino acids, fossil, bone, paleontology, paleobiochemistry 1956 July p. 83–92 [101]
genetic variation, gene mutation, natural selection, polymorphism, biological diversity, discontinuous variation 1975 Aug. p. 50–60 [1326]
mollusks, animal behavior, central nervous system, neurophysiology 1971 Feb. p. 68–75 [1212]
bivalves, clams, marine life, symbiosis 1975 Apr. p. 96–105
momentum, matter, energy, high-energy physics, conservation law, conservation laws in particle physics 1963 Oct. p. 36–45
monarchy, Kuanyama Ambo, anthropology, social controls, murder 1950 Oct. p. 52–55
money, commerce, bride price, cultural anthropology, red-feather money, Southwest Pacific-Solomon Islands culture 1962 Mar. p. 94–104
Mongol conquests, cavalry, war, Chingis Khan, frontier history, nomatic civilization, Chingis Khan, biography 1963 Aug. p. 54–68
mongolism, *see:* Down's syndrome
monkey, primate behavior, Japanese macaques, primate societies, protocultural behavior, social status 1976 Oct. p. 96–106 [1345]
sex pheromone 1971 Sept. p. 76
monkey brain, holography, memory, learning, brain function, interference patterns, holographic model, neurophysiology of remembering 1969 Jan. p. 73–86 [520]
monochromator, fission reactor, neutron beam, neutron diffraction, neutron flux, reactor as research instrument 1953 Aug. p. 23–29 [219]
monomolecular films, molecular structure, properties and uses of monomolecular films 1961 Mar. p. 152–164
thin-film optical devices, interferometry, fluorescence, wave motion, light waves, fatty acids 1970 Mar. p. 108–119
crystal surfaces, molecular surface films, two-dimensional crystals 1973 May p. 30–40
monosaccharides, cellulose, cell wall, plant cell, polysaccharides 1975 Apr. p. 80–95 [1320]
monsoons, economic development, irrigation, Mekong river, floods, hydro-engineering, rice, Mekong river plan, United Nations 1963 Apr. p. 49–59
'green revolution', India, food and agriculture, technology transfer, irrigation, fertilizers, rice, agronomy, wheat, hybrid crop plants 1976 Sept. p. 154–163
monsters, Homo monstrosus, manlike creatures, mythology 1968 Oct. p. 112–118
Monte Carlo fallacy, psychology, probability, decision making, subjective probability, gambling, subjective and objective probability 1957 Nov. p. 128–138 [427]
Monte Carlo method, Buffon needle problem, random numbers, probability, mathematics 1955 May p. 90–96
galactic clusters, probability, universe, gravitation, cosmology, distribution of galaxies as test of cosmologies 1956 Sept. p. 187–200
gas kinetics, computer modeling, mathematical model, chemistry by computer 1964 July p. 100–108
moon, cratering, meteorites, tectonic processes, origin of lunar craters 1949 July p. 20–24
solar eclipse, orbital motion, Earth 1954 Feb. p. 36–40
manned space flight, robot spacecraft 1960 May p. 61–69
interferometry, solar system, planets, ionosphere, radar astronomy, technology and promise of radar astronomy 1960 Aug. p. 50–59
Earth, tektites, meteorites, moon as source of tektites 1964 Feb. p. 50–57
lunar geology, satellite, stratigraphy, cratering, lunar time scale, Ranger photographs 1964 Dec. p. 38–47
lunar luminescence, solar radiation, Kepler crater, solar flares, meteorites, impact of solar protons? 1965 May p. 28–37
extraterrestrial life, infrared astronomy, Venus, atmospheric windows, Mars, Jupiter, spectrometry, history and recent results of infrared astronomy 1965 Aug. p. 20–29
lunar exploration, space exploration, lunar surface, spacecraft design, Ranger missions 1966 Jan. p. 52–67
lunar surface, telemetry, space exploration, high-resolution photography, Lunar Orbiter space missions 1968 May p. 58–78
lunar exploration, lunar landing sites, manned space flight, remote sensing 1969 Oct. p. 54–72 [889]
Apollo project, laser reflection, orbital motion, lunar-ranging experiment, corner reflector, Earth-Moon distance measurement 1970 Mar. p. 38–49

Apollo project, meteorites, lunar soil, regolith, structure and history of moon 1970 Aug. p. 14–23
day's length, Earth-Moon system, lunar orbit, tides 1972 Apr. p. 42–52
Apollo samples, carbon chemistry, cosmology, solar wind 1972 Oct. p. 80–90
lunar evolution, lunar rocks, solar system, Apollo missions 1975 Sept. p. 92–102
alphonsus crater 1959 June p. 78
topography of 'back' of the moon 1959 Dec. p. 79
lunar atomosphere 1960 June p. 86
heated by tidal forces? 1962 Oct. p. 63
U.S. Apollo program 1963 Sept. p. 83
U.S. Apollo program 1963 Dec. p. 64
luminous red spots observed 1964 Feb. p. 67
Luna 9 far-side photographs 1965 Oct. p. 40
magnetic field 1966 June p. 54
Surveyor 1 data 1966 July p. 50
Lunar Orbiter II photographs, Copernicus crater 1967 Jan. p. 55
Surveyor 3 data 1967 June p. 50
lunar gravity map 1968 Oct. p. 58
Apollo 12 lunar seismometer 1970 Sept. p. 86
Luna 16 soil sample 1970 Nov. p. 43
craters simulation in laboratory 1970 Nov. p. 45
Apollo 15 mission 1971 Sept. p. 74
as Australasian-tektite source 1971 Nov. p. 50
heat source on moon 1972 Jan. p. 47
Apollo 16, lunar magnetism, lunar rocks 1972 June p. 51
cratering clue to age 1974 July p. 47

moon illusion, visual perception, apparent distance theory, Gestalt psychology, explanation of a familiar illusion 1962 July p. 120–130 [462]
'size constancy' correction 1959 Nov. p. 95

moon surface, spacecraft, lunar geology, cratering, lunar exploration, structure, history, origin of moon from nine spacecraft visitations 1967 Mar. p. 60–74
soil, robot lander, Surveyor spacecraft, surface sampler 1967 Nov. p. 34–43

moons, asteroids, meteorids, solar system, planetisimals 1975 Sept. p. 142–159
Titan atmosphere 1973 Aug. p. 43

moons of Jupiter, Galileo, inertia, gravity, Galileo, biography and appraisal 1949 Aug. p. 40–47

moose, caribou, cold adaptation, rodent, polar ecology, animal adaptation to Arctic 1960 Jan. p. 60–68

morbidity, disease, archeology, surgery, record of illness among the ancients 1949 Jan. p. 52–55
epidemiology, mortality rates, economic development, income status, occupational health, 'social medicine'; environment, material well-being, behavior of disease 1949 Apr. p. 11–15
public health, medical care, health statistics, mortality rates, health insurance, U.S. National Health Survey 1966 June p. 21–29
medical care, medicine, physical incapacitation, mortality rates, hospital care, ambulatory care, triage, health insurance, introduction to single-topic issue on medical care 1973 Sept. p. 22–33
chronic illness, mortality rates, medical care, vital statistics, life expectancy, infectious disease, degenerative diseases, causes of death 1973 Sept. p. 76–84
medical technology, medical care, hospital care, ambulatory care, international comparison of medical care systems 1975 Aug. p. 17–25
most on one-third 1955 Jan. p. 48

morel, mycology, fungi, wheat rust, ergot, potato blight, amanita, Penicillium notatum, yeast, molds and men 1952 Jan. p. 28–32 [115]

Mormons, social values, Zunis, Spanish-Americans, agricultural system, Navaho, comparative study of cultures in New Mexico 1956 July p. 25–31

morphemes, verbal communication, communication, acoustic formants, phonetics, markedness/unmarkedness dyad, syntax, context sensitivity, invariant/variable dyad 1972 Sept. p. 72–80

morphine, alkaloids, plant physiology, strychnine, 'hemlock', physostigmine, caffeine, coniine, quinine, cocaine, ricinine, LSD, human toxins in plant physiology 1959 July p. 113–121 [1087]
drug addiction, opiate-directed behavior, withdrawal syndrome, self-addiction in rat 1965 Feb. p. 80–88
analgesics, opium, poppy, heroin, codeine, Bentley's compound, drug action, search for strong, safe analgesic 1966 Nov. p. 131–136 [304]
drug addiction, medical history, hypodermic medication, mechanisms of morphine addiction 1971 Jan. p. 96–102
cellular dependence 1963 Sept. p. 86

morphogenesis, bacteriophage, virus structure, T4 virus, DNA, mutation, test-tube reconstruction of viral components 1967 July p. 60–74 [1079]
regeneration, biological form, cell differentiation, cellular polarity, embryonic development, Hydra, morphogens 1974 Dec. p. 44–54 [1309]

morphology, pollen, scanning electron microscope, flower, plant cell 1968 Apr. p. 80–90 [1105]

mortality, trout, stream ecology, population control, moral: keep the little ones and let the big ones go! 1953 May p. 81–86
poverty as cause of death in New York City 1965 Apr. p. 58

mortality rates, epidemiology, morbidity, economic development, income status, occupational health, 'social medicine'; environment, material well-being, behavior of disease 1949 Apr. p. 11–15
tuberculosis, tubercle bacillus, economic development, public health, science history, popularization of well-being, not therapy, ends 'white plague' 1949 Oct. p. 30–41
age-sex distribution, fertility, U.S. census, human resources, population of U.S. 1951 Sept. p. 28–35
public health, morbidity, medical care, health statistics, health insurance, U.S. National Health Survey 1966 June p. 21–29
medical care, medicine, physical incapacitation, morbidity, hospital care, ambulatory care, triage, health insurance, introduction to single-topic issue on medical care 1973 Sept. p. 22–33
chronic illness, morbidity, medical care, vital statistics, life expectancy, infectious disease, degenerative diseases, causes of death 1973 Sept. p. 76–84
medical care, surgery, surgical specialties, malpractice claims, post-operative negligence 1973 Sept. p. 90–98
birth rate, population explosion, developing countries, human population 1974 Sept. p. 148–159
causes of death in U.S. 1967 Feb. p. 56
Framingham study, U.S. coronary casualty rate 1971 May p. 44
causes of death in U.S. males 1972 Jan. p. 50
decline in V.S. coronaries 1974 Aug. p. 46

mosaic, Greek civilization, Macedonia, Hellenic art, Pella, capital of Macedonia 1966 Dec. p. 98–105
see also: genetic mosaic

mosquito bite, yellow fever, insect behavior, malaria, feeding behavior, feeding behavior of mosquitoes 1978 June p. 138–148 [1392]

mosquito repellants, chemoreceptor, mosquito targets 1975 July p. 104–111

mosquitoes, malaria, DDT, W.H.O., eradication of malaria 1952 June p. 22–25
yellow fever, sexual behavior, reproduction, eggs, larvae, Aedes Aegypti 1968 Apr. p. 108–116
biological clock, malaria, Plasmodium, parasitism, reproduction, gametocyte 1970 June p. 123–131 [1181]
what attracts them 1951 Apr. p. 34
biting habits 1951 Aug. p. 36
chemical sterilization 1962 Oct. p. 63

mother-child interaction, heartbeat, maternal behavior, fetal conditioning, left-side preference in babyholding 1973 May p. 24–29
communication, crying, infant behavior, neonatal disorder, sound spectrogram 1974 Mar. p. 84–90 [558]

moths, camouflage, evolution, melanism, speciation, air pollution, population genetics, mutation, genetic variation, evolution observed 1959 Mar. p. 48–53 [842]
sonar, bats, predator-prey relationship, auditory perception, ultrasound, moth sonar detection of bat ultrasound 1965 Apr. p. 94–102 [1009]
air pollution, evolution, melanism, gene mutation, population genetics, predation, evolution observed again 1975 Jan. p. 90–99 [1314]
ultra-sonic auditory perception 1957 Dec. p. 66

motility in bacteria, flagella, contractile proteins, keratin, myosin, epidermis, 'k.m.e.f.' group 1951 Jan. p. 20–24

motion perception, visual perception, 'Ames room', distance perception, optical illusion, size perception, illusions as clues to organization of perception 1951 Aug. p. 50–55
optical illusion, neuropsychology, relative vs. absolute motion 1959 July p. 56–60 [409]

visual perception, optical illusion, illusion of movement, apparent movement 1964 Oct. p. 98–106 [487]
eye, visual perception 1975 June p. 76–88 [564]
visual perception, adjacency principle, contextual cues in perception 1978 May p. 126–139 [582]
motion-perception system, eye, moving-target perception, neurophysiology, visual perception 1977 Jan. p. 60–73 [575]
motion picture film, aggression, violence, delinquency, television, catharsis, effects of observing filmed violence 1964 Feb. p. 35–41 [481]
motion pictures, psychiatry, psychiatric films in teaching and therapy 1949 Sept. p. 42–43
motivation, achievement, aspiration, social surveys, psychological testing, self-anchoring scale 1963 Feb. p. 41–45
'reactive inhibition', fatigue, schizophrenia, experiment in objective measurement of motivation 1963 May p. 130–140
motor neuron, nerve conduction, synapse, reflex arc, membrane potential, inhibitory impulse, transmitter molecules, nerve excitation, activity at the neural synapse 1965 Jan. p. 56–66 [1001]
central nervous system, reflex arc, neuromuscular control, muscle contraction, nerve inhibition, interneuron, stretch reflex, Renshaw cell, synapse 1966 May p. 102–110
nervous system, vision, reflex arc, interneuron, animal behavior, small neuron systems as models for study 1967 May p. 44–52 [1073]
bacterial toxin, tetanus, botulism, paralysis, nerve impulse, inhibitory impulse, synapse, Clostridium tetani, Clostridium botulinum 1968 Apr. p. 69–77
motor reflex, central nervous system, medulla, reticular formation, brain, perception, neurophysiology, attention and orienting mechanism in brain 1957 May p. 54–60 [66]
motor vehicle accidents, mortality by age group 1968 Mar. p. 54
motor vehicle death rates, international comparison 1966 Sept. p. 102
mound builders, New World archeology, agricultural revolution, statistical seriation, Mississippian culture, pre-Columbian Mississippi valley on verge of urban revolution 1952 Mar. p. 22–27
Mount Ararat, Biblical archeology, Urartu, Altintepe, 800 B.C. culture at Noah's landing-place 1967 Mar. p. 38–46
Mount McKinley, cartography, photogrammetry 1949 Jan. p. 46–51
mountain formation, tectonic processes, Earth mantle, convection currents, the 'blister hypothesis' 1949 June p. 16–21
Earth crust, isostasis, granitization, ocean basins, ocean floor, tectonic processes, comprehensive review of understanding (before acceptance of continental drift) 1950 May p. 32–41
continental evolution, geosyncline, plate tectonics, sedimentary rock, Apallachian foldbelt 1972 Mar. p. 30–38 [899]
continental drift, earthquake zones, magnetization patterns, subduction zones, plate tectonics, sea-floor spreading, overview of the new geology 1972 May p. 56–68 [900]
continental drift, Gondwanaland, Himalaya formation, Indian-Ocean formation, magnetization patterns, plate tectonics, sea-floor spreading 1973 May p. 62–72 [908]
Andes, earthquake distribution, plate tectonics, seismic waves, volcanic activity 1973 Aug. p. 60–69 [910]
dust storms, Mars, terrestrial planets, cratering, tectonic processes, erosion, hydrology, solar system 1975 Sept. p. 106–117
earthquake zones, island arcs, lithospheric subduction, plate tectonics, sea-floor spreading, subduction zones, volcanic zones 1975 Nov. p. 88–98 [919]
continental drift, earthquake zones, Gobi Desert, Himalaya formation, India-Eurasia collision, plate tectonics, sea-floor spreading, Tibetan plateau 1977 Apr. p. 30–41
mountain glaciers, climate, glaciation since Ice Age, sea-ice fluctuations, glacier fluctuations 1970 June p. 100–110
mountains, avalanche control, snow, hoar frost, types, causes and prevention of slides 1966 Feb. p. 92–101
mouse, population control, animal migration, food supply 1955 Dec. p. 92–100
water retention, physiological adaptation, behavioral adaptation, Mus musculus, commensal of man 1969 Oct. p. 103–110 [1159]
mouse-human hybrid cells, cell hybridization, gene mapping, hybrid cells, somatic cells 1974 July p. 36–44 [1300]
Mousterian assemblages, glaciation, Ice Age hunters, mammoths, Ukraine 1974 June p. 96–105 [685]
moving-boundary electrophoresis, electrophoresis, protein separation, Schlieren scanning 1951 Dec. p. 45–53
moving stones, on Racetrack Playa 1977 Feb. p. 55
moving-surface memories, charge-coupled devices, digital computer, magnetic bubble memories, semiconductor memories, microelectronics 1977 Sept. p. 130–145 [378]
moving-target perception, eye, motion-perception system, neurophysiology, visual perception 1977 Jan. p. 60–73 [575]
mRNA: messenger ribonucleic acid
mRNA, ribosome, protein synthesis, DNA, tRNA, nucleus, chromosome, cytology, how cells make molecules 1961 Sept. p. 74–82 [92]
gene transcription, protein synthesis, the RNA messenger from gene to protein synthesis 1962 Feb. p. 41–49 [119]
tRNA, genetic code, DNA, ribosome, protein synthesis, genetic code elucidated, amino acid 'dictionary' 1963 Mar. p. 80–94 [153]
amino acids, protein synthesis, formylmethionine, ribosome, tRNA, initiation of protein synthesis 1968 Jan. p. 36–42 [1092]
DNA transcription, electron microscopy, gene action visualized, ribosome 1973 Mar. p. 34–42 [1267]
genetic engineering, frog eggs, gene expression, hemoglobin, RNA molecule 1976 Aug. p. 60–71 [1343]
DNA, synthesis of RNA 1961 Aug. p. 62
synthetic messenger 1961 Dec. p. 81
does same work in eukaryotes 1962 May p. 78
site of synthesis in cell 1969 Dec. p. 53
mRNA inhibition, antibiotics, actinomycin, DNA-actinomycin binding, protein synthesis 1974 Aug. p. 82–91 [1303]
mu meson, *see:* muon
mucus, glycoprotein synthesis, Golgi apparatus, goblet cells, carbohydrate, saccules 1969 Feb. p. 100–107 [1134]
mulch, dust storms, drought, dry-land farming, soil reclamation, agricultural technology, shelter belts, U.S. High Plains 1948 1948 Aug. p. 7–11
agricultural technology, herbicide, weed control, tillage without plow 1977 Jan. p. 28–33 [1349]
petroleum resin, inexpensive mulch 1963 Apr. p. 84
mules, animal husbandry, horse, donkeys , genetics and natural history of mule 1970 Dec. p. 102–109 [1208]
multiband camera, aerial photography, natural resources, infrared photography, remote sensing, remote sensing of natural resources 1968 Jan. p. 54–69
multinational corporations, in technology transfer 1974 Sept. p. 68
multiphasic screening, national health insurance, medical care, medical technology, Kaiser health plan, H.M.O., screening out the 'worried well' 1970 Apr. p. 15–23
multiple independently-targetable reentry vehicle, *see:* MIRV
multiple resistance, bacteria, drug resistance, mutation, DNA R-factor, antibiotics, transferable drug resistance 1967 Dec. p. 19–27
multiple sclerosis, autosensitivity, nervous disease, autoimmune disease, allergic mechanisms in nervous disease 1949 July p. 16–19
allergic reaction, autosensitivity, poison ivy, dermatitis, rheumatoid arthritis, delayed hypersensitivity 1960 Apr. p. 129–137
brain disease, scrapie, kuru, Chédiak-Higashi syndrome, virus disease, animal vectors 1967 Jan. p. 110–116
slow virus infection, myelin sheath, poliomyelitis, demyelinating factor, latent viruses 1970 July p. 40–46
virus implicated 1976 May p. 53
multiple-star systems, planetary systems, sunlike stars, frequency of 'solar systems', survey of 123 nearby stars 1977 Apr. p. 96–104
multiplexing, communication technology, laser, signal transmission, signal transmission by laser 1966 Jan. p. 19–27 [302]
communication networks, communication satellite, electronic switching, network theory, radio, communication, telephone systems, television systems 1972 Sept. p. 116–128
multipotential cells, cancer, tumor, teratoma, gene expression, plant cell, inhibitions 1965 Nov. p. 75–83 [1024]
multivariate analysis, stone tools, tool assemblages, factor analysis, computer analysis, Paleolithic archeology, Bordes method, stone tools as fossils of behavior 1969 Apr. p. 70–84 [643]
municipal hospitals, medical economics, medical care, public funds, voluntary hospitals, proprietary hospitals, metropolitan medical economics in New York City 1965 Jan. p. 19–27
muon, high-energy physics, strange particles, pions, conservation of strangeness, sorting out the multiplicity of particles 1957 July p. 72–88 [213]
particle interaction, electron, 'weak' force, high-energy physics, properties of massive negative particle 1961 July p. 46–55 [275]
muonium, electron, elementary particles, electromagnetism, positronium, atom, structure of muonium 1966 Apr. p. 93–100
behavior of muon in magnetic field 1961 Mar. p. 80

muon-beam, communication system proposed 1972 Sept. p. 66
muon neutrino, a particle interaction, beta decay, neutrino, particle accelerator, 'weak' force, experiment demonstrating existence of muon neutrino 1963 Mar. p. 60–70 [324]
muonic atoms, atomic nucleus, atomic structure, exotic atoms, kaonic atoms, particle accelerator, pions, quantum mechanics, high-energy physics 1972 Nov. p. 102–110
muonium, muon, electron, elementary particles, electromagnetism, positronium, atom, structure of muonium 1966 Apr. p. 93–100
murder, psychoanalysis, psychopathology, 'prevention of murder' 1949 June p. 50–55
Kuanyama Ambo, anthropology, social controls, monarchy 1950 Oct. p. 52–55
in Middle Ages 1977 Dec. p. 87
musical notation, hearing, loudness variations, musical dynamics, musical instruments, musician performance 1974 Nov. p. 78–95
muscle, locomotion, walking, primates, human evolution, bipedal walking, bone, fossil record, origin of human walking 1967 Apr. p. 56–66 [1070]
ATP, glycolysis, aerobic metabolism, oxygen debt, lactic acid formation, aerobic metabolism, anaerobic metabolism, energy mechanisms in muscle 1972 Mar. p. 84–91 [1244]
artificial muscle lifts 100 pounds 1951 July p. 32
see also: artificial muscle
muscle cell, cell anatomy, spermatozoon, ovum, virus, science history, cytology, plant cell, connective tissue cell, introduction to single-topic issue on the living cell 1961 Sept. p. 50–61 [90]
muscle contraction, ATP, actin, myosin, muscle fibril, biochemical mechanism of muscle contraction 1949 June p. 22–25
physiology, nervous system, endocrine system, respiration, nerve impulse, science, physiology 1900-1950 1950 Sept. p. 71–76
artificial muscle, Langmuir trough, ATP, actinomyosin, muscle relaxation 1952 Dec. p. 18–21
ATP, fermentation, citric-acid cycle, energy transformation 1953 Apr. p. 85–92
energy transformation, actinomyosin, mechanochemical engine 1954 Mar. p. 72–76
cardiac arrhythmia, heart, coronary occlusion, cardiac pacemaker, operation of cardiac pump 1957 May p. 74–87 [62]
grasshopper, nerve conduction, biomechanics of leap 1958 Jan. p. 30–35
electron microscopy, muscle fiber, myosin, actin, muscle fiber structure and function 1958 Nov. p. 66–82 [19]
actinomyosin, cyclosis, cilia, flagella, cytology, cytoplasmic streaming, actin, myosin, underlying unity of cellular motion 1961 Sept. p. 184–204 [97]
actin, myosin, ATP, electron microscopy, sliding-filament hypothesis 1965 Dec. p. 18–27 [1026]
central nervous system, reflex arc, neuromuscular control, nerve inhibition, interneuron, motor neuron, stretch reflex, Renshaw cell, synapse 1966 May p. 102–110
locust, insect flight, flight control system, nerve network, inhibitory impulse 1968 May p. 83–90
ATP, calcium, barnacle, bioluminescence, aequorin, calcium ions in muscle construction 1970 Apr. p. 84–93 [1175]
physiological tremor, sensory feedback 1971 Mar. p. 65–73 [1217]
ATP, actin, myosin, actinomyosin, tropomyosin, troponin, calcium, microstructure of muscle filament and biochemistry of contraction 1974 Feb. p. 58–71 [1290]
actin, muscle fibril, protein switch, tropomyosin, troponin, myosin, calicum in muscle 1975 Nov. p. 36–45 [1329]
single-unit control 1964 Mar. p. 58
muscle control, muscle spindles, psychophysics, sensory feedback, servomechanisms, stretch reflex, tendon organ 1972 May p. 30–37 [1249]
brain organization, cerebellum, cerebral motor cortex, monkey experiments 1973 July p. 96–103 [1277]
muscle fiber, calcium, bone, mitotic spindle, calcium and life 1951 June p. 60–63
electron microscopy, muscle contraction, myosin, actin, muscle fiber structure and function 1958 Nov. p. 66–82 [19]
human physiology, sarcoplasmic reticulum, electron microscopy, sarcoplasmic reticulum, functions deduced from structure 1965 Mar. p. 72–80 [1007]
muscle fibril, muscle contraction, ATP, actin, myosin, biochemical mechanism of muscle contraction 1949 June p. 22–25
sarcoplasmic reticulum, insect flight, synchronous muscle, asynchronous muscle, insect flight muscles 1965 June p. 76–88 [1014]
actin, muscle contraction, protein switch, tropomyosin, troponin, myosin, calicum in muscle 1975 Nov. p. 36–45 [1329]
muscle power, labor capability, man-day, 'scientific management' 1971 Oct. p. 96–103
muscle relaxation, muscle contraction, artificial muscle, Langmuir trough, ATP, actinomyosin 1952 Dec. p. 18–21
muscle spindles, muscle control, psychophysics, sensory feedback, servomechanisms, stretch reflex, tendon organ 1972 May p. 30–37 [1249]
muscle tissue, embryonic cells, cell differentiation, cell culture, clone, origin of muscle in embryonic development 1964 Aug. p. 61–66
mushroom poisoning, fungi, mushrooms, toxins, Amanita phalloides, thioctic acid 1975 Mar. p. 90–101
mushrooms, fungi, plant growth, mycelium, burgeoning explained 1956 May p. 97–106
fungi, mushroom poisoning, toxins, Amanita phalloides, thioctic acid 1975 Mar. p. 90–101
rapid culture of mushroom 1956 May p. 62
music, information theory, order and surprise 1956 Feb. p. 77–86
computer music, information theory, redundancy, computer study of structure of music 1959 Dec. p. 109–120
sound reproduction, tape recorders, speech grammaphones, auditory perception, engineering of sound systems 1961 Aug. p. 72–84
bass, cello, viola, violin, Chladni patterns, musical instruments, physics of violins 1962 Nov. p. 78–93
musical instruments, piano, harmonics, harpsichord, physics of the piano 1965 Dec. p. 88–99
voice, singing voice, pharynx, larynx, acoustics of singing voice 1977 Mar. p. 82–91
music and mathematics, musical scale, tone ladder, Pythagorean doctrine, harmonic proportions, Kepler, vibrating string 1967 Dec. p. 92–103
music perception, brain hemispheres, cerebral dominance, left-hemisphere functions, right-hemisphere functions, auditory perception, visual perception 1973 Mar. p. 70–78 [554]
musical dynamics, hearing, loudness variations, musical instruments, muscial notation, musician performance 1974 Nov. p. 78–95
musical illusions, auditory perception, brain hemispheres, cerebral dominance, handedness, hearing, illusions, perception, two-tone illusion 1975 Oct. p. 92–104 [566]
musical instruments, vibrating air column, clarinet, oboe, flute, bassoon, English horn, saxophone, physics of the wood winds 1960 Oct. p. 144–154
bass, cello, viola, violin, Chladni patterns, music, physics of violins 1962 Nov. p. 78–93
music, piano, harmonics, harpsichord, physics of the piano 1965 Dec. p. 88–99
physics of brasses, horn flare, trumpet bell, trumpet pipe 1973 July p. 24–35
string instruments, 'following bow' experiment, Raman waves, 'wolf' note, physics of bowed string 1974 Jan. p. 87–95
hearing, loudness variations, musical dynamics, muscial notation, musician performance 1974 Nov. p. 78–95
musical scale, physics, harmony, string instruments, wind instruments, piano, voice, acoustics, agreeable melodies and physical laws 1948 July p. 32–41
tone ladder, Pythagorean doctrine, music and mathematics, harmonic proportions, Kepler, vibrating string 1967 Dec. p. 92–103
musical tones, oscillographs 1951 May p. 52–53
musician performance, hearing, loudness variations, musical dynamics, musical instruments, muscial notation 1974 Nov. p. 78–95
muskone, pheromones, insect physiology, sexual behavior, queen substance, social behavior, ants, Gypsy moths, mice 1963 May p. 100–114 [157]
mussels, malnutrition, food supply, human population, hunger, human nutrition, Incaparina, eland, capybara, manatee, developing countries, unorthodox food sources 1967 Feb. p. 27–35 [1068]
mutation, neurospora, natural selection, gene expression, Mendelian inheritance, genetic disease, tryptophan-niacin relation, one gene-one enzyme hypothesis; selection for defect 1948 Sept. p. 30–39 [1]
phenotype, genotype, gene expression 1949 Oct. p. 46–49
population genetics, evolution, E. coli, Drosophila, sexual recombination, speciation, natural selection, genetic basis of evolution 1950 Jan. p. 32–41 [6]

teratogenesis, genetic disease, studied for clues to genetic controls 1950 June p. 16–19
chromosome, evolutionary diversity, science, genetics 1900-1950, one gene-one enzyme 1950 Sept. p. 55–58
human evolution, natural selection, gene mutation, eugenics, 'man's genetic future' 1952 Feb. p. 68–74
Lysenkoism, Lamarck, acquired characteristics, genotype, evolution, phenotype, ostrich calluses, speciation, religion, orthodoxy, Darwinism, experiments in acquired characteristics 1953 Dec. p. 92–99
virology, tobacco mosaic virus, amino-acid sequence 1955 July p. 74–78 [59]
ionizing radiation, recessive gene 1955 Nov. p. 58–68 [29]
Mendel's laws, chromosome mapping, science history, the gene on the eve of the resolution of the genetic code 1956 Oct. p. 78–90 [17]
camouflage, evolution, melanism, moths, speciation, air pollution, population genetics, genetic variation, evolution observed 1959 Mar. p. 48–53 [842]
chromosome breakage, radiation damage, ionizing radiation, cytology, radiation damage to living cell 1959 Sept. p. 94–100 [57]
evolution, ionizing radiation, radiation-induced mutation in evolution 1959 Sept. p. 138–160 [55]
environmental pollution, ionizing radiation, fallout, atomic bomb test, radiation damage, public health, hazards of radiation to society 1959 Sept. p. 219–232 [1214]
cancer therapy, radiation damage, nitrogen mustard, carcinogenesis, nuclear medicine, chemical imitation of radiation injury 1960 Jan. p. 99–108
radiation damage, high-energy radiation, nuclear medicine, X-ray, no threshhold to biological damage by radiation 1960 Apr. p. 142–153 [71]
antibodies, antigens, protein synthesis, immunology, immune response, selection theory of immunity 1961 Jan. p. 58–67 [78]
penicillin, drug resistance, bacteriology 1961 Mar. p. 66–71
DNA, ultraviolet radiation, effects of ultraviolet on weakest links in chain 1962 Dec. p. 135–144 [143]
genetic code, tobacco mosaic virus, RNA nucleotides, protein synthesis, amino-acid sequence, relation of RNA mutations to amino acid changes 1964 Oct. p. 46–54 [193]
congenital anomalies, genetic disease, hemophilia, epidemiology, in Queen Victoria's descendants 1965 Aug. p. 88–95
antibiotics, protein synthesis, streptomycin, genetic code, ribosome, DNA, RNA, 'misreadings' induced by antibiotic alterations of ribosomes 1966 Apr. p. 102–109
amino acids, DNA, protein synthesis, genetic code, molecular biology, triplets, RNA, anticodon, ribosomes, triplets, wobble hypothesis 1966 Oct. p. 55–62 [1052]
protein structure, amino-acid sequence, gene-protein colinearity, DNA structure, gene mapping, base 1967 May p. 80–94 [1074]
bacteriophage, virus structure, T4 virus, DNA, morphogenesis, test-tube reconstruction of viral components 1967 July p. 60–74 [1079]
bacteria, drug resistance, DNA R-factor, antibiotics, transferable drug resistance, multiple resistance 1967 Dec. p. 19–27
blood groups, genetic drift, consanguinity, gene pool, evolution, population genetics, Parma Valley, Italy 1969 Aug. p. 30–37
evolution, gene pool, genetic load, electrophoresis, population genetics, heterozygosity 1970 Mar. p. 98–107 [1172]
radiation hazard minimized 1949 May p. 28
mutation directed, in Brookhaven reactor 1954 Jan. p. 44
mutation rate, evolution, E. coli, penicillin resistance, evolution observed 1953 Oct. p. 78–83
DNA replication, ultraviolet radiation, radiation damage, thymine dimer, repair of DNA 1967 Feb. p. 36–43
cytochrome C, protein evolution, protein structure, respiration, amino-acid substitution, 1.2 billion year record of evolution, ancient protein 1972 Apr. p. 58–72 [1245]
mutual assured destruction, ABM, arms race, ICBM, MIRV, SLBM, counterforce strategy, strategic balance, national security 1969 Aug. p. 17–29 [330]
atomic weapons, arms race, SALT, MIRV, counterforce strategy, MIRV, as key to SALT negotiations 1970 Jan. p. 19–29 [654]
arms control, antisubmarine warfare, missile submarines, SALT, SLBM, sonar, acoustic detection 1972 July p. 14–25 [345]
ABM, ICBM, MIRV, atomic armaments, counterforce strategy, strategic weapons, arms race 1973 Nov. p. 18–27
counterforce strategy, military expenditures, SALT, arms race, MIRV, MARV 1974 May p. 20–31
mutualism, fungi, insect behavior, fungus gardens, insect-fungus relations 1967 Nov. p. 112–120 [1086]
mycelium, fungi, mushrooms, plant growth, burgeoning explained 1956 May p. 97–106
Mycenaean civilization, Classical archeology, burial treasure, Agamemnon, dig started by Schliemann continues 1954 Dec. p. 72–78
Greek civilization, Linear B script, Classical archeology, Pylos, King Nestor's palace, 1200 B.C. 1958 May p. 110–121
castle, nuraghi, Classical archeology, building construction, 1000 BC proto-castles in Sardinia 1959 Dec. p. 62–69
Bronze Age, Iron age culture, rock paintings, Camunian culture, Italian rock carvings 1960 Jan. p. 52–59
Hebrew civilization, Linear A script, Linear B script, Minoan civilization, Crete, Semites, common origin of Greek and Hebrew civilizations 1965 Feb. p. 102–111
Greek prehistory, Linear B script, origins of writing 1972 Oct. p. 36–44 [681]
mycology, fungi, wheat rust, ergot, potato blight, morel, amanita, Penicillium notatum, yeast, molds and men 1952 Jan. p. 28–32 [115]
mycorrhiza, fungi, orchids, symbiosis, plant evolution, adaptation, adaptive ability of orchids 1966 Jan. p. 70–78
myelin sheath, cell membrane, electron microscopy, endoplasmic reticulum, mitochondria, nuclear membrane, electron microscope study of membranes in cell 1962 Apr. p. 64–72 [151]
slow virus infection, multiple sclerosis, poliomyelitis, demyelinating factor, latent viruses 1970 July p. 40–46
myeloma, antibody molecule, immunoglobin, antigen binding, Bence-Jones proteins, amino-acid sequence, antibody amino-acid sequence determination 1970 Aug. p. 34–42 [1185]
myocardial infarction, cancer, enzyme blood levels, hepatitis, cancer diagnosis, leukemia, medical diagnosis, diagnosis by presence of abnormal enzymes 1961 Aug. p. 99–107
myogenic rhythm, cell differentiation, cell aggregation, heart cells, heart contraction, rat cardiac cells in vitro 1962 May p. 141–152
myoglobin, insulin, protein structure, ribonuclease, amino-acid sequence, enzyme action, resolution of atomic structure of three molecules 1961 Feb. p. 81–92 [80]
amino acids, proteins, X-ray crystallography, alpha helix, 3-D structure of protein molecule 1961 Dec. p. 96–11 [121]
allosteric enzymes, hemoglobin, X-ray diffraction, amino-acid sequence, contour maps, folding of four chains, alpha chain, beta chain 1964 Nov. p. 64–76 [196]
enzymes, protein synthesis, hemoglobin, control systems, feedback, cooperative enzymes, allosteric enzymes, control of biochemical reactions 1965 Apr. p. 36–45 [1008]
evolution, hemoglobin, molecular evolution, amino acids, evolutionary distance measured by amino-acid substitution 1965 May p. 110–118 [1012]
mathematical model, computer modeling, giant molecules, cytochrome helix, hemoglobin, molecular modeling, DNA 1966 June p. 42–52 [1043]
tertiary structure 1959 June p. 76
antigen structure 1976 Mar. p. 60B
myosin, muscle contraction, ATP, actin, muscle fibril, biochemical mechanism of muscle contraction 1949 June p. 22–25
flagella, contractile proteins, keratin, epidermis, 'k.m.e.f.' group, motility in bacteria 1951 Jan. p. 20–24
collagen, elastin, keratin, fibrin, cell, polymers, polymers in living cells 1957 Sept. p. 204–216 [35]
electron microscopy, muscle contraction, muscle fiber, actin, muscle fiber structure and function 1958 Nov. p. 66–82 [19]
actinomyosin, cyclosis, cilia, muscle contraction, flagella, cytology, cytoplasmic streaming, actin, underlying unity of cellular motion 1961 Sept. p. 184–204 [97]
actin, muscle contraction, ATP, electron microscopy, sliding-filament hypothesis 1965 Dec. p. 18–27 [1026]
ATP, actin, actinomyosin, muscle contraction, tropomyosin, troponin, calcium, microstructure of muscle filament and biochemistry of contraction 1974 Feb. p. 58–71 [1290]
actin, muscle contraction, muscle fibril, protein switch, tropomyosin, troponin, calicum in muscle 1975 Nov. p. 36–45 [1329]
myrrh, Arabia, irrigation, trade, Near East, frankincense, Biblical archeology, cultures of southern Arabia 1969 Dec. p. 36–46 [653]
mythology, monsters, Homo monstrosus, manlike creatures 1968 Oct. p. 112–118

myxomatosis, rabbit plague, Australia, pest control 1954 Feb. p. 30–35

N

Nabataean culture, irrigation, wadi, desert, agricultural system, restoration of Nabataean irrigation works in the Negev 1956 Apr. p. 39–45
Nabataeans, Greek civilization, Near East archeology, Petra, Hellenization of Arabs 1963 Oct. p. 94–102
Nagasaki casualty, Prof. T. Nagaidies 1951 June p. 31
narcotics, drug addiction, withdrawal syndrome, rats and monkeys, voluntary self-injection 1964 Mar. p. 46–52 [178]
narwhal, unicorn, how unicorn acquired narwhal's horn 1951 Mar. p. 42–43
nastic movement, plant movement, turgor movement, geotropism, phototropism, touch orientation 1955 Feb. p. 100–106
National Academy of Engineering, established 1965 Feb. p. 50
National Academy of Sciences, gene manipulation, gene splicing, recombinant DNA, science policy, NIH guidelines 1977 July p. 22–23 [1362]
elections 1951 May p. 32
National Accelerator Laboratory, particle accelerator, proton beam, neutrino beam, synchrotron 1974 Feb. p. 72–83
National Astronomical Observatory, to be located at Kitt Peak 1958 May p. 54
National Bureau of Standards, *see:* NBS
'national character', cultural anthropology, tribes 1949 Aug. p. 11–15
national economic policy, economic development, industrialization, agricultural technology, Federal intervention in economic development of U.S. South 1963 Sept. p. 224–232
national health insurance, medical care, group practice 1949 June p. 11–15
medical care, medical technology, multiphasic screening, Kaiser health plan, H.M.O., screening out the 'worried well' 1970 Apr. p. 15–23
medical care, health statistics, medical-cost control, 'uncontrollable' expenditures, U.S. Federal expenditure on medical care 1971 Apr. p. 17–25
infectious disease, medical care, child health care, acute illness, chronic illness, delivery of medical care 1973 Apr. p. 13–17
medical care financing, H.M.O., Kaiser health plan, Medicaid, Medicare, medical technology 1973 Sept. p. 169–175
Washington proposal 1948 Oct. p. 24
National Ocean and Atmosphere Administration, *see:* NOAA
National Science Board, fortifies N.S.F. 1952 Jan. p. 38
chairs filled 1956 July p. 49
National Science Foundation, *see:* N.S.F.
national security, arms race, atomic test ban, atomic bomb test, missile policy, military technology, fallout shelters 1964 Oct. p. 27–35 [319]
ABM, arms race, ICBM, MIRV, SLBM, mutual assured destruction, counterforce strategy, strategic balance 1969 Aug. p. 17–29 [330]
natural fibers, artificial fibers, spinning technology, textile fibers, yarn 1972 Dec. p. 46–56
natural gas, pipelines, economic regionalism in U.S., appraisal of natural gas, economics and resources in U.S. 1951 Nov. p. 17–21
coal, energy resources, oil reserves, energy economics, fossil fuel, impending petroleum shortage 1956 Oct. p. 43–49
liquid natural gas, pipelines, tankers, storage, distribution of LNG 1967 Oct. p. 30–37
natural history, insect behavior, social insect, army ant, ants, comparative psychology, reproduction, feedback, pheromones, trophallaxis, philosophy of science, anthropomorphism 1948 June p. 16–23
hickory, fences, axe-handles, smoked ham, hickory nuts, economic botany, forest, shagbark hickory 1948 Sept. p. 40–43
glaciation, paleontology, Agassiz, Louis Agassiz, fostering of science in America 1949 July p. 48–51
opossum, marsupial, folklore 1953 June p. 88–94
oysters 1953 Nov. p. 86–91
estuary, ecology, a teeming life province 1954 May p. 64–68
chimney swift, life cycle 1954 July p. 60–64
Maupertuis, least-action principle, geoid, life and work of Pierre-Louis Moreau de Maupertuis 1955 Oct. p. 100–110
insect venom, Chaga's disease, assassin bugs, predator-prey relationship, entomology 1960 June p. 72–78
archer fish, predator-prey relationship, animal behavior, Toxotes 1963 July p. 100–108
Arachnida, false scorpion, animal behavior, Chelifer canroides 1966 Mar. p. 95–100 [1039]
aggression, rats, animal behavior, social behavior, territorial behavior, Rattus rattus, Rattus norvegicus 1967 Jan. p. 78–85
cryptozoa, Berlese funnel, ecological niche, cryptosphere, animal behavior, life under rocks and rotting logs 1968 July p. 108–114 [1112]
albatross, evolution, animal behavior, bird flight, sexual behavior, soaring 1970 Nov. p. 84–93 [1204]
natural polymers, materials technology, polymers, plastics, cross-linking, covalent bonds 1967 Sept. p. 148–156
natural reactor, CANDU reactor, nuclear power, heavy-water reactor, fission reactor, CANDU system 1975 Oct. p. 17–27
fission products, nuclear fission, Oklo phenomenon, Precambrian reactor, uranium deposits 1976 July p. 36–47
nuclear power, CANDU reactor 1975 July p. 45
natural resources, Earth crust, mining, metal ores, natural concentration of metals 1960 June p. 146–154
magnetometer, geomagnetism, mining, mineral prospecting, aerial prospecting 1961 June p. 151–162
aerial photography, infrared photography, remote sensing, multiband camera, remote sensing of natural resources 1968 Jan. p. 54–69
distribution of wealth, economic development, middle classes, population growth, production statistics, demographic transition 1976 July p. 28–35
natural selection, neurospora, mutation, gene expression, Mendelian inheritance, genetic disease, tryptophan-niacin relation, one gene-one enzyme hypothesis; selection for defect 1948 Sept. p. 30–39 [1]
population genetics, evolution, E. coli, Drosophila, mutation, sexual recombination, speciation, genetic basis of evolution 1950 Jan. p. 32–41 [6]
extinction, species specificity, adaptation, evolutionary radiation, ecological niche, 'Is man here to stay?' 1950 Nov. p. 52–55
human evolution, gene mutation, mutation, eugenics, 'man's genetic future' 1952 Feb. p. 68–74
biology, evolution, philosophy of science, creativity, innovation in biology 1958 Sept. p. 100–113 [48]
Darwinism, Wallace, science history, life and work of Alfred Russel Wallace 1959 Feb. p. 70–84
genetic adaptation, human evolution, civilization, culture, human evolution in man-made environment 1960 Sept. p. 206–217 [609]
fossil record, species extinction, glaciation, 'catastrophism', crises in the history of life 1963 Feb. p. 76–92 [867]
genetic variation, gene mutation, polymorphism, mollusk shells, biological diversity, discontinuous variation 1975 Aug. p. 50–60 [1326]
lek behavior, sage grouse, sexual behavior, lek mating behavior in sage grouse 1978 May p. 114–125 [1390]
observed in E.coli 1952 June p. 42
Navaho, social values, Mormons, Zunis, Spanish-Americans, agricultural system, comparative study of cultures in New Mexico 1956 July p. 25–31
navigation, interplanetary navigation, spacecraft, orbital motion, rocket, communication technology, technology of space navigation 1960 Mar. p. 64–73
Mariner 2, space exploration, telemetry, Venus, orbital motion, high-resolution studies of Venus 1963 July p. 70–84
pottery, human migration, Japan, Ecuador, New World archeology, evidence for 3,000 B.C. trans-Pacific contact 1966 Jan. p. 28–35
accelerometer, aircraft navigation, air transport, inertial navigation, gyroscope, commercial adaptation of military and space technology 1970 Mar. p. 80–86
see also: interplanetary navigation, animal navigation and the like
navigation systems, arms race, cruise missiles, SALT, strategic weapons, tactical weapons, control systems 1977 Feb. p. 20–29 [691]
navigational accuracy, interplanetary navigation, Mars, spacecraft navigation, Viking missions 1976 June p. 58–74
NBS: National Bureau of Standards
NBS computer, 20,000 germanium diodes 1954 Sept. p. 74
NBS demobilized, no military research 1953 Sept. p. 76
Nea Nikomedeia, Macedonia, Neolithic village, clay figurines, domestic animals, agricultural society, oldest Neolithic site in Europe 1965 Apr. p. 82–92
Neanderthal man, Homo sapiens, Charente skull, Galley Hill skull, human evolution, Swanscombe cranium, antiquity of Homo sapiens 1948 July p. 16–19

human evolution, Neolithic archeology, Shanidar cave, layer by layer, 100,000 years occupation by man 1957 Nov. p. 58–64
anthropology, human evolution, co-existence of Homo sapiens and Neanderthal man 1957 Dec. p. 89–96 [844]
science history, Devon caves, human evolution, stone tools, idea of man's antiquity 1959 Nov. p. 167–176
Near East, Arabia, irrigation, trade, frankincense, myrrh, Biblical archeology, cultures of southern Arabia 1969 Dec. p. 36–46 [653]
Near East archeology, Greek civilization, Nabataeans, Petra, Hellenization of Arabs 1963 Oct. p. 94–102
nebulae, Milky Way, globular cluster stars, spiral arms, dust clouds, galactic center, seeing a galaxy from the inside 1950 Feb. p. 30–39
turbulence, galaxies, galactic clusters, hierarchy of turbulence in space 1952 June p. 26–30
Clouds of Magellan, galactic center, globular cluster stars, Southern sky, Eta Carina, astronomical riches of the southern sky 1952 July p. 46–57
galaxy, stellar evolution, massive stars, stellar associations, massive stars are short-lived 1956 Feb. p. 36–41
planetary nebulae, spectroscopy, shells of luminous gas around hot, dense stars 1963 Apr. p. 60–67
Orion nebula, stellar evolution, ultraviolet radiation, hydrogen density, dating interstellar bodies 1965 Feb. p. 90–101
galaxy structure, interstellar matter, Milky Way, stellar formation, supernovae, galactic dust clouds, Gum Nebula, Bok globules 1972 Aug. p. 48–61
nebular hypothesis, comet, galactic formation, solar system evolution, stellar evolution 1975 Sept. p. 32–41
nebular luminosity, color photography, emission nebulae, interstellar gas, ionization 1974 Oct. p. 34–43
Necker cube, depth reversal, optical illusion, reversing figures, visual perception 1971 Dec. p. 62–71 [540]
negative aftereffects, afterimages, optical illusion, visual perception 1976 Dec. p. 42–48 [574]
negative feedback, feedback, control loop, servomechanisms, flyball governor, positive feedback, ecological system, nervous system, economic system, automatic control, feedback concept 1952 Sept. p. 48–55
negative-income-tax experiment, income maintenance, work attitudes, work incentives, welfare reform 1972 Oct. p. 19–25
negative ion, particle accelerator, Van de Graaf generator, electrostatic belt generator, charge-changing accelerator 1970 Aug. p. 24–33
negative numbers, mathematics, number theory, irrational numbers, complex numbers, matrix 1964 Sept. p. 50–59
negative-pressure concept, cavitation, droplet-levitation technique, liquids, tensile strength, surface tension 1972 Dec. p. 58–71
negative resistance, electric field, Gunn effect, microwave emission, solid state physics, electronics, gallium arsenide, solid state microwave generation 1966 Aug. p. 22–31
negative viscosity, eddies, turbulence, wind, nonuniform flows, rotating systems, viscosity 1970 July p. 72–80
Negev desert, irrigation, desert ecology, agricultural technology, land reclamation, Israel, desert reclamation 1960 Mar. p. 54–63
nematic, liquid crystals, soap bubbles, cholesteric, smectic 1964 Aug. p. 76–85
nematocysts, Portuguese man-of-war, social behavior, coelenterate colonies 1960 Mar. p. 158–168
nematodes, fungi, carnivorous plants, soil molds, carnivorous fungi 1958 July p. 67–72 [1094]
Nemrud Dagh, archeology, burial site, funerary monument, Turkey, tomb of Antiochus I 1956 July p. 38–44
Neolithic archeology, Stone Age hunters, organic relics, peat bog 1952 May p. 20–25
Jericho, Biblical archeology, 'world's oldest city' 1954 Apr. p. 76–82
agricultural revolution, tools, slash-burn agriculture, cultural evolution, Stone Age forestry and agronomy 1956 Mar. p. 36–41
Neanderthal man, human evolution, Shanidar cave, layer by layer, 100,000 years occupation by man 1957 Nov. p. 58–64
agricultural revolution, Fertile Crescent, human evolution, cultural anthropology, 8000 B.C. domestication of plants and animals 1960 Sept. p. 130–148 [605]
Hacilar culture, Turkey, 7000 B.C. 1961 Aug. p. 86–97
Anatolian plateau, Catal Hüyük 1964 Apr. p. 94–104 [620]
obsidian, trade, trace elements, Neolithic trade pattens deduced from obsidian finds 1968 Mar. p. 38–46
bone, hunting societies, Neolithic village, Suberde site in Turkey 1968 Nov. p. 96–106
metal artifacts, Turkey, metallurgy, copper, village-farming communities, man's first use of metals: 7,500 B.C. 1970 Mar. p. 50–56
woodhenges, henge monuments, Britain, Stonehenge 1970 Nov. p. 30–38
Hoabinhian culture, agricultural revolution, Spirit Cave site, Thailand 1972 Apr. p. 34–41 [675]
Greek prehistory, Stone Age civilization, Franchthi Cave 1976 June p. 76–87
mousetrap in Iran 1967 May p. 60
earthworks, henges, Britain 1970 May p. 58
Neolithic revolution, fire-making, human evolution, fire vegetation, cooking, kiln, furnace, heat, introduction to single-topic issue on heat 1954 Sept. p. 52–57
Middle East 1964 Aug. p. 40
Neolithic trade, sea-shell origins 1971 Feb. p. 47
Neolithic Turkey, metallurgy 1964 Dec. p. 62
Neolithic village, Macedonia, Nea Nikomedeia, clay figurines, domestic animals, agricultural society, oldest Neolithic site in Europe 1965 Apr. p. 82–92
bone, hunting societies, Neolithic archeology, Suberde site in Turkey 1968 Nov. p. 96–106
neonatal disorder, communication, crying, infant behavior, mother-child interaction, sound spectrogram 1974 Mar. p. 84–90 [558]
blindness, medical ethics, premature infants, medical researches, retrolental fibroplasia, 'blind babies' 1977 June p. 100–107 [1361]
neonatal physiology, lung, breathing, respiration, first breath of newborn 1963 Oct. p. 27–38
adipose tissue, hibernation, brown fat, thermoregulation, homeostasis, metabolism, cold adaptation, heat production in newborn animals, including man 1965 Aug. p. 62–65 [1018]
neonatal respiratory distress syndrome, *see:* hyaline membrane disease
nephron, kidney, counter-current exchange, urine, glomerulus, osmosis, anatomy and physiology of the kidney 1953 Jan. p. 40–48 [37]
Neptune, orbital motion, solar system, Pluto, Pluto as escaped Neptunian satellite 1959 Apr. p. 86–100 [295]
outer planets, Pluto, Saturn, solar system, Uranus 1975 Sept. p. 130–140
Nernst effect, Ettingshausen effect, Hall effect, Righi-Leduc effect, galvanomagnetism, thermomagnetism, science history, industrial technology, technological applications of 19th c. discoveries 1961 Dec. p. 124–136
nerve cells, giant axon, squid, nerve impulse, sodium pump, 'voltage clamp' technique 1958 Dec. p. 83–90
cell membrane, phospholipids, phosphatidic acid cycle, cell secretion, membrane transport potential 1965 Oct. p. 78–86 [1022]
brain circuitry, embryonic development, neuronal specificity, visual cortex, Xenopus laevis 1973 Feb. p. 26–35 [1265]
leeches, neural organization, nerve physiology, nerve signals, nervous system, reflex arc, neuro motor synapse 1974 Jan. p. 38–48 [1287]
nerve circuits, embryonic development, regeneration, embryology, reflex arc, 'hard-wiring' of nervous system 1959 Nov. p. 68–75 [72]
dendrites, synapse, postsynaptic potential, olfactory bulb, retina, microcircuits in the nervous system 1978 Feb. p. 92–103 [1380]
nerve conduction, grasshopper, muscle contraction, biomechanics of leap 1958 Jan. p. 30–35
cell communication, central nervous system, ganglion reflexes, neuroreceptors, retina, nerve impulse, neurotransmitters, neural synapse, cytology, neuromuscular synapse, how cells communicate 1961 Sept. p. 209–220 [98]
synapse, reflex arc, motor neuron, membrane potential, inhibitory impulse, transmitter molecules, nerve excitation, activity at the neural synapse 1965 Jan. p. 56–66 [1001]
axon, neurology, Schwann cell, axoplasm, membrane potential, perfusion technique, cell perfusion, structure of axonal tube, physiology of neural transmission, concentration gradients 1966 Mar. p. 74–82 [1038]
cardiac arrhythmia, intensive care, coronary care unit, fibrillation, coronary occlusion, electrocardiography, heart infarct 1968 July p. 19–27
nerve conduction block, animal toxins, tetrodotoxin, saxitoxin, poisons, puffer fish, California newt 1967 Aug. p. 60–71 [1080]
nerve disorders, anemia, brain damage, environmental toxins, blood disorders, kidney disorder, lead poisoning 1971 Feb. p. 15–23 [1211]
nerve excitation, nervous system, nerve impulse, inhibitory impulse, neuromuscular synapse, neurotransmitters, acetylcholine, dynamics of inhibition 1948 Sept. p. 44–49

nerve conduction, synapse, reflex arc, motor neuron, membrane potential, inhibitory impulse, transmitter molecules, activity at the neural synapse 1965 Jan. p. 56–66 [1001]
nerve fibers, salamander, regeneration, frog, embryonic development, role of nerve fibers in regeneration 1958 Oct. p. 79–88
target recognition 1974 June p. 50
nerve gases, acetylcholine, acetylcholinesterase, nerve poisons, citric-acid cycle, alkaloids, toxins, lethal mechanisms at cellular level 1959 Nov. p. 76–84
cholinesterase inhibitors 1952 Oct. p. 38
nerve-growth factor, in dysautonomia 1976 Dec. p. 52
nerve impulse, nervous system, nerve excitation, inhibitory impulse, neuromuscular synapse, neurotransmitters, acetylcholine, dynamics of inhibition 1948 Sept. p. 44–49
cell membrane, ion potential, biological role of potassium 1949 Aug. p. 16–21
physiology, nervous system, endocrine system, respiration, muscle contraction, science, physiology 1900-1950 1950 Sept. p. 71–76
squid, cephalopods, giant axon 1951 Apr. p. 64–69
action potential, refractory period, sodium ion potential, nodes of Ranvier, nerve membrane 1952 Nov. p. 55–65 [20]
acetylcholine, hormone, serotonin, synapse, emotional illness, neurotransmitters, central nervous system, physiological psychology, chemical mediation of nerve impulses 1957 Feb. p. 86–94
giant axon, squid, sodium pump, nerve cells, 'voltage clamp' technique 1958 Dec. p. 83–90
electric fishes, sodium ion potential, electroplaques, neurophysiology, synapse, acetylcholine, animal behavior, bioluminescence 1960 Oct. p. 115–124
cell communication, central nervous system, nerve conduction, ganglion reflexes, neuroreceptors, retina, neurotransmitters, neural synapse, cytology, neuromuscular synapse, how cells communicate 1961 Sept. p. 209–220 [98]
biological sciences, mathematics, self-reproducing machine, predation, Turing machine, automata theory, mathematics in biology 1964 Sept. p. 148–164
lacrimal gland, hypothalamus, tears, reflex, psychogenic and continuous tears 1964 Oct. p. 78–86
bacterial toxin, tetanus, botulism, paralysis, inhibitory impulse, synapse, motor neuron, Clostridium tetani, Clostridium botulinum 1968 Apr. p. 69–77
cell communication, genetic code, communication, hormonal action, metabolic information 1972 Sept. p. 42–51 [1257]
acetylcholine, synapse, neurotransmitters, nerve-muscle synapse, chemical mediation of neuromuscular transmission 1977 Feb. p. 106–118 [1352]
nerve inhibition, central nervous system, reflex arc, neuromuscular control, muscle contraction, interneuron, motor neuron, stretch reflex, Renshaw cell, synapse 1966 May p. 102–110
nerve membrane, nerve impulse, action potential, refractory period, sodium ion potential, nodes of Ranvier 1952 Nov. p. 55–65 [20]
nerve-muscle synapse, acetylcholine, nerve impulse, synapse, neurotransmitters, chemical mediation of neuromuscular transmission 1977 Feb. p. 106–118 [1352]
nerve network, locust, muscle contraction, insect flight, flight control system, inhibitory impulse 1968 May p. 83–90
nerve physiology, leeches, neural organization, nerve cells, nerve signals, nervous system, reflex arc, neuro motor synapse 1974 Jan. p. 38–48 [1287]
acetylcholine, adrenalin, catecholamines, dopamine, drug effects, neurotransmitters, noradrenaline 1974 June p. 58–71 [1297]
nerve poisons, algal bloom, Dinoflagellata, marine ecology, acetylcholine, poisonous tide 1958 Aug. p. 92–98
acetylcholine, acetylcholinesterase, nerve gases, citric-acid cycle, alkaloids, toxins, lethal mechanisms at cellular level 1959 Nov. p. 76–84
nerve regeneration, vision, learning, visual perception, embryonic development, inborn 'hard wiring' of nerve circuitry 1956 May p. 48–52 [1090]
nerve signals, brain circuitry, microscopy, nerve structure, olfactory system, staining techniques, Golgi stain, Nissl stain 1971 July p. 48–60 [1227]
brain circuitry, mammalian brain, sensory systems, stimulus localization, visual perception, superior colliculus in integration at brain function 1972 Dec. p. 72–82 [553]
leeches, neural organization, nerve cells, nerve physiology, nervous system, reflex arc, neuro motor synapse 1974 Jan. p. 38–48 [1287]
nerve structure, brain circuitry, microscopy, nerve signals, olfactory system, staining techniques, Golgi stain, Nissl stain 1971 July p. 48–60 [1227]
nervous disease, autosensitivity, autoimmune disease, multiple sclerosis, allergic mechanisms in nervous disease 1949 July p. 16–19
nervous system, nerve impulse, nerve excitation, inhibitory impulse, neuromuscular synapse, neurotransmitters, acetylcholine, dynamics of inhibition 1948 Sept. p. 44–49
physiology, endocrine system, respiration, nerve impulse, muscle contraction, science, physiology 1900-1950 1950 Sept. p. 71–76
feedback, control loop, servomechanisms, flyball governor, positive feedback, negative feedback, ecological system, economic system, automatic control, feedback concept 1952 Sept. p. 48–55
vision, reflex arc, motor neuron, interneuron, animal behavior, small neuron systems as models for study 1967 May p. 44–52 [1073]
insect behavior, animal navigation, locust, insect flight, response to stimuli, schistocerca gregaria 1971 Aug. p. 74–81 [1231]
fatty acids, feedback, hormone-like substances, drug therapy, prostaglandin 1971 Nov. p. 84–92 [1235]
leeches, neural organization, nerve cells, nerve physiology, nerve signals, reflex arc, neuro motor synapse 1974 Jan. p. 38–48 [1287]
cricket song, behavioral genetics, insect behavior 1974 Aug. p. 34–44 [1302]
locomotion, walking, Edweard Muybridge photographs, control of walking 1976 Dec. p. 72–86 [1346]
brain function, cyclic AMP, dopamine, endocrine system, messenger molecules, neurotransmitters, L-DOPA treatment, Parkinson's disease, 'second messengers', brain endocrinology 1977 Aug. p. 108–119 [1368]
nesting, animal migration, animal navigation, turtles, telemetry, sexual behavior, Chelonia mydas, green turtle, 1,400-mile journey 1965 May p. 78–86 [1010]
net reproduction rate, demographic transition, population growth, world population, zero population growth, birth rate, gross reproduction rate, extrapolation from world-statistics population model 1973 Mar. p. 15–23 [683]
network analysis, nodes and branches, pipelines, powergrids, graph theory, reliability analysis 1970 July p. 94–103
network hierarchies, communication technology, communication, two-way channels, computer-assisted instruction, information retrieval, National Academy of Engineering study, 'Communications Technology for Urban Improvement', 'wired city' concept 1972 Sept. p. 142–150
network theory, communication networks, communication satellite, electronic switching, multiplexing, radio, communication, telephone systems, television systems 1972 Sept. p. 116–128
networks, complexity theory, switchboards, mathematics from networks and switching systems 1978 June p. 114–124 [3013]
neural organization, leeches, nerve cells, nerve physiology, nerve signals, nervous system, reflex arc, neuro motor synapse 1974 Jan. p. 38–48 [1287]
neural synapse, cell communication, central nervous system, nerve conduction, ganglion reflexes, neuroreceptors, retina, nerve impulse, neurotransmitters, cytology, neuromuscular synapse, how cells communicate 1961 Sept. p. 209–220 [98]
neuro motor synapse, leeches, neural organization, nerve cells, nerve physiology, nerve signals, nervous system, reflex arc 1974 Jan. p. 38–48 [1287]
neurohumoral factors, hormone, hypothalamic hormone, luteinizing hormone, pituitary control, thyroid-stimulating hormone, TSH 1972 Nov. p. 24–33 [1260]
neurology, blood-brain barrier, epilepsy, brain metabolism, neurophysiology, physiology of the barrier and its reinforcement 1956 Feb. p. 101–106
axon, nerve conduction, Schwann cell, axoplasm, membrane potential, perfusion technique, cell perfusion, structure of axonal tube, physiology of neural transmission, concentration gradients 1966 Mar. p. 74–82 [1038]
auditory beats, brain, hearing, sound vibrations, auditory perception 1973 Oct. p. 94–102 [1282]
neuromuscular control, central nervous system, reflex arc, muscle contraction, nerve inhibition, interneuron, motor neuron, stretch reflex, Renshaw cell, synapse 1966 May p. 102–110
neuromuscular synapse, nervous system, nerve impulse, nerve excitation, inhibitory impulse, neurotransmitters, acetylcholine, dynamics of inhibition 1948 Sept. p. 44–49

cell communication, central nervous system, nerve conduction, ganglion reflexes, neuroreceptors, retina, nerve impulse, neurotransmitters, neural synapse, cytology, how cells communicate 1961 Sept. p. 209–220 [98]
neuronal networks, creativity, neurophysiology, imagination, cerebral cortex, physiology of imagination 1958 Sept. p. 135–146 [65]
brain, brain circuitry, cerebellar cortex, Purkinje cells, mossy fibers 1975 Jan. p. 56–71 [1312]
neuronal response, contour perception, contrast perception, Mach bands, optical illusion, visual perception, Craik-O'Brien effect 1972 June p. 90–101 [543]
neuronal specificity, brain circuitry, embryonic development, nerve cells, visual cortex, Xenopus laevis 1973 Feb. p. 26–35 [1265]
neurones, glial cells, learning theory, memory, RNA, brain, molecular theory of memory 1961 Dec. p. 62–70 [134]
aplysia, behavior, learning, memory, synapse, heterosynaptic facilitation, memory and learning at nerve-cell level 1970 July p. 57–70 [1182]
neuropharmacology, anesthesia, pain, cocaine, procaine, surgery, medical research, pharmacology, psychiatry, research in pain suppression 1957 Jan. p. 70–82
neurophysiology, blood-brain barrier, epilepsy, brain metabolism, neurology, physiology of the barrier and its reinforcement 1956 Feb. p. 101–106
insect metamorphosis, silkworm, insect behavior, cocoon, cocoon record of silkworm spinning movements 1956 Apr. p. 131–140
brain, learning, neuropsychology, pleasure centers, hypothalamus, electrode stimulation of pleasure centers in rat brain 1956 Oct. p. 105–116 [30]
obesity, human nutrition, hunger, appetite, physiological mechanisms of overeating 1956 Nov. p. 108–116
central nervous system, medulla, reticular formation, brain, perception, motor reflex, attention and orienting mechanism in brain 1957 May p. 54–60 [66]
auxins, serotonin, LSD, comparative physiology, physiological function of serotonin 1957 Dec. p. 52–56
brain, cerebellum, central nervous system, cerebrum, cerebral-cerebellar coordination 1958 Aug. p. 84–90 [38]
creativity, imagination, neuronal networks, cerebral cortex, physiology of imagination 1958 Sept. p. 135–146 [65]
electric fishes, sodium ion potential, electroplaques, synapse, acetylcholine, animal behavior, nerve impulse, bioluminescence 1960 Oct. p. 115–124
animal behavior, mollusks, central nervous system 1971 Feb. p. 68–75 [1212]
fortification illusions, migraine headaches, optical illusion 1971 May p. 88–96 [536]
binocular vision, depth perception, eye, optic chiasm, stereopsis, visual cortex 1972 Aug. p. 84–95 [1255]
animal behavior, escape response, toad, visual perception, visually guided behavior 1974 Mar. p. 34–42 [1293]
brain circuitry, eye movement, pons, visual cortex, visual processing, visual cells in pons 1976 Nov. p. 90–98
eye, motion-perception system, moving-target perception, visual perception 1977 Jan. p. 60–73 [575]
transducers in the skin 1959 Nov. p. 91
neuropsychology, brain, learning, neurophysiology, pleasure centers, hypothalamus, electrode stimulation of pleasure centers in rat brain 1956 Oct. p. 105–116 [30]
electroencephalography, perceptual isolation, hallucination, boredom, sensory deprivation, effect of exposure to monotonous environment 1957 Jan. p. 52–56 [430]
kinesthetic memory, spatial orientation, visual perception, perception of the upright 1959 Feb. p. 50–56 [410]
motion perception, optical illusion, relative vs. absolute motion 1959 July p. 56–60 [409]
pain, perception, psychology, cultural influence on pain perception 1961 Feb. p. 41–49 [457]
attention mechanism, speech perception, hearing, cochlea, phonetics, hearing two messages at a time 1962 Apr. p. 143–151 [467]
human anatomy, sensory perception, eye, ear, Descartes, 17th c. approach to human perception, mechanistic hypothesis 1964 May p. 108–116 [184]
neuroreceptor cells, hearing, vision, sensory organs, ommatidia, cytology, taste buds, how cells receive stimuli 1961 Sept. p. 222–238 [99]
neuroreceptors, cell communication, central nervous system, nerve conduction, ganglion reflexes, retina, nerve impulse, neurotransmitters, neural synapse, cytology, neuromuscular synapse, how cells communicate 1961 Sept. p. 209–220 [98]
neurosecretory system, amphibian, metamorphosis, frog, thyroxin, pituitary gland, hypothalamus, hormone, chemistry of amphibian metamorphosis 1966 May p. 76–88 [1042]
neurosis, learning, stress, psychotherapy, experimental neuroses in cats 1950 Mar. p. 38–43 [443]
conditioned reflex, neurosis, operant conditioning, Pavlov, psychology, thyroidectomy, stress, emotional behavior, conditioned reflex is shown to be a neurosis 1954 Jan. p. 48–57 [418]
conditioned reflex, operant conditioning, Pavlov, psychology, thyroidectomy, stress, emotional behavior, neurosis, conditioned reflex is shown to be a neurosis 1954 Jan. p. 48–57 [418]
schizophrenia, emotional illness, psychoanalysis, psychiatry, psychosis, double bind, taxonomy of emotional illness, family therapy 1962 Aug. p. 65–74 [468]
experimental in rats 1950 Dec. p. 32
neurospora, mutation, natural selection, gene expression, Mendelian inheritance, genetic disease, tryptophan-niacin relation, one gene-one enzyme hypothesis; selection for defect 1948 Sept. p. 30–39 [1]
neurotransmitters, nervous system, nerve impulse, nerve excitation, inhibitory impulse, neuromuscular synapse, acetylcholine, dynamics of inhibition 1948 Sept. p. 44–49
acetylcholine, hormone, nerve impulse, serotonin, synapse, emotional illness, central nervous system, physiological psychology, chemical mediation of nerve impulses 1957 Feb. p. 86–94
cell communication, central nervous system, nerve conduction, ganglion reflexes, neuroreceptors, retina, nerve impulse, neural synapse, cytology, neuromuscular synapse, how cells communicate 1961 Sept. p. 209–220 [98]
animal behavior, brain stimulation, hormone, drive activation by injection of chemicals into rat brain 1964 June p. 60–68 [485]
brain function, carbohydrate, serotonin, human nutrition, tryptophan, feedback 1974 Feb. p. 84–91 [1291]
acetylcholine, adrenalin, catecholamines, dopamine, drug effects, nerve physiology, noradrenaline 1974 June p. 58–71 [1297]
acetylcholine, nerve impulse, synapse, nerve-muscle synapse, chemical mediation of neuromuscular transmission 1977 Feb. p. 106–118 [1352]
brain function, cyclic AMP, dopamine, endocrine system, messenger molecules, nervous system, L-DOPA treatment, Parkinson's disease, 'second messengers', brain endocrinology 1977 Aug. p. 108–119 [1368]
neuston, carbon dioxide, marine life, microlayer oceanography, ocean surface, rainwater composition, surfactant 1974 May p. 62–77 [913]
neutralization test, virology, complement-fixation test, hemagglutination test 1955 Mar. p. 60–70
neutrino, elementary particles, electron, proton, particle counters, neutron, positron, mesons, photon, particle accelerator, nuclear binding force, 'Meson Song' 1948 June p. 26–39
elementary particles, neutron decay, alpha decay, beta decay, setting trap for detection of theoretical particle 1956 Jan. p. 58–68
astrophysics, high-energy physics, neutrino astronomy, neutrino 'telescope' 1962 Aug. p. 90–98 [283]
beta decay, particle accelerator, muon neutrino, a particle interaction, 'weak' force, experiment demonstrating existence of muon neutrino 1963 Mar. p. 60–70 [324]
cosmic radiation neutrinos, solar neutrinos, intermediate vector boson, scintillation counter boson, detection of natural neutrinos 1966 Feb. p. 40–48
cosmic radiation, solar radiation, solar neutrino detector, thermonuclear reaction, neutrino detection experiment and predictions 1969 July p. 28–37
solar corona, solar energy, solar magnetism, Sun, sunspots 1975 Sept. p. 42–50
captured? 1953 Nov. p. 50
existence demonstrated 1956 Aug. p. 48
detection proposal 1965 Feb. p. 53
detected by underground scintillation counter 1965 Oct. p. 38
solar neutrinos missing 1974 Jan. p. 50
neutrino astronomy, astrophysics, neutrino, high-energy physics, neutrino 'telescope' 1962 Aug. p. 90–98 [283]
neutrino beam, beta decay, bubble chamber experiments, high-energy physics, hadrons, particle accelerator, positron 1973 Aug. p. 30–38

particle accelerator, National Accelerator Laboratory, proton beam, synchrotron 1974 Feb. p. 72–83
neutrino interactions, electromagnetic force, particle interaction, gauge theory, 'weak' force, neutral-weak-current interactions 1974 Dec. p. 108–119
neutrino scarcity, implications for solar fusion 1968 July p. 48
neutron, elementary particles, electron, proton, particle counters, positron, mesons, photon, neutrino, particle accelerator, nuclear binding force, 'Meson Song' 1948 June p. 26–39
hadron, neutron diffraction, the neutron as nuclear particle and as tool of physics 1951 Oct. p. 44–53
electromagnetic force, nuclear forces, proton, mesons, particle scattering, high-energy physics, fundamental research, what holds the nucleus together? 1953 Sept. p. 58–63
photographic emulsion, particle tracks, cosmic radiation, proton, electron, characteristic 'signatures' of particles 1956 May p. 40–47
crystal structure, radiation, nuclear fission, solid state physics, effects of radiation on solids 1956 Aug. p. 76–84 [245]
atomic nucleus, shell model, optical model, high-energy physics, liquid-drop model, charge exchange, spin-orbit force, resonance 'particles', proton, structure of the nucleus 1959 Jan. p. 75–82
nuclear fission, heavy nuclei, liquid-drop model, uranium 235, shell model, fission fragments 1965 Aug. p. 49–59
atoms, elementary particles, electron, proton, matter, structure of 'ordinary matter' 1967 May p. 126–134
alpha clustering, alpha particles, atomic nucleus, elementary particles, nuclear clustering, nuclear forces, nuclear surface, proton 1972 Oct. p. 100–108
asymmetrical decay 1957 Sept. p. 56
magnetism un-explained 1958 Feb. p. 48
photon, weak as well as strong interaction 1965 Feb. p. 51
wave-particle duality in gravitational field 1976 Jan. p. 61
neutron activation, microanalysis, trace elements, radionuclides, decay properties 1967 Apr. p. 68–82
sensitive detector 1952 Oct. p. 40
arsenic murder revealed 1969 Mar. p. 52
neutron beam, fission reactor, monochromator, neutron diffraction, neutron flux, reactor as research instrument 1953 Aug. p. 23–29 [219]
neutron-beam-scattering technique, cell structure, protein synthesis, ribosome, structure of ribosome 1976 Oct. p. 44–54
neutron bomb, arms race, atomic weapons, tactical nuclear weapons, U.S. decision to develop and deploy enhanced radiation weapons 1978 May p. 44–51 [3007]
finas congressional enthusiasts 1961 Aug. p. 60
neutron cross sections, atomic nucleus, nuclear structure, 'model atom', 'cloudy crystal ball' 1955 Dec. p. 84–91
neutron decay, neutrino, elementary particles, alpha decay, beta decay, setting trap for detection of theoretical particle 1956 Jan. p. 58–68
neutron diffraction, neutron, hadron, the neutron as nuclear particle and as tool of physics 1951 Oct. p. 44–53
fission reactor, neutron beam, monochromator, neutron flux, reactor as research instrument 1953 Aug. p. 23–29 [219]
neutron-electron 'atom', temporary bound species 1969 Dec. p. 54
neutron flux, fission reactor, neutron beam, monochromator, neutron diffraction, reactor as research instrument 1953 Aug. p. 23–29 [219]
neutron radiography, thermal neutrons, fission reactor, nondestructive testing, neutrons as inspection tool 1962 Nov. p. 107–119 [287]
neutron scattering, helium, supercooling, superfluidity, fountain effect, 'quasi particles' model of liquid helium 1960 Nov. p. 138–150 [272]
neutron source, portable pile 1950 Jan. p. 29
neutron spectroscopy, atomic nucleus, spectroscopy, fast neutrons, nuclear probe, structure of atomic nucleus 1964 Mar. p. 79–88
neutron stars, Crab Nebula, X-ray astronomy, sychrotron radiation, Scorpius, X-ray astronomy by rocket-borne instruments 1964 June p. 36–45
pulsar, white dwarfs, gravitational collapse, angular momentum, 'lighthouse' model proposed 1968 Oct. p. 25–35
Crab Nebula, pulsar, radio source, stellar evolution, gravitational collapse, angular momentum 1971 Jan. p. 48–60
gravitational collapse, pulsar, stellar evolution, solid stars, white dwarfs, ultradense matter 1971 Feb. p. 24–31
black hole, gravitational waves, pulsar, relativity theory, Red Giant stars, rotational energy, white dwarfs 1972 May p. 38–46
binary stars, black hole, pulsar, quasars, X-ray astronomy, X-ray sources 1972 July p. 26–37
black hole, interstellar gas, magnetohydrodynamics, pulsar, stellar evolution, supernovae, X-ray sources 1975 Dec. p. 38–46
black hole, cosmic radiation, gamma-ray astronomy, pulsar, satellite astronomy, Cygnus X-1 1976 Oct. p. 66–79A
black hole, binary stars, galactic energetics, globular cluster stars, stellar evolution, X-ray stars, astronomy satellites, 'bursters' 1977 Oct. p. 42–55 [385]
neutron structure, high-energy physics, proton model, quark, scattering experiments, 'strong' force, virtual particles 1971 June p. 60–77
New Covenanters, Dead Sea scrolls, Judaism, Biblical archeology, Qumran site 1971 Nov. p. 72–81
New Guinea, animal husbandry, ecosystem, energy cycle, agricultural system, power, tropical agriculture 1971 Sept. p. 116–132 [666]
New World archeology, riparian sites, public works, reservoir dam-building, crisis in U.S. archeology 1948 Dec. p. 12–17
corn, genetics, teosinte, tripsacum, pod corn, popcorn, hybrid cells, plant genetic experiment and archeological finds point to pool corn as wild ancester of maise 1950 July p. 20–24 [26]
Bering land bridge, MacKenzie river, human migration, 'How man came to North America' 1951 Jan. p. 11–15
Folsom man, stone tools, Cochise culture 1951 Feb. p. 15–19
Pine Lawn Valley, Cochise culture, Mogollon culture, 2500 B.C. to 1300 A.D. in New Mexico 1951 July p. 46–51
Peru, photogrammetry, pre-Inca cities mapped by aerial photography 1951 Aug. p. 18–23
mound builders, agricultural revolution, statistical seriation, Mississippian culture, pre-Columbian Mississippi valley on verge of urban revolution 1952 Mar. p. 22–27
Peru, Viru valley 1954 Aug. p. 28–34
Peru, Playa Grande culture, history of a dig 1955 Mar. p. 98–104
Maya civilization, decline and fall of Maya civilization 1955 May p. 82–88
mining, gypsum, Amerindian, prehistoric man in Mammoth cave 1960 July p. 130–140
plant migration, oceanography, animal migration, Bering land bridge, continental shelf, glaciation, Wisconsin glaciation, animal-plant migration, Asia-North America 1962 Jan. p. 112–123
agricultural revolution, Mexican agriculture, corn, urbanization, New World agricultural revolution 1964 Nov. p. 29–37 [625]
Amerindian, Hopewell cult, burial mounds 1964 Dec. p. 90–102
climate, Peru Current, Inca civilization, environmental influences on early Peruvian cultures 1965 Oct. p. 68–76
pottery, human migration, navigation, Japan, Ecuador, evidence for 3,000 B.C. trans-Pacific contact 1966 Jan. p. 28–35
metallurgy, New World archeology, Old Copper culture, Peru, copper, gold, lost-wax casting, metalwork, pre-Columbian, New World, 4,000 B.C. 1966 Apr. p. 72–81
metallurgy, New World archeology, Old Copper culture, Peru, copper, gold, lost-wax casting, metalwork, pre-Columbian, New World, 4,000 B.C. 1966 Apr. p. 72–81
Clovis culture, hunting, mammoth-bone deposits, Folsom points, elephant extinction 1966 June p. 104–112
Paleo-Indians, hunting, bison, Olsen-Chubbuck site, reconstruction of bison hunt, kill, butchering 1967 Jan. p. 44–52
Amerindian prehistory, Teotihuacan, Middle America, Mexico, pre-Columbian metropolis 1967 June p. 38–48
Arawak Indians, earthworks, flood plain, agricultural system, ridged fields 1967 July p. 92–100
stone tools, South America, early man in New World, 12,000 B.C. 1967 Nov. p. 44–50
Onion Portage site, Eskimo, Bering land bridge, human migration, Alaska, stone artifacts, gateway to America 1968 June p. 24–33
West Indies, Hispaniola, stone artifacts, island chains, sea routes, seafaring hunters from Central America? 1969 Nov. p. 42–52 [652]
Amerindian, Eskimo, burial site, 2000 B.C., Port au Choix, Newfoundland, skeletons 1970 June p. 112–121 [657]
Amerindian, Iroquois Confederacy, cannibalism, Onandaga tribe 1971 Feb. p. 32–42 [658]
Maya cermonial center, stelae cult, British Honduras, Lubaantun, Pusilha sites 1972 May p. 82–91
Amerindian, burial mounds, Cahokia, Mississippian culture 1975 Aug. p. 92–101 [688]
Amerindian, burial mounds, Labrador 1976 Nov. p. 122–129
Maya civilization 1977 Mar. p. 116–133
prehistoric corncrib found 1949 May p. 27
400,000 years ago? 1953 Mar. p. 54
Folsom bones 1954 Sept. p. 76

30,000-year-old artifact 1960 Sept. p. 100
Mississippi Valley solar observatory 1964 Sept. p. 84
Mexican and Canadian sites 1967 June p. 57
Marmes man oldest North American(?) 1968 June p. 44
13,600-year-old birovac 1968 Oct. p. 61
first settlers 1972 Jan. p. 51
role of man in large-mammal extinctions 1973 May p. 44
see also: Amerindian, Aztec civilizaton, Folsom man and the like

New York, local goverment, cities, metropolitan region, central city, suburbs, Northeast Corridor, regional planning 1965 Sept. p. 134–148

New Zealand flightless birds, moas, extinction, evolution, hunting 1954 Feb. p. 84–90

Newcomen engine, steam engine, mine drainage, technology history, Watt, pumps, Industrial Revolution, origins of steam engine 1964 Jan. p. 98–107

Newfoundland, Viking site 1964 Jan. p. 56

newspapers, content analysis, military secrecy, Congressional investigation, 'Condon case', content analysis of newspaper coverage of political attacks on E. U. Condon 1949 Feb. p. 16–21

newt, regeneration, cell differentiation, cockroach, embryo-graft experiments, embryonic development, biological form 1977 July p. 66–81 [1363]

Newton, calculus, mechanics, optics, life and work of Isaac Newton 1955 Dec. p. 73–80
as sleuth 1958 Sept. p. 96
insight into private life 1963 Sept. p. 88
as data fudger 1973 Apr. p. 44

Newton body, rheology, flow of matter, Hooke body, St. Venant body, how solids flow 1959 Dec. p. 122–138 [268]

Newton's third law, cardiology, medical diagnosis, ballistocardiography 1958 Feb. p. 89–95

Nichol prism, animal navigation, polarized light, dichroic material, horseshoe crab 1955 July p. 88–94

nickel plating, by chemical bath 1953 May p. 56

nidation, contraception, birth control, reproduction, ovulation, fertilization 1954 Apr. p. 31–34
fetus as transplant, histocompatability, immune response, immunological privilege, reproduction, trophoblast, placenta 1974 Apr. p. 36–46

Nigeria, industrial technology, economic development, technology transfer, tribal politics, economic development of former colonial region 1963 Sept. p. 168–184

night blindness, electroretinography, vitamin A deficiency, opsin, rhodopsin, bright-light exposure, retinitis pigmentosa, night blindness in rat, action of vit. A on eye 1966 Oct. p. 78–84 [1053]

nightglow, Earth, aurora, airglow, corpuscular streams, solar spicules, aurora and airglow 1955 Sept. p. 140–150

Nile crocodile, animal behavior, crocodile, parental care, reptile 1976 Apr. p. 114–124

Nile prehistory, climate, cultural evolution, hunter-gatherer societies, Paleolithic settlements, stone tools 1976 Aug. p. 30–38

Nile valley, Egyptian civilization, Sakkara, burial site, pharaohs, tombs of the first pharaohs 1957 July p. 106–116

niobium alloys, electromagnetism, magnetism, superconductors, proton-beam focusing, generation of intense magnetic fields 1967 Mar. p. 114–123

nitrate, bacteria, nitrogen cycle, nitrogen fixation, blue-green algae, Haber process, biosphere, legumes, eutrophication 1970 Sept. p. 136–146 [1194]

nitrifiers, nitrogen, biological nitrogen fixation, ammonia, denitrifiers, nitrogen cycle, legumes 1953 Mar. p. 38–42

nitrogen, biological nitrogen fixation, ammonia, nitrifiers, denitrifiers, nitrogen cycle, legumes 1953 Mar. p. 38–42
atmosphere, escape velocity, photosynthesis, volcanoes, water of crystallization, oxygen, origin and evolution of Earth's atmosphere 1953 Aug. p. 82–86 [824]
carbon dioxide, laser, infrared radiation, gas laser, physics of carbon dioxide laser 1968 Aug. p. 22–33
breeder reactor, use of heavy nitrogen in reactor 1956 Feb. p. 52
reactor-fixed nitrogen 1956 Dec. p. 54

nitrogen cycle, nitrogen, biological nitrogen fixation, ammonia, nitrifiers, denitrifiers, legumes 1953 Mar. p. 38–42
bacteria, nitrogen fixation, blue-green algae, Haber process, biosphere, nitrate, legumes, eutrophication 1970 Sept. p. 136–146 [1194]
forest communities, lichens, ecology, algae, food chain, treetop ecosystems 1973 June p. 74–80 [1274]

nitrogen fertilizer, energy cycle, nutrient cycle, soil structure, food and agriculture, food chain 1976 Sept. p. 74–86

nitrogen fixation, heat, chemistry, regenerative furnace, temperature limits, high temperatures: chemistry 1954 Sept. p. 109–119
bacteria, nitrogen cycle, blue-green algae, Haber process, biosphere, nitrate, legumes, eutrophication 1970 Sept. p. 136–146 [1194]
forestry, ecosystem, resource management, runoff, erosion, watershed, deforestation, deforestation experiment 1970 Oct. p. 92–101 [1202]
legumes, agronomy, soybean products, plant protein 1974 Feb. p. 14–21
ammonia manufacture, biological nitrogen fixation, Haber process, metallo-organic process 1974 Oct. p. 64–70
algae, bacteria, legumes, nitrogenase, genetic engineering, Haber process, rhizobium, legumes, symbiosis, nitrogenase, biological nitrogen fixation 1977 Mar. p. 68–81

nitrogen gas, product of mamalian metabolism 1968 July p. 50

nitrogen mustard, cancer therapy, radiation damage, carcinogenesis, mutation, nuclear medicine, chemical imitation of radiation injury 1960 Jan. p. 99–108

nitrogenase, algae, bacteria, legumes, nitrogen fixation, nitrogenase, genetic engineering, Haber process, rhizobium, legumes, symbiosis, biological nitrogen fixation 1977 Mar. p. 68–81
algae, bacteria, legumes, nitrogen fixation, genetic engineering, Haber process, rhizobium, legumes, symbiosis, nitrogenase, biological nitrogen fixation 1977 Mar. p. 68–81

Nixie tubes, integrated circuits, light-emitting diode, liquid crystals, numeric displays 1973 June p. 64–73

NOAA: National Ocean and Atmosphere Administration

NOAA, U.S. ocean and atmosphere agency 1970 Dec. p. 40

Nobel prizes, science history; 1949 awards in physics, to: Hideki Yukawa; in chemistry, to: William F. Giaque; in physiology and medicine, to: Walter R. Hess, Antonio Moniz; for peace, to: John Boyd-Orr 1949 Dec. p. 11–17
education, university education, sociology, scientific careers, sociology of the Nobel prizes 1967 Nov. p. 25–33
in physics, to: Murray Gell-mann; in chemistry, to: D.H.R. Baron, Odd Hassel; in physiology and medicine, to: Max Delbrück, Alfred D. Hershey, Salvador Luria, in economics, to: Ragnar Frisch, Jan Tinbergen 1969 Dec. p. 48–50
in physics, to: P. M. S. Blackett; in chemistry, to: Arne Tiselius, in Physiology and medicine, to: Paul H. Muller 1948 Dec. p. 26
in physics, to: Cecil F. Powell; in chemistry, to: Kurt Adler, O.P.H. Diels; in physiology and medicine, to: Phillip S. Hench, Edward C. Kendall, Tadeus Reichstein 1950 Dec. p. 26
in physics, to: John D. Cockroft, E.T.S. Walton; in chemistry, to: Edwin M. McMillan, Glenn T. Seaborg; in physiology and medicine, to: Max Theiler 1951 Dec. p. 34
in physics, to: Felix Bloch, Edward M. Purcell; in chemistry, to: A.J.P. Martin, R.L.M. Synge; in physiology and medicine, to: Selman A. Waksman 1952 Jan. p. 29
in physics, to: Fritz Zernike; in chemistry, to: Herrmann Standinger; in physiology and medicine, to: Hans A. Krebs, Fritz A. Lipmann 1953 Dec. p. 48
in physics, to: Max Born, Walther Bothke, in chemistry, to: Linus C. Pauling, in physiology and medicine, to: John F. Enders, Frederick C. Robbins, Thomas H. Weller 1954 Dec. p. 52
in physics, to: Polykarp Kush, Willis E. Lamb; in chemistry, to: Vincent du Vigneaud; in physiology and medicine, to: A.H.T. Theorett 1955 Dec. p. 46
in physics, to: John Bardeen, Walter H. Brattain, William Shockley; in chemistry, to: Cyrrl N. Hinshelwood, Nikolai N. Semenov; in physiology and medicine, to: André F. Cournand, Werner Forssmann, Dickinson W. Richards 1956 Dec. p. 52
in physics, to: Tsung-Dao Lee, Chen Ning Yang; in chemistry, to: Alexander R. Todd; in physiology and medicine, to: Daniel Bovet 1957 Dec. p. 59
age of greatest productivity 1958 Jan. p. 46
in physics, to: Pavel Cerenkov, Ilya Frank, Igor J. Tamm; in chemistry, to: Frederic Sanger; in physiology and medicine, to: George W. Beadle, Edward L. Tatum, Joshua Lederberg 1958 Dec. p. 52
in physics, to: Owen Chamberlain, Emilio G. Segré; in chemistry, to: Jaroslav Heyrovsky; in physiology and medicine, to: Arthur Kornberg, Severo Ochoa 1959 Dec. p. 78
in physics, to: Donald A. Glazer; in chemistry, to: Willard F. Libby; in physiology and medicine, to: Mac Farlane Burnet, Peter B. Medawar 1960 Dec. p. 74

in physics, to: Robert Hofstadter, Rudolf L. Mössbauer; in chemistry, to: Melvin Calvin; in physiology and medicine, to: Georg von Bekesy 1961 Dec. p. 72
in physics, to: Lev D. Landau; in chemistry, to: John C. Kendrew, Max F. Perutz; in physiology and medicine, to: F.H.C. Crick, James D. Watson, M.H.F. Wilkins; for peace, to: Linus C. Pauling 1962 Dec. p. 66
in physics, to: Maria Goeppert-Meyer, J.H.D. Jensen, Eugene P. Wigner; in chemistry, to: Giulio Natta, Karl Ziegler; in physiology and medicine, to: John C. Eccles, Alan L. Hodgkin, Andrew F. Huxley 1963 Dec. p. 64
in physics, to: Nikolai G. Basov, Alexander M. Prochorov; in chemistry, to: Dorothy C. Hodgkin; in physiology and medicine, to: Konrad E. Bloch, Feodor Lynen 1964 Dec. p. 60
in physics, to: R.P. Feynman, Julian S. Schwinger, Shinichiro Tomanaga; in chemistry, to: Robert B. Woodward, André L. Woff; in physiology and medicine, to: Francois Jacob, Jacques Monod 1965 Dec. p. 38
in physics, to: Alfred Kastler; in chemistry, to: Robert S. Mulliken; in physiology and medicine, to: Charles B. Huggins, Francis Peyton Rous 1966 Dec. p. 56
in physics, to: Hans A. Bethe; in chemistry, to: Manfred Eigen, R.G.W. Norrish, George Porter; in physiology and medicine, to: Rognar Granit, Haldan Keffer Hartline, George Wald 1967 Dec. p. 48
in physics, to: Luis W. Alvarez; in chemistry, to: Lars Onsager; in physiology and medicine, to: Robert W. Holley, H. Gobind Khorana, Marshall W. Nirenberg 1968 Dec. p. 48
in physics, to: Louis Neel, Hannes Alfven; in chemistry, to: Luis A. Lefoir; in physiology and medicine to: Julius Axelrod, Bernard Katz, Ulf von Euler; in economics, to: Paul A. Samuelson; for peace, to: Norman E. Borlavg 1970 Dec. p. 38
in physics, to: Dennis Gabor; in chemistry, to: Gerhard Herzberg; in physiology and medicine, to: Earl W. Sutherland, Jr.; in economics to: Simon Kuznets 1971 Dec. p. 38
in physics, to: John Bardeen, Leon N. Cooper, John R. Schrieffer; in chemistry, to: Christian B. Anfinson, Stanford Moore, William H. Stein; in physiology and medicine, to: Gerald M. Edelman, Rodney R. Porter; in economics, to: Kenneth J. Arrow, John R. Hicks 1972 Dec. p. 41
in physics, to: Ivar Giaever, Leo Esaki, Brian D. Josephson; in chemistry, to: Ernst Otto Fischer, Geoffrey Wilkinson; in physiology and medicine, to: karl von Frisch, Konrad Lorenz, Nikollas Tinbergen; in economics, to: Wassily W. Leontief 1973 Dec. p. 50
in physics, to: Martin Ryle, Antony Hewish; in chemistry, to: Paul J. Flory; in physiology and medicine, to: Albert Claude, Emil Palade, Cristian René de Duve; in economics, to: Gunnar Myrdal, Friedrich A. von Hayek 1974 Dec. p. 56
in physics, to: James Rainwater, Ben Mottelson, Aage Bohr; in chemistry, to: John Comforth, Vladimir Prelog; in physiology and medicine, to: David Baltimor, Howard Temin, Renato Dalbecco; in economics, to: Tjalling Koopmans, Leonid Kantorovich; for peace: Andreĭ Sakharov 1975 Dec. p. 48
in physics, to: Burton Richter, Samuel C.C. Ting; in chemistry, to: William L. Lipscomb; in physiology and medicine, to: Baruch S. Blumberg, Daniel C. Gajdvsek; in economics, to: Milton Friedman 1976 Dec. p. 50
in physics, to: Philip W. Anderson, Nevill Mott, John H. Van Vleck; in chemistry, to: Ilya Prigogine; in physiology and medicine, to: Rosalyn S. Yallow, Roger C.L. Guillemin, Andrew V. Schally 1977 Dec. p. 82
nobelium, element 102 1957 Aug. p. 58
noble gases, chemical bond, quantum mechanics, compounds of 'inert elements' 1964 May p. 66–77
argon, crystal structure, cryogenics, solid state physics, solid noble gases 1966 Oct. p. 64–74
trapped in clathrates 1951 July p. 32
incorporated in compounds 1962 Nov. p. 76
compound of xenon and nitrogen 1974 Aug. p. 48
noctilucent clouds, upper atmosphere, stratosphere, ionosphere, radio communication, aurora, meteorology 1949 Jan. p. 30–39
nocturnal animals, animal behavior, tawny owl, predator-prey relationship 1955 Oct. p. 88–98
nodes and branches, network analysis, pipelines, powergrids, graph theory, reliability analysis 1970 July p. 94–103
nodes of Ranvier, nerve impulse, action potential, refractory period, sodium ion potential, nerve membrane 1952 Nov. p. 55–65 [20]
noise, information theory, statistics, thermodynamics, redundancy, digital storage media, analogue storage media, information compression, automatic control, information 1952 Sept. p. 132–148
junction diode amplifiers, amplifiers, sound reproduction, transistor, electronic circuitry 1959 June p. 118–129
carrier-wave modulation, coaxial cable, communication technology, electromagnetic spectrum, fiber optics, radiowave, communication channels, bandwidth 1972 Sept. p. 98–113
noise control, vibration, constrained-layer damping, viscoelastic material 1969 Jan. p. 98–106
noise-induced hearing loss, occupational health, noise pollution, auditory impairment, industrial hygiene, public health, preventing noise-induced hearing loss, U.S. noise pollution legislation 1966 Dec. p. 66–76 [306]
noise pollution, sonic boom, supersonic flight, shock waves, supersonic aircraft design, geometry of shock waves 1962 Jan. p. 36–43
noise-induced hearing loss, occupational health, auditory impairment, industrial hygiene, public health, preventing noise-induced hearing loss, U.S. noise pollution legislation 1966 Dec. p. 66–76 [306]
air transport, technology assessment, science policy, automobile transportation, air pollution, technology assessment institutions proposed 1970 Feb. p. 13–21 [332]
jet engines 1952 June p. 38
nomads, commerce, Vikings, Scandinavia, Vinland, Siegfried legend, seafaring, Svea, appraisal of 400-year Viking ascendance 1967 May p. 66–78
nomatic civilization, cavalry, Mongol conquests, war, Chingis Khan, frontier history, Chingis Khan, biography 1963 Aug. p. 54–68
non-Cantorian sets, mathematics, set theory, Russell's paradox, Cantor, non-Euclidian geometry, axiom of choice 1967 Dec. p. 104–116
non-commutative algebra, mathematics, set theory, logic, paradox, non-Euclidian space, Hilbert spaces, science, mathematics 1900-1950, undecidable questions 1950 Sept. p. 40–42
quaternions, complex numbers, mathematics, high-energy physics, Hamilton, life and work of William Rowan Hamilton 1954 May p. 82–87
non-Euclidian geometry, curvature of space, Riemann, general relativity 1954 Nov. p. 80–86
geometry, mathematics, topology, conic sections, history and current uses of geometry 1964 Sept. p. 60–69
mathematics, set theory, non-Cantorian sets, Russell's paradox, Cantor, axiom of choice 1967 Dec. p. 104–116
Aristotle, parallel lines, non-Euclidian geometry before Euclid 1969 Nov. p. 87–98
non-Euclidian space, mathematics, set theory, logic, paradox, non-commutative algebra, Hilbert spaces, science, mathematics 1900-1950, undecidable questions 1950 Sept. p. 40–42
non-ferrous ore, hydrothermal extraction, mineral deposits, mineral resources, plate tectonics, mineral prospecting 1973 July p. 86–95 [909]
non-linear reactions, chemical reaction, computer modeling, oscillating reagents, rotating chemical reactions 1974 June p. 82–95
non-Mendelian inheritance, cytoplasmic inheritance, reciprocal crossing, maternal inheritance, sex linked traits, male sterility, paramecium, chloroplast, plastids, cytogene, review of evidence for an extra-chromosomal genetics 1950 Nov. p. 30–39 [39]
non-uniform electric field, electric field, electric 'wind', electrophoresis, applications of non-uniform electric fields 1960 Dec. p. 106–116
nondestructive testing, ultrasonics, interferometry, emulsification, sonar 1954 May p. 54–63
neutron radiography, thermal neutrons, fission reactor, neutrons as inspection tool 1962 Nov. p. 107–119 [287]
acoustic holography, laser, sound waves, interference, holography, acoustic imaging, medical diagnosis 1969 Oct. p. 36
nondisjunction, Down's syndrome, chromosomal anomalies, Klinefelter's syndrome, trisomy 21, genetic defect, meiosis, mitosis, gene translocation, afflictions associated with abnormal chromosome complement 1961 Nov. p. 66–76 [150]
nonlinear optics, crystallography, laser, light refraction, light interactions, ultraviolet radiation, photon 1964 Apr. p. 38–49
nonmetals, crystal structure, solid-state electronics, X-ray crystallography, metals, semiconductor, materials technology, amorphous solid, electrical conductivity 1967 Sept. p. 80–89
nonperiodic systems, amorphous semiconductors, Ovshinsky devices, quantum mechanics, semiconductor technology, switching phenomena 1977 May p. 36–48 [362]

nonrenewable resources, recycling, material resources, biosphere, inorganic-materials cycle 1970 Sept. p. 194–208 [1198]
nonthermal emission, radio galaxies, gravitational collapse, supernovae, synchrotron radiation, intensity of galactic radio emission 1962 Mar. p. 41–49 [278]
nonuniform flows, eddies, negative viscosity, turbulence, wind, rotating systems, viscosity 1970 July p. 72–80
nonuniformities, galactic evolution, gravity, red shift, gravitational instability, primordial fireball, protogalaxies, origin of galaxies 1970 June p. 26–35
nonverbal communication, posture, anthropology, cultural relativism 1957 Feb. p. 122–132
language, Canary Islands, whistling, phonology, the whistled language of La Gomera 1957 Apr. p. 111–118
pictograph, anthropology, Easter Island talking boards 1958 June p. 61–68
behavior, speech, facial expression, vocal display, facial expression in communication 1965 Oct. p. 88–94 [627]
communication, eye, pupil size, effect of pupil size on attitude 1975 Nov. p. 110–119 [567]
stare as threat 1972 May p. 52
noradrenalin, fear, anger, adrenalin 1955 May p. 74–81 [428]
noradrenaline, acetylcholine, adrenalin, catecholamines, dopamine, drug effects, nerve physiology, neurotransmitters 1974 June p. 58–71 [1297]
normal curve, mathematics, probalility, combinatorial analysis, Brownian motion, Markov chain, Pascal's triangle, statistics, probability theory 1964 Sept. p. 92–108
Norman invasion, architectural engineering, war, castle, English castles, A.D. 1066 1958 Mar. p. 42–48
North American forests, white pine, Royal Navy, King's Broad Arrow, American Revolution, colonial building 1948 June p. 48–53
Northeast Corridor, local goverment, cities, New York, metropolitan region, central city, suburbs, regional planning 1965 Sept. p. 134–148
Northeast Passage, Arctic Ocean, ocean circulation, telemetry, meteorology, ice-floe islands, bathymetry, marine biology, Soviet Arctic research 1961 May p. 88–102
Norway, nuclear reactor, at Kieller, Norway 1951 Dec. p. 30–32
Norway maple, city trees, pollution effects, tree cloning, ailanthus, ginkgo, London plane 1976 Nov. p. 110–118
novelty, attention, learning, physiological psychology, conflict, monotony, conflict and arousal, aid to learning 1966 Aug. p. 82–87 [500]
nozzles, aerospace technology, Coanda effect, fluid dynamics, aerodynamics, propulsion, burners, nature and applications of Coanda effect 1966 June p. 84–92
N.S.F.: National Science Foundation
N.S.F., science funding, university research, fundamental research, science education 1948 June p. 7–11
science funding, university science, science education, appraisal of the new institution upon its legislation 1950 July p. 11–15
fundamental research, curiosity, science funding, 'mission-oriented' funding agencies, university science, introduction to a single-topic issue on fundamental questions in science 1953 Sept. p. 47–51
science funding, university science, fundamental research 1954 Mar. p. 29–33
science funding, science policy, university science, U.S. Federal funding: basic and applied science 1957 Nov. p. 45–49
'mission-oriented' funding agencies, science funding, institutional grants, science policy, fundamental research, project grants, university science, problems in government support of science in the U.S. 1965 July p. 19–25
peer review, research funding, university science, science policy, sociology of science 1977 Oct. p. 34–41 [698]
new bill before Congress 1948 May p. 32
loses in Congress 1948 July p. 30
legislation revived 1949 Aug. p. 25
legislation fails again 1949 Dec. p. 27
legislation revives 1950 Apr. p. 30
established by Congress 1950 June p. 26
no appropriation 1950 Oct. p. 24
in business 1950 Nov. p. 25
board members appointed 1950 Dec. p. 26
Waterman at helm 1951 Apr. p. 32
still no appropriation 1951 Oct. p. 32
first $3.5 million 1951 Dec. p. 34
emphasizes basic research 1952 Mar. p. 36
first grants 1952 Apr. p. 37
Bronk in chair 1956 Feb. p. 49
more money 1956 Nov. p. 61
loyalty and security, Yellin case: 'In lieu of ability' 1961 Aug. p. 61
Haworth director 1963 May p. 74
nuclear arms control, *see:* arms control
nuclear arms race, *see:* arms race
nuclear binding force, elementary particles, electron, proton, particle counters, neutron, positron, mesons, photon, neutrino, particle accelerator, 'Meson Song' 1948 June p. 26–39
mesons, strong interactions, particle physics, fleeting associations of mesons and atomic nuclei 1956 Oct. p. 93–102 [207]
mesons, pions, strong interactions, particle physics, quantum of the strong force 1957 Jan. p. 84–92 [226]
nuclear boiling, boiling, liquids, heat transfer, transition boiling, film boiling 1954 June p. 64–68
nuclear bomb, *see:* atomic bomb
'nuclear club', India as atomic power, nuclear nonproliferation treaty, atomic test ban, SALT 1975 Apr. p. 18–33
nuclear clustering, alpha clustering, alpha particles, atomic nucleus, elementary particles, neutron, nuclear forces, nuclear surface, proton 1972 Oct. p. 100–108
nuclear cooling, cryogenics, supercooling, helium 3/helium 4 dilution, approaching absolute zero, Pomeranchuk method 1969 Dec. p. 26–35
nuclear energy, uranium resources 1951 May p. 17–21
civilian vs. military control 1948 May p. 32
enterprise in U.K. and France 1948 June p. 24
first chain reaction in France 1949 Jan. p. 28
encouragement by Federal government 1949 Feb. p. 28
fission thresholds declassified 1949 Apr. p. 25
breeder reactor development 1949 May p. 26
Congo uranium reserve 1949 Sept. p. 26
gaseous diffusion plant in Kentucky 1951 Feb. p. 34
$5 billion expansion 1952 June p. 40
uranium-ore horizon 1952 Oct. p. 39
international control 1954 Feb. p. 43
national and international 1955 Mar. p. 50
23 bilateral international agreements 1955 Aug. p. 46
EURATOM, European cooperative 1957 Apr. p. 68
Systems for Nuclear Auxiliary Power (SNAP) 1959 July p. 68
U.N. conference 1964 Nov. p. 56
nuclear fission, crystal structure, neutron, radiation, solid state physics, effects of radiation on solids 1956 Aug. p. 76–84 [245]
uranium fission, fission products, 'synthetic' elements, radium, isotropy, transuranium elements, science history, discovery of fission 1958 Feb. p. 76–84
heavy nuclei, liquid-drop model, neutron, uranium 235, shell model, fission fragments 1965 Aug. p. 49–59
atomic nucleus, charge distribution, nuclear probe, shell model, shape and size of nucleus 1969 Aug. p. 58–73
fission products, natural reactor, Oklo phenomenon, Precambrian reactor, uranium deposits 1976 July p. 36–47
nuclear forces, unified field theory, gravity, electromagnetism, 'On the Generalized Theory of Gravitation', a personal account by Albert Einstein 1950 Apr. p. 13–17
matter, wave-particle duality, energy levels, electromagnetic force, gravitation, field theory, fundamental research, quantum jumps, corpuscular streams, what is matter? 1953 Sept. p. 52–57 [241]
electromagnetic force, proton, neutron, mesons, particle scattering, high-energy physics, fundamental research, what holds the nucleus together? 1953 Sept. p. 58–63
alpha clustering, alpha particles, atomic nucleus, elementary particles, nuclear clustering, neutron, nuclear surface, proton 1972 Oct. p. 100–108
nuclear-free zones, nuclear nonproliferation treaty, atomic-weapon proliferation, Treaty of Tlatelolco 1975 Nov. p. 25–35
nuclear fuel, 'atoms for peace', nuclear power, fuel-element fabrication, uranium ore, Geneva: chemistry 1955 Oct. p. 34–37
fission reactor, nuclear power, Purex process, reprocessing 1976 Dec. p. 30–41
private ownership legal in U.S. 1964 Oct. p. 57
reprocessing 1976 Jan. p. 56
nuclear fuel cutback, economic implications 1964 June p. 54

nuclear fuel cycle, plutonium separation, fission products, fission reactor, nuclear power 1952 July p. 62–67
nuclear fusion, ball lightning, gas plasma, ionization, Kapitza theory, Hill theory 1963 Mar. p. 106–116
meson catalyzed fusion reaction 1957 Feb. p. 60
by laser 1973 Mar. p. 45
by electron beam 1973 July p. 48
nuclear magnetic resonance, magnetic resonance, spectroscopy, magnetometer, molecular structure, large molecule spectroscopy 1958 Aug. p. 58–66 [233]
molecular beam, electron theory, resonance absorption, atomic radiation, coherent radiation, gas molecules, Stern-Gerlach experiment 1965 May p. 58–74
nuclear medicine, environmental pollution, ionizing radiation, background radiation, atomic bomb test, introduction to single-topic tissue on ionizing radiation 1959 Sept. p. 74–83
atomic bomb test, ionizing radiation, isotopes, fallout, environmental pollution, circulation of radioisotopes 1959 Sept. p. 84–93
atomic bomb test, radiation damage, ionizing radiation, leukemia, immune response, fallout, radiation damage, whole-body irradiation 1959 Sept. p. 117–137
cancer therapy, isotopes, X-ray, radiotherapy, ionizing radiation, dosimetry, roentgenology, radiation use in medicine 1959 Sept. p. 164–176
cancer therapy, radiation damage, nitrogen mustard, carcinogenesis, mutation, chemical imitation of radiation injury 1960 Jan. p. 99–108
mutation, radiation damage, high-energy radiation, X-ray, no threshhold to biological damage by radiation 1960 Apr. p. 142–153 [71]
nuclear membrane, cell membrane, electron microscopy, endoplasmic reticulum, myelin sheath, mitochondria, electron microscope study of membranes in cell 1962 Apr. p. 64–72 [151]
nuclear nonproliferation treaty, India as atomic power, 'nuclear club', atomic test ban, SALT 1975 Apr. p. 18–33
nuclear-free zones, atomic-weapon proliferation, Treaty of Tlatelolco 1975 Nov. p. 25–35
U.S.-U.S.S.R. draft 1967 Oct. p. 48
U.N. Assembly approval 1968 July p. 48
vertical proliferation 1975 Aug. p. 46
nuclear physics, atomic nucleus, high-energy physics, particle-scattering experiments, electron scattering, models of the atomic nucleus 1956 July p. 55–68 [217]
nuclear power, A.E.C., atomic weapons, science funding, university research, military secrecy 1949 July p. 30–43
cost assessment, capital cost, energy economics, competitive with fossil fuels 1951 Jan. p. 32–38
fission reactor, heavy-water reactor, homogeneous reactor, enriched uranium, A.E.C. program 1951 Apr. p. 43–50
nuclear fuel cycle, plutonium separation, fission products, fission reactor 1952 July p. 62–67
fission reactor, breeder reactor, boiling-water reactor, homogeneous reactor, sodium-cooled reactor, fast neutron reactor 1954 Dec. p. 33–39
international cooperation, 'atomic pool' proposal 1955 Apr. p. 31–35
'atoms for peace', thermonuclear reaction, fission reactor, fusion reactor, C.E.R.N., first of a four-part report on the International Conference on the Peaceful Uses of Atomic Energy, Geneva, August 1945 1955 Oct. p. 27–33
'atoms for peace', nuclear fuel, fuel-element fabrication, uranium ore, Geneva: chemistry 1955 Oct. p. 34–37
'atoms for peace', fission reactor, breeder reactor, Geneva: reactors 1955 Oct. p. 56–68
fusion reactor, magnetohydrodynamics, plasma containment, pinch effect, thermonuclear reaction, thermonuclear energy for domestic power 1957 Dec. p. 73–84 [236]
fission reactor, breeder reactor, energy economics, atomic power in U.K. 1958 Mar. p. 29–35
fusion reactor, magnetic bottle, plasma confinement, deuterium, tritium, magnetic pumping, stellerator 1958 Oct. p. 28–35
energy economics, fission reactor, fuel rods, design of reactor fuel elements 1959 Feb. p. 37–43
fission reactor, breeder reactor, energy economics, thorium cycle, uranium cycle, breeder reactor development 1960 Jan. p. 82–94
fusion reactor, plasma confinement, magnetic bottle, magnetic shear, plasma physics 1966 Dec. p. 21–31
magnetic field, plasma instability, thermonuclear reaction, fusion reactor, magnetic bottle, anomalous diffusion, leakage of plasma 1967 July p. 76–88
fission reactor, energy demand, electric power, fossil fuel, energy economics, history and prospects of nuclear power in U.S. 1968 Feb. p. 21–31
thermal pollution, industrial cooling, water pollution, aquatic life, cooling towers, waste heat 1969 Mar. p. 18–27 [1135]
calefaction, Connecticut River, fission reactor, thermal pollution, industrial cooling, fisheries, ecology, fish crisis 1970 May p. 42–52 [1177]
breeder reactor, fast neutron reactor, uranium cycle, thorium cycle, liquid-metal reactor, fission reactor, energy demand 1970 Nov. p. 13–21 [339]
recycling, materials, fusion reactor, fusion torch, energy transformation, plasma containment, magnetohydrodynamics 1971 Feb. p. 50–64 [340]
fusion reactor, laser-pulse fusion, plasma physics 1971 June p. 21–33
energy transformation, energy demand, fuel-conversion efficiency, power, prime movers, steam turbines, magnetohydrodynamics, gas turbine, internal combustion engine, fuel cell, solar cells, power, comparative efficiencies of energy transformation pathways in industrial civilization 1971 Sept. p. 148–160 [668]
fusion reactor, plasma confinement, Tokomak, magnetic bottle 1972 July p. 65–75
energy conservation, fossil fuel, solar energy, synthetic fuels, energy policy of U.S. 1974 Jan. p. 20–29 [684]
fusion reactor, laser implosion, nuclear power, thermonuclear reaction, plasma confinement 1974 June p. 24–37
fusion reactor, laser implosion, nuclear power, thermonuclear reaction, plasma confinement 1974 June p. 24–37
CANDU reactor, natural reactor, heavy-water reactor, fission reactor, CANDU system 1975 Oct. p. 17–27
fission reactor, nuclear fuel, Purex process, reprocessing 1976 Dec. p. 30–41
breeder reactor, fast neutron reactor, fission reactor, Superphénix in France 1977 Mar. p. 26–35
environmental pollution, fission reactor, public health, radioactive waste disposal, underground storage 1977 June p. 21–31 [364]
atomic-weapon proliferation, arms control, plutonium fuel cycle, breeder reactor, U.S. energy policy and proliferation of atomic weapons 1978 Apr. p. 45–57 [3004]
A.E.C., optimistic report 1948 Sept. p. 28
first on stream 1948 Nov. p. 24
Lilienthal calls for private ownership 1950 Aug. p. 28
amendments to the 1945 act 1953 June p. 44
full-scale unit 1953 Dec. p. 48
Con Ed in market 1955 Apr. p. 46
650mW plans 1955 July p. 48
state of the art 1956 Mar. p. 48
uranium on market 1956 Apr. p. 61
Calder Hall on stream 1956 July p. 48
education in nuclear technology 1956 Sept. p. 110
fusion reactor, thermonuclear power potential 1956 Oct. p. 68
costs rising 1957 May p. 62
U.N. survey 1957 Aug. p. 58
Shippingport reactor 'goes critical' 1958 Feb. p. 46
radioactive waste disposal 1958 Mar. p. 58
peaceful use of atom, International Atomic Energy Agency 1958 Aug. p. 50
fusion reactor, astron technology 1958 Oct. p. 53
cheerful predictions from A.E.C. 1959 Mar. p. 60
in naval vessels 1959 Oct. p. 81
fusion reactor, fusion reactor technology 1960 Nov. p. 100
U.S. utilities' orders increase 1967 Jan. p. 54
pumped-storage plant 1969 July p. 52
situation in U.S. 1971 June p. 54
plants in U.S. 1972 Oct. p. 46
natural reactor, CANDU reactor 1975 July p. 45
California referendum 1976 Feb. p. 54
slowdown in U.S. 1976 Mar. p. 60A
safety assessed 1976 June p. 48
112 reactors, 35,882 megawatts 1976 Aug. p. 44A
bombs into fuel rods? 1976 Sept. p. 66
policy of Carter administration 1977 June p. 54
lead time 1977 July p. 56
9 per cent of U.S.A. generating capacity 1978 Jan. p. 64

fission reactor plants producing visible per centage of U.S. electricity 1978 June p. 74
see also: nuclear energy
nuclear probe, atomic nucleus, spectroscopy, fast neutrons, neutron spectroscopy, structure of atomic nucleus 1964 Mar. p. 79–88
atomic nucleus, nuclear fission, charge distribution, shell model, shape and size of nucleus 1969 Aug. p. 58–73
nuclear propulsion, ion propulsion, nuclear rocket, space technology, rocket propulsion by nuclear reactions 1959 May p. 46–51
in submarine Nautilus 1955 May p. 50
U.S. warships 1970 June p. 46
nuclear radiation, effect on man 1956 Jan. p. 44
irradiated polyethylene 1957 Mar. p. 66
maximum permissible levels 1959 Dec. p. 80
nuclear reaction, chemical reaction, hot-atom chemistry, hydrogen, chemistry at high velocity 1966 Jan. p. 82–90
nuclear reactor, Norway, at Kieller, Norway 1951 Dec. p. 30–32
tritium, cosmic radiation, lithium, radioisotope, tracer chemistry 1954 Apr. p. 38–40
energy conservation, energy resources, fission reactor, nuclear-waste disposal, atomic-weapon proliferation, Rasmussen report 1976 Jan. p. 21–31 [348]
at Brookhaven, on stream 1950 Oct. p. 25
10kW research reactor 1950 Dec. p. 29
open (declassified) face 1951 June p. 30
waste heat warms buildings 1952 Jan. p. 42
for submarines 1953 May p. 53
$200 million program 1954 May p. 48
Chalk River breakdown 1954 Oct. p. 47
patented in 1939 1954 Dec. p. 53
safety weighed 1975 Sept. p. 53
see also: fission reactor, fusion reactor, breeder reactor and the like
nuclear reactor design, still classified 1953 Mar. p. 45
nuclear rocket, nuclear propulsion, ion propulsion, space technology, rocket propulsion by nuclear reactions 1959 May p. 46–51
feasibility minimized 1949 June p. 26
nuclear-spin echo, crystal structure, phase memory, photon echoes, laser 1968 Apr. p. 32–40
nuclear stability, alpha decay, transuranium elements, isotopes, beta decay, radioactive decay, 'synthetic' elements, periodic table, the 'superheavy' elements beyond 103 1969 Apr. p. 56–67
nuclear structure, atomic nucleus, neutron cross sections, 'model atom', 'cloudy crystal ball' 1955 Dec. p. 84–91
nuclear submarine, 'Thresher' post mortem 1963 Nov. p. 66
nuclear surface, alpha clustering, alpha particles, atomic nucleus, elementary particles, nuclear clustering, neutron, nuclear forces, proton 1972 Oct. p. 100–108
nuclear tracks, cosmic radiation, fission-track dating, etching, ionizing radiation, applications of charged-particle tracks in solids 1969 June p. 30–39
nuclear-waste disposal, energy conservation, energy resources, nuclear reactor, fission reactor, atomic-weapon proliferation, Rasmussen report 1976 Jan. p. 21–31 [348]
nuclear weapon, *see:* atomic bomb, hydrogen bomb, neutron bomb
nucleation, fluid dynamics, liquid, supercooling, cryogenics, crystal growth, behavior of supercooled fluids 1965 Jan. p. 38–46
nucleic acid, interferon, virology, virus interference, infection, anti-viral agent found to act against foreign nucleic acid 1963 Oct. p. 46–50 [166]
RNA, nucleotide sequence, alanine, tRNA, enzyme cleavage, fragment assembly, first nucleotide sequence 1966 Feb. p. 30–39 [1033]
nucleic acid 'core', virus, tobacco mosaic virus, protein 'overcoat', dissociation and reconstitution of infective particles 1956 June p. 42–47
nucleochronology, spectroscopy, age of elements, age of universe, element formation, mass spectroscopy, radioactive nuclei, stellar evolution, supernovae 1974 Jan. p. 69–77
nucleons, mesons, particle accelerator, pions, proton, quark, high-energy physics, Regge trajectory, high-energy scattering 1967 Dec. p. 76–91
nucleoproteins, heredity, chromosome, DNA, RNA, protein synthesis, DNA identified as agent of heredity 1953 Feb. p. 47–57 [28]
cell nucleus, chromatin, chromosomal proteins, DNA, gene regulation, histones, oxidative phosphorylation 1975 Feb. p. 46–57 [1315]
nucleotide sequence, DNA, genetic code, base triplets, protein synthesis, codon, base triplet established as codon 1962 Oct. p. 66–74 [123]
RNA, nucleic acid, alanine, tRNA, enzyme cleavage, fragment assembly, first nucleotide sequence 1966 Feb. p. 30–39 [1033]
DNA, E. coli, gene structure, viral DNA, bacterial virus 0 × 174, plus-and-minus method 1977 Dec. p. 54–67 [1374]
nucleus, ribosome, protein synthesis, DNA, mRNA, tRNA, chromosome, cytology, how cells make molecules 1961 Sept. p. 74–82 [92]
elementary particles, energy levels, atom, high-energy physics, spectroscopy, 'three spectroscopies' 1968 May p. 15–19
leukocyte, DNA, Miescher, spermatozoon nucleus, chromatin, hereditary material, discovery of DNA 1968 June p. 78–88 [1109]
nucleus transplantation, cell differentiation, clone, genetic engineering, somatic cell nucleus, gene complement, frog embryo, gene regulation 1968 Dec. p. 24–35 [1128]
number concepts, cardinal numbers, child development, mathematics education, mathematics history, ordinal numbers 1973 Mar. p. 101–109
number theory, Srinivasa Ramanujan, mathematics history, obituary by G.H. Hardy 1948 June p. 54–57
magic squares, binary arithmetic, prime number, composite numbers 1951 July p. 52–55
mathematics, computer, computer finds five perfect numbers 1953 Mar. p. 84–86
mathematics, negative numbers, irrational numbers, complex numbers, matrix 1964 Sept. p. 50–59
Benford's Law, probability, digits, first-digit distribution 1969 Dec. p. 109–120
Gauss, mathematics history, Disquisitiones Arithmeticae 1977 July p. 122–131 [371]
numeric displays , integrated circuits, light-emitting diode, liquid crystals, Nixie tubes 1973 June p. 64–73
numerical instructions, automatic control, machine tool, batch process, digital-to-analogue conversion, automatic machine tool 1952 Sept. p. 101–114
numerical taxonomy, botany, taxonomy, set theory, computer applications, zoology, computer classification of living things 1966 Dec. p. 106–116 [1059]
numismatics, archeology, coins, statistics, Taxila hoard, India 1966 Feb. p. 102–111
coins, counterfeiting, Roman Britain 1974 Dec. p. 120–130
nuraghi, Mycenaean civilization, castle, Classical archeology, building construction, 1000 BC proto-castles in Sardinia 1959 Dec. p. 62–69
nutrient cycle, energy cycle, nitrogen fertilizer, soil structure, food and agriculture, food chain 1976 Sept. p. 74–86
nutrition, *see:* human nutrition, diet, food chain
nylon, synthetic fiber, rayon, synthetic macromolecules, cellulose, glass, man-made textile fibers 1951 July p. 37–45
in filters 1952 Aug. p. 34

O

oak, agronomy, auxins, plant growth, giberellin, function of plant growth hormone 1957 Apr. p. 125–134 [11]
oak blight, fungi, forestry, threat to U.S. oak population 1957 May p. 112–122
Chalara quercina 1950 Apr. p. 32
oak blight spreads 1958 Apr. p. 32
obelisk, a feat of Renaissance engineering 1951 June p. 58–59
obesity, human nutrition, hunger, appetite, neurophysiology, physiological mechanisms of overeating 1956 Nov. p. 108–116
fat metabolism, tissue, hormone, fat tissue, diet, role of fat metabolism in human physiology 1959 Dec. p. 70–76
baby fat, pathological obesity 1973 Aug. p. 44
object concept, child development, eye-hand coordination, infant perceptions, perceptual development 1971 Oct. p. 30–38 [539]
oboe, musical instruments, vibrating air column, clarinet, flute, bassoon, English horn, saxophone, physics of the wood winds 1960 Oct. p. 144–154
observatory, astronomy, scientific instrumentation, Tycho Brahe, Stjerneborg, science history, 16th century Hven observatory 1961 Feb. p. 118–128
obsidian, anthropology, Paleolithic culture, stone tools, Andes, El Inga site, prehistoric man in the Andes 1963 May p. 116–128
trade, trace elements, Neolithic archeology, Neolithic trade pattens deduced from obsidian finds 1968 Mar. p. 38–46

obstetrical labor, uterine muscle, strain gauge, measurement of forces in uterine muscle at delivery 1950 Mar. p. 52–55
occulation patterns, radio source, quasars, radio astronomy, accurate fixing of radio-source position, occulation by moon 1966 June p. 30–41
occupational cancer, cancer, cancer epidemiology, carcinogenesis, cancer prevention, increased incidence of cancer sought in environmental and behavioral factors 1949 Jan. p. 11–15
occupational health, epidemiology, morbidity, mortality rates, economic development, income status, 'social medicine'; environment, material well-being, behavior of disease 1949 Apr. p. 11–15
berylliosis, phosphorus, fluorescent light, chelation, high technology disease 1958 Aug. p. 27–33
noise-induced hearing loss, noise pollution, auditory impairment, industrial hygiene, public health, preventing noise-induced hearing loss, U.S. noise pollution legislation 1966 Dec. p. 66–76 [306]
maximum irradiation limits 1957 Mar. p. 68
occupational injuries, of housewives 1951 Mar. p. 30
ocean, beaches, sand dune, sand bar, berm, surf, rip channels, conservation of beaches 1960 Aug. p. 80–94 [845]
ocean floor, sea power, sea water, marine resources, introduction to single-topic issue on the ocean 1969 Sept. p. 54–65 [879]
continental shelf, glaciation, shelf sediments, marine geology 1969 Sept. p. 106–122 [882]
sea, food chain, plankton, marine ecology, fish, marine life, life in the ocean 1969 Sept. p. 146–162 [884]
pollution, mineral resources, sea water, wetlands, ocean floor, physical resources of the ocean 1969 Sept. p. 166–176 [885]
food chain, fisheries, food supply, food resources of the ocean 1969 Sept. p. 178–194 [886]
marine technology, drilling platforms, supertankers, submersibles, containerization, technology and the ocean 1969 Sept. p. 198–217 [887]
water cycle, transpiration, evaporation, runoff, agricultural system, precipitation, biosphere, photosynthesis 1970 Sept. p. 98–108 [1191]
origins, from water of crystallization? 1951 Jan. p. 28
ocean abyss, abyssal life, bioluminescence, marine biology, fauna at 4000 meters 1957 Nov. p. 50–57
ocean-atmosphere interface, trade wind clouds, climate, atmospheric circulation, cumulus clouds 1953 Nov. p. 31–35
ocean basins, Earth crust, mountain formation, isostasis, granitization, ocean floor, tectonic processes, comprehensive review of understanding (before acceptance of continental drift) 1950 May p. 32–41
ocean circulation, Coriolis effect, atmospheric circulation, relativity of motion 1952 May p. 72–78 [839]
Atlantic Ocean, Gulf Stream, salinity, oxygen level, ocean temperature, Coriolis effect, 'anatomy' of the Atlantic 1955 Jan. p. 30–35 [810]
Earth, gyres, wind, upwelling, the circulation of the oceans 1955 Sept. p. 96–104
Sargasso Sea, sea weed, Sargassum weed in oceanic desert 1956 Jan. p. 98–104
climate, abyss, currents in the abyss 1958 July p. 85–90
Cromwell Current, subsurface Equator stream 1961 Apr. p. 105–116
Arctic Ocean, telemetry, meteorology, Northeast Passage, ice-floe islands, bathymetry, marine biology, Soviet Arctic research 1961 May p. 88–102
Antarctica, Antarctic convergence, Antarctic Ocean, physical oceanography of Antarctic 1962 Sept. p. 113–128 [860]
atmosphere, wind, climate, Coriolis effect 1969 Sept. p. 76–86
Coriolis effect, wind effect, currents, laboratory analogues 1970 Jan. p. 114–121 [390]
wind, solar radiation, energy cycle, biosphere, albedo, atmospheric circulation, climate, terrestrial radiation, carbon dioxide 'window', Earth energy cycle 1970 Sept. p. 54–63 [1189]
energy exchange, ocean microstructure, sea-water salinity, oceanic stirring, sea-water temperature 1973 Feb. p. 64–77 [905]
east-flowing Equatorial current in Pacific 1958 Aug. p. 49
ocean evolution, Earth crust, deep-sea drilling, Pacific plate, plate tectonics, sedimentary cores, voyager of the Glomar Challenger 1973 Nov. p. 102–112 [911]
biosphere, continental drift, marine biology, Pangaea, plate tectonics 1974 Apr. p. 80–89 [912]
ocean floor, continental shelf, submarine canyons 1949 Apr. p. 40–43
aerial photograph 1949 Dec. p. 44–45
Earth crust, mountain formation, isostasis, granitization, ocean basins, tectonic processes, comprehensive review of understanding (before acceptance of continental drift) 1950 May p. 32–41
sonar, seismology, sedimentary cores, Albatross voyage, isotope dating, Swedish deep-sea expedition 1950 Aug. p. 42–45
geology, seismology, Earth science, science, Earth core, Earth mantle, geochronology, geology 1900-1950 1950 Sept. p. 36–39
topography, Aleutian Trench, seamounts, fathogram, sonar, echo-sounding, the Pacific floor 1952 Apr. p. 19–33
Pacific Ocean, Mendocino escarpment, fracture zones, seamounts, Earth mantle convection 1955 July p. 36–41
Pacific Ocean, earth crust, Acapulco trench, Tonga Trench, Cedros Trough 1955 Nov. p. 36–41 [814]
submarine canyons, turbidity currents, continental shelf, submarine avalanches and topography of ocean floor 1956 Aug. p. 36–41
bathymetry, sonar, gravimetry, continental shelf, sedimentary cores, Lamont Geophyscial Observatory 1956 Dec. p. 83–94
bathyscaph, submarine 'blimp' 1958 Apr. p. 27–33
glaciation, sea level, continental uplift, sea level variations 1960 May p. 70–79
gravity, mid-ocean ridge, oceanography, African rifts, discovery of submarine rifted ridge 1960 Oct. p. 98–110
mineral resources, manganese nodules, mining industry, minerals on the ocean floor 1960 Dec. p. 64–72
geomagnetism, magnetometer, magnetic reversals, patterned magnetic field variations in the ocean floor 1961 Oct. p. 146–156
East Pacific Rise, subterranean heat flow, trench faults, earthquakes, convection currents 1961 Dec. p. 52–61
seismology, Vema, explosion-generated sound waves map ocean floor 1962 May p. 116–126
sonar, echo-sounding, plankton, deep-sea scattering layer, photic zone, 'false bottom' 1962 July p. 44–50
micropaleontology, foraminifera, climate history recorded in ocean sediments 1962 July p. 96–106 [856]
continental drift, remanent magnetism, plate tectonics, island arcs, Wegener hypothesis re-stated with new evidence, age of rocks 1963 Apr. p. 86–100 [868]
ocean, sea power, sea water, marine resources, introduction to single-topic issue on the ocean 1969 Sept. p. 54–65 [879]
sea-floor spreading, lava, dikes, magnetic bands, mid-ocean ridge, the deep-ocean floor 1969 Sept. p. 126–142 [883]
pollution, ocean, mineral resources, sea water, wetlands, physical resources of the ocean 1969 Sept. p. 166–176 [885]
brine, Red Sea hot brines, salinity, percolation, sea-floor spreading 1970 Apr. p. 32–42
submarine rifted ridge 1957 Mar. p. 66
layer of volcanic ash on Pacific floor 1959 May p. 74
mid-ocean ridges 1960 May p. 92
seismography, microseism tracking for weather forecasting 1960 Oct. p. 95
anomalous Atlantic fault 1963 Nov. p. 69
oasis at rift zone 1977 Nov. p. 74
ocean-floor animals, marine life, ocean floor photography 1975 Oct. p. 84–91
ocean floor life, photography underwater 1952 July p. 68–69
high-pressure samples 1952 July p. 38
abyssal monsters, plans for trolling 1954 Feb. p. 50
ocean floor minerals, manganese nodules there for the dredging 1958 Oct. p. 58
ocean foam, meteorology, condensation nuclei, salt particles, cloud physics, rain, seasalt and rain 1957 Oct. p. 42–47
bubbles concentrate food for neuston 1964 Nov. p. 60
ocean microstructure, energy exchange, ocean circulation, sea-water salinity, oceanic stirring, sea-water temperature 1973 Feb. p. 64–77 [905]
ocean pollution, pollution control, water quality, waste disposal in oceans 1974 Aug. p. 16–25
ocean ridges, sea-floor spreading, continental drift, magnetic reversals, origin of oceans 1969 Sept. p. 66–75 [888]
continental drift, plate tectonics, sea-floor spreading, convection currents, Earth mantle, tensile-stress hypothesis 1969 Nov. p. 102–119
remanent magnetism, mid-Atlantic rift, pillow lava, sea-floor spreading, submersible research craft 1975 Aug. p. 79–90 [918]
ocean rifts, domes, hot spots, island arcs, plate tectonics, plumes, volcanoes 1976 Aug. p. 46–57 [920]

ocean sediments, meteorites, meteoritic dust, solar system evolution, 'cosmic spherules' in ocean sediments 1960 Feb. p. 123–132
carbon dioxide 'window', atmosphere, climate, biomass, humus, 'greenhouse effect', threat of 'greenhouse effect' 1978 Jan. p. 34–43 [1376]
ocean surface, carbon dioxide, neuston, marine life, microlayer oceanography, rainwater composition, surfactant 1974 May p. 62–77 [913]
ocean temperature, Atlantic Ocean, Gulf Stream, ocean circulation, salinity, oxygen level, Coriolis effect, 'anatomy' of the Atlantic 1955 Jan. p. 30–35 [810]
ocean waves, tsunamis, seiches, surf, breakers, generation and propagation of ocean waves 1959 Aug. p. 74–84 [828]
oceanographic exploration, continental shelf exploitation, saturation diving, underwater shelters, decompression, diving 1966 Mar. p. 24–33 [1036]
oceanography, Woods Hole, marine biology 1949 Sept. p. 13–17
Challenger, marine biology 1953 May p. 88–94
Atka, icebreaker, Antarctica, I.G.Y., introduction to a single-topic issue on the planet Earth 1955 Sept. p. 50–55
gravity, ocean floor, mid-ocean ridge, African rifts, discovery of submarine rifted ridge 1960 Oct. p. 98–110
plant migration, New World archeology, animal migration, Bering land bridge, continental shelf, glaciation, Wisconsin glaciation, animal-plant migration, Asia-North America 1962 Jan. p. 112–123
Antarctica, marine biology, food chain, krill, blue whale, ecology, Antarctic convergence, biological province of Antarctic convergence 1962 Sept. p. 186–210
pollution control, international cooperation, jurisdictional disputes, resource management, international competition and cooperation 1969 Sept. p. 218–234 [888]
pneumatic breakwaters 1959 Jan. p. 70
U.S. Federal funding 1959 Apr. p. 63
U.S. Office of Naval Research 10 yr. plan 1959 Aug. p. 66
Vema research ship data 1960 Aug. p. 71
dating epochs by foraminefera 1963 Mar. p. 76
deepsea research craft 1964 May p. 64
U.S. grant program announced 1967 Aug. p. 39
U.S. Marine Sciences Council 1969 Mar. p. 48
octopus, conditioned behavior, learning, long-term memory, short-term memory, lobotomy, touch, sensory perception, correlation of brain structure and function in octopus 1965 Mar. p. 42–50 [1006]
odds, chance, probability, calculus of chances, causation, philosophy of science, logician's point-of-view 1965 Oct. p. 44–54
odor-baited lure, insecticide, insect attractant, synthetic attractants, chemotaxis, pheromones, third-generation insecticides 1964 Aug. p. 20–27 [189]
Oedipus complex, psychoanalysis, emotional illness 1949 Jan. p. 22–27
Office of Naval Research, science funding, university research 1949 Feb. p. 11–15
offlap process, continental shelf, continental terrace, onlap process, geology 1955 Mar. p. 82–86 [808]
oil, pipelines, fluid dynamics, gas, slurries, history and technology of pipelines 1967 Jan. p. 62–72
oil and gas, North Sea prospects 1966 Mar. p. 58
oil and gas from coal, coal hydrogenation, coal liquefaction, energy economics, energy resources 1976 May p. 24–29
'oil birds', guacharos, sonar, bird navigation 1954 Mar. p. 78–83
oil consumption, petroleum, oil reserves, energy resources, OPEC, finite horizon of petroleum energy economy 1978 Mar. p. 42–49 [930]
oil diffusion pump, spectroscopy, vacuum, ultra-high vacuum, sputter-ion pump, cryogenic pump, mass, vacuum down to 10^{-12} mm of mercury 1962 Mar. p. 78–90
oil drilling, petroleum, industrial technology, advances in drilling technicology 1958 Nov. p. 99–111
water 'coning' counteracted 1956 July p. 52
oil drive, ultracentrifuge, molecular weight, sedimentation, fractionation, air drive, magnetic suspension, 900,000 g; 60 million r.p.m. 1951 June p. 42–51
oil gasification, coal gasification, gas turbine, pollution control, energy resources 1972 Oct. p. 26–35
oil reserves, coal, energy resources, natural gas, energy economics, fossil fuel, impending petroleum shortage 1956 Oct. p. 43–49
petroleum, oil consumption, energy resources, OPEC, finite horizon of petroleum energy economy 1978 Mar. p. 42–49 [930]
oil shales, shale rotors, mining, energy resources, fossil fuel, oil from shales 1952 Feb. p. 15–19
energy economics, tar sands, petroleum, shale retorts, potential liquid-hydrocarbon reserves 1966 Feb. p. 21–29
Oklo phenomenon, fission products, natural reactor, nuclear fission, Precambrian reactor, uranium deposits 1976 July p. 36–47
Olber's paradox, cosmology, universe expansion, world lines, curvature of space, red shift, galactic evolution, evolutionary universe, element formation, genesis 1954 Mar. p. 54–63
Old Copper culture, metallurgy, New World archeology, New World archeology, Peru, copper, gold, lost-wax casting, metalwork, pre-Columbian, New World, 4,000 B.C. 1966 Apr. p. 72–81
Olduvai Gorge, human evolution, toolmakers, man-apes, hand axes, stone tools 1954 Jan. p. 66–71
toolmakers, man-apes, human evolution, cultural evolution, role of tool-making in biological evolution of man, introduction to single-topic issue 1960 Sept. p. 62–75 [601]
hominid, toolmakers, human evolution, foodsharing, evolution of behavior, evidence for protohuman behavior in two-million-year-old sites 1978 Apr. p. 90–108 [706]
human evolution, Homo habilis 1965 May p. 50
oleoresins, essential oils, steam distillation, vacuum distillation, flavors, perfumes 1953 Aug. p. 70–74
olfaction, chemical senses, taste, chemoreceptor 1952 Mar. p. 28–32 [404]
silkworm, taste, chemical senses, insect chemoreception, comparative physiology 1958 Apr. p. 97–106
olfactory nerve, sensory perception, stereochemistry, stereochemical theory of odor perception 1964 Feb. p. 42–49
enantiomers, stereochemical theory of odor 1971 Aug. p. 46
olfactory bulb, nerve circuits, dendrites, synapse, postsynaptic potential, retina, microcircuits in the nervous system 1978 Feb. p. 92–103 [1380]
olfactory nerve, sensory perception, stereochemistry, olfaction, stereochemical theory of odor perception 1964 Feb. p. 42–49
olfactory receptors, sensory perception, Pacinian corpuscle, touch, taste receptors, mechanoreceptors, pain receptors, biological transducers 1960 Aug. p. 98–108 [70]
gypsy moth, biological pest control, pheromones, sex attractants, silk moth, chemotaxis, communication 1974 July p. 28–35 [1299]
olfactory system, brain circuitry, microscopy, nerve signals, nerve structure, staining techniques, Golgi stain, Nissl stain 1971 July p. 48–60 [1227]
Olsen-Chubbuck site, Paleo-Indians, hunting, bison, New World archeology, reconstruction of bison hunt, kill, butchering 1967 Jan. p. 44–52
Olympic games, Greek civilization, sports, Iliad account 1968 Aug. p. 78–85
omega-minus particle, alternating-gradient synchrotron, 'eightfold way', bubble chamber, particle accelerator, high-energy physics, U.S. Brookhaven National Laboratory experiment 1964 Oct. p. 36–45
ommatidia, horseshoe crab, vision, Limulus, visual perception, optic nerve, horseshoe crab as laboratory animal 1956 Dec. p. 113–122
hearing, vision, sensory organs, neuroreceptor cells, cytology, taste buds, how cells receive stimuli 1961 Sept. p. 222–238 [99]
compound eye, eye, insect eye 1977 July p. 108–120 [1364]
omnitron accelerator, element 126(?) 1967 Oct. p. 50
omnivorous chimpanzees, chimpanzee, food sharing, hunting, carnivorous chimpanzees, feeding behavior, Gombe National Park, Tanzania 1973 Jan. p. 32–42 [382]
Onandaga tribe, Amerindian, Iroquois Confederacy, New World archeology, cannibalism 1971 Feb. p. 32–42 [658]
Onion Portage site, New World archeology, Eskimo, Bering land bridge, human migration, Alaska, stone artifacts, gateway to America 1968 June p. 24–33
onlap process, continental shelf, continental terrace, offlap process, geology 1955 Mar. p. 82–86 [808]
oocytogenesis, embryonic development, meiosis, mitosis, mammalian eggs, chromosomal anomalies, ovum, in vitro fertilization 1966 Aug. p. 72–81 [1047]
opal colors, diffraction, gemstones, grain structure, periodic structures, silica-sphere packing 1976 Apr. p. 84–95
OPEC: Organization of Petroleum Exporting Countries
OPEC, petroleum, oil reserves, oil consumption, energy resources, finite horizon of petroleum energy economy 1978 Mar. p. 42–49 [930]
open hearth furnace, oxygen injection, steel production, basic oxygen process 1968 Apr. p. 24–31
'open' universe, cosmology, 'big bang' theory, 'closed' universe, universe expansion, deuterium abundance, age of elements, average density 1976 Mar. p. 62–79

operant conditioning, learning, pets, babies, how to teach animals 1951 Dec. p. 26–29 [423]
conditioned reflex, neurosis, Pavlov, psychology, thyroidectomy, stress, emotional behavior, neurosis, conditioned reflex is shown to be a neurosis 1954 Jan. p. 48–57 [418]
teaching machine, inductive reasoning, rhythm, education, self-teaching by small, rigorous steps 1961 Nov. p. 90–102
chimpanzee, symbolic language, learning, binary numbers, animal behavior, chimpanzee learning arithmatic 1964 May p. 98–106 [484]
binocular vision, infant development, visual perception, developmental psychology, information processing, space, size, shape perception in human infants 1966 Dec. p. 80–92 [502]
operations research, systems analysis, decision theory 1951 Mar. p. 15–17
queues, traffic, mathematics, computer time sharing, applications of queuing theory 1968 Aug. p. 96–103
U.S. plans 1948 June p. 24
'think tanks' criticized 1972 Aug. p. 44
operations researchers, assert professional identity 1953 Jan. p. 31
operator-repressor system, phagocytosis, gene expression, repressor molecules, lac repressor, lambda repressor, isolation of two gene repressors; how they work 1970 June p. 36–44 [1179]
DNA operator, DNA repressor, gene expression, gene regulation, host-restriction endonuclease 1976 Jan. p. 64–76 [1333]
ophthalmoscope, conservation law, Helmholtz resonators, matter conservation, science history, Hermann von Helmholtz, biography 1958 Mar. p. 94–102
opiate-directed behavior, morphine, drug addiction, withdrawal syndrome, self-addiction in rat 1965 Feb. p. 80–88
opiate receptors, brain function, drug action, drug addiction, endodorphins, enkephalins, internal opiates, brain endocrinology 1977 Mar. p. 44–56
opium, analgesics, morphine, poppy, heroin, codeine, Bentley's compound, drug action, search for strong, safe analgesic 1966 Nov. p. 131–136 [304]
opossum, marsupial, death-simulation, animal behavior, playing possum by opossum and other animals 1950 Jan. p. 52–55
marsupial, folklore, natural history 1953 June p. 88–94
'opossum state', elecroencephalograph of opossum playing 'possum 1964 Dec. p. 64
'Oppenheimer case', arms control, hydrogen bomb, debate over 'super' 1975 Oct. p. 106–113
loyalty and security, A.E.C., leaks from Oppenheimer hearing 1954 June p. 44
loyalty and security, A.E.C., Oppenheimer a security risk 1954 July p. 42
loyalty and security, A.E.C., Oppenheimer verdict sustained 1954 Aug. p. 36
loyalty and security, A.E.C., boycott of Oppenheimer boycott 1955 May p. 54
opsin, electroretinography, vitamin A deficiency, night blindness, rhodopsin, bright-light exposure, retinitis pigmentosa, night blindness in rat, action of vit. A on eye 1966 Oct. p. 78–84 [1053]
vision, visual pigments, rhodopsin, isomerism, vitamin A 1967 June p. 64–76 [1075]
optic chiasm, binocular vision, depth perception, eye, neurophysiology, stereopsis, visual cortex 1972 Aug. p. 84–95 [1255]
optic nerve, horseshoe crab, vision, Limulus, ommatidia, visual perception, horseshoe crab as laboratory animal 1956 Dec. p. 113–122
eye, visual cortex, retina, vision, organization of sight into vision 1963 Nov. p. 54–62 [168]
'optical bottle', gas separation, laser, laser-light pressure, radiation pressure, isotope separation, atomic and molecular beams 1972 Feb. p. 62–71
optical circuits, integrated circuits, laser light manipulation, light propagation in thin films, thin-film optical devices, photons instead of electrons in circuits 1974 Apr. p. 28–35
optical communication, laser, holography, surveying, welding, light, laser technology 1968 Sept. p. 140–156
optical glass, materials technology, glass fiber, ceramics, amorphous solid, properties of glass as 'undercooled liquid' 1961 Jan. p. 92–104
optical illusion, visual perception, 'Ames room', distance perception, motion perception, size perception, illusions as clues to organization of perception 1951 Aug. p. 50–55
motion perception, neuropsychology, relative vs. absolute motion 1959 July p. 56–60 [409]
human eye, vision, sensory perception, 'after effects', visual cortex, 'cortical satiation' 1962 Jan. p. 44–49
visual perception, illusion of movement, apparent movement, motion perception 1964 Oct. p. 98–106 [487]
visual perception, size constancy, distortion, pictures as objects, illusions arise from normally useful mechanisms 1968 Nov. p. 66–76 [517]
fortification illusions, migraine headaches, neurophysiology 1971 May p. 88–96 [536]
depth reversal, Necker cube, reversing figures, visual perception 1971 Dec. p. 62–71 [540]
contour perception, contrast perception, Mach bands, neuronal response, visual perception, Craik-O'Brien effect 1972 June p. 90–101 [543]
color fusion, color scission, perceptual transparency, physical transparency, transparency, visual perception 1974 Apr. p. 90–98 [559]
art, Escher's prints, perception of pictures, psychology, visual perception 1974 July p. 90–104 [560]
atmospheric optics, mirages, refraction, Fata Morgana, walking on water 1976 Jan. p. 102–111
contour perception, visual perception 1976 Apr. p. 48–52 [570]
afterimages, negative aftereffects, visual perception 1976 Dec. p. 42–48 [574]
Titchener illusion 1961 Apr. p. 76
optical interference coatings, coated optics, light reflection, light transmission, dielectric mirrors, laser, interferometry 1970 Dec. p. 58–75
optical model, atomic nucleus, shell model, high-energy physics, liquid-drop model, charge exchange, spin-orbit force, resonance 'particles', proton, neutron, structure of the nucleus 1959 Jan. p. 75–82
Gothic cathedrals, architectural engineering, Bourges cathedral, Chartres cathedral 1972 Nov. p. 90–99
optical properties, microwaves, Maxwell's equations, traveling-wave tube, klystron, magnetron, waveguides, communication, radar 1952 Aug. p. 43–51
optical pumping, microwave spectroscopy, spectroscopy, photon, quantum jumps, technique and uses of optical pumping 1960 Oct. p. 72–80
optical resolution, insect eye, compound eye, color perception, insect behavior 1948 July p. 42–45
X-ray, microscopy, X-ray microscope projected 1949 Mar. p. 44–47
optical telephone, telephone, system tested 1976 Dec. p. 53
optical transistor, optical analogue of junction transistor 1963 Apr. p. 84
optics, Newton, calculus, mechanics, life and work of Isaac Newton 1955 Dec. p. 73–80
diffraction, light, wave-particle duality, interference, electromagnetic waves, photon emission, introduction to single-topic issue on light 1968 Sept. p. 50–59
glory, light diffraction, rainbow 1974 July p. 60–73
glass, lens aberrations, photographic lenses 1976 Aug. p. 72–83
halos, Sun dogs, ice crystals, atmospheric halos 1978 Apr. p. 144–152 [3006]
ultrasonics, medical diagnosis, echo-sounding, computer-assisted imaging, sonar, imaging internal organs by ultrasound 1978 May p. 98–112 [1389]
relativity theory, implications of Fitzgerald contraction 1960 July p. 74
optics under water, bioluminescence, fish, fish-scale crystals, tapetum lucidum, camouflage 1971 Jan. p. 64–72 [1209]
optics without lens, Moiré patterns, Fresnel rings, properties and uses 1963 May p. 54–63 [299]
optogram, eye, rod cells, cone cells, retina, iris, rhodopsin, camera, anatomy and physiology of the eye, camera as metaphor 1950 Aug. p. 32–41 [46]
orb web, arachnid, spiders, spider webs, evolution 1960 Apr. p. 114–124
orbital motion, glaciation, Earth, eccentricities of motion, Milankovitch forecast, correlating glacial and sidereal time tables 1948 Oct. p. 40–45
comet, comet tails, spectroscopy, composition and origin of comets 1951 July p. 22–26
solar eclipse, Earth, moon 1954 Feb. p. 36–40
Earth satellite, space exploration 1955 Dec. p. 29–33

artificial satellite, telemetry, rocket launcher, plans for U.S. 10-pound (pre-Sputnik) satellite 1956 Nov. p. 41–47
artificial satellites, artificial satellite, forecast of lunar rocket expeditions 1957 June p. 47–53
artificial satellite, satellite, space exploration, Sputnik, tracking station, first artificial Earth satellite 1957 Dec. p. 37–43
artificial satellite, interferometry, antennae, radio astronomy, tracking station, satellite tracking 1958 Jan. p. 23–29
Neptune, solar system, Pluto, Pluto as escaped Neptunian satellite 1959 Apr. p. 86–100 [295]
artificial satellite, ionosphere, climate, aurora borealis, Van Allen belts, meteorology, solar particle influence on Earth atmosphere 1959 Aug. p. 37–43 [851]
interplanetary navigation, spacecraft, rocket, communication technology, navigation, technology of space navigation 1960 Mar. p. 64–73
artificial satellite, space exploration, Mercury, re-entry vehicle, ablation, re-entry corridor, re-entry from space 1961 Jan. p. 49–57
artificial satellite, communication satellite, telecommunication, Echo II satellite, radio, satellite communication systems, consideration of alternatives 1961 Oct. p. 90–102
Mariner 2, space exploration, telemetry, Venus, navigation, high-resolution studies of Venus 1963 July p. 70–84
artificial satellite, X-ray astronomy, satellite-emplaced telescope 1963 Aug. p. 28–37
Earth, stellar aberration, Gamma Draconis, discovery of stellar aberration by James Bradley 1964 Mar. p. 100–108
artificial satellite, geomagnetism, solar wind, magnetosphere, aurora, magnetometer 1965 Mar. p. 58–65
asteroids, Icarus, meteorites 1965 Apr. p. 106–115
artificial satellite, Earth, geoid, equatorial bulge, shape of the Earth 1967 Oct. p. 67–76 [873]
Apollo project, laser reflection, moon, lunar-ranging experiment, corner reflector, Earth-Moon distance measurement 1970 Mar. p. 38–49
Mariner 6, Mars, Mariner 7, telemetry, polar cap, television camera, cratering, surface pictures and map of Mars 1970 May p. 26–41

orbiting observatories, two of them, manned, by 1975 1966 Apr. p. 48

orchids, fungi, symbiosis, mycorrhiza, plant evolution, adaptation, adaptive ability of orchids 1966 Jan. p. 70–78

ordinal numbers, cardinal numbers, child development, mathematics education, mathematics history, number concepts 1973 Mar. p. 101–109

ore beneficiation, flotation, mineral separation, surfactant, bubbles, collector ions 1956 Dec. p. 99–110
iron ore, mining, low-grade ores, hematite, taconite 1968 Jan. p. 28–35

oreopithecus, primates, human evolution, orepithecus in lineage of Homo sapiens 1956 June p. 91–100

organ-pipe analogy, stellar composition, variable stars, stellar brightness 1975 June p. 66–75

organ transplant, artificial heart, heart transplant, kidney transplant, immunosupression, mechanical heart implant 1965 Nov. p. 38–46 [1023]
cell membrane, immune response, tissue grafts, tissue-typing, self-marker hypothesis 1972 June p. 28–37 [1251]
Uniform Anatomical Gift Act 1973 Mar. p. 45

organic chemistry, isomerism, isotopes, bulk effect, paths of atoms in chemical reactions 1957 Nov. p. 117–126 [85]
ionizing radiation, free radicals, polymerization, ionizing radiation in industrial chemistry 1959 Sept. p. 180–196

organic crystals, anthracene, crystallography, photosynthesis, electron transfer, exciton, plants, conjugated aromatic hydrocarbons 1967 Jan. p. 86–97

organic decay, slow in deep sea 1973 Apr. p. 45

organic lasers, tunable laser 1969 Feb. p. 30–40

organic molecules, extraterrestrial life, meteorites, chondrites, pangenesis, organic molecules in carbonaceous chondrites 1963 Mar. p. 43–49
fossil record, sedimentary rock, gas chromatography, chlorophyll, hydrocarbons, 'chemical fossils' 1967 Jan. p. 32–43 [308]
conformational isomerism, hydrocarbons, chemical bond, conformation and reactivity 1970 Jan. p. 58–70 [331]
evolution, early life on Earth 1965 June p. 58

organic relics, Stone Age hunters, peat bog, Neolithic archeology 1952 May p. 20–25
peat bog, archeology, weapons deposits, Danish history 1953 Oct. p. 84–88

organic superconductor, energy transfer, superconductors, electron pairs, proposal for room-temperature superconductor 1965 Feb. p. 21–27

Organization of Petroleum Exporting Countries, *see:* OPEC

organometallic compounds, chelation, metal ions, sequestering, ring compounds, porphyrin ring, metal-poisoning antidote, chemical separation 1953 June p. 68–76

origins of life, Miller-Urey experiment, high-energy radiation, heterotrophs, fermentation, photosynthesis, autotrophs 1954 Aug. p. 44–53 [47]
bacteria, blue-green algae, fossil cells, evolution, Gunflint cherts, Precambrian rocks, prokaryotic cells, oldest fossils 1971 May p. 30–42 [395]
benzene, carbon chemistry, chemical accelerators, high-energy carbon reactions 1975 Jan. p. 72–79
extraterrestrial intelligence, interstellar communication, planetary systems, cyclops project 1975 May p. 80–89 [347]
fossil cells in 3-billion-year-old rock 1956 July p. 50
synthesis of adenine in electron beam 1963 Aug. p. 52
protein synthesis, thermal theory of biological origins 1964 Apr. p. 64

Orion nebula, nebulae, stellar evolution, ultraviolet radiation, hydrogen density, dating interstellar bodies 1965 Feb. p. 90–101

ornithology, evolution, speciation, guillemot, skua, melanism, avian evolution 1957 May p. 124–134
birds, geographical distribution, speciation, behavioral adaptation, bird migration, adaptation, provinciality of birds 1957 July p. 118–128
animal behavior, incubator birds, eggs, chicken, fowl, hatching eggs in hot places 1959 Aug. p. 52–58
crow, signal behavior, animal behavior, language of crows 1959 Nov. p. 119–131
soaring, wind velocity, thermal cells, air currents, aerodynamics, bird flight, flight of soaring birds 1962 Apr. p. 130–140
animal behavior, Antarctica, skua, south polar skua 1964 Feb. p. 94–100
egg color-code 1958 Aug. p. 54
'silent' flight mechanism of owl 1962 Apr. p. 78
animal communication, Lanarius erythrogaster song 1963 May p. 80

orthodoxy, Lysenkoism, Lamarck, acquired characteristics, genotype, evolution, phenotype, mutation, ostrich calluses, speciation, religion, Darwinism, experiments in acquired characteristics 1953 Dec. p. 92–99

oryx, cichlid fish, marine iguana, rattlesnake, fighting behavior, animal behavior, comparative psychology 1961 Dec. p. 112–122 [470]

oscillating reagents, chemical reaction, computer modeling, rotating chemical reactions, non-linear reactions 1974 June p. 82–95

oscillographs, musical tones 1951 May p. 52–53

oscilloscope, cathode-ray tube, Crookes tube, vacuum tube, Ferdinand Braun's invention 1974 Mar. p. 92–101

osmosis, kidney, counter-current exchange, urine, nephron, glomerulus, anatomy and physiology of the kidney 1953 Jan. p. 40–48 [37]
active transport, passive transport, pinocytosis, phagocytosis, cytology, cell membrane, fertilization, functions of cell membranes 1961 Sept. p. 167–180 [96]
'anomalous' water, 'biological' water, blood, hemoglobin, water, membrane permeability, erythrocyte, van 't Hoff law 1971 Feb. p. 88–96 [1213]

osteoclasts, bone, calcium, cartilage, feedback, hydroxyapatite crystal 1955 Feb. p. 84–91

osteogenesis, calcium metabolism, parathyroid hormone, phosphate metabolism, vitamin D, parathyroid function 1961 Apr. p. 56–63 [86]
bone, piezoelectricity, collagen, calcium metabolism, bone adaptation to mechanical stress 1965 Oct. p. 18–25 [1021]
evolution, horn, antler, bone, keratin, ungulates, differences between horns and antlers 1969 Apr. p. 114–122 [1139]
air pollution, rickets, vitamin D, ultraviolet radiation, calcium metabolism, epidemiology, sunlight 1970 Dec. p. 76–91 [1207]

ostrich calluses, Lysenkoism, Lamarck, acquired characteristics, genotype, evolution, phenotype, mutation, speciation, religion, orthodoxy, Darwinism, experiments in acquired characteristics 1953 Dec. p. 92–99

Otto-Langen engine, internal combustion engine, atmospheric engine, stratified charge, history of Otto engine 1967 Mar. p. 102–112

out-patient care, hospital care, medical care, in-patient care, medical technology, medical history, triage 1973 Sept. p. 128–137

outer planets, Neptune, Pluto, Saturn, solar system, Uranus 1975 Sept. p. 130–140

solar system, Pioneer 10 mission 1972 Jan. p. 46
oven, ballistics, caloric heat theory, science history, Rumford, heat as motion, Benjamin Thomson, biography 1960 Oct. p. 158–168
Ovshinsky devices, amorphous semiconductors, nonperiodic systems, quantum mechanics, semiconductor technology, switching phenomena 1977 May p. 36–48 [362]
ovulation, twins, identical twins, fraternal twins, estrin, physiology of twinning 1951 Jan. p. 48–51
contraception, birth control, reproduction, nidation, fertilization 1954 Apr. p. 31–34
ovulation timing, male fertility, spermatozoon count, birth control 1950 May p. 16–19
ovum, cell anatomy, spermatozoon, virus, science history, cytology, muscle cell, plant cell, connective tissue cell, introduction to single-topic issue on the living cell 1961 Sept. p. 50–61 [90]
cell differentiation, tissue specialization, 'lampbrush' chromosome, embryonic development, zygote, fertilization, clone, cytology, how cells specialize 1961 Sept. p. 124–140
embryonic development, oocytogenesis, meiosis, mitosis, mammalian eggs, chromosomal anomalies, in vitro fertilization 1966 Aug. p. 72–81 [1047]
mitosis, fertilization, embryonic development, meiosis, blastocyst, human embryos in the laboratory 1970 Dec. p. 44–54 [1206]
oxen, transportation, wheeled vehicles, carts, wagons, Transcaucasus, Mesopotamia, origin of wheeled transport 5,000 years ago 1968 July p. 82–90
oxidation, rust, technetium, corrosion, studies in corrosion 1956 May p. 35–39
oxidation membrane, ATP synthesis, mitochondria, electron transfer, mitochondrion, proposed structure of mitochondrion 1964 Jan. p. 63–74
oxidation of food, desert rat, kidney, water balance, how banner-tailed kangaroo rat survives without water 1953 July p. 73–78 [1050]
oxidation-reduction reactions, chloroplast, oxygen cycle, photosynthesis, biosphere, aerobic metabolism, ozone, geological record, oxygen-carbon balance 1970 Sept. p. 110–123 [1192]
oxidative phosphorylation, cytology, energy transformation, ATP, mitochondrion, citric-acid cycle, glycolysis, membrane, energy transformation in the cell 1960 May p. 102–114
ATP, chloroplast, mitochondrion, photosynthesis, cell metabolism, glucogenesis, citric-acid cycle, glycolysis, cytology, cellular transformation of energy 1961 Sept. p. 62–73 [91]
algae, photosynthesis, chloroplast, Calvin cycle, path of carbon in photosynthesis 1962 June p. 88–100 [122]
ATP, mitochondrion, glycolysis, cell membrane, enzymes, cell metabolism, mitochondrial membrane 1968 Feb. p. 32–39 [1101]
antibiotics, staphylococcus septicemia, antibiotic resistance, toxicology, cause of death from staphylococcal infection 1968 Feb. p. 84–94
cell nucleus, chromatin, chromosomal proteins, DNA, gene regulation, histones, nucleoproteins 1975 Feb. p. 46–57 [1315]
ATP, cell membrane, active transport, mitochondrion, chloroplast, formation of the energy-exchange molecule in the cell 1978 Mar. p. 104–123 [1383]
oxide semiconductors, magnetic core, integrated circuits, computer memory, microelectronics, advent of integrated-circuit semiconductor memories 1967 July p. 18–31
oxy-aluminum torch, heat, flame chemistry, reaction kinetics, high temperatures:flame 1954 Sept. p. 84–95
oxygen, atmosphere, escape velocity, photosynthesis, volcanoes, water of crystallization, nitrogen, origin and evolution of Earth's atmosphere 1953 Aug. p. 82–86 [824]
phlogiston, chemistry, Priestley, life and work of Joseph Priestley 1954 Oct. p. 68–73
premature infants, retrolental fibroplasia, epidemiology, infant mortality, blindness, 'blind babies' 1955 Dec. p. 40–44
comparative physiology, ice fish, hemoglobin, blood, Antarctic fish without red cells or hemoglobin 1965 Nov. p. 108–114
by intravenous route 1952 Jan. p. 36
oxygen atoms, airglow, atmosphere, ionosphere, solar radiation, ozone, upper atmosphere, laboratory simulation, atomic energy levels 1966 Mar. p. 102–110
oxygen-carbon balance, chloroplast, oxygen cycle, photosynthesis, biosphere, aerobic metabolism, ozone, oxidation-reduction reactions, geological record 1970 Sept. p. 110–123 [1192]
oxygen cycle, chloroplast, photosynthesis, biosphere, aerobic metabolism, ozone, oxidation-reduction reactions, geological record, oxygen-carbon balance 1970 Sept. p. 110–123 [1192]
oxygen debt, ATP, muscle, glycolysis, aerobic metabolism, lactic acid formation, aerobic metabolism, anaerobic metabolism, energy mechanisms in muscle 1972 Mar. p. 84–91 [1244]
oxygen injection, steel production, open hearth furnace, basic oxygen process 1968 Apr. p. 24–31
oxygen isotopes, temperature measurement, foraminifera, abyssal sediments, paleontology, glaciation, climatic change, measurement of ancient temperatures 1958 Feb. p. 54–63
oxygen level, Atlantic Ocean, Gulf Stream, ocean circulation, salinity, ocean temperature, Coriolis effect, 'anatomy' of the Atlantic 1955 Jan. p. 30–35 [810]
atmosphere 1970 Oct. p. 54
oxygen starvation, metabolism, erythrocyte, acclimatization, attitude adaptation 1955 Dec. p. 58–68
oxygen storage, asphyxia, breathing, diving bradycardia, respiratory gas exchange, diving mammals, diving birds, hibernation, selective ischemia, human physiology, redistribution of oxygenated blood and 'master switch of life' 1963 Dec. p. 92–106
oxygen transfer, lung, gill, carbon dioxide, gas exchange, water-breathing by mammals, breathing, animal experiments in water-breathing 1968 Aug. p. 66–74 [1123]
oxygen transport, ceruloplasmin, hemocyanin, enzymes, copper deficiency, cytochrome oxidase, copper biochemistry, Wilson's disease, tyrosinase 1968 May p. 102–114
oysters, natural history 1953 Nov. p. 86–91
ozone, air pollution, smog, 'blue haze', atmospheric inversion, particulates, peroxides, photochemistry 1955 May p. 62–72
atmospheric tides, Earth, ultraviolet radiation, ultraviolet-radiation hypothesis 1962 Dec. p. 48–55
air pollution, smog, automobile emissions, urban transport, air pollution control in Los Angeles 1964 Jan. p. 24–31 [618]
catalysis, corona discharge, free radicals, polymerization, corona chemistry, water purification, hydrocarbon cracking 1965 June p. 90–98
airglow, atmosphere, ionosphere, solar radiation, oxygen atoms, upper atmosphere, laboratory simulation, atomic energy levels 1966 Mar. p. 102–110
chloroplast, oxygen cycle, photosynthesis, biosphere, aerobic metabolism, oxidation-reduction reactions, geological record, oxygen-carbon balance 1970 Sept. p. 110–123 [1192]
climate, air pollution, atmospheric circulation, carbon dioxide 'window', particulates, temperature of Earth, human activity and climatic change 1971 Jan. p. 32–42 [894]

P

Pacific Ocean, ocean floor, Mendocino escarpment, fracture zones, seamounts, Earth mantle convection 1955 July p. 36–41
earth crust, Acapulco trench, Tonga Trench, Cedros Trough, ocean floor 1955 Nov. p. 36–41 [814]
Pacific plate, Earth crust, deep-sea drilling, ocean evolution, plate tectonics, sedimentary cores, voyager of the Glomar Challenger 1973 Nov. p. 102–112 [911]
Pacinian corpuscle, sensory perception, touch, olfactory receptors, taste receptors, mechanoreceptors, pain receptors, biological transducers 1960 Aug. p. 98–108 [70]
pain, dolorimeter, what is pain? 1953 Mar. p. 59–66
anesthesia, cocaine, procaine, surgery, medical research, neuropharmacology, pharmacology, psychiatry, research in pain suppression 1957 Jan. p. 70–82
perception, psychology, neuropsychology, cultural influence on pain perception 1961 Feb. p. 41–49 [457]
pain receptors, sensory perception, Pacinian corpuscle, touch, olfactory receptors, taste receptors, mechanoreceptors, biological transducers 1960 Aug. p. 98–108 [70]
painting, art restoration, X-ray, microchemistry, spectroscopy, science in the art museum 1952 July p. 22–27
information theory, sculpture, architecture, visual communication, communication, trademarks, language, visual stimulus, visual signals 1972 Sept. p. 82–96 [548]
palatalization, American languages, speech, changes in American speech 1955 Aug. p. 78–83
Paleo-Indian community, U.S. Southwest 1966 Apr. p. 51
Paleo-Indians, hunting, bison, Olsen-Chubbuck site, New World archeology, reconstruction of bison hunt, kill, butchering

paleobotany, radiocarbon dating, carbon 14, archeological dating, pollen analysis 1952 Feb. p. 24–28
Arctic flora, desert adaptation, cold adaptation, Greenland flora, adaptations to Arctic climate 1956 Feb. p. 88–98
primitive flowering plant 1956 Sept. p. 116
Paleolithic archeology, cave art, cave paintings, sculpture, Lascaux, Altamira 1968 Feb. p. 58–72
stone tools, tool assemblages, multivariate analysis, factor analysis, computer analysis, Bordes method, stone tools as fossils of behavior 1969 Apr. p. 70–84 [643]
flint tools, microwear analysis 1977 Nov. p. 108–126 [700]
burial site in U.S.S.R. 1965 Feb. p. 53
Paleolithic campsite, stone tools, huts, structures from 300,000 years ago 1969 May p. 42–50
Paleolithic culture, Amerindian, Havasupai, Cohonina, prehistoric man in the Grand Canyon 1958 Feb. p. 97–102
Isimila, stone tools, cultural archeology, Old Stone Age site in Africa 1961 Oct. p. 118–129
Switzerland, 'lake-dwellers', prehistoric Swiss lake-dwellers 1961 Dec. p. 138–147
anthropology, stone tools, obsidian, Andes, El Inga site, prehistoric man in the Andes 1963 May p. 116–128
rock drawings, petroglyphs, Siberia, Paleolithic, Neolithic periods 1969 Aug. p. 74–82 [649]
stone tools, Kalambo Falls site 1958 July p. 76
Paleolithic Europe, Cro Magno art, Magdalenian, Aurignacian-Perigordian, cave paintings 1953 Aug. p. 30–33
Paleolithic man, aborigine, stone tools, dingo, Tasmanian devil, Australian aborigine, antiquity of man in Australia 1966 Mar. p. 84–93 [628]
Paleolithic settlements, climate, Europe, hunting, stone tools 1976 Feb. p. 88–99
climate, cultural evolution, hunter-gatherer societies, Nile prehistory, stone tools 1976 Aug. p. 30–38
paleomagnetism, evolution, Infra-Cambrian Ice Age, glaciation, fossil record, continental drift 1964 Aug. p. 28–36
magnetic field, volcanic rocks, geomagnetic reversals, sea-floor spreading, reversals of Earth's magnetic field 1967 Feb. p. 44–54
continental drift, glaciation, Gondwanaland, Laurasia, Glossopteris, sea-floor spreading, supercontinents, plate tectonics, continental drift confirmed 1968 Apr. p. 52–64 [874]
paleoneurology, brain evolution, brain size, cephalization index, endocranial casts, intelligence 1976 Jan. p. 90–101 [568]
paleontology, reptile, dinosaurs, mammalian evolution, therapsids, ichthyosaurs, evolution, origin of mammals 1949 Mar. p. 40–43
glaciation, natural history, Agassiz, Louis Agassiz, fostering of science in America 1949 July p. 48–51
amino acids, fossil, bone, mollusk shells, paleobiochemistry 1956 July p. 83–92 [101]
oxygen isotopes, temperature measurement, foraminifera, abyssal sediments, glaciation, climatic change, measurement of ancient temperatures 1958 Feb. p. 54–63
Antarctica, fossil fauna, fossil flora, geology, Glossopteris, coal, continental drift evidence 1962 Sept. p. 168–184 [863]
algae, coral, coral rings, fossil reefs, climatic change, dating by coral rings 1966 Oct. p. 26–33 [871]
cotylosaur fossil, oldest reptile 1967 Sept. p. 104
Onverwacht microfossils 1968 Oct. p. 59
see also: micropaleontology
Palestine, Jerusalem, Biblical archeology, city of Jebusites, David, Herod 1965 July p. 84–91
Palomar Observatory, Hale telescope, Schmidt telescope, galactic survey, cosmology, 200-inch and 48-inch Palomar telescopes 1948 Aug. p. 12–17
five photographs from 200 inch telescope 1949 Nov. p. 32–39
cosmology, red shift, stellar populations, interstellar matter, galactic evolution, Hale telescope, first yield from 200 inch telescope 1952 Feb. p. 43–51
planets, photographs of the planets by 200-inch telescope 1953 Feb. p. 17–21
Palomar telescopes, sky survey 1954 Aug. p. 38
Panama Canal, alternatives 1971 Jan. p. 44
pancreas, cell differentiation, embryonic development, mesoderm, endoderm, tissue culture 1969 Mar. p. 36–44 [1136]
pandemics, antigen variation, disease, medical history, influenza virus, encephalitis, virus disease, animal vectors, Hong Kong flu, swine flu 1977 Dec. p. 88–106 [1375]
Pangaea, continental drift, plate tectonics, scaling, subduction, sea-floor spreading, Earth crust, Triassic period, computer modeling, supercontinents, breakup of Pangaea traced 1970 Oct. p. 30–41 [892]
biosphere, continental drift, marine biology, ocean evolution, plate tectonics 1974 Apr. p. 80–89 [912]
continental drift, contracting-Earth theory, science history, plate tectonics, Wegener's hypothesis 1975 Feb. p. 88–97
pangenesis, extraterrestrial life, meteorites, chondrites, organic molecules, organic molecules in carbonaceous chondrites 1963 Mar. p. 43–49
pantothenic acid, *see:* coenzyme A
paper, cellulose, rayon, forest products, crystal structure, lignin, polymers, polysaccharides, overview of natural polymer 1957 Sept. p. 156–168
lignin, wood, aromatic compounds, chemical identity of elusive lignin 1958 Oct. p. 104–113
forest products, wood pulp, cellulose, lignin, rayon, waste recycling, kraft process 1974 Apr. p. 52–62
'holopulping' manufacturing process 1969 July p. 54
paper chromatography, chromatography, fractionation, amino-acid separation 1951 Mar. p. 35–41
fruit fly, gene mutation, insect eye, fractionating the fruit fly 1962 Apr. p. 100–110 [1166]
para-aminobenzoic acid, metabolite antagonists, imitative drugs, sulfa drugs, folic acid 1951 Apr. p. 60–63
para-aminosalicylic acid, isoniazid, isotopes, tuberculosis, streptomycin, pharmacology, tracing action of TB drugs 1956 Nov. p. 135–144
paradox, mathematics, set theory, logic, non-Euclidian space, non-commutative algebra, Hilbert spaces, science, mathematics 1900-1950, undecidable questions 1950 Sept. p. 40–42
symbolic logic, Boolean algebra, switching circuits 1950 Dec. p. 22–24
Gödel's proof, mathematics, logic, philosophy of science, undecidable problems in axioms of arithmetic 1956 June p. 71–86
antinomy, mathematical logic, logic, barber paradox, undecidable questions, Gödel's proof, Grelling's paradox, Epimenides' paradox, Zeno's paradox, paradox and foundations of logic 1962 Apr. p. 84–96
games theory, mathematical logic, decision theory, 'metalogic' to solve paradox 1967 July p. 50–56
symbolic logic, Dodgson, barber paradox, mathematics 1972 July p. 38–46
paradoxical sleep, dreams, sleep research, electroencephalography, reticular formation, brain waves, REM sleep, cat brain, the states of sleep 1967 Feb. p. 62–72 [504]
parallel lines, non-Euclidian geometry, Aristotle, non-Euclidian geometry before Euclid 1969 Nov. p. 87–98
parallel processing, computer technology, computer programming, sequential processing, ILLIAC IV fastest computer 1971 Feb. p. 76–87
paralysis, bacterial toxin, tetanus, botulism, nerve impulse, inhibitory impulse, synapse, motor neuron, Clostridium tetani, Clostridium botulinum 1968 Apr. p. 69–77
paramecium, cytoplasmic inheritance, reciprocal crossing, maternal inheritance, sex linked traits, non-Mendelian inheritance, male sterility, chloroplast, plastids, cytogene, review of evidence for an extra-chromosomal genetics 1950 Nov. p. 30–39 [39]
parametric pump, fluid separation 1966 Apr. p. 50
Paranthropus, man-apes, human evolution, Homo, Australopithecus, Plesianthropus 1949 Nov. p. 20–24 [832]
parapsychology, question of fraud 1956 Mar. p. 58
'eyeless vision' unmasked in U.S.S.R. 1965 Mar. p. 57
psychokinesis data falsified 1974 Sept. p. 68
Faraday's disarming dismissal 1975 Jan. p. 52
parasitism, toxoplasmosis, intracellular parasite, infectious disease, encephalitis, insect vectors 1953 Feb. p. 86–92
circadian rhythm, filariasis, elephantiasis, tropical disease 1958 July p. 94–101
insect reproduction, plant galls, plant growth, parasite-induced changes in plants 1959 Nov. p. 151–162
Chaga's disease, public health, 'zoonoses', trypanosomiasis, malaria, filariasis, leishmaniasis, plague, yellow fever, typhus, epidemiology, animal infection and human disease 1960 May p. 161–170

insect evolution, predatory wasps, solitary wasps, species specificity, predator-prey relationship, behavioral clues to evolution 1963 Apr. p. 144–154
fleas, host-parasite relationship, hormone, rabbits, estrus, adaptation, the rabbit flea and rabbit hormones 1965 Dec. p. 44–53 [1027]
biological clock, malaria, Plasmodium, reproduction, gametocyte, mosquitoes 1970 June p. 123–131 [1181]
ants, insect behavior, animal communication, ant 'guests', comensalism, pheromones 1971 Mar. p. 86–93 [1213]
birds, finches, mimicry, sexual behavior, widow birds, animal behavior 1974 Oct. p. 92–98
ants, social insect, pheromones, insect behavior, ant slavery 1975 June p. 32–36 [1323]

parathyroid hormone, calcium metabolism, phosphate metabolism, vitamin D, osteogenesis, parathyroid function 1961 Apr. p. 56–63 [86]

Paré, military medicine, medicine, science history, surgery, life and work of Ambroise Paré 1956 Jan. p. 90–96

parentage, blood typing, forensic medicine 1954 July p. 78–82

parental care, comparative psychology, emotional development, abnormal behavior, maternal deprivation, early experience and emotional development, experiments with rats 1963 June p. 138–146 [478]
marine birds, phalarope, sexual behavior, animal behavior, sex role, hormone 1969 June p. 104–111
animal behavior, innate behavior, learning, feeding behavior, sea gull chicks 1969 Dec. p. 98–106 [1165]
personality, child development, infant behavior, temperament, interaction of temperament and environment, nature-nurture 1970 Aug. p. 102–109 [529]
animal behavior, crocodile, Nile crocodile, reptile 1976 Apr. p. 114–124

parity, elementary particles, 'weak' force, symmetry, quantum, particle interaction, right and left-handed particles breakdown of parity 1957 Apr. p. 45–53 [231]
antimatter, symmetry, elementary particles, 'weak' force, particle interaction, recognition of 'fourth force' 1959 Mar. p. 72–84 [247]
symmetry, time reversal, CPT mirror, mirror images 1965 Dec. p. 28–36 [301]
time reversal, symmetry, charge conservation, lambda decay, CPT conservation, proton spin, experiments in time reversal 1969 Oct. p. 88–101
violation of symmetry 1957 Mar. p. 62

Parkinson's disease, link to 1918 flu pandemic 1961 Sept. p. 86

parthenogenesis, fertilization, sea urchin egg 1950 Dec. p. 46–49
fertilization, progesterone, hyaluronidase, zona pellucida 1951 Mar. p. 44–47
in fowl 1956 May p. 64
embryonic growth in fowl without fertilization 1961 Feb. p. 72

particle acceleration, cosmic radiation, massive nuclei, high-energy physics, Milky Way, magnetic field, supernovae, fundamental research, where do cosmic rays come from? 1953 Sept. p. 64–70 [239]
cosmic radiation, cosmic ray showers, supernovae, galactic halo, synchrotron radiation, abundance, energies, sources of cosmic rays 1969 Feb. p. 50–63

particle accelerator, elementary particles, electron, proton, particle counters, neutron, positron, mesons, photon, neutrino, nuclear binding force, 'Meson Song' 1948 June p. 26–39
high-energy physics, inventory of plant world-wide 1948 Oct. p. 18–19
cosmotron, Bevatron, high-energy physics, technology of high-energy physics moves into the Giga (billion) volt range 1951 Feb. p. 20–25
strong-focusing synchrotron, plans for 100-billion-electron-volt machine 1953 May p. 40–45
scintillation counter, electron-multiplier tube, scintillation counters 1953 Nov. p. 36–41
microwaves, radar, klystron 1954 Mar. p. 84–90
research funding, U.S.S.R., high-energy physics 1956 Aug. p. 29–35
thermonuclear reaction, element abundance, stellar evolution, universe, isotopes, 'synthetic' elements, experimental astrophysics 1956 Sept. p. 82–91
high-energy physics, particle-scattering experiments, atomic nucleus, method and technology of high-energy physics 1960 Mar. p. 98–114
spark chamber, cloud chamber, bubble chamber, particle tracks 1962 Aug. p. 36–43
particle detector, particle physics, semiconductor, solid state physics, semiconductor particle-detector 1962 Oct. p. 78–88 [284]
beta decay, neutrino, muon neutrino, a particle interaction, 'weak' force, experiment demonstrating existence of muon neutrino 1963 Mar. p. 60–70 [324]
magnetic monopoles, elementary particles, electromagnetic radiation, search for elementary particle of magnetism 1963 Dec. p. 122–131
alternating-gradient synchrotron, 'eightfold way', omega-minus particle, bubble chamber, high-energy physics, U.S. Brookhaven National Laboratory experiment 1964 Oct. p. 36–45
high-energy physics, storage rings, synchrotron, colliding beam accelerator, spark chamber 1966 Nov. p. 107–116 [323]
mesons, pions, proton, quark, high-energy physics, nucleons, Regge trajectory, high-energy scattering 1967 Dec. p. 76–91
Van de Graaf generator, electrostatic belt generator, charge-changing accelerator, negative ion 1970 Aug. p. 24–33
collective-effect accelerators, electron-ring accelerator, particle-storage rings 1972 Apr. p. 22–33
atomic nucleus, atomic structure, exotic atoms, kaonic atoms, muonic atoms, pions, quantum mechanics, high-energy physics 1972 Nov. p. 102–110
beta decay, bubble chamber experiments, high-energy physics, hadrons, neutrino beam, positron 1973 Aug. p. 30–38
National Accelerator Laboratory, proton beam, neutrino beam, synchrotron 1974 Feb. p. 72–83
at Caltech 1952 Sept. p. 69
200 ft. linear 1953 Feb. p. 40
at Oak Ridge 1953 May p. 55
'swindletron' 1954 Jan. p. 40
breakdown at Columbia 1957 July p. 70
12.5 Bev for Argonne 1958 Feb. p. 40
alternating-gradiant synchrotron at Brookhaven 1959 Feb. p. 64
efficiency of linear accelerator 1959 July p. 63
24Bev synchroton 1960 Feb. p. 65
U.S.S.R. state-of-the-art 1960 May p. 98
alternating gradient synchrotron 1960 Sept. p. 99
mounting of 'two-neutrino' experiment 1961 May p. 76
anti-xi minus creation 1962 May p. 74
Cambridge Electron Accelerator 1962 May p. 80
antineutrinos and neutrinos 1962 Aug. p. 52
alignment of proton spin axes 1963 Mar. p. 74
U.S. research and development program 1963 July p. 64
superconducting accelerator 1965 Dec. p. 42
site chosen for U.S. 200 GeV accelerator 1967 Feb. p. 56
supercooled electron accelerator 1968 June p. 44
magnet problem at Fermilab 1972 Jan. p. 46
NAL reaches design energy 1972 July p. 51
teravolt proposal 1975 Feb. p. 40
proton antiproton storage ring 1977 Apr. p. 58
colliding-beam accelerator, new orders of collision energy 1978 Mar. p. 70

particle bed, fluidization, petroleum cracking, turbulence, gas stream, food processing 1968 July p. 94–104

particle charge, physical constants, measurement, velocity of light, electron mass, least-squares method, standards of measurement, Planck's constant, Rydberg constant 1970 Oct. p. 62–78 [337]

particle counters, elementary particles, electron, proton, neutron, positron, mesons, photon, neutrino, particle accelerator, nuclear binding force, 'Meson Song' 1948 June p. 26–39
radiation counters, high-energy physics, how counters work 1950 July p. 40–43

particle detector, particle physics, semiconductor, solid state physics, particle accelerator, semiconductor particle-detector 1962 Oct. p. 78–88 [284]

particle interaction, elementary particles, parity, 'weak' force, symmetry, quantum, right and left-handed particles breakdown of parity 1957 Apr. p. 45–53 [231]
antimatter, symmetry, elementary particles, 'weak' force, parity, recognition of 'fourth force' 1959 Mar. p. 72–84 [247]
muon, electron, 'weak' force, high-energy physics, properties of massive negative particle 1961 July p. 46–55 [275]
colliding-beam accelerator, high-energy physics, proton-proton interaction, C.E.R.N. 1973 Nov. p. 36–44
high-energy physics, gauge theory, field theory, 'weak' force, electromagnetic force, 'strong' force 1974 July p. 50–59
electromagnetic force, gauge theory, neutrino interactions, 'weak' force, neutral-weak-current interactions 1974 Dec. p. 108–119

particle physics, mesons, strong interactions, nuclear binding force, fleeting associations of mesons and atomic nuclei 1956 Oct. p. 93–102 [207]

mesons, pions, strong interactions, nuclear binding force, quantum of the strong force 1957 Jan. p. 84–92 [226]
lambda hyperon, hyperons, hypernuclei 1962 Jan. p. 50–56
particle detector, semiconductor, solid state physics, particle accelerator, semiconductor particle-detector 1962 Oct. p. 78–88 [284]
spark chamber design 1961 July p. 72
eta meson, pion resonance, strong interactions 1962 Feb. p. 73
pion resonances 1962 June p. 79
atomic nucleus, strong interactions 1962 Nov. p. 70
high-energy physics, intermediate boson 1964 Mar. p. 54
omega minus particle discovered 1964 Apr. p. 60
relation of electromagnetic and weak interactions forces 1973 Nov. p. 48
see also: high-energy physics

particle scattering, electromagnetic force, nuclear forces, proton, neutron, mesons, high-energy physics, fundamental research, what holds the nucleus together? 1953 Sept. p. 58–63

particle-scattering experiments, atomic nucleus, nuclear physics, high-energy physics, electron scattering, models of the atomic nucleus 1956 July p. 55–68 [217]
atomic nucleus, science history, Rutherford, biography 1956 Nov. p. 93–104
high-energy physics, particle accelerator, atomic nucleus, method and technology of high-energy physics 1960 Mar. p. 98–114

particle-storage rings, collective-effect accelerators, electron-ring accelerator, particle accelerator 1972 Apr. p. 22–33

particle tracks, photographic emulsion, cosmic radiation, neutron, proton, electron, characteristic 'signatures' of particles 1956 May p. 40–47
spark chamber, particle accelerator, cloud chamber, bubble chamber 1962 Aug. p. 36–43
fission-track dating 1967 June p. 51

particle-wave duality, *see:* wave-particle duality

particles of wear, Beilby layer, ferrograph analysis, friction, lubrication, machine wear, metal fatigue, wear 1974 May p. 88–97

particulates, air pollution, smog, 'blue haze', atmospheric inversion, ozone, peroxides, photochemistry 1955 May p. 62–72
climate, air pollution, atmospheric circulation, carbon dioxide 'window', ozone, temperature of Earth, human activity and climatic change 1971 Jan. p. 32–42 [894]
cermets, composite materials, dispersion-strengthened composites, fiber-reinforced composites 1973 July p. 36–44

parton model, antimatter, high-energy physics, colliding-beam accelerator, electron-positron annihilation, proton, quantum electrodynamics 1973 Oct. p. 104–113

parts manufacture, automatic control, computer applications, machine tool, batch process production methods 1975 Feb. p. 22–29

Pascal's theorem, projective geometry, Renaissance paintings, Leonardo, Durer, Desargue's theorem, mathematics, projective geometry as systematized by Poncelet and Klein 1955 Jan. p. 80–86

Pascal's triangle, mathematics, probalility, combinatorial analysis, normal curve, Brownian motion, Markov chain, statistics, probability theory 1964 Sept. p. 92–108

passive transport, active transport, pinocytosis, phagocytosis, cytology, osmosis, cell membrane, fertilization, functions of cell membranes 1961 Sept. p. 167–180 [96]

passive trapper, carnivorous plants, active trapper, digestive enzymes, natural history 1978 Feb. p. 104–155 [1382]

patent ductus arteriosus, cardiac prostheses, cardiac surgery, heart-lung machine, Fallot tetralogy, technology and technique of open-heart surgery 1960 Feb. p. 76–90

patent law, Atomic Energy Act, power, licensing, international cooperation, military secrecy, inernational cooperation, major provisions of Atomic Energy Act of 1954 1954 Nov. p. 31–35
royalties for U-235 production process 1958 Dec. p. 54
rapid-growth technology 1973 July p. 46

patent-law reform, commerce, invention, technology 1967 June p. 19–27
changes proposed 1967 Apr. p. 48

pattern recognition, computer technology, artificial intelligence 1960 Aug. p. 60–68
Chinese language, computer translation, experiment in machine translation 1963 June p. 124–135
memory, visual search, visual scanning, information processing, reading 1964 June p. 94–102 [486]
visual perception, computer graphics, stereoscopic images, texture discrimination, depth perception 1965 Feb. p. 38–48 [318]
chromosomal anomalies, computer analysis, computer graphics, computer recognition and classification of chromosomes 1966 Apr. p. 40–46 [1040]
automatic cell sorting, blood cell analysis, computer analysis, lymphocytes, automatic analysis of white cells 1970 Nov. p. 72–82
cluster-seeking algorithms, computer technology, reading machines 1971 Apr. p. 56–71
eye movement, scan-path recordings, serial-recognition hypothesis, visual perception 1971 June p. 34–43 [537]
visual perception, information theory, computer graphics, 'block portraits', computer enhancement, recognition of faces 1973 Nov. p. 70–82
figure-ground perception, texture discrimination, visual perception, perceptual limitations 1975 Apr. p. 34–43 [563]
reading, letters, words, visual cues in recognition of letters and words 1978 Jan. p. 122–130 [122]

Pauli, atom, exclusion principle, theoretical physics, antimatter, quantum mechanics, structure of atoms and nuclei 1959 July p. 74–86 [264]

Pavlov, conditioned behavior, behavioral psychology, biography and appraisal of I.P. Pavlov 1949 Sept. p. 44–47
conditioned reflex, neurosis, operant conditioning, psychology, thyroidectomy, stress, emotional behavior, neurosis, conditioned reflex is shown to be a neurosis 1954 Jan. p. 48–57 [418]

peasants, commerce, market, agricultural system, peasant markets in Haiti 1960 Aug. p. 112–122 [647]

peat bog, Stone Age hunters, organic relics, Neolithic archeology 1952 May p. 20–25
archeology, weapons deposits, organic relics, Danish history 1953 Oct. p. 84–88

pecking order, chicken, social behavior, sexuality and dominance 1956 Feb. p. 42–46 [471]
aggression, group behavior, social psychology, experiments in group behavior 1956 Nov. p. 54–58 [154]
communication, territorial behavior, pheromones, rabbits, scent glands, territorial marking by rabbit 1968 May p. 116–126 [1108]
animal behavior, courtship display, turkeys, sexual behavior, lek behavior, Welder Wildlife Refuge 1971 June p. 112–118

peer group, social deprivation, comparative psychology, rhesus monkeys, maternal deprivation, experiments in social deprivation 1962 Nov. p. 136–146 [473]

peer review, N.S.F., research funding, university science, science policy, sociology of science 1977 Oct. p. 34–41 [698]

Peking man, human evolution, Homo erectus, fossil men, Java man, Homo erectus in family tree of H. sapiens 1966 Nov. p. 46–53 [630]

Pella, Greek civilization, Macedonia, Hellenic art, mosaic, capital of Macedonia 1966 Dec. p. 98–105

Peltier effect, thermoelectricity, semiconductor, Seebeck effect 1958 Nov. p. 31–37

pelvis, bipedal walking, human evolution, lumbar vertebrae, lower-back pain, 'scars of human evolution' 1951 Dec. p. 54–57 [632]

penguin, sexual behavior, behavioral adaptation, Antarctica, natural history 1957 Dec. p. 44–51
animal migration, animal navigation, Antarctica, Adélie penguin navigation system 1966 Oct. p. 104–113

penicillin, antibiotics, streptomycin, aureomycin, chloramphenicol, infectious disease, the antibiotic revolution 1952 Apr. p. 49–57
mutation, drug resistance, bacteriology 1961 Mar. p. 66–71
bacterial cell, cell wall, bacterial metabolism, polysaccharides, glycopeptides, membrane 1969 May p. 92–98
synthesis of 'natural' penicillin 1957 May p. 63

penicillin mold, algae, deuterium, reaction kinetics, metabolism of mammals, heavy water biology 1960 July p. 106–116

penicillin resistance, evolution, E. coli, mutation rate, evolution observed 1953 Oct. p. 78–83
staphylococcus aureus 1960 Nov. p. 90

Penicillium notatum, mycology, fungi, wheat rust, ergot, potato blight, morel, amanita, yeast, molds and men 1952 Jan. p. 28–32 [115]

Pennsylvanian period, coal, fossil, flora, Mississippian period, Carboniferous period, tropical flora, deposition of coal 1948 July p. 46–51

penny-pitching, computer contest 1954 July p. 48

People's Republic of China, agricultural technology, industrial technology, economic development, technology in People's Republic of China 1966 Nov. p. 37–45
medical care, preventive medicine, primary care, 'barefoot doctors' 1974 Apr. p. 19–27

anthropology, central-place theory, market networks, Guatemala, rural markets 1975 May p. 66–79
A.A.A.S. symposium 1961 Feb. p. 66
rate of economic growth 1972 Sept. p. 65
peptide bond, protein structure, protein synthesis, amino-acid sequence, hydrogen bonds, tertiary structure, nature, diversity and function of proteins 1950 June p. 32–41 [10]
proteins, zymogen, trypsin, proteolytic enzymes, hydrolysis, enzymes, structure and function of protein-digesting enzymes 1964 Dec. p. 68–79
insulin, automatic synthesis, protein synthesis, amino acids, 'solid phase' method of synthesis, polystyrene beads 1968 Mar. p. 56–74 [320]
peptide chain, proteins, amino acids, alpha helix, enzyme catalysis, lock-and-key theory, how is a protein made? 1953 Sept. p. 100–106
peptides, kinins, kallidin, venom, inflammation, bradykinin, globulin, local hormones, production and distribution 1962 Aug. p. 111–118 [132]
perception, psychology, psychological testing, science, psychology 1900-1950 1950 Sept. p. 79–84
conformity, social pressure 1955 Nov. p. 31–35 [450]
central nervous system, medulla, reticular formation, brain, motor reflex, neurophysiology, attention and orienting mechanism in brain 1957 May p. 54–60 [66]
pain, psychology, neuropsychology, cultural influence on pain perception 1961 Feb. p. 41–49 [457]
visual perception, form perception, learning, innate or learned form perception 1961 May p. 66–72 [459]
brain hemispheres, cerebral dominance, split-brain experiments, corpus callosum, intelligence, language, localization of brain function 1967 Aug. p. 24–29 [508]
vision, retinal image-processing, visual perception, retina, visual-cell types 1969 May p. 104–114 [1143]
afterimages, phosphenes, vision, prosthesis for blind, self-illumination of visual centers 1970 Feb. p. 82–87
image processing, memory, linguistic material, visual memory, remembering what is seen 1970 May p. 104–112 [528]
auditory illusions, hearing, phonetics, speech perception, illusions, psychology, illusions as clues to organization of perceptual apparatus 1970 Dec. p. 30–33 [531]
crime, eye-witness testimony, memory, jury trial 1974 Dec. p. 23–31 [562]
auditory perception, brain hemispheres, cerebral dominance, musical illusions, handedness, hearing, illusions, two-tone illusion 1975 Oct. p. 92–104 [566]
infant shape perception 1966 May p. 56
perception of pictures, art, Escher's prints, optical illusion, psychology, visual perception 1974 July p. 90–104 [560]
perceptual development, child development, eye-hand coordination, infant perceptions, object concept 1971 Oct. p. 30–38 [539]
perceptual illusions, central nervous system, drug-induced imagery, hallucination, perceptual-release theory 1977 Oct. p. 132–140 [579]
perceptual isolation, electroencephalography, hallucination, boredom, neuropsychology, sensory deprivation, effect of exposure to monotonous environment 1957 Jan. p. 52–56 [430]
perceptual learning, psychology, learning, spatial perception, innate behavior, innate vs acquired space perception 1956 July p. 71–80
perceptual memory, vision, eidetic images, child psychology, 'photographic' memory 1969 Apr. p. 36–44 [522]
perceptual transparency, color fusion, color scission, physical transparency, optical illusion, transparency, visual perception 1974 Apr. p. 90–98 [559]
percolation, brine, Red Sea hot brines, salinity, ocean floor, sea-floor spreading 1970 Apr. p. 32–42
perfect square, perfect square of order 21 1978 June p. 86
perfumes, essential oils, oleoresins, steam distillation, vacuum distillation, flavors 1953 Aug. p. 70–74
perfusion technique, axon, neurology, nerve conduction, Schwann cell, axoplasm, membrane potential, cell perfusion, structure of axonal tube, physiology of neural transmission, concentration gradients 1966 Mar. p. 74–82 [1038]
perihelion shift, artificial satellite, relativity theory, Mercury, stellar shift, electromagnetic frequency shift, clock paradox, general relativity, testing Einstein's general theory of relativity 1959 May p. 149–160
periodic structures, diffraction, gemstones, grain structure, opal colors, silica-sphere packing 1976 Apr. p. 84–95
atomic structure, crystal structure, disclinations, dislocations, molecular structure 1977 Dec. p. 130–145 [393]
periodic table, 'synthetic' elements, transuranium elements, table of elements, stable isotopes, isotopes, first of a series of articles, recounting the completion of the table of elements (43 [technetium], 61[promethium], 85[astatine] and 87[francium]) and the first five transuranic elements (93[neptunium], 94[plutonium], 95[americium], 96[curium] and 97[berkelium]) 1950 Apr. p. 38–47 [242]
alpha decay, transuranium elements, isotopes, nuclear stability, beta decay, radioactive decay, 'synthetic' elements, the 'superheavy' elements beyond 103 1969 Apr. p. 56–67
permanent magnets, geomagnetism, electromagnetism, Blackett hypothesis, Elsasser-Bullard hypothesis, theories on origin of terrestrial magnetism 1950 June p. 20–24
cobalt-rare earth alloys, magnetism, magnetic domains, anisotropy, Alnico 1970 Dec. p. 92–100
peroxides, air pollution, smog, 'blue haze', atmospheric inversion, particulates, ozone, photochemistry 1955 May p. 62–72
perpetual motion, thermodynamics, Maxwell's demon, second law of thermodynamics 1967 Nov. p. 103–110 [317]
perpetual motion machines, friction, entropy, thermodynamics 1968 Jan. p. 114–122
Perseid trail, 11 seconds in moonlight 1950 Sept. p. 52
Persia, ancient trade, archeology, writing, Elamite culture, Mesopotamian culture, Sumer, Iran, Tepe Yahya 1971 June p. 102–111 [660]
Persian Gulf fields, Middle East oil, petroleum resources, energy economics, economic development, Iran, Iraq, Saudi Arabia 1948 Sept. p. 9–15
persistent insecticides, DDT, insecticide resistance 1952 Oct. p. 21–25
personal computers, computer modeling, microelectronics, minicomputers, FLEX, LOGO, SMALLTALK 1977 Sept. p. 230–244 [384]
personal-transit systems, cities, urban transport, computer modeling, systems analysis, mass transit 1969 July p. 19–27
personality, visual perception, 'Ames room', aniseikonic lenses, anxiety, 'Honi' phenomenon, emotional relationships condition perception 1959 Apr. p. 56–60
anxiety, factor analysis 1963 Mar. p. 96–104 [475]
behavior, self esteem, child development 1968 Feb. p. 96–106 [511]
child development, parental care, infant behavior, temperament, interaction of temperament and environment, nature-nurture 1970 Aug. p. 102–109 [529]
seven factors 1950 June p. 28
Peru, photogrammetry, New World archeology, pre-Inca cities mapped by aerial photography 1951 Aug. p. 18–23
New World archeology, Viru valley 1954 Aug. p. 28–34
Playa Grande culture, New World archeology, history of a dig 1955 Mar. p. 98–104
agricultural production, poverty, education, economic development, language, literacy, Cornell-Peru experiment in economic development 1957 Jan. p. 37–45
metallurgy, New World archeology, New World archeology, Old Copper culture, copper, gold, lost-wax casting, metalwork, pre-Columbian, New World, 4,000 B.C. 1966 Apr. p. 72–81
cave dwellers, stone tools, human evolution, Ayacucho site 1971 Apr. p. 36–46
Peru Current, anchovy, guano, seagulls, El Niño, upwelling 1954 Mar. p. 66–71
climate, Inca civilization, New World archeology, environmental influences on early Peruvian cultures 1965 Oct. p. 68–76
anchovy crisis, El Niño, fishing, upwelling, Peruvian anchovy 1973 June p. 22–29 [1273]
Peruvian anchovy, anchovy crisis, El Niño, fishing, upwelling, Peru Current 1973 June p. 22–29 [1273]
pest control, rabbit plague, myxomatosis, Australia 1954 Feb. p. 30–35
lamprey, jawless fish, Great Lakes, trout, whitefish 1955 Apr. p. 36–41
agricultural pest, fire ants, dieldrin, insecticide 1958 Mar. p. 36–41
biological pest control, screw worm fly, X-ray, sterilization, cattle, eradication of the screw worm fly 1960 Oct. p. 54–61
see also: biological pest control, insecticide, agricultural pest and the like
pesticide, *see:* insecticide
Petra, Greek civilization, Nabataeans, Near East archeology, Hellenization of Arabs 1963 Oct. p. 94–102

petrified wood, Eocene epoch, Yellowstone National Park, erosion, volcanic sediments, petrified forests of Yellowstone 1964 Apr. p. 106–114
petroglyphs, Paleolithic culture, rock drawings, Siberia, Paleolithic, Neolithic periods 1969 Aug. p. 74–82 [649]
petroleum, oil drilling, industrial technology, advances in drilling technicology 1958 Nov. p. 99–111
water injection, gas injection, secondary recovery 1965 July p. 34–42
proteins, food production, petroleum fermentation 1965 Oct. p. 13–17
energy economics, tar sands, oil shales, shale retorts, potential liquid-hydrocarbon reserves 1966 Feb. p. 21–29
oil reserves, oil consumption, energy resources, OPEC, finite horizon of petroleum energy economy 1978 Mar. p. 42–49 [930]
tertiary recovery 1953 Oct. p. 56
asphalt, for beneficiation of sandy soils 1967 Jan. p. 60
salt domes in deep-sea floor 1969 July p. 54
strike in Japanese offshore waters 1969 Oct. p. 48
petroleum consumption, surpasses coal 1953 Sept. p. 76
petroleum cracking, fluidization, particle bed, turbulence, gas stream, food processing 1968 July p. 94–104
catalysis, chemical reaction, industrial processes 1971 Dec. p. 46–58
petroleum extraction, land subsidence, water injection 1967 June p. 93–100
petroleum fermentation, proteins, petroleum, food production 1965 Oct. p. 13–17
petroleum refinery, automatic control, continuous processing, fluid dynamics, control panel, automatic chemical plant 1952 Sept. p. 82–96
petroleum reserves, fossil fuel, coal reserves, energy consumption, liquid-fuel consumption, shale, tar sands, coal liquefaction, the fuel problem 1949 Dec. p. 32–39
petroleum resin, mulch, inexpensive mulch 1963 Apr. p. 84
petroleum resources, Middle East oil, energy economics, Persian Gulf fields, economic development, Iran, Iraq, Saudi Arabia 1948 Sept. p. 9–15
pets, operant conditioning, learning, babies, how to teach animals 1951 Dec. p. 26–29 [423]
peyote, Native American Church 1951 Oct. p. 38
pH: potential of hydrogen
pH, galvanic cell, glass electrode, hydrogen ions, acidity 1951 Jan. p. 40–43
phage X174, DNA, gene mutation, single-stranded DNA 1962 July p. 109–116 [128]
phagocytosis, leukocyte, infection, antibodies, 'the first line of defense' 1951 Feb. p. 48–52 [51]
active transport, passive transport, pinocytosis, cytology, osmosis, cell membrane, fertilization, functions of cell membranes 1961 Sept. p. 167–180 [96]
amoebae, cell motility, cytoplasmic streaming, sol-gel reaction, front contraction theory of amoeboid motion 1962 Feb. p. 112–122 [182]
autolysis, lysosomes, enzymes, pinocytosis, metamorphosis, cellular digestive organ, 'suicide bag' 1963 May p. 64–72 [156]
antigens, immune response, antibodies, hypersensitivity, inflammatory response, leukocyte, allergy, thymus gland, lymphatic system, cellular immunity 1964 Feb. p. 58–64
autolysis, lysosomes, enzymes, lysis, chromosome breakage, lysosome implication in disease processes 1967 Nov. p. 62–72 [1085]
gene expression, repressor molecules, operator-repressor system, lac repressor, lambda repressor, isolation of two gene repressors; how they work 1970 June p. 36–44 [1179]
'piggyback' phagocytosis phenomenon 1962 June p. 86
Phalangida, harvestman, daddy longlegs, Arachnida, animal behavior, natural history 1962 Oct. p. 119–128 [137]
phalarope, marine birds, sexual behavior, animal behavior, parental care, sex role, hormone 1969 June p. 104–111
pharaohs, Nile valley, Egyptian civilization, Sakkara, burial site, tombs of the first pharaohs 1957 July p. 106–116
pharmaceutical industry, prostheses, F.D.A., medical care, medical economics, drug prescription, drug research, medical laboratory services 1973 Sept. p. 161–166
pharmacology, isoniazid, isotopes, tuberculosis, streptomycin, para-aminosalicylic acid, tracing action of TB drugs 1956 Nov. p. 135–144
anesthesia, pain, cocaine, procaine, surgery, medical research, neuropharmacology, psychiatry, research in pain suppression 1957 Jan. p. 70–82
barbiturates, hypnotics, tranquilizers, sedatives, anesthesia 1958 Jan. p. 60–64
Phocomelia, thalidomide, technology assessment, U.S. F.D.A. in thalidomide catastrophe 1962 Aug. p. 29–35 [1100]
chelation, hemochromatosis, lead poisoning, drug action, Wilson's disease, metal poisoning, heavy metal poisoning, bone cancer, salicylates, aspirin, cancer therapy, chemotherapy, medical exploitation of chelates 1966 May p. 40–50
Cannabis sativa, marijuana, drug abuse, consciousness, sociology 1969 Dec. p. 17–25 [524]
chemotherapy, drug effects, liver function, vaccine, hormone, antibiotics, medical care, herbial medicine 1973 Sept. p. 102–112
botanical collections, food plants, herbarium resources 1977 May p. 96–104 [1359]
reserpine, synthesis 1956 July p. 50
proliferation of drugs 1961 July p. 71
pharynx, music, voice, singing voice, larynx, acoustics of singing voice 1977 Mar. p. 82–91
phase memory, crystal structure, photon echoes, laser, nuclear-spin echo 1968 Apr. p. 32–40
phase transitions, explosions, shock waves, materials technology, solids 1969 May p. 82–91
superfluidity, helium 3, liquid phase, gas phase, solid state physics, quantum effects, quantum fluids 1976 Dec. p. 56–71
phase velocity, light velocity, radiowave, plasma, free-electron density, 'things that go faster than light' 1960 July p. 142–152
Ph.D.: Doctor of Philosophy
Ph.D.'s, origin and employment 1966 Mar. p. 57
in science and engineering, 130 per 1,000,000 U.S. population 1977 Sept. p. 96
phenotype, genotype, gene expression, mutation 1949 Oct. p. 46–49
Lysenkoism, Lamarck, acquired characteristics, genotype, evolution, mutation, ostrich calluses, speciation, religion, orthodoxy, Darwinism, experiments in acquired characteristics 1953 Dec. p. 92–99
pheromones, insect behavior, social insect, army ant, ants, comparative psychology, reproduction, feedback, trophallaxis, natural history, philosophy of science, anthropomorphism 1948 June p. 16–23
insect physiology, sexual behavior, queen substance, muskone, social behavior, ants, Gypsy moths, mice 1963 May p. 100–114 [157]
insecticide, insect attractant, synthetic attractants, chemotaxis, odor-baited lure, third-generation insecticides 1964 Aug. p. 20–27 [189]
communication, territorial behavior, rabbits, scent glands, pecking order, territorial marking by rabbit 1968 May p. 116–126 [1108]
ants, insect behavior, animal communication, ant 'guests', comensalism, parasitism 1971 Mar. p. 86–93 [1213]
chemotaxis, animal communication, bullheads, catfish 1971 May p. 98–108 [1222]
insect behavior, bee dances, sex attractants, courtship display 1972 Sept. p. 52–60 [1280]
gypsy moth, biological pest control, olfactory receptors, sex attractants, silk moth, chemotaxis, communication 1974 July p. 28–35 [1299]
ants, social insect, parasitism, insect behavior, ant slavery 1975 June p. 32–36 [1323]
ants, insect behavior, social insect, weaver ants 1977 Dec. p. 146–154 [1373]
philanthropic foundations, Congressional investigation 1954 Mar. p. 44
hearings fizzle 1954 Sept. p. 70
verdict by pre-judgement 1955 Feb. p. 54
intimidated, anyway 1955 Mar. p. 50
Philips air engine, heat engines, external combustion engines, Stirling engine, hot-air engine 1948 July p. 52–55
philosopher's stone, alchemy, transmutation, science history 1952 Oct. p. 72–76
philosophy, Cartesian geometry, mathematics, analytic geometry, Descartes, René Descartes, biography 1959 Oct. p. 160–173
Boyle's law, chemical experimentation, pneumatics, science history 1967 Aug. p. 96–102
mathematics, Leibnitz, calculus, symbolic logic, calculating machine, Leibnitz, biography 1968 May p. 94–100
grammar, truth, logic, sentence, metalogic, mathematical proof, antimony of the liar, proof and truth 1969 June p. 63–77
philosophy of science, probability, law of large numbers, gambler's fallacy, random walk, mathematical proof 1950 Oct. p. 44–47
physics, crystal structure, polygons, polyhedra, axis of rotation, topological limits of physics 1953 Jan. p. 50–56

Gödel's proof, mathematics, logic, paradox, undecidable problems in axioms of arithmetic 1956 June p. 71–86
astronomy, galactic clusters, universe, planetary motion, solar system, cosmology, introduction to single-topic issue on the universe 1956 Sept. p. 72–81
cosmology, universe evolution, science history, a skeptical view of cosmology 1956 Sept. p. 224–236
gravity, inertia, Galilean relativity, Einstein, frames of reference, relativity, identity of inertia and gravity 1957 Feb. p. 99–109
mathematics, Bourbaki, axiomatics, science history, labors of the mathematical collective self-styled Bourbaki 1957 May p. 88–99
uncertainty principle, wave-particle duality 1958 Jan. p. 51–57 [212]
creativity, scientific revolution, Renaissance, Leonardo, introduction to single-topic issue on innovation in science 1958 Sept. p. 58–65
biology, evolution, natural selection, creativity, innovation in biology 1958 Sept. p. 100–113 [48]
chance, probability, odds, calculus of chances, causation, logician's point-of-view 1965 Oct. p. 44–54
confirmation theory, hypothesis-testing, logic, inductive proof, probability 1973 May p. 75–83
Snow reaffirms 'two-culture' thesis 1963 Dec. p. 67

phloem, xylem, plants, radioautography, sap circulation, transport of nutrients in plant tissue 1959 Feb. p. 44–49 [53]
aphids, sap circulation, xylem, trees, use of aphids to measure forces in sap flow 1963 Mar. p. 132–142 [154]

phlogiston, oxygen, chemistry, Priestley, life and work of Joseph Priestley 1954 Oct. p. 68–73

phlogiston theory, chemistry, science history, Lavoisier, biography of Antoine Lavoisier 1956 May p. 84–94
electrochemistry, electrolysis, Davy lamp, science history, Humphry Davy, biography 1960 June p. 106–116

Phobos, Deimos, Mars, Martian moons, Mariner spacecraft missions 1977 Feb. p. 30–37 [352]
photographs from Viking I 1977 Apr. p. 57

Phocomelia, pharmacology, thalidomide, technology assessment, U.S. F.D.A. in thalidomide catastrophe 1962 Aug. p. 29–35 [1100]

Phoenician script, Hittites, Karatepe citadel 1949 Aug. p. 22–23

phonetics, attention mechanism, speech perception, hearing, cochlea, neuropsychology, hearing two messages at a time 1962 Apr. p. 143–151 [467]
auditory illusions, hearing, perception, speech perception, illusions, psychology, illusions as clues to organization of perceptual apparatus 1970 Dec. p. 30–33 [531]
verbal communication, communication, acoustic formants, markedness/unmarkedness dyad, morphemes, syntax, context sensitivity, invariant/variable dyad 1972 Sept. p. 72–80

phonology, language, Canary Islands, nonverbal communication, whistling, the whistled language of La Gomera 1957 Apr. p. 111–118

phonon, sound energy, heat conduction, cryogenics, thermoelectricity, quantum mechanics of heat conduction 1962 Dec. p. 92–104 [288]
heat conduction, thermal waves, materials technology, thermal conductivity, thermal properties of materials 1967 Sept. p. 180–188
heat, diffusion, solid state physics, thermal waves, second sound, cryogenics, wave propagation, helium, thermal waves in solid helium 1970 May p. 92–101

phosphate metabolism, calcium metabolism, parathyroid hormone, vitamin D, osteogenesis, parathyroid function 1961 Apr. p. 56–63 [86]

phosphatidic acid cycle, cell membrane, phospholipids, nerve cells, cell secretion, membrane transport potential 1965 Oct. p. 78–86 [1022]

phosphatidyl choline, *see:* lecithin

phosphenes, afterimages, vision, perception, prosthesis for blind, self-illumination of visual centers 1970 Feb. p. 82–87

phospholipids, cell membrane, phosphatidic acid cycle, nerve cells, cell secretion, membrane transport potential 1965 Oct. p. 78–86 [1022]
cell membrane, membrane lipids, membrane permeability, membrane proteins, active transport 1972 Feb. p. 30–38 [1241]

phosphors, absorption line, energy emission, energy transformation 1954 Oct. p. 62–66 [237]

phosphorus, berylliosis, occupational health, fluorescent light, chelation, high technology disease 1958 Aug. p. 27–33

phosphorus cycle, ATP, mineral cycles, biosphere, sulfur cycle, sulfur bacteria, carboxylation cycle, eutrophication, mineral cycles in the biosphere 1970 Sept. p. 148–158 [1195]

photic zone, sonar, echo-sounding, ocean floor, plankton, deep-sea scattering layer, 'false bottom' 1962 July p. 44–50

photobiology, photosynthesis, chlorophyll, carotene, retinene, vision, phototropism, bioluminescence, sunlight, life and light 1959 Oct. p. 92–108
visible light revives uv-killed bacteria 1949 May p. 27

photocell, light amplification, photomultiplier, variable stars, stellar temperature, interstellar matter 1952 Mar. p. 56–59

photochemistry, photography, emulsion, silver halide, photographic development 1952 Nov. p. 30–33
air pollution, smog, 'blue haze', atmospheric inversion, particulates, ozone, peroxides 1955 May p. 62–72
photolysis, chemical reaction, reaction kinetics, free radicals, spectroscopy, color centers, high speed chemistry 1960 May p. 134–145
afterimages, color vision, sensory discrimination, visual pigments, photochemistry of color perception 1963 Oct. p. 84–93 [1089]
vision, retina, photographic emulsion, vidicon, television camera, light, image detection, electronic camera 1968 Sept. p. 110–117
light-matter interaction, flash photolysis, ultraviolet light, photolysis, triplet state, photoreduction, photooxidation, dye 1968 Sept. p. 158–170
chloroplast, photosynthesis, electron transport, chlorophyll, mechanism of photosynthesis 1969 Dec. p. 58–70 [1163]
airglow, atmospheric ionization, spectroscopy, atmospheric light 1972 Jan. p. 78–85

photochromism, glass darkens on exposure to light 1964 Mar. p. 59

photocopying, air pollution, corona discharge, electrocoating, fly ash, electrostatics, xerography, electrostatic precipitation and seperation 1972 Mar. p. 46–58

photoelectric effect, relativity, Einstein, work of Albert Einstein appraised at 70 1949 Mar. p. 52–55
ionizing radiation, Compton effect, chemical effects, cytology, free radicals, lethal effects of radiation 1951 Dec. p. 22–25
quantum mechanics, Planck, science history, spectroscopy, black body, resonators, Einstein, Compton effect, quantum jumps 1952 Mar. p. 47–54 [205]
solar battery, solid state physics, semiconductor, energy transformation 1955 Dec. p. 102–110
spectroscopy, materials technology, color, laser, transparency, optical properties of materials 1967 Sept. p. 238–248
color, reflection, refraction, light, resonance absorption, photon, electron, interaction of light with matter 1968 Sept. p. 60–71

photogrammetry, cartography, Mount McKinley 1949 Jan. p. 46–51
Peru, New World archeology, pre-Inca cities mapped by aerial photography 1951 Aug. p. 18–23

photograph restoration, neutron activation of silver atoms 1966 Dec. p. 65

photographic development, photography, emulsion, silver halide, photochemistry 1952 Nov. p. 30–33

photographic emulsion, particle tracks, cosmic radiation, neutron, proton, electron, characteristic 'signatures' of particles 1956 May p. 40–47
vision, retina, vidicon, television camera, photochemistry, light, image detection, electronic camera 1968 Sept. p. 110–117

photographic lenses, glass, lens aberrations, optics 1976 Aug. p. 72–83

photographic typesetting, electronic typesetting, printing, digital computer, mechanical composition, cathode-ray tube, computer applications 1969 May p. 60–69

photographic weather maps, weather satellites, Tiros, telemetry, atmospheric circulation, heat budget of Earth, air masses, videocameras, weather forecasting 1961 July p. 80–94

photography, emulsion, silver halide, photographic development, photochemistry 1952 Nov. p. 30–33
by amplified light 1954 Mar. p. 46
color film process 1959 Mar. p. 62
Polaroid one-step system 1972 July p. 50
see also: high-speed photography

photolithographic techniques, integrated circuits, large-scale integrated circuits, manufacture of integrated circuits 1977 Sept. p. 110–128 [377]

photolysis, photochemistry, chemical reaction, reaction kinetics, free radicals, spectroscopy, color centers, high speed chemistry 1960 May p. 134–145
light-matter interaction, photochemistry, flash photolysis, ultraviolet light, triplet state, photoreduction, photooxidation, dye 1968 Sept. p. 158–170

photometer, molecular weight determination, polymers, light scattering, viscometer, how giant molecules are measured 1957 Sept. p. 90–97

molecular weight determination, polymers, light scattering, viscometer, how giant molecules are measured 1957 Nov. p. 90–97
photometry, light scattering, molecular size, aerosol, hydrosol, Tyndall spectra, measurement 1953 Feb. p. 69–76
photomultiplier, photocell, light amplification, variable stars, stellar temperature, interstellar matter 1952 Mar. p. 56–59
photon, elementary particles, electron, proton, particle counters, neutron, positron, mesons, neutrino, particle accelerator, nuclear binding force, 'Meson Song' 1948 June p. 26–39
optical pumping, microwave spectroscopy, spectroscopy, quantum jumps, technique and uses of optical pumping 1960 Oct. p. 72–80
crystallography, laser, light refraction, nonlinear optics, light interactions, ultraviolet radiation 1964 Apr. p. 38–49
photoelectric effect, color, reflection, refraction, light, resonance absorption, electron, interaction of light with matter 1968 Sept. p. 60–71
electromagnetic radiation, Coulomb's law, quantum mechanics, mass of photon 1976 May p. 86–96
neutron, weak as well as strong interaction 1965 Feb. p. 51
photon echoes, crystal structure, phase memory, laser, nuclear-spin echo 1968 Apr. p. 32–40
photon emission, diffraction, light, wave-particle duality, optics, interference, electromagnetic waves, introduction to single-topic issue on light 1968 Sept. p. 50–59
photooxidation, light-matter interaction, photochemistry, flash photolysis, ultraviolet light, photolysis, triplet state, photoreduction, dye 1968 Sept. p. 158–170
photoperiodicity, plant hormones, germination, flowering, phototropism 1949 May p. 40–43
flowering, plant hormones, horticulture, control of flowering 1952 May p. 49–56 [113]
climate, plant growth, greenhouse, agronomy, day-night temperature, 'phytotron', environment simulator 1957 June p. 82–94
flowering, plant circulation, pigment, hormone, photoperiodicity in regulation of plant physiology 1958 Apr. p. 108–117 [112]
entomology, insect diapause, Lepidoptera, hibernation governed by photoperiodicity 1960 Feb. p. 108–118
plant growth, phytochrome, germination, pigments, pigment, flowering, photoreceptive enzyme in plants 1960 Dec. p. 56–63
vision, photosynthesis, visual pigments, phytochrome, chlorophyll, retina cells, plant growth, light and living matter 1968 Sept. p. 174–186
biological clock, circadian rhythm, house sparrow, pineal organ, nonvisual light receptors 1972 Mar. p. 22–29 [1243]
biological clock, circadian rhythm, diapause, dormancy, insect behavior, insect metabolism 1976 Feb. p. 114–121 [1335]
in commerical greenhouses 1950 July p. 26
in animal life 1952 Nov. p. 50
photophoresis, dust cloud hypothesis, binary stars, gravitational collapse, element abundance, angular momentum, origin of the Earth 1952 Oct. p. 53–61 [833]
light, radiation pressure, sound-wave pressure, analogy and distinction, light- and sound-wave pressure 1957 June p. 99–108
photoreactivation, ultraviolet radiation, light, visible light reactivates organisms killed by ultraviolet 1951 May p. 22–25
photoreduction, light-matter interaction, photochemistry, flash photolysis, ultraviolet light, photolysis, triplet state, photooxidation, dye 1968 Sept. p. 158–170
photosphere, magnetic field, solar magnetism, Sun cycle, chromosphere, solar atmosphere, 11-year solar cycle explained 1966 Nov. p. 54–62
chromosphere, corona, eclipse phenomena, solar corona, Sun 1973 Oct. p. 68–79
photosynthesis, chlorophyll, carbon dioxide, water, tracer experiments 1948 Aug. p. 24–35
solar energy, light-to-heat conversion, photovoltaic conversion, limitations and prospects of solar power 1950 Aug. p. 16–21
purple bacteria, phototropism, sulfur bacteria 1951 Nov. p. 68–72
atmosphere, escape velocity, volcanoes, water of crystallization, nitrogen, oxygen, origin and evolution of Earth's atmosphere 1953 Aug. p. 82–86 [824]
chloroplast, grana, Hill reaction 1953 Nov. p. 80–84
origins of life, Miller-Urey experiment, high-energy radiation, heterotrophs, fermentation, autotrophs 1954 Aug. p. 44–53 [47]
carotenoids, chloroplast, chlorophyll, biology of pigments 1956 Jan. p. 80–86
chlorophyll, carotene, retinene, vision, photobiology, phototropism, bioluminescence, sunlight, life and light 1959 Oct. p. 92–108
ATP, chlorophyll, chloroplast, primary capture of light energy in photosynthesis 1960 Nov. p. 104–118
ATP, chloroplast, mitochondrion, cell metabolism, glucogenesis, citric-acid cycle, glycolysis, oxidative phosphorylation, cytology, cellular transformation of energy 1961 Sept. p. 62–73 [91]
algae, chloroplast, oxidative phosphorylation, Calvin cycle, path of carbon in photosynthesis 1962 June p. 88–100 [122]
chlorophyll, chloroplast, electron transfer, ATP, cytochrome, pigments, role of chlorophyll in photosynthesis, 1965 July p. 74–83 [1016]
anthracene, crystallography, electron transfer, exciton, plants, organic crystals, conjugated aromatic hydrocarbons 1967 Jan. p. 86–97
vision, photoperiodicity, visual pigments, phytochrome, chlorophyll, retina cells, plant growth, light and living matter 1968 Sept. p. 174–186
chloroplast, photochemistry, electron transport, chlorophyll, mechanism of photosynthesis 1969 Dec. p. 58–70 [1163]
biosphere, Earth, evolution, environment, atmosphere-hydrosphere cycles, introduction to single-topic issue on biosphere 1970 Sept. p. 44–53 [1188]
solar radiation, biosphere, agricultural ecosystem, climax ecosystem, energy cycle, ecosystem, food chain, respiration, biosphere energy cycle 1970 Sept. p. 64–74 [1190]
water cycle, transpiration, evaporation, runoff, agricultural system, ocean, precipitation, biosphere 1970 Sept. p. 98–108 [1191]
chloroplast, oxygen cycle, biosphere, aerobic metabolism, ozone, oxidation-reduction reactions, geological record, oxygen-carbon balance 1970 Sept. p. 110–123 [1192]
calcium carbonate, carbon cycle, sedimentary rock, fossil fuel combustion, biosphere, atmosphere, carbon dioxide 1970 Sept. p. 125–132 [1193]
biosphere, energy cycle, respiration, power, radiation energy, solar radiation, terrestrial radiation 1971 Sept. p. 88–100 [664]
chlorophyll, chloroplast, electron transfer, light absorption 1974 Dec. p. 68–82 [1310]
bacteria, cell membrane, halobacteria, rhodopsin, salt-loving bacteria 1976 June p. 38–46 [1340]
agricultural resources, gene manipulation, irrigation, food and agriculture 1976 Sept. p. 164–178
in vitro 1951 Sept. p. 52
light reaction 1953 Feb. p. 37
role of ATP 1960 Aug. p. 72
role of ferredoxin 1962 Oct. p. 60
theory of quantasone operation 1962 Dec. p. 71
four-carbon pathway, C4 effeciency 1972 Feb. p. 42
phototropism, plant hormones, germination, flowering, photoperiodicity 1949 May p. 40–43
purple bacteria, photosynthesis, sulfur bacteria 1951 Nov. p. 68–72
plant movement, nastic movement, turgor movement, geotropism, touch orientation 1955 Feb. p. 100–106
photosynthesis, chlorophyll, carotene, retinene, vision, photobiology, bioluminescence, sunlight, life and light 1959 Oct. p. 92–108
photovoltaic conversion, solar energy, light-to-heat conversion, photosynthesis, limitations and prospects of solar power 1950 Aug. p. 16–21
electric power generation, semiconductor technology, silicon-crystal structure, solar cells 1976 Oct. p. 34–43
Phrygian civilization, archeological excavation, Gordion, Alexander, 700 B.C., preclassical Greek link with East 1959 July p. 100–109
physical anthropology, human evolution, effect of diet on hereditary features 1958 Aug. p. 52
physical chemistry, molecular biology, interdisciplinary collaboration, antigen-antibody reaction, collaboration of G. Beadle and L. Pauling 1949 May p. 16–21
minimum energy, chemical reaction 1966 May p. 61
physical constants, measurement, velocity of light, electron mass, particle charge, least-squares method, standards of measurement, Planck's constant, Rydberg constant 1970 Oct. p. 62–78 [337]
physical incapacitation, medical care, medicine, morbidity, mortality rates, hospital care, ambulatory care, triage, health insurance, introduction to single-topic issue on medical care 1973 Sept. p. 22–33
physical models, physics, mathematical model, creativity, innovation in physics 1958 Sept. p. 74–82
physical sciences, 'social physics', social sciences, statistics, correlating social statistics and physical law 1948 May p. 20–23
mathematics, group theory, 'eightfold way', field theory, S-matrix theory, mathematics in physics 1964 Sept. p. 128–146

physical standards, all atomic 1950 Oct. p. 26
physical transparency, color fusion, color scission, perceptual transparency, optical illusion, transparency, visual perception 1974 Apr. p. 90–98 [559]
physics, harmony, string instruments, wind instruments, piano, voice, musical scale, acoustics, agreeable melodies and physical laws 1948 July p. 32–41
'How Nice To Be a Physicist', songs by Arthur Roberts 1948 Sept. p. 50–51
crystal structure, polygons, polyhedra, axis of rotation, philosophy of science, topological limits of physics 1953 Jan. p. 50–56
politics, cosmology, Laplace, life and work of Pierre Simon de Laplace 1954 June p. 76–81
humor, language, jocular physics, broken English, tribute to Niels Bohr 1956 Mar. p. 93–102
physical models, mathematical model, creativity, innovation in physics 1958 Sept. p. 74–82
see also: high-energy physics, particle physics, quantum mechanics and the like
physics curriculum, high school, curriculum reform, science teaching, Physical Science Study Committee, university sponsored curriculum reform 1958 Apr. p. 56–64 [229]
physics in U.S.S.R., same interests 1955 May p. 51
physics of brasses, musical instruments, horn flare, trumpet bell, trumpet pipe 1973 July p. 24–35
physiological adaptation, mouse, water retention, behavioral adaptation, Mus musculus, commensal of man 1969 Oct. p. 103–110 [1159]
physiological age, measured by nitrogen turnover 1949 Dec. p. 29
physiological psychology, diabetes insipidus, thirst, salt excretion, electrolyte balance, thermoregulation, urine, kidney, osmoreceptor theory of thirst, Cannon 'dry mouth' theory 1956 Jan. p. 70–76
acetylcholine, hormone, nerve impulse, serotonin, synapse, emotional illness, neurotransmitters, central nervous system, chemical mediation of nerve impulses 1957 Feb. p. 86–94
hypnosis, sleep, suggestibility, experiments in hypnosis 1957 Apr. p. 54–61
animal behavior, bioelectricity, electrically controlled behavior 1962 Mar. p. 50–59 [464]
animal behavior, sex differences, hypothalamus, testosterone, sex hormones, pituitary hormones, sex differences in rat brain, effect of testosterone 1966 Apr. p. 84–90 [498]
attention, learning, novelty, conflict, monotony, conflict and arousal, aid to learning 1966 Aug. p. 82–87 [500]
physiological tremor, muscle contraction, sensory feedback 1971 Mar. p. 65–73 [1217]
physiology, nervous system, endocrine system, respiration, nerve impulse, muscle contraction, science, physiology 1900-1950 1950 Sept. p. 71–76
microsurgery, laser, cell, laser lesions, cell organelle 1970 Feb. p. 98–110 [1170]
counter-current exchange, rete mirabile, heat conservation, swim bladder, kidney, gill, physics of a physiological invention 1957 Apr. p. 96
see also: neurophysiology, physiological psychology, comparative physiology, human physiology
physostigmine, alkaloids, plant physiology, morphine, strychnine, 'hemlock', caffeine, coniine, quinine, cocaine, ricinine, LSD, human toxins in plant physiology 1959 July p. 113–121 [1087]
phytochrome, plant growth, photoperiodicity, germination, pigments, pigment, flowering, photoreceptive enzyme in plants 1960 Dec. p. 56–63
vision, photosynthesis, photoperiodicity, visual pigments, chlorophyll, retina cells, plant growth, light and living matter 1968 Sept. p. 174–186
phytoplankton, algae, kelp, food chain, algin, agar 1952 Dec. p. 15–17
antibiotic properties of Antarctic phytoplankton 1958 Oct. p. 56
pi constant, to 2,040 places 1949 Dec. p. 30
piano, physics, harmony, string instruments, wind instruments, voice, musical scale, acoustics, agreeable melodies and physical laws 1948 July p. 32–41
musical instruments, music, harmonics, harpsichord, physics of the piano 1965 Dec. p. 88–99
pictograph, nonverbal communication, anthropology, Easter Island talking boards 1958 June p. 61–68
Vinca culture, writing, Tartaria tablets, Romania, Sumer, cultural diffusion, Sumerian writing 1968 May p. 30–37
hieroglyphs, writing, ideographs, Mesopotamia, origin of writing in clay tokens 1978 June p. 50–59 [708]
picture elements, color television, line structure, field-scanning rate, technology assessment, competing color television systems weighed 1950 Dec. p. 13–17
picturephone test, televised telephoning 1964 July p. 48
pictures as objects, visual perception, optical illusion, size constancy, distortion, illusions arise from normally useful mechanisms 1968 Nov. p. 66–76 [517]
pidgin, linguistics, Creole, gullah, colonialism, grammar, evolution and elaboration of colonial languages 1959 Feb. p. 124–134
piezoelectricity, quartz, crystal structure, ultrasonic transducer, nature and uses of piezoelectricity 1949 Dec. p. 46–51
bone, osteogenesis, collagen, calcium metabolism, bone adaptation to mechanical stress 1965 Oct. p. 18–25 [1021]
piezometric surface, ground water, artesian well, water table, water cycle, resource management, runoff, ground water in water-resource management 1950 Nov. p. 14–19 [818]
pig, laboratory animals, comparative physiology, small pig as experimental animal, resemblance to man 1966 June p. 94–100 [1045]
pigment, flowering, photoperiodicity, plant circulation, hormone, photoperiodicity in regulation of plant physiology 1958 Apr. p. 108–117 [112]
plant growth, phytochrome, photoperiodicity, germination, pigments, flowering, photoreceptive enzyme in plants 1960 Dec. p. 56–63
pigment synthesis, carotenoids, flower pigments, flavonoids, anthocyanins, biochemistry and genetics of flower pigments 1964 June p. 84–92 [186]
pigmentation, behavioral adaptation, 'cold-blooded' animals, thermoregulation, lizard, reptile, behavioral thermoregulation 1959 Apr. p. 105–120
hormone, skin color, melanin, melanocytes, melatonin 1961 July p. 98–108
pigments, solar energy, light absorption, energy conversion, solar collectors 1956 June p. 97–106
plant growth, phytochrome, photoperiodicity, germination, pigment, flowering, photoreceptive enzyme in plants 1960 Dec. p. 56–63
color vision, retina, cone cells, ganglion cells, spectrophotometry, three-color receptor system 1964 Dec. p. 48–56 [197]
chlorophyll, photosynthesis, chloroplast, electron transfer, ATP, cytochrome, role of chlorophyll in photosynthesis, 1965 July p. 74–83 [1016]
pillow lava, remanent magnetism, mid-Atlantic rift, ocean ridges, sea-floor spreading, submersible research craft 1975 Aug. p. 79–90 [918]
pilot error, psychology, instrument panel, ergonomics, designing instrument panels for their users 1953 Apr. p. 74–82 [496]
Piltdown man, compound fraud 1954 Jan. p. 38
pinch effect, fusion reactor, nuclear power, magnetohydrodynamics, plasma containment, thermonuclear reaction, thermonuclear energy for domestic power 1957 Dec. p. 73–84 [236]
Pine Lawn Valley, New World archeology, Cochise culture, Mogollon culture, 2500 B.C. to 1300 A.D. in New Mexico 1951 July p. 46–51
pineal organ, adrenal gland, biological clock, estrogens, progesterone, melatonin, serotonin, pineal regulation of sex glands 1965 July p. 50–60 [1015]
biological clock, circadian rhythm, house sparrow, photoperiodicity, nonvisual light receptors 1972 Mar. p. 22–29 [1243]
pink tooth disease, porphyria, dermatology, gene pool, tracking porphyria among Afrikaaners 1957 Mar. p. 133–142
pinks, alpine environment, cushion plant, lammergeier, Himalayan mountain ecology 1961 Oct. p. 68–78
pinocytosis, cell membrane, cytology, cell metabolism, ingestion by outer membrane 1961 Apr. p. 120–130
active transport, passive transport, phagocytosis, cytology, osmosis, cell membrane, fertilization, functions of cell membranes 1961 Sept. p. 167–180 [96]
autolysis, lysosomes, enzymes, phagocytosis, metamorphosis, cellular digestive organ, 'suicide bag' 1963 May p. 64–72 [156]
in amoebae 1959 July p. 68
pions, mesons, strong interactions, particle physics, nuclear binding force, quantum of the strong force 1957 Jan. p. 84–92 [226]
high-energy physics, strange particles, muon, conservation of strangeness, sorting out the multiplicity of particles 1957 July p. 72–88 [213]

mesons, particle accelerator, proton, quark, high-energy physics, nucleons, Regge trajectory, high-energy scattering 1967 Dec. p. 76–91
atomic nucleus, atomic structure, exotic atoms, kaonic atoms, muonic atoms, particle accelerator, quantum mechanics, high-energy physics 1972 Nov. p. 102–110
pipeline transportation, anhydrous ammonia fertilizer 1968 Oct. p. 61
pipelines, natural gas, economic regionalism in U.S., appraisal of natural gas, economics and resources in U.S. 1951 Nov. p. 17–21
agricultural irrigation, canals, hydro-engineering, Jordan Valley Plan, water supply, Israel, Jordan 1965 Mar. p. 23–31
fluid dynamics, oil, gas, slurries, history and technology of pipelines 1967 Jan. p. 62–72
natural gas, liquid natural gas, tankers, storage, distribution of LNG 1967 Oct. p. 30–37
network analysis, nodes and branches, powergrids, graph theory, reliability analysis 1970 July p. 94–103
energy economics, energy storage, economic geography, power transmission, tankers, power, economic geography of energy production, distribution and consumption 1971 Sept. p. 164–175 [669]
pit viper, rattlesnake, fangs, high-speed photography, rattlesnake 'bite' is a stab 1953 Oct. p. 100–102
pituary gland, ACTH, hormone function 1964 May p. 62
pituitary control, hormone, hypothalamic hormone, luteinizing hormone, neurohumoral factors, thyroid-stimulating hormone, TSH 1972 Nov. p. 24–33 [1260]
pituitary gland, ACTH, gonadotrophic hormones, metabolic hormones, growth hormone, endocrine system, the master gland 1950 Oct. p. 18–22
goiter, thyroid, metabolism control, thyroxin, role of thyroid in governing metabolism 1960 Mar. p. 119–129
adrenal gland, ACTH, cell communication, molecular structure of ACTH, relation to function 1963 July p. 46–53 [160]
amphibian, metamorphosis, frog, thyroxin, hypothalamus, neurosecretory system, hormone, chemistry of amphibian metamorphosis 1966 May p. 76–88 [1042]
pituitary hormones, animal behavior, sex differences, hypothalamus, testosterone, physiological psychology, sex hormones, sex differences in rat brain, effect of testosterone 1966 Apr. p. 84–90 [498]
ACTH, adrenal hormones, glucocorticoids, stress 1971 Jan. p. 26–31 [532]
synthesized 1953 Dec. p. 50
vasopressin synthesized 1956 Sept. p. 112
pituitary insufficiency, ateliosis, midgets, dwarfism, genetic disease, congenital anomalies, consanguinity, growth hormone deficiency, panhypopituitarism, General Tom Thumb 1967 July p. 102–110
placebos, medical care, medical research 1955 Aug. p. 68–71
doctor-patient relations, medical care, informed consent, medical ethics 1974 Nov. p. 17–23
placenta, umbilical cord, fetus, anatomy and physiology of the umbilical cord 1952 July p. 70–74
fetus as transplant, histocompatability, immune response, immunological privilege, reproduction, trophoblast, nidation 1974 Apr. p. 36–46
plague, disease, cholera, yellow fever, epidemiology 1953 Feb. p. 22–27
Chaga's disease, public health, 'zoonoses', parasitism, trypanosomiasis, malaria, filariasis, leishmaniasis, yellow fever, typhus, epidemiology, animal infection and human disease 1960 May p. 161–170
plague bacillus, bacterial toxin, Black Death, respiration, electron transport, mechanism of death by plague toxin 1969 Mar. p. 92–100
planarian, learning, conditioned behavior, maze running, 'protopsychology', evidence of learning in a primitive nervous system 1963 Feb. p. 54–62
Planck, quantum mechanics, science history, spectroscopy, black body, resonators, Einstein, photoelectric effect, Compton effect, quantum jumps 1952 Mar. p. 47–54 [205]
Planck's constant, measurement, Brownian motion, time, velocity, uncertainty principle, limits of measurement 1950 July p. 48–51 [255]
physical constants, measurement, velocity of light, electron mass, particle charge, least-squares method, standards of measurement, Rydberg constant 1970 Oct. p. 62–78 [337]
planetary ages, cratering, meteorite bombardment, solar system evolution, cratering of four inner planets as key to solar-system history 1977 Jan. p. 84–99 [351]
planetary atmosphere, Jupiter, Taylor column, Great Red Spot, rotation period, hydrodynamic explanation vs. raft hypothesis 1968 Feb. p. 74–82
Jupiter, Jovian meteorology, planets, solar system, Great Red Spot 1976 Mar. p. 46–56
planetary motion, astronomy, philosophy of science, galactic clusters, universe, solar system, cosmology, introduction to single-topic issue on the universe 1956 Sept. p. 72–81
Antikythera, Greek computer, ancient instruments, science history, Classical archeology, computer technology, 2,000-year-old computer 1959 June p. 60–67
calendar, solar system, time, heliocentric theory, year, astronomy, Copernicus, astronomy, Copernicus, length of calendar year 1966 Oct. p. 88–98
Doppler effect, radar astronomy, delay-Doppler mapping, Mercury, Venus, microwaves 1968 July p. 28–37
Kepler's laws, science history 1972 Mar. p. 92–106
see also: orbital motion
planetary motion models, Copernicus, Tycho Brahe, solar system, science history, Tycho's notes in de Revolutionibus 1973 Dec. p. 86–101
planetary nebulae, spectroscopy, nebulae, shells of luminous gas around hot, dense stars 1963 Apr. p. 60–67
planetary systems, extraterrestrial intelligence, interstellar communication, origins of life, cyclops project 1975 May p. 80–89 [347]
multiple-star systems, sunlike stars, frequency of 'solar systems', survey of 123 nearby stars 1977 Apr. p. 96–104
planetisimal collisions, albedo, asteroids, meteorites, solar system formation, primordial dust cloud 1975 Jan. p. 24–33
planets, Palomar Observatory, photographs of the planets by 200-inch telescope 1953 Feb. p. 17–21
interferometry, solar system, moon, ionosphere, radar astronomy, technology and promise of radar astronomy 1960 Aug. p. 50–59
Jupiter, Venus, solar system, radio astronomy, measuring planetary surface temperature 1961 May p. 58–65
Martian topography, Mariner 9 results, Martian atmosphere, solar system, space exploration, polar cap, 'braided' channels, dune fields, photomosaic, volcanoes on Mars 1973 Jan. p. 48–69
chondrites, element formation, solar system chemistry, space exploration, stellar evolution 1974 Mar. p. 50–65
solar system, space exploration, Sun, introduction to single-topic issue on the solar system 1975 Sept. p. 22–31
Mercury, solar system, craters, Mariner 10 mission 1975 Sept. p. 58–68
solar system, Earth, Venus, cratering, Venutian atmosphere 1975 Sept. p. 70–78
Jupiter, Jovian meteorology, planetary atmosphere, solar system, Great Red Spot 1976 Mar. p. 46–56
planispheric astrolabe, ancient instruments, analogue computer, astrolabe, science history, how they did it then 1974 Jan. p. 96–106
plankton, 'false bottom', marine biology, sonar, shrimp, heteropod, deep-sea scattering layer, deep-sea 'layer of life' 1951 Aug. p. 24–28
limnology, pond life, dissolved oxygen, thermocline, hypolimnion, oxidation-reduction balance in depths of a pond 1951 Oct. p. 68–72
food chain, krill, whale, Antarctic convergence, Euphausia superba 1958 Jan. p. 84–89 [853]
sonar, echo-sounding, ocean floor, deep-sea scattering layer, photic zone, 'false bottom' 1962 July p. 44–50
sea, food chain, marine ecology, ocean, fish, marine life, life in the ocean 1969 Sept. p. 146–162 [884]
marine organisms, appendicularians 1976 July p. 94–102
plant biochemistry, carbon 14 traces plant uptake 1961 Oct. p. 81
plant breeding, wheat, einkorn, wild einkorn, emmer, hybrid cells, fungi, chromosome doubling, origin and perfection of wheat 1953 July p. 50–59
chemical mutagens, agronomy 1971 Jan. p. 86–95 [1210]
corn, lysine, plant protein, agronomy, human nutrition, malnutrition, high-lysine corn 1971 Aug. p. 34–42 [1229]
desert plants, C-4 trait, efficiency 1973 Oct. p. 80–93 [1281]
disease-resistant plants, agronomy, plant disease, fungal infection, plant pathogens, sugarcane, mechanism of disease resistance in plants 1975 Jan. p. 80–88 [1313]
agronomy, crop yields, rice, wheat, maize, food and agriculture, plant genetics 1976 Sept. p. 180–194
plant cell, cell anatomy, spermatozoon, ovum, virus, science history, cytology, muscle cell, connective tissue cell, introduction to single-topic issue on the living cell 1961 Sept. p. 50–61 [90]

bioluminescence, membrane potential, calcium pump, ion potential, electricity in plants 1962 Oct. p. 107–117 [136]
cancer, multipotential cells, tumor, teratoma, gene expression, inhibitions 1965 Nov. p. 75–83 [1024]
pollen, scanning electron microscope, flower, morphology 1968 Apr. p. 80–90 [1105]
cellulose, cell wall, monosaccharides, polysaccharides 1975 Apr. p. 80–95 [1320]
plant cell differentiation, tissue culture, meiosis, mitosis, clone, generation of whole organism from tissue cell (carrot) 1963 Oct. p. 104–113
plant cell wall, algae, xylan, mannan, cellulose, xylan, mannan in place of cellulose in marine plant tissue 1968 June p. 102–108 [1110]
plant circulation, flowering, photoperiodicity, pigment, hormone, photoperiodicity in regulation of plant physiology 1958 Apr. p. 108–117 [112]
plant communities, growth inhibitors, plant hormones, plant chemicals antagonistic to other plants 1949 Mar. p. 48–51
plant disease, antibiotics, rot, blight, smut, wilt disease, mold, mildew 1955 June p. 82–91
disease-resistant plants, plant breeding, agronomy, fungal infection, plant pathogens, sugarcane, mechanism of disease resistance in plants 1975 Jan. p. 80–88 [1313]
plant domestication, agricultural history, animal domestication, archeology, food and agriculture 1976 Sept. p. 88–97
plant evolution, fungi, orchids, symbiosis, mycorrhiza, adaptation, adaptive ability of orchids 1966 Jan. p. 70–78
alkaloids, butterfly, larvae, symbiosis, insect repellants, behavioral adaptation, mimicry, butterfly-plant association 1967 June p. 104–113 [1076]
plant galls, insect reproduction, parasitism, plant growth, parasite-induced changes in plants 1959 Nov. p. 151–162
plant genetics, chromosome doubling, colchicine, hybrid cells, 'cataclysmic evolution' 1951 Apr. p. 54–59
potato blight, fungal infection, late-blight of potatoes 1959 May p. 100–112 [109]
agronomy, crop yields, plant breeding, rice, wheat, maize, food and agriculture 1976 Sept. p. 180–194
plant growth, fungi, mushrooms, mycelium, burgeoning explained 1956 May p. 97–106
agronomy, auxins, oak, giberellin, function of plant growth hormone 1957 Apr. p. 125–134 [11]
climate, greenhouse, agronomy, photoperiodicity, day-night temperature, 'phytotron', environment simulator 1957 June p. 82–94
insect reproduction, plant galls, parasitism, parasite-induced changes in plants 1959 Nov. p. 151–162
phytochrome, photoperiodicity, germination, pigments, pigment, flowering, photoreceptive enzyme in plants 1960 Dec. p. 56–63
food production, fertilizers, chemical industry, agricultural technology, increasing world food supply 1965 June p. 62–72
auxins, cytokinins, dormin, plant hormones, giberellin 1968 July p. 75–81 [1111]
vision, photosynthesis, photoperiodicity, visual pigments, phytochrome, chlorophyll, retina cells, light and living matter 1968 Sept. p. 174–186
light-sensitive enzyme 1959 Nov. p. 88
plant hormones, plant communities, growth inhibitors, plant chemicals antagonistic to other plants 1949 Mar. p. 48–51
germination, flowering, photoperiodicity, phototropism 1949 May p. 40–43
tissue culture, plant tissue grafts, dedifferentiation of plant cells, plant growth requirements 1950 Mar. p. 48–51
flowering, photoperiodicity, horticulture, control of flowering 1952 May p. 49–56 [113]
auxins, plant growth, cytokinins, dormin, giberellin 1968 July p. 75–81 [1111]
auxins, adaptation, trees, tree structure, ax-head model, mechanical design of trees 1975 July p. 92–102
brassins characterized 1970 Sept. p. 91
plant hybrids, wheat, hybrid wheat, agronomy, food production 1969 May p. 21–29
grain, proteins, plant protein, agronomy, Triticale 1974 Aug. p. 72–80
plant migration, oceanography, New World archeology, animal migration, Bering land bridge, continental shelf, glaciation, Wisconsin glaciation, animal-plant migration, Asia-North America 1962 Jan. p. 112–123
plant movement, nastic movement, turgor movement, geotropism, phototropism, touch orientation 1955 Feb. p. 100–106
plant nutrition, plant roots, root pressure, soil minerals, transport mechanisms 1973 May p. 48–58 [1271]
plant pathogens, disease-resistant plants, plant breeding, agronomy, plant disease, fungal infection, sugarcane, mechanism of disease resistance in plants 1975 Jan. p. 80–88 [1313]
plant physiology, alkaloids, morphine, strychnine, 'hemlock', physostigmine, caffeine, coniine, quinine, cocaine, ricinine, LSD, human toxins in plant physiology 1959 July p. 113–121 [1087]
blood pressure, science history, sap flow, Stephen Hales's work 1976 May p. 98–107
plant protein, corn, lysine, plant breeding, agronomy, human nutrition, malnutrition, high-lysine corn 1971 Aug. p. 34–42 [1229]
legumes, nitrogen fixation, agronomy, soybean products 1974 Feb. p. 14–21
grain, proteins, plant hybrids, agronomy, Triticale 1974 Aug. p. 72–80
alfalfa juice 1975 Apr. p. 57
plant roots, plant nutrition, root pressure, soil minerals, transport mechanisms 1973 May p. 48–58 [1271]
plant succession, Krakatoa, volcanic eruption, ecology 1949 Sept. p. 52–54
plant tissue culture, cancer, crown gall 1952 June p. 66–72
plant tissue grafts, tissue culture, plant hormones, dedifferentiation of plant cells, plant growth requirements 1950 Mar. p. 48–51
plant toxins, predation, food chain, milkweed, blue jay, predator-prey relationship, mimicry, ecology, chemical defense against predation 1969 Feb. p. 22–29 [1133]
plants, Hales, root pressure, sap circulation, shoot tension, science history, Stephen Hales, founder of biophysics 1952 Oct. p. 78–82
phloem, xylem, radioautography, sap circulation, transport of nutrients in plant tissue 1959 Feb. p. 44–49 [53]
convection currents, thermoregulation, solar radiation, thermal radiation, transpiration, energy transfer, heat transfer in plant leaves 1965 Dec. p. 76–84 [1029]
anthracene, crystallography, photosynthesis, electron transfer, exciton, organic crystals, conjugated aromatic hydrocarbons 1967 Jan. p. 86–97
plasma, heat, magnetohydrodynamics, shock tube, solar prominences, very high temperatures 1954 Sept. p. 132–142
light velocity, radiowave, phase velocity, free-electron density, 'things that go faster than light' 1960 July p. 142–152
gas compression, shock waves, shock tube, high temperature, mechanically and electromagnetically driven shock waves 1963 Feb. p. 109–119
solar radiation, ionosphere, Earth magnetic field, geomagnetism, barium clouds, magnetosphere, electric field, artificial plasma clouds from rockets 1968 Nov. p. 80–92
see also: blood plasma, gas plasma, plasma physics and the like
plasma arcs, circuit breakers, electric power, high-voltage current 1971 Jan. p. 76–84
plasma confinement, plasma physics, magnetic bottle, behavior of magnetically confined plasmas 1957 Oct. p. 87–94
fusion reactor, nuclear power, magnetic bottle, deuterium, tritium, magnetic pumping, stellerator 1958 Oct. p. 28–35
nuclear power, fusion reactor, magnetic bottle, magnetic shear, plasma physics 1966 Dec. p. 21–31
nuclear power, fusion reactor, Tokomak, magnetic bottle 1972 July p. 65–75
fusion reactor, laser implosion, nuclear power, nuclear power, thermonuclear reaction 1974 June p. 24–37
plasma containment, fusion reactor, nuclear power, magnetohydrodynamics, pinch effect, thermonuclear reaction, thermonuclear energy for domestic power 1957 Dec. p. 73–84 [236]
nuclear power, recycling, materials, fusion reactor, fusion torch, energy transformation, magnetohydrodynamics 1971 Feb. p. 50–64 [340]
plasma instability, magnetic field, thermonuclear reaction, fusion reactor, magnetic bottle, anomalous diffusion, nuclear power, leakage of plasma 1967 July p. 76–88
plasma jet, electric arc, heat, magnetohydrodynamics, 30,000 degrees F. torch, applications 1957 Aug. p. 80–88
ion propulsion, jet velocity, cesium-ion beam, magnetohydrodynamics, electrical propulsion, space exploration 1961 Mar. p. 57–65
plasma physics, plasma confinement, magnetic bottle, behavior of magnetically confined plasmas 1957 Oct. p. 87–94
electron plasma, positive ion plasma, 'hole' plasma, plasmas in solids as models for study of gas plasmas 1963 Nov. p. 46–53

nuclear power, fusion reactor, plasma confinement, magnetic bottle, magnetic shear 1966 Dec. p. 21–31
fusion reactor, laser-pulse fusion, nuclear power 1971 June p. 21–33
plasmids, antibiotic resistance, bacteria, infectious disease, drug resistance, gene mutation, Rh factor, bacterial conjugation 1973 Apr. p. 18–27 [1269]
gene manipulation, molecular cloning, recombinant DNA, Asilomar conference, hazard evaluation 1975 July p. 24–33 [1324]
Plasmodium, Anopheles mosquito, tropical medicine, malaria, epidemiology, W.H.O. malaria eradication 1962 May p. 86–96
biological clock, malaria, parasitism, reproduction, gametocyte, mosquitoes 1970 June p. 123–131 [1181]
plastic humus, good tilth from Monsanto 1952 Jan. p. 34
plastic zone, Earth mantle, seismology, isostatic equilibrium, basalt, Mohorovicic discontinuity, plastic zone at depth between 37 and 155 miles 1962 July p. 52–59
plastics, silicon, polymers, silicon, carbon, silicon in place of carbon 1948 Oct. p. 50–53
acetylene, chemical industry 1949 Jan. p. 16–21
fluorocarbons, fluorine, stable and promising compounds 1949 Nov. p. 44–47
glass fiber, materials technology, synthetic fiber, composite materials, properties of 'two-phase' materials 1962 Jan. p. 124–134
carbon, polyethylene, spherulites, solid state physics, crystallography 1964 Nov. p. 80–94
materials technology, polymers, natural polymers, cross-linking, covalent bonds 1967 Sept. p. 148–156
input-output analysis, interchangeability of materials, cost assessment, price trends, materials technology, metals, competition among materials 1967 Sept. p. 254–266
heat resistance, polymers, materials technology, aromatic hydrocarbons, high-temperature-resistant plastics 1969 July p. 96–105
water-soluble Polyox 1958 Jan. p. 46
Delrin polymerization process 1958 May p. 58
superconductors, plastic superconductor synthesis proposed 1964 Aug. p. 39
biodegradable 1968 June p. 46
plastids, cytoplasmic inheritance, reciprocal crossing, maternal inheritance, sex linked traits, non-Mendelian inheritance, male sterility, paramecium, chloroplast, cytogene, review of evidence for an extra-chromosomal genetics 1950 Nov. p. 30–39 [39]
chloroplast, mitochondria, symbiosis, cell organelle, DNA, prokaryote origin, protein synthesis, cell evolution, extra-nuclear genetic activity in cell 1970 Nov. p. 22–29 [1203]
mitochondria, extranuclear heredity 1964 Nov. p. 58
plate boundaries, earthquakes, plate tectonics, San Andreas fault 1971 Nov. p. 52–68 [896]
plate-boundary stresses, earthquake prediction, seismology, earthquake precursors 1975 May p. 14–23 [917]
plate-glass, manufacture by floating 1971 Apr. p. 52
plate tectonics, continental drift, remanent magnetism, ocean floor, island arcs, Wegener hypothesis re-stated with new evidence, age of rocks 1963 Apr. p. 86–100 [868]
continental drift, glaciation, Gondwanaland, Laurasia, paleomagnetism, Glossopteris, sea-floor spreading, supercontinents, continental drift confirmed 1968 Apr. p. 52–64 [874]
continental drift, sea-floor spreading, magnetic reversals, crustal movement, earthquakes 1968 Dec. p. 60–70 [875]
continental drift, sea-floor spreading, ocean ridges, convection currents, Earth mantle, tensile-stress hypothesis 1969 Nov. p. 102–119
continental drift, scaling, subduction, sea-floor spreading, Earth crust, Triassic period, Pangaea, computer modeling, supercontinents, breakup of Pangaea traced 1970 Oct. p. 30–41 [892]
earthquakes, plate boundaries, San Andreas fault 1971 Nov. p. 52–68 [896]
continental evolution, geosyncline, mountain formation, sedimentary rock, Apallachian foldbelt 1972 Mar. p. 30–38 [899]
continental drift, earthquake zones, magnetization patterns, subduction zones, mountain formation, sea-floor spreading, overview of the new geology 1972 May p. 56–68 [900]
species dispersion, continental drift, fossil record, evolution 1972 Nov. p. 56–66 [903]
mountain formation, continental drift, Gondwanaland, Himalaya formation, Indian-Ocean formation, magnetization patterns, sea-floor spreading 1973 May p. 62–72 [908]
hydrothermal extraction, mineral deposits, mineral resources, mineral prospecting, non-ferrous ore 1973 July p. 86–95 [909]
Andes, earthquake distribution, mountain formation, seismic waves, volcanic activity 1973 Aug. p. 60–69 [910]
Earth crust, deep-sea drilling, ocean evolution, Pacific plate, sedimentary cores, voyager of the Glomar Challenger 1973 Nov. p. 102–112 [911]
biosphere, continental drift, marine biology, ocean evolution, Pangaea 1974 Apr. p. 80–89 [912]
continental drift, contracting-Earth theory, science history, Pangaea, Wegener's hypothesis 1975 Feb. p. 88–97
Earth mantle, kimberlites, meteorite composition, seismic waves, plumes, Earth dynamics 1975 Mar. p. 50–63 [915]
Earth evolution, solar system, erosion 1975 Sept. p. 82–90
earthquake zones, island arcs, lithospheric subduction, mountain formation, sea-floor spreading, subduction zones, volcanic zones 1975 Nov. p. 88–98 [919]
domes, hot spots, island arcs, ocean rifts, plumes, volcanoes 1976 Aug. p. 46–57 [920]
convection cells, Earth mantle, convection currents, driving force of continental drift, large-scale circulation 1976 Nov. p. 72–89 [921]
continental drift, age of rocks 1977 Mar. p. 92–104
mountain formation, continental drift, earthquake zones, Gobi Desert, Himalaya formation, India-Eurasia collision, sea-floor spreading, Tibetan plateau 1977 Apr. p. 30–41
Earth heat, Earth core, heat flow 1977 Aug. p. 60–76 [927]
sea-floor spreading, metals, mid-ocean ridge, hydrothermal extraction, manganese nodules, origin of metal deposits on ocean floor 1978 Feb. p. 54–61 [929]
crustal plate junction in Pacific 1970 Sept. p. 86
see also: continental drift
platelets, blood plasma, blood fractionation, erythrocyte, leukocyte, centrifuge, blood transfusion, blood banks 1954 Feb. p. 54–62
hemagglutination, hemostasis, blood clotting, role of platelets in clotting mechanism 1961 Feb. p. 58–64
Platonism, formalism, infinitesimals, mathematical logic, real-number line 1971 Aug. p. 92–99
Playa Grande culture, Peru, New World archeology, history of a dig 1955 Mar. p. 98–104
pleasure, behavior, value judgments 1968 Dec. p. 84–90 [518]
pleasure centers, brain, learning, neurophysiology, neuropsychology, hypothalamus, electrode stimulation of pleasure centers in rat brain 1956 Oct. p. 105–116 [30]
pleiades, interstellar gas, stellar evolution, stellar cluster, mass and motion in and of clusters, clues to formation 1962 Nov. p. 58–66 [285]
Pleistocene fossils, continental shelf submersion 1967 Jan. p. 58
Plesianthropus, man-apes, human evolution, Australopithecus Paranthropus, primates, hominids branched from other primates 30 million years ago 1948 May p. 16–19
man-apes, human evolution, Homo, Australopithecus, Paranthropus 1949 Nov. p. 20–24 [832]
plethysmography, hypertension, venous system, vasoconstriction, veins, actively dilating and constricting blood reservoir 1968 Jan. p. 86–96 [1093]
pleuropneumonia-like organism, *see:* PPLO
'Plowshare', atomic explosions, underground nuclear explosions, Rainier explosion, search for constructive use for nuclear explosions 1958 Dec. p. 29–35
plumes, Earth mantle, kimberlites, meteorite composition, plate tectonics, seismic waves, Earth dynamics 1975 Mar. p. 50–63 [915]
domes, hot spots, island arcs, plate tectonics, ocean rifts, volcanoes 1976 Aug. p. 46–57 [920]
diamond, Earth mantle, kimberlite pipes, volcanic eruption, genesis of kimberlite pipes 1978 Apr. p. 120–132 [931]
pluralistic economy, employment, public sector, private-enterprise sector, productivity, U.S. economy, not-for-profit sector 1976 Dec. p. 25–29
Pluto, Neptune, orbital motion, solar system, Pluto as escaped Neptunian satellite 1959 Apr. p. 86–100 [295]
Neptune, outer planets, Saturn, solar system, Uranus 1975 Sept. p. 130–140
ex-satellite of Neptune? 1956 May p. 56
comet belt, Neptune's orbit 1964 Aug. p. 43
plutonium, ultra-microchemistry, embryonic development, cytology, chemistry, isolation of plutonium established a new research technology 1954 Feb. p. 76–81

breeder reactor, fission reactor, energy demand, uranium fission, 'third generation' breeder reactors 1967 May p. 25–33
discovery recounted by Seaborg 1959 Feb. p. 66
plutonium fuel cycle, nuclear power, atomic-weapon proliferation, arms control, breeder reactor, U.S. energy policy and proliferation of atomic weapons 1978 Apr. p. 45–57 [3004]
plutonium separation, nuclear fuel cycle, fission products, fission reactor, nuclear power 1952 July p. 62–67
Pluto's mass, one tenth of predicted 1950 July p. 28
pneumatic buildings, radar domes, building construction, construction technology 1956 June p. 131–138
pneumatic propulsion, mass transit, underground transport, railway, gravity propulsion, transport by 'pedulum' train 1965 Aug. p. 30–40
pneumatic servomechanisms, control systems, automatic control, servomechanisms, actuators, frequency response, hydraulic servomechanisms, control systems 1952 Sept. p. 56–64
pneumatics, Boyle's law, chemical experimentation, science history, philosophy 1967 Aug. p. 96–102
pneumococcus, bacteria, gene transformation, drug resistance, streptomycin, recombinant DNA, biochemistry of Avery, McLeod and McCarty experiment 1956 Nov. p. 48–53 [18]
gene transformation, cell wall, recombinant DNA, transformation induced by factor synthesized by cell 1969 Jan. p. 38–44
Pockel's effect, communication technology, laser, pulse-code modulation, electron optics, Kerr effect, polarization, modulators, modulation of laser light 1968 June p. 17–23
pocket calculator, calculating machine, computer, integrated circuits, memory 1976 Mar. p. 88–98
pod corn, corn, genetics, teosinte, tripsacum, popcorn, hybrid cells, New World archeology, plant genetic experiment and archeological finds point to pool corn as wild ancester of maise 1950 July p. 20–24 [26]
podzols, soil structure, chernozems, latozols, tundra, alluvial soils, agronomy, ecology of soil, soil erosion, the soils of the world and their management 1950 July p. 30–39
poison ivy, allergic reaction, autosensitivity, dermatitis, rheumatoid arthritis, multiple sclerosis, delayed hypersensitivity 1960 Apr. p. 129–137
poisons, ionizing radiation, radioautography, 'bone-seekers', chelate, scintillation counter 1955 Aug. p. 34–39
animal toxins, nerve conduction block, tetrodotoxin, saxitoxin, puffer fish, California newt 1967 Aug. p. 60–71 [1080]
see also: nerve poisons, venom and the like
polar bears, animal migration, telemetry, satellite, Arctic, satellite tracking of migratory animals 1968 Feb. p. 108–116 [1102]
polar cap, Mars, desert, atmosphere, climate, 'canals', picture from Earth-bound study 1953 May p. 65–73
Mariner 6, Mars, Mariner 7, telemetry, orbital motion, television camera, cratering, surface pictures and map of Mars 1970 May p. 26–41
polar ecology, algae, lichens, symbiosis, fungi, desert ecology, symbiotic nature of lichens 1959 Oct. p. 144–156 [111]
caribou, cold adaptation, rodent, moose, animal adaptation to Arctic 1960 Jan. p. 60–68
polar front, jet stream, upper atmosphere, weather, atmospheric circulation, index cycle 1952 Oct. p. 26–31
polar ice cap, glacial cycle theory 1956 Aug. p. 50
Polaris, arms race, missile submarines, SLBM, MIRV, Trident, Poseidon missile 1972 June p. 15–27 [344]
polarization, astronomy, supernovae, Crab Nebula, photometric observations of nova outbursts 1962 Apr. p. 54–63
communication technology, laser, pulse-code modulation, electron optics, Kerr effect, Pockel's effect, modulators, modulation of laser light 1968 June p. 17–23
polarized light, animal navigation, Nichol prism, dichroic material, horseshoe crab 1955 July p. 88–94
insect behavior, ants, bee, insect eye, animal navigation 1976 July p. 106–115 [1342]
police laboratory, crime detection, forensic chemistry 1953 Feb. p. 58–66
polio gamma globulin, available for emergencies 1953 June p. 50
polio prevention, globulin uncertain 1954 Apr. p. 44
polio vaccine, poliomyelitis virus, tissue culture, rhesus embryo, serial passage, tissue culture of virus opens way to vaccine 1952 Nov. p. 26–29
killed virus nears test 1953 Mar. p. 52
first killed-virus trials 1953 May p. 58
field test for Salk 1953 Dec. p. 52
Salk trials proceed 1954 June p. 48
18 million Salk shots 1955 Apr. p. 47
Salk trials successful 1955 June p. 46
Salk campaign: a success 1956 Jan. p. 54
live (Sabin) vaccine 1956 May p. 60
Salk vaccine in U.S.S.R. 1956 July p. 48
Salk vs. Sabin vaccines 1957 Sept. p. 112
live virus vaccine in the field 1959 Aug. p. 64
live-virus vaccine approved for general use 1960 Oct. p. 82
SV-40 virus in salk vaccine 1961 Nov. p. 86
Sabin type III vaccine approved for general use 1962 June p. 78
Sabin type III vaccine infections 1962 Nov. p. 68
Sabin vaccine for children 1964 Nov. p. 58
polio virus, virus culture, human embryo tissue 1955 Sept. p. 76
poliomyelitis, gammaglobulin, epidemiology, immunity, blood fractionation, vaccine 1953 July p. 25–29
slow virus infection, multiple sclerosis, myelin sheath, demyelinating factor, latent viruses 1970 July p. 40–46
exaggerated figures 1949 Oct. p. 28
stress susceptibility 1950 Nov. p. 25
gamma globulin field trials 1952 Dec. p. 28
crystallized 1955 Dec. p. 48
animal carriers of polio virus 1956 Apr. p. 64
Coxsacki-polio link 1959 Jan. p. 66
U.S. polio by socioeconomic status 1959 Apr. p. 64
decline in vaccination-rate 1977 Sept. p. 96
poliomyelitis virus, central nervous system, infective specificty, infective specificity, epidemiology, nature of the disease and public health status before production of the vaccines 1950 Aug. p. 22–26
virus disease, influenza virus, bacteriophage, bacteriophage, antigen-antibody reaction, immunity, infection, host-specificity, viruses in infection and in the laboratory 1951 May p. 43–51
tissue culture, rhesus embryo, serial passage, polio vaccine, tissue culture of virus opens way to vaccine 1952 Nov. p. 26–29
vaccine, epidemiology, antibody persistence 1955 Apr. p. 42–44
enteroviruses, Coxsackie virus, tissue culture, echo viruses, epidemiology, benign and infectious intestinal viruses 1959 Feb. p. 88–97
adenoviruses, virology, X-ray diffraction, polyoma virus, herpes virus, influenza virus, vaccinia virus, tobacco mosaic virus, bacteriophage, structure of viruses 1963 Jan. p. 48–56
DNA, genetic code, protein synthesis, RNA, virus multiplication, virus structure 1975 May p. 24–31
electronmicrograph 1954 Jan. p. 42
polishing, Beilby layer, burnishing, abrasion hypothesis, melting hypothesis 1968 June p. 91–99
politics, cosmology, Laplace, physics, life and work of Pierre Simon de Laplace 1954 June p. 76–81
politics of aid, economic development, military expenditures, cold war, 'rich' nations, 'poor' nations 1972 Apr. p. 15–21
pollen, scanning electron microscope, flower, plant cell, morphology 1968 Apr. p. 80–90 [1105]
honeybee housekeeping, honeybee, hive environment 1972 Apr. p. 92–98 [1247]
pollen analysis, radiocarbon dating, paleobotany, carbon 14, archeological dating 1952 Feb. p. 24–28
pollen chronology, glaciation, micropaleontology, living records of the ice age 1949 May p. 48–51 [834]
pollinators, fertilization of flowers, flower, species specificity 1951 June p. 52–56
pollution, ocean, mineral resources, sea water, wetlands, ocean floor, physical resources of the ocean 1969 Sept. p. 166–176 [885]
calcium metabolism, eggshell thinning, chorinated hydrocarbons, DDT, dieldrin, avian reproduction, insecticide, food chain, ecological effect of pesticides 1970 Apr. p. 72–78 [1174]
human population, food production, fertilizers, irrigation, biosphere, agricultural revolution, soil erosion, biosphere capacity to produce food 1970 Sept. p. 160–170 [1196]
trash: no place to put it 1966 May p. 52
see also: air pollution, heat pollution and the like; fallout
pollution control, international cooperation, jurisdictional disputes, oceanography, resource management, international competition and cooperation 1969 Sept. p. 218–234 [888]
coal gasification, gas turbine, oil gasification, energy resources 1972 Oct. p. 26–35
ocean pollution, water quality, waste disposal in oceans 1974 Aug. p. 16–25
Federal clean-water act 1948 Sept. p. 29

cost of clean air and water 1971 Oct. p. 42
pollution effects, city trees, tree cloning, ailanthus, ginkgo, London plane, Norway maple 1976 Nov. p. 110–118
poly I:C, interferon induction, synthetic RNA, virus disease 1971 July p. 26–31 [1226]
polyacrylates, soil conditioners, humus, polyvinylites, cellulose, tilth 1953 Aug. p. 36–38
polyalphabetic systems, cryptology, code, rotor machine, cipher, history and technology of making and breaking ciphers and codes 1966 July p. 38–46
polycyclic aromatic compunds, aromatic hydrocarbons, molecular structure, pyrogenesis 1976 Mar. p. 34–45
polyethylene, polymers, catalytic polymerization, thermoplastic polymers, properties, production, economics of first 1,000 million-pound plastic 1957 Sept. p. 139–152
polymers, 'stereoregular' polymers, isotactic polymers, catalytic polymerization, polypropylene, precisely constructed polymers 1961 Aug. p. 33–41 [315]
carbon, spherulites, plastics, solid state physics, crystallography 1964 Nov. p. 80–94
Ziegler process 1955 Aug. p. 48
polygons, physics, crystal structure, polyhedra, axis of rotation, philosophy of science, topological limits of physics 1953 Jan. p. 50–56
topology, shape, polyhedra, tessellation, space-filling 1954 Jan. p. 58–64
polygraph, anxiety, lying, psychosomatic illness, guilt, breathing, pulse rate, skin temperature, 'lie detector' mis-named 1967 Jan. p. 25–31 [503]
jettisoned at Oak Ridge 1953 June p. 46
invalid results 1963 July p. 66
'lie detector' discredited 1965 May p. 50
polyhedra, physics, crystal structure, polygons, axis of rotation, philosophy of science, topological limits of physics 1953 Jan. p. 50–56
topology, shape, polygons, tessellation, space-filling 1954 Jan. p. 58–64
virus structure, virus shell, bacteriophage, assembly of T4 subunits from core out 1966 Dec. p. 32–39 [1058]
polyhedral-hole model, liquid structure, five-fold symmetry, geometrical arrangement of molecules in a liquid 1960 Aug. p. 124–134 [267]
polymer microstructure, amorphous polymers, random-coil model, semicrystalline polymers, synthetic polymers, thermoplastic polymers 1975 Dec. p. 96–106
polymer structure, inorganic polymers, materials technology, polymeric sulfur, silicon polymers 1974 Mar. p. 66–74
polymeric sulfur, inorganic polymers, materials technology, polymer structure, silicon polymers 1974 Mar. p. 66–74
polymerization, ionizing radiation, free radicals, organic chemistry, ionizing radiation in industrial chemistry 1959 Sept. p. 180–196
catalysis, lithium, stereoisomers, promotion of polymerization by lithium 1963 Jan. p. 88–102
catalysis, corona discharge, free radicals, ozone, corona chemistry, water purification, hydrocarbon cracking 1965 June p. 90–98
boundary-phase hypothesis, superdense water, water II, polywater, thermal conductivity, surface tension, evidence for water II argued 1970 Nov. p. 52–71
polymers, silicon, silicon, carbon, plastics, silicon in place of carbon 1948 Oct. p. 50–53
molecular science, addition polymers, condensation polymers, introduction to single-topic issue on 'giant molecules' 1957 Sept. p. 80–89
molecular weight determination, light scattering, viscometer, photometer, how giant molecules are measured 1957 Sept. p. 90–97
catalysis, materials technology, industrial chemistry, stereoisomers, synthesizing giant molecules 1957 Sept. p. 98–104
elastomers, X-ray diffraction, molecular structure, mechanical properties of giant molecules 1957 Sept. p. 120–134
polyethylene, catalytic polymerization, thermoplastic polymers, properties, production, economics of first 1,000 million-pound plastic 1957 Sept. p. 139–152
cellulose, rayon, forest products, crystal structure, lignin, paper, polysaccharides, overview of natural polymer 1957 Sept. p. 156–168
collagen, proteins, beta chain, alpha helix, polypeptide synthesis, amino acids, synthesis and architecture of proteins 1957 Sept. p. 173–184 [7]
DNA, RNA, genetic code, chromosome, protein synthesis, molecular genetics as of mid-1957 1957 Sept. p. 188–200 [54]
collagen, elastin, keratin, myosin, fibrin, cell, polymers in living cells 1957 Sept. p. 204–216 [35]
molecular science, addition polymers, condensation polymers, introduction to single-topic issue on 'giant molecules' 1957 Nov. p. 80–89
molecular weight determination, light scattering, viscometer, photometer, how giant molecules are measured 1957 Nov. p. 90–97
catalysis, materials technology, industrial chemistry, stereoisomers, synthesizing giant molecules 1957 Nov. p. 98–104
'stereoregular' polymers, isotactic polymers, polyethylene, catalytic polymerization, polypropylene, precisely constructed polymers 1961 Aug. p. 33–41 [315]
glass, metals, materials technology, ceramics, chemical band, composite materials, atom, elements, introduction to single-topic issue on materials 1967 Sept. p. 68–79
materials technology, natural polymers, plastics, cross-linking, covalent bonds 1967 Sept. p. 148–156
heat resistance, materials technology, plastics, aromatic hydrocarbons, high-temperature-resistant plastics 1969 July p. 96–105
'jig' for polymerization 1958 July p. 50
see also: amorphous polymers
polymorphism, genetic variation, gene mutation, natural selection, mollusk shells, biological diversity, discontinuous variation 1975 Aug. p. 50–60 [1326]
Polynesian culture, Easter Island, stone heads 1949 Feb. p. 50–55
cultural evolution, language, tools, settlement of South Sea Islands, origin of Polynesians 1956 Aug. p. 58–72
polynomial-time problems, algorithms, computer science, Koenigsberg bridges, undecidable questions, exponential-time problems, efficiency of algorithms 1978 Jan. p. 96–109 [395]
polyoma virus, carcinogenesis, recombinant DNA, virus disease, 'temperate' infection, genetic transduction, viral induced malignancy 1960 Nov. p. 63–71 [77]
adenoviruses, virology, X-ray diffraction, poliomyelitis virus, herpes virus, influenza virus, vaccinia virus, tobacco mosaic virus, bacteriophage, structure of viruses 1963 Jan. p. 48–56
gene culture, cell transformation, SV40 virus, viral DNA, viral carcinogenesis 1967 Apr. p. 28–37 [1069]
polypeptide chain, proteins, amino acids, hydrogen bonds, X-ray crystallography, alpha helix 1954 July p. 51–59 [31]
polypeptide synthesis, collagen, proteins, beta chain, alpha helix, polymers, amino acids, synthesis and architecture of proteins 1957 Sept. p. 173–184 [7]
by laboratory DNA 1965 June p. 56
polypropylene, polymers, 'stereoregular' polymers, isotactic polymers, polyethylene, catalytic polymerization, precisely constructed polymers 1961 Aug. p. 33–41 [315]
polyribosomes, DNA, protein synthesis, RNA, ribosome 1963 Dec. p. 44–53
polysaccharides, cellulose, rayon, forest products, crystal structure, lignin, polymers, paper, overview of natural polymer 1957 Sept. p. 156–168
bacterial cell, cell wall, bacterial metabolism, penicillin, glycopeptides, membrane 1969 May p. 92–98
cellulose, cell wall, monosaccharides, plant cell 1975 Apr. p. 80–95 [1320]
polyvinylites, soil conditioners, humus, polyacrylates, cellulose, tilth 1953 Aug. p. 36–38
polywater, boundary-phase hypothesis, superdense water, water II, polymerization, thermal conductivity, surface tension, evidence for water II argued 1970 Nov. p. 52–71
verification reported from U.S. laboratories 1969 Sept. p. 90
impurities, cloud hypothesis 1973 Sept. p. 66
Pompeii, Roman civilization, Vesuvius eruption, two-thirds of the city's 165,000 acres 1958 Apr. p. 68–78
pond culture, fisheries, aquaculture, proteins, food, tilapia 1963 May p. 143–152
pond life, limnology, dissolved oxygen, plankton, thermocline, hypolimnion, oxidation-reduction balance in depths of a pond 1951 Oct. p. 68–72
pongid brains, African hominids, brain evolution, fossil hominid brains, hominid, human brain, endocranial casts 1974 July p. 106–115 [686]
pongids, Australopithecus, Gigantopithecus, human evolution, hominid 1970 Jan. p. 76–85

pons, brain circuitry, eye movement, neurophysiology, visual cortex, visual processing, visual cells in pons 1976 Nov. p. 90–98
popcorn, corn, genetics, teosinte, tripsacum, pod corn, hybrid cells, New World archeology, plant genetic experiment and archeological finds point to pool corn as wild ancester of maise 1950 July p. 20–24 [26]
poppy, analgesics, morphine, opium, heroin, codeine, Bentley's compound, drug action, search for strong, safe analgesic 1966 Nov. p. 131–136 [304]
population, human nutrition, food production, U.N. technical agencies, F.A.O., 'the food problem' 1950 Aug. p. 11–15
anthropology, human evolution, steatopygia, climate, human migration, race, genetic variation, ancient migration and human diversity 1960 Sept. p. 112–127 [604]
economic development, energy technology, industrialization, fuel consumption, energy resources, energy requirements and resources for economic development 1963 Sept. p. 110–126
abortion, marriage rate, death rate, birth rate, vital statistics, menarche, infant mortality, 1538-1812, parish registers, York, England 1970 Jan. p. 105–112
economic development, 'green revolution', hunger, food and agriculture, introduction to single-topic issue on food and agriculture 1976 Sept. p. 30–39
abortion, birth control, public health, infant mortality, maternal mortality, international comparison of experience with legalization of abortion 1977 Jan. p. 21–27 [1348]
three billion people 1961 May p. 74
population control, trout, stream ecology, mortality, moral: keep the little ones and let the big ones go! 1953 May p. 81–86
deer, food supply, hunting 1955 Nov. p. 101–108
mouse, animal migration, food supply 1955 Dec. p. 92–100
economic development, demographic transition, industrialization, urbanization, family planning, economic development and the demographic transition 1963 Sept. p. 62–71 [645]
economic development, industrialization, agricultural production, technology transfer, food production, economic planning, India, economic development by democratic planning 1963 Sept. p. 189–206
animal behavior, territorial behavior, reproduction, homeostatic population controls 1964 Aug. p. 68–74 [192]
abortion, birth control, contraception, family planning, public policy in U.S. 1973 July p. 17–23
animal behavior, population cycles, lemmings 1974 June p. 38–46 [1296]
food supply, human nutrition, world food bank, human population, agricultural production 1974 Sept. p. 160–170
Catholic essay contest 1956 Apr. p. 71
abortions in Japan 1960 Jan. p. 79
population cycles, animal behavior, population control, lemmings 1974 June p. 38–46 [1296]
population density, foodchain, food chain, human population, ecology, 'the human crop' 1956 Apr. p. 105–112
group behavior, crowding, rats, comparative psychology, social pathology of crowding 1962 Feb. p. 139–148 [506]
housing, land use, shantytowns, taxation, government regulation, urban planning, cities, control of land use 1965 Sept. p. 150–160
population explosion, demographics, population growth, cultural evolution, agricultural revolution, Industrial Revolution, human evolution, historical perspective on human population growth, how many ever lived 1960 Sept. p. 194–204 [608]
demographic transition, economic development, human population, zero population growth, introduction to single-topic issue on the human population 1974 Sept. p. 30–39
birth rate, mortality rates, developing countries, human population 1974 Sept. p. 148–159
see also: demographic transition
population genetics, evolution, E. coli, Drosophila, mutation, sexual recombination, speciation, natural selection, genetic basis of evolution 1950 Jan. p. 32–41 [6]
American Negro, skin color, blood typing, recessive gene, marriage preferences, genetic meaning of race 1954 Oct. p. 80–85
blood typing, Judaism, racial discrimination, religious persecution, social evolution, genetic drift, Jewish community of Rome 1957 Mar. p. 118–128
camouflage, evolution, melanism, moths, speciation, air pollution, mutation, genetic variation, evolution observed 1959 Mar. p. 48–53 [842]
blood groups, genetic drift, mutation, consanguinity, gene pool, evolution, Parma Valley, Italy 1969 Aug. p. 30–37
evolution, gene pool, mutation, genetic load, electrophoresis, heterozygosity 1970 Mar. p. 98–107 [1172]
intelligence, race, whites, IQ, heredity, American Negro, heredity, science policy, social psychology, twins, environment, racial discrimination 1970 Oct. p. 19–29 [1199]
apes, fossil primates, human evolution, genetic variation 1972 Jan. p. 94–103 [676]
human population, genetic drift, race, serum protein analysis 1974 Sept. p. 80–89
air pollution, evolution, melanism, moths, gene mutation, predation, evolution observed again 1975 Jan. p. 90–99 [1314]
cat color, genetic variation, human migration, gene mutation, cline maps, Hardy-Weinberg equilibrium 1977 Nov. p. 100–107 [1370]
population growth, birth control, Malthusian doctrine, developing countries, food production, Julian Huxley on world population growth 1956 Mar. p. 64–76 [616]
demographics, cultural evolution, agricultural revolution, Industrial Revolution, population explosion, human evolution, historical perspective on human population growth, how many ever lived 1960 Sept. p. 194–204 [608]
birth control, family planning, economic development, promotion of birth control in Taiwan 1964 May p. 29–37 [621]
Industrial Revolution, cities, urbanization, introduction to a single-topic issue on cities 1965 Sept. p. 40–53 [659]
human nutrition, poverty, hunger, developing countries, health, world poverty 1968 Nov. p. 27–35
land reform, agricultural technology, food supply, F.A.O., human nutrition, F.A.O. Indicative World Plan 1970 Aug. p. 54–69 [1186]
birth control, celibacy, disease, foundling institutions, infanticide, Malthusian doctrine, marriage age, population control in Europe 1750-1850 1972 Feb. p. 92–99 [674]
demographic transition, world population, zero population growth, birth rate, gross reproduction rate, net reproduction rate, extrapolation from world-statistics population model 1973 Mar. p. 15–23 [683]
distribution of wealth, economic development, middle classes, production statistics, natural resources, demographic transition 1976 July p. 28–35
falling death rates 1958 Feb. p. 50
population history, epidemiology, human behavior, bubonic plague, public health, Black Death, long-term effects of plague, Europe 1348-50 1964 Feb. p. 114–121 [619]
population of China, at 600 million 1955 Apr. p. 52
population redistribution, U.S. population, U.S. census, human migration, suburbanization, U.S. census of 1970 1971 July p. 17–25
pores, cell membrane, erythrocyte 1960 Dec. p. 146–156
pornography, commission report 1970 Nov. p. 42
porphyria, dermatology, pink tooth disease, gene pool, tracking porphyria among Afrikaaners 1957 Mar. p. 133–142
heredity, genetic disease, metabolic disease, George III 1969 July p. 38–46 [1149]
porphyrin ring, chelation, metal ions, sequestering, ring compounds, organometallic compounds, metal-poisoning antidote, chemical separation 1953 June p. 68–76
porpoise navigation, animal navigation, by sonar? 1953 May p. 60
porpoises, animal communication, fish communication, crustacea, whale, marine biology, animal sounds in the sea 1956 Apr. p. 93–102
how they ride the bow-wave 1959 June p. 81
Portland cement, concrete, hydration, X-ray diffraction, cement, chemistry of concrete 1964 Apr. p. 80–92
cement, chemical reaction, high-alumina cement, cement hardening and strength 1977 July p. 82–90 [370]
Portuguese man-of-war, social behavior, nematocysts, coelenterate colonies 1960 Mar. p. 158–168
Poseidon missile, arms race, missile submarines, SLBM, MIRV, Polaris, Trident 1972 June p. 15–27 [344]
positive feedback, feedback, control loop, servomechanisms, flyball governor, negative feedback, ecological system, nervous system, economic system, automatic control, feedback concept 1952 Sept. p. 48–55
positive ion plasma, plasma physics, electron plasma, 'hole' plasma, plasmas in solids as models for study of gas plasmas 1963 Nov. p. 46–53

positron, elementary particles, electron, proton, particle counters, neutron, mesons, photon, neutrino, particle accelerator, nuclear binding force, 'Meson Song' 1948 June p. 26–39
positronium, electron, quantum electrodynamics, 'model atom' 1954 Dec. p. 88–92
antiproton, proton, Bevatron, antimatter, high-energy physics, postulation and discovery of antiproton 1956 June p. 37–41 [244]
antimatter, g factor, electron, magnetic moment, electron spin, magnetic bottle 1968 Jan. p. 72–85
beta decay, bubble chamber experiments, high-energy physics, hadrons, neutrino beam, particle accelerator 1973 Aug. p. 30–38
positron probes, antimatter, crystal structure, gamma radiation, gravitational interaction, solid state physics, scintigraph 1975 July p. 34–42
positronium, positron, electron, quantum electrodynamics, 'model atom' 1954 Dec. p. 88–92
muonium, muon, electron, elementary particles, electromagnetism, atom, structure of muonium 1966 Apr. p. 93–100
postsynaptic potential, nerve circuits, dendrites, synapse, olfactory bulb, retina, microcircuits in the nervous system 1978 Feb. p. 92–103 [1380]
posture, nonverbal communication, anthropology, cultural relativism 1957 Feb. p. 122–132
potato blight, mycology, fungi, wheat rust, ergot, morel, amanita, Penicillium notatum, yeast, molds and men 1952 Jan. p. 28–32 [115]
Irish potato famine, social influence of the potato 1952 Dec. p. 50–56
fungal infection, plant genetics, late-blight of potatoes 1959 May p. 100–112 [109]
potato virus, Lysenko, genetics, virus disease, vernalization, agronomy, the Lysenko affair 1962 Nov. p. 41–49
potatoes, 'green revolution', agronomy, food and agriculture, maize, Mexican agriculture 1976 Sept. p. 128–150
potential of hydrogen, *see:* pH
potential theory, Brownian motion, probabilistic potential theory, harmonic functions 1969 Mar. p. 66–74
pottery, human migration, navigation, Japan, Ecuador, New World archeology, evidence for 3,000 B.C. trans-Pacific contact 1966 Jan. p. 28–35
pottery age, fission-track dating, geochronology, glass age, meteorite age, mineral age, radioactive decay, uranium fission 1976 Dec. p. 114–122
poultry, manure-algae-chickenfeed cycle 1970 Nov. p. 46
poultry production, agricultural technology, food production, animal husbandry, chicken, eggs, U.S. chicken factories 1966 July p. 56–64
poverty, agricultural production, education, economic development, language, Peru, literacy, Cornell-Peru experiment in economic development 1957 Jan. p. 37–45
soil erosion, irrigation, agricultural technology, economic development, afforestation, Mediterranean Project, United Nations 1960 July p. 86–103
education, group behavior, rural poverty, community action, emotional illness, social psychology, study of community regeneration 1965 May p. 21–27 [634]
racial discrimination, segregation, American Negro, Puerto Ricans, housing 1965 Aug. p. 12–19 [626]
shantytowns, Calcutta, cities, urbanization, caste, housing, traffic, Calcutta, a city of the poor 1965 Sept. p. 90–102
group behavior, community action, culture of poverty, subculture of Western market societies 1966 Oct. p. 19–25 [631]
human nutrition, hunger, population growth, developing countries, health, world poverty 1968 Nov. p. 27–35
Mexico City, buying habits, sociology, culture of poverty 1969 Oct. p. 114–124 [651]
adolescence, family, alienation, racial discrimination, divorce, infant mortality, crime, suicide, drug addiction, changes in American family structure 1974 Aug. p. 53–61 [561]
developing countries, hunger, malnutrition, food and agriculture, human nutrition 1976 Sept. p. 40–49
in U.S. population 1972 Apr. p. 56
power, electronics, electron tubes, amplifiers, communication technology, rectifiers, electron optics, cathode-ray tube, communication, thermionic emission, state of the technology 1950 Oct. p. 30–39
Atomic Energy Act, patent law, licensing, international cooperation, military secrecy, inernational cooperation, major provisions of Atomic Energy Act of 1954 1954 Nov. p. 31–35
energy, power machines, mechanical energy, biological energy, economic development, introduction to a single-topic issue on energy and power 1971 Sept. p. 36–49 [661]
celestial energy, cosmological 'hangups', energy cycle, radiation energy, entropy per unit energy, gravitational energy, stellar evolution, thermonuclear energy 1971 Sept. p. 50–59 [662]
energy consumption, energy resources, fission fuels, fossil fuel, fusion fuels, geothermal energy, solar energy, tidal energy 1971 Sept. p. 60–70 [663]
biosphere, energy cycle, photosynthesis, respiration, radiation energy, solar radiation, terrestrial radiation 1971 Sept. p. 88–100 [664]
energy cycle, Eskimo, hunting societies, food chain, seal, Baffin Island, ecosystem 1971 Sept. p. 104–115 [665]
animal husbandry, ecosystem, energy cycle, agricultural system, New Guinea, tropical agriculture 1971 Sept. p. 116–132 [666]
energy cycle, industrial society, U.S. economy, ecosystem, environmental protection 1971 Sept. p. 134–144 [667]
energy transformation, energy demand, fuel-conversion efficiency, prime movers, steam turbines, magnetohydrodynamics, gas turbine, internal combustion engine, fuel cell, solar cells, power, nuclear power, comparative efficiencies of energy transformation pathways in industrial civilization 1971 Sept. p. 148–160 [668]
energy economics, energy storage, economic geography, pipelines, power transmission, tankers, economic geography of energy production, distribution and consumption 1971 Sept. p. 164–175 [669]
energy-information interaction, entropy in communication, information flow, information theory, thermodynamics 1971 Sept. p. 179–188 [670]
power machines, energy, mechanical energy, biological energy, economic development, power, introduction to a single-topic issue on energy and power 1971 Sept. p. 36–49 [661]
power production, decision theory, energy economics, technology assessment, tort law, economic planning, market process 1971 Sept. p. 191–200 [671]
power transmission, alternating current, electric power, high-voltage transmission, hydroelectric power generation, corona discharge, economic advantages of high-voltage transmission 1964 May p. 38–47
energy economics, energy storage, economic geography, pipelines, tankers, power, economic geography of energy production, distribution and consumption 1971 Sept. p. 164–175 [669]
superconducting cables 1969 Aug. p. 48
powergrids, network analysis, nodes and branches, pipelines, graph theory, reliability analysis 1970 July p. 94–103
PPLO: pleuropneumonia-like organism
PPLO, bacteriology, microorganisms, virus, electron microscopy, cytology, smallest free-living cells 1962 Mar. p. 117–126 [1005]
tiniest organism found to be infectious 1959 Mar. p. 65
prairie dogs, comparative psychology, animal behavior, social behavior, territorial behavior, innate behavior, learning behavior, field observation of prairie dog communities 1959 Oct. p. 128–140
pre-medical education, not enough humanity 1952 Aug. p. 38
precambrian animals, coelenterata, fossil record, life 500 million years before present 1961 Mar. p. 72–78 [837]
Precambrian fossils, gunflint cherts 1965 Apr. p. 60
Precambrian reactor, fission products, natural reactor, nuclear fission, Oklo phenomenon, uranium deposits 1976 July p. 36–47
Precambrian rocks, bacteria, blue-green algae, fossil cells, evolution, Gunflint cherts, origins of life, prokaryotic cells, oldest fossils 1971 May p. 30–42 [395]
precession, Chandler wobble, earthquake effects, Earth rotation 1971 Dec. p. 80–88 [897]
precipitation, water cycle, transpiration, evaporation, runoff, agricultural system, ocean, biosphere, photosynthesis 1970 Sept. p. 98–108 [1191]
precipitation in solids, materials technology, solid state physics, crystal defects, epitaxial growth, surface chemistry, 'doping', chemical properties of materials 1967 Sept. p. 210–220
predation, alfalfa caterpillar, ecology, insecticide, life cycle, agricultural pest, wilt disease 1954 June p. 38–42

biological sciences, mathematics, self-reproducing machine, nerve impulse, Turing machine, automata theory, mathematics in biology 1964 Sept. p. 148–164
plant toxins, food chain, milkweed, blue jay, predator-prey relationship, mimicry, ecology, chemical defense against predation 1969 Feb. p. 22–29 [1133]
air pollution, evolution, melanism, moths, gene mutation, population genetics, evolution observed again 1975 Jan. p. 90–99 [1314]

predator-prey relationship, tarantula, digger wasp, symbiosis 1952 Aug. p. 20–23
animal behavior, tawny owl, nocturnal animals 1955 Oct. p. 88–98
insect venom, Chaga's disease, assassin bugs, entomology, natural history 1960 June p. 72–78
insect evolution, predatory wasps, solitary wasps, species specificity, parasitism, behavioral clues to evolution 1963 Apr. p. 144–154
archer fish, animal behavior, natural history, Toxotes 1963 July p. 100–108
sonar, bats, moths, auditory perception, ultrasound, moth sonar detection of bat ultrasound 1965 Apr. p. 94–102 [1009]
predation, plant toxins, food chain, milkweed, blue jay, mimicry, ecology, chemical defense against predation 1969 Feb. p. 22–29 [1133]
animal behavior, lions, symbiosis 1975 May p. 54–65
animal behavior, spiders, Arachnida, social spiders 1976 Mar. p. 100–106

predatory wasps, insect evolution, solitary wasps, species specificity, predator-prey relationship, parasitism, behavioral clues to evolution 1963 Apr. p. 144–154

prefrontal lobotomy, psychosurgery, after 5,000 operations in the U.S., an evaluation 1950 Feb. p. 44–47 [445]

pregnancy, epidemiology, stress, anoxia, Down's syndrome, trisomy 21, etiology of Down's syndrome 1952 Feb. p. 60–66
progesterone, uterine muscle, hormone, menstrual cycle, hormone inhibition of uterine muscle contraction 1958 Apr. p. 40–46 [163]
congenital anomalies, purpura, virus disease, vaccine, teratogenesis, congenital rubella, rubella 1966 July p. 30–37

prejudice, hostility, insecurity, attitude survey 1950 Oct. p. 11–13
racial discrimination, American Negro, public opinion, attitude survey, U.S. whites, segregation, integration, longitudinal attitude study 1978 June p. 42–49 [707]
unreal stereotypes 1954 Aug. p. 42

premature discoveries, artistic creations, scientific creations, uniqueness of scientific discoveries 1972 Dec. p. 84–93 [1261]

premature infants, retrolental fibroplasia, epidemiology, oxygen, infant mortality, blindness, 'blind babies' 1955 Dec. p. 40–44
alveoli, lung collapse, lecithin, breathing, surface tension, surfactant, hyaline membrane disease, soaplike agents regulate surface tension in lungs 1962 Dec. p. 120–130
blindness, neonatal disorder, medical ethics, medical researches, retrolental fibroplasia, 'blind babies' 1977 June p. 100–107 [1361]

prenatal genetic diagnosis, amniocentesis, enzyme deficiency, genetic disease, hemophilia, Down's syndrome, Tay-Sachs disease, chromosomal anomalies 1971 Nov. p. 34–42 [1234]

prestressed concrete, building construction, architectural engineering, materials technology 1958 July p. 25–31

preventive medicine, medical care, People's Republic of China, primary care, 'barefoot doctors' 1974 Apr. p. 19–27

prey-predator relationship, escape response, marine invertebrates, starfish, limpets, scallop, snail, chemical signals 1972 July p. 92–100 [1254]

price trends, input-output analysis, interchangeability of materials, cost assessment, materials technology, metals, plastics, competition among materials 1967 Sept. p. 254–266

Priestley, phlogiston, oxygen, chemistry, life and work of Joseph Priestley 1954 Oct. p. 68–73

primary care, medical care, People's Republic of China, preventive medicine, 'barefoot doctors' 1974 Apr. p. 19–27

primary physicians, Flexner report, medical education, medical specialties, foreign medical graduates, medical research, medical care 1973 Sept. p. 138–148

primate behavior, chimpanzee, social behavior, tool-using, comparative psychology, observation of chimpanzees in the wild 1962 May p. 128–138 [463]
monkey, Japanese macaques, primate societies, protocultural behavior, social status 1976 Oct. p. 96–106 [1345]
smile 1964 Jan. p. 56

primate biology, Yerkes Laboratories, chimpanzee 1955 Feb. p. 67–75

primate evolution, anthropoid, fossil primates, hominoid, early relatives of man 1964 July p. 50–62 [622]
hominoid, fossil primates, apes, man-apes, Fayum, Aegyptopithecus, Oligocene ancestor of hominoids 1967 Dec. p. 28–35 [636]
hominid, human evolution, Miocene fossils, Ramapithecus 1977 May p. 28–35 [695]
Gigantopithecus jaw in India 1968 Aug. p. 45

primate societies, primate behavior, monkey, Japanese macaques, protocultural behavior, social status 1976 Oct. p. 96–106 [1345]

primates, man-apes, human evolution, Plesianthropus, Australopithecus Paranthropus, hominids branched from other primates 30 million years ago 1948 May p. 16–19
human evolution, oreopithecus, orepithecus in lineage of Homo sapiens 1956 June p. 91–100
locomotion, walking, human evolution, bipedal walking, muscle, bone, fossil record, origin of human walking 1967 Apr. p. 56–66 [1070]

prime movers, energy transformation, energy demand, fuel-conversion efficiency, power, steam turbines, magnetohydrodynamics, gas turbine, internal combustion engine, fuel cell, solar cells, power, nuclear power, comparative efficiencies of energy transformation pathways in industrial civilization 1971 Sept. p. 148–160 [668]

prime number, number theory, magic squares, binary arithmetic, composite numbers 1951 July p. 52–55
mathematics, science history, sieve of Eratosthenes, mathematical sieves and their uses 1958 Dec. p. 105–112
computer generates largest 1952 Feb. p. 40
largest is $10^{-19,937}$-1 1971 June p. 56
rep-unit R_{317} 1978 Feb. p. 89

primeval fireball, cosmology, universe expansion, cosmic background radiation, 'big bang' theory, low-energy radiowaves, isotropy, helium abundance, 'big bang' theory and cosmic background radiation 1967 June p. 28–37

primitive ants, Aneuretus simoni Emery 1956 May p. 64

primitive architecture, building construction, architecture, climate, igloo, teepee, yurt, tent, sod hut, adobe house, hogan, stilt house 1960 Dec. p. 134–144

primitive mathematics, mathematics, geometry, topology, quinary system, decimal system, tessellation, knots 1948 Dec. p. 44–49

primordial dust cloud, chondrites, chondrule, solar system, shock waves, genesis of the solar system 1963 Oct. p. 64–82
comet origins, cometary structure, exotic molecules, solar system, Comet Kohoutek 1974 Feb. p. 48–57
albedo, asteroids, meteorites, planetisimal collisions, solar system formation 1975 Jan. p. 24–33
carbonaceous chondrites, chondrites, meteorites, solar system 1975 Feb. p. 30–38

primordial fireball, galactic evolution, gravity, red shift, gravitational instability, nonuniformities, protogalaxies, origin of galaxies 1970 June p. 26–35

printing, electronic typesetting, photographic typesetting, digital computer, mechanical composition, cathode-ray tube, computer applications 1969 May p. 60–69

prism, spectroscopy, Fraunhofer lines, light, Fourier analysis, diffraction grating, Girard grid, interferometry 1968 Sept. p. 72–82

private-enterprise sector, employment, pluralistic economy, public sector, productivity, U.S. economy, not-for-profit sector 1976 Dec. p. 25–29

proactive inhibition, learning, forgetting, retroactive inhibition, recall, interference theory 1967 Oct. p. 117–124 [509]

probabilistic potential theory, Brownian motion, potential theory, harmonic functions 1969 Mar. p. 66–74

probability, law of large numbers, gambler's fallacy, random walk, mathematical proof, philosophy of science 1950 Oct. p. 44–47
games theory, uncertainty principle, decision theory, pure strategy, card games illustrate theory 1951 Jan. p. 44–47
quality control, statistical sampling, sequential analysis 1953 Mar. p. 29–33
statistics, mathematical proof, fundamental reasoning, fundamental research, What is probability? 1953 Sept. p. 128–138
Monte Carlo method, Buffon needle problem, random numbers, mathematics 1955 May p. 90–96
galactic clusters, universe, gravitation, cosmology, Monte Carlo method, distribution of galaxies as test of cosmologies 1956 Sept. p. 187–200
psychology, decision making, subjective probability, Monte Carlo fallacy, gambling, subjective and objective probability 1957 Nov. p. 128–138 [427]

games theory, human conflict, zero-sum game, military strategy, use and misuse of game theory 1962 Dec. p. 108–118
chance, odds, calculus of chances, causation, philosophy of science, logician's point-of-view 1965 Oct. p. 44–54
antigravity, time reversal, CPT symmetry, antimatter, philosophy of science 1967 Jan. p. 98–108
Benford's Law, digits, number theory, first-digit distribution 1969 Dec. p. 109–120
confirmation theory, hypothesis-testing, logic, inductive proof, philosophy of science 1973 May p. 75–83
see also: subjective probability

probability learning, evolution, intelligence, habit reversal, intelligence compared in five animals 1965 Jan. p. 92–100 [490]

probability of death, life expectancy, historic changes in average length of human life 1950 Apr. p. 58–60

probalility, mathematics, combinatorial analysis, normal curve, Brownian motion, Markov chain, Pascal's triangle, statistics, probability theory 1964 Sept. p. 92–108

problem box, animal behavior, intelligence test 1951 June p. 64–68

problem solving, curiosity, rhesus monkeys, genetic traits, animal behavior 1954 Feb. p. 70–75
Gestalt psychology, insight, fixation, the 'aha' reaction 1963 Apr. p. 118–128 [476]
games theory, logic, computer theory, algorithms, Turing machine 1965 Nov. p. 98–106
two heads best 1953 Jan. p. 38

procaine, anesthesia, pain, cocaine, surgery, medical research, neuropharmacology, pharmacology, psychiatry, research in pain suppression 1957 Jan. p. 70–82

process control, chromatography, automatic control, control systems, predictive control 1969 June p. 112–120

product safety, consumer-product research, consumer protection, energy conservation, household appliances, product technology, N.B.S. 1977 Dec. p. 47–53

product technology, consumer-product research, consumer protection, energy conservation, household appliances, product safety, N.B.S. 1977 Dec. p. 47–53

production statistics, distribution of wealth, economic development, middle classes, population growth, natural resources, demographic transition 1976 July p. 28–35

production workers, labor force, productivity, service workers 1951 Sept. p. 36–41

productivity, labor force, production workers, service workers 1951 Sept. p. 36–41
capital-output ratio, labor force, automatic control, economic and social impact of automatic control 1952 Sept. p. 150–160
mechanization, capital cost, labor cost 1955 July p. 33–35
employment, pluralistic economy, public sector, private-enterprise sector, U.S. economy, not-for-profit sector 1976 Dec. p. 25–29

professional organizations, elections to National Academy and American Philosophical Society 1948 July p. 31

progenitive family, developed countries, human population, demographic transition 1974 Sept. p. 122–132

progesterone, fertilization, parthenogenesis, hyaluronidase, zona pellucida 1951 Mar. p. 44–47
pregnancy, uterine muscle, hormone, menstrual cycle, hormone inhibition of uterine muscle contraction 1958 Apr. p. 40–46 [163]
adrenal gland, pineal organ, biological clock, estrogens, melatonin, serotonin, pineal regulation of sex glands 1965 July p. 50–60 [1015]

programmed instruction, computer technology, education, teaching machine, individualized teaching 1966 Sept. p. 206–220 [533]

Project Cirrus, weather control, cloud seeding, silver iodide, condensation nuclei, dry ice 1952 Jan. p. 17–21

project grants, N.S.F., 'mission-oriented' funding agencies, science funding, institutional grants, science policy, fundamental research, university science, problems in government support of science in the U.S. 1965 July p. 19–25

Project Tinkertoy, automatic manufacture, electronic equipment, modular design 1955 Aug. p. 29–33

projectile, meteorites, cratering, impact crater, fluid impact, effect of high-speed impact 1960 Oct. p. 128–140

projective geometry, Renaissance paintings, Leonardo, Durer, Desargue's theorem, Pascal's theorem, mathematics, projective geometry as systematized by Poncelet and Klein 1955 Jan. p. 80–86

prokaryote origin, chloroplast, mitochondria, symbiosis, cell organelle, DNA, protein synthesis, plastids, cell evolution, extra-nuclear genetic activity in cell 1970 Nov. p. 22–29 [1203]

prokaryotic cells, bacteria, blue-green algae, fossil cells, evolution, Gunflint cherts, origins of life, Precambrian rocks, oldest fossils 1971 May p. 30–42 [395]
cell evolution, cell organelle, chloroplast, endosymbiosis, eukaryotic cells, mitochondria, symbiosis, algae, cilia, flagella, plastids 1971 Aug. p. 48–57 [1230]

prolactin, ACTH, hormone, sexual characteristics, growth, thyroid-stimulating hormone, follicle-stimulating hormone, androgens, estrogens, secondary sexual characteristics, human physiology, endocrine system, chemical integrators of the body 1957 Mar. p. 76–88 [1122]

proline, collagen, hydroxyproline, collagen fibril, tropocollagen, connective tissue, nature and properties of most abundant protein 1961 May p. 120–130

propellant, combustion instability, rocket engine, resonant combustion, acoustic oscillation 1968 Dec. p. 94–103

properdin globulin, defense against infection 1954 Oct. p. 49

property damage, atomic bomb, blast waves 1953 Apr. p. 94–102

proprietary hospitals, medical economics, medical care, public funds, municipal hospitals, voluntary hospitals, metropolitan medical economics in New York City 1965 Jan. p. 19–27

propulsion, heat, energy transformation, aerothermodynamics, laminar flow, turbulence, high temperatures: propulsion 1954 Sept. p. 120–131
aerospace technology, Coanda effect, fluid dynamics, aerodynamics, nozzles, burners, nature and applications of Coanda effect 1966 June p. 84–92

prospecting, chemical analysis, uranium ore, chemical prospecting 1957 July p. 41–47
see also: mineral prospecting and the like; aerial photography, natural resources, remote sensing

prostaglandin, fatty acids, feedback, hormone-like substances, drug therapy, nervous system 1971 Nov. p. 84–92 [1235]
synthesized 1968 July p. 50

prostheses, pharmaceutical industry, F.D.A., medical care, medical economics, drug prescription, drug research, medical laboratory services 1973 Sept. p. 161–166

protein coat, bacteriophage, genetics, reproduction, tracer experiments, DNA 1953 May p. 36–39

protein-cutting enzymes, catalytic proteins, enzyme action, proteolytic enzymes, serum proteins, chymotrypsin, elastase, trypsin 1974 July p. 74–88 [1301]

protein evolution, cytochrome C, protein structure, respiration, amino-acid substitution, mutation rate, 1.2 billion year record of evolution, ancient protein 1972 Apr. p. 58–72 [1245]

protein folding, lysozyme, X-ray crystallography, enzyme-substrate complex, amino-acid sequence, three-dimensional structure and action of lysozyme 1966 Nov. p. 78–90 [1055]

protein from coal, nutrient for microorganisms 1965 Nov. p. 52

protein molecule, blood plasma, collagen, cell-surface antigens, glycoproteins, interferon 1974 May p. 78–86 [1295]

protein 'overcoat', virus structure, DNA 1954 Dec. p. 62–70 [32]
virus, tobacco mosaic virus, nucleic acid 'core', dissociation and reconstitution of infective particles 1956 June p. 42–47

protein production, petroleum-eating microorganisms protein source(?) 1965 Jan. p. 49

protein separation, electrophoresis, Schlieren scanning, moving-boundary electrophoresis 1951 Dec. p. 45–53

protein shape-change, enzyme action, lock-and-key theory, molecular structure, protein structure 1973 Oct. p. 52–64 [1280]

protein structure, protein synthesis, amino-acid sequence, peptide bond, hydrogen bonds, tertiary structure, nature, diversity and function of proteins 1950 June p. 32–41 [10]
chemistry, chemical bond, molecular structure, crystal structure, chemical kinetics, science, chemistry 1900-1950 1950 Sept. p. 32–35
insulin, amino-acid sequence, first total sequence 1955 May p. 36–41
insulin, ribonuclease, amino-acid sequence, enzyme action, myoglobin, resolution of atomic structure of three molecules 1961 Feb. p. 81–92 [80]
amino-acid sequence, gene-protein colinearity, DNA structure, mutation, gene mapping, base 1967 May p. 80–94 [1074]
keratin, X-ray diffraction, alpha keratin, feather keratin 1969 Aug. p. 86–96 [1155]
cytochrome C, protein evolution, respiration, amino-acid substitution, mutation rate, 1.2 billion year record of evolution, ancient protein 1972 Apr. p. 58–72 [1245]

enzyme action, lock-and-key theory, molecular structure, protein shape-change 1973 Oct. p. 52–64 [1280]
ribonuclease in three dimensions 1967 Mar. p. 48
carboxypeptidase 1968 Apr. p. 44
protein switch, actin, muscle contraction, muscle fibril, tropomyosin, troponin, myosin, calicum in muscle 1975 Nov. p. 36–45 [1329]
protein synthesis, protein structure, amino-acid sequence, peptide bond, hydrogen bonds, tertiary structure, nature, diversity and function of proteins 1950 June p. 32–41 [10]
heredity, chromosome, DNA, RNA, nucleoproteins, DNA identified as agent of heredity 1953 Feb. p. 47–57 [28]
bacteria, genetic code, DNA, RNA, protein synthesis by bacterial DNA-RNA in vitro 1956 Mar. p. 42–46
DNA, RNA, genetic code, chromosome, polymers, molecular genetics as of mid-1957 1957 Sept. p. 188–200 [54]
microsome, ribosome, RNA, cytology, recognition of ribosome as site of protein synthesis 1958 Mar. p. 118–124 [52]
RNA, DNA, recognition of RNA as transcriber of DNA 1959 Dec. p. 55–61
antibodies, antigens, immunology, immune response, mutation, selection theory of immunity 1961 Jan. p. 58–67 [78]
ribosome, DNA, mRNA, tRNA, nucleus, chromosome, cytology, how cells make molecules 1961 Sept. p. 74–82 [92]
mRNA, gene transcription, the RNA messenger from gene to protein synthesis 1962 Feb. p. 41–49 [119]
DNA, genetic code, base triplets, nucleotide sequence, codon, base triplet established as codon 1962 Oct. p. 66–74 [123]
mRNA, tRNA, genetic code, DNA, ribosome, genetic code elucidated, amino acid 'dictionary' 1963 Mar. p. 80–94 [153]
DNA, polyribosomes, RNA, ribosome 1963 Dec. p. 44–53
genetic code, tobacco mosaic virus, RNA nucleotides, amino-acid sequence, mutation, relation of RNA mutations to amino acid changes 1964 Oct. p. 46–54 [193]
enzymes, hemoglobin, myoglobin, control systems, feedback, cooperative enzymes, allosteric enzymes, control of biochemical reactions 1965 Apr. p. 36–45 [1008]
antibiotics, streptomycin, genetic code, ribosome, DNA, RNA, mutation, 'misreadings' induced by antibiotic alterations of ribosomes 1966 Apr. p. 102–109
amino acids, DNA, genetic code, mutation, molecular biology, triplets, RNA, anticodon, ribosomes, triplets, wobble hypothesis 1966 Oct. p. 55–62 [1052]
brain metabolism, memory, goldfish, learning, conditioned behavior 1967 June p. 115–122 [1077]
amino acids, formylmethionine, ribosome, mRNA, tRNA, initiation of protein synthesis 1968 Jan. p. 36–42 [1092]
insulin, automatic synthesis, amino acids, peptide bond, 'solid phase' method of synthesis, polystyrene beads 1968 Mar. p. 56–74 [320]
rod cells, cone cells, visual cells, autoradiography, renewal mechanisms in retinal cells 1970 Oct. p. 80–91
chloroplast, mitochondria, symbiosis, cell organelle, DNA, prokaryote origin, plastids, cell evolution, extra-nuclear genetic activity in cell 1970 Nov. p. 22–29 [1203]
antibiotics, actinomycin, DNA-actinomycin binding, mRNA inhibition 1974 Aug. p. 82–91 [1303]
DNA, genetic code, poliomyelitis virus, RNA, virus multiplication, virus structure 1975 May p. 24–31
cell receptors, endocrine hormones, gene regulation, hormonal action, steroid hormones 1976 Feb. p. 32–43 [1334]
cell structure, neutron-beam-scattering technique, ribosome, structure of ribosome 1976 Oct. p. 44–54
tRNA, gene transcription, molecular structure, 3-D structure of tRNA 1978 Jan. p. 52–62 [1377]
sRNA and amino acid template positioning 1962 Sept. p. 108
ergosome 1963 July p. 66
origins of life, thermal theory of biological origins 1964 Apr. p. 64
solid-phase synthesis 1965 Aug. p. 44
initiation formylmethionine 1966 Sept. p. 102
ribosome 30S subunit 1968 Sept. p. 86
ribosome, cell organelle, RNA, structure of the ribosome 1969 Oct. p. 28 [1157]
proteins, amino acids, peptide chain, alpha helix, enzyme catalysis, lock-and-key theory, how is a protein made? 1953 Sept. p. 100–106
polypeptide chain, amino acids, hydrogen bonds, X-ray crystallography, alpha helix 1954 July p. 51–59 [31]
collagen, beta chain, alpha helix, polypeptide synthesis, polymers, amino acids, synthesis and architecture of proteins 1957 Sept. p. 173–184 [7]
amino acids, myoglobin, X-ray crystallography, alpha helix, 3-D structure of protein molecule 1961 Dec. p. 96–11 [121]
fisheries, aquaculture, food, tilapia, pond culture 1963 May p. 143–152
peptide bond, zymogen, trypsin, proteolytic enzymes, hydrolysis, enzymes, structure and function of protein-digesting enzymes 1964 Dec. p. 68–79
petroleum, food production, petroleum fermentation 1965 Oct. p. 13–17
evolution, species specificity, computer analysis, cytochrome, amino-acid substitution, phylogeny from amino-acid substitution 1969 July p. 86–95 [1148]
grain, plant protein, plant hybrids, agronomy, Triticale 1974 Aug. p. 72–80
agglutination response, cancer, cell membrane, immunology, lectins 1977 June p. 108–119 [1360]
see also: serum proteins
proteolysis, bacteria, infection, viral DNA, DNA sequence, restriction enzymes, bacterial recognition and rejection of exotic DNA 1970 Jan. p. 88–102 [1167]
proteolytic enzymes, proteins, peptide bond, zymogen, trypsin, hydrolysis, enzymes, structure and function of protein-digesting enzymes 1964 Dec. p. 68–79
catalytic proteins, enzyme action, protein-cutting enzymes, serum proteins, chymotrypsin, elastase, trypsin 1974 July p. 74–88 [1301]
protocultural behavior, primate behavior, monkey, Japanese macaques, primate societies, social status 1976 Oct. p. 96–106 [1345]
protogalaxies, galactic evolution, gravity, red shift, gravitational instability, primordial fireball, nonuniformities, origin of galaxies 1970 June p. 26–35
proton, elementary particles, electron, particle counters, neutron, positron, mesons, photon, neutrino, particle accelerator, nuclear binding force, 'Meson Song' 1948 June p. 26–39
electromagnetic force, nuclear forces, neutron, mesons, particle scattering, high-energy physics, fundamental research, what holds the nucleus together? 1953 Sept. p. 58–63
photographic emulsion, particle tracks, cosmic radiation, neutron, electron, characteristic 'signatures' of particles 1956 May p. 40–47
antiproton, positron, Bevatron, antimatter, high-energy physics, postulation and discovery of antiproton 1956 June p. 37–41 [244]
atomic nucleus, shell model, optical model, high-energy physics, liquid-drop model, charge exchange, spin-orbit force, resonance 'particles', neutron, structure of the nucleus 1959 Jan. p. 75–82
atoms, elementary particles, electron, neutron, matter, structure of 'ordinary matter' 1967 May p. 126–134
mesons, particle accelerator, pions, quark, high-energy physics, nucleons, Regge trajectory, high-energy scattering 1967 Dec. p. 76–91
alpha clustering, alpha particles, atomic nucleus, elementary particles, nuclear clustering, neutron, nuclear forces, nuclear surface 1972 Oct. p. 100–108
antimatter, high-energy physics, colliding-beam accelerator, electron-positron annihilation, parton model, quantum electrodynamics 1973 Oct. p. 104–113
not elementary 1951 May p. 32
proton acceleration, by electron rings 1968 Sept. p. 84
proton accelerator, C.E.R.N.-U.S.S.R. joint project 1968 Sept. p. 84
proton beam, particle accelerator, National Accelerator Laboratory, neutrino beam, synchrotron 1974 Feb. p. 72–83
proton-beam focusing, electromagnetism, niobium alloys, magnetism, superconductors, generation of intense magnetic fields 1967 Mar. p. 114–123
proton currents, in nerve cells 1951 July p. 31
proton decay, transmutation 1970 Dec. p. 40
proton magnetic moment, determined with new precision 1949 May p. 26
proton model, high-energy physics, neutron structure, quark, scattering experiments, 'strong' force, virtual particles 1971 June p. 60–77
proton-proton interaction, thermonuclear reaction, carbon cycle, stellar energy 1950 Jan. p. 42–45
heat, thermonuclear reaction, stellar interiors, hydrogen bomb, solar corona, helium reaction, ultrahigh temperatures 1954 Sept. p. 144–154
colliding-beam accelerator, high-energy physics, particle interaction, C.E.R.N. 1973 Nov. p. 36–44

proton size, findings in particle accelerators 1973 May p. 42
proton spin, spin, high-energy physics, 'strong' force, electron scattering, dependence of nuclear forces on spin 1966 July p. 68–78
time reversal, symmetry, parity, charge conservation, lambda decay, CPT conservation, experiments in time reversal 1969 Oct. p. 88–101
proton structure, probed by electrons 1953 Oct. p. 50
proton synchrotron, U.S.S.R. 10Bev synchrotron 1957 June p. 72
C.E.R.N., U.S.S.R., U.S. plans 1970 Aug. p. 44
proton transfer, chemical reaction, chemical kinetics, allosteric enzymes, enzymes, catalysis, chemical equilibrium, relaxation methods in chemistry 1969 May p. 30–41
protoplasts, bacterial-cell wall, lysozyme, homeostasis, bacterial cytoplasm, bacteriophage, flagella, dissection of bacteria by lysozyme 1960 June p. 132–142
'protopsychology', planarian, learning, conditioned behavior, maze running, evidence of learning in a primitive nervous system 1963 Feb. p. 54–62
protostars, light polarization, interstellar dust, interstellar gas 1967 Oct. p. 106–114
microwaves, interstellar matter, maser, hydroxyl radical, infrared astronomy, energy levels, interferometry 1968 Dec. p. 36–44
protozoon, cell differentiation, regeneration, embryonic development, protozoon as model for embryological study 1953 Mar. p. 76–82
provirus, virus, life cycle, reproduction, bacteriophage 1954 Mar. p. 34–37
bacteriophage, virology, recombinant DNA, modified virus 1955 Apr. p. 92–98 [24]
bacteriophage structure, gene expression, latent viruses, virus action, coexisting viruses, viral genes in host chromosome 1976 Dec. p. 102–113 [1347]
pseudoscience, university research, ESP, kirlian photography, astrology at Iowa State 1978 Apr. p. 78
psi particle, antimatter, electron-positron annihilation, J particle, charm, color, quark, high-energy physics, storage rings, virtual particles 1975 June p. 50–62
psychiatric hospital population, community mental-health centers, mental health, emotional illness, psychoactive drugs, psychotherapy, psychiatry, psychoanalysis 1973 Sept. p. 116–127
psychiatry, motion pictures, psychiatric films in teaching and therapy 1949 Sept. p. 42–43
group psychotherapy, emotional illness 1950 Dec. p. 42–45 [449]
psychoanalysis, humor, laughter, psychosis, Freudian interpretation of humor 1956 Feb. p. 31–35 [435]
ACTH, war, stress, combat fatigue, Korean war studies of battlestress 1956 Mar. p. 31–35
anesthesia, pain, cocaine, procaine, surgery, medical research, neuropharmacology, pharmacology, research in pain suppression 1957 Jan. p. 70–82
'truth' drugs, psychoanalysis, psychoactive drugs, emotional illness, clinical use of psychoactive drugs 1960 Mar. p. 145–154 [497]
schizophrenia, emotional illness, psychoanalysis, psychosis, neurosis, double bind, taxonomy of emotional illness, family therapy 1962 Aug. p. 65–74 [468]
community mental-health centers, mental health, emotional illness, psychiatric hospital population, psychoactive drugs, psychotherapy, psychoanalysis 1973 Sept. p. 116–127
poorly funded 1952 Nov. p. 40
manpower shortage 1957 May p. 70
clinical trials of Marsilid 1958 Apr. p. 52
civil rights in New York law 1964 June p. 54
psychoactive drugs, anthropology, medicine, magic, alkaloids, hypnosis psychiatry, lessons from primitive medicine 1948 Sept. p. 24–27
tranquilizers, chlorpromazine, reserpine, Frenquel 1955 Oct. p. 80–86
'truth' drugs, psychoanalysis, psychiatry, emotional illness, clinical use of psychoactive drugs 1960 Mar. p. 145–154 [497]
community mental-health centers, mental health, emotional illness, psychiatric hospital population, psychotherapy, psychiatry, psychoanalysis 1973 Sept. p. 116–127
emotional illness, community mental-health centers, skid row, drug addiction, 'deinstitutionalization' of the emotionally ill 1978 Feb. p. 46–53 [581]
psychoanalysis, Oedipus complex, emotional illness 1949 Jan. p. 22–27
dreams, Freud 1949 May p. 44–47 [495]
murder, psychopathology, 'prevention of murder' 1949 June p. 50–55
Freud, biography and appraisal of Sigmund Freud at 82 1949 Oct. p. 50–54
schizophrenia, art, a case study 1952 Apr. p. 30–34
schizophrenia, psychotherapy, shock therapy, psychosurgery, the case for psychotherapy 1953 Jan. p. 58–63 [447]
suicide, epidemiology 1954 Nov. p. 88–96
LSD, ergot, psychosis, experimental psychoses 1955 June p. 34–39
humor, psychiatry, laughter, psychosis, Freudian interpretation of humor 1956 Feb. p. 31–35 [435]
child psychiatry, autism, schizophrenia, emotional deprivation, 'mechanical boy' 1959 Mar. p. 116–127 [439]
'truth' drugs, psychoactive drugs, psychiatry, emotional illness, clinical use of psychoactive drugs 1960 Mar. p. 145–154 [497]
schizophrenia, emotional illness, psychiatry, psychosis, neurosis, double bind, taxonomy of emotional illness, family therapy 1962 Aug. p. 65–74 [468]
community mental-health centers, mental health, emotional illness, psychiatric hospital population, psychoactive drugs, psychotherapy, psychiatry 1973 Sept. p. 116–127
psychological research, $6 million at Yale 1953 Apr. p. 44
psychological testing, psychology, perception, science, psychology 1900-1950 1950 Sept. p. 79–84
scientists, socioeconomic background, social psychology, psychological study of 64 eminent scientists 1952 Nov. p. 21–25
creativity, psychology, imagination, psychology of imagination 1958 Sept. p. 150–166
achievement, motivation, aspiration, social surveys, self-anchoring scale 1963 Feb. p. 41–45
see also: intelligence test
psychology, psychological testing, perception, science, psychology 1900-1950 1950 Sept. p. 79–84
instrument panel, pilot error, ergonomics, designing instrument panels for their users 1953 Apr. p. 74–82 [496]
conditioned reflex, neurosis, operant conditioning, Pavlov, thyroidectomy, stress, emotional behavior, neurosis, conditioned reflex is shown to be a neurosis 1954 Jan. p. 48–57 [418]
economics, economic psychology 1954 Oct. p. 31–35 [452]
learning, spatial perception, innate behavior, perceptual learning, innate vs acquired space perception 1956 July p. 71–80
probability, decision making, subjective probability, Monte Carlo fallacy, gambling, subjective and objective probability 1957 Nov. p. 128–138 [427]
creativity, imagination, psychological testing, psychology of imagination 1958 Sept. p. 150–166
pain, perception, neuropsychology, cultural influence on pain perception 1961 Feb. p. 41–49 [457]
auditory illusions, hearing, perception, phonetics, speech perception, illusions, illusions as clues to organization of perceptual apparatus 1970 Dec. p. 30–33 [531]
art, Escher's prints, optical illusion, perception of pictures, visual perception 1974 July p. 90–104 [560]
sports, footracing, human physiology, athletics, metabolism, running records, Aesop principle 1976 June p. 109–119
learning, effect of delayed video feedback on maze solving 1961 Jan. p. 86
rationalizing the threat of thermonuclear horror 1963 Feb. p. 70
see also: behavioral psychology and the like; ethology, learning, perception and the like
psychopathology, psychoanalysis, murder, 'prevention of murder' 1949 June p. 50–55
psychophysics, learning, visual perception, Fechner's law, Skinner box, behavioral psychology, conditioned behavior, pigeon perception 1961 July p. 113–122 [458]
muscle control, muscle spindles, sensory feedback, servomechanisms, stretch reflex, tendon organ 1972 May p. 30–37 [1249]
psychosis, Hutterites, mental health, standard expectancy method, epidemiology 1953 Dec. p. 31–37 [440]
emotional illness, mental health, schizophrenia, epidemiology, family, income status 1954 Mar. p. 38–42 [441]
LSD, ergot, psychoanalysis, experimental psychoses 1955 June p. 34–39
psychoanalysis, humor, psychiatry, laughter, Freudian interpretation of humor 1956 Feb. p. 31–35 [435]
schizophrenia, emotional illness, psychoanalysis, psychiatry, neurosis, double bind, taxonomy of emotional illness, family therapy 1962 Aug. p. 65–74 [468]
alkaloids, hallucinogens, mental health, drug addiction, consciousness alteration, LSD, psilocybin, mescaline, effects of LSD 1964 Apr. p. 29–37 [483]

psychosomatic illness, stress, alarm reaction, kidney disorder, cardiovascular disease, adrenal gland 1949 Mar. p. 20–23 [4]
stress, ulcer, 'executive monkey' experiment 1958 Oct. p. 95–100
anxiety, polygraph, lying, guilt, breathing, pulse rate, skin temperature, 'lie detector' mis-named 1967 Jan. p. 25–31 [503]
coping behavior, rats, stress 1972 June p. 104–113 [544]
psychosurgery, prefrontal lobotomy, after 5,000 operations in the U.S., an evaluation 1950 Feb. p. 44–47 [445]
schizophrenia, psychotherapy, psychoanalysis, shock therapy, the case for psychotherapy 1953 Jan. p. 58–63 [447]
outlawed in U.S.S.R. 1953 Oct. p. 60
psychotherapy, neurosis, learning, stress, experimental neuroses in cats 1950 Mar. p. 38–43 [443]
'client-centered' therapy 1952 Nov. p. 66–74 [448]
schizophrenia, psychoanalysis, shock therapy, psychosurgery, the case for psychotherapy 1953 Jan. p. 58–63 [447]
community mental-health centers, mental health, emotional illness, psychiatric hospital population, psychoactive drugs, psychiatry, psychoanalysis 1973 Sept. p. 116–127
training to overcome shortage 1949 Jan. p. 28
for recidivists 1951 Apr. p. 38
in groups 1952 Mar. p. 42
Ptolemaic system, astronomy, Greek astronomy 1949 Apr. p. 44–47
Ptolemy, as fraud 1977 Oct. p. 79
puberty, *see:* adolescence
public funds, medical economics, medical care, municipal hospitals, voluntary hospitals, proprietary hospitals, metropolitan medical economics in New York City 1965 Jan. p. 19–27
public health, tuberculosis, tubercle bacillus, mortality rates, economic development, science history, popularization of well-being, not therapy, ends 'white plague' 1949 Oct. p. 30–41
epidemiology, immunology, virology, influenza virus, structure and biochemistry of flu virus 1957 Feb. p. 37–43
environmental pollution, ionizing radiation, fallout, atomic bomb test, radiation damage, mutation, hazards of radiation to society 1959 Sept. p. 219–232 [1214]
Chaga's disease, 'zoonoses', parasitism, trypanosomiasis, malaria, filariasis, leishmaniasis, plague, yellow fever, typhus, epidemiology, animal infection and human disease 1960 May p. 161–170
bronchitis, air pollution, emphysema, smog, environmental health, U.S. cities, smog and public health 1961 Oct. p. 49–57 [612]
epidemiology, human behavior, bubonic plague, Black Death, population history, long-term effects of plague, Europe 1348-50 1964 Feb. p. 114–121 [619]
morbidity, medical care, health statistics, mortality rates, health insurance, U.S. National Health Survey 1966 June p. 21–29
noise-induced hearing loss, occupational health, noise pollution, auditory impairment, industrial hygiene, preventing noise-induced hearing loss, U.S. noise pollution legislation 1966 Dec. p. 66–76 [306]
abortion, population, birth control, infant mortality, maternal mortality, international comparison of experience with legalization of abortion 1977 Jan. p. 21–27 [1348]
environmental pollution, fission reactor, nuclear power, radioactive waste disposal, underground storage 1977 June p. 21–31 [364]
improved 1952 May p. 37
U.S. mock TB epidemic 1956 July p. 50
Burney appointed Surgeon General 1956 Oct. p. 67
U.S. infant mortality statistics 1960 July p. 81
little correlation between crowding and disease 1973 Aug. p. 47
public opinion, election-fiasco 1948 1948 Dec. p. 7–11
American soldiers, attitude survey, social discrimination, sociology, studies of attitudes and morale of U.S. troops during World War II, including experiments in racial integration of military units 1949 May p. 11–15
voters' attitudes, voting behavior, correlation analysis, ethnic groups, income, social status, family, 'votes in the making' 1950 Nov. p. 11–13
mass communications, elections, attitude survey 1953 May p. 46–48
elections, voting behavior, attitude survey, election of 1952 1954 May p. 31–35
fluoridation, anti-scientific attitudes, voting behavior 1955 Feb. p. 35–39 [453]
American Negro, U.S. whites, desegregation, attitude survey, racial segregation, sociology, longitudinal attitude study 1956 Dec. p. 35–39
desegregation, racial integration, attitude survey, U.S. whites, American Negro, longitudinal attitude study reported in 1956 1964 July p. 16–23 [623]
ghetto, racial discrimination, unemployment, urban riots, social class, American Negro, 'riffraff theory' versus 'blocked-opportunity' theory 1968 Aug. p. 15–21 [638]
Vietnam war, 'silent majority' 1970 June p. 17–25 [656]
desegregation, racial integration, American Negro, U.S. whites, attitude survey, longitudinal attitudes study 1971 Dec. p. 13–19 [673]
elections, voting systems, paradox inescapable 1976 June p. 21–27 [689]
racial discrimination, prejudice, American Negro, attitude survey, U.S. whites, segregation, integration, longitudinal attitude study 1978 June p. 42–49 [707]
reliability questioned 1968 Jan. p. 46
public sector, employment, pluralistic economy, private-enterprise sector, productivity, U.S. economy, not-for-profit sector 1976 Dec. p. 25–29
public transportation, *see:* mass transit
public works, New World archeology, riparian sites, reservoir dam-building, crisis in U.S. archeology 1948 Dec. p. 12–17
Pueblo Indians, Amerindian, Hopi Indians, Tewa Indians, cultural assimilation 1957 June p. 126–136
Puerto Ricans, racial discrimination, segregation, American Negro, housing, poverty 1965 Aug. p. 12–19 [626]
Pugwash conference, disarmament, nuclear test ban 1957 Sept. p. 106
nuclear warfare 1958 Dec. p. 52
talks continue as testing resumes 1961 Nov. p. 78
pulmonary ventilation, gas exchange, thorax, lung, breathing, alveoli, human physiology, vital capacity, mechanics and physiology of breathing, anatomy of lung 1966 Feb. p. 56–68 [1034]
pulsar, white dwarfs, neutron stars, gravitational collapse, angular momentum, 'lighthouse' model proposed 1968 Oct. p. 25–35
Crab Nebula, neutron stars, radio source, stellar evolution, gravitational collapse, angular momentum 1971 Jan. p. 48–60
gravitational collapse, neutron stars, stellar evolution, solid stars, white dwarfs, ultradense matter 1971 Feb. p. 24–31
cosmic radiation, radio emissions, superdense matter, supernovae 1971 July p. 74–85
black hole, gravitational waves, neutron stars, relativity theory, Red Giant stars, rotational energy, white dwarfs 1972 May p. 38–46
binary stars, neutron stars, black hole, quasars, X-ray astronomy, X-ray sources 1972 July p. 26–37
black hole, gravitational energy, quasars, rotational energy, radiation in universe 1973 Feb. p. 98–105
black hole, interstellar gas, magnetohydrodynamics, neutron stars, stellar evolution, supernovae, X-ray sources 1975 Dec. p. 38–46
black hole, cosmic radiation, gamma-ray astronomy, neutron stars, satellite astronomy, Cygnus X-1 1976 Oct. p. 66–79A
review of early observations 1968 June p. 43
light source tentatively identified 1968 July p. 49
rotating neutron star (?) 1968 Dec. p. 50
NP 0532, optical flashes in Crab Nebula 1969 Mar. p. 46
speedup, starquake 1970 Feb. p. 44
pulsar in Crab Nebula, supernova remnant 1969 Jan. p. 46
X-ray and optical pulses 1969 July p. 52
pulse-code modulation, artificial satellite, communication, telecommunication, data transmission, digital transmission 1966 Sept. p. 144–156
communication technology, digital transmission, binary arithmetic, television, transmission quality, telephone, AM, FM 1968 Mar. p. 102–108
communication technology, laser, electron optics, Kerr effect, Pockel's effect, polarization, modulators, modulation of laser light 1968 June p. 17–23
digital transmission, diode laser, fiber optics, glass fiber cables, light-emitting diode, light-wave communication, lightwave telephone 1977 Aug. p. 40–48 [373]
pulse generator, streamer chamber, linear accelerator, track detectors, new particle detector 1967 Oct. p. 38–46
pulse rate, anxiety, polygraph, lying, psychosomatic illness, guilt, breathing, skin temperature, 'lie detector' mis-named 1967 Jan. p. 25–31 [503]
pumpkin prodigy, 1,986 ft.vine; 20 pumpkins 1952 July p. 42

pumps, steam engine, mine drainage, technology history, Watt, Industrial Revolution, Newcomen engine, origins of steam engine 1964 Jan. p. 98–107
science history, technological innovation, windmills, blast furnace, bellows, medieval technology, medieval uses of the air 1970 Aug. p. 92–100 [336]
punched cards, Bacon's cipher, binary code, Boolean algebra, computer history, science history, Jacquard loom 1972 Aug. p. 76–83
punishment, asocial behavior, behavioral psychology, criminal law, human behavior, criminology, milieu therapy, behavioral science and the criminal law 1963 Nov. p. 39–45 [480]
pupa, insect metamorphosis, juvenile hormone, larvae, demonstration of hormonal control in silkworm moth 1950 Apr. p. 24–28
pupil size, emotion, attitude, eye, attention, effect of attitude on pupil size 1965 Apr. p. 46–54 [493]
communication, eye, nonverbal communication, effect of pupil size on attitude 1975 Nov. p. 110–119 [567]
pure metals, metallurgy, crystal structure, zone melting, vacuum furnace 1954 July p. 36–40
pure strategy, games theory, uncertainty principle, decision theory, probability, card games illustrate theory 1951 Jan. p. 44–47
games theory, decision theory, minimax, mixed stratgey, worst-case analysis 1955 Feb. p. 78–83
Purex process, fission reactor, nuclear fuel, nuclear power, reprocessing 1976 Dec. p. 30–41
Purkinje cells, brain, brain circuitry, cerebellar cortex, neuronal networks, mossy fibers 1975 Jan. p. 56–71 [1312]
purple bacteria, phototropism, photosynthesis, sulfur bacteria 1951 Nov. p. 68–72
purpoises, fish, swimming, laminar flow, turbulence, how fishes and sea-going mammals swim 1957 Aug. p. 48–54 [1113]
purpura, congenital anomalies, virus disease, vaccine, teratogenesis, pregnancy, congenital rubella, rubella 1966 July p. 30–37
Pygmies, Congo, social anthropology, Bambuti, symbyotic relationship of jungle Pygmies and pastoral-village peoples 1963 Jan. p. 28–37 [615]
pyrogenesis, aromatic hydrocarbons, molecular structure, polycyclic aromatic compunds 1976 Mar. p. 34–45
pyrolysis, fire, fire protection, 'flashover', flammability standards 1974 July p. 21–27
pyrophoricity, flammable metals 1957 Mar. p. 64
pyruvic acid, *see:* citric-acid cycle
Pythagorean doctrine, musical scale, tone ladder, music and mathematics, harmonic proportions, Kepler, vibrating string 1967 Dec. p. 92–103
Pythagorean theorem, time, special relativity, clock paradox 1963 Feb. p. 134–144
1,700 years before Euclid 1950 Mar. p. 28

Q

quackery, 'radioactive' nostrums 1949 Oct. p. 27
quality control, statistical sampling, sequential analysis, probability 1953 Mar. p. 29–33
quantized vortexes, superconductors, Meissner effect, quantum mechanics, magnetic field, magnetic impermeability, quantum effects in superconductors 1965 Oct. p. 57–67
quantum, elementary particles, parity, 'weak' force, symmetry, particle interaction, right and left-handed particles breakdown of parity 1957 Apr. p. 45–53 [231]
quantum chemistry, molecular structure, electron shells, computer modeling, molecular orbits, computer graphics 1970 Apr. p. 54–70
quantum effects, superconductivity, magnetism, magnetic vortexes, superconductors, macroscopic quantum effect photographed 1971 Mar. p. 74–84
superfluidity, helium 3, liquid phase, gas phase, solid state physics, quantum fluids, phase transitions 1976 Dec. p. 56–71
quantum electrodynamics, radar, microwaves, spectroscopy, molecular bonds, coherent radiation, resonance absorption, energy levels, quantum jumps, time-keeping, foundation of maser, laser technology 1948 Sept. p. 16–23
positronium, positron, electron, 'model atom' 1954 Dec. p. 88–92
antimatter, high-energy physics, colliding-beam accelerator, electron-positron annihilation, proton, parton model 1973 Oct. p. 104–113
quantum fields, field theory, high-energy physics, Classical physics, elementary particles, with 20 particles known, a review of the theoretical foundations of physics 1953 Apr. p. 57–64 [208]
quantum fluids, superfluidity, helium 3, liquid phase, gas phase, solid state physics, quantum effects, phase transitions 1976 Dec. p. 56–71
quantum jumps, radar, microwaves, spectroscopy, molecular bonds, coherent radiation, resonance absorption, energy levels, quantum electrodynamics, time-keeping, foundation of maser, laser technology 1948 Sept. p. 16–23
quantum mechanics, Planck, science history, spectroscopy, black body, resonators, Einstein, photoelectric effect, Compton effect 1952 Mar. p. 47–54 [205]
matter, wave-particle duality, energy levels, electromagnetic force, nuclear forces, gravitation, field theory, fundamental research, corpuscular streams, what is matter? 1953 Sept. p. 52–57 [241]
optical pumping, microwave spectroscopy, spectroscopy, photon, technique and uses of optical pumping 1960 Oct. p. 72–80
quantum mechanics, special relativity, atomic structure, high-energy physics, science, physics 1900-1950 1950 Sept. p. 28–31
Planck, science history, spectroscopy, black body, resonators, Einstein, photoelectric effect, Compton effect, quantum jumps 1952 Mar. p. 47–54 [205]
heat, thermodynamics, entropy, equation of state, energy, black body radiation, temperature, What is heat? 1954 Sept. p. 58–63
superfluidity, helium 1, helium 2, seond sound, low-temperature physics, liquid helium properties 1958 June p. 30–35 [224]
maser, microwave amplification, stimulated emission, coherent radiation, principles and uses of maser 1958 Dec. p. 42–50 [215]
atom, Pauli, exclusion principle, theoretical physics, antimatter, structure of atoms and nuclei 1959 July p. 74–86 [264]
gravitation, wave-particle duality, relativity theory, space-time continuum, uncertainty principle, P.A.M. Dirac view of physics 1963 May p. 45–53
chemical bond, noble gases, compounds of 'inert elements' 1964 May p. 66–77
superfluidity helium, vortex ring, macroscopic quantum effects, quantized vortex rings 1964 Dec. p. 116–122
superconductors, Meissner effect, magnetic field, magnetic impermeability, quantized vortexes, quantum effects in superconductors 1965 Oct. p. 57–67
electric current, Josephson effects, superconductivity, microwave emission, tunnel junction, confirmation and applications of Josephson effects 1966 May p. 30–39
electrical conductivity, Fermi surface, semiconductor, materials technology, charge carriers, electron mean free path, electrical properties of materials 1967 Sept. p. 194–204
atomic nucleus, atomic structure, exotic atoms, kaonic atoms, muonic atoms, particle accelerator, pions, high-energy physics 1972 Nov. p. 102–110
crystal energetics, crystal structure, metallurgy, conduction electrons, quasi-particle concept, Fermi surface, metal properties 1973 Jan. p. 88–98
Kerr gate, laser mode-locking, molecular motion, Raman clock, ultrafast phenomena, picosecond molecular processes 1973 June p. 42–60
hadrons, heavy leptons, J particle, high-energy physics, quark hypothesis, intermediate vector bosons 1976 Jan. p. 44–54
electromagnetic radiation, photon, Coulomb's law, mass of photon 1976 May p. 86–96
electromagnetic radiation, electron-hole liquid, exciton, semiconductor 1976 June p. 28–37
black hole, gravitational fields, relativity theory, event horizon 1977 Jan. p. 34–40 [349]
isotope separation, laser-excitation technique, light absorption, uranium enrichment 1977 Feb. p. 86–98 [354]
amorphous semiconductors, nonperiodic systems, Ovshinsky devices, semiconductor technology, switching phenomena 1977 May p. 36–48 [362]
alkali-metal anions, alkali-metal cations, cryptands, electron orbitals, solvated electrons 1977 July p. 92–105 [368]
charmed quarks, hadrons, high-energy physics, quark, charm 1977 Oct. p. 56–70 [388]
maser, cosmic masers, hydroxyl maser, water maser, maser star, interstellar matter, astrophysics, 'nature imitates art' 1978 June p. 90–105

quantum numbers, baryons, high-energy physics, hadrons, leptons, mesons, quark confinement, bag model, infrared-slavery model, string model 1976 Nov. p. 48–60
quantum solid, crystal structure, helium, solid state physics, zero-point motion, solid helium, physical and theoretical properties 1967 Aug. p. 84–95
quark, mesons, particle accelerator, pions, proton, high-energy physics, nucleons, Regge trajectory, high-energy scattering 1967 Dec. p. 76–91
high-energy physics, proton model, neutron structure, scattering experiments, 'strong' force, virtual particles 1971 June p. 60–77
dual-resonance model, high-energy physics, hadrons, light-string theory, strong interactions 1975 Feb. p. 61–67
antimatter, electron-positron annihilation, J particle, psi particle, charm, color, high-energy physics, storage rings, virtual particles 1975 June p. 50–62
charmed quarks, hadrons, high-energy physics, quantum mechanics, charm 1977 Oct. p. 56–70 [388]
high-energy physics, 'S.U. (3)' extended by 'S.U. (6)' 1965 Mar. p. 52
strangeness and charm 1975 July p. 45
lurking in 'jets' from particle collisions? 1978 Feb. p. 84
quark confinement, baryons, high-energy physics, hadrons, leptons, mesons, quantum numbers, bag model, infrared-slavery model, string model 1976 Nov. p. 48–60
models 1976 July p. 60
quark hypothesis, charmonium, charmed quarks, high-energy physics, gauge theory, hadrons, leptons, 'color' and 'flavor' in quarks 1975 Oct. p. 38–50
hadrons, heavy leptons, J particle, high-energy physics, quantum mechanics, intermediate vector bosons 1976 Jan. p. 44–54
in 18th century 1976 Nov. p. 70
quark in trouble, hadron/muon ratio 1974 Aug. p. 46
quark proliferation, a fourth and a fifth 1977 Oct. p. 74
quartz, piezoelectricity, crystal structure, ultrasonic transducer, nature and uses of piezoelectricity 1949 Dec. p. 46–51
quasar 3C147, most distant object in space 1964 May p. 59
quasars: quasi-stellar objects
quasars, radio source, radio astronomy, occulation patterns, accurate fixing of radio-source position, occulation by moon 1966 June p. 30–41
cosmic radiation, radio galaxies, galactic halo, radio astronomy, radio source, extragalactic radio source as origin of cosmic rays 1966 Aug. p. 32–38
spectroscopy, recession velocity, cosmological distance, red shift, whether quasars are intra- or extra-galactic 1966 Dec. p. 40–52 [305]
cosmological distance 1967 Dec. p. 49–50
Seyfert galaxies, galactic nucleus, radio emission 1969 Jan. p. 28–37
spectroscopy, Doppler effect, red shift, shell hypothesis, radio source, absorption lines clue to quasar structure 1970 Dec. p. 22–29
cosmology, red shift, universe expansion 1971 May p. 54–69
binary stars, neutron stars, black hole, pulsar, X-ray astronomy, X-ray sources 1972 July p. 26–37
black hole, gravitational energy, pulsar, rotational energy, radiation in universe 1973 Feb. p. 98–105
galactic center, Milky Way, radio source, Sagittarius A, Seyfert galaxies, spiral galaxies 1974 Apr. p. 66–77
BL Lacertae objects, galaxies, radio astronomy 1977 Aug. p. 32–39 [372]
hypotheses advanced 1964 Aug. p. 38
some twinkle 1964 Nov. p. 58
solar wind and quasars' twinkle 1964 Nov. p. 58
recession speed and variability 1966 Feb. p. 50
absorption lines 1966 July p. 54
diameters measured 1968 May p. 50
life expectancy short 1971 Jan. p. 47
BL Lacertae, an exploding galaxy 1974 May p. 60
red shift 1976 Oct. p. 64
quasi-particle concept, crystal energetics, crystal structure, metallurgy, conduction electrons, quantum mechanics, Fermi surface, metal properties 1973 Jan. p. 88–98
quasi-stellar objects, *see:* quasars
quasi-stellar radio sources, *see:* quasars
quaternions, complex numbers, non-commutative algebra, mathematics, high-energy physics, Hamilton, life and work of William Rowan Hamilton 1954 May p. 82–87
Quechua Indians, brown fat, altitude adaptation, acclimatization, deer mice, hemoglobin, metabolic rate, exercise, human physiology at high altitude 1970 Feb. p. 52–62 [1168]
queen substance, pheromones, insect physiology, sexual behavior, muskone, social behavior, ants, Gypsy moths, mice 1963 May p. 100–114 [157]
sexual development 1956 Apr. p. 66
queues, traffic, mathematics, operations research, computer time sharing, applications of queuing theory 1968 Aug. p. 96–103
quick clay, clay, landslide, formation and properties of quick clay 1963 Nov. p. 132–142
quicksand, fluidized sand, alkali bog 1953 June p. 97–102
quinary system, mathematics, geometry, topology, decimal system, tessellation, knots, primitive mathematics 1948 Dec. p. 44–49
quinine, alkaloids, plant physiology, morphine, strychnine, 'hemlock', physostigmine, caffeine, coniine, cocaine, ricinine, LSD, human toxins in plant physiology 1959 July p. 113–121 [1087]
Qumran site, Dead Sea scrolls, Judaism, New Covenanters, Biblical archeology 1971 Nov. p. 72–81

R

rabbit plague, myxomatosis, Australia, pest control 1954 Feb. p. 30–35
Australia uses myxomatosis 1952 Sept. p. 78
rabbits, fleas, parasitism, host-parasite relationship, hormone, estrus, adaptation, the rabbit flea and rabbit hormones 1965 Dec. p. 44–53 [1027]
communication, territorial behavior, pheromones, scent glands, pecking order, territorial marking by rabbit 1968 May p. 116–126 [1108]
race, Rh factor, human evolution, Rh negative gene, Ro gene, blood typing 1951 Nov. p. 22–25
anthropology, human evolution, steatopygia, climate, human migration, population, genetic variation, ancient migration and human diversity 1960 Sept. p. 112–127 [604]
intelligence, whites, IQ, heredity, American Negro, heredity, population genetics, science policy, social psychology, twins, environment, racial discrimination 1970 Oct. p. 19–29 [1199]
human population, genetic drift, population genetics, serum protein analysis 1974 Sept. p. 80–89
racial discrimination, blood typing, Judaism, religious persecution, social evolution, genetic drift, population genetics, Jewish community of Rome 1957 Mar. p. 118–128
cultural anthropology, genocide, Tasmanians, Yumbri, Yamana, vanishing primitive cultures 1957 May p. 39–45
cities, social geography, American Negro, segregation, metropolitan segregation 1957 Oct. p. 33–41
Amerindian, genocide, cultural assimilation, civil rights, persisting identity of Amerindians 1960 Feb. p. 37–45
segregation, American Negro, Puerto Ricans, housing, poverty 1965 Aug. p. 12–19 [626]
black power, American Negro, group identity, economic power, ethnic groups, slavery, social deprivation 1967 Apr. p. 21–27 [633]
ghetto, unemployment, urban riots, public opinion, social class, American Negro, 'riffraff theory' versus 'blocked-opportunity' theory 1968 Aug. p. 15–21 [638]
intelligence, race, whites, IQ, heredity, American Negro, heredity, population genetics, science policy, social psychology, twins, environment 1970 Oct. p. 19–29 [1199]
adolescence, family, alienation, divorce, poverty, infant mortality, crime, suicide, drug addiction, changes in American family structure 1974 Aug. p. 53–61 [561]
prejudice, American Negro, public opinion, attitude survey, U.S. whites, segregation, integration, longitudinal attitude study 1978 June p. 42–49 [707]
even in Brazil 1952 Nov. p. 48
technological unemployment, U.S. Black unemployment 1967 Sept. p. 102
racial integration, desegregation, public opinion, attitude survey, U.S. whites, American Negro, longitudinal attitude study reported in 1956 1964 July p. 16–23 [623]
desegregation, American Negro, U.S. whites, attitude survey, public opinion, longitudinal attitudes study 1971 Dec. p. 13–19 [673]

racial segregation, public opinion, American Negro, U.S. whites, desegregation, attitude survey, sociology, longitudinal attitude study 1956 Dec. p. 35–39
U.S. attitudes 1956 Oct. p. 66
effect of mass media on desegregation 1957 Nov. p. 77
radar, microwaves, spectroscopy, molecular bonds, coherent radiation, resonance absorption, energy levels, quantum jumps, quantum electrodynamics, time-keeping, foundation of maser, laser technology 1948 Sept. p. 16–23
air transport, air traffic control 1952 June p. 64–65
microwaves, optical properties, Maxwell's equations, traveling-wave tube, klystron, magnetron, waveguides, communication 1952 Aug. p. 43–51
weather observation, cloud structures 1953 July p. 34–38
microwaves, klystron, particle accelerator 1954 Mar. p. 84–90
hurricanes, typhoons, meteorology 1954 June p. 32–37
airport, air traffic control, transportation industry 1960 Dec. p. 47–55
solar system, astronomical unit, space exploration, Venus probes, Doppler effect, Earth-Sun distance more precisely measured 1961 Apr. p. 64–72
aerial mapping, aerial photography, airborne radar, all-weather imaging, radar holography, side-looking radar 1977 Oct. p. 84–95 [386]
advances in technology 1957 Oct. p. 56
'angel' activity 1959 Mar. p. 66
side-looking radar surveys of vegetation 1967 Aug. p. 40
for taxiing airplanes 1972 Jan. p. 52
radar astronomy, radio telescope, solar system, radio astronomy, steerable 600 ft. telescope 1960 Jan. p. 45–51
interferometry, solar system, moon, planets, ionosphere, technology and promise of radar astronomy 1960 Aug. p. 50–59
Doppler effect, planetary motion, delay-Doppler mapping, Mercury, Venus, microwaves 1968 July p. 28–37
first radar echoes from Venus 1959 May p. 74
unambiguous radar echoes from Venus 1961 May p. 82
radar blackout, atomic warfare, arms race, counterforce strategy, ABM, ICBM, U.S. ABM system capabilities and limitations 1968 Mar. p. 21–31
radar domes, building construction, pneumatic buildings, construction technology 1956 June p. 131–138
radar holography, aerial mapping, aerial photography, airborne radar, all-weather imaging, radar, side-looking radar 1977 Oct. p. 84–95 [386]
radar pioneer, $140,000 for Watson-Watt 1952 Mar. p. 38
radar tracking, tornadoes, meteorology, thermal updraft, weather forecasting 1958 May p. 31–37
radiation, crystal structure, neutron, nuclear fission, solid state physics, effects of radiation on solids 1956 Aug. p. 76–84 [245]
continental drift, speciation, reptile evolution, genetic convergence, Gondwanaland, Laurasia, mammalian evolution, supercontinent breakup and animal diversification 1969 Mar. p. 54–64 [877]
see also: high-energy radiation, X-ray
radiation belts, artificial satellite, solar particles, cosmic radiation, telemetry, Van Allen belts, geomagnetism, space exploration, mapping of radiation belts by Explorer satellites 1959 Mar. p. 39–47 [248]
artificial satellite, geomagnetism, Lorentz force, magnetosphere, solar radiation, Van Allen belts, aurora, physics of Van Allen belts 1963 May p. 84–96
radiation chemistry, ammonia, solvated electrons, radiolysis, ionization, sodium, alkali metals 1967 Feb. p. 76–83
radiation counters, particle counters, high-energy physics, how counters work 1950 July p. 40–43
radiation damage, atomic bomb test, radiation damage, ionizing radiation, leukemia, immune response, fallout, nuclear medicine, whole-body irradiation 1959 Sept. p. 117–137
environmental pollution, ionizing radiation, fallout, atomic bomb test, mutation, public health, hazards of radiation to society 1959 Sept. p. 219–232 [1214]
chromosome breakage, ionizing radiation, mutation, cytology, radiation damage to living cell 1959 Sept. p. 94–100 [57]
cancer therapy, nitrogen mustard, carcinogenesis, mutation, nuclear medicine, chemical imitation of radiation injury 1960 Jan. p. 99–108
mutation, high-energy radiation, nuclear medicine, X-ray, no threshhold to biological damage by radiation 1960 Apr. p. 142–153 [71]
DNA replication, ultraviolet radiation, mutation rate, thymine dimer, repair of DNA 1967 Feb. p. 36–43
aging, free radicals, electron-spin resonance, chemical bond, spectroscopy, effects of free radicals on living systems 1970 Aug. p. 70–83 [335]
radiation effects, on reactor materials 1954 Oct. p. 47
radiation energy, celestial energy, cosmological 'hangups', energy cycle, power, entropy per unit energy, gravitational energy, stellar evolution, thermonuclear energy 1971 Sept. p. 50–59 [662]
biosphere, energy cycle, photosynthesis, respiration, power, solar radiation, terrestrial radiation 1971 Sept. p. 88–100 [664]
radiation exposure, permissible limits reduced 1960 Nov. p. 91
radiation hazards, 'atoms for peace', gene mutation, safety standards, Geneva: biology 1955 Oct. p. 38–42
radiation pressure, light, sound-wave pressure, photophoresis, analogy and distinction, light- and sound-wave pressure 1957 June p. 99–108
gas separation, laser, laser-light pressure, isotope separation, 'optical bottle', atomic and molecular beams 1972 Feb. p. 62–71
radiation safety, A.E.C. report 1950 Sept. p. 46
radio, communication, frequency modulation, Armstrong, life and work of Edwin H. Armstrong 1954 Apr. p. 64–69
radio telescope, interferometry, helical antenna 1955 Mar. p. 36–43
Earth magnetic field, lightning, ionosphere, 'whistlers', radio echoes of lightning 1956 Jan. p. 34–37
communication technology, ionosphere, microwave transmission, troposphere, ionospheric and tropospheric scattering 1957 Jan. p. 46–51
science history, electromagnetism, 'Hertzian' waves, electromagnetic spectrum, Heinrich Hertz biography 1957 Dec. p. 98–106
artificial satellite, communication satellite, telecommunication, orbital motion, Echo II satellite, satellite communication systems, consideration of alternatives 1961 Oct. p. 90–102
triode, De Forest, vacuum tube, Marconi, Fleming valve, diode, rectification, De Forest's 1906 contributions 1965 Mar. p. 92–100
rectification, thermionic tube, diode, Fleming, electron tube , history of science, England, Edison, lamps, Deforest 1969 Mar. p. 104–112
communication networks, communication satellite, electronic switching, multiplexing, network theory, communication, telephone systems, television systems 1972 Sept. p. 116–128
communication, bouncing microwaves 1955 Sept. p. 69
communication, millimeter-wave region proposed 1970 Dec. p. 42
radio-absorption, Doppler effect, hydroxyl radical, microwaves, galaxy, gas clouds 1965 July p. 26–33
radio astronomy, radio map of Galaxy, solar radio output, extragalactic radio waves, status and expectations of the new astronomy 1949 Sept. p. 34–41
hydrogen, interstellar matter, 21-centimeter line 1953 Dec. p. 42–46
Milky Way, spiral galaxies, interstellar hydrogen 1955 May p. 42–48
Clouds of Magellan, spiral galaxies, galactic structure, resolution of structure of nearest galaxies 1956 Apr. p. 52–58
galaxy, interstellar hydrogen, radio star, the radio sky 1956 July p. 32–37
galactic clusters, colliding galaxies, powerful signals may extend reach of astronomy 1956 Sept. p. 125–134
spectroscopy, hydrogen, absorption line, interstellar matter, 21-centimeter wave absorption 1957 July p. 48–55
artificial satellite, orbital motion, interferometry, antennae, tracking station, satellite tracking 1958 Jan. p. 23–29
spiral structure, interstellar hydrogen, galaxy, galactic nucleus, mapping the local Galaxy 1959 Aug. p. 44–51 [250]
galaxy, spiral arms, interstellar hydrogen, mapping the spiral arms of the local Galaxy 1959 Dec. p. 92–104
radio telescope, solar system, radar astronomy, steerable 600 ft. telescope 1960 Jan. p. 45–51
Jupiter, Venus, solar system, planets, measuring planetary surface temperature 1961 May p. 58–65
galactic evolution, interstellar hydrogen, microwaves, hydrogen in galaxies correlated with their structure 1963 June p. 94–106
red shift, radio galaxies, synchrotron radiation, lunar occultation, quasars found to be extra-galactic 1963 Dec. p. 54–62
flare stars, radio star, Jodrell Bank radio telescope, solar flares, definitive evidence of radiowaves from stars 1964 Aug. p. 13–19

radio source, quasars, occulation patterns, accurate fixing of radio-source position, occulation by moon 1966 June p. 30–41
cosmic radiation, radio galaxies, quasars, galactic halo, radio source, extragalactic radio source as origin of cosmic rays 1966 Aug. p. 32–38
galactic radio sources, radio galaxies 1975 Aug. p. 26–35
BL Lacertae objects, galaxies, quasars 1977 Aug. p. 32–39 [372]
electric smog 1955 Aug. p. 47
deuterium in interstellar space 1956 Jan. p. 46
U.S. National Radio Observatory 1957 Jan. p. 64
U.S. National Radio Observatory 1958 Apr. p. 50
source of Jovian radio signals 1958 June p. 46
interference from telecommunications 1959 Nov. p. 88
telecommunication, channels reserved for astronomical study 1959 Dec. p. 82
extragalactic radio sources 1960 May p. 96
spectrographic technology 1960 Aug. p. 70
18 radio galaxies 1961 Mar. p. 86
diameter, orbit, velocity of Venus measured 1961 July p. 67
steerable telescope 1961 Oct. p. 82
arms race, defense of Project West Ford 1961 Nov. p. 78
Project West Ford fizzles 1961 Dec. p. 74
U.S. Project West Ford 1962 June p. 78
600-ft telescope shelved 1962 Sept. p. 100
synchrotron radiation 1962 Nov. p. 72
telecommunication, UHF TV bands to radio astronomy 1963 July p. 65
radio channels reserved 1964 Apr. p. 62
celestial maser 1966 Jan. p. 48
steerable radio telescope 1967 Aug. p. 38

radio communication, upper atmosphere, stratosphere, ionosphere, aurora, noctilucent clouds, meteorology 1949 Jan. p. 30–39

radio discovery, electromagnetism, electron discovery, induction coil, X-ray discovery, science history 1971 May p. 80–87

radio divining rod, water table, depth of water table by radio 1956 May p. 59

radio echo, meteorites, ion cloud, spectroscopy 1951 June p. 22–28

radio emissions, stellar magnetic fields, cosmic radiation, megnetohydrodynamics, electrical induction, electricity in space 1952 May p. 26–29
Sun, sunspots, magnetic storms, corpuscular streams 1955 June p. 40–44
Jupiter, Van Allen belts, magnetic field, origin of Jovian radio waves 1964 July p. 34–42
cosmic radiation, pulsar, superdense matter, supernovae 1971 July p. 74–85

radio galaxies, universe, Cassiopeia, Cygnus A, red shift, Crab Nebula, colliding galaxies 1956 Sept. p. 204–220
gravitational collapse, nonthermal emission, supernovae, synchrotron radiation, intensity of galactic radio emission 1962 Mar. p. 41–49 [278]
red shift, synchrotron radiation, radio astronomy, lunar occultation, quasars found to be extra-galactic 1963 Dec. p. 54–62
cosmic radiation, synchrotron radiation, galaxy M 82, exploding galaxies, proposed origin of cosmic rays 1964 Nov. p. 38–47
cosmic radiation, quasars, galactic halo, radio astronomy, radio source, extragalactic radio source as origin of cosmic rays 1966 Aug. p. 32–38
cosmic background radiation, evolutionary universe, universe expansion, 'big bang' theory 1974 Aug. p. 26–33
galactic radio sources, radio astronomy 1975 Aug. p. 26–35
energy from gravitational collapse 1963 Mar. p. 78
galactic tails 1973 Sept. p. 72
black hole in M87? 1978 Apr. p. 78

radio map of Galaxy, radio astronomy, solar radio output, extragalactic radio waves, status and expectations of the new astronomy 1949 Sept. p. 34–41

radio observatory, Green Bank observatory, tornadoes, U.S. National Radio Observatory 1956 Oct. p. 56–64

radio 'photographs', interstellar gas, magnetic field, Doppler shift, structured in shells and filaments rather than clouds 1978 Jan. p. 74–84 [394]

radio signal, sent around the world 1950 May p. 28

radio source, quasars, radio astronomy, occulation patterns, accurate fixing of radio-source position, occulation by moon 1966 June p. 30–41
cosmic radiation, radio galaxies, quasars, galactic halo, radio astronomy, extragalactic radio source as origin of cosmic rays 1966 Aug. p. 32–38
spectroscopy, Doppler effect, red shift, quasars, shell hypothesis, absorption lines clue to quasar structure 1970 Dec. p. 22–29
Crab Nebula, neutron stars, pulsar, stellar evolution, gravitational collapse, angular momentum 1971 Jan. p. 48–60
intercontinental interferometry, interferometry, radio telescope, long-base interferometry 1972 Feb. p. 72–83
galactic center, Milky Way, quasars, Sagittarius A, Seyfert galaxies, spiral galaxies 1974 Apr. p. 66–77
explosion, not collison, energy 1961 Sept. p. 88
brightest galaxies 1963 May p. 76
'variable galaxy' 1963 July p. 67

radio source catalogue, quasar search aided 1965 Mar. p. 54

radio star, Crab Nebula, supernovae, Cassiopeia, galactic collision, with 200 radio stars counted, some speculation on their nature 1953 Jan. p. 17–21
galaxy, radio astronomy, interstellar hydrogen, the radio sky 1956 July p. 32–37
synchrotron radiation, supernovae, Crab Nebula, natural synchrotron 1957 Mar. p. 52–60
flare stars, radio astronomy, Jodrell Bank radio telescope, solar flares, definitive evidence of radiowaves from stars 1964 Aug. p. 13–19
huge diameters 1953 Mar. p. 50
veiled by hydrogen clouds 1954 Sept. p. 78
a variable source 1955 Sept. p. 69

radio telescope, interferometry, radio, helical antenna 1955 Mar. p. 36–43
solar system, radar astronomy, radio astronomy, steerable 600 ft. telescope 1960 Jan. p. 45–51
radio source, intercontinental interferometry, interferometry, long-base interferometry 1972 Feb. p. 72–83
Jodrell Bank 1952 July p. 36
Ohio State University model 1956 Apr. p. 60

radio transmission, 'obstacle-gain' 1953 Dec. p. 56

radioactive decay, chemical bond, 'hot atom' chemistry 1950 Mar. p. 44–47
californium, table of elements, einsteinium, fermium, 'synthetic' elements, transuranium elements, mendelevium, periodic table at 101 1956 Dec. p. 66–80 [243]
isotope dating, solar system, meteorites, Earth crust, age of solar system 1957 Apr. p. 80–94 [102]
alpha decay, transuranium elements, isotopes, nuclear stability, beta decay, 'synthetic' elements, periodic table, the 'superheavy' elements beyond 103 1969 Apr. p. 56–67
fission-track dating, geochronology, glass age, meteorite age, mineral age, pottery age, uranium fission 1976 Dec. p. 114–122
isotopes, elements, atomic nucleus, 'synthetic' elements, exotic isotopes of light elements 1978 June p. 60–72 [3010]

radioactive nuclei, spectroscopy, age of elements, age of universe, element formation, mass spectroscopy, nucleochronology, stellar evolution, supernovae 1974 Jan. p. 69–77

radioactive tracer, *see:* tracer isotopes

radioactive waste disposal, water pollution, biological oxygen demand, sewage treatment, stream pollution 1952 Mar. p. 17–21
environmental pollution, fission reactor, nuclear power, public health, underground storage 1977 June p. 21–31 [364]

radioactivity, Earth heat, Earth mantle, convection currents, Earth core, heat flow 1950 Dec. p. 54–57
atomic theory, Rutherford-Soddy theory, element transmutation, science history, radioactive decay transmutation, reception of 'newer alchemy' 1966 Aug. p. 88–94

radioautography, isotopes, molecular biology, cytology, use of radioisotopes in biological research 1949 Feb. p. 30–41
poisons, ionizing radiation, 'bone-seekers', chelate, scintillation counter 1955 Aug. p. 34–39
phloem, xylem, plants, sap circulation, transport of nutrients in plant tissue 1959 Feb. p. 44–49 [53]
ascites tumor, isotopes, cell life cycle, cellular autobiography 1963 Aug. p. 103–110 [165]

radiocarbon dating, paleobotany, carbon 14, archeological dating, pollen analysis 1952 Feb. p. 24–28
Stonehenge, built 4,000 years ago, 2,000 years before Druids 1953 June p. 25–31
climate, dendrochronology 1972 May p. 92–100 [1250]
Stonehenge: 1848 B.C. ± 275 years 1952 July p. 40

radiocarbon dating archeology, agricultural revolution, Jarmo site, cave to village at Jarmo 1952 Oct. p. 62–66
radioisotope, tritium, cosmic radiation, lithium, nuclear reactor, tracer chemistry 1954 Apr. p. 38–40
radioisotope dating, isotope dating, lead isotopes, strontium-rubidium ratios, geological and paleontological time dated by radioactive decay 1949 Aug. p. 48–51
radiolysis, ammonia, solvated electrons, ionization, radiation chemistry, sodium, alkali metals 1967 Feb. p. 76–83
radionuclides, microanalysis, neutron activation, trace elements, decay properties 1967 Apr. p. 68–82
radiosonde, meteorology, rain gauge, anemometer, barometer, hygrometer, instrumentation of meteorology 1951 Dec. p. 64–70
radiotherapy, cancer therapy, isotopes, X-ray, ionizing radiation, dosimetry, roentgenology, nuclear medicine, radiation use in medicine 1959 Sept. p. 164–176
bone marrow transplantation, kidney transplant, immune response, circumventing immune response 1959 Oct. p. 57–63
radiowave, electrical induction, science history, Henry, life and work of Joseph Henry 1954 July p. 72–77
light velocity, phase velocity, plasma, free-electron density, 'things that go faster than light' 1960 July p. 142–152
carrier-wave modulation, coaxial cable, communication technology, electromagnetic spectrum, fiber optics, communication channels, bandwidth, noise 1972 Sept. p. 98–113
radium, uranium fission, nuclear fission, fission products, 'synthetic' elements, isotropy, transuranium elements, science history, discovery of fission 1958 Feb. p. 76–84
railway, mass transit, underground transport, pneumatic propulsion, gravity propulsion, transport by 'pedulum' train 1965 Aug. p. 30–40
traffic patterns, cities, commutation, mass transit, automobile, transportation, Bay Area Rapid Transit system as model for urban transportation 1965 Sept. p. 162–174
rain, high-speed photography, streamlining 1954 Feb. p. 64–68
meteorology, condensation nuclei, ocean foam, salt particles, cloud physics, seasalt and rain 1957 Oct. p. 42–47
sea-floor spreading, volcanoes, sea water composition, geochemical cycle, salinity, carbonate, hydrologic cycle, why the sea is salt 1970 Nov. p. 104–115 [839]
catchment basins 1965 Nov. p. 53
vitamin B-12 source for algae 1968 Oct. p. 59
rain drop, elutriation, soil erosion, sheet erosion, micromechanics of soil erosion 1948 Nov. p. 40–45
rain-forest ecosystem, slash-burn agriculture, ecological fragility, tropical rain forest, fungal hyphae 1973 Dec. p. 58–67 [1286]
rain gauge, meteorology, radiosonde, anemometer, barometer, hygrometer, instrumentation of meteorology 1951 Dec. p. 64–70
rainbow, glory, light diffraction, optics 1974 July p. 60–73
atmospheric optics, reflection, refraction 1977 Apr. p. 116–127
Rainier explosion, atomic explosions, 'Plowshare', underground nuclear explosions, search for constructive use for nuclear explosions 1958 Dec. p. 29–35
rainwater composition, carbon dioxide, neuston, marine life, microlayer oceanography, ocean surface, surfactant 1974 May p. 62–77 [913]
ram jet, flame chemistry, chemical kinetics, flash tube, heat, velocity, luminosity, spectroscopy 1953 May p. 29–35
helicopters, rotary-wing aircraft, hovering flight 1955 Jan. p. 36–40
Raman clock, Kerr gate, laser mode-locking, molecular motion, quantum mechanics, ultrafast phenomena, picosecond molecular processes 1973 June p. 42–60
Raman laser effect, gas laser, solid-state lasers, diode junction laser, laser technology in rapid development 1963 July p. 34–45 [294]
Raman waves, musical instruments, string instruments, 'following bow' experiment, 'wolf' note, physics of bowed string 1974 Jan. p. 87–95
Ramapithecus, hominid, human evolution, Miocene fossils, primate evolution 1977 May p. 28–35 [695]
rand tablet, cathode-ray tube, computer technology, computer displays, information theory, light pen, computer graphics, computer graphics and man-machine interface 1966 Sept. p. 86–96
random-coil model, amorphous polymers, polymer microstructure, semicrystalline polymers, synthetic polymers, thermoplastic polymers 1975 Dec. p. 96–106
random-dot stereograms, binocular vision, stereogram experiments, vision, visual perception 1976 Mar. p. 80–86 [569]
random numbers, Monte Carlo method, Buffon needle problem, probability, mathematics 1955 May p. 90–96
incompleteness theory, algorithms, mathematical proof, algorithmic definition of randomness 1975 May p. 47–52
random walk, probability, law of large numbers, gambler's fallacy, mathematical proof, philosophy of science 1950 Oct. p. 44–47
rangeland, land use, grazing, forestry, agricultural resources, land management, U.S. Western states 1970 Feb. p. 88–96 [1169]
rapid-eye-movement sleep, *see:* REM sleep
rare-earth ions, laser, liquid lasers, solvation shell, chelate cage, comparison of liquid, gas and solid-state lasers 1967 June p. 80–90
rare earths, fission products, table of elements, abundance in fission products draws attention to rare earths 1951 Nov. p. 26–30
Raschig synthesis, hydrazine, rocket fuel, reducing agent 1953 July p. 30–33
rats, group behavior, crowding, population density, comparative psychology, social pathology of crowding 1962 Feb. p. 139–148 [506]
aggression, animal behavior, social behavior, territorial behavior, natural history, Rattus rattus, Rattus norvegicus 1967 Jan. p. 78–85
brain development, environmental stimuli, learning, memory, sensory deprivation 1972 Feb. p. 22–29 [541]
coping behavior, psychosomatic illness, stress 1972 June p. 104–113 [544]
animal communication, brown rat 1977 May p. 106–116 [577]
memory, brain organization, hippocampal system, spatial memory 1977 June p. 82–98
rattlesnake, pit viper, fangs, high-speed photography, rattlesnake 'bite' is a stab 1953 Oct. p. 100–102
cichlid fish, marine iguana, fighting behavior, animal behavior, comparative psychology, oryx 1961 Dec. p. 112–122 [470]
Rayleigh waves, sound waves, communication technology, crystal surface waves, electronic equipment, signal processing, ultrasonic waves 1972 Oct. p. 50–68
rayon, synthetic fiber, nylon, synthetic macromolecules, cellulose, glass, man-made textile fibers 1951 July p. 37–45
cellulose, forest products, crystal structure, lignin, polymers, paper, polysaccharides, overview of natural polymer 1957 Sept. p. 156–168
forest products, wood pulp, paper, cellulose, lignin, waste recycling, kraft process 1974 Apr. p. 52–62
wrinkelproof rayon, and fire resisant 1949 Dec. p. 30
re-entry corridor, artificial satellite, orbital motion, space exploration, Mercury, re-entry vehicle, ablation, re-entry from space 1961 Jan. p. 49–57
re-entry vehicle, artificial satellite, orbital motion, space exploration, Mercury, ablation, re-entry corridor, re-entry from space 1961 Jan. p. 49–57
reaction kinetics, heat, flame chemistry, oxy-aluminum torch, high temperatures:flame 1954 Sept. p. 84–95
photolysis, photochemistry, chemical reaction, free radicals, spectroscopy, color centers, high speed chemistry 1960 May p. 134–145
algae, deuterium, metabolism of mammals, penicillin mold, heavy water biology 1960 July p. 106–116
reaction propulsion, rocket engine, regenerative motor, liquid fuel, technology history, status of the technology on eve of space age 1949 May p. 30–39
'reactive inhibition', motivation, fatigue, schizophrenia, experiment in objective measurement of motivation 1963 May p. 130–140
reactive intermediates, carbenes, carbon chemistry, chemical reaction, molecular orbitals 1976 Feb. p. 101–113
reading, memory, visual search, visual scanning, information processing, pattern recognition 1964 June p. 94–102 [486]
bilingualism, language, communication, information processing, learning 1968 Mar. p. 78–86
visual perception, bilingualism, dyslexia, eye movement, grammatical relations, language, perception of words 1972 July p. 84–91 [545]
letters, words, pattern recognition, visual cues in recognition of letters and words 1978 Jan. p. 122–130 [122]
reading machines, cluster-seeking algorithms, pattern recognition, computer technology 1971 Apr. p. 56–71
real-number line, formalism, infinitesimals, mathematical logic, Platonism 1971 Aug. p. 92–99
reapportionment, urbanization, family size, U.S. census, U.S. population, U.S. census of 1950 1951 Apr. p. 15–17
redistricting, elections, representative government, computer applications, gerrymander 1965 Nov. p. 20–27
reason, information processing, memory, learning theory, rational association as aid to memory 1956 Aug. p. 42–46 [419]

recall, learning, forgetting, retroactive inhibition, proactive inhibition, interference theory 1967 Oct. p. 117–124 [509]
receivers, communication terminals, computer technology, communication technology, communication, microwave relays, transmitters 1972 Sept. p. 130–140
receptor cells, retina, rod cells, cone cells, retinal sensitivity, retinal information processing maintains high-contrast image over broad range of illumination 1973 Jan. p. 70–79
receptor specificity, bacteriophage, cell membrane, bacterial receptor sites, O antigen, Salmonella 1969 Nov. p. 120–124 [1161]
recession velocity, cosmology, red shift, universe expansion, universe, spectroscopy, galaxies, galactic clusters, observational cosmology 1956 Sept. p. 170–182 [240]
spectroscopy, quasars, cosmological distance, red shift, whether quasars are intra- or extra-galactic 1966 Dec. p. 40–52 [305]
recessive gene, American Negro, skin color, blood typing, marriage preferences, population genetics, genetic meaning of race 1954 Oct. p. 80–85
ionizing radiation, mutation 1955 Nov. p. 58–68 [29]
reciprocal crossing, cytoplasmic inheritance, maternal inheritance, sex linked traits, non-Mendelian inheritance, male sterility, paramecium, chloroplast, plastids, cytogene, review of evidence for an extra-chromosomal genetics 1950 Nov. p. 30–39 [39]
recombinant DNA, bacteriophage, virology, provirus, modified virus 1955 Apr. p. 92–98 [24]
bacteria, sexual reproduction, conjugation, gene recombination, sexuality in bacteria 1956 July p. 109–118 [50]
bacteria, gene transformation, drug resistance, streptomycin, pneumococcus, biochemistry of Avery, McLeod and McCarty experiment 1956 Nov. p. 48–53 [18]
bacteria, gene transduction, bacteriophage, bacterial gene transduction by phage infection 1958 Nov. p. 38–43 [106]
carcinogenesis, polyoma virus, virus disease, 'temperate' infection, genetic transduction, viral induced malignancy 1960 Nov. p. 63–71 [77]
bacteria, bacteriophage, conjugation, gene recombination, mechanisms of heredity and infection in bacteria 1961 June p. 92–107 [89]
gene transformation, pneumococcus, cell wall, transformation induced by factor synthesized by cell 1969 Jan. p. 38–44
gene manipulation, molecular cloning, plasmids, Asilomar conference, hazard evaluation 1975 July p. 24–33 [1324]
gene manipulation, gene splicing, National Academy of Sciences, science policy, NIH guidelines 1977 July p. 22–23 [1362]
fragmentary inheritance 1958 Oct. p. 54
recombination induced 1960 May p. 90
NIH guidelines 1976 Aug. p. 42
safety guidelines 1977 May p. 53
see also: gene recombination
recording, communication technology, magnetic tape, computer, magneto-optical recording, playback 1969 Nov. p. 70–82
rectification, radio, triode, De Forest, vacuum tube, Marconi, Fleming valve, diode, De Forest's 1906 contributions 1965 Mar. p. 92–100
radio, thermionic tube, diode, Fleming, electron tube , history of science, England, Edison, lamps, Deforest 1969 Mar. p. 104–112
rectifiers, electronics, electron tubes, amplifiers, communication technology, electron optics, cathode-ray tube, communication, power, thermionic emission, state of the technology 1950 Oct. p. 30–39
recycling, material resources, biosphere, nonrenewable resources, inorganic-materials cycle 1970 Sept. p. 194–208 [1198]
nuclear power, materials, fusion reactor, fusion torch, energy transformation, plasma containment, magnetohydrodynamics 1971 Feb. p. 50–64 [340]
red blood cell, *see:* erythrocyte
red-feather money, commerce, money, bride price, cultural anthropology, Southwest Pacific-Solomon Islands culture 1962 Mar. p. 94–104
Red Giant stars, globular cluster stars, stellar evolution, stellar modeling, main-sequence stars, H-R diagram, stellar anatomy, age of cluster stars 1970 July p. 26–39
black hole, gravitational waves, neutron stars, pulsar, relativity theory, rotational energy, white dwarfs 1972 May p. 38–46
Red Sea, Afar triangle, Rift Valley, guyot, Gulf of Aden, sea-floor spreading, continental drift, sea-floor spreading opens new ocean 1970 Feb. p. 32–40 [891]
Red Sea hot brines, brine, salinity, percolation, ocean floor, sea-floor spreading 1970 Apr. p. 32–42
red shift, cosmology, galactic recession, element abundance, 'synthetic' elements, universe expansion 1948 July p. 20–25
astronomy, galaxies, galactic recession, universe expansion, science, stellar evolution, general relativity, astronomy 1900-1950 1950 Sept. p. 24–27
Palomar Observatory, cosmology, stellar populations, interstellar matter, galactic evolution, Hale telescope, first yield from 200 inch telescope 1952 Feb. p. 43–51
cosmology, universe expansion, Olber's paradox, world lines, curvature of space, galactic evolution, evolutionary universe, element formation, genesis 1954 Mar. p. 54–63
cosmology, universe expansion, universe, spectroscopy, galaxies, recession velocity, galactic clusters, observational cosmology 1956 Sept. p. 170–182 [240]
universe, Cassiopeia, radio galaxies, Cygnus A, Crab Nebula, colliding galaxies 1956 Sept. p. 204–220
stellar rotation, Doppler effect, stellar evolution, spectroscopy, violet shift, correlation of rotational velocity with mass 1963 Feb. p. 46–53
radio galaxies, synchrotron radiation, radio astronomy, lunar occultation, quasars found to be extra-galactic 1963 Dec. p. 54–62
spectroscopy, quasars, recession velocity, cosmological distance, whether quasars are intra- or extra-galactic 1966 Dec. p. 40–52 [305]
galactic evolution, gravity, gravitational instability, primordial fireball, nonuniformities, protogalaxies, origin of galaxies 1970 June p. 26–35
spectroscopy, Doppler effect, quasars, shell hypothesis, radio source, absorption lines clue to quasar structure 1970 Dec. p. 22–29
cosmology, quasars, universe expansion 1971 May p. 54–69
uncertain at Palomar 1955 Dec. p. 47
astrophysics, Hubble constant 1972 Feb. p. 41
red shift increases, with reach of 200-inch 1951 Aug. p. 31
red shift measurement, astrophysics, Eötvös experiment, relativity theory, gravitation theories assessed 1974 Nov. p. 24–33
redistricting, reapportionment, elections, representative government, computer applications, gerrymander 1965 Nov. p. 20–27
reducing agent, hydrazine, rocket fuel, Raschig synthesis 1953 July p. 30–33
redundancy, information theory, statistics, thermodynamics, noise, digital storage media, analogue storage media, information compression, automatic control, information 1952 Sept. p. 132–148
computer music, music, information theory, computer study of structure of music 1959 Dec. p. 109–120
reef ecology, ecological niche, symbiosis, cleaning behavior, animal behavior, behavioral integration of reef ecology 1961 Aug. p. 42–49 [135]
reef evolution, climatic change, coral reefs, energy cycle, fossil reefs, marine ecosystems 1972 June p. 54–65 [901]
reflection, photoelectric effect, color, refraction, light, resonance absorption, photon, electron, interaction of light with matter 1968 Sept. p. 60–71
atmospheric optics, rainbow, refraction 1977 Apr. p. 116–127
color and illumination, color vision, 'retinex' theory, visual perception, visual pigments, 'color Mondrian' experiment 1977 Dec. p. 108–128 [1392]
reflex arc, embryonic development, regeneration, nerve circuits, embryology, 'hard-wiring' of nervous system 1959 Nov. p. 68–75 [72]
nerve conduction, synapse, motor neuron, membrane potential, inhibitory impulse, transmitter molecules, nerve excitation, activity at the neural synapse 1965 Jan. p. 56–66 [1001]
central nervous system, neuromuscular control, muscle contraction, nerve inhibition, interneuron, motor neuron, stretch reflex, Renshaw cell, synapse 1966 May p. 102–110
nervous system, vision, motor neuron, interneuron, animal behavior, small neuron systems as models for study 1967 May p. 44–52 [1073]
leeches, neural organization, nerve cells, nerve physiology, nerve signals, nervous system, neuro motor synapse 1974 Jan. p. 38–48 [1287]
reflex conditioning, spinal reflexes, conditioned reflex, '"spinal" cats (i.e.: with resected spinal cords) walk' 1950 Nov. p. 20–22
refraction, photoelectric effect, color, reflection, light, resonance absorption, photon, electron, interaction of light with matter 1968 Sept. p. 60–71
atmospheric optics, mirages, optical illusion, Fata Morgana, walking on water 1976 Jan. p. 102–111

atmospheric optics, rainbow, reflection 1977 Apr. p. 116–127
refractory period, nerve impulse, action potential, sodium ion potential, nodes of Ranvier, nerve membrane 1952 Nov. p. 55–65 [20]
refrigerated tombs, Scythian culture, Siberia, tombs, archeology, Altai Mountains, cloth, leather and wood artifacts preserved by refrigeration 1965 May p. 100–109
refrigeration, cryogenic technology, Stirling cycle, hot-air engine, closed cycle, displacer 1965 Apr. p. 119–127
refrigerator, .3 degree absolute 1953 Sept. p. 82
regeneration, embryonic development, dedifferentiation of tissue cells, cancer 1949 Dec. p. 22–24
protozoon, cell differentiation, embryonic development, protozoon as model for embryological study 1953 Mar. p. 76–82
Hydra, model for study of multi-cellularity 1957 Dec. p. 118–125
salamander, frog, embryonic development, nerve fibers, role of nerve fibers in regeneration 1958 Oct. p. 79–88
embryonic development, nerve circuits, embryology, reflex arc, 'hard-wiring' of nervous system 1959 Nov. p. 68–75 [72]
wound healing, leukocyte, fibroblasts, collagen, epidermal cells 1969 June p. 40–50 [1144]
biological form, cell differentiation, cellular polarity, embryonic development, Hydra, morphogenesis, morphogens 1974 Dec. p. 44–54 [1309]
cell differentiation, cockroach, embryo-graft experiments, embryonic development, newt, biological form 1977 July p. 66–81 [1363]
regenerative furnace, heat, chemistry, nitrogen fixation, temperature limits, high temperatures: chemistry 1954 Sept. p. 109–119
regenerative motor, rocket engine, reaction propulsion, liquid fuel, technology history, status of the technology on eve of space age 1949 May p. 30–39
Regge poles, high-energy physics, resonance 'particles', group theory, temporary associations of particles 1963 Jan. p. 38–47 [290]
Regge trajectory, high-energy physics, baryons, mesons, 'strong' force, 'eightfold way', conservation laws, resonance 'particles', 'bootstrap' hypothesis 1964 Feb. p. 74–93 [296]
mesons, particle accelerator, pions, proton, quark, high-energy physics, nucleons, high-energy scattering 1967 Dec. p. 76–91
regional planning, local goverment, cities, New York, metropolitan region, central city, suburbs, Northeast Corridor 1965 Sept. p. 134–148
regolith, Apollo project, moon, meteorites, lunar soil, structure and history of moon 1970 Aug. p. 14–23
rehabilitation medicine, spinal cord break 1968 Apr. p. 50 [50]
relative isotope abundance, meteorites, solar system, age of solar system 1960 Nov. p. 171–182 [253]
relativity, photoelectric effect, Einstein, work of Albert Einstein appraised at 70 1949 Mar. p. 52–55
gravity, inertia, Galilean relativity, Einstein, frames of reference, philosophy of science, identity of inertia and gravity 1957 Feb. p. 99–109
Lorentz transformation, Einstein, child development, child's view of reality 1957 Mar. p. 46–51
relativity of motion, Coriolis effect, ocean circulation, atmospheric circulation 1952 May p. 72–78 [839]
relativity theory, ether drift, Fitzgerald contraction, Maxwell's equations, Lorentz tranformation, life and work of G. F. Fitzgerald 1953 Nov. p. 93–98
artificial satellite, Mercury, stellar shift, electromagnetic frequency shift, perihelion shift, clock paradox, general relativity, testing Einstein's general theory of relativity 1959 May p. 149–160
Mössbauer effect, atomic clock, resonance absorption, Doppler effect, general relativity tested by atomic clock 1960 Apr. p. 72–80 [271]
gravitation, wave-particle duality, quantum mechanics, space-time continuum, uncertainty principle, P.A.M. Dirac view of physics 1963 May p. 45–53
galactic radiation, gravitational waves, gravitational-radiation detector 1971 May p. 22–29
black hole, gravitational waves, neutron stars, pulsar, Red Giant stars, rotational energy, white dwarfs 1972 May p. 38–46
astrophysics, Eötvös experiment, red shift measurement, gravitation theories assessed 1974 Nov. p. 24–33
gravity constant, interplanetary radar-ranging, lunar occultation, lunar orbit, evidence for decrease of gravitational constant 1976 Feb. p. 44–52
infinity, space curvature, universe as finite or infinite 1976 Aug. p. 90–100
black hole, gravitational fields, quantum mechanics, event horizon 1977 Jan. p. 34–40 [349]
optics, implications of Fitzgerald contraction 1960 July p. 74
see also: general relativity, special relativity, Einstein Galilean relativity
relay computers, computer technology, digital computer, analogue computer, binary arithmetic, logic, automatic control, computer memory, control systems, status of 'mathematical machines' 1949 Apr. p. 28–39
releaser stimulus, courtship display, gulls, animal behavior, displacement activity, ethology 1954 Nov. p. 42–46
ethology, animal behavior, evolution, ritualized behavior, innate behavior, evolution of behavioral patterns 1958 Dec. p. 67–78 [412]
arena behavior, bowerbirds, sexual behavior, animal behavior, courtship display, ethology, natural history 1963 Aug. p. 38–46 [1098]
fruit fly, sexual behavior, courtship song, insect behavior, species specificity 1970 July p. 84–92
reliability analysis, network analysis, nodes and branches, pipelines, powergrids, graph theory 1970 July p. 94–103
religion, Lysenkoism, Lamarck, acquired characteristics, genotype, evolution, phenotype, mutation, ostrich calluses, speciation, orthodoxy, Darwinism, experiments in acquired characteristics 1953 Dec. p. 92–99
cargo cult, Christianity, cultural anthropology, Melanesian cargo cult 1959 May p. 117–125
Elamite culture, ziggurat, Tower of Babel, Biblical archeology, 1000 B.C., Iran 1961 Jan. p. 68–76
Darwinism, evolution, Scopes trial, science teaching, creationism, antievolution laws in U.S. 1969 Feb. p. 15–21
Dead Sea scrolls, Gnostic library, Judaism 1973 Jan. p. 80–87
science teaching, evolution, curriculum reform, Darwinism, creationism, Bible, high school, Man, a Course of Study, biological sciences curriculum study 1976 Apr. p. 33–39
religious persecution, blood typing, Judaism, racial discrimination, social evolution, genetic drift, population genetics, Jewish community of Rome 1957 Mar. p. 118–128
relocation, urban renewal, slums, cities, housing, eminent domain, urban planning, U.S. experience with Federal subsidy of urban renewal 1965 Sept. p. 194–204
REM sleep: rapid-eye-movement sleep
REM sleep, dreams, sleep, electroencephalography, function of dreams 1960 Nov. p. 82–88 [460]
dreams, sleep research, electroencephalography, reticular formation, brain waves, paradoxical sleep, cat brain, the states of sleep 1967 Feb. p. 62–72 [504]
remanent magnetism, Earth, geomagnetism, wandering poles, magnetic reversals, Earth's magnetism 1955 Sept. p. 152–162
continental drift, plate tectonics, ocean floor, island arcs, Wegener hypothesis re-stated with new evidence, age of rocks 1963 Apr. p. 86–100 [868]
mid-Atlantic rift, pillow lava, ocean ridges, sea-floor spreading, submersible research craft 1975 Aug. p. 79–90 [918]
Earth axis shift 1955 June p. 52
remote control, manipulators, robot, feedback, automatic control, industrial manipulators 1964 Oct. p. 88–96
remote sensing, aerial photography, natural resources, infrared photography, multiband camera, remote sensing of natural resources 1968 Jan. p. 54–69
moon, lunar exploration, lunar landing sites, manned space flight 1969 Oct. p. 54–72 [889]
satellites for resource exploration 1966 Nov. p. 66
Renaissance, Vesalius, human anatomy, medical history, his de Humani Corporis Fabrica, work of art 1948 May p. 24–31
creativity, scientific revolution, Leonardo, philosophy of science, introduction to single-topic issue on innovation in science 1958 Sept. p. 58–65
scientific revolution, Industrial Revolution, human evolution, interaction of science and technology, 13th c. to 20th c. 1960 Sept. p. 173–190
Renaissance paintings, projective geometry, Leonardo, Durer, Desargue's theorem, Pascal's theorem, mathematics, projective geometry as systematized by Poncelet and Klein 1955 Jan. p. 80–86
Renaissance science, atomic theory, Greek science, science history, Boscovich, Lucretius, forces between atoms 1970 May p. 116–122
Renaissance technology, Bruegel the Elder, technology, glimpses of practical knowledge at work 400 years ago 1978 Mar. p. 134–140 [3003]

Renshaw cell, central nervous system, reflex arc, neuromuscular control, muscle contraction, nerve inhibition, interneuron, motor neuron, stretch reflex, synapse 1966 May p. 102–110
reovirus, infective to plants and mammals 1963 Aug. p. 51
representative government, reapportionment, redistricting, elections, computer applications, gerrymander 1965 Nov. p. 20–27
repressor molecules, phagocytosis, gene expression, operator-repressor system, lac repressor, lambda repressor, isolation of two gene repressors; how they work 1970 June p. 36–44 [1179]
reproduction, insect behavior, social insect, army ant, ants, comparative psychology, feedback, pheromones, trophallaxis, natural history, philosophy of science, anthropomorphism 1948 June p. 16–23
bacteriophage, genetics, tracer experiments, DNA, protein coat 1953 May p. 36–39
virus, life cycle, bacteriophage, provirus 1954 Mar. p. 34–37
contraception, birth control, ovulation, nidation, fertilization 1954 Apr. p. 31–34
animal behavior, population control, territorial behavior, homeostatic population controls 1964 Aug. p. 68–74 [192]
mosquitoes, yellow fever, sexual behavior, eggs, larvae, Aedes Aegypti 1968 Apr. p. 108–116
biological clock, malaria, Plasmodium, parasitism, gametocyte, mosquitoes 1970 June p. 123–131 [1181]
fetus as transplant, histocompatability, immune response, immunological privilege, trophoblast, nidation, placenta 1974 Apr. p. 36–46
see also: sexual reproduction
reproductive behavior, *see:* arena behavior, lek behavior and the like; courtship display
reproductive physiology, birth control, sex hormones, human population 1974 Sept. p. 52–62
reptile, dinosaurs, mammalian evolution, paleontology, therapsids, ichthyosaurs, evolution, origin of mammals 1949 Mar. p. 40–43
comparative physiology, marine birds, adaptation, salt excreting glands 1959 Jan. p. 109–116
behavioral adaptation, 'cold-blooded' animals, pigmentation, thermoregulation, lizard, behavioral thermoregulation 1959 Apr. p. 105–120
animal behavior, crocodile, Nile crocodile, parental care 1976 Apr. p. 114–124
earless monitor of Borneo 1961 July p. 76
reptile evolution, continental drift, speciation, radiation, genetic convergence, Gondwanaland, Laurasia, mammalian evolution, supercontinent breakup and animal diversification 1969 Mar. p. 54–64 [877]
research and development, science education, U.S.S.R., science funding, science manpower, U.S.S.R. science policy 1969 June p. 19–29
research funding, particle accelerator, U.S.S.R., high-energy physics 1956 Aug. p. 29–35
N.S.F., peer review, university science, science policy, sociology of science 1977 Oct. p. 34–41 [698]
U.S. Federal budget 1956 1956 Mar. p. 49
U.S. Federal 'mission-oriented' agencies 1956 Nov. p. 61
at University of California 1957 May p. 62
U.S. Department of Science and Technology proposed 1958 Jan. p. 44
increase for National Science Foundation 1958 Mar. p. 52
U.S. Federal appropriations 1958 Sept. p. 85
U.S. Federal budget 1960 1959 Jan. p. 62
U.S. Federal Council for Science and Technology 1959 Feb. p. 59
U.S. Federal budget 1960 1959 Mar. p. 60
U.S. Federal budget 1961 1960 Feb. p. 68
N.Y. City Health Research Council 1960 Aug. p. 77
U.S. support of university research 1961 Jan. p. 78
U.S. National Aeronautics and Space Administration 1961 Apr. p. 76
international co-operation 1962 July p. 74
government-university-scientist relations 1964 May p. 58
see also: science funding, science policy
reserpine, psychoactive drugs, tranquilizers, chlorpromazine, Frenquel 1955 Oct. p. 80–86
pharmacology, synthesis 1956 July p. 50
reservoir, dam safety, earthquake zones 1977 Jan. p. 46
reservoir dam-building, New World archeology, riparian sites, public works, crisis in U.S. archeology 1948 Dec. p. 12–17
reservoir recharging, ground water, water resource management, water cycle 1977 May p. 21–27 [924]
residential heating, energy resources, solar energy, windows, low-potential energy, hot water, Sun can supply most of the 30 percent of fuel energy consumed in domestic heating 1951 Feb. p. 60–65
resonance absorption, radar, microwaves, spectroscopy, molecular bonds, coherent radiation, energy levels, quantum jumps, quantum electrodynamics, time-keeping, foundation of maser, laser technology 1948 Sept. p. 16–23
Mössbauer effect, relativity theory, atomic clock, Doppler effect, general relativity tested by atomic clock 1960 Apr. p. 72–80 [271]
molecular beam, electron theory, atomic radiation, coherent radiation, gas molecules, nuclear magnetic resonance, Stern-Gerlach experiment 1965 May p. 58–74
photoelectric effect, color, reflection, refraction, light, photon, electron, interaction of light with matter 1968 Sept. p. 60–71
resonance 'particles', atomic nucleus, shell model, optical model, high-energy physics, liquid-drop model, charge exchange, spin-orbit force, proton, neutron, structure of the nucleus 1959 Jan. p. 75–82
high-energy physics, Regge poles, group theory, temporary associations of particles 1963 Jan. p. 38–47 [290]
high-energy physics, baryons, mesons, 'strong' force, 'eightfold way', conservation laws, Regge trajectory, 'bootstrap' hypothesis 1964 Feb. p. 74–93 [296]
high-energy physics, 'eightfold way' 1964 Jan. p. 54
resonance vibration, earthquakes, seismology, seismic waves, Earth's free oscillations 1965 Nov. p. 28–37
resonant combustion, combustion instability, rocket engine, propellant, acoustic oscillation 1968 Dec. p. 94–103
resonators, quantum mechanics, Planck, science history, spectroscopy, black body, Einstein, photoelectric effect, Compton effect, quantum jumps 1952 Mar. p. 47–54 [205]
resource management, ground water, artesian well, piezometric surface, water table, water cycle, runoff, ground water in water-resource management 1950 Nov. p. 14–19 [818]
economic development, industrialization, tropical rain forest, subsistence economy, tropical rain forest, urbanization, Brazil, uneven national development 1963 Sept. p. 208–220
pollution control, international cooperation, jurisdictional disputes, oceanography, international competition and cooperation 1969 Sept. p. 218–234 [888]
forestry, nitrogen fixation, ecosystem, runoff, erosion, watershed, deforestation, deforestation experiment 1970 Oct. p. 92–101 [1202]
gene manipulation, grafting techniques, forestry, Southern pine, tree farming, seed-orchard concept 1971 Nov. p. 94–103
resource prospecting, Amazon, tropical rain forest, developing countries, economic planning, forest management, mineral resources, electric power, the Amazon frontier 1948 May p. 11–14
'Resources for the Future', Paley report 1952 Sept. p. 69
respiration, enzymes, catalysis, digestion, fermentation, lock-and-key theory, science history 1948 Dec. p. 28–39
physiology, nervous system, endocrine system, nerve impulse, muscle contraction, science, physiology 1900-1950 1950 Sept. p. 71–76
chlorophyll, tetrapyrrole ring, hemoglobin, cytochrome, enzymes, tetrapyrrole virtuosity 1958 Aug. p. 77–81
lung, neonatal physiology, breathing, first breath of newborn 1963 Oct. p. 27–38
voodoo lily, insect attractant, Arum family, carnivorous plants 1966 July p. 80–88
bacterial toxin, plague bacillus, Black Death, electron transport, mechanism of death by plague toxin 1969 Mar. p. 92–100
aquatic insect, insect eggshell, adaptation, entomology, selective permeability of insect 1970 Aug. p. 84–91 [1187]
solar radiation, photosynthesis, biosphere, agricultural ecosystem, climax ecosystem, energy cycle, ecosystem, food chain, biosphere energy cycle 1970 Sept. p. 64–74 [1190]
biosphere, energy cycle, photosynthesis, power, radiation energy, solar radiation, terrestrial radiation 1971 Sept. p. 88–100 [664]
cytochrome C, protein evolution, protein structure, amino-acid substitution, mutation rate, 1.2 billion year record of evolution, ancient protein 1972 Apr. p. 58–72 [1245]
water-breathing rats 1963 Apr. p. 83
respiratory air sacs, bird flight, aerodynamics, weight-strength ratio, bone structure, birds as flying machines 1955 Mar. p. 88–96
respiratory gas exchange, asphyxia, breathing, diving bradycardia, diving mammals, diving birds, hibernation, oxygen storage, selective ischemia, human physiology, redistribution of oxygenated blood and 'master switch of life' 1963 Dec. p. 92–106

respiratory infection, histoplasmosis, fungal infection, airborne infection, epidemiology, coccidioidomycosis 1948 June p. 12–15
restriction enzymes, bacteria, proteolysis, infection, viral DNA, DNA sequence, bacterial recognition and rejection of exotic DNA 1970 Jan. p. 88–102 [1167]
rete mirabile, heat exchange, mackerel shark, thermoregulation, comparative physiology, tuna, warm-bodied fishes 1973 Feb. p. 36–44 [1266]
counter-current exchange, heat conservation, physiology, swim bladder, kidney, gill, physics of a physiological invention 1957 Apr. p. 96
reticular formation, central nervous system, medulla, brain, perception, motor reflex, neurophysiology, attention and orienting mechanism in brain 1957 May p. 54–60 [66]
dreams, sleep research, electroencephalography, brain waves, paradoxical sleep, REM sleep, cat brain, the states of sleep 1967 Feb. p. 62–72 [504]
retina, eye, rod cells, cone cells, iris, optogram, rhodopsin, camera, anatomy and physiology of the eye, camera as metaphor 1950 Aug. p. 32–41 [46]
visual perception, visual scanning, visual cortex, how we see straight lines 1960 June p. 121–129
vision, visual perception, learning, Gestalt psychology, stabilized retinal images, evidence for perceptual theories 1961 June p. 72–78 [466]
cell communication, central nervous system, nerve conduction, ganglion reflexes, neuroreceptors, nerve impulse, neurotransmitters, neural synapse, cytology, neuromuscular synapse, how cells communicate 1961 Sept. p. 209–220 [98]
cataract, eye lens, etiology, course and treatment of cataract 1962 Mar. p. 106–114
eye, vision, 'floaters', nature and origin of 'floaters' 1962 June p. 119–127
eye, visual cortex, optic nerve, vision, organization of sight into vision 1963 Nov. p. 54–62 [168]
amphibian, frog, color vision, retinal image-processing, visual perception, retinal processing of visual sensation 1964 Mar. p. 110–119
color vision, cone cells, pigments, ganglion cells, spectrophotometry, three-color receptor system 1964 Dec. p. 48–56 [197]
vision, photographic emulsion, vidicon, television camera, photochemistry, light, image detection, electronic camera 1968 Sept. p. 110–117
perception, vision, retinal image-processing, visual perception, visual-cell types 1969 May p. 104–114 [1143]
receptor cells, rod cells, cone cells, retinal sensitivity, retinal information processing maintains high-contrast image over broad range of illumination 1973 Jan. p. 70–79
nerve circuits, dendrites, synapse, postsynaptic potential, olfactory bulb, microcircuits in the nervous system 1978 Feb. p. 92–103 [1380]
retina cells, vision, photosynthesis, photoperiodicity, visual pigments, phytochrome, chlorophyll, plant growth, light and living matter 1968 Sept. p. 174–186
retinal image-processing, amphibian, frog, color vision, retina, visual perception, retinal processing of visual sensation 1964 Mar. p. 110–119
perception, vision, visual perception, retina, visual-cell types 1969 May p. 104–114 [1143]
color blindness, cone cells, fovea, genetic disease, visual pigments 1975 Mar. p. 64–74 [1317]
retinal orientation, disoriented figures, form perception, visual perception 1974 Jan. p. 78–85 [557]
retinal pigments, eye, vision, color perception, cone cells, trichromaticity implies three cone pigments 1962 Nov. p. 120–132 [139]
retinal sensitivity, retina, receptor cells, rod cells, cone cells, retinal information processing maintains high-contrast image over broad range of illumination 1973 Jan. p. 70–79
retinene, photosynthesis, chlorophyll, carotene, vision, photobiology, phototropism, bioluminescence, sunlight, life and light 1959 Oct. p. 92–108
'retinex' theory, color and illumination, color vision, reflection, visual perception, visual pigments, 'color Mondrian' experiment 1977 Dec. p. 108–128 [1392]
retinitis pigmentosa, electroretinography, vitamin A deficiency, night blindness, opsin, rhodopsin, bright-light exposure, night blindness in rat, action of vit. A on eye 1966 Oct. p. 78–84 [1053]
retirement, age 65 questioned 1954 Feb. p. 46
idle and happy 1956 Feb. p. 60
retroactive inhibition, learning, forgetting, proactive inhibition, recall, interference theory 1967 Oct. p. 117–124 [509]
retrolental fibroplasia, premature infants, epidemiology, oxygen, infant mortality, blindness, 'blind babies' 1955 Dec. p. 40–44
blindness, neonatal disorder, medical ethics, premature infants, medical researches, 'blind babies' 1977 June p. 100–107 [1361]
reversible reactions, time reversal, symmetry, probability against it in macroscopic world 1956 Aug. p. 107–114
reversing figures, depth reversal, Necker cube, optical illusion, visual perception 1971 Dec. p. 62–71 [540]
Rh: Rhesus factor
Rh factor, human evolution, Rh negative gene, Ro gene, blood typing, race 1951 Nov. p. 22–25
blood groups, immune response, Rh incompatibility, prevention of 'Rhesus' babies 1968 Nov. p. 46–52 [1126]
antibiotic resistance, bacteria, infectious disease, drug resistance, gene mutation, plasmids, bacterial conjugation 1973 Apr. p. 18–27 [1269]
Rh incompatibility, blood groups, immune response, Rh factor, prevention of 'Rhesus' babies 1968 Nov. p. 46–52 [1126]
anti-D antibody 1966 Mar. p. 58
Rh negative gene, Rh factor, human evolution, Ro gene, blood typing, race 1951 Nov. p. 22–25
rheology, flow of matter, Hooke body, Newton body, St. Venant body, how solids flow 1959 Dec. p. 122–138 [268]
rhesus embryo, poliomyelitis virus, tissue culture, serial passage, polio vaccine, tissue culture of virus opens way to vaccine 1952 Nov. p. 26–29
Rhesus factor, *see:* Rh
rhesus monkeys, learning, thinking, comparative psychology, 'learning to think' 1949 Aug. p. 36–39 [415]
curiosity, problem solving, genetic traits, animal behavior 1954 Feb. p. 70–75
behavioral psychology, emotional deprivation, maternal deprivation, surrogate mother, infant monkey 'love' 1959 June p. 68–74 [429]
social deprivation, comparative psychology, maternal deprivation, peer group, experiments in social deprivation 1962 Nov. p. 136–146 [473]
social behavior, urban monkeys, learning, urban and forest monkeys in India 1969 July p. 108–115 [523]
rheumatic fever, Aschoff bodies, streptococcus, infection, immune response, heart disease, hypersensitivity 1965 Dec. p. 66–74
rheumatoid arthritis, allergic reaction, autosensitivity, poison ivy, dermatitis, multiple sclerosis, delayed hypersensitivity 1960 Apr. p. 129–137
Rhind papyrus, mathematics, Egyptian civilization 1952 Aug. p. 24–27
rhinoceros, animal husbandry, antelope, giraffe, elephant, buffalo, hippopotamus, wildlife husbandry in Africa 1960 Nov. p. 123–134
rhinoceros in Asia, days seem numbered 1953 Jan. p. 38
rhizobium, algae, bacteria, legumes, nitrogen fixation, nitrogenase, genetic engineering, Haber process, legumes, symbiosis, nitrogenase, biological nitrogen fixation 1977 Mar. p. 68–81
Rhodian sea law, shipbuilding, Byzantine shipping, underwater archeology, shipwreck of 17th century 1971 Aug. p. 22–33
rhodopsin, eye, rod cells, cone cells, retina, iris, optogram, camera, anatomy and physiology of the eye, camera as metaphor 1950 Aug. p. 32–41 [46]
electroretinography, vitamin A deficiency, night blindness, opsin, bright-light exposure, retinitis pigmentosa, night blindness in rat, action of vit. A on eye 1966 Oct. p. 78–84 [1053]
vision, visual pigments, opsin, isomerism, vitamin A 1967 June p. 64–76 [1075]
bacteria, cell membrane, halobacteria, photosynthesis, salt-loving bacteria 1976 June p. 38–46 [1340]
rhythm, teaching machine, operant conditioning, inductive reasoning, education, self-teaching by small, rigorous steps 1961 Nov. p. 90–102
riboflavin synthesis, baking, yeast, brewing, cryptococcal meningitis, fermentation, cell physiology, yeasts, useful and noxious 1960 Feb. p. 136–144
ribonuclease, insulin, protein structure, amino-acid sequence, enzyme action, myoglobin, resolution of atomic structure of three molecules 1961 Feb. p. 81–92 [80]
ribonuclease synthesis, solid-phase and carboxyanhydride methods 1969 Mar. p. 46
ribonucleic acid, *see:* RNA

ribosomal RNA, hybrid cells, DNA, RNA, gene transcription, gene complement, density-gradient centrifugation, DNA-RNA hybridization experiments 1964 May p. 48–56

ribosome, microsome, protein synthesis, RNA, cytology, recognition of ribosome as site of protein synthesis 1958 Mar. p. 118–124 [52]
protein synthesis, DNA, mRNA, tRNA, nucleus, chromosome, cytology, how cells make molecules 1961 Sept. p. 74–82 [92]
mRNA, tRNA, genetic code, DNA, protein synthesis, genetic code elucidated, amino acid 'dictionary' 1963 Mar. p. 80–94 [153]
DNA, polyribosomes, protein synthesis, RNA 1963 Dec. p. 44–53
antibiotics, protein synthesis, streptomycin, genetic code, DNA, RNA, mutation, 'misreadings' induced by antibiotic alterations of ribosomes 1966 Apr. p. 102–109
amino acids, protein synthesis, formylmethionine, mRNA, tRNA, initiation of protein synthesis 1968 Jan. p. 36–42 [1092]
DNA transcription, electron microscopy, gene action visualized, mRNA 1973 Mar. p. 34–42 [1267]
DNA fractionation, gene isolation, ribosomal RNA-coding genes 1973 Aug. p. 20–29 [1278]
cell structure, neutron-beam-scattering technique, protein synthesis, structure of ribosome 1976 Oct. p. 44–54
template action in protein assembly 1961 June p. 81
mechanism of protein synthesis 1963 Feb. p. 66
crystalline ribosome arrays in chick embryos 1967 Sept. p. 104
hybrid ribosomes 1968 Nov. p. 56
cell organelle, RNA, protein synthesis, structure of the ribosome 1969 Oct. p. 28 [1157]

rice, economic development, irrigation, Mekong river, monsoons, floods, hydro-engineering, Mekong river plan, United Nations 1963 Apr. p. 49–59
China, economic development, hybrid wheat, agricultural technology, hybrid rice, irrigation, livestock 1975 June p. 13–21
'green revolution', India, food and agriculture, technology transfer, monsoons, irrigation, fertilizers, agronomy, wheat, hybrid crop plants 1976 Sept. p. 154–163
agronomy, crop yields, plant breeding, wheat, maize, food and agriculture, plant genetics 1976 Sept. p. 180–194
see also: artificial rice

ricinine, alkaloids, plant physiology, morphine, strychnine, 'hemlock', physostigmine, caffeine, coniine, quinine, cocaine, LSD, human toxins in plant physiology 1959 July p. 113–121 [1087]

rickets, air pollution, vitamin D, ultraviolet radiation, osteogenesis, calcium metabolism, epidemiology, sunlight 1970 Dec. p. 76–91 [1207]

rickettsiae, typhus, chick-embryo culture, Rocky Mountain spotted fever 1955 Jan. p. 74–79
bacteria, chemical weapons, biological weapons, Vietnam war, arms race, CS gas, virus disease, tear gas, herbicide, chemical-biological warfare 1970 May p. 15–25 [1176]

rickettsial disease, antibiotics, aureomycin, virus disease, bacterial infection, 'broad spectrum' antibiotic 1949 Apr. p. 18–23

ridged fields, Arawak Indians, earthworks, flood plain, agricultural system, New World archeology 1967 July p. 92–100

Riemann, curvature of space, non-Euclidian geometry, general relativity 1954 Nov. p. 80–86

Rift Valley, Afar triangle, Red Sea, guyot, Gulf of Aden, sea-floor spreading, continental drift, sea-floor spreading opens new ocean 1970 Feb. p. 32–40 [891]

Righi-Leduc effect, Ettingshausen effect, Hall effect, Nernst effect, galvanomagnetism, thermomagnetism, science history, industrial technology, technological applications of 19th c. discoveries 1961 Dec. p. 124–136

right-hemisphere functions, brain hemispheres, cerebral dominance, left-hemisphere functions, music perception, auditory perception, visual perception 1973 Mar. p. 70–78 [554]

ring compounds, chelation, metal ions, sequestering, porphyrin ring, organometallic compounds, metal-poisoning antidote, chemical separation 1953 June p. 68–76

ring dove, avian reproduction, breeding cycle, sexual behavior, hormone, fertilization 1964 Nov. p. 48–54 [488]

ring molecules, catenane, chemical topology, topological isomer, cyclic molecules, molecular structure, linking and knotting of ring molecules 1962 Nov. p. 94–102 [286]

rip channels, beaches, sand dune, sand bar, berm, ocean, surf, conservation of beaches 1960 Aug. p. 80–94 [845]

riparian sites, New World archeology, public works, reservoir dam-building, crisis in U.S. archeology 1948 Dec. p. 12–17

risk estimation, electromagnetic spectrum, irradiation standards, microwave diodes, microwave radiation, technology assessment 1972 Feb. p. 13–21
energy resources, fuel imports, liquid natural gas, technology assessment, tankers, LNG 1977 Apr. p. 22–29

ritualized behavior, ethology, animal behavior, evolution, innate behavior, releaser stimulus, evolution of behavioral patterns 1958 Dec. p. 67–78 [412]

river evolution, climatic change, water erosion, rivers, drainage patterns 1967 Apr. p. 84–94

riverbed, meanders, sine-generated curve, hydraulics, least-work path for river 1966 June p. 60–70 [869]

rivers, climatic change, water erosion, drainage patterns, river evolution 1967 Apr. p. 84–94

RNA: ribonucleic acid

RNA, heredity, chromosome, DNA, nucleoproteins, protein synthesis, DNA identified as agent of heredity 1953 Feb. p. 47–57 [28]
genetic code, codon, amino-acid pairing, DNA, Gamow proposes triplet codon 1955 Oct. p. 70–78
bacteria, protein synthesis, genetic code, DNA, protein synthesis by bacterial DNA-RNA in vitro 1956 Mar. p. 42–46
DNA, genetic code, chromosome, protein synthesis, polymers, molecular genetics as of mid-1957 1957 Sept. p. 188–200 [54]
microsome, protein synthesis, ribosome, cytology, recognition of ribosome as site of protein synthesis 1958 Mar. p. 118–124 [52]
protein synthesis, DNA, recognition of RNA as transcriber of DNA 1959 Dec. p. 55–61
cell nucleus, cytoplasm, cell organelle, chromosome, cell physiology, DNA, endoplasmic reticulum, cytology, nuclear control of cell 1960 Jan. p. 126–136
glial cells, learning theory, memory, neurones, brain, molecular theory of memory 1961 Dec. p. 62–70 [134]
DNA, polyribosomes, protein synthesis, ribosome 1963 Dec. p. 44–53
hybrid cells, DNA, ribosomal RNA, gene transcription, gene complement, density-gradient centrifugation, DNA-RNA hybridization experiments 1964 May p. 48–56
nucleic acid, nucleotide sequence, alanine, tRNA, enzyme cleavage, fragment assembly, first nucleotide sequence 1966 Feb. p. 30–39 [1033]
antibiotics, protein synthesis, streptomycin, genetic code, ribosome, DNA, mutation, 'misreadings' induced by antibiotic alterations of ribosomes 1966 Apr. p. 102–109
amino acids, DNA, protein synthesis, genetic code, mutation, molecular biology, triplets, anticodon, ribosomes, triplets, wobble hypothesis 1966 Oct. p. 55–62 [1052]
DNA, genetic code, poliomyelitis virus, protein synthesis, virus multiplication, virus structure 1975 May p. 24–31
role in protein synthesis 1956 Mar. p. 57
structure and function 1962 Aug. p. 53
replicated in test tube 1965 Nov. p. 50
interferon induction 1969 Jan. p. 46
ribosome, cell organelle, protein synthesis, structure of the ribosome 1969 Oct. p. 28 [1157]
see also: mRNA, tRNA

RNA-DNA 'reverse' transfer, DNA, gene mutation, cancer virus, DNA polymerase, RNA-directed DNA polymerase 1972 Jan. p. 24–33 [1239]

RNA function, protein template 1955 July p. 54

RNA molecule, genetic engineering, frog eggs, gene expression, hemoglobin, mRNA 1976 Aug. p. 60–71 [1343]

RNA nucleotides, genetic code, tobacco mosaic virus, protein synthesis, amino-acid sequence, mutation, relation of RNA mutations to amino acid changes 1964 Oct. p. 46–54 [193]

RNA synthesis, DNA, chromosome puffs, insect chromosome, hormonal induction, gene regulation 1964 Apr. p. 50–58 [180]
antibody production, antigen-antibody reaction, lymphocytes, immune response, clonal selection theory 1964 Dec. p. 106–115 [199]
actinomyosin, ecdysone, cortisone, insulin, estrogens, gene activation, aldosterone, growth hormone, ACTH, thyroxin, mechanism of hormone action 1965 June p. 36–45 [1013]

RNA virus, cancer virus, Rous sarcoma virus, cancer virus, leukemia, 'Rous-associated virus' capacitates 'defective' Rous sarcoma virus 1964 June p. 46–52 [185]
selection for duplication 1967 Sept. p. 103

Ro gene, Rh factor, human evolution, Rh negative gene, blood typing, race 1951 Nov. p. 22–25

road building, Inca civilization, pre-Columbian engineering 1952 July p. 17–21
automobiles, wheel bounce, highway engineering, 'corrugated' road surface, 'washboard' road surface 1963 Jan. p. 128–136
robot, manipulators, remote control, feedback, automatic control, industrial manipulators 1964 Oct. p. 88–96
assembly, labor-saving devices, computer applications, manufacturing productivity, programmable robot for product assembly 1978 Feb. p. 62–74 [929]
robot lander, moon surface, soil, Surveyor spacecraft, surface sampler 1967 Nov. p. 34–43
robot spacecraft, moon, manned space flight 1960 May p. 61–69
robot systems, automatic control, computer technology, instructable machines, servomechanisms 1976 Feb. p. 76–86B
rock borers, excavating machines, tunneling, earth-moving, surface mining, mining 1967 Nov. p. 74–85
rock drawings, Paleolithic culture, petroglyphs, Siberia, Paleolithic, Neolithic periods 1969 Aug. p. 74–82 [649]
rock paintings, Bronze Age, Iron age culture, Camunian culture, Mycenaean civilization, Italian rock carvings 1960 Jan. p. 52–59
Rockefeller Institute, Bronk is president 1953 Aug. p. 41
rocket, interplanetary navigation, spacecraft, orbital motion, communication technology, navigation, technology of space navigation 1960 Mar. p. 64–73
Aerobee demonstrated 1949 Feb. p. 28
rocket engine, reaction propulsion, regenerative motor, liquid fuel, technology history, status of the technology on eve of space age 1949 May p. 30–39
aviation, 'sound barrier' 1953 Oct. p. 36–41
combustion instability, resonant combustion, propellant, acoustic oscillation 1968 Dec. p. 94–103
rocket fuel, hydrazine, Raschig synthesis, reducing agent 1953 July p. 30–33
rocket launcher, artificial satellite, orbital motion, telemetry, plans for U.S. 10-pound (pre-Sputnik) satellite 1956 Nov. p. 41–47
nitric oxide 'star' 1956 May p. 56
jet plane 1957 May p. 64
rocket nozzle, heat, materials, temperature limits, ablation, turbine bucket, high temperatures: materials 1954 Sept. p. 98–106
rocket photograph, Earth, Earth from space 1955 Sept. p. 109–112
Rocky Mountain spotted fever, rickettsiae, typhus, chick-embryo culture 1955 Jan. p. 74–79
tick-borne infection increasing 1971 July p. 44
rod cells, eye, cone cells, retina, iris, optogram, rhodopsin, camera, anatomy and physiology of the eye, camera as metaphor 1950 Aug. p. 32–41 [46]
cone cells, visual cells, autoradiography, protein synthesis, renewal mechanisms in retinal cells 1970 Oct. p. 80–91
retina, receptor cells, cone cells, retinal sensitivity, retinal information processing maintains high-contrast image over broad range of illumination 1973 Jan. p. 70–79
rodent, caribou, cold adaptation, moose, polar ecology, animal adaptation to Arctic 1960 Jan. p. 60–68
roentgen ray, physical properties 1960 June p. 86
roentgenology, cancer therapy, isotopes, X-ray, radiotherapy, ionizing radiation, dosimetry, nuclear medicine, radiation use in medicine 1959 Sept. p. 164–176
roller bearing, very-low-friction device 1967 Dec. p. 58
Roman Britain, urban archeology, Winchester 1974 May p. 32–43
coins, counterfeiting, numismatics 1974 Dec. p. 120–130
Britain, frontier life, Hadrian's Wall, Vindolanda site 1977 Feb. p. 39–46 [692]
Roman civilization, Pompeii, Vesuvius eruption, two-thirds of the city's 165,000 acres 1958 Apr. p. 68–78
Roman colony, Classical archeology, Carthage, archeological 'rescue' campaign 1978 Jan. p. 110–120 [704]
Roman empire, Classical archeology, commerce, underwater archeology, amphora 1954 Nov. p. 98–104
life-expectancy in 100-200 A.D. 1960 Mar. p. 94
Roman glass, Egyptian glass, glass, glassmakers, faience, chemical and physical analysis of ancient glass 1963 Nov. p. 120–130
Roman technology, aqueducts, siphons, water-supply system of ancient Rome 1978 May p. 154–161 [3009]
Romanesque barrel vault, architectural engineering, roof, vault, Gothic arch, Byzantine dome, building construction, vaulting technics 1961 Nov. p. 144–154
Romania, pictograph, Vinca culture, writing, Tartaria tablets, Sumer, cultural diffusion, Sumerian writing 1968 May p. 30–37
roof, architectural engineering, vault, Gothic arch, Romanesque barrel vault, Byzantine dome, building construction, vaulting technics 1961 Nov. p. 144–154
room temperature and organic, semiconductor 1960 June p. 82
root pressure, Hales, plants, sap circulation, shoot tension, science history, Stephen Hales, founder of biophysics 1952 Oct. p. 78–82
plant nutrition, plant roots, soil minerals, transport mechanisms 1973 May p. 48–58 [1271]
root words, Indo-European language, linguistics, comparative grammar, reconstructing genealogy of Indo-European languages 1958 Oct. p. 63–74
rot, antibiotics, plant disease, blight, smut, wilt disease, mold, mildew 1955 June p. 82–91
rotary engine, automobile engines, Wankel engine, Tschudi engine 1969 Feb. p. 90–99
air pollution, automobile engines, Wankel engine, auto engineering 1972 Aug. p. 14–23
rotary-wing aircraft, helicopters, hovering flight, ram jet 1955 Jan. p. 36–40
rotating chemical reactions, chemical reaction, computer modeling, oscillating reagents, non-linear reactions 1974 June p. 82–95
rotating systems, eddies, negative viscosity, turbulence, wind, nonuniform flows, viscosity 1970 July p. 72–80
rotation, Sun, solar atmosphere, sunspots, magnetic field, eddies, solar atmospheric circulation 1968 Jan. p. 100–113
rotation period, Jupiter, Taylor column, Great Red Spot, planetary atmosphere, hydrodynamic explanation vs. raft hypothesis 1968 Feb. p. 74–82
rotational energy, black hole, gravitational waves, neutron stars, pulsar, relativity theory, Red Giant stars, white dwarfs 1972 May p. 38–46
black hole, gravitational energy, pulsar, quasars, radiation in universe 1973 Feb. p. 98–105
rotifer, aging, life expectancy, experiments in aging, age of mother 1953 Apr. p. 38–42
rotor machine, cryptology, code, polyalphabetic systems, cipher, history and technology of making and breaking ciphers and codes 1966 July p. 38–46
Rous sarcoma virus, cancer virus, cancer virus, RNA virus, leukemia, 'Rous-associated virus' capacitates 'defective' Rous sarcoma virus 1964 June p. 46–52 [185]
Rous-associated virus (RAV) 1963 June p. 74
Rowland, remembered 1976 Sept. p. 70
Rowland engine, diffraction grating, spectroscopy, ruling engine, Strong engine, the ultimate machine 1952 June p. 45–54
Royal Navy, white pine, North American forests, King's Broad Arrow, American Revolution, colonial building 1948 June p. 48–53
Royal Navy robots, excite mutiny 1954 June p. 52
rubber, from quayule 1952 May p. 37
synthetic hevea, man-made natural rubber 1955 Dec. p. 50
rubber synthesis, butadiene, isoprene, vulcanization, latex, elastomers, synthetic rubber, molecular structure 1956 Nov. p. 74–88
rubella, cleft palate, congenital anomalies, fetal injury, embryonic development, teratogenesis, teratology 1957 Oct. p. 109–116
congenital anomalies, purpura, virus disease, vaccine, teratogenesis, pregnancy, congenital rubella 1966 July p. 30–37
virus isolated 1962 Sept. p. 104
measles vaccine, vaccine sougt 1963 May p. 74
safe vaccine reported 1966 June p. 55
vaccines ready 1969 June p. 54
autism, measles implicated in autism 1972 Dec. p. 42
ruling engine, diffraction grating, spectroscopy, Strong engine, Rowland engine, the ultimate machine 1952 June p. 45–54
Rumford, Carnot, Joule, science history, heat, pioneers in the theory of heat 1954 Sept. p. 60–61
ballistics, caloric heat theory, science history, oven, heat as motion, Benjamin Thomson, biography 1960 Oct. p. 158–168
ruminants, metabolism, symbiosis, cellulose digestion, anaerobic metabolism, fermentation, how cows digest grass 1958 Feb. p. 34–38
agricultural economics, forage crops, grasses, agronomy, hay, legumes, livestock feed, silage, Rhizobium bacteria 1976 Feb. p. 60–75
sleepless? 1955 Sept. p. 78

running, badger, dog, horse, cheetah, locomotion, deer, comparative anatomy, how animals run 1960 May p. 148–157
running dynamics, sports, athletics, foot pressure measured 1967 Mar. p. 57
running records, sports, athletics, forecasting by extrapolation 1952 Aug. p. 52–54
runoff, ground water, artesian well, piezometric surface, water table, water cycle, resource management, ground water in water-resource management 1950 Nov. p. 14–19 [818]
eutrophication, water pollution, fisheries, fish population, Great Lakes, silt, U.S. Great Lakes' aging 1966 Nov. p. 94–104 [1056]
water cycle, transpiration, evaporation, agricultural system, ocean, precipitation, biosphere, photosynthesis 1970 Sept. p. 98–108 [1191]
forestry, nitrogen fixation, ecosystem, resource management, erosion, watershed, deforestation, deforestation experiment 1970 Oct. p. 92–101 [1202]
rural poverty, education, poverty, group behavior, community action, emotional illness, social psychology, study of community regeneration 1965 May p. 21–27 [634]
Russell's paradox, mathematics, set theory, non-Cantorian sets, Cantor, non-Euclidian geometry, axiom of choice 1967 Dec. p. 104–116
rust, technetium, corrosion, oxidation, studies in corrosion 1956 May p. 35–39
Rutherford-Soddy theory, atomic theory, element transmutation, science history, radioactivity, radioactive decay transmutation, reception of 'newer alchemy' 1966 Aug. p. 88–94
Rydberg constant, physical constants, measurement, velocity of light, electron mass, particle charge, least-squares method, standards of measurement, Planck's constant 1970 Oct. p. 62–78 [337]

S

S-matrix theory, mathematics, physical sciences, group theory, 'eightfold way', field theory, mathematics in physics 1964 Sept. p. 128–146
saccades, vision, eye movement, visual attention, fovea, human eye, visual fixation, experiments with eye-marker camera 1968 Aug. p. 88–95 [516]
saccules, glycoprotein synthesis, Golgi apparatus, goblet cells, mucus, carbohydrate 1969 Feb. p. 100–107 [1134]
safety standards, 'atoms for peace', radiation hazards, gene mutation, Geneva: biology 1955 Oct. p. 38–42
sage grouse, lek behavior, sexual behavior, natural selection, lek mating behavior in sage grouse 1978 May p. 114–125 [1390]
Sagittarius A, galactic center, Milky Way, quasars, radio source, Seyfert galaxies, spiral galaxies 1974 Apr. p. 66–77
Sahara desert, irrigation, ground water, artesian well, agricultural technology, water resource management, land reclamation, intercalary water, 'fossil' water, making desert fertile 1966 May p. 21–29
sail design, marine engineering, yacht design, hull design, towing tank tests 1966 Aug. p. 60–68
Sakkara, Nile valley, Egyptian civilization, burial site, pharaohs, tombs of the first pharaohs 1957 July p. 106–116
salamander, regeneration, frog, embryonic development, nerve fibers, role of nerve fibers in regeneration 1958 Oct. p. 79–88
Salamis, Athens, Xerxes, Themistocles, Classical archeology, Battle of Salamis, 480 B.C., tablets deciphered 1961 Mar. p. 111–120
salesman's route, Koenigsberg bridges, mathematics, mnemonics, delight and depth in mathematics 1961 May p. 148–158
salicylates, chelation, hemochromatosis, lead poisoning, pharmacology, drug action, Wilson's disease, metal poisoning, heavy metal poisoning, bone cancer, aspirin, cancer therapy, chemotherapy, medical exploitation of chelates 1966 May p. 40–50
salinity, Atlantic Ocean, Gulf Stream, ocean circulation, oxygen level, ocean temperature, Coriolis effect, 'anatomy' of the Atlantic 1955 Jan. p. 30–35 [810]
brine, Red Sea hot brines, percolation, ocean floor, sea-floor spreading 1970 Apr. p. 32–42
sea-floor spreading, volcanoes, rain, sea water composition, geochemical cycle, carbonate, hydrologic cycle, why the sea is salt 1970 Nov. p. 104–115 [839]
salivary gland, cell membrane, intercellular communication, epithelium, molecular signals, membrane permeability, junctions in cell membrane 1970 May p. 78–86 [1178]
salmon, fish migration, homing behavior, animal navigation, chemotaxis 1955 Aug. p. 72–75
metabolism, fish migration, swimming, laboratory observation of energy production by salmon 1965 Aug. p. 80–85 [1019]
how they home 1951 Sept. p. 56
salpa, chordates, marine biology, natural history 1961 Jan. p. 150–160
salt, Caspian sea, falling level of Caspian 1963 Aug. p. 94–100
evaporite minerals, fossil record, Glomar Challenger findings, Miocene desiccation, Mediterranean as desert 1972 Dec. p. 26–36 [904]
SALT: Strategic Arms Limitation Talks
SALT, ABM, MIRV, deterrence, ICBM, arms race, counterforce strategy, dynamics, instability of arms race 1969 Apr. p. 15–25 [642]
atomic weapons, arms race, MIRV, counterforce strategy, mutual assured destruction, MIRV, as key to SALT negotiations 1970 Jan. p. 19–29 [654]
ABM systems, arms race, ICBM, MIRV, atomic weapons, atomic test ban, strategic weapons, prospects for freeze on numbers and qualitative improvement of weapons 1971 Jan. p. 15–25
arms control, antisubmarine warfare, missile submarines, mutual assured destruction, SLBM, sonar, acoustic detection 1972 July p. 14–25 [345]
arms control, satellite, strategic weapons, verification technology, 'national technical means of verification' 1973 Feb. p. 14–25 [346]
arms race, bombers, AWACS, strategic weapons, military expenditures, antiaircraft sytems 1973 Aug. p. 11–19
mutual assured destruction, counterforce strategy, military expenditures, arms race, MIRV, MARV 1974 May p. 20–31
India as atomic power, nuclear nonproliferation treaty, 'nuclear club', atomic test ban 1975 Apr. p. 18–33
arms race, cruise missiles, strategic weapons, tactical weapons, control systems, navigation systems 1977 Feb. p. 20–29 [691]
arms control, cruise missiles, bombers, strategic weapons, Carter administration 'comprehensive proposal' for U.S.-U.S.S.R. force levels 1977 Aug. p. 24–31 [696]
U.S.-U.S.S.R. talks planned 1968 Aug. p. 42
talks begin in Vienna 1970 June p. 46
raise MIRV ceilings 1975 Mar. p. 47
salt excretion, diabetes insipidus, thirst, electrolyte balance, thermoregulation, urine, kidney, physiological psychology, osmoreceptor theory of thirst, Cannon 'dry mouth' theory 1956 Jan. p. 70–76
salt mines, salt pans, salt trade, salt in history 1963 July p. 88–98
salt pans, salt mines, salt trade, salt in history 1963 July p. 88–98
salt particles, meteorology, condensation nuclei, ocean foam, cloud physics, rain, seasalt and rain 1957 Oct. p. 42–47
salt tolerance, irrigation, sea water, salt-water agriculture, agronomy, arid lands 1967 Mar. p. 89–96
salt trade, salt pans, salt mines, salt in history 1963 July p. 88–98
salt-water agriculture, irrigation, sea water, agronomy, arid lands, salt tolerance 1967 Mar. p. 89–96
salt-water balance, comparative psychology, desert adaptation, kidney function, thermoregulation, man:camel comparison 1959 Dec. p. 140–151 [1096]
Samaritans, comparative religion, ethnic groups, gene isolation, Israel, Judaism, Holon and Nablus communities 1977 Jan. p. 100–108 [690]
Samos, tunnel of Eupalinus, Greek civilization, Classical archeology, water supply, feat of Classical engineering 1964 June p. 104–112
sampling, statistics, mode, median, sequential sampling 1952 Jan. p. 60–63
San Andreas fault, earthquakes, plate boundaries, plate tectonics 1971 Nov. p. 52–68 [896]
earthquake prediction 1970 Dec. p. 41
sand bar, beaches, sand dune, berm, ocean, surf, rip channels, conservation of beaches 1960 Aug. p. 80–94 [845]
sand dune, sandstone, granite, weathering, turbidity currents, stratigraphy, sand: origin and history from shape of grain 1960 Apr. p. 94–110
beaches, sand bar, berm, ocean, surf, rip channels, conservation of beaches 1960 Aug. p. 80–94 [845]
sand dune classification, dust storms, haboob, soil erosion 1976 Oct. p. 108–114
sand dune ecology, thermoregulation, succulent plants, behavioral adaptation, symbiosis, adaptation, adaptive mechanism for life in hot acid environment 1959 July p. 91–99

sand dune noises, physical explanation 1976 Mar. p. 61
sand hoppers, biological clock, crabs, diatoms, marine algae, tidal-zone organisms, tidal rhythms, integration of biological and sidereal cycles 1975 Feb. p. 70–79 [1316]
sand wasps, Australia, behavioral adaptation, ecology, insect behavior, solitary insects, Bembix 1975 Dec. p. 108–115
sandstone, sand dune, granite, weathering, turbidity currents, stratigraphy, sand: origin and history from shape of grain 1960 Apr. p. 94–110
sandstorms, haboob, haboobs in U.S. 1973 Jan. p. 46
sanitation, bacterial toxin, cholera, disease, medical care, water supply, epidemiology 1971 Aug. p. 15–21
flocculants to speed flow in sewer pipes 1968 Sept. p. 92
sap circulation, Hales, plants, root pressure, shoot tension, science history, Stephen Hales, founder of biophysics 1952 Oct. p. 78–82
phloem, xylem, plants, radioautography, transport of nutrients in plant tissue 1959 Feb. p. 44–49 [53]
aphids, phloem, xylem, trees, use of aphids to measure forces in sap flow 1963 Mar. p. 132–142 [154]
sap flow, blood pressure, science history, plant physiology, Stephen Hales's work 1976 May p. 98–107
sarcoplasmic reticulum, human physiology, muscle fiber, electron microscopy, sarcoplasmic reticulum, functions deduced from structure 1965 Mar. p. 72–80 [1007]
muscle fibril, insect flight, synchronous muscle, asynchronous muscle, insect flight muscles 1965 June p. 76–88 [1014]
Sardinia, Carthaginian fortress, military history 1975 Feb. p. 80–87
Sardis, archeological excavation, Lydian civilization, Croesus, 6th century B.C. 1961 June p. 124–135
Sargasso Sea, sea weed, ocean circulation, Sargassum weed in oceanic desert 1956 Jan. p. 98–104
satellite, artificial satellite, orbital motion, space exploration, Sputnik, tracking station, first artificial Earth satellite 1957 Dec. p. 37–43
moon, lunar geology, stratigraphy, cratering, lunar time scale, Ranger photographs 1964 Dec. p. 38–47
animal migration, polar bears, telemetry, Arctic, satellite tracking of migratory animals 1968 Feb. p. 108–116 [1102]
weather forecasting, weather satellites, meteorology, Tiros, Essa, Applications Technology Satellites, Nimbus 1969 Jan. p. 52–68
arms control, SALT, strategic weapons, verification technology, 'national technical means of verification' 1973 Feb. p. 14–25 [346]
history of development at Sputnik launching 1957 Nov. p. 67
Sputnik, Sputnik II results 1957 Dec. p. 58
Sputnik, Sputnik I results 1958 Apr. p. 50
Sputnik I, Vanguard I, and Explorer III 1958 May p. 50
Sputnik, Sputnik I results 1958 July p. 49
weather satellite forecasting 1960 Sept. p. 98
better geoid to reduce C.E.P. 1962 May p. 75
U.S.S.R. Vostok III and IV 1962 Oct. p. 59
see also: weather satellites, Earth satellite and the like
satellite astronomy, black hole, cosmic radiation, gamma-ray astronomy, neutron stars, pulsar, Cygnus X-1 1976 Oct. p. 66–79A
satellite dioxyribonucleic acid, *see:* sDNA
saturation diving, continental shelf exploitation, underwater shelters, decompression, diving, oceanographic exploration 1966 Mar. p. 24–33 [1036]
Saturn, Neptune, outer planets, Pluto, solar system, Uranus 1975 Sept. p. 130–140
tenth moon reported 1967 Apr. p. 50
Saudi Arabia, Middle East oil, petroleum resources, energy economics, Persian Gulf fields, economic development, Iran, Iraq 1948 Sept. p. 9–15
savanna topography, animal migration, grassland, grazing animals, grazing ecosystem, Serengeti National Park, Tanzania 1971 July p. 86–93 [1228]
saw-blade control, for fine cutting 1976 May p. 57
saxitoxin, animal toxins, nerve conduction block, tetrodotoxin, poisons, puffer fish, California newt 1967 Aug. p. 60–71 [1080]
saxophone, musical instruments, vibrating air column, clarinet, oboe, flute, bassoon, English horn, physics of the wood winds 1960 Oct. p. 144–154
scaling, geology, tectonic processes, mathematical model, block fault, geosyncline, experimental geology 1961 Feb. p. 96–106
computer applications, fluid dynamics, computer modeling, wind tunnel, vortex, computer graphics 1965 Mar. p. 104–110
continental drift, plate tectonics, subduction, sea-floor spreading, Earth crust, Triassic period, Pangaea, computer modeling, supercontinents, breakup of Pangaea traced 1970 Oct. p. 30–41 [892]
scallop, visual perception, visual systems, surf clam, inhibitory impulse, shadow-sensitive receptors, invertebrate 'eyes' as models for study of organization of sensation in perception 1963 July p. 122–130
escape response, marine invertebrates, starfish, limpets, prey-predator relationship, snail, chemical signals 1972 July p. 92–100 [1254]
scalpels, surgery, tools 1951 Nov. p. 62–66
scan-path recordings, eye movement, pattern recognition, serial-recognition hypothesis, visual perception 1971 June p. 34–43 [537]
Scandinavia, commerce, Vikings, nomads, Vinland, Siegfried legend, seafaring, Svea, appraisal of 400-year Viking ascendance 1967 May p. 66–78
scanning electron microscope, pollen, flower, plant cell, morphology 1968 Apr. p. 80–90 [1105]
atom visibility, electron microscopy, microscopy 1971 Apr. p. 26–35
microscopy, light microscope, transmission electron microscope, three-demensional pictures by scanning electron microscope 1972 Jan. p. 54–69
atomic resolution 1970 Aug. p. 48
scent glands, communication, territorial behavior, pheromones, rabbits, pecking order, territorial marking by rabbit 1968 May p. 116–126 [1108]
Schaefer method, artificial respiration, Sylvester method 1951 July p. 18–21
scheduling, combinatorial analysis, algorithms, critical path scheduling, bin-packing, mathematization of efficiency 1978 Mar. p. 124–132 [3001]
schizophrenia, stress, adrenal gland, steroid hormones 1949 July p. 44–47
psychoanalysis, art, a case study 1952 Apr. p. 30–34
psychotherapy, psychoanalysis, shock therapy, psychosurgery, the case for psychotherapy 1953 Jan. p. 58–63 [447]
emotional illness, mental health, epidemiology, family, psychosis, income status 1954 Mar. p. 38–42 [441]
cultural patterns, Irish families, Italian families, schizophrenia and culture 1957 Aug. p. 103–110
child psychiatry, autism, psychoanalysis, emotional deprivation, 'mechanical boy' 1959 Mar. p. 116–127 [439]
emotional illness, psychoanalysis, psychiatry, psychosis, neurosis, double bind, taxonomy of emotional illness, family therapy 1962 Aug. p. 65–74 [468]
motivation, 'reactive inhibition', fatigue, experiment in objective measurement of motivation 1963 May p. 130–140
behavioral psychology, child psychiatry, autism, emotional illness 1967 Mar. p. 78–86 [505]
overtakes twins simutaneously 1949 Dec. p. 29
chemistry of psychosis 1956 June p. 54
portrait of the aged recluse 1961 Mar. p. 84
Schlieren scanning, electrophoresis, protein separation, moving-boundary electrophoresis 1951 Dec. p. 45–53
Schmidt telescope, Palomar Observatory, Hale telescope, galactic survey, cosmology, 200-inch and 48-inch Palomar telescopes 1948 Aug. p. 12–17
sky survey, astronomy, the 48-inch Schmidt telescope at Palomar Mountain 1950 Dec. p. 34–41
school attendance, intelligence test scores, U.S. youth 1951 Sept. p. 101–108
schooling behavior, animal behavior, marine biology, fish, sensory systems for parallel orientation 1962 June p. 128–138 [124]
Schwann cell, axon, neurology, nerve conduction, axoplasm, membrane potential, perfusion technique, cell perfusion, structure of axonal tube, physiology of neural transmission, concentration gradients 1966 Mar. p. 74–82 [1038]
science, social values, human value, introduction to an issue reviewing advance of science 1900-1950 1950 Sept. p. 20–23
astronomy, galaxies, red shift, galactic recession, universe expansion, stellar evolution, general relativity, astronomy 1900-1950 1950 Sept. p. 24–27
quantum mechanics, special relativity, atomic structure, high-energy physics, physics 1900-1950 1950 Sept. p. 28–31
chemistry, chemical bond, molecular structure, crystal structure, protein structure, chemical kinetics, chemistry 1900-1950 1950 Sept. p. 32–35
geology, seismology, Earth science, Earth core, Earth mantle, geochronology, ocean floor, geology 1900-1950 1950 Sept. p. 36–39

mathematics, set theory, logic, paradox, non-Euclidian space, non-commutative algebra, Hilbert spaces, mathematics 1900-1950, undecidable questions 1950 Sept. p. 40–42
chromosome, mutation, evolutionary diversity, genetics 1900-1950, one gene-one enzyme 1950 Sept. p. 55–58
biochemistry, enzymes, virus, citric-acid cycle, metabolism, co-enzymes, sulfa drugs, antibiotics, biochemistry 1900-1950 1950 Sept. p. 62–68
physiology, nervous system, endocrine system, respiration, nerve impulse, muscle contraction, physiology 1900-1950 1950 Sept. p. 71–76
psychology, psychological testing, perception, psychology 1900-1950 1950 Sept. p. 79–84
anthropology, human evolution, culture as concept, anthropology 1900-1950 1950 Sept. p. 87–94
Germany, documents released in Washington 1948 July p. 30

science curriculum, curriculum reform, science teaching, high school, not enough scientists and engineers 1954 Feb. p. 27–29

science education, N.S.F., science funding, university research, fundamental research 1948 June p. 7–11
N.S.F., science funding, university science, appraisal of the new institution upon its legislation 1950 July p. 11–15
scientists, liberal arts colleges, origins of U.S. scientists 1951 July p. 15–17
research and development, U.S.S.R., science funding, science manpower, U.S.S.R. science policy 1969 June p. 19–29
20,000 foreign students in U.S. 1948 Aug. p. 23
physics in decline 1955 May p. 56
Rockefeller Institute becomes University 1956 Mar. p. 50
manpower 1956 Mar. p. 52
Ph.D. production assessed 1956 Sept. p. 111
increased enrollment 1957 Sept. p. 56
enrollment at peak 1958 Apr. p. 48
U.S.S.R. program 1959 Feb. p. 62
U.S. Federal funding 1959 July p. 62
Federal funding 1961 Sept. p. 84
help for small colleges 1964 Sept. p. 84

science funding, N.S.F., university research, fundamental research, science education 1948 June p. 7–11
university research, Office of Naval Research 1949 Feb. p. 11–15
A.E.C., atomic weapons, nuclear power, university research, military secrecy 1949 July p. 30–43
N.S.F., university science, science education, appraisal of the new institution upon its legislation 1950 July p. 11–15
fundamental research, curiosity, 'mission-oriented' funding agencies, university science, N.S.F., introduction to a single-topic issue on fundamental questions in science 1953 Sept. p. 47–51
N.S.F., university science, fundamental research 1954 Mar. p. 29–33
N.S.F., science policy, university science, U.S. Federal funding: basic and applied science 1957 Nov. p. 45–49
science policy, university science, freedom of science, creativity, conditions favoring advance in science 1958 Sept. p. 170–178
N.S.F., 'mission-oriented' funding agencies, institutional grants, science policy, fundamental research, project grants, university science, problems in government support of science in the U.S. 1965 July p. 19–25
science education, research and development, U.S.S.R., science manpower, U.S.S.R. science policy 1969 June p. 19–29
Federal budget 1949 1948 May p. 32
by philanthropic foundations 1949 June p. 29
Federal budget 1953 1952 Mar. p. 34
fellowships taxable? 1952 Mar. p. 36
'mission-oriented' funding agencies, project funding decried 1952 Dec. p. 38
'mission-oriented' funding agencies, independence of scientist 1953 May p. 53
more than half Federal 1953 Aug. p. 40
Federal budget 1954 1953 Nov. p. 50
Federal budget 1955 1954 Dec. p. 54
Hoover Commission: More! 1955 Aug. p. 46
loyality and security, eligibility and political attitudes of Federal grantees 1956 May p. 54
tax incentives for private funding 1957 Jan. p. 58
U.S. Federal budget 1957 1957 Jan. p. 58
'mission-oriented' funding agencies, mission-oriented research 1958 Feb. p. 40
Argonne laboratory university consortium 1958 July p. 50
N.S.F. to make institutional grants 1960 July p. 74
U.S.S.R. science bureaucracy 1961 June p. 84
trials for fraud in Italy 1965 Sept. p. 82
science teaching, N.S.F. institutional grants for science teaching 1967 Jan. p. 55
OECD assessment of U.S. situation 1968 Mar. p. 48
U.S. decline continues 1970 Apr. p. 45
deployment of research funds and 'social status' of diseases 1971 Jan. p. 47
decline continues 1971 May p. 44
university relations with U.S. government 1976 May p. 50
U.S. budget 1977 1976 Nov. p. 64
U.S. Federal budget 1978 1978 Mar. p. 69
'Research Universities and the National Interest' 1978 June p. 78

science history, Franklin, sentry-box experiment, electrical nature of lightning, 'electrical fluid', Benjamin Franklin, life and work 1948 Aug. p. 36–43
enzymes, catalysis, digestion, respiration, fermentation, lock-and-key theory 1948 Dec. p. 28–39
tuberculosis, tubercle bacillus, mortality rates, economic development, public health, popularization of well-being, not therapy, ends 'white plague' 1949 Oct. p. 30–41
Democritus, atom 1949 Nov. p. 48–49
dendrochronology, Douglass, A.E. Douglass and tree-ring clock 1952 Jan. p. 54–58
quantum mechanics, Planck, spectroscopy, black body, resonators, Einstein, photoelectric effect, Compton effect, quantum jumps 1952 Mar. p. 47–54 [205]
Harvey, blood circulation, life and work of William Harvey 1952 June p. 56–62
Thompson, growth, form, life and work of D'Arcy Thompson 1952 Aug. p. 60–66
alchemy, transmutation, philosopher's stone 1952 Oct. p. 72–76
Hales, plants, root pressure, sap circulation, shoot tension, Stephen Hales, founder of biophysics 1952 Oct. p. 78–82
Clifford, mathematics, life and work of William Kingdon Clifford 1953 Feb. p. 78–84
Hauksbee, electric power, light, life and work of Francis Hauksbee 1953 Aug. p. 64–69
Faraday, electrical induction, life and work of Michael Faraday 1953 Oct. p. 90–98
electrical induction, radiowave, Henry, life and work of Joseph Henry 1954 July p. 72–77
Carnot, Rumford, Joule, heat, pioneers in the theory of heat 1954 Sept. p. 60–61
Hooke, astronomy, microbiology, life and work of Robert Hooke 1954 Dec. p. 94–98
military medicine, medicine, Paré, surgery, life and work of Ambroise Paré 1956 Jan. p. 90–96
evolution, Darwin, Charles Darwin biography 1956 Feb. p. 62–72 [108]
chemistry, phlogiston theory, Lavoisier, biography of Antoine Lavoisier 1956 May p. 84–94
cosmology, universe evolution, philosophy of science, a skeptical view of cosmology 1956 Sept. p. 224–236
Mendel's laws, chromosome mapping, mutation, the gene on the eve of the resolution of the genetic code 1956 Oct. p. 78–90 [17]
atomic nucleus, particle-scattering experiments, Rutherford, biography 1956 Nov. p. 93–104
dye, mauveine, coal-tar chemistry, 'Perkin reaction', biography of William Perkin 1957 Feb. p. 110–117
mathematics, Bourbaki, philosophy of science, axiomatics, labors of the mathematical collective self-styled Bourbaki 1957 May p. 88–99
cell differentiation, embryonic development, blastula, gastrula, fertilization, ectoderm, mesoderm, endoderm, embryological 'organizer', review of classical embryology 1957 Nov. p. 79–88 [103]
radio, electromagnetism, 'Hertzian' waves, electromagnetic spectrum, Heinrich Hertz biography 1957 Dec. p. 98–106
uranium fission, nuclear fission, fission products, 'synthetic' elements, radium, isotropy, transuranium elements, discovery of fission 1958 Feb. p. 76–84
conservation law, Helmholtz resonators, matter conservation, ophthalmoscope, Hermann von Helmholtz, biography 1958 Mar. p. 94–102
mathematics, prime number, sieve of Eratosthenes, mathematical sieves and their uses 1958 Dec. p. 105–112

Darwinism, natural selection, Wallace, life and work of Alfred Russel Wallace 1959 Feb. p. 70–84
Darwinism, Darwin's predecessors 1959 May p. 60–66
Antikythera, planetary motion, Greek computer, ancient instruments, Classical archeology, computer technology, 2,000-year-old computer 1959 June p. 60–67
evolution, geology, Lyell, Charles Lyell, biography 1959 Aug. p. 98–106 [846]
Neanderthal man, Devon caves, human evolution, stone tools, idea of man's antiquity 1959 Nov. p. 167–176
electric light, incandescent lamp, industral research, Edison, Thomas A. Edison, biography 1959 Nov. p. 98–114
electrochemistry, phlogiston theory, electrolysis, Davy lamp, Humphry Davy, biography 1960 June p. 106–116
ballistics, caloric heat theory, oven, Rumford, heat as motion, Benjamin Thomson, biography 1960 Oct. p. 158–168
observatory, astronomy, scientific instrumentation, Tycho Brahe, Stjerneborg, 16th century Hven observatory 1961 Feb. p. 118–128
dynamo, electromagnetic induction, Faraday to dynamo 1961 May p. 107–116
cell anatomy, spermatozoon, ovum, virus, cytology, muscle cell, plant cell, connective tissue cell, introduction to single-topic issue on the living cell 1961 Sept. p. 50–61 [90]
color photography, Maxwell's color photograph, first three-color photograph 1961 Nov. p. 118–128
gravitational constant, Eötvös experiment, general relativity, Eötvös experiment confirmed 1961 Dec. p. 84–94
Ettingshausen effect, Hall effect, Nernst effect, Righi-Leduc effect, galvanomagnetism, thermomagnetism, industrial technology, technological applications of 19th c. discoveries 1961 Dec. p. 124–136
algebra, mathematics, matrix, vector 1964 Sept. p. 70–78
atomic theory, Rutherford-Soddy theory, element transmutation, radioactivity, radioactive decay transmutation, reception of 'newer alchemy' 1966 Aug. p. 88–94
Boyle's law, chemical experimentation, pneumatics, philosophy 1967 Aug. p. 96–102
atomic theory, Greek science, Renaissance science, Boscovich, Lucretius, forces between atoms 1970 May p. 116–122
technological innovation, windmills, pumps, blast furnace, bellows, medieval technology, medieval uses of the air 1970 Aug. p. 92–100 [336]
electromagnetism, electron discovery, induction coil, radio discovery, X-ray discovery 1971 May p. 80–87
Kepler's laws, planetary motion 1972 Mar. p. 92–106
Bacon's cipher, binary code, Boolean algebra, computer history, Jacquard loom, punched cards 1972 Aug. p. 76–83
Bruno, Copernican revolution, Galileo's heresy, martyrdom of Giordano Bruno re-examined 1973 Apr. p. 86–94
falling-body velocity, free fall, Galileo, Merton rule 1973 May p. 84–92
Copernicus, planetary motion models, Tycho Brahe, solar system, Tycho's notes in de Revolutionibus 1973 Dec. p. 86–101
ancient instruments, analogue computer, astrolabe, planispheric astrolabe, how they did it then 1974 Jan. p. 96–106
continental drift, contracting-Earth theory, Pangaea, plate tectonics, Wegener's hypothesis 1975 Feb. p. 88–97
blood pressure, plant physiology, sap flow, Stephen Hales's work 1976 May p. 98–107

science legislation, Congress at work 1949 Feb. p. 28

science manpower, disciplinary distribution, labor force, employment by sector 1951 Sept. p. 71–76
science education, research and development, U.S.S.R., science funding, U.S.S.R. science policy 1969 June p. 19–29
national roster revived 1950 Sept. p. 46
pay-scale low 1951 May p. 32
mobility 1954 Nov. p. 54
'brain drain', U.K. to U.S. 1955 Nov. p. 56
technical personnel shortage in U.S. 1956 Jan. p. 44
Federal promotion 1956 May p. 54
competition by employers 1957 Feb. p. 56
U.S. median salary 1954-55 1957 Feb. p. 56
U.S. output increasing 1957 June p. 71
shortage exaggerated 1957 Sept. p. 106
physicists seek academic posts 1957 Dec. p. 60
U.S. Federal payscale 1958 Feb. p. 40
recruiting down 1958 June p. 46
'brain drain', to U.S. 1963 Apr. p. 81

'science of science', a growing discipline 1966 June p. 58

science policy, N.S.F., science funding, university science, U.S. Federal funding: basic and applied science 1957 Nov. p. 45–49
science funding, university science, freedom of science, creativity, conditions favoring advance in science 1958 Sept. p. 170–178
N.S.F., 'mission-oriented' funding agencies, science funding, institutional grants, fundamental research, project grants, university science, problems in government support of science in the U.S. 1965 July p. 19–25
air transport, technology assessment, automobile transportation, air pollution, noise pollution, technology assessment institutions proposed 1970 Feb. p. 13–21 [332]
intelligence, race, whites, IQ, heredity, American Negro, heredity, population genetics, social psychology, twins, environment, racial discrimination 1970 Oct. p. 19–29 [1199]
gene manipulation, gene splicing, National Academy of Sciences, recombinant DNA, NIH guidelines 1977 July p. 22–23 [1362]
N.S.F., peer review, research funding, university science, sociology of science 1977 Oct. p. 34–41 [698]
Compton succeeds Bush 1948 Nov. p. 24
Max Planck Institutes 1949 Apr. p. 27
cabinet 'department of science' opposed 1949 May p. 26
Truman advisers 1951 June p. 30
U.S.S.R. 1958 Feb. p. 41
A.A.A.S., A.A.A.S.-sponsored 'Parliament of Science' 1958 May p. 51
social relevance of science, A.A.A.S. recommendations 1960 Sept. p. 98
White House adviser for science and technology 1961 Mar. p. 80
Scientists' Institute for Public Information 1963 May p. 74
science under 'political, military, commercial' pressure 1965 Feb. p. 50
classified research 1966 Feb. p. 53
OECD report 1971 Aug. p. 44
Rothschild critique of British policy 1972 Feb. p. 40
science-adviser post eliminated 1973 Mar. p. 44
science indicators from N.S.F. 1973 Nov. p. 46
congressional veto on N.S.F. grants 1975 July p. 45
'tenure block' in universities 1977 May p. 50
agricultural research 1977 Sept. p. 100
People's Republic of China science planning 1978 June p. 74

science politics, science office in U.S. Department of State 1950 July p. 26
U.S. science-attaché program 1956 Jan. p. 62
U.S. science-attaché program 1956 Mar. p. 50
U.S.-U.S.S.R. exchange program 1956 July p. 48
U.S. science attaché program 1956 Sept. p. 113
publish or perish, gamesmanship strategies 1957 Jan. p. 68
U.S. science-attaché program 1959 Jan. p. 62

science publication, Nature magazine, photographic visit 1950 Jan. p. 46–47
U.S. provincialism 1952 Sept. p. 72
U.S.S.R. physics in English 1955 Oct. p. 44
U.S.S.R. translations, biological sciences journals 1958 Jan. p. 46
National Federation of Science Abstracting and Indexing Services 1958 Apr. p. 49
computerized abstracting service 1958 June p. 48
U.S. National Abstracting and Translation Center 1959 Feb. p. 58
explosion of journals 1960 June p. 88

science teaching, science curriculum, curriculum reform, high school, not enough scientists and engineers 1954 Feb. p. 27–29
high school, curriculum reform, physics curriculum, Physical Science Study Committee, university sponsored curriculum reform 1958 Apr. p. 56–64 [229]
Darwinism, evolution, religion, Scopes trial, creationism, antievolution laws in U.S. 1969 Feb. p. 15–21
evolution, religion, curriculum reform, Darwinism, creationism, Bible, high school, Man, a Course of Study, biological sciences curriculum study 1976 Apr. p. 33–39
germ theory reinstated 1952 Mar. p. 42
A.A.A.S. program 1955 Apr. p. 49
curriculum reform, summer institutes for teacher-training 1956 Apr. p. 72
teachers' salaries 1956 Dec. p. 60
curriculum reform, U.S. secondary schools 1957 Feb. p. 57
curriculum reform, U.S. secondary schools 1958 Feb. p. 40

Conant on U.S. high schools 1958 June p. 44
teacher shortage 1958 Aug. p. 52
laboratory-demonstration equipment from U.S.S.R. 1959 Mar. p. 70
curriculum reform, Biological Sciences Curriculum Study 1960 July p. 81
antivivisection movement in high schools 1964 Oct. p. 58
science funding, N.S.F. institutional grants for science teaching 1967 Jan. p. 55
student distaste for science 1968 May p. 49
science-writing awards, Westinghouse winners 1952 Aug. p. 40
scientific careers, Nobel prizes, education, university education, sociology, sociology of the Nobel prizes 1967 Nov. p. 25–33
scientific creations, artistic creations, premature discoveries, uniqueness of scientific discoveries 1972 Dec. p. 84–93 [1261]
scientific instrumentation, observatory, astronomy, Tycho Brahe, Stjerneborg, science history, 16th century Hven observatory 1961 Feb. p. 118–128
scientific revolution, creativity, Renaissance, Leonardo, philosophy of science, introduction to single-topic issue on innovation in science 1958 Sept. p. 58–65
Renaissance, Industrial Revolution, human evolution, interaction of science and technology, 13th c. to 20th c. 1960 Sept. p. 173–190
scientists, science education, liberal arts colleges, origins of U.S. scientists 1951 July p. 15–17
psychological testing, socioeconomic background, social psychology, psychological study of 64 eminent scientists 1952 Nov. p. 21–25
sociability, social psychology, 'Terman sample', scientists and 'other people' compared on basis of 'Terman' sample of intellectually gifted persons under three-decade longitudinal study 1955 Jan. p. 25–29 [437]
talents wasted in uniform 1949 Feb. p. 29
psychoanalysis by Lawrence Kubie 1953 Dec. p. 58
Kubie psychoanalysis continued 1954 Mar. p. 48
engineers, low on happiness scale 1955 Apr. p. 50
scintigraph, antimatter, crystal structure, gamma radiation, gravitational interaction, positron probes, solid state physics 1975 July p. 34–42
scintillation counter, electron-multiplier tube, particle accelerator, scintillation counters 1953 Nov. p. 36–41
poisons, ionizing radiation, radioautography, 'bone-seekers', chelate 1955 Aug. p. 34–39
scintillation counter boson, neutrino, cosmic radiation neutrinos, solar neutrinos, intermediate vector boson, detection of natural neutrinos 1966 Feb. p. 40–48
Scopes trial, Darwinism, evolution, creationism, Bryan, Darrow, Scopes trial, U.S.A. 1959 Jan. p. 120–130
Darwinism, evolution, religion, science teaching, creationism, antievolution laws in U.S. 1969 Feb. p. 15–21
Scorpius, Crab Nebula, X-ray astronomy, sychrotron radiation, neutron stars, X-ray astronomy by rocket-borne instruments 1964 June p. 36–45
Scotch whisky, biochemist defines mystery 1964 Mar. p. 60
Scotland, medieval archeology, St. Ninian's Isle, silver artifacts, the treasure of St. Ninian's 1960 Nov. p. 154–166
archeology, 8th c. A.D. metalwork 1960 Feb. p. 74
scrapie, brain disease, kuru, Chédiak-Higashi syndrome, virus disease, animal vectors, multiple sclerosis 1967 Jan. p. 110–116
degenerative diseases, immune system, slow virus infection, virus disease, kuru, cancer virus, herpes virus 1974 Feb. p. 32–40 [1289]
screw dislocation, crystal growth, spiral growth, loop growth 1955 Mar. p. 74–80
screw worm fly, biological pest control, X-ray, sterilization, pest control, cattle, eradication of the screw worm fly 1960 Oct. p. 54–61
male sterilization works 1955 Oct. p. 50
eradicated by male sterilization 1966 Oct. p. 44
sculpture, cave art, cave paintings, Paleolithic archeology, Lascaux, Altamira 1968 Feb. p. 58–72
information theory, painting, architecture, visual communication, communication, trademarks, language, visual stimulus, visual signals 1972 Sept. p. 82–96 [548]
architecture, erosion, marble, limestone, atmospheric pollution, weathering, preservation of stone 1978 June p. 126–136 [3012]
Scythian culture, Siberia, tombs, refrigerated tombs, archeology, Altai Mountains, cloth, leather and wood artifacts preserved by refrigeration 1965 May p. 100–109
sDNA: satellite dioxyribonucleic acid
sDNA, DNA repeat segments, evolution, genome size, DNA-RNA hybridization 1970 Apr. p. 24–31 [1173]
sea, food chain, plankton, marine ecology, ocean, fish, marine life, life in the ocean 1969 Sept. p. 146–162 [884]
sea-floor, *see:* ocean floor
sea-floor spreading, magnetic field, volcanic rocks, paleomagnetism, geomagnetic reversals, reversals of Earth's magnetic field 1967 Feb. p. 44–54
continental drift, glaciation, Gondwanaland, Laurasia, paleomagnetism, Glossopteris, supercontinents, plate tectonics, continental drift confirmed 1968 Apr. p. 52–64 [874]
continental drift, magnetic reversals, crustal movement, earthquakes, plate tectonics 1968 Dec. p. 60–70 [875]
continental drift, ocean ridges, magnetic reversals, origin of oceans 1969 Sept. p. 66–75 [888]
ocean floor, lava, dikes, magnetic bands, mid-ocean ridge, the deep-ocean floor 1969 Sept. p. 126–142 [883]
continental drift, plate tectonics, ocean ridges, convection currents, Earth mantle, tensile-stress hypothesis 1969 Nov. p. 102–119
Afar triangle, Red Sea, Rift Valley, guyot, Gulf of Aden, continental drift, sea-floor spreading opens new ocean 1970 Feb. p. 32–40 [891]
brine, Red Sea hot brines, salinity, percolation, ocean floor 1970 Apr. p. 32–42
continental drift, plate tectonics, scaling, subduction, Earth crust, Triassic period, Pangaea, computer modeling, supercontinents, breakup of Pangaea traced 1970 Oct. p. 30–41 [892]
volcanoes, rain, sea water composition, geochemical cycle, salinity, carbonate, hydrologic cycle, why the sea is salt 1970 Nov. p. 104–115 [839]
continental drift, earthquake zones, magnetization patterns, subduction zones, mountain formation, plate tectonics, overview of the new geology 1972 May p. 56–68 [900]
mountain formation, continental drift, Gondwanaland, Himalaya formation, Indian-Ocean formation, magnetization patterns, plate tectonics 1973 May p. 62–72 [908]
remanent magnetism, mid-Atlantic rift, pillow lava, ocean ridges, submersible research craft 1975 Aug. p. 79–90 [918]
earthquake zones, island arcs, lithospheric subduction, mountain formation, plate tectonics, subduction zones, volcanic zones 1975 Nov. p. 88–98 [919]
mountain formation, continental drift, earthquake zones, Gobi Desert, Himalaya formation, India-Eurasia collision, plate tectonics, Tibetan plateau 1977 Apr. p. 30–41
plate tectonics, metals, mid-ocean ridge, hydrothermal extraction, manganese nodules, origin of metal deposits on ocean floor 1978 Feb. p. 54–61 [929]
magnetic-reversal data 1967 Aug. p. 40
sea-ice fluctuations, climate, glaciation since Ice Age, mountain glaciers, glacier fluctuations 1970 June p. 100–110
sea lamprey, chemical control 1959 Dec. p. 84
sea level, Earth, glaciation, Antarctic glacier, climate, hydrologic cycle 1955 Sept. p. 84–92 [809]
ocean floor, glaciation, continental uplift, sea level variations 1960 May p. 70–79
Black Sea, Tethys Sea, Mediterranean Sea, geological history of Black Sea 1978 May p. 52–63 [932]
sea power, ocean floor, ocean, sea water, marine resources, introduction to single-topic issue on the ocean 1969 Sept. p. 54–65 [879]
sea routes, West Indies, New World archeology, Hispaniola, stone artifacts, island chains, seafaring hunters from Central America? 1969 Nov. p. 42–52 [652]
sea urchin, fertilization, spermatozoon, acrosome reaction, sexual reproduction, moment of fertilization 1959 July p. 124–134
sea urchin egg, fertilization, parthenogenesis 1950 Dec. p. 46–49
sea urchin embryo, crystals, calcite, calcium carbonate crystals, crystal structure, embryonic development 1977 Apr. p. 82–92
sea urching egg, mitotic spindle, chromosome, digitonin, centrioles 1953 Aug. p. 53–63
sea water, irrigation, salt-water agriculture, agronomy, arid lands, salt tolerance 1967 Mar. p. 89–96
ocean floor, ocean, sea power, marine resources, introduction to single-topic issue on the ocean 1969 Sept. p. 54–65 [879]
pollution, ocean, mineral resources, wetlands, ocean floor, physical resources of the ocean 1969 Sept. p. 166–176 [885]
sea water composition, sea-floor spreading, volcanoes, rain, geochemical cycle, salinity, carbonate, hydrologic cycle, why the sea is salt 1970 Nov. p. 104–115 [839]
sea-water desalination, chemical process 1961 Nov. p. 88

sea-water freezing, ice crystals, desalination, isobutane, heat of fusion, freezing as alternative to distillation 1962 Dec. p. 41–47
sea-water nutrients, food supply, fisheries, marine farming, upwelling, fishponds 1970 Dec. p. 14–21 [1205]
sea-water salinity, energy exchange, ocean microstructure, ocean circulation, oceanic stirring, sea-water temperature 1973 Feb. p. 64–77 [905]
sea weed, Sargasso Sea, ocean circulation, Sargassum weed in oceanic desert 1956 Jan. p. 98–104
seafaring, commerce, Vikings, nomads, Scandinavia, Vinland, Siegfried legend, Svea, appraisal of 400-year Viking ascendance 1967 May p. 66–78
seagulls, Peru Current, anchovy, guano, El Niño, upwelling 1954 Mar. p. 66–71
seal, Antarctica, directional orientation, breathing, breathing holes in ice 1969 Aug. p. 100–106 [1156]
energy cycle, Eskimo, hunting societies, food chain, power, Baffin Island, ecosystem 1971 Sept. p. 104–115 [665]
seamounts, ocean floor, topography, Aleutian Trench, fathogram, sonar, echo-sounding, the Pacific floor 1952 Apr. p. 19–33
ocean floor, Pacific Ocean, Mendocino escarpment, fracture zones, Earth mantle convection 1955 July p. 36–41
seat belts, airbag, automobile design, automotive safety, crashworthiness tests 1973 Feb. p. 78–86
Sebei tribe, bride price, marriage contracts, anthropology 1973 July p. 74–85
second of time, cesium radiation standard 1968 Jan. p. 46
second sound, heat, diffusion, solid state physics, thermal waves, cryogenics, wave propagation, phonon, helium, thermal waves in solid helium 1970 May p. 92–101
London vs Landau 1950 Apr. p. 33
secondary radiation, cosmic radiation, elementary particles, ion traps, high-energy physics 1949 Mar. p. 28–39
secondary sexual characteristics, ACTH, hormone, sexual characteristics, growth, thyroid-stimulating hormone, follicle-stimulating hormone, prolactin, androgens, estrogens, human physiology, endocrine system, chemical integrators of the body 1957 Mar. p. 76–88 [1122]
secret weapon?, $5 billion for Department of Defense 1951 Oct. p. 32
sedatives, barbiturates, hypnotics, tranquilizers, anesthesia, pharmacology 1958 Jan. p. 60–64
sedimentary cores, ocean floor, sonar, seismology, Albatross voyage, isotope dating, Swedish deep-sea expedition 1950 Aug. p. 42–45
bathymetry, sonar, gravimetry, ocean floor, continental shelf, Lamont Geophyscial Observatory 1956 Dec. p. 83–94
Earth crust, deep-sea drilling, ocean evolution, Pacific plate, plate tectonics, voyager of the Glomar Challenger 1973 Nov. p. 102–112 [911]
sedimentary rock, fossil record, organic molecules, gas chromatography, chlorophyll, hydrocarbons, 'chemical fossils' 1967 Jan. p. 32–43 [308]
calcium carbonate, carbon cycle, photosynthesis, fossil fuel combustion, biosphere, atmosphere, carbon dioxide 1970 Sept. p. 125–132 [1193]
continental evolution, geosyncline, mountain formation, plate tectonics, Apallachian foldbelt 1972 Mar. p. 30–38 [899]
sedimentation, ultracentrifuge, molecular weight, fractionation, oil drive, air drive, magnetic suspension, 900,000 g; 60 million r.p.m. 1951 June p. 42–51
Earth crust, continental evolution, volcanoes, island arcs, origin of the continents 1955 Sept. p. 62–66 [816]
Seebeck effect, thermoelectricity, semiconductor, Peltier effect 1958 Nov. p. 31–37
seed, germination, sprout after 800 year 1951 Nov. p. 34
germination, artic lupine after 10,00 years 1967 Dec. p. 55
seed dispersal, adaptation, germination, dormancy 1959 Apr. p. 75–84
segregation, cities, racial discrimination, social geography, American Negro, metropolitan segregation 1957 Oct. p. 33–41
racial discrimination, American Negro, Puerto Ricans, housing, poverty 1965 Aug. p. 12–19 [626]
racial discrimination, prejudice, American Negro, public opinion, attitude survey, U.S. whites, integration, longitudinal attitude study 1978 June p. 42–49 [707]
seiches, tsunamis, ocean waves, surf, breakers, generation and propagation of ocean waves 1959 Aug. p. 74–84 [828]
Seine River source, Celtic religion, Gauls in France, shrine of Sequana 1971 July p. 65–73
seismic mapping, Antarctica, geology, glaciation, seismology, Antarctic land mass, part continent-part archipelago 1962 Sept. p. 151–166
seismic waves, earthquakes, Earth core, Earth mantle, low frequency seismic waves elucidate Earth structure 1959 Mar. p. 131–143 [827]
earthquakes, seismology, resonance vibration, Earth's free oscillations 1965 Nov. p. 28–37
Earth core, earthquakes, underground nuclear explosions, fine structure of Earth's interior, core within core 1973 Mar. p. 24–33 [906]
Andes, earthquake distribution, mountain formation, plate tectonics, volcanic activity 1973 Aug. p. 60–69 [910]
Earth mantle, kimberlites, meteorite composition, plate tectonics, plumes, Earth dynamics 1975 Mar. p. 50–63 [915]
earthquake dynamics, earthquake prediction, ground motion, strong-motion seismology 1977 Dec. p. 68–78 [928]
Earth as 'whispering gallery' 1975 Sept. p. 56
seismography, long-waved seismograph for exploring core 1953 Apr. p. 50
ocean floor, microseism tracking for weather forecasting 1960 Oct. p. 95
seismology, microseisms, weather, earthquakes 1949 Feb. p. 42–45
ocean floor, sonar, sedimentary cores, Albatross voyage, isotope dating, Swedish deep-sea expedition 1950 Aug. p. 42–45
geology, Earth science, science, Earth core, Earth mantle, geochronology, ocean floor, geology 1900-1950 1950 Sept. p. 36–39
Earth core, Earth mantle, earthquakes, the interior of the Earth 1955 Sept. p. 56–61 [804]
ocean floor, Vema, explosion-generated sound waves map ocean floor 1962 May p. 116–126
arms control, atomic bomb test, underground nuclear explosions, how to detect underground weapons tests and distinguish from small earthquakes 1962 June p. 55–59
Earth mantle, plastic zone, isostatic equilibrium, basalt, Mohorovicic discontinuity, plastic zone at depth between 37 and 155 miles 1962 July p. 52–59
Antarctica, geology, glaciation, seismic mapping, Antarctic land mass, part continent-part archipelago 1962 Sept. p. 151–166
earthquakes, resonance vibration, seismic waves, Earth's free oscillations 1965 Nov. p. 28–37
earthquakes, atomic test ban, atomic bomb test, underground nuclear explosions, arms control, detection and discrimination of underground atomic weapons tests 1966 July p. 19–29
arms control, atomic test ban, underground nuclear explosions, technology for verification of underground nuclear test ban 1972 Jan. p. 13–23 [343]
earthquake prediction, plate-boundary stresses, earthquake precursors 1975 May p. 14–23 [917]
finds a third wave 1951 Mar. p. 29
Earth's crust 1962 Jan. p. 64
selective ischemia, asphyxia, breathing, diving bradycardia, respiratory gas exchange, diving mammals, diving birds, hibernation, oxygen storage, human physiology, redistribution of oxygenated blood and 'master switch of life' 1963 Dec. p. 92–106
selective service, exemptions for scientists 1949 Aug. p. 22
draft and college attendance 1951 Sept. p. 48
no science exemptions 1954 Aug. p. 38
discrimination by class and race 1967 May p. 54
self-disclosure, social psychology, interpersonal relationships, idiosyncracy in self-disclosure 1958 May p. 77–82
self esteem, behavior, child development, personality 1968 Feb. p. 96–106 [511]
self-regulation, cybernetics, feedback, automatic control, computer science, automata theory, mechanical, biological, social self-regulation 1948 Nov. p. 14–19
automatic control, automata theory, information theory, feedback, introduction to single-topic issue on automatic control 1952 Sept. p. 44–47
self-reproducing machine, feedback, computer science, von Neumann machine, automata theory, Turing machine, 'artificial living plants' 1956 Oct. p. 118–126
molecular replication, automata theory, computer technology, machine models of molecular assembly 1959 June p. 105–114 [74]
biological sciences, mathematics, nerve impulse, predation, Turing machine, automata theory, mathematics in biology 1964 Sept. p. 148–164
semicircular canals, space medicine, acceleration, g-forces, weightlessness, black-out 1951 Jan. p. 16–19

semiconductor, solar battery, solid state physics, photoelectric effect, energy transformation 1955 Dec. p. 102–110
thermoelectricity, Seebeck effect, Peltier effect 1958 Nov. p. 31–37
particle detector, particle physics, solid state physics, particle accelerator, semiconductor particle-detector 1962 Oct. p. 78–88 [284]
superconductivity, superconductivity in semiconductors 1964 June p. 56–59
light-emitting diode, laser, electron beam, junction diode, solid-state lasers 1967 May p. 108–122
crystal structure, solid-state electronics, X-ray crystallography, metals, nonmetals, materials technology, amorphous solid, electrical conductivity 1967 Sept. p. 80–89
electrical conductivity, Fermi surface, materials technology, quantum mechanics, charge carriers, electron mean free path, electrical properties of materials 1967 Sept. p. 194–204
accelerated-ion technique, ion implantation, microelectronics, 'doping' 1973 Apr. p. 64–71
electromagnetic radiation, electron-hole liquid, exciton, quantum mechanics 1976 June p. 28–37
room temperature and organic 1960 June p. 82
see also: amorphous semiconductors
semiconductor memories, charge-coupled devices, charge transfer, computer memory, image sensing 1974 Feb. p. 22–31
charge-coupled devices, digital computer, magnetic bubble memories, moving-surface memories, microelectronics 1977 Sept. p. 130–145 [378]
semiconductor technology, electric power generation, photovoltaic conversion, silicon-crystal structure, solar cells 1976 Oct. p. 34–43
amorphous semiconductors, nonperiodic systems, Ovshinsky devices, quantum mechanics, switching phenomena 1977 May p. 36–48 [362]
integrated circuits, logic gates, metal-oxide semiconductors, microelectronics, transistor 1977 Sept. p. 70–81 [375]
semicrystalline polymers, amorphous polymers, polymer microstructure, random-coil model, synthetic polymers, thermoplastic polymers 1975 Dec. p. 96–106
semimetal, crystallography, magnetothermoelectricity, thermomagnetic cooling, solid-state refrigeration 1964 June p. 70–82
Semites, Mycenaean civilization, Hebrew civilization, Linear A script, Linear B script, Minoan civilization, Crete, common origin of Greek and Hebrew civilizations 1965 Feb. p. 102–111
Sendai virus, cell culture, cell hybridization, cell differentiation, hybrid cells, gene mapping, mouse-rat, mouse-human hybrid cells in laboratory 1969 Apr. p. 26–35 [1137]
senility, aging, gerontology, longevity, medical care 1973 Sept. p. 44–52
senior societies, elections to National Academy of Sciences and American Philosophical Society 1949 June p. 28
sensory deprivation, vision, learning, experience, 'arrested vision', role of environment experience in normal development 1950 July p. 16–19 [408]
electroencephalography, perceptual isolation, hallucination, boredom, neuropsychology, effect of exposure to monotonous environment 1957 Jan. p. 52–56 [430]
brain development, environmental stimuli, learning, memory, rats 1972 Feb. p. 22–29 [541]
sensory discrimination, afterimages, color vision, photochemistry, visual pigments, photochemistry of color perception 1963 Oct. p. 84–93 [1089]
sensory feedback, kinesthetic memory, sensory perception, spatial orientation, plasticity in sensory-motor systems in man and cats 1965 Nov. p. 84–94 [494]
muscle contraction, physiological tremor 1971 Mar. p. 65–73 [1217]
muscle control, muscle spindles, psychophysics, servomechanisms, stretch reflex, tendon organ 1972 May p. 30–37 [1249]
coordination of movement, eye-head coordination, visual targeting 1974 Oct. p. 100–106 [1305]
sensory organs, hearing, vision, ommatidia, neuroreceptor cells, cytology, taste buds, how cells receive stimuli 1961 Sept. p. 222–238 [99]
heat sensors, infrared receptors, snake, infrared laser, herpetology 1973 May p. 94–100 [1272]
sensory perception, genetic disease, inherited sense defects 1952 May p. 64–70 [406]
auditory discrimination, bats, bat sonar, sonar, echo-sounding, supersonic sonar of bats 1958 July p. 40–49 [1121]
Pacinian corpuscle, touch, olfactory receptors, taste receptors, mechanoreceptors, pain receptors, biological transducers 1960 Aug. p. 98–108 [70]
human eye, optical illusion, vision, 'after effects', visual cortex, 'cortical satiation' 1962 Jan. p. 44–49
olfactory nerve, stereochemistry, olfaction, stereochemical theory of odor perception 1964 Feb. p. 42–49
human anatomy, neuropsychology, eye, ear, Descartes, 17th c. approach to human perception, mechanistic hypothesis 1964 May p. 108–116 [184]
kinesthetic memory, spatial orientation, sensory feedback, plasticity in sensory-motor systems in man and cats 1965 Nov. p. 84–94 [494]
learning, vision, touch, visual perception dominates touch 1967 May p. 96–104 [507]
see also: perception, visual perception and the like
sensory systems, animal behavior, sharks, attack prevention, feeding behavior 1962 July p. 60–68 [127]
brain circuitry, mammalian brain, nerve signals, stimulus localization, visual perception, superior colliculus in integration at brain function 1972 Dec. p. 72–82 [553]
sentence, grammar, truth, logic, philosophy, metalogic, mathematical proof, antimony of the liar, proof and truth 1969 June p. 63–77
sentry-box experiment, Franklin, science history, electrical nature of lightning, 'electrical fluid', Benjamin Franklin, life and work 1948 Aug. p. 36–43
seond sound, superfluidity, helium 1, helium 2, quantum mechanics, low-temperature physics, liquid helium properties 1958 June p. 30–35 [224]
separation techniques, spectroscopy, mass spectroscopy, ion beam 1953 Mar. p. 68–74
density-gradient, ultracentrifugation 1965 Aug. p. 70–76
high-gradient magnetic separation, kaolin purification, magnetic separation, wastewater purification 1975 Nov. p. 46–54
pH gradient 1955 Feb. p. 60
sequential analysis, quality control, statistical sampling, probability 1953 Mar. p. 29–33
sequential processing, computer technology, computer programming, parallel processing, ILLIAC IV fastest computer 1971 Feb. p. 76–87
sequestering, chelation, metal ions, ring compounds, porphyrin ring, organometallic compounds, metal-poisoning antidote, chemical separation 1953 June p. 68–76
serial passage, poliomyelitis virus, tissue culture, rhesus embryo, polio vaccine, tissue culture of virus opens way to vaccine 1952 Nov. p. 26–29
serial-recognition hypothesis, eye movement, pattern recognition, scan-path recordings, visual perception 1971 June p. 34–43 [537]
serotonin, acetylcholine, hormone, nerve impulse, synapse, emotional illness, neurotransmitters, central nervous system, physiological psychology, chemical mediation of nerve impulses 1957 Feb. p. 86–94
auxins, LSD, comparative physiology, neurophysiology, physiological function of serotonin 1957 Dec. p. 52–56
adrenal gland, pineal organ, biological clock, estrogens, progesterone, melatonin, pineal regulation of sex glands 1965 July p. 50–60 [1015]
brain function, carbohydrate, neurotransmitters, human nutrition, tryptophan, feedback 1974 Feb. p. 84–91 [1291]
serum protein analysis, human population, genetic drift, race, population genetics 1974 Sept. p. 80–89
serum proteins, catalytic proteins, enzyme action, protein-cutting enzymes, proteolytic enzymes, chymotrypsin, elastase, trypsin 1974 July p. 74–88 [1301]
serum sickness, allergy, immune reaction, antigens, antibodies, hypersensitivity 1948 July p. 26–29
service workers, labor force, productivity, production workers 1951 Sept. p. 36–41
servomechanisms, feedback, control loop, flyball governor, positive feedback, negative feedback, ecological system, nervous system, economic system, automatic control, feedback concept 1952 Sept. p. 48–55
control systems, automatic control, actuators, frequency response, pneumatic servomechanisms, hydraulic servomechanisms, control systems 1952 Sept. p. 56–64
muscle control, muscle spindles, psychophysics, sensory feedback, stretch reflex, tendon organ 1972 May p. 30–37 [1249]
automatic control, computer technology, instructable machines, robot systems 1976 Feb. p. 76–86B

set theory, mathematics, logic, paradox, non-Euclidian space, non-commutative algebra, Hilbert spaces, science, mathematics 1900-1950, undecidable questions 1950 Sept. p. 40–42
infinity, equivalent sets, cardinal number, Cantor 1952 Nov. p. 76–84
creativity, mathematical invention, analytic geometry, Fermat's last theorem, innovation in mathematics 1958 Sept. p. 66–73
mathematical proof, foundations of mathematics, mathematical philosophy 1964 Sept. p. 112–127
botany, taxonomy, computer applications, zoology, numerical taxonomy, computer classification of living things 1966 Dec. p. 106–116 [1059]
mathematics, non-Cantorian sets, Russell's paradox, Cantor, non-Euclidian geometry, axiom of choice 1967 Dec. p. 104–116
continuum hypothesis and axiom of choice 1964 Jan. p. 55
sewage disposal, air pollution, cities, water supply, smog, water pollution, taxation, Los Angeles, New York, metabolism of cities 1965 Sept. p. 178–190
sewage treatment, water pollution, biological oxygen demand, radioactive waste disposal, stream pollution 1952 Mar. p. 17–21
phosphorus from sewage 1950 Apr. p. 34
conversion by algae 1952 Aug. p. 32
foaming detergents 1953 July p. 48
sex attractants, insect behavior, bee dances, pheromones, courtship display 1972 Sept. p. 52–60 [1280]
gypsy moth, biological pest control, pheromones, olfactory receptors, silk moth, chemotaxis, communication 1974 July p. 28–35 [1299]
sex change surgery, psychology should govern 1951 Apr. p. 35
sex chromatin, in female skin cells 1954 Dec. p. 58
sex determination, electrophoresis, spermatozoon motility, gene manipulation, sorting out Y-bearing sperm by electrophoresis 1958 Nov. p. 87–94
sex differences, Barr body, chromosome, genetic mosaic, cytology, Klinefelter's syndrome, Turner's syndrome, chromosomal anomalies, sex differences in tissue cells 1963 July p. 54–62 [161]
animal behavior, hypothalamus, testosterone, physiological psychology, sex hormones, pituitary hormones, sex differences in rat brain, effect of testosterone 1966 Apr. p. 84–90 [498]
adrenal hormones, brain circuitry, gonadal hormones, hormone-sensitive neurons, sex hormones, sexual behavior, steroid hormones, action of hormones on nerve tissue 1976 July p. 48–58 [1341]
in spatial perception 1974 Nov. p. 50
sex hormones, steroid hormones, vitamin D, cholesterol, cortisone 1955 Jan. p. 52–60 [8]
animal behavior, sex differences, hypothalamus, testosterone, physiological psychology, pituitary hormones, sex differences in rat brain, effect of testosterone 1966 Apr. p. 84–90 [498]
birth control, reproductive physiology, human population 1974 Sept. p. 52–62
adrenal hormones, brain circuitry, gonadal hormones, hormone-sensitive neurons, sexual behavior, sex differences, steroid hormones, action of hormones on nerve tissue 1976 July p. 48–58 [1341]
from tomatoes 1951 May p. 36
sex linked traits, cytoplasmic inheritance, reciprocal crossing, maternal inheritance, non-Mendelian inheritance, male sterility, paramecium, chloroplast, plastids, cytogene, review of evidence for an extra-chromosomal genetics 1950 Nov. p. 30–39 [39]
color blindness, dichromatism, physiology and psychology of a vision defect 1951 Mar. p. 48–53
sex role, marine birds, phalarope, sexual behavior, animal behavior, parental care, hormone 1969 June p. 104–111
developed countries, labor force, human population, women's status 1974 Sept. p. 136–147
housework, time spent in housework 1974 Nov. p. 116–120
developing countries, U.N. conference on women's role 1975 Sept. p. 53
housework increase 1976 Apr. p. 61
female-role ideology, women's aspirations, attitude survey 1972 Jan. p. 34–42
sexton, abacus, calculating machine, Galileo's sexton, mechanical calculators, slide rule 1976 Apr. p. 104–113
sexual behavior, courtship display, animal behavior 1950 July p. 52–55
stickleback, courtship display, animal behavior, displacement activity, ethology 1952 Dec. p. 22–26 [414]
bowerbirds, courtship display, animal behavior, arena behavior, Australian bowerbird, natural history 1956 June p. 48–52
penguin, behavioral adaptation, Antarctica, natural history 1957 Dec. p. 44–51
baboons, human evolution, social behavior, comparative psychology, social anthropology, Kung bushmen, origin of society 1960 Sept. p. 76–87 [602]
baboons, social behavior, comparative psychology, baboon troops in their natural environment 1961 June p. 62–71 [614]
animal behavior, evolution, innate behavior, lovebird, interspecies differentiation of behavior 1962 Jan. p. 88–98
pheromones, insect physiology, queen substance, muskone, social behavior, ants, Gypsy moths, mice 1963 May p 100–114 [157]
arena behavior, bowerbirds, animal behavior, courtship display, releaser stimulus, ethology, natural history 1963 Aug. p. 38–46 [1098]
avian reproduction, ring dove, breeding cycle, hormone, fertilization 1964 Nov. p. 48–54 [488]
animal migration, animal navigation, turtles, telemetry, nesting, Chelonia mydas, green turtle, 1,400-mile journey 1965 May p. 78–86 [1010]
animal behavior, speciation, gulls, evolution, innate behavior, ethology, species discrimination, Larus, eye rings 1967 Oct. p. 94–102 [1084]
mosquitoes, yellow fever, reproduction, eggs, larvae, Aedes Aegypti 1968 Apr. p. 108–116
marine birds, phalarope, animal behavior, parental care, sex role, hormone 1969 June p. 104–111
fruit fly, releaser stimulus, courtship song, insect behavior, species specificity 1970 July p. 84–92
albatross, evolution, animal behavior, bird flight, soaring, natural history 1970 Nov. p. 84–93 [1204]
animal behavior, courtship display, turkeys, pecking order, lek behavior, Welder Wildlife Refuge 1971 June p. 112–118
birds, finches, mimicry, parasitism, widow birds, animal behavior 1974 Oct. p. 92–98
adrenal hormones, brain circuitry, gonadal hormones, hormone-sensitive neurons, sex hormones, sex differences, steroid hormones, action of hormones on nerve tissue 1976 July p. 48–58 [1341]
lek behavior, sage grouse, natural selection, lek mating behavior in sage grouse 1978 May p. 114–125 [1390]
human sexual response 1966 June p. 54
sexual characteristics, ACTH, hormone, growth, thyroid-stimulating hormone, follicle-stimulating hormone, prolactin, androgens, estrogens, secondary sexual characteristics, human physiology, endocrine system, chemical integrators of the body 1957 Mar. p. 76–88 [1122]
sexual recombination, population genetics, evolution, E. coli, Drosophila, mutation, speciation, natural selection, genetic basis of evolution 1950 Jan. p. 32–41 [6]
sexual reproduction, bacteriophage, genetic exchange 1948 Nov. p. 46–51
heredity, evolution, origin of sexual reproduction 1949 Apr. p. 52–55
bacteria, conjugation, recombinant DNA, gene recombination, sexuality in bacteria 1956 July p. 109–118 [50]
spiders, leeches, spermatozoon transfer, sponges, bedbugs, unorthodox methods of sperm transfer 1956 Nov. p. 121–132
Hydra, asexual reproduction, cell differentiation, growth regulation, carbon dioxide as 'sex gas' 1959 Apr. p. 145–156
fertilization, sea urchin, spermatozoon, acrosome reaction, moment of fertilization 1959 July p. 124–134
fertilization, ionic regulatory mechanisms 1977 Nov. p. 128–138 [1372]
Seyfert galaxies, quasars, galactic nucleus, radio emission 1969 Jan. p. 28–37
galactic center, Milky Way, quasars, radio source, Sagittarius A, spiral galaxies 1974 Apr. p. 66–77
shad migration, animal navigation, chemotaxis, herring, homing behavior, temperature as migration control 1973 Mar. p. 92–98 [1268]
shadow photography, shock waves, speed of sound, Mach cones, aerodynamics, ballistics 1949 Nov. p. 14–19
shadow-sensitive receptors, visual perception, visual systems, scallop, surf clam, inhibitory impulse, invertebrate 'eyes' as models for study of organization of sensation in perception 1963 July p. 122–130
shagbark hickory, hickory, fences, axe-handles, smoked ham, hickory nuts, economic botany, forest, natural history 1948 Sept. p. 40–43
Shakespeare as physicist, anticipator of wireless, relativity, atom bomb; a report from S. Holmes himself 1951 Apr. p. 52–53
shale, fossil fuel, petroleum reserves, coal reserves, energy consumption, liquid-fuel consumption, tar sands, coal liquefaction, the fuel problem 1949 Dec. p. 32–39
shale retorts, energy economics, tar sands, oil shales, petroleum, potential liquid-hydrocarbon reserves 1966 Feb. p. 21–29

shale rotors, oil shales, mining, energy resources, fossil fuel, oil from shales 1952 Feb. p. 15–19
Shanidar cave, Neanderthal man, human evolution, Neolithic archeology, layer by layer, 100,000 years occupation by man 1957 Nov. p. 58–64
shantytowns, housing, land use, population density, taxation, government regulation, urban planning, cities, control of land use 1965 Sept. p. 150–160
Calcutta, cities, urbanization, caste, housing, poverty, traffic, Calcutta, a city of the poor 1965 Sept. p. 90–102
squatters, land use, urban sociology, housing, 'barriadas' of Lima, Peru 1967 Oct. p. 21–29
shape, topology, polygons, polyhedra, tessellation, space-filling 1954 Jan. p. 58–64
shaped field, electromagnetism, superconductivity, magnetic bottle, materials technology, development and applications of supermagnets 1962 June p. 60–67 [279]
sharks, incidence of attacks on humans 1957 June p. 54–61
animal behavior, attack prevention, sensory systems, feeding behavior 1962 July p. 60–68 [127]
shatter cones, coesite, meteorites, astroblemes, cratering, fossil Earth-catastrophes 1961 Aug. p. 50–58 [801]
sheep shearing, hair-cell growth inhibited by drug 1968 Dec. p. 56
sheet erosion, rain drop, elutriation, soil erosion, micromechanics of soil erosion 1948 Nov. p. 40–45
sheet-metal production, circle-grid analysis, crystal structure, metal stamping, strain hardening, metal structure 1976 Nov. p. 100–108
shelf sediments, continental shelf, glaciation, ocean, marine geology 1969 Sept. p. 106–122 [882]
shell hypothesis, spectroscopy, Doppler effect, red shift, quasars, radio source, absorption lines clue to quasar structure 1970 Dec. p. 22–29
shell model, atomic nucleus, 'magic numbers', spin-orbit coupling, table of isotopes 1951 Mar. p. 22–26
atomic nucleus, optical model, high-energy physics, liquid-drop model, charge exchange, spin-orbit force, resonance 'particles', proton, neutron, structure of the nucleus 1959 Jan. p. 75–82
nuclear fission, heavy nuclei, liquid-drop model, neutron, uranium 235, fission fragments 1965 Aug. p. 49–59
atomic nucleus, nuclear fission, charge distribution, nuclear probe, shape and size of nucleus 1969 Aug. p. 58–73
shelter belts, dust storms, drought, dry-land farming, soil reclamation, agricultural technology, mulch, U.S. High Plains 1948 1948 Aug. p. 7–11
Sherrington, eye, Charles Scott Sherrington on the eye 1952 May p. 30–34
ship burial, Sutton Hoo, Anglo-Saxon King, a treasure hoard 1951 Apr. p. 24–30
ship propulsion, electric power generation, steam turbines, turbine blade design, construction of turbines, applications, history 1969 Apr. p. 100–110
shipbuilding, Byzantine shipping, Rhodian sea law, underwater archeology, shipwreck of 17th century 1971 Aug. p. 22–33
shipping, cargo handling, containerization, automatic control, loading, air transport 1968 Oct. p. 80–88
shipworm, Teredo, cellulose digestion, natural history 1961 Feb. p. 132–142
shock, traumatic shock, capillary bed, electrolyte balance, cardiovascular system, blood transfusion 1952 Dec. p. 62–68
hibernation, hypothermia, surgery, metabolism, body temperature, artificial lowering of body temperature for surgery and shock 1958 Mar. p. 104–114
homeostasis, wound shock, body fluids, emergency medicine, treatment of shock 1958 Dec. p. 115–124
shock hypothesis, diamond, meteorites, Canyon Diablo meteorite, iron-nickel phases, asteroids, origin of meteorites 1965 Oct. p. 26–36
shock therapy, schizophrenia, psychotherapy, psychoanalysis, psychosurgery, the case for psychotherapy 1953 Jan. p. 58–63 [447]
shock tube, heat, plasma, magnetohydrodynamics, solar prominences, very high temperatures 1954 Sept. p. 132–142
gas compression, shock waves, high temperature, plasma, mechanically and electromagnetically driven shock waves 1963 Feb. p. 109–119
shock waves, shadow photography, speed of sound, Mach cones, aerodynamics, ballistics 1949 Nov. p. 14–19
aerodynamics, supersonic flight, wind tunnel, molecular beam, ultra-high altitude aerodynamics 1958 Jan. p. 36–42
sonic boom, supersonic flight, noise pollution, supersonic aircraft design, geometry of shock waves 1962 Jan. p. 36–43
meteorites, exploding wire, streak photography, generation of shock waves by exploding wire 1962 May p. 102–112
gas compression, shock tube, high temperature, plasma, mechanically and electromagnetically driven shock waves 1963 Feb. p. 109–119
chondrites, chondrule, primordial dust cloud, solar system, genesis of the solar system 1963 Oct. p. 64–82
explosions, materials technology, solids, phase transitions 1969 May p. 82–91
interstellar matter, supernovae, gravitational collapse, stellar formation, stellar evolution, birth of massive stars 1978 Apr. p. 110–118 [3005]
shoot tension, Hales, plants, root pressure, sap circulation, science history, Stephen Hales, founder of biophysics 1952 Oct. p. 78–82
short-term memory, conditioned behavior, learning, long-term memory, lobotomy, octopus, touch, sensory perception, correlation of brain structure and function in octopus 1965 Mar. p. 42–50 [1006]
digit recall, long-term memory, memory, tachistoscope 1966 July p. 90–95 [499]
information retrieval, learning, long-term memory, memory 1971 Aug. p. 82–90 [538]
shrews, body temperature, metabolism, thermoregulation, surface-to-volume ratio 1954 Aug. p. 66–70
shrimp, 'false bottom', marine biology, plankton, sonar, heteropod, deep-sea scattering layer, deep-sea 'layer of life' 1951 Aug. p. 24–28
Siamese cat, albinism, gene mutation, visual cortex, white mink, white tiger, cross-eyed trait 1974 May p. 44–54 [1294]
Siberia, Arctic, Stone Age hunters, Alaska, Greenland, Dorset culture, circumpolar Stone Age culture 1954 June p. 82–88
Scythian culture, tombs, refrigerated tombs, archeology, Altai Mountains, cloth, leather and wood artifacts preserved by refrigeration 1965 May p. 100–109
Paleolithic culture, rock drawings, petroglyphs, Paleolithic, Neolithic periods 1969 Aug. p. 74–82 [649]
sickle cell disease, malaria, amino-acid substitution, anemia, hemoglobin 1951 Aug. p. 56–59
anemia, hemoglobin S, human evolution, malaria hematology, adaptive benefits of sickle-cell anemia 1956 Aug. p. 87–94 [1065]
erothrocyte, gene mutation, genetic disease, single gene-single aminoacid deletion 1958 Jan. p. 68–74
chemotherapy, cyanate, genetic disease, anemia, hemoglobin, erythrocyte 1975 Apr. p. 44–50 [1319]
in whites 1951 Sept. p. 58
found in India 1952 May p. 42
malaria immunity 1954 Apr. p. 52
anemia, chemical basis of hemoglobin mutation 1957 Aug. p. 58
Siegfried legend, commerce, Vikings, nomads, Scandinavia, Vinland, seafaring, Svea, appraisal of 400-year Viking ascendance 1967 May p. 66–78
sieve of Eratosthenes, mathematics, prime number, science history, mathematical sieves and their uses 1958 Dec. p. 105–112
signal behavior, ornithology, crow, animal behavior, language of crows 1959 Nov. p. 119–131
signal processing, sound waves, communication technology, crystal surface waves, electronic equipment, Rayleigh waves, ultrasonic waves 1972 Oct. p. 50–68
signal transmission, communication technology, laser, multiplexing, signal transmission by laser 1966 Jan. p. 19–27 [302]
silage, agricultural economics, forage crops, grasses, agronomy, hay, legumes, livestock feed, ruminants, Rhizobium bacteria 1976 Feb. p. 60–75
'silent majority', public opinion, Vietnam war 1970 June p. 17–25 [656]
silica-sphere packing, diffraction, gemstones, grain structure, opal colors, periodic structures 1976 Apr. p. 84–95
silicates, aluminates, materials technology, ceramics, crystal structure, heat resistance, ionic bonds, covalent bonds, nature of ceramics 1967 Sept. p. 112–124
silicon, silicon, polymers, carbon, plastics, silicon in place of carbon 1948 Oct. p. 50–53
polymers, silicon, carbon, plastics, silicon in place of carbon 1948 Oct. p. 50–53
elements, living matter, essential elements, metallo-enzymes, fluorine, tin, vanadium, list of elements essential to life lengthened to 24 1972 July p. 52–60
silicon carbide, nonmetallic crystals 1965 Mar. p. 56
silicon 'chips', integrated circuits, electronic components industry, transistor, microelectronics 1965 Nov. p. 56–70

electron optics, microcircuit fabrication, computer-controlled fabrication, computer technology, integrated circuits 1972 Nov. p. 34–44
integrated circuits, metal-oxide semiconductors, microelectronics, transistor 1973 Aug. p. 48–57
integrated circuits, metal-oxide semiconductors, microcomputers, microelectronics, microprocessors, minicomputers 1975 May p. 32–40
electronic circuitry, integrated circuits, microelectronics, technological innovation, introduction to single-topic issue on microelectronics 1977 Sept. p. 62–69 [374]

silicon-crystal structure, electric power generation, photovoltaic conversion, semiconductor technology, solar cells 1976 Oct. p. 34–43

silicon polymers, inorganic polymers, materials technology, polymer structure, polymeric sulfur 1974 Mar. p. 66–74

silk moth, gypsy moth, biological pest control, pheromones, olfactory receptors, sex attractants, chemotaxis, communication 1974 July p. 28–35 [1299]

silkworm, insect metamorphosis, neurophysiology, insect behavior, cocoon, cocoon record of silkworm spinning movements 1956 Apr. p. 131–140
entomology, juvenile hormone, insect metamorphosis, hormone arrests development 1958 Feb. p. 67–74
olfaction, taste, chemical senses, insect chemoreception, comparative physiology 1958 Apr. p. 97–106

silt, eutrophication, water pollution, fisheries, fish population, runoff, Great Lakes, U.S. Great Lakes' aging 1966 Nov. p. 94–104 [1056]

silver artifacts, medieval archeology, Scotland, St. Ninian's Isle, the treasure of St. Ninian's 1960 Nov. p. 154–166

silver halide, photography, emulsion, photographic development, photochemistry 1952 Nov. p. 30–33

silver iodide, weather control, cloud seeding, Project Cirrus, condensation nuclei, dry ice 1952 Jan. p. 17–21

sine-generated curve, riverbed, meanders, hydraulics, least-work path for river 1966 June p. 60–70 [869]

singing voice, music, voice, pharynx, larynx, acoustics of singing voice 1977 Mar. p. 82–91
vibrato from feedback control 1959 Mar. p. 66

single-stranded DNA, DNA, phage X174, gene mutation 1962 July p. 109–116 [128]

singularity, gravity, stellar evolution, space-time continuum, gravitational collapse, thermal pressure, gravitational radius, black hole 1967 Nov. p. 88–98

sinus node, atrioventricular node, heart contraction, heart rate, cardiac pacemaker 1967 Mar. p. 32–37 [1067]

siphons, Roman technology, aqueducts, water-supply system of ancient Rome 1978 May p. 154–161 [3009]

sister exchange, Africa, marriage, marriage contracts 1975 Dec. p. 84–94

size constancy, visual perception, optical illusion, distortion, pictures as objects, illusions arise from normally useful mechanisms 1968 Nov. p. 66–76 [517]

size perception, visual perception, 'Ames room', distance perception, motion perception, optical illusion, illusions as clues to organization of perception 1951 Aug. p. 50–55

skid row, emotional illness, community mental-health centers, drug addiction, psychoactive drugs, 'deinstitutionalization' of the emotionally ill 1978 Feb. p. 46–53 [581]

skin, dermatoglyphics, hair, surface area, skin glands, thermoregulation, structure and function of human skin 1965 Feb. p. 56–66 [1003]
cancer, ultraviolet radiation, melanocytes, suntanning, epidermis, vitamin D 1968 July p. 38–46
bacteria, ectoparasites, fungi, lice, hair, human skin ecosystem 1969 Jan. p. 108–115 [1132]
dermatoglyphics, epidermal ridges, chromosomal anomalies 1969 Dec. p. 72–84 [1164]
ectoparasites, 'New Year Greeting' a poem by W.H. Auden occasioned by article in January 1969 issue 1969 Dec. p. 134

skin color, hyla, chameleon, catfish, chromatophores, how animals change color 1952 Mar. p. 64–67
American Negro, blood typing, recessive gene, marriage preferences, population genetics, genetic meaning of race 1954 Oct. p. 80–85
hormone, pigmentation, melanin, melanocytes, melatonin 1961 July p. 98–108

skin glands, dermatoglyphics, skin, hair, surface area, thermoregulation, structure and function of human skin 1965 Feb. p. 56–66 [1003]

skin temperature, anxiety, polygraph, lying, psychosomatic illness, guilt, breathing, pulse rate, 'lie detector' mis-named 1967 Jan. p. 25–31 [503]
medical diagnosis, thermography, tumor, arthritis, circulatory disorders 1967 Feb. p. 94–102

skin transplants, graft rejection, immune response, biochemistry of 'self' 1957 Apr. p. 62–66

Skinner box, color vision, learning, conditioned behavior, behavioral psychology, visual discrimination, pigeons conditioned to respond to discrete wavelengths of light 1958 Jan. p. 77–82 [403]
learning, visual perception, Fechner's law, psychophysics, behavioral psychology, conditioned behavior, pigeon perception 1961 July p. 113–122 [458]

skua, evolution, speciation, guillemot, melanism, ornithology, avian evolution 1957 May p. 124–134
animal behavior, Antarctica, ornithology, south polar skua 1964 Feb. p. 94–100

sky survey, Schmidt telescope, astronomy, the 48-inch Schmidt telescope at Palomar Mountain 1950 Dec. p. 34–41
Palomar telescopes 1954 Aug. p. 38

skyscrapers, curtain wall, building construction, load-bearing wall 1955 Mar. p. 44–48
wind bracing, construction technology, Eiffel Tower, cantilever, truss bridge, steel frame construction, curtain wall 1974 Feb. p. 92–105

slab avalanche, snow, avalanche, loose-snow avalanche 1954 Jan. p. 26–31

slash-burn agriculture, agricultural revolution, Neolithic archeology, tools, cultural evolution, Stone Age forestry and agronomy 1956 Mar. p. 36–41
rain-forest ecosystem, ecological fragility, tropical rain forest, fungal hyphae 1973 Dec. p. 58–67 [1286]

slave trade, colonization, human population, human migration, immigration policy 1974 Sept. p. 92–105

slavery, agricultural revolution, Classical civilization 1949 June p. 40–43
black power, American Negro, racial discrimination, group identity, economic power, ethnic groups, social deprivation 1967 Apr. p. 21–27 [633]

SLBM: submarine-launched ballistic missile

SLBM, ABM, arms race, ICBM, MIRV, mutual assured destruction, counterforce strategy, strategic balance, national security 1969 Aug. p. 17–29 [330]
arms race, missile submarines, MIRV, Polaris, Trident, Poseidon missile 1972 June p. 15–27 [344]
arms control, antisubmarine warfare, missile submarines, SALT, mutual assured destruction, sonar, acoustic detection 1972 July p. 14–25 [345]

sleep, biological clock, body temperature, waking 1952 Nov. p. 34–38 [431]
hypnosis, suggestibility, physiological psychology, experiments in hypnosis 1957 Apr. p. 54–61
electroencephalography, brain waves, learning, conditioned behavior, correlation of brain waves to behavior 1959 Aug. p. 89–96
dreams, electroencephalography, REM sleep, function of dreams 1960 Nov. p. 82–88 [460]
stimulus filter 1969 May p. 54

sleep deprivation, cerebrospinal fluid, goat experiments 1976 Aug. p. 24–29 [571]
humoral sleep-inducing factor 1967 Oct. p. 56

sleep peptide, makes sleep contagious 1974 Jan. p. 51

sleep research, dreams, electroencephalography, reticular formation, brain waves, paradoxical sleep, REM sleep, cat brain, the states of sleep 1967 Feb. p. 62–72 [504]
alpha waves and learning 1956 May p. 64
pace of dreams over time 1957 Oct. p. 62
effect of environment on dream 1958 Sept. p. 90
rapid-eye-movement dreaming 1960 Aug. p. 72

sleepwalkers, do not dream at same time 1965 July p. 49

slide rule, abacus, calculating machine, Galileo's sexton, mechanical calculators, sexton 1976 Apr. p. 104–113

sliding surfaces, friction, Leonardo, Coulomb, technology history, molecular cohesion, 'coppering' 1951 Feb. p. 54–58

slime mold, amoebae, social amoebae, Dictyostelium acrasin, role of acrasin in cell aggregation 1949 June p. 44–47
amoebae, cell differentiation, social amoebae, Dictyostelium cell aggregation, acrasin 1959 Dec. p. 152–162
amoebae, social behavior, Dictyostelium, chemotaxis communication, spatial orientation 1963 Aug. p. 84–93 [164]

acrasin, amoebae, adrenalin, social amoebae, Dictyostelium, cyclic AMP 1969 June p. 78–91
Dictyostelium, acrasin as 'social hormone' 1968 Oct. p. 60
sling, war, archery, accuracy, range and lethality of sling 1973 Oct. p. 34–42
slip planes, crystal structure, dislocations, edge dislocation, soap bubbles 1955 July p. 80–87 [204]
'slippery water', Toms effect: soluble polymer added to liquid 1970 Oct. p. 60
slow virus infection, multiple sclerosis, myelin sheath, poliomyelitis, demyelinating factor, latent viruses 1970 July p. 40–46
degenerative diseases, immune system, virus disease, kuru, scrapie, cancer virus, herpes virus 1974 Feb. p. 32–40 [1289]
slums, urban renewal, cities, housing, relocation, eminent domain, urban planning, U.S. experience with Federal subsidy of urban renewal 1965 Sept. p. 194–204
slurries, pipelines, fluid dynamics, oil, gas, history and technology of pipelines 1967 Jan. p. 62–72
smallpox, eradicated? 1977 Mar. p. 61
smallpox eradication, medical history, vaccination, W.H.O. campaign 1976 Oct. p. 25–33
smallpox immunization, cowpox, medical history, variolation, vaccination, 'vaccination' before Jenner 1976 Jan. p. 112–117
smectic, liquid crystals, soap bubbles, cholesteric, nematic 1964 Aug. p. 76–85
smell, *see:* olfaction
smelting, steel production, blast furnace, iron ore, furnace smelting under pressure 1948 May p. 54–57
smog, air pollution, atmospheric inversion 1952 May p. 15–19
air pollution, 'blue haze', atmospheric inversion, particulates, ozone, peroxides, photochemistry 1955 May p. 62–72
bronchitis, air pollution, emphysema, public health, environmental health, U.S. cities, smog and public health 1961 Oct. p. 49–57 [612]
air pollution, automobile emissions, ozone, urban transport, air pollution control in Los Angeles 1964 Jan. p. 24–31 [618]
air pollution, cities, water supply, sewage disposal, water pollution, taxation, Los Angeles, New York, metabolism of cities 1965 Sept. p. 178–190
cloud seeding, water cycle, air pollution, water drop, ice crystals, fog, inversion layer 1968 Dec. p. 74–82 [876]
Los Angeles smarting 1953 Jan. p. 32
smoke tunnel, ailerons, aircraft design, aerodynamics, airfoil, boundary layer, low-speed flight 1956 Apr. p. 46–51
smoked ham, hickory, fences, axe-handles, hickory nuts, economic botany, forest, natural history, shagbark hickory 1948 Sept. p. 40–43
smooth muscle, structure elucidated 1965 Sept. p. 86
smut, antibiotics, plant disease, rot, blight, wilt disease, mold, mildew 1955 June p. 82–91
snail, food, Helix pomatia, natural history 1957 Aug. p. 113–118
escape response, marine invertebrates, starfish, limpets, scallop, prey-predator relationship, chemical signals 1972 July p. 92–100 [1254]
snake, animal behavior, locomotion, herpetology, lateral, rectilinear, concertina and sidewinding modes of progression 1970 June p. 82–96 [1180]
heat sensors, infrared receptors, sensory organs, infrared laser, herpetology 1973 May p. 94–100 [1272]
snoring, a cure 1951 June p. 35
snow, avalanche, loose-snow avalanche, slab avalanche 1954 Jan. p. 26–31
ice, water, frost, supercooling, condensation nuclei, ice worms, how water freezes 1959 Feb. p. 114–122
avalanche control, mountains, hoar frost, types, causes and prevention of slides 1966 Feb. p. 92–101
snow crystals, water, ice, hydrogen-ion migration, hydrogen bonds, hydration, physical and chemical properties 1956 Apr. p. 76–89
crystal growth, condensation nuclei, natural and artificial condensation nuclei 1961 Jan. p. 120–131
crystallography, ice, crystal structure, water molecules, migrating lattice faults in ice 1966 Dec. p. 118–126 [307]
hexagonal habit, cloud physics, bullet clusters, tsuzumi crystals, variations on a theme 1973 Jan. p. 100–107
soap, electron micrographics 1952 Feb. p. 58–59
soap bubbles, crystal structure, dislocations, edge dislocation, slip planes 1955 July p. 80–87 [204]
liquid crystals, cholesteric, smectic, nematic 1964 Aug. p. 76–85
area-minimizing principle, measure theory, mathematical model, mathematical surfaces, surface geometry 1976 July p. 82–93
soaring, aerodynamics, bird flight, airfoil, thermal cells 1952 Apr. p. 24–29
meteorology, wind, cloud, lee waves, glider, esthetic exploitation of lee waves 1961 Mar. p. 124–134
wind velocity, thermal cells, air currents, aerodynamics, ornithology, bird flight, flight of soaring birds 1962 Apr. p. 130–140
albatross, evolution, animal behavior, bird flight, sexual behavior, natural history 1970 Nov. p. 84–93 [1204]
bird flight, gliding birds, vultures, thermal cells, lift phenomena 1973 Dec. p. 102–109
sociability, scientists, social psychology, 'Terman sample', scientists and 'other people' compared on basis of 'Terman' sample of intellectually gifted persons under three-decade longitudinal study 1955 Jan. p. 25–29 [437]
social amoebae, amoebae, slime mold, Dictyostelium acrasin, role of acrasin in cell aggregation 1949 June p. 44–47
amoebae, cell differentiation, slime mold, Dictyostelium cell aggregation, acrasin 1959 Dec. p. 152–162
acrasin, amoebae, adrenalin, slime mold, Dictyostelium, cyclic AMP 1969 June p. 78–91
social anthropology, manners 1955 Apr. p. 84–90
Ashanti, Tallensi, kinship, extended family, social structure, social psychology, primitive Tallensian and Ashantian kinship 1959 June p. 146–158
social psychology, Zulu peoples, war, short-lived empire of Zulu chief Shaka 1960 Apr. p. 157–168
baboons, human evolution, social behavior, comparative psychology, Kung bushmen, sexual behavior, origin of society 1960 Sept. p. 76–87 [602]
Pygmies, Congo, Bambuti, symbyotic relationship of jungle Pygmies and pastoral-village peoples 1963 Jan. p. 28–37 [615]
social behavior, chicken, pecking order, sexuality and dominance 1956 Feb. p. 42–46 [471]
comparative psychology, animal behavior, prairie dogs, territorial behavior, innate behavior, learning behavior, field observation of prairie dog communities 1959 Oct. p. 128–140
Portuguese man-of-war, nematocysts, coelenterate colonies 1960 Mar. p. 158–168
baboons, human evolution, comparative psychology, social anthropology, Kung bushmen, sexual behavior, origin of society 1960 Sept. p. 76–87 [602]
social evolution, human evolution, cities, urban revolution, 1500 B.C. origin of cities 1960 Sept. p. 153–168 [606]
ethology, gulls, comparative psychology, animal behavior, evolution, reconstructing gull family tree from behavior of species 1960 Dec. p. 118–130 [456]
baboons, comparative psychology, sexual behavior, baboon troops in their natural environment 1961 June p. 62–71 [614]
primate behavior, chimpanzee, tool-using, comparative psychology, observation of chimpanzees in the wild 1962 May p. 128–138 [463]
pheromones, insect physiology, sexual behavior, queen substance, muskone, ants, Gypsy moths, mice 1963 May p. 100–114 [157]
amoebae, slime mold, Dictyostelium, chemotaxis communication, spatial orientation 1963 Aug. p. 84–93 [164]
aggression, rats, animal behavior, territorial behavior, natural history, Rattus rattus, Rattus norvegicus 1967 Jan. p. 78–85
rhesus monkeys, urban monkeys, learning, urban and forest monkeys in India 1969 July p. 108–115 [523]
social class, ghetto, racial discrimination, unemployment, urban riots, public opinion, American Negro, 'riffraff theory' versus 'blocked-opportunity' theory 1968 Aug. p. 15–21 [638]
social controls, Kuanyama Ambo, anthropology, murder, monarchy 1950 Oct. p. 52–55
social deprivation, comparative psychology, rhesus monkeys, maternal deprivation, peer group, experiments in social deprivation 1962 Nov. p. 136–146 [473]
black power, American Negro, racial discrimination, group identity, economic power, ethnic groups, slavery 1967 Apr. p. 21–27 [633]
educational performance, teacher expectations, experiment in self-fulfilling prophecy for disadvantaged children 1968 Apr. p. 19–23 [514]
social discrimination, public opinion, American soldiers, attitude survey, sociology, studies of attitudes and morale of U.S. troops during World War II, including experiments in racial integration of military units 1949 May p. 11–15
discrimination, group behavior, child development, 'in vs out' group discrimination 1970 Nov. p. 96–102 [530]

social evolution, blood typing, Judaism, racial discrimination, religious persecution, genetic drift, population genetics, Jewish community of Rome 1957 Mar. p. 118–128
social behavior, human evolution, cities, urban revolution, 1500 B.C. origin of cities 1960 Sept. p. 153–168 [606]
social geography, cities, racial discrimination, American Negro, segregation, metropolitan segregation 1957 Oct. p. 33–41
social indicators, child welfare, state of the child, New York City 1976 July p. 65
social insect, insect behavior, army ant, ants, comparative psychology, reproduction, feedback, pheromones, trophallaxis, natural history, philosophy of science, anthropomorphism 1948 June p. 16–23
insect behavior, animal communication, bee dances, directional orientation, 'language of the bees' 1948 Aug. p. 18–21 [21]
termite, cell analogy, behavioral adaptation, insect behavior 1953 May p. 74–78
honeybee, natural history 1955 Aug. p. 52–60
insect behavior, bee dances, evolution, evolutionary 'dialects' of 'language of the bees' 1962 Aug. p. 78–86
insect behavior, ants, army ant, retrospective summary of work of T.C. Schneirla 1972 Nov. p. 70–79 [550]
ants, parasitism, pheromones, insect behavior, ant slavery 1975 June p. 32–36 [1323]
ants, insect behavior, pheromones, weaver ants 1977 Dec. p. 146–154 [1373]
'social physics', social sciences, physical sciences, statistics, correlating social statistics and physical law 1948 May p. 20–23
social pressure, conformity, perception 1955 Nov. p. 31–35 [450]
social psychology, competition, cooperation 1950 Apr. p. 54–56
communication, leadership, 'work patterns profiles', people in groups 1951 Feb. p. 26–28
scientists, psychological testing, socioeconomic background, psychological study of 64 eminent scientists 1952 Nov. p. 21–25
scientists, sociability, 'Terman sample', scientists and 'other people' compared on basis of 'Terman' sample of intellectually gifted persons under three-decade longitudinal study 1955 Jan. p. 25–29 [437]
group behavior, interpersonal relationships, conference 1955 Mar. p. 31–35
aggression, group behavior, pecking order, experiments in group behavior 1956 Nov. p. 54–58 [154]
interpersonal relationships, self-disclosure, idiosyncracy in self-disclosure 1958 May p. 77–82
adolescence, conformity, interpersonal relationships, U.S. teenage attitudes 1958 June p. 25–29
Ashanti, Tallensi, social anthropology, kinship, extended family, social structure, primitive Tallensian and Ashantian kinship 1959 June p. 146–158
Zulu peoples, war, social anthropology, short-lived empire of Zulu chief Shaka 1960 Apr. p. 157–168
group behavior, conformity, human subjects, group pressure, experiments in susceptibility to group pressure 1961 Dec. p. 45–51
fallout shelters, civil defense, arms race, counterforce strategy, social impact of fallout shelters 1962 May p. 46–51 [637]
human behavior, cognitive dissonance, experiments in preperception 1962 Oct. p. 93–102 [472]
education, poverty, group behavior, rural poverty, community action, emotional illness, study of community regeneration 1965 May p. 21–27 [634]
intelligence, race, whites, IQ, heredity, American Negro, heredity, population genetics, science policy, twins, environment, racial discrimination 1970 Oct. p. 19–29 [1199]
aspirations of Rhodesian youth 1957 Jan. p. 60
leadership and social aloofness 1957 Oct. p. 62
social sciences, 'social physics', physical sciences, statistics, correlating social statistics and physical law 1948 May p. 20–23
economics, mathematical model, decision theory, mathematics in economics and other social sciences 1964 Sept. p. 168–182
National Science Foundation 1961 Jan. p. 78
U.S. Government 1968 Oct. p. 58
social status, public opinion, voters' attitudes, voting behavior, correlation analysis, ethnic groups, income, family, 'votes in the making' 1950 Nov. p. 11–13
primate behavior, monkey, Japanese macaques, primate societies, protocultural behavior 1976 Oct. p. 96–106 [1345]
social structure, Ashanti, Tallensi, social anthropology, kinship, extended family, social psychology, primitive Tallensian and Ashantian kinship 1959 June p. 146–158
social surveys, achievement, motivation, aspiration, psychological testing, self-anchoring scale 1963 Feb. p. 41–45
social values, science, human value, introduction to an issue reviewing advance of science 1900-1950 1950 Sept. p. 20–23
Mormons, Zunis, Spanish-Americans, agricultural system, Navaho, comparative study of cultures in New Mexico 1956 July p. 25–31
socioeconomic background, scientists, psychological testing, social psychology, psychological study of 64 eminent scientists 1952 Nov. p. 21–25
sociology, public opinion, American soldiers, attitude survey, social discrimination, studies of attitudes and morale of U.S. troops during World War II, including experiments in racial integration of military units 1949 May p. 11–15
cultural evolution, anthropology, multilinear human culture changes 1956 May p. 69–80
public opinion, American Negro, U.S. whites, desegregation, attitude survey, racial segregation, longitudinal attitude study 1956 Dec. p. 35–39
Nobel prizes, education, university education, scientific careers, sociology of the Nobel prizes 1967 Nov. p. 25–33
poverty, Mexico City, buying habits, culture of poverty 1969 Oct. p. 114–124 [651]
Cannabis sativa, marijuana, drug abuse, consciousness, pharmacology 1969 Dec. p. 17–25 [524]
communication, mass-communication media, message systems, television violence, cultural patterns, mass communications as social environment 1972 Sept. p. 152–160 [679]
sociology of science, N.S.F., peer review, research funding, university science, science policy 1977 Oct. p. 34–41 [698]
sod hut, building construction, architecture, primitive architecture, climate, igloo, teepee, yurt, tent, adobe house, hogan, stilt house 1960 Dec. p. 134–144
sodium-cooled reactor, fission reactor, nuclear power, breeder reactor, boiling-water reactor, homogeneous reactor, fast neutron reactor 1954 Dec. p. 33–39
sodium ion potential, nerve impulse, action potential, refractory period, nodes of Ranvier, nerve membrane 1952 Nov. p. 55–65 [20]
electric fishes, electroplaques, neurophysiology, synapse, acetylcholine, animal behavior, nerve impulse, bioluminescence 1960 Oct. p. 115–124
sodium pump, giant axon, squid, nerve impulse, nerve cells, 'voltage clamp' technique 1958 Dec. p. 83–90
kidney tubule, membrane potential, active transport, cell membrane, biological pumps 1962 Aug. p. 100–108
SOFAR: sound fixing and ranging
SOFAR, underwater communication 1952 May p. 38
software, computer technology, U.S.S.R., Comecon, integrated circuits 1970 Oct. p. 102–108
soil, moon surface, robot lander, Surveyor spacecraft, surface sampler 1967 Nov. p. 34–43
soil conditioners, humus, polyacrylates, polyvinylites, cellulose, tilth 1953 Aug. p. 36–38
soil erosion, rain drop, elutriation, sheet erosion, micromechanics of soil erosion 1948 Nov. p. 40–45
soil structure, chernozems, podzols, latozols, tundra, alluvial soils, agronomy, ecology of soil, the soils of the world and their management 1950 July p. 30–39
irrigation, agricultural technology, poverty, economic development, afforestation, Mediterranean Project, United Nations 1960 July p. 86–103
human population, food production, fertilizers, pollution, irrigation, biosphere, agricultural revolution, biosphere capacity to produce food 1970 Sept. p. 160–170 [1196]
sand dune classification, dust storms, haboob 1976 Oct. p. 108–114
soil minerals, plant nutrition, plant roots, root pressure, transport mechanisms 1973 May p. 48–58 [1271]
soil molds, fungi, carnivorous plants, nematodes, carnivorous fungi 1958 July p. 67–72 [1094]
soil pollution, DDT, herbicide, gamma radiation, X-ray, soil ecology 1969 Apr. p. 88–99 [1138]
soil reclamation, dust storms, drought, dry-land farming, agricultural technology, mulch, shelter belts, U.S. High Plains 1948 1948 Aug. p. 7–11

soil structure, chernozems, podzols, latozols, tundra, alluvial soils, agronomy, ecology of soil, soil erosion, the soils of the world and their management 1950 July p. 30–39
energy cycle, nitrogen fertilizer, nutrient cycle, food and agriculture, food chain 1976 Sept. p. 74–86
sol-gel reaction, amoebae, cell, cytology, high pressure, effect of high pressure on cellular activity 1958 Oct. p. 36–43
amoebae, phagocytosis, cell motility, cytoplasmic streaming, front contraction theory of amoeboid motion 1962 Feb. p. 112–122 [182]
solar astronomy, airborne solar photography 1957 Sept. p. 107
solar atmosphere, solar corona, zodiacal light, Van Allen belts, solar prominences, ionospheric storms, Earth in the Sun's atmosphere 1959 Oct. p. 64–71
magnetic field, solar magnetism, Sun cycle, photosphere, chromosphere, 11-year solar cycle explained 1966 Nov. p. 54–62
Sun, sunspots, rotation, magnetic field, eddies, solar atmospheric circulation 1968 Jan. p. 100–113
solar battery, solid state physics, semiconductor, photoelectric effect, energy transformation 1955 Dec. p. 102–110
solar cells, energy transformation, energy demand, fuel-conversion efficiency, power, prime movers, steam turbines, magnetohydrodynamics, gas turbine, internal combustion engine, fuel cell, power, nuclear power, comparative efficiencies of energy transformation pathways in industrial civilization 1971 Sept. p. 148–160 [668]
electric power generation, photovoltaic conversion, semiconductor technology, silicon-crystal structure 1976 Oct. p. 34–43
solar collectors, solar energy, light absorption, pigments, energy conversion 1956 June p. 97–106
solar corona, heat, thermonuclear reaction, stellar interiors, hydrogen bomb, proton-proton interaction, helium reaction, ultrahigh temperatures 1954 Sept. p. 144–154
solar prominences, solar flares, ionosphere, atmosphere, coupling of solar and terrestrial atmospheres 1958 Aug. p. 34–41
zodiacal light, Van Allen belts, solar prominences, solar atmosphere, ionospheric storms, Earth in the Sun's atmosphere 1959 Oct. p. 64–71
aurora borealis, solar wind, Earth magnetic field, Van Allen belts, comet tails, magnetic storms 1964 Apr. p. 66–76
chromosphere, corona, eclipse phenomena, photosphere, Sun 1973 Oct. p. 68–79
neutrino, solar energy, solar magnetism, Sun, sunspots 1975 Sept. p. 42–50
solar wind, space exploration, waves in solar wind 1977 Mar. p. 36–43
solar eclipse, orbital motion, Earth, moon 1954 Feb. p. 36–40
Sun, ionosphere, solar flares, chromosphere, ultraviolet radiation, Earth-Sun chromosphere-ionosphere interaction 1962 Feb. p. 50–59
solar energy, light-to-heat conversion, photovoltaic conversion, photosynthesis, limitations and prospects of solar power 1950 Aug. p. 16–21
energy resources, residential heating, windows, low-potential energy, hot water, Sun can supply most of the 30 percent of fuel energy consumed in domestic heating 1951 Feb. p. 60–65
Earth, atmospheric circulation, Earth rotation, circulation of the atmosphere 1955 Sept. p. 114–124
light absorption, pigments, energy conversion, solar collectors 1956 June p. 97–106
ecology, energy cycle, biomass, food chain, element abundance, autotrophs, heterotrophs, the ecosphere 1958 Apr. p. 83–92
energy consumption, energy resources, fission fuels, power, fossil fuel, fusion fuels, geothermal energy, tidal energy 1971 Sept. p. 60–70 [663]
energy conservation, nuclear power, fossil fuel, synthetic fuels, energy policy of U.S. 1974 Jan. p. 20–29 [684]
neutrino, solar corona, solar magnetism, Sun, sunspots 1975 Sept. p. 42–50
captured by chlorella 1951 Dec. p. 38
the long view 1953 Nov. p. 52
photovoltaic cell 1954 June p. 45
status of solar energy units 1956 Jan. p. 48
solar flares, Sun, ionospheric storms, aurora, sunspots, geomagnetic storms 1951 Dec. p. 17–21
solar corona, solar prominences, ionosphere, atmosphere, coupling of solar and terrestrial atmospheres 1958 Aug. p. 34–41
Sun, solar eclipse, ionosphere, chromosphere, ultraviolet radiation, Earth-Sun chromosphere-ionosphere interaction 1962 Feb. p. 50–59
flare stars, radio astronomy, radio star, Jodrell Bank radio telescope, definitive evidence of radiowaves from stars 1964 Aug. p. 13–19
lunar luminescence, moon, solar radiation, Kepler crater, meteorites, impact of solar protons? 1965 May p. 28–37
cosmic radiation, interplanetary fields, interplanetary particles, magnetosphere, solar wind, aurora, Van Allen belts, solar system 1975 Sept. p. 160–173
solar gravitation, atmospheric tides, lunar gravitation 1954 May p. 36–39
solar magnetism, magnetic field, Zeeman effect, sunspots, mapping changes in solar magnetic field 1960 Feb. p. 52–62
magnetic field, Sun cycle, photosphere, chromosphere, solar atmosphere, 11-year solar cycle explained 1966 Nov. p. 54–62
neutrino, solar corona, solar energy, Sun, sunspots 1975 Sept. p. 42–50
comes and goes 1955 May p. 56
magnetic pole reserval 1959 Dec. p. 82
solar navigation, animal navigation, bee, crustacea 1954 Oct. p. 74–78
solar neutrino detector, cosmic radiation, solar radiation, neutrino, thermonuclear reaction, neutrino detection experiment and predictions 1969 July p. 28–37
solar neutrinos, neutrino, cosmic radiation neutrinos, intermediate vector boson, scintillation counter boson, detection of natural neutrinos 1966 Feb. p. 40–48
missing 1972 June p. 53
missing neutrinos explained 1975 Aug. p. 47
more neutrinos counted 1976 May p. 52
solar observatory, placed on orbit 1962 Apr. p. 75
solar particles, artificial satellite, cosmic radiation, telemetry, Van Allen belts, geomagnetism, radiation belts, space exploration, mapping of radiation belts by Explorer satellites 1959 Mar. p. 39–47 [248]
cosmic radiation, geomagnetism, galactic magnetism, galactic accelerator theory 1960 June p. 64–71
solar physics, carbon 14 abundance, climate, ice ages, Maunder minimum, sunspots, dendrochronology 1977 May p. 80–92 [925]
solar prominences, heat, plasma, magnetohydrodynamics, shock tube, very high temperatures 1954 Sept. p. 132–142
solar corona, solar flares, ionosphere, atmosphere, coupling of solar and terrestrial atmospheres 1958 Aug. p. 34–41
solar corona, zodiacal light, Van Allen belts, solar atmosphere, ionospheric storms, Earth in the Sun's atmosphere 1959 Oct. p. 64–71
solar radiation, climate, volcanoes, dust, world climate and volcanic activity 1952 Apr. p. 74–80 [843]
climatic change, glaciation, solar evolution and terrestrial climate 1958 June p. 85–92 [835]
comet, Halley's comet, physics of comet tails 1958 Oct. p. 44–50
Antarctica, climatology, atmospheric circulation, albedo, Antarctica in Earth's heat budget 1962 Sept. p. 84–94 [859]
artificial satellite, geomagnetism, Lorentz force, magnetosphere, Van Allen belts, radiation belts, aurora, physics of Van Allen belts 1963 May p. 84–96
atmospheric circulation, meteorology, weather, upper atmosphere, balloon and rocket observations 1964 Mar. p. 62–74
lunar luminescence, moon, Kepler crater, solar flares, meteorites, impact of solar protons? 1965 May p. 28–37
aurora borealis, geomagnetism, ionosphere, magnetosphere, solar wind, physics of the aurora 1965 Dec. p. 54–62
convection currents, plants, thermoregulation, thermal radiation, transpiration, energy transfer, heat transfer in plant leaves 1965 Dec. p. 76–84 [1029]
airglow, atmosphere, ionosphere, ozone, oxygen atoms, upper atmosphere, laboratory simulation, atomic energy levels 1966 Mar. p. 102–110
architecture, sunlight, lighting, building construction, glass 1968 Sept. p. 190–202
plasma, ionosphere, Earth magnetic field, geomagnetism, barium clouds, magnetosphere, electric field, artificial plasma clouds from rockets 1968 Nov. p. 80–92
cosmic radiation, neutrino, solar neutrino detector, thermonuclear reaction, neutrino detection experiment and predictions 1969 July p. 28–37
wind, energy cycle, biosphere, albedo, atmospheric circulation, climate, ocean circulation, terrestrial radiation, carbon dioxide 'window', Earth energy cycle 1970 Sept. p. 54–63 [1189]

photosynthesis, biosphere, agricultural ecosystem, climax ecosystem, energy cycle, ecosystem, food chain, respiration, biosphere energy cycle 1970 Sept. p. 64–74 [1190]
biosphere, energy cycle, photosynthesis, respiration, power, radiation energy, terrestrial radiation 1971 Sept. p. 88–100 [664]
solar radio output, radio astronomy, radio map of Galaxy, extragalactic radio waves, status and expectations of the new astronomy 1949 Sept. p. 34–41
solar rotation, aurora, magnetic storms, sunspots, cone of avoidance, solar wind, corpuscular streams, cycles in 'solar wind' 1955 Feb. p. 40–45
sunspots, Sun structure, solar spectrum 1975 Apr. p. 106–114
solar spectrum, Sun, carbon cycle, thermonuclear reaction, sunspots, nearest star 1948 Nov. p. 26–39
sunspots, Sun structure, solar rotation 1975 Apr. p. 106–114
no carbon 13 1951 June p. 31
n-times ionizations 1954 June p. 46
solar spicules, Earth, aurora, airglow, corpuscular streams, nightglow, aurora and airglow 1955 Sept. p. 140–150
solar still, distillation, water, desalination, ion exchange, alternative technologies 1957 Mar. p. 37–45
solar system, Sun, cosmology, dust cloud hypothesis, gravity, light pressure, gravitational collapse, thermonuclear reaction, genesis of solar system 1948 May p. 35–45
binary stars, stellar evolution 1949 Oct. p. 42–45
astronomy, philosophy of science, galactic clusters, universe, planetary motion, cosmology, introduction to single-topic issue on the universe 1956 Sept. p. 72–81
isotope dating, radioactive decay, meteorites, Earth crust, age of solar system 1957 Apr. p. 80–94 [102]
Neptune, orbital motion, Pluto, Pluto as escaped Neptunian satellite 1959 Apr. p. 86–100 [295]
radio telescope, radar astronomy, radio astronomy, steerable 600 ft. telescope 1960 Jan. p. 45–51
interferometry, moon, planets, ionosphere, radar astronomy, technology and promise of radar astronomy 1960 Aug. p. 50–59
meteorites, relative isotope abundance, age of solar system 1960 Nov. p. 171–182 [253]
astronomical unit, space exploration, Venus probes, Doppler effect, radar, Earth-Sun distance more precisely measured 1961 Apr. p. 64–72
Jupiter, Venus, planets, radio astronomy, measuring planetary surface temperature 1961 May p. 58–65
chondrites, chondrule, primordial dust cloud, shock waves, genesis of the solar system 1963 Oct. p. 64–82
calendar, planetary motion, time, heliocentric theory, year, astronomy, Copernicus, astronomy, Copernicus, length of calendar year 1966 Oct. p. 88–98
Martian topography, Mariner 9 results, Martian atmosphere, planets, space exploration, polar cap, 'braided' channels, dune fields, photomosaic, volcanoes on Mars 1973 Jan. p. 48–69
Copernicus, planetary motion models, Tycho Brahe, science history, Tycho's notes in de Revolutionibus 1973 Dec. p. 86–101
comet origins, cometary structure, exotic molecules, primordial dust cloud, Comet Kohoutek 1974 Feb. p. 48–57
carbonaceous chondrites, chondrites, meteorites, primordial dust cloud 1975 Feb. p. 30–38
planets, space exploration, Sun, introduction to single-topic issue on the solar system 1975 Sept. p. 22–31
Mercury, planets, craters, Mariner 10 mission 1975 Sept. p. 58–68
planets, Earth, Venus, cratering, Venutian atmosphere 1975 Sept. p. 70–78
Earth evolution, plate tectonics, erosion 1975 Sept. p. 82–90
lunar evolution, lunar rocks, moon, Apollo missions 1975 Sept. p. 92–102
dust storms, Mars, terrestrial planets, cratering, tectonic processes, mountain formation, erosion, hydrology 1975 Sept. p. 106–117
Great Red Spot, liquid planets, Jovian moons, atmospheric circulation, Jupiter 1975 Sept. p. 118–126
Neptune, outer planets, Pluto, Saturn, Uranus 1975 Sept. p. 130–140
asteroids, meteorids, moons, planetisimals 1975 Sept. p. 142–159
cosmic radiation, interplanetary fields, interplanetary particles, magnetosphere, solar flares, solar wind, aurora, Van Allen belts 1975 Sept. p. 160–173
Jupiter, Jovian meteorology, planetary atmosphere, planets, Great Red Spot 1976 Mar. p. 46–56
Galileo, Jupiter, Jovian satellites, Europa, Callisto, Ganymede, Io 1976 May p. 108–116
asteroid orbit between Mercury and Sun 1949 Sept. p. 29
Venus, Sputnik VIII Venus probe 1961 Apr. p. 74
Barnard's star may be a 'sun' 1962 June p. 73
outer planets, Pioneer 10 mission 1972 Jan. p. 46
solar system chemistry, chondrites, element formation, planets, space exploration, stellar evolution 1974 Mar. p. 50–65
solar system evolution, meteorites, meteoritic dust, ocean sediments, 'cosmic spherules' in ocean sediments 1960 Feb. p. 123–132
cosmic radiation, cosmogenic helium, meteorite radioactivity, spallation of meteorites 1973 July p. 64–73
comet, galactic formation, nebular hypothesis, stellar evolution 1975 Sept. p. 32–41
cratering, meteorite bombardment, planetary ages, cratering of four inner planets as key to solar-system history 1977 Jan. p. 84–99 [351]
triggered by supernova? 1978 Jan. p. 66
solar system formation, albedo, asteroids, meteorites, planetisimal collisions, primordial dust cloud 1975 Jan. p. 24–33
solar variations, Sun as variable star 1975 Mar. p. 49
solar wind, aurora, magnetic storms, sunspots, cone of avoidance, solar rotation, corpuscular streams, cycles in 'solar wind' 1955 Feb. p. 40–45
climate, weather, ionosphere, meteorology, coronametry, Earth's weather and solar wind 1957 Apr. p. 138–148 [849]
Antarctica, Earth magnetic field, 'whistlers', upper atmosphere, aurora, atmosphere-magnetic field-solar wind interaction 1962 Sept. p. 74–83 [858]
aurora borealis, solar corona, Earth magnetic field, Van Allen belts, comet tails, magnetic storms 1964 Apr. p. 66–76
artificial satellite, geomagnetism, magnetosphere, aurora, magnetometer, orbital motion 1965 Mar. p. 58–65
aurora borealis, geomagnetism, solar radiation, ionosphere, magnetosphere, physics of the aurora 1965 Dec. p. 54–62
interplanetary space, Mars, Mariner 4, magnetosphere, micrometeorites, trapped radiation, atmosphere, cosmic radiation, space exploration 1966 May p. 62–72
Apollo samples, carbon chemistry, moon, cosmology 1972 Oct. p. 80–90
cosmic radiation, interplanetary fields, interplanetary particles, magnetosphere, solar flares, aurora, Van Allen belts, solar system 1975 Sept. p. 160–173
solar corona, space exploration, waves in solar wind 1977 Mar. p. 36–43
to be made visible in cloud of barium ions 1962 Apr. p. 77
radar observation of sun 1965 Feb. p. 54
solid stars, gravitational collapse, neutron stars, pulsar, stellar evolution, white dwarfs, ultradense matter 1971 Feb. p. 24–31
solid-state electronics, computer, automatic control, analog-to-digital conversion, digital computer, analogue computer, the universal machine 1952 Sept. p. 116–130
crystal structure, X-ray crystallography, metals, semiconductor, nonmetals, materials technology, amorphous solid, electrical conductivity 1967 Sept. p. 80–89
carrier-wave generator, communication technology, crystal structure, diode laser, laser, heterostructure lasers, light-emitting semiconductor 1971 July p. 32–40
telephone, electronic telephone, integrated circuits, telephone based on integrated circuits 1978 Mar. p. 58–64 [3002]
tunnel diode 1959 Sept. p. 106
solid-state lasers, Raman laser effect, gas laser, diode junction laser, laser technology in rapid development 1963 July p. 34–45 [294]
light-emitting diode, semiconductor, laser, electron beam, junction diode 1967 May p. 108–122
solid state physics, transistor, vacuum tube, electronics, germanium, diode, triode, dawn of solid-state electronics 1948 Sept. p. 52–55
crystal structure, X-ray diffraction, ionic bonds, covalent bonds, metallic bonds, molecular bonds, energy levels, the nature of solids 1952 Dec. p. 39–49 [249]
solar battery, semiconductor, photoelectric effect, energy transformation 1955 Dec. p. 102–110
crystal structure, neutron, radiation, nuclear fission, effects of radiation on solids 1956 Aug. p. 76–84 [245]
invention, creativity, industrial research, applied science, Bell Laboratories solid-state physics 1958 Sept. p. 116–130
ionizing radiation, metals, crystal structure, displacement of crystal structure by radiation 1959 Sept. p. 200–213

particle detector, particle physics, semiconductor, particle accelerator, semiconductor particle-detector 1962 Oct. p. 78–88 [284]
carbon, polyethylene, spherulites, plastics, crystallography 1964 Nov. p. 80–94
electric field, Gunn effect, microwave emission, negative resistance, electronics, gallium arsenide, solid state microwave generation 1966 Aug. p. 22–31
argon, crystal structure, cryogenics, noble gases, solid noble gases 1966 Oct. p. 64–74
crystal structure, helium, zero-point motion, quantum solid, solid helium, physical and theoretical properties 1967 Aug. p. 84–95
materials technology, crystal defects, epitaxial growth, surface chemistry, precipitation in solids, 'doping', chemical properties of materials 1967 Sept. p. 210–220
heat, diffusion, thermal waves, second sound, cryogenics, wave propagation, phonon, helium, thermal waves in solid helium 1970 May p. 92–101
antimatter, crystal structure, gamma radiation, gravitational interaction, positron probes, scintigraph 1975 July p. 34–42
superfluidity, helium 3, liquid phase, gas phase, quantum effects, quantum fluids, phase transitions 1976 Dec. p. 56–71
solids, explosions, shock waves, materials technology, phase transitions 1969 May p. 82–91
solitary insects, Australia, behavioral adaptation, ecology, insect behavior, sand wasps, Bembix 1975 Dec. p. 108–115
solitary wasps, insect evolution, predatory wasps, species specificity, predator-prey relationship, parasitism, behavioral clues to evolution 1963 Apr. p. 144–154
Solutrean culture, Upper Paleolithic hunting peoples, stone tools, tool inventories, France, 21,000 years ago 1964 Aug. p. 86–94
solvated electrons, ammonia, radiolysis, ionization, radiation chemistry, sodium, alkali metals 1967 Feb. p. 76–83
alkali-metal anions, alkali-metal cations, cryptands, electron orbitals, quantum mechanics 1977 July p. 92–105 [368]
solvation shell, laser, liquid lasers, rare-earth ions, chelate cage, comparison of liquid, gas and solid-state lasers 1967 June p. 80–90
somatic cell nucleus, cell differentiation, nucleus transplantation, clone, genetic engineering, gene complement, frog embryo, gene regulation 1968 Dec. p. 24–35 [1128]
somatic cells, cancer, tissue culture, drug research, clone, technique and uses of tissue culture 1956 Oct. p. 50–55
clone, HeLa cancer cells, cell culture, tissue culture, single human cells 1957 Aug. p. 91–100 [33]
aging, fibroblasts, mitosis, cell culture, cell, DNA replication, experiments in aging 1968 Mar. p. 32–37 [1103]
cell hybridization, gene mapping, hybrid cells, mouse-human hybrid cells 1974 July p. 36–44 [1300]
cancer, SV40 virus, gene transformation, chromosome mapping, tissue culture, hybrid cells, genetics of human cancer 1978 Feb. p. 117–125 [1381]
sonar, ocean floor, seismology, sedimentary cores, Albatross voyage, isotope dating, Swedish deep-sea expedition 1950 Aug. p. 42–45
bat sonar, animal navigation, ultrasonic signal, bat navigation demonstrated in laboratory 1950 Aug. p. 52–55
'false bottom', marine biology, plankton, shrimp, heteropod, deep-sea scattering layer, deep-sea 'layer of life' 1951 Aug. p. 24–28
ocean floor, topography, Aleutian Trench, seamounts, fathogram, echo-sounding, the Pacific floor 1952 Apr. p. 19–33
guacharos, bird navigation, 'oil birds' 1954 Mar. p. 78–83
ultrasonics, interferometry, emulsification, nondestructive testing 1954 May p. 54–63
blue whale, krill, food chain, whaling, natural history of the largest animal 1956 Dec. p. 46–50
bathymetry, gravimetry, ocean floor, continental shelf, sedimentary cores, Lamont Geophyscial Observatory 1956 Dec. p. 83–94
auditory discrimination, bats, bat sonar, echo-sounding, sensory perception, supersonic sonar of bats 1958 July p. 40–49 [1121]
echo-sounding, ocean floor, plankton, deep-sea scattering layer, photic zone, 'false bottom' 1962 July p. 44–50
bats, predator-prey relationship, moths, auditory perception, ultrasound, moth sonar detection of bat ultrasound 1965 Apr. p. 94–102 [1009]
arms control, antisubmarine warfare, missile submarines, SALT, mutual assured destruction, SLBM, acoustic detection 1972 July p. 14–25 [345]
ultrasonics, medical diagnosis, optics, echo-sounding, computer-assisted imaging, imaging internal organs by ultrasound 1978 May p. 98–112 [1389]
songbirds, bird song, communication, syrinx, mechanism of sound production 1969 Nov. p. 126–139 [1162]
sonic boom, supersonic flight, shock waves, noise pollution, supersonic aircraft design, geometry of shock waves 1962 Jan. p. 36–43
aeronautics, supersonic flight, commercial aircraft, aircraft design, aviation industry, technology and economics of supersonic transport 1964 June p. 25–35
'sound barrier', aviation, rocket engine 1953 Oct. p. 36–41
sound diffraction, architectual acoustics, sound waves, auditoriums, wave acoustics, sound interference, acoustic reverberation, effective management of sound in public buildings and dwellings 1963 Nov. p. 78–92
sound energy, heat conduction, cryogenics, phonon, thermoelectricity, quantum mechanics of heat conduction 1962 Dec. p. 92–104 [288]
sound fixing and ranging, *see:* SOFAR
sound interference, architectual acoustics, sound waves, auditoriums, wave acoustics, sound diffraction, acoustic reverberation, effective management of sound in public buildings and dwellings 1963 Nov. p. 78–92
sound reproduction, junction diode amplifiers, amplifiers, transistor, electronic circuitry, noise 1959 June p. 118–129
music, tape recorders, speech grammaphones, auditory perception, engineering of sound systems 1961 Aug. p. 72–84
sound spectrogram, frog calls 1950 May p. 46–47
computer technology, Voder, speech recognition 1955 Feb. p. 92–98
voice analysis, acoustic analysis, speech quality of mental patients 1965 Mar. p. 82–91 [492]
communication, crying, infant behavior, neonatal disorder, mother-child interaction 1974 Mar. p. 84–90 [558]
disparaged as identification method 1969 Dec. p. 54
sound spectrography, cardiology, heart, heart sounds, electronic analysis of heart sounds 1956 May p. 120–130
sound vibrations, auditory beats, brain, hearing, neurology, auditory perception 1973 Oct. p. 94–102 [1282]
sound-wave pressure, light, radiation pressure, photophoresis, analogy and distinction, light- and sound-wave pressure 1957 June p. 99–108
sound waves, ultrasonics, kilomegacycle waves, acoustic waves at optical wavelength 1963 June p. 60–68
architectual acoustics, auditoriums, wave acoustics, sound interference, sound diffraction, acoustic reverberation, effective management of sound in public buildings and dwellings 1963 Nov. p. 78–92
feedback, vortex, edge tone, aerodynamic whistles, hole tone, whistles, flutes, organs and rocket engines 1970 Jan. p. 40–46
communication technology, crystal surface waves, electronic equipment, Rayleigh waves, signal processing, ultrasonic waves 1972 Oct. p. 50–68
acoustic holography, laser, interference, holography, acoustic imaging, nondestructive testing, medical diagnosis 1969 Oct. p. 36
South America, New World archeology, stone tools, early man in New World, 12,000 B.C. 1967 Nov. p. 44–50
Southern pine, resource management, gene manipulation, grafting techniques, forestry, tree farming, seed-orchard concept 1971 Nov. p. 94–103
Southern sky, Clouds of Magellan, galactic center, nebulae, globular cluster stars, Eta Carina, astronomical riches of the southern sky 1952 July p. 46–57
Harvard quits Boyden 1953 Apr. p. 44
Boyden station saved 1955 Aug. p. 48
Soviet Union, *see:* U.S.S.R.
soybean products, legumes, nitrogen fixation, agronomy, plant protein 1974 Feb. p. 14–21
space age, tribute to Robert H. Goddard 1960 Sept. p. 106
space curvature, cosmology, universe evolution, 'big bang' theory, universe, according to Gamow 1956 Sept. p. 136–154
infinity, relativity theory, universe as finite or infinite 1976 Aug. p. 90–100
space exploration, Earth satellite, orbital motion 1955 Dec. p. 29–33
artificial satellite, orbital motion, satellite, Sputnik, tracking station, first artificial Earth satellite 1957 Dec. p. 37–43
artificial satellite, solar particles, cosmic radiation, telemetry, Van Allen belts, geomagnetism, radiation belts, mapping of radiation belts by Explorer satellites 1959 Mar. p. 39–47 [248]

artificial satellite, orbital motion, Mercury, re-entry vehicle, ablation, re-entry corridor, re-entry from space 1961 Jan. p. 49–57
ion propulsion, plasma jet, jet velocity, cesium-ion beam, magnetohydrodynamics, electrical propulsion 1961 Mar. p. 57–65
solar system, astronomical unit, Venus probes, Doppler effect, radar, Earth-Sun distance more precisely measured 1961 Apr. p. 64–72
Mariner 2, telemetry, Venus, navigation, orbital motion, high-resolution studies of Venus 1963 July p. 70–84
lunar exploration, moon, lunar surface, spacecraft design, Ranger missions 1966 Jan. p. 52–67
artificial satellite, Mars, Mariner 4, telemetry, spacecraft navigation, spacecraft 1966 Mar. p. 42–52
Mars, computer enhancement, telemetry, television camera, computer graphics, Mariner IV photographs, Martian topography 1966 Apr. p. 54–68
interplanetary space, Mars, Mariner 4, magnetosphere, micrometeorites, trapped radiation, atmosphere, solar wind, cosmic radiation 1966 May p. 62–72
moon, lunar surface, telemetry, high-resolution photography, Lunar Orbiter space missions 1968 May p. 58–78
Mars, Venus, atmosphere, atmospheric differences 1969 Mar. p. 78–88
Apollo project, lunar evolution, lunar magnetism, magnetometers on moon 1971 Aug. p. 62–73
Apollo project, lunar evolution, lunar rocks 1971 Oct. p. 48–58
Martian topography, Mariner 9 results, Martian atmosphere, planets, solar system, polar cap, 'braided' channels, dune fields, photomosaic, volcanoes on Mars 1973 Jan. p. 48–69
astrochemistry, interstellar matter, molecular spectra, local galaxy 1973 Mar. p. 50–69
chondrites, element formation, planets, solar system chemistry, stellar evolution 1974 Mar. p. 50–65
planets, solar system, Sun, introduction to single-topic issue on the solar system 1975 Sept. p. 22–31
solar corona, solar wind, waves in solar wind 1977 Mar. p. 36–43
extraterrestrial life, Mars, Viking lander experiments 1977 Nov. p. 52–61 [389]
mice aboard Aerobee 1952 May p. 38
the notion decried 1952 Dec. p. 30
Harvard-Smithsonian 1955 July p. 52
special relativity, twin paradox 1957 July p. 68
Sputnik, first man-made satellite 1957 Nov. p. 66
threat of space probes to 'origin of life' study 1958 Aug. p. 48
pollution of space 1958 Dec. p. 53
Soviet rocket on orbit around Sun 1959 Feb. p. 58
24-nation U.N. committee 1959 Feb. p. 64
resumé of U.S. program 1959 Apr. p. 62
diet in space 1959 June p. 82
U.S.S.R.-U.S.A. satellites aloft 1959 Nov. p. 86
Pioneer V, Tiros, Transit 1-B data 1960 May p. 88
U.S.-U.S.S.R. competition 1960 July p. 79
Pioneer V fades out 1960 Sept. p. 108
U.S. and U.S.S.R. programs 1960 Oct. p. 82
a 'C.E.R.N.' for space 1960 Nov. p. 90
U.S.S.R. orbits dog 1960 Nov. p. 98
international cooperation 1962 Apr. p. 74
U.S.-U.S.S.R. discuss collaboration 1962 May p. 74
review of first five years 1962 Nov. p. 68
Year of the Quiet Sun 1963 Jan. p. 60
after Apollo, what? 1967 Apr. p. 50
U.S. 1970's program recommendations 1970 May p. 54
Jupiter 1971 Oct. p. 44

space-filling, topology, shape, polygons, polyhedra, tessellation 1954 Jan. p. 58–64

space flight, Yuri Gagarin on orbit 1961 May p. 74

space medicine, acceleration, g-forces, weightlessness, semicircular canals, black-out 1951 Jan. p. 16–19
acceleration, human physiology, manned space flight, weightlessness, human centrifuge, g stress 1962 Feb. p. 60–70

space 'mirror', U.S. project West Ford 1961 Oct. p. 80

'Space Rapture', Copernican revolution, English poetry 1977 June p. 120–129 [367]

space technology, nuclear propulsion, ion propulsion, nuclear rocket, rocket propulsion by nuclear reactions 1959 May p. 46–51

space-time continuum, gravitation, wave-particle duality, relativity theory, quantum mechanics, uncertainty principle, P.A.M. Dirac view of physics 1963 May p. 45–53
gravity, stellar evolution, gravitational collapse, thermal pressure, singularity, gravitational radius, black hole 1967 Nov. p. 88–98

spacecraft, interplanetary navigation, orbital motion, rocket, communication technology, navigation, technology of space navigation 1960 Mar. p. 64–73
artificial satellite, Mars, space exploration, Mariner 4, telemetry, spacecraft navigation 1966 Mar. p. 42–52
moon surface, lunar geology, cratering, lunar exploration, structure, history, origin of moon from nine spacecraft visitations 1967 Mar. p. 60–74

spacecraft design, lunar exploration, moon, space exploration, lunar surface, Ranger missions 1966 Jan. p. 52–67

spacecraft navigation, artificial satellite, Mars, space exploration, Mariner 4, telemetry, spacecraft 1966 Mar. p. 42–52
interplanetary navigation, Mars, navigational accuracy, Viking missions 1976 June p. 58–74

Spanish-Americans, social values, Mormons, Zunis, agricultural system, Navaho, comparative study of cultures in New Mexico 1956 July p. 25–31

spare tire, fuel consumption, jettison the 'Fifth wheel'? 1978 Apr. p. 88

spark chamber, particle accelerator, cloud chamber, bubble chamber, particle tracks 1962 Aug. p. 36–43
high-energy physics, storage rings, synchrotron, particle accelerator, colliding beam accelerator 1966 Nov. p. 107–116 [323]

spark machining, innovation from Hungary 1950 July p. 26

spatial frequency, contrast perception, visual perception, visual thresholds 1974 Nov. p. 106–114 [1308]

spatial memory, memory, brain organization, hippocampal system, rats 1977 June p. 82–98

spatial orientation, bird navigation, animal navigation, bird migration, celestial navigation by birds 1958 Aug. p. 42–47 [133]
kinesthetic memory, visual perception, neuropsychology, perception of the upright 1959 Feb. p. 50–56 [410]
kinesthetic memory, sensory perception, sensory feedback, plasticity in sensory-motor systems in man and cats 1965 Nov. p. 84–94 [494]

spatial perception, psychology, learning, innate behavior, perceptual learning, innate vs acquired space perception 1956 July p. 71–80

special relativity, quantum mechanics, atomic structure, high-energy physics, science, physics 1900-1950 1950 Sept. p. 28–31
Pythagorean theorem, time, clock paradox 1963 Feb. p. 134–144
ether drift, luminiferous ether, speed of light, interferometry, Michelson-Morley ether-drift experiment 1964 Nov. p. 107–114
Cerenkov radiation, high-energy physics, tachyons, speed of light, hypothetical particles faster than light 1970 Feb. p. 68–77
space exploration, twin paradox 1957 July p. 68
test for constancy of speed of light reduces uncertainty to .001 Earth's orbital velocity 1960 Mar. p. 84
positron annihilation confirms constancy of velouty of light 1963 May p. 77
young Einstein's paradox 1975 Aug. p. 48

speciation, population genetics, evolution, E. coli, Drosophila, mutation, sexual recombination, natural selection, genetic basis of evolution 1950 Jan. p. 32–41 [6]
species specificity, antigen-antibody reaction, determination of 'blood relationships' 1951 July p. 59–63
Darwin's finches, Galapagos Islands, evolution 1953 Apr. p. 66–72 [22]
Lysenkoism, Lamarck, acquired characteristics, genotype, evolution, phenotype, mutation, ostrich calluses, religion, orthodoxy, Darwinism, experiments in acquired characteristics 1953 Dec. p. 92–99
evolution, guillemot, skua, melanism, ornithology, avian evolution 1957 May p. 124–134
birds, geographical distribution, ornithology, behavioral adaptation, bird migration, adaptation, provinciality of birds 1957 July p. 118–128
camouflage, evolution, melanism, moths, air pollution, population genetics, mutation, genetic variation, evolution observed 1959 Mar. p. 48–53 [842]
animal behavior, gulls, evolution, sexual behavior, innate behavior, ethology, species discrimination, Larus, eye rings 1967 Oct. p. 94–102 [1084]
continental drift, reptile evolution, radiation, genetic convergence, Gondwanaland, Laurasia, mammalian evolution, supercontinent breakup and animal diversification 1969 Mar. p. 54–64 [877]

species dispersion, aerial plankton, animal migration, insect physiology, agricultural pest, entomology, wind-borne dispersal of species 1963 Dec. p. 132–138
continental drift, fossil record, evolution, plate tectonics 1972 Nov. p. 56–66 [903]
species extinction, fossil record, natural selection, glaciation, 'catastrophism', crises in the history of life 1963 Feb. p. 76–92 [867]
species isolation, Death Valley, desert pupfish, fish, endangered species 1971 Nov. p. 104–110 [1236]
species specificity, extinction, adaptation, natural selection, evolutionary radiation, ecological niche, 'Is man here to stay?' 1950 Nov. p. 52–55
fertilization of flowers, flower, pollinators 1951 June p. 52–56
antigen-antibody reaction, speciation, determination of 'blood relationships' 1951 July p. 59–63
agricultural pest, corn borer, insect behavior, corn, adaptation of parasite to host 1958 May p. 87–94
insect evolution, predatory wasps, solitary wasps, predator-prey relationship, parasitism, behavioral clues to evolution 1963 Apr. p. 144–154
bee dances, insect behavior, directional orientation, evolution, communication by sound, by dancing 1967 Apr. p. 96–104 [1071]
insecticide, balsam-fir factor, insect hormones, insecticide resistance, juvenile hormone, DDT, third-generation pesticides 1967 July p. 13–17 [1078]
evolution, proteins, computer analysis, cytochrome, amino-acid substitution, phylogeny from amino-acid substitution 1969 July p. 86–95 [1148]
fruit fly, sexual behavior, releaser stimulus, courtship song, insect behavior 1970 July p. 84–92
spectrograph, speech synthesis, talking computers, vocal tract, Voder 1972 Feb. p. 48–58
spectroheliograph, artificial satellite, ultraviolet radiation, ultraviolet astronomy, Sun 1969 June p. 92–102
spectrometry, balloon astronomy, Venus, infrared astronomy 1965 Jan. p. 28–37
extraterrestrial life, infrared astronomy, Venus, atmospheric windows, Mars, Jupiter, moon, history and recent results of infrared astronomy 1965 Aug. p. 20–29
spectrophotometry, color vision, retina, cone cells, pigments, ganglion cells, three-color receptor system 1964 Dec. p. 48–56 [197]
spectroscopy, radar, microwaves, molecular bonds, coherent radiation, resonance absorption, energy levels, quantum jumps, quantum electrodynamics, time-keeping, foundation of maser, laser technology 1948 Sept. p. 16–23
meteorites, radio echo, ion cloud 1951 June p. 22–28
comet, orbital motion, comet tails, composition and origin of comets 1951 July p. 22–26
quantum mechanics, Planck, science history, black body, resonators, Einstein, photoelectric effect, Compton effect, quantum jumps 1952 Mar. p. 47–54 [205]
diffraction grating, ruling engine, Strong engine, Rowland engine, the ultimate machine 1952 June p. 45–54
painting, art restoration, X-ray, microchemistry, science in the art museum 1952 July p. 22–27
mass spectroscopy, separation techniques, ion beam 1953 Mar. p. 68–74
flame chemistry, chemical kinetics, flash tube, ram jet, heat, velocity, luminosity 1953 May p. 29–35
cosmology, red shift, universe expansion, universe, galaxies, recession velocity, galactic clusters, observational cosmology 1956 Sept. p. 170–182 [240]
klystron, microwaves, molecular rotation, laboratory applications of microwaves 1957 May p. 46–53
radio astronomy, hydrogen, absorption line, interstellar matter, 21-centimeter wave absorption 1957 July p. 48–55
magnetic resonance, nuclear magnetic resonance, magnetometer, molecular structure, large molecule spectroscopy 1958 Aug. p. 58–66 [233]
photolysis, photochemistry, chemical reaction, reaction kinetics, free radicals, color centers, high speed chemistry 1960 May p. 134–145
optical pumping, microwave spectroscopy, photon, quantum jumps, technique and uses of optical pumping 1960 Oct. p. 72–80
galactic yardstick, stellar distances, calcium absorption lines supply new 'yardstick' 1961 Jan. p. 107–119
globular cluster stars, dwarf stars, H-R diagram, stellar evolution, subdwarf stars bluer because poorer in heavy elements 1961 June p. 111–120
vacuum, ultra-high vacuum, oil diffusion pump, sputter-ion pump, cryogenic pump, mass, vacuum down to 10^{-12} mm of mercury 1962 Mar. p. 78–90
stellar rotation, Doppler effect, stellar evolution, violet shift, red shift, correlation of rotational velocity with mass 1963 Feb. p. 46–53
planetary nebulae, nebulae, shells of luminous gas around hot, dense stars 1963 Apr. p. 60–67
atomic nucleus, fast neutrons, nuclear probe, neutron spectroscopy, structure of atomic nucleus 1964 Mar. p. 79–88
quasars, recession velocity, cosmological distance, red shift, whether quasars are intra- or extra-galactic 1966 Dec. p. 40–52 [305]
materials technology, color, photoelectric effect, laser, transparency, optical properties of materials 1967 Sept. p. 238–248
elementary particles, energy levels, atom, nucleus, high-energy physics, 'three spectroscopies' 1968 May p. 15–19
Fraunhofer lines, prism, light, Fourier analysis, diffraction grating, Girard grid, interferometry 1968 Sept. p. 72–82
aging, radiation damage, free radicals, electron-spin resonance, chemical bond, effects of free radicals on living systems 1970 Aug. p. 70–83 [335]
Doppler effect, red shift, quasars, shell hypothesis, radio source, absorption lines clue to quasar structure 1970 Dec. p. 22–29
airglow, atmospheric ionization, atmospheric light, photochemistry 1972 Jan. p. 78–85
Doppler effect, energy levels, gas laser, laser spectroscopy 1973 Dec. p. 69–85
age of elements, age of universe, element formation, mass spectroscopy, nucleochronology, radioactive nuclei, stellar evolution, supernovae 1974 Jan. p. 69–77
stellar evolution, supernovae, supernovae observed in other galaxies 1976 Dec. p. 89–101
electromagnetic spectrum, electron manipulation, electron storage rings, synchrotron radiation, X-ray lithography, X-ray probe, uses of synchrotron radiation 1977 June p. 32–41 [365]
echelle for diffraction 1953 Apr. p. 46
'match-light' potassium line 1967 Nov. p. 60
speech, language, dialects, American languages, linguistics, changes in U.S. speech 1950 Jan. p. 48–51
American languages, palatalization, changes in American speech 1955 Aug. p. 78–83
communication, human evolution, language, origin of speech 1960 Sept. p. 88–96 [603]
behavior, facial expression, vocal display, nonverbal communication, facial expression in communication 1965 Oct. p. 88–94 [627]
brain damage, writing, brain hemispheres, cerebral cortex, functional organization of the brain 1970 Mar. p. 66–78 [526]
speech disorders, aphasia, brain damage, Broca's area, language 1972 Apr. p. 76–83 [1246]
speech errors, grammar, language organization, linguistics, spoonerisms, syntactic rules 1973 Dec. p. 110–117 [556]
speech grammaphones, music, sound reproduction, tape recorders, auditory perception, engineering of sound systems 1961 Aug. p. 72–84
speech perception, attention mechanism, hearing, cochlea, phonetics, neuropsychology, hearing two messages at a time 1962 Apr. p. 143–151 [467]
auditory illusions, hearing, perception, phonetics, illusions, psychology, illusions as clues to organization of perceptual apparatus 1970 Dec. p. 30–33 [531]
speech recognition, computer technology, Voder, sound spectrogram 1955 Feb. p. 92–98
speech synthesis, talking computers, vocal tract, spectrograph, Voder 1972 Feb. p. 48–58
speed of light, universal constant, measurement 1955 Aug. p. 62–67
ether drift, luminiferous ether, special relativity, interferometry, Michelson-Morley ether-drift experiment 1964 Nov. p. 107–114
Cerenkov radiation, high-energy physics, tachyons, special relativity, hypothetical particles faster than light 1970 Feb. p. 68–77
subatomic distances 1967 Sept. p. 102
speed of sound, shock waves, shadow photography, Mach cones, aerodynamics, ballistics 1949 Nov. p. 14–19
spermatozoon, fertilization, sea urchin, acrosome reaction, sexual reproduction, moment of fertilization 1959 July p. 124–134

cell anatomy, ovum, virus, science history, cytology, muscle cell, plant cell, connective tissue cell, introduction to single-topic issue on the living cell 1961 Sept. p. 50–61 [90]
spermatozoon bank, cryogenic storage, tissue preservation, frostbite, freezing of living cells 1956 June p. 105–114
spermatozoon count, male fertility, birth control, ovulation timing 1950 May p. 16–19
spermatozoon motility, electrophoresis, sex determination, gene manipulation, sorting out Y-bearing sperm by electrophoresis 1958 Nov. p. 87–94
spermatozoon nucleus, leukocyte, nucleus, DNA, Miescher, chromatin, hereditary material, discovery of DNA 1968 June p. 78–88 [1109]
spermatozoon transfer, spiders, leeches, sponges, sexual reproduction, bedbugs, unorthodox methods of sperm transfer 1956 Nov. p. 121–132
sphere, mathematics, topology, differential topology, torus, everted sphere proof 1966 May p. 112–120
spherulites, carbon, polyethylene, plastics, solid state physics, crystallography 1964 Nov. p. 80–94
sphinx moths, 'cold-blooded' animals, ectothermy, metabolism, heterothermy, insect flight, temperature regulation, Mandura sexta warm-up mechanisms 1972 June p. 70–77 [1252]
spider webs, drug action, animal behavior, abnormal behavior 1954 Dec. p. 80–86
arachnid, spiders, evolution, orb web 1960 Apr. p. 114–124
spiders, leeches, spermatozoon transfer, sponges, sexual reproduction, bedbugs, unorthodox methods of sperm transfer 1956 Nov. p. 121–132
arachnid, spider webs, evolution, orb web 1960 Apr. p. 114–124
animal behavior, predator-prey relationship, Arachnida, social spiders 1976 Mar. p. 100–106
spin, proton spin, high-energy physics, 'strong' force, electron scattering, dependence of nuclear forces on spin 1966 July p. 68–78
spin-orbit coupling, atomic nucleus, shell model, 'magic numbers', table of isotopes 1951 Mar. p. 22–26
spin-orbit force, atomic nucleus, shell model, optical model, high-energy physics, liquid-drop model, charge exchange, resonance 'particles', proton, neutron, structure of the nucleus 1959 Jan. p. 75–82
spinal cord, maintained in vitro 1949 June p. 27
spinal reflexes, conditioned reflex, reflex conditioning, '"spinal" cats (i.e.: with resected spinal cords) walk' 1950 Nov. p. 20–22
spinning technology, artificial fibers, natural fibers, textile fibers, yarn 1972 Dec. p. 46–56
spiral arms, Milky Way, nebulae, globular cluster stars, dust clouds, galactic center, seeing a galaxy from the inside 1950 Feb. p. 30–39
stellar populations, galactic structure, stellar classification and structure of galaxies 1958 Nov. p. 44–50 [203]
radio astronomy, galaxy, interstellar hydrogen, mapping the spiral arms of the local Galaxy 1959 Dec. p. 92–104
Faraday rotation, galactic magnetism, starlight polarization, spiral galaxies, stiffening of spiral arms by Milky Way magnetic field 1965 June p. 46–54
spiral galaxies, Milky Way, interstellar hydrogen, radio astronomy 1955 May p. 42–48
Clouds of Magellan, radio astronomy, galactic structure, resolution of structure of nearest galaxies 1956 Apr. p. 52–58
galaxy, stellar evolution, universe, stellar populations, distribution of 'population I' and 'II' stars in local Galaxy 1956 Sept. p. 92–99
gravitational collapse, galactic evolution, barred galaxy, elliptical galaxies, evolution from taxonomy 1956 Sept. p. 100–108
galactic evolution, elliptical galaxies, origin and history from shape 1963 Jan. p. 70–84
Faraday rotation, galactic magnetism, starlight polarization, spiral arms, stiffening of spiral arms by Milky Way magnetic field 1965 June p. 46–54
galactic center, Milky Way, quasars, radio source, Sagittarius A, Seyfert galaxies 1974 Apr. p. 66–77
spiral growth, crystal growth, screw dislocation, loop growth 1955 Mar. p. 74–80
spiral structure, interstellar hydrogen, radio astronomy, galaxy, galactic nucleus, mapping the local Galaxy 1959 Aug. p. 44–51 [250]
Spirit Cave site, Hoabinhian culture, Neolithic archeology, agricultural revolution, Thailand 1972 Apr. p. 34–41 [675]
split-brain experiments, cerebral cortex, mammalian brain, corpus callosum, brain hemispheres, monkey, cat, human post-operative subject 1964 Jan. p. 42–52 [174]
brain hemispheres, cerebral dominance, perception, corpus callosum, intelligence, language, localization of brain function 1967 Aug. p. 24–29 [508]
split-style art, cultural differences, visual perception, cultural context of perception, Hudson test 1972 Nov. p. 82–88 [551]
splitting water, with cerium and sunlight 1953 Mar. p. 50
sponge iron, direct-reduction processes, iron ore, iron melting, steel production 1976 July p. 68–80
sponges, spiders, leeches, spermatozoon transfer, sexual reproduction, bedbugs, unorthodox methods of sperm transfer 1956 Nov. p. 121–132
spoonerisms, grammar, language organization, linguistics, speech errors, syntactic rules 1973 Dec. p. 110–117 [556]
in action as well as word 1977 Jan. p. 49
sports, athletics, running records, forecasting by extrapolation 1952 Aug. p. 52–54
Greek civilization, Olympic games, Iliad account 1968 Aug. p. 78–85
footracing, human physiology, athletics, psychology, metabolism, running records, Aesop principle 1976 June p. 109–119
physics of skiing 1956 Jan. p. 52
running dynamics, athletics, foot pressure measured 1967 Mar. p. 57
sports medicine, baseball leads fatalities 1951 Oct. p. 40
acclimatization, Olympics at 7,450 feet altitude 1968 Jan. p. 51
springtail, surface tension, water-strider, backswimmer, whirligig beetle, ecology, aquatic insect, insects of the water surface 1978 Apr. p. 134–142 [1387]
spruce, forestry, climax ecosystem, balsam, birch, climax forest of Northeast U.S. 1948 Nov. p. 20–23
Sputnik, artificial satellite, orbital motion, satellite, space exploration, tracking station, first artificial Earth satellite 1957 Dec. p. 37–43
space exploration, first man-made satellite 1957 Nov. p. 66
satellite, Sputnik II results 1957 Dec. p. 58
satellite, Sputnik I results 1958 Apr. p. 50
satellite, Sputnik I results 1958 July p. 49
sputter-ion pump, spectroscopy, vacuum, ultra-high vacuum, oil diffusion pump, cryogenic pump, mass, vacuum down to 10^{-12} mm of mercury 1962 Mar. p. 78–90
sputtering, chemical accelerators, molecular beam, ion beam, high-energy chemistry 1968 Oct. p. 44–52
squall lines, weather, thunderstorms, wind, jet stream, low-altitude jet streams 1961 Aug. p. 120–131
squatters, shantytowns, land use, urban sociology, housing, 'barriadas' of Lima, Peru 1967 Oct. p. 21–29
squid, cephalopods, giant axon, nerve impulse 1951 Apr. p. 64–69
giant axon, nerve impulse, sodium pump, nerve cells, 'voltage clamp' technique 1958 Dec. p. 83–90
Srinivasa Ramanujan, mathematics history, number theory, obituary by G.H. Hardy 1948 June p. 54–57
St. Ninian's Isle, medieval archeology, Scotland, silver artifacts, the treasure of St. Ninian's 1960 Nov. p. 154–166
St. Venant body, rheology, flow of matter, Hooke body, Newton body, how solids flow 1959 Dec. p. 122–138 [268]
stability, control theory, mathematics, cybernetics, computer programming, feedback, frequency response, dynamic programming, 'policy' concept 1964 Sept. p. 186–200
stable isotopes, periodic table, 'synthetic' elements, transuranium elements, table of elements, isotopes, first of a series of articles, recounting the completion of the table of elements (43 [technetium], 61[promethium], 85[astatine] and 87[francium]) and the first five transuranic elements (93[neptunium], 94[plutonium], 95[americium], 96[curium] and 97[berkelium]) 1950 Apr. p. 38–47 [242]
staining techniques, brain circuitry, microscopy, nerve signals, nerve structure, olfactory system, Golgi stain, Nissl stain 1971 July p. 48–60 [1227]
stairs, architecture, stride, walking 1974 Oct. p. 82–90
standard expectancy method, Hutterites, mental health, psychosis, epidemiology 1953 Dec. p. 31–37 [440]
standard of length, interferometry, mercury 198, interference fringes 1948 Aug. p. 48–53
standards of measurement, physical constants, measurement, velocity of light, electron mass, particle charge, least-squares method, Planck's constant, Rydberg constant 1970 Oct. p. 62–78 [337]
inch and pound redefined 1959 Mar. p. 61
Stanford Linear Accelerator Center, electron accelerator, linear accelerator, klystron tube, two-mile Stanford Linear Accelerator 1961 Nov. p. 49–57 [322]

Stanhope demonstrator, logic machine, Boolean algebra, symbolic logic, syllogisms 1952 Mar. p. 68–73
staphylococcus, hospital infections, antibiotic resistance, revival of classical aseptic routines 1959 Jan. p. 41–45
antibiotic resistance 1955 Feb. p. 56
penicillin effective 1957 Mar. p. 70
hospital-acquired infection 1959 May p. 78
synthetic penicillin 1961 Apr. p. 80
staphylococcus septicemia, antibiotics, antibiotic resistance, toxicology, oxidative phosphorylation, cause of death from staphylococcal infection 1968 Feb. p. 84–94
starfish, escape response, marine invertebrates, limpets, scallop, prey-predator relationship, snail, chemical signals 1972 July p. 92–100 [1254]
starlight, why it twinkles 1950 Feb. p. 27
starlight polarization, Faraday rotation, galactic magnetism, spiral galaxies, spiral arms, stiffening of spiral arms by Milky Way magnetic field 1965 June p. 46–54
Starling, cardiology, 'Law of the Heart', biography of Ernest Starling 1951 Oct. p. 56–61
cardiology, heart metabolism, 'Law of the Heart', venous catheter study 1957 Feb. p. 50–54
Starlings' hypothesis, lymphatic system, intercellular fluid, lymph nodes, lymph vessels, lymph ducts, lymphatic circulation, lymphedema, the body's 'second circulation' 1963 June p. 80–90
starvation, diet, fasting, human nutrition, metabolism, kwashiorkor, marasmus, physiology of starvation 1971 Oct. p. 14–21 [1232]
states of matter, synthetic diamonds, high pressure, carbon phases, thermodynamics 1955 Nov. p. 42–46
statistical sampling, quality control, sequential analysis, probability 1953 Mar. p. 29–33
statistical seriation, New World archeology, mound builders, agricultural revolution, Mississippian culture, pre-Columbian Mississippi valley on verge of urban revolution 1952 Mar. p. 22–27
statistics, 'social physics', social sciences, physical sciences, correlating social statistics and physical law 1948 May p. 20–23
mode, median, sampling, sequential sampling 1952 Jan. p. 60–63
information theory, thermodynamics, noise, redundancy, digital storage media, analogue storage media, information compression, automatic control, information 1952 Sept. p. 132–148
probability, mathematical proof, fundamental reasoning, fundamental research, What is probability? 1953 Sept. p. 128–138
mathematics, probalility, combinatorial analysis, normal curve, Brownian motion, Markov chain, Pascal's triangle, probability theory 1964 Sept. p. 92–108
archeology, coins, numismatics, Taxila hoard, India 1966 Feb. p. 102–111
batting averages, estimation theory, Stein's paradox, approach of averages to norm 1977 May p. 119–126 [363]
steady-state universe, cosmology, energy transformation, universe, according to Hoyle 1956 Sept. p. 157–166
steam distillation, essential oils, oleoresins, vacuum distillation, flavors, perfumes 1953 Aug. p. 70–74
steam engine, mine drainage, technology history, Watt, pumps, Industrial Revolution, Newcomen engine, origins of steam engine 1964 Jan. p. 98–107
steam turbines, electric power generation, ship propulsion, turbine blade design, construction of turbines, applications, history 1969 Apr. p. 100–110
energy transformation, energy demand, fuel-conversion efficiency, power, prime movers, magnetohydrodynamics, gas turbine, internal combustion engine, fuel cell, solar cells, power, nuclear power, comparative efficiencies of energy transformation pathways in industrial civilization 1971 Sept. p. 148–160 [668]
steatopygia, anthropology, human evolution, climate, human migration, race, population, genetic variation, ancient migration and human diversity 1960 Sept. p. 112–127 [604]
steel, materials technology, transformation-induced plasticity, strength, ductility 1968 Nov. p. 36–45
steel alloys, crystal structure, ausform process, materials technology, heat-treating for strength 1963 Aug. p. 72–82
steel frame construction, wind bracing, skyscrapers, construction technology, Eiffel Tower, cantilever, truss bridge, curtain wall 1974 Feb. p. 92–105
steel markets, iron ore, coal reserves, transportation, changing geography of steel 1952 Jan. p. 44–53
steel production, blast furnace, iron ore, smelting, furnace smelting under pressure 1948 May p. 54–57
iron ore, Labrador deposit 1948 Nov. p. 9–13
continuous casting, metallurgical engineering, economic advantages 1963 Dec. p. 74–88
oxygen injection, open hearth furnace, basic oxygen process 1968 Apr. p. 24–31
direct-reduction processes, iron ore, iron melting, sponge iron 1976 July p. 68–80
Norwegian plant near Arctic Circle 1949 June p. 28
U.S.S.R. tries oxygenation of blast furnaces 1949 Sept. p. 28
rolling plus bending 1964 May p. 64
roasting taconite with scrap 1966 June p. 56
continuous-process plant 1968 Aug. p. 46
by basic-oxygen (L-D) process 1975 Mar. p. 49
Stein's paradox, batting averages, estimation theory, statistics, approach of averages to norm 1977 May p. 119–126 [363]
stelae cult, New World archeology, Maya cermonial center, British Honduras, Lubaantun, Pusilha sites 1972 May p. 82–91
stellar aberration, Earth, orbital motion, Gamma Draconis, discovery of stellar aberration by James Bradley 1964 Mar. p. 100–108
stellar anatomy, globular cluster stars, stellar evolution, Red Giant stars, stellar modeling, main-sequence stars, H-R diagram, age of cluster stars 1970 July p. 26–39
stellar associations, galaxy, stellar evolution, massive stars, nebulae, massive stars are short-lived 1956 Feb. p. 36–41
stellar cluster, interstellar gas, pleiades, stellar evolution, mass and motion in and of clusters, clues to formation 1962 Nov. p. 58–66 [285]
stellar composition, variable stars, organ-pipe analogy, stellar brightness 1975 June p. 66–75
stellar distances, galactic yardstick, spectroscopy, calcium absorption lines supply new 'yardstick' 1961 Jan. p. 107–119
stellar energy, thermonuclear reaction, proton-proton interaction, carbon cycle 1950 Jan. p. 42–45
stellar evolution, binary stars, solar system 1949 Oct. p. 42–45
supernovae, Crab Nebula 1949 Dec. p. 18–21
astronomy, galaxies, red shift, galactic recession, universe expansion, science, general relativity, astronomy 1900-1950 1950 Sept. p. 24–27
color, short-lived stars, main sequence 1953 Mar. p. 34–37
stellar populations, galactic rotation, galactic evolution, fundamental research, Why do galaxies have spiral form? 1953 Sept. p. 89–99
galaxy, massive stars, nebulae, stellar associations, massive stars are short-lived 1956 Feb. p. 36–41
thermonuclear reaction, element abundance, universe, isotopes, 'synthetic' elements, particle accelerator, experimental astrophysics 1956 Sept. p. 82–91
galaxy, universe, stellar populations, spiral galaxies, distribution of 'population I' and 'II' stars in local Galaxy 1956 Sept. p. 92–99
extraterrestrial life, main-sequence stars, binary stars, probability of extra terrestrial life calculated from astronomical numbers 1960 Apr. p. 55–63
globular cluster stars, dwarf stars, H-R diagram, spectroscopy, subdwarf stars bluer because poorer in heavy elements 1961 June p. 111–120
interstellar gas, pleiades, stellar cluster, mass and motion in and of clusters, clues to formation 1962 Nov. p. 58–66 [285]
stellar rotation, Doppler effect, spectroscopy, violet shift, red shift, correlation of rotational velocity with mass 1963 Feb. p. 46–53
Clouds of Magellan, galaxy, ultraviolet radiation 1964 Jan. p. 32–41
nebulae, Orion nebula, ultraviolet radiation, hydrogen density, dating interstellar bodies 1965 Feb. p. 90–101
gravity, space-time continuum, gravitational collapse, thermal pressure, singularity, gravitational radius, black hole 1967 Nov. p. 88–98
tidal effects, gravitation effects, contact binaries, binary stars, stellar fission 1968 June p. 34–40
globular cluster stars, Red Giant stars, stellar modeling, main-sequence stars, H-R diagram, stellar anatomy, age of cluster stars 1970 July p. 26–39
Crab Nebula, neutron stars, pulsar, radio source, gravitational collapse, angular momentum 1971 Jan. p. 48–60
gravitational collapse, neutron stars, pulsar, solid stars, white dwarfs, ultradense matter 1971 Feb. p. 24–31
celestial energy, cosmological 'hangups', energy cycle, power, radiation energy, entropy per unit energy, gravitational energy, thermonuclear energy 1971 Sept. p. 50–59 [662]
infrared astronomy 1973 Apr. p. 28–40

spectroscopy, age of elements, age of universe, element formation, mass spectroscopy, nucleochronology, radioactive nuclei, supernovae 1974 Jan. p. 69–77
chondrites, element formation, planets, solar system chemistry, space exploration 1974 Mar. p. 50–65
comet, galactic formation, nebular hypothesis, solar system evolution 1975 Sept. p. 32–41
black hole, interstellar gas, magnetohydrodynamics, neutron stars, pulsar, supernovae, X-ray sources 1975 Dec. p. 38–46
supernovae, spectroscopy, supernovae observed in other galaxies 1976 Dec. p. 89–101
black hole, binary stars, galactic energetics, globular cluster stars, neutron stars, X-ray stars, astronomy satellites, 'bursters' 1977 Oct. p. 42–55 [385]
interstellar matter, supernovae, shock waves, gravitational collapse, stellar formation, birth of massive stars 1978 Apr. p. 110–118 [3005]

stellar formation, galaxy structure, interstellar matter, Milky Way, supernovae, galactic dust clouds, nebulae, Gum Nebula, Bok globules 1972 Aug. p. 48–61
Bok globules, gravitational instability, interstellar clouds, interstellar dust, local galaxy 1977 June p. 66–81 [366]
interstellar matter, supernovae, shock waves, gravitational collapse, stellar evolution, birth of massive stars 1978 Apr. p. 110–118 [3005]
in Orion nebula 1955 Nov. p. 49
interstellar matter, variable stars, infrared radiation, lithium, youngest stars? 1967 Aug. p. 30

stellar interiors, heat, thermonuclear reaction, hydrogen bomb, solar corona, proton-proton interaction, helium reaction, ultrahigh temperatures 1954 Sept. p. 144–154

stellar magnetic fields, cosmic radiation, radio emissions, megnetohydrodynamics, electrical induction, electricity in space 1952 May p. 26–29

stellar modeling, globular cluster stars, stellar evolution, Red Giant stars, main-sequence stars, H-R diagram, stellar anatomy, age of cluster stars 1970 July p. 26–39

stellar populations, Palomar Observatory, cosmology, red shift, interstellar matter, galactic evolution, Hale telescope, first yield from 200 inch telescope 1952 Feb. p. 43–51
stellar evolution, galactic rotation, galactic evolution, fundamental research, Why do galaxies have spiral form? 1953 Sept. p. 89–99
galaxy, stellar evolution, universe, spiral galaxies, distribution of 'population I' and 'II' stars in local Galaxy 1956 Sept. p. 92–99
spiral arms, galactic structure, stellar classification and structure of galaxies 1958 Nov. p. 44–50 [203]

stellar rotation, Doppler effect, stellar evolution, spectroscopy, violet shift, red shift, correlation of rotational velocity with mass 1963 Feb. p. 46–53

stellar shift, artificial satellite, relativity theory, Mercury, electromagnetic frequency shift, perihelion shift, clock paradox, general relativity, testing Einstein's general theory of relativity 1959 May p. 149–160

stellar temperature, photocell, light amplification, photomultiplier, variable stars, interstellar matter 1952 Mar. p. 56–59

stellerator, fusion reactor, nuclear power, magnetic bottle, plasma confinement, deuterium, tritium, magnetic pumping 1958 Oct. p. 28–35

stereochemistry, olfactory nerve, sensory perception, olfaction, stereochemical theory of odor perception 1964 Feb. p. 42–49

stereogram experiments, binocular vision, random-dot stereograms, vision, visual perception 1976 Mar. p. 80–86 [569]

stereoisomers, catalysis, polymers, materials technology, industrial chemistry, synthesizing giant molecules 1957 Sept. p. 98–104
catalysis, polymers, materials technology, industrial chemistry, synthesizing giant molecules 1957 Nov. p. 98–104
catalysis, lithium, polymerization, promotion of polymerization by lithium 1963 Jan. p. 88–102

stereopsis, binocular vision, depth perception, eye, neurophysiology, optic chiasm, visual cortex 1972 Aug. p. 84–95 [1255]

'stereoregular' polymers, polymers, isotactic polymers, polyethylene, catalytic polymerization, polypropylene, precisely constructed polymers 1961 Aug. p. 33–41 [315]

stereoscopic images, pattern recognition, visual perception, computer graphics, texture discrimination, depth perception 1965 Feb. p. 38–48 [318]

sterilization, biological pest control, screw worm fly, X-ray, pest control, cattle, eradication of the screw worm fly 1960 Oct. p. 54–61

steroid hormones, schizophrenia, stress, adrenal gland 1949 July p. 44–47
vitamin D, sex hormones, cholesterol, cortisone 1955 Jan. p. 52–60 [8]
cell receptors, endocrine hormones, gene regulation, hormonal action, protein synthesis 1976 Feb. p. 32–43 [1334]
adrenal hormones, brain circuitry, gonadal hormones, hormone-sensitive neurons, sex hormones, sexual behavior, sex differences, action of hormones on nerve tissue 1976 July p. 48–58 [1341]
total synthesis 1951 June p. 30
as anesthetic 1955 Aug. p. 49
total synthesis 1955 Sept. p. 76
acetate start in material 1957 Mar. p. 72
act by gene activation 1972 Mar. p. 42

stick-slip friction, friction, bearing, violin bow, lubrication, uses and prevention of friction 1956 May p. 109–118

stickleback, courtship display, animal behavior, sexual behavior, displacement activity, ethology 1952 Dec. p. 22–26 [414]

stillbirths, some found seasonal 1951 Apr. p. 35

stilt house, building construction, architecture, primitive architecture, climate, igloo, teepee, yurt, tent, sod hut, adobe house, hogan 1960 Dec. p. 134–144

stimulated emission, maser, microwave amplification, quantum mechanics, coherent radiation, principles and uses of maser 1958 Dec. p. 42–50 [215]
laser, maser, coherent radiation, first lasers as 'optical masers' 1961 June p. 52–61 [274]

stimulus localization, brain circuitry, mammalian brain, nerve signals, sensory systems, visual perception, superior colliculus in integration at brain function 1972 Dec. p. 72–82 [553]

Stirling cycle, cryogenic technology, refrigeration, hot-air engine, closed cycle, displacer 1965 Apr. p. 119–127

Stirling engine, Philips air engine, heat engines, external combustion engines, hot-air engine 1948 July p. 52–55
automobile engines, external combustion engines, engine efficiency 1973 Aug. p. 80–87

Stjerneborg, observatory, astronomy, scientific instrumentation, Tycho Brahe, science history, 16th century Hven observatory 1961 Feb. p. 118–128

Stockholm, land use, urban planning, cities, land ownership, urban renewal, Stockholm as a planned city 1965 Sept. p. 106–115

Stokes law, insect flight, aerodynamics 1958 Dec. p. 92–98

stomach mucosa, digestion, hydrochloric acid, alcohol, aspirin, self-digestion safeguards 1972 Jan. p. 86–93 [1240]

stomatopods, animal behavior, mantis shrimps, marine life 1976 Jan. p. 80–89

Stone Age civilization, Greek prehistory, Neolithic archeology, Franchthi Cave 1976 June p. 76–87

Stone Age hunters, organic relics, peat bog, Neolithic archeology 1952 May p. 20–25
Arctic, Alaska, Siberia, Greenland, Dorset culture, circumpolar Stone Age culture 1954 June p. 82–88

stone artifacts, New World archeology, Onion Portage site, Eskimo, Bering land bridge, human migration, Alaska, gateway to America 1968 June p. 24–33
West Indies, New World archeology, Hispaniola, island chains, sea routes, seafaring hunters from Central America? 1969 Nov. p. 42–52 [652]

stone heads, Easter Island, Polynesian culture 1949 Feb. p. 50–55

stone tools, New World archeology, Folsom man, Cochise culture 1951 Feb. p. 15–19
human evolution, Olduvai Gorge, toolmakers, man-apes, hand axes 1954 Jan. p. 66–71
science history, Neanderthal man, Devon caves, human evolution, idea of man's antiquity 1959 Nov. p. 167–176
Isimila, Paleolithic culture, cultural archeology, Old Stone Age site in Africa 1961 Oct. p. 118–129
anthropology, Paleolithic culture, obsidian, Andes, El Inga site, prehistoric man in the Andes 1963 May p. 116–128
Solutrean culture, Upper Paleolithic hunting peoples, tool inventories, France, 21,000 years ago 1964 Aug. p. 86–94
aborigine, Paleolithic man, dingo, Tasmanian devil, Australian aborigine, antiquity of man in Australia 1966 Mar. p. 84–93 [628]
New World archeology, South America, early man in New World, 12,000 B.C. 1967 Nov. p. 44–50
tool assemblages, multivariate analysis, factor analysis, computer analysis, Paleolithic archeology, Bordes method, stone tools as fossils of behavior 1969 Apr. p. 70–84 [643]
Paleolithic campsite, huts, structures from 300,000 years ago 1969 May p. 42–50

cave dwellers, Peru, human evolution, Ayacucho site 1971 Apr. p. 36–46
climate, Europe, hunting, Paleolithic settlements 1976 Feb. p. 88–99
climate, cultural evolution, hunter-gatherer societies, Nile prehistory, Paleolithic settlements 1976 Aug. p. 30–38
Paleolithic culture, Kalambo Falls site 1958 July p. 76
Australopithecus, toolmaker 1974 Aug. p. 48
Neolithic quarries in Britain 1978 Jan. p. 69
Stonehenge, radiocarbon dating, built 4,000 years ago, 2,000 years before Druids 1953 June p. 25–31
Neolithic archeology, woodhenges, henge monuments, Britain 1970 Nov. p. 30–38
Sarsen carvings 1953 Dec. p. 58
storage mode, liquid crystals, display devices, dynamic scattering, television receiver 1970 Apr. p. 100–106
storage rings, high-energy physics, synchrotron, particle accelerator, colliding beam accelerator, spark chamber 1966 Nov. p. 107–116 [323]
antimatter, electron-positron annihilation, J particle, psi particle, charm, color, quark, high-energy physics, virtual particles 1975 June p. 50–62
straight line, mathematics, Euclidean geometry, geometry, curved line, reach and limits of axiomatic approach 1956 Mar. p. 104–114
strain gauge, obstetrical labor, uterine muscle, measurement of forces in uterine muscle at delivery 1950 Mar. p. 52–55
earthquake prediction, laser, interferometry, Earth crust 1969 Dec. p. 88–95
strain hardening, crystal structure, dislocations, forging, metal forming, creep in metals 1975 Apr. p. 116–125
circle-grid analysis, crystal structure, metal stamping, sheet-metal production, metal structure 1976 Nov. p. 100–108
strange particles, high-energy physics, pions, muon, conservation of strangeness, sorting out the multiplicity of particles 1957 July p. 72–88 [213]
strangler trees, ecology, evolution, tropical rain forest 1954 Jan. p. 78–80
Strategic Arms Limitation Talks, *see:* SALT
strategic balance, ABM, arms race, ICBM, MIRV, SLBM, mutual assured destruction, counterforce strategy, national security 1969 Aug. p. 17–29 [330]
strategic bombing, atomic bomb, civilian morale, 'bomb not absolute weapon' says P.M.S. Blackett 1949 Mar. p. 19
strategic weapons, ABM systems, arms race, ICBM, MIRV, atomic weapons, SALT, atomic test ban, prospects for freeze on numbers and qualitative improvement of weapons 1971 Jan. p. 15–25
arms control, atomic test ban, 'fireball blackout', EMP effect, underground nuclear explosions 1972 Nov. p. 15–23 [342]
arms control, satellite, SALT, verification technology, 'national technical means of verification' 1973 Feb. p. 14–25 [346]
arms race, bombers, SALT, AWACS, military expenditures, antiaircraft sytems 1973 Aug. p. 11–19
ABM, ICBM, MIRV, atomic armaments, counterforce strategy, mutual assured destruction, arms race 1973 Nov. p. 18–27
counterforce strategy, atomic weapons, cruise missiles, MIRV, arms race, missile accuracy, C.E.P., accuracy as multiplier of force 1975 July p. 14–23
arms race, cruise missiles, SALT, tactical weapons, control systems, navigation systems 1977 Feb. p. 20–29 [691]
arms control, SALT, cruise missiles, bombers, Carter administration 'comprehensive proposal' for U.S.-U.S.S.R. force levels 1977 Aug. p. 24–31 [696]
stratified charge, internal combustion engine, atmospheric engine, Otto-Langen engine, history of Otto engine 1967 Mar. p. 102–112
stratigraphy, sandstone, sand dune, granite, weathering, turbidity currents, sand: origin and history from shape of grain 1960 Apr. p. 94–110
Antarctica, glaciation, Antarctic continental glacier, ice, volume of ice in glaciers ecological implications 1962 Sept. p. 132–146 [861]
moon, lunar geology, satellite, cratering, lunar time scale, Ranger photographs 1964 Dec. p. 38–47
stratosphere, upper atmosphere, ionosphere, radio communication, aurora, noctilucent clouds, meteorology 1949 Jan. p. 30–39
aviation, flight at high altitude 1952 Feb. p. 20–23
streak photography, meteorites, shock waves, exploding wire, generation of shock waves by exploding wire 1962 May p. 102–112
stream ecology, trout, mortality, population control, moral: keep the little ones and let the big ones go! 1953 May p. 81–86
streamer chamber, linear accelerator, track detectors, pulse generator, new particle detector 1967 Oct. p. 38–46
streamlining, rain, high-speed photography 1954 Feb. p. 64–68
strength, materials technology, steel, transformation-induced plasticity, ductility 1968 Nov. p. 36–45
streptococcus, Aschoff bodies, rheumatic fever, infection, immune response, heart disease, hypersensitivity 1965 Dec. p. 66–74
a possible vaccine 1966 Dec. p. 65
streptomycin, antibiotics, penicillin, aureomycin, chloramphenicol, infectious disease, the antibiotic revolution 1952 Apr. p. 49–57
bacteria, gene transformation, drug resistance, pneumococcus, recombinant DNA, biochemistry of Avery, McLeod and McCarty experiment 1956 Nov. p. 48–53 [18]
isoniazid, isotopes, tuberculosis, para-aminosalicylic acid, pharmacology, tracing action of TB drugs 1956 Nov. p. 135–144
antibiotics, protein synthesis, genetic code, ribosome, DNA, RNA, mutation, 'misreadings' induced by antibiotic alterations of ribosomes 1966 Apr. p. 102–109
on market 1952 Sept. p. 74
made safer 1955 Dec. p. 50
genetic code 1964 July p. 44
stress, hypertension, atherosclerosis, angiotensin, etiology and care of hypertension 1948 Aug. p. 44–47
psychosomatic illness, alarm reaction, kidney disorder, cardiovascular disease, adrenal gland 1949 Mar. p. 20–23 [4]
schizophrenia, adrenal gland, steroid hormones 1949 July p. 44–47
cortisone, ACTH, inflammation, degenerative diseases, hormone, experience with and appraisal of two hormonal drugs 1950 Mar. p. 30–37 [14]
neurosis, learning, psychotherapy, experimental neuroses in cats 1950 Mar. p. 38–43 [443]
epidemiology, anoxia, pregnancy, Down's syndrome, trisomy 21, etiology of Down's syndrome 1952 Feb. p. 60–66
asthma, allergy, hypersensitivity 1952 Aug. p. 28–30
conditioned reflex, neurosis, operant conditioning, Pavlov, psychology, thyroidectomy, emotional behavior, neurosis, conditioned reflex is shown to be a neurosis 1954 Jan. p. 48–57 [418]
ACTH, war, combat fatigue, psychiatry, Korean war studies of battlestress 1956 Mar. p. 31–35
ulcer, psychosomatic illness, 'executive monkey' experiment 1958 Oct. p. 95–100
learning, behavior disorders, animal behavior, stimulation in infancy 1960 May p. 80–86 [436]
ACTH, adrenal hormones, glucocorticoids, pituitary hormones 1971 Jan. p. 26–31 [532]
coping behavior, psychosomatic illness, rats 1972 June p. 104–113 [544]
adrenal hormone 1961 Oct. p. 88
see also: alarm reaction
stress-corrosion failure, corrosion tunnel, crystal structure, dislocations, metalliding 1966 Feb. p. 72–81
stress fracture, crystal structure, materials technology, metallurgy, cracks and fracture 1960 Feb. p. 94–104
stretch reflex, central nervous system, reflex arc, neuromuscular control, muscle contraction, nerve inhibition, interneuron, motor neuron, Renshaw cell, synapse 1966 May p. 102–110
muscle control, muscle spindles, psychophysics, sensory feedback, servomechanisms, tendon organ 1972 May p. 30–37 [1249]
strewn fields, tektites, meteoritic impact, origin of glassy stone 1961 Nov. p. 58–65 [802]
striatum, animal behavior, learning, cerebral cortex, bird nervous system, crows, pigeons, canaries, chickens 1968 June p. 64–76 [515]
stride, architecture, stairs, walking 1974 Oct. p. 82–90
string instruments, physics, harmony, wind instruments, piano, voice, musical scale, acoustics, agreeable melodies and physical laws 1948 July p. 32–41
musical instruments, 'following bow' experiment, Raman waves, 'wolf' note, physics of bowed string 1974 Jan. p. 87–95
strip-mining, coal mining, land reclamation 1975 Dec. p. 23–29
Strömgren sphere, Gum Nebula, ionized-hydrogen cloud, Milky Way 1971 Dec. p. 20–29
Strong engine, diffraction grating, spectroscopy, ruling engine, Rowland engine, the ultimate machine 1952 June p. 45–54
strong-focusing synchrotron, particle accelerator, plans for 100-billion-electron-volt machine 1953 May p. 40–45

colliding beam accelerator, cyclotron, synchrotron, high-energy physics, design and purposes of big accelerators 1958 Mar. p. 64–76 [251]
Brookhaven gets ok 1954 Mar. p. 45
'strong' force, high-energy physics, baryons, mesons, 'eightfold way', conservation laws, Regge trajectory, resonance 'particles', 'bootstrap' hypothesis 1964 Feb. p. 74–93 [296]
proton spin, spin, high-energy physics, electron scattering, dependence of nuclear forces on spin 1966 July p. 68–78
hadrons, high-energy photons, photons as hadrons 1971 July p. 94–104
particle interaction, high-energy physics, gauge theory, field theory, 'weak' force, electromagnetic force 1974 July p. 50–59
gravity, electromagnetic force, 'weak' force, supergravity, symmetry, quest for unified theory of basic forces 1978 Feb. p. 126–143 [397]
strong interactions, mesons, nuclear binding force, particle physics, fleeting associations of mesons and atomic nuclei 1956 Oct. p. 93–102 [207]
mesons, pions, particle physics, nuclear binding force, quantum of the strong force 1957 Jan. p. 84–92 [226]
dual-resonance model, high-energy physics, hadrons, light-string theory, quark 1975 Feb. p. 61–67
strontium-rubidium ratios, isotope dating, lead isotopes, radioisotope dating, geological and paleontological time dated by radioactive decay 1949 Aug. p. 48–51
strychnine, alkaloids, plant physiology, morphine, 'hemlock', physostigmine, caffeine, coniine, quinine, cocaine, ricinine, LSD, human toxins in plant physiology 1959 July p. 113–121 [1087]
total synthesis 1954 Dec. p. 56
stud gun, safety regulations 1963 Jan. p. 66
student body, ectomorphs preferred 1954 Nov. p. 52
subduction, continental drift, plate tectonics, scaling, sea-floor spreading, Earth crust, Triassic period, Pangaea, computer modeling, supercontinents, breakup of Pangaea traced 1970 Oct. p. 30–41 [892]
subduction zones, continental drift, earthquake zones, magnetization patterns, mountain formation, plate tectonics, sea-floor spreading, overview of the new geology 1972 May p. 56–68 [900]
earthquake zones, island arcs, lithospheric subduction, mountain formation, plate tectonics, sea-floor spreading, volcanic zones 1975 Nov. p. 88–98 [919]
subjective probability, psychology, probability, decision making, Monte Carlo fallacy, gambling, subjective and objective probability 1957 Nov. p. 128–138 [427]
submarine canyons, ocean floor, continental shelf 1949 Apr. p. 40–43
ocean floor, turbidity currents, continental shelf, submarine avalanches and topography of ocean floor 1956 Aug. p. 36–41
submarine-launched ballistic missile, *see:* SLBM
submersibles, marine technology, drilling platforms, ocean, supertankers, containerization, technology and the ocean 1969 Sept. p. 198–217 [887]
subsistence economy, economic development, industrialization, tropical rain forest, tropical rain forest, urbanization, resource management, Brazil, uneven national development 1963 Sept. p. 208–220
subsistence herding, animal husbandry, Karimojong, cattle, Uganda 1969 Feb. p. 76–89
subterranean heat flow, ocean floor, East Pacific Rise, trench faults, earthquakes, convection currents 1961 Dec. p. 52–61
suburbanization, U.S. population, population redistribution, U.S. census, human migration, U.S. census of 1970 1971 July p. 17–25
suburbs, U.S. census, urbanization, age-sex distribution, baby boom, family size, central city, U.S. census at 1960 1961 July p. 39–45
housing, urban planning, central city, cities, metropolitan area, conurbation, evolution of the metropolis 1965 Sept. p. 64–74
local goverment, cities, New York, metropolitan region, central city, Northeast Corridor, regional planning 1965 Sept. p. 134–148
succulent plants, sand dune ecology, thermoregulation, behavioral adaptation, symbiosis, adaptation, adaptive mechanism for life in hot acid environment 1959 July p. 91–99
suckling, animal behavior, developmental psychology, homing behavior, kittens, learning 1972 Dec. p. 18–25 [552]
sugar consumption, implicated in diseases 1972 Nov. p. 54
sugar metabolism, insulin, amino-acid sequence, cell membrane, human physiology, action of insulin 1958 May p. 99–106
sugarcane, disease-resistant plants, plant breeding, agronomy, plant disease, fungal infection, plant pathogens, mechanism of disease resistance in plants 1975 Jan. p. 80–88 [1313]
suggestibility, hypnosis, sleep, physiological psychology, experiments in hypnosis 1957 Apr. p. 54–61
suicide, epidemiology, psychoanalysis 1954 Nov. p. 88–96
adolescence, family, alienation, racial discrimination, divorce, poverty, infant mortality, crime, drug addiction, changes in American family structure 1974 Aug. p. 53–61 [561]
unemployment, suicides among the jobless 1963 July p. 68
sulfa drugs, biochemistry, enzymes, virus, citric-acid cycle, metabolism, co-enzymes, antibiotics, science, biochemistry 1900-1950 1950 Sept. p. 62–68
metabolite antagonists, imitative drugs, folic acid, para-aminobenzoic acid 1951 Apr. p. 60–63
sulfur, sulfuric acid, agricultural technology, Frasch process, sulfur demand-and-supply production 1970 May p. 62–72
sulfur bacteria, purple bacteria, phototropism, photosynthesis 1951 Nov. p. 68–72
ATP, mineral cycles, biosphere, phosphorus cycle, sulfur cycle, carboxylation cycle, eutrophication, mineral cycles in the biosphere 1970 Sept. p. 148–158 [1195]
sulfur cycle, ATP, mineral cycles, biosphere, phosphorus cycle, sulfur bacteria, carboxylation cycle, eutrophication, mineral cycles in the biosphere 1970 Sept. p. 148–158 [1195]
sulfur dome, in Mississippi delta 1951 Oct. p. 34
sulfuric acid, sulfur, agricultural technology, Frasch process, sulfur demand-and-supply production 1970 May p. 62–72
Sumer, law code, Lipit Ishtar, Hammurabi, cuneiform script, earliest law code 1865 B.C. 1948 June p. 44–47
cryptology, hieroglyphs, a 3,500-year-old agricultural handbook 1951 Nov. p. 54–55
law code, hieroglyphs, Ur-Nammu 1953 Jan. p. 26–28
Mohenjo-Daro, Harappan civilization, Indus valley, archeology 1953 Nov. p. 42–48
archeology, cuneiform script, law code, 3000 B.C. to 1500 B.C., Ur, Nippur 1957 Oct. p. 70–83
pictograph, Vinca culture, writing, Tartaria tablets, Romania, cultural diffusion, Sumerian writing 1968 May p. 30–37
ancient trade, archeology, writing, Elamite culture, Mesopotamian culture, Persia, Iran, Tepe Yahya 1971 June p. 102–111 [660]
hieroglyphic library 1952 Apr. p. 42
Sun, solar system, cosmology, dust cloud hypothesis, gravity, light pressure, gravitational collapse, thermonuclear reaction, genesis of solar system 1948 May p. 35–45
carbon cycle, thermonuclear reaction, sunspots, solar spectrum, nearest star 1948 Nov. p. 26–39
solar flares, ionospheric storms, aurora, sunspots, geomagnetic storms 1951 Dec. p. 17–21
radio emissions, sunspots, magnetic storms, corpuscular streams 1955 June p. 40–44
balloon astronomy, ultraviolet radiation 1959 May p. 52–59
ultraviolet radiation, telemetry, astronomy, rocket-borne instrumentation 1959 June p. 52–59
solar eclipse, ionosphere, solar flares, chromosphere, ultraviolet radiation, Earth-Sun chromosphere-ionosphere interaction 1962 Feb. p. 50–59
solar atmosphere, sunspots, rotation, magnetic field, eddies, solar atmospheric circulation 1968 Jan. p. 100–113
artificial satellite, ultraviolet radiation, ultraviolet astronomy, spectroheliograph 1969 June p. 92–102
chromosphere, corona, eclipse phenomena, photosphere, solar corona 1973 Oct. p. 68–79
planets, solar system, space exploration, introduction to single-topic issue on the solar system 1975 Sept. p. 22–31
neutrino, solar corona, solar energy, solar magnetism, sunspots 1975 Sept. p. 42–50
a variable (slightly) star 1955 Oct. p. 46
estimated life span 1957 Apr. p. 70
first balloon photographs of Sun 1957 Nov. p. 68
whole-body oscillations 1975 Sept. p. 54
Sun cycle, magnetic field, solar magnetism, photosphere, chromosphere, solar atmosphere, 11-year solar cycle explained 1966 Nov. p. 54–62
Sun dogs, halos, ice crystals, optics, atmospheric halos 1978 Apr. p. 144–152 [3006]
Sun structure, sunspots, solar rotation, solar spectrum 1975 Apr. p. 106–114
sunlight, photosynthesis, chlorophyll, carotene, retinene, vision, photobiology, phototropism, bioluminescence, life and light 1959 Oct. p. 92–108

architecture, lighting, solar radiation, building construction, glass 1968 Sept. p. 190–202
air pollution, rickets, vitamin D, ultraviolet radiation, osteogenesis, calcium metabolism, epidemiology 1970 Dec. p. 76–91 [1207]
artificial light, biological clock, suntanning, vitamin D, body's response to light 1975 July p. 68–77 [1325]
proton-proton fusion 1953 Jan. p. 34
sunlike stars, multiple-star systems, planetary systems, frequency of 'solar systems', survey of 123 nearby stars 1977 Apr. p. 96–104
sunrise, sunset, light scattering, green flash, green flash explained 1960 Jan. p. 112–122
sunset, sunrise, light scattering, green flash, green flash explained 1960 Jan. p. 112–122
sunspots, Sun, carbon cycle, thermonuclear reaction, solar spectrum, nearest star 1948 Nov. p. 26–39
Sun, solar flares, ionospheric storms, aurora, geomagnetic storms 1951 Dec. p. 17–21
aurora, magnetic storms, cone of avoidance, solar wind, solar rotation, corpuscular streams, cycles in 'solar wind' 1955 Feb. p. 40–45
Sun, radio emissions, magnetic storms, corpuscular streams 1955 June p. 40–44
magnetic field, solar magnetism, Zeeman effect, mapping changes in solar magnetic field 1960 Feb. p. 52–62
Sun, solar atmosphere, rotation, magnetic field, eddies, solar atmospheric circulation 1968 Jan. p. 100–113
Sun structure, solar rotation, solar spectrum 1975 Apr. p. 106–114
neutrino, solar corona, solar energy, solar magnetism, Sun 1975 Sept. p. 42–50
carbon 14 abundance, climate, ice ages, Maunder minimum, solar physics, dendrochronology 1977 May p. 80–92 [925]
suntanning, cancer, ultraviolet radiation, melanocytes, epidermis, skin, vitamin D 1968 July p. 38–46
artificial light, biological clock, sunlight, vitamin D, body's response to light 1975 July p. 68–77 [1325]
superconductive amplifier, superconductivity, low-temperature physics, critical field strength, superconductive motor, fluxtrap, superconductive bearing, applications of superconductivity 1960 Mar. p. 74–82
superconductive bearing, superconductivity, low-temperature physics, critical field strength, superconductive motor, fluxtrap, superconductive amplifier, applications of superconductivity 1960 Mar. p. 74–82
superconductive glass, at 4.2 degrees K. 1971 Feb. p. 47
superconductive motor, superconductivity, low-temperature physics, critical field strength, fluxtrap, superconductive bearing, superconductive amplifier, applications of superconductivity 1960 Mar. p. 74–82
superconductivity, low-temperature physics, cryogenic technology, helium, superfluidity 1949 June p. 30–39 [206]
electrical resistance, magnetism, cryogenics, upper limit of temperature of superconductivity 1957 Nov. p. 92–103 [227]
low-temperature physics, critical field strength, superconductive motor, fluxtrap, superconductive bearing, superconductive amplifier, applications of superconductivity 1960 Mar. p. 74–82
cryogenic technology, computer technology, superconducting computers 1961 July p. 124–136
electromagnetism, shaped field, magnetic bottle, materials technology, development and applications of supermagnets 1962 June p. 60–67 [279]
semiconductor, superconductivity in semiconductors 1964 June p. 56–59
electric current, Josephson effects, microwave emission, tunnel junction, quantum mechanics, confirmation and applications of Josephson effects 1966 May p. 30–39
quantum effects, magnetism, magnetic vortexes, superconductors, macroscopic quantum effect photographed 1971 Mar. p. 74–84
high pressure, critical temperature, critical temperature in certain metals increases with pressure 1971 Apr. p. 83–94
publication of the 'BCS theory' 1957 June p. 72
in organic solids 1973 May p. 43
superconductors, energy transfer, electron pairs, organic superconductor, proposal for room-temperature superconductor 1965 Feb. p. 21–27
magnetic field, magnetism, Bitter solenoid, U.S. National Magnet Laboratory 1965 Apr. p. 66–78
Meissner effect, quantum mechanics, magnetic field, magnetic impermeability, quantized vortexes, quantum effects in superconductors 1965 Oct. p. 57–67
electromagnetism, niobium alloys, magnetism, proton-beam focusing, generation of intense magnetic fields 1967 Mar. p. 114–123
quantum effects, superconductivity, magnetism, magnetic vortexes, macroscopic quantum effect photographed 1971 Mar. p. 74–84
BCS theory, crystal structure, electrical properties of metals, intermetallic compounds, intercalated crystals, layered superconductors 1971 Nov. p. 22–33
electric power, transmission lines 1972 Apr. p. 84–91
electromagnetic flight, transportation, linear induction motor, linear synchronous motor, 'magneplane' vehicle, magnetic levitation 1973 Oct. p. 17–25
electromagnetism, niobium 1961 Apr. p. 80
niobium, molybdenum 1962 June p. 82
plastics, plastic superconductor synthesis proposed 1964 Aug. p. 39
alloys, alloy by ultrarapid cooling 1964 Sept. p. 88
d.c. transformer 1966 Nov. p. 71
higher transition temperatures 1967 July p. 42
alloys, intense magnetic fields 1970 May p. 56
see also: organic superconductor
supercontinents, continental drift, glaciation, Gondwanaland, Laurasia, paleomagnetism, Glossopteris, sea-floor spreading, plate tectonics, continental drift confirmed 1968 Apr. p. 52–64 [874]
continental drift, plate tectonics, scaling, subduction, sea-floor spreading, Earth crust, Triassic period, Pangaea, computer modeling, breakup of Pangaea traced 1970 Oct. p. 30–41 [892]
supercooling, ice, snow, water, frost, condensation nuclei, ice worms, how water freezes 1959 Feb. p. 114–122
helium, superfluidity, neutron scattering, fountain effect, 'quasi particles' model of liquid helium 1960 Nov. p. 138–150 [272]
fluid dynamics, liquid, nucleation, cryogenics, crystal growth, behavior of supercooled fluids 1965 Jan. p. 38–46
amorphous solid, materials technology, glass, crystal structure, geometry of glass, two-phase glasses 1967 Sept. p. 126–136
cryogenics, helium 3/helium 4 dilution, nuclear cooling, approaching absolute zero, Pomeranchuk method 1969 Dec. p. 26–35
supercritical boiler, 1,150 degrees F., 4,500 p.s.l. 1953 July p. 41
superdense matter, cosmic radiation, pulsar, radio emissions, supernovae 1971 July p. 74–85
superdense water, boundary-phase hypothesis, water II, polymerization, polywater, thermal conductivity, surface tension, evidence for water II argued 1970 Nov. p. 52–71
superfluidity, low-temperature physics, cryogenic technology, helium, superconductivity 1949 June p. 30–39 [206]
helium 1, helium 2, seond sound, quantum mechanics, low-temperature physics, liquid helium properties 1958 June p. 30–35 [224]
helium, supercooling, neutron scattering, fountain effect, 'quasi particles' model of liquid helium 1960 Nov. p. 138–150 [272]
helium 3, liquid phase, gas phase, solid state physics, quantum effects, quantum fluids, phase transitions 1976 Dec. p. 56–71
superfluidity helium, quantum mechanics, vortex ring, macroscopic quantum effects, quantized vortex rings 1964 Dec. p. 116–122
supergalaxy, Milky Way, local clusters, galactic clusters 1954 July p. 30–35
supergravity, gravity, electromagnetic force, 'weak' force, 'strong' force, symmetry, quest for unified theory of basic forces 1978 Feb. p. 126–143 [397]
superheated fluid, bubble chamber, cloud chamber, liquid hydrogen 1955 Feb. p. 46–50 [216]
supernovae, stellar evolution, Crab Nebula 1949 Dec. p. 18–21
radio star, Crab Nebula, Cassiopeia, galactic collision, with 200 radio stars counted, some speculation on their nature 1953 Jan. p. 17–21
cosmic radiation, massive nuclei, high-energy physics, Milky Way, magnetic field, particle acceleration, fundamental research, where do cosmic rays come from? 1953 Sept. p. 64–70 [239]
synchrotron radiation, radio star, Crab Nebula, natural synchrotron 1957 Mar. p. 52–60
cosmic radiation, galactic magnetism, cosmic ray showers, evidence for particles of 10^{18} ev energy 1959 Nov. p. 134–146
radio galaxies, gravitational collapse, nonthermal emission, synchrotron radiation, intensity of galactic radio emission 1962 Mar. p. 41–49 [278]
polarization, astronomy, Crab Nebula, photometric observations of nova outbursts 1962 Apr. p. 54–63
cosmic radiation, cosmic ray showers, galactic halo, synchrotron radiation, particle acceleration, abundance, energies, sources of cosmic rays 1969 Feb. p. 50–63

cosmic radiation, pulsar, radio emissions, superdense matter 1971 July p. 74–85
galaxy structure, interstellar matter, Milky Way, stellar formation, galactic dust clouds, nebulae, Gum Nebula, Bok globules 1972 Aug. p. 48–61
spectroscopy, age of elements, age of universe, element formation, mass spectroscopy, nucleochronology, radioactive nuclei, stellar evolution 1974 Jan. p. 69–77
dense stars, binary stars, X-ray binary stars 1975 Mar. p. 24–35
black hole, interstellar gas, magnetohydrodynamics, neutron stars, pulsar, stellar evolution, X-ray sources 1975 Dec. p. 38–46
Chinese starcharts, Tycho's supernova, Kepler's supernova, 'guest stars', the seven observed supernovae 1976 June p. 100–107
stellar evolution, spectroscopy, supernovae observed in other galaxies 1976 Dec. p. 89–101
interstellar matter, shock waves, gravitational collapse, stellar formation, stellar evolution, birth of massive stars 1978 Apr. p. 110–118 [3005]
helium to beryllium 1952 Mar. p. 40
in Lupus proposed 1965 May p. 57
observed in Sumer 1976 July p. 66

superplasticity, materials technology, metalliding, microduplex structure, thermomechanical processing, grain structure, metals that can be formed like plastics 1969 Mar. p. 28–35

supersonic flight, heat barrier, aviation, lift barrier 1953 Dec. p. 80–84
aerodynamics, shock waves, wind tunnel, molecular beam, ultra-high altitude aerodynamics 1958 Jan. p. 36–42
sonic boom, shock waves, noise pollution, supersonic aircraft design, geometry of shock waves 1962 Jan. p. 36–43
aeronautics, commercial aircraft, aircraft design, sonic boom, aviation industry, technology and economics of supersonic transport 1964 June p. 25–35
at Mach 2 1952 Sept. p. 69
strontium 90 fallout, commercial jet interiors 1959 Aug. p. 62
U.S. competition with Concorde? 1963 Aug. p. 48

supertankers, marine technology, drilling platforms, ocean, submersibles, containerization, technology and the ocean 1969 Sept. p. 198–217 [887]

surf, tsunamis, seiches, ocean waves, breakers, generation and propagation of ocean waves 1959 Aug. p. 74–84 [828]
beaches, sand dune, sand bar, berm, ocean, rip channels, conservation of beaches 1960 Aug. p. 80–94 [845]

surf clam, visual perception, visual systems, scallop, inhibitory impulse, shadow-sensitive receptors, invertebrate 'eyes' as models for study of organization of sensation in perception 1963 July p. 122–130

surface alloy, alloys, metalliding, materials technology, diffusion, molten fluoride, electrolysis 1969 Aug. p. 38–46

surface area, dermatoglyphics, skin, hair, skin glands, thermoregulation, structure and function of human skin 1965 Feb. p. 56–66 [1003]

surface chemistry, materials technology, solid state physics, crystal defects, epitaxial growth, precipitation in solids, 'doping', chemical properties of materials 1967 Sept. p. 210–220

surface colors, color perception, chromatic saturation, hue 1975 Aug. p. 62–75 [565]

surface defects, crystal growth, metal 'whiskers', lattice defects, growth of metal whiskers 1960 July p. 64–72

surface deformation, fixed point theorems, mathematics, topology, contraction 1966 Jan. p. 105–110

surface geometry, area-minimizing principle, measure theory, mathematical model, mathematical surfaces, soap bubbles 1976 July p. 82–93

surface mining, excavating machines, tunneling, rock borers, earth-moving, mining 1967 Nov. p. 74–85

surface tension, adhesive, molecular attraction, elastic energy, epoxy resins, molecular repulsion, micromechanics of adhesion 1962 Apr. p. 114–126
alveoli, lung collapse, premature infants, lecithin, breathing, surfactant, hyaline membrane disease, soaplike agents regulate surface tension in lungs 1962 Dec. p. 120–130
boundary-phase hypothesis, superdense water, water II, polymerization, polywater, thermal conductivity, evidence for water II argued 1970 Nov. p. 52–71
cavitation, droplet-levitation technique, liquids, negative-pressure concept, tensile strength 1972 Dec. p. 58–71
water-strider, backswimmer, whirligig beetle, ecology, springtail, aquatic insect, insects of the water surface 1978 Apr. p. 134–142 [1387]

surface-to-volume ratio, hummingbird, metabolism, body temperature, thermoregulation, hibernation 1953 Jan. p. 69–72

surfactant, synthetic detergents, anionic detergent, cationic detergent, nature and action of synthetic detergents 1951 Oct. p. 26–30
flotation, mineral separation, bubbles, collector ions, ore beneficiation 1956 Dec. p. 99–110
alveoli, lung collapse, premature infants, lecithin, breathing, surface tension, hyaline membrane disease, soaplike agents regulate surface tension in lungs 1962 Dec. p. 120–130
fetal lungs, infant, hyaline membrane disease, lung 1973 Apr. p. 74–85
carbon dioxide, neuston, marine life, microlayer oceanography, ocean surface, rainwater composition 1974 May p. 62–77 [913]

surgery, disease, morbidity, archeology, record of illness among the ancients 1949 Jan. p. 52–55
sutures, surgical needles, surgical stitching 1950 Nov. p. 44–47
scalpels, tools 1951 Nov. p. 62–66
dialysis, heart-lung machine, kidney machine 1954 Aug. p. 24–27
military medicine, medicine, science history, Paré, life and work of Ambroise Paré 1956 Jan. p. 90–96
anesthesia, pain, cocaine, procaine, medical research, neuropharmacology, pharmacology, psychiatry, research in pain suppression 1957 Jan. p. 70–82
hibernation, hypothermia, shock, metabolism, body temperature, artificial lowering of body temperature for surgery and shock 1958 Mar. p. 104–114
gunshot wounds, medical history, assasination of U.S. President McKinley 1963 Mar. p. 118–120
medical care, surgical specialties, mortality rates, malpractice claims, post-operative negligence 1973 Sept. p. 90–98
cerebral vascular accident, atherosclerosis, microvascular surgery, cerebral hemorrhage, repair and prevention of stroke by microvascular bypass operation 1978 Apr. p. 58–67 [1385]
autotransplantation of organs 1962 June p. 80
Eastman 910 surgical glue 1963 Jan. p. 64
in excess 1977 Jan. p. 43

surgical isolator, dental research, germ-free environment, immune response 1964 July p. 78–88

surgical needles, surgery, sutures, surgical stitching 1950 Nov. p. 44–47

surgical prosthesis, knee joint, human anatomy, surgical replacement of the knee joint 1978 Jan. p. 44–51 [1378]

surgical specialties, medical care, surgery, mortality rates, malpractice claims, post-operative negligence 1973 Sept. p. 90–98

surgical stapler, cardiovascular surgery, vascular surgery, stapling technic for joining vessels 1962 Oct. p. 48–56

surgical stitching, surgery, sutures, surgical needles 1950 Nov. p. 44–47

surrogate mother, behavioral psychology, emotional deprivation, maternal deprivation, rhesus monkeys, infant monkey 'love' 1959 June p. 68–74 [429]

surveying, laser, optical communication, holography, welding, light, laser technology 1968 Sept. p. 140–156

suspended animation, animal behavior, cryptobiotic animals, metabolism, anaerobic metabolism, Nematoda, Rotifera, Tardigrada 1971 Dec. p. 30–36

suspension bridges, bridges, aerodynamics, harmonic oscillation 1954 Nov. p. 60–71

Sutton Hoo, ship burial, Anglo-Saxon King, a treasure hoard 1951 Apr. p. 24–30
Beowulf legend 1952 Apr. p. 42

sutures, surgery, surgical needles, surgical stitching 1950 Nov. p. 44–47

SV40 virus, adenoviruses, cancer virus, DNA virus, DNA recombination, gene transformation, tumor-virus antigen, virus etiology of cancer 1966 Mar. p. 34–41
gene culture, polyoma virus, cell transformation, viral DNA, viral carcinogenesis 1967 Apr. p. 28–37 [1069]
cancer, gene transformation, chromosome mapping, tissue culture, somatic cells, hybrid cells, genetics of human cancer 1978 Feb. p. 117–125 [1381]

Svea, commerce, Vikings, nomads, Scandinavia, Vinland, Siegfried legend, seafaring, appraisal of 400-year Viking ascendance 1967 May p. 66–78

swamp, climate, marshland, ecology, eutrophication, wetlands, natural history of marsh, effect on climate 1958 Oct. p. 114–122 [840]

Swanscombe cranium, Homo sapiens, Neanderthal man, Charente skull, Galley Hill skull, human evolution, antiquity of Homo sapiens 1948 July p. 16–19

Sweden, assembly lines, mass production, work satisfaction, worker teams, management science, 'scientific management' 1975 Mar. p. 17–23

swim bladder, marine biology, buoyancy, chambered nautilus, cuttlebone 1960 July p. 118–128
counter-current exchange, rete mirabile, heat conservation, physiology, kidney, gill, physics of a physiological invention 1957 Apr. p. 96
swimming, fish, laminar flow, turbulence, purpoises, how fishes and sea-going mammals swim 1957 Aug. p. 48–54 [1113]
metabolism, salmon, fish migration, laboratory observation of energy production by salmon 1965 Aug. p. 80–85 [1019]
swinging, parametric amplification 1977 Apr. p. 60
switchboards, complexity theory, networks, mathematics from networks and switching systems 1978 June p. 114–124 [3013]
switching, fluid dynamics, amplifiers, Coanda effect, logic gates 1964 Dec. p. 80–88
amorphous semiconductors, glass, memory, threshold switch, memory switch 1969 Nov. p. 30–41
switching circuits, symbolic logic, Boolean algebra, paradox 1950 Dec. p. 22–24
switching elements, binary arithmetic, computer technology, integrated circuits, logic circuits, computer memory, microelectronics, hardware of computer 1966 Sept. p. 74–85
switching phenomena, amorphous semiconductors, nonperiodic systems, Ovshinsky devices, quantum mechanics, semiconductor technology 1977 May p. 36–48 [362]
Switzerland, Paleolithic culture, 'lake-dwellers', prehistoric Swiss lake-dwellers 1961 Dec. p. 138–147
sychrotron radiation, Crab Nebula, X-ray astronomy, Scorpius, neutron stars, X-ray astronomy by rocket-borne instruments 1964 June p. 36–45
syllogisms, logic machine, Stanhope demonstrator, Boolean algebra, symbolic logic 1952 Mar. p. 68–73
Sylvester method, artificial respiration, Schaefer method 1951 July p. 18–21
symbiosis, virus, herpes simplex, chick-embryo culture 1949 Nov. p. 50–53
tarantula, digger wasp, predator-prey relationship 1952 Aug. p. 20–23
ruminants, metabolism, cellulose digestion, anaerobic metabolism, fermentation, how cows digest grass 1958 Feb. p. 34–38
sand dune ecology, thermoregulation, succulent plants, behavioral adaptation, adaptation, adaptive mechanism for life in hot acid environment 1959 July p. 91–99
algae, lichens, fungi, desert ecology, polar ecology, symbiotic nature of lichens 1959 Oct. p. 144–156 [111]
ecological niche, reef ecology, cleaning behavior, animal behavior, behavioral integration of reef ecology 1961 Aug. p. 42–49 [135]
algae, lichens, fungi, fungi as symbionts in lichens 1963 Feb. p. 122–132
fungi, orchids, mycorrhiza, plant evolution, adaptation, adaptive ability of orchids 1966 Jan. p. 70–78
bacteria, algal bloom, blue-green algae, simplest plants, resemblance to bacteria 1966 June p. 74–81
alkaloids, butterfly, larvae, insect repellants, behavioral adaptation, plant evolution, mimicry, butterfly-plant association 1967 June p. 104–113 [1076]
chloroplast, mitochondria, cell organelle, DNA, prokaryote origin, protein synthesis, plastids, cell evolution, extra-nuclear genetic activity in cell 1970 Nov. p. 22–29 [1203]
cell evolution, cell organelle, chloroplast, endosymbiosis, eukaryotic cells, mitochondria, prokaryotic cells, algae, cilia, flagella, plastids 1971 Aug. p. 48–57 [1230]
bee, bumblebee energetics, flower 1973 Apr. p. 96–102 [1270]
bivalves, clams, marine life, mollusks 1975 Apr. p. 96–105
animal behavior, lions, predator-prey relationship 1975 May p. 54–65
algae, bacteria, legumes, nitrogen fixation, nitrogenase, genetic engineering, Haber process, rhizobium, legumes, nitrogenase, biological nitrogen fixation 1977 Mar. p. 68–81
bacteria, bioluminescence, fish, flashlight fishes 1977 Mar. p. 106–114
calveria tree, dodo bird 1977 Oct. p. 81
symbolic language, chimpanzee, learning, operant conditioning, binary numbers, animal behavior, chimpanzee learning arithmatic 1964 May p. 98–106 [484]
symbolic logic, Boolean algebra, switching circuits, paradox 1950 Dec. p. 22–24
logic machine, Stanhope demonstrator, Boolean algebra, syllogisms 1952 Mar. p. 68–73
mathematics, philosophy, Leibnitz, calculus, calculating machine, Leibnitz, biography 1968 May p. 94–100
Dodgson, barber paradox, mathematics, paradox 1972 July p. 38–46
symmetry, handedness, natural and conventional 1948 Oct. p. 46–49
time reversal, reversible reactions, probability against it in macroscopic world 1956 Aug. p. 107–114
elementary particles, parity, 'weak' force, quantum, particle interaction, right and left-handed particles breakdown of parity 1957 Apr. p. 45–53 [231]
antimatter, elementary particles, 'weak' force, parity, particle interaction, recognition of 'fourth force' 1959 Mar. p. 72–84 [247]
parity, time reversal, CPT mirror, mirror images 1965 Dec. p. 28–36 [301]
time reversal, parity, charge conservation, lambda decay, CPT conservation, proton spin, experiments in time reversal 1969 Oct. p. 88–101
gravity, electromagnetic force, 'weak' force, 'strong' force, supergravity, quest for unified theory of basic forces 1978 Feb. p. 126–143 [397]
synapse, acetylcholine, hormone, nerve impulse, serotonin, emotional illness, neurotransmitters, central nervous system, physiological psychology, chemical mediation of nerve impulses 1957 Feb. p. 86–94
electric fishes, sodium ion potential, electroplaques, neurophysiology, acetylcholine, animal behavior, nerve impulse, bioluminescence 1960 Oct. p. 115–124
nerve conduction, reflex arc, motor neuron, membrane potential, inhibitory impulse, transmitter molecules, nerve excitation, activity at the neural synapse 1965 Jan. p. 56–66 [1001]
central nervous system, reflex arc, neuromuscular control, muscle contraction, nerve inhibition, interneuron, motor neuron, stretch reflex, Renshaw cell 1966 May p. 102–110
bacterial toxin, tetanus, botulism, paralysis, nerve impulse, inhibitory impulse, motor neuron, Clostridium tetani, Clostridium botulinum 1968 Apr. p. 69–77
aplysia, neurones, behavior, learning, memory, heterosynaptic facilitation, memory and learning at nerve-cell level 1970 July p. 57–70 [1182]
acetylcholine, nerve impulse, neurotransmitters, nerve-muscle synapse, chemical mediation of neuromuscular transmission 1977 Feb. p. 106–118 [1352]
nerve circuits, dendrites, postsynaptic potential, olfactory bulb, retina, microcircuits in the nervous system 1978 Feb. p. 92–103 [1380]
synchronous muscle, muscle fibril, sarcoplasmic reticulum, insect flight, asynchronous muscle, insect flight muscles 1965 June p. 76–88 [1014]
synchrotron, colliding beam accelerator, cyclotron, high-energy physics, strong-focusing synchrotron, design and purposes of big accelerators 1958 Mar. p. 64 76 [251]
high-energy physics, storage rings, particle accelerator, colliding beam accelerator, spark chamber 1966 Nov. p. 107–116 [323]
particle accelerator, National Accelerator Laboratory, proton beam, neutrino beam 1974 Feb. p. 72–83
elevator engineer Christofilos 1953 June p. 45
synchrotron radiation, radio star, supernovae, Crab Nebula, natural synchrotron 1957 Mar. p. 52–60
radio galaxies, gravitational collapse, nonthermal emission, supernovae, intensity of galactic radio emission 1962 Mar. p. 41–49 [278]
red shift, radio galaxies, radio astronomy, lunar occultation, quasars found to be extra-galactic 1963 Dec. p. 54–62
cosmic radiation, radio galaxies, galaxy M 82, exploding galaxies, proposed origin of cosmic rays 1964 Nov. p. 38–47
cosmic radiation, cosmic ray showers, supernovae, galactic halo, particle acceleration, abundance, energies, sources of cosmic rays 1969 Feb. p. 50–63
electromagnetic spectrum, electron manipulation, electron storage rings, spectroscopy, X-ray lithography, X-ray probe, uses of synchrotron radiation 1977 June p. 32–41 [365]
synchrotron radiation microscope, idea dies with Cambridge Electron Accelerator 1974 Feb. p. 44
synchrotron seismograph, C.E.R.N. instrument 'feels' tremors 1960 Nov. p. 94
syntactic analysis, computer applications, analog-to-digital conversion, computer modeling, computer technology, computer as instrument and as 'actor' in science 1966 Sept. p. 160–172
syntactic rules, grammar, language organization, linguistics, speech errors, spoonerisms 1973 Dec. p. 110–117 [556]
syntax, verbal communication, communication, acoustic formants, phonetics, markedness/unmarkedness dyad, morphemes, context

sensitivity, invariant/variable dyad 1972 Sept. p. 72–80
synthane process, coal gasification, energy resources, gasification processes, Lurgi process, Hygas process, CO_2 acceptor process, coal technology 1974 Mar. p. 19–25
synthetic attractants, insecticide, insect attractant, chemotaxis, odor-baited lure, pheromones, third-generation insecticides 1964 Aug. p. 20–27 [189]
synthetic detergents, anionic detergent, cationic detergent, surfactant, nature and action of synthetic detergents 1951 Oct. p. 26–30
synthetic diamonds, high pressure, carbon phases, thermodynamics, states of matter 1955 Nov. p. 42–46
high-pressure technology, from laboratory to industrial applications 1965 May p. 38–46
crystal growth, diamond-crystal structure, graphite-crystal structure, synthesis at low pressure 1975 Nov. p. 102–109
G.E. in business 1955 Apr. p. 47
pressure reduced by catalysis 1960 Jan. p. 74
'synthetic' elements, cosmology, red shift, galactic recession, element abundance, universe expansion 1948 July p. 20–25
periodic table, transuranium elements, table of elements, stable isotopes, isotopes, first of a series of articles, recounting the completion of the table of elements (43 [technetium], 61[promethium], 85[astatine] and 87[francium]) and the first five transuranic elements (93[neptunium], 94[plutonium], 95[americium], 96[curium] and 97[berkelium]) 1950 Apr. p. 38–47 [242]
thermonuclear reaction, element abundance, stellar evolution, universe, isotopes, particle accelerator, experimental astrophysics 1956 Sept. p. 82–91
californium, table of elements, einsteinium, fermium, transuranium elements, mendelevium, radioactive decay, periodic table at 101 1956 Dec. p. 66–80 [243]
uranium fission, nuclear fission, fission products, radium, isotropy, transuranium elements, science history, discovery of fission 1958 Feb. p. 76–84
element 103, lawrencium, transuranium elements, high-flux isotope reactor, heavy-ion linear accelerator, periodic table at 103 1963 Apr. p. 68–78
alpha decay, transuranium elements, isotopes, nuclear stability, beta decay, radioactive decay, periodic table, the 'superheavy' elements beyond 103 1969 Apr. p. 56–67
isotopes, elements, radioactive decay, atomic nucleus, exotic isotopes of light elements 1978 June p. 60–72 [3010]
transuranium elements, element 97 1950 Mar. p. 28
99 and 100 1954 Apr. p. 48
17 atoms of 101 1955 July p. 50
transuranium elements, nobelium 1958 July p. 49
transuranium elements, element 103 1961 June p. 84
synthetic fiber, rayon, nylon, synthetic macromolecules, cellulose, glass, man-made textile fibers 1951 July p. 37–45
glass fiber, materials technology, composite materials, plastics, properties of 'two-phase' materials 1962 Jan. p. 124–134
terylene 1951 Apr. p. 34
synthetic fuels, energy conservation, nuclear power, fossil fuel, solar energy, energy policy of U.S. 1974 Jan. p. 20–29 [684]
synthetic hevea, rubber, man-made natural rubber 1955 Dec. p. 50
synthetic macromolecules, synthetic fiber, rayon, nylon, cellulose, glass, man-made textile fibers 1951 July p. 37–45
synthetic polymers, amorphous polymers, polymer microstructure, random-coil model, semicrystalline polymers, thermoplastic polymers 1975 Dec. p. 96–106
synthetic RNA, interferon induction, poly I:C, virus disease 1971 July p. 26–31 [1226]
syphilis, antibodies 1949 June p. 27
syrinx, bird song, communication, songbirds, mechanism of sound production 1969 Nov. p. 126–139 [1162]
systems analysis, operations research, decision theory 1951 Mar. p. 15–17
computer programming, computer language, computer technology, how to write a computer program 1966 Sept. p. 112–124
cities, urban transport, computer modeling, personal-transit systems, mass transit 1969 July p. 19–27
systems design, accounting, computer technology, computer decision making, bookkeeping, uses of computers in organizations 1966 Sept. p. 192–202

T

T-cells, antibody molecule, antigens, B-cells, immune system, lymphatic system, lymphocytes 1973 July p. 52–60 [1276]
antibodies, bursa, cell differentiation, humoral immunity, B-cells, immune system, lymphocytes, thymus 1974 Nov. p. 58–72 [1306]
antibodies, cell membrane, histocomptability, antigens, immune response, immunoglobin, lymphocytes, B-cells 1976 May p. 30–39 [1338]
T4 virus, bacteriophage, virus structure, DNA, mutation, morphogenesis, test-tube reconstruction of viral components 1967 July p. 60–74 [1079]
table of elements, periodic table, 'synthetic' elements, transuranium elements, stable isotopes, isotopes, first of a series of articles, recounting the completion of the table of elements (43 [technetium], 61[promethium], 85[astatine] and 87[francium]) and the first five transuranic elements (93[neptunium], 94[plutonium], 95[americium], 96[curium] and 97[berkelium]) 1950 Apr. p. 38–47 [242]
rare earths, fission products, abundance in fission products draws attention to rare earths 1951 Nov. p. 26–30
californium, einsteinium, fermium, 'synthetic' elements, transuranium elements, mendelevium, radioactive decay, periodic table at 101 1956 Dec. p. 66–80 [243]
element 98-californium 1950 May p. 27
table of isotopes, atomic nucleus, shell model, 'magic numbers', spin-orbit coupling 1951 Mar. p. 22–26
tachistoscope, digit recall, short-term memory, long-term memory, memory 1966 July p. 90–95 [499]
tachyons, Cerenkov radiation, high-energy physics, speed of light, special relativity, hypothetical particles faster than light 1970 Feb. p. 68–77
taconite, iron ore, mining, ore beneficiation, low-grade ores, hematite 1968 Jan. p. 28–35
tactical nuclear weapons, arms race, neutron bomb, atomic weapons, U.S. decision to develop and deploy enhanced radiation weapons 1978 May p. 44–51 [3007]
deployment by U.S. forces in Europe 1973 Oct. p. 47
not counted in SALT 1975 May p. 42
tactical weapons, arms race, cruise missiles, SALT, strategic weapons, control systems, navigation systems 1977 Feb. p. 20–29 [691]
tadpole, frog, thyroid hormone, amphibian metamorphosis, chemistry of amphibian metamorphosis 1963 Nov. p. 110–118 [170]
talking computers, speech synthesis, vocal tract, spectrograph, Voder 1972 Feb. p. 48–58
communication, computer language, man-machine interface 1975 Mar. p. 36–42
Tallensi, Ashanti, social anthropology, kinship, extended family, social structure, social psychology, primitive Tallensian and Ashantian kinship 1959 June p. 146–158
tanker wastes, marine ecology, marine pollution, tar, pelagic tar 1975 June p. 90–97
tankers, natural gas, liquid natural gas, pipelines, storage, distribution of LNG 1967 Oct. p. 30–37
energy economics, energy storage, economic geography, pipelines, power transmission, power, economic geography of energy production, distribution and consumption 1971 Sept. p. 164–175 [669]
energy resources, fuel imports, liquid natural gas, technology assessment, risk estimation, LNG 1977 Apr. p. 22–29
tape recorders, music, sound reproduction, speech grammaphones, auditory perception, engineering of sound systems 1961 Aug. p. 72–84
tapetum lucidum, bioluminescence, fish, fish-scale crystals, optics under water, camouflage 1971 Jan. p. 64–72 [1209]
tar, marine ecology, marine pollution, tanker wastes, pelagic tar 1975 June p. 90–97
tar sands, fossil fuel, petroleum reserves, coal reserves, energy consumption, liquid-fuel consumption, shale, coal liquefaction, the fuel problem 1949 Dec. p. 32–39
energy economics, oil shales, petroleum, shale retorts, potential liquid-hydrocarbon reserves 1966 Feb. p. 21–29
tarantula, digger wasp, symbiosis, predator-prey relationship 1952 Aug. p. 20–23
Tartaria tablets, pictograph, Vinca culture, writing, Romania, Sumer, cultural diffusion, Sumerian writing 1968 May p. 30–37

Tasmanian devil, aborigine, stone tools, Paleolithic man, dingo, Australian aborigine, antiquity of man in Australia 1966 Mar. p. 84–93 [628]
Tasmanians, cultural anthropology, racial discrimination, genocide, Yumbri, Yamana, vanishing primitive cultures 1957 May p. 39–45
taste, chemical senses, olfaction, chemoreceptor 1952 Mar. p. 28–32 [404]
silkworm, olfaction, chemical senses, insect chemoreception, comparative physiology 1958 Apr. p. 97–106
taste buds, hearing, vision, sensory organs, ommatidia, neuroreceptor cells, cytology, how cells receive stimuli 1961 Sept. p. 222–238 [99]
taste receptors, sensory perception, Pacinian corpuscle, touch, olfactory receptors, mechanoreceptors, pain receptors, biological transducers 1960 Aug. p. 98–108 [70]
blowfly, chemoreceptor 1961 May p. 135–144
tau particle, leptons, heavy leptons, elementary particles, small light-particle family gains new member 1978 Mar. p. 50–57 [398]
tawny owl, animal behavior, nocturnal animals, predator-prey relationship 1955 Oct. p. 88–98
taxation, housing, land use, population density, shantytowns, government regulation, urban planning, cities, control of land use 1965 Sept. p. 150–160
air pollution, cities, water supply, sewage disposal, smog, water pollution, Los Angeles, New York, metabolism of cities 1965 Sept. p. 178–190
on sulfur in fuel 1971 Mar. p. 48
taxonomy, botany, set theory, computer applications, zoology, numerical taxonomy, computer classification of living things 1966 Dec. p. 106–116 [1059]
new microcrustacean 1955 Mar. p. 54
Tay-Sachs disease, amniocentesis, enzyme deficiency, genetic disease, prenatal genetic diagnosis, hemophilia, Down's syndrome, chromosomal anomalies 1971 Nov. p. 34–42 [1234]
enzyme deficiency, fat metabolism, genetic disease, amniocentesis, lipids, lipid-storage diseases, 10 lipid-storage diseases 1973 Aug. p. 88–97
Taylor column, Jupiter, Great Red Spot, planetary atmosphere, rotation period, hydrodynamic explanation vs. raft hypothesis 1968 Feb. p. 74–82
teacher expectations, educational performance, social deprivation, experiment in self-fulfilling prophecy for disadvantaged children 1968 Apr. p. 19–23 [514]
pupils performance 1976 Nov. p. 54
teaching machine, operant conditioning, inductive reasoning, rhythm, education, self-teaching by small, rigorous steps 1961 Nov. p. 90–102
computer technology, education, programmed instruction, individualized teaching 1966 Sept. p. 206–220 [533]
tear gas, bacteria, chemical weapons, biological weapons, Vietnam war, arms race, CS gas, virus disease, rickettsiae, herbicide, chemical-biological warfare 1970 May p. 15–25 [1176]
tears, lacrimal gland, hypothalamus, nerve impulse, reflex, psychogenic and continuous tears 1964 Oct. p. 78–86
Teays river, fossil river, Kanawha river 1952 June p. 74–80
technetium, rust, corrosion, oxidation, studies in corrosion 1956 May p. 35–39
in the Sun 1951 Sept. p. 54
technical assistance, developing countries, economic development, industrialization, 'point four' 1950 Mar. p. 16–19
foreign aid, technology transfer, developing countries, human population 1974 Sept. p. 172–182
technological innovation, science history, windmills, pumps, blast furnace, bellows, medieval technology, medieval uses of the air 1970 Aug. p. 92–100 [336]
electronic circuitry, integrated circuits, microelectronics, silicon 'chips', introduction to single-topic issue on microelectronics 1977 Sept. p. 62–69 [374]
technological unemployment, racial discrimination, U.S. Black unemployment 1967 Sept. p. 102
technology, Earth crust, Mohorovicic discontinuity, Mohole, Earth mantle, objectives of Mohole Project 1959 Apr. p. 41–49
automatic control, economics, input-output analysis, labor force, U.S. impact of technological change, 1947-1958, input-output tables 1966 Apr. p. 25–31 [629]
commerce, invention, patent-law reform 1967 June p. 19–27
Chinese industry, economic development, progress of People's Republic of China in computer electronics, instrumentation and control technologies 1972 Dec. p. 13–17
Bruegel the Elder, Renaissance technology, glimpses of practical knowledge at work 400 years ago 1978 Mar. p. 134–140 [3003]
implications of 'automation' 1957 May p. 66
see also: medical technology, agricultural technology and the like
technology assessment, color television, picture elements, line structure, field-scanning rate, competing color television systems weighed 1950 Dec. p. 13–17
Phocomelia, pharmacology, thalidomide, U.S. F.D.A. in thalidomide catastrophe 1962 Aug. p. 29–35 [1100]
air transport, science policy, automobile transportation, air pollution, noise pollution, technology assessment institutions proposed 1970 Feb. p. 13–21 [332]
decision theory, energy economics, power production, tort law, economic planning, market process 1971 Sept. p. 191–200 [671]
electromagnetic spectrum, irradiation standards, microwave diodes, microwave radiation, risk estimation 1972 Feb. p. 13–21
civil defense, arms race, fallout, limited nuclear warfare, flexible-response strategy, limited nuclear war 1976 Nov. p. 27–37
energy resources, fuel imports, liquid natural gas, risk estimation, tankers, LNG 1977 Apr. p. 22–29
Congressional report 1966 Dec. p. 57
U.S. institutions urged 1969 Oct. p. 46
technology and law 1971 Feb. p. 45
legislation establishes agency 1972 May p. 48
tanker operation 1975 Nov. p. 58
coal technology, coal-slurry pipelines 1978 Mar. p. 70
technology history, rocket engine, reaction propulsion, regenerative motor, liquid fuel, status of the technology on eve of space age 1949 May p. 30–39
friction, Leonardo, Coulomb, sliding surfaces, molecular cohesion, 'coppering' 1951 Feb. p. 54–58
steam engine, mine drainage, Watt, pumps, Industrial Revolution, Newcomen engine, origins of steam engine 1964 Jan. p. 98–107
bearing, friction, gears, Leonardo, Codex Madrid I 1971 Feb. p. 100–110
automobile design, automobile racing, Paris-Bordeaux race of 1895 1972 May p. 102–111
bicycle technology, economic development 1973 Mar. p. 81–91
coal technology, Industrial Revolution, iron smelting, blast furnace, Newcomen engine 1974 Aug. p. 92–97
barge transport, canals, transportation, in U.S. 1976 July p. 116–124
fossil fuel, coal technology, Industrial Revolution, 16th c. energy crisis, wood-fuel shortage 1977 Nov. p. 140–151 [391]
electric chair, Edison (DC) vs. Westinghouse (AC) 1973 Apr. p. 45
technology transfer, economic development, Industrial Revolution, introduction to single-topic issue on technology and economic development 1963 Sept. p. 52–61
economic development, agricultural technology, human nutrition, food production, nutritional self-sufficiency in economic development 1963 Sept. p. 72–80 [1153]
economic development, industrialization, mineral resources, metal consumption, natural resources and technological substitution 1963 Sept. p. 128–136
industrial technology, Nigeria, economic development, tribal politics, economic development of former colonial region 1963 Sept. p. 168–184
economic development, industrialization, population control, agricultural production, food production, economic planning, India, economic development by democratic planning 1963 Sept. p. 189–206
economic development, industrialization, economic planning, market process versus planning in economic development 1963 Sept. p. 235–244
foreign aid, developing countries, technical assistance, human population 1974 Sept. p. 172–182
'green revolution', India, food and agriculture, monsoons, irrigation, fertilizers, rice, agronomy, wheat, hybrid crop plants 1976 Sept. p. 154–163
developing countries, 'green revolution', food and agriculture, economic development 1976 Sept. p. 196–205
tectonic processes, mountain formation, Earth mantle, convection currents, the 'blister hypothesis' 1949 June p. 16–21
moon, cratering, meteorites, origin of lunar craters 1949 July p. 20–24

Earth crust, mountain formation, isostasis, granitization, ocean basins, ocean floor, comprehensive review of understanding (before acceptance of continental drift) 1950 May p. 32–41
geology, mathematical model, scaling, block fault, geosyncline, experimental geology 1961 Feb. p. 96–106
dust storms, Mars, terrestrial planets, cratering, mountain formation, erosion, hydrology, solar system 1975 Sept. p. 106–117

teepee, building construction, architecture, primitive architecture, climate, igloo, yurt, tent, sod hut, adobe house, hogan, stilt house 1960 Dec. p. 134–144

teeth, enamel, dentin, metabolism, fluoridation 1953 June p. 38–42

tektites, meteoritic impact, strewn fields, origin of glassy stone 1961 Nov. p. 58–65 [802]
Earth, meteorites, moon, moon as source of tektites 1964 Feb. p. 50–57
comet, geomagnetism, magnetic reversals, meteorites, meteoritic impacts 1967 July p. 32–38
from Earth or moon? 1961 June p. 86
chemical composition 1962 June p. 84
another hypothesis 1962 Nov. p. 72
Wilkes Land anomaly 1962 Dec. p. 68

Telanthropus, a species of genus Homo 1970 June p. 52

telecommunication, artificial satellite, communication satellite, orbital motion, Echo II satellite, radio, satellite communication systems, consideration of alternatives 1961 Oct. p. 90–102
artificial satellite, communication, data transmission, pulse-code modulation, digital transmission 1966 Sept. p. 144–156
communication technology, digital transmission, microelectronics 1977 Sept. p. 192–209 [382]
radio astronomy, channels reserved for astronomical study 1959 Dec. p. 82
radio astronomy, UHF TV bands to radio astronomy 1963 July p. 65

telemetry, artificial satellite, orbital motion, rocket launcher, plans for U.S. 10-pound (pre-Sputnik) satellite 1956 Nov. p. 41–47
artificial satellite, solar particles, cosmic radiation, Van Allen belts, geomagnetism, radiation belts, space exploration, mapping of radiation belts by Explorer satellites 1959 Mar. p. 39–47 [248]
ultraviolet radiation, Sun, astronomy, rocket-borne instrumentation 1959 June p. 52–59
Arctic Ocean, ocean circulation, meteorology, Northeast Passage, ice-floe islands, bathymetry, marine biology, Soviet Arctic research 1961 May p. 88–102
weather satellites, Tiros, atmospheric circulation, heat budget of Earth, air masses, videocameras, photographic weather maps, weather forecasting 1961 July p. 80–94
gamma-ray astronomy, astronomy, Earth satellite, first glimpse of gamma-ray sky 1962 May p. 52–61
Mariner 2, space exploration, Venus, navigation, orbital motion, high-resolution studies of Venus 1963 July p. 70–84
animal migration, animal navigation, turtles, sexual behavior, nesting, Chelonia mydas, green turtle, 1,400-mile journey 1965 May p. 78–86 [1010]
artificial satellite, Mars, space exploration, Mariner 4, spacecraft navigation, spacecraft 1966 Mar. p. 42–52
Mars, space exploration, computer enhancement, television camera, computer graphics, Mariner IV photographs, Martian topography 1966 Apr. p. 54–68
animal migration, polar bears, satellite, Arctic, satellite tracking of migratory animals 1968 Feb. p. 108–116 [1102]
moon, lunar surface, space exploration, high-resolution photography, Lunar Orbiter space missions 1968 May p. 58–78
Mariner 6, Mars, Mariner 7, orbital motion, polar cap, television camera, cratering, surface pictures and map of Mars 1970 May p. 26–41
signal reinforcement by artificial satellites, ghost effect 1961 Jan. p. 88

telephone, electronic telephone, solid-state electronics, integrated circuits, telephone based on integrated circuits 1978 Mar. p. 58–64 [3002]
trans-Atlantic coaxial 1955 Aug. p. 47
transpacific cable 1964 Apr. p. 64
optical telephone, system tested 1976 Dec. p. 53

telephone 'cable', wave guide 1955 Apr. p. 47

telephone switching, electronic switching, electromechanical switching, markers, electronic replaces electromechanical switch 1962 July p. 132–143

telephone systems, communication networks, communication satellite, electronic switching, multiplexing, network theory, radio, communication, television systems 1972 Sept. p. 116–128

telescope, astronomy, image enhancement, electronic camera, image intensifier, electronic image processing 1956 Mar. p. 81–90
camera, lens design, interferometry, computer graphics, image formation, light 1968 Sept. p. 96–108
120-inch telescope to be orbited 1974 Feb. p. 44

television, content analysis, allocation of time, a critical review by educators 1951 June p. 15–17
underwater 1953 June p. 32–37
aggression, violence, delinquency, motion picture film, catharsis, effects of observing filmed violence 1964 Feb. p. 35–41 [481]
cable television, communication technology, wired-city concept 1971 Oct. p. 22–29
two million families glued to tube 1949 Sept. p. 26
in education 1951 Jan. p. 27
educational programming 1952 Mar. p. 40
suppression abreaction 1955 July p. 52
see also: color television

television camera, Mars, space exploration, computer enhancement, telemetry, computer graphics, Mariner IV photographs, Martian topography 1966 Apr. p. 54–68
vision, retina, photographic emulsion, vidicon, photochemistry, light, image detection, electronic camera 1968 Sept. p. 110–117
Mariner 6, Mars, Mariner 7, telemetry, orbital motion, polar cap, cratering, surface pictures and map of Mars 1970 May p. 26–41

television for farm areas, transmitter ranges to overlap 1948 Dec. p. 26

television receiver, liquid crystals, display devices, dynamic scattering, storage mode 1970 Apr. p. 100–106

television systems, communication networks, communication satellite, electronic switching, multiplexing, network theory, radio, communication, telephone systems 1972 Sept. p. 116–128

television violence, communication, mass-communication media, message systems, cultural patterns, sociology, mass communications as social environment 1972 Sept. p. 152–160 [679]

temperament, behavior, encephalitis, hyperactive child, genetic disease, amphetamines, possibly innate disease syndrome 1970 Apr. p. 94–98 [527]
personality, child development, parental care, infant behavior, interaction of temperament and environment, nature-nurture 1970 Aug. p. 102–109 [529]

'temperate' infection, carcinogenesis, polyoma virus, recombinant DNA, virus disease, genetic transduction, viral induced malignancy 1960 Nov. p. 63–71 [77]

temperature, heat, thermodynamics, quantum mechanics, entropy, equation of state, energy, black body radiation, What is heat? 1954 Sept. p. 58–63
degrees C, means Celsius, not Centigrade 1949 May p. 26
see also: day-night temperature, high temperature, low temperature, body temperature

temperature at a distance, optical pyrometer 1955 Oct. p. 50

temperature limits, heat, chemistry, regenerative furnace, nitrogen fixation, high temperatures: chemistry 1954 Sept. p. 109–119
heat, materials, ablation, rocket nozzle, turbine bucket, high temperatures: materials 1954 Sept. p. 98–106

temperature measurement, oxygen isotopes, foraminifera, abyssal sediments, paleontology, glaciation, climatic change, measurement of ancient temperatures 1958 Feb. p. 54–63

temperature of Earth, climate, air pollution, atmospheric circulation, carbon dioxide 'window', particulates, ozone, human activity and climatic change 1971 Jan. p. 32–42 [894]

temperature range, heat, life, heat and life 1954 Sept. p. 64–68

temperature regulation, 'cold-blooded' animals, ectothermy, metabolism, heterothermy, insect flight, sphinx moths, Mandura sexta warm-up mechanisms 1972 June p. 70–77 [1252]

temperature standard, cesium clock, length standard, mass standard, time standard, interferometry, measurement 1968 June p. 50–62

temple of Apollo, Greek civilization, underwater archeology 1974 Oct. p. 110–118

temporal relations, biological clock, time perception, temperature-time interrelation, kappa movement effect 1964 Nov. p. 116, 124

tendon organ, muscle control, muscle spindles, psychophysics, sensory feedback, servomechanisms, stretch reflex 1972 May p. 30–37 [1249]

tendons, aging, collagen, biological age 1963 Apr. p. 104–114 [155]

tensile strength, cavitation, droplet-levitation technique, liquids, negative-pressure concept, surface tension 1972 Dec. p. 58–71

tensile-stress hypothesis, continental drift, plate tectonics, sea-floor spreading, ocean ridges, convection currents, Earth mantle 1969 Nov. p. 102–119
tent, building construction, architecture, primitive architecture, climate, igloo, teepee, yurt, sod hut, adobe house, hogan, stilt house 1960 Dec. p. 134–144
teosinte, corn, genetics, tripsacum, pod corn, popcorn, hybrid cells, New World archeology, plant genetic experiment and archeological finds point to pool corn as wild ancester of maise 1950 July p. 20–24 [26]
Teotihuacan, Amerindian prehistory, Middle America, Mexico, New World archeology, pre-Columbian metropolis 1967 June p. 38–48
teratogenesis, mutation, genetic disease, studied for clues to genetic controls 1950 June p. 16–19
cleft palate, congenital anomalies, fetal injury, embryonic development, rubella, teratology 1957 Oct. p. 109–116
congenital anomalies, purpura, virus disease, vaccine, pregnancy, congenital rubella, rubella 1966 July p. 30–37
teratoma, cancer, multipotential cells, tumor, gene expression, plant cell, inhibitions 1965 Nov. p. 75–83 [1024]
Teredo, shipworm, cellulose digestion, natural history 1961 Feb. p. 132–142
'Terman sample', scientists, sociability, social psychology, scientists and 'other people' compared on basis of 'Terman' sample of intellectually gifted persons under three-decade longitudinal study 1955 Jan. p. 25–29 [437]
terminal velocity, free fall, Galileo's experiments, gravity, acceleration of gravity 1975 Mar. p. 102–111
termite, social insect, cell analogy, behavioral adaptation, insect behavior 1953 May p. 74–78
Africa, entomology, insect behavior, air conditioning, airconditioned termite nests 1961 July p. 138–145
terramycin, new antibiotic 1950 July p. 29
terrestrial magnetism, *see:* geomagnetism
terrestrial planets, dust storms, Mars, cratering, tectonic processes, mountain formation, erosion, hydrology, solar system 1975 Sept. p. 106–117
terrestrial radiation, wind, solar radiation, energy cycle, biosphere, albedo, atmospheric circulation, climate, ocean circulation, carbon dioxide 'window', Earth energy cycle 1970 Sept. p. 54–63 [1189]
biosphere, energy cycle, photosynthesis, respiration, power, radiation energy, solar radiation 1971 Sept. p. 88–100 [664]
territorial behavior, comparative psychology, animal behavior, prairie dogs, social behavior, innate behavior, learning behavior, field observation of prairie dog communities 1959 Oct. p. 128–140
animal behavior, population control, reproduction, homeostatic population controls 1964 Aug. p. 68–74 [192]
aggression, rats, animal behavior, social behavior, natural history, Rattus rattus, Rattus norvegicus 1967 Jan. p. 78–85
communication, pheromones, rabbits, scent glands, pecking order, territorial marking by rabbit 1968 May p. 116–126 [1108]
tertiary structure, protein structure, protein synthesis, amino-acid sequence, peptide bond, hydrogen bonds, nature, diversity and function of proteins 1950 June p. 32–41 [10]
tessellation, mathematics, geometry, topology, quinary system, decimal system, knots, primitive mathematics 1948 Dec. p. 44–49
topology, shape, polygons, polyhedra, space-filling 1954 Jan. p. 58–64
test scores, intellectual resources of U.S., college graduates, doctorates 1951 Sept. p. 42–46
testosterone, animal behavior, sex differences, hypothalamus, physiological psychology, sex hormones, pituitary hormones, sex differences in rat brain, effect of testosterone 1966 Apr. p. 84–90 [498]
sex hormone and behavior 1956 Oct. p. 71
tetanus, bacterial toxin, botulism, paralysis, nerve impulse, inhibitory impulse, synapse, motor neuron, Clostridium tetani, Clostridium botulinum 1968 Apr. p. 69–77
Tethys Sea, Black Sea, Mediterranean Sea, sea level, geological history of Black Sea 1978 May p. 52–63 [932]
tetrapyrrole ring, chlorophyll, hemoglobin, cytochrome, respiration, enzymes, tetrapyrrole virtuosity 1958 Aug. p. 77–81
tetrodotoxin, animal toxins, nerve conduction block, saxitoxin, poisons, puffer fish, California newt 1967 Aug. p. 60–71 [1080]
Tewa Indians, Amerindian, Hopi Indians, cultural assimilation, Pueblo Indians 1957 June p. 126–136
textile fibers, artificial fibers, natural fibers, spinning technology, yarn 1972 Dec. p. 46–56
texture agents, flavoring, food additives, food coloring, food preservatives, safety of additives 1972 Mar. p. 15–21
texture discrimination, pattern recognition, visual perception, computer graphics, stereoscopic images, depth perception 1965 Feb. p. 38–48 [318]
pattern recognition, figure-ground perception, visual perception, perceptual limitations 1975 Apr. p. 34–43 [563]
Thailand, Hoabinhian culture, Neolithic archeology, agricultural revolution, Spirit Cave site 1972 Apr. p. 34–41 [675]
thalidomide, Phocomelia, pharmacology, technology assessment, U.S. F.D.A. in thalidomide catastrophe 1962 Aug. p. 29–35 [1100]
F.D.A. regulations 1962 Sept. p. 98
Themistocles, Athens, Xerxes, Salamis, Classical archeology, Battle of Salamis, 480 B.C., tablets deciphered 1961 Mar. p. 111–120
theoretical chemistry, SHAB principle 1965 Aug. p. 46
theoretical physics, atom, Pauli, exclusion principle, antimatter, quantum mechanics, structure of atoms and nuclei 1959 July p. 74–86 [264]
symmetry schemes proliferating 1965 May p. 50
therapeutic community, group therapy, emotional illness, role-channeling 1971 Mar. p. 34–42 [534]
therapsids, reptile, dinosaurs, mammalian evolution, paleontology, ichthyosaurs, evolution, origin of mammals 1949 Mar. p. 40–43
thermal cells, thunderstorms, origin and course 1950 June p. 48–50
aerodynamics, bird flight, airfoil, soaring 1952 Apr. p. 24–29
soaring, wind velocity, air currents, aerodynamics, ornithology, bird flight, flight of soaring birds 1962 Apr. p. 130–140
bird flight, gliding birds, soaring, vultures, lift phenomena 1973 Dec. p. 102–109
thermal conductivity, heat conduction, phonon, thermal waves, materials technology, thermal properties of materials 1967 Sept. p. 180–188
boundary-phase hypothesis, superdense water, water II, polymerization, polywater, surface tension, evidence for water II argued 1970 Nov. p. 52–71
thermal neutrons, neutron radiography, fission reactor, nondestructive testing, neutrons as inspection tool 1962 Nov. p. 107–119 [287]
thermal pollution, nuclear power, industrial cooling, water pollution, aquatic life, cooling towers, waste heat 1969 Mar. p. 18–27 [1135]
calefaction, Connecticut River, fission reactor, industrial cooling, nuclear power, fisheries, ecology, fish crisis 1970 May p. 42–52 [1177]
energy demand, Industrial Revolution, biosphere, energy technology, fossil fuel cycle, carbon dioxide, industrial emissions, modification of natural cycles by man 1970 Sept. p. 174–190 [1197]
thermal pressure, gravity, stellar evolution, space-time continuum, gravitational collapse, singularity, gravitational radius, black hole 1967 Nov. p. 88–98
thermal radiation, convection currents, plants, thermoregulation, solar radiation, transpiration, energy transfer, heat transfer in plant leaves 1965 Dec. p. 76–84 [1029]
thermal updraft, tornadoes, meteorology, radar tracking, weather forecasting 1958 May p. 31–37
thermal waves, heat conduction, phonon, materials technology, thermal conductivity, thermal properties of materials 1967 Sept. p. 180–188
heat, diffusion, solid state physics, second sound, cryogenics, wave propagation, phonon, helium, thermal waves in solid helium 1970 May p. 92–101
thermionic emission, electronics, electron tubes, amplifiers, communication technology, rectifiers, electron optics, cathode-ray tube, communication, power, state of the technology 1950 Oct. p. 30–39
thermionic tube, rectification, radio, diode, Fleming, electron tube , history of science, England, Edison, lamps, Deforest 1969 Mar. p. 104–112
thermocline, limnology, pond life, dissolved oxygen, plankton, hypolimnion, oxidation-reduction balance in depths of a pond 1951 Oct. p. 68–72
thermodynamics, communication, information theory, entropy 1949 July p. 11–15
heat pump, Carnot cycle, principles and applications of heat pump 1951 May p. 54–59
information theory, statistics, noise, redundancy, digital storage media, analogue storage media, information compression, automatic control, information 1952 Sept. p. 132–148
heat, quantum mechanics, entropy, equation of state, energy, black body radiation, temperature, What is heat? 1954 Sept. p. 58–63
synthetic diamonds, high pressure, carbon phases, states of matter 1955 Nov. p. 42–46

perpetual motion, Maxwell's demon, second law of thermodynamics 1967 Nov. p. 103–110 [317]
friction, perpetual motion machines, entropy 1968 Jan. p. 114–122
energy-information interaction, entropy in communication, power, information flow, information theory 1971 Sept. p. 179–188 [670]
thermoelectricity, semiconductor, Seebeck effect, Peltier effect 1958 Nov. p. 31–37
sound energy, heat conduction, cryogenics, phonon, quantum mechanics of heat conduction 1962 Dec. p. 92–104 [288]
heat-to-electricity technology 1958 Nov. p. 58
bimetallic thermocouple 1959 Jan. p. 64
thermography, medical diagnosis, tumor, arthritis, skin temperature, circulatory disorders 1967 Feb. p. 94–102
thermomagnetic cooling, crystallography, magnetothermoelectricity, semimetal, solid-state refrigeration 1964 June p. 70–82
thermomagnetism, Ettingshausen effect, Hall effect, Nernst effect, Righi-Leduc effect, galvanomagnetism, science history, industrial technology, technological applications of 19th c. discoveries 1961 Dec. p. 124–136
thermomechanical processing, materials technology, metalliding, superplasticity, microduplex structure, grain structure, metals that can be formed like plastics 1969 Mar. p. 28–35
thermonuclear energy, celestial energy, cosmological 'hangups', energy cycle, power, radiation energy, entropy per unit energy, gravitational energy, stellar evolution 1971 Sept. p. 50–59 [662]
thermonuclear reaction, solar system, Sun, cosmology, dust cloud hypothesis, gravity, light pressure, gravitational collapse, genesis of solar system 1948 May p. 35–45
Sun, carbon cycle, sunspots, solar spectrum, nearest star 1948 Nov. p. 26–39
proton-proton interaction, carbon cycle, stellar energy 1950 Jan. p. 42–45
hydrogen bomb, arms race, the Hydrogen Bomb – first of four articles published at the time the U.S. government determined to proceed with its development, production, perfection and deployment 1950 Mar. p. 11–15
heat, stellar interiors, hydrogen bomb, solar corona, proton-proton interaction, helium reaction, ultrahigh temperatures 1954 Sept. p. 144–154
nuclear power, 'atoms for peace', fission reactor, fusion reactor, C.E.R.N., first of a four-part report on the International Conference on the Peaceful Uses of Atomic Energy, Geneva, August 1945 1955 Oct. p. 27–33
element abundance, stellar evolution, universe, isotopes, 'synthetic' elements, particle accelerator, experimental astrophysics 1956 Sept. p. 82–91
fusion reactor, nuclear power, magnetohydrodynamics, plasma containment, pinch effect, thermonuclear energy for domestic power 1957 Dec. p. 73–84 [236]
magnetic field, plasma instability, fusion reactor, magnetic bottle, anomalous diffusion, nuclear power, leakage of plasma 1967 July p. 76–88
cosmic radiation, solar radiation, neutrino, solar neutrino detector, neutrino detection experiment and predictions 1969 July p. 28–37
fusion reactor, laser implosion, nuclear power, nuclear power, plasma confinement 1974 June p. 24–37
thermonuclear weapons, *see:* atomic weapons, hydrogen bomb
thermoplastic polymers, polyethylene, polymers, catalytic polymerization, properties, production, economics of first 1,000 million-pound plastic 1957 Sept. p. 139–152
amorphous polymers, polymer microstructure, random-coil model, semicrystalline polymers, synthetic polymers 1975 Dec. p. 96–106
thermoregulation, hibernation, metabolic rate, body temperature, animal behavior 1950 Dec. p. 18–21
hummingbird, metabolism, body temperature, hibernation, surface-to-volume ratio 1953 Jan. p. 69–72
shrews, body temperature, metabolism, surface-to-volume ratio 1954 Aug. p. 66–70
diabetes insipidus, thirst, salt excretion, electrolyte balance, urine, kidney, physiological psychology, osmoreceptor theory of thirst, Cannon 'dry mouth' theory 1956 Jan. p. 70–76
fever, leukocyte, homeostasis, hypothalamus, etiology of fever 1957 June p. 62–68
behavioral adaptation, 'cold-blooded' animals, pigmentation, lizard, reptile, behavioral thermoregulation 1959 Apr. p. 105–120
sand dune ecology, succulent plants, behavioral adaptation, symbiosis, adaptation, adaptive mechanism for life in hot acid environment 1959 July p. 91–99
comparative psychology, desert adaptation, kidney function, salt-water balance, man:camel comparison 1959 Dec. p. 140–151 [1096]
homeostasis, hypothalamus, human physiology, human body thermostat 1961 Jan. p. 134–147 [129]
behavioral adaptation, ground squirrels, Mojave desert, animal behavior, kidney function, desert adaptation, desert mammals' adaptations to heat and aridity 1961 Nov. p. 107–116
dermatoglyphics, skin, hair, surface area, skin glands, structure and function of human skin 1965 Feb. p. 56–66 [1003]
adipose tissue, hibernation, brown fat, homeostasis, metabolism, cold adaptation, neonatal physiology, heat production in newborn animals, including man 1965 Aug. p. 62–65 [1018]
convection currents, plants, solar radiation, thermal radiation, transpiration, energy transfer, heat transfer in plant leaves 1965 Dec. p. 76–84 [1029]
circulatory system, cold adaptation, fur, metabolism, insulation 1966 Jan. p. 94–101 [1032]
antelope, desert adaptation, water drinking, evaporation, eland and oryx, survival without drinking 1969 Jan. p. 88–95
heat exchange, mackerel shark, rete mirabile, comparative physiology, tuna, warm-bodied fishes 1973 Feb. p. 36–44 [1266]
thermostat, control systems, feedback, water clock, windmills, automatic control, flyball governor, origins of feedback control 1970 Oct. p. 110–118
thin-film optical devices, interferometry, fluorescence, wave motion, light waves, monomolecular films, fatty acids 1970 Mar. p. 108–119
integrated circuits, laser light manipulation, light propagation in thin films, optical circuits, photons instead of electrons in circuits 1974 Apr. p. 28–35
thinking, learning, comparative psychology, rhesus monkeys, 'learning to think' 1949 Aug. p. 36–39 [415]
thioctic acid, fungi, mushrooms, mushroom poisoning, toxins, Amanita phalloides 1975 Mar. p. 90–101
thirst, diabetes insipidus, salt excretion, electrolyte balance, thermoregulation, urine, kidney, physiological psychology, osmoreceptor theory of thirst, Cannon 'dry mouth' theory 1956 Jan. p. 70–76
Thomas Aquinas, concordance by computer 1957 Oct. p. 64
Thompson, growth, form, science history, life and work of D'Arcy Thompson 1952 Aug. p. 60–66
thorax, gas exchange, lung, pulmonary ventilation, breathing, alveoli, human physiology, vital capacity, mechanics and physiology of breathing, anatomy of lung 1966 Feb. p. 56–68 [1034]
thorium, as breeder-reactor fuel 1977 May p. 57
thorium cycle, fission reactor, breeder reactor, nuclear power, energy economics, uranium cycle, breeder reactor development 1960 Jan. p. 82–94
breeder reactor, nuclear power, fast neutron reactor, uranium cycle, liquid-metal reactor, fission reactor, energy demand 1970 Nov. p. 13–21 [339]
three-cottages problem, topology, inner-tube eversion, Möbius band, Klein bottle, trefoil knot, Koenigsberg bridges, four-color-map problem 1950 Jan. p. 18–24
three-dimensional image, integral (lenslet) photography 1968 Sept. p. 91
three-dimensional movies, Polaroid and persistence 1951 July p. 28
thrombin, blood clotting, hemagglutination, fibrinogen, molecular biology, fibrin, role of thrombin in converting fibrinogen into fibrin 1962 Mar. p. 60–66
thrombus, blood clotting, Dicumarol, anticoagulant therapy 1951 Mar. p. 18–21
arteries, atherosclerosis, coronary disease, medicine, monoclonal hypothesis, plaque formation 1977 Feb. p. 74–85 [1351]
thunder, acoustic pulses, air pressure, lightning 1975 July p. 80–90
sound frequency 200 cycles per second 1968 Feb. p. 54
lightning, classifying bolts by sound 1975 Jan. p. 49
thundercloud, lightning, ionization, physics of the lightning bolt 1949 Feb. p. 22–27
thunderstorms, thermal cells, origin and course 1950 June p. 48–50
atmospheric ionization, electric field, Wilson hypothesis, atmosphere, thunderstorms replenish Earth's charge 1953 Apr. p. 32–37
weather, wind, jet stream, squall lines, low-altitude jet streams 1961 Aug. p. 120–131

thymine dimer, DNA replication, ultraviolet radiation, mutation rate, radiation damage, repair of DNA 1967 Feb. p. 36–43
thymus, antibody production, immunology, lymphocytes, DNA, autoimmune disease, thymus role in producing antibodies 1962 Nov. p. 50–57 [138]
antibodies, lymphatic system, immune system, lymphocytes, thymus implant in mouse, humoral factor 1964 July p. 66–77
antibodies, bursa, cell differentiation, humoral immunity, B-cells, T-cells, immune system, lymphocytes 1974 Nov. p. 58–72 [1306]
thyroid, goiter, metabolism control, thyroxin, pituitary gland, role of thyroid in governing metabolism 1960 Mar. p. 119–129
calcitonin, metabolism, calcium metabolism, bone, human physiology, hormone, recognition and characterization of calcitonin 1970 Oct. p. 42–50
goiter, hypothyroidism, iodine deficiency, epidemiology, iodized salt 1971 June p. 92–101 [1223]
thyroid hormone, tadpole, frog, amphibian metamorphosis, chemistry of amphibian metamorphosis 1963 Nov. p. 110–118 [170]
thyroid-stimulating hormone, ACTH, hormone, sexual characteristics, growth, follicle-stimulating hormone, prolactin, androgens, estrogens, secondary sexual characteristics, human physiology, endocrine system, chemical integrators of the body 1957 Mar. p. 76–88 [1122]
hormone, hypothalamic hormone, luteinizing hormone, neurohumoral factors, pituitary control, TSH 1972 Nov. p. 24–33 [1260]
thyroidectomy, conditioned reflex, neurosis, operant conditioning, Pavlov, psychology, stress, emotional behavior, neurosis, conditioned reflex is shown to be a neurosis 1954 Jan. p. 48–57 [418]
thyroxin, goiter, thyroid, metabolism control, pituitary gland, role of thyroid in governing metabolism 1960 Mar. p. 119–129
actinomyosin, ecdysone, cortisone, insulin, estrogens, gene activation, RNA synthesis, aldosterone, growth hormone, ACTH, mechanism of hormone action 1965 June p. 36–45 [1013]
amphibian, metamorphosis, frog, pituitary gland, hypothalamus, neurosecretory system, hormone, chemistry of amphibian metamorphosis 1966 May p. 76–88 [1042]
Tibetan plateau, mountain formation, continental drift, earthquake zones, Gobi Desert, Himalaya formation, India-Eurasia collision, plate tectonics, sea-floor spreading 1977 Apr. p. 30–41
ticklishness, explored in controlled experiment 1971 July p. 45
tidal effects, stellar evolution, gravitation effects, contact binaries, binary stars, stellar fission 1968 June p. 34–40
tidal energy, energy consumption, energy resources, fission fuels, power, fossil fuel, fusion fuels, geothermal energy, solar energy 1971 Sept. p. 60–70 [663]
tidal rhythms, biological clock, crabs, diatoms, marine algae, sand hoppers, tidal-zone organisms, integration of biological and sidereal cycles 1975 Feb. p. 70–79 [1316]
'tidal' waves, tsunamis, earthquakes 1954 Aug. p. 60–64
Pacific Basin warning system 1960 Oct. p. 88
tidal-zone organisms, biological clock, crabs, diatoms, marine algae, sand hoppers, tidal rhythms, integration of biological and sidereal cycles 1975 Feb. p. 70–79 [1316]
tides, day's length, Earth-Moon system, lunar orbit, moon 1972 Apr. p. 42–52
tilapia, fisheries, aquaculture, proteins, food, pond culture 1963 May p. 143–152
tilth, soil conditioners, humus, polyacrylates, polyvinylites, cellulose 1953 Aug. p. 36–38
time, measurement, Brownian motion, velocity, uncertainty principle, Planck's constant, limits of measurement 1950 July p. 48–51 [255]
Pythagorean theorem, special relativity, clock paradox 1963 Feb. p. 134–144
calendar, solar system, planetary motion, heliocentric theory, year, astronomy, Copernicus, astronomy, Copernicus, length of calendar year 1966 Oct. p. 88–98
atomic standard 1956 Feb. p. 50
time-keeping, radar, microwaves, spectroscopy, molecular bonds, coherent radiation, resonance absorption, energy levels, quantum jumps, quantum electrodynamics, foundation of maser, laser technology 1948 Sept. p. 16–23
Galileo's experiments, gravitational acceleration, music as time measure 1975 June p. 98–104
time perception, biological clock, temporal relations, temperature-time interrelation, kappa movement effect 1964 Nov. p. 116, 124
time reversal, symmetry, reversible reactions, probability against it in macroscopic world 1956 Aug. p. 107–114
parity, symmetry, CPT mirror, mirror images 1965 Dec. p. 28–36 [301]
antigravity, CPT symmetry, antimatter, probability, philosophy of science 1967 Jan. p. 98–108
symmetry, parity, charge conservation, lambda decay, CPT conservation, proton spin, experiments in time reversal 1969 Oct. p. 88–101
arrow of time, entropy, information theory, hierarchy of structures, macroscopic information increase 1975 Dec. p. 56–69
time reversal invariance, K meson decay results 1964 Sept. p. 81
fifth force suspected 1964 Dec. p. 62
time-sharing, man-machine interface, computer technology, multipe terminals, multiple users 1966 Sept. p. 128–140
time-space continuum, gravity, Einstein, electromagnetism 1961 Mar. p. 94–106
time standard, cesium clock, length standard, mass standard, temperature standard, interferometry, measurement 1968 June p. 50–62
time symmetry, *see:* CPT symmetry
tin, elements, living matter, essential elements, metallo-enzymes, fluorine, silicon, vanadium, list of elements essential to life lengthened to 24 1972 July p. 52–60
Tiros, weather satellites, telemetry, atmospheric circulation, heat budget of Earth, air masses, videocameras, photographic weather maps, weather forecasting 1961 July p. 80–94
tissue, fat metabolism, hormone, obesity, fat tissue, diet, role of fat metabolism in human physiology 1959 Dec. p. 70–76
tissue culture, cancer, tissue grafts, medical diagnosis, cancer tissue grows in heterologous graft 1948 Dec. p. 40–43
plant tissue grafts, plant hormones, dedifferentiation of plant cells, plant growth requirements 1950 Mar. p. 48–51
poliomyelitis virus, rhesus embryo, serial passage, polio vaccine, tissue culture of virus opens way to vaccine 1952 Nov. p. 26–29
cancer, drug research, clone, somatic cells, technique and uses of tissue culture 1956 Oct. p. 50–55
clone, HeLa cancer cells, cell culture, somatic cells, single human cells 1957 Aug. p. 91–100 [33]
enteroviruses, poliomyelitis virus, Coxsackie virus, echo viruses, epidemiology, benign and infectious intestinal viruses 1959 Feb. p. 88–97
embryonic development, tissue differentiation, dissociated cells, reassembly of dissociated tissue cells 1959 May p. 132–144
common cold, virus disease, 20 strains cultured 1960 Dec. p. 88–102
meiosis, mitosis, plant cell differentiation, clone, generation of whole organism from tissue cell (carrot) 1963 Oct. p. 104–113
cell differentiation, embryonic development, pancreas, mesoderm, endoderm 1969 Mar. p. 36–44 [1136]
cancer, SV40 virus, gene transformation, chromosome mapping, somatic cells, hybrid cells, genetics of human cancer 1978 Feb. p. 117–125 [1381]
inducing cells to grow 1956 Feb. p. 58
industrial technique 1978 Apr. p. 80
tumor tissue, 'nude' mice in tumor tissue culture 1978 May p. 88
see also: plant tissue culture, cell culture
tissue differentiation, insect metamorphosis, juvenile hormone, cellular specialization in insect development 1959 Feb. p. 100–110 [63]
embryonic development, tissue culture, dissociated cells, reassembly of dissociated tissue cells 1959 May p. 132–144
cell aggregation, cell 'recognition', cytology, embryonic development, how cells associate 1961 Sept. p. 142–165
tissue grafts, cancer, tissue culture, medical diagnosis, cancer tissue grows in heterologous graft 1948 Dec. p. 40–43
bacterial infection, blood proteins, gammaglobulin, antibodies, immunology, agammaglobulinemia, hereditary immunological deficiency 1957 July p. 93–104
hamster, immune reaction, tolerance of grafts 1963 Jan. p. 118–127 [148]
cell membrane, immune response, organ transplant, tissue-typing, self-marker hypothesis 1972 June p. 28–37 [1251]
embryonic tissue 1958 Apr. p. 52
secured by histocompatibility gene 1960 Aug. p. 75
preventing graft rejection 1961 May p. 78
tissue preservation, cryogenic storage, spermatozoon bank, frostbite, freezing of living cells 1956 June p. 105–114
tissue specialization, embryonic development, cell differentiation, feedback 1958 Dec. p. 36–41
cell differentiation, 'lampbrush' chromosome, embryonic development, zygote, fertilization, ovum, clone, cytology, how cells specialize 1961 Sept. p. 124–140

tissue-typing, cell membrane, immune response, organ transplant, tissue grafts, self-marker hypothesis 1972 June p. 28–37 [1251]
titanium, ilmenite, metallurgy, properties and applications of titanium 1949 Apr. p. 48–51 [258]
toad, animal behavior, escape response, neurophysiology, visual perception, visually guided behavior 1974 Mar. p. 34–42 [1293]
tobacco, carcinogenesis, cigarette smoking, human physiology, lung cancer, coronary disease, effects of smoking 1962 July p. 39–51
tobacco mosaic virus, virology, mutation, amino-acid sequence 1955 July p. 74–78 [59]
virus, protein 'overcoat', nucleic acid 'core', dissociation and reconstitution of infective particles 1956 June p. 42–47
adenoviruses, virology, X-ray diffraction, poliomyelitis virus, polyoma virus, herpes virus, influenza virus, vaccinia virus, bacteriophage, structure of viruses 1963 Jan. p. 48–56
genetic code, RNA nucleotides, protein synthesis, amino-acid sequence, mutation, relation of RNA mutations to amino acid changes 1964 Oct. p. 46–54 [193]
springs full blown? 1952 Nov. p. 44
TMV protein analyzed 1961 Jan. p. 79
Tokomak, nuclear power, fusion reactor, plasma confinement, magnetic bottle 1972 July p. 65–75
laser measurements 1969 Dec. p. 51
systems for fusion power 1975 Mar. p. 48
tomato harvester, mechanical harvesting, cotton picker, agricultural technology, hay cuber, cherry picker, grain combine 1967 Aug. p. 50–59
tombs, Scythian culture, Siberia, refrigerated tombs, archeology, Altai Mountains, cloth, leather and wood artifacts preserved by refrigeration 1965 May p. 100–109
tomography, computer algorithms, computer-assisted imaging, image reconstruction, computer graphics, medical care, CAT scan 1975 Oct. p. 56–68
tone ladder, musical scale, Pythagorean doctrine, music and mathematics, harmonic proportions, Kepler, vibrating string 1967 Dec. p. 92–103
tones, Chinese language, Chinese writing, computer translation, Mandarin Chinese, Chinese dialects 1973 Feb. p. 50–60
Tonga Trench, Pacific Ocean, earth crust, Acapulco trench, Cedros Trough, ocean floor 1955 Nov. p. 36–41 [814]
tonsils, adenoids, myriads of viruses 1954 Nov. p. 50
tool assemblages, stone tools, multivariate analysis, factor analysis, computer analysis, Paleolithic archeology, Bordes method, stone tools as fossils of behavior 1969 Apr. p. 70–84 [643]
tool inventories, Solutrean culture, Upper Paleolithic hunting peoples, stone tools, France, 21,000 years ago 1964 Aug. p. 86–94
tool-using, primate behavior, chimpanzee, social behavior, comparative psychology, observation of chimpanzees in the wild 1962 May p. 128–138 [463]
toolmakers, human evolution, evolution of behavior 1953 Dec. p. 65–72
human evolution, Olduvai Gorge, man-apes, hand axes, stone tools 1954 Jan. p. 66–71
man-apes, Olduvai Gorge, human evolution, cultural evolution, role of tool-making in biological evolution of man, introduction to single-topic issue 1960 Sept. p. 62–75 [601]
hand, human evolution, hominid, evolution of the human hand 1962 Dec. p. 56–62 [140]
hominid, Olduvai Gorge, human evolution, foodsharing, evolution of behavior, evidence for protohuman behavior in two-million-year-old sites 1978 Apr. p. 90–108 [706]
Australopithecus prometheus 1955 Aug. p. 50
bag carriers 1970 Jan. p. 52
human evolution, bones found near Olduvzi Gorge 1976 Oct. p. 57
tools, surgery, scalpels 1951 Nov. p. 62–66
agricultural revolution, Neolithic archeology, slash-burn agriculture, cultural evolution, Stone Age forestry and agronomy 1956 Mar. p. 36–41
Polynesian culture, cultural evolution, language, settlement of South Sea Islands, origin of Polynesians 1956 Aug. p. 58–72
tooth enamel, caries, dentistry, bacteriology, causes of tooth decay 1957 Dec. p. 109–116
topographic microscope, microscopy 1954 Aug. p. 54–59
topography, ocean floor, Aleutian Trench, seamounts, fathogram, sonar, echo-sounding, the Pacific floor 1952 Apr. p. 19–33
topological isomer, catenane, chemical topology, cyclic molecules, molecular structure, ring molecules, linking and knotting of ring molecules 1962 Nov. p. 94–102 [286]
topology, mathematics, geometry, quinary system, decimal system, tessellation, knots, primitive mathematics 1948 Dec. p. 44–49
inner-tube eversion, Möbius band, Klein bottle, trefoil knot, Koenigsberg bridges, four-color-map problem, three-cottages problem 1950 Jan. p. 18–24
Euler, Koenigsberg bridges, essay by Leonard Euler on the Koenigsberg bridges 1953 July p. 66–71
shape, polygons, polyhedra, tessellation, space-filling 1954 Jan. p. 58–64
mathematics, hexaflexagons, flexagon, flexigation, delight and depth of mathematics 1956 Dec. p. 162–166
geometry, mathematics, non-Euclidian geometry, conic sections, history and current uses of geometry 1964 Sept. p. 60–69
fixed point theorems, mathematics, surface deformation, contraction 1966 Jan. p. 105–110
mathematics, sphere, differential topology, torus, everted sphere proof 1966 May p. 112–120
catastrophe theory, discontinuous phenomena, mathematical model 1976 Apr. p. 65–83
toposcope display, electroencephalography, brain waves, alpha rhythms, medical diagnosis, Fourier analysis, automata theory 1954 June p. 54–63
tornadoes, radio observatory, Green Bank observatory, U.S. National Radio Observatory 1956 Oct. p. 56–64
meteorology, radar tracking, thermal updraft, weather forecasting 1958 May p. 31–37
outbreak in U.S. 1975 June p. 49
tornadoes on radar, from start to finish 1953 Aug. p. 42
tort law, decision theory, energy economics, power production, technology assessment, economic planning, market process 1971 Sept. p. 191–200 [671]
torus, mathematics, topology, sphere, differential topology, everted sphere proof 1966 May p. 112–120
touch, sensory perception, Pacinian corpuscle, olfactory receptors, taste receptors, mechanoreceptors, pain receptors, biological transducers 1960 Aug. p. 98–108 [70]
learning, sensory perception, vision, visual perception dominates touch 1967 May p. 96–104 [507]
touch orientation, plant movement, nastic movement, turgor movement, geotropism, phototropism 1955 Feb. p. 100–106
touch, sensory perception, conditioned behavior, learning, long-term memory, short-term memory, lobotomy, octopus, correlation of brain structure and function in octopus 1965 Mar. p. 42–50 [1006]
Tower of Babel, Elamite culture, ziggurat, religion, Biblical archeology, 1000 B.C., Iran 1961 Jan. p. 68–76
towing tank tests, marine engineering, yacht design, hull design, sail design 1966 Aug. p. 60–68
toxicity, antibiotics, infectious disease, bacterial resistance, virus disease, status of new medical technology 1949 Aug. p. 26–35
diphtheria toxin, diphtheria toxoid, diphtheria antitoxin, cytochrome antagonist 1952 Oct. p. 32–36
toxicology, antibiotics, staphylococcus septicemia, antibiotic resistance, oxidative phosphorylation, cause of death from staphylococcal infection 1968 Feb. p. 84–94
toxins, acetylcholine, acetylcholinesterase, nerve gases, nerve poisons, citric-acid cycle, alkaloids, lethal mechanisms at cellular level 1959 Nov. p. 76–84
bacterial infection, endotoxins, exotoxins, bacterial toxin, effects of endotoxins 1964 Mar. p. 36–45
fungi, mushrooms, mushroom poisoning, Amanita phalloides, thioctic acid 1975 Mar. p. 90–101
toxoplasmosis, parasitism, intracellular parasite, infectious disease, encephalitis, insect vectors 1953 Feb. p. 86–92
trace elements, iron, manganese, zinc, copper, magnesium, iodine, human nutrition 1953 Jan. p. 22–25
cobalt, desert ecology, land reclamation, vitamin B12 synthesis, agricultural technology, reclamation of infertile Austrialian land 1959 Jan. p. 97–106
microanalysis, neutron activation, radionuclides, decay properties 1967 Apr. p. 68–82
obsidian, trade, Neolithic archeology, Neolithic trade pattens deduced from obsidian finds 1968 Mar. p. 38–46
tracer chemistry, tritium, cosmic radiation, lithium, nuclear reactor, radioisotope 1954 Apr. p. 38–40
tracer experiments, photosynthesis, chlorophyll, carbon dioxide, water 1948 Aug. p. 24–35

bacteriophage, genetics, reproduction, DNA, protein coat 1953 May p. 36–39
tracer isotopes, for mapping the pancreas 1956 July p. 50
tracheal system, insect physiology, underwater breathing, insect breathing 1953 Feb. p. 28–32
tracheostomy, acute respiratory failure, intensive care, lung, alveolar collapse, emphysema, pathogenesis and treatment of acute respiratory failure 1969 Nov. p. 23–29
trachoma, eye disease, virus disease, vaccination, epidemiology, immunization 1964 Jan. p. 79–86
track detectors, streamer chamber, linear accelerator, pulse generator, new particle detector 1967 Oct. p. 38–46
tracking station, artificial satellite, orbital motion, satellite, space exploration, Sputnik, first artificial Earth satellite 1957 Dec. p. 37–43
artificial satellite, orbital motion, interferometry, antennae, radio astronomy, satellite tracking 1958 Jan. p. 23–29
trade, obsidian, trace elements, Neolithic archeology, Neolithic trade pattens deduced from obsidian finds 1968 Mar. p. 38–46
Arabia, irrigation, Near East, frankincense, myrrh, Biblical archeology, cultures of southern Arabia 1969 Dec. p. 36–46 [653]
trade deficit, economic development, European economy, Economic Commission for Europe, East-West trade, industrial reconstruction 1948 July p. 9–15
trade wind clouds, climate, atmospheric circulation, cumulus clouds, ocean-atmosphere interface 1953 Nov. p. 31–35
trademarks, information theory, painting, sculpture, architecture, visual communication, communication, language, visual stimulus, visual signals 1972 Sept. p. 82–96 [548]
traffic, shantytowns, Calcutta, cities, urbanization, caste, housing, poverty, Calcutta, a city of the poor 1965 Sept. p. 90–102
queues, mathematics, operations research, computer time sharing, applications of queuing theory 1968 Aug. p. 96–103
traffic accidents, statistics 1976 Jan. p. 62
traffic patterns, railway, cities, commutation, mass transit, automobile, transportation, Bay Area Rapid Transit system as model for urban transportation 1965 Sept. p. 162–174
traffic safety, causes of traffic accidents 1957 Aug. p. 58
traffic theory, mathematical model, vehicular traffic flow, urban transport, modeling auto flow patterns 1963 Dec. p. 35–43
tranfusion hepatitis, antibodies, hepatitis A, hepatitis B, viral hepatitis, Australian antigen (B), viral structure, viral disease 1977 July p. 44–52 [1365]
tranquilizers, psychoactive drugs, chlorpromazine, reserpine, Frenquel 1955 Oct. p. 80–86
barbiturates, hypnotics, sedatives, anesthesia, pharmacology 1958 Jan. p. 60–64
clinical indications, patient tolerance 1957 Jan. p. 67
reduces stress syndrome 1957 Aug. p. 62
trans-Pacific contact, Olmec, Mexico-Shang, China 1975 May p. 44
Transcaucasus, transportation, wheeled vehicles, oxen, carts, wagons, Mesopotamia, origin of wheeled transport 5,000 years ago 1968 July p. 82–90
transcendental meditation, blood pressure, human physiology, autonomic nervous system, yoga, Zen Buddhism, physiology of meditation 1972 Feb. p. 84–90 [1242]
transdetermination, cell culture, cell differentiation, larvae, fruit fly 1968 Nov. p. 110–120 [1127]
transfer ribonucleic acid, *see:* tRNA
transferable drug resistance, bacteria, drug resistance, mutation, DNA R-factor, antibiotics, multiple resistance 1967 Dec. p. 19–27
bacteria antibiotics 1966 Feb. p. 53
transformation, *see:* gene transformation, cell transformation, energy transformation and the like
transformation-induced plasticity, materials technology, steel, strength, ductility 1968 Nov. p. 36–45
transistor, solid state physics, vacuum tube, electronics, germanium, diode, triode, dawn of solid-state electronics 1948 Sept. p. 52–55
junction transistor, vacuum tube, electronics, computer technology, forecast of a 'revolution in electronics' 1951 Aug. p. 13–17
junction diode amplifiers, amplifiers, sound reproduction, electronic circuitry, noise 1959 June p. 118–129
integrated circuits, electronic components industry, microelectronics, silicon 'chips' 1965 Nov. p. 56–70
computer memory, integrated circuits, metal-oxide semiconductors, microelectronics, large-scale integrated circuits, logic circuits 1970 Feb. p. 22–31
integrated circuits, metal-oxide semiconductors, microelectronics, silicon 'chips' 1973 Aug. p. 48–57
integrated circuits, logic gates, metal-oxide semiconductors, microelectronics, semiconductor technology 1977 Sept. p. 70–81 [375]
off the shelf 1952 June p. 38
in hearing aids 1953 Feb. p. 40
reliability question 1953 June p. 48
new: 'surface barrier' 1954 Feb. p. 47
field effect 1955 July p. 52
high-frequency oscillator 1955 Oct. p. 48
'spacistor' technology 1957 Sept. p. 110
transistor oscillator, in megacycle spectrum 1952 Aug. p. 38
transition boiling, boiling, liquids, heat transfer, nuclear boiling, film boiling 1954 June p. 64–68
transmission electron microscope, microscopy, scanning electron microscope, light microscope, three-demensional pictures by scanning electron microscope 1972 Jan. p. 54–69
transmission lines, electric power, superconductors 1972 Apr. p. 84–91
transmitter molecules, nerve conduction, synapse, reflex arc, motor neuron, membrane potential, inhibitory impulse, nerve excitation, activity at the neural synapse 1965 Jan. p. 56–66 [1001]
transmitters, communication terminals, computer technology, communication technology, communication, microwave relays, receivers 1972 Sept. p. 130–140
transmutation, alchemy, philosopher's stone, science history 1952 Oct. p. 72–76
transparency, spectroscopy, materials technology, color, photoelectric effect, laser, optical properties of materials 1967 Sept. p. 238–248
color fusion, color scission, perceptual transparency, physical transparency, optical illusion, visual perception 1974 Apr. p. 90–98 [559]
transpiration, convection currents, plants, thermoregulation, solar radiation, thermal radiation, energy transfer, heat transfer in plant leaves 1965 Dec. p. 76–84 [1029]
water cycle, evaporation, runoff, agricultural system, ocean, precipitation, biosphere, photosynthesis 1970 Sept. p. 98–108 [1191]
transport mechanisms, plant nutrition, plant roots, root pressure, soil minerals 1973 May p. 48–58 [1271]
transportation, iron ore, coal reserves, steel markets, changing geography of steel 1952 Jan. p. 44–53
railway, traffic patterns, cities, commutation, mass transit, automobile, Bay Area Rapid Transit system as model for urban transportation 1965 Sept. p. 162–174
wheeled vehicles, oxen, carts, wagons, Transcaucasus, Mesopotamia, origin of wheeled transport 5,000 years ago 1968 July p. 82–90
electromagnetic flight, linear induction motor, linear synchronous motor, 'magneplane' vehicle, magnetic levitation, superconductors 1973 Oct. p. 17–25
barge transport, canals, technology history, in U.S. 1976 July p. 116–124
transportation industry, airport, air traffic control, radar 1960 Dec. p. 47–55
transuranium elements, periodic table, 'synthetic' elements, table of elements, stable isotopes, isotopes, first of a series of articles, recounting the completion of the table of elements (43 [technetium], 61[promethium], 85[astatine] and 87[francium]) and the first five transuranic elements (93[neptunium], 94[plutonium], 95[americium], 96[curium] and 97[berkelium]) 1950 Apr. p. 38–47 [242]
californium, table of elements, einsteinium, fermium, 'synthetic' elements, mendelevium, radioactive decay, periodic table at 101 1956 Dec. p. 66–80 [243]
uranium fission, nuclear fission, fission products, 'synthetic' elements, radium, isotropy, science history, discovery of fission 1958 Feb. p. 76–84
'synthetic' elements, element 103, lawrencium, high-flux isotope reactor, heavy-ion linear accelerator, periodic table at 103 1963 Apr. p. 68–78
alpha decay, isotopes, nuclear stability, beta decay, radioactive decay, 'synthetic' elements, periodic table, the 'superheavy' elements beyond 103 1969 Apr. p. 56–67
'synthetic' elements, element 97 1950 Mar. p. 28
'synthetic' elements, nobelium 1958 July p. 49
'synthetic' elements, element 103 1961 June p. 84
trapped radiation, interplanetary space, Mars, Mariner 4, magnetosphere, micrometeorites, atmosphere, solar wind, cosmic radiation, space exploration 1966 May p. 62–72

traumatic shock, shock, capillary bed, electrolyte balance, cardiovascular system, blood transfusion 1952 Dec. p. 62–68
salt-water treatment 1950 Dec. p. 29
traveler's diarrhea, Escherichia coli alien strain 1970 Mar. p. 64
traveling-wave accelerator, linear accelerator, electron accelerator, internal drift-tube accelerator 1954 Oct. p. 40–44 [234]
traveling-wave tube, microwaves, optical properties, Maxwell's equations, klystron, magnetron, waveguides, communication, radar 1952 Aug. p. 43–51
tree cloning, city trees, pollution effects, ailanthus, ginkgo, London plane, Norway maple 1976 Nov. p. 110–118
tree farming, resource management, gene manipulation, grafting techniques, forestry, Southern pine, seed-orchard concept 1971 Nov. p. 94–103
tree growth, insecticide 1952 May p. 36
tree-ring dating, *see:* dendrochronology
tree structure, auxins, adaptation, trees, plant hormones, ax-head model, mechanical design of trees 1975 July p. 92–102
trees, aphids, sap circulation, phloem, xylem, use of aphids to measure forces in sap flow 1963 Mar. p. 132–142 [154]
ecology, forest succession, leaf distribution 1975 May p. 90–98 [1321]
auxins, adaptation, plant hormones, tree structure, ax-head model, mechanical design of trees 1975 July p. 92–102
trefoil knot, topology, inner-tube eversion, Möbius band, Klein bottle, Koenigsberg bridges, four-color-map problem, three-cottages problem 1950 Jan. p. 18–24
trench faults, ocean floor, East Pacific Rise, subterranean heat flow, earthquakes, convection currents 1961 Dec. p. 52–61
triage, medical care, medicine, physical incapacitation, morbidity, mortality rates, hospital care, ambulatory care, health insurance, introduction to single-topic issue on medical care 1973 Sept. p. 22–33
hospital care, medical care, in-patient care, out-patient care, medical technology, medical history 1973 Sept. p. 128–137
Triassic period, continental drift, plate tectonics, scaling, subduction, sea-floor spreading, Earth crust, Pangaea, computer modeling, supercontinents, breakup of Pangaea traced 1970 Oct. p. 30–41 [892]
tribal cultures, hunting, herding, food gathering, agricultural society, aboriginal culture, India, 'living prehistory' in India 1967 Feb. p. 104–114
tribal politics, industrial technology, Nigeria, economic development, technology transfer, economic development of former colonial region 1963 Sept. p. 168–184
tribes, 'national character', cultural anthropology 1949 Aug. p. 11–15
trichinosis, in U.S. garbage 1973 Dec. p. 56
trickle irrigation, drip irrigation, irrigation, agricultural technology 1977 Nov. p. 62–68 [1371]
Trident, arms race, missile submarines, SLBM, MIRV, Polaris, Poseidon missile 1972 June p. 15–27 [344]
triode, solid state physics, transistor, vacuum tube, electronics, germanium, diode, dawn of solid-state electronics 1948 Sept. p. 52–55
junction transistor, germanium crystal, 'doping' 1952 July p. 28–32
radio, De Forest, vacuum tube, Marconi, Fleming valve, diode, rectification, De Forest's 1906 contributions 1965 Mar. p. 92–100
triplet state, light-matter interaction, photochemistry, flash photolysis, ultraviolet light, photolysis, photoreduction, photooxidation, dye 1968 Sept. p. 158–170
triplets, amino acids, DNA, protein synthesis, genetic code, mutation, molecular biology, RNA, anticodon, ribosomes, triplets, wobble hypothesis 1966 Oct. p. 55–62 [1052]
tripsacum, corn, genetics, teosinte, pod corn, popcorn, hybrid cells, New World archeology, plant genetic experiment and archeological finds point to pool corn as wild ancester of maise 1950 July p. 20–24 [26]
trisomy 21, epidemiology, stress, anoxia, pregnancy, Down's syndrome, etiology of Down's syndrome 1952 Feb. p. 60–66
Down's syndrome, chromosomal anomalies, Klinefelter's syndrome, genetic defect, meiosis, mitosis, gene translocation, nondisjunction, afflictions associated with abnormal chromosome complement 1961 Nov. p. 66–76 [150]
Triticale, grain, proteins, plant protein, plant hybrids, agronomy 1974 Aug. p. 72–80
tritium, cosmic radiation, lithium, nuclear reactor, radioisotope, tracer chemistry 1954 Apr. p. 38–40
fusion reactor, nuclear power, magnetic bottle, plasma confinement, deuterium, magnetic pumping, stellerator 1958 Oct. p. 28–35
tritium in nature, rarest isotope 1950 Nov. p. 26
tRNA: transfer ribonucleic acid
tRNA, ribosome, protein synthesis, DNA, mRNA, nucleus, chromosome, cytology, how cells make molecules 1961 Sept. p. 74–82 [92]
mRNA, genetic code, DNA, ribosome, protein synthesis, genetic code elucidated, amino acid 'dictionary' 1963 Mar. p. 80–94 [153]
RNA, nucleic acid, nucleotide sequence, alanine, enzyme cleavage, fragment assembly, first nucleotide sequence 1966 Feb. p. 30–39 [1033]
amino acids, protein synthesis, formylmethionine, ribosome, mRNA, initiation of protein synthesis 1968 Jan. p. 36–42 [1092]
gene transcription, protein synthesis, molecular structure, 3-D structure of tRNA 1978 Jan. p. 52–62 [1377]
nucleotide sequence for alanine tRNA 1965 May p. 48
crystallographic RNA-structure study 1969 Mar. p. 50
trophallaxis, insect behavior, social insect, army ant, ants, comparative psychology, reproduction, feedback, pheromones, natural history, philosophy of science, anthropomorphism 1948 June p. 16–23
trophoblast, fetus as transplant, histocompatability, immune response, immunological privilege, reproduction, nidation, placenta 1974 Apr. p. 36–46
tropical agriculture, animal husbandry, ecosystem, energy cycle, agricultural system, power, New Guinea 1971 Sept. p. 116–132 [666]
tropical climate, agricultural production, equatorial rain forests, laterization, developing countries, lateritic soil 1964 Nov. p. 96–102 [870]
tropical flora, coal, fossil, flora, Mississippian period, Pennsylvanian period, Carboniferous period, deposition of coal 1948 July p. 46–51
tropical medicine, Anopheles mosquito, malaria, Plasmodium, epidemiology, W.H.O. malaria eradication 1962 May p. 86–96
tropical rain forest, Amazon, developing countries, resource prospecting, economic planning, forest management, mineral resources, electric power, the Amazon frontier 1948 May p. 11–14
strangler trees, ecology, evolution 1954 Jan. p. 78–80
economic development, industrialization, tropical rain forest, subsistence economy, urbanization, resource management, Brazil, uneven national development 1963 Sept. p. 208–220
economic development, industrialization, subsistence economy, tropical rain forest, urbanization, resource management, Brazil, uneven national development 1963 Sept. p. 208–220
rain-forest ecosystem, slash-burn agriculture, ecological fragility, fungal hyphae 1973 Dec. p. 58–67 [1286]
tropocollagen, collagen, proline, hydroxyproline, collagen fibril, connective tissue, nature and properties of most abundant protein 1961 May p. 120–130
tropomyosin, ATP, actin, myosin, actinomyosin, muscle contraction, troponin, calcium, microstructure of muscle filament and biochemistry of contraction 1974 Feb. p. 58–71 [1290]
actin, muscle contraction, muscle fibril, protein switch, troponin, myosin, calicum in muscle 1975 Nov. p. 36–45 [1329]
troponin, ATP, actin, myosin, actinomyosin, muscle contraction, tropomyosin, calcium, microstructure of muscle filament and biochemistry of contraction 1974 Feb. p. 58–71 [1290]
actin, muscle contraction, muscle fibril, protein switch, tropomyosin, myosin, calicum in muscle 1975 Nov. p. 36–45 [1329]
troposphere, communication technology, radio, ionosphere, microwave transmission, ionospheric and tropospheric scattering 1957 Jan. p. 46–51
aerodynamics, air pollution, microclimate, micrometeorology, fluid dynamics, meteorology, turbulence, atmospheric phenomena near the ground 1964 Oct. p. 62–76
trout, stream ecology, mortality, population control, moral: keep the little ones and let the big ones go! 1953 May p. 81–86
lamprey, jawless fish, pest control, Great Lakes, whitefish 1955 Apr. p. 36–41
trumpet bell, musical instruments, physics of brasses, horn flare, trumpet pipe 1973 July p. 24–35
trumpet pipe, musical instruments, physics of brasses, horn flare, trumpet bell 1973 July p. 24–35
trumpeter swan, out of danger 1969 Feb. p. 46
truss bridge, wind bracing, skyscrapers, construction technology, Eiffel Tower, cantilever, steel frame construction, curtain wall 1974 Feb. p. 92–105
truth, grammar, logic, philosophy, sentence, metalogic, mathematical proof, antimony of the liar, proof and truth 1969 June p. 63–77

'truth' drugs, psychoanalysis, psychoactive drugs, psychiatry, emotional illness, clinical use of psychoactive drugs 1960 Mar. p. 145–154 [497]
trypanosomiasis, Chaga's disease, public health, 'zoonoses', parasitism, malaria, filariasis, leishmaniasis, plague, yellow fever, typhus, epidemiology, animal infection and human disease 1960 May p. 161–170
trypsin, proteins, peptide bond, zymogen, proteolytic enzymes, hydrolysis, enzymes, structure and function of protein-digesting enzymes 1964 Dec. p. 68–79
catalytic proteins, enzyme action, protein-cutting enzymes, proteolytic enzymes, serum proteins, chymotrypsin, elastase 1974 July p. 74–88 [1301]
enzyme activity at low temperatures 1966 Dec. p. 65
tryptophan, brain function, carbohydrate, neurotransmitters, serotonin, human nutrition, feedback 1974 Feb. p. 84–91 [1291]
tryptophan-niacin relation, neurospora, mutation, natural selection, gene expression, Mendelian inheritance, genetic disease, one gene-one enzyme hypothesis; selection for defect 1948 Sept. p. 30–39 [1]
Tschudi engine, automobile engines, Wankel engine, rotary engine 1969 Feb. p. 90–99
tsunamis, earthquakes, 'tidal' waves 1954 Aug. p. 60–64
seiches, ocean waves, surf, breakers, generation and propagation of ocean waves 1959 Aug. p. 74–84 [828]
tsuzumi crystals, snow crystals, hexagonal habit, cloud physics, bullet clusters, variations on a theme 1973 Jan. p. 100–107
tubercle bacillus, tuberculosis, mortality rates, economic development, public health, science history, popularization of well-being, not therapy, ends 'white plague' 1949 Oct. p. 30–41
tuberculosis, bacteriology, biology of the germ 1955 June p. 102–110
tuberculosis, tubercle bacillus, mortality rates, economic development, public health, science history, popularization of well-being, not therapy, ends 'white plague' 1949 Oct. p. 30–41
tubercle bacillus, bacteriology, biology of the germ 1955 June p. 102–110
isoniazid, isotopes, streptomycin, para-aminosalicylic acid, pharmacology, tracing action of TB drugs 1956 Nov. p. 135–144
successful chemotherapy 1952 Apr. p. 39
chemotherapy established 1952 May p. 40
drugs, facilitate surgery 1954 Sept. p. 80
BCG vaccine 1956 May p. 60
tuberculosis control, W.H.O. in China 1948 Nov. p. 25
tuberculosis test, no false negatives 1950 Apr. p. 36
tuberculosis vaccine, funds for BCG 1948 June p. 24
tubulin, cell motility, wound healing, cell tracks, embryonic development, mitotic apparatus, cell motion made visible to naked eye 1978 Apr. p. 68–76 [1386]
'tulipomania', horticulture, virology, benign virus infection 1960 Aug. p. 138–144
tumor, cancer, multipotential cells, teratoma, gene expression, plant cell, inhibitions 1965 Nov. p. 75–83 [1024]
medical diagnosis, thermography, arthritis, skin temperature, circulatory disorders 1967 Feb. p. 94–102
tumor inhibition, angiogenesis, avascular tumors, cancer, tumor vascularization, tumor angiogenesis factor (TAF) 1976 May p. 58–73 [1339]
tumor-specific antigens, antibodies, cancer, cell-surface antigens, cancer immunology, immunopotentiators, immune response, leukemia, transplantation antigens 1977 May p. 62–79 [1358]
tumor tissue, tissue culture, 'nude' mice in tumor tissue culture 1978 May p. 88
tumor vascularization, angiogenesis, avascular tumors, cancer, tumor inhibition, tumor angiogenesis factor (TAF) 1976 May p. 58–73 [1339]
tumor-virus antigen, adenoviruses, cancer virus, SV40 virus, DNA virus, DNA recombination, gene transformation, virus etiology of cancer 1966 Mar. p. 34–41
tuna, heat exchange, mackerel shark, rete mirabile, thermoregulation, comparative physiology, warm-bodied fishes 1973 Feb. p. 36–44 [1266]
tunable laser, organic lasers 1969 Feb. p. 30–40
tundra, soil structure, chernozems, podzols, latozols, alluvial soils, agronomy, ecology of soil, soil erosion, the soils of the world and their management 1950 July p. 30–39
tunnel junction, electric current, Josephson effects, superconductivity, microwave emission, quantum mechanics, confirmation and applications of Josephson effects 1966 May p. 30–39
tunnel of Eupalinus, Samos, Greek civilization, Classical archeology, water supply, feat of Classical engineering 1964 June p. 104–112
tunneling, excavating machines, rock borers, earth-moving, surface mining, mining 1967 Nov. p. 74–85
ground water, irrigation, aqueducts, Iran, underground system, 3,00 years old, still in use 1968 Apr. p. 94–105
turbidity currents, ocean floor, submarine canyons, continental shelf, submarine avalanches and topography of ocean floor 1956 Aug. p. 36–41
sandstone, sand dune, granite, weathering, stratigraphy, sand: origin and history from shape of grain 1960 Apr. p. 94–110
turbine blade design, electric power generation, ship propulsion, steam turbines, construction of turbines, applications, history 1969 Apr. p. 100–110
turbine bucket, heat, materials, temperature limits, ablation, rocket nozzle, high temperatures: materials 1954 Sept. p. 98–106
turbulence, nebulae, galaxies, galactic clusters, hierarchy of turbulence in space 1952 June p. 26–30
boundary layer, airfoil, laminar flow, aerodynamics 1954 Aug. p. 72–77
heat, propulsion, energy transformation, aerothermodynamics, laminar flow, high temperatures: propulsion 1954 Sept. p. 120–131
fish, swimming, laminar flow, purpoises, how fishes and sea-going mammals swim 1957 Aug. p. 48–54 [1113]
aerodynamics, air pollution, microclimate, micrometeorology, fluid dynamics, troposphere, meteorology, atmospheric phenomena near the ground 1964 Oct. p. 62–76
fluidization, petroleum cracking, particle bed, gas stream, food processing 1968 July p. 94–104
eddies, negative viscosity, wind, nonuniform flows, rotating systems, viscosity 1970 July p. 72–80
turgor movement, plant movement, nastic movement, geotropism, phototropism, touch orientation 1955 Feb. p. 100–106
Turing machine, automata theory, von Neumann machine, brain circuitry, computer design 1955 Apr. p. 58–67
feedback, computer science, von Neumann machine, automata theory, self-reproducing machine, 'artificial living plants' 1956 Oct. p. 118–126
biological sciences, mathematics, self-reproducing machine, nerve impulse, predation, automata theory, mathematics in biology 1964 Sept. p. 148–164
games theory, logic, computer theory, algorithms, problem solving 1965 Nov. p. 98–106
Turkey, metal artifacts, metallurgy, copper, Neolithic archeology, village-farming communities, man's first use of metals: 7,500 B.C. 1970 Mar. p. 50–56
turkeys, animal behavior, courtship display, pecking order, sexual behavior, lek behavior, Welder Wildlife Refuge 1971 June p. 112–118
Turkish tallies, writing precursors 1977 Aug. p. 58
Turner's syndrome, Barr body, sex differences, chromosome, genetic mosaic, cytology, Klinefelter's syndrome, chromosomal anomalies, sex differences in tissue cells 1963 July p. 54–62 [161]
turtles, animal migration, animal navigation, telemetry, sexual behavior, nesting, Chelonia mydas, green turtle, 1,400-mile journey 1965 May p. 78–86 [1010]
'twiddling', bacteria, bacterial motility, flagella, rotation of flagella 1975 Aug. p. 36–44
twins, identical twins, fraternal twins, ovulation, estrin, physiology of twinning 1951 Jan. p. 48–51
intelligence, race, whites, IQ, heredity, American Negro, heredity, population genetics, science policy, social psychology, environment, racial discrimination 1970 Oct. p. 19–29 [1199]
two-phase materials, crystal structure, metals, whiskers, fiber-reinforced, dislocations, matrix, composite materials 1965 Feb. p. 28–37
composite materials, materials technology, whiskers, fiber glass, fiber-reinforced composites, matrix, eutectics 1967 Sept. p. 160–176
two-way channels, communication technology, network hierarchies, communication, computer-assisted instruction, information retrieval, National Academy of Engineering study, 'Communications Technology for Urban Improvement', 'wired city' concept 1972 Sept. p. 142–150
Tycho Brahe, observatory, astronomy, scientific instrumentation, Stjerneborg, science history, 16th century Hven observatory 1961 Feb. p. 118–128
Copernicus, planetary motion models, solar system, science history, Tycho's notes in de Revolutionibus 1973 Dec. p. 86–101

Tycho's supernova, supernovae, Chinese starcharts, Kepler's supernova, 'guest stars', the seven observed supernovae 1976 June p. 100–107
Tyndall spectra, light scattering, photometry, molecular size, aerosol, hydrosol, measurement 1953 Feb. p. 69–76
typhoons, hurricanes, radar, meteorology 1954 June p. 32–37
typhus, rickettsiae, chick-embryo culture, Rocky Mountain spotted fever 1955 Jan. p. 74–79
Chaga's disease, public health, 'zoonoses', parasitism, trypanosomiasis, malaria, filariasis, leishmaniasis, plague, yellow fever, epidemiology, animal infection and human disease 1960 May p. 161–170
typography, computer-generated characters 1966 Jan. p. 51
tyrosinase, ceruloplasmin, hemocyanin, oxygen transport, enzymes, copper deficiency, cytochrome oxidase, copper biochemistry, Wilson's disease 1968 May p. 102–114

U

Uganda, animal husbandry, Karimojong, cattle, subsistence herding 1969 Feb. p. 76–89
Ukraine, glaciation, Ice Age hunters, mammoths, Mousterian assemblages 1974 June p. 96–105 [685]
ulcer, stress, psychosomatic illness, 'executive monkey' experiment 1958 Oct. p. 95–100
cryotherapy 1962 July p. 74
ultra-high pressure, artificial diamonds, lithosphere, coesite, borazon, properties of matter under 2×10^6 p.s.i. 1959 Nov. p. 61–67
ultra-high speed rotation, ultracentrifuge, angular momentum, magnetic flotation, molecular weight determination, 90 million r.p.s. 1961 Apr. p. 134–147
ultra-high vacuum, spectroscopy, vacuum, oil diffusion pump, sputter-ion pump, cryogenic pump, mass, vacuum down to 10^{-12} mm of mercury 1962 Mar. p. 78–90
ultra-microchemistry, plutonium, embryonic development, cytology, chemistry, isolation of plutonium established a new research technology 1954 Feb. p. 76–81
ultracentrifugation, density-gradient, separation techniques 1965 Aug. p. 70–76
ultracentrifuge, molecular weight, sedimentation, fractionation, oil drive, air drive, magnetic suspension, 900,000 g; 60 million r.p.m. 1951 June p. 42–51
angular momentum, ultra-high speed rotation, magnetic flotation, molecular weight determination, 90 million r.p.s. 1961 Apr. p. 134–147
ultradense matter, gravitational collapse, neutron stars, pulsar, stellar evolution, solid stars, white dwarfs 1971 Feb. p. 24–31
ultrafast phenomena, Kerr gate, laser mode-locking, molecular motion, quantum mechanics, Raman clock, picosecond molecular processes 1973 June p. 42–60
ultrasonic signal, sonar, bat sonar, animal navigation, bat navigation demonstrated in laboratory 1950 Aug. p. 52–55
ultrasonic transducer, piezoelectricity, quartz, crystal structure, nature and uses of piezoelectricity 1949 Dec. p. 46–51
ultrasonic waves, sound waves, communication technology, crystal surface waves, electronic equipment, Rayleigh waves, signal processing 1972 Oct. p. 50–68
ultrasonics, interferometry, emulsification, nondestructive testing, sonar 1954 May p. 54–63
kilomegacycle waves, sound waves, acoustic waves at optical wavelength 1963 June p. 60–68
medical diagnosis, optics, echo-sounding, computer-assisted imaging, sonar, imaging internal organs by ultrasound 1978 May p. 98–112 [1389]
ultrasound, sonar, bats, predator-prey relationship, moths, auditory perception, moth sonar detection of bat ultrasound 1965 Apr. p. 94–102 [1009]
ultrastrong magnetic fields, high-pressure technology, magnetism, explosive compression, implosion, flux compression 1965 July p. 64–73
ultraviolet astronomy, artificial satellite, ultraviolet radiation, Sun, spectroheliograph 1969 June p. 92–102
ultraviolet sky 1956 Aug. p. 50
ultraviolet light, light-matter interaction, photochemistry, flash photolysis, photolysis, triplet state, photoreduction, photooxidation, dye 1968 Sept. p. 158–170
ultraviolet radiation, light, photoreactivation, visible light reactivates organisms killed by ultraviolet 1951 May p. 22–25
interstellar matter, cosmic dust grains, hydrogen 1955 Nov. p. 72–80
microscopy, 'flying spot' microscope, ultra-microscopy of living cells 1958 May p. 38–43
Sun, balloon astronomy 1959 May p. 52–59
telemetry, Sun, astronomy, rocket-borne instrumentation 1959 June p. 52–59
Sun, solar eclipse, ionosphere, solar flares, chromosphere, Earth-Sun chromosphere-ionosphere interaction 1962 Feb. p. 50–59
atmospheric tides, ozone, Earth, ultraviolet-radiation hypothesis 1962 Dec. p. 48–55
DNA, mutation, effects of ultraviolet on weakest links in chain 1962 Dec. p. 135–144 [143]
Clouds of Magellan, galaxy, stellar evolution 1964 Jan. p. 32–41
crystallography, laser, light refraction, nonlinear optics, light interactions, photon 1964 Apr. p. 38–49
nebulae, Orion nebula, stellar evolution, hydrogen density, dating interstellar bodies 1965 Feb. p. 90–101
DNA replication, mutation rate, radiation damage, thymine dimer, repair of DNA 1967 Feb. p. 36–43
cancer, melanocytes, suntanning, epidermis, skin, vitamin D 1968 July p. 38–46
artificial satellite, ultraviolet astronomy, Sun, spectroheliograph 1969 June p. 92–102
air pollution, rickets, vitamin D, osteogenesis, calcium metabolism, epidemiology, sunlight 1970 Dec. p. 76–91 [1207]
ultraviolet sky, rocket operations 1959 Feb. p. 64
umbilical cord, placenta, fetus, anatomy and physiology of the umbilical cord 1952 July p. 70–74
U.N.: United Nations
U.N., arms control, role of U.N. in resumed negotiation of arms control 1950 Jan. p. 11–13
U.N. Atomic Energy Commission, disbands 1948 June p. 25
U.N. technical agencies, human nutrition, population, food production, F.A.O., 'the food problem' 1950 Aug. p. 11–15
uncertainty principle, measurement, Brownian motion, time, velocity, Planck's constant, limits of measurement 1950 July p. 48–51 [255]
games theory, decision theory, probability, pure strategy, card games illustrate theory 1951 Jan. p. 44–47
philosophy of science, wave-particle duality 1958 Jan. p. 51–57 [212]
gravitation, wave-particle duality, relativity theory, quantum mechanics, space-time continuum, P.A.M. Dirac view of physics 1963 May p. 45–53
'uncontrollable' expenditures, medical care, health statistics, medical-cost control, national health insurance, U.S. Federal expenditure on medical care 1971 Apr. p. 17–25
undecidable questions, antinomy, paradox, mathematical logic, logic, barber paradox, Gödel's proof, Grelling's paradox, Epimenides' paradox, Zeno's paradox, paradox and foundations of logic 1962 Apr. p. 84–96
Gödel's proof, metalogic, mathematical logic 1971 Mar. p. 50–60
algorithms, computer science, Koenigsberg bridges, polynomial-time problems, exponential-time problems, efficiency of algorithms 1978 Jan. p. 96–109 [395]
underground nuclear explosions, atomic explosions, 'Plowshare', Rainier explosion, search for constructive use for nuclear explosions 1958 Dec. p. 29–35
arms control, seismology, atomic bomb test, how to detect underground weapons tests and distinguish from small earthquakes 1962 June p. 55–59
earthquakes, atomic test ban, atomic bomb test, seismology, arms control, detection and discrimination of underground atomic weapons tests 1966 July p. 19–29
arms control, atomic test ban, seismology, technology for verification of underground nuclear test ban 1972 Jan. p. 13–23 [343]
arms control, atomic test ban, 'fireball blackout', EMP effect, strategic weapons 1972 Nov. p. 15–23 [342]
Earth core, earthquakes, seismic waves, fine structure of Earth's interior, core within core 1973 Mar. p. 24–33 [906]
suspension proposed in U.S. Congress 1973 Aug. p. 42
underground transport, mass transit, pneumatic propulsion, railway, gravity propulsion, transport by 'pedulum' train 1965 Aug. p. 30–40
underwater archeology, Classical archeology, commerce, Roman empire, amphora 1954 Nov. p. 98–104
Lake Amatitlan, Maya civilization, 500 B.C. Guatemala 1959 Mar. p. 100–113

shipbuilding, Byzantine shipping, Rhodian sea law, shipwreck of 17th century 1971 Aug. p. 22–33
Greek civilization, temple of Apollo 1974 Oct. p. 110–118
aqualungs for shiprwrecks 1961 Sept. p. 92
archaeologocial looting 1971 Apr. p. 53
underwater breathing, insect physiology, tracheal system, insect breathing 1953 Feb. p. 28–32
underwater shelters, continental shelf exploitation, saturation diving, decompression, diving, oceanographic exploration 1966 Mar. p. 24–33 [1036]
unemployment, ghetto, racial discrimination, urban riots, public opinion, social class, American Negro, 'riffraff theory' versus 'blocked-opportunity' theory 1968 Aug. p. 15–21 [638]
suicide, suicides among the jobless 1963 July p. 68
U.N.E.S.C.O.: United Nations Educational, Scientific and Cultural Organization
U.N.E.S.C.O., new field offices 1948 May p. 33
budget reduction 1953 Jan. p. 30
$1.3 million for science 1953 Apr. p. 45
Evans director 1953 Sept. p. 73
U.S.S.R. returns 1954 June p. 50
'unexpected hanging', not a true paradox 1953 Apr. p. 54
ungulates, evolution, horn, antler, osteogenesis, bone, keratin, differences between horns and antlers 1969 Apr. p. 114–122 [1139]
unicorn, narwhal, how unicorn acquired narwhal's horn 1951 Mar. p. 42–43
unified field theory, gravity, electromagnetism, nuclear forces, 'On the Generalized Theory of Gravitation', a personal account by Albert Einstein 1950 Apr. p. 13–17
new Einstein publication 1950 Jan. p. 26
Hlavaty's helping hand 1953 Sept. p. 78
see also: field theory
Union of the Soviet Socialist Republics, *see:* U.S.S.R.
'unique stimulus' problem, canary, learning 1955 June p. 72–79
United Nations, *see:* U.N.
United Nations Educational, Scientific, and Cultural Organization, *see:* U.N.E.S.C.O.
United Nations Relief and Rehabilitation Administration, *see:* UNRRA
United States of America, *see:* U.S.
universal constant, speed of light, measurement 1955 Aug. p. 62–67
universe, astronomy, philosophy of science, galactic clusters, planetary motion, solar system, cosmology, introduction to single-topic issue on the universe 1956 Sept. p. 72–81
thermonuclear reaction, element abundance, stellar evolution, isotopes, 'synthetic' elements, particle accelerator, experimental astrophysics 1956 Sept. p. 82–91
galaxy, stellar evolution, stellar populations, spiral galaxies, distribution of 'population I' and 'II' stars in local Galaxy 1956 Sept. p. 92–99
cosmology, universe evolution, 'big bang' theory, space curvature, according to Gamow 1956 Sept. p. 136–154
cosmology, energy transformation, steady-state universe, according to Hoyle 1956 Sept. p. 157–166
cosmology, red shift, universe expansion, spectroscopy, galaxies, recession velocity, galactic clusters, observational cosmology 1956 Sept. p. 170–182 [240]
galactic clusters, probability, gravitation, cosmology, Monte Carlo method, distribution of galaxies as test of cosmologies 1956 Sept. p. 187–200
Cassiopeia, radio galaxies, Cygnus A, red shift, Crab Nebula, colliding galaxies 1956 Sept. p. 204–220
galactic evolution, irregular galaxies, galactic clusters, irregular galaxies as clues to galactic evolution 1961 Feb. p. 50–57
universe evolution, cosmology, 'big bang' theory, universe, space curvature, according to Gamow 1956 Sept. p. 136–154
cosmology, science history, philosophy of science, a skeptical view of cosmology 1956 Sept. p. 224–236
Cepheid variable, galactic evolution, 'cosmic yardstick' 1959 July p. 48–55
universe expansion, cosmology, red shift, galactic recession, element abundance, 'synthetic' elements 1948 July p. 20–25
astronomy, galaxies, red shift, galactic recession, science, stellar evolution, general relativity, astronomy 1900-1950 1950 Sept. p. 24–27
Cepheid variable, Clouds of Magellan, Andromeda Galaxy, galactic yardstick, doubling of yardstick doubles size and age of the universe 1953 June p. 56–66
cosmology, Olber's paradox, world lines, curvature of space, red shift, galactic evolution, evolutionary universe, element formation, genesis 1954 Mar. p. 54–63
cosmology, red shift, universe, spectroscopy, galaxies, recession velocity, galactic clusters, observational cosmology 1956 Sept. p. 170–182 [240]
cosmology, cosmic background radiation, 'big bang' theory, low-energy radiowaves, isotropy, primeval fireball, helium abundance, 'big bang' theory and cosmic background radiation 1967 June p. 28–37
cosmology, quasars, red shift 1971 May p. 54–69
cosmic background radiation, evolutionary universe, radio galaxies, 'big bang' theory 1974 Aug. p. 26–33
cosmology, 'big bang' theory, 'closed' universe, 'open' universe, deuterium abundance, age of elements, average density 1976 Mar. p. 62–79
yardsticks revised again 1955 Jan. p. 44
cosmology, electrostatic repulsion explanation of expansion 1959 Oct. p. 84
accelerating 1975 Dec. p. 50
universe twice as big, because yardstick doubled 1953 Mar. p. 48
university education, Nobel prizes, education, sociology, scientific careers, sociology of the Nobel prizes 1967 Nov. p. 25–33
influence of high school size on university education 1961 May p. 82
university research, N.S.F., science funding, fundamental research, science education 1948 June p. 7–11
science funding, Office of Naval Research 1949 Feb. p. 11–15
A.E.C., atomic weapons, nuclear power, science funding, military secrecy 1949 July p. 30–43
review of U.S. Federal funding by National Science Foundation 1958 May p. 52
pseudoscience, ESP, kirlian photography, astrology at Iowa State 1978 Apr. p. 78
university science, N.S.F., science funding, science education, appraisal of the new institution upon its legislation 1950 July p. 11–15
fundamental research, curiosity, science funding, 'mission-oriented' funding agencies, N.S.F., introduction to a single-topic issue on fundamental questions in science 1953 Sept. p. 47–51
N.S.F., science funding, fundamental research 1954 Mar. p. 29–33
N.S.F., science funding, science policy, U.S. Federal funding: basic and applied science 1957 Nov. p. 45–49
science funding, science policy, freedom of science, creativity, conditions favoring advance in science 1958 Sept. p. 170–178
N.S.F., 'mission-oriented' funding agencies, science funding, institutional grants, science policy, fundamental research, project grants, problems in government support of science in the U.S. 1965 July p. 19–25
N.S.F., peer review, research funding, science policy, sociology of science 1977 Oct. p. 34–41 [698]
work-study graduate programs 1956 Sept. p. 118
U.S. science scholarships 1956 Nov. p. 62
funding 70 percent Federal 1957 July p. 64
U.S. Federal budget 1959 1958 Jan. p. 44
average stipend: $6,120 1958 May p. 56
average stipend: $ 6,120 1958 May p. 56
the dominant academic department by 1970 1960 Nov. p. 90
UNRRA: United Nations Relief and Rehabilitation Administration
UNRRA milk program, powder instead of pasteurization 1948 Nov. p. 25
untouchables, class discrimination, Harijans, caste, Hinduism, India, civil rights 1965 Dec. p. 13–17
upper atmosphere, stratosphere, ionosphere, radio communication, aurora, noctilucent clouds, meteorology 1949 Jan. p. 30–39
jet stream, weather, atmospheric circulation, index cycle, polar front 1952 Oct. p. 26–31
atmospheric circulation, hurricanes, air masses, tropical origin of hurricanes 1957 Aug. p. 33–39 [847]
Antarctica, Earth magnetic field, 'whistlers', solar wind, aurora, atmosphere-magnetic field-solar wind interaction 1962 Sept. p. 74–83 [858]
cloud, mesopause, meteoritic dust, condensation nuclei, rocket-borne collectors sample noctilucent clouds 1963 June p. 50–59
atmospheric circulation, meteorology, weather, solar radiation, balloon and rocket observations 1964 Mar. p. 62–74
airglow, atmosphere, ionosphere, solar radiation, ozone, oxygen atoms, laboratory simulation, atomic energy levels 1966 Mar. p. 102–110
Upper Paleolithic hunting peoples, Solutrean culture, stone tools, tool inventories, France, 21,000 years ago 1964 Aug. p. 86–94

upwelling, Peru Current, anchovy, guano, seagulls, El Niño 1954 Mar. p. 66–71
Earth, ocean circulation, gyres, wind, the circulation of the oceans 1955 Sept. p. 96–104
food supply, fisheries, marine farming, sea-water nutrients, fishponds 1970 Dec. p. 14–21 [1205]
anchovy crisis, El Niño, fishing, Peru Current, Peruvian anchovy 1973 June p. 22–29 [1273]
Ur-Nammu, Sumer, law code, hieroglyphs 1953 Jan. p. 26–28
uranium, Oak Ridge separation plant 1969 May p. 56
supplies assessed 1976 June p. 48
uranium 233, from thorium 1968 Dec. p. 50
uranium 235, nuclear fission, heavy nuclei, liquid-drop model, neutron, shell model, fission fragments 1965 Aug. p. 49–59
gas-centrifuge research restricted 1967 June p. 50
separation by centrifuge, European plants 1969 May p. 52
uranium cycle, fission reactor, breeder reactor, nuclear power, energy economics, thorium cycle, breeder reactor development 1960 Jan. p. 82–94
breeder reactor, nuclear power, fast neutron reactor, thorium cycle, liquid-metal reactor, fission reactor, energy demand 1970 Nov. p. 13–21 [339]
uranium deposits, fission products, natural reactor, nuclear fission, Oklo phenomenon, Precambrian reactor 1976 July p. 36–47
uranium enrichment, isotope separation, laser-excitation technique, light absorption, quantum mechanics 1977 Feb. p. 86–98 [354]
gas-centrifuge process 1973 Aug. p. 43
gas-centrifuge enrichment 1977 Aug. p. 52
uranium fission, nuclear fission, fission products, 'synthetic' elements, radium, isotropy, transuranium elements, science history, discovery of fission 1958 Feb. p. 76–84
breeder reactor, fission reactor, energy demand, plutonium, 'third generation' breeder reactors 1967 May p. 25–33
fission-track dating, geochronology, glass age, meteorite age, mineral age, pottery age, radioactive decay 1976 Dec. p. 114–122
uranium ore, lignite beds, badlands of Dakotas 1954 Oct. p. 36–39
'atoms for peace', nuclear power, nuclear fuel, fuel-element fabrication, Geneva: chemistry 1955 Oct. p. 34–37
chemical analysis, prospecting, chemical prospecting 1957 July p. 41–47
in U.S.S.R. 1949 Mar. p. 24
new finds in France and Canada 1949 Apr. p. 25
in the Rockies 1950 Oct. p. 24
processing plants 1951 May p. 34
Belgian Congo 1954 Mar. p. 45
shortage foreseen 1974 Jan. p. 50
acceptable hazards 1976 June p. 48
uranium-recovery plant, radiation-accident death 1965 June p. 58
uranium resources, nuclear energy 1951 May p. 17–21
Uranus, Neptune, outer planets, Pluto, Saturn, solar system 1975 Sept. p. 130–140
planetary rings 1977 Aug. p. 57
Uranus' fifth moon, 'Miranda', as in Shakespeare's Tempest 1949 Oct. p. 29
Urartu, Biblical archeology, Mount Ararat, Altintepe, 800 B.C. culture at Noah's landing-place 1967 Mar. p. 38–46
urban archeology, Roman Britain, Winchester 1974 May p. 32–43
urban density, cities, form of cities 1954 Apr. p. 54–63
urban monkeys, rhesus monkeys, social behavior, learning, urban and forest monkeys in India 1969 July p. 108–115 [523]
urban planning, housing, central city, suburbs, cities, metropolitan area, conurbation, evolution of the metropolis 1965 Sept. p. 64–74
land use, Stockholm, cities, land ownership, urban renewal, Stockholm as a planned city 1965 Sept. p. 106–115
Ciudad Guyana, cities, land ownership, economic geography, highway engineering, a model city in Venezuela 1965 Sept. p. 122–132
housing, land use, population density, shantytowns, taxation, government regulation, cities, control of land use 1965 Sept. p. 150–160
urban renewal, slums, cities, housing, relocation, eminent domain, U.S. experience with Federal subsidy of urban renewal 1965 Sept. p. 194–204
central city, cities, highway engineering, mass transit, open space, diversity, 'paths' 1965 Sept. p. 209–219
urban renewal, land use, urban planning, Stockholm, cities, land ownership, Stockholm as a planned city 1965 Sept. p. 106–115
slums, cities, housing, relocation, eminent domain, urban planning, U.S. experience with Federal subsidy of urban renewal 1965 Sept. p. 194–204
tenement rehabilitation, central-shaft technique 1966 May p. 56
urban revolution, social evolution, social behavior, human evolution, cities, 1500 B.C. origin of cities 1960 Sept. p. 153–168 [606]
urban riots, ghetto, racial discrimination, unemployment, public opinion, social class, American Negro, 'riffraff theory' versus 'blocked-opportunity' theory 1968 Aug. p. 15–21 [638]
'pre-political' demonstrations in U.S. 1968 June p. 42
urban sociology, shantytowns, squatters, land use, housing, 'barriadas' of Lima, Peru 1967 Oct. p. 21–29
urban transport, mathematical model, vehicular traffic flow, traffic theory, modeling auto flow patterns 1963 Dec. p. 35–43
air pollution, smog, automobile emissions, ozone, air pollution control in Los Angeles 1964 Jan. p. 24–31 [618]
cities, computer modeling, personal-transit systems, systems analysis, mass transit 1969 July p. 19–27
Northeast Corridor ideas 1965 Apr. p. 56
urbanization, family size, U.S. census, U.S. population, reapportionment, U.S. census of 1950 1951 Apr. p. 15–17
U.S. census, age-sex distribution, baby boom, family size, central city, suburbs, U.S. census at 1960 1961 July p. 39–45
economic development, demographic transition, industrialization, population control, family planning, economic development and the demographic transition 1963 Sept. p. 62–71 [645]
economic development, industrialization, tropical rain forest, subsistence economy, tropical rain forest, resource management, Brazil, uneven national development 1963 Sept. p. 208–220
New World archeology, agricultural revolution, Mexican agriculture, corn, New World agricultural revolution 1964 Nov. p. 29–37 [625]
Industrial Revolution, cities, population growth, introduction to a single-topic issue on cities 1965 Sept. p. 40–53 [659]
cities, Industrial Revolution, agricultural revolution, communication, origin and evolution of cities 1965 Sept. p. 54–63
shantytowns, Calcutta, cities, caste, housing, poverty, traffic, Calcutta, a city of the poor 1965 Sept. p. 90–102
of world population 1972 Oct. p. 47
urinary calculi, crystal structure, lithiasis, kidney calculi, X-ray diffraction, bladder stones, gallstones 1968 Dec. p. 104–111
urine, kidney, counter-current exchange, nephron, glomerulus, osmosis, anatomy and physiology of the kidney 1953 Jan. p. 40–48 [37]
diabetes insipidus, thirst, salt excretion, electrolyte balance, thermoregulation, kidney, physiological psychology, osmoreceptor theory of thirst, Cannon 'dry mouth' theory 1956 Jan. p. 70–76
U.S.: United States of America
U.S. agriculture, agricultural economics, food and agriculture, food processing, 'agribusiness' 1976 Sept. p. 106–123
U.S. Army, loyalty and security, McCarthy, Fort Monmouth, Scientists' Committee on Loyalty and Security, report on Signal Corps Engineering Laboratory 1954 June p. 29–31
U.S. census, urbanization, family size, U.S. population, reapportionment, U.S. census of 1950 1951 Apr. p. 15–17
age-sex distribution, fertility, human resources, mortality rates, population of U.S. 1951 Sept. p. 28–35
urbanization, age-sex distribution, baby boom, family size, central city, suburbs, U.S. census at 1960 1961 July p. 39–45
education, U.S. population, labor force, age-sex distribution, demographics, gross national product, more from the U.S. census of 1960 1962 Oct. p. 30–37
U.S. population, population redistribution, human migration, suburbanization, U.S. census of 1970 1971 July p. 17–25
population gain for suburbs 1970 Oct. p. 52
U.S. economy, economics, input-output analysis, interindustry transactions, 1958 U.S. Department of Commerce input-output table 1965 Apr. p. 25–35 [624]
energy cycle, industrial society, power, ecosystem, environmental protection 1971 Sept. p. 134–144 [667]
employment, pluralistic economy, public sector, private-enterprise sector, productivity, not-for-profit sector 1976 Dec. p. 25–29
employment levels, labor force, manpower policy, women in labor force, job creation vs. job quality 1977 Nov. p. 43–51 [701]
U.S. metals industries, import dependent 1953 Apr. p. 44
U.S. politics, scientists for Johnson 1964 Oct. p. 56
U.S. population, urbanization, family size, U.S. census, reapportionment, U.S. census of 1950 1951 Apr. p. 15–17

education, labor force, age-sex distribution, demographics, gross national product, U.S. census, more from the U.S. census of 1960 1962 Oct. p. 30–37
population redistribution, U.S. census, human migration, suburbanization, U.S. census of 1970 1971 July p. 17–25
148 million 1949 Mar. p. 26
50-year growth 1950 Apr. p. 31
U.S. Supreme Court, factorial analysis 1951 July p. 29
U.S.-U.S.S.R. atomic controls deadlock, mediators intervene 1948 Nov. p. 24
U.S. whites, public opinion, American Negro, desegregation, attitude survey, racial segregation, sociology, longitudinal attitude study 1956 Dec. p. 35–39
desegregation, racial integration, public opinion, attitude survey, American Negro, longitudinal attitude study reported in 1956 1964 July p. 16–23 [623]
desegregation, racial integration, American Negro, attitude survey, public opinion, longitudinal attitudes study 1971 Dec. p. 13–19 [673]
racial discrimination, prejudice, American Negro, public opinion, attitude survey, segregation, integration, longitudinal attitude study 1978 June p. 42–49 [707]
U.S.S.R.: Union of the Soviet Socialist Republics
U.S.S.R., particle accelerator, research funding, high-energy physics 1956 Aug. p. 29–35
economic development, industrial technology 1968 Dec. p. 17–23
science education, research and development, science funding, science manpower, U.S.S.R. science policy 1969 June p. 19–29
computer technology, software, Comecon, integrated circuits 1970 Oct. p. 102–108
manpower growing 1953 Jan. p. 31
Lysenko resurgent, geneticists barred from international meeting 1958 Nov. p. 60
research and development, OECD report 1969 Apr. p. 48
U.S.S.R. astronomy, appraised by Struve 1953 May p. 56
U.S.S.R. atomic bomb, arms race, Acheson-Lilienthal plan, Baruch plan, U.S. negotiating position at termination of 'atomic monopoly' 1949 Nov. p. 11–13
Truman announcement 1949 Nov. p. 26
uterine muscle, obstetrical labor, strain gauge, measurement of forces in uterine muscle at delivery 1950 Mar. p. 52–55
progesterone, pregnancy, hormone, menstrual cycle, hormone inhibition of uterine muscle contraction 1958 Apr. p. 40–46 [163]

V

v-particles, high-energy physics, mesons, fermion, boson, the multiplicity of particles 1952 Jan. p. 22–27
vaccination, eye disease, trachoma, virus disease, epidemiology, immunization 1964 Jan. p. 79–86
cowpox, medical history, smallpox immunization, variolation, 'vaccination' before Jenner 1976 Jan. p. 112–117
medical history, smallpox eradication, W.H.O. campaign 1976 Oct. p. 25–33
vaccine, influenza virus, immunization, chick-embryo culture, hemagglutination, genetic variation, difficulty in securing flu immunization 1953 Apr. p. 27–31
poliomyelitis, gammaglobulin, epidemiology, immunity, blood fractionation 1953 July p. 25–29
poliomyelitis virus, epidemiology, antibody persistence 1955 Apr. p. 42–44
congenital anomalies, purpura, virus disease, teratogenesis, pregnancy, congenital rubella, rubella 1966 July p. 30–37
chemotherapy, drug effects, liver function, pharmacology, hormone, antibiotics, medical care, herbial medicine 1973 Sept. p. 102–112
vaccine sought, N.S.F., rubella, measles vaccine, Haworth director 1963 May p. 74
vaccinia virus, adenoviruses, virology, X-ray diffraction, poliomyelitis virus, polyoma virus, herpes virus, influenza virus, tobacco mosaic virus, bacteriophage, structure of viruses 1963 Jan. p. 48–56
vacuum, spectroscopy, ultra-high vacuum, oil diffusion pump, sputter-ion pump, cryogenic pump, mass, vacuum down to 10^{-12} mm of mercury 1962 Mar. p. 78–90
vacuum distillation, essential oils, oleoresins, steam distillation, flavors, perfumes 1953 Aug. p. 70–74
vacuum furnace, metallurgy, crystal structure, zone melting, pure metals 1954 July p. 36–40
vacuum pump technology, high vacuum, achievement and uses of vacuum in laboratory 1950 May p. 20–24
vacuum tube, solid state physics, transistor, electronics, germanium, diode, triode, dawn of solid-state electronics 1948 Sept. p. 52–55
transistor, junction transistor, electronics, computer technology, forecast of a 'revolution in electronics' 1951 Aug. p. 13–17
radio, triode, De Forest, Marconi, Fleming valve, diode, rectification, De Forest's 1906 contributions 1965 Mar. p. 92–100
cathode-ray tube, Crookes tube, oscilloscope, Ferdinand Braun's invention 1974 Mar. p. 92–101
Vaiont valley disaster, rockslide into reservoir 1965 July p. 48
value judgments, behavior, pleasure 1968 Dec. p. 84–90 [518]
Van Allen belts, artificial satellite, solar particles, cosmic radiation, telemetry, geomagnetism, radiation belts, space exploration, mapping of radiation belts by Explorer satellites 1959 Mar. p. 39–47 [248]
artificial satellite, ionosphere, climate, aurora borealis, orbital motion, meteorology, solar particle influence on Earth atmosphere 1959 Aug. p. 37–43 [851]
solar corona, zodiacal light, solar prominences, solar atmosphere, ionospheric storms, Earth in the Sun's atmosphere 1959 Oct. p. 64–71
artificial satellite, geomagnetism, Lorentz force, magnetosphere, solar radiation, radiation belts, aurora, physics of Van Allen belts 1963 May p. 84–96
aurora borealis, solar wind, solar corona, Earth magnetic field, comet tails, magnetic storms 1964 Apr. p. 66–76
Jupiter, radio emissions, magnetic field, origin of Jovian radio waves 1964 July p. 34–42
cosmic radiation, interplanetary fields, interplanetary particles, magnetosphere, solar flares, solar wind, aurora, solar system 1975 Sept. p. 160–173
Explorer VI and VII data 1960 Mar. p. 90
Explorer XII, Injun I data 1962 Mar. p. 68
Van de Graaf generator, particle accelerator, electrostatic belt generator, charge-changing accelerator, negative ion 1970 Aug. p. 24–33
Van der Waals force, ionic bonds, covalent bonds, hydrogen bonds, long-range forces, chemical bond, antigen-antibody reaction, proposed intermolecular long-range force 1948 Oct. p. 14–17
vanadium, elements, living matter, essential elements, metallo-enzymes, fluorine, silicon, tin, list of elements essential to life lengthened to 24 1972 July p. 52–60
vaporization, capillary action, heat pipes, latent heat, heat transfer, heat radiator 1968 May p. 38–46
variable host, germ theory, immunity, infection, germ-free animals 1955 May p. 31–35
variable stars, photocell, light amplification, photomultiplier, stellar temperature, interstellar matter 1952 Mar. p. 56–59
stellar composition, organ-pipe analogy, stellar brightness 1975 June p. 66–75
interstellar matter, stellar formation, infrared radiation, lithium, youngest stars? 1967 Aug. p. 30
variolation, cowpox, medical history, smallpox immunization, vaccination, 'vaccination' before Jenner 1976 Jan. p. 112–117
vascular surgery, artery prostheses, cardiovascular disease, atherosclerosis, repair of vascular disease damage 1961 Apr. p. 88–104
cardiovascular surgery, surgical stapler, stapling technic for joining vessels 1962 Oct. p. 48–56
vasoconstriction, hypertension, venous system, plethysmography, veins, actively dilating and constricting blood reservoir 1968 Jan. p. 86–96 [1093]
vault, architectural engineering, roof, Gothic arch, Romanesque barrel vault, Byzantine dome, building construction, vaulting technics 1961 Nov. p. 144–154
vector, algebra, mathematics, science history, matrix 1964 Sept. p. 70–78
vehicular traffic flow, mathematical model, urban transport, traffic theory, modeling auto flow patterns 1963 Dec. p. 35–43
veins, hypertension, venous system, plethysmography, vasoconstriction, actively dilating and constricting blood reservoir 1968 Jan. p. 86–96 [1093]
velocity, measurement, Brownian motion, time, uncertainty principle, Planck's constant, limits of measurement 1950 July p. 48–51 [255]
flame chemistry, chemical kinetics, flash tube, ram jet, heat, luminosity, spectroscopy 1953 May p. 29–35

velocity of light, physical constants, measurement, electron mass, particle charge, least-squares method, standards of measurement, Planck's constant, Rydberg constant 1970 Oct. p. 62–78 [337]
Vema, seismology, ocean floor, explosion-generated sound waves map ocean floor 1962 May p. 116–126
Vening-Meinesz apparatus, geoid, Earth, gravitation anomalies, Earth's gravity 1955 Sept. p. 164 [812]
venom, kinins, peptides, kallidin, inflammation, bradykinin, globulin, local hormones, production and distribution 1962 Aug. p. 111–118 [132]
venous system, hypertension, plethysmography, vasoconstriction, veins, actively dilating and constricting blood reservoir 1968 Jan. p. 86–96 [1093]
venule, capillary bed, blood circulation, mesentery, arteriole, cardiovascular system 1959 Jan. p. 54–60
Venus, Jupiter, solar system, planets, radio astronomy, measuring planetary surface temperature 1961 May p. 58–65
Mariner 2, space exploration, telemetry, navigation, orbital motion, high-resolution studies of Venus 1963 July p. 70–84
spectrometry, balloon astronomy, infrared astronomy 1965 Jan. p. 28–37
extraterrestrial life, infrared astronomy, atmospheric windows, Mars, Jupiter, moon, spectrometry, history and recent results of infrared astronomy 1965 Aug. p. 20–29
Doppler effect, planetary motion, radar astronomy, delay-Doppler mapping, Mercury, microwaves 1968 July p. 28–37
Mars, atmosphere, space exploration, atmospheric differences 1969 Mar. p. 78–88
planets, solar system, Earth, cratering, Venutian atmosphere 1975 Sept. p. 70–78
radio emissions 1956 July p. 50
star occultation yields atmospheric measurements 1960 Dec. p. 82
solar system, Sputnik VIII Venus probe 1961 Apr. p. 74
radar mapping 1962 July p. 58
Mariner II data 1963 Feb. p. 64
surface temperature by Mariner II 1963 Apr. p. 80
Mercury, planetary temperature and motion 1964 Oct. p. 60
radar observations 1965 Dec. p. 40
atmosphere, Venus 4 and Mariner 5 1967 Dec. p. 50
Venera 7 expedition 1971 July p. 44
Venus 8 expedition 1972 Nov. p. 52
radar discloses cratered topography 1973 Oct. p. 47
Venus probes, solar system, astronomical unit, space exploration, Doppler effect, radar, Earth-Sun distance more precisely measured 1961 Apr. p. 64–72
verbal communication, communication, acoustic formants, phonetics, markedness/unmarkedness dyad, morphemes, syntax, context sensitivity, invariant/variable dyad 1972 Sept. p. 72–80
verification technology, arms control, satellite, SALT, strategic weapons, 'national technical means of verification' 1973 Feb. p. 14–25 [346]
vernalization, Lysenko, genetics, potato virus, virus disease, agronomy, the Lysenko affair 1962 Nov. p. 41–49
Vesalius, human anatomy, Renaissance, medical history, his de Humani Corporis Fabrica, work of art 1948 May p. 24–31
Vesuvius eruption, Roman civilization, Pompeii, two-thirds of the city's 165,000 acres 1958 Apr. p. 68–78
vibrating air column, musical instruments, clarinet, oboe, flute, bassoon, English horn, saxophone, physics of the wood winds 1960 Oct. p. 144–154
vibrating string, musical scale, tone ladder, Pythagorean doctrine, music and mathematics, harmonic proportions, Kepler 1967 Dec. p. 92–103
vibration, noise control, constrained-layer damping, viscoelastic material 1969 Jan. p. 98–106
videocameras, weather satellites, Tiros, telemetry, atmospheric circulation, heat budget of Earth, air masses, photographic weather maps, weather forecasting 1961 July p. 80–94
videodisc, optical-laser stylus 1975 May p. 45
vidicon, vision, retina, photographic emulsion, television camera, photochemistry, light, image detection, electronic camera 1968 Sept. p. 110–117
Vietnam war, bacteria, chemical weapons, biological weapons, arms race, CS gas, virus disease, rickettsiae, tear gas, herbicide, chemical-biological warfare 1970 May p. 15–25 [1176]
public opinion, 'silent majority' 1970 June p. 17–25 [656]
bomb craters, cratering, ecological warfare, defoliation, laterization 1972 May p. 20–29 [1248]
ecological warfare by herbicides 1968 Jan. p. 44
defoliation, ecological war 1970 July p. 48
defoliation suspended 1970 Aug. p. 46
A.A.A.S. report on defoliation 1971 Feb. p. 44
dioxin in food chain 1973 Nov. p. 47
herbicidal warfare 1974 Apr. p. 49
Viking landers, Mars, Viking orbiters, Martian surface, Martian winds, orbital and ground photography of Martian landscape 1978 Mar. p. 76–89 [399]
Viking missions , interplanetary navigation, Mars, navigational accuracy, spacecraft navigation 1976 June p. 58–74
Viking navigation, polarizing 'sun stones'(?) 1967 July p. 44
Viking orbiters, Mars, Viking landers, Martian surface, Martian winds, orbital and ground photography of Martian landscape 1978 Mar. p. 76–89 [399]
Viking site, Newfoundland 1964 Jan. p. 56
Vikings, commerce, nomads, Scandinavia, Vinland, Siegfried legend, seafaring, Svea, appraisal of 400-year Viking ascendance 1967 May p. 66–78
village-farming communities, metal artifacts, Turkey, metallurgy, copper, Neolithic archeology, man's first use of metals: 7,500 B.C. 1970 Mar. p. 50–56
Vinca culture, pictograph, writing, Tartaria tablets, Romania, Sumer, cultural diffusion, Sumerian writing 1968 May p. 30–37
Vinland, commerce, Vikings, nomads, Scandinavia, Siegfried legend, seafaring, Svea, appraisal of 400-year Viking ascendance 1967 May p. 66–78
viola, bass, cello, violin, Chladni patterns, music, musical instruments, physics of violins 1962 Nov. p. 78–93
violence, aggression, delinquency, motion picture film, television, catharsis, effects of observing filmed violence 1964 Feb. p. 35–41 [481]
U.S. commission on causes and prevention 1970 Feb. p. 42
violet shift, stellar rotation, Doppler effect, stellar evolution, spectroscopy, red shift, correlation of rotational velocity with mass 1963 Feb. p. 46–53
violin, bass, cello, viola, Chladni patterns, music, musical instruments, physics of violins 1962 Nov. p. 78–93
violin acoustics, varnish not significant 1969 Feb. p. 45
violin bow, friction, stick-slip friction, bearing, lubrication, uses and prevention of friction 1956 May p. 109–118
viral disease, antibodies, hepatitis A, hepatitis B, tranfusion hepatitis, viral hepatitis, Australian antigen (B), viral structure 1977 July p. 44–52 [1365]
viral DNA, gene culture, polyoma virus, cell transformation, SV40 virus, viral carcinogenesis 1967 Apr. p. 28–37 [1069]
bacteria, proteolysis, infection, DNA sequence, restriction enzymes, bacterial recognition and rejection of exotic DNA 1970 Jan. p. 88–102 [1167]
DNA, E. coli, gene structure, nucleotide sequence, bacterial virus 0×174, plus-and-minus method 1977 Dec. p. 54–67 [1374]
viral hepatitis, antibodies, hepatitis A, hepatitis B, tranfusion hepatitis, Australian antigen (B), viral structure, viral disease 1977 July p. 44–52 [1365]
viral structure, antibodies, hepatitis A, hepatitis B, tranfusion hepatitis, viral hepatitis, Australian antigen (B), viral disease 1977 July p. 44–52 [1365]
viral vaccines, adenoviruses, cancer virus, herpes virus, virus disease 1973 Oct. p. 26–33
Virgo cluster, Andromeda Galaxy, galactic clusters, local clusters, M81 cluster 1977 Nov. p. 76–98 [390]
virology, electron microscopy, cell, viruses inside cells 1953 Dec. p. 38–41
complement-fixation test, neutralization test, hemagglutination test 1955 Mar. p. 60–70
bacteriophage, recombinant DNA, provirus, modified virus 1955 Apr. p. 92–98 [24]
mutation, tobacco mosaic virus, amino-acid sequence 1955 July p. 74–78 [59]
bacteriology, biological pest control, agricultural pest, insecticide, insect physiology, entomology, living insecticides 1956 Aug. p. 96–104
epidemiology, immunology, influenza virus, public health, structure and biochemistry of flu virus 1957 Feb. p. 37–43
horticulture, 'tulipomania', benign virus infection 1960 Aug. p. 138–144

interferon, virus interference, broad-spectrum natural anti-viral agent 1961 May p. 51–57 [87]
adenoviruses, X-ray diffraction, poliomyelitis virus, polyoma virus, herpes virus, influenza virus, vaccinia virus, tobacco mosaic virus, bacteriophage, structure of viruses 1963 Jan. p. 48–56
interferon, virus interference, nucleic acid, infection, anti-viral agent found to act against foreign nucleic acid 1963 Oct. p. 46–50 [166]
bacteria, flies, epidemiology, maggot, dysentery, disease vector 1965 July p. 92–99
viral nucleic acid and infection 1961 Oct. p. 82
Viru valley, Peru, New World archeology 1954 Aug. p. 28–34
virus, herpes simplex, chick-embryo culture, symbiosis 1949 Nov. p. 50–53
biochemistry, enzymes, citric-acid cycle, metabolism, co-enzymes, sulfa drugs, antibiotics, science, biochemistry 1900-1950 1950 Sept. p. 62–68
aster yellow, leafhopper, virus infective to plant and insect 1953 June p. 78–86
life cycle, reproduction, bacteriophage, provirus 1954 Mar. p. 34–37
tobacco mosaic virus, protein 'overcoat', nucleic acid 'core', dissociation and reconstitution of infective particles 1956 June p. 42–47
cell anatomy, spermatozoon, ovum, science history, cytology, muscle cell, plant cell, connective tissue cell, introduction to single-topic issue on the living cell 1961 Sept. p. 50–61 [90]
bacteriology, microorganisms, PPLO, electron microscopy, cytology, smallest free-living cells 1962 Mar. p. 117–126 [1005]
leukemia, leukocyte, cancer, chemotherapy, ionizing radiation, Down's syndrome, origin and treatment of lymphocytic and granulocytic leukemia 1964 May p. 88–96
TMV in cross-section 1952 Jan. p. 36
hardy viruses, in test tube 35 years 1953 Mar. p. 52
T4 virus assembled 1967 May p. 56
virus action, bacteriophage structure, gene expression, latent viruses, provirus, coexisting viruses, viral genes in host chromosome 1976 Dec. p. 102–113 [1347]
virus antigens, antibodies, antigen complement, immune response, lymphocytes, virus disease, autoimmune disease, allergic reaction, immune-complex disease, glomerulonephritis, lymphocytic choriomeningitis, serum sickness 1973 Jan. p. 22–31 [1263]
virus culture, polio virus, human embryo tissue 1955 Sept. p. 76
virus-destroying bacterium 1959 Sept. p. 108
virus disease, antibiotics, aureomycin, rickettsial disease, bacterial infection, 'broad spectrum' antibiotic 1949 Apr. p. 18–23
antibiotics, infectious disease, toxicity, bacterial resistance, status of new medical technology 1949 Aug. p. 26–35
encephalitis, animal vectors, influenza virus 1949 Sept. p. 18–21
common cold, human subjects, chilling test, Salisbury, England, study 1951 Feb. p. 39–45
influenza virus, bacteriophage, poliomyelitis virus, bacteriophage, antigen-antibody reaction, immunity, infection, host-specificity, viruses in infection and in the laboratory 1951 May p. 43–51
carcinogenesis, polyoma virus, recombinant DNA, 'temperate' infection, genetic transduction, viral induced malignancy 1960 Nov. p. 63–71 [77]
common cold, tissue culture, 20 strains cultured 1960 Dec. p. 88–102
Lysenko, genetics, potato virus, vernalization, agronomy, the Lysenko affair 1962 Nov. p. 41–49
eye disease, trachoma, vaccination, epidemiology, immunization 1964 Jan. p. 79–86
congenital anomalies, purpura, vaccine, teratogenesis, pregnancy, congenital rubella, rubella 1966 July p. 30–37
brain disease, scrapie, kuru, Chédiak-Higashi syndrome, animal vectors, multiple sclerosis 1967 Jan. p. 110–116
bacteria, chemical weapons, biological weapons, Vietnam war, arms race, CS gas, rickettsiae, tear gas, herbicide, chemical-biological warfare 1970 May p. 15–25 [1176]
interferon induction, poly I:C, synthetic RNA 1971 July p. 26–31 [1226]
antibodies, antigen complement, immune response, lymphocytes, virus antigens, autoimmune disease, allergic reaction, immune-complex disease, glomerulonephritis, lymphocytic choriomeningitis, serum sickness 1973 Jan. p. 22–31 [1263]
adenoviruses, cancer virus, herpes virus, viral vaccines 1973 Oct. p. 26–33
degenerative diseases, immune system, slow virus infection, kuru, scrapie, cancer virus, herpes virus 1974 Feb. p. 32–40 [1289]
carcinogenesis, cancer epidemiology, environmental carcinogens, immune response, gene mutation, cancer prevention 1975 Nov. p. 64–78 [1330]
interferon induction, medical care 1977 Apr. p. 42–50
antigen variation, disease, medical history, influenza virus, encephalitis, pandemics, animal vectors, Hong Kong flu, swine flu 1977 Dec. p. 88–106 [1375]
carcinogenesis, integrated DNA 1968 Nov. p. 56
see also: slow virus infection
virus interference, interferon, virology, broad-spectrum natural anti-viral agent 1961 May p. 51–57 [87]
interferon, virology, nucleic acid, infection, anti-viral agent found to act against foreign nucleic acid 1963 Oct. p. 46–50 [166]
virus laboratory, at Berkeley 1952 Dec. p. 28
virus multiplication, DNA, genetic code, poliomyelitis virus, protein synthesis, RNA, virus structure 1975 May p. 24–31
virus π X 174, DNA synthesis, cell-free system, DNA polymerase, activated nucleotides, first test-tube synthesis of biologically active DNA 1968 Oct. p. 64–78 [1124]
virus particles, bacteriophage, gene mapping, amber mutants 1965 Feb. p. 70–78 [1004]
rods and spheres 1956 May p. 62
virus shell, virus structure, polyhedra, bacteriophage, assembly of T4 subunits from core out .1966 Dec. p. 32–39 [1058]
virus structure, protein 'overcoat', DNA 1954 Dec. p. 62–70 [32]
polyhedra, virus shell, bacteriophage, assembly of T4 subunits from core out 1966 Dec. p. 32–39 [1058]
bacteriophage, T4 virus, DNA, mutation, morphogenesis, test-tube reconstruction of viral components 1967 July p. 60–74 [1079]
DNA, genetic code, poliomyelitis virus, protein synthesis, RNA, virus multiplication 1975 May p. 24–31
exploded view 1953 Nov. p. 54
electronmicroscopy 1954 Apr. p. 49
visa policy, loyalty and security, scientists denied U.S. visas 1952 Mar. p. 35
loyalty and security, visa-troubled psychologists 1952 July p. 36
loyalty and security, visa to Pauling 1952 Sept. p. 72
loyalty and security, meetings go abroad 1953 Mar. p. 47
loyalty and security, courts compel visas 1955 Sept. p. 72
viscoelastic material, noise control, vibration, constrained-layer damping 1969 Jan. p. 98–106
viscometer, molecular weight determination, polymers, light scattering, photometer, how giant molecules are measured 1957 Sept. p. 90–97
molecular weight determination, polymers, light scattering, photometer, how giant molecules are measured 1957 Nov. p. 90–97
viscosity, eddics, negative viscosity, turbulence, wind, nonuniform flows, rotating systems 1970 July p. 72–80
vision, color perception, form perception, role of experience in visual perception 1949 Aug. p. 52–55
infant, learning, eye-hand coordination, human eye 1950 Feb. p. 20–22 [401]
learning, experience, sensory deprivation, 'arrested vision', role of environment experience in normal development 1950 July p. 16–19 [408]
nerve regeneration, learning, visual perception, embryonic development, inborn 'hard wiring' of nerve circuitry 1956 May p. 48–52 [1090]
horseshoe crab, Limulus, ommatidia, visual perception, optic nerve, horseshoe crab as laboratory animal 1956 Dec. p. 113–122
elephant, intelligence, learning, research in elephant learning 1957 Feb. p. 44–49
glaucoma, iridectomy, blindness, human eye 1959 Aug. p. 110–117
photosynthesis, chlorophyll, carotene, retinene, photobiology, phototropism, bioluminescence, sunlight, life and light 1959 Oct. p. 92–108
depth perception, learning, visual perception, innate and learned response to visual cues 1961 Mar. p. 138–148
retina, visual perception, learning, Gestalt psychology, stabilized retinal images, evidence for perceptual theories 1961 June p. 72–78 [466]
hearing, sensory organs, ommatidia, neuroreceptor cells, cytology, taste buds, how cells receive stimuli 1961 Sept. p. 222–238 [99]
human eye, optical illusion, sensory perception, 'after effects', visual cortex, 'cortical satiation' 1962 Jan. p. 44–49
color vision, visual adaptation, human eye 1962 May p. 62–72 [465]
eye, retina, 'floaters', nature and origin of 'floaters' 1962 June p. 119–127

eye, retinal pigments, color perception, cone cells, trichromaticity implies three cone pigments 1962 Nov. p. 120–132 [139]
eye, visual cortex, retina, optic nerve, organization of sight into vision 1963 Nov. p. 54–62 [168]
nervous system, reflex arc, motor neuron, interneuron, animal behavior, small neuron systems as models for study 1967 May p. 44–52 [1073]
learning, sensory perception, touch, visual perception dominates touch 1967 May p. 96–104 [507]
visual pigments, opsin, rhodopsin, isomerism, vitamin A 1967 June p. 64–76 [1075]
eye movement, saccades, visual attention, fovea, human eye, visual fixation, experiments with eye-marker camera 1968 Aug. p. 88–95 [516]
retina, photographic emulsion, vidicon, television camera, photochemistry, light, image detection, electronic camera 1968 Sept. p. 110–117
photosynthesis, photoperiodicity, visual pigments, phytochrome, chlorophyll, retina cells, plant growth, light and living matter 1968 Sept. p. 174–186
light, image processing, visual perception, imagery, eye and brain in visual perception 1968 Sept. p. 204–214 [519]
eidetic images, child psychology, perceptual memory, 'photographic' memory 1969 Apr. p. 36–44 [522]
perception, retinal image-processing, visual perception, retina, visual-cell types 1969 May p. 104–114 [1143]
afterimages, phosphenes, perception, prosthesis for blind, self-illumination of visual centers 1970 Feb. p. 82–87
aging, cataract, eye lens, human eye 1975 Dec. p. 70–81
binocular vision, random-dot stereograms, stereogram experiments, visual perception 1976 Mar. p. 80–86 [569]

visual adaptation, color vision, vision, human eye 1962 May p. 62–72 [465]

visual attention, vision, eye movement, saccades, fovea, human eye, visual fixation, experiments with eye-marker camera 1968 Aug. p. 88–95 [516]

visual cells, rod cells, cone cells, autoradiography, protein synthesis, renewal mechanisms in retinal cells 1970 Oct. p. 80–91

'visual cliff', depth perception, infant, comparative psychology, visual perception, genesis of depth perception 1960 Apr. p. 64–71

visual communication, information theory, painting, sculpture, architecture, communication, trademarks, language, visual stimulus, visual signals 1972 Sept. p. 82–96 [548]

visual cortex, visual perception, visual scanning, retina, how we see straight lines 1960 June p. 121–129
human eye, optical illusion, vision, sensory perception, 'after effects', 'cortical satiation' 1962 Jan. p. 44–49
eye, retina, optic nerve, vision, organization of sight into vision 1963 Nov. p. 54–62 [168]
binocular vision, depth perception, eye, neurophysiology, optic chiasm, stereopsis 1972 Aug. p. 84–95 [1255]
brain circuitry, embryonic development, nerve cells, neuronal specificity, Xenopus laevis 1973 Feb. p. 26–35 [1265]
albinism, gene mutation, Siamese cat, white mink, white tiger, cross-eyed trait 1974 May p. 44–54 [1294]
brain circuitry, eye movement, neurophysiology, pons, visual processing, visual cells in pons 1976 Nov. p. 90–98
cat response to parallax 1968 Feb. p. 52

visual discrimination, color vision, learning, conditioned behavior, behavioral psychology, Skinner box, pigeons conditioned to respond to discrete wavelengths of light 1958 Jan. p. 77–82 [403]

visual fixation, vision, eye movement, saccades, visual attention, fovea, human eye, experiments with eye-marker camera 1968 Aug. p. 88–95 [516]

visual illusion, *see:* optical illusion

visual memory, image processing, memory, perception, linguistic material, remembering what is seen 1970 May p. 104–112 [528]

visual perception, 'Ames room', distance perception, motion perception, optical illusion, size perception, illusions as clues to organization of perception 1951 Aug. p. 50–55
nerve regeneration, vision, learning, embryonic development, inborn 'hard wiring' of nerve circuitry 1956 May p. 48–52 [1090]
horseshoe crab, vision, Limulus, ommatidia, optic nerve, horseshoe crab as laboratory animal 1956 Dec. p. 113–122
kinesthetic memory, spatial orientation, neuropsychology, perception of the upright 1959 Feb. p. 50–56 [410]
'Ames room', personality, aniseikonic lenses, anxiety, 'Honi' phenomenon, emotional relationships condition perception 1959 Apr. p. 56–60
color vision, 'long' and 'short' wavelengths in color perception 1959 May p. 84–99 [223]
'visual cliff', depth perception, infant, comparative psychology, genesis of depth perception 1960 Apr. p. 64–71
visual scanning, retina, visual cortex, how we see straight lines 1960 June p. 121–129
depth perception, vision, learning, innate and learned response to visual cues 1961 Mar. p. 138–148
form perception, learning, perception, innate or learned form perception 1961 May p. 66–72 [459]
retina, vision, learning, Gestalt psychology, stabilized retinal images, evidence for perceptual theories 1961 June p. 72–78 [466]
learning, Fechner's law, psychophysics, Skinner box, behavioral psychology, conditioned behavior, pigeon perception 1961 July p. 113–122 [458]
moon illusion, apparent distance theory, Gestalt psychology, explanation of a familiar illusion 1962 July p. 120–130 [462]
color vision, constancy effect, neutral colors 1963 Jan. p. 107–116 [474]
visual systems, scallop, surf clam, inhibitory impulse, shadow-sensitive receptors, invertebrate 'eyes' as models for study of organization of sensation in perception 1963 July p. 122–130
amphibian, frog, color vision, retina, retinal image-processing, retinal processing of visual sensation 1964 Mar. p. 110–119
optical illusion, illusion of movement, apparent movement, motion perception 1964 Oct. p. 98–106 [487]
pattern recognition, computer graphics, stereoscopic images, texture discrimination, depth perception 1965 Feb. p. 38–48 [318]
binocular vision, infant development, operant conditioning, developmental psychology, information processing, space, size, shape perception in human infants 1966 Dec. p. 80–92 [502]
vision, light, image processing, imagery, eye and brain in visual perception 1968 Sept. p. 204–214 [519]
optical illusion, size constancy, distortion, pictures as objects, illusions arise from normally useful mechanisms 1968 Nov. p. 66–76 [517]
perception, vision, retinal image-processing, retina, visual-cell types 1969 May p. 104–114 [1143]
eye movement, pattern recognition, scan-path recordings, serial-recognition hypothesis 1971 June p. 34–43 [537]
depth reversal, Necker cube, optical illusion, reversing figures 1971 Dec. p. 62–71 [540]
contour perception, contrast perception, Mach bands, neuronal response, optical illusion, Craik-O'Brien effect 1972 June p. 90–101 [543]
bilingualism, dyslexia, eye movement, grammatical relations, language, reading, perception of words 1972 July p. 84–91 [545]
cultural differences, split-style art, cultural context of perception, Hudson test 1972 Nov. p. 82–88 [551]
brain circuitry, mammalian brain, nerve signals, sensory systems, stimulus localization, superior colliculus in integration at brain function 1972 Dec. p. 72–82 [553]
brain hemispheres, cerebral dominance, left-hemisphere functions, music perception, right-hemisphere functions, auditory perception 1973 Mar. p. 70–78 [554]
information theory, computer graphics, 'block portraits', computer enhancement, pattern recognition, recognition of faces 1973 Nov. p. 70–82
disoriented figures, form perception, retinal orientation 1974 Jan. p. 78–85 [557]
animal behavior, escape response, neurophysiology, toad, visually guided behavior 1974 Mar. p. 34–42 [1293]
color fusion, color scission, perceptual transparency, physical transparency, optical illusion, transparency 1974 Apr. p. 90–98 [559]
art, Escher's prints, optical illusion, perception of pictures, psychology 1974 July p. 90–104 [560]
contrast perception, spatial frequency, visual thresholds 1974 Nov. p. 106–114 [1308]
pattern recognition, figure-ground perception, texture discrimination, perceptual limitations 1975 Apr. p. 34–43 [563]
eye, motion perception 1975 June p. 76–88 [564]
binocular vision, random-dot stereograms, stereogram experiments, vision 1976 Mar. p. 80–86 [569]
contour perception, optical illusion 1976 Apr. p. 48–52 [570]

afterimages, negative aftereffects, optical illusion 1976 Dec. p. 42–48 [574]
eye, motion-perception system, moving-target perception, neurophysiology 1977 Jan. p. 60–73 [575]
color and illumination, color vision, reflection, 'retinex' theory, visual pigments, 'color Mondrian' experiment 1977 Dec. p. 108–128 [1392]
adjacency principle, motion perception, contextual cues in perception 1978 May p. 126–139 [582]
Limulus, ultraviolet receptor 1964 Apr. p. 62
retinal image processing 1965 Jan. p. 50
color-blind art students 1970 Apr. p. 48
visual pigments, afterimages, color vision, photochemistry, sensory discrimination, photochemistry of color perception 1963 Oct. p. 84–93 [1089]
vision, opsin, rhodopsin, isomerism, vitamin A 1967 June p. 64–76 [1075]
vision, photosynthesis, photoperiodicity, phytochrome, chlorophyll, retina cells, plant growth, light and living matter 1968 Sept. p. 174–186
color blindness, cone cells, fovea, genetic disease, retinal image-processing 1975 Mar. p. 64–74 [1317]
color and illumination, color vision, reflection, 'retinex' theory, visual perception, 'color Mondrian' experiment 1977 Dec. p. 108–128 [1392]
visual processing, brain circuitry, eye movement, neurophysiology, pons, visual cortex, visual cells in pons 1976 Nov. p. 90–98
visual scanning, visual perception, retina, visual cortex, how we see straight lines 1960 June p. 121–129
memory, visual search, information processing, reading, pattern recognition 1964 June p. 94–102 [486]
eye movement, feedback, visual tracking, human eye, control mechanisms of the eye 1964 July p. 24–33
visual search, memory, visual scanning, information processing, reading, pattern recognition 1964 June p. 94–102 [486]
visual stimulus, information theory, painting, sculpture, architecture, visual communication, communication, trademarks, language, visual signals 1972 Sept. p. 82–96 [548]
visual systems, visual perception, scallop, surf clam, inhibitory impulse, shadow-sensitive receptors, invertebrate 'eyes' as models for study of organization of sensation in perception 1963 July p. 122–130
visual targeting, coordination of movement, eye-head coordination, sensory feedback 1974 Oct. p. 100–106 [1305]
visual thresholds, contrast perception, spatial frequency, visual perception 1974 Nov. p. 106–114 [1308]
visual tracking, eye movement, feedback, visual scanning, human eye, control mechanisms of the eye 1964 July p. 24–33
vital capacity, gas exchange, thorax, lung, pulmonary ventilation, breathing, alveoli, human physiology, mechanics and physiology of breathing, anatomy of lung 1966 Feb. p. 56–68 [1034]
vital statistics, abortion, population, marriage rate, death rate, birth rate, menarche, infant mortality, 1538-1812, parish registers, York, England 1970 Jan. p. 105–112
chronic illness, morbidity, mortality rates, medical care, life expectancy, infectious disease, degenerative diseases, causes of death 1973 Sept. p. 76–84
vitamin A, vision, visual pigments, opsin, rhodopsin, isomerism 1967 June p. 64–76 [1075]
vitamin A deficiency, electroretinography, night blindness, opsin, rhodopsin, bright-light exposure, retinitis pigmentosa, night blindness in rat, action of vit. A on eye 1966 Oct. p. 78–84 [1053]
vitamin B12 synthesis, trace elements, cobalt, desert ecology, land reclamation, agricultural technology, reclamation of infertile Austrialian land 1959 Jan. p. 97–106
Vitamin B14, shows anti-tumor action 1949 Feb. p. 29
vitamin D, steroid hormones, sex hormones, cholesterol, cortisone 1955 Jan. p. 52–60 [8]
calcium metabolism, parathyroid hormone, phosphate metabolism, osteogenesis, parathyroid function 1961 Apr. p. 56–63 [86]
cancer, ultraviolet radiation, melanocytes, suntanning, epidermis, skin 1968 July p. 38–46
air pollution, rickets, ultraviolet radiation, osteogenesis, calcium metabolism, epidemiology, sunlight 1970 Dec. p. 76–91 [1207]
artificial light, biological clock, sunlight, suntanning, body's response to light 1975 July p. 68–77 [1325]
vitamins, Milorganite, from Milwaukee sewage 1952 Apr. p. 40
viticulture, grape fermentation, wine, yeast, climate, enzymes, chemical explanation of a good wine, role of climate 1964 Aug. p. 46–56 [190]
wine varieties, Mediterranean wines, temperate-climate wines 1974 June p. 106–115 [1298]
vocal display, behavior, speech, facial expression, nonverbal communication, facial expression in communication 1965 Oct. p. 88–94 [627]
vocal tract, speech synthesis, talking computers, spectrograph, Voder 1972 Feb. p. 48–58
Voder, computer technology, speech recognition, sound spectrogram 1955 Feb. p. 92–98
speech synthesis, talking computers, vocal tract, spectrograph 1972 Feb. p. 48–58
voice, physics, harmony, string instruments, wind instruments, piano, musical scale, acoustics, agreeable melodies and physical laws 1948 July p. 32–41
music, singing voice, pharynx, larynx, acoustics of singing voice 1977 Mar. p. 82–91
voice analysis, acoustic analysis, sound spectrogram, speech quality of mental patients 1965 Mar. p. 82–91 [492]
volcanic activity , Andes, earthquake distribution, mountain formation, plate tectonics, seismic waves 1973 Aug. p. 60–69 [910]
volcanic eruption, Krakatoa, plant succession, ecology 1949 Sept. p. 52–54
diamond, plumes, Earth mantle, kimberlite pipes, genesis of kimberlite pipes 1978 Apr. p. 120–132 [931]
volcanic rocks, magnetic field, paleomagnetism, geomagnetic reversals, sea-floor spreading, reversals of Earth's magnetic field 1967 Feb. p. 44–54
volcanic sediments, Eocene epoch, Yellowstone National Park, petrified wood, erosion, petrified forests of Yellowstone 1964 Apr. p. 106–114
volcanic zones, earthquake zones, island arcs, lithospheric subduction, mountain formation, plate tectonics, sea-floor spreading, subduction zones 1975 Nov. p. 88–98 [919]
volcanoes, geophysics, geochemistry, their physics, chemistry, distribution and role in geological processes 1951 Nov. p. 45–52
climate, dust, solar radiation, world climate and volcanic activity 1952 Apr. p. 74–80 [843]
atmosphere, escape velocity, photosynthesis, water of crystallization, nitrogen, oxygen, origin and evolution of Earth's atmosphere 1953 Aug. p. 82–86 [824]
Earth crust, continental evolution, island arcs, sedimentation, origin of the continents 1955 Sept. p. 62–66 [816]
sea-floor spreading, rain, sea water composition, geochemical cycle, salinity, carbonate, hydrologic cycle, why the sea is salt 1970 Nov. p. 104–115 [839]
domes, hot spots, island arcs, plate tectonics, ocean rifts, plumes 1976 Aug. p. 46–57 [920]
Volta, battery, electrochemistry, electric power, Galvani, Volta's contributions, biography 1965 Jan. p. 82–91
'voltage clamp' technique, giant axon, squid, nerve impulse, sodium pump, nerve cells 1958 Dec. p. 83–90
voltaic pile, animal electricity, Galvani, a major discovery in physics as well as biology 1950 Feb. p. 40–43
voluntary hospitals, medical economics, medical care, public funds, municipal hospitals, proprietary hospitals, metropolitan medical economics in New York City 1965 Jan. p. 19–27
Volvox, cell aggregation, metazoa, between single-celled and multi-celled organisms 1950 May p. 52–55
von Neumann, obituary 1957 Apr. p. 68
von Neumann machine, automata theory, Turing machine, brain circuitry, computer design 1955 Apr. p. 58–67
feedback, computer science, automata theory, Turing machine, self-reproducing machine, 'artificial living plants' 1956 Oct. p. 118–126
voodoo lily, insect attractant, Arum family, carnivorous plants, respiration 1966 July p. 80–88
vortex, computer applications, fluid dynamics, computer modeling, scaling, wind tunnel, computer graphics 1965 Mar. p. 104–110
feedback, edge tone, aerodynamic whistles, hole tone, sound waves, whistles, flutes, organs and rocket engines 1970 Jan. p. 40–46
vortex ring, quantum mechanics, superfluidity helium, macroscopic quantum effects, quantized vortex rings 1964 Dec. p. 116–122
voters' attitudes, public opinion, voting behavior, correlation analysis, ethnic groups, income, social status, family, 'votes in the making' 1950 Nov. p. 11–13

voting behavior, public opinion, voters' attitudes, correlation analysis, ethnic groups, income, social status, family, 'votes in the making' 1950 Nov. p. 11–13
elections, public opinion, attitude survey, election of 1952 1954 May p. 31–35
fluoridation, public opinion, anti-scientific attitudes 1955 Feb. p. 35–39 [453]
voting systems, elections, public opinion, paradox inescapable 1976 June p. 21–27 [689]
vulcanization, butadiene, rubber synthesis, isoprene, latex, elastomers, synthetic rubber, molecular structure 1956 Nov. p. 74–88
vultures, bird flight, gliding birds, soaring, thermal cells, lift phenomena 1973 Dec. p. 102–109

W

wadi, Nabataean culture, irrigation, desert, agricultural system, restoration of Nabataean irrigation works in the Negev 1956 Apr. p. 39–45
wagons, transportation, wheeled vehicles, oxen, carts, Transcaucasus, Mesopotamia, origin of wheeled transport 5,000 years ago 1968 July p. 82–90
wake turbulence, aerodynamics, aircraft-wake vortexes, contrails, flight safety, jet flight 1974 Mar. p. 76–83
waking, sleep, biological clock, body temperature 1952 Nov. p. 34–38 [431]
walking, locomotion, primates, human evolution, bipedal walking, muscle, bone, fossil record, origin of human walking 1967 Apr. p. 56–66 [1070]
architecture, stairs, stride 1974 Oct. p. 82–90
locomotion, nervous system, Edweard Muybridge photographs, control of walking 1976 Dec. p. 72–86 [1346]
Wallace, Darwinism, natural selection, science history, life and work of Alfred Russel Wallace 1959 Feb. p. 70–84
wandering poles, Earth, geomagnetism, remanent magnetism, magnetic reversals, Earth's magnetism 1955 Sept. p. 152–162
Wankel engine, automobile engines, rotary engine, Tschudi engine 1969 Feb. p. 90–99
air pollution, automobile engines, rotary engine, auto engineering 1972 Aug. p. 14–23
war, ACTH, stress, combat fatigue, psychiatry, Korean war studies of battlestress 1956 Mar. p. 31–35
architectural engineering, castle, Norman invasion, English castles, A.D. 1066 1958 Mar. p. 42–48
social psychology, Zulu peoples, social anthropology, short-lived empire of Zulu chief Shaka 1960 Apr. p. 157–168
cavalry, Mongol conquests, Chingis Khan, frontier history, nomatic civilization, Chingis Khan, biography 1963 Aug. p. 54–68
archery, sling, accuracy, range and lethality of sling 1973 Oct. p. 34–42
Warsaw, high-energy physics, report on a visit by Leopold Infeld 1949 Dec. p. 40–43
waste disposal, in 'tectonic sinks' 1972 Feb. p. 41
'super slurper' for liquid messes 1976 Apr. p. 61
waste recycling, forest products, wood pulp, paper, cellulose, lignin, rayon, kraft process 1974 Apr. p. 52–62
wastewater, treatment with bacteria 1972 Dec. p. 42
wastewater purification, high-gradient magnetic separation, kaolin purification, magnetic separation, separation techniques 1975 Nov. p. 46–54
water, photosynthesis, chlorophyll, carbon dioxide, tracer experiments 1948 Aug. p. 24–35
ice, hydrogen-ion migration, snow crystals, hydrogen bonds, hydration, physical and chemical properties 1956 Apr. p. 76–89
distillation, desalination, ion exchange, solar still, alternative technologies 1957 Mar. p. 37–45
ice, snow, frost, supercooling, condensation nuclei, ice worms, how water freezes 1959 Feb. p. 114–122
'anomalous' water, 'biological' water, blood, hemoglobin, membrane permeability, osmosis, erythrocyte, van 't Hoff law 1971 Feb. p. 88–96 [1213]
a liquid semi-crystal 1951 Apr. p. 33
water balance, desert rat, kidney, oxidation of food, how banner-tailed kangaroo rat survives without water 1953 July p. 73–78 [1050]
body water, homeostasis, distribution between intracellular and extracellular 'compartments' 1958 Nov. p. 125–132
water-breathing by mammals, lung, gill, oxygen transfer, carbon dioxide, gas exchange, breathing, animal experiments in water-breathing 1968 Aug. p. 66–74 [1123]
water buffalo, domestic animals, animal husbandry, agricultural water buffalo as draft and 'beef' animal 1967 Dec. p. 118–125 [1088]
water clock, control systems, feedback, thermostat, windmills, automatic control, flyball governor, origins of feedback control 1970 Oct. p. 110–118
water conservation, evaporation control 1956 Oct. p. 68
water cycle, ground water, artesian well, piezometric surface, water table, resource management, runoff, ground water in water-resource management 1950 Nov. p. 14–19 [818]
cloud seeding, air pollution, water drop, ice crystals, fog, inversion layer, smog 1968 Dec. p. 74–82 [876]
transpiration, evaporation, runoff, agricultural system, ocean, precipitation, biosphere, photosynthesis 1970 Sept. p. 98–108 [1191]
atmospheric circulation, hydrology, ground water, 'aerological accelerator' 1973 Apr. p. 46–61 [907]
ground water, reservoir recharging, water resource management 1977 May p. 21–27 [924]
water drinking, antelope, desert adaptation, thermoregulation, evaporation, eland and oryx, survival without drinking 1969 Jan. p. 88–95
water drop, cloud seeding, water cycle, air pollution, ice crystals, fog, inversion layer, smog 1968 Dec. p. 74–82 [876]
water erosion, climatic change, rivers, drainage patterns, river evolution 1967 Apr. p. 84–94
'water gas' process, coal, chemical raw material, fossil fuel, coking, hydrogenation 1955 July p. 58–67
water II, boundary-phase hypothesis, superdense water, polymerization, polywater, thermal conductivity, surface tension, evidence for water II argued 1970 Nov. p. 52–71
water injection, petroleum, gas injection, secondary recovery 1965 July p. 34–42
land subsidence, petroleum extraction 1967 June p. 93–100
water maser, maser, cosmic masers, hydroxyl maser, maser star, interstellar matter, astrophysics, quantum mechanics, 'nature imitates art' 1978 June p. 90–105
water molecules, crystallography, ice, crystal structure, snow crystals, migrating lattice faults in ice 1966 Dec. p. 118–126 [307]
water of crystallization, atmosphere, escape velocity, photosynthesis, volcanoes, nitrogen, oxygen, origin and evolution of Earth's atmosphere 1953 Aug. p. 82–86 [824]
water palatability, mineral content 1967 Feb. p. 60
water pollution, biological oxygen demand, sewage treatment, radioactive waste disposal, stream pollution 1952 Mar. p. 17–21
air pollution, cities, water supply, sewage disposal, smog, taxation, Los Angeles, New York, metabolism of cities 1965 Sept. p. 178–190
eutrophication, fisheries, fish population, runoff, Great Lakes, silt, U.S. Great Lakes' aging 1966 Nov. p. 94–104 [1056]
thermal pollution, nuclear power, industrial cooling, aquatic life, cooling towers, waste heat 1969 Mar. p. 18–27 [1135]
U.S. Federal anti-pollution act 1961 Sept. p. 90
oil-dispersing detergents 1967 Nov. p. 53
biodegradable surfactant 1968 May p. 53
nitrate fertilizers 1969 Mar. p. 48
water purification, catalysis, corona discharge, free radicals, ozone, polymerization, corona chemistry, hydrocarbon cracking 1965 June p. 90–98
water quality, ocean pollution, pollution control, waste disposal in oceans 1974 Aug. p. 16–25
water resource management, economic development, industrialization, water supply, irrigation, desalination, technology and economics of water in economic development 1963 Sept. p. 92–108
irrigation, ground water, artesian well, agricultural technology, Sahara desert, land reclamation, intercalary water, 'fossil' water, making desert fertile 1966 May p. 21–29
ground water, reservoir recharging, water cycle 1977 May p. 21–27 [924]
water resources, international 'hydrologic decade' planned 1963 Oct. p. 58
water retention, mouse, physiological adaptation, behavioral adaptation, Mus musculus, commensal of man 1969 Oct. p. 103–110 [1159]
water-strider, surface tension, backswimmer, whirligig beetle, ecology, springtail, aquatic insect, insects of the water surface 1978 Apr. p. 134–142 [1387]

water supply, economic development, industrialization, irrigation, desalination, water resource management, technology and economics of water in economic development 1963 Sept. p. 92–108
tunnel of Eupalinus, Samos, Greek civilization, Classical archeology, feat of Classical engineering 1964 June p. 104–112
agricultural irrigation, canals, hydro-engineering, pipelines, Jordan Valley Plan, Israel, Jordan 1965 Mar. p. 23–31
air pollution, cities, sewage disposal, smog, water pollution, taxation, Los Angeles, New York, metabolism of cities 1965 Sept. p. 178–190
bacterial toxin, cholera, disease, medical care, sanitation, epidemiology 1971 Aug. p. 15–21
'A Water Policy for the American People' 1951 Feb. p. 32
water table, ground water, artesian well, piezometric surface, water cycle, resource management, runoff, ground water in water-resource management 1950 Nov. p. 14–19 [818]
radio divining rod, depth of water table by radio 1956 May p. 59
watershed, forestry, nitrogen fixation, ecosystem, resource management, runoff, erosion, deforestation, deforestation experiment 1970 Oct. p. 92–101 [1202]
Watt, steam engine, mine drainage, technology history, pumps, Industrial Revolution, Newcomen engine, origins of steam engine 1964 Jan. p. 98–107
wave acoustics, architectual acoustics, sound waves, auditoriums, sound interference, sound diffraction, acoustic reverberation, effective management of sound in public buildings and dwellings 1963 Nov. p. 78–92
wave-front reconstruction, holography, laser, interferometry, lensless laser photography 1965 June p. 24–35 [300]
wave guide, fiber optics, light reflection, image transmission, physics of light conduction 1960 Nov. p. 72–81
wave motion, thin-film optical devices, interferometry, fluorescence, light waves, monomolecular films, fatty acids 1970 Mar. p. 108–119
wave-particle duality, electron, diffraction, interference fringes, electron diffraction, Davisson-Germer experiment 1948 May p. 50–53
matter, energy levels, electromagnetic force, nuclear forces, gravitation, field theory, fundamental research, quantum jumps, corpuscular streams, what is matter? 1953 Sept. p. 52–57 [241]
philosophy of science, uncertainty principle 1958 Jan. p. 51–57 [212]
gravitation, relativity theory, quantum mechanics, space-time continuum, uncertainty principle, P.A.M. Dirac view of physics 1963 May p. 45–53
diffraction, light, optics, interference, electromagnetic waves, photon emission, introduction to single-topic issue on light 1968 Sept. p. 50–59
wave propagation, heat, diffusion, solid state physics, thermal waves, second sound, cryogenics, phonon, helium, thermal waves in solid helium 1970 May p. 92–101
waveguides, microwaves, optical properties, Maxwell's equations, traveling-wave tube, klystron, magnetron, communication, radar 1952 Aug. p. 43–51
'weak' force, elementary particles, parity, symmetry, quantum, particle interaction, right and left-handed particles breakdown of parity 1957 Apr. p. 45–53 [231]
antimatter, symmetry, elementary particles, parity, particle interaction, recognition of 'fourth force' 1959 Mar. p. 72–84 [247]
particle interaction, muon, electron, high-energy physics, properties of massive negative particle 1961 July p. 46–55 [275]
beta decay, neutrino, particle accelerator, muon neutrino, a particle interaction, experiment demonstrating existence of muon neutrino 1963 Mar. p. 60–70 [324]
particle interaction, high-energy physics, gauge theory, field theory, electromagnetic force, 'strong' force 1974 July p. 50–59
electromagnetic force, particle interaction, gauge theory, neutrino interactions, neutral-weak-current interactions 1974 Dec. p. 108–119
gravity, electromagnetic force, 'strong' force, supergravity, symmetry, quest for unified theory of basic forces 1978 Feb. p. 126–143 [397]
weapons, incendiary device, SIPRI report 1976 Jan. p. 56
weapons deposits, peat bog, archeology, organic relics, Danish history 1953 Oct. p. 84–88
wear, materials technology, adhesive wear, abrasive wear, corrosion, fatigue wear, surfaces in sliding contact 1962 Feb. p. 127–136
Beilby layer, ferrograph analysis, friction, lubrication, machine wear, metal fatigue, particles of wear 1974 May p. 88–97
bearing, lubrication, friction, journal bearing 1975 July p. 50–64
exoelectrons, Geiger counter, metal fatigue, metal-surface defects 1977 Jan. p. 74–82 [350]
weather, microseisms, seismology, earthquakes 1949 Feb. p. 42–45
jet stream, upper atmosphere, atmospheric circulation, index cycle, polar front 1952 Oct. p. 26–31
ice-floe islands, Arctic Ocean currents 1954 Dec. p. 40–45
climate, solar wind, ionosphere, meteorology, coronametry, Earth's weather and solar wind 1957 Apr. p. 138–148 [849]
thunderstorms, wind, jet stream, squall lines, low-altitude jet streams 1961 Aug. p. 120–131
atmospheric circulation, meteorology, upper atmosphere, solar radiation, balloon and rocket observations 1964 Mar. p. 62–74
mean annual temperature drop 1961 Mar. p. 81
urban heat island 1967 Apr. p. 52
weather control, climate, cloud seeding, does control of weather constitute a climatic hazard? 1950 Apr. p. 48–52
cloud seeding, silver iodide, Project Cirrus, condensation nuclei, dry ice 1952 Jan. p. 17–21
hurricane-modification experiments, hurricane-eye disruption 1964 Dec. p. 27–37
cloud seeding, a business 1951 Mar. p. 29
weather forecasting, jet stream, long-wave forecasting 1955 Aug. p. 40–44
weather satellites, Tiros, telemetry, atmospheric circulation, heat budget of Earth, air masses, videocameras, photographic weather maps 1961 July p. 80–94
satellite, weather satellites, meteorology, Tiros, Essa, Applications Technology Satellites, Nimbus 1969 Jan. p. 52–68
long-range 1969 Nov. p. 62
weather observation, radar, cloud structures 1953 July p. 34–38
weather satellites, Tiros, telemetry, atmospheric circulation, heat budget of Earth, air masses, videocameras, photographic weather maps, weather forecasting 1961 July p. 80–94
satellite, weather forecasting, meteorology, Tiros, Essa, Applications Technology Satellites, Nimbus 1969 Jan. p. 52–68
weather ships, decommissioning 1954 Apr. p. 46
weathering, sandstone, sand dune, granite, turbidity currents, stratigraphy, sand: origin and history from shape of grain 1960 Apr. p. 94–110
architecture, sculpture, erosion, marble, limestone, atmospheric pollution, preservation of stone 1978 June p. 126–136 [3012]
weaver ants, ants, insect behavior, pheromones, social insect 1977 Dec. p. 146–154 [1373]
weed control, insect herbivores, agricultural technology, leaf-eating beetle, Klamath weed, living herbicides 1957 July p. 56–67
agricultural technology, herbicide, mulch, tillage without plow 1977 Jan. p. 28–33 [1349]
enzyme weed control 1959 Mar. p. 69
weeds, forest ecosystem, X-ray, gamma radiation, white oak, atomic bomb test, environmental pollution, ecological effects of high-energy radiation 1963 June p. 40–49 [159]
Wegener's hypothesis, continental drift, contracting-Earth theory, science history, Pangaea, plate tectonics 1975 Feb. p. 88–97
weight-strength ratio, bird flight, aerodynamics, bone structure, respiratory air sacs, birds as flying machines 1955 Mar. p. 88–96
weightlessness, space medicine, acceleration, g-forces, semicircular canals, black-out 1951 Jan. p. 16–19
acceleration, human physiology, manned space flight, space medicine, human centrifuge, g stress 1962 Feb. p. 60–70
manned ballistic flight 1961 June p. 80
weights and measures, new standards 1955 Mar. p. 52
welding, laser, optical communication, holography, surveying, light, laser technology 1968 Sept. p. 140–156
welfare reform, income maintenance, negative-income-tax experiment, work attitudes, work incentives 1972 Oct. p. 19–25
West Indies, New World archeology, Hispaniola, stone artifacts, island chains, sea routes, seafaring hunters from Central America? 1969 Nov. p. 42–52 [652]
Westinghouse Science Writing Awards, A.A.A.S. 1948 Oct. p. 25
wetlands, climate, marshland, swamp, ecology, eutrophication, natural history of marsh, effect on climate 1958 Oct. p. 114–122 [840]
pollution, ocean, mineral resources, sea water, ocean floor, physical resources of the ocean 1969 Sept. p. 166–176 [885]
whale, diving physiology, breathing 1949 July p. 52–55
cardiogram 1952 Oct. p. 68–70
gray whale, animal migration, extinction 1955 Jan. p. 62–66
animal communication, fish communication, crustacea, porpoises, marine biology, animal sounds in the sea 1956 Apr. p. 93–102

food chain, plankton, krill, Antarctic convergence, Euphausia superba 1958 Jan. p. 84–89 [853]
whale 'farming', 'coral corrals' proposed 1967 Mar. p. 52
whale population, low kill-quota urged 1965 June p. 58
in uneasy equilibrium with whaling 1973 Aug. p. 42
whaling, blue whale, sonar, krill, food chain, natural history of the largest animal 1956 Dec. p. 46–50
whaling industry, Antarctic convergence, blue whale, endangered species, International Whaling Commission 1966 Aug. p. 13–21
wheat, einkorn, wild einkorn, emmer, hybrid cells, fungi, chromosome doubling, plant breeding, origin and perfection of wheat 1953 July p. 50–59
plant hybrids, hybrid wheat, agronomy, food production 1969 May p. 21–29
'green revolution', India, food and agriculture, technology transfer, monsoons, irrigation, fertilizers, rice, agronomy, hybrid crop plants 1976 Sept. p. 154–163
agronomy, crop yields, plant breeding, rice, maize, food and agriculture, plant genetics 1976 Sept. p. 180–194
rust resistant wheat hybrid 1957 Apr. p. 74
hybrid development 1959 Jan. p. 63
wheat rust, mycology, fungi, ergot, potato blight, morel, amanita, Penicillium notatum, yeast, molds and men 1952 Jan. p. 28–32 [115]
wheel bounce, automobiles, road building, highway engineering, 'corrugated' road surface, 'washboard' road surface 1963 Jan. p. 128–136
wheeled vehicles, transportation, oxen, carts, wagons, Transcaucasus, Mesopotamia, origin of wheeled transport 5,000 years ago 1968 July p. 82–90
whirligig beetle, surface tension, water-strider, backswimmer, ecology, springtail, aquatic insect, insects of the water surface 1978 Apr. p. 134–142 [1387]
whiskers, crystal structure, metals, fiber-reinforced, dislocations, matrix, composite materials, two-phase materials 1965 Feb. p. 28–37
alloys, eutectics, crystal structure, metallurgy, controlled eutectics, controlled-cooling magnets 1967 Feb. p. 86–92
composite materials, materials technology, fiber glass, two-phase materials, fiber-reinforced composites, matrix, eutectics 1967 Sept. p. 160–176
'whistlers', Earth magnetic field, lightning, radio, ionosphere, radio echoes of lightning 1956 Jan. p. 34–37
Antarctica, Earth magnetic field, upper atmosphere, solar wind, aurora, atmosphere-magnetic field-solar wind interaction 1962 Sept. p. 74–83 [858]
acoustical analogue of geomagnetic 'whistler' 1971 Sept. p. 84
whistling, language, Canary Islands, nonverbal communication, phonology, the whistled language of La Gomera 1957 Apr. p. 111–118
white cells, *see:* lymphocytes
white dwarfs, dwarf stars, degenerate gas, gravitational collapse, binary stars, 'dying' stars 1959 Jan. p. 46–53
pulsar, neutron stars, gravitational collapse, angular momentum, 'lighthouse' model proposed 1968 Oct. p. 25–35
gravitational collapse, neutron stars, pulsar, stellar evolution, solid stars, ultradense matter 1971 Feb. p. 24–31
black hole, gravitational waves, neutron stars, pulsar, relativity theory, Red Giant stars, rotational energy 1972 May p. 38–46
radio pulses 1968 Apr. p. 42
white-light reconstruction, holography, laser, microscopy, color holography 1968 Feb. p. 40–48
white mink, albinism, gene mutation, Siamese cat, visual cortex, white tiger, cross-eyed trait 1974 May p. 44–54 [1294]
white oak, forest ecosystem, X-ray, gamma radiation, atomic bomb test, weeds, environmental pollution, ecological effects of high-energy radiation 1963 June p. 40–49 [159]
white pine, North American forests, Royal Navy, King's Broad Arrow, American Revolution, colonial building 1948 June p. 48–53
white tiger, albinism, gene mutation, Siamese cat, visual cortex, white mink, cross-eyed trait 1974 May p. 44–54 [1294]
whitefish, lamprey, jawless fish, pest control, Great Lakes, trout 1955 Apr. p. 36–41
whites, intelligence, race, IQ, heredity, American Negro, heredity, population genetics, science policy, social psychology, twins, environment, racial discrimination 1970 Oct. p. 19–29 [1199]
W.H.O.: World Health Organization
W.H.O., malaria, DDT, mosquitoes, eradication of malaria 1952 June p. 22–25
existence assured 1948 May p. 33
U.S. joins 1948 July p. 30
charter ratified 1948 Aug. p. 22
state of public health broadcasts 1949 Feb. p. 29
U.S.S.R. walks out 1949 Mar. p. 27
malaria, anti-malaria campaign 1949 Apr. p. 26
world assembly 1949 June p. 28
Soviet-bloc nations rejoin 1956 July p. 48
10-year progress report 1958 June p. 46
epidemiology, 'river blindness' in Africa 1975 Oct. p. 53
W.H.O. campaign, medical history, smallpox eradication, vaccination 1976 Oct. p. 25–33
whooping crane, summers at Great Slave Lake 1952 Oct. p. 44
widow birds, birds, finches, mimicry, parasitism, sexual behavior, animal behavior 1974 Oct. p. 92–98
wild einkorn, wheat, einkorn, emmer, hybrid cells, fungi, chromosome doubling, plant breeding, origin and perfection of wheat 1953 July p. 50–59
wildlife conservation, crippled goose, air-lifted to Canada 1953 June p. 54
Wilson hypothesis, atmospheric ionization, thunderstorms, electric field, atmosphere, thunderstorms replenish Earth's charge 1953 Apr. p. 32–37
Wilson's disease, agammaglobulinemia, gene expression, alkaptonuria, congenital anomalies, chemistry of hereditary disease, one gene-one enzyme hypothesis 1956 Dec. p. 126–136
chelation, hemochromatosis, lead poisoning, pharmacology, drug action, metal poisoning, heavy metal poisoning, bone cancer, salicylates, aspirin, cancer therapy, chemotherapy, medical exploitation of chelates 1966 May p. 40–50
ceruloplasmin, hemocyanin, oxygen transport, enzymes, copper deficiency, cytochrome oxidase, copper biochemistry, tyrosinase 1968 May p. 102–114
wilt disease, alfalfa caterpillar, ecology, insecticide, life cycle, agricultural pest, predation 1954 June p. 38–42
antibiotics, plant disease, rot, blight, smut, mold, mildew 1955 June p. 82–91
Winchester, Roman Britain, urban archeology 1974 May p. 32–43
wind, Earth, ocean circulation, gyres, upwelling, the circulation of the oceans 1955 Sept. p. 96–104
meteorology, atmospheric circulation, cyclone, anticyclones, source of prevailing winds 1956 Dec. p. 40–45 [841]
meteorology, cloud, lee waves, soaring, glider, esthetic exploitation of lee waves 1961 Mar. p. 124–134
weather, thunderstorms, jet stream, squall lines, low-altitude jet streams 1961 Aug. p. 120–131
atmosphere, ocean circulation, climate, Coriolis effect 1969 Sept. p. 76–86
eddies, negative viscosity, turbulence, nonuniform flows, rotating systems, viscosity 1970 July p. 72–80
solar radiation, energy cycle, biosphere, albedo, atmospheric circulation, climate, ocean circulation, terrestrial radiation, carbon dioxide 'window', Earth energy cycle 1970 Sept. p. 54–63 [1189]
wind bracing, skyscrapers, construction technology, Eiffel Tower, cantilever, truss bridge, steel frame construction, curtain wall 1974 Feb. p. 92–105
wind effect, Coriolis effect, ocean circulation, currents, laboratory analogues 1970 Jan. p. 114–121 [390]
wind erosion, dust storms, dry-land farming, Great Plains, marginal farmlands, agricultural technology 1954 July p. 25–29
Mars, Martian atmosphere, dust storms, dry ice fogs, Mariner voyages 1977 July p. 34–43
wind instruments, physics, harmony, string instruments, piano, voice, musical scale, acoustics, agreeable melodies and physical laws 1948 July p. 32–41
wind power, as standby 1949 Aug. p. 24
100 kW windmills 1954 Feb. p. 48
wind tower, air conditioning, air vent, domed roof, architecture, cooling system, passive cooling systems in Iranian architecture 1978 Feb. p. 144–154 [705]
wind tunnel, aerodynamics, insect flight, locust, efficiency of locust flight 1956 Mar. p. 116–124
aerodynamics, supersonic flight, shock waves, molecular beam, ultra-high altitude aerodynamics 1958 Jan. p. 36–42

computer applications, fluid dynamics, computer modeling, scaling, vortex, computer graphics 1965 Mar. p. 104–110
hypersonic at 32.400 m.p.h. 1958 Apr. p. 50
see also: smoke tunnel
wind velocity, soaring, thermal cells, air currents, aerodynamics, ornithology, bird flight, flight of soaring birds 1962 Apr. p. 130–140
windmills, science history, technological innovation, pumps, blast furnace, bellows, medieval technology, medieval uses of the air 1970 Aug. p. 92–100 [336]
control systems, feedback, water clock, thermostat, automatic control, flyball governor, origins of feedback control 1970 Oct. p. 110–118
windows, energy resources, solar energy, residential heating, low-potential energy, hot water, Sun can supply most of the 30 percent of fuel energy consumed in domestic heating 1951 Feb. p. 60–65
wine, grape fermentation, yeast, viticulture, climate, enzymes, chemical explanation of a good wine, role of climate 1964 Aug. p. 46–56 [190]
vintage decantation for tritium content 1953 Apr. p. 46
wine cellar, in Pharaoh's tombs 1978 Mar. p. 74
wine varieties, viticulture, Mediterranean wines, temperate-climate wines 1974 June p. 106–115 [1298]
Wisconsin glaciation, plant migration, oceanography, New World archeology, animal migration, Bering land bridge, continental shelf, glaciation, animal-plant migration, Asia-North America 1962 Jan. p. 112–123
witchweed, 2, 4-D control of witchweed 1957 Dec. p. 64
withdrawal syndrome, drug addiction, narcotics, rats and monkeys, voluntary self-injection 1964 Mar. p. 46–52 [178]
morphine, drug addiction, opiate-directed behavior, self-addiction in rat 1965 Feb. p. 80–88
'wolf' note, musical instruments, string instruments, 'following bow' experiment, Raman waves, physics of bowed string 1974 Jan. p. 87–95
women in labor force, employment levels, labor force, manpower policy, U.S. economy, job creation vs. job quality 1977 Nov. p. 43–51 [701]
women in science, affirmative minority 1977 Aug. p. 52
women's aspirations, female-role ideology, sex roles, attitude survey 1972 Jan. p. 34–42
women's status, developed countries, labor force, sex role, human population 1974 Sept. p. 136–147
wood, cellulose, lignin, cell structure, grain structure 1953 Jan. p. 64–67
lignin, paper, aromatic compounds, chemical identity of elusive lignin 1958 Oct. p. 104–113
wood pulp, forest products, paper, cellulose, lignin, rayon, waste recycling, kraft process 1974 Apr. p. 52–62
woodhenges, Neolithic archeology, henge monuments, Britain, Stonehenge 1970 Nov. p. 30–38
woodroach, cockroach, endocrinology, cockroach as laboratory animal 1951 Dec. p. 58–63
Woods Hole, marine biology, oceanography 1949 Sept. p. 13–17
laboratories demobilized 1948 July p. 30
words, reading, letters, pattern recognition, visual cues in recognition of letters and words 1978 Jan. p. 122–130 [122]
work attitudes, income maintenance, negative-income-tax experiment, work incentives, welfare reform 1972 Oct. p. 19–25
work incentives, income maintenance, negative-income-tax experiment, work attitudes, welfare reform 1972 Oct. p. 19–25
'work patterns profiles', communication, leadership, social psychology, people in groups 1951 Feb. p. 26–28
work satisfaction, assembly lines, mass production, Sweden, worker teams, management science, 'scientific management' 1975 Mar. p. 17–23
worker teams, assembly lines, mass production, Sweden, work satisfaction, management science, 'scientific management' 1975 Mar. p. 17–23
world food bank, food supply, human nutrition, population control, human population, agricultural production 1974 Sept. p. 160–170
World Health Organization, *see:* W.H.O.
world lines, cosmology, universe expansion, Olber's paradox, curvature of space, red shift, galactic evolution, evolutionary universe, element formation, genesis 1954 Mar. p. 54–63
world population, Malthusian doctrine, economic development 1950 Feb. p. 11–15
demographic transition, population growth, zero population growth, birth rate, gross reproduction rate, net reproduction rate, extrapolation from world-statistics population model 1973 Mar. p. 15–23 [683]
at 2,378 million 1951 May p. 36
at 3,7 billion 1973 Apr. p. 43
worst-case analysis, games theory, decision theory, minimax, pure strategy, mixed stratgey 1955 Feb. p. 78–83
wound healing, regeneration, leukocyte, fibroblasts, collagen, epidermal cells 1969 June p. 40–50 [1144]
cell motility, cell tracks, embryonic development, tubulin, mitotic apparatus, cell motion made visible to naked eye 1978 Apr. p. 68–76 [1386]
wound shock, homeostasis, body fluids, shock, emergency medicine, treatment of shock 1958 Dec. p. 115–124
writing, pictograph, Vinca culture, Tartaria tablets, Romania, Sumer, cultural diffusion, Sumerian writing 1968 May p. 30–37
brain damage, speech, brain hemispheres, cerebral cortex, functional organization of the brain 1970 Mar. p. 66–78 [526]
ancient trade, archeology, Elamite culture, Mesopotamian culture, Persia, Sumer, Iran, Tepe Yahya 1971 June p. 102–111 [660]
hieroglyphs, pictograph, ideographs, Mesopotamia, origin of writing in clay tokens 1978 June p. 50–59 [708]

X

X-ray, microscopy, optical resolution, X-ray microscope projected 1949 Mar. p. 44–47
painting, art restoration, microchemistry, spectroscopy, science in the art museum 1952 July p. 22–27
cancer therapy, isotopes, radiotherapy, ionizing radiation, dosimetry, roentgenology, nuclear medicine, radiation use in medicine 1959 Sept. p. 164–176
mutation, radiation damage, high-energy radiation, nuclear medicine, no threshhold to biological damage by radiation 1960 Apr. p. 142–153 [71]
biological pest control, screw worm fly, sterilization, pest control, cattle, eradication of the screw worm fly 1960 Oct. p. 54–61
forest ecosystem, gamma radiation, white oak, atomic bomb test, weeds, environmental pollution, ecological effects of high-energy radiation 1963 June p. 40–49 [159]
DDT, soil pollution, herbicide, gamma radiation, soil ecology 1969 Apr. p. 88–99 [1138]
X-ray absorption, atomic structure, crystallographic techniques, 'extended fine structure' effect, materials technology 1976 Apr. p. 96–103
X-ray astronomy, artificial satellite, orbital motion, satellite-emplaced telescope 1963 Aug. p. 28–37
Crab Nebula, sychrotron radiation, Scorpius, neutron stars, X-ray astronomy by rocket-borne instruments 1964 June p. 36–45
X-ray stars, X-ray sky 1967 Dec. p. 36–46
binary stars, neutron stars, black hole, pulsar, quasars, X-ray sources 1972 July p. 26–37
X-ray binary stars, dense stars, binary stars, supernovae 1975 Mar. p. 24–35
X-ray crystallography, proteins, polypeptide chain, amino acids, hydrogen bonds, alpha helix 1954 July p. 51–59 [31]
DNA, double helix, genetic code, structure of DNA resolved 1954 Oct. p. 54–61 [5]
amino acids, myoglobin, proteins, alpha helix, 3-D structure of protein molecule 1961 Dec. p. 96–11 [121]
lysozyme, enzyme-substrate complex, protein folding, amino-acid sequence, three-dimensional structure and action of lysozyme 1966 Nov. p. 78–90 [1055]
crystal structure, solid-state electronics, metals, semiconductor, nonmetals, materials technology, amorphous solid, electrical conductivity 1967 Sept. p. 80–89
Bragg's law, atomic structure, crystal structure, X-ray diffraction, Fourier analysis 1968 July p. 58–70 [325]
X-ray diffraction, atomic microscope, diffraction 1951 July p. 56–57
solid state physics, crystal structure, ionic bonds, covalent bonds, metallic bonds, molecular bonds, energy levels, the nature of solids 1952 Dec. p. 39–49 [249]
polymers, elastomers, molecular structure, mechanical properties of giant molecules 1957 Sept. p. 120–134
adenoviruses, virology, poliomyelitis virus, polyoma virus, herpes virus, influenza virus, vaccinia virus, tobacco mosaic virus, bacteriophage, structure of viruses 1963 Jan. p. 48–56
concrete, Portland cement, hydration, cement, chemistry of concrete 1964 Apr. p. 80–92

allosteric enzymes, myoglobin, hemoglobin, amino-acid sequence, contour maps, folding of four chains, alpha chain, beta chain 1964 Nov. p. 64–76 [196]
Earth core, iron-nickel alloy, high-pressure technology, crystallography, core studies by analogy, diffraction patterns of iron alloys 1965 June p. 100–108
boron, crystal structure, crystallography 1966 July p. 96–107
Bragg's law, X-ray crystallography, atomic structure, crystal structure, Fourier analysis 1968 July p. 58–70 [325]
crystal structure, lithiasis, kidney calculi, bladder stones, gallstones, urinary calculi 1968 Dec. p. 104–111
crystal structure, metals, liquid state, physics of metals in the liquid state 1969 July p. 72–82
keratin, protein structure, alpha keratin, feather keratin 1969 Aug. p. 86–96 [1155]

X-ray discovery, electromagnetism, electron discovery, induction coil, radio discovery, science history 1971 May p. 80–87

X-ray lithography, electromagnetic spectrum, electron manipulation, electron storage rings, spectroscopy, synchrotron radiation, X-ray probe, uses of synchrotron radiation 1977 June p. 32–41 [365]

X-ray novae, transient flare-ups 1976 Feb. p. 54

X-ray photography, electron beam, cold cathode, current density, field emission 1964 Jan. p. 108–118

X-ray pictures, by xerography 1956 Mar. p. 57

X-ray probe, electromagnetic spectrum, electron manipulation, electron storage rings, spectroscopy, synchrotron radiation, X-ray lithography, uses of synchrotron radiation 1977 June p. 32–41 [365]

X-ray sources, binary stars, neutron stars, black hole, pulsar, quasars, X-ray astronomy 1972 July p. 26–37
balloon astronomy 1966 Oct. p. 44

X-ray stars, black hole, binary stars, galactic energetics, globular cluster stars, neutron stars, stellar evolution, astronomy satellites, 'bursters' 1977 Oct. p. 42–55 [385]

xenon, noble gas bound by hemoglobin 1965 Sept. p. 84

xerography, air pollution, corona discharge, electrocoating, fly ash, electrostatics, photocopying, electrostatic precipitation and seperation 1972 Mar. p. 46–58

Xerxes, Athens, Themistocles, Salamis, Classical archeology, Battle of Salamis, 480 B.C., tablets deciphered 1961 Mar. p. 111–120

xylan, algae, mannan, plant cell wall, cellulose, xylan, mannan in place of cellulose in marine plant tissue 1968 June p. 102–108 [1110]

xylem, phloem, plants, radioautography, sap circulation, transport of nutrients in plant tissue 1959 Feb. p. 44–49 [53]
aphids, sap circulation, phloem, trees, use of aphids to measure forces in sap flow 1963 Mar. p. 132–142 [154]

Y

yacht design, marine engineering, hull design, towing tank tests, sail design 1966 Aug. p. 60–68

yachting, America's Cup race, yacht design 1974 Dec. p. 64

Yamana, cultural anthropology, racial discrimination, genocide, Tasmanians, Yumbri, vanishing primitive cultures 1957 May p. 39–45

yarn, artificial fibers, natural fibers, spinning technology, textile fibers 1972 Dec. p. 46–56

year, calendar, solar system, planetary motion, time, heliocentric theory, astronomy, Copernicus, astronomy, Copernicus, length of calendar year 1966 Oct. p. 88–98

Year of the Quiet Sun, Sun succeeds 1.6.4. 1961 May p. 75

yeast, mycology, fungi, wheat rust, ergot, potato blight, morel, amanita, Penicillium notatum, molds and men 1952 Jan. p. 28–32 [115]
beer, enzymes, brewing, fermentation, hops, chemistry and microbiology of brewing 1959 June p. 90–100
baking, brewing, riboflavin synthesis, cryptococcal meningitis, fermentation, cell physiology, yeasts, useful and noxious 1960 Feb. p. 136–144
grape fermentation, wine, viticulture, climate, enzymes, chemical explanation of a good wine, role of climate 1964 Aug. p. 46–56 [190]

yellow fever, disease, cholera, plague, epidemiology 1953 Feb. p. 22–27
Chaga's disease, public health, 'zoonoses', parasitism, trypanosomiasis, malaria, filariasis, leishmaniasis, plague, typhus, epidemiology, animal infection and human disease 1960 May p. 161–170
mosquitoes, sexual behavior, reproduction, eggs, larvae, Aedes Aegypti 1968 Apr. p. 108–116
mosquito bite, insect behavior, malaria, feeding behavior, feeding behavior of mosquitoes 1978 June p. 138–148 [1392]
extirpate Aedes Aegypti 1955 Mar. p. 53
Aedes aegypti mosquito threat 1956 Dec. p. 60

Yellowstone National Park, Eocene epoch, petrified wood, erosion, volcanic sediments, petrified forests of Yellowstone 1964 Apr. p. 106–114

Yerkes Laboratories, primate biology, chimpanzee 1955 Feb. p. 67–75

yoga, blood pressure, human physiology, autonomic nervous system, transcendental meditation, Zen Buddhism, physiology of meditation 1972 Feb. p. 84–90 [1242]

Yogi, feat of endurance 1951 Mar. p. 30

Yumbri, cultural anthropology, racial discrimination, genocide, Tasmanians, Yamana, vanishing primitive cultures 1957 May p. 39–45

yurt, building construction, architecture, primitive architecture, climate, igloo, teepee, tent, sod hut, adobe house, hogan, stilt house 1960 Dec. p. 134–144

Z

Zebu cattle, animal husbandry, cattle, dairying, European cattle, selective stock breeding 1958 June p. 51–59

Zeeman effect, magnetic field, solar magnetism, sunspots, mapping changes in solar magnetic field 1960 Feb. p. 52–62
antimatter, Leidenfrost phenomenon, Klein theory, high-energy physics, cosmology, high-energy physics and cosmology 1967 Apr. p. 106–114 [311]

Zeeman splitting, galactic magnetic field measured 1968 Nov. p. 56

Zen Buddhism, blood pressure, human physiology, autonomic nervous system, transcendental meditation, yoga, physiology of meditation 1972 Feb. p. 84–90 [1242]

zenith tube, atomic clock, ammonia maser, cesium clock, maser, mercury mirror, improvements on sidereal time 1957 Feb. p. 71–82 [225]

Zeno's paradox, antinomy, paradox, mathematical logic, logic, barber paradox, undecidable questions, Gödel's proof, Grelling's paradox, Epimenides' paradox, paradox and foundations of logic 1962 Apr. p. 84–96

zeolites, molecular sieves, ion exchange, adsorption, separation of similar molecules 1959 Jan. p. 85–94

zero-point motion, crystal structure, helium, solid state physics, quantum solid, solid helium, physical and theoretical properties 1967 Aug. p. 84–95

zero population growth, demographic transition, population growth, world population, birth rate, gross reproduction rate, net reproduction rate, extrapolation from world-statistics population model 1973 Mar. p. 15–23 [683]
demographic transition, economic development, human population, population explosion, introduction to single-topic issue on the human population 1974 Sept. p. 30–39
developed countries, demographic transition, human population, birth control 1974 Sept. p. 108–120

zero-sum game, games theory, human conflict, probability, military strategy, use and misuse of game theory 1962 Dec. p. 108–118

ziggurat, Elamite culture, religion, Tower of Babel, Biblical archeology, 1000 B.C., Iran 1961 Jan. p. 68–76

zinc, trace elements, iron, manganese, copper, magnesium, iodine, human nutrition 1953 Jan. p. 22–25

zinc sulfide, electric light, lighting, alternating current, technology of indoor lighting 1957 Aug. p. 40–47 [221]

Zinjanthropus, tools of man-ape 1961 Feb. p. 70
radioactive dating of toolmaker 1961 Sept. p. 86
potassium-argon dating 1963 Feb. p. 69

zirconium, fission reactor, jet engines, ilmenite 1951 June p. 18–21

zodiacal light, solar corona, Van Allen belts, solar prominences, solar atmosphere, ionospheric storms, Earth in the Sun's atmosphere 1959 Oct. p. 64–71
astrophysics, light scattering, zodiacal light and interplanetary dust 1960 July p. 54–63

zona pellucida, fertilization, parthenogenesis, progesterone, hyaluronidase 1951 Mar. p. 44–47

zone melting, metallurgy, crystal structure, vacuum furnace, pure metals 1954 July p. 36–40

materials technology, zone refining, distribution coefficient, germanium, silicon, single crystals purified 1967 Dec. p. 62–72
9.999...n pure 1954 Apr. p. 49
zone refining, materials technology, zone melting, distribution coefficient, germanium, silicon, single crystals purified 1967 Dec. p. 62–72
zoology, botany, taxonomy, set theory, computer applications, numerical taxonomy, computer classification of living things 1966 Dec. p. 106–116 [1059]
'zoonoses', Chaga's disease, public health, parasitism, trypanosomiasis, malaria, filariasis, leishmaniasis, plague, yellow fever, typhus, epidemiology, animal infection and human disease 1960 May p. 161–170
zooplankton food, organic aggregates in suspension 1963 Nov. p. 60
zoos, animal behavior, captivity 1954 May p. 76–80
Zulu culture, stress correlated with change 1963 Oct. p. 60
Zulu peoples, social psychology, war, social anthropology, short-lived empire of Zulu chief Shaka 1960 Apr. p. 157–168
Zunis, social values, Mormons, Spanish-Americans, agricultural system, Navaho, comparative study of cultures in New Mexico 1956 July p. 25–31
zygote, cell differentiation, tissue specialization, 'lampbrush' chromosome, embryonic development, fertilization, ovum, clone, cytology, how cells specialize 1961 Sept. p. 124–140
zymogen, proteins, peptide bond, trypsin, proteolytic enzymes, hydrolysis, enzymes, structure and function of protein-digesting enzymes 1964 Dec. p. 68–79

SCIENTIFIC AMERICAN

Listing of Tables of Contents

1948

May: THE FUTURE OF THE AMAZON, Peter van Dresser, p. 11; THE MAN-APES OF SOUTH AFRICA, Wilton M. Krogman, p. 16; CONCERNING "SOCIAL PHYSICS", John Q. Stewart, p. 20; VESALIUS, Martin Gumpert, p. 24; THE DUST CLOUD HYPOTHESIS, Fred L. Whipple, p. 34; THE LUMINESCENCE OF LIVING THINGS, E. Newton Harvey, p. 46; DAVISSON AND GERMER, Karl K. Darrow, p. 50; SMELTING UNDER PRESSURE, Leonard Engel, p. 54.

June: THE NATIONAL SCIENCE FOUNDATION, Alfred W. Jones, p. 7; HISTOPLASMOSIS, Martin Gumpert, p. 12; THE ARMY ANT, Theodore C. Schneirla and Gerard Piel, p. 16; THE ULTIMATE PARTICLES, George W. Gray, p. 26; THE BIOLOGY OF OLD AGE, Florence Moog, p. 40; "IF A SLAVE GIRL FLED . . .", Francis R. Steele, p. 44; WHITE PINE, Donald Culross Peattie, p. 48; SRINIVASA RAMANUJAN, James R. Newman, p. 54.

July: RECOVERY OF EUROPE, p. 9; ANTIQUITY OF MODERN MAN, Loren C. Eiseley, p. 16; GALAXIES IN FLIGHT, George Gamow, p. 20; ALLERGY: A DEFINITION, Bela Schick, p. 26; PHYSICS AND MUSIC, Frederick A. Saunders, p. 32; INSECT VISION, Lorus J. and Margery J. Milne, p. 42; THE BEGINNINGS OF COAL, Raymond E. Janssen, p. 46; THE PHILIPS AIR ENGINE, Leonard Engel, p. 52.

August: THE DUST STORMS OF 1948, H. H. Finnell, p. 7; A NIGHT ON PALOMAR, Albert G. Ingalls, p. 12; THE LANGUAGE OF THE BEES, August Krogh, p. 18; PHOTOSYNTHESIS, Eugene I. Rabinowitch, p. 24; IN DEFENSE OF BENJAMIN FRANKLIN, I. Bernard Cohen, p. 36; HIGH BLOOD PRESSURE, Irvin H. Page, p. 44; MEASUREMENT BY MERCURY, William F. Meggers, p. 48; MATHEMATICAL CREATION, James R. Newman, p. 54.

September: MIDDLE EAST OIL, F. Julius Fohs, p. 9; RADIO WAVES AND MATTER, Harry M. Davis, p. 16; PRIMITIVE MEDICINE, Elizabeth A. Ferguson, p. 24; THE GENES OF MEN AND MOLDS, George W. Beadle, p. 30; SHAGBARK HICKORY, Donald Culross Peattie, p. 40; THE DYNAMICS OF INHIBITION, Ralph W. Gerard, p. 44; "HOW NICE TO BE A PHYSICIST", Arthur Roberts, p. 50; THE TRANSISTOR, Frank H. Rockett, p. 52.

October: THE BINGHAM PLAN, Leonard Engel, p. 7; LONG-RANGE FORCES, Thaddeus Stern, p. 14; WORLD'S ACCELERATORS, p. 18; A NEW THEORY OF TOOTH DECAY, Bernhard Gottlieb, p. 20; "THE GREAT RAVELLED KNOT", George W. Gray, p. 26; ORIGIN OF THE ICE, George Gamow, p. 40; RIGHT HAND, LEFT HAND, Lorus J. and Margery J. Milne, p. 46; THE CHEMISTRY OF SILICONES, Eugene G. Rochow, p. 50.

November: LABRADOR IRON, Herbert Yahraes, p. 9; CYBERNETICS, Norbert Wiener, p. 14; SPRUCE, BALSAM AND BIRCH, Donald Culross Peattie, p. 20; THE SUN, Armin J. Deutsch, p. 26; EROSION BY RAINDROP, W. D. Ellison, p. 40; BACTERIAL VIRUSES AND SEX, Max and Mary Delbrück, p. 46; GULLIVER WAS A BAD BIOLOGIST, Florence Moog, p. 52.

December: PUBLIC OPINION POLLS, Rensis Likert, p. 7; A CRISIS IN U.S. ARCHAEOLOGY, Frank H. H. Roberts, p. 12; THE NAVIGATION OF BIRDS, Donald R. Griffin, p. 18; ENZYMES, John E. Pfeiffer, p. 28; ON THE DEVELOPMENT OF CANCER, Harry S. N. Greene, p. 40; STONE AGE MATHEMATICS, Dirk J. Struik, p. 44; ALCOHOLICS AND METABOLISM, Roger J. Williams, p. 50.

1949

January: CANCER AND ENVIRONMENT, Groff Conklin, p. 11; THE ARRIVAL OF ACETYLENE, Herbert Yahraes, p. 16; THE OEPIDUS MYTH, Erich Fromm, p. 22; THE UPPER ATMOSPHERE, David I. Blumenstock, p. 30; THE INVENTION OF ANALYTIC GEOMETRY, Carl B. Boyer, p. 40; MAPPING MOUNT McKINLEY, Bradford Washburn, p. 46; THE RECORD OF HUMAN ILLNESS, Wilton M. Krogman, p. 52.

February: THE OFFICE OF NAVAL RESEARCH, John E. Pfeiffer, p. 11; TRIAL BY NEWSPAPER, Joseph T. Klapper and Charles Y. Glock, p. 16; THE MECHANISM OF LIGHTNING, Leonard B. Loeb, p. 22; TRACERS, Martin D. Kamen, p. 30; MICROSEISMS, L. Don Leet, p. 42; TEMPERATURE AND LIFE, Lorus J. and Margery J. Milne, p. 46; THREE MYSTERIES OF EASTER ISLAND, Werner Wolff, p. 50.

March: IS THE BOMB AN ABSOLUTE WEAPON?, P. M. S. Blackett, p. 13; A U.S. PHYSICIST'S REPLY TO BLACKETT, Louis N. Ridenour, p. 16; THE ALARM REACTION, P. C. Constantinides and Niall Carey, p. 20; COSMIC RAYS, George W. Gray, p. 28; THE ANCESTORS OF MAMMALS, Edwin H. Colbert, p. 40; THE X-RAY MICROSCOPE, Paul Kirkpatrick, p. 44; CHEMICAL WARFARE AMONG THE PLANTS, James Bonner, p. 48; THE INFLUENCE OF ALBERT EINSTEIN, Banesh Hoffman, p. 52.

April: SOCIAL MEDICINE, Brock Chisholm, p. 11; THE AEC'S ISOTOPES, p. 16; AUREOMYCIN, Leo and Dora S. Rane, p. 18; MATHEMATICAL MACHINES, Harry M. Davis, p. 28; SUBMARINE CANYONS, Francis P. Shepard, p. 40; GREEK ASTRONOMY, George de Santillana, p. 44; TITANIUM: A NEW METAL, George A. W. Boehm, p. 48; THE EVOLUTION OF SEX, Paul A. Zahl, p. 52.

May: A STUDY OF ATTITUDES, Samuel A. Stouffer, p. 11; PAULING AND BEADLE, George W. Gray, p. 16; THE THEORY OF GAMES, Oskar Morgenstern, p. 22; ROCKETS, Willy Ley, p. 30; PLANT HORMONES, Victor Schocken, p. 40; THE NATURE OF DREAMS, Erich Fromm, p. 44; LIVING RECORDS OF THE ICE AGE, Edward S. Deevey, Jr., p. 48; THE ATHABASKA TAR SANDS, Karl A. Clark, p. 52.

June: NATIONAL HEALTH INSURANCE, Michael M. Davis, p. 11; THE BLISTER HYPOTHESIS, C. W. Wolfe, p. 16; MUSCLE RESEARCH, A. Szent-Gyorgyi, p. 22; LOW TEMPERATURE PHYSICS, Harry M. Davis, p. 30; ANCIENT SLAVERY, William Linn Westermann, p. 40; THE SOCIAL AMOEBAE, John Tyler Bonner, p. 44; TRAPPED LIGHT, p. 48; THE PREVENTION OF MURDER, Frederic Wertham, p. 50.

July: THE MATHEMATICS OF COMMUNICATION, Warren Weaver, p. 11; ALLERGIC MECHANISMS IN NERVOUS DISEASE, E. A. Kabat, p. 16; THE CRATERS OF THE MOON, Ralph B. Baldwin, p. 20; THE ATOMIC ENERGY COMMISSION, Leon Svirsky , p. 30; SCHIZOPHRENIA AND STRESS, Hudson Hoagland, p. 44; LOUIS AGASSIZ, Alfred Sherwood Romer, p. 48; THE PHYSIOLOGY OF WHALES, Cecil K. Drinker, p. 52.

August: THE PERSONALITY OF PEOPLES, Ralph Linton, p. 11; POTASSIUM, Wallace O. Fenn, p. 16; HITTITE CITADEL, p. 22; THE ANTIBIOTICS, George W. Gray, p. 26; LEARNING TO THINK, Harry F. and Margaret Kuenne Harlow, p. 36; GALILEO, Bernard Cohen, p. 40; RADIOACTIVITY AND TIME, P. M. Hurley, p. 48; SEEING LIGHT AND COLOR, Ralph M. Evans, p. 52.

September: WOODS HOLE IN 1949, John E. Pfeiffer, p. 13; ENCEPHALITIS, William McD. Hammon, p. 18; INFANT SPEECH, Orvis C. Irwin, p. 22; RADIO ASTRONOMY, Grote Reber, p. 34; PSYCHIATRIC FILMS, p. 42; PAVLOV, Jerzy Konorski, p. 44; ENZYMES IN TEAMS, David E. Green, p. 48; THE PLANTS OF KRAKATOA, F. W. Went, p. 52.

October: VISIT TO DUBLIN, Leopold Infeld, p. 11; FOOD FROM THE SEA, Gordon A. Riley, p. 16; BOMB TESTS, p. 20; LEAF SHAPE, Eric Ashby, p. 22; TUBERCULOSIS, René J. Dubos, p. 30; DOUBLE STARS, Otto Struve, p. 42; PHENOCOPIES, Richard B. Goldschmidt, p. 46; FREUD NOW, Frederic Wertham, p. 50.

November: ARMS RACE V. CONTROL, Chester I. Barnard, p. 11; SHOCK WAVES, Otto Laporte, p. 14; THE APE-MEN, Robert Broom, p. 20; FIVE HISTORIC PHOTOGRAPHS FROM PALOMAR, E. P. Hubble, p. 32; VISIT TO ENGELAND, Leopold Infeld, p. 40; FLUOROCARBONS, J. H. Simons, p. 44; DEMOCRITUS ON THE ATOM, p. 48; NATURAL HISTORY OF A VIRUS, Philip and Emily Morrison, p. 50.

December: THE NOBEL PRIZES, George W. Gray, p. 11; SUPERNOVAE, George Gamow, p. 18; TRANSFORMED CELLS, S. Meryl Rose, p. 22; THE FUEL PROBLEM, Eugene Ayres, p. 32; VISIT TO POLAND, Leopold Infeld, p. 40; OCEAN'S FLOOR, p. 44; CRYSTALS AND ELECTRICITY, Walter G. Cady, p. 46.

1950

January: UN V. MASS DESTRUCTION, Trygve Lie, p. 11; HEART SURGERY, Frank G. Slaughter, p. 14; TOPOLOGY, Albert W. Tucker and Herbert S. Bailey, Jr., p. 18; THE GENETIC BASIS OF EVOLUTION, Theodosius Dobzhansky, p. 32; THE ENERGY OF STARS, Robert E. Marshak, p. 42; "NATURE", p. 46; THE AMERICAN LANGUAGES, Hans Kurath, p. 48; PLAYING 'POSSUM, Carl G. Hartman, p. 52.

February: POPULATION, Warren S. Thompson, p. 11; HIGH COMPRESSION, Alex Taub, p. 16; INFANT VISION, Arnold Gesell, p. 20; THE MILKY WAY, Bart J. Bok, p. 30; ANIMAL ELECTRICITY, H. B. Steinbach, p. 40; PREFRONTAL LOBOTOMY, Kurt Goldstein, p. 44; A CHESS-PLAYING MACHINE, Claude E. Shannon, p. 48; UP FROM THE EMBRYO, Florence Moog, p. 52.

March: THE HYDROGEN BOMB, Louis N. Ridenour, p. 11; POINT FOUR, Stephen Raushenbush, p. 16; BLOOD PIGMENTS, H. Munro Fox, p. 20; CORTISONE AND ACTH, George W. Gray, p. 30; EXPERIMENTAL NEUROSES, Jules H. Masserman, p. 38; HOT ATOM CHEMISTRY, Willard F. Libby, p. 44; PLANT TISSUE CULTURES, Philip R. White, p. 48; OBSTETRICAL LABOR, Samuel R. M. Reynolds, p. 52.

April: ON THE GENERALIZED THEORY, Albert Einstein, p. 13; THE HYDROGEN BOMB: II, Hans A. Bethe, p. 18; THE METAMORPHOSIS OF INSECTS, Carroll M. Williams, p. 24; THE SYNTHETIC ELEMENTS, I. Perlman and G. T. Seaborg, p. 38; THE CHANGING CLIMATE, George H. T. Kimble, p. 48; "SOCIAL INSTINCTS", Ashley Montagu, p. 54; THE PROBABILITY OF DEATH, Edward S. Deevey, Jr., p. 58.

May: THE HYDROGEN BOMB: III, Robert F. Bacher, p. 11; MALE FERTILITY, Edmond J. Farris, p. 16; HIGH VACUUM, Philip and Emily Morrison, p. 20; THE CRUST OF THE EARTH, Walter H. Bucher, p. 32; AN IMITATION OF LIFE, W. Grey Walter, p. 42; FROG CALLS, Ralph K. Potter, p. 46; ARISTOTLE'S PHYSICS, Carl B. Boyer, p. 48; VOLVOX: A COLONY OF CELLS, John Tyler Bonner, p. 52.

June: THE HYDROGEN BOMB: IV, Ralph E. Lapp, p. 11; GENETIC MONSTERS, L. C. Dunn, p. 16; THE EARTH'S MAGNETISM, A. E. Benfield, p. 20; PROTEINS, Joseph S. Fruton, p. 32; THE GREAT METEOR OF 1947, Otto Struve, p. 42; CORONARY THROMBOSIS, Paul D. White, p. 44; LIFE OF A THUNDERSTORM, Roscoe R. Braham, Jr., p. 48; GAS FROM THE MINE, Leonard Engel, p. 52.

July: THE NEW SCIENCE FOUNDATION, M. H. Trytten, p. 11; ARRESTED VISION, Austin H. Riesen, p. 16; THE MYSTERY OF CORN, Paul C. Mangelsdorf, p. 20; SOIL, Charles E. Kellogg, p. 30; COUNTERS, Serge A. Korff, p. 40; GENETICS AND CANCER, Leonell C. Strong, p. 44; THE LIMITS OF MEASUREMENT, R. Furth, p. 48; ANIMAL COURTSHIP, Lorus J. and Margery J. Milne, p. 52.

August: THE FOOD PROBLEM, Lord John Boyd-Orr, p. 11; POWER FROM THE SUN, Eugene Ayres, p. 16; THE PARALYTIC PLAGUE, David Bodian, p. 22; EYE AND CAMERA, George Wald, p. 32; EXPLORING THE OCEAN FLOOR, Hans Pettersson, p. 42; THE AGORA, Homer A. Thompson, p. 46; THE NAVIGATION OF BATS, Donald R. Griffin, p. 52.

September: THE AGE OF SCIENCE: 1900-1950, J. R. Oppenheimer, p. 20; ASTRONOMY, Harlow Shapley, p. 24; PHYSICS, Max Born, p. 28; CHEMISTRY, Linus Pauling, p. 32; GEOLOGY, Reginald A. Daly, p. 36; MATHEMATICS, Sir Edmund Whittaker, p. 40; GENETICS, Theodosius Dobzhansky, p. 55; BIOCHEMISTRY, Otto Meyerhof, p. 62; PHYSIOLOGY, E. D. Adrian, p. 71; PSYCHOLOGY, Hadley Cantril, p. 79; ANTHROPOLOGY, A. L. Koeber, p. 87.

October: PREJUDICE, Bruno Bettelheim and Morris Janowitz, p. 11; THE ABUNDANCE OF THE ELEMENTS, Armin J. Deutsch, p. 14; THE PITUITARY, Choh Hao Li, p. 18; ELECTRONICS, J. R. Pierce, p. 30; AUTUMN COLORS, Kenneth V. Thimann, p. 40; PROBABILITY, Warren Weaver, p. 44; MICROSURGERY, M. J. Kopac, p. 48; THE KUANYAMA AMBO, Edwin M. Loeb, p. 52.

November: VOTES IN THE MAKING, Paul F. Lazarsfeld, p. 11; GROUND WATER, A. N. Sayre, p. 14; "SPINAL" CATS WALK, P. S. Shurrager, p. 20; PARTNER OF THE GENES, T. M. Sonneborn, p. 30; SIMPLE SIMON, Edmund C. Berkeley, p. 40; SURGICAL STITCHING, Sir Heneage Ogilvie, p. 44; ION EXCHANGE, Harold F. Walton, p. 48; IS MAN HERE TO STAY?, Loren C. Eiseley, p. 52.

December: COLOR TELEVISION, Newbern Smith, p. 13; HIBERNATION, Charles P. Lyman and Paul O. Chatfield, p. 18; SYMBOLIC LOGIC, John E. Pfeiffer, p. 22; THE BIG SCHMIDT, Albert G. Wilson, p. 34; GROUP PSYCHOTHERAPY, S. R. Slavson, p. 42; FERTILIZATION OF THE EGG, Alberto Monroy, p. 46; FINE PARTICLES, Clyde Orr, Jr., p. 50; THE EARTH'S HEAT, A. E. Benfield, p. 54.

1951

January: HOW MAN CAME TO NORTH AMERICA, Ralph Solecki, p. 11; THE HUMAN BODY IN SPACE, Heinz Haber, p. 16; FLAGELLA, W. T. Astbury, p. 20; THE ECONOMICS OF ATOMIC POWER, Sam H. Schurr, p. 32; pH, Duncan A. MacInnes, p. 40; RED DOG, BLACKJACK AND POKER, R. Bellman and D. Blackwell, p. 44; AN EXPLANATION OF TWINS, Gunnar Dahlberg, p. 48; THE EELGRASS CATASTROPHE, Lorus J. and Margery J. Milne, p. 52.

February: THE EARLY AMERICANS, Frank H. H. Roberts, p. 15; THE BEVATRON, Lloyd Smith, p. 20; PEOPLE IN GROUPS, David B. Hertz and Sandra Lloyd Lesser, p. 26; THE COMMON COLD, Christopher Howard Andrewes, p. 39; GEORGII AGRICOLAE DE RE METALLICA, p. 46; WHITE BLOOD CELLS V. BACTERIA, W. Barry Wood, Jr., p. 48; FRICTION, Frederic Palmer, p. 54; WINDOWS, Eugene Ayres, p. 60.

March: OPERATIONS RESEARCH, Horace Levinson and Arthur Brown, p. 15; THE CONTROL OF BLOOD CLOTS, Shepard Shapiro, p. 18; THE STRUCTURE OF THE NUCLEUS, Maria G. Mayer, p. 22; CHROMATOGRAPHY, William H. Stein and Stanford Moore, p. 35; THE HORN OF THE UNICORN, John Tyler Bonner, p. 42; FERTILIZATION IN MAMMALS, Gregory Pincus, p. 44; COLOR BLINDNESS, Alphonse Chapanis, p. 48; WARM CLOTHES, M. E. Barker, p. 56.

April: THE CENSUS, Philip M. Hauser, p. 15; PARADOXES OF THE MISSISSIPPI, Gerard H. Matthes, p. 18; THE SUTTON HOO SHIP-BURIAL, R. L. S. Bruce-Mitford, p. 24; REACTORS, Lawrence R. Hafstad, p. 43; SHAKESPEARE THE PHYSICIST, Banesh Hoffmann, p. 52; CATACLYSMIC EVOLUTION, G. Ledyard Stebbins, Jr., p. 54; THE IMITATIVE DRUGS, Richard O. Roblin, Jr., p. 60; THE SQUID, H. B. Steinbach, p. 64.

May: THE EARTH'S URANIUM, Paul F. Kerr, p. 17; REVIVAL BY LIGHT, Albert Kelner, p. 22; HEAVY ELEMENTS FROM SPACE, Edward P. Ney, p. 26; VIRUSES, F. M. Burnet, p. 43; MUSICAL TONES, Hugh Lineback, p. 52; THE HEAT PUMP, John F. Sandfort, p. 54; WHAT PEOPLE DREAM ABOUT, Calvin S. Hall, p. 60; THE CANADIAN METEOR CRATER, V. B. Meen, p. 64.

June: AN ANALYSIS OF TELEVISION PROGRAMS, Dallas W. Smythe, p. 15; ZIRCONIUM, Stephen M. Shelton, p. 18; METEORS, Fletcher G. Watson, p. 22; THE ULTRACENTRIFUGE, George W. Gray, p. 42; THE FERTILIZATION OF FLOWERS, Verne Grant, p. 52; MOVING THE OBELISK, Bern Dibner, p. 58; CALCIUM AND LIFE, L. V. Heilbrunn, p. 60; ANIMAL INTELLIGENCE, Carl J. Warden, p. 64.

July: THE ORIGINS OF U. S. SCIENTISTS, H. B. Goodrich et al, p. 15; ARTIFICIAL RESPIRATION, Stefan Jellinek, p. 18; COMETS, Fred L. Whipple, p. 22; SYNTHETIC FIBERS, Simon Williams, p. 37; THE PEOPLES OF PINE LAWN VALLEY, Paul S. Martin, p. 46; THE THEORY OF NUMBERS, Paul S. Herwitz, p. 52; ATOMIC MICROSCOPE, p. 56; THE BLOOD RELATIONSHIPS OF ANIMALS, Alan A. Boyden, p. 59.

August: A REVOLUTION IN ELECTRONICS, Louis N. Ridenour, p. 13; THE LOST CITIES OF PERU, Richard P. Schaedel, p. 18; THE DEEP-SEA LAYER OF LIFE, Lionel A. Walford, p. 24; HYBRID CORN, Paul C. Mangelsdorf, p. 39; HEART MUSCLE, p. 48; EXPERIMENTS IN PERCEPTION, W. H. Ittelson and F. P. Kilpatrick, p. 50; SICKLE-CELL ANEMIA, George W. Gray, p. 56; A MACHINE THAT LEARNS, W. Grey Walter, p. 60.

September: POPULATION, Frank W. Notestein, p. 28; LABOR FORCE, Ewan Clague, p. 36; INTELLECTUAL RESOURCES, Dael Wolfle, p. 42; ENGINEERS, Karl T. Compton, p. 65; SCIENTISTS, M. H. Trytten, p. 71; DOCTORS, Alan Gregg, p. 79; MOBILIZATION, Arthur S. Flemming, p. 89; YOUTH, George D. Stoddard, p. 101.

October: INPUT-OUTPUT ECONOMICS, Wassily W. Leontief, p. 15; THE STATE OF GENETICS, A. Buzzati-Traverso, p. 22; SYNTHETIC DETERGENTS, L. M. Kushner and James I. Hoffman, p. 26; THE NEUTRON, Philip and Emily Morrison, p. 44; RADIATION FROM A REACTOR, W. H. Jordan, p. 54; ERNEST STARLING, Ralph Colp, Jr., p. 56; HALLOWEEN, Ralph Linton, p. 62; LIFE IN THE DEPTHS OF A POND, Edward S. Deevey, Jr., p. 68.

November: NATURAL GAS, James J. Parsons, p. 17; Rh AND THE RACES OF MAN, William C. Boyd, p. 22; THE RARE EARTHS, Frank H. Spedding, p. 26; VOLCANOES, Howel Williams, p. 45; SUMERIAN "FARMER'S ALMANAC", Samuel Noah Kramer, p. 54; INSECTS IN AMBER, Charles T. Brues, p. 56; SURGICAL CUTTING, Sir Heneage Ogilvie, p. 62; PURPLE BACTERIA, Roderick K. Clayton and Max Delbrück, p. 68.

December: SOLAR FLARES, John W. Evans, p. 17; THE LETHAL EFFECTS OF RADIATION, Edward Spoerl, p. 22; HOW TO TEACH ANIMALS, B. F. Skinner, p. 26; NORWAY REACTOR, p. 30; ELECTROPHORESIS, George W. Gray, p. 45, THE SCARS OF HUMAN EVOLUTION, Wilton M. Krogman, p. 54; THE WOODROACH, Berta Scharrer, p. 58; WEATHER INSTRUMENTS, David I. Blumenstock, p. 64.

1952

January: CLOUD SEEDING, Bernard Vonnegut, p. 17; THE MULTIPLICITY OF PARTICLES, Robert E. Marshak, p. 22; MOLDS AND MEN, Ralph Emerson, p. 28; THE GEOGRAPHY OF STEEL, George H. T. Kimble, p. 44; TREE RINGS AND SUNSPOTS, J. H. Rush, p. 54; STATISTICS, Warren Weaver, p. 60; ANIMALS BY AUDUBON, p. 64; FATHER OF AVIATION MEDICINE, J. M. D. Olmsted, p. 66.

February: OIL FROM SHALE, H. M. Thorne, p. 15; FLIGHT AT THE BORDERS OF SPACE, Heinz Haber, p. 20; RADIOCARBON DATING, Edward S. Deevey, Jr., p. 24; THE UNIVERSE FROM PALOMAR, George W. Gray, p. 43; FROSTBITE, Emlen T. Littell, p. 52; SOAP MICROGRAPHS, p. 58; MONGOLISM, Theodore H. Ingalls, p. 60; MAN'S GENETIC FUTURE, Curt Stern, p. 68.

March: STREAM POLLUTION, Rolf Eliassen, p. 17; MOUND BUILDERS OF THE MISSISSIPPI, James A. Ford, p. 22; SMELL AND TASTE, A. J. Haagen-Smit, p. 28; THE QUANTUM THEORY, Karl K. Darrow, p. 47; MEASURING STARLIGHT BY PHOTOCELL, Joel Stebbins, p. 56; MAXWELL'S POETRY, I. Bernhard Cohen, p. 62; HOW ANIMALS CHANGE COLOR, Lorus J. and Margery J. Milne, p. 64; LOGIC MACHINES, Martin Gardner, p. 68.

April: THE PACIFIC FLOOR, Robert S. Dietz, p. 19; BIRD AERODYNAMICS, John H. Storer, p. 24; SCHIZOPHRENIC ART: A CASE STUDY, Bruno Bettelheim, p. 30; THE PROGRESS OF ANTIBIOTICS, Kenneth B. Raper, p. 49; ON TRANSPLANTING NUCLEI, J. F. Danielli, p. 58; CHARLES BABBAGE, Philip and Emily Morrison, p. 66; VOLCANOES AND WORLD CLIMATE, Harry Wexler, p. 74; NATURAL SELECTION IN LANGUAGE, Joshua Whatmough, p. 82.

May: SMOG, A. M. Zarem and W. E. Rand, p. 15; A STONE AGE HUNTERS' CAMP, Grahame Clark, p. 20; ELECTRICITY IN SPACE, Hannes Alfvén, p. 26; SHERRINGTON ON THE EYE, p. 30; THE CONTROL OF FLOWERING, Aubrey W. Naylor, p. 49; A NEW MICROSCOPE, Erwin W. Müller, p. 58; INHERITED SENSE DEFECTS, H. Kalmus, p. 64; THE CORIOLIS EFFECT, James E. McDonald, p. 72.

June: THE USES OF FISSION PRODUCTS, Paul J. Lovewell, p. 19; THE ERADICATION OF MALARIA, Paul F. Russell, p. 22; TURBULENCE IN SPACE, George Gamow, p. 26; RULING ENGINES, Albert G. Ingalls, p. 45; WILLIAM HARVEY, Frederick G. Kilgour, p. 56; AIRPORT RADAR, p. 64; PLANT CANCER, Armin C. Braun, p. 66; THE HISTORY OF A RIVER, Raymond E. Janssen, p. 74.

July: AMERICA'S OLDEST ROADS, Victor W. von Hagen, p. 17; SCIENCE IN THE ART MUSEUM, Rutherford J. Gettens, p. 22; THE JUNCTION TRANSISTOR, Morgan Sparks, p. 28; THE SOUTHERN SKY, Bart J. Bok, p. 46; LETHAL HEREDITY, Willard F. Hollander, p. 58; ATOMIC PILE CHEMISTRY, John F. Flagg and Edwin L. Zebroski, p. 62; ANIMALS OF THE BOTTOM, Henry G. Vevers, p. 68; THE UMBILICAL CORD, Samuel R. M. Reynolds, p. 70.

August: CHEMICAL AGRICULTURE, Francis Joseph Weiss, p. 15; THE SPIDER AND THE WASP, Alexander Petrunkevitch, p. 20; THE RHIND PAPYRUS, James R. Newman, p. 24; ASTHMA, William Kaufman, p. 28; MICROWAVES, J. R. Pierce, p. 43; RUNNING RECORDS, M. H. Lietzke, p. 52; ON THE ORIGIN OF GLACIERS, Charles R. Warren, p. 57; D'ARCY THOMPSON, John Tyler Bonner, p. 60.

September: AUTOMATIC CONTROL, Ernest Nagel, p. 44; FEEDBACK, Arnold Tustin, p. 48; CONTROL SYSTEMS, Gordon S. Brown and Donald P. Campbell, p. 56; AN AUTOMATIC CHEMICAL PLANT, Eugene Ayres, p. 82; AN AUTOMATIC MACHINE TOOL, William Pease, p. 101; THE ROLE OF THE COMPUTER, Louis N. Ridenour, p. 116; INFORMATION, Gilbert W. King, p. 132; MACHINES AND MAN, Wassily Leontief, p. 150.

October: INSECTS V. INSECTICIDES, Robert L. Metcalf, p. 21; THE JET STREAM, Jerome Namias, p. 26; THE DIPHTHERIA TOXIN, A. M. Pappenheimer, Jr., p. 32; THE ORIGIN OF THE EARTH, Harold C. Urey, p. 53; FROM CAVE TO VILLAGE, Robert J. Braidwood, p. 62; WHALE CARDIOGRAM, p. 68; ALCHEMY AND ALCHEMISTS, John Read, p. 72; THE RISE OF WATER IN PLANTS, Victor A. Greulach, p. 78.

November: A PSYCHOLOGIST EXAMINES 64 SCIENTISTS, Anne Roe, p. 21; A NEW ERA IN POLIO RESEARCH, Joseph L. Melnick, p. 26; PHOTOGRAPHIC DEVELOPMENT, T. H. James, p. 30; SLEEP, Nathaniel Kleitman, p. 34; THE NERVE IMPULSE, Bernhard Katz, p. 55; "CLIENT-CENTERED" THERAPY, Carl R. Rogers, p. 66; IS THERE AN INFINITY?, Hans Hahn, p. 76.

December: THE USEFUL ALGAE, Francis Joseph Weiss, p. 15; ARTIFICIAL MUSCLE, Teru Hayashi and George A. W. Boehm, p. 18; THE BEHAVIOR OF THE STICKLEBACK, N. Tinbergen, p. 22; THE NATURE OF SOLIDS, Gregory H. Wannier, p. 39; THE INFLUENCE OF THE POTATO, Redcliffe N. Salaman, p. 50; THE BREEDER REACTOR, p. 58; TRAUMATIC SHOCK, Jacob Fine, p. 62; ARROYOS, Sheldon Judson, p. 71.

1953

January: RADIO STARS, A. C. B. Lovell, p. 17; TRACE ELEMENTS, W. D. McElroy and C. P. Swanson, p. 22; THE OLDEST LAWS, Samuel Noah Kramer, p. 26; THE KIDNEY, Homer W. Smith, p. 40; CRYSTALS AND THE

FUTURE OF PHYSICS, P. Le Corbeiller, p. 50; PSYCHOTHERAPY FOR SCHIZOPHRENIA, Don D. Jackson, p. 58; WOOD STRUCTURE, Simon Williams, p. 64; METABOLISM OF HUMMINGBIRDS, Oliver P. Pearson, p. 69.

February: PLANETS FROM PALOMAR, Alice Beach, p. 17; THE GEOGRAPHY OF DISEASE, Jacques M. May, p. 22; INSECT BREATHING, Carroll M. Williams, p. 28; THE CHEMISTRY OF HEREDITY, A. E. Mirsky, p. 47; INCRIMINATING STAINS, C. E. O'Hara and J. W. Osterburg, p. 58; LIGHT SCATTERED BY PARTICLES, V. K. La Mer and M. Kerker, p. 69; WILLIAM KINGDON CLIFFORD, James R. Newman, p. 78; TOXOPLASMOSIS, Reginald D. Manwell and H. P. Drobeck, p. 86.

March: THE PRACTICE OF QUALITY CONTROL, A. G. Dalton, p. 29; THE EVOLUTION OF STARS, Otto Struve, p. 34; DISCOVERIES IN NITROGEN FIXATION, Martin D. Kamen, p. 38; WHAT IS PAIN?, W. K. Livingston, p. 59; THE MASS SPECTROMETER, Alfred O. C. Nier, p. 68; THE EMBRYOLOGIST AND THE PROTOZOON, Paul B. Weisz, p. 76; PERFECT NUMBERS, Constance Reid, p. 84; CAPTAIN BLIGH AND THE BREADFRUIT, Richard A. Howard, p. 88.

April: THE INFLUENZA VIRUS, Sir Macfarlane Burnet, p. 27; THE EARTH'S ELECTRICITY, James E. McDonald, p. 32; EXPERIMENTS IN AGING, Albert I. Lansing, p. 38; FIELD THEORY, Freeman J. Dyson, p. 57; DARWIN'S FINCHES, David Lack, p. 66; PSYCHOLOGY AND THE INSTRUMENT PANEL, A. Chapanis, p. 74; ATP, Paul K. Stumpf, p. 84; ATOMIC BOMB BLAST WAVES, Everett F. Cox, p. 94.

May: HIGH-SPEED CHEMISTRY, Lawrence P. Lessing, p. 29; THE MULTIPLICATION OF VIRUSES, Gunther S. Stent, p. 36; A 100-BILLION-VOLT ACCELERATOR, Ernest D. Courant, p. 40; TELEVISION AND THE ELECTION, Angus Campbell et al, p. 46; MARS, Gérard de Vaucouleurs, p. 65; THE TERMITE AND THE CELL, Martin Lüscher, p. 74; THE MORTALITY OF TROUT, Paul R. Needham, p. 81; THE VOYAGE OF THE "CHALLENGER", Herbert S. Bailey, Jr., p. 88.

June: STONEHENGE, Jacquetta Hawkes, p. 25; UNDERWATER TELEVISION, W. R. Stamp, p. 32; THE SKIN OF YOUR TEETH, Reidar F. Sognnaes, p. 38; A LARGER AND OLDER UNIVERSE, George W. Gray, p. 56; CHELATION, Harold F. Walton, p. 68; A VERSATILE VIRUS, Karl Maramorosch, p. 78; THE OPOSSUM, Harold C. Reynolds, p. 88; QUICKSAND, Gerard H. Matthes, p. 97.

July: GAMMA GLOBULIN IN POLIO, William McD. Hammon, p. 25; HYDRAZINE, Lawrence P. Lessing, p. 30; RADAR AND THE WEATHER, Hal Foster, p. 34; WHEAT, Paul C. Mangelsdorf, p. 50; MORE ON THE LANGUAGE OF THE BEES, Hans Kalmus, p. 60; THE KOENIGSBERG BRIDGES, Leonhard Euler, p. 66; THE DESERT RAT, Knut and Bodil Schmidt-Nielsen, p. 73; IS MAN ALONE IN SPACE?, Loren C. Eiseley, p. 80.

August: THE REACTOR AS A RESEARCH INSTRUMENT, D. J. Hughes, p. 23; ARCHAEOLOGY AND THE EARLIEST ART, H. L. Movius, Jr., p. 30; SOIL CONDITIONERS, C. L. W. Swanson, p. 36; CELL DVISION, Daniel Mazia, p. 53; FRANCIS HAUKSBEE, Duane and Duane H. D. Roller, p. 64; ESSENTIAL OILS, A. J. Haagen-Smit, p. 70; THE GENETICS OF THE DUNKERS, H. Bentley Glass, p. 76; THE ORIGIN OF THE ATMOSPHERE, Helmut E. Landsberg, p. 82.

September: FUNDAMENTAL QUESTIONS IN SCIENCE, Warren Weaver, p. 47; WHAT IS MATTER?, Erwin Schrödinger, p. 52; WHAT HOLDS THE NUCLEUS TOGETHER?, Hans A. Bethe, p. 58; WHERE DO COSMIC RAYS COME FROM?, Bruno Rossi, p. 64; WHY ARE GALAXIES SPIRAL?, Cecilia H. Payne-Gaposchkin, p. 89; HOW IS A PROTEIN MADE?, K. U. Linderstrom-Lang, p. 100; HOW DO CELLS DIFFERENTIATE?, C. H. Waddington, p. 108; WHAT IS MEMORY?, Ralph W. Gerard, p. 118; WHAT IS PROBABILITY?, Rudolf Carnap, p. 128.

October: ALGAE AS FOOD, Harold W. Milner, p. 31; HIGH-SPEED RESEARCH AIRPLANES, Walter T. Bonney, p. 36; CHEMICAL ANALYSIS BY INFRARED, Bryce Crawford, Jr., p. 42; HUMAN GROWTH, George W. Gray, p. 65; EVOLUTION OBSERVED, Francis J. Ryan, p. 78; HISTORY IN A PEAT BOG, Thomas G. Bibby, p. 84; MICHAEL FARADAY, Herbert Kondo, p. 90; HOW A RATTLESNAKE STRIKES, Walker Van Riper, p. 100.

November: TRADE WIND CLOUDS, Joanne Starr Malkus, p. 31; SCINTILLATION COUNTERS, George B. Collins, p. 36; A FORGOTTEN EMPIRE OF ANTTIQUITY, Stuart Piggott, p. 42; THE GAS TURBINE, Lawrence P. Lessing, p. 65; HOW CHILDREN FORM MATHEMATICAL CONCEPTS, J. Piaget, p. 74; PROGRESS IN PHOTOSYNTHESIS, Eugene I. Rabinowitch, p. 80; OYSTERS, Pieter Korringa, p. 86; G. F. FITZGERALD, Sir Edmund Whittaker, p. 93.

December: THE MENTAL HEALTH OF THE HUTTERITES, J. W. Eaton, p. 31; VIRUSES WITHIN CELLS, Joseph L. Melnick, p. 38; RADIO WAVES FROM INTERSTELLAR HYDROGEN, H. I. Ewen, p. 42; FOSSIL MAN, Loren C. Eiseley, p. 65; FREE RADICALS, Paul D. Bartlett, p. 74; THE HEAT BARRIER, Fritz Haber, p. 80; ALCOHOL IN THE BODY, Leon A. Greenberg, p. 86; ACQUIRED CHARACTERISTICS, C. H. Waddington, p. 92.

1954

January: COMPUTERS IN BUSINESS, Lawrence P. Lessing, p. 21; SNOW AVALANCHES, Montgomery M. Atwater, p. 26; THE METABOLISM OF FATS, David E. Green, p. 32; CONDITIONING AND EMOTIONS, Howard S. Liddell, p. 48; THE SHAPE OF THINGS, Cyril Stanley Smith, p. 58; OLDUVAI GORGE, L. S. B. Leakey, p. 66; FRANCIS GALTON, James R. Newman, p. 72; STRANGLER TREES, Theodosius Dobzhansky and João Murça-Pires, p. 78.

February: A CRISIS IN SCIENCE TEACHING, Fletcher G. Watson, p. 27; THE RABBIT PLAGUE, Frank Fenner, p. 30; A FAMILY OF SOLAR ECLIPSES, Richard M. Sutton, p. 36; BLOOD, Douglas M. Surgenor, p. 54; THE SHAPE OF RAINDROPS, James E. McDonald, p. 64; CURIOSITY IN MONKEYS, Robert A. Butler, p. 70; ULTRAMICROCHEMISTRY, Burris B. Cunningham, p. 76; THE END OF THE MOAS, Edward S. Deevey, Jr., p. 84.

March: THE NATIONAL SCIENCE FOUNDATION, Lawrence P. Lessing, p. 29; THE LIFE CYCLE OF A VIRUS, André Lwoff, p. 34; THE EPIDEMIOLOGY OF MENTAL DISEASE, Ernest M. Gruenberg, p. 38; MODERN COSMOLOGY, George Gamow, p. 54; THE PERU CURRENT, Gerald S. Posner, p. 66; MUSCLE AS A MACHINE, A. Katchalsky and S. Lifson, p. 72; BIRD SONAR, Donald R. Griffin, p. 78; THE KLYSTRON, Edward L. Ginzton, p. 84.

April: THE CONTROL OF FERTILITY, Abraham Stone, p. 31; BIOLOGICAL CLOCKS AND THE FIDDLER CRAB, F. A. Brown, p. 34; TRITIUM IN NATURE, Willard F. Libby, p. 38; THE FORM OF CITIES, Kevin Lynch, p. 54; THE LATE EDWIN H. ARMSTRONG, Lawrence P. Lessing, p. 64; HEAT DEATH, L. V. Heilbrunn, p. 70; ANCIENT JERICHO, Kathleen M. Kenyon, p. 76; GEOMETRY AND INTUITION, Hans Hahn, p. 84.

May: THE ELECTORAL SWITCH OF 1952, Angus Campbell et al., p. 31; TIDES IN THE ATMOSPHERE, Sydney Chapman, p. 36; THE RIPENING OF FRUIT, J. B. Biale, p. 40; ULTRASONICS, George E. Henry, p. 54; THE LIFE OF AN ESTUARY, Robert M. Ingle, p. 64; THE LANGUAGE OF HOMER'S HEROES, Jotham Johnson, p. 70; ARE WILD ANIMALS IN CAPTIVITY REALLY WILD?, H. Hediger, p. 76; WILLIAM ROWAN HAMILTON, Sir Edmund Whittaker, p. 82.

June: FORT MONMOUTH, John B. Phelps and Ernest C. Pollard, p. 29; HURRICANES, R. H. Simpson, p. 32; INSECT CONTROL, Ray F. Smith and William W. Allen, p. 38; THE ELECTRICAL ACTIVITY OF THE BRAIN, W. Grey Walter, p. 54; THE BOILING OF LIQUIDS, J. W. Westwater, p. 64; FERTILIZATION AND ANTIBODIES, Albert Tyler, p. 70; LAPLACE, James R. Newman, p. 76; EARLY MAN IN THE ARCTIC, J. L. Giddings, Jr., p. 82.

July: THE DUST STORMS OF 1954, H. H. Finnell, p. 25; THE SUPERGALAXY, Gérard de Vaucouleurs, p. 30; PURE METALS, Lawrence P. Lessing, p. 36; THE STRUCTURE OF PROTEIN MOLECULES, Linus Pauling et al., p. 51; THE HOME LIFE OF THE SWIFT, David and Elizabeth Lack, p. 60; THE SLOW DEATH OF A CITY, Jotham Johnson, p. 66; JOSEPH HENRY, Mitchell Wilson, p. 72; PARENTAGE AND BLOOD GROUPS, Alexander S. Wiener, p. 78.

August: LINEAR PROGRAMMING, William W. Cooper and Abraham Charnes, p. 21; ARTIFICIAL INTERNAL ORGANS, Peter F. Salisbury, p. 24; THE HISTORY OF A PERUVIAN VALLEY, James A. Ford, p. 28; THE ORIGIN OF LIFE, George Wald, p. 44; A TOPOGRAPHIC MICROSCOPE, Samuel Tolansky, p. 54; TSUNAMIS, Joseph Bernstein, p. 60; SHREWS, Oliver P. Pearson, p. 66; THE BOUNDARY LAYER, Joseph J. Cornish III, p. 72.

September: MAN THE FIRE-MAKER, Loren C. Eiseley, p. 52; WHAT IS HEAT?, Freeman J. Dyson, p. 58; HEAT AND LIFE, Frank H. Johnson, p. 64; HIGH TEMPERATURES: FLAME, Bernard Lewis, p. 84; HIGH TEMPERATURES: MATERIALS, Pol Duwez, p. 98; HIGH TEMPERATURES: CHEMISTRY, Farrington Daniels, p. 109; HIGH TEMPERATURES: PROPULSION, Martin Summerfield, p. 120; VERY HIGH TEMPERATURES, Arthur Kantrowitz, p. 132; ULTRAHIGH TEMPERATURES, Fred Hoyle, p. 144.

October: ECONOMIC PSYCHOLOGY, George Katona, p. 31; URANIUM FROM COAL, Ralph L. Miller and James R. Gill, p. 36; THE LINEAR ACCELERATOR, Wolfgang Panofsky, p. 40; THE STRUCTURE OF THE HEREDITARY MATERIAL, F. H. C. Crick, p. 54; PHOSPHORS, J. S. Prener and D. B. Sullenger, p. 62; PRIESTLEY, Mitchell Wilson, p. 68; THE SUN NAVIGATION OF ANIMALS, Hans Kalmus, p. 74; THE BIOLOGY OF THE NEGRO, Curt Stern, p. 80.

November: THE ATOMIC ENERGY ACT OF 1954, David F. Cavers, p. 31; THE ORIGIN OF METEORITES, S. Fred Singer, p. 36; THE COURTSHIP OF ANIMALS, N. Tinbergen, p. 42; BRIDGES, David B. Steinman, p. 60; HOW ANTIBODIES ARE MADE, Sir Macfarlane Burnet, p. 74; THE CURVATURE OF SPACE, P. Le Corbeiller, p. 80; SUICIDE, Don D. Jackson, p. 88; TRADE IN THE ANCIENT WORLD, Lionel Casson, p. 98.

December: POWER REACTORS, Alvin M. Weinberg, p. 33; ICE ISLANDS IN THE ARCTIC, Kaare Rodahl, p. 40; KWASHIORKOR, Hugh C. Trowell, p. 46; THE PHYSICS OF VIRUSES, Ernest C. Pollard, p. 62; MYCENAE, CITY OF AGAMEMNON, George E. Mylonas, p. 72; SPIDER WEBS AND DRUGS, Peter N. Witt, p. 80; THE ULTIMATE ATOM, H. C. Corben and S. DeBenedetti, p. 88; ROBERT HOOKE, E. N. da C. Andrade, p. 94.

1955

January: ARE SCIENTISTS DEFFERENT?, Lewis M. Terman, p. 25; THE ANATOMY OF THE ATLANTIC, Henry Stommel, p. 30; HELICOPTERS, Lawrence P. Lessing, p. 36; STEROIDS, Louis F. Fieser, p. 52; THE RETURN OF THE GRAY WHALE, Raymond M. Gilmore, p. 62; MAGNETIC MATERIALS, Richard M. Bozorth, p. 68; RICKETTSIAE, Marianna R. Bovarnick, p. 74; PROJECTIVE GEOMETRY, Morris Kline, p. 80.

February: THE ANTI-SCIENTIFIC ATTITUDE, Bernard and Judith Mausner, p. 35; CORPUSCLES FROM THE SUN, Walter Orr Roberts, p. 40; THE BUBBLE CHAMBER, Donald A. Glaser, p. 46; THE YERKES LABORATORIES, George W. Gray, p. 67; GAME THEORY AND DECISIONS, Leonid Hurwicz, p. 78; BONE, Franklin C. McLean, p. 84; EARS FOR COMPUTERS, Edward E. David, Jr., p. 92; PLANT MOVEMENTS, Victor A. Greulach, p. 100.

March: HOW PEOPLE INTERACT IN CONFERENCES, Robert F. Bales, p. 31; RADIO TELESCOPES, John D. Kraus, p. 36; THE CURTAIN WALL, James Marston Fitch, p. 44; UNKNOWN VIRUSES, George W. Gray, p. 60; THE GROWTH OF CRYSTALS, Robert L. Fullman, p. 74; THE CONTINENTAL SHELF, Henry C. Stetson, p. 82; BIRDS AS FLYING MACHINES, Carl Welty, p. 88; HISTORY OF A DIG, Louis M. Stumer, p. 98.

April: COOPERATION IN NUCLEAR POWER, D. J. Hughes, p. 31; THE SEA LAMPREY, Vernon C. Applegate and James W. Moffet, p. 36; VACCINES FOR POLIOMYELITIS, Jonas E. Salk, p. 42; MAN VIEWED AS A MACHINE, John G. Kemeny, p. 58; THE ECOLOGY OF DESERT PLANTS, Frits W. Went, p. 68; THE ORIGIN OF GRANITE, O. Frank Tuttle, p. 77; THE ANTHROPOLOGY OF MANNERS, Edward T. Hall, Jr., p. 84; THE T2 MYSTERY, Salvador E. Luria, p. 92.

May: SECOND THOUGHTS ON THE GERM THEORY, René J. Dubos, p. 31; THE INSULIN MOLECULE, E. O. P. Thompson, p. 36; THE SPIRAL STRUCTURE OF THE GALAXY, W. W. Morgan, p. 42; AIR POLLUTION, Frits W. Went, p. 62; THE PHSYSIOLOGY OF FEAR AND ANGER, Daniel H. Funkenstein, p. 74; THE DEATH OF A CIVILIZATION, Tatiana Proskouriakoff, p. 82; THE MONTE CARLO METHOD, Daniel D. McCracken, p. 90; LIFE IN CAVES, Brother G. Nicholas, F.S.C., p. 98.

June: ALBERT EINSTEIN: 1879-1955, Niels Bohr and I. I. Rabi, p. 31; EXPERIMENTAL PSYCHOSES, Boston Psychopathic Hospital, p. 34; RADIO WAVES FROM THE SUN, J. P. Wild, p. 40; JAMES CLERK MAXWELL, James R. Newman, p. 58; LEARNING IN THE CANARY, Nicholas Pastore, p. 72; ANTIBIOTICS AGAINST PLANT DISEASES, David Pramer, p. 82; COMPUTER MEMORIES, Louis N. Ridenour, p. 92; THE GERM OF TUBERCULOSIS, Esmond R. Long, p. 102.

July: INDUSTRIAL PRODUCTIVITY, Seymour Melman, p. 33; FRACTURES IN THE PACIFIC FLOOR, Henry W. Menard, p. 36; A FORGOTTEN NATION IN TURKEY, Seton Lloyd, p. 42; COAL, Lawrence P. Lessing, p. 58; AN INTERVIEW WITH EINSTEIN, I. Bernard Cohen, p. 68; THE MUTATION OF VIRUSES, C. A. Knight and Dean Fraser, p. 74; DISLOCATIONS IN METALS, Frank B. Cuff, Jr., and L. McD. Schetky, p. 80; POLARIZED LIGHT AND NAVIGATION, Talbot H. Waterman, p. 88.

August: MANUFACTURE OF ELECTRONIC EQUIPMENT, Lawrence P. Lessing, p. 29; RADIOACTIVE POISONS, Jack Schubert, p. 34; LONG-RANGE WEATHER FORECASTING, Jerome Namias, p. 40; THE HONEYBEE, Ronald Ribbands, p. 52; THE SPEED OF LIGHT, J. H. Rush, p. 62; PLACEBOS, Louis Lasagna, p. 68; THE HOMING SALMON, Arthur D. Hasler and James A. Larsen, p. 72; THE CHANGING AMERICAN LANGUAGE, Jotham Johnson, p. 78.

September: THE VOYAGE OF THE ATKA, Paul A. Humphrey, p. 50; THE INTERIOR OF THE EARTH, K. E. Bullen, p. 56; THE ORIGIN OF CONTINENTS, Marshall Kay, p. 62; GLACIERS, William O. Field, p. 84; THE CIRCULATION OF THE OCEANS, Walter H. Munk, p. 96; THE EARTH FROM SPACE, p. 109; THE CIRCULATION OF THE ATMOSPHERE, Harry Wexler, p. 114; THE IONOSPHERE, T. N. Gautier, p. 126; AURORA AND AIRGLOW, C. T. Elvey and Franklin E. Roach, p. 140; THE EARTH'S MAGNETISM, S. K. Runcorn, p. 152; THE EARTH'S GRAVITY, Weikko A. Heiskanen, p. 164.

October: THE GENEVA CONFERENCE, Robert A. Charpie, p. 27; GENEVA: CHEMISTRY, J. M. Fletcher and F. Hudswell, p. 34; GENEVA: BIOLOGY, C. A. Mawson, p. 38; GENEVA: REACTORS, Robert A. Charpie, p. 56; INFORMATION TRANSFER IN THE LIVING CELL, George Gamow, p. 70; THE NEW PSYCHIATRIC DRUGS, Harold E. Himwich, p. 80; NOCTURNAL ANIMALS, H. N. Southern, p. 88; MAUPERTUIS, A FORGOTTEN GENIUS, H. Bentley Glass, p. 100.

November: OPINIONS AND SOCIAL PRESSURE, Solomon E. Asch, p. 31; THE TRENCHES OF THE PACIFIC, Robert L. Fisher and Roger Revelle, p. 36; SYNTHETIC DIAMONDS, P. W. Bridgman, p. 42; RADIATION AND HUMAN MUTATION, H. J. Muller, p. 58; "EMPTY" SPACE, H. C. van de Hulst, p. 72; WHAT MAKES LEAVES FALL?, William P. Jacobs, p. 82; ETRUSCAN METALLURGY, Aldo Neppi Modona, p. 90; TOO MANY DEER, A. Starker Leopold, p. 101.

December: THE SATELLITE PROJECT, Homer E. Newell, p. 29; THE COELACANTH, Jacques Millot, p. 34; THE STRANGE CASE OF THE BLIND BABIES, Theodore H. Ingalls, p. 40; LIFE AT HIGH ALTITUDES, George W. Gray, p. 58; ISAAC NEWTON, I. Bernard Cohen, p. 73; A MODEL OF THE NUCLEUS, V. F. Weisskopf and E. P. Rosenbaum, p. 84; POPULATIONS OF HOUSE MICE, Robert L. Strecker, p. 92; THE SOLAR BATTERY, Gordon Raisbeck, p. 102.

1956

January: TRANSLATION BY MACHINE, William N. Locke, p. 29; WHISTLERS, L. R. O. Storey, p. 34; EARLY ENVIRONMENT, William R. Thompson and Ronald Melzack, p. 38; THE NEUTRINO, Philip Morrison, p. 58; THIRST, A. V. Wolf, p. 70; CAROTENOIDS, Sylvia Frank, p. 80; AMBROISE PARE, Sir Geoffrey Keynes, p. 90; THE SARGASSO SEA, John H. Ryther, p. 98.

February: RESPONSES TO HUMOR, Jacob Levine, p. 31; YOUNG STARS, Adriaan Blaauw, p. 36; THE SOCIAL ORDER OF CHICKENS, A. M. Guhl, p. 42; CHARLES DARWIN, Loren C. Eiseley, p. 62; INFORMATION THEORY AND MELODY, Richard C. Pinkerton, p. 77; FLOWERS IN THE ARCTIC, Rutherford Platt, p. 88; BARRIERS IN THE BRAIN, Robert B. Aird, p. 101; HEAT, COLD AND CLOTHING, James B. Kelley, p. 109.

March: STRESS IN COMBAT, Stanley W. Davis, p. 31; FOREST CLEARANCE IN THE STONE AGE, Johannes Iversen, p. 36; EXPERIMENTS IN PROTEIN SYNTHESIS, Ernest F. Gale, p. 42; WORLD POPULATION, Julian Huxley, p. 64; ELECTRONIC PHOTOGRAPHY OF STARS, William A. Baum, p. 81; "JOCULAR PHYSICS", p. 93; THE STRAIGHT LINE, Morris Kline, p. 104; THE FLIGHT OF LOCUSTS, Torkel Weis-Fogh, p. 116.

April: MASTERS OF THE DESERT, Michael Evenari and Dov Koller, p. 39; LOW-SPEED FLIGHT, David C. Hazen and Rudolf F. Lehnert, p. 46; THE CLOUDS OF MAGELLAN, Gérard de Vaucouleurs, p. 52; WATER, Arthur M. Buswell and Worth H. Rodebush, p. 76; ANIMAL SOUNDS IN THE SEA, Marie Poland Fish, p. 93; THE HUMAN CROP, Edward S. Deevey, Jr., p. 105; LEWIS CARROLL: MATHEMATICIAN, Warren Weaver, p. 116; BRAINS AND COCOONS, William G. Van der Kloot, p. 131.

May: STUDIES IN CORROSION, G. H. Cartledge, p. 35; THE TRACKS OF NUCLEAR PARTICLES, Herman Yagoda, p. 40; THE EYE AND THE BRAIN, R. W. Sperry, p. 48; CULTURAL EVOLUTION, Julian H. Steward, p. 69; LAVOISIER, Denis I. Duveen, p. 84; THE GROWTH OF MUSHROOMS, John Tyler Bonner, p. 97; STICK AND SLIP, Ernest Rabinowicz, p. 109; HEART SOUNDS, Victor A. McKusick, p. 120.

June: THE ANTIPROTON, Emilio Segrè and Clyde E. Wiegand, p. 37; REBUILDING A VIRUS, Heinz Fraenkel-Conrat, p. 42; BOWER BIRDS, A. J. Marshall, p. 48; GÖDEL'S PROOF, Ernest Nagel and James R. Newman, p. 71; OREOPITHECUS: HOMUNCULUS OR MONKEY?, Loren C. Eiseley, p. 91; THE FREEZING OF LIVING CELLS, A. S. Parkes, p. 105; THE CHEMISTRY OF JUPITER, Francis Owen Rice, p. 119; PNEUMATIC BUILDINGS, Murray Kamrass, p. 131.

July: A STUDY OF VALUES, Evon Z. Vogt and John M. Roberts, p. 25; THE RADIO SKY, John D. Kraus, p. 32; THE TOMB OF ANTIOCHUS I, Theresa Goell and F. K. Doerner, p. 38; THE ATOMIC NUCLEUS, Robert Hofstadter, p. 55; SPACE PERCEPTION IN THE CHICK, Eckhard H. Hess, p. 71; PALEOBIOCHEMISTRY, Philip H. Abelson, p. 83; PROGRESS IN SOLAR POWER, Harry Tabor, p. 97; SEXUALITY IN BACTERIA, Elie L. Wollman and François Jacob, p. 109.

August: PHYSICS IN THE U.S.S.R., E. P. Rosenbaum, p. 29; THE ORIGIN OF SUBMARINE CANYONS, Bruce C. Heezen, p. 36; INFORMATION AND MEMORY, George A. Miller, p. 42; THE SETTLEMENT OF POLYNESIA, Donald Stanley Marshall, p. 58; THE EFFECTS OF RADIATION ON SOLIDS, F. Seitz and E. Wigner, p. 76; SICKLE CELLS AND EVOLUTION, Anthony C. Allison, p. 87; LIVING INSECTICIDES, Edward A. Steinhaus, p. 96; TIME REVERSAL, John M. Blatt, p. 107.

September: THE UNIVERSE, Harold P. Robertson, p. 72; THE ORIGIN OF THE ELEMENTS, William A. Fowler, p. 82; THE CONTENT OF GALAXIES, Walter Baade, p. 92; THE EVOLUTION OF GALAXIES, Jan H. Oort, p. 100; COLLIDING GALAXIES, Rudolph Minkowski, p. 125; THE EVOLUTIONARY UNIVERSE, George Gamow, p. 136; THE STEADY-STATE UNIVERSE, Fred Hoyle, p. 157; THE RED-SHIFT, Allan R. Sandage, p. 170; THE DISTRIBUTION OF GALAXIES, J. Neyman and Elizabeth Scott, p. 187; RADIO GALAXIES, Martin Ryle, p. 204; COSMOLOGY AND SCIENCE, Herbert Dingle, p. 224.

October: THE FUEL SITUATION, Eugene Ayres, p. 43; TISSUE CULTURE AND CANCER, John J. Biesele, p. 50; A NATIONAL RADIO OBSERVATORY, Bart J. Bok, p. 56; THE GENE, Norman H. Horowitz, p. 78; MESONIC ATOMS, Sergio DeBenedetti, p. 93; PLEASURE CENTERS IN THE BRAIN, James Olds, p. 105; ARTIFICIAL LIVING PLANTS, Edward F. Moore, p. 118; THE LANGUAGE OF BIRDS, W. H. Thorpe, p. 128.

November: THE ARTIFICIAL SATELLITE, James A. Van Allen, p. 41; TRANSFORMED BACTERIA, Rollin D. Hotchkiss and Esther Weiss, p. 48; EXPERIMENTS IN GROUP CONFLICT, Muzafer Sherif, p. 54; RUBBER, Harry L. Fischer, p. 74; THE BIRTH OF THE NUCLEAR ATOM, E. N. da C. Andrade, p. 93; APPETITE AND OBESITY, Jean Mayer, p. 108; UNORTHODOX METHODS OF SPERM TRANSFER, Lord Rothschild, p. 121; RADIOACTIVE TUBERCULOSIS DRUGS, L. J. Roth and R. W. Manthei, p. 135.

December: ATTITUDES TOWARD DESEGREGATION, H. H. Hyman and P. B. Sheatsley, p. 35; THE CIRCULATION OF THE ATMOSPHERE, Victor P. Starr, p. 40; THE BLUE WHALE, Johan T. Ruud, p. 46; THE NEWEST ELEMENTS, Albert Ghiorso and Glenn T. Seaborg, p. 66; THE LAMONT GEOLOGICAL OBSERVATORY, George W. Gray, p. 83; SEPARATING SOLIDS WITH BUBBLES, A. M. Gaudin, p. 99; ELECTRICAL EVENTS IN VISION, Lorus J. and Margery J. Milne, p. 113; THE CHEMISTRY OF HEREDITARY DISEASE, A. G. Bearn, p. 126; FLEXAGONS, Martin Gardner, p. 162.

1957

January: AN EXPERIMENT IN ANTHROPOLOGY, John and Mary Collier, p. 37; NEW METHODS OF RADIO TRANSMISSION, Jerome B. Wiesner, p. 46; THE PATHOLOGY OF BOREDOM, Woodburn Heron, p. 52; ANESTHESIA, Henry K. Beecher, p. 70; PIONS, Robert E. Marshak, p. 84; THE RED BLOOD CELL, Eric Pondeer, p. 95; CHEMICAL MILLING, Edmund L. Van Deusen, p. 104; SNAKEBITE, Sherman A. Minton, Jr., p. 114.

February: THE STRUCTURE OF THE INFLUENZA VIRUS, F. M. Burnet, p. 37; THE INTELLIGENCE OF ELEPHANTS, B. Rensch, p. 44; HEART METABOLISM, Richard J. Bing, p. 50; ATOMIC CLOCKS, Harold Lyons, p. 71; MESSENGERS OF THE NERVOUS SYSTEM, Amedeo S. Marrazzi, p. 86; INERTIA, Dennis Sciama, p. 99; SIR WILLIAM PERKIN, John Read, p. 110; THE ANTHROPOLOGY OF POSTURE, Gordon W. Hewes, p. 122.

March: FRESH WATER FROM SALT, David S. Jenkins, p. 37; THE CHILD AND MODERN PHYSICS, Jean Piaget, p. 46; THE CRAB NEBULA, Jan H. Oort, p. 52; HORMONES, Sir Solly Zuckerman, p. 76; FROZEN FREE RADICALS, Charles M. Herzfeld and Arnold M. Bass, p. 90; GALEN, Frederick G. Kilgour, p. 105; THE JEWISH COMMUNITY OF ROME, L. C. and S. P. Dunn, p. 118; PURSUIT OF A DISEASE, Geoffrey Dean, p. 133.

April: THE OVERTHROW OF PARITY, Philip Morrison, p. 45; EXPERIMENTS IN HYPNOSIS, Theodore X. Barber, p. 54; SKIN TRANSPLANTS, P. B. Medawar, p. 62; THE AGE OF THE SOLAR SYSTEM, Harrison Brown, p. 80; "THE WONDERFUL NET", P. F. Scholander, p. 96; THE WHISTLED LANGUAGE OF LA GOMERA, André Classe, p. 111; PLANT GROWTH SUBSTANCES, Frank B. Salisbury, p. 125; SUN CLOUDS AND RAIN CLOUDS, Walter Orr Roberts, p. 138.

May: VANISHING CULTURES, Robert Heine-Geldern, p. 39; THE SHORTEST RADIO WAVES, Walter Gordy, p. 46; THE RETICULAR FORMATION, J. D. French, p. 54; THE HEART, Carl J. Wiggers, p. 74; "NICOLAS BOURBAKI", Paul R. Halmos, p. 88; DIFFUSION IN METALS, B. D. Cullity, p. 103; THE DYING OAKS, George S. Avery, Jr., p. 112; A STUDY IN THE EVOLUTION OF BIRDS, H. N. Southern, p. 124.

June: A ROCKET AROUND THE MOON, Krafft A. Ehricke and George Gamow, p. 47; SHARKS V. MEN, George A. Llano, p. 54; FEVER, W. Barry Wood, Jr., p. 62; CLIMATE AND AGRICULTURE, Frits W. Went, p. 82; RADIATION PRESSURE, George E. Henry, p. 99; ATOMS VISUALIZED, Erwin W. Müller, p. 113; THE HOPI AND THE TEWA, Edward P. Dozier, p. 126; THE EVOLUTION OF MIND, Norman L. Munn, p. 140.

July: CHEMICAL PROSPECTING, Harold Bloom and Harold F. Walton, p. 41; THE ABSORPTION OF RADIO WAVES IN SPACE, A. E. Lilley, p. 48; WEED CONTROL BY INSECT, James K. Holloway, p. 56; ELEMENTARY PARTICLES, Murray Gell-Mann and E. P. Rosenbaum, p. 72; AGAMMAGLOBULINEMIA, David Gitlin and Charles A. Janeway, p. 93; THE TOMBS OF THE FIRST PHARAOHS, Walter B. Emery, p. 106; THE GEOGRAPHY OF BIRDS, Carl Welty, p. 118; POWERHOUSE OF THE CELL, Philip Siekevitz, p. 131.

August: THE ORIGIN OF HURRICANES, Joanne Starr Malkus, p. 33; ELECTROLUMINESCENCE, Henry F. Ivey, p. 40; HOW FISHES SWIM, Sir James Gray, p. 48; THE EAR, Georg von Békésy, p. 66; THE PLASMA JET, Gabriel M. Giannini, p. 80; SINGLE HUMAN CELLS IN VITRO, Theodore T. Puck, p. 91; SCHIZOPHRENIA AND CULTURE, Marvin K. Opler, p. 103; THE EDIBLE SNAIL, Jean Cadart, p. 113.

September: GIANT MOLECULES, Herman F. Mark, p. 80; HOW GIANT MOLECULES ARE MEASURED, Peter J. W. Debye, p. 90; HOW GIANT MOLECULES ARE MADE, Giulio Natta, p. 98; THE MECHANICAL PROPERTIES OF POLYMERS, Arthur V. Tobolsky, p. 120; POLYETHYLENE, Gerald Oster, p. 139; CELLULOSE, R. D. Preston, p. 156; PROTEINS, Paul Doty, p. 173; NUCLEIC ACIDS, F. H. C. Crick, p. 188; GIANT MOLECULES IN CELLS AND TISSUES, Francis O. Schmitt, p. 204.

October: METROPOLITAN SEGREGATION, Morton Grodzins, p. 33; SALT AND RAIN, A. H. Woodcock, p. 42; DEFENSE BY COLOR, N. Tinbergen, p. 48; THE SUMERIANS, Samuel Noah Kramer, p. 70; PLASMOIDS, Winston H. Bostick, p. 87; THE SPECIFICITY OF ANTIBODIES, S. J. Singer, p. 99; CONGENITAL DEFORMITIES, Theodore H. Ingalls, p. 109; THE SYNTHESIS OF MILK, J. M. Barry, p. 121.

November: A NATIONAL SCIENCE POLICY, Chester I. Barnard, p. 45; ANIMALS OF THE ABYSS, Anton F. Bruun, p. 50; SHANIDAR CAVE, Ralph S. Solecki, p. 58; "THE ORGANIZER", George W. Gray, p. 79; SUPERCONDUCTIVITY, B. T. Matthias, p. 92; BATS, William A. Wimsatt, p. 105; ORGANIC CHEMICAL REACTIONS, John D. Roberts, p. 117; SUBJECTIVE PROBABILITY, John Cohen, p. 128.

December: OBSERVATIONS OF SATELLITE I, F. L. Whipple and J. A. Hynck, p. 37; PENGUINS, William J. L. Sladen, p. 44; SEROTONIN, Irvine H. Page, p. 52; FUSION POWER, Richard F. Post, p. 73; NEANDERTHAL MAN, J. E. Weckler, p. 89; HEINRICH HERTZ, Philip and Emiyy Morrison, p. 98; TOOTH DECAY, Reidar F. Sognnaes, p. 109; THE INDESTRUCTIBLE HYDRA, N. J. Berrill, p. 118.

1958

January: TRACKING SATELLITES BY RADIO, J. T. Mengel and Paul Herget, p. 23; THE LEAP OF THE GRASSHOPPER, Graham Hoyle, p. 30; ULTRAHIGH-ALTITUDE AERODYNAMICS, Samuel A. Schaaf et al., p. 36; THE PRINCIPLE OF UNCERTAINTY, George Gamow, p. 51; BARBITURATES, Elijah Adams, p. 60; HOW DO GENES ACT?, Vernon M. Ingram, p. 68; EXPERIMENTS IN DISCRIMINATION, N. Guttman and H. I. Kalish, p. 77; WHALES, PLANKTON AND MAN, Willis E. Pequegnat, p. 84.

February: THE MORTALITY OF MEN AND WOMEN, Amram Scheinfeld, p. 22; STRONG MAGNETIC FIELDS, Harold P. Furth et al., p. 28; THE METABOLISM OF RUMINANTS, Terence A. Rogers, p. 34; ANCIENT TEMPERATURES, Cesare Emiliani, p. 54; THE JUVENILE HORMONE, Carroll M. Williams, p. 67; THE DISCOVERY OF FISSION, Otto Hahn, p. 76; BALLISTOCARDIOGRAPHY, H. W. Lewis, p. 89; PREHISTORIC MAN IN THE GRAND CANYON, D. W. Schwartz, p. 97.

March: ATOMIC POWER IN BRITAIN, Sir Christopher Hinton, p. 29; THE FIRE ANT, Edward O. Wilson, p. 36; NORMAN CASTLES, Brian Hope-Taylor, p. 42; PARTICLE ACCELERATORS, Robert R. Wilson, p. 64; "IMPRINTING" IN ANIMALS, Eckhard H. Hess, p. 81; HELMHOLTZ, A. C. Crombie, p. 94; HYPOTHERMIA, Raymond J. Hock and Bennjamin G. Covino, p. 104; THE MICROSOME, Paul C. Zamecnik, p. 118.

April: THE BATHYSCAPH, Robert S. Dietz et al., p. 27; ANTI-MATTER, Georffrey Burbidge and Fred Hoyle, p. 34; PROGESTERONE, Arpad Csapo, p. 40; THE TEACHING OF ELEMENTARY PHYSICS, Walter C. Michels, p. 56; POMPEII, Amedeo Maiuri, p. 68; THE ECOSPHERE, LaMont C. Cole, p. 83; THE CHEMICAL SENSES, Hans Kalmus, p. 97; THE FLOWERING PROCESS, Frank B. Salisbury, p. 108.

May: TORNADOES, Morris Tepper, p. 31; A "FLYING-SPOT" MICROSCOPE, P. Montgomery and W. Bonner, p. 38; THE EARTH AS A DYNAMO, Walter M. Elsasser, p. 44; THE TEACHING OF ELEMENTARY MATHEMATICS, E. P. Rosenbaum, p. 64; A STUDY OF SELF-DISCLOSURE, Sidney M. Jourard, p. 77; AN INSECT AND A PLANT, Stanley D. Beck, p. 87; THE ACTION OF INSULIN, Rachmiel Levine and M. S. Goldstein, p. 99; KING NESTOR'S PALACE, Carl W. Blegen, p. 110.

June: TEENAGE ATTITUDES, H. H. Remmers and D. H. Radler, p. 25; SUPERFLUIDITY, Eugene M. Lifshitz, p. 30; THE DUPLICATION OF CHROMOSOMES, J. Herbert Taylor, p. 36; CATTLE, Ralph W. Philips, p. 51; THE "TALKING BOARDS" OF EASTER ISLAND, Thomas S. Barthel, p. 61; GOUT AND METABOLISM, De Witt Stetten, Jr., p. 73; CLIMATE AND THE CHANGING SUN, Ernst J. Öpik, p. 85; COMPUTER V. CHESS-PLAYER, Alex Bernstein and M. de V. Roberts, p. 96.

July: PRESTRESSED CONCRETE, T. Y. Lin, p. 25; FOSSIL METEORITE CRATERS, C. S. Beals, p. 32; MORE ABOUT BAT "RADAR", Donald R. Griffin, p. 40; BIOLOGICAL OXIDATION, David E. Green, p. 56; PREDATORY FUNGI, Joseph J. Maio, p. 67; EARLY MAN IN AFRICA, J. Desmond Clark, p. 76; THE CIRCULATION OF THE ABYSS, Henry Stommel, p. 85; FILARIASIS, F. Hawking, p. 94.

August: BERYLLIUM AND BERYLLIOSIS, Jack Schubert, p. 27; HOT SPOTS IN THE ATMOSPHERE OF THE SUN, Harold Zirin, p. 34; CELESTIAL NAVIGATION BY BIRDS, E. G. F. Sauer, p. 42; MAGNETIC RESONANCE, George E. Pake, p. 58; REPETITION AND LEARNING, Irvin Rock, p. 68; A UNIVERSAL MOLECULE OF LIVING MATTER, Martin Kamen, p. 77; THE CEREBELLUM, Ray S. Snider, p. 84; POISONOUS TIDES, S. H. Hutner and John J. A. McLaughlin, p. 92.

September: THE CREATIVE PROCESS, J. Bronowski, p. 58; INNOVATION IN MATHEMATICS, Paul R. Halmos, p. 66; INNOVATION IN PHYSICS, Freeman J. Dyson, p. 74; INNOVATION IN BIOLOGY, George Wald, p. 100; INNOVATION IN TECHNOLOGY, John R. Pierce, p. 116; THE PHYSIOLOGY OF IMAGINATION, John C. Eccles, p. 135; THE PSYCHOLOGY OF IMAGINATION, Frank Barron, p. 150; THE ENCOURAGEMENT OF SCIENCE, Warren Weaver, p. 170.

October: THE STELLARATOR, Lyman Spitzer, Jr., p. 28; CELLS AT HIGH PRESSURE, Douglas Marsland, p. 36; THE TAILS OF COMETS, Ludwig F. Biermann and Rhea Lüst, p. 44; THE INDO-EUROPEAN LANGUAGE, Paul Thieme, p. 63; THE REGENERATION OF BODY PARTS, Marcus Singer, p. 79; ULCERS IN "EXECUTIVE" MONKEYS, Joseph V. Brady, p. 95; LIGNIN, F. F. Nord and Walter J. Schubert, p. 104; BOGS, Edward S. Deevey, Jr., p. 114.

November: THE REVIVAL OF THERMOELECTRICITY, Abram F. Joffe, p. 31; "TRANSDUCTION" IN BACTERIA, Norton D. Zinder, p. 38; STELLAR POPULATIONS, Margaret and Geoffrey Burbidge, p. 44; THE CONTRACTION OF MUSCLE, H. E. Huxley, p. 66; THE CONTROL OF SEX, Manuel J. Gordon, p. 87; DRILLING FOR PETROLEUM, Sullivan S. Marsden, Jr., p. 99; THE ALEUTS, T. P. Bank, p. 112; BODY WATER, A. V. Wolf, p. 125.

December: NON-MILITARY NUCLEAR EXPLOSIONS, G. Johnson and H. Brown, p. 29; FEEDBACK IN THE DIFFERENTIATION OF CELLS, S. M. Rose, p. 36; THE MASER, James P. Gordon, p. 42; THE EVOLUTION OF BEHAVIOR, Konrad Z. Lorenz, p. 67; THE NERVE IMPULSE AND THE SQUID, Richard D. Keynes, p. 83; INSECT FLIGHT, Brian Hocking, p. 92; MATHEMATICAL SIEVES, David Hawkins, p. 105; WOUND SHOCK, Sanford Rosenthal, p. 115.

1959

January: THE STAPHYLOCOCCUS PROBLEM, Stuart Mudd, p. 41; DYING STARS, Jesse L. Greenstein, p. 46; THE MICROCIRCULATION OF THE BLOOD, Benjamin W. Zweifach, p. 54; THE ATOMIC NUCLEUS, R. E. Peierls, p. 75; MOLECULAR SIEVES, D. W. Breck and J. V. Smith, p. 85; TRACE-ELEMENT DESERTS, A. J. Anderson and E. J. Underwood, p. 97; SALT GLANDS, Knut Schmidt-Nielsen, p. 109; A WITNESS AT THE SCOPES TRIAL, Fay-Cooper Cole, p. 120.

February: REACTOR FUEL ELEMENTS, James F. Schumar, p. 37; THE CIRCULATORY SYSTEM OF PLANTS, S. and O. Biddulph, p. 44; THE PERCEPTION OF THE UPRIGHT, Herman A. Witkin, p. 50; ALFRED RUSSEL WALLACE, Loren C. Eiseley, p. 70; ENTEROVIRUSES, Joseph L. Melnick, p. 88; METAMORPHOSIS AND DIFFERENTIATION, V. B. Wigglesworth, p. 100; HOW WATER FREEZES, Bruce Chalmers, p. 114; PIDGIN LANGUAGES, Robert A. Hall, Jr., p. 124.

March: RADIATION BELTS AROUND THE EARTH, James A. Van Allen, p. 39; DARWIN'S MISSING EVIDENCE, H. B. D. Kettlewell, p. 48; ANGIOTENSIN, Irvine H. Page et al., p. 54; THE WEAK INTERACTIONS, S. B. Treiman, p. 72; THE FIRST HEARTBEATS, James D. Ebert, p. 87; UNDERWATER ARCHAEOLOGY IN GUATEMALA, S. F. Borhegyi, p. 100; JOEY: A "MECHANICAL BOY", Bruno Bettelheim, p. 116; LONG EARTHQUAKE WAVES, Jack Oliver, p. 131.

April: THE MOHOLE, Willard Bascom, p. 41; FAMILY PLANNING IN THE U.S., Ronald F. Freedman et al., p. 50; VISUAL PERCEPTION AND PERSONALITY, Warren J. Wittreich, p. 56; GERMINATION, Dov Koller, p. 75; THE SOLAR SYSTEM BEYOND NEPTUNE, Owen Gingerich, p. 86; HOW REPTILES REGULATE BODY TEMPERATURE, C. M. Bogert, p. 105; ALIGNED CRYSTALS IN METALS, B. D. Cullity, p. 125; THE SEX GAS OF HYDRA, W. F. Loomis, p. 145.

May: NUCLEAR ROCKETS, John J. Newgard and Myron Levoy, p. 46; BALLOON ASTRONOMY, Martin and Barbara Schwarzschild, p. 52; THE ORIGINS OF DARWINISM, C. D. Darlington, p. 60; EXPERIMENTS IN COLOR VISION, Edwin H. Land, p. 84; THE LATE BLIGHT, John S. Niederhauser and William C. Cobb, p. 100; CARGO CULTS, Peter M. Worsley, p. 117; TISSUES FROM DISSOCIATED CELLS, A. A. Moscona, p. 132; ARTIFICIAL SATELLITES AND RELATIVITY, V. L. Ginzburg, p. 149.

June: ROCKET ASTRONOMY, Herbert Friedman, p. 52; AN ANCIENT GREEK COMPUTER, Derek J. de Solla Price, p. 60; LOVE IN INFANT MONKEYS, Harry F. Harlow, p. 68; BEER, Anthony H. Rose, p. 90; SELF-REPRODUCING MACHINES, L. S. Penrose, p. 105; JUNCTION-DIODE AMPLIFIERS, Arthur Uhlir, Jr., p. 118; WORM AUTOBIOGRAPHIES, G. P. Wells, p. 132; PRIMITIVE KINSHIP, Meyer Fortes, p. 146.

July: CARBON DIOXIDE AND CLIMATE, Gilbert N. Plass, p. 41; PULSATING STARS AND COSMIC DISTANCES, Robert P. Kraft, p. 48; THE PERCEPTION OF MOTION, Hans Wallach, p. 56; THE EXCLUSION PRINCIPLE, George Gamow, p. 74; THE LIFE OF A SAND DUNE, William H. Amos, p. 91; THE CITY OF MIDAS, Machteld J. Mellink, p. 100; ALKALOIDS, Trevor Robinson, p. 113; THE MOMENT OF FERTILIZATION, Robert D. Allen, p. 124.

August: SATELLITES AND THE EARTH'S ATMOSPHERE, Robert Jastrow, p. 37; THE RADIO GALAXY, Gart Westerhout, p. 44; INCUBATOR BIRDS, H. J. Frith, p. 52; OCEAN WAVES, Willard Bascom, p. 74; CONDITIONING AND BRAIN WAVES, Vernon Rowland, p. 89; CHARLES LYELL, Loren C. Eiseley, p. 98; GLAUCOMA, Sidney Lerman, p. 110; THE ENZYME-SUBSTRATE COMPLEX, Earl Frieden, p. 119.

September: WHAT IS IONIZING RADIATION?, Robert L. Platzman, p. 74; THE CIRCULATION OF ISOTOPES, J. R. Arnold and E. A. Martell, p. 84; RADIATION AND THE CELL, A. Hollaender and G. E. Stapleton, p. 94; IONIZING RADIATION AND THE WHOLE ANIMAL, John F. Loutit, p. 117; IONIZING RADIATION AND EVOLUTION, James F. Crow, p. 138; IONIZING RADIATION AND MEDICINE, Shields Warren, p. 164; IONIZING RADIATION AND ORGANIC CHEMISTRY, A. Charlesby, p. 180; IONIZING RADIATION AND METALS, Douglas S. Billington, p. 200; IONIZING RADIATION AND THE CITIZEN, George W. Beadle, p. 219.

October: THE TRANSPLANTATION OF THE KIDNEY, John P. Merrill, p. 57; THE EARTH IN THE SUN'S ATMOSPHERE, Sydney Chapman, p. 64; FUEL CELLS, Leonard G. Austin, p. 72; LIFE AND LIGHT, George Wald, p. 92; MOLECULAR MOTIONS, B. J. Alder and Thomas E. Wainwright, p. 113; THE SOCIAL BEHAVIOR OF PRAIRIE DOGS, John A. King, p. 128; LICHENS, I. Mackenzie Lamb, p. 144; DESCARTES, A. C. Crombie, p. 160.

November: ULTRAHIGH PRESSURES, H. Tracy Hall, p. 61; THE GROWTH OF NERVE CIRCUITS, R. W. Sperry, p. 68; POISONS, Elijah Adams, p. 76; THE INVENTION OF THE ELECTRIC LIGHT, Matthew Josephson, p. 98; THE LANGUAGE OF CROWS, Hubert and Mable Frings, p. 119; HIGH-ENERGY COSMIC RAYS, Bruno Rossi, p. 134; INSECTS AND PLANT GALLS, William Hovanitz, p. 151; THE IDEA OF MAN'S ANTIQUITY, Glyn E. Daniel, p. 167.

December: NUCLEIC ACIDS AND PROTEINS, Mahlon B. Hoagland, p. 55; THE PROTO-CASTLES OF SARDINIA, Giovanni Lilliu, p. 62; BODY FAT, Vincent P. Dole, p. 70; THE ARMS OF THE GALAXY, Bart J. Bok, p. 92; COMPUTER MUSIC, Lejaren A. Hiller, Jr., p. 109; THE FLOW OF MATTER, Marcus Reiner, p. 122; THE PHYSIOLOGY OF THE CAMEL, Knut Schmidt-Nielsen, p. 140; DIFFERENTIATION IN SOCIAL AMOEBAE, John Tyler Bonner, p. 152.

1960

January: THE 600-FOOT RADIO TELESCOPE, Edward F. McClain, Jr., p. 45; PREHISTORIC ART IN THE ALPS, Emmanuel Anati, p. 52; ANIMALS IN THE SNOW, William O. Pruitt, Jr., p. 60; BREEDER REACTORS, Alvin M. Weinberg, p. 82; RADIATION-IMITATING CHEMICALS, Peter Alexander, p. 99; THE GREEN FLASH, D. J. K. O'Connell, S.J., p. 112; NUCLEAR CONTROL OF THE CELL, Helen Gay, p. 126; THE MECHANISM OF BREATHING, Wallace O. Fenn, p. 138.

February: THE ENDURING INDIAN, Oliver La Farge, p. 37; THE SYNTHESIS OF FAT, David E. Green, p. 46; THE MAGNETISM OF THE SUN, Horace W. Babcock, p. 52; OPEN-HEART SURGERY, C. Walton Lillehei and Leonard Engel, p. 76; FRACTURE IN SOLIDS, John J. Gilman, p. 94; INSECTS AND THE LENGTH OF THE DAY, Stanley D. Beck, p. 108; COSMIC SPHERULES AND METEORITIC DUST, Hans Pettersson, p. 123; YEASTS, Anthony H. Rose, p. 136.

March: THE RECLAMATION OF A MAN-MADE DESERT, W. C. Lowdermilk, p. 54; INTERPLANETARY NAVIGATION, Aubrey B. Mickelwait et al., p. 64; APPLICATIONS OF SUPERCONDUCTIVITY, Theodore A. Buchhold, p. 74; THE NUCLEAR FORCE, Robert E. Marshak, p. 98; THE THYROID GLAND, Lawson Wilkins, p. 119; IMMUNOELECTROPHORESIS, Curtis A. Williams, Jr., p. 130; "TRUTH" DRUGS, Lawrence Zelic Freedman, p. 145; THE PORTUGUESE MAN-OF-WAR, Charles E. Lane, p. 158.

April: LIFE OUTSIDE THE SOLAR SYSTEM, Su-Shu Huang, p. 55; THE "VISUAL CLIFF", Eleanor J. Gibson and Richard D. Walk, p. 64; THE MÖSSBAUER EFFECT, Sergio de Benedetti, p. 72; SAND, Ph. H. Kuenen, p. 94; SPIDER WEBS, Theodore H. Savory, p. 114; DELAYED HYPERSENSITIVITY, Alfred J. Crowle, p. 129; RADIATION AND THE HUMAN CELL, Theodore T. Puck, p. 142; THE RISE OF A ZULU EMPIRE, p. Max Gluckman, p. 157.

May: THE EXPLORATION OF THE MOON, Robert Jastrow, p. 61; THE CHANGING LEVEL OF THE SEA, Rhodes W. Fairbridge, p. 70; STIMULATION IN INFANCY, Seymour Levine, p. 80; ENERGY TRANSFORMATION IN THE CELL, Albert L. Lehninger, p. 102; GENETIC MOSAICS, Aloha Hannah-Alava, p. 118; FLASH PHOTOLYSIS, Leonard I. Grossweiner, p. 134; HOW ANIMALS RUN, Milton Hildebrand, p. 148; ANIMAL INFECTIONS AND HUMAN DISEASES, Meir Yoeli, p. 161.

June: LOGLAN, James Cooke Brown, p. 53; SOLAR PARTICLES AND COSMIC RAYS, Kinsey A. Anderson, p. 64; INSECT ASSASSINS, John S. Edwards, p. 72; FERRITES, C. Lester Hogan, p. 92; HUMPHRY DAVY, L. Pearce Williams, p. 106; HOW WE SEE STRAIGHT LINES, John R. Platt, p. 121; FLEMING'S LYSOZYME, Robert F. Acker and S. E. Hartsell, p. 132; THE ORIGIN OF ORES, H. G. Bachmann, p. 146.

July: THE FORCE BETWEEN MOLECULES, Boris V. Derjaguin, p. 47; THE ZODIACAL LIGHT, D. E. Blackwell, p. 54; METAL "WHISKERS", S. S. Brenner, p. 64; THE MEDITERRANEAN PROJECT, Egon Glesinger, p. 86 THE BIOLOGY OF HEAVY WATER, Joseph J. Katz, p. 106; THE BUOYANCY OF MARINE ANIMALS, Eric Denton, p. 118; PREHISTORIC MAN IN MAMMOTH CAVE, Douglas W. Schwartz, p. 130; THINGS THAT GO FASTER THAN LIGHT, Milton A. Rothman, p. 142.

August: VERTICAL-TAKEOFF AIRCRAFT, John P. Campbell, p. 41; RADAR ASTRONOMY, Von R. Eshleman and Allen M. Peterson, p. 50; PATTERN RECOGNITION, Oliver G. Selfridge and Ulric Neisser, p. 60; BEACHES, Willard Bascom, p. 80; BIOLOGICAL TRANSDUCERS, Werner R. Loewenstein, p. 98; PEASANT MARKETS, Sidney W. Mintz, p. 112; THE STRUCTURE OF LIQUIDS, J. D. Bernal, p. 124; FRIENDLY VIRUSES, Karl Maramorosch, p. 138.

September: TOOLS AND HUMAN EVOLUTION, Sherwood L. Washburn, p. 62; THE ORIGIN OF SOCIETY, Marshall D. Sahlins, p. 76; THE ORIGIN OF SPEECH, Charles D. Hockett, p. 88; THE DISTRIBUTION OF MAN, William W. Howells, p. 112; THE AGRICULTURAL REVOLUTION, Robert J. Braidwood, p. 130; THE ORIGIN OF CITIES, Robert M. Adams, p. 153; THE SCIENTIFIC REVOLUTION, Herbert Butterfield, p. 173; THE HUMAN POPULATION, Edward S. Deevey, Jr., p. 194; THE PRESENT EVOLUTION OF MAN, Theodosius Dobzhansky, p. 206.

October: THE ERADICATION OF THE SCREW-WORM FLY, E. F. Knipling, p. 54; A FORGOTTEN CIVILIZATION, P. V. Glob and T. G. Bibby, p. 62; OPTICAL PUMPING, Arnold L. Bloom, p. 72; THE RIFT IN THE OCEAN FLOOR, Bruce C. Heezen, p. 98; ELECTRIC FISHES, Harry Grundfest, p. 115; HIGH-SPEED IMPACT, A. C. Charters, p. 128; THE PHYSICS OF WOOD WINDS, Arthur H. Benade, p. 144; COUNT RUMFORD, Mitchell Wilson, p. 158.

November: THE POLYOMA VIRUS, Sarah E. Stewart, p. 63; FIBER OPTICS, Narinder S. Kapany, p. 72; PATTERNS OF DREAMING, Nathaniel Kleitman, p. 82; THE ROLE OF LIGHT IN PHOTOSYNTHESIS, Daniel I. Arnon, p. 104; WILDLIFE HUSBANDRY IN AFRICA, F. Fraser Darling, p. 123; SUPERFLUIDITY AND "QUASI-PARTICLES", F. Reif, p. 138; THE TREASURE OF ST.NINIAN'S, R. L. S. Bruce-Mitford, p. 154; THE AGE OF THE SOLAR SYSTEM, John H. Reynolds, p. 171.

December: AIR-TRAFFIC CONTROL, Seymour Deitchman and Alfred Blumstein, p. 47; LIGHT AND PLANT DEVELOPMENT, W. L. Butler and R. J. Downs, p. 56; MINERALS ON THE OCEAN FLOOR, John L. Mero, p. 64; THE VIRUSES OF THE COMMON COLD, Christopher H. Andrewes, p. 88; NONUNIFORM ELECTRIC FIELDS, Herbert A. Pohl, p. 106; THE EVOLUTION OF BEHAVIOR IN GULLS, N. Tinbergen, p. 118; PRIMITIVE ARCHITECTURE, James M. Fitch and Daniel P. Branch, p. 134; PORES IN THE CELL MEMBRANE, Arthur K. Solomon, p. 146.

1961

January: RE-ENTRY FROM SPACE, John V. Becker, p. 49; THE MECHANISM OF IMMUNITY, Sir Macfarlane Burnet, p. 58; THE ZIGGURAT OF TCHOGA-ZANBIL, Roman Ghirshman, p. 68; GLASS, Charles H. Greene, p. 92; A NEW SCALE OF STELLAR DISTANCES, O. C. Wilson, p. 107; THE GROWTH OF SNOW CRYSTALS, B. J. Mason, p. 120; THE HUMAN THERMOSTAT, T. H. Benzinger, p. 134; SALPA, N. J. Berrill, p. 150.

February: THE PERCEPTION OF PAIN, Ronald Melzack, p. 41; PECULIAR GALAXIES, Margaret and Geoffrey Burbidge, p. 50; BLOOD PLATELETS, Marjorie B. Zucker, p. 58; THE STRUCTURE OF PROTEINS, W. H. Stein and Stanford Moore, p. 81; EXPERIMENTAL GEOLOGY, V. V. Belousov, p. 96; CILIA, Peter Satir, p. 108; THE CELESTIAL PALACE OF TYCHO BRAHE, John Christianson, p. 118; THE TEREDO, Charles E. Lane, p. 132.

March: ELECTRICAL PROPULSION IN SPACE, Gabriel Giannini, p. 57; NEW PENICILLINS, Anthony H. Rose, p. 66; PRE-CAMBRIAN ANIMALS, Martin F. Glaesner, p. 72; GRAVITY, George Gamow, p. 94; THE BATTLE OF SALAMIS,

Michael H. Jameson, p. 111; LEE WAVES IN THE ATMOSPHERE, R. S. Scorer, p. 124; SHADOWS AND DEPTH PERCEPTION, p. Eckhard H. Hess, p. 138; MONOMOLECULAR FILMS, Herman E. Ries, Jr., p. 152.

April: THE ECONOMICS OF DISARMAMENT, W. Leontief and M. Hoffenberg, p. 47; THE PARATHYROID HORMONE, Howard Rasmussen, p. 56; THE SIZE OF THE SOLAR SYSTEM, James B. McGuire et al., p. 64; BLOOD-VESSEL SURGERY, Michael E. De Bakey and Leonard Engel, p. 88; THE CROMWELL CURRENT, John A. Knauss, p. 105; PINOCYTOSIS, Ronald C. Rustad, p. 120; ULTRAHIGH-SPEED ROTATION, Jesse W. Beams, p. 134; THE ECOLOGY OF FIRE, Charles F. Cooper, p. 150.

May: INTERFERON, Alick Isaacs, p. 51; THE TEMPERATURES OF THE PLANETS, Cornell H. Mayer, p. 58; THE ORIGIN OF FORM PERCEPTION, Robert L. Fantz, p. 66; THE ARCTIC OCEAN, P. A. Gordienko, p. 88; FROM FARADAY TO THE DYNAMO, Harold I. Sharlin, p. 107; COLLAGEN, Jerome Gross, p. 120; TASTE RECEPTORS, Edward S. Hodgson, p. 135; THE MATHEMATICIAN AS AN EXPLORER, Sherman K. Stein, p. 148.

June: OPTICAL MASERS, Arthur L. Schawlow, p. 52; THE SOCIAL LIFE OF BABOONS, S. L. Washburn and I. DeVore, p. 62; STABILIZED IMAGES ON THE RETINA, Roy M. Pritchard, p. 72; VIRUSES AND GENES, François Jacob and Elie L. Wollman, p. 92; SUBDWARF STARS, Margaret and Geoffrey Burbidge, p. 111; EXCAVATIONS AT SARDIS, George M. A. Hanfmann, p. 124; BIOTIN, John D. Woodward, p. 139; THE AIRBORNE MAGNETOMETER, Homer Jensen, p. 151.

July: THE CENSUS OF 1960, Philip M. Hauser, p. 39; THE MUON, Sheldon Penman, p. 46; THE ARTIFICIAL KIDNEY, John P. Merrill, p. 56; WEATHER SATELLITES, Morris Neiburger and Harry Wexler, p. 80; HORMONES AND SKIN COLOR, Aaron B. Lerner, p. 98; EXPERIMENTS IN ANIMAL PSYCHOPHYSICS, Donald S. Blough, p. 113; SUPERCONDUCTING COMPUTERS, W. B. Ittner III and C. J. Kraus, p. 124; AIR-CONDITIONED TERMITE NESTS, Martin Lüscher, p. 138.

August: PRECISELY CONSTRUCTED POLYMERS, Giulio Natta, p. 33; CLEANING SYMBIOSIS, Conrad Limbaugh, p. 42; ASTROBLEMES, Robert S. Dietz, p. 50; THE REPRODUCTION OF SOUND, Edward E. David, Jr., p. 72; HACILAR: A NEOLITHIC VILLAGE SITE, James Mellaart, p. 86; ENZYMES IN MEDICAL DIAGNOSIS, Felix Wróblewski, p. 99; THE LIFE SPAN OF ANIMALS, Alex Comfort, p. 108; LOW-ALTITUDE JET STREAMS, Morton L. Barad, p. 120.

September: THE LIVING CELL, Jean Brachet, p. 50; HOW CELLS TRANSFORM ENERGY, Albert L. Lehninger, p. 62; HOW CELLS MAKE MOLECULES, V. G. Allfrey and A. E. Mirsky, p. 74; HOW CELLS DIVIDE, Daniel Mazia, p. 100; HOW CELLS SPECIALIZE, Michail Fischberg and A. W. Blackler, p. 124; HOW CELLS ASSOCIATE, A. A. Moscona, p. 142; HOW THINGS GET INTO CELLS, Heinz Holter, p. 167; HOW CELLS MOVE, Teru Hayashi, p. 184; HOW CELLS COMMUNICATE, Bernhard Katz, p. 209; HOW CELLS RECEIVE STIMULI, William H. Miller et al., p. 222.

October: AIR POLLUTION AND PUBLIC HEALTH, Walsh McDermott, p. 49; GAS CHROMATOGRAPHY, Roy A. Keller, p. 58; THE ECOLOGY OF THE HIGH HIMALAYAS, Lawrence W. Swan, p. 68; COMMUNICATION SATELLITES, John R. Pierce, p. 90; OBSERVING DISLOCATIONS, W. C. Dash and A. G. Tweet, p. 107; ISIMILA: A PALEOLITHIC SITE IN AFRICA, F. Clark Howell, p. 118; AUDITORY LOCALIZATION, Mark R. Rosenzweig, p. 132; THE MAGNETISM OF THE OCEAN FLOOR, Arthur D. Raff, p. 146.

November: THE TWO-MILE ACCELERATOR, E. L. Ginzton and William Kirk, p. 49; TEKTITES, Virgil E. Barnes, p. 58; CHROMOSOMES AND DISEASE, A. G. Bearn and J. L. German III, p. 66; TEACHING MACHINES, B. F. Skinner, p. 90; DESERT GROUND SQUIRRELS, G. A. Bartholomew and J. W. Hudson, p. 107; MAXWELL'S COLOR PHOTOGRAPH, Ralph M. Evans, p. 118; THE ELECTROCARDIOGRAM, Allen M. Scher, p. 132; ARCHITECTURAL VAULTING, J. H. Acland, p. 144.

December: NATIONALITY AND CONFORMITY, Stanley Milgram, p. 45; THE EAST PACIFIC RISE, Henry W. Menard, p. 52; SATELLITE CELLS IN THE NERVOUS SYSTEM, Holger Hydén, p. 62; THE EÖTVÖS EXPERIMENT, R. H. Dicke, p. 84; THREE-DIMENSIONAL STRUCTURE OF A PROTEIN, J. C. Kendrew, p. 96; THE FIGHTING BEHAVIOR OF ANIMALS, Irenäus Eibl-Eibesfeldt, p. 112; GALVANOMAGNETISM AND THERMOMAGNETISM, S. W. Angrist, p. 124; PREHISTORIC SWISS LAKE DWELLERS, Hansjürgen Müller-Beck, p. 138.

1962

January: SONIC BOOM, Herbert A. Wilson, Jr., p. 36; AFTEREFFECTS IN PERCEPION, W. C. H. Prentice, p. 44; HYPERNUCLEI, V. L. Telegdi, p. 50; THE FINE STRUCTURE OF THE GENE, Seymour Benzer, p. 70; THE BEHAVIOR OF LOVEBIRDS, William C. Dilger, p. 88; THE PHYSIOLOGY OF AGING, Nathan W. Shock, p. 100; THE BERING STRAIT LAND BRIDGE, William G. Haag, p. 112; TWO-PHASE MATERIALS, Games Slayter, p. 124.

February: MESSENGER RNA, Jerard Hurwitz and J. J. Furth, p. 41; THE SOLAR CHROMOSPHERE, R. Grant Athay, p. 50; PHYSIOLOGICAL EFFECTS OF ACCELERATION, Terence A. Rogers, p. 60; THE ETRUSCANS, Raymond Bloch, p. 82; ERROR-CORRECTING CODES, W. Wesley Peterson, p. 96; AMOEBOID MOVEMENT, Robert D. Allen, p. 112; WEAR, Ernest Rabinowicz, p. 127; POPULATION DENSITY AND SOCIAL PATHOLOGY, John B. Calhoun, p. 139.

March: RADIO GALAXIES, D. S. Heeschen, p. 41; ELECTRICALLY CONTROLLED BEHAVIOR, Erich von Holst, p. 50; THE CLOTTING OF FIBRINOGEN, Koloman Laki, p. 60; ULTRAHIGH VACCUM, H. A. Steinherz and P. A. Redhead, p. 78; RED-FEATHER MONEY, William Davenport, p. 94; CATARACTS, Sidney Lerman, p. 106; THE SMALLEST CELLS, H. J. Morowitz and M. E. Tourtellotte, p. 117; THE LONGEST ELECTROMAGNETIC WAVES, James R. Heirtzler, p. 128.

April: STEPS TOWARD DISARMAMENT, P. M. S. Blackett, p. 45; EXPLODING STARS, Robert P. Kraft, p. 54; THE MEMBRANE OF THE LIVING CELL, J. David Robertson, p. 64; PARADOX, W. V. Quine, p. 84; FRACTIONATING THE FRUIT FLY, Ernst Hadorn, p. 100; THE ACTION OF ADHESIVES, Norman A. de Bruyne, p. 114; THE SOARING FLIGHT OF BIRDS, Clarence D. Cone, Jr., p. 130; ATTENTION AND THE PERCEPTION OF SPEECH, D. E. Broadbent, p. 143.

May: THE SHELTER-CENTERED SOCIETY, Arthur I. Waskow, p. 46; GAMMA RAY ASTRONOMY, W. L. Kraushaar and G. W. Clark, p. 52; EXPERIMENTS WITH GOGGLES, Ivo Kohler, p. 62; MALARIA, Carlos A. Alvarado and L. J. Bruce-Chwatt, p. 86; EXPLODING WIRES, Frederick D. Bennett, p. 102; SEISMIC SHOOTING AT SEA, Maurice Ewing and Leonard Engel, p. 116; CHIMPANZEES IN THE WILD, Adriaan Kortlandt, p. 128; HEART CELLS IN VITRO, Isaac Harary, p. 141.

June: THE DETECTION OF UNDERGROUND EXPLOSIONS, L. Don Leet, p. 55; SUPERCONDUCTING MAGNETS, J. E. Kunzler and M. Tanenbaum, p. 60; COMPUTER PROGRAMS FOR TRANSLATION, Victor H. Yngve, p. 68; THE PATH OF CARBON IN PHOTOSYNTHESIS, J. A. Bassham, p. 88; ISHANGO, Jean de Heinzelin, p. 105; "FLOATERS" IN THE EYE, Harvey E. White and Paul Levatin, p. 119; THE SCHOOLING OF FISHES, Evelyn Shaw, p. 128; THE ANALYSIS OF BRAIN WAVES, Mary A. B. Brazier, p. 142.

July: THE EFFECTS OF SMOKING, E. Cuyler Hammond, p. 39; THE PLASTIC LAYER OF THE EARTH'S MANTLE, Don L. Anderson, p. 52; THE BEHAVIOR OF SHARKS, Perry W. Gilbert, p. 60; INCLUSION COMPOUNDS, John F. Brown, Jr., p. 82; MICROPALEONTOLOGY, David B. Ericson and Goesta Wollin, p. 96; SINGLE-STRANDED DNA, Robert L. Sinsheimer, p. 109; THE MOON ILLUSION, Lloyd Kaufman and Irvin Rock, p. 120; TELEPHONE SWITCHING, H. S. Feder and A. E. Spencer, p. 132.

August: THE THALIDOMIDE SYNDROME, Helen B. Taussig, p. 29; THE SPARK CHAMBER, Gerard K. O'Neill, p. 36; THE SEA'S DEEP SCATTERING LAYERS, Robert S. Dietz, p. 44; SCHIZOPHRENIA, Don D. Jackson, p. 65; DIALECTS IN THE LANGUAGE OF THE BEES, Karl von Frisch, p. 78; NEUTRINO ASTRONOMY, Philip Morrison, p. 90; PUMPS IN THE LIVING CELL, Arthur K. Solomon, p. 100; KININS, H. O. J. Collier, p. 111.

September: THE ANTARCTIC, A. P. Crary, p. 60; THE ANTARCTIC AND THE UPPER ATMOSPHERE, Charles Wright, p. 74; THE ANTARCTIC AND THE WEATHER, Morton J. Rubin, p. 84; THE ANTARCTIC OCEAN, V. G. Kort, p. 113; THE ICE OF THE ANTARCTIC, Gordon de Q. Robin, p. 132; THE LAND OF THE ANTARCTIC, G. P. Woollard, p. 151; THE ANCIENT LIFE OF THE ANTARCTIC, G. Doumani and W. Long, p. 168; THE OCEANIC LIFE OF THE ANTARCTIC, Robert Cushman Murphy, p. 186; THE TERRESTRIAL LIFE OF THE ANTARCTIC, George A. Llano, p. 212.

October: MORE FROM THE CENSUS OF 1960, Philip M. Hauser, p. 30; ANCIENT FLUIDS IN CRYSTALS, Edwin Roedder, p. 38; SURGICAL STAPLING, R. F. Mallina et al., p. 48; THE GENETIC CODE, F. H. C. Crick, p. 66;

SEMICONDUCTOR PARTICLE-DETECTORS, Olexa-Myron Bilaniuk, p. 78; COGNITIVE DISSONANCE, Leon Festinger, p. 93; ELECTRICITY IN PLANTS, Bruce I. H. Scott, p. 107; DADDY LONGLEGS, Theodore H. Savory, p. 119.

November: THE LYSENKO AFFAIR, David Joravsky, p. 41; THE THYMUS GLAND, Sir Macfarlane Burnet, p. 50; THE PLEIADES, D. Nelson Limber, p. 58; THE PHYSICS OF VIOLINS, Carleen Maley Hutchins, p. 78; CHEMICAL TOPOLOGY, Edel Wasserman, p. 94; NEUTRON RADIOGRAPHY, Harold Berger, p. 107; VISUAL PIGMENTS IN MAN, W. A. H. Rushton, p. 120; SOCIAL DEPRIVATION IN MONKEYS, Harry F. and Margaret Harlow, p. 136.

December: DESALTING WATER BY FREEZING, Asa E. Snyder, p. 41; ATMOSPHERIC TIDES, S. T. Butler, p. 48; THE EVOLUTION OF THE HAND, John Napier, p. 56; BIOLOGICAL LUMINESCENCE, W. D. McElroy and H. H. Seliger, p. 76; THE CONDUCTION OF HEAT IN SOLIDS, Robert L. Sproull, p. 92; THE USE AND MISUSE OF GAME THEORY, Anatol Rapoport, p. 108; SURFACE TENSION IN THE LUNGS, John A. Clements, p. 120; ULTRAVIOLET RADIATION AND NUCLEIC ACID, R. A. Deering, p. 135.

1963

January: THE LESSON OF THE PYGMIES, Colin M. Turnbull, p. 28; RESONANCE PARTICLES, R. D. Hill, p. 38; THE STRUCTURE OF VIRUSES, R. W. Horne, p. 48; THE EVOLUTION OF GALAXIES, Halton C. Arp, p. 70; LITHIUM, Henry Gilman and John J. Eisch, p. 88; THE PERCEPTION OF NEUTRAL COLORS, p. Hans Wallach, p. 107; THE HAMSTER, Rupert E. Billingham and Willys K. Silvers, p. 118; WHY DO ROADS CORRUGATE?, Keith B. Mather, p. 128.

February: A STUDY OF ASPIRATIONS, Hadley Cantril, p. 41; THE ROTATION OF STARS, Helmut A. Abt, p. 46; PROTOPSYCHOLOGY, Jay Boyd Best, p. 54; CRISES IN THE HISTORY OF LIFE, Norman D. Newell, p. 76; AN ASSYRIAN TRADING OUTPOST, Tahsin Özgüç, p. 96; SHOCK WAVES AND HIGH TEMPERATURES, Malcolm McChesney, p. 109; THE FUNGI OF LICHENS, Vernon Ahmadjian, p. 122; THE CLOCK PARADOX, J. Bronowski, p. 134.

March: ORGANIC MATTER FROM SPACE, Brian Mason, p. 43; ELECTRIC LOCATION BY FISHES, H. W. Lissmann, p. 50; THE TWO-NEUTRINO EXPERIMENT, Leon M. Lederman, p. 60; THE GENETIC CODE: II, Marshall W. Nirenberg, p. 80; THE NATURE AND MEASUREMENT OF ANXIETY, Raymond B. Cattell, p. 96; BALL LIGHTNING, Harold W. Lewis, p. 106; THE OPERATION ON PRESIDENT McKINLEY, Selig Adler, p. 118; HOW SAP MOVES IN TREES, Martin H. Zimmerman, p. 132.

April: THE MEKONG RIVER PLAN, Gilbert F. White, p. 49; PLANETARY NEBULAE, Martha and William Liller, p. 60; THE SYNTHETIC ELEMENTS: III, Glenn T. Seaborg and A. R. Fritsch, p. 68; CONTINENTAL DRIFT, J. Tuzo Wilson, p. 86; THE AGING OF COLLAGEN, Frederic Verzár, p. 104; PROBLEM-SOLVING, Martin Scheerer, p. 118; THE ORIGINS OF THE LATHE, Robert S. Woodbury, p. 132; PREDATORY WASPS, Howard E. Evans, p. 144.

May: THE PHYSICIST'S PICTURE OF NATURE, P. A. M. Dirac, p. 45; MOIRÉ PATTERNS, Gerald Oster and Yasunori Nishijima, p. 54; THE LYSOSOME, Christian de Duve, p. 64; RADIATION BELTS, Brian J. O'Brien, p. 84; PHEROMONES, Edward O. Wilson, p. 100; EARLY MAN IN THE ANDES, William J. Mayer-Oakes, p. 116; THE MEASUREMENT OF MOTIVATION, H. J. Eysenck, p. 130; THE CULTIVATION OF TILAPIA, Charles F. Hickling, p. 143.

June: THE ECOLOGICAL EFFECTS OF RADIATION, George M. Woodwell, p. 40; NOCTILUCENT CLOUDS, Robert K. Soberman, p. 50; KILOMEGACYCLE ULTRASONICS, Klaus Dransfeld, p. 60; THE LYMPHATIC SYSTEM, H. S. Mayerson, p. 80; HYDROGEN IN GALAXIES, Morton S. Roberts, p. 94; THE SANCTUARY OF ARTEMIS AT BRAURON, John Papadimitriou, p. 110; MACHINE TRANSLATION OF CHINESE, G. W. King and H. W. Chang, p. 124; EXPIERIENCE AND EMOTIONAL DEVELOPMENT, V. H. Denenberg, p. 138.

July: ADVANCES IN OPTICAL MASERS, Arthur L. Schawlow, p. 34; THE ACTH MOLECULE, Choh Hao Li, p. 46; SEX DIFFERENCES IN CELLS, Ursula Mittwoch, p. 54; THE VOYAGE OF MARINER II, J. N. James, p. 70; THE SOCIAL INFLUENCE OF SALT, M. R. Bloch, p. 88; THE ARCHER FISH, K. H. Lüling, p. 100; THE FERMI SURFACE OF METALS, A. R. Mackintosh, p. 110; INHIBITION IN VISUAL SYSTEMS, Donald Kennedy, p. 122.

August: MEDICAL CARE IN THE U.S., Osler L. Peterson, p. 19; OBSERVATORIES IN SPACE, Arthur I. Berman, p. 28; THE EVOLUTION OF BOWERBIRDS, E. Thomas Gilliard, p. 38; CHINGIS KHAN AND THE MONGOL CONQUESTS, Owen Lattimore, p. 54; THE STRENGTH OF STEEL, Victor F. Zackay, p. 72; HOW SLIME MOLDS COMMUNICATE, John Tyler Bonner, p. 84; THE SEA THAT SPILLS INTO A DESERT, Maurice A. Garbell, p. 94; AUTOBIOGRAPHIES OF CELLS, Renato Baserga and W. E. Kisieleski, p. 103.

September: TECHNOLOGY AND ECONOMIC DEVELOPMENT, Asa Briggs, p. 52; POPULATION, Kingsley Davis, p. 62; FOOD, Nevin S. Serimshaw, p. 72; WATER, Roger Revelle, p. 92; ENERGY, Sam H. Schurr, p. 110; MINERALS, Julian W. Feiss, p. 128; EDUCATION FOR DEVELOPMENT, Frederick Harbison, p. 140; THE STRUCTURE OF DEVELOPMENT, Wassily Leontief, p. 148; THE DEVELOPMENT OF NIGERIA, Wolfgang F. Stolper, p. 168; THE DEVELOPMENT OF INDIA, Pitambar Pant, p. 189; THE DEVELOPMENT OF BRAZIL, Celso Furtado, p. 208; THE DEVELOPMENT OF THE U.S. SOUTH, Arthur Goldschmidt, p. 224; THE PLANNING OF DEVELOPMENT, Edward S. Mason, p. 235.

October: THE FIRST BREATH, Clement A. Smith, p. 27; CONSERVATION LAWS, G. Feinberg and M. Goldhaber, p. 36; FOREIGN NUCLEIC ACIDS, Alick Isaacs, p. 46; CHONDRITES AND CHONDRULES, John A. Wood, p. 64; AFTERIMAGES, G. S. Brindley, p. 84; THE CAPITAL OF THE NABATAEANS, Peter J. Parr, p. 94; THE CONTROL OF GROWTH IN PLANT CELLS, F. C. Steward, p. 104; PLACE-LEARNING, Henry Gleitman, p. 116.

November: BEHAVIORAL SCIENCE AND CRIMINAL LAW, Edward J. Sachar, p. 39; PLASMAS IN SOLIDS, Raymond Bowers, p. 46; THE VISUAL CORTEX OF THE BRAIN, David H. Hubel, p. 54; ARCHITECTURAL ACOUSTICS, Vern O. Knudsen, p. 78; ASPIRIN, H. O. J. Collier, p. 96; THE CHEMISTRY OF AMPHIBIAN METAMORPHOSIS, Earl Frieden, p. 110; ANCIENT GLASS, Robert H. Brill, p. 120; QUICK CLAY, Paul F. Kerr, p. 132.

December: VEHICULAR TRAFFIC FLOW, Robert Herman and Keith Gardels, p. 35; POLYRIBOSOMES, Alexander Rich, p. 44; QUASI-STELLAR RADIO SOURCES, Jesse L. Greenstein, p. 54; THE CONTINUOUS CASTING OF STEEL, L. V. Gallagher and B. S. Old, p. 74; THE MASTER SWITCH OF LIFE, P. F. Scholander, p. 92; ANCIENT CUMAE, Raymond V. Schoder, S.J., p. 108; MAGNETIC MONOPOLES, Kenneth W. Ford, p. 122; THE AERIAL MIGRATION OF INSECTS, C. G. Johnson, p. 132.

1964

January: THE CONTROL OF AIR POLLUTION, A. J. Haagen-Smit, p. 24; THE LARGE CLOUD OF MAGELLAN, Bart J. Bok, p. 32; THE GREAT CEREBRAL COMMISSURE, R. W. Sperry, p. 42; THE MITOCHONDRION, David E. Green, p. 63; TRACHOMA, Georges H. Werner, Bachisio Latte and Andrea Contini, p. 79; BORON, A. G. Massey, p. 88; THE ORIGINS OF THE STEAM ENGINE, Eugene S. Ferguson, p. 98; ADVANCES IN FIELD EMISSION, W. P. Dyke, p. 108.

February: THE EFFECTS OF OBSERVING VIOLENCE, Leonard Berkowitz, p. 35; THE STEREOCHEMICAL THEORY OF ODOR, John E. Amoore et al., p. 42; TEKTITES AND IMPACT FRAGMENTS FROM THE MOON, J. A. O'Keefe, p. 50; HOW CELLS ATTACK ANTIGENS, Robert S. Speirs, p. 58; STRONGLY INTERACTING PARTICLES, Geoffrey F. Chew et al., p. 74; THE ANTARCTIC SKUA, Carl R. Eklund, p. 94; REDUNDANCY IN COMPUTERS, William H. Pierce, p. 103; THE BLACK DEATH, William L. Langer, p. 114.

March: ALL-WEATHER AIRCRAFT LANDING, Frank B. Brady, p. 25; BACTERIAL ENDOTOXINS, A. I. Braude, p. 36; EXPERIMENTAL NARCOTIC ADDICTION, James R. Weeks, p. 46; THE CIRCULATION OF THE UPPER ATMOSPHERE, R. E. Newell, p. 62; FAST-NEUTRON SPECTROSCOPY, Lawrence Cranberg, p. 79; FORGETTING, Benton J. Underwood, p. 91; THE DISCOVERY OF STELLAR ABERRATION, Albert B. Stewart, p. 100; VISION IN FROGS, W. R. A. Muntz, p. 110.

April: THE HALLUCINOGENIC DRUGS, Frank Barron et al., p. 29; THE INTERACTION OF LIGHT WITH LIGHT, J. A. Giordmaine, p. 38; CHROMOSOME PUFFS, Wolfgang Beermann and Ulrich Clever, p. 50; THE SOLAR WIND, E. N. Parker, p. 66; THE CHEMISTRY OF CONCRETE, Stephen Brunauer and L. E. Copeland, p. 80; A NEOLITHIC CITY IN TURKEY, James Mellaart, p. 94; THE PETRIFIED FORESTS OF YELLOWSTONE PARK, Erling Dorf, p. 106; SOUND COMMUNICATION IN HONEYBEES, Adrian M. Wenner, p. 116.

May: A STUDY IN FERTILITY CONTROL, B. Berelson and R. Freedman, p. 29; HIGH-VOLTAGE TRANSMISSION, L. O. Barthold and H. G. Pfeiffer,

p. 38; HYBRID NUCLEIC ACIDS, S. Spiegelman, p. 48; THE CHEMISTRY OF THE NOBLE GASES, Henry Selig et al., p. 66; DWARF GALAXIES, Paul W. Hodge, p. 78; LEUKEMIA, Emil Frei III and Emil J. Freireich, p. 88; ARITHMETIC BEHAVIOR IN CHIMPANZEES, Charles B. Ferster, p. 98; EARLY CONCEPTS OF THE SENSES AND THE MIND, A. C. Crombie, p. 108.

June: THE SUPERSONIC TRANSPORT, R. L. Bisplinghoff, p. 25; X-RAY ASTRONOMY, Herbert Friedman, p. 36; A DEFECTIVE CANCER VIRUS, Harry Rubin, p. 46; CHEMICAL STIMULATION OF THE BRAIN, Alan E. Fisher, p. 60; MAGNETOTHERMOELECTRICITY, Raymond Wolfe, p. 70; FLOWER PIGMENTS, Sarah Clevenger, p. 84; VISUAL SEARCH, Ulric Neisser, p. 94; THE TUNNEL OF EUPALINUS, June Goodfield, p. 104.

July: ATTITUDES TOWARD DESEGREGATION, H. H. Hyman and P. B. Sheatsley, p. 16; CONTROL MECHANISMS OF THE EYE, Derek H. Fender, p. 24; RADIO WAVES FROM JUPITER, K. L. Franklin, p. 34; THE EARLY RELATIVES OF MAN, Elwyn L. Simons, p. 50; THE THYMUS HORMONE, Raphael H. Levey, p. 66; GERM-FREE ISOLATORS, P. C. Trexler, p. 78; THE CHINAMPAS OF MEXICO, Michael D. Coe, p. 90; COMPUTER EXPERIMENTS IN CHEMISTRY, Don L. Bunker, p. 100.

August: RADIO-EMITTING FLARE STARS, Sir Bernard Lovell, p. 13; INSECT ATTRACTANTS, Martin Jacobson and Morton Beroza, p. 20; THE INFRA-CAMBRIAN ICE AGE, W. B. Harland and M. J. S. Rudwick, p. 28; WINE, Maynard A. Amerine, p. 46; THE EMBRYOLOGICAL ORIGIN OF MUSCLE, Irwin R. Konigsberg, p. 61; POPULATION CONTROL IN ANIMALS, V. C. Wynne-Edwards, p. 68; LIQUID CRYSTALS, James L. Fergason, p. 76; THE SOLUTREAN CULTURE, Philip E. L. Smith, p. 86.

September: MATHEMATICS IN THE MODERN WORLD, Richard Courant, p. 40; NUMBER, Philip J. Davis, p. 50; GEOMETRY, Morris Kline, p. 60; ALGEBRA, W. W. Sawyer, p. 70; PROBABILITY, Mark Kac, p. 92; THE FOUNDATIONS OF MATHEMATICS, W. V. Quine, p. 112; MATHEMATICS IN THE PHYSICAL SCIENCES, Freeman J. Dyson, p. 128; MATHEMATICS IN THE BIOLOGICAL SCIENCES, Edward F. Moore, p. 148; MATHEMATICS IN THE SOCIAL SCIENCES, Richard Stone, p. 168; CONTROL THEORY, Richard Bellman, p. 186; COMPUTERS, Stanislaw M. Ulam, p. 202.

October: THE TEST BAN, Jerome B. Wiesner and Herbert F. York, p. 27; THE OMEGA-MINUS EXPERIMENT, W. B. Fowler and N. P. Samios, p. 36; THE GENETIC CODE OF A VIRUS, Heinz Fraenkel-Conrat, p. 46; MICROMETEOROLOGY, Sir Graham Sutton, p. 62; TEARS AND THE LACRIMAL GLAND, Stella Y. Botelho, p. 78; INDUSTRIAL MANIPULATORS, Ralph S. Mosher, p. 88; THE ILLUSION OF MOVEMENT, Paul A. Kolers, p. 98; HABITAT SELECTION, Stanley C. Wecker, p. 109.

November: THE ORIGINS OF NEW WORLD CIVILIZATION, Richard S. MacNeish, p. 29; EXPLODING GALAXIES, Allan R. Sandage, p. 38; THE REPRODUCTIVE BEHAVIOR OF RING DOVES, Daniel S. Lehrman, p. 48; THE HEMOGLOBIN MOLECULE, M. F. Perutz, p. 64; THE SOLID STATE OF POLYETHYLENE, Bernhard Wunderlich, p. 80; LATERITIC SOILS, Mary McNeil, p. 96; THE MICHELSON-MORLEY EXPERIMENT, R. S. Shankland, p. 107; PSYCHOLOGICAL TIME, John Cohen, p. 116.

December: HURRICANE MODIFICATION, R. H. Simpson and Joanne S. Malkus, p. 27; THE GEOLOGY OF THE MOON, Eugene M. Shoemaker, p. 38; THREE-PIGMENT COLOR VISION, Edward F. MacNichol, Jr., p. 48; PROTEIN-DIGESTING ENZYMES, Hans Neurath, p. 68; FLUID CONTROL DEVICES, Stanley W. Angrist, p. 80; THE HOPEWELL CULT, Olaf H. Prufer, p. 90; HOW CELLS MAKE ANTIBODIES, G. J. V. Nossal, p. 106; QUANTIZED VORTEX RINGS IN SUPERFLUID HELIUM, F. Reif, p. 116.

1965

January: METROPOLITAN MEDICAL ECONOMICS, Nora K. Piore, p. 19; INFRARED ASTRONOMY BY BALLOON, John Strong, p. 28; THE UNDERCOOLING OF LIQUIDS, David Turnbull, p. 38; THE SYNAPSE, Sir John Eccles, p. 56; GENES OUTSIDE THE CHROMOSOMES, Ruth Sager, p. 70; ALESSANDRO VOLTA, Giorgio de Santillana, p. 82; THE EVOLUTION OF INTELLIGENCE, M. E. Bitterman, p. 92; MAGNETIC RESONANCE AT HIGH PRESSURE, George B. Benedek, p. 102.

February: SUPERCONDUCTIVITY AT ROOM TEMPERATURE, W. A. Little, p. 21; FIBER-REINFORCED METALS, Anthony Kelly, p. 28; TEXTURE AND VISUAL PERCEPTION, Bela Julesz, p. 38; THE SKIN, William Montagna, p. 56; THE GENETICS OF A BACTERIAL VIRUS, R. S. Edgar and R. H. Epstein, p. 70; HOW OPIATES CHANGE BEHAVIOR, John R. Nichols, p. 80; THE AGE OF THE ORION NEBULA, Peter O. Vandervoort, p. 90; THE GREEKS AND THE HEBREWS, Cyrus H. Gordon, p. 102.

March: THE JORDAN VALLEY PLAN, Maurice A. Garbell, p. 23; THE STRUCTURE OF CRYSTAL SURFACES, Lester H. Germer, p. 32; LEARNING IN THE OCTOPUS, Brian B. Boycott, p. 42; THE MAGNETOSPHERE, Laurence J. Cahill, Jr., p. 58; THE SARCOPLASMIC RETICULUM, Keith R. Porter and Clara Franzini-Armstrong, p. 72; ACOUSTIC METHODS IN PSYCHIATRY, Peter F. Ostwald, p. 82; DE FOREST AND THE TRIODE DETECTOR, Robert A. Chipman, p. 92; COMPUTER EXPERIMENTS IN FLUID DYNAMICS, F. H. Harlow, p. 104.

April: THE STRUCTURE OF THE U.S. ECONOMY, Wassily W. Leontief, p. 25; THE CONTROL OF BIOCHEMICAL REACTIONS, J.-P. Changeux, p. 36; ATTITUDE AND PUPIL SIZE, Eckhard H. Hess, p. 46; INTENSE MAGNETIC FIELDS, H. H. Kolm and A. J. Freeman, p. 66; AN EARLY NEOLITHIC VILLAGE IN GREECE, Robert J. Rodden, p. 82; MOTHS AND ULTRASOUND, Kenneth D. Roeder, p. 94; THE DISCOVERY OF ICARUS, Robert S. Richardson, p. 106; THE STIRLING REFRIGERATION CYCLE, J. W. L. Köhler, p. 119.

May: POVERTY AND SOCIAL CHANGE, Alexander H. Leighton, p. 21; THE LUMINESCENCE OF THE MOON, Zdeněk Kopal, p. 28; HIGH-PRESSURE TECHNOLOGY, Alexander Zeitlin, p. 38; MOLECULAR BEAMS, O. R. Frisch, p. 58; THE NAVIGATION OF THE GREEN TURTLE, Archie Carr, p. 78; THE PHYSIOLOGY OF EXERCISE, C. B. Chapman and J. H. Mitchell, p. 88; FROZEN TOMBS OF THE SCYTHIANS, M. I. Artamonov, p. 100; THE EVOLUTION OF HEMOGLOBIN, Emile Zuckerkandl, p. 110.

June: PHOTOGRAPHY BY LASER, Emmett N. Leith and Juris Upatnieks, p. 24; HORMONES AND GENES, Eric H. Davidson, p. 36; THE MAGNETIC FIELD OF THE GALAXY, Glenn L. Berge and George A. Seielstad, p. 46; CHEMICAL FERTILIZERS, Christopher J. Pratt, p. 62; THE FLIGHT MUSCLES OF INSECTS, David S. Smith, p. 76; CORONA CHEMISTRY, John A. Coffman and William R. Browne, p. 90; THE COMPOSITION OF THE EARTH'S INTERIOR, Taro Takahashi, p. 100; WILLIAM WITHERING AND THE PURPLE FOXGLOVE, J. Worth Estes and Paul Dudley White, p. 110.

July: THE SUPPORT OF SCIENCE IN THE U.S., Dael Wolfle, p. 19; HYDROXYL RADICALS IN SPACE, Brian J. Robinson, p. 26; THE SECONDARY RECOVERY OF PETROLEUM, Noel de Nevers, p. 34; THE PINEAL GLAND, Richard J. Wurtman and Julius Axelrod, p. 50; ULTRASTRONG MAGNETIC FIELDS, Francis Bitter, p. 64; THE ROLE OF CHLOROPHYL IN PHOTOSYNTHESIS, Eugene I. Rabinowitch and Govindjee, p. 74; ANCIENT JERUSALEM, Kathleen M. Kenyon, p. 84; FLIES AND DISEASE, Bernard Greenberg, p. 92.

August: RESIDENTIAL SEGREGATION, Karl E. Taeuber, p. 12; INFRARED ASTRONOMY, Bruce C. Murray and James A. Westphal, p. 20; HIGH-SPEED TUBE TRANSPORTATION, L. K. Edwards, p. 30; NUCLEAR FISSION, R. B. Leachman, p. 49; THE PRODUCTION OF HEAT BY FAT, M. J. R. Dawkins and David Hull, p. 62; DENSITY GRADIENTS, Gerald Oster, p. 70; THE SWIMMING ENERGETICS OF SALMON, J. R. Brett, p. 80; THE ROYAL HEMOPHILIA, Victor A. McKusick, p. 88.

September: THE URBANIZATION OF THE HUMAN POPULATION, Kingsley Davis, p. 40; THE ORIGIN AND EVOLUTION OF CITIES, Gideon Sjoberg, p. 54; THE MODERN METROPOLIS, Hans Blumenfeld, p. 64; CALCUTTA: A PREMATURE METROPOLIS, Nirmal Kumar Bose, p. 90; STOCKHOLM: A PLANNED CITY, Göran Sidenbladh, p. 106; CIUDAD GUAYANA: A NEW CITY, Lloyd Rodwin, p. 122; NEW YORK: A METROPOLITAN REGION, Benjamin Chinitz, p. 134; THE USES OF LAND IN CITIES, Charles Abrams, p. 150; TRANSPORTATION IN CITIES, John W. Dyckman, p. 162; THE METABOLISM OF CITIES, Abel Wolman, p. 178; THE RENEWAL OF CITIES, Nathan Glazer, p. 194; THE CITY AS ENVIRONMENT, Kevin Lynch, p. 209.

October: PROTEIN FROM PETROLEUM, Alfred Champagnat, p. 13; ELECTRICAL EFFECTS IN BONE, C. Andrew L. Bassett, p. 18; DIAMONDS IN METEORITES, Edward Anders, p. 26; CHANGE, A. J. Ayer, p. 44; QUANTUM EFFECTS IN SUPERCONDUCTORS, R. D. Parks, p. 57; EARLY MAN IN PERU, Edward P. Lanning, p. 68; THE CHEMISTRY OF CELL MEMBRANES, Lowell and Mabel Hokin, p. 78; THE ORIGINS OF FACIAL EXPRESSIONS, Richard J. Andrew, p. 88.

November: REAPPORTIONMENT AND REDISTRICTING, Ruth C. Silva, p. 20; RESONANT VIBRATIONS OF THE EARTH, Frank Press, p. 28; AN ARTIFICIAL HEART INSIDE THE BODY, Willem J. Kolff, p. 38; MICROELECTRONICS,

William C. Hittinger and Morgan Sparks, p. 56; THE REVERSAL OF TUMOR GROWTH, Armin C. Braun, p. 75; PLASTICITY IN SENSORY-MOTOR SYSTEMS, Richard Held, p. 84; GAMES, LOGIC AND COMPUTERS, Hao Wong, p. 98; THE ICE FISH, Johan T. Ruud, p. 108.

December: THE "UNTOUCHABLES" OF INDIA, M. N. Srinivas and André Béteille, p. 13; THE MECHANISM OF MUSCULAR CONTRACTION, H. E. Huxley, p. 18; VIOLATIONS OF SYMMETRY IN PHYSICS, Eugene P. Wigner, p. 28; FLEAS, Miriam Rothschild, p. 44; THE AURORA, Syun-Ichi Akasofu, p. 54; RHEUMETIC FEVER, Earl H. Freimer and Maclyn McCarty, p. 66; HEAT TRANSFER IN PLANTS, David M. Gates, p. 76; THE PHYSICS OF THE PIANO, E. Donnell Blackham, p. 88.

1966

January: COMMUNICATION BY LASER, Stewart E. Miller, p. 19; A TRANSPACIFIC CONTACT IN 3000 B.C., Betty J. Meggers and Clifford Evans, p. 28; THE BACTERIAL CHROMOSOME, John Cairns, p. 36; THE RANGER MISSIONS TO THE MOON, H. M. Schurmeier, R. L. Heacock and A. E. Wolfe, p. 52; ORCHIDS, Joseph Arditti, p. 70; CHEMISTRY AT HIGH VELOCITIES, Richard Wolfgang, p. 82; ADAPTATIONS TO COLD, Laurence Irving, p. 94; FIXED-POINT THEOREMS, Marvin Shinbrot, p. 105.

February: TAR SANDS AND OIL SHALES, Noel de Nevers, p. 21; THE NUCLEOTIDE SEQUENCE OF A NUCLEIC ACID, Robert W. Holley, p. 30; NEUTRINOS FROM THE ATMOSPHERE AND BEYOND, Frederick Reines and J. P. F. Sellschop, p. 40; THE LUNG, Julius H. Comroe, Jr., p. 56; STRESS-CORROSION FAILURE, Peter R. Swann, p. 72; THE HAGFISH, David Jensen, p. 82; THE CONTROL OF SNOW AVALANCHES, Edward R. LaChapelle, p. 92; SCIENTIFIC NUMISMATICS, D. D. Kosambi, p. 102.

March: LIVING UNDER THE SEA, Joseph B. MacInnis, p. 24; THE FOOTPRINTS OF TUMOR VIRUSES, Fred Rapp and J. L. Melnick, p. 34; THE VOYAGE OF MARINER IV, J. N. James, p. 42; BEARINGS, E. A. Muyderman, p. 60; THE NERVE AXON, Peter F. Baker, p. 74; THE PREHISTORY OF THE AUSTRALIAN ABORIGINE, D. J. Mulvaney, p. 84; FALSE SCORPIONS, Theodore H. Savory, p. 95; THE AIRGLOW, Robert A. Young, p. 102.

April: THE ECONOMICS OF TECHNOLOGICAL CHANGE, Anne P. Carter, p. 25; CHEMICAL LASERS, George C. Pimentel, p. 32; CHROMOSOME ANALYSIS BY COMPUTER, R. S. Ledley and F. H. Ruddle, p. 40; THE PHOTOGRAPHS FROM MARINER IV, Robert B. Leighton, p. 54; EARLY METALLURGY IN THE NEW WORLD, Dudley T. Easby, Jr., p. 72; SEX DIFFERENCES IN THE BRAIN, Seymour Levine, p. 84; THE MUONIUM ATOM, Vernon W. Hughes, p. 93; ANTIBIOTICS AND THE GENETIC CODE, Luigi Gorini, p. 102.

May: WATER UNDER THE SAHARA, Robert P. Ambroggi, p. 21; THE JOSEPHSON EFFECT, Donald N. Langenberg et al., p. 30; CHELATION IN MEDICINE, Jack Schubert, p. 40; THE SCIENTIFIC EXPERIMENTS OF MARINER IV, Richard K. Sloan, p. 62; HOW A TADPOLE BECOMES A FROG, William Etkin, p. 76; THE DECLINE OF THE HARAPPANS, George F. Dales, p. 92; INHIBITION IN THE CENTRAL NERVOUS SYSTEM, Victor J. Wilson, p. 102; TURNING A SURFACE INSIDE OUT, Anthony Phillips, p. 112.

June: THE HEALTH OF THE AMERICAN PEOPLE, Forrest E. Linder, p. 21; LOCATING RADIO SOURCES WITH THE MOON, R. W. Clarke, p. 30; MOLECULAR MODEL-BUILDING BY COMPUTER, Cyrus Levinthal, p. 42; RIVER MEANDERS, Luna B. Leopold and W. B. Langbein, p. 60; THE BLUE-GREEN ALGAE, Patrick Echlin, p. 74; APPLICATIONS OF THE COANDA EFFECT, Imants Reba, p. 84; PIGS IN THE LABORATORY, Leo K. Bustad, p. 94; ELEPHANT-HUNTING IN NORTH AMERICA, C. Vance Haynes, Jr., p. 104.

July: THE DETECTION OF UNDERGROUND EXPLOSIONS, E. C. Bullard, p. 19; GERMAN MEASLES, Louis Z. Cooper, p. 30; MODERN CRYPTOLOGY, David Kahn, p. 38; POULTRY PRODUCTION, Wilbor O. Wilson, p. 56; POLARIZED ACCELERATOR TARGETS, Gilbert Shapiro, p. 68; THE VOODOO LILY, Bastiaan J. D. Meeuse, p. 80; SHORT-TERM MEMORY, Lloyd R. Peterson, p. 90; BORON CRYSTALS, Don B. Sullenger and C. H. L. Kennard, p. 96.

August: THE LAST OF THE GREAT WHALES, Scott McVay, p. 13; A SOLID-STATE SOURCE OF MICROWAVES, Raymond Bowers, p. 22; THE ORIGIN OF COSMIC RAYS, Geoffrey Burbidge, p. 32; ATHEROSCLEROSIS, David M. Spain, p. 48; THE STUDY OF SAILING YACHTS, H. C. Herreshoff and J. N. Newman, p. 60; MAMMALIAN EGGS IN THE LABORATORY, R. G. Edwards, p. 72; CONFLICT AND AROUSAL, Daniel E. Berlyne, p. 82; HOW THE "NEWER ALCHEMY" WAS RECEIVED, Lawrence Badash, p. 88.

September: INFORMATION, John McCarthy, p. 64; COMPUTER LOGIC AND MEMORY, David C. Evans, p. 74; COMPUTER INPUTS AND OUTPUTS, Ivan E. Sutherland, p. 86; SYSTEM ANALYSIS AND PROGRAMMING, Christopher Strachey, p. 112; TIME-SHARING ON COMPUTERS, R. M. Fano and F. J. Corbató, p. 128; THE TRANSMISSION OF COMPUTER DATA, John R. Pierce, p. 144; THE USES OF COMPUTERS IN SCIENCE, Anthony G. Oettinger, p. 160; THE USES OF COMPUTERS IN TECHNOLOGY, Steven Anson Coons, p. 176; THE USES OF COMPUTERS IN ORGANIZATIONS, Martin Greenberger, p. 192; THE USES OF COMPUTERS IN EDUCATION, Patrick Suppes, p. 206; INFORMATION STORAGE AND RETRIEVAL, Ben-Ami Lipetz, p. 224; ARTIFICIAL INTELLIGENCE, Marvin L. Minsky, p. 246.

October: THE CULTURE OF POVERTY, Oscar Lewis, p. 19; CORALS AS PALEONTOLOGICAL CLOCKS, S. K. Runcorn, p. 26; THE ELECTRIC AUTOMOBILE, George A. Hoffman, p. 34; THE GENETIC CODE: III, F. H. C. Crick, p. 55; SOLID NOBLE GASES, Gerald L. Pollack, p. 64; NIGHT BLINDNESS, John E. Dowling, p. 78; THE ORIGINS OF THE COPERNICAN REVOLUTION, J. E. Ravetz, p. 88; THE NAVIGATION OF PENGUINS, J. E. Emlen and R. L. Penney, p. 104.

November: TECHNOLOGY IN CHINA, Genko Uchida, p. 37; HOMO ERECTUS, William W. Howells, p. 46; MAGNETIC FIELDS ON THE QUIET SUN, William C. Livingston, p. 54; THE THREE-DIMENSIONAL STRUCTURE OF AN ENZYME MOLECULE, David C. Phillips, p. 78; THE AGING GREAT LAKES, Charles F. Powers and Andrew Robertson, p. 94; PARTICLE STORAGE RINGS, Gerard K. O'Neill, p. 107; ACETABULARIA: A USEFUL GIANT CELL, Aharon Gibor, p. 118; ANALGESIC DRUGS, Marshall Gates, p. 131.

December: PROGRESS TOWARD FUSION POWER, T. K. Fowler and R. F. Post, p. 21; THE GENETIC CONTROL OF THE SHAPE OF A VIRUS, Edouard Kellenberger, p. 32; THE PROBLEM OF THE QUASI-STELLAR OBJECTS, Geoffrey Burbidge and Fred Hoyle, p. 40; NOISE, Leo L. Beranek, p. 66; THE VISUAL WORLD OF INFANTS, T. G. R. Bower, p. 80; PELLA: CAPITAL OF ANCIENT MACEDONIA, Ch. J. Makaronas, p. 98; NUMERICAL TAXONOMY, Robert R. Sokal, p. 106; ICE, L. K. Runnels, p. 118.

1967

January: THE POLYGRAPH, Burke M. Smith, p. 25; CHEMICAL FOSSILS, Geoffrey Eglinton and Melvin Calvin, p. 32; A PALEO-INDIAN BISON KILL, Joe Ben Wheat, p. 44; PIPELINES, E. J. Jensen and H. S. Ellis, p. 62; RATS, S. A. Barnett, p. 78; ELECTRIC CURRENTS IN ORGANIC CRYSTALS, Martin Pope, p. 86; CAN TIME GO BACKWARD?, Martin Gardner, p. 98; THE KINSHIP OF ANIMAL AND HUMAN DISEASES, Robert W. Leader, p. 110.

February: ORTHODOX AND UNORTHODOX METHODS OF MEETING WORLD FOOD NEEDS, N. W. Pirie, p. 27; THE REPAIR OF DNA, Philip C. Hanawalt and Robert H. Haynes, p. 36; REVERSALS OF THE EARTH'S MAGNETIC FIELD, Allan Cox et al., p. 44; THE STATES OF SLEEP, Michel Jouvet, p. 62; THE SOLVATED ELECTRON, James L. Dye, p. 76; CONTROLLED EUTECTICS, R. Wayne Kraft, p. 86; MEDICAL THERMOGRAPHY, Jacob Gershon-Cohen, p. 94; LIVING PREHISTORY IN INDIA, D. D. Kosambi, p. 104.

March: TOXIC SUBSTANCES AND ECOLOGICAL CYCLES, G. M. Woodwell, p. 24; THE HEART'S PACEMAKER, E. F. Adolph, p. 32; ANCIENT ARARAT, Tahsin Özgüç, p. 38; THE SURFACE OF THE MOON, Albert R. Hibbs, p. 60; BEHAVIORAL PSYCHOTHERAPY, Albert Bandura, p. 78; SALT-WATER AGRICULTURE, Hugo Boyko, p. 89; THE ORIGIN OF THE AUTOMOBILE ENGINE, Lynwood Bryant, p. 102; ADVANCES IN SUPERCONDUCTING MAGNETS, W. B. Sampson et al., p. 114.

April: THE SOCIAL POWER OF THE NEGRO, James P. Comer, p. 21; THE INDUCTION OF CANCER BY VIRUSES, Renato Dulbecco, p. 28; THE CHANGING HELICOPTER, Alfred Gessow, p. 38; THE ANTIQUITY OF HUMAN WALKING, John Napier, p. 56; NEUTRON-ACTIVATION ANALYSIS, W. H. Wahl and H. H. Kramer, p. 68; RIVERS IN THE MAKING, H. F. Garner, p. 84; THE EVOLUTION OF BEE LANGUAGE, Harald Esch, p. 96; ANTIMATTER AND COSMOLOGY, Hannes Alfvén, p. 106.

May: A THIRD GENERATION OF BREEDER REACTORS, T. R. Bump, p. 25; THE DIVING WOMEN OF KOREA AND JAPAN, Suk Ki Hong and Hermann Rahn, p. 34; SMALL SYSTEMS OF NERVE CELLS, Donald Kennedy, p. 44;

THE VIKINGS, Eric Oxenstierna, p. 66; GENE STRUCTURE AND PROTEIN STRUCTURE, Charles Yanofsky, p. 80; VISION AND TOUCH, Irvin Rock and Charles S. Harris, p. 96; LIGHT-EMITTING SEMICONDUCTORS, Frederick F. Morehead, Jr., p. 108; ORDINARY MATTER, Gerald Feinberg, p. 126.

June: THE U.S. PATENT SYSTEM, J. Herbert Hollomon, p. 19; THE PRIMEVAL FIREBALL, P. J. E. Peebles and David T. Wilkinson, p. 28; TEOTIHUACÁN, René Millon, p. 38; MOLECULAR ISOMERS IN VISION, Ruth Hubbard and Allen Kropf, p. 64; LIQUID LASERS, Alexander Lempicki and Harold Samelson, p. 80; GEOLOGICAL SUBSIDENCE, S. S. Marsden, Jr., and S. N. Davis, p. 93; BUTTERFLIES AND PLANTS, Paul R. Ehrlich and Peter H. Raven, p. 104; MEMORY AND PROTEIN SYNTHESIS, Bernard W. Agranoff, p. 115.

July: THIRD-GENERATION PESTICIDES, Carroll M. Williams, p. 13; INTEGRATED COMPUTER MEMORIES, Jan A. Rajchman, p. 18; TEKTITES AND GEOMAGNETIC REVERSALS, Billy P. Glass and Bruce C. Heezen, p. 32; ESCAPE FROM PARADOX, Anatol Rapoport, p. 50; BUILDING A BACTERIAL VIRUS, William B. Wood and R. S. Edgar, p. 60; THE LEAKAGE PROBLEM IN FUSION REACTORS, Francis F. Chen, p. 76; PRE-COLUMBIAN RIDGED FIELDS, J. J. Parsons and W. M. Denevan, p. 92; GENERAL TOM THUMB AND OTHER MIDGETS, Victor A. McKusick, p. 102.

August: THE CLIMATE OF CITIES, William P. Lowry, p. 15; THE SPLIT BRAIN IN MAN, Michael S. Gazzaniga, p. 24; THE YOUNGEST STARS, George H. Herbig, p. 30; MECHANICAL HARVESTING, Clarence F. Kelly, p. 50; TETRODOTOXIN, Frederick A. Fuhrman, p. 60; FOSSIL BEHAVIOR, Adolf Seilacher, p. 72; SOLID HELIUM, Bernard Bertman and Robert A. Guyer, p. 84; ROBERT BOYLE, Marie Boas Hall, p. 96.

September: MATERIALS, Cyril Stanley Smith, p. 68; THE SOLID STATE, Sir Nevill Mott, p. 80; THE NATURE OF METALS, A. H. Cottrell, p. 90; THE NATURE OF CERAMICS, John J. Gilman, p. 112; THE NATURE OF GLASSES, R. J. Charles, p. 126; THE NATURE OF POLYMERIC MATERIALS, Herman F. Mark, p. 148; THE NATURE OF COMPOSITE MATERIALS, Anthony Kelly, p. 160; THE THERMAL PROPERTIES OF MATERIALS, John Ziman, p. 180; THE ELECTRICAL PROPERTIES OF MATERIALS, Henry Ehrenreich, p. 194; THE CHEMICAL PROPERTIES OF MATERIALS, Howard Reiss, p. 210; THE MAGNETIC PROPERTIES OF MATERIALS, Frederic Keffer, p. 222; THE OPTICAL PROPERTIES OF MATERIALS, Ali Javan, p. 238; THE COMPETITION OF MATERIALS, W. O. Alexander, p. 254.

October: SQUATTER SETTLEMENTS, William Mangin, p. 21; LIQUID NATURAL GAS, Noel de Nevers, p. 30; THE STREAMER CHAMBER, David E. Yount, p. 38; THE SHAPE OF THE EARTH, Desmond King-Hele, p. 67; THE STRUCTURE OF ANTIBODIES, R. R. Porter, p. 81; VISUAL ISOLATION IN GULLS, Neal Griffith Smith, p. 94; INTERSTELLAR GRAINS, J. Mayo Greenberg, p. 106; THE INTERFERENCE THEORY OF FORGETTING, John Ceraso, p. 117.

November: THE SOCIOLOGY OF THE NOBEL PRIZES, Harriet Zuckerman, p. 25; THE FEEL OF THE MOON, Ronald F. Scott, p. 34; EARLY MAN IN SOUTH AMERICA, Edward P. Lanning and Thomas C. Patterson, p. 44; LYSOSOMES AND DISEASE, Anthony Allison, p. 62; RAPID EXCAVATION, Thomas E. Howard, p. 74; GRAVITATIONAL COLLAPSE, Kip S. Thorne, p. 88; MAXWELL'S DEMON, W. Ehrenberg, p. 103; THE FUNGUS GARDENS OF INSECTS, Suzanne W. T. Batra and Lekh R. Batra, p. 112.

December: INFECTIOUS DRUG RESISTANCE, Tsutomu Watanabe, p. 19; THE EARLIEST APES, Elwyn L. Simons, p. 28; X-RAY STARS, Riccardo Giacconi, p. 36; ZONE REFINING, William G. Pfann, p. 62; HIGH-ENERGY SCATTERING, Vernon D. Barger and David B. Cline, p. 76; THE VIBRATING STRING OF THE PYTHAGOREANS, E. Eugene Helm, p. 92; NON-CANTORIAN SET THEORY, Paul J. Cohen and Reuben Hersh, p. 104; THE WATER BUFFALO, W. Ross Cockrill, p. 118.

1968

January: EARLIER MATURATION IN MAN, J. M. Tanner, p. 21; THE BENEFICIATION OF IRON ORES, M. M. Fine, p. 28; HOW PROTEINS START, Brian F. C. Clark and Kjeld A. Marcker, p. 36; REMOTE SENSING OF NATURAL RESOURCES, Robert N. Colwell, p. 54; THE g FACTOR OF THE ELECTRON, H. R. Crane, p. 72; THE VENOUS SYSTEM, J. Edwin Wood, p. 86; THE CIRCULATION OF THE SUN'S ATMOSPHERE, Victor P. Starr and Peter A. Gilman, p. 100; PERPETUAL MOTION MACHINES, Stanley W. Angrist, p. 114.

February: THE ARRIVAL OF NUCLEAR POWER, John F. Hogerton, p. 21; THE MEMBRANE OF THE MITOCHONDRION, Efraim Racker, p. 32; ADVANCES IN HOLOGRAPHY, Keith S. Pennington, p. 40; THE EVOLUTION OF PALEOLITHIC ART, André Leroi-Gourhan, p. 58; JUPITER'S GREAT RED SPOT, Raymond Hide, p. 74; DEATH FROM STAPHYLOCOCCI, Ian Maclean Smith, p. 84; STUDIES IN SELF-ESTEEM, Stanley Coopersmith, p. 96; THE MIGRATION OF POLAR BEARS, Vagn Flyger and Marjorie R. Townsend, p. 108.

March: ANTI-BALLISTIC-MISSILE SYSTEMS, R. L. Garwin and H. A. Bethe, p. 21; HUMAN CELLS AND AGING, Leonard Hayflick, p. 32; OBSIDIAN AND THE ORIGINS OF TRADE, J. E. Dixon, J. R. Cann and Colin Renfrew, p. 38; THE AUTOMATIC SYNTHESIS OF PROTEINS, R. B. Merrifield, p. 56; BILINGUALISM AND INFORMATION PROCESSING, Paul A. Kolers, p. 78; CHANNELING IN CRYSTALS, Werner Brandt, p. 90; PULSE-CODE MODULATION, J. S. Mayo, p. 102; THE ADJUSTABLE BRAIN OF HIBERNATORS, N. Mrosovsky, p. 110.

April: TEACHER EXPECTATIONS FOR THE DISADVANTAGED, Robert Rosenthal and Lenore F. Jacobson, p. 19; OXYGEN IN STEELMAKING, Joseph K. Stone, p. 24; PHOTON ECHOES, Sven R. Hartmann, p. 32; THE CONFIRMATION OF CONTINENTAL DRIFT, Patrick M. Hurley, p. 52; TETANUS, W. E. van Heyningen, p. 69; POLLEN, Patrick Echlin, p. 80; THE QANATS OF IRAN, H. E. Wulff, p. 94; THE SEXUAL LIFE OF A MOSQUITO, Jack Colvard Jones, p. 108.

May: THE THREE SPECTROSCOPIES, Victor F. Weisskopf, p. 15; THE TARTARIA TEBLETS, M. S. F. Hood, p. 30; THE HEAT PIPE, G. Yale Eastman, p. 38; THE LUNAR ORBITER MISSIONS TO THE MOON, Ellis Levin, Donald D. Viele and Lowell B. Eldrenkamp, p. 58; THE FLIGHT-CONTROL SYSTEM OF THE LOCUST, Donald M. Wilson, p. 83; LEIBNIZ, Frederick C. Kreiling, p. 94; THE BIOCHEMISTRY OF COPPER, Earl Frieden, p. 102; TERRITORIAL MARKING BY RABBITS, Roman Mykytowycz, p. 116.

June: THE MODULATION OF LASER LIGHT, Donald F. Nelson, p. 17; A STONE AGE CAMPSITE AT THE GATEWAY TO AMERICA, Douglas D. Anderson, p. 24; STARS IN CONTACT, O. J. Eggen, p. 34; STANDARDS OF MEASUREMENT, Allen V. Astin, p. 50; THE BRAIN OF BIRDS, Laurence Jay Stettner and Kenneth A. Matyniak, p. 64; THE DISCOVERY OF DNA, Alfred E. Mirsky, p. 78; POLISHING, Ernest Rabinowicz, p. 91; PLANTS WITHOUT CELLULOSE, R. D. Preston, p. 102.

July: INTENSIVE HEART CARE, Bernard Lown, p. 19; RADAR OBSERVATIONS OF THE PLANETS, Irwin I. Shapiro, p. 28; SUNBURN, Farrington Daniels, Jr. et al., p. 38; X-RAY CRYSTALLOGRAPHY, Sir Lawrence Bragg, p. 58; THE CONTROL OF PLANT GROWTH, Johannes van Overbeek, p. 75; THE BEGINNINGS OF WHEELED TRANSPORT, Stuart Piggott, p. 82; FLUIDIZATION, H. William Flood and Bernard S. Lee, p. 94; HIDDEN LIVES, Theodore H. Savory, p. 108.

August: A STUDY OF GHETTO RIOTERS, Nathan S. Caplan and Jeffery M. Paige, p. 15; HIGH-POWER CARBON DIOXIDE LASERS, C. K. N. Patel, p. 22; L-ASPARAGINE AND LEUKEMIA, Lloyd J. Old et al., p. 34; THE INFRARED SKY, G. Neugebauer and Robert B. Leighton, p. 50; EXPERIMENTS IN WATER-BREATHING, Johannes A. Kylstra, p. 66; THE ORIGINS OF THE OLYMPIC GAMES, Raymond Bloch, p. 78; MOVEMENTS OF THE EYE, E. Llywellyn Thomas, p. 88; QUEUES, Martin A. Leibowitz, p. 96.

September: LIGHT, Gerald Feinberg, p. 50; HOW LIGHT INTERACTS WITH MATTER, Victor F. Weisskopf, p. 60; HOW LIGHT IS ANALYZED, Pierre Connes, p. 72; HOW IMAGES ARE FORMED, F. Dow Smith, p. 96; HOW IMAGES ARE DETECTED, R. Clark Jones, p. 110; LASER LIGHT, Arthur L. Schawlow, p. 120; APPLICATIONS OF LASER LIGHT, Donald R. Herriott, p. 140; THE CHEMICAL EFFECTS OF LIGHT, Gerald Oster, p. 158; HOW LIGHT INTERACTS WITH LIVING MATTER, Sterling B. Hendricks, p. 174; THE CONTROL OF THE LUMINOUS ENVIRONMENT, James Marston Fitch, p. 190; THE PROCESSES OF VISION, Ulric Neisser, p. 204.

October: PULSARS, Antony Hewish, p. 25; SURGERY FOR CORONARY DISEASE, Donald B. Effler, p. 36; CHEMICAL ACCELERATORS, Richard Wolfgang, p. 44; THE SYNTHESIS OF DNA, Arthur Kornberg, p. 64; CARGO-HANDLING, Roger H. Gilman, p. 80; HOW FAST CAN COMPUTERS ADD?, Shmuel Winograd, p. 93; AIR-BREATHING FISHES, Kjell Johansen, p. 102; HOMO MONSTROSUS, Annemarie de Waal Malefijt, p. 112.

November: THE DIMENSIONS OF WORLD POVERTY, David Simpson, p. 27; STRONG AND DUCTILE STEELS, Earl R. Parker and Victor F. Zackay, p. 36;

THE PREVENTION OF "RHESUS" BABIES, C. A. Clarke, p. 46; VISUAL ILLUSIONS, Richard L. Gregory, p. 66; ARTIFICIAL PLASMA CLOUDS IN SPACE, G. Haerendel and R. Lüst, p. 80; A HUNTERS' VILLAGE IN NEOLITHIC TURKEY, Dexter Perkins, Jr., and Patricia Daly, p. 96; TRANSDETERMINATION IN CELLS, Ernst Hadorn, p. 110; THE AERODYNAMICS OF BOOMERANGS, Felix Hess, p. 124.

December: ECONOMIC GROWTH IN THE U.S.S.R., Raymond P. Powell, p. 17; TRANSPLANTED NUCLEI AND CELL DIFFERENTIATION, J. B. Gurdon, p. 24; RADIO SIGNALS FROM HYDROXYL RADICALS, Alan H. Barrett, p. 36; SEA-FLOOR SPREADING, J. R. Heirtzler, p. 60; FOG, Joel N. Meyers, p. 74; THE RELATIVISM OF ABSOLUTE JUDGMENTS, Allen Parducci, p. 84; RESONANT COMBUSTION IN ROCKETS, J. G. Sotter and G. A. Flandro, p. 94; HUMAN STONES, Kathleen Lonsdale, p. 104.

1969

January: ABORTION, Christopher Tietze and Sarah Lewit, p. 21; SEYFERT GALAXIES, Ray J. Weymann, p. 28; CELLULAR FACTORS IN GENETIC TRANSFORMATION, A. Tomasz, p. 38; WEATHER SATELLITES: II, Arthur W. Johnson, p. 52; THE NEUROPHYSIOLOGY OF REMEMBERING, Karl H. Pribram, p. 73; THE ELAND AND THE ORYX, C. R. Taylor, p. 88; THE CONTROL OF VIBRATION AND NOISE, Theodore P. Yin, p. 98; LIFE ON THE HUMAN SKIN, Mary J. Marples, p. 108; THE DANCE OF THE SOLIDS, John Updike, p. 130.

February: THE END OF THE MONKEY WAR, L. Sprague de Camp, p. 15; ECOLOGICAL CHEMISTRY, Lincoln Pierson Brower, p. 22; ORGANIC LASERS, Peter Sorokin, p. 30; THE ASTROPHYSICS OF COSMIC RAYS, V. L. Ginzburg, p. 50; THE BIOCHEMISTRY OF ANXIETY, Ferris N. Pitts, Jr., p. 69; SUBSISTENCE HERDING IN UGANDA, Rada and Neville Dyson-Hudson, p. 76; ROTARY ENGINES, Wallace Chinitz, p. 90; THE GOLGI APPARATUS, Marian Neutra and C. P. Leblond, p. 100.

March: THERMAL POLLUTION AND AQUATIC LIFE, John R. Clark, p. 18; SUPERPLASTIC METALS, H. W. Hayden, R. C. Gibson and J. H. Brophy, p. 28; PHASES IN CELL DIFFERENTIATION, Norman K. Wessells and William J. Rutter, p. 36; CONTINENTAL DRIFT AND EVOLUTION, Björn Kurtén, p. 54; BROWNIAN MOTION AND POTENTIAL THEORY, Reuben Hersh and Richard J. Griego, p. 66; THE ATMOSPHERES OF MARS AND VENUS, Von R. Eshleman, p. 78; PLAGUE TOXIN, Salomon Kadis, Thomas C. Montie and Samuel J. Ajl, p. 92; THE FIRST ELECTRON TUBE, George Shiers, p. 104.

April: THE DYNAMICS OF THE ARMS RACE, George W. Rathjens, p. 15; HYBRID SOMATIC CELLS, Boris Ephrussi and Mary C. Weiss, p. 26; EIDETIC IMAGES, Ralph Norman Haber, p. 36; THE SYNTHETIC ELEMENTS: IV, Glenn T. Seaborg and Justin L. Bloom, p. 56; STONE TOOLS AND HUMAN BEHAVIOR, Sally R. and Lewis R. Binford, p. 70; SOIL POLLUTANTS AND SOIL ANIMALS, Clive A. Edwards, p. 88; STEAM TURBINES, Walter Hossli, p. 100; HORNS AND ANTLERS, Walter Modell, p. 114.

May: HYBRID WHEAT, Byrd C. Curtis and David R. Johnston, p. 21; RELAXATION METHODS IN CHEMISTRY, Larry Faller, p. 30; A PALEOLITHIC CAMP AT NICE, Henry de Lumley, p. 42; TYPESETTING, Gerard O. Walter, p. 60; THE ENERGETICS OF BIRD FLIGHT, Vance A. Tucker, p. 70; SHOCK WAVES IN SOLIDS, Ronald K. Linde and R. C. Crewdson, p. 82; THE BACTERIAL CELL WALL, Nathan Sharon, p. 92; RETINAL PROCESSING OF VISUAL IMAGES, Charles R. Michael, p. 104.

June: SCIENCE POLICY IN THE U.S.S.R., R. W. Davies and R. Amann, p. 19; NUCLEAR TRACKS IN SOLIDS, R. L. Fleischer, P. B. Price and R. M. Walker, p. 30; WOUND HEALING, Russell Ross, p. 40; TRUTH AND PROOF, Alfred Tarski, p. 63; HORMONES IN SOCIAL AMOEBAE AND MAMMALS, John Tyler Bonner, p. 78; ULTRAVIOLET ASTRONOMY, Leo Goldberg, p. 92; THE PHALAROPE, E. Otto Höhn, p. 104; ANALYTIC INSTRUMENTS IN PROCESS CONTROL, F. W. Karasek, p. 112.

July: SYSTEMS ANALYSIS OF URBAN TRANSPORTATION, William F. Hamilton II and Dana K. Nance, p. 19; NEUTRINOS FROM THE SUN, John N. Bahcall, p. 28; PORPHYRIA AND KING GEORGE III, Ida Macalpine and Richard Hunter, p. 38; MILK, Stuart Patton, p. 58; LIQUID METALS, N. W. Ashcroft, p. 72; COMPUTER ANALYSIS OF PROTEIN EVOLUTION, Margaret Oakley Dayhoff, p. 86; HIGH-TEMPERATURE PLASTICS, A. H. Frazer, p. 96; URBAN MONKEYS, Sheo Dan Singh, p. 108.

August: MILITARY TECHNOLOGY AND NATIONAL SECURITY, Herbert F. York, p. 17; "GENETIC DRIFT" IN AN ITALIAN POPULATION, Luigi Luca Cavalli-Sforza, p. 30; METALLIDING, Newell C. Cook, p. 38; THE SIZE AND SHAPE OF ATOMIC NUCLEI, Michel Baranger and Raymond A. Sorensen, p. 58; THE PETROGLYPHS OF SIBERIA, A. P. Okladnikov, p. 74; KERATINS, R. D. R. Fraser, p. 86; THE WEDDELL SEAL, Gerald L. Kooyman, p. 100; RUDOLF DIESEL AND HIS RATIONAL ENGINE, Lynwood Bryant, p. 108.

September: THE OCEAN, Roger Revelle, p. 54; THE ORIGIN OF THE OCEANS, Sir Edward Bullard, p. 66; THE ATMOSPHERE AND THE OCEAN, R. W. Stewart, p. 76; THE CONTINENTAL SHELVES, K. O. Emery, p. 106; THE DEEP-OCEAN FLOOR, H. W. Menard, p. 126; THE NATURE OF OCEANIC LIFE, John D. Isaacs, p. 146; THE PHYSICAL RESOURCES OF THE OCEAN, Edward Wenk, Jr., p. 166; THE FOOD RESOURCES OF THE OCEAN, S. J. Holt, p. 178; TECHNOLOGY AND THE OCEAN, Willard Bascom, p. 198; THE OCEAN AND MAN, Warren S. Wooster, p. 218.

October: THE COST OF WORLD ARMAMENTS, Archibald S. Alexander, p. 21; RIBOSOMES, Masayasu Nomura, p. 28; ACOUSTICAL HOLOGRAPHY, Alexander F. Metherell, p. 36; THE EXPLORATION OF THE MOON, Wilmot Hess et al., p. 54; BRAIN DAMAGE BY ASPHYXIA AT BIRTH, William F. Windle, p. 76; EXPERIMENTS IN TIME REVERSAL, Oliver E. Overseth, p. 88; THE PHYSIOLOGY OF THE HOUSE MOUSE, Daniel S. Fertig and Vaughan W. Edmonds, p. 103; THE POSSESSIONS OF THE POOR, Oscar Lewis, p. 114.

November: ACUTE RESPIRATORY FAILURE, Peter M. Winter and Edward Lowenstein, p. 23AMORPHOUS-SEMICONDUCTOR SWITCHING, H. K. Henisch, p. 30; EARLY MAN IN THE WEST INDIES, José M. Cruxent and Irving Rouse, p. 42; MAGNETIC RECORDING, Victor E. Ragosine, p. 70; NON-EUCLIDEAN GEOMETRY BEFORE EUCLID, Imre Tóth, p. 87; THE ORIGIN OF THE OCEANIC RIDGES, Egon Orowan, p. 102; THE RECEPTOR SITE FOR A BACTERIAL VIRUS, Richard Losick and Phillips W. Robbins, p. 120; HOW BIRDS SING, Crawford H. Greenewalt, p. 126.

December: MARIHUANA, Lester Grinspoon, p. 17; NEW METHODS FOR APPROACHING ABSOLUTE ZERO, O. V. Lounasmaa, p. 26; THE RISE AND FALL OF ARABIA FELIX, Gus W. Van Beek, p. 36; THE MECHANISM OF PHOTOSYNTHESIS, R. P. Levine, p. 58; DERMATOGLYPHICS, L. S. Penrose, p. 72; MEASURING EARTH STRAINS BY LASER, Victor Vali, p. 88; HOW AN INSTINCT IS LEARNED, Jack P. Hailman, p. 98; THE PECULIAR DISTRIBUTION OF FIRST DIGITS, p. 109; A NEW YEAR GREETING, W. H. Auden, p. 134.

1970

January: THE LIMITATION OF STRATEGIC ARMS, G. W. Rathjens and G. B. Kistiakowsky, p. 19; LEARNING IN THE AUTONOMIC NERVOUS SYSTEM, Leo V. DiCara, p. 30; AERODYNAMIC WHISTLES, Robert C. Chanaud, p. 40; THE SHAPES OF ORGANIC MOLECULES, Joseph B. Lambert, p. 58; GIGANTOPITHECUS, Elwyn L. Simons and Peter C. Ettel, p. 76; THE RECOGNITION OF DNA IN BACTERIA, Salvador E. Luria, p. 88; THE PEOPLE OF YORK: 1538-1812, Ursula M. Cowgill, p. 104; MODELS OF OCEANIC CIRCULATION, D. James Baker Jr., p. 114.

February: THE ASSESSMENT OF TECHNOLOGY, Harvey Brooks and Raymond Bowers, p. 13; LARGE-SCALE INTEGRATION IN ELECTRONICS, F. G. Heath, p. 22; THE AFAR TRIANGLE, Haroun Tazieff, p. 32; THE PHYSIOLOGY OF HIGH ALTITUDE, Raymond J. Hock, p. 52; PARTICLES THAT GO FASTER THAN LIGHT, Gerald Feinberg, p. 68; PHOSPHENES, Gerald Oster, p. 82; THE RANGELANDS OF THE WESTERN U.S., R. Merton Love, p. 88; CELL SURGERY BY LASER, Michael H. Berns and Donald E. Rounds, p. 98.

March: THE ECONOMIC GROWTH OF JAPAN, James C. Abegglen, p. 31; THE LUNAR LASER REFLECTOR, James E. Faller and E. Joseph Wampler, p. 38; AN EARLY FARMING VILLAGE IN TURKEY, Halet Çambel and Robert J. Braidwood, p. 50; THE FUNCTIONAL ORGANIZATION OF THE BRAIN, A. R. Luria, p. 66; INERTIAL NAVIGATION FOR AIRCRAFT, Cornelius T. Leondes, p. 80; HOW AN EGGSHELL IS MADE, T. G. Taylor, p. 88; GENETIC LOAD, Christopher Wills, p. 98; MONOMOLECULAR LAYERS AND LIGHT, Karl H. Drexhage, p. 108.

April: THE DELIVERY OF MEDICAL CARE, Sidney R. Garfield, p. 15; REPEATED SEGMENTS OF DNA, Roy J. Britten and David E. Kohne, p. 24; THE RED SEA HOT BRINES, Egon T. Degens and David A. Ross, p. 32; CHEMISTRY BY COMPUTER, Arnold C. Wahl, p. 54; PESTICIDES AND THE REPRODUCTION OF BIRDS, David B. Peakall, p. 72; HOW IS MUSCLE TURNED

ON AND OFF?, Graham Hoyle, p. 84; HYPERACTIVE CHILDREN, Mark A. Stewart, p. 94; LIQUID-CRYSTAL DISPLAY DEVICES, George H. Heilmeier, p. 100.

May: CHEMICAL AND BIOLOGICAL WEAPONS, Matthew S. Meselson, p. 15; THE SURFACE OF MARS, Robert B. Leighton, p. 26; THE CALEFACTION OF A RIVER, Daniel Merriman, p. 42; SULFUR, Christopher J. Pratt, p. 62; INTERCELLULAR COMMUNICATION, Werner R. Loewenstein, p. 78; "SECOND SOUND" IN SOLID HELIUM, Bernard Bertman and Davis J. Sandiford, p. 92; HOW WE REMEMBER WHAT WE SEE, Ralph Norman Haber, p. 104; EARLY VIEWS ON FORCES BETWEEN ATOMS, Leslie Holliday, p. 116.

June: "SILENT MAJORITIES" AND THE VIETNAM WAR, Philip E. Converse and Howard Schuman, p. 17; THE ORIGIN OF GALAXIES, Martin J. Rees and Joseph Silk, p. 26; GENETIC REPRESSORS, Mark Ptashne and Walter Gilbert, p. 36; COMPUTER DISPLAYS, Ivan E. Sutherland, p. 56; HOW SNAKES MOVE, Carl Gans, p. 82; NEOGLACIATION, George H. Denton and Stephen C. Porter, p. 100; AN ARCHAIC INDIAN CEMETERY IN NEWFOUNDLAND, James A. Tuck, p. 112; THE CLOCK OF THE MALARIA PARASITE, Frank Hawking, p. 123.

July: CONVERSION TO THE METRIC SYSTEM, Lord Ritchie-Calder, p. 17; GLOBULAR-CLUSTER STARS, Icko Iben, Jr., p. 26; THE MULTIPLE SCLEROSIS PROBLEM, Geoffrey Dean, p. 40; NERVE CELLS AND BEHAVIOR, Eric R. Kandel, p. 57; NEGATIVE VISCOSITY, Victor P. Starr and Norman E. Gaut, p. 72; THE LOVE SONG OF THE FRUIT FLY, H. C. Bennet-Clark and A. W. Ewing, p. 84; NETWORK ANALYSIS, Howard Frank and Ivan T. Frisch, p. 94; POPULATION TRENDS IN AN INDIAN VILLAGE, Carl E. Taylor, p. 106.

August: THE LUNAR SOIL, John A. Wood, p. 14; TANDEM VAN DE GRAAFF ACCELERATORS, Peter H. Rose and Andrew B. Wittkower, p. 24; THE STRUCTURE AND FUNCTION OF ANTIBODIES, Gerald M. Edelman, p. 34; A WORLD AGRICULTURAL PLAN, Addeke H. Boerma, p. 54; FREE RADICALS IN BIOLOGICAL SYSTEMS, William A. Pryor, p. 70; INSECT EGGSHELLS, H. E. Hinton, p. 84; MEDIEVAL USES OF AIR, Lynn White, Jr., p. 92; THE ORIGIN OF PERSONALITY, Alexander Thomas, Stella Chess and Herbert G. Birch, p. 102.

September: THE BIOSPHERE, G. Evelyn Hutchinson, p. 44; THE ENERGY CYCLE OF THE EARTH, Abraham H. Oort, p. 54; THE ENERGY CYCLE OF THE BIOSPHERE, George M. Woodwell, p. 64; THE WATER CYCLE, H. L. Penman, p. 98; THE OXYGEN CYCLE, Preston Cloud and Aharon Gibor, p. 110; THE CARBON CYCLE, Bert Bolin, p. 124; THE NITROGEN CYCLE, C. C. Delwiche, p. 136; MINERAL CYCLES, Edward S. Deevey, Jr., p. 148; HUMAN FOOD PRODUCTION AS A PROCESS IN THE BIOSPHERE, Lester R. Brown, p. 160; HUMAN ENERGY PRODUCTION AS A PROCESS IN THE BIOSPHERE, S. Fred Singer, p. 174; HUMAN MATERIALS PRODUCTION AS A PROCESS IN THE BIOSPHERE, Harrison Brown, p. 194.

October: INTELLIGENCE AND RACE, Walter F. Bodmer and Luigi Luca Cavalli-Sforza, p. 19; THE BREAKUP OF PANGAEA, Robert S. Dietz and John C. Holden, p. 30; CALCITONIN, Howard Rasmussen and Maurice M. Pechet, p. 42; THE FUNDAMENTAL PHYSICAL CONSTANTS, Barry N. Taylor, Donald N. Langenberg and William H. Parker, p. 62; VISUAL CELLS, Richard W. Young, p. 80; THE NUTRIENT CYCLES OF AN ECOSYSTEM, F. Herbert Bormann and Gene E. Likens, p. 92; COMPUTERS IN EASTERN EUROPE, Ivan Berenyi, p. 102; THE ORIGINS OF FEEDBACK CONTROL, Otto Mayer, p. 110.

November: FAST BREEDER REACTORS, Glenn T. Seaborg and Justin L. Bloom, p. 13; THE GENETIC ACTIVITY OF MITOCHONDRIA AND CHLOROPLASTS, Ursula W. Goodenough and R. P. Levine, p. 22; WOODHENGES, Geoffrey Wainwright, p. 30; SUPERDENSE WATER, Boris V. Derjaguin, p. 52; AUTOMATIC ANALYSIS OF BLOOD CELLS, Marylou Ingram and Kendall Preston, Jr., p. 72; THE GREAT ALBATROSSES, W. L. N. Tickell, p. 84; EXPERIMENTS IN INTERGROUP DISCRIMINATION, Henri Tajfel, p. 96; WHY THE SEA IS SALT, Ferren MacIntyre, p. 104.

December: MARINE FARMING, Gifford B. Pinchot, p. 14; THE ABSORPTION LINES OF QUASI-STELLAR OBJECTS, E. Margaret Burbidge and C. Roger Lynds, p. 22; AUDITORY ILLUSIONS AND CONFUSIONS, Richard M. Warren and Roslyn P. Warren, p. 30; HUMAN EMBRYOS IN THE LABORATORY, R. G. Edwards and Ruth E. Fowler, p. 44; OPTICAL INTERFERENCE COATINGS, Philip Baumeister and Gerald Pincus, p. 58; RICKETS, W. F. Loomis, p. 76; PERMANENT MAGNETS, Joseph J. Becker, p. 92; THE MULE, Theodore H. Savory, p. 102.

1971

January: THE LIMITATION OF OFFENSIVE WEAPONS, Herbert Scoville, Jr., p. 15; STRESS AND BEHAVIOR, Seymour Levine, p. 26; THE GLOBAL CIRCULATION OF ATMOSPHERIC POLLUTANTS, Reginald E. Newell, p. 32; THE NATURE OF PULSARS, Jeremiah P. Ostriker, p. 48; REFLECTORS IN FISHES, Eric Denton, p. 64; CIRCUIT BREAKERS, Werner Rieder, p. 76; INDUCED MUTATIONS IN PLANTS, Björn Sigurbjörnsson, p. 86; THE ORIGINS OF HYPODERMIC MEDICATION, Norman Howard-Jones, p. 96.

February: LEAD POISONING, J. Julian Chisolm, Jr., p. 15; SOLID STARS, Malvin A. Ruderman, p. 24; THE IROQUOIS CONFEDERACY, James A. Tuck, p. 32; THE PROSPECTS OF FUSION POWER, William C. Gough and Bernard J. Eastlund, p. 50; GIANT BRAIN CELLS IN MOLLUSKS, A. O. D. Willows, p. 68; THE FASTEST COMPUTER, D. L. Slotnick, p. 76; THE STATE OF WATER IN RED CELLS, Arthur K. Solomon, p. 88; LEONARDO ON BEARINGS AND GEARS, Ladislao Reti, p. 100.

March: PERFORMANCE CRITERIA IN BUILDING, James R. Wright, p. 16; ENZYMES BOUND TO ARTIFICIAL MATRIXES, Klaus Mosbach, p. 26; THE THERAPEUTIC COMMUNITY, Richard Almond, p. 34; UNSOLVED PROBLEMS IN ARITHMETIC, Howard DeLong, p. 50; PHYCHOLOGICAL TREMOR, Olof Lippold, p. 65; THE MAGNETIC STRUCTURE OF SUPERCONDUCTORS, Uwe Essmann and Hermann Träuble, p. 74; COMMUNICATION BETWEEN ANTS AND THEIR GUESTS, Bert Hölldobler, p. 86; ON TELLING LEFT FROM RIGHT, Michael C. Corballis and Ivan L. Beale, p. 96.

April: GOVERNMENT INVESTMENT IN HEALTH CARE, Irving J. Lewis, p. 17; A HIGH-RESOLUTION SCANNING ELECTRON MICROSCOPE, Albert V. Crewe, p. 26; EARLY MAN IN THE ANDES, Richard S. MacNeish, p. 36; ADVANCES IN PATTERN RECOGNITION, Richard G. Casey and George Nagy, p. 56; ANNUAL BIOLOGICAL CLOCKS, Eric T. Pengelley and Sally J. Asmundson, p. 72; SUPERCONDUCITIVITY AT HIGH PRESSURE, N. B. Brandt and N. J. Ginzburg, p. 83; HAILSTONES, Charles and Nancy Knight, p. 96; THE MAPPING OF HUMAN CHROMOSOMES, Victor A. McKusick, p. 104.

May: MERCURY IN THE ENVIRONMENT, Leonard J. Goldwater, p. 15; THE DETECTION OF GRAVITATIONAL WAVES, Joseph Weber, p. 22; THE OLDEST FOSSILS, Elso S. Barghoorn, p. 30; THE EVOLUTION OF QUASARS, Maarten Schmidt and Francis Bello, p. 54; COOLING TOWERS, Riley D. Woodson, p. 70; THE INDUCTION COIL, George Shiers, p. 80; THE FORTIFICATION ILLUSIONS OF MIGRAINES, Whitman Richards, p. 88; THE CHEMICAL LANGUAGES OF FISHES, John H. Todd, p. 98.

June: FUSION BY LASERS, Moshe J. Lubin and Arthur P. Fraas, p. 21; EYE MOVEMENTS AND VISUAL PERCEPTION, David Noton and Lawrence Stark, p. 34; ELASTIC FIBERS IN THE BODY, Russell Ross and Paul Bornstein, p. 44; THE STRUCTURE OF THE PROTON AND THE NEUTRON, Henry W. Kendall and Wolfgang Panofsky, p. 60; MAGNETIC BUBBLES, Andrew H. Bobeck and H. E. D. Scovil, p. 78; ENDEMIC GOITER, R. Bruce Gillie, p. 92; AN EARLY CITY IN IRAN, C. C. and Martha Lamberg-Karlovsky, p. 102; THE SOCIAL ORDER OF TURKEYS, C. Robert Watts and Allen W. Stokes, p. 112.

July: THE CENSUS OF 1970, Philip M. Hauser, p. 17; THE INDUCTION OF INTERFERON, Maurice R. Hilleman and Alfred A. Tytell, p. 26; A NEW CLASS OF DIODE LASERS, Morton B. Panish and Izuo Hayashi, p. 32; PATHWAYS IN THE BRAIN, Lennart Heimer, p. 48; THE SACRED SOURCE OF THE SEINE, Simone-Antoinette Deyts, p. 65; SUPERNOVA REMNANTS, Paul Gorenstein and Wallace Tucker, p. 74; A GRAZING ECOSYSTEM IN THE SERENGETI, Richard H. V. Bell, p. 86; PHOTONS AS HADRONS, Frederick Murphy and David E. Yount, p. 94.

August: CHOLERA, Norbert Hirschhorn and William B. Greenough III, p. 15; A BYZANTINE TRADING VENTURE, George F. Bass, p. 22; HIGH-LYSINE CORN, Dale D. Harpstead, p. 34; SYMBIOSIS AND EVOLUTION, Lynn Margulis, p. 48; THE MAGNETISM OF THE MOON, Palmer Dyal and Curtis W. Parkin, p. 62; FLIGHT ORIENTATION IN LOCUSTS, Jeffrey M. Camhi, p. 74; THE CONTROL OF THE SHORT-TERM MEMORY, Richard C. Atkinson and Richard M. Shiffrin, p. 82; NEW MODELS OF THE REAL-NUMBER LINE, Lynn Arthur Steen, p. 92.

September: ENERGY AND POWER, Chauncey Starr, p. 36; ENERGY IN THE UNIVERSE, Freeman J. Dyson, p. 50; THE ENERGY RESOURCES OF THE EARTH, M. King Hubbert, p. 60; THE FLOW OF ENERGY IN THE BIOSPHERE, David M. Gates, p. 88; THE FLOW OF ENERGY IN A HUNTING SOCIETY, William B. Kemp, p. 104; THE FLOW OF ENERGY IN AN AGRICULTURAL

SOCIETY, Roy A. Rappaport, p. 116; THE FLOW OF ENERGY IN AN INDUSTRIAL SOCIETY, Earl Cook, p. 134; THE CONVERSION OF ENERGY, Claude M. Summers, p. 148; THE ECONOMIC GEOGRAPHY OF ENERGY, Daniel B. Luten, p. 164; ENERGY AND INFORMATION, Myron Tribus and Edward C. McIrvine, p. 179; DECISION-MAKING IN THE PRODUCTION OF POWER, Milton Katz, p. 191.

October: THE PHYSIOLOGY OF STARVATION, Vernon R. Young and Nevin S. Scrimshaw, p. 14; CABLE TELEVISION, William T. Knox, p. 22; THE OBJECT IN THE WORLD OF THE INFANT, T. G. R. Bower, p. 30; THE LUNAR ROCKS, Brian Mason, p. 48; CARBON 14 AND THE PREHISTORY OF EUROPE, Colin Renfrew, p. 63; HOW LIVING CELLS CHANGE SHAPE, Norman K. Wessells, p. 76; MÖSSBAUER SPECTROSCOPY, R. H. Herber, p. 86; THE MEASUREMENT OF THE "MAN-DAY", Eugene S. Ferguson, p. 96.

November: THE ANATOMY OF INFLATION: 1953-1975, W. Halder Fisher, p. 15; NEW SUPERCONDUCTORS, T. H. Geballe, p. 22; PRENATAL DIAGNOSIS OF GENETIC DISEASE, Theodore Friedmann, p. 34; THE SAN ANDREAS FAULT, Don L. Anderson, p. 52; THE NEW COVENANTERS OF QUMRAN, Shemaryahu Talmon, p. 72; PROSTAGLANDINS, John E. Pike, p. 84; THE GENETIC IMPROVEMENTS OF SOUTHERN PINES, Bruce J. Zobel, p. 94; THE DESERT PUPFISH, James H. Brown, p. 104.

December: ATTITUDES TOWARD RACIAL INTEGRATION, Andrew M. Greeley and Paul B. Sheatsley, p. 13; THE GUM NEBULA, Stephen P. Maran, p. 20; CRYPTOBIOSIS, John H. Crowe and Alan F. Cooper, Jr., p. 30; CATALYSIS, Vladimir Haensel and Robert L. Burwell, Jr., p. 46; MULTISTABILITY IN PERCEPTION, Fred Attneave, p. 62; HOW BIRDS BREATHE, Knut Schmidt-Nielsen, p. 72; THE ROTATION OF THE EARTH, D. E. Smylie and L. Mansinha, p. 80; THE TALKING DRUMS OF AFRICA, John Carrington, p. 90.

1972

January: EXTENDING THE NUCLEAR-TEST BAN, Henry R. Meyers, p. 13; RNA-DIRECTED DNA SYNTHESIS, Howard M. Temin, p. 24; HOW IDEOLOGY SHAPES WOMEN'S LIVES, Jean Lipman-Blumen, p. 34; THE SCANNING ELECTRON MICROSCOPE, Thomas E. Everhart and Thomas L. Hayes, p. 54; GEOTHERMAL POWER, Joseph Barnea, p. 70; THE SPECTRUM OF THE AIRGLOW, M. F. Ingham, p. 78; WHY THE STOMACH DOES NOT DIGEST ITSELF, Horace W. Davenport, p. 86; POPULATION GENETICS AND HUMAN ORIGINS, Robert B. Eckhardt, p. 94.

February: TECHNOLOGY ASSESSMENT AND MICROWAVE DIODES, Raymond Bowers and Jeffrey Frey, p. 13; BRAIN CHANGES IN RESPONSE TO EXPERIENCE, Mark R. Rosenzweig, Edward L. Bennett and Marian C. Diamond, p. 22; THE STRUCTURE OF CELL MEMBRANES, C. Fred Fox, p. 30; THE SYNTHESIS OF SPEECH, James L. Flanagan, p. 48; THE PRESSURE OF LASER LIGHT, Arthur Ashkin, p. 62; INTERCONTINENTAL RADIO ASTRONOMY, K. I. Kellermann, p. 72; THE PHYSIOLOGY OF MEDITATION, Robert Keith Wallace and Herbert Benson, p. 84; CHECKS ON POPULATION GROWTH: 1750–1850, William L. Langer, p. 92.

March: FOOD ADDITIVES, G. O. Kermode, p. 15; NONVISUAL LIGHT RECEPTION, Michael Menaker, p. 22; GEOSYNCLINES, MOUNTAINS AND CONTINENT-BUILDING, Robert S. Dietz, p. 30; ELECTROSTATICS, A. D. Moore, p. 46; THE CAVE BEAR, Björn Kurtén, p. 60; DO INFANTS THINK?, Jerome Kagan, p. 74; THE SOURCES OF MUSCULAR ENERGY, Rodolfo Margaria, p. 84; HOW DID KEPLER DISCOVER HIS FIRST TWO LAWS?, Curtis Wilson, p. 92.

April: POLITICAL FACTORS IN ECONOMIC ASSISTANCE, Gunnar Myrdal, p. 15; COLLECTIVE-EFFECT ACCELERATORS, Denis Keefe, p. 22; AN EARLIER AGRICULTURAL REVOLUTION, Wilhelm G. Solheim II, p. 34; TIDES AND THE EARTH-MOON SYSTEM, Peter Goldreich, p. 42; THE STRUCTURE AND HISTORY OF AN ANCIENT PROTEIN, Richard E. Dickerson, p. 58; LANGUAGE AND THE BRAIN, Norman Geschwind, p. 76; SUPERCONDUCTORS FOR POWER TRANSMISSION, Donald P. Snowden, p. 84; ENVIRONMENTAL CONTROL IN THE BEEHIVE, Roger A. Morse, p. 92.

May: THE CRATERING OF INDOCHINA, Arthur H. Westing and E. W. Pfeiffer, p. 20; HOW WE CONTROL THE CONTRACTION OF OUR MUSCLES, P. A. Merton, p. 30; BLACK HOLES, Roger Penrose, p. 38; PLATE TECTONICS, John F. Dewey, p. 56; TOTAL INTRAVENOUS FEEDING, Stanley J. Dudrick and Jonathan E. Rhoads, p. 73; THE PLANNING OF A MAYA CEREMONIAL CENTER, Norman Hammond, p. 82; TREE RINGS AND CLIMATE, Harold C. Fritts, p. 92; THE GREAT AUTOMOBILE RACE OF 1895, Jacques Ickx, p. 102.

June: MISSILE SUBMARINES AND NATIONAL SECURITY, Herbert Scoville, Jr., p. 15; MARKERS OF BIOLOGICAL INDIVIDUALITY, Ralph A. Reisfeld and Barry D. Kahan, p. 28; ORGANIC MATTER IN METEORITES, James G. Lawleess, Clair E. Folsome and Keith A. Kvenvolden, p. 38; THE EVOLUTION OF REEFS, Norman D. Newell, p. 54; TEMPERATURE CONTROL IN FLYING MOTHS, Bernd Heinrich and George A. Bartholomew, p. 70; NONSTANDARD ANALYSIS, Martin Davis and Reuben Hersh, p. 78; CONTOUR AND CONTRAST, Floyd Ratliff, p. 90; PSYCHOLOGICAL FACTORS IN STRESS AND DISEASE, Jay M. Weiss, p. 104.

July: ANTISUBMARINE WARFARE AND NATIONAL SECURITY, Richard L. Garwin, p. 14; THE X-RAY SKY, Herbert W. Schnopper and John P. Delvaille, p. 26; LEWIS CARROLL'S LOST BOOK ON LOGIC, W. W. Bartley III, p. 38; THE CHEMICAL ELEMENTS OF LIFE, Earl Frieden, p. 52; THE TOKAMAK APPROACH IN FUSION RESEARCH, Bruno Coppi and Jan Rem, p. 65; DEPRIVATION DWARFISM, Lytt I. Gardner, p. 76; EXPERIMENTS IN READING, Paul A. Kolers, p. 84; ESCAPE RESPONSES IN MARINE INVERTEBRATES, Howard A. Feder, p. 92.

August: THE WANKEL ENGINE, David E. Cole, p. 14; "IMPRINTING" IN A NATURAL LABORATORY, Eckhard H. Hess, p. 24; THE NATURE OF AROMATIC MOLECULES, Ronald Breslow, p. 32; THE BIRTH OF STARS, Bart J. Bok, p. 48; DOCTOR-PATIENT COMMUNICATION, Barbara M. Korsch and Vida Francis Negrete, p. 66; ORIGINS OF THE BINARY CODE, F. G. Heath, p. 76; THE NEUROPHYSIOLOGY OF BINOCULAR VISION, John D. Pettigrew, p. 84; CYCLIC AMP, Ira Pastan, p. 97.

September: COMMUNICATION, John R. Pierce, p. 30; CELLULAR COMMUNICATION, Gunther S. Stent, p. 42; ANIMAL COMMUNICATION, Edward O. Wilson, p. 52; VERBAL COMMUNICATION, Roman Jakobson, p. 72; THE VISUAL IMAGE, E. H. Gombrich, p. 82; COMMUNICATION CHANNELS, Henri Busignies, p. 98; COMMUNICATION NETWORKS, Hiroshi Inose, p. 116; COMMUNICATION TERMINALS, Ernest R. Kretzmer, p. 130; COMMUNICATION AND THE COMMUNITY, Peter C. Goldmark, p. 142; COMMUNICATION AND SOCIAL ENVIRONMENT, George Gerbner, p. 152; COMMUNICATION AND FREEDOM OF EXPRESSION, Thomas I. Emerson, p. 163.

October: A NEGATIVE-INCOME-TAX EXPERIMENT, David N. Kershaw, p. 19; CLEAN POWER FROM DIRTY FUELS, Arthur M. Squires, p. 26; LIFE IN MYCENAEAN GREECE, John Chadwick, p. 36; ACOUSTIC SURFACE WAVES, Gordon S. Kino and John Shaw, p. 50; LACTOSE AND LACTASE, Norman Kretchmer, p. 70; THE CARBON CHEMISTRY OF THE MOON, Geoffrey Eglinton, James R. Maxwell and Colin T. Pillinger, p. 80; TEACHING LANGUAGE TO AN APE, Ann James Premack and David Premack, p. 92; THE TEXTURE OF THE NUCLEAR SURFACE, Chris D. Zafiratos, p. 100.

November: THE GREAT TEST-BAN DEBATE, Herbert F. York, p. 15; THE HORMONES OF THE HYPOTHALAMUS, Roger Guillemin and Roger Burgus, p. 24; MICROCIRCUITS BY ELECTRON BEAM, A. N. Broers and M. Hatzakis, p. 34; CONTINENTAL DRIFT AND THE FOSSIL RECORD, A. Hallam, p. 56; THE SOCIAL BEHAVIOR OF ARMY ANTS, Howard R. Topoff, p. 70; PICTORIAL PERCEPTION AND CULTURE, Jan B. Deregowski, p. 82; THE STRUCTURAL ANALYSIS OF GOTHIC CATHEDRALS, Robert Mark, p. 90; EXOTIC ATOMS, Clyde E. Wiegand, p. 102.

December: HIGH TECHNOLOGY IN CHINA, Raphael Tsu, p. 13; LEARNING IN NEWBORN KITTENS, Jay S. Rosenblatt, p. 18; WHEN THE MEDITERRANEAN DRIED UP, Kenneth J. Hsü, p. 26; YARN, Stanley Backer, p. 46; THE TENSILE STRENGTH OF LIQUIDS, Robert E. Apfel, p. 58; THE SUPERIOR COLLICULUS OF THE BRAIN, Barbara Gordon, p. 72; PREMATURITY AND UNIQUENESS IN SCIENTIFIC DISCOVERY, Gunther S. Stent, p. 84; THE MESOZOA, Elliot A. Lapan and Harold J. Morowitz, p. 94.

1973

January: THE HYDROGEN ECONOMY, Derek P. Gregory, p. 13; HOW THE IMMUNE RESPONSE TO A VIRUS CAN CAUSE DISEASE, Abner Louis Notkins and Hilary Koprowski, p. 22; THE OMNIVOROUS CHIMPANZEE, Geza Teleki, p. 32; MARS FROM MARINER 9, Bruce C. Murray, p. 48; THE CONTROL OF SENSITITVIY IN THE RETINA, Frank S. Werblin, p. 70; JUDAISM AT THE TIME OF CHRIST, Michael E. Stone, p. 80; CONDUCTION ELECTRONS IN METALS,

M. Ya. Azbel', M. I. Kaganov and I. M. Lifshitz, p. 88; SNOW CRYSTALS, Charles and Nancy Knight, p. 100.

February: RECONNAISSANCE AND ARMS CONTROL, Ted Greenwood, p. 14; THE ORIGINS OF NERVE-CELL SPECIFICITY, Marcus Jacobson and R. Kevin Hunt, p. 26; FISHES WITH WARM BODIES, Francis G. Carey, p. 36; THE CHINESE LANGUAGE, William S-Y. Wang, p. 50; THE MICROSTRUCTURE OF THE OCEAN, Michael Gregg, p. 64; THE CRASHWORTHINESS OF AUTOMOBILES, Patrick M. Miller, p. 78; METAL-VAPOR LASERS, William T. Silfvast, p. 88; ROTATION IN HIGH-ENERGY ASTROPHYSICS, Franco Pacini and Martin J. Rees, p. 98.

March: THE PROSPECTS FOR A STATIONARY WORLD POPULATION, Tomas Frejka, p. 15; THE FINE STRUCTURE OF THE EARTH'S INTERIOR, Bruce A. Bolt, p. 24; THE VISUALIZATION OF GENES IN ACTION, O. L. Miller, Jr., p. 34; INTERSTELLAR MOLECULES, Barry E. Turner, p. 50; THE ASYMMETRY OF THE HUMAN BRAIN, Doreen Kimura, p. 70; BICYCLE TECHNOLOGY, S. S. Wilson, p. 81; THE MIGRATIONS OF THE SHAD, William C. Leggett, p. 92; THE ORIGINS OF NUMBER CONCEPTS, Charles J. Brainerd, p. 101.

April: THE TASK OF MEDICINE, William H. Glazier, p. 13; THE MOLECULE OF INFECTIOUS DRUG RESISTANCE, Royston C. Clowes, p. 18; THE BRIGHTEST INFRARED SOURCES, G. Neugebauer and Eric E. Becklin, p. 28; THE CONTROL OF THE WATER CYCLE, José P. Peixoto and M. Ali Kettani, p. 46; ION IMPLANTATION, Frederick F. Morehead, Jr., and Billy L. Crowder, p. 64; THE LUNG OF THE NEWBORN INFANT, Mary Ellen Avery, Nai-San Wang and H. William Taeusch, Jr., p. 74; GIORDANO BRUNO, Lawrence S. Lerner and Edward A. Gosselin, p. 86; THE ENERGETICS OF THE BUMBLEBEE, Bernd Heinrich, p. 96.

May: CRYPTOGRAPHY AND COMPUTER PRIVACY, Horst Feistel, p. 15; THE ROLE OF THE HEARTBEAT IN THE RELATIONS BETWEEN MOTHER AND INFANT, Lee Salk, p. 24; TWO-DIMENSIONAL MATTER, J. G. Dash, p. 30; ROOTS, Emanuel Epstein, p. 48; THE EVOLUTION OF THE INDIAN OCEAN, D. P. McKenzie and J. G. Sclater, p. 62; CONFIRMATION, Wesley C. Salmon, p. 75; GALILEO'S DISCOVERY OF THE LAW OF FREE FALL, Stillman Drake, p. 84; THE INFRARED RECEPTORS OF SNAKES, R. Igor Gamow and John F. Harris, p. 94.

June: ENFORCING THE CLEAN AIR ACT OF 1970, Noel de Nevers, p. 14; THE ANCHOVY CRISIS, C. P. Idyll, p. 22; THE DYNAMICS OF THE ANDROMEDA NEBULA, Vera C. Rubin, p. 30; ULTRAFAST PHENOMENA IN LIQUIDS AND SOLIDS, R. R. Alfano and S. L. Shapiro, p. 42; ELECTRONIC NUMBERS, Alan Sobel, p. 64; LIFE IN TALL TREES, William C. Denison, p. 74; THE HUMAN LYMPHOCYTE AS AN EXPERIMENTAL ANIMAL, Richard A. Lerner and Frank J. Dixon, p. 82; AN ADVICE-TAKING CHESS COMPUTER, Albert L. Zobrist and Frederic R. Carlson, Jr., p. 92.

July: PUBLIC POLICY ON FERTILITY CONTROL, Frederick S. Jaffe, p. 17; THE PHYSICS OF BRASSES, Arthur H. Benade, p. 24; ADVANCED COMPOSITE MATERIALS, H. R. Clauser, p. 36; THE IMMUNE SYSTEM, Niels Kaj Jerne, p. 52; METEORITES AND COSMIC RADIATION, I. R. Cameron, p. 64; THE BRIDEPRICE OF THE SEBEI, Walter Goldschmidt, p. 74; PLATE TECTONICS AND MINERAL RESOURCES, Peter A. Rona, p. 86; BRAIN MECHANISMS IN MOVEMENT, Edward V. Evarts, p. 96.

August: DEFENSE AGAINST BOMBER ATTACK, Richard D. English and Dan I. Bolef, p. 11; THE ISOLATION OF GENES, Donald D. Brown, p. 20; EXPERIMENTS WITH NEUTRINO BEAMS, Barry C. Barish, p. 30; METAL-OXIDE-SEMICONDUCTOR TECHNOLOGY, William C. Hittinger, p. 48; THE EVOLUTION OF THE ANDES, David E. James, p. 60; DUET-SINGING BIRDS, W. H. Thorpe, p. 70; THE STIRLING ENGINE, Graham Walker, p. 80; HEREDITARY FAT-METABOLISM DISEASES, Roscoe O. Brady, p. 88.

September: LIFE AND DEATH AND MEDICINE, Kerr L. White, p. 22; GROWING UP, J. M. Tanner, p. 34; GETTING OLD, Alexander Leaf, p. 44; DYING, Robert S. Morison, p. 54; THE ILLS OF MAN, John H. Dingle, p. 76; SURGICAL INTERVENTION, Charles G. Child III, p. 90; CHEMICAL INTERVENTION, Sherman M. Mellinkoff, p. 102; PSYCHIATRIC INTERVENTION, Leon Eisenberg, p. 116; THE HOSPITAL, John H. Knowles, p. 128; THE MEDICAL SCHOOL, Robert H. Ebert, p. 138; THE MEDICAL ECONOMY, Martin S. Feldstein, p. 151; THE MEDICAL BUSINESS, James L. Goddard, p. 161; THE ORGANIZATION OF MEDICAL CARE, Ernest W. Saward, p. 169.

October: ELECTROMAGNETIC FLIGHT, Henry H. Kolm and Richard D. Thornton, p. 17; HERPES VIRUSES AND CANCER, Keen A. Rafferty, Jr., p. 26; THE SLING AS A WEAPON, Manfred Korfmann, p. 34; PROTEIN SHAPE AND BIOLOGICAL CONTROL, D. E. Koshland, Jr., p. 52; THE SOLAR CORONA, Jay M. Pasachoff, p. 68; HIGH-EFFICIENCY PHOTOSYNTHESIS, Olle Björkman and Joseph Berry, p. 80; AUDITORY BEATS IN THE BRAIN, Gerald Oster, p. 94; ELECTRON-POSITRON COLLISIONS, Alan M. Litke and Richard Wilson, p. 104.

November: MULTIPLE-WARHEAD MISSILES, Herbert F. York, p. 18; COMMUNICATION BY OPTICAL FIBER, J. S. Cook, p. 28; PROTON INTERACTIONS AT HIGH ENERGIES, Ugo Amaldi, p. 36; THE COMPLEMENT SYSTEM, Manfred M. Mayer, p. 54; THE RECOGNITION OF FACES, Leon D. Harmon, p. 70; HILBERT'S 10TH PROBLEM, Martin Davis and Reuben Hersh, p. 84; THE FLYING LEAP OF THE FLEA, Miriam Rothschild et al., p. 92; THE EVOLUTION OF THE PACIFIC, Bruce C. Heezen and Ian D. MacGregor, p. 102.

December: FLYWHEELS, Richard F. Post and Stephen F. Post, p. 17; GENETIC DISSECTION OF BEHAVIOR, Seymour Benzer, p. 24; VIOLENT TIDES BETWEEN GALAXIES, Alar and Juri Toomre, p. 38; THE TROPICAL RAIN FOREST, Paul W. Richards, p. 58; LASER SPECTROSCOPY, M. S. Feld and V. S. Letokhov, p. 69; COPERNICUS AND TYCHO, Owen Gingerich, p. 86; THE SOARING FLIGHT OF VULTURES, C. J. Pennycuick, p. 102; SLIPS OF THE TONGUE, Victoria A. Fromkin, p. 110.

1974

January: ENERGY POLICY IN THE U.S., David J. Rose, p. 20; ELECTROCHEMICAL MACHINING, James P. Hoare and Mitchell A. LaBoda, p. 30; THE NERVOUS SYSTEM OF THE LEECH, John G. Nicholls and David Van Essen, p. 38; THE CELL CYCLE, Daniel Mazia, p. 54; THE AGE OF THE ELEMENTS, David N. Schramm, p. 69; THE PERCEPTION OF DISORIENTED FIGURES, Irvin Rock, p. 78; THE PHYSICS OF THE BOWED STRING, John C. Schelleng, p. 87; THE ASTROLABE, J. D. North, p. 96.

February: SOYBEANS, Folke Dovring, p. 14; CHARGE-COUPLED DEVICES, Gilbert F. Amelio, p. 22; SLOW, INAPPARENT AND RECURRENT VIRUSES, John J. Holland, p. 32; THE NATURE OF COMETS, Fred L. Whipple, p. 48; THE COOPERATIVE ACTION OF MUSCLE PROTEINS, John M. Murray and Annemarie Weber, p. 58; THE BATAVIA ACCELERATOR, R. R. Wilson, p. 72; NUTRITION AND THE BRAIN, John D. Fernstrom and Richard J. Wurtman, p. 84; THE WIND BRACING OF BUILDINGS, Carl W. Condit, p. 92.

March: THE GASIFICATION OF COAL, Harry Perry, p. 19; A DYNAMIC MODEL OF CELL MEMBRANES, Roderick A. Capaldi, p. 26; THE NEURAL BASIS OF VISUALLY GUIDED BEHAVIOR, Jörg-Peter Ewert, p. 34; THE CHEMISTRY OF THE SOLAR SYSTEM, John S. Lewis, p. 50; INORGANIC POLYMERS, Harry R. Allcock, p. 66; VORTEXES IN AIRCRAFT WAKES, Norman A. Chigier, p. 76; THE CRY OF THE HUMAN INFANT, Peter F. Oswald and Philip Peltzman, p. 84; FERDINAND BRAUN AND THE CATHODE RAY TUBE, George Shiers, p. 92.

April: THE DELIVERY OF MEDICAL CARE IN CHINA, Victor W. Sidel and Ruth Sidel, p. 19; INTEGRATED OPTICS, P. K. Tien, p. 28; THE EMBRYO AS A TRANSPLANT, Alan E. Beer and Rupert E. Billingham, p. 36; WOOD PULP, F. Keith Hall, p. 52; THE CENTER OF THE GALAXY, R. H. Sanders and G. T. Wrixon, p. 66; PLATE TECTONICS AND THE HISTORY OF LIFE IN THE OCEANS, James W. Valentine and Eldridge M. Moores, p. 80; THE PERCEPTION OF TRANSPARENCY, Fabio Metelli, p. 90; THE BIOLOGICAL CONTROL OF DUNG, D. F. Waterhouse, p. 100.

May: NUCLEAR STRATEGY AND NUCLEAR WEAPONS, Barry E. Carter, p. 20; THE ARCHAEOLOGY OF WINCHESTER, Martin Biddle, p. 32; VISUAL PATHWAYS IN ALBINOS, R. W. Guillery, p. 44; THE TOP MILLIMETER OF THE OCEAN, Ferren MacIntyre, p. 62; GLYCOPROTEINS, Nathan Sharon, p. 78; THE PARTICLES OF WEAR, Douglas Scott, William W. Seifert and Vernon C. Westcott, p. 88; COMPUTER GRAPHICS IN ARCHITECTURE, Donald P. Greenberg, p. 98; DEUTERIUM IN THE UNIVERSE, Jay M. Pasachoff and William A. Fowler, p. 108.

June: PSYCHIATRISTS AND THE ADVERSARY PROCESS, David L. Bazelon, p. 18; FUSION POWER BY LASER IMPLOSION, John L. Emmett, John Nuckolls and Lowell Wood, p. 24; POPULATION CYCLES IN RODENTS, Judith H. Myers and Charles J. Krebs, p. 38; NEUROTRANSMITTERS, Julius Axelrod, p. 58; THE STEADY STATE OF THE EARTH'S CRUST, ATMOSPHERE AND OCEANS, Raymond Siever, p. 72; ROTATING CHEMICAL REACTIONS, Arthur T.

Winfree, p. 82; ICE-AGE HUNTERS OF THE UKRAINE, Richard G. Klein, p. 96; WINES, GRAPE VINES AND CLIMATE, Philip Wagner, p. 106.

July: FIRE AND FIRE PROTECTION, Howard W. Emmons, p. 21; THE SEX-ATTRACTANT RECEPTOR OF MOTHS, Dietrich Schneider, p. 28; HYBRID CELLS AND HUMAN GENES, Frank H. Ruddle and Raju S. Kucherlapati, p. 36; UNIFIED THEORIES OF ELEMENTARY-PARTICLE INTERACTION, Steven Weinberg, p. 50; THE GLORY, Howard C. Bryant and Nelson Jarmie, p. 60; A FAMILY OF PROTEIN-CUTTING PROTEINS, Robert M. Stroud, p. 74; SOURCES OF AMBIGUITY IN THE PRINTS OF MAURITS C. ESCHER, Marianne L. Teuber, p. 90; THE CASTS OF FOSSIL HOMINID BRAINS, Ralph L. Holloway, p. 106.

August: THE DISPOSAL OF WASTE IN THE OCEAN, Willard Bascom, p. 16; THE COSMIC BACKGROUND RADIATION, Adrian Webster, p. 26; THE NEUROBIOLOGY OF CRICKET SONG, David Bentley and Ronald R. Hoy, p. 34; THE ORIGINS OF ALIENATION, Urie Bronfenbrenner, p. 53; SUPERHARD MATERIALS, Francis P. Bundy, p. 62; TRITICALE, Joseph H. Hulse and David Spurgeon, p. 72; HOW ACTINOMYCIN BINDS TO DNA, Henry M. Sobell, p. 82; THE RISE OF COAL TECHNOLOGY, John R. Harris, p. 92.

September: THE HUMAN POPULATIONS, Ronald Freedman and Bernard Berelson, p. 30; THE HISTORY OF THE HUMAN POPULATION, Ansley J. Coale, p. 40; THE PHYSIOLOGY OF HUMAN REPRODUCTION, Sheldon J. Segal, p. 52; THE GENETICS OF HUMAN POPULATIONS, L. L. Cavalli-Sforza, p. 80; THE MIGRATIONS OF HUMAN POPULATIONS, Kingsley Davis, p. 92; THE POPULATIONS OF THE DEVELOPED COUNTRIES, Charles F. Westoff, p. 108; THE FAMILY IN DEVELOPED COUNTRIES, Norman B. Ryder, p. 122; THE CHANGING STATUS OF WOMEN IN DEVELOPED COUNTRIES, p. 136; THE POPULATIONS OF THE UNDERDEVELOPED COUNTRIES, Paul Demeny, p. 148; FOOD AND POPULATION, Roger Revelle, p. 160; THE TRANSFER OF TECHNOLOGY TO UNDERDEVELOPED COUNTRIES, Gunnar Myrdal, p. 172.

October: THE INTERNATIONAL CONTROL OF DISARMAMENT, Alva Myrdal, p. 21; THE STRUCTURE OF EMISSION NEBULAS, Joseph S. Miller, p. 34; HOW CILIA MOVE, Peter Satir, p. 44; NITROGEN FIXATION, David R. Safrany, p. 64; THE DIMENSIONS OF STAIRS, James Marston Fitch, John Templer and Paul Corcoran, p. 82; MIMICRY IN PARASITIC BIRDS, Jürgen Nicolai, p. 92; THE COORDINATION OF EYE-HEAD MOVEMENTS, Emilio Bizzi, p. 100; THE EXCAVATION OF A DROWNED GREEK TEMPLE, Michael H. Jameson, p. 110.

November: THE ETHICS OF GIVING PLACEBOS, Sissela Bok, p. 17; GRAVITATION THEORY, Clifford M. Will, p. 24; COMPUTER CONTROL OF ELECTRIC-POWER SYSTEMS, Hans Glavitsch, p. 34; THE DEVELOPMENT OF THE IMMUNE SYSTEM, Max D. Cooper and Alexander R. Lawton III, p. 58; MUSICAL DYNAMICS, Blake R. Patterson, p. 78; THE PHYSIOLOGY OF THE GIRAFFE, James V. Warren, p. 96; CONTRAST AND SPATIAL FREQUENCY, Fergus W. Campbell and Lamberto Maffei, p. 106; TIME SPENT IN HOUSEWORK, Joann Vanek, p. 116.

December: EYEWITNESS TESTIMONY, Robert Buckhout, p. 23; THE SEARCH FOR BLACK HOLES, Kip S. Thorne, p. 32; HYDRA AS A MODEL FOR THE DEVELOPMENT OF BIOLOGICAL FORM, Alfred Gierer, p. 44; THE ABSORPTION OF LIGHT IN PHOTOSYNTHESIS, Govindjee and Rajni Govindjee, p. 68; THE SOLIDIFICATION OF CASTINGS, Merton C. Flemings, p. 88; THE MYSTERY OF PIGEON HOMING, William T. Keeton, p. 96; THE DETECTION OF NEUTRAL WEAK CURRENTS, David B. Cline, Alfred K. Mann and Carlo Rubbia, p. 108; COUNTERFEITING IN ROMAN BRITAIN, George C. Boon, p. 120.

1975

January: THE ANALYSIS OF ECONOMIC INDICATORS, Geoffrey H. Moore, p. 17; THE NATURE OF ASTEROIDS, Clark R. Chapman, p. 24; THE FUEL CONSUMPTION OF AUTOMOBILES, John R. Pierce, p. 34; THE CORTEX OF THE CEREBELLUM, Rodolfo R. Llinás, p. 56; HIGH-ENERGY REACTIONS OF CARBON, Richard M. Lemmon and Wallace R. Erwin, p. 72; A MECHANISM OF DISEASE RESISTANCE IN PLANTS, Gary A. Strobel, p. 80; MOTHS, MELANISM AND CLEAN AIR, J. A. Bishop and Laurence M. Cook, p. 90; THE COPROLITES OF MAN, Vaughn M. Bryant, Jr., and Glenna Williams-Dean, p. 100.

February: THE FOREIGN MEDICAL GRADUATE, Stephen S. Mick, p. 14; COMPUTER-MANAGED PARTS MANUFACTURE, Nathan H. Cook, p. 22; THE MOST PRIMITIVE OBJECTS IN THE SOLAR SYSTEM, Lawrence Grossman, p. 30; CHROMOSOMAL PROTEINS AND GENE REGULATION, Gary S. Stein, Janet Swinehart Stein and Lewis J. Kleinsmith, p. 46; DUAL-RESONANCE MODELS OF ELEMENTARY PARTICLES, John H. Schwartz, p. 61; BIOLOGICAL CLOCKS OF THE TIDAL ZONE, John D. Palmer, p. 70; A CARTHAGINIAN FORTRESS IN SARDINIA, Sabatino Moscati, p. 80; ALFRED WEGENER AND THE HYPOTHESIS OF CONTINENTAL DRIFT, A. Hallam, p. 88.

March: AN EXPERIMENT IN WORK SATISFACTION, Lars E. Björk, p. 17; X-RAY-EMITTING DOUBLE STARS, Herbert Gursky and Edward P. J. van den Heuvel, p. 24; INTERACTIVE HUMAN COMMUNICATION, Alphonse Chapanis, p. 36; THE EARTH'S MANTLE, Peter J. Wyllie, p. 50; VISUAL PIGMENTS AND COLOR BLINDNESS, W. A. H. Rushton, p. 64; THE ROLE OF WAX IN OCEANIC FOOD CHAINS, Andrew A. Benson and Richard F. Lee, p. 76; THE MOST POISONOUS MUSHROOMS, Walter Litten, p. 90; GALILEO'S DISCOVERY OF THE PARABOLIC TRAJECTORY, Stillman Drake and James MacLachlan, p. 102.

April: THE PROLIFERATION OF NUCLEAR WEAPONS, William Epstein, p. 18; EXPERIMENTS IN THE VISUAL PERCEPTION OF TEXTURE, Bela Julesz, p. 34; CYANATE AND SICKLE-CELL DISEASE, Anthony Cerami and Charles M. Peterson, p. 44; DINOSAUR RENAISSANCE, Robert T. Bakker, p. 58; THE WALLS OF GROWING PLANT CELLS, Peter Albersheim, p. 80; GIANT CLAMS, C. M. Yonge, p. 96; THE ROTATION OF THE SUN, Robert Howard, p. 106; THE DEFORMATION OF METALS AT HIGH TEMPERATURES, Hugh J. McQueen and W. F. McGregor Tegart, p. 116.

May: EARTHQUAKE PREDICTION, Frank Press, p. 14; THE MOLECULAR BIOLOGY OF POLIOVIRUS, Deborah H. Spector and David Baltimore, p. 24; MICROCOMPUTERS, André G. Vacroux, p. 32; RANDOMNESS AND MATHEMATICAL PROOF, Gregory J. Chaitin, p. 47; THE SOCIAL SYSTEM OF LIONS, Brian C. R. Bertram, p. 54; RURAL MARKET NETWORKS, Stuart Plattner, p. 66; THE SEARCH FOR EXTRATERRESTRIAL INTELLIGENCE, Carl Sagan and Frank Drake, p. 80; FOREST SUCCESSION, Henry S. Horn, p. 90.

June: AGRICULTURE IN CHINA, Sterling Wortman, p. 13; HOW THE LIVER METABOLIZES FOREIGN SUBSTANCES, Attallah Kappas and Alvito P. Alvares, p. 22; SLAVERY IN ANTS, Edward O. Wilson, p. 32; ELECTRON-POSITRON ANNIHILATION AND THE NEW PARTICLES, Sidney D. Drell, p. 50; PULSATING STARS, John R. Percy, p. 66; VISUAL MOTION PERCEPTION, Gunnar Johansson, p. 76; PELAGIC TAR, James N. Butler, p. 90; THE ROLE OF MUSIC IN GALILEO'S EXPERIMENTS, Stillman Drake, p. 98.

July: THE ACCURACY OF STRATEGIC MISSILES, Kosta Tsipis, p. 14; THE MANIPULATION OF GENES, Stanley N. Cohen, p. 24; POSITRONS AS A PROBE OF THE SOLID STATE, Werner Brandt, p. 34; THE JOURNAL BEARING, John C. Bierlein, p. 50; THE EFFECTS OF LIGHT ON THE HUMAN BODY, Richard J. Wurtman, p. 68; THUNDER, Arthur A. Few, p. 80; THE MECHANICAL DESIGN OF TREES, Thomas A. McMahon, p. 92; WHY MOSQUITO REPELLENTS REPEL, R. H. Wright, p. 104.

August: INTERNATIONAL COMPARISONS OF MEDICAL CARE, Kerr L. White, p. 17; GIANT RADIO GALAXIES, Richard G. Strom, George K. Miley and Jan Oort, p. 26; HOW BACTERIA SWIM, Howard C. Berg, p. 36; THE CAUSES OF BIOLOGICAL DIVERSITY, Bryan Clarke, p. 50; THE PERCEPTION OF SURFACE COLOR, Jacob Beck, p. 62; THE FLOOR OF THE MID-ATLANTIC RIFT, J. R. Heirtzler and W. B. Bryan, p. 78; A PRE-COLUMBIAN URBAN CENTER ON THE MISSISSIPPI, Melvin L. Fowler, p. 92; THE STELLAR-ORIENTATION SYSTEM OF A MIGRATORY BIRD, Stephen T. Emlen, p. 102.

September: THE SOLAR SYSTEM, Carl Sagan, p. 22; THE ORIGIN AND EVOLUTION OF THE SOLAR SYSTEM, A. G. W. Cameron, p. 32; THE SUN, E. N. Parker, p. 42; MERCURY, Bruce C. Murray, p. 58; VENUS, Andrew and Louise Young, p. 70; THE EARTH, Raymond Siever, p. 82; THE MOON, John A. Wood, p. 92; MARS, James B. Pollack, p. 106; JUPITER, John H. Wolfe, p. 118; THE OUTER PLANETS, Donald M. Hunten, p. 130; THE SMALLER BODIES OF THE SOLAR SYSTEM, William K. Hartmann, p. 142; INTERPLANETARY PARTICLES AND FIELDS, James A. Van Allen, p. 160.

October: NATURAL-URANIUM HEAVY-WATER REACTORS, Hugh C. McIntyre, p. 17; THE FINAL STEPS IN SECRETION, Birgit Satir, p. 28; QUARKS WITH COLOR AND FLAVOR, Sheldon Lee Glashow, p. 38; IMAGE RECONSTRUCTION FROM PROJECTIONS, Richard Gordon, p. 56; THE RISE OF A MAYA MERCHANT CLASS, Jeremy A. Sabloff and William L. Rathje, p. 72; ACTIVE ANIMALS OF THE DEEP-SEA FLOOR, John D. Isaacs and Richard A. Schwartzlose, p. 84; MUSICAL ILLUSIONS, Diana Deutsch, p. 92; THE DEBATE OVER THE HYDROGEN BOMB, Herbert F. York, p. 106.

November: NUCLEAR-FREE ZONES, William Epstein, p. 25; THE PROTEIN

SWITCH OF MUSCLE CONTRACTION, Carolyn Cohen, p. 36; HIGH-GRADIENT MAGNETIC SEPARATION, Henry Kolm, John Oberteuffer and David Kelland, p. 46; THE CANCER PROBLEM, John Cairns, p. 64; UNUSUAL MECHANISMS FOR THE GENERATION OF LIFT IN FLYING ANIMALS, Torkel Weis-Fogh, p. 80; THE SUBDUCTION OF THE LITHOSPHERE, M. Nafi Toksöz, p. 88; THE SYNTHESIS OF DIAMOND AT LOW PRESSURE, B. V. Derjaguin and D. B. Fedoseev, p. 102; THE ROLE OF PUPIL SIZE IN COMMUNICATION, Eckhard H. Hess, p. 110.

December: THE STRIP-MINING OF WESTERN COAL, Genevieve Atwood, p. 23; COLICINS AND THE ENERGETICS OF CELL MEMBRANES, Salvador E. Luria, p. 30; X-RAYS FROM SUPERNOVA REMNANTS, Philip A. Charles and J. Leonard Culhane, p. 38; THE ARROW OF TIME, David Layzer, p. 56; WHAT HAPPENS TO THE HUMAN LENS IN CATARACT, Ruth van Heyningen, p. 70; SISTER-EXCHANGE MARRIAGE, Wendy James, p. 84; THE MICROSTRUCTURE OF POLYMERIC MATERIALS, D. R. Uhlmann and A. G. Kolbeck, p. 96; THE SAND WASPS OF AUSTRALIA, Howard E. Evans and Robert W. Matthews, p. 108.

1976

January: THE NECESSITY OF FISSION POWER, H. A. Bethe, p. 21; THE VOLCANOES OF MARS, Michael H. Carr, p. 32; THE SEARCH FOR NEW FAMILIES OF ELEMENTARY PARTICLES, David B. Cline, Alfred K. Mann and Carlo Rubbia, p. 44; A DNA OPERATOR-REPRESSOR SYSTEM, Tom Maniatis and Mark Ptashne, p. 64; STOMATOPODS, Roy L. Caldwell and Hugh Dingle, p. 80; PALEONEUROLOGY AND THE EVOLUTION OF MIND, Harry J. Jerison, p. 90; MIRAGES, Alistair B. Fraser and William H. Mach, p. 102; THE PREVENTION OF SMALLPOX BEFORE JENNER, William L. Langer, p. 112.

February: THE ETHICS OF EXPERIMENTATION WITH HUMAN SUBJECTS, Bernard Barber, p. 25; THE RECEPTORS OF STEROID HORMONES, Bert W. O'Malley and William T. Schrader, p. 32; IS GRAVITY GETTING WEAKER?, Thomas C. Van Flandern, p. 44; FORAGE CROPS, Harlow J. Hodgson, p. 60; ROBOT SYSTEMS, James S. Albus and John M. Evans, Jr., p. 76; THE FINAL PALEOLITHIC SETTLEMENTS OF THE EUROPEAN PLAIN, Romuald Schild, p. 88; CARBENES, Maitland Jones, Jr., p. 101; THE BIOLOGICAL CLOCK OF INSECTS, D. S. Saunders, p. 114.

March: THE METABOLISM OF ALCOHOL, Charles S. Lieber, p. 25; POLYCYCLIC AROMATIC COMPOUNDS IN NATURE, Max Blumer, p. 34; THE METEOROLOGY OF JUPITER, Andrew P. Ingersoll, p. 46; WILL THE UNIVERSE EXPAND FOREVER?, J. Richard Gott III, James E. Gunn, David N. Schramm and Beatrice M. Tinsley, p. 62; THE RESOURCES OF BINOCULAR PERCEPTION, John Ross, p. 80; THE SMALL ELECTRONIC CALCULATOR, Eugene W. McWhorter, p. 88; SOCIAL SPIDERS, J. Wesley Burgess, p. 100; FLUORESCENCE-ACTIVATED CELL SORTING, Leonard A. Herzenberg, Richard G. Sweet and Leonore A. Herzenberg, p. 108.

April: THE SCIENCE-TEXTBOOK CONTROVERSIES, Dorothy Nelkin, p. 33; THE SENSING OF CHEMICALS BY BACTERIA, Julius Adler, p. 40; SUBJECTIVE CONTOURS, Gaetano Kanizsa, p. 48; CATASTROPHE THEORY, E. C. Zeeman, p. 65; OPALS, P. J. Darragh, A. J. Gaskin and J. V. Sanders, p. 84; THE ANALYSIS OF MATERIALS BY X-RAY ABSORPTION, Edward A. Stern, p. 96; GALILEO AND THE FIRST MECHANICAL COMPUTING DEVICE, Stillman Drake, p. 104; THE NILE CROCODILE, Anthony C. Pooley and Carl Gans, p. 114.

May: OIL AND GAS FROM COAL, Neal P. Cochran, p. 24; CELL-SURFACE IMMUNOLOGY, Martin C. Raff, p. 30; MECHANICAL ALLOYING, J. S. Benjamin, p. 40; THE VASCULARIZATION OF TUMORS, Judah Folkman, p. 58; SYNCHRONOUS FIREFLIES, John and Elisabeth Buck, p. 74; THE MASS OF THE PHOTON, Alfred Scharff Goldhaber and Michael Martin Nieto, p. 86; STEPHEN HALES, I. Bernard Cohen, p. 98; THE GALILEAN SATELLITES OF JUPITER, Dale P. Cruikshank and David Morrison, p. 108.

June: THE CHOICE OF VOTING SYSTEMS, Richard G. Niemi and William H. Riker, p. 21; AN ELECTRON-HOLE LIQUID, Gordon A. Thomas, p. 28; THE PURPLE MEMBRANE OF SALT-LOVING BACTERIA, Walther Stoeckenius, p. 38; NAVIGATION BETWEEN THE PLANETS, William G. Melbourne, p. 58; 17,000 YEARS OF GREEK PREHISTORY, Thomas W. Jacobsen, p. 76; CENTER-PIVOT IRRIGATION, William E. Splinter, p. 90; HISTORICAL SUPERNOVAS, F. Richard Stephenson and David H. Clark, p. 100; FUTURE PERFORMANCE IN FOOTRACING, Henry W. Ryder, Harry Jay Carr and Paul Herget, p. 109.

July: WORLD RESOURCES AND THE WORLD MIDDLE CLASS, Nathan Keyfitz, p. 28; A NATURAL FISSION REACTOR, George A. Cowan, p. 36; INTERACTIONS BETWEEN HORMONES AND NERVE TISSUE, Bruce S. McEwen, p. 48; THE DIRECT REDUCTION OF IRON ORE, Jack Robert Miller, p. 68; THE GEOMETRY OF SOAP FILMS AND SOAP BUBBLES, Frederick J. Almgren, Jr., and Jean E. Taylor, p. 82; APPENDICULARIANS, Alice Alldredge, p. 94; POLARIZED-LIGHT NAVIGATION BY INSECTS, Rüdiger Wehner, p. 106; CANALS IN AMERICA, John S. McNown, p. 116.

August: MEDICAL MALPRACTICE, David S. Rubsamen, p. 18; THE SLEEP FACTOR, John R. Pappenheimer, p. 24; STONE-AGE MAN ON THE NILE, Philip E. L. Smith, p. 30; HOT SPOTS ON THE EARTH'S SURFACE, Kevin C. Burke and J. Tuzo Wilson, p. 46; RABBIT HEMOGLOBIN FROM FROG EGGS, Charles Lane, p. 60; THE PHOTOGRAPHIC LENS, William H. Price, p. 72; THE SOCIAL BEHAVIOR OF BURYING BEETLES, Lorus J. Milne and Margery Milne, p. 84; THE CURVATURE OF SPACE IN A FINITE UNIVERSE, J. J. Callahan, p. 90.

September: FOOD AND AGRICULTURE, Sterling Wortman, p. 30; THE DIMENSIONS OF HUMAN HUNGER, Jean Mayer, p. 40; THE REQUIREMENTS OF HUMAN NUTRITION, Nevin S. Scrimshaw and Vernon R. Young, p. 50; THE CYCLES OF PLANT AND ANIMAL NUTRITION, Jules Janick, Carl H. Noller and Charles L. Rhykerd, p. 74; THE PLANTS AND ANIMALS THAT NOURISH MAN, Jack R. Harlan, p. 88; AGRICULTURAL SYSTEMS, Robert S. Loomis, p. 98; THE AGRICULTURE OF THE U.S., Earl O. Heady, p. 106; THE AGRICULTURE OF MEXICO, Edwin J. Wellhausen, p. 128; THE AGRICULTURE OF INDIA, John W. Mellor, p. 154; THE RESOURCES AVAILABLE FOR AGRICULTURE, Roger Revelle, p. 164; THE AMPLIFICATION OF AGRICULTURAL PRODUCTION, Peter R. Jennings, p. 180; THE DEVELOPMENT OF AGRICULTURE IN DEVELOPING COUNTRIES, W. David Hopper, p. 196.

October: THE ERADICATION OF SMALLPOX, Donald A. Henderson, p. 25; THE PHOTOVOLTAIC GENERATION OF ELECTRICITY, Bruce Chalmers, p. 34; NEUTRON-SCATTERING STUDIES OF THE RIBOSOME, Donald M. Engelman and Peter B. Moore, p. 44; COSMIC GAMMA-RAY BURSTS, Ian B. Strong and Ray W. Klebesadel, p. 66; WHITE-LIGHT HOLOGRAMS, Emmett N. Leith, p. 80; THE SOCIAL ORDER OF JAPANESE MACAQUES, G. Gray Eaton, p. 96; DUST STORMS, Sherwood B. Idso, p. 108; A DESERTED MEDIEVAL VILLAGE IN ENGLAND, Maurice Beresford, p. 116.

November: LIMITED NUCLEAR WAR, Sidney D. Drell and Frank von Hippel, p. 27; REPETITIVE PROCESSES IN CHILD DEVELOPMENT, T. G. R. Bower, p. 38; THE CONFINEMENT OF QUARKS, Yoichiro Nambu, p. 48; CONVECTION CURRENTS IN THE EARTH'S MANTLE, D. P. McKenzie and Frank Richter, p. 72; VISUAL CELLS IN THE PONS OF THE BRAIN, Mitchell Glickstein and Alan R. Gibson, p. 90; THE FORMING OF SHEET METAL, S. S. Hecker and A. K. Ghosh, p. 100; URBAN TREES, Thomas S. Elias and Howard S. Irwin, p. 110; AN ARCHAIC INDIAN BURIAL MOUND IN LABRADOR, James A.Tuck and Robert J. McGhee, p. 122.

December: THE PLURALISTIC ECONOMY OF THE U.S., Eli Ginzberg, p. 25; THE REPROCESSING OF NUCLEAR FUELS, William P. Bebbington, p. 30; NEGATIVE AFTEREFFECTS IN VISUAL PERCEPTION, Olga Eizner Favreau and Michael C. Corballis, p. 42; SUPERFLUID HELIUM 3, N. David Mermin and David M. Lee, p. 56; THE CONTROL OF WALKING, Keir Pearson, p. 72; SUPERNOVAS IN OTHER GALAXIES, Robert P. Kirshner, p. 88; HOW VIRUSES INSERT THEIR DNA INTO THE DNA OF THE HOST CELL, Allan M. Campbell, p. 102; FISSION-TRACK DATING, J. D. Macdougall, p. 114.

1977

January: LEGAL ABORTION, Christopher Tietze and Sarah Lewit, p. 21; AGRICULTURE WITHOUT TILLAGE, Glover B. Triplett, Jr., and David M. Van Doren, Jr., p. 28; THE QUANTUM MECHANICS OF BLACK HOLES, S. W. Hawking, p. 34; THE ANTIBODY COMBINING SITE, J. Donald Capra and Allen B. Edmundson, p. 50; THE PERCEPTION OF MOVING TARGETS, Robert Sekuler and Eugene Levinson, p. 60; EXOELECTRONS, Ernest Rabinowicz, p. 74; CRATERING IN THE SOLAR SYSTEM, William K. Hartmann, p. 84; THE SAMARITANS, Shemaryahu Talmon, p. 100.

February: CRUISE MISSILES, Kosta Tsipis, p. 20; PHOBOS AND DEIMOS, Joseph Veverka, p. 30; A FRONTIER POST IN ROMAN BRITAIN, Robin Birley, p. 38; GLOBAL SATELITE COMMUNICATIONS, Burton I. Edelson, p. 58; THE ORIGIN OF ATHEROSCLEROSIS, Earl P. Benditt, p. 74; LASER SEPARATION OF ISOTOPES, Richard N. Zare, p. 86; SOCIAL AND NONSOCIAL SPEECH, Robert M. Krauss and Sam Glucksberg, p. 100; THE RESPONSE TO ACETYLCHOLINE,

Henry A. Lester, p. 106.

March: SUPERPHÉNIX: A FULL-SCALE BREEDER REACTOR, Georges A. Vendryes, p. 26; WAVES IN THE SOLAR WIND, J. T. Gosling and A. J. Hundhausen, p. 36; OPIATE RECEPTORS AND INTERNAL OPIATES, Solomon H. Snyder, p. 44; BIOLOGICAL NITROGEN FIXATION, Winston J. Brill, p. 68; THE ACOUSTICS OF THE SINGING VOICE, Johan Sundberg, p. 82; THE OLDEST ROCKS AND THE GROWTH OF CONTINENTS, Stephen Moorbath, p. 92; FLASHLIGHT FISHES, John E. McCosker, p. 106; THE EARLIEST MAYA, Norman Hammond, p. 116.

April: THE IMPORTATION OF LIQUEFIED NATURAL GAS, Elisabeth Drake and Robert C. Reid, p. 22; THE COLLISION BETWEEN INDIA AND EURASIA, Peter Molnar and Paul Tapponnier, p. 30; THE STATUS OF INTERFERON, Derek C. Burke, p. 42; ALGORITHMS, Donald E. Knuth, p. 63; BIOCRYSTALS, Shinya Inoué and Kayo Okazaki, p. 82; THE COMPANIONS OF SUNLIKE STARS, Helmut A. Abt, p. 96; THE SPREAD OF THE BANTU LANGUAGE, D. W. Phillipson, p. 106; THE THEORY OF THE RAINBOW, H. Moysés Nussenzveig, p. 116.

May: UNDERGROUND RESERVOIRS TO CONTROL THE WATER CYCLE, Robert P. Ambroggi, p. 21; RAMAPITHECUS, Elwyn L. Simons, p. 28; AMORPHOUS-SEMICONDUCTOR DEVICES, David Adler, p. 36; CANCER IMMUNOLOGY, Lloyd J. Old, p. 62; THE CASE OF THE MISSING SUNSPOTS, John A. Eddy, p. 80; EXPLORING THE HERBARIUM, Siri von Reis Altschul, p. 96; RAT SOCIETIES, Richard Lore and Kevin Flannelly, p. 106; STEIN'S PARADOX IN STATISTICS, Bradley Efron and Carl Morris, p. 119.

June: THE DISPOSAL OF RADIOACTIVE WASTES FROM FISSION REACTORS, Bernard L. Cohen, p. 21; THE USES OF SYNCHROTRON RADIATION, Ednor M. Rowe and John H. Weaver, p. 32; MICROBIAL LIFE IN THE DEEP SEA, Holger W. Jannasch and Carl O. Wirsen, p. 42; BOK GLOBULES, Robert L. Dickman, p. 66; SPATIAL MEMORY, David S. Olton, p. 82; THE LESSON OF RETROLENTAL FIBROPLASIA, William A. Silverman, p. 100; LECTINS, Nathan Sharon, p. 108; POETIC RESPONSES TO THE COPERNICAN REVOLUTION, Margaret M. Byard, p. 120.

July: THE RECOMBINANT-DNA DEBATE, Clifford Grobstein, p. 22; THE ATMOSPHERE OF MARS, Conway B. Leovy, p. 34; VIRAL HEPATITIS, Joseph L. Melnick, Gordon R. Dreesman and E. Blain Hollinger, p. 44; BIOLOGICAL REGENERATION AND PATTERN FORMATION, Peter J. Bryant, Susan V. Bryant and Vernon French, p. 66; THE SOLIDIFICATION OF CEMENT, D. D. Double and A. Hellawell, p. 82; ANIONS OF THE ALKALI METALS, James L. Dye, p. 92; THE COMPOUND EYE OF INSECTS, p. G. Adrian Horridge, p. 108; GAUSS, Ian Stewart, p. 122.

August: THE SALT NEGOTIATIONS, Herbert Scoville, Jr., p. 24; BL LACERTAE OBJECTS, Michael J. Disney and Philippe Véron, p. 32; LIGHT-WAVE COMMUNICATIONS, W. S. Boyle, p. 40; THE FLOW OF HEAT FROM THE EARTH'S INTERIOR, Henry N. Pollack and David S. Chapman, p. 60; KANGAROOS, T. J. Dawson, p. 78; THE GAS VACUOLES OF BLUE-GREEN ALGAE, A. E. Walsby, p. 90; THE HISTORY OF THE AIRFLOW CAR, Howard S. Irwin, p. 98; "SECOND MESSENGERS" IN THE BRAIN, James A. Nathanson and Paul Greengard, p. 108.

September: MICROELECTRONICS, Robert N. Noyce, p. 62; MICROELECTRONIC CIRCUIT ELEMENTS, James D. Meindl, p. 70; THE LARGE-SCALE INTEGRATION OF MICROELECTRONIC CIRCUITS, William C. Holton, p. 82; THE FABRICATION OF MICROELECTRONIC CIRCUITS, William G. Oldham, p. 110; MICROELECTRONIC MEMORIES, David A. Hodges, p. 130; MICROPROCESSORS, Hoo-Min D. Toong, p. 146; THE ROLE OF MICROELECTRONICS IN DATA PROCESSING, Lewis M. Terman, p. 162; THE ROLE OF MICROELECTRONICS IN INSTRUMENTATION AND CONTROL, Bernard M. Oliver, p. 180; THE ROLE OF MICROELECTRONICS IN COMMUNICATION, John S. Mayo, p. 192; MICROELECTRONICS AND COMPUTER SCIENCE, Ivan E. Sutherland and Carver A. Mead, p. 210; MICROELECTRONICS AND THE PERSONAL COMPUTER, Alan C. Kay, p. 230.

October: PEER REVIEW AND THE SUPPORT OF SCIENCE, Stephen Cole, Leonard C. Robin and Jonathan R. Cole, p. 34; X-RAY STARS IN GLOBULAR CLUSTERS, George W. Clark, p. 42; FUNDAMENTAL PARTICLES WITH CHARM, Roy F. Schwitters, p. 56; SIDE-LOOKING AIRBORNE RADAR, Homer Jensen, L. C. Graham, Leonard J. Porcello and Emmett N. Leith, p. 84; THE STRUCTURE AND FUNCTION OF HISTOCOMPATIBILITY ANTIGENS, Bruce A. Cunningham, p. 96; THE SOLUTION OF THE FOUR-COLOR-MAP PROBLEM, Kenneth Appel and Wolfgang Haken, p. 108; HOW THE IRON AGE BEGAN, Robert Maddin, James D. Muhly and Tamara S. Wheeler, p. 122; HALLUCINATIONS, Ronald K. Siegel, p. 132.

November: THE JOB PROBLEM, Eli Ginzberg, p. 43; THE SEARCH FOR LIFE ON MARS, Norman H. Horowitz, p. 52; DRIP IRRIGATION, Kobe Shoji, p. 62; THE CLUSTERING OF GALAXIES, Edward J. Groth, P. James E. Peebles, Michael Seldner and Raymond M. Soneira, p. 76; CATS AND COMMERCE, Neil B. Todd, p. 100; THE FUNCTIONS OF PALEOLITHIC FLINT TOOLS, Lawrence H. Keeley, p. 108; THE PROGRAM OF FERTILIZATION, David Epel, p. 128; AN EARLY ENERGY CRISIS AND ITS CONSEQUENCES, John U. Nef, p. 140.

December: PRODUCT TECHNOLOGY AND THE CONSUMER, G. Franklin Montgomery, p. 47; THE NUCLEOTIDE SEQUENCE OF A VIRAL DNA, John C. Fiddes, p. 54; THE MOTION OF THE GROUND IN EARTHQUAKES, David M. Boore, p. 68; THE EPIDEMIOLOGY OF INFLUENZA, Martin M. Kaplan and Robert G. Webster, p. 88; THE RETINEX THEORY OF COLOR VISION, Edwin H. Land, p. 108; DISCLINATIONS, William F. Harris, p. 130; WEAVER ANTS, Berthold K. Hölldobler and Edward O. Wilson, p. 146; A CELTIC FARMSTEAD IN SOUTHERN BRITAIN, Geoffrey Wainwright, p. 156.

1978

January: THE CARBON DIOXIDE QUESTION, George M. Woodwell, p. 34; THE SURGICAL REPLACEMENT OF THE HUMAN KNEE JOINT, David A. Sonstegard, Larry S. Matthews and Herbert Kaufer, p. 44; THE THREE-DIMENSIONAL STRUCTURE OF TRANSFER RNA, Alexander Rich and Sung Hou Kim, p. 52; THE STRUCTURE OF THE INTERSTELLAR MEDIUM, Carl Heiles, p. 74; HOW BACTERIA STICK, J.W. Costerton, G.G. Geesey and K.-J. Cheng, p. 86; THE EFFICIENCY OF ALGORITHMS, Harry R. Lewis and Christos H. Papadimitriou, p. 96; ROMAN CARTHAGE, John H. Humphrey and John Griffiths Pedley, p. 110; THE VISUAL CHARACTERISTICS OF WORDS, Peter Dunn-Rankin, p. 122.

February: DEINSTITUTIONALIZATION AND MENTAL HEALTH SERVICES, Ellen L. Bassuk and Samuel Gerson, p. 46; THE ORIGIN OF METAL DEPOSITS IN THE OCEANIC LITHOSPHERE, Enrico Bonatti, p. 54; COMPUTER-CONTROLLED ASSEMBLY, James L. Nevins and Daniel E. Whitney, p. 62; MICROCIRCUITS IN THE NERVOUS SYSTEM, Gordon M. Shepherd, p. 92; CARNIVOROUS PLANTS, Yolande Heslop-Harrison, p. 104; THE GENETICS OF HUMAN CANCER, Carlo M. Croce and Hilary Koprowski, p. 117; SUPERGRAVITY AND THE UNIFICATION OF THE LAWS OF PHYSICS, Daniel Z. Freedman and Peter van Nieuwenhuizen, p. 126; PASSIVE COOLING SYSTEMS IN IRANIAN ARCHITECTURE, Mehdi N. Bahadori, p. 144.

March: WORLD OIL PRODUCTION, Andrew R. Flower, p. 42; HEAVY LEPTONS, Martin L. Perl and William T. Kirk, p. 50; THE ELECTRONIC TELEPHONE, Peter P. Luff, p. 58; THE SURFACE OF MARS, Raymond E. Arvidson, Alan B. Binder and Kenneth L. Jones, p. 76; THE FLOW OF ENERGY IN A FOREST ECOSYSTEM, James R. Gosz, Richard T. Holmes, Gene E. Likens and F. Herbert Bormann, p. 92; HOW CELLS MAKE ATP, Peter C. Hinkle and Richard E. McCarthy, p. 104; THE COMBINATORIAL MATHEMATICS OF SCHEDULING, Ronald L. Graham, p. 124; PIETER BRUEGEL THE ELDER AS A GUIDE TO 16TH-CENTURY TECHNOLOGY, H. Arthur Klein, p. 134.

April: NUCLEAR POWER, NUCLEAR WEAPONS AND INTERNATIONAL STABILITY, David J. Rose and Richard K. Lester, p. 45; MICROVASCULAR SURGERY FOR STROKE, Jack M. Fein, p. 58; THE TRACKS OF MOVING CELLS, Guenter Albrecht-Buehler, p. 68; THE FOOD-SHARING BEHAVIOR OF PROTOHUMAN HOMINIDS, Glynn Isaac, p. 90; THE BIRTH OF MASSIVE STARS, Michael Zeilik, p. 110; KIMBERLITE PIPES, Keith G. Cox, p. 120; INSECTS OF THE WATER SURFACE, Lorus J. Milne and Margery Milne, p. 134; ATMOSPHERIC HALOS, David K. Lynch, p. 144.

May: ENHANCED-RADIATION WEAPONS, Fred M. Kaplan, p. 44; WHEN THE BLACK SEA WAS DRAINED, Kenneth J. Hsü, p. 52; THE COSMIC BACKGROUND RADIATION AND THE NEW AETHER DRIFT, Richard A. Muller, p. 64; ULTRASOUND IN MEDICAL DIAGNOSIS, Gilbert B. Devey and Peter N.T. Wells, p. 98; THE LEK MATING SYSTEM OF THE SAGE GROUSE, R. Haven Wiley, Jr., p. 114; THE ADJACENCY PRINCIPLE IN VISUAL PERCEPTION, Walter C. Gogel, p. 126; JUNCTIONS BETWEEN LIVING CELLS, L. Andrew Staehelin and Barbara E. Hull, p. 140; ROMAN HYDRAULIC TECHNOLOGY, Norman Smith, p. 154.

June: ATTITUDES TOWARD RACIAL INTEGRATION, D. Garth Taylor, Paul B. Sheatsley and Andrew M. Greeley, p. 42; THE EARLIEST PRECURSOR OF WRITING, Denise Schmandt-Besserat, p. 50; EXOTIC LIGHT NUCLEI, Joseph Cerny and Arthur M. Poskanzer, p. 60; COSMIC MASERS, Dale F. Dickinson, p. 90; THE SHAPING OF TISSUES IN EMBRYOS, Richard Gordon and Antone G. Jacobson, p. 106; COMPLEXITY THEORY, Nicholas Pippenger, p. 114; THE PRESERVATION OF STONE, K. Lal Gauri, p. 126; THE FEEDING BEHAVIOR OF MOSQUITOES, Jack Colvard Jones, p. 138.

SCIENTIFIC AMERICAN

Index to Authors

A

Abegglen, James C. THE ECONOMIC GROWTH OF JAPAN, 1970 Mar. p. 31.
Abelson, Philip H. PALEOBIOCHEMISTRY, 1956 July p. 83. [101]
Abrams, Charles. THE USES OF LAND IN CITIES, 1965 Sept. p. 150.
Abt, Helmut A. THE ROTATION OF STARS, 1963 Feb. p. 46; THE COMPANIONS OF SUNLIKE STARS, 1977 Apr. p. 96. [359]
Acker, Robert F., and S. E. Hartsell. FLEMING'S LYSOZYME, 1960 June p. 132.
Ackland, J. H. ARCHITECTURAL VAULTING, 1961 Nov. p. 144.
Adams, Elijah. BARBITURATES, 1958 Jan. p. 60 [1081]; POISONS, 1959 Nov. p. 76.
Adams, Robert M. THE ORIGINS OF THE CITIES, 1960 Sept. p. 153. [606]
Adler, David. AMORPHOUS-SEMICONDUCTOR DEVICES, 1977 May p. 36. [362]
Adler, Julius. THE SENSING OF CHEMICALS BY BACTERIA, 1976 Apr. p. 40. [1337]
Adler, Selig. THE OPERATION ON PRESIDENT MCKINLEY, 1963 Mar. p. 118.
Adolph, E. F. THE HEART'S PACEMAKER, 1967 Mar. p. 32. [1067]
Adrian, E. D. PHYSIOLOGY, 1950 Sept. p. 71.
Agranoff, Bernard W. MEMORY AND PROTEIN SYNTHESIS, 1967 June p. 115. [1077]
Ahmadjian, Vernon. THE FUNGI OF LICHENS, 1963 Feb. p. 122.
Aird, Robert B. BARRIERS IN THE BRAIN, 1956 Feb. p. 101.
Ajl, Samuel J., Solomon Kadis and Thomas C. Montie. PLAGUE TOXIN, 1969 Mar. p. 92.
Akasofu, Syun-Ichi. THE AURORA, 1965 Dec. p. 54.
Albersheim, Peter. THE WALLS OF GROWING PLANT CELLS, 1975 Apr. p. 80. [1320]
Albrecht-Buehler, Guenter. THE TRACKS OF MOVING CELLS, 1978 Apr. p. 68. [1386]
Albus, James S., and John M. Evans, Jr. ROBOT SYSTEMS, 1976 Feb. p. 76.
Alder, B. J., and Thomas E. Wainwright. MOLECULAR MOTIONS, 1959 Oct. p. 113. [265]
Alexander, Archibald S. THE COST OF WORLD ARMAMENTS, 1969 Oct. p. 21. [650]
Alexander, Peter. RADIATION-IMITATING CHEMICALS, 1960 Jan. p. 99.
Alexander, W. O. THE COMPETITION OF MATERIALS, 1967 Sept. p. 254.
Alfano, R. R., and S. L. Shapiro. ULTRAFAST PHENOMENA IN LIQUIDS AND SOLIDS, 1973 June p. 42.
Alfvén, Hannes. ELECTRICITY IN SPACE, 1952 May p. 26; ANTIMATTER AND COSMOLOGY, 1967 Apr. p. 106. [311]
Allcock, Harry R. INORGANIC POLYMERS, 1974 Mar. p. 66.
Alldredge, Alice. APPENDICULARIANS, 1976 July p. 94.
Allen, Robert D. THE MOMENT OF FERTILIZATION 1959 July p. 124; AMOEBOID MOVEMENT, 1962 Feb. p. 112. [182]
Allen, William W., and Ray F. Smith. INSECT CONTROL AND THE BALANCE OF NATURE, 1954 June p. 38.
Allfrey, Vincent G., and Alfred E. Mirsky. HOW CELLS MAKE MOLECULES, 1961 Sept. p. 74. [92]
Allison, Anthony C. SICKLE CELLS AND EVOLUTION, 1956 Aug. p. 87 [1065]; LYSOSOMES AND DISEASE, 1967 Nov. p. 62. [1085]
Almgren, Frederick J., Jr., and Jean E. Taylor. THE GEOMETRY OF SOAP FILMS AND SOAP BUBBLES, 1976 July p. 82.
Almond, Richard. THE THERAPEUTIC COMMUNITY, 1971 Mar. p. 34. [534]
Altschul, Siri von Reis. EXPLORING THE HERBARIUM, 1977 May p. 96. [1359]
Alvarado, Carlos A., and L. J. Bruce-Chwatt. MALARIA, 1962 May p. 86.
Alvares, Alvito P., and Attallah Kappas. HOW THE LIVER METABOLIZES FOREIGN SUBSTANCES, 1975 June p. 22. [1322]
Amaldi, Ugo. PROTON INTERACTIONS AT HIGH ENERGIES, 1973 Nov. p. 36.
Amann, R., and R. W. Davies. SCIENCE POLICY IN THE U.S.S.R., 1969 June p. 19.
Ambroggi, Robert P. WATER UNDER THE SAHARA, 1966 May p. 21; UNDERGROUND RESERVOIRS TO CONTROL THE WATER CYCLE, 1977 May p. 21. [924]
Amelio, Gilbert F. CHARGE-COUPLED DEVICES, 1974 Feb. p. 22.
Amerine, Maynard A. WINE, 1964 Aug. p. 46. [190]
Amoore, John E., James W. Johnston, Jr., and Martin Rubin. THE STEREOCHEMICAL THEORY OF ODOR, 1964 Feb. p. 42.
Amos, William H. THE LIFE OF A SAND DUNE, 1959 July p. 91.
Anati, Emmanuel. PREHISTORIC ART IN THE ALPS, 1960 Jan. p. 52.
Anders, Edward. DIAMONDS IN METEORITES, 1965 Oct. p. 26.
Anderson, A. J.,.and E. J. Underwood. TRACE-ELEMENT DESERTS, 1959 Jan. p. 97.
Anderson, Don L. THE PLASTIC LAYER OF THE EARTH'S MANTLE, 1962 July p. 52 [855]; THE SAN ANDREAS FAULT, 1971 Nov. p. 52. [896]
Anderson, Douglas D. A STONE AGE CAMPSITE AT THE GATEWAY TO AMERICA, 1968 June p. 24.
Anderson, Kinsey A. SOLAR PARTICLES AND COSMIC RAYS, 1960 June p. 64.
Andrade, E. N. da C. ROBERT HOOKE, 1954 Dec. p. 94; THE BIRTH OF THE NUCLEAR ATOM, 1956 Nov. p. 93.
Andrew, Richard J. THE ORIGINS OF FACIAL EXPRESSIONS, 1965 Oct. p. 88. [627]
Andrewes, Christopher Howard. THE COMMON COLD, 1951 Feb. p. 39; THE VIRUSES OF THE COMMON COLD, 1960 Dec. p. 88.
Angrist, Stanley W. GALVANOMAGNETIC AND THERMOMAGNETIC EFFECTS, 1961 Dec. p. 124; FLUID CONTROL DEVICES, 1964 Dec. p. 80; PERPETUAL MOTION MACHINES, 1968 Jan. p. 114.
Apfel, Robert E. THE TENSILE STRENGTH OF LIQUIDS, 1972 Dec. p. 58.
Appel, Kenneth, and Wolfgang Haken. THE SOLUTION OF THE FOUR-COLOR-MAP PROBLEM, 1977 Oct.108. [387]
Applegate, Vernon C., and James W. Moffett. THE SEA LAMPREY, 1955 Apr. p. 36.
Arditti, Joseph. ORCHIDS, 1966 Jan. p. 70.
Arnold, James R., and E. A. Martell. THE CIRCULATION OF RADIOACTIVE ISOTOPES, 1959 Sept. p. 84.
Arnon, Daniel I. THE ROLE OF LIGHT IN PHOTOSYNTHESIS, 1960 Nov. p. 104.
Arp, Halton C. THE EVOLUTION OF GALAXIES, 1963 Jan. p. 70.
Artamonov, M. I. FROZEN TOMBS OF THE SCYTHIANS, 1965 May p. 100.
Arvidson, Raymond E., Alan B. Binder and Kenneth L. Jones THE SURFACE OF MARS, 1978 Mar. p. 76. [399]

Asch, Solomon E. OPINIONS AND SOCIAL PRESSURE, 1955 Nov. p. 31. [450]
Ashby, Eric. LEAF SHAPE, 1949 Oct. p. 22.
Ashcroft, N. W. LIQUID METALS, 1969 July p. 72.
Ashkin, Arthur. THE PRESSURE OF LASER LIGHT, 1972 Feb. p. 62.
Asmundson, Sally J., and Eric T. Pengelley. ANNUAL BIOLOGICAL CLOCKS, 1971 Apr. p. 72. [1219]
Astbury, W. T. FLAGELLA, 1951 Jan. p. 20.
Astin, Allen V. STANDARDS OF MEASUREMENT, 1968 June p. 50.
Athay, R. Grant. THE SOLAR CHROMOSPHERE, 1962 Feb. p. 50.
Atkinson, Richard C., and Richard M. Shiffrin. THE CONTROL OF SHORT-TERM MEMORY, 1971 Aug. p. 82. [538]
Attneave, Fred. MULTISTABILITY IN PERCEPTION, 1971 Dec. p. 62. [540]
Atwater, Montgomery M. SNOW AVALANCHES, 1954 Jan. p. 26.
Atwood, Genevieve. THE STRIP-MINING OF WESTERN COAL, 1975 Dec. p. 23.
Auden, W. H. A NEW YEAR GREETING, 1969 Dec. p. 134.
Austin, Leonard G. FUEL CELLS, 1959 Oct. p. 72.
Avery, George S., Jr. THE DYING OAKS, 1957 May p. 112.
Avery, Mary Ellen, Nai-San Wang and H. William Taeusch, Jr. THE LUNG OF THE NEWBORN INFANT, 1973 Apr. p. 74.
Axelrod, Julius. NEUROTRANSMITTERS, 1974 June p. 58. [1297]
Axelrod, Julius, and Richard J. Wurtman. THE PINEAL GLAND, 1965 July p. 50. [1015]
Ayer, A. J. CHANCE, 1965 Oct. p. 44.
Ayres, Eugene. THE FUEL PROBLEM, 1949 Dec. p. 32; POWER FROM THE SUN, 1950 Aug. p. 16; WINDOWS, 1951 Feb. p. 60; AN AUTOMATIC CHEMICAL PLANT, 1952 Sept. p. 82; THE FUEL SITUATION, 1956 Oct. p. 43.
Azbel', M. Ya., M. I. Kaganov and I. M. Lifshitz. CONDUCTION ELECTRONS IN METALS, 1973 Jan. p. 88.

B

Baade, Walter. THE CONTENT OF GALAXIES, 1956 Sept. p. 92.
Babcock, Horace W. THE MAGNETISM OF THE SUN, 1960 Feb. p. 52.
Bacher, Robert F. THE HYDROGEN BOMB: III, 1950 May p. 11.
Bachmann, H. G. THE ORIGIN OF ORES, 1960 June p. 146.
Backer, Stanley. YARN, 1972 Dec. p. 46.
Badash, Lawrence. HOW THE "NEWER ALCHEMY" WAS RECEIVED, 1966 Aug. p. 88.
Bahadori, Mehdi N. PASSIVE COOLING SYSTEMS IN IRANIAN ARCHITECTURE, 1978 Feb. p. 144. [705]
Bahcall, John N. NEUTRINOS FROM THE SUN, 1969 July p. 28.
Bailey, Herbert S., Jr. THE VOYAGE OF THE "CHALLENGER", 1953 May p. 88.
Bailey, Herbert S., Jr., and Albert W. Tucker. TOPOLOGY, 1950 Jan. p. 18.
Baker, D. James, Jr. MODELS OF OCEANIC CIRCULATION, 1970 Jan. p. 114. [890]
Baker, Peter F. THE NERVE AXON, 1966 Mar. p. 74. [1038]
Bakker, Robert T. DINOSAUR RENAISSANCE, 1975 Apr. p. 58. [916]
Baldwin, Ralph B. THE CRATERS OF THE MOON, 1949 July p. 20.
Bales, Robert F. HOW PEOPLE INTERACT IN CONFERENCES, 1955 Mar. p. 31.
Baltimore, David, and Deborah H. Spector. THE MOLECULAR BIOLOGY OF POLIOVIRUS, 1975 May p. 24.
Bandura, Albert. BEHAVIORAL PSYCHOTHERAPY, 1967 Mar. p. 78. [505]
Bank, T. P. THE ALEUTS, 1958 Nov. p. 112.
Barad, Morton L. LOW-ALTITUDE JET STREAMS, 1961 Aug. p. 120.
Baranger, Michel, and Raymond A. Sorensen. THE SIZE AND SHAPE OF ATOMIC NUCLEI, 1969 Aug. p. 58.
Barber, Bernard. THE ETHICS OF EXPERIMENTATION WITH HUMAN SUBJECTS, 1976 Feb. p. 25.
Barber, Theodore X. EXPERIMENTS IN HYPNOSIS, 1957 Apr. p. 54.
Barger, Vernon D., and David B. Cline. HIGH-ENERGY SCATTERING, 1967 Dec. p. 76.
Barghoorn, Elso S. THE OLDEST FOSSILS, 1971 May p. 30. [895]
Barish, Barry C. EXPERIMENTS WITH NEUTRINO BEAMS, 1973 Aug. p. 30.
Barker, M. E. WARM CLOTHES, 1951 Mar. p. 56.
Barnard, Chester I. ARMS RACE V. CONTROL, 1949 Nov. p. 11; A NATIONAL SCIENCE POLICY, 1957 Nov. p. 45.
Barnea, Joseph. GEOTHERMAL POWER, 1972 Jan. p. 70. [898]
Barnes, Virgil E. TEKTITES, 1961 Nov. p. 58. [802]
Barnett, S. A. RATS, 1967 Jan. p. 78.
Barrett, Alan H. RADIO SIGNALS FROM HYDROXYL RADICALS, 1968 Dec. p. 36.
Barron, Frank. THE PSYCHOLOGY OF IMAGINATION, 1958 Sept. p. 150. [432]
Barron, Frank, Murray E. Jarvik and Sterling Bunnell, Jr. THE HALLUCINOGENIC DRUGS, 1964 April 29. [483]
Barry, J. M. THE SYNTHESIS OF MILK, 1957 Oct. p. 121.
Barthel, Thomas S. THE "TALKING BOARDS" OF EASTER ISLAND, 1958 June p. 61.
Barthold, L.O., and H. G. Pfeiffer. HIGH-VOLTAGE POWER TRANSMISSION, 1964 May p. 38.
Bartholomew, George A., and Bernd Heinrich. TEMPERATURE CONTROL IN FLYING MOTHS, 1972 June p. 70. [1252]
Bartholomew, George A., and Jack W. Hudson. DESERT GROUND SQUIRRELS, 1961 Nov. p. 107.
Bartlett, Paul D. FREE RADICALS, 1953 Dec. p. 74.
Bartley W. W., III. LEWIS CARROLL'S LOST BOOK ON LOGIC, 1972 July p. 38.
Bascom, Willard. THE DISPOSAL OF WASTE IN THE OCEAN, 1974 Aug. p. 16. THE MOHOLE, 1959 Apr. p. 41; OCEAN WAVES, 1959 Aug. p. 74 [828]; BEACHES, 1960 Aug. p. 80 [845]; TECHNOLOGY AND THE OCEAN, 1969 Sept. p. 198. [887]
Baserga, Renato, and Walter E. Kisieleski. AUTOBIOGRAPHIES OF CELLS, 1963 Aug. p. 103. [165]
Bass, Arnold M, and Charles M. Herzfeld. FROZEN FREE RADICALS, 1957 Mar. p. 90. [263]
Bass, George F. A BYZANTINE TRADING VENTURE, 1971 Aug. p. 22.
Bassett, C. Andrew. L. ELECTRICAL EFFECTS IN BONE, 1965 Oct. p. 18.
Bassett, William A., and Taro Takahashi. THE COMPOSITION OF THE EARTH'S INTERIOR, 1965 June p. 100.
Bassham, J. A. THE PATH OF CARBON IN PHOTOSYNTHESIS, 1962 June p. 88. [122]
Bassuk, Ellen L., and Samuel Gerson DEINSTITUTIONALIZATION AND MENTAL HEALTH SERVICES, 1978 Feb. p. 46. [581]
Batra, Lekh R., and Suzanne W. T. THE FUNGUS GARDENS OF INSECTS, 1967 Nov. p. 112. [1086]
Baum, William A. ELECTRONIC PHOTOGRAPHY OF STARS, 1956 Mar. p. 81.
Baumeister, Philip, and Gerald Pincus. OPTICAL INTERFERENCE COATINGS, 1970 Dec. p. 58.
Bazelon, David L. PSYCHIATRISTS AND THE ADVERSARY PROCESS, 1974 June p. 18.
Beach, Alice. PLANETS FROM PALOMAR, 1953 Feb. p. 17.
Beadle, George W. THE GENES OF MEN AND MOLDS, 1948 Sept. p. 30 [1]; IONIZING RADIATION AND THE CITIZEN, 1959 Sept. p. 219.
Beale, Ivan L., and Michael C. Corballis. ON TELLING LEFT FROM RIGHT, 1971 Mar. p. 96. [535]
Beals, C. S. FOSSIL METEORITE CRATERS, 1958 July p. 32.
Beams, Jesse W. ULTRAHIGH-SPEED ROTATION, 1961 Apr. p. 134.
Bearn, A. G. THE CHEMISTRY OF HEREDITARY DISEASE, 1956 Dec. p. 126.
Bearn, A. G. and James L. German III. CHROMOSOMES AND DISEASE, 1961 Nov. p. 66. [150]
Bebbington, William P. THE REPROCESSING OF NUCLEAR FUELS, 1976 Dec. p. 30.
Beck, Jacob. THE PERCEPTION OF SURFACE COLOR, 1975 Aug. p. 62. [565]
Beck, Stanley D. AN INSECT AND A PLANT, 1958 May p. 87; INSECTS AND THE LENGTH OF THE DAY, 1960 Feb. p. 108.
Becker, John V. RE-ENTRY FROM SPACE, 1961 Jan. p. 49.
Becker, Joseph J. PERMANENT MAGNETS, 1970 Dec. p. 92.
Becklin, Eric E., and G. Neugebauer. THE BRIGHTEST INFRARED SOURCES, 1973 Apr. p. 28.
Beecher, Henry K. ANESTHESIA, 1957 Jan. p. 70.
Beer, Alan E., and Rupert E. Billingham. THE EMBRYO AS A TRANSPLANT, 1974 Apr. p. 36.
Beermann, Wolfgang, and Ulrich Clever. CHROMOSOME PUFFS, 1964 Apr. p. 50. [180]
Bell, Richard H. V. A GRAZING ECOSYSTEM IN THE SERENGETI, 1971 July p. 86. [1228]
Bellman, Richard. CONTROL THEORY, 1964 Sept. p. 186.
Bellman, Richard, and David Blackwell. RED DOG, BLACKJACK AND POKER, 1951 Jan. p. 44.
Bello, Francis, and Maarten Schmidt. THE EVOLUTION OF QUASARS, 1971 May p. 54.
Belousov, V. V. EXPERIMENTAL GEOLOGY, 1961 Feb. p. 96.
Benade, Arthur H. THE PHYSICS OF WOOD WINDS, 1960 Oct. p. 144. THE PHYSICS OF BRASSES, 1973 July p. 24.
Benditt, Earl P. THE ORIGIN OF ATHEROSCLEROSIS, 1977 Feb. p. 74. [1351]
Benedek, George B. MAGNETIC RESONANCE AT HIGH PRESSURE, 1965 Jan. p. 102.
Benfield, A. E. THE EARTH'S MAGNETISM, 1950 June p. 20; THE EARTH'S HEAT, 1950 Dec. p. 54.
Benjamin, J. S. MECHANICAL ALLOYING, 1976 May p. 40.
Bennet-Clark, H. C., and A. W. Ewing. THE LOVE SONG OF THE FRUIT FLY, 1970 July p. 84. [1183]
Bennett, Edward L., Marian Cleeves Diamond and Mark R. Rosenzweig. BRAIN CHANGES IN RESPONSE TO EXPERIENCE, 1972 Feb. p. 22. [541]
Bennett, Frederick D. EXPLODING WIRES, 1962 May p. 102.

Benson, Andrew A., and Richard F. Lee. THE ROLE OF WAX IN OCEANIC FOOD CHAINS, 1975 Mar. p. 76. [1318]

Benson, Herbert, and Robert Keith Wallace. THE PHYSIOLOGY OF MEDITATION, 1972 Feb. p. 84. [1242]

Bentley, David, and Ronald R. Hoy. THE NEUROBIOLOGY OF CRICKET SONG, 1974 Aug. p. 34. [1302]

Benzer, Seymour. THE FINE STRUCTURE OF THE GENE, 1962 Jan. p. 70 [120]; GENETIC DISSECTION OF BEHAVIOR, 1973 Dec. p. 24. [1285]

Benzinger, T. H. THE HUMAN THERMOSTAT, 1961 Jan. p. 134. [129]

Beranek, Leo L. NOISE, 1966 Dec. p. 66. [306]

Berelson, Bernard, and Ronald F. Freedman. A STUDY IN FERTILITY CONTROL, 1964 May p. 29 [621]; THE HUMAN POPULATION, 1974 Sept. p. 30.

Berenyi, Ivan. COMPUTERS IN EASTERN EUROPE, 1970 Oct. p. 102.

Beresford, Maurice. A DESERTED MEDIEVAL VILLAGE IN ENGLAND, 1976 Oct. p. 116.

Berg, Howard C. HOW BACTERIA SWIM, 1975 Aug. p. 36.

Berge, Glenn L., and George A. Seielstad. THE MAGNETIC FIELD OF THE GALAXY, 1965 June p. 46.

Berger, Harold. NEUTRON RADIOGRAPHY, 1962 Nov. p. 107. [287]

Berkeley, Edmund C. SIMPLE SIMON, 1950 Nov. p. 40.

Berkowitz, Leonard. THE EFFECTS OF OBSERVING VIOLENCE, 1964 Feb. p. 35. [481]

Berlyne, Daniel E. CONFLICT AND AROUSAL, 1966 Aug. p. 82. [500]

Berman, Arthur I. OBSERVATORIES IN SPACE, 1963 Aug. p. 28.

Bernal, J. D. THE STRUCTURE OF LIQUIDS, 1960 Aug. p. 124

Berns, Michael W., and Donald E. Rounds. CELL SURGERY BY LASER, 1970 Feb. p. 98. [1170]

Bernstein, Alex, and M. de V. Roberts. COMPUTER V. CHESS-PLAYER, 1958 June p. 96.

Bernstein, Joseph. TSUNAMIS, 1954 Aug. p. 60.

Beroza, Morton, and Martin Jacobson. INSECT ATTRACTANTS, 1964 Aug. p. 20. [189]

Berrill, N. J. THE INDESTRUCTIBLE HYDRA, 1957 Dec. p. 118; SALPA, 1961 Jan. p. 150.

Berry, Joseph and Olle Björkman. HIGH-EFFICIENCY PHOTOSYNTHESIS, 1973 Oct. p. 80. [1281]

Bertman, Bernard, and David J. Sandiford. "SECOND SOUND" IN SOLID HELIUM, 1970 May p. 92.

Bertman, Bernard, and Robert A. Guyer. SOLID HELIUM, 1967 Aug. p. 84.

Bertram, Brian C. R. THE SOCIAL SYSTEM OF LIONS, 1975 May p. 54.

Best, Jay Boyd. PROTOPSYCHOLOGY, 1963 Feb. p. 54. [149]

Béteille, André, and M. N. Srinivas. THE "UNTOUCHABLES" OF INDIA, 1965 Dec. p. 13.

Bethe, Hans A. THE HYDROGEN BOMB: II, 1950 Apr. p. 18; WHAT HOLDS THE NUCLEUS TOGETHER?, 1953 Sept. p. 58; THE NECESSITY OF FISSION POWER, 1976 Jan. p. 21. [348]

Bethe, Hans A., Richard L. Garwin, and Ronald F. Freedman. ANTI-BALLISTIC-MISSILE SYSTEMS, 1968 Mar. p. 21.

Bettelheim, Bruno. SCHIZOPHRENIC ART: A CASE STUDY, 1952 Apr. p. 30; JOEY: A "MECHANICAL BOY", 1959 Mar. p. 116. [439]

Bettelheim, Bruno, and Morris Janowitz. PREJUDICE, 1950 Oct. p. 11.

Biale, J. B. THE RIPENING OF FRUIT, 1954 May p. 40. [118]

Bibby, Thomas G. HISTORY IN A PEAT BOG, 1953 Oct. p. 84.

Bibby, Thomas G., and P. V. Glob. A FORGOTTEN CIVILIZATION OF THE PERSIAN GULF, 1960 Oct. p. 62.

Biddle, Martin. THE ARCHAEOLOGY OF WINCHESTER, 1974 May p. 32.

Biddulph, Susann and Orlin. THE CIRCULATORY SYSTEM OF PLANTS, 1959 Feb. p. 44. [53]

Bierlein, John C. THE JOURNAL BEARING, 1975 July p. 50.

Biermann, Ludwig F., and Rhea Lüst. THE TAILS OF COMETS, 1958 Oct. p. 44.

Biesele, John J. TISSUE CULTURE AND CANCER, 1956 Oct. p. 50.

Bilaniuk, Olexa-Myron. SEMICONDUCTOR PARTICLE-DETECTORS, 1962 Oct. p. 78. [284]

Billingham, Rupert E., and Alan E. Beer. THE EMBRYO AS A TRANSPLANT, 1974 April 36.

Billingham, Rupert E., and Willys K. Silvers. SKIN TRANSPLANTS AND THE HAMSTER, 1963 Jan. p. 118. [148]

Billington, Douglas S. IONIZING RADIATION AND METALS, 1959 Sept. p. 200.

Binder, Alan B., Raymond E. Arvidson and Kenneth L. Jones THE SURFACE OF MARS, 1978 Mar. p. 76. [399]

Binford, Lewis R. and Sally R. STONE TOOLS AND HUMAN BEHAVIOR, 1969 Apr. p. 70. [643]

Bing, Richard J. HEART METABOLISM, 1957 Feb. p. 50.

Birch, Herbert G., Alexander Thomas and Stella Chess. THE ORIGIN OF PERSONALITY, 1970 Aug. p. 102. [529]

Birley, Robin. A FRONTIER POST IN ROMAN BRITAIN, 1977 Feb. p. 38. [692]

Bishop, J. A., and Laurence M. Cook. MOTHS, MELANISM AND CLEAN AIR, 1975 Jan. p. 90. [1314]

Bisplinghoff, R. L. THE SUPERSONIC TRANSPORT, 1964 June p. 25.

Bitter, Francis. ULTRASTRONG MAGNETIC FIELDS, 1965 July p. 64.

Bitterman, M. E. THE EVOLUTION OF INTELLIGENCE, 1965 Jan. p. 92. [490]

Bizzi, Emilio. THE COORDINATION OF EYE-HEAD MOVEMENTS, 1974 Oct. p. 100. [1305]

Björk, Lars E. AN EXPERIMENT IN WORK SATISFACTION, 1975 Mar. p. 17.

Björkman, Olle, and Joseph Berry. HIGH-EFFICIENCY PHOTOSYNTHESIS, 1973 Oct. p. 80. [1281]

Blaauw, Adriaan. YOUNG STARS, 1956 Feb. p. 36.

Blackett, P. M. S. IS THE ATOMIC BOMB AN ABSOLUTE WEAPON?, 1949 Mar. p. 13; STEPS TOWARD DISARMAMENT, 1962 Apr. p. 45.

Blackham, E. Donnell. THE PHYSICS OF THE PIANO, 1965 Dec. p. 88.

Blackler, Antonie W., and Michail Fischberg. HOW CELLS SPECIALIZE, 1961 Sept. p. 124. [94]

Blackwell, D. E. THE ZODIACAL LIGHT, 1960 July p. 54.

Blackwell, David and Richard Bellman. RED DOG, BLACKJACK AND POKER, 1951 Jan. p. 44.

Blake, Judith. THE CHANGING STATUS OF WOMEN IN DEVELOPED COUNTRIES, 1974 Sept. p. 136.

Blatt, John M. TIME REVERSAL, 1956 Aug. p. 107.

Blegen, Carl W. KING NESTOR'S PALACE, 1958 May p. 110.

Bloch, M. R. THE SOCIAL INFLUENCE OF SALT, 1963 July p. 88.

Bloch, Raymond. THE ETRUSCANS, 1962 Feb. p. 82; THE ORIGINS OF THE OLYMPIC GAMES, 1968 Aug. p. 78.

Bloom, Arnold L. OPTICAL PUMPING, 1960 Oct. p. 72.

Bloom, Harold, and Harold F. Walton. CHEMICAL PROSPECTING, 1957 July p. 41.

Bloom, Justin L., and Glenn T. Seaborg. THE SYNTHETIC ELEMENTS: IV, 1969 Apr. p. 56; FAST BREEDER REACTORS, 1970 Nov. p. 13. [339]

Blough, Donald S. EXPERIMENTS IN ANIMAL PSYCHOPHYSICS, 1961 July p. 113. [458]

Blumenfeld, Hans. THE MODERN METROPOLIS, 1965 Sept. p. 64.

Blumenstock, David I. THE UPPER ATMOSPHERE, 1949 Jan. p. 30; WEATHER INSTRUMENTS, 1951 Dec. p. 64.

Blumer, Max. POLYCYCLIC AROMATIC COMPOUNDS IN NATURE, 1976 Mar. p. 34.

Blumstein, Alfred, and Seymour Deitchman. AIR-TRAFFIC CONTROL, 1960 Dec. p. 47.

Bobeck, Andrew H., and H. E. D. Scovil. MAGNETIC BUBBLES, 1971 June p. 78.

Bodian, David. THE PARALYTIC PLAGUE, 1950 Aug. p. 22.

Bodmer, Walter F., and Luigi Luca Cavalli-Sforza. INTELLIGENCE AND RACE, 1970 Oct. p. 19. [1199]

Boehm, George A. W. TITANIUM: A NEW METAL, 1949 Apr. p. 48. [258]

Boehm, George A. W., and Teru Hayashi. ARTIFICIAL MUSCLE, 1952 Dec. p. 18.

Boehm, George A. W., H. B. Goodrich and R. H. Knapp. THE ORIGINS OF U.S. SCIENTISTS, 1951 July p. 15.

Boerma, Addeke H. A WORLD AGRICULTURAL PLAN, 1970 Aug. p. 54. [1186]

Bogert, Charles M. HOW REPTILES REGULATE THEIR BODY TEMPERATURE, 1959 Apr. p. 105.

Bohr, Niels. TRIBUTE TO ALBERT EINSTEIN: 1879-1955, 1955 June p. 31.

Bok, Bart J. THE MILKY WAY, 1950 Feb. p. 30; THE SOUTHERN SKY, 1952 July p. 46; A NATIONAL RADIO OBSERVATORY, 1956 Oct. p. 56; THE ARMS OF THE GALAXY, 1959 Dec. p. 92; THE LARGE CLOUD OF MAGELLAN, 1964 Jan. p. 32; THE BIRTH OF STARS, 1972 Aug. p. 48.

Bok, Sissela. THE ETHICS OF GIVING PLACEBOS, 1974 Nov. p. 17.

Bolef, Dan I., and Richard D. English. DEFENSE AGAINST BOMBER ATTACK, 1973 Aug. p. 11.

Bolin, Bert. THE CARBON CYCLE, 1970 Sept. p. 124. [1193]

Bolt, Bruce A. THE FINE STRUCTURE OF THE EARTH'S INTERIOR, 1973 Mar. p. 24. [906]

Bonatti, Enrico. THE ORIGIN OF METAL DEPOSITS IN THE OCEANIC LITHOSPHERE, 1978 Feb. p. 54. [929]

Bonner, James. CHEMICAL WARFARE AMONG THE PLANTS, 1949 Mar. p. 48.

Bonner, John Tyler. THE SOCIAL AMOEBAE, 1949 June p. 44; VOLVOX: A COLONY OF CELLS, 1950 May p. 52; THE HORN OF THE UNICORN, 1951 Mar. p. 42; D'ARCY THOMPSON, 1952 Aug. p. 60; THE GROWTH OF MUSHROOMS, 1956 May p. 97; DIFFERENTIATION IN SOCIAL AMOEBAE, 1959 Dec. p. 152; HOW SLIME MOLDS COMMUNICATE, 1963 Aug. p. 84 [164]; HORMONES IN SOCIAL AMOEBAE AND MAMMALS, 1969 June p. 78.

Bonner, W. A., and P. O'B. Montgomery. A "FLYING-SPOT" MICROSCOPE, 1958 May p. 38.

Bonney, Walter T. HIGH-SPEED RESEARCH AIRPLANES, 1953 Oct. p. 36.

Boon, George C. COUNTERFEITING IN ROMAN BRITAIN, 1974 Dec. p. 120.

Boore, David M. THE MOTION OF THE GROUND IN EARTHQUAKES, 1977 Dec. p. 68. [928]

Borhegyi, Stephan F. UNDERWATER ARCHAEOLOGY IN THE MAYA HIGHLANDS, 1959 Mar. p. 100.
Bormann, F. Herbert, and Gene E. Likens. THE NUTRIENT CYCLES OF AN ECOSYSTEM, 1970 Oct. p. 92. [1202]
Bormann, F. Herbert, James R. Gosz, Richard T. Holmes and Gene E. Likens THE FLOW OF ENERGY IN A FOREST ECOSYSTEM, 1978 Mar. p. 92. [1384]
Born, Max. PHYSICS, 1950 Sept. p. 28.
Bornstein, Paul, and Russell Ross. ELASTIC FIBERS IN THE BODY, 1971 June p. 44. [1225]
Bose, Nirmal Kumar. CALCUTTA: A PREMATURE METROPOLIS, 1965 Sept. p. 90.
Bostick, Winston H. PLASMOIDS, 1957 Oct. p. 87

Boston Psychopathic Hospital, Six Staff Members of. EXPERIMENTAL PSYCHOSES, 1955 June p. 34.
Botelho, Stella Y. TEARS AND THE LACRIMAL GLAND, 1964 Oct. p. 78.
Bovarnick, Marianna R. RICKETTSIAE, 1955 Jan. p. 74.
Bower, T. G. R. THE VISUAL WORLD OF INFANTS, 1966 Dec. p. 80 [502]; THE OBJECT IN THE WORLD OF THE INFANT, 1971 Oct. p. 30 [539]; REPETITIVE PROCESSES IN CHILD DEVELOPMENT, 1976 Nov. p. 38. [572]
Bowers, Raymond. PLASMAS IN SOLIDS, 1963 Nov. p. 46; A SOLID-STATE SOURCE OF MICROWAVES, 1966 Aug. p. 22.
Bowers, Raymond, and Harvey Brooks. THE ASSESSMENT OF TECHNOLOGY, 1970 Feb. p. 13. [332]
Bowers, Raymond, and Jeffrey Frey. TECHNOLOGY ASSESSMENT AND MICROWAVE DIODES, 1972 Feb. p. 13.
Boycott, Brian B. LEARNING IN THE OCTOPUS, 1965 Mar. p. 42. [1006]
Boyd, William C. Rh AND THE RACES OF MAN, 1951 Nov. p. 22.
Boyden, Alan A. THE BLOOD RELATIONSHIPS OF ANIMALS, 1951 July p. 59.
Boyd-Orr, Lord John. THE FOOD PROBLEM, 1950 Aug. p. 11.
Boyer, Carl B. THE INVENTION OF ANALYTIC GEOMETRY, 1949 Jan. p. 40; ARISTOTLE'S PHYSICS, 1950 May p. 48.
Boyko, Hugo. SALT-WATER AGRICULTURE, 1967 Mar. p. 89.
Boyle, W. S. LIGHT-WAVE COMMUNICATIONS, 1977 Aug. p. 40. [373]
Boyse, Edward A., Lloyd J. Old and H. A. Campbell. L-ASPARAGINE AND LEUKEMIA, 1968 Aug. p. 34.
Bozorth, Richard M. MAGNETIC MATERIALS, 1955 Jan. p. 68.
Brachet, Jean. THE LIVING CELL, 1961 Sept. p. 50. [90]
Brady, Frank B. ALL-WEATHER AIRCRAFT LANDING, 1964 Mar. p. 25.
Brady, Joseph V. ULCERS IN "EXECUTIVE" MONKEYS, 1958 Oct. p. 95. [425]
Brady, Roscoe O. HEREDITARY FAT-METABOLISM DISEASES, 1973 Aug. p. 88.
Bragg, Sir Lawrence. X-RAY CRYSTALLOGRAPHY, 1968 July p. 58. [325]
Braham, Roscoe R., Jr. LIFE OF A THUNDERSTORM, 1950 June p. 48.
Braidwood, Robert J. FROM CAVE TO VILLAGE, 1952 Oct. p. 62; THE AGRICULTURAL REVOLUTION, 1960 Sept. p. 130. [605]
Braidwood, Robert J., and Halet Çambel. AN EARLY FARMING VILLAGE IN TURKEY, 1970 Mar. p. 50.
Brainerd, Charles J. THE ORIGINS OF NUMBER CONCEPTS, 1973 Mar. p. 101.
Branch, Daniel P., and James Marston Fitch. PRIMITIVE ARCHITECTURE AND CLIMATE, 1960 Dec. p. 134.
Brandt, N. B., and N. I. Ginzburg. SUPERCONDUCTIVITY AT HIGH PRESSURE, 1971 Apr. p. 83.
Brandt, Werner. CHANNELING IN CRYSTALS, 1968 Mar. p. 90. POSITRONS AS A PROBE OF THE SOLID STATE, 1975 July p. 34.
Braude, A. I. BACTERIAL ENDOTOXINS, 1964 Mar. p. 36.
Braun, Armin C. PLANT CANCER, 1952 June p. 66; THE REVERSAL OF TUMOR GROWTH, 1965 Nov. p. 75.
Brazier, Mary A. B. THE ANALYSIS OF BRAIN WAVES, 1962 June p. 142.
Breck, D. W., and J. V. Smith. MOLECULAR SIEVES, 1959 Jan. p. 85.
Brenner, S. S. METAL "WHISKERS", 1960 July p. 64.
Breslow, Ronald. THE NATURE OF AROMATIC MOLECULES, 1972 Aug. p. 32.
Brett, J. R. THE SWIMMING ENERGETICS OF SALMON, 1965 Aug. p. 80. [1019]
Bridgman, P. W. SYNTHETIC DIAMONDS, 1955 Nov. p. 42.
Briggs, Asa. TECHNOLOGY AND ECONOMIC DEVELOPMENT, 1963 Sept. p. 52.
Brill, Robert H. ANCIENT GLASS, 1963 Nov. p. 120.
Brill, Winston J. BIOLOGICAL NITROGEN FIXATION, 1977 Mar. p. 68. [922]
Brindley, G. S. AFTERIMAGES, 1963 Oct. p. 84. [1089]
Britten, Roy J., and David E. Kohne. REPEATED SEGMENTS OF DNA, 1970 Apr. p. 24. [1173]
Broadbent, Donald E. ATTENTION AND THE PERCEPTION OF SPEECH, 1962 Apr. p. 143. [467]
Broers, A. N., and M. Hatzakis. MICROCIRCUITS BY ELECTRON BEAM, 1972 Nov. p. 34.
Bronfenbrenner, Urie. THE ORIGINS OF ALIENATION, 1974 Aug. p. 53. [561]
Bronowski, J. THE CREATIVE PROCESS, 1958 Sept. p. 58; THE CLOCK PARADOX, 1963 Feb. p. 134.
Brooks, Harvey, and Raymond Bowers. THE ASSESSMENT OF TECHNOLOGY, 1970 Feb. p. 13. [332]
Broom, Robert. THE APE-MEN, 1949 Nov. p. 20. [832]
Brophy, J. H., H. W. Hayden and R. C. Gibson. SUPERPLASTIC METALS, 1969 Mar. p. 28.
Brower, Lincoln Pierson. ECOLOGICAL CHEMISTRY, 1969 Feb. p. 22. [1133]
Brown, Arthur A., and Horace C. Levinson. OPERATIONS RESEARCH, 1951 Mar. p. 15.
Brown, Donald D. THE ISOLATION OF GENES, 1973 Aug. p. 20. [1278]
Brown, Frank A., Jr. BIOLOGICAL CLOCKS AND THE FIDDLER CRAB, 1954 Apr. p. 34.
Brown, Gordon S., and Donald P. Campbell. CONTROL SYSTEMS, 1952 Sept. p. 56.
Brown, Harold, and Gerald W. Johnson. NON-MILITARY USES OF NUCLEAR EXPLOSIVES, 1958 Dec. p. 29.
Brown, Harrison. THE AGE OF THE SOLAR SYSTEM, 1957 Apr. p. 80 [102]; HUMAN MATERIALS PRODUCTION AS A PROCESS IN THE BIOSPHERE, 1970 Sept. p. 194. [1198]
Brown, James Cooke. LOGLAN, 1960 June p. 53.
Brown, James H. THE DESERT PUPFISH, 1971 Nov. p. 104. [1236]
Brown, John F., Jr. INCLUSION COMPOUNDS, 1962 July p. 82. [280]
Brown, Lester R. HUMAN FOOD PRODUCTION AS A PROCESS IN THE BIOSPHERE, 1970 Sept. p. 160. [1196]
Browne, William R., and John A. Coffman. CORONA CHEMISTRY, 1965 June p. 90.
Bruce-Chwatt, L. J., and Carlos A. Alvarado. MALARIA, 1962 May p. 86.
Bruce-Mitford, R. L. S. THE SUTTON HOO SHIPBURIAL, 1951 Apr. p. 24; THE TREASURE OF ST. NINIANS'S, 1960 Nov. 154.
Brues, Charles T. INSECTS IN AMBER, 1951 Nov. p. 56. [838]
Brunauer, Stephen, and L. E. Copeland. THE CHEMISTRY OF CONCRETE, 1964 Apr. p. 80.
Bruun, Anton F. ANIMALS OF THE ABYSS, 1957 Nov. p. 50.
Bryan, W. B., and J. R. Heirtzler. THE FLOOR OF THE MID-ATLANTIC RIFT, 1975 Aug. p. 78. [918]
Bryant, Howard C., and Nelson Jarmie. THE GLORY, 1974 July p. 60.
Bryant, Vaughn M., Jr., and Glenna Williams-Dean. THE COPROLITES OF MAN, 1975 Jan. p. 100. [687]
Bryant, Lynwood. THE ORIGIN OF THE AUTOMOBILE ENGINE, 1967 Mar. p. 102; RUDOLF DIESEL AND HIS RATIONAL ENGINE, 1969 Aug. p. 108.
Bryant, Peter J., Susan V. Bryant and Vernon French. BIOLOGICAL REGENERATION AND PATTERN FORMATION, 1977 July p. 66. [1363]
Bucher, Walter H. THE CRUST OF THE EARTH, 1950 May p. 32.
Buchhold, Theodore A. APPLICATIONS OF SUPER-CONDUCTIVITY, 1960 Mar. p. 74. [270]
Buck, Elisabeth, and John Buck. SYNCHRONOUS FIREFLIES, 1976 May p. 74.
Buck, John, and Elisabeth Buck. SYNCHRONOUS FIREFLIES, 1976 May p. 74.
Buckhout, Robert. EYEWITNESS TESTIMONY, 1974 Dec. p. 23. [562]
Bullard, Sir Edward. THE DETECTION OF UNDERGROUND EXPLOSIONS, 1966 July p. 19; THE ORIGIN OF THE OCEANS, 1969 Sept. p. 66. [880]
Bullen, K. E. THE INTERIOR OF THE EARTH, 1955 Sept. p. 56. [804]
Bump, T. R. A THIRD GENERATION OF BREEDER REACTORS, 1967 May p. 25.
Bumpus, F. Merlin, Irvine H. Page and Hans J. Schwartz. ANGIOTENSIN, 1959 Mar. p. 54.
Bundy, Francis P. SUPERHARD MATERIALS, 1974 Aug. p. 62.
Bunker, Don L. COMPUTER EXPERIMENTS IN CHEMISTRY, 1964 July p. 100.
Bunnell, Sterling, Jr., Frank Barron and Murray E. Jarvik. THE HALLUCINOGENIC DRUGS, 1964 Apr. p. 29. [483]
Burbidge, E. Margaret, and C. Roger Lynds. THE ABSORPTION LINES OF QUASI-STELLAR OBJECTS, 1970 Dec. p. 22.
Burbidge, Geoffrey. THE ORIGIN OF COSMIC RAYS, 1966 Aug. p. 32.
Burbidge, Geoffrey, and E. Margaret. STELLAR POPULATIONS, 1958 Nov. p. 44 [203];
Burbidge, Geoffrey, and E. Margaret. PECULIAR GALAXIES, 1961 Feb. p. 50; SUBDWARF STARS, 1961 June p. 111.
Burbidge, Geoffrey, and Fred Hoyle. ANTIMATTER, 1958 Apr. p. 34; THE PROBLEM OF THE QUASI-STELLAR OBJECTS, 1966 Dec. p. 40. [305]
Burgess, J. Wesley. SOCIAL SPIDERS, 1976 Mar. p. 100.
Burgus, Roger, and Roger Guillemin. THE HORMONES OF THE HYPOTHALAMUS, 1972 Nov. p. 24. [1260]

Burke, Derek C. THE STATUS OF INTERFERON, 1977 Apr. p. 42. [1356]

Burke, Kevin C., and J. Tuzo Wilson. HOT SPOTS ON THE EARTH'S SURFACE, 1976 Aug. p. 46. [920]

Burnet, Sir Macfarlane. VIRUSES, 1951 May p. 43 [2]; THE INFLUENZA VIRUS, 1953 Apr. p. 27; HOW ANTIBODIES ARE MADE, 1954 Nov. p. 74; THE STRUCTURE OF THE INFLUENZA VIRUS, 1957 Feb. p. 37; THE MECHANISM OF IMMUNITY, 1961 Jan. p. 58 [78]; THE THYMUS GLAND, 1962 Nov. p. 50. [138]

Burwell, Robert L., Jr., and Vladimir Haensel. CATALYSIS, 1971 Dec. p. 46.

Busignies, Henri. COMMUNICATION CHANNELS, 1972 Sept. p. 98.

Bustad, Leo K. PIGS IN THE LABORATORY, 1966 June p. 94. [1045]

Buswell, Arthur M., and Worth H. Rodebush. WATER, 1956 Apr. p. 76. [262]

Butler, James N. PELAGIC TAR, 1975 June p. 90.

Butler, Robert A. CURIOSITY IN MONKEYS, 1954 Feb. p. 70.

Butler, S. T. ATOMOSPHERIC TIDES, 1962 Dec. p. 48.

Butler, W. L. and Robert J. Downs. LIGHT AND PLANT DEVELOPMENT, 1960 Dec. p. 56. [107]

Butterfield, Herbert. THE SCIENTIFIC REVOLUTION, 1960 Sept. p. 173.

Buzzati-Traverso, A. THE STATE OF GENETICS, 1951 Oct. p. 22.

Byard, Margaret M. POETIC RESPONSES TO THE COPERNICAN REVOLUTION, 1977 June p. 120. [367]

C

Cadart, Jean. THE EDIBLE SNAIL, 1957 Aug. p. 113.

Cady, Walter G. CRYSTALS AND ELECTRICITY, 1949 Dec. p. 46.

Cahill, J. Laurence, Jr. THE MAGNETOSPHERE, 1965 Mar. p. 58.

Cairns, John. THE BACTERIAL CHROMOSOME, 1966 Jan. p. 36 [1030]; THE CANCER PROBLEM, 1975 Nov. p. 64. [1330]

Caldwell, Roy L., and Hugh Dingle. STOMATOPODS, 1976 Jan. p. 80.

Calhoun, John B. POPULATION DENSITY AND SOCIAL PATHOLOGY, 1962 Feb. p. 139. [506]

Callahan, J. J. THE CURVATURE OF SPACE IN A FINITE UNIVERSE, 1976 Aug. p. 90.

Calvin, Melvin, and Geoffrey Eglinton. CHEMICAL FOSSILS, 1967 Jan. p. 32. [308]

Çambel, Halet, and Robert J. Braidwood. AN EARLY FARMING VILLAGE IN TURKEY, 1970 Mar. p. 50.

Cameron, A. G. W. THE ORIGIN AND EVOLUTION OF THE SOLAR SYSTEM, 1975 Sept. p. 32.

Cameron, I. R. METEORITES AND COSMIC RADIATION, 1973 July p. 64.

Camhi, Jeffrey M. FLIGHT ORIENTATION IN LOCUSTS, 1971 Aug. p. 74. [1231]

Campbell, Allan M. HOW VIRUSES INSERT THEIR DNA INTO THE DNA OF THE HOST CELL, 1976 Dec. p. 102. [1347]

Campbell, Angus, Gerald Gurin and Warren E. Miller. TELEVISION AND THE ELECTION, 1953 May p. 46; THE ELECTORAL SWITCH OF 1952, 1954 May p. 31.

Campbell, Arthur A., Ronald F. Freedman and Pascal K. Whelpton. FAMILY PLANNING IN THE U.S., 1959 Apr. p. 50.

Campbell, Donald P., and Gordon S. Brown. CONTROL SYSTEMS, 1952 Sept. p. 56.

Campbell, Fergus W., and Lamberto Maffei. CONTRAST AND SPATIAL FREQUENCY, 1974 Nov. p. 106. [1308]

Campbell, H. A., Lloyd J. Old and Edward A. Boyse. L-ASPARAGINE AND LEUKEMIA, 1968 Aug. p. 34.

Campbell, John P. VERTICAL-TAKEOFF AIRCRAFT, 1960 Aug. p. 41.

Cann, J. R., J. E. Dixon and Colin Renfrew. OBSIDIAN AND THE ORIGINS OF TRADE, 1968 Mar. p. 38.

Cantril, Hadley. PSYCHOLOGY, 1950 Sept. p. 79; A STUDY OF ASPIRATIONS, 1963 Feb. p. 41.

Capaldi, Roderick A. A DYNAMIC MODEL OF CELL MEMBRANES, 1974 Mar. p. 26. [1292]

Caplan, Nathan S., and Jeffery M. Paige. A STUDY OF GHETTO RIOTERS, 1968 Aug. p. 15. [638]

Capra, J. Donald, and Allen B. Edmundson. THE ANTIBODY COMBINING SITE, 1977 Jan. p. 50. [1350]

Carey, Francis G. FISHES WITH WARM BODIES, 1973 Feb. p. 36. [1266]

Carey, Niall, and P. C. Constantinides. THE ALARM REACTION, 1949 Mar. p. 20. [4]

Carlson, Frederic R., Jr., and Albert L. Zobrist. AN ADVICE-TAKING CHESS COMPUTER, 1973 June p. 92.

Carnap, Rudolf. WHAT IS PROBABILITY?, 1953 Sept. p. 128.

Carr, Archie. THE NAVIGATION OF THE GREEN TURTLE, 1965 May p. 78. [1010]

Carr, Harry Jay, Henry W. Ryder and Paul Herget. FUTURE PERFORMANCE IN FOOTRACING, 1976 June p. 109.

Carr, Michael H. THE VOLCANOES OF MARS, 1976 Jan. p. 32.

Carrington, John F. THE TALKING DRUMS OF AFRICA, 1971 Dec. p. 90.

Carter, Anne P. THE ECONOMICS OF TECHNOLOGICAL CHANGE, 1966 Apr. p. 25. [629]

Carter, Barry E. NUCLEAR STRATEGY AND NUCLEAR WEAPONS, 1974 May p. 20.

Cartledge, G. H. STUDIES IN CORROSION, 1956 May p. 35.

Casey, Richard G., and George Nagy. ADVANCES IN PATTERN RECOGNITION, 1971 Apr. p. 56.

Casimir, H. B. G. BROKEN ENGLISH, 1956 Mar. p. 96.

Casson, Lionel. TRADE IN THE ANCIENT WORLD, 1954 Nov. p. 98.

Cattell, Raymond B. THE NATURE AND MEASUREMENT OF ANXIETY, 1963 Mar. p. 96. [475]

Cavalli-Sforza, Luigi Luca. "GENETIC DRIFT" IN AN ITALIAN POPULATION, 1969 Aug. p. 30; THE GENETICS OF HUMAN POPULATIONS, 1974 Sept. p. 80.

Cavalli-Sforza, Luigi Luca, and Walter F. Bodmer. INTELLIGENCE AND RACE, 1970 Oct. p. 19. [1199]

Cavers, David F. THE ATOMIC ENERGY ACT OF 1954, 1954 Nov. p. 31.

Cerami, Anthony, and Charles M. Peterson. CYANATE AND SICKLE-CELL DISEASE, 1975 Apr. p. 44. [1319]

Ceraso, John. THE INTERFERENCE THEORY OF FORGETTING, 1967 Oct. p. 117. [509]

Cerny, Joseph, and Arthur M. Poskanzer. EXOTIC LIGHT NUCLEI, 1978 June p. 60. [3010]

Chadwick, John. LIFE IN MYCENAEAN GREECE, 1972 Oct. p. 36. [681]

Chaitin, Gregory J. RANDOMNESS AND MATHEMATICAL PROOF, 1975 May p. 47.

Chalmers, Bruce. HOW WATER FREEZES, 1959 Feb. p. 114. THE PHOTOVOLTAIC GENERATION OF ELECTRICITY, 1976 Oct. p. 34.

Champagnat, Alfred. PROTEIN FROM PETROLEUM, 1965 Oct. p. 13. [1020]

Chanaud, Robert C. AERODYNAMIC WHISTLES, 1970 Jan. p. 40.

Chang, Hsien-Wu, and Gilbert W. King. MACHINE TRANSLATION OF CHINESE, 1963 June p. 124.

Changeux, Jean-Pierre. THE CONTROL OF BIOCHEMICAL REACTIONS, 1965 Apr. p. 36. [1008]

Chapanis, Alphonse. COLOR BLINDNESS, 1951 Mar. p. 48; PSYCHOLOGY AND THE INSTRUMENT PANEL, 1953 Apr. p. 74 [496]; INTERACTIVE HUMAN COMMUNICATION, 1975 Mar. p. 36.

Chapman, Carleton B., and Jere H. Mitchell. THE PHYSIOLOGY OF EXERCISE, 1965 May p. 88. [1011]

Chapman, Clark R. THE NATURE OF ASTEROIDS, 1975 Jan. p. 24.

Chapman, David S., and Henry N. Pollack. THE FLOW OF HEAT FROM THE EARTH'S INTERIOR, 1977 Aug. p. 60. [927]

Chapman, Sydney. TIDES IN THE ATMOSPHERE, 1954 May p. 36; THE EARTH IN THE SUN'S ATMOSPHERE, 1959 Oct. p. 64.

Charles, Philip A., and J. Leonard Culhane. X-RAYS FROM SUPERNOVA REMNANTS, 1975 Dec. p. 38.

Charles, R. J. THE NATURE OF GLASSES, 1967 Sept. p. 126.

Charlesby, A. IONIZING RADIATION AND ORGANIC CHEMISTRY, 1959 Sept. p. 180.

Charnes, Abraham, and William W. Cooper. LINEAR PROGRAMMING, 1954 Aug. p. 21.

Charpie, Robert A. THE GENEVA CONFERENCE, 1955 Oct. p. 27; GENEVA: REACTORS, 1955 Oct. p. 56.

Charters, A. C. HIGH-SPEED IMPACT, 1960 Oct. p. 128.

Chatfield, Paul O., and Charles P. Lyman. HIBERNATION, 1950 Dec. p. 18.

Chen, Francis F. THE LEAKAGE PROBLEM IN FUSION REACTORS, 1967 July p. 76.

Cheng, K.-J., J. W. Costerton and G. G. Geesey HOW BACTERIA STICK 1978 Jan. p. 86. [1379]

Chess, Stella, Alexander Thomas and Herbert G. Birch. THE ORIGIN OF PERSONALITY, 1970 Aug. p. 102. [529]

Chew, Geoffrey F., Murray Gell-Mann and Arthur H. Rosenfeld. STRONGLY INTERACTING PARTICLES, 1964 Feb. p. 74. [296]

Chigier, Norman A. VORTEXES IN AIRCRAFT WAKES, 1974 Mar. p. 76.

Child III, Charles G. SURGICAL INTERVENTION, 1973 Sept. p. 90.

Chinitz, Benjamin. NEW YORK: A METROPOLITAN REGION, 1965 Sept. p. 134.

Chinitz, Wallace. ROTARY ENGINES, 1969 Feb. p. 90.

Chipman, Robert A. DE FOREST AND THE TRIODE DETECTOR, 1965 Mar. p. 92.

Chisholm, Brock. SOCIAL MEDICINE, 1949 Apr. p. 11.

Chisolm, J. Julian, Jr. LEAD POISONING, 1971 Feb. p. 15. [1211]

Christianson, John. THE CELESTIAL PALACE OF TYCHO BRAHE, 1961 Feb. p. 118.

Christie, Stanley G., R. F. Mallina, Theodore R. Miller and Philip Cooper. SURGICAL STAPLING, 1962 Oct. p. 48.

Claassen, Howard H., Henry Selig and John G. Malm. THE CHEMISTRY OF THE NOBLE GASES, 1964 May p. 66.

Clague, Ewan. LABOR FORCE, 1951 Sept. p. 36.
Clark, Brian F. C., and Kjeld A. Marcker. HOW PROTEINS START, 1968 Jan. p. 36. [1092]
Clark, David H., and F. Richard Stephenson. HISTORICAL SUPERNOVAS, 1976 June p. 100.
Clark, George W. X-RAY STARS IN GLOBULAR CLUSTERS, 1977 Oct. p. 42. [385]
Clark, George W., and William L. Kraushaar. GAMMA RAY ASTRONOMY, 1962 May p. 52.
Clark, Grahame. A STONE AGE HUNTERS' CAMP, 1952 May p. 20.
Clark, J. Desmond. EARLY MAN IN AFRICA, 1958 July p. 76.
Clark, John R. THERMAL POLLUTION AND AQUATIC LIFE, 1969 Mar. p. 18. [1135]
Clark, Karl A. THE ATHABASKA TAR SANDS, 1949 May p. 52.
Clarke, Bryan. THE CAUSES OF BIOLOGICAL DIVERSITY, 1975 Aug. p. 50. [1326]
Clarke, C. A. THE PREVENTION OF "RHESUS" BABIES, 1968 Nov. p. 46. [1126]
Clarke, R. W. LOCATING RADIO SOURCES WITH THE MOON, 1966 June p. 30.
Classe, André. THE WHISTLED LANGUAGE OF LA GOMERA, 1957 Apr. p. 111.
Clauser, Henry R. ADVANCED COMPOSITE MATERIALS, 1973 July p. 36.
Clayton, Roderick K., and Max Delbrück. PURPLE BACTERIA, 1951 Nov. p. 68.
Clements, John A. SURFACE TENSION IN THE LUNGS, 1962 Dec. p. 120.
Clevenger, Sarah. LOWER PIGMENTS, 1964 June p. 84. [186]
Clever, Ulrich, and Wolfgang Beermann. CHROMOSOME PUFFS, 1964 Apr. p. 50. [180]
Cline, David B., Alfred K. Mann and Carlo Rubbia. THE DETECTION OF NEUTRAL WEAK CURRENTS, 1974 Dec. p. 108; THE SEARCH FOR NEW FAMILIES OF ELEMENTARY PARTICLES, 1976 Jan. p. 44.
Cline, David B., and Vernon D. Barger. HIGH-ENERGY SCATTERING, 1967 Dec. p. 76.
Cloud, Preston, and Aharon Gibor. THE OXYGEN CYCLE, 1970 Sept. p. 110. [1192]
Clowes, Royston C. THE MOLECULE OF INFECTIOUS DRUG RESISTANCE, 1973 Apr. p. 18. [1269]
Coale, Ansley J. THE HISTORY OF THE HUMAN POPULATION, 1974 Sept. p. 40.
Cobb, William C., and John S. Niederhauser. THE LATE BLIGHT OF POTATOES, 1959 May p. 100. [109]
Cochran, Neal P. OIL AND GAS FROM COAL, 1976 May p. 24.
Cockrill, W. Ross. THE WATER BUFFALO, 1967 Dec. p. 118. [1088]
Coe, Michael D. THE CHINAMPAS OF MEXICO, 1964 July p. 90. [648]
Coffman, John A., and William R. Browne. CORONA CHEMISTRY, 1965 June p. 90.
Cohen, Bernard L. THE DISPOSAL OF RADIOACTIVE WASTES FROM FISSION REACTORS, 1977 June p. 21. [364]
Cohen, Carolyn. THE PROTEIN SWITCH OF MUSCLE CONTRACTION, 1975 Nov. p. 36. [1329]
Cohen, I. Bernard. IN DEFENSE OF BENJAMIN FRANKLIN, 1948 Aug. p. 36; GALILEO, 1949 Aug. p. 40; MAXWELL'S POETRY, 1952 Mar. p. 62; PIONEERS IN THE THEORY OF HEAT, 1954 Sept. p. 60; AN INTERVIEW WITH EINSTEIN, 1955 July p. 68; ISAAC NEWTON, 1955 Dec. p. 73; STEPHEN HALES, 1976 May p. 98.
Cohen, John. SUBJECTIVE PROBABILITY, 1957 Nov. p. 128 [427]; PSYCHOLOGICAL TIME, 1964 Nov. p. 116.
Cohen, Paul J., and Reuben Hersh. NON-CANTORIAN SET THEORY, 1967 Dec. p. 104.
Cohen, Stanley N. THE MANIPULATION OF GENES 1975 July p. 24. [1324]
Colbert, Edwin H. THE ANCESTORS OF MAMMALS, 1949 Mar. p. 40.
Cole, David E. THE WANKEL ENGINE, 1972 Aug. p. 14.
Cole, Fay-Cooper. A WITNESS AT THE SCOPES TRIAL, 1959 Jan. p. 120.
Cole, Jonathan R., Stephen Cole and Leonard C. Rubin. PEER REVIEW AND THE SUPPORT OF SCIENCE, 1977 Oct. p. 34. [698]
Cole, LaMont C. THE ECOSPHERE, 1958 Apr. p. 83. [144]
Cole, Stephen, Leonard C. Rubin and Jonathan R. Cole. PEER REVIEW AND THE SUPPORT OF SCIENCE, 1977 Oct. p. 34. [698]
Collier, H. O. J. KININS, 1962 Aug. p. 111 [132]; ASPIRIN, 1963 Nov. p. 96. [169]
Collier, John and Mary. AN EXPERIMENT IN APPLIED ANTHROPOLOGY, 1957 Jan. p. 37.
Collins, George B. SCINTILLATION COUNTERS, 1953 Nov. p. 36.
Colp, Ralph, Jr. ERNEST STARLING, 1951 Oct. p. 56.
Colwell, Robert N. REMOTE SENSING OF NATURAL RESOURCES, 1968 Jan. p. 54.
Comer, James P. THE SOCIAL POWER OF THE NEGRO, 1967 Apr. p. 21. [633]
Comfort, Alex. THE LIFE SPAN OF ANIMALS, 1961 Aug. p. 108.
Compton, Karl T. ENGINEERS, 1951 Sept. p. 65.
Comroe, Julius H., Jr. THE LUNG, 1966 Feb. p. 56. [1034]
Concoran, Paul, James Marston Fitch and John Templer. THE DIMENSIONS OF STAIRS, 1974 Oct. p. 82.
Condit, Carl W. THE WIND BRACING OF BUILDINGS, 1974 Feb. p. 92.
Cone, Clarence D., Jr. THE SOARING FLIGHT OF BIRDS, 1962 Apr. p. 130.
Conklin, Groff. CANCER AND ENVIRONMENT, 1949 Jan. p. 11.
Connes, Pierre. HOW LIGHT IS ANALYZED, 1968 Sept. p. 72.
Constantinides, P. C., and Niall Carey. THE ALARM REACTION, 1949 Mar. p. 20. [4]
Contini, Andrea, Georges H. Werner and Bachisio Latte. TRACHOMA, 1964 Jan. p. 79.
Converse, Philip E., and Howard Schuman. "SILENT MAJORITIES" AND THE VIETNAM WAR, 1970 June p. 17. [656]
Cook, Earl. THE FLOW OF ENERGY IN AN INDUSTRIAL SOCIETY, 1971 Sept. p. 134. [667]
Cook, J. S. COMMUNICATION BY OPTICAL FIBER, 1973 Nov. p. 28.
Cook, Laurence M., and J. A. Bishop. MOTHS, MELANISM AND CLEAN AIR, 1975 Jan. p. 90. [1314]
Cook, Nathan H. COMPUTER-MANAGED PARTS MANUFACTURE, 1975 Feb. p. 22.
Cook, Newell C. METALLIDING, 1969 Aug. p. 38.
Coons, Steven Anson. THE USES OF COMPUTERS IN TECHNOLOGY, 1966 Sept. p. 176.
Cooper, Alan F., Jr., and John H. Crowe. CRYPTOBIOSIS, 1971 Dec. p. 30. [1237]
Cooper, Charles F. THE ECOLOGY OF FIRE, 1961 Apr. p. 150. [1099]
Cooper, Louis Z. GERMAN MEASLES, 1966 July p. 30.
Cooper, Max D., and Alexander R. Lawton III. THE DEVELOPMENT OF THE IMMUNE SYSTEM, 1974 Nov. p. 58. [1306]
Cooper, Philip, R. F. Mallina, Theodore R. Miller and Stanley G. Christie. SURGICAL STAPLING, 1962 Oct. p. 48.
Cooper, William W., and Abraham Charnes. LINEAR PROGRAMMING, 1954 Aug. p. 21.
Coopersmith, Stanley. STUDIES IN SELF-ESTEEM, 1968 Feb. p. 96. [511]
Copeland, L. E., and Stephen Brunauer. THE CHEMISTRY OF CONCRETE, 1964 Apr. p. 80.
Coppi, Bruno, and Jan Rem. THE TOKAMAK APPROACH IN FUSION RESEARCH, 1972 July p. 65.
Corballis, Michael C., and Ivan L. Beale. ON TELLING LEFT FROM RIGHT, 1971 Mar. p. 96. [535]
Corballis, Michael C., and Olga Eizner Favreau. NEGATIVE AFTEREFFECTS IN VISUAL PERCEPTION, 1976 Dec. p. 42. [574]
Corbató, F. J., and R. M. Fano. TIME-SHARING ON COMPUTERS, 1966 Sept. p. 128.
Corben, H. C., and S. DeBenedetti. THE ULTIMATE ATOM, 1954 Dec. p. 88.
Corey, Robert B., Linus Pauling and Roger Hayward. THE STRUCTURE OF PROTEIN MOLECULES, 1954 July p. 51. [31]
Cornish, Joseph J., III. THE BOUNDARY LAYER, 1954 Aug. p. 72.
Costerton, J. W., G. G. Geesey and K.-J. Cheng HOW BACTERIA STICK, 1978 Jan. p. 86. [1379]
Cottrell, A. H. THE NATURE OF METALS, 1967 Sept. p. 90.
Courant, Ernest D. A 100-BILLION-VOLT ACCELERATOR, 1953 May p. 40.
Courant, Richard. MATHEMATICS IN THE MODERN WORLD, 1964 Sept. p. 40.
Covino, Benjamin G., and Raymond J. Hock. HYPOTHERMIA, 1958 Mar. p. 104.
Cowan, George A. A NATURAL FISSION REACTOR, 1976 July p. 36.
Cowgill, Ursula M. THE PEOPLE OF YORK: 1538-1812, 1970 Jan. p. 104.
Cox, Allan, G. Brent Dalrymple and Richard R. Doell. REVERSALS OF THE EARTH'S MAGNETIC FIELD, 1967 Feb. p. 44.
Cox, Everett F. ATOMIC BOMB BLAST WAVES, 1953 Apr. p. 94.
Cox, Keith G. KIMBERLITE PIPES, 1978 Apr. p. 120. [931]
Craig, Paul P., William B. Sampson and Myron Strongin. ADVANCES IN SUPERCONDUCTING MAGNETS, 1967 Mar. p. 114.
Cranberg, Lawrence. FAST-NEUTRON SPECTROSCOPY, 1964 Mar. p. 79.
Crane, H. R. THE *g* FACTOR OF THE ELECTRON, 1968 Jan. p. 72.
Crary, A. P. THE ANTARCTIC, 1962 Sept. p. 60. [857]
Crawford, Bryce, Jr. CHEMICAL ANALYSIS BY INFRARED, 1953 Oct. p. 42. [257]
Crewdson, Richard C., and Ronald K. Linde. SHOCK WAVES IN SOLIDS, 1969 May p. 82.
Crewe, Albert V. A HIGH-RESOLUTION SCANNING ELECTRON MICROSCOPE, 1971 Apr. p. 26.
Crick, F. H. C. THE STRUCTURE OF THE HEREDITARY MATERIAL, 1954 Oct. p. 54; NUCLEIC ACIDS, 1957 Sept. p. 188 [54]; THE GENETIC CODE, 1962 Oct. p. 66 [123]; THE GENETIC CODE: III, 1966 Oct. p. 55. [1052]
Croce, Carlo M., and Hilary Koprowski. THE GENETICS OF HUMAN CANCER, 1978 Feb. p. 117. [1381]
Crombie, A. C. HELMHOLTZ, 1958 Mar. p. 94; DESCARTES, 1959 Oct. p. 160; EARLY CONCEPTS OF THE SENSES AND THE MIND, 1964 May p. 108. [184]
Crow, James F. IONIZING RADIATION AND EVOLUTION, 1959 Sept. p. 138. [55]
Crowder, Billy L., and Frederick F. Morehead, Jr. ION IMPLANTATION, 1973 Apr. p. 64.
Crowe, John H., and Alan F. Cooper, Jr. CRYPTOBIOSIS, 1971 Dec. p. 30. [1237]

Crowle, Alfred J. DELAYED HYPERSENSITIVITY, 1960 Apr. p. 129.
Cruikshank, Dale P., and David Morrison. THE GALILEAN SATELLITES OF JUPITER, 1976 May p. 108.
Cruxent, José M., and Irving Rouse. EARLY MAN IN THE WEST INDIES, 1969 Nov. p. 42. [652]
Csapo, Arpad. PROGESTERONE, 1958 Apr. p. 40. [163]
Cuff, Frank B., Jr., and L. McD. Schetky. DISLOCATIONS IN METALS, 1955 July p. 80. [204]
Culhane, J. Leonard, and Philip A. Charles. X-RAYS FROM SUPERNOVA REMNANTS, 1975 Dec. p. 38.
Cullity, B. D. DIFFUSION IN METALS, 1957 May p. 103; ALIGNED CRYSTALS IN METALS, 1959 Apr. p. 125.
Cunningham, Bruce A. THE STRUCTURE AND FUNCTION OF HISTOCOMPATIBILITY. ANTIGENS, 1977 Oct. p. 96. [1369]
Cunningham, Burris B. ULTRAMICROCHEMISTRY, 1954 Feb. p. 76.
Curtis, Byrd. C., and David R. Johnston. HYBRID WHEAT, 1969 May p. 21.

D

Dahlberg, Gunnar. AN EXPLANATION OF TWINS, 1951 Jan. p. 48.
Dales, George F. THE DECLINE OF THE HARAPPANS, 1966 May p. 92.
Dalrymple, G. Brent, Allan Cox and Richard R.Doell. REVERSALS OF THE EARTH'S MAGNETIC FIELD, 1967 Feb. p. 44.
Dalton, A. G. THE PRACTICE OF QUALITY CONTROL, 1953 Mar. p. 29.
Daly, Patricia, and Dexter Perkins, Jr. A HUNTERS' VILLAGE IN NEOLITHIC TURKEY, 1968 Nov. p. 96.
Daly, Reginald A. GEOLOGY, 1950 Sept. p. 36.
Daniel, Glyn E. THE IDEA OF MAN'S ANTIQUITY, 1959 Nov. p. 167.
Danielli, J. F. ON TRANSPLANTING NUCLEI, 1952 Apr. p. 58.
Daniels, Farrington. HIGH TEMPERATURES: CHEMISTRY, 1954 Sept. p. 109.
Daniels, Farrington, Jr., Jan C. van der Leun and Brian E. Johnson. SUNBURN, 1968 July p. 38.
Darling, F. Fraser. WILDLIFE HUSBANDRY IN AFRICA, 1960 Nov. p. 123.
Darlington, C. D. THE ORIGIN OF DARWINISM, 1959 May p. 60.
Darragh, P. J., A. J. Gaskin and J. V. Sanders. OPALS, 1976 Apr. p. 84.
Darrow, Karl K. DAVISSON AND GERMER, 1948 May p. 50; THE QUANTUM THEORY, 1952 Mar. p. 47. [205]
Dash, J. G. TWO-DIMENSIONAL MATTER, 1973 May p. 30.
Dash, W. C. and A. G. Tweet. OBSERVING DISLOCATIONS IN CRYSTALS, 1961 Oct. p. 107.
Davenport, Horace W. WHY THE STOMACH DOES NOT DIGEST ITSELF, 1972 Jan. p. 86. [1240]
Davenport, William. RED-FEATHER MONEY, 1962 Mar. p. 94.
David, Edward E., Jr. EARS FOR COMPUTERS, 1955 Feb. p. 92; THE REPRODUCTION OF SOUND, 1961 Aug. p. 72.
Davidson, Eric H. HORMONES AND GENES, 1965 June p. 36. [1013]
Davies, R. W., and R. Amann. SCIENCE POLICY IN THE U.S.S.R., 1969 June p. 19.
Davis, Harry M. RADIO WAVES AND MATTER, 1948 Sept. p. 16; MATHEMATICAL MACHINES, 1949 Apr. p. 28; LOW TEMPERATURE PHYSICS, 1949 June p. 30. [206]
Davis, Kingsley. POPULATION, 1963 Sept. p. 62 [645]; THE URBANIZATION OF THE HUMAN POPULATION, 1965 Sept. p. 40 [659]; THE MIGRATIONS OF HUMAN POPULATIONS, 1974 Sept. p. 92.
Davis, Martin, and Reuben Hersh. NONSTANDARD ANALYSIS, 1972 June p. 78; HILBERT'S 10TH PROBLEM, 1973 Nov. p. 84.
Davis, Michael M. NATIONAL HEALTH INSURANCE, 1949 June p. 11.
Davis, Philip J. NUMBER, 1964 Sept. p. 50.
Davis, Stanley N., and Sullivan S. Marsden, Jr. GEOLOGICAL SUBSIDENCE, 1967 June p. 93.
Davis, Stanley W. STRESS IN COMBAT, 1956 Mar. p. 31.
Dawkins, Michael J. R., and David Hull. THE PRODUCTION OF HEAT BY FAT, 1965 Aug. p. 62.
Dawson, T. J. KANGAROOS, 1977 Aug. p. 78. [1366]
Dayhoff, Margaret Oakley. COMPUTER ANALYSIS OF PROTEIN EVOLUTION, 1969 July p. 86. [1148]
De Bakey, Michael E., and Leonard Engel. BLOOD-VESSEL SURGERY, 1961 Apr. p. 88.
de Bruyne, Norman A. THE ACTION OF ADHESIVES, 1962 Apr. p. 114.
de Camp, L. Sprague. THE END OF THE MONKEY WAR, 1969 Feb. p. 15.
de Duve, Christian. THE LYSOSOME, 1963 May p. 64. [156]
de Heinzelin, Jean. ISHANGO, 1962 June p. 105.
de Lumley, Henry. A PALEOLITHIC CAMP AT NICE, 1969 May p. 42.
de Nevers, Noel. THE SECONDARY RECOVERY OF PETROLEUM, 1965 July p. 34; TAR SANDS AND OIL SHALES, 1966 Feb. p. 21; LIQUID NATURAL GAS, 1967 Oct. p. 30; ENFORCING THE CLEAN AIR ACT OF 1970, 1973 June p. 14.
de Santillana, Giorgio. GREEK ASTRONOMY, 1949 Apr. p. 44; ALESSANDRO VOLTA, 1965 Jan. p. 82.
de Vaucouleurs, Gérard. MARS 1953 May p. 65; THE SUPERGALAXY, 1954 July p. 30; THE CLOUDS OF MAGELLAN, 1956 Apr. p. 52.
Dean, Geoffrey. PURSUIT OF A DISEASE, 1957 Mar. p. 133; THE MULTIPLE SCLEROSIS PROBLEM, 1970 July p. 40.
DeBenedetti, Sergio. MESONIC ATOMS, 1956 Oct. p. 93 [207]; THE MÖSSBAUER EFFECT, 1960 Apr. p. 72. [271]
DeBenedetti, Sergio, and H. C. Corben. THE ULTIMATE ATOM, 1954 Dec. p. 88.
Debye, Peter J. W. HOW GIANT MOLECULES ARE MEASURED, 1957 Sept. p. 90.
Deering, R. A. ULTRAVIOLET RADIATION AND NUCLEIC ACID, 1962 Dec. p. 135. [143]
Deevey, Edward S., Jr. LIVING RECORDS OF THE ICE AGE, 1949 May p. 48 [834]; THE PROBABILITY OF DEATH, 1950 Apr. p. 58; LIFE IN THE DEPTHS OF A POND, 1951 Oct. p. 68; RADIOCARBON DATING, 1952 Feb. p. 24 [811]; THE END OF THE MOAS, 1954 Feb. p. 84; THE HUMAN CROP, 1956 Apr. p. 105; BOGS, 1958 Oct. p. 114 [840]; THE HUMAN POPULATION, 1960 Sept. p. 194 [608]; MINERAL CYCLES, 1970 Sept. p. 148. [1195]
Degens, Egon T., and David A. Ross. THE RED SEA HOT BRINES, 1970 Apr. p. 32.
Deitchman, Seymour, and Alfred Blumstein. AIR-TRAFFIC CONTROL, 1960 Dec. p. 47.
Delbrück, Max, and Mary Bruce Delbrück. BACTERIAL VIRUSES AND SEX, 1948 Nov. p. 46.
Delbrück, Max, and Roderick K. Clayton. PURPLE BACTERIA, 1951 Nov. p. 68.
DeLong, Howard. UNSOLVED PROBLEMS IN ARITHMETIC, 1971 Mar. p. 50.
Delvaille, John P., and Herbert W. Schnopper. THE X-RAY SKY, 1972 July p. 26.
Delwiche, C. C. THE NITROGEN CYCLE, 1970 Sept. p. 136. [1194]
Demeny, Paul. THE POPULATIONS OF THE UNDERDEVELOPED COUNTRIES, 1974 Sept. p. 148.
Denenberg, Victor H. EARLY EXPERIENCE AND EMOTIONAL DEVELOPMENT, 1963 June p. 138. [478]
Denevan, William M., and James J. Parsons. PRE-COLUMBIAN RIDGED FIELDS, 1967 July p. 92.
Denison, William C. LIFE IN TALL TREES, 1973 June p. 74. [1274]
Denton, Eric. THE BUOYANCY OF MARINE ANIMALS, 1960 July p. 118; REFLECTORS IN FISHES, 1971 Jan. p. 64. [1209]
Denton, George H., and Stephen C. Porter. NEOGLACIATION, 1970 June p. 100.
Deregowski, Jan B. PICTORIAL PERCEPTION AND CULTURE, 1972 Nov. p. 82. [551]
Derjaguin, Boris V. THE FORCE BETWEEN MOLECULES, 1960 July p. 47; SUPERDENSE WATER, 1970 Nov. p. 52.
Derjaguin, Boris V., and D. B. Fedoseev. THE SYNTHESIS OF DIAMOND AT LOW PRESSURE, 1975 Nov. p. 102.
Deutsch, Armin J. THE SUN, 1948 Nov. p. 26; THE ABUNDANCE OF THE ELEMENTS, 1950 Oct. p. 14.
Deutsch, Diana. MUSICAL ILLUSIONS, 1975 Oct. p. 92. [566]
Devey, Gilbert B., and Peter N. T. Wells ULTRASOUND IN MEDICAL DIAGNOSIS, 1978 May p. 98. [1389]
DeVore, Irven, and S. L. Washburn. THE SOCIAL LIFE OF BABOONS, 1961 June p. 62. [614]
Dewey, John F. PLATE TECTONICS, 1972 May p. 56. [900]
Deyts, Simone-Antoinette. THE SACRED SOURCE OF THE SEINE, 1971 July p. 65.
Diamond, Marian Cleeves, Mark R. Rosenzweig and Edward L. Bennett. BRAIN CHANGES IN RESPONSE TO EXPERIENCE, 1972 Feb. p. 22. [541]
Dibner, Bern. MOVING THE OBELISK, 1951 June p. 58.
DiCara, Leo V. LEARNING IN THE AUTONOMIC NERVOUS SYSTEM, 1970 Jan. p. 30. [525]
Dicke, R. H. THE EÖTVÖS EXPERIMENT, 1961 Dec. p. 84.
Dickerson, Richard E. THE STRUCTURE AND HISTORY OF AN ANCIENT PROTEIN, 1972 Apr. p. 58. [1245]
Dickinson, Dale F. COSMIC MASERS, 1978 June p. 90. [3011]
Dickman, Robert L. BOK GLOBULES, 1977 June p. 66. [366]
Dietz, Robert S. THE PACIFIC FLOOR, 1952 Apr. p. 19; ASTROBLEMES, 1961 Aug. p. 50 [801]; THE SEA'S DEEP SCATTERING LAYERS, 1962 Aug. p. 44 [866]; GEOSYNCLINES, MOUNTAINS AND CONTINENT-BUILDING, 1972 Mar. p. 30. [899]
Dietz, Robert S., and John C. Holden. THE BREAKUP OF PANGAEA, 1970 Oct. p. 30. [892]
Dietz, Robert S., Russell V. Lewis and Andreas B. Rechnitzer. THE BATHYSCAPH, 1958 Apr. p. 27.
Dilger, William C. THE BEHAVIOR OF LOVEBIRDS, 1962 Jan. p. 88.
Dingle, Herbert. COSMOLOGY AND SCIENCE, 1956 Sept. p. 224.
Dingle, Hugh, and Roy L. Caldwell. STOMATOPODS, 1976 Jan. p. 80.
Dingle, John H. THE ILLS OF MAN, 1973 Sept. p. 76.

Dirac, P. A. M. THE EVOLUTION OF THE PHYSICIST'S PICTURE OF NATURE, 1963 May p. 45.
Disney, Michael J., and Philippe Véron. BL LACERTAE OBJECTS, 1977 Aug. p. 32. [372]
Dixon, Frank J., and Richard A. Lerner. THE HUMAN LYMPHOCYTE AS AN EXPERIMENTAL ANIMAL, 1973 June p. 82. [1275]
Dixon, J. E., J. R. Cann and Colin Renfrew. OBSIDIAN AND THE ORIGINS OF TRADE, 1968 Mar. p. 38.
Dobzhansky, Theodosius. THE GENETIC BASIS OF EVOLUTION, 1950 Jan. p. 32 [6]; GENETICS, 1950 Sept. p. 55; THE PRESENT EVOLUTION OF MAN, 1960 Sept. p. 206. [609]
Dobzhansky, Theodosius, and João Murça-Pires. STRANGLER TREES, 1954 Jan. p. 78.
Doell, Richard R., Allan Cox and G. Brent Dalrymple. REVERSALS OF THE EARTH'S MAGNETIC FIELD, 1967 Feb. p. 44.
Doerner, Friedrich Karl, and Theresa Goell. THE TOMB OF ANTIOCHUS I, 1956 July p. 38.
Dole, Vincent P. BODY FAT, 1959 Dec. p. 70.
Dorf, Erling. THE PETRIFIED FORESTS OF YELLOWSTONE PARK, 1964 Apr. p. 106.
Doty, Paul. PROTEINS, 1957 Sept. p. 173. [7]
Double, D. D., and A. Hellawell. THE SOLIDIFICATION OF CEMENT, 1977 July p. 82. [370]
Doumani, George A., and Wiliam E. Long. THE ANCIENT LIFE OF THE ANTARCTIC, 1962 Sept. p. 168. [863]
Dovring, Folke. SOYBEANS, 1974 Feb. p. 14.
Dowling, John E. NIGHT BLINDNESS, 1966 Oct. p. 78. [1053]
Downs, Robert J., and W. L. Butler. LIGHT AND PLANT DEVELOPMENT, 1960 Dec. p. 56. [107]
Dozier, Edward P. THE HOPI AND THE TEWA, 1957 June p. 126.
Drake, Elisabeth, and Robert C. Reid. THE IMPORTATION OF LIQUEFIED NATURAL GAS, 1977 Apr. p. 22. [358]
Drake, Frank, and Carl Sagan. THE SEARCH FOR EXTRATERRESTRIAL INTELLIGENCE, 1975 May p. 80. [347]
Drake, Stillman. GALILEO'S DISCOVERY OF THE LAW OF FREE FALL, 1973 May p. 84. THE ROLE OF MUSIC IN GALILEO'S EXPERIMENTS, 1975 June p. 98; GALILEO AND THE FIRST MECHANICAL COMPUTING DEVICE, 1976 Apr. p. 104.
Drake, Stillman, and James MacLachlan. GALILEO'S DISCOVERY OF THE PARABOLIC TRAJECTORY, 1975 Mar. p. 102.
Dransfeld, Klaus. KILOMEGACYCLE ULTRASONICS, 1963 June p. 60.
Dreesman, Gordon R., Joseph L. Melnick and F. Blaine Hollinger. VIRAL HEPATITIS, 1977 July p. 44. [1365]
Drell, Sidney D. ELECTRON-POSITRON ANNIHILATION AND THE NEW PARTICLES, 1975 June p. 50.
Drell, Sidney D., and Frank von Hippel. LIMITED NUCLEAR WAR, 1976 Nov. p. 27.
Drexhage, Karl H. MONOMOLECULAR LAYERS AND LIGHT, 1970 Mar. p. 108.
Drinker, Cecil K. THE PHYSIOLOGY OF WHALES, 1949 July p. 52.
Drobeck, Hans Peter, and Reginald D. Manwell. TOXOPLASMOSIS, 1953 Feb. p. 86.
Dubos, Rene J. TUBERCULOSIS, 1949 Oct. p. 30; SECOND THOUGHTS ON THE GERM THEORY, 1955 May p. . 31.
Dudrick, Stanley J., and Jonathan E. Rhoads. TOTAL INTRAVENOUS FEEDING, 1972 May p. 73.
Dulbecco, Renato. THE INDUCTION OF CANCER BY VIRUSES, 1967 Apr. p. 28. [1069]
Dunn, Leslie C. GENETIC MONSTERS, 1950 June p. 16.
Dunn, Leslie C. and Stephen P. THE JEWISH COMMUNITY OF ROME, 1957 Mar. p. 118.
Dunn-Rankin, Peter THE VISUAL CHARACTERISTICS OF WORDS, 1978 Jan. p. 122. [580]
Duveen, Denis I. LAVOISIER, 1956 May p. 84.
Duwez, Pol. HIGH TEMPERATURES: MATERIALS, 1954 Sept. p. 98.
Dyal, Palmer, and Curtis W. Parkin. THE MAGNETISM OF THE MOON, 1971 Aug. p. 62.
Dyckman, John W. TRANSPORTATION IN CITIES, 1965 Sept. p. 162.
Dye, James L. THE SOLVATED ELECTRON, 1967 Feb. p. 76; ANIONS OF THE ALKALI METALS, 1977 July p. 92. [368]
Dyke, W. P. ADVANCES IN FIELD EMISSION, 1964 Jan. p. 108.
Dyson, Freeman J. FIELD THEORY, 1953 Apr. p. 57 [208]; WHAT IS HEAT?, 1954 Sept. p. 58; INNOVATION IN PHYSICS, 1958 Sept. p. 74; MATHEMATICS IN THE PHYSICAL SCIENCES, 1964 Sept. p. 129; ENERGY IN THE UNIVERSE, 1971 Sept. p. 50. [662]
Dyson-Hudson, Rada and Neville. SUBSISTENCE HERDING IN UGANDA, 1969 Feb. p. 76.

E

Easby, Dudley T., Jr. EARLY METALLURGY IN THE NEW WORLD, 1966 Apr. p. 72.
Eastlund, Bernard J., and William C. Gough. THE PROSPECTS OF FUSION POWER, 1971 Feb. p. 50. [340]
Eastman, G. Yale. THE HEAT PIPE, 1968 May p. 38.
Eaton, G. Gray. THE SOCIAL ORDER OF JAPANESE MACAQUES, 1976 Oct. p. 96. [1345]
Eaton, Joseph W., and Robert J. Weil. THE MENTAL HEALTH OF THE HUTTERITES, 1953 Dec. p. 31. [440]
Ebert, James D. THE FIRST HEARTBEATS, 1959 Mar. p. 87. [56]
Ebert, Robert H. THE MEDICAL SCHOOL, 1973 Sept. p. 138.
Eccles, Sir John. THE PHYSIOLOGY OF IMAGINATION, 1958 Sept. p. 135 [65]; THE SYNAPSE, 1965 Jan. p. 56. [1001]
Echlin, Patrick. THE BLUE-GREEN ALGAE, 1966 June p. 74; POLLEN, 1968 Apr. p. 80. [1105]
Eckhardt, Robert B. POPULATION GENETICS AND HUMAN ORIGINS, 1972 Jan. p. 94. [676]
Eddy, John A. THE CASE OF THE MISSING SUNSPOTS, 1977 May p. 80. [925]
Edelman, Gerald M. THE STRUCTURE AND FUNCTION OF ANTIBODIES, 1970 Aug. p. 34. [1185]
Edelson, Burton I. GLOBAL SATELLITE COMMUNICATIONS, 1977 Feb. p. 58. [353]
Edgar, R. S., and R. H. Epstein. THE GENETICS OF A BACTERIAL VIRUS, 1965 Feb. p. 70. [1004]
Edgar, R. S., and William B. Wood. BUILDING A BACTERIAL VIRUS, 1967 July p. 60. [1079]
Edmonds, Vaughan W., and Daniel S. Fertig. THE PHYSIOLOGY OF THE HOUSE MOUSE, 1969 Oct. p. 103. [1159]
Edmundson, Allen B., and J. Donald Capra. THE ANTIBODY COMBINING SITE, 1977 Jan. p. 50. [1350]
Edson, Lee, Samuel A. Schaaf and Lawrence Talbot. ULTRAHIGH-ALTITUDE AERODYNAMICS, 1958 Jan. p. 36.
Edwards, Clive A. SOIL POLLUTANTS AND SOIL ANIMALS, 1969 Apr. p. 88. [1138]
Edwards, John S. INSECT ASSASSINS, 1960 June p. 72.
Edwards, L. K. HIGH-SPEED TUBE TRANSPORTATION, 1965 Aug. p. 30.
Edwards, R. G. MAMMALIAN EGGS IN THE LABORATORY, 1966 Aug. p. 72. [1047]
Edwards, R. G., and Ruth E. Fowler. HUMAN EMBRYOS IN THE LABORATORY, 1970 Dec. p. 44. [1206]
Effler, Donald B. SURGERY FOR CORONARY DISEASE, 1968 Oct. p. 36.
Efron, Bradley, and Carl Morris. STEIN'S PARADOX IN STATISTICS, 1977 May p. 119. [363]
Eggen, O. J. STARS IN CONTACT, 1968 June p. 34.
Eglinton, Geoffrey, and Melvin Calvin. CHEMICAL FOSSILS, 1967 Jan. p. 32. [308]
Eglinton, Geoffrey, James R. Maxwell and Colin T. Pillinger. THE CARBON CHEMISTRY OF THE MOON, 1972 Oct. p. 80.
Ehrenberg, W. MAXWELL'S DEMON, 1967 Nov. p. 103. [317]
Ehrenreich, Henry. THE ELECTRICAL PROPERTIES OF MATERIALS, 1967 Sept. p. 194.
Ehricke, Krafft A., and George Gamow. A ROCKET AROUND THE MOON, 1957 June p. 47.
Ehrlich, Paul R., and Peter H. Raven. BUTTERFLIES AND PLANTS, 1967 June p. 104. [1076]
Eibl-Eibesfeldt, Irenäus. THE FIGHTING BEHAVIOR OF ANIMALS, 1961 Dec. p. 112. [470]
Einstein, Albert. ON THE GENERALIZED THEORY OF GRAVITATION, 1950 Apr. p. 13.
Eisch, John J., and Henry Gilman. LITHIUM, 1963 Jan. p. 88.
Eiseley, Loren C. ANTIQUITY OF MODERN MAN, 1948 July p. 16; IS MAN HERE TO STAY?, 1950 Nov. p. 52; IS MAN ALONE IN SPACE?, 1953 July p. 80; FOSSIL MAN, 1953 Dec. p. 65; MAN THE FIREMAKER, 1954 Sept. p. 52; CHARLES DARWIN, 1956 Feb. p. 62 [108]; OREOPITHECUS: HOMUNCULUS OR MONKEY?, 1956 June p. 91; ALFRED RUSSEL WALLACE, 1959 Feb. p. 70; CHARLES LYELL, 1959 Aug. p. 98. [846]
Eisenberg, Leon. PSYCHIATRIC INTERVENTION, 1973 Sept. p. 116.
Eklund, Carl R. THE ANTARCTIC SKUA, 1964 Feb. p. 94.
Eldrenkamp, Lowell B., Ellis Levin and Donald D. Viele. THE LUNAR ORBITER MISSIONS TO THE MOON, 1968 May p. 58.
Elias, Thomas S., and Howard S. Irwin. URBAN TREES, 1976 Nov. p. 110.
Eliassen, Rolf. STREAM POLLUTION, 1952 Mar. p. 17.
Ellis, H. S., and E. J. Jensen. PIPELINES, 1967 Jan. p. 62.
Ellison, W. D. EROSION BY RAINDROP, 1948 Nov. p. 40. [817]
Elsasser, Walter M. THE EARTH AS A DYNAMO, 1958 May p. 44.
Elvey, C. T., and Franklin E. Roach. AURORA AND AIRGLOW, 1955 Sept. p. 140.
Emerson, Ralph. MOLDS AND MEN, 1952 Jan. p. 28. [115]
Emerson, Thomas I. COMMUNICATION AND FREEDOM OF EXPRESSION, 1972 Sept. p. 163. [680]
Emery, K. O. THE CONTINENTAL SHELVES, 1969 Sept. p. 106. [882]
Emery, Walter B. THE TOMBS OF THE FIRST PHARAOHS, 1957 July p. 106.
Emiliani, Cesare. ANCIENT TEMPERATURES, 1958 Feb. p. 54. [815]
Emlen, John T., and Richard L. Penney. THE NAVIGATION OF PENGUINS, 1966 Oct. p. 104.

Emlen, Stephen T. THE STELLAR-ORIENTATION SYSTEM OF A MIGRATORY BIRD, 1975 Aug. p. 102. [1327]
Emmett, John L., John Nuckolls and Lowell Wood. FUSION POWER BY LASER IMPLOSION, 1974 June p. 24
Emmons, Howard W. FIRE AND FIRE PROTECTION, 1974 July p. 21.
Engel, Leonard. SMELTING UNDER PRESSURE, 1948 May p. 54; THE PHILIPS AIR ENGINE, 1948 July p. 52; THE BINGHAM PLAN, 1948 Oct. p. 7; GAS FROM THE MINE, 1950 June p. 52.
Engel, Leonard, and C. Walton Lillehei. OPEN-HEART SURGERY, 1960 Feb. p. 76.
Engel, Leonard, and Maurice Ewing. SEISMIC SHOOTING AT SEA, 1962 May p. 116.
Engel, Leonard, and Michael E. De Bakey. BLOOD-VESSEL SURGERY, 1961 Apr. p. 88.
Engelman, Donald M., and Peter B. Moore. NEUTRON-SCATTERING STUDIES OF THE RIBOSOME, 1976 Oct. p. 44.
English, Richard D., and Dan I. Bolef. DEFENSE AGAINST BOMBER ATTACK, 1973 Aug. p. 11.
Epel, David. THE PROGRAM OF FERTILIZATION, 1977 Nov. p. 128. [1372]
Ephrussi, Boris, and Mary C. Weiss. HYBRID SOMATIC CELLS, 1969 Apr. p. 26. [1137]
Epstein, Emanuel. ROOTS, 1973 May p. 48. [1271]
Epstein, R. H., and R. S. Edgar. THE GENETICS OF A BACTERIAL VIRUS, 1965 Feb. p. 70. [1004]
Epstein, William. NUCLEAR-FREE ZONES, 1975 Nov. p. 25. THE PROLIFERATION OF NUCLEAR WEAPONS, 1975 Apr. p. 18.
Ericson, David B., and Goesta Wollin. MICRO-PALEONTOLOGY, 1962 July p. 96. [856]
Erwin, Wallace R., and Richard M. Lemmon. HIGH-ENERGY REACTIONS OF CARBON, 1975 Jan. p. 72.
Esch, Harald. THE EVOLUTION OF BEE LANGUAGE, 1967 Apr. p. 96. [1071]
Eshleman, Von R. THE ATMOSPHERES OF MARS AND VENUS, 1969 Mar. p. 78.
Eshleman, Von R., and Allen M. Peterson. RADAR ASTRONOMY, 1960 Aug. p. 50.
Essmann, Uwe, and Hermann Träuble. THE MAGNETIC STRUCTURE OF SUPERCONDUCTORS, 1971 Mar. p. 74.
Estes, J. Worth, and Paul Dudley White. WILLIAM WITHERING AND THE PURPLE FOXGLOVE, 1965 June p. 110.
Etkin, William. HOW A TADPOLE BECOMES A FROG, 1966 May p. 76. [1042]
Ettel, Peter C., and Elwyn L. Simons. GIGANTOPITHECUS, 1970 Jan. p. 76.
Euler, Leonhard. LEONHARD EULER AND THE KOENIGSBERG BRIDGES, 1953 July p. 66.
Evans, Clifford, and Betty J. Meggers. A TRANS-PACIFIC CONTACT IN 3000 B.C., 1966 Jan. p. 28.
Evans, David C. COMPUTER LOGIC AND MEMORY, 1966 Sept. p. 74.
Evans, Howard E. PREDATORY WASPS, 1963 Apr. p. 144.
Evans, Howard E., and Robert W. Matthews. THE SAND WASPS OF AUSTRALIA, 1975 Dec. p. 108.
Evans, John W. SOLAR FLARES, 1951 Dec. p. 17.
Evans, John M., Jr., and James S. Albus. ROBOT SYSTEMS, 1976 Feb. p. 76.
Evans, Ralph M. SEEING LIGHT AND COLOR, 1949 Aug. p. 52; MAXWELL'S COLOR PHOTOGRAPH, 1961 Nov. p. 118.
Evarts, Edward V. BRAIN MECHANISMS IN MOVEMENT, 1973 July p. 96. [1277]
Evenari, Michael, and Dov Koller. ANCIENT MASTERS OF THE DESERT, 1956 Apr. p. 39.
Everhart, Thomas E., and Thomas L. Hayes. THE SCANNING ELECTRON MICROSCOPE, 1972 Jan. p. 54.
Ewen, Harold I. RADIO WAVES FROM INTERSTELLAR HYDROGEN, 1953 Dec. p. 42.
Ewert, Jörg-Peter. THE NEURAL BASIS OF VISUALLY GUIDED BEHAVIOR, 1974 Mar. p. 34. [1293]
Ewing, A. W., and H. C. Bennet-Clark. THE LOVE SONG OF THE FRUIT FLY, 1970 July p. 84. [1183]
Ewing, Maurice, and Leonard Engel. SEISMIC SHOOTING AT SEA, 1962 May p. 116.
Eysenck, H. J. THE MEASUREMENT OF MOTIVATION, 1963 May p. 130. [477]

F

Fairbridge, Rhodes W. THE CHANGING LEVEL OF THE SEA, 1960 May p. 70.
Faller, James E., and E. Joseph Wampler. THE LUNAR LASER REFLECTOR, 1970 Mar. p. 38.
Faller, Larry. RELAXATION METHODS IN CHEMISTRY, 1969 May p. 30.
Fano, R. M., and F. J. Corbató. TIME-SHARING ON COMPUTERS, 1966 Sept. p. 128.
Fantz, Robert L. THE ORIGIN OF FORM PERCEPTION, 1961 May p. 66. [459]
Farris, Edmond J. MALE FERTILITY, 1950 May p. 16.
Favreau, Olga Eizner, and Michael C. Corballis. NEGATIVE AFTEREFFECTS IN VISUAL PERCEPTION, 1976 Dec. p. 42. [574]
Feder, H. S., and A. E. Spencer. TELEPHONE SWITCHING, 1962 July p. 132.
Feder, Howard M. ESCAPE RESPONSES IN MARINE INVERTEBRATES, 1972 July p. 92. [1254]
Fedoseev, D. B., and Boris V. Derjaguin. THE SYNTHESIS OF DIAMOND AT LOW PRESSURE, 1975 Nov. p. 102.
Fein, Jack M. MICROVASCULAR SURGERY FOR STROKE, 1978 Apr. p. 58. [1385]
Feinberg, Gerald. ORDINARY MATTER, 1967 May p. 126; LIGHT, 1968 Sept. p. 50; PARTICLES THAT GO FASTER THAN LIGHT, 1970 Feb. p. 68.
Feinberg, Gerald, and Maurice Goldhaber. THE CONSERVATION LAWS OF PHYSICS, 1963 Oct. p. 36.
Feiss, Julian W. MINERALS, 1963 Sept. p. 128.
Feistel, Horst. CRYPTOGRAPHY AND COMPUTER PRIVACY, 1973 May p. 15.
Feld, M. S., and V. S. Letokhov. LASER SPECTROSCOPY, 1973 Dec. p. 69.
Feldstein, Martin S. THE MEDICAL ECONOMY, 1973 Sept. p. 151.
Fender, Derek H. CONTROL MECHANISMS OF THE EYE, 1964 July p. 24.
Fenn, Wallace O. POTASSIUM, 1949 Aug. p. 16; THE MECHANISM OF BREATHING, 1960 Jan. p. 138.
Fenner, Frank. THE RABBIT PLAGUE, 1954 Feb. p. 30.
Fergason, James L. LIQUID CRYSTALS, 1964 Aug. p. 76.
Ferguson, Elizabeth A. PRIMITIVE MEDICINE, 1948 Sept. p. 24.
Ferguson, Eugene S. THE ORIGINS OF THE STEAM ENGINE, 1964 Jan. p. 98; THE MEASUREMENT OF THE "MAN-DAY", 1971 Oct. p. 96.
Fernstrom, John D., and Richard J. Wurtman. NUTRITION AND THE BRAIN, 1974 Feb. p. 84. [1291]
Ferster, Charles B. ARITHMETIC BEHAVIOR IN CHIMPANZEES, 1964 May p. 98. [484]
Fertig, Daniel S., and Vaughan W. Edmonds. THE PHYSIOLOGY OF THE HOUSE MOUSE, 1969 Oct. p. 103. [1159]
Festinger, Leon. COGNITIVE DISSONANCE, 1962 Oct. p. 93. [472]
Few, Arthur A. THUNDER, 1975 July p. 80.
Fiddes, John C. THE NUCLEOTIDE SEQUENCE OF A VIRAL DNA, 1977 Dec. p. 54. [1374]
Field, William O. GLACIERS, 1955 Sept. p. 84. [809]
Fieser, Louis F. STEROIDS, 1955 Jan. p. 52. [8]
Fine, Jacob. TRAUMATIC SHOCK, 1952 Dec. p. 62.
Fine, M. M. THE BENEFICIATION OF IRON ORES, 1968 Jan. p. 28.
Finnell, H. H. THE DUST STORMS OF 1948, 1948 Aug. p. 7; THE DUST STORMS OF 1954, 1954 July p. 25.
Fischberg, Michail, and Antonie W. Blackler. HOW CELLS SPECIALIZE, 1961 Sept. p. 124. [94]
Fish, Marie Poland. ANIMAL SOUNDS IN THE SEA, 1956 Apr. p. 93.
Fisher, Alan E. CHEMICAL STIMULATION OF THE BRAIN, 1964 June p. 60. [485]
Fisher, Harry L. RUBBER, 1956 Nov. p. 74.
Fisher, Robert L., and Roger Revelle. THE TRENCHES OF THE PACIFIC, 1955 Nov. p. 36. [814]
Fisher, W. Halder. THE ANATOMY OF INFLATION: 1953-1975, 1971 Nov. p. 15.
Fitch, James Marston. THE CURTAIN WALL, 1955 Mar. p. 44; THE CONTROL OF THE LUMINOUS ENVIRONMENT, 1968 Sept. p. 190.
Fitch, James Marston, and Daniel P. Branch. PRIMITIVE ARCHITECTURE AND CLIMATE, 1960 Dec. p. 134.
Fitch, James Marston, John Templer and Paul Corcoran. THE DIMENSIONS OF STAIRS, 1974 Oct. p. 82.
Flagg, John F., and Edwin L. Zebroski. ATOMIC PILE CHEMISTRY, 1952 July p. 62.
Flanagan, James L. THE SYNTHESIS OF SPEECH, 1972 Feb. p. 48.
Flandro, Gary A., and George Sotter. RESONANT COMBUSTION IN ROCKETS, 1968 Dec. p. 94.
Flannelly, Kevin, and Richard Lore. RAT SOCIETIES, 1977 May p. 106. [577]
Fleischer, R. L., P. B. Price and R. M. Walker. NUCLEAR TRACKS IN SOLIDS, 1969 June p. 30.
Flemings, Merton C. THE SOLIDIFICATION OF CASTINGS, 1974 Dec. p. 88.
Flemming, Arthur S. MOBILIZATION, 1951 Sept. p. 89.
Fletcher, J. M. and F. Hudswell. GENEVA: CHEMISTRY, 1955 Oct. p. 34.
Flood, H. William, and Bernard S. Lee. FLUIDIZATION, 1968 July p. 94.
Flower, Andrew R. WORLD OIL PRODUCTION, 1978 Mar. p. 42. [930]
Flyger, Vagn, and Marjorie R. Townsend. THE MIGRATION OF POLAR BEARS, 1968 Feb. p. 108. [1102]
Fohs, F. Julius. MIDDLE EAST OIL, 1948 Sept. p. 9.
Folkman, Judah. THE VASCULARIZATION OF TUMORS, 1976 May p. 58. [1339]
Folsome, Clair E., James G. Lawless and Keith A. Kvenvolden. ORGANIC MATTER IN METEORITES, 1972 June p. 38. [902]
Ford, James A. MOUND BUILDERS OF THE MISSISSIPPI, 1952 Mar. p. 22; THE HISTORY OF A PERUVIAN VALLEY, 1954 Aug. p. 28.
Ford, Kenneth W. MAGNETIC MONOPOLES, 1963 Dec. p. 122.
Fortes, Meyer. PRIMITIVE KINSHIP, 1959 June p. 146.
Foster, Hal. RADAR AND THE WEATHER, 1953 July p. 34.
Fowler, Melvin L. A PRE-COLUMBIAN URBAN CENTER ON THE MISSISSIPPI, 1975 Aug. p. 92. [688]

Fowler, Ruth E., and R. G. Edwards. HUMAN EMBRYOS IN THE LABORATORY, 1970 Dec. p. 44. [1206]
Fowler, T. K., and Richard F. Post. PROGRESS TOWARD FUSION POWER, 1966 Dec. p. 21.
Fowler, William A. THE ORIGIN OF THE ELEMENTS, 1956 Sept. p. 82.
Fowler, William A., and Jay M. Pasachoff. DEUTERIUM IN THE UNIVERSE, 1974 May p. 108.
Fowler, William B., and Nicholas P. Samios. THE OMEGA-MINUS EXPERIMENT, 1964 Oct. p. 36.
Fox, C. Fred. THE STRUCTURE OF CELL MEMBRANES, 1972 Feb. p. 30. [1241]
Fox, H. Munro. BLOOD PIGMENTS, 1950 Mar. p. 20.
Fraas, Arthur P., and Moshe J. Lubin. FUSION BY LASER, 1971 June p. 21.
Fraenkel-Conrat, Heinz. REBUILDING A VIRUS, 1956 June p. 42 [9]; THE GENETIC CODE OF A VIRUS, 1964 Oct. p. 46. [193]
Frank, Howard, and Ivan T. Frisch. NETWORK ANALYSIS, 1970 July p. 94.
Frank, Sylvia. CAROTENOIDS, 1956 Jan. p. 80.
Franklin, K. L. RADIO WAVES FROM JUPITER, 1964 July p. 34.
Franzini-Armstrong, Clara, and Keith R. Porter. THE SARCOPLASMIC RETICULUM, 1965 Mar. p. 72. [1007]
Fraser, Alistair B., and William H. Mach. MIRAGES, 1976 Jan. p. 102.
Fraser, Dean, and C. A. Knight. THE MUTATION OF VIRUSES, 1955 July p. 74. [59]
Fraser, R. D. B. KERATINS, 1969 Aug. p. 86. [1155]
Frazer, A. H. HIGH-TEMPERATURE PLASTICS, 1969 July p. 96.
Freedman, Daniel Z., and Peter van Nieuwenhuizen SUPERGRAVITY AND THE UNIFICATION OF THE LAWS OF PHYSICS, 1978 Feb. p. 126. [397]
Freedman, Lawrence Zelic. "TRUTH" DRUGS, 1960 Mar. p. 145. [497]
Freedman, Ronald F., and Bernard Berelson. A STUDY IN FERTILITY CONTROL, 1964 May p. 29 [621]; THE HUMAN POPULATION, 1974 Sept. p. 30.
Freedman, Ronald F., Pascal K. Whelpton and Arthur A. Campbell. FAMILY PLANNING IN THE U.S., 1959 Apr. p. 50.
Freeman, Arthur J., and Henry H. Kolm. INTENSE MAGNETIC FIELDS, 1965 Apr. p. 66.
Frei, Emil, III, and Emil J. Freireich. LEUKEMIA, 1964 May p. 88.
Freimer, Earl H., and Maclyn McCarty. RHEUMATIC FEVER, 1965 Dec. p. 66.
Freireich, Emil J., and Emil Frei III. LEUKEMIA, 1964 May p. 88.
Frejka, Tomas. THE PROSPECTS FOR A STATIONARY WORLD POPULATION, 1973 Mar. p. 15. [683]
French, J. D. THE RETICULAR FORMATION, 1957 May p. 54. [66]
French, Vernon, Peter J. Bryant and Susan V. Bryant. BIOLOGICAL REGENERATION AND PATTERN FORMATION, 1977 July p. 66. [1363]
Frey, Jeffrey, and Raymond Bowers. TECHNOLOGY ASSESSMENT AND MICROWAVE DIODES, 1972 Feb. p. 13.
Frieden, Earl. THE ENZYME-SUBSTRATE COMPLEX, 1959 Aug. p. 119; THE CHEMISTRY OF AMPHIBIAN METAMORPHOSIS, 1963 Nov. p. 110 [170]; THE BIOCHEMISTRY OF COPPER, 1968 May p. 102; THE CHEMICAL ELEMENTS OF LIFE, 1972 July p. 52.
Friedman, Herbert. ROCKET ASTRONOMY, 1959 June p. 52; X-RAY ASTRONOMY, 1964 June p. 36.
Friedmann, Theodore. PRENATAL DIAGNOSIS OF GENETIC DISEASE, 1971 Nov. p. 34. [1234]
Frings, Hubert and Mable. THE LANGUAGE OF CROWS, 1959 Nov. p. 119.
Frisch, Ivan T., and Howard Frank. NETWORK ANALYSIS, 1970 July p. 94.
Frisch, O. R. ON THE FEASIBILITY OF COAL-DRIVEN POWER STATIONS, 1956 Mar. p. 93; MOLECULAR BEAMS, 1965 May p. 58.
Frith, H. J. INCUBATOR BIRDS, 1959 Aug. p. 52.
Fritsch, A. R., and Glenn T. Seaborg. THE SYNTHETIC ELEMENTS: III, 1963 Apr. p. 68. [293]
Fritts, Harold C. TREE RINGS AND CLIMATE, 1972 May p. 92. [1250]
Fromkin, Victoria A. SLIPS OF THE TONGUE, 1973 Dec. p. 110. [556]
Fromm, Erich. THE OEDIPUS MYTH, 1949 Jan. p. 22; THE NATURE OF DREAMS, 1949 May p. 44. [495]
Fromm, Jacob E., and Francis H. Harlow. COMPUTER EXPERIMENTS IN FLUID DYNAMICS, 1965 Mar. p. 104.
Fruton, Joseph S. PROTEINS, 1950 June p. 32. [10]
Fuhrman, Frederick A. TETRODOTOXIN, 1967 Aug. p. 60. [1080]
Fullman, Robert L. THE GROWTH OF CRYSTALS, 1955 Mar. p. 74.
Funkenstein, Daniel H. THE PHYSIOLOGY OF FEAR AND ANGER, 1955 May p. 74. [428]
Furtado, Celso. THE DEVELOPMENT OF BRAZIL, 1963 Sept. p. 208.
Furth, Harold P., Morton A. Levine and Ralph W. Waniek. STRONG MAGNETIC FIELDS, 1958 Feb. p. 28.
Furth, J. J., and Jerard Hurwitz. MESSENGER RNA, 1962 Feb. p. 41. [119]
Furth, R. THE LIMITS OF MEASUREMENT, 1950 July p. 48. [255]

G

Gale, Ernest F. EXPERIMENTS IN PROTEIN SYNTHESIS, 1956 Mar. p. 42.
Gallagher, Leonard V., and Bruce S. Old. THE CONTINUOUS CASTING OF STEEL, 1963 Dec. p. 74.
Gamow, George. GALAXIES IN FLIGHT, 1948 July p. 20; ORIGIN OF THE ICE, 1948 Oct. p. 40; SUPERNOVAE, 1949 Dec. p. 18; TURBULENCE IN SPACE, 1952 June p. 26; MODERN COSMOLOGY, 1954 Mar. p. 54; INFORMATION TRANSFER IN THE LIVING CELL, 1955 Oct. p. 70; THE EVOLUTIONARY UNIVERSE, 1956 Sept. p. 136 [211]; THE PRINCIPLE OF UNCERTAINTY, 1958 Jan 51 [212]; THE EXCLUSION PRINCIPLE, 1959 July p. 74; GRAVITY, 1961 Mar. p. 94. [264]
Gamow, George, and Krafft A. Ehricke. A ROCKET AROUND THE MOON, 1957 June p. 47.
Gamow, R. Igor, and John F. Harris. THE INFRARED RECEPTORS OF SNAKES, 1973 May p. 94. [1272]
Gans, Carl. HOW SNAKES MOVE, 1970 June p. 82. [1180]
Gans, Carl, and Anthony C. Pooley. THE NILE CROCODILE, 1976 Apr. p. 114.
Garbell, Maurice A. THE SEA THAT SPILLS INTO A DESERT, 1963 Aug. p. 94; THE JORDAN VALLEY PLAN, 1965 Mar. p. 23.
Gardels, Keith, and Robert Herman. VEHICULAR TRAFFIC FLOW, 1963 Dec. p. 35.
Gardner, Lytt I. DEPRIVATION DWARFISM, 1972 July p. 76. [1253]
Gardner, Martin. LOGIC MACHINES, 1952 Mar. p. 68; FLEXAGONS, 1956 Dec. p. 162; CAN TIME GO BACKWARD?, 1966 Jan. p. 98.
Garfield, Sidney R. THE DELIVERY OF MEDICAL CARE, 1970 Apr. p. 15.
Garner, H. F. RIVERS IN THE MAKING, 1966 Apr. p. 84.
Garwin, Richard L. ANTISUBMARINE WARFARE AND NATIONAL SECURITY, 1972 July p. 14. [345]
Garwin, Richard L., and Hans A. Bethe. ANTI-BALLISTIC-MISSILE SYSTEMS, 1968 Mar. p. 21.
Gaskin, A. J., P. J. Darragh and J. V. Sanders. OPALS, 1976 Apr. p. 84.
Gast, Paul W., Wilmot Hess, Robert Kovach and Gene Simmons. THE EXPLORATION OF THE MOON, 1969 Oct. p. 54. [889]
Gates, David M. HEAT TRANSFER IN PLANTS, 1965 Dec. p. 76 [1029]; THE FLOW OF ENERGY IN THE BIOSPHERE, 1971 Sept. p. 88. [664]
Gates, Marshall. ANALGESIC DRUGS, 1966 Nov. p. 131. [304]
Gaudin, A. M. SEPARATING SOLIDS WITH BUBBLES, 1956 Dec. p. 99.
Gauri, K. Lal THE PRESERVATION OF STONE, 1978 June p. 126. [3012]
Gaut, Norman E., and Victor P. Starr. NEGATIVE VISCOSITY, 1970 July p. 72.
Gautier, T. N. THE IONOSPHERE, 1955 Sept. p. 126.
Gay, Helen. NUCLEAR CONTROL OF THE CELL, 1960 Jan. p. 126.
Gazzaniga, Michael S. THE SPLIT BRAIN IN MAN, 1967 Aug. p. 24. [508]
Geballe, T. H. NEW SUPERCONDUCTORS, 1971 Nov. p. 22.
Geesey, G. G., J. W. Costerton and K.-J. Cheng HOW BACTERIA STICK, 1978 Jan. p. 86. [1379]
Gell-Mann, Murray, and E. P. Rosenbaum. ELEMENTARY PARTICLES, 1957 July p. 72. [213]
Gell-Mann, Murray, Geoffrey F. Chew and Arthur H. Rosenfeld. STRONGLY INTERACTING PARTICLES, 1964 Feb. p. 74. [296]
Gerard, Ralph W. THE DYNAMICS OF INHIBITION, 1948 Sept. p. 44; WHAT IS MEMORY?, 1953 Sept. p. 118. [11]
Gerbner, George. COMMUNICATION AND SOCIAL ENVIRONMENT, 1972 Sept. p. 152. [679]
German, James L., III, and A. G. Bearn. CHROMOSOMES AND DISEASE, 1961 Nov. p. 66. [150]
Germer, Lester H. THE STRUCTURE OF CRYSTAL SURFACES, 1965 Mar. p. 32.
Gershon-Cohen, Jacob. MEDICAL THERMOGRAPHY, 1966 Feb. p. 94.
Gerson, Samuel, and Ellen L. Bassuk DEINSTITUTIONALIZATION AND MENTAL HEALTH SERVICES, 1978 Feb. p. 46. [581]
Geschwind, Norman. LANGUAGE AND THE BRAIN, 1972 Apr. p. 76. [1246]
Gesell, Arnold. INFANT VISION, 1950 Feb. p. 20. [401]
Gessow, Alfred. THE CHANGING HELICOPTER, 1966 Apr. p. 38.
Gettens, Rutherford J. SCIENCE IN THE ART MUSEUM, 1952 July p. 22.
Ghiorso, Albert, and Glenn T. Seaborg. THE NEWEST SYNTHETIC ELEMENTS, 1956 Dec. p. 66. [243]
Ghirshman, R. THE ZIGGURAT OF TCHOGAZANBIL, 1961 Jan. p. 68.
Ghosh, A. K., and S. S. Hecker. THE FORMING OF SHEET METAL, 1976 Nov. p. 100.
Giacconi, Riccardo. X-RAY STARS, 1966 Dec. p. 36.
Giannini, Gabriel M. THE PLASMA JET, 1957 Aug. p. 80; ELECTRICAL PROPULSION IN SPACE, 1961 Mar. p. 57.

Gibor, Aharon. ACETABULARIA: A USEFUL GIANT CELL, 1966 Nov. p. 118. [1057]
Gibor, Aharon, and Preston Cloud. THE OXYGEN CYCLE, 1970 Sept. p. 110. [1192]
Gibson, Alan R., and Mitchell Glickstein. VISUAL CELLS IN THE PONS OF THE BRAIN, 1976 Nov. p. 90. [573]
Gibson, Eleanor J., and Richard D. Walk. THE "VISUAL CLIFF", 1960 Apr. p. 64. [402]
Gibson, R. C., H. W. Hyden and J. H. Brophy. SUPERPLASTIC METALS, 1969 Mar. p. 28.
Giddings, J. L., Jr. EARLY MAN IN THE ARCTIC, 1954 June p. 82.
Gierer, Alfred. HYDRA AS A MODEL FOR THE DEVELOPMENT OF BIOLOGICAL FORM, 1974 Dec. p. 44. [1309]
Gilbert, Perry W. THE BEHAVIOR OF SHARKS, 1962 July p. 60. [127]
Gilbert, Walter, and Mark Ptashne. GENETIC REPRESSORS, 1970 June p. 36. [1179]
Gill, James R., and Ralph L. Miller. URANIUM FROM COAL, 1954 Oct. p. 36.
Gilliard, E. Thomas. THE EVOLUTION OF BOWERBIRDS, 1963 Aug. p. 38. [1098]
Gillie, R. Bruce. ENDEMIC GOITER, 1971 June p. 92.
Gilman, Henry, and John J. Eisch. LITHIUM, 1963 Jan. p. 88.
Gilman, John J. FRACTURE IN SOLIDS, 1960 Feb. p. 94; THE NATURE OF CERAMICS, 1966 Sept. p. 112.
Gilman, Peter A., and Victor P. Starr. THE CIRCULATION OF THE SUN'S ATMOSPHERE, 1968 Jan. p. 100.
Gilman, Roger H. CARGO-HANDLING, 1968 Oct. p. 80.
Gilmore, Raymond M. THE RETURN OF THE GRAY WHALE, 1955 Jan. p. 62.
Gingerich, Owen. THE SOLAR SYSTEM BEYOND NEPTUNE, 1959 Apr. p. 86; COPERNICUS AND TYCHO, 1973 Dec. p. 86.
Ginzberg, Eli. THE PLURALISTIC ECONOMY OF THE U.S., 1976 Dec. p. 25; THE JOB PROBLEM, 1977 Nov. p. 43. [701]
Ginzburg, N. I., and N. B. Brandt. SUPERCONDUCTIVITY AT HIGH PRESSURE, 1971 Apr. p. 83.
Ginzburg, V. L. ARTIFICIAL SATELLITES AND THE THEORY OF RELATIVITY, 1959 May p. 149; THE ASTROPHYSICS OF COSMIC RAYS, 1969 Feb. p. 50.
Ginzton, Edward L. THE KLYSTRON, 1954 Mar. p. 84.
Ginzton, Edward L., and William F. Kirk. THE TWO-MILE ELECTRON ACCELERATOR, 1961 Nov. p. 49. [322]
Giordmaine, J. A. THE INTERACTION OF LIGHT WITH LIGHT, 1964 Apr. p. 38.
Gitlin, David, and Charles A. Janeway. AGAMMAGLOBULINEMIA, 1957 July p. 93.
Glaessner, Martin F. PRE-CAMBRIAN ANIMALS, 1961 Mar. p. 72. [837]
Glaser, Donald A. THE BUBBLE CHAMBER, 1955 Feb. p. 46. [214]
Glashow, Sheldon Lee. QUARKS WITH COLOR AND FLAVOR, 1975 Oct. p. 38.
Glass, Billy P., and Bruce C. Heezen. TEKTITES AND GEOMAGNETIC REVERSALS, 1967 July p. 32.
Glass, H. Bentley. THE GENETICS OF THE DUNKERS, 1953 Aug. p. 76 [1062]; MAUPERTUIS, A FORGOTTEN GENIUS, 1955 Oct. p. 100.
Glavitsch,Hans. COMPUTER CONTROL OF ELECTRIC-POWER SYSTEMS, 1974 Nov. p. 34.
Glazer, Nathan. THE RENEWAL OF CITIES, 1965 Sept. p. 194.
Glazier, William H. THE TASK OF MEDICINE, 1973 Apr. p. 13.
Gleitman, Henry. PLACE-LEARNING, 1963 Oct. p. 116. [479]
Glesinger, Egon. THE MEDITERRANEAN PROJECT, 1960 July p. 86.
Glickstein, Mitchell, and Alan R. Gibson. VISUAL CELLS IN THE PONS OF THE BRAIN, 1976 Nov. p. 90. [573]
Glob, P. V., and Thomas G. Bibby. A FORGOTTEN CIVILIZATION OF THE PERSIAN GULF, 1960 Oct. p. 62.
Glock, Charles Y., and Joseph T. Klapper. TRIAL BY NEWSPAPER, 1949 Feb. p. 16.
Gluckman, Max. THE RISE OF A ZULU EMPIRE, 1960 Apr. p. 157.
Glucksberg, Sam, and Robert M. Kraus. SOCIAL AND NONSOCIAL SPEECH, 1977 Feb. p. 100. [576]
Goddard, James L. THE MEDICAL BUSINESS, 1973 Sept. p. 161.
Goell, Theresa, and Friedrich Karl Doerner. THE TOMB OF ANTIOCHUS I, 1956 July p. 38.
Gogel, Walter C. THE ADJACENCY PRINCIPLE IN VISUAL PERCEPTION, 1978 May p. 126. [582]
Goldberg, Leo. ULTRAVIOLET ASTRONOMY, 1969 June p. 92.
Goldhaber, Alfred Scharff, and Michael Martin Nieto. THE MASS OF THE PHOTON, 1976 May p. 86.
Goldhaber, Maurice, and Gerald Feinberg. THE CONSERVATION LAWS OF PHYSICS, 1963 Oct. p. 36.
Goldmark, Peter C. COMMUNICATION AND THE COMMUNITY, 1972 Sept. p. 142. [678]
Goldreich, Peter. TIDES AND THE EARTH-MOON SYSTEM, 1972 Apr. p. 42.
Goldschmidt, Arthur. THE DEVELOPMENT OF THE U.S. SOUTH, 1963 Sept. p. 224.
Goldschmidt, Richard B. PHENOCOPIES, 1949 Oct. p. 46.
Goldschmidt, Walter. THE BRIDEPRICE OF THE SEBEI, 1973 July p. 74.
Goldstein, Kurt. PREFRONTAL LOBOTOMY: ANALYSIS AND WARNING, 1950 Feb. p. 44. [445]
Goldstein, M. S., and Rachmiel Levine. THE ACTION OF INSULIN, 1958 May p. 99.
Goldwater, Leonard J. MERCURY IN THE ENVIRONMENT, 1971 May p. 15. [1221]
Gombrich, E. H. THE VISUAL IMAGE, 1972 Sept. p. 82. [548]
Goodenough, Ursula W., and R. P. Levine. THE GENETIC ACTIVITY OF MITOCHONDRIA AND CHLOROPLASTS, 1970 Nov. p. 22. [1203]
Goodfield, June. THE TUNNEL OF EUPALINUS, 1964 June p. 104.
Goodrich, H. B., R. H. Knapp and George A. W. Boehm. THE ORIGINS OF U.S. SCIENTISTS, 1951 July p. 15.
Gordienko, P. A. THE ARCTIC OCEAN, 1961 May p. 88.
Gordon, Barbara. THE SUPERIOR COLLICULUS OF THE BRAIN, 1972 Dec. p. 72. [553]
Gordon, Cyrus H. THE GREEKS AND THE HEBREWS, 1965 Feb. p. 102.
Gordon, James P. THE MASER, 1958 Dec. p. 42. [215]
Gordon, Manuel J. THE CONTROL OF SEX, 1958 Nov. p. 87.
Gordon, Richard, and Antone G. Jacobson. THE SHAPING OF TISSUES IN EMBRYOS, 1978 June p. 106. [1391]
Gordon, Richard, Gabor T. Herman and Steven A. Johnson. IMAGE RECONSTRUCTION FROM PROJECTIONS, 1975 Oct. p. 56.
Gordy, Walter. THE SHORTEST RADIO WAVES, 1957 May p. 46.
Gorenstein, Paul, and Wallace Tucker. SUPERNOVA REMNANTS, 1971 July p. 74.
Gorini, Luigi. ANTIBIOTICS AND THE GENETIC CODE, 1966 Apr. p. 102.
Gosling, J. T., and A. J. Hundhausen. WAVES IN THE SOLAR WIND, 1977 Mar. p. 36. [1353]
Gosselin, Edward A., and Lawrence S. Lerner. GIORDANO BRUNO, 1973 Apr. p. 86.
Gosz, James R., Richard T. Holmes, Gene E. Likens and F. Herbert Bormann. THE FLOW OF ENERGY IN A FOREST ECOSYSTEM, 1978 Mar. p. 92. [1384]
Gott, J. Richard, III, James E. Gunn, David N. Schramm and Beatrice M. Tinsley. WILL THE UNIVERSE EXPAND FOREVER?, 1976 Mar. p. 62.
Gottlieb, Bernhard. A NEW THEORY OF TOOTH DECAY, 1948 Oct. p. 20.
Gough, William C., and Bernard J. Eastlund. THE PROSPECTS OF FUSION POWER, 1971 Feb. p. 50. [340]
Govindjee and Eugene I. Rabinowitch. THE ROLE OF CHLOROPHYLL IN PHOTOSYNTHESIS, 1965 July p. 74. [1016]
Govindjee and Rajni Govindjee. THE ABSORPTION OF LIGHT IN PHOTOSYNTHESIS, 1974 Dec. p. 68. [1310]
Graham, L. C., Homer Jensen, Leonard J. Porcello and Emmett N. Leith. SIDE-LOOKING AIRBORNE RADAR, 1977 Oct. p. 84. [386]
Graham, Ronald L. THE COMBINATORIAL MATHEMATICS OF SCHEDULING, 1978 Mar. p. 124. [3001]
Grant, Verne. THE FERTILIZATION OF FLOWERS, 1951 June p. 52. [12]
Gray, George W. THE ULTIMATE PARTICLES, 1948 June p. 26; "THE GREAT RAVELLED KNOT", 1948 Oct. p. 26 [13]; COSMIC RAYS, 1949 Mar. p. 28; PAULING AND BEADLE, 1949 May p. 16; THE ANTIBIOTICS, 1949 Aug. p. 26; THE NOBEL PRIZES, 1949 Dec. p. 11; CORTISONE AND ACTH, 1950 Mar. p. 30 [14]; THE ULTRACENTRIFUGE, 1951 June p. 42 [82]; SICKLE-CELL ANEMIA, 1951 Aug. p. 56; ELECTROPHORESIS, 1951 Dec. p. 45 [83]; THE UNIVERSE FROM PALOMAR, 1952 Feb. p. 43; A LARGER AND OLDER UNIVERSE, 1953 June p. 56; HUMAN GROWTH, 1953 Oct. p. 65 [1063]; THE YERKES LABORATORIES, 1955 Feb. p. 67; UNKNOWN VIRUSES, 1955 Mar. p. 60; LIFE AT HIGH ALTITUDES, 1955 Dec. p. 58; THE LAMONT GEOLOGICAL OBSERVATORY, 1956 Dec. p. 83; "THE ORGANIZER", 1957 Nov. p. 79. [103]
Gray, Sir James. HOW FISHES SWIM, 1957 Aug. p. 48. [1113]
Greeley, Andrew M., and Paul B. Sheatsley. ATTITUDES TOWARD RACIAL INTEGRATION, 1971 Dec. p. 13. [673]
Greeley, Andrew M., D. Garth Taylor and Paul B. Sheatsley ATTITUDES TOWARD RACIAL INTEGRATION, 1978 June p. 42. [707]
Green, David E. ENZYMES IN TEAMS, 1949 Sept. p. 48 [15]; THE METABOLISM OF FATS, 1954 Jan. p. 32 [16]; BIOLOGICAL OXIDATION, 1958 July p. 56; THE SYNTHESIS OF FAT, 1960 Feb. p. 46 [67]; THE MITOCHONDRION, 1964 Jan. p. 63.
Greenberg, Bernard. FLIES AND DISEASE, 1965 July p. 92.
Greenberg, Donald P. COMPUTER GRAPHICS IN ARCHITECTURE, 1974 May p. 98.
Greenberg, J. Mayo. INTERSTELLAR GRAINS, 1966 Oct. p. 106.
Greenberg, Leon A. ALCOHOL IN THE BODY, 1953 Dec. p. 86.
Greenberger, Martin. THE USES OF COMPUTERS IN ORGANIZATIONS, 1966 Sept. p. 192.
Greene, Charles H. GLASS, 1961 Jan. p. 92.

Greene, Harry S. N. ON THE DEVELOPMENT OF CANCER, 1948 Dec. p. 40.
Greenewalt, Crawford H. HOW BIRDS SING, 1969 Nov. p. 126. [1162]
Greengard, Paul, and James A. Nathanson. "SECOND MESSENGERS" IN THE BRAIN, 1977 Aug. p. 108. [1368]
Greenough, William B., III, and Norbert Hirschhorn. CHOLERA, 1971 Aug. p. 15.
Greenstein, Jesse L. DYING STARS, 1959 Jan. p. 46 [216]; QUASI-STELLAR RADIO SOURCES, 1963 Dec. p. 54.
Greenwood, Ted. RECONNAISSANCE AND ARMS CONTROL, 1973 Feb. p. 14. [346]
Gregg, Alan. DOCTORS, 1951 Sept. p. 79.
Gregg, Michael C. THE MICROSTRUCTURE OF THE OCEAN, 1973 Feb. p. 64. [905]
Gregory, Derek P. THE HYDROGEN ECONOMY, 1973 Jan. p. 13.
Gregory, Richard L. VISUAL ILLUSIONS, 1968 Nov. p. 66. [517]
Greulach, Victor A. THE RISE OF WATER IN PLANTS, 1952 Oct. p. 78; PLANT MOVEMENTS, 1955 Feb. p. 100.
Griego, Richard J., and Reuben Hersh. BROWNIAN MOTION AND POTENTIAL THEORY, 1969 Mar. p. 66.
Griffin, Donald R. THE NAVIGATION OF BIRDS, 1948 Dec. p. 18; THE NAVIGATION OF BATS, 1950 Aug. p. 52; BIRD SONAR, 1954 Mar. p. 78; MORE ABOUT BAT "RADAR", 1958 July p. 40. [1121]
Grinspoon, Lester. MARIHUANA, 1969 Dec. p. 17. [524]
Grobstein, Clifford. THE RECOMBINANT-DNA DEBATE, 1977 July p. 22. [1362]
Grodzins, Morton. METROPOLITAN SEGREGATION, 1957 Oct. p. 33.
Gross, Jerome. COLLAGEN, 1961 May p. 120.
Grossman, Lawrence. THE MOST PRIMITIVE OBJECTS IN THE SOLAR SYSTEM, 1975 Feb. p. 30.
Grossweiner, Leonard I. FLASH PHOTOLYSIS, 1960 May p. 134.
Groth, Edward J., P. James E. Peebles, Michael Seldner and Raymond M. Soneira. THE CLUSTERING OF GALAXIES, 1977 Nov. p. 76. [390]
Gruenberg, Ernest M. THE EPIDEMIOLOGY OF MENTAL DISEASE, 1954 Mar. p. 38. [441]
Grundfest, Harry. ELECTRIC FISHES, 1960 Oct. p. 115.
Guhl, A. M. THE SOCIAL ORDER OF CHICKENS, 1956 Feb. p. 42. [471]
Guillemin, Roger, and Roger Burgus. THE HORMONES OF THE HYPOTHALAMUS, 1972 Nov. p. 24. [1260]
Guillery, R. W. VISUAL PATHWAYS IN ALBINOS, 1974 May p. 44. [1294]
Gumpert, Martin. VESALIUS: DISCOVERER OF THE HUMAN BODY, 1948 May p. 24; HISTOPLASMOSIS: THE UNKNOWN INFECTION, 1948 June p. 12.
Gunn, James E., J. Richard Gott III, David N. Schramm and Beatrice M. Tinsley. WILL THE UNIVERSE EXPAND FOREVER?, 1976 Mar. p. 62.
Gurdon, J. B. TRANSPLANTED NUCLEI AND CELL DIFFERENTIATION, 1968 Dec. p. 24. [1128]
Gurin, Gerald, Warren E. Miller and Angus Campbell. TELEVISION AND THE ELECTION, 1953 May p. 46; THE ELECTORAL SWITCH OF 1952, 1954 May p. 31.
Gursky, Herbert, and Edward P. J. van den Heuvel. X-RAY-EMITTING DOUBLE STARS, 1975 Mar. p. 24.
Guttman, Norman, and Harry I. Kalish. EXPERIMENTS IN DISCRIMINATION, 1958 Jan. p. 77. [403]
Guyer, Robert A., and Bernard Bertman. SOLID HELIUM, 1966 Aug. p. 84.

H

Haag, William G. THE BERING STRAIT LAND BRIDGE, 1962 Jan. p. 112.
Haagen-Smit, A. J. SMELL AND TASTE, 1952 Mar. p. 28 [404]; ESSENTIAL OILS, 1953 Aug. p. 70; THE CONTROL OF AIR POLLUTION, 1964 Jan. p. 24. [618]
Haber, Fritz. THE HEAT BARRIER, 1953 Dec. p. 80.
Haber, Heinz. THE HUMAN BODY IN SPACE, 1951 Jan. p. 16; FLIGHT AT THE BORDERS OF SPACE, 1952 Feb. p. 20.
Haber, Ralph Norman. EIDETIC IMAGES, 1969 Apr. p. 36 [522]; HOW WE REMEMBER WHAT WE SEE, 1970 May p. 104. [528]
Hadorn, Ernst. FRACTIONATING THE FRUIT FLY, 1962 Apr. p. 100 [1166]; TRANSDETERMINATION IN CELLS, 1968 Nov. p. 110. [1127]
Haecock, R. L., H. M. Schurmeier and A. E. Wolfe. THE RANGER MISSIONS TO THE MOON, 1966 Jan. p. 52.
Haensel, Vladimir, and Robert L. Burwell, Jr. CATALYSIS, 1971 Dec. p. 46.
Haerendel, Gerhard, and Reimar Lüst. ARTIFICIAL PLASMA CLOUDS IN SPACE, 1968 Nov. p. 80.
Hafstad, Lawrence R. REACTORS, 1951 Apr. p. 43.
Hahn, Hans. IS THERE AN INFINITY?, 1952 Nov. p. 76; GEOMETRY AND INTUITION, 1954 Apr. p. 84.
Hahn, Otto. THE DISCOVERY OF FISSION, 1958 Feb. p. 76.
Hailman, Jack P. HOW AN INSTINCT IS LEARNED, 1969 Dec. p. 98. [1165]
Haken, Wolfgang, and Kenneth Appel. THE SOLUTION OF THE FOUR-COLOR-MAP PROBLEM, 1977 Oct. p. 108. [387]
Hall, Calvin S. WHAT PEOPLE DREAM ABOUT, 1951 May p. 60.
Hall, Edward T., Jr. THE ANTHROPOLOGY OF MANNERS, 1955 Apr. p. 84.
Hall, F. Keith. WOOD PULP, 1974 Apr. p. 52.
Hall, H. Tracy. ULTRAHIGH PRESSURES, 1959 Nov. p. 61.
Hall, Marie Boas. ROBERT BOYLE, 1967 Aug. p. 96.
Hall, Robert A., Jr. PIDGIN LANGUAGES, 1959 Feb. p. 124.
Hallam, A. CONTINENTAL DRIFT AND THE FOSSIL RECORD, 1972 Nov. p. 56 [903]; ALFRED WEGENER AND THE HYPOTHESIS OF CONTINENTAL DRIFT, 1975 Feb. p. 88.
Halmos, Paul R. "NICOLAS BOURBAKI", 1957 May p. 88; INNOVATION IN MATHEMATICS, 1958 Sept. p. 66.
Hamilton, William F., II, and Dana K. Nance. SYSTEMS ANALYSIS OF URBAN TRANSPORTATION, 1969 July p. 19.
Hammon, William McD. ENCEPHALITIS, 1949 Sept. p. 18; GAMMA GLOBULIN IN POLIO, 1953 July p. 25.
Hammond, E. Cuyler. THE EFFECTS OF SMOKING, 1962 July p. 39.
Hammond, Norman. THE PLANNING OF A MAYA CEREMONIAL CENTER, 1972 May p. 82; THE EARLIEST MAYA, 1977 Mar. p. 116. [1355]
Hanawalt, Philip C., and Robert H. Haynes. THE REPAIR OF DNA, 1967 Feb. p. 36.
Hanfmann, George M. A. EXCAVATIONS AT SARDIS, 1961 June p. 124.
Hannah-Alava, Aloha. GENETIC MOSAICS, 1960 May p. 118.
Harary, Isaac. HEART CELLS IN VITRO, 1962 May p. 141.
Harbison, Frederick. EDUCATION FOR DEVELOPMENT, 1963 Sept. p. 140.
Harlan, Jack R. THE PLANTS AND ANIMALS THAT NOURISH MAN, 1976 Sept. p. 88.
Harland, W. Brian, and Martin J. S. Rudwick. THE GREAT INFRA-CAMBRIAN ICE AGE, 1964 Aug. p. 28.
Harlow, Francis H., and Jacob E. Fromm. COMPUTER EXPERIMENTS IN FLUID DYNAMICS, 1965 Mar. p. 104.
Harlow, Harry F. LOVE IN INFANT MONKEYS, 1959 June p. 68. [429]
Harlow, Harry F., and Margaret Kuenne Harlow. LEARNING TO THINK, 1949 Aug. p. 36 [415]; SOCIAL DEPRIVATION IN MONKEYS, 1962 Nov. p. 136. [473]
Harmon, Leon D. THE RECOGNITION OF FACES, 1973 Nov. p. 70. [555]
Harpstead, Dale D. HIGH-LYSINE CORN, 1971 Aug. p. 34. [1229]
Harris, Charles S., and Irvin Rock. VISION AND TOUCH, 1967 May p. 96. [507]
Harris, John F., and R. Igor Gamow. THE INFRARED RECEPTORS OF SNAKES, 1973 May p. 94. [1272]
Harris, John R. THE RISE OF COAL TECHNOLOGY, 1974 Aug. p. 92.
Harris, William F. DISCLINATIONS, 1977 Dec. p. 130. [393]
Hartline, H. K., William H. Miller and Floyd Ratliff. HOW CELLS RECEIVE STIMULI, 1961 Sept. p. 222. [99]
Hartman, Carl G. PLAYING "POSSUM", 1950 Jan. p. 52.
Hartmann, Sven R. PHOTON ECHOES, 1968 Apr. p. 32.
Hartmann, William K. THE SMALLER BODIES OF THE SOLAR SYSTEM, 1975 Sept. p. 142; CRATERING IN THE SOLAR SYSTEM, 1977 Jan. p. 84. [351]
Hartsell, S. E., and Robert F. Acker. FLEMING'S LYSOZYME, 1960 June p. 132.
Harvey, E. Newton. THE LUMINESCENCE OF LIVING THINGS, 1948 May p. 46.
Hasler, Arthur D., and James A. Larsen. THE HOMING SALMON, 1955 Aug. p. 72. [411]
Hatzakis, M., and A. N. Broers. MICROCIRCUITS BY ELECTRON BEAM, 1972 Nov. p. 34.
Hauser, Philip M. THE CENSUS, 1951 Apr. p. 15; THE CENSUS OF 1960, 1961 July p. 39; MORE FROM THE CENSUS OF 1960, 1962 Oct. p. 30; THE CENSUS OF 1970, 1971 July p. 17.
Hawkes, Jacquetta. STONEHENGE, 1953 June p. 25.
Hawking, Frank. FILARIASIS, 1958 July p. 94; THE CLOCK OF THE MALARIA PARASITE, 1970 June p. 123.
Hawking, S. W. THE QUANTUM MECHANICS OF BLACK HOLES, 1977 Jan. p. 34. [349]
Hawkins, David. MATHEMATICAL SIEVES, 1958 Dec. p. 105.
Hayashi, Izuo, and Morton B. Panish. A NEW CLASS OF DIODE LASERS, 1971 July p. 32.
Hayashi, Teru. HOW CELLS MOVE, 1961 Sept. p. 184. [97]
Hayashi, Teru, and George A. W. Boehm. ARTIFICIAL MUSCLE, 1952 Dec. p. 18.
Hayden, H. W., R. C. Gibson and J. H. Brophy. SUPERPLASTIC METALS, 1969 Mar. p. 28.
Hayes, Thomas L., and Thomas E. Everhart. THE SCANNING ELECTRON MICROSCOPE, 1972 Jan. p. 54.

Hayflick, Leonard. HUMAN CELLS AND AGING, 1968 Mar. p. 32. [1103]

Haynes, C. Vance, Jr. ELEPHANT-HUNTING IN NORTH AMERICA, 1966 June p. 104.

Haynes, Robert H., and Philip C. Hanawalt. THE REPAIR OF DNA, 1967 Feb. p. 36.

Hayward, Roger, Linus Pauling and Robert B. Corey. THE STRUCTURE OF PROTEIN MOLECULES, 1954 July p. 51. [31]

Hazen, David C., and Rudolf F. Lehnert. LOW-SPEED FLIGHT, 1956 Apr. p. 46.

Heady, Earl O. THE AGRICULTURE OF THE U.S., 1976 Sept. p. 106.

Heath, F. G. LARGE-SCALE INTEGRATION IN ELECTRONICS, 1970 Feb. p. 22; ORIGINS OF THE BINARY CODE, 1972 Aug. p. 76.

Hecker, S. S., and A. K. Ghosh. THE FORMING OF SHEET METAL, 1976 Nov. p. 100.

Hediger, H. ARE WILD ANIMALS IN CAPTIVITY REALLY WILD?, 1954 May p. 76.

Heeschen, D. S. RADIO GALAXIES, 1962 Mar. p. 41. [278]

Heezen, Bruce C. THE ORIGIN OF SUBMARINE CANYONS, 1956 Aug. p. 36; THE RIFT IN THE OCEAN FLOOR, 1960 Oct. p. 98.

Heezen, Bruce C., and Billy P. Glass. TEKTITES AND GEOMAGNETIC REVERSALS, 1967 July p. 32.

Heezen, Bruce C., and Ian D. MacGregor. THE EVOLUTION OF THE PACIFIC, 1973 Nov. p. 102. [911]

Heilbrunn, L. V. CALCIUM AND LIFE, 1951 June p. 60; HEAT DEATH, 1954 Apr. p. 70.

Heiles, Carl THE STRUCTURE OF THE INTERSTELLAR MEDIUM, 1978 Jan. p. 74. [394]

Heilmeier, G. H. LIQUID-CRYSTAL DISPLAY DEVICES, 1970 Apr. p. 100.

Heimer, Lennart. PATHWAYS IN THE BRAIN, 1971 July p. 48. [1227]

Heine-Geldern, Robert. VANISHING CULTURES, 1957 May p. 39.

Heinrich, Bernd. THE ENERGETICS OF THE BUMBLEBEE, 1973 Apr. p. 96. [1270]

Heinrich, Bernd, and George A. Bartholomew. TEMPERATURE CONTROL IN FLYING MOTHS, 1972 June p. 70. [1252]

Heirtzler, J. R., and W. B. Bryan. THE FLOOR OF THE MID-ATLANTIC RIFT, 1975 Aug. p. 78. [918]

Heirtzler, James R. THE LONGEST ELECTROMAGNETIC WAVES, 1962 Mar. p. 128; SEA-FLOOR SPREADING, 1968 Dec. p. 60. [875]

Heiskanen, Weikko A. THE EARTH'S GRAVITY, 1955 Sept. p. 164. [812]

Held, Richard. PLASTICITY IN SENSORY-MOTOR SYSTEMS, 1965 Nov. p. 84. [494]

Hellawell, A., and D. D. Double. THE SOLIDIFICATION OF CEMENT, 1977 July p. 82. [370]

Helm, E. Eugene. THE VIBRATING STRING OF THE PYTHAGOREANS, 1967 Dec. p. 92.

Henderson, Donald A. THE ERADICATION OF SMALLPOX, 1976 Oct. p. 25.

Hendricks, Sterling B. HOW LIGHT INTERACTS WITH LIVING MATTER, 1968 Sept. p. 174.

Henisch, H. K. AMORPHOUS-SEMICONDUCTOR SWITCHING, 1969 Nov. p. 30.

Henry, George E. ULTRASONICS, 1954 May p. 54; RADIATION PRESSURE, 1957 June p. 99.

Herber, R. H. MÖSSBAUER SPECTROSCOPY, 1971 Oct. p. 86.

Herbig, George H. THE YOUNGEST STARS, 1967 Aug. p. 30.

Herget, Paul, and John T. Mengel. TRACKING SATELLITES BY RADIO, 1958 Jan. p. 23.

Herget, Paul, Henry W. Ryder and Harry Jay Carr. FUTURE PERFORMANCE IN FOOTRACING, 1976 June p. 109.

Herman, Gabor T., Richard Gordon and Steven A. Johnson. IMAGE RECONSTRUCTION FROM PROJECTIONS, 1975 Oct. p. 56.

Herman, Robert, and Keith Gardels. VEHICULAR TRAFFIC FLOW, 1963 Dec. p. 35.

Heron, Woodburn. THE PATHOLOGY OF BOREDOM, 1957 Jan. p. 52. [430]

Herreshoff, Halsey C., and J. N. Newman. THE STUDY OF SAILING YACHTS, 1966 Aug. p. 60.

Herriott, Donald R. APPLICATIONS OF LASER LIGHT, 1968 Sept. p. 140.

Hersh, Reuben, and Martin Davis. HILBERT'S 10TH PROBLEM, 1973 Nov. p. 84. NONSTANDARD ANALYSIS, 1972 June p. 78.

Hersh, Reuben, and Paul J. Cohen. NON-CANTORIAN SET THEORY, 1967 Dec. p. 104.

Hersh, Reuben, and Richard J. Griego. BROWNIAN MOTION AND POTENTIAL THEORY, 1969 Mar. p. 66.

Hertz, David B., and Sandra Lloyd Lesser. PEOPLE IN GROUPS, 1951 Feb. p. 26.

Herwitz, Paul S. THE THEORY OF NUMBERS, 1951 July p. 52.

Herzenberg, Leonord A., Richard G. Sweet and Leonore A. Herzenberg. FLUORESCENCE-ACTIVATED CELL SORTING, 1976 Mar. p. 108.

Herzfeld, Charles M., and Arnold M. Bass. FROZEN FREE RADICALS, 1957 Mar. p. 90. [263]

Heslop-Harrison, Yolande CARNIVOROUS PLANTS, 1978 Feb. p. 104. [1382]

Hess, Eckhard H. SPACE PERCEPTION IN THE CHICK, 1956 July p. 71; "IMPRINTING" IN ANIMALS, 1958 Mar. p. 81 [416]; SHADOWS AND DEPTH PERCEPTION, 1961 Mar. p. 138; ATTITUDE AND PUPIL SIZE, 1965 Apr. p. 46. [493] "IMPRINTING" IN A NATURAL LABORATORY, 1972 Aug. p. 24 [546]; THE ROLE OF PUPIL SIZE IN COMMUNICATION, 1975 Nov. p. 110. [567]

Hess, Felix. THE AERODYNAMICS OF BOOMERANGS, 1968 Nov. p. 124.

Hess, Wilmot, Robert Kovach, Paul W. Gast and Gene Simmons. THE EXPLORATION OF THE MOON, 1969 Oct. p. 54. [889]

Hewes, Gordon W. THE ANTHROPOLOGY OF POSTURE, 1957 Feb. p. 122.

Hewish, Antony. PULSARS, 1968 Oct. p. 25.

Hibbs, Albert R. THE SURFACE OF THE MOON, 1967 Mar. p. 60.

Hickling, Charles F. THE CULTIVATION OF TILAPIA, 1963 May p. 143.

Hide, Raymond. JUPITER'S GREAT RED SPOT, 1968 Feb. p. 74.

Hildebrand, Milton. HOW ANIMALS RUN, 1960 May p. 148.

Hill, R. D. RESONANCE PARTICLES, 1963 Jan. p. 38. [290]

Hilleman, Maurice R., and Alfred A. Tytell. THE INDUCTION OF INTERFERON, 1971 July p. 26. [1226]

Hiller, Lejaren A., Jr. COMPUTER MUSIC, 1959 Dec. p. 109.

Himwich, Harold E. THE NEW PSYCHIATRIC DRUGS, 1955 Oct. p. 80.

Hinkle, Peter C., and Richard E. McCarthy. HOW CELLS MAKE ATP, 1978 Mar. p. 104. [1383]

Hinton, Sir Christopher. ATOMIC POWER IN BRITAIN, 1958 Mar. p. 29.

Hinton, H. E. INSECT EGGSHELLS, 1970 Aug. p. 84. [1187]

Hirschhorn, Norbert, and William B. Greenough III. CHOLERA, 1971 Aug. p. 15.

Hittinger, William C. METAL-OXIDE-SEMICONDUCTOR TECHNOLOGY, 1973 Aug. p. 48.

Hittinger, William C., and Morgan Sparks. MICROELECTRONICS, 1965 Nov. p. 56.

Hoagland, Hudson. SCHIZOPHRENIA AND STRESS, 1949 July p. 44.

Hoagland, Mahlon B. NUCLEIC ACIDS AND PROTEINS, 1959 Dec. p. 55.

Hoare, James P., and LaBoda, Mitchell A. ELECTROCHEMICAL MACHINING, 1974 Jan. p. 30.

Hock, Raymond J. THE PHYSIOLOGY OF HIGH ALTITUDE, 1970 Feb. p. 52. [1168]

Hock, Raymond J., and Benjamin G. Covino. HYPOTHERMIA, 1958 Mar. p. 104.

Hockett, Charles F. THE ORIGIN OF SPEECH, 1960 Sept. p. 88. [603]

Hocking, Brian. INSECT FLIGHT, 1958 Dec. p. 92.

Hodge, Paul W. DWARF GALAXIES, 1964 May p. 78.

Hodges, David A. MICROELECTRONIC MEMORIES, 1977 Sept. p. 130. [378]

Hodgson, Edward S. TASTE RECEPTORS, 1961 May p. 135.

Hodgson, Harlow J. FORAGE CROPS, 1976 Feb. p. 60.

Hoffenberg, Marvin, and Wassily W. Leontief. THE ECONOMIC EFFECTS OF DISARMAMENT, 1961 Apr. p. 47. [611]

Hoffman, George A. THE ELECTRICAL AUTOMOBILE, 1966 Oct. p. 34.

Hoffman, James I., and Lawrence M. Kushner. SYNTHETIC DETERGENTS, 1951 Oct. p. 26.

Hoffmann, Banesh. THE INFLUENCE OF ALBERT EINSTEIN, 1949 Mar. p. 52; SHAKESPEARE THE PHYSICIST, 1951 Apr. p. 52.

Hofstadter, Robert. THE ATOMIC NUCLEUS, 1956 July p. 55. [217]

Hogan, C. Lester. FERRITES, 1960 June p. 92.

Hogerton, John F. THE ARRIVAL OF NUCLEAR POWER, 1968 Feb. p. 21.

Höhn, E. Otto. THE PHALAROPE 1969 June p. 104. [1146]

Hokin, Lowell E., and Mabel R. THE CHEMISTRY OF CELL MEMBRANES, 1965 Oct. p. 78. [1022]

Holden, John C., and Robert S. Dietz. THE BREAKUP OF PANGAEA, 1970 Oct. p. 30. [892]

Hollaender, Alexander, and George E. Stapleton. IONIZING RADIATION AND THE LIVING CELL, 1959 Sept. p. 94.

Holland, John J. SLOW, INAPPARENT AND RECURRENT VIRUSES, 1974 Feb. p. 32. [1289]

Hollander, Willard F. LETHAL HEREDITY, 1952 July p. 58.

Hölldobler, Berthold K. COMMUNICATION BETWEEN ANTS AND THEIR GUESTS, 1971 Mar. p. 86. [1218]

Hölldobler, Berthold K., and Edward O. Wilson. WEAVER ANTS, 1977 Dec. p. 146. [1373]

Holley, Robert W. THE NUCLEOTIDE SEQUENCE OF A NUCLEIC ACID, 1966 Feb. p. 30. [1033]

Holliday, Leslie. EARLY VIEWS ON FORCES BETWEEN ATOMS, 1970 May p. 116.

Hollinger, F. Blaine, Joseph L. Melnick and Gordon R. Dreesman. VIRAL HEPATITIS, 1977 July p. 44. [1365]

Hollomon, J. Herbert. THE U.S. PATENT SYSTEM, 1967 June p. 19.

Holloway, James K. WEED CONTROL BY INSECT, 1957 July p. 56.

Holloway, Ralph L. THE CASTS OF FOSSIL HOMINID BRAINS, 1974 July p. 106. [686]

Holmes, Richard T., James R. Gosz, Gene E. Likens and F. Herbert Bormann THE FLOW OF ENERGY IN A FOREST ECOSYSTEM, 1978 Mar. p. 92. [1384]

Holt, S. J. THE FOOD RESOURCES OF THE OCEAN, 1969 Sept. p. 178. [886]

Holter, Heinz. HOW THINGS GET INTO CELLS, 1961 Sept. p. 167. [96]

Holton, William C. THE LARGE-SCALE INTEGRATION OF MICROELECTRONIC CIRCUITS, 1977 Sept. p. 82. [376]
Hong, Suk Ki, and Hermann Rahn. THE DIVING WOMEN OF KOREA AND JAPAN, 1967 May p. 34. [1072]
Hood, M. S. F. THE TARTARIA TABLETS, 1968 May p. 30.
Hope-Taylor, Brian. NORMAN CASTLES, 1958 Mar. p. 42.
Hopper, W. David. THE DEVELOPMENT OF AGRICULTURE IN DEVELOPING COUNTRIES, 1976 Sept. p. 196.
Horn, Henry S. FOREST SUCCESSION, 1975 May p. 90. [1321]
Horne, R. W. THE STRUCTURE OF VIRUSES, 1963 Jan. p. 48.
Horowitz, Norman H. THE GENE, 1956 Oct. p. 78 [17]; THE SEARCH FOR LIFE ON MARS, 1977 Nov. p. 52. [389]
Horridge, G. Adrian. THE COMPOUND EYE OF INSECTS, 1977 July p. 108. [1364]
Hossli, Walter. STEAM TURBINES, 1969 Apr. p. 100.
Hotchkiss, Rollin D., and Esther Weiss. TRANSFORMED BACTERIA, 1956 Nov. p. 48. [18]
Hovanitz, William. INSECTS AND PLANT GALLS, 1959 Nov. p. 151.
Howard, Richard A. CAPTAIN BLIGH AND THE BREADFRUIT, 1953 Mar. p. 88.
Howard, Robert. THE ROTATION OF THE SUN, 1975 Apr. p. 106.
Howard, Thomas E. RAPID EXCAVATION, 1967 Nov. p. 74.
Howard-Jones, Norman. THE ORIGINS OF HYPODERMIC MEDICATION, 1971 Jan. p. 96.
Howell, F. Clark. ISIMILA: A PALEOLITHIC SITE IN AFRICA, 1961 Oct. p. 118.
Howells, William W. THE DISTRIBUTION OF MAN, 1960 Sept. p. 112 [604]; HOMO ERECTUS, 1966 Nov. p. 46. [630]
Hoy, Ronald R., and David Bentley. THE NEUROBIOLOGY OF CRICKET SONG, 1974 Aug. p. 34. [1302]
Hoyle, Fred. ULTRAHIGH TEMPERATURES, 1954 Sept. p. 144; THE STEADY-STATE UNIVERSE, 1956 Sept. p. 157.
Hoyle, Fred, and Geoffrey Burbidge. ANTI-MATTER, 1958 Apr. p. 34; THE PROBLEM OF THE QUASI-STELLAR OBJECTS, 1966 Dec. p. 40. [305]
Hoyle, Graham. THE LEAP OF THE GRASSHOPPER, 1958 Jan. p. 30; HOW IS MUSCLE TURNED ON AND OFF?, 1970 Apr. p. 84. [1175]
Hsü, Kenneth J. WHEN THE MEDITERRANEAN DRIED UP, 1972 Dec. p. 26 [904]; WHEN THE BLACK SEA WAS DRAINED, 1978 May p. 52. [932]
Huang, Su-Shu. LIFE OUTSIDE THE SOLAR SYSTEM, 1960 Apr. p. 55.
Hubbard, Ruth, and Allen Kropf. MOLECULAR ISOMERS IN VISION, 1967 June p. 64. [1075]
Hubbert, M. King. THE ENERGY RESOURCES OF THE EARTH, 1971 Sept. p. 60. [663]
Hubble, Edwin P. FIVE HISTORIC PHOTOGRAPHS FROM PALOMAR, 1949 Nov. p. 32.
Hubel, David H. THE VISUAL CORTEX OF THE BRAIN, 1963 Nov. p. 54. [168]
Hudson, Jack W., and George A. Bartholomew. DESERT GROUND SQUIRRELS, 1961 Nov. p. 107.
Hudswell, F., and J. M. Fletcher. GENEVA: CHEMISTRY, 1955 Oct. p. 34.
Hughes, Donald J. THE NUCLEAR REACTOR AS A RESEARCH INSTRUMENT, 1953 Aug. p. 23 [219]; INTERNATIONAL COOPERATION IN NUCLEAR POWER, 1955 Apr. p. 31.
Hughes, Vernon W. THE MUONIUM ATOM, 1966 Apr. p. 93.
Hull, Barbara E., and L. Andrew Staehelin. JUNCTIONS BETWEEN LIVING CELLS, 1978 May p. 140. [1388]
Hull, David, and Michael J. R. Dawkins. THE PRODUCTION OF HEAT BY FAT, 1965 Aug. p. 62.
Hulse, Joseph H., and David Spurgeon. TRITICALE, 1974 Aug. p. 72.
Humphrey, John H., and John Griffiths Pedley ROMAN CARTHAGE, 1978 Jan. p. 110. [704]
Humphrey, Paul A. THE VOYAGE OF THE ATKA, 1955 Sept. p. 50.
Hundhausen, A. J., and J. T. Gosling. WAVES IN THE SOLAR WIND, 1977 Mar. p. 36. [1353]
Hunt, R. Kevin, and Marcus Jacobson. THE ORIGINS OF NERVE-CELL SPECIFICITY, 1973 Feb. p. 26. [1265]
Hunten, Donald M. THE OUTER PLANETS, 1975 Sept. p. 130.
Hunter, Richard, and Ida Macalpine. PORPHYRIA AND KING GEORGE III, 1969 July p. 38. [1149]
Hurley, Patrick M. RADIOACTIVITY AND TIME, 1949 Aug. p. 48; THE CONFIRMATION OF CONTINENTAL DRIFT, 1968 Apr. p. 52. [874]
Hurwicz, Leonid. GAME THEORY AND DECISIONS, 1955 Feb. p. 78.
Hurwitz, Jerard, and J. J. Furth. MESSENGER RNA, 1962 Feb. p. 41. [119]
Hutchins, Carleen Maley. THE PHYSICS OF VIOLINS, 1962 Nov. p. 78.
Hutchinson, G. Evelyn. THE BIOSPHERE, 1970 Sept. p. 44. [1188]
Hutner, S. H., and John J. A. McLaughlin. POISONOUS TIDES, 1958 Aug. p. 92.
Huxley, H. E. THE CONTRACTION OF MUSCLE, 1958 Nov. p. 66 [19]; THE MECHANISM OF MUSCULAR CONTRACTION, 1965 Dec. p. 18. [1026]
Huxley, Julian. WORLD POPULATION, 1956 Mar. p. 64. [616]
Hydén, Holger. SATELLITE CELLS IN THE NERVOUS SYSTEM, 1961 Dec. p. 62. [134]
Hyman, Herbert H., and Paul B. Sheatsley. ATTITUDES TOWARD DESEGREGATION, 1956 Dec. p. 35; ATTITUDES TOWARD DESEGREGATION, 1964 July p. 16. [623]
Hynek, J. Allen, and Fred L. Whipple. OBSERVATIONS OF SATELLITE I, 1957 Dec. p. 37

I

Iben, Icko, Jr. GLOBULAR-CLUSTER STARS, 1970 July p. 26.
Ickx, Jacques. THE GREAT AUTOMOBILE RACE OF 1895, 1972 May p. 102.
Idso, Sherwood B. DUST STORMS, 1976 Oct. p. 108.
Idyll, C. P. THE ANCHOVY CRISIS, 1973 June p. 22. [1273]
Infeld, Leopold. VISIT TO DUBLIN, 1949 Oct. p. 11; VISIT TO ENGLAND, 1949 Nov. p. 40; VISIT TO POLAND, 1949 Dec. p. 40.
Ingalls, Albert G. A NIGHT ON PALOMAR, 1948 Aug. p. 12; RULING ENGINES, 1952 June p. 45.
Ingalls, Theodore H. MONGOLISM, 1952 Feb. p. 60; THE STRANGE CASE OF THE BLIND BABIES, 1955 Dec. p. 40; CONGENITAL DEFORMITIES, 1957 Oct. p. 109.
Ingersoll, Andrew P. THE METEOROLOGY OF JUPITER, 1976 Mar. p. 46.
Ingham, M. F. THE SPECTRUM OF THE AIRGLOW, 1972 Jan. p. 78.
Ingle, Robert M. THE LIFE OF AN ESTUARY, 1954 May p. 64.
Ingram, Marylou, and Kendall Preston, Jr. AUTOMATIC ANALYSIS OF BLOOD CELLS, 1970 Nov. p. 72.
Ingram, Vernon M. HOW DO GENES ACT?, 1958 Jan. p. 68.
Inose, Hiroshi. COMMUNICATION NETWORKS, 1972 Sept. p. 116.
Inoué, Shinya, and Kayo Okazaki. BIOCRYSTALS, 1977 Apr. p. 82. [1357]
Irving, Laurence. ADAPTATIONS TO COLD, 1966 Jan. p. 94. [1032]
Irwin, Howard S. THE HISTORY OF THE AIRFLOW CAR, 1977 Aug. p. 98. [697]
Irwin, Howard S., and Thomas S. Elias. URBAN TREES, 1976 Nov. p. 110.
Irwin, Orvis C. INFANT SPEECH, 1949 Sept. p. 22. [417]
Isaac, Glynn THE FOOD-SHARING BEHAVIOR OF PROTOHUMAN HOMINIDS, 1978 Apr. p. 90. [706]
Isaacs, Alick. INTERFERON, 1961 May p. 51 [87]; FOREIGN NUCLEIC ACIDS, 1963 Oct. p. 46. [166]
Isaacs, John D. THE NATURE OF OCEANIC LIFE, 1969 Sept. p. 146. [884]
Isaacs, John D., and Richard A. Schwartzlose. ACTIVE ANIMALS OF THE DEEP-SEA FLOOR, 1975 Oct. p. 84.
Ittelson, W. H., and F. P. Kilpatrick. EXPERIMENTS IN PERCEPTION, 1951 Aug. p. 50. [405]
Ittner, William B., III, and C. J. Kraus. SUPERCONDUCTING COMPUTERS, 1961 July p. 124.
Iversen, Johannes. FOREST CLEARANCE IN THE STONE AGE, 1956 Mar. p. 36.
Ivey, Henry F. ELECTROLUMINESCENCE, 1957 Aug. p. 40. [221]

J

Jackson, Don D. PSYCHOTHERAPY FOR SCHIZOPHRENIA, 1953 Jan. p. 58 [441]; SUICIDE, 1954 Nov. p. 88; SCHIZOPHRENIA, 1962 Aug. p. 65. [468]
Jacob, François, and Elie L. Wollman. SEXUALITY IN BACTERIA, 1956 July p. 109 [50]; VIRUSES AND GENES, 1961 June p. 92. [89]
Jacobs, William P. WHAT MAKES LEAVES FALL?, 1955 Nov. p. 82. [116]
Jacobsen, Thomas W. 17,000 YEARS OF GREEK PREHISTORY, 1976 June p. 76.
Jacobson, Antone G., and Richard Gordon. THE SHAPING OF TISSUES EMBRYOS, 1978 June p. 106. [1391]
Jacobson, Lenore F., and Robert Rosenthal. TEACHER EXPECTATIONS FOR THE DISADVANTAGED, 1968 Apr. p. 19. [514]
Jacobson, Marcus, and R. Kevin Hunt. THE ORIGINS OF NERVE-CELL SPECIFICITY, 1973 Feb. p. 26. [1265]
Jacobson, Martin, and Morton Beroza. INSECT ATTRACTANTS, 1964 Aug. p. 20. [189]
Jaffe, Frederick S. PUBLIC POLICY ON FERTILITY CONTROL, 1973 July p. 17.
Jakobson, Roman. VERBAL COMMUNICATION, 1972 Sept. p. 72. [547]
James, David E. THE EVOLUTION OF THE ANDES, 1973 Aug. p. 60. [910]
James, J. N. THE VOYAGE OF MARINER II, 1963 July p. 70; THE VOYAGE OF MARINER IV, 1966 Mar. p. 1966.
James, T. H. PHOTOGRAPHIC DEVELOPMENT, 1952 Nov. p. 30.
James, Wendy. SISTER-EXCHANGE MARRIAGE, 1975 Dec. p. 84.

Jameson, Michael H. HOW THEMISTOCLES PLANNED THE BATTLE OF SALAMIS, 1961 Mar. p. 111; THE EXCAVATION OF A DROWNED GREEK TEMPLE, 1974 Oct. p. 110.
Janeway, Charles A., and David Gitlin. AGAMMAGLOBULINEMIA, 1957 July p. 93.
Janick, Jules, Carl H. Noller and Charles L. Rhykerd. THE CYCLES OF PLANT AND ANIMAL NUTRITION, 1976 Sept. p. 74.
Jannasch, Holger W., and Carl O. Wirsen. MICROBIAL LIFE IN THE DEEP SEA, 1977 June p. 42. [926]
Janowitz, Morris, and Bruno Bettelheim. PREJUDICE, 1950 Oct. p. 11.
Janssen, Raymond E. THE BEGINNINGS OF COAL, 1948 July p. 46; THE HISTORY OF A RIVER, 1952 June p. 74.
Jarmie, Nelson, and Howard C. Bryant. THE GLORY, 1974 July p. 60.
Jarvik, Murray E., Frank Barron and Sterling Bunnell, Jr. THE HALLIUCINOGENIC DRUGS, 1964 Apr. p. 29. [483]
Jastrow, Robert. ARTIFICIAL SATELLITES AND THE EARTH'S ATMOSPHERE, 1959 Aug. p. 37 [851]; THE EXPLORATION OF THE MOON, 1960 May p. 61.
Javan, Ali. THE OPTICAL PROPERTIES OF MATERIALS, 1967 Sept. p. 238.
Jellinek, Stefan. ARTIFICIAL RESPIRATION, 1951 July p. 18.
Jenkins, David S. FRESH WATER FROM SALT, 1957 Mar. p. 37.
Jennings, Peter R. THE AMPLIFICATION OF AGRICULTURAL PRODUCTION, 1976 Sept. p. 180.
Jensen, David. THE HAGFISH, 1966 Feb. p. 82. [1035]
Jensen, E. J., and H. S. Ellis. PIPELINES, 1967 Jan. p. 62.
Jensen, Homer. THE AIRBORNE MAGNETOMETER, 1961 June p. 151.
Jensen, Homer, L. C. Graham, Leonard J. Porcello and Emmett N. Leith. SIDE-LOOKING AIRBORNE RADAR, 1977 Oct. p. 84. [386]
Jerison, Harry J. PALEONEUROLOGY AND THE EVOLUTION OF MIND, 1976 Jan. p. 90. [568]
Jerne, Niels Kaj. THE IMMUNE SYSTEM, 1973 July p. 52. [1276]
Joffe, Abram F. THE REVIVAL OF THERMO-ELECTRICITY, 1958 Nov. p. 31. [222]
Johansen, Kjell. AIR-BREATHING FISHES, 1968 Oct. p. 102. [1125]
Johansson, Gunnar. VISUAL MOTION PERCEPTION, 1975 June p. 76. [564]
Johnson, Arthur W. WEATHER SATELLITES, 1969 Jan. p. 52.
Johnson, Brian E., Farrington Daniels, Jr., and Jan C. van der Leun. SUNBURN, 1968 July p. 38.
Johnson, C. G. THE AERIAL MIGRATION OF INSECTS, 1963 Dec. p. 132. [173]
Johnson, Frank H. HEAT AND LIFE, 1954 Sept. p. 64.
Johnson, Gerald W., and Harold Brown. NON-MILITARY USES OF NUCLEAR EXPLOSIVES, 1958 Dec. p. 29.
Johnson, Jotham. THE LANGUAGE OF HOMER'S HEROES, 1954 May p. 70; THE SLOW DEATH OF A CITY, 1954 July p. 66; THE CHANGING AMERICAN LANGUAGE, 1955 Aug. p. 78.
Johnson, Steven A., Richard Gordon and Gabor T. Herman. IMAGE RECONSTRUCTION FROM PROJECTIONS, 1975 Oct. p. 56.
Johnston, David R., and Byrd C. Curtis. HYBRID WHEAT, 1969 May p. 21.
Johnston, James W., Jr., John E. Amoore and Martin Rubin. THE STEREOCHEMICAL THEORY OF ODOR, 1964 Feb. p. 42.
Jones, Alfred Winslow. THE NATIONAL SCIENCE FOUNDATION, 1948 June p. 7.
Jones, Jack Colvard. THE SEXUAL LIFE OF A MOSQUITO, 1968 Apr. p. 108; THE FEEDING BEHAVIOR OF MOSQUITOES, 1978 June p. 138. [1392]
Jones, Kenneth L., Raymond E. Arvidson and Alan B. Binder THE SURFACE OF MARS, 1978 Mar. p. 76. [399]
Jones, Maitland, Jr. CARBENES, 1976 Feb. p. 101.
Jones, R. Clark. HOW IMAGES ARE DETECTED, 1968 Sept. p. 110.
Joravsky, David. THE LYSENKO AFFAIR, 1962 Nov. p. 41.
Jordan, W. H. RADIATION FROM A REACTOR, 1951 Oct. p. 54.
Josephson, Matthew. THE INVENTION OF THE ELECTRIC LIGHT, 1959 Nov. p. 98.
Jourard, Sidney M. A STUDY OF SELF-DISCLOSURE, 1958 May p. 77.
Jouvet, Michel. THE STATES OF SLEEP, 1967 Feb. p. 62. [504]
Judson, Sheldon. ARROYOS, 1952 Dec. p. 71.
Julesz, Bela. TEXTURE AND VISUAL PERCEPTION, 1965 Feb. p. 38 [318]; EXPERIMENTS IN THE VISUAL PERCEPTION OF TEXTURE, 1975 Apr. p. 34. [563]

K

Kabat, Elvin A. ALLERGIC MECHANISMS IN NERVOUS DISEASE, 1949 July p. 16.
Kac, Mark. PROBABILITY, 1964 Sept. p. 92.
Kadis, Solomon, Thomas C. Montie and Samuel J. Ajl. PLAGUE TOXIN, 1969 Mar. p. 92.
Kagan, Jerome. DO INFANTS THINK?, 1972 Mar. p. 74. [542]
Kaganov, M. I., M. Ya. Azbel' and I. M. Lifshitz. CONDUCTION ELECTRONS IN METALS, 1973 Jan. p. 88.
Kahan,Barry D., and Ralph A. Reisfeld. MARKERS OF BIOLOGICAL INDIVIDUALITY, 1972 June p. 28. [1251]
Kahn, David. MODERN CRYPTOLOGY, 1966 July p. 38.
Kalish, Harry I., and Norman Guttman. EXPERIMENTS IN DISCRIMINATION, 1958 Jan. p. 77. [403]
Kalmus, Hans. INHERITED SENSE DEFECTS, 1952 May p. 64 [406]; MORE ON THE LANGUAGE OF THE BEES, 1953 July p. 60; THE SUN NAVIGATION OF ANIMALS, 1954 Oct. p. 74; THE CHEMICAL SENSES, 1958 Apr. p. 97.
Kamen, Martin D. TRACERS, 1949 Feb. p. 30; DISCOVERIES IN NITROGEN FIXATION, 1953 Mar. p. 38; A UNIVERSAL MOLECULE OF LIVING MATTER, 1958 Aug. p. 77.
Kamrass, Murray. PNEUMATIC BUILDINGS, 1956 June p. 131.
Kandel, Eric R. NERVE CELLS AND BEHAVIOR, 1970 July p. 57. [1182]
Kanizsa, Gaetano. SUBJECTIVE CONTOURS, 1976 Apr. p. 48. [570]
Kantrowitz, Arthur. VERY HIGH TEMPERATURES, 1954 Sept. p. 132.
Kapany, Narinder S. FIBER OPTICS, 1960 Nov. p. 72.
Kaplan, Fred M. ENHANCED-RADIATION WEAPONS, 1978 May p. 44. [3007]
Kaplan, Martin M., and Robert G. Webster. THE EPIDEMIOLOGY OF INFLUENZA, 1977 Dec. p. 88. [1375]
Kappas, Attallah, and Alvito P. Alvares. HOW THE LIVER METABOLIZES FOREIGN SUBSTANCES, 1975 June p. 22. [1322]
Karasek, F. W. ANALYTIC INSTRUMENTS IN PROCESS CONTROL, 1969 June p. 112.
Katchalsky, A., and S. Lifson. MUSCLE AS A MACHINE, 1954 Mar. p. 72.
Katona, George. ECONOMIC PSYCHOLOGY, 1954 Oct. p. 31. [452]
Katz, Bernhard. THE NERVE IMPULSE, 1952 Nov. p. 55 [20]; HOW CELLS COMMUNICATE, 1961 Sept. p. 209. [98]
Katz, Joseph J. THE BIOLOGY OF HEAVY WATER, 1960 July p. 106.
Katz, Milton. DECISION-MAKING IN THE PRODUCTION OF POWER, 1971 Sept. p. 191. [671]
Kaufer, Herbert, David A. Sonstegard and Larry S. Matthews THE SURGICAL REPLACEMENT OF THE HUMAN KNEE JOINT, 1978 Jan. p. 44. [1378]
Kaufman, Lloyd, and Irvin Rock. THE MOON ILLUSION, 1962 July p. 120. [462]
Kaufman, William. ASTHMA, 1952 Aug. p. 28.
Kay, Alan C. MICROELECTRONICS AND THE PERSONAL COMPUTER, 1977 Sept. p. 230. [384]
Kay, Marshall. THE ORIGIN OF CONTINENTS, 1955 Sept. p. 62. [816]
Keefe, Denis. COLLECTIVE-EFFECT ACCELERATORS, 1972 Apr. p. 22.
Keeley, Lawrence H. THE FUNCTIONS OF PALEOLITHIC FLINT TOOLS, 1977 Nov. p. 108. [700]
Keeton, William T. THE MYSTERY OF PIGEON HOMING, 1974 Dec. p. 96. [1311]
Keffer, Frederic. THE MAGNETIC PROPERTIES OF MATERIALS, 1967 Sept. p. 222.
Kelland, David, Henry H. Kolm, and John Oberteuffer. HIGH-GRADIENT MAGNETIC SEPARATION, 1975 Nov. p. 46.
Kellenberger, Edouard. THE GENETIC CONTROL OF THE SHAPE OF A VIRUS, 1966 Dec. p. 32. [1058]
Keller, Roy A. GAS CHROMATOGRAPHY, 1961 Oct. p. 58. [276]
Kellerman, K. I. INTERCONTINENTAL RADIO ASTRONOMY, 1972 Feb. p. 72.
Kelley, James B. HEAT, COLD AND CLOTHING, 1956 Feb. p. 109.
Kellogg, Charles E. SOIL, 1950 July p. 30. [821]
Kelly, Anthony. FIBER-REINFORCED METALS, 1965 Feb. p. 28; THE NATURE OF COMPOSITE MATERIALS, 1967 Sept. p. 160.
Kelly, Clarence F. MECHANICAL HARVESTING, 1967 Aug. p. 50. [329]
Kelner, Albert. REVIVAL BY LIGHT, 1951 May p. 22.
Kemeny, John G. MAN VIEWED AS A MACHINE, 1955 Apr. p. 58.
Kemp, William B. THE FLOW OF ENERGY IN A HUNTING SOCIETY, 1971 Sept. p. 104. [665]
Kendall, Henry W., and Wolfgang Panofsky. THE STRUCTURE OF THE PROTON AND THE NEUTRON, 1971 June p. 60.
Kendrew, John C. THE THREE-DIMENSIONAL STRUCTURE OF A PROTEIN MOLECULE, 1961 Dec. p. 96. [121]
Kennard, C. H. L., and Don. B. Sullenger. BORON CRYSTALS, 1966 July p. 96.
Kennedy, Donald. INHIBITION IN VISUAL SYSTEMS, 1963 July p. 122 [162]; SMALL SYSTEMS OF NERVE CELLS, 1967 May p. 44. [1073]
Kenyon, Kathleen M. ANCIENT JERICHO, 1954 Apr. p. 76; ANCIENT JERUSALEM, 1965 July p. 84.

Kerker, Milton and Victor K. La Mer. LIGHT SCATTERED BY PARTICLES, 1953 Feb. p. 69.
Kermode, G. O. FOOD ADDITIVES, 1972 Mar. p. 15.
Kerr, Paul F. THE EARTH'S URANIUM, 1951 May p. 17; QUICK CLAY, 1963 Nov. p. 132.
Kershaw, David N. A NEGATIVE-INCOME-TAX EXPERIMENT, 1972 Oct. p. 19.
Kettani, M. Ali, and José P. Peixoto. THE CONTROL OF THE WATER CYCLE, 1973 Apr. p. 46. [907]
Kettlewell, H. B. D. DARWIN'S MISSING EVIDENCE, 1959 Mar. p. 48. [842]
Keyfitz, Nathan. WORLD RESOURCES AND THE WORLD MIDDLE CLASS, 1976 July p. 28.
Keynes, Sir Geoffrey. AMBROISE PARE, 1956 Jan. p. 90.
Keynes, Richard. THE NERVE IMPULSE AND THE SQUID, 1958 Dec. p. 83. [58]
Kilgour, Frederick G. WILLIAM HARVEY, 1952 June p. 56; GALEN, 1957 Mar. p. 105.
Kilpatrick, F. P., and W. H. Ittelson. EXPERIMENTS IN PERCEPTION, 1951 Aug. p. 50. [405]
Kim, Sung Hou, and Alexander Rich. THE THREE-DIMENSIONAL STRUCTURE OF TRANSFER RNA, 1978 Jan. p. 52. [1377]
Kimble, George H. T. THE CHANGING CLIMATE, 1950 Apr. p. 48; THE GEOGRAPHY OF STEEL, 1952 Jan. p. 44.
Kimura, Doreen. THE ASYMMETRY OF THE HUMAN BRAIN, 1973 Mar. p. 70. [554]
King, Gilbert W. INFORMATION, 1952 Sept. p. 132.
King, Gilbert W., and Hsien-Wu Chang. MACHINE TRANSLATION OF CHINESE, 1963 June p. 124.
King, John A. THE SOCIAL BEHAVIOR OF PRAIRIE DOGS, 1959 Oct. p. 128.
King-Hele, Desmond. THE SHAPE OF THE EARTH, 1967 Oct. p. 67. [873]
Kino, Gordon S., and John Shaw. ACOUSTIC SURFACE WAVES, 1972 Oct. p. 50.
Kirk, William T., and Edward L. Ginzton. THE TWO-MILE ELECTRON ACCELERATOR, 1961 Nov. p. 49. [322]
Kirk, William T., and Martin L. Perl. HEAVY LEPTONS, 1978 Mar. p. 50. [398]
Kirkpatrick, Paul. THE X-RAY MICROSCOPE, 1949 Mar. p. 44.
Kirshner, Robert P. SUPERNOVAS IN OTHER GALAXIES, 1976 Dec. p. 88.
Kisieleski, Walter E., and Renato Baserga. AUTOBIOGRAPHIES OF CELLS, 1963 Aug. p. 103. [165]
Kistiakowsky, G. B., and G. W. Rathjens. THE LIMITATION OF STRATEGIC ARMS, 1970 Jan. p. 19. [654]
Klapper, Joseph T., and Charles Y. Glock. TRIAL BY NEWSPAPER, 1949 Feb. p. 16.
Klebesadel, Ray W., and Ian B. Strong. COSMIC GAMMA-RAY BURSTS, 1976 Oct. p. 66.
Klein, H. Arthur. PIETER BRUEGEL THE ELDER AS A GUIDE TO 16TH-CENTURY TECHNOLOGY, 1978 Mar. p. 134. [3003]
Klein, Richard G. ICE-AGE HUNTERS OF THE UKRAINE, 1974 June p. 96. [685]
Kleinsmith, Lewis J., Gary S. Stein and Janet Swinehart Stein. CHROMOSOMAL PROTEINS AND GENE REGULATION, 1975 Feb. p. 46. [1315]
Kleitman, Nathaniel. SLEEP, 1952 Nov. p. 34 [431]; PATTERNS OF DREAMING, 1960 Nov. p. 82. [460]
Kline, Morris. PROJECTIVE GEOMETRY, 1955 Jan. p. 80; THE STRAIGHT LINE, 1956 Mar. p. 104; GEOMETRY, 1964 Sept. p. 60.
Knapp, R. H., H. B. Goodrich and George A. W. Boehm. THE ORIGINS OF U.S. SCIENTISTS, 1951 July p. 15.
Knauss, John A., THE CROMWELL CURRENT, 1961 Apr. p. 105.
Knight, C. A., and Dean Fraser. THE MUTATION OF VIRUSES, 1955 July p. 74. [59]
Knight, Charles and Nancy. HAILSTONES, 1971 Apr. p. 96; SNOW CRYSTALS, 1973 Jan. p. 100.
Knipling, Edward F. THE ERADICATION OF THE SCREW-WORM FLY, 1960 Oct. p. 54.
Knowles, John H. THE HOSPITAL, 1973 Sept. p. 128.
Knox, William T. CABLE TELEVISION, 1971 Oct. p. 22.
Knudsen, Vern O. ARCHITECTURAL ACOUSTICS, 1963 Nov. p. 78.
Knuth, Donald E. ALGORITHMS, 1977 Apr. p. 63. [360]
Kohler, Ivo. EXPERIMENTS WITH GOGGLES, 1962 May p. 62. [465]
Köhler, J. W. L. THE STIRLING REFRIGERATION CYCLE, 1965 Apr. p. 119.
Kohne, David E., and Roy J. Britten. REPEATED SEGMENTS OF DNA, 1970 Apr. p. 24. [1173]
Kolbeck, A. G., and D. R. Uhlmann. THE MICROSTRUCTURE OF POLYMERIC MATERIALS, 1975 Dec. p. 96.
Kolers, Paul A. THE ILLUSION OF MOVEMENT, 1964 Oct. p. 98 [487]; BILINGUALISM AND INFORMATION PROCESSING, 1968 Mar. p. 78; EXPERIMENTS IN READING, 1972 July p. 84. [545]
Kolff, Willem J. AN ARTIFICIAL HEART INSIDE THE BODY, 1965 Nov. p. 38. [1023]
Koller, Dov. GERMINATION, 1959 Apr. p. 75.
Koller, Dov, and Michael Evenari. ANCIENT MASTERS OF THE DESERT, 1956 Apr. p. 39.
Kolm, Henry H., and Arthur J. Freeman. INTENSE MAGNETIC FIELDS, 1965 Apr. p. 66.
Kolm, Henry H., and Richard D. Thornton. ELECTROMAGNETIC FLIGHT, 1973 Oct. p. 17.
Kolm, Henry H., John Oberteuffer and David Kelland. HIGH-GRADIENT MAGNETIC SEPARATION, 1975 Nov. p. 46.
Kondo, Herbert. MICHAEL FARADAY, 1953 Oct. p. 90.
Konigsberg, Irwin R. THE EMBRYOLOGICAL ORIGIN OF MUSCLE, 1964 Aug. p. 61.
Konorski, Jerzy. PAVLOV, 1949 Sept. p. 44.
Kooyman, Gerald L. THE WEDDELL SEAL, 1969 Aug. p. 100. [1156]
Kopac, M. J. MICROSURGERY, 1950 Oct. p. 48.
Kopal, Zdenek. THE LUMINESCENCE OF THE MOON, 1965 May p. 28.
Koprowski, Hilary, and Abner Louis Notkins. HOW THE IMMUNE RESPONSE TO A VIRUS CAN CAUSE DISEASE, 1973 Jan. p. 22. [1263]
Koprowski, Hilary, and Carlo M. Croce THE GENETICS OF HUMAN CANCER, 1978 Feb. p. 117. [1381]
Korff, Serge A. COUNTERS, 1950 July p. 40.
Korfmann, Manfred. THE SLING AS A WEAPON, 1973 Oct. p. 34.
Kornberg, Arthur. THE SYNTHESIS OF DNA, 1968 Oct. p. 64. [1124]
Korringa, Pieter. OYSTERS, 1953 Nov. p. 86.
Korsch, Barbara M., and Vida Francis Negrete. DOCTOR-PATIENT COMMUNICATION, 1972 Aug. p. 66.
Kort, V. G. THE ANTARCTIC OCEAN, 1962 Sept. p. 113. [860]
Kortlandt, Adriaan. CHIMPANZEES IN THE WILD, 1962 May p. 128. [463]
Kosambi, D. D. SCIENTIFIC NUMISMATICS, 1966 Feb. p. 102; LIVING PREHISTORY IN INDIA, 1967 Feb. p. 104.
Koshland, Daniel E., Jr. PROTEIN SHAPE AND BIOLOGICAL CONTROL, 1973 Oct. p. 52. [1280]
Kovach, Robert, Wilmot Hess, Paul W. Gast and Gene Simmons. THE EXPLORATION OF THE MOON, 1969 Oct. p. 54. [889]
Kraft, R. Wayne. CONTROLLED EUTECTICS, 1967 Feb. p. 86.
Kraft, Robert P. PULSATING STARS AND COSMIC DISTANCES, 1959 July p. 48; EXPLODING STARS, 1962 Apr. p. 54.
Kramer, Henry H., and Werner H. Wahl. NEUTRON-ACTIVATION ANALYSIS, 1967 Apr. p. 68.
Kramer, Samuel Noah. SUMERIAN "FARMER'S ALMANAC", 1951 Nov. p. 54; THE OLDEST LAWS, 1953 Jan. p. 26; THE SUMERIANS, 1957 Oct. p. 70.
Kraus, C. J., and William B. Ittner III. SUPER-CONDUCTING COMPUTERS, 1961 July p. 124.
Kraus, John D. RADIO TELESCOPES, 1955 Mar. p. 36; THE RADIO SKY, 1956 July p. 32.
Kraushaar, William L., and George W. Clark. GAMMA RAY ASTRONOMY, 1962 May p. 52.
Krauss, Robert M., and Sam Glucksberg. SOCIAL AND NONSOCIAL SPEECH, 1977 Feb. p. 100. [576]
Krebs, Charles J., and Judith H. Myers. POPULATION CYCLES IN RODENTS, 1974 June p. 38. [1296]
Kreiling, Frederick C. LEIBNIZ, 1968 May p. 94.
Kretchmer, Norman. LACTOSE AND LACTASE, 1972 Oct. p. 70. [1259]
Kretzmer, Ernest R. COMMUNICATION TERMINALS, 1972 Sept. p. 130.
Kroeber, A. L. ANTHROPOLOGY, 1950 Sept. p. 87.
Krogh, August. THE LANGUAGE OF THE BEES, 1948 Aug. p. 18. [21]
Krogman, Wilton M. THE MAN-APES OF SOUTH AFRICA, 1948 May p. 16; THE RECORD OF HUMAN ILLNESS, 1949 Jan. p. 52; THE SCARS OF HUMAN EVOLUTION, 1951 Dec. p. 54. [632]
Kropf, Allen, and Ruth Hubbard. MOLECULAR ISOMERS IN VISION, 1967 June p. 64. [1075]
Kucherlapati, Raju S., and Frank H. Ruddle. HYBRID CELLS AND HUMAN GENES, 1974 July p. 36. [1300]
Kuenen, Ph. H. SAND, 1960 Apr. p. 94.
Kunzler, J. E., and Morris Tanenbaum. SUPERCONDUCTING MAGNETS, 1962 June p. 60. [279]
Kurath, Hans. THE AMERICAN LANGUAGES, 1950 Jan. p. 48.
Kurtén, Björn. CONTINENTAL DRIFT AND EVOLUTION, 1969 Mar. p. 54 [877]; THE CAVE BEAR, 1972 Mar. p. 60.
Kushner, Lawrence M., and James I. Hoffman. SYNTHETIC DETERGENTS, 1951 Oct. p. 26.
Kvenvolden, Keith A., James G. Lawless and Clair E. Folsome. ORGANIC MATTER IN METEORITES, 1972 June p. 38. [902]
Kylstra, Johannes A. EXPERIMENTS IN WATER-BREATHING, 1968 Aug. p. 66. [1123]

L

La Farge, Oliver. THE ENDURING INDIAN, 1960 Feb. p. 37.
La Mer, Victor K., and Milton Kerker. LIGHT SCATTERED BY PARTICLES, 1953 Feb. p. 69.
LaBoda, Mitchell A., and James P. Hoare. ELECTROCHEMICAL MACHINING, 1974 Jan. p. 30.
LaChapelle, Edward R. THE CONTROL OF SNOW AVALANCHES, 1966 Feb. p. 92.

Lack, David. DARWIN'S FINCHES, 1953 Apr. p. 66. [22]
Lack, David and Elizabeth. THE HOME LIFE OF THE SWIFT, 1954 July p. 60.
Laki, Koloman. THE CLOTTING OF FIBRINOGEN, 1962 Mar. p. 60.
Lamb, I. Mackenzie. LICHENS, 1959 Oct. p. 144. [111]
Lamberg-Karlovsky, C. C. and Martha. AN EARLY CITY IN IRAN, 1971 June p. 102. [660]
Lambert, Joseph B. THE SHAPES OF ORGANIC MOLECULES, 1970 Jan. p. 58. [331]
Land, Edwin H. EXPERIMENTS IN COLOR VISION, 1959 May p. 84 [223]; THE RETINEX THEORY OF COLOR VISION, 1977 Dec. p. 108. [1392]
Landsberg, Helmut E. THE ORIGIN OF THE ATMOSPHERE, 1953 Aug. p. 82. [824]
Lane, Charles. RABBIT HEMOGLOBIN FROM FROG EGGS, 1976 Aug. p. 60. [1343]
Lane, Charles E. THE PORTUGUESE MAN-OF-WAR, 1960 Mar 158; THE TEREDO, 1961 Feb. p. 132.
Langbein, W. B., and Luna B. Leopold. RIVER MEANDERS, 1966 June p. 60. [869]
Langenberg, Donald N., Barry N. Taylor and William H. Parker. THE FUNDAMENTAL PHYSICAL CONSTANTS, 1970 Oct. p. 62. [337]
Langenberg, Donald N., Douglas J. Scalapino and Barry N. Taylor. THE JOSEPHSON EFFECTS, 1966 May p. 30.
Langer, William L. THE BLACK DEATH, 1964 Feb. p. 114 [619]; CHECKS ON POPULATION GROWTH: 1750-1850, 1972 Feb. p. 92 [674]; THE PREVENTION OF SMALLPOX BEFORE JENNER, 1976 Jan. p. 112.
Lanning, Edward P. EARLY MAN IN PERU, 1965 Oct. p. 68.
Lanning, Edward P., and Thomas C. Patterson. EARLY MAN IN SOUTH AMERICA, 1967 Nov. p. 44.
Lansing, Albert I. EXPERIMENTS IN AGING, 1953 Apr. p. 38.
Lapan, Elliot A., and Harold J. Morowitz. THE MESOZOA, 1972 Dec. p. 94. [1262]
Laporte, Otto. SHOCK WAVES, 1949 Nov. p. 14.
Lapp, Ralph E. THE HYDROGEN BOMB: IV, 1950 June p. 11.
Larsen, James A., and Arthur D. Hasler. THE HOMING SALMON, 1955 Aug. p. 72. [411]
Lasagna, Louis. PLACEBOS, 1955 Aug. p. 68.
Latte, Bachisio, Georges H. Werner and Andrea Contini. TRACHOMA, 1964 Jan. p. 79.
Lattimore, Owen. CHINGIS KHAN AND THE MONGOL CONQUESTS, 1963 Aug. p. 54.
Lawless, James G., Clair E. Folsome and Keith A. Kvenvolden. ORGANIC MATTER IN METEORITES, 1972 June p. 38. [902]
Lawton, Alexander R., III, and Max. D. Cooper. THE DEVELOPMENT OF THE IMMUNE SYSTEM, 1974 Nov. p. 58. [1306]
Layzer, David. THE ARROW OF TIME, 1975 Dec. p. 56.
Lazarsfeld, Paul F. VOTES IN THE MAKING, 1950 Nov. p. 11.
Le Corbeiller, Philippe. CRYSTALS AND THE FUTURE OF PHYSICS, 1953 Jan. p. 50; THE CURVATURE OF SPACE, 1954 Nov. p. 80.
Leachman, R. B. NUCLEAR FISSION, 1965 Aug. p. 49.
Leader, Robert W. THE KINSHIP OF ANIMAL AND HUMAN DISEASES, 1967 Jan. p. 110.
Leaf, Alexander. GETTING OLD, 1973 Sept. p. 44.
Leakey, L. S. B. OLDUVAI GORGE, 1954 Jan. p. 66.
Leblond, C. P., and Marian Neutra. THE GOLGI APPARATUS, 1969 Feb. p. 100. [1134]
Lederman, Leon. THE TWO-NEUTRINO EXPERIMENT, 1963 Mar. p. 60. [324]
Ledley, Robert S., and Frank H. Ruddle. CHROMOSOME ANALYSIS BY COMPUTER, 1966 Apr. p. 40. [1040]
Lee, Bernard S., and H. William Flood. FLUIDIZATION, 1968 July p. 94.
Lee, David M., and N. David Mermin. SUPERFLUID HELIUM 3, 1976 Dec. p. 56.
Lee, Richard F., and Andrew A. Benson. THE ROLE OF WAX IN OCEANIC FOOD CHAINS, 1975 Mar. p. 76. [1318]
Leet, L. Don. MICROSEISMS, 1949 Feb. p. 42; THE DETECTION OF UNDERGROUND EXPLOSIONS, 1962 June p. 55.
Leggett, William C. THE MIGRATIONS OF THE SHAD, 1973 Mar. p. 92. [1268]
Lehnert, Rudolf F., and David C. Hazen. LOW-SPEED FLIGHT, 1956 Apr. p. 46.
Lehninger, Albert L. ENERGY TRANSFORMATION IN THE CELL, 1960 May p. 102 [69]; HOW CELLS TRANSFORM ENERGY, 1961 Sept. p. 62. [91]
Lehrman, Daniel S. THE REPRODUCTIVE BEHAVIOR OF RING DOVES, 1964 Nov. p. 48. [488]
Leibowitz, Martin A. QUEUES, 1968 Aug. p. 96.
Leighton, Alexander H. POVERTY AND SOCIAL CHANGE, 1965 May p. 21. [634]
Leighton, Robert B. THE PHOTOGRAPHS FROM MARINER IV, 1966 Apr. p. 54; THE SURFACE OF MARS, 1970 May p. 26.
Leighton, Robert B., and G. Neugebauer. THE INFRARED SKY, 1968 Aug. p. 50.
Leith, Emmett N. WHITE-LIGHT HOLOGRAMS, 1976 Oct. p. 80.
Leith, Emmett N., and Juris Upatnieks. PHOTOGRAPHY BY LASER, 1965 June p. 24.
Leith, Emmett N., Homer Jensen, L. C. Graham and Leonard J. Porcello. SIDE-LOOKING AIRBORNE RADAR, 1977 Oct. p. 84. [386]
Lemmon, Richard M., and Wallace R. Erwin. HIGH-ENERGY REACTIONS OF CARBON, 1975 Jan. p. 72.
Lempicki, Alexander, and Harold Samelson. LIQUID LASERS, 1967 June p. 80.
Leondes, Cornelius T. INERTIAL NAVIGATION FOR AIRCRAFT, 1970 Mar. p. 80.
Leontief, Wassily W. INPUT-OUTPUT ECONOMICS, 1951 Oct. p. 15; MACHINES AND MAN, 1952 Sept. p. 150; THE STRUCTURE OF DEVELOPMENT, 1963 Sept. p. 148 [617]; THE STRUCTURE OF U.S. ECONOMY, 1965 Apr. p. 25. [624]
Leontief, Wassily W., and Marvin Hoffenberg. THE ECONOMIC EFFECTS OF DISARMAMENT, 1961 Apr. p. 47. [611]
Leopold, A. Starker. TOO MANY DEER, 1955 Nov. p. 101.
Leopold, Luna B., and W. B. Langbein. RIVER MEANDERS, 1966 June p. 60. [869]
Leovy, Conway B. THE ATMOSPHERE OF MARS, 1977 July p. 34. [369]
Lerman, Sidney. GLAUCOMA, 1959 Aug. p. 110; CATARACTS, 1962 Mar. p. 106.
Lerner, Aaron B. HORMONES AND SKIN COLOR, 1961 July p. 98.
Lerner, Lawrence S., and Edward A. Gosselin. GIORDANO BRUNO, 1973 Apr. p. 86.
Lerner, Richard A., and Frank J. Dixon. THE HUMAN LYMPHOCYTE AS AN EXPERIMENTAL ANIMAL, 1973 June p. 82. [1275]
Leroi-Gourhan, André. THE EVOLUTION OF PALEOLITHIC ART, 1968 Feb. p. 58.
Lesser, Sandra Lloyd, and David B. Hertz. PEOPLE IN GROUPS, 1951 Feb. p. 26.
Lessing, Lawrence P. HIGH-SPEED CHEMISTRY, 1953 May p. 29; HYDRAZINE, 1953 July p. 30; THE GAS TURBINE, 1953 Nov. p. 65; COMPUTERS IN BUSINESS, 1954 Jan. p. 21; THE NATIONAL SCIENCE FOUNDATION TAKES STOCK, 1954 Mar. p. 29; THE LATE EDWIN H. ARMSTRONG, 1954 Apr. p. 64; PURE METALS, 1954 July p. 36; HELICOPTERS, 1955 Jan. p. 36; COAL, 1955 July p. 58; AUTOMATIC MANUFACTURE OF ELECTRONIC EQUIPMENT, 1955 Aug. p. 29.
Lester, Henry A. THE RESPONSE TO ACETYLCHOLINE, 1977 Feb. p. 106. [1352]
Lester, Richard K., and David J. Rose. NUCLEAR POWER, NUCLEAR WEAPONS AND INTERNATIONAL STABILITY, 1978 Apr. p. 45. [3004]
Letokhov, V. S., and M. S. Feld. LASER SPECTROSCOPY, 1973 Dec. p. 69.
Levatin, Paul, and Harvey E. White. "FLOATERS" IN THE EYE, 1962 June p. 119.
Levey, Raphael H. THE THYMUS HORMONE, 1964 July p. 66.
Levin, Ellis, Donald D. Viele and Lowell B. Eldrenkamp. THE LUNAR ORBITER MISSIONS TO THE MOON, 1968 May p. 58.
Levine, Jacob. RESPONSES TO HUMOR, 1956 Feb. p. 31. [435]
Levine, Morton A., Harold P. Furth and Ralph W. Waniek. STRONG MAGNETIC FIELDS, 1958 Feb. p. 28.
Levine, R. P. THE MECHANISM OF PHOTOSYNTHESIS, 1969 Dec. p. 58. [1163]
Levine, R. P., and Ursula W. Goodenough. THE GENETIC ACTIVITY OF MITOCHONDRIA AND CHLOROPLASTS, 1970 Nov. p. 22. [1203]
Levine, Rachmiel, and M. S. Goldstein. THE ACTION OF INSULIN, 1958 May p. 99.
Levine, Seymour. STIMULATION IN INFANCY, 1960 May p. 80 [436]; SEX DIFFERENCES IN THE BRAIN, 1966 Apr. p. 84 [498]; STRESS AND BEHAVIOR, 1971 Jan. p. 26. [532]
Levinson, Eugene, and Robert Sekuler. THE PERCEPTION OF MOVING TARGETS, 1977 Jan. p. 60. [575]
Levinson, Horace C., and Arthur A. Brown. OPERATIONS RESEARCH, 1951 Mar. p. 15.
Levinthal, Cyrus. MOLECULAR MODEL-BUILDING BY COMPUTER, 1966 June p. 42. [1043]
Levoy, Myron, and John J. Newgard. NUCLEAR ROCKETS, 1959 May p. 46.
Lewis, Bernard. HIGH TEMPERATURES: FLAME, 1954 Sept. p. 84.
Lewis, Harold W. BALLISTOCARDIOGRAPHY, 1958 Feb. p. 89; BALL LIGHTNING, 1963 Mar. p. 106.
Lewis, Harry R., and Christos H. Papadimitriou THE EFFICIENCY OF ALGORITHMS, 1978 Jan. p. 96. [395]
Lewis, Irving J. GOVERNMENT INVESTMENT IN HEALTH CARE, 1971 Apr. p. 17.
Lewis, John S. THE CHEMISTRY OF THE SOLAR SYSTEM, 1974 Mar. p. 50.
Lewis, Oscar. THE CULTURE OF POVERTY, 1966 Oct. p. 19 [631]; THE POSSESSIONS OF THE POOR, 1969 Oct. p. 114. [651]
Lewis, Russell V., Robert S. Dietz and Andreas B. Rechnitzer. THE BATHYSCAPH, 1958 Apr. p. 27.
Lewit, Sarah, and Christopher Tietze. ABORTION, 1969 Jan. p. 21 [1129]; LEGAL ABORTION, 1977 Jan. p. 21. [1348]
Ley, Willy. ROCKETS, 1949 May p. 30.
Li, Choh Hao. THE PITUITARY, 1950 Oct. p. 18; THE ACTH MOLECULE, 1963 July p. 46. [160]
Libby, Willard F. HOT ATOM CHEMISTRY, 1950 Mar. p. 44; TRITIUM IN NATURE, 1954 Apr. p. 38.
Liddell, Howard S. CONDITIONING AND EMOTIONS, 1954 Jan. p. 48. [418]
Lie, Trygve. UN V. MASS DESTRUCTION, 1950 Jan. p. 11.
Lieber, Charles S. THE METABOLISM OF ALCOHOL, 1976 Mar. p. 25. [1336]

Lietzke, M. H. RUNNING RECORDS, 1952 Aug. p. 52.
Lifshitz, Eugene M. SUPERFLUIDITY, 1958 June p. 30. [224]
Lifshitz, I. M., M. Ya. Azbel' and M. I. Kaganov. CONDUCTION ELECTRONS IN METALS, 1973 Jan. p. 88.
Lifson, S., and A. Katchalsky. MUSCLE AS A MACHINE, 1954 Mar. p. 72.
Likens, Gene E., and F. Herbert Bormann. THE NUTRIENT CYCLES OF AN ECOSYSTEM, 1970 Oct. p. 92. [1202]
Likens, Gene E., James R. Gosz, Richard T. Holmes and F. Herbert Bormann. THE FLOW OF ENERGY IN A FOREST ECOSYSTEM, 1978 Mar. p. 92. [1384]
Likert, Rensis. PUBLIC OPINION POLLS, 1948 Dec. p. 7.
Lillehei, C. Walton, and Leonard Engel. OPEN-HEART SURGERY, 1960 Feb. p. 76.
Liller, Martha and William. PLANETARY NEBULAE, 1963 Apr. p. 60.
Lilley, A. E. THE ABSORPTION OF RADIO WAVES IN SPACE, 1957 July p. 48.
Lilliu, Giovanni. THE PROTO-CASTLES OF SARDINIA, 1959 Dec. p. 62.
Limbaugh, Conrad. CLEANING SYMBIOSIS, 1961 Aug. p. 42. [135]
Limber, D. Nelson. THE PLEIADES, 1962 Nov. p. 58. [285]
Lin, T. Y. PRESTRESSED CONCRETE, 1958 July p. 25.
Linde, Ronald K., and Richard C. Crewdson. SHOCK WAVES IN SOLIDS, 1969 May p. 82.
Linder, Forrest E. THE HEALTH OF THE AMERICAN PEOPLE, 1966 June p. 21.
Linderstrom-Lang, K. U. HOW IS A PROTEIN MADE?, 1953 Sept. p. 100.
Lineback, Hugh. MUSICAL TONES, 1951 May p. 52.
Linton, Ralph. THE PERSONALITY OF PEOPLES, 1949 Aug. p. 11; HALLOWEEN, 1951 Oct. p. 62.
Lipetz, Ben-Ami. INFORMATION STORAGE AND RETRIEVAL, 1966 Sept. p. 224.
Lipman-Blumen, Jean. HOW IDEOLOGY SHAPES WOMEN'S LIVES, 1972 Jan. p. 34.
Lippold, Olof. PHYSIOLOGICAL TREMOR, 1971 Mar. p. 65. [1217]
Lissmann, H. W. ELECTRIC LOCATION BY FISHES, 1963 Mar. p. 50. [152]
Litke, Alan M., and Richard Wilson. ELECTRON-POSITRON COLLISIONS, 1973 Oct. p. 104.
Littell, Emlen T. FROSTBITE, 1952 Feb. p. 52.
Litten, Walter. THE MOST POISONOUS MUSHROOMS, 1975 Mar. p. 90.
Little, W. A. SUPERCONDUCTIVITY AT ROOM TEMPERATURE, 1965 Feb. p. 21.
Livingston, W. K. WHAT IS PAIN?, 1953 Mar. p. 59.
Livingston, William C. MAGNETIC FIELDS ON THE QUIET SUN, 1966 Nov. p. 54.
Llano, George A. SHARKS V. MEN, 1957 June p. 54; THE TERRESTRIAL LIFE OF THE ANTARCTIC, 1962 Sept. p. 212. [865]
Llinás, Rodolfo R. THE CORTEX OF THE CEREBELLUM, 1975 Jan. p. 56. [1312]
Lloyd, Seton. A FORGOTTEN NATION IN TURKEY, 1955 July p. 42.
Locke, William N. TRANSLATION BY MACHINE, 1956 Jan. p. 29.
Loeb, Edwin M. THE KUANYAMA AMBO, 1950 Oct. p. 52.
Loeb, Leonard B. THE MECHANISM OF LIGHTING, 1949 Feb. p. 22.
Loewenstein, Werner R. BIOLOGICAL TRANSDUCERS, 1960 Aug. p. 98 [70]; INTERCELLULAIR COMMUNICATION, 1970 May p. 78. [1178]
Long, Esmond R. THE GERM OF TUBERCULOSIS, 1955 June p. 102.
Long, William E., and George A. Doumani. THE ANCIENT LIFE OF THE ANTARCTIC, 1962 Sept. p. 168. [863]
Lonsdale, Kathleen. HUMAN STONES, 1968 Dec. p. 104.
Loomis, Robert S. AGRICULTURAL SYSTEMS, 1976 Sept. p. 98.
Loomis, W F. THE SEX GAS OF HYDRA, 1959 Apr. p. 145; RICKETS, 1970 Dec. p. 76. [1207]
Lore, Richard, and Kevin Flannelly. RAT SOCIETIES, 1977 May p. 106. [577]
Lorenz, Konrad Z. THE EVOLUTION OF BEHAVIOR, 1958 Dec. p. 67. [412]
Losick, Richard, and Phillips W. Robbins. THE RECEPTOR SITE FOR A BACTERIAL VIRUS, 1969 Nov. p. 120. [1161]
Lounasmaa, O. V. NEW METHODS FOR APPROACHING ABSOLUTE ZERO, 1969 Dec. p. 26.
Loutit, John F. IONIZING RADIATION AND THE WHOLE ANIMAL, 1959 Sept. p. 117.
Love, R. Merton. THE RANGELANDS OF THE WESTERN U.S., 1970 Feb. p. 88.
Lovell, A. C. B. RADIO STARS, 1953 Jan. p. 17.
Lovell, Sir Bernard. RADIO-EMITTING FLARE STARS, 1964 Aug. p. 13.
Lovewell, Paul J. THE USES OF FISSION PRODUCTS, 1952 June p. 19.
Lowdermilk, Walter C. THE RECLAMATION OF A MAN-MADE DESERT, 1960 Mar. p. 54.
Lowenstein, Edward, and Peter M. Winter. ACUTE RESPIRATORY FAILURE, 1969 Nov. p. 23.
Lown, Bernard. INTENSIVE HEART CARE, 1968 July p. 19.
Lowry, William P. THE CLIMATE OF CITIES, 1967 Aug. p. 15. [1215]
Lubin, Moshe J., and Arthur P. Fraas. FUSION BY LASER, 1971 June p. 21.
Luff, Peter P. THE ELECTRONIC TELEPHONE, 1978 Mar. p. 58. [3002]
Lüling, K. H. THE ARCHER FISH, 1963 July p. 100.
Luria, A. R. THE FUNCTIONAL ORGANIZATION OF THE BRAIN, 1970 Mar. p. 66. [526]
Luria, Salvador E. THE T2 MYSTERY, 1955 Apr. p. 92 [24]; THE RECOGNITION OF DNA IN BACTERIA, 1970 Jan. p. 88 [1167]; COLICINS AND THE ENERGETICS OF CELL MEMBRANES, 1975 Dec. p. 30. [1332]
Lüscher, Martin. THE TERMITE AND THE CELL, 1953 May p. 74; AIR-CONDITIONED TERMITE NESTS, 1961 July p. 138.
Lüst, Reimar, and Gerhard Haerendel, ARTIFICIAL PLASMA CLOUDS IN SPACE, 1968 Nov. p. 80.
Lüst, Rhea, and Ludwig F. Biermann. THE TAILS OF COMETS, 1958 Oct. p. 44.
Luten, Daniel B. THE ECONOMIC GEOGRAPHY OF ENERGY, 1971 Sept. p. 164. [669]
Lwoff, Anderé. THE LIFE CYCLE OF A VIRUS, 1954 Mar. p. 34.
Lyman, Charles P., and Paul O. Chatfield. HIBERNATION, 1950 Dec. p. 18.
Lynch, David K. ATMOSPHERIC HALOS, 1978 Apr. p. 144. [3007]
Lynch, Kevin. THE FORM OF CITIES, 1954 Apr. p. 54; THE CITY AS ENVIRONMENT, 1965 Sept. p. 209.
Lynds, C. Roger, and E. Margaret Burbidge. THE ABSORPTION LINES OF QUASI-STELLAR OBJECTS, 1970 Dec. p. 22.
Lyons, Harold. ATOMIC CLOCKS, 1957 Feb. p. 71. [225]

M

Macalpine, Ida, and Richard Hunter. PORPHYRIA AND KING GEORGE III, 1969 July p. 38. [1149]
Macdougall, J. D. FISSION-TRACK DATING, 1976 Dec. p. 114.
MacGregor, Ian D., and Bruce C. Heezen. THE EVOLUTION OF THE PACIFIC, 1973 Nov. p. 102. [911]
Mach, William H., and Alistair B. Fraser. MIRAGES, 1976 Jan. p. 102.
MacInnes, Joseph B. LIVING UNDER THE SEA, 1966 Mar. p. 24. [1036]
MacInnis, Duncan A. pH, 1951 Jan. p. 40.
MacIntyre, Ferren. WHY THE SEA IS SALT, 1970 Nov. p. 104 [893]; THE TOP MILLIMETER OF THE OCEAN, 1974 May p. 62. [913]
Mackintosh, A. R. THE FERMI SURFACE OF METALS, 1963 July p. 110.
MacLachlan, James, and Stillman Drake. GALILEO'S DISCOVERY OF THE PARABOLIC TRAJECTORY, 1975 Mar. p. 102.
MacNeish, Richard S. THE ORIGINS OF NEW WORLD CIVILIZATION, 1964 Nov. p. 29 [625]; EARLY MAN IN THE ANDES, 1971 Apr. p. 36.
MacNichol, Edward F., Jr. THREE-PIGMENT COLOR VISION, 1964 Dec. p. 48. [197]
Maddin, Robert, James D. Muhly and Tamara S. Wheeler. HOW THE IRON AGE BEGAN, 1977 Oct. p. 122. [699]
Maffei, Lamberto, and Fergus W. Campbell. CONTRAST AND SPATIAL FREQUENCY, 1974 Nov. p. 106. [1308]
Maio, Joseph J. PREDATORY FUNGI, 1958 July p. 67.
Maiuri, Amedeo. POMPEII, 1958 Apr. p. 68.
Makaronas, Ch. J. PELLA: CAPITAL OF ANCIENT MACEDONIA, 1966 Dec. p. 98.
Malefijt, Annemarie de Waal. HOMO MONSTROSUS, 1968 Oct. p. 112.
Malkus, Joanne Starr. TRADE-WIND CLOUDS, 1953 Nov. p. 31; THE ORIGIN OF HURRICANES, 1957 Aug. p. 33. [847]
Malkus, Joanne Starr, and R. H. Simpson. EXPERIMENTS IN HURRICANE MODIFICATION, 1964 Dec. p. 27.
Mallina, R. F., Theodore R. Miller, Philip Cooper and Stanley G. Christie. SURGICAL STAPLING, 1962 Oct. p. 48.
Malm, John G., Henry Selig and Howard H. Claassen. THE CHEMISTRY OF THE NOBLE GASES, 1964 May p. 66.
Mangelsdorf, Paul C. THE MYSTERY OF CORN, 1950 July p. 20 [26]; HYBRID CORN, 1951 Aug. p. 39 [1150]; WHEAT, 1953 July p. 50. [25]
Mangin, William. SQUATTER SETTLEMENTS, 1967 Oct. p. 21.
Maniatis, Tom, and Mark Ptashne. A DNA OPERATOR-REPRESSOR SYSTEM, 1976 Jan. p. 64. [1333]
Mann, Alfred K., David B. Cline and Carlo Rubbia. THE DETECTION OF NEUTRAL WEAK CURRENTS, 1974 Dec. p. 108; THE SEARCH FOR NEW FAMILIES OF ELEMENTARY PARTICLES, 1976 Jan. p. 44.
Mansinha, L., and D. E. Smylie. THE ROTATION OF THE EARTH, 1971 Dec. p. 80. [897]
Manthei, Roland W., and Lloyd J. Roth. RADIOACTIVE TUBERCULOSIS DRUGS, 1956 Nov. p. 135.
Manwell, Reginald D., and Hans Peter Drobeck. TOXOPLASMOSIS, 1953 Feb. p. 86.
Maramorosch, Karl. A VERSATILE VIRUS, 1953 June p. 78; FRIENDLY VIRUSES, 1960 Aug. p. 138.

Maran, Stephen P. THE GUM NEBULA, 1971 Dec. p. 20.
Marcker, Kjeld A., and Brian F. C. Clark. HOW PROTEINS START, 1968 Jan. p. 36. [1092]
Margaria, Rodolfo. THE SOURCES OF MUSCULAR ENERGY, 1972 Mar. p. 84. [1244]
Margulis, Lynn. SYMBIOSIS AND EVOLUTION, 1971 Aug. p. 48. [1230]
Mark, Herman F. GIANT MOLECULES, 1957 Sept. p. 80; THE NATURE OF POLYMERIC MATERIALS, 1967 Sept. p. 148.
Mark, Robert. THE STRUCTURAL ANALYSIS OF GOTHIC CATHEDRALS, 1972 Nov. p. 90.
Marples, Mary J. LIFE ON THE HUMAN SKIN, 1969 Jan. p. 108. [1132]
Marrazzi, Amedeo S. MESSENGERS OF THE NERVOUS SYSTEM, 1957 Feb. p. 86.
Marsden, Sullivan S., Jr. DRILLING FOR PETROLEUM, 1958 Nov. p. 99.
Marsden, Sullivan S., Jr., and Stanley N. Davis. GEOLOGICAL SUBSIDENCE, 1967 June p. 93.
Marshak, Robert E. THE ENERGY OF STARS, 1950 Jan. p. 42; THE MULTIPLICITY OF PARTICLES, 1952 Jan. p. 22; PIONS, 1957 Jan. p. 84 [226]; THE NUCLEAR FORCE, 1960 Mar. p. 98. [269]
Marshall, A. J. BOWER BIRDS, 1956 June p. 48.
Marshall, Donald Stanley. THE SETTLEMENT OF POLYNESIA, 1956 Aug. p. 58.
Marsland, Douglas. CELLS AT HIGH PRESSURE, 1958 Oct. p. 36.
Martell, E. A., and James R. Arnold. THE CIRCULATION OF RADIOACTIVE ISOTOPES, 1959 Sept. p. 84.
Martin, Paul S. THE PEOPLES OF PINE LAWN VALLEY, 1951 July p. 46.
Mason, B. J. THE GROWTH OF SNOW CRYSTALS, 1961 Jan. p. 120.
Mason, Brian. ORGANIC MATTER FROM SPACE, 1963 Mar. p. 43; THE LUNAR ROCKS, 1971 Oct. p. 71.
Mason, Edward S. THE PLANNING OF DEVELOPMENT, 1963 Sept. p. 235.
Masserman, Jules H. EXPERIMENTAL NEUROSES, 1950 Mar. p. 38. [443]
Massey, A. G. BORON, 1964 Jan. p. 88.
Mather, Keith B. WHY DO ROADS CORRUGATE?, 1963 Jan. p. 128.
Matthes, Gerard H. PARADOXES OF THE MISSISSIPPI, 1951 Apr. p. 18 [836]; QUICKSAND, 1953 June p. 97.
Matthews, Larry S., David A. Sonstegard and Herbert Kaufer THE SURGICAL REPLACEMENT OF THE HUMAN KNEE JOINT, 1978 Jan. p. 44. [1378]
Matthews, Robert W., and Howard E. Evans. THE SAND WASPS OF AUSTRALIA, 1975 Dec. p. 108.
Matthias, B. T. SUPERCONDUCTIVITY, 1957 Nov. p. 92. [227]
Matyniak, Kenneth A., and Laurence Jay Stettner. THE BRAIN OF BIRDS, 1968 June p. 64. [515]
Mausner, Bernard and Judith. A STUDY OF THE ANTI-SCIENTIFIC ATTITUDE, 1955 Feb. p. 35. [453]
Mawson, C. A. GENEVA: BIOLOGY, 1955 Oct. p. 38.
Maxwell, James R., Geoffrey Eglinton and Colin T. Pillinger. THE CARBON CHEMISTRY OF THE MOON, 1972 Oct. p. 80.
May, Jacques M. THE GEOGRAPHY OF DISEASE, 1953 Feb. p. 22.
Mayer, Cornell H. THE TEMPERATURES OF THE PLANETS, 191 May p. 58.
Mayer, Jean. APPETITE AND OBESITY, 1956 Nov. p. 108; THE DIMENSIONS OF HUMAN HUNGER, 1976 Sept. p. 40.
Mayer, Manfred M. THE COMPLEMENT SYSTEM, 1973 Nov. p. 54. [1283]
Mayer, Maria G. THE STRUCTURE OF THE NUCLEUS, 1951 Mar. p. 22. [228]
Mayer-Oakes, William J. EARLY MAN IN THE ANDES, 1963 May p. 116.
Mayerson, H. S. THE LYMPHATIC SYSTEM, 1963 June p. 80. [158]
Mayo, John S. PULSE-CODE MODULATION, 1968 Mar. p. 102; THE ROLE OF MICROELECTRONICS IN COMMUNICATION, 1977 Sept. p. 192. [382]
Mayr, Otto. THE ORIGINS OF FEEDBACK CONTROL, 1970 Oct. p. 110.
Mazia, Daniel. CELL DIVISION, 1953 Aug. p. 53 [27]; HOW CELLS DIVIDE, 1961 Sept. p. 100 [93]; THE CELL CYCLE, 1974 Jan. p. 54. [1288]
McCarthy, John. INFORMATION, 1966 Sept. p. 64.
McCarthy, Maclyn, and Earl H. Freimer. RHEUMATIC FEVER, 1965 Dec. p. 66.
McCarthy, Richard E., and Peter C. Hinkle HOW CELLS MAKE ATP, 1978 Mar. p. 104. [1383]
McChesney, Malcolm. SHOCK WAVES AND HIGH TEMPERATURES, 1963 Feb. p. 109.
McClain, Edward F., Jr. THE 600-FOOT RADIO TELESCOPE, 1960 Jan. p. 45.
McCosker, John E. FLASHLIGHT FISHES, 1977 Mar. p. 106. [693]
McCracken, Daniel D. THE MONTE CARLO METHOD, 1955 May p. 90.
McDermott, Walsh. AIR POLLUTION AND PUBLIC HEALTH, 1961 Oct. p. 49. [612]
McDonald, James E. THE CORIOLIS EFFECT, 1952 May p. 72 [839]; THE EARTH'S ELECTRICITY, 1953 Apr. p. 32; THE SHAPE OF RAINDROPS, 1954 Feb. p. 64.
McElroy, William D., and C. P. Swanson. TRACE ELEMENTS, 1953 Jan. p. 22.
McElroy, William D., and Howard H. Seliger. BIOLOGICAL LUMINESCENCE, 1962 Dec. p. 76. [141]
McEwen, Bruce S. INTERACTIONS BETWEEN HORMONES AND NERVE TISSUE, 1976 July p. 48. [1341]
McGhee, Robert J., and James A. Tuck, AN ARCHAIC INDIAN BURIAL MOUND IN LABRADOR, 1976 Nov. p. 122.
McGuire, James B., Eugene R. Spangler and Lem Wong. THE SIZE OF THE SOLAR SYSTEM, 1961 Apr. p. 64.
McIntyre, Hugh C. NATURAL-URANIUM HEAVY-WATER REACTORS, 1975 Oct. p. 17.
McIrvine, Edward C., and Myron Tribus. ENERGY AND INFORMATION, 1971 Sept. p. 179. [670]
McKenzie, D. P., and Frank Richter. CONVECTION CURRENTS IN THE EARTH'S MANTLE, 1976 Nov. p. 72. [921]
McKenzie, D. P., and J. G. Sclater. THE EVOLUTION OF THE INDIAN OCEAN, 1973 May p. 62. [908]
McKusick, Victor A. HEART SOUNDS, 1956 May p. 120; THE ROYAL HEMOPHILIA, 1965 Aug. p. 88; THE MAPPING OF HUMAN CHROMOSOMES, 1971 Apr. p. 104. [1220]
McKusick, Victor A., and David L. Rimoin. GENERAL TOM THUMB AND OTHER MIDGETS, 1967 July p. 102.
McLaughlin, John J. A., and S. H. Hutner. POISONOUS TIDES, 1958 Aug. p. 92.
McLean, Franklin C. BONE, 1955 Feb. p. 84.
McMahon, Thomas A. THE MECHANICAL DESIGN OF TREES, 1975 July p. 92.
McNeil, Mary. LATERITIC SOILS, 1964 Nov. p. 96. [870]
McNown, John S. CANALS IN AMERICA, 1976 July p. 116.
McQueen, Hugh J., and W. J. McGregor Tegart. THE DEFORMATION OF METALS AT HIGH TEMPERATURES, 1975 Apr. p. 116.
McVay, Scott. THE LAST OF THE GREAT WHALES, 1966 Aug. p. 13.
McWhorter, Eugene W. THE SMALL ELECTRONIC CALCULATOR, 1976 Mar. p. 88.
Mead, Carver A., and Ivan E. Sutherland. MICROELECTRONICS AND COMPUTER SCIENCE, 1977 Sept. p. 210. [383]
Medawar, P. B. SKIN TRANSPLANTS, 1957 Apr. p. 62.
Meen, V. B. THE CANADIAN METEOR CRATER, 1951 May p. 64.
Meeuse, Bastiaan J. D. THE VOODOO LILY, 1966 July p. 80.
Meggers, Betty J., and Clifford Evans. A TRANS-PACIFIC CONTACT IN 3000 B.C., 1966 Jan. p. 28.
Meggers, William F. MEASUREMENT BY MERCURY, 1948 Aug. p. 48.
Meindl, James D. MICROELECTRONIC CIRCUIT ELEMENTS, 1977 Sept. p. 70. [375]
Melbourne, William G. NAVIGATION BETWEEN THE PLANETS, 1976 June p. 58.
Mellaart, James. HACILAR: A NEOLITHIC VILLAGE SITE, 1961 Aug. p. 86; A NEOLITHIC CITY IN TURKEY, 1964 Apr. p. 94. [620]
Mellink, Machteld J. THE CITY OF MIDAS, 1959 July p. 100.
Mellinkoff, Sherman M. CHEMICAL INTERVENTION, 1973 Sept. p. 102.
Mellor, John W. THE AGRICULTURE OF INDIA, 1976 Sept. p. 154.
Melman, Seymour. INDUSTRIAL PRODUCTIVITY, 1955 July p. 33.
Melnick, Joseph L. A NEW ERA IN POLIO RESEARCH, 1952 Nov. p. 26; VIRUSES WITHIN CELLS, 1953 Dec. p. 38; ENTEROVIRUSES, 1959 Feb. p. 88.
Melnick, Joseph L., and Fred Rapp. THE FOOTPRINTS OF TUMOR VIRUSES, 1966 Mar. p. 34.
Melnick, Joseph L., Gordon R. Dreesman and F. Blaine Hollinger. VIRAL HEPATITIS, 1977 July p. 44. [1365]
Melzack, Ronald. THE PERCEPTION OF PAIN, 1961 Feb. p. 41. [457]
Melzack, Ronald, and William R. Thompson. EARLY ENVIRONMENT, 1956 Jan. p. 38. [469]
Menaker, Michael. NONVISUAL LIGHT RECEPTION, 1972 Mar. p. 22. [1243]
Menard, Henry W. FRACTURES IN THE PACIFIC FLOOR, 1955 July p. 36; THE EAST PACIFIC RISE, 1961 Dec. p. 52; THE DEEP-OCEAN FLOOR, 1969 Sept. p. 126. [883]
Mengel, John T., and Paul Herget. TRACKING SATELLITES BY RADIO, 1958 Jan. p. 23.
Mermin, N. David, and David M. Lee. SUPERFLUID HELIUM 3, 1976 Dec. p. 56.
Mero, John L. MINERALS ON THE OCEAN FLOOR, 1960 Dec. p. 64.
Merrifield, R. B. THE AUTOMATIC SYNTHESIS OF PROTEINS, 1968 Mar. p. 56. [320]
Merrill, John P. THE TRANSPLANTATION OF THE KIDNEY, 1959 Oct. p. 57; THE ARTIFICIAL KIDNEY, 1961 July p. 56.
Merriman, Daniel. THE CALEFACTION OF A RIVER, 1970 May p. 42. [1177]
Merton, P. A. HOW WE CONTROL THE CONTRACTION OF OUR MUSCLES, 1972 May p. 30. [1249]
Meselson, Matthew S. CHEMICAL AND BIOLOGICAL WEAPONS, 1970 May p. 15.
Metcalf, Robert L. INSECTS V. INSECTICIDES, 1952 Oct. p. 21.
Metelli, Fabio. THE PERCEPTION OF TRANSPARENCY, 1974 Apr. p. 90. [559]

Metherell, Alexander F. ACOUSTICAL HOLOGRAPHY, 1969 Oct. p. 36.
Meyerhof, Otto. BIOCHEMISTRY, 1950 Sept. p. 62.
Michael, Charles R. RETINAL PROCESSING OF VISUAL IMAGES, 1969 May p. 104. [1143]
Michaels, Walter C. THE TEACHING OF ELEMENTARY PHYSICS, 1958 Apr. p. 56. [229]
Mick, Stephen S. THE FOREIGN MEDICAL GRADUATE, 1975 Feb. p. 14.
Mickelwait, Aubrey B., Edwin H. Tompkins, Jr., and Robert A. Park. INTERPLANETARY NAVIGATION, 1960 Mar. p. 64.
Miley, George K., Richard G. Strom and Jan H. Oort. GIANT RADIO GALAXIES, 1975 Aug. p. 26.
Milgram, Stanley. NATIONALITY AND CONFORMITY, 1961 Dec. p. 45.
Miller, George A. INFORMATION AND MEMORY, 1956 Aug. p. 42. [419]
Miller, Jack Robert. THE DIRECT REDUCTION OF IRON ORE, 1976 July p. 68.
Miller, Joseph S. THE STRUCTURE OF EMISSION NEBULAS, 1974 Oct. p. 34.
Miller, O. L., Jr. THE VISUALIZATION OF GENES IN ACTION, 1973 Mar. p. 34. [1267]
Miller, Patrick M. THE CRASHWORTHINESS OF AUTOMOBILES, 1973 Feb. p. 78.
Miller, Ralph L., and James R. Gill. URANIUM FROM COAL, 1954 Oct. p. 36.
Miller, Stewart E. COMMUNICATION BY LASER, 1966 Jan. p. 19.
Miller, Theodore R., R. F. Mallina, Philip Cooper and Stanley G. Christie. SURGICAL STAPLING, 1962 Oct. p. 48.
Miller, Warren E., Angus Campbell and Gerald Gurin. TELEVISION AND THE ELECTION, 1953 May p. 46; THE ELECTORAL SWITCH OF 1952, 1954 May p. 31.
Miller, William H., Floyd Ratliff and H. K. Hartline. HOW CELLS RECEIVE STIMULI, 1961 Sept. p. 222. [99]
Millon, René. TEOTIHUACÁN, 1967 June p. 38.
Millot, Jacques. THE COELACANTH, 1955 Dec. p. 34. [831]
Milne, Lorus J. and Margery J. INSECT VISION, 1948 July p. 42; RIGHT HAND, LEFT HAND, 1948 Oct. p. 46; TEMPERATURE AND LIFE, 1949 Feb. p. 46; ANIMAL COURTSHIP, 1950 July p. 52; THE EELGRASS CATASTROPHE, 1951 Jan. p. 52; HOW ANIMALS CHANGE COLOR, 1952 Mar. p. 64; ELECTRICAL EVENTS IN VISION, 1956 Dec. p. 113; THE SOCIAL BEHAVIOR OF BURYING BEETLES, 1976 Aug. p. 84 [1344]; INSECTS OF THE WATER SURFACE, 1978 Apr. p. 134. [1387]
Milner, Harold W. ALGAE AS FOOD, 1953 Oct. p. 31.
Minkowski, Rudolph. COLLIDING GALAXIES, 1956 Sept. p. 125.
Minsky, Marvin L. ARTIFICIAL INTELLIGENCE, 1966 Sept. p. 246. [313]
Minton, Sherman A., Jr. SNAKEBITE, 1957 Jan. p. 114.
Mintz, Sidney W. PEASANT MARKETS, 1960 Aug. p. 112. [647]
Mirsky, Alfred E. THE CHEMISTRY OF HEREDITY, 1953 Feb. p. 47 [28]; THE DISCOVERY OF DNA, 1968 June p. 78. [1109]
Mirsky, Alfred E., and Vincent G. Allfrey. HOW CELLS MAKE MOLECULES, 1961 Sept. p. 74. [92]
Mitchell, Jere H., and Carleton B. Chapman. THE PHYSIOLOGY OF EXERCISE, 1965 May p. 88. [1011]
Mittwoch, Ursula. SEX DIFFERENCES IN CELLS, 1963 July p. 54. [161]
Modell, Walter. HORNS AND ANTLERS, 1969 Apr. p. 114. [1139]
Modona, Aldo Neppi. ETRUSCAN METALLURGY, 1955 Nov. p. 90.
Moffett, James W., and Vernon C. Applegate. THE SEA LAMPREY, 1955 Apr. p. 36.
Molnar, Peter, and Paul Tapponnier. THE COLLISION BETWEEN INDIA AND EURASIA, 1977 Apr. p. 30. [923]
Monroy, Alberto. FERTILIZATION OF THE EGG, 1950 Dec. p. 46.
Montagna, William. THE SKIN, 1965 Feb. p. 56. [1003]
Montagu, Ashley. "SOCIAL INSTINCTS," 1950 Apr. p. 54.
Montgomery, G. Franklin. PRODUCT TECHNOLOGY AND THE CONSUMER, 1977 Dec. p. 47. [703]
Montgomery, P. O'B., and W. A. Bonner. A "FLYING-SPOT" MICROSCOPE, 1958 May p. 38.
Montie, Thomas C., Solomon Kadis and Samuel J. Ajl. PLAGUE TOXIN, 1969 Mar. p. 92.
Moog, Florence. THE BIOLOGY OF OLD AGE, 1948 June p. 40; GULLIVER WAS A BAD BIOLOGIST, 1948 Nov. p. 52; UP FROM THE EMBRYO, 1950 Feb. p. 52.
Moorbath, Stephen. THE OLDEST ROCKS AND THE GROWTH OF CONTINENTS, 1977 Mar. p. 92. [357]
Moore, A. D. ELECTROSTATICS, 1972 Mar. p. 46.
Moore, Edward F. ARTIFICIAL LIVING PLANTS, 1956 Oct. p. 118; MATHEMATICS IN THE BIOLOGICAL SCIENCES, 1964 Sept. p. 148.
Moore, Geoffrey H. THE ANALYSIS OF ECONOMIC INDICATORS, 1975 Jan. p. 17.
Moore, Peter B., and Donald M. Engelman. NEUTRON-SCATTERING STUDIES OF THE RIBOSOME, 1976 Oct. p. 44.
Moore, Stanford, and William H. Stein. CHROMATOGRAPHY, 1951 Mar. p. 35 [81]; THE CHEMICAL STRUCTURE OF PROTEINS, 1961 Feb. p. 81.
Moores, Eldridge M., and James W. Valentine. PLATE TECTONICS AND THE HISTORY OF LIFE IN THE OCEANS, 1974 Apr. p. 80. [912]
Morehead, Frederick F. Jr. LIGHT-EMITTING SEMICONDUCTORS, 1967 May p. 108.
Morehead, Frederick F. Jr., and Billy L. Crowder. ION IMPLANTATION, 1973 Apr. p. 64.
Morgan, W. W. THE SPIRAL STRUCTURE OF THE GALAXY, 1955 May p. 42.
Morgenstern, Oskar. THE THEORY OF GAMES, 1949 May p. 22.
Morison, Robert S. DYING, 1973 Sept. p. 54.
Morowitz, Harold J., and Elliot A. Lapan. THE MESOZOA, 1972 Dec. p. 94. [1262]
Morowitz, Harold J., and Mark E. Tourtellotte. THE SMALLEST LIVING CELLS, 1962 Mar. p. 117. [1005]
Morris, Carl, and Bradley Efron. STEIN'S PARADOX IN STATISTICS, 1977 May p. 119. [363]
Morrison, David, and Dale P. Cruikshank. THE GALILEAN SATELLITES OF JUPITER, 1976 May p. 108.
Morrison, Philip. THE NEUTRINO, 1956 Jan. p. 58; THE OVERTHROW OF PARITY, 1957 Apr. p. 45; NEUTRINO ASTRONOMY, 1962 Aug. p. 90. [283]
Morrison, Philip and Emily. NATURAL HISTORY OF A VIRUS, 1949 Nov. p. 50; HIGH VACUUM, 1950 May p. 20; THE NEUTRON, 1951 Oct. p. 44; THE STRANGE LIFE OF CHARLES BABBAGE, 1952 Apr. p. 66; HEINRICH HERTZ, 1957 Dec. p. 98.
Morse, Roger A. ENVIRONMENTAL CONTROL IN THE BEEHIVE, 1972 Apr. p. 92. [1247]
Mosbach, Klaus. ENZYMES BOUND TO ARTIFICIAL MATRIXES, 1971 Mar. p. 26. [1216]
Moscati, Sabatino. A CARTHAGINIAN FORTRESS IN SARDINIA, 1975 Feb. p. 80.
Moscona, A. A. TISSUES FROM DISSOCIATED CELLS, 1959 May p. 132; HOW CELLS ASSOCIATE, 1961 Sept. p. 142.
Mosher, Ralph S. INDUSTRIAL MANIPULATORS, 1964 Oct. p. 88.
Mott, Sir Nevill. THE SOLID STATE, 1967 Sept. p. 80.
Movius, Hallam L., Jr. ARCHAEOLOGY AND THE EARLIEST ART, 1953 Aug. p. 30.
Mrosovsky, N. THE ADJUSTABLE BRAIN OF HIBERNATORS, 1968 Mar. p. 110.
Mudd, Stuart. THE STAPHYLOCOCCUS. PROBLEM, 1959 Jan. p. 41.
Muhly, James D., Robert Maddin and Tamara S. Wheeler. HOW THE IRON AGE BEGAN, 1977 Oct. p. 122. [699]
Müller, Erwin W. A NEW MICROSCOPE, 1952 May p. 58; ATOMS VISUALIZED, 1957 June p. 113.
Muller, H. J. RADIATION AND HUMAN MUTATION, 1955 Nov. p. 58. [29]
Muller, Richard A. THE COSMIC BACKGROUND RADIATION AND THE NEW AETHER DRIFT, 1978 May p. 64. [3008]
Müller-Beck, Hansjürgen. PREHISTORIC SWISS LAKE DWELLERS, 1961 Dec. p. 138.
Mulvaney, D. J. THE PREHISTORY OF THE AUSTRALIAN ABORIGINE, 1966 Mar. p. 84. [628]
Munk, Walter. THE CIRCULATION OF THE OCEANS, 1955 Sept. p. 96. [813]
Munn, Norman L. THE EVOLUTION OF MIND, 1957 June p. 140.
Muntz, W. R. A. VISION IN FROGS, 1964 Mar. p. 110.
Murça-Pires, João, and Theodosius Dobzhansky. STRANGLER TREES, 1954 Jan. p. 78.
Murphy, Frederick, and David E. Yount. PHOTONS AS HADRONS, 1971 July p. 94.
Murphy, Robert Cushman. THE OCEANIC LIFE OF THE ANTARCTIC, 1962 Sept. p. 186.
Murray, Bruce C. MARS FROM MARINER 9, 1973 Jan. p. 48; MERCURY, 1975 Sept. p. 58.
Murray, Bruce C., and James A. Westphal. INFRARED ASTRONOMY, 1965 Aug. p. 20.
Murray, John M., and Annemarie Weber. THE COOPERATIVE ACTION OF MUSCLE PROTEINS, 1974 Feb. p. 58. [1290]
Muyderman, E. A. BEARINGS, 1966 Mar. p. 60.
Myers, Henry R. EXTENDING THE NUCLEAR-TEST BAN, 1972 Jan. p. 13. [343]
Myers, Joel N. FOG, 1968 Dec. p. 74. [876]
Myers, Judith H., and Charles J. Krebs. POPULATION CYCLES IN RODENTS, 1974 June p. 38. [1296]
Mykytowycz, Roman. TERRITORIAL MARKING BY RABBITS, 1968 May p. 116. [1108]
Mylonas, George E. MYCENAE, CITY OF AGAMEMNON, 1954 Dec. p. 72.
Myrdal, Alva. THE INTERNATIONAL CONTROL OF DISARMAMENT, 1974 Oct. p. 21.
Myrdal, Gunnar. POLITICAL FACTORS IN ECONOMIC ASSISTANCE, 1972 Apr. p. 15; THE TRANSFER OF TECHNOLOGY TO UNDERDEVELOPED COUNTRIES, 1974 Sept. p. 172.

N

Nagel, Ernest. AUTOMATIC CONTROL, 1952 Sept. p. 44.
Nagel, Ernest, and James R. Newman. GÖDEL'S PROOF, 1956 June p. 71.
Nagy, George, and Richard G. Casey. ADVANCES IN PATTERN RECOGNITION, 1971 Apr. p. 56.
Nambu, Yoichiro. THE CONFINEMENT OF QUARKS, 1976 Nov. p. 48.

Namias, Jerome. THE JET STREAM, 1952 Oct. p. 26; LONG-RANGE WEATHER FORECASTING, 1955 Aug. p. 40.

Nance, Dana K., and William F. Hamilton II. SYSTEMS ANALYSIS OF URBAN TRANSPORTATION, 1969 July p. 19.

Napier, John. THE EVOLUTION OF THE HAND, 1962 Dec. p. 56 [140]; THE ANTIQUITY OF HUMAN WALKING, 1967 Apr. p. 56. [1070]

Nathanson, James A., and Paul Greengard. "SECOND MESSENGERS" IN THE BRAIN, 1977 Aug. p. 108. [1368]

Natta, Giulio. HOW GIANT MOLECULES ARE MADE, 1957 Sept. p. 98; PRECISELY CONSTRUCTED POLYMERS, 1961 Aug. p. 33. [315]

Naylor, Aubrey W. THE CONTROL OF FLOWERING, 1952 May p. 49. [113]

Needham, Paul R. THE MORTALITY OF TROUT, 1953 May p. 81.

Nef, John U. AN EARLY ENERGY CRISIS AND ITS CONSEQUENCES, 1977 Nov. p. 140. [391]

Negrete, Vida Francis, and Barbara M. Korsch. DOCTOR-PATIENT COMMUNICATION, 1972 Aug. p. 66.

Neiburger, Morris, and Harry Wexler. WEATHER SATELLITES, 1961 July p. 80.

Neisser, Ulric. VISUAL SEARCH, 1964 June p. 94 [486]; THE PROCESSES OF VISION, 1968 Sept. p. 204. [519]

Neisser, Ulric, and Oliver G. Selfridge. PATTERN RECOGNITION BY MACHINE, 1960 Aug. p. 60.

Nelkin, Dorothy. THE SCIENCE-TEXTBOOK CONTROVERSIES, 1976 Apr. p. 33.

Nelson, Donald F. THE MODULATION OF LASER LIGHT, 1968 June p. 17.

Neugebauer, G., and Eric E. Becklin. THE BRIGHTEST INFRARED SOURCES, 1973 Apr. p. 28.

Neugebauer, G., and Robert B. Leighton. THE INFRARED SKY, 1968 Aug. p. 50.

Neurath, Hans. PROTEIN-DIGESTING ENZYMES, 1964 Dec. p. 68.

Neutra, Marian, and C. P. Leblond. THE GOLGI APPARATUS, 1969 Feb. p. 100. [1134]

Neville, C., Miriam Rothschild, Y. Schlein, K. Parker and S. Sternberg. THE FLYING LEAP OF THE FLEA, 1973 Nov. p. 92. [1284]

Nevins, James L., and Daniel E. Whitney COMPUTER-CONTROLLED ASSEMBLY, 1978 Feb. p. 62. [396]

Newell, Homer E., Jr. THE SATELLITE PROJECT, 1955 Dec. p. 29.

Newell, Norman D. CRISES IN THE HISTORY OF LIFE, 1963 Feb. p. 76 [867]; THE EVOLUTION OF REEFS, 1972 June p. 54. [901]

Newell, Reginald E. THE CIRCULATION OF THE UPPER ATMOSPHERE, 1964 Mar. p. 62; THE GLOBAL CIRCULATION OF ATMOSPHERIC POLLUTANTS, 1971 Jan. p. 32. [894]

Newgard, John J., and Myron Levoy. NUCLEAR ROCKETS, 1959 May p. 46.

Newman, J. N., and Halsey C. Herreshoff. THE STUDY OF SAILING YACHTS, 1966 Aug. p. 60.

Newman, James R. SRINIVASA RAMANUJAN, 1948 June p. 54; editor of MATHEMATICAL CREATION, by Henri Poincaré, 1948 Aug. p. 54; THE RHIND PAPYRUS, 1952 Aug. p. 24; WILLIAM KINGDON CLIFFORD, 1953 Feb. p. 78; editor of LEONHARD EULER AND THE KOENINGSBERG BRIDGES, 1953 July p. 66; FRANCIS GALTON, 1954 Jan. p. 72; LAPLACE, 1954 June p. 76; JAMES CLERK MAXWELL, 1955 June p. 58.

Newman, James R., and Ernest Nagel. GÖDEL'S PROOF, 1956 June p. 71.

Ney, Edward P. HEAVY ELEMENTS FROM SPACE, 1951 May p. 26.

Neyman, Jerzy, and Elizabeth L. Scott. THE DISTRIBUTION OF GALAXIES, 1956 Sept. p. 187.

Nicholas, Brother G., F.S.C. LIFE IN CAVES, 1955 May p. 98.

Nicholls, John G., and David Van Essen. THE NERVOUS SYSTEM OF THE LEECH, 1974 Jan. p. 38. [1287]

Nichols, John R. HOW OPIATES CHANGE BEHAVIOR, 1965 Feb. p. 80.

Nicolai, Jürgen. MIMICRY IN PARASITIC BIRDS, 1974 Oct. p. 92.

Niederhauser, John S., and William C. Cobb. THE LATE BLIGHT OF POTATOES, 1959 May p. 100. [109]

Niemi, Richard G., and William H. Riker. THE CHOICE OF VOTING SYSTEMS, 1976 June p. 21. [689]

Nier, Alfred O. C. THE MASS SPECTROMETER, 1953 Mar. p. 68. [256]

Nieto, Michael Martin, and Alfred Scharff Goldhaber. THE MASS OF THE PHOTON, 1976 May p. 86.

Nirenberg, Marshall W. THE GENETIC CODE: II, 1963 Mar. p. 80. [153]

Nishijima, Yasunori, and Gerald Oster. MOIRÉ PATTERNS, 1963 May p. 54. [299]

Noller, Carl H., Jules Janick and Charles L. Rhykerd. THE CYCLES OF PLANT AND ANIMAL NUTRITION, 1976 Sept. p. 74.

Nomura, Masayasu. RIBOSOMES, 1969 Oct. p. 28. [1157]

Nord, F. F., and Walter J. Schubert. LIGNIN, 1958 Oct. p. 104.

North, J. D. THE ASTROLABE, 1974 Jan. p. 96.

Nossal, G. J. V. HOW CELLS MAKE ANTIBODIES, 1964 Dec. p. 106. [199]

Notestein, Frank W. POPULATION, 1951 Sept. p. 28.

Notkins, Abner Louis, and Hilary Koprowski. HOW THE IMMUNE RESPONSE TO A VIRUS CAN CAUSE DISEASE, 1973 Jan. p. 22. [1263]

Noton, David, and Lawrence Stark. EYE MOVEMENTS AND VISUAL PERCEPTION, 1971 June p. 34. [537]

Noyce, Robert N. MICROELECTRONICS, 1977 Sept. p. 62. [374]

Nuckolls, John, John L. Emmett and Lowell Wood. FUSION POWER BY LASER IMPLOSION, 1974 June p. 24.

Nussenzveig, H. Moysés. THE THEORY OF THE RAINBOW, 1977 Apr. p. 116. [361]

O

Oberteuffer, John, Henry H. Kolm and David Kelland. HIGH-GRADIENT MAGNETIC SEPARATION, 1975 Nov. p. 46.

O'Brien, Brian J. RADIATION BELTS, 1963 May p. 84.

O'Connell, D. J. K., S.J. THE GREEN FLASH, 1960 Jan. p. 112.

Oettinger, Anthony G. THE USES OF COMPUTERS IN SCIENCE, 1966 Sept. p. 160.

Ogilvie, Sir Heneage. SURGICAL STITCHING, 1950 Nov. p. 44; SURGICAL CUTTING, 1951 Nov. p. 62.

O'Hara, Charles E., and James W. Osterburg. INCRIMINATING STAINS, 1953 Feb. p. 58.

Okazaki, Kayo, and Shinya Inoué. BIOCRYSTALS, 1977 Apr. p. 82. [1357]

O'Keefe, John A. TEKTITES AND IMPACT FRAGMENTS FROM THE MOON, 1964 Feb. p. 50.

Okladnikov, A. P. THE PETROGLYPHS OF SIBERIA, 1969 Aug. p. 74. [649]

Old, Bruce S., and Leonard V. Gallagher. THE CONTINUOUS CASTING OF STEEL, 1963 Dec. p. 74.

Old, Lloyd J. CANCER IMMUNOLOGY, 1977 May p. 62. [1358]

Old, Lloyd J., Edward A. Boyse and H. A. Campbell. L-ASPARAGINE AND LEUKEMIA, 1968 Aug. p. 34.

Oldham, William G. THE FABRICATION OF MICROELECTRONIC CIRCUITS, 1977 Sept. p. 110. [377]

Olds, James. PLEASURE CENTERS IN THE BRAIN, 1956 Oct. p. 105. [30]

Oliver, Bernard M. THE ROLE OF MICROELECTRONICS IN INSTRUMENTATION AND CONTROL. 1977 Sept. p. 180. [381]

Oliver, Jack. LONG EARTHQUAKE WAVES, 1959 Mar. p. 131.

Olmsted, J. M. D. FATHER OF AVIATION MEDICINE, 1952 Jan. p. 66.

Olton, David S. SPATIAL MEMORY, 1977 June p. 82. [578]

O'Malley, Bert W., and William T. Schrader. THE RECEPTORS OF STEROID HORMONES, 1976 Feb. p. 32. [1334]

O'Neill, Gerard K. THE SPARK CHAMBER, 1962 Aug. p. 36 [282]; PARTICLE STORAGE RINGS, 1966 Nov. p. 107. [323]

Oort, Abraham H. THE ENERGY CYCLE OF THE EARTH, 1970 Sept. p. 54. [1189]

Oort, Jan H. THE EVOLUTION OF GALAXIES, 1956 Sept. p. 100; THE CRAB NEBULA, 1957 Mar. p. 52.

Oort, Jan H., Richard G. Strom and George K. Miley. GIANT RADIO GALAXIES, 1975 Aug. p. 26.

Öpik, Ernst J. CLIMATE AND THE CHANGING SUN, 1958 June p. 85. [835]

Opler, Marvin K. SCHIZOPHRENIA AND CULTURE, 1957 Aug. p. 103.

Oppenheimer, J. R. THE AGE OF SCIENCE: 1900-1950 1950 Sept. p. 20.

Orowan, Egon. THE ORIGIN OF THE OCEANIC RIDGES, 1969 Nov. p. 102.

Orr, Clyde, Jr. FINE PARTICLES, 1950 Dec. p. 50.

Oster, Gerald. POLYETHYLENE, 1957 Sept. p. 139; DENSITY GRADIENTS, 1965 Aug. p. 70; THE CHEMICAL EFFECTS OF LIGHT, 1968 Sept. p. 158; PHOSPHENES, 1970 Feb. p. 82; AUDITORY BEATS IN THE BRAIN, 1973 Oct. p. 94. [1282]

Oster, Gerald, and Yasunori Nishijima. MOIRE PATTERNS, 1963 May p. 54. [299]

Osterburg, James W., and Charles E. O'Hara. INCRIMINATING STAINS, 1953 Feb. p. 58.

Ostriker, Jeremiah P. THE NATURE OF PULSARS, 1971 Jan. p. 48.

Ostwald, Peter F. ACOUSTIC METHODS IN PSYCHIATRY, 1965 Mar. p. 82. [492]

Ostwald, Peter F., and Philip Peltzman. THE CRY OF THE HUMAN INFANT, 1974 Mar. p. 84. [558]

Overseth, Oliver E. EXPERIMENTS IN TIME REVERSAL, 1969 Oct. p. 88.

Oxenstierna, Eric. THE VIKINGS, 1967 May p. 66.

Ozgüç, Tahsin. AN ASSYRIAN TRADING OUTPOST, 1963 Feb. p. 96; ANCIENT ARARAT, 1967 Mar. p. 38.

P

Pacini, Franco, and Martin J. Rees. ROTATION IN HIGH-ENERGY ASTROPHYSICS, 1973 Feb. p. 98.

Page, Irvine H. HIGH BLOOD PRESSURE, 1948 Aug. p. 44; SEROTONIN, 1957 Dec. p. 52.

Page, Irvine H., F. Merlin Bumpus and Hans J. Schwartz. ANGIOTENSIN, 1959 Mar. p. 54.
Paige, Jeffery M., and Nathan S. Caplan. A STUDY OF GHETTO RIOTERS, 1968 Aug. p. 15. [638]
Pake, George E. MAGNETIC RESONANCE, 1958 Aug. p. 58. [233]
Palmer, Frederic. FRICTION, 1951 Feb. p. 54.
Palmer, John D. BIOLOGICAL CLOCKS OF THE TIDAL ZONE, 1975 Feb. p. 70. [1316]
Panish, Morton B., and Izuo Hayashi. A NEW CLASS OF DIODE LASERS, 1971 July p. 32.
Panofsky, Wolfgang. THE LINEAR ACCELERATOR, 1954 Oct. p. 40. [234]
Panofsky, Wolfgang, and Henry W. Kendall. THE STRUCTURE OF THE PROTON AND THE NEUTRON, 1971 June p. 60.
Pant, Pitambar. THE DEVELOPMENT OF INDIA, 1963 Sept. p. 189.
Papadimitriou, Christos H., and Harry R. Lewis THE EFFICIENCY OF ALGORITHMS, 1978 Jan. p. 96. [395]
Papadimitriou, John. THE SANCTUARY OF ARTEMIS AT BRAURON, 1963 June p. 110.
Pappenheimer, A. M., Jr. THE DIPHTHERIA TOXIN, 1952 Oct. p. 32.
Pappenheimer, John R. THE SLEEP FACTOR, 1976 Aug. p. 24. [571]
Parducci, Allen. THE RELATIVISM OF ABSOLUTE JUDGMENTS, 1968 Dec. p. 84. [518]
Park, Robert A., Aubrey B. Mickelwait and Edwin H. Tompkins, Jr. INTERPLANETARY NAVIGATION, 1960 Mar. p. 64.
Parker, E. N. THE SOLAR WIND, 1964 Apr. p. 66. THE SUN, 1975 Sept. p. 42.
Parker, Earl R., and Victor F. Zackay. STRONG AND DUCTILE STEELS, 1968 Nov. p. 36.
Parker, K., Miriam Rothschild, Y. Schlein, C. Neville and S. Sternberg. THE FLYING LEAP OF THE FLEA, 1973 Nov. p. 92. [1284]
Parker, William H., Barry N. Taylor and Donald N. Langenberg. THE FUNDAMENTAL PHYSICAL CONSTANTS, 1970 Oct. p. 62. [337]
Parkes, A. S. THE FREEZING OF LIVING CELLS, 1956 June p. 105.
Parkin, Curtis W., and Palmer Dyal. THE MAGNETISM OF THE MOON, 1971 Aug. p. 62.
Parks, R. D. QUANTUM EFFECTS IN SUPERCONDUCTORS, 1965 Oct. p. 57.
Parr, Peter J. THE CAPITAL OF THE NABATAEANS, 1963 Oct. p. 94.
Parsons, James J. NATURAL GAS, 1951 Nov. p. 17.
Parsons, James J., and William M. Denevan. PRE-COLUMBIAN RIDGED FIELDS, 1967 July p. 92.
Pasachoff, Jay M. THE SOLAR CORONA 1973 Oct. p. 68.
Pasachoff, Jay M., and William A. Fowler. DEUTERIUM IN THE UNIVERSE, 1974 May p. 108.
Pastan, Ira. CYCLIC AMP, 1972 Aug. p. 97. [1256]
Pastore, Nicholas. LEARNING IN THE CANARY, 1955 June p. 72.
Patel, C. K. N. HIGH-POWER CARBON DIOXIDE LASERS, 1968 Aug. p. 22.
Patterson, Blake R. MUSICAL DYNAMICS, 1974 Nov. p. 78.
Patterson, Thomas C., and Edward P. Lanning. EARLY MAN IN SOUTH AMERICA, 1967 Nov. p. 44.
Patton, Stuart. MILK, 1969 July p. 58.
Pauling, Linus. CHEMISTRY, 1950 Sept. p. 32.
Pauling, Linus, Robert B. Corey and Roger Hayward. THE STRUCTURE OF PROTEIN MOLECULES, 1954 July p. 51. [31]
Payne-Gaposchkin, Cecilia H. WHY DO GALAXIES HAVE A SPIRAL FORM?, 1953 Sept. p. 89.
Peakall, David B. PESTICIDES AND THE REPRODUCTION OF BIRDS, 1970 Apr. p. 72. [1174]
Pearson, Keir. THE CONTROL OF WALKING, 1976 Dec. p. 72. [1346]
Pearson, Oliver P. THE METABOLISM OF HUMMINGBIRDS, 1953 Jan. p. 69; SHREWS, 1954 Aug. p. 66.
Pease, William. AN AUTOMATIC MACHINE TOOL, 1952 Sept. p. 101.
Peattie, Donald Culross. WHITE PINE, 1948 June p. 48; SHAGBARK HICKORY, 1948 Sept. p. 40; SPRUCE, BALSAM AND BIRCH, 1948 Nov. p. 20.
Pechet, Maurice M., and Howard Rasmussen. CALCITONIN, 1970 Oct. p. 42. [1200]
Pedley, John Griffiths, and John H. Humphrey. ROMAN CARTHAGE, 1978 Jan. p. 110. [704]
Peebles, P. James E., and David T. Wilkinson. THE PRIMEVAL FIREBALL, 1967 June p. 28.
Peebles, P. James E., Edward J. Groth, Michael Seldner and Raymond M. Soneira. THE CLUSTERING OF GALAXIES, 1977 Nov. p. 76. [390]
Peierls, R. E. THE ATOMIC NUCLEUS, 1959 Jan. p. 75.
Peixoto, José P., and M. Ali Kettani. THE CONTROL OF THE WATER CYCLE, 1973 Apr. p. 46. [907]
Peltzman, Philip, and Peter F. Ostwald. THE CRY OF THE HUMAN INFANT, 1974 Mar. p. 84. [558]
Pengelley, Eric T., and Sally J. Asmundson. ANNUAL BIOLOGICAL CLOCKS, 1971 Apr. p. 72. [1219]
Penman, H. L. THE WATER CYCLE, 1970 Sept. p. 98. [1191]
Penman, Sheldon. THE MUON, 1961 July p. 46. [275]
Penney, Richard L., and John T. Emlen. THE NAVIGATION OF PENGUINS, 1966 Oct. p. 104.
Pennington, Keith S. ADVANCES IN HOLOGRAPHY, 1968 Feb. p. 40.
Pennycuick, C. J. THE SOARING FLIGHT OF VULTURES, 1973 Dec. p. 102.
Penrose, L. S. SELF-REPRODUCING MACHINES, 1959 June p. 105 [74]; DERMATOGLYPHICS, 1969 Dec. p. 72. [1164]
Penrose, Roger. BLACK HOLES, 1972 May p. 38.
Pequegnat, Willis E. WHALES, PLANKTON AND MAN, 1958 Jan. p. 84. [853]
Percy, John R. PULSATING STARS, 1975 June p. 66.
Perkins, Dexter, Jr., and Patricia Daly. A HUNTERS' VILLAGE IN NEOLITHIC TURKEY, 1968 Nov. p. 96.
Perl, Martin L., and William T. Kirk. HEAVY LEPTONS, 1978 Mar. p. 50. [398]
Perlman, I., and G. T. Seaborg. THE SYNTHETIC ELEMENTS, 1950 Apr. p. 38. [242]
Perry, Harry. THE GASIFICATION OF COAL, 1974 Mar. p. 19.
Perutz, M. F. THE HEMOGLOBIN MOLECULE, 1964 Nov. p. 64. [196]
Peterson, Allen M., and Von R. Eshleman. RADAR ASTRONOMY, 1960 Aug. p. 50.
Peterson, Charles M., and Anthony Cerami. CYANATE AND SICKLE-CELL DISEASE, 1975 Apr. p. 44. [1319]
Peterson, Lloyd R. SHORT-TERM MEMORY, 1966 July p. 90. [499]
Peterson, Osler L. MEDICAL CARE IN THE U.S., 1963 Aug. p. 19.
Peterson, W. Wesley. ERROR-CORRECTING CODES, 1962 Feb. p. 96.
Petrunkevitch, Alexander. THE SPIDER AND THE WASP, 1952 Aug. p. 20.
Pettersson, Hans. EXPLORING THE OCEAN FLOOR, 1950 Aug. p. 42; COSMIC SPHERULES AND METEORITIC DUST, 1960 Feb. p. 123.
Pettigrew, John D. THE NEUROPHYSIOLOGY OF BINOCULAR VISION, 1972 Aug. p. 84. [1255]
Pfann, William G. ZONE REFINING, 1967 Dec. p. 62.
Pfeiffer, E. W., and Arthur H. Westing. THE CRATERING OF INDOCHINA, 1972 May p. 20. [1248]
Pfeiffer, H. G., and L. O. Barthold. HIGH-VOLTAGE POWER TRANSMISSION, 1964 May p. 38.
Pfeiffer, John E. ENZYMES, 1948 Dec. p. 28; THE OFFICE OF NAVAL RESEARCH, 1949 Feb. p. 11; WOODS HOLE IN 1949, 1949 Sept. p. 13; SYMBOLIC LOGIC, 1950 Dec. p. 22.
Phelps, John B., and Ernest C. Pollard. FORT MONMOUTH, 1954 June p. 29.
Phillips, Anthony. TURNING A SURFACE INSIDE OUT, 1966 May p. 112.
Phillips, David C. THE THREE-DIMENSIONAL STRUCTURE OF AN ENZYME MOLECULE, 1966 Nov. p. 78. [1055]
Phillips, Ralph W. CATTLE, 1958 June p. 51.
Phillipson, D. W. THE SPREAD OF THE BANTU LANGUAGE, 1977 Apr. p. 106. [694]
Piaget, Jean. HOW CHILDREN FORM MATHEMATICAL CONCEPTS, 1953 Nov. p. 74 [420]; THE CHILD AND MODERN PHYSICS, 1957 Mar. p. 46.
Piel, Gerard and T. C. Schneirla. THE ARMY ANT, 1948 June p. 16.
Pierce, John R. ELECTRONICS, 1950 Oct. p. 30; MICROWAVES, 1952 Aug. p. 43; INNOVATION IN TECHNOLOGY, 1958 Sept. p. 116; COMMUNICATION SATELLITES, 1961 Oct. p. 90; THE TRANSMISSION OF COMPUTER DATA, 1966 Sept. p. 144; COMMUNICATION, 1972 Sept. p. 30 [677]; THE FUEL CONSUMPTION OF AUTOMOBILES, 1975 Jan. p. 34.
Pierce, William H. REDUNDANCY IN COMPUTERS, 1964 Feb. p. 103. [298]
Piggott, Stuart. A FORGOTTEN EMPIRE OF ANTIQUITY, 1953 Nov. p. 42; THE BEGINNINGS OF WHEELED TRANSPORT, 1968 July p. 82.
Pike, John E. PROSTAGLANDINS, 1971 Nov. p. 84. [1235]
Pillinger, Colin T., Geoffrey Eglinton and James R. Maxwell. THE CARBON CHEMISTRY OF THE MOON, 1972 Oct. p. 80.
Pimentel, George C. CHEMICAL LASERS, 1966 Apr. p. 32. [303]
Pinchot, Gifford B. MARINE FARMING, 1970 Dec. p. 14. [1205]
Pincus, Gerald, and Philip Baumeister. OPTICAL INTERFERENCE COATINGS, 1970 Dec. p. 58.
Pincus, Gregory. FERTILIZATION IN MAMMALS, 1951 Mar. p. 44.
Pinkerton, Richard C. INFORMATION THEORY AND MELODY, 1956 Feb. p. 77.
Piore, Nora K. METROPOLITAN MEDICAL ECONOMICS, 1965 Jan. p. 19.
Pippenger, Nicholas. COMPLEXITY THEORY, 1978 June p. 114. [3013]
Pirie, N. W. ORTHODOX AND UNORTHODOX METHODS OF MEETING WORLD FOOD NEEDS, 1967 Feb. p. 27. [1068]
Pitts, Ferris N., Jr. THE BIOCHEMISTRY OF ANXIETY, 1969 Feb. p. 69. [521]
Plass, Gilbert N. CARBON DIOXIDE AND CLIMATE, 1959 July p. 41. [823]
Platt, John R. HOW WE SEE STRAIGHT LINES, 1960 June p. 121.
Platt, Rutherford. FLOWERS IN THE ARCTIC, 1956 Feb. p. 88.

Plattner, Stuart. RURAL MARKET NETWORKS, 1975 May p. 66.
Platzman, Robert L. WHAT IS IONIZING RADIATION?, 1959 Sept. p. 74.
Pohl, Herbert A. NONUNIFORM ELECTRIC FIELDS, 1960 Dec. p. 106.
Poincaré, Henri. MATHEMATICAL CREATION, 1948 Aug. p. 54.
Pollack, Gerald L. SOLID NOBLE GASES, 1966 Oct. p. 64.
Pollack, Henry N., and David S. Chapman. THE FLOW OF HEAT FROM THE EARTH'S INTERIOR, 1977 Aug. p. 60. [927]
Pollack, James B. MARS, 1974 Sept. p. 106.
Pollard, Ernest C. THE PHYSICS OF VIRUSES, 1954 Dec. p. 62. [32]
Pollard, Ernest C., and John B. Phelps. FORT MONMOUTH, 1954 June p. 29.
Ponder, Eric. THE RED BLOOD CELL, 1957 Jan. p. 95.
Pooley, Anthony C., and Carl Gans. THE NILE CROCODILE, 1976 Apr. p. 114.
Pope, Martin. ELECTRIC CURRENTS IN ORGANIC CRYSTALS, 1967 Jan. p. 86.
Porcello, Leonard J., Homer Jensen, L. C. Graham and Emmett N. Leith. SIDE-LOOKING AIRBORNE RADAR, 1977 Oct. p. 84. [386]
Porter, Keith R., and Clara Franzini-Armstrong. THE SARCOPLASMIC RETICULUM, 1965 Mar. p. 72. [1007]
Porter, R. R. THE STRUCTURE OF ANTIBODIES, 1967 Oct. p. 81. [1083]
Porter, Stephen C., and George H. Denton. NEOGLACIATION, 1970 June p. 100.
Poskanzer, Arthur M., and Joseph Cerny. EXOTIC LIGHT NUCLEI, 1978 June p. 60. [3010]
Posner, Gerald S. THE PERU CURRENT, 1954 Mar. p. 66.
Post, Richard F. FUSION POWER, 1957 Dec. p. 73. [236]
Post, Richard F., and Stephen F. Post. FLYWHEELS, 1973 Dec. p. 17.
Post, Richard F., and T. K. Fowler. PROGRESS TOWARD FUSION POWER, 1966 Dec. p. 21.
Potter, Ralph K. FROG CALLS, 1950 May p. 46.
Powell, Raymond P. ECONOMIC GROWTH IN THE U.S.S.R., 1968 Dec. p. 17.
Powers, Charles F., and Andrew Robertson. THE AGING GREAT LAKES, 1966 Nov. p. 94. [1056]
Pramer, David. ANTIBIOTICS AGAINST PLANT DISEASES, 1955 June p. 82.
Pratt, Christopher J. CHEMICAL FERTILIZERS, 1965 June p. 62; SULFUR, 1970 May p. 62.
Premack, Ann James, and David Premack. TEACHING LANGUAGE TO AN APE, 1972 Oct. p. 92. [549]
Prener, J. S. and D. B. Sullenger. PHOSPHORS, 1954 Oct. p. 62. [237]
Prentice, W. C. H. AFTEREFFECTS IN PERCEPTION, 1962 Jan. p. 44.
Press, Frank. RESONANT VIBRATIONS OF THE EARTH, 1965 Nov. p. 28; EARTHQUAKE PREDICTION, 1975 May p. 14. [917]
Preston, Kendall, Jr., and Marylou Ingram. AUTOMATIC ANALYSIS OF BLOOD CELLS, 1970 Nov. p. 72.
Preston, R. D. CELLULOSE, 1957 Sept. p. 156; PLANTS WITHOUT CELLULOSE, 1968 June p. 102. [1110]
Pribram, Karl H. THE NEUROPHYSIOLOGY OF REMEMBERING, 1969 Jan 73. [520]
Price, Derek J. de Solla. AN ANCIENT GREEK COMPUTER, 1959 June p. 60.
Price, P. B., R. L. Fleischer and R. M. Walker. NUCLEAR TRACKS IN SOLIDS, 1969 June p. 30.
Price, William H. THE PHOTOGRAPHIC LENS, 1976 Aug. p. 72.
Pritchard, Roy M. STABILIZED IMAGES ON THE RETINA, 1961 June p. 72. [466]
Proskouriakoff, Tatiana. THE DEATH OF A CIVILIZATION, 1955 May p. 82.
Prufer, Olaf H. THE HOPEWELL CULT, 1964 Dec. p. 90.
Pruitt, William O., Jr. ANIMALS IN THE SNOW, 1960 Jan. p. 60.
Pryor, William A. FREE RADICALS IN BIOLOGICAL SYSTEMS, 1970 Aug. p. 70. [335]
Ptashne, Mark, and Tom Maniatis. A DNA OPERATOR-REPRESSOR SYSTEM, 1976 Jan. p. 64. [1333]
Ptashne, Mark, and Walter Gilbert. GENETIC REPRESSORS, 1970 June p. 36. [1179]
Puck, Theodore T. SINGLE HUMAN CELLS IN VITRO, 1957 Aug. p. 91 [33]; RADIATION AND THE HUMAN CELL, 1960 Apr. p. 142. [71]

Q

Quine, W. V. PARADOX, 1962 Apr. p. 84; THE FOUNDATIONS OF MATHEMATICS, 1964 Sept. p. 112.

R

Rabi, I. I. TRIBUTE TO ALBERT EINSTEIN: 1879-1955, 1955 June p. 31.
Rabinowicz, Ernest. STICK AND SLIP, 1956 May p. 109; WEAR, 1962 Feb. p. 127; POLISHING, 1968 June p. 91; EXOELECTRONS, 1977 Jan. p. 74. [350]
Rabinowitch, Eugene I. PHOTOSYNTHESIS, 1948 Aug. p. 24; PROGRESS IN PHOTOSYNTHESIS, 1953 Nov. p. 80.
Rabinowitch, Eugene I., and Govindjee. THE ROLE OF CHLOROPHYLL IN PHOTOSYNTHESIS, 1965 July p. 74. [1016]
Racker, Efraim. THE MEMBRANE OF THE MITOCHONDRION, 1968 Feb. p. 32. [1101]
Radler, D. H., and H. H. Remmers. TEENAGE ATTITUDES, 1958 June p. 25.
Raff, Arthur D. THE MAGNETISM OF THE OCEAN FLOOR, 1961 Oct. p. 146.
Raff, Martin C. CELL-SURFACE IMMUNOLOGY, 1976 May p. 30. [1338]
Rafferty, Keen A., Jr. HERPES VIRUSES AND CANCER, 1973 Oct. p. 26.
Ragosine, Victor E. MAGNETIC RECORDING, 1969 Nov. p. 70.
Rahn, Hermann, and Suk Ki Hong. THE DIVING WOMEN OF KOREA AND JAPAN, 1967 May p. 34. [1072]
Raimi, Ralph A. THE PECULIAR DISTRIBUTION OF FIRST DIGITS, 1969 Dec. p. 109.
Raisbeck, Gordon. THE SOLAR BATTERY, 1955 Dec. p. 102.
Rajchman, Jan A. INTEGRATED COMPUTER MEMORIES, 1967 July p. 18.
Rand, W. E., and A. M. Zarem. SMOG, 1952 May p. 15.
Rane, Leo and Dora S. AUREOMYCIN, 1949 Apr. p. 18.
Raper, Kenneth B. THE PROGRESS OF ANTIBIOTICS, 1952 Apr. p. 49.
Rapoport, Anatol. THE USE AND MISUSE OF GAME THEORY, 1962 Dec. p. 108; ESCAPE FROM PARADOX, 1967 July p. 50.
Rapp, Fred, and Joseph L. Melnick. THE FOOTPRINTS OF TUMOR VIRUSES, 1966 Mar. p. 34.
Rappaport, Roy A. THE FLOW OF ENERGY IN AN AGRICULTURAL SOCIETY, 1971 Sept. p. 116. [666]
Rasmussen, Howard. THE PARATHYROID HORMONE, 1961 Apr. p. 56. [84]
Rasmussen, Howard, and Maurice M. Pechet. CALCITONIN, 1970 Oct. p. 42. [1200]
Rathje, William L., and Jeremy A. Sabloff. THE RISE OF A MAYA MERCHANT CLASS, 1975 Oct. p. 72.
Rathjens, George W. THE DYNAMICS OF THE ARMS RACE, 1969 Apr. p. 15. [642]
Rathjens, George W., and G. B. Kistiakowsky. THE LIMITATION OF STRATEGIC ARMS, 1970 Jan. p. 19. [654]
Ratliff, Floyd. CONTOUR AND CONTRAST, 1972 June p. 90. [543]
Ratliff, Floyd. William H. Miller and H. K. Hartline. HOW CELLS RECEIVE STIMULI, 1961 Sept. p. 222. [99]
Raushenbush, Stephen. POINT FOUR, 1950 Mar. p. 16.
Raven, Peter H., and Paul R. Ehrlich. BUTTERFLIES AND PLANTS, 1967 June p. 104. [1076]
Ravetz, Jerome R. THE ORIGINS OF THE COPERNICAN REVOLUTION, 1966 Oct. p. 88.
Read, John. ALCHEMY AND ALCHEMISTS, 1952 Oct. p. 72; SIR WILLIAM PERKIN, 1957 Feb. p. 110.
Reba, Imants. APPLICATIONS OF THE COANDA EFFECT, 1966 June p. 84.
Reber, Grote. RADIO ASTRONOMY, 1949 Sept. p. 34.
Rechnitzer, Andreas B., Robert S. Dietz and Russell V. Lewis. THE BATHYSCAPH, 1958 Apr. p. 27.
Redhead, P. A., and H. A. Steinherz. ULTRAHIGH VACUUM, 1962 Mar. p. 78. [277]
Rees, Martin J., and Franco Pacini. ROTATION IN HIGH-ENERGY ASTROPHYSICS, 1973 Feb. p. 98.
Rees, Martin J., and Joseph Silk. THE ORIGIN OF GALAXIES, 1970 June p. 26.
Reid, Constance. PERFECT NUMBERS, 1953 Mar. p. 84.
Reid, Robert C., and Elisabeth Drake. THE IMPORTATION OF LIQUEFIED NATURAL GAS, 1977 Apr. p. 22. [358]
Reif, F. SUPERFLUIDITY AND "QUASI-PARTICLES", 1960 Nov. p. 138 [272]; QUANTIZED VORTEX RINGS IN SUPERFLUID HELIUM, 1964 Dec. p. 116.
Reiner, Marcus. THE FLOW OF MATTER, 1959 Dec. p. 122. [268]
Reines, Frederick, and J. P. F. Sellschop. NEUTRINOS FROM THE ATMOSPHERE AND BEYOND, 1966 Feb. p. 40.
Reisfeld, Ralph A., and Barry D. Kahan. MARKERS OF BIOLOGICAL INDIVIDUALITY, 1972 June p. 28. [1251]
Reiss, Howard. THE CHEMICAL PROPERTIES OF MATERIALS, 1967 Sept. p. 210.
Rem, Jan, and Bruno Coppi. THE TOKAMAK APPROACH IN FUSION RESEARCH, 1972 July p. 65.
Remmers, H. H., and D. H. Radler. TEENAGE ATTITUDES, 1958 June p. 25.
Renfrew, Colin. CARBON 14 AND THE PREHISTORY OF EUROPE, 1971 Oct. p. 63. [672]
Renfrew, Colin, J. E. Dixon and J. R. Cann. OBSIDIAN AND THE ORIGINS OF TRADE, 1968 Mar. p. 38.
Rensch, Bernhard. THE INTELLIGENCE OF ELEPHANTS, 1957 Feb. p. 44.
Reti, Ladislao. LEONARDO ON BEARINGS AND GEARS, 1971 Feb. p. 100.

Revelle, Roger. WATER, 1963 Sept. p. 92; THE OCEAN, 1969 Sept. p. 54 [879]; FOOD AND POPULATION, 1974 Sept. p. 160; THE RESOURCES AVAILABLE FOR AGRICULTURE, 1976 Sept. p. 164.
Revelle, Roger, and Robert L. Fisher. THE TRENCHES OF THE PACIFIC, 1955 Nov. p. 36. [814]
Reynolds, Harold C. THE OPOSSUM, 1953 June p. 88.
Reynolds, John H. THE AGE OF THE ELEMENTS IN THE SOLAR SYSTEM, 1960 Nov. p. 171. [253]
Reynolds, Samuel R. M. OBSTETRICAL LABOR, 1950 Mar. p. 52; THE UMBILICAL CORD, 1952 July p. 70.
Rhoads, Jonathan E., and Stanley J. Dudrick. TOTAL INTRAVENOUS FEEDING, 1972 May p. 72.
Rhykerd, Charles L., Jules Janick and Carl H. Noller. THE CYCLES OF PLANT AND ANIMAL NUTRITION, 1976 Sept. p. 74.
Ribbands, Ronald. THE HONEYBEE, 1955 Aug. p. 52.
Rice, Francis Owen. THE CHEMISTRY OF JUPITER, 1956 June p. 119.
Rich, Alexander. POLYRIBOSOMES, 1963 Dec. p. 44. [171]
Rich, Alexander, and Sung Hou Kim. THE THREE-DIMENSIONAL STRUCTURE OF TRANSFER RNA, 1978 Jan. p. 52. [1377]
Richards, Paul W. THE TROPICAL RAIN FOREST, 1973 Dec. p. 58. [1286]
Richards, Whitman. THE FORTIFICATION ILLUSIONS OF MIGRAINES, 1971 May p. 88. [536]
Richardson, Robert S. THE DISCOVERY OF ICARUS, 1965 Apr. p. 106.
Richter, Frank, and D. P. McKenzie. CONVECTION CURRENTS IN THE EARTH'S MANTLE, 1976 Nov. p. 72. [921]
Ridenour, Louis N. A U.S. PHYSICIST'S REPLY TO PROFESSOR BLACKETT, 1949 Mar. p. 16; THE HYDROGEN BOMB, 1950 Mar. p. 11; A REVOLUTION IN ELECTRONICS, 1951 Aug. p. 13; THE ROLE OF THE COMPUTER, 1952 Sept. p. 116; COMPUTER MEMORIES, 1955 June p. 92.
Rieder, Werner. CIRCUIT BREAKERS, 1971 Jan. p. 76.
Ries, Herman E., Jr. MONOMOLECULAR FILMS, 1961 Mar. p. 152.
Riesen, Austin H. ARRESTED VISION, 1950 July p. 16. [408]
Riker, William H., and Richard G. Niemi. THE CHOICE OF VOTING SYSTEMS, 1976 June p. 21. [689]
Riley, Gordon A. FOOD FROM THE SEA, 1949 Oct. p. 16 .
Rimoin, David L., and Victor A. McKusick. GENERAL TOM THUMB AND OTHER MIDGETS, 1967 July p. 102.
Ritchie-Calder, Lord. CONVERSION TO THE METRIC SYSTEM, 1970 July p. 17. [334]
Roach, Franklin E., and C. T. Elvey. AURORA AND AIRGLOW, 1955 Sept. p. 140.
Robbins, Phillips W., and Richard Losick. THE RECEPTOR SITE FOR A BACTERIAL VIRUS, 1969 Nov. p. 120. [1161]
Roberts, Arthur. "HOW NICE TO BE A PHYSICIST" (songs), 1948 Sept. p. 50.
Roberts, Frank H. H. A CRISIS IN U.S. ARCHAEOLOGY, 1948 Dec. p. 12; THE EARLY AMERICANS, 1951 Feb. p. 15.
Roberts, John D. ORGANIC CHEMICAL REACTIONS, 1957 Nov. p. 117. [85]
Roberts, John M., and Evon Z. Vogt. A STUDY IN VALUES, 1956 July p. 25.
Roberts, M. deV., and Alex Bernstein. COMPUTER V. CHESS-PLAYER, 1958 June p. 96.
Roberts, Morton S. HYDROGEN IN GALAXIES, 1963 June p. 94.
Roberts, Walter Orr. CORPUSCLES FROM THE SUN, 1955 Feb. p. 40; SUN CLOUDS AND RAIN CLOUDS, 1957 Apr. p. 138. [849]
Robertson, Andrew, and Charles F. Powers. THE AGING GREAT LAKES, 1966 Nov. p. 94. [1056]
Robertson, H. P. THE UNIVERSE, 1956 Sept. p. 73.
Robertson, J. David. THE MEMBRANE OF THE LIVING CELL, 1962 Apr. p. 64. [151]
Robin, Gordon de Q. THE ICE OF THE ANTARCTIC, 1962 Sept. p. 132. [861]
Robinson, Brian J. HYDROXYL RADICALS IN SPACE, 1965 July p. 26.
Robinson, Trevor. ALKALOIDS, 1959 July p. 113. [1082]
Roblin, Richard O., Jr. THE IMITATIVE DRUGS, 1951 Apr. p. 60.
Rochow, Eugene G. THE CHEMISTRY OF SILICONES, 1948 Oct. p. 50.
Rock, Irvin. REPETITION AND LEARNING, 1958 Aug. p. 68 [422]; THE PERCEPTION OF DISORIENTED FIGURES, 1974 Jan. p. 78. [557]
Rock, Irvin, and Charles S. Harris. VISION AND TOUCH, 1967 May p. 96. [507]
Rock, Irvin, and Lloyd Kaufman. THE MOON ILLUSION, 1962 July p. 120. [462]
Rockett, Frank H. THE TRANSISTOR, 1948 Sept. p. 52.
Rodahl, Kaare. ICE ISLANDS IN THE ARCTIC, 1954 Dec. p. 40.
Rodden, Robert J. AN EARLY NEOLITHIC VILLAGE IN GREECE, 1965 Apr. p. 82.
Rodebush, Worth H., and Arthur M. Buswell. WATER, 1956 Apr. p. 76.
Rodwin, Lloyd. CIUDAD GUAYANA: A NEW CITY, 1965 Sept. p. 122.
Roe, Anne. A PSYCHOLOGIST EXAMINES 64 EMINENT SCIENTISTS, 1952 Nov. p. 21.
Roedder, Edwin. ANCIENT FLUIDS IN CRYSTALS, 1962 Oct. p. 38. [854]
Roeder, Kenneth D. MOTHS AND ULTRASOUND, 1965 Apr. p. 94. [1009]
Rogers, Carl R. "CLIENT-CENTERED" PSYCHOTHERAPY, 1952 Nov. p. 66. [448]
Rogers, Terence A. THE METABOLISM OF RUMINANTS, 1958 Feb. p. 34; THE PHYSIOLOGICAL EFFECTS OF ACCELERATION, 1962 Feb. p. 60.
Roller, Duane and Duane H. D. FRANCIS HAUKSBEE, 1953 Aug. p. 64.
Romer, Alfred Sherwood. LOUIS AGASSIZ, 1949 July p. 48.
Rona, Peter A. A PLATE TECTONICS AND MINERAL RESOURCES, 1973 July p. 86. [909]
Rose, Anthony H. BEER, 1959 June p. 90; YEASTS, 1960 Feb. p. 136; NEW PENICILLINS, 1961 Mar. p. 66.
Rose, David J. ENERGY POLICY IN THE U.S. 1974 Jan. p. 20. [684]
Rose, David J., and Richard K. Lester. NUCLEAR POWER, NUCLEAR WEAPONS AND INTERNATIONAL STABILITY, 1978 Apr. p. 45. [3004]
Rose, Peter H., and Andrew B. Wittkower. TANDEM VAN DE GRAAFF ACCELERATORS, 1970 Aug. p. 24.
Rose, S. Meryl. TRANSFORMED CELLS, 1949 Dec. p. 22; FEEDBACK IN THE DIFFERENTIATION OF CELLS, 1958 Dec. p. 36.
Rosenbaum, E. P. PHYSICS IN THE U.S.S.R., 1956 Aug. p. 29; THE TEACHING OF ELEMENTARY MATHEMATICS, 1958 May p. 64. [238]
Rosenbaum, E. P., and Murray Gell-Mann. ELEMENTARY PARTICLES, 1957 July p. 72. [213]
Rosenbaum, E. P., and Victor F. Weisskopf. A MODEL OF THE NUCLEUS, 1955 Dec. p. 84. [261]
Rosenblatt, Jay S. LEARNING IN NEWBORN KITTENS, 1972 Dec. p. 18. [552]
Rosenfeld, Arthur H., Geoffrey F. Chew and Murray Gell-Mann. STRONGLY INTERACTING PARTICLES, 1964 Feb. p. 74. [296]
Rosenthal, Robert, and Lenore F. Jacobson. TEACHER EXPECTATIONS FOR THE DISADVANTAGED, 1968 Apr. p. 19. [514]
Rosenthal, Sanford. WOUND SHOCK, 1958 Dec. p. 115.
Rosenzweig, Mark R. AUDITORY LOCALIZATION, 1961 Oct. p. 132. [501]
Rosenzweig, Mark R., Edward L. Bennett and Marian Cleeves Diamond. BRAIN CHANGES IN RESPONSE TO EXPERIENCE, 1972 Feb. p. 22. [541]
Ross, David A., and Egon T. Degens. THE RED SEA HOT BRINES, 1970 Apr. p. 32.
Ross, John. THE RESOURCES OF BINOCULAR PERCEPTION, 1976 Mar. p. 80. [569]
Ross, Russell. WOUND HEALING, 1969 June p. 40.
Ross, Russell, and Paul Bornstein. ELASTIC FIBERS IN THE BODY, 1971 June p. 44. [1225]
Rossi, Bruno. WHERE DO COSMIC RAYS COME FROM?, 1953 Sept. p. 64 [239]; HIGH-ENERGY COSMIC RAYS, 1959 Nov. p. 134.
Roth, Lloyd J., and Roland W. Manthei. RADIOACTIVE TUBERCULOSIS DRUGS, 1956 Nov. p. 135.
Rothman, Milton A. THINGS THAT GO FASTER THAN LIGHT, 1960 July p. 142.
Rothschild, Lord. UNORTHODOX METHODS OF SPERM TRANSFER, 1956 Nov. p. 121.
Rothschild, Miriam. FLEAS, 1965 Dec. p. 44. [1027]
Rothschild, Miriam, Y. Schlein, K. Parker, C. Neville and S. Sternberg. THE FLYING LEAP OF THE FLEA, 1973 Nov. p. 92. [1284]
Rounds, Donald E., and Michael W. Berns. CELL SURGERY BY LASER, 1970 Feb. p. 98. [1170]
Rouse, Irving, and José M. Cruxent. EARLY MAN IN THE WEST INDIES, 1969 Nov. p. 42. [652]
Rowe, Ednor M., and John H. Weaver. THE USES OF SYNCHROTRON RADIATION, 1977 June p. 32. [365]
Rowland, Vernon. CONDITIONING AND BRAIN WAVES, 1959 Aug. p. 89.
Rubbia, Carlo, David B. Cline and Alfred K. Mann. THE DETECTION OF NEUTRAL WEAK CURRENTS, 1974 Dec. p. 108; THE SEARCH FOR NEW FAMILIES OF ELEMENTARY PARTICLES, 1976 Jan. p. 44.
Rubin, Harry. A DEFECTIVE CANCER VIRUS, 1964 June p. 46. [185]
Rubin, Leonard C., Stephen Cole and Jonathan R. Cole. PEER REVIEW AND THE SUPPORT OF SCIENCE, 1977 Oct. p. 34. [698]
Rubin, Martin, John E. Amoore and James W. Johnston, Jr. THE STEREOCHEMICAL THEORY OF ODOR, 1964 Feb. p. 42.
Rubin, Morton J. THE ANTARCTIC AND THE WEATHER, 1962 Sept. p. 84. [859]
Rubin, Vera C. THE DYNAMICS OF THE ANDROMEDA NEBULA, 1973 June p. 30.
Rubsamen, David S. MEDICAL MALPRACTICE, 1976 Aug. p. 18.
Ruddle, Frank H., and Raju S. Kucherlapati. HYBRID CELLS AND HUMAN GENES, 1974 July p. 36. [1300]
Ruddle, Frank H., and Robert S. Ledley. CHROMOSOME ANALYSIS BY COMPUTER, 1966 Apr. p. 40. [1040]
Ruderman, Malvin A. SOLID STARS, 1971 Feb. p. 24.
Rudwick, Martin J. S., and W. Brian Harland. THE GREAT INFRA-CAMBRIAN ICE AGE, 1964 Aug. p. 28.

Runcorn, S. K. THE EARTH'S MAGNETISM, 1955 Sept. p. 152; CORALS AS PALEONTOLOGICAL CLOCKS, 1966 Oct. p. 26. [871]
Runnels, L. K. ICE, 1966 Dec. p. 118. [307]
Rush, J. H. TREE RINGS AND SUNSPOTS, 1952 Jan. p. 54; THE SPEED OF LIGHT, 1955 Aug. p. 62.
Rushton, W. A. H. VISUAL PIGMENTS IN MAN, 1962 Nov. p. 120 [139]; VISUAL PIGMENTS AND COLOR BLINDNESS, 1975 Mar. p. 64. [1317]
Russell, Paul F. THE ERADICATION OF MALARIA, 1952 June p. 22.
Rustad, Ronald C. PINOCYTOSIS, 1961 Apr. p. 120.
Rutter, William J., and Norman K. Wessells. PHASES IN CELL DIFFERENTIATION, 1969 Mar. p. 36. [1136]
Ruud, Johan T. THE BLUE WHALE, 1956 Dec. p. 46; THE ICE FISH, 1965 Nov. p. 108.
Ryan, Francis J. EVOLUTION OBSERVED, 1953 Oct. p. 78.
Ryder, Henry W., Harry Jay Carr and Paul Herget. FUTURE PERFORMANCE IN FOOTRACING, 1976 June p. 109.
Ryder, Norman B. THE FAMILY IN DEVELOPED COUNTRIES, 1974 Sept. p. 122.
Ryle, Martin. RADIO GALAXIES, 1956 Sept. p. 204.
Ryther, John H. THE SARGASSO SEA, 1956 Jan. p. 98.

S

Sabloff, Jeremy A., and William L. Rathje. THE RISE OF A MAYA MERCHANT CLASS, 1975 Oct. p. 72.
Sachar, Edward J. BEHAVIORAL SCIENCE AND CRIMINAL LAW, 1963 Nov. p. 39. [480]
Safrany, David R. NITROGEN FIXATION, 1974 Oct. p. 64.
Sagan, Carl. THE SOLAR SYSTEM, 1975 Sept. p. 22. [347]
Sagan, Carl, and Frank Drake. THE SEARCH FOR EXTRATERRESTRIAL INTELLIGENCE, 1975 May p. 80. [347]
Sager, Ruth. GENES OUTSIDE THE CHROMOSOMES, 1965 Jan. p. 70. [1002]
Sahlins, Marshall D. THE ORIGIN OF SOCIETY, 1960 Sept. p. 76. [602]
Salaman, Redcliffe N. THE SOCIAL INFLUENCE OF THE POTATO, 1952 Dec. p. 50.
Salisbury, Frank B. PLANT GROWTH SUBSTANCES, 1957 Apr. p. 125 [110]; THE FLOWERING PROCESS, 1958 Apr. p. 108. [112]
Salisbury, Peter F. ARTIFICIAL INTERNAL ORGANS, 1954 Aug. p. 24.
Salk, Jonas E. VACCINES FOR POLIOMYELITIS, 1955 Apr. p. 42.
Salk, Lee. THE ROLE OF THE HEARTBEAT IN THE RELATIONS BETWEEN MOTHER AND INFANT, 1973 May p. 24.
Salmon, Wesley C. CONFIRMATION, 1973 May p. 75.
Samelson, Harold, and Alexander Lempicki. LIQUID LASERS, 1967 June p. 80.
Samios, Nicholas P., and William B. Fowler. THE OMEGA-MINUS EXPERIMENT, 1964 Oct. p. 36.
Sampson, William B., Paul P. Craig and Myron Strongin. ADVANCES IN SUPERCONDUCTING MAGNETS, 1967 Mar. p. 114.
Sandage, Allan R. THE RED-SHIFT, 1956 Sept. p. 170 [240]; EXPLODING GALAXIES, 1964 Nov. p. 38.
Sanders, J. V., P. J. Darragh and A. J. Gaskin. OPALS, 1976 Apr. p. 84.
Sanders, R. H., and G. T. Wrixon. THE CENTER OF THE GALAXY, 1974 Apr. p. 66.
Sandfort, John F. THE HEAT PUMP, 1951 May p. 54.
Sandiford, David J. and Bernard Bertman. "SECOND SOUND" IN SOLID HELIUM, 1970 May p. 92.
Satir, Birgit. THE FINAL STEPS IN SECRETION, 1975 Oct. p. 28. [1328]
Satir, Peter. CILIA, 1961 Feb. p. 108 [79]; HOW CILIA MOVE, 1974 Oct. p. 44. [1304]
Sauer, E. G. F. CELESTIAL NAVIGATION BY BIRDS, 1958 Aug. p. 42. [133]
Saunders, D. S. THE BIOLOGICAL CLOCK OF INSECTS, 1976 Feb. p. 114. [1335]
Saunders, Frederick A. PHYSICS AND MUSIC, 1948 July p. 32.
Savory, Theodore H. SPIDER WEBS, 1960 Apr. p. 114; DADDY LONGLEGS, 1962 Oct. p. 119 [137]; FALSE SCORPIONS, 1966 Mar. p. 95 [1039]; HIDDEN LIVES, 1968 July p. 108 [1112]; THE MULE, 1970 Dec. p. 102. [1208]
Saward, Ernest W. THE ORGANIZATION OF MEDICAL CARE, 1973 Sept. p. 169.
Sawyer, W. W. ALGEBRA, 1964 Sept. p. 70.
Sayre, A. N. GROUND WATER, 1950 Nov. p. 14. [818]
Scalapino, Douglas J., Donald N. Langenberg and Barry N. Taylor, THE JOSEPHSON EFFECTS, 1966 May p. 30.
Schaaf, Samuel A., Lawrence Talbot and Lee Edson. ULTRAHIGH-ALTITUDE AERODYNAMICS, 1958 Jan. p. 36.
Schaedel, Richard P. THE LOST CITIES OF PERU, 1951 Aug. p. 18.
Scharrer, Berta. THE WOODROACH, 1951 Dec. p. 58.
Schawlow, Arthur L. OPTICAL MASERS, 1961 June p. 52 [274]; ADVANCES IN OPTICAL MASERS, 1963 July p. 34 [294]; LASER LIGHT, 1968 Sept. p. 120.
Scheerer, Martin. PROBLEM-SOLVING, 1963 Apr. p. 118. [476]
Scheinfeld, Amram. THE MORTALITY OF MEN AND WOMEN, 1958 Feb. p. 22.
Schelleng, John C. THE PHYSICS OF THE BOWED STRING, 1974 Jan. p. 87.
Scher, Allen M. THE ELECTROCARDIOGRAM, 1961 Nov. p. 132.
Schetky, L. McD., and Frank B. Cuff, Jr. DISLOCATIONS IN METALS, 1955 July p. 80. [204]
Schick, Bela. ALLERGY: A DEFINITION, 1948 July p. 26.
Schild, Romuald. THE FINAL PALEOLITHIC SETTLEMENTS OF THE EUROPEAN PLAIN, 1976 Feb. p. 88.
Schlein, Y., Miriam Rothschild, K. Parker, C. Neville and S. Sternberg. THE FLYING LEAP OF THE FLEA, 1973 Nov. p. 92. [1284]
Schmandt-Besserat, Denise. THE EARLIEST PERCURSOR OF WRITING, 1978 June p. 50. [708]
Schmidt, Maarten, and Francis Bello. THE EVOLUTION OF QUASARS, 1971 May p. 54.
Schmidt-Nielsen, Knut. SALT GLANDS, 1959 Jan. p. 109; THE PHYSIOLOGY OF THE CAMEL, 1959 Dec. p. 140 [1096]; HOW BIRDS BREATHE, 1971 Dec. p. 72. [1238]
Schmidt-Nielsen, Knut and Bodil. THE DESERT RAT, 1953 July p. 73. [1050]
Schmitt, Francis O. GIANT MOLECULES IN CELLS AND TISSUES, 1957 Sept. p. 204. [35]
Schneider, Dietrich. THE SEX-ATTRACTANT RECEPTOR OF MOTHS, 1974 July p. 28. [1299]
Schneirla, T. C., and Gerard Piel. THE ARMY ANT, 1948 June p. 16.
Schnopper, Herbert W., and John P. Delvaille. THE X-RAY SKY, 1972 July p. 26.
Schocken, Victor. PLANT HORMONES, 1949 May p. 40.
Schoder, Raymond V., S. J. ANCIENT CUMAE, 1963 Dec. p. 108.
Scholander, P. F. "THE WONDERFUL NET," 1957 Apr. p. 96; THE MASTER SWITCH OF LIFE, 1963 Dec. p. 92.
Schrader, William T., and Bert W. O'Malley. THE RECEPTORS OF STEROID HORMONES, 1976 Feb. p. 32. [1334]
Schramm, David N. THE AGE OF THE ELEMENTS, 1974 Jan. p. 69.
Schramm, David N., J. Richard Gott III, James E. Gunn and Beatrice M. Tinsley. WILL THE UNIVERSE EXPAND FOREVER?, 1976 Mar. p. 62.
Schrödinger, Erwin. WHAT IS MATTER?, 1953 Sept. p. 52. [241]
Schubert, Jack. RADIOACTIVE POISONS, 1955 Aug. p. 34; BERYLLIUM AND BERYLLIOSIS, 1958 Aug. p. 27; CHELATION IN MEDICINE, 1966 May p. 40.
Schubert, Walter J., and F. F. Nord. LIGNIN, 1958 Oct. p. 104.
Schuman, Howard, and Philip E. Converse. "SILENT MAJORITIES" AND THE VIETNAM WAR, 1970 June p. 17. [656]
Schumar, James F. REACTOR FUEL ELEMENTS, 1959 Feb. p. 37.
Schurmeier, H. M., R. L. Heacock and A. E. Wolfe. THE RANGER MISSIONS TO THE MOON, 1966 Jan. p. 52.
Schurr, Sam H. THE ECONOMICS OF ATOMIC POWER, , 1951 Jan. p. 32; ENERGY, 1963 Sept. p. 110.
Schwartz, Douglas W. PREHISTORIC MAN IN THE GRAND CANYON, 1958 Feb. p. 97; PREHISTORIC MAN IN MAMMOTH CAVE, 1960 July p. 130.
Schwartz, Hans J., Irvine H. Page and F. Merlin Bumpus, ANGIOTENSIN, 1959 Mar. p. 54.
Schwartzlose, Richard A., and John D. Isaacs. ACTIVE ANIMALS OF THE DEEP-SEA FLOOR, 1975 Oct. p. 84.
Schwarz, John H. DUAL-RESONANCE MODELS OF ELEMENTARY PARTICLES, 1975 Feb. p. 61.
Schwarzschild, Martin and Barbara. BALLOON ASTRONOMY, 1959 May p. 52.
Schwitters, Roy F. FUNDAMENTAL PARTICLES WITH CHARM, 1977 Oct. p. 56. [388]
Sciama, Dennis. INERTIA, 1957 Feb. p. 99.
Sclater, J. G., and D. P. McKenzie. THE EVOLUTION OF THE INDIAN OCEAN, 1973 May p. 62. [908]
Scorer, R. S. LEE WAVES IN THE ATMOSPHERE, 1961 Mar. p. 124.
Scott, Bruce I. H. ELECTRICITY IN PLANTS, 1962 Oct. p. 107. [136]
Scott, Douglas, William W. Seifert and Vernon C. Westcott. THE PARTICLES OF WEAR, 1974 May p. 88.
Scott, Elizabeth L., and Jerzy Neyman. THE DISTRIBUTION OF GALAXIES, 1956 Sept. p. 187.
Scott, Ronald F. THE FEEL OF THE MOON, 1967 Nov. p. 34.
Scovil, H. E. D., and Andrew H. Bobeck. MAGNETIC BUBBLES, 1971 June p. 78.
Scoville, Herbert, Jr. THE LIMITATION OF OFFENSIVE WEAPONS, 1971 Jan 15. MISSILE SUBMARINES AND NATIONAL SECURITY, 1972 June p. 15 [344]; THE SALT NEGOTIATIONS, 1977 Aug. p. 24. [696]
Scrimshaw, Nevin S. FOOD, 1963 Sept. p. 72. [1153]
Scrimshaw, Nevin S., and Vernon R. Young. THE PHYSIOLOGY OF STARVATION, 1971 Oct. p. 14 [1232]; THE REQUIREMENTS OF HUMAN NUTRITION, 1976 Sept. p. 50.

Seaborg, Glenn T., and A. R. Fritsch. THE SYNTHETIC ELEMENTS: III, 1963 Apr. p. 68. [293]
Seaborg, Glenn T., and Albert Ghiorso. THE NEWEST SYNTHETIC ELEMENTS, 1956 Dec. p. 66. [243]
Seaborg, Glenn T., and I. Perlman. THE SYNTHETIC ELEMENTS, 1950 Apr. p. 38. [242]
Seaborg, Glenn T., and Justin L. Bloom. THE SYNTHETIC ELEMENTS: IV, 1969 Apr. p. 56; FAST BREEDER REACTORS, 1970 Nov. p. 13. [339]
Segal, Sheldon J. THE PHYSIOLOGY OF HUMAN REPRODUCTION, 1974 Sept. p. 52.
Segrè, Emilio, and Clyde E. Wiegand. THE ANTIPROTON, 1956 June p. 37. [244]
Seielstad, George A., and Glenn L. Berge. THE MAGNETIC FIELD OF THE GALAXY, 1965 June p. 46.
Seifert, William W., Douglas Scott and Vernon C. Westcott. THE PARTICLES OF WEAR, 1974 May p. 88.
Seilacher, Adolf. FOSSIL BEHAVIOR, 1962 Aug. p. 72. [872]
Seitz, Frederick, and Eugene P. Wigner. THE EFFECTS OF RADIATION ON SOLIDS, 1956 Aug. p. 76. [245]
Sekuler, Robert, and Eugene Levinson. THE PERCEPTION OF MOVING TARGETS, 1977 Jan. p. 60. [575]
Seldner, Michael, Edward J. Groth, P. James E. Peebles and Raymond M. Soneira. THE CLUSTERING OF GALAXIES, 1977 Nov. p. 76. [390]
Selfridge, Oliver G., and Ulric Neisser. PATTERN RECOGNITION BY MACHINE, 1960 Aug. p. 60.
Selig, Henry, John G. Malm and Howard H. Claassen. THE CHEMISTRY OF THE NOBLE GASES, 1964 May p. 66.
Seliger, Howard H., and William D. McElroy. BIOLOGICAL LUMINESCENCE, 1962 Dec. p. 76. [141]
Sellschop, J. P. F., and Frederick Reines. NEUTRINOS FROM THE ATMOSPHERE AND BEYOND, 1966 Feb. p. 40.
Shankland, R. S. THE MICHELSON-MORLEY EXPERIMENT, 1964 Nov. p. 107.
Shannon, Claude E. A CHESS-PLAYING MACHINE, 1950 Feb. p. 48.
Shapiro, Gilbert. POLARIZED ACCELERATOR TARGETS, 1966 July p. 68.
Shapiro, Irwin I. RADAR OBSERVATIONS OF THE PLANETS, 1968 July p. 28.
Shapiro, S. L., and R. R. Alfano. ULTRAFAST PHENOMENA IN LIQUIDS AND SOLIDS, 1973 June p. 42.
Shapiro, Shepard. THE CONTROL OF BLOOD CLOTS, 1951 Mar. p. 18.
Shapley, Harlow. ASTRONOMY, 1950 Sept. p. 24.
Sharlin, Harold I. FROM FARADAY TO THE DYNAMO, 1961 May p. 107.
Sharon, Nathan. THE BACTERIAL CELL WALL, 1969 May p. 92; GLYCOPROTEINS, 1974 May p. 78 [1295]; LECTINS, 1977 June p. 108. [1360]
Shaw, Evelyn. THE SCHOOLING OF FISHES, 1962 June p. 128. [124]
Shaw, John, and Gordon S. Kino. ACOUSTIC SURFACE WAVES, 1972 Oct. p. 50.
Sheatsley, Paul B., and Andrew M. Greeley. ATTITUDES TOWARD RACIAL INTEGRATION, 1971 Dec. p. 13. [673]
Sheatsley, Paul B., and Herbert H. Hyman. ATTITUDES TOWARD DESEGREGATION, 1956 Dec. p. 35; ATTITUDES TOWARD DESEGREGATION, 1964 July p. 16. [623]
Sheatsley, Paul B., D. Garth Taylor and Andrew M. Greeley. ATTITUDES TOWARD RACIAL INTEGRATION, 1978 June p. 42. [707]
Shelton, Stephen M. ZIRCONIUM, 1951 June p. 18. [259]
Shepard, Francis P. SUBMARINE CANYONS, 1949 Apr. p. 40.
Shepherd, Gordon M. MICROCIRCUITS IN THE NERVOUS SYSTEM, 1978 Feb. p. 92. [1380]
Sherif, Muzafer. EXPERIMENTS IN GROUP CONFLICT, 1956 Nov. p. 54. [454]
Sherrington, Sir Charles S. SHERRINGTON ON THE EYE, 1952 May p. 30.
Shiers, George. THE FIRST ELECTRON TUBE, 1969 Mar. p. 104; THE INDUCTION COIL, 1971 May p. 80; FERDINAND BRAUN AND THE CATHODE RAY TUBE, 1974 Mar. p. 92.
Shiffrin, Richard M., and Richard C. Atkinson. THE CONTROL OF SHORT-TERM MEMORY, 1971 Aug. p. 82. [538]
Shinbrot, Marvin. FIXED-POINT THEOREMS, 1966 Jan. p. 105.
Shock, Nathan W. THE PHYSIOLOGY OF AGING, 1962 Jan. p. 100.
Shoemaker, Eugene M. THE GEOLOGY OF THE MOON, 1964 Dec. p. 38.
Shoji, Kobe. DRIP IRRIGATION, 1977 Nov. p. 62. [1371]
Shurrager, P. S. "SPINAL" CATS WALK, 1950 Nov. p. 20.
Sidel, Victor W., and Ruth. THE DELIVERY OF MEDICAL CARE IN CHINA, 1974 Apr. p. 19.
Sidenbladh, Göran. STOCKHOLM: A PLANNED CITY, 1965 Sept. p. 106.
Siegel, Ronald K. HALLUCINATIONS, 1977 Oct. p. 132. [579]
Siekevitz, Philip. POWERHOUSE OF THE CELL, 1957 July p. 131. [36]
Siever, Raymond. THE EARTH, 1975 Sept. p. 82. THE STEADY STATE OF THE EARTH'S CRUST, ATMOSPHERE AND OCEANS, 1974 June p. 72. [914]
Sigurbjörnsson, Björn. INDUCTED MUTATIONS IN PLANTS, 1971 Jan. p. 86. [1210]
Silfvast, William T. METAL-VAPOR LASERS, 1973 Feb. p. 88.
Silk, Joseph, and Martin J. Rees. THE ORIGIN OF GALAXIES, 1970 June p. 26.
Silva, Ruth C. REAPPORTIONMENT AND REDISTRICTING, 1965 Nov. p. 20.
Silverman, William A. THE LESSON OF RETROLENTAL FIBROPLASIA, 1977 June p. 100. [1361]
Silvers, Willys K., and Rupert E. Billingham. SKIN TRANSPLANTS AND THE HAMSTER, 1963 Jan. p. 118. [148]
Simmons, Gene, Wilmot Hess, Robert Kovach and Paul W. Gast. THE EXPLORATION OF THE MOON, 1969 Oct. p. 54. [889]
Simons, Elwyn L. THE EARLY RELATIVES OF MAN, 1964 July p. 50 [622]; THE EARLIEST APES, 1967 Dec. p. 28 [636]; RAMAPITHECUS, 1977 May p. 28. [695]
Simons, Elwyn L., and Peter C. Ettel. GIGANTOPITHECUS, 1970 Jan 76.
Simons, J. H. FLUOROCARBONS, 1949 Nov. p. 44.
Simpson, David. THE DIMENSIONS OF WORLD POVERTY, 1968 Nov. p. 27.
Simpson, R. H. HURRICANES, 1954 June p. 32.
Simpson, R. H., and Joanne Starr Malkus. EXPERIMENTS IN HURRICANE MODIFICATION, 1964 Dec. p. 27.
Singer, Marcus. THE REGENERATION OF BODY PARTS, 1958 Oct. p. 79.
Singer, S. Fred. THE ORIGIN OF METEORITES, 1954 Nov. p. 36; HUMAN ENERGY PRODUCTION AS A PROCESS IN THE BIOSPHERE, 1970 Sept. p. 174. [1197]
Singer, S. J. THE SPECIFICITY OF ANTIBODIES, 1957 Oct. p. 99.
Singh, Sheo Dan. URBAN MONKEYS, 1969 July p. 108. [523]
Sinsheimer, Robert L. SINGLE-STRANDED DNA, 1962 July p. 109. [128]
Sjoberg, Gideon. THE ORIGIN AND EVOLUTION OF CITIES, 1965 Sept. p. 54.
Skinner, B. F. HOW TO TEACH ANIMALS, 1951 Dec. p. 26 [423]; TEACHING MACHINES, 1961 Nov. p. 90. [461]
Sladen, William J. L. PENGUINS, 1957 Dec. p. 44.
Slaughter, Frank G. HEART SURGERY, 1950 Jan. p. 14.
Slavson, S. R. GROUP PSYCHOTHERAPY, 1950 Dec. p. 42. [449]
Slayter, Games. TWO-PHASE MATERIALS, 1962 Jan. p. 124.
Sloan, Richard K. THE SCIENTIFIC EXPERIMENTS OF MARINER IV, 1966 May p. 62.
Slotnick, D. L. THE FASTEST COMPUTER, 1971 Feb. p. 76.
Smith, Burke M. THE POLYGRAPH, 1967 Jan. p. 25. [503]
Smith, Clement A. THE FIRST BREATH, 1963 Oct. p. 27.
Smith, Cyril Stanley. THE SHAPE OF THINGS, 1954 Jan. p. 58; MATERIALS, 1967 Sept. p. 68.
Smith, David S. THE FLIGHT MUSCLES OF INSECTS, 1965 June p. 76. [1014]
Smith, F. Dow. HOW IMAGES ARE FORMED, 1968 Sept. p. 96.
Smith, Homer W. THE KIDNEY, 1953 Jan. p. 40. [37]
Smith, Ian Maclean. DEATH FROM STAPHYLOCOCCI, 1968 Feb. p. 84.
Smith, J. V., and D. W. Breck. MOLECULAR SIEVES, 1959 Jan. p. 85.
Smith, Lloyd. THE BEVATRON, 1951 Feb. p. 20.
Smith, Neal Griffith. VISUAL ISOLATION IN GULLS, 1967 Oct. p. 94. [1084]
Smith, Newbern. COLOR TELEVISION, 1950 Dec. p. 13.
Smith, Norman ROMAN HYDRAULIC TECHNOLOGY, 1978 May p. 154. [3009]
Smith, Philip E. L. THE SOLUTREAN CULTURE, 1964 Aug. p. 86; STONE-AGE MAN ON THE NILE, 1976 Aug. p. 30.
Smith, Ray F., and William W. Allen. INSECT CONTROL AND THE BALANCE OF NATURE, 1954 June p. 38.
Smylie, D. E., and L. Mansinha. THE ROTATION OF THE EARTH, 1971 Dec. p. 80. [897]
Smythe, Dallas W. AN ANALYSIS OF TELEVISION PROGRAMS, 1951 June p. 15.
Snider, Ray S. THE CEREBELLUM, 1958 Aug. p. 84. [38]
Snowden, Donald P. SUPERCONDUCTORS FOR POWDER TRANSMISSION, 1972 Apr. p. 84.
Snyder, Asa E. DESALTING WATER BY FREEZING, 1962 Dec. p. 41.
Snyder, Solomon H. OPIATE RECEPTORS AND INTERNAL OPIATES, 1977 Mar. p. 44. [1354]
Sobel, Alan. ELECTRONIC NUMBERS, 1973 June p. 64.
Sobell, Henry M. HOW ACTINOMYCIN BINDS TO DNA, 1974 Aug. p. 82. [1303]
Soberman, Robert K. NOCTILUCENT CLOUDS, 1963 June p. 50.
Sognnaes, Reidar F. THE SKIN OF YOUR TEETH, 1953 June p. 38; TOOTH DECAY, 1957 Dec. p. 109.
Sokal, Robert R. NUMERICAL TAXONOMY, 1966 Dec. p. 106. [1059]
Solecki, Ralph S. HOW MAN CAME TO NORTH AMERICA, 1951 Jan. p. 11; SHANIDAR CAVE, 1957 Nov. p. 58.

Solheim, Wilhelm G., II. AN EARLIER AGRICULTURAL REVOLUTION, 1972 Apr. p. 34. [675]
Solomon, Arthur K. PORES IN THE CELL MEMBRANE, 1960 Dec. p. 146 [76]; PUMPS IN THE LIVING CELL, 1962 Aug. p. 100; THE STATE OF WATER IN RED CELLS, 1971 Feb. p. 88. [1213]
Soneira, Raymond M., Edward J. Groth, P. James E. Peebles and Michael Seldner. THE CLUSTERING OF GALAXIES, 1977 Nov. p. 76. [390]
Sonneborn, T. M. PARTNER OF THE GENES, 1950 Nov. p. 30. [39]
Sonstegard, David A., Larry S. Matthews and Herbert Kaufer. THE SURGICAL REPLACEMENT OF THE HUMAN KNEE JOINT, 1978 Jan. p. 44. [1378]
Sorensen, Raymond A., and Michel Baranger. THE SIZE AND SHAPE OF ATOMIC NUCLEI, 1969 Aug. p. 58.
Sorokin, Peter. ORGANIC LASERS, 1969 Feb. p. 30.
Sotter, J. George, and Gary A. Flandro. RESONANT COMBUSTION IN ROCKETS, 1968 Dec. p. 94.
Southern, H. N. NOCTURNAL ANIMALS, 1955 Oct. p. 88; A STUDY IN THE EVOLUTION OF BIRDS, 1957 May p. 124.
Spain, David M. ATHEROSCLEROSIS, 1966 Aug. p. 48.
Sparks, Morgan. THE JUNCTION TRANSISTOR, 1952 July p. 28.
Sparks, Morgan, and William C. Hittinger. MICROELECTRONICS, 1965 Nov. p. 56.
Spector, Deborah H., and David Baltimore. THE MOLECULAR BIOLOGY OF POLIOVIRUS, 1975 May p. 24.
Spedding, Frank H. THE RARE EARTHS, 1951 Nov. p. 26.
Speirs, Robert S. HOW CELLS ATTACK ANTIGENS, 1964 Feb. p. 58.
Spencer, A. F., and H. S. Feder. TELEPHONE SWITCHING, 1962 July p. 132.
Sperry, R. W. THE EYE AND THE BRAIN, 1956 May p. 48 [1090]; THE GROWTH OF NERVE CIRCUITS, 1959 Nov. p. 68 [72]; THE GREAT CEREBRAL COMMISSURE, 1964 Jan. p. 42. [174]
Spiegelman, S. HYBRID NUCLEIC ACIDS, 1964 May p. 48.
Spitzer, Lyman, Jr. THE STELLARATOR, 1958 Oct. p. 28. [246]
Splinter, William E. CENTER-PIVOT IRRIGATION, 1976 June p. 90.
Spoerl, Edward. THE LETHAL EFFECTS OF RADIATION, 1951 Dec. p. 22.
Sprangler, Eugene R., James B. McGuire and Lem Wong. THE SIZE OF THE SOLAR SYSTEM, 1961 Apr. p. 64.
Sproull, Robert L. THE CONDUCTION OF HEAT IN SOLIDS, 1962 Dec. p. 92.
Spurgeon, David, and Joseph H. Hulse. TRITICALE, 1974 Aug. p. 72.
Squires, Arthur M. CLEAN POWER FROM DIRTY FUELS, 1972 Oct. p. 26.
Srinivas, M. N., and André Béteille. THE "UNTOUCHABLES" OF INDIA, 1965 Dec. p. 13.
Staehelin, L. Andrew, and Barbara E. Hull JUNCTIONS BETWEEN LIVING CELLS, 1978 May p. 140. [1388]
Stamp, W. R. UNDERWATER TELEVISION, 1953 June p. 32.
Stapleton, George E., and Alexander Hollaender. IONIZING RADIATION AND THE LIVING CELL, 1959 Sept. p. 94.
Stark, Lawrence, and David Noton. EYE MOVEMENTS AND VISUAL PERCEPTION, 1971 June p. 34. [537]
Starr, Chauncey. ENERGY AND POWER, 1971 Sept. p. 36. [661]
Starr, Victor P. THE GENERAL CIRCULATION OF THE ATMOSPHERE, 1956 Dec. p. 40.
Starr, Victor P., and Norman E. Gaut. NEGATIVE VISCOSITY, 1970 July p. 72.
Starr, Victor P., and Peter A. Gilman. THE CIRCULATION OF THE SUN'S ATMOSPHERE, 1968 Jan. p. 100.
Stebbins, G. Ledyard, Jr. CATACLYSMIC EVOLUTION, 1951 Apr. p. 54.
Stebbins, Joel. MEASURING STARLIGHT BY PHOTOCELL, 1952 Mar. p. 56.
Steele, Francis R. "IF A SLAVE GIRL FLED...", 1948 June p. 44.
Steen, Lynn Arthur. NEW MODELS OF THE REAL-NUMBER LINE, 1971 Aug. p. 92.
Stein, Gary S., Janet Swinehart Stein and Lewis J. Kleinsmith. CHROMOSOMAL PROTEINS AND GENE REGULATION, 1975 Feb. p. 46. [1315]
Stein, Sherman K. THE MATHEMATICIAN AS AN EXPLORER, 1961 May p. 148.
Stein, William H., and Stanford Moore. CHROMATOGRAPHY, 1951 Mar. p. 35 [81]; THE CHEMICAL STRUCTURE OF PROTEINS, 1961 Feb. p. 81.
Steinbach, H. B. ANIMAL ELECTRICITY, 1950 Feb. p. 40; THE SQUID, 1951 Apr. p. 64.
Steinhaus, Edward A. LIVING INSECTICIDES, 1956 Aug. p. 96.
Steinherz, H. A., and P. A. Redhead. ULTRA-HIGH VACUUM, 1962 Mar. p. 78. [277]
Steinman, David B. BRIDGES, 1954 Nov. p. 60.
Stent, Gunther S. THE MULTIPLICATION OF BACTERIAL VIRUSES, 1953 May p. 36 [40]; CELLULAR COMMUNICATION, 1972 Sept. p. 42 [1257]; PREMATURITY AND UNIQUENESS IN SCIENTIFIC DISCOVERY, 1972 Dec. p. 84. [1261]
Stephenson, F. Richard, and David H. Clark. HISTORICAL SUPERNOVAS, 1976 June p. 100.
Stern, Curt. MAN'S GENETIC FUTURE, 1952 Feb. p. 68; THE BIOLOGY OF THE NEGRO, 1954 Oct. p. 80.
Stern, Edward. A. THE ANALYSIS OF MATERIALS BY X-RAY ABSORPTION, 1976 Apr. p. 96.
Stern, Thaddeus. LONG-RANGE FORCES, 1948 Oct. p. 14.
Sternberg, S., Miriam Rothschild, Y. Schlein, K. Parker and C. Neville. THE FLYING LEAP OF THE FLEA, 1973 Nov. p. 92. [1284]
Stetson, Henry C. THE CONTINENTAL SHELF, 1955 Mar. p. 82. [808]
Stetten, DeWitt, Jr. GOUT AND METABOLISM, 1958 June p. 73.
Stettner, Laurence Jay, and Kenneth A. Matyniak. THE BRAIN OF BIRDS, 1968 June p. 64. [515]
Steward, F. C. THE CONTROL OF GROWTH IN PLANT CELLS, 1963 Oct. p. 104.
Steward, Julian H. CULTURAL EVOLUTION, 1956 May p. 69.
Stewart, Albert B. THE DISCOVERY OF STELLAR ABERRATION, 1964 Mar. p. 100.
Stewart, Ian. GAUSS, 1977 July p. 122. [371]
Stewart, John Q. CONCERNING "SOCIAL PHYSICS", 1948 May p. 20.
Stewart, Mark A. HYPERACTIVE CHILDREN, 1970 Apr. p. 94.
Stewart, R. W. THE ATMOSPHERE AND THE OCEAN, 1969 Sept. p. 76. [881]
Stewart, Sarah E. THE POLYOMA VIRUS, 1960 Nov. p. 63. [77]
Stoddard, George D. YOUTH, 1951 Sept. p. 101.
Stoeckenius, Walther. THE PURPLE MEMBRANE OF SALT-LOVING BACTERIA, 1976 June p. 38. [1340]
Stokes, Allen W., and C. Robert Watts. THE SOCIAL ORDER OF TURKEYS, 1971 June p. 112.
Stolper, Wolfgang F. THE DEVELOPMENT OF NIGERIA, 1963 Sept. p. 168.
Stommel, Henry. THE ANATOMY OF THE ATLANTIC, 1955 Jan. p. 30 [810]; THE CIRCULATION OF THE ABYSS, 1958 July p. 85.
Stone, Abraham. THE CONTROL OF FERTILITY, 1954 Apr. p. 31.
Stone, Joseph K. OXYGEN IN STEELMAKING, 1968 Apr. p. 24.
Stone, Michael E. JUDAISM AT THE TIME OF CHRIST, 1973 Jan. p. 80.
Stone, Richard. MATHEMATICS IN THE SOCIAL SCIENCES, 1964 Sept. p. 168.
Storer, John H. BIRD AERODYNAMICS, 1952 Apr. p. 24.
Storey, L. R. O. WHISTLERS, 1956 Jan. p. 34.
Stouffer, Samuel A. A STUDY OF ATTITUDES, 1949 May p. 11.
Strachey, Christopher. SYSTEM ANALYSIS AND PROGRAMMING, 1966 Sept. p. 112.
Strecker, Robert L. POPULATIONS OF HOUSE MICE, 1955 Dec. p. 92.
Strobel, Gary A. A MECHANISM OF DISEASE RESISTANCE IN PLANTS, 1975 Jan. p. 80. [1313]
Strom, Richard G., George K. Miley and Jan Oort. GIANT RADIO GALAXIES, 1975 Aug. p. 26.
Strong, Ian B., and Ray W. Klebesadel. COSMIC GAMMA-RAY BURSTS, 1976 Oct. p. 66.
Strong, John. INFRARED ASTRONOMY BY BALLOON, 1965 Jan. p. 28.
Strong, Leonell C. GENETICS AND CANCER, 1950 July p. 44.
Strongin, Myron, William B. Sampson and Paul P. Craig. ADVANCES IN SUPERCONDUCTING MAGNETS, 1967 Mar. p. 114.
Stroud, Robert M. A FAMILY OF PROTEIN-CUTTING PROTEINS, 1974 July p. 74. [1301]
Struik, Dirk J. STONE AGE MATHEMATICS, 1948 Dec. p. 44.
Struve, Otto. DOUBLE STARS, 1949 Oct. p. 42; THE GREAT METEOR OF 1947, 1950 June p. 42; THE EVOLUTION OF STARS, 1953 May p. 34.
Stumer, Louis M. HISTORY OF A DIG, 1955 Mar. p. 98.
Stumpf, Paul K. ATP, 1953 Apr. p. 85.
Sullenger, D. B., and C. H. L. Kennard. BORON CRYSTALS, 1966 July p. 96.
Sullenger, D. B., and J. S. Prener. PHOSPHORS, 1954 Oct. p. 62. [237]
Summerfield, Martin. HIGH TEMPERATURES: PROPULSION, 1954 Sept. p. 120.
Summers, Claude M. THE CONVERSION OF ENERGY, 1971 Sept. p. 148. [668]
Sundberg, Johan. THE ACOUSTICS OF THE SINGING VOICE, 1977 Mar. p. 82. [356]
Suppes, Patrick. THE USES OF COMPUTERS IN EDUCATION, 1966 Sept. p. 206. [533]
Surgenor, Douglas M. BLOOD, 1954 Feb. p. 54.
Sutherland, Ivan E. COMPUTER INPUTS AND OUTPUTS, 1966 Sept. p. 86; COMPUTER DISPLAYS, 1970 June p. 56.
Sutherland, Ivan E., and Carver A. Mead. MICROELECTRONICS AND COMPUTER SCIENCE, 1977 Sept. p. 210. [383]
Sutton, Sir Graham. MICROMETEOROLOGY, 1964 Oct. p. 62.
Sutton, Richard M. A FAMILY OF SOLAR ECLIPSES, 1954 Feb. p. 36.
Svirsky, Leon. THE ATOMIC ENERGY COMMISSION, 1949 July p. 30.
Swan, Lawrence W. THE ECOLOGY OF THE HIGH HIMALAYAS, 1961 Oct. p. 68.
Swann, Peter R. STRESS-CORROSION FAILURE, 1966 Feb. p. 72.
Swanson, C. L. W. SOIL CONDITIONERS, 1953 Aug. p. 36.

Swanson, C. P., and W. D. McElroy. TRACE ELEMENTS, 1953 Jan. p. 22.
Sweet, Richard G., Leonard A. Herzenberg and Leonore A. Herzenberg. FLUORESCENCE-ACTIVATED CELL SORTING, 1976 Mar. p. 108.
Szent-Györgyi, A. MUSCLE RESEARCH, 1949 June p. 22.

T

Tabor, Harry. PROGRESS IN SOLAR POWER, 1956 July p. 97.
Taeuber, Karl E. RESIDENTIAL SEGREGATION, 1965 Aug. p. 12. [626]
Taeusch, H. William, Jr., Mary Ellen Avery and Nai-San Wang. THE LUNG OF THE NEWBORN INFANT, 1973 Apr. p. 74.
Tajfel, Henri. EXPERIMENTS IN INTERGROUP DISCRIMINATION, 1970 Nov. p. 96. [530]
Takahashi, Taro, and William A. Bassett. THE COMPOSITION OF THE EARTH'S INTERIOR, 1965 June p. 100.
Talbot, Lawrence, Samuel A. Schaaf and Lee Edson. ULTRAHIGH-ALTITUDE AERODYNAMICS, 1958 Jan. p. 36.
Talmon, Shemaryahu. THE NEW CONVENANTERS OF QUMRAN, 1971 Nov. p. 72; THE SAMARITANS, 1977 Jan. p. 100. [690]
Tanenbaum, Morris, and J. E. Kunzler. SUPERCONDUCTING MAGNETS, 1962 June p. 60. [279]
Tanner, J. M. EARLIER MATURATION IN MAN, 1968 Jan. p. 21; GROWING UP, 1973 Sept. p. 34.
Tapponnier, Paul, and Peter Molnar. THE COLLISION BETWEEN INDIA AND EURASIA, 1977 Apr. p. 30. [923]
Tarski, Alfred. TRUTH AND PROOF, 1969 June p. 63.
Taub, Alex. HIGH COMPRESSION, 1950 Feb. p. 16.
Taussig, Helen B. THE THALIDOMIDE SYNDROME, 1962 Aug. p. 29. [1100]
Taylor, Barry N., Donald N. Langenberg and Douglas J. Scalapino. THE JOSEPHSON EFFECTS, 1966 May p. 30.
Taylor, Barry N., Donald N. Langenberg and William H. Parker. THE FUNDAMENTAL PHYSICAL CONSTANTS, 1970 Oct. p. 62. [337]
Taylor, C. R. THE ELAND AND THE ORYX, 1969 Jan. p. 88.
Taylor, Carl E. POPULATION TRENDS IN AN INDIAN VILLAGE, 1970 July p. 106. [1184]
Taylor, D. Garth, Paul B. Sheatsley and Andrew M. Greeley. ATTITUDES TOWARD RACIAL INTEGRATION, 1978 June p. 42. [707]
Taylor, J. Herbert. THE DUPLICATION OF CHROMOSOMES, 1958 June p. 36. [60]
Taylor, Jean E., and Frederick J. Almgren, Jr. THE GEOMETRY OF SOAP FILMS AND SOAP BUBBLES, 1976 July p. 82.
Taylor, T. G. HOW AN EGGSHELL IS MADE, 1970 Mar. p. 88. [1171]
Tazieff, Haroun. THE AFAR TRIANGLE, 1970 Feb. p. 32. [891]
Tegart, W. J. McGregor, and Hugh J. McQueen. THE DEFORMATION OF METALS AT HIGH TEMPERATURES, 1975 Apr. p. 116.
Telegdi, V. L. HYPERNUCLEI, 1962 Jan. p. 50.
Teleki, Geza. THE OMNIVOROUS CHIMPANZEE, 1973 Jan. p. 32. [682]
Temin, Howard M. RNA-DIRECTED DNA SYNTHESIS, 1972 Jan. p. 24. [1239]
Templer, John, James Marston Fitch and Paul Corcoran. THE DIMENSIONS OF STAIRS, 1974 Oct. p. 82.
Tepper, Morris. TORNADOES, 1958 May p. 31.
Terman, Lewis M. ARE SCIENTISTS DIFFERENT?. 1955 Jan. p. 25 [437]; THE ROLE OF MICRO-ELECTRONICS IN DATA PROCESSING, 1977 Sept. p. 162. [380]
Teuber, Marianne L. SOURCES OF AMBIGUITY IN THE PRINTS OF MAURITS C. ESCHER, 1974 July p. 90. [560]
Thieme, Paul. THE INDO-EUROPEAN LANGUAGE, 1958 Oct. p. 63.
Thimann, Kenneth V. AUTUMN COLORS, 1950 Oct. p. 40.
Thomas, Alexander, Stella Chess and Herbert G. Birch. THE ORIGIN OF PERSONALITY, 1970 Aug. p. 102. [529]
Thomas, E. Llewellyn. MOVEMENTS OF THE EYE, 1968 Aug. p. 88. [516]
Thomas, Gordon A. AN ELECTRON-HOLE LIQUID, 1976 June p. 28.
Thompson, E. O. P. THE INSULIN MOLECULE, 1955 May p. 36.
Thompson, Homer A. THE AGORA, 1950 Aug. p. 46.
Thompson, Warren S. POPULATION, 1950 Feb. p. 11.
Thompson, William R., and Ronald Melzack. EARLY ENVIRONMENT, 1956 Jan. p. 38. [469]
Thorne, H. M. OIL FROM SHALE, 1952 Feb. p. 15.
Thorne, Kip S. GRAVITATIONAL COLLAPSE, 1967 Nov. p. 88; THE SEARCH FOR BLACK HOLES, 1974 Dec. p. 32.
Thornton, Richard D., and Henry H. Kolm. ELECTROMAGNETIC FLIGHT, 1973 Oct. p. 17.
Thorpe, W. H. THE LANGUAGE OF BIRDS, 1956 Oct. p. 128 [145]; DUET-SINGING BIRDS, 1973 Aug. p. 70. [1279]
Tickell, W. L. N. THE GREAT ALBATROSSES, 1970 Nov. p. 84. [1204]
Tien, P. K. INTEGRATED OPTICS, 1974 Apr. p. 28.
Tietze, Christopher, and Sarah Lewit. ABORTION, 1969 Jan. p. 21 [1129]; LEGAL ABORTION, 1977 Jan. p. 21. [1348]
Tinbergen, N. THE CURIOUS BEHAVIOR OF THE STICKLEBACK, 1952 Dec. p. 22 [414]; THE COURTSHIP OF ANIMALS, 1954 Nov. p. 42; DEFENSE BY COLOR, 1957 Oct. p. 48; THE EVOLUTION OF BEHAVIOR IN GULLS, 1960 Dec. p. 118. [456]
Tinsley, Beatrice M., J. Richard Gott III, James E. Gunn and David N. Schramm. WILL THE UNIVERSE EXPAND FOREVER?, 1976 Mar. p. 62.
Tobolsky, Arthur V. THE MECHANICAL PROPERTIES OF POLYMERS, 1957 Sept. p. 120.
Todd, John H. THE CHEMICAL LANGUAGES OF FISHES, 1971 May p. 98. [1222]
Todd, Neil B. CATS AND COMMERCE, 1977 Nov. p. 100. [1370]
Toksöz, M. Nafi. THE SUBDUCTION OF THE LITHOSPHERE, 1975 Nov. p. 88. [919]
Tolansky, Samuel. A TOPOGRAPHIC MICROSCOPE, 1954 Aug. p. 54.
Tomasz, Alexander. CELLULAR FACTORS IN GENETIC TRANSFORMATION, 1969 Jan 38.
Tompkins, Edwin H., Jr., Aubrey B. Mickelwait and Robert A. Park. INTERPLANETARY NAVIGATION, 1960 Mar. p. 64.
Toomre, Alar and Juri. VIOLENT TIDES BETWEEN GALAXIES, 1973 Dec. p. 38.
Toong, Hoo-Min D. MICROPROCESSORS, 1977 Sept. p. 146. [379]
Topoff, Howard R. THE SOCIAL BEHAVIOR OF ARMY ANTS, 1972 Nov. p. 70. [550]
Tóth, Imre. NON-EUCLIDEAN GEOMETRY BEFORE EUCLID, 1969 Nov. p. 87.
Tourtellotte, Mark E., and Harold J. Morowitz. THE SMALLEST LIVING CELLS, 1962 Mar. p. 117. [1005]
Townsend, Marjorie R., and Vagn Flyger. THE MIGRATION OF POLAR BEARS, 1968 Feb. p. 108. [1102]
Träuble, Hermann, and Uwe Essmann. THE MAGNETIC STRUCTURE OF SUPERCONDUCTORS, 1971 Mar. p. 74.
Treiman, S. B. THE WEAK INTERACTIONS, 1959 Mar. p. 72. [247]
Trexler, P. C. GERM-FREE ISOLATORS, 1964 July p. 78.
Tribus, Myron, and Edward C. McIrvine. ENERGY AND INFORMATION, 1971 Sept. p. 179. [670]
Triplett, Glover B. Jr., and David M. Van Doren, Jr. AGRICULTURE WITHOUT TILLAGE, 1977 Jan. p. 28. [1349]
Trowell, Hugh C. KWASHIORKOR, 1954 Dec. p. 46.
Trytten, M. H. THE NEW SCIENCE FOUNDATION, 1950 July p. 11; SCIENTISTS, 1951 Sept. p. 71.
Tsipis, Kosta. THE ACCURACY OF STRATEGIC MISSILES, 1975 July p. 14; CRUISE MISSILES, 1977 Feb. p. 20. [691]
Tsu, Raphael. HIGH TECHNOLOGY IN CHINA, 1972 Dec. p. 13.
Tuck, James A. AN ARCHAIC INDIAN CEMETERY IN NEWFOUNDLAND, 1970 June p. 112 [657]; THE IROQUOIS CONFEDERACY, 1971 Feb. p. 32. [658]
Tuck, James A., and Robert J. McGhee. AN ARCHAIC INDIAN BURIAL MOUND IN LABRADOR, 1976 Nov. p. 122.
Tucker, Albert W., and Herbert S. Bailey, Jr. TOPOLOGY, 1950 Jan. p. 18.
Tucker, Vance A. THE ENERGETICS OF BIRD FLIGHT, 1969 May p. 70. [1141]
Tucker, Wallace, and Paul Gorenstein. SUPERNOVA REMNANTS, 1971 July p. 74.
Turnbull, Colin M. THE LESSON OF THE PYGMIES, 1963 Jan. p. 28. [615]
Turnbull, David. THE UNDERCOOLING OF LIQUIDS, 1965 Jan. p. 38.
Turner, Barry E. INTERSTELLAR MOLECULES, 1973 Mar. p. 50.
Tustin, Arnold. FEEDBACK, 1952 Sept. p. 48.
Tuttle, O. Frank. THE ORIGIN OF GRANITE, 1955 Apr. p. 77.
Tweet, A. G., and W. C. Dash. OBSERVING DISLOCATIONS IN CRYSTALS, 1961 Oct. p. 107.
Tyler, Albert. FERTILIZATION AND ANTIBODIES, 1954 June p. 70. [43]
Tytell, Alfred A., and Maurice R. Hilleman. THE INDUCTION OF INTERFERON, 1971 July p. 26. [1226]

U

Uchida, Genko. TECHNOLOGY IN CHINA, 1966 Nov. p. 37.
Uhlir, Arthur, Jr. JUNCTION-DIODE AMPLIFIERS, 1959 June p. 118.
Uhlmann, D. R., and A. G. Kolbeck. THE MICROSTRUCTURE OF POLYMERIC MATERIALS, 1975 Dec. p. 96.
Ulam, Stanislaw M. COMPUTERS, 1964 Sept. p. 202.
Underwood, Benton J. FORGETTING, 1964 Mar. p. 91. [482]
Underwood, E. J., and A. J. Anderson. TRACE-ELEMENT DESERTS, 1959 Jan. p. 97.
Upatnieks, Juris, and Emmett N. Leith. PHOTOGRAPHY BY LASER, 1965 June p. 24.
Updike, John. THE DANCE OF THE SOLIDS, 1969 Jan. p. 130.
Urey, Harold C. THE ORIGIN OF THE EARTH, 1952 Oct. p. 53. [833]

V

Vacroux, André G. MICROCOMPUTERS, 1975 May p. 32.
Valentine, James W., and Eldridge M. Moores. PLATE TECTONICS AND THE HISTORY OF LIFE IN THE OCEANS, 1974 Apr. p. 80. [912]
Vali, Victor. MEASURING EARTH STRAINS BY LASER, 1969 Dec. p. 88.
Van Allen, James A. THE ARTIFICIAL SATELLITE AS A RESEARCH INSTRUMENT, 1956 Nov. p. 41; RADIATION BELTS AROUND THE EARTH, 1959 Mar. p. 39; INTERPLANETARY PARTICLES AND FIELDS, 1975 Sept. p. 160.
Van Beek, Gus W. THE RISE AND FALL OF ARABIA FELIX, 1969 Dec. p. 36. [653]
van de Hulst, H. C. "EMPTY" SPACE, 1955 Nov. p. 72.
van den Heuvel, Edward P. J., and Herbert Gursky. X-RAY-EMITTING DOUBLE STARS, 1975 Mar. p. 24.
Van der Kloot, William G. BRAINS AND COCOONS, 1956 Apr. p. 131.
van der Leun, Jan C., Farrington Daniels, Jr., and Brian E. Johnson. SUNBURN, 1968 July p. 38.
Van Deusen, Edmund L. CHEMICAL MILLING, 1957 Jan. p. 104.
Van Doren, David M. Jr., and Glover B. Triplett, Jr. AGRICULTURE WITHOUT TILLAGE, 1977 Jan. p. 28. [1349]
van Dresser, Peter. THE FUTURE OF THE AMAZON, 1948 May p. 11.
Van Essen, David, and John G. Nicholls. THE NERVOUS SYSTEM OF THE LEECH, 1974 Jan. p. 38. [1287]
Van Flandern, Thomas C. IS GRAVITY GETTING WEAKER?, 1976 Feb. p. 44.
van Heyningen, Ruth. WHAT HAPPENS TO THE HUMAN LENS IN CATARACT, 1975 Dec. p. 70.
van Heyningen, W. E. TETANUS, 1968 Apr. p. 69.
van Nieuwenhuizen, Peter, and Daniel Z. Freedman. SUPERGRAVITY AND THE UNIFICATION OF THE LAWS OF PHYSICS, 1978 Feb. p. 126. [397]
van Overbeek, Johannes. THE CONTROL OF PLANT GROWTH, 1968 July p. 75. [111]
Van Riper, Walker. HOW A RATTLESNAKE STRIKES, 1953 Oct. p. 100.
Vandervoort, Peter O. THE AGE OF THE ORION NEBULA, 1965 Feb. p. 90.
Vanek, Joann. TIME SPENT IN HOUSEWORK, 1974 Nov. p. 116.
Vendryes, Georges A. SUPERPHÉNIX: A FULL-SCALE BREEDER REACTOR, 1977 Mar. p. 26. [355]
Véron, Philippe, and M. J. Disney. BL LACERTAE OBJECTS, 1977 Aug. p. 32. [372]
Verzár, Frederic. THE AGING OF COLLAGEN, 1963 Apr. p. 104. [155]
Veverka, Joseph. PHOBOS AND DEIMOS, 1977 Feb. p. 30. [352]
Vevers, Henry G. ANIMALS OF THE BOTTOM, 1952 July p. 68.
Viele, Donald D., Ellis Levin and Lowell B. Eldrenkamp. THE LUNAR ORBITER MISSIONS TO THE MOON, 1968 May p. 58.
Vogt, Evon Z., and John M. Roberts. A STUDY OF VALUES, 1956 July p. 25.
von Békésy, Georg. THE EAR, 1957 Aug. p. 66. [44]
von Frisch, Karl. DIALECTS IN THE LANGUAGE OF THE BEES, 1962 Aug. p. 78. [130]
von Hagen, Victor W. AMERICA'S OLDEST ROADS, 1952 July p. 17.
von Hippel, Frank, and Sidney D. Drell. LIMITED NUCLEAR WAR, 1976 Nov. p. 27.
von Holst, Erich, and Ursula von Saint Paul. ELECTRICALLY CONTROLLED BEHAVIOR, 1962 Mar. p. 50. [464]
von Saint Paul, Ursula, and Erich von Holst. ELECTRICALLY CONTROLLED BEHAVIOR, 1962 Mar. p. 50. [464]
Vonnegut, Bernard. CLOUD SEEDING, 1952 Jan. p. 17.

W

Waddington, C. H. HOW DO CELLS DIFFERENTIATE?, 1953 Sept. p. 108; EXPERIMENTS IN ACQUIRED CHARACTERISTICS, 1953 Dec. p. 92.
Wagner, Philip. WINES, GRAPE VINES AND CLIMATE, 1974 June p. 106. [1298]
Wahl, Arnold C. CHEMISTRY BY COMPUTER, 1970 Apr. p. 54.
Wahl, Werner H., and Henry H. Kramer. NEUTRON-ACTIVATION ANALYSIS, 1967 Apr. p. 68.
Wainwright, Geoffrey. WOODHENGES, 1970 Nov. p. 30; A CELTIC FARMSTEAD IN SOUTHERN BRITAIN, 1977 Dec. p. 156. [702]
Wainwright, Thomas E., and B. J. Alder. MOLECULAR MOTIONS, 1959 Oct. p. 113. [265]
Wald, George. EYE AND CAMERA, 1950 Aug. p. 32 [46]; THE ORIGIN OF LIFE, 1954 Aug. p. 44 [47]; INNOVATION IN BIOLOGY, 1958 Sept. p. 100 [48]; LIFE AND LIGHT, 1959 Oct. p. 92.
Walford, Lionel A. THE DEEP-SEA LAYER OF LIFE, 1951 Aug. p. 24.
Walk, Richard D., and Eleanor J. Gibson. THE "VISUAL CLIFF", 1960 Apr. p. 64. [402]
Walker, Graham. THE STIRLING ENGINE, 1973 Aug. p. 80.
Walker, R. M., R. L. Fleischer and P. B. Price. NUCLEAR TRACKS IN SOLIDS, 1969 June p. 30.
Wallace, Robert Keith, and Herbert Benson. THE PHYSIOLOGY OF MEDITATION, 1972 Feb. p. 84. [1242]
Wallach, Hans. THE PERCEPTION OF MOTION, 1959 July p. 56 [409]; THE PERCEPTION OF NEUTRAL COLORS, 1963 Jan. p. 107. [474]
Walsby, A. E. THE GAS VACUOLES OF BLUE-GREEN ALGAE, 1977 Aug. p. 90. [1367]
Walter, Gerard O. TYPESETTING, 1969 May p. 60.
Walter, W. Grey. AN IMITATION OF LIFE, 1950 May p. 42; A MACHINE THAT LEARNS, 1951 Aug. p. 60; THE ELECTRICAL ACTIVITY OF THE BRAIN, 1954 June p. 54.
Walton, Harold F. ION EXCHANGE, 1950 Nov. p. 48; CHELATION, 1953 June p. 68.
Walton, Harold F., and Harold Bloom. CHEMICAL PROSPECTING, 1957 July p. 41.
Wampler, E. Joseph, and James E. Faller. THE LUNAR LASER REFLECTOR, 1970 Mar. p. 38.
Wang, Hao. GAMES, LOGIC AND COMPUTERS, 1965 Nov. p. 98.
Wang, Nai-San, Mary Ellen Avery and H. William Taeusch, Jr. THE LUNG OF THE NEWBORN INFANT, 1973 Apr. p. 74.
Wang, William S-Y. THE CHINESE LANGUAGE, 1973 Feb. p. 50.
Waniek, Ralph W., Harold P. Furth and Morton A. Levine. STRONG MAGNETIC FIELDS, 1958 Feb. p. 28.
Wannier, Gregory H. THE NATURE OF SOLIDS, 1952 Dec. p. 39. [249]
Warden, Carl J. ANIMAL INTELLIGENCE, 1951 June p. 64.
Warren, Charles R. ON THE ORIGIN OF GLACIERS, 1952 Aug. p. 57.
Warren, James V. THE PHYSIOLOGY OF THE GIRAFFE, 1974 Nov. p. 96. [1307]
Warren, Richard M. and Roslyn P. AUDITORY ILLUSIONS AND CONFUSIONS, 1970 Dec. p. 30. [531]
Warren, Shields. IONIZING RADIATION AND MEDICINE, 1959 Sept. p. 164.
Washburn, Bradford. MAPPING MOUNT MCKINLEY, 1949 Jan. p. 46.
Washburn, Sherwood L. TOOLS AND HUMAN EVOLUTION, 1960 Sept. p. 62. [601]
Washburn, Sherwood L., and Irven DeVore. THE SOCIAL LIFE OF BABOONS, 1961 June p. 62. [614]
Waskow, Arthur I. THE SHELTER-CENTERED SOCIETY, 1962 May p. 46. [637]
Wasserman, Edel. CHEMICAL TOPOLOGY, 1962 Nov. p. 94. [286]
Watanabe, Tsutomu. INFECTIOUS DRUG RESISTANCE, 1967 Dec. p. 19.
Waterhouse, D. F. THE BIOLOGICAL CONTROL OF DUNG, 1974 Apr. p. 100.
Waterman, Talbot H. POLARIZED LIGHT AND ANIMAL NAVIGATION, 1955 July p. 88.
Watson, Fletcher G. METEORS, 1951 June p. 22; A CRISIS IN SCIENCE TEACHING, 1954 Feb. p. 27.
Watts, C. Robert, and Allen W. Stokes. THE SOCIAL ORDER OF TURKEYS, 1971 June p. 112.
Weaver, John H., and Ednor M. Rowe. THE USES OF SYNCHROTRON RADIATION, 1977 June p. 32. [365]
Weaver, Warren. THE MATHEMATICS OF COMMUNICATION, 1949 July p. 11; PROBABILITY, 1950 Oct. p. 44; STATISTICS, 1952 Jan. p. 60; FUNDAMENTAL QUESTIONS IN SCIENCE, 1953 Sept. p. 47; LEWIS CARROLL: MATHEMATICIAN, 1956 Apr. p. 116; THE ENCOURAGEMENT OF SCIENCE, 1958 Sept. p. 170.
Weber, Annemarie, and John M. Murray. THE COOPERATIVE ACTION OF MUSCLE PROTEINS, 1974 Feb. p. 58. [1290]
Weber, Joseph. THE DETECTION OF GRAVITATIONAL WAVES, 1971 May p. 22.
Webster, Adrian. THE COSMIC BACKGROUND RADIATION, 1974 Aug. p. 26.
Webster, Robert G., and Martin M. Kaplan. THE EPIDEMIOLOGY OF INFLUENZA, 1977 Dec. p. 88. [1375]
Wecker, Stanley C. HABITAT SELECTION, 1964 Oct. p. 109. [195]
Weckler, J. E. NEANDERTHAL MAN, 1957 Dec. p. 89. [844]
Weeks, James R. EXPERIMENTAL NARCOTIC ADDICTION, 1964 Mar. p. 46.
Wehner, Rüdiger. POLARIZED-LIGHT NAVIGATION BY INSECTS, 1976 July p. 106. [1342]
Weil, Robert J., and Joseph W. Eaton. THE MENTAL HEALTH OF THE HUTTERITES, 1953 Dec. p. 31. [440]
Weinberg, Alvin M. POWER REACTORS, 1954 Dec. p. 33; BREEDER REACTORS, 1960 Jan. p. 82.
Weinberg, Steven. UNIFIED THEORIES OF ELEMENTARY-PARTICLE INTERACTION, 1974 July p. 50.
Weis-Fogh, Torkel. THE FLIGHT OF LOCUSTS, 1956 Mar. p. 116; UNUSUAL MECHANISMS FOR THE GENERATION OF LIFT IN FLYING ANIMALS, 1975 Nov. p. 80. [1331]
Weiss, Esther, and Rollin D. Hotchkiss. TRANSFORMED BACTERIA, 1956 Nov. p. 48. [18]
Weiss, Francis Joseph. CHEMICAL AGRICULTURE, 1952 Aug. p. 15; THE USEFUL ALGAE, 1952 Dec. p. 15.
Weiss, Jay M. PSYCHOLOGICAL FACTORS IN STRESS AND DISEASE, 1972 June p. 104. [544]

Weiss, Mary C., and Boris Ephrussi. HYBRID SOMATIC CELLS, 1969 Apr. p. 26. [1137]
Weisskopf, Victor F. THE THREE SPECTROSCOPIES, 1968 May p. 15; HOW LIGHT INTERACTS WITH MATTER, 1968 Sept. p. 60.
Weisskopf, Victor F., and E. P. Rosenbaum. A MODEL OF THE NUCLEUS, 1955 Dec. p. 84. [261]
Weisz, Paul B. THE EMBRYOLOGIST AND THE PROTOZOON, 1953 Mar. p. 76.
Wellhausen, Edwin J. THE AGRICULTURE OF MEXICO, 1976 Sept. p. 128.
Wells, G. P. WORM AUTOBIOGRAPHIES, 1959 June p. 132.
Wells, Peter N. T., and Gilbert B. Devey ULTRASOUND IN MEDICAL DIAGNOSIS, 1978 May p. 98. [1389]
Welty, Carl. BIRDS AS FLYING MACHINES, 1955 Mar. p. 88; THE GEOGRAPHY OF BIRDS, 1957 July p. 118.
Wenk, Edward, Jr. THE PHYSICAL RECOURCES OF THE OCEAN, 1969 Sept. p. 166. [885]
Wenner, Adrian M. SOUND COMMUNICATION IN HONEYBEES, 1964 Apr. p. 116. [181]
Went, Frits W. THE PLANTS OF KRAKATOA, 1949 Sept. p. 52; THE ECOLOGY OF DESERT PLANTS, 1955 Apr. p. 68 [114]; AIR POLLUTION, 1955 May p. 62; CLIMATE AND AGRICULTURE, 1957 June p. 82.
Werblin, Frank S. THE CONTROL OF SENSITIVITY IN THE RETINA, 1973 Jan. p. 70. [1264]
Werner, Georges H., Bachisio Latte and Andrea Contini. TRACHOMA, 1964 Jan. p. 79.
Wertham, Fredric. THE PREVENTION OF MURDER, 1949 June p. 50; FREUD NOW, 1949 Oct. p. 50.
Wessells, Norman K. HOW LIVING CELLS CHANGE SHAPE, 1971 Oct. p. 76. [1233]
Wessells, Norman K., and William J. Rutter. PHASES IN CELL DIFFERENTIATION, 1969 Mar. p. 36. [1136]
Westcott, Vernon C., Douglas Scott and William W. Seifert. THE PARTICLES OF WEAR, 1974 May p. 88.
Westerhout, Gart. THE RADIO GALAXY, 1959 Aug. p. 44. [250]
Westermann, William Linn. ANCIENT SLAVERY, 1949 June p. 40.
Westing, Arthur H., and E. W. Pfeiffer. THE CRATERING OF INDOCHINA, 1972 May p. 20. [1248]
Westoff, Charles F. THE POPULATIONS OF THE DEVELOPED COUNTRIES, 1974 Sept. p. 108.
Westphal, James A., and Bruce C. Murray. INFRARED ASTRONOMY, 1965 Aug. p. 20.
Westwater, J. W. THE BOILING OF LIQUIDS, 1954 June p. 64.
Wexler, Harry. VOLCANOES AND WORLD CLIMATE, 1952 Apr. p. 74 [843]; THE CIRCULATION OF THE ATMOSPHERE, 1955 Sept. p. 114.
Wexler, Harry, and Morris Neiburger. WEATHER SATELLITES, 1961 July p. 80.
Weymann, Ray J. SEYFERT GALAXIES, 1969 Jan. p. 28.
Whatmough, Joshua. NATURAL SELECTION IN LANGUAGE, 1952 Apr. p. 82.
Wheat, Joe Ben. A PALEO-INDIAN BISON KILL, 1967 Jan. p. 44.
Wheeler, Tamara S., Robert Maddin and James D. Muhly. HOW THE IRON AGE BEGAN, 1977 Oct. p. 122. [699]
Whelpton, Pascal K., Ronald F. Freedman and Arthur A. Campbell. FAMILY PLANNING IN THE U.S., 1959 Apr. p. 50.
Whipple, Fred L. THE DUST CLOUD HYPOTHESIS, 1948 May p. 34; COMETS, 1951 July p. 22; THE NATURE OF COMETS, 1974 Feb. p. 48.
Whipple, Fred L., and J. Allen Hynek. OBSERVATIONS OF SATELLITE I, 1957 Dec. p. 37.
White, Gilbert F. THE MEKONG RIVER PLAN, 1963 Apr. p. 49.
White, Harvey E., and Paul Levatin. "FLOATERS" IN THE EYE, 1962 June p. 119.
White, Kerr L. LIFE AND DEATH AND MEDICINE, 1973 Sept. p. 22; INTERNATIONAL COMPARISONS OF MEDICAL CARE, 1975 Aug. p. 17.
White, Lynn, Jr. MEDIEVAL USES OF AIR, 1970 Aug. p. 92. [336]
White, Paul D. CORONARY THROMBOSIS, 1950 June p. 44.
White, Paul Dudley, and J. Worth Estes. WILLIAM WITHERING AND THE PURPLE FOXGLOVE, 1965 June p. 110.
White, Philip R. PLANT TISSUE CULTURES, 1950 Mar. p. 48.
Whitney, Daniel E., and James L. Nevins COMPUTER-CONTROLLED ASSEMBLY, 1978 Feb. p. 62. [396]
Whittaker, Sir Edmund. MATHEMATICS, 1950 Sept. p. 40; G. F. FITZGERALD, 1953 Nov. p. 93; WILLIAM ROWAN HAMILTON, 1954 May p. 82.
Wiegand, Clyde E. EXOTIC ATOMS, 1972 Nov. p. 102.
Wiegand, Clyde E., and Emilio Segrè. THE ANTIPROTON, 1956 June p. 37. [244]
Wiener, Alexander S. PARENTAGE AND BLOOD GROUPS, 1954 July p. 78.
Wiener, Norbert. CYBERNETICS, 1948 Nov. p. 14.
Wiesner, Jerome B. NEW METHODS OF RADIO TRANSMISSION, 1957 Jan. p. 46.
Wiesner, Jerome B., and Herbert F. York. NATIONAL SECURITY AND THE NUCLEAR-TEST BAN, 1964 Oct. p. 27. [319]
Wiggers, Carl J. THE HEART, 1957 May p. 74. [62]
Wigglesworth, V. B. METAMORPHOSIS, POLYMORPHISM, DIFFERENTIATION, 1959 Feb. p. 100. [63]
Wigner, Eugene P. VIOLATIONS OF SYMMETRY IN PHYSICS, 1965 Dec. p. 28. [301]
Wigner, Eugene P., and Frederick Seitz. THE EFFECTS OF RADIATION ON SOLIDS, 1956 Aug. p. 76. [245]
Wild, J. P. RADIO WAVES FROM THE SUN, 1955 June p. 40.
Wiley, R. Haven, Jr. THE LEK MATING SYSTEM OF THE SAGE GROUSE, 1978 May p. 114. [1390]
Wilkins, Lawson. THE THYROID GLAND, 1960 Mar. p. 119.
Wilkinson, David T., and P. James E. Peebles. THE PRIMEVAL FIREBALL, 1967 June p. 28.
Will, Clifford M. GRAVITATION THEORY, 1974 Nov. p. 24.
Williams, Carroll M. THE METAMORPHOSIS OF INSECTS, 1950 Apr. p. 24; INSECT BREATHING, 1953 Feb. p. 28; THE JUVENILE HORMONE, 1958 Feb. p. 67; THIRD-GENERATION PESTICIDES, 1967 July p. 13. [1078]
Williams, Curtis A., Jr. IMMUNO-ELECTROPHORESIS, 1960 Mar. p. 130. [84]
Williams, Howel. VOLCANOES, 1951 Nov. p. 45.
Williams, L. Pearce. HUMPHRY DAVY, 1960 June p. 106.
Williams, Roger J. ALCOHOLICS AND METABOLISM, 1948 Dec. p. 50.
Williams, Simon. SYNTHETIC FIBERS, 1951 July p. 37; WOOD STRUCTURE, 1953 Jan. p. 64.
Williams-Dean, Glenna, and Vaughn M. Bryant, Jr. THE COPROLITES OF MAN, 1975 Jan. p. 100. [687]
Willows, A. O. D. GIANT BRAIN CELLS IN MOLLUSKS, 1971 Feb. p. 68. [1212]
Wills, Christopher. GENETIC LOAD, 1970 Mar. p. 98. [1172]
Wilson, Albert G. THE BIG SCHMIDT, 1950 Dec. p. 34.
Wilson, Curtis. HOW DID KEPLER DISCOVER HIS FIRST TWO LAWS?, 1972 Mar. p. 92.
Wilson, Donald M. THE FLIGHT-CONTROL SYSTEM OF THE LOCUSTS, 1968 May p. 83.
Wilson, Edward O. THE FIRE ANT, 1958 Mar. p. 36; PHEROMONES, 1963 May p. 100 [157]; ANIMAL COMMUNICATION, 1972 Sept. p. 52 [1258]; SLAVERY IN ANTS, 1975 June p. 32. [1323]
Wilson, Edward O., and Berthold K. Hölldobler. WEAVER ANTS, 1977 Dec. p. 146. [1373]
Wilson, Herbert A., Jr. SONIC BOOM, 1962 Jan. p. 36.
Wilson, J. Tuzo. CONTINENTAL DRIFT, 1963 Apr. p. 86 [868].
Wilson, J. Tuzo, and Kevin C. Burke. HOT SPOTS ON THE EARTH'S SURFACE, 1976 Aug. p. 46. [920]
Wilson, Mitchell. JOSEPH HENRY, 1954 July p. 72; PRIESTLEY, 1954 Oct. p. 68; COUNT RUMFORD, 1960 Oct. p. 158.
Wilson, O. C. A NEW SCALE OF STELLAR DISTANCES, 1961 Jan. p. 107 [254].
Wilson, R. R. THE BATAVIA ACCELERATOR, 1974 Feb. p. 72.
Wilson, Richard, and Alan M. Litke. ELECTRON-POSITRON COLLISIONS, 1973 Oct. p. 104.
Wilson, Robert R. PARTICLE ACCELERATORS, 1958 Mar. p. 64 [251].
Wilson, S. S. BICYCLE TECHNOLOGY, 1973 Mar. p. 81.
Wilson, Victor J. INHIBITION IN THE CENTRAL NERVOUS SYSTEM, 1966 May p. 102.
Wilson, Wilbor O. POULTRY PRODUCTION, 1966 July p. 56.
Wimsatt, William A. BATS, 1957 Nov. p. 105.
Windle, William F. BRAIN DAMAGE BY ASPHYXIA AT BIRTH, 1969 Oct. p. 76 [1158].
Winfree, Arthur T. ROTATING CHEMICAL REACTIONS. 1974 June p. 82.
Winograd, Shmuel. HOW FAST CAN COMPUTERS ADD?, 1968 Oct. p. 93.
Winter, Peter M., and Edward Lowenstein. ACUTE RESPIRATORY FAILURE, 1969 Nov. p. 23.
Wirsen, Carl O., and Holger W. Jannasch. MICROBIAL LIFE IN THE DEEP SEA, 1977 June p. 42. [926]
Witkin, Herman A. THE PERCEPTION OF THE UPRIGHT, 1959 Feb. p. 50. [410]
Witt, Peter. SPIDER WEBS AND DRUGS, 1954 Dec. p. 80.
Wittkower, Andrew B., and Peter H. Rose. TANDEM VAN DE GRAAFF ACCELERATORS, 1970 Aug. p. 24.
Wittreich, Warren J. VISUAL PERCEPTION AND PERSONALITY, 1959 Apr. p. 56 [438].
Wolf, A. V. THIRST, 1956 Jan. p. 70; BODY WATER, 1958 Nov. p. 125.
Wolfe, A. E., H. M. Schurmeier and R. L. Heacock. THE RANGER MISSIONS TO THE MOON, 1966 Jan. p. 52.
Wolfe, C. W. THE BLISTER HYPOTHESIS, 1949 June p. 16.
Wolfe, John H. JUPITER, 1975 Sept. p. 118.
Wolfe, Raymond. MAGNETO-THERMOELECTRICITY, 1964 June p. 70.
Wolff, Werner. THREE MYSTERIES OF EASTER ISLAND, 1949 Feb. p. 50.
Wolfgang, Richard. CHEMISTRY AT HIGH VELOCITIES, 1966 Jan. p. 82; CHEMICAL ACCELERATORS, 1968 Oct. p. 44.
Wolfle, Dael. INTELLECTUAL RESOURCES, 1951 Sept. p. 42; THE SUPPORT OF SCIENCE IN THE U.S., 1965 July p. 19.
Wollin, Goesta, and David B. Ericson. MICRO-PALEONTOLOGY, 1962 July p. 96. [856]

Wollman, Elie L., and François Jacob. SEXUALITY IN BACTERIA, 1956 July p. 109 [50]; VIRUSES AND GENES, 1961 June p. 92. [89]
Wolman, Abel. THE METABOLISM OF CITIES, 1965 Sept. p. 178.
Wong, Lem, James B. McGuire and Eugene R. Spangler. THE SIZE OF THE SOLAR SYSTEM, 1961 Apr. p. 64.
Wood, J. Edwin. THE VENOUS SYSTEM, 1968 Jan. p. 86. [1093]
Wood, John A. CHONDRITES AND CHONDRULES, 1963 Oct. p. 64; THE LUNAR SOIL, 1970 Aug. p. 14; THE MOON, 1975 Sept. p. 92.
Wood, Lowell, John L. Emmett and John Nuckolls. FUSION POWER BY LASER IMPULSION, 1974 June p. 24.
Wood, W. Barry, Jr. WHITE BLOOD CELLS V. BACTERIA, 1951 Feb. p. 48 [51]; FEVER, 1957 June p. 62.
Wood, William B., and R. S. Edgar. BUILDING A BACTERIAL VIRUS, 1967 July p. 60 [1079].
Woodbury, Robert S. THE ORIGINS OF THE LATHE, 1963 Apr. p. 132.
Woodcock, A. H. SALT AND RAIN, 1957 Oct. p. 42. [850]
Woodson, Riley D. COOLING TOWERS, 1971 May p. 70.
Woodward, John D. BIOTIN, 1961 June p. 139.
Woodwell, George M. THE ECOLOGICAL EFFECTS OF RADIATION, 1963 June p. 40 [159]; TOXIC SUBSTANCES AND ECOLOGICAL CYCLES, 1967 Mar. p. 24 [1066]; THE ENERGY CYCLE OF THE BIOSPHERE, 1970 Sept. p. 64 [1190]; THE CARBON DIOXIDE QUESTION, 1978 Jan. p. 34. [1376]
Woollard, G. P. THE LAND OF THE ANTARCTIC, 1962 Sept. p. 151.
Wooster, Warren S. THE OCEAN AND MAN, 1969 Sept. p. 218. [888]
Worsley, Peter M. CARGO CULTS, 1959 May p. 117.
Wortman, Sterling. AGRICULTURE IN CHINA, 1975 June p. 13; FOOD AND AGRICULTURE, 1976 Sept. p. 30.
Wright, James R. PERFORMANCE CRITERIA IN BUILDING, 1971 Mar. p. 16. [341]
Wright, Sir Charles. THE ANTARCTIC AND THE UPPER ATMOSPHERE, 1962 Sept. p. 74. [858]
Wright, R. H. WHY MOSQUITO REPELLENTS REPEL, 1975 July p. 104.
Wrixon, G. T., and R. H. Sanders. THE CENTER OF THE GALAXY, 1974 Apr. p. 66.
Wróblewski, Felix. ENZYMES IN MEDICAL DIAGNOSIS, 1961 Aug. p. 99.
Wulff, H. E. THE QANATS OF IRAN, 1968 Apr. p. 94.
Wunderlich, Bernhard. THE SOLID STATE OF POLYETHYLENE, 1964 Nov. p. 80.
Wurtman, Richard J. THE EFFECTS OF LIGHT ON THE HUMAN BODY, 1975 July p. 68. [1325]
Wurtman, Richard J., and John D. Fernstrom. NUTRITION AND THE BRAIN, 1974 Feb. p. 84. [1291]
Wurtman, Richard J., and Julius Axelrod. THE PINEAL GLAND, 1965 July p. 50. [1015]
Wyllie, Peter J. THE EARTH'S MANTLE, 1975 Mar. p. 50. [915]
Wynn-Edwards, V. C. POPULATION CONTROL IN ANIMALS, 1964 Aug. p. 68. [192]

Y

Yagoda, Herman. THE TRACKS OF NUCLEAR PARTICLES, 1956 May p. 40. [252]
Yahraes, Herbert. LABRADOR IRON, 1948 Nov. p. 9; THE ARRIVAL OF ACETYLENE, 1949 Jan. p. 16.
Yanofsky, Charles. GENE STRUCTURE AND PROTEIN STRUCTURE, 1967 May p. 80. [1074]
Yin, Theodore P. THE CONTROL OF VIBRATION AND NOISE, 1969 Jan. p. 98.
Yngve, Victor H. COMPUTER PROGRAMS FOR TRANSLATION, 1962 June p. 68.
Yoeli, Meir. ANIMAL INFECTIONS AND HUMAN DISEASE, 1960 May p. 161.
Yonge, C. M. GIANT CLAMS, 1975 Apr. p. 96.
York, Herbert F. MILITARY TECHNOLOGY AND NATIONAL SECURITY, 1969 Aug. p. 17 [330]; THE GREAT TEST-BAN DEBATE, 1972 Nov. p. 15 [342]; MULTIPLE-WARHEAD MISSILES, 1973 Nov. p. 18; THE DEBATE OVER THE HYDROGEN BOMB, 1975 Oct. p. 106.
York, Herbert F., and Jerome B. Weisner. NATIONAL SECURITY AND THE NUCLEAR-TEST BAN, 1964 Oct. p. 27 [319].
Young, Andrew, and Louise Y. VENUS, 1975 Sept. p. 70.
Young, Richard W. VISUAL CELLS, 1970 Oct. p. 80.
Young, Robert A. THE AIRGLOW, 1966 Mar. p. 102;
Young, Vernon R., and Nevin S. Scrimshaw. THE PHYSIOLOGY OF STARVATION, 1971 Oct. p. 14 [1232]; THE REQUIREMENTS OF HUMAN NUTRITION, 1976 Sept. p. 50.
Yount, David E. THE STREAMER CHAMBER, 1967 Oct. p. 38.
Yount, David E., and Frederick Murphy. PHOTONS AS HADRONS, 1971 July p. 94.

Z

Zackay, Victor F. THE STRENGTH OF STEEL, 1963 Aug. p. 72.
Zackay, Victor F., and Earl R. Parker. STRONG AND DUCTILE STEELS, 1968 Nov. p. 36.
Zafiratos, Chris D. THE TEXTURE OF THE NUCLEAR SURFACE, 1972 Oct. p. 100.
Zahl, Paul A. THE EVOLUTION OF SEX, 1949 Apr. p. 52.
Zamecnik, Paul C. THE MICROSOME, 1958 Mar. p. 118 [52].
Zare, Richard N. LASER SEPARATION OF ISOTOPES, 1977 Feb. p. 86. [354]
Zarem, A. M., and W. E. Rand. SMOG, 1952 May p. 15.
Zebroski, Edwin L., and John F. Flagg. ATOMIC PILE CHEMISTRY, 1952 July p. 62.
Zeeman, E. C. CATASTROPHE THEORY, 1976 Apr. p. 65.
Zeilik, Michael THE BIRTH OF MASSIVE STARS, 1978 Apr. p. 110. [3005]
Zeitlin, Alexander. HIGH-PRESSURE TECHNOLOGY, 1965 May p. 38.
Ziman, John. THE THERMAL PROPERTIES OF MATERIALS, 1967 Sept. p. 180.
Zimmermann, Martin H. HOW SAP MOVES IN TREES, 1963 Mar. p. 132 [154].
Zinder, Norton D. "TRANSDUCTION" IN BACTERIA, 1958 Nov. p. 38 [106].
Zirin, Harold. HOT SPOTS IN THE ATMOSPHERE OF THE SUN, 1958 Aug. p. 34.
Zobel, Bruce J. THE GENETIC IMPROVEMENT OF SOUTHERN PINES, 1971 Nov. p. 94.
Zobrist, Albert L., and Frederic R. Carlson, Jr. AN ADVICE-TAKING CHESS COMPUTER, 1973 June p. 92.
Zucker, Marjorie B. BLOOD PLATELETS, 1961 Feb. p. 58.
Zuckerkandl, Emile. THE EVOLUTION OF HEMOGLOBIN, 1965 May p. 110. [1012]
Zuckerman, Harriet. THE SOCIOLOGY OF THE NOBEL PRIZES, 1967 Nov. p. 25.
Zuckerman, Sir Solly. HORMONES, 1957 Mar. p. 76. [1122]
Zweifach, Benjamin W. THE MICROCIRCULATION OF THE BLOOD, 1959 Jan. p. 54.

SCIENTIFIC AMERICAN

Index to Titles

A

ABERRATION, THE DISCOVERY OF STELLAR, by Albert B. Stewart, 1964 Mar. p. 100.

ABORIGINE, THE PREHISTORY OF THE AUSTRALIAN, by D. J. Mulvaney, 1966 Mar. p. 84. [628]

ABORTION, by Christopher Tietze and Sarah Lewit, 1969 Jan. p. 21. [1129]

ABORTION, LEGAL, by Christopher Tietze and Sarah Lewit, 1977 Jan. p. 21. [1345]

ABSOLUTE JUDGMENTS, THE RELATIVISM OF, by Allen Parducci, 1968 Dec. p. 84.

ABSOLUTE ZERO, NEW METHODS FOR APPROACHING, by O. V. Lounasmaa, 1969 Dec. p. 26.

ABSORPTION LINES OF QUASI-STELLAR OBJECTS, THE, by E. Margaret Burbidge and C. Roger Lynds, 1970 Dec. p. 22.

ABSORPTION OF LICHT IN PHOTOSYNTHESIS, THE, by Govindjee and Rajni Govindjee, 1974 Dec. p. 68 [1310].

ABSORPTION OF RADIO WAVES IN SPACE, THE, by A. E. Lilley, 1957 July p. 48.

ABUNDANCE OF THE ELEMENTS, THE, by Armin J. Deutsch, 1950 Oct. p. 14.

ABYSS, ANIMALS OF THE, by Anton F. Bruun, 1957 Nov. p. 50.

ABYSS, THE CIRCULATION OF THE, by Henry Stommel, 1958 July p. 85.

ACCELERATION, THE PHYSIOLOGICAL EFFECTS OF, by Terence A. Rogers, 1962 Feb. p. 60.

ACCELERATOR, A 100-BILLION-VOLT, by Ernest D. Courant, 1953 May p. 40.

ACCELERATOR TARGETS, POLARIZED, by Gilbert Shapiro, 1966 July p. 68.

ACCELERATOR, THE BATAVIA, by R. R. Wilson, 1974 Feb. p. 72.

ACCELERATOR, THE LINEAR, by Wolfgang Panofsky, 1954 Oct. p. 40. [234]

ACCELERATOR, THE TWO-MILE ELECTRON, by Edward L. Ginzton and William Kirk, 1961 Nov. p. 49. [322]

ACCELERATORS, CHEMICAL, by Richard Wolfgang, 1968 Oct. p. 44.

ACCELERATORS, COLLECTIVE-EFFECT, by Denis Keefe, 1972 Apr. p. 22.

ACCELERATORS, PARTICLE, by Robert R. Wilson, 1958 Mar. p. 64. [251]

ACCELERATORS, TANDEM VAN DE GRAAFF, by Peter H. Rose and Andrew B. Wittkower, 1970 Aug. p. 24.

ACCELERATORS, WORLD'S, 1948 Oct. p. 18.

ACCURACY OF STRATEGIC MISSILES, THE, by Kosta Tsipis, 1975 July p. 14.

ACETABULARIA: A USEFUL GIANT CELL, by Aharon Gibor, 1966 Nov. p. 118. [1057]

ACETYLCHOLINE, THE RESPONSE TO, by Henry A. Lester, 1977 Feb. p. 106. [1352]

ACETYLENE, THE ARRIVAL OF, by Herbert Yahraes, 1949 Jan. p. 16.

ACOUSTIC METHODS IN PSYCHIATRY, by Peter F. Ostwald, 1965 Mar. p. 82. [492]

ACOUSTIC SURFACE WAVES, by Gordon S. Kino and John Shaw, 1972 Oct. p. 50.

ACOUSTICAL HOLOGRAPHY, by Alexander F. Metherell, 1969 Oct. p. 36.

ACOUSTICS, ARCHITECTURAL, by Vern O. Knudsen, 1963 Nov. p. 78.

ACOUSTICS OF THE SINGING VOICE, THE, by Johan Sundberg, 1977 Mar. p. 82. [356]

ACQUIRED CHARACTERISTICS, EXPERIMENTS IN, by C. H. Waddington, 1953 Dec. p. 92.

ACTH, CORTISONE AND, by George W. Gray, 1950 Mar. p. 30. [14]

ACTH MOLECULE, THE, by Choh Hao Li, 1963 July p. 46. [160]

ACTINOMYCIN BINDS TO DNA, HOW, by Henry M. Sobell, 1974 Aug. p. 82. [1303]

ACTION OF ADHESIVES, THE, by Norman A. de Bruyne, 1962 Apr. p. 114.

ACTION OF INSULIN, THE, by Rachmiel Levine and M. S. Goldstein, 1958 May p. 99.

ACTIVE ANIMALS OF THE DEEP-SEA FLOOR, by John D. Isaacs and Richard A. Schwartzlose, 1975 Oct. p. 84.

ACUTE RESPIRATORY FAILURE, by Peter M. Winter and Edward Lowenstein, 1969 Nov. p. 23.

ADAPTIONS TO COLD, by Laurence Irving, 1966 Jan. p. 94. [1032]

ADD? HOW FAST CAN COMPUTERS, by Shmuel Winograd, 1968 Oct. p. 93.

ADDICTION, EXPERIMENTAL NARCOTIC, by James R. Weeks, 1964 Mar. p. 46.

ADDITIVES, FOOD, by G. O. Kermode, 1972 Mar. p. 15.

ADHESIVES, THE ACTION OF, by Norman A. de Bruyne, 1962 Apr. p. 114.

ADJACENY PRINCIPLE IN VISUAL PERCEPTION, THE, by Walter C. Gogel, 1978 May p. 126. [582]

ADJUSTABLE BRAIN OF HIBERNATORS, THE, by N. Mrosovsky, 1968 Mar. p. 110.

ADVANCED COMPOSITE MATERIALS, by Henry R. Clauser, 1973 July p. 36.

ADVANCES IN FIELD EMISSION, by W. P. Dyke, 1964 Jan. p. 108.

ADVANCES IN HOLOGRAPHY, by Keith S. Pennington, 1968 Feb. p. 40.

ADVANCES IN OPTICAL MASERS, by Arthur L. Schawlow, 1963 July p. 34. [294]

ADVANCES IN PATTERN RECOGNITION, by Richard G. Casey and George Nagy, 1971 Apr. p. 56.

ADVANCES IN SUPERCONDUCTING MAGNETS, by William B. Sampson, Paul P. Craig and Myron Strongin, 1967 Mar. p. 114.

ADVERSARY PROCESS, PSYCHIATRISTS AND THE, by David L. Bazelon, 1974 June p. 18.

ADVICE-TAKING CHESS COMPUTER, AN, by Albert L. Zobrist and Frederic R. Carlson, Jr., 1973 June p. 92.

AEC'S ISOTOPES, THE, 1949 Apr. p. 16.

AERIAL MIGRATION OF INSECTS, THE, by C. G. Johnson, 1963 Dec. p. 132. [173]

AERODYNAMIC WHISTLES, by Robert C. Chanaud, 1970 Jan. p. 40.

AERODYNAMICS OF BOOMERANGS, THE, by Felix Hess, 1968 Nov. p. 124.

AERODYNAMICS, ULTRAHIGH-ALTITUDE, by Samuel A. Schaaf, Lawrence Talbot and Lee Edson, 1958 Jan. p. 36.

AETHER DRIFT, THE COSMIC BACKGROUND RADIATION AND THE NEW, by Richard A. Muller, 1978 May p. 64. [3008]

AFAR TRIANGLE, THE, by Haroun Tazieff, 1970 Feb. p. 32. [891]

AFRICA, EARLY MAN IN, by J. Desmond Clark, 1958 July p. 76.

AFRICA, ISIMILA: A PALEOLITHIC SITE IN, by F. Clark Howell, 1961 Oct. p. 118.

AFRICA, THE MAN-APES OF SOUTH, by Wilton M. Krogman, 1948 May p. 16.

AFRICA, THE TALKING DRUMS OF, by John F. Carrington, 1971 Dec. p. 90.

AFRICA, WILDLIFE HUSBANDRY IN, by F. Fraser Darling, 1960 Nov. p. 123.

AFTEREFFECTS IN PERCEPTION, by W. C. H. Prentice, 1962 Jan. p. 44.

AFTEREFFECTS IN VISUAL PERCEPTION, NEGATIVE, by Olga Eizner Favreau and Michael C. Corballis, 1976 Dec. p. 42. [574]

AFTERIMAGES, by G. S. Brindley, 1963 Oct. p. 84. [1089]

AGAMEMNON, MYCENAE, CITY OF, by George E. Mylonas, 1954 Dec. p. 72.
AGAMMAGLOBULINEMIA, by David Gitlin and Charles A. Janeway, 1957 July p. 93.
AGASSIZ, LOUIS, by Alfred Sherwood Romer, 1949 July p. 48.
AGE OF SCIENCE, 1950 Sept. *issue.*
AGE OF SCIENCE, THE: 1900-1950, by J. R. Oppenheimer, 1950 Sept. p. 20.
AGE OF THE ELEMENTS IN THE SOLAR SYSTEM, THE, by John H. Reynolds, 1960 Nov. p. 171. [253]
AGE OF THE ELEMENTS, THE, by David N. Schramm, 1974 Jan. p. 69.
AGE OF THE ORION NEBULA, THE, by Peter O. Vandervoort, 1965 Feb. p. 90.
AGE OF THE SOLAR SYSTEM, THE, by Harrison Brown, 1957 Apr. p. 80. [102]
AGE, THE BIOLOGY OF OLD, by Florence Moog, 1948 June p. 40.
AGING, EXPERIMENTS IN, by Albert I. Lansing, 1953 Apr. p. 38.
AGING GREAT LAKES, THE, by Charles F. Powers and Andrew Robertson, 1966 Nov. p. 94. [1056]
AGING, HUMAN CELLS AND, by Leonard Hayflick, 1968 Mar. p. 32. [1103]
AGING OF COLLAGEN, THE, by Frederic Verzár, 1963 Apr. p. 104. [155]
AGING, THE PHYSIOLOGY OF, by Nathan W. Shock, 1962 Jan. p. 100.
AGORA, THE, by Homer A. Thompson, 1950 Aug. p. 46.
AGRICOLAE, GEORGII, DE RE METALLICA, 1951 Feb. p. 46.
AGRICULTURAL PLAN, A WORLD, by Addeke H. Boerma, 1970 Aug. p. 54. [1186]
AGRICULTURAL PRODUCTION, THE AMPLIFICATION OF, by Peter R. Jennings, 1976 Sept. p. 180.
AGRICULTURAL REVOLUTION, AN EARLIER, by Wilhelm G. Solheim II, 1972 Apr. p. 34. [675]
AGRICULTURAL REVOLUTION, THE, by Robert J. Braidwood, 1960 Sept. p. 130. [605]
AGRICULTURAL SOCIETY, THE FLOW OF ENERGY IN AN, by Roy A. Rappaport, 1971 Sept. p. 116. [666]
AGRICULTURAL SYSTEMS, by Robert S. Loomis, 1976 Sept. p. 98.
AGRICULTURE, CHEMICAL, by Francis Joseph Weiss, 1952 Aug. p. 15.
AGRICULTURE, CLIMATE AND, by Frits W. Went, 1957 June p. 82.
AGRICULTURE, FOOD AND, 1976 Sept. *issue.*
AGRICULTURE, FOOD AND, by Sterling Wortman, 1976 Sept. p. 30.
AGRICULTURE IN CHINA, by Sterling Wortman, 1975 June p. 13.
AGRICULTURE IN DEVELOPING COUNTRIES, THE DEVELOPMENT OF, by W. David Hopper, 1976 Sept. p. 196.
AGRICULTURE OF INDIA, THE, by John W. Mellor, 1976 Sept. p. 154.
AGRICULTURE OF MEXICO, THE, by Edwin J. Wellhausen, 1976 Sept. p. 128.
AGRICULTURE OF THE U.S., THE, by Earl O. Heady, 1976 Sept. p. 106.
AGRICULTURE, SALT-WATER, by Hugo Boyko, 1967 Mar. p. 89.
AGRICULTURE, THE RESOURCES AVAILABLE FOR, by Roger Revelle, 1976 Sept. p. 164.
AGRICULTURE WITHOUT TILLAGE, by Glover B. Triplett, Jr., and David M. Van Doren, Jr., 1977 Jan. p. 28. [1349]
AIR ACT OF 1970, ENFORCING THE CLEAN, by Noel de Nevers, 1973 June p. 14.
AIR ENGINE, THE PHILIPS, by Leonard Engel, 1948 July p. 52.
AIR, MEDIEVAL USES OF, by Lynn White, Jr., 1970 Aug. p. 92. [336]
AIR, MOTHS, MELANISM AND CLEAN, by J. A. Bishop and Laurence M. Cook, 1975 Jan. p. 90. [1314]
AIR POLLUTION, by Frits W. Went, 1955 May p. 62.
AIR POLLUTION AND PUBLIC HEALTH, by Walsh McDermott, 1961 Oct. p. 49. [612]
AIR POLLUTION, THE CONTROL OF, by A. J. Haagen-Smit, 1964 Jan. p. 24. [618]
AIRBORNE MAGNETOMETER, THE, by Homer Jensen, 1961 June p. 151.
AIRBORNE RADAR, SIDE-LOOKING, by Homer Jensen, L. C. Graham, Leonard J. Porcello and Emmett N. Leith, 1977 Oct. p. 84. [386]
AIR-BREATHING FISHES, by Kjell Johansen, 1968 Oct. p. 102. [1125]
AIR-CONDITIONED TERMITE NESTS, by Martin Lüscher, 1961 July p. 138.
AIRCRAFT, INERTIAL NAVIGATION FOR, by Cornelius T. Leondes, 1970 Mar. p. 80.
AIRCRAFT LANDING, ALL-WEATHER, by Frank B. Brady, 1964 Mar. p. 25.
AIRCRAFT, VERTICAL-TAKEOFF, by John P. Campbell, 1960 Aug. p. 41.
AIRCRAFT WAKES, VORTEXES IN, by Norman A. Chigier, 1974 Mar. p. 76.
AIRFLOW CAR, THE HISTORY OF THE, by Howard S. Irwin, 1977 Aug. p. 98. [697]
AIRGLOW, AURORA AND, by C. T. Elvey and Franklin E. Roach, 1955 Sept. p. 140.
AIRGLOW, THE, by Robert A. Young, 1966 Mar. p. 102.
AIRGLOW, THE SPECTRUM OF THE, by M. F. Ingham, 1972 Jan. p. 78.
AIRPLANES, HIGH-SPEED RESEARCH, by Walter T. Bonney, 1953 Oct. p. 36.
AIRPORT RADAR, 1952 June p. 64.
AIR-TRAFFIC CONTROL, by Seymour Deitchman and Alfred Blumstein, 1960 Dec. p. 47.
ALARM REACTION, THE, by P. C. Constantinides and Niall Carey, 1949 Mar. p. 20. [4]
ALBATROSSES, THE GREAT, by W. L. N. Tickell, 1970 Nov. p. 84. [1204]
ALBINOS VISUAL PATHWAYS IN, by R. W. Guillery, 1974 May p. 44. [1294]
ALCHEMY AND ALCHEMISTS, by John Read, 1952 Oct. p. 72.
ALCHEMY" WAS RECEIVED, HOW "NEWER, by Lawrence Badash, 1966 Aug. p. 88.
ALCOHOL IN THE BODY, by Leon A. Greenberg, 1953 Dec. p. 86.
ALCOHOL, THE METABOLISM OF, by Charles S. Lieber, 1976 Mar. p. 25. [1336]
ALCOHOLICS AND METABOLISM, by Roger J. Williams, 1948 Dec. p. 50.
ALEUTS, THE, by T. P. Bank, 1958 Nov. p. 112.
ALFRED WEGENER AND THE HYPOTHESIS OF CONTINENTAL DRIFT, by A. Hallam, 1975 Feb. p. 88.
ALGAE AS FOOD, by Harold W. Milner, 1953 Oct. p. 31.
ALGAE, THE BLUE-GREEN, by Patrick Echlin, 1966 June p. 74.
ALGAE, THE GAS VACUOLES OF BLUE-GREEN, by A. E. Walsby, 1977 Aug. p. 90. [1367]
ALGAE, THE USEFUL, by Francis Joseph Weiss, 1952 Dec. p. 15.
ALGEBRA, by W. W. Sawyer, 1964 Sept. p. 70.
ALGORITHMS, by Donald E. Knuth, 1977 Apr. p. 63. [360]
ALGORITHMS, THE EFFICIENCY OF, by Harry R. Lewis and Christos H. Papadimitriou, 1978 Jan. p. 96. [395]
ALIENATION, THE ORIGINS OF, by Urie Bronfenbrenner, 1974 Aug. p. 53. [561]
ALIGNED CRYSTALS IN METALS, by B. D. Cullity, 1959 Apr. p. 125.
ALKALI METALS, ANIONS OF THE, by James L. Dye, 1977 July p. 92. [368]
ALKALOIDS, by Trevor Robinson, 1959 July p. 113. [1082]
ALLERGIC MECHANISMS IN NERVOUS DISEASE, by Elvin A. Kabat, 1949 July p. 16.
ALLERGY: A DEFINITION, by Bela Schick, 1948 July p. 26.
ALLOYING, MECHANICAL, by J. S. Benjamin, 1976 May p. 40.
ALL-WEATHER AIRCRAFT LANDING, by Frank B. Brady, 1964 Mar. p. 25.
ALPS, PREHISTORIC ART IN THE, by Emmanuel Anati, 1960 Jan. p. 52.
ALTITUDE, THE PHYSIOLOGY OF HIGH, by Raymond J. Hock, 1970 Feb. p. 52. [1168]
ALTITUDES, LIFE AT HIGH, by George W. Gray, 1955 Dec. p. 58.
AMAZON, THE FUTURE OF THE, by Peter van Dresser, 1948 May p. 11.
AMBER, INSECTS IN, by Charles T. Brues, 1951 Nov. p. 56. [838]
AMBO, THE KUANYAMA, by Edwin M. Loeb, 1950 Oct. p. 52.
AMERICA, A STONE AGE CAMPSITE AT THE GATEWAY TO, by Douglas D. Anderson, 1968 June p. 24.
AMERICA CANALS IN, by John S. McNown, 1976 July p. 116.
AMERICA, ELEPHANT-HUNTING IN NORTH, by C. Vance Haynes, Jr., 1966 June p. 104.
AMERICA, HOW MAN CAME TO NORTH, by Ralph Solecki, 1951 Jan. p. 11.
AMERICAN LANGUAGE, THE CHANGING, by Jotham Johnson, 1955 Aug. p. 78.
AMERICAN LANGUAGES, THE, by Hans Kurath, 1950 Jan. p. 48.
AMERICAN PEOPLE, THE HEALTH OF THE, by Forrest E. Linder, 1966 June p. 21.
AMERICANS, THE EARLY, by Frank H. H. Roberts, 1951 Feb. p. 15.
AMERICA'S OLDEST ROADS, by Victor W. von Hagen, 1952 July p. 17.
AMOEBAE AND MAMMALS, HORMONES IN SOCIAL, by John Tyler Bonner, 1969 June p. 78.
AMOEBAE, DIFFERENTIATION IN SOCIAL, by John Tyler Bonner, 1959 Dec. p. 152.
AMOEBAE, THE SOCIAL, by John Tyler Bonner, 1949 June p. 44.
AMOEBOID MOVEMENT, by Robert D. Allen, 1962 Feb. p. 112. [182]
AMORPHOUS-SEMICONDUCTOR DEVICES, by David Adler, 1977 May p. 36. [362]
AMORPHOUS-SEMICONDUCTOR SWITCHING, by H. K. Henisch, 1969 Nov. p. 30.
AMP, CYCLIC, by Ira Pastan, 1972 Aug. p. 97. [1256]
AMPHIBIAN METAMORPHOSIS, THE CHEMISTRY OF, by Earl Frieden, 1963 Nov. p. 110. [170]
AMPLIFICATION OF AGRICULTURAL PRODUCTION, THE, by Peter R. Jennings, 1976 Sept. p. 180.
AMPLIFIERS, JUNCTION-DIODE, by Arthur Uhlir, Jr., 1959 June p. 118.
ANALGESIC DRUGS, by Marshall Gates, 1966 Nov. p. 131. [304]
ANALYSIS BY INFRARED, CHEMICAL, by Bryce Crawford, Jr., 1953 Oct. p. 42. [257]
ANALYSIS, NEUTRON-ACTIVATION, by Werner H. Wahl and Henry H. Kramer, 1967 Apr. p. 68.
ANALYSIS, NONSTANDARD, by Martin Davis and Reuben Hersh, 1972 June p. 78.
ANALYSIS OF BRAIN WAVES, THE, by Mary A. B. Brazier, 1962 June p. 142.
ANALYSIS OF ECONOMIC INDICATORS, THE, by Geoffrey H. Moore, 1975 Jan. p. 17.

ANALYSIS OF MATERIALS BY X-RAY ABSORPTION, THE, by Edward A. Stern, 1976 Apr. p. 96.
ANALYSIS OF TELEVISION PROGRAMS, AN, by Dallas W. Smythe, 1951 June p. 15.
ANALYTIC GEOMETRY, THE INVENTION OF, by Carl B. Boyer, 1949 Jan. p. 40.
ANALYTIC INSTRUMENTS IN PROCESS CONTROL, by F. W. Karasek, 1969 June p. 112.
ANATOMY OF INFLATION, THE: 1953-1975, by W. Halder Fisher, 1971 Nov. p. 15.
ANATOMY OF THE ATLANTIC, THE, by Henry Stommel, 1955 Jan. p. 30. [810]
ANCESTORS OF MAMMALS, THE, by Edwin H. Colbert, 1949 Mar. p. 40.
ANCHOVY CRISIS, THE, by C. P. Idyll, 1973 June p. 22. [1273]
ANCIENT ARARAT, by Tahsin Özgüç, 1967 Mar. p. 38.
ANCIENT CUMAE, by Raymond V. Schoder, S. J., 1963 Dec. p. 108.
ANCIENT FLUIDS IN CRYSTALS, by Edwin Roedder, 1962 Oct. p. 38. [854]
ANCIENT GLASS, by Robert H. Brill, 1963 Nov. p. 120.
ANCIENT GREEK COMPUTER, AN, by Derek J. de Solla Price, 1959 June p. 60.
ANCIENT JERICHO, by Kathleen M. Kenyon, 1954 Apr. p. 76.
ANCIENT JERUSALEM, by Kathleen M. Kenyon, 1965 July p. 84.
ANCIENT LIFE OF THE ANTARCTIC, THE, by George A. Doumani and William E. Long, 1962 Sept. p. 168. [863]
ANCIENT MASTERS OF THE DESERT, by Michael Evenari and Dov Koller, 1956 Apr. p. 39.
ANCIENT SLAVERY, by William Linn Westermann, 1949 June p. 40.
ANCIENT TEMPERATURES, by Cesare Emiliani, 1958 Feb. p. 54. [815]
ANCIENT WORLD, TRADE IN THE, by Lionel Casson, 1954 Nov. p. 98.
ANDES, EARLY MAN IN THE, by Richard S. MacNeish, 1971 Apr. p. 36.
ANDES, EARLY MAN IN THE, by William J. Mayer-Oakes, 1963 May p. 116.
ANDES, THE EVOLUTION OF THE, by David E. James, 1973 Aug. p. 60. [910]
ANDROMEDA NEBULA, THE DYNAMICS OF THE, by Vera C. Rubin, 1973 June p. 30.
ANEMIA, SICKLE-CELL, by George W. Gray, 1951 Aug. p. 56.
ANESTHESIA, by Henry K. Beecher, 1957 Jan. p. 70.
ANGER, THE PHYSIOLOGY OF FEAR AND, by Daniel H. Funkenstein, 1955 May p. 74. [428]
ANGIOTENSIN, by Irvine H. Page, F. Merlin Bumpus and Hans J. Schwartz, 1959 Mar. p. 54.
ANIMAL AND HUMAN DISEASES, THE KINSHIP OF, by Robert W. Leader, 1967 Jan. p. 110.
ANIMAL COMMUNICATION, by Edward O. Wilson, 1972 Sept. p. 52. [1258]
ANIMAL COURTSHIP, by Lorus J. and Margery J. Milne, 1950 July p. 52.
ANIMAL ELECTRICITY, by H. B. Steinbach, 1950 Feb. p. 40.
ANIMAL INFECTIONS AND HUMAN DISEASE, by Meir Yoeli, 1960 May p. 161.
ANIMAL INTELLIGENCE, by Carl J. Warden, 1951 June p. 64.
ANIMAL, IONIZING RADIATION AND THE WHOLE, by John F. Loutit, 1959 Sept. p. 117.
ANIMAL NAVIGATION, POLARIZED LIGHT AND, by Talbot H. Waterman, 1955 July p. 88.
ANIMAL NUTRITION, THE CYCLES OF PLANT AND, by Jules Janick, Carl H. Noller and Charles L. Rhykerd, 1976 Sept. p. 74.
ANIMAL PSYCHOPHYSICS, EXPERIMENTS IN, by Donald S. Blough, 1961 July p. 113. [458]
ANIMAL SOUNDS IN THE SEA, by Marie Poland Fish, 1956 Apr. p. 93.
ANIMALS BY AUDUBON, 1952 Jan. p. 64.
ANIMALS CHANGE COLOR, HOW, by Lorus J. and Margery J. Milne, 1952 Mar. p. 64.
ANIMALS, HOW TO TEACH, by B. F. Skinner, 1951 Dec. p. 26. [423]
ANIMALS, "IMPRINTING" IN, by Eckhard H. Hess, 1958 Mar. p. 81. [416]
ANIMALS IN CAPTIVITY REALLY WILD? ARE WILD, by H. Hediger, 1954 May p. 76.
ANIMALS IN THE SNOW, by William O. Pruitt, Jr., 1960 Jan. p. 60.
ANIMALS, NOCTURNAL, by H. N. Southern, 1955 Oct. p. 88.
ANIMALS OF THE ABYSS, by Anton F. Bruun, 1957 Nov. p. 50.
ANIMALS OF THE BOTTOM, by Henry G. Vevers, 1952 July p. 68.
ANIMALS OF THE DEEP-SEA FLOOR, ACTIVE, by John D. Isaacs and Richard A. Schwartzlose, 1975 Oct. p. 84.
ANIMALS, POPULATION CONTROL IN, by V. C. Wynne-Edwards, 1964 Aug. p. 68. [192]
ANIMALS, PRE-CAMBRIAN, by Martin F. Glaessner, 1961 Mar. p. 72. [837]
ANIMALS RUN, HOW, by Milton Hildebrand, 1960 May p. 148.
ANIMALS THAT NOURISH MAN, THE PLANTS AND, by Jack R. Harlan, 1976 Sept. p. 88.
ANIMALS, THE BLOOD RELATIONSHIPS OF, by Alan A. Boyden, 1951 July p. 59.
ANIMALS, THE BUOYANCY OF MARINE, by Eric Denton, 1960 July p. 118.
ANIMALS, THE COURTSHIP OF, by N. Tinbergen, 1954 Nov. p. 42.
ANIMALS, THE FIGHTING BEHAVIOR OF, by Irenäus Eibl-Eibesfeldt, 1961 Dec. p. 112. [470]
ANIMALS, THE LIFE SPAN OF, by Alex Comfort, 1961 Aug. p. 108.
ANIMALS, THE SUN NAVIGATION OF, by Hans Kalmus, 1954 Oct. p. 74.
ANIMALS, UNUSUAL MECHANISMS FOR THE GENERATION OF LIFT IN FLYING, by Torkel Weis-Fogh, 1975 Nov. p. 80. [1331]
ANIONS OF THE ALKALI METALS, by James L. Dye, 1977 July p. 92. [368]
ANNUAL BIOLOGICAL CLOCKS, by Eric T. Pengelley and Sally J. Asmundson, 1971 Apr. p. 72. [1219]
ANT, THE ARMY, by T. C. Schneirla and Gerard Piel, 1948 June p. 16.
ANT, THE FIRE, by Edward O. Wilson, 1958 Mar. p. 36.
ANTARCTIC AND THE UPPER ATMOSPHERE, THE, by Sir Charles Wright, 1962 Sept. p. 74. [858]
ANTARCTIC AND THE WEATHER, THE, by Morton J. Rubin, 1962 Sept. p. 84. [859]
ANTARCTIC OCEAN, THE, by V. G. Kort, 1962 Sept. p. 113. [860]
ANTARCTIC, THE, 1962 Sept. *issue.*
ANTARCTIC, THE, by A. P. Crary, 1962 Sept. p. 60. [857]
ANTARCTIC, THE ANCIENT LIFE OF THE, by George A. Doumani and William E. Long, 1962 Sept. p. 168. [863]
ANTARCTIC, THE ICE OF THE, by Gordon de Q. Robin, 1962 Sept. p. 132. [861]
ANTARCTIC, THE LAND OF THE, by G. P. Woollard, 1962 Sept. p. 151.
ANTARCTIC, THE OCEANIC LIFE OF THE, by Robert Cushman Murphy, 1962 Sept. p. 186.
ANTARCTIC, THE SKUA, by Carl R. Eklund, 1964 Feb. p. 94.
ANTARCTIC, THE TERRESTRIAL LIFE OF THE, by George A. Llano, 1962 Sept. p. 212. [865]
ANTHROPOLOGY, by A. L. Kroeber, 1950 Sept. p. 87.
ANTHROPOLOGY, AN EXPERIMENT IN APPLIED, by John and Mary Collier, 1957 Jan. p. 37.
ANTHROPOLOGY OF MANNERS, THE, by Edward T. Hall, Jr., 1955 Apr. p. 84.
ANTHROPOLOGY OF POSTURE, THE, by Gordon W. Hewes, 1957 Feb. p. 122.
ANTI-BALLISTIC-MISSILE SYSTEMS, by Richard L. Garwin and Hans A. Bethe, 1968 Mar. p. 21.
ANTIBIOTICS AGAINST PLANT DISEASES, by David Pramer, 1955 June p. 82.
ANTIBIOTICS AND THE GENETIC CODE, by Luigi Gorini, 1966 Apr. p. 102.
ANTIBIOTICS, THE, by George W. Gray, 1949 Aug. p. 26.
ANTIBIOTICS, THE PROGRESS OF, by Kenneth B. Raper, 1952 Apr. p. 49.
ANTIBODIES ARE MADE, HOW, by Sir Macfarlane Burnet, 1954 Nov. p. 74.
ANTIBODIES, FERTILIZATION AND, by Albert Tyler, 1954 June p. 70. [43]
ANTIBODIES, HOW CELLS MAKE, by G. J. V. Nossal, 1964 Dec. p. 106. [199]
ANTIBODIES, THE SPECIFICITY OF, by S. J. Singer, 1957 Oct. p. 99.
ANTIBODIES, THE STRUCTURE OF, by R. R. Porter, 1967 Oct. p. 81. [1083]
ANTIBODIES, THE STRUCTURE AND FUNCTION OF, by Gerald M. Edelman, 1970 Aug. p. 34. [1185]
ANTIBODY COMBINING SITE, THE, by J. Donald Capra and Allen B. Edmundson, 1977 Jan. p. 50. [1350]
ANTIGENS, HOW CELLS ATTACK, by Robert S. Speirs, 1964 Feb. p. 58.
ANTIGENS, THE STRUCTURE AND FUNCTION OF HISTOCOMPATIBILITY, by Bruce A. Cunningham, 1977 Oct. p. 96. [1369]
ANTI-MATTER, by Geoffrey Burbidge and Fred Hoyle, 1958 Apr. p. 34.
ANTIMATTER AND COSMOLOGY, by Hannes Alfvén, 1967 Apr. p. 106. [311]
ANTIOCHUS I, THE TOMB OF, by Theresa Goell and Friedrich Karl Doerner, 1956 July p. 38.
ANTIPROTON, THE, by Emilio Segrè and Clyde E. Wiegand, 1956 June p. 37. [244]
ANTIQUITY, A FORGOTTEN EMPIRE OF, by Stuart Piggott, 1953 Nov. p. 42.
ANTIQUITY OF HUMAN WALKING, THE, by John Napier, 1967 Apr. p. 56. [1070]
ANTIQUITY OF MODERN MAN, by Loren C. Eiseley, 1948 July p. 16.
ANTIQUITY, THE IDEA OF MAN'S, by Glyn E. Daniel, 1959 Nov. p. 167.
ANTI-SCIENTIFIC ATTITUDE, A STUDY OF THE, by Bernard and Judith Mausner, 1955 Feb. p. 35. [453]
ANTISUBMARINE WARFARE AND NATIONAL SECURITY, by Richard L. Garwin, 1972 July p. 14. [345]
ANTLERS, HORNS AND, by Walter Modell, 1969 Apr. p. 114. [1139]
ANTS AND THEIR GUESTS, COMMUNICATION BETWEEN, by Bert Hölldobler, 1971 Mar. p. 86. [1218]
ANTS, SLAVERY IN, by Edward O. Wilson, 1975 June p. 32. [1323]
ANTS, THE SOCIAL BEHAVIOR OF ARMY, by Howard R. Topoff, 1972 Nov. p. 70. [550]
ANTS, WEAVER, by Berthold K. Hölldobler and Edward O. Wilson, 1977 Dec. p. 146. [1373]
ANXIETY, THE BIOCHEMISTRY OF, by Ferris N. Pitts, Jr., 1969 Feb. p. 69. [521]

ANXIETY, THE NATURE AND MEASUREMENT OF, by Raymond B. Cattell, 1963 Mar. p. 96. [475]
APE, TEACHING LANGUAGE TO AN, by Ann James Premack and David Premack, 1972 Oct. p. 92. [549]
APE-MEN, THE, by Robert Broom, 1949 Nov. p. 20. [832]
APES, THE EARLIEST, by Elwyn L. Simons, 1967 Dec. p. 28. [636]
APPENDICULARIANS, by Alice Alldredge, 1976 July p. 94.
APPETITE AND OBESITY, by Jean Mayer, 1956 Nov. p. 108.
APPLICATIONS OF LASER LIGHT, by Donald R. Herriott, 1968 Sept. p. 140.
APPLICATIONS OF SUPERCONDUCTIVITY, by Theodore A. Buchhold, 1960 Mar. p. 74. [270]
APPLICATIONS OF THE COANDA EFFECT, by Imants Reba, 1966 June p. 84.
AQUATIC LIFE, THERMAL POLUTION AND, by John R. Clark, 1969 Mar. p. 18. [1135]
ARABIA FELIX, THE RISE AND FALL OF, by Gus W. Van Beek, 1969 Dec. p. 36. [653]
ARARAT, ANCIENT, by Tahsin Özgüç, 1967 Mar. p. 38.
ARCHAEOLOGY, A CRISIS IN U.S., by Frank H. H. Roberts, 1948 Dec. p. 12.
ARCHAEOLOGY AND THE EARLIEST ART, by Hallam L. Movius, Jr., 1953 Aug. p. 30.
ARCHAEOLOGY IN THE MAYA HIGHLANDS, UNDERWATER, by Stephan F. Borhegyi, 1959 Mar. p. 100.
ARCHAEOLOGY OF WINCHESTER, THE, by Martin Biddle, 1974 May p. 32.
ARCHAIC INDIAN BURIAL MOUND IN LABRADOR, AN, by James A. Tuck and Robert J. McGhee, 1976 Nov. p. 122.
ARCHAIC INDIAN CEMETERY IN NEWFOUNDLAND, AN, by James A. Tuck, 1970 June p. 112. [657]
ARCHER FISH, THE, by K. H. Lüling, 1963 July p. 100.
ARCHITECTURAL ACOUSTICS, by Vern O. Knudsen, 1963 Nov. p. 78.
ARCHITECTURAL VAULTING, by J. H. Acland, 1961 Nov. p. 144.
ARCHITECTURE AND CLIMATE, PRIMITIVE, by James Marston Fitch and Daniel P. Branch, 1960 Dec. p. 134.
ARCHITECTURE COMPUTER GRAPHICS IN, by Donald P. Greenberg, 1974 May p. 98.
ARCHITECTURE, PASSIVE COOLING SYSTEMS IN IRANIAN, by Mehdi N. Bahadori, 1978 Feb. p. 144. [705]
ARCTIC, EARLY MAN IN THE, by J. L. Giddings, Jr., 1954 June p. 82.
ARCTIC, FLOWERS IN THE, by Rutherford Platt, 1956 Feb. p. 88.
ARCTIC, ICE ISLANDS IN THE, by Kaare Rodahl, 1954 Dec. p. 40.
ARCTIC OCEAN, THE, by P. A. Gordienko, 1961 May p. 88.
ARE SCIENTISTS DIFFERENT, by Lewis M. Terman, 1955 Jan. p. 25. [437]
ARE WILD ANIMALS IN CAPTIVITY REALLY WILD?, by H. Hediger, 1954 May p. 76.
ARISTOTLE'S PHYSICS, by Carl B. Boyer, 1950 May p. 48.
ARITHMETIC BEHAVIOR IN CHIMPANZEES, by Charles B. Ferster, 1964 May p. 98. [484]
ARITHMETIC, UNSOLVED PROBLEMS IN, by Howard DeLong, 1971 Mar. p. 50.
ARMAMENTS, THE COST OF WORLD, by Archibald S. Alexander, 1969 Oct. p. 21. [650]
ARMS CONTROL, RECONNAISSANCE AND, by Ted Greenwood, 1973 Feb. p. 14. [346]
ARMS OF THE GALAXY, THE, by Bart J. Bok, 1959 Dec. p. 92.
ARMS RACE, THE DYNAMICS OF THE, by George W. Rathjens, 1969 Apr. p. 15. [642]
ARMS RACE V. CONTROL, by Chester I. Barnard, 1949 Nov. p. 11.
ARMS, THE LIMITATION OF STRATEGIC, by G. W. Rathjens and G. B. Kistiakowsky, 1970 Jan. p. 19. [654]
ARMSTRONG, THE LATE EDWIN H., by Lawrence P. Lessing, 1954 Apr. p. 64.
ARMY ANT, THE, by T. C. Schneirla and Gerard Piel, 1948 June p. 16.
ARMY ANTS, THE SOCIAL BEHAVIOR OF, by Howard R. Topoff, 1972 Nov. p. 70. [550]
AROMATIC COMPOUNDS IN NATURE, POLYCYCLIC, by Max Blumer, 1976 Mar. p. 34.
AROMATIC MOLECULES, THE NATURE OF, by Ronald Breslow, 1972 Aug. p. 32.
AROUSAL, CONFLICT AND, by Daniel E. Berlyne, 1966 Aug. p. 82. [500]
ARRESTED VISION, by Austin H. Riesen, 1950 July p. 16. [408]
ARRIVAL OF ACETYLENE, THE, by Herbert Yahraes, 1949 Jan. p. 16.
ARRIVAL OF NUCLEAR POWER, THE, by John F. Hogerton, 1968 Feb. p. 21.
ARROW OF TIME, THE, by David Layzer, 1975 Dec. p. 56.
ARROYOS, by Sheldon Judson, 1952 Dec. p. 71.
ART, ARCHAEOLOGY AND THE EARLIEST, by Hallam L. Movius, Jr., 1953 Aug. p. 30.
ART IN THE ALPS, PREHISTORIC, by Emmanuel Anati, 1960 Jan. p. 52.
ART MUSEUM, SCIENCE IN THE, by Rutherford J. Gettens, 1952 July p. 22.
ART, SCHIZOPHRENIC: A CASE STUDY, by Bruno Bettelheim, 1952 Apr. p. 30.
ART, THE EVOLUTION OF PALEOLITHIC, by André Leroi-Gourhan, 1968 Feb. p. 58.
ARTEMIS AT BRAURON, THE SANCTUARY OF, by John Papadimitriou, 1963 June p. 110.
ARTIFICIAL HEART INSIDE THE BODY, AN, by Willem J. Kolff, 1965 Nov. p. 38. [1023]
ARTIFICIAL INTELLIGENCE, by Marvin L. Minsky, 1966 Sept. p. 246. [313]
ARTIFICIAL INTERNAL ORGANS, by Peter F. Salisbury, 1954 Aug. p. 24.
ARTIFICIAL KIDNEY, THE, by John P. Merrill, 1961 July p. 56.
ARTIFICIAL LIVING PLANTS, by Edward F. Moore, 1956 Oct. p. 118.
ARTIFICIAL MATRIXES, ENZYMES BOUND TO, by Klaus Mosbach, 1971 Mar. p. 26. [1216]
ARTIFICIAL MUSCLE, by Teru Hayashi and George A. W. Boehm, 1952 Dec. p. 18.
ARTIFICIAL PLASMA CLOUDS IN SPACE, by Gerhard Haerendel and Reimar Lüst, 1968 Nov. p. 80.
ARTIFICIAL RESPIRATION, by Stefan Jellinek, 1951 July p. 18.
ARTIFICIAL SATELLITE AS A RESEARCH INSTRUMENT, THE, by James A. Van Allen, 1956 Nov. p. 41.
ARTIFICAL SATELLITES AND THE EARTH'S ATMOSPHERE, by Robert Jastrow, 1959 Aug. p. 37. [851]
ARTIFICAL SATELLITES AND THE THEORY OF RELATIVITY, by V. L. Ginzburg, 1959 May p. 149.
ASPHYXIA AT BIRTH, BRAIN DAMAGE BY, by William F. Windle, 1969 Oct. p. 76. [1158]
ASPIRATIONS, A STUDY OF, by Hadley Cantril, 1963 Feb. p. 41.
ASPIRIN, by H. O. J. Collier, 1963 Nov. p. 96. [169]
ASSEMBLY, COMPUTER-CONTROLLED, by James L. Nevins and Daniel E. Whitney, 1978 Feb. p. 62. [396]
ASSESSMENT OF TECHNOLOGY, THE, by Harvey Brooks and Raymond Bowers, 1970 Feb. p. 13. [332]
ASSYRIAN TRADING OUTPOST, AN, by Tahsin Özgüc, 1963 Feb. p. 96.
ASTEROIDS, THE NATURE OF, by Clark R. Chapman, 1975 Jan. p. 24.
ASTHMA, by William Kaufman, 1952 Aug. p. 28.
ASTROBLEMES, by Robert S. Dietz, 1961 Aug. p. 50. [801]
ASTROLABE, THE, by J. D. North, 1974 Jan. p. 96.
ASTRONOMY, by Harlow Shapley, 1950 Sept. p. 24.
ASTRONOMY, BALLOON, by Martin and Barbara Schwarzschild, 1959 May p. 52.
ASTRONOMY BY BALLOON, INFRARED, by John Strong, 1965 Jan. p. 28.
ASTRONOMY, GAMMA RAY, by William L. Kraushaar and George W. Clark, 1962 May p. 52.
ASTRONOMY, GREEK, by Giorgio de Santillana, 1949 Apr. p. 44.
ASTRONOMY, INFRARED, by Bruce C. Murray and James A. Westphal, 1965 Aug. p. 20.
ASTRONOMY, INTERCONTINENTAL RADIO, by K. I. Kellermann, 1972 Feb. p. 72.
ASTRONOMY, NEUTRINO, by Philip Morrison, 1962 Aug. p. 90. [283]
ASTRONOMY, RADAR, by Von R. Eshleman and Allen M. Peterson, 1960 Aug. p. 50.
ASTRONOMY, RADIO, by Grote Reber, 1949 Sept. p. 34,.
ASTRONOMY, ROCKET, by Herbert Friedman, 1959 June p. 52.
ASTRONOMY, ULTRAVIOLET, by Leo Goldberg, 1969 June p. 92.
ASTRONOMY, X-RAY, by Herbert Friedman, 1964 June p. 36.
ASTROPHYSICS OF COSMIC RAYS, THE, by V. L. Ginzburg, 1969 Feb. p. 50.
ASTROPHYSICS ROTATION IN HIGH-ENERGY, by Franco Pacini and Martin J. Rees, 1973 Feb. p. 98.
ASYMMETRY OF THE HUMAN BRAIN, THE, by Doreen Kimura, 1973 Mar. p. 70. [554]
ATHABASKA TAR SANDS, THE, by Karl A. Clark, 1949 May p. 52.
ATHEROSCLEROSIS, by David M. Spain, 1966 Aug. p. 48.
ATHEROSCLEROSIS, THE ORIGIN OF, by Earl P. Benditt, 1977 Feb. p. 74. [1351]
ATKA, THE VOYAGE OF THE, by Paul A. Humphrey, 1955 Sept. p. 50.
ATLANTIC RIFT, THE FLOOR OF THE MID-, by J. R. Heirtzler and W. B. Bryan, 1975 Aug. p. 78. [918]
ATLANTIC, THE ANATOMY OF THE, by Henry Stommel, 1955 Jan. p. 30. [810]
ATMOSPHERE AND BEYOND, NEUTRINOS FROM THE, by Frederick Reines and J. P. F. Sellschop, 1966 Feb. p. 40.
ATMOSPHERE AND OCEANS, THE STEADY STATE OF THE EARTH'S CRUST, by Raymond Siever, 1974 June p. 72. [914]
ATMOSPHERE AND THE OCEAN, THE, by R. W. Stewart, 1969 Sept. p. 76.
ATMOSPHERE, ARTIFICIAL SATELLITES AND THE EARTH'S, by Robert Jastrow, 1959 Aug. p. 37. [851]
ATMOSPHERE, LEE WAVES IN THE, by R. S. Scorer, 1961 Mar. p. 124.
ATMOSPHERE OF MARS, THE, by Conway B. Leovy, 1977 July p. 34. [369]
ATMOSPHERE OF THE SUN, HOT SPOTS IN THE, by Harold Zirin, 1958 Aug. p. 34.
ATMOSPHERE, THE ANTARCTIC AND THE UPPER, by Sir Charles Wright, 1962 Sept. p. 74. [858]

ATMOSPHERE, THE CIRCULATION OF THE, by Harry Wexler, 1955 Sept. p. 114.
ATMOSPHERE, THE CIRCULATION OF THE SUN'S, by Victor P. Starr and Peter A. Gilman, 1968 Jan. p. 100.
ATMOSPHERE, THE CIRCULATION OF THE UPPER, by Reginald E. Newell, 1964 Mar. p. 62.
ATMOSPHERE, THE EARTH IN THE SUN'S, by Sydney Chapman, 1959 Oct. p. 64.
ATMOSPHERE, THE GENERAL CIRCULATION OF THE, by Victor P. Starr, 1956 Dec. p. 40.
ATMOSPHERE, THE ORIGIN OF THE, by Helmut E. Landsberg, 1953 Aug. p. 82. [824]
ATMOSPHERE, THE UPPER, by David I. Blumenstock, 1949 Jan. p. 30.
ATMOSPHERE, TIDES IN THE, by Sydney Chapman, 1954 May p. 36.
ATMOSPHERES OF MARS AND VENUS, THE, by Von R. Eshleman, 1969 Mar. p. 78.
ATMOSPHERIC HALOS, by David K. Lynch, 1978 Apr. p. 144. [3007]
ATMOSPHERIC POLLUTANTS, THE GLOBAL CIRCULATION OF, by Reginald E. Newell, 1971 Jan. p. 32. [894]
ATMOSPHERIC TIDES, by S. T. Butler, 1962 Dec. p. 48.
ATOM, BIRTH OF THE NUCLEAR, by E. N. da C. Andrade, 1956 Nov. p. 93.
ATOM CHEMISTRY, HOT, by Willard F. Libby, 1950 Mar. p. 44.
ATOM, DEMOCRITUS ON THE, 1949 Nov. p. 48.
ATOM, THE MUONIUM, by Vernon W. Hughes, 1966 Apr. p. 93.
ATOM, THE ULTIMATE, by H. C. Corben and S. DeBenedetti, 1954 Dec. p. 88.
ATOMIC BOMB AN ABSOLUTE WEAPON? IS THE, by P. M. S. Blackett, 1949 Mar. p. 13.
ATOMIC BOMB BLAST WAVES, by Everett F. Cox, 1953 Apr. p. 94.
ATOMIC CLOCKS, by Harold Lyons, 1957 Feb. p. 71. [225]
ATOMIC ENERGY ACT OF 1954, THE, by David F. Cavers, 1954 Nov. p. 31.
ATOMIC ENERGY COMMISSION, THE, by Leon Svirsky, 1949 July p. 30.
ATOMIC MICROSCOPE,, 1951 July p. 56.
ATOMIC NUCLEI, THE SIZE AND SHAPE OF, by Michel Baranger and Raymond A. Sorensen, 1969 Aug. p. 58.
ATOMIC NUCLEUS, THE, by R. E. Peierls, 1959 Jan. p. 75.
ATOMIC NUCLEUS, THE, by Robert Hofstadter, 1956 July p. 55. [217]
ATOMIC PILE CHEMISRY, by John F. Flagg and Edwin L. Zebroski, 1952 July p. 62.
ATOMIC POWER IN BRITAIN, by Sir Christopher Hinton, 1958 Mar.29.
ATOMIC POWER, THE ECONOMICS OF, by Sam H. Schurr, 1951 Jan.32.
ATOMS, EARLY VIEWS ON FORCES BETWEEN, by Leslie Holliday, 1970 May p. 116.
ATOMS, EXOTIC, by Clyde E. Wiegand, 1972 Nov. p. 102.
ATOMS, MESONIC, by Sergio DeBenedetti, 1956 Oct. p. 93. [207]
ATOMS VISUALIZED, by Erwin W. Müller, 1957 June p. 113.
ATP, by Paul K. Stumpf, 1953 Apr. p. 85.
ATP, HOW CELLS MAKE, by Peter C. Hinkle and Richard E. McCarty, 1978 Mar. p. 104. [1383]
ATTENTION AND THE PERCEPTION OF SPEECH, by Donald E. Broadbent, 1962 Apr. p. 143. [467]
ATTITUDE AND PUPIL SIZE, by Eckhard H. Hess, 1965 Apr. p. 46. [493]
ATTITUDES, A STUDY OF, by Samuel A. Stouffer, 1949 May p. 11.
ATTITUDES, TEENAGE, by H. H. Remmers and D. H. Radler, 1958 June p. 25.
ATTITUDES TOWARD DESEGREGATION, by Herbert H. Hyman and Paul B. Sheatsley, 1956 Dec. p. 35; 1964 July p. 16. [623]
ATTITUDES TOWARD RACIAL INTEGRATION, by Andrew M. Greeley and Paul B. Sheatsley, 1971 Dec. p. 13. [673]
ATTITUDES TOWARD RACIAL INTEGRATION, by D. Garth Taylor, Paul B. Sheatsley and Andrew M. Greeley, 1978 June p. 42. [707]
ATTRACTANT RECEPTOR OF MOTHS, THE SEX-, by Dietrich Schneider, 1974 July p. 36. [1299]
ATTRACTANTS, INSECT, by Martin Jacobson and Morton Beroza, 1964 Aug. p. 20. [189]
AUDITORY BEATS IN THE BRAIN, by Gerald Oster, 1973 Oct. p. 94. [1282]
AUDITORY ILLUSIONS AND CONFUSIONS, by Richard M. and Roslyn P. Warren, 1970 Dec. p. 30. [531]
AUDITORY LOCALIZATION, by Mark R. Rosenzweig, 1961 Oct. p. 132. [501]
AUDUBON, ANIMALS BY, 1952 Jan. p. 64.
AUREOMYCIN, by Leo and Dora S. Rane, 1949 Apr. p. 18.
AURORA AND AIRGLOW, by C. T. Elvey and Franklin E. Roach, 1955 Sept. p. 140.
AURORA, THE, by Syun-Ichi Akasofu, 1965 Dec. p. 54.
AUSTRALIA, THE SAND WASPS OF, by Howard E. Evans and Robert W. Matthews, 1975 Dec. p. 108.
AUSTRALIAN ABORIGINE, THE PREHISTORY OF THE, by D. J. Mulvaney, 1966 Mar. p. 84. [628]
AUTOBIOGRAPHIES OF CELLS, by Renato Baserga and Walter E. Kisieleski, 1963 Aug. p. 103. [165]
AUTOMATIC ANALYSIS OF BLOOD CELLS, by Marylou Ingram and Kendall Preston, Jr., 1970 Nov. p. 72.
AUTOMATIC CHEMICAL PLANT, AN, by Eugene Ayres, 1952 Sept. p. 82.
AUTOMATIC CONTROL, 1952 Sept. *issue.*
AUTOMATIC CONTROL, by Ernest Nagel, 1952 Sept. p. 44.
AUTOMATIC MACHINE TOOL, AN, by William Pease, 1952 Sept. p. 101.
AUTOMATIC MANUFACTURE OF ELECTRONIC EQUIPMENT, by Lawrence P. Lessing, 1955 Aug. p. 29.
AUTOMATIC NERVOUS SYSTEM, LEARNING IN THE, by Leon V. DiCara, 1970 Jan. p. 30. [525]
AUTOMATIC SYNTHESIS OF PROTIENS, THE, by R. B. Merrifield, 1968 Mar. p. 56. [320]
AUTOMOBILE ENGINE, THE ORIGIN OF THE, by Lynwood Bryant, 1967 Mar. p. 102.
AUTOMOBILE RACE OF 1895, THE GREAT, by Jacques Ickx, 1972 May p. 102.
AUTOMOBILE, THE ELECTRIC, by George A. Hoffman, 1966 Oct. p. 34.
AUTOMOBILES, THE CRASHWORTHINESS OF, by Patrick M. Miller, 1973 Feb. p. 78.
AUTOMOBILES, THE FUEL CONSUMPTION OF, by John R. Pierce, 1975 Jan. p. 34.
AUTUMN COLORS, by Kenneth V. Thimann, 1950 Oct. p. 40.
AVALANCHES, SNOW, by Montgomery M. Atwater, 1954 Jan. p. 26.
AVALANCHES, THE CONTROL OF SNOW, by Edward R. LaChapelle, 1966 Feb. p. 92.
AVIATION MEDICINE, FATHER OF, by J. M. D. Olmsted, 1952 Jan. p. 66.
AXON, THE NERVE, by Peter F. Baker, 1966 Mar. p. 74. [1038]

B

BABBAGE, THE STRANGE LIFE OF CHARLES, by Philip and Emily Morrison, 1952 Apr. p. 66.
BABIES, THE PREVENTION OF "RHESUS", by C. A. Clarke, 1968 Nov. p. 46. [1126]
BABIES, THE STRANGE CASE OF THE BLIND, by Theodore H. Ingalls, 1955 Dec. p. 40.
BABOONS, THE SOCIAL LIFE OF, by S. L. Washburn and Irven DeVore, 1961 June p. 62. [614]
BACTERIA, PURPLE, by Roderick K. Clayton and Max Delbrück, 1951 Nov. p. 68.
BACTERIA, SEXUALITY IN, by Elie L. Wollman and François Jacob, 1956 July p. 109. [50]
BACTERIA STICK, HOW, by J. W. Costeron, G. G. Geesey and K.-J. Cheng, 1978 Jan. p. 86. [1379]
BACTERIA SWIM, HOW, by Howard C. Berg, 1975 Aug. p. 36.
BACTERIA, THE PURPLE MEMBRANE OF SALT-LOVING, by Walther Stoeckenius, 1976 June p. 38. [1340]
BACTERIA, THE RECOGNITION OF DNA IN, by Salvador E. Luria, 1970 Jan. p. 88. [1167]
BACTERIA, THE SENSING OF CHEMICALS BY, by Julius Adler, 1976 Apr. p. 40. [1337]
BACTERIA, "TRANSDUCTION" IN, by Norton D. Zinder, 1958 Nov. p. 38. [106]
BACTERIA, TRANSFORMED, by Rollin D. Hotchkiss and Esther Weiss, 1956 Nov. p. 48. [18]
BACTERIA, WITH BLOOD CELLS V., by W. Barry Wood, Jr., 1951 Feb. p. 48. [51]
BACTERIAL CELL WALL, THE, by Nathan Sharon, 1969 May p. 92.
BACTERIAL CHROMOSOME, THE, by John Cairns, 1966 Jan. p. 36. [1030]
BACTERIAL ENDOTOXINS, by A. I. Braude, 1964 Mar. p. 36.
BACTERIAL VIRUS, BUILDING A, by William B. Wood and R. S. Edgar, 1967 July p. 60. [1079]
BACTERIAL VIRUS, THE GENETICS OF A, by R. S. Edgar and R. H. Epstein, 1965 Feb. p. 70. [1004]
BACTERIAL VIRUS, THE RECEPTOR SITE FOR A, by Richard Losick and Philips W. Robbins, 1969 Nov. p. 120. [1161]
BACTERIAL VIRUSES AND SEX, by Max and Mary Bruce Delbrück, 1948 Nov. p. 46.
BACTERIAL VIRUSES, THE MULTIPLICATION OF, by Gunther S. Stent, 1953 May p. 36.
BALL LIGHTNING, by Harold W. Lewis, 1963 Mar. p. 106.
BALLISTIC-MISSILE SYSTEMS, ANTI-, by Richard L. Garwin and Hans A. Bethe, 1968 Mar. p. 21.
BALLISTOCARDIOGRAPHY, by H. W. Lewis, 1958 Feb. p. 89.
BALLOON ASTRONOMY, by Martin and Barbara Schwartzschild, 1959 May p. 52.
BALLOON, INFRARED ASTRONOMY BY, by John Strong, 1965 Jan. p. 28.
BALSAM AND BIRCH, SPRUCE, by Donald Culross Peattie, 1948 Nov. p. 20.
BANTU LANGUAGE, THE SPREAD OF THE, by D. W. Phillipson, 1977 Apr. p. 106. [694]
BARBITURATES, by Elijah Adams, 1958 Jan. p. 60. [1081]
BARRIERS IN THE BRAIN, by Robert B. Aird, 1956 Feb. p. 101.
BAT "RADAR," MORE ABOUT, by Donald R. Griffin, 1958 July p. 40. [1121]
BATAVIA ACCELERATOR, THE, by R. R. Wilson, 1974 Feb. p. 72.
BATHYSCAPH, THE, by Robert S. Dietz, Russell V. Lewis and Andreas B. Rechnitzer, 1958 Apr. p. 27.

BATS, by William A. Wimsatt, 1957 Nov. p. 105.
BATS, THE NAVIGATION OF, by Donald R. Griffin, 1950 Aug. p. 52.
BATTERY, THE SOLAR, by Gordon Raisbeck, 1955 Dec. p. 102.
BATTLE OF SALAMIS, HOW THEMISTOCLES PLANNED THE, by Michael H. Jameson, 1961 Mar. p. 111.
BEACHES, by Willard Bascom, 1960 Aug. p. 80. [845]
BEADLE, PAULING AND, by George W. Gray, 1949 May p. 16.
BEAM, MICROCIRCUITS BY ELECTRON, by A. N. Broers and M. Hatzakis, 1972 Nov. p. 34.
BEAMS, EXPERIMENTS WITH NEUTRINO, by Barry C. Barish, 1973 Aug. p. 30.
BEAMS, MOLECULAR, by O. R. Frisch, 1965 May p. 58.
BEAR, THE CAVE, by Björn Kurtén, 1972 Mar. p. 60.
BEARING, THE JOURNAL, by John C. Bierlein, 1975 July p. 50.
BEARINGS, by E. A. Muyderman, 1966 Mar. p. 60.
BEARINGS AND GEARS, LEONARDO ON, by Ladislao Reti, 1971 Feb. p. 100.
BEARS, THE MIGRATION OF POLAR, by Vagn Flyger and Marjorie R. Townsend, 1968 Feb. p. 108. [1102]
BEATS IN THE BRAIN, AUDITORY, by Gerald Oster, 1973 Oct. p. 94. [1282]
BEE LANGUAGE, THE EVOLUTION OF, by Harald Esch, 1967 Apr. p. 96. [1071]
BEEHIVE, ENVIRONMENTAL CONTROL IN THE, by Roger A. Morse, 1972 Apr. p. 92. [1247]
BEER, by Anthony H. Rose, 1959 June p. 90.
BEES, DIALECTS IN THE LANGUAGE OF THE, by Karl von Frisch, 1962 Aug. p. 78. [130]
BEES, MORE ON THE LANGUAGE OF, by Hans Katmus, 1953 July p. 60.
BEES, THE LANGUAGE OF THE, by August Krogh, 1948 Aug. p. 18.
BEETLES, THE SOCIAL BEHAVIOR OF BURYING, by Lorus J. Milne and Margery Milne, 1976 Aug. p. 84. [1344]
BEGINNINGS OF COAL, THE, by Raymond E. Janssen, 1948 July p. 46.
BEGINNINGS OF WHEELED TRANSPORT, THE, by Stuart Piggott, 1968 July p. 82.
BEHAVIOR, ELECTRICALLY CONTROLLED, by Erich von Holst and Ursula von Saint Paul, 1962 Mar. p. 50. [464]
BEHAVIOR, FOSSIL, by Adolf Seilacher, 1967 Aug. p. 72. [872]
BEHAVIOR GENETIC DISSECTION OF, by Seymour Benzer, 1973 Dec. p. 24. [1285]
BEHAVIOR, HOW OPIATES CHANGE, by John R. Nichols, 1965 Feb. p. 80.
BEHAVIOR IN CHIMPANZEES, ARITHMETIC, by Charles B. Ferster, 1964 May p. 98. [484]
BEHAVIOR IN GULLS, THE EVOLUTION OF, by N. Tinbergen, 1960 Dec. p. 118. [456]
BEHAVIOR, NERVE CELLS AND, by Eric R. Kandel, 1970 July p. 57. [1182]
BEHAVIOR OF ANIMALS, THE FIGHTING, by Irenäus Eibl-Eibesfeldt, 1961 Dec. p. 112. [470]
BEHAVIOR OF ARMY ANTS, THE SOCIAL, by Howard R. Topoff, 1972 Nov. p. 70. [550]
BEHAVIOR OF BURYING BEETLES, THE SOCIAL, by Lorus J. Milne and Margery Milne, 1976 Aug. p. 84. [1344]
BEHAVIOR OF LOVEBIRDS, THE, by William C. Dilger, 1962 Jan. p. 88.
BEHAVIOR OF MOSQUITOES, THE FEEDING, by Jack Colvard Jones, 1978 June p. 138. [1392]
BEHAVIOR OF PRAIRIE DOGS, THE SOCIAL, by John A. King, 1959 Oct. p. 128.
BEHAVIOR OF PROTOHUMAN HOMINIDS, THE FOOD-SHARING, by Glynn Isaac, 1978 Apr. p. 90. [706]
BEHAVIOR OF RING DOVES, THE REPRODUCTIVE, by Daniel S. Lehrman, 1964 Nov. p. 48. [488]
BEHAVIOR OF SHARKS, THE, by Perry W. Gilbert, 1962 July p. 60. [127]
BEHAVIOR OF THE STICKLEBACK, THE CURIOUS, by N. Tinbergen, 1952 Dec. p. 22. [414]
BEHAVIOR, STONE TOOLS AND HUMAN, by Lewis R. and Sally R. Binford, 1969 Apr. p. 70. [643]
BEHAVIOR, STRESS AND, by Seymour Levine, 1971 Jan. p. 26. [532]
BEHAVIOR, THE EVOLUTION OF, by Konrad Z. Lorenz, 1958 Dec. p. 67. [412]
BEHAVIOR, THE NEURAL BASIS OF VISUALLY GUIDED, by Jörg-Peter Ewert, 1974 Mar. p. 34. [1293]
BEHAVIORAL PSYCHOTHERAPY, by Albert Bandura, 1967 Mar. p. 78. [505]
BEHAVIORAL SCIENCE AND CRIMINAL LAW, by Edward J. Sachar, 1963 Nov. p. 39. [480]
BENEFICIATION OF IRON ORES, THE, by M. M. Fine, 1968 Jan. p. 28.
BERING STRAIT LAND BRIDGE, THE, by William G. Haag, 1962 Jan. p. 112.
BERYLLIUM AND BERYLLIOSIS, by Jack Schubert, 1958 Aug. p. 27.
BEVATRON, THE, by Lloyd Smith, 1951 Feb. p. 20.
BICYCLE TECHNOLOGY, by S. S. Wilson, 1973 Mar. p. 81.
BIG SCHMIDT, THE, by Albert G. Wilson, 1950 Dec. p. 34.
BILINGUALISM AND INFORMATION PROCESSING, by P. A. Kolers, 1968 Mar. p. 78.
BINARY CODE, ORIGINS OF THE, by F. G. Heath, 1972 Aug. p. 76.
BINGHAM PLAN, THE, by Leonard Engel, 1948 Oct. p. 7.
BINOCULAR PERCEPTION, THE RESOURCES OF, by John Ross, 1976 Mar. p. 80. [569]
BINOCULAR VISION, THE NEUROPHYSIOLOGY OF, by John D. Pettigrew, 1972 Aug. p. 84. [1255]
BIOCHEMICAL REACTIONS, THE CONTROL OF, by Jean-Pierre Changeux, 1965 Apr. p. 36. [1008]
BIOCHEMISTRY, by Otto Meyerhof, 1950 Sept. p. 62.
BIOCHEMISTRY OF ANXIETY, THE, by Ferris N. Pitts, Jr., 1969 Feb. p. 69. [521]
BIOCHEMISTRY OF COPPER, THE, by Earl Frieden, 1968 May p. 102.
BIOCRYSTALS, by Shinya Inoue and Kayo Okazaki, 1977 Apr. p. 82. [1357]
BIOLOGICAL CLOCK OF INSECTS, THE, by D. S. Saunders, 1976 Feb. p. 114. [1335]
BIOLOGICAL CLOCKS AND THE FIDDLER CRAB, by Frank A. Brown, Jr., 1954 Apr. p. 34.
BIOLOGICAL CLOCKS, ANNUAL, by Eric T. Pengelley and Sally J. Asmundson, 1971 Apr. p. 72. [1219]
BIOLOGICAL CLOCKS OF THE TIDAL ZONE, by John D. Palmer, 1975 Feb. p. 70. [1316]
BIOLOGICAL CONTROL, OF DUNG, THE, by D. F. Waterhouse, 1974 Apr. p. 100.
BIOLOGICAL CONTROL, PROTEIN SHAPE AND, by Daniel E. Koshland, Jr., 1973 Oct. p. 52. [1280]
BIOLOGICAL DIVERSITY, THE CAUSES OF, by Bryan Clarke, 1975 Aug. p. 50. [1326]
BIOLOGICAL FORM, HYDRA AS A MODEL FOR THE DEVELOPMENT OF, by Alfred Gierer, 1974 Dec. p. 44. [1309]
BIOLOGICAL INDIVIDUALITY, MARKERS OF, by Ralph A. Reisfeld and Barry D. Kahan, 1972 June p. 28. [1251]
BIOLOGICAL LUMINESCENCE, by William D. McElroy and Howard H. Seliger, 1962 Dec. p. 76. [141]
BIOLOGICAL NITROGEN FIXATION, by Winston J. Brill, 1977 Mar. p. 68. [922]
BIOLOGICAL OXIDATION, by David E. Green, 1958 July p. 56.
BIOLOGICAL REGENERATION AND PATTERN FORMATION, by Peter J. Bryant, Susan V. Bryant and Vernon French, 1977 July p. 66. [1363]
BIOLOGICAL SCIENCES, MATHEMATICS IN THE, by Edward F. Moore, 1964 Sept. p. 148.
BIOLOGICAL SYSTEMS, FREE RADICALS IN, by William A. Pryor, 1970 Aug. p. 70. [335]
BIOLOGICAL TRANSDUCERS, by Werner R. Loewenstein, 1960 Aug. p. 98. [70]
BIOLOGICAL WEAPONS, CHEMICAL AND, by Matthew S. Meselson, 1970 May p. 15.
BIOLOGY, GENEVA: by C. A. Mawson, 1955 Oct. p. 38.
BIOLOGY, INNOVATION IN, by George Wald, 1958 Sept. p. 100. [48]
BIOLOGY OF HEAVY WATER, THE, by Joseph J. Katz, 1960 July p. 106.
BIOLOGY OF OLD AGE, THE, by Florence Moog, 1948 June p. 40.
BIOLOGY OF THE NEGRO, THE, by Curt Stern, 1954 Oct. p. 80.
BIOSPHERE, HUMAN ENERGY PRODUCTION AS A PROCESS IN THE, by S. Fred Singer, 1970 Sept. p. 174. [1197]
BIOSPHERE, HUMAN FOOD PRODUCTION AS A PROCESS IN THE, by Lester R. Brown, 1970 Sept. p. 160. [1196]
BIOSPHERE, HUMAN MATERIALS PRODUCTION AS A PROCESS IN THE, by Harrison Brown, 1970 Sept. p. 194. [1198]
BIOSPHERE, THE, 1970 Sept. *issue.*
BIOSPHERE, THE, by G. Evelyn Hutchinson, 1970 Sept. p. 44. [1188]
BIOSPHERE, THE ENERGY CYCLE OF THE, by George M. Woodwell, 1970 Sept. p. 64. [1190]
BIOSPHERE, THE FLOW OF ENERGY IN THE, by David M. Gates, 1971 Sept. p. 88. [664]
BIOTIN, by John D. Woodward, 1961 June p. 139.
BIRCH, SPRUCE, BALSAM AND, by Donald Culross Peattie, 1948 Nov. p. 20.
BIRD AERODYNAMICS, by John H. Storer, 1952 Apr. p. 24.
BIRD FLIGHT, THE ENERGETICS OF, by Vance A. Tucker, 1969 May p. 70. [1141]
BIRD SONAR, by Donald R. Griffin, 1954 Mar. p. 78.
BIRD, THE STELLAR-ORIENTATION SYSTEM OF A MIGRATORY, by Stephen T. Emlen, 1975 Aug. p. 102. [1327]
BIRDS, A STUDY IN THE EVOLUTION OF, by H. N. Southern, 1957 May p. 124.
BIRDS AS FLYING MACHINES, by Carl Welty, 1955 Mar. p. 88.
BIRDS, BOWER, by A. J. Marshall, 1956 June p. 48.
BIRDS BREATHE, HOW, by Knut Schmidt-Nielsen, 1971 Dec. p. 72. [1238]
BIRDS, CELESTIAL NAVIGATION BY, by E. G. F. Sauer, 1958 Aug. p. 42. [133]
BIRDS, DUET-SINGING, by W. H. Thorpe, 1973 Aug. p. 70. [1279]
BIRDS, INCUBATOR, by H. J. Frith, 1959 Aug. p. 52.
BIRDS, MIMICRY IN PARASITIC, by Jürgen Nicolai, 1974 Oct. p. 92.
BIRDS, PESTICIDES AND THE REPRODUCTION OF, by David B. Peakall, 1970 Apr. p. 72. [1174]

BIRDS SING, HOW, by Crawford H. Greenewalt, 1969 Nov. p. 126. [1162]
BIRDS, SOARING FLIGHT OF, by Clarence D. Cone, Jr., 1962 Apr. p. 130.
BIRDS, THE BRAIN OF, by Laurence Jay Stettner and Kenneth A. Matyniak, 1968 June p. 64. [515]
BIRDS, THE GEOGRAPHY OF, by Carl Welty, 1957 July p. 118.
BIRDS, THE LANGUAGE OF, by W. H. Thorpe, 1956 Oct. p. 128. [145]
BIRDS, THE NAVIGATION OF, by Donald R. Griffin, 1948 Dec. p. 18.
BIRTH, BRAIN DAMAGE BY ASPHYXIA AT, by William F. Windle, 1969 Oct. p. 76. [1158]
BIRTH OF MASSIVE STARS, THE, by Michael Zeilik, 1978 Apr. p. 110. [3005]
BIRTH OF STARS, THE, by Bart J. Bok, 1972 Aug. p. 48.
BIRTH OF THE NUCLEAR ATOM, THE, by E. N. da C. Andrade, 1956 Nov. p. 93.
BISON KILL, A PALEO-INDIAN, by Joe Ben Wheat, 1967 Jan. p. 44.
BL LACERTAE OBJECTS, by Michael J. Disney and Philippe Véron, 1977 Aug. p. 32. [372]
BLACK DEATH, THE, by William L. Langer, 1964 Feb. p. 114. [619]
BLACK HOLES, by Roger Penrose, 1972 May p. 38.
BLACK HOLES, THE QUANTUM MECHANICS OF, by S. W. Hawking, 1977 Jan. p. 34. [349]
BLACK HOLES, THE SEARCH FOR, by Kip S. Thorne, 1974 Dec. p. 32.
BLACK SEA WAS DRAINED, WHEN THE, by Kenneth J. Hsü, 1978 May p. 52. [932]
BLACKETT, A U.S. PHYSICIST'S REPLY TO PROFESSOR, by Louis N. Ridenour, 1949 Mar. p. 16.
BLAST WAVES, ATOMIC BOMB, by Everett F. Cox, 1953 Apr. p. 94.
BLIGH AND THE BREADFRUIT, CAPTAIN, by Richard A. Howard, 1953 Mar. p. 88.
BLIGHT OF POTATOES, THE LATE, by John S. Niederhauser and William C. Cobb, 1959 May p. 100. [109]
BLIND BABIES, THE STRANGE CASE OF THE, by Theodore H. Ingalls, 1955 Dec. p. 40.
BLINDNESS, COLOR, by Alphonse Chapanis, 1951 Mar. p. 48.
BLINDNESS, NIGHT, by John E. Dowling, 1966 Oct. p. 78. [1053]
BLINDNESS VISUAL PIGMENTS AND COLOR, by W. A. H. Rushton, 1975 Mar. p. 64. [1317]
BLISTER HYPOTHESIS, THE, by C. W. Wolfe, 1949 June p. 16.
BLOOD, by Douglas M. Surgenor, 1954 Feb. p. 54.
BLOOD CELL, THE RED, by Eric Ponder, 1957 Jan. p. 95.
BLOOD CELLS, AUTOMATIC ANALYSIS OF, by Marylou Ingram and Kendall Preston, Jr., 1970 Nov. p. 72.
BLOOD CELLS V. BACTERIA, WHITE, by W. Barry Wood, Jr., 1951 Feb. p. 48. [51]
BLOOD CLOTS, THE CONTROL OF, by Shepard Shapiro, 1951 Mar. p. 18.
BLOOD GROUPS, PARENTAGE AND, by Alexander S. Wiener, 1954 July p. 78.
BLOOD PIGMENTS, by H. Munro Fox, 1950 Mar. p. 20.
BLOOD PLATELETS, by Majorie B. Zucker, 1961 Feb. p. 58.
BLOOD PRESSURE, HIGH, by Irvine H. Page, 1948 Aug. p. 44.
BLOOD RELATIONSHIPS OF ANIMALS, THE, by Alan A. Boyden, 1951 July p. 59.
BLOOD, THE MICROCIRCULATION OF THE, by Benjamin W. Zweifach, 1959 Jan. p. 54.
BLOOD-VESSEL SURGERY, by Michael E. DeBakey and Leonard Engel, 1961 Apr. p. 88.
BLUE-GREEN ALGAE, THE, by Patrick Echlin, 1966 June p. 74.
BLUE-GREEN ALGAE, THE GAS VACUOLES OF, by A. E. Walsby, 1977 Aug. p. 90. [1367]
BLUE WHALE, THE, by Johan T. Ruud, 1956 Dec. p. 46.
BODY, ELASTIC FIBERS IN THE, by Russell Ross and Paul Bornstein, 1971 June p. 44. [1225]
BODY FAT, by Vincent P. Dole, 1959 Dec. p. 70.
BODY PARTS, THE REGENERATION OF, by Marcus Singer, 1958 Oct. p. 79.
BODY, THE EFFECTS OF LIGHT ON THE HUMAN, by Richard J. Wurtman, 1975 July p. 68. [1325]
BODY WATER, by A. V. Wolf, 1958 Nov. p. 125.
BOGS, by Edward S. Deevey, Jr., 1958 Oct. p. 114. [840]
BOILING OF LIQUIDS, THE, by J. W. Westwater, 1954 June p. 64.
BOK GLOBULES, by Robert L. Dickman, 1977 June p. 66. [366]
BOMB AN ABSOLUTE WEAPON? IS THE ATOMIC, by P. M. S. Blackett, 1949 Mar. p. 13.
BOMB BLAST WAVES, ATOMIC, by Everett F. Cox, 1953 Apr. p. 94.
BOMB: IV, THE HYDROGEN, by Ralph E. Lapp, 1950 June p. 11.
BOMB TESTS, 1949 Oct. p. 20.
BOMB, THE DEBATE OVER THE HYDROGEN, by Herbert F. York, 1975 Oct. p. 106.
BOMB, THE HYDROGEN, by Louis N. Ridenour, 1950 Mar. p. 11.
BOMB: III, THE HYDROGEN, by Robert F. Bacher, 1950 May p. 11.
BOMB: II, THE HYDROGEN, by Hans A. Bethe, 1950 Apr. p. 18.
BOMBER ATTACK, DEFENSE AGAINST, by Richard D. English and Dan I. Bolef, 1973 Aug. p. 11.
BONE, by Franklin C. McLean, 1955 Feb. p. 84.
BONE, ELECTRICAL EFFECTS IN, by C. Andrew L. Bassett, 1965 Oct. p. 18.
BOOMERANGS, THE AERODYNAMICS OF, by Felix Hess, 1968 Nov. p. 124.
BOREDOM, THE PATHOLOGY OF, by Woodburn Heron, 1957 Jan. p. 52. [430]
BORON, by A. G. Massey, 1964 Jan. p. 88.
BORON CRYSTALS, by D. B. Sullenger and C. H. L. Kennard, 1966 July p. 96,.
BOUNDARY LAYER, THE, by Joseph J. Cornish III, 1954 Aug. p. 72.
"BOURBAKI, NICOLAS", by Paul R. Halmos, 1957 May p. 88.
BOWED STRING, THE PHYSICS OF THE, by John C. Schelleng, 1974 Jan. p. 87.
BOWER BIRDS, by A. J. Marshall, 1956 June p. 48.
BOWERBIRDS, THE EVOLUTION OF, by E. Thomas Gilliard, 1963 Aug. p. 38. [1098]
BOYLE, ROBERT, by Marie Boas Hall, 1967 Aug. p. 96.
BRAHE, TYCHO, THE CELESTIAL PALACE OF, by John Christianson, 1961 Feb. p. 118.
BRAIN, AUDITORY BEATS IN THE, by Gerald Oster, 1973 Oct. p. 94. [1282]
BRAIN, BARRIERS IN THE, by Robert B. Aird, 1956 Feb. p. 101.
BRAIN CELLS IN MOLLUSKS, GIANT, by A. O. D. Willows, 1971 Feb. p. 68. [1212]
BRAIN CHANGES IN RESPONSE TO EXPERIENCE, by Mark R. Rosenzweig, Edward L. Bennett and Marian Cleeves Diamond, 1972 Feb. p. 22. [541]
BRAIN, CHEMICAL STIMULATION OF THE, by Alan E. Fisher, 1964 June p. 60. [485]
BRAIN DAMAGE BY ASPHYXIA AT BIRTH, by William F. Windle, 1969 Oct. p. 76. [1158]
BRAIN IN MAN, THE SPLIT, by Michael S. Gazzaniga, 1967 Aug. p. 24. [508]
BRAIN, LANGUAGE AND THE, by Norman Geschwind, 1972 Apr. p. 76. [1246]
BRAIN MECHANISMS IN MOVEMENT, by Edward V. Evarts, 1973 July p. 96. [1277]
BRAIN NUTRITION AND THE, by John D. Fernstrom and Richard J. Wurtman, 1974 Feb. p. 84. [1291]
BRAIN OF BIRDS, THE, by Laurence Jay Stettner and Kenneth A. Matyniak, 1968 June p. 64. [515]
BRAIN OF HIBERNATORS, THE ADJUSTABLE, by N. Mrosovsky, 1968 Mar. p. 110.
BRAIN, PATHWAYS IN THE, by Lennart Heimer, 1971 July p. 48. [1227]
BRAIN, PLEASURE CENTERS IN THE, by James Olds, 1956 Oct. p. 105. [30]
BRAIN, "SECOND MESSENGERS" IN THE, by James A. Nathanson and Paul Greengard, 1977 Aug. p. 108. [1368]
BRAIN, SEX DIFFERENCES IN THE, by Seymour Levine, 1966 Apr. p. 84. [498]
BRAIN, THE ASYMMETRY OF THE HUMAN, by Doreen Kimura, 1973 Mar. p. 70. [554]
BRAIN, THE ELECTRICAL ACTIVITY OF THE, by W. Grey Walter, 1954 June p. 54.
BRAIN, THE EYE AND THE, by R. W. Sperry, 1956 May p. 48. [1090]
BRAIN, THE FUNCTIONAL ORGANIZATION OF THE, by A. R. Luria, 1970 Mar. p. 66. [526]
BRAIN, THE SUPERIOR COLLICULUS OF THE, by Barbara Gordon, 1972 Dec. p. 72. [553]
BRAIN, THE VISUAL CORTEX OF THE, by David H. Hubel, 1963 Nov. p. 54. [168]
BRAIN, VISUAL CELLS IN THE PONS OF THE, by Mitchell Glickstein and Alan R. Gibson, 1976 Nov. p. 90. [573]
BRAIN WAVES, CONDITIONING AND, by Vernon Rowland, 1959 Aug. p. 89.
BRAIN WAVES, THE ANALYSIS OF, by Mary A. B. Brazier, 1962 June p. 142.
BRAINS AND COCOONS, by William G. Van der Kloot, 1956 Apr. p. 131.
BRAINS, THE CASTS OF FOSSIL HOMINID, by Ralph L. Holloway, 1974 July p. 106. [686]
BRASSES, THE PHYSICS OF, by Arthur H. Benade, 1973 July p. 24.
BRAUN AND THE CATHODE RAY TUBE, FERDINAND, by George Shiers, 1974 Mar. p. 92.
BRAUN, FERDINAND, AND THE CATHODE RAY TUBE, by George Shiers, 1974 Mar. p. 92.
BRAURON, THE SANCTUARY OF ARTEMIS AT, by John Papadimitriou, 1963 June p. 110.
BRAZIL, THE DEVELOPMENT OF, by Celso Furtado, 1963 Sept. p. 208.
BREADFRUIT, CAPTAIN BLIGH AND THE, by Richard A. Howard, 1953 Mar. p. 88.
BREAKERS, CIRCUIT, by Werner Rieder, 1971 Jan. p. 76.
BREAKUP OF PANGAEA, THE, by Robert S. Dietz and John C. Holden, 1970 Oct. p. 30. [892]
BREATH, THE FIRST, by Clement A. Smith, 1963 Oct. p. 27.
BREATHE, HOW BIRDS, by Knut Schmidt-Nielsen, 1971 Dec. p. 72. [1238]
BREATHING, INSECT, by Carroll M. Williams, 1953 Feb. p. 28.
BREATHING, THE MECHANISM OF, by Wallace O. Fenn, 1960 Jan. p. 138.
BREEDER REACTOR, SUPERPHENIX: A FULL-SCALE, by Georges A. Vendryes, 1977 Mar. p. 26. [355]
BREEDER REACTOR, THE, 1952 Dec. p. 58.
BREEDER REACTORS, by Alvin M. Weinberg, 1960 Jan. p. 82.

BREEDER REACTORS, A THIRD GENERATION OF, by T. R. Bump, 1967 May p. 25.
BREEDER REACTORS, FAST, by Glenn T. Seaborg and Justin L. Bloom, 1970 Nov. p. 13. [339]
BRIDEPRICE OF THE SEBEI, THE, by Walter Goldschmidt, 1973 July p. 74.
BRIDGES, by David B. Steinman, 1954 Nov. p. 60.
BRIGHTEST INFRARED SOURCES, THE, by G. Neugebauer and Eric E. Becklin, 1973 Apr. p. 28.
BRINES, THE RED SEA HOT, by Egon T. Degens and David A. Ross, 1970 Apr. p. 32.
BRITAIN, A CELTIC FARMSTEAD IN SOUTHERN, by Geoffrey Wainwright, 1977 Dec. p. 156. [702]
BRITAIN, A FRONTIER POST IN ROMAN, by Robin Birley, 1977 Feb. p. 38. [692]
BRITAIN, ATOMIC POWER IN, by Sir Christopher Hinton, 1958 Mar. p. 29.
BRITAIN COUNTERFEITING IN ROMAN, by George C. Boon, 1974 Dec. p. 120.
BROKEN ENGLISH, by H. B. G. Casimir, 1956 Mar. p. 96.
BROWNIAN MOTION AND POTENTIAL THEORY, by Reuben Hersh and Richard J. Griego, 1969 Mar. p. 66.
BRUEGEL THE ELDER AS A GUIDE TO 16TH-CENTURY TECHNOLOGY, PIETER, by H. Arthur Klein, 1978 Mar. p. 134. [3003]
BRUNO, GIORDANO, by Lawrence S. Lerner and Edward A. Gosselin, 1973 Apr. p. 86.
BUBBLE CHAMBER, THE, by Donald A. Glaser, 1955 Feb. p. 46. [214]
BUBBLES, MAGNETIC, by Andrew H. Bobeck and H. E. D. Scovil, 1971 June p. 78.
BUBBLES, SEPARATING SOLIDS WITH, by A. M. Gaudin, 1956 Dec. p. 99.
BUBBLES, THE GEOMETRY OF SOAP FILMS AND SOAP, by Frederick J. Almgren, Jr., and Jean E. Taylor, 1976 July p. 82.
BUFFALO, THE WATER, by W. Ross Cockrill, 1967 Dec. p. 118. [1088]
BUILDING A BACTERIAL VIRUS, by William B. Wood and R. S. Edgar, 1967 July p. 60. [1079]
BUILDING, PERFORMANCE CRITERIA IN, by James R. Wright, 1971 Mar. p. 16. [341]
BUILDINGS, PNEUMATIC, by Murray Kamrass, 1956 June p. 131.
BUILDINGS, THE WIND BRACING OF, by Carl W. Condit, 1974 Feb. p. 92.
BUMBLEBEE, THE ENERGETICS OF THE, by Bernd Heinrich, 1973 Apr. p. 96. [1270]
BUOYANCY OF MARINE ANIMALS, THE, by Eric Denton, 1960 July p. 118.
BURIAL MOUND IN LABRADOR, AN ARCHAIC INDIAN, by James A. Tuck and Robert J. McGhee, 1976 Nov. p. 122.
BURYING BEETLES, THE SOCIAL BEHAVIOR OF, by Lorus J. Milne and Margery Milne, 1976 Aug. p. 84. [1344]
BUSINESS, COMPUTERS IN, by Lawrence P. Lessing, 1954 Jan. p. 21.
BUSINESS, THE MEDICAL, by James L. Goddard, 1973 Sept. p. 161.
BUTTERFLIES AND PLANTS, by Paul R. Ehrlich and Peter H. Raven, 1967 June p. 104. [1076]
BYZANTINE TRADING VENTURE, A, by George F. Bass, 1971 Aug. p. 22.

C

CABLE TELEVISION, by William T. Knox, 1971 Oct. p. 22.
CALCITONIN, by Howard Rasmussen and Maurice M. Pechet, 1970 Oct. p. 42. [1200]
CALCIUM AND LIFE, by L. V. Heilbrunn, 1951 June p. 60.
CALCULATOR, THE SMALL ELECTRONIC, by Eugene W. McWhorter, 1976 Mar. p. 88.
CALCUTTA: A PREMATURE METROPOLIS, by Nirmal Kumar Bose, 1965 Sept. p. 90.
CALEFACTION OF A RIVER, THE, by Daniel Merriman, 1970 May p. 42. [1177]
CAMEL, THE PHYSIOLOGY OF THE, by Knut Schmidt-Nielsen, 1959 Dec. p. 140. [1096]
CAMERA, EYE AND, by George Wald, 1950 Aug. p. 32. [46]
CAN TIME GO BACKWARD? by Martin Gardner, 1967 Jan. p. 98.
CANADIAN METEOR CRATER, THE, by V. B. Meen, 1951 May p. 64.
CANALS IN AMERICA, by John S. McNown, 1976 July p. 116.
CANARY, LEARNING IN THE, by Nicholas Pastore, 1955 June p. 72.
CANCER AND ENVIRONMENT, by Groff Conklin, 1949 Jan. p. 11.
CANCER BY VIRUSES, THE INDUCTION OF, by Renato Dulbecco, 1967 Apr. p. 28. [1069]
CANCER, GENETICS AND, by Leonell C. Strong, 1950 July p. 44.
CANCER, HERPES VIRUSES AND, by Keen A. Rafferty, Jr., 1973 Oct. p. 26.
CANCER IMMUNOLOGY, by Lloyd J. Old, 1977 May p. 62. [1358]
CANCER, ON THE DEVELOPMENT OF, by Harry S. N. Greene, 1948 Dec. p. 40.
CANCER, PLANT, by Armin C. Braun, 1952 June p. 66.
CANCER PROBLEM, THE, by John Cairns, 1975 Nov. p. 64. [1330]
CANCER, THE GENETICS OF HUMAN, by Carlo M. Croce and Hilary Koprowski, 1978 Feb. p. 117. [1381]
CANCER, TISSUE CULTURE AND, by John J. Biesele, 1956 Oct. p. 50.
CANCER VIRUS, A DEFECTIVE, by Harry Rubin, 1964 June p. 46. [185]
CANYONS, SUBMARINE, by Francis P. Shepard, 1949 Apr. p. 40.
CANYONS, THE ORIGIN OF SUBMARINE, by Bruce C. Heezen, 1956 Aug. p. 36.
CAPITAL OF THE NABATAEANS, THE, by Peter J. Parr, 1963 Oct. p. 94.
CAPTAIN BLIGH AND THE BREADFRUIT, by Richard A. Howard, 1953 Mar. p. 88.
CAPTIVITY REALLY WILD? ARE WILD ANIMALS IN, by H. Hediger, 1954 May p. 76.
CAR, THE HISTORY OF THE AIRFLOW, by Howard S. Irwin, 1977 Aug. p. 98. [697]
CARBENES, by Maitland Jones, Jr., 1976 Feb. p. 101.
CARBON CHEMISTRY OF THE MOON, THE, by Geoffrey Eglinton, James R. Maxwell and Colin T. Pillinger, 1972 Oct. p. 80.
CARBON CYCLE, THE, by Bert Bolin, 1970 Sept. p. 124. [1193]
CARBON DIOXIDE AND CLIMATE, by Gilbert N. Plass, 1959 July p. 41. [823]
CARBON DIOXIDE LASERS, HIGH-POWER, by C. K. N. Patel, 1968 Aug. p. 22.
CARBON DIOXIDE QUESTION, THE, by George M. Woodwell, 1978 Jan. p. 34. [1376]
CARBON 14 AND THE PREHISTORY OF EUROPE, by Colin Renfrew, 1971 Oct. p. 63. [672]
CARBON, HIGH-ENERGY REACTIONS OF, by Richard M. Lemmon and Wallace R. Erwin, 1975 Jan. p. 72.
CARBON IN PHOTOSYNTHESIS, THE PATH OF, by J. A. Bassham, 1962 June p. 88.
CARDIOGRAM, WHALE, 1952 Oct. p. 68.
CARGO CULTS, by Peter M. Worsley, 1959 May p. 117.
CARGO-HANDLING, by Roger H. Gilman, 1968 Oct. p. 80.
CARNIVOROUS PLANTS, by Yolande Heslop-Harrison, 1978 Feb. p. 104. [1382]
CAROTENOIDS, by Sylvia Frank, 1956 Jan. p. 80.
CARROLL, LEWIS: MATHEMATICIAN, by Warren Weaver, 1956 Apr. p. 116.
CARROLL'S LOST BOOK ON LOGIC, LEWIS, by W. W. Bartley III, 1972 July p. 38.
CARTHAGE, ROMAN, by John H. Humphrey and John Griffiths Pedley, 1978 Jan. p. 110. [704]
CARTHAGINIAN FORTRESS IN SARDINIA, A, by Sabatino Moscati, 1975 Feb. p. 80.
CASE OF THE MISSING SUNSPOTS, THE, by John A. Eddy, 1977 May p. 80. [925]
CASTING OF STEEL, THE CONTINUOUS, by Leonard V. Gallagher and Bruce S. Old, 1963 Dec. p. 74.
CASTINGS, THE SOLIDIFICATION OF, by Merton C. Flemings, 1974 Dec. p. 88.
CASTLES, NORMAN, by Brian Hope-Taylor, 1958 Mar. p. 42.
CASTS OF FOSSIL HOMINID BRAINS, THE, by Ralph L. Holloway, 1974 July p. 106. [686]
CATACLYSMIC EVOLUTION, by G. Ledyard Stebbins, Jr., 1951 Apr. p. 54.
CATALYSIS, by Vladimir Haensel and Robert L. Burwell, Jr., 1971 Dec. p. 46.
CATARACT, WHAT HAPPENS TO THE HUMAN LENS IN, by Ruth van Heyningen, 1975 Dec. p. 70.
CATARACTS, by Sidney Lerman, 1962 Mar. p. 106.
CATASTROPHE THEORY, by E. C. Zeeman, 1976 Apr. p. 65.
CATHEDRALS, THE STRUCTURAL ANALYSIS OF GOTHIC, by Robert Mark, 1972 Nov. p. 90.
CATHODE RAY TUBE, FERDINAND BRAUN AND THE, by George Shiers, 1974 Mar. p. 92.
CATS AND COMMERCE, by Neil B. Todd, 1977 Nov. p. 100. [1370]
CATS WALK, "SPINAL", by P. S. Shurrager, 1950 Nov. p. 20.
CATTLE, by Ralph W. Phillips, 1958 June p. 51.
CAUSES OF BIOLOGICAL DIVERSITY, THE, by Bryan Clarke, 1975 Aug. p. 50. [1326]
CAVE BEAR, THE, by Björn Kurtén, 1972 Mar. p. 60.
CAVE, PREHISTORIC MAN IN MAMMOTH, by Douglas W. Schwartz, 1960 July p. 130.
CAVE, SHANIDAR, by Ralph S. Solecki, 1957 Nov. p. 58.
CAVE TO VILLAGE, FROM, by Robert J. Braidwood, 1952 Oct. p. 62.
CAVES, LIFE IN, by Brother G. Nicholas, F. S. C., 1955 May p. 98.
CELESTIAL NAVIGATION BY BIRDS, by E. G. F. Sauer, 1958 Aug. p. 42. [133]
CELESTIAL PALACE OF TYCHO BRAHE, THE, by John Christianson, 1961 Feb. p. 118.
CELL, ACETABULARIA: A USEFUL GIANT, by Aharon Gibor, 1966 Nov. p. 118. [1057]
CELL CYCLE, THE, by Daniel Mazia, 1974 Jan. p. 54. [1288]
CELL DIFFERENTIATION, PHASES IN, by Norman K. Wessells and William J. Rutter, 1969 Mar. p. 36. [1136]
CELL DIFFERENTIATION, TRANSPLANTED NUCLEI AND, by J. B. Gurdon, 1968 Dec. p. 24. [1128]
CELL DISEASE, CYANATE AND SICKLE-, by Anthony Cerami and Charles M. Peterson, 1975 Apr. p. 44. [1319]
CELL DIVISION, by Daniel Mazia, 1953 Aug. p. 53. [27]
CELL, ENERGY TRANSFORMATION IN THE, by Albert L. Lehninger, 1960 May p. 102. [69]

CELL, HOW VIRUSES INSERT THEIR DNA INTO THE DNA OF THE HOST, by Allan M. Campbell, 1976 Dec. p. 102. [1347]
CELL, INFORMATION TRANSFER IN THE LIVING, by George Gamow, 1955 Oct. p. 70.
CELL, IONIZING RADIATION AND THE LIVING, by Alexander Hollaender and George E. Stapleton, 1959 Sept. p. 94.
CELL MEMBRANE, PORES IN THE, by A. K. Solomon, 1960 Dec. p. 146. [76]
CELL MEMBRANES, A DYNAMIC MODEL OF, by Roderick A. Capaldi, 1974 Mar. p. 26. [1292]
CELL MEMBRANES COLICINS AND THE ENERGETICS OF, by Salvador E. Luria, 1975 Dec. p. 30. [1332]
CELL MEMBRANES, THE CHEMISTRY OF, by Lowell E. Hokin and Mabel R. Hokin, 1965 Oct. p. 78. [1022]
CELL MEMBRANES, THE STRUCTURE OF, by C. Fred Fox, 1972 Feb. p. 30. [1241]
CELL, NUCLEAR CONTROL OF THE, by Helen Gay, 1960 Jan. p. 126.
CELL, POWERHOUSE OF THE, by Philip Siekevitz, 1957 July p. 131. [36]
CELL, PUMPS IN THE LIVING, by Arthur K. Solomon, 1962 Aug. p. 100.
CELL, RADIATION AND THE HUMAN, by Theodore T. Puck, 1960 Apr. p. 142. [71]
CELL SORTING, FLUORESCENCE-ACTIVATED, by Leonard A. Herzenberg, Richard G. Sweet and Leonore A. Herzenberg, 1976 Mar. p. 108.
CELL SPECIFICITY, THE ORIGINS OF NERVE-, by Marcus Jacobson and R. Kevin Hunt, 1973 Feb. p. 26. [1265]
CELL-SURFACE IMMUNOLOGY, by Martin C. Raff, 1976 May p. 30. [1338]
CELL SURGERY BY LASER, by Michael W. Berns and Donald E. Rounds, 1970 Feb. p. 98. [1170]
CELL, THE LIVING, 1961 Sept. p. *issue..*
CELL, THE LIVING, by Jean Brachet, 1961 Sept. p. 50. [90]
CELL, THE MEMBRANE OF THE LIVING, by J. David Robertson, 1962 Apr. p. 64. [151]
CELL, THE RED BLOOD, by Eric Ponder, 1957 Jan. p. 95.
CELL, THE TERMITE AND THE, by Martin Lüscher, 1953 May p. 74.
CELL WALL, THE BACTERIAL, by Nathan Sharon, 1969 May p. 92.
CELLS AND AGING, HUMAN, by Leonard Hayflick, 1968 Mar. p. 32. [1103]
CELLS AND BEHAVIOR, NERVE, by Eric R. Kandel, 1970 July p. 57. [1182]
CELLS AND EVOLUTION, SICKLE, by Anthony C. Allison, 1956 Aug. p. 87. [1065]
CELLS AND HUMAN GENES, HYBRID, by Frank H. Ruddle and Raju S. Kucherlapati, 1974 July p. 36. [1300]
CELLS AND TISSUES, GIANT MOLECULES IN, by Francis O. Schmitt, 1957 Sept. p. 204. [35]
CELLS ASSOCIATE, HOW, by A. A. Moscona, 1961 Sept. p. 142.
CELLS AT HIGH PRESSURE, by Douglas Marsland, 1958 Oct. p. 36.
CELLS ATTACK ANTIGENS, HOW, by Robert S. Speirs, 1964 Feb. p. 58.
CELLS, AUTOBIOGRAPHIES OF, by Renato Baserga and Walter E. Kisieleski, 1963 Aug. p. 103. [165]
CELLS, AUTOMATIC ANALYSIS OF BLOOD, by Marylou Ingram and Kendall Preston, Jr., 1970 Nov. p. 72.
CELLS CHANGE SHAPE, HOW LIVING, by Norman K. Wessells, 1971 Oct. p. 76. [1233]
CELLS COMMUNICATE, HOW, by Bernhard Katz, 1961 Sept. p. 209. [98]
CELLS DIFFERENTIATE? HOW DO, by C. H. Waddington, 1953 Sept. p. 108.
CELLS DIVIDE, HOW, by Daniel Mazia, 1961 Sept. p. 100. [93]
CELLS, FEEDBACK IN THE DIFFERENTIATION OF, by S. Meryl Rose, 1958 Dec. p. 36.
CELLS, HOW THINGS GET INTO, by Heinz Holter, 1961 Sept. p. 167. [96]
CELLS, HYBRID SOMATIC, by Boris Ephrussi and Mary C. Weiss, 1969 Apr. p. 26. [1137]
CELLS IN MOLLUSKS, GIANT BRAIN, by A. O. D. Willows, 1971 Feb. p. 68. [1212]
CELLS IN THE NERVOUS SYSTEM, SATELLITE, by Holger Hydén, 1961 Dec. p. 62. [134]
CELLS IN THE PONS OF THE BRAIN, VISUAL, by Mitchell Glickstein and Alan R. Gibson, 1976 Nov. p. 90. [573]
CELLS IN VITRO, HEART, by Isaac Harary, 1962 May p. 141.
CELLS IN VITRO, SINGLE HUMAN, by Theodore T. Puck, 1957 Aug. p. 91. [33]
CELLS, JUNCTIONS BETWEEN LIVING, by L. Andrew Staehelin and Barbara E. Hull, 1978 May p. 140. [1388]
CELLS MAKE ANTIBODIES, HOW, by G. J. V. Nossal, 1964 Dec. p. 106. [199]
CELLS MAKE ATP, HOW, by Peter C. Hinkle and Richard E. McCarty, 1978 Mar. p. 104. [1383]
CELLS MAKE MOLECULES, HOW, by Vincent G. Allfrey and Alfred E. Mirsky, 1961 Sept. p. 74. [92]
CELLS MOVE, HOW, by Teru Hayashi, 1961 Sept. p. 184. [97]
CELLS RECEIVE STIMULI, HOW, by William H. Miller, Floyd Ratliff and H. K. Hartline, 1961 Sept. p. 222. [99]
CELLS, SEX DIFFERENCES IN, by Ursula Mittwoch, 1963 July p. 54. [161]
CELLS, SMALL SYSTEMS OF NERVE, by Donald Kennedy, 1967 May p. 44. [1073]
CELLS SPECIALIZE, HOW, by Michail Fischberg and Antonie W. Blackler, 1961 Sept. p. 124. [94]
CELLS, THE CONTROL OF GROWTH IN PLANT, by F. C. Steward, 1963 Oct. p. 104.
CELLS, THE FREEZING OF LIVING, by A. S. Parkes, 1956 June p. 105.
CELLS, THE SMALLEST LIVING, by Harold J. Morowitz and Mark E. Tourtellotte, 1962 Mar. p. 117. [1005]
CELLS, THE STATE OF WATER IN RED, by Arthur K. Solomon, 1971 Feb. p. 88. [1213]
CELLS, THE TRACKS OF MOVING, by Guenter Albrecht-Buehler, 1978 Apr. p. 68. [1386]
CELLS, THE WALLS OF GROWING PLANT, by Peter Albersheim, 1975 Apr. p. 80. [1320]
CELLS, TISSUES FROM DISSOCIATED, by A. A. Moscona, 1959 May p. 132.
CELLS, TRANSDETERMINATION IN, by Ernst Hadorn, 1968 Nov. p. 110. [1127]
CELLS TRANSFORM ENERGY, HOW, by A. L. Lehninger, 1961 Sept. p. 62. [91]
CELLS, TRANSFORMED, by S. Meryl Rose, 1949 Dec. p. 22.
CELLS V. BACTERIA, WHITE BLOOD, by W. Barry Wood, Jr., 1951 Feb. p. 48. [51]
CELLS, VIRUSES WITHIN, by Joseph L. Melnick, 1953 Dec. p. 38.
CELLS, VISUAL, by Richard W. Young, 1970 Oct. p. 80.
CELLS, VOLVOX: A COLONY OF, by John Tyler Bonner, 1950 May p. 52.
CELLULAR COMMUNICATION, by Gunther S. Stent, 1972 Sept. p. 42. [1257]
CELLULAR FACTORS IN GENETIC TRANSFORMATION, by Alexander Tomasz, 1969 Jan. p. 38.
CELLULOSE, by R. D. Preston, 1957 Sept. p. 156.
CELLULOSE, PLANTS WITHOUT, by R. D. Preston, 1968 June p. 102. [1110]
CELTIC FARMSTEAD IN SOUTHERN BRITAIN, A, by Geoffrey Wainwright, 1977 Dec. p. 156. [702]
CEMENT, THE SOLIDIFICATION OF, by D. D. Double and A. Hellawell, 1977 July p. 82. [370]
CEMETERY IN NEWFOUNDLAND, AN ARCHAIC INDIAN, by James A. Tuck, 1970 June p. 112. [657]
CENSUS OF 1960, MORE FROM THE, by Philip M. Hauser, 1962 Oct. p. 30.
CENSUS OF 1960, THE, by Philip M. Hauser, 1961 July p. 39.
CENSUS OF 1970, THE, by Philip M. Hauser, 1971 July p. 17.
CENSUS, THE, by Philip M. Hauser, 1951 Apr. p. 15.
CENTER OF THE GALAXY, THE, by R. H. Sanders and G. T. Wrixon, 1974 Apr. p. 66.
CENTER-PIVOT IRRIGATION, by William E. Splinter, 1976 June p. 90.
CENTRAL NERVOUS SYSTEM, INHIBITION IN THE, by Victor J. Wilson, 1966 May p. 102.
CERAMICS, THE NATURE OF, by John J. Gilman, 1967 Sept. p. 112.
CEREBELLUM, THE, by Ray S. Snider, 1958 Aug. p. 84. [38]
CEREBELLUM, THE CORTEX OF THE, by Rodolfo R. Llinás, 1975 Jan. p. 56. [1312]
CEREBRAL COMMISSURE, THE GREAT, by R. W. Sperry, 1964 Jan. p. 42. [174]
CEREMONIAL CENTER, THE PLANNING OF A MAYA, by Norman Hammond, 1972 May p. 82.
"CHALLENGER," THE VOYAGE OF THE, by Herbert S. Bailey, Jr., 1953 May p. 88.
CHAMBER, THE STREAMER, by David E. Yount, 1967 Oct. p. 38.
CHANCE, by A. J. Ayer, 1965 Oct. p. 44.
CHANGING AMERICAN LANGUAGE, THE, by Jotham Johnson, 1955 Aug. p. 78.
CHANGING CLIMATE, THE, by George H. T. Kimble, 1950 Apr. p. 48.
CHANGING HELICOPTER, THE, by Alfred Gessow, 1967 Apr. p. 38.
CHANGING LEVEL OF THE SEA, THE, by Rhodes W. Fairbridge, 1960 May p. 70.
CHANGING STATUS OF WOMEN IN DEVELOPED COUNTRIES, THE, by Judith Blake, 1974 Sept. p. 136.
CHANNELING IN CRYSTALS, by Werner Brandt, 1968 Mar. p. 90.
CHANNELS, COMMUNICATION, by Henri Busignies, 1972 Sept. p. 98.
CHARACTERISTICS, EXPERIMENTS IN ACQUIRED, by C. H. Waddington, 1953 Dec. p. 92.
CHARGE-COUPLED DEVICES, by Gilbert F. Amelio, 1974 Feb. p. 22.
CHARM, FUNDAMENTAL PARTICLES WITH, by Roy F. Schwitters, 1977 Oct. p. 56. [388]
CHECKS ON PUPULATION GROWTH: 1750-1850, by William L. Langer, 1972 Feb. p. 92. [674]
CHELATION, by Harold F. Walton, 1953 June p. 68.
CHELATION IN MEDICINE, by Jack Schubert, 1966 May p. 40.
CHEMICAL ACCELERATORS, by Richard Wolfgang, 1968 Oct. p. 44.
CHEMICAL AGRICULTURE, by Francis Joseph Weiss, 1952 Aug. p. 15.
CHEMICAL ANALYSIS BY INFRARED, by Bryce Crawford, Jr., 1953 Oct. p. 42. [257]

CHEMICAL AND BIOLOGICAL WEAPONS, by Matthew S. Meselson, 1970 May p. 15.
CHEMICAL EFFECTS OF LIGHT, THE, by Gerald Oster, 1968 Sept. p. 158.
CHEMICAL ELEMENTS OF LIFE, THE, by Earl Frieden, 1972 July p. 52.
CHEMICAL FERTILIZERS, by Christopher J. Pratt, 1965 June p. 62.
CHEMICAL FOSSILS, by Geoffrey Eglinton and Melvin Calvin, 1967 Jan. p. 32. [308]
CHEMICAL INTERVENTION, by Sherman M. Mellinkoff, 1973 Sept. p. 102.
CHEMICAL LANGUAGES OF FISHES, THE, by John H. Todd, 1971 May p. 98. [1222]
CHEMICAL LASERS, by George C. Pimentel, 1966 Apr. p. 32. [303]
CHEMICAL MILLING, by Edmund L. Van Deusen, 1957 Jan. p. 104.
CHEMICAL PLANT, AN AUTOMATIC, by Eugene Ayres, 1952 Sept. p. 82.
CHEMICAL PROPERTIES OF MATERIALS, THE, by Howard Reiss, 1967 Sept. p. 210.
CHEMICAL PROSPECTING, by Harold Bloom and Harold F. Walton, 1957 July p. 41.
CHEMICAL REACTIONS, ORGANIC, by John D. Roberts, 1957 Nov. p. 117. [85]
CHEMICAL REACTIONS, ROTATING, by Arthur T. Winfree, 1974 June p. 82.
CHEMICAL SENSES, THE, by Hans Kalmus, 1958 Apr. p. 97.
CHEMICAL STIMULATION OF THE BRAIN, by Alan E. Fisher, 1964 June p. 60. [485]
CHEMICAL STRUCTURE OF PROTEINS, THE, by William H. Stein and Stanford Moore, 1961 Feb. p. 81.
CHEMICAL TOPOLOGY, by Edel Wasserman, 1962 Nov. p. 94. [286]
CHEMICAL WARFARE AMONG THE PLANTS, by James Bonner, 1949 Mar. p. 48.
CHEMICALS BY BACTERIA, THE SENSING OF, by Julius Adler, 1976 Apr. p. 40. [1337]
CHEMICALS, RADIATION-IMITATING, by Peter Alexander, 1960 Jan. p. 99.
CHEMISTRY, by Linus Pauling, 1950 Sept. p. 32.
CHEMISTRY AT HIGH VELOCITIES, by Richard Wolfgang, 1966 Jan. p. 82.
CHEMISTRY AT VERY HIGH TEMPERATURES, 1954 Sept. p. 116.
CHEMISTRY, ATOMIC PILE, by John F. Flagg and Edwin L. Zebroski, 1952 July p. 62.
CHEMISTRY BY COMPUTER, by Arnold C. Wahl, 1970 Apr. p. 54.
CHEMISTRY, COMPUTER EXPERIMENTS IN, by Don L. Bunker, 1964 July p. 100.
CHEMISTRY, CORONA, by John A. Coffman and William R. Browne, 1965 June p. 90.
CHEMISTRY, ECOLOGICAL, by Lincoln Pierson Brower, 1969 Feb. p. 22. [1133]
CHEMISTRY, GENEVA: by J. M. Fletcher and F. Hudswell, 1955 Oct. p. 34.
CHEMISTRY, HIGH-SPEED, by Lawrence P. Lessing, 1953 May p. 29.
CHEMISTRY, HIGH TEMPERATURES:, by Farrington Daniels, 1954 Sept. p. 109.
CHEMISTRY, HOT ATOM, by Willard F. Libby, 1950 Mar. p. 44.
CHEMISTRY, IONIZING RADIATION AND ORGANIC, by A. Charlesby, 1959 Sept. p. 180.
CHEMISTRY OF AMPHIBIAN METAMORPHOSIS, THE, by Earl Frieden, 1963 Nov. p. 110. [170]
CHEMISTRY OF CELL MEMBRANES, THE, by Lowell E. and Mabel R. Hokin, 1965 Oct. p. 78. [1022]
CHEMISTRY OF CONCRETE, THE, by Stephen Brunauer and L. E. Copeland, 1964 Apr. p. 80.
CHEMISTRY OF HEREDITARY DISEASE, THE, by A. G. Bearn, 1956 Dec. p. 126.
CHEMISTRY OF HEREDITY, THE, by A. E. Mirsky, 1953 Feb. p. 47. [28]
CHEMISTRY OF JUPITER, THE, by Francis Owen Rice, 1956 June p. 119.
CHEMISTRY OF SILICONES, THE, by Eugene G. Rochow, 1948 Oct. p. 50.
CHEMISTRY OF THE MOON, THE CARBON, by Geoffrey Eglinton, James R. Maxwell and Colin T. Pillinger, 1972 Oct. p. 80.
CHEMISTRY OF THE NOBLE GASES, THE, by Henry Selig, John G. Malm and Howard H. Claassen, 1964 May p. 66.
CHEMISTRY OF THE SOLAR SYSTEM, THE, by John S. Lewis, 1974 Mar. p. 50.
CHEMISTRY, RELAXATION METHODS IN, by Larry Faller, 1969 May p. 30.
CHESS COMPUTER, AN ADVICE-TAKING, by Albert L. Zobrist and Frederic R. Carlson, Jr., 1973 June p. 92.
CHESS-PLAYER, COMPUTER V., by Alex Bernstein and M. deV. Roberts, 1958 June p. 96.
CHESS-PLAYING MACHINE, A, by Claude E. Shannon, 1950 Feb. p. 48.
CHICK, SPACE PERCEPTION IN THE, by Eckhard H. Hess, 1956 July p. 71.
CHICKENS, THE SOCIAL ORDER OF, by A. M. Guhl, 1956 Feb. p. 42. [471]
CHILD AND MODERN PHYSICS, THE, by Jean Piaget, 1957 Mar. p. 46.
CHILD DEVELOPMENT, REPETITIVE PROCESSES IN, by T. G. R. Bower, 1976 Nov. p. 38. [572]
CHILDREN FORM MATHEMATICAL CONCEPTS, HOW, by Jean Piaget, 1953 Nov. p. 74. [420]
CHILDREN, HYPERACTIVE, by Mark A. Stewart, 1970 Apr. p. 94. [527]
CHIMPANZEE, THE OMNIVOROUS, by Geza Teleki, 1973 Jan. p. 32. [682]
CHIMPANZEES, ARITHMETIC BEHAVIOR IN, by Charles B. Ferster, 1964 May p. 98. [484]
CHIMPANZEES IN THE WILD, by Adriaan Kortlandt, 1962 May p. 128. [463]
CHINA, AGRICULTURE IN, by Sterling Wortman, 1975 June p. 13.
CHINA, HIGH TECHNOLOGY IN, by Raphael Tsu, 1972 Dec. p. 13.
CHINA, TECHNOLOGY IN, by Genko Uchida, 1966 Nov. p. 37.
CHINA, THE DELIVERY OF MEDICAL CARE IN, by Victor W. Sidel and Ruth Sidel, 1974 Apr. p. 19.
CHINAMPAS OF MEXICO, THE, by Michael D. Coe, 1964 July p. 90. [648]
CHINESE LANGUAGE, THE, by William S-Y. Wang, 1973 Feb. p. 50.
CHINESE, MACHINE TRANSLATION OF, by Gilbert W. King and Hsien-Wu Chang, 1963 June p. 124.
CHINGIS KHAN AND THE MONGOL CONQUESTS, by Owen Lattimore, 1963 Aug. p. 54.
CHLOROPHYLL IN PHOTOSYNTHESIS, THE ROLE OF, by Eugene I. Rabinowitch and Govindjee, 1965 July p. 74. [1016]
CHLOROPLASTS, THE GENETIC ACTIVITY OF MITOCHONDRIA AND, by Ursula W. Goodenough and R. P. Levine, 1970 Nov. p. 22. [1203]
CHOICE OF VOTING SYSTEMS, THE, by Richard G. Niemi and William H. Riker, 1976 June p. 21. [689]
CHOLERA, by Norbert Hirschhorn and William B. Greenough III, 1971 Aug. p. 15.
CHONDRITES AND CHONDRULES, by John A. Wood, 1963 Oct. p. 64.
CHONDRULES, CHONDRITES AND, by John A. Wood, 1963 Oct. p. 64.
CHRIST JUDAISM AT THE TIME OF, by Michael E. Stone, 1973 Jan. p. 80.
CHROMATOGRAPHY, by William H. Stein and Stanford Moore, 1951 Mar. p. 35. [81]
CHROMATOGRAPHY, GAS, by Roy A. Keller, 1961 Oct. p. 58. [276]
CHROMOSOMAL PROTEINS AND GENE REGULATION, by Gary S. Stein, Janet Swinehart Stein and Lewis J. Kleinsmith, 1975 Feb. p. 46. [1315]
CHROMOSOME ANALYSIS BY COMPUTER, by Robert S. Ledley and Frank H. Ruddle, 1966 Apr. p. 40. [1040]
CHROMOSOME PUFFS, by Wolfgang Beermann and Ulrich Clever, 1964 Apr. p. 50. [180]
CHROMOSOME, THE BACTERIAL, by John Cairns, 1966 Jan. p. 36. [1030]
CHROMOSOMES AND DISEASE, by A. G. Bearn and James L. German III, 1961 Nov. p. 66. [150]
CHROMOSOMES, GENES OUTSIDE THE, by Ruth Sager, 1965 Jan. p. 70. [1002]
CHROMOSOMES, THE DUPLICATION OF, by J. Herbert Taylor, 1958 June p. 36. [60]
CHROMOSOMES, THE MAPPING OF HUMAN, by Victor A. McKusick, 1971 Apr. p. 104. [1220]
CHROMOSPHERE, THE SOLAR, by R. Grant Athay, 1962 Feb. p. 50.
CILIA, by Peter Satir, 1961 Feb. p. 108. [79]
CILIA MOVE, HOW, by Peter Satir, 1974 Oct. p. 44. [1304]
CIRCUIT BREAKERS, by Werner Rieder, 1971 Jan. p. 76.
CIRCUIT ELEMENTS MICROELECTRONIC, by James D. Meindl, 1977 Sept. p. 70. [375]
CIRCUITS, THE FABRICATION OF MICROELECTRONIC, by William G. Oldham, 1977 Sept. p. 110. [377]
CIRCUITS, THE LARGE-SCALE INTEGRATION OF MICROELECTRONIC, by William C. Holton, 1977 Sept. p. 82. [376]
CIRCULATION OF ATMOSPHERIC POLLUTANTS, THE GLOBAL, by Reginald E. Newell, 1971 Jan. p. 32. [894]
CIRCULATION OF RADIOACTIVE ISOTOPES, THE, by James R. Arnold and E. A. Martell, 1959 Sept. p. 84.
CIRCULATION OF THE ABYSS, THE, by Henry Stommel, 1958 July p. 85.
CIRCULATION OF THE ATMOSPHERE, THE, by Harry Wexler, 1955 Sept. p. 114. [841]
CIRCULATION OF THE ATMOSPHERE, THE GENERAL, by Victor P. Starr, 1956 Dec. p. 40.
CIRCULATION OF THE OCEANS, THE, by Walter Munk, 1955 Sept. p. 96. [813]
CIRCULATION OF THE SUN'S ATMOSPHERE, THE, by Victor P. Starr and Peter A. Gilman, 1968 Jan. p. 100.
CIRCULATION OF THE UPPER ATMOSPHERE, THE, by Reginald E. Newell, 1964 Mar. p. 62.
CIRCULATORY SYSTEM OF PLANTS, THE, by Susann and Orlin Biddulph, 1959 Feb. p. 44. [53]
CITADEL, HITTITE, 1949 Aug. p. 22.
CITIES, 1965 Sept. *issue.*
CITIES OF PERU, THE LOST, by Richard P. Schaedel, 1951 Aug. p. 18.
CITIES, THE CLIMATE OF, by William P. Lowry, 1967 Aug. p. 15. [1215]
CITIES, THE FORM OF, by Kevin Lynch, 1954 Apr. p. 54.
CITIES, THE METABOLISM OF, by Abel Wolman, 1965 Sept. p. 178.
CITIES, THE ORIGIN AND EVOLUTION OF, by Gideon Sjoberg, 1965 Sept. p. 54.
CITIES, THE ORIGIN OF, by Robert M. Adams, 1960 Sept. p. 153. [606]
CITIES, THE RENEWAL OF, by Nathan Glazer, 1965 Sept. p. 194.

CITIES, THE USES OF LAND IN, by Charles Abrams, 1965 Sept. p. 150.
CITIES, TRANSPORTATION IN, by John W. Dyckman, 1965 Sept. p. 162.
CITY AS ENVIRONMENT, THE, by Kevin Lynch, 1965 Sept. p. 209.
CITY, CIUDAD GUAYANA: A NEW, by Lloyd Rodwin, 1965 Sept. p. 122.
CITY IN IRAN, AN EARLY, by C. C. and Martha Lamberg-Karlovsky, 1971 June p. 102. [660]
CITY IN TURKEY, A NEOLITHIC, by James Mellaart, 1964 Apr. p. 94. [620]
CITY OF MIDAS, THE, by Machteld J. Mellink , 1959 July p. 100.
CITY, STOCKHOLM: A PLANNED, by Göran Sidenbladh, 1965 Sept. p. 106.
CITY, THE SLOW DEATH OF A, by Jotham Johnson, 1954 July p. 66.
CIUDAD GUAYANA: A NEW CITY, by Lloyd Rodwin, 1965 Sept. p. 122.
CIVILIZATION OF THE PERSIAN GULF, A FORGOTTEN, by P. V. Glob and T. G. Bibby, 1960 Oct. p. 62.
CIVILIZATION, THE DEATH OF A, by Tatiana Proskouriakoff, 1955 May p. 82.
CIVILIZATION, THE ORIGINS OF NEW WORLD, by Richard S. MacNeish, 1964 Nov. p. 29. [625]
CLAMS, GIANT, by C. M. Yonge, 1975 Apr. p. 96.
CLAY, QUICK, by Paul F. Kerr, 1963 Nov. p. 132.
CLEAN AIR ACT OF 1970, ENFORCING THE, by Noel de Nevers, 1973 June p. 14.
CLEAN POWER FROM DIRTY FUELS, by Arthur M. Squires, 1972 Oct. p. 26.
CLEANING SYMBIOSIS, by Conrad Limbaugh, 1961 Aug. p. 42. [135]
"CLIENT-CENTERED" PSYCHOTHERAPY, by Carl R. Rogers, 1952 Nov. p. 66. [448]
CLIFFORD, WILLIAM KINGDON, by James R. Newman, 1953 Feb. p. 78.
CLIMATE AND AGRICULTURE, by Frits W. Went, 1957 June p. 82.
CLIMATE AND THE CHANGING SUN, by Ernst J. Öpik, 1958 June p. 85. [835]
CLIMATE, CARBON DIOXIDE AND, by Gilbert N. Plass, 1959 July p. 41. [823]
CLIMATE OF CITIES, THE, by William P. Lowry, 1967 Aug. p. 15. [1215]
CLIMATE, PRIMITIVE ARCHITECTURE AND, by James Marston Fitch and Daniel P. Branch, 1960 Dee. p. 134.
CLIMATE, THE CHANGING, by George H. T. Kimble, 1950 Apr. p. 48.
CLIMATE, TREE RINGS AND, by Harold C. Fritts, 1972 May p. 92. [1250]
CLIMATE, VOLCANOES AND WORLD, by Harry Wexler, 1952 Apr. p. 74. [843]
CLIMATE WINES, GRAPE VINES AND, by Philip Wagner, 1974 June p. 106. [1298]
CLOCK OF INSECTS, THE BIOLOGICAL, by D. S. Saunders, 1976 Feb. p. 114. [1335]
CLOCK OF THE MALARIA PARASITE, THE, by Frank Hawking, 1970 June p. 123.
CLOCK PARADOX, THE, by J. Bronowski, 1963 Feb. p. 134.
CLOCKS AND THE FIDDLER CRAB, BIOLOGICAL, by Frank A. Brown, Jr., 1954 Apr. p. 34.
CLOCKS, ANNUAL BIOLOGICAL, by Eric T. Pengelley and Sally J. Asmundson, 1971 Apr. p. 72. [1219]
CLOCKS, ATOMIC, by Harold Lyons, 1957 Feb. p. 71. [225]
CLOCKS, CORALS AS PALEONTOLOGICAL, by S. K. Runcorn, 1966 Oct. p. 26. [871]
CLOCKS OF THE TIDAL ZONE BIOLOGICAL, by John D. Palmer, 1975 Feb. p. 70. [1316]
CLOTHES, WARM, by M. E. Barker, 1951 Mar. p. 56.
CLOTHING, HEAT, COLD AND, by James B. Kelley, 1956 Feb. p. 109.
CLOTS, THE CONTROL OF BLOOD, by Shepard Shapiro, 1951 Mar. p. 18.
CLOTTING OF FIBRINOGEN, THE, by Koloman Laki, 1962 Mar. p. 60.
CLOUD OF MAGELLAN, THE LARGE, by Bart J. Bok, 1964 Jan. p. 32.
CLOUD SEEDING, by Bernard Vonnegut, 1952 Jan. p. 17.
CLOUDS IN SPACE, ARTIFICIAL PLASMA, by Gerhard Haerendel and Reimar Lüst, 1968 Nov. p. 80.
CLOUDS, NOCTILUCENT, by Robert K. Soberman, 1963 June p. 50.
CLOUDS OF MAGELLAN, THE, by Gérard de Vaucouleurs, 1956 Apr. p. 52.
CLOUDS, SUN CLOUDS AND RAIN, by Walter Orr Roberts, 1957 Apr. p. 138. [849]
CLOUDS, TRADE-WIND, by Joanne Starr Malkus, 1953 Nov. p. 31.
CLUSTERING OF GALAXIES, THE, by Edward J. Groth, P. James E. Peebles, Michael Seldner and Raymond M. Soneira, 1977 Nov. p. 76. [390]
COAL, by Lawrence P. Lessing, 1955 July p. 58.
COAL-DRIVEN POWER STATIONS, ON THE FEASIBILITY OF, by O. R. Frisch, 1956 Mar. p. 93.
COAL, OIL AND GAS FROM, by Neal P. Cochran, 1976 May p. 24.
COAL TECHNOLOGY, THE RISE OF, by John R. Harris, 1974 Aug. p. 92.
COAL, THE BEGINNINGS OF, by Raymond E. Janssen, 1948 July p. 46.
COAL, THE GASIFICATION OF, by Harry Perry, 1974 Mar. p. 19.
COAL, THE STRIP-MINING OF WESTERN, by Genevieve Atwood, 1975 Dec. p. 23.
COAL, URANIUM FROM, by Ralph L. Miller and James R. Gill, 1954 Oct. p. 36.
COANDA EFFECT, APPLICATIONS OF THE, by Imants Reba, 1966 June p. 84.
COATINGS, OPTICAL INTERFERENCE, by Philip Baumeister and Gerald Pincus, 1970 Dec. p. 58.
COCOONS, BRAINS AND, by William G. van der Kloot, 1956 Apr. p. 131.
CODE, ORIGINS OF THE BINARY, by F. G. Heath, 1972 Aug. p. 76.
CODES, ERROR-CORRECTING, by W. Wesley Peterson, 1962 Feb. p. 96.
COELACANTH, THE, by Jacques Millot, 1955 Dec. p. 34. [831]
COGNITIVE DISSONANCE, by Leon Festinger, 1962 Oct. p. 93. [472]
COIL, THE INDUCTION, by George Shiers, 1971 May p. 80.
COLD, ADAPTATIONS TO, by Laurence Irving, 1966 Jan. p. 94. [1032]
COLD AND CLOTHING, HEAT, by James B. Kelley, 1956 Feb. p. 109.
COLD, THE COMMON, by Christopher Howard Andrewes, 1951 Feb. p. 39.
COLD, THE VIRUSES OF THE COMMON, by Christopher Howard Andrewes, 1960 Dec. p. 88.
COLICINS AND THE ENERGETICS OF CELL MEMBRANES, by Salvador E. Luria, 1975 Dec. p. 30. [1332]
COLLAGEN, by Jerome Gross, 1961 May p. 120.
COLLAGEN, THE AGING OF, by Frederic Verzár, 1963 Apr. p. 104. [155]
COLLECTIVE-EFFECT ACCELERATORS, by Denis Keefe, 1972 Apr. p. 22.
COLLICULUS OF THE BRAIN, THE SUPERIOR, by Barbara Gordon, 1972 Dec. p. 72. [553]
COLLIDING GALAXIES, by Rudolph Minkowski, 1956 Sept. p. 125.
COLLISION BETWEEN INDIA AND EURASIA, THE, by Peter Molnar and Paul Tapponnier, 1977 Apr. p. 30. [923]
COLOR BLINDNESS, by Alphonse Chapanis, 1951 Mar. p. 48.
COLOR BLINDNESS, VISUAL PIGMENTS AND, by W. A. H. Rushton, 1975 Mar. p. 64. [1317]
COLOR, DEFENSE BY, by N. Tinbergen, 1957 Oct. p. 48.
COLOR, HORMONES AND SKIN, by Aaron B. Lerner, 1961 July p. 98.
COLOR, HOW ANIMALS CHANGE, by Lorus J. and Margery J. Milne, 1952 Mar. p. 64.
COLOR PHOTOGRAPH, MAXWELL'S, by Ralph M. Evans, 1961 Nov. p. 118.
COLOR, SEEING LIGHT AND, by Ralph M. Evans, 1949 Aug. p. 52.
COLOR TELEVISION, by Newbern Smith, 1950 Dec. p. 13.
COLOR, THE PERCEPTION OF SURFACE, by Jacob Beck, 1975 Aug. p. 62. [565]
COLOR VISION, EXPERIMENTS IN, by Edwin H. Land, 1959 May p. 84. [223]
COLOR VISION, THE RETINEX THEORY OF, by Edwin H. Land, 1977 Dec. p. 108. [1392]
COLOR VISION, THREE-PIGMENT, by Edward F. MacNichol, Jr., 1964 Dec. p. 48. [197]
COLORS, AUTUMN, by Kenneth V. Thimann, 1950 Oct. p. 40.
COLORS, THE PERCEPTION OF NEUTRAL, by Hans Wallach, 1963 Jan. p. 107. [474]
COMBAT, STRESS IN, by Stanley W. Davis, 1956 Mar. p. 31.
COMBINATORIAL MATHEMATICS OF SCHEDULING, THE, by Ronald L. Graham, 1978 Mar. p. 124. [3001]
COMBUSTION IN ROCKETS, RESONANT, by J. George Sotter and Gary A. Flandro, 1968 Dec. p. 94.
COMETS, by Fred L. Whipple, 1951 July p. 22.
COMETS, THE NATURE OF, by Fred L. Whipple, 1974 Feb. p. 48.
COMETS, THE TAILS OF, by Ludwig F. Biermann and Rhea Lüst, 1958 Oct. p. 44.
COMMERCE CATS AND, by Neil B. Todd, 1977 Nov. p. 100. [1370]
COMMISSURE, THE GREAT CEREBRAL, by R. W. Sperry, 1964 Jan. p. 42. [174]
COMMON COLD, THE, by Christopher Howard Andrewes, 1951 Feb. p. 39.
COMMUNICATE, HOW CELLS, by Bernhard Katz, 1961 Sept. p. 209. [98]
COMMUNICATION, 1972 Sept. *issue.*
COMMUNICATION, by John R. Pierce, 1972 Sept. p. 30. [677]
COMMUNICATION AND FREEDOM OF EXPRESSION, by Thomas I. Emerson, 1972 Sept. p. 163. [680]
COMMUNICATION AND SOCIAL ENVIRONMENT, by George Gerbner, 1972 Sept. p. 152. [679]
COMMUNICATION AND THE COMMUNITY, by Peter C. Goldmark, 1972 Sept. p. 142. [678]
COMMUNICATION, ANIMAL, by Edward O. Wilson, 1972 Sept. p. 52. [1258]
COMMUNICATION BETWEEN ANTS AND THEIR GUESTS, by Bert Hölldobler, 1971 Mar. p. 86. [1218]
COMMUNICATION BY LASER, by Stewart E. Miller, 1966 Jan. p. 19.
COMMUNICATION BY OPTICAL FIBER, by J. S. Cook, 1973 Nov. p. 28.
COMMUNICATION, CELLULAR, by Gunther S. Stent, 1972 Sept. p. 42. [1257]
COMMUNICATION CHANNELS, by Henri Busignies, 1972 Sept. p. 98.

COMMUNICATION, DOCTOR-PATIENT, by Barbara M. Korsch and Vida Francis Negrete, 1972 Aug. p. 66.
COMMUNICATION IN HONEYBEES, SOUND, by Adrian M. Wenner, 1964 Apr. p. 116. [181]
COMMUNICATION, INTERACTIVE HUMAN, by Alphonse Chapanis, 1975 Mar. p. 36.
COMMUNICATION, INTERCELLULAR, by Werner R. Loewenstein, 1970 May p. 78. [1178]
COMMUNICATION NETWORKS, by Hiroshi Inose, 1972 Sept. p. 116.
COMMUNICATION SATELLITES, by John R. Pierce, 1961 Oct. p. 90.
COMMUNICATION TERMINALS, by Ernest R. Kretzmer, 1972 Sept. p. 130.
COMMUNICATION, THE MATHEMATICS OF, by Warren Weaver, 1949 July p. 11.
COMMUNICATION, THE ROLE OF MICROELECTRONICS IN, by John S. Mayo, 1977 Sept. p. 192. [382]
COMMUNICATION, THE ROLE OF PUPIL SIZE IN, by Eckhard H. Hess, 1975 Nov. p. 110. [567]
COMMUNICATION, VERBAL, by Roman Jakobson, 1972 Sept. p. 72. [547]
COMMUNICATIONS, GLOBAL SATELLITE, by Burton I. Edelson, 1977 Feb. p. 58. [353]
COMMUNICATIONS, LIGHT-WAVE, by W. S. Boyle, 1977 Aug. p. 40. [373]
COMMUNITY, COMMUNICATION AND THE, by Peter C. Goldmark, 1972 Sept. p. 142. [678]
COMPANIONS OF SUNLIKE STARS, THE, by Helmut A. Abt, 1977 Apr. p. 96. [359]
COMPETITION OF MATERIALS, THE, by W. O. Alexander, 1967 Sept. p. 254.
COMPLEMENT SYSTEM, THE, by Manfred M. Mayer, 1973 Nov. p. 54. [1283]
COMPLEXITY THEORY, by Nicholas Pippenger, 1978 June p. 114. [3013]
COMPOSITE MATERIALS, ADVANCED, by Henry R. Clauser, 1973 July p. 36.
COMPOSITE MATERIALS, THE NATURE OF, by Anthony Kelly, 1967 Sept. p. 160.
COMPOSITION OF THE EARTH'S INTERIOR, THE, by Taro Takahashi and William A. Bassett, 1965 June p. 100.
COMPOUND EYE OF INSECTS, THE, by G. Adrian Horridge, 1977 July p. 108. [1364]
COMPOUNDS IN NATURE, POLYCYCLIC AROMATIC, by Max Blumer, 1976 Mar. p. 34.
COMPOUNDS, INCLUSION, by John F. Brown, Jr., 1962 July p. 82. [280]
COMPRESSION, HIGH, by Alex Taub, 1950 Feb. p. 16.
COMPUTER, AN ANCIENT GREEK, by Derek J. de Solla Price, 1959 June p. 60.
COMPUTER ANALYSIS OF PROTEIN EVOLUTION, by Margaret Oakley Dayhoff, 1969 July p. 86. [1148]
COMPUTER, CHEMISTRY BY, by Arnold C. Wahl, 1970 Apr. p. 54.
COMPUTER, CHROMOSOME ANALYSIS BY, by Robert S. Ledley and Frank H. Ruddle, 1966 Apr. p. 40. [1040]
COMPUTER-CONTROLLED ASSEMBLY, by James L. Nevins and Daniel E. Whitney, 1978 Feb. p. 62. [396]
COMPUTER CONTROL OF ELECTRIC-POWER SYSTEMS, by Hans Glavitsch, 1974 Nov. p. 34.
COMPUTER DATA, THE TRANSMISSION OF, by John R. Pierce, 1966 Sept. p. 144.
COMPUTER DISPLAYS, by Ivan E. Sutherland, 1970 June p. 56.
COMPUTER EXPERIMENTS IN CHEMISTRY, by Don L. Bunker, 1964 July p. 100.
COMPUTER EXPERIMENTS IN FLUID DYNAMICS, by Francis H. Harlow and Jacob E. Fromm, 1965 Mar. p. 104.
COMPUTER GRAPHICS IN ARCHITECTURE, by Donald P. Greenberg, 1974 May p. 98.
COMPUTER INPUTS AND OUTPUTS, by Ivan E. Sutherland, 1966 Sept. p. 86.
COMPUTER LOGIC AND MEMORY, by David C. Evans, 1966 Sept. p. 74.
COMPUTER-MANAGED PARTS MANUFACTURE, by Nathan H. Cook, 1975 Feb. p. 22.
COMPUTER MEMORIES, by Louis N. Ridenour, 1955 June p. 92.
COMPUTER MEMORIES, INTEGRATED, by Jan A. Rajchman, 1967 July p. 18.
COMPUTER, MICROELECTRONICS AND THE PERSONAL, by Alan C. Kay, 1977 Sept. p. 230. [384]
COMPUTER, MOLECULAR MODEL-BUILDING BY, by Cyrus Levinthal, 1966 June p. 42. [1043]
COMPUTER MUSIC, by Lejaren A. Hiller, Jr., 1959 Dec. p. 109.
COMPUTER PRIVACY, CRYPTOGRAPHY AND, by Horst Feistel, 1973 May p. 15.
COMPUTER PROGRAMS FOR TRANSLATION, by Victor H. Yngve, 1962 June p. 68.
COMPUTER SCIENCE, MICROELECTRONICS AND, by Ivan E. Sutherland and Carver A. Mead, 1977 Sept. p. 210. [383]
COMPUTER, THE FASTEST, by D. L. Slotnick, 1971 Feb. p. 76.
COMPUTER, THE ROLE OF THE, by Louis N. Ridenour, 1952 Sept. p. 116.
COMPUTER V. CHESS-PLAYER, by Alex Bernstein and M. deV. Roberts, 1958 June p. 96.
COMPUTERS, by Stanislaw M. Ulam, 1964 Sept. p. 202.
COMPUTERS ADD? HOW FAST CAN, by Shmuel Winograd, 1968 Oct. p. 93.
COMPUTERS, EARS FOR, by Edward E. David, Jr., 1955 Feb. p. 92.
COMPUTERS, GAMES, LOGIC, AND, by Hao Wang, 1965 Nov. p. 98.
COMPUTERS IN BUSINESS, by Lawrence P. Lessing, 1954 Jan. p. 21.
COMPUTERS IN EASTERN EUROPE, by Ivan Berenyi, 1970 Oct. p. 102.
COMPUTERS IN EDUCATION, THE USES OF, by Patrick Suppes, 1966 Sept. p. 206. [533]
COMPUTERS IN ORGANIZATIONS, THE USES OF, by Martin Greenberger, 1966 Sept. p. 192.
COMPUTERS IN SCIENCE, THE USES OF, by Anthony G. Oettinger, 1966 Sept. p. 160.
COMPUTERS IN TECHNOLOGY, THE USES OF, by Steven Anson Coons, 1966 Sept. p. 176.
COMPUTERS, REDUNDANCY IN, by William H. Pierce, 1964 Feb. p. 103. [298]
COMPUTERS, SUPERCONDUCTING, by William B. Ittner III and C. J. Kraus, 1961 July p. 124.
COMPUTERS, TIME-SHARING ON, by R. M. Fano and F. J. Corbató, 1966 Sept. p. 128.
COMPUTING DEVICE GALILEO AND THE FIRST MECHANICAL, by Stillman Drake, 1976 Apr. p. 104.
CONCEPTS, HOW CHILDREN FORM MATHEMATICAL, by Jean Piaget, 1953 Nov. p. 74. [420]
CONCEPTS, THE ORIGINS OF NUMBER, by Charles J. Brainerd, 1973 Mar. p. 101.
CONCERNING "SOCIAL PHYSICS," by John Q. Stewart, 1948 May p. 20.
CONCRETE, PRESTRESSED, by T. Y. Lin, 1958 July p. 25.
CONCRETE, THE CHEMISTRY OF, by Stephen Brunauer and L. E. Copeland, 1964 Apr. p. 80.
CONDITIONING AND BRAIN WAVES, by Vernon Rowland, 1959 Aug. p. 89.
CONDITIONING AND EMOTIONS, by Howard S. Liddell, 1954 Jan. p. 48. [418]
CONDUCTION ELECTRONS IN METALS, by M. Ya'. Azbel, M. I. Kaganov and I. M. Lifshitz, 1973 Jan. p. 88.
CONDUCTION OF HEAT IN SOLIDS, THE, by Robert L. Sproull, 1962 Dec. p. 92.
CONFERENCES, HOW PEOPLE INTERACT IN, by Robert F. Bales, 1955 Mar. p. 31.
CONFINEMENT OF QUARKS, THE, by Yoichiro Nambu, 1976 Nov. p. 48.
CONFIRMATION, by Wesley C. Salmon, 1973 May p. 75.
CONFIRMATION OF CONTINENTAL DRIFT, THE, by Patrick M. Hurley, 1968 Apr. p. 52. [874]
CONFLICT AND AROUSAL, by Daniel E. Berlyne, 1966 Aug. p. 82. [500]
CONFLICT, EXPERIMENTS IN GROUP, by Muzafer Sherif, 1956 Nov. p. 54. [454]
CONFORMITY, NATIONALITY AND, by Stanley Milgram, 1961 Dec. p. 45.
CONGENITAL DEFORMITIES, by Theodore H. Ingalls, 1957 Oct. p. 109.
CONSERVATION LAWS OF PHYSICS, THE, by Gerald Feinberg and Maurice Goldhaber, 1963 Oct. p. 36.
CONSTANTS, THE FUNDAMENTAL PHYSICAL, by Barry N. Taylor, Donald N. Langenberg and William H. Parker, 1970 Oct. p. 62. [337]
CONSUMER PRODUCT TECHNOLOGY AND THE, by G. Franklin Montgomery, 1977 Dec. p. 47. [703]
CONTENT OF GALAXIES, THE, by Walter Baade, 1956 Sept. p. 92.
CONTINENT-BUILDING, GEOSYNCLINES, MOUNTAINS AND, by Robert S. Dietz, 1972 Mar. p. 30. [899]
CONTINENTAL DRIFT, by J. Tuzo Wilson, 1963 Apr. p. 86. [868]
CONTINENTAL DRIFT ALFRED WEGENER AND THE HYPOTHESIS OF, by A. Hallam, 1975 Feb. p. 88.
CONTINENTAL DRIFT AND EVOLUTION, by Björn Kurtén, 1969 Mar. p. 54. [877]
CONTINENTAL DRIFT AND THE FOSSIL RECORD, by A. Hallam, 1972 Nov. p. 56. [903]
CONTINENTAL DRIFT, THE CONFIRMATION OF, by Patrick M. Hurley, 1968 Apr. p. 52. [874]
CONTINENTAL SHELF, THE, by Henry C. Stetson, 1955 Mar. p. 82. [808]
CONTINENTAL SHELVES, THE, by K. O. Emery, 1969 Sept. p. 106. [882]
CONTINENTS, THE OLDEST ROCKS AND THE GROWTH OF, by Stephen Moorbath, 1977 Mar. p. 92. [357]
CONTINENTS, THE ORIGIN OF, by Marshall Kay, 1955 Sept. p. 62. [816]
CONTINUOUS CASTING OF STEEL, THE, by Leonard V. Gallagher and Bruce S. Old, 1963 Dec. p. 74.
CONTOUR AND CONTRAST, by Floyd Ratliff, 1972 June p. 90. [543]
CONTOURS SUBJECTIVE, by Gaetano Kanizsa, 1976 Apr. p. 48. [570]
CONTRACTION OF MUSCLE, THE, by H. E. Huxley, 1958 Nov. p. 66. [19]
CONTRACTION OF OUR MUSCLES, HOW WE CONTROL THE, by P. A. Merton, 1972 May p. 30. [1249]
CONTRACTION, THE MECHANISM OF MUSCULAR, by H. E. Huxley, 1965 Dec. p. 18. [1026]
CONTRACTION, THE PROTEIN SWITCH OF MUSCLE, by Carolyn Cohen, 1975 Nov. p. 36. [1329]
CONTRAST AND SPATIAL FREQUENCY, by Fergus W. Campbell and Lamberto Maffei, 1974 Nov. p. 106. [1308]
CONTRAST, CONTOUR AND, by Floyd Ratliff, 1972 June p. 90. [543]
CONTROL, ANALYTIC INSTRUMENTS IN PROCESS, by F. W. Karasek, 1969 June p. 112.

CONTROL, AUTOMATIC, 1952 Sept. *issue.*
CONTROL, AUTOMATIC, by Ernest Nagel, 1952 Sept. p. 44.
CONTROL DEVICES, FLUID, by Stanley W. Angrist, 1964 Dec. p. 80.
CONTROL MECHANISMS OF THE EYE, by Derek H. Fender, 1964 July p. 24.
CONTROL OF AIR POLLUTION, THE, by A. J. Haagen-Smit, 1964 Jan. p. 24. [618]
CONTROL OF BIOCHEMICAL REACTIONS, THE, by Jean-Pierre Changeux, 1965 Apr. p. 36. [1008]
CONTROL OF BLOOD CLOTS, THE, by Shepard Shapiro, 1951 Mar. p. 18.
CONTROL OF FERTILITY, THE, by Abraham Stone, 1954 Apr. p. 31.
CONTROL OF FLOWERING, THE, by Aubrey W. Naylor, 1952 May p. 49. [113]
CONTROL OF GROWTH IN PLANT CELLS, THE, by F. C. Steward, 1963 Oct. p. 104.
CONTROL OF PLANT GROWTH, THE, by Johannes van Overbeek, 1968 July p. 75. [1111]
CONTROL OF SENSITIVITY IN THE RETINA, THE, by Frank S. Werblin, 1973 Jan. p. 70. [1264]
CONTROL OF SEX, THE, by Manuel J. Gordon, 1958 Nov. p. 87.
CONTROL OF SHORT-TERM MEMORY, THE, by Richard C. Atkinson and Richard M. Shiffrin, 1971 Aug. p. 82. [538]
CONTROL OF SNOW AVALANCHES, THE, by Edward R. LaChapelle, 1966 Feb. p. 92.
CONTROL OF THE LUMINOUS ENVIRONMENT, THE, by James Marston Fitch, 1968 Sept. p. 190.
CONTROL OF THE WATER CYCLE, THE, by José P. Peixoto and M. Ali Kettani, 1973 Apr. p. 46. [907]
CONTROL OF VIBRATION AND NOISE, THE, by Theodore P. Yin, 1969 Jan. p. 98.
CONTROL OF WALKING, THE, by Keir Pearson, 1976 Dec. p. 72. [1346]
CONTROL SYSTEMS, by Gordon S. Brown and Donald P. Campbell, 1952 Sept. p. 56.
CONTROL, THE ORIGINS OF FEEDBACK, by Otto Mayr, 1970 Oct. p. 110.
CONTROL, THE PRACTICE OF QUALITY, by A. G. Dalton, 1953 Mar. p. 29.
CONTROL, THE ROLE OF MICROELECTRONICS IN INSTRUMENTATION AND, by Bernard M. Oliver, 1977 Sept. p. 180. [381]
CONTROL THEORY, by Richard Bellman, 1964 Sept. p. 186.
CONTROLLED EUTECTICS, by R. Wayne Kraft, 1967 Feb. p. 86.
CONVECTION CURRENTS IN THE EARTH'S MANTLE, by D. P. McKenzie and Frank Richter, 1976 Nov. p. 72. [921]
CONVERSION OF ENERGY, THE, by Claude M. Summers, 1971 Sept. p. 148. [668]
CONVERSION TO THE METRIC SYSTEM, by Lord Ritchie-Calder, 1970 July p. 17. [334]
COOLING SYSTEMS IN IRANIAN ARCHITECTURE, PASSIVE, by Mehdi N. Bahadori, 1978 Feb. p. 144. [705]
COOLING TOWERS, by Riley D. Woodson, 1971 May p. 70.
COOPERATIVE ACTION OF MUSCLE PROTEINS, THE, by John M. Murray and Annemarie Weber, 1974 Feb. p. 58. [1290]
COORDINATION OF EYE-HEAD MOVEMENTS, THE, by Emilio Bizzi, 1974 Oct. p. 100. [1305]
COPERNICAN REVOLUTION, POETIC RESPONSES TO THE, by Margaret M. Byard, 1977 June p. 120. [367]
COPERNICAN REVOLUTION, THE ORIGINS OF THE, by Jerome R. Ravetz, 1966 Oct. p. 88.
COPERNICUS AND TYCHO, by Owen Gingerich, 1973 Dec. p. 86.
COPPER, THE BIOCHEMISTRY OF, by Earl Frieden, 1968 May p. 102.
COPROLITES OF MAN, THE, by Vaughn M. Bryant, Jr., and Glenna Williams-Dean, 1975 Jan. p. 100. [687]
CORALS AS PALEONTOLOGICAL CLOCKS, by S. K. Runcorn, 1966 Oct. p. 26. [871]
CORIOLIS EFFECT, THE, by James E. McDonald, 1952 May p. 72. [839]
CORN, HIGH-LYSINE, by Dale D. Harpstead, 1971 Aug. p. 34. [1229]
CORN, HYBRID, by Paul C. Mangelsdorf, 1951 Aug. p. 39. [1150]
CORN, THE MYSTERY OF, by Paul C. Mangelsdorf, 1950 July p. 20. [26]
CORONA CHEMISTRY, by John A. Coffman and William R. Browne, 1965 June p. 90.
CORONA, THE SOLAR, by Jay M. Pasachoff, 1973 Oct. p. 68.
CORONARY DISEASE, SURGERY FOR, by Donald B. Effler, 1968 Oct. p. 36.
CORONARY THROMBOSIS, by Paul D. White, 1950 June p. 44.
CORPUSCLES FORM THE SUN, by Walter Orr Roberts, 1955 Feb. p. 40.
CORROSION FAILURE, STRESS-, by Peter R. Swann, 1966 Feb. p. 72.
CORROSION, STUDIES IN, by G. H. Cartledge, 1956 May p. 35.
CORRUGATE? WHY DO ROADS, by Keith B. Mather, 1963 Jan. p. 128.
CORTEX OF THE BRAIN, THE VISUAL, by David H. Hubel, 1963 Nov. p. 54. [168]
CORTEX OF THE CEREBELLUM, THE, by Rodolfo R. Llinás, 1975 Jan. p. 56. [1312]
CORTISONE AND ACTH, by George W. Gray, 1950 Mar. p. 30. [14]
COSMIC BACKGROUND RADIATION AND THE NEW AETHER DRIFT, THE, by Richard A. Muller, 1978 May p. 64. [3008]
COSMIC BACKGROUND RADIATION, THE, by Adrian Webster, 1974 Aug. p. 26.
COSMIC DISTANCES, PULSATING STARS AND, by Robert P. Kraft, 1959 July p. 48.
COSMIC GAMMA-RAY BURSTS, by Ian B. Strong and Ray W. Klebesadel, 1976 Oct. p. 66.
COSMIC MASERS, by Dale F. Dickinson, 1978 June p. 90. [3011]
COSMIC RADIATION METEORITES AND, by I. R. Cameron, 1973 July p. 64.
COSMIC RAYS, by George W. Gray, 1949 Mar. p. 28.
COSMIC RAYS COME FROM? WHERE DO, by Bruno Rossi, 1953 Sept. p. 64. [239]
COSMIC RAYS, HIGH-ENERGY, by Bruno Rossi, 1959 Nov. p. 134.
COSMIC RAYS, SOLAR PARTICLES AND, by Kinsey A. Anderson, 1960 June p. 64.
COSMIC RAYS, THE ASTROPHYSICS OF, by V. L. Ginzburg, 1969 Feb. p. 50.
COSMIC RAYS, THE ORIGIN OF, by Geoffrey Burbidge, 1966 Aug. p. 32.
COSMIC SPHERULES AND METEORITIC DUST, by Hans Pettersson, 1960 Feb. p. 123.
COSMOLOGY AND SCIENCE, by Herbert Dingle, 1956 Sept. p. 224.
COSMOLOGY, ANTIMATTER AND, by Hannes Alfvén, 1967 Apr. p. 106. [311]
COSMOLOGY, MODERN, by George Gamow, 1954 Mar. p. 54.
COST OF WORLD ARMAMENTS, THE, by Archibald S. Alexander, 1969 Oct. p. 21. [650]
COUNTERFEITING IN ROMAN BRITAIN, by George C. Boon, 1974 Dec. p. 120.
COUNTERS, by Serge A. Korff, 1950 July p. 40.
COUNTERS, SCINTILLATION, by George B. Collins, 1953 Nov. p. 36.
COUNTRIES, THE CHANGING STATUS OF WOMEN IN DEVELOPED, by Judith Blake, 1974 Sept. p. 136.
COUNTRIES, THE DEVELOPMENT OF AGRICULTURE IN DEVELOPING, by W. David Hopper, 1976 Sept. p. 196.
COUNTRIES, THE FAMILY IN DEVELOPED, by Norman B. Ryder, 1974 Sept. p. 122.
COUNTRIES, THE POPULATIONS OF THE DEVELOPED, by Charles F. Westoff, 1974 Sept. p. 108.
COUNTRIES, THE POPULATIONS OF THE UNDERDEVELOPED, by Paul Demeny, 1974 Sept. p. 148.
COUNTRIES, THE TRANSFER OF TECHNOLOGY TO UNDERDEVELOPED, by Gunnar Myrdal, 1974 Sept. p. 172.
COURTSHIP, ANIMAL, by Lorus J. and Margery J. Milne, 1950 July p. 52.
COURTSHIP OF ANIMALS, THE, by N. Tinbergen, 1954 Nov. p. 42.
COVENANTERS OF QUMRAN, THE NEW, by Shemaryahu Talmon, 1971 Nov. p. 72.
CRAB, BIOLOGICAL CLOCKS AND THE FIDDLER, by Frank A. Brown, Jr., 1954 Apr. p. 34.
CRAB NEBULA, THE, by Jan H. Oort, 1957 Mar. p. 52.
CRASHWORTHINESS OF AUTOMOBILES, THE, by Patrick M. Miller, 1973 Feb. p. 78.
CRATER, THE CANADIAN METEOR, by V. B. Meen, 1951 May p. 64.
CRATERING IN THE SOLAR SYSTEM, by W. K. Hartmann, 1977 Jan. p. 84. [351]
CRATERING OF INDOCHINA, THE, by Arthur H. Westing and E. W. Pfeiffer, 1972 May p. 20. [1248]
CRATERS, FOSSIL METEORITE, by C. S. Beals, 1958 July p. 32.
CRATERS OF THE MOON, THE, by Ralph B. Baldwin, 1949 July p. 20.
CREATIVE PROCESS, THE, by J. Bronowski, 1958 Sept. p. 58.
CRICKET SONG, THE NEUROBIOLOGY OF, by David Bentley and Ronald R. Hoy, 1974 Aug. p. 34. [1302]
CRIMINAL LAW, BEHAVIORAL SCIENCE AND, by Edward J. Sachar, 1963 Nov. p. 39. [480]
CRISES IN THE HISTORY OF LIFE, by Norman D. Newell, 1963 Feb. p. 76. [867]
CRISIS IN SCIENCE TEACHING, A, by Fletcher G. Watson, 1954 Feb. p. 27.
CRISIS IN U.S. ARCHAEOLOGY, A, by Frank H. H. Roberts, 1948 Dec. p. 12.
CROCODILE, THE NILE, by Anthony C. Pooley and Carl Gans, 1976 Apr. p. 114.
CROMWELL CURRENT, THE, by John A. Knauss, 1961 Apr. p. 105.
CROPS FORAGE, by Harlow J. Hodgson, 1976 Feb. p. 60.
CROWS, THE LANGUAGE OF, by Hubert and Mable Frings, 1959 Nov. p. 119.
CRUISE MISSILES, by Kosta Tsipis, 1977 Feb. p. 20. [691]
CRUST, ATMOSPHERE AND OCEANS, THE STEADY STATE OF THE EARTH'S, by Raymond Siever, 1974 June p. 72. [914]
CRUST OF THE EARTH, THE, by Walter H. Bucher, 1950 May p. 32.
CRY OF THE HUMAN INFANT, THE, by Peter F. Ostwald and Philip Peltzman, 1974 Mar. p. 84. [558]
CRYPTOBIOSIS, by John H. Crowe and Alan F. Cooper, Jr., 1971 Dec. p. 30. [1237]
CRYPTOGRAPHY AND COMPUTER PRIVACY, by Horst Feistel, 1973 May p. 15.
CRYPTOLOGY, MODERN, by David Kahn, 1966 July p. 38.

CRYSTAL DISPLAY DEVICES, LIQUID-, by G. H. Heilmeier, 1970 Apr. p. 100.
CRYSTAL SURFACES, THE STRUCTURE OF, by Lester H. Germer, 1965 Mar. p. 32.
CRYSTALLOGRAPHY, X-RAY, by Sir Lawrence Bragg, 1968 July p. 58. [325]
CRYSTALS, ANCIENT FLUIDS IN, by Edwin Roedder, 1962 Oct. p. 38. [854]
CRYSTALS AND ELECTRICITY, by Walter G. Cady, 1949 Dec. p. 46.
CRYSTALS AND THE FUTURE OF PHYSICS, by Philippe Le Corbeiller, 1953 Jan. p. 50.
CRYSTALS, BORON, by D. B. Sullenger and C. H. L. Kennard, 1966 July p. 96.
CRYSTALS, CHANNELING IN, by Werner Brandt, 1968 Mar. p. 90.
CRYSTALS, ELECTRIC CURRENTS IN ORGANIC, by Martin Pope, 1967 Jan. p. 86.
CRYSTALS IN METALS, ALIGNED, by B. D. Cullity, 1959 Apr. p. 125.
CRYSTALS, LIQUID, by James L. Fergason, 1964 Aug. p. 76.
CRYSTALS, OBSERVING DISLOCATIONS IN, by W. C. Dash and A. G. Tweet, 1961 Oct. p. 107.
CRYSTALS SNOW, by Charles and Nancy Knight, 1973 Jan. p. 100.
CRYSTALS, THE GROWTH OF, by Robert L. Fullman, 1955 Mar. p. 74.
CRYSTALS, THE GROWTH OF SNOW, by B. J. Mason, 1961 Jan. p. 120.
CULT, THE HOPEWELL, by Olaf H. Prufer, 1964 Dec. p. 90.
CULTIVATION OF TILAPIA, THE, by Charles F. Hickling, 1963 May p. 143.
CULTS, CARGO, by Peter M. Worsley, 1959 May p. 117.
CULTURAL EVOLUTION, by Julian H. Steward, 1956 May p. 69.
CULTURE AND CANCER, TISSUE, by John J. Biesele, 1956 Oct. p. 50.
CULTURE OF POVERTY, THE, by Oscar Lewis, 1966 Oct. p. 19. [631]
CULTURE, PICTORIAL PERCEPTION AND, by Jan B. Deregowski, 1972 Nov. p. 82. [551]
CULTURE, SCHIZOPHRENIA AND, by Marvin K. Opler, 1957 Aug. p. 103.
CULTURE, THE SOLUTREAN, by Philip E. L. Smith, 1964 Aug. p. 86.
CULTURES, PLANT TISSUE, by Philip R. White, 1950 Mar. p. 48.
CULTURES, VANISHING, by Robert Heine-Geldern, 1957 May p. 39.
CUMAE, ANCIENT, by Raymond V. Schoder, S. J., 1963 Dec. p. 108.
CURIOSITY IN MONKEYS, by Robert A. Butler, 1954 Feb. p. 70.
CURIOUS BEHAVIOR OF THE STICKLEBACK, THE, by N. Tinbergen, 1952 Dec. p. 22. [414]
CURRENT, THE CROMWELL, by John A. Knauss, 1961 Apr. p. 105.
CURRENT, THE PERU, by Gerald S. Posner, 1954 Mar. p. 66.
CURRENTS IN THE EARTH'S MANTLE, CONVECTION, by D. P. McKenzie and Frank Richter, 1976 Nov. p. 72. [921]
CURRENTS, THE DETECTION OF NEUTRAL WEAK, by David B. Cline, A. K. Mann and Carlo Rubbia, 1974 Dec. p. 108.
CURTAIN WALL, THE, by James Marston Fitch, 1955 Mar. p. 44.
CURVATURE OF SPACE IN A FINITE UNIVERSE, THE, by J. J. Callahan, 1976 Aug. p. 90.
CURVATURE OF SPACE, THE, by P. Le Corbeiller, 1954 Nov. p. 80.
CYANATE AND SICKLE-CELL DISEASE, by Anthony Cerami and Charles M. Peterson, 1975 Apr. p. 44. [1319]
CYBERNETICS, by Norbert Wiener, 1948 Nov. p. 14.
CYCLE OF THE BIOSPHERE, THE ENERGY, by George M. Woodwell, 1970 Sept. p. 64. [1190]
CYCLE OF THE EARTH, THE ENERGY, by Abraham H. Oort, 1970 Sept. p. 54. [1189]
CYCLE, THE CARBON, by Bert Bolin, 1970 Sept. p. 124. [1193]
CYCLE, THE NITROGEN, by C. C. Delwiche, 1970 Sept. p. 136. [1194]
CYCLE, THE OXYGEN, by Preston Cloud and Aharon Gibor, 1970 Sept. p. 110. [1192]
CYCLE, THE STIRLING REFRIGERATION, by J. W. L. Köhler, 1965 Apr. p. 119.
CYCLE, THE WATER, by H. L. Penman, 1970 Sept. p. 98. [1191]
CYCLES, MINERAL, by Edward S. Deevey, Jr., 1970 Sept. p. 148. [1195]
CYCLES OF AN ECOSYSTEM, THE NUTRIENT, by F. Herbert Bormann and Gene E. Likens, 1970 Oct. p. 92. [1202]
CYCLES OF PLANT AND ANIMAL NUTRITION, THE, by Jules Janick, Carl H. Noller and Charles L. Rhykerd, 1976 Sept. p. 74.
CYCLES, TOXIC SUBSTANCES AND ECOLOGICAL, by George M. Woodwell, 1967 Mar. p. 24. [1066]
CYCLIC AMP, by Ira Pastan, 1972 Aug. p. 97. [1256]

D

DADDY LONGLEGS, by Theodore H. Savory, 1962 Oct. p. 119. [137]
DANCE OF THE SOLIDS, THE, by John Updike, 1969 Jan. p. 130.
DARWIN, CHARLES, by Loren C. Eiseley, 1956 Feb. p. 62. [108]
DARWINISM, THE ORIGIN OF, by C. D. Darlington, 1959 May p. 60.
DARWIN'S FINCHES, by David Lack, 1953 Apr. p. 66. [22]
DARWIN'S MISSING EVIDENCE, by H. B. D. Kettlewell, 1959 Mar. p. 48. [842]
DATA PROCESSING, THE ROLE OF MICROELECTRONICS IN, by Lewis M. Terman, 1977 Sept. p. 162. [380]
DATING FISSION-TRACK, by J. D. Macdougall, 1976 Dec. p. 114.
DATING, RADIOCARBON, by Edward S. Deevey, Jr., 1952 Feb. p. 24. [811]
DAVISSON AND GERMER, by Karl K. Darrow, 1948 May p. 50.
DAVY, HUMPHRY, by L. Pearce Williams, 1960 June p. 106.
DAY, INSECTS AND THE LENGTH OF THE, by Stanley D. Beck, 1960 Feb. p. 108.
DEATH AND MEDICINE, LIFE AND, 1973 Sept. *issue.*
DEATH AND MEDICINE, LIFE AND, by Kerr L. White, 1973 Sept. p. 22.
DEATH FROM STAPHYLOCOCCI, by Ian Maclean Smith, 1968 Feb. p. 84.
DEATH, HEAT, by L. V. Heilbrunn, 1954 Apr. p. 70.
DEATH OF A CIVILIZATION, THE, by Tatiana Proskouriakoff, 1955 May p. 82.
DEATH, THE BLACK, by William L. Langer, 1964 Feb. p. 114. [619]
DEATH, THE PROBABILITY OF, by Edward S. Deevey, Jr., 1950 Apr. p. 58.
DEBATE OVER THE HYDROGEN BOMB, THE, by Herbert F. York, 1975 Oct. p. 106.
DECISION-MAKING IN THE PRODUCTION OF POWER, by Milton Katz, 1971 Sept. p. 191. [671]
DECISIONS, GAME THEORY AND, by Leonid Hurwicz, 1955 Feb. p. 78.
DECLINE OF THE HARAPPANS, THE, by George F. Dales, 1966 May p. 92.
DEEP-OCEAN FLOOR, THE, by H. W. Menard, 1969 Sept. p. 126. [883]
DEEP SCATTERING LAYERS, THE SEA'S, by Robert S. Dietz, 1962 Aug. p. 44. [866]
DEEP-SEA FLOOR, ACTIVE ANIMALS OF THE, by John D. Isaacs and Richard A. Schwartzlose, 1975 Oct. p. 84.
DEEP-SEA LAYER OF LIFE, THE, by Lionel A. Walford, 1951 Aug. p. 24.
DEEP SEA MICROBIAL LIFE IN THE, by Holger W. Jannasch and Carl O. Wirsen, 1977 June p. 42. [926]
DEER, TOO MANY, by A. Starker Leopold, 1955 Nov. p. 101.
DEFECTIVE CANCER VIRUS, A, by Harry Rubin, 1964 June p. 46. [185]
DEFECTS, INHERITED SENSE, by H. Kalmus, 1952 May p. 64. [406]
DEFENSE AGAINST BOMBER ATTACK, by Richard D. English and Dan I. Bolef, 1973 Aug. p. 11.
DEFENSE BY COLOR, by N. Tinbergen, 1957 Oct. p. 48.
DE FOREST AND THE TRIODE DETECTOR, by Robert A. Chipman, 1965 Mar. p. 92.
DEFORMATION OF METALS AT HIGH TEMPERATURES, THE, by Hugh J. McQueen and W. J. McGregor Tegart, 1975 Apr. p. 116.
DEFORMITIES, CONGENITAL, by Theodore H. Ingalls, 1957 Oct. p. 109.
DEIMOS PHOBOS AND, by Joseph Veverka, 1977 Feb. p. 30. [352]
DEINSTITUTIONALIZATION AND MENTAL HEALTH SERVICES, by Ellen L. Bassuk and Samuel Gerson, 1978 Feb. p. 46. [581]
DELAYED HYPERSENSITIVITY, by Alfred J. Crowle, 1960 Apr. p. 129.
DELIVERY OF MEDICAL CARE IN CHINA THE, by Victor W. Sidel and Ruth Sidel, 1974 Apr. p. 19.
DELIVERY OF MEDICAL CARE, THE, by Sidney R. Garfield, 1970 Apr. p. 15.
DEMOCRITUS ON THE ATOM, 1949 Nov. p. 48.
DEMON, MAXWELL'S, by W. Ehrenberg, 1967 Nov. p. 103. [317]
DENSITY GRADIENTS, by Gerald Oster, 1965 Aug. p. 70.
DEPRIVATION DWARFISM, by Lytt I. Gardner, 1972 July p. 76. [1253]
DEPTH PERCEPTION, SHADOWS AND, by Eckhard H. Hess, 1961 Mar. p. 138.
DERMATOGLYPHICS, by L. S. Penrose, 1969 Dec. p. 72. [1164]
DESALTING WATER BY FREEZING, by Asa E. Snyder, 1962 Dec. p. 41.
DESCARTES, by A. C. Crombie, 1959 Oct. p. 160.
DESEGREGATION, ATTITUDES TOWARD, by Herbert H. Hyman and Paul B. Sheatsley, 1956 Dec. p. 35; 1964 July p. 16. [623]
DESERT, ANCIENT MASTERS OF THE, by Michael Evenari and Dov Koller, 1956 Apr. p. 39.
DESERT GROUND SQUIRRELS, by George A. Batholomew and Jack W. Hudson, 1961 Nov. p. 107.
DESERT PLANTS, THE ECOLOGY OF, by Frits W. Went, 1955 Apr. p. 68. [114]
DESERT PUPFISH, THE, by James H. Brown, 1971 Nov. p. 104. [1236]
DESERT RAT, THE, by Knut and Bodil Schmidt-Nielsen, 1953 July p. 73.
DESERT, THE RECLAMATION OF A MAN-MADE, by Walter C. Lowdermilk, 1960 Mar. p. 54.
DESERT, THE SEA THAT SPILLS INTO A, by Maurice A. Garbell, 1963 Aug. p. 94.

DESERTED MEDIEVAL VILLAGE IN ENGLAND, A, by Maurice Beresford, 1976 Oct. p. 116.
DESERTS, TRACE-ELEMENT, by A. J. Anderson and E. J. Underwood, 1959 Jan. p. 97.
DESTRUCTION, UN V. MASS, by Trygve Lie, 1950 Jan. p. 11.
DETECTION OF GRAVITATIONAL WAVES, THE, by Joseph Weber, 1971 May p. 22.
DETECTION OF NEUTRAL WEAK CURRENTS, THE, by David B. Cline, A. K. Mann and Carlo Rubbia, 1974 Dec. p. 108.
DETECTION OF UNDERGROUND EXPLOSIONS, THE, by Sir Edward Bullard, 1966 July p. 19.
DETECTION OF UNDERGROUND EXPLOSIONS, THE, by L. Don Leet, 1962 June p. 55.
DETECTOR, DE FOREST AND THE TRIODE, by Robert A. Chipman, 1965 Mar. p. 92.
DETERGENTS, SYNTHETIC, by Lawrence M. Kushner and James I. Hoffman, 1951 Oct. p. 26.
DEUTERIUM IN THE UNIVERSE, by Jay M. Pasachoff and William A. Fowler, 1974 May p. 108.
DEVELOPED COUNTRIES, THE CHANGING STATUS OF WOMEN IN, by Judith Blake, 1974 Sept. p. 136.
DEVELOPED COUNTRIES, THE FAMILY IN, by Norman B. Ryder, 1974 Sept. p. 122.
DEVELOPED COUNTRIES, THE POPULATIONS OF THE, by Charles F. Westoff, 1974 Sept. p. 108.
DEVELOPING COUNTRIES, THE DEVELOPMENT OF AGRICULTURE IN, by W. David Hopper, 1976 Sept. p. 196.
DEVELOPMENT, EARLY EXPERIENCE AND EMOTIONAL, by Victor H. Denenberg, 1963 June p. 138. [478]
DEVELOPMENT, EDUCATION FOR, by Frederick Harbison, 1963 Sept. p. 140.
DEVELOPMENT OF AGRICULTURE IN DEVELOPING COUNTRIES, THE, by W. David Hopper, 1976 Sept. p. 196.
DEVELOPMENT OF BRAZIL, THE, by Celso Furtado, 1963 Sept. p. 208.
DEVELOPMENT OF CANCER, ON THE, by Harry S. N. Greene, 1948 Dec. p. 40.
DEVELOPMENT OF INDIA, THE, by Pitambar Pant, 1963 Sept. p. 189.
DEVELOPMENT OF NIGERIA, THE, by Wolfgang F. Stolper, 1963 Sept. p. 168.
DEVELOPMENT OF THE IMMUNE SYSTEM, THE, by Max D. Cooper and Alexander R. Lawton III, 1974 Nov. p. 58. [1306]
DEVELOPMENT OF THE U.S. SOUTH, THE, by Arthur Goldschmidt, 1963 Sept. p. 224.
DEVELOPMENT, REPETITIVE PROCESSES IN CHILD, by T. G. R. Bower, 1976 Nov. p. 38. [572]
DEVELOPMENT, TECHNOLOGY AND ECONOMIC, 1963 Sept. *issue.*
DEVELOPMENT, TECHNOLOGY AND ECONOMIC, by Asa Briggs, 1963 Sept. p. 52.
DEVELOPMENT, THE PLANNING OF, by Edward S. Mason, 1963 Sept. p. 235.
DEVELOPMENT, THE STRUCTURE OF, by Wassily W. Leontief, 1963 Sept. p. 148. [617]
DEVICES, FLUID CONTROL, by Stanley W. Angrist, 1964 Dec. p. 80.
DIAGNOSIS, ENZYMES IN MEDICAL, by Felix Wróblewski, 1961 Aug. p. 99.
DIAGNOSIS OF GENETIC DISEASE, PRENATAL, by Theodore Friedmann, 1971 Nov. p. 34. [1234]
DIALECTS IN THE LANGUAGE OF THE BEES, by Karl von Frisch, 1962 Aug. p. 78. [130]
DIAMOND AT LOW PRESSURE, THE SYNTHESIS OF, by B. V. Derjaguin and D. B. Fedoseev, 1975 Nov. p. 102.
DIAMONDS IN METEORITES, by Edward Anders, 1965 Oct. p. 26.
DIAMONDS, SYNTHETIC, by P. W. Bridgman, 1955 Nov. p. 42.
DIESEL AND HIS RATIONAL ENGINE, RUDOLF, by Lynwood Bryant, 1969 Aug. p. 108.
DIFFERENTIATE? HOW DO CELLS, by C. H. Waddington, 1953 Sept. p. 108.
DIFFERENTIATION IN SOCIAL AMOEBAE, by John Tyler Bonner, 1959 Dec. p. 152.
DIFFERENTIATION, METAMORPHOSIS, POLYMORPHISM, by V. B. Wigglesworth, 1959 Feb. p. 100. [63]
DIFFERENTIATION OF CELLS, FEEDBACK IN THE, by S. Meryl Rose, 1958 Dec. p. 36.
DIFFERENTIATION, PHASES IN CELL, by Norman K. Wessells and Wiliam J. Rutter, 1969 Mar. p. 36. [1136]
DIFFERENTIATION, TRANSPLANTED NUCLEI AND CELL, by J. B. Gurdon, 1968 Dec. p. 24. [1128]
DIFFUSION IN METALS, by B. D. Cullity, 1957 May. 103.
DIG, HISTORY OF A, by Louis M. Stumer, 1955 Mar. p. 98.
DIGEST ITSELF, WHY THE STOMACH DOES NOT, by Horace W. Davenport, 1972 Jan. p. 86. [1240]
DIGESTING ENZYMES, PROTEIN-, by Hans Neurath, 1964 Dec. p. 68.
DIGITS, THE PECULIAR DISTRIBUTION OF FIRST, by Ralph A. Raimi, 1969 Dec. p. 109.
DIMENSIONS OF HUMAN HUNGER, THE, by Jean Mayer, 1976 Sept. p. 40.
DIMENSIONS OF STAIRS, THE, by James Marston Fitch, John Templer and Paul Corcoran, 1974 Oct. p. 82.
DIMENSIONS OF WORLD POVERTY, THE, by David Simpson, 1968 Nov. p. 27. [640]
DINOSAUR RENAISSANCE, by Robert T. Bakker, 1975 Apr. p. 58. [916]
DIODE LASERS, A NEW CLASS OF, by Morton B. Panish and Izuo Hayashi, 1971 July p. 32.
DIODES, TECHNOLOGY ASSESSMENT AND MICROWAVE, by Raymond Bowers and Jeffrey Frey, 1972 Feb. p. 13.
DIPHTHERIA TOXIN, THE, by A. M. Pappenheimer, Jr., 1952 Oct. p. 32.
DIRECT REDUCTION OF IRON ORE, THE, by Jack Robert Miller, 1976 July p. 68.
DISADVANTAGED, TEACHER EXPECTATIONS FOR THE, by Robert Rosental and Lenore F. Jacobson, 1968 Apr. p. 19. [514]
DISARMAMENT, STEPS TOWARD, by P. M. S. Blackett, 1962 Apr. p. 45.
DISARMAMENT, THE ECONOMIC EFFECTS OF, by Wassily W. Leontief and Marvin Hoffenberg, 1961 Apr. p. 47. [611]
DISARMAMENT, THE INTERNATIONAL CONTROL OF, by Alva Myrdal, 1974 Oct. p. 21.
DISCLINATIONS, by William F. Harris, 1977 Dec. p. 130. [393]
DISCOVERIES IN NITROGEN FIXATION, by Martin D. Kamen, 1953 Mar. p. 38.
DISCOVERY OF DNA, THE, by Alfred E. Mirsky, 1968 June p. 78. [1109]
DISCOVERY OF FISSION, THE, by Otto Hahn, 1958 Feb. p. 76.
DISCOVERY OF ICARUS, THE, by Robert S. Richardson, 1965 Apr. p. 106.
DISCOVERY OF STELLAR ABERRATION, THE, by Albert B. Stewart, 1964 Mar. p. 100.
DISCOVERY, PREMATURITY AND UNIQUENESS IN SCIENTIFIC, by Gunther S. Stent, 1972 Dec. p. 84. [1261]
DISCRIMINATION, EXPERIMENTS IN, by Norman Guttman and Harry I. Kalish, 1958 Jan. p. 77. [403]
DISCRIMINATION, EXPERIMENTS IN INTERGROUP, by Henri Tajfel, 1970 Nov. p. 96. [530]
DISEASE, ALLERGIC MECHANISMS IN NERVOUS, by Elvin A. Kabat, 1949 July p. 16.
DISEASE, ANIMAL INFECTIONS AND HUMAN, by Meir Yoeli, 1960 May p. 161.
DISEASE, CHROMOSOMES AND, by A. G. Bearn and James L. German III, 1961 Nov. p. 66. [150]
DISEASE, CYANATE AND SICKLE-CELL, by Anthony Cerami and Charles M. Peterson, 1975 Apr. p. 44. [1319]
DISEASE, FLIES AND, by Bernard Greenberg, 1965 July p. 92.
DISEASE, HOW THE IMMUNE RESPONSE TO A VIRUS CAN CAUSE, by Abner Louis Notkins and Hilary Koprowski, 1973 Jan. p. 22. [1263]
DISEASE, LYSOSOMES AND, by Anthony Allison, 1967 Nov. p. 62. [1085]
DISEASE, PRENATAL DIAGNOSIS OF GENETIC, by Theodore Friedmann, 1971 Nov. p. 34. [1234]
DISEASE, PSYCHOLOGICAL FACTORS IN STRESS AND, by Jay M. Weiss, 1972 June p. 104. [544]
DISEASE, PURSUIT OF A, by Geoffrey Dean, 1957 Mar. p. 133.
DISEASE RESISTANCE IN PLANTS, A MECHANISM OF, by Gary A. Strobel, 1975 Jan. p. 80. [1313]
DISEASE, SURGERY FOR CORONARY, by Donald B. Effler, 1948 Oct. p. 36.
DISEASE, THE CHEMISTRY OF HEREDITARY, by A. G. Bearn, 1956 Dec. p. 126.
DISEASE, THE EPIDEMIOLOGY OF MENTAL, by Ernest M. Gruenberg, 1954 Mar. p. 38. [441]
DISEASE, THE GEOGRAPHY OF, by Jaques M. May, 1953 Feb. p. 22.
DISEASES, ANTIBIOTICS AGAINST PLANT, by David Pramer, 1955 June p. 82.
DISEASES, THE KINSHIP OF ANIMAL AND HUMAN, by Robert W. Leader, 1967 Jan. p. 110.
DISLOCATIONS IN CRYSTALS, OBSERVING, by W. C. Dash and A. G. Tweet, 1961 Oct. p. 107.
DISLOCATIONS IN METALS, by Frank B. Cuff, Jr., and L. McD. Schetky, 1955 July p. 80. [204]
DISORIENTED FIGURES, THE PERCEPTION OF, by Irvin Rock, 1974 Jan. p. 78. [557]
DISPLAY DEVICES, LIQUID-CRYSTAL, by G. H. Heilmeier, 1970 Apr. p. 100.
DISPLAYS, COMPUTER, by Ivan E. Sutherland, 1970 June p. 56.
DISPOSAL OF RADIOACTIVE WASTES FROM FISSION REACTORS, THE, by Bernard L. Cohen, 1977 June p. 21. [364]
DISPOSAL OF WASTE IN THE OCEAN, THE, by Willard Bascom, 1974 Aug. p. 16.
DISSONANCE, COGNITIVE, by Leon Festinger, 1962 Oct. p. 93. [472]
DISTRIBUTION OF GALAXIES, THE, by Jerzy Neyman and Elizabeth L. Scott, 1956 Sept. p. 187.
DISTRIBUTION OF MAN, THE, by William W. Howells, 1960 Sept. p. 112. [604]
DIVERSITY, THE CAUSES OF BIOLOGICAL, by Bryan Clarke, 1975 Aug. p. 50. [1326]
DIVING WOMEN OF KOREA AND JAPAN, THE, by Suk Ki Hong and Hermann Rahn, 1967 May p. 34. [1072]
DNA DEBATE, THE RECOMBINANT-, by Clifford Grobstein, 1977 July p. 22. [1362]
DNA, HOW ACTINOMYCIN BINDS TO, by Henry M. Sobell, 1974 Aug. p. 82. [1303]
DNA IN BACTERIA, THE RECOGNITION OF, by Salvador E. Luria, 1970 Jan. p. 88. [1167]
DNA INTO THE DNA OF THE HOST CELL, HOW VIRUSES INSERT THEIR, by Allan M. Campbell, 1976 Dec. p. 102. [1347]
DNA OPERATOR-REPRESSOR SYSTEM, A, by Tom Maniatis and Mark Ptashne, 1976 Jan. p. 64. [1333]
DNA, REPEATED SEGMENTS OF, by Roy J. Britten and David E. Kohne, 1970 Apr. p. 24. [1173]

DNA, SINGLE-STRANDED, by Robert L. Sinsheimer, 1962 July p. 109. [128]
DNA SYNTHESIS, RNA-DIRECTED, by Howard M. Temin, 1972 Jan. p. 24. [1239]
DNA, THE DISCOVERY OF, by Alfred E. Mirsky, 1968 June p. 78. [1109]
DNA, THE NUCLEOTIDE SEQUENCE OF VIRAL, by John C. Fiddes, 1977 Dec. p. 54. [1374]
DNA, THE REPAIR OF, by Philip C. Hanawalt and Robert H. Haynes, 1967 Feb. p. 36.
DNA, THE SYNTHESIS OF, by Arthur Kornberg, 1968 Oct. p. 64. [1124]
DO INFANTS THINK?, by Jerome Kagan, 1972 Mar. p. 74. [542]
DOCTOR-PATIENT COMMUNICATION, by Barbara M. Korsch and Vida Francis Negrete, 1972 Aug. p. 66.
DOCTORS, by Alan Gregg, 1951 Sept. p. 79.
DOUBLE STARS, by Otto Struve, 1949 Oct. p. 42.
DOUBLE STARS X-RAY-EMITTING, by Herbert Gursky and Edward P. J. van den Heuvel, 1975 Mar. p. 24.
DOVES, THE REPRODUCTIVE BEHAVIOR OF, RING, by Daniel S. Lehrman, 1964 Nov. p. 48. [488]
DREAM ABOUT, WHAT PEOPLE, by Calvin S. Hall, 1951 May p. 60.
DREAMING, PATTERNS OF, by Nathaniel Kleitman, 1960 Nov. p. 82. [460]
DREAMS, THE NATURE OF, by Erich Fromm, 1949 May p. 44. [495]
DRILLING FOR PETROLEUM, by Sullivan S. Marsden, Jr., 1958 Nov. p. 99.
DRIP IRRIGATION, by Kobe Shoji, 1977 Nov. p. 62. [1371]
DRUG RESISTANCE, INFECTIOUS, by Tsutomu Watanabe, 1967 Dec. p. 19.
DRUG RESISTANCE, THE MOLECULE OF INFECTIOUS, by Royston C. Clowes, 1973 Apr. p. 18. [1269]
DRUGS, ANALGESIC, by Marshall Gates, 1966 Nov. p. 131. [304]
DRUGS, RADIOACTIVE TUBERCULOSIS, by Lloyd J. Roth and Roland W. Manthei, 1956 Nov. p. 135.
DRUGS, SPIDER WEBS AND, by Peter Witt, 1954 Dec. p. 80.
DRUGS, THE HALLUCINOGENIC, by Frank Barron, Murray E. Jarvik and Sterling Bunnell, Jr., 1964 Apr. p. 29. [483]
DRUGS, THE IMITATIVE, by Richard O. Roblin, Jr., 1951 Apr. p. 60.
DRUGS, THE NEW PSYCHIATRIC, by Harold E. Himwich, 1955 Oct. p. 80.
DRUGS, "TRUTH", by Lawrence Zelic Freedman, 1960 Mar. p. 145. [497]
DRUMS OF AFRICA, THE TALKING, by John F. Carrington, 1971 Dec. p. 90.
DUAL-RESONANCE MODELS OF ELEMENTARY PARTICLES, by John H. Schwarz, 1975 Feb. p. 61.
DUBLIN, VISIT TO, by Leopold Infeld, 1949 Oct. p. 11.
DUET-SINGING BIRDS, by W. H. Thorpe, 1973 Aug. p. 70. [1279]
DUNG, THE BIOLOGICAL CONTROL OF, by D. F. Waterhouse, 1974 Apr. p. 100.
DUNKERS, THE GENETICS OF THE, by H. Bentley Glass, 1953 Aug. p. 76. [1062]
DUPLICATION OF CHROMOSOMES, THE, by J. Herbert Taylor, 1958 June p. 36. [60]
DUST CLOUD HYPOTHESIS, THE, by Fred L. Whipple, 1948 May p. 34.
DUST STORMS, by Sherwood B. Idso, 1976 Oct. p. 108.
DUST STORMS OF 1948, THE, by H. H. Finnell, 1948 Aug. p. 7.
DUST STORMS OF 1954, THE, by H. H. Finnell, 1954 July p. 25.
DWARF GALAXIES, by Paul W. Hodge, 1964 May p. 78.
DWARFISM, DEPRIVATION, by Lytt I. Gardner, 1972 July p. 76. [1253]
DYING, by Robert S. Morison, 1973 Sept. p. 54.
DYING OAKS, THE, by George S. Avery, Jr., 1957 May p. 112.
DYING STARS, by Jesse L. Greenstein, 1959 Jan. p. 46. [216]
DYNAMIC MODEL OF CELL MEMBRANES, A, by Roderick A. Capaldi, 1974 Mar. p. 26. [1292]
DYNAMICS, COMPUTER EXPERIMENTS IN FLUID, by Francis H. Harlow and Jacob Fromm, 1965 Mar. p. 104.
DYNAMICS OF INHIBITION, THE, by Ralph W. Gerard, 1948 Sept. p. 44.
DYNAMICS OF THE ANDROMEDA NEBULA, THE, by Vera C. Rubin, 1973 June p. 30.
DYNAMICS OF THE ARMS RACE, THE, by George W. Rathjens, 1969 Apr. p. 15. [642]
DYNAMO, FROM FARADAY TO THE, by Harold I. Sharlin, 1961 May p. 107.
DYNAMO, THE EARTH AS A, by Walter M. Elsasser, 1958 May p. 44.

E

EAR, THE, by Georg von Békésy, 1957 Aug. p. 66. [44]
EARLIER AGRICULTURAL REVOLUTION, AN, by Wilhelm G. Solheim II, 1972 Apr. p. 34. [675]
EARLIER MATURATION IN MAN, by J. M. Tanner, 1968 Jan. p. 21.
EARLIEST APES, THE, by Elwyn L. Simons, 1967 Dec. p. 28. [636]
EARLIEST MAYA, THE, by Norman Hammond, 1977 Mar. p. 116. [1355]
EARLIEST PRECURSOR OF WRITING, THE, by Denise Schmandt-Besserat, 1978 June p. 50. [708]
EARLY AMERICANS, THE, by Frank H. H. Roberts, 1951 Feb. p. 15.
EARLY CITY IN IRAN, AN, by C. C. and Martha Lamberg-Karlovsky, 1971 June p. 102. [660]
EARLY CONCEPTS OF THE SENSES AND THE MIND, by A. C. Crombie, 1964 May p. 108. [184]
EARLY ENERGY CRISIS AND ITS CONSEQUENCES, AN, by John U. Nef, 1977 Nov. p. 140. [391]
EARLY ENVIRONMENT, by William R. Thompson and Ronald Melzack, 1956 Jan. p. 38. [469]
EARLY EXPERIENCE AND EMOTIONAL DEVELOPMENT, by Victor H. Denenberg, 1963 June p. 138. [478]
EARLY FARMING VILLAGE IN TURKEY, AN, by Halet Çambel and Robert J. Braidwood, 1970 Mar. p. 50.
EARLY MAN IN AFRICA, by J. Desmond Clark, 1958 July p. 76.
EARLY MAN IN PERU, by Edward P. Lanning, 1965 Oct. p. 68.
EARLY MAN IN SOUTH AMERICA, by Edward P. Lanning and Thomas C. Patterson, 1967 Nov. p. 44.
EARLY MAN IN THE ANDES, by Richard S. MacNeish, 1971 Apr. p. 36.
EARLY MAN IN THE ANDES, by William J. Mayer-Oakes, 1963 May p. 116.
EARLY MAN IN THE ARCTIC, by J. L. Giddings, Jr., 1954 June p. 82.
EARLY MAN IN THE WEST INDIES, by José M. Cruxent and Irving Rouse, 1969 Nov. p. 42. [652]
EARLY METALLURGY IN THE NEW WORLD, by Dudley T. Easby, Jr., 1966 Apr. p. 72.
EARLY NEOLITHIC VILLAGE IN GREECE, AN, by Robert J. Rodden, 1965 Apr. p. 82.
EARLY RELATIVES OF MAN, THE, by Elwyn L. Simons, 1964 July p. 50. [622]
EARLY VIEWS ON FORCES BETWEEN ATOMS, by Leslie Holliday, 1970 May p. 116.
EARS FOR COMPUTERS, by Edward E. David, Jr., 1955 Feb. p. 92.
EARTH AS A DYNAMO, THE, by Walter M. Elsasser, 1958 May p. 44.
EARTH FROM SPACE, THE, 1955 Sept. p. 109.
EARTH IN THE SUN'S ATMOSPHERE, THE, by Sydney Chapman, 1959 Oct. p. 64.
EARTH-MOON SYSTEM, TIDES AND THE, by Peter Goldreich, 1972 Apr. p. 42.
EARTH, RADIATION BELTS AROUND THE, by James A. Van Allen, 1959 Mar. p. 39.
EARTH, RESONANT VIBRATIONS OF THE, by Frank Press, 1965 Nov. p. 28.
EARTH STRAINS BY LASER, MEASURING, by Victor Vali, 1969 Dec. p. 88.
EARTH, THE, by Raymond Siever, 1975 Sept. p. 82.
EARTH, THE CRUST OF THE, by Walter H. Bucher, 1950 May p. 32.
EARTH, THE ENERGY CYCLE OF THE, by Abraham H. Oort, 1970 Sept. p. 54. [1189]
EARTH, THE ENERGY RESOURCES OF THE, by M. King Hubbert, 1971 Sept. p. 60. [663]
EARTH, THE INTERIOR OF THE, by K. E. Bullen, 1955 Sept. p. 56. [804]
EARTH, THE ORIGIN OF THE, by Harold C. Urey, 1952 Oct. p. 53. [833]
EARTH, THE PLANET, 1955 Sept. *issue.*
EARTH, THE ROTATION OF THE, by D. E. Smylie and L. Mansinha, 1971 Dec. p. 80. [897]
EARTH, THE SHAPE OF THE, by Desmond King-Hele, 1967 Oct. p. 67. [873]
EARTHQUAKE PREDICTION, by Frank Press, 1975 May p. 14. [917]
EARTHQUAKE WAVES, LONG, by Jack Oliver, 1959 Mar. p. 131.
EARTHQUAKES, THE MOTION OF THE GROUND IN, by David M. Boore, 1977 Dec. p. 68. [928]
EARTH'S ATMOSPHERE, ARTIFICIAL SATELLITES AND THE, by Robert Jastrow, 1959 Aug. p. 37. [851]
EARTH'S CRUST, ATMOSPHERE AND OCEANS, THE STEADY STATE OF THE, by Raymond Siever, 1974 June p. 72. [914]
EARTH'S ELECTRICITY, THE, by James E. McDonald, 1953 Apr. p. 32.
EARTH'S GRAVITY, THE, by Weikko A. Heiskanen, 1955 Sept. p. 164. [812]
EARTH'S HEAT, THE, by A. E. Benfield, 1950 Dec. p. 54.
EARTH'S INTERIOR, THE COMPOSITION OF THE, by Taro Takahashi and William A. Bassett, 1965 June p. 100.
EARTH'S INTERIOR, THE FINE STRUCTURE OF THE, by Bruce A. Bolt, 1973 Mar. p. 24. [906]
EARTH'S INTERIOR, THE FLOW OF HEAT FROM THE, by Henry N. Pollack and David S. Chapman, 1977 Aug. p. 60. [927]
EARTH'S MAGNETIC FIELD, REVERSALS OF THE, by Allan Cox, G. Brent Dalrymple and Richard R. Doell, 1967 Feb. p. 44.
EARTH'S MAGNETISM, THE, by A. E. Benfield, 1950 June p. 20.
EARTH'S MAGNETISM, THE, by S. K. Runcorn, 1955 Sept. p. 152.
EARTH'S MANTLE, CONVECTION CURRENTS IN THE, by D. P. McKenzie and Frank Richter, 1976 Nov. p. 72. [921]
EARTH'S MANTLE, THE, by Peter J. Wyllie, 1975 Mar. p. 50. [915]
EARTH'S MANTLE, THE PLASTIC LAYER OF THE, by Don L. Anderson, 1962 July p. 52. [855]

EARTH'S SURFACE HOT SPOTS ON THE, by Kevin C. Burke and J. Tuzo Wilson, 1976 Aug. p. 46. [920]
EARTH'S URANIUM, THE, by Paul F. Kerr, 1951 May p. 17.
EAST PACIFIC RISE, THE, by Henry W. Menard, 1961 Dec. p. 52.
EASTER ISLAND, THE "TALKING BOARDS" OF, by Thomas S. Barthel, 1958 June p. 61.
EASTER ISLAND, THREE MYSTERIES OF, by Werner Wolff, 1949 Feb. p. 50.
EASTERN EUROPE, COMPUTERS IN, by Ivan Berenyi, 1970 Oct. p. 102.
ECHOES, PHOTON, by Sven R. Hartmann, 1968 Apr. p. 32.
ECLIPSES, A FAMILY OF SOLAR, by Richard M. Sutton, 1954 Feb. p. 36.
ECOLOGICAL CHEMISTRY, by Lincoln Pierson Brower, 1969 Feb. p. 22. [1133]
ECOLOGICAL CYCLES, TOXIC SUBSTANCES AND, by George M. Woodwell, 1967 Mar. p. 24. [1066]
ECOLOGICAL EFFECTS OF RADIATION, THE, by George M. Woodwell, 1963 June p. 40. [159]
ECOLOGY OF DESERT PLANTS, THE, by Frits W. Went, 1955 Apr. p. 68. [114]
ECOLOGY OF FIRE, THE, by Charles F. Cooper, 1961 Apr. p. 150. [1099]
ECOLOGY OF THE HIGH HIMALAYAS, THE, by Lawrence W. Swan, 1961 Oct. p. 68.
ECONOMIC ASSISTANCE, POLITICAL FACTORS IN, by Gunnar Myrdal, 1972 Apr. p. 15.
ECONOMIC DEVELOPMENT, TECHNOLOGY AND, 1963 Sept. *issue.*
ECONOMIC DEVELOPMENT, TECHNOLOGY AND, by Asa Briggs, 1963 Sept. p. 52.
ECONOMIC EFFECTS OF DISARMAMENT, THE, by Wassily W. Leontief and Marvin Hoffenberg, 1961 Apr. p. 47. [611]
ECONOMIC GEOGRAPHY OF ENERGY, THE, by Daniel B. Luten, 1971 Sept. p. 164. [669]
ECONOMIC GROWTH IN THE U.S.S.R., by Raymond P. Powell, 1968 Dec. p. 17.
ECONOMIC GROWTH OF JAPAN, THE, by James C. Abegglen, 1970 Mar. p. 31.
ECONOMIC INDICATORS, THE ANALYSIS OF, by Geoffrey H. Moore, 1975 Jan. p. 17.
ECONOMIC PSYCHOLOGY, by George Katona, 1954 Oct. p. 31. [452]
ECONOMICS, INPUT-OUTPUT, by Wassily W. Leontief, 1951 Oct. p. 15.
ECONOMICS, METROPOLITAN MEDICAL, by Nora K. Piore, 1965 Jan. p. 19.
ECONOMICS OF ATOMIC POWER, THE, by Sam H. Schurr, 1951 Jan. p. 32.
ECONOMICS OF TECHNOLOGICAL CHANGE, THE, by Anne P. Carter, 1966 Apr. p. 25. [629]
ECONOMY OF THE U.S., THE PLURALISTIC, by Eli Ginzberg, 1976 Dec. p. 25.
ECONOMY, THE HYDROGEN, by Derek P. Gregory, 1973 Jan. p. 13.
ECONOMY, THE MEDICAL, by Martin S. Feldstein, 1973 Sept. p. 151.
ECONOMY, THE STRUCTURE OF THE U.S., by Wassily W. Leontief, 1965 Apr. p. 25. [624]
ECOSPHERE, THE, by LaMont C. Cole, 1958 Apr. p. 83. [144]
ECOSYSTEM IN THE SERENGETI, A GRAZING, by Richard H. V. Bell, 1971 July p. 86. [1228]
ECOSYSTEM, THE FLOW OF ENERGY IN A FOREST, by James R. Gosz, Richard T. Holmes, Gene E. Likens and F. Herbert Bormann, 1978 Mar. p. 92. [1384]
ECOSYSTEM, THE NUTRIENT CYCLES OF AN, by F. Herbert Bormann and Gene E. Likens, 1970 Oct. p. 92. [1202]
EDIBLE SNAIL, THE, by Jean Cadart, 1957 Aug. p. 113.
EDUCATION FOR DEVELOPMENT, by Frederick Harbison, 1963 Sept. p. 140.
EDUCATION, THE USES OF COMPUTERS IN, by Patrick Suppes, 1966 Sept. p. 206. [533]
EELGRASS CATASTROPHE, THE, by Lorus J. and Margery J. Milne, 1951 Jan. p. 52.
EFFECTS OF LIGHT ON THE HUMAN BODY, THE, by Richard J. Wurtman, 1975 July p. 68. [1325]
EFFECTS OF OBSERVING VIOLENCE, THE, by Leonard Berkowitz, 1964 Feb. p. 35. [481]
EFFECTS OF RADIATION ON SOLIDS, THE, by Frederick Setitz and Eugene P. Wigner, 1956 Aug. p. 76. [245]
EFFECTS OF SMOKING, THE, by E. Cuyler Hammond, 1962 July p. 39.
EFFICIENCY OF ALGORITHMS, THE, by Harry R. Lewis and Christos H. Papadimitriou, 1978 Jan. p. 96. [395]
EGG, FERTILIZATION OF THE, by Alberto Monroy, 1950 Dec. p. 46.
EGGS IN THE LABORATORY, MAMMALIAN, by R. G. Edwards, 1966 Aug. p. 72. [1047]
EGGS RABBIT HEMOGLOBIN FROM FROG, by Charles Lane, 1976 Aug. p. 60. [1343]
EGGSHELL IS MADE, HOW AN, by T. G. Taylor, 1970 Mar. p. 88. [1171]
EGGSHELLS, INSECT, by H. E. Hinton, 1970 Aug. p. 84. [1187]
EIDETIC IMAGES, by Ralph Norman Haber, 1969 Apr. p. 36. [522]
EINSTEIN, ALBERT: 1879-1955, tributes by Niels Bohr and I. I. Rabi, 1955 June p. 31.
EINSTEIN, AN INTERVIEW WITH, by I. Bernard Cohen, 1955 July p. 68.
EINSTEIN, THE INFLUENCE OF ALBERT, by Banesh Hoffmann, 1949 Mar. p. 52.
ELAND AND THE ORYX, THE, by C. R. Taylor, 1969 Jan. p. 88.
ELASTIC FIBERS IN THE BODY, by Russell Ross and Paul Bornstein, 1971 June p. 44. [1225]
ELECTION, TELEVISION AND THE, by Angus Campbell, Gerald Gurin and Warren E. Miller, 1953 May p. 46.
ELECTORAL SWITCH OF 1952, THE, by Angus Campbell, Gerald Gurin and Warren E. Miller, 1954 May p. 31.
ELECTRIC AUTOMOBILE, THE, by George A. Hoffman, 1966 Oct. p. 34.
ELECTRIC CURRENTS IN ORGANIC CRYSTALS, by Martin Pope, 1967 Jan. p. 86.
ELECTRIC FIELDS, NONUNIFORM, by Herbert A. Pohl, 1960 Dec. p. 106.
ELECTRIC FISHES, by Harry Grundfest, 1960 Oct. p. 115.
ELECTRIC LIGHT, THE INVENTION OF THE, by Matthew Josephson, 1959 Nov. p. 98.
ELECTRIC LOCATION BY FISHES, by H. W. Lissmann, 1963 Mar. p. 50. [152]
ELECTRIC-POWER SYSTEMS, COMPUTER CONTROL OF, by Hans Glavitsch, 1974 Nov. p. 34.
ELECTRICAL ACTIVITY OF THE BRAIN, THE, by W. Grey Walter, 1954 June p. 54.
ELECTRICAL EFFECTS IN BONE, by C. Andrew L. Bassett, 1965 Oct. p. 18.
ELECTRICAL EVENTS IN VISION, by Lorus J. and Margery J. Milne, 1956 Dec. p. 113.
ELECTRICAL PROPERTIES OF MATERIALS, THE, by Henry Ehrenreich, 1967 Sept. p. 194.
ELECTRICAL PROPULSION IN SPACE, by Gabriel Giannini, 1961 Mar. p. 57.
ELECTRICALLY CONTROLLED BEHAVIOR, by Erich von Holst and Ursula von Saint Paul, 1962 Mar. p. 50. [464]
ELECTRICITY, ANIMAL, by H. B. Steinbach, 1950 Feb. p. 40.
ELECTRICITY, CRYSTALS AND, by Walter G. Cady, 1949 Dec. p. 46.
ELECTRICITY IN PLANTS, by Bruce I. H. Scott, 1962 Oct. p. 107. [136]
ELECTRICITY IN SPACE, by Hannes Alfvén, 1952 May p. 26.
ELECTRICITY, THE EARTH'S, by James E. McDonald, 1953 Apr. p. 32.
ELECTRICITY, THE PHOTOVOLTAIC GENERATION OF, by Bruce Chalmers, 1976 Oct. p. 34.
ELECTRIC-POWER SYSTEMS COMPUTER CONTROL OF, by Hans Glavitsch, 1974 Nov. p. 34.
ELECTROCARDIOGRAM, THE, by Allen M. Scher, 1961 Nov. p. 132.
ELECTROCHEMICAL MACHINING, by James P. Hoare and Mitchell A Laboda, 1974 Jan. p. 30.
ELECTROLUMINESCENCE, by Henry F. Ivey, 1957 Aug. p. 40. [221]
ELECTROMAGNETIC FLIGHT, by Henry H. Kolm and Richard D. Thornton, 1973 Oct. p. 17.
ELECTROMAGNETIC WAVES, THE LONGEST, by James R. Heirtzler, 1962 Mar. p. 128.
ELECTRON ACCELERATOR, THE TWO-MILE, by Edward L. Ginzton and William Kirk, 1961 Nov. p. 49. [322]
ELECTRON BEAM, MICROCIRCUITS BY, by A. N. Broers and M. Hatzakis, 1972 Nov. p. 34.
ELECTRON-HOLE LIQUID, AN, by Gordon A. Thomas, 1976 June p. 28.
ELECTRON MICROSCOPE, A HIGH-RESOLUTION SCANNING, by Albert V. Crewe, 1971 Apr. p. 26.
ELECTRON MICROSCOPE, THE SCANNING, by Thomas E. Everhart and Thomas L. Hayes, 1972 Jan. p. 54.
ELECTRON-POSITRON ANNIHILATION AND THE NEW PARTICLES, by Sidney D. Drell, 1975 June p. 50.
ELECTRON-POSITRON COLLISIONS, by Alan M. Litke and Richard Wilson, 1973 Oct. p. 104.
ELECTRON, THE *G* FACTOR OF THE, by H. R. Crane, 1968 Jan. p. 72.
ELECTRON, THE SOLVATED, by James L. Dye, 1967 Feb. p. 76.
ELECTRON TUBE, THE FIRST, by George Shiers, 1969 Mar. p. 104.
ELECTRONIC CALCULATOR, THE SMALL, by Eugene W. McWhorter, 1976 Mar. p. 88.
ELECTRONIC EQUIPMENT, AUTOMATIC MANUFACTURE OF, by Lawrence P. Lessing, 1955 Aug. p. 29.
ELECTRONIC NUMBERS, by Alan Sobel, 1973 June p. 64.
ELECTRONIC PHOTOGRAPHY OF STARS, by William A. Baum, 1956 Mar. p. 81.
ELECTRONIC TELEPHONE, THE, by Peter P. Luff, 1978 Mar. p. 58. [3002]
ELECTRONICS, by J. R. Pierce, 1950 Oct. p. 30.
ELECTRONICS, A REVOLUTION IN, by Louis N. Ridenour, 1951 Aug. p. 13.
ELECTRONICS, LARGE-SCALE INTEGRATION IN, by F. G. Heath, 1970 Feb. p. 22.
ELECTRONS IN METALS CONDUCTION, by M. Ya'. Azbel, M. I. Kaganov and I. M. Lifshitz, 1973 Jan. p. 88.
ELECTROPHORESIS, by George W. Gray, 1951 Dec. p. 45. [83]
ELECTROSTATICS, by A. D. Moore, 1972 Mar. p. 46.
ELEMENTARY-PARTICLE INTERACTION, UNIFIED THEORIES OF, by Steven Weinberg, 1974 July p. 50.
ELEMENTARY PARTICLES, by Murray GellMann and E. P. Rosenbaum, 1957 July p. 72. [213]
ELEMENTARY PARTICLES, DUAL-RESONANCE MODELS OF, by John H. Schwarz, 1975 Feb. p. 61.

ELEMENTARY PARTICLES, THE SEARCH FOR NEW FAMILIES OF, by David B. Cline, Alfred K. Mann and Carlo Rubbia, 1976 Jan. p. 44.
ELEMENTS: IV, THE SYNTHETIC, by Glenn T. Seaborg and Justin L. Bloom, 1969 Apr. p. 56.
ELEMENTS FROM SPACE, HEAVY, by Edward P. Ney, 1951 May p. 26.
ELEMENTS IN THE SOLAR SYSTEM, THE AGE OF THE, by John H. Reynolds, 1960 Nov. p. 171. [253]
ELEMENTS OF LIFE, THE CHEMICAL, by Earl Frieden, 1972 July p. 52.
ELEMENTS, THE ABUNDANCE OF THE, by Armin J. Deutsch, 1950 Oct. p. 14.
ELEMENTS, THE AGE OF THE, by David N. Schramm, 1974 Jan. p. 69.
ELEMENTS, THE NEWEST SYNTHETIC, by Albert Ghiorso and Glenn T. Seaborg, 1956 Dec. p. 66. [243]
ELEMENTS, THE ORIGIN OF THE, by William A. Fowler, 1956 Sept. p. 82.
ELEMENTS, THE SYNTHETIC, by I. Perlman and G. T. Seaborg, 1950 Apr. p. 38. [242]
ELEMENTS: III, THE SYNTHETIC, by Glenn T. Seaborg and A. R. Fritsch, 1963 Apr. p. 68. [293]
ELEPHANT-HUNTING IN NORTH AMERICA, by C. Vance Haynes, Jr., 1966 June p. 104.
ELEPHANTS, THE INTELLIGENCE OF, by Bernhard Rensch, 1957 Feb. p. 44.
EMBRYO AS A TRANSPLANT, THE, by Alan E. Beer and Rupert E. Billingham, 1974 Apr. p. 36.
EMBRYO, UP FROM THE, by Florence Moog, 1950 Feb. p. 52.
EMBRYOLOGICAL ORIGIN OF MUSCLE, THE, by Irwin R. Koningsberg, 1964 Aug. p. 61.
EMBRYOLOGIST AND THE PROTOZOON, THE, by Paul B. Weisz, 1953 Mar. p. 76.
EMBRYOS IN THE LABORATORY, HUMAN, by R. G. Edwards and Ruth E. Fowler, 1970 Dec. p. 44. [1206]
EMBRYOS, THE SHAPING OF TISSUES IN, by Richard Gordon and Antone G. Jacobson, 1978 June p. 106. [1391]
EMISSION, ADVANCES IN FIELD, by W. P. Dyke, 1964 Jan. p. 108.
EMOTIONAL DEVELOPMENT, EARLY EXPERIENCE AND, by Victor H. Denenberg, 1963 June p. 138. [478]
EMOTIONS, CONDITIONING AND, by Howard S. Liddell, 1954 Jan. p. 48. [418]
EMPIRE OF ANTIQUITY, A FORGOTTEN, by Stuart Piggott, 1953 Nov. p. 42.
"EMPTY" SPACE, by H. C. van de Hulst, 1955 Nov. p. 72.
ENCEPHALITIS, by William McD. Hammon, 1949 Sept. p. 18.
ENCOURAGEMENT OF SCIENCE, THE, by Warren Weaver, 1958 Sept. p. 170.
END OF THE MOAS, THE, by Edward S. Deevey, Jr., 1954 Feb. p. 84.
END OF THE MONKEY WAR, THE, by L. Sprague de Camp, 1969 Feb. p. 15.
ENDEMIC GOITER, by R. Bruce Gillie, 1971 June p. 92.
ENDOTOXINS, BACTERIAL, by A. I. Braude, 1964 Mar. p. 36.
ENDURING INDIAN, THE, by Oliver La Farge, 1960 Feb. p. 37.
ENERGETICS OF BIRD FLIGHT, THE, by Vance A. Tucker, 1969 May p. 70. [1141]
ENERGETICS OF CELL MEMBRANES, COLICINS AND THE, by Salvador E. Luria, 1975 Dec. p. 30. [1332]
ENERGETICS OF THE BUMBLEBEE, THE, by Bernd Heinrich, 1973 Apr. p. 96. [1270]
ENERGIES PROTON INTERACTIONS AT HIGH, by Ugo Amaldi, 1973 Nov. p. 36.
ENERGY, by Sam H. Schurr, 1963 Sept. p. 110.
ENERGY AND INFORMATION, by Myron Tribus and Edward C. McIrvine, 1971 Sept. p. 179. [670]
ENERGY AND POWER, 1971 Sept. *issue.*
ENERGY AND POWER, by Chauncey Starr, 1971 Sept. p. 36. [661]
ENERGY CRISIS AND ITS CONSEQUENCES, AN EARLY, by John U. Nef, 1977 Nov. p. 140. [391]
ENERGY CYCLE OF THE BIOSPHERE, THE, by George M. Woodwell, 1970 Sept. p. 64. [1190]
ENERGY CYCLE OF THE EARTH, THE, by Abraham H. Oort, 1970 Sept. p. 54. [1189]
ENERGY, HOW CELLS TRANSFORM, by A. L. Lehninger, 1961 Sept. p. 62. [91]
ENERGY IN A FOREST ECOSYSTEM, THE FLOW OF, by James R. Gosz, Richard T. Holmes, Gene E. Likens and F. Herbert Bormann, 1978 Mar. p. 92. [1384]
ENERGY IN A HUNTING SOCIETY, THE FLOW OF, by William B. Kemp, 1971 Sept. p. 104. [665]
ENERGY IN AN AGRICULTURAL SOCIETY, THE FLOW OF, by Roy A. Rappaport, 1971 Sept. p. 116. [666]
ENERGY IN AN INDUSTRIAL SOCIETY, THE FLOW OF, by Earl Cook, 1971 Sept. p. 134. [667]
ENERGY IN THE BIOSPHERE, THE FLOW OF, by David M. Gates, 1971 Sept. p. 88. [664]
ENERGY IN THE UNIVERSE, by Freeman J. Dyson, 1971 Sept. p. 50. [662]
ENERGY OF STARS, THE, by Robert E. Marshak, 1950 Jan. p. 42.
ENERGY POLICY IN THE U.S., by David J. Rose, 1974 Jan. p. 20. [684]
ENERGY PRODUCTION AS A PROCESS IN THE BIOSPHERE, HUMAN, by S. Fred Singer, 1970 Sept. p. 174. [1197]
ENERGY REACTIONS OF CARBON, HIGH-, by Richard M. Lemmon and Wallace R. Erwin, 1975 Jan. p. 72.
ENERGY RESOURCES OF THE EARTH, THE, by M. King Hubbert, 1971 Sept. p. 60. [663]
ENERGY SCATTERING, HIGH-, by Vernon D. Barger and David B. Cline, 1967 Dec. p. 76.
ENERGY, THE CONVERSION OF, by Claude M. Summers, 1971 Sept. p. 148. [668]
ENERGY, THE ECONOMIC GEOGRAPHY OF, by Daniel B. Luten, 1971 Sept. p. 164. [669]
ENERGY, THE SOURCES OF MUSCULAR, by Rodolfo Margaria, 1972 Mar. p. 84. [1244]
ENERGY TRANSFORMATION IN THE CELL, by Albert L. Lehninger, 1960 May p. 102. [69]
ENFORCING THE CLEAN AIR ACT OF 1970, by Noel de Nevers, 1973 June p. 14.
ENGINE, RUDOLF DIESEL AND HIS RATIONAL, by Lynwood Bryant, 1969 Aug. p. 108.
ENGINE, THE ORIGIN OF THE AUTOMOBILE, by Lynwood Bryant, 1967 Mar. p. 102.
ENGINE, THE ORIGINS OF THE STEAM, by Eugene S. Ferguson, 1964 Jan. p. 98.
ENGINE, THE PHILIPS AIR, by Leonard Engel, 1948 July p. 52.
ENGINE, THE STERLING, by Graham Walker, 1973 Aug. p. 80.
ENGINE, THE WANKEL, by David E. Cole, 1972 Aug. p. 14.
ENGINEERS, by Karl T. Compton, 1951 Sept. p. 65.
ENGINES, ROTARY, by Wallace Chinitz, 1969 Feb. p. 90.
ENGINES, RULING, by Albert G. Ingalls, 1952 June p. 45.
ENGLAND, A DESERTED MEDIEVAL VILLAGE IN, by Maurice Beresford, 1976 Oct. p. 116.
ENGLAND, VISIT TO, by Leopold Infeld, 1949 Nov. p. 40.
ENGLISH, BROKEN, by H. B. G. Casimir, 1956 Mar. p. 96.
ENHANCED-RADIATION WEAPONS, by Fred M. Kaplan, 1978 May p. 44. [3007]
ENTEROVIRUSES, by Joseph L. Melnick, 1959 Feb. p. 88.
ENVIRONMENT, CANCER AND, by Groff Conklin, 1949 Jan. p. 11.
ENVIRONMENT, COMMUNICATION AND SOCIAL, by George Gerbner, 1972 Sept. p. 152. [679]
ENVIRONMENT, EARLY, by William R. Thompson and Ronald Melzack, 1956 Jan. p. 38. [469]
ENVIRONMENT, MERCURY IN THE, by Leonard J. Goldwater, 1971 May p. 15. [1221]
ENVIRONMENT, THE CITY AS, by Kevin Lynch, 1965 Sept. p. 209.
ENVIRONMENT, THE CONTROL OF THE LUMINOUS, by James Marston Fitch, 1968 Sept. p. 190.
ENVIRONMENTAL CONTROL IN THE BEEHIVE, by Roger A. Morse, 1972 Apr. p. 92. [1247]
ENZYME MOLECULE, THE THREE-DIMENSIONAL STRUCTURE OF AN, by David C. Phillips, 1966 Nov. p. 78. [1055]
ENZYMES, by John E. Pfeiffer, 1948 Dec. p. 28.
ENZYMES BOUND TO ARTIFICIAL MATRIXES, by Klaus Mosbach, 1971 Mar. p. 26. [1216]
ENZYMES IN MEDICAL DIAGNOSIS, by Felix Wróblewski, 1961 Aug. p. 99.
ENZYMES IN TEAMS, by David E. Green, 1949 Sept. p. 48. [15]
ENZYMES, PROTEIN-DIGESTING, by Hans Neurath, 1964 Dec. p. 68.
ENZYME-SUBSTRATE COMPLEX, THE, by Earl Frieden, 1959 Aug. p. 119.
EOTVOS EXPERIMENT, THE, by R. H. Dicke, 1961 Dec. p. 84.
EPIDEMIOLOGY OF INFLUENZA, THE, by Martin M. Kaplan and Robert G. Webster, 1977 Dec. p. 88. [1375]
EPIDEMIOLOGY OF MENTAL DISEASE, THE, by Ernest M. Gruenberg, 1954 Mar. p. 38. [441]
ERADICATION OF MALARIA, THE, by Paul F. Russell, 1952 June p. 22.
ERADICATION OF SMALLPOX, THE, by Donald A. Henderson, 1976 Oct. p. 25.
ERADICATION OF THE SCREW-WORM FLY, THE, by Edward F. Knipling, 1960 Oct. p. 54.
EROSION BY RAINDROP, by W. D. Ellison, 1948 Nov. p. 40. [817]
ERROR-CORRECTING CODES, by W. Wesley Peterson, 1962 Feb. p. 96.
ESCAPE FROM PARADOX, by Anatol Rapoport, 1967 July p. 50.
ESCAPE RESPONSES IN MARINE INVERTEBRATES, by Howard M. Feder, 1972 July p. 92. [1254]
ESCHER, SOURCES OF AMBIGUITY IN THE PRINTS OF MAURITS C., by Marianne L. Teuber, 1974 July p. 90. [560]
ESSENTIAL OILS, by A. J. Haagen-Smit, 1953 Aug. p. 70.
ESTUARY, THE LIFE OF AN, by Robert M. Ingle, 1954 May p. 64.
ETHICS OF EXPERIMENTATION WITH HUMAN SUBJECTS, THE, by Bernard Barber, 1976 Feb. p. 25.
ETHICS OF GIVING PLACEBOS, THE, by Sissela Bok, 1974 Nov. p. 17.
ETRUSCAN METALLURGY, by Aldo Neppi Modona, 1955 Nov. p. 90.
ETRUSCANS, THE, by Raymond Bloch, 1962 Feb. p. 82.
EUCLID, NON-EUCLIDEAN GEOMETRY BEFORE, by Imre Tóth, 1969 Nov. p. 87.
EULER, LEONHARD, AND THE KOENIGSBERG BRIDGES, by Leonhard Euler, edited by James R. Newman, 1953 July p. 66.

EUPALINUS, THE TUNNEL OF, by June p. Goodfield, 1964 June p. 104.
EURASIA, THE COLLISION BETWEEN INDIA AND, by Peter Molnar and Paul Tapponnier, 1977 Apr. p. 30. [923]
EUROPE, CARBON 14 AND THE PREHISTORY OF, by Colin Renfrew, 1971 Oct. p. 63. [672]
EUROPE, COMPUTERS IN EASTERN, by Ivan Berenyi, 1970 Oct. p. 102.
EUROPE, RECOVERY OF ("E. C. E. Report"), 1948 July p. 9.
EUROPEAN PLAIN, THE FINAL PALEOLITHIC SETTLEMENTS OF THE, by Romuald Schild, 1976 Feb. p. 88.
EUTECTICS, CONTROLLED, by R. Wayne Kraft, 1967 Feb. p. 86.
EVERSAL OF TUMOR GROWTH, THE, by Armin C. Braun, 1965 Nov. p. 75.
EVOLUTION, CATACLYSMIC, by G. Ledyard Stebbins, Jr., 1951 Apr. p. 54.
EVOLUTION, CONTINENTAL DRIFT AND, by Björn Kurtén, 1969 Mar. p. 54. [877]
EVOLUTION, CULTURAL, by Julian H. Steward, 1956 May p. 69.
EVOLUTION, IONIZING RADIATION AND, by James F. Crow, 1959 Sept. p. 138. [55]
EVOLUTION OBSERVED, by Francis J. Ryan, 1953 Oct. p. 78.
EVOLUTION OF BEE LANGUAGE, THE, by Harald Esch, 1967 Apr. p. 96. [1071]
EVOLUTION OF BEHAVIOR IN GULLS, THE, by N. Tinbergen, 1960 Dec. p. 118. [456]
EVOLUTION OF BEHAVIOR, THE, by Konrad Z. Lorenz, 1958 Dec. p. 67. [412]
EVOLUTION OF BIRDS, A STUDY IN THE, by H. N. Southern, 1957 May p. 124.
EVOLUTION OF BOWERBIRDS, THE, by E. Thomas Gilliard, 1963 Aug. p. 38. [1098]
EVOLUTION OF CITIES, THE ORIGIN AND, by Gideon Sjoberg, 1965 Sept. p. 54.
EVOLUTION OF GALAXIES, THE, by Halton C. Arp, 1963 Jan. p. 70.
EVOLUTION OF GALAXIES, THE, by Jan H. Oort, 1956 Sept. p. 100.
EVOLUTION OF HEMOGLOBIN, THE, by Emile Zuckerkandl, 1965 May p. 110. [1012]
EVOLUTION OF INTELLIGENCE, THE, by M. E. Bitterman, 1965 Jan. p. 92. [490]
EVOLUTION OF MAN, THE PRESENT, by Theodosius Dobzhansky, 1960 Sept. p. 206. [609]
EVOLUTION OF MIND, PALEONEUROLOGY AND THE, by Harry J. Jerison, 1976 Jan. p. 90. [568]
EVOLUTION OF MIND, THE, by Norman L. Munn, 1957 June p. 140.
EVOLUTION OF PALEOLITHIC ART, THE, by André Leroi-Gourhan, 1968 Feb. p. 58.
EVOLUTION OF QUASARS, THE, by Maarten Schmidt and Francis Bello, 1971 May p. 54.
EVOLUTION OF REEFS, THE, by Norman D. Newell, 1972 June p. 54. [901]
EVOLUTION OF SEX, THE, by Paul A. Zahl, 1949 Apr. p. 52.
EVOLUTION OF STARS, THE, by Otto Struve, 1953 Mar. p. 34.
EVOLUTION OF THE ANDES, THE, by David E. James, 1973 Aug. p. 60. [910]
EVOLUTION OF THE HAND, THE, by John Napier, 1962 Dec. p. 56. [140]
EVOLUTION OF THE INDIAN OCEAN, THE, by D. P. McKenzie and J. G. Sclater, 1973 May p. 62. [908]
EVOLUTION OF THE PACIFIC, THE, by Bruce C. Heezen and Ian D. MacGregor, 1973 Nov. p. 102. [911]
EVOLUTION OF THE PHYSICIST'S PICTURE OF NATURE, THE, by P. A. M. Dirac, 1963 May p. 45.
EVOLUTION OF THE SOLAR SYSTEM, THE ORIGIN AND, by A. G. W. Cameron, 1975 Sept. p. 32.
EVOLUTION, SICKLE CELLS AND, by Anthony C. Allison, 1956 Aug. p. 87. [1065]
EVOLUTION, SYMBIOSIS AND, by Lynn Margulis, 1971 Aug. p. 48. [1230]
EVOLUTION, THE GENETIC BASIS OF, by Theodosius Dobzhansky, 1950 Jan. p. 32. [6]
EVOLUTION, THE SCARS OF HUMAN, by Wilton M. Krogman, 1951 Dec. p. 54. [632]
EVOLUTION, TOOLS AND HUMAN, by Sherwood L. Washburn, 1960 Sept. p. 62. [601]
EVOLUTIONARY UNIVERSE, THE, by George Gamow, 1956 Sept. p. 136. [211]
EXCAVATION OF A DROWNED GREEK TEMPLE, THE, by Michael H. Jameson, 1974 Oct. p. 110.
EXCAVATION, RAPID, by Thomas E. Howard, 1967 Nov. p. 74.
EXCAVATIONS AT SARDIS, by George M. A. Hanfmann, 1961 June p. 124.
EXCLUSION PRINCIPLE, THE, by George Gamow, 1959 July p. 74. [264]
"EXECUTIVE" MONKEYS, ULCERS IN, by Joseph V. Brady, 1958 Oct. p. 95. [425]
EXERCISE, THE PHYSIOLOGY OF, by Carleton B. Chapman and Jere H. Mitchell, 1965 May p. 88. [1011]
EXOELECTRONS, by Ernest Rabinowicz, 1977 Jan. p. 74. [350]
EXOTIC ATOMS, by Clyde E. Wiegand, 1972 Nov. p. 102.
EXOTIC LIGHT NUCLEI, by Joseph Cerny and Arthur M. Poskanzer, 1978 June p. 60. [3010]
EXPECTATIONS FOR THE DISADVANTAGED, TEACHER, by Robert Rosenthal and Lenore F. Jacobson, 1968 Apr. p. 19. [514]
EXPERIENCE AND EMOTIONAL DEVELOPMENT, EARLY, by Victor H. Denenberg, 1963 June p. 138. [478]
EXPERIENCE, BRAIN CHANGES IN RESPONSE TO, by Mark R. Rosenzweig, Edward L. Bennett and Marian Cleeves Diamond, 1972 Feb. p. 22. [541]
EXPERIMENT IN APPLIED ANTHROPOLOGY, AN, by John and Mary Collier, 1957 Jan. p. 37.
EXPERIMENT IN WORK SATISFACTION, AN, by Lars E. Björk, 1975 Mar. p. 17.
EXPERIMENT, THE MICHELSON-MORLEY, by R. S. Shankland, 1964 Nov. p. 107.
EXPERIMENTAL ANIMAL, THE HUMAN LYMPHOCYTE AS AN, by Richard A. Lerner and Frank J. Dixon, 1973 June p. 82. [1275]
EXPERIMENTAL GEOLOGY, by V. V. Belousov, 1961 Feb. p. 96.
EXPERIMENTAL NARCOTIC ADDICTION, by James R. Weeks, 1964 Mar. p. 46.
EXPERIMENTAL NEUROSES, by Jules H. Masserman, 1950 Mar. p. 38. [443]
EXPERIMENTAL PSYCHOSES, by Six Staff Members of Boston Psychopathic Hospital, 1955 June p. 34.
EXPERIMENTATION WITH HUMAN SUBJECTS, THE ETHICS OF, by Bernard Barber, 1976 Feb. p. 25.
EXPERIMENTS IN ACQUIRED CHARACTERISTICS, by C. H. Waddington, 1953 Dec. p. 92.
EXPERIMENTS IN AGING, by Albert I. Lansing, 1953 Apr. p. 38.
EXPERIMENTS IN ANIMAL PSYCHOPHYSICS, by Donald S. Blough, 1961 July p. 113. [458]
EXPERIMENTS IN COLOR VISION, by Edwin H. Land, 1959 May p. 84. [223]
EXPERIMENTS IN DISCRIMINATION, by Norman Guttman and Harry I. Kalish, 1958 Jan. p. 77. [403]
EXPERIMENTS IN GROUP CONFLICT, by Muzafer Sherif, 1956 Nov. p. 54. [454]
EXPERIMENTS IN HURRICANE MODIFICATION, by R. H. Simpson and Joanne S. Malkus, 1964 Dec. p. 27.
EXPERIMENTS IN HYPNOSIS, by Theodore X. Barber, 1957 Apr. p. 54.
EXPERIMENTS IN INTERGROUP DISCRIMINATION, by Henri Tajfel, 1970 Nov. p. 96. [530]
EXPERIMENTS IN PERCEPTION, by W. H. Ittelson and F. P. Kilpatrick, 1951 Aug. p. 50. [405]
EXPERIMENTS IN PROTEIN SYNTHESIS, by Ernest F. Gale, 1956 Mar. p. 42.
EXPERIMENTS IN READING, by Paul A. Kolers, 1972 July p. 84. [545]
EXPERIMENTS IN THE VISUAL PERCEPTION OF TEXTURE, by Bela Julesz, 1975 Apr. p. 34. [563]
EXPERIMENTS IN TIME REVERSAL, by Oliver E. Overseth, 1969 Oct. p. 88.
EXPERIMENTS IN WATER-BREATHING, by Johannes A. Kylstra, 1968 Aug. p. 66. [1123]
EXPERIMENTS WITH GOGGLES, by Ivo Kohler, 1962 May p. 62. [465]
EXPERIMENTS WITH NEUTRINO BEAMS, by Barry C. Barish, 1973 Aug. p. 30.
EXPLANATION OF TWINS, AN, by Gunnar Dahlberg, 1951 Jan. p. 48.
EXPLODING GALAXIES, by Allan R. Sandage, 1964 Nov. p. 38.
EXPLODING STARS, by Robert P. Kraft, 1962 Apr. p. 54.
EXPLODING WIRES, by Frederick D. Bennett, 1962 May p. 102.
EXPLORATION OF THE MOON, THE, by Robert Jastrow, 1960 May p. 61.
EXPLORATION OF THE MOON, THE, by Wilmot Hess, Robert Kovach, Paul W. Gast and Gene Simmons, 1969 Oct. p. 54. [889]
EXPLORER, THE MATHEMATICIAN AS AN, by Sherman K. Stein, 1961 May p. 148.
EXPLORING THE HERBARIUM, by Siri von Reis Altschul, 1977 May p. 96. [1359]
EXPLORING THE OCEAN FLOOR, by Hans Pettersson, 1950 Aug. p. 42.
EXPLOSIONS, THE DETECTION OF UNDERGROUND, by Sir Edward Bullard, 1966 July p. 19.
EXPLOSIONS, THE DETECTION OF UNDERGROUND, by L. Don Leet, 1962 June p. 55.
EXPLOSIVES, NON-MILITARY USES OF NUCLEAR, by Gerald W. Johnson and Harold Brown, 1958 Dec. p. 29.
EXPRESSION, COMMUNICATION AND FREEDOM OF, by Thomas I. Emerson, 1972 Sept. p. 163. [680]
EXPRESSIONS, THE ORIGINS OF FACIAL, by Richard J. Andrew, 1965 Oct. p. 88. [627]
EXTENDING THE NUCLEAR-TEST BAN, by Henry R. Myers, 1972 Jan. p. 13. [343]
EXTRATERRESTRIAL INTELLIGENCE, THE SEARCH FOR, by Carl Sagan and Frank Drake, 1975 May p. 80. [347]
EYE AND CAMERA, by George Wald, 1950 Aug. p. 32. [46]
EYE AND THE BRAIN, THE, by R. W. Sperry, 1956 May p. 48. [1090]
EYE, CONTROL MECHANISMS OF THE, by Derek H. Fender, 1964 July p. 24.
EYE, "FLOATERS" IN THE, by Harvey E. White and Paul Levatin, 1962 June p. 119.
EYE-HEAD MOVEMENTS, THE COORDINATION OF, by Emilio Bizzi, 1974 Oct. p. 100. [1305]
EYE MOVEMENTS AND VISUAL PERCEPTION, by David Noton and Lawrence Stark, 1971 June p. 34. [537]
EYE, MOVEMENTS OF THE, by E. Llewellyn Thomas, 1968 Aug. p. 88. [516]
EYE OF INSECTS, THE COMPOUND, by G. Adrian Horridge, 1977 July p. 108. [1364]

EYE, SHERRINGTON ON THE, by Sir Charles S. Sherrington, 1952 May p. 30.
EYEWITNESS TESTIMONY, by Robert Buckhout, 1974 Dec. p. 23. [562]

F

FABRICATION OF MICROELECTRONIC CIRCUITS, THE, by William G. Oldham, 1977 Sept. p. 110. [377]
FACES, THE RECOGNITION OF, by Leon D. Harmon, 1973 Nov. p. 70. [555]
FACIAL EXPRESSIONS, THE ORIGINS OF, by Richard J. Andrew, 1965 Oct. p. 88. [627]
FALSE SCORPIONS, by Theodore H. Savory, 1966 Mar. p. 95. [1039]
FAMILY IN DEVELOPED COUNTRIES, THE, by Norman B. Ryder, 1974 Sept. p. 122.
FAMILY OF PROTEIN-CUTTING PROTEINS, A, by Robert M. Stroud, 1974 July p. 74. [1301]
FAMILY OF SOLAR ECLIPSES, A, by Richard M. Sutton, 1954 Feb. p. 36.
FAMILY PLANNING IN THE U.S., by Ronald F. Freedman, Pascal K. Whelpton and Arthur A. Campbell, 1959 Apr. p. 50.
FARADAY, MICHAEL, by Herbert Kondo, 1953 Oct. p. 90.
FARADAY TO THE DYNAMO, FROM, by Harold I. Sharlin, 1961 May p. 107.
"FARMER'S ALMANAC," SUMERIAN, by Samuel Noah Kramer, 1951 Nov. p. 54.
FARMING, MARINE, by Gifford B. Pinchot, 1970 Dec. p. 14. [1205]
FARMING VILLAGE IN TURKEY, AN EARLY, by Halet Cambel and Robert J. Braidwood, 1970 Mar. p. 50.
FARMSTEAD IN SOUTHERN BRITAIN, A CELTIC, by Geoffrey Wainwright, 1977 Dec. p. 156. [702]
FAST BREEDER REACTORS, by Glenn T. Seaborg and Justin L. Bloom, 1970 Nov. p. 13. [339]
FAST-NEUTRON SPECTROSCOPY, by Lawrence Cranberg, 1964 Mar. p. 79.
FASTEST COMPUTER, THE, by D. L. Slotnick, 1971 Feb. p. 76.
FAT, BODY, by Vincent P. Dole, 1959 Dec. p. 70.
FAT-METABOLISM DISEASES, HEREDITARY, by Roscoe O. Brady, 1973 Aug. p. 88.
FAT, THE PRODUCTION OF HEAT BY, by Michael J. R. Dawkins and David Hull, 1965 Aug. p. 62.
FAT, THE SYNTHESIS OF, by David E. Green, 1960 Feb. p. 46. [67]
FATHER OF AVIATION MEDICINE, by J. M. D. Olmsted, 1952 Jan. p. 66.
FATS, THE METABOLISM OF, by David E. Green, 1954 Jan. p. 32. [16]
FAULT, THE SAN ADREAS, by Don L. Anderson, 1971 Nov. p. 52. [896]
FEAR AND ANGER, THE PHYSIOLOGY OF, by Daniel H. Funkenstein, 1955 May p. 74. [428]
FEASIBILITY OF COAL-DRIVEN POWER STATIONS, ON THE, by O. R. Frisch, 1956 Mar. p. 93.
FEEDBACK, by Arnold Tustin, 1952 Sept. p. 48.
FEEDBACK CONTROL, THE ORIGINS OF, by Otto Mayr, 1970 Oct. p. 110.
FEEDBACK IN THE DIFFERENTIATION OF CELLS, by S. Meryl Rose, 1958 Dec. p. 36.
FEEDING BEHAVIOR OF MOSQUITOES, THE, by Jack Colvard Jones, 1978 June p. 138. [1392]
FEEDING, TOTAL INTRAVENOUS, by Stanley J. Dudrick and Jonathan E. Rhoads, 1972 May p. 73.
FEEL OF THE MOON, THE, by Ronald F. Scott, 1967 Nov. p. 34.
FERMI SURFACE OF METALS, THE, by A. R. Mackintosh, 1963 July p. 110.
FERRITES, by C. Lester Hogan, 1960 June p. 92.
FERTILITY CONTROL, A STUDY IN, by Bernard Berelson and Ronald Freedman, 1964 May p. 29. [621]
FERTILITY CONTROL, PUBLIC POLICY ON, by Frederick S. Jaffe, 1973 July p. 17.
FERTILITY, MALE, by Edmond J. Farris, 1950 May p. 16.
FERTILITY, THE CONTROL OF, by Abraham Stone, 1954 Apr. p. 31.
FERTILIZATION AND ANTIBODIES, by Albert Tyler, 1954 June p. 70. [43]
FERTILIZATION IN MAMMALS, by Gregory Pincus, 1951 Mar. p. 44.
FERTILIZATION OF FLOWERS, THE, by Verne Grant, 1951 June p. 52. [12]
FERTILIZATION OF THE EGG, by Alberto Monroy, 1950 Dec. p. 46.
FERTILIZATION, THE MOMENT OF, by Robert D. Allen, 1959 July p. 124.
FERTILIZATION, THE PROGRAM OF, by David Epel, 1977 Nov. p. 128. [1372]
FERTILIZERS, CHEMICAL, by Christopher J. Pratt, 1965 June p. 62.
FEVER, by W. Barry Wood, Jr., 1957 June p. 62.
FIBER, COMMUNICATION BY OPTICAL, by J. S. Cook, 1973 Nov. p. 28.
FIBER OPTICS, by Narinder S. Kapany, 1960 Nov. p. 72.
FIBER-REINFORCED METALS, by Anthony Kelly, 1965 Feb. p. 28.
FIBERS IN THE BODY, ELASTIC, by Russell Ross and Paul Bornstein, 1971 June p. 44. [1225]
FIBERS, SYNTHETIC, by Simon Williams, 1951 July p. 37.
FIBRINOGEN, THE CLOTHING OF, by Koloman Laki, 1962 Mar. p. 60.
FIBROPLASIA, THE LESSON OF RETROLENTAL, by William A. Silverman, 1977 June p. 100. [1361]
FIDDLER CRAB, BIOLOGICAL CLOCKS AND THE, by Frank A. Brown, Jr., 1954 Apr. p. 34.
FIELD EMISSION, ADVANCES IN, by W. P. Dyke, 1964 Jan. p. 108.
FIELD THEORY, by Freeman J. Dyson, 1953 Apr. p. 57. [208]
FIELDS, INTERPLANETARY PARTICLES AND, by James A. Van Allen, 1975 Sept. p. 160.
FIGHTING BEHAVIOR OF ANIMALS, THE, by Irenäus Eibl-Eibesfeldt, 1961 Dec. p. 112. [470]
FILARIASIS, by F. Hawking, 1958 July p. 94.
FILMS AND SOAP BUBBLES, THE GEOMETRY OF SOAP, by Frederick J. Almgren, Jr., and Jean E. Taylor, 1976 July p. 82.
FILMS, MONOMOLECULAR, by Herman E. Ries, Jr., 1961 Mar. p. 152.
FILMS, PSYCHIATRIC, 1949 Sept. p. 42.
FINAL PALEOLITHIC SETTLEMENTS OF THE EUROPEAN PLAIN, THE, by Romuald Schild, 1976 Feb. p. 88.
FINAL STEPS IN SECRETION, THE, by Birgit Satir, 1975 Oct. p. 28. [1328]
FINCHES, DARWIN'S, by David Lack, 1953 Apr. p. 66. [22]
FINE PARTICLES, by Clyde Orr, Jr., 1950 Dec. p. 50.
FINE STRUCTURE OF THE EARTH'S INTERIOR, THE, by Bruce A. Bolt, 1973 Mar. p. 24. [906]
FINE STRUCTURE OF THE GENE, THE, by Seymour Benzer, 1962 Jan. p. 70. [120]
FINITE UNIVERSE, THE CURVATURE OF SPACE IN A, by J. J. Callahan, 1976 Aug. p. 90.
FIRE AND FIRE PROTECTION, by Howard W. Emmons, 1974 July p. 21.
FIRE ANT, THE, by Edward O. Wilson, 1958 Mar. p. 36.
FIRE-MAKER, MAN THE, by Loren C. Eiseley, 1954 Sept. p. 52.
FIRE, THE ECOLOGY OF, by Charles F. Cooper, 1961 Apr. p. 150. [1099]
FIREBALL, THE PRIMEVAL, by P. J. E. Peebles and David T. Wilkinson, 1967 June p. 28.
FIREFLIES, SYNCHRONOUS, by John and Elisabeth Buck, 1976 May p. 74.
FIRST BREATH, THE, by Clement A. Smith, 1963 Oct. p. 27.
FIRST ELECTRON TUBE, THE, by George Shiers, 1969 Mar. p. 104.
FIRST HEARTBEATS, THE, by James D. Ebert, 1959 Mar. p. 87. [56]
FISH, THE ARCHER, by K. H. Lüling, 1963 July p. 100.
FISH, THE ICE, by Johan T. Ruud, 1965 Nov. p. 108.
FISHES, AIR-BREATHING, by Kjell Johansen, 1968 Oct. p. 102. [1125]
FISHES, ELECTRIC, by Harry Grundfest, 1960 Oct. p. 115.
FISHES, ELECTRIC LOCATION BY, by H. W. Lissmann, 1963 Mar. p. 50. [152]
FISHES FLASHLIGHT, by John E. McCosker, 1977 Mar. p. 106. [693]
FISHES, REFLECTORS IN, by Eric Denton, 1971 Jan. p. 64. [1209]
FISHES SWIM, HOW, by Sir James Gray, 1957 Aug. p. 48. [1113]
FISHES, THE CHEMICAL LANGUAGES OF, by John H. Todd, 1971 May p. 98. [1222]
FISHES, THE SCHOOLING OF, by Evelyn Shaw, 1962 June p. 128. [124]
FISHES WITH WARM BODIES, by Francis G. Carey, 1973 Feb. p. 36. [1266]
FISSION, NUCLEAR, by R. B. Leachman, 1965 Aug. p. 49.
FISSION POWER, THE NECESSITY OF, by H. A. Bethe, 1976 Jan. p. 21. [348]
FISSION PRODUCTS, THE USES OF, by Paul J. Lovewell, 1952 June p. 19.
FISSION REACTOR, A NATURAL, by George A. Cowan, 1976 July p. 36.
FISSION REACTORS, THE DISPOSAL OF RADIOACTIVE WASTES FROM, by Bernard L. Cohen, 1977 June p. 21. [364]
FISSION, THE DISCOVERY OF, by Otto Hahn, 1958 Feb. p. 76.
FISSION-TRACK DATING, by J. D. Macdougall, 1976 Dec. p. 114.
FITZGERALD, G. F., by Sir Edmund Whittaker, 1953 Nov. p. 93.
FIVE HISTORIC PHOTOGRAPHS FROM PALOMAR, by Edwin P. Hubble, 1949 Nov. p. 32.
FIXED-POINT THEOREMS, by Marvin Shinbrot, 1966 Jan. p. 105.
FLAGELLA, by W. T. Astbury, 1951 Jan. p. 20.
FLAME, HIGH TEMPERATURES:, by Bernard Lewis, 1954 Sept. p. 84.
FLARE STARS, RADIO-EMITTING, by Sir Bernard Lovell, 1964 Aug. p. 13.
FLARES, SOLAR, by John W. Evans, 1951 Dec. p. 17.
FLASH PHOTOLYSIS, by Leonard I. Grossweiner, 1960 May p. 134.
FLASH, THE GREEN, by D. J. K. O'Connell, S. J., 1960 Jan. p. 112.
FLASHLIGHT FISHES, by John E. McCosker, 1977 Mar. p. 106. [693]
FLEA, THE FLYING LEAP OF THE, by Miriam Rothschild, Y. Schlein, K. Parker, C. Neville and S. Sternberg, 1973 Nov. p. 92. [1284]
FLEAS, by Miriam Rothschild, 1965 Dec. p. 44. [1027]
FLEMING'S LYSOZYME, by Robert F. Acker and S. E. Hartsell, 1960 June p. 132.

FLEXAGONS, by Martin Gardner, 1956 Dec. p. 162.
FLIES AND DISEASE, by Bernard Greenberg, 1965 July p. 92.
FLIGHT AT THE BORDERS OF SPACE, by Heinz Haber, 1952 Feb. p. 20.
FLIGHT-CONTROL SYSTEM OF THE LOCUST, THE, by Donald M. Wilson, 1968 May p. 83.
FLIGHT, LOW-SPEED, by David C. Hazen and Rudolf F. Lehnert, 1956 Apr. p. 46.
FLIGHT MUSCLES OF INSECTS, THE, by David S. Smith, 1965 June p. 76. [1014]
FLIGHT OF BIRDS, THE SOARING, by Clarence D. Cone, Jr., 1962 Apr. p. 130.
FLIGHT OF LOCUSTS, THE, by Torkel Weis-Fogh, 1956 Mar. p. 116.
FLIGHT OF VULTURES, THE SOARING, by C. J. Pennycuick, 1973 Dec. p. 102.
FLIGHT ORIENTATION IN LOCUSTS, by Jeffrey M. Camhi, 1971 Aug. p. 74. [1231]
FLINT TOOLS, THE FUNCTIONS OF PALEOLITHIC, by Lawrence H. Keeley, 1977 Nov. p. 108. [700]
"FLOATERS" IN THE EYE, by Harvey E. White and Paul Levatin, 1962 June p. 119.
FLOOR OF THE MID-ATLANTIC RIFT, by J. R. Heirtzler and W. B. Bryan, 1975 Aug. p. 78. [918]
FLOW OF ENERGY IN A FOREST ECOSYSTEM, THE, by James R. Gosz, Richard T. Holmes, Gene E. Likens and F. Herbert Bormann, 1978 Mar. p. 92. [1384]
FLOW OF ENERGY IN A HUNTING SOCIETY, THE, by William B. Kemp, 1971 Sept. p. 104. [665]
FLOW OF ENERGY IN AN AGRICULTURAL SOCIETY, THE, by Roy A. Rappaport, 1971 Sept. p. 116. [666]
FLOW OF ENERGY IN AN INDUSTRIAL SOCIETY, THE, by Earl Cook, 1971 Sept. p. 134. [667]
FLOW OF ENERGY IN THE BIOSPHERE, THE, by David M. Gates, 1971 Sept. p. 88. [664]
FLOW OF HEAT FROM THE EARTH'S INTERIOR, THE, by Henry N. Pollack and David S. Chapman, 1977 Aug. p. 60. [927]
FLOW OF MATTER, THE, by Marcus Reiner, 1959 Dec. p. 122. [268]
FLOWER PIGMENTS, by Sarah Clevenger, 1964 June p. 84. [186]
FLOWERING PROCESS, THE, by Frank B. Salisbury, 1958 Apr. p. 108. [112]
FLOWERING, THE CONTROL OF, by Aubrey W. Naylor, 1952 May p. 49. [113]
FLOWERS IN THE ARCTIC, by Rutherford Platt, 1956 Feb. p. 88.
FLOWERS, THE FERTILIZATION OF, by Verne Grant, 1951 June p. 52. [12]
FLUID CONTROL DEVICES, by Stanley W. Angrist, 1964 Dec. p. 80.
FLUID DYNAMICS, COMPUTER EXPERIMENTS IN, by Francis H. Harlow and Jacob E. Fromm, 1965 Mar. p. 104.
FLUIDIZATION, by H. William Flood and Bernard S. Lee, 1968 July p. 94.
FLUIDS IN CRYSTALS, ANCIENT, by Edwin Roedder, 1962 Oct. p. 38. [854]
FLUORESCENCE-ACTIVATED CELL SORTING, by Leonard A. Herzenberg, Richard G. Sweet and Leonore A. Herzenberg, 1976 Mar. p. 108.
FLUOROCARBONS, by J. H. Simons, 1949 Nov. p. 44.
FLY, FRACTIONATING THE FRUIT, by Ernst Hadorn, 1962 Apr. p. 100. [1166]
FLY, THE ERADICATION OF THE SCREW-WORM, by Edward F. Knipling, 1960 Oct. p. 54.
FLY, THE LOVE SONG OF THE FRUIT, by H. C. Bennet-Clark and A. W. Ewing, 1970 July p. 84. [1183]
FLYING ANIMALS, UNUSUAL MECHANISMS FOR THE GENERATION OF LIFT IN, by Torkel Weis-Fogh, 1975 Nov. p. 80. [1331]
FLYING LEAP OF THE FLEA, THE, by Miriam Rothschild, Y. Schlein, K. Parker, C. Neville and S. Sternberg, 1973 Nov. p. 92. [1284]
FLYING MOTHS, TEMPERATURE CONTROL IN, by Bernd Heinrich and George A. Bartholomew, 1972 June p. 70. [1252]
"FLYING-SPOT" MICROSCOPE, A, by P. O'B. Montgomery and W. A. Bonner, 1958 May p. 38.
FLYWHEELS, by Richard F. Post and Stephen F. Post, 1973 Dec. p. 17.
FOG, by Joel N. Myers, 1968 Dec. p. 74. [876]
FOOD, by Nevin S. Scrimshaw, 1963 Sept. p. 72. [1153]
FOOD ADDITIVES, by G. O. Kermode, 1972 Mar. p. 15.
FOOD, ALGAE AS, by Harold W. Milner, 1953 Oct. p. 31.
FOOD AND AGRICULTURE, 1976 Sept. *issue.*
FOOD AND AGRICULTURE, by Sterling Wortman, 1976 Sept. p. 30.
FOOD AND POPULATION, by Roger Revelle, 1974 Sept. p. 160.
FOOD CHAINS, THE ROLE OF WAX IN OCEANIC, by Andrew A. Benson and Richard F. Lee, 1975 Mar. p. 76. [1318]
FOOD FROM THE SEA, by Gordon A. Riley, 1949 Oct. p. 16.
FOOD NEEDS, ORTHODOX AND UNORTHODOX METHODS OF MEETING WORLD, by N. W. Pirie, 1967 Feb. p. 27. [1068]
FOOD, PROBLEM, THE, by Lord John Boyd-Orr, 1950 Aug. p. 11.
FOOD PRODUCTION AS A PROCESS IN THE BIOSPHERE, HUMAN, by Lester R. Brown, 1970 Sept. p. 160. [1196]
FOOD RESOURCES OF THE OCEAN, THE, by S. J. Holt, 1969 Sept. p. 178 [886]
FOOD-SHARING BEHAVIOR OF PROTOHUMAN HOMINIDS, THE, by Glynn Isaac, 1978 Apr. p. 90. [706]
FOOTPRINTS OF TUMOR VIRUSES, THE, by Fred Rapp and Joseph L. Melnick, 1966 Mar. p. 34.
FOOTRACING, FUTURE PERFORMANCE IN, by Henry W. Ryder, Harry Jay Carr and Paul Herget, 1976 June p. 109.
FORAGE CROPS, by Harlow J. Hodgson, 1976 Feb. p. 60.
FORCE BETWEEN MOLECULES, THE, by Boris V. Derjaguin, 1960 July p. 47.
FOREIGN MEDICAL GRADUATE, THE, by Stephen S. Mick, 1975 Feb. p. 14.
FOREIGN NUCLEIC ACIDS, by Alick Isaacs, 1963 Oct. p. 46. [166]
FOREIGN SUBSTANCES, HOW THE LIVER METABOLIZES, by Attallah Kappas and Alvito P. Alvares, 1975 June p. 22. [1322]
FOREST CLEARANCE IN THE STONE AGE, by Johannes Iversen, 1956 Mar. p. 36.
FOREST ECOSYSTEM, THE FLOW OF ENERGY IN A, by James R. Gosz, Richard T. Holmes, Gene E. Likens and F. Herbert Bormann, 1978 Mar. p. 92. [1384]
FOREST SUCCESSION, by Henry S. Horn, 1975 May p. 90. [1321]
FOREST, THE TROPICAL RAIN, by Paul W. Richards, 1973 Dec. p. 58. [1286]
FORESTS OF YELLOWSTONE PARK, THE PETRIFIED, by Erling Dorf, 1964 Apr. p. 106.
FORGETTING, by Benton J. Underwood, 1964 Mar. p. 91. [482]
FORGETTING, THE INTERFERENCE THEORY OF, by John Ceraso, 1967 Oct. p. 117. [509]
FORGOTTEN CIVILIZATION OF THE PERSIAN GULF, A, by P. V. Glob and T. G. Bibby, 1960 Oct. p. 62.
FORGOTTEN EMPIRE OF ANTIQUITY, A, by Stuart Piggot, 1953 Nov. p. 42.
FORGOTTEN NATION IN TURKEY, A, by Seton Lloyd, 1955 July p. 42.
FORM OF CITIES, THE, by Kevin Lynch, 1954 Apr. p. 54.
FORM PERCEPTION, THE ORIGIN OF, by Robert L. Fantz, 1961 May p. 66. [459]
FORMING OF SHEET METAL, THE, by S. S. Hecker and A. K. Ghosh, 1976 Nov. p. 100.
FORT MONMOUTH, by John B. Phelps and Ernest C. Pollard, 1954 June p. 29.
FORTIFICATION ILLUSIONS OF MIGRAINES, THE, by Whitman Richards, 1971 May p. 88. [536]
FORTRESS IN SARDINIA, A CARTHAGINIAN, by Sabatino Moscati, 1975 Feb. p. 80.
FOSSIL BEHAVIOR, by Adolf Seilacher, 1967 Aug. p. 72. [872]
FOSSIL HOMINID BRAINS, THE CASTS OF, by Ralph L. Holloway, 1974 July p. 106. [686]
FOSSIL MAN, by Loren C. Eiseley, 1953 Dec. p. 65.
FOSSIL METEORITE CRATERS, by C. S. Beals, 1958 July p. 32.
FOSSIL RECORD, CONTINENTAL DRIFT AND THE, by A. Hallam, 1972 Nov. p. 56. [903]
FOSSILS, CHEMICAL, by Geoffrey Eglinton and Melvin Calvin, 1967 Jan. p. 32. [308]
FOSSILS, THE OLDEST, by Elso S. Barghoorn, 1971 May p. 30. [895]
FOUNDATIONS OF MATHEMATICS, THE, by W. V. Quine, 1964 Sept. p. 112.
FOUR-COLOR-MAP PROBLEM, THE SOLUTION OF THE, by Kenneth Appel and Wolfgang Haken, 1977 Oct. p. 108. [387]
FOXGLOVE, WILLIAM WHITHERING AND THE PURPLE, by J. Worth Estes and Paul Dudley White, 1965 June p. 110.
FRACTIONATING THE FRUIT FLY, by Ernst Hadorn, 1962 Apr. p. 100. [1166]
FRACTURE IN SOLIDS, by John J. Gilman, 1960 Feb. p. 94.
FRACTURES IN THE PACIFIC FLOOR, by Henry W. Menard, 1955 July p. 36.
FRAGMENTS FROM THE MOON, TEKTITES AND IMPACT, by John A. O'Keefe, 1964 Feb. p. 50.
FRANKLIN, IN DEFENSE OF BENJAMIN, by I. Bernard Cohen, 1948 Aug. p. 36.
FREE FALL, GALILEO'S DISCOVERY OF THE LAW OF, by Stillman Drake, 1973 May p. 84.
FREE RADICALS, by Paul D. Bartlett, 1953 Dec. p. 74.
FREE RADICALS, FROZEN, by Charles M. Herzfeld and Arnold M. Bass, 1957 Mar. p. 90. [263]
FREE RADICALS IN BIOLOGICAL SYSTEMS, by William A. Pryor, 1970 Aug. p. 70. [335]
FREEDOM OF EXPRESSION, COMMUNICATION AND, by Thomas I. Emerson, 1972 Sept. p. 163. [680]
FREEZES, HOW WATER, by Bruce Chalmers, 1959 Feb. p. 114.
FREEZING, DESALTING WATER BY, by Asa E. Snyder, 1962 Dec. p. 41.
FREEZING OF LIVING CELLS, THE, by A. S. Parkes, 1956 June p. 105.
FRESH WATER FROM SALT, by David S. Jenkins, 1957 Mar. p. 37.
FREUD NOW, by Frederic Wertham, 1949 Oct. p. 50.
FRICTION, by Frederic Palmer, 1951 Feb. p. 54.
FROG CALLS, by Ralph K. Potter, 1950 May p. 46.
FROG EGGS, RABBIT HEMOGLOBIN FROM, by Charles Lane, 1976 Aug. p. 60. [1343]

FROG, HOW A TADPOLE BECOMES A, by William Etkin, 1966 May p. 76. [1042]
FROGS, VISION IN, by W. R. A. Muntz, 1964 Mar. p. 110.
FROM CAVE TO VILLAGE, by Robert J. Braidwood, 1952 Oct. p. 62.
FROM FARADAY TOT THE DYNAMO, by Harold I. Sharlin, 1961 May p. 107.
FRONTIER POST IN ROMAN BRITAIN, A, by Robin Birley, 1977 Feb. p. 38. [692]
FROSTBITE, by Emlen T. Littell, 1952 Feb. p. 52.
FROZEN FREE RADICALS, by Charles M. Herzfeld and Arnold M. Bass, 1957 Mar. p. 90. [263]
FROZEN TOMBS OF THE SCYTHIANS, by M. I. Artamonov, 1965 May p. 100.
FRUIT FLY, FRACTIONATING THE, by Ernst Hadorn, 1962 Apr. p. 100. [1166]
FRUIT FLY, THE LOVE SONG OF THE, by H. C. Bennet-Clark and A. W. Ewing, 1970 July p. 84. [1183]
FRUIT, THE RIPENING OF, by J. B. Biale, 1954 May p. 40 . [118]
FUEL CELLS, by Leonard G. Austin, 1959 Oct. p. 72.
FUEL CONSUMPTION OF AUTOMOBILES, THE, by John R. Pierce, 1975 Jan. p. 34.
FUEL ELEMENTS, REACTOR, by James F. Schumar, 1959 Feb. p. 37.
FUEL PROBLEM, THE, by Eugene Ayres, 1949 Dec. p. 32.
FUEL SITUATION, THE, by Eugene Ayres, 1956 Oct. p. 43.
FUELS, CLEAN POWER FROM DIRTY, by Arthur M. Squires, 1972 Oct. p. 26.
FUELS, THE REPROCESSING OF NUCLEAR, by William P. Bebbington, 1976 Dec. p. 30.
FUNCTIONAL ORGANIZATION OF THE BRAIN, THE, by A. R. Luria, 1970 Mar. p. 66. [526]
FUNCTIONS OF PALEOLITHIC FLINT TOOLS, THE, by Lawrence H. Keeley, 1977 Nov. p. 108. [700]
FUNDAMENTAL PARTICLES WITH CHARM, by Roy F. Schwitters, 1977 Oct. p. 56. [388]
FUNDAMENTAL PHYSICAL CONSTANTS, THE, by Barry N. Taylor, Donald N. Langenberg and William H. Parker, 1970 Oct. p. 62. [337]
FUNDAMENTAL QUESTIONS IN SCIENCE, 1953 Sept. *issue.*
FUNDAMENTAL QUESTIONS IN SCIENCE, by Warren Weaver, 1953 Sept. p. 47.
FUNGI OF LICHENS, THE, by Vernon Ahmadjian, 1963 Feb. p. 122.
FUNGI, PREDATORY, by Joseph J. Maio, 1958 July p. 67.
FUNGUS GARDENS OF INSECTS, THE, by Lekh R. and Suzanne W. T. Batra, 1967 Nov. p. 112. [1086]
FUSION BY LASER, by Moshe J. Lubin and Arthur P. Fraas, 1971 June p. 21.
FUSION POWER, by Richard F. Post, 1957 Dec. p. 73. [236]
FUSION POWER BY LASER IMPLOSION, by John L. Emmett, John Nuckolls and Lowell Wood, 1974 June p. 24.
FUSION POWER, PROGRESS TOWARD, by T. K. Fowler and Richard F. Post, 1966 Dec. p. 21.
FUSION POWER, THE PROSPECTS OF, by William C. Gough and Bernard J. Eastlund, 1971 Feb. p. 50. [340]
FUSION REACTORS, THE LEAKAGE PROBLEM IN, by Francis F. Chen, 1967 July p. 76.
FUSION RESEARCH, THE TOKAMAK APPROACH IN, by Bruno Coppi and Jan Rem, 1972 July p. 65.
FUTURE OF THE AMAZON, THE, by Peter van Dresser, 1948 May p. 11.
FUTURE PERFORMANCE IN FOOTRACING, by Henry W. Ryder, Harry Jay Carr and Paul Herget, 1976 June p. 109.

G

G FACTOR OF THE ELECTRON, THE, by H. R. Crane, 1968 Jan. p. 72.
GALAXIES, COLLIDING, by Rudolph Minkowski, 1956 Sept. p. 125.
GALAXIES, DWARF, by Paul W. Hodge, 1964 May p. 78.
GALAXIES, EXPLODING, by Allan R. Sandage, 1964 Nov. p. 38.
GALAXIES, GIANT RADIO, by Richard G. Strom, George K. Miley and Jan Oort, 1975 Aug. p. 26.
GALAXIES HAVE A SPIRAL FORM? WHY DO, by Cecilia H. Payne-Gaposchkin, 1953 Sept. p. 89.
GALAXIES, HYDROGEN IN, by Morton S. Roberts, 1963 June p. 94.
GALAXIES IN FLIGHT, by George Gamow, 1948 July p. 20.
GALAXIES, PECULIAR, by Geoffrey and E. Margaret Burbidge, 1961 Feb. p. 50.
GALAXIES, RADIO, by D. S. Heeschen, 1962 Mar. p. 41.
GALAXIES, RADIO, by Martin Ryle, 1956 Sept. p. 204. [278]
GALAXIES, SEYFERT, by Ray J. Weymann, 1969 Jan. p. 28.
GALAXIES, SUPERNOVAS IN OTHER, by Robert P. Kirshner, 1976 Dec. p. 88.
GALAXIES, THE CLUSTERING OF, by Edward J. Groth, P. James E. Peebles, Michael Seldner and Raymond M. Soneira, 1977 Nov. p. 76. [390]
GALAXIES, THE CONTENT OF, by Walter Baade, 1956 Sept. p. 92.
GALAXIES, THE DISTRIBUTION OF, by Jerzy Neyman and Elizabeth L. Scott, 1956 Sept. p. 187.
GALAXIES, THE EVOLUTION OF, by Halton C. Arp, 1963 Jan. p. 70.
GALAXIES, THE EVOLUTION OF, by Jan H. Oort, 1956 Sept. p. 100.
GALAXIES, THE ORIGIN OF, by Martin J. Rees and Joseph Silk, 1970 June p. 26.
GALAXIES, VIOLENT TIDES BETWEEN, by Alar and Juri Toomre, 1973 Dec. p. 38.
GALAXY, THE ARMS OF THE, by Bart J. Bok, 1959 Dec. p. 92.
GALAXY, THE CENTER OF THE, by R. H. Sanders and G. T. Wrixon, 1974 Apr. p. 66.
GALAXY, THE MAGNETIC FIELD OF THE, by Glenn L. Berge and George A. Seielstad, 1965 June p. 46.
GALAXY, THE RADIO, by Gart Westerhout, 1959 Aug. p. 44. [250]
GALAXY, THE SPIRAL STRUCTURE OF THE, by W. W. Morgan, 1955 May p. 42.
GALEN, by Frederick G. Kilgour, 1957 Mar. p. 105.
GALILEAN SATELLITES OF JUPITER, THE, by Dale P. Cruikshank and David Morrison, 1976 May p. 108.
GALILEO, by I. Bernard Cohen, 1949 Aug. p. 40.
GALILEO AND THE FIRST MECHANICAL COMPUTING DEVICE, by Stillman Drake, 1976 Apr. p. 104.
GALILEO'S DISCOVERY OF THE LAW OF FREE FALL, by Stillman Drake, 1973 May p. 84.
GALILEO'S DISCOVERY OF THE PARABOLIC TRAJECTORY, by Stillman Drake and James MacLachlan, 1975 Mar. p. 102.
GALILEO'S EXPERIMENTS, THE ROLE OF MUSIC IN, by Stillman Drake, 1975 June p. 98.
GALTON, FRANCIS, by James R. Newman, 1954 Jan. p. 72.
GALVANOMAGNETIC AND THERMOMAGNETIC EFFECTS, by Stanley W. Angrist, 1961 Dec. p. 124.
GAME THEORY AND DECISIONS, by Leonid Hurwicz, 1955 Feb. p. 78.
GAME THEORY, THE USE AND MISUSE OF, by Anatol Rapoport, 1962 Dec. p. 108.
GAMES, LOGIC AND COMPUTERS, by Hao Wang, 1965 Nov. p. 98.
GAMES, THE ORIGINS OF THE OLYMPIC, by Raymond Bloch, 1968 Aug. p. 78.
GAMES, THE THEORY OF, by Oskar Morgenstern, 1949 May p. 22.
GAMMA GLOBULIN IN POLIO, by William McD. Hammon, 1953 July p. 25.
GAMMA RAY ASTRONOMY, by William L. Kraushaar and George W. Clark, 1962 May p. 52.
GAMMA-RAY BURSTS, COSMIC, by Ian B. Strong and Ray W. Klebesadel, 1976 Oct. p. 66.
GARDENS OF INSECTS, THE FUNGUS, by Lekh R. and Suzanne W. T. Batra, 1967 Nov. p. 112. [1086]
GAS CHROMATOGRAPHY, by Roy A. Keller, 1961 Oct. p. 58. [276]
GAS FROM COAL, OIL AND, by Neal P. Cochran, 1976 May p. 24.
GAS FROM THE MINE, by Leonard Engel, 1950 June p. 52.
GAS, LIQUID NATURAL, by Noel de Nevers, 1967 Oct. p. 30.
GAS, NATURAL, by James J. Parsons, 1951 Nov. p. 17.
GAS, THE IMPORTATION OF LIQUEFIED NATURAL, by Elisabeth Drake and Robert C. Reid, 1977 Apr. p. 22. [353]
GAS TURBINE, THE, by Lawrence P. Lessing, 1953 Nov. p. 65.
GAS VACUOLES OF BLUE-GREEN ALGAE, THE, by A. E. Walsby, 1977 Aug. p. 90. [1367]
GASES, SOLID NOBLE, by Gerald L. Pollack, 1966 Oct. p. 64.
GASES, THE CHEMISTRY OF THE NOBLE, by Henry Selig, John G. Malm and Howard H. Claassen, 1964 May p. 66.
GASIFICATION OF COAL, THE, by Harry Perry, 1974 Mar. p. 19.
GAUSS, by Ian Stewart, 1977 July p. 122. [371]
GEARS, LEONARDO ON BEARINGS AND, by Ladislao Reti, 1971 Feb. p. 100.
GENE REGULATION CHROMOSOMAL PROTEINS AND, by Gary S. Stein, Janet Swinehart Stein and Lewis J. Kleinsmith, 1975 Feb. p. 46. [1315]
GENE STRUCTURE AND PROTEIN STRUCTURE, by Charles Yanofsky, 1967 May p. 80. [1074]
GENE, THE, by Norman H. Horowitz, 1956 Oct.78. [17]
GENE, THE FINE STRUCTURE OF THE, by Seymour Benzer, 1962 Jan. p. 70. [120]
GENERAL CIRCULATION OF THE ATMOSPHERE, THE, by Victor P. Starr, 1956 Dec. p. 40.
GENERAL TOM THUMB AND OTHER MIDGETS, by Victor A. McKusick and David L. Rimoin, 1967 July p. 102.
GENERALIZED THEORY OF GRAVITATION, ON THE, by Albert Einstein, 1950 Apr. p. 13.
GENES ACT? HOW DO, by Vernon M. Ingram, 1958 Jan. p. 68.
GENES, HORMONES AND, by Eric H. Davidson, 1965 June p. 36. [1013]
GENES, HYBRID CELLS AND HUMAN, by Frank H. Ruddle and Raju S. Kucherlapati, 1974 July p. 36. [1300]

GENES IN ACTION, THE VISUALIZATION OF, by O. L. Miller, Jr., 1973 Mar. p. 34. [1267]
GENES OF MEN AND MOLDS, THE, by George W. Beadle, 1948 Sept. p. 30. [1]
GENES OUTSIDE THE CHROMOSOMES, by Ruth Sager, 1965 Jan. p. 70. [1002]
GENES, PARTNER OF THE, by T.M. Sonneborn, 1950 Nov. p. 30. [39]
GENES, THE ISOLATION OF, by Donald D. Brown, 1973 Aug. p. 20. [1278]
GENES, THE MANIPULATION OF, by Stanley N. Cohen, 1975 July p. 24. [1324]
GENES, VIRUSES AND, by François Jacob and Elie L. Wollman, 1961 June p. 92. [89]
GENETIC ACTIVITY OF MITOCHONDRIA AND CHLOROPLASTS, THE, by Ursula W. Goodenough and R. P. Levine, 1970 Nov. p. 22. [1203]
GENETIC BASIS OF EVOLUTION, THE, by Theodosius Dobzhansky, 1950 Jan. p. 32. [6]
GENETIC CODE, ANTIBIOTICS AND THE, by Luigi Gorini, 1966 Apr. p. 102.
GENETIC CODE, THE, by F. H. C. Crick, 1962 Oct. p. 66. [123]
GENETIC CODE: III, THE, by F. H. C. Crick, 1966 Oct. p. 55. [1052]
GENETIC CODE: II, THE, by Marshall W. Nirenberg, 1963 Mar. p. 80. [153]
GENETIC CODE OF A VIRUS, THE, by Heinz Fraenkel-Conrat, 1964 Oct. p. 46. [193]
GENETIC CONTROL OF THE SHAPE OF A VIRUS, THE, by Edouard Kellenberger, 1966 Dec. p. 32. [1058]
GENETIC DISEASE, PRENATAL DIAGNOSIS OF, by Theodore Friedmann, 1971 Nov. p. 34. [1234]
GENETIC DISSECTION OF BEHAVIOR, by Seymour Benzer, 1973 Dec. p. 24. [1285]
"GENETIC DRIFT" IN AN ITALIAN POPULATION, by Luigi Luca Cavalli-Sforza, 1969 Aug. p. 30.
GENETIC FUTURE, MAN'S, by Curt Stern, 1952 Feb. p. 68.
GENETIC IMPROVEMENT OF SOUTHERN PINES, THE, by Bruce J. Zobel, 1971 Nov. p. 94.
GENETIC LOAD, by Christopher Wills, 1970 Mar. p. 98. [1172]
GENETIC MONSTERS, by L. C. Dunn, 1950 June p. 16.
GENETIC MOSAICS, by Aloha Hannah-Alava, 1960 May p. 118.
GENETIC REPRESSORS, by Mark Ptashne and Walter Gilbert, 1970 June p. 36. [1179]
GENETIC TRANSFORMATION, CELLULAR FACTORS IN, by Alexander Tomasz, 1969 Jan. p. 38.
GENETICS, by Theodosius Dobzhansky, 1950 Sept. p. 55.
GENETICS AND CANCER, by Leonell C. Strong, 1950 July p. 44.
GENETICS AND HUMAN ORIGINS, POPULATION, by Robert B. Eckhardt, 1972 Jan. p. 94. [676]
GENETICS OF A BACTERIAL VIRUS, THE, by R. S. Edgar and R. H. Epstein, 1965 Feb. p. 70. [1004]
GENETICS OF HUMAN CANCER, THE, by Carlo M. Croce and Hilary Koprowski, 1978 Feb. p. 117. [1381]
GENETICS OF HUMAN POPULATIONS, THE, by L. L. Cavalli-Sforza, 1974 Sept. p. 80.
GENETICS OF THE DUNKERS, THE, by H. Bentley Glass, 1953 Aug. p. 76. [1062]
GENETICS, THE STATE OF, by A. Buzzati-Traverso, 1951 Oct. p. 22.
GENEVA: BIOLOGY, by C. A. Mawson, 1955 Oct. p. 38.
GENEVA: CHEMISTRY, by J. M. Fletcher and F. Hudswell, 1955 Oct. p. 34.
GENEVA CONFERENCE, THE, by Robert A. Charpie, 1955 Oct. p. 27.
GENEVA: REACTORS, by Robert A. Charpie, 1955 Oct. p. 56.
GEOGRAPHY OF BIRDS, THE, by Carl Welty, 1957 July p. 118.
GEOGRAPHY OF DISEASE, THE, by Jacques M. May, 1953 Feb. p. 22.
GEOGRAPHY OF ENERGY, THE ECONOMIC, by Daniel B. Luten, 1971 Sept. p. 164. [669]
GEOGRAPHY OF STEEL, THE, by George H. T. Kimble, 1952 Jan. p. 44.
GEOLOGICAL OBSERVATORY, THE LAMONT, by George W. Gray, 1956 Dec. p. 83.
GEOLOGICAL SUBSIDENCE, by Sullivan S. Marsden, Jr., and Stanley N. Davis, 1967 June p. 93.
GEOLOGY, by Reginald A. Daly, 1950 Sept. p. 36.
GEOLOGY, EXPERIMENTAL, by V. V. Belousov, 1961 Feb. p. 96.
GEOLOGY OF THE MOON, THE, by Eugene M. Shoemaker, 1964 Dec. p. 38.
GEOMAGNETIC REVERSALS, TEKTITES AND, by Billy P. Glass and Bruce C. Heezen, 1967 July p. 32.
GEOMETRY, by Morris Kline, 1964 Sept. p. 60.
GEOMETRY AND INTUITION, by Hans Hahn, 1954 Apr. p. 84.
GEOMETRY BEFORE EUCLID, NON-EUCLIDEAN, by Imre Tóth, 1969 Nov. p. 87.
GEOMETRY OF SOAP FILMS AND SOAP BUBBLES, THE, by Frederick J. Almgren, Jr., and Jean E. Taylor, 1976 July p. 82.
GEOMETRY, PROJECTIVE, by Morris Kline, 1955 Jan. p. 80.
GEOMETRY, THE INVENTION OF ANALYTIC, by Carl B. Boyer, 1949 Jan. p. 40.
GEOSYNCLINES, MOUNTAINS AND CONTINENT-BUILDING, by Robert S. Dietz, 1972 Mar. p. 30. [899]
GEOTHERMAL POWER, by Joseph Barnea, 1972 Jan. p. 70. [898]
GERM-FREE ISOLATORS, by P. C. Trexler, 1964 July p. 78.
GERM OF TUBERCULOSIS, THE, by Esmond R. Long, 1955 June p. 102.
GERM THEORY, SECOND THOUGHTS ON THE, by René J. Dubos, 1955 May p. 31.
GERMAN MEASLES, by Louis Z. Cooper, 1966 July p. 30.
GERMER, DAVISSON AND, by Karl K. Darrow, 1948 May p. 50.
GERMINATION, by Dov Koller, 1959 Apr. p. 75.
GETTING OLD, by Alexander Leaf, 1973 Sept. p. 44.
GHETTO RIOTERS, A STUDY OF, by Nathan S. Caplan and Jeffery M. Paige, 1968 Aug. p. 15. [638]
GIANT BRAIN CELLS IN MOLLUSKS, by A. O. D. Willows, 1971 Feb. p. 68. [1212]
GIANT CELL, ACETABULARIA: A USEFUL, by Aharon Gibor, 1966 Nov. p. 118. [1057]
GIANT CLAMS, by C. M. Yonge, 1975 Apr. p. 96.
GIANT MOLECULES, 1957 Sept. *issue.*
GIANT MOLECULES, by Herman F. Mark, 1957 Sept. p. 80.
GIANT MOLECULES IN CELLS AND TISSUES, by Francis O. Schmitt, 1957 Sept. p. 204. [35]
GIANT RADIO GALAXIES, by Richard G. Strom, George K. Miley and Jan Oort, 1975 Aug. p. 26.
GIGANTOPITHECUS, by Elwyn L. Simons and Peter C. Ettel, 1970 Jan. p. 76.
GIRAFFE, THE PHYSIOLOGY OF THE, by James V. Warren, 1974 Nov. p. 96. [1307]
GLACIERS, by William O. Field, 1955 Sept. p. 84. [809]
GLACIERS, ON THE ORIGIN OF, by Charles R. Warren, 1952 Aug. p. 57.
GLAND, TEARS AND THE LACRIMAL, by Stella Y. Botelho, 1964 Oct. p. 78.
GLAND, THE PINEAL, by Richard J. Wurtman and Julius Axelrod, 1965 July p. 50. [1015]
GLAND, THE THYMUS, by Sir Macfarlane Burnet, 1962 Nov. p. 50. [138]
GLAND, THE THYROID, by Lawson Wilkins, 1960 Mar. p. 119.
GLANDS, SALT, by Knut Schmidt-Nielsen, 1959 Jan. p. 109.
GLASS, by Charles H. Greene, 1961 Jan. p. 92.
GLASS, ANCIENT, by Robert H. Brill, 1963 Nov. p. 120.
GLASSES, THE NATURE OF, by R. J. Charles, 1967 Sept. p. 126.
GLAUCOMA, by Sidney Lerman, 1959 Aug. p. 110.
GLOBAL CIRCULATION OF ATMOSPHERIC POLLUTANTS, THE, by Reginald E. Newell, 1971 Jan. p. 32. [894]
GLOBAL SATELLITE COMMUNICATIONS, by Burton I. Edelson, 1977 Feb. p. 58. [353]
GLOBULAR-CLUSTER STARS, by Icko Iben, Jr., 1970 July p. 26.
GLOBULAR CLUSTERS X-RAY STARS IN, by George W. Clark, 1977 Oct. p. 42. [385]
GLOBULES BOK, by Robert L. Dickman, 1977 June p. 66. [366]
GLORY, THE, by Howard C. Bryant and Nelson Jarmie, 1974 July p. 60.
GLYCOPROTEINS, by Nathan Sharon, 1974 May p. 78. [1295]
GODEL'S PROOF, by Ernest Nagel and James R. Newman, 1956 June p. 71.
GOGGLES, EXPERIMENTS WITH, by Ivo Kohler, 1962 May p. 62. [465]
GOITER, ENDEMIC, by R. Bruce Gillie, 1971 June p. 92.
GOLGI APPARATUS, THE, by Marian Neutra and C. P. Leblond, 1969 Feb. p. 100. [1134]
GOUT AND METABOLISM, by deWitt Stetten, Jr., 1958 June p. 73.
GOVERNMENT INVESTMENT IN HEALTH CARE, by Irving J. Lewis, 1971 Apr. p. 17.
GRADIENTS, DENSITY, by Gerald Oster, 1965 Aug. p. 70.
GRAINS, INTERSTELLAR, by J. Mayo Greenberg, 1967 Oct. p. 106.
GRAND CANYON, PREHISTORIC MAN IN THE, by Douglas W. Schwartz, 1958 Feb. p. 97.
GRANITE, THE ORIGIN OF, by O. Frank Tuttle, 1955 Apr. p. 77.
GRAPE VINES AND CLIMATE WINES, by Philip Wagner, 1974 June p. 106. [1298]
GRAPHICS IN ARCHITECTURE COMPUTER, by Donald P. Greenberg, 1974 May p. 98.
GRASSHOPPER, THE LEAP OF THE, by Graham Hoyle, 1958 Jan. p. 30.
GRAVITATION, ON THE GENERALIZED THEORY OF, by Albert Einstein, 1950 Apr. p. 13.
GRAVITATIONAL COLLAPSE, by Kip S. Thorne, 1967 Nov. p. 88.
GRAVITATIONAL THEORY, by Clifford M. Will, 1974 Nov. p. 24.
GRAVITATIONAL WAVES, THE DETECTION OF, by Joseph Weber, 1971 May p. 22.
GRAVITY, by George Gamow, 1961 Mar. p. 94.
GRAVITY GETTING WEAKER?, IS, by Thomas C. Van Flandern, 1976 Feb. p. 44.
GRAVITY, THE EARTH'S, by Weikko A. Heiskanen, 1955 Sept. p. 164. [812]
GRAY WHALE, THE RETURN OF THE, by Raymond M. Gilmore, 1955 Jan. p. 62.
GRAZING ECOSYSTEM IN THE SERENGETI, by Richard H. V. Bell, 1971 July p. 86. [1228]
GREAT ALBATROSSES, THE, by W. L. N. Tickell, 1970 Nov. p. 84. [1204]

GREAT AUTOMOBILE RACE OF 1895, THE, by Jacques Ickx, 1972 May p. 102.
GREAT CEREBRAL COMMISSURE, THE, by R. W. Sperry, 1964 Jan. p. 42. [174]
GREAT INFRA-CAMBRIAN ICE AGE, THE, by W. Brian Harland and Martin J. S. Rudwick, 1964 Aug. p. 28.
GREAT LAKES, THE AGING, by Charles F. Powers and Andrew Robertson, 1966 Nov. p. 94. [1056]
GREAT METEOR OF 1947, THE, by Otto Struve, 1950 June p. 42.
"GREAT RAVELLED KNOT, THE", by George W. Gray, 1948 Oct. p. 26. [13]
GREAT TEST-BAN DEBATE, THE, by Herbert F. York, 1972 Nov. p. 15. [342]
GREECE, AN EARLY NEOLITHIC VILLAGE IN, by Robert J. Rodden, 1965 Apr. p. 82.
GREECE, LIFE IN MYCENAEAN, by John Chadwick, 1972 Oct. p. 36. [681]
GREEK ASTRONOMY, by Giorgio de Santillana, 1949 Apr. p. 44.
GREEK COMPUTER, AN ANCIENT, by Derek J. de Solla Price, 1959 June p. 60.
GREEK PREHISTORY, 17,000 YEARS OF, by Thomas W. Jacobsen, 1976 June p. 76.
GREEK TEMPLE, THE EXCAVATION OF A DROWNED, by Michael H. Jameson, 1974 Oct. p. 110.
GREEKS AND THE HEBREWS, THE, by Cyrus H. Gordon, 1965 Feb. p. 102.
GREEN FLASH, THE, by D. J. K. O'Connell, S. J., 1960 Jan. p. 112.
GREEN TURTLE, THE NAVIGATION OF THE, by Archie Carr, 1965 May p. 78. [1010]
GROUND WATER, by A. N. Sayre, 1950 Nov. p. 14. [818]
GROUP CONFLICT, EXPERIMENTS IN, by Muzafer Sherif, 1956 Nov. p. 54. [454]
GROUP PSYCHOTHERAPY, by S. R. Slavson, 1950 Dec. p. 42. [449]
GROUPS, PEOPLE IN, by David B. Hertz and Sandra Lloyd Lesser, 1951 Feb. p. 26.
GROUSE, THE LEK MATING SYSTEM OF THE SAGE, by R. Haven Wiley, Jr., 1978 May p. 114. [1390]
GROWING UP, by J. M. Tanner, 1973 Sept. p. 34.
GROWTH, HUMAN, by George W. Gray, 1953 Oct. p. 65. [1063]
GROWTH IN PLANT CELLS, THE CONTROL OF, by F. C. Steward, 1963 Oct. p. 104.
GROWTH OF CRYSTALS, THE, by Robert L. Fullman, 1955 Mar. p. 74.
GROWTH OF MUSHROOMS, THE, by John Tyler Bonner, 1956 May p. 97.
GROWTH OF NERVE CIRCUITS, THE, by R. W. Sperry, 1959 Nov. p. 68. [72]
GROWTH OF SNOW CRYSTALS, THE, by B. J. Mason, 1961 Jan. p. 120.
GROWTH SUBSTANCES, PLANT, by Frank B. Salisbury, 1957 Apr. p. 125. [110]
GROWTH, THE CONTROL OF PLANT, by Johannes van Oberbeek, 1968 July p. 75. [1111]
GUAYANA, CIUDAD: A NEW CITY, by Lloyd Rodwin, 1965 Sept. p. 122.
GULLIVER WAS A BAD BIOLOGIST, by Florence Moog, 1948 Nov. p. 52.
GULLS, THE EVOLUTION OF BEHAVIOR IN, by N. Tinbergen, 1960 Dec. p. 118. [456]
GULLS, VISUAL ISOLATION IN, by Neal Griffith Smith, 1967 Oct. p. 94. [1084]
GUM NEBULA, THE, by Stephen P. Maran, 1971 Dec. p. 20.

H

HABITAT SELECTION, by Stanley C. Wecker, 1964 Oct. p. 109. [195]
HACILAR: A NEOLITHIC VILLAGE SITE, by James Mellaart, 1961 Aug. p. 86.
HADRONS, PHOTONS AS, by Frederick Murphy and David E. Yount, 1971 July p. 94.
HAGFISH, THE, by David Jensen, 1966 Feb. p. 82. [1035]
HAILSTONES, by Charles and Nancy Knight, 1971 Apr. p. 96.
HALES, STEPHEN, by I. Bernard Cohen, 1976 May p. 98.
HALLOWEEN, by Ralph Linton, 1951 Oct. p. 62.
HALLUCINATIONS, by Ronald K. Siegel, 1977 Oct. p. 132. [579]
HALLUCINOGENIC DRUGS, THE, by Frank Barron, Murray E. Jarvik and Sterling Bunnell, Jr., 1964 Apr. p. 29. [483]
HALOS, ATMOSPHERIC, by David K. Lynch, 1978 Apr. p. 144. [3007]
HAMILTON, WILLIAM ROWAN, by Sir Edmund Whittaker, 1954 May p. 82.
HAMSTER, SKIN TRANSPLANTS AND THE, by Rupert E. Billingham and Willys K. Silvers, 1963 Jan. p. 118. [148]
HAND, THE EVOLUTION OF THE, by John Napier, 1962 Dec. p. 56. [140]
HARAPPANS, THE DECLINE OF THE, by George F. Dales, 1966 May p. 92.
HARVESTING, MECHANICAL, by Clarence F. Kelly, 1967 Aug. p. 50. [329]
HARVEY, WILLIAM, by Frederick G. Kilgour, 1952 June p. 56.
HAUKSBEE, FRANCIS, by Duane and Duane H. D. Roller, 1953 Aug. p. 64.
HEALING, WOUND, by Russell Ross, 1969 June p. 40.
HEALTH, AIR POLLUTION AND PUBLIC, by Walsh McDermott, 1961 Oct. p. 49. [612]
HEALTH CARE, GOVERNMENT INVESTMENT IN, by Irving J. Lewis, 1971 Apr. p. 17.
HEALTH INSURANCE, NATIONAL, by Michael M. Davis, 1949 June p. 11.
HEALTH OF THE AMERICAN PEOPLE, THE, by Forrest E. Linder, 1966 June p. 21.
HEALTH SERVICES, DEINSTITUTIONALIZATION AND MENTAL, by Ellen L. Bassuk and Samuel Gerson, 1978 Feb. p. 46. [581]
HEART CARE, INTENSIVE, by Bernard Lown, 1968 July p. 19.
HEART CELLS IN VITRO, by Isaac Harary, 1962 May p. 141.
HEART INSIDE THE BODY, AN ARTIFICIAL, by Willem J. Kolff, 1965 Nov. p. 38. [1023]
HEART METABOLISM, by Richard J. Bing, 1957 Feb. p. 50.
HEART MUSCLE, 1951 Aug. p. 48.
HEART SOUNDS, by Victor A. McKusick, 1956 May p. 120.
HEART SURGERY, by Frank G. Slaughter, 1950 Jan. p. 14.
HEART SURGERY, OPEN-, by C. Walton Lillehei and Leonard Engel, 1960 Feb. p. 76.
HEART, THE, by Carl J. Wiggers, 1957 May. 74. [62]
HEARTBEAT IN THE RELATIONS BETWEEN MOTHER AND INFANT, THE ROLE OF THE, by Lee Salk, 1973 May p. 24.
HEARTBEATS, THE FIRST, by James D. Ebert, 1959 Mar. p. 87. [56]
HEART'S PACEMAKER, THE, by E. F. Adolph, 1967 Mar. p. 32. [1067]
HEAT, 1954 Sept. *issue.*
HEAT AND LIFE, by Frank H. Johnson, 1954 Sept. p. 64.
HEAT BARRIER, THE, by Fritz Haber, 1953 Dec. p. 80.
HEAT BY FAT, THE PRODUCTION OF, by Michael J. R. Dawkins and David Hull, 1965 Aug. p. 62.
HEAT, COLD AND CLOTHING, by James B. Kelley, 1956 Feb. p. 109.
HEAT DEATH, by L. V. Heilbrunn, 1954 Apr. p. 70.
HEAT FROM THE EARTH'S INTERIOR, THE FLOW OF, by Henry N. Pollack and David S. Chapman, 1977 Aug. p. 60. [927]
HEAT IN SOLIDS, THE CONDUCTION OF, by Robert L. Sproull, 1962 Dec. p. 92.
HEAT, PIONEERS IN THE THEORY OF, by I. Bernard Cohen, 1954 Sept. p. 60.
HEAT PIPE, THE, by G. Yale Eastman, 1968 May p. 38.
HEAT PUMP, THE, by John F. Sandfort, 1951 May p. 54.
HEAT, THE EARTH'S, by A. E. Benfield, 1950 Dec. p. 54.
HEAT TRANSFER IN PLANTS, by David M. Gates, 1965 Dec. p. 76. [1029]
HEAT? WHAT IS, by Freeman J. Dyson, 1954 Sept. p. 58.
HEAVY ELEMENTS FROM SPACE, by Edward P. Ney, 1951 May p. 26.
HEAVY LEPTONS, by Martin L. Perl and William T. Kirk, 1978 Mar. p. 50. [398]
HEAVY-WATER REACTORS, NATURAL-URANIUM, by Hugh C. McIntyre, 1975 Oct. p. 17.
HEAVY WATER, THE BIOLOGY OF, by Joseph J. Katz, 1960 July p. 106.
HEBREWS, THE GREEKS AND THE, by Cyrus H. Gordon, 1965 Feb. p. 102.
HELICOPTER, THE CHANGING, by Alfred Gessow, 1967 Apr. p. 38.
HELICOPTERS, by Lawrence P. Lessing, 1955 Jan. p. 36.
HELIUM, QUANTIZED VORTEX RINGS IN SUPERFLUID, by F. Reif, 1964 Dec. p. 116.
HELIUM, "SECOND SOUND" IN SOLID, by Bernard Bertman and David J. Sandiford, 1970 May p. 92.
HELIUM, SOLID, by Bernard Bertman and Robert A. Guyer, 1967 Aug. p. 84.
HELIUM 3, SUPERFLUID, by N. David Mermin and David M. Lee, 1976 Dec. p. 56.
HELMHOLTZ, by A. C. Crombie, 1958 Mar. p. 94.
HEMOGLOBIN FROM FROG EGGS RABBIT, by Charles Lane, 1976 Aug. p. 60. [1343]
HEMOGLOBIN MOLECULE, THE, by M. F. Perutz, 1964 Nov. p. 64. [196]
HEMOGLOBIN, THE EVOLUTION OF, by Emile Zuckerkandl, 1965 May p. 110. [1012]
HEMOPHILIA, THE ROYAL, by Victor A. McKusick, 1965 Aug. p. 88.
HENRY, JOSEPH, by Mitchell Wilson, 1954 July p. 72.
HEPATITIS, VIRAL, by Joseph L. Melnick, Gordon R. Dreesman and F. Blaine Hollinger, 1977 July p. 44. [1365]
HERBARIUM, EXPLORING THE, by Siri von Reis Altschul, 1977 May p. 96. [1359]
HERDING IN UGANDA, SUBSISTENCE, by Rada and Neville Dyson-Hudson, 1969 Feb. p. 76.
HEREDITARY DISEASE, THE CHEMISTRY OF, by A. G. Bearn, 1956 Dec. p. 126.
HEREDITARY FAT-METABOLISM DISEASES, by Roscoe O. Brady, 1973 Aug. p. 88.
HEREDITARY MATERIAL, THE STRUCTURE OF THE, by F. H. C. Crick, 1954 Oct. p. 54.
HEREDITY, LETHAL, by Willard F. Hollander, 1952 July p. 58. [28]

HEREDITY, THE CHEMISTRY OF, by A. E. Mirsky, 1953 Feb. p. 47. [28]
HERPES VIRUSES AND CANCER, by Keen A. Rafferty, Jr., 1973 Oct. p. 26.
HERTZ, HEINRICH, by Philip and Emily Morrison, 1957 Dec. p. 98.
HIBERNATION, by Carles P. Lyman and Paul O. Chatfield, 1950 Dec. p. 18.
HIBERNATORS, THE ADJUSTABLE BRAIN OF, by N. Mrosovsky, 1968 Mar. p. 110.
HICKORY, SHAGBARK, by Donald Culross Peattie, 1948 Sept. p. 40.
HIDDEN LIVES, by Theodore H. Savory, 1968 July p. 108. [1112]
HIGH ALTITUDE, THE PHYSIOLOGY OF, by Raymond J. Hock, 1970 Feb. p. 52. [1168]
HIGH BLOOD PRESSURE, by Irvine H. Page, 1948 Aug. p. 44.
HIGH COMPRESSION, by Alex Taub, 1950 Feb. p. 16.
HIGH ENERGIES PROTON INTERACTIONS AT, by Ugo Amaldi, 1973 Nov. p. 36.
HIGH PRESSURE, CELLS AT, by Douglas Marsland, 1958 Oct. p. 36.
HIGH PRESSURE, MAGNETIC RESONANCE AT, by George B. Benedek, 1965 Jan. p. 102.
HIGH PRESSURE, SUPERCONDUCTIVITY AT, by N. B. Brandt and N. I. Ginzburg, 1971 Apr. p. 83.
HIGH TECHNOLOGY IN CHINA, by Raphael Tsu, 1972 Dec. p. 13.
HIGH TEMPERATURES: CHEMISTRY, by Farrington Daniels, 1954 Sept. p. 109.
HIGH TEMPERATURES, CHEMISTRY AT VERY, 1954 Sept. p. 116.
HIGH TEMPERATURES: FLAME, by Bernard Lewis, 1954 Sept. p. 84.
HIGH TEMPERATURES: MATERIALS, by Pol Duwez, 1954 Sept. p. 98.
HIGH TEMPERATURES: PROPULSION, by Martin Summerfield, 1954 Sept. p. 120.
HIGH TEMPERATURES, SHOCK WAVES AND, by Malcolm McChesney, 1963 Feb. p. 109.
HIGH TEMPERATURES, THE DEFORMATION OF METALS AT, by Hugh J. McQueen and W. J. McGregor Tegart, 1975 Apr. p. 116.
HIGH TEMPERATURES, VERY, by Arthur Kantrowitz, 1954 Sept. p. 132.
HIGH-EFFICIENCY PHOTOSYNTHESIS, by Olle Björkman and Joseph Berry, 1973 Oct. p. 80. [1281]
HIGH-ENERGY ASTROPHYSICS, ROTATION IN, by Franco Pacini and Martin J. Rees, 1973 Feb. p. 98.
HIGH-ENERGY COSMIC RAYS, by Bruno Rossi, 1959 Nov. p. 134.
HIGH-ENERGY REACTIONS OF CARBON, by Richard M. Lemmon and Wallace R. Erwin, 1975 Jan. p. 72.
HIGH-ENERGY SCATTERING, by Vernon D. Barger and David B. Cline, 1967 Dec. p. 76.
HIGH-GRADIENT MAGNETIC SEPARATION, by Henry Kolm, John Oberteuffer and David Kelland, 1975 Nov. p. 46.
HIGH-LYSINE CORN, by Dale D. Harpstead, 1971 Aug. p. 34. [1229]
HIGH-POWER CARBON DIOXIDE LASERS, by C. K. N. Patel, 1968 Aug. p. 22.
HIGH-PRESSURE TECHNOLOGY, by Alexander Zeitlin, 1965 May p. 38.
HIGH-RESOLUTION SCANNING ELECTRON MICROSCOPE, A, by Albert V. Crewe, 1971 Apr. p. 26.
HIGH-SPEED CHEMISTRY, by Lawrence P. Lessing, 1953 May p. 29.
HIGH-SPEED IMPACT, by A. C. Charters, 1960 Oct. p. 128.
HIGH-SPEED RESEARCH AIRPLANES, by Walter T. Bonney, 1953 Oct. p. 36.
HIGH-SPEED TUBE TRANSPORTATION, by L. K. Edwards, 1965 Aug. p. 30.
HIGH-TEMPERATURE PLASTICS, by A. H. Frazer, 1969 July p. 96.
HIGH VACUUM, by Philip and Emily Morrison, 1950 May p. 20.
HIGH VELOCITIES, CHEMISTRY AT, by Richard Wolfgang, 1966 Jan. p. 82.
HIGH-VOLTAGE POWER TRANSMISSION, by L. O. Barthold and H. G. Pfeiffer, 1964 May p. 38.
HILBERT'S 10TH PROBLEM, by Martin Davis and Reuben Hersh, 1973 Nov. p. 84.
HIMALAYAS, THE ECOLOGY OF THE HIGH, by Lawrence W. Swan, 1961 Oct. p. 68.
HISTOCOMPATIBILITY ANTIGENS, THE STRUCTURE AND FUNCTION OF, by Bruce A. Cunningham, 1977 Oct. p. 96. [1369]
HISTOPLASMOSIS: THE UNKNOWN INFECTION, by Martin Gumpert, 1948 June p. 12.
HISTORICAL SUPERNOVAS, by F. Richard Stephenson and David H. Clark, 1976 June p. 100.
HISTORY IN A PEAT BOG, by Thomas G. Bibby, 1953 Oct. p. 84.
HISTORY OF A DIG, by Louis M. Stumer, 1955 Mar. p. 98.
HISTORY OF A PERUVIAN VALLEY, THE, by James A. Ford, 1954 Aug. p. 28.
HISTORY OF A RIVER, THE, by Raymond E. Janssen, 1952 June p. 74.
HISTORY OF LIFE, CRISES IN THE, by Norman D. Newell, 1963 Feb. p. 76. [867]
HISTORY OF LIFE IN THE OCEANS, PLATE TECTONICS AND THE, by James W. Valentine and Eldridge M. Moores, 1974 Apr. p. 80. [912]
HISTORY OF THE AIRFLOW CAR, THE, by Howard S. Irwin, 1977 Aug. p. 98. [697]
HISTORY OF THE HUMAN POPULATION, THE, by Ansley J. Coale, 1974 Sept. p. 40.
HITTITE CITADEL, 1949 Aug. p. 22.
HOLOGRAMS, WHITE-LIGHT, by Emmett N. Leith, 1976 Oct. p. 80.
HOLOGRAPHY, ACOUSTICAL, by Alexander F. Metherell, 1969 Oct. p. 36.
HOLOGRAPHY, ADVANCES IN, by Keith S. Pennington, 1968 Feb. p. 40.
HOME LIFE OF THE SWIFT, THE, by David and Elizabeth Lack, 1954 July p. 60.
HOMER'S HEROES, THE LANGUAGE OF, by Jotham Johnson, 1954 May p. 70.
HOMING SALMON, THE, by Arthur D. Hasler and James A. Larsen, 1955 Aug. p. 72. [411]
HOMINID BRAINS, THE CASTS OF FOSSIL, by Ralph L. Holloway, 1974 July p. 106. [686]
HOMINIDS, THE FOOD-SHARING BEHAVIOR OF PROTOHUMAN, by Glynn Isaac, 1978 Apr. p. 90. [706]
HOMO ERECTUS, by William W. Howells, 1966 Nov. p. 46. [630]
HOMO MONSTROSUS, by Annemarie de Waal Malefijt, 1968 Oct. p. 112.
HOMUNCULUS OR MONKEY? OREOPITHECUS: by Loren C. Eiseley, 1956 June p. 91.
HONEYBEE, THE, by Ronald Ribbands, 1955 Aug. p. 52.
HONEYBEES, SOUND COMMUNICATION IN, by Adrian M. Wenner, 1964 Apr. p. 116. [181]
HOOKE, ROBERT, by E. N. da C. Andrade, 1954 Dec. p. 94.
HOPEWELL CULT, THE, by Olaf H. Prufer, 1964 Dec. p. 90.
HOPI AND THE TEWA, THE, by Edward P. Dozier, 1957 June p. 126.
HORMONE, THE JUVENILE, by Carroll M. Williams, 1958 Feb. p. 67.
HORMONE, THE PARATHYROID, by Howard Rasmussen, 1961 Apr. p. 56. [86]
HORMONE, THE THYMUS, by Raphael H. Levey, 1964 July p. 66.
HORMONES, by Sir Solly Zuckerman, 1957 Mar. p. 76. [1122]
HORMONES AND GENES, by Eric H. Davidson, 1965 June p. 36. [1013]
HORMONES AND NERVE TISSUE, INTERACTIONS BETWEEN, by Bruce S. McEwen, 1976 July p. 48. [1341]
HORMONES AND SKIN COLOR, by Aaron B. Lerner, 1961 July p. 98.
HORMONES IN SOCIAL AMOEBAE AND MAMMALS, by John Tyler Bonner, 1969 June p. 78.
HORMONES OF THE HYPOTHALAMUS, THE, by Roger Guillemin and Roger Burgus, 1972 Nov. p. 24. [1260]
HORMONES, PLANT, by Victor Schocken, 1949 May p. 40.
HORMONES, THE RECEPTORS OF STEROID, by Bert W. O'Malley and William T. Schrader, 1976 Feb. p. 32. [1334]
HORN OF THE UNICORN, THE, by John Tyler Bonner, 1951 Mar. p. 42.
HORNS AND ANTLERS, by Walter Modell, 1969 Apr. p. 114. [1139]
HOSPITAL, THE, by John H. Knowles, 1973 Sept. p. 128.
HOST CELL, HOW VIRUSES INSERT THEIR DNA INTO THE DNA OF THE, by Allan M. Campbell, 1976 Dec. p. 102. [1347]
HOT ATOM CHEMISTRY, by Willard F. Libby, 1950 Mar. p. 44.
HOT SPOTS IN THE ATMOSPHERE OF THE SUN, by Harold Zirin, 1958 Aug. p. 34.
HOT SPOTS ON THE EARTH'S SURFACE, by Kevin C. Burke and J. Tuzo Wilson, 1976 Aug. p. 46. [920]
HOUSE MICE, POPULATIONS OF, by Robert L. Strecker, 1955 Dec. p. 92.
HOUSE MOUSE, THE PHYSIOLOGY OF THE, by Daniel S. Fertig and Vaughan W. Edmonds, 1969 Oct. p. 103. [1159]
HOUSEWORK, TIME SPENT IN, by Joanne Vanek, 1974 Nov. p. 116.
HOW A RATTLESNAKE STRIKES, by Walker Van Riper, 1953 Oct. p. 100.
HOW A TADPOLE BECOMES A FROG, by William Etkin, 1966 May p. 76. [1042]
HOW ACTINOMYCIN BINDS TO DNA, by Henry M. Sobell, 1974 Aug. p. 82. [1303]
HOW AN EGGSHELL IS MADE, by T. G. Taylor, 1970 Mar. p. 88. [1171]
HOW AN INSTINCT IS LEARNED, by Jack P. Hailman, 1969 Dec. p. 98. [1165]
HOW ANIMALS CHANGE COLOR, by Lorus J. and Margery J. Milne, 1952 Mar. p. 64.
HOW ANIMALS RUN, by Milton Hildebrand, 1960 May p. 148.
HOW ANTIBODIES ARE MADE, by Sir Macfarlane Burnet, 1954 Nov. p. 74.
HOW BACTERIA STICK, by J. W. Costeron, G. G. Geesey and K.-J. Cheng, 1978 Jan. p. 86. [1379]
HOW BACTERIA SWIM, by Howard C. Berg, 1975 Aug. p. 36.
HOW BIRDS BREATHE, by Knut Schmidt-Nielsen, 1971 Dec. p. 72. [1238]
HOW BIRDS SING, by Crawford H. Greenewalt, 1969 Nov. p. 126. [1162]
HOW CELLS ASSOCIATE, by A. A. Moscona, 1961 Sept. p. 142.
HOW CELLS ATTACK ANTIGENS, by Robert S. Speirs, 1964 Feb. p. 58.
HOW CELLS COMMUNICATE, by Bernhard Katz, 1961 Sept. p. 209. [98]

HOW CELLS DIVIDE, by Daniel Mazia, 1961 Sept. p. 100. [93]
HOW CELLS MAKE ANTIBODIES, by G. J. V. Nossal, 1964 Dec. p. 106. [199]
HOW CELLS MAKE ATP, by Peter C. Hinkle and Richard E. McCarty, 1978 Mar. p. 104. [1383]
HOW CELLS MAKE MOLECULES, by Vincent G. Allfrey and Alfred E. Mirsky, 1961 Sept. p. 74. [92]
HOW CELLS MOVE, by Teru Hayashi, 1961 Sept. p. 184. [97]
HOW CELLS RECEIVE STIMULI, by William H. Miller, Floyd Ratliff and H. K. Hartline, 1961 Sept. p. 222. [99]
HOW CELLS SPECIALIZE, by Michail Fischberg and Antonie W. Blackler, 1961 Sept. p. 124. [94]
HOW CELLS TRANSFORM ENERGY, by A. L. Lehninger, 1961 Sept. p. 62. [91]
HOW CHILDREN FORM MATHEMATICAL CONCEPTS, by Jean Piaget, 1953 Nov. p. 74. [420]
HOW CILIA MOVE, by Peter Satir, 1974 Oct. p. 44. [1304]
HOW DID KEPLER DISCOVER HIS FIRST TWO LAWS?, by Curtis Wilson, 1972 Mar. p. 92.
HOW DO CELLS DIFFERENTIATE? by C. H. Waddington, 1953 Sept. p. 108.
HOW DO GENES ACT? by Vernon M. Ingram, 1958 Jan. p. 68.
HOW FAST CAN COMPUTERS ADD? by Shmuel Winograd, 1968 Oct. p. 93.
HOW FISHES SWIM, by Sir James Gray, 1957 Aug. p. 48. [1113]
HOW GIANT MOLECULES ARE MEASURED, by Peter J. W. Debye, 1957 Sept. p. 90.
HOW GIANT MOLECULES ARE MADE, by Giulio Natta, 1957 Sept. p. 98.
HOW IDEOLOGY SHAPES WOMEN'S LIVES, by Jean Lipman-Blumen, 1972 Jan. p. 34.
HOW IMAGES ARE DETECTED, by R. Clark Jones, 1968 Sept. p. 110.
HOW IMAGES ARE FORMED, by F. Dow Smith, 1968 Sept. p. 96.
HOW IS A PROTEIN MADE? by K. U. Linderstrom-Lang, 1953 Sept. p. 100.
HOW IS MUSCLE TURNED ON AND OFF? by Graham Hoyle, 1970 Apr. p. 84. [1175]
HOW LIGHT INTERACTS WITH LIVING MATTER, by Sterling B. Hendricks, 1968 Sept. p. 174.
HOW LIGHT INTERACTS WITH MATTER, by Victor F. Weisskopf, 1968 Sept. p. 60.
HOW LIGHT IS ANALYZED, by Pierre Connes, 1968 Sept. p. 72.
HOW LIVING CELLS CHANGE SHAPE, by Norman K. Wessells, 1971 Oct. p. 76. [1233]
HOW MAN CAME TO NORTH AMERICA, by Ralph Solecki, 1951 Jan. p. 11.
HOW "NEWER ALCHEMY" WAS RECEIVED, by Lawrence Badash, 1966 Aug. p. 88.
"HOW NICE TO BE A PHYSICIST", songs by Arthur Roberts, 1948 Sept. p. 50.
HOW OPIATES CHANGE BEHAVIOR, by John R. Nichols, 1965 Feb. p. 80.
HOW PEOPLE INTERACT IN CONFERENCES, by Robert F. Bales, 1955 Mar. p. 31.
HOW PROTEINS START, by Brian F. C. Clark and Kjeld A. Marcker, 1968 Jan. p. 36. [1092]
HOW REPTILES REGULATE THEIR BODY TEMPERATURE, by Charles M. Bogert, 1959 Apr. p. 105.
HOW SAP MOVES IN TREES, by Martin H. Zimmermann, 1963 Mar. p. 132. [154]
HOW SLIME MOLDS COMMUNICATE, by John Tyler Bonner, 1963 Aug. p. 84. [164]
HOW SNAKES MOVE, by Carl Gans, 1970 June p. 82. [1180]
HOW THE IMMUNE RESPONSE TO A VIRUS CAN CAUSE DISEASE, by Abner Louis Notkins and Hilary Koprowski, 1973 Jan. p. 22. [1263]
HOW THE IRON AGE BEGAN, by Robert Maddin, James D. Muhly and Tamara S. Wheeler, 1977 Oct. p. 122. [699]
HOW THE LIVER METABOLIZES FOREIGN SUBSTANCES, by Attallah Kappas and Alvito P. Alvares, 1975 June p. 22. [1322]
HOW THEMISTOCLES PLANNED THE BATTLE OF SALAMIS, by Michael H. Jameson, 1961 Mar. p. 111.
HOW THINGS GET INTO CELLS, by Heinz Holter, 1961 Sept. p. 167. [96]
HOW TO TEACH ANIMALS, by B. F. Skinner, 1951 Dec. p. 26. [423]
HOW VIRUSES INSERT THEIR DNA INTO THE DNA OF THE HOST CELL, by Allan M. Campbell, 1976 Dec. p. 102. [1347]
HOW WATER FREEZES, by Bruce Chalmers, 1959 Feb. p. 114.
HOW WE CONTROL THE CONTRACTION OF OUR MUSCLES, by P. A. Merton, 1972 May p. 30. [1249]
HOW WE REMEMBER WHAT WE SEE, by Ralph Norman Haber, 1970 May p. 104. [528]
HOW WE SEE STRAIGHT LINES, by John R. Platt, 1960 June p. 121.
HUMAN BEHAVIOR, STONE TOOLS AND, by Sally R. Binford and Lewis R. Binford, 1969 Apr. p. 70. [643]
HUMAN BODY IN SPACE, THE, by Heinz Haber, 1951 Jan. p. 16.
HUMAN BODY, THE EFFECTS OF LIGHT ON THE, by Richard J. Wurtman, 1975 July p. 68. [1325]
HUMAN BODY, VESALIUS: DISCOVERER OF THE, by Martin Gumpert, 1948 May p. 24.
HUMAN BRAIN, THE ASYMMETRY OF THE, by Doreen Kimura, 1973 Mar. p. 70. [554]
HUMAN CANCER, THE GENETICS OF, by Carlo M. Croce and Hilary Koprowski, 1978 Feb. p. 117. [1381]
HUMAN CELLS AND AGING, by Leonard Hayflick, 1968 Mar. p. 32. [1103]
HUMAN CHROMOSOMES, THE MAPPING OF, by Victor A. McKusick, 1971 Apr. p. 104. [1220]
HUMAN COMMUNICATION, INTERACTIVE, by Alphonse Chapanis, 1975 Mar. p. 36.
HUMAN CROP, THE, by Edward S. Deevey, Jr., 1956 Apr. p. 105.
HUMAN DISEASE, ANIMAL INFECTIONS AND, by Meir Yoeli, 1960 May p. 161.
HUMAN DISEASES, THE KINSHIP OF ANIMAL AND, by Robert W. Leader, 1967 Jan. p. 110.
HUMAN EMBRYOS IN THE LABORATORY, by R. G. Edwards and Ruth E. Fowler, 1970 Dec. p. 44. [1206]
HUMAN ENERGY PRODUCTION AS A PROCESS IN THE BIOSPHERE, by S. Fred Singer, 1970 Sept. p. 174. [1197]
HUMAN FOOD PRODUCTION AS A PROCESS IN THE BIOSPHERE, by Lester R. Brown, 1970 Sept. p. 160. [1196]
HUMAN GENES, HYBRID CELLS AND, by Frank H. Ruddle and Raju S. Kucherlapati, 1974 July p. 36. [1300]
HUMAN GROWTH, by George W. Gray, 1953 Oct. p. 65. [1063]
HUMAN HUNGER, THE DIMENSIONS OF, by Jean Mayer, 1976 Sept. p. 40.
HUMAN INFANT, THE CRY OF THE, by Peter F. Ostwald and Philip Peltzman, 1974 Mar. p. 84. [558]
HUMAN KNEE JOINT, THE SURGICAL REPLACEMENT OF THE, by David A. Sonstegard, Larry S. Matthews and Herbert Kaufer, 1978 Jan. p. 44. [1378]
HUMAN LENS IN CATARACT, WHAT HAPPENS TO THE, by Ruth van Heyningen, 1975 Dec. p. 70.
HUMAN LYMPHOCYTE AS AN EXPERIMENTAL ANIMAL, THE, by Richard A. Lerner and Frank J. Dixon, 1973 June p. 82. [1275]
HUMAN MATERIALS PRODUCTION AS A PROCESS IN THE BIOSPHERE, by Harrison Brown, 1970 Sept. p. 194. [1198]
HUMAN NUTRITION, THE REQUIREMENTS OF, by Nevin S. Scrimshaw and Vernon R. Young, 1976 Sept. p. 50.
HUMAN ORIGINS, POPULATION GENETICS AND, by Robert B. Eckhardt, 1972 Jan. p. 94. [676]
HUMAN POPULATION, THE, 1974 Sept. *issue.*
HUMAN POPULATION, THE, by Edward S. Deevey, Jr., 1960 Sept. p. 194. [608]
HUMAN POPULATION, THE, by Ronald Freedman and Bernard Berelson, 1974 Sept. p. 30.
HUMAN POPULATION, THE HISTORY OF THE, by Ansley J. Coale, 1974 Sept. p. 40.
HUMAN POPULATION, THE URBANIZATION OF THE, by Kingsley Davis, 1965 Sept. p. 40. [659]
HUMAN POPULATIONS, THE MIGRATIONS OF, by Kingsley Davis, 1974 Sept. p. 92.
HUMAN REPRODUCTION, THE PHYSIOLOGY OF, by Sheldon J. Segal, 1974 Sept. p. 52.
HUMAN RESOURCES OF THE U.S., THE, 1951 Sept. *issue.*
HUMAN SKIN, LIFE ON THE, by Mary J. Marples, 1969 Jan. p. 108. [1132]
HUMAN SPECIES, THE, 1960 Sept. *issue.*
HUMAN STONES, by Kathleen Lonsdale, 1968 Dec. p. 104.
HUMAN SUBJECTS, THE ETHICS OF EXPERIMENTATION WITH, by Bernard Barber, 1976 Feb. p. 25.
HUMAN THERMOSTAT, THE, by T. H. Benzinger, 1961 Jan. p. 134. [129]
HUMAN WALKING, THE ANTIQUITY OF, by John Napier, 1967 Apr. p. 56. [1070]
HUMMINGBIRDS, THE METABOLISM OF, by Oliver P. Pearson, 1953 Jan. p. 69.
HUMOR, RESPONSES TO, by Jacob Levine, 1956 Feb. p. 31. [435]
HUNGER, THE DIMENSIONS OF HUMAN, by Jean Mayer, 1976 Sept. p. 40.
HUNTERS' CAMP, A STONE AGE, by Grahame Clark, 1952 May p. 20.
HUNTERS OF THE UKRAINE, ICE-AGE, by Richard G. Klein, 1974 June p. 96. [685]
HUNTERS' VILLAGE IN NEOLITHIC TURKEY, A, by Dexter Perkins, Jr., and Patricia Daly, 1968 Nov. p. 96.
HUNTING IN NORTH AMERICA,, ELEPHANT-, by C. Vance Haynes, Jr., 1966 June p. 104.
HUNTING SOCIETY, THE FLOW OF ENERGY IN A, by William B. Kemp, 1971 Sept. p. 104. [665]
HURRICANE MODIFICATION, EXPERIMENTS IN, by R. H. Simpson and Joanne S. Malkus, 1964 Dec. p. 27.
HURRICANES, by R. H. Simpson, 1954 June p. 32.
HURRICANES, THE ORIGIN OF, by Joanne Starr Malkus, 1957 Aug. p. 33. [847]
HUSBANDRY IN AFRICA, WILDLIFE, by F. Fraser Darling, 1960 Nov. p. 123.
HUTTERITES, THE MENTAL HEALTH OF THE, by Joseph W. Eaton and Robert J. Weil, 1953 Dec. p. 31. [440]
HYBRID CELLS AND HUMAN GENES, by Frank H. Ruddle and Raju S. Kucherlapati, 1974 July p. 36. [1300]
HYBRID CORN, by Paul C. Mangelsdorf, 1951 Aug. p. 39. [1150]
HYBRID NUCLEIC ACIDS, by S. Spiegelman, 1964 May p. 48.
HYBRID SOMATIC CELLS, by Boris Ephrussi and Mary C. Weiss, 1969 Apr. p. 26. [1137]

HYBRID WHEAT, by Byrd C. Curtis and David R. Johnston, 1969 May p. 21.
HYDRA AS A MODEL FOR THE DEVELOPMENT OF BIOLOGICAL FORM, by Alfred Gierer, 1974 Dec. p. 44. [1309]
HYDRA, THE INDESTRUCTIBLE, by N. J. Berrill, 1957 Dec. p. 118.
HYDRA, THE SEX GAS OF, by W. F. Loomis, 1959 Apr. p. 145.
HYDRAULIC TECHNOLOGY, ROMAN, by Norman Smith, 1978 May p. 154. [3009]
HYDRAZINE, by Lawrence P. Lessing, 1953 July p. 30.
HYDROGEN BOMB: IV, THE, by Ralph E. Lapp, 1950 June p. 11.
HYDROGEN BOMB, THE, by Louis N. Ridenour, 1950 Mar. p. 11.
HYDROGEN BOMB, THE DEBATE OVER THE, by Herbert F. York, 1975 Oct. p. 106.
HYDROGEN BOMB: III, THE, by Robert F. Bacher, 1950 May p. 11.
HYDROGEN BOMB: II, THE, by Hans A. Bethe, 1950 Apr. p. 18.
HYDROGEN ECONOMY, THE, by Derek P. Gregory, 1973 Jan. p. 13.
HYDROGEN IN GALAXIES, by Morton S. Roberts, 1963 June p. 94.
HYDROGEN, RADIO WAVES FROM INTERSTELLAR, by Harold I. Ewen, 1953 Dec. p. 42.
HYDROXYL RADICALS IN SPACE, by Brian J. Robinson, 1965 July p. 26.
HYDROXYL RADICALS, RADIO SIGNALS FROM, by Alan H. Barrett, 1968 Dec. p. 36.
HYPERACTIVE CHILDREN, by Mark A. Stewart, 1970 Apr. p. 94. [527]
HYPERNUCLEI, by V. L. Telegdi, 1962 Jan. p. 50.
HYPERSENSITIVITY, DELAYED, by Alfred J. Crowle, 1960 Apr. p. 129.
HYPNOSIS, EXPERIMENTS IN, by Theodore X. Barber, 1957 Apr. p. 54.
HYPODERMIC MEDICATION, THE ORIGINS OF, by Norman Howard-Jones, 1971 Jan. p. 96.
HYPOTHALAMUS, THE HORMONES OF THE, by Roger Guillemin and Roger Burgus, 1972 Nov. p. 24. [1260]
HYPOTHERMIA, by Raymond J. Hock and Benjamin G. Covino, 1958 Mar. p. 104.

I

ICARUS, THE DISCOVERY OF, by Robert S. Richardson, 1965 Apr. p. 106.
ICE, by L. K. Runnels, 1966 Dec. p. 118. [307]
ICE-AGE HUNTERS OF THE UKRAINE, by Richard G. Klein, 1974 June p. 96. [685]
ICE AGE, LIVING RECORDS OF THE, by Edward S. Deevey, Jr., 1949 May p. 48. [834]
ICE AGE, THE GREAT INFRA-CAMBRIAN, by W. Brian Harland and Martin J. S. Rudwick, 1964 Aug. p. 28.
ICE FISH, THE, by Johan T. Ruud, 1965 Nov. p. 108.
ICE ISLANDS IN THE ARCTIC, by Kaare Rodahl, 1954 Dec. p. 40.
ICE OF THE ANTARCTIC, THE, by Gordon de Q. Robin, 1962 Sept. p. 132. [861]
ICE, ORIGIN OF THE, by George Gamow, 1948 Oct. p. 40.
IDEA OF MAN'S ANTIQUITY, THE, by Glyn E. Daniel, 1959 Nov. p. 167.
IDEOLOGY SHAPES WOMEN'S LIVES, HOW, by Jean Lipman-Blumen, 1972 Jan. p. 34.
"IF A SLAVE GIRL FLED...", by Francis R. Steele, 1948 June p. 44.
ILLNESS, THE RECORD OF HUMAN, by Wilton M. Krogman, 1949 Jan. p. 52.
ILLS OF MAN, THE, by John H. Dingle, 1973 Sept. p. 76.
ILLUSION OF MOVEMENT, THE, by Paul A. Kolers, 1964 Okt. 98. [487]
ILLUSION, THE MOON, by Lloyd Kaufman and Irvin Rock, 1962 July p. 120. [462]
ILLUSIONS AND CONFUSIONS, AUDITORY, by Richard M. and Roslyn P. Warren, 1970 Dec. p. 30. [531]
ILLUSIONS, MUSICAL, by Diana Deutsch, 1975 Oct. p. 92. [566]
ILLUSIONS OF MIGRAINES, THE FORTIFICATION, by Whitman Richards, 1971 May p. 88. [536]
ILLUSIONS, VISUAL, by Richard L. Gregory, 1968 Nov. p. 66. [517]
IMAGE RECONSTRUCTION FROM PROJECTIONS, by Richard Gordon, Gabor T. Herman and Steven A. Johnson, 1975 Oct. p. 56.
IMAGE, THE VISUAL, by E. H. Gombrich, 1972 Sept. p. 82. [548]
IMAGES ARE DETECTED, HOW, by R. Clark Jones, 1968 Sept. p. 110.
IMAGES ARE FORMED, HOW, by F. Dow Smith, 1968 Sept. p. 96.
IMAGES, EIDETIC, by Ralph Norman Haber, 1969 Apr. p. 36. [522]
IMAGES ON THE RETINA, STABILIZED, by Roy M. Pritchard, 1961 June p. 72. [466]
IMAGINATION, THE PHYSIOLOGY OF, by John C. Eccles, 1958 Sept. p. 135. [65]
IMAGINATION, THE PSYCHOLOGY OF, by Frank Barron, 1958 Sept. p. 150. [432]
IMITATION OF LIFE, AN, by W. Grey Walter, 1950 May p. 42.
IMITATIVE DRUGS, THE, by Richard O. Roblin, Jr., 1951 Apr. p. 60.
IMMUNE RESPONSE TO A VIRUS CAN CAUSE DISEASE, HOW THE, by Abner Louis Notkins and Hilary Koprowski, 1973 Jan. p. 22. [1263]
IMMUNE SYSTEM, THE, by Niels Kaj Jerne, 1973 July p. 52. [1276]
IMMUNE SYSTEM, THE DEVELOPMENT OF THE, by Max D. Cooper and Alexander R. Lawton III, 1974 Nov. p. 58. [1306]
IMMUNITY, THE MECHANISM OF, by Sir Macfarlane Burnet, 1961 Jan. p. 58. [78]
IMMUNOELECTROPHORESIS, by Curtis A. Williams, Jr., 1960 Mar. p. 130. [84]
IMMUNOLOGY CANCER, by Lloyd J. Old, 1977 May p. 62. [1358]
IMMUNOLOGY, CELL-SURFACE, by Martin C. Raff, 1976 May p. 30. [1338]
IMPACT FRAGMENTS FROM THE MOON, TEKTITES AND, by John A. O'Keefe, 1964 Feb. p. 50.
IMPACT, HIGH-SPEED, by A. C. Charters, 1960 Oct. p. 128.
IMPLANTATION ION, by Frederick F. Morehead, Jr., and Billy L. Crowder, 1973 Apr. p. 64.
IMPORTATION OF LIQUEFIED NATURAL GAS, THE, by Elisabeth Drake and Robert C. Reid, 1977 Apr. p. 22. [353]
"IMPRINTING" IN A NATURAL LABORATORY, by Eckhard H. Hess, 1972 Aug. p. 24. [546]
"IMPRINTING" IN ANIMALS, by Eckhard H. Hess, 1958 Mar. p. 81. [416]
INCLUSION COMPOUNDS, by John F. Brown, Jr., 1962 July p. 82. [280]
INCOME-TAX EXPERIMENT, A NEGATIVE-, by David N. Kershaw, 1972 Oct. p. 19.
INCRIMINATING STAINS, by Charles E. O'Hara and James W. Osterburg, 1953 Feb. p. 58.
INCUBATOR BIRDS, by H. J. Frith, 1959 Aug. p. 52.
INDESTRUCTIBLE HYDRA, THE, by N. J. Berrill, 1957 Dec. p. 118.
INDIA AND EURASIA, THE COLLISION BETWEEN, by Peter Molnar and Paul Tapponnier, 1977 Apr. p. 30. [923]
INDIA, LIVING PREHISTORY IN, by D. D. Kosambi, 1967 Feb. p. 104.
INDIA, THE AGRICULTURE OF, by John W. Mellor, 1976 Sept. p. 154.
INDIA, THE DEVELOPMENT OF, by Pitambar Pant, 1963 Sept. p. 189.
INDIA, THE "UNTOUCHABLES" OF, by M. N. Srinivas and André Béteille, 1965 Dec. p. 13.
INDIAN BURIAL MOUND IN LABRADOR, AN ARCHAIC, by James A. Tuck and Robert J. McGhee, 1976 Nov. p. 122.
INDIAN CEMETERY IN NEWFOUNDLAND, AN ARCHAIC, by James A. Tuck, 1970 June p. 112. [657]
INDIAN OCEAN, THE EVOLUTION OF THE, by D. P. McKenzie and J. G. Sclater, 1973 May p. 62. [908]
INDIAN, THE ENDURING, by Oliver La Farge, 1960 Feb. p. 37.
INDIAN VILLAGE, POPULATION TRENDS IN AN, by Carl E. Taylor, 1970 July p. 106. [1184]
INDIVIDUALITY, MARKERS OF BIOLOGICAL, by Ralph A. Reisfeld and Barry D. Kahan, 1972 June p. 28. [1251]
INDOCHINA, THE CRATERING OF, by Arthur H. Westing and E. W. Pfeiffer, 1972 May p. 20. [1248]
INDO-EUROPEAN LANGUAGE, THE, by Paul Thieme, 1958 Oct. p. 63.
INDUCED MUTATIONS IN PLANTS, by Björn Sigurbjörnsson, 1971 Jan. p. 86. [1210]
INDUCTION COIL, THE, by George Shiers, 1971 May p. 80.
INDUCTION OF CANCER BY VIRUSES, THE, by Renato Dulbecco, 1967 Apr. p. 28. [1069]
INDUCTION OF INTERFERON, THE, by Maurice R. Hilleman and Alfred A. Tytell, 1971 July p. 26. [1226]
INDUSTRIAL MANIPULATORS, by Ralph S. Mosher, 1964 Oct. p. 88.
INDUSTRIAL PRODUCTIVITY, by Seymour Melman, 1955 July p. 33.
INDUSTRIAL SOCIETY, THE FLOW OF ENERGY IN AN, by Earl Cook, 1971 Sept. p. 134. [667]
INERTIA, by Dennis Sciama, 1957 Feb. p. 99.
INERTIAL NAVIGATION FOR AIRCRAFT, by Cornelius T. Leondes, 1970 Mar. p. 80.
INFANCY, STIMULATION IN, by Seymour Levine, 1960 May p. 80. [436]
INFANT MONKEYS, LOVE IN, by Harry F. Harlow, 1959 June p. 68. [429]
INFANT SPEECH, by Orvis C. Irwin, 1949 Sept. p. 22. [417]
INFANT, THE CRY OF THE HUMAN, by Peter F. Ostwald and Philip Peltzman, 1974 Mar. p. 84. [558]
INFANT, THE LUNG OF THE NEWBORN, by Mary Ellen Avery, Nai-San Wang and H. William Taeusch, Jr., 1973 1973 Apr. p. 74.
INFANT, THE OBJECT IN THE WORLD OF THE, by T. G. R. Bower, 1971 Oct. p. 30. [539]
INFANT, THE ROLE OF THE HEARTBEAT IN THE RELATIONS BETWEEN MOTHER AND, by Lee Salk, 1973 May p. 24.
INFANT VISION, by Arnold Gesell, 1950 Feb. p. 20. [401]
INFANTS, THE VISUAL WORLD OF, by T. G. R. Bower, 1966 Dec. p. 80. [502]
INFANTS THINK?, DO, by Jerome Kagan, 1972 Mar. p. 74. [542]
INFECTION, HISTOPLASMOSIS: THE UNKNOWN, by Martin Gumpert, 1948 June p. 12.
INFECTIONS AND HUMAN DISEASE, ANIMAL, by Meir Yoeli, 1960 May p. 161.

INFECTIOUS DRUG RESISTANCE, by Tsutomu Watanabe, 1967 Dec. p. 19.
INFECTIOUS DRUG RESISTANCE, THE MOLECULE OF, by Royston C. Clowes, 1973 Apr. p. 18. [1269]
INFINITY? IS THERE AN, by Hans Hahn, 1952 Nov. p. 76.
INFLATION: 1953-1975, THE ANATOMY OF, by W. Halder Fisher, 1971 Nov. p. 15.
INFLUENCE OF ALBERT EINSTEIN, THE, by Banesh Hoffmann, 1949 Mar. p. 52.
INFLUENZA, THE EPIDEMIOLOGY OF, by Martin M. Kaplan and Robert G. Webster, 1977 Dec. p. 88. [1375]
INFLUENZA VIRUS, THE, by Sir Macfarlane Burnet, 1953 Apr. p. 27.
INFLUENZA VIRUS, THE STRUCTURE OF THE, by Sir Macfarlane Burnet, 1957 Feb. p. 37.
INFORMATION, 1966 Sept. *issue.*
INFORMATION, by John McCarthy, 1966 Sept. p. 64.
INFORMATION, by Gilbert W. King, 1952 Sept. p. 132.
INFORMATION AND MEMORY, by George A. Miller, 1956 Aug. p. 42. [419]
INFORMATION, ENERGY AND, by Myron Tribus and Edward C. McIrvine, 1971 Sept. p. 179. [670]
INFORMATION PROCESSING, BILINGUALISM AND, by P. A. Kolers, 1968 Mar. p. 78.
INFORMATION STORAGE AND RETRIEVAL, by Ben-Ami Lipetz, 1966 Sept. p. 224.
INFORMATION THEORY AND MELODY, by Richard C. Pinkerton, 1956 Feb. p. 77.
INFORMATION TRANSFER IN THE LIVING CELL, by George Gamow, 1955 Oct. p. 70.
INFRA-CAMBRIAN ICE AGE, THE GREAT, by W. Brian Harland and Martin J. S. Rudwick, 1964 Aug. p. 28.
INFRARED ASTRONOMY, by Bruce C. Murray and James A. Westphal, 1965 Aug. p. 20.
INFRARED ASTRONOMY BY BALLOON, by John Strong, 1965 Jan. p. 28.
INFRARED, CHEMICAL ANALYSIS BY, by Bryce Crawford, Jr., 1953 Oct. p. 42. [257]
INFRARED RECEPTORS OF SNAKES, THE, by R. Igor Gamow and John F. Harris, 1973 May p. 94. [1272]
INFRARED SKY, THE, by G. Neugebauer and Robert B. Leighton, 1968 Aug. p. 50.
INFRARED SOURCES, THE BRIGHTEST, by G. Neugebauer and Eric E. Becklin, 1973 Apr. p. 28.
INHERITED SENSE DEFECTS, by H. Kalmus, 1952 May. 64. [406]
INHIBITION IN THE CENTRAL NERVOUS SYSTEM, by Victor J. Wilson, 1966 May p. 102.
INHIBITION IN VISUAL SYSTEMS, by Donald Kennedy, 1963 July p. 122. [162]
INHIBITION, THE DYNAMICS OF, by Ralph W. Gerard, 1948 Sept. p. 44.
INNOVATION IN BIOLOGY, by George Wald, 1958 Sept. p. 100. [48]
INNOVATION IN MATHEMATICS, by Paul R. Halmos, 1958 Sept. p. 66.
INNOVATION IN PHYSICS, by Freeman J. Dyson, 1958 Sept. p. 74.
INNOVATION IN SCIENCE, 1958 Sept. *issue.*
INNOVATION IN TECHNOLOGY, by John R. Pierce, 1958 Sept. p. 116.
INORGANIC POLYMERS, by Harry R. Allcock, 1974 Mar. p. 66.
INPUT-OUTPUT ECONOMICS, by Wassily W. Leontief, 1951 Oct. p. 15.
INPUTS AND OUTPUTS, COMPUTER, by Ivan E. Sutherland, 1966 Sept. p. 86.
INSECT AND A PLANT, AN, by Stanley D. Beck, 1958 May p. 87.
INSECT ASSASSINS, by John S. Edwards, 1960 June p. 72.
INSECT ATTRACTANTS, by Martin Jacobson and Morton Beroza, 1964 Aug. p. 20. [189]
INSECT BREATHING, by Carroll M. Williams, 1953 Feb. p. 28.
INSECT CONTROL AND THE BALANCE OF NATURE, by Ray F. Smith and William W. Allen, 1954 June p. 38.
INSECT EGGSHELLS, by H. E. Hinton, 1970 Aug. p. 84. [1187]
INSECT FLIGHT, by Brian Hocking, 1958 Dec. p. 92.
INSECT VISION, by Lorus J. and Margery J. Milne, 1948 July p. 42.
INSECT, WEED CONTROL BY, by James K. Holloway, 1957 July p. 56.
INSECTICIDES, INSECTS V., by Robert L. Metcalf, 1952 Oct. p. 21.
INSECTICIDES, LIVING, by Edward A. Steinhaus, 1956 Aug. p. 96.
INSECTS AND PLANT GALLS, by William Hovanitz, 1959 Nov. p. 151.
INSECTS AND THE LENGTH OF THE DAY, by Stanley D. Beck, 1960 Feb. p. 108.
INSECTS IN AMBER, by Charles T. Brues, 1951 Nov. p. 56. [838]
INSECTS OF THE WATER SURFACE, by Lorus J. and Margery J. Milne, 1978 Apr. p. 134. [1387]
INSECTS, POLARIZED-LIGHT NAVIGATION BY, by Rüdiger Wehner, 1976 July p. 106. [1342]
INSECTS, THE AERIAL MIGRATION OF, by C. G. Johnson, 1963 Dec. p. 132. [173]
INSECTS, THE BIOLOGICAL CLOCK OF, by D. S. Saunders, 1976 Feb. p. 114. [1335]
INSECTS, THE COMPOUND EYE OF, by G. Adrian Horridge, 1977 July p. 108. [1364]
INSECTS, THE FLIGHT MUSCLES OF, by David S. Smith, 1965 June p. 76. [1014]
INSECTS, THE FUNGUS GARDENS OF, by Lekh R. and Suzanne W. T. Batra, 1967 Nov. p. 112. [1086]
INSECTS, THE METAMORPHOSIS OF, by Carroll M. Williams, 1950 Apr. p. 24.
INSECTS V. INSECTICIDES, by Robert L. Metcalf, 1952 Oct. p. 21.
INSIDE OUT, TURNING A SURFACE, by Anthony Philips, 1966 May p. 112.
INSTINCT IS LEARNED, HOW AN, by Jack P. Hailman, 1969 Dec. p. 98. [1165]
"INSTINCTS, SOCIAL", by Ashley Montagu, 1950 Apr. p. 54.
INSTRUMENT PANEL, PSYCHOLOGY AND THE, by Alphonse Chapanis, 1953 Apr. p. 74. [496]
INSTRUMENTATION AND CONTROL, THE ROLE OF MICROELECTRONICS IN, by Bernard M. Oliver, 1977 Sept. p. 180. [381]
INSTRUMENTS IN PROCESS CONTROL, ANALYTIC, by F. W. Karasek, 1969 June p. 112.
INSULIN MOLECULE, THE, by E. O. P. Thompson, 1955 May p. 36.
INSULIN, THE ACTION OF, by Rachmiel Levine and M. S. Goldstein, 1958 May p. 99.
INTEGRATED COMPUTER MEMORIES, by Jan A. Rajchman, 1967 July p. 18.
INTEGRATED OPTICS, by P. K. Tien, 1974 Apr. p. 28.
INTEGRATION, ATTITUDES TOWARD RACIAL, by Andrew M. Greeley and Paul B. Sheatsley, 1971 Dec. p. 13. [673]
INTEGRATION, ATTITUDES TOWARD RACIAL, by D. Garth Taylor, Paul B. Sheatsley and Andrew M. Greeley, 1978 June p. 42. [707]
INTEGRATION IN ELECTRONICS, LARGE-SCALE, by F. G. Heath, 1970 Feb. p. 22.
INTELLECTUAL RESOURCES, by Dael Wolfle, 1951 Sept. p. 42.
INTELLIGENCE AND RACE, by Walter F. Bodmer and Luigi Luca Cavalli-Sforza, 1970 Oct. p. 19. [1199]
INTELLIGENCE, ANIMAL, by Carl J. Warden, 1951 June p. 64.
INTELLIGENCE, ARTIFICIAL, by Marvin L. Minsky, 1966 Sept. p. 246. [313]
INTELLIGENCE OF ELEPHANTS, THE, by Bernhard Rensch, 1957 Feb. p. 44.
INTELLIGENCE, THE EVOLUTION OF, by M. E. Bitterman, 1965 Jan. p. 92. [490]
INTELLIGENCE, THE SEARCH FOR EXTRATERRESTRIAL, by Carl Sagan and Frank Drake, 1975 May p. 80. [347]
INTENSE MAGNETIC FIELDS, by Henry H. Kolm and Arthur J. Freeman, 1965 Apr. p. 66.
INTENSIVE HEART CARE, by Bernard Lown, 1968 July p. 19.
INTERACTION OF LIGHT WITH LIGHT, THE, by J. A. Giordmaine, 1964 Apr. p. 38.
INTERACTIONS BETWEEN HORMONES AND NERVE TISSUE, by Bruce S. McEwen, 1976 July p. 48. [1341]
INTERACTIONS, THE WEAK, by S. B. Treiman, 1959 Mar. p. 72. [247]
INTERACTIVE HUMAN COMMUNICATION, by Alphonse Chapanis, 1975 Mar. p. 36.
INTERCELLULAR COMMUNICATION, by Werner R. Loewenstein, 1970 May p. 78. [1178]
INTERCONTINENTAL RADIO ASTRONOMY, by K. I. Kellermann, 1972 Feb. p. 72.
INTERFERENCE COATINGS, OPTICAL, by Philip Baumeister and Gerald Pincus, 1970 Dec. p. 58.
INTERFERENCE THEORY OF FORGETTING, THE, by John Ceraso, 1967 Oct. p. 117. [509]
INTERFERON, by Alick Isaacs, 1961 May p. 51. [87]
INTERFERON, THE INDUCTION OF, by Maurice R. Hilleman and Alfred A. Tytell, 1971 July p. 26. [1226]
INTERFERON, THE STATUS OF, by Derek C. Burke, 1977 Apr. p. 42. [1356]
INTERGROUP DISCRIMINATION, EXPERIMENTS IN, by Henri Tajfel, 1970 Nov. p. 96. [530]
INTERIOR OF THE EARTH, THE, by K. E. Bullen, 1955 Sept. p. 56. [804]
INTERNAL OPIATES, OPIATE RECEPTORS AND, by Solomon H. Snyder, 1977 Mar. p. 44. [1354]
INTERNAL ORGANS, ARTIFICIAL, by Peter F. Salisbury, 1954 Aug. p. 24.
INTERNATIONAL COMPARISONS OF MEDICAL CARE, by Kerr L. White, 1975 Aug. p. 17.
INTERNATIONAL CONTROL OF DISARMAMENT, THE, by Alva Myrdal, 1974 Oct. p. 21.
INTERNATIONAL COOPERATION IN NUCLEAR POWER, by Donald J. Hughes, 1955 Apr. p. 31.
INTERNATIONAL STABILITY, NUCLEAR POWER, NUCLEAR WEAPONS AND, by David J. Rose and Richard K. Lester, 1978 Apr. p. 45. [3004]
INTERPLANETARY NAVIGATION, by Aubrey B. Mickelwait, Edwin H. Tompkins, Jr., and Robert A. Park, 1960 Mar. p. 64.
INTERPLANETARY PARTICLES AND FIELDS, by James A. Van Allen, 1975 Sept. p. 160.
INTERSTELLAR GRAINS, by J. Mayo Greenberg, 1967 Oct. p. 106.
INTERSTELLAR HYDROGEN, RADIO WAVES FROM, by Harold I. Ewen, 1953 Dec. p. 42.
INTERSTELLAR MEDIUM, THE STRUCTURE OF THE, by Carl Heiles, 1978 Jan. p. 74. [394]
INTERSTELLAR MOLECULES, by Barry E. Turner, 1973 Mar. p. 50.
INTERVIEW WITH EINSTEIN, AN, by I. Bernard Cohen, 1955 July p. 68.

INTRAVENOUS FEEDING, TOTAL, by Stanley J. Dudrick and Jonathan E. Rhoads, 1972 May p. 73.
INTUITION, GEOMETRY AND, by Hans Hahn, 1954 Apr. p. 84.
INVENTION OF ANALYTIC GEOMETRY, THE, by Carl B. Boyer, 1949 Jan. p. 40.
INVENTION OF THE ELECTRIC LIGHT, THE, by Matthew Josephson, 1959 Nov. p. 98.
INVERTEBRATES, ESCAPE RESPONSES IN MARINE, by Howard M. Feder, 1972 July p. 92. [1254]
ION EXCHANGE, by Harold F. Walton, 1950 Nov. p. 48.
ION IMPLANTATION, by Frederick F. Morehead, Jr., and Billy L. Crowder, 1973 Apr. p. 64.
IONIZING RADIATION, 1959 Sept. *issue*
IONIZING RADIATION AND EVOLUTION, by James F. Crow, 1959 Sept. p. 138. [55]
IONIZING RADIATION AND MEDICINE, by Shields Warren, 1959 Sept. p. 164.
IONIZING RADIATION AND METALS, by Douglas S. Billington, 1959 Sept. p. 200.
IONIZING RADIATION AND ORGANIC CHEMISTRY, by A. Charlesby, 1959 Sept. p. 180.
IONIZING RADIATION AND THE WHOLE ANIMAL, by John F. Loutit, 1959 Sept. p. 117.
IONIZING RADIATION AND THE LIVING CELL, by Alexander Hollaender and George E. Stapleton, 1959 Sept. p. 94.
IONIZING RADIATION AND THE CITIZEN, by George W. Beadle, 1959 Sept. p. 219. [1214]
IONIZING RADIATION? WHAT IS, by Robert L. Platzman, 1959 Sept. p. 74.
IONOSPHERE, THE, by T. N. Gautier, 1955 Sept. p. 126.
IRAN, AN EARLY CITY IN, by C. C. and Martha Lamberg-Karlovsky, 1971 June p. 102. [660]
IRAN, THE QANATS OF, by H. E. Wulff, 1968 Apr. p. 94.
IRANIAN ARCHITECTURE, PASSIVE COOLING SYSTEMS IN, by Mehdi N. Bahadori, 1978 Feb. p. 144. [705]
IRON AGE BEGAN, HOW THE, by Robert Maddin, James D. Muhly and Tamara S. Wheeler, 1977 Oct. p. 122. [699]
IRON, LABRADOR, by Herbert Yahraes, 1948 Nov. p. 9.
IRON ORE, THE DIRECT REDUCTION OF, by Jack Robert Miller, 1976 July p. 68.
IRON ORES, THE BENEFICIATION OF, by M. M. Fine, 1968 Jan. p. 28.
IROQUOIS CONFEDERACY, THE, by James A. Tuck, 1971 Feb. p. 32. [658]
IRRIGATION, CENTER-PIVOT, by William E. Splinter, 1976 June p. 90.
IRRIGATION, DRIP, by Kobe Shoji, 1977 Nov. p. 62. [1371]
IS GRAVITY GETTING WEAKER?, by Thomas C. Van Flandern, 1976 Feb. p. 44.
IS MAN ALONE IN SPACE? by Loren C. Eiseley, 1953 July p. 80.
IS MAN HERE TO STAY?, by Loren C. Eiseley, 1950 Nov. p. 52.
IS THE ATOMIC BOMB AN ABSOLUTE WEAPON? by P. M. S. Blackett, 1949 Mar. p. 13.
IS THERE AN INFINITY? by Hans Hahn, 1952 Nov. p. 76.
ISHANGO, by Jean de Heinzelin, 1962 June p. 105.
ISIMILA: A PALEOLITHIC SITE IN AFRICA, by F. Clark Howell, 1961 Oct. p. 118.
ISLANDS IN THE ARCTIC, ICE, by Kaare Rodahl, 1954 Dec. p. 40.
ISOLATION OF GENES, THE, by Donald D. Brown, 1973 Aug. p. 20. [1278]
ISOLATORS, GERM-FREE, by P. C. Trexler, 1964 July p. 78.
ISOMERS IN VISION, MOLECULAR, by Ruth Hubbard and Allen Kropf, 1967 June p. 64. [1075]
ISOTOPES LASER SEPARATION OF, by Richard N. Zare, 1977 Feb. p. 86. [354]
ISOTOPES, THE AEC'S, 1949 Apr. p. 16.
ISOTOPES, THE CIRCULATION OF RADIOACTIVE, by James R. Arnold and E. A. Martell, 1959 Sept. p. 84.
ITALIAN POPULATION, "GENETIC DRIFT" IN AN, by Luigi Luca Cavalli-Sforza, 1969 Aug. p. 30.

J

JAPAN, THE DIVING WOMEN OF KOREA AND, by Suk Ki Hong and Hermann Rahn, 1967 May p. 34. [1072]
JAPAN, THE ECONOMIC GROWTH OF, by James C. Abegglen, 1970 Mar. p. 31.
JAPANESE MACAQUES, THE SOCIAL ORDER OF, by G. Gray Eaton, 1976 Oct. p. 96. [1345]
JENNER, THE PREVENTION OF SMALLPOX BEFORE, by William L. Langer, 1976 Jan. p. 112.
JERICHO, ANCIENT, by Kathleen M. Kenyon, 1954 Apr. p. 76.
JERUSALEM, ANCIENT, by Kathleen M. Kenyon, 1965 July p. 84.
JET STREAM, THE, by Jerome Namias, 1952 Oct. p. 26.
JET STREAMS, LOW-ALTITUDE, by Morton L. Barad, 1961 Aug. p. 120.
JEWISH COMMUNITY OF ROME, THE, by Leslie C. and Stephen P. Dunn, 1957 Mar. p. 118.
JOB PROBLEM, THE, by Eli Ginzberg, 1977 Nov. p. 701. [701]
"JOCULAR PHYSICS", by O. R. Frisch, Anonymous and H. B. G. Casimir, 1956 Mar. p. 93.
JOEY: A "MECHANICAL BOY", by Bruno Bettelheim, 1959 Mar. p. 116. [439]
JOINT, THE SURGICAL REPLACEMENT OF THE HUMAN KNEE, by David A. Sonstegard, Larry S. Matthews and Herbert Kaufer, 1978 Jan. p. 44. [1378]
JORDAN VALLEY PLAN, THE, by Maurice A. Garbell, 1965 Mar. p. 23.
JOSEPHSON EFFECTS, THE, by Donald N. Langenberg, Douglas J. Scalapino and Barry N. Taylor, 1966 May p. 30.
JOURNAL BEARING, THE, by John C. Bierlein, 1975 July p. 50.
JUDAISM AT THE TIME OF CHRIST, by Michael E. Stone, 1973 Jan. p. 80.
JUDGMENTS, THE RELATIVISM OF ABSOLUTE, by Allen Parducci, 1968 Dec. p. 84. [518]
JUNCTION-DIODE AMPLIFIERS, by Arthur Uhlir, Jr., 1959 June p. 118.
JUNCTION TRANSISTOR, THE, by Morgan Sparks, 1952 July p. 28.
JUNCTIONS BETWEEN LIVING CELLS, by L. Andrew Staehelin and Barbara E. Hull, 1978 May p. 140. [1388]
JUPITER, by John H. Wolfe, 1975 Sept. p. 118.
JUPITER, RADIO WAVES FROM, by K. L. Franklin, 1964 July p. 34.
JUPITER, THE CHEMISTRY OF, by Francis Owen Rice, 1956 June p. 119.
JUPITER, THE GALILEAN SATELLITES OF, by Dale P. Cruikshank and David Morrison, 1976 May p. 108.
JUPITER, THE METEOROLOGY OF, by Andrew P. Ingersoll, 1976 Mar. p. 46.
JUPITER'S GREAT RED SPOT, by Raymond Hide, 1968 Feb. p. 74.
JUVENILE HORMONE, THE, by Carroll M. Williams, 1958 Feb. p. 67.

K

KANGAROOS, by T. J. Dawson, 1977 Aug. p. 78. [1366]
KEPLER DISCOVER HIS FIRST TWO LAWS?, HOW DID, by Curtis Wilson, 1972 Mar. p. 92.
KERATINS, by R. D. B. Fraser, 1969 Aug. p. 86. [1155]
KEY TO THE KEY THEORY, A, by Anonymous, 1956 Mar. p. 94.
KIDNEY, THE, by Homer W. Smith, 1953 Jan. p. 40. [37]
KIDNEY, THE ARTIFICIAL, by John P. Merrill, 1961 July p. 56.
KIDNEY, THE TRANSPLANTATION OF THE, by John P. Merrill, 1959 Oct. p. 57.
KILOMEGACYCLE, ULTRASONICS, by Klaus Dransfeld, 1963 June p. 60.
KIMBERLITE PIPES, by Keith G. Cox, 1978 Apr. p. 120. [931]
KING GEORGE III, PORPHYRIA AND, by Ida Macalpine and Richard Hunter, 1969 July p. 38. [1149]
KING NESTOR'S PALACE, by Carl W. Blegen, 1958 May p. 110.
KININS, by H. O. J. Collier, 1962 Aug. p. 111. [132]
KINSHIP OF ANIMAL AND HUMAN DISEASES, THE, by Robert W. Leader, 1967 Jan. p. 110.
KINSHIP, PRIMITIVE, by Meyer Fortes, 1959 June p. 146.
KITTENS, LEARNING IN NEWBORN, by Jay S. Rosenblatt, 1972 Dec. p. 18. [552]
KLYSTRON, THE, by Edward L. Ginzton, 1954 Mar. p. 84.
KNEE JOINT, THE SURGICAL REPLACEMENT OF THE HUMAN, by David A. Sonstegard, Larry S. Matthews and Herbert Kaufer, 1978 Jan. p. 44. [1378]
"KNOT, THE GREAT RAVELLED", by George W. Gray, 1948 Oct. p. 26. [13]
KOENIGSBERG BRIDGES, LEONHARD EULER AND THE, by Leonhard Euler, edited by James R. Newman, 1953 July p. 66.
KOREA AND JAPAN, THE DIVING WOMEN OF, by Suk Ki Hong and Hermann Rahn, 1967 May p. 34. [1072]
KRAKATOA, THE PLANTS OF, by F. W. Went, 1949 Sept. p. 52.
KUANYAMA AMBO, THE, by Edwin W. Loeb, 1950 Oct. p. 52.
KWASHIORKOR, by Hugh C. Trowell, 1954 Dec. p. 46.

L

LA GOMERA, THE WHISTLED LANGUAGE OF, by André Classe, 1957 Apr. p. 111.
LABOR FORCE, by Ewan Clague, 1951 Sept. p. 36.
LABOR, OBSTETRICAL, by Samuel R. M. Reynolds, 1950 Mar. p. 52.
LABORATORIES, THE YERKES, by George W. Gray, 1955 Feb. p. 67.
LABORATORY, "IMPRINTING" IN A NATURAL, by Eckhard H. Hess, 1972 Aug. p. 24. [546]
LABRADOR, AN ARCHAIC INDIAN BURIAL MOUND IN, by James A. Tuck and Robert J. McGhee, 1976 Nov. p. 122.
LABRADOR IRON, by Herbert Yahraes, 1948 Nov. p. 9.
LACRIMAL GLAND, TEARS AND THE, by Stella Y. Botelho, 1964 Oct. p. 78.
LACTASE, LACTOSE AND, by Norman Kretchmer, 1972 Oct. p. 70. [1259]

LAKE DWELLERS, PREHISTORIC SWISS, by Hansjürgen Müller-Beck, 1961 Dec. p. 138.
LAKES, THE AGING GREAT, by Charles F. Powers and Andrew Robertson, 1966 Nov. p. 94. [1056]
LAMONT GEOLOGICAL OBSERVATORY, THE, by George W. Gray, 1956 Dec. p. 83.
LAMPREY, THE SEA, by Vernon C. Applegate and James W. Moffett, 1955 Apr. p. 36.
LAND BRIDGE, THE BERING STRAIT, by William G. Haag, 1962 Jan. p. 112.
LAND IN CITIES, THE USES OF, by Charles Abrams, 1965 Sept. p. 150.
LAND OF THE ANTARTIC, THE, by G. P. Woollard, 1962 Sept. p. 151.
LANGUAGE AND THE BRAIN, by Norman Geschwind, 1972 Apr. p. 76. [1246]
LANGUAGE, NATURAL SELECTION IN, by Joshua Whatmough, 1952 Apr. p. 82.
LANGUAGE OF BIRDS, THE, by W. H. Thorpe, 1956 Oct. p. 128. [145]
LANGUAGE OF CROWS, THE, by Hubert and Mable Frings, 1959 Nov. p. 119.
LANGUAGE OF HOMER'S HEROES, THE, by Jotham Johnson, 1954 May p. 70.
LANGUAGE OF LA GOMERA, THE WHISTLED, by André Classe, 1957 Apr. p. 111.
LANGUAGE OF THE BEES, DIALECTS IN THE, by Karl von Frisch, 1962 Aug. p. 78. [130]
LANGUAGE OF THE BEES, MORE ON THE, by Hans Kalmus, 1953 July p. 60.
LANGUAGE OF THE BEES, THE, by August Krogh, 1948 Aug. p. 18. [21]
LANGUAGE, THE CHANGING AMERICAN, by Jotham Johnson, 1955 Aug. p. 78.
LANGUAGE, THE CHINESE, by William S-Y. Wang, 1973 Feb. p. 50.
LANGUAGE, THE EVOLUTION OF BEE, by Harald Esch, 1967 Apr. p. 96. [1071]
LANGUAGE, THE INDO-EUROPEAN, by Paul Thieme, 1958 Oct. p. 63.
LANGUAGE, THE SPREAD OF THE BANTU, by D. W. Phillipson, 1977 Apr. p. 106. [694]
LANGUAGE TO AN APE, TEACHING, by Ann James Premack and David Premack, 1972 Oct. p. 92. [549]
LANGUAGES OF FISHES, THE CHEMICAL, by John H. Todd, 1971 May p. 98. [1222]
LANGUAGES, PIDGIN, by Robert A. Hall, Jr., 1959 Feb. p. 124.
LANGUAGES, THE AMERICAN, by Hans Kurath, 1950 Jan. p. 48.
LAPLACE, by James R. Newman, 1954 June p. 76.
LARGE CLOUD OF MAGELLAN, THE, by Bart J. Bok, 1964 Jan. p. 32.
LARGER AND OLDER UNIVERSE, A, by George W. Gray, 1953 June p. 56.
LARGE-SCALE INTEGRATION IN ELECTRONICS, by F. G. Heath, 1970 Feb. p. 22.
LARGE-SCALE INTEGRATION OF MICROELECTRONIC CIRCUITS, THE, by William C. Holton, 1977 Sept. p. 82. [376]
LASER, CELL SURGERY BY, by Michael W. Berns and Donald E. Rounds, 1970 Feb. p. 98. [1170]
LASER, COMMUNICATION BY, by Stewart E. Miller, 1966 Jan. p. 19.
LASER, FUSION BY, by Moshe J. Lubin and Arthur P. Fraas, 1971 June p. 21.
LASER IMPLOSION FUSION POWER BY, by John L. Emmett, John Nuckolls and Lowell Wood, 1974 June p. 24.
LASER LIGHT, by Arthur L. Schawlow, 1968 Sept. p. 120.
LASER LIGHT, APPLICATIONS OF, by Donald R. Herriott, 1968 Sept. p. 140.
LASER LIGHT, THE MODULATION OF, by Donald F. Nelson, 1968 June p. 17.
LASER LIGHT, THE PRESSURE OF, by Arthur Ashkin, 1972 Feb. p. 62.
LASER, MEASURING EARTH STRAINS BY, by Victor Vali, 1969 Dec. p. 88.
LASER, PHOTOGRAPHY BY, by Emmett N. Leith and Juris Upatnieks, 1965 June p. 24.
LASER REFLECTOR, THE LUNAR, by James E. Faller and E. Joseph Wampler, 1970 Mar. p. 38.
LASER SEPARATION OF ISOTOPES, by Richard N. Zare, 1977 Feb. p. 86. [354]
LASER SPECTROSCOPY, by M. S. Feld and V. S. Letokhov, 1973 Dec. p. 69.
LASERS, A NEW CLASS OF DIODE, by Morton B. Panish and Izuo Hayashi, 1971 July p. 32.
LASERS, CHEMICAL, by George C. Pimentel, 1966 Apr. p. 32. [303]
LASERS, HIGH-POWER CARBON DIOXIDE, by C. K. N. Patel, 1968 Aug. p. 22.
LASERS, LIQUID, by Alexander Lempicki and Harold Samelson, 1967 June p. 80.
LASERS, METAL-VAPOR, by William T. Silfvast, 1973 Feb. p. 88.
LASERS ORGANIC, by Peter Sorokin, 1969 Feb. p. 30.
L-ASPARAGINE AND LEUKEMIA, by Lloyd J. Old, Edward A. Boyse and H. A. Campbell, 1968 Aug. p. 34.
LAST OF THE GREAT WHALES, THE, by Scott McVay, 1966 Aug. p. 13.
LATE BLIGHT OF POTATOES, THE, by John S. Niederhauser and William C. Cobb, 1959 May p. 100. [109]
LATERITIC SOILS, by Mary McNeil, 1964 Nov. p. 96. [870]
LATHE, THE ORIGINS OF THE, by Robert S. Woodbury, 1963 Apr. p. 132.
LAVOISIER, by Denis I. Duveen, 1956 May p. 84.
LAW, BEHAVIORAL SCIENCE AND CRIMINAL, by Edward J. Sachar, 1963 Nov. p. 39. [480]
LAW OF FREE FALL, GALILEO'S DISCOVERY OF THE, by Stillman Drake, 1973 May p. 84.
LAWS, THE OLDEST, by Samuel Noah Kramer, 1953 Jan. p. 26.
LAYER, THE BOUNDARY, by Joseph J. Cornish III, 1954 Aug. p. 72.
LEAD POISONING, by J. Julian Chisolm, Jr., 1971 Feb. p. 15. [1211]
LEAF SHAPE, by Eric Ashby, 1949 Oct. p. 22.
LEAKAGE PROBLEM IN FUSION REACTORS, THE, by Francis F. Chen, 1967 July p. 76.
LEAP OF THE GRASSHOPPER, THE, by Graham Hoyle, 1958 Jan. p. 30.
LEARNING IN NEWBORN KITTENS, by Jay S. Rosenblatt, 1972 Dec. p. 18. [552]
LEARNING IN THE AUTONOMIC NERVOUS SYSTEM, by Leo V. DiCara, 1970 Jan. p. 30. [525]
LEARNING IN THE CANARY, by Nicholas Pastore, 1955 June p. 72.
LEARNING IN THE OCTOPUS, by Brian B. Boycott, 1965 Mar. p. 42. [1006]
LEARNING PLACE-, by Henry Gleitman, 1963 Oct. p. 116. [479]
LEARNING, REPETITION AND, by Irvin Rock, 1958 Aug. p. 68. [422]
LEARNING TO THINK, by Harry F. and Margaret Kuenne Harlow, 1949 Aug. p. 36. [415]
LEARNS, A MACHINE THAT, by W. Grey Walter, 1951 Aug. p. 60.
LEAVES FALL? WHAT MAKES, by William P. Jacobs, 1955 Nov. p. 82. [116]
LECTINS, by Nathan Sharon, 1977 June p. 108. [1360]
LEE WAVES IN THE ATMOSPHERE, by R. S. Scorer, 1961 Mar. p. 124.
LEECH, THE NERVOUS SYSTEM OF THE, by John G. Nicholls and David Van Essen, 1974 Jan. p. 38. [1287]
LEFT FROM RIGHT, ON TELLING, by Michael C. Corballis and Ivan L. Beale, 1971 Mar. p. 96. [535]
LEFT HAND, RIGHT HAND, by Lorus J. and Margery J. Milne, 1948 Oct. p. 46.
LEGAL ABORTION, by Christopher Tietze and Sarah Lewit, 1977 Jan. p. 21. [1345]
LEIBNIZ, by Frederick C. Kreiling, 1968 May p. 94.
LEK MATING SYSTEM OF THE SAGE GROUSE, THE, by R. Haven Wiley, Jr., 1978 May p. 114. [1390]
LENGTH OF THE DAY, INSECTS AND THE, by Stanley D. Beck, 1960 Feb. p. 108.
LENS IN CATARACT, WHAT HAPPENS TO THE HUMAN, by Ruth van Heyningen, 1975 Dec. p. 70.
LENS, THE PHOTOGRAPHIC, by William H. Price, 1976 Aug. p. 72.
LEONARDO ON BEARINGS AND GEARS, by Ladislao Reti, 1971 Feb. p. 100.
LEPTONS, HEAVY, by Martin L. Perl and William T. Kirk, 1978 Mar. p. 50. [398]
LESSON OF RETROLENTAL FIBROPLASIA, THE, by William A. Silverman, 1977 June p. 100. [1361]
LESSON OF THE PYGMIES, THE, by Colin M. Turnbull, 1963 Jan. p. 28. [615]
LETHAL EFFECTS OF RADIATION, THE, by Edward Spoerl, 1951 Dec. p. 22.
LETHAL HEREDITY, by Willard F. Hollander, 1952 July p. 58.
LEUKEMIA, by Emil Frei III and Emil J. Freireich, 1964 May p. 88.
LEUKEMIA, L-ASPARAGINE AND, by Lloyd J. Old, Edward A. Boyse and H. A. Campbell, 1968 Aug. p. 34.
LICHENS, by I. Mackenzie Lamb, 1959 Oct. p. 144. [111]
LICHENS, THE FUNGI OF, by Vernon Ahmadjian, 1963 Feb. p. 122.
LIFE, AN IMITATION OF, by W. Grey Walter, 1950 May p. 42.
LIFE AND DEATH AND MEDICINE, 1973 Sept. *issue.*
LIFE AND DEATH AND MEDICINE, by Kerr L. White, 1973 Sept. p. 22.
LIFE AND LIGHT, by George Wald, 1959 Oct. p. 92.
LIFE AT HIGH ALTITUDES, by George W. Gray, 1955 Dec. p. 58.
LIFE, CALCIUM AND, by L. V. Heilbrunn, 1951 June p. 60.
LIFE, CRISES IN THE HISTORY OF, by Norman D. Newell, 1963 Feb. p. 76. [867]
LIFE CYCLE OF A VIRUS, THE, by André Lwoff, 1954 Mar. p. 34.
LIFE, HEAT AND, by Frank H. Johnson, 1954 Sept. p. 64.
LIFE IN CAVES, by Brother G. Nicholas, F.S.C., 1955 May p. 98.
LIFE IN MYCENAEAN GREECE, by John Chadwick, 1972 Oct. p. 36. [681]
LIFE IN TALL TREES, by William C. Denison, 1973 June p. 74. [1274]
LIFE IN THE DEEP SEA MICROBIAL, by Holger W. Jannasch and Carl O. Wirsen, 1977 June p. 42. [926]
LIFE IN THE DEPTHS OF A POND, by Edward S. Deevey, Jr., 1951 Oct. p. 68.
LIFE IN THE OCEANS, PLATE TECTONICS AND THE HISTORY OF, by James W. Valentine and Eldridge M. Moores, 1974 Apr. p. 80. [912]
LIFE OF A SAND DUNE, THE, by William H. Amos, 1959 July p. 91.

LIFE OF A THUNDERSTORM, by Roscoe R. Braham, Jr., 1950 June p. 48.
LIFE OF AN ESTUARY, THE, by Robert M. Ingle, 1954 May p. 64.
LIFE OF THE ANTARCTIC, THE ANCIENT, by George A. Doumani and William E. Long, 1962 Sept. p. 168. [863]
LIFE OF THE ANTARCTIC, THE OCEANIC, by Robert Cushman Murphy, 1962 Sept. p. 186. [864]
LIFE OF THE ANTARCTIC, THE TERRESTRIAL, by George A. Llano, 1962 Sept. p. 212. [865]
LIFE ON MARS, THE SEARCH FOR, by Norman H. Horowitz, 1977 Nov. p. 52. [389]
LIFE ON THE HUMAN SKIN, by Mary J. Marples, 1969 Jan. p. 108. [1132]
LIFE OUTSIDE THE SOLAR SYSTEM, by Su-Shu Huang, 1960 Apr. p. 55.
LIFE SPAN OF ANIMALS, THE, by Alex Comfort, 1961 Aug. p. 108.
LIFE, TEMPERATURE AND, by Lorus J. and Margery J. Milne, 1949 Feb. p. 46.
LIFE, THE CHEMICAL ELEMENTS OF, by Earl Frieden, 1972 July p. 52.
LIFE, THE DEEP-SEA LAYER OF, by Lionel A. Walford, 1951 Aug. p. 24.
LIFE, THE MASTER SWITCH OF, by P. F. Scholander, 1963 Dec. p. 92.
LIFE, THE ORIGIN OF, by George Wald, 1954 Aug. p. 44. [47]
LIGHT, 1968 Sept. *issue.*
LIGHT, by Gerald Feinberg, 1968 Sept 50.
LIGHT AND ANIMAL NAVIGATION, POLARIZED, by Talbot H. Waterman, 1955 July p. 88.
LIGHT AND COLOR, SEEING, by Ralph M. Evans, 1949 Aug. p. 52.
LIGHT AND PLANT DEVELOPMENT, by W. L. Butler and Robert J. Downs, 1960 Dec. p. 56. [107]
LIGHT, APPLICATIONS OF LASER, by Donald R. Herriott, 1968 Sept. p. 140.
LIGHT-EMITTING SEMICONDUCTORS, by F. F. Morehead, Jr., 1967 May p. 108.
LIGHT HOLOGRAMS, WHITE-, by Emmett N. Leith, 1976 Oct. p. 80.
LIGHT IN PHOTOSYNTHESIS, THE ABSORPTION OF, by Govindjee and Rajni Govindjee, 1974 Dec. p. 68. [1310]
LIGHT IN PHOTOSYNTHESIS, THE ROLE OF, by Daniel I. Arnon, 1960 Nov. p. 104.
LIGHT INTERACTS WITH LIVING MATTER, HOW, by Sterling B. Hendricks, 1968 Sept. p. 174.
LIGHT INTERACTS WITH MATTER, HOW, by Victor F. Weisskopf, 1968 Sept. p. 60.
LIGHT IS ANALYZED, HOW, by Pierre Connes, 1968 Sept. p. 72.
LIGHT, LASER, by Arthur L. Schawlow, 1968 Sept. p. 120.
LIGHT, LIFE AND, by George Wald, 1959 Oct. p. 92.
LIGHT, MONOMOLECULAR LAYERS AND, by Karl H. Drexhage, 1970 Mar. p. 108.
LIGHT NAVIGATION BY INSECTS, POLARIZED-, by Rüdiger Wehner, 1976 July p. 106. [1342]
LIGHT NUCLEI, EXOTIC, by Joseph Cerny and Arthur M. Poskanzer, 1978 June p. 60. [3010]
LIGHT ON THE HUMAN BODY, THE EFFECTS OF, by Richard J. Wurtman, 1975 July p. 68. [1325]
LIGHT, PARTICLES THAT GO FASTER THAN, by Gerald Feinberg, 1970 Feb. p. 68.
LIGHT RECEPTION, NONVISUAL, by Michael Menaker, 1972 Mar. p. 22. [1243]
LIGHT, REVIVAL BY, by Albert Kelner, 1951 May p. 22.
LIGHT SCATTERED BY PARTICLES, by Victor K. La Mer and Milton Kerker, 1953 Feb. p. 69.
LIGHT, THE CHEMICAL EFFECTS OF, by Gerald Oster, 1968 Sept. p. 158.
LIGHT, THE INTERACTION OF LIGHT WITH, by J. A. Giordmaine, 1964 Apr. p. 38.
LIGHT, THE INVENTION OF THE ELECTRIC, by Matthew Josephson, 1959 Nov. p. 98.
LIGHT, THE MODULATION OF LASER, by Donald F. Nelson, 1968 June p. 17.
LIGHT, THE PRESSURE OF LASER, by Arthur Ashkin, 1972 Feb. p. 62.
LIGHT, THE SPEED OF, by J. H. Rush, 1955 Aug. p. 62.
LIGHT, THE ZODIACAL, by D. E. Blackwell, 1960 July p. 54.
LIGHT, THINGS THAT GO FASTER THAN, by Milton A. Rothman, 1960 July p. 142.
LIGHT, TRAPPED, 1949 June p. 48.
LIGHT-WAVE COMMUNICATIONS, by W. S. Boyle, 1977 Aug. p. 40. [373]
LIGHTNING, BALL, by Harold W. Lewis, 1963 Mar. p. 106.
LIGHTNING, THE MECHANISM OF, by Leonard B. Loeb, 1949 Feb. p. 22.
LIGNIN, by F. F. Nord and Walter J. Schubert, 1958 Oct. p. 104.
LILY, THE VOODOO, by Bastiaan J. D. Meeuse, 1966 July p. 80.
LIMITATION OF OFFENSIVE WEAPONS, THE, by Herbert Scoville, Jr., 1971 Jan. p. 15.
LIMITATION OF STRATEGIC ARMS, THE, by G. W. Rathjens and G. B. Kistiakowsky, 1970 Jan. p. 19. [654]
LIMITED NUCLEAR WAR, by Sidney D. Drell and Frank von Hippel, 1976 Nov. p. 27.
LIMITS OF MEASUREMENT, THE, by R. Furth, 1950 July p. 48. [255]
LINE, THE STRAIGHT, by Morris Kline, 1956 Mar. p. 104.
LINEAR ACCELERATOR, THE, by Wolfgang Panofsky, 1954 Oct. p. 40. [234]
LINEAR PROGRAMMING, by William W. Cooper and Abraham Charnes, 1954 Aug. p. 21.
LINES, HOW WE SEE STRAIGHT, by John R. Platt, 1960 June p. 121.
LIONS, THE SOCIAL SYSTEM OF, by Brian C. R. Bertram, 1975 May p. 54.
LIQUID, AN ELECTRON-HOLE, by Gordon A. Thomas, 1976 June p. 28.
LIQUID-CRYSTAL DISPLAY DEVICES, by G. H. Heilmeier, 1970 Apr. p. 100.
LIQUID CRYSTALS, by James L. Fergason, 1964 Aug. p. 76.
LIQUID LASERS, by Alexander Lempicki and Harold Samelson, 1967 June p. 80.
LIQUID METALS, by N. W. Ashcroft, 1969 July p. 72.
LIQUID NATURAL GAS, by Noel de Nevers, 1967 Oct. p. 30.
LIQUIDS AND SOLIDS, ULTRAFAST PHENOMENA IN, by R. R. Alfano and S. L. Shapiro, 1973 June p. 42.
LIQUIDS, THE BOILING OF, by J. W. Westwater, 1954 June p. 64.
LIQUIDS, THE STRUCTURE OF, by J. D. Bernal, 1960 Aug. p. 124.
LIQUIDS, THE TENSILE STRENGTH OF, by Robert E. Apfel, 1972 Dec. p. 58.
LIQUIDS, THE UNDERCOOLING OF, by David Turnbull, 1965 Jan. p. 38.
LITHIUM, by Henry Gilman and John J. Eisch, 1963 Jan. p. 88.
LITHOSPHERE, THE ORIGIN OF METAL DEPOSITS IN THE OCEANIC, by Enrico Bonatti, 1978 Feb. p. 54. [929]
LITHOSPHERE, THE SUBDUCTION OF THE, by M. Nafi Toksöz, 1975 Nov. p. 88. [919]
LIVER METABOLIZES FOREIGN SUBSTANCES, HOW THE, by Attallah Kappas and Alvito P. Alvares, 1975 June p. 22. [1322]
LIVING CELL, PUMPS IN THE, by Arthur K. Solomon, 1962 Aug. p. 100.
LIVING CELL, THE, 1961 Sept. *issue.*
LIVING CELL, THE, by Jean Brachet, 1961 Sept. p. 50. [90]
LIVING CELLS CHANGE SHAPE, HOW, by Norman K. Wessells, 1971 Oct. p. 76. [1233]
LIVING CELLS, JUNCTIONS BETWEEN, by L. Andrew Staehelin and Barbara E. Hull, 1978 May p. 140. [1388]
LIVING CELLS, THE FREEZING OF, by A. S. Parkes, 1956 June p. 105.
LIVING CELLS, THE SMALLEST, by Harold J. Morowitz and Mark E. Tourtellotte, 1962 Mar. p. 117. [1005]
LIVING INSECTICIDES, by Edward A. Steinhaus, 1956 Aug. p. 96.
LIVING MATTER, A UNIVERSAL MOLECULE OF, by Martin Kamen, 1958 Aug. p. 77.
LIVING MATTER, HOW LIGHT INTERACTS WITH, by Sterling B. Hendricks, 1968 Sept. p. 174.
LIVING PREHISTORY IN INDIA, by D. D. Kosambi, 1967 Feb. p. 104.
LIVING RECORDS OF THE ICE AGE, by Edward S. Deevey, Jr., 1949 May p. 48. [834]
LIVING UNDER THE SEA, by Joseph B. MacInnis, 1966 Mar. p. 24.
LOBOTOMY, PREFRONTAL: ANALYSIS AND WARNING, by Kurt Goldstein, 1950 Feb. p. 44. [445]
LOCALIZATION, AUDITORY, by Mark R. Rosenzweig, 1961 Oct. p. 132. [501]
LOCATING RADIO SOURCES WITH THE MOON, by R. W. Clarke, 1966 June p. 30.
LOCATION BY FISHES, ELECTRIC, by H. W. Lissmann, 1963 Mar. p. 50. [152]
LOCUST, THE FLIGHT-CONTROL SYSTEM OF THE, by Donald M. Wilson, 1968 May p. 83.
LOCUSTS, FLIGHT ORIENTATION IN, by Jeffrey M. Camhi, 1971 Aug. p. 74. [1231]
LOCUSTS, THE FLIGHT OF, by Torkel Weis-Fogh, 1956 Mar. p. 116.
LOGIC AND COMPUTERS, GAMES, by Hao Wang, 1965 Nov. p. 98.
LOGIC AND MEMORY, COMPUTER, by David C. Evans, 1966 Sept. p. 74.
LOGIC, LEWIS CARROLL'S LOST BOOK ON, by W. W. Bartley III, 1972 July p. 38.
LOGIC MACHINES, by Martin Gardner, 1952 Mar. p. 68.
LOGIC, SYMBOLIC, by John E. Pfeiffer, 1950 Dec. p. 22.
LOGLAN, by James Cooke Brown, 1960 June p. 53.
LONG EARTHQUAKE WAVES, by Jack Oliver, 1959 Mar. p. 131.
LONG-RANGE FORCES, by Thaddeus Stern, 1948 Oct. p. 14.
LONG-RANGE WEATHER FORECASTING, by Jerome Namias, 1955 Aug. p. 40.
LONGEST ELECTROMAGNETIC WAVES, THE, by James R. Heirtzler, 1962 Mar. p. 128.
LOST CITIES OF PERU, THE, by Richard P. Schaedel, 1951 Aug. p. 18.
LOVE IN INFANT MONKEYS, by Harry F. Harlow, 1959 June p. 68. [429]
LOVE SONG OF THE FRUIT FLY, THE, by H. C. Bennet-Clark and A. W. Ewing, 1970 July p. 84. [1183]
LOVEBIRDS, THE BEHAVIOR OF, by William C. Dilger, 1962 Jan. p. 88.
LOW-ALTITUDE JET STREAMS, by Morton L. Barad, 1961 Aug. p. 120.
LOW PRESSURE, THE SYNTHESIS OF DIAMOND AT, by B. V. Derjaguin and D. B. Fedoseev, 1975 Nov. p. 102.

LOW-SPEED FLIGHT, by David C. Hazen and Rudolf F. Lehnert, 1956 Apr. p. 46.
LOW TEMPERATURE PHYSICS, by Harry M. Davis, 1949 June p. 30. [206]
LUMINESCENCE OF LIVING THINGS, THE, by E. Newton Harvey, 1948 May p. 46.
LUMINESCENCE OF THE MOON, THE, by Zdeněk Kopal, 1965 May p. 28.
LUMINOUS ENVIRONMENT, THE CONTROL OF THE, by James Marston Fitch, 1968 Sept. p. 190.
LUNAR LASER REFLECTOR, THE, by James E. Faller and E. Joseph Wampler, 1970 Mar. p. 38.
LUNAR ORBITER MISSIONS TO THE MOON, THE, by Ellis Levin, Donald D. Viele and Lowell B. Eldrenkamp, 1968 May p. 58.
LUNAR ROCKS, THE, by Brian Mason, 1971 Oct. p. 48.
LUNAR SOIL, THE, by John A. Wood, 1970 Aug. p. 14.
LUNG OF THE NEWBORN INFANT, THE, by Mary Ellen Avery, Nai-San Wang and H. William Taeusch, Jr., 1973 Apr. p. 74.
LUNG, THE, by Julius H. Comroe, Jr., 1966 Feb. p. 56. [1034]
LUNGS, SURFACE TENSION IN THE, by John A. Clements, 1962 Dec. p. 120.
LYELL, CHARLES, by Loren C. Eiseley, 1959 Aug. p. 98. [846]
LYMPHATIC SYSTEM, THE, by H. S. Mayerson, 1963 June p. 80. [158]
LYMPHOCYTE AS AN EXPERIMENTAL ANIMAL, THE HUMAN, by Richard A. Lerner and Frank J. Dixon, 1973 June p. 82. [1275]
LYSENKO AFFAIR, THE, by David Joravsky, 1962 Nov. p. 41.
LYSINE CORN, HIGH-, by Dale D. Harpstead, 1971 Aug. p. 34. [1229]
LYSOSOME, THE, by Christian de Duve, 1963 May p. 64. [156]
LYSOSOMES AND DISEASE, by Anthony Allison, 1967 Nov. p. 62. [1085]
LYSOZYME, FLEMING'S, by Robert F. Acker and S. E. Hartsell, 1960 June p. 132.

M

MACAQUES, THE SOCIAL ORDER OF JAPANESE, by G. Gray Eaton, 1976 Oct. p. 96. [1345]
MACEDONIA, PELLA: CAPITAL OF ANCIENT, by Ch. J. Makaronas, 1966 Dec. p. 98.
MACHINE, A CHESS-PLAYING, by Claude E. Shannon, 1950 Feb. p. 48.
MACHINE, MAN VIEWED AS A, by John G. Kemeny, 1955 Apr. p. 58.
MACHINE, PATTERN RECOGNITION BY, by Oliver G. Selfridge and Ulric Neisser, 1960 Aug. p. 60.
MACHINE THAT LEARNS, A, by W. Grey Walter, 1951 Aug. p. 60.
MACHINE TOOL, AN AUTOMATIC, by William Pease, 1952 Sept. p. 101.
MACHINE, TRANSLATION BY, by William N. Locke, 1956 Jan. p. 29.
MACHINE TRANSLATION OF CHINESE, by Gilbert W. King and Hsien-Wu Chang, 1963 June p. 124.
MACHINES AND MAN, by Wassily W. Leontief, 1952 Sept. p. 150.
MACHINES, LOGIC, by Martin Gardner, 1952 Mar. p. 68.
MACHINES, MATHEMATICAL, by Harry M. Davis, 1949 Apr. p. 28.
MACHINES, PERPETUAL MOTION, by Stanley W. Angrist, 1968 Jan. p. 114.
MACHINES, SELF-REPRODUCING, by L. S. Penrose, 1959 June p. 105. [74]
MACHINES, TEACHING, by B. F. Skinner, 1961 Nov. p. 90. [461]
MAGELLAN, THE CLOUDS OF, by Gérard de Vaucouleurs, 1956 Apr. p. 52.
MAGELLAN, THE LARGE CLOUD OF, by Bart J. Bok, 1964 Jan. p. 32.
MAGNETIC BUBBLES, by Andrew H. Bobeck and H. E. D. Scovil, 1971 June p. 78.
MAGNETIC FIELD OF THE GALAXY, THE, by Glenn L. Berge and George A. Seielstad, 1965 June p. 46.
MAGNETIC FIELD, REVERSALS OF THE EARTH'S, by Allan Cox, G. Brent Dalrymple and Richard R. Doell, 1967 Feb. p. 44.
MAGNETIC FIELDS, INTENSE, by Henry H. Kolm and Arthur J. Freeman, 1965 Apr. p. 66.
MAGNETIC FIELDS ON THE QUIET SUN, by William C. Livingston, 1966 Nov. p. 54.
MAGNETIC FIELDS, STRONG, by Harold P. Furth, Morton A. Levine and Ralph W. Waniek, 1958 Feb. p. 28.
MAGNETIC FIELDS, ULTRASTRONG, by Francis Bitter, 1965 July p. 64.
MAGNETIC MATERIALS, by Richard M. Bozorth, 1955 Jan. p. 68.
MAGNETIC MONOPOLES, by Kenneth W. Ford, 1963 Dec. p. 122.
MAGNETIC PROPERTIES OF MATERIALS, THE, by Frederic Keffer, 1967 Sept. p. 222.
MAGNETIC RECORDING, by Victor E. Ragosine, 1969 Nov. p. 70.
MAGNETIC RESONANCE, by George E. Pake, 1958 Aug. p. 58. [233]
MAGNETIC RESONANCE AT HIGH PRESSURE, by George B. Benedek, 1965 Jan. p. 102.
MAGNETIC SEPARATION, HIGH-GRADIENT, by Henry Kolm, John Oberteuffer and David Kelland, 1975 Nov. p. 46.
MAGNETIC STRUCTURE OF SUPERCONDUCTORS, THE, by Uwe Essmann and Hermann Träuble, 1971 Mar. p. 74.
MAGNETISM OF THE MOON, THE, by Palmer Dyal and Curtis W. Parkin, 1971 Aug. p. 62.
MAGNETISM OF THE OCEAN FLOOR, THE, by Arthur D. Raff, 1961 Oct. p. 146.
MAGNETISM OF THE SUN, THE, by Horace W. Babcock, 1960 Feb. p. 52.
MAGNETISM, THE EARTH'S, by A. E. Benfield, 1950 June p. 20.
MAGNETISM, THE EARTH'S, by S. K. Runcorn, 1955 Sept. p. 152.
MAGNETOMETER, THE AIRBORNE, by Homer Jensen, 1961 June p. 151.
MAGNETOSPHERE, THE, by Laurence J. Cahill, Jr., 1965 Mar. p. 58.
MAGNETOTHERMOELECTRICITY, by Raymond Wolfe, 1964 June p. 70.
MAGNETS, ADVANCES IN SUPERCONDUCTING, by William B. Sampson, Paul P. Craig and Myron Strongin, 1967 Mar. p. 114.
MAGNETS, PERMANENT, by Joseph J. Becker, 1970 Dec. p. 92.
MAGNETS, SUPERCONDUCTING, by J. E. Kunzler and Morris Tanenbaum, 1962 June p. 60. [279]
MALARIA, by Carlos A. Alvarado and L. J. Burce-Chwatt, 1962 May p. 86.
MALARIA PARASITE, THE CLOCK OF THE, by Frank Hawking, 1970 June p. 123.
MALARIA, THE ERADICATION OF, by Paul F. Russell, 1952 June p. 22.
MALE FERTILITY, by Edmond J. Farris, 1950 May p. 16.
MALPRACTICE, MEDICAL, by David S. Rubsamen, 1976 Aug. p. 18.
MAMMALIAN EGGS IN THE LABORATORY, by R. G. Edwards, 1966 Aug. p. 72. [1047]
MAMMALS, FERTILIZATION IN, by Gregory Pincus, 1951 Mar. p. 44.
MAMMALS, HORMONES IN SOCIAL AMOEBAE AND, by John Tyler Bonner, 1969 June p. 78.
MAMMALS, THE ANCESTORS OF, by Edwin H. Colbert, 1949 Mar. p. 40.
MAMMOTH CAVE, PERHISTORIC MAN IN, by Douglas W. Schwartz, 1960 July p. 130.
MAN ALONE IN SPACE? IS, by Loren C. Eiseley, 1953 July p. 80.
MAN, ANTIQUITY OF MODERN, by Loren C. Eiseley, 1948 July p. 16.
MAN-APES OF SOUTH AFRICA, THE, by Wilton M. Krogman, 1948 May p. 16.
MAN CAME TO NORTH AMERICA, HOW, by Ralph Solecki, 1951 Jan. p. 11.
MAN, EARLIER MATURATION IN, by J. M. Tanner, 1968 Jan. p. 21.
"MAN-DAY", THE MEASUREMENT OF THE, by Eugene S. Ferguson, 1971 Oct. p. 96.
MAN, FOSSIL, by Loren C. Eiseley, 1953 Dec. p. 65.
MAN HERE TO STAY? IS, by Loren C. Eiseley, 1950 Nov. p. 52.
MAN IN AFRICA, EARLY, by J. Desmond Clark, 1958 July p. 76.
MAN IN MAMMOTH CAVE, PREHISTORIC, by Douglas W. Schwarz, 1960 July p. 130.
MAN IN PERU, EARLY, by Edward P. Lanning, 1965 Oct. p. 68.
MAN IN SOUTH AMERICA, EARLY, by Edward P. Lanning and Thomas C. Patterson, 1967 Nov. p. 44.
MAN IN THE ANDES, EARLY, by Richard S. MacNeish, 1971 Apr. p. 36.
MAN IN THE ANDES, EARLY, by William J. Mayer-Oakes, 1963 May p. 116.
MAN IN THE ARCTIC, EARLY, by J. L. Giddings, Jr., 1954 June p. 82.
MAN IN THE GRAND CANYON, PREHISTORIC, by Douglas W. Schwarz, 1958 Feb. p. 97.
MAN IN THE WEST INDIES, EARLY, by José M. Cruxent and Irving Rouse, 1969 Nov. p. 42. [652]
MAN, MACHINES AND, by Wassily W. Leontief, 1952 Sept. p. 150.
MAN, NEANDERTHAL, by J. E. Weckler, 1957 Dec. p. 89. [844]
MANNERS, THE ANTHROPOLOGY OF, by Edward T. Hall, Jr., 1955 Apr. p. 84.
MAN ON THE NILE, STONE-AGE, by Philip E. L. Smith, 1976 Aug. p. 30.
MAN, RH AND THE RACES OF, by William C. Boyd, 1951 Nov. p. 22.
MAN, THE COPROLITES OF, by Vaughn M. Bryant, Jr., and Glenna Williams-Dean, 1975 Jan. p. 100. [687]
MAN, THE DISTRIBUTION OF, by William W. Howells, 1960 Sept. p. 112. [604]
MAN, THE EARLY RELATIVES OF, by Elwyn L. Simons, 1964 July p. 50. [622]
MAN THE FIRE-MAKER, by Loren C. Eiseley, 1954 Sept. p. 52.
MAN, THE ILLS OF, by John H. Dingle, 1973 Sept. p. 76.
MAN, THE OCEAN AND, by Warren S. Wooster, 1969 Sept. p. 218. [888]
MAN, THE PLANTS AND ANIMALS THAT NOURISH, by Jack R. Harlan, 1976 Sept. p. 88.
MAN, THE PRESENT EVOLUTION OF, by Theodosius Dobzhansky, 1960 Sept. p. 206. [609]
MAN VIEWED AS A MACHINE, by John G. Kemeny, 1955 Apr. p. 58.
MAN, WHALES, PLANKTON AND, by Willis E. Pequegnat, 1958 Jan. p. 84. [853]

MANIPULATION OF GENES, THE, by Stanley N. Cohen, 1975 July p. 24. [1324]
MANIPULATORS, INDUSTRIAL, by Ralph S. Mosher, 1964 Oct. p. 88.
MAN-OF-WAR, THE PORTUGUESE, by Charles E. Lane, 1960 Mar. p. 158.
MAN'S ANTIQUITY, THE IDEA OF, by Glyn E. Daniel, 1959 Nov. p. 167.
MAN'S GENETIC FUTURE, by Curt Stern, 1952 Feb. p. 68.
MANTLE, CONVECTION CURRENTS IN THE EARTH'S, by D. P. McKenzie and Frank Richter, 1976 Nov. p. 72. [921]
MANTLE, THE EARTH'S, by Peter J. Wyllie, 1975 Mar. p. 50. [915]
MANTLE, THE PLASTIC LAYER OF THE EARTH'S, by Don. L. Anderson, 1962 July p. 52.
MANUFACTURE COMPUTER-MANAGED PARTS, by Nathan H. Cook, 1975 Feb. p. 22.
MANUFACURE OF ELECTRONIC EQUIPMENT, AUTOMATIC, by Lawrence P. Lessing, 1955 Aug. p. 29.
MAP PROBLEM, THE SOLUTION OF THE FOUR-COLOR- by Kenneth Appel and Wolfgang Haken, 1977 Oct. p. 108. [387]
MAPPING MOUNT MCKINLEY, by Bradford Washburn, 1949 Jan. p. 46.
MAPPING OF HUMAN CHROMOSOMES, THE, by Victor A. McKusick, 1971 Apr. p. 104. [1220]
MARIHUANA, by Lester Grinspoon, 1969 Dec. p. 17. [524]
MARINE ANIMALS, THE BUOYANCY OF, by Eric Denton, 1960 July p. 118.
MARINE FARMING, by Gifford B. Pinchot, 1970 Dec. p. 14. [1205]
MARINE INVERTEBRATES, ESCAPE RESPONSES IN, by Howard M. Feder, 1972 July p. 92. [1254]
MARINER 9, MARS FROM, by Bruce C. Murray, 1973 Jan. p. 48.
MARINER IV, THE PHOTOGRAPHS FROM, by Robert B. Leighton, 1966 Apr. p. 54.
MARINER IV, THE SCIENTIFIC EXPERIMENTS OF, by Richard K. Sloan, 1966 May p. 62.
MARINER IV, THE VOYAGE OF, by J. N. James, 1966 Mar. p. 42.
MARINER II, THE VOYAGE OF, by J. N. James, 1963 July p. 70.
MARKERS OF BIOLOGICAL INDIVIDUALITY, by Ralph A. Reisfeld and Barry D. Kahan, 1972 June p. 28. [1251]
MARKET NETWORKS, RURAL, by Stuart Plattner, 1975 May p. 66.
MARKETS, PEASANT, by Sidney W. Mintz, 1960 Aug. p. 112. [647]
MARRIAGE, SISTER-EXCHANGE, by Wendy James, 1975 Dec. p. 84.
MARS, by Gérard de Vaucouleurs, 1953 May p. 65.
MARS, by James B. Pollack, 1975 Sept. p. 106.
MARS AND VENUS, THE ATMOSPHERES OF, by Von R. Eshleman, 1969 Mar. p. 78.
MARS FROM MARINER 9, by Bruce C. Murray, 1973 Jan. p. 48.
MARS, THE ATMOSPHERE OF, by Conway B. Leovy, 1977 July p. 34. [369]
MARS, THE SEARCH FOR LIFE ON, by Norman H. Horowitz, 1977 Nov. p. 52. [389]
MARS, THE SURFACE OF, by Raymond E. Arvidson, Alan B. Binder and Kenneth L. Jones, 1978 Mar. p. 76. [399]
MARS, THE SURFACE OF, by Robert B. Leighton, 1970 May. 26.
MARS, THE VOLCANOES OF, by Michael H. Carr, 1976 Jan. p. 32.
MASER, THE, by James P. Gordon, 1958 Dec. p. 42. [215]
MASERS, ADVANCES IN OPTICAL, by Arthur L. Schawlow, 1963 July p. 34. [294]
MASERS, COSMIC, by Dale F. Dickinson, 1978 June p. 90. [3011]
MASERS, OPTICAL, by Arthur L. Schawlow, 1961 June p. 52. [274]
MASS DESTRUCTION, UN V., by Trygve Lie, 1950 Jan. p. 11.
MASS OF THE PHOTON, THE, by Alfred Scharff Goldhaber and Michael Martin Nieto, 1976 May p. 86.
MASS SPECTROMETER, THE, by Alfred O. C. Nier, 1953 Mar. p. 68. [256]
MASSIVE STARS, THE BIRTH OF, by Michael Zeilik, 1978 Apr. p. 110. [3005]
MASTER SWITCH OF LIFE, THE, by P. F. Scholander, 1963 Dec. p. 92.
MATERIAL, THE COMPETITION OF, by W. O. Alexander, 1967 Sept. p. 254.
MATERIALS, 1967 Sept. *issue.*
MATERIALS, by Cyril Stanley Smith, 1967 Sept. p. 68.
MATERIALS, ADVANCED COMPOSITE, by Henry R. Clauser, 1973 July p. 36.
MATERIALS BY X-RAY ABSORPTION, THE ANALYSIS OF, by Edward A. Stern, 1976 Apr. p. 96.
MATERIALS, HIGH TEMPERATURES: by Pol Duwez, 1954 Sept. p. 98.
MATERIALS, MAGNETIC, by Richard M. Bozorth, 1955 Jan. p. 68.
MATERIALS PRODUCTION AS A PROCESS IN THE BIOSPHERE, HUMAN, by Harrison Brown, 1970 Sept. p. 194. [1198]
MATERIALS, SUPERHARD, by Francis P. Bundy, 1974 Aug. p. 62.
MATERIALS, THE CHEMICAL PROPERTIES OF, by Howard Reiss, 1967 Sept. p. 210.
MATERIALS, THE ELECTRICAL PROPERTIES OF, by Henry Ehrenreich, 1967 Sept. p. 194.
MATERIALS, THE MAGNETIC PROPERTIES OF, by Frederic Keffer, 1967 Sept. p. 222.
MATERIALS, THE MICROSTRUCTURE OF POLYMERIC, by D. R. Uhlmann and A. G. Kolbeck, 1975 Dec. p. 96.
MATERIALS, THE NATURE OF COMPOSITE, by Anthony Kelly, 1967 Sept. p. 160.
MATERIALS, THE NATURE OF POLYMERIC, by Herman F. Mark, 1967 Sept. p. 148.
MATERIALS, THE OPTICAL PROPERTIES OF, by Ali Javan, 1967 Sept. p. 238.
MATERIALS, THE THERMAL PROPERTIES OF, by John Ziman, 1967 Sept. p. 180.
MATERIALS, TWO-PHASE, by Games Slayter, 1962 Jan. p. 124.
MATHEMATICAL CONCEPTS, HOW CHILDREN FORM, by Jean Piaget, 1953 Nov. p. 74. [420]
MATHEMATICAL CREATION, by Henri Poincaré, edited by James R. Newman, 1948 Aug. p. 54.
MATHEMATICAL MACHINES, by Harris M. Davis, 1949 Apr. p. 28.
MATHEMATICAL PROOF, RANDOMNESS AND, by Gregory J. Chaitin, 1975 May p. 47.
MATHEMATICAL SIEVES, by David Hawkins, 1958 Dec. p. 105.
MATHEMATICIAN AS AN EXPLORER, THE, by Sherman K. Stein, 1961 May p. 148.
MATHEMATICIAN, LEWIS CARROLL: by Warren Weaver, 1956 Apr. p. 116.
MATHEMATICS, by Sir Edmund Whittaker, 1950 Sept. p. 40.
MATHEMATICS IN THE BIOLOGICAL SCIENCES, by Edward F. Moore, 1964 Sept. p. 148.
MATHEMATICS IN THE MODERN WORLD, 1964 Sept. *issue.*
MATHEMATICS IN THE MODERN WORLD, by Richard Courant, 1964 Sept. p. 40.
MATHEMATICS IN THE PHYSICAL SCIENCES, by Freeman J. Dyson, 1964 Sept. p. 128.
MATHEMATICS IN THE SOCIAL SCIENCES, Richard Stone, 1964 Sept. p. 168.
MATHEMATICS, INNOVATION IN, by Paul R. Halmos, 1958 Sept. p. 66.
MATHEMATICS OF COMMUNICATION, THE, by Warren Weaver, 1949 July p. 11.
MATHEMATICS OF SCHEDULING, THE COMBINATORIAL, by Ronald L. Graham, 1978 Mar. p. 124. [3001]
MATHEMATICS, STONE AGE, by Dirk J. Struik, 1948 Dec. p. 44.
MATHEMATICS, THE FOUNDATIONS OF, by W. V. Quine, 1964 Sept. p. 112.
MATHEMATICS, THE TEACHING OF ELEMENTARY, by E. P. Rosenbaum, 1958 May p. 64. [238]
MATING SYSTEM OF THE SAGE GROUSE, THE LEK, by R. Haven Wiley, Jr., 1978 May p. 114. [1390]
MATRIXES, ENZYMES BOUND TO ARTIFICIAL, by Klaus Mosbach, 1971 Mar. p. 26. [1216]
MATTER FROM SPACE, ORGANIC, by Brian Mason, 1963 Mar. p. 43.
MATTER, HOW LIGHT INTERACTS WITH, by Victor F. Weisskopf, 1968 Sept. p. 60.
MATTER IN METEORITES, ORGANIC, by James G. Lawless, Clair E. Folsome and Keith A. Kvenvolden, 1972 June p. 38. [902]
MATTER, ORDINARY, by Gerald Feinberg, 1967 May p. 126.
MATTER, RADIO WAVES AND, by Harry M. Davis, 1948 Sept. p. 16.
MATTER, THE FLOW OF, by Marcus Reiner, 1959 Dec. p. 122. [268]
MATTER, TWO-DIMENSIONAL, by J. G. Dash, 1973 May p. 30.
MATTER? WHAT IS, by Erwin Schrödinger, 1953 Sept. p. 52. [241]
MATURATION IN MAN, EARLIER, by J. M. Tanner, 1968 Jan. p. 21.
MAUPERTUIS, A FORGOTTEN GENIUS, by H. Bentley Glass, 1955 Oct. p. 100.
MAXWELL, JAMES CLERK, by James R. Newman, 1955 June p. 58.
MAXWELL'S COLOR PHOTOGRAPH, by Ralph M. Evans, 1961 Nov. p. 118.
MAXWELL'S DEMON, by W. Ehrenberg, 1967 Nov. p. 103. [317]
MAXWELL'S POETRY, by I. Bernard Cohen, 1952 Mar. p. 62.
MAYA CEREMONIAL CENTER, THE PLANNING OF A, by Norman Hammond, 1972 May p. 82.
MAYA HIGHLANDS, UNDERWATER ARCHAEOLOGY IN THE, by Stephan F. Borhegyi, 1959 Mar. p. 100.
MAYA MERCHANT CLASS, THE RISE OF A, by Jeremy A. Sabloff and William L. Rathje, 1975 Oct. p. 72.
MAYA, THE EARLIEST, by Norman Hammond, 1977 Mar. p. 116. [1355]
MCKINLEY, THE OPERATION ON PRESIDENT, by Selig Adler, 1963 Mar. p. 118.
MEANDERS, RIVER, by Luna B. Leopold and W. B. Langbein, 1966 June p. 60. [869]
MEASLES, GERMAN, by Louis Z. Cooper, 1966 July p. 30.
MEASUREMENT BY MERCURY, by William F. Meggers, 1948 Aug. p. 48.
MEASUREMENT OF ANXIETY, THE NATURE AND, by Raymond B. Cattell, 1963 Mar. p. 96. [475]
MEASUREMENT OF MOTIVATION, THE, by H. J. Eysenck, 1963 May p. 130. [477]
MEASUREMENT OF THE "MAN-DAY", THE, by Eugene S. Ferguson, 1971 Oct. p. 96.

MEASUREMENT, STANDARDS OF, by Allen V. Astin, 1968 June p. 50.
MEASUREMENT, THE LIMITS OF, by R. Furth, 1950 July p. 48. [255]
MEASURING EARTH STRAINS BY LASER, by Victor Vali, 1969 Dec. p. 88.
MEASURING STARLIGHT BY PHOTOCELL, by Joel Stebbins, 1952 Mar. p. 56.
MECHANICAL ALLOYING, by J. S. Benjamin, 1976 May p. 40.
"MECHANICAL BOY", JOEY: A, by Bruno Bettelheim, 1959 Mar. p. 116. [439]
MECHANICAL COMPUTING DEVICE, GALILEO AND THE FIRST, by Stillman Drake, 1976 Apr. p. 104.
MECHANICAL DESIGN OF TREES, THE, by Thomas A. McMahon, 1975 July p. 92.
MECHANICAL HARVESTING, by Clarence F. Kelly, 1967 Aug. p. 50. [329]
MECHANICAL PROPERTIES OF POLYMERS, THE, by Arthur V. Tobolsky, 1957 Sept. p. 120.
MECHANISM OF BREATHING, THE, by Wallace O. Fenn, 1960 Jan. p. 138.
MECHANISM OF DISEASE RESISTANCE IN PLANTS, A, by Gary A. Strobel, 1975 Jan. p. 80. [1313]
MECHANISM OF IMMUNITY, THE, by Sir Macfarlane Burnet, 1961 Jan. p. 58. [78]
MECHANISM OF LIGHTNING, THE, by Leonard B. Loeb, 1949 Feb. p. 22.
MECHANISM OF MUSCULAR CONTRACTION, THE, by H. E. Huxley, 1965 Dec. p. 18. [1026]
MECHANISM OF PHOTOSYNTHESIS, THE, by R. P. Levine, 1969 Dec. p. 58. [1163]
MECHANISMS FOR THE GENERATION OF LIFT IN FLYING ANIMALS, UNUSUAL, by Torkel Weis-Fogh, 1975 Nov. p. 80. [1331]
MECHANISMS IN MOVEMENT BRAIN, by Edward V. Evarts, 1973 July p. 96. [1277]
MECHANISMS OF THE EYE, CONTROL, by Derek H. Fender, 1964 July p. 24. [187]
MEDICAL BUSINESS, THE, by James L. Goddard, 1973 Sept. p. 161.
MEDICAL CARE IN CHINA, THE DELIVERY OF, by Victor W. Sidel and Ruth Sidel, 1974 Apr. p. 19.
MEDICAL CARE IN THE U.S., by Osler L. Peterson, 1963 Aug. p. 19.
MEDICAL CARE, INTERNATIONAL COMPARISONS OF, by Kerr L. White, 1975 Aug. p. 17.
MEDICAL CARE, THE DELIVERY OF, by Sidney R. Garfield, 1970 Apr. p. 15.
MEDICAL CARE, THE ORGANIZATION OF, by Ernest W. Saward, 1973 Sept. p. 169.
MEDICAL DIAGNOSIS, ENZYMES IN, by Felix Wróblewski, 1961 Aug. p. 99.
MEDICAL DIAGNOSIS, ULTRASOUND IN, by Gilbert B. Devey and Peter N. T. Wells, 1978 May p. 98. [1389]
MEDICAL ECONOMICS, METROPOLITAN, by Nora K. Piore, 1965 Jan. p. 19.
MEDICAL ECONOMY, THE, by Martin S. Feldstein, 1973 Sept. p. 151.
MEDICAL GRADUATE, THE FOREIGN, by Stephen S. Mick, 1975 Feb. p. 14.
MEDICAL MALPRACTICE, by David S. Rubsamen, 1976 Aug. p. 18.
MEDICAL SCHOOL, THE, by Robert H. Ebert, 1973 Sept. p. 138.
MEDICAL THERMOGRAPHY, by Jacob Gershon-Cohen, 1967 Feb. p. 94.
MEDICATION, THE ORIGINS OF HYPODERMIC, by Norman Howard-Jones, 1971 Jan. p. 96.
MEDICINE, CHELATION IN, by Jack Schubert, 1966 May p. 40.
MEDICINE, FATHER OF AVIATION, by J. M. D. Olmsted, 1952 Jan. p. 66.
MEDICINE, IONIZING RADIATION AND, by Shields Warren, 1959 Sept. p. 164.
MEDICINE, LIFE AND DEATH, AND,, 1973 Sept. *issue.*
MEDICINE, LIFE AND DEATH AND, by Kerr L. White, 1973 Sept. p. 22.
MEDICINE, PRIMITIVE, by Elizabeth A. Ferguson, 1948 Sept. p. 24.
MEDICINE, SOCIAL, by Brock Chisholm, 1949 Apr. p. 11.
MEDICINE, THE TASK OF, by William H. Glazier, 1973 Apr. p. 13.
MEDIEVAL USES OF AIR, by Lynn White, Jr., 1970 Aug. p. 92. [336]
MEDIEVAL VILLAGE IN ENGLAND, A DESERTED, by Maurice Beresford, 1976 Oct. p. 116.
MEDITATION, THE PHYSIOLOGY OF, by Robert Keith Wallace and Herbert Benson, 1972 Feb. p. 84. [1242]
MEDITERRANEAN DRIED UP, WHEN THE, by Kenneth J. Hsü, 1972 Dec. p. 26. [904]
MEDITERRANEAN PROJECT, THE, by Egon Glesinger, 1960 July p. 86.
MEKONG RIVER PLAN, THE, by Gilbert F. White, 1963 Apr. p. 49.
MELANISM AND CLEAN AIR MOTHS,, by J. A. Bishop and Laurence M. Cook, 1975 Jan. p. 90. [1314]
MELODY, INFORMATION THEORY AND, by Richard C. Pinkerton, 1956 Feb. p. 77.
MEMBRANE OF SALT-LOVING BACTERIA, THE PURPLE, by Walther Stoeckenius, 1976 June p. 38. [1340]
MEMBRANE OF THE LIVING CELL, THE, by J. David Robertson, 1962 Apr. p. 64. [151]
MEMBRANE OF THE MITOCHONDRION, THE, by Efraim Racker, 1968 Feb. p. 32. [1101]
MEMBRANE, PORES IN THE CELL, by A. K. Solomon, 1960 Dec. p. 146. [76]
MEMBRANES, A DYNAMIC MODEL OF CELL, by Roderick A. Capaldi, 1974 Mar. p. 26. [1292]
MEMBRANES COLICINS AND THE ENERGETICS OF CELL, by Salvador E. Luria, 1975 Dec. p. 30. [1332]
MEMBRANES, THE CHEMISTRY OF CELL, by Lowell E. and Mabel R. Hokin, 1965 Oct. p. 73. [1022]
MEMBRANES, THE STRUCTURE OF CELL, by C. Fred Fox, 1972 Feb. p. 30. [1241]
MEMORIES, COMPUTER,, by Louis N. Ridenour, 1955 June p. 92.
MEMORIES, INTEGRATED COMPUTER, by Jan A. Rajchman, 1967 July p. 18.
MEMORIES MICROELECTRONIC, by David A. Hodges, 1977 Sept. p. 130. [378]
MEMORY AND PROTEIN SYNTHESIS, by Bernard W. Agranoff, 1967 June p. 115. [1077]
MEMORY, COMPUTER LOGIC AND, by David C. Evans, 1966 Sept. p. 74.
MEMORY, INFORMATION AND, by George A. Miller, 1956 Aug. p. 42. [419]
MEMORY, SHORT-TERM, by Lloyd R. Peterson, 1966 July p. 90. [499]
MEMORY, SPATIAL, by David S. Olton, 1977 June p. 82. [578]
MEMORY, THE CONTROL OF SHORT-TERM, by Richard C. Atkinson and Richard M. Shiffrin, 1971 Aug. p. 82. [538]
MEMORY? WHAT IS, by Ralph W. Gerard, 1953 Sept. p. 118. [11]
MENTAL DISEASE, THE EPIDEMIOLOGY OF, by Ernest M. Gruenberg, 1954 Mar. p. 38. [441]
MENTAL HEALTH OF THE HUTTERITES, THE, by Joseph W. Eaton and Robert J. Weil, 1953 Dec. p. 31. [440]
MENTAL HEALTH SERVICES, DEINSTITUTIONALIZATION AND, by Ellen L. Bassuk and Samuel Gerson, 1978 Feb. p. 46. [581]
MERCHANT CLASS, THE RISE OF A MAYA, by Jeremy A. Sabloff and William L. Rathje, 1975 Oct. p. 72.
MERCURY, by Bruce C. Murray, 1975 Sept. p. 58.
MERCURY IN THE ENVIRONMENT, by Leonard J. Goldwater, 1971 May p. 15. [1221]
MERCURY, MEASUREMENT BY, by William F. Meggers, 1948 Aug. p. 48.
MESONIC ATOMS, by Sergio DeBenedetti, 1956 Oct. p. 93. [207]
MESOZOA, THE, by Elliot A. Lapan and Harold J. Morowitz, 1972 Dec. p. 94. [1262]
MESSENGER RNA, by Jerard Hurwitz and J. J. Furth, 1962 Feb. p. 41. [119]
MESSENGERS OF THE NERVOUS SYSTEM, by Amedeo S. Marrazzi, 1957 Feb. p. 86.
METABOLISM, ALCOHOLICS AND, by Roger J. Williams, 1948 Dec. p. 50.
METABOLISM DISEASES, HEREDITARY FAT-, by Roscoe O. Brady, 1973 Aug. p. 88.
METABOLISM, GOUT AND, by DeWitt Stetten, Jr., 1958 June p. 73.
METABOLISM, HEART, by Richard J. Bing, 1957 Feb. p. 50.
METABOLISM OF ALCOHOL, THE, by Charles S. Lieber, 1976 Mar. p. 25. [1336]
METABOLISM OF CITIES, THE, by Abel Wolman, 1965 Sept. p. 178.
METABOLISM OF FATS, THE, by David E. Green, 1954 Jan. p. 32. [16]
METABOLISM OF HUMMINGBIRDS, THE, by Oliver P. Pearson, 1953 Jan. p. 69.
METABOLISM OF RUMINANTS, THE, by Terence A. Rogers, 1958 Feb. p. 34.
METABOLIZES FOREIGN SUBSTANCES, HOW THE LIVER, by Attallah Kappas and Alvito P. Alvares, 1975 June p. 22. [1322]
METAL DEPOSITS IN THE OCEANIC LITHOSPHERE, THE ORIGIN OF, by Enrico Bonatti, 1978 Feb. p. 54. [929]
METAL, THE FORMING OF SHEET, by S. S. Hecker and A. K. Ghosh, 1976 Nov. p. 100.
METAL, TITANIUM: A NEW, by George A. W. Boehm, 1949 Apr. p. 48. [258]
METAL "WHISKERS", by S. S. Brenner, 1960 July p. 64.
METALLICA, DE RE: GEORGII AGRICOLAE, 1951 Feb. p. 46.
METALLIDING, by Newell C. Cook, 1969 Aug. p. 38.
METALLURGY IN THE NEW WORLD, EARLY, by Dudley T. Easby, Jr., 1966 Apr. p. 72.
METAL-OXIDE-SEMICONDUCTOR TECHNOLOGY, by William C. Hittinger, 1973 Aug. p. 48.
METALS, ALIGNED CRYSTALS IN, by B. D. Cullity, 1959 Apr. p. 125.
METALS, ANIONS OF THE ALKALI, by James L. Dye, 1977 July p. 92. [368]
METALS AT HIGH TEMPERATURES, THE DEFORMATION OF, by Hugh J. McQueen and W. J. McGregor Tegart, 1975 Apr. p. 116.
METALS CONDUCTION ELECTRONS IN, by M. Ya'. Azbel, M. I. Kaganov and I. M. Lifshitz, 1973 Jan. p. 88.
METALS, DIFFUSION IN, by B. D. Cullity, 1957 May p. 103.
METALS, DISLOCATIONS IN, by Frank B. Cuff, Jr., and L. McD. Schetky, 1955 July p. 80. [204]
METALS, FIBER-REINFORCED, by Anthony Kelly, 1965 Feb. p. 28.
METALS, IONIZING RADIATION AND, by Douglas S. Billington, 1959 Sept. p. 200.
METALS, LIQUID, by N. W. Ashcroft, 1969 July p. 72.

METALS, PURE, by Lawrende P. Lessing, 1954 July p. 36.
METALS, SUPERPLASTIC, by H. W. Hayden, R. C. Gibson and J. H. Brophy, 1969 Mar. p. 28.
METALS, THE FERMI SURFACE OF, by A. R. Mackintosh, 1963 July p. 110.
METALS, THE NATURE OF, by A. H. Cottrell, 1967 Sept. p. 90.
METAL-VAPOR LASERS, by William T. Silfvast, 1973 Feb. p. 88.
METAMORPHOSIS OF INSECTS, THE, by Carroll M. Williams, 1950 Apr. p. 24.
METAMORPHOSIS, POLYMORPHISM, DIFFERENTIATION, by V. B. Wigglesworth, 1959 Feb. p. 100.
METAMORPHOSIS, THE CHEMISTRY OF AMPHIBIAN, by Earl Frieden, 1963 Nov. p. 110. [170]
METEOR CRATER, THE CANADIAN, by V. B. Meen, 1951 May p. 64.
METEOR OF 1947, THE GREAT, by Otto Struve, 1950 June p. 42.
METEORITE CRATERS, FOSSIL, by C. S. Beals, 1958 July p. 32.
METEORITES AND COSMIC RADIATION, by I. R. Cameron, 1973 July p. 64.
METEORITES, DIAMONDS IN, by Edward Anders, 1965 Oct. p. 26.
METEORITES, ORGANIC MATTER IN, by James G. Lawless, Clair E. Folsome and Keith A. Kvenvolden, 1972 June p. 38. [902]
METEORITES, THE ORIGIN OF, by S. Fred Singer, 1954 Nov. p. 36.
METEORITIC DUST, COSMIC SPHERULES AND, by Hans Pettersson, 1960 Feb. p. 123.
METEOROLOGY OF JUPITER, THE, by Andrew P. Ingersoll, 1976 Mar. p. 46.
METEORS, by Fletcher G Watson, 1951 June p. 22.
METRIC SYSTEM, CONVERSION TO THE, by Lord Ritchie-Calder, 1970 July p. 17. [334]
METROPOLIS, CALCUTTA: A PREMATURE, by Nirmal Kumar Bose, 1965 Sept. p. 90.
METROPOLIS, THE MODERN, by Hans Blumenfeld, 1965 Sept. p. 64.
METROPOLITAN MEDICAL ECONOMICS, by Nora K. Piore, 1965 Jan. p. 19.
METROPOLITAN REGION, NEW YORK: A, by Benjamin Chinitz, 1965 Sept. p. 134.
METROPOLITAN SEGREGATION, by Morton Grodzins, 1957 Oct. p. 33.
MEXICO, THE AGRICULTURE OF, by Edwin J. Wellhausen, 1976 Sept. p. 128.
MEXICO, THE CHINAMPAS OF, by Michael D. Coe, 1964 July p. 90. [648]
MICE, POPULATIONS OF HOUSE, by Robert L. Strecker, 1955 Dec. p. 92.
MICHELSON-MORLEY EXPERIMENT, THE, by R. S. Shankland, 1964 Nov. p. 107.
MICROBIAL LIFE IN THE DEEP SEA, by Holger W. Jannasch and Carl O. Wirsen, 1977 June p. 42. [926]
MICROCIRCUITS BY ELECTRON BEAM, by A. N. Broers and M. Hatzakis, 1972 Nov. p. 34.
MICROCIRCUITS IN THE NERVOUS SYSTEM, by Gordon M. Shepherd, 1978 Feb. p. 92. [1380]
MICROCIRCULATION OF THE BLOOD, THE, by Benjamin W. Zweifach, 1959 Jan. p. 54.
MICROCOMPUTERS, by André G. Vacroux, 1975 May p. 32.
MICROELECTRONIC CIRCUIT ELEMENTS, by James D. Meindl, 1977 Sept. p. 70. [375]
MICROELECTRONIC CIRCUITS, THE LARGE-SCALE INTEGRATION OF, by William C. Holton, 1977 Sept. p. 82. [376]
MICROELECTRONIC CIRCUITS, THE FABRICATION OF, by William G. Oldham, 1977 Sept. p. 110. [377]
MICROELECTRONIC MEMORIES, by David A. Hodges, 1977 Sept. p. 130. [378]
MICROELECTRONICS, 1977 Sept. *issue.*
MICROELECTRONICS, by William C. Hittinger and Morgan Sparks, 1965 Nov. p. 56.
MICROELECTRONICS, by Robert N. Noyce, 1977 Sept. p. 62. [374]
MICROELECTRONICS AND COMPUTER SCIENCE, by Ivan E. Sutherland and Carver A. Mead, 1977 Sept. p. 210. [383]
MICROELECTRONICS AND THE PERSONAL COMPUTER, by Alan C. Kay, 1977 Sept. p. 230. [384]
MICROELECTRONICS IN COMMUNICATION, THE ROLE OF, by John S. Mayo, 1977 Sept. p. 192. [382]
MICROELECTRONICS IN DATA PROCESSING, THE ROLE OF, by Lewis M. Terman, 1977 Sept. p. 162. [380]
MICROELECTRONICS IN INSTRUMENTATION AND CONTROL, THE ROLE OF, by Bernard M. Oliver, 1977 Sept. p. 180. [381]
MICROGRAPHS, SOAP, 1952 Feb. p. 58.
MICROMETEOROLOGY, by Sir Graham Sutton, 1964 Oct. p. 62.
MICROPALEONTOLOGY, by David B. Ericson and Goesta Wollin, 1962 July p. 96. [856]
MICROPROCESSORS, by Hoo-Min D. Toong, 1977 Sept. p. 146. [379]
MICROSCOPE, A "FLYING-SPOT", by P. O'B. Montgomery and W. A. Bonner, 1958 May p. 38.
MICROSCOPE, A HIGH-RESOLUTION SCANNING ELECTRON, by Albert V. Crewe, 1971 Apr. p. 26.
MICROSCOPE, A NEW, by Erwin W. Müller, 1952 May p. 58.
MICROSCOPE, A TOPOGRAPHIC, by Samuel Tolansky, 1954 Aug. p. 54.
MICROSCOPE, ATOMIC, 1951 July p. 56.
MICROSCOPE, THE SCANNING ELECTRON, by Thomas E. Everhart and Thomas L. Hayes, 1972 Jan. p. 54.
MICROSCOPE, THE X-RAY, by Paul Kirkpatrick, 1949 Mar. p. 44.
MICROSEISMS, by L. Don Leet, 1949 Feb. p. 42.
MICROSOME, THE, by Paul C. Zamecnik, 1958 Mar. p. 118. [52]
MICROSTRUCTURE OF POLYMERIC MATERIALS, THE, by D. R. Uhlmann and A. G. Kolbeck, 1975 Dec. p. 96.
MICROSTRUCTURE OF THE OCEAN, THE, by Michael C. Gregg, 1973 Feb. p. 64. [905]
MICROSURGERY, by M. J. Kopac, 1950 Oct. p. 48.
MICROVASCULAR SURGERY FOR STROKE, by Jack M. Fein, 1978 Apr. p. 58. [1385]
MICROWAVE DIODES, TECHNOLOGY ASSESSMENT AND, by Raymond Bowers and Jeffrey Frey, 1972 Feb. p. 13.
MICROWAVES, by J. R. Pierce, 1952 Aug. p. 43.
MICROWAVES, A SOLID-STATE SOURCE OF, by Raymond Bowers, 1966 Aug. p. 22.
MIDAS, THE CITY OF, by Machteld J. Mellink, 1959 July p. 100.
MID-ATLANTIC RIFT, THE FLOOR OF THE, by J. R. Heirtzler and W. B. Bryan, 1975 Aug. p. 78. [918]
MIDDLE CLASS, WORLD RESOURCES AND THE WORLD, by Nathan Keyfitz, 1976 July p. 28.
MIDDLE EAST OIL, by F. Julius Fohs, 1948 Sept. p. 9.
MIDGETS, GENERAL TOM THUMB AND OTHER, by Victor A. McKusick and David L. Rimoin, 1967 July p. 102.
MIGRAINES, THE FORTIFICATION ILLUSIONS OF, by Whitman Richards, 1971 May p. 88. [536]
MIGRATION OF INSECTS, THE AERIAL, by C. G. Johnson, 1963 Dec. p. 132. [173]
MIGRATION OF POLAR BEARS, THE, by Vagn Flyger and Marjorie R. Townsend, 1968 Feb. p. 118. [1102]
MIGRATIONS OF HUMAN POPULATIONS, THE, by Kingsley Davis, 1974 Sept. p. 92.
MIGRATIONS OF THE SHAD, THE, by William C. Leggett, 1973 Mar. p. 92. [1268]
MIGRATORY BIRD, THE STELLAR-ORIENTATION SYSTEM OF A, by Stephen T. Emlen, 1975 Aug. p. 102. [1327]
MILITARY TECHNOLOGY AND NATIONAL SECURITY, by Herbert F. York, 1969 Aug. p. 17. [330]
MILK, by Stuart Patton, 1969 July p. 58.
MILK, THE SYNTHESIS OF, by J. M. Barry, 1957 Oct. p. 121.
MILKY WAY, THE, by Bart J. Bok, 1950 Feb. p. 30.
MILLING, CHEMICAL, by Edmund L. Van Deusen, 1957 Jan. p. 104.
MIMICRY IN PARASITIC BIRDS, by Jürgen Nicolai, 1974 Oct. p. 92.
MIND, EARLY CONCEPTS OF THE SENSES AND THE, by A. C. Crombie, 1964 May p. 108. [184]
MIND, PALEONEUROLOGY AND THE EVOLUTION OF, by Harry J. Jerison, 1976 Jan. p. 90. [568]
MIND, THE EVOLUTION OF, by Norman L. Munn, 1957 June p. 140.
MINE, GAS FROM THE, by Leonard Engel, 1950 June p. 52.
MINERAL CYCLES, by Edward S. Deevey, Jr., 1970 Sept. p. 148. [1195]
MINERAL RESOURCES, PLATE TECTONICS AND, by Peter A. Rona, 1973 July p. 86. [909]
MINERALS, by Julian W. Feiss, 1963 Sept. p. 128.
MINERALS ON THE OCEAN FLOOR, by John L. Mero, 1960 Dec. p. 64.
MINING OF WESTERN COAL, THE STRIP-, by Genevieve Atwood, 1975 Dec. p. 23.
MIRAGES, by Alistair B. Fraser and William H. Mach, 1976 Jan. p. 102.
MISSILE SUBMARINES AND NATIONAL SECURITY, by Herbert Scoville, Jr., 1972 June p. 15. [344]
MISSILE SYSTEMS, ANTI-BALLISTIC-, by Richard L. Garwin and Hans A. Bethe, 1968 Mar. p. 21.
MISSILES CRUISE, by Kosta Tsipis, 1977 Feb. p. 20. [691]
MISSILES, MULTIPLE-WARHEAD, by Herbert F. York, 1973 Nov. p. 18.
MISSILES, THE ACCURACY OF STRATEGIC, by Kosta Tsipis, 1975 July p. 14.
MISSISSIPPI A PRE-COLUMBIAN URBAN CENTER ON THE, by Melvin L. Fowler, 1975 Aug. p. 92. [688]
MISSISSIPPI, MOUNT BUILDERS OF THE, by James A. Ford, 1952 Mar. p. 22.
MISSISSIPPI, PARADOXES OF THE, by Gerard H. Matthes, 1951 Apr. p. 18. [836]
MITOCHONDRIA AND CHLOROPLASTS, THE GENETIC ACTIVITY OF, by Ursula W. Goodenough and R. P. Levine, 1970 Nov. p. 22. [1203]
MITOCHONDRION, THE, by David E. Green, 1964 Jan. p. 63.
MITOCHONDRION, THE MEMBRANE OF THE, by Efraim Racker, 1968 Feb.32. [1101]
MOAS, THE END OF THE, by Edward S. Deevey, Jr., 1954 Feb. p. 84.
MOBILIZATION, by Arthur S. Flemming, 1951 Sept. p. 89.
MODEL OF THE NUCLEUS, A, by Victor F. Weisskopf and E. P. Rosenbaum, 1955 Dec. p. 84. [261]
MODELS OF OCEANIC CIRCULATION, by D. James Baker, Jr., 1970 Jan. p. 114. [890]
MODERN COSMOLOGY, by George Gamow, 1954 Mar. p. 54.

MODERN CRYPTOLOGY, by David Kahn, 1966 July p. 38.
MODERN METROPOLIS, THE, by Hans Blumenfeld, 1965 Sept. p. 64.
MODULATION OF LASER LIGHT, THE, by Donald F. Nelson, 1968 June p. 17.
MODULATION, PULSE-CODE, by J. S. Mayo, 1968 Mar. p. 102.
MOHOLE, THE, by Willard Bascom, 1959 Apr. p. 41.
MOIRE PATTERNS, by Gerald Oster and Yasunori Nishijima, 1963 May p. 54. [299]
MOLDS AND MEN, by Ralph Emerson, 1952 Jan. p. 28. [115]
MOLDS COMMUNICATE, HOW SLIME, by John Tyler Bonner, 1963 Aug. p. 84. [164]
MOLDS, THE GENES OF MEN AND, by George W. Beadle, 1948 Sept. p. 30. [1]
MOLECULAR BEAMS, by O. R. Frisch, 1965 May p. 58.
MOLECULAR BIOLOGY OF POLIOVIRUS, THE, by Deborah H. Spector and David Baltimore, 1975 May p. 24.
MOLECULAR ISOMERS IN VISION, by Ruth Hubbard and Allen Kropf, 1967 June p. 64. [1075]
MOLECULAR MODEL-BUILDING BY COMPUTER, by Cyrus Levinthal, 1966 June p. 42. [1043]
MOLECULAR MOTIONS, by B. J. Alder and Thomas E. Wainwright, 1959 Oct. p. 113. [265]
MOLECULAR SIEVES, by D. W. Breck and J. V. Smith, 1959 Jan. p. 85.
MOLECULE OF INFECTIOUS DRUG RESISTANCE, THE, by Royston C. Clowes, 1973 Apr. p. 18. [1269]
MOLECULE OF LIVING MATTER, AN UNIVERSAL, by Martin Kamen, 1958 Aug. p. 77.
MOLECULE, THE ACTH, by Choh Hao Li, 1963 July p. 46. [160]
MOLECULE, THE HEMOGLOBIN, by M. F. Pertutz, 1964 Nov. p. 64. [196]
MOLECULE, THE INSULIN, by E. O. P. Thompson, 1955 May p. 36.
MOLECULE, THE THREE-DIMENSIONAL STRUCTURE OF AN ENZYME, by David C. Phillips, 1966 Nov. p. 78. [1055]
MOLECULE, THE THREE-DIMENSIONAL STRUCTURE OF A PROTEIN, by John C. Kendrew, 1961 Dec. p. 96. [121]
MOLECULES ARE MADE, HOW GIANT, by Giulio Natta, 1957 Sept. p. 98.
MOLECULES ARE MEASURED, HOW GIANT, by Peter J. W. Debye, 1957 Sept. p. 90.
MOLECULES, GIANT, 1957 Sept. *issue.*
MOLECULES, GIANT, by Herman F. Mark, 1957 Sept. p. 80.
MOLECULES, HOW CELLS MAKE, by Vincent G. Allfrey and Alfred E. Mirsky, 1961 Sept. p. 74. [92]
MOLECULES IN CELLS AND TISSUES, GIANT, by Francis O. Schmitt, 1957 Sept. p. 204. [35]
MOLECULES, INTERSTELLAR, by Barry E. Turner, 1973 Mar. p. 50.
MOLECULES, THE FORCE BETWEEN, by Boris V. Derjaguin, 1960 July p. 47.
MOLECULES, THE NATURE OF AROMATIC, by Ronald Breslow, 1972 Aug. p. 32.
MOLECULES, THE SHAPES OF ORGANIC, by Joseph B. Lambert, 1970 Jan. p. 58. [331]
MOLECULES, THE STRUCTURE OF PROTEIN, by Linus Pauling, Robert B. Corey and Roger Hayward, 1954 July p. 51. [31]
MOLLUSKS, GIANT BRAIN CELLS IN, by A. O. D. Willows, 1971 Feb. p. 68. [1212]
MOMENT OF FERTILIZATION, THE, by Robert D. Allen, 1959 July p. 124.
MONEY, RED-FEATHER, by William Davenport, 1962 Mar. p. 94.
MONGOL CONQUESTS, CHINGIS KHAN AND THE, by Owen Lattimore, 1963 Aug. p. 54.
MONGOLISM, by Theodore H. Ingalls, 1952 Feb. p. 60.
MONKEY?, OREOPITHECUS: HOMUNCULUS OR, by Loren C. Eiseley, 1956 June p. 91.
MONKEY WAR, THE END OF THE, by L. Sprague de Camp, 1969 Feb. p. 15.
MONKEYS, CURIOSITY IN, by Robert A. Butler, 1954 Feb. p. 70.
MONKEYS, LOVE IN INFANT, by Harry F. Harlow, 1959 June p. 68. [429]
MONKEYS, SOCIAL DEPRIVATION IN, by Harry F. and Margaret Kuenne Harlow, 1962 Nov. p. 136. [473]
MONKEYS, ULCERS IN "EXECUTIVE", by Joseph V. Brady, 1958 Oct. p. 95. [425]
MONKEYS, URBAN, by Sheo Dan Singh, 1969 July p. 108. [523]
MONMOUTH, FORT, by John B. Phelps and Ernest C. Pollard, 1954 June p. 29.
MONOMOLECULAR FILMS, by Herman E. Ries, Jr., 1961 Mar. p. 152.
MONOMOLECULAR LAYERS AND LIGHT, by Karl H. Drexhage, 1970 Mar. p. 108.
MONOPOLES, MAGNETIC, by Kenneth W. Ford, 1963 Dec. p. 122.
MONTE CARLO METHOD, THE, by Daniel D. McCracken, 1955 May p. 90.
MOON, A ROCKET AROUND THE, by Krafft A. Ehricke and George Gamow, 1957 June p. 47.
MOON ILLUSION, THE, by Lloyd Kaufman and Irvin Rock, 1962 July p. 120. [462]
MOON, LOCATING RADIO SOURCES WITH THE, by R. W. Clarke, 1966 June p. 30.
MOON SYSTEM, TIDES AND THE EARTH-, by Peter Goldreich, 1972 Apr. p. 42.
MOON, TEKTITES AND IMPACT FRAGMENTS FROM THE, by John A. O'Keefe, 1964 Feb. p. 50.
MOON, THE, by John A. Wood, 1975 Sept. p. 92.
MOON, THE CARBON CHEMISTRY OF THE, by Geoffrey Eglinton, James R. Maxwell and Colin T. Pillinger, 1972 Oct. p. 80.
MOON, THE CRATERS OF THE, by Ralph B. Baldwin, 1949 July p. 20.
MOON, THE EXPLORATION OF THE, by Robert Jastrow, 1960 May p. 61.
MOON, THE EXPLORATION OF THE, by Wilmot Hess, Robert Kovach, Paul W.Gast and Gene Simmons, 1969 Oct. p. 54. [889]
MOON, THE FEEL OF THE, by Ronald F. Scott, 1967 Nov. p. 34.
MOON, THE GEOLOGY OF THE, by Eugene M. Shoemaker, 1964 Dec. p. 38.
MOON, THE LUMINESCENCE OF THE, by Zdeněk Kopal, 1965 May p. 28.
MOON, THE LUNAR ORBITER MISSIONS TO THE, by Ellis Levin, Donald D. Viele and Lowell B. Eldrenkamp, 1968 May p. 58.
MOON, THE MAGNETISM OF THE, by Palmer Dyal and Curtis W. Parkin, 1971 Aug. p. 62.
MOON, THE RANGER MISSIONS TO THE, by H. M. Schurmeier, R. L. Heacock and A. E. Wolfe, 1966 Jan. p. 52.
MOON, THE SURFACE OF THE, by Albert R. Hibbs, 1967 Mar. p. 60.
MORE ABOUT BAT "RADAR", by Donald R. Griffin, 1958 July p. 40. [1121]
MORE FROM THE CENSUS OF 1960, by Philip M. Hauser, 1962 Oct. p. 30.
MORE ON THE LANGUAGE OF THE BEES, by Hans Kalmus, 1953 July p. 60.
MORLEY EXPERIMENT, THE MICHELSON-, by R. S. Shankland, 1964 Nov. p. 107.
MORTALITY OF MEN AND WOMEN, THE, by Amram Scheinfeld, 1958 Feb. p. 22.
MORTALITY OF TROUT, THE, by Paul R. Needham, 1953 May p. 81.
MOSAICS, GENETIC, by Aloha Hannah-Alava, 1960 May p. 118.
MOSQUITO REPELLENTS REPEL, WHY, by R. H. Wright, 1975 July p. 104.
MOSQUITO, THE SEXUAL LIFE OF A, by Jack Colvard Jones, 1968 Apr. p. 108.
MOSQUITOES, THE FEEDING BEHAVIOR OF, by Jack Colvard Jones, 1978 June p. 138. [1392]
MÖSSBAUER EFFECT, THE, by Sergio DeBenedetti, 1960 Apr. p. 72. [271]
MÖSSBAUER SPECTROSCOPY, by R. H. Herber, 1971 Oct. p. 86.
MOST POISONOUS MUSHROOMS, THE, by Walter Litten, 1975 Mar. p. 90.
MOST PRIMITIVE OBJECTS IN THE SOLAR SYSTEM, THE, by Lawrence Grossman, 1975 Feb. p. 30.
MOTHER AND INFANT, THE ROLE OF THE HEARTBEAT IN THE RELATIONS BETWEEN, by Lee Salk, 1973 May p. 24.
MOTHS AND ULTRASOUND, by Kenneth D. Roeder, 1965 Apr. p. 94. [1009]
MOTHS, MELANISM AND CLEAN AIR, by J. A. Bishop and Laurence M. Cook, 1975 Jan. p. 90. [1314]
MOTHS, TEMPERATURE CONTROL IN FLYING, by Bernd Heinrich and George A. Bartholomew, 1972 June p. 70. [1252]
MOTHS, THE SEX-ATTRACTANT RECEPTOR OF, by Dietrich Schneider, 1974 July p. 36. [1299]
MOTION AND POTENTIAL THEORY, BROWNIAN, by Reuben Hersh and Richard J. Griego, 1969 Mar. p. 66.
MOTION MACHINES, PERPETUAL, by Stanley W. Angrist, 1968 Jan. p. 114.
MOTION OF THE GROUND IN EARTHQUAKES, THE, by David M. Boore, 1977 Dec. p. 68. [928]
MOTION PERCEPTION, VISUAL, by Gunnar Johansson, 1975 June p. 76. [564]
MOTION, THE PERCEPTION OF, by Hans Wallach, 1959 July p. 56. [409]
MOTIVATION, THE MEASUREMENT OF, by H. J. Eysenck, 1963 May p. 130. [477]
MOUND BUILDERS OF THE MISSISSIPPI, by James A. Ford, 1952 Mar. p. 22.
MOUNT MCKINLEY, MAPPING, by Bradford Washburn, 1949 Jan. p. 46.
MOUNTAINS AND CONTINENT-BUILDING, GEOSYNCLINES, by Robert S. Dietz, 1972 Mar. p. 30. [899]
MOUSE, THE PHYSIOLOGY OF THE HOUSE, by Daniel S. Fertig and Vaughan W. Edmonds, 1969 Oct. p. 103. [1159]
MOVEMENT BRAIN MECHANISMS IN, by Edward V. Evarts, 1973 July p. 96. [1277]
MOVEMENT, THE ILLUSION OF, by Paul A. Kolers, 1964 Oct. p. 98. [487]
MOVEMENTS OF THE EYE, by E. Llewellyn Thomas, 1968 Aug. p. 88. [516]
MOVEMENTS, THE COORDINATION OF EYE-HEAD, by Emilio Bizzi, 1974 Oct. p. 100. [1305]
MOVING TARGETS, THE PERCEPTION OF, by Robert Sekuler and Eugene Levinson, 1977 Jan. p. 60. [575]
MOVING THE OBELISK, by Bern Dibner, 1951 June p. 58.
MULE, THE, by Theodore H. Savory, 1970 Dec. p. 102. [1208]
MULTIPLE SCLEROSIS PROBLEM, THE, by Geoffrey Dean, 1970 July p. 40.
MULTIPLE-WARHEAD MISSILES, by Herbert F. York, 1973 Nov. p. 18.
MULTIPLICATION OF BACTERIAL VIRUSES, THE, by Gunther S. Stent, 1953 May p. 36. [40]

MULTIPLICITY OF PARTICLES, THE, by Robert E. Marshak, 1952 Jan. p. 22.
MULTISTABILITY IN PERCEPTION, by Fred Attneave, 1971 Dec. p. 62. [540]
MUON, THE, by Sheldon Penman, 1961 July p. 46. [275]
MUONIUM ATOM, THE, by Vernon W. Hughes, 1966 Apr. p. 93.
MURDER, THE PREVENTION OF, by Fredric Wertham, 1949 June p. 50.
MUSCLE, ARTIFICIAL, by Teru Hayashi and George A. W. Boehm, 1952 Dec. p. 18.
MUSCLE AS A MACHINE, by A. Katchalsky and S. Lifson, 1954 Mar. p. 72.
MUSCLE CONTRACTION, THE PROTEIN SWITCH OF, by Carolyn Cohen, 1975 Nov. p. 36. [1329]
MUSCLE, HEART, 1951 Aug. p. 48.
MUSCLE PROTEINS, THE COOPERATIVE ACTION OF, by John M. Murray and Annemarie Weber, 1974 Feb. p. 58. [1290]
MUSCLE RESEARCH, by A. Szent-Györgyi, 1949 June p. 22.
MUSCLE, THE CONTRACTION OF, by H. E. Huxley, 1958 Nov. p. 66. [19]
MUSCLE, THE EMBRYOLOGICAL ORIGIN OF, by Irwin R. Konigsberg, 1964 Aug. p. 61.
MUSCLE TURNED ON AND OFF? HOW IS, by Graham Hoyle, 1970 Apr. p. 84. [1175]
MUSCLES, HOW WE CONTROL THE CONTRACTION OF OUR, by P. A. Merton, 1972 May p. 30. [1249]
MUSCLES OF INSECTS, THE FLIGHT, by David S. Smith, 1965 June p. 76. [1014]
MUSCULAR CONTRACTION, THE MECHANISM OF, by H. E. Huxley, 1965 Dec. p. 18. [1026]
MUSCULAR ENERGY, THE SOURCES OF, by Rodolfo Margaria, 1972 Mar. p. 84. [1244]
MUSEUM, SCIENCE IN THE ART, by Rutherford J. Gettens, 1952 July p. 22.
MUSHROOMS, THE GROWTH OF, by John Tyler Bonner, 1956 May p. 97.
MUSHROOMS, THE MOST POISONOUS, by Walter Litten, 1975 Mar. p. 90.
MUSIC, COMPUTER, by Lejaren A. Hiller, Jr., 1959 Dec. p. 109.
MUSIC IN GALILEO'S EXPERIMENTS, THE ROLE OF, by Stillman Drake, 1975 June p. 98.
MUSIC, PHYSICS AND, by Frederick A. Saunders, 1948 July p. 32.
MUSICAL DYNAMICS, by Blake R. Patterson, 1974 Nov. p. 78.
MUSICAL ILLUSIONS, by Diana Deutsch, 1975 Oct. p. 92. [566]
MUSICAL TONES, by Hugh Lineback, 1951 May p. 52.
MUTATION OF VIRUSES, THE, by C. A. Knight and Dean Fraser, 1955 July p. 74. [59]
MUTATION, RADIATION AND HUMAN, by H. J. Muller, 1955 Nov. p. 58. [29]
MUTATIONS IN PLANTS, INDUCED, by Björn Sigurbjörnsson, 1971 Jan. p. 86. [1210]
MYCENAE, CITY OF AGAMEMNON, by George E. Mylonas, 1954 Dec. p. 72.
MYCENAEAN GREECE, LIFE IN, by John Chadwick, 1972 Oct. p. 36. [681]
MYSTERY OF CORN, THE, by Paul C. Mangelsdorf, 1950 July p. 20. [26]
MYSTERY OF PIGEON HOMING, THE, by William T. Keeton, 1974 Dec. p. 96. [1311]
MYTH, THE OEDIPUS, by Erich Fromm, 1949 Jan. p. 22.

N

NABATAEANS, THE CAPITAL OF THE, by Peter J. Parr, 1963 Oct. p. 94.
NARCOTIC ADDICTON, EXPERIMENTAL, by James R. Weeks, 1964 Mar. p. 46.
NATION IN TURKEY, A FORGOTTEN, by Seton Lloyd, 1955 July p. 42.
NATIONAL HEALTH INSURANCE, by Michael M. Davis, 1949 June p. 11.
NATIONAL RADIO OBSERVATORY, A, by Bart J. Bok, 1956 Oct. p. 56.
NATIONAL SCIENCE FOUNDATION, THE, by Alfred Winslow Jones, 1948 June p. 7.
NATIONAL SCIENCE FOUNDATION TAKES STOCK, THE, by Lawrence P. Lessing, 1954 Mar. p. 29.
NATIONAL SCIENCE POLICY, A, by Chester I. Barnard, 1957 Nov. p. 45.
NATIONAL SECURITY AND THE NUCLEAR-TEST BAN, by Jerome B. Wiesner and Herbert F. York, 1964 Oct. p. 27. [319]
NATIONAL SECURITY, ANTISUBMARINE WARFARE AND, by Richard L. Garwin, 1972 July p. 14. [345]
NATIONAL SECURITY, MILITARY TECHNOLOGY AND, by Herbert F. York, 1969 Aug. p. 17. [330]
NATIONAL SECURITY, MISSILE SUBMARINES AND, by Herbert Scoville, Jr., 1972 June p. 15. [344]
NATIONALITY AND CONFORMITY, by Stanley Milgram, 1961 Dec. p. 45.
NATURAL FISSION REACTOR, A, by George A. Cowan, 1976 July p. 36.
NATURAL GAS, by James J. Parsons, 1951 Nov. p. 17.
NATURAL GAS, LIQUID, by Noel de Nevers, 1967 Oct. p. 30.
NATURAL GAS, THE IMPORTATION OF LIQUEFIED, by Elisabeth Drake and Robert C. Reid, 1977 Apr. p. 22. [353]
NATURAL HISTORY OF A VIRUS, by Philip and Emily Morrison, 1949 Nov. p. 50.
NATURAL RESOURCES, REMOTE SENSING OF, by Robert N. Colwell, 1968 Jan. p. 54.
NATURAL SELECTION IN LANGUAGE, by Joshua Whatmough, 1952 Apr. p. 82.
NATURAL-URANIUM HEAVY-WATER REACTORS, by Hugh C. McIntyre, 1975 Oct. p. 17.
"NATURE", 1950 Jan. p. 46.
NATURE AND MEASUREMENT OF ANXIETY, THE, by Raymond B. Cattell, 1963 Mar. p. 96. [475]
NATURE, INSECT CONTROL AND THE BALANCE OF, by Ray F. Smith and William W. Allen, 1954 June p. 38.
NATURE OF AROMATIC MOLECULES, THE, by Ronald Breslow, 1972 Aug. p. 32.
NATURE OF ASTEROIDS, THE, by Clark R. Chapman, 1975 Jan. p. 24.
NATURE OF CERAMICS, THE, by John J. Gilman, 1967 Sept. p. 112.
NATURE OF COMETS, THE, by Fred L. Whipple, 1974 Feb. p. 48.
NATURE OF COMPOSITE MATERIALS, THE, by Anthony Kelly, 1967 Sept. p. 160.
NATURE OF DREAMS, THE, by Erich Fromm, 1949 May p. 44. [495]
NATURE OF GLASSES, THE, by R. J. Charles, 1967 Sept. p. 126.
NATURE OF METALS, THE, by A. H. Cottrell, 1967 Sept. p. 90.
NATURE OF OCEANIC LIFE, THE, by John D. Isaacs, 1969 Sept. p. 146. [884]
NATURE OF POLYMERIC MATERIALS, THE, by Herman F. Mark, 1967 Sept. p. 148.
NATURE OF PULSARS, THE, by Jeremiah P. Ostriker, 1971 Jan. p. 48.
NATURE OF SOLIDS, THE, by Gregory H. Wannier, 1952 Dec. p. 39. [249]
NATURE, THE EVOLUTION OF THE PHYSICIST'S PICTURE OF, by P. A. M. Dirac, 1963 May p. 45.
NAVAL RESEARCH, THE OFFICE OF, by John E. Pfeiffer, 1949 Feb. p. 11.
NAVIGATION BETWEEN THE PLANETS, by William G. Melbourne, 1976 June p. 58.
NAVIGATION BY BIRDS, CELESTIAL, by E. G. F. Sauer, 1958 Aug. p. 42. [133]
NAVIGATION BY INSECTS, POLARIZED-LIGHT, by Rüdiger Wehner, 1976 July p. 106. [1342]
NAVIGATION FOR AIRCRAFT, INERTIAL, by Cornelius T. Leondes, 1970 Mar. p. 80.
NAVIGATION, INTERPLANETARY, by Aubrey B. Mickelwait, Edwin H. Tompkins, Jr., and Robert A. Park, 1960 Mar. p. 64.
NAVIGATION OF ANIMALS, THE SUN, by Hans Kalmus, 1954 oct. 74.
NAVIGATION OF BATS, THE, by Donald R. Griffin, 1950 Aug. p. 52.
NAVIGATION OF BIRDS, THE, by Donald R. Griffin, 1948 Dec. p. 18.
NAVIGATION OF PENGUINS, THE, by John T. Emlen and Richard L. Penney, 1966 Oct. p. 104.
NAVIGATION OF THE GREEN TURTLE, THE, by Archie Carr, 1965 May p. 78. [1010]
NAVIGATION, POLARIZED LIGHT AND ANIMAL, by Talbot H. Waterman, 1955 July p. 88.
NEANDERTHAL MAN, by J. E. Weckler, 1957 Dec. p. 89. [844]
NEBULA, THE AGE OF THE ORION, by Peter O. Vandervoort, 1965 Feb. p. 90.
NEBULA, THE CRAB, by Jan H. Oort, 1957 Mar. p. 52.
NEBULA, THE DYNAMICS OF THE ANDROMEDA, by Vera C. Rubin, 1973 June p. 30.
NEBULA, THE GUM, by Stephen P. Maran, 1971 Dec. p. 20.
NEBULAE, PLANETARY, by Martha and William Liller, 1963 Apr. p. 60.
NEBULAS, THE STRUCTURE OF EMISSION, by Joseph S. Miller, 1974 Oct. p. 34.
NECESSITY OF FISSION POWER, THE, by H. A. Bethe, 1976 Jan. p. 21. [348]
NEGATIVE AFTEREFFECTS IN VISUAL PERCEPTION, by Olga Eizner Favreau and Michael C. Corballis, 1976 Dec. p. 42. [574]
NEGATIVE VISCOSITY, by Victor P. Starr and Norman E. Gaut, 1970 July p. 72.
NEGATIVE-INCOME-TAX EXPERIMENT, A, by David N. Kershaw, 1972 Oct. p. 19.
NEGRO, THE BIOLOGY OF THE, by Curt Stern, 1954 Oct. p. 80.
NEGRO, THE SOCIAL POWER OF THE, by James P. Comer, 1967 Apr. p. 21. [633]
NEOGLACIATION, by George H. Denton and Stephen C. Porter, 1970 June p. 100.
NEOLITHIC CITY IN TURKEY, A, by James Mellaart, 1964 Apr. p. 94. [620]
NEOLITHIC TURKEY, A HUNTERS' VILLAGE IN, by Dexter Perkins, Jr., and Patricia Daly, 1968 Nov. p. 96.
NEOLITHIC VILLAGE IN GREECE, AN EARLY, by Robert J. Rodden, 1965 Apr. p. 82.
NEOLITHIC VILLAGE SITE, HACILAR: A, by James Mellaart, 1961 Aug. p. 86.
NEPTUNE, THE SOLAR SYSTEM BEYOND, by Owen Gingerich, 1959 Apr. p. 86.
NERVE AXON, THE, by Peter F. Baker, 1966 Mar. p. 74. [1038]
NERVE-CELL SPECIFICITY, THE ORIGINS OF, by Marcus Jacobson and R. Kevin Hunt, 1973 Feb. p. 26. [1265]

NERVE CELLS AND BEHAVIOR, by Eric R. Kandel, 1970 July p. 57. [1182]
NERVE CELLS, SMALL SYSTEMS OF, by Donald Kennedy, 1967 May p. 44. [1073]
NERVE CIRCUITS, THE GROWTH OF, by R. W. Sperry, 1959 Nov. p. 68. [72]
NERVE IMPULSE AND THE SQUID, THE, by Richard Keynes, 1958 Dec. p. 83. [58]
NERVE IMPULSE, THE, by Bernhard Katz, 1952 Nov. p. 55. [20]
NERVE TISSUE, INTERACTIONS BETWEEN HORMONES AND, by Bruce S. McEwen, 1976 July p. 48. [1341]
NERVOUS DISEASE, ALLERGIC MECHANISMS IN, by Elvin A. Kabat, 1949 July p. 16.
NERVOUS SYSTEM, INHIBITION IN THE CENTRAL, by Victor J. Wilson, 1966 May p. 102.
NERVOUS SYSTEM, LEARNING IN THE AUTONOMIC, by Leo V. DiCara, 1970 Jan. p. 30. [525]
NERVOUS SYSTEM, MESSENGERS OF THE, by Amedeo S. Marrazzi, 1957 Feb. p. 86.
NERVOUS SYSTEM, MICROCIRCUITS IN THE, by Gordon M. Shepherd, 1978 Feb. p. 92. [1380]
NERVOUS SYSTEM OF THE LEECH, THE, by John G. Nicholls and David Van Essen, 1974 Jan. p. 38. [1287]
NERVOUS SYSTEM, SATELLITE CELLS IN THE by Holger Hydén, 1961Dec. 62. [134]
NESTOR'S PALACE, KING, by Carl W. Blegen, 1958 May p. 110.
NESTS, AIR-CONDITIONED TERMITE, by Martin Lüscher, 1961 July p. 138.
"NET, THE WONDERFUL", by P. F. Scholander, 1957 Apr. p. 96.
NETWORK ANALYSIS, by Howard Frank and Ivan T. Frisch, 1970 July p. 94.
NETWORKS, COMMUNICATION, by Hiroshi Inose, 1972 Sept. p. 116.
NETWORKS, RURAL MARKET, by Stuart Plattner, 1975 May p. 66.
NEURAL BASIS OF VISUALLY GUIDED BEHAVIOR, THE, by Jörg-Peter Ewert, 1974 Mar. p. 34. [1293]
NEUROBIOLOGY OF CRICKET SONG, THE, by David Bentley and Ronald R. Hoy, 1974 Aug. p. 34. [1302]
NEUROPHYSIOLOGY OF BINOCULAR VISION, THE, by John D. Pettigrew, 1972 Aug. p. 84. [1255]
NEUROPHYSIOLOGY OF REMEMBERING, THE, by Karl H. Pribram, 1969 Jan. p. 73. [520]
NEUROSES, EXPERIMENTAL, by Jules H. Masserman, 1950 Mar. p. 38. [443]
NEUROTRANSMITTERS, by Julius Axelrod, 1974 June p. 58. [1297]
NEUTRAL COLORS, THE PERCEPTION OF, by Hans Wallach, 1963 Jan. p. 107. [474]
NEUTRAL WEAK CURRENTS, THE DETECTION OF, by David B. Cline, A. K. Mann and Carlo Rubbia, 1974 Dec. p. 108.
NEUTRINO ASTRONOMY, by Philip Morrison, 1962 Aug. p. 90. [283]
NEUTRINO BEAMS, EXPERIMENTS WITH, by Barry C. Barish, 1973 Aug. p. 30.
NEUTRINO, THE, by Philip Morrison, 1956 Jan. p. 58.
NEUTRINOS FROM THE ATMOSPHERE AND BEYOND, by Frederick Reines and J. P. F. Sellschop, 1966 Feb. p. 40.
NEUTRINOS FROM THE SUN, by John N. Bahcall, 1969 July p. 28.
NEUTRON-ACTIVATION ANALYSIS, by Werner H. Wahl and Henry H. Kramer, 1967 Apr. p. 68.
NEUTRON RADIOGRAPHY, by Harold Berger, 1962 Nov. p. 107. [287]
NEUTRON-SCATTERING STUDIES OF THE RIBOSOME, by Donald M. Engelman and Peter B. Moore, 1976 Oct. p. 44.
NEUTRON SPECTROSCOPY, FAST-, by Lawrence Cranberg, 1964 Mar. p. 79.
NEUTRON, THE, by Philip and Emily Morrison, 1951 Oct. p. 44.
NEUTRON, THE STRUCTURE OF THE PROTON AND THE, by Henry W. Kendall and Wolfgang Panofsky, 1971 June p. 60.
NEW CLASS OF DIODE LASERS, A, by Morton B. Panish and Izuo Hayashi, 1971 July p. 32.
NEW COVENANTERS OF QUMRAN, THE, by Shemaryahu Talmon, 1971 Nov. p. 72.
NEW ERA IN POLIO RESEARCH, A, by Joseph L. Melnick, 1952 Nov. p. 26.
NEW METHODS FOR APPROACHING ABSOLUTE ZERO, by O. V. Lounasmaa, 1969 Dec. p. 26.
NEW METHODS OF RADIO TRANSMISSION, by Jerome B. Wiesner, 1957 Jan. p. 46.
NEW MICROSCOPE, A, by Erwin W. Müller, 1952 May p. 58.
NEW MODELS OF THE REAL-NUMBER LINE, by Lynn Arthur Steen, 1971 Aug. p. 92.
NEW PENICILLINS, by Anthony H. Rose, 1961 Mar. p. 66.
NEW PSYCHIATRIC DRUGS, THE, by Harold E. Himwich, 1955 Oct. p. 80.
NEW SCALE OF STELLAR DISTANCES, A, by O. C. Wilson, 1961 Jan. p. 107. [254]
NEW SCIENCE FOUNDATION, THE, by M. H. Trytten, 1950 July p. 11.
NEW SUPERCONDUCTORS, by T. H. Geballe, 1971 Nov. p. 22.
NEW THEORY OF TOOTH DECAY, A, by Bernhard Gottlieb, 1948 Oct. p. 20.
NEW WORLD CIVILIZATION, THE ORIGINS OF, by Richard S. MacNeish, 1964 Nov. p. 29. [625]
NEW WORLD, EARLY METALLURGY IN THE, by Dudley T. Easby, Jr., 1966 Apr. p. 72.
NEW YEAR GREETING, A, by W. H. Auden, 1969 Dec. p. 134.
NEW YORK: A METROPOLITAN REGION, by Benjamin Chinitz, 1965 Sept. p. 134.
"NEWER ALCHEMY" WAS RECEIVED, HOW THE, by Lawrence Badash, 1966 Aug. p. 88.
NEWEST SYNTHETIC ELEMENTS, THE, by Albert Ghiorso and Glenn T. Seaborg, 1956 Dec. p. 66. [243]
NEWFOUNDLAND, AN ARCHAIC INDIAN CEMETERY IN, by James A. Tuck, 1970 June p. 112. [657]
NEWSPAPER, TRIAL BY, by Joseph T. Klapper and Charles Y. Glock, 1949 Feb. p. 16.
NEWTON, ISAAC, by I. Bernard Cohen, 1955 Dec. p. 73.
NICE, A PALEOLITHIC CAMP AT, by Henry de Lumley, 1969 May p. 42.
"NICOLAS BOURBAKI", by Paul R. Halmos, 1957 May p. 88.
NIGERIA, THE DEVELOPMENT OF, by Wolfgang F. Stolper, 1963 Sept. p. 168.
NIGHT BLINDNESS, by John E. Dowling, 1966 Oct. p. 78. [1053]
NIGHT ON PALOMAR, A, by Albert G. Ingalls, 1948 Aug. p. 12.
NILE CROCODILE, THE, by Anthony C. Pooley and Carl Gans, 1976 Apr. p. 114.
NILE STONE-AGE MAN ON THE, by Philip E. L. Smith, 1976 Aug. p. 30.
NINIAN'S, THE TREASURE OF ST., by R. L. S. Bruce-Mitford, 1960 Nov. p. 154.
NITROGEN CYCLE, THE, by C. C. Delwiche, 1970 Sept. p. 136. [1194]
NITROGEN FIXATION, by David R. Safrany, 1974 Oct. p. 64.
NITROGEN FIXATION, BIOLOGICAL, by Winston J. Brill, 1977 Mar. p. 68. [922]
NITROGEN FIXATION, DISCOVERIES IN, by Martin D. Kamen, 1953 Mar. p. 38.
NOBEL PRIZES, THE, by George W. Gray, 1949 Dec. p. 11.
NOBEL PRIZES, THE SOCIOLOGY OF THE, by Harriet Zuckerman, 1967 Nov. p. 25.
NOBLE GASES, SOLID, by Gerald L. Pollack, 1966 Oct. p. 64.
NOBLE GASES, THE CHEMISTRY OF THE, by Henry Selig, John G. Malm and Howard H. Claassen, 1964 May p. 66.
NOCTILUCENT CLOUDS, by Robert K. Soberman, 1963 June p. 50.
NOCTURNAL ANIMALS, by H. N. Southern, 1955 Oct. p. 88.
NOISE, by Leo L. Beranek, 1966 Dec. p. 66. [306]
NOISE, THE CONTROL OF VIBRATION AND, by Theodore P. Yin, 1969 Jan. p. 98.
NON-CANTORIAN SET THEORY, by Paul J. Cohen and Reuben Hersh, 1967 Dec. p. 104.
NON-EUCLIDEAN GEOMETRY BEFORE EUCLID, by Imre Tóth, 1969 Nov. p. 87.
NON-MILITARY USES OF NUCLEAR EXPLOSIVES, by Gerald W. Johnson and Harold Brown, 1958 Dec. p. 29.
NONSOCIAL SPEECH, SOCIAL AND, by Robert M. Krauss and Sam Glucksberg, 1977 Feb. p. 100. [576]
NONSTANDARD ANALYSIS, by Martin Davis and Reuben Hersh, 1972 June p. 78.
NONUNIFORM ELECTRIC FIELDS, by Herbert A. Pohl, 1960 Dec. p. 106.
NONVISUAL LIGHT RECEPTION, by Michael Menaker, 1972 Mar. p. 22. [1243]
NORMAN CASTLES, by Brian Hope-Taylor, 1958 Mar. p. 42.
NORTH AMERICA, ELEPHANT-HUNTING IN, by C. Vance Haynes, Jr., 1966 June p. 104.
NORTH AMERICA, HOW MAN CAME TO, by Ralph Solecki, 1951 Jan. p. 11.
NORWAY REACTOR, 1951 Dec. p. 30.
NUCLEAR ATOM, THE BIRTH OF THE, by E. N. da C. Andrade, 1956 Nov. p. 93.
NUCLEAR CONTROL OF THE CELL, by Helen Gay, 1960 Jan. p. 126.
NUCLEAR EXPLOSIVES, NON-MILITARY USES OF, by Gerald W. Johnson and Harold Brown, 1958 Dec. p. 29.
NUCLEAR FISSION, by R. B. Leachman, 1965 Aug. p. 49.
NUCLEAR FORCE, THE, by Robert E. Marshak, 1960 Mar. p. 98. [269]
NUCLEAR FUELS, THE REPROCESSING OF, by William P. Bebbington, 1976 Dec. p. 30.
NUCLEAR PARTICLES, THE TRACKS OF, by Herman Yagoda, 1956 May p. 40. [252]
NUCLEAR POWER, INTERNATIONAL COOPERATION IN, by Donald J. Hughes, 1955 Apr. p. 31.
NUCLEAR POWER, NUCLEAR WEAPONS AND INTERNATIONAL STABILITY, by David J. Rose and Richard K. Lester, 1978 Apr. p. 45. [3004]
NUCLEAR POWER, THE ARRIVAL OF, by John F. Hogerton, 1968 Feb. p. 21.
NUCLEAR REACTOR AS A RESEARCH INSTRUMENT, THE, by Donald J. Hughes, 1953 Aug. p. 23. [219]
NUCLEAR ROCKETS, by John J. Newgard and Myron Levoy, 1959 May. 46.
NUCLEAR STRATEGY AND NUCLEAR WEAPONS, by Barry E. Carter, 1974 May p. 20.
NUCLEAR SURFACE, THE TEXTURE OF THE, by Chris D. Zafiratos, 1972 Oct. p. 100.
NUCLEAR TRACKS IN SOLIDS, by R. L. Fleischer, P. B. Price and R. M. Walker, 1969 June p. 30.
NUCLEAR WAR, LIMITED, by Sidney D. Drell and Frank von Hippel, 1976 Nov. p. 27.
NUCLEAR WEAPONS AND INTERNATIONAL STABILITY, NUCLEAR POWER, by David J. Rose and Richard K. Lester, 1978 Apr. p. 45. [3004]

NUCLEAR WEAPONS, NUCLEAR STRATEGY AND, by Barry E. Carter, 1974 May p. 20.
NUCLEAR WEAPONS, THE PROLIFERATION OF, by William Epstein, 1975 Apr. p. 18.
NUCLEAR-FREE ZONES, by William Epstein, 1975 Nov. p. 25.
NUCLEAR-TEST BAN, EXTENDING THE, by Henry R. Myers, 1972 Jan. p. 13. [343]
NUCLEAR-TEST BAN, NATIONAL SECURITY AND THE, by Jerome B. Wiesner and Herbert F. York, 1964 Oct. p. 27. [319]
NUCLEI AND CELL DIFFERENTIATION, TRANSPLANTED, by J. B. Gurdon, 1968 Dec. p. 24. [1128]
NUCLEI, EXOTIC LIGHT, by Joseph Cerny and Arthur M. Poskanzer, 1978 June p. 60. [3010]
NUCLEI, ON TRANSPLANTING, by J. F. Danielli, 1952 Apr. p. 58.
NUCLEI, THE SIZE AND SHAPE OF ATOMIC, by Michel Baranger and Raymond A. Sorensen, 1969 Aug. p. 58.
NUCLEIC ACID, THE NUCLEOTIDE SEQUENCE OF A, by Robert W. Holley, 1966 Feb. p. 30. [1033]
NUCLEIC ACID, ULTRAVIOLET RADIATION AND, by R. A. Deering, 1962 Dec. p. 135. [143]
NUCLEIC ACIDS, by F. H. C. Crick, 1957 Sept. p. 188. [54]
NUCLEIC ACIDS AND PROTEINS, by Mahlon B. Hoagland, 1959 Dec. p. 55.
NUCLEIC ACIDS, FOREIGN, by Alick Isaacs, 1963 Oct. p. 46. [166]
NUCLEIC ACIDS, HYBRID, by S. Spiegelman, 1964 May p. 48.
NUCLEOTIDE SEQUENCE OF A NUCLEIC ACID, THE, by Robert W. Holley, 1966 Feb. p. 30. [1033]
NUCLEOTIDE SEQUENCE OF A VIRAL DNA, THE, by John C. Fiddes, 1977 Dec. p. 54. [1374]
NUCLEUS, A MODEL OF THE, by Victor F. Weisskopf and E. P. Rosenbaum, 1955 Dec. p. 84. [261]
NUCLEUS, THE ATOMIC, by R. E. Peierls, 1959 Jan. p. 75.
NUCLEUS, THE ATOMIC, by Robert Hofstadter, 1956 July p. 55. [217]
NUCLEUS, THE STRUCTURE OF THE, by Maria G. Mayer, 1951 Mar. p. 22. [228]
NUCLEUS TOGETHER? WHAT HOLDS THE, by Hans A. Bethe, 1953 Sept. p. 58.
NUMBER, by Philip J. Davis, 1964 Sept. p. 40.
NUMBER CONCEPTS, THE ORIGINS OF, by Charles J. Brainerd, 1973 Mar. p. 101.
NUMBER LINE, NEW MODELS OF THE REAL-, by Lynn Arthur Steen, 1971 Aug. p. 92.
NUMBERS ELECTRONIC, by Alan Sobel, 1973 June p. 64.
NUMBERS, PERFECT, by Constance Reid, 1953 Mar. p. 84.
NUMBERS, THE THEORY OF, by Paul S Herwitz, 1951 July p. 52.
NUMERICAL TAXONOMY, by Robert R. Sokal, 1966 Dec. p. 106. [1059]
NUMISMATICS, SCIENTIFIC, by D. D. Kosambi, 1966 Feb. p. 102.
NUTRIENT CYCLES OF AN ECOSYSTEM, THE, by F. Herbert Bormann and Gene E. Likens, 1970 Oct. p. 92. [1202]
NUTRITION AND THE BRAIN, by John D. Fernstrom and Richard J. Wurtman, 1974 Feb. p. 84. [1291]
NUTRITION, THE CYCLES OF PLANT AND ANIMAL, by Jules Janick, Carl H. Noller and Charles L. Rhykerd, 1976 Sept. p. 74.
NUTRITION, THE REQUIREMENTS OF HUMAN, by Nevin S. Scrimshaw and Vernon R. Young, 1976 Sept. p. 50.

O

OAKS, THE DYING, by George S. Avery, Jr., 1957 May p. 112.
OBELISK, MOVING THE, by Bern Dibner, 1951 June p. 58.
OBESITY, APPETITE AND, by Jean Mayer, 1956 Nov. p. 108.
OBJECT IN THE WORLD OF THE INFANT, THE, by T. G. R. Bower, 1971 Oct. p. 30. [539]
OBJECTS BL LACERTAE, by Michael J. Disney and Philippe Véron, 1977 Aug. p. 32. [372]
OBSERVATIONS OF SATELLITE I, by Fred L. Whipple and J. Allen Hynek, 1957 Dec. p. 37.
OBSERVATORIES IN SPACE, by Arthur I. Berman, 1963 Aug. p. 28.
OBSERVING DISLOCATIONS IN CRYSTALS, by W. C. Dash and A. G. Tweet, 1961 Oct. p. 107.
OBSERVING VIOLENCE, THE EFFECTS OF, by Leonard Berkowitz, 1964 Feb. p. 35. [481]
OBSIDIAN AND THE ORIGINS OF TRADE, by J. E. Dixon, J. R. Cann and Colin Renfrew, 1968 Mar. p. 38.
OBSTETRICAL LABOR, by Samuel R. M. Reynolds, 1950 Mar. p. 52.
OCEAN AND MAN, THE, by Warren S. Wooster, 1969 Sept. p. 218. [888]
OCEAN FLOOR, EXPLORING THE, by Hans Pettersson, 1950 Aug. p. 42.
OCEAN FLOOR, MINERALS ON THE, by John L. Mero, 1960 Dec. p. 64.
OCEAN FLOOR, THE DEEP-, by H. W. Menard, 1969 Sept. p. 126. [883]
OCEAN FLOOR, THE MAGNETISM OF THE, by Arthur D. Raff, 1961 Oct. p. 146.
OCEAN FLOOR, THE RIFT IN THE, by Bruce C. Heezen, 1960 Oct. p. 98.
OCEAN, TECHNOLOGY AND THE, by Willard Bascom, 1969 Sept. p. 198. [887]
OCEAN, THE, 1969 Sept. *issue.*
OCEAN, THE, by Roger Revelle, 1969 Sept. p. 54. [879]
OCEAN, THE ANTARCTIC, by V. G. Kort, 1962 Sept. p. 113. [860]
OCEAN, THE ARCTIC, by P. A. Gordienko, 1961 May p. 88.
OCEAN, THE ATMOSPHERE AND THE, by R. W. Stewart, 1969 Sept. p. 76.
OCEAN, THE DISPOSAL OF WASTE IN THE, by Willard Bascom, 1974 Aug. p. 16.
OCEAN, THE EVOLUTION OF THE INDIAN, by D. P. McKenzie and J. G. Sclater, 1973 May p. 62. [908]
OCEAN, THE FOOD RESOURCES OF THE, by S. J. Holt, 1969 Sept. p. 178. [886]
OCEAN, THE MICROSTRUCTURE OF THE, by Michael C. Gregg, 1973 Feb. p. 64. [905]
OCEAN, THE PHYSICAL RESOURCES OF THE, by Edward Wenk, Jr., 1969 Sept. p. 166. [885]
OCEAN, THE TOP MILLIMETER OF THE, by Ferren MacIntyre, 1974 May p. 62. [913]
OCEAN WAVES, by Willard Bascom, 1959 Aug. p. 74. [828]
OCEANIC CIRCULATION, MODELS OF, by D. James Baker, Jr., 1970 Jan. p. 114. [890]
OCEANIC FOOD CHAINS, THE ROLE OF WAX IN, by Andrew A. Benson and Richard F. Lee, 1975 Mar. p. 76. [1318]
OCEANIC LIFE OF THE ANTARCTIC, THE, by Robert Cushman Murphy, 1962 Sept. p. 186.
OCEANIC LIFE, THE NATURE OF, by John D. Isaacs, 1969 Sept. p. 146. [884]
OCEANIC LITHOSPHERE, THE ORIGIN OF METAL DEPOSITS IN THE, by Enrico Bonatti, 1978 Feb. p. 54. [929]
OCEANIC RIDGES, THE ORIGIN OF THE, by Egon Orowan, 1969 Nov. p. 102.
OCEAN'S FLOOR, 1949 Dec. p. 44.
OCEANS PLATE TECTONICS AND THE HISTORY OF LIFE IN THE, by James W. Valentine and Eldridge M. Moores, 1974 Apr. p. 80. [912]
OCEANS, THE CIRULATION OF THE, by Walter Munk, 1955 Sept. p. 96. [813]
OCEANS, THE ORIGIN OF THE, by Sir Edward Bullard, 1969 Sept. p. 66. [880]
OCEANS, THE STEADY STATE OF THE EARTH'S CRUST, ATMOSPHERE AND, by Raymond Siever, 1974 June p. 72. [914]
OCTOPUS, LEARNING IN THE, by Brian B. Boycott, 1965 Mar. p. 42. [1006]
ODOR, THE STEREOCHEMICAL THEORY OF, by John E. Amoore, James W. Johnston,Jr., and Martin Rubin, 1964 Feb. p. 42.
OEDIPUS MYTH, THE, by Erich Fromm, 1949 Jan. p. 22.
OFFENSIVE WEAPONS, THE LIMITATION OF, by Herbert Scoville, Jr., 1971 Jan. p. 15.
OFFICE OF NAVAL RESEARCH, THE, by John E. Pfeiffer, 1949 Feb. p. 11.
OIL AND GAS FROM COAL, by Neal P. Cochran, 1976 May p. 24.
OIL FROM SHALE, by H. M. Thorne, 1952 Feb. p. 15.
OIL, MIDDLE EAST, by F. Julius Fohs, 1948 Sept. p. 9.
OIL PRODUCTION, WORLD, by Andrew R. Flower, 1978 Mar. p. 42. [930]
OIL SHALES, TAR SANDS, AND, by Noel de Nevers, 1966 Feb. p. 21.
OILS, ESSENTIAL, by A. J. Haagen-Smit, 1953 Aug. p. 70.
OLD AGE, THE BIOLOGY OF, by Florence Moog, 1948 June p. 40.
OLD GETTING, by Alexander Leaf, 1973 Sept. p. 44.
OLDEST FOSSILS, THE, by Elso S. Barghoorn, 1971 May p. 30. [895]
OLDEST LAWS, THE, by Samuel Noah Kramer, 1953 Jan. p. 26.
OLDEST ROCKS AND THE GROWTH OF CONTINENTS, THE, by Stephen Moorbath, 1977 Mar. p. 92. [357]
OLDUVAL GORGE, by L. S. B. Leakey, 1954 Jan. p. 66.
OLYMPIC GAMES, THE ORIGINS OF THE, by Raymond Bloch, 1968 Aug. p. 78.
OMEGA-MINUS EXPERIMENT, THE, by William B. Fowler and Nicholas P. Samios, 1964 Oct. p. 36.
OMNIVOROUS CHIMPANZEE, THE, by Geza Teleki, 1973 Jan. p. 32. [682]
ON TELLING LEFT FROM RIGHT, by Michael C. Corballis and Ivan L. Beale, 1971 Mar. p. 96. [535]
ON THE GENERALIZED THEORY OF THE GRAVITATION, by Albert Einstein, 1950 Apr. p. 13.
OPALS, by P. J. Darragh, A. J. Gaskin and J. V. Sanders, 1976 Apr. p. 84.
OPEN-HEART SURGERY, by C. Walton Lillehei and Leonard Engel, 1960 Feb. p. 76.
OPERATION ON PRESIDENT MCKINLEY, THE, by Selig Adler, 1963 Mar. p. 118.
OPERATIONS RESEARCH, by Horace C. Levinson and Arthur A. Brown, 1951 Mar. p. 15.
OPERATOR-REPRESSOR SYSTEM A DNA, by Tom Maniatis and Mark Ptashne, 1976 Jan. p. 64. [1333]
OPIATE RECEPTORS AND INTERNAL OPIATES, by Solomon H. Snyder, 1977 Mar. p. 44. [1354]
OPIATES CHANGE BEHAVIOR, HOW, by John R. Nichols, 1965 Feb. p. 80.

OPINION POLLS, PUBLIC, by Rensis Likert, 1948 Dec. p. 7.
OPINIONS AND SOCIAL PRESSURE, by Solomon E. Asch, 1955 Nov. p. 31. [450]
OPOSSUM, THE, by Harold C. Reynolds, 1953 June p. 88.
OPTICAL FIBER, COMMUNICATION BY, by J. S. Cook, 1973 Nov. p. 28.
OPTICAL INTERFERENCE COATINGS, by Philip Baumeister and Gerald Pincus, 1970 Dec. p. 58.
OPTICAL MASERS, by Arthur L. Schawlow, 1961 June p. 52. [274]
OPTICAL MASERS, ADVANCES IN, by Arthur L. Schawlow, 1963 July p. 34. [294]
OPTICAL PROPERTIES OF MATERIALS, THE, by Ali Javan, 1967 Sept. p. 238.
OPTICAL PUMPING, by Arnold L. Bloom, 1960 Oct. p. 72.
OPTICS, FIBER, by Narinder S. Kapany, 1960 Nov. p. 72.
OPTICS INTEGRATED, by P. K. Tien, 1974 Apr. p. 28.
ORCHIDS, by Joseph Arditti, 1966 Jan. p. 70.
ORDINARY MATTER, by Gerald Feinberg, 1967 May p. 126.
ORE, THE DIRECT REDUCTION OF IRON, by Jack Robert Miller, 1976 July p. 68.
OREOPITHECUS: HOMUNCULUS OR MONKEY?, by Loren C. Eiseley, 1956 June p. 91.
ORES, THE BENEFICIATION OF IRON, by M. M. Fine, 1968 Jan. p. 28.
ORES, THE ORIGIN OF, by H. G. Bachmann, 1960 June p. 146.
ORGANIC CHEMICAL REACTIONS, by John D. Roberts, 1957 Nov. p. 117. [85]
ORGANIC CHEMISTRY IONIZING RADIATION AND, by A. Charlesby, 1959 Sept. p. 180.
ORGANIC CRYSTALS, ELECTRIC CURRENTS IN, by Martin Pope, 1967 Jan. p. 86.
ORGANIC LASERS, by Peter Sorokin, 1969 Feb. p. 30.
ORGANIC MATTER FROM SPACE, by Brian Mason, 1963 Mar. p. 43.
ORGANIC MATTER IN METEORITES, by James G. Lawless, Clair E. Folsome and Keith A. Kvenvolden, 1972 June p. 38. [902]
ORGANIC MOLECULES, THE SHAPES OF, by Joseph B. Lambert, 1970 Jan. p. 58. [331]
ORGANIZATION OF MEDICAL CARE, THE, by Ernest W. Saward, 1973 Sept. p. 169.
ORGANIZATIONS, THE USES OF COMPUTERS IN, by Martin Greenberger, 1966 Sept. p. 192.
"ORGANIZER, THE", by George W. Gray, 1957 Nov. p. 79. [103]
ORGANS, ARTIFICIAL INTERNAL, by Peter F. Salisbury, 1954 Aug. p. 24.
ORIGIN AND EVOLUTION OF CITIES, THE, by Gideon Sjoberg, 1965 Sept. p. 54.
ORIGIN AND EVOLUTION OF THE SOLAR SYSTEM, THE, by A. G. W. Cameron, 1975 Sept. p. 32.
ORIGIN OF ATHEROSCLEROSIS, THE, by Earl P. Benditt, 1977 Feb. p. 74. [1351]
ORIGIN OF CITIES, THE, by Robert M. Adams, 1960 Sept. p. 153. [606]
ORIGIN OF CONTINENTS, THE, by Marshall Kay, 1955 Sept. p. 62. [816]
ORIGIN OF COSMIC RAYS, THE, by Geoffrey Burbidge, 1966 Aug. p. 32.
ORIGIN OF DARWINISM, THE, by C. D. Darlington, 1959 May p. 60.
ORIGIN OF FORM PERCEPTION, THE, by Robert L. Fantz, 1961 May p. 66. [459]
ORIGIN OF GALAXIES, THE, by Martin J. Rees and Joseph Silk, 1970 June p. 26.
ORIGIN OF GLACIERS, ON THE, by Charles R. Warren, 1952 Aug. p. 57.
ORIGIN OF GRANITE, THE, by O. Frank Tuttle, 1955 Apr. p. 77.
ORIGIN OF HURRICANES, THE, by Joanne Starr Malkus, 1957 Aug. p. 33. [847]
ORIGIN OF LIFE, THE, by George Wald, 1954 Aug. p. 44. [47]
ORIGIN OF METAL DEPOSITS IN THE OCEANIC LITHOSPHERE, THE, by Enrico Bonatti, 1978 Feb. p. 54. [929]
ORIGIN OF METEORITES, THE by S. Fred Singer, 1954 Nov. p. 36.
ORIGIN OF ORES, THE, by H. G. Bachmann, 1960 June p. 146.
ORIGIN OF PERSONALITY, THE, by Alexander Thomas, Stella Chess and Herbert G. Birch, 1970 Aug. p. 102. [529]
ORIGIN OF SOCIETY, THE, by Marshall D. Sahlins, 1960 Sept. p. 76. [602]
ORIGIN OF SPEECH, THE, by Charles F. Hockett, 1960 Sept. p. 88. [603]
ORIGIN OF SUBMARINE CANYONS, THE, by Bruce C. Heezen, 1956 Aug. p. 36.
ORIGIN OF THE ATMOSPHERE, THE, by Helmut E.Landsberg, 1953 Aug. p. 82. [824]
ORIGIN OF THE AUTOMOBILE ENGINE, THE, by Lynwood Bryant, 1967 Mar. p. 102.
ORIGIN OF THE EARTH, THE, by Harold C. Urey, 1952 Oct. p. 53. [833]
ORIGIN OF THE ELEMENTS, THE, by William A. Fowler, 1956 Sept. p. 82.
ORIGIN OF THE ICE, by George Gamow, 1948 Oct. p. 40.
ORIGIN OF THE OCEANIC RIDGES, THE, by Egon Orowan, 1969 Nov. p. 102.
ORIGIN OF THE OCEANS, THE, by Sir Edward Bullard, 1969 Sept. p. 66. [880]
ORIGINS OF ALIENATION, THE, by Urie Bronfenbrenner, 1974 Aug. p. 53. [561]
ORIGINS OF FACIAL EXPRESSIONS, THE, by Richard J. Andrew, 1965 Oct. p. 88. [627]
ORIGINS OF FEEDBACK CONTROL, THE, by Otto Mayr, 1970 Oct. p. 110.
ORIGINS OF HYPODERMIC MEDICATION, THE, by Norman Howard–Jones, 1971 Jan. p. 96.
ORIGINS OF NERVE-CELL SPECIFICITY, THE, by Marcus Jacobson and R. Kevin Hunt, 1973 Feb. p. 26. [1265]
ORIGINS OF NEW WORLD CIVILIZATION, THE, by Richard S. MacNeish, 1964 Nov. p. 29. [625]
ORIGINS OF NUMBER CONCEPTS, THE, by Charles J. Brainerd, 1973 Mar. p. 101.
ORIGINS OF THE BINARY CODE, by F. G. Heath, 1972 Aug. p. 76.
ORIGINS OF THE COPERNICAN REVOLUTION, THE, by Jerome R. Ravetz, 1966 Oct. p. 88.
ORIGINS OF THE LATHE, THE, by Robert S. Woodbury, 1963 Apr. p. 132.
ORIGINS OF THE OLYMPIC GAMES, THE, by Raymond Bloch, 1968 Aug. p. 78.
ORIGINS OF THE STEAM ENGINE, THE, by Eugene S. Ferguson, 1964 Jan. p. 98.
ORIGINS OF U.S. SCIENTISTS, THE, by H. B. Goodrich, R. H. Knapp and George A. W. Boehm, 1951 July p. 15.
ORIGNS, POPULATION GENETICS AND HUMAN, by Robert B. Eckhardt, 1972 Jan. p. 94. [676]
ORION NEBULA, THE AGE OF THE, by Peter O. Vandervoort, 1965 Feb. p. 90.
ORTHODOX AND UNORTHODOX METHODS OF MEETING WORLD FOOD NEEDS, by N. W. Pirie, 1967 Feb. p. 27. [1068]
ORYX, THE ELAND AND THE, by C. R. Taylor, 1969 Jan. p. 88.
OUTER PLANETS, THE, by Donald M. Hunten, 1975 Sept. p. 130.
OUTPOST, AN ASSYRIAN TRADING, by Tahsin Özgüc, 1963 Feb. p. 96.
OVERTHROW OF PARITY, THE, by Philip Morrison, 1957 Apr. p. 45.
OXIDATION, BIOLOGICAL, by David E. Green, 1958 July p. 56.
OXYGEN CYCLE, THE, by Preston Cloud and Aharon Gibor, 1970 Sept. p. 110. [1192]
OXYGEN IN STEELMAKING, by Joseph K. Stone, 1968 Apr. p. 24.
OYSTERS, by Pieter Korringa, 1953 Nov. p. 86.

P

PACEMAKER, THE HEART'S, by E. F. Adolph, 1967 Mar. p. 32. [1067]
PACIFIC FLOOR, FRACTURES IN THE, by Henry W. Menard, 1955 July p. 36.
PACIFIC FLOOR, THE, by Robert S. Dietz, 1952 Apr. p. 19.
PACIFIC RISE, THE EAST, by Henry W. Menard, 1961 Dec. p. 52.
PACIFIC, THE EVOLUTION OF THE, by Bruce C. Heezen and Ian D. MacGregor, 1973 Nov. p. 102. [911]
PACIFIC, THE TRENCHES OF THE, by Robert L. Fisher and Roger Revelle, 1955 Nov. p. 36. [814]
PAIN, THE PERCEPTION OF, by Ronald Melzack, 1961 Feb. p. 41. [457]
PAIN? WHAT IS, by W. K. Livingston, 1953 Mar. p. 59.
PALEOBIOCHEMISTRY, by Philip H. Abelson, 1956 July p. 83. [101]
PALEO-INDIAN BISON KILL, A, by Joe Ben Wheat, 1967 Jan. p. 44.
PALEOLITHIC ART, THE EVOLUTION OF, by André Leroi-Gourhan, 1968 Feb. p. 58.
PALEOLITHIC CAMP AT NICE, A, by Henry de Lumley, 1969 May p. 42.
PALEOLITHIC FLINT TOOLS, THE FUNCTIONS OF, by Lawrence H. Keeley, 1977 Nov. p. 108. [700]
PALEOLITHIC SETTLEMENTS OF THE EUROPEAN PLAIN, THE FINAL, by Romuald Schild, 1976 Feb. p. 88.
PALEOLITHIC SITE IN AFRICA, ISMIILA: A, by F. Clark Howell, 1961 Oct. p. 118.
PALEONEUROLOGY AND THE EVOLUTION OF MIND, by Harry J. Jerison, 1976 Jan. p. 90. [568]
PALEONTOLOGICAL CLOCKS, CORALS AS, by S. K. Runcorn, 1966 Oct. p. 26. [871]
PALOMAR, A NIGHT ON, by Albert G. Ingalls, 1948 Aug. p. 12.
PALOMAR, FIVE HISTORIC PHOTOGRAPHS FROM, by Edwin P. Hubble, 1949 Nov. p. 32.
PALOMAR, PLANETS FROM, by Alice Beach, 1953 Feb. p. 17.
PALOMAR, THE UNIVERSE FROM, by George W. Gray, 1952 Feb. p. 43.
PANGAEA, THE BREAKUP OF, by Robert S. Dietz and John C. Holden, 1970 Oct. p. 30. [892]
PAPYRUS, THE RHIND, by James R. Newman, 1952 Aug. p. 24.
PARABOLIC TRAJECTORY, GALILEO'S DISCOVERY OF THE, by Stillman Drake and James MacLachlan, 1975 Mar. p. 102.
PARADOX, by W. V. Quine, 1962 Apr. p. 84.
PARADOX, ESCAPE FROM, by Anatol Rapoport, 1967 July p. 50.
PARADOX IN STATISTICS STEIN'S, by Bradley Efron and Carl Morris, 1977 May p. 119. [363]
PARADOX, THE CLOCK, by J. Bronowski, 1963 Feb. p. 134.
PARADOXES OF THE MISSISSIPPI, by Gerard H. Matthes, 1951 Apr. p. 18. [836]
PARALYTHIC PLAGUE, THE, by David Bodian, 1950 Aug. p. 22

PARASITE, THE CLOCK OF THE MALARIA, by Frank Hawking, 1970 June p. 123.
PARASITIC BIRDS, MIMICRY IN, by Jürgen Nicolai, 1974 Oct. p. 92.
PARATHYROID HORMONE, THE, by Howard Rasmussen, 1961 Apr. p. 56. [86]
PARE, AMBROISE, by Sir Geoffrey Keynes, 1956 Jan. p. 90.
PARENTAGE AND BLOOD GROUPS, by Alexander S. Wiener, 1954 July p. 78.
PARITY, THE OVERTHROW OF, by Philip Morrison, 1957 Apr. p. 45.
PARTICLE ACCELERATORS, by Robert R. Wilson, 1958 Mar. p. 64. [251]
PARTICLE-DETECTORS, SEMICONDUCTOR, by Olexa-Myron Bilaniuk, 1962 Oct. p. 78. [284]
PARTICLE INTERACTION, UNIFIED THEORIES OF ELEMENTARY-, by Steven Weinberg, 1974 July p. 50.
PARTICLE STORAGE RINGS, by Gerard K. O'Neill, 1966 Nov. p. 107. [323]
PARTICLES AND COSMIC RAYS, SOLAR, by Kinsey A. Anderson, 1960 June p. 64.
PARTICLES AND FIELDS INTERPLANETARY, by James A. Van Allen, 1975 Sept. p. 160.
PARTICLES, DUAL-RESONANCE MODELS OF ELEMENTARY, by John H. Schwarz, 1975 Feb. p. 61.
PARTICLES, ELECTRON-POSITRON ANNIHILATION AND THE NEW, by Sidney D. Drell, 1975 June p. 50.
PARTICLES, ELEMENTARY, by Murray Gell-Mann and E. P. Rosenbaum, 1957 July p. 72. [213]
PARTICLES, FINE, by Clyde Orr, Jr., 1950 Dec. p. 50.
PARTICLES, LIGHT SCATTERED BY, by Victor K. La Mer and Milton Kerker, 1953 Feb. p. 69.
PARTICLES OF WEAR, THE, by Douglas Scott, William W. Seifert and Vernon C. Westcott, 1974 May p. 88.
PARTICLES, RESONANCE, by R. D. Hill, 1963 Jan.38. [290]
PARTICLES, STRONGLY INTERACTING, by Geoffrey F. Chew, Murray Gell-Mann and Arthur H. Rosenfeld, 1964 Feb. p. 74. [296]
PARTICLES THAT GO FASTER THAN LIGHT, by Gerald Feinberg, 1970 Feb. p. 68.
PARTICLES, THE MULTIPLICITY OF, by Robert E. Marshak, 1952 Jan. p. 22.
PARTICLES, THE SEARCH FOR NEW FAMILIES OF ELEMENTARY, by David B. Cline, Alfred K. Mann and Carlo Rubbia, 1976 Jan. p. 44.
PARTICLES, THE TRACKS OF NUCLEAR, by Herman Yagoda, 1956 May p. 40. [252]
PARTICLES, THE ULTIMATE, by George W. Gray, 1948 June p. 26.
PARTICLES WITH CHARM, FUNDAMENTAL, by Roy F. Schwitters, 1977 Oct. p. 56. [388]
PARTNER OF THE GENES, by T. M. Sonneborn, 1950 Nov. p. 30. [39]
PASSIVE COOLING SYSTEMS IN IRANIAN ARCHITECTURE, by Mehdi N. Bahadori, 1978 Feb. p. 144. [705]
PATENT SYSTEM, THE U.S., by J. Herbert Hollomon, 1967 June p. 19.
PATH OF CARBON IN PHOTOSYNTHESIS, THE, by J. A. Bassham, 1962 June p. 88.
PATHOLOGY OF BOREDOM, THE, by Woodburn Heron, 1957 Jan. p. 52. [430]
PATHOLOGY, POPULATION DENSITY AND SOCIAL, by John B. Calhoun, 1962 Feb. p. 139. [506]
PATHWAYS IN THE BRAIN, by Lennart Heimer, 1971 July p. 48. [1227]
PATIENT COMMUNICATION, DOCTOR-, by Barbara M. Korsch and Vida Francis Negrete, 1972 Aug. p. 66.
PATTERN RECOGNITION, ADVANCES IN, by Richard G. Casey and George Nagy, 1971 Apr. p. 56.
PATTERN RECOGNITION BY MACHINE, by Oliver G. Selfridge and Ulric Neisser, 1960 Aug. p. 60.
PATTERNS, MOIRÉ, by Gerald Oster and Yasunori Nishijima, 1963 May p. 54.
PATTERNS OF DREAMING, by Nathaniel Kleitman, 1960 Nov. p. 82. [460]
PAULING AND BEADLE, by George W. Gray, 1949 May p. 16.
PAVLOV, by Jerzy Konorski, 1949 Sept. p. 44.
PEASANT MARKETS, by Sidney W. Mintz, 1960 Aug. p. 112. [647]
PEAT BOG, HISTORY IN A, by Thomas G. Bibby, 1953 Oct. p. 84.
PECULIAR DISTRIBUTION OF FIRST DIGITS, THE, by Ralph A. Raimi, 1969 Dec. p. 109.
PECULIAR GALAXIES, by Geoffrey and E. Margaret Burbidge, 1961 Feb. p. 50.
PEER REVIEW AND THE SUPPORT OF SCIENCE, by Stephen Cole, Leonard C. Rubin and Jonathan R. Cole, 1977 Oct. p. 34. [698]
PELAGIC TAR, by James N. Butler, 1975 June p. 90.
PELLA: CAPITAL OF ANCIENT MACEDONIA, by Ch. J. Makaronas, 1966 Dec. p. 98.
PENGUINS, by William J. L. Sladen, 1957 Dec. p. 44.
PENGUINS, THE NAVIGATION OF, by John T. Emlen and Richard L. Penney, 1966 Oct. p. 104.
PENICILLINS, NEW, by Anthony H. Rose, 1961 Mar. p. 66.
PEOPLE IN GROUPS, by David B. Hertz and Sandra Lloyd Lesser, 1951 Feb. p. 26.
PEOPLE INTERACT IN CONFERENCES, HOW, by Robert F. Bales, 1955 Mar. p. 31.
PEOPLE OF YORK: 1538-1812, THE, by Ursula M. Cowgill, 1970 Jan. p. 104.
PEOPLES OF PINE LAWN VALLEY, THE, by Paul S. Martin, 1951 July p. 46.
PEOPLES, THE PERSONALITY OF, by Ralph Linton, 1949 Aug. p. 11.
PERCEPTION, AFTEREFFECTS IN, by W. C. H. Prentice, 1962 Jan. p. 44.
PERCEPTION AND CULTURE, PICTORIAL, by Jan B. Deregowski, 1972 Nov. p. 82. [551]
PERCEPTION AND PERSONALITY, VISUAL, by Warren J. Wittreich, 1959 Apr. p. 56. [438]
PERCEPTION, EXPERIMENTS IN, by W. H. Ittelson and F. P. Kilpatrick, 1951 Aug. p. 50. [405]
PERCEPTION, EYE MOVEMENTS AND VISUAL, by David Noton and Lawrence Stark, 1971 June p. 34. [537]
PERCEPTION IN THE CHICK, SPACE, by Eckhard H. Hess, 1956 July p. 71.
PERCEPTION, MULTISTABILITY IN, by Fred Attneave, 1971 Dec. p. 62. [540]
PERCEPTION, NEGATIVE AFTEREFFECTS IN VISUAL, by Olga Eizner Favreau and Michael C. Corballis, 1976 Dec. p. 42. [574]
PERCEPTION OF DISORIENTED FIGURES, THE, by Irvin Rock, 1974 Jan. p. 78. [557]
PERCEPTION OF MOTION, THE, by Hans Wallach, 1959 July p. 56. [409]
PERCEPTION OF MOVING TARGETS, THE, by Robert Sekuler and Eugene Levinson, 1977 Jan. p. 60. [575]
PERCEPTION OF NEUTRAL COLORS, THE, by Hans Wallach, 1963 Jan. p. 107. [474]
PERCEPTION OF PAIN, THE, by Ronald Melzack, 1961 Feb. p. 41. [457]
PERCEPTION OF SPEECH, ATTENTION AND THE, by Donald E. Broadbent, 1962 Apr. p. 143. [467]
PERCEPTION OF SURFACE COLOR, THE, by Jacob Beck, 1975 Aug. p. 62. [565]
PERCEPTION OF TEXTURE, EXPERIMENTS IN THE VISUAL, by Bela Julesz, 1975 Apr. p. 34. [563]
PERCEPTION OF THE UPRIGHT, THE, by Herman A. Witkin, 1959 Feb. p. 50. [410]
PERCEPTION OF TRANSPARENCY, THE, by Fabio Metelli, 1974 Apr. p. 90. [559]
PERCEPTION, SHADOWS AND DEPTH, by Eckhard H. Hess, 1961 Mar. p. 138.
PERCEPTION, TEXTURE AND VISUAL, by Bela Julesz, 1965 Feb. p. 38. [318]
PERCEPTION, THE ADJACENY PRINCIPLE IN VISUAL, by Walter C. Gogel, 1978 May p. 126. [582]
PERCEPTION, THE ORIGIN OF FORM, by Robert L. Fantz, 1961 May p. 66. [459]
PERCEPTION, THE RESOURCES OF BINOCULAR, by John Ross, 1976 Mar. p. 80. [569]
PERCEPTION, VISUAL MOTION, by Gunnar Johansson, 1975 June p. 76. [564]
PERFECT NUMBERS, by Constance Reid, 1953 Mar. p. 84.
PERFORMANCE CRITERIA IN BUILDING, by James R. Wright, 1971 Mar. p. 16. [341]
PERKIN, SIR WILLIAM, by John Read, 1957 Feb. p. 110.
PERMANENT MAGNETS, by Joseph J. Becker, 1970 Dec. p. 92.
PERPETUAL MOTION MACHINES, by Stanley W. Angrist, 1968 Jan. p. 114.
PERSIAN GULF, A FORGOTTEN CIVILIZATION OF THE, by P. V. Glob and T. G. Bibby, 1960 Oct. p. 62.
PERSONAL COMPUTER, MICROELECTRONICS AND THE, by Alan C. Kay, 1977 Sept. p. 230. [384]
PERSONALITY OF PEOPLES, THE, by Ralph Linton, 1949 Aug. p. 11.
PERSONALITY, THE ORIGIN OF, by Alexander Thomas, Stella Chess and Herbert G. Birch, 1970 Aug. p. 102. [529]
PERSONALITY, VISUAL PERCEPTION AND, by Warren J. Wittreich, 1959 Apr. p. 56. [438]
PERU CURRENT, THE, by Gerald S. Posner, 1954 Mar. p. 66.
PERU, EARLY MAN IN, by Edward P. Lanning, 1965 Oct. p. 68.
PERU, THE LOST CITIES OF, by Richard P. Schaedel, 1951 Aug. p. 18.
PERUVIAN VALLEY, THE HISTORY OF A, by James A. Ford, 1954 Aug. p. 28.
PESTICIDES AND THE REPRODUCTION OF BIRDS, by David B. Peakall, 1970 Apr. p. 72. [1174]
PESTICIDES, THIRD-GENERATION, by Carroll M. Williams, 1967 July p. 13. [1078]
PETRIFIED FORESTS OF YELLOWSTONE PARK, THE, by Erling Dorf, 1964 Apr. p. 106.
PETROGLYPHS OF SIBERIA, THE, by A. P. Okladnikov, 1969 Aug. p. 74. [649]
PETROLEUM, DRILLING FOR, by Sullivan S. Marsden, Jr., 1958 Nov. p. 99.
PETROLEUM, PROTEIN FROM, by Alfred Champagnat, 1965 Oct. p. 13. [1020]
PETROLEUM, THE SECONDARY RECOVERY OF,, by Noel de Nevers, 1965 July p. 34.
PH, by Duncan A. MacInnes, 1951 Jan 40.
PHALAROPE, THE, by E. Otto Höhn, 1969 June p. 104. [1146]
PHARAOHS, THE TOMBS OF THE FIRST, by Walter B. Emery, 1957 July p. 106.
PHASES IN CELL DIFFERENTIATION, by Norman K. Wessells and William J. Rutter, 1969 Mar. p. 36. [1136]
PHENOCOPIES, by Richard B. Goldschmidt, 1949 Oct. p. 46.
PHEROMONES, by Edward O. Wilson, 1963 May p. 100. [157]
PHILIPS AIR ENGINE, THE, by Leonard Engel, 1948 July p. 52.

PHOBOS AND DEIMOS, by Joseph Veverka, 1977 Feb. p. 30. [352]
PHOSPHENES, by Gerald Oster, 1970 Feb. p. 82.
PHOSPHORS, by J. S. Prener and D. B. Sullenger, 1954 Oct. p. 62. [237]
PHOTOCELL, MEASURING STARLIGHT BY, by Joel Stebbins, 1952 Mar. p. 56.
PHOTOGRAPH, MAXWELL'S COLOR, by Ralph M. Evans, 1961 Nov. p. 118.
PHOTOGRAPHIC DEVELOPMENT, by T. H. James, 1952 Nov. p. 30.
PHOTOGRAPHIC LENS, THE, by William H. Price, 1976 Aug. p. 72.
PHOTOGRAPHS FROM MARINER IV, THE, by Robert B. Leighton, 1966 Apr. p. 54.
PHOTOGRAPHY BY LASER, by Emmett N. Leith and Juris Upatnieks, 1965 June p. 24.
PHOTOGRAPHY OF STARS, ELECTRONIC, by William A. Baum, 1956 Mar. p. 81.
PHOTOLYSIS, FLASH, by Leonard I. Grossweiner, 1960 May p. 134.
PHOTON ECHOES, by Sven R. Hartmann, 1968 Apr. p. 32.
PHOTON, THE MASS OF THE, by Alfred Scharff Goldhaber and Michael Martin Nieto, 1976 May p. 86.
PHOTONS AS HADRONS, by Frederick Murphy and David E. Yount, 1971 July p. 94.
PHOTOSYNTHESIS, by Eugene I. Rabinowitch, 1948 Aug. p. 24.
PHOTOSYNTHESIS, HIGH-EFFICIENCY, by Olle Björkman and Joseph Berry, 1973 Oct. p. 80. [1281]
PHOTOSYNTHESIS, PROGRESS IN, by Eugene I. Rabinowitch, 1953 Nov. p. 80.
PHOTOSYNTHESIS, THE ABSORPTION OF LIGHT IN, by Govindjee and Rajni Govindjee, 1974 Dec. p. 68. [1310]
PHOTOSYNTHESIS, THE MECHANISM OF, by R. P. Levine, 1969 Dec. p. 58. [1163]
PHOTOSYNTHESIS, THE PATH OF CARBON IN, by J. A. Bassham, 1962 June p. 88.
PHOTOSYNTHESIS, THE ROLE OF LIGHT IN, by Daniel I. Arnon, 1960 Nov. p. 104.
PHOTOSYNTHESIS, THE ROLE OF CHLOROPHYLL IN, by Eugene I. Rabinowitch and Govindjee, 1965 July p. 74. [1016]
PHOTOVOLTAIC GENERATION OF ELECTRICITY, THE, by Bruce Chalmers, 1976 Oct. p. 34.
PHYSICAL CONSTANTS, THE FUNDAMENTAL, by Barry N. Taylor, Donald N. Langenberg and William H. Parker, 1970 Oct. p. 62. [337]
PHYSICAL RESOURCES OF THE OCEAN, THE, by Edward Wenk, Jr., 1969 Sept. p. 166. [885]
PHYSICAL SCIENCES, MATHEMATICS IN THE, by Freeman J. Dyson, 1964 Sept. p. 128.
"PHYSICIST, HOW NICE TO BE A", songs by Arthur Roberts, 1948 Sept. p. 50.
PHYSICIST, SHAKESPEARE THE, by Banesh Hoffmann, 1951 Apr. p. 52.
PHYSICIST'S PICTURE OF NATURE, THE EVOLUTION OF THE, by P. A. M. Dirac, 1963 May p. 45.
PHYSICS, by Max Born, 1950 Sept. p. 28.
PHYSICS AND MUSIC, by Frederick A. Saunders, 1948 July p. 32.
PHYSICS, CRYSTALS AND THE FUTURE OF, by Philippe Le Corbeiller, 1953 Jan. p. 50.
PHYSICS IN THE U.S.S.R., by E. P. Rosenbaum, 1956 Aug. p. 29.
PHYSICS, INNOVATION IN, by Freeman J. Dyson, 1958 Sept. p. 74.
"PHYSICS, JOCULAR", by O. R. Frisch, Anonymous and H. B. G. Casimir, 1956 Mar. p. 93.
PHYSICS, LOW TEMPERATURE, by Harry M. Davis, 1949 June p. 30. [206]
PHYSICS OF BRASSES, THE, by Arthur H. Benade, 1973 July p. 24.
PHYSICS OF THE BOWED STRING, THE, by John C. Schelleng, 1974 Jan. p. 87.
PHYSICS OF THE PIANO, THE, by E. Donnell Blackham, 1965 Dec. p. 88.
PHYSICS OF VIOLINS, THE, by Carleen Maley Hutchins, 1962 Nov. p. 78.
PHYSICS OF VIRUSES, THE, by Ernest C. Pollard, 1954 Dec. p. 62. [32]
PHYSICS OF WOOD WINDS, THE, by Arthur H. Benade, 1960 Oct. p. 144.
PHYSICS, SUPERGRAVITY AND THE UNIFICATION OF THE LAWS OF, by Daniel Z. Freedman and Peter van Nieuwenhuizen, 1978 Feb. p. 126. [397]
PHYSICS, THE CHILD AND MODERN, by Jean Piaget, 1957 Mar. p. 46.
PHYSICS, THE CONSERVATION LAWS OF, by Gerald Feinberg and Maurice Goldhaber, 1963 Oct. p. 36.
PHYSICS, THE TEACHING OF ELEMENTARY, by Walter C. Michels, 1958 Apr. p. 56. [229]
PHYSICS, VIOLATIONS OF SYMMETRY IN, by Eugene P. Wigner, 1965 Dec. p. 28. [301]
PHYSIOLOGICAL EFFECTS OF ACCELERATION, THE, by Terence A. Rogers, 1962 Feb. p. 60.
PHYSIOLOGICAL TREMOR, by Olof Lippold, 1971 Mar. p. 65. [1217]
PHYSIOLOGY, by E. D. Adrian, 1950 Sept. p. 71.
PHYSIOLOGY OF AGING, THE, by Nathan W. Shock, 1962 Jan. p. 100.
PHYSIOLOGY OF EXERCISE, THE, by Carleton B. Chapman and Jere H. Mitchell, 1965 May p. 88. [1011]
PHYSIOLOGY OF FEAR AND ANGER, THE, by Daniel H. Funkenstein, 1955 May p. 74. [428]
PHYSIOLOGY OF HIGH ALTITUDE, THE, by Raymond J. Hock, 1970 Feb. p. 52. [1168]
PHYSIOLOGY OF HUMAN REPRODUCTION, THE, by Sheldon J. Segal, 1974 Sept. p. 52.
PHYSIOLOGY OF IMAGINATION, THE, by John C. Eccles, 1958 Sept. p. 135. [65]
PHYSIOLOGY OF MEDITATION, THE, by Robert Keith Wallace and Herbert Benson, 1972 Feb. p. 84. [1242]
PHYSIOLOGY OF STARVATION, THE, by Vernon R. Young and Nevin S. Scrimshaw, 1971 Oct. p. 14. [1232]
PHYSIOLOGY OF THE CAMEL, THE, by Knut Schmidt-Nielsen, 1959 Dec. p. 140. [1096]
PHYSIOLOGY OF THE GIRAFFE, THE, by James V. Warren, 1974 Nov. p. 96. [1307]
PHYSIOLOGY OF THE HOUSE MOUSE, THE, by Daniel S. Fertig and Vaughan W. Edmonds, 1969 Oct. p. 103. [1159]
PHYSIOLOGY OF WHALES, THE, by Cecil K. Drinker, 1949 July p. 52.
PIANO, THE PHYSICS OF THE, by E. Donnell Blackham, 1965 Dec. p. 88.
PICTORIAL PERCEPTION AND CULTURE, by Jan B. Deregowski, 1972 Nov. p. 82. [551]
PIDGIN LANGUAGES, by Robert A. Hall, Jr., 1959 Feb. p. 124.
PIGEON HOMING, THE MYSTERY OF, by William T. Keeton, 1974 Dec. p. 96. [1311]
PIGMENT COLOR VISION, THREE-, by Edward F. MacNichol, Jr., 1964 Dec. p. 48. [197]
PIGMENTS AND COLOR BLINDNESS, VISUAL, by W. A. H. Rushton, 1975 Mar. p. 64. [1317]
PIGMENTS, BLOOD, by H. Munro Fox, 1950 Mar. p. 20.
PIGMENTS, FLOWER, by Sarah Clevenger, 1964 June p. 84. [186]
PIGMENTS IN MAN, VISUAL, by W. A. H. Rushton, 1962 Nov. p. 120. [139]
PIGS IN THE LABORATORY, by Leo Bustad, 1966 June p. 94. [1045]
PINE LAWN VALLEY, THE PEOPLES OF, by Paul S. Martin, 1951 July p. 46.
PINE, WHITE, by Donald Culross Peattie, 1948 June p. 48.
PINEAL GLAND, THE, by Richard J. Wurtman and Julius Axelrod, 1965 July p. 50. [1015]
PINES, THE GENETIC IMPROVEMENT OF SOUTHERN, by Bruce J. Zobel, 1971 Nov. p. 94.
PINOCYTOSIS, by Ronald C. Rustad, 1961 Apr. p. 120.
PIONEERS IN THE THEORY OF HEAT, by I. Bernard Cohen, 1954 Sept. p. 60.
PIONS, by Robert E. Marshak, 1957 Jan. p. 84. [226]
PIPE, THE HEAT, by G. Yale Eastman, 1968 May p. 38.
PIPELINES, by E. J. Jensen and H. S. Ellis, 1967 Jan. p. 62.
PITUITARY, THE, by Choh Hao Li, 1950 Oct. p. 18.
PLACEBOS, by Louis Lasagna, 1955 Aug. p. 68.
PLACEBOS, THE ETHICS OF GIVING, by Sissela Bok, 1974 Nov. p. 17.
PLACE-LEARNING, by Henry Gleitman, 1963 Oct. p. 116. [479]
PLAGUE, THE PARALYTIC, by David Bodian, 1950 Aug. p. 22.
PLAGUE, THE RABBIT, by Frank Fenner, 1954 Feb. p. 30.
PLAGUE TOXIN, by Solomon Kadis, Thomas C. Montie and Samuel J. Ajl, 1969 Mar. p. 92.
PLAIN, THE FINAL PALEOLITHIC SETTLEMENTS OF THE EUROPEAN, by Romuald Schild, 1976 Feb. p. 88.
PLANET EARTH, THE, 1955 Sept. *issue.*
PLANETARY NEBULAE, by Martha and William Liller, 1963 Apr. p. 60.
PLANETS FROM PALOMAR, by Alice Beach, 1953 Feb. p. 17.
PLANETS, NAVIGATION BETWEEN THE, by William G. Melbourne, 1976 June p. 58.
PLANETS, RADAR OBSERVATIONS OF THE, by Irwin I. Shapiro, 1968 July p. 28.
PLANETS, THE OUTER, by Donald M. Hunten, 1975 Sept. p. 130.
PLANETS, THE TEMPERATURES OF THE, by Cornell H. Mayer, 1961 May. 58.
PLANKTON AND MAN, WHALES, by Willis E. Pequegnat, 1958 Jan. p. 84. [853]
PLANNING OF A MAYA CEREMONIAL CENTER, THE, by Norman Hammond, 1972 May p. 82.
PLANNING OF DEVELOPMENT, THE, by Edward S. Mason, 1963 Sept. p. 235.
PLANT, AN INSECT AND A, by Stanley D. Beck, 1958 May. 87.
PLANT AND ANIMAL NUTRITION, THE CYCLES OF, by Jules Janick, Carl H. Noller and Charles L. Rhykerd, 1976 Sept. p. 74.
PLANT CANCER, by Armin C. Braun, 1952 June p. 66.
PLANT CELLS, THE CONTROL OF GROWTH IN, by F. C. Steward, 1963 Oct. p. 104.
PLANT CELLS, THE WALLS OF GROWING, by Peter Albersheim, 1975 Apr. p. 80. [1320]
PLANT DEVELOPMENT, LIGHT AND, by W. L. Butler and Robert J. Downs, 1960 Dec. p. 56. [107]
PLANT DISEASES, ANTIBIOTICS AGAINST, by David Pramer, 1955 June p. 82.
PLANT GALLS, INSECTS AND, by William Hovanitz, 1956 Nov. p. 151.
PLANT GROWTH SUBSTANCES, by Frank B. Salisbury, 1957 Apr. p. 125. [110]
PLANT GROWTH, THE CONTROL OF, by Johannes van Overbeek, 1968 July p. 75. [1111]

PLANT HORMONES, by Victor Schocken, 1949 May p. 40.
PLANT MOVEMENTS, by Victor A. Greulach, 1955 Feb. p. 100.
PLANT TISSUE CULTURES, by Philip R. White, 1950 Mar. p. 48.
PLANTS, A MECHANISM OF DISEASE RESISTANCE IN, by Gary A. Strobel, 1975 Jan. p. 80. [1313]
PLANTS AND ANIMALS THAT NOURISH MAN, THE, by Jack R. Harlan, 1976 Sept. p. 88.
PLANTS, ARTIFICIAL LIVING, by Edward F. Moore, 1956 Oct. p. 118.
PLANTS, BUTTERFLIES AND, by Paul R. Ehrlich and Peter H. Raven, 1967 June p. 104. [1076]
PLANTS, CARNIVOROUS, by Yolande Heslop-Harrison, 1978 Feb. p. 104. [1382]
PLANTS, CHEMICAL WARFARE AMONG THE, by James Bonner, 1949 Mar. p. 48.
PLANTS, ELECTRICITY IN, by Bruce I. H. Scott, 1962 Oct. p. 107. [136]
PLANTS, HEAT TRANSFER IN, by David M. Gates, 1965 Dec. p. 76. [1029]
PLANTS, INDUCED MUTATIONS IN, by Björn Sigurbjörnsson, 1971 Jan. p. 86. [1210]
PLANTS OF KRAKATOA, THE, by F. W. Went, 1949 Sept. p. 52.
PLANTS, THE CIRCULATORY SYSTEM OF, by Susann and Orlin Biddulph, 1959 Feb. p. 44. [53]
PLANTS, THE ECOLOGY OF DESERT, by Frits W. Went, 1955 Apr. p. 68. [114]
PLANTS, THE RISE OF WATER IN, by Victor A. Greulach, 1952 Oct. p. 78.
PLANTS WITHOUT CELLULOSE, by R. D. Preston, 1968 June p. 102. [1110]
PLASMA CLOUDS IN SPACE, ARTIFICAL, by Gerhard Haerendel and Reimar Lüst, 1968 Nov. p. 80.
PLASMA JET, THE, by Gabriel M. Giannini, 1957 Aug. p. 80.
PLASMAS IN SOLIDS, by Raymond Bowers, 1963 Nov. p. 46.
PLASMOIDS, by Winston H. Bostick, 1957 Oct. p. 87.
PLASTIC LAYER OF THE EARTH'S MANTLE, THE, by Don L. Anderson, 1962 July p. 52. [855]
PLASTICITY IN SENSORY-MOTOR SYSTEMS, by Richard Held, 1965 Nov. p. 84. [494]
PLASTICS, HIGH-TEMPERATURE, by A. H. Frazer, 1969 July p. 96.
PLATE TECTONICS, by John F. Dewey, 1972 May p. 56. [900]
PLATE TECTONICS AND MINERAL RESOURCES, by Peter A. Rona, 1973 July p. 86. [909]
PLATE TECTONICS AND THE HISTORY OF LIFE IN THE OCEANS, by James W. Valentine and Eldridge M. Moores, 1974 Apr. p. 80. [912]
PLATELETS, BLOOD, by Marjorie B. Zucker, 1961 Feb. p. 58.
PLAYING 'POSSUM, by Carl G. Hartman, 1950 Jan. p. 52.
PLEASURE CENTERS IN THE BRAIN, by James Olds, 1956 Oct. p. 105. [30]
PLEIADES, THE, by D. Nelson Limber, 1962 Nov. p. 58. [285]
PLURALISTIC ECONOMY OF THE U.S., THE, by Eli Ginzberg, 1976 Dec. p. 25.
PNEUMATIC BUILDINGS, by Murray Kamrass, 1956 June p. 131.
POETIC RESPONSES TO THE COPERNICAN REVOLUTION, by Margaret M. Byard, 1977 June p. 120. [367]
POINT FOUR, by Stephen Raushenbush, 1950 Mar. p. 16.
POISONING, LEAD, by J. Julian Chisolm, Jr., 1971 Feb. p. 15. [1211]
POISONOUS MUSHROOMS, THE MOST, by Walter Litten, 1975 Mar. p. 90.
POISONOUS TIDES, by S. H. Hutner and John McLaughlin, 1958 Aug. p. 92.
POISONS, by Elijah Adams, 1959 Nov. p. 76.
POISONS, RADIOACTIVE, by Jack Schubert, 1955 Aug. p. 34.
POKER, RED DOG, BLACKJACK AND, by Richard Bellman and David Blackwell, 1951 Jan. p. 44.
POLAND, VISIT TO, by Leopold Infeld, 1949 Dec. p. 40.
POLAR BEARS, THE MIGRATION OF, by Vagn Flyger and Marjorie R. Townsend, 1968 Feb. p. 108. [1102]
POLARIZED ACCELERATOR TARGETS, by Gilbert Shapiro, 1966 July p. 68.
POLARIZED LIGHT AND ANIMAL NAVIGATION, by Talbot H. Waterman, 1955 July p. 88.
POLARIZED-LIGHT NAVIGATION BY INSECTS, by Rüdiger Wehner, 1976 July p. 106. [1342]
POLIO, GAMMA GLOBULIN IN, by William McD. Hammon, 1953 July p. 25.
POLIO RESEARCH, A NEW ERA IN, by Joseph L. Melnick, 1952 Nov. p. 26.
POLIOMYELITIS, VACCINES FOR, by Jonas E. Salk, 1955 Apr. p. 42.
POLIOVIRUS, THE MOLECULAR BIOLOGY OF, by Deborah H. Spector and David Baltimore, 1975 May p. 24.
POLISHING, by Ernest Rabinowicz, 1968 June p. 91.
POLITICAL FACTORS IN ECONOMIC ASSISTANCE, by Gunnar Myrdal, 1972 Apr. p. 15.
POLLEN, by Patrick Echlin, 1968 Apr. p. 80. [1105]
POLLS, PUBLIC OPINION, by Rensis Likert, 1948 Dec. p. 7.
POLLUTANTS AND SOIL ANIMALS, SOIL, by Clive A Edwards, 1969 Apr. p. 88. [1138]
POLLUTANTS, THE GLOBAL CIRCULATION OF ATMOSPHERIC, by Reginald E. Newell, 1971 Jan. p. 32. [894]
POLLUTION, AIR, by Frits W. Went, 1955 May p. 62.
POLLUTION AND AQUATIC LIFE, THERMAL, by John R. Clark, 1969 Mar. p. 18. [1135]
POLLUTION AND PUBLIC HEALTH, AIR, by Walsh McDermott, 1961 Oct. p. 49. [612]
POLLUTION, STREAM, by Rolf Eliassen, 1952 Mar. p. 17.
POLLUTION, THE CONTROL OF AIR, by A. J. Haagen-Smit, 1964 Jan. p. 24. [618]
POLYCYCLIC AROMATIC COMPOUNDS IN NATURE, by Max Blumer, 1976 Mar. p. 34.
POLYETHYLENE, by Gerald Oster, 1957 Sept. p. 139.
POLYETHYLENE, THE SOLID STATE OF, by Bernhard Wunderlich, 1964 Nov. p. 80.
POLYGRAPH, THE, by Burke M. Smith, 1967 Jan. p. 25. [503]
POLYMERIC MATERIALS, THE MICROSTRUCTURE OF, by D. R. Uhlmann and A. G. Kolbeck, 1975 Dec. p. 96.
POLYMERIC MATERIALS, THE NATURE OF, by Herman F. Mark, 1967 Sept. p. 148.
POLYMERS, INORGANIC, by Harry R. Allcock, 1974 Mar. p. 66.
POLYMERS, PRECISELY CONSTRUCTED, by Giulio Natta, 1961 Aug. p. 33. [315]
POLYMERS, THE MECHANICAL PROPERTIES OF, by Arthur V. Tobolsky, 1957 Sept. p. 120.
POLYMORPHISM, DIFFERENTIATION, METAMORPHOSIS, by V. B. Wigglesworth, 1959 Feb. p. 100. [63]
POLYNESIA, THE SETTLEMENT OF, by Donald Stanley Marshall, 1956 Aug. p. 58.
POLYOMA VIRUS, THE, by Sarah E. Stewart, 1960 Nov. p. 63. [77]
POLYRIBOSOMES, by Alexander Rich, 1963 Dec. p. 44. [171]
POMPEII, by Amedeo Maiuri, 1958 Apr. p. 68.
POND, LIFE IN THE DEPTHS OF A, by Edward S. Deevey, Jr., 1951 Oct. p. 68.
PONS OF THE BRAIN, VISUAL CELLS IN THE, by Mitchell Glickstein and Alan R. Gibson, 1976 Nov. p. 90. [573]
POOR, THE POSSESSIONS OF THE, by Oscar Lewis, 1969 Oct. p. 114. [651]
POPULATION, by Kingsley Davis, 1963 Sept. p. 62. [645]
POPULATION, by Frank W. Notestein, 1951 Sept. p. 28.
POPULATION, by Warren S. Thompson, 1950 Feb. p. 11.
POPULATION CONTROL IN ANIMALS, by V. C. Wynne-Edwards, 1964 Aug. p. 68. [192]
POPULATION CYCLES IN RODENTS, by Judith H. Myers and Charles J. Krebs, 1974 June p. 38. [1296]
POPULATION DENSITY AND SOCIAL PATHOLOGY, by John B. Calhoun, 1962 Feb. p. 139. [506]
POPULATION, FOOD AND, by Roger Revelle, 1974 Sept. p. 160.
POPULATION, "GENETIC DRIFT" IN AN ITALIAN, by Luigi Luca Cavalli-Sforza, 1969 Aug. p. 30.
POPULATION GENETICS AND HUMAN ORIGINS, by Robert B. Eckhardt, 1972 Jan. p. 94. [676]
POPULATION GROWTH: 1750-1850, CHECKS ON, by William L. Langer, 1972 Feb. p. 92. [674]
POPULATION, THE HISTORY OF THE HUMAN, by Ansley J. Coale, 1974 Sept. p. 40.
POPULATION, THE HUMAN, 1974 Sept. *issue.*
POPULATION, THE HUMAN, by Edward S. Deevey, Jr., 1960 Sept. p. 194. [608]
POPULATION, THE HUMAN, by Ronald Freedman and Bernard Berelson, 1974 Sept. p. 30.
POPULATION, THE PROSPECTS FOR A STATIONARY WORLD, by Tomas Frejka, 1973 Mar. p. 15. [683]
POPULATION, THE URBANIZATION OF THE HUMAN, by Kingsley Davis, 1965 Sept. p. 40. [659]
POPULATION TRENDS IN AN INDIAN VILLAGE, by Carl E. Taylor, 1970 July p. 106. [1184]
POPULATION, WORLD, by Julian Huxley, 1956 Mar. p. 64. [616]
POPULATIONS OF HOUSE MICE, by Robert L. Strecker, 1955 Dec. p. 92.
POPULATIONS OF THE DEVELOPED COUNTRIES, THE, by Charles F. Westoff, 1974 Sept. p. 108.
POPULATIONS OF THE UNDERDEVELOPED COUNTRIES, THE, by Paul Demeny, 1974 Sept. p. 148.
POPULATIONS, THE GENETICS OF HUMAN, by L. L. Cavalli-Sforza, 1974 Sept. p. 80.
POPULATIONS, THE MIGRATIONS OF HUMAN, by Kingsley Davis, 1974 Sept. p. 92.
PORES IN THE CELL MEMBRANE, by A. K. Solomon, 1960 Dec. p. 146. [76]
PORPHYRIA AND KING GEORGE III, by Ida Macalpine and Richard Hunter, 1969 July p. 38. [1149]
PORTUGUESE MAN-OF-WAR, THE, by Charles E. Lane, 1960 Mar. p. 158.
POSITRON ANNIHILATION AND THE NEW PARTICLES, ELECTRON-, by Sidney D. Drell, 1975 June p. 50.
POSITRON COLLISIONS, ELECTRON-, by Alan M. Litke and Richard Wilson, 1973 Oct. p. 104.
POSITRONS AS A PROBE OF THE SOLID STATE, by Werner Brandt, 1975 July p. 34.
POSSESSIONS OF THE POOR, THE, by Oscar Lewis, 1969 Oct. p. 114. [651]
'POSSUM, PLAYING, by Carl G. Hartman, 1950 Jan. p. 52.

POST IN ROMAN BRITAIN, A FRONTIER, by Robin Birley, 1977 Feb. p. 38. [692]
POSTURE, THE ANTHROPOLOGY OF, by Gordon W. Hewes, 1957 Feb. p. 122.
POTASSIUM, by Wallace O. Fenn, 1949 Aug. p. 16.
POTATO, THE SOCIAL INFLUENCE OF THE, by Redcliffe N. Salaman, 1952 Dec. p. 50.
POTATOES, THE LATE BLIGHT OF, by John S. Niederhauser and William C. Cobb, 1959 May p. 100. [109]
POTENTIAL THEORY, BROWNIAN MOTION AND, by Reuben Hersh and Richard J. Griego, 1969 Mar. p. 66.
POULTRY PRODUCTION, by Wilbor O. Wilson, 1966 July p. 56.
POVERTY AND SOCIAL CHANGE, by Alexander H. Leighton, 1965 May p. 21. [634]
POVERTY, THE CULTURE OF, by Oscar Lewis, 1966 Oct. p. 19. [631]
POVERTY, THE DIMENSIONS OF WORLD, by David Simpson, 1968 Nov. p. 27. [640]
POWER BY LASER IMPLOSION, FUSION, by John L. Emmett, John Nuckolls and Lowell Wood, 1974 June p. 24.
POWER, DECISION-MAKING IN THE PRODUCTION OF, by Milton Katz, 1971 Sept. p. 191. [671]
POWER, ENERGY AND, 1971 Sept. *issue.*
POWER, ENERGY AND, by Chauncey Starr, 1971 Sept. p. 36. [661]
POWER FROM DIRTY FUELS, CLEAN, by Arthur M. Squires, 1972 Oct. p. 26.
POWER FROM THE SUN, by Eugene Ayres, 1950 Aug. p. 16.
POWER, FUSION, by Richard F. Post, 1957 Dec. p. 73. [236]
POWER, GEOTHERMAL, by Joseph Barnea, 1972 Jan. p. 70. [898]
POWER IN BRITAIN, ATOMIC, by Sir Christopher Hinton, 1958 Mar. p. 29.
POWER, INTERNATIONAL COOPERATION IN NUCLEAR, by Donald J. Hughes, 1955 Apr. p. 31.
POWER, NUCLEAR WEAPONS AND INTERNATIONAL STABILITY, NUCLEAR, by David J. Rose and Richard K. Lester, 1978 Apr. p. 45. [3004]
POWER, PROGRESS IN SOLAR, by Harry Tabor, 1956 July p. 97.
POWER, PROGRESS TOWARD FUSION, by T. K. Fowler and Richard F. Post, 1966 Dec. p. 21.
POWER REACTORS, by Alvin M. Weinberg, 1954 Dec. p. 33.
POWER STATIONS, ON THE FEASIBILITY OF COAL-DRIVEN, by O. R. Frisch, 1956 Mar. p. 93.
POWER SYSTEMS, COMPUTER CONTROL OF ELECTRIC-, by Hans Glavitsch, 1974 Nov. p. 34.
POWER SYSTEMS COMPUTER CONTROL OF ELECTRIC-, by Hans Glavitsch, 1974 Nov. p. 34.
POWER, THE ARRIVAL OF NUCLEAR, by John F. Hogerton, 1968 Feb. p. 21.
POWER, THE ECONOMICS OF ATOMIC, by Sam H. Schurr, 1951 Jan. p. 32.
POWER, THE NECESSITY OF FISSION, by H. A. Bethe, 1976 Jan. p. 21. [348]
POWER, THE PROSPECTS OF FUSION, by William C. Gough and Bernard J. Eastlund, 1971 Feb. p. 50. [340]
POWER TRANSMISSION, HIGH-VOLTAGE, by L. O. Barthold and H. G. Pfeiffer, 1964 May p. 38.
POWER TRANSMISSION, SUPERCONDUCTORS FOR, by Donald P. Snowden, 1972 Apr. p. 84.
POWERHOUSE OF THE CELL, by Philip Siekevitz, 1957 July p. 131. [36]
PRACTICE OF QUALITY CONTROL, THE, by A. G. Dalton, 1953 Mar. p. 29.
PRAIRIE DOGS, THE SOCIAL BEHAVIOR OF, by John A. King, 1959 Oct. p. 128.
PRE-CAMBRIAN ANIMALS, by Martin F. Glaessner, 1961 Mar. p. 72. [837]
PRECISELY CONSTRUCTED POLYMERS, by Giulio Natta, 1961 Aug. p. 33. [315]
PRE-COLUMBIAN RIDGED FIELDS, by James J. Parsons and William M. Denevan, 1967 July p. 92.
PRE-COLUMBIAN URBAN CENTER ON THE MISSISSIPPI, A, by Melvin L. Fowler, 1975 Aug. p. 92. [688]
PREDATORY FUNGI, by Joseph J. Maio, 1958 July p. 67.
PREDATORY WASPS, by Howard E. Evans, 1963 Apr. p. 144.
PREFRONTAL LOBOTOMY: ANALYSIS AND WARNING, by Kurt Goldstein, 1950 Feb. p. 44. [445]
PREHISTORIC ART IN THE ALPS, by Emmanuel Anati, 1960 Jan. p. 52.
PREHISTORIC MAN IN MAMMOTH CAVE, by Douglas W. Schwartz, 1960 July p. 130.
PREHISTORIC MAN IN THE GRAND CANYON, by Douglas W. Schwartz, 1958 Feb. p. 97.
PREHISTORIC SWISS LAKE DWELLERS, by Hansjürgen Müller-Beck, 1961 Dec. p. 138.
PREHISTORY, 17,000 YEARS OF GREEK, by Thomas W. Jacobsen, 1976 June p. 76.
PREHISTORY IN INDIA, LIVING, by D. D. Kosambi, 1967 Feb. p. 104.
PREHISTORY OF EUROPE, CARBON 14 AND THE, by Colin Renfrew, 1971 Oct. p. 63. [672]
PREHISTORY OF THE AUSTRALIAN ABORIGINE, THE, by D. J. Mulvaney, 1966 Mar. p. 84. [628]
PREJUDICE, by Bruno Bettelheim and Morris Janowitz, 1950 Oct. p. 11.
PREMATURITY AND UNIQUENESS IN SCIENTIFIC DISCOVERY, by Gunther S. Stent, 1972 Dec. p. 84. [1261]
PRENATAL DIAGNOSIS OF GENETIC DISEASE, by Theodore Friedmann, 1971 Nov. p. 34. [1234]
PRESENT EVOLUTION OF MAN, THE, by Theodosius Dobzhansky, 1960 Sept. p. 206. [609]
PRESERVATION OF STONE, THE, by Lal Gauri, 1978 June p. 126. [3012]
PRESSURE, CELLS AT HIGH, by Douglas Marsland, 1958 Oct. p. 36.
PRESSURE, MAGNETIC RESONANCE AT HIGH, by George B. Benedek, 1965 Jan. p. 102.
PRESSURE OF LASER LIGHT, THE, by Arthur Ashkin, 1972 Feb. p. 62.
PRESSURE, RADIATION, by George E. Henry, 1957 June p. 99.
PRESSURE, SMELTING UNDER, by Leonard Engel, 1948 May p. 54.
PRESSURE, SUPERCONDUCTIVITY AT HIGH, by N. B. Brandt and N. I. Ginzburg, 1971 Apr. p. 83.
PRESSURE TECHNOLOGY, HIGH-, by Alexander Zeitlin, 1965 May p. 38.
PRESSURE, THE SYNTHESIS OF DIAMOND AT LOW, by B. V. Derjaguin and D. B. Fedoseev, 1975 Nov. p. 102.
PRESSURES, ULTRAHIGH, by H. Tracy Hall, 1959 Nov. p. 61.
PRESTRESSED CONCRETE, by T. Y. Lin, 1958 July p. 25.
PREVENTION OF MURDER, THE, by Fredric Wertham, 1949 June p. 50.
PREVENTION OF "RHESUS" BABIES, THE, by C. A. Clarke, 1968 Nov. p. 46. [1126]
PREVENTION OF SMALLPOX BEFORE JENNER, THE, by William L. Langer, 1976 Jan. p. 112.
PRIESTLEY, by Mitchell Wilson, 1954 Oct. p. 68.
PRIMEVAL FIREBALL, THE, by P. J. E. Peebles and David T. Wilkinson, 1967 June p. 28.
PRIMITIVE ARCHITECTURE AND CLIMATE, by James Marston Fitch and Daniel P. Branch, 1960 Dec. p. 134.
PRIMITIVE KINSHIP, by Meyer Fortes, 1959 June p. 146.
PRIMITIVE MEDICINE, by Elizabeth A. Ferguson, 1948 Sept. p. 24.
PRIMITIVE OBJECTS IN THE SOLAR SYSTEM, THE MOST, by Lawrence Grossman, 1975 Feb. p. 30.
PRINCIPLE OF UNCERTAINTY, THE, by George Gamow, 1958 Jan. p. 51. [212]
PROBABILITY, by Mark Kac, 1964 Sept. p. 92.
PROBABILITY, by Warren Weaver, 1950 Oct. p. 44.
PROBABILITY OF DEATH, THE, by Edward S. Deevey, Jr., 1950 Apr. p. 58.
PROBABILITY, SUBJECTIVE, by John Cohen, 1957 Nov. p. 128. [427]
PROBABILITY? WHAT IS, by Rudolf Carnap, 1953 Sept. p. 128.
PROBLEM HILBERT'S 10TH, by Martin Davis and Reuben Hersh, 1973 Nov. p. 84.
PROBLEM OF THE QUASI-STELLAR OBJECTS, THE , by Geoffrey Burbidge and Fred Hoyle, 1966 Dec. p. 40. [305]
PROBLEM-SOLVING, by Martin Scheerer, 1963 Apr. p. 118. [476]
PROBLEM, THE SOLUTION OF THE FOUR-COLOR-MAP, by Kenneth Appel and Wolfgang Haken, 1977 Oct. p. 108. [387]
PROBLEMS IN ARITHMETIC, UNSOLVED, by Howard DeLong, 1971 Mar. p. 50.
PROCESS CONTROL, ANALYTIC INSTRUMENTS IN, by F. W. Karasek, 1969 June p. 112.
PROCESSES OF VISION, THE, by Ulric Neisser, 1968 Sept. p. 204. [519]
PRODUCT TECHNOLOGY AND THE CONSUMER, by G. Franklin Montgomery, 1977 Dec. p. 47. [703]
PRODUCTION AS A PROCESS IN THE BIOSPHERE, HUMAN ENERGY, by S. Fred Singer, 1970 Sept. p. 174. [1197]
PRODUCTION AS A PROCESS IN THE BIOSPHERE, HUMAN FOOD, by Lester R. Brown, 1970 Sept. p. 1960. [1196]
PRODUCTION AS A PROCESS IN THE BIOSPHERE, HUMAN MATERIALS, by Harrison Brown, 1970 Sept. p. 194. [1198]
PRODUCTION OF HEAT BY FAT, THE, by Michael J. R. Dawkins and David Hull, 1965 Aug. p. 62.
PRODUCTION POULTRY, by Wilbor O. Wilson, 1966 July p. 56.
PRODUCTION, THE AMPLIFICATION OF AGRICULTURAL, by Peter R. Jennings, 1976 Sept. p. 180.
PRODUCTIVITY, INDUSTRIAL, by Seymour Melman, 1955 July p. 33.
PROGESTERONE, by Arpad Csapo, 1958 Apr. p. 40. [163]
PROGRAM OF FERTILIZATION, THE, by David Epel, 1977 Nov. p. 128. [1372]
PROGRAMMING, LINEAR, by William W. Cooper and Abraham Charnes, 1954 Aug. p. 21.
PROGRAMMING, SYSTEM ANALYSIS AND, by Christopher Strachey, 1966 Sept. p. 112.
PROGRESS IN PHOTOSYNTHESIS, by Eugene I. Rabinowitch, 1953 Nov. p. 80.
PROGRESS IN SOLAR POWER, by Harry Tabor, 1956 July p. 97.
PROGRESS OF ANTIBIOTICS, THE, by Kenneth B. Raper, 1952 Apr. p. 49.
PROGRESS TOWARD FUSION POWER, by T. K. Fowler and Richard F. Post, 1966 Dec. p. 21.
PROJECTIONS, IMAGE RECONSTRUCTION FROM, by Richard Gordon, Gabor T. Herman and Steven A. Johnson, 1975 Oct. p. 56.

PROJECTIVE GEOMETRY, by Morris Kline, 1955 Jan. p. 80.
PROLIFERATION OF NUCLEAR WEAPONS, THE, by William Epstein, 1975 Apr. p. 18.
PROOF, RANDOMNESS AND MATHEMATICAL, by Gregory J. Chaitin, 1975 May p. 47.
PROOF, TRUTH AND, by Alfred Tarski, 1969 June p. 63.
PROSPECTING, CHEMICAL, by Harold Bloom and Harold F. Walton, 1957 July p. 41.
PROSPECTS FOR A STATIONARY WORLD POPULATION, THE, by Tomas Frejka, 1973 Mar. p. 15. [683]
PROSPECTS OF FUSION POWER, THE, by William C. Gough and Bernard J. Eastlund, 1971 Feb. p. 50. [340]
PROSTAGLANDINS, by John E. Pike, 1971 Nov. p. 84. [1235]
PROTEIN-CUTTING PROTEINS, A FAMILY OF, by Robert M. Stroud, 1974 July p. 74. [1301]
PROTEIN-DIGESTING ENZYMES, by Hans Neurath, 1964 Dec. p. 68.
PROTEIN EVOLUTION, COMPUTER ANALYSIS OF, by Margaret Oakley Dayhoff, 1969 July p. 86. [1148]
PROTEIN FROM PETROLEUM, by Alfred Champagnat, 1965 Oct. p. 13. [1020]
PROTEIN MADE? HOW IS A, by K. U. Linderstrom-Lang, 1953 Sept. p. 100.
PROTEIN MOLECULE, THE THREE-DIMENSIONAL STRUCTURE OF A, by John C. Kendrew, 1961 Dec. p. 96. [121]
PROTEIN MOLECULES, THE STRUCTURE OF, by Linus Pauling, Robert B. Corey and Roger Hayward, 1954 July p. 51. [31]
PROTEIN SHAPE AND BIOLOGICAL CONTROL, by Daniel E. Koshland, Jr., 1973 Oct. p. 52. [1280]
PROTEIN STRUCTURE, GENE STRUCTURE AND, by Charles Yanofsky, 1967 May p. 80. [1074]
PROTEIN SWITCH OF MUSCLE CONTRACTION, THE, by Carolyn Cohen, 1975 Nov. p. 36. [1329]
PROTEIN SYNTHESIS, EXPERIMENTS IN, by Ernest F. Gale, 1956 Mar. p. 42.
PROTEIN SYNTHESIS, MEMORY AND, by Bernard W. Agranoff, 1967 June p. 115. [1077]
PROTEIN, THE STRUCTURE AND HISTORY OF AN ANCIENT, by Richard E. Dickerson, 1972 Apr. p. 58. [1245]
PROTEINS, by Joseph S. Fruton, 1950 June p. 32. [10]
PROTEINS, by Paul Doty, 1957 Sept. p. 173. [7]
PROTEINS AND GENE REGULATION, CHROMOSOMAL, by Gary S. Stein, Janet Swinehart Stein and Lewis J. Kleinsmith, 1975 Feb. p. 46. [1315]
PROTEINS, NUCLEIC ACIDS AND, by Mahlon B. Hoagland, 1959 Dec. p. 55.
PROTEINS START, HOW, by Brian F. C. Clark and Kjeld A. Marcker, 1968 Jan. p. 36. [1092]
PROTEINS, THE AUTOMATIC SYNTHESIS OF, by R. B. Merrifield, 1968 Mar. p. 56. [320]
PROTEINS, THE CHEMICAL STRUCTURE OF, by William H. Stein and Stanford Moore, 1961 Feb. p. 81.
PROTEINS, THE COOPERATIVE ACTION OF MUSCLE, by John M. Murray and Annemarie Weber, 1974 Feb. p. 58. [1290]
PROTO-CASTLES OF SARDINIA, THE, by Giovanni Lilliu, 1959 Dec. p. 62.
PROTOHUMAN HOMINIDS, THE FOOD-SHARING BEHAVIOR OF, by Glynn Isaac, 1978 Apr. p. 90. [706]
PROTON AND THE NEUTRON, THE STRUCTURE OF THE, by Henry W. Kendall and Wolfgang Panofsky, 1971 June p. 60.
PROTON INTERACTIONS AT HIGH ENERGIES, by Ugo Amaldi, 1973 Nov. p. 36.
PROTOPSYCHOLOGY, by Jay Boyd Best, 1963 Feb. p. 54. [149]
PROTOZOON, THE EMBRYOLOGIST AND THE, by Paul B. Weisz, 1953 Mar. p. 76.
PSYCHIATRIC DRUGS, THE NEW, by Harold E. Himwich, 1955 Oct. p. 80.
PSYCHIATRIC FILMS, 1949 Sept. p. 42.
PSYCHIATRIC INTERVENTION, by Leon Eisenberg, 1973 Sept. p. 116.
PSYCHIATRISTS AND THE ADVERSARY PROCESS, by David L. Bazelon, 1974 June p. 18.
PSYCHIATRY, ACOUSTIC METHODS IN, by Peter F. Ostwald, 1965 Mar. p. 82. [492]
PSYCHOLOGICAL FACTORS IN STRESS AND DISEASE, by Jay M. Weiss, 1972 June p. 104. [544]
PSYCHOLOGICAL TIME, by John Cohen, 1964 Nov. p. 116.
PSYCHOLOGIST EXAMINES 64 EMINENT SCIENTISTS, A, by Anne Roe, 1952 Nov. p. 21.
PSYCHOLOGY, by Hadley Cantril, 1950 Sept. p. 79.
PSYCHOLOGY AND THE INSTRUMENT PANEL, by Alphonse Chapanis, 1953 Apr. p. 74. [496]
PSYCHOLOGY, ECONOMIC, by George Katona, 1954 Oct. p. 31. [452]
PSYCHOLOGY OF IMAGINATION, THE, by Frank Barron, 1958 Sept. p. 150. [432]
PSYCHOPHYSICS, EXPERIMENTS IN ANIMAL, by Donald S. Blough, 1961 July p. 113. [458]
PSYCHOSES, EXPERIMENTAL, by Six Staff Members of Boston Psychopathic Hospital, 1955 June p. 34.
PSYCHOTHERAPY, BEHAVIORAL, by Albert Bandura, 1967 Mar. p. 78. [505]
PSYCHOTHERAPY, "CLIENT-CENTERED", by Carl R. Rogers, 1952 Nov. p. 66. [448]
PSYCHOTHERAPY FOR SCHIZOPHRENIA, by Don D. Jackson, 1953 Jan. p. 58. [447]
PSYCHOTHERAPY, GROUP, by S. R. Slavson, 1950 Dec. p. 42. [449]
PUBLIC HEALTH, AIR POLLUTION AND, by Walsh McDermott, 1961 Oct. p. 49. [612]
PUBLIC OPINION POLLS, by Rensis Likert, 1948 Dec. p. 7.
PUBLIC POLICY ON FERTILITY CONTROL, by Frederick S. Jaffe, 1973 July p. 17.
PUFFS, CHROMOSOME, by Wolfgang Beermann and Ulrich Clever, 1964 Apr. p. 50. [180]
PULP WOOD, by F. Keith Hall, 1974 Apr. p. 52.
PULSARS, by Anthony Hewish, 1968 Oct. p. 25.
PULSARS, THE NATURE OF, by Jeremiah P. Ostriker, 1971 Jan. p. 48.
PULSATING STARS, by John R. Percy, 1975 June p. 66.
PULSATING STARS AND COSMIC DISTANCES, by Robert P. Kraft, 1959 July p. 48.
PULSE-CODE MODULATION, by J. S. Mayo, 1968 Mar. p. 102.
PUMP, THE HEAT, by John F. Sandfort, 1951 May p. 54.
PUMPS IN THE LIVING CELL, by Arthur K. Solomon, 1962 Aug. p. 100.
PUPFISH, THE DESERT, by James H. Brown, 1971 Nov. p. 104. [1236]
PUPIL SIZE, ATTITUDE AND, by Eckhard H. Hess, 1965 Apr. p. 46. [493]
PUPIL SIZE IN COMMUNICATION, THE ROLE OF, by Eckhard H. Hess, 1975 Nov. p. 110. [567]
PURE METALS, by Lawrence P. Lessing, 1954 July p. 36.
PURPLE BACTERIA, by Roderick K. Clayton and Max Delbrück, 1951 Nov. p. 68.
PURPLE FOXGLOVE, WILLIAM WITHERING AND THE, by J. Worth Estes and Paul Dudley White, 1965 June p. 110.
PURPLE MEMBRANE OF SALT-LOVING BACTERIA, THE, by Walther Stoeckenius, 1976 June p. 38. [1340]
PURSUIT OF A DISEASE, by Geoffrey Dean, 1957 Mar. p. 133.
PYGMIES, THE LESSON OF THE, by Colin M. Turnbull, 1963 Jan. p. 28. [615]
PYTHAGOREANS, THE VIBRATING STRING OF THE, by E. Eugene Helm, 1967 Dec. p. 92.

Q

QANATS OF IRAN, THE, by H. E. Wulff, 1968 Apr. p. 94.
QUALITY CONTROL, THE PRACTICE OF, by A. G. Dalton, 1953 Mar. p. 29.
QUANTIZED VORTEX RINGS IN SUPERFLUID HELIUM, by F. Reif, 1964 Dec. p. 116.
QUANTUM EFFECTS IN SUPERCONDUCTORS, by R. D. Parks, 1965 Oct. p. 57.
QUANTUM MECHANICS OF BLACK HOLES, THE, by S. W. Hawking, 1977 Jan. p. 34. [349]
QUANTUM THEORY, THE, by Karl K. Darrow, 1952 Mar. p. 47. [205]
QUARKS, THE CONFINEMENT OF, by Yoichiro Nambu, 1976 Nov. p. 48.
QUARKS WITH COLOR AND FLAVOR, by Sheldon Lee Glashow, 1975 Oct. p. 38.
QUASARS, THE EVOLUTION OF, by Maarten Schmidt and Francis Bello, 1971 May p. 54.
"QUASI-PARTICLES," SUPERFLUIDITY AND, by F. Reif, 1960 Nov. p. 138. [272]
QUASI-STELLAR OBJECTS, THE ABSORPTION LINES OF, by E. Margaret Burbidge and C. Roger Lynds, 1970 Dec. p. 22.
QUASI-STELLAR OBJECTS, THE PROBLEM OF THE, by Geoffrey Burbidge and Fred Hoyle, 1966 Dec. p. 40. [305]
QUASI-STELLAR RADIO SOURCES, by Jesse L. Greenstein, 1963 Dec. p. 54.
QUEUES, by Martin A. Leibowitz, 1968 Aug. p. 96.
QUICK CLAY, by Paul F. Kerr, 1963 Nov. p. 132.
QUICKSAND, by Gerard H. Matthes, 1953 June p. 97.
QUMRAN, THE NEW COVENANTERS OF, by Shemaryahu Talmon, 1971 Nov. p. 72.

R

RABBIT HEMOGLOBIN FROM FROG EGGS, by Charles Lane, 1976 Aug. p. 60. [1343]
RABBIT PLAGUE, THE, by Frank Fenner, 1954 Feb. p. 30.
RABBITS, TERRITORIAL MARKING BY, by Roman Mykytowycz, 1968 May p. 116. [1108]
RACE, INTELLIGENCE AND, by Walter F. Bodmer and Luigi Luca Cavalli-Sforza, 1970 Oct. p. 19. [1199]
RACE OF 1895, THE GREAT AUTOMOBILE, by Jacques Ickx, 1972 May p. 102.
RACES OF MAN, RH AND THE, by William C. Boyd, 1951 Nov. p. 22.
RACIAL INTEGRATION, ATTITUDES TOWARD, by Andrew M. Greeley and Paul B. Sheatsley, 1971 Dec. p. 13. [673]
RACIAL INTEGRATION, ATTITUDES TOWARD, by D. Garth Taylor, Paul B. Sheatsley and Andrew M. Greeley, 1978 June p. 42. [707]
RADAR, AIRPORT, 1952 June p. 64.
RADAR AND THE WEATHER, by Hal Foster, 1953 Jul. 34.

RADAR ASTRONOMY, by Von R. Eshleman and Allen M. Peterson, 1960 Aug. p. 50.
RADAR OBSERVATIONS OF THE PLANETS, by Irwin I. Shapiro, 1968 July p. 28.
RADAR, SIDE-LOOKING AIRBORNE, by Homer Jensen, L. C. Graham, Leonard J. Porcello and Emmett N. Leith, 1977 Oct. p. 84. [386]
RADIATION AND EVOLUTION, IONIZING, by James F. Crow, 1959 Sept. p. 138. [55]
RADIATION AND HUMAN MUTATION, by H. J. Muller, 1955 Nov. p. 58. [29]
RADIATION AND MEDICINE, IONIZING, by Shields Warren, 1959 Sept. p. 164.
RADIATION AND METALS, IONIZING, by Douglas S. Billington, 1959 Sept. p. 200.
RADIATION AND NUCLEIC ACID, ULTRAVIOLET, by R. A. Deering, 1962 Dec. p. 135. [143]
RADIATION AND ORGANIC CHEMISTRY, IONIZING, by A. Charlesby, 1959 Sept. p. 180.
RADIATION AND THE CITIZEN, IONIZING, by George W. Beadle, 1959 Sept. p. 219. [1214]
RADIATION AND THE HUMAN CELL, by Theodore T. Puck, 1960 Apr. p. 142. [71]
RADIATION AND THE LIVING CELL, IONIZING, by Alexander Hollaender and George E. Stapleton, 1959 Sept. p. 94.
RADIATION AND THE NEW AETHER DRIFT, THE COSMIC BACKGROUND, by Richard A. Muller, 1978 May p. 64. [3008]
RADIATION AND THE WHOLE ANIMAL, IONIZING, by John F. Loutit, 1959 Sept. p. 117.
RADIATION BELTS, by Brian J. O.'Brien, 1963 May p. 84.
RADIATION BELTS AROUND THE EARTH, by James A. Van Allen, 1959 Mar. p. 39.
RADIATION FROM A REACTOR, by W. H. Jordan, 1951 Oct. p. 54.
RADIATION-IMITATING CHEMICALS, by Peter Alexander, 1960 Jan. p. 99.
RADIATION, IONIZING., 1959 Sept. *issue.*
RADIATION METEORITES AND COSMIC, by I. R. Cameron, 1973 July p. 64.
RADIATION ON SOLIDS, THE EFFECTS OF, by Frederick Seitz and Eugene P. Wigner, 1956 Aug. p. 76. [245]
RADIATION PRESSURE, by George E. Henry, 1957 June p. 99.
RADIATION, THE COSMIC BACKGROUND, by Adrian Webster, 1974 Aug. p. 26.
RADIATION, THE ECOLOGICAL EFFECTS OF, by George M. Woodwell, 1963 June p. 40. [159]
RADIATION, THE LETHAL EFFECTS OF, by Edward Spoerl, 1951 Dec. p. 22.
RADIATION, THE USES OF SYNCHROTRON, by Ednor M. Rowe and John H. Weaver, 1977 June p. 32. [365]
RADIATION WEAPONS, ENHANCED-, by Fred M. Kaplan, 1978 May p. 44. [3007]
RADIATION? WHAT IS IONIZING, by Robert L. Platzman, 1959 Sept. p. 74.
RADICALS, FREE, by Paul D. Bartlett, 1953 Dec. p. 74.
RADICALS, FROZEN FREE, by Charles M. Hertzfeld and Arnold M. Bass, 1957 Mar. p. 90. [263]
RADICALS IN BIOLOGICAL SYSTEMS, FREE, by William A. Pryor, 1970 Aug. p. 70. [335]
RADICALS IN SPACE, HYDROXYL, by Brian J. Robinson, 1965 July p. 26.
RADICALS, RADIO SIGNALS FROM HYDROXYL, by Alan H. Barrett, 1968 Dec. p. 36.
RADIO ASTRONOMY, by Grote Reber, 1949 Sept. p. 34.
RADIO ASTRONOMY, INTERCONTINENTAL, by K. I. Kellermann, 1972 Feb. p. 72.
RADIO GALAXIES, by D. S. Heeschen, 1962 Mar. p. 41. [278]
RADIO GALAXIES, by Martin Ryle, 1956 Sept. [204]
RADIO GALAXIES, GIANT, by Richard G. Strom, George K. Miley and Jan Oort, 1975 Aug. p. 26.
RADIO GALAXY, THE, by Gart Westerhout, 1959 Aug. p. 44. [250]
RADIO OBSERVATORY, A NATIONAL, by Bart J. Bok, 1956 Oct. p. 56.
RADIO SIGNALS FROM HYDROXYL RADICALS, by Alan H. Barret, 1968 Dec. p. 36.
RADIO SKY, THE, by John D. Kraus, 1956 July p. 32.
RADIO SOURCES, QUASI-STELLAR, by Jesse L. Greenstein, 1963 Dec. p. 54.
RADIO SOURCES WITH THE MOON, LOCATING, by R. W. Clarke, 1966 June p. 30.
RADIO STARS, by A. C. B. Lovell, 1953 Jan 17.
RADIO TELESCOPE, THE 600-FOOT, by Edward F. McClain, Jr., 1960 Jan. p. 45.
RADIO TELESCOPES, by John D. Kraus, 1955 Mar. p. 36.
RADIO, TRACKING SATELLITES BY, by John T. Mengel and Paul Herget, 1958 Jan. p. 23.
RADIO TRANSMISSION, NEW METHODS OF, by Jerome B. Wiesner, 1957 Jan. p. 46.
RADIO WAVES AND MATTER, by Harry M. Davis, 1948 Sept. p. 16.
RADIO WAVES FROM INTERSTELLAR HYDROGEN, by Harold I. Ewen, 1953 Dec. p. 42.
RADIO WAVES FROM JUPITER, by K. L Franklin, 1964 July p. 34.
RADIO WAVES FROM THE SUN, by J. P. Wild, 1955 June p. 40.
RADIO WAVES IN SPACE, THE ABSORPTION OF, by A. E. Lilley, 1957 July p. 48.
RADIO WAVES, THE SHORTEST, by Walter Gordy, 1957 May p. 46.
RADIOACTIVE ISOTOPES, THE CIRCULATION OF, by James R. Arnold and E. A. Martell, 1959 Sept. p. 84.
RADIOACTIVE POISONS, by Jack Schubert, 1955 Aug. p. 34.
RADIOACTIVE TUBERCULOSIS DRUGS, by Lloyd J. Roth and Roland W. Manthei, 1956 Nov. p. 135.
RADIOACTIVE WASTES FROM FISSION REACTORS, THE DISPOSAL OF, by Bernard L. Cohen, 1977 June p. 21. [364]
RADIOACTIVITY AND TIME, by P. M. Hurley, 1949 Aug. p. 48.
RADIOCARBON DATING, by Edward S. Deevey, Jr., 1952 Feb. p. 24. [811]
RADIO-EMITTING FLARE STARS, by Sir Bernard Lovell, 1964 Aug. p. 13.
RADIOGRAPHY, NEUTRON, by Harold Berger, 1962 Nov. p. 107. [287]
RAIN CLOUDS, SUN CLOUDS AND, by Walter Orr Roberts, 1957 Apr. p. 138. [849]
RAIN FOREST, THE TROPICAL, by Paul W. Richards, 1973 Dec. p. 58. [1286]
RAIN, SALT AND, by A. H. Woodcock, 1957 Oct. p. 42. [850]
RAINBOW, THE THEORY OF THE, by H. Moysés Nussenzveig, 1977 Apr. p. 116. [361]
RAINDROP, EROSION BY, by W. D. Ellison, 1948 Nov. p. 40. [817]
RAINDROPS, THE SHAPE OF, by James E. McDonald, 1954 Feb. p. 64.
RAMANUJAN, SRINIVASA, by James R. Newman, 1948 June p. 54.
RAMAPITHECUS, by Elwyn L. Simons, 1977 May p. 28. [695]
RANDOMNESS AND MATHEMATICAL PROOF, by Gregory J. Chaitin, 1975 May p. 47.
RANGELANDS OF THE WESTERN U.S., THE, by R. Merton Love, 1970 Feb. p. 88.
RANGER MISSIONS TO THE MOON, THE, by H. M. Schurmeier, R. L. Heacock and A. E. Wolfe, 1966 Jan. p. 52.
RAPID EXCAVATION, by Thomas E. Howard, 1967 Nov. p. 74.
RARE EARTHS, THE, by Frank H. Spedding, 1951 Nov. p. 26.
RAT SOCIETIES, by Richard Lore and Kevin Flannelly, 1977 May p. 106. [577]
RAT, THE DESERT, by Knut and Bodil Schmidt-Nielsen, 1953 July p. 73.
RATIONAL ENGINE, RUDOLF DIESEL AND HIS, by Lynwood Bryant, 1969 Aug. p. 108.
RATS, by S. A. Barnet, 1967 Jan. p. 78.
RATTLESNAKE STRIKES, HOW A, by Walker Van Riper, 1953 Oct. p. 100.
RAYS COME FROM? WHERE DO COSMIC, by Bruno Rossi, 1953 Sept. p. 64. [239]
RAYS, COSMIC, by George W. Gray, 1949 Mar. p. 28.
RAYS, HIGH-ENERGY COSMIC, by Bruno Rossi, 1959 Nov. p. 134.
RAYS, SOLAR PARTICLES AND COSMIC, by Kinsey A. Anderson, 1960 June p. 64.
RAYS, THE ASTROPHYSICS OF COSMIC, by V. L. Ginzburg, 1969 Feb. p. 50.
RAYS, THE ORIGIN OF CSMIC, by Geoffrey Burbidge, 1966 Aug. p. 32.
REACTION, THE ALARM, by P. C. Constantinides and Niall Carey, 1949 Mar. p. 20. [4]
REACTOR, A NATURAL FISSION, by George A. Cowan, 1976 July p. 36.
REACTOR AS A RESEARCH INSTRUMENT, THE NUCLEAR, by Donald J. Hughes, 1953 Aug. p. 23. [219]
REACTOR FUEL ELEMENTS, by James F. Schumar, 1959 Feb. p. 37.
REACTOR, NORWAY, 1951 Dec. p. 30.
REACTOR, RADIATION FROM A, by W. H. Jordan, 1951 Oct. p. 54.
REACTOR, SUPERPHÉNIX: A FULL-SCALE BREEDER, by Georges A. Vendryes, 1977 Mar. p. 26. [355]
REACTOR, THE BREEDER,, 1952 Dec. p. 58.
REACTORS, by Lawrence R. Hafstad, 1951 Apr. p. 43.
REACTORS, A THIRD GENERATION OF BREEDER,, by T. R. Bump, 1967 May p. 25.
REACTORS, BREEDER, by Alvin M. Weinberg, 1960 Jan. p. 82.
REACTORS, FAST BREEDER, by Glenn T. Seaborg and Justin L. Bloom, 1970 Nov. p. 13. [339]
REACTORS, GENEVA, by Robert A. Charpie, 1955 Oct. p. 56.
REACTORS, NATURAL-URANIUM HEAVY-WATER, by Hugh C. McIntyre, 1975 Oct. p. 17.
REACTORS, POWER, by Alvin M. Weinberg, 1954 Dec. p. 33.
REACTORS, THE DISPOSAL OF RADIOACTIVE WASTES FROM FISSION, by Bernard L. Cohen, 1977 June p. 21. [364]
REACTORS, THE LEAKAGE PROBLEM IN FUSION, by Francis F. Chen, 1967 July p. 76.
READING, EXPERIMENTS IN, by Paul A. Kolers, 1972 July p. 84. [545]
REAL-NUMBER LINE, NEW MODELS OF THE, by Lynn Arthur Steen, 1971 Aug. p. 92.
REAPPORTIONMENT AND REDISTRICTING, by Ruth C. Silva, 1965 Nov. p. 20.
REBUILDING A VIRUS, by Heinz Fraenkel-Conrat, 1956 June p. 42. [9]
RECEPTER OF MOTHS, THE SEX-ATTRACTANT, by Dietrich Schneider, 1974 July p. 36. [1299]
RECEPTOR SITE FOR A BACTERIAL VIRUS, THE, by Richard Losick and Philips W. Robbins, 1969 Nov. p. 120. [1161]

RECEPTORS AND INTERNAL OPIATES, OPIATE, by Solomon H. Snyder, 1977 Mar. p. 44. [1354]
RECEPTORS OF SNAKES, THE INFRARED, by R. Igor Gamow and John F. Harris, 1973 May p. 94. [1272]
RECEPTORS OF STEROID HORMONES, THE, by Bert W. O'Malley and William T. Schrader, 1976 Feb. p. 32. [1334]
RECEPTORS, TASTE, by Edward S. Hodgson, 1961 May p. 135.
RECLAMATION OF MAN-MADE DESERT, THE, by Walter C. Lowdermilk, 1960 Mar. p. 54.
RECOGNITION, ADVANCES IN PATTERN, by Richard G. Casey and George Nagy, 1971 Apr. p. 56.
RECOGNITION OF DNA IN BACTERIA, THE, by Salvador E. Luria, 1970 Jan. p. 88. [1167]
RECOGNITION OF FACES, THE, by Leon D. Harmon, 1973 Nov. p. 70. [555]
RECOMBINANT-DNA DEBATE, THE, by Clifford Grobstein, 1977 July p. 22. [1362]
RECONNAISSANCE AND ARMS CONTROL, by Ted Greenwood, 1973 Feb. p. 14. [346]
RECORD OF HUMAN ILLNESS, THE, by Wilton M. Krogman, 1949 Jan. p. 52.
RECORDING, MAGNETIC, by Victor E. Ragosine, 1969 Nov. p. 70.
RECORDS, RUNNING, by M. H. Lietzke, 1952 Aug. p. 52.
RECOVERY OF EUROPE ("E.C.E.REPORT"), 1948 July p. 9.
RECOVERY OF PETROLEUM, THE SECONDARY, by Noel de Nevers, 1965 July p. 34.
RED BLOOD CELL, THE, by Eric Ponder, 1957 Jan. p. 95.
RED CELLS, THE STATE OF WATER IN, by Arthur K. Solomon, 1971 Feb. p. 88. [1213]
RED DOG, BLACKJACK AND POKER, by Richard Belman and David Blackwell, 1951 Jan 44.
RED-FEATHER MONEY, by William Davenport, 1962 Mar. p. 94.
RED SEA HOT BRINES, THE, by Egon T. Degens and David A. Ross, 1970 Apr. p. 32.
RED-SHIFT, THE, by Allan R. Sandage., 1956 Sept. p. 170[240]
REDISTRICTING, REAPORTIONMENT AND, by Ruth C. Silva, 1965 Nov. p. 20.
REDUNDANCY IN COMPUTERS, by William H. Pierce, 1964 Feb. p. 103. [298]
REEFS, THE EVOLUTION OF, by Norman D. Newell, 1972 June p. 54. [901]
RE-ENTRY FROM SPACE, by John V. Becker, 1961 Jan. p. 49.
REFINING, ZONE, by William G. Pfann, 1967 Dec. p. 62.
REFLECTOR, THE LUNAR LASER, by James E. Faller and E. Joseph Wampler, 1970 Mar. p. 38.
REFLECTORS IN FISHES, by Eric Denton, 1971 Jan. p. 64. [1209]
REFRIGERATION CYCLE, THE STIRLING, by J. W. L. Köhler, 1965 Apr. p. 119.
REGENERATION AND PATTERN FORMATION BIOLOGICAL, by Peter J. Bryant, Susan V. Bryant and Vernon French, 1977 July p. 66. [1363]
REGENERATION OF BODY PARTS, THE, by Marcus Singer, 1958 Oct. p. 79.
RELATIONSHIPS OF ANIMALS, THE BLOOD, by Alan A. Boyden, 1951 July p. 59.
RELATIVISM OF ABSOLUTE JUDGMENTS, THE, by Allen Parducci, 1968 Dec. p. 84. [518]
RELATIVITY, ARTIFICIAL SATELLITES AND THE THEORY OF, by V. L. Ginzburg, 1959 May p. 149.
RELAXATION METHODS IN CHEMISTRY, by Larry Faller, 1969 May p. 30.
REMEMBER WHAT WE SEE, HOW WE, by Ralph Norman Haber, 1970 May p. 104. [528]
REMEMBERING, THE NEUROPHYSIOLOGY OF, by Karl H. Pribram, 1969 Jan. p. 73. [520]
REMOTE SENSING OF NATURAL RESOURCES, by Robert N. Colwell, 1968 Jan. p. 54.
RENAISSANCE DINOSAUR, by Robert T. Bakker, 1975 Apr. p. 58. [916]
RENEWAL OF CITIES, THE, by Nathan Glazer, 1965 Sept. p. 194.
REPAIR OF DNA, THE, by Philip C, Hanawalt and Robert H. Haynes, 1967 Feb. p. 36.
REPEATED SEGMENTS OF DNA, by Roy J. Britten and David E. Kohne, 1970 Apr. p. 24. [1173]
REPELLENTS REPEL, WHY MOSQUITO, by R. H. Wright, 1975 July p. 104.
REPETITION AND LEARNING, by Irvin Rock, 1958 Aug. p. 68. [422]
REPETITIVE PROCESSES IN CHILD DEVELOPMENT, by T. G. R. Bower, 1976 Nov. p. 38. [572]
REPRESSORS, GENETIC, by Mark Ptashne and Walter Gilbert, 1970 June p. 36. [1179]
REPROCESSING OF NUCLEAR FUELS, THE, by William P. Bebbington, 1976 Dec. p. 30.
REPRODUCING MACHINES, SELF-, by L. S. Penrose, 1959 June p. 105. [74]
REPRODUCTION OF BIRDS, PESTICIDES AND THE, by David B. Peakall, 1970 Apr. p. 72. [1174]
REPRODUCTION OF SOUND, THE, by Edward E. David Jr., 1961 Aug. p. 72.
REPRODUCTION, THE PHYSIOLOGY OF HUMAN, by Sheldon J. Segal, 1974 Sept. p. 52.
REPRODUCTIVE BEHAVIOR OF RING DOVES, THE, by Daniel S. Lehrman, 1964 Nov. p. 48. [488]
REPTILES REGULATE THEIR BODY TEMPERATURE, HOW, by Charles M. Bogert, 1959 Apr. p. 105.
REQUIREMENTS OF HUMAN NUTRITION, THE, by Nevin S. Scrimshaw and Vernon R. Young, 1976 Sept. p. 50.
RESERVOIRS TO CONTROL THE WATER CYCLE, UNDERGROUND, by Robert P. Ambroggi, 1977 May p. 21. [924]
RESIDENTIAL SEGREGATION, by Karl E. Taeuber, 1965 Aug. p. 12. [626]
RESONANCE AT HIGH PRESSURE, MAGNETIC, by George B. Benedek, 1965 Jan. p. 102.
RESONANCE, MAGNETIC, by George E. Pake, 1958 Aug. p. 58. [233]
RESONANCE MODELS OF ELEMENTARY PARTICLES, DUAL-, by John H. Schwarz, 1975 Feb. p. 61.
RESONANCE PARTICLES, by R. D. Hill, 1963 Jan. p. 38. [290]
RESONANT COMBUSTION IN ROCKETS, by J. George Sotter and Gary A. Flandro, 1968 Dec. p. 94.
RESONANT VIBRATIONS OF THE EARTH, by Frank Press, 1965 Nov. p. 28.
RESOURCES AND THE WORLD MIDDLE CLASS, WORLD, by Nathan Keyfitz, 1976 July p. 28.
RESOURCES AVAILABLE FOR AGRICULTURE, THE, by Roger Revelle, 1976 Sept. p. 164.
RESOURCES OF BINOCULAR PERCEPTION, THE, by John Ross, 1976 Mar. p. 80. [569]
RESOURCES OF THE EARTH, THE ENERGY, by M. King Hubbert, 1971 Sept. p. 60. [663]
RESOURCES OF THE U.S., HUMAN, 1951 Sept. *issue.*
RESOURCES, PLATE TECTONICS AND MINERAL, by Peter A. Rona, 1973 July p. 86. [909]
RESOURCES, REMOTE SENSING OF NATURAL, by Robert N. Colwell, 1968 Jan. p. 54.
RESPIRATION, ARTIFICIAL, by Stefan Jellinek, 1951 Jully 18.
RESPIRATORY FAILURE, ACUTE, by Peter M. Winter and Edward Lowenstein, 1969 Nov. p. 23.
RESPONSE TO ACETYLCHOLINE, THE, by Henry A. Lester, 1977 Feb. p. 106. [1352]
RESPONSES TO HUMOR, by Jacob Levine, 1956 Feb. p. 31. [435]
RESPRESSOR SYSTEM, A DNA OPERATOR-, by Tom Maniatis and Mark Ptashne, 1976 Jan. p. 64. [1333]
RETICULAR FORMATION, THE, by J. D. French, 1957 May p. 54. [66]
RETICULUM, THE SARCOPLASMIC, by Keith R. Porter and Clara Franzini-Armstrong, 1965 Mar. p. 72. [1007]
RETINA, STABILIZED IMAGES ON THE, by Roy M. Pritchard, 1961 June p. 72. [466]
RETINA, THE CONTROL OF SENSITIVITY IN THE, by Frank S. Werblin, 1973 Jan. p. 70. [1264]
RETINAL PROCESSING OF VISUAL IMAGES, by Charles R. Michael, 1969 May p. 104. [1143]
RETINEX THEORY OF COLOR VISION, THE, by Edwin H. Land, 1977 Dec. p. 108. [1392]
RETRIEVAL, INFORMATION STORAGE AND, by Ben-Ami Lipetz, 1966 Sept. p. 224.
RETROLENTAL FIBROPLASIA, THE LESSON OF, by William A. Silverman, 1977 June p. 100. [1361]
RETURN OF THE GRAY WHALE, THE, by Raymond M. Gilmore, 1955 Jan. p. 62.
REVERSALS OF THE EARTH'S MAGNETIC FIELD, by Allan Cox, G. Brent Dalrymple and Richard R. Doell, 1967 Feb. p. 44.
REVERSALS, TEKTITES AND GEOMAGNETIC, by Billy P. Glass and Bruce C. Heezen, 1967 July p. 32.
REVIVAL BY LIGHT, by Albert Kelner, 1951 May p. 22.
REVIVAL OF THERMOELECTRICITY, THE, by Abram F. Joffe, 1958 Nov. p. 31. [222]
REVOLUTION IN ELECTRONICS, A, by Louis N. Ridenour, 1951 Aug. p. 13.
RH AND THE RACES OF MAN, by William C. Boyd, 1951 Nov. p. 22.
"RHESUS" BABIES, THE PREVENTION OF, by C. A. Clarke, 1968 Nov. p. 46. [1126]
RHEUMATIC FEVER, by Earl H. Freimer and Maclyn McCarty, 1965 Dec. p. 66.
RHIND PAPYRUS, THE, by James R. Newman, 1952 Aug. p. 24.
RIBOSOME, NEUTRON-SCATTERING STUDIES OF THE, by Donald M. Engelman and Peter B. Moore, 1976 Oct. p. 44.
RIBOSOMES, by Masayasu Nomura, 1969 October 28. [1157]
RICKETS, by W. F. Loomis, 1970 Dec. p. 76. [1207]
RICKETTSIAE, by Marianna R. Bovarnick, 1955 Jan. p. 74.
RIDGED FIELDS, PRE-COLUMBIAN, by James J. Parsons and William M. Denevan, 1967 July p. 92.
RIDGES, THE ORIGIN OF THE OCEANIC, by Egon Orowan, 1969 Nov. p. 102.
RIFT IN THE OCEAN FLOOR, THE, by Bruce C. Heezen, 1960 Oct. p. 98.
RIFT, THE FLOOR OF THE MID-ATLANTIC, by J. R. Heirtzler and W. B. Bryan, 1975 Aug. p. 78. [918]
RIGHT HAND, LEFT HAND, by Lorus J. and Margery J. Milne, 1948 Oct. p. 46.
RIGHT, ON TELLING LEFT FROM, by Michael C. Corballis and Ivan L. Beale, 1971 Mar. p. 96. [535]
RING DOVES, THE REPRODUCTIVE BEHAVIOR OF, by Daniel S. Lehrman, 1964 Nov. p. 48. [488]
RIOTERS, A STUDY OF GHETTO, by Nathan S. Caplan and Jeffery M. Paige, 1968 Aug. p. 15. [638]
RIPENING OF FRUIT, THE, by J. B. Biale, 1954 May p. 40. [118]

RISE AND FALL OF ARABIA FELIX, THE, by Gus W. Van Beek, 1969 Dec. p. 36. [653]
RISE OF A MAYA MERCHANT CLASS, THE, by Jeremy A. Sabloff and William L. Rathje, 1975 Oct. p. 72.
RISE OF A ZULU EMPIRE, THE, by Max Gluckman, 1960 Apr. p. 157.
RISE OF COAL TECHNOLOGY, THE, by John R. Harris, 1974 Aug. p. 92.
RISE OF WATER IN PLANTS, THE, by Victor A. Greulach, 1952 Oct. p. 78.
RIVER MEANDERS, by Luna B. Leopold and W. B. Langbein, 1966 June p. 60. [869]
RIVER PLAN, THE MEKONG, by Gilbert F. White, 1963 Apr. p. 49.
RIVER, THE CALEFACTION OF A, by Daniel Merriman, 1970 May p. 42. [1177]
RIVER, THE HISTORY OF A, by Raymond E. Janssen, 1952 June p. 74.
RIVERS IN THE MAKING, by H. F. Garner, 1967 Apr. p. 84.
RNA-DIRECTED DNA SYNTHESIS, by Howard M. Temin, 1972 Jan. p. 24. [1239]
RNA, MESSENGER, by Jerard Hurwitz and J. J. Furth, 1962 Feb. p. 41. [119]
RNA, THE THREE-DIMENSIONAL STRUCTURE OF TRANSFER, by Alexander Rich and Sung Hou Kim, 1978 Jan. p. 52. [1377]
ROADS, AMERICA'S OLDEST, by Victor W. von Hagen, 1952 July p. 17.
ROADS CORRUGATE? WHY DO, by Keith B. Mather, 1963 Jan. p. 128.
ROBOT SYSTEMS, by James S. Albus and John M. Evans, Jr., 1976 Feb. p. 76.
ROCKET AROUND THE MOON, A, by Krafft A. Ehricke and George Gamow, 1957 June p. 47.
ROCKET ASTRONOMY, by Herbert Friedman, 1959 June p. 52.
ROCKETS, by Willy Ley, 1949 May p. 30.
ROCKETS, NUCLEAR, by John J. Newgard and Myron Levoy, 1959 May p. 46.
ROCKETS, RESONANT COMBUSTION IN, by J. George Sotter and Gary A. Flandro, 1968 Dec. p. 94.
ROCKS AND THE GROWTH OF CONTINENTS, THE OLDEST, by Stephen Moorbath, 1977 Mar. p. 92. [357]
ROCKS, THE LUNAR, by Brian Mason, 1971 Oct. p. 48.
RODENTS POPULATION CYCLES IN, by Judith H. Myers and Charles J. Krebs, 1974 June p. 38. [1296]
ROLE OF CHLOROPHYLL IN PHOTOSYNTHESIS, THE, by Eugene I. Rabinowitch and Govindjee, 1965 July p. 74. [1016]
ROLE OF LIGHT IN PHOTOSYNTHESIS, THE, by Daniel I. Arnon, 1960 Nov. p. 104.
ROLE OF MICROELECTRONICS IN COMMUNICATION, THE, by John S. Mayo, 1977 Sept. p. 192. [382]
ROLE OF MICROELECTRONICS IN DATA PROCESSING, THE, by Lewis M. Terman, 1977 Sept. p. 162. [380]
ROLE OF MUSIC IN GALILEO'S EXPERIMENTS, THE, by Stillman Drake, 1975 June p. 98.
ROLE OF PUPIL SIZE IN COMMUNICATION, THE, by Eckhard H. Hess, 1975 Nov. p. 110. [567]
ROLE OF THE COMPUTER, THE, by Louis N. Ridenour, 1952 Sept. p. 116.
ROLE OF THE HEARTBEAT IN THE RELATIONS BETWEEN MOTHER AND INFANT, THE, by Lee Salk, 1973 May p. 24.
ROLE OF WAX IN OCEANIC FOOD CHAINS, THE, by Andrew A. Benson and Richard F. Lee, 1975 Mar. p. 76. [1318]
ROMAN BRITAIN, A FRONTIER POST IN, by Robin Birley, 1977 Feb. p. 38. [692]
ROMAN BRITAIN, COUNTERFEITING IN, by George C. Boon, 1974 Dec. p. 120.
ROMAN CARTHAGE, by John H. Humphrey and John Griffiths Pedley, 1978 Jan. p. 110. [704]
ROMAN HYDRAULIC TECHNOLOGY, by Norman Smith, 1978 May p. 154. [3009]
ROME, THE JEWISH COMMUNITY OF, by Leslie C. and Stephen P. Dunn, 1957 Mar. p. 118.
ROOM TEMPERATURE, SUPERCONDUCTIVITY AT, by W. A. Little, 1965 Feb. p. 21.
ROOTS, by Emanuel Epstein, 1973 May p. 48. [1271]
ROTARY ENGINES, by Wallace Chinitz, 1969 Feb. p. 90.
ROTATING CHEMICAL REACTIONS, by Arthur T. Winfree, 1974 June p. 82.
ROTATION IN HIGH-ENERGY ASTROPHYSICS, by Franco Pacini and Martin J. Rees, 1973 Feb. p. 98.
ROTATION OF STARS, THE, by Helmut A. Abt, 1963 Feb. p. 46.
ROTATION OF THE EARTH, THE, by D. E. Smylie and L. Mansinha, 1971 Dec. p. 80. [897]
ROTATION OF THE SUN, THE, by Robert Howard, 1975 Apr. p. 106.
ROTATION, ULTRAHIGH-SPEED, by Jesse W. Beams, 1961 Apr. p. 134.
ROYAL HEMOPHILIA, THE, by Victor A. McKusick, 1965 Aug. p. 88.
RUBBER, by Harry L. Fisher, 1956 Nov. p. 74.
RULING ENGINES, by Albert G. Ingalls, 1952 June p. 45.
RUMFORD, COUNT, by Mitchell Wilson, 1960 Oct. p. 158.
RUMINANTS, THE METABOLISM OF, by Terence A. Rogers, 1958 Feb. p. 34.
RUN, HOW ANIMALS, by Milton Hildebrand, 1960 May p. 148.
RUNNING RECORDS, by M. H. Leitzke, 1952 Aug. p. 52.
RURAL MARKET NETWORKS, by Stuart Plattner, 1975 May p. 66.

S

SACRED SOURCE OF THE SEINE, THE, by Simone-Antoinette Deyts, 1971 July p. 65.
SAGE GROUSE, THE LEK MATING SYSTEM OF THE, by R. Haven Wiley, Jr., 1978 May p. 114. [1390]
SAHARA, WATER UNDER THE, by Robert P. Ambroggi, 1966 May p. 21.
SAILING YACHTS, THE STUDY OF, by Halsey C. Hereshoff and J. N. Newman, 1966 Aug. p. 60.
SALAMIS, HOW THEMISTOCLES PLANNED THE BATTLE OF, by Michael H. Jameson, 1961 Mar. p. 111.
SALMON, THE HOMING, by Arthur D. Hasler and James A. Larsen, 1955 Aug. p. 72. [411]
SALMON, THE SWIMMING ENERGETICS OF, by J. R. Brett, 1965 Aug. p. 80. [1019]
SALPA, by N. J. Berrill, 1961 Jan. p. 150.
SALT AND RAIN, by A. H. Woodcock, 1957 Oct. p. 42. [850]
SALT, FRESH WATER FROM, by David S. Jenkins, 1957 Mar. p. 37.
SALT GLANDS, by Knut-Schmidt-Nielsen, 1959 Jan. p. 109.
SALT-LOVING BACTERIA, THE PURPLE MEMBRANE OF, by Walther Stoeckenius, 1976 June p. 38. [1340]
SALT NEGOTIATIONS, THE, by Herbert Scoville, Jr., 1977 Aug. p. 24. [696]
SALT, THE SOCIAL INFLUENCE OF, by M. R. Bloch, 1963 July p. 88.
SALT-WATER ARGRICULTURE, by Hugo Boyko, 1967 Mar. p. 89.
SALT, WHY THE SEA IS, by Ferren MacIntyre, 1970 Nov. p. 140. [893]
SAMARITANS, THE, by Shemaryahu Talmon, 1977 Jan. p. 100. [690]
SAN ANDREAS FAULT, THE, by Don L. Anderson, 1971 Nov. p. 52. [896]
SANCTUARY OF ARTEMIS AT BRAURON, THE, by John Papadimitriou, 1963 June p. 110.
SAND, by Ph. H. Kuenen, 1960 Apr. p. 94.
SAND DUNE, THE LIFE OF A, by William H. Amos, 1959 July p. 91.
SAND WASPS OF AUSTRALIA, THE, by Howard E. Evans and Robert W. Matthews, 1975 Dec. p. 108.
SAP MOVES IN TREES, HOW, by Martin H. Zimmermann, 1963 Mar. p. 132. [154]
SARCOPLASMIC RETICULUM, THE, by Keith R. Porter and Clara Franzini-Armstrong, 1965 Mar. p. 72. [1007]
SARDINIA, A CARTHAGINIAN FORTRESS IN, by Sabatino Moscati, 1975 Feb. p. 80.
SARDINIA, THE PROTO-CASTLES OF, by Giovanni Lilliu, 1959 Dec. p. 62.
SARDIS, EXCAVATIONS AT, by George M. A. Hanfmann, 1961 June p. 124.
SARGASSO SEA, THE, by John H. Ruyther, 1956 Jan. p. 98.
SATELLITE AS A RESEARCH INSTRUMENT, THE ARTIFICIAL, by James A. Van Allen, 1956 Nov. p. 41.
SATELLITE CELLS IN THE NERVOUS SYSTEM, by Holger Hydén, 1961 Dec. p. 62. [134]
SATELLITE COMMUNICATIONS, GLOBAL, by Burton I. Edelson, 1977 Feb. p. 58. [353]
SATELLITE I, OBSERVATIONS OF, by Fred L. Whipple and J. Allen Hynek, 1957 Dec. p. 37.
SATELLITE PROJECT, THE, by Homer E. Newell, Jr., 1955 Dec. p. 29.
SATELLITES AND THE EARTH'S ATMOSPHERE, ARTIFICIAL, by Robert Jastrow, 1959 Aug. p. 37. [851]
SATELLITES AND THE THEORY OF RELATIVITY, ARTIFICIAL, by V. L. Ginzburg, 1959 May p. 149.
SATELLITES BY RADIO, TRACKING, by John T. Mengel and Paul Herget, 1958 Jan. p. 23.
SATELLITES, COMMUNICATION, by John R. Pierce, 1961 Oct. p. 90.
SATELLITES OF JUPITER, THE GALILEAN, by Dale P. Cruikshank and David Morrison, 1976 May p. 108.
SATELLITES: II, WEATHER, by Arthur W. Johnson, 1969 Jan. p. 52.
SATELLITES, WEATHER, by Moris Neiburger and Harry Wexler, 1961 July p. 80.
SCANNING ELECTRON MICROSCOPE, A HIGH-RESOLUTION, by Albert V. Crewe, 1971 Apr. p. 26.
SCANNING ELECTRON MICROSCOPE, THE, by Thomas E. Everhart and Thomas L. Hayes, 1972 Jan. p. 54.
SCARS OF HUMAN EVOLUTION, THE, by Wilton M. Krogman, 1951 Dec. p. 54. [632]
SCATTERING, HIGH-ENERGY, by Vernon D. Barger and David B. Cline, 1967 Dec. p. 76.
SCHEDULING, THE COMBINATORIAL MATHEMATICS OF, by Ronald L. Graham, 1978 Mar. p. 124. [3001]
SCHIZOPHRENIA, by Don D. Jackson, 1962 Aug. p. 65. [468]
SCHIZOPHRENIA AND CULTURE, by Marvin K. Opler, 1957 Aug. p. 103.
SCHIZOPHRENIA AND STRESS, by Hudson Hoagland, 1949 July p. 44.

SCHIZOPHRENIA, PSYCHOTHERAPY FOR, by Don D. Jackson, 1953 Jan. p. 58. [447]
SCHIZOPHRENIC ART: A CASE STUDY, by Bruno Bettelheim, 1952 Apr. p. 30.
SCHMIDT, THE BIG, by Albert G. Wilson, 1950 Dec. p. 34.
SCHOOL, THE MEDICAL, by Robert H. Ebert, 1973 Sept. p. 138.
SCHOOLING OF FISHES, THE, by Evelyn Shaw, 1962 June p. 128. [124]
SCIENCE, AGE OF, 1950 Sept. *issue.*
SCIENCE, COSMOLOGY AND, by Herbert Dingle, 1956 Sept. p. 224.
SCIENCE FOUNDATION, THE NEW, by M. H. Trytten, 1950 July p. 11.
SCIENCE, FUNDAMENTAL QUESTIONS IN, 1953 Sept. *issue.*
SCIENCE, FUNDAMENTAL QUESTIONS IN, by Warren Weaver, 1953 Sept. p. 47.
SCIENCE IN THE ART MUSEUM, by Rutherford J. Gettens, 1952 July p. 22.
SCIENCE IN THE U.S., THE SUPPORT OF, by Dael Wolfle, 1965 July p. 19.
SCIENCE, INNOVATION IN, 1958 Sept. *issue.*
SCIENCE, MICROELECTRONICS AND COMPUTER, by Ivan E. Sutherland and Carver A. Mead, 1977 Sept. p. 210. [383]
SCIENCE, PEER REVIEW AND THE SUPPORT OF, by Stephen Cole, Leonard C. Rubin and Jonathan R. Cole, 1977 Oct. p. 34. [698]
SCIENCE POLICY, A NATIONAL, by Chester I. Barnard, 1957 Nov. p. 45.
SCIENCE POLICY IN THE U.S.S.R., by R. W. Davies and R. Amann, 1969 June p. 19.
SCIENCE TEACHING, A CRISIS IN, by Fletcher G. Watson, 1954 Feb. p. 27.
SCIENCE-TEXTBOOK CONTROVERSIES, by Dorothy Nelkin, 1976 Apr. p. 33.
SCIENCE, THE AGE OF: 1900-1950, by J. R. Oppenheimer, 1950 Sept. p. 20.
SCIENCE, THE ENCOURAGEMENT OF, by Warren Weaver, 1958 Sept. p. 170.
SCIENCE, THE USES OF COMPUTERS IN, by Anthony G. Oettinger, 1966 Sept. p. 160.
SCIENTIFIC DISCOVERY, PREMATURITY AND UNIQUENESS IN, by Gunther S. Stent, 1972 Dec. p. 84. [1261]
SCIENTIFIC EXPERIMENTS OF MARINER IV, THE, by Richard K. Sloan, 1966 May p. 62.
SCIENTIFIC NUMISMATICS, by D. D. Kosambi, 1966 Feb. p. 102.
SCIENTIFIC REVOLUTION, THE, by Herbert Butterfield, 1960 Sept. p. 173.
SCIENTISTS, by M. H. Trytten, 1951 Sept. p. 71.
SCIENTISTS, A PSYCHOLOGIST EXAMINES 64 EMINENT, by Anne Roe, 1952 Nov. p. 21.
SCIENTISTS DIFFERENT? ARE, by Lewis M. Terman, 1955 Jan. p. 25. [437]
SCIENTISTS, THE ORIGINS OF U.S., by H. B. Goodrich, R. H. Knapp and George A. W. Boehm, 1951 July p. 15.
SCINTILLATION COUNTERS, by George B. Collins, 1953 Nov. p. 36.
SCOPES TRIAL, A WITNESS AT THE, by Fay Cooper Cole, 1959 Jan. p. 120.
SCORPIONS, FALSE, by Theodore H. Savory, 1966 Mar. p. 95. [1039]
SCREW-WORM FLY, THE ERADICATION OF THE, by Edward F. Knipling, 1960 Oct. p. 54.
SCYTHIANS, FROZEN TOMBS OF THE, by M. I. Artamonov, 1965 May p. 100.
SEA, ANIMAL SOUNDS IN THE, by Marie Poland Fish, 1956 Apr. p. 93.
SEA, FOOD FROM THE, by Gordon A. Riley, 1949 Oct. p. 16.
SEA HOT BRINES, THE RED, by Egon T. Degens and David A. Ross, 1970 Apr. p. 32.
SEA IS SALT, WHY THE, by Ferren MacIntyre, 1970 Nov. p. 104. [893]
SEA LAMPREY, THE, by Vernon C. Applegate and James W. Moffett, 1955 Apr. p. 36.
SEA, LIVING UNDER THE, by Joseph B. MacInnis, 1966 Mar. p. 24. [1036]
SEA, MICROBIAL LIFE IN THE DEEP, by Holger W. Jannasch and Carl O. Wirsen, 1977 June p. 42. [926]
SEA, SEISMIC SHOOTING AT, by Maurice Ewing and Leonard Engel, 1962 May p. 116.
SEA THAT SPILLS INTO A DESERT, THE, by Maurice A. Garbell, 1963 Aug. p. 94.
SEA, THE CHANGING LEVEL OF THE, by Rhodes W. Fairbridge, 1960 May p. 70.
SEA, THE SARGASSO, by John H. Ryther, 1956 Jan. p. 98.
SEA WAS DRAINED, WHEN THE BLACK, by Kenneth J. Hsü, 1978 May p. 52. [932]
SEA-FLOOR SPREADING, by J. R. Heirtzler, 1968 Dec. p. 60. [875]
SEAL, THE WEDDELL, by Gerald L. Kooyman, 1969 Aug. p. 100. [1156]
SEARCH FOR BLACK HOLES, THE, by Kip S. Thorne, 1974 Dec. p. 32.
SEARCH FOR EXTRATERRESTRIAL INTELLIGENCE, THE, by Carl Sagan and Frank Drake, 1975 May p. 80. [347]
SEARCH FOR LIFE ON MARS, THE, by Norman H. Horowitz, 1977 Nov. p. 52. [389]
SEARCH FOR NEW FAMILIES OF ELEMENTARY PARTICLES, THE, by David B. Cline, Alfred K. Mann and Carlo Rubbia, 1976 Jan. p. 44.
SEA'S DEEP SCATTERING LAYERS, THE, by Robert S. Dietz, 1962 Aug. p. 44. [866]
SEBEI, THE BRIDEPRICE OF THE, by Walter Goldschmidt, 1973 July p. 74.
"SECOND MESSENGERS" IN THE BRAIN, by James A. Nathanson and Paul Greengard, 1977 Aug. p. 108. [1368]
"SECOND SOUND" IN SOLID HELIUM, by Bernard Bertman and David J. Sandiford, 1970 May p. 92.
SECOND THOUGHTS ON THE GERM THEORY, by René J. Dubos, 1955 May p. 31.
SECONDARY RECOVERY OF PETROLEUM, THE, by Noel de Nevers, 1965 July p. 34.
SECRETION, THE FINAL STEPS IN, by Birgit Satir, 1975 Oct. p. 28. [1328]
SEE, HOW WE REMEMBER WHAT WE, by Ralph Norman Haber, 1970 May p. 104. [528]
SEE STRAIGHT LINES, HOW WE, by John R. Platt, 1960 June p. 121.
SEEING LIGHT AND COLOR, by Ralph M. Evans, 1949 Aug. p. 52.
SEGREGATION, METROPOLITAN, by Morton Grodzins, 1957 Oct. p. 33.
SEGREGATION, RESIDENTIAL, by Karl E. Taeuber, 1965 Aug. p. 12. [626]
SEINE, THE SACRED SOURCE OF THE, by Simone-Antoinette Deyts, 1971 July p. 65.
SEISMIC SHOOTING AT SEA, by Maurice Ewing and Leonard Engel, 1962 May p. 116.
SELECTION, HABITAT, by Stanley C. Wecker, 1964 Oct. p. 109. [195]
SELF-DISCLOSURE, A STUDY OF, by Sidney M. Jourard, 1958 May p. 77.
SELF-ESTEEM, STUDIES IN, by Stanley Cooper-Smith, 1968 Feb. p. 96. [511]
SELF-REPRODUCING MACHINES, by L. S. Penrose, 1959 June p. 105. [74]
SEMICONDUCTOR DEVICES AMORPHOUS-, by David Adler, 1977 May p. 36. [362]
SEMICONDUCTOR PARTICLE-DETECTORS, by Olexa-Myron Bilaniuk, 1962 Oct. p. 78. [284]
SEMICONDUCTOR SWITCHING, AMORPHOUS-, by H. K. Henisch, 1969 Nov. p. 30.
SEMICONDUCTOR TECHNOLOGY METAL-OXIDE-, by William C. Hittinger, 1973 Aug. p. 48.
SEMICONDUCTORS, LIGHT-EMITTING, by F. F. Morehead, Jr., 1967 May p. 108.
SENSE DEFECTS, INHERITED, by H. Kalmus, 1952 May p. 64. [406]
SENSES AND THE MIND, EARLY CONCEPTS OF THE, by A. C. Crombie, 1964 May p. 108. [184]
SENSES, THE CHEMICAL, by Hans Kalmus, 1958 Apr. p. 97.
SENSING OF CHEMICALS BY BACTERIA, THE, by Julius Adler, 1976 Apr. p. 40. [1337]
SENSING OF NATURAL RESOURCES, REMOTE, by Robert N. Colwell, 1968 Jan. p. 54.
SENSITIVITY IN THE RETINA, THE CONTROL OF, by Frank S. Werblin, 1973 Jan. p. 70. [1264]
SENSORY-MOTOR SYSTEMS, PLASTICITY IN, by Richard Held, 1965 Nov. p. 84. [494]
SEPARATING SOLIDS WITH BUBBLES, by A. M. Gaudin, 1956 Dec. p. 99.
SERENGETI, A GRAZING ECOSYSTEM IN THE, by Richard H. V. Bell, 1971 July p. 86. [1228]
SEROTONIN, by Irvin H. Page, 1957 Dec. p. 52.
SET THEORY, NON-CANTORIAN, by Paul J. Cohen and Reuben Hersh, 1967 Dec. p. 104.
SETTLEMENT OF POLYNESIA, THE, by Donald Stanley Marshall, 1956 Aug. p. 58.
SETTLEMENTS OF THE EUROPEAN PLAIN, THE FINAL PALEOLITHIC, by Romuald Schild, 1976 Feb. p. 88.
SETTLEMENTS, SQUATTER, by William Mangin, 1967 Oct. p. 21.
SEX-ATTRACTANT RECEPTOR OF MOTHS, THE, by Dietrich Schneider, 1974 July p. 36. [1299]
SEX, BACTERIAL VIRUSES AND, by Max and Mary Bruce Delbrück, 1948 Nov. p. 46.
SEX DIFFERENCES IN CELLS, by Ursula Mittwoch, 1963 July p. 54. [161]
SEX DIFFERENCES IN THE BRAIN, by Seymour Levine, 1966 Apr. p. 84. [498]
SEX GAS OF HYDRA, THE, by W. F. Loomis, 1959 Apr. p. 145.
SEX, THE CONTROL OF, by Manuel J. Gordon, 1958 Nov. p. 87.
SEX, THE EVOLUTION OF, by Paul A. Zahl, 1949 Apr. p. 52.
SEXUAL LIFE OF A MOSQUITO, THE, by Jack Colvard Jones, 1968 Apr. p. 108.
SEXUALITY IN BACTERIA, by Elie L. Wollman and François Jacob, 1956 July p. 109. [50]
SEYFERT GALAXIES, by Ray J. Weymann, 1969 Jan. p. 28.
SHAD, THE MIGRATIONS OF THE, by William C. Leggett, 1973 Mar. p. 92. [1268]
SHADOWS AND DEPTH PERCEPTION, by Eckhard H. Hess, 1961 Mar. p. 138.
SHAGBARK HICKORY, by Donald Culross Peattie, 1948 Sept. p. 40.
SHAKESPEARE THE PHYSICIST, by Banesh Hoffmann, 1951 Apr. p. 52.
SHALE, OIL FROM, by H. M. Thorne, 1952 Feb. p. 15.
SHALES, TAR SANDS AND OIL, by Noel de Nevers, 1966 Feb. p. 21.
SHANIDAR CAVE, by Ralph S. Solecki, 1957 Nov. p. 58.
SHAPE, HOW LIVING CELLS CHANGE, by Norman K. Wessells, 1971 Oct. p. 76. [1233]
SHAPE OF RAINDROPS, THE, by James E. McDonald, 1954 Feb. p. 64.
SHAPE OF THE EARTH, THE, by Desmond King-Hele, 1967 Oct. p. 67. [873]
SHAPE OF THINGS, THE, by Cyril Stanley Smith, 1954 Jan. p. 58.
SHAPES OF ORGANIC MOLECULES, THE, by Joseph B. Lambert, 1970 Jan. p. 58. [331]

SHAPING OF TISSUES IN EMBRYOS, THE, by Richard Gordon and Antone G. Jacobson, 1978 June p. 106. [1391]
SHARKS, THE BEHAVIOR OF, by Perry W. Gilbert, 1962 July p. 60. [127]
SHARKS V. MEN, by George A. Llano, 1957 June p. 54.
SHEET METAL, THE FORMING OF, by S. S. Hecker and A. K. Ghosh, 1976 Nov. p. 100.
SHELTER-CENTERED SOCIETEY, THE, by Arthur I. Waskow, 1962 May p. 46. [637]
SHERRINGTON ON THE EYE, by Sir Charles S. Sherrington, 1952 May p. 30.
SHIP-BURIAL, THE SUTTON HOO, by R. L. S. Bruce-Mitford, 1951 Apr. p. 24.
SHOCK, TRAUMATIC, by Jacob Fine, 1952 Dec. p. 62.
SHOCK WAVES, by Otto Laporte, 1949 Nov. p. 14.
SHOCK WAVES AND HIGH TEMPERATURES, by Malcolm McChesney, 1963 Feb. p. 109.
SHOCK WAVES IN SOLIDS, by Ronald K. Linde and Richard C. Crewdson, 1969 May p. 82.
SHOCK, WOUND, by Sanford Rosenthal, 1958 Dec. p. 115.
SHORTEST RADIO WAVES, THE, by Walter Gordy, 1957 May p. 46.
SHORT-TERM MEMORY, by Lloyd R. Peterson, 1966 July p. 90. [499]
SHORT-TERM MEMORY, THE CONTROL OF, by Richard C. Atkinson and Richard M. Shiffrin, 1971 Aug. p. 82. [538]
SHREWS, by Oliver P. Pearson, 1954 Aug. p. 66.
SIBERIA, THE PETROGLYPHS OF, by A. P. Okladnikov, 1969 Aug. p. 74. [649]
SICKLE-CELL ANEMIA, by George W. Gray, 1951 Aug. p. 56.
SICKLE-CELL DISEASE, CYANATE AND, by Anthony Cerami and Charles M. Peterson, 1975 Apr. p. 44. [1319]
SICKLE CELLS AND EVOLUTION, by Anthony C. Allison, 1956 Aug. p. 87. [1065]
SIDE-LOOKING AIRBORNE RADAR, by Homer Jensen, L. C. Graham, Leonard J. Porcello and Emmett N. Leith, 1977 Oct. p. 84. [386]
SIEVES, MOLECULAR, by D. W. Breck and J. V. Smith, 1959 Jan. p. 85.
"SILENT MAJORITIES" AND THE VIETNAM WAR, by Philip E. Converse and Howard Schuman, 1970 June p. 17. [656]
SILICONES, THE CHEMISTRY OF, by Eugene G. Rochow, 1948 Oct. p. 50.
SIMPLE SIMON, by Edmund C. Berkeley, 1950 Nov. p. 40.
SING, HOW BIRDS, by Crawford H. Greenewalt, 1969 Nov. p. 126. [1162]
SINGING VOICE, THE ACOUSTICS OF THE, by Johan Sundberg, 1977 Mar. p. 82. [356]
SINGLE HUMAN CELLS IN VITRO, by Theodore T. Puck, 1957 Aug. p. 91. [33]
SINGLE-STRANDED DNA, by Robert L. Sinsheimer, 1962 July p. 109. [128]
SISTER-EXCHANGE MARRIAGE, by Wendy James, 1975 Dec. p. 84.
SIZE AND SHAPE OF ATOMIC NUCLEI, THE, by Michel Baranger and Raymond A. Sorensen, 1969 Aug. p. 58.
SIZE OF THE SOLAR SYSTEM, THE, by James B. McGuire, Eugene R. Spangler and Lem Wong, 1961 Apr. p. 64.
SKIN COLOR, HORMONES AND, by Aaron B. Lerner, 1961 July p. 98.
SKIN, LIFE ON THE HUMAN, by Mary J. Marples, 1969 Jan. p. 108. [1132]
SKIN OF YOUR TEETH, THE, by Reidar F. Sognnaes, 1953 June p. 38.
SKIN, THE, by William Montagna, 1965 Feb. p. 56. [1003]
SKIN TRANSPLANTS, by P. B. Medawar, 1957 Apr. p. 62.
SKIN TRANSPLANTS AND THE HAMSTER, by Rupert E. Billingham and Willys K. Silvers, 1963 Jan. p. 118. [148]
SKUA, THE ANTARCTIC, by Carl R. Eklund, 1964 Feb. p. 94.
SKY, THE INFRARED, by G. Neugebauer and Robert B. Leighton, 1968 Aug. p. 50.
SKY, THE RADIO, by John D. Kraus, 1956 July p. 32.
SKY, THE SOUTHERN, by Bart J. Bok, 1952 July p. 46.
SKY, THE X-RAY, by Herbert W. Schnopper and John P. Delvaille, 1972 July p. 26.
"SLAVE GIRL FLED..., IF A", by Francis R. Steele, 1948 June p. 44.
SLAVERY, ANCIENT, by William Linn Westermann, 1949 June p. 40.
SLAVERY IN ANTS, by Edward O. Wilson, 1975 June p. 32. [1323]
SLEEP, by Nathaniel Kleitman, 1952 Nov. p. 34. [431]
SLEEP FACTOR, THE, by John R. Pappenheimer, 1976 Aug. p. 24. [571]
SLEEP, THE STATES OF, by Michel Jouvet, 1967 Feb. p. 62. [504]
SLIME MOLDS COMMUNICATE, HOW, by John Tyler Bonner, 1963 Aug. p. 84. [164]
SLING AS A WEAPON, THE, by Manfred Korfmann, 1973 Oct. p. 34.
SLIPS OF THE TONGUE, by Victoria A. Fromkin, 1973 Dec. p. 110. [556]
SLOW DEATH OF A CITY, THE, by Jotham Johnson, 1954 July p. 66.
SLOW, INAPPARAENT AND RECURRENT VIRUSES, by John J. Holland, 1974 Feb. p. 32. [1289]
SMALL ELECTRONIC CALCULATOR, THE, by Eugene W. McWhorter, 1976 Mar. p. 88.
SMALL SYSTEMS OF NERVE CELLS, by Donald Kennedy, 1967 May p. 44. [1073]
SMALLER BODIES OF THE SOLAR SYSTEM, THE, by William K. Hartmann, 1975 Sept. p. 142.
SMALLEST LIVING CELLS, THE, by Harold J. Morowitz and Mark E. Tourtellotte, 1962 Mar. p. 117. [1005]
SMALLPOX BEFORE JENNER, THE PREVENTION OF, by William L. Langer, 1976 Jan. p. 112.
SMALLPOX, THE ERADICATION OF, by Donald A. Henderson, 1976 Oct. p. 25.
SMELL AND TASTE, by A. J. Haagen-Smit, 1952 Mar. p. 28. [404]
SMELTING UNDER PRESSURE, by Leonard Engel, 1948 May p. 54.
SMOG, by A. M. Zarem and W. E. Rand, 1952 May p. 15.
SMOKING, THE EFFECTS OF, by E. Cuyler Hammond, 1962 July p. 39.
SNAIL, THE EDIBLE, by Jean Cadart, 1957 Aug. p. 113.
SNAKEBITE, by Sherman A. Minton, Jr., 1957 Jan. p. 114.
SNAKES MOVE, HOW, by Carl Gans, 1970 June p. 82. [1180]
SNAKES, THE INFRARED RECEPTORS OF, by R. Igor Gamow and John F. Harris, 1973 May p. 94. [1272]
SNOW, ANIMALS IN THE, by William O. Pruitt, Jr., 1960 Jan. p. 60.
SNOW AVALANCHES, by Montgomery M. Atwater, 1954 Jan. p. 26.
SNOW AVALANCHES, THE CONTROL OF, by Edward R. LaChapelle, 1966 Feb. p. 92.
SNOW CRYSTALS, by Charles and Nancy Knight, 1973 Jan. p. 100.
SNOW CRYSTALS, THE GROWTH OF, by B. J. Mason, 1961 Jan. p. 120.
SOAP BUBBLES, THE GEOMETRY OF SOAP FILMS AND, by Frederick J. Almgren, Jr., and Jean E. Taylor, 1976 July p. 82.
SOAP MICROGRAPHS, 1952 Feb. p. 58.
SOARING FLIGHT OF BIRDS, THE, by Clarence D. Cone, Jr., 1962 Apr. p. 130.
SOARING FLIGHT OF VULTURES, THE, by C. J. Pennycuick, 1973 Dec. p. 102.
SOCIAL AMOEBAE AND MAMMALS, HORMONES IN, by John Tyler Bonner, 1969 June p. 78.
SOCIAL AMOEBAE, DIFFERENTIATION IN, by John Tyler Bonner, 1959 Dec. p. 152.
SOCIAL AMOEBAE, THE, by John Tyler Bonner, 1949 June p. 44.
SOCIAL AND NONSOCIAL SPEECH, by Robert M. Krauss and Sam Glucksberg, 1977 Feb. p. 100. [576]
SOCIAL BEHAVIOR OF ARMY ANTS, THE, by Howard R. Topoff, 1972 Nov. p. 70. [550]
SOCIAL BEHAVIOR OF BURYING BEETLES, THE, by Lorus J. Milne and Margery Milne, 1976 Aug. p. 84. [1344]
SOCIAL BEHAVIOR OF PRAIRIE DOGS, THE, by John A. King, 1959 Oct. p. 128.
SOCIAL CHANGE, POVERTY AND, by Alexander H. Leighton, 1965 May p. 21. [634]
SOCIAL DEPRIVATION IN MONKEYS, by Harry F. and Margaret Kuenne Harlow, 1962 Nov. p. 136. [473]
SOCIAL ENVIRONMENT, COMMUNICATION AND, by George Gerbner, 1972 Sept. p. 152. [679]
SOCIAL INFLUENCE OF SALT, THE, by M. R. Bloch, 1963 July p. 88.
SOCIAL INFLUENCE OF THE POTATO, THE, by Redcliffe N. Salaman, 1952 Dec. p. 50.
"SOCIAL INSTINCTS", by Ashley Montagu, 1950 Apr. p. 54.
SOCIAL LIFE OF BABOONS, THE, by S. L. Washburn and Irven DeVore, 1961 June p. 62. [614]
SOCIAL MEDICINE, by Brock Chisholm, 1949 Apr. p. 11.
SOCIAL ORDER OF CHICKENS, THE, by A. M. Guhl, 1956 Feb. p. 42. [471]
SOCIAL ORDER OF JAPANESE MACAQUES, THE, by G. Gray Eaton, 1976 Oct. p. 96. [1345]
SOCIAL ORDER OF TURKEYS, THE, by C. Robert Watts and Allen W. Stokes, 1971 June p. 112.
SOCIAL PATHOLOGY, POPULATION DENSITY AND, by John B. Calhoun, 1962 Feb. p. 139. [506]
"SOCIAL PHYSICS", CONCERNING, by John Q. Stewart, 1948 May p. 20.
SOCIAL POWER OF THE NEGRO, THE, by James P. Comer, 1967 Apr. p. 21. [633]
SOCIAL PRESSURE, OPINIONS AND, by Solomon E. Asch, 1955 Nov. p. 31. [450]
SOCIAL SCIENCES, MATHEMATICS IN THE, by Richard Stone, 1964 Sept. p. 168.
SOCIAL SPIDERS, by J. Wesley Burgess, 1976 Mar. p. 100.
SOCIAL SYSTEM OF LIONS, THE, by Brian C. R. Bertram, 1975 May p. 54.
SOCIETIES, RAT, by Richard Lore and Kevin Flannelly, 1977 May p. 106. [577]
SOCIETY, THE ORIGIN OF, by Marshall D. Sahlins, 1960 Sept. p. 76. [602]
SOCIETY, THE SHELTER-CENTERED, by Arthur I. Waskow, 1962 May p. 46. [637]
SOCIOLOGY OF NOBEL PRIZES, THE, by Harriet Zuckerman, 1967 Nov. p. 25.
SOIL, by Charles E. Kellogg, 1950 July p. 30. [821]
SOIL ANIMALS, SOIL POLLUTANTS AND, by Clive A. Edwards, 1969 Apr. p. 88. [1138]
SOIL CONDITIONERS, by C. L. W. Swanson, 1953 Aug. p. 36.
SOIL POLLUTANTS AND SOIL ANIMALS, by Clive A. Edwards, 1969 Apr. p. 88. [1138]

SOIL, THE LUNAR, by John A. Wood, 1970 Aug. p. 14.
SOILS, LATERITIC, by Mary McNeil, 1964 Nov. p. 96. [870]
SOLAR BATTERY, THE, by Gordon Raisbeck, 1955 Dec. p. 102.
SOLAR CHROMOSPHERE, THE, by R. Grant Athay, 1962 Feb. p. 50.
SOLAR CORONA, THE, by Jay M. Pasachoff, 1973 Oct. p. 68.
SOLAR ECLIPSES, A FAMILY OF, by Richard M. Sutton, 1954 Feb. p. 36.
SOLAR FLARES, by John W. Evans, 1951 Dec. p. 17.
SOLAR PARTICLES AND COSMIC RAYS, by Kinsey A. Anderson, 1960 June p. 64.
SOLAR POWER, PROGRESS IN, by Harry Tabor, 1956 July p. 97.
SOLAR SYSTEM BEYOND NEPTUNE, THE, by Owen Gingerich, 1959 Apr. p. 86.
SOLAR SYSTEM, CRATERING IN THE, by W. K. Hartmann, 1977 Jan. p. 84. [351]
SOLAR SYSTEM, LIFE OUTSIDE THE, by Su-Shu Huang, 1960 Apr. p. 55.
SOLAR SYSTEM, THE, 1975 Sept. *issue.*
SOLAR SYSTEM, THE, by Carl Sagan, 1975 Sept. p. 22.
SOLAR SYSTEM, THE AGE OF THE, by Harrison Brown, 1957 Apr. p. 80. [102]
SOLAR SYSTEM, THE AGE OF THE ELEMENTS IN THE, by John H. Reynolds, 1960 Nov. p. 171. [253]
SOLAR SYSTEM, THE CHEMISTRY OF THE, by John S. Lewis, 1974 Mar. p. 50.
SOLAR SYSTEM, THE MOST PRIMITIVE OBJECTS IN THE, by Lawrence Grossman, 1975 Feb. p. 30.
SOLAR SYSTEM, THE ORIGIN AND EVOLUTION OF THE, by A. G. W. Cameron, 1975 Sept. p. 32.
SOLAR SYSTEM, THE SIZE OF THE, by James B. McGuire, Eugene R. Spangler and Lem Wong, 1961 Apr. p. 64.
SOLAR SYSTEM, THE SMALLER BODIES OF THE, by William K. Hartmann, 1975 Sept. p. 142.
SOLAR WIND, THE, by E. N. Parker, 1964 Apr. p. 66.
SOLAR WIND, WAVES IN THE, by J. T. Gosling and A. J. Hundhausen, 1977 Mar. p. 36. [1353]
SOLDIS, THE DANCE OF THE, by John Updike, 1969 Jan. p. 130.
SOLID HELIUM, by Bernard Bertman and Robert A. Guyer, 1967 Aug. p. 84.
SOLID NOBLE GASES, by Gerald L. Pollack, 1966 Oct. p. 64.
SOLID STARS, by Malvin A. Ruderman, 1971 Feb. p. 24.
SOLID STATE OF POLYETHYLENE, THE, by Bernhard Wunderlich, 1964 Nov. p. 80.
SOLID STATE, POSITRONS AS A PROBE OF THE, by Werner Brandt, 1975 July p. 34.
SOLID STATE, THE, by Sir Nevill Mott, 1967 Sept. p. 80.
SOLIDIFICATION OF CASTINGS, THE, by Merton C. Flemings, 1974 Dec. p. 88.
SOLIDIFICATION OF CEMENT, THE, by D. D. Double and A. Hellawell, 1977 July p. 82. [370]
SOLIDS, FRACTURE IN, by John J. Gilman, 1960 Feb. p. 94.
SOLIDS, NUCLEAR TRACKS IN, by R. L. Fleischer, P. B. Price and R. M. Walker, 1969 June p. 30.
SOLIDS, PLASMAS IN, by Raymond Bowers, 1963 Nov. p. 46.
SOLIDS, SHOCK WAVES IN, by Ronald K. Linde and Richard C. Crewdson, 1969 May p. 82.
SOLID-STATE SOURCE OF MICROWAVES, A, by Raymond Bowers, 1966 Aug. p. 22.
SOLIDS, THE CONDUCTION OF HEAT IN, by Robert L. Sproull, 1962 Dec. p. 92.
SOLIDS, THE EFFECTS OF RADIATION ON, by Frederick Seitz and Eugene P. Wigner., 1956 Aug. p. 76. [245]
SOLIDS, THE NATURE OF, by Gregory H. Wannier, 1952 Dec. p. 39. [249]
SOLIDS ULTRAFAST PHENOMENA IN LIQUIDS AND, by R. R. Alfano and S. L. Shapiro, 1973 June p. 42.
SOLIDS WITH BUBBLES, SEPARATING, by A. M. Gaudin, 1956 Dec. p. 99.
SOLUTION OF THE FOUR-COLOR-MAP PROBLEM, THE, by Kenneth Appel and Wolfgang Haken, 1977 Oct. p. 108. [387]
SOLUTREAN CULTURE, THE, by Philip E. L. Smith, 1964 Aug. p. 86.
SOLVATED ELECTRON, THE, by James L. Dye, 1967 Feb. p. 76.
SOMATIC CELLS, HYBRID, by Boris Ephrussi and Mary C. Weiss, 1969 Apr. p. 26. [1137]
SONAR, BIRD, by Donald R. Griffin, 1954 Mar. p. 78.
SONG, THE NEUROBIOLOGY OF CRICKET, by David Bentley and Ronald R. Hoy, 1974 Aug. p. 34. [1302]
SONIC BOOM, by Herbert A. Wilson, Jr., 1962 Jan. p. 36.
SOUND COMMUNICATION IN HONEYBEES, by Adrian M. Wenner, 1964 Apr. p. 116. [181]
SOUND, THE REPRODUCTION OF, by Edward E. David Jr., 1961 Aug. p. 72.
SOUNDS, HEART, by Victor A. McKusick, 1956 May. 120.
SOUNDS IN THE SEA, ANIMAL, by Marie Poland Fish, 1956 Apr. p. 93.
SOURCES OF AMBIGUITY IN THE PRINTS OF MAURITS C. ESCHER, by Marianne L. Teuber, 1974 July p. 90. [560]
SOURCES OF MUSCULAR ENERGY, THE, by Rodolfo Margaria, 1972 Mar. p. 84. [1244]
SOUTH AFRICA, THE MAN-APES OF, by Wilton M. Krogman, 1948 May p. 16.
SOUTH AMERICA, EARLY MAN IN, by Edward P. Lanning and Thomas C. Patterson, 1967 Nov. p. 44.
SOUTH, THE DEVELOPMENT OF THE U.S., by Arthur Goldschmidt, 1963 Sept. p. 224.
SOUTHERN PINES, THE GENETIC IMPROVEMENT OF, by Bruce J. Zobel, 1971 Nov. p. 94.
SOUTHERN SKY, THE, by Bart J. Bok, 1952 July p. 46.
SOYBEANS, by Folke Dovring, 1974 Feb. p. 14.
SPACE, ARTIFICIAL PLASMA CLOUDS IN, by Gerhard Haerendel and Reimar Lüst, 1968 Nov. p. 80.
SPACE, ELECTRICAL PROPULSION IN, by Gabriel Giannini, 1961 Mar. p. 57.
SPACE, ELECTRICITY IN, by Hannes Alfvén, 1952 May p. 26.
SPACE, "EMPTY", by H. C. van de Hulst, 1955 Nov. p. 72.
SPACE, FLIGHT AT THE BORDERS OF, by Heinz Haber, 1952 Feb. p. 20.
SPACE, HEAVY ELEMENTS FROM, by Edward P. Ney, 1951 May p. 26.
SPACE, HYDROXYL RADICALS IN, by Brian J. Robinson, 1965 July p. 26.
SPACE IN A FINITE UNIVERSE, THE CURVATURE OF, by J. J. Callahan, 1976 Aug. p. 90.
SPACE? IS MAN ALONE IN, by Loren C. Eiseley, 1953 July p. 80.
SPACE, OBSERVATORIES IN, by Arthur I. Berman, 1963 Aug. p. 28.
SPACE, ORGANIC MATTER FROM, by Brian Mason, 1963 Mar. p. 43.
SPACE PERCEPTION IN THE CHICK, by Eckhard H. Hess, 1956 July p. 71.
SPACE, RE-ENTRY FROM, by John V. Becker, 1961 Jan. p. 49.
SPACE, THE ABSORPTION OF RADIO WAVES IN, by A. E. Lilley, 1957 July p. 48.
SPACE, THE CURVATURE OF, by P. Le Corbeiller, 1954 Nov. p. 80.
SPACE, THE EARTH FROM, 1955 Sept. p. 109.
SPACE, THE HUMAN BODY IN, by Heinz Haber, 1951 Jan. p. 16.
SPACE, TURBULENCE IN, by George Gamow, 1952 June p. 26.
SPARK CHAMBER, THE, by Gerard K. O'Neill, 1962 Aug. p. 36. [282]
SPATIAL FREQUENCY, CONTRAST AND, by Fergus W. Campbell and Lamberto Maffei, 1974 Nov. p. 106. [1308]
SPATIAL MEMORY, by David S. Olton, 1977 June p. 82. [578]
SPECIFICITY OF ANTIBODIES, THE, by S. J. Singer, 1957 Oct. p. 99.
SPECTROMETER, THE MASS, by Alfred O. C. Nier, 1953 Mar. p. 68. [256]
SPECTROSCOPIES, THE THREE, by Victor F. Weisskopf, 1968 May. 15.
SPECTROSCOPY, FAST-NEUTRON, by Lawrence Cranberg, 1964 Mar. p. 79.
SPECTROSCOPY, LASER, by M. S. Feld and V. S. Letokhov, 1973 Dec. p. 69.
SPECTROSCOPY, MÖSSBAUER, by R. H. Herber, 1971 Oct. p. 86.
SPECTRUM OF THE AIRGLOW, THE, by M. F. Ingham, 1972 Jan. p. 78.
SPEECH, ATTENTION AND THE PERCEPTION OF, by Donald E. Broadbent, 1962 Apr. p. 143. [467]
SPEECH, INFANT, by Orvis C. Irwin, 1949 Sept. p. 22. [417]
SPEECH, SOCIAL AND NONSOCIAL, by Robert M. Krauss and Sam Glucksberg, 1977 Feb. p. 100. [576]
SPEECH, THE ORIGIN OF, by Charles F. Hockett, 1960 Sept. p. 88. [603]
SPEECH, THE SYNTHESIS OF, by James L. Flanagan, 1972 Feb. p. 48.
SPEED IMPACT, HIGH-, by A. C. Charters, 1960 Oct. p. 128.
SPEED OF LIGHT, THE, by J. H. Rush, 1955 Aug. p. 62.
SPERM TRANSFER, UNORTHODOX METHODS OF, by Lord Rothschild, 1956 Nov. p. 121.
SPIDER AND THE WASP, THE, by Alexander Petrunkevitch, 1952 Aug. p. 20.
SPIDER WEBS, by Theodore H. Savory, 1960 Apr. p. 114.
SPIDER WEBS AND DRUGS, by Peter Witt, 1954 Dec. p. 80.
SPIDERS, SOCIAL, by J. Wesley Burgess, 1976 Mar. p. 100.
"SPINAL" CATS WALK, by P. S. Shurrager, 1950 Nov. p. 20.
SPIRAL STRUCTURE OF THE GALAXY, THE, by W. W. Morgan, 1955 May. 42.
SPLIT BRAIN IN MAN, THE, by Michael S. Gazzaniga, 1967 Aug. p. 24. [508]
SPREAD OF THE BANTU LANGUAGE, THE, by D. W. Phillipson, 1977 Apr. p. 106. [694]
SPRUCE, BALSAM AND BIRCH, by Donald Culross Peattie, 1948 Nov. p. 20.
SQUATTER SETTLEMENTS, by William Mangin, 1967 Oct. p. 21.
SQUID, THE, by H. B. Steinbach, 1951 Apr. p. 64.
SQUID, THE NERVE IMPULSE AND THE, by Richard Keynes, 1958 Dec. p. 83. [58]
SQUIRRELS, DESERT GROUND, by George A. Bartholomew and Jack W. Hudson, 1961 Nov. p. 107.
ST. NINIAN'S THE TREASURE OF, by R. L. S. Bruce-Mitford, 1960 Nov. p. 154.
STABILIZED IMAGES ON THE RETINA, by Roy M. Pritchard, 1961 June p. 72. [466]

STAINS, INCRIMINATING, by Charles E. O'Hara and James W. Osterburg, 1953 Feb. p. 58.
STAIRS, THE DIMENSIONS OF, by James Marston Fitch, John Templer and Paul Corcoran, 1974 Oct. p. 82.
STANDARDS OF MEASUREMENT, by Allen V. Astin, 1968 June p. 50.
STAPHYLOCOCCI, DEATH FROM, by Ian Maclean Smith, 1968 Feb. p. 84.
STAPHYLOCOCCUS PROBLEM, THE, by Stuart Mudd, 1959 Jan. p. 41.
STARLIGHT BY PHOTOCELL, MEASURING, by Joel Stebbins, 1952 Mar. p. 56.
STARLING, ERNEST, by Ralph Colp, Jr., 1951 Oct. p. 56.
STARS AND COSMIC DISTANCES, PULSATING, by Robert P. Kraft, 1959 July p. 48.
STARS, DOUBLE, by Otto Struve, 1949 Oct. p. 42.
STARS, DYING, by Jesse L. Greenstein, 1959 Jan. p. 46. [216]
STARS, ELECTRONIC PHOTOGRAPHY OF, by William A. Baum, 1956 Mar. p. 81.
STARS, EXPLODING, by Robert P. Kraft, 1962 Apr. p. 54.
STARS, GLOBULAR-CLUSTER, by Icko Iben, Jr., 1970 July p. 26.
STARS IN CONTACT, by O. J. Eggen, 1968 June p. 34.
STARS IN GLOBULAR CLUSTERS, X-RAY, by George W. Clark, 1977 Oct. p. 42. [385]
STARS, PULSATING, by John R. Percy, 1975 June p. 66.
STARS, RADIO, by A. C. B. Lovell, 1953 Jan. p. 17.
STARS, RADIO-EMITTING FLARE, by Sir Bernard Lovell, 1964 Aug. p. 13.
STARS, SOLID, by Malvin A. Ruderman, 1971 Feb. p. 24.
STARS, SUBDWARF, by Geoffrey and E. Margaret Burbidge, 1961 June p. 111.
STARS, THE BIRTH OF, by Bart J. Bok, 1972 Aug. p. 48.
STARS, THE BIRTH OF MASSIVE, by Michael Zeilik, 1978 Apr. p. 110. [3005]
STARS, THE COMPANIONS OF SUNLIKE, by Helmut A. Abt, 1977 Apr. p. 96. [359]
STARS, THE ENERGY OF, by Robert E. Marshak, 1950 Jan. p. 42.
STARS, THE EVOLUTION OF, by Otto Struve, 1953 Mar. p. 34.
STARS, THE ROTATION OF, by Helmut A. Abt, 1963 Feb. p. 46.
STARS, THE YOUNGEST, by George H. Herbig, 1967 Aug. p. 30.
STARS, X-RAY, by Riccardo Giacconi, 1967 Dec. p. 36.
STARS X-RAY-EMITTING DOUBLE, by Herbert Gursky and Edward P. J. van den Heuvel, 1975 Mar. p. 24.
STARS, YOUNG, by Adriaan Blaauw, 1956 Feb. p. 36.
STARVATION, THE PHSYIOLOGY OF, by Vernon R. Young and Nevin S. Scrimshaw, 1971 Oct. p. 14. [1232]
STATE OF GENETICS, THE, by A. Buzzati-Traverso, 1951 Oct. p. 22.
STATE OF WATER IN RED CELLS, THE, by Arthur K. Solomon, 1971 Feb. p. 88. [1213]
STATES OF SLEEP, THE, by Michel Jouvet, 1967 Feb. p. 62. [504]
STATISTICS, by Warren Weaver, 1952 Jan. p. 60.
STATISTICS STEIN'S PARADOX IN, by Bradley Efron and Carl Morris, 1977 May p. 119. [363]
STATUS OF INTERFERON, THE, by Derek C. Burke, 1977 Apr. p. 42. [1356]
STEADY STATE OF THE EARTH'S CRUST, ATMOSPHERE AND OCEANS, THE, by Raymond Siever, 1974 June p. 72. [914]
STEADY-STATE UNIVERSE, THE, by Fred Hoyle, 1956 Sept. p. 157.
STEAM ENGINE, THE ORIGINS OF THE, by Eugene S. Ferguson, 1964 Jan. p. 98.
STEAM TURBINES, by Walter Hossli, 1969 Apr. p. 100.
STEEL, THE CONTINUOUS CASTING OF, by Leonard V. Gallagher and Bruce S. Old, 1963 Dec. p. 74.
STEEL, THE GEOGRAPHY OF, by George H. T. Kimble, 1952 Jan. p. 44.
STEEL, THE STRENGTH OF, by Victor F. Zackay, 1963 Aug. p. 72.
STEELMAKING, OXYGEN IN, by Joseph K. Stone, 1968 Apr. p. 24.
STEELS, STRONG AND DUCTILE, by Earl R. Parker and Victor F. Zakay, 1968 Nov. p. 36.
STEIN'S PARADOX IN STATISTICS, by Bradley Efron and Carl Morris, 1977 May p. 119. [363]
STELLAR ABERRATION, THE DISCOVERY OF, by Albert B. Stewart, 1964 Mar. p. 100.
STELLAR DISTANCES, A NEW SCALE OF, by O. C. Wilson, 1961 Jan. p. 107. [254]
STELLAR-ORIENTATION SYSTEM OF A MIGRATORY BIRD, THE, by Stephen T. Emlen, 1975 Aug. p. 102. [1327]
STELLAR POPULATIONS, by Geoffrey and E. Margaret Burbidge, 1958 Nov. p. 44. [203]
STELLARATOR, THE, by Lyman Spitzer, Jr., 1958 Oct. p. 28. [246]
STEPS TOWARD DISARMANENT, by P. M. S. Blackett, 1962 Apr. p. 45.
STEREOCHEMICAL THEORY OF ODOR, THE, by John E. Amoore, James W. Johnston, Jr., and Martin Rubin, 1964 Feb. p. 42.
STEROID HORMONES, THE RECEPTORS OF, by Bert W. O'Malley and William T. Schrader, 1976 Feb. p. 32. [1334]
STEROIDS, by Louis F. Fieser, 1955 Jan. p. 52. [8]
STICK AND SLIP, by Ernest Rabinowicz, 1956 May p. 109.
STICKLEBACK, THE CURIOUS BEHAVIOR OF THE, by N. Tinbergen, 1952 Dec. p. 22. [414]
STIMULATION IN INFANCY, by Seymour Levine, 1960 May p. 80. [436]
STIMULATION OF THE BRAIN, CHEMICAL, by Alan E. Fisher, 1964 June p. 60. [485]
STIMULI, HOW CELLS RECEIVE, by William H. Miller, Floyd Ratliff and H. K. Hartline, 1961 Sept. p. 222. [99]
STIRLING ENGINE, THE, by Graham Walker, 1973 Aug. p. 80.
STIRLING REFRIGERATION CYCLE, THE, by J. W. L. Köhler, 1965 Apr. p. 119.
STOCKHOLM: A PLANNED CITY, by Göran Sidenbladh, 1965 Sept. p. 106.
STOMACH DOES NOT DIGEST ITSELF, WHY THE, by Horace W. Davenport, 1972 Jan. p. 86. [1240]
STOMATOPODS, by Roy L. Caldwell and Hugh Dingle, 1976 Jan. p. 80.
STONE AGE CAMPSITE AT THE GATEWAY TO AMERICA, A, by Douglas D. Anderson, 1968 June p. 24.
STONE AGE, FOREST CLEARANCE IN THE, by Johannes Iversen, 1956 Mar. p. 36.
STONE AGE HUNTERS' CAMP, A, by Grahame Clark, 1952 May. 20.
STONE-AGE MAN ON THE NILE, by Philip E. L. Smith, 1976 Aug. p. 30.
STONE AGE MATHEMATICS, by Dirk J. Struik, 1948 Dec. p. 44.
STONE, THE PRESERVATION OF, by Lal Gauri, 1978 June p. 126. [3012]
STONE TOOLS AND HUMAN BEHAVIOR, by Lewis R. and Sally R. Bintford, 1969 Apr. p. 70. [643]
STONEHENGE, by Jacquetta Hawkes, 1953 June p. 25.
STONES, HUMAN, by Kathleen Lonsdale, 1968 Dec. p. 104.
STORAGE AND RETRIEVAL, INFORMATION, by Ben-Ami Lipetz, 1966 Sept. p. 224.
STORAGE RINGS PARTICLE, by Gerard K. O'Neill, 1966 Nov. p. 107. [323]
STORMS DUST, by Sherwood B. Idso, 1976 Oct. p. 108.
STRAIGHT LINE, THE, by Morris Kline, 1956 Mar. p. 104.
STRAIGHT LINES, HOW WE SEE, by John R. Platt, 1960 June p. 121.
STRANGE CASE OF THE BLIND BABIES, THE, by Theodore H. Ingalls, 1955 Dec. p. 40.
STRANGE LIFE OF CHARLES BABBAGE, THE, by Philip and Emily Morrison, 1952 Apr. p. 66.
STRANGLER TREES, by Theodosius Dobzhansky and Joào Murca-Pires, 1954 Jan. p. 78.
STRATEGIC MISSILES, THE ACCURACY OF, by Kosta Tsipis, 1975 July p. 14.
STREAM POLLUTION, by Rolf Eliassen, 1952 Mar. p. 17.
STREAMER CHAMBER, THE, by David E. Yount, 1967 Oct. p. 38.
STRENGTH OF STEEL, THE, by Victor F. Zackay, 1963 Aug. p. 72.
STRESS AND BEHAVIOR, by Seymour Levine, 1971 Jan. p. 26. [532]
STRESS AND DISEASE, PSYCHOLOGICAL FACTORS IN, by Jay M. Weiss, 1972 June p. 104. [544]
STRESS IN COMBAT, by Stanley W. Davis, 1956 Mar. p. 31.
STRESS-CORROSION FAILURE, by Peter R. Swann, 1966 Feb. p. 72.
STRIP-MINING OF WESTERN COAL, THE, by Genevieve Atwood, 1975 Dec. p. 23.
STROKE, MICROVASCULAR SURGERY FOR, by Jack M. Fein, 1978 Apr. p. 58. [1385]
STRONG AND DUCTILE STEELS, by Earl R. Parker and Victor F. Zackay, 1968 Nov. p. 36.
STRONG MAGNETIC FIELDS, by Harold P. Furth, Morton A. Levine and Ralph W. Waniek, 1958 Feb. p. 28.
STRONGLY INTERACTING PARTICLES, by Geoffrey F. Chew, Murray Gell-Mann and Arthur H. Rosenfeld, 1964 Feb. p. 74. [296]
STRUCTURAL ANALYSIS OF GOTHIC CATHEDRALS, THE, by Robert Mark, 1972 Nov. p. 90.
STRUCTURE AND FUNCTION OF ANTIBODIES, THE, by Gerald M. Edelman., 1970 Aug. p. 34. [1185]
STRUCTURE AND FUNCTION OF HISTOCOMPATIBILITY ANTIGENS, THE, by Bruce A. Cunningham, 1977 Oct. p. 96. [1369]
STRUCTURE AND HISTORY OF AN ANCIENT PROTEIN, THE, by Richard E. Dickerson, 1972 Apr. p. 58. [1245]
STRUCTURE OF A PROTEIN MOLECULE, THE THREE-DIMENSIONAL, by John C. Kendrew, 1961 Dec. p. 96. [121]
STRUCTURE OF AN ENZYME MOLECULE, THE THREE-DIMENSIONAL, by David C. Phillips, 1966 Nov. p. 78. [1055]
STRUCTURE OF ANTIBODIES, THE, by R. R. Porter, 1967 Oct. p. 81. [1083]
STRUCTURE OF CELL MEMBRANES, THE, by C. Fred Fox, 1972 Feb. p. 30. [1241]
STRUCTURE OF CRYSTAL SURFACES, THE, by Lester H. Germer, 1965 Mar. p. 32.
STRUCTURE OF DEVELOPMENT, THE, by Wassily W. Leontief, 1963 Sept. p. 148. [617]
STRUCTURE OF EMISSION NEBULAS, THE, by Joseph S. Miller, 1974 Oct. p. 34.
STRUCTURE OF LIQUIDS, THE, by J. D. Bernal, 1960 Aug. p. 124.

STRUCTURE OF PROTEIN MOLECULES, THE, by Linus Pauling, Robert B. Corey and Roger Hayward, 1954 July p. 51. [31]
STRUCTURE OF PROTEINS, THE CHEMICAL, by William H. Stein and Stanford Moore, 1961 Feb. p. 81.
STRUCTURE OF THE HEREDITARY MATERIAL, THE, by F. H. C. Crick, 1954 Oct. p. 54.
STRUCTURE OF THE INFLUENZA VIRUS, THE, by Sir Macfarlane Burnet, 1957 Feb. p. 37.
STRUCTURE OF THE INTERSTELLAR MEDIUM, THE, by Carl Heiles, 1978 Jan. p. 74. [394]
STRUCTURE OF THE NUCLEUS, THE, by Maria G. Mayer, 1951 Mar. p. 22. [228]
STRUCTURE OF THE PROTON AND THE NEUTRON, THE, by Henry W. Kendall and Wolfgang Panofsky, 1971 June p. 60.
STRUCTURE OF THE U.S. ECONOMY, THE, by Wassily W. Leontief, 1965 Apr. p. 25. [624]
STRUCTURE OF TRANSFER RNA, THE THREE-DIMENSIONAL, by Alexander Rich and Sung Hou Kim, 1978 Jan. p. 52. [1377]
STRUCTURE OF VIRUSES, THE, by R. W. Horne, 1963 Jan. p. 48.
STUDIES IN CORROSION, by G. H. Cartledge, 1956 May. 35.
STUDIES IN SELF-ESTEEM, by Stanley Cooper-Smith, 1968 Feb. p. 96. [511]
STUDY IN FERTILITY CONTROL, A, by Bernard Berelson and Ronald Freedman, 1964 May p. 29. [621]
STUDY IN THE EVOLUTION OF BIRDS, A, by H. N. Southern, 1957 May p. 124.
STUDY OF ASPIRATIONS, A, by Hadley Cantril, 1963 Feb. p. 41.
STUDY OF ATTITUDES, A, by Samuel A. Stouffer, 1949 May p. 11.
STUDY OF GHETTO RIOTERS, A, by Nathan S. Caplan and Jeffery M. Paige, 1968 Aug. p. 15. [638]
STUDY OF SAILING YACHTS, THE, by Halsey C. Herreshoff and J. N. Newman, 1966 Aug. p. 60.
STUDY OF SELF-DISCLOSURE, A, by Sidney M. Jourard, 1958 May p. 77.
STUDY OF THE ANTI-SCIENTIFIC ATTITUDE, A, by Bernard and Judith Mausner, 1955 Feb. p. 35. [453]
STUDY OF VALUES, A, by Evon Z. Vogt and John M. Roberts, 1956 July p. 25.
SUBDUCTION OF THE LITHOSPHERE, THE, by M. Nafi Toksöz, 1975 Nov. p. 88. [919]
SUBDWARF STARS, by Geoffrey and E. Margaret Burbidge, 1961 June p. 111.
SUBJECTIVE CONTOURS, by Gaetano Kanizsa, 1976 Apr. p. 48. [570]
SUBJECTIVE PROBABILITY, by John Cohen, 1957 Nov. p. 128. [427]
SUBMARINE CANYONS, by Francis P. Shepard, 1949 Apr. p. 40.
SUBMARINE CANYONS, THE ORIGIN OF, by Bruce C. Heezen, 1956 Aug. p. 36.
SUBMARINES AND NATIONAL SECURITY, MISSILE, by Herbert Scoville, Jr., 1972 June p. 15. [344]
SUBSIDENCE, GEOLOGICAL, by Sullivan S. Marsden, Jr., and Stanley N. Davis, 1967 June p. 93.
SUBSISTENCE HERDING IN UGANDA, by Rada and Neville Dyson-Hudson, 1969 Feb. p. 76.
SUICIDE, by Don D. Jackson, 1954 Nov. p. 88.
SULFUR, by Christopher J. Pratt, 1970 May p. 62.
SUMERIAN "FARMER'S ALMANAC", by Samuel Noah Kramer, 1951 Nov. p. 54.
SUMERIANS, THE, by Samuel Noah Kramer, 1957 Oct. p. 70.
SUN, CLIMATE AND THE CHANGING, by Ernst J. Öpik, 1958 June p. 85. [835]
SUN CLOUDS AND RAIN CLOUDS, by Walter Orr Roberts, 1957 Apr. p. 138. [849]
SUN, CORPUSCLES FROM THE, by Walter Orr Roberts, 1955 Feb. p. 40.
SUN, HOT SPOTS IN THE ATMOSPHERE OF THE, by Harold Zirin, 1958 Aug. p. 34.
SUN, MAGNETIC FIELDS ON THE QUIET, by William C. Livingston, 1966 Nov. p. 54.
SUN NAVIGATION OF ANIMALS, THE, by Hans Kalmus, 1954 Oct. p. 74.
SUN, NEUTRINOS FROM THE, by John N. Bahcall, 1969 July p. 28.
SUN, POWER FROM THE, by Eugene Ayres, 1950 Aug. p. 16.
SUN, RADIO WAVES FROM THE, by J. P. Wild, 1955 June p. 40.
SUN, THE, by Armin J. Deutsch, 1948 Nov. p. 26.
SUN, THE, by E. N. Parker, 1975 Sept. p. 42.
SUN, THE MAGNETISM OF THE, by Horace W. Babcock, 1960 Feb. p. 52.
SUN, THE ROTATION OF THE, by Robert Howard, 1975 Apr. p. 106.
SUNBURN, by Farrington Daniels, Jr., Jan C. van der Leun and Brian E. Johnson, 1968 July p. 38.
SUNLIKE STARS, THE COMPANIONS OF, by Helmut A. Abt, 1977 Apr. p. 96. [359]
SUN'S ATMOSPHERE, THE CIRCULATION OF THE, by Victor P. Starr and Peter A. Gilman, 1968 Jan. p. 100.
SUN'S ATMOSPHERE, THE EARTH IN THE, by Sydney Chapman, 1959 Oct. p. 64.
SUNSPOTS, THE CASE OF THE MISSING, by John A. Eddy, 1977 May p. 80. [925]
SUNSPOTS, TREE RINGS AND, by J. H. Rush, 1952 Jan. p. 54.
SUPERCONDUCTING COMPUTERS, by William B. Ittner III and C. J. Kraus, 1961 July p. 124.
SUPERCONDUCTING MAGNETS, by J. E. Kunzler and Morris Tanenbaum, 1962 June p. 60. [279]
SUPERCONDUCTING MAGNETS, ADVANCES IN, by William B. Sampson, Paul P. Craig and Myron Strongin, 1967 Mar. p. 114.
SUPERCONDUCTIVITY, by B. T. Matthias, 1957 Nov. p. 92. [227]
SUPERCONDUCTIVITY, APPLICATIONS OF, by Theodore A. Buchhold, 1960 Mar. p. 74. [270]
SUPERCONDUCTIVITY AT HIGH PRESSURE, by N. B. Brandt and N. I. Ginzburg, 1971 Apr. p. 83.
SUPERCONDUCTIVITY AT ROOM TEMPERATURE, by W. A. Little, 1965 Feb. p. 21.
SUPERCONDUCTORS FOR POWER TRANSMISSION, by Donald P. Snowden, 1972 Apr. p. 84.
SUPERCONDUCTORS, NEW, by T. H. Geballe, 1971 Nov. p. 22.
SUPERCONDUCTORS, QUANTUM EFFECTS IN, by R. D. Parks, 1965 Oct. p. 57.
SUPERCONDUCTORS, THE MAGNETIC STRUCTURE OF, by Uwe Essmann and Herman Träuble, 1971 Mar. p. 74.
SUPERDENSE WATER, by Boris V. Derjaguin, 1970 Nov. p. 52.
SUPERFLUID HELIUM, QUANTIZED VORTEX RINGS IN, by F. Reif, 1964 Dec. p. 116.
SUPERFLUID HELIUM 3, by N. David Mermin and David M. Lee, 1976 Dec. p. 56.
SUPERFLUIDITY, by Eugene M. Lifshitz, 1958 June p. 30. [224]
SUPERFLUIDITY AND "QUASI-PARTICLES", by F. Reif, 1960 Nov. p. 138. [272]
SUPERGALAXY, THE, by Gérard de Vaucouleurs, 1954 July p. 30.
SUPERGRAVITY AND THE UNIFICATION OF THE LAWS OF PHYSICS, by Daniel Z. Freedman and Peter van Nieuwenhuizen, 1978 Feb. p. 126. [397]
SUPERHARD MATERIALS, by Francis P. Bundy, 1974 Aug. p. 62.
SUPERIOR COLLICULUS OF THE BRAIN, THE, by Barbara Gordon, 1972 Dec. p. 72. [553]
SUPERNOVA REMNANTS, by Paul Gorenstein and Wallace Tucker, 1971 July p. 74.
SUPERNOVA REMNANTS, X-RAYS FROM, by Philip A. Charles and J. Leonard Culhane, 1975 Dec. p. 38.
SUPERNOVAE, by George Gamow, 1949 Dec. p. 18.
SUPERNOVAS, HISTORICAL, by F. Richard Stephenson and David H. Clark, 1976 June p. 100.
SUPERNOVAS IN OTHER GALAXIES, by Robert P. Kirshner, 1976 Dec. p. 88.
SUPERPHÉNIX: A FULL-SCALE BREEDER REACTOR, by Georges A. Vendryes, 1977 Mar. p. 26. [355]
SUPERPLASTIC METALS, by H. W. Hayden, R. C. Gibson and J. H. Brophy, 1969 Mar. p. 28.
SUPERSONIC TRANSPORT, THE, by R. L. Bisplinghoff, 1964 June p. 25.
SUPPORT OF SCIENCE IN THE U.S., THE, by Dael Wolfle, 1965 July p. 19.
SURFACE COLOR, THE PERCEPTION OF, by Jacob Beck, 1975 Aug. p. 62. [565]
SURFACE INSIDE OUT, TURNING A, by Anthony Phillips, 1966 May p. 112.
SURFACE OF MARS, THE, by Raymond E. Arvidson, Alan B. Binder and Kenneth L. Jones, 1978 Mar. p. 76. [399]
SURFACE OF MARS, THE, by Robert B. Leighton, 1970 May p. 26.
SURFACE OF METALS, THE FERMI, by A. R. Mackintosh, 1963 July p. 110.
SURFACE OF THE MOON, THE, by Albert R. Hibbs, 1967 Mar. p. 60.
SURFACE TENSION IN THE LUNGS, by John A. Clements, 1962 Dec. p. 120.
SURFACE WAVES, ACOUSTIC, by Gordon S. Kino and John Shaw, 1972 Oct. p. 50.
SURFACES, THE STRUCTURE OF CRYSTAL, by Lester H. Germer, 1965 Mar. p. 32.
SURGERY, BLOOD-VESSEL, by Michael E. DeBakey and Leonard Engel, 1961 Apr. p. 88.
SURGERY BY LASER, CELL, by Michael W. Berns and Donald E. Rounds, 1970 Feb. p. 98. [1170]
SURGERY FOR CORONARY DISEASE, by Donald B. Effler, 1968 Oct. p. 36.
SURGERY FOR STROKE, MICROVASCULAR, by Jack M. Fein, 1978 Apr. p. 58. [1385]
SURGERY, HEART, by Frank G. Slaughter, 1950 Jan. p. 14.
SURGERY, OPEN-HEART, by C. Walton Lillehei and Leonard Engel, 1960 Feb. p. 76.
SURGICAL CUTTING, by Sir Heneage Ogilvie, 1951 Nov. p. 62.
SURGICAL INTERVENTION, by Charles G. Child III, 1973 Sept. p. 90.
SURGICAL REPLACEMENT OF THE HUMAN KNEE JOINT, THE, by David A. Sonstegard, Larry S. Matthews and Herbert Kaufer, 1978 Jan. p. 44. [1378]
SURGICAL STAPLING, by R. F. Mallina, Theodore R. Miller, Philip Cooper and Stanley G. Christie, 1962 Oct. p. 48.
SURGICAL STITCHING, by Sir Heneage Ogilvie, 1950 Nov. p. 44.
SUTTON HOO SHIP-BURIAL, THE, by R. L. S. Bruce-Mitford, 1951 Apr. p. 24.

SWIFT, THE HOME LIFE OF THE, by David and Elizabeth Lack, 1954 July p. 60.
SWIMMING ENERGETICS OF SALMON, THE, by J. R. Brett, 1965 Aug. p. 80. [1019]
SWISS LAKE DWELLERS, PREHISTORIC, by Hansjürgen Müller-Beck, 1961 Dec. p. 138.
SWITCHING, AMORPHOUS-SEMICONDUCTOR, by H. K. Henisch, 1969 Nov. p. 30.
SWITCHING, TELEPHONE., by H. S. Feder and A. E. Spencer, 1962 July p. 132.
SYMBIOSIS AND EVOLUTION, by Lynn Margulis, 1971 Aug. p. 48. [1230]
SYMBIOSIS, CLEANING, by Conrad Limbaugh, 1961 Aug. p. 42. [135]
SYMBOLIC LOGIC, by John E. Pfeiffer, 1950 Dec. p. 22.
SYMMETRY IN PHYSICS, VIOLATIONS OF, by Eugene P. Wigner, 1965 Dec. p. 28. [301]
SYNAPSE, THE, by Sir John Eccles, 1965 Jan. p. 56. [1001]
SYNCHRONOUS FIREFLIES, by John and Elisabeth Buck, 1976 May p. 74.
SYNCHROTRON RADIATION, THE USES OF, by Ednor M. Rowe and John H. Weaver, 1977 June p. 32. [365]
SYNTHESIS OF DIAMOND AT LOW PRESSURE, THE, by B. V. Derjaguin and D. B. Fedoseev, 1975 Nov. p. 102.
SYNTHESIS OF DNA, THE, by Arthur Kornberg, 1968 Oct. p. 64. [1124]
SYNTHESIS OF FAT, THE, by David E. Green, 1960 Feb. p. 46. [67]
SYNTHESIS OF MILK, THE, by J. M. Barry, 1957 Oct. p. 121.
SYNTHESIS OF PROTEINS, THE AUTOMATIC, by R. B. Merrifield, 1968 Mar. p. 56. [320]
SYNTHESIS OF SPEECH, THE, by James L. Flanagan, 1972 Feb. p. 48.
SYNTHESIS, RNA-DIRECTED DNA, by Howard M. Temin, 1972 Jan. p. 24. [1239]
SYNTHETIC DETERGENTS, by Lawrence M. Kushner and James I. Hoffman, 1951 Oct. p. 26.
SYNTHETIC DIAMONDS, by P. W. Bridgman, 1955 Nov. p. 42.
SYNTHETIC ELEMENTS: IV, THE, by Glen T. Seaborg and Justin L. Bloom, 1969 Apr. p. 56.
SYNTHETIC ELEMENTS: III, THE, by Glenn T. Seaborg and A. R. Fritsch, 1963 Apr. p. 68. [293]
SYNTHETIC ELEMENTS, THE, by I. Perlman and G. T. Seaborg, 1950 Apr. p. 38. [242]
SYNTHETIC ELEMENTS, THE NEWEST, by Albert Ghiorso and Glenn T. Seaborg, 1956 Dec. p. 66. [243]
SYNTHETIC FIBERS, by Simon Williams, 1951 July p. 37.
SYSTEM ANALYSIS AND PROGRAMMING, by Christopher Strachey, 1966 Sept. p. 112.
SYSTEM, CONVERSION TO THE METRIC, by Lord Ritchie-Calder, 1970 July p. 17. [334]
SYSTEMS, ANALYSIS OF URBAN TRANSPORTATION, by William F. Hamilton II and Dana K. Nance, 1969 July p. 19.

T

T2 MYSTERY, THE, by Salvador E. Luria, 1955 Apr. p. 92. [24]
TABLETS, THE TARTARIA, by M. S. F. Hood, 1968 May p. 30.
TADPOLE BECOMES A FROG, HOW A, by William Etkin, 1966 May p. 76. [1042]
TAILS OF COMETS, THE, by Ludwig F. Biermann and Rhea Lüst, 1958 Oct. p. 44.
"TALKING BOARDS" OF EASTER ISLAND, THE, by Thomas S. Barthel, 1958 June p. 61.
TALKING DRUMS OF AFRICA, THE, by John F. Carrington, 1971 Dec. p. 90.
TANDEM VAN DE GRAAFF ACCELERATORS, by Peter H. Rose and Andrew B. Wittkower, 1970 Aug. p. 24.
TAR, PELAGIC, by James N. Butler, 1975 June p. 90.
TAR SANDS AND OIL SHALES, by Noel de Nevers, 1966 Feb. p. 21.
TAR SANDS, THE ATHABASKA, by Karl A. Clark, 1949 May p. 52.
TARGETS, POLARIZED ACCELERATOR, by Gilbert Shapiro, 1966 July p. 68.
TARGETS, THE PERCEPTION OF MOVING, by Robert Sekuler and Eugene Levinson, 1977 Jan. p. 60. [575]
TARTARIA TABLETS, THE, by M. S. F. Hood, 1968 May p. 30.
TASK OF MEDICINE, THE, by William H. Glazier, 1973 Apr. p. 13.
TASTE RECEPTORS, by Edward S. Hodgson, 1961 May p. 135.
TASTE, SMELL AND, by A. J. Haagen-Smit, 1952 Mar. p. 28. [404]
TAX EXPERIMENT, A NEGATIVE-INCOME-, by David N. Kershaw, 1972 Oct. p. 19.
TAXONOMY, NUMERICAL, by Robert R. Sokal, 1966 Dec. p. 106. [1059]
TCHOGA-ZANBIL, THE ZIGGURAT OF, by R. Ghirshman, 1961 Jan. p. 68.
TEACH ANIMALS, HOW TO, by B. F. Skinner, 1951 Dec. p. 26. [423]
TEACHER EXPECTATIONS FOR THE DISADVANTAGED, by Robert Rosenthal and Lenore F. Jacobson, 1968 Apr. p. 19. [514]
TEACHING, A CRISIS IN SCIENCE, by Fletcher G. Watson, 1954 Feb. p. 27.
TEACHING LANGUAGE TO AN APE, by Ann James Premack and David Premack, 1972 Oct. p. 92. [549]
TEACHING MACHINES, by B. F. Skinner, 1961 Nov. p. 90. [461]
TEACHING OF ELEMENTARY MATHEMATICS, THE, by E. P. Rosenbaum, 1958 May. 64. [238]
TEACHING OF ELEMENTARY PHYSICS, THE, by Walter C. Michels, 1958 Apr. p. 56. [229]
TEARS AND THE LACRIMAL GLAND, by Stella Y. Botelho, 1964 Oct. p. 78.
TECHNOLOGICAL CHANGE, THE ECONOMICS OF, by Anne P. Carter, 1966 Apr. p. 25. [629]
TECHNOLOGY AND ECONOMIC DEVELOPMENT, 1963 Sept. *issue.*
TECHNOLOGY AND ECONOMIC DEVELOPMENT, by Asa Briggs, 1963 Sept. p. 52.
TECHNOLOGY AND NATIONAL SECURITY, MILITARY, by Herbert F. York, 1969 Aug. p. 17. [330]
TECHNOLOGY AND THE CONSUMER PRODUCT, by G. Franklin Montgomery, 1977 Dec. p. 47. [703]
TECHNOLOGY AND THE OCEAN, by Willard Bascom, 1969 Sept. p. 198. [887]
TECHNOLOGY ASSESSMENT AND MICROWAVE DIODES, by Raymond Bowers and Jeffrey Frey, 1972 Feb. p. 13.
TECHNOLOGY, BICYCLE, by S. S. Wilson, 1973 Mar. p. 81.
TECHNOLOGY, HIGH-PRESSURE, by Alexander Zeitlin, 1965 May p. 38.
TECHNOLOGY IN CHINA, by Genko Uchida, 1966 Nov. p. 37.
TECHNOLOGY IN CHINA, HIGH, by Raphael Tsu, 1972 Dec. p. 13.
TECHNOLOGY, INNOVATION IN, by John R. Pierce, 1958 Sept. p. 116.
TECHNOLOGY, METAL-OXIDE-SEMICONDUCTOR, by William C. Hittinger, 1973 Aug. p. 48.
TECHNOLOGY, PIETER BRUEGEL THE ELDER AS A GUIDE TO 16TH-CENTURY, by H. Arthur Klein, 1978 Mar. p. 134. [3003]
TECHNOLOGY, ROMAN HYDRAULIC, by Norman Smith, 1978 May p. 154. [3009]
TECHNOLOGY, THE ASSESSMENT OF, by Harvey Brooks and Raymond Bowers, 1970 Feb. p. 13. [332]
TECHNOLOGY, THE RISE OF COAL, by John R. Harris, 1974 Aug. p. 92.
TECHNOLOGY, THE USES OF COMPUTERS IN, by Steven Anson Coons, 1966 Sept. p. 176.
TECTONICS AND MINERAL RESOURCES, PLATE, by Peter A. Rona, 1973 July p. 86. [909]
TECTONICS AND THE HISTORY OF LIFE IN THE OCEANS, PLATE, by James W. Valentine and Eldridge M. Moores, 1974 Apr. p. 80. [912]
TECTONICS, PLATE, by John F. Dewey, 1972 May p. 56. [900]
TEENAGE ATTITUDES, by H. H. Remmers and D. H. Radler, 1958 June p. 25.
TEETH, THE SKIN OF YOUR, by Reidar F. Sognnaes, 1953 June p. 38.
TEKTITES, by Virgil E. Barnes, 1961 Nov. p. 58. [802]
TEKTITES AND GEOMAGNETIC REVERSALS, by Billy P. Glass and Bruce C. Heezen, 1967 July p. 32.
TEKTITES AND IMPACT FRAGMENTS FROM THE MOON, by John A. O'Keefe, 1964 Feb. p. 50.
TELEPHONE SWITCHING, by H. S. Feder and A. E. Spencer, 1962 July p. 132.
TELEPHONE, THE ELECTRONIC, by Peter P. Luff, 1978 Mar. p. 58. [3002]
TELESCOPE, THE 600-FOOT RADIO, by Edward F. McClain, Jr., 1960 Jan. p. 45.
TELESCOPES, RADIO, by John D. Kraus, 1955 Mar. p. 36.
TELEVISION AND THE ELECTION, by Angus Campbell, Gerald Gurin and Warren E. Miller, 1953 May p. 46.
TELEVISION, CABLE, by William T. Knox, 1971 Oct. p. 22.
TELEVISION, COLOR, by Newbern Smith, 1950 Dec. p. 13.
TELEVISION PROGRAMS, AN ANALYSIS OF, by Dallas W. Smythe, 1951 June p. 15.
TELEVISION, UNDERWATER, by W. R. Stamp, 1953 June p. 32.
TEMPERATURE AND LIFE, by Lorus J. and Margery J. Milne, 1949 Feb. p. 46.
TEMPERATURE CONTROL IN FLYING MOTHS, by Bernd Heinrich and George A. Bartholomew, 1972 June p. 70. [1252]
TEMPERATURE, HOW REPTILES REGULATE THEIR BODY, by Charles M. Bogert, 1959 Apr. p. 105.
TEMPERATURE, SUPERCONDUCTIVITY AT ROOM, by W. A. Little, 1965 Feb. p. 21.
TEMPERATURES, ANCIENT, by Cesare Emiliani, 1958 Feb. p. 54. [815]
TEMPERATURES, CHEMISTRY AT VERY HIGH, 1954 Sept. p. 116.
TEMPERATURES, HIGH: CHEMISTRY, by Farrington Daniels, 1954 Sept. p. 109.
TEMPERATURES, HIGH: FLAME, by Bernard Lewis, 1954 Sept. p. 84.
TEMPERATURES, HIGH: MATERIALS, by Pol Duwez, 1954 Sept. p. 98.
TEMPERATURES, HIGH: PROPULSION, by Martin Summerfield, 1954 Sept. p. 120.
TEMPERATURES OF THE PLANETS, THE, by Cornell H. Mayer, 1961 May p. 58.
TEMPERATURES, SHOCK WAVES AND HIGH, by Malcolm McChesney, 1963 Feb. p. 109.

TEMPERATURES, THE DEFORMATION OF METALS AT HIGH, by Hugh J. McQueen and W. J. McGregor Tegart, 1975 Apr. p. 116.
TEMPERATURES, ULTRAHIGH, by Fred Hoyle, 1954 Sept. p. 144.
TEMPERATURES, VERY HIGH, by Arthur Kantrowitz, 1954 Sept. p. 132.
TEMPLE, THE EXCAVATION OF A DROWNED GREEK, by Michael H. Jameson, 1974 Oct. p. 110.
TENSILE STRENGTH OF LIQUIDS, THE, by Robert E. Apfel, 1972 Dec. p. 58.
TEOTIHUACAN, by René Millon, 1967 June p. 38.
TEREDO, THE, by Charles E. Lane, 1961 Feb. p. 132.
TERMINALS, COMMUNICATION, by Ernest R. Kretzmer, 1972 Sept. p. 130.
TERMITE AND THE CELL, THE, by Martin Lüscher, 1953 May p. 74.
TERMITE NESTS, AIR-CONDITIONED, by Martin Lüscher, 1961 July p. 138.
TERRESTRIAL LIFE OF THE ANTARCTIC, THE, by George A. Llano, 1962 Sept. p. 212. [865]
TERRITORIAL MARKING BY RABBITS, by Roman Mykytowycz, 1968 May p. 116. [1108]
TEST-BAN DEBATE, THE GREAT, by Herbert F. York, 1972 Nov. p. 15. [342]
TESTIMONY EYEWITNESS, by Robert Buckhout, 1974 Dec. p. 23. [562]
TETANUS, by W. E. van Heyningen, 1968 Apr. p. 69.
TETRODOTOXIN, by Frederick A. Fuhrman, 1967 Aug. p. 60. [1080]
TEWA, THE HOPI AND THE, by Edward P. Dozier, 1957 June p. 126.
TEXTBOOK CONTROVERSIES SCIENCE-, by Dorothy Nelkin, 1976 Apr. p. 33.
TEXTURE AND VISUAL PERCEPTION, by Bela Julesz, 1965 Feb. p. 38. [318]
TEXTURE, EXPERIMENTS IN THE VISUAL PERCEPTION OF, by Bela Julesz, 1975 Apr. p. 34. [563]
TEXTURE OF THE NUCLEAR SURFACE, THE, by Chris D. Zafiratos, 1972 Oct. p. 100.
THALIDOMIDE SYNDROME, THE, by Helen B. Taussig, 1962 Aug. p. 29. [1100]
THEMISTOCLES PLANNED THE BATTLE OF SALAMIS, HOW, by Michael H. Jameson, 1961 Mar. p. 111.
THEOREMS, FIXED-POINT, by Marvin Shinbrot, 1966 Jan. p. 105.
THEORY OF GAMES, THE, by Oskar Morgenstern, 1949 May p. 22.
THEORY OF NUMBERS, THE, by Paul S. Herwitz, 1951 July p. 52.
THEORY OF RELATIVITY, ARTIFICIAL SATELLITES AND THE, by V. L. Ginzburg, 1959 May p. 149.
THEORY OF THE RAINBOW, THE, by H. Moysés Nussenzveig, 1977 Apr. p. 116. [361]
THERAPEUTIC COMMUNITY, THE, by Richard Almond, 1971 Mar. p. 34. [534]
THERMAL POLLUTION AND AQUATIC LIFE, by John R. Clark, 1969 Mar. p. 18. [1135]
THERMAL PROPERTIES OF MATERIALS, THE, by John Ziman, 1967 Sept. p. 180.
THERMOELECTRICITY, THE REVIVAL OF, by Abram F. Joffe, 1958 Nov. p. 31. [222]
THERMOGRAPHY, MEDICAL, by Jacob Gershon-Cohen, 1967 Feb. p. 94.
THERMOMAGNETIC EFFECTS, GALVANOMAGNETIC AND, by Stanley W. Angrist, 1961 Dec. p. 124.
THERMOSTAT, THE HUMAN, by T. H. Benzinger, 1961 Jan. p. 134. [129]
THINGS THAT GO FASTER THAN LIGHT, by Milton A. Rothman, 1960 July p. 142.
THINK?, DO INFANTS, by Jerome Kagan, 1972 Mar. p. 74. [542]
THINK, LEARNING TO, by Harry F. and Margaret Kuenne Harlow, 1949 Aug. p. 36. [415]
THIRD GENERATION OF BREEDER REACTORS, A, by T. R. Bump, 1967 May p. 25.
THIRD-GENERATION PESTICIDES, by Carroll M. Williams, 1967 July p. 13. [1078]
THIRST, by A. V. Wolf, 1956 Jan. p. 70.
THOMPSON, D'ARCY, by John Tyler Bonner, 1952 Aug. p. 60.
THREE MYSTERIES OF EASTER ISLAND, by Werner Wolff, 1949 Feb. p. 50.
THREE SPECTROSCOPIES, THE, by Victor F. Weisskopf, 1968 May p. 15.
THREE-DIMENSIONAL STRUCTURE OF AN ENZYME MOLECULE, THE, by David C. Phillips, 1966 Nov. p. 78. [1055]
THREE-DIMENSIONAL STRUCTURE OF A PROTEIN MOLECULE, THE, by John C. Kendrew, 1961 Dec. p. 96. [121]
THREE-DIMENSIONAL STRUCTURE OF TRANSFER RNA, THE, by Alexander Rich and Sung Hou Kim, 1978 Jan. p. 52. [1377]
THREE-PIGMENT COLOR VISION, by Edward F. MacNichol, Jr., 1964 Dec. p. 48. [197]
THROMBOSIS, CORONARY, by Paul D. White, 1950 June p. 44.
THUMB AND OTHER MIDGETS, GENERAL TOM, by Victor A. McKusick and David L. Rimoin, 1967 July p. 102.
THUNDER, by Arthur A. Few, 1975 July p. 80.
THUNDERSTORM, LIFE OF A, by Roscoe R. Braham, Jr., 1950 June p. 48.
THYMUS GLAND, THE, by Sir Macfarlane Burnet, 1962 Nov. p. 50.
THYMUS HORMONE, THE, by Raphael H. Levey, 1964 July p. 66.
THYROID GLAND, THE, by Lawson Wilkins, 1960 Mar. p. 119.
TIDAL ZONE, BIOLOGICAL CLOCK OF THE, by John D. Palmer, 1975 Feb. p. 70. [1316]
TIDES AND THE EARTH-MOON SYSTEM, by Peter Goldreich, 1972 Apr. p. 42.
TIDES BETWEEN GALAXIES, VIOLENT, by Alar and Juri Toomre, 1973 Dec. p. 38.
TIDES IN THE ATMOSPHERE, by Sydney Chapman, 1954 May p. 36.
TIDES, POISONOUS, by S. H. Hutner and John McLaughlin, 1958 Aug. p. 92.
TILAPIA, THE CULTIVATION OF, by Charles F. Hickling, 1963 May p. 143.
TILLAGE, AGRICULTURE WITHOUT, by Glover B. Triplett, Jr., and David M. Van Doren, Jr., 1977 Jan. p. 28. [1349]
TIME GO BACKWARD? CAN, by Martin Gardner, 1967 Jan. p. 98.
TIME, PSYCHOLOGICAL, by John Cohen, 1964 Nov. p. 116.
TIME, RADIOACTIVITY AND, by P. M. Hurley, 1949 Aug. p. 48.
TIME REVERSAL, by John M. Blatt, 1956 Aug. p. 107.
TIME REVERSAL, EXPERIMENTS IN, by Oliver E. Overseth, 1969 Oct. p. 88.
TIME-SHARING ON COMPUTERS, by R. M. Fano and F. J. Corbató, 1966 Sept. p. 128.
TIME SPENT IN HOUSEWORK, by Joanne Vanek, 1974 Nov. p. 116.
TIME, THE ARROW OF, by David Layzer, 1975 Dec. p. 56.
TISSUE CULTURE AND CANCER, by John J. Biesele, 1956 Oct. p. 50.
TISSUE CULTURES, PLANT, by Philip R. White, 1950 Mar. p. 48.
TISSUE, INTERACTIONS BETWEEN HORMONES AND NERVE, by Bruce S. McEwen, 1976 July p. 48. [1341]
TISSUES FROM DISSOCIATED CELLS, by A. A. Moscona, 1959 May p. 132.
TISSUES, GIANT MOLECULES IN CELLS AND, by Francis O. Schmitt, 1957 Sept. p. 204. [35]
TISSUES IN EMBRYOS, THE SHAPING OF, by Richard Gordon and Antone G. Jacobson, 1978 June p. 106. [1391]
TITANIUM: A NEW METAL, by George A. W. Boehm, 1949 Apr. p. 48. [258]
TOKAMAK APPROACH IN FUSION RESEARCH, THE, by Bruno Coppi and Jan Rem, 1972 July p. 65.
TOMB OF ANTIOCHUS I, THE, by Theresa Goell and Friedrich Karl Doerner, 1956 July p. 38.
TOMBS OF THE FIRST PHARAOHS, THE, by Walter B. Emery, 1957 July p. 106.
TOMBS OF THE SCYTHIANS, FROZEN, by M. I. Artamonov, 1965 May p. 100.
TONGUE SLIPS OF THE, by Victoria A. Fromkin, 1973 Dec. p. 110. [556]
TOO MANY DEER, by A. Starker Leopold, 1955 Nov. p. 101.
TOOLS AND HUMAN BEHAVIOR, STONE, by Lewis R. and Sally R. Binford, 1969 Apr. p. 70. [643]
TOOLS AND HUMAN EVOLUTION, by Sherwood L. Washburn, 1960 Sept. p. 62. [601]
TOOLS, THE FUNCTIONS OF PALEOLITHIC FLINT, by Lawrence H. Keeley, 1977 Nov. p. 108. [700]
TOOTH DECAY, by Reidar F. Sognnaes, 1957 Dec. p. 109.
TOOTH DECAY, A NEW THEORY OF, by Bernhard Gottlieb, 1948 Oct. p. 20.
TOP MILLIMETER OF THE OCEAN, THE, by Ferren MacIntyre, 1974 May p. 62. [913]
TOPOGRAPHIC MICROSCOPE, A, by Samuel Tolansky, 1954 Aug. p. 54.
TOPOLOGY, by Albert W. Tucker and Herbert S. Bailey, Jr., 1950 Jan. p. 18.
TOPOLOGY, CHEMICAL, by Edel Wasserman, 1962 Nov. p. 94. [286]
TORNADOES, by Morris Tepper, 1958 May p. 31.
TOTAL INTRAVENOUS FEEDING, by Stanley J. Dudrick and Jonathan E. Rhoads, 1972 May p. 73.
TOUCH, VISION AND, by Irvin Rock and Charles S. Harris, 1967 May p. 96. [507]
TOWERS, COOLING, by Riley D. Woodson, 1971 May p. 70.
TOXIC SUBSTANCES AND ECOLOGICAL CYCLES, by George M. Woodwell, 1967 Mar. p. 24. [1066]
TOXIN, PLAGUE, by Solomon Kadis, Thomas C. Montie and Samuel J. Ajl, 1969 Mar. p. 92.
TOXIN, THE DIPHTHERIA, by A. M. Pappenheimer, Jr., 1952 Oct. p. 32.
TOXOPLASMOSIS, by Reginald D. Manwell and Hans Peter Drobeck, 1953 Feb. p. 86.
TRACE ELEMENTS, by W. D. McElroy and C. P. Swanson, 1953 Jan. p. 22.
TRACE-ELEMENT DESERTS, by A. J. Anderson and E. J. Underwood, 1959 Jan. p. 97.
TRACERS, by Martin D. Kamen, 1949 Feb. p. 30.
TRACHOMA, by Georges H. Werner, Bachisio Latte and Andrea Contini, 1964 Jan. p. 79.
TRACKING SATELLITES BY RADIO, by John T. Mengel and Paul Herget, 1958 Jan. p. 23.
TRACKS OF MOVING CELLS, THE, by Guenter Albrecht-Buehler, 1978 Apr. p. 68. [1386]
TRACKS OF NUCLEAR PARTICLES, THE, by Herman Yagoda, 1956 May p. 40. [252]
TRADE IN THE ANCIENT WORLD, by Lionel Casson, 1954 Nov. p. 98.
TRADE, OBSIDIAN AND THE ORIGINS OF, by J. E. Dixon, J. R. Cann and Colin Renfrew, 1968 Mar. p. 38.
TRADE-WIND CLOUDS, by Joanne Starr Malkus, 1953 Nov. p. 31.
TRADING OUTPOST, AN ASSYRIAN, by Tahsin Özgüc, 1963 Feb. p. 96.

TRADING VENTURE, A BYZANTINE, by George F. Bass, 1971 Aug. p. 22.
TRAFFIC FLOW, VEHICULAR, by Robert Herman and Keith Gardels, 1963 Dec. p. 35.
TRANSDETERMINATION IN CELLS, by Ernst Hadorn, 1968 Nov. p. 110. [1127]
TRANSDUCERS, BIOLOGICAL, by Werner R. Loewenstein, 1960 Aug. p. 98. [70]
"TRANSDUCTION" IN BACTERIA, by Norton D. Zinder, 1958 Nov. p. 38. [106]
TRANSFER OF TECHNOLOGY TO UNDERDEVELOPED COUNTRIES, THE, by Gunnar Myrdal, 1974 Sept. p. 172.
TRANSFER RNA, THE THREE-DIMENSIONAL STRUCTURE OF, by Alexander Rich and Sung Hou Kim, 1978 Jan. p. 52. [1377]
TRANSFORMATION, CELLULAR FACTORS IN GENETIC, by Alexander Tomasz, 1969 Jan. p. 38.
TRANSFORMED BACTERIA, by Rollin D. Hotchkiss and Esther Weiss, 1956 Nov. p. 48. [18]
TRANSFORMED CELLS, by S. Meryl Rose, 1949 Dec. p. 22.
TRANSISTOR, THE, by Frank H. Rockett, 1948 Sept. p. 52.
TRANSISTOR, THE JUNCTION, by Morgan Sparks, 1952 July p. 28.
TRANSLATION BY MACHINE, by William N. Locke, 1956 Jan. p. 29.
TRANSLATION, COMPUTER PROGRAMS FOR, by Victor H. Yngve, 1962 June p. 68.
TRANSLATION OF CHINESE, MACHINE, by Gilbert W. King and Hsien-Wu Chang, 1963 June p. 124.
TRANSMISSION, HIGH-VOLTAGE POWER, by L. O. Barthold and H. G. Pfeiffer, 1964 May p. 38.
TRANSMISSION OF COMPUTER DATA, THE, by John R. Pierce, 1966 Sept. p. 144.
TRANSPACIFIC CONTACT IN 3000 B. C., A, by Betty J. Meggers and Clifford Evans, 1966 Jan. p. 28.
TRANSPARENCY, THE PERCEPTION OF, by Fabio Metelli, 1974 Apr. p. 90. [559]
TRANSPLANT, THE EMBRYO AS A, by Alan E. Beer and Rupert E. Billingham, 1974 Apr. p. 36.
TRANSPLANTATION OF THE KIDNEY, THE, by John P. Merrill, 1959 Oct. p. 57.
TRANSPLANTED NUCLEI AND CELL DIFFERENTIATION, by J. B. Gurdon, 1968 Dec. p. 24. [1128]
TRANSPLANTING NUCLEI, ON, by J. F. Danielli, 1952 Apr. p. 58.
TRANSPLANTS AND THE HAMSTER, SKIN, by Rupert E. Billingham and Willys K. Silvers, 1963 Jan. p. 118. [148]
TRANSPLANTS, SKIN, by P. B. Medawar, 1957 Apr. p. 62.
TRANSPORT, THE BEGINNINGS OF WHEELED, by Stuart Piggott, 1968 July p. 82.
TRANSPORT, THE SUPERSONIC, by R. L. Bisplinghoff, 1964 June p. 25.
TRANSPORTATION, HIGH-SPEED TUBE, by L. K. Edwards, 1965 Aug. p. 30.
TRANSPORTATION IN CITIES, by John W. Dyckman, 1965 Sept. p. 162.
TRANSPORTATION, SYSTEMS ANALYSIS OF URBAN, by William F. Hamilton II and Dana K. Nance, 1969 July p. 19.
TRAPPED LIGHT, 1949 June p. 48.
TRAUMATIC SHOCK, by Jacob Fine, 1952 Dec. p. 62.
TREASURE OF ST. NINIAN'S, THE, by R. L. S. Bruce-Mitford, 1960 Nov. p. 154.
TREE RINGS AND CLIMATE, by Harold C. Fritts, 1972 May p. 92. [1250]
TREE RINGS AND SUNSPOTS, by J. H. Rush, 1952 Jan. p. 54.
TREES, HOW SAP MOVES IN, by Martin H. Zimmermann, 1963 Mar. p. 132. [154]
TREES, LIFE IN TALL, by William C. Denison, 1973 June p. 74. [1274]
TREES, STRANGLER, by Theodosius Dobzhansky and Joao Murca-Pires, 1954 Jan. p. 78.
TREES, THE MECHANICAL DESIGN OF, by Thomas A. McMahon, 1975 July p. 92.
TREES URBAN, by Thomas S. Elias and Howard S. Irwin, 1976 Nov. p. 110.
TREMOR, PHYSIOLOGICAL, by Olof Lippold, 1971 Mar. p. 65. [1217]
TRENCHES OF THE PACIFIC, THE, by Robert L. Fisher and Roger Revelle, 1955 Nov. p. 36. [814]
TRIAL, A WITNESS AT THE SCOPES, by Fay-Cooper Cole, 1959 Jan. p. 120.
TRIAL BY NEWSPAPER, by Joseph T. Klapper and Charles Y. Glock, 1949 Feb. p. 16.
TRIODE DETECTOR, DE FOREST AND THE, by Robert A. Chipman, 1965 Mar. p. 92.
TRITICALE, by Joseph H. Hulse and David Spurgeon, 1974 Aug. p. 72.
TRITIUM IN NATURE, by Willard F. Libby, 1954 Apr. p. 38.
TROPICAL RAIN FOREST, THE, by Paul W. Richards, 1973 Dec. p. 58. [1286]
TROUT, THE MORTALITY OF, by Paul R. Needham, 1953 May p. 81.
TRUTH AND PROOF, by Alfred Tarski, 1969 June p. 63.
"TRUTH" DRUGS, by Lawrence Zelic Freedman, 1960 Mar. p. 145. [497]
TSUNAMIS, by Joseph Bernstein, 1954 Aug. p. 60.
TUBE, FERDINAND BRAUN AND THE CATHODE, by George Shiers, 1974 Mar. p. 92.
TUBE, FERDINAND BRAUN AND THE CATHODE RAY, by George Shiers, 1974 Mar. p. 92.
TUBE, THE FIRST ELECTRON, by George Shiers, 1969 Mar. p. 104.
TUBE TRANSPORTATION, HIGH-SPEED, by L. K. Edwards, 1965 Aug. p. 30.
TUBERCULOSIS, by René J. Dubos, 1949 Oct. p. 30.
TUBERCULOSIS DRUGS, RADIOACTIVE, by Lloyd J. Roth and Roland W. Manthei, 1956 Nov. p. 135.
TUBERCULOSIS, THE GERM OF, by Esmond R. Long, 1955 June p. 102.
TUMOR GROWTH, THE REVERSAL OF, by Armin C. Braun, 1965 Nov. p. 75.
TUMOR VIRUSES, THE FOOTPRINTS OF, by Fred Rapp and Joseph L. Melnick, 1966 Mar. p. 34.
TUMORS, THE VASCULARIZATION OF, by Judah Folkman, 1976 May p. 58. [1339]
TUNNEL OF EUPALINUS, THE, by June p. Goodfield, 1964 June p. 104.
TURBINE, THE GAS, by Lawrence P. Lessing, 1953 Nov. p. 65.
TURBINES, STEAM, by Walter Hossli, 1969 Apr. p. 100.
TURBULENCE IN SPACE, by George Gamow, 1952 June p. 26.
TURKEY, A FORGOTTEN NATION IN, by Seton Lloyd, 1955 July p. 42.
TURKEY, A HUNTERS' VILLAGE IN NEOLITHIC, by Dexter Perkins, Jr., and Patricia Daly, 1968 Nov. p. 96.
TURKEY, A NEOLITHIC CITY IN, by James Mellaart, 1964 Apr. p. 94. [620]
TURKEY, AN EARLY FARMING VILLAGE IN, by Halet Cambel and Robert J. Braidwood, 1970 Mar. p. 50.
TURKEYS, THE SOCIAL ORDER OF, by C. Robert Watts and Allan W. Stokes, 1971 June p. 112.
TURNING A SURFACE INSIDE OUT, by Anthony Phillips, 1966 May p. 112.
TURTLE, THE NAVIGATION OF THE GREEN, by Archie Carr, 1965 May p. 78. [1010]
TWINS, AN EXPLANATION OF, by Gunnar Dahlberg, 1951 Jan. p. 48.
TWO-DIMENSIONAL MATTER, by J. G. Dash, 1973 May p. 30.
TWO-MILE ELECTRON ACCELERATOR, THE, by Edward L. Ginzton and William Kirk, 1961 Nov. p. 49. [322]
TWO-NEUTRINO EXPERIMENT, THE, by Leon M. Lederman, 1963 Mar. p. 60. [324]
TWO-PHASE MATERIALS, by Games Slayter, 1962 Jan. p. 124.
TYCHO BRAHE, THE CELESTIAL PALACE OF, by John Christianson, 1961 Feb. p. 118.
TYCHO COPERNICUS AND, by Owen Gingerich, 1973 Dec. p. 86.
TYPESETTING, by Gerard O. Walter, 1969 May p. 60.

U

UGANDA, SUBSISTENCE HERDING IN, by Rada and Neville Dyson-Hudson, 1969 Feb. p. 76.
UKRAINE, ICE-AGE HUNTERS OF THE, by Richard G. Klein, 1974 June p. 96. [685]
ULCERS IN "EXECUTIVE" MONKEYS, by Joseph V. Brady, 1958 Oct. p. 95. [425]
ULTIMATE ATOM, THE, by H. C. Corben and S. DeBenedetti, 1954 Dec. p. 88.
ULTIMATE PARTICLES, THE, by George W. Gray, 1948 June p. 26.
ULTRACENTRIFUGE, THE, by George W. Gray, 1951 June p. 42. [82]
ULTRAFAST PHENOMENA IN LIQUIDS AND SOLIDS, by R. R. Alfano and S. L. Shapiro, 1973 June p. 42.
ULTRAHIGH-ALTITUDE AERODYNAMICS, by Samuel A. Schaaf, Lawrence Talbot and Lee Edson, 1958 Jan. p. 36.
ULTRAHIGH PRESSURES, by H. Tracy Hall, 1959 Nov. p. 61.
ULTRAHIGH-SPEED ROTATION, by Jesse W. Beams, 1961 Apr. p. 134.
ULTRAHIGH TEMPERATURES, by Fred Hoyle, 1954 Sept. p. 144.
ULTRAHIGH VACUUM, by H. A. Steinherz and P. A. Redhead, 1962 Mar. p. 78. [277]
ULTRAMICROCHEMISTRY, by Burris B. Cunningham, 1954 Feb. p. 76.
ULTRASONICS, by George E. Henry, 1954 May p. 54.
ULTRASONICS, KILOMEGACYCLE, by Klaus Dransfeld, 1963 June p. 60.
ULTRASOUND IN MEDICAL DIAGNOSIS, by Gilbert B. Devey and Peter N. T. Wells, 1978 May p. 98. [1389]
ULTRASOUND, MOTHS AND, by Kenneth D. Roeder, 1965 Apr. p. 94. [1009]
ULTRASTRONG MAGNETIC FIELDS, by Francis Bitter, 1965 July p. 64.
ULTRAVIOLET ASTRONOMY, by Leo Goldberg, 1969 June p. 92.
ULTRAVIOLET RADIATION AND NUCLEIC ACID, by R. A. Deering, 1962 Dec. p. 135. [143]
UMBILICAL CORD, THE, by Samuel R. M. Reynolds, 1952 July p. 70.
UN V. MASS DESTRUCTION, by Trygve Lie, 1950 Jan. p. 11.
UNCERTAINTY, THE PRINCIPLE OF, by George Gamow, 1958 Jan. p. 51. [212]
UNDERCOOLING OF LIQUIDS, THE, by David Turnbull, 1965 Jan. p. 38.

UNDERDEVELOPED COUNTRIES, THE POPULATIONS OF THE, by Paul Demeny, 1974 Sept. p. 148.
UNDERDEVELOPED COUNTRIES, THE TRANSFER OF TECHNOLOGY TO, by Gunnar Myrdal, 1974 Sept. p. 172.
UNDERGROUND EXPLOSIONS, THE DETECTION OF, by Sir Edward Bullard, 1966 July p. 19.
UNDERGROUND EXPLOSIONS, THE DETECTION OF, by L. Don Leet, 1962 June p. 55.
UNDERGROUND RESERVOIRS TO CONTROL THE WATER CYCLE, by Robert P. Ambroggi, 1977 May p. 21. [924]
UNDERWATER ARCHAEOLOGY IN THE MAYA HIGHLANDS, by Stephan F. Borhegyi, 1959 Mar. p. 100.
UNDERWATER TELEVISION, by W. R. Stamp, 1953 June p. 32.
UNICORN, THE HORN OF THE, by John Tyler Bonner, 1951 Mar. p. 42.
UNIFIED THEORIES OF ELEMENTARY-PARTICLE INTERACTION, by Steven Weinberg, 1974 July p. 50.
U.S. ARCHAEOLOGY, A CRISIS IN, by Frank H. H. Roberts, 1948 Dec. p. 12.
U.S. ECONOMY, THE STRUCTURE OF THE, by Wassily W. Leontief, 1965 Apr. p. 25. [624]
U.S. ENERGY POLICY IN THE, by David J. Rose, 1974 Jan. p. 20. [684]
U.S., FAMILY PLANNING IN THE, by Ronald F. Freedman, Pascal K. Whelpton and Arthur A. Campbell, 1959 Apr. p. 50.
U.S., MEDICAL CARE IN THE, by Osler L. Peterson, 1963 Aug. p. 19.
U.S. PATENT SYSTEM, THE, by J. Herbert Hollomon, 1967 June p. 19.
U.S. PHYSICIST'S REPLY TO PROFESSOR BLACKETT, A, by Louis N. Ridenour, 1949 Mar. p. 16.
U.S. SCIENTISTS, THE ORIGINS OF, by H. B. Goodrich, R. H. Knapp and George A. W. Boehm, 1951 July p. 15.
U.S. SOUTH, THE DEVELOPMENT OF THE, by Arthur Goldschmidt, 1963 Sept. p. 224.
U.S., THE AGRICULTURE OF, by Earl O. Heady, 1976 Sept. p. 106.
U.S., THE HUMAN RESOURCES OF THE, 1951 Sept. *issue.*
U.S., THE PLURALISTIC ECONOMY OF THE, by Eli Ginzberg, 1976 Dec. p. 25.
U.S., THE RANGELANDS OF THE WESTERN, by R. Merton Love, 1970 Feb. p. 88.
U.S., THE SUPPORT OF SCIENCE IN THE, by Dael Wolfle, 1965 July p. 19.
U.S.S.R., ECONOMIC GROWTH IN THE, by Raymond P. Powell, 1968 Dec. p. 17.
U.S.S.R., PHYSICS IN THE, by E. P. Rosenbaum, 1956 Aug. p. 29.
U.S.S.R., SCIENCE POLICY IN THE, by R. W. Davies and R. Amann, 1969 June p. 19.
UNIVERSAL MOLECULE OF LIVING MATTER, A, by Martin Kamen, 1958 Aug. p. 77.
UNIVERSE, A LARGER AND OLDER, by George W. Gray, 1953 June p. 56.
UNIVERSE, DEUTERIUM IN THE, by Jay M. Pasachoff and William A. Fowler, 1974 May p. 108.
UNIVERSE, ENERGY IN THE, by Freeman J. Dyson, 1971 Sept. p. 50. [662]
UNIVERSE EXPAND FOREVER?, WILL THE, by J. Richard Gott III, James E. Gunn, David N. Schramm and Beatrice M. Tinsley, 1976 Mar. p. 62.
UNIVERSE FROM PALOMAR, THE, by George W. Gray, 1952 Feb. p. 43.
UNIVERSE, THE, 1956 Sept. *issue.*
UNIVERSE, THE, by H. P. Robertson, 1956 Sept. p. 73.
UNIVERSE, THE CURVATURE OF SPACE IN A FINITE, by J. J. Callahan, 1976 Aug. p. 90.
UNIVERSE, THE EVOLUTIONARY, by George Gamow, 1956 Sept. p. 136. [211]
UNIVERSE, THE STEADY-STATE, by Fred Hoyle, 1956 Sept. p. 157.
UNKNOWN VIRUSES, by George W. Gray, 1955 Mar. p. 60.
UNORTHODOX METHODS OF SPERM TRANSFER, by Lord Rothschild, 1956 Nov. p. 121.
UNSOLVED PROBLEMS IN ARITHMETIC, by Howard DeLong, 1971 Mar. p. 50.
"UNTOUCHABLES" OF INDIA, THE, by M. N. Srinivas and André Béteille, 1965 Dec. p. 13.
UNUSUAL MECHANISMS FOR THE GENERATION OF LIFT IN FLYING ANIMALS, by Torkel Weis-Fogh, 1975 Nov. p. 80. [1331]
UP FROM THE EMBRYO, by Florence Moog, 1950 Feb. p. 52.
UPPER ATMOSPHERE, THE, by David I. Blumenstock, 1949 Jan. p. 30.
UPPER ATMOSPHERE, THE ANTARCTIC AND THE, by Sir Charles Wright, 1962 Sept. p. 74. [856]
UPPER ATMOSPHERE, THE CIRCULATION OF THE, by Reginald E. Newell, 1964 Mar. p. 62.
UPRIGHT, THE PERCEPTION OF THE, by Herman A. Witkin, 1959 Feb. p. 50. [410]
URANIUM FROM COAL, by Ralph L. Miller and James R. Gill, 1954 Oct. p. 36.
URANIUM HEAVY-WATER REACTORS, NATURAL-, by Hugh C. McIntyre, 1975 Oct. p. 17.
URANIUM, THE EARTH'S, by Paul F. Kerr, 1951 May p. 17.
URBAN CENTER ON THE MISSISSIPPI A PRE-COLUMBIAN, by Melvin L. Fowler, 1975 Aug. p. 92. [688]
URBAN MONKEYS, by Sheo Dan Singh, 1969 July p. 108. [523]
URBAN TRANSPORTATION, SYSTEMS ANALYSIS OF, by William F. Hamilton II and Dana K. Nance, 1969 July p. 19.
URBAN TREES, by Thomas S. Elias and Howard S. Irwin, 1976 Nov. p. 110.
URBANIZATION OF THE HUMAN POPULATION, THE, by Kingsley Davis, 1965 Sept. p. 40. [659]
USE AND MISUSE OF GAME THEORY, THE, by Anatol Rapoport, 1962 Dec. p. 108.
USEFUL ALGAE, THE, by Francis Joseph Weiss, 1952 Dec. p. 15.
USES OF COMPUTERS IN EDUCATION, THE, by Patrick Suppes, 1966 Sept. p. 206. [533]
USES OF COMPUTERS IN ORGANIZATIONS, THE, by Martin Greenberger, 1966 Sept. p. 192.
USES OF COMPUTERS IN SCIENCE, THE, by Anthony G. Oettinger, 1966 Sept. p. 160.
USES OF COMPUTERS IN TECHNOLOGY, THE, by Steven Anson Coons, 1966 Sept. p. 176.
USES OF FISSION PRODUCTS, THE, by Paul J. Lovewell, 1952 June p. 19.
USES OF LAND IN CITIES, THE, by Charles Abrams, 1965 Sept. p. 150.
USES OF SYNCHROTRON RADIATION, THE, by Ednor M. Rowe and John H. Weaver, 1977 June p. 32. [365]

V

VACCINES FOR POLIOMYELITIS, by Jonas E. Salk, 1955 Apr. p. 42.
VACUOLES OF BLUE-GREEN ALGAE, THE GAS, by A. E. Walsby, 1977 Aug. p. 90. [1367]
VACUUM, HIGH, by Philip and Emily Morrison, 1950 May p. 20.
VACUUM, ULTRAHIGH, by H. A. Steinherz and P. A. Redhead, 1962 Mar. p. 78. [277]
VALUES, A STUDY OF, by Evon Z. Vogt and John M. Roberts, 1956 July p. 25.
VAN DE GRAAFF ACCELERATORS, TANDEM, by Peter H. Rose and Andrew B. Wittkower, 1970 Aug. p. 24.
VANISHING CULTURES, by Robert Heine-Geldern, 1957 May p. 39.
VASCULARIZATION OF TUMORS, THE, by Judah Folkman, 1976 May p. 58. [1339]
VAULTING, ARCHITECTURAL, by J. H. Acland, 1961 Nov. p. 144.
VEHICULAR TRAFFIC FLOW, by Robert Herman and Keith Gardels, 1963 Dec. p. 35.
VELOCITIES, CHEMISTRY AT HIGH, by Richard Wolfgang, 1966 Jan. p. 82.
VENOUS SYSTEM, THE, by J.Edwin Wood, 1968 Jan. p. 86. [1093]
VENUS, by Andrew and Louise Young, 1975 Sept. p. 70.
VENUS, THE ATMOSPHERES OF MARS AND, by Von R. Eshleman, 1969 Mar. p. 78.
VERBAL COMMUNICATION, by Roman Jakobson, 1972 Sept. p. 72. [547]
VERSATILE VIRUS, A, by Karl Maramorosch, 1953 June p. 78.
VERTICAL-TAKEOFF AIRCRAFT, by John P. Campbell, 1960 Aug. p. 41.
VERY HIGH TEMPERATURES, by Arthur Kantrowitz, 1954 Sept. p. 132.
VESALIUS: DISCOVERER OF THE HUMAN BODY, by Martin Gumpert, 1948 May p. 24.
VIBRATING STRING OF THE PYTHAGOREANS, THE, by E. Eugene Helm, 1967 Dec. p. 92.
VIBRATION AND NOISE, THE CONTROL OF, by Theodore P. Yin, 1969 Jan. p. 98.
VIBRATIONS OF THE EARTH, RESONANT, by Frank Press, 1965 Nov. p. 28.
VIETNAM WAR, "SILENT MAJORITIES" AND THE, by Philip E. Converse and Howard Schuman, 1970 June p. 17. [656]
VIKINGS, THE, by Eric Oxenstierna, 1967 May p. 66.
VILLAGE, FROM CAVE TO, by Robert J. Braidwood, 1952 Oct. p. 62.
VILLAGE IN ENGLAND, A DESERTED MEDIEVAL, by Maurice Beresford, 1976 Oct. p. 116.
VILLAGE IN GREECE, AN EARLY NEOLITHIC, by Robert J. Rodden, 1965 Apr. p. 82.
VILLAGE IN NEOLITHIC TURKEY, A HUNTERS', by Dexter Perkins, Jr., and Patricia Daly, 1968 Nov. p. 96.
VILLAGE IN TURKEY, AN EARLY FARMING, by Halet Çambel and Robert J. Braidwood, 1970 Mar. p. 50.
VILLAGE, POPULATION TRENDS IN AN INDIAN, by Carl E. Taylor, 1970 July p. 106. [1184]
VILLAGE SITE, HACILAR: A NEOLITHIC, by James Mellaart, 1961 Aug. p. 86.
VINES AND CLIMATE WINES, GRAPE, by Philip Wagner, 1974 June p. 106. [1298]
VIOLATIONS OF SYMMETRY IN PHYSICS, by Eugene P. Wigner, 1965 Dec. p. 28. [301]
VIOLENCE, THE EFFECTS OF OBSERVING, by Leonard Berkowitz, 1964 Feb. p. 35. [481]
VIOLENT TIDES BETWEEN GALAXIES, by Alar and Juri Toomre, 1973 Dec. p. 38.
VIOLINS, THE PHYSICS OF, by Carleen Maley Hutchins, 1962 Nov. p. 78.
VIRAL DNA, THE NUCLEOTIDE SEQUENCE OF A, by John C. Fiddes, 1977 Dec. p. 54. [1374]
VIRAL HEPATITIS, by Joseph L. Melnick, Gordon R. Dreesman and F. Blaine Hollinger, 1977 July p. 44. [1365]
VIRUS, A DEFECTIVE CANCER, by Harry Rubin, 1964 June p. 46. [185]
VIRUS, A VERSATILE, by Karl Maramorosch, 1953 June p. 78.

VIRUS, BUILDING A BACTERIAL, by William B. Wood and R. S. Edgar, 1967 July p. 60. [1079]
VIRUS CAN CAUSE DISEASE, HOW THE IMMUNE RESPONSE TO A, by Abner Louis Notkins and Hilary Koprowski, 1973 Jan. p. 22. [1263]
VIRUS, NATURAL HISTORY OF A, by Philip and Emily Morrison, 1949 Nov. p. 50.
VIRUS, REBUILDING A, by Heinz Fraenkel-Conrat, 1956 June p. 42. [9]
VIRUS, THE GENETIC CODE OF A, by Heinz Fraenkel-Conrat, 1964 Oct. p. 46. [193]
VIRUS, THE GENETIC CONTROL OF THE SHAPE OF A, by Edouard Kellenberger, 1966 Dec. p. 32. [1058]
VIRUS, THE GENETICS OF A BACTERIAL, by R. S. Edgar and R. H. Epstein, 1965 Feb. p. 70. [1004]
VIRUS, THE INFLUENZA, by Sir Macfarlane Burnet, 1953 Apr. p. 27.
VIRUS, THE LIFE CYCLE OF A, by André Lwoff, 1954 Mar. p. 34.
VIRUS, THE POLYOMA, by Sarah E. Stewart, 1960 Nov. p. 63. [77]
VIRUS, THE RECEPTOR SITE FOR A BACTERIAL, by Richard Losick and Phillips W. Robbins, 1969 Nov. p. 120. [1161]
VIRUS, THE STRUCTURE OF THE INFLUENZA, by Sir Macfarlane Burnet, 1957 Feb. p. 37.
VIRUSES, by F. M. Burnet, 1951 May p. 43. [2]
VIRUSES AND CANCER HERPES, by Keen A. Rafferty, Jr., 1973 Oct. p. 26.
VIRUSES AND GENES, by François Jacob and Elie L. Wollman, 1961 June p. 92. [89]
VIRUSES AND SEX, BACTERIAL, by Max and Mary Bruce Delbrück, 1948 Nov. p. 46.
VIRUSES, FRIENDLY, by Karl Maramorosch, 1960 Aug. p. 138.
VIRUSES INSERT THEIR DNA INTO THE DNA OF THE HOST CELL, HOW, by Allan M. Campbell, 1976 Dec. p. 102. [1347]
VIRUSES OF THE COMMON COLD, THE, by Christopher Howard Andrewes, 1960 Dec. p. 88.
VIRUSES, SLOW, INAPPARENT AND RECURRENT, by John J. Holland, 1974 Feb. p. 32. [1289]
VIRUSES, THE FOOTPRINTS OF TUMOR, by Fred Rapp and Joseph L. Melnick, 1966 Mar. p. 34.
VIRUSES, THE INDUCTION OF CANCER BY, by Renato Dulbecco, 1967 Apr. p. 28. [1069]
VIRUSES, THE MULTIPLICATION OF BACTERIAL, by Gunther S. Stent, 1953 May p. 36. [40]
VIRUSES, THE MUTATION OF, by C. A. Knight and Dean Fraser, 1955 July p. 74. [59]
VIRUSES, THE PHYSICS OF, by Ernest C. Pollard, 1954 Dec. p. 62. [32]
VIRUSES, THE STRUCTURE OF, by R. W. Horne, 1963 Jan. p. 48.
VIRUSES, UNKNOWN, by George W. Gray, 1955 Mar. p. 60.
VIRUSES WITHIN CELLS, by Joseph L. Melnick, 1953 Dec. p. 38.
VISCOSITY, NEGATIVE, by Victor P. Starr and Norman E. Gaut, 1970 July p. 72.
VISION AND TOUCH, by Irvin Rock and Charles S. Harris, 1967 May p. 96. [507]
VISION, ARRESTED, by Austin H. Riesen, 1950 July p. 16. [408]
VISION, ELECTRICAL EVENTS IN, by Lorus J. and Margery J. Milne, 1956 Dec. p. 113.
VISION, EXPERIMENTS IN COLOR, by Edwin H. Land, 1959 May p. 84. [223]
VISION IN FROGS, by W. R. A. Muntz, 1964 Mar. p. 110.
VISION, INFANT, by Arnold Gesell, 1950 Feb. p. 20. [401]
VISION, INSECT, by Lorus J. and Margery J. Milne, 1948 July p. 42.
VISION, MOLECULAR ISOMERS IN, by Ruth Hubbard and Allen Kropf, 1967 June p. 64. [1075]
VISION, THE NEUROPHYSIOLOGY OF BINOCULAR, by John D. Pettigrew, 1972 Aug. p. 84. [1255]
VISION, THE PROCESSES OF, by Ulric Neisser, 1968 Sept. p. 204. [519]
VISION, THE RETINEX THEORY OF COLOR, by Edwin H. Land, 1977 Dec. p. 108. [1392]
VISION, THREE-PIGMENT COLOR, by Edward F. MacNichol, Jr., 1964 Dec. p. 48. [197]
VISIT TO DUBLIN, by Leopold Infeld, 1949 Oct. p. 11.
VISIT TO ENGLAND, by Leopold Infeld, 1949 Nov. p. 40.
VISIT TO POLAND, by Leopold Infeld, 1949 Dec. p. 40.
VISUAL CELLS, by Richard W. Young, 1970 Oct. p. 80.
VISUAL CELLS IN THE PONS OF THE BRAIN, by Mitchell Glickstein and Alan R. Gibson, 1976 Nov. p. 90. [573]
VISUAL CHARACTERISTICS OF WORDS, THE, by Peter Dunn-Rankin, 1978 Jan. p. 122. [580]
"VISUAL CLIFF", THE, by Eleanor J. Gibson and Richard D. Walk, 1960 Apr. p. 64. [402]
VISUAL CORTEX OF THE BRAIN, THE, by David H. Hubel, 1963 Nov. p. 54. [168]
VISUAL ILLUSIONS, by Richard L. Gregory, 1968 Nov. p. 66. [517]
VISUAL IMAGE, THE, by E. H. Gombrich, 1972 Sept. p. 82. [548]
VISUAL IMAGES, RETINAL PROCESSING OF, by Charles R. Michael, 1969 May p. 104. [1143]
VISUAL ISOLATION IN GULLS, by Neal Griffith Smith, 1967 Oct. p. 94. [1084]
VISUAL MOTION PERCEPTION, by Gunnar Johansson, 1975 June p. 76. [564]
VISUAL PATHWAYS IN ALBINOS, by R. W. Guillery, 1974 May p. 44. [1294]
VISUAL PERCEPTION AND PERSONALITY, by Warren J. Wittreich, 1959 Apr. p. 56. [438]
VISUAL PERCEPTION, EYE MOVEMENTS AND, by David Noton and Lawrence Stark, 1971 June p. 34. [537]
VISUAL PERCEPTION, NEGATIVE AFTEREFFECTS IN, by Olga Eizner Favreau and Michael C. Corballis, 1976 Dec. p. 42. [574]
VISUAL PERCEPTION OF TEXTURE, EXPERIMENTS IN THE, by Bela Julesz, 1975 Apr. p. 34. [563]
VISUAL PERCEPTION, TEXTURE AND, by Bela Julesz, 1965 Feb. p. 38. [318]
VISUAL PERCEPTION, THE ADJACENY PRINCIPLE IN, by Walter C. Gogel, 1978 May p. 126. [582]
VISUAL PIGMENTS AND COLOR BLINDNESS, by W. A. H. Rushton, 1975 Mar. p. 64. [1317]
VISUAL PIGMENTS IN MAN, by W. A. H. Rushton, 1962 Nov. p. 120. [139]
VISUAL SEARCH, by Ulric Neisser, 1964 June p. 94. [486]
VISUAL SYSTEMS, INHIBITION IN, by Donald Kennedy, 1963 July p. 122. [162]
VISUAL WORLD OF INFANTS, THE, by T. G. R. Bower, 1966 Dec. p. 80. [502]
VISUALIZATION OF GENES IN ACTION, THE, by O. L. Miller, Jr., 1973 Mar. p. 34. [1267]
VISUALLY GUIDED BEHAVIOR, THE NEURAL BASIS OF, by Jörg-Peter Ewert, 1974 Mar. p. 34. [1293]
VOICE, THE ACOUSTICS OF THE SINGING, by Johan Sundberg, 1977 Mar. p. 82. [356]
VOLCANOES by Howel Williams, 1951 Nov. p. 45.
VOLCANOES AND WORLD CLIMATE, by Harry Wexler, 1952 Apr. p. 74. [843]
VOLCANOES OF MARS, THE, by Michael H. Carr, 1976 Jan. p. 32.
VOLTA, ALESSANDRO, by Giorgio de Santillana, 1965 Jan. p. 82.
VOLTAGE POWER TRANSMISSION, HIGH-, by L. O. Barthold and H. G. Pfeiffer, 1964 May p. 38.
VOLVOX: A COLONY OF CELLS, by John Tyler Bonner, 1950 May p. 52.
VOODOO LILY, THE, by Bastiaan J. D. Meeuse, 1966 July p. 80.
VORTEX RINGS IN SUPERFLUID HELIUM, QUANTIZED, by F. Reif, 1964 Dec. p. 116.
VORTEXES IN AIRCRAFT WAKES, by Norman A. Chigier, 1974 Mar. p. 76.
VOTES IN THE MAKING, by Paul F. Lazarsfeld, 1950 Nov. p. 11.
VOTING SYSTEMS, THE CHOICE OF, by Richard G. Niemi and William H. Riker, 1976 June p. 21. [689]
VOYAGE OF MARINER IV, THE, by J. N. James, 1966 Mar. p. 42.
VOYAGE OF MARINER II, THE, by J. N. James, 1963 July p. 70.
VOYAGE OF THE ATKA, THE, by Paul A. Humphrey, 1955 Sept. p. 50.
VOYAGE OF THE "CHALLENGER", THE, by Herbert S. Bailey, Jr., 1953 May p. 88.
VULTURES, THE SOARING FLIGHT OF, by C. J. Pennycuick, 1973 Dec. p. 102.

W

WALKING, THE ANTIQUITY OF HUMAN, by John Napier, 1967 Apr. p. 56. [1070]
WALKING, THE CONTROL OF, by Keir Pearson, 1976 Dec. p. 72. [1346]
WALL, THE CURTAIN, by James Marston Fitch, 1955 Mar. p. 44.
WALLACE, ALFRED RUSSEL, by Loren C. Eiseley, 1959 Feb. p. 70.
WALLS OF GROWING PLANT CELLS, by Peter Albersheim, 1975 Apr. p. 80. [1320]
WANKEL ENGINE, THE, by David E. Cole, 1972 Aug. p. 14.
WAR, LIMITED NUCLEAR, by Sidney D. Drell and Frank von Hippel, 1976 Nov. p. 27.
WAR, "SILENT MAJORITIES" AND THE VIETNAM, by Philip E. Converse and Howard Schuman, 1970 June p. 17. [656]
WARFARE AND NATIONAL SECURITY, ANTISUBMARINE, by Richard L. Garwin, 1972 July p. 14. [345]
WARM CLOTHES, by M. E. Barker, 1951 Mar. p. 56.
WASP, THE SPIDER AND THE, by Alexander Petrunkevitch, 1952 Aug. p. 20.
WASPS OF AUSTRALIA, THE SAND, by Howard E. Evans and Robert W. Matthews, 1975 Dec. p. 108.
WASPS, PREDATORY, by Howard E. Evans, 1963 Apr. p. 144.
WASTE IN THE OCEAN, THE DISPOSAL OF, by Willard Bascom, 1974 Aug. p. 16.
WASTES FROM FISSION REACTORS, THE DISPOSAL OF RADIOACTIVE, by Bernard L. Cohen, 1977 June p. 21. [364]
WATER, by Roger Revelle, 1963 Sept. p. 92.
WATER, by Arthur M. Buswell and Worth H. Rodebush, 1956 Apr. p. 76. [262]
WATER-BREATHING, EXPERIMENTS, by Johannes A. Kylstra, 1968 Aug. p. 66. [1123]
WATER, BODY, by A. V. Wolf, 1958 Nov. p. 125.
WATER BUFFALO, THE, by W. Ross Cockrill, 1967 Dec. p. 118. [1088]

WATER BY FREEZING, DESALTING, by Asa E. Snyder, 1962 Dec. p. 41.
WATER CYCLE, THE, by H. L. Penman, 1970 Sept. p. 98. [1191]
WATER CYCLE, THE CONTROL OF THE, by José P. Peixoto and M. Ali Kettani, 1973 Apr. p. 46. [907]
WATER CYCLE, UNDERGROUND RESERVOIRS TO CONTROL THE, by Robert P. Ambroggi, 1977 May p. 21. [924]
WATER FREEZES, HOW, by Bruce Chalmers, 1959 Feb. p. 114.
WATER FROM SALT, FRESH, by David S. Jenkins, 1957 Mar. p. 37.
WATER, GROUND, by A. N. Sayre, 1950 Nov. p. 14. [818]
WATER IN PLANTS, THE RISE OF, by Victor A. Greulach, 1952 Oct. p. 78.
WATER IN RED CELLS, THE STATE OF, by Arthur K. Solomon, 1971 Feb. p. 88. [1213]
WATER, SUPERDENSE, by Boris V. Derjaguin, 1970 Nov. p. 52.
WATER SURFACE, INSECTS OF THE, by Lorus J. and Margery J. Milne, 1978 Apr. p. 134. [1387]
WATER UNDER THE SAHARA, by Robert P. Ambroggi, 1966 May p. 21.
WAVES, ACOUSTIC SURFACE, by Gordon S. Kino and John Shaw, 1972 Oct. p. 50.
WAVES IN THE ATMOSPHERE, LEE, by R. S. Scorer, 1961 Mar. p. 124.
WAVES IN THE SOLAR WIND, by J. T. Gosling and A. J. Hundhausen, 1977 Mar. p. 36. [1353]
WAVES, OCEAN, by Willard Bascom, 1959 Aug. p. 74. [828]
WAVES, THE DETECTION OF GRAVITATIONAL, by Joseph Weber, 1971 May p. 22.
WAX IN OCEANIC FOOD CHAINS, THE ROLE OF, by Andrew A. Benson and Richard F. Lee, 1975 Mar. p. 76. [1318]
WEAK INTERACTIONS, THE, by S. B. Treiman, 1959 Mar. p. 72. [247]
WEAPON? IS THE ATOMIC BOMB AN ABSOLUTE, by P. M. S. Blackett, 1949 Mar. p. 13.
WEAPON, THE SLING AS A, by Manfred Korfmann, 1973 Oct. p. 34.
WEAPONS AND INTERNATIONAL STABILITY, NUCLEAR POWER, NUCLEAR, by David J. Rose and Richard K. Lester, 1978 Apr. p. 45. [3004]
WEAPONS, CHEMICAL AND BIOLOGICAL, by Matthew S. Meselson, 1970 May p. 15.
WEAPONS, ENHANCED-RADIATION, by Fred M. Kaplan, 1978 May p. 44. [3007]
WEAPONS, NUCLEAR STRATEGY AND NUCLEAR, by Barry E. Carter, 1974 May p. 20.
WEAPONS, THE LIMITATION OF OFFENSIVE, by Herbert Scoville, Jr., 1971 Jan. p. 15.
WEAPONS, THE PROLIFERATION OF NUCLEAR, by William Epstein, 1975 Apr. p. 18.
WEAR, by Ernest Rabinowicz, 1962 Feb. p. 127.
WEAR, THE PARTICLES OF, by Douglas Scott, William W. Seifert and Vernon C. Westcott, 1974 May p. 88.
WEATHER FORECASTING, LONG-RANGE, by Jerome Namias, 1955 Aug. p. 40.
WEATHER INSTRUMENTS, by David I. Blumenstock, 1951 Dec. p. 64.
WEATHER, RADAR AND THE, by Hal Foster, 1953 July p. 34.
WEATHER SATELLITES, by Morris Neiburger and Harry Wexler, 1961 July p. 80.
WEATHER SATELLITES: II, by Arthur W. Johnson, 1969 Jan. p. 52.
WEATHER, THE ANTARCTIC AND THE, by Morton J. Rubin, 1962 Sept. p. 84. [859]
WEAVER ANTS, by Berthold K. Hölldobler and Edward O. Wilson, 1977 Dec. p. 146. [1373]
WEDDELL SEAL, THE, by Gerald L. Kooyman, 1969 Aug. p. 100. [1156]
WEED CONTROL BY INSECT, by James K. Holloway, 1957 July p. 56.
WEGENER AND THE HYPOTHESIS OF CONTINENTAL DRIFT, ALFRED, by A. Hallam, 1975 Feb. p. 88.
WEST INDIES, EARLY MAIN IN THE, by José M. Cruxent and Irving Rouse, 1969 Nov. p. 42. [652]
WESTERN COAL, THE STRIP-MINING OF, by Genevieve Atwood, 1975 Dec. p. 23.
WESTERN U.S., THE RANGELANDS OF THE, by R. Merton Love, 1970 Feb. p. 88.
WHALE CARDIOGRAM, 1952 Oct. p. 68.
WHALE, THE BLUE, by Johan T. Ruud, 1956 Dec. p. 46.
WHALE, THE RETURN OF THE GRAY, by Raymond M. Gilmore, 1955 Jan. p. 62.
WHALES, PLANKTON AND MAN, by Willis E. Pequegnat, 1958 Jan. p. 84. [853]
WHALES, THE LAST OF THE GREAT, by Scott McVay, 1966 Aug. p. 13.
WHALES, THE PHYSIOLOGY OF, by Cecil K. Drinker, 1949 July p. 52.
WHAT HAPPENS TO THE HUMAN LENS IN CATARACT, by Ruth van Heyningen, 1975 Dec. p. 70.
WHAT HOLDS THE NUCLEUS TOGETHER?, by Hans A. Bethe, 1953 Sept. p. 58.
WHAT IS HEAT?, by Freeman J. Dyson, 1954 Sept. p. 58.
WHAT IS IONIZING RADIATION?, by Robert L. Platzman, 1959 Sept. p. 74.
WHAT IS MATTER?, by Erwin Schrödinger, 1953 Sept. p. 52. [241]
WHAT IS MEMORY?, by Ralph W. Gerard, 1953 Sept. p. 118. [11]
WHAT IS PAIN?, by W. K. Livinston, 1953 Mar. p. 59.
WHAT IS PROBABILITY?, by Rudolf Carnap, 1953 Sept. p. 128.
WHAT MAKES LEAVES FALL?, by William P. Jacobs, 1955 Nov. p. 82. [116]
WHAT PEOPLE DREAM ABOUT, by Calvin S. Hall, 1951 May p. 60.
WHEAT, by Paul C. Mangelsdorf, 1953 July p. 50. [25]
WHEAT, HYBRID, by Byrd C. Curtis and David R. Johnston, 1969 May p. 21.
WHEELED TRANSPORT, THE BEGINNINGS OF, by Stuart Piggott, 1968 July p. 82.
WHEN THE BLACK SEA WAS DRAINED, by Kenneth J. Hsü, 1978 May p. 52. [932]
WHEN THE MEDITERRANEAN DRIED UP, by Kenneth J. Hsü, 1972 Dec. p. 26. [904]
WHERE DO COSMIC RAYS COME FROM?, by Bruno Rossi, 1953 Sept. p. 64. [239]
"WHISKERS", METAL, by S. S. Brenner, 1960 July p. 64.
WHISTLED LANGUAGE OF LA GOMERA, THE, by André Classe, 1957 Apr. p. 111.
WHISTLERS, by L. R. O. Storey, 1956 Jan. p. 34.
WHISTLES, AERODYNAMIC, by Robert C. Chanaud, 1970 Jan. p. 40.
WHITE BLOOD CELLS V. BACTERIA, by W. Barry Wood, Jr., 1951 Feb. p. 48. [51]
WHITE-LIGHT HOLOGRAMS, by Emmett N. Leith, 1976 Oct. p. 80.
WHITE PINE, by Donald Culross Peattie, 1948 June p. 48.
WHY DO GALAXIES HAVE A SPIRAL FORM?, by Cecilia H. Payne-Gaposchkin, 1953 Sept. p. 89.
WHY DO ROADS CORRUGATE?, by Keith B. Mather, 1963 Jan. p. 128.
1960 Apr. p. 157.
WHY MOSQUITO REPELLENTS REPEL, by R. H. Wright, 1975 July p. 104.
WHY THE SEA IS SALT, by Ferren MacIntyre, 1970 Nov. p. 104. [893]
WHY THE STOMACH DOES NOT DIGEST ITSELF, by Horace W. Davenport, 1972 Jan. p. 86. [1240]
WILD ANIMALS IN CAPTIVITY REALLY WILD? ARE, by H. Hediger, 1954 May p. 76.
WILDLIFE HUSBANDRY IN AFRICA, by F. Fraser Darling, 1960 Nov. p. 123.
WILL THE UNIVERSE EXPAND FOREVER?, by J. Richard Gott III, James E. Gunn, David N. Schramm and Beatrice M. Tinsley, 1976 Mar. p. 62.
WINCHESTER, THE ARCHAEOLOGY OF, by Martin Biddle, 1974 May p. 32.
WIND BRACING OF BUILDINGS, THE, by Carl W. Condit, 1974 Feb. p. 92.
WIND, THE SOLAR, by E. N. Parker, 1964 Apr. p. 66.
WIND, WAVES IN THE SOLAR, by J. T. Gosling and A. J. Hundhausen, 1977 Mar. p. 36. [1353]
WINDOWS, by Eugene Ayres, 1951 Feb. p. 60.
WINE, by Maynard A. Amerine, 1964 Aug. p. 46. [190]
WINES, GRAPE VINES AND CLIMATE, by Philip Wagner, 1974 June p. 106. [1298]
WIRES, EXPLODING, by Frederick D. Bennett, 1962 May p. 102.
WITHERING AND THE PURPLE FOXGLOVE, WILLIAM, by J. Worth Estes and Paul Dudley White, 1965 June p. 110.
WITNESS AT THE SCOPES TRIAL, A, by Fay Cooper Cole, 1959 Jan. p. 120.
WOMEN IN DEVELOPED COUNTRIES, THE CHANGING STATUS OF, by Judith Blake, 1974 Sept. p. 136.
WOMEN OF KOREA AND JAPAN, THE DIVING, by Suk Ki Hong and Hermann Rahn, 1967 May p. 34.
WOMEN'S LIVES, HOW IDEOLOGY SHAPES, by Jean Lipman-Blumen, 1972 Jan. p. 34.
"WONDERFUL NET, THE", by P. F. Scholander, 1957 Apr. p. 96.
WOOD PULP, by F. Keith Hall, 1974 Apr. p. 52.
WOOD STRUCTURE, by Simon Williams, 1953 Jan. p. 64.
WOOD WINDS, THE PHYSICS OF, by Arthur H. Benade, 1960 Oct. p. 144.
WOODHENGES, by Geoffrey Wainwright, 1970 Nov. p. 30.
WOODROACH, THE, by Berta Scharrer, 1951 Dec. p. 58.
WOODS HOLE IN 1949, by John E. Pfeiffer, 1949 Sept. p. 13.
WORDS, THE VISUAL CHARACTERISTICS OF, by Peter Dunn-Rankin, 1978 Jan. p. 122. [580]
WORK SATISFACTION, AN EXPERIMENT IN, by Lars E. Björk, 1975 Mar. p. 17.
WORLD AGRICULTURAL PLAN, A, by Addeke H. Boerma, 1970 Aug. p. 54. [1186]
WORLD MIDDLE CLASS, WORLD RESOURCES AND THE, by Nathan Keyfitz, 1976 July p. 28.
WORLD OIL PRODUCTION, by Andrew R. Flower, 1978 Mar. p. 42. [930]
WORLD POPULATION, by Julian Huxley, 1956 Mar. p. 64. [616]
WORLD POPULATION, THE PROSPECTS FOR A STATIONARY, by Tomas Frejka, 1973 Mar. p. 15. [683]
WORLD RESOURCES AND THE WORLD MIDDLE CLASS, by Nathan Keyfitz, 1976 July p. 28.
WORLD'S ACCELERATORS, 1948 Oct. p. 18.
WORM AUTOBIOGRAPHIES, by G. P. Wells, 1959 June p. 132.
WOUND HEALING, by Russell Ross, 1969 June p. 40.
WOUND SHOCK, by Sanford Rosenthal, 1958 Dec. p. 115.

WRITING, THE EARLIEST PRECURSOR OF, by Denise Schmandt-Besserat, 1978 June p. 50. [708]

X

X-RAY ABSORPTION, THE ANALYSIS OF MATERIALS BY, by Edward A. Stern, 1976 Apr. p. 96.
X-RAY ASTRONOMY, by Herbert Friedman, 1964 June p. 36.
X-RAY CRYSTALLOGRAPHY, by Sir Lawrence Bragg, 1968 July p. 58. [325]
X-RAY-EMITTING DOUBLE STARS, by Herbert Gursky and Edward P. J. van den Heuvel, 1975 Mar. p. 24.
X-RAY MICROSCOPE, THE, by Paul Kirkpatrick, 1949 Mar. p. 44.
X-RAY SKY, THE, by Herbert W. Schnopper and John P. Delvaille, 1972 July p. 26.
X-RAY STARS, by Riccardo Giacconi, 1967 Dec. p. 36.
X-RAY STARS IN GLOBULAR CLUSTERS, by George W. Clark, 1977 Oct. p. 42. [385]
X-RAYS FROM SUPERNOVA REMNANTS, by Philip A. Charles and J. Leonard Culhane, 1975 Dec. p. 38.

Y

YACHTS, THE STUDY OF SAILING, by Halsey C. Herreshoff and J. N. Newman, 1966 Aug. p. 60.
YARN, by Stanley Backer, 1972 Dec. p. 46.
YEASTS, by Anthony H. Rose, 1960 Feb. p. 136.
YELLOWSTONE PARK, THE PETRIFIED FORESTS OF, by Erling Dorf, 1964 Apr. p. 106.
YERKES LABORATORIES, THE, by George W. Gray, 1955 Feb. p. 67.
YORK: 1538-1812, THE PEOPLE OF, by Ursula M. Cowgill, 1970 Jan. p. 104.
YOUNG STARS, by Adriaan Blaauw, 1956 Feb. p. 36.
YOUNGEST STARS, THE, by George H. Herbig, 1967 Aug. p. 30.
YOUTH, by George D. Stoddard, 1951 Sept. p. 101.

Z

ZERO, NEW METHODS FOR APPROACHING ABSOLUTE, by O. V. Lounasmaa, 1969 Dec. p. 26.
ZIGGURAT OF TCHOGA-ZANBIL, THE, by R. Ghirshman, 1961 Jan. p. 68.
ZIRCONIUM, by Stephen M. Shelton, 1951 June p. 18. [259]
ZODIACAL LIGHT, THE, by D. E. Blackwell, 1960 July p. 54.
ZONE REFINING, by William G. Pfann, 1967 Dec. p. 62.
ZULU EMPIRE, THE RISE OF A, by Max Gluckman,

SCIENTIFIC
AMERICAN

Index to Book Reviews

AUTHORS

A

Ackerman, Nathan W., and Marie Jahoda: *Anti-Semitism and Emotional Disorder: A Psychoanalytic Interpretation.* Reviewed by Gordon W. Allport, 1950 June p. 56.

Adams, David H., and Thomas M. Bell: *Slow Viruses.* Reviewed by Philip Morrison, 1977 May p. 140.

Adelmann, Howard B.: *Marcello Malpighi and the Evolution of Embryology.* Reviewed by Maxwell H. Braverman, 1967 Apr. p. 135.

Adorno, T. W., Else Frenkel-Brunswik, Daniel J. Levinson and R. Nevitt Sanford: *The Authoritarian Personality.* Reviewed by Gordon W. Allport, 1950 June p. 56.

Ager, Derek V.: *The Nature of the Stratigraphical Record.* Reviewed by Philip Morrison, 1975 Sept. p. 194B.

Aitchison, Jean: *The Articulate Mammal: An Introduction to Psycholinguistics.* Reviewed by Philip Morrison, 1978 Feb. p. 44.

Alexander, R. McN., and G. Goldspink, editors: *Mechanics and Energetics of Animal Locomotion.* Reviewed by Philip Morrison, 1978 Apr. p. 34.

Allen, J. S., and L. T. C. Rolt: *The Steam Engine of Thomas Newcomen,* Reviewed by Philip Morrison, 1978 May p. 37.

Allibone, T. E., F.R.S., general editor: *The Impact of the Natural Sciences on Archaeology: A Joint Symposium of the Royal Society and the British Academy.* Reviewed by Philip Morrison, 1971 July p. 117.

Amaldi, Edoardo, Enrico Persico, Franco Rasetti and Emilio Segrè, editors: *Enrico Fermi: Collected Papers (Note e Memorie). Vol. I: Italy, 1921-1938.* Reviewed by Enrico Persico, 1962 Nov. p. 181.

Amis, Kingsley: *New Maps of Hell.* Reviewed by James R. Newman, 1960 July p. 179.

Anderson, Oscar E., Jr., and Richard G. Hewlett: *The New World, 1939/1946.* Reviewed by James R. Newman, 1962 Aug. p. 141.

Andrade, E. N. da C.: *Rutherford and the Nature of the Atom.* Reviewed by Martin J. Klein, 1965 Mar. p. 129.

Arbib, Michael A.: *Brains, Machines, and Mathematics.* Reviewed by J. Bronowski, 1964 June p. 130.

Ardrey, Robert: *African Genesis.* Reviewed by Marshall D. Sahlins, 1962 July p. 169.

Arem, Joel E.: *Man-Made Crystals.* Reviewed by Philip Morrison, 1974 Aug. p. 113.

Ariès, Philippe: *Centuries of Childhood: A Social History of Family Life.* Reviewed by Dennis H. Wrong, 1963 Apr. p. 181.

Arnold, Harry L., Jr., and Paul Fasal: *Leprosy: Diagnosis and Management.* Reviewed by Philip Morrison, 1975 Mar. p. 126.

Ashby, Sir Eric: *Technology and the Academics.* Reviewed by Asa Briggs, 1959 Oct. p. 201.

Ashby, W. Ross: *Design for a Brain.* Reviewed by Warren S. McCulloch, 1953 May p. 96.

Astronomy Survey Committee: *Astronomy and Astrophysics for the, 1970's Volume 1.* Reviewed by Philip Morrison, 1973 Jan. p. 123.

Atkinson, Bruce W.: *The Weather Business: Observation, Analysis, Forecasting, and Modification.* Reviewed by Philip Morrison, 1970 May p. 140.

Austin, Robert, and Koichiro Ueda: *Bamboo.* Reviewed by Philip Morrison, 1970 Sept. p. 242.

Aveni, Anthony F., editor: *Archaeoastronomy in Pre-Columbian America.* Reviewed by Philip Morrison, 1976 Mar. p. 126.

B

Bailyn, Bernard, and Donald Fleming, editors: *The Intellectual Migration: Europe and America, 1930-1960.* Reviewed by Philip Morrison, 1969 Aug. p. 131.

Baker, Robert A., editor: *A Stress Analysis of a Strapless Evening Gown.* Reviewed by James R. Newman, 1964 Sept. p. 243; *Psychology in the Wry.* Reviewed by James R. Newman, 1964 Sept. p. 243.

Barber, Bernard: *Water: A View from Japan.* Photographs by Dana Levy. Reviewed by Philip Morrison, 1975 Feb. p. 111.

Bargellini, P. L., editor: *Communications Satellite Systems, Communications Satellite Technology.* Reviewed by Philip Morrison, 1974 June p. 130.

Barlow, Nora, editor: *The Autobiography of Charles Darwin, 1809-1882, with Original Omissions Restored.* Reviewed by George Gaylord Simpson, 1958 Aug. p. 117.

Baron, Stanley: *The Desert Locust.* Reviewed by Philip Morrison, 1972 Nov. p. 127.

Barrett, Paul H., transcriber and annotator: Darwin's early and unpublished notebooks together with *Darwin on Man: A Psychological Study of Scientific Creativity,* by Howard E. Gruber. Reviewed by Philip Morrison, 1974 Oct. p. 138.

Bass, Georg F.: *Archaeology under Water.* Reviewed by Philip Morrison, 1973 Jan. p. 124.

Batchelor, G. K., editor: *The Scientific Papers of Sir Geoffrey Ingram Taylor. Volume IV, Mechanics of Fluids: Miscellaneous Papers.* Reviewed by Philip Morrison, 1971 Nov. p. 130.

Beaglehole, J. C.: *The Life of Captain James Cook.* Reviewed by Philip Morrison, 1974 Nov. p. 137.

Beale, Ivan L., and Michael C. Corballis: *The Psychology of Left and Right.* Reviewed by Philip Morrison, 1977 Apr. p. 142.

Bealer, Alex W.: *Old Ways of Working Wood.* Reviewed by Philip Morrison, 1973 Aug. p. 113.

Beauvoir, Simone de: *The Second Sex.* Reviewed by Abraham Stone, 1953 Apr. p. 105.

Beck, Alan M.: *The Ecology of Stray Dogs: A Study of Free-Ranging Urban Animals.* Reviewed by Philip Morrison, 1973 Aug. p. 115.

Beckenbach, Edwin, and Richard Bellman: *An Introduction to Inequalities.* Reviewed by Morris Kline, 1962 Jan. p. 157.

Beddall, Barbara G., editor: *Wallace and Bates in the Tropics: An Introduction to the Theory of Natural Selection.* Reviewed by Philip Morrison, 1969 Oct. p. 146.

Bedini, Silvio A.: *Thinkers and Tinkers: Early American Men of Science.* Reviewed by Philip Morrison, 1976 July p. 132.

Bell, R. C.: *Board and Table Games from Many Civilizations.* Reviewed by James R. Newman., 1961 Aug. p. 155.
Bell, Thomas M., and David H. Adams: *Slow Viruses.* Reviewed by Philip Morrison, 1977 May p. 140.
Bellman, Richard, and Edwin Beckenbach: *An Introduction to Inequalities.* Reviewed by Morris Kline, Reviewed by, 1962 Jan. p. 157.
Bennett, Isobel: *The Great Barrier Reef.* Reviewed by Philip Morrison, 1974 Nov. p. 137.
Berelson, Bernard, and Gary A. Steiner: *Human Behavior: An Inventory of Scientific Findings.* Reviewed by Jules Henry, 1964 July p. 129.
Berendzen, Richard, Richard Hart and Daniel Seeley: *Man Discovers the Galaxies.* Reviewed by Philip Morrison, 1977 Apr. p. 140.
Berg, George C., and Morton W. Miller, editors: *Chemical Fallout: Current Research on Persistent Pesticides.* Reviewed by Philip Morrison, 1970 Sept. p. 239.
Berger, Rainer, editor: *Scientific Methods in Medieval Archaeology.* Reviewed by Philip Morrison, 1971 July p. 117.
Bergman, Abraham B., J. Bruce Beckwith and C. George Ray, editors: *Sudden Infant Death Syndrome.* Reviewed by Philip Morrison, 1971 Mar. p. 118.
Bernal, Ivan, Walter C. Hamilton and John S. Ricci: *Symmetry: A Stereoscopic Guide for Chemists.* Reviewed by Philip Morrison, 1972 July p. 118.
Bernal, J. D.: *Science in History.* Reviewed by N. W. Pirie, 1966 Mar. p. 131.
Bertin, Leonard: *Atom Harvest.* Reviewed by James R. Newman, 1956 June p. 141.
Bettelheim, Bruno, and Morris Janowitz: *Dynamics of Prejudice: A Psychological and Sociological Study of Veterans.* Reviewed by Gordon W. Allport, 1950 June p. 56.
Beyerchen, Alan D.: *Scientists under Hitler: Politics and the Physics Community in the Third Reich.* Reviewed by Philip Morrison, 1978 May p. 33.
Bianchini, Francesco, and Francesco Corbetta: *The Complete Book of Fruits and Vegetables.* Paintings in color by Marilena Pistoia. Translated from the Italian by Italia and Alberto Manicelli. Reviewed by Philip Morrison, 1976 Sept. p. 212.
Birch, G. G., L. F. Green and C. B. Coulson, editors: *Sweetness and Sweeteners.* Reviewed by Philip Morrison, 1972 Oct. p. 126.
Birks, J. B., editor: *Rutherford at Manchester.* Reviewed by Martin J. Klein, 1965 Mar. p. 129.
Blake, Ian F., and Bruce J. Walker: *Computer Security and Protection Structures.* Reviewed by Philip Morrison, 1977 Oct. p. 26.
Blix, Gunnar, Yngve Hofvander and Bo Vahlquist, editors: *Famine: A Symposium Dealing with Nutrition and Relief Operations in Times of Disaster,* conducted by the Swedish Nutrition Foundation and the Swedish International Development Authority. Reviewed by Philip Morrison, 1972 Sept. p. 194.
Blum, H. F.: *Time's Arrow and Evolution.* Reviewed by Sir George Thomson, 1952 Apr. p. 88.
Blunt, Wilfrid, with the assistance of William T. Stearn: *The Complete Naturalist: A Life of Linnaeus.* Reviewed by Philip Morrison, 1973 Apr. p. 119.
Bohm, David: *Causality and Chance in Modern Physics.* Reviewed by James R. Newman., 1958 Jan. p. 111.
Bolt, B. A., W. L. Horn, G. A. Macdonald and R. F. Scott: *Geological Hazards: Earthquakes-Tsunamis-Volcanoes-Avalanches-Landslides-Floods.* Reviewed by Philip Morrison, 1976 Jan. p. 134.
Bonner, John Tyler: *Cells and Societies.* Reviewed by Clifford Grobstein, 1956 Jan. p. 109.
Born, Max: *Natural Philosophy of Cause and Chance.* Reviewed by Sir Edmund Whittaker, 1950 Jan. p. 56.
Botting, Douglas: *Humboldt and the Cosmos.* Reviewed by Philip Morrison, 1974 Feb. p. 117.
Bouhuys, Arend: *Breathing: Physiology, Environment and Lung Disease.* Reviewed by Philip Morrison, 1974 Sept. p. 202.
Bourdon, David: *Christo.* Reviewed by Philip Morrison, 1972 June p. 133.
Bourjaily, Vance: *The Hound of Earth.* Reviewed by James R. Newman, 1955 July p. 96.
Bowden, Frank Philip, and David Tabor: *Friction: An Introduction to Tribiology.* Reviewed by Philip Morrison, 1973 Oct. p. 128.
Bowen, Robert, and Ananda Gunatilaka: *Copper: Its Geology and Economics.* Reviewed by Philip Morrison, 1978 Mar. p. 41.
Boyd, William C.: *Genetics and the Races of Man.* Reviewed by L. C. Dunn, 1950 Dec. p. 58.
Bracewell, Ronald L.: *The Galactic Club: Intelligent Life in Outer Space.* Reviewed by Philip Morrison, 1975 May p. 117.
Bradbury, Ray, Arthur C. Clarke, Bruce Murray, Carl Sagan and Walter Sullivan: *Mars and the Mind of Man.* Reviewed by Philip Morrison, 1973 Oct. p. 127.
Bradley, David: *No Place to Hide.* Reviewed by James R. Newman, 1949 Jan. p. 59.
Bradley, John L., editor: *Selections from "London Labour and the London Poor,"* by Henry Mayhew. Reviewed by Asa Briggs, 1966 July p. 123.
Braithwaite, R. B.: *Scientific Explanation.* Reviewed by J. Bronowski, 1953 140.
Brand, Stewart: *Two Cybernetic Frontiers.* Reviewed by Philip Morrison, 1974 Aug. p. 112.
Bridgman, Leonard, editor: *Jane's All the World's Aircraft, 1949-50.* Reviewed by James R. Newman, 1950 Apr. p. 62.
Briggs, Lloyd Cabot: *Tribes of the Sahara.* Reviewed by James R. Newman, 1960 Nov. p. 217.
Brim, Orville G., Jr., Howard E. Freeman, Sol Levine and Norman A. Scotch, editors: *The Dying Patient.* Reviewed by Philip Morrsion, 1971 Nov. p. 129.
Broad, C. D.: *Lectures on Psychical Research.* Reviewed by George A. Miller, 1963 Nov. p. 171.
Brody, J. J.: *Mimbres Painted Pottery.* Reviewed by Philip Morrison, 1978 Apr. p. 36.
Brodzky, Anne Trueblood, Rose Danesewich and Nick Johnson, editors: *Stones, Bones and Skin: Ritual and Shamanic Art.* Reviewed by Philip Morrison, 1977 Nov. p. 31.
Broglie, Louis de: *Non-Linear Wave Mechanics: A Causal Interpretation.* Reviewed by P. W. Bridgman, 1960 Oct. p. 201.
Bronowski, J.: *The Ascent of Man.* Reviewed by Philip Morrison, 1974 Aug. p. 111.
Bronowski, J., and Bruce Mazlish: *The Western Intellectual Tradition: From Leonardo to Hegel.* Reviewed by C. P. Snow, 1960 Sept. p. 249.
Brooks, Stewart M.: *McBurney's Point: The Story of Appendicitis.* Reviewed by Philip Morrison, 1972 Aug. p. 122.
Brothwell, Don, and A. T. Sandison, editors: *Diseases in Antiquity: A Survey of the Diseases, Injuries and Surgery of Early Populations.* Reviewed by Philip Morrison, 1969 Sept. p. 274.
Brown, C. H.: *Structural Materials in Animals.* Reviewed by Philip Morrison, 1976 Apr. p. 134.
Brown, G. Spencer: *Probability and Scientific Inference.* Reviewed by Ernest Nagel, 1957 Dec. p. 155.
Brown, Lauren: *Weeds in Winter.* Reviewed by Philip Morrison, 1977 Mar. p. 142.
Brown, Lester R.: *Seeds of Change: The Green Revolution and Development in the, 1970's.* Reviewed by Philip Morrison, 1970 June p. 147.
Brown, Lloyd A.: *The Story of Maps.* Reviewed by James R. Newman, 1949 Oct. p. 56.
Bruner, Jerome S., Jacqueline J. Goodnow and George A. Austin: *A Study of Thinking.* Reviewed by Ernest Nagel, 1957 June p. 153.
Buck, Pearl S.: *Command the Morning.* Reviewed by V. S. Pritchett, 1959 July p. 159.
Bugge, Thomas: *Science in France in the Revolutionary Era,* edited by Maurice P. Crosland. Reviewed by Philip Morrison, 1971 Jan. p. 118.
Bulliet, Richard W.: *The Camel and the Wheel.* Reviewed by Philip Morrison, 1976 Feb. p. 135.
Bulmer, M. G.: *The Biology of Twinning in Man.* Reviewed by Philip Morrison, 1971 Feb. p. 127.
Bunge, Mario: *Causality: The Place of the Causal Principle in Modern Science.* Reviewed by Sidney Morgenbesser, 1961 Feb. p. 175.
Bünning, Erwin: *The Physiological Clock: Circadian Rhythms and Biological Chronometry.* Reviewed by Philip Morrison, 1974 Apr. p. 123.
Burks, Arthur W., editor: *Collected Papers of Charles Sanders Peirce: Vol. VII, Science and Philosophy: Vol. VIII, Reviews, Correspondence and Bibliography.* Reviewed by Ernest Nagel, 1959 Apr. p. 185.
Burrus, H. L.: *Lamp Phosphors.* Reviewed by Philip Morrison, 1974 Jan. p. 125.
Bush, Douglas: *Science and English Poetry.* Reviewed by James R. Newman, 1950 Aug. p. 56.
Bushnell, Vivian C., editor: *History of Antarctic Exploration and Scientific Investigation, Antarctic Map Folio Series, Folio 19.* Reviewed by Philip Morrison, 1977 Aug. p. 132.
Busnel, R. G., and A. Classe: *Whistled Languages.* Reviewed by Philip Morrison, 1977 May p. 141.
Butterfield, Herbert: *The Origins of Modern Science.* Reviewed by James R. Newman, 1950 July p. 56.
Butzer, Karl W.: *Early Hydraulic Civilization in Egypt: A Study in Cultural Ecology.* Reviewed by Philip Morrison, 1977 July p. 151.

C

Cairns, John, Gunther S. Stent and James D. Watson, editors: *Phage and the Origins of Molecular Biology.* Reviewed by John C. Kendrew, 1967 Mar. p. 141.
Calaby, J. H., and H. J. Frith: *Kangaroos.* Reviewed by Philip Morrison, 1971 Mar. p. 118.
Calder, Nigel: *The Mind of Man.* Reviewed by Philip Morrison, 1971 May p. 129; *Restless Earth: A Report on the New Geology.* Reviewed by Philip Morrison, 1972 July p. 120; *The Weather Machine.* Reviewed by Philip Morrison, 1975 June p. 124.
Calderone, Mary Steichen, editor: *Abortion in the United States.* Reviewed by James R. Newmann, 1959 Jan. p. 149.
Cameron, A. G. W., editor: *Interstellar Communication.* Reviewed by James R. Newman, 1964 Feb. p. 141.
Campbell, Colin: *Design of Racing Sports Cars.* Reviewed by Philip Morrison, 1974 Sept. p. 204.
Carson, Rachel: *Silent Spring.* Reviewed by Lamont C. Cole, 1962 Dec. p. 173.
Carthy, J. D., and F. J. Ebling, editors: *The Natural History of Aggression.* Reviewed by Anatol Rapoport, 1965 Oct. p. 115.
Caspar, Max: *Kepler.* Reviewed by Gerald Holton, 1960 Aug. p. 173.
Cassirer, Ernst: *Determinism and Indeterminism in Modern Physics.* Reviewed by James R. Newman, 1957 Mar. p. 147.
Catherall, J. A.: *Fibre Reinforcement.* Reviewed by Philip Morrison, 1974 Jan. p. 125.
Center for Short-Lived Phenomena: *Annual Report, 1970.* Reviewed by Philip Morrison, 1971 Aug. p. 116.
Ceram, C. W.: *Gods, Graves, and Scholars: The Story of Archaeology.* Reviewed by James R. Newman, 1952 Jan. p. 74.
Chadwick, F.R.S., Sir James, editor: *The Collected Papers of Lord Rutherford of Nelson, Vol. II: Manchester.* Reviewed by Martin J. Klein, 1965 Mar. p. 129.
Chadwick, John: *The Mycenaean World.* Reviewed by Philip Morrison, 1977 Feb. p. 128.
Chang, K. C., editor: *Food in Chinese Culture: Anthropological and Historical Perspectives.* Reviewed by Philip Morrison, 1978 Feb. p. 34.
Chang, Thomas Ming Swi: *Artificial Cells.* Reviewed by Philip Morrison, 1972 Nov. p. 128.
Charles-Dominique, Pierre: *Ecology and Behaviour of Nocturnal Primates: Prosimians of Equatorial West Africa.* Translated by R. D. Martin. Reviewed by Philip Morrison, 1978 Feb. p. 40.
Chevallier, Raymond: *Roman Roads.* Translated by N. H. Field. Reviewed by Philip Morrison, 1977 Sept. p. 52.
Churchman, C. West: *The Design of Inquiring Systems: Basic Concepts of Systems and Organization.* Reviewed by Philip Morrison, 1972 May p. 128.
Churchman, C. West, and Philburn Ratoosh, editors: *Definitions and Theories.* Reviewed by Herbert Dingle, 1960 June p. 189.
Ciba Foundation: *Symposium: Decision Making in National Science Policy.* Reviewed by Amos de-Shalit, 1968 Nov. p. 159; *Energy Transformation in Biological Systems. Symposium 31. In Tribute to Fritz Lipmann on His 75th Birthday.* Reviewed by Philip Morrison, 1976 Aug. p. 111; *Health and Disease in Tribal Societies. Symposium 49 (new series).* Reviewed by Philip Morrison, 1978 May p. 38.
Cipolla, Carlo M.: *Cristofano and the Plague: A Study in the History of Public Health in the Age of Galileo.* Reviewed by Philip Morrison, 1973 Sept. p. 192.
Clark, Colin: *Population Growth and Land Use.* Reviewed by Kingsley Davis, 1968 Apr. p. 133.
Clark, David H., and F. Richard Stephenson: *The Historical Supernovae.* Reviewed by Philip Morrison, 1978 Jan. p. 28.
Clark, Ronald W.: *The Huxleys.* Reviewed by Robert M. Adams, 1968 Oct. p. 135.
Clarke, Edwin, and Kenneth Dewhurst: *An Illustrated History of Brain Function.* Reviewed by Philip Morrison, 1973 Nov. p. 132.
Classe, A, and R. G. Busnel: *Whistled Languages.* Reviewed by Philip Morrison, 1977 May p. 141.
Clayre, Alasdair: *Work and Play: Ideas and Experience of Work and Leisure.* Reviewed by Philip Morrison, 1976 July p. 135.
Cohen, I. Bernard: *Introduction to Newton's "Principia".* Reviewed by Philip Morrison, 1972 June p. 132.
Cohen, I. Bernard, and Alexandre Koyré, editors: *Philosophiae Naturalis Principia Mathematica: Volume I and Volume II.* Reviewed by Philip Morrison, 1972 June p. 132.
Colbert, Edwin H.: *Men and Dinosaurs: The Search in Field and Laboratory.* Reviewed by Philip Morrison, 1969 Jan. p. 134.
Cole, Jonathan R., and Stephen Cole: *Social Stratification in Science.* Reviewed by Philip Morrison, 1974 June p. 129.
Cole, Sonia: *Leakey's Luck: The Life of Louis Seymour Bazett Leakey, 1903-1972.* Reviewed by Philip Morrison, 1976 Sept. p. 216.
Coles, John: *Archeology by Experiment.* Reviewed by Philip Morrison, 1977 Oct. p. 28.
Collias, Nicholas E., and Elsie C. Collias, editors: *External Construction by Animals.* Reviewed by Philip Morrison, 1977 June p. 136.
Colodny, Robert G., editor: *Beyond the Edge of Certainty: Essays in Contemporary Science and Philosophy.* Reviewed by Max Black, 1965 Aug. p. 109.
Colp, Ralph, Jr.: *To Be an Invalid: The Illness of Charles Darwin.* Reviewed by Philip Morrison, 1977 Oct. p. 30.
Conant, James B.: *Education in a Divided World.* Reviewed by James R. Newman, 1948 Dec. p. 54.
Condon, Edward U., scientific director: *Scientific Study of Unidentified Flying Objects.* Edited by Daniel S. Gillmor. Reviewed by Philip Morrison, 1969 Apr. p. 139.
Conrat, Maisie, and Richard Conrat: *The American Farm: A Photographic History.* Reviewed by Philip Morrison, 1977 June p. 140.
Cook, Robert C.: *Human Fertility: The Modern Dilemma.* Reviewed by L. S. Penrose, 1951 Aug. p. 65.
Coon, Carleton S.: *The Origin of Races.* Reviewed by Theodosius Dobzhansky, 1963 Feb. p. 169.
Cooper, Henry S. F., Jr.: *Thirteen: The Flight That Failed.* Reviewed by Philip Morrison, 1973 May p. 115.
Corballis, Michael C., and Ivan L. Beale: *The Psychology of Left and Right.* Reviewed by Philip Morrison, 1977 Apr. p. 142.
Corbetta, Francesco, and Francesco Bianchini: *The Complete Book of Fruits and Vegetables.* Paintings in color by Marilena Pistoia. Translated from the Italian by Italia and Alberto Manicelli. Reviewed by Philip Morrison, 1976 Sept. p. 212.
Corby, G. A., editor: *The Global Circulation of the Atmosphere.* Reviewed by Philip Morrison, 1971 July p. 118.
Corner, E. J. H.: *The Natural History of Palms.* Reviewed by Philip Morrison, 1970 Sept. p. 242.
Corner, George W., editor: *The Autobiography of Benjamin Rush.* Reviewed by James R. Newman, 1949 Jan. p. 56.
Costa, Richard Hauer: *H. G. Wells.* Reviewed by Robert M. Adams, 1967 July p. 124.
Crane, Eva, editor: *Honey: A Comprehensive Survey.* Reviewed by Philip Morrison, 1976 Apr. p. 132.
Cronbach, Lee J.: *Essentials of Psychological Testing.* Reviewed by Henry S. Dyer, 1951 Sept. p. 110.
Crosby, Alfred W., Jr.: *Epidemic and Peace: 1918.* Reviewed by Philip Morrison, 1976 Nov. p. 138.
Crosland, Maurice P., editor: *Science in France in the Revolutionary Era, Described by Thomas Bugge.* Reviewed by Philip Morrison, 1971 Jan. p. 118.
Crow, James F., and Motoo Kimura: *An Introduction to Population Genetics Theory.* Reviewed by Philip Morrison, 1970 Nov. p. 126.
Curry, S. H., and C. R. B. Joyce, editors: *The Botany and Chemistry of Cannabis.* Reviewed by Philip Morrison, 1971 Sept. p. 238.
Curtis, Charles P.: *The Oppenheimer Case.* Reviewed by Alfred McCormack, 1955 Oct. p. 112.
Curtis, Helena: *Biology.* Reviewed by Salvador E. Luria, 1969 Mar. p. 131.
Cushing, David: *The Detection of Fish.* Reviewed by Philip Morrison, 1974 Mar. p. 119.

D

Danloux-Dumesnils, Maurice: *The Metric System: A Critical Study of Its Principles and Practice.* Translated from the French by Anne Garrett and J. S. Rowlinson. Reviewed by Philip Morrison, 1971 Jan. p. 118.
Darlington, C. D.: *The Facts of Life.* Reviewed by A. E. Mirsky, 1954 Apr. p. 92.
Darwin, Charles Galton: *The Next Million Years.* Reviewed by James R. Newman, 1952 Sept. p. 165.
Davidson, Marshall B., editor: *The Original Water-Color Paintings by John James Audubon for the Birds of America.* Reviewed by Robert M. Mengel, 1967 May p. 155.
Davies, D. P.: *Handling the Big Jets.* Reviewed by Philip Morrison, 1976 July p. 134.
Davies, Merton E., and Bruce C. Murray: *The View from Space: Photographic Exploration of the Planets.* Reviewed by Philip Morrison, 1972 Apr. p. 113.
Davies, P. C. W.: *The Physics of Time Asymmetry.* Reviewed by Philip Morrison, 1975 Aug. p. 124.

Davis, Philip J.: *The Lore of Large Numbers.* Reviewed by Morris Kline, 1962 Jan. p. 157.
de Beauvoir, Simone: *The Second Sex.* Reviewed by Abraham Stone, 1953 Apr. p. 105.
de Broglie, Louis: *Non-Linear Wave Mechanics: A Causal Interpretation.* Reviewed by P. W. Bridgman, 1960 Oct. p. 201.
Dechend, Hertha von, and Giorgio de Santillana; *Hamlet's Mill: An Essay on Myth and the Frame of Time.* Reviewed by Philip Morrison, 1969 Nov. p. 159.
de Grazia, Sebastian: *Of Time, Work, and Leisure.* Reviewed by Kenneth E. Boulding, 1963 Jan. p. 157.
Delgado, José M. R.: *Physical Control of the Mind: Toward a Psychocivilized Society.* Reviewed by Philip Morrison, 1970 Jan. p. 141.
Delly, John Gustav, and Walter C. McCrone: *The Particle Atlas, Edition•Two: An Encyclopedia of Techniques for Small Particle Identification.* Reviewed by Philip Morrison, 1974 July p. 134.
de Santillana, Giorgio, editor: *Galileo's Dialogue on the Great World Systems.* Reviewed by Ernest Nagel, 1953 Oct. p. 140.
de Santillana, Giorgio, and Hertha von Dechend: *Hamlet's Mill: An Essay on Myth and the Frame of Time.* Reviewed by Philip Morrison, 1969 Nov. p. 159.
Dethier, V. G.: *The Hungry Fly: A Physiological Study of the Behavior Associated with Feeding.* Reviewed by Philip Morrison, 1977 Jan. p. 122.
de Vaucouleurs, Gerard, Antoinette de Vaucouleurs and Harold G. Corwin, Jr.: *Second Reference Catalogue of Bright Galaxies.* Reviewed by Philip Morrison, 1977 Apr. p. 140.
DeVore, Irven, and Richard B. Lee, editors: *Man the Hunter.* Reviewed by Philip Morrison, 1969 Oct. p. 142.
Dewhurst, Kenneth, and Edwin Clarke: *An Illustrated History of Brain Function.* Reviewed by Philip Morrison, 1973 Nov. p. 132.
Dibner, Bern: *Moving the Obelisks.* Reviewed by Philip Morrison, 1970 Aug. p. 123.
Dickson, Paul: *Think Tanks.* Reviewed by Philip Morriosn, 1972 July p. 119.
Dijksterhuis, E. J.: *The Mechanization of the World Picture.* Reviewed by A. Rupert Hall, 1961 Dec. p. 177.
Dobbs, Betty Jo Teeter: *The Foundations of Newton's Alchemy, or "The Hunting of the Greene Lyon."* Reviewed by Philip Morrison, 1976 Aug. p. 113.
Dobzhansky, Theodosius: *Mankind Evolving: The Evolution of the Human Species.* Reviewed by Sir Gavin de Beer, 1962 Sept. p. 265; *The Biology of Ultimate Concern.* Reviewed by H. Bentley Glass, 1968 Feb. p. 133.
Doll, Richard: *Prevention of Cancer: Pointers from Epidemiology.* Reviewed by Philip Morrison, 1970 May p. 140.
Donohue, Jerry: *The Structures of the Elements.* Reviewed by Philip Morrison, 1976 May p. 126.
Donovan, Frank: *Prepare Now for a Metric Future.* Reviewed by Philip Morrison, 1971 Jan. p. 118.
Dorson, Richard M., editor: *Folktales Told around the World.* Reviewed by Philip Morrison, 1976 Oct. p. 139.
Douglas, A. Vibert: *Arthur Stanley Eddington.* Reviewed by James R. Newman, 1958 July 116.
Drake, Stillman, editor and translator: *Discoveries and Opinions of Galileo.* Reviewed by James R. Newman, 1957 Oct. p. 155.
Dronamraju, K. R., editor: *Haldane and Modern Biology.* Reviewed by Philip Morrison, 1969 Jan. p. 134.
Dubos, René: *Louis Pasteur: Free Lance of Science.* Reviewed by I. Bernard Cohen, 1950 Feb. p. 56; *The Dreams of Reason: Science and Utopias.* Reviewed by Ernest Nagel, 1961 Nov. p. 189.
Duhem, Pierre: *The Aim and Structure of Physical Theory.* Reviewed by Max Black., 1954 Aug. p. 78.
Dumont, René, and Bernard Rosier: *The Hungry Future.* Translated from the French by Rosamund Linell and R. B. Sutcliffe. Reviewed by Philip Morrison, 1970 June p. 147.
Duncan, Hugh Dalziel: *Communication and Social Order.* Reviewed by Kenneth E. Boulding, 1963 Jan. p. 157.

E

Eames, office of Charles and Ray: *A Computer Perspective.* Reviewed by Philip Morrison, 1973 Mar. p. 121.
Ebling, F. J., and J. D. Carthy, editors: *The Natural History of Aggression.* Reviewed by Anatol Rapoport, 1965 Oct. p. 115.
Eckert, W. J., and Rebecca Jones: *Faster, Faster.* Reviewed by James R. Newman, 1957 Jan. p. 125.
Edgerton, Samuel Y., Jr.: *The Renaissance Rediscovery of Linear Perspective.* Reviewed by Philip Morrison, 1977 July p. 146.
Edwards, C. A., and J. R. Lofty: *Biology of Earthworms.* Reviewed by Philip Morrison, 1974 June p. 133.
Efron, Daniel H., editor: *Psychotomimetic Drugs.* Reviewed by Philip Morrison, 1970 Aug. p. 126.
Eisenberg, D., and W. Kauzmann: *The Structure and Properties of Water.* Reviewed by Philip Morrison, 1969 Sept. p. 265.
El-Baz, Farouk, and L. J. Kosofsky: *The Moon as Viewed by Lunar Orbiter.* Reviewed by Philip Morrison, 1971 Feb. p. 125.
Elder, John: *The Bowels of the Earth.* Reviewed by Philip Morrison, 1977 Feb. p. 133.
Ellern, Herbert: *Military and Civilian Pyrotechnics.* Reviewed by Philip Morrison, 1969 Apr. p. 140.
Ellul, Jacques: *The Technological Society.* Reviewed by A. Rupert Hall, 1965 Feb. p. 125.
Emmel, Thomas C.: *Butterflies.* Reviewed by Philip Morrison, 1976 Feb. p. 136.
Erikson, Erik H.: *Gandhi's Truth: On the Origins of Militant Nonviolence.* Reviewed by S. Gopal, 1970 Apr. p. 122.
Erikson, Kai T.: *Everything in Its Path: Destruction of Community in the Buffalo Creek Flood.* Reviewed by Philip Morrison, 1977 Aug. p. 135.
Ernst, Bruno: *The Magic Mirror of M. C. Escher.* Reviewed by Philip Morrison, 1977 July p. 146.
Essen, L., and K. D. Froome: *The Velocity of Light and Radio Waves.* Reviewed by Philip Morrison, 1970 Aug. p. 124.
Euw, Eric von, and Ian Graham: *Corpus of Maya Hieroglyphic Inscriptions, Volume 2; Part 1.* Reviewed by Philip Morrison, 1977 Sept. p. 46.
Everitt, C. W. F.: *James Clerk Maxwell: Physicist and Natural Philosopher.* Reviewed by Philip Morrison, 1976 May p. 127.

F

Fagg, William, editor: *The Living Arts of Nigeria.* Illustrated by Michael Foreman. Photographs by Harri Peccinotti. Reviewed by Philip Morrison, 1973 Aug. p. 113.
Fakhry, Ahmed: *The Pyramids.* Reviewed by Philip Morrison, 1974 Oct. p. 136.
Falk, Richard A., and Saul H. Mendlovitz, editors: *The Strategy of World Order: Vol. I, Toward a Theory of War Prevention; Vol. II, International Law; Vol. III, The United Nations; Vol. IV, Disarmament and Economic Development.* Reviewed by Anatol Rapoport, 1966 Oct. p. 129.
Farina, M., and G. Natta: *Stereochemistry.* Translated by A. Dempster. Reviewed by Philip Morrison, 1974 Mar. p. 122.
Farrington, Benjamin: *Francis Bacon.* Reviewed by James R. Newman, 1950 Mar. p. 56.
Fasal, Paul, and Harry L. Arnold, Jr.: *Leprosy: Diagnosis and Management.* Reviewed by Philip Morrison, 1975 Mar. p. 126.
Feld, B. T., T. Greenwood, G. W. Rathjens and S. Weinberg, editors: *Impact of New Technologies on the Arms Race.* Reviewed by Philip Morrison, 1971 June p. 132.
Feld, Bernard T., and Gertrud Weiss Szilard, editors, with Kathleen R. Winsor: *The Collected Works of Leo Szilard: Scientific Papers.* Reviewed by Philip Morrison, 1973 July p. 117.
Ferris, Timothy: *The Red Limit: The Search for the Edge of the Universe.* Reviewed by Philip Morrison, 1977 Sept. p. 52.
Feuer, Lewis S.: *The Scientific Intellectual: The Psychological & Sociological Origins of Modern Science.* Reviewed by A. Rupert Hall, 1963 Aug. p. 129.
Field, George B., Halton Arp and John N. Bahcall: *The Redshift Controversy.* Reviewed by Philip Morrison, 1974 Sept. p. 206.
Fisher, Harold W., and Robley C. Williams: *An Electron Micrographic Atlas of Viruses.* Reviewed by Philip Morrison, 1975 Apr. p. 143.
Fisher, James, Noel Simon, Jack Vincent et al.: *Wildlife in Danger.* Reviewed by Philip Morrison, 1969 Nov. p. 162.
Fisher, John C.: *Energy Crises in Perspective.* Reviewed by Philip Morrison, 1974 July p. 132.
Fitch, James Marston: *Architecture and the Esthetics of Plenty.* Reviewed by Serge Chermayeff, 1962 June p. 183; *American Building 2: The Environmental Forces that Shape It.* Reviewed by Philip Morrison, 1975 Feb. p. 109.
Fleischer, Robert L., P. Buford Price and Robert M. Walker: *Nuclear Tracks in Solids: Principles & Applications.* Reviewed by Philip Morrison, 1976 May p. 124.
Fleming, Donald, and Bernard Bailyn, editors: *The Intellectual Migration: Europe and America, 1930-1960.* Reviewed by Philip Morrison, 1969 Aug. p. 131.

Fleming, Stuart J.: *Authenticity in Art: The Scientific Detection of Forgery.* Reviewed by Philip Morrison, 1976 Nov. p. 146.
Flint, Richard Foster: *Glacial and Quaternary Geology.* Reviewed by Philip Morrison, 1973 Apr. p. 120.
Florkin, Marcel, and Elmer H. Stotz, editors: *Comprehensive Biochemistry.* Reviewed by Alexander Richard, 1969 Feb. p. 126.
Flowerman, Samuel H., and Max Horkheimer, editors: *Studies in Prejudice.* Reviewed by Gordon W. Allport, 1950 June p. 56.
Fogg, G. E., W. D. P. Stewart, P. Fay and A. E. Walsby: *The Blue-Green Algae.* Reviewed by Philip Morrison, 1974 May p. 134.
Fox, James J.: *Harvest of the Palm: Ecological Change in Eastern Indonesia.* Reviewed by Philip Morrison, 1978 Mar. p. 33.
Fraiberg, Selma, with the collaboration of Louis Fraiberg: *Insights from the Blind: Comparative Studies of Blind and Sighted Infants.* Reviewed by Philip Morrison, 1977 Nov. p. 32.
Fraumeni, Joseph F., Jr., editor: *Persons at High Risk of Cancer: An Approach to Cancer Etiology and Control.* Reviewed by Philip Morrison, 1976 Sept. p. 213.
Fricke, Hans W.: *The Coral Seas: Wonders and Mysteries of Underwater Life.* Reviewed by Philip Morrison, 1974 Nov. p. 137.
Frith, H. J., and J. H. Calaby: *Kangaroos.* Reviewed by Philip Morrison, 1971 Mar. p. 118.
Fromm, Erich: *May p. Man Prevail?* Reviewed by James R. Newman, 1962 Feb. p. 177.
Fromm, Erika, and Ronald E. Shor, editors: *Hypnosis: Research Developments and Perspectives.* Reviewed by Philip Morrison, 1973 Aug. p. 112.
Froome, K. D., and L. Essen: *The Velocity of Light and Radio Waves.* Reviewed by Philip Morrison, 1970 Aug. p. 124.

G

Gamow, George: *My World Line: An Informal Autobiography.* Reviewed by Philip Morrison, 1970 June p. 146.
Garlake, P.S.: *Great Zimbabwe.* Reviewed by Philip Morrison, 1974 Jan. p. 123.
Gaston, Jerry: *Originality and Competition in Science: A Study of the British High Energy Physics Community.* Reviewed by Philip Morrison, 1974 June p. 129.
Gay, Peter, (introduction) and Rita Ransohoff (captions): *Berggasse 19: Sigmund Freud's Home and Offices, Vienna 1938, the Photographs of Edmund Engelman.* Reviewed by Philip Morrison, 1977 Mar. p. 142.
Gehrels, T., editor: *Planets, Stars and Nebulae Studies with Photopolarimetry.* Reviewed by Philip Morrison, 1974 Nov. p. 140.
Geis, Irving, and Albert S. Klainer: *Agents of Bacterial Disease.* Reviewed by Philip Morrison, 1974 May p. 134.
Gelb, I. J.: *A Study of Writing.* Reviewed by James R. Newman, 1952 Oct. p. 85.
Geller, Uri: *My Story.* Reviewed by Philip Morrison, 1976 Feb. p. 134.
Gellhorn, Walter: *Security, Loyalty and Science.* Reviewed by I. I. Rabi, 1951 Jan. p. 56.
Gellner, Ernest: *Words and Things: A Critical Account of Linguistic Philosophy and a Study in Ideology.* Reviewed by Morton White, 1960 Mar. p. 205.
Gernsheim, Helmut and Alison: *The History of Photography.* Reviewed by James R. Newman, 1956 May p. 133.
Gerster, Georg: *Grand Design: The Earth from Above.* Reviewed by Philip Morrison, 1977 June p. 138.
Geyer, Richard A., editor: *Submersibles and Their Use in Oceanography and Ocean Engineering.* Reviewed by Philip Morrison, 1978 Mar. p. 30.
Giese, Arthur C., with the collaboration of Shōichirō Suzuki, Robert A. Jenkins, Henry I. Hirshfield, Irwin R. Isquith and Ann M. DiLorenzo: *Blepharisma: The Biology of a Light-Sensitive Protozoan.* Reviewed by Philip Morrison, 1973 June p. 119.
Gillett, J. D.: *Mosquitos.* Reviewed by Philip Morrison, 1972 May p. 130.
Gillmor, Daniel S., editor: *Scientific Study of Unidentified Flying Objects.* Directed by Edward U. Condon. Reviewed by Philip Morrison, 1969 Apr. p. 139.
Ginzburg, V. L.: *Key Problems of Physics and Astrophysics.* Translated from the Russian by Oleg Glebov. Reviewed by Philip Morrison, 1978 Feb. p. 44.
Glob, P. V.: *The Bog People: Iron-Age Man Preserved.* Translated from the Danish by Rupert Bruce-Mitford. Reviewed by Philip Morrison, 1970 Feb. p. 122; *The Mound People: Danish Bronze-Age Man Preserved.* Translated from the Danish by Joan Bulman. Reviewed by Philip Morrison, 1975 Apr. p. 143.
Gnudi, Martha Teach, translator: *The Various and Ingenious Machines of Agostino Ramelli (1588),* translation from the Italian and the French, with biographical study of author. Technical annotations and a pictorial glossary by Eugene S. Ferguson. Reviewed by Philip Morrison, 1977 Feb. p. 128.
Goddard, Robert Hutchins: *Rocket Development.* Reviewed by Peter van Dresser, 1949 Apr. p. 56.
Gold, Reynold, and Ian Shine: *Serendipity in St. Helena: A Genetical and Medical Study of an Isolated Community.* Reviewed by Philip Morrison, 1970 Nov. p. 126.
Goldspink, G., and R. McN. Alexander, editors: *Mechanics and Energetics of Animal Locomotion.* Reviewed by Philip Morrison, 1978 Apr. p. 34.
Goldstine, Herman H.: *The Computer from Pascal to von Neumann.* Reviewed by Philip Morrison, 1973 Mar. p. 121.
Gombrich, E. H., and R. L. Gregory, editors: *Illusion in Nature and Art.* Reviewed by Philip Morrison, 1975 June p. 123.
Good, I. J. editor: *The Scientist Speculates.* Reviewed by James R. Newman, 1964 Sept. p. 243.
Gordon, Janet L., and F. E. Roach: *The Light of the Night Sky.* Reviewed by Philip Morrison, 1974 Oct. p. 135.
Gorer, Geoffrey: *The American People.* Reviewed by Ralph Linton, 1948 May p. 58.
Gotto, R. V.: *Marine Animals: Partnerships and Other Associations.* Reviewed by Philip Morrison, 1970 Feb. p. 122.
Gould, D. W.: *The Top: Universal Toy, Enduring Pastime.* Reviewed by Philip Morrison, 1974 Apr. p. 124.
Gould, Richard A.: *Yiwara: Foragers of the Australian Desert.* Reviewed by Philip Morrison, 1970 Nov. p. 130.
Graham, Ian: *Corpus of Maya Hieroglyphic Inscriptions, Volume 1: Introduction to the Corpus.* Reviewed by Philip Morrison, 1977 Sept. p. 46.
Graham, Ian, and Eric von Euw: *Corpus of Maya Hieroglyphic Inscriptions, Volume 2: Part 1.* Reviewed by Philip Morrison, 1977 Sept. p. 46.
Grazia, Sebastian de: *Of Time, Work, and Leisure.* Reviewed by Kenneth E. Boulding, 1963 Jan. p. 157.
Green, Timothy: *The Smugglers: An Investigation into the World of the Contemporary Smuggler.* Reviewed by Philip Morrison, 1970 Mar. p. 141.
Greenberg, Bernard: *Flies and Disease, Volume I: Ecology, Classification and Biotic Associations; Volume II: Biology and Disease Transmission.* Reviewed by Philip Morrison, 1973 Nov. p. 131.
Greenberg, Daniel S.: *The Politics of Pure Science.* Reviewed by Victor F. Weisskopf, 1968 Mar. p. 139.
Gregory, Richard L.: *The Intelligent Eye.* Reviewed by Philip Morrison, 1970 Nov. p. 129; *Concepts and Mechanisms of Perception.* Reviewed by Philip Morrison, 1975 June p. 123.
Gregory, R. L., and E. H. Gombrich, editors: *Illusion in Nature and Art.* Reviewed by Philip Morrison, 1975 June p. 123.
Gregory, William King: *Evolution Emerging.* Reviewed by Alfred S. Romer, 1951 July p. 64.
Grodzins, Morton: *The Loyal and the Disloyal.* Reviewed by Harry L. Shapiro, 1956 July p. 120.
Grosser, Morton: *The Discovery of Neptune.* Reviewed by James R. Newman, 1963 Mar. p. 169.
Groves, Leslie R.: *Now It Can Be Told.* Reviewed by James R. Newman, 1962 Aug. p. 141.
Gruber, Howard E.: *Darwin on Man: A Psychological Study of Scientific Creativity,* together with Darwin's early and unpublished notebooks, transcribed and annotated by Paul H. Barrett. Reviewed by Philip Morrison, 1974 Oct. p. 138.
Gunatilaka, Ananda, and Robert Bowen: *Copper: Its Geology and Economics.* Reviewed by Philip Morrison, 1978 Mar. p. 41.
Gutkind, E. A.: *Our World from the Air.* Reviewed by James R. Newman, 1953 Mar. p. 96.

H

Haag, Ernest van den, and Ralph Ross: *The Fabric of Society: An Introduction to the Social Sciences.* Reviewed by M. Brewster Smith, 1958 Feb. p. 123.
Haas, Robert Bartlett: *Muybridge: Man in Motion.* Reviewed by Philip Morrison, 1976 June p. 128.
Hacking, Ian: *The Emergence of Probability: A Philosophical Study of Early Ideas about Probability, Induction and Statistical Inference.* Reviewed by Philip Morrison, 1976 Apr. p. 133.
Hamlin, Talbot, editor: *Forms and Functions of Twentieth-Century Architecture.* Reviewed by Frederick Gutheim, 1952 July p. 77.
Handler, Philip, editor: *Biology and the Future of Man.* Reviewed by Alfred E. Mirsky, 1970 Oct. p. 135.

Harburn, G., C. A. Taylor and T. R. Welberry: *Atlas of Optical Transforms.* Reviewed by Philip Morrison, 1976 Mar. p. 128.
Hardoy, Jorge E.: *Pre-Columbian Cities.* Translated by Judith Thorne. Reviewed by Philip Morrison, 1975 Jan. p. 130.
Harlan, Jack R.: *Crops and Man.* Reviewed by Philip Morrison, 1976 Sept. p. 212.
Harner, Michael J., editor: *Hallucinogens and Shamanism.* Reviewed by Philip Morrison, 1973 Oct. p. 129.
Harper, C. T., editor: *Geochronology: Radiometric Dating of Rocks and Minerals.* Reviewed by Philip Morrison, 1974 Feb. p. 119.
Harris, Marvin: *Cows, Pigs, Wars and Witches: The Riddles of Culture.* Reviewed by Philip Morrison, 1975 Aug. p. 126.
Harriss, Joseph: *The Tallest Tower: Eiffel and the Belle Epoque.* Reviewed by Philip Morrison, 1975 Sept. p. 196.
Harrod, Roy F.: *The Life of John Maynard Keynes.* Reviewed by James R. Newman, 1951 Apr. p. 71; *Foundations of Inductive Logic.* Reviewed by J. Bronowski, 1957 May p. 137.
Harry, Ralph G., revised by J. B. Wilkinson, in cooperation with P. Alexander, E. Green, B. A. Scott and D. L. Wedderburn: *Harry's Cosmeticology. Formerly the Principles and Practice of Modern Cosmetics.* Reviewed by Philip Morrison, 1973 Oct. p. 127.
Hart, Ivor B.: *The World of Leonardo da Vinci: Man of Science, Engineer, and Dreamer of Flight.* Reviewed by J. Bronowski, 1963 June p. 169.
Hartley, Sir Harold: *The Royal Society: Its Origins and Founders.* Reviewed by Charles E. Raven, 1961 May 191; *Humphry Davy.* Reviewed by L. Pearce Williams, 1967 Oct. p. 145.
Hartmann, Ernest L.: *The Functions of Sleep.* Reviewed by Philip Morrison, 1974 May p. 133.
Haury, Emil W.: *The Hohokam: Desert Farmers & Craftsmen (Excavations at Snaketown, 1964-1965).* Reviewed by Philip Morrison, 1976 Oct. p. 140.
Hawkins, David: *The Science and Ethics of Equality.* Reviewed by Philip Morrison, 1978 Jan. p. 28.
Heber, Rick, and Harvey A. Stevens, editors: *Mental Retardation: A Review of Research.* Reviewed by Edwin G. Boring, 1965 July p. 113.
Heezen, Bruce C., and Charles D. Hollister: *The Face of the Deep.* Reviewed by Philip Morrison, 1972 Feb. p. 113.
Heisenberg, Werner: *Physics and Philosophy: The Revolution in Modern Science.* Reviewed by Victor F. Weisskopf, 1958 Sept. p. 215; *Physics and Beyond: Encounters and Conservations.* Translated from the German by Arnold J. Pomerans. Reviewed by Philip Morrison, 1971 May p. 127.
Helden, Albert Van: *The Invention of the Telescope: Transactions of the American Philosophical Society.* Reviewed by Philip Morrison, 1978 June p. 30.
Hempel, Carl G.: *Aspects of Scientific Explanation and Other Essays in the Philosophy of Science.* Reviewed by Stephen Toulmin, 1966 Feb. p. 129.
Henry, Jules: *Culture against Man.* Reviewed by Marshall D. Sahlins, 1964 May p. 139.
Hewlett, Richard G., and Oscar E. Anderson, Jr.: *The New World, 1939/1946.* Reviewed by James R. Newman, 1962 Aug. p. 141.
Heyerdahl, Thor: *Sea Routes to Polynesia: American Indians and Early Asiatics in the Pacific.* Reviewed by Philip Morrison, 1969 June p. 138.
Himmelfarb, Gertrude: *Darwin and the Darwinian Revolution.* Reviewed by Ernst Mayr, 1959 Nov. p. 209.
Hindle, Brooke: *The Pursuit of Science in Revolutionary America.* Reviewed by James R. Newman, 1956 Oct. p. 141.
Hine, Alfred: *Magnetic Compasses and Magnetometers.* Reviewed by Philip Morrison, 1969 June p. 140.
Hofmann, Banesh, with the collaboration of Helen Dukas: *Albert Einstein: Creator and Rebel.* Reviewed by Philip Morrison, 1973 Mar. p. 122.
Hoffmann, Albert, and Richard Evans Schultes: *The Botany and Chemistry of Hallucinogens.* Reviewed by Philip Morrison, 1973 Oct. p. 129.
Hogben, Lancelot: *Statistical Theory.* Reviewed by Morris Kline, 1958 May p. 143.
Holden, Alan: *Shapes, Space, and Symmetry.* Photographs by Doug Kendall. Reviewed by Philip Morrison, 1972 Mar. p. 124.
Holdgate, M. W., editor: *Antarctic Ecology, Vols. I and II.* Reviewed by Philip Morrison, 1970 Sept. p. 239.
Holland, L., W. Steckelmacher and J. Yarwood, editors: *Vacuum Manual.* Reviewed by Philip Morrison, 1975 Feb. p. 110.
Hollingshead, August B., and Frederick C. Redlich: *Social Class and Mental Illness: A Communtiy Study.* Reviewed by Robert W. White, 1958 Nov. p. 155.
Hollister, Charles D., and Bruce C. Heezen: *The Face of the Deep.* Reviewed by Philip Morrison, 1972 Feb. p. 113.
Holmberg, Allan R.: *Nomads of the Long Bow: The Siriono of Eastern Bolivia.* Reviewed by Philip Morrison, 1969 Oct. p. 142.
Homans, George C.: *The Human Group.* Reviewed by Charles A. Cofer, 1951 Mar. p. 64.
Hommel, Rudolf P.: *China at Work.* Reviewed by Philip Morrison, 1970 Aug. p. 123.
Hook, Sidney, editor: *Psychoanalysis, Scientific Method and Philosophy.* Reviewed by Robert W. White, 1959 Sept. p. 267.
Hooper, Alfred: *Makers of Mathematics.* Reviewed by James R. Newman, 1948 Nov. p. 56.
Horkheimer, Max, and Samuel H. Flowerman, editors: *Studies in Prejudice.* Reviewed by Gordon W. Allport, 1950 June p. 56.
Horne, D. F.: *Optical Production Technology.* Reviewed by Philip Morrison, 1973 Aug. p. 111; *Dividing, Ruling and Mask-making.* Reviewed by Philip Morrison, 1976 Jan. p. 130.
Hovland, Carl I., Irving L. Janis and Harold H. Kelley: *Communication and Persuasion.* Reviewed by Reuel Denney, 1955 Jan. p. 88.
Howse, Derek: *Francis Place and the Early History of the Greenwich Observatory.* Reviewed by Philip Morrison, 1975 Oct. p. 132.
Hudson, Jacqueline Wordsworth, and Richard D. Hudson, Jr., editors: *Infrared Detectors.* Reviewed by Philip Morrison, 1975 Nov. p. 139.
Hudson, Richard D., Jr.: *Infrared System Engineering.* Reviewed by Philip Morrison, 1969 Oct. p. 144.
Hudson, Richard D., Jr., and Jacqueline Wordworth Hudson, editors: *Infrared Detectors.* Reviewed by Philip Morrison, 1975 Nov. p. 139.
Hunsaker, Jerome C.: *Aeronautics at the Mid-Century.* Reviewed by Edward Warner, 1953 Jan. p. 74.
Hutchinson, G. Evelyn: *A Treatise on Limnology: Vol. I, Part 1, Geography and Physics of Lakes, Part 2, Chemistry of Lakes; Vol. II, Introduction to Lake Biology and the Limnoplankton; Vol. III, Limnological Botany.* Reviewed by Philip Morrison, 1976 Nov. p. 141.
Huxley, Aldous: *Literature and Science.* Reviewed by Max Black, 1964 Mar. p. 141.
Huxley, Sir Julian: *Heredity, East and West: Mendel versus Lysenko.* Reviewed by James R. Newman, 1949 Nov. p. 54; *Essays of a Humanist.* Reviewed by A. E. Mirsky, 1964 Oct. p. 135.
Hyams, Edward: *Animals in the Service of Man* and *Plants in the Service of Man: 10.000 Years of Domestication.* Reviewed by Philip Morrison, 1972 Nov. p. 129.

I

Isaac, Glynn Ll., and Elizabeth R. McCown, editors: *Human Origins: Louis Leakey and the East African Evidence.* Reviewed by Philip Morrison, 1976 Sept. p. 216.

J

Jahoda, Marie, and Nathan W. Ackerman: *Anti-Semitism and Emotional Disorder: A Psychoanalytic Interpretation.* Reviewed by Gordon W. Allport, 1950 June p. 56.
Jameson, William: *The Wandering Albatross.* Reviewed by James R. Newman, 1960 Feb. 169.
Jammer, Max: *The Conceptual Development of Quantum Mechanics.* Reviewed by Rudolf E. Peierls, 1967 Jan. p. 137.
Janowitz, Morris, and Bruno Bettelheim: *Dynamics of Prejudice: A Psychological and Sociological Study of Veterans.* Reviewed by Gordon W. Allport, 1950 June p. 56.
Jauch, J. M.: *Are Quanta Real? A Galilean Dialogue.* Reviewed by Philip Morrison, 1973 Sept. p. 191.
Johnson, Virginia E., and William H. Masters: *Human Sexual Response.* Reviewed by Frank A. Beach, 1966 Aug. p. 107.
Jones, Ernest: *The Life and Work of Sigmund Freud, Vol. I, 1856-1890.* Reviewed by James R. Newman, 1953 Nov. p. 101.
Jones, Rebecca, and W. J. Eckert: *Faster, Faster.* Reviewed by James R. Newman, 1957 Jan. p. 125.
Journal of Geophysical Research (September 30, 1977): *Scientific Results of the Viking Project.* Reviewed by Philip Morrison, 1978 May p. 37.
Joyce, C. R. B., and S. H. Curry, editors: *The Botany and Chemistry of Cannabis.* Reviewed by Philip Morrison, 1971 Sept. p. 238.
Julesz, Bela: *Foundations of Cyclopean Perception,* 1972 Aug. p. 118.
Jung, C. G.: *Memories, Dreams, Reflections.* Recorded and edited by Aniela Jaffé. Translated from the German by Richard and Clara Winston. Reviewed by Erich Fromm, 1963 Sept. p. 283.

Jungk, Robert: *Brighter than a Thousand Suns: A Personal History of the Atomic Scientists.* Reviewed by Robert R. Wilson, 1958 Dec. p. 145.

K

Kahl, Russell, editor: *Selected Writings of Hermann von Helmholtz.* Reviewed by Philip Morrison, 1972 Apr. p. 114.
Kahn, Herman: *On Thermonuclear War.* Reviewed by James R. Newman, 1961 Mar. p. 197.
Kales, Anthony, editor: *Sleep: Physiology and Pathology.* Reviewed by Philip Morrison, 1970 Aug. p. 126.
Kalven, Harry, Jr., and Hans Zeisel, with the collaboration of Thomas Callahan and Philip Ennis: *The American Jury.* Reviewed by Mark DeWolfe Howe, 1966 Sept. p. 295.
Kamin, Leon J.: *The Science and Politics of I.Q.* Reviewed by David Layzer, 1975 July p. 126.
Kane, J., and A. G. Massey: *Boron.* Reviewed by Philip Morrison, 1974 Jan. p. 125.
Kaufmann, Walter: *Hegel: Reinterpretation, Texts, and Commentary.* Reviewed by Ernest Nagel, 1965 Nov. p. 133.
Kaul, Jainath, and Lal C. Verman, editors: *Metric Change in India.* Reviewed by Philip Morrison, 1971 Jan. p. 118.
Kauzmann, W., and D. Eisenberg: *The Structure and Properties of Water.* Reviewed by Philip Morrison, 1969 Sept. p. 265.
Kay, H. F.: *The Science of Yachts, Wind & Water.* Reviewed by Philip Morrison, 1972 Sept. p. 204.
Kazarinoff, Nicholas D.: *Geometric Inequalities.* Reviewed by Morris Kline, 1962 Jan. p. 157.
Kendrik, T. D.: *The Lisbon Earthquake.* Reviewed by James R. Newman, 1957 July 164.
Kenyon, Dean H., and Gary Steinman: *Biochemical Predestination.* Reviewed by Philip Morrison, 1970 May p. 142.
Kilmer, Anne Draffkorn, Richard L. Crocker and Robert R. Brown: *Sounds from Silence: Recent Discoveries in Ancient Near Eastern Music.* Reviewed by Philip Morrison, 1977 Oct. p. 28.
Kimball, George E., and Philip M. Morse: *Methods of Operations Research.* Reviewed by J. Bronowski, 1951 Oct. p. 75.
Kimberlin, R. H., editor: *Slow Virus Diseases of Animals and Man.* Reviewed by Philip Morrison, 1977 May p. 140.
Kimble, George H. T.: *Tropical Africa.* Reviewed by F. Fraser Darling, 1961 Sept. p. 279.
Kimura, Motoo, and James F. Crow: *An Introduction to Population Genetics Theory.* Reviewed by Philip Morrison, 1970 Nov. p. 126.
Kingdon, Jonathan: *East African Mammals: An Atlas of Evolution in Africa, Volume I.* Reviewed by Philip Morrison, 1972 Feb. p. 114; *East African Mammals: An Atlas of Evolution in Africa. Volume II, Part A (Insectivores and Bats), Volume II, Part B (Hares and Rodents).* Reviewed by Philip Morrison, 1975 July p. 128.
Kinsey, Alfred C., Wardell B. Pomeroy, Clyde E. Martin, Paul H. Gebhard and others: *Sexual Behavior in the Human Female.* Reviewed by Cora Du Bois, 1954 Jan. p. 82.
Kirby-Smith, H. T.: *U.S. Observatories: A Directory and Travel Guide.* Reviewed by Philip Morrison, 1977 Apr. p. 140.
Klainer, Albert S., and Irving Geis: *Agents of Bacterial Disease.* Reviewed by Philip Morrison, 1974 May p. 134.
Klass, Philip J.: *Secret Sentries in Space.* Reviewed by Philip Morrison, 1971 Sept. p. 229; *UFOs Explained.* Reviewed by Philip Morrison, 1975 May p. 117.
Klaw, Spencer: *The New Brahmins: Scientific Life in America.* Reviewed by Dorothy Zinberg and Paul Doty, 1969 May p. 139.
Kline, Morris: *Mathematics in Western Culture.* Reviewed by James R. Newman, 1954 Feb. 92.
Koestler, Arthur: *Insight and Outlook.* Reviewed by James R. Newman, 1949 Mar. p. 56; *The Sleepwalkers: A History of Man's Changing View of the Universe.* Reviewed by I. Bernhard Cohen, 1959 June p. 187; *The Act of Creation.* Reviewed by George A. Miller, 1964 Nov. p. 145.
Kosofsky, L. J., and Farouk El-Baz: *The Moon as Viewed by Lunar Orbiter.* Reviewed by Philip Morrison, 1971 Feb. p. 125.
Koyré, Alexandre: *From the Closed World to the Infinite Universe.* Reviewed by James R. Newman, 1957 Oct. p. 155.
Koyré, Alexandre, and I. Bernhard Cohen, editors: *Philosophiae Naturalis Principia Mathematica: Volume I and Volume II.* Reviewed by Philip Morrison, 1972 June p. 132.
Krajewski, Wladyslaw: *Correspondence Principle and Growth of Science.* Reviewed by Philip Morrison, 1977 Nov. p. 32.
Kramer, Samuel Noah: *From the Tablets of Sumer.* Reviewed by M. E. L. Mallowan, 1957 Feb. p. 134.
Krueger, Robert: *Gypsy on 18 Wheels: A Trucker's Tale.* Reviewed by Philip Morrison, 1976 Jan. p. 131.
Kruuk, Hans: *The Spotted Hyena: A Study of Predation and Social Behavior.* Reviewed by Philip Morrison, 1973 May p. 116.
Kuhn, Thomas S.: *The Copernican Revolution.* Reviewed by James R. Newman, 1957 Oct. p. 155.
Kuiper, Gerard P., editor: *The Sun.* Reviewed by Jesse L. Greenstein, 1954 Sept. p. 157; *The Earth as a Planet.* Reviewed by Lloyd V. Berkner, 1955 Sept. p. 177.
Kurtén, Björn: *Not from the Apes.* Reviewed by Philip Morrison, 1972 Apr. p. 115; *The Age of Mammals.* Reviewed by Philip Morrison, 1972 Apr. p. 115.

L

La Barre, Weston: *The Human Animal.* Reviewed by Marston Bates, 1954 Nov. p. 106.
LaChapelle, Edward R., and Austin Post: *Glacier Ice.* Reviewed by Philip Morrison, 1973 Apr. p. 120.
Lamb, H. H.: *Climate: Present, Past and Future. Volume I: Fundamentals and Climate Now.* Reviewed by Philip Morrison, 1975 June p. 124.
Lamb, Ursula, translator: *A Navigator's Universe: The Libro de Cosmographia of 1538,* by Pedro de Medina. Reviewed by Philip Morrison, 1973 Mar. p. 124.
Lane, Harlan: *The Wild Boy of Aveyron.* Reviewed by Philip Morrison, 1977 Jan. p. 124.
Langenberg, D. N., and B. N. Taylor, editors: *Precision Measurements and Fundamental Constants: Proceedings of the International Conference of the National Bureau of Standards, 1970.* Reviewed by Philip Morrison, 1972 Mar. p. 121.
Langley, L. L., editor: *Contraception.* Reviewed by Philip Morrison, 1974 Feb. p. 119.
Lansdowne, J. F.: *Birds of the West Coast.* Reviewed by Philip Morrison, 1977 Mar. p. 142.
Lapage, Geoffrey: *Parasitic Animals.* Reviewed by James R. Newman, 1952 Feb. p. 77.
Lee, Richard B., and Irven DeVore, editors: *Man the Hunter.* Reviewed by Philip Morrison, 1969 Oct. p. 142.
Leiss, William: *The Domination of Nature.* Reviewed by Philip Morrison, 1973 June p. 117.
Lenneberg, Eric H.: *Biological Foundations of Language.* Reviewed by Charles F. Hockett, 1967 Nov. p. 141.
Leopold, Luna B.: *Water: A Primer.* Reviewed by Philip Morrison, 1975 Feb. p. 111.
Levison, Michael, R. Gerard Ward and John W. Webb, with the assistance of Trevor I. Fenner and W. Alan Sentance: *The Settlement of Polynesia: A Computer Simulation,* 1974 Mar. p. 118.
Lévi-Strauss, Claude: *Structural Anthropology.* Reviewed by Marshall D. Sahlins, 1966 June p. 131.
Levitas, G. B., editor: *The World of Psychology.* Reviewed by Edwin G. Boring, 1963 July p. 159.
Lewis, Oscar: *The Children of Sánchez: Autobiography of a Mexican Family.* Reviewed by Robert W. White, 1962 Mar. p. 165.
Lifton, Robert Jay: *Death in Life: Survivors of Hiroshima.* Reviewed by J. Bronowski, 1968 June p. 131.
Lindquist, Everet F., editor: *Educational Measurement.* Reviewed by Henry S. Dyer, 1951 Sept. p. 110.
Ling, Shao-Wen: *Aquaculture in Southeast Asia: A Historical Overview.* Reviewed by Philip Morrison, 1978 June p. 30.
Lintz, Joseph, Jr., and David S. Simonett, editors: *Remote Sensing of Environment.* Reviewed by Philip Morrison, 1977 June p. 138.
Littauer, Raphael, and Norman Uphoff, editors: *The Air War in Indochina.* Reviewed by Philip Morrison, 1972 June p. 131.
Lloyd, Francis Ernest: *The Carnivorous Plants.* Reviewed by Philip Morrison, 1977 May p. 143.
Lofland, Lyn H.: *A World of Strangers: Order and Action in Urban Public Space.* Reviewed by Philip Morrison, 1974 Aug. p. 112.
Lofty, J. R., and C. A. Edwards: *Biology of Earthworms.* Reviewed by Philip Morrison, 1974 June p. 133.
Lommel, Andreas: *Shamanism: The Beginnings of Art.* Reviewed by Philip Morrison, 1968 Aug. p. 120.
Longmore, Donald: *Space-Part Surgery: The Surgical Practice of the Future.* Edited and illustrated by M. Ross-Macdonald. Reviewed by Philip Morrison, 1969 Jan. p. 133.
Longo, V. G.: *Neuropharmacology and Behavior,* 1973 Oct. p. 129.
Lorenz, Konrad: *On Aggression.* Reviewed by S. A. Barnett, 1967 Feb. p. 135.

Lovell, Sir Bernard: *Patrick Maynard Stuart Blackett, Baron Blackett of Chelsea: A Biographical Memoir.* Reviewed by Philip Morrison, 1976 Oct. p. 138.
Lowe, Adolph: *On Economic Knowledge: Toward a Science of Political Economics.* Reviewed by Kenneth E. Boulding, 1965 May 139.
Lowe-McConnell, R. H., editor: *Speciation in Tropical Environments.* Reviewed by Philip Morrison, 1970 Nov. p. 126.
Lowenthal, Leo, and Norbert Guterman: *Prophets of Deceit: A Study of the Techniques of the American Agitator.* Reviewed by Gordon W. Allport, 1950 June p. 56.
Lucas-Dubreton, J.: *Daily Life in Florence in the Time of the Medici.* Reviewed by James R. Newman, 1961 Oct. p. 187.
Luria, S. E.: *Life: The Unfinished Experiment.* Reviewed by Philip Morrison, 1973 Aug. p. 112.
Lythgoe, J. N., and J. D. Woods, editors: *Underwater Science: An Introduction to Experiments by Divers.* Reviewed by Philip Morrison, 1973 Jan. p. 124.
Lyttleton, R. A.: *The Comets and Their Origins.* Reviewed by James R. Newman, 1953 July p. 88.

M

Majno, Guido: *The Healing Hand: Man and Wound in the Ancient World.* Reviewed by Philip Morrison, 1976 June p. 126.
Malcolm, Norman: *Ludwig Wittgenstein: A Memoir.* Reviewed by James R. Newman, 1959 Aug. p. 149.
Malinowski, Bronislaw: *Magic, Science and Religion.* Reviewed by Abram Kardiner, 1948 June p. 58.
Mallory, Keith, and Arvid Ottar: *The Architecture of War.* Reviewed by Philip Morrison, 1974 Mar. p. 117.
Mandelbrot, Benoît: *Les Objets Fractals: Forme, Hasard et Dimension.* Reviewed by Philip Morrison, 1975 Nov. p. 143.
Mantell, Charles L.: *Batteries and Energy Systems.* Reviewed by Philip Morrison, 1971 Mar. p. 120.
Manuel, Frank E.: *The Religion of Isaac Newton.* Reviewed by Philip Morrison, 1975 Aug. p. 123.
Margaria, Rodolfo: *Biomechanics and Energetics of Muscular Exercise.* Reviewed by Philip Morrison, 1977 Mar. p. 147.
Margulis, Lynn: *Origin of Eukaryotic Cells.* Reviewed by Philip Morrison, 1971 May p. 128.
Marrou, H. I.: *A History of Education in Antiquity.* Reviewed by James R. Newman, 1957 Nov. p. 165.
Marschak, Jacob, and Sam H. Schurr: *Economic Aspects of Atomic Power: An Exploratory Study.* Reviewed by James R. Newman, 1950 Oct. p. 57.
Marshack, Alexander: *The Roots of Civilization: The Cognitive Beginnings of Man's First Art, Symbol and Notation.* Reviewed by Philip Morrison, 1972 July p. 117.
Martin, Laurence: *Arms and Strategy: The World Power Structure Today.* Reviewed by Philip Morrison, 1975 Mar. p. 125.
Mason, Brian, and William G. Melson: *The Lunar Rocks.* Reviewed by Philip Morrison, 1971 Feb. p. 125.
Massey, A. G., and J. Kane: *Boron.* Reviewed by Philip Morrison, 1974 Jan. p. 125.
Massing, Paul W.: *Rehearsal for Destruction: A Study of Political Anti-Semitism in Imperial Germany.* Reviewed by Gordon W. Allport, 1950 June p. 56.
Masters, Dexter: *The Accident.* Reviewed by James R. Newman, 1955 July p. 96.
Masters, William H., and Virginia E. Johnson: *Human Sexual Response.* Reviewed by Frank A. Beach, 1966 Aug. p. 107.
Mattson, Priscilla: *Regeneration.* Reviewed by Philip Morrison, 1977 Sept. p. 57.
Matz, Samuel A.: *Snack Food Technology.* Reviewed by Philip Morrison, 1976 Aug. p. 110.
Mayhew, Henry: *Selections from "London Labour and the London Poor."* Edited by John L. Bradley. Reviewed by Asa Briggs, 1966 July p. 123.
Mayr, Otto: *The Origins of Feedback Control.* Reviewed by Philip Morrison, 1971 July p. 120.
Mazlish, Bruce, and J. Bronowski: *The Western Intellectual Tradition: From Leonardo to Hegel.* Reviewed by C. P. Snow, 1960 Sept. p. 249.
McArthur, Robert H.: *Geographical Ecology: Patterns in the Distribution of Species.* Reviewed by Philip Morrison, 1973 July p. 119.
McCarthy, J., and C. E. Shannon, editors: *Automata Studies.* Reviewed by John R. Pierce, 1956 Aug. p. 117
McCown, Elizabeth R., and Glynn Ll. Isaac, editors: *Human Origins: Louis Leakey and the East African Evidence.* Reviewed by Philip Morrison, 1976 Sept. p. 216.
McCrone, Walter C., and John Gustav Delly: *The Particle Atlas, Edition Two: An Encyclopedia of Techniques for Small Particle Identification.* Reviewed by Philip Morrison, 1974 July p. 134.
McCullagh, James C., editor: *Pedal Power: In Work, Leisure, and Transportation.* Reviewed by Philip Morrison, 1978 Apr. p. 34.
McFarland, Marvin W., editor: *The Papers of Wilbur and Orville Wright.* Reviewed by James R. Newman, 1954 May p. 88.
McGee, J. D., D. McMullan, E. Kahan and B. L. Morgan, editors: *Photo-Electronic Image Devices: Proceedings of the Fourth Symposium.* Reviewed by Philip Morrison, 1970 May p. 139.
McLaren, Anne, F.R.S.: *Mammalian Chimaeras.* Reviewed by Philip Morrison, 1977 Sept. p. 57.
McLeavy, Roy, editor: *Jane's Surface Skimmers: Hovercraft and Hydrofoils, 1971-72.* Reviewed by Philip Morrison, 1972 Aug. p. 120.
McMurtrie, Francis, editor: *Jane's Fighting Ships, 1949-50.* Reviewed by James R. Newman, 1950 Apr. p. 62.
McPhee, John: *The Curve of Binding Energy.* Reviewed by Philip Morrison, 1974 Sept. p. 201.
McQuitty, William: *Island of Isis: Philae, Temple of the Nile.* Reviewed by Philip Morrison, 1977 July p. 151.
Medina, Pedro de: *A Navigator's Universe: The Libro de Cosmographía of 1558.* Translated and with an introduction by Ursula Lamb. Reviewed by Philip Morrison, 1973 Mar. p. 124.
Medvedev, Zhores A.: *The Rise and Fall of T. D. Lysenko.* Translated by I. Michael Lerner. Reviewed by Philip Morrison, 1969 Oct. p. 144.
Melman, Seymour, editor: *Inspection for Disarmament.* Reviewed by James R. Newman, 1959 Feb. p. 155.
Melson, William G., and Brian Mason: *The Lunar Rocks.* Reviewed by Philip Morrison, 1971 Feb. p. 125.
Melzack, Ronald: *The Puzzle of Pain.* Reviewed by Philip Morrison, 1974 Aug. p. 115.
Menard, Henry W.: *Anatomy of an Expedition.* Reviewed by Philip Morrison, 1970 June p. 150; *Science: Growth and Change.* Reviewed by Philip Morrison, 1972 May p. 128.
Mendelssohn, Kurt: *The Riddle of the Pyramids.* Reviewed by Philip Morrison, 1974 Oct. p. 136.
Mendlovitz, Saul H., and Richard A. Falk, editors: *The Strategy of World Order: Vol. I, Toward a Theory of War Prevention; Vol. II, International Law; Vol. III, The United Nations; Vol. IV, Disarmament and Economic Development.* Reviewed by Anatol Rapoport, 1966 Oct. p. 129.
Mendoza, E., editor: *A Random Walk in Science,* an anthology compiled by R. L. Weber. Reviewed by Philip Morrison, 1974 Aug. p. 112.
Menninger, Karl, with Martin Mayman and Paul Pruyser: *The Vital Balance: The Life Process in Mental Health and Illness.* Reviewed by E. G. Boring, 1964 Apr. p. 145.
Menzies, Robert J., Robert Y. George and Gilbert T. Rowe: *Abyssal Environment and Ecology of the World Oceans.* Reviewed by Philip Morrison, 1976 Oct. p. 142.
Merton, Robert K.: *Science, Technology and Society in Seventeenth-Century England.* Reviewed by I. Bernard Cohen, 1973 Feb. 117; *The Sociology of Science: Theoretical and Empirical Investigations.* Edited and with an introduction by Norman W. Storer. Reviewed by Philip Morrison, 1974 June p. 129.
Michael, Henry N., and Elizabeth K. Ralph, editors: *Dating Techniques for the Archaeologist.* Reviewed by Philip Morrison, 1972 Sept. p. 198.
Michelmore, Peter: *The Swift Years: The Robert Oppenheimer Story.* Reviewed by Philip Morrison, 1970 June p. 146.
Miller, Howard S.: *Dollars for Research: Science and Its Patrons in Nineteenth-Century America.* Reviewed by Philip Morrison, 1971 Jan. p. 117.
Miller, Morton W., and George G. Berg, editors: *Chemical Fallout: Current Research on Persistent Pesticides.* Reviewed by Philip Morrison, 1970 Sept. p. 239.
Millon, René, editor: *Urbanization at Teotihuacán, Mexico.* Reviewed by Philip Morrison, 1975 Jan. p. 130.
Mills, C. Wright: *The Causes of World War Three.* Reviewed by James R. Newman, 1959 Feb. p. 115.
Milne, E. A.: *Modern Cosmology and the Christian Idea of God.* Reviewed by J. Bronowski, 1952 Nov. p. 87.
Moenssens, Andre A.: *Fingerprint Techniques.* Reviewed by Philip Morrison, 1972 Apr. p. 116.
Moore, A. D., editor: *Electrostatics and Its Applications.* Reviewed by Philip Morrison, 1973 Nov. p. 133.
Moore, Ruth: *Niels Bohr: The Man, His Science, and the World They Changed.* Reviewed by O. R. Frisch, 1967 June p. 145.

Morrison, James D., and Harry S. Mosher: *Asymmetric Organic Reactions.* Reviewed by Philip Morrison, 1971 July p. 119.
Morrison, Samuel Eliot: *The European Discovery of America: The Northern Voyages A.D. 500-1600.* Reviewed by Philip Morrison, 1972 Mar. p. 122.
Morse, Philip M., and George E. Kimball: *Methods of Operations Research.* Reviewed by J. Bronowski, 1951 Oct. p. 75.
Mortimer, Ernest: *Blaise Pascal: The Life and Work of a Realist.* Reviewed by James R. Newman, 1959 Dec. p. 191.
Mosher, Harry S., and James D. Morrison: *Asymmetric Organic Reactions.* Reviewed by Philip Morrison, 1971 July p. 119.
Mossner, Ernest Campbell: *The Life of David Hume.* Reviewed by Stuart Hampshire, 1955 Aug. p. 84.
Mostert, Noël: *Supership.* Reviewed by Philip Morrison, 1975 Jan. p. 127.
Moynihan, Martin: *The New World Primates: Adaptive Radiation and the Evolution of Social Behavior, Languages, and Intelligence.* Reviewed by Philip Morrison, 1977 July p. 152.
Mumford, Lewis: *The City in History.* Reviewed by Henry S. Churchill, 1961 July p. 175.
Munro-Smith, R.: *Merchant Ship Types.* Reviewed by Philip Morrison, 1977 Jan. p. 126.
Munroe, Ruth L.: *Schools of Psychoanalytic Thought.* Reviewed by Robert P. Knight, 1956 Apr. p. 143.
Murray, Bruce C., and Merton E. Davies: *The View from Space: Photographic Exploration of the Planets.* Reviewed by Philip Morrison, 1972 Apr. p. 113.
Myrdal, Alva: *The Game of Disarmament: How the United States and Russia Run the Arms Race.* Reviewed by Philip Morrison, 1977 May p. 139.
Myrdal, Gunnar: *Challenge to Affluence.* Reviewed by Leon H. Keyserling, 1964 Jan. p. 141; *Asian Drama: An Inquiry into the Poverty of Nations.* Reviewed by P. C. Mahalanobis, 1969 July p. 128.

N

Nachitgall, Werner: *Insects in Flight: A Glimpse Behind the Scenes in Biophysical Research.* Translated by Harold Oldroyd, Roger H. Abbott and Marguerite Biederman-Thorson. Reviewed by Philip Morrison, 1974 Nov. p. 142.
Nader, Ralph: *Unsafe at Any Speed: The Designed-in Dangers of the American Automobile.* Reviewed by David Hawkins, 1966 May p. 137.
Nagel, Ernest: *The Structure of Science.* Reviewed by A. J. Ayer, 1961 June p. 197.
Nair, Kusum: *The Lonely Furrow: Farming in The United States, Japan, and India.* Reviewed by Philip Morrison, 1970 July p. 131.
National Academy of Sciences: *Recommended Dietary Allowances.* Reviewed by Philip Morrison, 1975 June p. 125.
Natta, G., and M. Farina: *Stereochemistry.* Translated by A. Dempster. Reviewed by Philip Morrison, 1974 Mar. p. 122.
Neal, R. B., general editor: *The Stanford Two-Mile Accelerator.* Reviewed by Philip Morrison, 1969 June p. 139.
Needham, Joseph: *Science and Civilisation in China.* Reviewed by James R. Newman, 1954 Oct. p. 86;
Needham, Joseph, with the collaboration of Wang Ling and Lu Gwei-Djen: *Science and Civilisation in China. Volume 4: Physics and Physical Technology; Part III: Civil Engineering and Nautics.* Reviewed by N. Sivin, 1972 Jan. p. 113.
Neugebauer, O.: *The Exact Sciences in Antiquity.* Reviewed by I. Bernard Cohen, 1952 May p. 80.
Neumann, John von: *The Computer and the Brain.* Reviewed by S. Ulam, 1958 June p. 127.
Neville, A. C.: *Animal Asymmetry.* Reviewed by Philip Morrison, 1977 Apr. p. 142.
Newhall, Beaumont: *Airborne Camera: The World from the Air and Outer Space.* Reviewed by Philip Morrison, 1972 Apr. p. 113.
Newman, James R., editor: *The World of Mathematics.* Reviewed by Max Black, 1956 Nov. p. 147.
Nicolson, Marjorie Hope: *Voyages to the Moon.* Reviewed by James R. Newman, 1948 Dec. p. 54.
Nida, Eugene A., editor: *The Book of a Thousand Tongues.* Reviewed by Philip Morrison, 1977 Sept. p. 46.
Nieto, Michael Martin: *The Titius-Bode Law of Planetary Distances: Its History and Theory.* Reviewed by Philip Morrison, 1973 Sept. p. 194.
Niven, Ivan: *Numbers: Rational and Irrational.* Reviewed by Morris Kline, 1962 Jan. p. 157.
North, J. D.: *The Measure of the Universe.* Reviewed by Dennis Sciama, 1967 Sept. p. 293.
Nossal, G. J. V.: *Antibodies and Immunity.* Reviewed by Philip Morrison, 1970 June p. 149.
Nuttall, Zelia, editor: *The Codex Nuttall: A Picture Manuscript from Ancient Mexico.* Introduction by Arthur G. Miller. Reviewed by Philip Morrison, 1976 Mar. p. 126.
Nye, Mary Jo: *Molecular Reality: A Perspective on the Scientific Work of Jean Perrin.* Reviewed by Philip Morrison, 1972 July p. 118.

O

Oehser, Paul H.: *Sons of Science: The Story of the Smithsonian Institution and Its Leaders.* Reviewed by I. Bernard Cohen, 1949 July p. 56.
Office of Strategic Services Assessment Staff: *Assessment of Men.* Reviewed by Henry S. Dyer, 1951 Sept. p. 110.
Olby, Robert: *The Path of the Double Helix.* Reviewed by Philip Morrison, 1975 Nov. p. 136.
Oldroyd, Harold: *The Natural History of Flies.* Reviewed by Howard E. Evans, 1966 Jan. p. 123.
Olsson, Ingrid U., editor: *Nobel Symposium 12: Radiocarbon Variations and Absolute Chronology.* Reviewed by Philip Morrison, 1971 July p. 117.
Opie, Iona and Peter: *Children's Games in Street and Playground: Chasing, Catching, Seeking, Hunting, Racing, Duelling, Exerting, Daring, Guessing, Acting, Pretending.* Reviewed by Philip Morrison, 1970 Jan. p. 141.
Ord-Hume, Arthur W. J. G.: *Perpetual Motion: The History of an Obsession,* 1977 Nov. p. 30.
Ore, Oystein: *Cardano, the Gambling Scholar.* Reviewed by James R. Newman, 1953 June p. 105.
Osmond, Humphry, and Miriam Siegler: *Models of Madness, Models of Medicine.* Reviewed by Philip Morrison, 1976 Mar. p. 127.
Ottar, Arvid, and Keith Mallory: *The Architecture of War.* Reviewed by Philip Morrison, 1974 Mar. p. 117.
Owen, J. I. H., editor: *Brassey's Infantry Weapons of the World:, 1975.* Reviewed by Philip Morrison, 1975 Aug. p. 124.
Owens, Peter H., and Andrew Streitwieser, Jr.: *Orbital and Electron Density Diagrams: An Application of Computer Graphics.* Reviewed by Philip Morrison, 1973 Sept. p. 191.

P

Packe, Michael St. John: *The Life of John Stuart Mill.* Reviewed by James R. Newman, 1955 Feb. p. 108.
Page, Chester H., and Paul Vigoureux, editors: *The International Bureau of Weights and Measures 1875-1975.* Reviewed by Philip Morrison, 1975 Oct. p. 132.
Parker, Donn B.: *Crime by Computer.* Reviewed by Philip Morrison, 1977 Oct. p. 26.
Parks, Peter: *The World You Never See: Underwater Life.* Reviewed by Philip Morrison, 1977 Mar. p. 142.
Passmore, R., D. L. Bocobo, B. M. Nicol and M. Narayana Rao in collaboration with G. H. Beaton and E. M. DeMaeyer: *Handbook on Human Nutritional Requirements.* Reviewed by Philip Morrison, 1975 June p. 125.
Paul, John R.: *A History of Poliomyelitis.* Reviewed by Philip Morrison, 1971 Apr. p. 125.
Pauling, Linus: *No More War!* Reviewed by James R. Newman, 1959 Feb. p. 155.
Penfield, Wilder, and Lamar Roberts: *Speech and Brain-Mechanisms.* Reviewed by Lord Adrian, 1960 May p. 207.
Petchenik, Barbara Bartz, and Arthur H. Robinson: *The Nature of Maps: Essays Toward Understanding Maps and Mapping.* Reviewed by Philip Morrison, 1977 Mar. p. 144.
Pettigrew, Thomas F.: *A Profile of the Negro American.* Reviewed by Paul Bohannan, 1965 June p. 137.
Pfeiffer, John E.: *The Emergence of Man.* Reviewed by Philip Morrison, 1970 Nov. p. 130.
Pickering, W. F.: *Modern Analytical Chemistry.* Reviewed by Philip Morrison, 1972 May p. 134.
Pirenne, M. H.: *Optics, Painting & Photography.* Reviewed by Philip Morrison, 1972 Aug. p. 118.
Pirie, N. W.: *Food Resources, Conventional and Novel.* Reviewed by Philip Morrison, 1970 July p. 131.
Plate, Thomas Gordon: *Understanding Doomsday: A Guide to the Arms Race for Hawks, Doves and People.* Reviewed by Philip Morrison, 1971 June p. 132.
Plowden, David: *Bridges: The Spans of North America.* Reviewed by Philip Morrison, 1974 Nov. p. 143.
Polya, George: *Mathematics and Plausible Reasoning.* Reviewed by Morris Kline, 1955 Mar. p. 107.

Popper, Karl R.: *The Logic of Scientific Discovery.* Reviewed by Stephen E. Toulmin, 1959 May p. 189.
Post, Austin, and Edward R. LaChapelle: *Glacier Ice.* Reviewed by Philip Morrison, 1973 Apr. p. 120.
Post, John D.: *The Last Great Subsistence Crisis in the Western World,* Reviewed by Philip Morrison, 1977 July p. 148.
Posthumus, Cyril: *Land Speed Record.* Reviewed by Philip Morrison, 1972 Aug. p. 120.
Price, A. Grenfell, editor: *The Explorations of Captain James Cook in the Pacific as Told by Selections of His Own Journals 1768-1779.* Illustrated by Geoffrey C. Ingleton. Reviewed by Philip Morrison, 1974 Nov. p. 137.
Price, Derek de Solla: *Gears from the Greeks: The Antikythera Mechanism-A Calendar Computer from ca. 80 B.C.* Reviewed by Philip Morrison, 1975 May p. 118.
Price, Don K.: *The Scientific Estate.* Reviewed by Kenneth E. Boulding, 1966 Apr. p. 131.
Puck, Theodore T.: *The Mammalian Cell as a Microorganism: Genetic and Biochemical Studies in Vitro.* Reviewed by Philip Morrison, 1973 Feb. p. 120.
Pugsley, Sir Alfred, editor: *The Works of Isambard Kingdom Brunel: An Engineering Appreciation.* Reviewed by Philip Morrison, 1977 Apr. p. 144.
Puharich, Andrija: *Uri: A Journal of the Mystery of Uri Geller.* Reviewed by Philip Morrison, 1976 Feb. p. 134.
Purseglove, J. W.: *Tropical Crops: Dicotyledons.* Reviewed by Philip Morrison, 1969 Jan. p. 133; *Tropical Crops: Monocotyledons 1 and 2.* Reviewed by Philip Morrison, 1973 June p. 118.
Pye, David: *The Nature and Art of Workmanship.* Reviewed by Philip Morrison, 1974 May p. 137.
Pye, David, and Gillian Sales: *Ultrasonic Communication by Animals.* Reviewed by Philip Morrison, 1975 Oct. p. 134.

R

Ralph, Elizabeth K., and Henry N. Michael, editors: *Dating Techniques for the Archaeologist.* Reviewed by Philip Morrison, 1972 Sept. p. 198.
Randall, John Herman, Jr.: *The Career of Philosophy: From the Middle Ages to the Enlightenment.* Reviewed by John Passmore, 1963 May p. 177.
Randi, The Amazing: *The Magic of Uri Geller.* Reviewed by Philip Morrison, 1976 Feb. p. 134.
Ransohoff, Rita, (captions) and Peter Gay (introduction): *Berggasse 19: Sigmund Freud's Home and Offices, Vienna 1938, the Photographs of Edmund Engelman.* Reviewed by Philip Morrison, 1977 Mar. p. 142.
Rapoport, Anatol: *Strategy and Conscience.* Reviewed by Marcus G. Raskin, 1964 Aug. p. 109.
Ratoosh, Philburn, and C. West Churchman, editors: *Measurement: Definitions and Theories.* Reviewed by Herbert Dingle, 1960 June p. 189.
Rawson, K. J., and E. C. Tupper: *Basic Ship Theory.* Reviewed by Philip Morrison, 1969 Sept. p. 270.
Redlich, Fredrick C., and August B. Hollingshead: *Social Class and Mental Illness: A Community Study.* Reviewed by Robert W. White, 1958 Nov. p. 155.
Reed, Graham: *The Psychology of Anomalous Experience: A Cognitive Approach.* Reviewed by Philip Morrison, 1974 Jan. p. 126.
Reichenbach, Hans: *The Rise of Scientific Philosophy.* Reviewed by Ernest Nagel, 1951 May p. 70.
Reid, Constance. *Hilbert.* Reviewed by Philip Morrison, 1970 July p. 132.
Renfrew, Jane M.: *Palaeoethnobotany: The Prehistoric Food Plants of the Near East and Europe.* Reviewed by Philip Morrison, 1974 Feb. p. 119.
Rice, Francis Owen, and Edward Teller: *The Structure of Matter.* Reviewed by E. U. Condon, 1949 May p. 56.
Richardson, Lewis F.: *Arms and Insecurity; Statistics of Deadly Quarrels.* Reviewed by O. G. Sutton, 1961 Jan. p. 193.
Rieff, Philip: *Freud: The Mind of the Moralist.* Reviewed by Robert W. White, 1959 Sept. p. 267.
Roach, F. E., and Janet L. Gordon: *The Light of the Night Sky.* Reviewed by Philip Morrison, 1974 Oct. p. 135.
Roberts, Lamar, and Wilder Penfield: *Speech and Brain-Mechanisms.* Reviewed by Lord Adrian, 1960 May p. 207.
Roberts, Willard Lincoln, George Robert Rapp, Jr., and Julius Weber: *Encyclopedia of Minerals.* Reviewed by Philip Morrison, 1975 Feb. p. 111.
Robinson, Arthus H., and Barbara Bartz Petchenik: *The Nature of Maps: Essays Toward Understanding Maps and Mapping.* Reviewed by Philip Morrison, 1977 Mar. p. 144.
Roe, Daphne A.: *A Plague of Corn: The Social History of Pellagra.* Reviewed by Philip Morrison, 1975 Mar. p. 126.
Roebuck, Carl, editor: *The Muses at Work: Arts, Crafts, and Professions in Ancient Greece and Rome.* Reviewed by Philip Morrison, 1970 Aug. p. 123.
Rolt, L. T. C., and J. S. Allen: *The Steam Engine of Thomas Newcomen,* Reviewed by Philip Morrison, 1978 May p. 37.
Romer, Alfred, editor: *Radiochemistry and the Discovery of Isotopes.* Reviewed by Philip Morrison, 1970 Nov. p. 128; *The Discovery of Radioactivity and Transmutation.* Reviewed by Philip Morrison, 1970 Nov. p. 128.
Rose, Albert: *Vision: Human and Electronic.* Reviewed by Philip Morrison, 1975 June p. 123.
Rosebury, Theodor: *Peace or Pestilence.* Reviewed by James R. Newman, 1949 June p. 56.
Rosenberg, G. D., and S. K. Runcorn, editors: *Growth Rhythms and the History of the Earth's Rotation.* Reviewed by Philip Morrison, 1976 July p. 137.
Rosier, Bernard, and René Dumont: *The Hungry Future.* Translated from the French by Rosamund Linell and R. B. Sutcliffe. Reviewed by Philip Morrison, 1970 June p. 147.
Ross, Ralph, and Ernest van den Haag: *The Fabric of Society: An Introduction to the Social Sciences.* Reviewed by M. Brewster Smith, 1958 Feb. p. 123.
Ross-Macdonald, M., editor and illustrator: *Spare-Part Surgery: The Surgical Practice of the Future,* by Donald Longmore. Reviewed by Philip Morrison, 1969 Jan. p. 133.
Rothschild, Emma: *Paradise Lost: The Decline of the Auto-Industrial Age.* Reviewed by Philip Morrison, 1974 Feb. p. 118.
Rozenthal, S., editor: *Niels Bohr: His Life and Work as Seen by His Friends and Colleagues.* Reviewed by O. R. Frisch, 1967 June p. 145.
Runcorn, S. K., and G. D. Rosenberg, editors: *Growth Rhythms and the History of the Earth's Rotation.* Reviewed by Philip Morrison, 1976 July p. 137.
Russell, Bertrand: *Human Knowledge.* Reviewed by Y. H. Krikorian, 1949 Feb. p. 56; *Portraits from Memory and Other Essays.* Reviewed by James R. Newman, 1957 Apr. p. 153; *Has Man a Future?* Reviewed by James R. Newman, 1962 Feb. p. 177.

S

Salam, Abdus, and E. P. Wigner, editors: *Aspects of Quantum Theory.* Reviewed by Philip Morrison, 1973 July p. 117.
Sales, Gillian and David Pye: *Ultrasonic Communication by Animals.* Reviewed by Philip Morrison, 1975 Oct. p. 134.
Salkind, Charles T.: *The Contest Problem Book.* Reviewed by Morris Kline, 1962 Jan. p. 157.
Salmon, Wesley C., editor: *Zeno's Paradoxes.* Reviewed by Philip Morrison, 1971 Mar. p. 122.
Sandage, Allan, compiler: *The Hubble Atlas of Galaxies.* Reviewed by Philip Morrison, 1977 Apr. p. 140.
Sandison, A. T., and Don Brothwell, editors: *Diseases in Antiquity: A Survey of the Diseases, Injuries and Surgery of Early Populations.* Reviewed by Philip Morrison, 1969 Sept. p. 274.
Santillana, Giorgio de, editor: *Galileo's Dialogue on the Great World Systems.* Reviewed by Ernest Nagel, 1953 Oct. p. 140.
Santillana, Giorgio de, and Hertha von Dechend: *Hamlet's Mill: An Essay on Myth and the Frame of Time.* Reviewed by Philip Morrison, 1969 Nov. p. 159.
Sarton, George: *Introduction to the History of Science: Science and Learning in the Fourteenth Century.* Reviewed by I. Bernard Cohen, 1948 Oct. p. 54; *A History of Science: Ancient Science through the Golden Age of Greece.* Reviewed by Herbert Butterfield, 1953 Feb. p. 95.
Sauer, Carl O.: *Agricultural Origins and Dispersals: The Domestication of Animals and Foodstuffs.* Reviewed by Philip Morrison, 1969 June p. 138.
Savory, Theodore: *Arachnida.* Reviewed by Philip Morrison, 1978 Mar. p. 36.
Savours, Ann, editor: *Scott's Last Voyage through the Antarctic Camera of Herbert Ponting.* Reviewed by Philip Morrison, 1975 Apr. p. 144.
Sawyer, W. W.: *What Is Calculus About?* Reviewed by Morris Kline, 1962 Jan. p. 157.
Schaaf, William, editor: *Mathematics, Our Great Heritage.* Reviewed by James R. Newman, 1948 Nov. p. 56.
Schafer, R. Murray: *The Tuning of the World.* Reviewed by Philip Morrison, 1978 Jan. p. 29.
Schaller, George B.: *Serengeti: A Kingdom of Predators.* Reviewed by Philip Morrison, 1973 May p. 116.

Scheidegger, Adrian E.: *Physical Aspects of Natural Catastrophes.* Reviewed by Philip Morrison, 1976 Jan. p. 134.
Schilpp, Paul Arthur, editor: *Albert Einstein: Philosopher-Scientist.* Reviewed by Sir Edmund Whittaker, 1950 May p. 56.
Schlebecker, John T.: *Whereby We Thrive: A History of American Farming, 1607-1972.* Reviewed by Philip Morrison, 1977 June p. 140.
Schmidt-Nielsen, Knut: *How Animals Work.* Reviewed by Philip Morrison, 1972 Oct. p. 122.
Schnell, Donald E.: *Carnivorous Plants of the United States and Canada.* Reviewed by Philip Morrison, 1977 May p. 143.
Schonland, B. F. J.: *The Flight of Thunderbolts.* Reviewed by James R. Newman, 1951 June p. 71.
Schrödinger, Erwin: *Nature and the Greeks.* Reviewed by James R. Newman, 1954 July 84; *Mind and Matter.* Reviewed by James R. Newman, 1959 Mar. p. 169.
Schultes, Richard Evans, and Albert Hofmann: *The Botany and Chemistry of Hallucinogens.* Reviewed by Philip Morrison, 1973 Oct. p. 129.
Schurr, Sam H., and Jacob Marschak: *Economic Aspects of Atomic Power: An Exploratory Study.* Reviewed by James R. Newman, 1950 Oct. p. 57.
Schwartz, Morris S., and Alfred H. Stanton: *The Mental Hospital.* Reviewed by Donald A. Bloch, 1955 Apr. p. 100.
Schweitzer, Albert: *Peace or Atomic War?* Reviewed by James R. Newman, 1959 Feb. 155.
Scorer, Richard: *Clouds of the World: A Complete Color Encyclopedia.* Reviewed by Philip Morrison, 1973 May p. 116.
Scott, J. F.: *A History of Mathematics.* Reviewed by Ernest Nagel, 1958 Oct. p. 141.
Segrè, Emilio: *Enrico Fermi, Physicist.* Reviewed by Philip Morrison, 1970 June p. 146.
Seibel, Clifford W.: *Helium: Child of the Sun.* Reviewed by Philip Morrison, 1968 Sept. p. 249.
Shannon, C. E., and J. McCarthy, editors: *Automata Studies.* Reviewed by John R. Pierce, 1956 Aug. p. 117.
Shapiro, S. L., editor: *Ultrashort Light Pulses: Picosecond Techniques and Applications.* Reviewed by Philip Morrison, 1978 June p. 35.
Shepherd, Walter: *Flint: Its Origin, Properties and Uses.* Reviewed by Philip Morrison, 1973 July p. 119.
Sherrington, Sir Charles: *Goethe on Nature and Science.* Reviewed by James R. Newman, 1949 Sept. p. 56.
Shils, Edward A.: *The Torment of Secrecy.* Reviewed by Harry L. Shapiro, 1956 July p. 120.
Shine, Ian, and Reynold Gold: *Serendipity in St. Helena: A Genetical and Medical Study of an Isolated Community.* Reviewed by Philip Morrison, 1970 Nov. p. 126.
Shipman, Harry L.: *Black Holes, Quasars, and the Universe.* Reviewed by Philip Morrison, 1976 Aug. p. 112.
Shor, Ronald E., and Erika Fromm, editors: *Hypnosis: Research Developments and Perspectives.* Reviewed by Philip Morrison, 1973 Aug. p. 112.
Short, Nicholas M., Paul D. Lowman, Jr., Stanley C. Freden and William A. Finch, Jr.: *Mission to Earth: Landsat Views the World.* Reviewed by Philip Morrison, 1977 Aug. p. 132.
Shriver, D. F.: *The Manipulation of Air-Sensitive Compounds.* Reviewed by Philip Morrison, 1969 Nov. p. 159.
Shumaker, Wayne: *The Occult Sciences in the Renaissance: A Study in Intellectual Patterns.* Reviewed by Philip Morrison, 1973 Feb. p. 121.
Siegler, Miriam, and Humphry Osmond: *Models of Madness, Models of Medicine.* Reviewed by Philip Morrison, 1976 Mar. p. 127.
Sigerist, Henry E.: *A History of Medicine, Vol. I: Primitive and Archaic Medicine.* Reviewed by I. Bernard Cohen, 1951 Feb. p. 66.
Sikes, Sylvia K.: *The Natural History of the African Elephant.* Reviewed by Philip Morrison, 1971 Oct. p. 115.
Simon, Hilda: *The Splendor of Iridescence: Structural Colors in the Animal World.* Reviewed by Philip Morrison, 1971 Nov. p. 129.
Simonett, David S., and Joseph Lintz, Jr., editors: *Remote Sensing of Environment.* Reviewed by Philip Morrison, 1977 June p. 138.
Simpson, George Gaylord: *Life of the Past.* Reviewed by Julian S. Huxley, 1953 Aug. p. 88.
Simpson, George Gaylord, Colin S. Pittendrigh and Lewis H. Tiffany: *Life: An Introduction to Biology.* Reviewed by Jane Oppenheimer, 1957 Aug. p. 139.
Simpson, Lance L., editor: *Neuropoisons: Their Pathophysiological Actions. Volume 1: Poisons of Animal Origin.* Reviewed by Philip Morrison, 1973 Jan. p. 125.
Singer, Charles, E. J. Holmyard and A. R. Hall, editors: *A History of Technology.* Reviewed by James R. Newman, 1955 May p. 108.
Skeist, Irving, editor: *Handbook of Adhesives.* Reviewed by Philip Morrison, 1977 Nov. p. 37.
Sloane, N. J. A.: *A Handbook of Integer Sequences.* Reviewed by Philip Morrison, 1974 Apr. p. 125.
Smith, Alice Kimball: *A Peril and a Hope: The Scientists' Movement in America, 1945-47.* Reviewed by Philip Morrison, 1965 Sept. p. 257.
Smith, Jon M.: *Scientific Analysis on the Pocket Calculator.* Reviewed by Philip Morrison, 1975 May p. 119.
Snow, Sir Charles P.: *The New Men.* Reviewed by James R. Newman, 1955 July p. 96. *The Two Cultures and the Scientific Revolution.* Reviewed by Asa Briggs, 1959 Oct. p. 201. *Science and Government.* Reviewed by P. M. S. Blackett, 1961 Apr. p. 191.
Spoehr, Alexander: *Saipan.* Reviewed by James R. Newman, 1954 June p. 90.
Srejović, Dragoslav: *Europe's First Monumental Sculpture: New Discoveries at Lepenski Vir.* Translated from the Serbo-Croat by Lovett F. Edwards. Reviewed by Philip Morrison, 1972 Oct. p. 122.
Srole, Leo, Thomas S. Langner, Stanley T. Michael, Marvin K. Opler and Thomas A. C. Rennie: *Mental Health in the Metropolis: The Midtown Manhattan Study, Vol. I.* Reviewed by Ernest M. Gruenberg, 1962 Oct. p. 159.
Stanton, Alfred H., and Morris S. Schwartz: *The Mental Hospital.* Reviewed by Donald A. Bloch, 1955 Apr. p. 100.
Stein, Sir Aurel: *On Ancient Central-Asian Tracks.* Reviewed by Philip Morrison, 1975 Mar. p. 127.
Stein, Zena, Mervyn Susser, Gerhard Saenger and Francis Marolla: *Famine and Human Development: The Dutch Hunger Winter of 1944/45.* Reviewed by Philip Morrison, 1977 July p. 148.
Steiner, Gary A., and Bernard Berelson: *Human Behavior: An Inventory of Scientific Findings.* Reviewed by Jules Henry, 1964 July p. 129.
Steinhaus, Hugo: *Mathematical Snapshots.* Reviewed by James R. Newman, 1950 Nov. p. 56.
Steinman, Gary, and Dean H. Kenyon: *Biochemical Predestination.* Reviewed by Philip Morrison, 1970 May p. 142.
Stephenson, F. Richard, and David H. Clark: *The Historical Supernovae.* Reviewed by Philip Morrison, 1978 Jan. p. 28.
Stern, Arthur C., editor: *Air Pollution, Vols. I, II and III.* Reviewed by Philip Morrison, 1970 Sept. p. 239.
Stevens, Harvey A., and Rick Heber, editors: *Mental Retardation: A Review of Research.* Reviewed by Edwin G. Boring, 1965 July p. 113.
Stevens, Peter S.: *Patterns in Nature.* Reviewed by Philip Morrison, 1974 July p. 133.
Stewart, Hilary: *Indian Fishing: Early Methods on the Northwest Coast.* Reviewed by Philip Morrison, 1978 June p. 30.
Stickland, A. C., general editor: *The Proton Flare Project (The July p., 1966 Event): Vol. III of the Annals of the IQSY, International Years of the Quiet Sun.* Reviewed by Philip Morrison, 1970 Jan. p. 143.
Stimson, Dorothy: *Scientists and Amateurs: The History of the Royal Society.* Reviewed by I. Bernard Cohen, 1949 July p. 56.
Stockholm International Peace Research Institute: *World Armaments and Disarmament: SIPRI Yearbook, 1975.* Reviewed by Philip Morrison, 1976 July p. 132.
Stoiko, Michael: *Soviet Rocketry: Past, Present, and Future.* Reviewed by Philip Morrison, 1971 Feb. p. 125.
Stone, Alan, Curtis W. Sabrosky, Willis W. Wirth, Richard H. Foote and Jack R. Coulson, editors: *A Catalog of the Diptera of America North of Mexico.* Reviewed by Howard E. Evans, 1966 Jan. p. 123.
Stonehouse, Bernard: *Animals of the Arctic: The Ecology of the Far North.* Reviewed by Philip Morrison, 1972 Mar. p. 123.
Stotz, Elmer H., and Marcel Florkin, editors: *Comprehensive Biochemistry.* Reviewed by Alexander Rich, 1969 Feb. p. 126.
Stouffer, Samuel A.: *Communism, Conformity and Civil Liberties.* Reviewed by Morton Grodzins, 1955 June p. 112.
Strauss, Richard H., editor: *Diving Medicine.* Reviewed by Philip Morrison, 1978 Mar. p. 30.
Streitwieser, Andrew, Jr., and Peter H. Owens: *Orbital and Electron Density Diagrams: An Application of Computer Graphics.* Reviewed by Philip Morrison, 1973 Sept. p. 191.
Study of Man's Impact on Climate, Report of: *Inadvertent Climate Modification.* Reviewed by Philip Morrison, 1972 June p. 134.
Sturt, George: *The Wheelwright's Shop.* Reviewed by Philip Morrison, 1976 Feb. p. 135.

Super, Donald E.: *Appraising Vocational Fitness by Means of Psychological Tests.* Reviewed by Henry S. Dyer, 1951 Sept. p. 110.
Sutherland, Anne: *Gypsies: The Hidden Americans.* Reviewed by Philip Morrison, 1976 Jan. p. 131.
Swedish Nutrition Foundation and the Swedish International Development Authority: *Famine: A Symposium Dealing with Nutrition and Relief Operations in Times of Disaster,* edited by Gunnar Blix, Yngve Hofvander and Bo Vahlquist. Reviewed by Philip Morrison, 1972 Sept. p. 194.
Swenson, Loyd S., Jr.: *The Ethereal Aether: A History of the Michelson-Morley-Miller Aether-Drift Experiments, 1880-1930.* Reviewed by Philip Morrison, 1972 Apr. p. 114.
Szilard, Gertrud Weiss, and Bernard T. Feld, editors, with Kathleen R. Winsor: *The Collected Works of Leo Szilard: Scientific Papers.* Reviewed by Philip Morrison, 1973 July p. 117.

T

Tabor, David, and Frank Philip Bowden: *Friction: An Introduction to Tribiology.* Reviewed by Philip Morrison, 1973 Oct. p. 28.
Tarling, D. H.: *Principles and Applications of Paleomagnetism.* Reviewed by Philip Morrison, 1972 Sept. p. 198.
Taton, R.: *Reason and Chance in Scientific Discovery.* Reviewed by James R. Newman, 1958 Apr. p. 141.
Taylor, B. N., and D. N. Langenberg, editors: *Precision Measurements and Fundamental Constants: Proceedings of the International Conference of the National Bureau of Standards, 1970.* Reviewed by Philip Morrison, 1972 Mar. p. 121.
Taylor, David, and Joan Whamond, editors: *Non-Invasive Clinical Measurement.* Reviewed by Philip Morrison, 1978 Apr. p. 37.
Taylor, John: *Superminds.* Reviewed by Philip Morrison, 1976 Feb. p. 134.
Teilhard de Chardin, Pierre: *The Phenomenon of Man.* Reviewed by George Gaylord Simpson, 1960 Apr. p. 201.
Teller, Edward, with Allen Brown: *The Legacy of Hiroshima.* Reviewed by Albert Szent-Györgyi, 1962 May p. 185.
Teller, Edward, and Francis Owen Rice: *The Structure of Matter.* Reviewed by E. U. Condon, 1949 May p. 56.
Teller, Edward, Wilson K. Talley, Gary H. Higgins and Gerald W. Johnson: *The Constructive Uses of Nuclear Explosives.* Reviewed by Philip Morrison, 1968 Aug. p. 121.
Termier, Henri and Genevieve: *Biologie et Ecologie des Premiers Fossiles.* Reviewed by Philip Morrison, 1969 Aug. p. 132.
Thompson, E. P.: *The Making of the English Working Class.* Reviewed by Asa Briggs, 1965 Jan. p. 125.
Thompson, J. Eric S.: *A Commentary on the Dresden Codex: A Maya Hieroglyphic Book.* Reviewed by Philip Morrison, 1973 Mar. p. 124.
Thomson, Sir George: *The Foreseeable Future.* Reviewed by James R. Newman, 1955 Nov. p. 111.
Thorndike, Robert L.: *Personnel Selection, Test and Measurement Techniques.* Reviewed by Henry S. Dyer, 1951 Sept. p. 110.
Tiratsoo, E. N.: *Oilfields of the World: Geology and Geography.* Reviewed by Philip Morrison, 1974 Sept. p. 201.
Titmuss, Richard M.: *The Gift Relationship: From Human Blood to Social Policy.* Reviewed by Philip Morrison, 1971 June p. 131.
Toynbee, Arnold: *Civilization on Trial.* Reviewed by Abram Kardiner, 1948 Aug. p. 58.
Treat, Asher E.: *Mites of Moths and Butterflies.* Reviewed by Philip Morrison, 1976 June p. 127.
Treistman, Judith M.: *The Prehistory of China: An Archaeological Exploration.* Reviewed by Philip Morrison, 1972 May p. 132.
Tuan, Yi-Fu: *China.* Reviewed by Philip Morrison, 1972 May p. 132.
Tupper, E. C., and K. J. Rawson: *Basic Ship Theory.* Reviewed by Philip Morrison, 1969 Sept. p. 270.
Turnbull, H. W., editor: *The Correspondence of Isaac Newton: Vol. I.* Reviewed by Sir George Clark, 1960 Jan. p. 173.

U

Ueda, Koichiro, and Robert Austin: *Bamboo.* Reviewed by Philip Morrison, 1970 Sept. p. 242.
Ulam, S. M.: *Adventures of a Mathematician.* Reviewed by Philip Morrison, 1977 June p. 136.
United Nations: *Peaceful Uses of Atomic Energy.* Reviewed by E. U. Condon, 1956 Sept. p. 241.
U.S. Department of Agriculture Yearbook for, 1948: *Grass.* Reviewed by W. R. Chapline, 1948 Sept. p. 56.
United States Department of the Interior: *The National Atlas of the United States of America.* Reviewed by Philip Morrison, 1975 Sept. p. 192.
Uphoff, Norman, and Raphael Littauer, editors: *The Air War in Indochina.* Reviewed by Philip Morrison, 1972 June p. 131.
Urey, Harold C.: *The Planets, Their Origin and Development.* Reviewed by Otto Struve, 1952 Aug. p. 68.

V

van den Haag, Ernest, and Ralph Ross: *The Fabric of Society: An Introduction to the Social Sciences.* Reviewed by M. Brewster Smith, 1958 Feb. p. 123.
Van Dorn, William G.: *Oceanography and Seamanship.* Reviewed by Philip Morrison, 1976 May p. 130.
Van Helden, Albert: *The Invention of the Telescope: Transactions of the American Philosophical Society.* Reviewed by Philip Morrison, 1978 June p. 30.
Vaucouleurs, Gerard de, Antoinette de Vaucouleurs and Harold G. Corwin, Jr.: *Second Reference Catalogue of Bright Galaxies.* Reviewed by Philip Morrison, 1977 Apr. p. 140.
Vayda, Andrew P., editor: *Peoples and Cultures of the Pacific: An Anthropological Reader.* Reviewed by Philip Morrison, 1969 June p. 138.
Velikovsky, Immanuel: *Earth in Upheaval.* Reviewed by Harrison Brown, 1956 Mar. p. 127.
Verman, Lal C., and Jainath Kaul, editors: *Metric Change in India.* Reviewed by Philip Morrison, 1971 Jan. p. 118.
Vigoureux, Paul, and Chester H. Page, editors: *The International Bureau of Weights and Measures 1875-1975.* Reviewed by Philip Morrison, 1975 Oct. p. 132.
Villani, Stelio: *Isotope Separation.* Reviewed by Philip Morrison, 1977 Aug. p. 136.
Vita-Finzi, Claudio: *Recent Earth History.* Reviewed by Philip Morrison, 1975 Sept. p. 194B.
Vitaliano, Dorothy B.: *Legends of the Earth: Their Geologic Origins.* Reviewed by Philip Morrison, 1974 July p. 129.
Vlastos, Gregory: *Plato's Universe.* Reviewed by Philip Morrison, 1977 Aug. p. 132.
von Dechend, Hertha, and Giorgio de Santillana: *Hamlet's Mill: An Essay on Myth and the Frame of Time.* Reviewed by Philip Morrison, 1969 Nov. p. 159.
von Euw, Eric, and Ian Graham: *Corpus of Maya Hieroglyphic Inscriptions, Volume 2: Part 1.* Reviewed by Philip Morrison, 1977 Sept. p. 46.
von Neumann, John: *The Computer and the Brain.* Reviewed by S. Ulam, 1958 June p. 127.

W

Waddams, A. Lawrence: *Chemicals from Petroleum: An Introductory Survey.* Reviewed by Philip Morrison, 1974 May p. 142.
Waddington, C. H.: *Behind Appearance: A Study of the Relations Between Painting and the Natural Sciences in this Century.* Reviewed by Philip Morrison, 1971 Feb. p. 126.
Wainwright, S. A., W. D. Biggs, J. D. Currey and J. M. Gosline: *Mechanical Design in Organisms.* Reviewed by Philip Morrison, 1977 Feb. p. 132.
Walker, Bruce J., and Ian F. Blake: *Computer Security and Protection Structures.* Reviewed by Philip Morrison, 1977 Oct. p. 26.
Walker, Ernest P. and associates: *Mammals of the World.* Reviewed by Philip Morrison, 1975 July p. 128.
Wallace, Victor H., editor: *Paths to Peace: A Study of War, Its Causes and Prevention.* Reviewed by James R. Newman, 1958 Mar. p. 145.
Wallwork, John A.: *The Distribution and Diversity of Soil Fauna.* Reviewed by Philip Morrison, 1978 June p. 36.
Walter, Heinrich: *Vegetation of the Earth.* Translated by Joy Wieser. Reviewed by Philip Morrison, 1975 Jan. p. 132.
Wampler, Jan: *All Their Own: People and the Places They Build.* Reviewed by Philip Morrison, 1977 June p. 136.
Warren, Kenneth S.: *Schistosomiasis: The Evolution of a Medical Literature, Selected Abstracts and Citations, 1852-1972.* Reviewed by Philip Morrison, 1974 Nov. p. 138.
Watson, Allan, and Paul E. S. Whalley: *The Dictionary of Butterflies and Moths in Color.* Introduction by W. Donald Duckworth. Reviewed by Philip Morrison, 1976 Feb. p. 136.
Watson, James D.: *The Double Helix.* Reviewed by André Lwoff, 1968 July p. 133.

Watson, W. H.: *Understanding Physics Today.* Reviewed by Ernest Nagel, 1963 Oct. p. 145.
Weber, R. L., compiler of anthology: *A Random Walk in Science.* Edited by E. Mendoza. Reviewed by Philip Morrison, 1974 Aug. p. 112.
Weinberg, Steven: *The First Three Minutes: A Modern View of the Origin of the Universe.* Reviewed by Philip Morrison, 1977 Sept. p. 52.
Welker, Robert Henry: *Natural Man: The Life of William Beebe.* Reviewed by Philip Morrison, 1978 Mar. p. 30.
Westin, Alan F.: *Privacy and Freedom.* Reviewed by R. M. Fáno, 1968 May p. 149.
Whalley, Paul E. S., and Allan Watson: *The Dictionary of Butterflies and Moths in Color.* Introduction by W. Donald Duckworth. Reviewed by Philip Morrison, 1976 Feb. p. 136.
Whamond, Joan, and David Taylor, editors: *Non-Invasive Clinical Measurement.* Reviewed by Philip Morrison, 1978 Apr. p. 37.
Wheeler, Lynde Phelps: *Josiah Willard Gibbs.* Reviewed by I. Bernard Cohen, 1951 Nov. p. 74.
White, K. D.: *Agricultural Implements of the Roman World.* Reviewed by Philip Morrison, 1970 Aug. p. 123.
White, Morton, editor: *The Age of Analysis.* Reviewed by James R. Newman, 1956 Feb. 119.
White, Oran R., editor: *The Solar Output and Its Variation.* Reviewed by Philip Morrison, 1978 Feb. p. 34.
Whiteside, D. T., editor: *The Mathematical Papers of Isaac Newton, Vol. I: 1664-1666.* Reviewed by I. Bernard Cohen, 1968 Jan. p. 134.
Whiting, Beatrice B., and John W. M. Whiting in collaboration with Richard Longabaugh: *Children of Six Cultures: A Psycho-Cultural Analysis.* Reviewed by Philip Morrison, 1975 Sept. p. 190.
Whitney, Charles A.: *The Discovery of Our Galaxy.* Reviewed by Philip Morrison, 1972 Feb. p. 113.
Whitrow, G. J.: *The Natural Philosophy of Time.* Reviewed by Max Black, 1962 Apr. p. 179.
Whittaker, Sir Edmund: *A History of the Theories of Aether and Electricity: The Classical Theories.* Reviewed by I. Bernard Cohen, 1952 May p. 80; *A History of the Theories of Aether and Electricity, Vol. II.* Reviewed by Freeman J. Dyson, 1954 Mar. p. 92.
Whyte, R. R., editor: *Engineering Progress through Trouble.* Reviewed by Philip Morrison, 1976 June p. 130.
Wigner, E. P., and Abdus Salam, editors: *Aspects of Quantum Theory.* Reviewed by Philip Morrison, 1973 July p. 117.
Willey, Gordon R.: *An Introduction to American Archaeology, Vol. I: North and Middle America.* Reviewed by Kent V. Flannery, 1967 Aug. p. 119.
Williams, Robley C., and Harold W. Fisher: *An Electron Micrographic Atlas of Viruses.* Reviewed by Philip Morrison, 1975 Apr. p. 143.
Wilson, Edward O.: *Sociobiology: The New Synthesis.* Reviewed by John Tyler Bonner, 1975 Oct. p. 129; *The Insect Societies.* Reviewed by Philip Morrison, 1972 Sept. p. 193.
Wilson, Ellen Gibson: *A West African Cook Book.* Reviewed by Philip Morrison, 1972 Nov. p. 129.
Wilson, Mitchell: *Passion to Know: The World's Scientists.* Reviewed by Philip Morrison, 1972 Oct. p. 121.
Winkler, E. M.: *Stone: Properties, Durability in Man's Environment.* Reviewed by Philip Morrison, 1974 Apr. p. 123.
Wittgenstein, Ludwig: *Philosophical Remarks on the Foundations of Mathematics.* Reviewed by Gilbert Ryle, 1957 Sept. p. 251; *The Blue and Brown Books.* Reviewed by James R. Newman, 1959 Aug. p. 149.
Woods, Arthur: *Pest Control: A Survey.* Reviewed by Philip Morrison, 1975 Aug. p. 126.
Woods, J. D., and J. N. Lythgoe, editors: *Underwater Science: An Introduction to Experiments by Divers.* Reviewed by Philip Morrison, 1973 Jan. p. 124.
Wright, Helen: *Explorer of the Universe: A Biography of George Ellery Hale.* Reviewed by Harlow Shapley, 1966 Nov. p. 153.
Wright, Helen, Joan N. Warnow and Charles Weiner, editors: *The Legacy of George Ellery Hale: Evolution of Astronomy and Scientific Institutions, in Pictures and Documents.* Reviewed by Philip Morrison, 1973 Jan. p. 123.
Wright of Durham, Thomas: *An Original Theory or New Hypothesis of the Universe, 1750.* Reviewed by Philip Morrison, 1972 Feb. p. 113.
Wrigley, Walter, Walter M. Hollister and William G. Denhard: *Gyroscopic Theory, Design, and Instrumentation.* Reviewed by Philip Morrison, 1970 Mar. p. 142.

Y

York, Herbert: *Race to Oblivion: A Participant's View of the Arms Race.* Reviewed by Philip Morrison, 1971 Sept. p. 229.
Young, J. Z.: *Doubt and Certainty in Science.* Reviewed by James R. Newman, 1952 Mar. p. 75; *A Model of the Brain.* Reviewed by Frank A. Beach, 1965 Apr. p. 147.
Yudkin, John: *Sweet and Dangerous.* Reviewed by Philip Morrison, 1972 Oct. p. 126.
Yukawa, Hideki: *Creativity and Intuition: A Physicist Looks at East and West.* Translated by John Bester. Reviewed by Philip Morrison, 1973 July p. 117.

Z

Zaslavsky, Claudia: *Africa Counts: Number and Pattern in African Culture.* Reviewed by Philip Morrison, 1974 Mar. p. 120.
Zeisel, Hans, and Harry Kalven, Jr., with the collaboration of Thomas Callahan and Philip Ennis: *The American Jury.* Reviewed by Mark DeWolfe Howe, 1966 Sept. p. 295.
Zipf, George Kingsley: *Human Behavior and the Principle of Least Effort: An Introduction to Human Ecology.* Reviewed by J. L. Walsh, 1949 Aug. p. 56.

TITLES

A

Abortion in the United States, edited by Mary Steichen Calderone. Reviewed by James R. Newman, 1959 Jan. p. 149.
Abyssal Environment and Ecology of the World Oceans, by Robert J. Menzies, Robert Y. George and Gilbert T. Rowe. Reviewed by Philip Morrison, 1976 Oct. p. 142.
Accident, The, by Dexter Masters. Reviewed by James R. Newman, 1955 July p. 96.
Act of Creation, The, by Arthur Koestler. Reviewed by George A. Miller, 1964 Nov. p. 145.
Adventures of a Mathematician, by S. M. Ulam. Reviewed by Philip Morrison, 1977 June p. 136.
Aeronautics at the Mid-Century, by Jerome C. Hunsaker. Reviewed by Edward Warner, 1953 Jan. p. 74.
Africa Counts: Number and Pattern in African Culture, by Claudia Zaslavsky. Reviewed by Philip Morrison, 1974 Mar. p. 120.
African Genesis, by Robert Ardrey. Reviewed by Marshall D. Sahlins, 1962 July p. 169.
Age of Analysis, The, edited by Morton White. Reviewed by James R. Newman, 1956 Feb. 119.
Age of Mammals, The, by Björn Kurtén. Reviewed by Philip Morrison, 1972 Apr. p. 115.
Agents of Bacterial Disease, by Albert S. Klainer and Irving Geis. Reviewed by Philip Morrison, 1974 May p. 134.
Agricultural Implements of the Roman World, by K. D. White. Reviewed by Philip Morrison, 1970 Aug. p. 123.
Agricultural Origins and Dispersals: The Domestication of Animals and Foodstuffs, by Carl O. Sauer. Reviewed by Philip Morrison, 1969 June p. 138.
Aim and Structure of Physical Theory, The, by Pierre Duhem. Reviewed by Max Black, 1954 Aug. p. 78.
Air Pollution, Volumes I, II and III, edited by Arthur C. Stern. Reviewed by Philip Morrison, 1970 Sept. p. 239.
Air War in Indochina, The, edited by Raphael Littauer and Norman Uphoff. Reviewed by Philip Morrison, 1972 June p. 131.
Airborne Camera: The World from the Air and Outer Space, by Beaumont Newhall. Reviewed by Philip Morrison, 1972 Apr. p. 113.
All Their Own: People and the Places They Build, by Jan Wampler. Reviewed by Philip Morrison, 1977 June p. 136.
American Building 2: The Environmental Forces that Shape It, by James Marston Fitch. Reviewed by Philip Morrison, 1975 Feb. p. 109.
American Farm, The: A Photographic History, by Maisie Conrat and Richard Conrat. Reviewed by Philip Morrison, 1977 June p. 140.
American Jury, The, by Harry Kalven, Jr., and Hans Zeisel, with the collaboration of Thomas Callahan and Philip Ennis. Reviewed by Mark DeWolfe Howe, 1966 Sept. p. 295.
American People, The, by Geoffrey Gorer. Reviewed by Ralph Linton, 1948 May p. 58.

Anatomy of an Expedition, by Henry W. Menard. Reviewed by Philip Morrison, 1970 June p. 150.
Animal Asymmetry, by A. C. Neville. Reviewed by Philip Morrison, 1977 Apr. p. 142.
Animals in the Service of Man, by Edward Hyams. Reviewed by Philip Morrison, 1972 Nov. p. 129.
Animals of the Arctic: The Ecology of the Far North, by Bernard Stonehouse. Reviewed by Philip Morrison, 1972 Mar. p. 123.
Annual Report, 1970, by the Center for Short-Lived Phenomena. Reviewed by Philip Morrison, 1971 Aug. p. 116.
Antarctic Ecology, Vols. I and II, edited by M. W. Holdgate. Reviewed by Philip Morrison, 1970 Sept. p. 239.
Antibodies and Immunity, by G. J. V. Nossal. Reviewed by Philip Morrison, 1970 June p. 149.
Anti-Semitism and Emotional Disorder: A Psychoanalytic Interpretation, by Nathan W. Ackerman and Marie Jahoda. Reviewed by Gordon W. Allport, 1950 June p. 56.
Appraising Vocational Fitness by Means of Psychological Tests, by Donald E. Super. Reviewed by Henry S. Dyer, 1951 Sept. p. 110.
Aquaculture in Southeast Asia: A Historical Overview, by Shao-Wen Ling. Reviewed by Philip Morrison, 1978 June p. 30.
Arachnida, by Theodore Savory. Reviewed by Philip Morrison, 1978 Mar. p. 36.
Archaeoastronomy in Pre-Columbian America, edited by Anthony F. Aveni. Reviewed by Philip Morrison, 1976 Mar. p. 126.
Archaeology by Experiment, by John Coles. Reviewed by Philip Morrison, 1977 Oct. p. 28.
Archaeology under Water, by George F. Bass. Reviewed by Philip Morrison, 1973 Jan. p. 124.
Architecture and the Esthetics of Plenty, by James Marston Fitch. Reviewed by Serge Chermayeff, 1962 June p. 183.
Architecture of War, The, by Keith Mallory and Arvid Ottar. Reviewed by Philip Morrison, 1974 Mar. p. 117.
Are Quanta Real? A Galilean Dialogue, by J. M. Jauch. Reviewed by Philip Morrison, 1973 Sept. p. 191.
Arms and Insecurity, by Lewis F. Richardson. Reviewed by O. G. Sutton, 1961 Jan. p. 193.
Arms and Strategy: The World Power Structure Today, by Laurence Martin. Reviewed by Philip Morrison, 1975 Mar. p. 125.
Arms Control, Fall issue of *Daedalus.* Reviewed by James R. Newman, 1961 Mar. p. 197.
Articulate Mammal, The: An Introduction to Psycholinguistics, by Jean Aitchison. Reviewed by Philip Morrison, 1978 Feb. p. 44.
Artificial Cells, by Thomas Ming Swi Chang. Reviewed by Philip Morrison, 1972 Nov. p. 128.
Ascent of Man, The, by J. Bronowski. Reviewed by Philip Morrison, 1974 Aug. p. 111.
Asian Drama: An Inquiry into the Poverty of Nations, by Gunnar Myrdal. Reviewed by P. C. Mahalanobis, 1969 July p. 128.
Aspects of Quantum Theory, edited by Abdus Salam and E. P. Wigner. Reviewed by Philip Morrison, 1973 July p. 117.
Aspects of Scientific Explanation and Other Essays in the Philosophy of Science, by Carl G. Hempel. Reviewed by Stephen Toulmin, 1966 Feb. p. 129.
Assessment of Men, by the Office of Strategic Services Assessment Staff. Reviewed by Henry S. Dyer, 1951 Sept. p. 110.
Astronomy and Astrophysics for the, 1970's, Volume 1: Report of the Astronomy Survey Committee. Reviewed by Philip Morrison, 1973 Jan. p. 123.
Asymmetric Organic Reactions, by James D. Morrison and Harry S. Mosher. Reviewed by Philip Morrison, 1971 July p. 119.
Atlas of Optical Transforms, by G. Harburn, C. A. Taylor and T. R. Welberry. Reviewed by Philip Morrison, 1976 Mar. p. 128.
Atom Harvest, by Leonard Betin. Reviewed by James R. Newman, 1956 June p. 141.
Audubon for the Birds of America, The Original Water-Color Paintings by John James. Introduction by Marshall B. Davidson. Reviewed by Robert M. Mengel, 1967 May 155.
Authenticity in Art: The Scientific Detection of Forgery, by Stuart J. Fleming. Reviewed by Philip Morrison, 1976 Nov. p. 146.
Authoritarian Personality, The, by T. W. Adorno, Else Frenkel-Brunswik, Daniel J. Levinson and R. Nevitt Sanford. Reviewed by Gordon W. Allport, 1950 June p. 56.
Autobiography of Benjamin Rush, The, edited by George W. Corner. Reviewed by James R. Newman, 1949 Jan. p. 56.
Autobiography of Charles Darwin, The, 1809–1882, with Original Omissions Restored, edited by Nora Barlow. Reviewed by George Gaylord Simpson, 1958 Aug. p. 117.
Automata Studies, edited by C. E. Shannon and J. McCarthy. Reviewed by John R. Pierce, 1956 Aug. p. 117.

B

Bacon, Francis, by Benjamin Farrington. Reviewed by James R. Newman, 1950 Mar. p. 56.
Bamboo, by Robert Austin and Koichiro Ueda. Reviewed by Philip Morrison, 1970 Sept. p. 242.
Basic Ship Theory, by K. J. Rawson and E. C. Tupper. Reviewed by Philip Morrison, 1969 Sept. p. 270.
Bates in the Tropics, Wallace and: An Introduction to the Theory of Natural Selection, edited by Barbara G. Beddall. Reviewed by Philip Morrison, 1969 Oct. p. 146.
Batteries and Energy Systems, by Charles L. Mantell. Reviewed by Philip Morrison, 1971 Mar. p. 120.
Beebe, The Life of William, Natural Man:, by Robert Henry Welker. Reviewed by Philip Morrison, 1978 Mar. p. 30.
Behind Appearance: A Study of the Relations Between Painting and the Natural Sciences in this Century, by C. H. Waddington. Reviewed by Philip Morrison, 1971 Feb. p. 126.
Berggasse 19: Sigmund Freud's Home and Offices, Vienna 1938, the Photographs of Edmund Engelman, with an introduction by Peter Gay and captions by Rita Ransohoff. Reviewed by Philip Morrison, 1977 Mar. p. 142.
Beyond the Edge of Certainty: Essays in Contemporary Science and Philosophy, edited by Robert G. Colodny. Reviewed by Max Black, 1965 Aug. p. 109.
Biochemical Predestination, by Dean H. Kenyon and Gary Steinman. Reviewed by Philip Morrison, 1970 May p. 142.
Biological Foundations of Language, by Eric H. Lenneberg. Reviewed by Charles F. Hockett, 1967 Nov. p. 141.
Biologie et Écologie des Premiers Fossiles, by Henri Termier and Geneviève Termier. Reviewed by Philip Morrison, 1969 Aug. p. 132.
Biology, by Helena Curtis. Reviewed by Salvador E. Luria, 1969 Mar. p. 131.
Biology and the Future of Man, edited by Philip Handler. Reviewed by Alfred E. Mirsky, 1970 Oct. p. 135.
Biology of Earthworms, by C. A. Edwards and J. R. Lofty. Reviewed by Philip Morrison, 1974 June p. 133.
Biology of Twinning in Man, The, by M. G. Bulmer. Reviewed by Philip Morrison, 1971 Feb. p. 127.
Biology of Ultimate Concern, The, by Theodosius Dobzhansky. Reviewed by H. Bentley Glass, 1968 Feb. p. 133.
Biomechanics and Energetics of Muscular Exercise, by Rodolfo Margaria. Reviewed by Philip Morrison, 1977 Mar. p. 147.
Birds of the West Coast, paintings, drawings and text by J. F. Lansdowne. Reviewed by Philip Morrison, 1977 Mar. p. 142.
Black Holes, Quasars, and the Universe, by Harry L. Shipman. Reviewed by Philip Morrison, 1976 Aug. p. 112.
Blackett, Patrick Maynard Stuart, Baron Blackett of Chelsea: A Biographical Memoir, by Sir Bernard Lovell. Reviewed by Philip Morrison, 1976 Oct. p. 138.
Blepharisma: The Biology of a Light-Sensitive Protozoan, by Arthur C. Giese, with the collaboration of Shōichirō Suzuki, Robert A. Jenkins, Henry I. Hirshfield, Irwin R. Isquith and Ann M. DiLorenzo. Reviewed by Philip Morrison, 1973 June p. 119.
Blue and Brown Books, The, by Ludwig Wittgenstein. Reviewed by James R. Newman, 1959 Aug. p. 149.
Blue-Green Algae, The, by G. E. Fogg, W. D. P. Stewart, P. Fay and A. E. Walsby. Reviewed by Philip Morrison, 1974 May p. 134.
Board and Table Games from Many Civilizations, by R. C. Bell. Reviewed by James R. Newman, 1961 Aug. p. 155.
Bog People, The: Iron-Age Man Preserved, by P. V. Glob. Reviewed by Translated from the Danish by Rupert Bruce-Mitford. Reviewed by Philip Morrison, 1970 Feb. p. 122.
Bohr, Niels: His Life and Work as Seen by His Friends and Colleagues, edited by S. Rozental. Reviewed by O. R. Frisch, 1967 June p. 145.
Bohr, Niels: The Man, His Science, and the World They Changed, by Ruth Moore. Reviewed by O. R. Frisch, 1967 June p. 145.
Book of a Thousand Tongues, The, edited by Eugene A. Nida. Reviewed by Philip Morrison, 1977 Sept. p. 46.
Boron, by A. G. Massey and J. Kane. Reviewed by Philip Morrison, 1974 Jan. p. 125.
Botany and Chemistry of Cannabis, The, edited by C. R. B. Joyce and S. H. Curry. Reviewed by Philip Morrison, 1971 Sept. p. 238.
Botany and Chemistry of Hallucinogens, The, by Richard Evans Schultes and Albert Hofmann. Reviewed by Philip Morrison, 1973 Oct. p. 129.
Bowels of the Earth, The, by John Elder. Reviewed by Philip Morrison, 1977 Feb. p. 133.

Brains, Machines, and Mathematics, by Michael A. Arbib. Reviewed by J. Bronowski, 1964 June p. 130.
Brassey's Infantry Weapons of the World:, 1975, edited by J. I. H. Owen. Reviewed by Philip Morrison, 1975 Aug. p. 124.
Breathing: Physiology, Environment and Lung Disease, by Arend Bouhuys. Reviewed by Philip Morrison, 1974 Sept. p. 202.
Bridges: The Spans of North America, by David Plowden. Reviewed by Philip Morrison, 1974 Nov. p. 143.
Brighter than a Thousand Suns: A Personal History of the Atomic Scientists, by Robert Jungk. Reviewed by Robert R. Wilson, 1958 Dec. p. 145.
Brunel, The Works of Isambard Kingdom: An Engineering Appreciation, edited by Sir Alfred Pugsley. Reviewed by Philip Morrison, 1977 Apr. p. 144.
Butterflies, by Thomas C. Emmel. Reviewed by Philip Morrison, 1976 Feb. p. 136.

C

Camel and the Wheel, The, by Richard W. Bulliet. Reviewed by Philip Morrison, 1976 Feb. p. 135.
Cardano, the Gambling Scholar, by Oystein Ore. Reviewed by James R. Newman, 1953 June p. 105.
Career of Philosophy, The: From the Middle Ages to the Enlightenment, by John Herman Randall, Jr. Reviewed by John Passmore, 1963 May p. 177.
Carnivorous Plants of the United States and Canada, by Donald E. Schnell. Reviewed by Philip Morrison, 1977 May p. 143.
Carnivorous Plants, The, by Francis Ernest Lloyd. Reviewed by Philip Morrison, 1977 May p. 143.
Catalog of the Diptera of America North of Mexico, A, under the direction of Alan Stone, Curtis W. Sabrosky, Willis W. Wirth, Richard H. Foote and Jack R. Coulson. Reviewed by Howard E. Evans, 1966 Jan. p. 123.
Causality and Chance in Modern Physics, by David Bohm. Reviewed by James R. Newman, 1958 Jan. p. 111.
Causality: The Place of the Causal Principle in Modern Science, by Mario Bunge. Reviewed by Sidney Morgenbesser, 1961 Feb. p. 175.
Causes of World War Three, The, by C. Wright Mills. Reviewed by James R. Newman, 1959 Feb. p. 155.
Cells and Societies, by John Tyler Bonner. Reviewed by Clifford Grobstein, 1956 Jan. p. 109.
Centuries of Childhood: A Social History of Family Life, by Philippe Ariès. Reviewed by Dennis H. Wrong., 1963 Apr. p. 181.
Challenge to Affluence, by Gunnar Myrdal. Reviewed by Leon H. Keyserling, 1964 Jan. p. 141.
Chemical Fallout: Current Research on Persistent Pesticides, edited by Morton W. Miller and George G. Berg. Reviewed by Philip Morrison, 1970 Sept. p. 239.
Chemicals from Petroleum: An Introductory Survey, by A. Lawrence Waddams. Reviewed by Philip Morrison, 1974 May p. 142.
Children of Sánchez, The: Autobiography of a Mexican Family, by Oscar Lewis. Reviewed by Robert W. White, 1962 Mar. p. 165.
Children of Six Cultures: A Psycho-Cultural Analysis, by Beatrice B. Whiting and John W. M. Whiting in collaboration with Richard Longabaugh. Reviewed by Philip Morrison, 1975 Sept. p. 190.
Children's Books. Reviews by James R. Newman, 1949 Dec. p. 52;, 1951 Dec. p. 72;, 1952 Dec. p. 78;, 1953 Dec. p. 100;, 1954 Dec. p. 100;, 1955 Dec. p. 112;, 1956 Dec. p. 140;, 1957 Dec. p. 162;, 1958 Dec. p. 149;, 1959 Dec. p. 201;, 1960 Dec. p. 186;, 1961 Dec. p. 183;, 1962 Dec. p. 180;, 1963 Dec. p. 161;, 1964 Dec. p. 143;, 1965 Dec. p. 114. Reviews by Philip and Phylis Morrison, 1966 Dec. p. 141;, 1967 Dec. p. 140;, 1968 Dec. p. 126;, 1969 Dec. p. 136;, 1970 Dec. p. 122;, 1971 Dec. p. 106;, 1972 Dec. p. 112;, 1973 Dec. p. 131;, 1974 Dec. p. 144;, 1975 Dec. p. 127;, 1976 Dec. p. 134;, 1977 Dec. p. 26.
Children's Games in Street and Playground: Chasing, Catching, Seeking, Hunting, Racing, Duelling, Exerting, Daring, Guessing, Acting, Pretending, by Iona and Peter Opie. Reviewed by Philip Morrison, 1970 Jan. p. 141.
China, by Yi-Fu Tuan. Reviewed by Philip Morrison, 1972 May p. 132.
China at Work, by Rudolf P. Hommel. Reviewed by Philip Morrison, 1970 Aug. p. 123.
Christo, by David Bourdon. Reviewed by Philip Morrison, 1972 June p. 133.
Ciba Foundation Symposium: Decision Making in National Science Policy. Reviewed by Amos de-Shalit, 1968 Nov. p. 159.
City in History, The, by Lewis Mumford. Reviewed by Henry S. Churchill, 1961 July 175.
Civilization on Trial, by Arnold Toynbee. Reviewed by Abram Kardiner, 1948 Aug. p. 58.
Climate: Present, Past and Future. Reviewed by Volume I: Fundamentals and Climate Now, by H. H. Lamb. Reviewed by Philip Morrison, 1975 June p. 124.
Clouds of the World: A Complete Color Encyclopedia, by Richard Scorer. Reviewed by Philip Morrison, 1973 May p. 116.
Codex Nuttall, The: A Picture Manuscript from Ancient Mexico, edited by Zelia Nuttall, with an introduction by Arthur G. Miller. Reviewed by Philip Morrison, 1976 Mar. p. 126.
Collected Papers of Charles Sanders Peirce: Vol. VII, Science and Philosophy: Vol. VIII, Reviews, Correspondence and Bibliography, edited by Arthur W. Burks. Reviewed by Ernest Nagel, 1959 Apr. p. 185.
Collected Papers of Lord Rutherford of Nelson, The, Vol. II: Manchester, published under the scientific direction of Sir James Chadwick, F.R.S. Reviewed by Martin J. Klein, 1965 Mar. p. 129.
Collected Works of Leo Szilard, The: Scientific Papers, edited by Bernard T. Feld and Gertrude Weiss Szilard, with Kathleen R. Winsor. Reviewed by Philip Morrison, 1973 July p. 117.
Comets and Their Origins, The, by R. A. Lyttleton. Reviewed by James R. Newman, 1953 July p. 88.
Command the Morning, by Pearl S. Buck. Reviewed by V. S. Pritchett, 1959 July p. 159.
Commentary on the Dresden Codex, A: A Maya Hieroglyphic Book, by J. Eric S. Thompson, 1973 Mar. p. 124.
Communication and Persuasion, by Carl I. Hovland, Irving L. Janis and Harold H. Kelley. Reviewed by Reuel Denney, 1955 Jan. p. 88.
Communication and Social Order, by Hugh Dalziel Duncan. Reviewed by Kenneth E. Boulding, 1963 Jan. p. 157.
Communications Satellite Systems, Communications Satellite Technology, edited by P. L. Bargellini. Reviewed by Philip Morrison, 1974 June p. 130.
Communism, Conformity and Civil Liberties, by Samuel A. Stouffer. Reviewed by Morton Grodzins, 1955 June p. 112.
Complete Book of Fruits and Vegetables, The, by Francesco Bianchini and Francesco Corbetta. Paintings in color by Marilena Pistoia. Translated from the Italian by Italia and Alberto Manicelli. Reviewed by Philip Morrison, 1976 Sept. p. 212.
Complete Naturalist, The: A Life of Linnaeus, by Wilfrid Blunt, with the assistance of William T. Stearn. Reviewed by Philip Morrison, 1973 Apr. p. 119.
Comprehensive Biochemistry, edited by Marcel Florkin and Elmer H. Stotz. Reviewed by Alexander Rich, 1969 Feb. p. 126.
Computer and the Brain, The, by John von Neumann. Reviewed by S. Ulam, 1958 June p. 127.
Computer from Pascal to von Neumann, The, by Herman H. Goldstine. Reviewed by Philip Morrison, 1973 Mar. p. 121.
Computer Perspective, A, by the office of Charles and Ray Eames. Reviewed by Philip Morrison, 1973 Mar. p. 121.
Computer Security and Protection Structures, by Bruce J. Walker and Ian F. Blake. Reviewed by Philip Morrison, 1977 Oct. p. 26.
Concepts and Mechanisms of Perception, by R. L. Gregory. Reviewed by Philip Morrison, 1975 June p. 123.
Conceptual Development of Quantum Mechanics, The, by Max Jammer. Reviewed by Rudolf E. Peierls, 1967 Jan. p. 137.
Constructive Uses of Nuclear Explosives, The, by Edward Teller, Wilson K. Talley, Gary H. Higgins and Gerald W. Johnson. Reviewed by Philip Morrison, 1968 Aug. p. 121.
Contest Problem Book, The, by Charles T. Salkind. Reviewed by Morris Kline, 1962 Jan. p. 157.
Contraception, edited by L. L. Langley. Reviewed by Philip Morrison, 1974 Feb. p. 119.
Cook in the Pacific as Told by Selections of His Own Journals 1768-1779, The Explorations of Captain James, edited by A. Grenfell Price. Illustrated by Geoffrey C. Ingleton. Reviewed by Philip Morrison, 1974 Nov. p. 137.
Cook, The Life of Captain James, by J. C. Beaglehole. Reviewed by Philip Morrison, 1974 Nov. p. 137.
Copernican Revolution, The, by Thomas S. Kuhn. Reviewed by James R. Newman, 1957 Oct. p. 155.
Copper: Its Geology and Economics, by Robert Bowen and Ananda Gunatilaka. Reviewed by Philip Morrison, 1978 Mar. p. 41.
Coral Seas, The: Wonders and Mysteries of Underwater Life, by Hans W. Fricke. Reviewed by Philip Morrison, 1974 Nov. p. 137.
Corpus of Maya Hieroglyphic Inscriptions, Volume I: Introduction to the Corpus, by Ian Graham. Reviewed by Philip Morrison, 1977 Sept. p. 46.

Corpus of Maya Hieroglyphic Inscriptions, Volume 2: Part 1, by Ian Graham and Eric von Euw. Reviewed by Philip Morrison, 1977 Sept. p. 46.
Correspondence of Isaac Newton, The: Vol. I, edited by H. W. Turnbull. Reviewed by Sir George Clark, 1960 Jan. p. 173.
Correspondence Principle and Growth of Science, by Wladyslaw Krajewski. Reviewed by Philip Morrison, 1977 Nov. p. 32.
Cows, Pigs, Wars and Witches: The Riddles of Culture, by Marvin Harris. Reviewed by Philip Morrison, 1975 Aug. p. 126.
Creativity and Intuition: A Physicist Looks at East and West, by Hideki Yukawa. Translated by John Bester. Reviewed by Philip Morrison, 1973 July p. 117.
Crime by Computer, by Donn B. Parker. Reviewed by Philip Morrison, 1977 Oct. p. 26.
Cristofano and the Plague: A Study in the History of Public Health in the Age of Galileo, by Carlo M. Cipolla. Reviewed by Philip Morrison, 1973 Sept. p. 192.
Crops and Man, by Jack R. Harlan. Reviewed by Philip Morrison, 1976 Sept. p. 212.
Culture against Man, by Jules Henry. Reviewed by Marshall D. Sahlins, 1964 May p. 139.
Curve of Binding Energy, The, by John McPhee. Reviewed by Philip Morrison, 1974 Sept. p. 201.

D

Daily Life in Florence in the Time of the Medici, by J. Lucas-Dubreton. Reviewed by James R. Newman, 1961 Oct. p. 187.
Darwin and the Darwinian Revolution, by Gertrude Himmelfarb. Reviewed by Ernst Mayr, 1959 Nov. p. 209.
Darwin on Man: A Psychological Study of Scientific Creativity, by Howard E. Gruber, together with Darwin's early and unpublished notebooks, transcribed and annotated by Paul H. Barrett. Reviewed by Philip Morrison, 1974 Oct. p. 138.
Darwin, The Autobiography of Charles, 1809–1882, with Original Ommissions Restored, edited by Nora Barlow. Reviewed by George Gaylord Simpson, 1958 Aug. p. 117.
Darwin, The Illness of Charles, To Be an Invalid:, by Ralph Colp, Jr. Reviewed by Philip Morrison, 1977 Oct. p. 30.
Dating Techniques for the Archaeologist, edited by Henry N. Michael and Elizabeth K. Ralph. Reviewed by Philip Morrison, 1972 Sept. p. 198.
Davy, Humphry, by Sir Harold Hartley. Reviewed by L. Pearce Williams, 1967 Oct. p. 145.
Death in Life: Survivors of Hiroshima, by Robert Jay Lifton. Reviewed by J. Bronowski, 1968 June p. 131.
Desert Locust, The, by Stanley Baron. Reviewed by Philip Morrison, 1972 Nov. p. 127.
Design for a Brain, by W. Ross Ashby. Reviewed by Warren S. McCulloch, 1953 May p. 96.
Design of Inquiring Systems, The: Basic Concepts of Systems and Organization, by C. West Churchman. Reviewed by Philip Morrison, 1972 May p. 128.
Design of Racing Sport Cars, by Colin Campbell. Reviewed by Philip Morrison, 1974 Sept. p. 204.
Detection of Fish, The, by David Cushing. Reviewed by Philip Morrison, 1974 Mar. p. 119.
Determinism and Indeterminism in Modern Physics, by Ernst Cassirer. Reviewed by James R. Newman, 1957 Mar. p. 147.
Dictionary of Butterflies and Moths in Color, The, by Allan Watson and Paul E. S. Whalley, with an introduction by W. Donald Duckworth. Reviewed by Philip Morrison, 1976 Feb. p. 136.
Discoveries and Opinions of Galileo, translation and introduction by Stillman Drake. Reviewed by James R. Newman, 1957 Oct. p. 155.
Discovery of Neptune, The, by Morton Grosser. Reviewed by James R. Newman, 1963 Mar. p. 169.
Discovery of Our Galaxy, The, by Charles A. Whitney. Reviewed by Philip Morrison, 1972 Feb. p. 113.
Discovery of Radioactivity and Transmutation, The, edited by Alfred Romer. Reviewed by Philip Morrison, 1970 Nov. p. 128.
Diseases in Antiquity: A Survey of the Diseases, Injuries and Surgery of Early Populations, compiled and edited by Don Brothwell and A. T. Sandison. Reviewed by Philip Morrison, 1969 Sept. p. 274.
Distribution and Diversity of Soil Fauna, The, by John A. Wallwork. Reviewed by Philip Morrison, 1978 June p. 36.
Dividing, Ruling and Mask-making, by D. F. Horne. Reviewed by Philip Morrison, 1976 Jan. p. 130.
Diving Medicine, edited by Richard H. Strauss. Reviewed by Philip Morrison, 1978 Mar. p. 30.
Dollars for Research: Science and Its Patrons in Nineteenth-Century America, by Howard S. Miller. Reviewed by Philip Morrison, 1971 Jan. p. 117.
Domination of Nature, The, by William Leiss. Reviewed by Philip Morrison, 1973 June p. 117.
Double Helix, The, by James D. Watson. Reviewed by André Lwoff, 1968 July p. 133.
Doubt and Certainty in Science, by J. Z. Young. Reviewed by James R. Newman, 1952 Mar. p. 75.
Dreams of Reason, The: Science and Utopias, by René Dubos. Reviewed by Ernest Nagel, 1961 Nov. p. 189.
Dying Patient, The, edited by Orville G. Brim, Jr., Howard E. Freeman, Sol Levine and Norman A. Scotch. Reviewed by Philip Morrison, 1971 Nov. p. 129.
Dynamics of Prejudice: A Psychological and Sociological Study of Veterans, by Bruno Bettelheim and Morris Janowitz. Reviewed by Gordon W. Allport, 1950 June p. 56.

E

Early Hydraulic Civilization in Egypt: A Study in Cultural Ecology, by Karl W. Butzer. Reviewed by Philip Morrison, 1977 July p. 151.
Earth as a Planet, The, edited by Gerard P. Kuiper. Reviewed by Lloyd V. Berkner, 1955 Sept. p. 177.
Earth in Upheaval, by Immanuel Velikovsky. Reviewed by Harrison Brown, 1956 Mar. p. 127.
East African Mammals: An Atlas of Evolution in Africa, Volume I, by Jonathan Kingdon. Reviewed by Philip Morrison, 1972 Feb. p. 114.
East African Mammals: An Atlas of Evolution in Africa. Volume II, Part A (Insectivores and Bats), Volume II, Part B (Hares and Rodents), by Jonathan Kingdon. Reviewed by Philip Morrison, 1975 July p. 128.
Ecology and Behaviour of Nocturnal Primates: Prosimians of Equatorial West Africa, by Pierre Charles-Dominique. Translated by R. D. Martin. Reviewed by Philip Morrison, 1978 Feb. p. 40.
Ecology of Stray Dogs, The: A Study of Free-Ranging Urban Animals, by Alan M. Beck. Reviewed by Philip Morrison, 1973 Aug. p. 115.
Economic Aspects of Atomic Power: An Exploratory Study, under the direction of Sam H. Schurr and Jacob Marschak. Reviewed by James R. Newman, 1950 Oct. p. 57.
Eddington, Arthur Stanley, by A. Vibert Douglas. Reviewed by James R. Newman, 1958 July p. 116.
Education in a Divided World, by James B. Conant. Reviewed by James R. Newman, 1948 Dec. p. 54.
Educational Measurement, edited by Everet F. Lindquist. Reviewed by Henry S. Dyer, 1951 Sept. p. 110.
Einstein, Albert: Creator and Rebel, by Banesh Hoffmann, with the collaboration of Helen Dukas. Reviewed by Philip Morrison, 1973 Mar. p. 122.
Einstein, Albert: Philosopher-Scientist, edited by Paul Arthur Schilpp. Reviewed by Sir Edmund Whittaker, 1950 May p. 56.
Electron Micrographic Atlas of Viruses, An, by Robley C. Williams and Harold W. Fisher. Reviewed by Philip Morrison, 1975 Apr. p. 143.
Electrostatics and Its Applications, edited by A. D. Moore. Reviewed by Philip Morrison, 1973 Nov. p. 133.
Emergence of Man, The, by John E. Pfeiffer. Reviewed by Philip Morrison, 1970 Nov. p. 130.
Emergence of Probability, The: A Philosophical Study of Early Ideas about Probability, Induction and Statistical Inference, by Ian Hacking. Reviewed by Philip Morrison, 1976 Apr. p. 133.
Encyclopedia of Minerals, by Willard Lincoln Roberts, George Robbert Rapp, Jr., and Julius Weber. Reviewed by Philip Morrison, 1975 Feb. p. 111.
Energy Crises in Perspective, by John C. Fisher. Reviewed by Philip Morrison, 1974 July p. 132.
Energy Transformation in Biological Systems. Ciba Foundation Symposium 31. In Tribute to Fritz Lipmann on His 75th Birthday. Reviewed by Philip Morrison, 1976 Aug. p. 111.
Engelman, The Photographs of Edmund, Berggasse 19: Sigmund Freud's Home and Offices, Vienna 1938, with an introduction by Peter Gay and captions by Rita Ransohoff. Reviewed by Philip Morrison, 1977 Mar. p. 142.
Engineering Progress through Trouble, selected and edited by R. R. Whyte. Reviewed by Philip Morrison, 1976 June p. 130.
Epidemic and Peace: 1918, by Alfred W. Crosby, Jr. Reviewed by Philip Morrison, 1976 Nov. p. 138.

Escher, The Magic Mirror, by Bruno Ernst. Reviewed by Philip Morrison, 1977 July p. 146.
Essays of a Humanist, by Sir Julian Huxley. Reviewed by A. E. Mirsky, 1964 Oct. p. 135.
Essentials of Psychological Testing, by Lee J. Cronbach. Reviewed by Henry S. Dyer, 1951 Sept. p. 110.
Ethereal Aether, The: A History of the Michelson-Morley-Miller Aether-Drift Experiments, 1880–1930, by Loyd S. Swenson, Jr. Reviewed by Philip Morrison, 1972 Apr. p. 114.
Everything in Its Path: Destruction of Community in the Buffalo Creek Flood, by Kai T. Erikson. Reviewed by Philip Morrison, 1977 Aug. p. 135.
Evolution Emerging, by William King Gregory. Reviewed by Alfred S. Romer, 1951 July p. 64.
European Discovery of America, The: The Northern Voyages A.D. 500-1600, by Samuel Eliot Morison. Reviewed by Philip Morrison, 1972 Mar. p. 122.
Europe's First Monumental Sculpture: New Discoveries at Lepenski Vir, by Dragoslav Srejović. Translated from the Serbo-Croat by Lovett F. Edwards. Reviewed by Philip Morrison, 1972 Oct. p. 122.
Exact Sciences in Antiquity, The, by O. Neugebauer. Reviewed by I. Bernard Cohen, 1952 May p. 80.
Explorations of Captain James Cook in the Pacific as Told by Selections of His Own Journals 1768-1779, edited by A. Grenfell Price. Illustrated by Geoffrey C. Ingleton. Reviewed by Philip Morrison, 1974 Nov. p. 137.
Explorer of the Universe: A Biography of George Ellery Hale, by Helen Wright. Reviewed by Harlow Shapley, 1966 Nov. p. 153.
External Construction by Animals, edited by Nicholas E. Collias and Elsie C. Collias. Reviewed by Philip Morrison, 1977 June p. 136.

F

Fabric of Society, The: An Introduction to the Social Sciences, by Ralph Ross and Ernest van den Haag. Reviewed by M. Brewster Smith, 1958 Feb. p. 123.
Face of the Deep, The, by Bruce C. Heezen and Charles D. Hollister. Reviewed by Philip Morrison, 1972 Feb. p. 113.
Facts of Life, The, by C. D. Darlington. Reviewed by A. E. Mirsky, 1954 Apr. p. 92.
Famine: A Symposium Dealing with Nutrition and Relief Operations in Times of Disaster, edited for the Swedish Nutrition Foundation and the Swedish International Development Authority by Gunnar Blix, Yngve Hofvander and Bo Vahlquist. Reviewed by Philip Morrison, 1972 Sept. p. 194.
Famine and Human Development: The Dutch Hunger Winter of 1944/45, by Zena Stein, Mervyn Susser, Gerhard Saenger and Francis Marolla. Reviewed by Philip Morrison, 1977 July p. 148.
Faster, Faster, by W. J. Eckert and Rebecca Jones. Reviewed by James R. Newman, 1957 Jan. p. 125.
Fermi, Enrico: Collected Papers (Note e Memorie). Vol. I: Italy, 1921-1938. Edited by Edoardo Amaldi, Enrico Persico, Franco Rasetti and Emilio Segrè. Reviewed by Enrico Persico, 1962 Nov. p. 181.
Fermi, Enrico, Physicist, by Emilio Segrè. Reviewed by Philip Morrison, 1970 June p. 146.
Fibre Reinforcement, by J. A. Catherall. Reviewed by Philip Morrison, 1974 Jan. p. 125.
Fingerprint Techniques, by Andre A. Moenssens. Reviewed by Philip Morrison, 1972 Apr. p. 116.
First Three Minutes, The: A Modern View of the Origin of the Universe, by Steven Weinberg. Reviewed by Philip Morrison, 1977 Sept. p. 52.
Flies and Disease, Volume I: Ecology, Classification and Biotic Associations; Volume II: Biology and Disease Transmission, by Bernard Greenberg. Reviewed by Philip Morrison, 1973 Nov. p. 131.
Flight of Thunderbolts, The, by B. F. J. Schonland. Reviewed by James R. Newman, 1951 June p. 71.
Flint: Its Origin, Properties and Uses, by Walter Shepherd. Reviewed by Philip Morrison, 1973 July p. 119.
Folktales Told around the World, edited by Richard M. Dorson. Reviewed by Philip Morrison, 1976 Oct. p. 139.
Food in Chinese Culture: Anthropological and Historical Perspectives, edited by K. C. Chang. Reviewed by Philip Morrison, 1978 Feb. p. 34.
Food Resources, Conventional and Novel, by N. W. Pirie. Reviewed by Philip Morrison, 1970 July p. 131.
Foreseeable Future, The, by Sir George Thomson. Reviewed by James R. Newman, 1955 Nov. p. 111.
Forms and Functions of Twentieth-Century Architecture, edited by Talbot Hamlin. Reviewed by Frederick Gutheim, 1952 July 77.
Foundations of Cyclopean Perception, by Bela Julesz. Reviewed by Philip Morrison, 1972 Aug. p. 118.
Foundations of Inductive Logic, by Roy Harrod. Reviewed by J. Bronowski, 1957 May p. 137.
Foundations of Newton's Alchemy, The, or "The Hunting of the Greene Lyon", by Betty Jo Teeter Dobbs. Reviewed by Philip Morrison, 1976 Aug. p. 113.
Freud, The Life and Work of Sigmund, Vol. I, 1856-1890, by Ernest Jones. Reviewed by James R. Newman, 1953 Nov. p. 101.
Freud: The Mind of the Moralist, by Philip Rieff. Reviewed by Robert W. White, 1959 Sept. p. 267.
Freud's Home and Offices, Vienna 1938, The Photographs of Edmund Engleman, Berggasse 19: Sigmund, with an introduction by Peter Gay and captions by Rita Ransohoff. Reviewed by Philip Morrison, 1977 Mar. p. 142.
Friction: An Introduction to Tribiology, by Frank Philip Bowden and David Tabor. Reviewed by Philip Morrison, 1973 Oct. p. 128.
From the Closed World to the Infinite Universe, by Alexandre Koyré. Reviewed by James R. Newman, 1957 Oct. p. 155.
From the Tablets of Sumer, by Samuel Noah Kramer. Reviewed by M. E. L. Mallowan, 1957 Feb. p. 134.
Functions of Sleep, The, by Ernest L. Hartmann. Reviewed by Philip Morrison., 1974 May p. 133.

G

Galactic Club, The: Intelligent Life in Outer Space, by Ronald L. Bracewell. Reviewed by Philip Morrison, 1975 May p. 117.
Galileo, Discoveries and Opninions of, translation and introduction by Stillman Drake. Reviewed by James R. Newman, 1957 Oct. p. 155.
Galileo's Dialogue on the Great World Systems, edited by Giorgio de Santillana. Reviewed by Ernest Nagel, 1953 Oct. p. 104.
Game of Disarmament, The: How the United States and Russia Run the Arms Race, by Alva Myrdal. Reviewed by Philip Morrison, 1977 May p. 139.
Gandhi's Truth: On the Origins of Militant Nonviolence, by Erik H. Erikson. Reviewed by S. Gopal, 1970 Apr. p. 122.
Gears from the Greeks: The Antikythera Mechanism-A Calendar Computer from ca. 80 B.C., by Derek de Solla Price. Reviewed by Philip Morrison, 1975 May p. 118.
Geller, A Journal of the Mystery of Uri, Uri:, by Andrija Puharich. Reviewed by Philip Morrison, 1976 Feb. p. 134.
Geller, The Magic of Uri, by The Amazing Randi. Reviewed by Philip Morrison, 1976 Feb. p. 134.
Genetics and the Races of Man, by William C. Boyd. Reviewed by L. C. Dunn, 1950 Dec. p. 58.
Geochronology: Radiometric Dating of Rocks and Minerals, edited by C. T. Harper. Reviewed by Philip Morrison, 1974 Feb. p. 119.
Geographical Ecology: Patterns in the Distribution of Species, by Robert H. MacArthur. Reviewed by Philip Morrison, 1973 July p. 119.
Geological Hazards: Earthquakes-Tsunamis-Volcanoes-Avalanches-Landslides-Floods, by B. A. Bolt, W. L. Horn, G. A. Macdonald and R. F. Scott. Reviewed by Philip Morrison, 1976 Jan. p. 134.
Geometric Inequalities, by Nicholas D. Kazarinoff. Reviewed by Morris Kline, 1962 Jan. p. 157.
Gibbs, Josiah Willard, by Lynde Phelps Wheeler. Reviewed by I. Bernard Cohen, 1951 Nov. p. 74.
Gift Relationship, The: From Human Blood to Social Policy, by Richard M. Titmuss. Reviewed by Philip Morrison, 1971 June p. 131.
Glacial and Quaternary Geology, by Richard Foster Flint. Reviewed by Philip Morrison, 1973 Apr. p. 120.
Glacier Ice, by Austin Post and Edward R. LaChapelle. Reviewed by Philip Morrison, 1973 Apr. p. 120.
Global Circulation of the Atmosphere, The, edited by G. A. Corby. Reviewed by Philip Morrison, 1971 July p. 118.
Gods, Graves, and Scholars: The Story of Archaeology, by C. W. Ceram. Reviewed by James R. Newman, 1952 Jan. p. 74.
Goethe on Nature and Science, by Sir Charles Sherrington. Reviewed by James R. Newman, 1949 Sept. p. 56.
Grand Design: The Earth from Above, by Georg Gerster. Reviewed by Philip Morrison, 1977 June p. 138.
Grass, U. S. Department of Agriculture Yearbook for, 1948. Reviewed by W. R. Chapline, 1948 Sept. p. 56.

Great Barrier Reef, The, by Isobel Bennett. Reviewed by Philip Morrison, 1974 Nov. p. 137.
Great Zimbabwe, by P. S. Garlake. Reviewed by Philip Morrison, 1974 Jan. p. 123.
Growth Rhythms and the History of the Earth's Rotation, edited by G. D. Rosenberg and S. K. Runcorn. Reviewed by Philip Morrison, 1976 July p. 137.
Gypsy on 18 Wheels: A Trucker's Tale, by Robert Krueger. Reviewed by Philip Morrison, 1976 Jan. p. 131.
Gypsies: The Hidden Americans, by Anne Sutherland. Reviewed by Philip Morrison, 1976 Jan. p. 131.
Gyroscopic Theory, Design, and Instrumentation, by Walter Wrigley, Walter M. Hollister and William G. Denhard. Reviewed by Philip Morrison, 1970 Mar. p. 142.

H

Haldane and Modern Biology, edited by K. R. Dronamraju. Reviewed by Philip Morrison, 1969 Jan. p. 134.
Hale, A Biography of George Ellery, Explorer of the Universe:, by Helen Wright. Reviewed by Harlow Shapley, 1966 Nov. p. 153.
Hale, The Legacy of George Ellery: Evolution of Astronomy and Scientific Institutions, in Pictures and Documents, edited by Helen Wright, Joan N. Warnow and Charles Weiner. Reviewed by Philip Morrison, 1973 Jan. p. 123.
Hallucinogens and Shamanism, edited by Michael J. Harner. Reviewed by Philip Morrison, 1973 Oct. p. 129.
Hamlet's Mill: An Essay on Myth and the Frame of Time, by Giorgio de Santillana and Hertha von Dechend. Reviewed by Philip Morrison, 1969 Nov. p. 159.
Handbook of Adhesives, edited by Irving Skeist. Reviewed by Philip Morrison, 1977 Nov. p. 37.
Handbook on Human Nutritional Requirements, by R. Passmore, D. L. Bocobo, B. M. Nicol and M. Narayana Rao in collaboration with G. H. Beaton and E. M. DeMaeyer. Reviewed by Philip Morrison, 1975 June p. 125.
Handbook of Integer Sequences, A, by N. J. A. Sloane. Reviewed by Philip Morrison, 1974 Apr. p. 125.
Handling the Big Jets, by D. P. Davies. Reviewed by Philip Morrison., 1976 July p. 134.
Harry's Cosmeticology, Formerly the Principles and Practice of Modern Cosmetics, by Ralph G. Harry, revised by J. B. Wilkinson, in cooperation with P. Alexander, E. Green, B. A. Scott and D. L. Wedderburn. Reviewed by Philip Morrison, 1973 Oct. p. 127.
Harvest of the Palm: Ecological Change in Eastern Indonesia, by James J. Fox. Reviewed by Philip Morrison, 1978 Mar. p. 33.
Has Man a Future? by Bertrand Russell. Reviewed by James R. Newman, 1962 Feb. 177.
Healing Hand, The: Man and Wound in the Ancient World, by Guido Majno. Reviewed by Philip Morrison, 1976 June p. 126.
Health and Disease in Tribal Societies. Ciba Foundation Symposium 49 (new series). Reviewed by Philip Morrison, 1978 May p. 38.
Hegel: Reinterpretation, Texts, and Commentary, by Walter Kaufmann. Reviewed by Ernest Nagel, 1965 Nov. p. 133.
Helium: Child of the Sun, by Clifford W. Seibel. Reviewed by Philip Morrison, 1968 Sept. p. 249.
Helmholtz, Selected Writings of Hermann von, edited, with an introduction, by Russell Kahl. Reviewed by Philip Morrison, 1972 Apr. p. 114.
Heredity, East and West: Mendel versus Lysenko, by Julian Huxley. Reviewed by James R. Newman, 1949 Nov. p. 54.
Hilbert, by Constance Reid. Reviewed by Philip Morrison, 1970 July p. 132.
Historical Supernovae, The, by David H. Clark and F. Richard Stephenson. Reviewed by Philip Morrison, 1978 Jan. p. 28.
History of Antarctic Exploration and Scientific Investigation, Antarctic Map Folio Series, Folio 19, edited by Vivian C. Bushnell. Reviewed by Philip Morrison, 1977 Aug. p. 132.
History of Education in Antiquity, A, by H. I. Marrou. Reviewed by James R. Newman, 1957 Nov. p. 165.
History of Mathematics, A, by J. F. Scott. Reviewed by Ernest Nagel, 1958 Oct. p. 141.
History of Medicine, A. Vol. I: Primitive and Archaic Medicine, by Henry E. Sigerist. Reviewed by I. Bernard Cohen, 1951 Feb. p. 66.
History of Photography, The, by Helmut and Alison Gernsheim. Reviewed by James R. Newman, 1956 May p. 133.
History of Poliomyelitis, A, by John R. Paul. Reviewed by Philip Morrison, 1971 Apr. p. 125.
History of Science, A: Ancient Science through the Golden Age of Greece, by George Sarton. Reviewed by Herbert Butterfield, 1953 Feb. 95.
History of Technology, A, edited by Charles Singer, E. J. Holmyard and A. R. Hall. Reviewed by James R. Newman, 1955 May 108.
History of the Theories of Aether and Electricity: The Classical Theories, by Sir Edmund Whittaker. Reviewed by I. Bernard Cohen, 1952 May p. 80.
History of the Theories of Aether and Electricity, A, Vol. II, by Sir Edmund Whittaker. Reviewed by Freeman J. Dyson, 1954 Mar. p. 92.
Hohokam, The: Desert Farmers & Craftsmen (Excavations at Snaketown, 1964-1965), by Emil W. Haury. Reviewed by Philip Morrison, 1976 Oct. p. 140.
Honey: A Comprehensive Survey, edited by Eva Crane. Reviewed by Philip Morrison, 1976 Apr. p. 132.
Hound of Earth, The, by Vance Bourjaily. Reviewed by James R. Newman, 1955 July p. 96.
How Animals Work, by Knut Schmidt-Nielsen. Reviewed by Philip Morrison, 1972 Oct. p. 122.
Hubble Atlas of Galaxies, The, compiled by Allan Sandage. Reviewed by Philip Morrison, 1977 Apr. p. 140.
Human Animal, The, by Weston La Barre. Reviewed by Marston Bates, 1954 Nov. p. 106.
Human Behavior: An Inventory of Scientific Findings, by Bernard Berelson and Gary A. Steiner. Reviewed by Jules Henry, 1964 July p. 129.
Human Behavior and the Principle of Least Effort: An Introduction to Human Ecology, by George Kingsley Zipf. Reviewed by J. L. Walsh, 1949 Aug. p. 56.
Human Fertility: The Modern Dilemma, by Robert C. Cook. Reviewed by L. S. Penrose, 1951 Aug. p. 65.
Human Group, The, by George C. Homans. Reviewed by Charles A. Cofer, 1951 Mar. p. 64.
Human Knowledge, by Bertrand Russell. Reviewed by Y. H. Krikorian, 1949 Feb. p. 56.
Human Origins: Louis Leakey and the East African Evidence, edited by Glynn Ll. Isaac and Elizabeth R. McCown. Reviewed by Philip Morrison, 1976 Sept. p. 216.
Human Sexual Response, by William H. Masters and Virginia E. Johnson. Reviewed by Frank A. Beach, 1966 Aug. p. 107.
Humboldt and the Cosmos, by Douglas Botting. Reviewed by Philip Morrison, 1974 Feb. p. 117.
Hume, The Life of David, by Ernest Campbell Mossner. Reviewed by Stuart Hampshire, 1955 Aug. p. 84.
Hungry Fly, The: A Physiological Study of the Behavior Associated with Feeding, by V. G. Dethier. Reviewed by Philip Morrison, 1977 Jan. p. 122.
Hungry Future, The, by René Dumont and Bernard Rosier. Translated from the French by Rosamund Linell and R. B. Sutcliffe. Reviewed by Philip Morrison, 1970 June p. 147.
Huxleys, The, by Ronald W. Clark. Reviewed by Robert M. Adams, 1968 Oct. p. 135.
Hypnosis: Research Developments and Perspectives, edited by Erika Fromm and Ronald E. Shor. Reviewed by Philip Morrison, 1973 Aug. p. 112.

I

Illusion in Nature and Art, edited by R. L. Gregory and E. H. Gombrich. Reviewed by Philip Morrison, 1975 June p. 123.
Illustrated History of Brain Function, An, by Edwin Clarke and Kenneth Dewhurst. Reviewed by Philip Morrison, 1973 Nov. p. 132.
Impact of New Technologies on the Arms Race, edited by B. T. Feld, T. Greenwood, G. W. Rathjens and S. Weinberg. Reviewed by Philip Morrison, 1971 June p. 132.
Impact of the Natural Sciences on Archaeology, The: A Joint Symposium of the Royal Society and the British Academy, edited by T. E. Allibone F.R.S, et al. Reviewed by Philip Morrison, 1971 July p. 117.
Inadvertent Climate Modification, (Report of the Study of Man's Impact on Climate). Philip Morrison, 1972 June p. 134.
Indian Fishing: Early Methods on the Northwest Coast, by Hilary Stewart. Reviewed by Philip Morrison, 1978 June p. 30.
Infrared Detectors, edited by Richard D. Hudson, Jr., and Jacqueline Wordsworth Hudson. Reviewed by Philip Morrison, 1975 Nov. p. 139.
Infrared System Engineering, by Richard D. Hudson, Jr. Reviewed by Philip Morrison, 1969 Oct. p. 144.

Insect Societies, The, by Edward O. Wilson. Reviewed by Philip Morrison, 1972 Sept. p. 193.
Insects in Flight: A Glimpse Behind the Scenes in Biophysical Research, by Werner Nachtigall. Translated by Harold Oldroyd, Roger H. Abbott and Marguerite Biederman-Thorson. Reviewed by Philip Morrison, 1974 Nov. p. 142.
Insight and Outlook, by Arthur Koestler. Reviewed by James R. Newman, 1949 Mar. p. 56.
Insights from the Blind: Comparative Studies of Blind and Sighted Infants, by Selma Fraiberg, with the collaboration of Louis Fraiberg. Reviewed by Philip Morrison, 1977 Nov. p. 32.
Inspection for Disarmament, edited by Seymour Melman. Reviewed by James R. Newman, 1959 Feb. p. 155.
Intellectual Migration, The: Europe and America, 1930-1960, edited by Donald Fleming and Bernard Bailyn. Reviewed by Philip Morrison, 1969 Aug. p. 131.
Intelligent Eye, The, by Richard L. Gregory. Reviewed by Philip Morrison, 1970 Nov. p. 129.
International Bureau of Weights and Measures 1875-1975, The, edited by Chester H. Page and Paul Vigoureux. Reviewed by Philip Morrison, 1975 Oct. p. 132.
Interstellar Communication, edited by A. G. W. Cameron. Reviewed by James R. Newman, 1964 Feb. p. 141.
Introduction to American Archaeology, An, Vol. I: North and Middle America, by Gordon R. Willey. Reviewed by Kent V. Flannery, 1967 Aug. p. 119.
Introduction to Inequalities, An, by Edwin Beckenbach and Richard Bellman. Reviewed by Morris Kline, 1962 Jan. p. 157.
Introduction to Newton's 'Principia', by I. Bernard Cohen. Reviewed by Philip Morrison, 1972 June p. 132.
Introduction to Population Genetics Theory, An, by James F. Crow and Motoo Kimura. Reviewed by Philip Morrison, 1970 Nov. p. 126.
Introduction to the History of Science: Science and Learning in the Fourteenth Century, by George Sarton. Reviewed by I. Bernard Cohen, 1948 Oct. p. 54.
Invention of the Telescope, The: Transactions of the American Philosophical Society, by Albert Van Helden. Reviewed by Philip Morrison, 1978 June p. 30.
Island of Isis: Philae, Temple of the Nile, by William MacQuitty. Reviewed by Philip Morrison, 1977 July p. 151.
Isotope Separation, by Stelio Villani. Reviewed by Philip Morrison, 1977 Aug. p. 136.

J

Jane's All The World's Aircraft, 1949-50, compiled and edited by Leonard Bridgman. Reviewed by James R. Newman, 1950 Apr. p. 62.
Jane's Fighting Ships, 1949-50, edited by Francis McMurtrie. Reviewed by James R. Newman, 1950 Apr. p. 62.
Jane's Surface Skimmers: Hovercraft and Hydrofoils, 1971-72, edited by Roy McLeavy. Reviewed by Philip Morrison, 1972 Aug. p. 120.

K

Kangaroos, by H. J. Frith and J. H. Calaby. Reviewed by Philip Morrison, 1971 Mar. p. 118.
Kepler, by Max Caspar. Reviewed by Gerald Holton, 1960 Aug. p. 173.
Key Problems of Physics and Astrophysics, by V. Ginzburg. Translated from the Russian by Oleg Glebov. Reviewed by Philip Morrison, 1978 Feb. p. 44.
Keynes, The Life of John Maynard, by R. F. Harrod. Reviewed by James R. Newman, 1951 Apr. p. 71.

L

Lamp Phosphors, by H. L. Burrus. Reviewed by Philip Morrison, 1974 Jan. p. 125.
Land Speed Record, by Cyril Posthumus. Reviewed by Philip Morrison, 1972 Aug. p. 120.
Last Great Subsistence Crisis in the Western World, The, by John D. Post. Reviewed by Philip Morrison, 1977 July p. 148.
Leakey and the East African Evidence, Louis, Human Origins:, edited by Glynn Ll. Isaac and Elizabeth R. McCown. Reviewed by Philip Morrison, 1976 Sept. p. 216.
Leakey's Luck: The Life of Louis Seymour Bazett Leakey, 1903-1972, by Sonia Cole. Reviewed by Philip Morrison, 1976 Sept. p. 216.
Lectures on Psychical Research, by C. D. Broad. Reviewed by George A. Miller, 1963 Nov. p. 171.
Legacy of George Ellery Hale, The: Evolution of Astronomy and Scientific Institutions, in Pictures and Documents, edited by Helen Wright, Joan N. Warnow and Charles Weiner. Reviewed by Philip Morrison, 1973 Jan. p. 123.
Legacy of Hiroshima, The, by Edward Teller with Allen Brown. Reviewed by Albert Szent-Györgyi, 1962 May p. 185.
Legends of the Earth: Their Geologic Origins, by Dorothy B. Vitaliano. Reviewed by Philip Morrison, 1974 July p. 129.
Leprosy: Diagnosis and Management, by Harry L. Arnold, Jr., and Paul Fasal. Reviewed by Philip Morrison, 1975 Mar. p. 126.
Les Objects Fractals: Forme, Hasard et Dimension, by Benoît Mandelbrot. Reviewed by Philip Morrison, 1975 Nov. p. 143.
Life: An Introduction to Biology, by George Gaylord Simpson, Colin S. Pittendrigh and Lewis H. Tiffany. Reviewed by Jane Oppenheimer, 1957 Aug. p. 139.
Life and Work of Sigmund Freud, The, Vol. I, 1856-1890, by Ernest Jones. Reviewed by James R. Newman, 1953 Nov. p. 101.
Life of Captain James Cook, The, by J. C. Beaglehole. Reviewed by Philip Morrison, 1974 Nov. p. 137.
Life of David Hume, The, by Ernest Campbell Mossner. Reviewed by Stuart Hampshire, 1955 Aug. p. 84.
Life of John Maynard Keynes, The, by R. F. Harrod. Reviewed by James R. Newman, 1951 Apr. p. 71.
Life of John Stuart Mill, The, by Michael St. John Packe. Reviewed by James R. Newman, 1955 Feb. p. 108.
Life of the Past, by George Gaylord Simpson. Reviewed by Julian S. Huxley, 1953 Aug. p. 88.
Life: The Unfinished Experiment, by S. E. Luria. Reviewed by Philip Morrison, 1973 Aug. p. 112.
Light of the Night Sky, The, by F. E. Roach and Janet L. Gordon. Reviewed by Philip Morrison, 1974 Oct. p. 135.
Linnaeus, A Life of, The Complete Naturalist: by Wilfrid Blunt, with the assistance of William T. Stearn. Reviewed by Philip Morrison, 1973 Apr. p. 119.
Lipmann on His 75th Birthday, In Tribute to Fritz. Energy Transformation in Biological Systems. Ciba Foundation Symposium 31. Reviewed by Philip Morrison, 1976 Aug. p. 111.
Lisbon Earthquake, The, by T. D. Kendrick. Reviewed by James R. Newman, 1957 July 164.
Literature and Science, by Aldous Huxley. Reviewed by Max Black, 1964 Mar. p. 141.
Living Arts of Nigeria, The, edited by William Fagg. Illustrated by Michael Foreman. Photographs by Harri Peccinotti. Reviewed by Philip Morrison, 1973 Aug. p. 113.
Logic of Scientific Discovery, The, by Karl R. Popper. Reviewed by Stephen E. Toulmin, 1959 May p. 189.
Lonely Furrow, The: Farming in the United States, Japan, and India, by Kusum Nair. Reviewed by Philip Morrison, 1970 July p. 131.
Lore of Large Numbers, The, by Philip J. Davis. Reviewed by Morris Kline, 1962 Jan. p. 157.
Loyal and the Disloyal, The, by Morton Grodzins. Reviewed by Harry L. Shapiro, 1956 July p. 120.
Lunar Rocks, The, by Brian Mason and William G. Melson. Reviewed by Philip Morrison, 1971 Feb. p. 125.
Lysenko, The Rise and Fall of T. D., by Zhores A. Medvedev. Translated by I. Michael Lerner. Reviewed by Philip Morrison, 1969 Oct. p. 144.

M

Magic of Uri Geller, The, by The Amazing Randi. Reviewed by Philip Morrison, 1976 Feb. p. 134.
Magic Mirror of M. C. Escher, The, by Bruno Ernst. Reviewed by Philip Morrison, 1977 July p. 146.
Magic, Science and Religion, by Bronislaw Malinowksi. Reviewed by Abram Kardiner, 1948 June p. 58.
Magnetic Compasses and Magnetometers, by Alfred Hine. Reviewed by Philip Morrison, 1969 June p. 140.
Makers of Mathematics, by Alfred Hooper. Reviewed by James R. Newman, 1948 Nov. p. 56.
Making of the English Working Class, The, by E. P. Thompson. Reviewed by Asa Briggs, 1965 Jan. p. 125.
Malpighi, Marcello, and the Evolution of Embryology, by Howard B. Adelmann. Reviewed by Maxwell H. Braverman, 1967 Apr. p. 135.
Mammalian Cell as a Microorganism, The: Genetic and Biochemical Studies in Vitro, by Theodore T. Puck. Reviewed by Philip Morrison, 1973 Feb. p. 120.

Mammalian Chimaeras, by Ann McLaren, F.R.S. Reviewed by Philip Morrison, 1977 Sept. p. 57.
Mammals of the World, by Ernest P. Walker and associates. Reviewed by Philip Morrison, 1975 July p. 128.
Man Discovers the Galaxies, by Richard Berendzen, Richard Hart and Daniel Seeley. Reviewed by Philip Morrison, 1977 Apr. p. 140.
Man-Made Crystals, by Joel E. Arem. Reviewed by Philip Morrison, 1974 Aug. p. 113.
Man The Hunter, edited by Richard B. Lee and Irven DeVore. Reviewed by Philip Morrison, 1969 Oct. p. 142.
Manipulation of Air-Sensitive Compounds, The, by D. F. Shriver. Reviewed by Philip Morrison, 1969 Nov. p. 159.
Mankind Evolving: The Evolution of the Human Species, by Theodosius Dobzhansky. Reviewed by Sir Gavin de Beer, 1962 Sept. p. 265.
Marine Animals: Partnerships and Other Associations, by R. V. Gotto. Reviewed by Philip Morrison, 1970 Feb. p. 122.
Mars and the Mind of Man, by Ray Bradbury, Arthur C. Clarke, Bruce Murray, Carl Sagan and Walter Sullivan. Reviewed by Philip Morrison, 1973 Oct. p. 127.
Mathematical Papers of Isaac Newton, The, Vol. I: 1664-1666, edited by D. T. Whiteside. Reviewed by I. Bernard Cohen, 1968 Jan. p. 134.
Mathematical Snapshots, by Hugo Steinhaus. Reviewed by James R. Newman, 1950 Nov. p. 56.
Mathematics and Plausible Reasoning, by George Polya. Reviewed by Morris Kline, 1955 Mar. p. 107.
Mathematics in Western Culture, by Morris Kline. Reviewed by James R. Newman, 1954 Feb. p. 92.
Mathematics, Our Great Heritage, edited by William Schaaf. Reviewed by James R. Newman, 1948 Nov. p. 56.
Maxwell, James Clerk: Physicist and Natural Philosopher, by C. W. F. Everitt. Reviewed by Philip Morrison, 1976 May p. 127.
May p. Man Prevail? by Erich Fromm. Reviewed by James R. Newman, 1962 Feb. p. 177.
McBurney's Point: The Story of Appendicitis, by Stewart M. Brooks. Reviewed by Philip Morrison, 1972 Aug. p. 122.
Measure of the Universe, The, by J. D. North. Reviewed by Dennis Sciama, 1967 Sept. p. 293.
Measurement: Definitions and Theories, edited by C. West Churchman and Philburn Ratoosh. Reviewed by Herbert Dingle, 1960 June p. 189.
Mechanical Design in Organisms, by S. A. Wainwright, W. D. Biggs, J. D. Currey and J. M. Gosline. Reviewed by Philip Morrison, 1977 Feb. p. 132.
Mechanics ard Energetics of Animal Locomotion, edited by R. McN. Alexander and G. Goldspink. Reviewed by Philip Morrison, 1978 Apr. p. 34.
Mechanization of the World Picture, The, by E. J. Dijksterhuis. Reviewed by A. Rupert Hall, 1961 Dec. p. 177.
Memories, Dreams, Reflections, by C. G. Jung. Recorded and edited by Aniela Jaffé. Translated from the German by Richard and Clara Winston. Reviewed by Erich Fromm, 1963 Sept. p. 283.
Men and Dinosaurs: The Search in Field and Laboratory, by Edwin H. Colbert. Reviewed by Philip Morrison, 1969 Jan. p. 134.
Mental Health in the Metropolis: The Midtown Manhattan Study, Vol. I, by Leo Srole, Thomas S. Langner, Stanley T. Michael, Marvin K. Opler and Thomas A. C. Rennie. Reviewed by Ernest M. Gruenberg, 1962 Oct. p. 159.
Mental Hospital, The, by Alfred H. Stanton and Morris S. Schwartz. Reviewed by Donald A. Bloch, 1955 Apr. p. 100.
Mental Retardation: A Review of Research, edited by Harvey A. Stevens and Rick Heber. Reviewed by E. G. Boring, 1965 July p. 113.
Merchant Ship Types, by R. Munro-Smith. Reviewed by Philip Morrison, 1977 Jan. p. 126.
Methods of Operations Research, by Philip M. Morse and George E. Kimball. Reviewed by J. Bronowski, 1951 Oct. p. 75.
Metric Change in India, edited by Lal C. Verman and Jainath Kaul. Reviewed by Philip Morrison, 1971 Jan. p. 118.
Metric System, The: A Critical Study of Its Principles and Practice, by Maurice Danloux-Dumesnils. Translated from the French by Anne Garrett and J. S. Rowlinson. Reviewed by Philip Morrison, 1971 Jan. p. 118.
Michelson-Morley-Miller Aether-Drift Experiments, 1880-1930, The Ethereal Aether: A History of the, by Loyd S. Swenson, Jr. Reviewed by Philip Morrison, 1972 Apr. p. 114.
Military and Civilian Pyrotechnics, by Herbert Ellern. Reviewed by Philip Morrison, 1969 Apr. p. 140.
Mill, The Life of John Stuart, by Michael St. John Packe. Reviewed by James R. Newman, 1955 Feb. p. 108.
Mimbres Painted Pottery, by J. J. Brody. Reviewed by Philip Morrison, 1978 Apr. p. 36.
Mind and Matter, by Erwin Schrödinger. Reviewed by James R. Newman, 1959 Mar. p. 169.
Mind of Man, The, by Nigel Calder. Reviewed by Philip Morrison, 1971 May p. 129.
Mission to Earth: Landsat Views the World, by Nicholas M. Short, Paul D. Lowman, Jr., Stanley C. Freden and William A. Finch, Jr. Reviewed by Philip Morrison, 1977 Aug. p. 132.
Mites of Moths and Butterflies, by Asher E. Treat. Reviewed by Philip Morrison, 1976 June p. 127.
Model of the Brain, A, by J. Z. Young. Reviewed by Frank A. Beach, 1965 Apr. p. 147.
Models of Madness, Models of Medicine, by Miriam Siegler and Humphry Osmond. Reviewed by Philip Morrison, 1976 Mar. p. 127.
Modern Analytical Chemistry, by W. F. Pickering. Reviewed by Philip Morrison, 1972 May p. 134.
Modern Cosmology and the Christian Idea of God, by E. A. Milne. Reviewed by J. Bronowski, 1952 Nov. p. 87.
Molecular Reality: A Perspective on the Scientific Work of Jean Perrin, by Mary Jo Nye. Reviewed by Philip Morrison, 1972 July p. 118.
Moon as Viewed by Lunar Orbiter, The, by L. J. Kosofsky and Farouk El-Baz. Reviewed by Philip Morrison, 1971 Feb. p. 125.
Mosquitos, by J. D. Gillett. Reviewed by Philip Morrison, 1972 May p. 130.
Mound People, The: Danish Bronze-Age Man Preserved, by P. V. Glob. Translated from the Danish by Joan Bulman. Reviewed by Philip Morrison, 1975 Apr. p. 143.
Moving the Obelisks, by Bern Dibner. Reviewed by Philip Morrison, 1970 Aug. p. 123.
Muses at Work, The: Arts, Crafts, and Professions in Ancient Greece and Rome, edited by Carl Roebuck. Reviewed by Philip Morrison, 1970 Aug. p. 123.
Muybridge: Man in Motion, by Robert Bartlett Haas. Reviewed by Philip Morrison, 1976 June p. 128.
My Story, by Uri Geller. Reviewed by Philip Morrison, 1976 Feb. p. 134.
My World Line: An Informal Autobiography, by George Gamow. Reviewed by Philip Morrison, 1970 June p. 146.
Mycenaean World, The, by John Chadwick. Reviewed by Philip Morrison, 1977 Feb. p. 128.

N

National Atlas of the United States of America, The, United States Department of the Interior. Reviewed by Philip Morrison, 1975 Sept. p. 192.
Natural History of Aggression, The, edited by J.D. Carthy and F.J. Ebling. Reviewed by Anatol Rapoport, 1965 Oct. p. 115.
Natural History of Flies, The, by Harold Oldroyd. Reviewed by Howard E. Evans, 1966 Jan. p. 123.
Natural History of Palms, The, by E. J. H. Corner. Reviewed by Philip Morrison, 1970 Sept. p. 242.
Natural History of the African Elephant, The, by Sylvia K. Sikes. Reviewed by Philip Morrison, 1971 Oct. p. 115.
Natural Man: The Life of William Beebe, by Robert Henry Welker. Reviewed by Philip Morrison, 1978 Mar. p. 30.
Natural Philosophy of Cause and Chance, by Max Born. Reviewed by Sir Edmund Whittaker, 1950 Jan. p. 56.
Natural Philosophy of Time, The, by G. J. Whitrow. Reviewed by Max Black, 1962 Apr. p. 179.
Nature and Art of Workmanship, The, by David Pye. Reviewed by Philip Morrison, 1974 May 137.
Nature and the Greeks, by Erwin Schrödinger. Reviewed by James R. Newman, 1954 July p. 84.
Nature Books. Review by James R. Newman, 1952 June p. 83.
Nature of Maps, The: Essays Toward Understanding Maps and Mapping, by Arthur H. Robinson and Barbara Bartz Petchenik. Reviewed by Philip Morrison, 1977 Mar. p. 144.
Nature of the Stratigraphical Record, The, by Derek V. Ager. Reviewed by Philip Morrison, 1975 Sept. p. 194B.
Navigator's Universe, A: The Libro de Cosmographía of 1538, by Pedro de Medina. Translated and with an introduction by Ursula Lamb. Reviewed by Philip Morrison, 1973 Mar. p. 124.
Neuropharmacology and Behavior, by V. G. Longo. Reviewed by Philip Morrison, 1973 Oct. p. 129.

Neuropoisons: Their Pathophysiological Actions. Volume 1: Poisons of Animal Origin, edited by Lance L. Simpson. Reviewed by Philip Morrison, 1973 Jan. p. 125.
New Brahmins, The: Scientific Life in America, by Spencer Klaw. Reviewed by Dorothy Zinberg and Paul Doty, 1969 May p. 139.
New Maps of Hell, by Kingsley Amis. Reviewed by James R. Newman, 1960 July p. 179.
New Men, The, by C. P. Snow. Reviewed by James R. Newman, 1955 July p. 96.
New World Primates, The: Adaptive Radiation and the Evolution of Social Behavior, Languages, and Intelligence, by Martin Moynihan. Reviewed by Philip Morrison, 1977 July p. 152.
New World, The, 1939/1946, by Richard G. Hewlett and Oscar E. Anderson, Jr. Reviewed by James R. Newman, 1962 Aug. p. 141.
Newcomen, The Steam Engine of Thomas, by L. T. C. Rolt and J. S. Allen. Reviewed by Philip Morrison, 1978 May p. 37.
Newton, The Correspondence of Isaac: Vol. I, edited by H. W. Turnbull. Reviewed by Sir George Clark, 1960 Jan. p. 173.
Newton, The Mathematical Papers of Isaac, Vol. I: 1664-1666, edited by D. T. Whiteside. Reviewed by I. Bernard Cohen, 1968 Jan. p. 134.
Newton, The Religion of Isaac, by Frank E. Manuel. Reviewed by Philip Morrison, 1975 Aug. p. 123.
Newton's Alchemy, The Foundations of, or "The Hunting of the Greene Lyon," by Betty Jo Teeter Dobbs. Reviewed by Philip Morrison, 1976 Aug. p. 113.
Newton's Tercentenary Celebration. Reviewed by James R. Newman, 1948 July p. 56.
Next Million Years, The, by Charles Galton Darwin. Reviewed by James R. Newman, 1952 Sept. p. 165.
No More War! by Linus Pauling. Reviewed by James R. Newman, 1959 Feb. p. 155.
No Place to Hide, by David Bradley. Reviewed by James R. Newman, 1949 Jan. p. 59.
Nobel Symposium 12: Radiocarbon Variations and Absolute Chronology, edited by Ingrid U. Olsson. Reviewed by Philip Morrison, 1971 July p. 117.
Nomads of the Long Bow: The Siriono of Eastern Bolivia, by Allan R. Holmberg. Reviewed by Philip Morrison, 1969 Oct. p. 142.
Non-Invasive Clinical Measurement, edited by David Taylor and Joan Whamond. Reviewed by Philip Morrison, 1978 Apr. p. 37.
Non-Linear Wave Mechanics: A Causal Interpretation, by Louis de Broglie. Reviewed by P. W. Bridgman, 1960 Oct. p. 201.
Not From the Apes, by Björn Kurtén. Reviewed by Philip Morrison, 1972 Apr. p. 115.
Now It Can Be Told, by Leslie R. Groves. Reviewed by James R. Newman, 1962 Aug. p. 141.
Nuclear Tracks in Solids: Principles & Applications, by Robert L. Fleischer, P. Buford Price and Robert M. Walker. Reviewed by Philip Morrison, 1976 May p. 124.
Numbers: Rational and Irrational, by Ivan Niven. Reviewed by Morris Kline, 1962 Jan. p. 157.

O

Occult Sciences in the Renaissance, The: A Study in Intellectual Patterns, by Wayne Shumaker. Reviewed by Philip Morrison, 1973 Feb. p. 121.
Oceanography and Seamanship, by William G. Van Dorn. Reviewed by Philip Morrison, 1976 May p. 130.
Of Time, Work, and Leisure, by Sebastian de Grazia. Reviewed by Kenneth E. Boulding, 1963 Jan. p. 157.
Oilfields of the World: Geology and Geography, by E. N. Tiratsoo. Reviewed by Philip Morrison, 1974 Sept. p. 201.
Old Ways of Working Wood, by Alex W. Bealer. Reviewed by Philip Morrison, 1973 Aug. p. 113.
On Aggression, by Konrad Lorenz. Reviewed by S. A. Barnett, 1967 Feb. p. 135.
On Ancient Central-Asian Tracks, by Sir Aurel Stein. Reviewed by Philip Morrison, 1975 Mar. p. 127.
On Economic Knowledge: Toward a Science of Political Economics, by Adolph Lowe. Reviewed by Kenneth E. Boulding, 1965 May 139.
On Thermonuclear War, by Herman Kahn. Reviewed by James R. Newman, 1961 Mar. p. 197.
Oppenheimer Case, The, by Charles P. Curtis. Reviewed by Alfred McCormack, 1955 Oct. p. 112.
Oppenheimer Story, The Robert, The Swift Years:, by Peter Michelmore. Reviewed by Philip Morrison, 1970 June p. 146.
Optical Production Technology, by D. F. Horne. Reviewed by Philip Morrison, 1973 Aug. p. 111.
Optics, Painting & Photography, by M. H. Pirenne. Reviewed by Philip Morrison, 1972 Aug. p. 118.
Orbital and Electron Density Diagrams: An Application of Computer Graphics, by Andrew Streitwieser, Jr., and Peter H. Owens. Reviewed by Philip Morrison, 1973 Sept. p. 191.
Origin of Eukaryotic Cells, by Lynn Margulis. Reviewed by Philip Morrison, 1971 May p. 128.
Origin of Races, The, by Carleton S. Coon. Reviewed by Theodosius Dobzhansky, 1963 Feb. p. 169.
Original Theory or New Hypothesis of the Universe, 1750, An, by Thomas Wright of Durham. Reviewed by Philip Morrison, 1972 Feb. p. 113.
Original Water-Color Paintings by John James Audubon for the Birds of America, The. Introduction by Marshall B. Davidson. Reviewed by Robert M. Mengel, 1967 May 155.
Originality and Competition in Science: A Study of the British High Energy Physics Community, by Jerry Gaston. Reviewed by Philip Morrison, 1974 June p. 129.
Origins of Feedback Control, The, by Otto Mayr. Reviewed by Philip Morrison, 1971 July p. 120.
Origins of Modern Science, The, by Herbert Butterfield. Reviewed by James R. Newman, 1950 July p. 56.
Our World from the Air, by E. A. Gutkind. Reviewed by James R. Newman, 1953 Mar. p. 96.

P

Palaeoethnobotany: The Prehistoric Food Plants of the Near East and Europe, by Jane M. Renfrew. Reviewed by Philip Morrison, 1974 Feb. p. 119.
Papers of Wilbur and Orville Wright, The, edited by Marvin W. McFarland. Reviewed by James R. Newman, 1954 May p. 88.
Paradise Lost: The Decline of the Auto-Industrial Age, by Emma Rothschild. Reviewed by Philip Morrison, 1974 Feb. p. 118.
Parasitic Animals, by Geoffrey Lapage. Reviewed by James R. Newman, 1952 Feb. p. 77.
Particle Atlas, Edition Two, The: An Encyclopedia of Techniques for Small Particle Identification, by Walter C. McCrone and John Gustav Delly. Reviewed by Philip Morrison, 1974 July p. 134.
Pascal, Blaise: The Life and Work of a Realist, by Ernest Mortimer. Reviewed by James R. Newman, 1959 Dec. p. 191.
Passion to Know: The World's Scientists, by Mitchell Wilson. Reviewed by Phillip Morrison, 1972 Oct. p. 121.
Pasteur, Louis: Free Lance of Science, by René J. Dubos. Reviewed by I. Bernard Cohen, 1950 Feb. p. 56.
Path of the Double Helix, The, by Robert Olby. Reviewed by Philip Morrison, 1975 Oct. p. 136.
Paths to Peace: A Study of War, Its Causes and Prevention, edited by Victor H. Wallace. Reviewed by James R. Newman, 1958 Mar. p. 145.
Patterns in Nature, by Peter S. Stevens. Reviewed by Philip Morrison, 1974 July p. 133.
Peace of Atomic War?, by Albert Schweitzer. Reviewed by James R. Newman, 1959 Feb. 155.
Peace or Pestilence, by Theodor Rosebury. Reviewed by James R. Newman, 1949 June p. 56.
Peaceful Uses of Atomic Energy (United Nations). Reviewed by E. U. Condon, 1956 Sept. p. 241.
Pedal Power: In Work, Leisure, and Transportation, edited by James C. McCullagh. Reviewed by Philip Morrison, 1978 Apr. p. 34.
Peirce, Collected Papers of Charles Sanders: Vol. VII, Science and Philosophy; Vol. VIII, Reviews, Correspondence and Bibliography, edited by Arthur W. Burks. Reviewed by Ernest Nagel, 1959 Apr. p. 185.
Peoples and Cultures of the Pacific: An Anthropological Reader, edited by Andrew P. Vayda. Reviewed by Philip Morrison, 1969 June p. 138.
Peril and a Hope, A: The Scientists' Movement in America, 1945-47, by Alice Kimball Smith. Reviewed by Philip Morrison, 1965 Sept. p. 257.
Perpetual Motion: The History of an Obsession, by Arthur W. J. G. Ord-Hume. Reviewed by Philip Morrison, 1977 Nov. p. 30.
Perrin, Molecular Reality: A Perspective on the Scientific Work of Jean, by Mary Jo Nye. Reviewed by Philip Morrison, 1972 July p. 118.
Personnel Selection, Test and Measurement Techniques, by Robert L. Thorndike. Reviewed by Henry S. Dyer, 1951 Sept. p. 110.

Persons at High Risk of Cancer: An Approach to Cancer Etiology and Control, edited by Joseph F. Fraumeni, Jr. Reviewed by Philip Morrison, 1976 Sept. p. 213.
Pest Control: A Survey, by Arthur Woods. Reviewed by Philip Morrison, 1975 Aug. p. 126.
Phage, and the Origins of Molecular Biology, edited by John Cairns, Gunther S. Stent and James D. Watson. Reviewed by John C. Kendrew, 1967 Mar. p. 141.
Phenomenon of Man, The, by Pierre Teilhard de Chardin. Reviewed by George Gaylord Simpson, 1960 Apr. p. 201.
Philosophiae Naturalis Principia Mathematica: Volume I and Volume II, edited by Alexandre Koyré and I. Bernard Cohen. Reviewed by Philip Morrison, 1972 June p. 132.
Philosophical Remarks on the Foundations of Mathematics, by Ludwig Wittgenstein. Reviewed by Gilbert Ryle, 1957 Sept. p. 251.
Photo-Electronic Image Devices: Proceedings of the Fourth Symposium, edited by J. D. McGee, D. McMullan, E. Kahan and B. L. Morgan. Reviewed by Philip Morrison, 1970 May p. 139.
Physical Aspects of Natural Catastrophes, by Adrian E. Scheidegger. Reviewed by Philip Morrison, 1976 Jan. p. 134.
Physical Control of the Mind: Toward a Psychocivilized Society, by José M. R. Delgado. Reviewed by Philip Morrison, 1970 Jan. p. 141.
Physics and Beyond: Encounters and Conversations, by Werner Heisenberg. Translated from the German by Arnold J. Pomerans. Reviewed by Philip Morrison, 1971 May p. 127.
Physics and Philosophy: The Revolution in Modern Science, by Werner Heisenberg. Reviewed by Victor F. Weisskopf, 1958 Sept. p. 215.
Physics of Time Asymmetry, The, by P. C. W. Davies. Reviewed by Philip Morrison, 1975 Aug. p. 124.
Physiological Clock, The: Circadian Rhythms and Biological Chronometry, by Erwin Bünning. Reviewed by Philip Morrison, 1974 Apr. p. 123.
Place and the Early History of the Greenwich Observatory, Francis, by Derek Howse. Reviewed by Philip Morrison, 1975 Oct. p. 132.
Plague of Corn, A: The Social History of Pellagra, by Daphne A. Roe. Reviewed by Philip Morrison, 1975 Mar. p. 126.
Planets, Stars and Nebulae Studies with Photopolarimetry, edited by T. Gehrels. Reviewed by Philip Morrison, 1974 Nov. p. 140.
Planets, Their Origin and Development, The, by Harold C. Urey. Reviewed by Otto Struve, 1952 Aug. p. 68.
Plants in the Service of Man: 10,000 Years of Domestication, by Edward Hyams. Reviewed by Philip Morrison, 1972 Nov. p. 129.
Plato's Universe, by Gregory Vlastos. Reviewed by Philip Morriosn, 1977 Aug. p. 132.
Politics of Pure Science, The, by Daniel S. Greenberg. Reviewed by Victor F. Weisskopf, 1968 Mar. p. 139.
Ponting, Scott's Last Voyage through the Antarctic Camera of Herbert, edited by Ann Savours. Reviewed by Philip Morrison, 1975 Apr. p. 144.
Popularization of Science, The. Review by James R. Newman, 1950 Sept. p. 97.
Population Growth and Land Use, by Colin Clark. Reviewed by Kingsley Davis, 1968 Apr. p. 133.
Portraits from Memory and Other Essays, by Bertrand Russell. Reviewed by James R. Newman, 1957 Apr. p. 153.
Precision Measurements and Fundamental Constants: Proceedings of the International Conference of the National Bureau of Standards, 1970, edited by D. N. Langenberg and B. N. Taylor. Reviewed by Philip Morrison, 1972 Mar. p. 121.
Pre-Columbian Cities, by Jorge E. Hardoy. Translated by Judith Thorne. Reviewed by Philip Morrison, 1975 Jan. p. 130.
Prehistory of China, The: An Archeological Exploration, by Judith M. Treistman. Reviewed by Philip Morrison, 1972 May p. 132.
Prepare Now for a Metric Future, by Frank Donovan. Reviewed by Philip Morrison, 1971 Jan. p. 118.
Prevention of Cancer: Pointers from Epidemiology, by Richard Doll. Reviewed by Philip Morrison, 1970 May p. 140.
Principles and Applications of Paleomagnetism, by D. H. Tarling. Reviewed by Philip Morrison, 1972 Sept. p. 198.
Privacy and Freedom, by Alan F. Westin. Reviewed by R. M. Fano, 1968 May p. 149.
Probability and Scientific Inference, by G. Spencer Brown. Reviewed by Ernest Nagel, 1957 Dec. p. 155.
Profile of the Negro American, A, by Thomas F. Pettigrew. Reviewed by Paul Bohannan, 1965 June p. 137.
Prophets of Deceit: A Study of the Techniques of the American Agitator, by Leo Lowenthal and Norbert Guterman. Reviewed by Gordon W. Allport, 1950 June p. 56.
Proton Flare Project (The July p., 1966 Event), The: Vol. III of the Annals of the IQSY, International Years of the Quiet Sun, edited by A. C. Stickland. Reviewed by Philip Morrison, 1970 Jan. p. 143.
Psychoanalysis, Scientific Method and Philosophy, edited by Sidney Hook. Reviewed by Robert W. White, 1959 Sept. p. 267.
Psychology in the Wry, edited by Robert A. Baker. Reviewed by James R. Newman, 1964 Sept. p. 243.
Psychology of Anomalous Experience, The: A Cognitive Approach, by Graham Reed. Reviewed by Philip Morrison, 1974 Jan. p. 126.
Psychology of Left and Right, The, by Michael C. Corballis and Ivan L. Beale. Reviewed by Philip Morrison, 1977 Apr. p. 142.
Psychotomimetic Drugs, edited by Daniel H. Efron. Reviewed by Philip Morrison, 1970 Aug. p. 126.
Pursuit of Science in Revolutionary America, The, by Brooke Hindle. Reviewed by James R. Newman, 1956 Oct. p. 141.
Puzzle of Pain, The, by Ronald Melzack. Reviewed by Philip Morrison, 1974 Aug. p. 115.
Pyramids, The, by Ahmed Fakhry. Reviewed by Philip Morrison, 1974 Oct. p. 136.

R

Race to Oblivion: A Participant's View of the Arms Race, by Herbert York. Reviewed by Philip Morrison, 1971 Sept. p. 229.
Radiochemistry and the Discovery of Isotopes, edited by Alfred Romer. Reviewed by Philip Morrison, 1970 Nov. p. 128.
Ramelli, The Various and Ingenious Machines of Agostino, (1588), translated from the Italian and the French, with a biographical study of the author, by Martha Teach Gnudi. Technical annotations and a pictorial glossary by Eugene S. Ferguson. Reviewed by Philip Morrison, 1977 Feb. p. 128.
Random Walk in Science, A, an anthology compiled by R. L. Weber. Edited by E. Mendoza. Reviewed by Philip Morrison, 1974 Aug. p. 112.
Reason and Chance in Scientific Discovery, by R. Taton. Reviewed by James R. Newman, 1958 Apr. p. 141.
Recent Earth History, by Claudio Vita-Finzi. Reviewed by Philip Morrison, 1975 Sept. p. 194B.
Recommended Dietary Allowances, by National Academy of Sciences. Reviewed by Philip Morrison, 1975 June p. 125.
Red Limit, The: The Search for the Edge of the Universe, by Timothy Ferris. Reviewed by Philip Morrison, 1977 Sept. p. 52.
Redshift Controversy, The, by George B. Field, Halton Arp and John N. Bahcall. Reviewed by Philip Morrison, 1974 Sept. p. 206.
Regeneration, by Priscillia Mattson. Reviewed by Philip Morrison, 1977 Sept. p. 57.
Rehearsal for Destruction: A Study of Political Anti-Semitism in Imperial Germany, by Paul W. Massing. Reviewed by Gordon W. Allport, 1950 June p. 56.
Religion of Isaac Newton, The, by Frank E. Manuel. Reviewed by Philip Morrison, 1975 Aug. p. 123.
Remote Sensing of Environment, by Joseph Lintz, Jr., and David S. Simonett. Reviewed by Philip Morrison, 1977 June p. 138.
Renaissance Rediscovery of Linear Perspective, The, by Samuel Y. Edgerton, Jr. Reviewed by Philip Morrison, 1977 July p. 146.
Restless Earth: A Report on the New Geology, by Nigel Calder. Reviewed by Philip Morrison, 1972 July p. 120.
Riddle of the Pyramids, The, by Kurt Mendelssohn. Reviewed by Philip Morrison, 1974 Oct. p. 136.
Rise and Fall of T. D. Lysenko, The, by Zhores A. Medvedev. Translated by I. Michael Lerner. Reviewed by Philip Morrison, 1969 Oct. p. 144.
Rise of Scientific Philosophy, The, by Hans Reichenbach. Reviewed by Ernest Nagel, 1951 May. 70.
Rocket Development, by Robert Hutchins Goddard. Reviewed by Peter van Dresser, 1949 Apr. p. 56.
Roman Roads, by Raymond Chevallier. Translated by N. H. Field. Reviewed by Philip Morrison, 1977 Sept. p. 52.
Roots of Civilization, The: The Cognitive Beginings of Man's First Art, Symbol and Notation, by Alexander Marshack. Reviewed by Philip Morrison, 1972 July p. 117.
Royal Society, The: Its Origins and Founders, edited by Sir Harold Hartley. Reviewed by Charles E. Raven, 1961 May p. 191.
Rush, The Autobiography of Benjamin, edited by George W. Corner. Reviewed by James R. Newman, 1949 Jan. p. 56.
Rutherford and the Nature of the Atom, by E. N. da C. Andrade. Reviewed by Martin J. Klein, 1965 Mar. p. 129.

Rutherford at Manchester, edited by J. B. Birks. Reviewed by Martin J. Klein, 1965 Mar. p. 129.

Rutherford of Nelson, The Collected Papers of Lord, Vol. II: Manchester, published under the scientific direction of Sir James Chadwick, F.R.S. Reviewed by Martin J. Klein, 1965 Mar. p. 129.

S

Saipan, by Alexander Spoehr. Reviewed by James R. Newman, 1954 June p. 90.

Schistosomiasis: The Evolution of a Medical Literature, Selected Abstracts and Citations, 1852-1972, by Kenneth S. Warren. Reviewed by Philip Morrison, 1974 Nov. p. 138.

Schools of Psychoanalytic Thought, by Ruth L. Munroe. Reviewed by Robert P. Knight, 1956 Apr. p. 143.

Science and Civilisation in China, by Joseph Needham. Reviewed by James R. Newman, 1954 Oct. p. 86.

Science and Civilisation in China, Volume 4: Physics and Physical Technology; Part III: Civil Engineering and Nautics, by Joseph Needham, with the collaboration of Wang Ling and Lu Gwei-Djen. Reviewed by N. Sivin, 1972 Jan. p. 113.

Science and English Poetry, by Douglas Bush. Reviewed by James R. Newman, 1950 Aug. p. 56.

Science and Ethics of Equality, The, by David Hawkins. Reviewed by Philip Morrison, 1978 Jan. p. 28.

Science and Government, by Sir Charles Snow. Reviewed by P. M. S. Blackett, 1961 Apr. p. 191.

Science and Politics of I.Q., The, by Leon J. Kamin. Reviewed by David Layzer, 1975 July p. 126.

Science: Growth and Change, by Henry W. Menard. Reviewed by Philip Morrison, 1972 May p. 128.

Science in France in the Revolutionary Era, Described by Thomas Bugge, edited by Maurice P. Crosland. Reviewed by Philip Morrison, 1971 Jan. p. 118.

Science in History, by J. D. Bernal. Reviewed by N. W. Pirie, 1966 Mar. p. 131.

Science of Yachts, Wind & Water, The, by H. F. Kay. Reviewed by Philip Morrison, 1972 Sept. p. 204.

Science, Technology and Society in Seventeenth-Century England, by Robert K. Merton. Reviewed by I. Bernard Cohen, 1973 Feb. p. 117.

Scientific Analysis on the Pocket Calculator, by Jon M. Smith. Reviewed by Philip Morrison, 1975 May p. 119.

Scientific Estate, The, by Don K. Price. Reviewed by Kenneth E. Boulding, 1966 Apr. p. 131.

Scientific Explanation, by R. B. Braithwaite. Reviewed by J. Bronowski, 1953 Sept. p. 140.

Scientific Intellectual, The: The Psychological & Sociological Origins of Modern Science, by Lewis S. Feuer. Reviewed by A. Rupert Hall, 1963 Aug. p. 129.

Scientific Methods in Medieval Archaeology, edited by Rainer Berger. Reviewed by Philip Morrison, 1971 July p. 117.

Scientific Papers of Sir Geoffrey Ingram Taylor, The. Volume IV, Mechanics of Fluids: Miscellaneous Papers, edited by G. K. Batchelor. Reviewed by Philip Morrison, 1971 Nov. p. 130.

Scientific Results of the Viking Project, reprinted from *Journal of Geophysical Research,* September 30, 1977. Reviewed by Philip Morrison, 1978 May p. 37.

Scientific Study of Unidentified Flying Objects, under the scientific direction of Edward U. Condon. Edited by Daniel S. Gillmor. Reviewed by Philip Morrison, 1969 Apr. p. 139.

Scientist Speculates, The, edited by I. J. Good. Reviewed by James R. Newman, 1964 Sept. p. 243.

Scientists and Amateurs: The History of the Royal Society, by Dorothy Stimson. Reviewed by I. Bernard Cohen, 1949 July p. 56.

Scientists under Hitler: Politics and the Physics Community in the Third Reich, by Alan D. Beyerchen. Reviewed by Philip Morrison, 1978 May p. 33.

Scott's Last Voyage through the Antarctic Camera of Herbert Ponting, edited by Ann Savours. Reviewed by Philip Morrison, 1975 Apr. p. 144.

Sea Routes to Polynesia: American Indians and Early Asiatics in the Pacific, by Thor Heyerdahl. Reviewed by Philip Morrison, 1969 June p. 138.

Second Reference Catalogue of Bright Galaxies, by Gerard de Vaulcouleurs, Antoinette de Vaucouleurs and Harold G. Corwin, Jr. Reviewed by Philip Morrison, 1977 Apr. p. 140.

Second Sex, The, by Simone de Beauvoir. Reviewed by Abraham Stone, 1953 Apr. p. 105.

Secret Sentries in Space, by Philip J. Klass. Reviewed by Philip Morrison, 1971 Sept. p. 229.

Security, Loyalty and Science, by Walter Gellhorn. Reviewed by I. I. Rabi, 1951 Jan. p. 56.

Seeds of Change: The Green Revolution and Development in the, 1970's, by Lester R. Brown. Reviewed by Philip Morrison, 1970 June p. 147.

Selected Writings of Hermann von Helmholtz, edited, with an introduction, by Russell Kahl. Reviewed by Philip Morrison, 1972 Apr. p. 114.

Selections from "London Labour and the London Poor," by Henry Mayhew. Edited by John L. Bradley. Reviewed by Asa Briggs, 1966 July p. 123.

Serendipity in St. Reviewed by Helena: A Genetical and Medical Study of an Isolated Community, by Ian Shine and Reynold Gold. Reviewed by Philip Morrison, 1970 Nov. p. 126.

Serengeti: A Kingdom of Predators, by George B. Schaller. Reviewed by Philip Morrison, 1973 May p. 116.

Settlement of Polynesia, The: A Computer Simulation, by Michael Levison, R. Gerard Ward and John W. Webb, with the assistance of Trevor I. Fenner and W. Alan Sentance. Reviewed by Philip Morrison, 1974 Mar. p. 118.

Sexual Behavior in the Human Female, by Alfred C. Kinsey, Wardell B. Pomeroy, Clyde E. Martin, Paul H. Gebhard and others. Reviewed by Cora Du Bois, 1954 Jan. p. 82.

Shamanism: The Beginnings of Art, by Andreas Lommel. Reviewed by Philip Morrison, 1968 Aug. p. 120.

Shapes, Space, and Symmetry, by Alan Holden, with photographs by Doug Kendall. Reviewed by Philip Morrison, 1972 Mar. p. 124.

Silent Spring, by Rachel Carson. Reviewed by LaMont C. Cole, 1962 Dec. p. 173.

Sleep: Physiology and Pathology, edited by Anthony Kales. Reviewed by Philip Morrison, 1970 Aug. p. 126.

Sleepwalkers, The: A History of Man's Changing View of the Universe, by Arthur Koestler. Reviewed by I. Bernard Cohen, 1959 June p. 187.

Slow Virus Diseases of Animals and Man, edited by R. H. Kimberlin. Reviewed by Philip Morrison, 1977 May p. 140.

Slow Viruses, by David H. Adams and Thomas M. Bell. Reviewed by Philip Morrison, 1977 May p. 140.

Smugglers, The: An Investigation into the World of the Contemporary Smuggler, by Timothy Green. Reviewed by Philip Morrison, 1970 Mar. p. 141.

Snack Food Technology, by Samuel A. Matz. Reviewed by Philip Morrison, 1976 Aug. p. 110.

Social Class and Mental Illness: A Community Study, by August B. Hollingshead and Fredrick C. Redlich. Reviewed by Robert W. White, 1958 Nov. p. 155.

Social Stratification in Science, by Jonathan R. Cole and Stephen Cole. Reviewed by Philip Morrison, 1974 June p. 129.

Sociobiology: The New Synthesis, by Edward O. Wilson. Reviewed by John Tyler Bonner, 1975 Oct. p. 129.

Sociology of Science, The: Theoretical and Empirical Investigations, by Robert K. Merton. Edited and with an introduction by Norman W. Storer. Reviewed by Philip Morrison, 1974 June p. 129.

Solar Output and Its Variation, The, edited by Oran R. White. Reviewed by Philip Morrison, 1978 Feb. p. 34.

Sons of Science: The Story of the Smithsonian Institution and Its Leaders, by Paul H. Oehser. Reviewed by I. Bernard Cohen, 1949 July p. 56.

Sounds from Silence: Recent Discoveries in Ancient Near Eastern Music, by Anne Draffkorn Kilmer, Richard L. Crocker and Robert R. Brown. Reviewed by Philip Morrison, 1977 Oct. p. 28.

Soviet Rocketry: Past, Present, and Future, by Michael Stoiko. Reviewed by Philip Morrison, 1971 Feb. p. 125.

Spare-Part Surgery: The Surgical Practice of the Future, by Donald Longmore. Edited and illustrated by M. Ross-Macdonald. Reviewed by Philip Morrison, 1969 Jan. p. 133.

Speciation in Tropical Environments, edited by R. H. Lowe-McConnell. Reviewed by Philip Morrison, 1970 Nov. p. 126.

Speech and Brain-Mechanisms, by Wilder Penfield and Lamar Roberts. Reviewed by Lord Adrian, 1960 May p. 207.

Splendor Iridescence, The: Structural Colors in the Animal World, by Hilda Simon. Reviewed by Philip Morrison, 1971 Nov. p. 129.

Spotted Hyena, The: A Study of Predation and Social Behavior, by Hans Kruuk. Reviewed by Philip Morrison, 1973 May p. 116.

Stanford Two-Mile Accelerator, The, edited by R. B. Neal et al. Reviewed by Philip Morrison, 1969 June p. 139.

Statistical Theory, by Lancelot Hogben. Reviewed by Morris Kline, 1958 May p. 143.

Statistics of Deadly Quarrels, by Lewis F. Richardson. Reviewed by O. G. Sutton, 1961 Jan. p. 193.
Steam Engine of Thomas Newcomen, The, by L. T. C. Rolt and J. S. Allen. Reviewed by Philip Morrison, 1978 May p. 37.
Stereochemistry, by G. Natta and M. Farina. Translated by A. Dempster. Reviewed by Philip Morrison, 1974 Mar. p. 122.
Stone: Properties, Durability in Man's Environment, by E. M. Winkler. Reviewed by Philip Morrison, 1974 Apr. p. 123.
Stones, Bones and Skin: Ritual and Shamanic Art, edited by Anne Trueblood Brodzky, Rose Danesewich and Nick Johnson. Reviewed by Philip Morrison, 1977 Nov. p. 31.
Story of Maps, The, by Lloyd A. Brown. Reviewed by James R. Newman, 1949 Oct. p. 56.
Strategy and Conscience, by Anatol Rapoport. Reviewed by Marcus G. Raskin, 1964 Aug. p. 109.
Strategy of World Order, The: Vol. I, Toward a Theory of War Prevention; Vol. II, International Law; Vol. III, The United Nations; Vol. IV, Disarmament and Economic Development. Edited by Richard A. Falk and Saul H. Mendlovitz. Reviewed by Anatol Rapoport, 1966 Oct. p. 129.
Stress Analysis of a Strapless Evening Gown, A, edited by Robert A. Baker. Reviewed by James R. Newman, 1964 Sept. p. 243.
Structural Anthropology, by Claude Lévi-Strauss. Reviewed by Marshall D. Sahlins, 1966 June p. 131.
Structural Materials in Animals, by C. H. Brown. Reviewed by Philip Morrison, 1976 Apr. p. 134.
Structure and Properties of Water, The, by D. Eisenberg and W. Kauzmann. Reviewed by Philip Morrison, 1969 Sept. p. 265.
Structure of Matter, The, by Francis Owen Rice and Edward Teller. Reviewed by E. U. Condon, 1949 May p. 56.
Structure of Science, The, by Ernest Nagel. Reviewed by A. J. Ayer, 1961 June p. 197.
Structures of the Elements, The, by Jerry Donohue. Reviewed by Philip Morrison, 1976 May p. 126.
Studies in Prejudice, edited by Max Horkheimer and Samuel H. Flowerman. Reviewed by Gordon W. Allport, 1950 June p. 56.
Study of Thinking, A, by Jerome S. Bruner, Jacqueline J. Goodnow and George A. Austin. Reviewed by Ernest Nagel, 1957 June p. 153.
Study of Writing, A, by I. J. Gelb. Reviewed by James R. Newman, 1952 Oct. p. 85.
Submersibles and Their Use in Oceanography and Ocean Engineering, edited by Richard A. Geyer. Reviewed by Philip Morrison, 1978 Mar. p. 30.
Sudden Infant Death Syndrome, edited by Abraham B. Bergman, J. Bruce Beckwith and C. George Ray. Reviewed by Philip Morrison, 1971 Mar. p. 118.
Sun, The, edited by Gerard P. Kuiper. Reviewed by Jesse L. Greenstein, 1954 Sept. p. 157.
Superminds, by John Taylor. Reviewed by Philip Morrison, 1976 Feb. p. 134.
Supership, by Noël Mostert. Reviewed by Philip Morrison, 1975 Jan. p. 127.
Sweet and Dangerous, by John Yudkin. Reviewed by Philip Morrison, 1972 Oct. p. 126.
Sweetness and Sweeteners, edited by G. G. Birch, L. F. Green and C. B. Coulson. Reviewed by Philip Morrison, 1972 Oct. p. 126.
Swift Years, The: The Robert Oppenheimer Story, by Peter Michelmore. Reviewed by Philip Morrison, 1970 June p. 146.
Symmetry: A Stereoscopic Guide for Chemists, by Ivan Bernal, Walter C. Hamilton and John S. Ricci. Reviewed by Philip Morrison, 1972 July p. 118.
Szilard, The Collected Works of Leo: Scientific Papers, edited by Bernard T. Feld and Gertrud Weiss Szilard, with Kathleen R. Winsor. Reviewed by Philip Morrison, 1973 July p. 117.

T

Tallest Tower: Eiffel and the Bell Epoque, The, by Joseph Harriss. Reviewed by Philip Morrison, 1975 Sept. p. 196.
Taylor, The Scientific Papers of Sir Geoffrey Ingram. Volume IV, Mechanics of Fluids: Miscellaneous Papers, edited by G. K. Batchelor. Reviewed by Philip Morrison, 1971 Nov. p. 130.
Technological Society, The, by Jacques Ellul. Reviewed by A. Rupert Hall, 1965 Feb. p. 125.
Technology and the Academics, by Sir Eric Ashby. Reviewed by Asa Briggs, 1959 Oct. p. 201.
Think Tanks, by Paul Dickson. Reviewed by Philip Morrison, 1972 July p. 119.
Thinkers and Tinkers: Early American Men of Science, by Silvio A. Bedini. Reviewed by Philip Morrison, 1976 July p. 132.
Thirteen: The Flight That Failed, by Henry S. F. Cooper, Jr. Reviewed by Philip Morrison, 1973 May p. 115.
Time's Arrow and Evolution, by H. F. Blum. Reviewed by Sir George Thomson, 1952 Apr. p. 88.
Titius-Bode Law of Planetary Distances, The: Its History and Theory, by Michael Martin Nieto. Reviewed by Philip Morrison, 1973 Sept. p. 194.
To Be an Invalid: The Illness of Charles Darwin, by Ralph Colp, Jr. Reviewed by Philip Morrison, 1977 Oct. p. 30.
Top, The: Universal Toy, Enduring Pastime, by D. W. Gould. Reviewed by Philip Morrison, 1974 Apr. p. 124.
Torment of Secrecy, The, by Edward A. Shils. Reviewed by Harry L. Shapiro, 1956 July p. 120.
Treatise on Limnology, A: Vol. 1, Part 1, Geography and Physics of Lakes, Part 2, Chemistry of Lakes; Vol. II, Introduction to Lake Biology and the Limnoplankton; Vol. III, Limnological Botany, by G. Evelyn Hutchinson. Reviewed by Philip Morrison, 1976 Nov. p. 141.
Tribes of the Sahara, by Lloyd Cabot Briggs. Reviewed by James R. Newman, 1960 Nov. p. 217.
Tropical Africa, by George H. T. Kimble. Reviewed by F. Fraser Darling, 1961 Sept. p. 279.
Tropical Crops: Dicotyledons, by J. W. Purseglove. Reviewed by Philip Morrison, 1969 Jan. p. 133.
Tropical Crops: Monocotyledons 1 and 2, by J. W. Purseglove. Reviewed by Philip Morrison, 1973 June p. 118.
Tuning of the World, The, by R. Murray Schafer. Reviewed by Philip Morrison, 1978 Jan. p. 29.
Two Cultures and the Scientific Revolution, The, by C. P. Snow. Reviewed by Asa Briggs, 1959 Oct. p. 201.
Two Cybernetic Frontiers, by Stewart Brand. Reviewed by Philip Morrison, 1974 Aug. p. 112.

U

UFO's Explained, by Philip J. Klass. Reviewed by Philip Morrison, 1975 May p. 117.
Ultrashort Light Pulses: Picosecond Techniques and Applications, edited by S. L. Shapiro. Reviewed by Philip Morrison, 1978 June p. 35.
Ultrasonic Communication by Animals, by Gillian Sales and David Pye. Reviewed by Philip Morrison, 1975 Oct. p. 134.
Understanding Doomsday: A Guide to the Arms Race for Hawks, Doves and People, by Thomas Gordon Plate. Reviewed by Philip Morrison, 1971 June p. 132.
Understanding Physics Today, by W. H. Watson. Reviewed by Ernest Nagel, 1963 Oct. p. 145.
Underwater Science: An Introduction to Experiments by Divers, edited by J. D. Woods and J. N. Lythgoe. Reviewed by Philip Morrison, 1973 Jan. p. 124.
U.S. Observatories: A Directory and Travel Guide, by H. T. Kirby-Smith. Reviewed by Philip Morrison, 1977 Apr. p. 140.

Unsafe at Any Speed: The Designed-in Dangers of the American Automobile, by Ralph Nader. Reviewed by David Hawkins, 1966 May p. 137.
Urbanization at Teotihuacán, Mexico, edited by René Millon. Reviewed by Philip Morrison, 1975 Jan. p. 130.
Uri: A Journal of the Mystery of Uri Geller, by Andrija Puharich. Reviewed by Philip Morrison, 1976 Feb. p. 134.

V

Vacuum Manual, edited by L. Holland, W. Steckelmacher and J. Yarwood. Reviewed by Philip Morrison, 1975 Feb. p. 110.
Various and Ingenious Machines of Agostino Ramelli (1588), The, translated from the Italian and the French, with a biographical study of the author, by Martha Teach Gnudi. Technical annotations and a pictorial glossary by Eugene S. Ferguson. Reviewed by Philip Morrison, 1977 Feb. p. 128.
Vegetation of the Earth, by Heinrich Walter. Translated by Joy Wieser. Reviewed by Philip Morrison, 1975 Jan. p. 132.
Velocity of Light and Radio Waves, The, by K. D. Froome and L. Essen. Reviewed by Philip Morrison, 1970 Aug. p. 124.
View from Space, The: Photographic Exploration of the Planets, by Merton E. Davies and Bruce C. Murray. Reviewed by Philip Morrison, 1972 Apr. p. 113.
Vinci, The World of Leonardo da: Man of Science, Engineer, and Dreamer of Flight, by Ivor B. Hart. Reviewed by J. Bronowski, 1963 June p. 169.
Vision: Human and Electronic, by Albert Rose. Reviewed by Philip Morrison, 1975 June p. 123.

Vital Balance, The: The Life Process in Mental Health and Illness, by Karl Menninger, with Martin Mayman and Paul Pruyser. Reviewed by E. G. Boring, 1964 Apr. p. 145.
Voyages to the Moon, by Marjorie Hope Nicolson. Reviewed by James R. Newman, 1948 Dec. p. 54.

W

Wallace and Bates in the Tropics: An Introduction to the Theory of Natural Selection, edited by Barbara G. Beddall. Reviewed by Philip Morrison, 1969 Oct. p. 146.
Wandering Albatross, The, by William Jameson. Reviewed by James R. Newman, 1960 Feb. 169.
Water: A Primer, by Luna B. Leopold. Reviewed by Philip Morrison, 1975 Feb. p. 111.
Water: A View from Japan, text by Bernard Barber, photographs by Dana Levy. Reviewed by Philip Morrison, 1975 Feb. p. 111.
Weather Business, The: Observation, Analysis, Forecasting, and Modification, by Bruce W. Atkinson. Reviewed by Philip Morrison, 1970 May p. 140.
Weather Machine, The, by Nigel Calder. Reviewed by Philip Morrison, 1975 June p. 124.
Weeds in Winter, written and illustrated by Lauren Brown. Reviewed by Philip Morrison, 1977 Mar. p. 142.
Wells, H. G., by Richard Hauer Costa. Reviewed by Robert M. Adams, 1967 July 124.
West African Cook Book, A, by Ellen Gibson Wilson. Reviewed by Philip Morrison, 1972 Nov. p. 129.
Western Intellectual Tradition, The: From Leonardo to Hegel, by J. Bronowski and Bruce Mazlish. Reviewed by C. P. Snow, 1960 Sept. p. 249.
What is Calculus About? by W. W. Sawyer. Reviewed by Morris Kline, 1962 Jan. p. 157.
Wheelwright's Shop, The, by George Sturt. Reviewed by Philip Morrison, 1976 Feb. p. 135.
Whereby We Thrive: A History of American Farming, 1607-1972, by John T. Schlebecker. Reviewed by Philip Morrison, 1977 June p. 140.
Whistled Languages, by R. G. Busnel and A. Classe. Reviewed by Philip Morrison, 1977 May p. 141.
Wild Boy of Aveyron, The, by Harlan Lane. Reviewed by Philip Morrison, 1977 Jan. p. 124.
Wildlife in Danger, by James Fisher, Noel Simon, Jack Vincent et al. Reviewed by Philip Morrison, 1969 Nov. p. 162.
Wittgenstein, Ludwig: A Memoir, by Norman Malcolm. Reviewed by James R. Newman, 1959 Aug. p. 149.
Words and Things: A Critical Account of Linguistic Philosophy and a Study in Ideology, by Ernest Gellner. Reviewed by Morton White, 1960 Mar. p. 205.
Work and Play: Ideas and Experience of Work and Leisure, by Alasdair Clayre. Reviewed by Philip Morrison, 1976 July p. 135.
Works of Isambard Kingdom Brunel, The: An Engineering Appreciation, edited by Sir Alfred Pugsley. Reviewed by Philip Morrison, 1977 Apr. p. 144.
World Armaments and Disarmament: SIPRI Yearbook, 1975, Stockholm International Peace Research Institute. Reviewed by Philip Morrison, 1976 July p. 132.
World of Leonardo da Vinci, The: Man of Science, Engineer, and Dreamer of Flight, by Ivor B. Hart. Reviewed by J. Bronowski, 1963 June p. 169.
World of Mathematics, The, edited by James R. Newman. Reviewed by Max Black, 1956 Nov. p. 147.
World of Psychology, The, edited by G. B. Levitas. Reviewed by Edwin G. Boring, 1963 July p. 159.
World of Strangers, A: Order and Action in Urban Public Space, by Lyn H. Lofland. Reviewed by Philip Morrison, 1974 Aug. p. 112.
World You Never See, The: Underwater Life, written and photographed by Peter Parks. Reviewed by Philip Morrison, 1977 Mar. p. 142.
Wright, The Papers of Wilbur and Orville, edited by Marvin W. McFarland. Reviewed by James R. Newman, 1954 May p. 88.

Y

Yiwara: Foragers of the Australian Desert, by Richard A. Gould. Reviewed by Philip Morrison, 1970 Nov. p. 130.

Z

Zeno's Paradoxes, edited by Wesley C. Salmon. Reviewed by Philip Morrison, 1971 Mar. p. 122.

REVIEWERS

A

Adams, Robert M. Reviews: *H. G. Wells,* by Richard Hauer Costa, 1967 July p. 124; *The Huxleys,* by Ronald W. Clark, 1968 Oct. p. 135.
Adrian, Lord. Review: *Speech and Brain-Mechanisms,* by Wilder Penfield and Lamar Roberts, 1960 May p. 207.
Allport, Gordon W. Reviews: *Studies in Prejudice,* edited by Max Horkheimer and Samuel H. Flowerman; *The Authoritarian Personality,* by T. W. Adorno, Else Frenkel-Brunswik, Daniel J. Levinson and R. Nevitt Sanford; *Dynamics of Prejudice: A Psychological and Sociological Study of Veterans,* by Bruno Bettelheim and Morris Janowitz; *Anti-Semitism and Emotional Disorder: A Psychoanalytic Interpretation,* by Nathan W. Ackerman and Marie Jahoda; *Rehearsal for Destruction: A Study for Political Anti-Semitism in Imperial Germany,* by Paul W. Massing; *Prophets of Deceit: A Study of the Techniques of the American Agitator,* by Leo Lowenthal and Norbert Guterman, 1950 June p. 56.
Ayer, A. J. Review: *The Structure of Science,* by Ernest Nagel, 1961 June p. 197.

B

Barnett, S. A. Review: *On Aggression,* by Konrad Lorenz, 1967 Feb. p. 135.
Baskin, Marcus G. Review: *Strategy and Conscience,* by Anatol Rapoport, 1964 Aug. p. 109.
Bates, Marston. Review: *The Human Animal,* by Weston La Barre, 1954 Nov. p. 106.
Beach, Frank A. Reviews: *A Model of the Brain,* by J. Z. Young, 1965 Apr. p. 147; *Human Sexual Response,* by William H. Masters and Virginia E. Johnson, 1966 Aug. p. 107.
Beer, Sir Gavin de. Review: *Mankind Evolving: The Evolution of the Human Species,* by Theodosius Dobzhansky, 1962 Sept. p. 265.
Berkner, Lloyd V. Review: *The Earth as a Planet,* edited by Gerard P. Kuiper, 1955 Sept. p. 177.
Black, Max. Reviews: *The Aim and Structure of Physical Theory,* by Pierre Duhem, 1954 Aug. p. 78; *The World of Mathematics,* edited by James R. Newman, 1956 Nov. p. 147; *The Natural Philosophy of Time,* by G. J. Whitrow, 1962 Apr. p. 179; *Literature and Science,* by Aldous Huxley, 1964 Mar. p. 141; *Beyond the Edge of Certainty: Essays in Contemporary Science and Philosophy,* by Robert G. Colodny, 1965 Aug. p. 109.
Blackett, P. M. S. Review: *Science and Government,* Sir Charles Snow, 1961 Apr. p. 191.
Bloch, Donald A. Review: *The Mental Hospital,* by Alfred H. Stanton and Morris S. Schwartz, 1955 Apr. p. 100.
Bohannan, Paul. Review: *A Profile of the Negro American,* by Thomas F. Pettigrew, 1965 June p. 137.
Bonner, John Tyler. Review: *Sociobiology: The New Synthesis,* by Edward O. Wilson, 1975 Oct. p. 129.
Boring, Edwin G. Reviews: *The World of Psychology,* edited by G. B. Levitas, 1963 July 159; *The Vital Balance: The Life Process in Mental Health and Illness,* by Karl Menninger with Martin Mayman and Paul Pruyser, 1964 Apr. p. 145; *Mental Retardation: A Review of Research,* edited by Harvey A. Stevens and Rich Heber, 1965 July p. 113.
Boulding, Kenneth E. Reviews: *Of Time, Work, and Leisure,* by Sebastian de Grazia; *Communication and Social Order,* by Hugh Dalziel Duncan, 1963 Jan. p. 157; *On Economic Knowledge: Toward a Science of Political Economics,* by Adolph Lowe, 1965 May p. 139; *The Scientific Estate,* by Don K. Price, 1966 Apr. p. 131.
Braverman, Maxwell H. Review: *Marcello Malpighi and the Evolution of Embryology,* by Howard B. Adelmann, 1967 Apr. p. 135.
Bridgman, P. W. Review: *Non-Linear Wave Mechanics: A Causal Interpretation,* by Louis de Broglie, 1960 Oct. p. 201.
Briggs, Asa. Reviews: *Technology and the Academics,* by Sir Eric Ashby; *The Two Cultures and the Scientific Revolution,* by C. P. Snow, 1959 Oct. p. 201; *The Making of the English Working Class,* by E. P. Thompson, 1965 Jan. p. 125; *Selections from "London Labour and the London Poor,"* by Henry Mayhew. Edited by John L. Bradley, 1966 July 123.

Bronowski, J. Reviews: *Methods of Operations Research,* by Philip M. Morse and George E. Kimball, 1951 Oct. p. 75; *Modern Cosmology and the Christian Idea of God,* by E. A. Milne, 1952 Nov. p. 87; *Scientific Explanation,* by R. B. Braithwaite, 1953 Sept. p. 140; *Foundations of Inductive Logic,* by Roy Harrod, 1957 May 137; *The World of Leonardo da Vinci: Man of Science, Engineer, and Dreamer of Flight,* by Ivor B. Hart, 1963 June p. 169; *Brains, Machines, and Mathematics,* by Michael A. Arbib, 1964 June p. 130; *Death in Life: Survivors of Hiroshima,* by Robert Jay Lifton, 1968 June p. 131.
Brown, Harrison. Review: *Earth in Upheaval,* by Immanuel Velikovsky, 1956 Mar. p. 127.
Butterfield, Herbert. Review: *A History of Science: Ancient Science through the Golden Age of Greece,* by George Sarton, 1953 Feb. p. 95.

C

Chapline, W. R. Review: *Grass,* U.S. Department of Agriculture Yearbook for 1948, 1948 Sept. p. 56.
Chermayeff, Serge. Review: *Architecture and the Esthetics of Plenty,* by James Marston Fitch, 1962 June p. 183.
Churchill, Henry S. Review: *The City in History,* by Lewis Mumford, 1961 July p. 175.
Clark, Sir George. Review: *The Correspondence of Isaac Newton: Vol. I,* edited by H. W. Turnbull, 1960 Jan. p. 173.
Cofer, Charles A. Review: *The Human Group,* by George C. Homans, 1951 Mar. p. 64.
Cohen, I. Bernard. Reviews: *Introduction to the History of Science: Science and Learning in the Fourteenth Century,* by George Sarton, 1948 Oct. p. 54; *Scientists and Amateurs: The History of the Royal Society,* by Dorothy Stimson; *Sons of Science: The Story of the Smithsonian Institution and Its Leaders,* by Paul H. Oehser, 1949 July p. 56; *Louis Pasteur: Free Lance of Science,* by René Dubos, 1950 Feb. p. 56; *A History of Medicine, Vol. I:Primitive and Archaic Medicine,* by Henry E. Sigerist, 1951 Feb. p. 66; *Josiah Willard Gibbs,* by Lynde Phelps Wheeler, 1951 Nov. p. 74; *The Exact Sciences in Antiquity,* by O. Neugebauer; *History of the Theories of Aether and Electricity: The Classical Theories,* by Sir Edmund Whittaker, 1952 May p. 80; *The Sleepwalkers: A History of Man's Changing View of the Universe,* by Arthur Koestler, 1959 June p. 187; *The Mathematical Papers of Isaac Newton, Vol. I: 1664-1666,* edited by D. T. Whiteside, 1968 Jan. p. 134; *Science, Technology and Society in Seventeenth-Century England,* by Robert K. Merton, 1973 Feb. p. 117.
Cole, LaMont C. Review: *Silent Spring,* by Rachel Carson, 1962 Dec. p. 173.
Condon, E. U. Reviews: *The Structure of Matter,* by Francis Owen Rice and Edward Teller, 1949 May p. 56; *Peaceful Uses of Atomic Energy,* United Nations, 1956 Sept. p. 241.

D

Darling, F. Fraser. Review: *Tropical Africa,* by George H. T. Kimble, 1961 Sept. p. 279.
Davis, Kingsley. Review: *Population Growth and Land Use,* by Colin Clark, 1968 Apr. p. 133.
de Beer, Sir Gavin. Review: *Mankind Evolving: The Evolution of the Human Species,* by Theodosius Dobzhansky, 1962 Sept. p. 265.
Denney, Reuel. Review: *Communication and Persuasion,* by Carl I. Hovland, Irving L. Janis and Harold H. Kelley, 1955 Jan. p. 88.
de-Shalit, Amos. Review: *Ciba Foundation Symposium: Decision Making in National Science Policy,* 1968 Nov. p. 159.
Dingle, Herbert. Review: *Measurement: Definitions and Theories,* edited by C. West Churchman and Philburn Ratoosh, 1960 June p. 189.
Dobzhansky, Theodosius. Review: *The Origin of Races,* by Carleton S. Coon, 1963 Feb. p. 169.
Doty, Paul, and Dorothy Zinberg. Review: *The New Brahmins: Scientific Life in America,* by Spencer Klaw, 1969 May p. 139.
Dresser, Peter van. Review: *Rocket Development,* by Robert Hutchins Goddard, 1949 Apr. p. 56.
Du Bois, Cora. Review: *Sexual Behavior in the Human Female,* by Alfred C. Kinsey, Wardell B. Pomeroy, Clyde E. Martin, Paul H. Gebhard and others, 1954 Jan. p. 82.
Dunn, Leslie C. Review: *Genetics and the Races of Man,* by William C. Boyd, 1950 Dec. p. 58.
Dyer, Henry S. Reviews: *Essentials of Psychological Testing,* by Lee J. Cronbach; *Personnel Selection, Test and Measurement Techniques,* by Robert L. Thorndike; *Appraising Vocational Fitness by Means of Psychological Tests,* by Donald E. Super; *Assessment of Men,* by the Office of Strategic Services Assessment Staff; *Educational Measurement,* edited by Everet F. Lindquist, 1951 Sept. p. 110.
Dyson, Freeman J. Review: *A History of the Theories of Aether and Electricity, Vol. II,* by Sir Edmund Whittaker, 1954 Mar. p. 92.

E

Evans, Howard E. Reviews: *A Catalog of the Diptera of America North of Mexico,* under the direction of Alan Stone, Curtis W. Sabrosky, Willis W. Wirth, Richard H. Foote and Jack R. Coulson; *The Natural History of Flies,* by Harold Oldroyd, 1966 Jan. p. 123.

F

Fano, R. M. Review: *Privacy and Freedom,* by Alan F. Westin, 1968 May p. 149.
Flannery, Kent V. Review: *An Introduction to American Archaeology, Vol. I: North and Middle America,* by Gordon R. Willey, 1967 Aug. p. 119.
Frisch, O. R. Reviews: *Niels Bohr: His Life and Work as Seen by His Friends and Colleagues,* edited by S. Rozenthal; *Niels Bohr: The Man, His Science, and the World They Changed,* by Ruth Moore, 1967 June p. 145.
Fromm, Erich. Review: *Memories, Dreams, Reflections,* by C. G. Jung. Recorded and edited by Aniela Jaffé. Translated from the German by Richard and Clara Winston, 1963 Sept. p. 283.

G

Glass, H. Bentley. Review: *The Biology of Ultimate Concern,* by Theodosius Dobzhansky, 1968 Feb. p. 133.
Gopal, S. Review: *Gandhi's Truth: On the Origins of Militant Nonviolence,* by Erik H. Erikson, 1970 Apr. p. 122.
Greenstein, Jesse L. Review: *The Sun,* edited by Gerard P. Kuiper, 1954 Sept. p. 157.
Grobstein, Clifford. Review: *Cells and Societies,* by John Tyler Bonner, 1956 Jan. p. 109.
Grodzins, Morton. Review: *Communism, Conformity and Civil Liberties,* by Samuel A. Stouffer, 1955 June p. 112.
Gruenberg, Ernest M. Review: *Mental Health in the Metropolis: The Midtown Manhattan Study, Vol. I,* by Leo Srole, Thomas S. Langner, Stanley T. Michael, Marvin K. Opler and Thomas A. C. Rennie, 1962 Oct. p. 159.
Gutheim, Frederick. Review: *Forms and Functions of Twentieth-Century Architecture,* edited by Talbot Hamlin, 1952 July p. 77.

H

Hall, A. Rupert. Reviews: *The Mechanization of the World Picture,* by E. J. Dijksterhuis, 1961 Dec. p. 177; *The Scientific Intellectual: The Psychological & Sociological Origins of Modern Science,* by Lewis S. Feuer, 1963 Aug. p. 129; *The Technological Society,* by Jacques Ellul, 1965 Feb. p. 125.
Hampshire, Stuart. Review: *The Life of David Hume,* by Ernest Campbell Mossner, 1955 Aug. p. 84.
Hawkins, David. Review: *Unsafe at Any Speed: The Designed-in Dangers of the American Automobile,* by Ralph Nader, 1966 May p. 137.
Henry, Jules. Review: *Human Behavior: An Inventory of Scientific Findings,* by Bernard Berelson and Gary A. Steiner, 1964 July p. 129.
Hockett, Charles F. Review: *Biological Foundations of Language,* by Eric H. Lenneberg, 1967 Nov. p. 141.
Holton, Gerald. Review: *Kepler,* by Max Caspar, 1960 Aug. p. 173.
Howe, Mark DeWolfe. Review: *The American Jury,* by Harry Kalven, Jr., and Hans Zeisel, with the collaboration of Thomas Callahan and Philip Ennis, 1966 Sept. p. 295.
Huxley, Julian S. Review: *Life of the Past,* by George Gaylord Simpson, 1953 Aug. p. 88.

K

Kardiner, Abram. Reviews: *Magic, Science and Religion,* by Bronislaw Malinowski, 1948 June p. 58; *Civilization on Trial,* by Arnold Toynbee, 1948 Aug. p. 58.

Kendrew, John C. Review: *Phage and the Origins of Molecular Biology,* edited by John Cairns, Gunther S. Stent and James D. Watson, 1967 Mar. p. 141.
Keyserling, Leon H. Review: *Challenge to Affluence,* by Gunnar Myrdal, 1964 Jan. p. 141.
Klein, Martin J. Reviews: *Rutherford and the Nature of the Atom,* by E. N. da C. Andrade; *Rutherford at Manchester,* edited by J. B. Birks; *The Collected Papers of Lord Rutherford of Nelson, Vol. II: Manchester,* published under the scientific direction of Sir James Chadwick, F.R.S., 1965 Mar. p. 129.
Kline, Morris. Reviews: *Mathematics and Plausible Reasoning,* by George Polya, 1955 Mar. p. 107; *Statistical Theory,* by Lancelot Hogben, 1958 May p. 143; *The Lore of Large Numbers,* by Philip J. Davis; *What is Calculus About?* by W. W. Sawyer; *Geometric Inequalities,* by Nicholas D. Kazarinoff; *An Introduction to Inequalities,* by Edwin Beckenbach and Richard Bellman; *Numbers: Rational and Irrational,* by Ivan Niven; *The Contest Problem Book,* by Charles T. Salkind, 1962 Jan. p. 157.
Knight, Robert P. Review: *Schools of Psychoanalytic Thought,* by Ruth L. Munroe, 1956 Apr. p. 143.
Krikorian, Y. H. Review: *Human Knowledge,* by Bertrand Russell, 1949 Feb. p. 56.

L

Layzer, David. Review: *The Science and Politics of I.Q.,* by Leon J. Kamin, 1975 July p. 126.
Linton, Ralph. Review: *The American People,* by Geoffrey Gorer, 1948 May p. 58.
Luria, Salvador E. Review: *Biology,* by Helena Curtis, 1969 Mar. p. 131.
Lwoff, André. Review: *The Double Helix,* by James D. Watson, 1968 July p. 133.

M

Mahalanobis, P. C. Review: *Asian Drama: An Inquiry into the Poverty of Nations,* by Gunnar Myrdal, 1969 July p. 128.
Mallowan, M. E. L. Review: *From the Tablets of Sumer,* by Samuel Noah Kramer, 1957 Feb. 134.
Mayr, Ernst. Review: *Darwin and the Darwinian Revolution,* by Gertrude Himmelfarb, 1959 Nov. p. 209.
McCormack, Alfred. Review: *The Oppenheimer Case,* by Charles P. Curtis, 1955 Oct. p. 112.
McCulloch, Warren S. Review: *Design for a Brain,* by W. Ross Ashby, 1953 May p. 96.
Mengel, Robert M. Review: *The Original Water-Color Paintings by John James Audubon for the Birds of America.* Introduction by Marshall B. Davidson, 1967 May p. 155.
Miller, George A. Reviews: *Lectures on Psychical Research,* by C. D. Broad, 1963 Nov. p. 171; *The Act of Creation,* by Arthur Koestler, 1964 Nov. p. 145.
Mirsky, Alfred E. Reviews: *The Facts of Life,* by C. D. Darlington, 1954 Apr. p. 92; *Essays of a Humanist,* by Sir Julian Huxley, 1964 Oct. p. 135; *Biology and the Future of Man,* edited by Philip Handler, 1970 Oct. p. 135.
Morgenbesser, Sidney. Review: *Causality: The Place of the Causal Principle in Modern Science,* by Mario Bunge, 1961 Feb. p. 175.
Morrison, Philip. Reviews: *A Peril and a Hope: The Scientists' Movement in America 1945-47,* by Alice Kimball Smith, 1965 Sept. p. 257; *Shamanism: The Beginnings of Art,* by Andreas Lommel, 1968 Aug. p. 120; *The Constructive Uses of Nuclear Explosives,* by Edward Teller, Wilson K. Talley, Gary H. Higgins and Gerald W. Johnson, 1968 Aug. p. 121; *Helium: Child of the Sun,* by Clifford W. Seibel, 1968 Sept. p. 249; *Haldane and Modern Biology,* edited by K. R. Dronamraju; *Men and Dinosaurs: The Search in Field and Laboratory,* by Edwin H. Colbert, 1969 Jan. p. 134; *Spare-Part Surgery: The Surgical Practice of the Future,* by Donald Longmore. Edited and illustrated by M. Ross-Macdonald; *Tropical Crops: Dicotyledons,* by J. W. Purseglove, 1969 Jan. p. 133; *Military and Civilian Pyrotechnics,* by Herbert Ellern, 1969 Apr. p. 140; *Scientific Study of Unidentified Flying Objects,* under the scientific direction of Edward U. Condon. Edited by Daniel S. Gillmor, 1969 Apr. p. 139; *Agricultural Origins and Dispersals: The Domestication of Animals and Foodstuffs,* by Carl O. Sauer; *Peoples and Cultures of the Pacific: An Anthropological Reader,* edited by Andrew P. Vayda; *Sea Routes to Polynesia: American Indians and Early Asiatics in the Pacific,* by Thor Heyerdahl, 1969 June p. 138; *Magnetic Compasses and Magnetometers,* by Alfred Hine, 1969 June p. 140; *The Stanford Two-Mile Accelerator,* edited by R. B. Neal, 1969 June p. 139; *Biologie et Écologie des Premiers Fossiles,* by Henri and Geneviève Termier, 1969 Aug. p. 132; *The Intellectual Migration: Europe and America 1930-1960,* edited by Donald Fleming and Bernard Bailyn, 1969 Aug. p. 131; *Basic Ship Theory,* by K. J. Rawson and E. C. Tupper, 1969 Sept. p. 270; *Diseases in Antiquity: A Survey of the Diseases, Injuries and Surgery of Early Populations,* compiled and edited by Don Brothwell and A. T. Sandison, 1969 Sept. p. 274; *The Structure and Properties of Water,* by D. Eisenberg and W. Kauzmann, 1969 Sept. p. 265; *Infrared System Engineering,* by Richard D. Hudson, Jr.; *The Rise and Fall of T. D. Lysenko,* by Zhores A. Medvedev. Translated by I. Michael Lerner, 1969 Oct. p. 144; *Man the Hunter,* edited by Richard B. Lee and Irven DeVore; *Nomads of the Long Bow: The Siriono of Eastern Bolivia,* by Allan R. Holmberg, 1969 Oct. p. 142; *Wallace and Bates in the Tropics: An Introduction to the Theory of Natural Selection,* edited by Barbara G. Beddall, 1969 Oct. p. 146; *Hamlet's Mill: An Essay on Myth and the Frame of Time,* by Giorgio de Santillana and Hertha von Dechend; *The Manipulation of Air-Sensitive Compounds,* by D. F. Shriver, 1969 Nov. p. 159; *Wildlife in Danger,* by James Fisher, Noel Simon, Jack Vincent et al., 1969 Nov. p. 162; *Children's Games in Street and Playground: Chasing, Catching, Seeking, Hunting, Racing, Duelling, Exerting, Daring, Guessing, Acting, Pretending,* by Iona and Peter Opie; *Physical Control of the Mind: Toward a Psychocivilized Society,* by José M. R. Delgado, 1970 Jan. p. 141; *The Proton Flare Project (The July p., 1966 Event): Vol. III of the Annals of the IQSY, International Years of the Quiet Sun,* edited by A. C. Stickland, 1970 Jan. p. 143; *Marine Animals: Partnerships and Other Associations,* by R. V. Gotto; *The Bog People: Iron-Age Man Preserved,* by P. V. Glob. Translated from the Danish by Rupert Bruce-Mitford, 1970 Feb. p. 122; *Gyroscopic Theory, Design, and Instrumentation,* by Walter Wrigley, Walter M. Hollister and William G. Denhard, 1970 Mar. p. 142; *The Smugglers: An Investigation into the World of the Contemporary Smuggler,* by Timothy Green, 1970 Mar. p. 141; *Biochemical Predestination,* by Dean H. Kenyon and Gary Steinman, 1970 May p. 142; *Photo-Electronic Image Devices: Proceedings of the Fourth Symposium,* edited by J. D. McGee, D. McMullan, E. Kahan and B. L. Morgan, 1970 May p. 139; *Prevention of Cancer: Pointers from Epidemiology,* by Richard Doll; *The Weather Business: Observation, Analysis, Forecasting, and Modification,* by Bruce W. Atkinson, 1970 May 140; *Anatomy of an Expedition,* by Henry W. Menard, 1970 June p. 150; *Antibodies and Immunity,* by G. J. V. Nossal, 1970 June p. 149; *Enrico Fermi, Physicist,* by Emilio Segrè; *My World Line: An Informal Autobiography,* by George Gamow; *The Swift Year: The Robert Oppenheimer Story,* by Peter Michelmore, 1970 June p. 146; *Seeds of Change: The Green Revolution and Development in the, 1970's,* by Lester R. Brown; *The Hungry Future,* by René Dumont and Bernard Rosier. Translated from the French by Rosamund Linell and R. B. Sutcliffe, 1970 June p. 147; *Food Resources, Conventional and Novel,* by N. W. Pirie; *The Lonely Furrow: Farming in the United States, Japan, and India,* by Kusum Nair, 1970 July 131; *Hilbert,* by Constance Reid, 1970 July 132; *The Muses at Work: Arts, Crafts, and Professions in Ancient Greece and Rome,* edited by Carl Roebuck; *Agricultural Implements of the Roman World,* by K. D. White; *China at Work,* by Rudolf P. Hommel; *Moving the Obelisks,* by Bern Dibner, 1970 Aug. p. 123; *Psychotomimetic Drugs,* edited by Daniel H. Efron; *Sleep: Physiology and Pathology,* edited by Anthony Kales, 1970 Aug. p. 126; *The Velocity of Light and Radio Waves,* by K. D. Froome and L. Essen, 1970 Aug. p. 124; *Air Pollution, Vols. I, II and III,* edited by Arthur C. Stern; *Antarctic Ecology, Vols. I and II,* edited by M. W. Holdgate; *Chemical Fallout: Current Research on Persistent Pesticides,* edited by Morton W. Miller and George G. Berg, 1970 Sept. p. 239; *Bamboo,* by Robert Austin and Koichiro Ueda; *The Natural History of Palms,* by E. J. H. Corner, 1970 Sept. p. 242; *An Introduction to Population Genetics Theory,* by James F. Crow and Motoo Kimura; *Serendipity in St. Helena: A Genetical and Medical Study of an Isolated Community,* by Ian Shine and Reynold Gold; *Speciation in Tropical Environments,* edited by R. H. Lowe-McConnell, 1970 Nov. p. 126; *The Discovery of Radioactivity and Transmutation,* edited by Alfred Romer; *Radiochemistry and the Discovery of Isotopes,* edited by Alfred Romer, 1970 Nov. p. 128; *The Emergence of Man,* by John E. Pfeiffer; *Yiwara: Foragers of the Australian Desert,* Richard A. Gould, 1970 Nov. p. 130; *The Intelligent Eye,* by Richard L. Gregory, 1970 Nov. p. 129; *Dollars for Research: Science and Its Patrons in Nineteenth-Century America,* by Howard S. Miller, 1971 Jan. p. 117; *Metric Change in India,* edited by Lal C. Verman and Jainath

Kaul; *Prepare Now for a Metric Future,* by Frank Donovan; *Science in France in the Revolutionary Era, Described by Thomas Bugge,* edited by Maurice P. Crosland; *The Metric System: A Critical Study of Its Principles and Practice,* by Maurice Danloux-Dumesnils. Translated from the French by Anne Garrett and J. S. Rowlinson, 1971 Jan. p. 118; *Behind Appearance: A Study of the Relations Between Painting and the Natural Sciences in this Century,* by C. H. Waddington, 1971 Feb. p. 126; *The Lunar Rocks,* by Brian Mason and William G. Melson; *The Moon as Viewed by Lunar Orbiter,* by L. J. Kosofsky and Farouk El-Baz, *Soviet Rocketry: Past, Present, and Future,* by Michael Stoiko, 1971 Feb. p. 125; *The Biology of Twinning in Man,* by M. G. Bulmer, 1971 Feb. p. 127; *Batteries and Energy Systems,* by Charles L. Mantell, 1971 Mar. p. 120; *Kangaroos,* by H. J. Frith and J. H. Calaby; *Sudden Infant Death Syndrome,* edited by Abraham B. Bergman, J. Bruce Beckwith and C. George Ray, 1971 Mar. p. 118; *Zeno's Paradoxes,* edited by Wesley C. Salmon, 1971 Mar. p. 122; *A History of Poliomyelitis,* by John R. Paul, 1971 Apr. p. 125; *Origin of Eukaryotic Cells,* by Lynn Margulis, 1971 May p. 128; *Physics and Beyond: Encounters and Conversations,* by Werner Heisenberg. Translated from the German by Arnold J. Pomerans, 1971 May p. 127; *The Mind of Man,* by Nigel Calder, 1971 May p. 129; *The Gift Relationship: From Human Blood to Social Policy,* by Richard M. Titmuss, 1971 June p. 131; *Impact of New Technologies on the Arms Race,* edited by B. T. Feld, T. Greenwood, G. W. Rathjens and S. Weinberg; *Understanding Doomsday: A Guide to the Arms Race for Hawks, Doves and People,* by Thomas Gordon Plate, 1971 June p. 132; *Asymmetric Organic Reactions,* by James D. Morrison and Harry S. Mosher, 1971 July p. 119; *Nobel Symposium 12: Radiocarbon Variations and Absolute Chronology,* edited by Ingrid U. Olsson; *Scientific Methods in Medieval Archaeology,* edited by Rainer Berger; *The Impact of the Natural Sciences on Archaeology: A Joint Symposium of the Royal Society and the British Academy,* edited by T. E. Allibone, F. R. S., et al., 1971 July p. 117; *The Global Circulation of the Atmosphere,* edited by G. A. Corby, 1971 July p. 118; *The Origins of Feedback Control,* by Otto Mayr, 1971 July p. 120; *Annual Report, 1970,* by the Center for Short-Lived Phenomena, 1971 Aug. p. 116; *Race to Oblivion: A Participant's View of the Arms Race,* by Herbert York; *Secret Sentries in Space,* by Philip J. Klass, 1971 Sept. p. 229; *The Botany and Chemistry of Cannabis,* edited by C. R. B. Joyce and S. H. Curry, 1971 Sept. p. 238; *The Natural History of the African Elephant,* by Sylvia K. Sikes, 1971 Oct. p. 115; *The Dying Patient,* by Orville G. Brim, Jr., Howard E. Freeman, Sol Levine and Norman A. Scotch; *The Splendor of Iridescence: Structural Colors in the Animal World,* by Hilda Simon, 1971 Nov. p. 129; *The Scientific Papers of Sir Geoffrey Ingram Taylor. Volume IV, Mechanics of Fluids: Miscellaneous Papers,* edited by G. K. Batchelor, 1971 Nov. p. 130; *The Discovery of Our Galaxy,* by Charles A. Whitney; *The Face of the Deep,* by Bruce C. Heezen and Charles D. Hollister; *An Original Theory or New Hypothesis of the Universe, 1750,* by Thomas Wright of Durham, 1972 Feb. p. 113; *East African Mammals: An Atlas of Evolution in Africa, Volume I,* by Jonathan Kingdon, 1972 Feb. p. 114; *Animals of the Arctic: The Ecology of the Far North,* by Bernard Stonehouse, 1972 Mar. p. 123; *The European Discovery of America: The Northern Voyages A.D. 500-1600,* by Samuel Eliot Morison, 1972 Mar. p. 122; *Precision Measurements and Fundamental Constants: Proceedings of the International Conference of the National Bureau of Standards, 1970,* edited by D. N. Langenberg and B. N. Taylor, 1972 Mar. p. 121; *Shapes, Space, and Symmetry,* by Alan Holden, with photographs by Doug Kendall, 1972 Mar. p. 124. *The Age of Mammals,* by Björn Kurtén; *Not from the Apes,* by Björn Kurtén, 1972 Apr. p. 115; *Airborne Camera: The World from the Air and Outer Space,* by Beaumont Newhall; *The from Space: Photographic Exploration of the Planets,* by Merton E. Davies and Bruce C. Murray, 1972 Apr. p. 113; *The Ethereal Aether: A History of the Michelson-Morley-Miller Aether-Drift Experiments, 1880-1930,* by Loyd S. Swenson, Jr.,; *Selected Writings of Hermann von Helmholtz,* edited, with an introduction, by Russell Kahl, 1972 Apr. p. 114; *Fingerprint Techniques,* by Andre A. Moenssens, 1972 Apr. p. 116; *China,* by Yi-Fu Tuan; *The Prehistory of China: An Archaeological Exploration,* by Judith M. Treistman, 1972 May p. 132; *The Design of Inquiring Systems; Basic Concepts of Systems and Organization,* by C. West Churchman; *Science: Growth and Change,* by Henry W. Menard, 1972 May p. 128; *Modern Analytical Chemistry,* by W. F. Pickering, 1972 May p. 134; *Mosquitos,* by J. D. Gillett, 1972 May p. 130; *The Air War in Indochina,* edited by Raphael Littauer and Norman Uphoff, 1972 June p. 131; *Christo,* by David Bourdon, 1972 June p. 133; *Inadvertent Climate Modification* (Report of the Study of Man's Impact on Climate), 1972 June p. 134; *Introduction to Newton's "Principia",* by I. Bernard Cohen; *Philosophiac Naturalis Principia Mathematica: Volume I and Volume II,* edited by Alexandre Koyré and I. Bernard Cohen, 1972 June p. 132; *Molecular Reality: A Perspective on the Scientific Work of Jean Perrin,* by Mary Jo Nye; *Symmetry: A Stereoscopic Guide for Chemists,* by Ivan Bernal, Walter C. Hamilton and John S. Ricci, 1972 July p. 118; *Restless Earth: A Report on the New Geology,* by Nigel Calder, 1972 July p. 120; *The Roots of Civilization: The Cognitive Beginnings of Man's First Art, Symbol and Notation,* by Alexander Marshack, 1972 July p. 117; *Think Tanks,* by Paul Dickson, 1972 July p. 119; *Foundations of Cyclopean Perception,* by Bela Julesz; *Optics, Painting & Photography,* by M. H. Pirenne, 1972 Aug. p. 118; *Jane's Surface Skimmers: Hovercraft and Hydrofoils, 1971-72,* edited by Roy McLeavy; *Land Speed Record,* by Cyril Posthumus, 1972 Aug. p. 120; *McBurney's Point: The Story of Appendicitis,* by Stewart M. Brooks, 1972 Aug. p. 122; *Dating Techniques for the Archaeologist,* edited by Henry N. Michael and Elizabeth K. Ralph; *Principles and Applications of Paleomagnetism,* by D. H. Tarling, 1972 Sept. p. 198; *Famine: A Symposium Dealing with Nutrition and Relief Operations in Times of Disaster,* edited for the Swedish Nutrition Foundation and the Swedish International Development Authority by Gunnar Blix, Yngve Hofvander and Bo Vahlquist, 1972 Sept. p. 194; *The Insect Societies,* by Edward O. Wilson, 1972 Sept. p. 193; *The Science of Yachts, Wind & Water,* by H. F. Kay, 1972 Sept. p. 204; *Europe's First Monumental Sculpture: New Discoveries at Lepenski Vir,* by Dragoslav Srejović. Translated from the Serbo-Croat by Lovett F. Edwards; *How Animals Work,* by Knut Schmidt-Nielsen, 1972 Oct. p. 122; *Passion to Know: The World's Scientists,* by Mitchell Wilson, 1972 Oct. p. 121; *Sweet and Dangerous,* by John Yudkin; *Sweetness and Sweeteners,* edited by G. G. Birch, L. F. Green and C. B. Coulson, 1972 Oct. p. 126; *Animals in the Service of Man,* by Edward Hyams; *Plants in the Service of Man: 10,000 Years of Domestication,* by Edward Hyams; *A West African Cook Book,* Ellen Gibson Wilson, 1972 Nov. p. 129; *Artificial Cells,* by Thomas Ming Swi Chang, 1972 Nov. p. 128; *The Desert Locust,* by Stanley Baron, 1972 Nov. p. 127; *Archaeology under Water,* by George F. Bass; *Underwater Science: An Introduction to Experiments by Divers,* edited by J. D. Woods and J. N. Lythgoe, 1973 Jan. p. 124; *Astronomy and Astrophysics for the, 1970's, Volume 1: Report of the Astronomy Survey Committee; The Legacy of George Ellery Hale: Evolution of Astronomy and Scientific Institutions, in Pictures and Documents,* edited by Helen Wright, Joan N. Warnow and Charles Weiner, 1973 Jan. p. 123; *Neuropoisons: Their Pathophysiological Actions. Volume 1: Poisons of Animal Origin,* edited by Lance L. Simpson, 1973 Jan. p. 125; *The Mammalian Cell as a Microorganism: Genetic and Biochemical Studies in Vitro,* by Theodore T. Puck, 1973 Feb. p. 120; *The Occult Sciences in the Renaissance: A Study in Intellectual Patterns,* by Wayne Shumaker, 1973 Feb. p. 121: *Albert Einstein: Creator and Rebel,* by Banesh Hoffmann, with the collaboration of Helen Dukas, 1973 Mar. p. 122; *The Computer from Pascal to von Neumann,* by Herman H. Goldstine; *A Computer Perspective,* by the office of Charles and Ray Eames, 1973 Mar 121; *A Commentary on the Dresden Codex: A Maya Hieroglyphic Book,* by J. Eric S. Thompson; *A Navigator's Universe: The Libro de Cosmographia of 1538,* by Pedro de Medina. Translated and with an introduction by Ursula Lamb, 1973 Mar. p. 124; *The Complete Naturalist: A Life of Linnaeus,* by Wilfrid Blunt, with the assistance of William T. Stearn, 1973 Apr. p. 119; *Glacial and Quaternary Geology,* by Richard Foster Flint; *Glacier Ice,* by Austin Post and Edward R. LaChapelle, 1973 Apr. p. 120; *Clouds of the World: A Complete Color Encyclopedia,* by Richard Scorer; *Serengeti: A Kingdom of Predators,* by George B. Schaller; *The Spotted Hyena: A Study of Predation and Social Behavior,* by Hans Kruuk, 1973 May p. 116; *Thirteen: The Flight That Failed,* by Henry S. F. Cooper, Jr., 1973 May p. 115; *Blepharisma: The Biology of a Light-Sensitive Protozoan,* by Arthur C. Giese, with the collaboration of Shōichirō Suzuki, Robert A. Jenkins, Henry I. Hirshfield, Irwin R. Isquith and Ann M. DiLorenzo, 1973 June p. 117; *Tropical Crops: Monocotyledons 1 and 2,* by J. W. Purseglove, 1973 June p. 118; *Aspects of Quantum Theory,* edited by Abdus Salam and E. P. Wigner; *The Collected Works of Leo Szilard: Scientific Papers,* edited by Bernard T. Feld and Gertrud Weiss Sizlard with Kathleen R. Winsor; *Creativity and Intuition: A Physicist*

Looks at East and West, by Hideki Yukawa. Translated by John Bester, 1973 July 117; *Flint: Its Origin, Properties and Uses,* by Walter Shepherd; *Geographical Ecology: Patterns in the Distribution of Species,* by Robert H. MacArthur, 1973 July p. 119; *The Ecology of Stray Dogs: A Study of Free-Urban Animals,* by Alan M. Beck, 1973 Aug. p. 115; *Hypnosis: Research Developments and Perspectives,* edited by Erika Fromm and Ronald E. Shor; *Life: The Unfinished Experiment,* by S. E. Luria, 1973 Aug. p. 112; *The Living Arts of Nigeria,* edited by William Fagg. Illustrated by Michael Foreman. Photographs by Harri Peccinotti; *Old Ways of Working Wood,* by Alex W. Bealer, 1973 Aug. p. 113; *Optical Production Technology,* by D. F. Horne, 1973 Aug. p. 111; *Are Quanta Real? A Galilean Dialogue,* by J. M. Jauch; *Orbital and Electron Density Diagrams: An Application of Computer Graphics,* by Andrew Streitwieser, Jr., and Peter H. Owens, 1973 Sept. p. 191; *Cristofano and the Plague: A Study in the History of Public Health in the Age of Galileo,* by Carlo M. Cipolla, 1973 Sept. p. 192; *The Titius-Bode Law of Planetary Distances: Its History and Theory,* by Michael Martin Nieto, 1973 Sept. p. 194; *The Botany and Chemistry of Hallucinogens,* by Richard Evans Schultes and Albert Hofmann; *Hallucinogens and Shamanism,* edited by Michael J. Harner; *Neuropharmacology and Behavior,* by V. G. Long, 1973 Oct. p. 129; *Friction: An Introduction to Tribiology,* by Frank Philip Bowden and David Tabor, 1973 Oct. p. 128; *Harry's Cosmeticology, Formerly the Principles and Practice of Modern Cosmetics,* by Ralph G. Harry, revised by J. B. Wilkinson, in cooperation with P. Alexander, E. Green, B. A. Scott and D. L. Wedderburn; *Mars and the Mind of Man,* by Ray Bradbury, Arthur C. Clarke, Bruce Murray, Carl Sagan and Walter Sullivan, 1973 Oct. p. 127; *Electrostatics and Its Applications,* edited by A. D. Moore, 1973 Nov. p. 133; *Flies and Disease, Volume I: Ecology, Classification and Biotic Associations; Volume II: Biology and Disease Transmission,* by Bernard Greenberg, 1973 Nov. p. 131; *An Illustrated History of Brain Function,* by Edwin Clarke and Kenneth Dewhurst, 1973 Nov. p. 132; *Boron,* by A. G. Massey and J. Kane; *Fibre Reinforcement,* by J. A. Catherall; *Lamp Phosphors,* by H. L. Burrus, 1974 Jan. p. 125; *Great Zimbabwe,* by P. S. Garlake, 1974 Jan. p. 123; *The Psychology of Anomalous Experience: A Cognitive Approach,* by Graham Reed, 1974 Jan. p. 126; *Contraception,* edited by L. L. Langley; *Geochronology: Radiometric Dating of Rocks and Minerals,* edited by C. T. Harper; *Palaeoethnobotany: The Prehistoric Food Plants of the Near East and Europe,* by Jane M. Renfrew, 1974 Feb. p. 119; *Humboldt and the Cosmos,* by Douglas Botting, 1974 Feb. p. 117; *Paradise Lost: The Decline of the Auto-Industrial Age,* by Emma Rothschild, 1974 Feb. p. 118; *Africa Counts: Number and Pattern in African Culture,* by Claudia Zaslavsky, 1974 Mar. p. 120; *The Architecture of War,* Keith Mallory and Arvid Ottar, 1974 Mar. p. 117; *The Detection of Fish,* by David Cushing, 1974 Mar. p. 119; *The Settlement of Polynesia: A Computer Simulation,* by Michael Levison, R. Gerard Ward and John W. Webb, with the assistance of Trevor I. Fenner and W. Alan Sentance, 1974 Mar. p. 118; *Stereochemistry,* by G. Natta and M. Farina. Translated by A. Dempster, 1974 Mar. p. 122; *A Handbook of Integer Sequences,* by N. J. A. Sloane, 1974 Apr. p. 125; *The Physiological Clock: Circadian Rhythms and Biological Chronometry,* by Erwin Bünning; *Stone: Properties, Durability in Man's Environment,* by E. M. Winkler, 1974 Apr. p. 123; *The Top: Universal Toy, Enduring Pastime,* by D. W. Gould, 1974 Apr. p. 124; *Agents of Bacterial Disease,* by Albert S. Klainer and Irving Geis; *The Blue-Green Algae,* by G. E. Fogg, W. D. P. Stewart, P. Fay and A. E. Walsby, 1974 May p. 134; *Chemicals from Petroleum: An Introductory Survey,* by A. Lawrence Waddams, 1974 May p. 142; *The Functions of Sleep,* by Ernest L. Hartmann, 1974 May p. 133; *The Nature and Art of Workmanship,* by David Pye, 1974 May p. 137; *Biology of Earthworms,* by C. A. Edwards and J. R. Lofty, 1974 June p. 133; *Communications Satellite Systems, Communications Satellite Technology,* edited by P. L. Bargellini, 1974 June p. 130; *Originality and Competition in Science: A Study of the British High Energy Physics Community,* by Jerry Gaston; *Social Stratification in Science,* by Jonathan R. Cole and Stephen Cole; *The Sociology of Science: Theoretical and Empirical Investigations,* by Robert K. Merton. Edited and with an introduction by Norman W. Storer, 1974 June p. 129; *Energy Crises in Perspective,* by John C. Fisher, 1974 July p. 132; *Legends of the Earth: Their Geologic Origins,* by Dorothy B. Vitaliano, 1974 July p. 129; *The Particle Atlas, Edition Two: An Encyclopedia of Techniques for Small Particle Identification,* by Walter C. McCrone and John Gustav Delly, 1974 July 134; *Patterns in Nature,* by Peter S. Stevens, 1974 July p. 133; *The Ascent of Man,* by J. Bronowski, 1974 Aug. p. 111; *Man-Made Crystals,* by Joel E. Arem, 1974 Aug. p. 113; *The Puzzle of Pain,* by Ronald Melzack, 1974 Aug. p. 115; *A Random Walk in Science,* an anthology compiled by R. L. Weber. Edited by E. Mendoza; *Two Cybernetic Frontiers,* by Stewart Brand; *A World of Strangers: Order and Action in Urban Public Space,* by Lyn H. Lofland, 1974 Aug. p. 112; *Breathing: Physiology, Environment and Lung Disease,* by Arend Bouhuys, 1974 Sept. p. 202; *The Curve of Binding Energy,* by John McPhee; *Oilfields of the World: Geology and Geography,* by E. N. Tiratsoo, 1974 Sept. p. 201; *Design of Racing Sports Cars,* by Colin Campbell, 1974 Sept. p. 204; *The Redshift Controversy,* by George B. Field, Halton Arp and John N. Bahcall, 1974 Sept. p. 206; *Darwin on Man: A Psychological Study of Scientific Creativity,* by Howard E. Gruber, together with Darwin's early and unpublished notebooks, transcribed and annotated by Paul H. Barrett, 1974 Oct. p. 138; *The Light of the Night Sky,* by F. E. Roach and Janet L. Gordon, 1974 Oct. p. 135; *The Pyramids,* by Ahmed Fakhry; *The Riddle of the Pyramids,* by Kurt Mendelssohn, 1974 Oct. p. 136; *Bridges: The Spans of North America,* by David Plowden, 1974 Nov. p. 143; *The Coral Seas: Wonders and Mysteries of Underwater Life,* by Hans W. Fricke; *The Explorations of Captain James Cook in the Pacific as Told by Selections of His Own Journals 1768-1779,* edited by A. Grenfell Price. Illustrated by Geoffrey C. Ingleton; *The Great Barrier Reef,* by Isobel Bennett; *The Life of Captain James Cook,* by J. C. Beaglehole, 1974 Nov. p. 137; *Insects in Flight: A Glimpse Behind the Scenes in Biophysical Research,* by Werner Nachitgall. Translated by Harold Oldroyd, Roger H. Abbott and Marguerite Biederman-Thorson, 1974 Nov. p. 142; *Planets, Stars and Nebulae Studies with Photopolarimetry,* edited by T. Gehrels, 1974 Nov. p. 140; *Schistosomiasis: The Evolution of a Medical Literature. Selected Abstracts and Citations, 1852-1972,* by Kenneth S. Warren, 1974 Nov. p. 138; *Pre-Columbian Cities,* by Jorge E. Hardoy. Translated by Judith Thorne; *Urbanization at Teotihuacán, Mexico,* edited by René Millon, 1975 Jan. p. 130; *Supership,* by Noël Mostert, 1975 Jan. p. 127; *Vegetation of the Earth,* by Heinrich Walter. Translated by Joy Wieser, 1975 Jan. p. 132; *American Building 2: The Environmental Forces that Shape It,* by James Marston Fitch, 1975 Feb. p. 109; *Encyclopedia of Minerals,* by Willard Lincoln Roberts, George Robert Rapp, Jr., and Julius Weber; *Water: A Primer,* by Luna B. Leopold; *Water: A View from Japan,* text by Bernard Barber, photographs by Dana Levy, 1975 Feb. p. 111; *Vacuum Manual,* edited by L. Holland, W. Steckelmacher and J. Yarwood, 1975 Feb. p. 110; *Arms and Strategy: The World Power Structure Today,* by Laurence Martin, 1975 Mar. p. 125; *Leprosy: Diagnosis and Management,* by Harry L. Arnold, Jr., and Paul Fasal; *A Plague of Corn: The Social History of Pellagra,* by Daphne A. Roe, 1975 Mar. p. 126; *On Ancient Central-Asian Tracks,* by Sir Aurel Stein, 1975 Mar. p. 127; *An Electron Micrographic Atlas of Viruses,* by Robley C. Williams and Harold W. Fisher; *The Mound People: Danish Bronze-Age Man Preserved,* by P. V. Glob. Translated from the Danish by Joan Bulman, 1975 Apr. p. 143; *Scott's Last Voyage through the Antarctic Camera of Herbert Ponting,* edited by Ann Savours, 1975 Apr. p. 144; *The Galactic Club: Intelligent Life in Outer Space,* by Ronald L. Bracewell; *UFOs Explained,* by Philip J. Klass, 1975 May p. 117; *Gears from the Greeks: The Antikythera Mechanism-A Calendar Computer from ca. 80 B.C.,* by Derek de Solla Price, 1975 May p. 118; *Scientific Analysis on the Pocket Calculator,* by John M. Smith, 1975 May p. 119; *Climate: Present, Past and Future. Volume I: Fundamentals and Climate Now,* by H. H. Lamb; *The Weather Machine,* by Nigel Calder, 1975 June p. 124; *Concepts and Mechanisms of Perception,* by R. L. Gregory; *Illusion in Nature and Art,* edited by R. L. Gregory and E. H. Gombrich; *Vision: Human and Electronic,* by Albert Rose, 1975 June p. 123; *Handbook on Human Nutritional Requirements,* by R. Passmore, D. L. Bocobo, B. M. Nicol and M. Narayana Rao in collaboration with G. H. Beaton and E. M. DeMaeyer; *Recommended Dietary Allowances,* by National Academy of Sciences, 1975 June p. 125; *East African Mammals: An Atlas of Evolution in Africa. Volume II, Part A (Insectivores and Bats), Volume II, Part B (Hares and Rodents),* by Jonathan Kingdon; *Mammals of the World,* by Ernest P. Walker and associates, 1975 July p. 128; *Brassey's Infantry Weapons of the World:, 1975,* edited by J. I. H. Owen; *The Physics of Time Asymmetry,* by P. C. W. Davies, 1975 Aug. p. 124; *Cows, Pigs, Wars and Witches: The Riddles of Culture,* by Marvin Harris; *Pest Control: A Survey,* by Arthur Woods, 1975 Aug. p. 126; *The Religion of Isaac Newton,* by Frank E. Manuel, 1975 Aug. p. 123; *Children*

of Six Cultures: A Psycho-Cultural Analysis, by Beatrice B. Whiting and John W. M. Whiting in collaboration with Richard Longabaugh, 1975 Sept. p. 190; *The National Atlas of the United States of America,* United States Department of the Interior, 1975 Sept. p. 192; *The Nature of the Stratigraphical Record,* by Derek V. Ager; *Recent Earth History,* by Claudio Vita-Finzi, 1975 Sept. p. 194B; *The Tallest Tower: Eiffel and the Belle Epoque,* by Joseph Harriss, 1975 Sept. p. 196; *Francis Place and the Early History of the Greenwich Observatory,* by Derek Howse; *The International Bureau of Weights and Measures 1875-1975,* by Chester H. Page and Paul Vigoureux, 1975 Oct. p. 132; *Ultrasonic Communication by Animals,* by Gillian Sales and David Pye, 1975 Oct. p. 134; *Infrared Detectors,* edited by Richard D. Hudson, Jr., and Jacqueline Wordsworth Hudson, 1975 Nov. p. 139; *Les Objets Fractals: Forme, Hasard et Dimension,* by Benoît Mandelbrot, 1975 Nov. p. 143; *The Path of the Double Helix,* by Robert Olby, 1975 Nov. p. 136; *Dividing, Ruling and Mask-making,* by D. F. Horne, 1976 Jan. p. 130; *Geological Hazards: Earthquakes-Tsunamis-Volcanoes-Avalanches-Landslides-Floods,* by B. A. Bolt, W. L. Horn, G. A. Macdonald and R. F. Scott; *Physical Aspects of Natural Catastrophes,* by Adrian E. Scheidegger, 1976 Jan. p. 134; *Gypsies: The Hidden Americans,* by Anne Sutherland; *Gypsy on 18 Wheels: A Trucker's Tale,* by Robert Krueger, 1976 Jan. p. 131; *Butterflies,* by Thomas C. Emmel; *The Dictionary of Butterflies and Moths in Color,* by Allan Watson and Paul E. S. Whalley, with an introduction by W. Donald Duckworth, 1976 Feb. p. 136; *The Camel and the Wheel,* by Richard W. Bulliet; *The Wheelwright's Shop,* by George Sturt, 1976 Feb. p. 135; *The Magic of Uri Geller,* by The Amazing Randi; *My Story,* by Uri Geller; *Superminds,* by John Taylor: *Uri: A Journal of the Mystery of Uri Geller,* by Andrija Puharich, 1976 Feb. p. 134; *Archaeoastronomy in Pre-Columbian America,* edited by Antony F. Aveni; *The Codex Nuttall: A Picture Manuscript from Ancient Mexico,* edited by Zelia Nuttall, with an introduction by Arthur G. Miller, 1976 Mar. p. 126; *Atlas of Optical Transforms,* by G. Harburn, C. A. Taylor and T. R. Welberry, 1976 Mar. p. 128; *Models of Madness, Models of Medicine,* by Miriam Siegler and Humphry Osmond, 1976 Mar. p. 127; *The Emergence of Probability: A Philosophical Study of Early Ideas about Probability, Induction and Statistical Inference,* by Ian Hacking, 1976 Apr. p. 133; *Honey: A Comprehensive Survey,* edited by Eva Crane, 1976 Apr. p. 132; *Structural Materials in Animals,* by C. H. Brown, 1976 Apr. p. 134; *James Clerk Maxwell: Physicist and Natural Philosopher,* by C. W. F. Everitt, 1976 May p. 127; *Nuclear Tracks in Solids: Principles & Applications,* by Robert L. Fleischer, P. Buford Price and Robert M. Walker, 1976 May p. 124; *Oceanography and Seamanship,* by William G. van Dorn, 1976 May p. 130; *The Structures of the Elements,* by Jerry Donohue, 1976 May p. 126; *Engineering Progress through Trouble,* selected and edited by R. R. Whyte, 1976 June p. 130; *The Healing Hand: Man and Wound in the Ancient World,* by Guido Majno, 1976 June p. 126; *Mites of Moths and Butterflies,* by Asher E. Treat, 1976 June p. 127; *Muybridge: Man in Motion,* by Robert Bartlett Haas, 1976 June p. 128; *Growth Rhythms and the History of the Earth's Rotation,* edited by G. D. Rosenberg and S. K. Runcorn, 1976 July p. 137; *Handling of the Big Jets,* by D. P. Davies, 1976 July p. 134; *Thinkers and Tinkers: Early American Men of Science,* by Silvio A. Bedini; *World Armaments and Disarmament: SIPRI Yearbook, 1975,* Stockholm International Peace Research Institute, 1976 July p. 132; *Work and Play: Ideas and Experience of Work and Leisure,* by Alasdair Clayre, 1976 July p. 135; *Black Holes, Quasars, and the Universe,* by Harry L. Shipman, 1976 Aug. p. 112; *Energy Transformation in Biological Systems. Ciba Foundation Symposium 31. In Tribute to Fritz Lipmann on His 75th Birthday,* 1976 Aug. p. 111; *The Foundations of Newton's Alchemy,* or *"The Hunting of the Greene Lyon,"* by Betty Jo Teeter-Dobbs, 1976 Aug. p. 113; *Snack Food Technology,* by Samuel A. Matz, 1976 Aug. p. 110; *The Complete Book of Fruits and Vegetables,* by Francesco Bianchini and Francesco Corbetta. Paintings in color by Marilena Pistoia. Translated from the Italian by Italia and Alberto Manicelli; *Crops and Man,* by Jack R. Harlan, 1976 Sept. p. 212; *Human Origins: Louis Leakey and the East African Evidence,* edited by Glynn Ll. Isaac and Elizabeth R. McCown; *Leakey's Luck: The Life of Louis Seymour Bazett Leakey, 1903-1972,* by Sonia Cole, 1976 Sept. p. 216; *Persons at High Risk of Cancer: An Approach to Cancer Etiology and Control,* edited by Joseph F. Fraumeni, Jr., 1976 Sept. p. 213; *Abyssal Environment and Ecology of the World Oceans,* by Robert J. Menzies, Robert Y. George and Gilbert T. Rowe, 1976 Oct. p. 142; *Patrick Maynard Stuart Blackett, Baron Blackett of Chelsea: A Biographical Memoir,* by Sir Bernard Lovell, 1976 Oct. p. 138; *Folktales Told around the World,* edited by Richard M. Dorson, 1976 Oct. p. 139; *The Hohokam: Desert Farmers & Craftsmen (Excavations at Snaketown, 1964-1965,)* by Emil W. Haury, 1976 Oct. p. 140; *Authenticity in Art: The Scientific Detection of Forgery,* by Stuart J. Fleming, 1976 Nov. p. 146; *Epidemic and Peace: 1918,* Alfred W. Crosby, Jr., 1976 Nov. p. 138; *A Treatise on Limnology: Vol. 1, Part 1, Geography and Physics of Lakes, Part 2, Chemistry of Lakes; Vol. II, Introduction to Lake Biology and the Limnoplankton; Vol. III, Limnological Botany,* by G. Evelyn Hutchinson, 1976 Nov. p. 141; *The Hungry Fly: A Physiological Study of the Behavior Associated with Feeding,* by V. G. Dethier, 1977 Jan. p. 122; *Merchant Ship Types,* by R. Munro-Smith, 1977 Jan. p. 126; *The Wild Boy of Aveyron,* by Harlan Lane, 1977 Jan. p. 124; *The Bowels of the Earth,* by John Elder, 1977 Feb. 133; *Mechanical Design in Organisms,* by S. A. Wainwright, W. D. Biggs, J. D. Currey and J. M. Gosline, 1977 Feb. p. 132; *The Mycenaean World,* by John Chadwick; *The Various and Ingenious Machines of Agostino Ramelli (1588),* translated from the Italian and the French, by Martha Teach Gnudi. Technical annotiation and a pictorial glossary by Eugene S. Ferguson, 1977 Feb. p. 128; *Berggasse 19: Sigmund Freud's Home and Offices, Vienna 1938, the Photographs of Edmund Engelman,* with an introduction by Peter Gay and captions by Rita Ransohoff; *Birds of the West Coast,* paintings, drawings and text by J. F. Lansdowne; *Weeds in Winter,* written and illustrated by Lauren Brown; *The World You Never See: Underwater Life,* written and photographed by Peter Parks, 1977 Mar. p. 142; *Biomechanics and Energetics of Muscular Exercise,* by Rodolfo Margaria, 1977 Mar. p. 147; *The Nature of Maps: Essays Toward Understanding Maps and Mapping,* by Arthur H. Robinson and Barbara Bartz Petchenik, 1977 Mar. p. 144; *Animal Asymmetry,* by A. C. Neville; *The Psychology of Left and Right,* by Michael C. Corballis and Ivan L. Beale, 1977 Apr. p. 142; *The Hubble Atlas of the Galaxies,* compiled by Allan Sandage; *Man Discovers Galaxies,* by Richard Berendzen, Richard Hart and Daniel Seeley; *Second Reference Catalogue of Bright Galaxies,* by Gerard de Vaucouleurs, Antoinette de Vaucouleurs and Harold G. Corwin, Jr.; *U.S. Observatories: A Directory and Travel Guide,* by H. T. Kirby-Smith, 1977 Apr. p. 140; *The Works of Isambard Kingdom Brunel: An Engineering Appreciation,* edited by Sir Alfred Pugsley, 1977 Apr. p. 144; *The Carnivourous Plants,* by Francis Ernest Lloyd; *Carnivourous Plants of the United States and Canada,* by Donald E. Schnell, 1977 May p. 143; *The Game of Disarmament: How the United States and Russia Run the Arms Race,* by Alva Myrdal, 1977 May p. 139; *Slow Virus Diseases of Animals and Man,* edited by R. H. Kimberlin; *Slow Viruses,* by David H. Adams and Thomas M. Bell, 1977 May p. 140; *Whistled Languages,* by R. G. Busnel and A. Classe, 1977 May p. 141; *Adventure of a Mathematician,* by S. M. Ulam; *All Their Own: People and the Places They Build,* by Jan Wampler; *External Construction by Animals,* edited by Nicholas E. Collias and Elsie C. Collias, 1977 June p. 136; *The American Farm: A Photographic History,* by Maisie Conrat and Richard Conrat; *Whereby We Thrive: A History of American Farming, 1607–1972,* by John T. Schlebecker, 1977 June p. 140; *Grand Design: The Earth from Above,* by Georg Gerster; *Remote Sensing of Environment,* edited by Joseph Lintz, Jr., and David S. Simonett, 1977 June p. 138; *Early Hydraulic Civilization in Egypt: A Study in Cultural Ecology,* by Karl W. Butzer; *Island of Isis: Philae, Temple of the Nile,* by William MacQuitty, 1977 July p. 151; *Famine and Human Development: The Dutch Hunger Winter of 1944/45,* by Zena Stein, Mervyn Susser, Gerhard Saenger and Francis Morolla; *The Last Great Subsistence Crisis in the Western World,* by John D. Post, 1977 July p. 148; *The Magic Mirror of M. C. Escher,* by Bruno Ernst; *The Renaissance Rediscovery of Linear Perspective,* by Samuel Y. Edgerton, Jr., 1977 July p. 146; *The New World Primates: Adaptive Radiation and the Evolution of Social Behavior, Languages, and Intelligence,* by Martin Moynihan, 1977 July p. 152; *Everything in Its Path: Destruction of Community in the Buffalo Creek Flood,* by Kai T. Erikson, 1977 Aug. p. 135; *History of Antarctic Exploration and Scientific Investigation, Antarctic Map Folio Series, Folio 19,* edited by Vivian C. Bushnell; *Mission to Earth: Landsat Views the World,* by Nicholas M. Short, Paul D. Lowman, Jr., Stanley C. Freden and William A. Finch, Jr.; *Plato's Universe,* by Gregory Vlastos, 1977 Aug. p. 132; *Isotope Separation,* by Stelio Villani, 1977 Aug. p. 136; *The Book of a Thousand Tongues,* edited by Eugene A. Nida; *Corpus of Maya Hieroglyphic Inscription, Volume 1:*

Introduction to the Corpus, by Ian Graham; *Corpus of Maya Hieroglyphic Inscriptions, Volume 2: Part 1,* by Ian Graham and Eric von Euw, 1977 Sept. p. 46; *The First Three Minutes: A Modern View of the Origin of the Universe,* by Steven Weinberg; *The Red Limit: The Search for the Edge of the Universe,* by Timothy Ferris; *Roman Roads,* by Raymond Chevallier. Translated by N. H. Field, 1977 Sept. p. 52; *Mammalian Chimaeras,* by Ann McLaren, F. R. S.; *Regeneration,* by Priscilla Mattson, 1977 Sept. p. 57; *Archaeology by Experiment,* by John Coles; *Sounds from Silence: Recent Discoveries in Ancient Near Eastern Music,* by Anne Draffkorn Kilmer, Richard L. Crocker and Robert R. Brown, 1977 Oct. p. 28; *Computer Security and Protection Structures,* by Bruce J. Walker and Ian F. Blake; *Crime by Computer,* by Donn B. Parker, 1977 Oct. p. 26; *To Be an Invalid: The Illness of Charles Darwin,* by Ralph Colp, Jr., 1977 Oct. p. 30; *Correspondence Principle and Growth of Science,* by Wladyslaw Krajewski; *Insights from the Blind: Comparative Studies of Blind and Sighted Infants,* by Selma Fraiberg, with the collaboration of Louis Fraiberg, 1977 Nov. p. 32; *Handbook of Adhesives,* edited by Irving Skeist, 1977 Nov. p. 37; *Perpetual Motion: The History of an Obsession,* by Arthur W. J. G. Ord-Hume, 1977 Nov. p. 30; *Stones, Bones and Skin: Ritual and Shamanic Art,* edited by Anne Trueblood Brodzky, Rose Danesewich and Nick Johnson, 1977 Nov. p. 31; *The Historical Supernovae,* by David H. Clark and F. Richard Stephenson; *The Science and Ethics of Equality,* by David Hawkins, 1978 Jan. p. 28; *The Tuning of the World,* by R. Murray Schafer, 1978 Jan. p. 29; *The Articulate Mammal: An Introduction to Psycholinguistics,* by Jean Aitchison; *Key Problems of Physics and Astrophysics,* by V. L. Ginzburg. Translated from the Russian by Oleg Glebov, 1978 Feb. p. 44; *Ecology and Behaviour of Nocturnal Primates: Prosimians of Equatorial West Africa,* by Pierre Charles-Dominique. Translated by R. D. Martin, 1978 Feb. p. 40; *Food in Chinese Culture: Anthropological and Historical Perspectives,* edited by K. C. Chang; *The Solar Output and Its Variation,* edited by Oran R. White, 1978 Feb. p. 34; *Arachnida,* by Theodore Savory, 1978 Mar. p. 36; *Copper: Its Geology and Economics,* by Robert Bowen and Ananda Gunatilaka, 1978 Mar. p. 41; *Diving Medicine,* edited by Richard H. Strauss; *Natural Man: The Life of William Beebe,* by Robert Henry Welker; *Submersibles and Their Use in Oceangraphy and Ocean Engineering,* edited by Richard A. Geyer, 1978 Mar. p. 30; *Harvest of the Palm: Ecological Change in Eastern Indonesia,* by James J. Fox, 1978 Mar. p. 33; *Mechanics and Energetics of Animal Locomotion,* edited by R. McN. Alexander and G. Goldspink; *Pedal Power: In Work, Leisure, and Transportation,* edited by James C. McCullagh, 1978 Apr. p. 34; *Mimbres Painted Pottery,* by J. J. Brody, 1978 Apr. p. 36; *Non-Invasive Clinical Measurement,* edited by David Taylor and Joan Whamond, 1978 Apr. p. 37; *Scientists under Hitler: Politics and the Physics Community in the Third Reich,* by Alan D. Beyerchen, 1978 May p. 33; *Health and Disease in Tribal Societies. Ciba Foundation Symposium 49 (new series),* 1978 May p. 38; *Scientific Results of the Viking Project,* reprinted from *Journal of Geophysical Research,* September 30, 1977; *The Steam Engine of Thomas Newcomen,* by L. T. C. Rolt and J. S. Allen, 1978 May p. 37; *Aquaculture in Southeast Asia: A Historical Overview,*
by Shao-Wen Ling; *Indian Fishing: Early Methods on the Northwest Coast,* by Hilary Stewart; *The Invention of the Telescope: Transactions of the American Philosophical Society,* by Albert Van Helden, 1978 June p. 30; *The Distribution and Diversity of Soil Fauna,* by John A. Wallwork, 1978 June p. 36; *Ultrashort Light Pulses: Picosecond Techniques and Applications,* edited by S. L. Shapiro, 1978 June p. 35.

Morrison, Philip and Phylis. Children's Books, 1966 Dec. p. 141;, 1967 Dec. p. 140;, 1968 Dec. p. 126;, 1969 Dec. p. 136;, 1970 Dec. p. 122;, 1971 Dec. p. 106;, 1972 Dec. p. 112;, 1973 Dec. p. 131;, 1974 Dec. p. 144;, 1975 Dec. p. 127;, 1976 Dec. p. 134;, 1977 Dec. p. 26.

N

Nagel, Ernest. Reviews: *The Rise of Scientific Philosophy,* by Hans Reichenbach, 1951 May 70; *Galileo's Dialogue on the Great World Systems,* edited by Giorgio de Santillana, 1953 Oct. p. 104; *A Study of Thinking,* by Jerome S. Bruner, Jacqueline J. Goodnow and George A. Austin, 1957 June p. 153; *Probability and Scientific Inference,* by G. Spencer Brown, 1957 Dec. p. 155; *A History of Mathematics,* by J. F. Scott, 1958 Oct. p. 141; *Collected Papers of Charles Sanders Peirce: Vol. VII, Science and Philosophy; Vol. VIII, Reviews, Correspondence and Bibliography,* edited by Arthur W. Burks, 1959 Apr. p. 185; *The Dreams of Reason: Science and Utopias,* by René Dubos, 1961 Nov. p. 189; *Understanding Physics Today,* by W. H. Watson, 1963 Oct. p. 145; *Hegel: Reinterpretation, Texts, and Commentary,* by Walter Kaufmann, 1965 Nov. p. 133.

Newman, James R. Reviews: *Newton's Tercentenary Celebration,* 1948 July p. 56; *Makers of Mathematics,* by Alfred Hooper; *Mathematics, Our Great Heritage,* edited by William Schaaf, 1948 Nov. p. 56; *Education in a Divided World,* by James B. Conant; *Voyages to the Moon,* by Marjorie Hope Nicolson, 1948 Dec. p. 54; *The Autobiography of Benjamin Rush,* edited by George W. Corner, 1949 Jan. p. 56; *No Place to Hide,* by David Bradley, 1949 Jan. p. 59; *Insight and Outlook,* by Arthur Koestler, 1949 Mar. p. 56; *Peace or Pestilence,* by Theodor Rosebury, 1949 June p. 56; *Goethe on Nature and Science,* by Sir Charles Sherrington, 1949 Sept. p. 56; *The Story of Maps,* by Lloyd A. Brown, 1949 Oct. p. 56; *Heredity, East and West: Mendel Versus Lysenko,* by Julian Huxley, 1949 Nov. p. 54; Children's Books, 1949 Dec. p. 52; *Francis Bacon,* by Benjamin Farrington, 1950 Mar. p. 56; *Jane's Fighting Ships, 1949-50,* edited by Francis McMurtrie; *All the World's Aircraft, 1949-50,* edited by Leonard Bridgman, 1950 Apr. p. 62; *The Origins of Modern Science,* by Herbert Butterfield, 1950 July p. 56; *Science and English Poetry,* by Douglas Bush, 1950 Aug. p. 56; The Popularization of Science, 1950 Sept. p. 97; *Economic Aspects of Atomic Power: An Exploratory Study,* under the direction of Sam H. Schurr and Jacob Marschak, 1950 Oct. p. 57; *Mathematical Snapshots,* by Hugo Steinhaus, 1950 Nov. p. 56; *The Life of John Maynard Keynes,* by R. F. Harrod, 1951 Apr. p. 71; *The Flight of Thunderbolts,* by B. F. J. Schonland, 1951 June p. 71; Children's Books, 1951 Dec. p. 72; *Gods, Graves and Scholars: The Story of Archaeology,* by C. W. Ceram, 1952 Jan. p. 74; *Parasitic Animals,* by Geoffrey Lapage, 1952 Feb. p. 77; *Doubt and Certainty in Science,* by J. Z. Young, 1952 Mar. p. 75; Books on Nature, 1952 June p. 83; *The Next Million Years,* by Charles Galton Darwin, 1952 Sept. p. 165; *A Study of Writing,* by I. J. Gelb, 1952 Oct. p. 85; Children's Books, 1952 Dec. p. 78; *Our World from the Air,* by E. A. Gutkind, 1953 Mar. p. 96; *Cardano, the Gambling Scholar,* by Oystein Ore, 1953 June p. 105; *The Comets and Their Origins,* by R. A. Lyttleton, 1953 July 88; *The Life and Work of Sigmund Freud, Vol. I, 1856-1890,* by Ernest Jones, 1953 Nov. p. 101; Children's Books, 1953 Dec. p. 100; *Mathematics in Western Culture,* by Morris Kline, 1954 Feb. 92; *The Papers of Wilbur and Orville Wright,* edited by Marvin W. McFarland, 1954 May 88; *Saipan,* by Alexander Spoehr, 1954 June p. 90; *Nature and the Greeks,* by Erwin Schrödinger, 1954 July p. 84; *Science and Civilization in China,* by Joseph Needham, 1954 Oct. p. 86; Children's Books, 1954 Dec. p. 100; *The Life of John Stuart Mill,* by Michael St. John Packe, 1955 Feb. p. 108; *A History of Technology,* edited by Charles Singer, E. J. Holmyard and A. R. Hall, 1955 May p. 108; *The New Men,* by C. P. Snow; *The Accident,* by Dexter Masters; *The Hound of Earth,* by Vance Bourjaily, 1955 July p. 96; *The Foreseeable Future,* by Sir George Thomson, 1955 Nov. p. 111; Children's Books, 1955 Dec. p. 112; *The Age of Analysis,* edited by Morton White, 1956 Feb. p. 119; *The History of Photography,* by Helmut and Alison Gernsheim, 1956 May p. 133; *Atom Harvest,* by Leonard Bertin, 1956 June p. 141; *The Pursuit of Science in Revolutionary America,* by Brooke Hindle, 1956 Oct. p. 141; Children's Books, 1956 Dec. p. 140; *Faster, Faster,* by W. J. Eckert and Rebecca Jones, 1957 Jan. p. 125; *Determinism and Indeterminism in Modern Physics,* by Ernst Cassirer, 1957 Mar. p. 147; *Portraits from Memory and Other Essays,* by Bertrand Russell, 1957 Apr. p. 153; *The Lisbon Earthquake,* by T. D. Kendrick, 1957 July p. 164; *The Copernican Revolution,* by Thomas S. Kuhn; *From the Closed World to the Infinite Universe,* by Alexandre Koyré; *Discoveries and Opinions of Galileo,* translation and introduction by Stillman Drake, 1957 Oct. p. 155; *A History of Education in Antiquity,* by H. I. Marrou, 1957 Nov. p. 165; Children's Books, 1957 Dec. p. 162; *Causality and Chance,* by David Bohm, 1958 Jan. p. 111; *Paths to Peace: A Study of War, Its Causes and Prevention,* edited by Victor H. Wallace, 1958 Mar. p. 145; *Reason and Chance in Scientific Discovery,* by R. Taton, 1958 Apr. p. 141; *Arthur Stanley Eddington,* by A. Vibert Douglas, 1958 July 116; Children's Books, 1958 Dec. p. 149; *Abortion in the United States,* edited by Mary Steichen Calderone, 1959 Jan. p. 149; *The Causes of World War Three,* by C. Wright Mills; *Inspection for Disarmament,* edited by Seymour Melman; *No More War!* by Linus Pauling; *Peace or Atomic War?* by Albert Schweitzer, 1959 Feb.

p. 155; *Mind and Matter,* by Erwin Schrödinger, 1959 Mar. p. 169; *The Blue and Brown Book,* by Ludwig Wittgenstein; *Ludwig Wittgenstein: A Memoir,* by Norman Malcolm, 1959 Aug. p. 149; *Blaise Pascal,* by Ernest Mortimer, 1959 Dec. p. 191; Children's Books, 1959 Dec. p. 201; *The Wandering Albatross,* by William Jameson, 1960 Feb. p. 169; *New Maps of Hell,* by Kingsley Amis, 1960 July p. 179; *Tribes of the Sahara,* by Lloyd Cabot Briggs, 1960 Nov. p. 217; Children's Books, 1960 Dec. p. 186; *On Thermonuclear War,* by Herman Kahn; *Arms Control,* Fall issue of *Daedalus*, 1961 Mar. p. 197; *Board and Table Games from Many Civilizations,* by R. C. Bell, 1961 Aug. p. 155; *Daily Life in Florence in the Time of the Medici,* by J. Lucas-Dubreton, 1961 Oct. p. 187; Children's Books, 1961 Dec. p. 183; *Has Man a Future?* by Bertrand Russell; *May Man Prevail?* by Erich Fromm, 1962 Feb. p. 177; *The New World 1939/1946,* by Richard G. Hewlett and Oscar E. Anderson, Jr.; *Now It Can Be Told,* by Leslie R. Groves, 1962 Aug. p. 141; Children's Books, 1962 Dec. p. 180; *The Discovery of Neptune,* by Morton Grosser, 1963 Mar. p. 169; Children's Books, 1963 Dec. p. 161; *Interstellar Communication,* by A. G. W. Cameron, 1964 Feb. p. 141; *A Stress Analysis of a Strapless Evening Gown,* edited by Robert A. Baker; *Psychology in the Wry,* edited by Robert A. Baker; *The Scientist Speculates,* edited by I. J. Good, 1964 Sept. p. 243; Children's Books, 1964 Dec. p. 143; Children's Book, 1965 Dec. p. 114.

O

Oppenheimer, Jane. Review: *Life: An Introduction to Biology,* by George Gaylord Simpson, Colin S. Pittendrigh and Lewis H. Tiffany, 1957 Aug. p. 139.

P

Passmore, John. Review: *The Career of Philosophy: From the Middle Ages to the Enlightenment,* by John Herman Randall, Jr., 1963 May p. 177.
Peierls, Rudolf E. Review: *The Conceptual Development of Quantum Mechanics,* by Max Jammer, 1967 Jan. p. 137.
Penrose, L. S. Review: *Human Fertility: The Modern Dilemma,* by Robert C. Cook, 1951 Aug. p. 65.
Persico, Enrico. Review: *Enrico Fermi: Collected Papers (Note e Memorie). Vol. I: Italy 1921-1938,* edited by Edoardo Amaldi, Enrico Persico, Franco Rasetti and Emilio Segrè, 1962 Nov. p. 181.
Pierce, John R. Review: *Automata Studies,* edited by C. E. Shannon and J. McCarthy, 1956 Aug. p. 177.
Pirie, N. W. Review: *Science in History,* by J. D. Bernal, 1966 Mar. p. 131.
Pritchett, V. S. Review: *Command the Morning,* by Pearl S. Buck, 1959 July p. 159.

R

Rabi, I. I. Review: *Security, Loyalty and Science,* by Walter Gellhorn, 1951 Jan. p. 56.
Rapoport, Anatol. Reviews: *The Natural History of Aggression,* edited by J. D. Carthy and F. J. Ebling, 1965 Oct. p. 115; *The Strategy of World Order: Vol. I, Toward a Theory of War Prevention; Vol. II, International Law; Vol. III, The United Nations; Vol. IV, Disarmament and Economic Development.* Edited by Richard A. Falk and Saul H. Mendlovitz, 1966 Oct. p. 129.
Raven, Charles E. Review: *The Royal Society: Its Origins and Founders,* edited by Sir Harold Hartley, 1961 May p. 191.
Rich, Alexander,Review: *Comprehensive Biochemistry,* edited by Marcel Florkin and Elmer H. Stotz, 1969 Feb. p. 126.
Romer, Alfred Sherwood. Review: *Evolution Emerging,* by William King Gregory, 1951 July p. 64.
Ryle, Gilbert. Review: *Philosophical Remarks on the Foundations of Mathematics,* by Ludwig Wittgenstein, 1957 Sept. p. 251.

S

Sahlins, Marshall D. Reviews: *African Genesis,* by Robert Ardrey, 1962 July p. 169; *Culture against Man,* by Jules Henry, 1964 May p. 139; *Structural Anthropology,* by Claude Lévi-Strauss, 1966 June p. 131.
Sciama, Dennis. Review: *The Measure of the Universe,* by J. D. North, 1967 Sept. p. 293.
Shapiro, Harry L. Reviews: *The Torment of Secrecy,* by Edward A. Shils; *The Loyal and the Disloyal,* by Morton Grodzins, 1956 July 120.
Shapley, Harlow. Review: *Explorer of the Universe: A Biography of George Ellery Hale,* by Helen Wright, 1966 Nov. p. 153.
Simpson, George Gaylord. Reviews: *The Autobiography of Charles Darwin, 1809-1882, with Original Ommissions Restored,* edited by Nora Barlow, 1958 Aug. p. 117; *The Phenomenon of Man,* by Pierre Teilhard de Chardin, 1960 Apr. p. 201.
Sivin, N. Review: *Science and Civilisation in China. Volume 4: Physics and Physical Technology; Part III: Civil Engineering and Nautics,* by Joseph Needham, with collaboration of Wang Ling and Lu Gwei-Djen, 1972 Jan. p. 113.
Smith, M. Brewster. Review: *The Fabric of Society: An Introduction to the Social Sciences,* by Ralph Ross and Ernest van den Haag, 1958 Feb. p. 123.
Snow, C. P. Review: *The Western Intellectual Tradition: From Leonardo to Hegel,* by J. Bronowski and Bruce Mazlish, 1960 Sept. p. 249.
Stone, Abraham. Review: *The Second Sex,* by Simone de Beauvoir, 1953 Apr. p. 105.
Struve, Otto. Review: *The Planets, Their Origin and Development,* by Harold C. Urey, 1952 Aug. p. 68.
Sutton, O. G. Review: *Arms and Insecurity; Statistics of Deadly Quarrels,* by Lewis F. Richardson, 1961 Jan. p. 193.
Szent-Györgyi, Albert. Review: *The Legacy of Hiroshima,* by Edward Teller with Allen Brown, 1962 May p. 185.

T

Thomson, Sir George. Review: *Time's Arrow and Evolution,* by H. F. Blum, 1952 Apr. p. 88.
Toulmin, Stephen E. Reviews: *The Logic of Scientific Discovery,* by Karl R. Popper, 1959 May p. 189; *Aspects of Scientific Explanation and Other Essays in the Philosophy of Science,* by Carl G. Hempel, 1966 Feb. p. 129.

U

Ulam, S. Review: *The Computer and the Brain,* by John von Neumann, 1958 June p. 127.

V

van Dresser, Peter. Review: *Rocket Development,* by Robert Hutchins Goddard, 1949 Apr. p. 56.

W

Walsh, J. L. Review: *Human Behavior and the Principle of Least Effort: An Introduction to Human Ecology,* by George Kingsley Zipf, 1949 Aug. p. 56.
Warner, Edward. Review: *Aeronautics at the Mid-Century,* by Jerome C. Hunsaker, 1953 Jan. p. 74.
Weisskopf, Victor F. Reviews: *Physics and Philosophy: The Revolution in Modern Science,* by Werner Heisenberg, 1958 Sept. p. 215; *The Politics of Pure Science,* by Daniel S. Greenberg, 1968 Mar. p. 139.
White, Morton. Review: *Words and Things: A Critical Account of Linguistic Philosophy and a Study in Ideology,* by Ernest Gellner, 1960 Mar. p. 205.
White, Robert W. Reviews: *Social Class and Mental Illness: A Community Study,* by August B. Hollingshead and Fredrick C. Redlich, 1958 Nov. p. 155; *Freud: The Mind of the Moralist,* by Philip Rieff; *Psychoanalysis, Scientific Method and Philosophy,* edited by Sidney Hook, 1959 Sept. p. 267; *The Children of Sánchez; Autobiography of a Mexican Family,* by Oscar Lewis, 1962 Mar. p. 165.
Whittaker, Sir Edmund. Reviews: *Natural Philosophy of Cause and Chance,* by Max Born, 1950 Jan. p. 56; *Albert Einstein: Philosopher-Scientist,* edited by Paul Arthur Schilpp, 1950 May p. 56.
Williams, L. Pearce. Review: *Humphry Davy,* by Sir Harold Hartley, 1967 Oct. p. 145.
Wilson, Robert R. Review: *Brighter than a Thousand Suns: A Personal History of the Atomic Scientists,* by Robert Jungk, 1958 Dec. p. 145.
Wrong, Dennis H. Review: *Centuries of Childhood: A Social History of Family Life,* by Philippe Ariès, 1963 Apr. p. 181.

Z

Zinberg, Dorothy, and Paul Doty. Review: *The New Brahmins: Scientific Life in America,* by Spencer Klaw, 1969 May p. 139.

SCIENTIFIC AMERICAN

Index to Mathematical Games

A

Abacus, 1970 Jan. p. 124.
Abacus, Napier's, 1973 Apr. p. 106.
Acrostics, 1967 Jan. p. 118.
Acrostics, double (poems), 1967 Sept. p. 268.
Algebraic identities, diagrams of, 1973 Oct. p. 114.
Amazon game, 1978 Feb. p. 19.
Amicable numbers, 1968 Mar. p. 121.
Anamorphic art, 1975 Jan. p. 110.
Apollinax, Bertrand: mathematical paradoxes, 1961 May p. 162.
April Fool hoaxes, 1975 Apr. p. 126; 1975 July p. 112.
Aristotle's wheel, paradox of, 1970 Sept. p. 210.
Astroid curve, 1970 Sept. p. 210.
Austin's dog, problem of, 1971 Dec. p. 96.
Automata theory, cellular, 1970 Oct. p. 120; 1971 Feb. p. 112.
Automorphic numbers, 1968 Jan. p. 124.

B

Baker's card solitaire, 1968 June p. 112.
Beaded ring problems, 1961 Aug. p. 134; 1969 Jan. p. 116.
Beck's hex, game of, 1975 June p. 106; 1975 Dec. p. 116.
Bell numbers, 1976 June p. 120; 1978 May p. 24.
Berrocal, Miguel, puzzle sculpture of, 1978 Jan. p. 14.
Bertrand's circle-and-chord paradox, 1957 Apr. p. 166.
Bible, numerology of, 1975 Sept. p. 174.
Binary notation, 1957 May p. 150; 1958 Feb. p. 104; 1960 Dec. p. 160; 1962 Aug. p. 120; 1972 Aug. p. 106; 1974 Jan. p. 108.
Biorhythm, 1966 July p. 108.
Birthday paradox, 1957 Apr. p. 166.
Bisection problems, 1977 July p. 132.
Black, board game, 1963 Oct. p. 124.
Black holes, 1976 May p. 118.
Blocks, packing of, 1976 Feb. p. 122; 1976 Oct. p. 131.
Board games, 1958 Oct. p. 124; 1960 Apr. p. 170; 1961 July p. 148; 1963 Oct. p. 124; 1965 Oct. p. 96; 1967 Oct. p. 128; 1971 Oct. p. 104; 1973 Jan. p. 108; 1974 Feb. p. 106; 1975 June p. 106; 1975 Dec. p. 116; 1976 Sept. p. 206; 1976 Oct. p. 131; 1978 Feb. p. 19.
Bode's law, 1970 Apr. p. 108.
Boolean algebra, 1969 Feb. p. 110.
Borromean rings, 1957 June p. 166; 1961 Sept. p. 242; 1971 Sept. p. 204.
Bouncing ball inside ellipse, 1961 Feb. p. 146.
Bouncing balls inside polygons and polyhedrons, 1963 Sept. p. 248.
Braids, 1959 Dec. p. 166; 1962 Jan. p. 136.
Bricks, canonical, 1976 Feb. p. 122; 1976 Oct. p. 131.
Bridg-it, board game, 1958 Oct. p. 124; 1961 July p. 148.
Bynum's game, 1974 Feb. p. 106.

C

Calculating prodigies, 1967 Apr. p. 116.
Calculations, rapid methods of, 1967 May p. 136; 1969 Mar. p. 116.
Calculators, pocket, 1976 July p. 126.
Calculus of finite differences, 1961 Aug. p. 134.
Calendar trick, 1967 May p. 136.
Card games: Eleusis, 1959 June p. 160; Guess-it, 1967 Dec. p. 127; Clock solitaire, 1968 Feb. p. 118; Baker's card solitaire, 1968 June p. 112.
Card puzzles, 1968 June p. 112; 1974 Nov. p. 122.
Card shuffling theory, 1966 Oct. p. 114.
Card tricks, mathematical, 1957 Sept. p. 220; 1966 Oct. p. 114; 1966 Dec. p. 128; 1968 June p. 112; 1972 July p. 102; 1973 Aug. p. 98; 1978 Feb. p. 19.
Cardiod curve, 1970 Sept. p. 210.
Carnival mathematics: James Hugh Riley Shows, Inc., 1959 Apr. p. 160.
Carroll, Lewis, 1960 Mar. p. 172; 1967 May p. 136; 1967 Sept. p. 128; 1969 Apr. p. 124; 1975 Dec. p. 116.
Catalan numbers, 1976 June p. 120.
Catenary curve, 1961 Oct. p. 160.
Checkerboard puzzles, 1962 Nov. p. 151; 1978 Feb. p. 19.
Cheskers, game of, 1967 Oct. p. 128; 1978 Feb. p. 19.
Chess, computer, 1962 Mar. p. 138; 1975 Apr. p. 126.
Chess knight problems, 1967 Oct. p. 128.
Chess, opening trap, 1971 Jan. p. 104.
Chess, Oriental, 1960 Apr. p. 170.
Chess queens, problem of the eight, 1962 Nov. p. 151.
Chess, task problems, 1972 May p. 112.
Chinese checkers problems, 1976 Oct. p. 131.
Chinese interlocking puzzles, 1978 Jan. p. 14.
Chinese remainder theorem, 1976 July p. 126.
Chomp, game of, 1973 Jan. p. 108.
Church of the fourth dimension, 1962 Jan. p. 136.
Cipher, Bacon's, 1972 Nov. p. 114.
Circle-and-spots problem, 1969 Aug. p. 118.
Circle, involute of, 1962 Apr. p. 154.
Circles, rolling, 1970 Sept. p. 210.
Clairvoyance test, 1973 Aug. p. 98.
Clock solitaire, card game, 1968 Feb. p. 118.
Coincidences, 1972 Oct. p. 110.
Col, game of, 1976 Sept. p. 206.
Combinatorial theory, 1963 Aug. p. 112; 1968 Feb. p. 118; 1969 Jan. p. 116; 1969 Dec. p. 122; 1973 Feb. p. 106; 1976 Oct. p. 131; 1978 May p. 24.
Computers, talking, 1971 June p. 120.
Connecto, match game, 1969 July p. 116.
Conway, J.H.: *On Numbers and Games*, 1976 Sept. p. 206.
"Cooks," puzzle errors, 1966 May p. 122.
Corner the lady, game of, 1977 Mar. p. 134.
Coxeter, H.S.M.: *Introduction to Geometry*, 1961 Apr. p. 164.
Cram, game of, 1974 Feb. p. 106; 1975 June p. 106.
Crosscram, game of, 1974 Feb. p. 106; 1976 Sept. p. 206.
Crossed-ladder problem, 1970 June p. 132.
Crossing numbers, 1973 June p. 106.
Cryptanalysis, 1972 Nov. p. 114; 1977 Aug. p. 120.
Császár polyhedron, 1975 May p. 102.
Cube, Conway's, 1976 Feb. p. 122.
Cube, Soma, 1958 Sept. p. 182; 1969 July p. 116.
Cubes, magic, 1976 Jan. p. 118; 1976 Feb. p. 122.

Cubes, problems with, 1968 Oct. p. 120.
Cubes, thirty color, 1961 Mar. p. 166.
Cubes, 24 touching, 1971 Dec. p. 96.
Cubing the cube, 1965 Apr. p. 128.
Curves of constant width, 1963 Feb. p. 148.
Curves, pathological, 1976 Dec. p. 124.
Cutcake, game of, 1976 Sept. p. 206.
Cyclic numbers, 1970 Mar. p. 121.
Cycloid curve, 1964 July p. 110.

D

Decision theory, 1973 July p. 104; 1974 Mar. p. 102.
Deltahedra, 1978 June p. 18.
Diabolical cube, 1972 Sept. p. 176.
Dice, 1959 Apr. p. 160; 1968 Nov. p. 140; 1970 Dec. p. 110; 1973 Aug. p. 98; 1974 Dec. p. 132; 1978 Feb. p. 19.
Digital roots, 1958 July p. 102.
Dim, game of, 1976 Sept. p. 206.
Diophantine equations, 1958 Apr. p. 118; 1958 June p. 108; 1970 July p. 117.
Dissections, plane, 1958 June p. 108; 1958 Nov. p. 136; 1960 June p. 161; 1960 July p. 154; 1961 Nov. p. 158; 1963 May p. 154; 1966 May p. 122; 1966 Sept. p. 264; 1971 Nov. p. 174; 1977 July p. 132.
Divisibility rules, 1962 Sept. p. 232.
Dodgem, game of, 1975 June p. 106.
Dollar bills, tricks and puzzles, 1968 Apr. p. 118.
Dominoes, 1969 Dec. p. 122; 1974 Feb. p. 106; 1974 Apr. p. 110; 1976 Sept. p. 206.
Double acrostics, poems, 1967 Sept. p. 268.
Doublets, Lewis Carroll's word game, 1960 Mar. p. 172.
Dragon curve, 1967 Mar. p. 124.
Dudeney, Henry Ernest: England's greatest puzzlist, 1958 June p. 108.

E

"e," the mathematical constant, 1961 Oct. p. 160.
Earthquakes, prediction of, 1977 Dec. p. 17.
Eleusis, an induction card game, 1959 June p. 160; 1970 Oct. p. 18
Elevator problems, 1973 Feb. p. 106.
Ellipse, 1961 Feb. p. 146; 1977 Apr. p. 129.
Epicycloids, 1970 Sept. p. 210.
Escher, M. C., art of, 1961 Apr. p. 164; 1965 Apr. p. 128; 1966 Apr. p. 110; 1968 Dec. p. 112; 1975 July p. 112; 1977 Jan. p. 110; 1978 June p. 18.
Everything, 1976 May p. 118.
Extrasensory, perception, machines for teaching, 1975 Oct. p. 114.
Extraterrestrial communication, 1965 Aug. p. 96.

F

Factorials, 1967 Aug. p. 104.
Fallacies, 1958 Jan. p. 92; 1971 Apr. p. 114.
Fermat's last theorem, 1970 July p. 117.
Fibonacci notation, 1973 Apr. p. 106.
Fibonacci series, 1959 Aug. p. 128; 1966 Dec. p. 128; 1969 Mar. p. 116; 1977 Mar. p. 134.
Figurate numbers, 1974 July p. 116.
Finger counting, 1968 Sept. p. 218.
Finger multiplication, 1968 Sept. p. 218.
Flag, American, 1976 Aug. p. 102.
Flatland: two-dimensional worlds in fiction, 1962 July p. 144.
Flexagons, 1956 Dec. p. 162; 1958 May p. 122.
Flexatube puzzle, 1958 May p. 122.
Fliess, Wilhelm, cycle theory of, 1966 July p. 108.
Flowsnake curve, 1976 Dec. p. 124.
Focus, board game, 1963 Oct. p. 124.
Foreheads, problem of the numbers on, 1977 May p. 128.
Four-color map theorem, 1960 Sept. p. 218; 1975 Apr. p. 126; 1976 Apr. p. 126.
Four-fours problem, 1964 Jan. p. 120.
Fourth dimension, 1962 Jan. p. 136; 1966 Nov. p. 138; 1968 May p. 130.
Fourth dimension, church of the, 1962 Jan. p. 136.
Fractal curves, 1976 Dec. p. 124; 1978 Apr. p. 16.
French military board game, 1963 Oct. p. 124.
Frieze patterns, 1972 Apr. p. 100.

G

"Gambler's ruin" problem, 1969 May p. 118.
Gambling: John Scarne's new book, 1961 Dec. p. 150.
Game theory, 1967 Feb. p. 116; 1967 Dec. p. 127; 1976 Sept. p. 206.
Genaille's rods, 1973 Mar. p. 110.
Geometry: H. S. M. Coxeter's new book, 1961 Apr. p. 164.
Geometry, non-Euclidean, 1971 Apr. p. 114.
Get-off-the-earth puzzle, Sam Loyd's, 1971 Nov. p. 174.
Gödel's proof, 1978 Mar. p. 25.
Golden ratio: phi, 1959 Aug. p. 128; 1969 Mar. p. 116; 1977 Jan. p. 110; 1977 Mar. p. 134.
Golomb's triangle, 1972 Mar. p. 108.
Go-moku, game of, 1971 Aug. p. 102.
Graceful graphs, 1972 Mar. p. 108.
Graeco-Latin squares, 1959 Nov. p. 181.
Graph theory, 1964 Apr. p. 126; 1968 Feb. p. 118; 1969 Dec. p. 122; 1972 Mar. p. 108; 1973 June p. 106; 1976 Apr. p. 126; 1976 Aug. p. 102; 1977 Nov. p. 18.
Grasshopper, game of, 1971 Oct. p. 104.
Gray Codes, 1972 Aug. p. 106.
Greatest common divisor, device for finding, 1965 May p. 120.
Group theory, 1959 Dec. p. 166.
"Grue" paradox of induction, 1969 Aug. p. 118.
Guess-it, card game, 1967 Dec. p. 127.

H

Hackenbush, game of, 1972 Jan. p. 104.
Hadamard matrixes, 1975 May p. 102.
Halma, game of, 1961 July p. 148; 1971 Oct. p. 104.
Hamiltonian circuits, 1957 May p. 150; 1972 Aug. p. 106; 1976 Apr. p. 126.
Hanged man, paradox of the, 1963 Mar. p. 144.
Hats, problem of the colored, 1977 May p. 128.
Hein, Piet: Danish inventor, 1965 Sept. p. 222.
Helix, 1963 June p. 1948.
Hempel's paradox of confirmation, 1957 Apr. p. 166; 1976 Mar. p. 119.
Hex, game of, 1957 July p. 145; 1975 June p. 106.
Hex numbers, 1974 July p. 116.
Hexaflexagons, 1956 Dec. p. 162; 1976 June p. 120.
Hexagon, magic, 1963 Aug. p. 112.
Hexapawn game, 1962 Mar. p. 138.
Hit-and-Run, match game, 1969 July p. 116.
Hobbes, Thomas: on squaring the circle, 1960 July p. 154.
Hyperbola, 1977 Sept. p. 24.
Hyperboloid, 1977 Sept. p. 24.
Hypercubes, 1957 May p. 150; 1959 Mar. p. 146; 1966 Nov. p. 138; 1971 Aug. p. 102; 1972 Aug. p. 106; 1978 Feb. p. 19.
Hyperspheres, 1968 May p. 130.
Hypocycloids, 1970 Sept. p. 210.

I

I Ching, 1974 Jan. p. 108.
Icosian Game and Tower of Hanoi, 1957 May p. 150.
Indifference, principle of, 1970 Dec. p. 110.
Induction, mathematical, 1977 May p. 128.
Induction, scientific, 1959 June p. 160; 1969 Aug. p. 118; 1969 Nov. p. 140; 1976 Mar. p. 119; 1977 Oct. p. 18.
Infinite regress, 1965 Apr. p. 128; 1968 Dec. p. 112.
Integral brick problem, 1970 July p. 117.

J

Jourdain's card, logic paradox, 1963 Mar. p. 144.
Jump proofs, 1977 May p. 128.

K

Kakeya's needle problem, 1963 Feb. p. 148.
Klein bottle, 1963 July p. 134.
Knot game, Vlam's, 1972 June p. 114.
Knot theory, 1961 Sept. p. 242; 1972 Dec. p. 102.
Kruskal count, 1978 Feb. p. 19.

L

Lattice of integers, 1965 May p. 120.
Leprechaun puzzle, 1971 Nov. p. 174.
Lewthwaite's game, 1975 June p. 106.
Life, game of, 1970 Oct. p. 120; 1971 Feb. p. 112; 1972 Jan. p. 104.
Limericks, paradoxical, 1977 Apr. p. 129; 1977 May p. 128.
Limits, 1964 Nov. p. 126; 1971 Mar. p. 106; 1971 Dec. p. 96.
Liouville numbers, 1968 July p. 116.
Liquid-pouring problems, 1963 Sept. p. 248.
Logarithmic spiral, 1959 Aug. p. 128; 1962 Apr. p. 154; 1965 July p. 100.
Logic cards, punched, 1960 Dec. p. 160.
Logic paradoxes, 1963 Mar. p. 144; 1978 Mar. p. 25.
Logic puzzles, 1959 Feb. p. 136; 1978 Mar. p. 25.
Lost-King Tours, 1977 Apr. p. 129.
Loyd, Sam: greatest U.S. puzzlist, 1957 Aug. p. 120; 1971 Nov. p. 174; 1974 Aug. p. 98; 1976 Oct. p. 131.

Lull, Ramon: combinatorial wheels, 1963 Aug. p. 112.

M

Machine, matchbox game-learning, 1962 Mar. p. 138.
Magic cubes, 1976 Jan. p. 118; 1976 Feb. p. 122.
Magic pyramid, 1974 June p. 116.
Magic squares, 1957 Jan. p. 138; 1959 Mar. p. 146; 1963 Aug. p. 112; 1969 Dec. p. 122; 1976 Jan. p. 118.
Magic stars, 1965 Dec. p. 100.
Magic tricks, 1957 Sept. p. 220; 1960 Aug. p. 149; 1962 Aug. p. 120; 1964 Aug. p. 96; 1969 July p. 116; 1970 Mar. p. 121; 1972 July p. 102; 1973 Aug. p. 98; 1978 Feb. p. 19.
Maharajah, fairy chess game, 1960 Apr. p. 170.
Mailman, the mathematical, 1965 June p. 120.
Map coloring, 1960 Sept. p. 218; 1975 Apr. p. 126; 1975 May p. 102; 1976 July p. 126.
Map folding problem, 1971 May p. 110.
Map projections, 1975 Nov. p. 120.
Mascheroni compass problems, 1969 Sept. p. 239; 1969 Dec. p. 122.
Matchbox game-learning machine, 1962 Mar. p. 138.
Matches, tricks and puzzles, 1969 July p. 116.
Matrix, Dr.: numerologist, 1960 Jan. p. 150; 1961 Jan. p. 164; 1963 Jan. p. 138; 1964 Jan. p. 120; 1965 Jan. p. 110; 1966 Jan. p. 112; 1967 Jan. p. 118; 1968 Jan. p. 124; 1969 Jan. p. 116; 1969 Oct. p. 126; 1971 Jan. p. 104; 1972 Feb. p. 100; 1973 Aug. p. 98; 1974 June p. 116; 1975 Sept. p. 174; 1976 Nov. p. 132; 1977 Dec. p. 17.
Mazes, 1959 Jan. p. 132; 1960 Mar. p. 172.
Meander, game of, 1975 June p. 106.
Mechanical puzzles, 1959 Sept. p. 236; 1973 Feb. p. 106; 1978 Jan. p. 14.
Mersenne prime numbers, 1968 Mar. p. 121.
Mikusinski's cube, 1972 Sept. p. 176.
Minicheckers, 1962 Mar. p. 138.
Minichess, 1962 Mar. p. 138.
Mirror images, left-right symmetry, 1958 Mar. p. 128; 1978 June p. 18.
Mnemonics, 1957 Oct. p. 130.
Moebius band, 1957 June p. 166; 1963 July p. 134; 1968 Dec. p. 112.
Monkey and coconuts problem, 1958 Apr. p. 118.
Moon landing, numerology of, 1969 Oct. p. 126.
Morley's triangle theorem, 1961 Apr. p. 164.
Mozart's dice composer, 1974 Dec. p. 132.
"Mrs. Perkins' Quilt" problem, 1966 Sept. p. 264.
Music, mechanical composition of, 1974 Dec. p. 132.
Music, white, brown and 1/f, 1978 Apr. p. 16.

N

Napier's abacus, 1973 Apr. p. 106.
Napier's bones, 1973 Mar. p. 110.
Negabinary notation, 1973 Apr. p. 106.
Negative numbers, 1977 June p. 131.
Nephroid curve, 1970 Sept. p. 210.
Newcomb's paradox, 1973 July p. 104; 1974 Mar. p. 102.
Nim-like games, 1958 Feb. p. 104; 1967 Feb. p. 116; 1972 Jan. p. 104; 1975 June p. 106; 1976 Sept. p. 206; 1977 Mar. p. 134.
Nine-point circle, 1970 June p. 132.
Nonperiodic tiling, 1977 Jan. p. 110.
Nontransitive paradoxes, 1974 Oct. p. 120.
Nothing, 1975 Feb. p. 98.
No-three-in-line problem, 1976 Oct. p. 131; 1977 Mar. p. 134.
Numbers, Conway's construction of, 1975 Feb. p. 98; 1976 Sept. p. 206
Numbers, negative, 1977 June p. 131.
Numerical congruence, 1958 July p. 102.
Numerology, *see* Matrix, Dr.

O

Odd and even, 1963 Dec. p. 140.
Op art, 1965 July p. 100.
Optical illusions, 1970 May p. 124; 1976 Nov. p. 132.
Order and disorder, 1968 July p. 116.
Origami: Japanese paper folding, 1959 July p. 138.
Oulipo, 1977 Feb. p. 121.

P

Packing spheres, 1960 May p. 174; 1961 Apr. p. 164; 1968 May p. 130.
Packing squares, 1966 Sept. p. 264.
Palindrome recognizer, cellular automaton, 1971 Feb. p. 112.
Palindromes, number, 1970 Aug. p. 110.
Palindromes, word, 1970 Aug. p. 110; 1977 Feb. p. 121.
Paper cutting, 1960 June p. 161.
Paper folding, mathematical, 1971 May p. 110; 1971 Sept. p. 204.
Paper folding: Origami, 1959 July p. 138.
Paradox, birthday, 1957 Apr. p. 166.
Paradox of Aristotle's wheel, 1970 Sept. p. 210.
Paradox of the hanged man, 1963 Mar. p. 144.
Paradoxes, logic, 1963 Mar. p. 144; 1978 Mar. p. 25.
Paradoxes, mathematical, by Bertrand Apollinax, 1961 May p. 162.
Paradoxes, probability, 1957 Apr. p. 166; 1970 Dec. p. 110; 1974 Oct. p. 120; 1976 Mar. p. 119.
Paradoxes, Zeno's, 1964 Nov. p. 126; 1971 Mar. p. 106; 1971 Dec. p. 96.
Pascal's triangle, 1966 Dec. p. 128.
Pascal's wager, 1970 Dec. p. 110.
Patterns, induction game, 1969 Nov. p. 140.
Peano curves, 1976 Dec. p. 124; 1978 Apr. p. 16.
Peg solitaire, 1962 June p. 156.
Pell's equation, 1974 July p. 116.
Penny puzzles, 1966 Feb. p. 112; 1970 Apr. p. 108; 1970 May p. 124.
Penrose tiles, 1977 Jan. p. 110.
Pentagon tiling, 1975 July p. 112; 1975 Dec. p. 116.
Perfect numbers, 1968 Mar. p. 121.
Perpetual motion, 1972 Feb. p. 100.
Phi, the golden ratio, 1959 Aug. p. 128; 1969 Mar. p. 116; 1977 Jan. p. 110; 1977 Mar. p. 134.
Pi, 1960 July p. 154; 1965 Jan. p. 110; 1969 May p. 118; 1969 Oct. p. 126; 1972 June p. 114; 1975 Apr. p. 126.
Piet Hein: Danish inventor, 1965 Sept. p. 222.
Point sets, coloring of, 1972 June p. 114; 1973 Sept. p. 176.
Polyabolos, 1967 June p. 124.
Polycubes, 1972 Sept. p. 176; 1973 Oct. p. 114.
Polygons, self-replicating, 1963 May p. 154.
Polygons, triangulation of, 1976 June p. 120.
Polyhedrons, five regular, 1958 Dec. p. 126; 1971 Sept. p. 204.
Polyhedrons, toroidal, 1975 May p. 102.
Polyhexes, 1967 June p. 124; 1975 Aug. p. 112.
Polyiamonds, 1964 Dec. p. 124; 1965 July p. 100; 1975 Aug. p. 112.
Polyominoes, 1957 Dec. p. 126; 1960 Nov. p. 186; 1965 Oct. p. 96; 1965 Dec. p. 100; 1966 Dec. p. 128; 1970 Oct. p. 120; 1972 Sept. p. 176; 1973 May p. 102; 1975 Aug. p. 112.
Pony puzzle, Sam Loyd's, 1971 Nov. p. 174.
Premiums, advertising, 1971 Nov. p. 174.
Prim, game of, 1976 Sept. p. 206.
Prime numbers, 1964 Mar. p. 120; 1968 Mar. p. 121; 1970 Aug. p. 110; 1977 Aug. p. 120; 1977 Dec. p. 17.
Principle of indifference, 1970 Dec. p. 110.
Probability, 1957 Apr. p. 166; 1959 Oct. p. 174; 1961 Dec. p. 150; 1966 Dec. p. 128; 1968 July p. 116; 1968 Nov. p. 140; 1970 Dec. p. 110; 1972 Oct. p. 110; 1974 Oct. p. 120; 1976 Mar. p. 119.
Probability paradoxes, 1957 Apr. p. 166; 1970 Dec. p. 110; 1974 Oct. p. 120; 1976 Mar. p. 119; 1978 Feb. p. 19.
Problems, short, 1957 Feb. p. 152; 1957 Nov. p. 140; 1958 Aug. p. 100; 1959 Feb. p. 136; 1959 May p. 164; 1960 Feb. p. 150; 1960 Oct. p. 172; 1961 June p. 166; 1962 Feb. p. 150; 1962 Oct. p. 130; 1963 Apr. p. 156; 1963 Nov. p. 144; 1964 June p. 114; 1965 Mar. p. 112; 1965 Nov. p. 116; 1967 Mar. p. 124; 1967 Nov. p. 125; 1968 Aug. p. 106; 1969 Apr. p. 124; 1970 Feb. p. 112; 1970 Nov. p. 116; 1971 July p. 106; 1972 Apr. p. 100; 1972 June p. 114; 1973 May p. 102; 1974 Apr. p. 110; 1975 Mar. p. 112; 1975 Dec. p. 116.
Projective plane, 1963 July p. 134.
Propositional calculus, 1969 Feb. p. 110.
Psychic motor, 1975 Apr. p. 126.
Pyramid, magic, 1974 June p. 116.
Pythagorean theorem, 1960 June p. 161; 1964 Oct. p. 118; 1971 Nov. p. 174.
Pythagorean triangles, 1960 June p. 161; 1964 Oct. p. 118.

Q

Quadraphage, game of, 1974 Feb. p. 106.
"Quadrilles," domino recreation, 1969 Dec. p. 122.
Quartering problems, 1977 July p. 132.

R

Race track, game of, 1973 Jan. p. 108.
Radiolaria, skeletons of, 1978 June p. 18.
Ramsey graph theory, 1977 Nov. p. 18.
Random numbers, 1968 July p. 116.
Random walks, 1969 May p. 118; 1969 June p. 122.
Rectangles, fault-free, 1960 Nov. p. 186.
Reflections and rotations, 1962 May p. 156.
Relativity paradox, 1975 Apr. p. 126.
Rep-tiles, 1963 May p. 154.
Reversi, game of, 1960 Apr. p. 170.
Rex, game of, 1975 June p. 106.
Rhyme schemers, counting of, 1976 June p. 120; 1978 May p. 24.
Rims, game of, 1976 Sept. p. 206.
Ring puzzle, Chinese, 1972 Aug. p. 106.
Room squares, 1975 May p. 102.
Rotations, reflections and, 1962 May p. 156.

Roulette systems, 1961 Dec. p. 150.
"Rusty compass" problems, 1969 Sept. p. 239.

S

Sackson, Sidney: *A Gamut of Games*, 1969 Nov. p. 140.
"Sandwich theorem," 1959 Apr. p. 160.
Scarne, John: *Complete Guide to Gambling*, 1961 Dec. p. 150.
Science puzzles, 1966 Aug. p. 96.
Set, null, 1975 Feb. p. 98.
Set, universal, 1976 May p. 118.
Sicherman dice, 1978 Feb. p. 19.
Silver dollar, game of, 1976 Sept. p. 206.
Sim, game of, 1973 Jan. p. 108.
Simplicity, concept of, 1969 Aug. p. 118.
Sliding-block puzzles, 1957 Aug. p. 120; 1964 Feb. p. 122.
Slither, game of, 1972 June p. 114.
Smullyan, Raymond M., review of book by, 1978 Mar. p. 25.
Snarks, 1976 Apr. p. 126.
Snort, game of, 1976 Sept. p. 206.
Snowflake curves, 1965 Apr. p. 128; 1976 Dec. p. 124; 1978 Apr. p. 16.
Solar system, 1970 Apr. p. 108.
Solids of constant width, 1963 Feb. p. 148.
Solitaire, Halma, 1971 Oct. p. 104.
Solitaire, isometric, 1966 Feb. p. 112.
Solitaire, peg, 1962 June p. 156.
Soma cube, 1958 Sept. p. 182; 1969 July p. 116; 1972 Sept. p. 176.
Spelling matrices, 1969 Jan. p. 116.
Sphere-and-spots problem, 1969 Oct. p. 126.
Sphere, point-set coverings of, 1973 Sept. p. 176.
Spheres, packing, 1960 May p. 174; 1961 Apr. p. 164; 1968 May p. 130.
Spirals, 1962 Apr. p. 154.
Spot-the-spot, carnival game, 1959 Apr. p. 160.
Sprouts, game of, 1967 July p. 112.
Squad-car game, 1967 Feb. p. 116.
Square holes, drilling, 1963 Feb. p. 148.
Square numbers, 1968 Jan. p. 124; 1970 Aug. p. 110.
Squares, Graeco-Latin, 1959 Nov. p. 181.
Squares, MacMahon's color, 1961 Mar. p. 166.
Squares, magic, 1957 Jan. p. 138; 1959 Mar. p. 146; 1963 Aug. p. 112; 1969 Dec. p. 122; 1976 Jan. p. 118.
Squares, packing, 1966 Sept. p. 264.
Squaring the circle and pi, 1960 July p. 154.
Squaring the square, 1958 Nov. p. 136.
Stamp folding problem, 1963 Aug. p. 112; 1971 May p. 110.
Star numbers, 1974 July p. 116.
Steiner triple systems, 1975 May p. 102.
String play, 1962 Dec. p. 146.
Superegg, 1965 Sept. p. 222.
Superellipse, 1965 Sept. p. 222.
Supertasks, 1971 Mar. p. 106; 1971 Dec. p. 96.
Switching circuits, logic of, 1969 Feb. p. 110.
Symmetry and asymmetry, 1958 Mar. p. 128; 1962 May p. 156; 1963 June p. 148; 1978 June p. 18.

T

Tablut, board game, 1963 Oct. p. 124.
Tac Tix and nim, 1958 Feb. p. 104.
Tangloids, braiding game, 1959 Dec. p. 166.
Tangrams, 1959 Sept. p. 236; 1974 Aug. p. 98; 1974 Sept. p. 187.
Ternary system, 1964 May p. 118.
Tessellations of the plane, *see* Tiling theory
Tetrads, 1977 Apr. p. 129.
Tetraflexagons, 1958 May p. 122; 1971 May p. 110.
Tetrahedrons, 1958 Dec. p. 126; 1965 Feb. p. 112; 1971 Sept. p. 204.
Ticktacktoe, 1957 Mar. p. 160; 1967 Feb. p. 116; 1971 Aug. p. 102; 1971 Oct. p. 104.
Tiling theory, 1961 Apr. p. 164; 1975 July p. 112; 1975 Aug. p. 112; 1975 Dec. p. 116; 1977 Jan. p. 110.
Time travel, paradoxes of, 1974 May p. 120.
Tippy top, 1962 Aug. p. 120.
Topology, 1957 June p. 166; 1958 Oct. p. 124; 1961 Sept. p. 242; 1963 July p. 134; 1968 Dec. p. 112; 1978 June p. 18. *see also* Torus; Moebius band; Map coloring; Knot theory.
Torus, 1958 Jan. p. 92; 1959 Mar. p. 146; 1959 Apr. p. 160; 1960 Sept. p. 218; 1962 Jan. p. 136; 1963 July p. 134; 1972 Dec. p. 102; 1975 May p. 102; 1977 Apr. p. 129.
Tower of Hanoi and Hamilton's Icosian game, 1957 May p. 150.
T-puzzle, 1971 Nov. p. 174.
Transfinite numbers, 1966 Mar. p. 112; 1971 Mar. p. 106; 1976 May p. 118.
Tree graphs, 1968 Feb. p. 118; 1976 June p. 120; 1976 Sept. p. 206.
Tree-plant problems, 1976 Aug. p. 102; 1977 Feb. p. 121.
Triangle, internal bisector problem, 1961 Apr. p. 164.
Triangle theorems, 1961 Apr. p. 164; 1970 June p. 132.
Triangles, MacMahon's color, 1968 Oct. p. 120.
Trisection of the angle, 1962 Apr. p. 154; 1966 June p. 116.
Trivalent graphs, 1976 Apr. p. 126.
Tumble rings, 1962 Aug. p. 120.
Turing game, 1971 June p. 120.
Turing machine, 1971 June p. 120.
Twelve-ball problem, 1955 Feb. p. 126; 1955 May p. 120; 1964 May p. 118.
Two-dimensional worlds in fiction, 1962 July p. 144.

U

Ulam's triplet game, 1975 June p. 106; 1975 Dec. p. 116.
Undecidable figures, 1970 May p. 124; 1976 Nov. p. 132.
Unexpected egg, logic paradox, 1963 Mar. p. 144.
Universe, models of, 1976 May p. 118.

V

Venn diagrams, 1969 Feb. p. 110; 1976 May p. 118.
Voting paradox, Arrow's, 1974 Oct. p. 120.

W

Wang dominoes, 1977 Jan. p. 110.
Waring's "easier" problem, 1973 Dec. p. 118.
Waring's problem, 1973 Dec. p. 118.
Wheels, 1970 Sept. p. 210; 1978 June p. 18.
Word play, 1964 Sept. p. 218; 1970 Aug. p. 110; 1976 Feb. p. 122; 1977 Feb. p. 121.
Worm paths, 1973 Nov. p. 116.
Wythoff's game, 1977 Mar. p. 134.

Z

Zeno's paradoxes, 1964 Nov. p. 126; 1971 Mar. p. 106; 1971 Dec. p. 96.
Zoo, mathematical, 1978 June p. 18.

SCIENTIFIC
AMERICAN

Index to The Amateur Scientist

A

Accelerator, electron, how to construct, 1959 Jan. p. 138.
Accelerator, proton, how to construct, 1971 Aug. p. 106.
Acoustics, 1956 Jan. p. 120.
Aerodynamics, bathtub, 1954 Apr. p. 100.
Aerodynamics of air-supported vehicles, 1964 Jan. p. 131.
Air currents, how to photograph in color, 1964 Feb. p. 132; 1971 May p. 118; 1974 Aug. p. 104.
Algae culture, 1954 Dec. p. 108.
Altitude simulator, high, 1965 Sept. p. 239.
Amino acids, how to make, 1970 Jan. p. 130.
Amplifier, hydraulic, 1961 Apr. p. 177.
Amplifiers, operational, 1970 May p. 130; 1971 Jan. p. 110.
Analogue computer, how to make, 1968 June p. 122.
Analogue computer that simulates Pavlov's dogs, 1963 June p. 159.
Anemometer, 1972 June p. 122.
Anemometer, pendulum type, how to make, 1971 Oct. p. 108.
Animal color preferences, how to determine, 1966 Dec. p. 135.
Animals, how to measure metabolic rate of small, 1969 July p. 122.
Animals, Skinner box for training small, 1975 Nov. p. 128.
Antennas for observing satellite, helical, 1975 Dec. p. 120.
Antibiotics experiments, 1958 Mar. p. 134.
Antibiotics, how to extract from soil, 1965 Nov. p. 124.
Antitwister mechanisms, 1975 Dec. p. 120.
Aquariums, sea-water, 1962 Nov. p. 169.
Aquatic animals and plants, observatory for viewing, 1972 Oct. p. 114.
Aquatic insects, how to culture, 1970 Mar. p. 131.
Archaeology, 1952 July p. 82.
Archaeology, amateur, 1967 Dec. p. 134.
Archaeology, Indian-village, 1953 July p. 94; 1960 Jan. p. 158.
Area measurement, 1958 Aug. p. 107.
Argon gas laser, how to make, 1969 Feb. p. 118.
Art, kinetic "op", 1975 June p. 112.
Artificial satellites, how to track, 1958 Jan. p. 98; 1958 Oct. p. 130.
Astronomical observatory, report on amateur, 1970 Apr. p. 114.
Astrophotography, 1965 Dec. p. 106.
Astrophotography, color technique of, 1969 Aug. p. 124.
Astrophotometry, 1954 Feb. p. 100.
Asynchronous motor, how to make, 1975 June p. 112.
Atom smasher, how to construct, 1971 Aug. p. 106.
Aurora (IGY), 1957 Jan. p. 144.
Auroral spectrograph, 1961 Jan. p. 177.

B

Bacteriostasis, 1958 Mar. p. 134.
Balls of steel, experiments with, 1964 Aug. p. 100.
Bénard cells, 1977 Nov. p. 152.
Beta-ray spectrometer, 1958 Sept. p. 197.
Binoculars for viewing the sun, 1974 Nov. p. 126.
Binoculars, how to test, 1958 Oct. p. 130.
Bioelectricity, 1962 Jan. p. 145.
Bird banding, 1952 May p. 86.
Birdman of Alcatraz, 1957 Dec. p. 143.
Birdsongs, how to record voiceprints of, 1974 Feb. p. 110.
Boat designs, 1957 Apr. p. 175.
Boat that sails directly into eye of the wind, toy, 1975 Dec. p. 120.
Boat, toy putt-putt, 1961 Aug. p. 143.
Bubbles, how to blow long-lived: soap, 1969 May p. 128; plastic, 1973 July p. 110.
Bubbles in which gas encloses liquid, how to make, 1974 Apr. p. 116.

C

Calina, 1961 Oct. p. 172.
Camera, construction of cold, 1973 Dec. p. 122.
Cameras, construction of high-speed, 1964 July p. 118.
Candles, how to make and study the burning of, 1978 Apr. p. 154.
Cantaloupe, extraction of growth substances from, 1964 Aug. p. 100.
Capacitors, high-voltage charging of, 1958 Feb. p. 112.
Carbon dioxide laser, how to make, 1971 Sept. p. 218.
Carbon-14 dating, 1957 Feb. p. 159.
Cartersian diver, design for, 1972 July p. 106.
Cassia nictitans: sensitive plant, 1961 Mar. p. 181.
Cavendish apparatus for measuring gravitation, how to make, 1963 Sept. p. 267.
Chromatograph simulator, how to make, 1972 Feb. p. 106.
Chromatography, 1953 Feb. p. 102.
Chromatography, gas, 1966 June p. 124; 1967 Sept. p. 283.
Chromatography of genes in fruit flies, 1965 June p. 126.
Chromatography, paper, 1961 July p. 162.
Chromatography, thin-layer technique, 1969 Mar. p. 124; 1976 Feb. p. 128.
Clay, analysis of, 1961 Dec. p. 161.
Clock, driven by tuning fork, 1964 Apr. p. 136.
Clock, pendulum-type, 1960 July p. 165; 1960 Aug. p. 158.
Clock, pendulum-type equipped with quartz-crystal oscillator, 1974 Sept. p. 192.
Clock, piezoelectric, 1961 June p. 181.
Clock, quartz-crystal, 1957 Sept. p. 233; 1961 June p. 181.
Clock, tunnel-diode, 1963 Mar. p. 157.
Cloud chamber, diffusion, 1952 Sept. p. 179.
Cloud chamber, plumber's friend, 1956 Dec. p. 169.
Cloud chamber, Wilson, 1956 Apr. p. 156.
Cloud chamber, with magnet, 1959 June p. 173.
Cockroaches in maze experiments, 1974 Feb. p. 110.
Coffee cup physics, 1977 Nov. p. 152.
Color astrophotography, technique of, 1969 Aug. p. 124.
Color preferences of animals, how to study, 1966 Dec. p. 135.
Color theory, 1953 Nov. p. 112.
Color vision, experiments with pigeons, 1970 Oct. p. 124.
Colorimeter, how to make, 1965 Feb. p. 118.
Computer, analogue, how to make, 1968 June p. 122.

Computer that simulates Pavlov's dogs, analogue, 1963 June p. 159.
Computer, word, 1956 Dec. p. 169.
Contrabarometer, how to construct, 1971 July p 110.
Convection current in liquids, how to observe, 1967 Jan. p. 124.
Cooling fluids, 1977 Sept. p. 246; 1977 Nov. p. 152.
Co-operative weather observers, 1953 Oct. p. 114.
Coriolis force, 1960 Apr. p. 183.
Coronagraph, 1955 Sept. p. 194.
Counter, high-speed, 1973 May p. 108.
Crinoids, fossil, 1956 Oct. p. 155.
Cross-staff, how to construct, 1974 Nov. p. 126.
Crystals, fast growing, how to observe, 1966 May p. 128.
Crystals, how to grow in gel, 1962 Mar. p. 155.
Crystals, how to grow with salts, 1968 Jan. p. 128.
Crystals, ice experiments, 1962 Dec. p. 161.
Cube that constitutes an optical illusion, how to make, 1974 Nov. p. 126.
Cutter, worm-gear, 1955 Dec. p. 124.
Cyclotron, 1953 Sept. p. 154.

D

"Dawn chorus," 1956 Jan. p. 120.
Differential screw, 1959 Mar. p. 155.
Diffusion cloud chamber, 1952 Sept. p. 179.
Diffusion experiments, 1962 May p. 171.
Dinosaur collecting, 1959 Feb. p. 143.
Dogs, analogue computer that simulates Pavlov's, 1963 June p. 159.
Dye laser, how to make, 1970 Feb. p. 116.

E

Earth satellite, device for plotting the orbit of, 1974 May p. 126.
Earthquake waves, how to hear, 1970 Aug. p. 116.
Eclipse of stars by the moon, groups organized to observe, 1972 Jan. p. 108.
Eclipse, photographing a lunar, 1960 Dec. p. 172.
Eclipse, solar, equipment and safety procedures for viewing and photographing, 1972 May p. 118.
Electrets, how to make, 1960 Nov. p. 202; 1968 July p. 122.
Electric motors, how to make: tunnel-diode type, 1965 Oct. p. 106; parametric type, 1973 Jan. p. 116; asynchronous type, 1975 June p. 112.
Electric power to rotating device, how to supply, 1975 Dec. p. 120.
Electric signals made by animals, how to detect, 1966 Feb. p. 120.
Electric welders, how to make, 1966 Nov. p. 144.
Electrocardiogram of water flea, how to make, 1966 Feb. p. 120.
Electrometer, vibrating-reed, how to make, 1965 Oct. p. 106.
Electron accelerator, how to construct, 1959 Jan. p. 138.
Electron microscope, how to construct, 1973 Sept. p. 184.
Electronic analogies, hydraulic, 1962 Aug. p. 128.
Electronic mouse, 1955 Mar. p. 116.
Electrophoresis, apparatus, 1955 Aug. p. 92; 1961 July p. 162.
Electrophoresis, blood-serum, 1962 June p. 171.
Electrophysiology, 1962 Jan. p. 145.
Electrostatic circuits, meter that determines current in, 1973 Oct. p. 120.
Electrostatic effects in liquids, 1967 Jan. p. 124.
Electrostatic generators: Van de Graaff, 1955 Apr. p. 110; 1956 Oct. p. 155; 1957 May p. 158; 1959 Jan. p. 145; Kelvin, 1960 June p. 175.
Electrostatic motors, how to build, 1974 Oct. p. 126.
Engines, heat: rubber-band, 1956 May p. 149; lighter-flint, 1959 July p. 145; rubber-band (several designs), 1971 Apr. p. 118; world's most simple, 1971 July p. 110.
Engines, ruling, how to construct, 1952 July p. 82; 1975 Apr. p. 134.
Enzyme molecule, how to construct model of, 1976 Jan. p. 124.
Enzymology, 1963 Jan. p. 147.
Experiments, various, 1961 Apr. p. 177; 1965 Jan. p. 118; 1969 Oct. p. 134; 1971 Dec. p. 100; 1974 Nov. p. 126.
Experiments with wind, 1971 Oct. p. 108.
Eye movement, gyroscopic, 1954 Nov. p. 88.

F

Films, 1961 Sept. p. 261.
Filter for infrared, 1973 Mar. p. 114.
Filters, how to experiment with micropore, 1971 Feb. p. 118.
Filters, polarizing, quarter-and half-wave plates, 1977 Dec. p. 172; 1978 Jan. p. 132.
Fish, tropical, 1956 Mar. p. 141.
Flames, experiments with, 1978 Apr. p. 154.
Flashing-light experiment, 1961 Aug. p. 143.
Flip-flop, fluid, how to make, 1966 May p. 128.
Flip-flops, microelectronic, 1973 May p. 108.
Fluid in tank subject to reduced gravity, investigating the behavior of, 1972 Apr. p. 106.
Fluid model for study of potential fields, 1967 July p. 118.
Fluids, cooling, 1977 Sept. p. 246; 1977 Nov. p. 152.
Fog: calina, 1961 Oct. p. 172.
Fossil crinoids, 1956 Oct. p. 155.
Fossil seeds, 1956 May p. 149.
Fossilides, 1961 May p. 177.
Foucault pendulum, how to make, 1958 June p. 115; 1964 Feb. p. 132.
Foucault-test gear, 1955 Dec. p. 124.
Fountain, Hero's, how to make, 1966 Dec. p. 135.
Free radicals, how to make and freeze, 1963 July p. 146.
Freezing water, rates of with regard to initial temperature, 1977 Sept. p. 246.
Fruit flies, genetics of, 1965 June p. 126.
Fuel cell, how to make, 1967 Nov. p. 131.

G

Galvanic cell, how to make, 1967 Nov. p. 131.
Gas chromatograph, how to make a sensitive, 1967 Sept. p. 283.
Gas chromatograph, how to make a simple, 1966 June p. 124.
Gas-discharge tubes, how to make, 1958 Feb. p. 112; 1966 Aug. p. 100.
Gases, how to liquefy, 1969 Nov. p. 151.
Geiger counter, how to make, 1960 May p. 189.
Geissler tube, how to make, 1958 Feb. p. 112.
Generators, electrostatic: Van de Graaff, 1955 Apr. p. 110; Kelvin, 1960 June p. 175.
Genetics, mouse, 1952 Dec. p. 84.
Genetics of fruit flies, 1965 June p. 126.
Geological stream table, 1963 Apr. p. 168.
Geology, mountain, 1952 June p. 90.
Geotropism, how to experiment with, 1970 June p. 141.
Gibberellic acid experiments, 1958 Dec. p. 134.
Gibberellin-like substances, extractions of, 1967 Aug. p. 110.
Glass, how to study fracture of, 1971 Nov. p. 122.
Glass blowing, technique explained, 1964 May p. 129.
Glow discharges, 1956 Feb. p. 130.
Golf club dynamics, 1964 Jan. p. 131.
Gravitational constant, Cavendish experiment to determine, 1963 Sept. p. 267.
Gravitational field, simulating with soap film, 1964 Dec. p. 134.
Gravity, experiment on response of plants to, 1970 June p. 141.
Gravity simulator, reduced-, 1972 Apr. p. 106.
Green flash, solar, 1961 Jan. p. 177.
Greenhouse for the living room, 1967 Mar. p. 130.
Greenhouse shade that re-creates lighting of the Tropics, 1975 July p. 120.
Growth inhibitors, plant, 1962 Apr. p. 167.
Growth-promoting substances, extraction of, 1964 Aug. p. 100.
Guiding system, electronic and telescopic, 1956 June p. 156.

H

Haidinger's brush, how to see it with polarized light, 1977 Dec. p. 172.
Hall effect, experiments with, 1965 July p. 106.
Hang-glider aerodynamics, 1974 Dec. p. 138; 1975 Aug. p. 116.
Harmonograms, how to make, 1965 May p. 128.
Heat engine: rubber-band, 1956 May p. 149; lighter-flint, 1959 July p. 145; rubber-band (several designs), 1971 Apr. p. 118; world's most simple, 1971 July p. 110.
Hele-Shaw apparatus, 1955 Oct. p. 124.
Helium-neon laser, experiments with, 1965 Dec. p. 106.
Helium-neon laser, how to make, 1964 Sept. p. 227.
Hero's fountain, how to make, 1966 Dec. p. 135.
Herpetology, 1954 Mar. p. 100.
High altitude simulator, 1965 Sept. p. 239.
High-fidelity sound, 1956 Jan. p. 120.
High-speed cameras, construction of, 1964 July p. 118.
High-speed counter, 1973 May p. 108.
High voltage: generation, 1958 Feb. p. 112; power supply, 1959 Sept. p. 249.
Hilsch tube, 1958 Nov. p. 145.
Holograms, how to make, 1967 Feb. p. 122; 1971 July p. 110; (microwave) 1972 Nov. p. 120.
Hummingbirds, 1957 Mar. p. 169; 1960 Feb. p. 157.
Hydraulic amplifier, 1961 Apr. p. 177.
Hydrodynamics of sailing craft, 1956 Aug. p. 128.
Hydrophone, how to make, 1960 Oct. p. 185; 1964 Mar. p. 131; 1970 Aug. p. 116.

Hydroponics, 1952 Oct. p. 92.
Hygrometer, electric, 1954 May p. 96.

I

Illusions, how to create visual, 1971 Mar. p. 110; 1974 Nov. p. 126; 1978 Mar. p. 142.
Immunoelectrophoresis, how to perform, 1969 Sept. p. 248.
Indian archaeology, 1953 June p. 114; 1960 Jan. p. 158.
Infrared diode laser, how to make, 1973 Mar. p. 114.
Infrared filter, 1973 Mar. p. 114.
Infrared viewer, how to make an inexpensive, 1972 Feb. p. 106.
Interferometer, 1956 Nov. p. 161.
Interferometer, cyclic, how to make, 1973 Feb. p. 110.
Interferometer, laser, how to make a simple, 1972 Feb. p. 106.
Interferometer, series, how to make, 1964 June p. 122.
Ionizing radiation on plants, how to observe effects of, 1963 Dec. p. 151.
Isoteniscope, how to make, 1970 Dec. p. 116.
Isotope experiments, 1960 May p. 189.

J

Jumping-ring experiment, 1961 Aug. p. 143.

K

Kaleidoscope, projection, how to make, 1975 July p. 120.
Kelvin's water-drop electrostatic machine, 1960 June p. 175.
Kites, how to make and fly, 1969 Apr. p. 130; 1978 Feb. p. 156.
Knife-edge test, optical, 1958 July p. 108.
Köhler illumination, how to adjust microscope for, 1968 Apr. p. 124.
Kymograph, how to make, 1960 Apr. p. 183.

L

Land color experiment, 1960 Jan. p. 158.
Land color slide experiments, 1959 Sept. p. 249.
Laser beam used to measure dirt content of water, 1973 June p. 112.
Laser interferometer, how to make a simple, 1972 Feb. p. 106.
Lasers, how to make: helium-neon type, 1964 Sept. p. 227 and 1965 Dec. p. 106; argon type, 1969 Feb. p. 118; dye type, 1970 Feb. p. 116; carbon dioxide type, 1971 Sept. p. 218; infrared diode type, 1973 Mar. p. 114; nitrogen type, 1974 June p. 122.
Leidenfrost phenomena, 1977 Aug. p. 126.
Lenses, liquid, how to make, 1968 Nov. p. 148.
Lepidoptera, 1954 Oct. p. 96.
Lichtenberg figures, how to make, 1964 Dec. p. 134.
Liesegang bands, how to grow, 1969 June p. 130.
Light, apparatus for measuring the speed of, 1975 Oct. p. 120.
Light from sky, how to study polarized, 1978 Jan. p. 132.
Light, how to polarize, 1977 Dec. p. 172; 1978 Jan. p. 132.
Light meter for darkroom, how to make, 1963 Aug. p. 120.
Light, scattering, 1977 July p. 138; 1977 Nov. p. 152; 1978 Jan. p. 132.
Liquid pillars, how to make, 1968 Nov. p. 148.
Liquid prism, 1955 June p. 122.
Liquids, electrostatic effects in, 1967 Jan. p. 124.
Liquids, refactometer used to identify, 1975 May p. 109.
Lissajous figures made with pendulum, 1973 Aug. p. 104.
Living matter, how to make constituents of, 1970 Jan. p. 130.
Lunar photography, 1960 Dec. p. 172.

M

Machines, mathematical, 1953 May p. 104.
Machines that work like muscles, 1973 Apr. p. 112.
Magnetic-resonance spectrometer, 1959 Apr. p. 17.
Magnetometer, how to make a sensitive, 1968 Feb. p. 124.
Magneto-optic modulator, how to construct, 1970 Nov. p. 120.
Manometer, super-sensitive, how to make, 1969 Dec. p. 128.
Mapper, fluid, how to make, 1967 July p. 118.
Marangoni effect, experiments with, 1978 June p. 151.
Marine organisms, how to collect, 1965 Mar. p. 119.
Mass spectrometer, how to construct, 1970 July p. 120.
Mathematical machines, 1953 May p. 104.
Maxwell's demon, apparatus to demonstrate, 1973 Apr. p. 112.
May flies, 1952 Aug. p. 75.
McLeod gauge, vacuum, how to make, 1965 Dec. p. 106.
Mead, how to make, 1972 Sept. p. 185.
Mechanochemical turbine, how to construct, 1973 Apr. p. 112.
Metabolic rate of small animals, how to measure, 1969 July p. 122.
Metabolism, mice, 1957 Aug. p. 128.
Meteor counter, electronic, 1958 July p. 108.
Meteorology, 1953 Oct. p. 114.
Mice metabolism, 1957 Aug. p. 128.
Michelson's apparatus, homemade version of, 1975 Oct. p. 120.
Microammeter, how to build, 1973 Oct. p. 120.
Microelectronic flip-flops, 1973 May p. 108.
Micromanometer, how to make a sensitive, 1967 Aug. p. 110.
Micrometeorology, 1967 June p. 135.
Micromineralogy, 1955 Feb. p. 120.
Microphotography, 1961 Feb. p. 159.
Microphotography of tiny crustaceans, 1967 May p. 142.
Micropore filters, how to experiment with, 1971 Feb. p. 118.
Microscope, electron, how to construct, 1973 Sept. p. 184.
Microscope, homemade, 1954 June p. 98.
Microscope lighting for producing color, 1968 Apr. p. 124.
Microscope, slide preparation, 1955 Dec. p. 124.
Microscope, traveling, 1954 Aug. p. 84.
Microscopy, 1953 Jan. p. 80; 1953 Dec. p. 110.
Microscopy, phase, 1955 July p. 104.
Microwave holograms, how to make, 1972 Nov. p. 120.
Millbrook School observatory, 1954 July p. 92.
Millikan's oil-drop experiment, 1959 May p. 175.
Mineralogy, 1952 Nov. p. 94.
Mineralogy, micro-, 1955 Feb. p. 120.
Mirrors, grinding, 1958 Feb. p. 112.
Modulator for light, how to construct, 1970 Nov. p. 120.
Moiré patterns, experiments with, 1964 Nov. p. 134.
Moiré patterns, techniques for generating, 1973 Oct. p. 120.
Molecular beam apparatus, how to construct, 1970 July p. 120.
Molecular models, how to construct inexpensive, 1973 Feb. p. 110; 1976 Jan. p. 124.
Monolayers, 1961 Sept. p. 261.
Moon, stereo photography of, 1956 Apr. p. 156.
Motors, electric: tunnel-diode, 1965 Oct. p. 106; parametric, 1973 Jan. p. 116; asynchronous, 1975 June p. 112.
Motors, electrostatic, 1974 Oct. p. 126.
Mountain geology, 1952 June p. 90.
Mouse, electronic, 1955 Mar. p. 116.

N

NAND gates, 1973 May p. 108.
Negative-resistance phenomena, 1961 Aug. p. 143.
Nitrogen laser, how to construct, 1974 June p. 122.

O

Observatory for viewing aquatic animals and plants, how to build, 1972 Oct. p. 114.
Observatory, Millbrook School, 1954 July p. 92.
Observatory, report on amateur astronomical, 1970 Apr. p. 114.
Occultation, photoelectric, 1955 Jan. p. 96.
Operational amplifiers, 1970 May p. 130; 1971 Jan. p. 110.
Orbit of earth satellite, device for plotting, 1974 May p. 126.
Orbit simulator, satellite-, 1958 Oct. p. 130.
Orbits of space vehicles, how to compute, 1969 Jan. p. 123.
Orrery, 1955 Nov. p. 125.
Oscillator for pendulum clock, quartz-crystal, 1974 Sept. p. 192.
Oscillators that involve salt water, 1970 Sept. p. 221; 1971 June p. 124; 1977 Oct. p. 142.
Oscillators, three novel types described, 1970 Sept. p. 221.
Osmotic pump, 1971 Dec. p. 100; 1972 Apr. p. 106.

P

Paleontology, 1954 Jan. p. 88.
Paraboloids, how to construct: cardboard type, 1973 Dec. p. 122; fiberglass type, 1974 Nov. p. 126.
Para-Foil, 1975 Mar. p. 118.
Parametric motor, how to build, 1973 Jan. p. 116.

Pavlov's dogs, analogue computer that simulates, 1963 June p. 159.
Pendulum clock, 1960 July p. 165; 1960 Aug. p. 158.
Pendulum clock equipped with quartz-crystal oscillator, 1974 Sept. p. 192.
Pendulum, Foucault, how to make, 1958 June p 115; 1964 Feb. p. 132.
Pendulum illusion, Pulfrich, 1978 Mar. p. 142.
Pendulums, folded types, 1967 Apr. p. 124.
Pen recorder, how to make, 1955 Nov. p. 125; 1966 July p. 114; 1970 May p. 130; 1972 Mar. p. 114.
Perception, visual, how to experiment with, 1971 Mar. p. 110; 1974 Nov. p. 126; 1978 Mar. p. 142.
Periscope, underwater, 1961 Feb. p. 159.
pH meter, how to make, 1968 Sept. p. 232.
Phase microscopy, 1955 July p. 104.
Photoelectric occultation, 1955 Jan. p. 96.
Photography of the deep-sky, 1965 Dec. p. 106; 1969 Aug. p. 124; 1973 Dec. p. 122; 1975 June p. 112.
Photography of a lunar reclipse, 1960 Dec. p. 172.
Photography of a solar eclipse, 1972 May p. 118.
Photography of the moon, stereo, 1956 Apr. p. 156.
Photography, schlieren in color, 1971 May p. 118; 1974 Aug. p. 104.
Photography, solar, 1957 Oct. p. 14.
Photometry, astro-, 1954 Feb. p. 100.
Photopolymerization, how to perform, 1969 Dec. p. 128.
Phototaxis, demonstrations of, 1964 Oct. p. 128.
Piezoelectric clock, 1957 Sept. p. 233.
Pigeons, color vision of, 1970 Oct. p. 124.
Pircuits, 1955 Mar. p. 116.
Planetary alignments, how to predict, 1975 Aug. p. 116.
Planimeter, how to make, 1958 Aug. p. 107.
Planimeter, pocket-knife, 1958 Nov. p. 145.
Plant growth, effects of gravity on, 1970 June p. 141.
Plant-growth inhibitor, 1962 Apr. p. 167.
Plant growth, stimulating with ultrasonic vibrations, 1966 Aug. p. 100.
Plants, sensitive, 1961 Mar. p. 181.
Plasma jet, 1961 Nov. p. 173.
Plastic bubbles that survive for years, how to blow, 1973 July p. 110.
Plumes from chimneys, behavior of smoke, 1978 May p. 162.
Pockels effect, 1962 July p. 156.
Polariscope, how to make, 1974 July p. 122; (a simple design) 1975 June p. 174.
Polarized light, how to study, 1977 Dec. p. 172; 1978 Jan. p. 132.
Polarograph, 1962 Sept. p. 247.
Pond life, how to study, 1970 Mar. p. 131.
Power supply, high-voltage, 1959 Sept. p. 249.
Power to a rotating device, how to supply electric, 1975 Dec. p. 120.
Prism, liquid, 1955 June p. 122.
Proton accelerator, how to construct, 1971 Aug. p. 106.
Ptyalin, enzyme, 1963 Jan. p. 147.
Pulfrich pendulum illusion, 1978 Mar. p. 142.
Pump, osmotic, 1971 Dec. p. 100; 1972 Apr. p. 106.
Pump, Sprengel vacuum, 1958 Dec. p. 134.
Pump, valveless, how to make, 1965 Jan. p. 118.
Pumps, vacuum, 1960 Mar. p. 187.

Q

Quartz-crystal clock, 1957 Sept. p. 233; 1961 June p. 181.
Quartz-crystal oscillator for pendulum clock, 1974 Sept. p. 192.

R

Radio (transistor type) modified for experiments, 1973 Jan. p. 116.
Radio telescopes, 1962 Feb. p. 163.
Radio waves and sound waves recorded on film by precooling process, 1972 Nov. p. 120.
Radiocarbon dating, 1957 Feb. p. 159.
Radioisotopes, 1960 May p. 189.
Rain gauge, how to make, 1966 May p. 128.
Rain, study of salty, 1966 Dec. p. 135.
Rainbows, how to make, 1977 July p. 138.
Raindrops, how to study, 1965 Aug. p. 102.
Rainfall, study to measure acidity of, 1974 June p. 122.
Rayleigh-Taylor instability, observed in the salt oscillator, 1977 Oct. p. 142.
Recorder, weather-satellite, how to construct, 1974 Jan. p. 114; 1975 Dec. p. 120.
Recorders, pen, 1955 Nov. p. 125; 1966 July p. 114; 1970 May p. 130; 1972 Mar. p. 114.
Recording spectrophotometer, how to construct, 1975 Jan. p. 118.
Reduced-gravity simulator, 1972 Apr. p. 106.
Refractometer, how to make, 1975 May p. 109.
Refrigeration machines, how to make, 1969 Nov. p. 151.
Reptiles, care of, 1959 July p. 145.
Retina patterns, 1958 Jan. p. 98.
Ripple tank, 1962 Oct. p. 144.
Rockets, 1957 June p. 174.
Rotating device, how to supply electric power to, 1975 Dec. p. 120.
Rubber-band heat engine, how to make, 1956 May p. 149; 1971 Apr. p. 118.
Rubber experiments, 1960 June p. 175.
Ruling engines, 1952 July p. 82; 1975 Apr. p. 134.

S

Sailboat hydrodynamics, 1956 Aug. p. 128.
Sailboat without a hull, 1975 Mar. p. 118.
Salt fingers, how to make, 1971 June p. 124; 1977 Oct. p. 142.
Salt fountains, how to make and experiment with, 1971 June p. 124; 1977 Oct. p. 142.
Salty rain, study of, 1966 Dec. p. 135.
Satellite, artificial, telescope for, 1957 Jan. p. 144.
Satellite, device for plotting the orbit of earth, 1974 May p. 126.
Satellite-orbit simulator, 1958 Oct. p. 130.
Satellite recorder, weather-, how to construct, 1974 Jan. p. 114; 1975 Dec. p. 120.
Satellites, how to track artificial, 1958 Jan. p. 98; 1958 Oct. p. 130.
Schlieren photography, how to perform, 1971 May p. 118; 1974 Aug. p. 104.
Scintillation counter, 1953 Mar. p. 104.
Sea-water aquariums, 1962 Nov. p. 169.
Sea water, instabilities in, 1971 June p. 124.
Secondary flow, observed in tea and rivers, 1977 Nov. p. 152.
Seismograph, 1953 June p. 114; 1957 July p. 152; 1970 Aug. p. 116.
Seismograph, well-water, 1961 May p. 177.
Seismology, 1952 Apr. p. 94.
Seismometer, how to construct a sensitive, 1975 Sept. p. 182.
Seismometer, sensitive mercury tiltmeter that serves as, 1973 Nov. p. 124.
Series interferometer, how to make, 1964 June p. 122.
Sferics recording, 1959 Mar. p. 155.
Simulator, chromatograph, 1972 Feb. p. 106.
Simulator, high altitude, 1965 Sept. p. 239.
Simulator, reduced-gravity, 1972 Apr. p. 106.
Simulator, satellite-orbit, 1958 Oct. p. 130.
Skin diving, 1953 Aug. p. 94.
Skinner box constructed for: testing color vision of pigeons, 1970 Oct. p. 124; training small animals, 1975 Nov. p. 128.
Skipping stone, analysis of, 1968 Aug. p. 112.
Skipping stone experiment, 1957 Apr. p. 175.
Sky, photography of the deep-, 1965 Dec. p. 106.
Slide preparation, microscope, 1955 Dec. p. 124.
Slime molds, how to cultivate and study, 1966 Jan. p. 116.
Smog: calina, 1961 Oct. p. 172.
Smoke plumes from chimneys, behavior of, 1978 May p. 162
Smoke wind tunnel, 1955 May p. 118; 1955 Oct. p. 124.
Snails in the home, how to raise, 1975 Feb. p. 104.
Snowflakes, how to catch and preserve, 1966 Mar. p. 120.
Snowflakes, how to study, 1965 Aug. p. 102.
Soap bubbles, how to blow long-lived, 1969 May p. 128.
Soil antibiotics, how to extract, 1965 Nov. p. 124.
Solar eclipse, equipment and safety procedures for viewing and photographing, 1972 May p. 118.
Solar-flare detector, 1960 Sept. p. 231.
Solar photography, 1957 Oct. p. 141.
Solar system, model, 1955 Nov. p. 125.
Sound, high-fidelity, 1956 Jan. p. 120.
Sound into heat, conversion of, 1968 Aug. p. 112.
Sound, underwater, hydrophone for detecting, 1960 Oct. p. 185; 1964 Mar. p. 131; 1970 Aug. p. 116.
Sound, underwater, pitch of depending on bubbles, 1977 Nov. p. 152.
Sound waves and radio waves recorded on film by precooling process, 1972 Nov. p. 120.
Sow bug, how to study learning in the, 1967 May p. 142.
Sparks, high-energy, 1957 Nov. p. 148.
Spectrograph, astronomical, 1956 Sept. p. 259.
Spectrograph, auroral, 1961 Jan. p. 177.
Spectrograph, Bunsen's, 1955 June p. 122.
Spectrograph, how to make a diffraction-grating type, 1966 Sept. p. 277.
Spectrograph, ultraviolet, construction of, 1968 Oct. p. 126.
Spectroheliograph, how to make, 1958 Apr. p. 126.
Spectrohelioscope, how to construct, 1974 Mar. p. 110.
Spectrometer, beta-ray, 1958 Sept. p. 197.
Spectrometer, magnetic-resonance, 1959 Apr. p. 171.
Spectrometer, mass, how to construct, 1970 July p. 120.
Spectrophotometer, construction of, 1968 May p. 140.

Spectrophotometer, recording, how to construct, 1975 Jan. p. 118.
Spectroscopy of candle flame, 1978 Apr. p. 154.
Spider webs, collecting, 1963 Feb. p. 159.
Spiders, culturing and investigating their webs, 1972 Dec. 108.
Spinthariscope, 1953 Mar. p. 104.
Sprengel vacuum pump, 1958 Dec. p. 134.
Sputnik, telescope for, 1957 Jan. p. 144.
Stereo photography of moon, 1956 Apr. p. 156.
Sterilization by filtration, 1971 Feb. p. 118.
Stream table, 1963 Apr. p. 168.
Stroud, Robert, 1957 Dec. p. 143.
Subatomic particle scattering, how to simulate, 1965 Aug. p. 102.
Subatomic particles, how to identify by their tracks, 1965 Apr. p. 136.
Sun viewers, how to construct, 1972 May p. 118; 1974 Nov. p. 126.
Sundial, adjustable, how to make, 1967 Nov. p. 131.
Sundial, global, 1959 Aug. p. 137.
Sundial, indoor, 1956 Mar. p. 141.
Sundial that keeps clock time, how to make, 1959 Oct. p. 185; 1964 Mar. p. 131.

T

Tea cup physics, 1977 Nov. p. 152.
Telemetry, bio-medical, 1968 Mar. p. 128.
Telescope drive, transistor, 1959 Oct. p. 185.
Telescope, elbow finder, 1975 June p. 112.
Telescope, electronic guiding system, 1956 June p. 156.
Telescope-focusing installation, 1974 Nov. p. 126.
Telescope, how to make a 16-inch, 1963 Aug. p. 120.
Telescope mirror, how to make of aluminium, 1963 Nov. p. 159.
Telescope, mobile installation for, 1975 July p. 120.
Telescope, report on a 16-inch, 1970 Apr. p. 114.
Telescope, rich-field, 1957 Jan. p. 154.
Telescope, Schupmann-type refractor, 1958 May p. 130.
Telescope, short-focus refracting, 1955 Dec. 124.
Telescope, 6-inch reflector, 1959 Nov. p. 193.
Telescope with spherical optical surfaces, compact short-focus, 1972 Aug. p. 110.
Telescopes for viewing the sun, 1972 May p. 118.
Telescopes, radio, 1962 Feb. p. 163.
Temperature control, how to make, 1965 Oct. p. 106.
Temperature profile of lower atmosphere demonstrated by smoke plumes, 1978 May p. 162.
Theory, circular-translation, 1954 Sept. p. 172.
Thermal-analysis technique, 1961 Dec. p. 161.
Thermal engine, how to construct a simple, 1971 July p. 110.
Thermometers, electronic, 1972 June p. 122.
Thin films of metals, how to make, 1967 Oct. p. 134.
Thin-layer chromatography, technique of, 1969 Mar. p. 124; 1976 Feb. p. 128.
Thunderstorm, construction of instrument for detecting and tracking, 1963 May p. 167.
Thyroid gland experiments, 1959 Dec. p. 179.
Tiltmeter that serves as seismometer, sensitive mercury, 1973 Nov. p. 124.
Time-switch, solid state, 1968 Feb. p. 124.
Tissue culture, technique of, 1966 Apr. p. 122.
Tornado, how to create a miniature, 1971 Oct. p. 108.
Tranquilizers, experiments, 1959 Sept. p. 249.
Transistor radio modified for experiments, 1973 Jan. p. 116.
Transistors, how to make thin film, 1970 June p 141.
Traveling microscope, 1954 Aug. p. 84.
Tropical fish, 1956 Mar. p. 141.
Tube, Hilsch, 1958 Nov. p. 145.
Tubes, gas-discharge, 1958 Feb. p. 112; 1966 Aug. p. 100.
Tunnel-diode clock, 1963 Mar. p. 157.
Turbidimeter, dual-beam, how to construct, 1973 June p. 112.
Turbine, mechanochemical, how to construct, 1973 Apr. p. 112.
Tyndall scattering of light by droplets over coffee, 1977 Nov. p. 152.

U

Ultraviolet, gas laser that emits pulses in the, 1974 June p. 122.
Ultraviolet spectrograph, construction of, 1968 Oct. p. 126.
Underwater periscope, 1961 Feb. p. 159.
Underwater sound, hydrophone for detecting, 1960 Oct. p. 185; 1964 Mar. p. 131; 1970 Aug. p. 116.
Underwater sound, pitch of depending on bubbles, 1977 Nov. p. 152.

V

Vacuum, leak detection in, 1961 Feb. p. 159.
Vacuum pump, Sprengel, 1958 Dec. p. 134.
Vacuum pumps, 1960 Mar. p. 187.
Valveless pump, how to make, 1965 Jan. p. 118.
Van de Graaff generator, 1955 Apr. p. 110; 1956 Oct. p. 155; 1957 May p. 158; 1959 Jan. p. 145.
Vapor pressure, how to measure, 1970 Dec. p. 116.
Visual illusions, how to create, 1971 Mar. p. 110; 1974 Nov. p. 126; 1978 Mar. p. 142.
Visual latency, experiments with, 1978 Mar. p. 142.
Voiceprints of birdsongs, how to record, 1974 Feb. p. 110.
Voltage, high: generation, 1958 Feb. p. 112; power supply, 1959 Sept. p. 249.
Vortex columns in swirling coffee, 1977 Nov. p. 152.
Vortex rings, how to experiment with, 1965 Jan. p. 118.
Vortexes in water and flame, how to make and investigate, 1963 Oct. p. 133.
Vortexes that form around cylinder, wind tunnel to study, 1972 July p. 106.

W

Walking on hot coals, 1977 Aug. p. 126.
Water droplets that float on water, 1973 Aug. p. 104; 1978 June p. 151.
Water drops on hot surface, measuring lifetimes of, 1977 Aug. p. 126.
Water, experiments on freezing, 1977 Sept. p. 246.
Water flea, electrocardiogram of, 1966 Feb. p. 120.
Water glass inverted without spilling, 1977 Oct. p. 142.
Water pollution, how to test for, 1970 Mar. p. 131; 1971 Feb. p. 118; 1973 June p. 112.
Wave machine for simulating marine surf, how to make, 1968 Dec. p. 116.
Waves studied in ripple tank, 1962 Oct. p. 144.
Weather forecasting: sferics counter, 1959 Mar. p. 155.
Weather observers, co-operative, 1953 Oct. p. 114.
Weather-satellite recorder, how to construct, 1974 Jan. p. 114; 1975 Dec. p. 120.
Weather station, how to build, 1972 June p. 122.
Webs, spider, 1963 Feb. p. 159; 1972 Dec. p. 108.
Welders, how to make electric, 1966 Nov. p. 144.
Wilson cloud chamber, 1956 Apr. p. 156.
Wind speed, how to measure, 1971 Oct. p. 108.
Wind tunnel, low-speed, 1953 Apr. p. 112.
Wind tunnel, smoke, 1955 May p. 118; 1955 Oct. p. 124.
Wind tunnel, supersonic, how to build, 1966 Oct. p. 120.
Wind tunnel to study vortexes that form around cylinder, 1972 July p. 106.
Wind vane, 1972 June p. 122.
Worm-gear cutter, 1955 Dec. p. 124.

X

X-ray, homemade, 1956 July p. 135.

SCIENTIFIC AMERICAN

Index to Proper Names

A

Aa, H. H. M. van der, 1965 Apr. p. 125.
A.A.A.S., *see:* American Association for the Advancement of Science.
Aaboe, Asger, 1974 Sept. p. 72.
Aachen Technical University, 1975 Jan. p. 44.
Aalto, Pentti, 1969 Nov. p. 62.
Aamodt, R. L., 1957 Oct. p. 57.
Aarhus Prehistoric Museum, 1960 Oct. p. 63.
Aaron, Benjamin, 1966 Mar. p. 55.
Aaron, Jean, 1975 July p. 74.
Abasand Oils Limited, 1949 May p. 53, 54.
Abbas the Great, Shah, 1968 Apr. p. 100.
Abbe, Cleveland, 1956 Apr. p. 53.
Abbe, Ernst, 1961 Jan. p. 101; 1966 Nov. p. 83; 1976 Aug. p. 75, 77.
Abbot, Charles G., 1955 Oct. p. 46.
Abbott, Edwin, 1973 May p. 30.
Abbott, Elihu, 1972 Aug. p. 27.
Abbott Laboratories, 1951 Sept. p. 50.
Abbott, Ursula K., 1975 Feb. p. 43.
Abboud, Francois, 1968 Feb. p. 93.
Abdalla, A., 1969 Dec. p. 55.
Abd-al-Rahman, Umar al-Sufi, 1973 June p. 30.
Abdel-Malak, Sami H., 1975 Mar. p. 96.
Abdullahibn-Tahir, 1968 Apr. p. 96.
Abegglen, James C., 1970 Mar. p. 31.
Abel, I. W., 1971 Mar. p. 44.
Abel, John J., 1954 Aug. p. 26; 1961 July p. 58, 61; 1974 June p. 59.
Abel, Niels H., 1964 Sept. p. 45; 1977 July p. 125, 130.
Abel, Rudolf, 1966 July p. 43, 45.
Abelé, J., 1957 Mar. p. 51.
Abelev, Garri I., 1977 May p. 66.
Abell, George O., 1959 July p. 68.
Abell, Paul I., 1972 Oct. p. 83.
Abell, Rollin, 1950 Feb. p. 19.
Abella, Isaac D., 1968 Apr. p. 37.
Abelson, Philip H., 1950 Apr. p. 45, 46; 1958 Feb. p. 78; 1964 Dec. p. 62; 1967 Jan. p. 32.
Abercrombie, Michael, 1969 June p. 49; 1971 Oct. p. 77.
Aberle, Sophie B. D., 1950 Dec. p. 26.
Abernathy, Robert S., 1952 Apr. p. 86; 1964 Mar. p. 44, 45.
Ables, J. G., 1971 Dec. p. 27.
Abola, E. E., 1977 Jan. p. 53.
About, Edmond, 1956 June p. 114.
Aboyade, Ojetunde, 1963 Sept. p. 172.
Abplanalp, Hans, 1966 July p. 64.
Abragam, A., 1966 July p. 72, 74.
Abraham, B. M., 1949 June p. 37; 1958 June p. 35.
Abraham, Henri, 1973 June p. 46.
Abraham, Karl, 1949 Oct. p. 52; 1954 Nov. p. 89.
Abraham, R., 1956 Nov. p. 124.
Abrams, Adolph, 1952 Oct. p. 34.
Abrams, Charles, 1965 Sept. p. 94, 196.
Abramson, Harold A., 1951 Dec. p. 45.
Abreu, Rosalia d', 1955 Feb. p. 68, 69, 74.
Abrikosov, A. A., 1965 Oct. p. 60, 61; 1967 Mar. p. 117, 118; 1971 Mar. p. 80, 81, 83.
Abt, Helmut A., 1955 May p. 44-46; 1975 Sept. p. 30; 1977 Apr. p. 96.
Abu Ja'far Mohammed ibn Mûsâ al-Khowârizmi, 1977 Apr. p. 63.
Academia Sinica, *see:* People's Republic of China Academia Sinica.
Académie des Sciences, *see:* French Academy of Sciences.
Acheson, Dean, 1949 Nov. p. 11, 12; 1950 Mar. p. 26; 1952 Mar. p. 35.
Achter, M. R., 1957 May p. 106.
Acker, Robert F., 1960 June p. 132; 1966 Nov. p. 78.
Ackerman, C. C., 1967 Aug. p. 89.
Ackermann, William C., 1963 Oct. p. 58.
Acoustical Society of America, 1949 Apr. p. 27; 1969 Dec. p. 54.
Acres, R. d', 1964 Jan. p. 100.
Acs, George, 1965 June p. 43.
Ada, Gordon L., 1951 Dec. p. 45; 1957 Feb. p. 37; 1964 Dec. p. 114; 1973 July p. 59.
Adair, Gilbert S., 1971 Feb. p. 91, 93, 94.
Adair, Robert K., 1964 June p. 55.
Adam, Gerold, 1974 July p. 32.
Adam, N. K., 1961 Mar. p. 152.
Adamant Research Laboratories, 1965 May p. 40.
Adams, B. A., 1950 Nov. p. 49.
Adams, Crawford, 1965 July p. 70.
Adams, Ernst W., 1962 Nov. p. 72; 1964 Feb. p. 52, 54-57.
Adams, Henry, 1974 Sept. p. 174.
Adams, J. R., 1978 Jan. p. 36.
Adams, Jerry, 1968 Jan. p. 38.
Adams, John, 1954 Oct. p. 73; 1957 Nov. p. 47; 1960 Feb. p. 66; 1975 Jan. p. 27.
Adams, John B., 1970 Aug. p. 46.
Adams, John C., 1959 Apr. p. 86; 1966 Sept. p. 164; 1975 Sept. p. 131.
Adams, John M., 1969 Nov. p. 58; 1974 Feb. p. 35.
Adams, John Q., 1970 July p. 18; 1976 June p. 21.
Adams, Lawrence, 1967 May p. 103.
Adams, Phillip A., 1972 June p. 73.
Adams, R. D., 1973 Mar. p. 28, 33.
Adams, Richard A., 1963 Jan. p. 119.
Adams, Robert M., 1960 Sept. p. 148.
Adams, Roger, 1949 Feb. p. 29; 1951 Feb. p. 30.
Adams, Sherman, 1956 May p. 55; Oct. p. 68.
Adams, W. Bridges, 1975 July p. 50, 52.
Adams, Walter S., 1961 Apr. p. 69, 71; 1975 Sept. p. 74; 1977 Oct. p. 47.
Adamson, Jack, 1949 June p. 50.
Adanson, Michel, 1950 Feb. p. 41; 1960 Oct. p. 117.
Addams, Charles, 1956 Feb. p. 32, 33, 35.
Addams, R., 1977 Jan. p. 60.
Addicott, Frederick T., 1968 July p. 77.
Addison, Joseph, 1951 Sept. p. 67; Oct. p. 57.
Adel, Arthur, 1965 Aug. p. 23; 1975 Sept. p. 74.
Adelard of Bath, 1978 Jan. p. 68.
Adelberg, Edward A., 1961 June p. 104.
Adelman, Albert H., 1968 Sept. p. 164.
Ader, Clement, 1961 Aug. p. 82.
Adler, Alfred, 1948 Nov. p. 17; 1951 May p. 60; 1968 Feb. p. 96.
Adler, David, 1977 May p. 36.
Adler, George, 1959 Sept. p. 182.
Adler, Howard I., 1967 Feb. p. 38.
Adler, Jim, 1976 June p. 111.
Adler, Julius, 1968 Oct. p. 68; 1975 Aug. p. 38, 42.
Adler, Stephen L., 1967 Nov. p. 59; 1975 Oct. p. 44.
Adloff, J. P., 1968 Oct. p. 52.
Adolph, E. F., 1958 Nov. p. 130.
Adolphus, Gustavus, 1973 Dec. p. 88, 99.
Adovasio, James, 1977 June p. 61.
Adran, G. M., 1952 July p. 73.
Adriaanse, Father Aloys, 1963 Apr. p. 150.
Adrian, Edgar D., Lord, 1948 Oct. p. 34; 1950 Sept. p. 76; 1952 May p. 30; Nov. p. 57; 1954 June p. 55; Nov. p. 48; 1956 Mar. p. 52; Dec. p. 115; 1958 Apr. p. 104; 1960 Aug. p. 102; 1961 May p. 137, 144; Sept. p. 223; 1966 May p. 103; 1967 Nov. p. 27; 1972 June p. 92.
Adrian, P. A., 1967 Aug. p. 57.

Advanced Metals Research Corporation, 1963 Nov. p. 129.
Aepinus, Franz, 1976 May p. 90.
Aerni, Gerda, 1963 Mar. p. 141.
Aero Research Ltd., 1962 Apr. p. .
Aero Service Corporation, 1949 Dec. p. 45; 1961 June p. 156; 1971 Sept. p. 61.
Aerojet Engineering Corporation, 1949 May p. 38.
Aerojet-General Corporation, 1961 Oct. p. 67.
Aerospace Corporation, 1963 May p. 87; 1966 Nov. p. 60; Dec. p. 46; 1972 Aug. p. 44; 1975 Sept. p. 16; 1977 June p. 77; Dec. p. 140.
Aeschylus, 1961 Mar. p. 113; 1972 Dec. p. 91.
Aesop, 1957 Oct. p. 83; 1972 Sept. p. 94.
Aethelhere, King of Anglia, 1951 Apr. p. 27.
Aetius, 1949 Nov. p. 49.
African Development Bank, 1976 Sept. p. 38.
Africanus, Leo, 1970 May p. 63.
Afzelius, Björn A., 1959 July p. 125; 1976 Sept. p. 68.
AGA Aktiebolag, 1967 Feb. p. 102.
Agamemnon, 1954 May p. 74; 1958 May p. 118.
Agard, David A., 1977 Feb. p. 112.
Agarwal, J. C., 1968 Aug. p. 46.
Agassiz, Alexander, 1948 May p. 12; 1949 July p. 48; 1950 Aug. p. 44; 1953 May p. 94; 1959 Nov. p. 175; 1960 Oct. p. 99; Dec. p. 64; 1961 Dec. p. 52.
Agassiz, Louis, 1949 July p. 48-51; Sept. p. 13, 15; Dec. p. 56; 1956 Feb. p. 62; 1958 Nov. p. 115; 1959 Aug. p. 103; 1964 Aug. p. 28.
Agathocles of Syracuse, 1973 Oct. p. 39.
Agathon, 1966 Dec. p. 99.
Aggarwal, Y. P., 1975 May p. 17, 23.
Aghion, A., 1973 Aug. p. 89.
Agnew, Harold M., 1973 Oct. p. 47; 1976 Sept. p. 66.
Agostiné, Emilio, 1960 Jan. p. 144; 1963 Oct. p. 28.
Agranoff, Bernard W., 1966 Aug. p. 42.
Agricola, Georgius, 1948 July p. 46; 1951 Feb. p. 46, 47; 1964 Jan. p. 98, 100, 104; 1967 Sept. p. 71, 74; 1970 Aug. p. 98; 1971 Oct. p. 96, 97; 1976 July p. 68; 1977 Nov. p. 141, 147.
Agricola, Gnaeus J., 1952 Oct. p. 76.
Agricola, Julius, 1977 Feb. p. 39, 40.
Agricola, Martin, 1967 Dec. p. 97.
Agrippa, Camillo, 1951 June p. 58.
Agrippa, Marcus V., 1950 Aug. p. 49; 1954 Nov. p. 102; 1963 Dec. p. 115, 118, 119, 121.
Aguilar, Geronimo de, 1975 Oct. p. 81.
Aguillion, François d', 1961 Mar. p. 139.
Ah, Basilio, 1972 May p. 84; 1977 Mar. p. 122.
Aharoni, I., 1963 Jan. p. 118, 122.
Ahlberg, C. F., 1965 Sept. p. 72.
Ahlmann, Hans W., 1955 Sept. p. 90.
Ahlquist, Raymond P., 1968 Feb. p. 86.
Ahmadjian, Vernon, 1971 Aug. p. 49.
A'h-mosè, 1952 Aug. p. 24, 25.
Aigrain, Pierre, 1963 Nov. p. 51.
Aiken, Howard H., 1966 Sept. p. 67.
Air, Gillian M., 1977 Dec. p. 56.
Air King International Corporation, 1951 July p. 28.
Air Navigation Development Board, 1949 Apr. p. 38.
Air Reduction Company, 1953 May p. 35.
Airborne Instruments Laboratory, Inc., 1952 June p. 65.
Airflow Club of America, 1977 Aug. p. 106.
Airy, George B., Sir, 1950 May p. 35; 1955 June p. 62; 1959 Aug. p. 75; 1968 Sept. p. 101; 1971 May p. 89, 90; 1977 Apr. p. 121-124, 126, 127.
Airy, Hubert, 1971 May p. 88, 90.
Aisenberg, M. S., 1948 Oct. p. 22.
Aisupiet, M. P., 1974 Dec. p. 46.
Aitekeeva, Z. A., 1975 Sept. p. 149.
Aiyangar, *see:* Ramanujan, Srinivasa.
Aiyar, P. V. Seshu, 1948 June p. 54, 56.
Ajl, Samuel J., 1969 Mar. p. 93.
Ajzenberg-Selove, Fay, 1968 May p. 21.
Akasofu, Syun-Ichi, 1965 Mar. p. 67.
Akeley, Carl E., 1950 Apr. p. 54.
Aketa, Kenji, 1977 Nov. p. 129.
Akhiezer, A. I., 1963 June p. 62.
Aki, Keüti, 1977 Dec. p. 74.
Akiba, Tomoichiro, 1967 Dec. p. 20.
Akre, Roger D., 1972 Nov. p. 76.
Aksakov, Aleksandr, 1978 June p. 88.
Aksamit, Robert, 1976 Apr. p. 44.
Akulov, V. P., 1954 Sept. p. 82; 1978 Feb. p. 136, 138.
Akutsu, K., 1972 Feb. p. 85.
Alabama Power Company, 1948 Aug. p. 32; 1950 June p. 52.
al-Asil, Naji, 1950 Mar. p. 28.
Alaskan Air Command, 1949 Jan. p. 48.
Alatif, 1977 Jan. p. 108.
Albano, Pietro d', 1967 Dec. p. 95.
Albe, E. E. Fournier d', 1977 Nov. p. 90.
Albee, George W., 1957 May p. 70.
Albers, Joseph, 1974 July p. 103, 104.
Albersheim, Peter, 1975 Apr. p. 81.
Albert, Adrian, 1966 May p. 49.
Albert Einstein College of Medicine, 1962 May p. 152; 1963 Apr. p. 107, 114, 128; May p. 67; Nov. p. 110; 1964 July p. 79; Aug. p. 64; Nov. p. 75; 1966 May p. 77, 80, 88; 1970 July p. 41, 46; 1977 Oct. p. 99; 1978 Apr. p. 62, 65, 67.
Albert Einstein Medical Center, 1969 Mar. p. 93.
Albert, Martin, 1972 Apr. p. 76.
Albert, Prince of Saxe-Coburg-Gotha, 1959 Nov. p. 174; 1965 Aug. p. 90.
Albert R. Brand Bird Song Foundation, 1950 May p. 46.
Albert, Roy E., 1977 Feb. p. 83.
Alberta Oil and Gas Conservation Board, 1966 Feb. p. 23.
Alberta Research Council, 1948 Nov. p. 24; 1949 May p. 53, 55; 1966 Feb. p. 21; 1967 Jan. p. 70.
Alberti, Leon B., 1966 July p. 41, 43; 1967 Dec. p. 97, 103.
Alberto, Alvaro, 1952 Mar. p. 35.
Alberts, Bruce M., 1975 Feb. p. 51.
Alberty, Robert A., 1955 May. p. 54.
Albrecht-Buehler, Guenter, 1977 Sept. p. 104; 1978 Apr. p. 69.
Albright, Darryl L., 1967 Feb. p. 88, 90-92.
Albright, Frank P., 1969 Dec. p. 39.
Albright, John T., 1957 Dec. p. 109.
Albright, William F., 1954 Apr. p. 77; 1969 Dec. p. 36.
Albritton, Claude C., 1961 Aug. p. 54.
Albumazar, Giafar B. M., 1964 June p. 42.
Alburger, David E., 1978 June p. 72.
Alburn, Harvey E., 1966 Dec. p. 65.
Albus, James S., 1976 Feb. p. 83; 1978 Feb. p. 64.
ALCOA, 1955 Feb. p. 38; 1973 Oct. p. 24.
Alcock, A. John, 1973 June p. 60.
Alcoholics Anonymous, 1952 June p. 42; 1953 Apr. p. 48; 1971 Mar. p. 41.
Alder, B. J., 1960 Aug. p. 127; 1969 Mar. p. 66.
Alder, Kurt, 1950 Dec. p. 27; 1967 Nov. p. 28.
al-Din, Rashid, 1963 Aug. p. 55, 60.
Aldini, Giovanni, 1965 Jan. p. 89.
Aldrich, L. T., 1953 Mar. p. 74.
Aldrich, Pelham, 1955 Nov. p. 36.
Aldrin, Edwin E. Jr., 1969 Sept. p. 88; 1970 Mar. p. 39, 41, 49; Aug. p. 14; 1971 Oct. p. 50.
Aldrovandi, Ulisse, 1968 Oct. p. 114.
Alekseevskei, N. E., 1963 July p. 120; 1971 Apr. p. 84, 87; Nov. p. 22.
Alemán, Miguel, 1952 Oct. p. 38.
Alembert, Jean le Rond d', 1954 June p. 77; 1958 Mar. p. 94, 95; 1960 Oct. p. 145; 1964 Sept. p. 66; 1972 June p. 86.
Alexander, Archibald S., 1970 May p. 56.
Alexander, Bruce, 1976 Oct. p. 106.
Alexander, Earl of Athone, 1965 Aug. p. 95.
Alexander, Emmit C. Jr., 1971 June p. 55.
Alexander, Hattie, 1956 Nov. p. 53.
Alexander III, Pope, 1968 Oct. p. 116.
Alexander, Jerome, 1952 Mar. p. 31.
Alexander, Joseph K., 1971 Dec. p. 29.
Alexander, Lyle T., 1959 Sept. p. 91, 92; 1967 Mar. p. 26.
Alexander, Martin, 1966 July p. 54.
Alexander of Aphrodisias, 1949 Nov. p. 49; 1973 Apr. p. 93; 1977 Apr. p. 116, 119-122, 126.
Alexander of Tralles, 1958 June p. 74, 78.
Alexander, Peter, 1959 Sept. p. 97; 1960 Jan. p. 99; 1969 Aug. p. 88; 1970 Aug. p. 75, 76; 1972 Mar. p. 44; 1976 Jan. p. 116; 1977 May p. 76.
Alexander, Richard D., 1974 Aug. p. 34.
Alexander, Samuel N., 1949 Apr. p. 38.
Alexander, Steven, 1970 Oct. p. 60.
Alexander the Great, 1949 Jan. p. 41, 43; Apr. p. 47; 1952 July p. 20; 1954 Nov. p. 99; 1956 July p. 40; 1958 June p. 74; 1959 July p. 100, 109; 1960 Oct. p. 68, 71; 1961 Mar. p. 114; June p. 124, 129; 1963 Aug. p. 66; Sept. p. 102; Oct. p. 95, 97; 1964 Sept. p. 60; 1965 Sept. p. 61; 1966 Feb. p. 104, 106; Dec. p. 99, 101, 104, 105; 1968 Oct. p. 114; 1973 Jan. p. 80, 82; Oct. p. 41; 1974 Oct. p. 111.
Alexander, W. Merle, 1963 July p. 84; 1966 May p. 63.
Alexandra, Princess of Saxe-Coburg-Gotha, 1965 Aug. p. 89.
Alexandrowicz, J. S., 1966 Mar. p. 75.
Alfano, R. R., 1973 June p. 42; 1974 Dec. p. 79.
Alferov, Zh. I., 1971 July p. 32.
Alfidi, Ralph J., 1975 Oct. p. 57.
Alfonso X, King, 1966 Oct. p. 89; 1973 Dec. p. 88, 95.
Alfonso XIII, King, 1965 Aug. p. 94.
Alford, Charles A. Jr., 1966 July p. 34.
Alfred, Prince of Saxe-Coburg-Gotha, 1965 Aug. p. 89.
Alfred the Great, 1967 May p. 74, 75; 1974 May p. 40, 41.
Alfvén, Hannes, 1949 Mar. p. 38; 1950 Oct. p. 39; 1953 Sept. p. 67; 1954 Sept. p. 136; Oct. p. 52; 1955 Feb. p. 41; 1963 Nov. p. 51; 1964 Apr. p. 66, 68; Nov. p. 38; 1965 Mar. p. 64; 1966 Nov. p. 61, 62; 1967 June p. 35; 1968 Jan. p. 85; Nov. p. 82; 1969 Feb. p. 55, 63; 1970 Dec. p. 38; 1971 July p. 79; 1972 Apr. p. 23, 27; 1975 July p. 34; Sept. p. 44, 161, 173.
Algeri, Giovanni, 1971 July p. 51.
Algire, Glenn H., 1976 May p. 59.
Algrain, Pierre, 1963 Nov. p. 51.
al-Haitham, Ibn, 1964 May p. 108.
Ali, F. M., 1973 Apr. p. 56.
Ali, S. Y., 1967 Nov. p. 67.
Alice, Grand Duchess of Hesse, 1965 Aug. p. 90, 91, 93.
Alichanov, A. L., 1949 June p. 26.
Alikhanian, A. I., 1949 June p. 26; 1967 Oct. p. 41.
Alix, Princess, 1965 Aug. p. 88, 90.
Allaby, J. V., 1973 Nov. p. 41.
Allaire, Frank, 1977 Oct. p. 117.

Allard, H. A., 1952 May p. 50, 51; 1960 Dec. p. 56.
Allbutt, Thomas C., Sir, 1957 Jan. p. 70; 1971 Jan. p. 102.
Allcock, G. McK., 1956 Jan. p. 37.
Allee, W. C., 1950 Apr. p. 54, 55; 1956 Feb. p. 43.
Allegheny Ludlum Steel Corporation, 1963 Dec. p. 76, 79, 88.
Allen, Augustine, 1967 Feb. p. 80.
Allen, Bennett M., 1961 July p. 101; 1963 Nov. p. 110; 1966 May p. 77.
Allen, Bryan, 1977 Oct. p. 79.
Allen, C. W., 1955 Feb. p. 43, 44; 1960 July p. 61, 62; 1971 Dec. p. 21.
Allen, David, 1975 Jan. p. 28.
Allen, Esther, 1958 Dec. p. 56.
Allen, Floyd P., 1961 July p. 101; 1965 July p. 53.
Allen, H. Julian, 1960 Oct. p. 135.
Allen, J. A., 1977 June p. 48.
Allen, J. Denton, 1966 Apr. p. 57.
Allen, J. M. V., 1976 May p. 30, 33.
Allen, J. S., 1974 Aug. p. 95.
Allen, James A. van, 1959 Aug. p. 42.
Allen, John S., 1977 Nov. p. 150.
Allen, K. Radway, 1966 Aug. p. 17.
Allen, L. R., 1961 Feb. p. 76; 1963 Dec. p. 56.
Allen, Mark A., 1974 May p. 112.
Allen, Mary B., 1960 Nov. p. 105.
Allen, Paul H., 1966 Jan. p. 74.
Allen, Robert D., 1961 Sept. p. 184, 189; 1962 Feb. p. 113, 114, 120.
Allen, T. K., 1967 July p. 83.
Allen, Willard M., 1958 Apr. p. 41.
Allen, William W., 1954 June p. 38; 1956 Aug. p. 99.
Allende, Salvador, 1976 June p. 27.
Allentuck, Samuel, 1969 Dec. p. 24, 25.
Aller, Lawrence A., 1959 June p. 59; 1963 Apr. p. 65.
Aller, Lawrence H., 1961 June p. 114; 1964 Jan. p. 41.
Allerhand, Jona, 1964 Oct. p. 80.
Alley, Carroll O. Jr., 1970 Mar. p. 38, 41.
Allfrey, Vincent G., 1953 Feb. p. 52; 1958 Dec. p. 63; 1962 May p. 78; 1975 Feb. p. 48, 49, 52, 55.
Allibone, T. E., 1949 Feb. p. 23.
Allied Chemical and Dye Corporation, 1955 July p. 63; 1976 Dec. p. 37.
Allied General Nuclear Services, 1976 Jan. p. 56; Dec. p. 30, 34, 37, 38, 40.
Allinger, Norman L., 1976 Feb. p. 112, 113.
Allis-Chalmers Manufacturing Company, 1968 Jan. p. 32, 35.
Allison, Anthony C., 1954 Apr. p. 52; 1956 Oct. p. 86; Dec. p. 62; 1958 Jan. p. 68; 1960 Sept. p. 207; Dec. p. 102; 1961 May p. 52, 57.
Allison, Franklin E., 1961 June p. 139.
Allison, Samuel K., 1949 Nov. p. 27; 1952 Mar. p. 35; June p. 36.
Alloway, James L., 1953 Feb. p. 50.
Allport, Gordon W., 1948 Oct. p. 25; 1974 Dec. p. 26.
Almeida, June D., 1964 Dec. p. 114; 1977 Jan. p. 50; July p. 46.
Almond, Richard, 1971 Mar. p. 34.
Aloe Co., A. S., 1952 Apr. p. 60.
Alpen, Chester, 1973 Nov. p. 65.
Alper, Andrea, 1974 Dec. p. 28.
Alper, T., 1959 Sept. p. 99.
Alpert, Augusta, 1949 Aug. p. 38.
Alpert, Daniel, 1955 Feb. p. 52; 1962 Mar. p. 78, 80, 83, 86, 88.
Alpert, S. S., 1968 Sept. p. 124.
Alpher, Ralph A., 1948 July p. 21, 24; 1949 Mar. p. 54; 1954 Mar. p. 62, 63; 1956 Sept. p. 82, 87; 1967 June p. 36; 1974 May p. 108; 1978 May p. 66.
al-Sa'ati, Ibn, 1970 Oct. p. 114.
Alsop, Joseph, 1950 Mar. p. 24; 1954 Nov. p. 48; 1955 Jan. p. 42; 1960 June p. 80.
Alsop, Leonard E., 1961 May p. 61; 1969 Dec. p. 93.
Alsop, Stewart, 1950 Mar. p. 24; 1953 Jan. p. 30; 1954 May p. 48; Nov. p. 48; 1955 Jan. p. 42.
Alston, Margaret, 1963 Jan. p. 40.
Alston, Ralph, 1964 June p. 87.
Alt, Jan, 1962 Sept. p. 88, 92.
Altamirano, Mario, 1960 Oct. p. 119, 121; 1966 Mar. p. 78.
Altenhoff, Wilhelm J., 1973 Mar. p. 56.
Alter, Dinsmore, 1959 Apr. p. 93.
Alter, H. W., 1969 June p. 39.
Alter, Milton, 1970 July p. 42, 43.
Altheim, Franz, 1962 Feb. p. 87.
Altherr, Edmund, 1973 Dec. p. 64.
Altman, Lawrence K., 1973 Sept. p. 66.
Altmann, Richard, 1968 June p. 81.
Altmann, Stuart A., 1972 Sept. p. 60.
Altschul, Siri von Reis, 1977 May p. 96.
Altschule, Mark D., 1965 July p. 52, 55.
Al'tschuler, L. V., 1965 June p. 106, 108.
Altschuler, Martin D., 1973 Oct. p. 75.
Alväger, Torsten, 1970 Feb. p. 72, 76.
Alvares, Alvito P., 1975 June p. 22; 1976 Mar. p. 31.
Alvarez, Luis W., 1948 June p. 34; Aug. p. 52; 1949 Mar. p. 33; 1951 Nov. p. 33; 1954 Jan. p. 40; Oct. p. 43; 1955 Feb. p. 46, 50; 1957 Feb. p. 62; 1958 Feb. p. 40; 1959 Mar. p. 72; Apr. p. 68; 1961 Nov. p. 80; 1963 Jan. p. 39, 40, 43, 45; 1968 June p. 56; Dec. p. 48; 1969 July p. 32; 1970 Aug. p. 26, 27; 1975 Apr. p. 42; Oct. p. 107; 1978 May p. 70; June p. 70.
Alvis, Max, 1977 May p. 121.
Alwall, Nils, 1961 July p. 61.
Aly, M. K. M., 1960 July p. 58.
Amaldi, Eduardo, 1953 Oct. p. 51; 1954 Sept. p. 74; 1956 June p. 41; 1958 Feb. p. 77.
Amaldi, Ugo, 1974 Feb. p. 79.
Amano, Tsunehisa, 1959 June p. 82; 1973 Nov. p. 64.
Amaryntas, 1972 Oct. p. 37.
Amati, Andrea, 1962 Nov. p. 79.
Ambache, N., 1968 Apr. p. 73.
Ambartsumian, Victor A., 1953 Mar. p. 35, 36; 1956 Feb. p. 36, 39; 1961 Feb. p. 54; Sept. p. 88; 1964 Aug. p. 18; 1970 June p. 35; 1972 Aug. p. 60.
Ambartzumian, R. V., 1977 Feb. p. 96.
Ambedkar, B. R., 1965 Dec. p. 15, 16.
Ambler, Ernest, 1965 Dec. p. 28, 32.
Ambroggi, Robert P., 1966 May p. 21; 1973 Apr. p. 56, 60; 1977 May p. 21.
Amdur, I., 1968 Oct. p. 51.
Amdur, Mary O., 1961 Oct. p. 54.
Ameghino, Carlos, 1967 Nov. p. 44.
Ameghino, Florentino, 1967 Nov. p. 44.
Amelinckx, S., 1960 July p. 67, 69; 1961 Oct. p. 111, 113.
Amélineau, Emile-Clément, 1957 July p. 106.
Amendolia, S. R., 1973 Nov. p. 42.
Amenhotep, 1963 Nov. p. 123.
Amenhotep III, 1978 Mar. p. 74.
American Academy of Arts and Sciences, 1949 Mar. p. 24; 1957 Nov. p. 47; 1960 Oct. p. 159, 168.
American Academy of Ophtalmology and Otolaryngology, 1977 June p. 104.
American Academy of Pediatrics, 1949 May p. 28; 1959 Jan. p. 43.
American Academy of Political Science, 1949 Sept. p. 29.
American Airlines, Inc., 1966 Sept. p. 199; 1970 Mar. p. 84.
American Anthropological Association, 1948 Dec. p. 13; 1971 May p. 45, 46; 1972 Jan. p. 47.
American Association for Public Opinion Research, 1950 Nov. p. 13.
American Association for the Advancement of Science, 1948 Aug. p. 31, 32; Oct. p. 24; 1949 Feb. p. 29; Oct. p. 27; 1950 Feb. p. 24; 1951 Feb. p. 30; 1952 Feb. p. 30,31; Mar. p. 35; 1953 Feb. p. 34; May p. 54; 1954 Feb. p. 43, 42; 1955 Feb. p. 52; Apr. p. 48; June p. 48; Aug. p. 48; Sept. p. 78; 1956 Feb. p. 48; Mar. p. 52; 1957 Feb. p. 58; 1958 Feb. p. 42; May p. 51; 1960 Feb. p. 66; Sept. p. 98; 1961 Feb. p. 66; 1962 Feb. p. 72; 1965 Feb. p. 50; 1970 Feb. p. 42; July p. 48; 1971 Feb. p. 44; 1973 Nov. p. 47; 1976 Nov. p. 64; 1977 Aug. p. 52; 1978 June p. 88.
American Association of Petroleum Geologists, 1948 Dec. p. 26; 1949 Feb. p. 29; 1975 Feb. p. 94, 97.
American Association of Physical Anthropologists, 1956 Feb. p. 48.
American Association of Physics Teachers, 1958 Apr. p. 64.
American Association of Variable Star Observers, 1962 Apr. p. 59.
American Astronomical Society, 1977 Oct. p. 54.
American Biological Institute, 1948 Dec. p. 26.
American Blue Cross, 1970 Apr. p. 18.
American Blue Cross and Blue Shield, 1949 June p. 12, 14, 15; 1966 Sept. p. 100.
American Book Center for War Devastated Libraries, Inc., 1948 Nov. p. 25.
American Cable and Radio Corporation, 1961 Sept. p. 84.
American Can Company, 1971 Nov. p. 94.
American Cancer Society, 1948 Oct. p. 25; 1951 May p. 36; 1953 Sept. p. 73; 1954 Aug. p. 37; 1962 July p. 40, 41, 43; 1964 May p. 91; 1968 Apr. p. 44.
American Chemical Society, 1948 July p. 31; Aug. p. 32; 1949 Feb. p. 29; Aug. p. 25; 1951 Oct. p. 33; 1952 Nov. p. 46; 1953 July p. 48; Nov. p. 56; 1954 June p. 46; Aug. p. 38; Sept. p. 118; Nov. p. 48; 1955 Dec. p. 50; 1956 Sept. p. 112; 1957 Nov. p. 70; 1965 Oct. p. 32; 1966 Aug. p. 92; 1970 May p. 23.
American Civil Liberties Union, 1966 Sept. p. 72; 1977 Dec. p. 87.
American College of Cardiology, 1957 May p. 84.
American College of Surgeons, 1973 Sept. p. 95, 97.
American Council of Learned Societies, 1948 Dec. p. 13; 1950 Jan. p. 48; 1954 Sept. p. 70.
American Council on Education, 1953 May p. 53; 1977 Oct. p. 36.
American Cyanamid Company, 1949 May p. 28; 1950 Dec. p. 50; 1953 May p. 33, 35; 1963 July p. 51; 1965 Aug. p. 46.
American Dental Association, 1950 Sept. p. 50.
American Federation of Information Processing Societies, 1966 Sept. p. 67.
American Forestry Association, 1975 July p. 99.
American Gas and Electric Company, 1953 July p. 42; 1964 May p. 39, 40.
American Gas Association, 1973 Jan. p. 14.
American Geographical Society, 1953 Feb. p. 24-26; Oct. p. 52; 1960 May p. 165; 1970 June p. 105.
American Geological Society, 1948 Dec. p. 26.

American Geophysical Union, 1962 Mar. p. ; 1963 Oct. p. 58.
American Heart Association, 1951 Mar. p. 21; 1952 Aug. p. 40; 1957 Dec. p. 64; 1961 Feb. p. 74; 1974 Mar. p. 46.
American Hospital Association, 1949 Jan. p. 28; 1960 Oct. p. 90; 1973 Sept. p. 94; 1974 Nov. p. 19; 1975 Feb. p. 17, 19.
American Humane Association, 1953 July p. 48.
American Independent Oil Company, 1948 Sept. p. 14.
American Institute of Biological Sciences, 1948 May p. 33; Aug. p. 32; 1958 Feb. p. 40; Apr. p. 49; 1960 July p. 81.
American Institute of Electrical Engineers, 1948 July p. 31; 1949 July p. 29; 1965 Mar. p. 93; 1970 Oct. p. 111.
American Institute of Mining and Metallurgical Engineers, 1948 Dec. p. 26; 1949 Jan. p. 29.
American Institute of Physics, 1948 May p. 33; 1955 Oct. p. 44; 1958 Feb. p. 40; Apr. p. 64; Aug. p. 52.
American Jewish Congress, 1952 Aug. p. 40.
American Law Institute, 1970 June p. 47; 1972 Nov. p. 51.
American Legion, 1970 May p. 23; 1978 Feb. p. 80.
American Locomotive Co., 1953 Nov. p. 70.
American Mathematical Society, 1949 July p. 29; 1957 May p. 96, 99; 1958 July p. 47.
American Meat Institute, 1954 Mar. p. 44.
American Medical Association, 1948 May p. 33; Oct. p. 25; 1949 Jan. p. 28; Mar. p. 26; May p. 29; June p. 12, 14; 1950 May p. 29; 1951 Oct. p. 34; 1952 Jan. p. 36, 40; Aug. p. 40; 1953 Sept. p. 73; 1956 May p. 120; 1957 Aug. p. 58; 1960 Oct. p. 90; 1963 June p. 71; Aug. p. 20, 24; Oct. p. 55; 1970 Dec. p. 88; 1973 Sept. p. 94, 135, 140, 144; 1974 Sept. p. 65; 1975 Feb. p. 16; Mar. p. 49; Dec. p. 50.
American Medical Women's Association, 1951 Mar. p. 30.
American Meteorological Society, 1957 July p. 64; 1961 Mar. p. 81.
American Museum of Natural History, 1950 May p. 29; 1952 Dec. p. 51; 1958 Aug. p. 28; Sept. p. 116; 1960 Feb. p. 124; May p. 118; July p. 133; 1962 July p. 101, 60, 61; 1963 Mar. p. 43, 45, 48; Apr. p. 154; May p. 117, 125; Aug. p. 43, 45; 1964 July p. 50, 54, 57; 1973 May p. 95.
American Nuclear Society, 1954 Dec. p. 53.
American Numismatic Society, 1966 Feb. p. 103; 1971 Aug. p. 31.
American Oil Company, 1961 Mar. p. 160.
American Optical Company, 1951 Sept. p. 54; 1971 June p. 22.
American Petroleum Institute, 1960 Jan. p. 94; 1974 July p. 47.
American Philosophical Society, 1948 July p. 30; 1949 Mar. p. 27; June p. 28; 1956 July p. 40; 1957 Nov. p. 47; 1959 June p. 63.
American Physical Society, 1948 May p. 33; Oct. p. 25; Dec. p. 27; 1949 Jan. p. 29; Mar. p. 27; 1950 Mar. p. 24; 1953 Mar. p. 46; 1954 Aug. p. 36; 1964 June p. 75; 1975 July p. 45; Sept. p. 53; 1977 Aug. p. 52.
American Physiological Society, 1948 May p. 33.
American Poultry Association, 1966 July p. 56.
American Psychiatric Association, 1952 Aug. p. 40; 1955 Feb. p. 52.
American Psychological Association, 1949 Aug. p. 25; 1950 Oct. p. 26; 1952 July p. 36; 1956 Oct. p. 67; 1962 May p. 47.
American Public Health Association, 1956 Jan. p. 52; 1959 Jan. p. 43; 1964 Jan. p. 27.
American Red Cross, 1948 Sept. p. 28; Nov. p. 25; 1949 Sept. p. 32; 1952 Jan. p. 35; 1958 June p. 49; 1960 Dec. p. 88.
American Research and Development Corporation, 1952 Apr. p. 40.
American Rheumatism Association, 1948 Oct. p. 25.
American School of Classical Studies, 1950 Aug. p. 47; 1976 June p. 76.
American Schools of Oriental Research, 1952 Oct. p. 64; 1954 Apr. p. 77; 1956 July p. 40; 1961 June p. 124; 1970 Mar. p. 54; 1971 Nov. p. 73; 1973 Jan. p. 84; 1978 Jan. p. 112; June p. 52.
American Science and Engineering, Inc., 1963 Aug. p. 34; Dec. p. 67; 1964 June p. 36; 1967 Dec. p. 36, 37, 43; 1975 Sept. p. 44, 47; 1977 Oct. p. 50.
American Society for Artificial Internal Organs, 1965 Nov. p. 40.
American Society for Engineering Education, 1956 June p. 56.
American Society for Horticultural Science, 1948 May p. 33.
American Society for Testing and Materials, 1964 Apr. p. 85; 1978 June p. 136.
American Society of Biological Chemists, 1956 June p. 54.
American Society of Chemical Engineers, 1949 Aug. p. 25.
American Society of Civil Engineers, 1948 June p. 25; 1949 June p. 29.
American Society of Experimental Pathology, 1956 June p. 54.
American Society of Heating and Ventilating Engineers, 1949 Nov. p. 29.
American Society of Mechanical Engineers, 1949 Apr. p. 27.
American Society of Newspaper Editors, 1955 Mar. p. 51; June p. 48; 1958 May p. 52.
American Society of Parasitologists, 1948 May p. 33; Nov. p. 25.
American Society of Plant Physiologists, 1948 May p. 33.
American Society of Zoologists, 1948 May p. 33; Aug. p. 32; 1961 Feb. p. 66.
American Standards Association, 1959 Mar. p. 61; 1966 Dec. p. 66, 68.
American Surgical Association, 1973 Sept. p. 97.
American Telephone and Telegraph Company, 1952 Jan. p. 36; Aug. p. 50; 1955 Aug. p. 47; 1957 Jan. p. 49; 1961 Sept. p. 84; Oct. p. 91, 102; 1964 Apr. p. 64; July p. 48; 1965 Mar. p. 95; 1966 Sept. p. 145; 1972 Feb. p. 18; 1977 Feb. p. 58, 68.
American University, 1957 Apr. p. 55.
American Veterinary Medical Association, 1963 June p. 70.
American Victoria Land Traverse, 1962 Dec. p. 69.
Ames, Adelbert Jr., 1949 Aug. p. 55; 1951 Aug. p. 50; 1959 Apr. p. 56; 1978 May p. 132.
Ames, Bruce N., 1963 Mar. p. 91; 1977 Feb. p. 83.
Ames, Oakes, 1966 Jan. p. 70.
Ames Research Center, *see:* National Aeronautics and Space Administration Ames Research Center.
Ames, William, 1967 Nov. p. 95.
Amherst College, 1958 Oct. p. 82; Dec. p. 38.
Amici, Giovanni B., 1976 Aug. p. 72.
Amiel, Henri F., 1963 Sept. p. 56.
Amiet, Pierre, 1978 June p. 52, 54, 59.
Amme, Robert C., 1968 Oct. p. 51.
Ammerman, Albert J., 1974 Sept. p. 88, 89.
Amontons, Guillaume, 1951 Feb. p. 55; 1956 May p. 109; 1971 Oct. p. 96, 103; 1975 July p. 50.
Amoore, John E., 1964 Feb. p. 45, 46; 1971 Aug. p. 46.
Ampère, André M., 1950 June p. 21; 1953 Oct. p. 91; 1954 June p. 54; 1955 June p. 64; 1958 Feb. p. 29; Apr. p. 56; 1960 July p. 48; 1961 May p. 107,108; 1968 Sept. p. 57; 1976 May p. 90.
Ampex Corporation, 1966 Sept. p. 228.
Ampferer, Otto, 1969 Nov. p. 105.
Amundsen, Roald, 1949 Dec. p. 56; 1955 Sept. p. 50; 1961 May p. 91; 1962 Sept. p. 64, 65.
Amzel, Leon M., 1974 Nov. p. 65; 1977 Jan. p. 53.
Anacker, E. W., 1951 Oct. p. 28.
Anaconda Company, 1970 Sept. p. 175.
Anahist Company, 1950 May p. 29; Aug. p. 31.
Analog Devices, Inc., 1977 Sept. p. 181.
Anand, B. K., 1972 Feb. p. 85.
Anan'yev, M. G., 1962 Oct. p. 48.
Anastasius I, 1951 Apr. p. 26.
Anati, David, 1973 Apr. p. 57, 58.
Anaxagoras, 1975 June p. 62.
Anaximander, 1949 Apr. p. 44; 1970 May p. 116; 1971 Mar. p. 50.
Anaximenes, 1970 May p. 116.
Ancel, Albert P., 1958 Apr. p. 41.
Ancker-Johnson, Betsy, 1963 Nov. p. 53.
Andernach, Guenther von, 1948 May p. 25, 26, 30.
Anders, Edward, 1963 Mar. p. 47-49; 1964 Feb. p. 51; July p. 46; 1965 Jan. p. 52; Nov. p. 49; 1967 Jan. p. 41; 1972 Oct. p. 88; 1973 July p. 68; 1975 Jan. p. 26; Feb. p. 36.
Andersen, Per, 1975 Jan. p. 62; 1977 June p. 98.
Anderson, Alan R., 1972 July p. 46.
Anderson, Arthur, 1954 Jan. p. 25.
Anderson, B., 1963 Dec. p. 56.
Anderson, Carl D., 1948 June p. 28; 1949 Mar. p. 29, 31, 38, 39; Nov. p. 42; Dec. p. 14, 15; 1950 June p. 28; Sept. p. 29, 30; 1951 June p. 32; 1952 Jan. p. 23, 25; 1956 June p. 37; 1957 July p. 75; 1961 July p. 46; 1967 Nov. p. 25, 27; 1973 Oct. p. 104.
Anderson, Charles R., 1973 Oct. p. 75.
Anderson, Clinton P., 1955 May p. 50; July p. 49; 1959 May p. 68.
Anderson, Don L., 1965 Nov. p. 36, 37; 1971 Nov. p. 53; 1972 May p. 57; 1974 Mar. p. 57; 1975 May p. 18.
Anderson, E. C., 1949 Aug. p. 50; 1951 Feb. p. 18.
Anderson, E. S., 1955 Apr. p. 94; 1966 Feb. p. 53; 1967 Dec. p. 25, 26; 1973 Apr. p. 25.
Anderson, E. T., 1963 May p. 76.
Anderson, Edgar, 1950 July p. 22; 1951 Apr. p. 58; 1973 Jan. p. 45.
Anderson, G. M., 1959 July p. 71.
Anderson, George W., 1958 Apr. p. 41.
Anderson, H. R., 1963 July p. 84; 1966 May p. 62.
Anderson, Herbert L., 1948 June p. 25.
Anderson, J. D., 1963 July p. 84.
Anderson, J. R., 1968 Apr. p. 116.
Anderson, James B., 1968 Oct. p. 48.
Anderson, James E., 1970 June p. 115.
Anderson, John A., 1952 June p. 47, 49, 50, 52.
Anderson, John D., 1975 Sept. p. 121.
Anderson, John F., 1964 Mar. p. 41.
Anderson, Kinsey A., 1960 June p. 64; 1963 May p. 95.
Anderson, Kurt, 1969 Jan. p. 31; 1970 Dec. p. 28, 29.
Anderson, Lawrence B., 1951 Feb. p. 63.
Anderson, M. D., 1955 Nov. p. 59; 1963 Jan. p. 66.
Anderson, Martin, 1965 Sept. p. 199.

Anderson, Niels H., 1968 July p. 50.
Anderson, Norman G., 1964 May p. 91; 1965 Aug. p. 74, 76.
Anderson, Odin W., 1963 Aug. p. 23.
Anderson, Paul, 1956 Nov. p. 70.
Anderson, Philip W., 1965 June p. 61; 1977 May p. 40, 41; Dec. p. 82.
Anderson, Robert A., 1975 Aug. p. 41; 1976 Apr. p. 45.
Anderson, Robert L., 1963 Dec. p. 43.
Anderson, Sergeant, 1953 Oct. p. 94.
Anderson, T. W., 1969 June p. 58.
Anderson, Thomas F., 1948 Nov. p. 50; 1953 Feb. p. 31; May p. 37; 1954 Dec. p. 63, 64; 1955 Jan. p. 76; 1961 June p. 95; 1969 Nov. p. 121; Dec. p. 48.
Anderson, W. C., 1955 Aug. p. 64-66.
Anderson, William, 1973 Aug. p. 89.
Andersson, Arne, 1976 June p. 114.
Andersson, Bengt, 1956 Jan. p. 72; 1961 Jan. p. 137; 1964 June p. 60, 681.
Andjus, Radoslav, 1956 June p. 112.
Andrade, E. N. da C., 1949 Dec. p. 52; 1952 Nov. p. 33; 1956 May p. 120; 1958 Sept. p. 80.
André, Jean, 1961 Sept. p. 112.
André, Torsten, 1959 Sept. p. 117.
Andrei, Johannes, 1972 Sept. p. 89.
Andres, G., 1959 May p. 144.
Andres, R. P., 1968 Oct. p. 48.
Andrew, B. H., 1977 Aug. p. 32, 33.
Andrew Engineering, 1977 Sept. p. 187.
Andrew, R. J., 1964 Jan. p. 60.
Andrew, Warren, 1962 Jan. p. 105.
Andrewes, Christopher H., 1953 Nov. p. 52; 1957 Feb. p. 37; 1960 Apr. p. 86; Dec. p. 88; 1962 Mar. p. 70; 1968 Dec. p. 56; 1977 Dec. p. 90.
Andrews, Donald H., 1949 June p. 37.
Andrews, H. J., 1973 June p. 75.
Andrews, Howard L., 1960 June p. 86.
Andrews, Leon P., 1963 Aug. p. 20.
Andrews, Peter, 1977 May p. 31.
Andreyev, 1957 Dec. p. 58.
Andrillat, Y., 1967 Nov. p. 60; 1969 Jan. p. 31.
Andronicus of Cyrrhus, 1969 Feb. p. 46.
Andronikashvili, E. L., 1949 June p. 34; 1958 June p. 34; 1960 Nov. p. 147.
Aneshansley, Daniel J., 1969 Sept. p. 102.
Anfinsen, Christian B., 1952 July p. 42; 1961 Feb. p. 85; 1966 June p. 45; Nov. p. 87; 1971 Mar. p. 33; 1972 Dec. p. 41.
Angel, J. Lawrence, 1952 Feb. p. 32; 1976 June p. 82.
Angell, Richard B., 1972 July p. 42.
Anglicus, Bartholomaeus, 1968 Oct. p. 116.
Anglin, F. M., 1971 Nov. p. 47.
Anglo-Australian Siding Spring Observatory, 1977 Aug. p. 36.
Anglo-Iranian Oil Company Ltd., 1948 Sept. p. 14, 12.
Angold, Roger, 1968 Apr. p. 89.
Angrist, Stanley W., 1964 June p. 76; 1965 Nov. p. 46; 1966 June p. 89; 1971 Dec. p. 76.
Angström, Anders, 1968 Sept. p. 75.
Anitschkow, N. N., 1966 Aug. p. 53; 1977 Feb. p. 76.
Anitta, King, 1963 Feb. p. 104.
Anker, H. S., 1952 Apr. p. 50.
Anker-Johnson, Betsy, 1963 Nov. p. 53.
Ankin, Josef, 1953 Mar. p. 84.
Anna, King of Anglia, 1951 Apr. p. 27.
Anne, Queen, 1967 Feb. p. 27; 1969 July p. 42.
Annison, E. F., 1969 July p. 66.
Anraku, Yasuhiro, 1976 Apr. p. 44.
Anrep, G. V., 1954 Jan. p. 52, 54.
Anshen, Ruth N., 1949 Jan. p. 22.
Anson, George, 1969 June p. 50.
Anson, M. L., 1951 Dec. p. 46.
Anstis, Stuart N., 1976 Dec. p. 42, 45.
Anthemius of Tralles, 1977 June p. 64.
Anthony, Harold E., 1960 Nov. p. 127.
Antinori, Cavalière, 1953 Oct. p. 93.
Antioch College, 1963 Aug. p. 84.
Antiochus I, 1956 July p. 39, 40, 41-44.
Antiochus III, 1961 June p. 130.
Antiochus IV, 1956 July p. 40.
Antoinette, Marie, 1972 Nov. p. 54.
Antoniadi, Eugène, 1953 May p. 65, 71, 72.
Antonius Pius, Emperor, 1977 Feb. p. 41.
Antonova, E. A., 1971 Nov. p. 33.
Antonucci, E., 1975 Apr. p. 108.
Antony, Mark, 1963 Dec. p. 115.
Anufriyev, Yuri, 1969 Dec. p. 31.
Aoki, Tadao, 1977 May p. 68.
Apgar, Jean, 1965 May p. 48; 1966 Feb. p. 33, 37.
Apian, Peter, 1956 Sept. p. 226.
Apollonius, 1949 Jan. p. 41; 1954 Nov. p. 104; 1964 Sept. p. 60, 63; 1977 July p. 124.
Appel, Kenneth, 1976 Oct. p. 57; 1977 Oct. p. 108; 1978 Jan. p. 105.
Appelquist, Thomas W., 1975 June p. 62; Oct. p. 47; 1977 Oct. p. 66.
Appleby, John F., 1951 Sept. p. 46.
Applegate, Vernon C., 1955 Dec. p. 35; 1966 Feb. p. 82; Nov. p. 99.
Appleman, Daniel E., 1976 Apr. p. 99.
Appleton, Edward V., 1955 Sept. p. 126, 132; 1967 Nov. p. 27.
Appley, Mortimer H., 1971 Jan. p. 26.
Applicon Inc., 1977 Sept. p. 113.
Applied Automation Inc, 1969 June p. 117.
Applied Science Laboratories, Inc., 1962 Dec. p. 42.
Apps, A., 1971 May p. 84, 85.
Apt, Leonard, 1957 July p. 94, 96.
Aquapendente, Hieronymus F. A., 1974 Nov. p. 60.
Aquinas, Thomas, 1948 June p. 18; 1953 Feb. p. 78; 1957 Oct. p. 64; 1963 Feb. p. 144.
Arab Authority for Agricultural Investment and Development, 1976 Sept. p. 204.
Arab Leaque, 1965 Mar. p. 28, 31.
Arabian American Oil Company, 1948 Sept. p. 11, 14.
Arago, Dominique F., 1954 July p. 73; 1961 May p. 108; 1968 Sept. p. 50.
Arago, François, 1953 July p. 66; 1954 June p. 80.
Arai, Toshihiko, 1967 Dec. p. 25.
Arambourg, Camille, 1966 Nov. p. 50.
Araùjo, Roberto L. A. de, 1963 Feb. p. 64.
Araya, G., 1973 Apr. p. 28.
Arber, Werner, 1961 June p. 107; 1970 Jan. p. 88, 90, 91.
Arbuckle, Timothy, 1958 June p. 97.
Archambeau, Charles, 1965 Nov. p. 36.
Archbold, E., 1968 Feb. p. 42.
Archelaos, 1966 Dec. p. 99, 101.
Archer, Michael, 1977 Aug. p. 78.
Archibald, W. J., 1951 June p. 49.
Archimedes, 1949 Mar. p. 53; Apr. p. 46, 47; Aug. p. 46; 1950 May p. 48, 49, 50, 51; 1952 Aug. p. 25; 1953 Jan. p. 31, 52; 1954 May p. 82; 1956 Jan. p. 32; 1958 Sept. p. 69; 1959 June p. 62, 66; 1964 Sept. p. 51, 60; 1967 Jan. p. 69; 1968 May p. 96; 1972 June p. 78, 80, 81, 86; 1975 Mar. p. 102; 1977 June p. 64; July p. 123, 124.
Archur, Sydney, 1966 Nov. p. 135.
Archytas, 1950 May p. 50.
Arctic Institute of North America, 1962 Sept. p. 76.
Arctowski, Henryk, 1962 Sept. p. 178.
Ardenne, Manfred von, 1972 Jan. p. 56.
Arecibo Radio Observatory, *see:* U.S. Arecibo Radio Observatory.
Arend, L. E., 1972 June p. 100.
Arens, J. F., 1966 Oct. p. 81.
Aretaeus, 1967 Jan. p. 76.
Arezzo, Guido d', 1967 Dec. p. 92.
Arfwedson, Johan A., 1963 Jan. p. 89.
Argand, Jean R., 1977 July p. 126.
Argonne National Laboratory, 1948 Nov. p. 24; 1949 July p. 26; 1950 Jan. p. 28; 1951 Sept. p. 50; 1955 Oct. p. 32, 58, 59, 62, 68; 1956 Sept. p. 110; 1957 Jan. p. 64; 1958 Feb. p. 40; Mar. p. 51; June p. 35; July p. 50; Aug. p. 31; 1959 Jan. p. 70; Feb. p. 66; July p. 66; 1960 Jan. p. 85, 91; Apr. p. 153, 72, 76; May p. 138; July p. 111, 113; 1962 Aug. p. 36; Nov. p. 109-112, 115, 119; 1963 Mar. p. 70; Apr. p. 70; 1964 May p. 66, 67, 69; 1966 May p. 47, 49; July p. 78; 1967 May p. 25, 26, 31; 1970 Mar. p. 58; Apr. p. 70; Nov. p. 19; 1971 May p. 23, 25; Oct. p. 92; 1973 Aug. p. 36; 1975 Nov. p. 54; 1977 Jan. p. 53.
Aring, Charles D., 1953 Apr. p. 45; 1975 Jan. p. 49.
Aristarchus of Samos, 1949 Apr. p. 46, 47; 1952 Oct. p. 53; 1969 Nov. p. 105; 1970 Mar. p. 38.
Aristeas, 1968 Oct. p. 113.
Aristodemus, 1963 Dec. p. 111.
Aristogeiton, 1966 Dec. p. 105.
Aristophanes, 1954 May p. 74; 1963 June p. 115; 1965 Feb. p. 111; 1966 Feb. p. 54; 1974 Apr. p. 101.
Aristotle, 1948 May p. 46; Dec. p. 18; 1949 Jan. p. 31, 42; May p. 44; Aug. p. 40, 44-46; Nov. p. 48, 49; 1950 Feb. p. 52; May p. 20, 48-51; Dec. p. 22, 24; 1951 Apr. p. 66; June p. 64; July p. 26; Dec. p. 66; 1952 Mar. p. 68; May p. 34; Aug. p. 61; Sept. p. 47; Oct. p. 72, 73; Nov. p. 76; 1953 Feb. p. 32; Apr. p. 54; Sept. p. 108; Dec. p. 92; 1954 Mar. p. 61; Apr. p. 55; Aug. p. 45; 1955 Oct. p. 38; 1956 Aug. p. 97; Sept. p. 73, 224; Dec. p. 40; 1957 Mar. p. 77; Nov. p. 81; 1958 Sept. p. 60, 62; Nov. p. 87; 1959 Feb. p. 100; 1960 Aug. p. 99; Sept. p. 178, 182; 1962 Oct. p. 127; Dec. p. 81; 1963 Feb. p. 144; 1964 Feb. p. 35; June p. 104; Sept. p. 132; Nov. p. 108; 1967 Sept. p. 69, 72, 73, 77; Oct. p. 68, 69; 1968 May p. 95; 1969 Jan. p. 21; Apr. p. 118; June p. 63, 64; Nov. p. 89-92, 94, 98; 1970 May p. 118, 55; Aug. p. 94; 1971 Mar. p. 50, 51; Aug. p. 93; 1972 Feb. p. 95; Mar. p. 101; June p. 78, 81; 1973 May p. 82; 1974 Nov. p. 25; 1976 Feb. p. 77; June p. 102; Aug. p. 90; 1977 Apr. p. 116; May p. 96; 1978 Jan. p. 68.
Aristoxenus, 1950 May p. 49; 1959 Dec. p. 110.
Arizona Power Authority, 1971 Sept. p. 158.
Arkesilas, King, 1949 June p. 40.
Arkwright, Richard, 1960 Sept. p. 189; 1963 Sept. p. 56; 1972 Dec. p. 51.
Armagh Observatory, *see:* U.K. Armagh Observatory.
Armillas, Pedro, 1964 July p. 94.
Armistead, William H., 1964 Mar. p. 59.
Armour & Company, 1949 July p. 44; 1961 July p. 106.
Armour Research Foundation, 1949 July p. 29; 1956 Jan. p. 52; Sept. p. 110; 1965 Mar. p. 94.
Armour, Richard, 1951 July p. 42.
Arms, K., 1968 Dec. p. 30.
Armstrong, D., 1975 Jan. p. 65.
Armstrong, Edward A., 1963 Aug. p. .
Armstrong, Edwin H., 1954 Apr. p. 64-69; 1957 Oct. p. 57; 1965 Mar. p. 100; 1972 Sept. p. 101, 110.
Armstrong, Henry E., 1966 Aug. p. 93, 94.

Armstrong, John A., 1954 Apr. p. 64; 1964 Apr. p. 43; 1967 Nov. p. 69; 1973 June p. 53; 1975 May p. 25.
Armstrong, John B., 1976 Apr. p. 40, 41.
Armstrong, Neal E., 1964 Mar. p. 59.
Armstrong, Neil A., 1969 Sept. p. 88, 96; 1970 Mar. p. 39, 41, 49; Aug. p. 14; 1971 Oct. p. 49.
Arnason, Barry G. W., 1974 Nov. p. 60.
Arnaud, Claude, 1970 Oct. p. 44.
Arndt, A., 1963 Aug. p. 90.
Arnett, W. David, 1975 Mar. p. 31; 1976 Dec. p. 93.
Arno, Peter, 1956 Feb. p. 35.
Arnold Arboretum, *see:* Harvard University Arnold Arboretum.
Arnold, Emerson, 1974 Dec. p. 72.
Arnold, G. W., 1971 July p. 92.
Arnold, George, 1974 Nov. p. 52.
Arnold, James R., 1950 Nov. p. 26; Dec. p. 27; 1951 Feb. p. 18; 1958 Aug. p. 62; 1959 Sept. p. 77; 1965 Nov. p. 49; 1973 July p. 68.
Arnold, Matthew, 1958 Oct. p. 115.
Arnold of Westphalial, 1961 Nov. p. 152.
Arnold, Richard C., 1972 Sept. p. 66.
Arnold, V. I., 1976 Apr. p. 79.
Arnold, William, 1951 Sept. p. 54; 1957 Apr. p. 72; 1965 July p. 82; 1974 Dec. p. 72.
Arnoldy, R. L., 1963 May p. 96.
Arnolfini, Jan, 1951 Feb. p. 60.
Arnon, Daniel I., 1951 Sept. p. 52; 1955 Feb. p. 53; 1959 Oct. p. 95; 1960 Aug. p. 72; Nov. p. 105; 1961 Sept. p. 67; 1962 June p. 92; Oct. p. 60; 1965 July p. 77, 82.
Arnowitt, Richard L., 1978 Feb. p. 138.
Arntz, Floyd O., 1977 May p. 48.
Arntzen, C. J., 1974 Dec. p. 70.
Arond, Henry, 1952 May p. 44.
Aronou, Wilbert S., 1974 Mar. p. 46.
Arons, Jonathan, 1977 Oct. p. 51.
Aronsohn, E., 1961 Jan. p. 134, 136.
Aronson, Lester R., 1951 Apr. p. 38.
Arp, Halton C., 1954 Sept. p. 147, 148; 1959 July p. 55; 1961 June p. 115; 1962 Apr. p. 60; 1963 June p. 106; 1965 Apr. p. 64; 1966 Dec. p. 47; 1969 Jan. p. 34-37; 1970 June p. 35; Dec. p. 28; 1972 Aug. p. 60; 1973 Dec. p. 42, 43, 47, 48; 1976 Dec. p. 90, 92.
Arrest, Heinrich L. d', 1977 Feb. p. 30.
Arrhenius, Gustaf O. S., 1959 Oct. p. 83; 1960 Dec. p. 70; 1974 June p. 73; 1978 Feb. p. 56.
Arrhenius, Svante, 1951 Jan. p. 40; 1953 May p. 72; 1954 Sept. p. 67; 1956 July p. 88; 1959 Aug. p. 120; 1966 Nov. p. 88; 1967 Nov. p. 26.
Arrhidaeus, Philip, 1966 Feb. p. 104, 106.
Arrow, Kenneth J., 1972 Dec. p. 41; 1976 June p. 25.
Arroyo, Alex, 1965 July p. 94.
Artamonov, M. I., 1969 Aug. p. 75.
Artapanus, 1973 Jan. p. 85.
Artemidorus, 1951 May p. 60.
Artenstein, Malcolm, 1966 July p. 32.
Arthritis and Rheumatism Foundation, 1948 Oct. p. 25.
Arthritis Foundation, 1978 Jan. p. 44.
Arthur D. Little, Inc., 1950 July p. 27; 1951 Dec. p. 38; 1953 Oct. p. 32, 33; 1966 Feb. p. 50; 1968 July p. 103; 1970 Mar. p. 41; 1971 Sept. p. 158, 159.
Arthur, Duke of Connaught, 1965 Aug. p. 88.
Arthus, Nicholas M., 1964 Mar. p. 41.
Artsimovich, Lev A., 1960 Jan. p. 72; 1969 Dec. p. 52; 1972 July p. 72.
Arvanitaki-Chalazonitis, A., 1963 July p. 130; 1967 May p. 47.
Arvidson, Raymond E., 1977 Jan. p. 94; 1978 Mar. p. 76.
Arvidsson, Jan, 1972 July p. 99.
Arx, Willliam von, 1955 Sept. p. 101.
Asa, Queen, 1967 May p. 75.
Asakura, Sho, 1975 Aug. p. 39.
Asch, Solomon E., 1958 Sept. p. 156; 1959 Feb. p. 51; 1961 Dec. p. 47; 1974 June p. 52; Dec. p. 28.
Aschheim, S., 1955 Jan. p. 55.
Ascoli, M., 1951 July p. 60.
Aselli, Gaspero, 1963 June p. 83, 87.
Aserinsky, Eugene, 1960 Nov. p. 82, 88; 1967 Feb. p. 62.
Ash, E. A., 1972 Oct. p. 60.
Ash, J. F., 1971 Oct. p. 82.
Ash, Michael E., 1968 July p. 29, 31, 37.
Ashby, Eric, 1950 Oct. p. 41.
Ashby, W. Ross, 1950 May p. 43; 1952 Sept. p. 68.
Ashby, William C., 1972 May p. 100.
Ashcroft, Neil W., 1969 Feb. p. 44.
Ashear, Janet B., 1975 Nov. p. 117, 118.
Asheshov, Igor N., 1948 Nov. p. 50; 1949 Aug. p. 33, 34; 1952 Apr. p. 56.
Ashkin, Arthur, 1964 Apr. p. 43.
Ashkin, T., 1949 Dec. p. 30.
Ashley, Christopher C., 1970 Apr. p. 84, 88, 90.
Ashley, William, Sir, 1977 Nov. p. 151.
Ashman, Richard, 1961 Nov. p. 134.
Ashman, Robert, 1970 May p. 84.
Ashmolean Museum, 1968 May p. 30.
Ashton, Norman, 1977 June p. 103.
Ashton, P. S., 1973 Dec. p. 63.
Ashton, T. S., 1963 Sept. p. 55.
Ashurbanipal, 1961 Jan. p. 69, 75.
Ashwell, G. G., 1974 May p. 85.
Asian Development Bank, 1976 Sept. p. 38, 200.
Asitawandas, King, 1949 Aug. p. 22, 23.
Askew, R. R., 1975 Jan. p. 90.
Askonas, Brigitte A., 1973 July p. 55.
Aslakson, Carl I., 1955 Aug. p. 64, 66.
Aslamazov, L. G., 1971 Nov. p. 32.
Asmundson, Sally J., 1971 Apr. p. 72.
Asnin, V. M., 1976 June p. 29.
Asofsky, Richard M., 1974 Nov. p. 67.
Asoka, 1966 Feb. p. 106, 108.
ASP Chemical Company, 1950 Jan. p. 29.
Aspdin, Joseph, 1964 Apr. p. 81; 1977 July p. 82.
Aspin, Frank, 1950 Feb. p. 19.
Assenmacher, Ivan, 1971 Apr. p. 72; 1972 Mar. p. 28.
Associated Electrical Industries Ltd., 1958 Mar. p. 50.
Associated Midwest Universities, 1958 July p. 50.
Associated Press, 1961 Feb. p. 66; 1965 Mar. p. 95.
Associated Universities, Inc., 1956 Oct. p. 58, 61; 1957 Jan. p. 64.
Associates for Radio Astronomy, 1967 Aug. p. 38.
Association for Applied Solar Energy, 1956 Jan. p. 48.
Association for Asian Studies, 1971 May p. 46.
Association for the Psychiatric Treatment of Offenders, 1951 Apr. p. 38; 1963 Nov. p. 41.
Association of American Colleges, 1954 Mar. p. 44.
Association of American Medical Colleges, 1975 Feb. p. 16, 19.
Association of American Publishers, 1974 June p. 50.
Association of American Universities, 1952 Mar. p. 34.
Association of Oak Ridge Scientists and Engineers, 1948 Oct. p. 24.
Association of Universities for Research in Astronomy, 1958 May p. 54; 1965 July p. 19.
Assurbanipal, *see:* Ashurbanipal.
Ast, David B., 1955 Feb. p. 35.
Astapenko, Pavel, 1962 Sept. p. 88, 92.
Astbury, W. T., 1954 July p. 55; 1955 Feb. p. 101; 1957 Sept. p. 173; 1961 Dec. p. 108; 1962 Mar. p. 62; 1966 Nov. p. 84; 1969 Aug. p. 87-89; 1971 June p. 47; 1975 Nov. p. 37.
Astin, Allen V., 1953 May p. 53; June p. 44; Aug. p. 42; Oct. p. 51; 1956 July p. 50; 1970 Oct. p. 68.
Aston, Francis W., 1949 Nov. p. 43; 1952 Oct. p. 56; 1953 Mar. p. 69, 74; 1967 Nov. p. 26.
Astra Pharmaceutical Co., 1971 Nov. p. 86.
Astrachan, Lazarus, 1962 Feb. p. 46; 1964 May p. 49, 51, 52.
Aström, Bjorn, 1957 Aug. p. 58.
Astrup, Paul, 1974 Mar. p. 46.
Astwood, E. B., 1960 Mar. p. 126.
Asuni, T., 1969 Dec. p. 22.
Atalla, John, 1973 Aug. p. 50.
Atassi, M. Z., 1976 Mar. p. 60B.
Atema, Jelle, 1971 May p. 103.
Atkin, Adam, 1973 Oct. p. 100.
Atkin, Lawrence R., 1973 June p. 93; 1977 June p. 56.
Atkins, E. D. T., 1968 June p. 105.
Atkins, Elisha, 1956 Jan. p. 52; 1957 June p. 66; 1964 Mar. p. 39.
Atkins, Leonard, 1959 July p. 67.
Atkinson, G. F., 1975 Mar. p. 93.
Atkinson, R. d'E., 1950 Jan. p. 43.
Atkinson, R. J. C., 1953 Dec. p. 58; 1974 Sept. p. 74.
Atkinson, Richard C., 1971 Aug. p. 82.
Atkinson, Thomas, 1956 Jan. p. 70, 75.
Atlantic Richfield Company, 1968 Sept. p. 86.
Atlas Chemical Industries, 1965 Nov. p. 26.
Atlas Copco Mining and Construction Techniques, Inc., 1975 Mar. p. 19.
Atlas Steels Limited, 1963 Dec. p. 76, 86.
Atomic Energy of Canada, Ltd., 1960 Apr. p. 88; 1975 Oct. p. 22-27.
Atomic Industrial Forum, Inc., 1972 Oct. p. 46; 1974 Mar. p. 44; 1976 Aug. p. 44A; 1978 June p. 74.
Atomic Power Constructions Ltd., 1965 July p. 46.
Atomic Power Development Associates, Inc., 1955 July p. 48; 1960 Jan. p. 91.
Atomics International, 1962 June p. 66.
Atomics International , 1968 Feb. p. 31.
Atsumi, Kazuhiko, 1965 Nov. p. 40.
Attala, R., 1971 Feb. p. 22.
Attalus II, 1950 Aug. p. 50, 46.
Atterling, Hugo, 1957 Aug. p. 58.
Attila, 1948 June p. 17; 1960 Apr. p. 158; 1963 Aug. p. 66.
Attlee, Clement, 1950 Jan. p. 13; 1952 Apr. p. 37; 1954 May p. 48.
Attneave, Frank, 1977 Jan. p. 71.
Attneave, Fred, 1971 June p. 37; Dec. p. 63.
Atwater, Montgomery M., 1966 Feb. p. 92.
Atwater, Tanya, 1971 Nov. p. 58.
Atwood, Earl L. Jr., 1962 Sept. p. 206, 208.
Atwood, Genevieve, 1975 Dec. p. 23.
Aub, Joseph C., 1977 June p. 111, 113.
Aubenque, Maurice, 1968 Jan. p. 24.
Auber, J., 1965 June p. 86.
Aubert, J. P., 1960 Nov. p. 108.
Aubrey, John, 1952 June p. 57.
Auburn University, 1968 Sept. p. 193.
Audubon, John J., 1952 Jan. p. 64.
Audubon, John W., 1952 Jan. p. 64.
Audubon, Victor W., 1952 Jan. p. 64.
Audus, L. J., 1952 Jan. p. 32.
Auerbach, Charlotte, 1960 Jan. p. 102.
Auerbach, Oscar, 1962 July p. 46, 51; 1965 Dec.

p. 40; 1966 Aug. p. 42.
Auerbach, Robert, 1959 May p. 144; 1976 May p. 63.
Auerbach, T., 1949 Dec. p. 30.
Auerbach-Levy, William, 1954 Nov. p. 34.
Auger, Pierre V., 1949 Mar. p. 34, 36; 1960 Aug. p. 70; Nov. p. 90.
Augusta, Duchess of Brunswick, 1969 July p. 42.
Augustine, Saint, 1951 Oct. p. 64; 1954 Mar. p. 63; 1967 Dec. p. 95; 1972 Sept. p. 78; 1973 Apr. p. 92; 1974 Nov. p. 23.
Augustins, Saint, 1968 Oct. p. 115, 116.
Augustus, Caesar, 1952 Aug. p. 60; 1954 Nov. p. 60, 62; 1965 Dec. p. 88; 1974 Dec. p. 121, 123.
Augustus, Duke of Sussex, 1969 July p. 42, 46.
Augustus, Emperor, 1950 Aug. p. 49; 1952 June p. 23; 1960 Jan. p. 59; Dec. p. 134; 1961 June p. 129; 1963 Dec. p. 115, 116, 119, 116, 117; 1978 Jan. p. 111.
Aumento, Fabrizio, 1969 June p. 34, 35, 38.
Aurbach, Gerald D., 1961 Apr. p. 57; 1970 Oct. p. 44, 48.
Aurelian, Emperor, 1974 Dec. p. 121, 127.
Aurelius, *see:* Marcus Aurelius Antonius.
'A-user-Rê', 1952 Aug. p. 25.
Ausonius, 1959 Oct. p. 165.
Ausprunk, Dianna, 1976 May p. 70.
Aust, K. T., 1967 Dec. p. 67.
Austen, W. Gerald, 1978 May p. 88.
Austin, A. L., 1976 Mar. p. 81.
Austin, Jane, 1951 Sept. p. 46.
Austin, Thomas C., 1975 Jan. p. 36, 37.
Australian,
see also: Commonwealth; U.K.; British.
Australian Commonwealth Department of Health, 1971 Sept. p. 118.
Australian Commonwealth Observatory, 1954 July p. 35.
Australian Commonwealth Scientific and Industrial Research Organization, 1963 June p. 99; 1964 Jan. p. 33, 36; July p. 36; 1965 Dec. p. 58; 1968 May p. 116, 124; Dec. p. 38; 1970 Sept. p. 144.
Australian Institute of Aboriginal Studies, 1966 Mar. p. 91.
Australian Institute of Archaeology, 1964 Apr. p. 94.
Australian National Museum of Victoria, 1966 Mar. p. 91, 93.
Australian National University, 1956 Apr. p. 57; 1963 Mar. p. 49; May p. 101; Oct. p. 47; 1966 May p. 49; 1970 July p. 59; 1971 Dec. p. 34; 1977 Oct. p. 106.
Australian National University Observatories, 1978 Jan. p. 78.
Australian Queensland Museum, 1977 Aug. p. 78.
Australian Radiophysics Laboratory, 1965 June p. 51, 52.
Australian Trust Territory of New Guinea, 1971 Sept. p. 119.
Austrian Atomic Energy Research Center, 1971 Jan. p. 94.
Autler, Stanley A., 1962 June p. 62, 64; 1967 Mar. p. 117.
Autret, M., 1954 Dec. p. 50.
Autrum, Hans J., 1955 July p. 94; 1967 Apr. p. 99; 1976 July p. 112.
Auzout, Adrien, 1967 Aug p. 99.
Avakian, P., 1969 May p. 56.
Avco Everett Research Corporation, 1973 Oct. p. 24; 1974 Oct. p. 57; 1977 Feb. p. 93.
Avebury, Lord, 1948 June p. 17, 18.
Averbach, Charlotte, 1959 Sept. p. 98.
Averill, James R., 1969 Apr. p. 51.
Averitt, Paul, 1963 Sept. p. 114, 116, 120; 1971 Sept. p. 64, 68.
Avery, Amos G., 1951 Apr. p. 56.
Avery, George S. Jr., 1957 May p. 112.
Avery, Julian M., 1948 May p. 56.
Avery, Mary E., 1963 Oct. p. 28, 30; 1973 Apr. p. 82; 1977 June p. 104.
Avery, Oswald T., 1949 Aug. p. 27; 1953 Feb. p. 50, 51; 1956 July p. 113; Oct. p. 88; Nov. p. 52; 1959 Jan. p. 41; 1961 Sept. p. 74; Oct. p. 86; 1968 Feb. p. 34; 1969 Jan. p. 38; 1972 Dec. p. 84, 86, 87.
Avid, Robert B., 1957 Dec. p. 55.
Avis, Fred, 1952 Feb. p. 64.
Awolowo, Obafemi, 1963 Sept. p. 171.
Awqati, Quais al, 1971 Aug. p. 20.
Ax, Albert F., 1951 Nov. p. 40; 1955 May p. 77.
Axelrod, Daniel I., 1949 Feb. p. 33; 1968 Apr. p. 59; 1972 June p. 62.
Axelrod, Julius, 1965 July p. 54; 1970 Dec. p. 38; 1974 June p. 62.
Axen, Rolf, 1971 Mar. p. 26.
Axford, W. Ian, 1965 Mar. p. 68; 1966 Dec. p. 51.
Aycock, W. Lloyd, 1955 Dec. p. 43.
Ayllon, Teodoro, 1967 Mar. p. 82.
Ayres, Eugene, 1949 Apr. p. 26; 1952 Feb. p. 15; Sept. p. 126, 128; 1955 July p. 67; 1956 Oct. p. 43.
Ayub Khan, Mohammad, 1970 Sept. p. 166.
Azara, Félix de, 1950 July p. 23.
Azbel, M. Ya., 1973 Jan. p. 97.
Azikiwe, Nnamdi, 1963, Sept. p. 171.
Azrin, Nathan H., 1967 Mar. p. 82.

B

B. F. Goodrich Chemical Company, 1956 Nov. p. 82; 1957 Sept. p. 103; 1968 Sept. p. 162.
Baade, Walter, 1948 July p. 22; Aug. p. 16; 1949 Sept. p. 29; Dec. p. 18, 20, 21; 1950 Feb. p. 38; 1952 Feb. p. 47-50; July p. 47, 48; Nov. p. 46; 1953 Jan. p. 17, 21; Mar. p. 36; June p. 56, 60, 63-65; 1957 Mar. p. 55; July p. 50, 53; 1958 Sept. p. 86; Nov. p. 45, 47, 50; 1959 July p. 48, 53, 55; Dec. p. 93, 96; 1961 Feb. p. 52; 1962 Mar. p. 41, 42, 45; Apr. p. 56; 1964 May p. 78; June p. 38; Nov. p. 38; 1965 Apr. p. 107, 112-114; 1966 June p. 30, 31; Aug. p. 32; 1971 Jan. p. 52; July p. 75, 77; 1973 June p. 31, 32; Dec. p. 43; 1975 Aug. p. 26; 1976 June p. 105; Dec. p. 89, 95; 1977 Oct. p. 47.
Baadsgaard, Halfdan, 1977 Mar. p. 98.
Babb, D. D., 1957 Feb. p. 80.
Babbage, Charles, 1949 Apr. p. 30, 31; 1951 Aug. p. 16, 17; 1952 Apr. p. 66-68, 70, 72, 73; 1959 Nov. p. 174; 1964 Sept. p. 203, 204; 1966 Sept. p. 67, 68; 1972 Aug. p. 80.
Babbitt, Isaac, 1975 July p. 57, 61.
Babbitt, Milton, 1967 Dec. p. 103.
Babcock and Wilcox Company, 1955 July p. 48, 66; 1963 Dec. p. 76, 79, 88; 1968 Feb. p. 23, 29; 1971 Sept. p. 42.
Babcock, Harold D., 1949 Nov. p. 42; 1952 June p. 52; 1955 May. p. 56; 1959 Dec. p. 82; 1960 Feb. p. 55; 1966 Nov. p. 54, 57, 58; 1968 Jan. p. 101 .
Babcock, Horace W., 1948 May p. 37; Oct. p. 7-9; 1949 Mar. p. 29, 38; 1950 June p. 20, 23; Oct. p. 16; 1952 June p. 52; 1955 May. p. 56; 1960 Feb. p. 53; 1961 Mar. p. 84; 1966 Nov. p. 54, 57, 58; 1967 Aug. p. 36; 1968 Jan. p. 101; 1971 Aug. p. 66; 1973 June p. 30, 35.
Babcock, Louis L., 1963 Mar. p. 121.
Babcock-Atlantique, 1972 Oct. p. 30.
Babelon, E. C. F., 1978 Jan. p. 111.
Babinet, Jacques, 1948 Aug. p. 49; 1968 June p. 55, 56.
Bach, J. S., 1952 May p. 66; 1956 Feb. p. 84; 1967 Dec. p. 98; 1972 Dec. p. 91; 1974 Nov. p. 78.
Bacharach, Alfred, 1970 Oct. p. 86.
Bachelard, Gaston, 1971 July p. 66.
Bachelet, Emile, 1973 Oct. p. 18.
Bacher, Robert F., 1948 July p. 31; 1949 Mar. p. 24; June p. 26; 1950 May p. 26; June p. 11; 1953 May p. 54; 1956 May p. 54; 1958 Oct. p. 52; 1960 July p. 79; 1963 Jan. p. 90.
Bachhoffner, George H., 1971 May p. 80.
Bächler, Emil, 1972 Mar. p. 72.
Bachman, C. H., 1965 Oct. p. 21.
Bachman, G. O., 1954 Oct. p. 36, 38.
Bachofen, J. J., 1949 Jan. p. 24, 25.
Bachrach, Howard L., 1954 Jan. p. 42.
Back, Nathan, 1963 Mar. p. 118.
Backenstoss, G., 1972 Nov. p. 107.
Backer, S. M. de, 1950 Jan. p. 23.
Backhaus, Hermann, 1962 Nov. p. 87.
Backofen, Walter A., 1969 Mar. p. 28, 35.
Backus, George, 1965 Nov. p. 36.
Backus, Myron P., 1952 Apr. p. 56.
Backus, Richard H., 1975 June p. 90.
Bacon, Francis, 1952 Jan. p. 60; Mar. p. 68; June p. 57; Oct. p. 76; 1954 Sept. p. 60; 1957 July p. 72; 1958 June p. 74; Sept. p. 62, 107; 1959 Aug. p. 106; Oct. p. 166, 73, 77; 1960 Sept. p. 180; 1961 Aug. p. 108, 113; 1962 Dec. p. 81, 108; 1963 Sept. p. 55; 1967 Aug p. 97; 1968 Apr. p. 53; Dec. p. 105; 1969 Nov. p. 104; 1970 Oct. p. 114; 1972 Aug. p. 76-80; 1973 Jan. p. 14; Apr. p. 94; 1975 Feb. p. 88; 1977 Nov. p. 150.
Bacon, Fred, 1976 June p. 114.
Bacon, Robert L., 1959 Mar. p. 91.
Bacon, Roger, 1952 Oct. p. 76; 1954 May p. 36; 1958 Feb. p. 29; 1970 Aug. p. 96; 1977 Apr. p. 116; 1978 Jan. p. 69.
Bacon, Selden D., 1957 July p. 69.
Bacq, Z., 1959 Sept. p. 97.
Bacquerel, Henri, 1966 Aug. p. 89, 95; 1971 Dec. p. 31, 33; 1977 Aug. p. 60.
Badash, Lawrence, 1966 Aug. p. 89.
Bader, F. E., 1956 July p. 50.
Bader, John P., 1972 Jan. p. 26, 28; Aug. p. 105.
Bader, Otto, 1965 Feb. p. 54.
Bader, Saul, 1963 July p. 59.
Badger Manufacturing Company, 1957 Mar. p. 45.
Badovere, Jacob, 1949 Aug. p. 40.
Baehr, George, 1949 June p. 14.
Baekeland, Leo H., 1952 Sept. p. 150; 1957 Sept. p. 88.
Baenninger, Louise, 1977 May p. 115.
Baer, Donald M., 1967 Mar. p. 81.
Baer, J., 1956 Nov. p. 79.
Baer, Karl von, 1952 May p. 76.
Baertschi, P., 1955 Oct. p. 35.
Baeyer, Adolf von, 1958 Jan. p. 60; 1967 Nov. p. 26; 1970 Jan. p. 63, 64.
Baez, Albert V., 1963 Aug. p. 37; 1965 June p. 34; 1971 Sept. p. 49.
Bagaev, V. S., 1976 June p. 37.
Bagby, Gordon, 1965 Sept. p. 210.
Bagchi, B. K., 1972 Feb. p. 85.
Bagdy, Daniel, 1962 Mar. p. 62.
Baghutur, Yesügei, 1963 Aug. p. 57.
Bagshaw, Muriel H., 1969 Jan. p. 78, 79.
Bahadori, Mehdi N., 1978 Feb. p. 144.
Bahcall, John N., 1965 Feb. p. 53; 1966 Dec. p. 45; 1968 July p. 49; 1969 Apr. p. 51; 1970 Dec. p. 26; 1974 Jan. p. 51; Dec. p. 39; 1977 Oct. p. 51, 53.
Bahcall, Neta A., 1968 July p. 49; 1969 July

p. 36; 1977 Oct. p. 55.
Bahng, John D., 1955 Feb. p. 42; 1957 July p. 66; 1959 May p. 58.
Baibakov, N. K., 1969 June p. 22.
Baiborodov, Yu T., 1966 Dec. p. 31.
Baier, Robert E., 1974 May p. 64, 65, 67.
Baikie, A. G., 1961 Mar. p. 91.
Baikie, William B., 1962 May p. 86.
Bailey, Allen J., 1965 June p. 61.
Bailey, Anita I., 1962 Apr. p. 115.
Bailey, C. J., 1969 Oct. p. 77.
Bailey, C. L., 1950 Jan. p. 44.
Bailey, Charles P., 1960 Feb. p. 79.
Bailey, Dana K., 1952 June p. 38; 1957 Jan. p. 49.
Bailey, H. H., 1971 Dec. p. 22.
Bailey, Harry P., 1972 June p. 62.
Bailey, Herbert S. Jr., 1953 July p. 66; 1955 Nov. p. 38; 1957 Nov. p. 51; 1975 Oct. p. 85.
Bailey, J. L., 1961 Feb. p. 86.
Bailey, J. M., 1966 Apr. p. 98.
Bailey, Judy A., 1968 Apr. p. 44.
Bailey, Kenneth, 1962 Mar. p. 63; 1975 Nov. p. 37.
Bailey, Solon I., 1950 Feb. p. 33; 1953 June p. 57; 1959 July p. 49; 1975 June p. 72.
Bailey, W. T. Jr., 1948 Nov. p. 47, 50.
Baillet, Adrien, 1959 Oct. p. 165, 166.
Bailly, Jean, 1954 June p. 80.
Bain, Andrew G., 1949 Mar. p. 40.
Bainbridge, Kenneth T., 1948 June p. 27, 29.
Bainbridge, Richard, 1957 Aug. p. 48, 50.
Baines, H., 1952 Nov. p. 33.
Bains, G. S., 1954 Oct. p. 49.
Bainton, Cedric R., 1968 July p. 25.
Baird, Donald, 1967 Sept. p. 104.
Baird, Spencer F., 1949 Sept. p. 13; 1952 Jan. p. 64.
Baird-Atomic Incorporated, 1967 Feb. p. 101.
Baisogolov, G. D., 1955 Oct. p. 31.
Bajer, Andrew, 1961 Sept. p. 108, 118.
Bakanowski, A. E., 1959 June p. 124.
Bakelite Company, 1955 Aug. p. 49.
Baker, Alan, 1973 Nov. p. 87; 1977 July p. 131.
Baker, Benjamin, 1954 Nov. p. 67.
Baker, D. James Jr., 1970 Jan. p. 114.
Baker, F. L., 1971 Aug. p. 37.
Baker, George, Sir, 1961 Nov. p. 61, 64; 1969 July p. 38; 1971 Feb. p. 21.
Baker, H. D., 1975 Mar. p. 68.
Baker, Herbert, 1973 Apr. p. 97.
Baker, James G., 1952 July p. 47, 48; 1957 Dec. p. 41; 1972 July p. 50; 1976 Nov. p. 92, 93.
Baker, John R., 1949 June p. 47.
Baker, Mary A., 1969 Jan. p. 92.
Baker, Paul T., 1970 Feb. p. 53, 55.
Baker, Peter, 1970 May p. 82.
Baker, Peter F., 1966 Mar. p. 74.
Baker, R. F., 1953 Mar. p. 40.
Baker, Robert H., 1949 Dec. p. 53.
Baker, Robert M. L. Jr., 1962 Oct. p. 59.
Bakewell, Robert, 1958 June p. 55; 1959 Aug. p. 98.
Bakhtadze, Senia, 1949 May p. 26.
Bakken, Aimée H., 1973 Mar. p. 39.
Bakker, C. J., 1954 Sept. p. 74; 1955 May. p. 50.
Bakker, Robert T., 1968 July p. 55; 1971 Mar. p. 48; 1975 Apr. p. 58.
Bakul, V., 1975 Nov. p. 105.
Bakwin, Harry, 1972 July p. 76.
Balakovskii, I. S., 1974 June p. 85.
Balam, Chilam, 1955 May p. 88; 1956 Dec. p. 62.
Balamio, Ferdinand, 1957 Mar. p. 108.
Balashek, S., 1955 Feb. p. 93, 94.
Balbiani, B. G., 1950 Sept. p. 57.
Balbiani, E. G., 1964 Apr. p. 53.
Balch, C. C., 1955 Sept. p. 78.
Balch, R. E., 1956 Aug. p. 102.
Baldaeus, Phil, 1955 Dec. p. 76.
Baldamus, W., 1950 Aug. p. 31.
Balduzzi, Piero, 1972 Jan. p. 28, 30.
Baldwin, Barrett S. Jr., 1978 Mar. p. 84.
Baldwin, Ernest, 1963 Nov. p. 110, 112.
Baldwin, J. M., 1964 Oct. p. 114.
Baldwin, John, 1966 Aug. p. 34.
Baldwin, Ralph B., 1952 Oct. p. 57; 1958 July p. 38; 1965 Nov. p. 50; 1973 July p. 51.
Bales, Robert F., 1951 Feb. p. 28; 1972 Aug. p. 69-73.
Balescu, Radu, 1975 Dec. p. 65.
Balewa, Alhaji Sir Abubakor Tafawa, 1963 Sept. p. 171.
Balick, B., 1973 Jan. p. 45.
Ball, Alice D., 1948 Nov. p. 25.
Ball Brothers Company, 1963 Aug. p. 33.
Ball, C., 1971 Oct. p. 32.
Ball, David P., 1964 May p. 96.
Ball, John A., 1973 Oct. p. 51.
Ball, Karlene, 1977 Jan. p. 73.
Ball, Max W., 1949 May p. 53.
Ballantine, J. B., 1959 Sept. p. 183.
Ballard, Robert D., 1977 Nov. p. 74.
Ballentine, Robert, 1957 Jan. p. 98.
Balls, A. K., 1961 Feb. p 90; 1964 Dec. p. 75; 1974 July p. 77.
Balmer, Johann J., 1965 May p. 68; 1972 Jan. p. 79.
Balsamo, Michael R., 1966 July p. 33.
Balser, Martin, 1961 Feb. p. 72.
Balsley, J. R., 1961 June p. 156.
Baltay, Charles, 1966 Aug. p. 42; 1970 Feb. p. 73.
Baltimore City Hospitals, 1962 Jan. p. 100; Oct. p. 48.
Baltimore, David, 1970 Sept. p. 82; 1972 Jan. p. 29, 31; 1974 Feb. p. 38; 1975 Dec. p. 48; 1978 Feb. p. 123.
Baltimore (Md.) Health Department, 1971 Feb. p. 22, 23.
Baluda, Marcel A., 1972 Jan. p. 28; 1973 Sept. p. 69.
Balzac, Honoré de, 1949 Oct. p. 31; 1977 Oct. p. 132.
Balzarini, David, 1968 Sept. p. 124.
Bamatter, F., 1957 Apr. p. 62.
Bamford, C. H., 1954 July p. 57, 58; 1969 Aug. p. 93.
Ban, L. L., 1973 May p. 35.
Bancroft, John S., 1969 May p. 65.
Bandura, Albert, 1964 Feb. p. 39.
Bandy, Orville L., 1972 Dec. p. 33.
Banfield, William G., 1953 Dec. p. 38, 39.
Bang, F. B., 1949 Sept. p. 20.
Bang, O., 1960 Nov. p. 64; 1972 Jan. p. 26; 1973 Oct. p. 26.
Banga, J., 1963 Apr. p. 106.
Bangham, A. D., 1972 Feb. p. 34.
Bangham, T. H., 1970 Nov. p. 62.
Bank of Delaware, 1966 Sept. p. 147.
Bank of England, 1960 Sept. p. 184, 187.
Bankers Trust Company, 1966 Sept. p. 147.
Banks, Edward, 1965 May p. 79.
Banks, G. T., 1971 July p. 28.
Banks, J. A., 1963 Sept. p. 64.
Banks, Joseph, Sir, 1953 Mar. p. 88, 89, 92, 94; 1956 Aug. p. 68; 1965 Jan. p. 88, 89; 1968 Dec. p. 106; 1977 Aug. p. 81.
Banner, H., 1963 Nov. p. 102.
Bannister, F. A., 1955 Nov. p. 43; 1975 Nov. p. 102.
Bannister, Roger, 1976 June p. 109, 110, 114.
Banno, S., 1978 Apr. p. 128.
Banta, A. M., 1959 Apr. p. 155.
Banting, Frederick G., 1949 Dec. p. 13; 1950 Sept. p. 73; 1958 May p. 99; 1967 Nov. p. 26; 1976 Feb. p. 55.
Bantock, C. R., 1961 Sept. p. 138, 140.
Banuazizi, Ali, 1970 Jan. p. 34.
Banwell, John G., 1971 Aug. p. 18.
Bappu, M. K. V., 1961 Jan. p. .
Baquir, Taha, 1953 Jan. p. 27.
Barabashov, Nikolai, 1966 Mar. p. 56.
Barandun, S., 1957 July p. 96.
Baranowski, F. P., 1973 Aug. p. 43.
Baranska, Wanda, 1973 Jan. p. 31.
Bárány, Robert, 1967 Nov. p. 26.
Baraona, Enrique, 1976 Mar. p. 30, 33.
Barasch, Louis, 1962 Nov. p. 97.
Barazangi, H., 1975 May p. 16.
Barazangi, Muawi, 1968 Dec. p. 65; 1975 Nov. p. 91.
Barbarossa, Friedrick, 1954 Feb. p. 90.
Barber, David J., 1967 Sept. p. 118; 1973 July p. 73.
Barber, Marshall A., 1950 Oct. p. 49.
Barber, Mary, 1960 May p. 95; 1961 Mar. p. 66.
Barber, Robert, 1978 Feb. p. 97.
Barber, Theodore X., 1957 Apr. p. 54.
Barber, W. C., 1966 Nov. p. 111.
Barbera, Anthony J., 1974 June p. 50.
Barberi, Franco, 1970 Feb. p. 35.
Barbier, D., 1967 Nov. p. 60.
Barbour, Henry G., 1960 July p. 106, 111; 1961 Jan. p. 137.
Barbour, Thomas, 1950 Jan. p. 53.
Barcilon, Albert I., 1976 Mar. p. 51.
Barclay, A. E., 1952 July p. 72, 73.
Barcos, Martin de, 1954 Mar. p. 37.
Barcroft, Joseph, 1950 Sept. p. 73; 1951 Oct. p. 57; 1955 Dec. p. 60, 65, 68.
Bard, Philip, 1948 Oct. p. 27, 31.
Barda, Jean C. de, 1976 June p. 26, 27.
Bardach, John E., 1971 May p. 99.
Bardeen, James M., 1967 Nov. p. 97; 1977 Jan. p. 36.
Bardeen, John, 1948 Sept. p. 54, 55; 1951 Aug. p. 14; 1952 July p. 29; 1955 July p. 52; 1956 Dec. p. 52; 1957 June p. 72; Nov. p. 94, 96; 1958 Sept. p. 81, 123, 118; 1960 Mar. p. 78; 1961 July p. 132; 1964 June p. 56; Aug. p. 39; 1965 Feb. p. 21; Oct. p. 60; 1967 Mar. p. 117; Nov. p. 25, 28; 1968 Mar. p. 103; 1971 Mar. p. 76; Apr. p. 83; Nov. p. 26; 1972 Dec. p. 41; 1973 Aug. p. 49; Dec. p. 55; 1975 May p. 42; 1976 Dec. p. 64.
Bardenhaur, P., 1965 Jan. p. 43.
Bardet, Joan, 1951 Aug. p. 49.
Barfield, Ronald J., 1976 July p. 48; 1977 May p. 109.
Barger, A. C., 1961 Oct. p. 88.
Barger, George, 1971 June p. 95.
Barger, Richard L., 1969 Dec. p. 93.
Barghoorn, Elso S., 1956 July p. 92; 1962 Dec. p. 70; 1964 Nov. p. 35; 1965 Apr. p. 60; 1967 Jan. p. 38; 1968 May p. 50; 1969 July p. 95; 1970 Sept. p. 45, 52; 1971 May p. 30; 1972 Apr. p. 63; 1975 May p. 82; Sept. p. 85.
Bargmann, Sonja, 1953 Sept. p. 52.
Bargmann, Wolfgang L., 1969 July p. 66.
Barham, Eric G., 1962 Aug. p. 47.
Bar-Hillel, Yehoshua, 1956 Jan. p. 30.
Barile, Michael F., 1962 Mar. p. 118.
Barish, Barry C., 1974 Feb. p. 80.
Barker, Clyde F., 1974 Apr. p. 38, 39.
Barker, David, 1972 May p. 34.
Barker, Edwin S., 1975 Sept. p. 74.
Barker, Horace A., 1954 Jan. p. 35; 1960 Feb. p. 47.
Barker, Lewellys F., 1970 Aug. p. 48.
Barker, Robert, 1950 Jan. p. 29.

Barkhausen, Heinrich, 1956 Jan. p. 34, 35.
Barkla, C. G., 1967 Nov. p. 26.
Barkley, David S., 1969 June p. 83, 84.
Barletti, Nicolas A., 1976 Sept. p. 140.
Barlow, G. W., 1949 Nov. p. 21, 22.
Barlow, Horace B., 1964 Mar. p. 113; 1965 Jan. p. 50; 1968 Feb. p. 52; 1969 May p. 109, 111; 1972 Aug. p. 90; 1977 July p. 111.
Barlow, John S., 1970 July p. 43.
Barlow, Robert B. Jr., 1972 June p. 94.
Barmat, Melvin, 1959 July p. 71.
Barnafi, Livio, 1956 Nov. p. 70.
Barnard, Chester I., 1949 Dec. p. 26; 1952 Jan. p. 38; 1954 Mar. p. 30, 32; 1956 Feb. p. 50; Mar. p. 50; 1957 Nov. p. 45; 1958 May p. 54.
Barnard, Christiaan, 1978 May p. 88.
Barnard, E. A., 1961 Feb. p. 91.
Barnard, Edward E., 1948 May p. 35; 1952 Oct. p. 55; 1972 Aug. p. 56; 1975 Jan. p. 26; Sept. p. 71, 146; 1977 June p. 66, 68, 69.
Barnes, Aaron, 1975 Dec. p. 42; 1976 May p. 96.
Barnes, Anthony, 1976 May p. 74.
Barnes, Arnold, 1964 Mar. p. 69.
Barnes, Arthur H., 1970 Aug. p. 24, 25.
Barnes, C. B., 1953 Sept. p. 84.
Barnes Engineering Company, 1967 Feb. p. 97.
Barnes, H. D., 1957 Mar. p. 134.
Barnes, Jean, 1964 Nov. p. 60; 1967 Oct. p. 119.
Barnes, Marion, 1953 Feb. p. 72.
Barnes, R. Bowling, 1967 Feb. p. 94, 96-99, 102.
Barnes, R. H., 1972 Feb. p. 28.
Barnes, R. S., 1969 June p. 30, 32; 1976 Dec. p. 114.
Barnes, Robert P., 1950 Dec. p. 26.
Barnes, Virgil E., 1962 Dec. p. 69; 1964 Feb. p. 50.
Barnett, Arthur M., 1975 Mar. p. 79.
Barnett, Audrey, 1975 Feb. p. 79.
Barnett, B. L., 1977 July p. 104.
Barnett, Leslie, 1962 Mar. p. 69; Oct. p. 66; 1963 Jan. p. 55.
Barnett, Lincoln, 1954 Feb. p. 42.
Barnett, M. A. F., 1955 Sept. p. 126.
Barnett, Michael, 1975 Oct. p. 50.
Barnett, R. D., 1954 Jan. p. 46.
Barnicot, N. A., 1968 May p. 113.
Barns, Aaron, 1971 Aug. p. 70.
Barnum, Phineas T., 1967 July p. 102, 103, 108.
Barnwell, Patricia, 1968 Feb. p. 86.
Barogenics Incorporated, 1965 May p. 39, 44, 46.
Baron, Samuel, 1961 May p. 55, 57; 1963 Mar. p. 91; Oct. p. 50; 1969 Jan. p. 46.
Baroni, G., 1956 June p. 41.
Barr, Edward, 1964 Feb. p. 67; 1965 May p. 31, 33, 35.
Barr, Frank T., 1972 Dec. p. 35.
Barr, Murray L., 1954 Dec. p. 60; 1963 July p. 58, 62; 1971 Nov. p. 34.
Barr, Nathaniel, 1967 Feb. p. 80.
Barr, William L., 1966 Dec. p. 26.
Barr, Y. M., 1973 Oct. p. 30.
Barrai, Italo, 1969 Aug. p. 30, 35.
Barreca, Ferruccio, 1975 Feb. p. 81.
Barrel, Joseph, 1962 July p. 58.
Barrell, Barclay G., 1969 Nov. p. 58; 1974 June p. 50; 1977 Dec. p. 56.
Barrell, Bart, 1976 Jan. p. 73.
Barrer, R. M., 1959 Jan. p. 87.
Barrett, Alan H., 1961 May p. 62; 1963 July p. 82, 84; 1965 July p. 28-30; 1966 Jan. p. 49; 1967 Oct. p. 50; 1969 Feb. p. 42; 1973 Mar. p. 56; 1978 June p. 94, 101.
Barrett, Charles S. Jr., 1966 June p. 56; Oct. p. 69.
Barrett, Joseph J., 1968 Sept. p. 124.
Barrett, Peter J., 1968 Apr. p. 44.
Barrett, Robert, 1973 May p. 97, 98.
Barrett-Hamilton, G. E. H., 1967 Jan. p. 79, 84.
Barringer, D. M., 1958 July p. 33; 1965 Oct. p. 26.
Barrnett, Russell J., 1975 Oct. p. 37; 1977 Aug. p. 109, 111.
Barron, E. S. Guzman, 1948 Dec. p. 35; 1949 Sept. p. 13, 15; 1951 Dec. p. 23; 1959 Sept. p. 97.
Barros-Pita, J. C., 1977 July p. 118.
Barrow, Isaac, 1955 Dec. p. 74, 75.
Barry, John M., 1957 Oct. p. 121, 128; 1958 Feb. p. 36; 1969 July p. 66.
Barski, George, 1969 Apr. p. 26; 1974 July p. 36.
Barsukov, O. M., 1975 May p. 21.
Bart, Leon P. I. de, 1949 Jan. p. 31.
Bartee, Gary, 1975 Mar. p. 98, 99.
Bartee, Thomas C., 1962 Feb. p. 104.
Bartel, W., 1973 Nov. p. 41.
Bartell, Pasquale, 1956 Apr. p. 64.
Bartels, E. C., 1958 June p. 73.
Bartels, Johann M., 1977 July p. 124.
Bartels, Julius, 1955 Feb. p. 42; 1968 Nov. p. 90; 1975 Sept. p. 161.
Barth, Carl, 1971 Oct. p. 102.
Barth, Charles A., 1966 Mar. p. 106, 108; 1977 July p. 39.
Barth, Fredrik, 1952 Oct. p. 64.
Barth, John, 1967 May p. 48.
Barth, Lester G., 1977 Nov. p. 138.
Barth, Lucena J., 1977 Nov. p. 138.
Barth, Thomas F., 1962 Dec. p. 60.
Barthel, T. S., 1957 May p. 43.
Barthelme, John, 1978 Apr. p. 98.
Barthold, V. V., 1963 Aug. p. 61.
Bartholdi, Frédéric A., 1974 Feb. p. 98.
Bartholin, Thomas, 1976 Jan. p. 112.
Bartholomew, George A., 1972 Mar. p. 27, 28; 1973 Apr. p. 97.
Bartholow, Roberts, 1973 July p. 96.
Bartlett, Frederic, Sir, 1950 Sept. p. 81; 1971 Mar. p. 99.
Bartlett, M. Frederick, 1956 Sept. p. 113.
Bartlett, Neil, 1962 Nov. p. 76; 1964 May p. 69; 1974 Aug. p. 48.
Bartlett, Paul D., 1954 Sept. p. 86; 1956 June p. 122; 1957 Mar. p. 92; 1958 Aug. p. 66; 1960 May p. 136.
Bartlett, Roscoe G., 1956 June p. 54.
Bartlett, William E., 1973 Mar. p. 87.
Bartok, Bela, 1959 Dec. p. 116.
Bartoli, Daniel, 1968 Feb. p. 75.
Barton, Derek H. R., 1969 Dec. p. 48; 1970 Jan. p. 58.
Barton, Lela V., 1959 Apr. p. 80.
Barton, Otis, 1951 Aug. p. 28; 1953 July p. 82.
Barton, Richard D., 1978 June p. 66.
Barton-Browne, Lindsay, 1961 May p. 140, 142.
Barton-Wright, E. C., 1964 Mar. p. 60.
Bartram, William, 1970 Nov. p. 38.
Bartz, Quentin R., 1949 Aug. p. 32; 1956 Oct. p. 82.
Baruch, Bernard M., 1949 Mar. p. 19; June p. 14; 1950 Jan. p. 13; 1956 Nov. p. 83.
Bary, Anton de, 1956 May p. 98.
Bar-Zeev, Micha, 1975 July p. 109.
Bascom, Willard, 1959 June p. 78; Aug. p. 66; 1960 Aug. p. 81; 1961 May p. 76; 1969 Sept. p. 64; 1974 Aug. p. 16.
Basedow, Karl von, 1960 Mar. p. 129.
Baserga, Renato, 1964 Feb. p. 58; 1965 Oct. p. 81; 1966 Jan. p. 39.
Bashenina, N. V., 1960 Jan. p. 67.
Bashkirtsev, Marie, 1949 Oct. p. 31.
Basic Science Foundation, 1958 Dec. p. 54.
Basilevich, N. I., 1970 Sept. p. 149.
Basilio, Carlos, 1962 Feb. p. 76; Mar. p. 68.
Basinski, Jane M., 1964 Jan. p. 40, 41.
Baskerville, John, 1969 May p. 62.
Basmajian, John V., 1964 Mar. p. 58.
Basov, Nikolai G., 1958 Dec. p. 42; 1964 Dec. p. 60; 1967 Nov. p. 28; 1968 Sept. p. 134; 1971 June p. 27; 1974 June p. 24.
Bass, Arnold M., 1957 Mar. p. 91; 1960 May p. 137; 1966 Oct. p. 70.
Bass, David E., 1968 Feb. p. 94.
Bass, George F., 1961 Sept. p. 92; 1971 Aug. p. 23.
Bass, Michael, 1969 Feb. p. 33.
Bass, Milton J., 1958 Jan. p. 78.
Bassalygo, L. A., 1978 June p. 120, 123, 124.
Basset, James, 1955 Nov. p. 44.
Bassett, H. L., 1964 June p. 85.
Bassett, Preston, 1971 Feb. p. 107.
Bassham, James A., 1961 Oct. p. 81; 1965 July p. 74; 1969 Dec. p. 70; 1974 Dec. p. 72.
Bassi, Agostino, 1956 Aug. p. 97.
Bassot, Jean-Marie, 1971 Jan. p. 65; 1976 May p. 74, 82, 83.
Bassuk, Ellen L., 1978 Feb. p. 46.
Basten, Anthony, 1974 Nov. p. 64.
Bastianelli, Giuseppe, 1952 June p. 23.
Bastien, Pierre, 1974 Dec. p. 129.
Bastock, Margaret, 1973 Dec. p. 24.
Batchelor, F. R., 1961 Mar. p. 69.
Batchelor, G. K., 1954 Sept. p. 136.
Batchelor, W. H., 1954 Feb. p. 58.
Bateman, Alan M., 1960 June p. 148.
Bateman, R., 1952 June p. 38.
Bateman, W. G., 1961 June p. 139.
Bates, Gaylord S., 1951 Jan. p. 30.
Bates, Henry W., 1948 May p. 12; June p. 17; 1953 July p. 82; 1959 Feb. p. 74, 75, 79; 1969 Feb. p. 27, 28; 1973 Dec. p. 67.
Bates, J. A. V., 1973 July p. 100.
Bates, Lynn S., 1965 Aug. p. 44; 1969 Nov. p. 58; 1974 Aug. p. 76.
Bateson, Frank M., 1959 Nov. p. 92.
Bateson, Gregory, 1948 Nov. p. 15; 1950 Sept. p. 88; 1962 Aug. p. 71.
Bateson, William, 1956 Dec. p. 127; 1966 July p. 58.
Batson, Raymond, 1973 Jan. p. 56.
Battelle Memorial Institute, 1949 Apr. p. 49; 1953 June p. 50; 1956 Sept. p. 110; 1958 July p. 50; 1961 Jan. p. 84 ; 1966 Oct. p. 64; 1968 July p. 97; 1971 Mar. p. 47; Nov. p. 15; 1976 Oct. p. 93.
Battelli, Frédéric, 1951 July p. 18; 1968 July p. 19.
Batterman, Boris W., 1969 July p. 73.
Batusov, Yu., 1978 June p. 68.
Baudelaire, Charles, 1958 Sept. p. 162; 1969 Dec. p. 19; 1977 Oct. p. 132.
Baudhuin, Pierre, 1963 May p. 71.
Baudot, Emile, 1972 Aug. p. 76, 80, 83.
Bauer, Carl A., 1948 May p. 41; June p. 56; 1954 Nov. p. 39; 1974 July p. 66.
Bauer, H. L. Jr., 1954 Oct. p. 36.
Bauer, Hans, 1964 Apr. p. 50.
Bauer, Johannes H., 1951 June p. 45, 46, 47, 50.
Bauer, Louis A., 1954 Feb. p. 40.
Bauer, Louis H., 1953 Feb. p. 42.
Bauer, Raymond A., 1962 May p. 47, 48.
Bauer, S. H., 1948 Nov. p. 24.
Bauer, W. Dietz, 1975 Apr. p. 90.
Bauer, Walter, 1949 Dec. p. 28; 1950 Mar. p. 33.
Baughman, Robert W., 1973 Nov. p. 47.
Baum, L. Frank, 1975 May p. 84.
Baum, William A., 1956 Oct. p. 66.
Bauman, Robert E., 1975 July p. 45.
Baumann, Eugen, 1960 Mar. p. 119; 1971 June p. 95.
Baumeister, Philip, 1970 Dec. p. 59.

Baumhauer, A. G., 1955 Jan. p. 38.
Baumhover, A. H., 1960 Oct. p. 57.
Baur, Erwin, 1960 Aug. p. 139.
Bausch & Lomb, Inc., 1948 Aug. p. 50; 1953 Apr. p. 46; 1961 Jan. p. 103; 1976 Aug. p. 81.
Bautz, Ekkehard K. F., 1962 Apr. p. 77, 78; 1964 May p. 56; 1970 June p. 44.
Bavelas, Alex, 1951 Feb. p. 26.
Bavister, B. D., 1970 Dec. p. 48, 53.
Baweja, K. D., 1968 July p. 108.
Baxter, G. P., 1953 Mar. p. 72.
Baxter, William, 1977 Jan. p. 77, 79, 82.
Bay, Z., 1960 Aug. p. 50.
Bayard, Donn T., 1972 Apr. p. 35, 41; 1976 Sept. p. 70.
Bayard, Robert T., 1962 Mar. p. 78, 80, 88.
Bayer, F. M., 1961 Aug. p. 49; 1963 Nov. p. 97, 99; 1977 Mar. p. 44.
Bayer, Leona, 1973 Sept. p. 37.
Bayerische Akademie der Wissenschaften, 1965 Oct. p. 60.
Bayes, Thomas, 1950 Oct. p. 45; 1952 Jan. p. 60, 61; 1955 Feb. p. 80; 1977 May p. 126, 127.
Bayfield, James, 1976 Feb. p. 55.
Bayi, Filbert, 1976 June p. 110, 111, 114.
Bayle, Gaspard, 1949 Oct. p. 35.
Bayless, Theodore M., 1972 Oct. p. 73, 75.
Bayley, Nancy, 1973 Sept. p. 37, 40.
Bayley, Stanley T., 1975 Apr. p. 95.
Bayliss, William, 1949 Sept. p. 44, 45; 1950 Sept. p. 71; 1951 Oct. p. 57-60; 1957 Mar. p. 77.
Baylor, Alan, 1973 Jan. p. 75.
Baylor, Dennis A., 1970 July p. 67; 1974 Jan. p. 38.
Baylor, Edward R., 1955 July p. 91; 1962 June p. 134; 1964 Nov. p. 60.
Baylor University, 1961 Apr. p. 94, 98; 1977 July p. 46.
Bayly, Helen M., Lady Hamilton, 1954 May p. 83.
Baym, Gordon A., 1970 Feb. p. 45; 1971 Feb. p. 30.
Bayne-Jones, Stanhope, 1958 Sept. p. 88.
Bazelon, David L., 1972 Nov. p. 52.
Bé, Allan W. H., 1962 July p. 102.
Beach, Alice, 1953 Feb. p. 21.
Beach, Frank, 1960 Sept. p. 80.
Beach, H. D., 1965 Feb. p. 86.
Beadle, George W., 1948 Dec. p. 50; 1949 May p. 16, 17, 19, 20; 1950 Sept. p. 58; 1954 Feb. p. 42; 1955 Feb. p. 52; 1956 Feb. p. 48; July p. 113; Oct. p. 80, 84; Dec. p. 127; 1958 Dec. p. 52; 1959 Sept. p. 98, 160; 1961 Sept. p. 77; 1962 Apr. p. 101, 104, 108; 1965 Feb. p. 72; 1966 Apr. p. 102; 1967 May p. 81; Nov. p. 28; 1973 Jan. p. 44; 1976 Sept. p. 51.
Beadling, William, 1974 Oct. p. 87, 90.
Beal, Virginia, 1953 Oct. p. 73.
Beal, William, 1951 Aug. p. 39, 41.
Beale, Ivan L., 1971 Mar. p. 96.
Beale, John, 1952 Dec. p. 51.
Beale, William, 1973 Aug. p. 85, 86.
Beals, C. S., 1961 Aug. p. 51; 1977 Jan. p. 95.
Beams, H. W., 1951 June p. 51.
Beams, Jesse W., 1951 June p. 32, 45-47, 50, 51; 1954 July p. 37; Dec. p. 52; 1968 Dec. p. 56.
Bean, Alan L., 1970 Jan. p. 49; 1971 Aug. p. 62.
Bean, Charles P., 1960 July p. 71; 1969 June p. 39.
Bean, John W., 1955 Dec. p. 44.
Bean, Louis H., 1950 Nov. p. 11.
Bear, Richard S., 1957 Jan. p. 95; Sept. p. 206; 1962 Apr. p. 68; 1966 Mar. p. 78; 1969 Aug. p. 93.
Beard, Joseph W., 1954 Nov. p. 49; 1960 Nov. p. 64.
Bearden, J. A., 1970 Oct. p. 69.
Beardslee, Betty J., 1968 Feb. p. 96.
Beardwood, Jillian, 1978 Jan. p. 109.
Bearn, Alexander G., 1956 Dec. p. 62; 1963 July p. 55; 1964 May p. 88; 1969 July p. 45; 1977 Oct. p. 100.
Beatrice, Princess of Saxe-Coburg-Gotha, 1965 Aug. p. 88, 94, 89.
Beattie, W. G., 1962 Oct. p. 50.
Beatty, Barbara, 1973 Mar. p. 34.
Beatty, Jackson, 1974 Apr. p. 51.
Beatty, R. A., 1951 Oct. p. 34,36.
Beauchamp, R. H., 1975 Feb. p. 37.
Beaudreau, George S., 1965 Nov. p. 50.
Beaufay, Henri, 1963 May p. 67, 71.
Beaufort, Francis, 1951 Dec. p. 67.
Beaulieu, Jacques-Louis de, 1969 May p. 42, 43, 45.
Beaumont, William, 1958 Oct. p. 100.
Beaurepaire, Alexandre M. Q., 1956 May p. 92.
Beaurepaire, Aragão, H., 1954 Feb. p. 30, 32.
Beaver, Paul W., 1975 Nov. p. 110.
Bebber, Charles C., 1974 Jan. p. 84.
Bebbington, William P., 1976 Dec. p. 30.
Beberman, Max, 1956 Aug. p. 50; 1958 May p. 65-69, 71.
Beccari, Odoardo, 1956 June p. 50.
Beccaria, Giovanni B., 1965 Jan. p. 82.
Bechmann, Helga, 1968 Nov. p. 56.
Bechtel Corporation, 1950 Jan. p. 28; 1953 July p. 40; 1958 May p. 58; 1967 Jan. p. 67.
Beck, Claude S., 1950 Jan. p. 17; 1951 Apr. p. 33; 1968 July p. 20; Oct. p. 36.
Beck, Edward C., 1963 Oct. p. 119, 120.
Beck, Jacob, 1975 Aug. p. 62, 72, 73.
Beck, Stanley D., 1960 Feb. p. 109.
Beck, Theodor, 1971 Feb. p. 101.
Becker, Abraham, 1968 Dec. p. 19.
Becker, Elmer L., 1962 Aug. p. 118; 1973 Nov. p. 57.
Becker, Frederick, 1976 May p. 60.
Becker, H., 1973 June p. 87.
Becker, Hans-Joachim, 1964 Apr. p. 57.
Becker, Howard S., 1951 Oct. p. 46; Nov. p. 38,40.
Becker, Joseph L., 1970 Dec. p. 92.
Becker, R., 1969 Nov. p. 105.
Becker, R. O., 1965 Oct. p. 21.
Becker, Udo, 1955 Feb. p. 44.
Becker, Yachiel, 1963 Dec. p. 51.
Becker-Freyseng, H., 1955 Dec. p. 44.
Beckerley, J. G., 1953 Mar. p. 45.
Beckers, Jacques M., 1975 Sept. p. 49.
Beckett, Samuel, 1971 Nov. p. 77; 1973 Aug. p. 47.
Becklin, Eric E., 1967 June p. 52; Aug. p. 36; 1968 Aug. p. 59, 60, 65; Dec. p. 43; 1972 Aug. p. 59; 1973 Mar. p. 52; 1974 Apr. p. 70, 72; 1978 Apr. p. 116.
Beckman, Carolyn, 1973 Dec. p. 24.
Beckwith, Jonathan R., 1970 Jan. p. 50; June p. 43; July p. 49; 1972 Aug. p. 103.
Becquerel, Antoine H., 1963 Aug. p. 104; 1967 Feb. p. 95.
Becquerel, Edmond, 1967 Feb. p. 102; 1973 June p. 44, 45.
Becquerel, Henri, 1949 July p. 31; Dec. p. 13; 1950 Sept. p. 29; 1956 May p. 41; 1959 Sept. p. 76, 176; 1967 Nov. p. 26; 1975 Sept. p. 44.
Becton, Dickinson and Co. Central Research Division, 1962 Oct. p. 55.
Beddoes, Thomas, 1960 June p. 108; 1965 June p. 115.
Bede, Saint, 1951 Oct. p. 64; 1952 Apr. p. 44.
Bedford, Countess of, 1977 June p. 123.
Bedford, David, 1976 June p. 111.
Bedford, Duke of, 1949 Mar. p. 48.
Bedford, P. D., 1955 Dec. p. 54.
Bedson, Samuel, Sir, 1964 Jan. p. 81, 82.
Bedwell, Stephen, 1968 Oct. p. 62.
Beebe, Gilbert W., 1973 Oct. p. 32.
Beebe, Robert, 1967 Aug. p. 22.
Beebe, William, 1951 Aug. p. 28; 1956 Jan. p. 98; 1958 Apr. p. 27; 1961 Aug. p. 42; 1962 Dec. p. 78.
Beecham Research Laboratories, 1960 Nov. p. 90; 1961 Mar. p. 69.
Beecher, Henry K., 1955 Aug. p. 69, 71; 1958 Jan. p. 60, 62; 1961 Feb. p. 42; 1966 Aug. p. 44; Nov. p. 135; 1968 Sept. p. 85; 1974 Nov. p. 18, 20; 1976 Feb. p. 25; 1977 June p. 106.
Beeckman, Isaac, 1959 Oct. p. 162, 163.
Beeler, George W., 1964 July p. 25.
Beeler, Nelson F., 1949 Dec. p. 56, 57.
Beer, C. G., 1973 Aug. p. 79.
Beer, J. F. de, 1962 Aug. p. 41, 42.
Beer, Michael, 1971 Apr. p. 34.
Beer, Reinhard, 1974 May p. 115.
Beer, Rudolf, 1968 Apr. p. 90.
Beer, Tom, 1975 Sept. p. 56.
Beermann, Wolfgang, 1961 Sept. p. 130; 1964 Apr. p. 53, 54; 1965 June p. 43; 1966 May p. 52.
Beersma, D. G. M., 1977 July p. 108.
Beeson, Paul B., 1957 June p. 65, 66; 1964 Mar. p. 39, 43.
Beethoven, Ludwig van, 1948 July p. 33; 1950 Sept. p. 68; 1952 June p. 54; 1953 Dec. p. 72; 1958 Sept. p. 162; 1969 Nov. p. 78; 1972 Sept. p. 37; 1973 May p. 29; July p. 31; 1974 Nov. p. 78, 80, 87.
Beetz, M., 1978 Apr. p. 115, 118.
Bég, M. A. Baqi, 1965 Mar. p. 53.
Begg, Geoffrey, 1977 Oct. p. 103.
Begle, E. G., 1958 July p. 47.
Béhier, Louis J., 1971 Jan. p. 96, 97.
Behmann, Heinrich, 1972 July p. 41.
Behnke, A. R., 1949 July p. 55.
Behrend, Hilde, 1950 Aug. p. 31.
Behrendt, John C., 1962 Sept. p. 163, 166.
Behrens, Martin, 1953 Feb. p. 53, 54.
Behrens, Otto K., 1961 Mar. p. 67.
Behrensmeyer, A. K., 1978 Apr. p. 98.
Behring, Emil A. von, 1949 Dec. p. 13, 17; 1951 Feb. p. 48; 1967 Oct. p. 81; Nov. p. 26; 1968 Apr. p. 71, 76; 1970 Aug. p. 34; 1973 July p. 55.
Beijerinck, Martinus W., 1953 Mar. p. 41; 1968 July p. 55.
Beil, David L., 1974 June p. 93.
Beilby, George, Sir, 1968 June p. 93, 94, 99; 1974 May p. 92, 93, 97.
Beinert, Helmut, 1959 Aug. p. 122.
Beirne, Joseph A., 1966 Mar. p. 55.
Beirtillon, Alphonse, 1954 Jan. p. 73, 75.
Beiser, Sam M., 1958 Nov. p. 54; 1969 Jan. p. 44.
Beisson, Janine, 1975 Oct. p. 33.
Bekenstein, Jacob D., 1977 Jan. p. 36, 37.
Békésy, Georg von, 1961 July p. 114; Sept. p. 238; Dec. p. 74; 1967 Nov. p. 25, 28; 1972 June p. 96.
Bekhterev, V. M., 1970 Mar. p. 68.
Bel, Jules A. le, 1967 June p. 64.
Bélanger, Leonardo F., 1970 Mar. p. 94; Oct. p. 47.
Belasco, Giovanni B., 1966 July p. 41.
Belgian Atomic Energy Commission, 1954 Mar. p. 45.
Belgian Congo Institute of National Parks, 1962 May p. 128; June p. 105.
Belisarius, 1963 Dec. p. 116.
Belitzer, V. A., 1958 July p. 59.
Belize Sugar Industries, 1977 Mar. p. 117.

Bell Aircraft Corporation, 1953 Oct. p. 37, 40.
Bell, Alexander G., 1949 Dec. p. 56; 1951 Sept. p. 43; 1952 July p. 58; 1954 July p. 77; 1955 June p. 70; 1958 Sept. p. 59; 1961 Aug. p. Al; 1962 July p. 133; 1964 Nov. p. 110; 1966 Sept. p. 145; 1972 Feb. p. 51, 52; Aug. p. 83; Sept. p. 99, 117; 1976 Mar. p. 111; 1977 Aug. p. 40; 1978 Mar. p. 60, 62.
Bell Canada, 1978 Mar. p. 59-61.
Bell, Charles, Sir, 1957 Mar. p. 112; 1968 Apr. p. 69.
Bell, Chichester, 1976 Mar. p. 111.
Bell, Daniel, 1966 Mar. p. 55.
Bell, Eric T., 1949 Aug. p. 48; 1953 July p. 66; 1954 June p. 79; Aug. p. 23; 1972 July p. 39; 1977 July p. 131.
Bell, Eugene, 1969 Dec. p. 54.
Bell, G. M., 1974 May p. 67.
Bell, Jocelyn, 1968 Oct. p. 27; 1971 Jan. p. 49.
Bell, John S., 1964 Dec. p. 62.
Bell, Julia, 1971 Apr. p. 106.
Bell, Laird, 1956 May p. 54.
Bell, Melville, 1972 Feb. p. 51.
Bell, Paul H., 1963 July p. 51.
Bell, Richard H. V., 1971 July p. 86; 1973 Dec. p. 104.
Bell, Robert E., 1963 May p. 116, 117, 122, 126; 1978 June p. 66.
Bell, S. J., 1968 Apr. p. 42.
Bell, Samuel D. Jr., 1964 Jan. p. 83, 84.
Bell Telephone Company, 1953 Mar. p. 30; 1966 Sept. p. 130; 1977 Aug. p. 40.
Bell Telephone Laboratories, 1948 July p. 34, 36, 40; 1949 Apr. p. 33, 29; Sept. p. 28; 1950 May p. 46; 1952 June p. 38; July p. 29, 32; Aug. p. 43, 48, 49, 51; Sept. p. 116, 121, 124; 1954 May p. 58; June p. 45; July p. 37-40; 1955 Apr. p. 48; June p. 92; July p. 52; Sept. p. 69; Oct. p. 48; Dec. p. 103, 110; 1956 Jan. p. 31; 1957 Jan. p. 49; Nov. p. 92, 94; 1958 Jan. p. 52; Sept. p. 117, 118, 125; Dec. p. 49; 1959 June p. 123, 124, 127; 1960 Apr. p. 88; May p. 145; June p. 84, 98, 104; July p. 65, 66; Sept. p. 90, 96; Oct. p. 151; Nov. p. 92; 1961 Mar. p. 91; Oct. p. 94, 95, 98, 102; 1962 Feb. p. 97, 100, 102, 104; Mar. p. 70; Apr. p. 148; June p. 60-62, 64-67, 134; July p. 142; Sept. p. 99; Oct. p. 79, 86; Nov. p. 94, 97, 100; 1963 Mar. p. 106; May p. 95; June p. 63, 64, 97; July p. 34, 36-38, 42; Aug. p. 29; Nov. p. 52, 53, 87; 1964 Feb. p. 103; Apr. p. 42, 43, 45; June p. 72, 80; Aug. p. 13; Sept. p. 149; 1965 Mar. p. 32, 33, 35, 37, 39, 40; May p. 63; Nov. p. 56-59, 68, 103; 1966 Jan. p. 19-21, 25; Aug. p. 29, 31, 36; Sept. p. 67, 73, 145, 148-150; Nov. p. 112; 1968 June p. 17, 19, 22; Aug. p. 24, 26, 30; Sept. p. 120, 124, 132, 143, 144, 148; Dec. p. 38; 1969 Oct. p. 46; 1970 Feb. p. 31; Apr. p. 46; June p. 29, 60, 66, 81; Oct. p. 54; 1971 Apr. p. 26, 27; June p. 78-80; July p. 32, 38; Aug. p. 83; Oct. p. 91; Nov. p. 22, 28, 31; Dec. p. 93; 1972 Feb p. 49, 54, 56, 58; Sept. p. 117, 120, 133, 136-138; Oct. p. 51, 54; 1973 Feb. p. 89, 97; Apr. p. 44, 69; May p. 30; June p. 93; Aug. p. 49; 1974 Nov. p. 80; 1975 Apr. p. 38; 1976 Dec. p. 53; 1977 May p. 40; Aug. p. 46, 48; Sept. p. 74, 196, 197, 206, 202.
Bell, W. E., 1960 Oct. p. 77; 1973 Feb. p. 89.
Bellamy, L. J., 1970 Nov. p. 70.
Bellcom, Inc., 1971 Aug. p. 68.
Bellerophon, 1954 May p. 71.
Bellettini, G., 1973 Nov. p. 42.
Belli, Giuseppe, 1970 May p. 116, 121, 122.
Bellicard, J. B., 1969 Aug. p. 60.
Bellin, Judith S., 1968 Sept. p. 168.
Bellini, Lorenzo, 1953 Jan. p. 40.
Bello, Alhaji Sir Ahmadu, 1963 Sept. p. 171.
Bello, Francis, 1971 May p. 55; 1972 Feb. p. 81.
Bello, Jake, 1967 Mar. p. 49.
Bellomo, Ettore, 1968 July p. 35.
Belluschi, Pietro, 1955 Mar. p. 45; 1974 Feb. p. 105.
Belous, Leon P., 1969 Nov. p. 56.
Belousov, B. P., 1974 June p. 82.
Beloussov, V., 1960 Apr. p. 83.
Belsky, M. A., 1958 June p. 97.
Belt, Elmer, 1971 Feb. p. 110.
Belt, Thomas, 1948 June p. 18; 1978 Apr. p. 142.
Beltis Atomic Power Laboratory, 1970 Nov. p. 14.
Belton, Michael J. S., 1970 Mar. p. 62.
Beltrami, E., 1969 Nov. p. 88, 89.
Belyayev, V. A., 1968 Oct. p. 48.
Ben C. Gerwick Incorporated, 1958 July p. 29.
Ben Tabiah, Berit, 1977 Jan. p. 101.
Benabud, Ahmed, 1969 Dec. p. 22, 23.
Benacerraf, Baruj, 1973 July p. 57; 1977 May p. 76; Oct. p. 97.
Bénard, H., 1969 Nov. p. 105, 112.
Bence-Jones, Henry, 1967 Oct. p. 86; 1977 Jan. p. 52.
Bendall, Fay, 1969 Dec. p. 63, 64, 69, 70; 1974 Dec. p. 71.
Bender, Morris B., 1972 Dec. p. 75.
Bender, Myron L., 1964 Dec. p. 72, 73.
Bender, Peter L., 1960 Oct. p. 78; 1969 Dec. p. 93; 1970 Mar. p. 38.
Bender, Welcome W., 1955 Oct. p. 46.
Bendetti, Sergio de, 1965 Jan. p. 106.
Bendex Corporation, 1971 Aug. p. 68.
Bendich, Aaron, 1958 Nov. p. 54.
Bendick, Jeanne, 1949 Dec. p. 52, 53, 57.
Benditt, Earl P., 1969 June p. 43, 44; 1973 Aug. p. 44; 1977 Feb. p. 74, 78, 81, 84.
Benditt, John M., 1973 Aug. p. 44.
Bendix Aviation Corporation, 1956 Mar. p. 90; 1970 Mar. p. 41.
Bendix Research Laboratories, 1963 Mar. p. 116.
Bendoraitis, J. G., 1967 Jan. p. 37.
Benedek, George B., 1968 Sept. p. 124.
Beneden, Edouard van, 1968 June p. 82, 84; July p. 55; 1972 Dec. p. 94, 95.
Benedetti, Sergio de, 1960 May p. 89; 1961 Mar. p. 99; 1962 Mar. p. 74; 1963 Feb. p. 144; 1966 Apr. p. 93; 1975 July p. 34.
Benedetti-Pichler, A., 1954 Feb. p. 76.
Benedict, Francis G., 1965 May p. 88; 1971 Oct. p. 102, 14.
Benedict, R. G., 1952 Apr. p. 50.
Benedict, Ruth, 1956 May p. 71.
Benedict, William, 1954 Dec. p. 44.
Benedict, William S., 1965 Jan. p. 33; 1975 Sept. p. 75.
Benenson, Walter, 1978 June p. 67.
Benesch, Reinhold, 1964 Nov. p. 75.
Benesch, Ruth E., 1964 Nov. p. 75.
Bénézet, Saint, 1954 Nov. p. 62.
Benfield, A. E., 1950 Dec. p. 56.
Benford, Frank, 1969 Dec. p. 109-113, 118, 120.
Bengen, M. F., 1962 July p. 85.
Benhet-Clark, H. C., 1972 Feb. p. 44.
Beninde, J., 1954 May p. 79.
Benioff, Hugo, 1955 Sept. p. 56; 1959 Mar. p. 138; 1962 Mar. p. 131; July p. 58; 1965 Nov. p. 30, 31, 37; 1969 Nov. p. 105; Dec. p. 89; 1973 Aug. p. 63, 69.
Benirschke, Kurt, 1974 Apr. p. 51.
Benjamin, 1973 Oct. p. 35.
Benjamin, Bernard, 1965 Sept. p. 44.
Benjamin, John, 1953 Apr. p. 45; Oct. p. 74, 76.
Benjamin of Inadela, 1957 Mar. p. 121.
Benjamin, T. L., 1967 Apr. p. 32.
Ben-Menahem, Ari, 1965 Nov. p. 37.
Benndorf, Hans, 1975 Feb. p. 96, 97.
Bennet, Charles, 1955 Oct. p. 100.
Bennett, Dorothea, 1977 Oct. p. 99.
Bennett, Edward L., 1955 Feb. p. 58; 1965 Jan. p. 52.
Bennett, Emmett L. Jr., 1954 May p. 73.
Bennett, H. Stanley, 1961 Sept. p. 176.
Bennett, Ivan, 1957 June p. 65, 68.
Bennett, Ivan L. Jr., 1964 Mar. p. 39; 1970 May p. 16.
Bennett, J. A., 1976 Jan. p. 63.
Bennett, J. Claude, 1974 Nov. p. 69.
Bennett, James G., 1972 May p. 105.
Bennett, M. F., 1954 Apr. p. 35.
Bennett, Michael V. L., 1960 Oct. p. 121, 123; 1970 May p. 81, 84; July p. 60; 1977 Feb. p. 115; 1978 May p. 147.
Bennett, Stanley, 1970 Apr. p. 85.
Bennett, W. R., 1963 July p. 38.
Bennett, W. R. Jr., 1961 June p. 54, 58.
Bennett, Wendell C., 1954 Aug. p. 29.
Bennett, Willard H., 1970 Aug. p. 25, 27.
Bennett-Clark, H. C., 1970 July p. 85; 1973 Nov. p. 92.
Benoit, Jacques, 1971 Apr. p. 72; 1972 Mar. p. 22, 25, 26, 28.
Bensley, Robert D., 1951 Jan. p. 30.
Bensley, Sylvia H., 1957 July p. 133.
Benson, Andrew A., 1948 Aug. p. 32; 1951 Mar. p. 41; 1953 Nov. p. 83; 1960 Nov. p. 108; 1962 June p. 92; 1965 July p. 77; 1969 Dec. p. 70; 1973 Oct. p. 82; 1975 Mar. p. 77.
Benson, William E., 1963 Oct. p. 56; 1972 Dec. p. 33.
Bent, Arthur, 1953 July p. 34.
Bent, Henry A., 1968 Jan. p. 121.
Bentele, M., 1972 Aug. p. 16.
Bentham, Jeremy, 1954 Oct. p. 33; 1955 Oct. p. 103.
Bentink, Conte de, 1957 Dec. p. 118.
Bentley, A. F., 1950 Sept. p. 84.
Bentley, C. R., 1960 Mar. p. 86.
Bentley, David, 1974 Aug. p. 34, 35, 38, 43.
Bentley, K. W., 1966 Nov. p. 132.
Bentley, Richard, 1970 June p. 29.
Benton, Jeanne L., 1976 Feb. p. 58, 59; 1977 Dec. p. 112.
Benton, Joseph G., 1951 Feb. p. 36.
Benton, Stephen, 1976 Oct. p. 80, 94, 95.
Benton, William, 1951 June p. 17.
Benussi, Vittorio, 1967 Jan. p. 25.
Benveniste, Émile, 1972 Sept. p. 76.
Benyesh, M., 1951 Sept. p. 58; 1959 Feb. p. 90.
Benz, Carl, 1972 May p. 102, 104; 1973 Mar. p. 87, 88.
Benzer, Seymour, 1958 Jan. p. 74; 1962 Jan. p. 83; Feb. p. 42; Sept. p. 108; Oct. p. 66; 1963 Jan. p. 55, 61; Mar. p. 86, 91; 1967 May p. 87; 1973 Dec. p. 24; 1976 Apr. p. 41; Dec. p. 105.
Beq, Tulah, 1973 Sept. p. 47.
Beqvaert, Joseph C., 1963 Apr. p. 148.
Beraldo, W. T., 1962 Aug. p. 113, 117.
Beran, Anthony V., 1964 Dec. p. 64.
Beranek, Leo L., 1952 June p. 38; 1966 Dec. p. 66.
Berelson, Bernard, 1974 Sept. p. 118.
Berends, W., 1962 Dec. p. 136.
Berenyi, Ivan, 1970 Oct. p. 102.
Beresford, Maurice, 1976 Oct. p. 117.
Berg, Howard C., 1975 Aug. p. 36; 1976 Apr. p. 44, 45; 1978 Mar. p. 116.
Berg, Paul, 1959 Dec. p. 61; 1975 July p. 26, 32.
Berg, Trom, 1965 Nov. p. 112.
Berge, Glenn L., 1964 July p. 46; 1967 Oct. p. 109.

Bergeijk, A. van, 1962 June p. 134.
Berger, Daniel D., 1970 Apr. p. 74.
Berger, Frank M, 1963 Mar. p. 96.
Berger, Hans, 1954 June p. 54, 55, 63; 1962 June p. 142.
Berger, Howard M., 1971 Nov. p. 48.
Berger, Jonathan, 1969 Dec. p. 93.
Berger, K. C., 1965 June p. 66.
Berger, Peter L., 1970 Nov. p. 98.
Berger, Rainer, 1977 Mar. p. 121.
Berger, Robert S., 1970 Apr. p. 48.
Bergeron, Tor, 1952 Jan. p. 17; 1957 Oct. p. 43; 1961 Jan. p. 120.
Bergersen, F. J., 1970 Sept. p. 144.
Bergeson, Haven E., 1971 Oct. p. 42.
Berggard, Ingemar, 1977 Oct. p. 100.
Berggren, William A., 1978 May p. 60.
Bergh, Sidney van den, 1959 July p. 55; 1963 Jan. p. 73; 1973 Dec. p. 46, 47; 1976 Dec. p. 101.
Berghe, Louis van den, 1948 Oct. p. 24.
Bergius, Friedrich, 1949 Dec. p. 15, 36; 1955 July p. 63; 1967 Nov. p. 27; 1971 Dec. p. 50.
Bergmann, Carl, 1954 Apr. p. 46.
Bergmann, Max, 1950 June p. 35, 37, 40; 1951 Mar. p. 41; 1961 Feb. p. 86; 1964 Dec. p. 71.
Bergmann, Peter G., 1975 Dec. p. 65.
Bergsma, Donald R., 1971 Nov. p. 50.
Bergson, Abram, 1968 Dec. p. 17, 19.
Bergson, Henri, 1967 Sept. p. 106.
Bergstrand, Erik, 1955 Aug. p. 65, 66.
Bergström, Sune, 1971 Nov. p. 84.
Beria, Lavrenti P., 1949 Nov. p. 26; 1952 Oct. p. 46.
Bering, Vitus, 1958 Nov. p. 115, 117; 1961 May p. 89.
Berkeley, Edmund C., 1950 Dec. p. 23.
Berkeley, George, Bishop, 1953 Nov. p. 93; 1954 May p. 82; 1957 Feb. p. 100, 106; 1961 Aug. p. 72; 1962 July p. 128; 1967 May p. 96; July p. 52; 1971 Aug. p. 93; Oct. p. 30; 1972 June p. 81, 82, 86; 1975 June p. 78.
Berking, Stefan, 1974 Dec. p. 51.
Berkner, Lloyd V., 1950 July p. 26; 1952 June p. 38; 1954 Apr. p. 45; 1957 Jan. p. 49; 1959 Apr. p. 64; Aug. p. 61; 1960 Apr. p. 83; 1970 Sept. p. 118, 120.
Berko, Stephan, 1975 July p. 39, 41.
Berkowitz, Joseph, 1968 Oct. p. 52.
Berkowitz, Leonard, 1968 June p. 42.
Berkson, Joseph, 1962 July p. 41.
Berl, Ernst, 1955 July p. 59.
Berlin Academy of Arts, 1958 Mar. p. 96.
Berlin Academy of Sciences, 1955 Oct. p. 104.
Berlin Natural History Museum, 1963 Aug. p. 45.
Berlin, Richard D., 1975 June p. 44.
Berliner, Hans, 1977 June p. 56.
Berlman, I., 1973 June p. 48.
Berlucchi, Giovanni, 1967 Aug. p. 29.
Berlyne, Daniel E., 1966 Aug. p. 82, 86.
Berman, Arthur I., 1963 Sept. p. 83.
Berman, I. V., 1971 Apr. p. 87.
Berman, Leonard, 1975 Feb. p. 40.
Berman, Robert, 1962 Dec. p. 96; 1967 Sept. p. 186, 188.
Berman, Victor, 1974 Nov. p. 54.
Bermuda Biological Station, 1962 June p. 128; 1975 June p. 90, 95.
Bernal, Ignacio, 1967 June p. 39, 46.
Bernal, J. D., 1948 Oct. p. 17; 1955 Jan. p. 54; 1961 Jan. p. 97; 1964 Nov. p. 64; 1965 Jan. p. 45, 46; 1966 Nov. p. 84; Dec. p. 119, 122; 1969 July p. 75; 1970 Sept. p. 47; Nov. p. 70; 1974 July p. 77.
Bernal, M. J. M., 1960 Aug. p. 128.
Bernard, Claude, 1951 Mar. p. 41; 1952 Jan. p. 66-68; 1953 Jan. p. 40; 1954 Jan. p. 48; May p. 65; 1955 Oct. p. 101; 1957 Jan. p. 74; Mar. p. 77; Apr. p. 97; 1958 Aug. p. 95; 1959 Nov. p. 76; 1961 Apr. p. 56; 1962 June p. 151; 1963 June p. 80; 1967 Aug. p. 67; 1968 June p. 84; 1972 Jan. p. 87; May p. 75; 1977 June p. 100, 104, 107.
Bernard, Etienne A., 1966 May p. 25, 28.
Bernard, Gary D., 1976 July p. 112.
Bernard, John, 1954 July p. 73.
Bernard, Nöel, 1966 Jan. p. 76, 77.
Bernard, P., 1953 May p. 70.
Bernard Price Institute, 1949 Nov. p. 24.
Bernard, Richard L., 1975 June p. 15.
Bernardi, Giorgio, 1967 Nov. p. 70, 71; 1974 Aug. p. 90.
Bernardini, Gilberto, 1958 Nov. p. 53.
Bernardini, M., 1966 Nov. p. 111.
Bernardo, José R., 1974 Oct. p. 82.
Bernatzik, H. A., 1957 May p. 44, 45.
Bernhard, Carl G., 1959 Oct. p. 84.
Bernhard, Hans P., 1974 July p. 43.
Bernhard, Sidney A., 1973 Oct. p. 61.
Bernhard, Walter, 1961 Feb. p. 115; Sept. p. 103, 105, 108; 1964 June p. 48.
Bernhardt, Anthony F., 1977 Feb. p. 92.
Bernheim, Hyppolyte, 1955 Nov. p. 31; 1957 Apr. p. 54.
Bernice P. Bishop Museum, 1962 Sept. p. 220.
Bernier, Robert V., 1951 July p. 28.
Bernoulli, Daniel, 1955 Feb. p. 80; June p. 62; 1959 Oct. p. 113; 1960 Oct. p. 145; 1963 Oct. p. 42; 1965 May p. 58; 1968 May p. 95; 1971 Oct. p. 101, 102; 1973 July p. 24.
Bernoulli, Jakob, 1948 June p. 56; 1950 Apr. p. 13; 1953 Sept. p. 128, 138; 1954 Nov. p. 69; 1958 Mar. p. 94, 95; 1967 Aug p. 100; 1968 May p. 95; 1972 June p. 80, 82.
Bernoulli, Johann, 1972 June p. 80, 82.
Berns, Michael W., 1970 Feb. p. 99.
Bernstein, Allen, 1972 June p. 86.
Bernstein, B., 1959 Feb. p. 68.
Bernstein, Daniel S., 1967 Jan. p. 58.
Bernstein, Jeremy, 1964 Dec. p. 62.
Bernstein, Joseph, 1959 Aug. p. 81.
Bernstein, Julius, 1958 Dec. p. 84, 85; 1960 Oct. p. 119.
Bernstein, Leonard, 1964 Sept. p. 51.
Bernstein, M. H., 1959 Sept. p. 98.
Bernstein, N. A., 1970 Mar. p. 68.
Bernstein, R. I., 1957 Oct. p. 57.
Bernstein, S., 1952 Nov. p. 59, 61.
Bernstein, Theodore, 1973 Apr. p. 45.
Beroni, E. P., 1954 Oct. p. 36.
Beroza, Morton, 1963 May p. 101, 102; 1972 Sept. p. 66; 1974 July p. 28, 34.
Berreman, Dwight W., 1966 Jan. p. 26.
Berreman, Gerald D., 1955 June p. 54; 1971 May p. 46.
Berridge, Michael, 1976 Aug. p. 63; 1977 Nov. p. 137.
Berrill, Norman J., 1954 Feb. p. 42; 1957 Dec. p. 118; 1958 Oct. p. 80; Dec. p. 38, 40; 1959 Apr. p. 146.
Berry, G. P., 1949 July p. 16.
Berry, J., 1955 May p. 34.
Berry, M. J., 1969 June p. 19.
Berry, Michael V., 1976 Apr. p. 82.
Berry, P. A., 1963 Nov. p. 106.
Berson, Lawrence, 1974 Dec. p. 23.
Berson, Solomon A., 1967 July p. 105; 1970 Oct. p. 44; 1977 Dec. p. 82.
Bersu, Gerhardt, 1977 Dec. p. 157.
Bersworth Chemical Co., 1953 June p. 69.
Bert, Paul, 1952 Jan. p. 66-68, 70, 72.
Bertani, Giuseppe, 1970 Jan. p. 88.
Bertaut, F., 1968 June p. 23.
Bertaux, J., 1974 Feb. p. 55.
Berthelot, Marcellin, 1972 Dec. p. 58, 59.
Berthold, Arnold A., 1957 Mar. p. 77; 1976 July p. 48.
Berthollet, Count de, 1954 June p. 81.
Berthoud, E. L., 1954 Oct. p. 36.
Bertillon, Alphonse, 1973 Nov. p. 78.
Bertles, John F., 1975 Apr. p. 45.
Bertman, Bernard, 1970 May p. 92, 101.
Bertram, E. G., 1963 July p. 58, 62.
Bertrand, Gabriel, 1968 May p. 112.
Bertrand, J. L. F., 1964 Sept. p. 96.
Bertsch, LeRoy L., 1968 Oct. p. 75.
Berzelius, Jöns J., 1949 Dec. p. 35; 1950 June p. 33; 1951 June p. 19; Nov. p. 29; 1953 Sept. p. 100; 1957 Feb. p. 111; Nov. p. 117; 1959 Aug. p. 119; 1960 June p. 111, 113; 1963 Jan. p. 89; Mar. p. 43, 44; 1971 Dec. p. 49; 1972 June p. 38.
Besancon, Georges, 1951 Dec. p. 68.
Besborodov, Mikhail A., 1963 Nov. p. 125.
Beschaouch, Azedine, 1978 Jan. p. 111.
Bessel, Friedrich W., 1964 Mar. p. 101; 1968 July p. 32; 1971 Dec. p. 80; 1977 Oct. p. 47.
Bessels, Emil, 1969 Mar. p. 52.
Bessemer, Henry, Sir, 1963 Dec. p. 76; 1968 Apr. p. 24.
Bessis, Marcel, 1970 Feb. p. 99, 100.
Bessman, Maurice J., 1968 Oct. p. 68.
Bessman, Samuel P., 1966 May p. 43.
Besson, Jaques, 1963 Apr. p. 137.
Best, Charles H., 1949 Dec. p. 13; 1950 Sept. p. 73; 1951 Mar. p. 21; 1956 Nov. p. 112; 1958 May p. 99; 1976 Feb. p. 55; Mar. p. 25.
Best, E. W. R., 1962 July p. 41.
Best, Phillip J., 1977 June p. 93.
Bester, M. J., 1952 July p. 50, 54, 57.
Beswick, F. B., 1970 July p. 58.
Betances, Rámon, 1966 Oct. p. 25.
Betancourt, President, 1965 Sept. p. 123.
Betchaku, Teiichi, 1963 Feb. p. 62.
Béteille, André, 1967 Feb. p. 105.
Beth, Evert W., 1972 July p. 42.
Beth, R. A., 1959 Feb. p. 64.
Bethe, Hans A., 1948 July p. 21, 24; Sept. p. 22; 1949 July p. 43; 1950 Jan. p. 43; Mar. p. 24; May p. 11, 26; June p. 11, 12; Aug. p. 16; Sept. p. 31; 1953 Jan. p. 34; Sept. p. 53; 1954 June p. 44; 1955 Aug. p. 60; Oct. p. 33; 1956 Sept. p. 88, 91; 1957 May p. 90, 91; 1958 Feb. p. 40; 1959 Apr. p. 64; Sept. p. 77, 79; 1960 Mar. p. 99; June p. 80; 1961 Aug. p. 62; Oct. p. 80; 1963 Jan. p. 90; 1965 May p. 69, 70; 1967 Dec. p. 48; 1968 Feb. p. 50; Mar. p. 26; 1969 Apr. p. 15; July p. 29-31; Aug. p. 18, 24; 1974 May p. 108; 1975 May p. 42; Sept. p. 45, 53; Oct. p. 108, 111; 1976 June p. 48; 1978 Feb. p. 76.
Bethlehem Steel Corporation, 1952 Jan. p. 50, 51, 53; 1963 Dec. p. 77; 1977 Sept. p. 188.
Bettelheim, Bruno, 1959 Mar. p. 117.
Bettelheim, K. A., 1970 Mar. p. 64.
Bettes, William H., 1975 Jan. p. 43.
Bettex-Galland, M., 1961 Feb. p. 64.
Betti, Enrico, 1950 Jan. p. 19, 20-23.
Betz, V. A., 1970 Mar. p. 68.
Beukering, H. J. C., 1965 Apr. p. 125.
Beukers, R., 1962 Dec. p. 136.
Bevacqua, S. F., 1963 July p. 35, 40.
Bevan, Aneurin, 1948 Sept. p. 50, 51; 1950 Dec. p. 31.
Bever, Thomas, 1970 Dec. p. 30.
Beveridge, W. I. B., 1953 Sept. p. 51.
Bevis, Howard L., 1956 May p. 54.
Bexton, W. H., 1957 Jan. p. 52.
Beyer, Fredrik, 1965 Nov. p. 108.
Beyer, Max, 1958 Oct. p. 47.

Beyer, Robert T., 1955 Oct. p. 44.
Beyle, Marie H., 1958 June p. 74.
Beyreuther, Konard, 1974 June p. 49.
Bezer, Ada E., 1949 July p. 17.
Bezhukoi, Count, 1973 Sept. p. 57, 58.
Bhabha, Homi J., 1949 Mar. p. 35; 1955 Mar. p. 50; July p. 50; Oct. p. 27-31; 1958 Oct. p. 28; Nov. p. 52; Dec. p. 53; 1964 Dec. p. 61.
Bhatia, D. S., 1954 Oct. p. 49.
Bhatnagar, S. S., 1950 Jan. p. 30.
Bhatt, B. D., 1971 Dec. p. 32.
Biale, Jacob B., 1967 Mar. p. 52.
Biancastelli, R., 1973 Nov. p. 41.
Bianchi, L., 1970 Mar. p. 68.
Bibring, H., 1974 Dec. p. 92.
Bichat, M. F. X., 1949 Oct. p. 35.
Bickel, H., 1956 July p. 50.
Bidlingmeyer, W. L., 1958 Mar. p. 41.
Biedenharn, L. C., 1954 June p. 30.
Bielinski, T. C., 1963 Nov. p. 103.
Bielschowsky, Marianne, 1962 Nov. p. 57; 1964 May p. 92.
Biemann, Klaus, 1972 Oct. p. 85; 1977 July p. 38.
Bienenstock, Arthur I., 1977 May p. 45.
Bienstork, Herbert, 1967 Sept. p. 102.
Bier, Otto, 1973 Nov. p. 65.
Bierce, Ambrose, 1952 Mar. p. 73.
Biermann, Ludwig F., 1962 Apr. p. 77; 1964 Apr. p. 68, 71; 1968 Nov. p. 81; 1974 Feb. p. 50; 1975 Apr. p. 113; Sept. p. 44, 162.
Biermasz, Th., 1962 Dec. p. 97.
Biesbroeck, George van, 1951 July p. 22; 1953 Feb. p. 38; 1959 May p. 153; 1965 Apr. p. 114.
Biesele, John J., 1957 Aug. p. 93.
Bietti, G. B., 1964 Jan. p. 83.
Bigbee, Daniel E., 1975 Feb. p. 43.
Bigelow, Charles C., 1968 May p. 113.
Bigelow, Julian H., 1948 Nov. p. 14; 1966 Sept. p. 247.
Bigelow, W. G., 1958 Mar. p. 110; 1960 Feb. p. 79, 80.
Bigg, E. K., 1975 Sept. p. 147.
Bigg, Keith, 1961 Jan. p. 122.
Bigger, Joseph W., 1950 Sept. p. 46.
Biggers, J. D., 1970 Dec. p. 51.
Biggins, John, 1965 July p. 75, 83.
Biggs, Geoffrey A., 1977 July p. 34.
Bignami, Amico, 1952 June p. 23.
Bijlaard, P. P., 1955 July p. 40.
Bijvoet, J. M., 1964 Nov. p. 69.
Bilanuik, O. M. P., 1970 Feb. p. 71.
Bilger, R. W., 1965 Nov. p. 54.
Bilgery, Conrad, 1966 June p. 110.
Billig, M. G., 1970 Nov. p. 99.
Billingham, John, 1977 Dec. p. 86.
Billingham, Rupert E., 1956 Nov. p. 66; 1957 Apr. p. 64; 1959 Oct. p. 62; 1961 Jan. p. 83; 1963 Jan. p. 119; 1972 June p. 30; 1974 Apr. p. 38.
Billings, Bruce H., 1968 June p. 19.
Billings, Donald E., 1954 June p. 48; 1958 Aug. p. 39-41.
Billingslea, Ronald, 1971 Oct. p. 44.
Billingsley, Henry, 1956 Mar. p. 109.
Billington, Douglas S., 1956 Aug. p. 82; 1959 Sept. p. 81.
Bills, Arthur G., 1963 May p. 131.
Biloni, Heraldo, 1967 Sept. p. 90.
Binder, Alan B., 1975 Sept. p. 146; 1978 Mar. p. 76.
Binet, Alfred, 1956 Aug. p. 44.
Binford, Lewis E., 1978 Apr. p. 104.
Binford, Lewis R., 1969 Apr. p. 70.
Binford, Sally R., 1969 Apr. p. 70.
Binford, Thomas O., 1976 Feb. p. 86.
Bing, Richard J., 1957 Feb. p. 51.
Bingham Associates Fund, 1948 Oct. p. 7-12.
Bingham, E. C., 1959 Dec. p. 122, 129, 130.
Bingham Oceanographic Laboratory, 1954 Mar. p. 67.
Bingham, William II, 1948 Oct. p. 7-13.
Binks, W., 1955 Oct. p. 40.
Binns, Howard R., 1969 Jan. p. 89.
Bion, J., 1963 July p. 89.
Biospheres Inc., 1977 Nov. p. 59.
Biot, Jean B., 1951 Dec. p. 68; 1954 June p. 80; Nov. p. 36; 1960 July p. 119; 1963 Oct. p. 65.
Birbeck, M. S. C., 1960 Jan. p. 108; 1967 Nov. p. 68; 1968 May p. 113; 1969 Aug. p. 90.
Birch, Edward, 1969 Dec. p. 25.
Birch, Francis, 1950 Dec. p. 56; 1965 June p. 106, 108; 1973 Mar. p. 33; 1977 Aug. p. 66.
Birch, Herbert D., 1949 Aug. p. 38; 1963 Apr. p. 128.
Birch, Herbert G., 1970 Apr. p. 97; Aug. p. 102.
Birch, Robert L., 1973 Feb. p. 49.
Bird, F. T., 1956 Aug. p. 102.
Bird, H. R., 1952 Apr. p. 54.
Bird, John M., 1972 Mar. p. 30.
Bird, Junius B., 1954 Aug. p. 29; 1963 May p. 117; 1964 Jan. p. 56; 1967 Nov. p. 44.
Bird, Kenneth T., 1972 Sept. p. 143.
Bird, Walter N., 1956 June p. 132.
Birdsall, Dale, 1958 Feb. p. 29.
Birdsell, Joseph B., 1953 Aug. p. 76, 81.
Birge, R. T., 1955 Aug. p. 64; 1970 Oct. p. 69.
Biringuccio, Vannoccio, 1967 Sept. p. 70, 74; 1977 Nov. p. 141, 142.
Birk, Yehudith, 1964 May p. 62.
Birkeland, Olaf K., 1957 Apr. p. 138; 1964 Apr. p. 66; 1975 Sept. p. 161.
Birket-Smith, Kaj, 1960 Sept. p. 83.
Birket-Smith, S. J. R., 1978 Apr. p. 140.
Birkhoff, George D., 1949 Dec. p. 16; 1964 Sept. p. 51; 1974 Nov. p. 26; 1977 Oct. p. 112, 118.
Birks, L. S., 1960 Feb. p. 68.
Birks, R., 1961 Sept. p. 218.
Birktoft, Jens, 1974 July p. 82.
Birley, Eric, 1977 Feb. p. 39.
Birley, Robin, 1977 Feb. p. 39.
Birley, Roman, 1975 Jan. p. 52.
Birnbaum, Morris, 1965 Jan. p. 32.
Birnstiel, Max, 1968 Dec. p. 34; 1973 July p. 24, 25.
Bischof, Walter, 1971 Jan. p. 41.
Biscoe, Jonathan, 1951 June p. 46.
Bishop, G. R., 1963 Jan. p. 44.
Bishop, J. A., 1975 Jan. p. 90; Aug. p. 57.
Bishop, Norman I., 1969 Dec. p. 64.
Bishop, P. O., 1972 Aug. p. 86, 89, 90.
Bismarck, Otto E. L. von, 1970 Aug. p. 92.
Bisseru, B., 1966 Sept. p. 104.
Bissonette, T. H., 1955 Mar. p. 89.
Bisti, Sylvia, 1974 Nov. p. 111.
Bitter, B. A., 1960 Oct. p. 57.
Bitter, Francis, 1949 June p. 38; 1958 Feb. p. 33; 1960 Oct. p. 73; 1965 Apr. p. 72-74; 1967 Sept. p. 230; 1970 May p. 57; 1971 Jan. p. 55; Mar. p. 81; 1972 July p. 73.
Bitterman, M. E., 1967 June p. 116; 1968 June p. 64, 66, 67, 75; 1969 May p. 54.
Bittner, John J., 1949 May p. 28; 1960 Nov. p. 64; 1977 May p. 64.
Bituminous Coal Research, Inc., 1953 Nov. p. 71; 1955 July p. 67.
Biyvoet, J. M., 1968 July p. 64, 69.
Bizzi, Emilio, 1973 July p. 102.
Bjälfe, G., 1961 June p. 139.
Bjerknes, Jacob, 1955 Aug. p. 42; 1970 Sept. p. 63.
Bjerrum, Niels, 1953 Oct. p. 44; 1966 Dec. p. 123, 124; 1970 Nov. p. 112.
Bjoerling, Jussi, 1975 July p. 48.
Björk, Lars E., 1975 Mar. p. 17, 19.
Bjork, Robert L., 1960 Oct. p. 137; 1965 Oct. p. 26, 36.
Bjork, V. O., 1960 Feb. p. 81.
Bjorken, James D., 1975 Jan. p. 49; Oct. p. 47; 1976 Jan. p. 53, 54; July p. 60; 1977 May p. 56; Oct. p. 60.
Bjorkman, Olle, 1972 Feb. p. 42.
Bjorksten, Johan, 1963 Apr. p. 110.
Björnerstedt, Rolf, 1977 Nov. p. 70.
Blaauw, Adriaan, 1953 Mar. p. 36; 1978 Apr. p. 114.
Black, Abraham H., 1970 Jan. p. 36; 1977 June p. 89, 98.
Black, David C., 1974 May p. 112.
Black, Davidson, 1970 Jan. p. 77.
Black, Duncan, 1976 June p. 24-26.
Black, Graham, 1966 Mar. p. 108.
Black, Harold S., 1958 Sept. p. 125.
Black, Hugo L., 1951 July p. 30; 1967 Nov. p. 59; 1968 Jan. p. 116; 1969 Feb. p. 17.
Black, John H., 1974 May p. 114.
Black, Joseph, 1954 June p. 80; Sept. p. 60; 1958 Apr. p. 56; 1967 Sept. p. 181.
Black, Justice, 1972 Sept. p. 167.
Black, L. P., 1977 Mar. p. 98.
Black, Lindsay M., 1953 June p. 80.
Black Panthers, 1971 Dec. p. 13.
Black, Paul H., 1973 Jan. p. 31.
Black, Theodore, 1971 July p. 57.
Black, William, 1969 July p. 41.
Blacker, C. P., 1954 Jan. p. 72.
Blackett, P. M. S., 1948 Dec. p. 26; 1949 Jan. p. 28; Mar. p. 13, 14, 16-19; Apr. p. 24; Oct. p. 14; Nov. p. 40-43; 1950 June p. 23, 24; 1958 May p. 44; 1963 Apr. p. 95; Sept. p. 209; 1967 Feb. p. 49; Nov. p. 27; 1968 Apr. p. 57, 59; 1969 Nov. p. 104.
Blackler, Antonie W., 1968 Dec. p. 24.
Blackman, F. F., 1948 Aug. p. 28.
Blackman, Keith C., 1976 Jan. p. 74.
Blackmon, John A., 1978 Feb. p. 84.
Blacksby, Frank, 1972 Jan. p. 44.
Blackstad, Theodor W., 1977 June p. 89.
Blackwell, D. E., 1959 May p. 52; Oct. p. 67-69; 1960 July p. 54; 1965 May p. 36; 1973 Oct. p. 77.
Blackwell, David D., 1977 Aug. p. 66.
Blagonravov, Anatoli A., 1962 May p. 74; 1963 Jan. p. 60.
Blain, P., 1975 Apr. p. 123.
Blaine, James G., 1950 Nov. p. 11.
Blair, John E., 1959 Jan. p. 43, 44.
Blair, Paul V., 1963 June p. 77.
Blais, Normand C., 1964 July p. 101.
Blake, C. C. F., 1965 July p. 46; 1966 Nov. p. 84.
Blake, Judith, 1974 Sept. p. 32, 137, 141.
Blake, Randolph, 1977 Jan. p. 64.
Blake, Robert, 1961 Dec. p. 47.
Blake, William, 1958 Sept. p. 63, 64; 1964 Sept. p. 131; 1971 Sept. p. 51, 59.
Blakemore, Colin, 1968 Feb. p. 52; 1972 Aug. p. 93, 90; 1976 Dec. p. 45.
Blakemore, Richard P., 1978 Mar. p. 72, 74.
Blakers, Margaret, 1976 July p. 113.
Blakeslee, Albert F., 1951 Apr. p. 56; 1968 July p. 76.
Blakeslee, Alton L., 1953 Feb. p. 35.
Blakeslee, Howard W., 1952 Aug. p. 40.
Blalock, Alfred, 1950 Jan. p. 14, 15, 16, 17; Feb. p. 27; 1960 Feb. p. 79.
Blamont, Jacques, 1962 Mar. p. 74; 1971 Dec. p. 29; 1974 Feb. p. 55.
Blanc, William A., 1966 July p. 36.
Blanchard, Duncan C., 1972 Mar. p. 55; 1974 May p. 75.

Blanchard, Francois, 1951 Dec. p. 68.
Blanchard, Thomas, 1952 Sept. p. 107.
Blanchard, William G., 1957 Jan. p. 45; 1959 Mar. p. 62.
Blanchette, Joan, 1961 Sept. p. 58.
Bland, G. F., 1958 Dec. p. 50.
Blander, Milton, 1972 Dec. p. 69.
Blanford, George E., 1969 June p. 37.
Blank, David M., 1957 Sept. p. 106.
Blank, Harvey, 1949 Nov. p. 50.
Blank, Joel, 1971 Aug. p. 66.
Blanqui, Jérôme A., 1963 Sept. p. 56.
Blasie, J. Kent, 1974 Mar. p. 28, 29; 1976 May p. 38.
Blasing, T. J., 1972 May p. 97.
Blaskovic, Dionyz, 1977 Dec. p. 101.
Blass, Symcha, 1977 Nov. p. 62.
Blatt, John M., 1975 Dec. p. 65.
Blattner, Frederick R., 1977 May p. 55.
Blau, Marietta, 1956 May p. 46.
Blaurock, Allen E., 1976 June p. 41, 42; 1977 Aug. p. 94.
Blaustein, Mordecai, 1970 May p. 82.
Blaw-Knox Company, 1962 Dec. p. 41.
Blaxell, David, 1968 Oct. p. 52.
Blayney, Leonard, 1965 Nov. p. 31; 1971 Dec. p. 86.
Bleakney, Walker, 1949 Nov. p. 18; 1963 Feb. p. 109.
Bleany, B., 1948 Sept. p. 18.
Bledsoe, W. W., 1973 Nov. p. 78.
Bleek, Wilhelm H. I., 1977 Apr. p. 106.
Bleeker, Pieter, 1977 Mar. p. 107.
Bleekrode, R., 1966 Apr. p. 39.
Blegen, Carl W., 1954 May p. 70, 73, 74; 1955 July p. 43.
Bleil, Carl E., 1967 Sept. p. 80.
Blest, David, 1957 Oct. p. 52, 53, 54; 1965 Apr. p. 102.
Bleuler, Eugen, 1949 July p. 44; 1962 Aug. p. 65, 67.
Bleuler, Paul E., 1957 Aug. p. 103, 104.
Blewett, Douglas, 1974 Jan. p. 84.
Blewett, John P., 1952 July p. 35; 1953 May p. 43.
Bliesblituth, 1960 Nov. p. 166.
Bligh, Anthony, 1963 July p. 55, 57.
Bligh, William, 1953 Mar. p. 88-90, 92, 94; 1955 Nov. p. 36.
Blinder, Barton J., 1968 Aug. p. 93.
Blinks, L. R., 1948 Aug. p. 30.
Bliss, Aaron, 1974 Sept. p. 41.
Bliss, D. W., 1963 Mar. p. 130.
Bliss, James, 1974 Jan. p. 51.
Bliznova, Lena, 1965 Mar. p. 57.
Blizzard, Robert M., 1973 Sept. p. 42.
Bloch, B., 1961 July p. 99.
Bloch, Bernard, 1950 Jan. p. 48.
Bloch, Emanuel, 1951 May p. 34.
Bloch, Felix, 1948 Sept. p. 22, 23; 1952 Dec. p. 29, 44; 1954 Sept. p. 63, 74; 1955 May. p. 50; 1958 Aug. p. 58-60, 64, 66; 1963 July p. 114, 115; 1965 May p. 68; 1967 Sept. p. 183, 230; Nov. p. 28; 1969 Jan. p. 131; 1973 May p. 30.
Bloch, Hubert, 1949 Oct. p. 35, 37, 39; 1955 June p. 103.
Bloch, Konrad E., 1955 May. p. 54; 1964 Dec. p. 60; 1966 Nov. p. 65; 1967 Nov. p. 28.
Bloch, Marc, 1974 May p. 68; 1976 Oct. p. 120.
Bloch, Rudolph, 1956 July p. 104.
Block, Barry, 1961 Dec. p. 91.
Block, Felix, 1966 Nov. p. 64; 1975 May p. 42.
Block, Herbert L., 1950 Feb. p. 24.
Block, Matthew, 1972 Jan. p. 50.
Block, Myron, 1969 Nov. p. 112.
Block, Seymour S., 1956 May p. 62.
Blodgett, Katharine B., 1970 Mar. p. 108, 112; 1974 May p. 65.
Bloedel, Prentice, 1957 Nov. p. 112.
Bloembergen, Nicolaas, 1958 Dec. p. 46; 1961 June p. 55; 1963 June p. 99; 1964 Apr. p. 43, 45, 46; 1967 May p. 56.
Blokhintsev, Dmitri I., 1955 Oct. p. 33; 1956 Aug. p. 31; 1958 Feb. p. 41; 1960 Jan. p. 74; 1962 July p. 76.
Blombäck, Birger, 1962 Mar. p. 64.
Blondel, François, 1974 Oct. p. 85, 86, 90.
Blondin, G. A., 1970 Dec. p. 82.
Blood, Benjamin P., 1957 Jan. p. 80; 1960 Mar. p. 146.
Bloom, Arnold L., 1960 Oct. p. 72; 1962 Mar. p. 129; 1966 July p. 75; 1973 Feb. p. 89.
Bloom, Arthur D., 1973 June p. 87.
Bloom, Bernard S., 1977 Jan. p. 43.
Bloom, Floyd E., 1975 Jan. p. 58; 1977 Aug. p. 115.
Bloom, Gunnar, 1966 Feb. p. 88.
Bloom, Justin L., 1969 Apr. p. 57; June p. 37, 56; 1970 Nov. p. 13; 1971 Feb. p. 52.
Bloom, William, 1970 Feb. p. 102; 1971 Oct. p. 15.
Bloomer, Amelia J., 1973 Mar. p. 85.
Bloomfield, Leonard, 1972 Sept. p. 78.
Bloomgarden, David, 1975 Apr. p. 56.
Blough, Donald S., 1961 July p. 113; Nov. p. 93, 95.
Blount, Luther, 1970 Dec. p. 16, 17.
Blout, Elkan R., 1957 Sept. p. 174; 1964 Nov. p. 73.
Blow, David, 1974 July p. 77, 79, 80, 82.
Blue Cross and Blue Shield, *see:* American Blue Cross and Blue Shield.
Blum, Murray S., 1972 Apr. p. 95; Nov. p. 73.
Blum, Norman, 1965 Apr. p. 78.
Blum, Theodor, 1955 Aug. p. 35.
Blumberg, Baruch S., 1970 Aug. p. 48; 1976 Dec. p. 50; 1977 July p. 44.
Blumberg, Eugene M., 1952 June p. 34.
Blumenbach, Johann F., 1955 Oct. p. 110.
Blumenfeld, Hans, 1954 Apr. p. 61; 1965 Sept. p. 91, 108, 151.
Blumenfeld, Olga O., 1963 Apr. p. 107.
Blumer, Max, 1967 Jan. p. 37; 1975 June p. 93, 94, 96.
Blumlein, Alan D., 1961 Aug. p. 82, 83; 1967 Oct. p. 45.
Blumstein, Alfred, 1964 Mar. p. 28.
Blyth, Colin R., 1977 May p. 122.
Blyth, Edward, 1959 Feb. p. 79; May p. 63; Aug. p. 104-106.
Boadicea, Queen, 1977 Feb. p. 39.
Boag, Jack W., 1963 Apr. p. 82; 1967 Feb. p. 80.
Boardman, E. M., 1956 Jan. p. 35.
Boardman, Margaret, 1975 Jan. p. 97.
Boas, Franz, 1950 Sept. p. 92; 1956 May p. 70; 1972 Nov. p. 88.
Boas, Margaret A., 1961 June p. 139.
Boas, Ralph P., 1957 May p. 99.
Boato, G., 1974 May p. 112.
Bobeck, Andrew H., 1969 Oct. p. 47; 1971 June p. 78.
Bobrezov, L., 1965 May p. 66.
Bobrovnikoff, N. T., 1975 Jan. p. 26.
Bobrow, Daniel, 1966 Sept. p. 252, 257, 258.
Boccaccio, Giovanni, 1964 Feb. p. 119, 121.
Bock, Robert M., 1964 Jan. p. 68, 73.
Bodansky, Oscar, 1961 Aug. p. 99; 1964 Dec. p. 75.
Boddaert, Peter, 1977 Mar. p. 106.
Bode, Charles W., 1972 Jan. p. 50.
Bode, German H., 1949 Mar. p. 50.
Bode, Hendrik, 1970 Feb. p. 13.
Bode, Johann, 1965 Apr. p. 110; 1977 July p. 128.
Bödecker, C., 1948 Sept. p. 34; Oct. p. 21.
Bodemer, C. W., 1958 Oct. p. 84.
Boden, Brian, 1951 Aug. p. 27.
Bodenstein, Dietrich, 1978 June p. 108.
Bodenstein, Max, 1968 Sept. p. 161.
Bodet, Jaime T., 1949 Jan. p. 29; 1953 Jan. p. 30; Sept. p. 73.
Bodewig, E., 1951 May p. 32.
Bodian, David, 1952 June p. 32; 1953 July p. 27; 1965 Oct. p. 86.
Bodmer, Walter F., 1969 Aug. p. 32, 37; 1970 Oct. p. 19; 1977 Oct. p. 104.
Bodo, G., 1961 Dec. p. 109; 1964 Nov. p. 70.
Bodoni, Giambattista, 1969 May p. 62.
Boedtker, Helga, 1957 Sept. p. 180; 1961 May p. 125.
Boehm, Felix H., 1965 Feb. p. 51.
Boehm, Ludwig, 1959 Nov. p. 108, 110, 114.
Boeing Aerospace Company, 1953 Nov. p. 68; 1963 Nov. p. 53; 1964 June p. 33-35; 1965 Aug. p. 27; 1966 Sept. p. 184, 188; Oct. p. 43; 1968 May p. 59; 1973 Aug. p. 13; 1977 Feb. p. 25.
Boer, K. de, 1961 Aug. p. 83.
Boerhaave, Hermann, 1954 Sept. p. 60; 1965 June p. 112; 1967 Feb. p. 95.
Boerma, Addeke H., 1969 Dec. p. 50; 1970 Aug. p. 54; 1971 Aug. p. 35; Oct. p. 41.
Boersch, H., 1951 July. p. 57.
Boeseken, Jacob, 1970 Jan. p. 58.
Boesen, George F., 1964 June p. 71, 79.
Boet, Richard H., 1961 Sept. p. 84.
Boethius, Anicius M. S., 1967 Dec. p. 95.
Boettiger, David E., 1972 Jan. p. 28, 30.
Boettiger, Edward G., 1965 June p. 77.
Bogard, Ben M., 1969 Feb. p. 21.
Bogart, Leo, 1968 Jan. p. 46.
Bogen, Joseph E., 1964 Jan. p. 46; 1967 Aug. p. 24, 28.
Boggess, Albert III, 1959 Feb. p. 66.
Boggild, J. K., 1959 Sept. p. 75.
Bogolyubov, Nikolai N., 1956 Aug. p. 29, 33; 1958 Dec. p. 53; 1960 Jan. p. 94; 1975 Dec. p. 65.
Bogoroch, Rita, 1965 June p. 37, 43.
Bogue, Donald J., 1957 Oct. p. 38; 1965 Sept. p. 72.
Bogue, R. H., 1964 Apr. p. 82.
Bohart, George E., 1963 Apr. p. 150.
Bohen, Ira S., 1963 Apr. p. 60.
Bohlin, J. David, 1973 Oct. p. 78.
Bohlool, Benjamin B., 1977 Mar. p. 70.
Bohm, David, 1954 July p. 42; 1963 July p. 114; 1967 July p. 78, 79, 81, 87, 88.
Böhm, Josef, 1963 Mar. p. 134, 137.
Bohn, Horst, 1977 July p. 69, 71.
Bohnhoff, Marjorie, 1949 Aug. p. 33.
Bohr, Aage, 1955 Nov. p. 51; 1959 Jan. p. 82; 1964 Mar. p. 86; 1975 Dec. p. 48.
Bohr, Christian, 1963 Nov. p. 113; Dec. p. 92; 1965 May p. 90; 1973 Oct. p. 56.
Bohr, Niels, 1948 Aug. p. 29; Sept. p. 21; 1949 Mar. p. 53, 55; May p. 16; Dec. p. 42; 1950 Sept. p. 22, 30; 1951 Mar. p. 23; 1952 Feb. p. 34; Mar. p. 49, 51-53; 1953 Sept. p. 54, 56, 57; 1955 June p. 31, 32; Oct. p. 30, 33; Nov. p. 51; 1956 Mar. p. 93; Oct. p. 93, 95, 96, 98, 100; Nov. p. 96, 100, 102, 104; 1957 May p. 62; 1958 Sept. p. 51, 56, 57, 60, 77, 79, 80, 82, 102, 109; 1959 Jan. p. 75, 78-80, 82; Feb. p. 37; July p. 74, 84; Sept. p. 77, 79; 1961 Mar. p. 102; 1962 Jan. p. 50; 1963 May p. 46, 48, 50; 1964 Mar. p. 86; Sept. p. 130; 1965 May p. 60, 61, 64, 68, 90; July p. 71; Aug. p. 49, 51; 1967 May p. 129; Nov. p. 26, 92; 1968 Jan. p. 73, 81; Sept. p. 63; 1969 Apr. p. 63; Dec. p.

48; 1970 May p. 121; Oct. p. 67; 1972 Oct. p. 100, 108; Nov. p. 102, 104; 1973 Nov. p. 39; 1974 Oct. p. 25; 1977 Dec. p. 82.
Bohun, Bela, 1971 Jan. p. 31.
Boismont, Brierre de, 1977 Oct. p. 132.
Boissonnas, Roger, 1961 July p. 102; 1962 Aug. p. 114; 1963 July p. 52.
Boivin, André, 1953 Feb. p. 49; 1961 Sept. p. 74; 1964 Mar. p. 36, 40.
Bok, Bart J., 1948 May p. 38; 1949 Aug. p. 51; 1950 Feb. p. 35; 1952 July p. 46, 47; Aug. p. 36; Oct. p. 55; 1953 Apr. p. 44; 1955 Mar. p. 38; 1956 Jan. p. 48; Feb. p. 39; 1957 Jan. p. 64; 1971 Feb. p. 30; Dec. p. 20, 25; 1977 June p. 66, 67, 69, 70.
Bok, Dean, 1970 Oct. p. 84, 86.
Bok, Derek C., 1976 May p. 50; 1978 June p. 83.
Bok, Priscilla F., 1964 Jan. p. 40.
Boksenberg, A., 1978 Apr. p. 80.
Bol, Kees, 1955 Aug. p. 65, 66.
Bold, Harold C., 1953 Oct. p. 35.
Boldt, Elihu, 1966 Oct. p. 44.
Bolef, Dan I., 1973 June p. 39.
Bolin, Bert, 1963 June p. 57; 1970 Sept. p. 125, 175; 1971 Jan. p. 38, 41; 1978 Jan. p. 36.
Bolin, Sture, 1974 Dec. p. 123.
Bolitho, Douglas, 1956 Sept. p. 120.
Boll, Franz, 1950 Aug. p. 37; 1967 June p. 72.
Bolle, A., 1964 Mar. p. 54.
Bollée, Amédée Sr., 1972 May p. 102, 108, 109, 110.
Bollée, Léon, 1972 May p. 109.
Boller and Chivens Inc., 1957 Dec. p. 41, 43.
Bollingen Foundation, 1956 July p. 40; 1961 June p. 124; 1964 Apr. p. 94.
Bollmeier, E. Wayne, 1959 July p. 71.
Bollum, Frederick J., 1962 Dec. p. 137, 138.
Bologna, J. M., 1978 June p. 91.
Bolster, Calvin M., 1949 Feb. p. 11.
Bolt, Beranek and Newman, Inc., 1966 Sept. p. 129, 208; Dec. p. 70; 1970 June p. 70.
Bolt, Bruce A., 1965 Nov. p. 37.
Bolt, Richard H., 1969 Dec. p. 54.
Boltax, Sandra, 1971 Mar. p. 36.
Bolton, E. K., 1953 Aug. p. 41.
Bolton, Ellis T., 1964 May p. 56; 1969 Oct. p. 28; 1970 Apr. p. 25, 31.
Bolton, John G., 1949 Sept. p. 38, 41; 1953 Jan. p. 18, 20; 1955 Mar. p. 42; 1957 July p. 51; 1962 Mar. p. 42; 1964 Nov. p. 60; 1965 June p. 47; July p. 29; 1966 June p. 30; 1968 Nov. p. 56; 1970 Dec. p. 28; 1975 Aug. p. 26.
Boltwood, Bertram, 1957 Apr. p. 81; 1958 Feb. p. 76.
Boltzmann, Ludwig, 1949 July p. 11, 12; Oct. p. 13; 1952 Apr. p. 84; 1953 Sept. p. 52; 1954 Sept. p. 61; 1955 June p. 63, 64; 1956 Feb. p. 80; 1958 Mar. p. 96; Sept. p. 74; 1959 Oct. p. 114; 1960 Oct. p. 165; 1964 Sept. p. 95; 1965 May p. 58; 1966 Dec. p. 120, 121; 1967 Jan. p. 101; Sept. p. 181; Nov. p. 106; 1975 Dec. p. 60; 1976 June p. 32, 33 35.
Bolyai, Farkas, 1977 July p. 130.
Bolyai, János, 1952 Nov. p. 79; 1956 Mar. p. 106; Sept. p. 136, 137; 1967 Dec. p. 115, 116; 1969 Nov. p. 87-89; 1976 Aug. p. 98; 1977 July p. 123, 130.
Bolzano, Bernhard, 1954 Apr. p. 87.
Bombard, Alain, 1956 Jan. p. 72, 76, 98, 104.
Bömmel, Hans E., 1963 June p. 64; 1972 Oct. p. 51.
Bonaparte, Napoléon, 1949 Jan. p. 45; June p. 51; Dec. p. 34; 1950 Feb. p. 41; 1952 July p. 17; 1954 June p. 78, 80; Sept. p. 65; 1955 Jan. p. 34, 83; 1956 June p. 114; 1960 Apr. p. 158; June p. 106, 113; Oct. p. 158, 163; 1962 Aug. p. 56; 1963 Aug. p. 66; 1964 Jan. p. 79; Sept. p. 65; 1965 Jan. p. 86, 89, 91; 1967 Apr. p. 79; Aug. p. 55; 1968 Dec. p. 105, 109; 1970 July p. 17, 18; 1971 May p. 15; June p. 94; 1972 Feb. p. 97, 98; Aug. p. 79; 1976 Mar. p. 35, 40.
Bonar, Robert A., 1964 June p. 48.
Bonatti, Enrico, 1970 Feb. p. 35; 1978 Feb. p. 54.
Bond, George F., 1966 Mar. p. 22, 27, 28.
Bond, George P., 1950 Sept. p. 24.
Bond, Victor P., 1963 Aug. p. 106.
Bond, Walter L., 1963 July p. 34.
Bondi, Hermann, 1953 Mar. p. 34; 1954 Mar. p. 58; 1956 Aug. p. 114; Sept. p. 157; 1959 Oct. p. 84; 1960 July p. 62; 1961 Feb. p. 51; 1974 May p. 108.
Bondurant, Stuart, 1959 Mar. p. 62.
Bonès, Ruth M., 1969 Aug. p. 91.
Bonet, Theophile, 1950 June p. 44.
Bonfils, Serge, 1972 June p. 105.
Bonhoeffer, K. F., 1951 Nov. p. 71.
Bonhomme, M., 1968 Apr. p. 59.
Boniface IV, 1951 Oct. p. 65.
Bonnar, John J., 1963 Aug. p. 84.
Bonné, Batsheva, 1977 Jan. p. 107, 108.
Bonner, David M., 1951 Oct. p. 23, 24, 33.
Bonner, James, 1952 May p. 52, 55; 1957 Apr. p. 129; 1958 Apr. p. 109; Oct. p. 42; 1962 Sept. p. 106; 1975 Feb. p. 48, 49, 52.
Bonner, John T., 1956 May p. 62; 1961 Sept. p. 144; 1962 Feb. p. 112; 1968 Oct. p. 60; 1972 Aug. p. 104.
Bonner, William A., 1976 Mar. p. 111.
Bonnet, Guy, 1970 Feb. p. 35.
Bonnett, Robert, 1955 Sept. p. 76.
Bonnevier, B., 1967 Apr. p. 114.
Bonneville Power Administration, 1949 Mar. p. 26.
Bonney, T. G., 1959 Aug. p. 99.
Bonney, Walter T., 1953 Dec. p. 80.
Bonnichsen, Roger K., 1959 Aug. p. 122.
Bonnier, M. Gaston, 1956 Oct. p. 81; 1959 Oct. p. 152.
Bonpland, Aimé, 1954 Mar. p. 79.
Bonsack, W. K., 1967 Aug. p. 35.
Bonsall, R. W., 1971 Sept. p. 76.
Booker, Henry G., 1952 June p. 36; 1957 Jan. p. 48, 49.
Booker, John F., 1975 July p. 60.
Booker, Michael, 1977 Aug. p. 97.
Boole, George, 1950 Dec. p. 22; 1952 Mar. p. 68, 69; 1953 Nov. p. 93; 1956 June p. 74, 76; 1964 Sept. p. 78; 1966 Sept. p. 75; 1968 May p. 95; 1970 Feb. p. 25; 1972 July p. 42; Aug. p. 76, 80, 83; 1977 Sept. p. 84.
Boon, J. D., 1961 Aug. p. 54.
Boone, Charlotte, 1974 July p. 40.
Boonstra, Lieuwe, 1975 Apr. p. 69.
Booras, Peter J., 1966 Aug. p. 44.
Bo'orchu, 1963 Aug. p. 59.
Boore, David M., 1977 Dec. p. 69.
Boorstin, Daniel J., 1973 Sept. p. 139.
Boos, Winifred, 1976 Apr. p. 44.
Booser, E. R., 1975 July p. 59.
Boot, L. M., 1963 May p. 101.
Booth, A. D., 1949 Dec. p. 30; 1956 Jan. p. 29, 30, 32.
Booth, Eugene T. Jr., 1958 Dec. p. 54.
Booth, K., 1973 Oct. p. 29.
Booth, N. H., 1966 June p. 100.
Booth, Puggy, 1969 Sept. p. 55.
Booth, W. E., 1966 June p. 79.
Boots Pure Drug Company, 1963 Nov. p. 102.
Bootsma, Dirk, 1974 July p. 40.
Bopp, Franz, 1958 Oct. p. 66, 67.
Borchgrevink, Carsten E., 1962 Sept. p. 64, 178.
Borda, Jean C. de, 1971 Oct. p. 99.
Bordaz, Jacques, 1968 Nov. p. 97-99; 1969 Apr. p. 51; 1970 Mar. p. 52.
Borden, William L., 1975 Oct. p. 107.
Bordes, François, 1964 Aug. p. 86; 1969 Apr. p. 72, 77, 78, 81, 84; May p. 49.
Bordet, Jules, 1967 Nov. p. 26.
Borek, Carmia, 1970 May p. 86.
Borek, Ernest, 1959 Aug. p. 125.
Borel, Émile, 1955 Feb. p. 78; 1964 Sept. p. 96, 104.
Borel, Emile, 1975 Dec. p. 65, 66.
Borelius, Gudmund, 1968 July p. 66.
Borelli, Giovanni A., 1950 Feb. p. 41; 1955 Mar. p. 89; 1960 Oct. p. 117.
Borelli, Peter, 1956 Sept. p. 232.
Boret, Lyle B., 1952 Mar. p. 40.
Borg, Alan, 1972 Nov. p. 95.
Borg, Donald C., 1970 Aug. p. 83.
Borghini, M., 1966 July p. 74.
Borg-Warner Corporation, 1964 June p. 71, 79.
Boring, Edwin G., 1954 Jan. p. 74; 1962 July p. 120, 122, 123; 1963 Apr. p. 121; 1969 Jan. p. 73.
Borisov, N., 1969 Dec. p. 28.
Borken, J., 1975 Dec. p. 39, 40.
Borlase, Bingham, 1960 June p. 106.
Borlaug, Norman E., 1953 July p. 59; 1970 Dec. p. 38; 1974 Aug. p. 75; 1975 June p. 15, 19; 1976 Sept. p. 36.
Borle, Andre B., 1970 Oct. p. 49.
Bormann, F. Herbert, 1970 Sept. p. 158; Oct. p. 92; 1978 Mar. p. 93.
Born, G. H., 1977 Feb. p. 30.
Born, Gustav, 1958 Apr. p. 40, 41; 1961 Feb. p. 63.
Born, Max, 1949 Oct. p. 13; Nov. p. 43; 1950 July p. 49; Sept. p. 21, 22, 42; 1952 Dec. p. 42; 1954 May p. 86; Dec. p. 52; 1957 June p. 72; 1958 Dec. p. 53; 1964 Aug. p. 77; 1967 June p. 66; Sept. p. 83, 114, 183, 184; Nov. p. 28; 1968 May p 18; 1970 Apr. p. 57; 1972 Dec. p. 16.
Bornemissza, G. F., 1974 Apr. p. 101.
Bornstein, Murray B., 1970 July p. 46.
Bornstein, Paul, 1971 June p. 44.
Borough, Howard C., 1965 Aug. p. 27.
Borowsky, Stephen A., 1976 Mar. p. 30, 33.
Borroff, Marie, 1972 Sept. p. 37.
Borror, Donald J., 1959 Nov. p. 128.
Borsi, Sergio, 1970 Feb. p. 35.
Borsook, Henry, 1958 Mar. p. 118; 1961 Sept. p. 79.
Borsos, Tibor, 1973 Nov. p. 57.
Borst, H. L., 1953 Aug. p. 38.
Borst, Lyle B., 1950 Oct. p. 25.
Borstel, R. C. von, 1959 Sept. p. 96.
Borsuk, Karol, 1950 Jan. p. 24.
Börte, 1963 Aug. p. 57, 61, 68.
Bortfeld, David P., 1964 Apr. p. 49; 1969 Feb. p. 33.
Borthwick, H. A., 1952 May p. 53; 1959 Nov. p. 91; 1960 Dec. p. 56, 59.
Bortoff, Alexander, 1973 Jan. p. 72.
Borun, Thaddeus, 1975 Feb. p. 49.
Bosanquet, Frances D., 1956 Dec. p. 62.
Bosch, Carl, 1949 Dec. p. 15; 1967 Nov. p. 27.
Bosch, Hieronymus, 1974 Sept. p. 81.
Bosch, Karl, 1965 June p. 65; 1970 Sept. p. 141, 143; 1974 Oct. p. 67; 1977 Mar. p. 68.
Boscovich, Roger J., 1970 May p. 120-122; 1976 Nov. p. 70.
Boscovich, Ruggiero, 1960 June p. 116.
Bose, John H., 1957 Oct. p. 57.
Bose, Raj C., 1962 Feb. p. 102, 104, 106.
Bose, S. N., 1948 June p. 38; Aug. p. 41; 1949 June p. 36, 37; 1959 July p. 86; 1968 Sept. p. 57.

Bosio, C., 1973 Nov. p. 41.
Bosma, James F., 1974 Mar. p. 87.
Bossert, H. T., 1949 Aug. p. 22, 23.
Bossert, William H., 1963 May p. 102.
Bossom, Joseph, 1964 Jan. p. 49.
Bostick, Winston H., 1957 Oct. p. 87.
Boston Legal Assistance Project, 1970 Nov. p. 44.
Boston Metropolitan District Commission, 1975 Nov. p. 53.
Boston Museum of Science, 1949 Jan. p. 48; 1970 June p. 108.
Boston Psychopathic Hospital, 1957 Feb. p. 90; Dec. p. 55; 1962 Aug. p. 69; 1964 Apr. p. 29.
Boston University, 1963 Jan. p. 119; 1965 Apr. p. 76; June p. 113; Sept. p. 218; 1966 Aug. p. 86.
Bostrom, C., 1972 Feb. p. 41.
Boström, Kurt G. V., 1978 Feb. p. 56.
Bostrom, R. C., 1969 Dec. p. 89, 90.
Botanical Society of America, 1948 May p. 33.
Bothe, Walther, 1949 Mar. p. 30; 1951 Oct. p. 46; 1954 Dec. p. 52; 1967 Nov. p. 28.
Botkin, Benjamin A., 1967 Apr. p. 23.
Botkin, Daniel B., 1978 Jan. p. 40.
Bottema, Murk, 1965 Jan. p. 31.
Botvinnik, Mikhail, 1973 June p. 92, 93.
Bouasse, Henri, 1973 July p. 30.
Bouchardat, G., 1956 Nov. p. 75.
Bouchon, Basile, 1972 Aug. p. 79.
Bouck, G. Benjamin, 1977 Dec. p. 145.
Bougainville, Louis, 1956 Aug. p. 59.
Bouguer, Pierre, 1950 May p. 35; 1967 Oct. p. 70; 1974 July p. 60.
Bouie, André, 1966 July p. 36.
Bouie, Joelle G., 1966 July p. 36.
Bouin, Paul, 1958 Apr. p. 41.
Bouisson, M., 1962 July p. 39.
Boulder High Altitude Observatory, 1964 Apr. p. 68, 69.
Boulez, Pierre, 1967 Dec. p. 103.
Bouligand, Yves, 1977 Dec. p. 140.
Boulton, Matthew, 1952 Sept. p. 50, 102; 1964 Jan. p. 106, 107; 1965 June p. 115; 1967 Mar. p. 108; 1970 Oct. p. 117, 118.
Boulton, Rudyerd, 1949 Dec. p. 54.
Bouman, Maarten A., 1968 Sept. p. 111.
Bounhiol, Jean, 1958 Feb. p. 68.
Bouquer, Pierre, 1968 Sept. p. 72.
Bourassa, C. M., 1972 May p. 36.
Bourbaki, Charles D. S., 1957 May p. 89.
Bourcart, Jacques, 1972 Dec. p. 36.
Bourdeau, R. E., 1963 May p. 94.
Bourgeois, Suzanne, 1970 June p. 43.
Bourguelot, E., 1968 May p. 112.
Bousfield, W. A., 1967 Oct. p. 120.
Bouziques, H., 1976 July p. 36.
Bovarnick, Marianna R., 1955 Feb. p. 53.
Bové, Colette, 1960 Nov. p. 105.
Bové, Joseph, 1960 Nov. p. 105.
Bovenkerk, H. P., 1955 Nov. p. 42; 1960 Jan. p. 74.
Boveri, Theodore, 1950 Sept. p. 56; 1978 Feb. p. 117, 118.
Bovet, Daniel, 1957 Dec. p. 60; 1963 Nov. p. 106; 1967 Nov. p. 28.
Bowden, F. P., 1951 Feb. p. 56, 58; 1956 Jan. p. 52; May p. 110; 1968 June p. 94, 95.
Bowden, Frank, 1973 Mar. p. 90.
Bowditch, Nathaniel, 1954 June p. 79.
Bowe, J. C., 1966 Sept. p. 104.
Bowen, C. C., 1977 Aug. p. 90.
Bowen, Edward G., 1950 Apr. p. 51; 1955 June p. 50; 1961 Jan. p. 122, 127.
Bowen, Harold G., 1949 Feb. p. 13, 15.
Bowen, Howard, 1966 Mar. p. 55.
Bowen, Ira S., 1948 Aug. p. 16; 1949 Mar. p. 30; 1952 Feb. p. 43, 45, 48; 1953 June p. 56.
Bowen, Murray, 1962 Aug. p. 71.
Bowen, N. L., 1952 Oct. p. 57; 1955 Apr. p. 79.
Bowen, Richard L. B. Jr., 1969 Dec. p. 39.
Bowen, W. J., 1949 June p. 24.
Bowen, William G., 1978 June p. 83.
Bower, T. G. R., 1966 Dec. p. 80; 1967 May p. 97; 1971 Oct. p. 30, 31; 1976 Nov. p. 38, 45.
Bowers, Henry R., 1962 Sept. p. 65.
Bowers, Raymond, 1965 Apr. p. 78; 1966 Aug. p. 22; 1970 Jan. p. 13; 1972 Feb. p. 13.
Bowers, W. S., 1967 July p. 16, 17.
Bowie, William, 1956 Dec. p. 85, 86; 1962 May p. 117.
Bowin, Carl O., 1975 Nov. p. 97.
Bowlby, John, 1972 July p. 82.
Bowles Engineering Corporation, 1964 Dec. p. 80.
Bowles, Kenneth, 1955 Sept. p. 144.
Bowles, R. E., 1964 Dec. p. 81.
Bowles, Robert, 1950 Nov. p. 11.
Bowlton, W., 1975 Nov. p. 104.
Bowman, James D., 1978 June p. 71.
Bowman, K. H., 1969 Dec. p. 24, 25.
Bowman, William, 1953 Jan. p. 41.
Bown, Ralph, 1951 Aug. p. 15, 16; 1958 Sept. p. 117.
Bownds, Deric, 1967 June p. 72.
Bowron, Fletcher, 1950 June p. 12.
Bowyer, D. G., 1973 Nov. p. 64.
Bowyer, Stuart, 1963 Dec. p. 68; 1964 June p. 37; Sept. p. 86.
Box, Harold C., 1970 Aug. p. 76.
Boxton-Beel, Inc., 1970 Mar. p. 41.
Boy Scouts of America, 1952 Jan. p. 36.
Boyce, Peter A., 1964 Feb. p. 67.
Boyce, Richard P., 1967 Feb. p. 39.
Boyce Thompson Institute for Plant Research, 1953 June p. 79.
Boycott, Brian B., 1978 Feb. p. 97, 102.
Boyd, Alan S., 1968 Oct. p. 88.
Boyd, Edith, 1953 Oct. p. 69, 70.
Boyd, F. R., 1964 Apr. p. 114.
Boyd, Franci R., 1978 Apr. p. 127, 128.
Boyd, G. E., 1950 Apr. p. 43.
Boyd, Gary D., 1964 Apr. p. 43.
Boyd, George A., 1949 Feb. p. 33.
Boyd, M. F., 1974 Sept. p. 83.
Boyd, William C., 1952 Feb. p. 52; 1954 Oct. p. 81; 1957 Mar. p. 123; 1977 June p. 108, 111.
Boyden, Alan A., 1960 Mar. p. 140.
Boyden, Edward A., 1973 Apr. p. 80.
Boyd-Orr, Lord, 1958 Dec. p. 53.
Boyer, C., 1975 Sept. p. 72, 73.
Boyer, Herbert W., 1974 Aug. p. 90; 1975 July p. 25, 28, 29, 31; 1977 Jan. p. 47; May p. 55.
Boyer, Marion W., 1950 Dec. p. 26; 1953 Nov. p. 50.
Boyer, Paul D., 1978 Mar. p. 113, 122.
Boyer, R. Q., 1954 Feb. p. 79.
Boyer, S. H. III, 1971 Apr. p. 106.
Boyko, Elizabeth, 1967 Mar. p. 90.
Boyko, Hugo, 1976 Aug. p. 44D.
Boylan, David, 1971 May p. 108.
Boylan, George S. Jr., 1973 Aug. p. 17.
Boyle, Edwin, 1952 July p. 42.
Boyle, J. C., 1967 June p. 26.
Boyle, Robert, 1948 May p. 47, 48; 1949 Aug. p. 20, 46; 1950 May p. 20, 21; 1952 June p. 57, 59; Oct. p. 76; 1953 Jan. p. 56; Aug. p. 65; Nov. p. 66; 1954 Sept. p. 60; Dec. p. 94, 98; 1956 June p. 105; 1960 July p. 66; Oct. p. 164; 1962 Dec. p. 81, 82, 86; 1963 Sept. p. 55; 1965 May p. 58; 1967 Aug p. 97-102; 1968 Jan. p. 115; May p. 97; 1970 Oct. p. 114; 1973 Apr. p. 44; 1975 Nov. p. 102; 1976 May p. 98.
Boyle, Willard S., 1961 June p. 59; 1963 July p. 37; 1972 June p. 52; 1977 Aug. p. 40.
Boylston, Zabdiel, 1976 Jan. p. 114-117.
Boys, C. V., 1949 Dec. p. 52; 1962 May p. 105; 1976 Mar. p. 111.
Boyse, Edward A., 1974 Nov. p. 63; 1976 May p. 34, 37; 1977 May p. 68, 72; Oct. p. 97.
Bozorth, Richard M., 1957 Jan. p. 62; 1960 June p. 95.
Brabant, J., 1956 June p. 41.
Braccini, P. L., 1973 Nov. p. 42.
Brace, William F., 1975 May p. 16.
Bracewell, Ronald N., 1962 Nov. p. 72; 1970 June p. 33; 1977 Dec. p. 86.
Brachet, Jean, 1953 Feb. p. 54; 1958 Mar. p. 120; 1960 Jan. p. 128; 1961 Apr. p. 125; Sept. p. 78, 144; 1963 May p. 70.
Bracht, Jean, 1966 Nov. p. 118.
Braconnot, Henri, 1950 June p. 34.
Bradaschia, C., 1973 Nov. p. 42.
Bradbury, Norris E., 1949 Mar. p. 24; 1950 Sept. p. 44; 1975 Oct. p. 106.
Braddick, H. J. J., 1949 Mar. p. 36.
Brade, Volker, 1973 Nov. p. 60.
Bradess, Victoria A., 1951 Aug. p. 30.
Bradfield, J. R. G., 1961 Sept. p. 190.
Bradford, William, 1969 May p. 63.
Bradley, Albert J., 1968 July p. 66.
Bradley, Charles, 1970 Apr. p. 94.
Bradley, D. J., 1969 Feb. p. 35; 1973 June p. 60.
Bradley, James, 1955 Aug. p. 62; 1964 Mar. p. 100-108; 1975 Mar. p. 68.
Bradley, Omar, 1950 June p. 11; 1975 Oct. p. 108.
Bradley, S. Gaylen, 1966 June p. 98.
Bradley, W. H., 1967 Jan. p. 38.
Bradley, W. J., 1973 Aug. p. 87.
Bradshaw, J. W. S., 1977 Dec. p. 153.
Bradstreet, Edda D., 1963 Dec. p. 96.
Bradt, Hale V., 1969 July p. 52.
Bradt, Helmut L., 1949 Mar. p. 34; 1950 Mar. p. 26.
Brady, J. H. R., 1968 Sept. p. 193.
Brady, Joseph V., 1956 Oct. p. 116; 1972 June p. 108.
Brady, Mathew, 1954 July p. 73; 1959 Nov. p. 101.
Brady, Nyle C., 1975 June p. 15, 19.
Braes, Luc, 1975 Mar. p. 28.
Bragg, Lawrence, Sir, 1949 Dec. p. 15, 52; 1951 July p. 57; 1952 Dec. p. 41; 1954 July p. 51; 1955 July p. 81; 1960 Aug. p. 125; 1964 Nov. p. 66, 68, 70; 1966 Nov. p. 78, 83, 85; 1967 Sept. p. 75, 80, 87; Nov. p. 26; 1969 Nov. p. 105; 1974 July p. 77; 1976 Apr. p. 96.
Bragg, William H., Sir, 1949 Dec. p. 15; 1952 Dec. p. 41; 1954 July p. 51; 1959 Sept. p. 76, 77; 1960 Aug. p. 125; 1963 June p. 60; 1964 Aug. p. 77; 1966 Nov. p. 78, 84; 1967 Sept. p. 80; Nov. p. 26; 1968 Mar. p. 91; July p. 61, 62, 69; 1976 Apr. p. 96; Oct. p. 51.
Braginsky, Vladimir, 1974 Nov. p. 28; 1977 Jan. p. 39.
Braham, Roscoe R. Jr., 1953 July p. 38.
Brahe, Tycho, 1948 May p. 21; 1949 Apr. p. 47; Oct. p. 44; Dec. p. 19; 1952 Oct. p. 53; 1953 Jan. p. 20; 1956 Sept. p. 79, 212, 228, 230; 1961 Feb. p. 118-128; Aug. p. 56; 1962 Aug. p. 98; 1964 Sept. p. 43, 132; 1966 Oct. p. 95; 1969 Feb. p. 56; 1971 July p. 74, 80; 1972 Mar. p. 93-96, 99-103, 106; 1973 Dec. p. 87, 90, 96-101; 1975 Sept. p. 23; 1976 June p. 100, 105; Dec. p. 101; 1977 June p. 121, 122.
Brahet, Jean, 1953 Sept. p. 109, 114.
Brahms, Johannes, 1959 Dec. p. 111; 1974 Nov. p. 79.
Braid, James, 1957 Apr. p. 54.

Braidwood, Robert J., 1952 Nov. p. 49; 1953 July p. 50; 1955 Mar. p. 57; 1957 Sept. p. 116; Nov. p. 59; 1960 Sept. p. 136, 154, 197; 1964 Dec. p. 62; 1968 Mar. p. 38; 1970 Mar. p. 51; 1975 Dec. p. 54.
Braille, Louis, 1951 Sept. p. 46; 1952 Sept. p. 144.
Brain, Charles K., 1955 Mar. p. 57; 1958 July p. 77; 1970 June p. 52.
Brainerd, George, 1977 Mar. p. 130.
Braitenberg, Valentino, 1975 Jan. p. 61.
Braithwaite, R. B., 1956 Apr. p. 122, 124.
Bramah, Joseph, 1952 Sept. p. 102.
Branch, Daniel P., 1960 Dec. p. 134.
Branch, David R., 1977 Apr. p. 104.
Branck, Michael H., 1977 June p. 93.
Brand, Erwin, 1950 June p. 35.
Brand, Martin D., 1978 Mar. p. 121.
Brande, William T., 1960 June p. 108.
Brandeis University, 1962 Dec. p. 137; 1963 Aug. p. 90; 1964 May p. 51, 56; June p. 94; 1965 Nov. p. 84.
Brandt, A. E., 1968 Aug. p. 90.
Brandt, John C., 1962 Jan. p. 66; 1964 May p. 85; 1971 Dec. p. 25; 1974 Feb. p. 50; 1976 June p. 100.
Brandt, N. B., 1971 Apr. p. 83.
Brandt, Philip W., 1961 Apr. p. 120, 122, 124, 126, 128; Sept. p. 59, 64.
Brandt, Werner, 1975 July p. 34.
Branley, Franklyn, 1949 Dec. p. 56, 57.
Branly, Edouard, 1965 Mar. p. 93.
Brannan, Charles F., 1952 Oct. p. 38.
Branner, Robert, 1972 Nov. p. 93.
Brans, Carl H., 1961 Dec. p. 91; 1967 Mar. p. 48; June p. 37; 1974 Oct. p. 56; Nov. p. 27, 28.
Branscomb, Lewis M., 1970 Oct. p. 53; 1972 May p. 49; 1977 Dec. p. 53.
Brant, Henry, 1962 Nov. p. 92.
Branton, Daniel, 1972 Feb. p. 30, 32; 1975 Oct. p. 32; 1977 Aug. p. 95, 97.
Branton, David, 1977 Aug. p. 91.
Braque, Georges, 1974 July p. 103.
Braslau, Norman, 1964 Apr. p. 43; 1965 Oct. p. 40.
Brassert & Co., 1951 Jan. p. 37.
Brattain, Walter H., 1948 Sept. p. 55; 1951 Aug. p. 14; 1952 July p. 29; 1955 July p. 52; 1956 Dec. p. 52; 1958 Feb. p. 40; Sept. p. 118; 1967 Nov. p. 28; 1968 Mar. p. 103; 1973 Aug. p. 49.
Brattgärd, Sven-Olaf, 1961 Dec. p. 64.
Brattsten, Ingra, 1951 Dec. p. 51.
Braun, Armin C., 1950 Feb. p. 26; Mar. p. 50; 1963 Oct. p. 111; 1965 Nov. p. 76.
Braun, Cecilia, 1949 July p. 48.
Braun, Ferdinand, 1950 Oct. p. 34; 1967 Nov. p. 26.
Braun, Karl F., 1949 Dec. p. 15; 1974 Mar. p. 92-101.
Braun, Werner, 1971 July p. 28.
Braunitzer, Gerhardt, 1964 Nov. p. 72.
Brauns, Frederich E., 1958 Oct. p. 106, 107.
Brawner, Archie W., 1974 June p. 21, 23.
Bray, Dennis, 1969 Nov. p. 123.
Bray, Philip J., 1961 Jan. p. 95, 97.
Brayton, Robert K., 1978 Feb. p. 96.
Brazil Projecto Radam, 1977 Oct. p. 93.
Brazilian Agricultural Research Institute, 1977 Mar. p. 71.
Brazilian Geographic Council, 1948 May p. 13.
Brazilian Instituto Butantas, 1957 Jan. p. 116.
Breasted, James H., 1952 Oct. p. 63.
Breathnach, R., 1978 Feb. p. 76.
Breazeale, W. M., 1954 Dec. p. 53.
Brecher, Kenneth, 1976 Feb. p. 54B; Oct. p. 78.
Breck, D. W., 1959 Aug. p. 68.
Breckenridge, Bruce McL., 1969 June p. 78.
Breckenridge, Lee, 1966 Apr. p. 108.
Breder, C. M. Jr., 1962 June p. .
Bredt, Julius, 1976 Feb. p. 113.
Breech, Ernest R., 1955 May p. 50; 1956 Mar. p. 49.
Breed, Carol, 1976 Oct. p. 113, 114.
Breer, Carl, 1977 Aug. p. 98-106.
Breese, S. S., 1959 Feb. p. 88.
Brefeld, Oskar, 1949 June p. 44; 1969 June p. 80.
Breg, W. R., 1963 July p. 59.
Bregman, Albert S., 1975 Oct. p. 98.
Bréguet, Louis, 1955 Jan. p. 37; 1964 June p. 26-28, 30.
Brehm, A., 1954 Mar. p. 79.
Brehm, Jack W., 1961 Dec. p. 47.
Breit, Gregory, 1948 June p. 27, 34; 1953 May p. 55; 1955 Sept. p. 126, 127.
Brekhovskikh, Leonid, 1951 May p. 36.
Brem, Henry, 1976 May p. 64.
Brem, Steven S., 1976 May p. 64.
Bremel, Robert D., 1974 Feb. p. 65.
Bremer, Frédéric, 1952 Nov. p. 35; 1967 Feb. p. 67.
Bremmer, H., 1977 Apr. p. 126.
Brenden, B. B., 1969 Oct. p. 43.
Brennan, William J. Jr., 1972 Sept. p. 164.
Brenner, Douglas M., 1977 Feb. p. 86, 92, 96, 97.
Brenner, J. L., 1960 May p. 88.
Brenner, Sydney, 1961 June p. 99; July p. 66; Oct. p. 111; 1962 Jan. p. 71; Feb. p. 47; Mar. p. 69; Oct. p. 66; 1963 Jan. p. 55; 1964 Mar. p. 54; May p. 52; 1965 Feb. p. 78; Apr. p. 39; Aug. p. 43; 1966 Dec. p. 38; 1967 Feb. p. 92; May p. 91, 94; 1969 Oct. p. 29.
Brenner, Walter, 1960 June p. 82.
Brent, Leslie, 1956 Nov. p. 66; 1957 Apr. p. 64; 1963 Oct. p. 50.
Brent, Lester, 1972 June p. 30.
Breschet, Gilbert, 1967 Feb. p. 95.
Breslau, L. R., 1959 Oct. p. 108.
Bresler, David E., 1969 May p. 54.
Breslow, Lester, 1956 Apr. p. 64; 1962 July p. 41.
Bressani, Ricardo, 1971 Aug. p. 35.
Bretscher, Marc, 1963 Mar. p. 86; 1972 Feb. p. 31, 32.
Bretscher, Mark S., 1968 Jan. p. 41; 1976 May p. 38.
Brett, W. J., 1954 Apr. p. 35, 37.
Bretz, J. Harlen, 1967 Apr. p. 84, 87, 93; 1974 June p. 52.
Bretz, Michael, 1973 May p. 36, 37.
Bretz, William L., 1970 Nov. p. 46; 1971 Dec. p. 76.
Breuer, Joseph, 1949 Oct. p. 51.
Breuer, Martha E., 1961 Sept. p. 130; 1964 Apr. p. 53, 54.
Breuer, Richard, 1972 Mar. p. 67.
Breughel, Pieter, 1951 Feb. p. 60.
Breuil, Abbé, 1968 Feb. p. 59; 1975 Feb. p. 42.
Breuil, Henri, 1948 July p. 19; 1953 Aug. p. 30, 33.
Brewer, A. Keith, 1949 Aug. p. 20.
Brewer, Alan, 1964 Mar. p. 70; 1971 Jan. p. 37.
Brewer, Gregory, 1975 Dec. p. 34.
Brewer, Leo, 1954 Sept. p. 118; 1964 Aug. p. 40.
Brewer, N. R., 1949 Sept. p. 26.
Brewer, Richard G., 1968 Sept. p. 132.
Brewster, David, Sir, 1949 Aug. p. 40; 1962 Oct. p. 43; 1968 Nov. p. 66; 1977 Apr. p. 123, 126.
Brewster, John M., 1950 May p. 28.
Brewster, Kingman, 1978 June p. 83.
Breynius, Jacob, 1966 Jan. p. 70.
Brezhnev, B. G., 1968 Oct. p. 48.
Brezhnev, Leonid I., 1969 June p. 22; 1972 July p. 48; 1975 Jan. p. 48; Apr. p. 20; 1976 July p. 60.
Brian, P. W., 1955 June p. 85.
Brianchon, Charles J., 1955 Jan. p. 85; 1964 Sept. p. 65.
Brice, W. C., 1962 May p. 84.
Bricker, John W., 1953 June p. 43.
Briden, J. C., 1967 Dec. p. 55.
Bridge, Herbert S., 1963 May p. 91; 1966 May p. 63.
Bridge, N. K., 1960 May p. 144.
Bridgeman, William, 1953 Oct. p. 40, 41.
Bridgen, John, 1977 Oct. p. 104.
Bridges, Calvin B., 1956 Oct. p. 81; 1960 May p. 124; 1961 Nov. p. 72; 1964 Apr. p. 50.
Bridges, Robert, 1953 Apr. p. 64.
Bridgman, Laura, 1972 Feb. p. 29.
Bridgman, Percy W., 1949 Dec. p. 14; 1950 Sept. p. 80; 1951 Aug. p. 50; 1952 Jan. p. 60; 1955 Sept. p. 60; 1956 Mar. p. 60; 1959 Nov. p. 63, 65; 1960 June p. 156; 1964 Sept. p. 130; 1965 Jan. p. 103, 108; May p. 38, 40, 46; June p. 100; 1967 Nov. p. 27; 1969 Oct. p. 49; 1971 Apr. p. 84; 1974 Aug. p. 62.
Bridgwater, David, 1977 Mar. p. 100.
Bridgwater, Donald D., 1973 June p. 40.
Briefs, A., 1959 Feb. p. 88.
Brien, Paul, 1957 Dec. p. 122, 125.
Brier, Arnold, 1973 Jan. p. 26.
Brierley, Gerald P., 1964 Jan. p. 70, 72, 73.
Briggs, Lyman J., 1959 May p. 71; 1972 Dec. p. 67.
Briggs, R. B., 1955 Oct. p. 64.
Briggs, Robert W., 1961 Sept. p. 132; 1968 Dec. p. 24, 27, 30.
Briggs, Winslow R., 1962 Oct. p. 117; 1977 Nov. p. 138.
Brigham, Peter B., 1959 Oct. p. 57.
Brigham Young University, 1965 May p. 41; Dec. p. 88.
Bright, Charles, 1971 May p. 83.
Bright, Edward, 1971 May p. 83.
Bright, Richard, 1951 Oct. p. 57.
Brightman, Milton W., 1978 Feb. p. 96.
Brill, A. A., 1949 Oct. p. 54.
Brill, Nathan E., 1955 Jan. p. 75, 77.
Brill, Winston J., 1976 Sept. p. 165; 1977 Mar. p. 68.
Brillhart, John D., 1978 Feb. p. 90.
Brillouin, Léon, 1957 June p. 106; 1960 Oct. p. 153; 1967 Nov. p. 105, 109, 110; 1971 Sept. p. 181, 183, 184.
Brillouin, Louis, 1952 Sept. p. 133; 1963 July p. 116; 1968 Sept. p. 122, 124, 131.
Brimble, L. J. F., 1950 Jan. p. 46, 47.
Brinckmann, Anita, 1961 Jan. p. 158.
Brindley, G. S., 1970 Feb. p. 84, 86, 87; 1972 May p. 33, 34; 1974 Mar. p. 45.
Brindley, James, 1970 Oct. p. 114.
Brindley, Tom A., 1970 Apr. p. 48.
Brindze, Ruth, 1949 Dec. p. 54, 57.
Brinegar, Marion F., 1954 Dec. p. 43.
Brinkley, John, 1954 May p. 82.
Brinkman, A. C., 1976 Aug. p. 44B.
Brinkmann, R. T., 1970 Sept. p. 117.
Brinster, Ralph L., 1970 Dec. p. 51; 1978 Feb. p. 125.
Brinton, Charles C. Jr., 1967 Dec. p. 19, 22, 55.
Brinton, Edward, 1962 Aug. p. 46.
Briskin, M., 1978 May p. 60.
Bristol City Museum, 1974 Dec. p. 126.
Bristol Laboratories, 1960 Nov. p. 90.
Bristol, Thomas W., 1972 Oct. p. 55.
Bristol University, 1963 Mar. p. 63.
Bristol-Myers Company, 1950 May p. 29; Aug. p. 31.
British, *see also:* U.K.; Commonwealth.

British Academy of Sciences, 1964 Apr. p. 94; 1965 Apr. p. 83; 1974 Sept. p. 72.
British Admiralty, 1953 May p. 88; June p. 37; 1957 Jan. p. 48.
British Agricultural Research Council, 1963 Dec. p. 132; 1966 June p. 94; Aug. p. 78.
British Air Ministry Meteorological Office, 1956 Jan. p. 36.
British Army, 1957 Feb. p. 114; 1970 Dec. p. 104.
British Artic Survey, 1970 Nov. p. 87.
British Association for the Advancement of Science, 1952 Mar. p. 62; 1954 Mar. p. 52; 1956 May p. 120; 1966 Aug. p. 92-94; 1970 July p. 19; 1971 Dec. p. 80; 1977 Mar. p. 81.
British Association of Scientific Workers, 1948 June p. 24.
British Atomic Energy Authority, 1956 July p. 48; 1958 Feb. p. 48; Mar. p. 50; 1966 July p. 27; Dec. p. 23.
British Atomic Energy Research Establishment, 1954 Oct. p. 43, 44; 1955 Apr. p. 33; 1958 Mar. p. 31; 1960 Mar. p. 108, 84; Apr. p. 80; 1962 Nov. p. 109; 1963 Feb. p. 144; Apr. p. 70; June p. 99; 1966 July p. 70; 1976 Dec. p. 114; 1977 Aug. p. 94.
British Board of Trade, 1970 July p. 23.
British Broadcasting Corporation, 1973 Nov. p. 92.
British Calder Hall Reactor Station, 1960 Jan. p. 92.
British Central Electricity Authority, 1958 Mar. p. 29; 1964 Feb. p. 68; 1976 Dec. p. 31.
British Coal Utilization Research Association, 1955 July p. 62.
British Colonial Office, 1949 July p. 53.
British Columbia Research Council, 1975 July p. 104, 108.
British Committee on Weights and Measures Legislation, 1970 July p. 23.
British Commonwealth Scientific and Industrial Research Organization, 1963 Dec. p. 56, 62; 1966 June p. 30, 37, 39; 1971 Dec. p. 27.
British Council for Archeology, 1978 Jan. p. 69.
British Department of the Environment, 1977 Dec. p. 157.
British East India Company, 1965 Sept. p. 91, 96.
British Esso, 1972 Oct. p. 34, 33.
British Falkland Islands Dependencies Survey, 1957 Dec. p. 45, 46, 48, 49.
British General Register Office, 1965 Sept. p. 44.
British House of Commons, 1965 July p. 92; 1971 Oct. p. 101.
British Imperial College of Science and Technology, 1971 Apr. p. 97.
British Institute of Archaeology, 1961 Aug. p. 86.
British Iron and Steel Research Association, 1963 Dec. p. 76, 79, 82, 86; 1965 June p. 96.
British Medical Association, 1951 Oct. p. 57; 1956 Sept. p. 118; 1970 Dec. p. 77, 79.
British Medical Research Council, 1956 May p. 60; Sept. p. 110; Dec. p. 56; 1957 Aug. p. 56; 1962 July p. 41; Oct. p. 66; 1966 Nov. p. 83; 1970 Aug. p. 41; Dec. p. 88; 1977 July p. 22; Nov. p. 72; Dec. p. 55, 56; 1978 Jan. p. 59.
British Meteorological Office, 1964 Mar. p. 70; Oct. p. 69; 1971 Jan. p. 40.
British Metrication Board, 1970 July p. 17, 23, 25.
British Ministry of Agriculture, 1965 Dec. p. 46.
British Ministry of Labor, 1952 Jan. p. 62.
British Ministry of Supply, 1952 Oct. p. 38; Dec. p. 36.
British Museum, 1954 Jan. p. 38; 1960 Nov. p. 157; 1961 Nov. p. 63; 1962 Sept. p. 189; 1963 Dec. p. 111; 1964 Sept. p. 41; 1965 May p. 31; 1970 Aug. p. 100; 1971 Oct. p. 69; 1975 Nov. p. 102; 1977 Mar. p. 116; Dec. p. 163.
British Museum of Natural History, 1961 Aug. p. 56; 1964 July p. 61; 1965 Nov. p. 113; 1966 Sept. p. 109; 1969 Apr. p. 97; 1970 May p. 44; 1975 Dec. p. 54.
British Museum of Science, 1964 Jan. p. 106; Sept. p. 204.
British National Coal Board, 1958 Mar. p. 33; Sept. p. 59; 1972 Oct. p. 31.
British National Health Service, 1949 Apr. p. 27; 1973 Sept. p. 58.
British National Institute of Oceanography, 1975 June p. 90.
British National Physics Laboratory, 1970 Oct. p. 68.
British National Portrait Gallery, 1957 Feb. p. 118.
British Nature Conservancy, 1970 Apr. p. 73.
British Nuclear Fuels, Ltd., 1976 Dec. p. 31, 35.
British Overseas Airways Corporation, 1952 Dec. p. 36.
British Parliament, 1963 Sept. p. 171; 1970 July p. 17; 1977 Jan. p. 21, 24-26.
British Petroleum Company Limited, 1963 Sept. p. 118, 120, 180; 1964 Apr. p. 94; 1965 Oct. p. 15, 16.
British Rayon Research Association, 1960 May p. 144.
British Royal Aeronautical Society, 1977 Oct. p. 74.
British Royal Air Force, 1952 Feb. p. 36; 1957 Jan. p. 52; 1960 Aug. p. 49; 1965 Dec. p. 50.
British Royal Cancer Hospital, 1960 Jan. p. 99, 101, 106, 108.
British Royal College of Chemistry, 1957 Feb. p. 111, 117.
British Royal College of Surgeons, 1971 Nov. p. 91; 1973 June p. 40.
British Royal Field Artillery, 1970 Dec. p. 106.
British Royal Greenwich Observatory, 1949 Aug. p. 25; 1953 Oct. p. 52; 1961 June p. 115; 1977 May p. 80, 81.
British Royal Institution, 1957 Jan. p. 47; 1966 Nov. p. 84, 86.
British Royal Naval Scientific Service, 1953 June p. 32.
British Royal Navy, 1954 June p. 52; 1966 July p. 46.
British Royal Radar Establishment, 1966 June p. 31; 1973 June p. 38; 1977 Sept. p. 64.
British Royal Society, 1951 Feb. p. 34; 1953 May p. 88; Oct. p. 91-93, 96; 1954 Oct. p. 69; 1955 Oct. p. 104; 1956 Jan. p. 46; 1957 Jan. p. 77; Dec. p. 119; 1960 June p. 107-110, 115, 116; Oct. p. 163, 168; 1964 May p. 108; 1965 June p. 115; 1966 Aug. p. 91; 1968 Apr. p. 59; 1970 Apr. p. 85; May p. 118, 120; July p. 23; Sept. p. 141; Oct. p. 114; 1971 Feb. p. 105; Dec. p. 30, 73; 1977 June p. 129.
British School of Archaeology, 1954 Apr. p. 77; 1963 Oct. p. 100; 1965 Apr. p. 83; July p. 84.
British Signals Research Development Establishment, 1962 Apr. p. 146.
British Standards Institution, 1970 July p. 23.
British Trust for Ornithology, 1957 May p. 128.
British United Steel Companies, 1963 Dec. p. 81.
Brittain, Walter H., 1977 Sept. p. 74.
Britten, D. H. V., 1956 Jan. p. 30.
Britten, Roy J., 1969 Oct. p. 28, 35; 1970 Apr. p. 24, 26.
Broadbent, Donald E., 1956 Oct. p. 74; 1964 Apr. p. 120; 1970 Dec. p. 30; 1971 Aug. p. 82; 1973 Mar. p. 70.
Broadcasters' Nonprofit Satellite Service, 1966 Sept. p. 101.
Brobeck, John R., 1956 Nov. p. 109.
Brobeck, W. M., 1966 Nov. p. 109.
Brobeck, William, 1954 May p. 52.
Broca, Paul, 1948 Oct. p. 29, 30, 36, 37; 1972 Feb. p. 22, 29; Apr. p. 76, 78-83.
Brock, J. F., 1956 Feb. p. 56.
Brock, Lawrence, 1960 Oct. p. 121.
Brock, Russell C., 1950 Feb. p. 27; 1956 May p. 126.
Brock, T. D., 1977 Aug. p. 96.
Brock, Vernon E., 1962 June p. 138.
Brockelman, Richard A., 1968 July p. 31.
Brocklehurst, W. E., 1963 Nov. p. 106.
Brockmann, Hans, 1955 Jan. p. 55; 1974 Aug. p. 82, 84.
Broda, E. E., 1950 Aug. p. 40.
Brodal, Alf, 1975 Jan. p. 60.
Brodal, Per, 1976 Nov. p. 92.
Brodbeck, Urs, 1969 July p. 62.
Brodda, Benny, 1978 Jan. p. 125.
Brode, Robert B., 1949 Mar. p. 35; 1960 Sept. p. 98.
Brode, Wallace R., 1953 June p. 48; 1957 Feb. p. 60; 1958 Feb. p. 44; 1959 Jan. p. 62; 1960 Feb. p. 66.
Brodey, Robert S., 1968 Aug. p. 39.
Brodie, Bernard B., 1955 Oct. p. 86; 1957 Dec. p. 55; 1970 Feb. p. 44; 1975 June p. 26.
Brodman, Keeve, 1959 Sept. p. 113.
Brodskij, A. K., 1962 Sept. p. 198.
Brodsky, Alan L., 1973 May p. 44.
Brody, Howard, 1977 June p. 105.
Brody, Philip N., 1964 Nov. p. 51.
Brody, Seymour S., 1960 May p. 145; 1974 Dec. p. 79.
Broek, Antonius van den, 1956 Nov. p. 102.
Broers, Alec N., 1972 Jan. p. 58; 1973 Apr. p. 65.
Brogder, W. J., 1956 Aug. p. 45.
Broglie, Louis de, 1948 May p. 51, 52; 1949 Mar. p. 53, 55; 1950 Sept. p. 30; 1952 Aug. p. 40; Dec. p. 42-44; 1953 Sept. p. 54, 56; 1954 Aug. p. 38; 1955 Jan. p. 42; 1958 Jan. p. 51, 54; Sept. p. 77, 82; 1960 July p. 152; 1963 May p. 47, 50, 51; 1964 Aug. p. 77; Oct. p. 36; 1965 May p. 63, 65; 1967 Sept. p. 83; Nov. p. 27, 110; 1972 Oct. p. 106, 107; 1976 Jan. p. 61; Oct. p. 47.
Broida, Herbert P., 1957 Mar. p. 92, 94.
Brokaw, Charles J., 1974 Oct. p. 51.
Broman, Birger, 1968 Jan. p. 22.
Bromberg, Walter, 1969 Dec. p. 19, 21-24.
Bromley, Abbots, 1952 May p. 25.
Bron, A. J., 1975 Dec. p. 80.
Bronfenbrenner, Urie, 1962 May p. 47; 1974 Aug. p. 53.
Brongniart, Alexandre, 1963 Feb. p. 76.
Bronk, Detlev W., 1950 Dec. p. 26; 1951 Feb. p. 30; June p. 30; 1952 Nov. p. 57; 1953 May p. 54; Aug. p. 41; 1956 Feb. p. 49; Mar. p. 52; May p. 54; Oct. p. 68; Dec. p. 115; 1958 Jan. p. 46; 1963 Dec. p. 94; 1966 May p. 103; 1970 July p. 58; 1972 June p. 92.
Bronowski, J., 1958 Sept. p. 64; 1963 Feb. p. 47.
Bronson, Wilfred S., 1949 Dec. p. 54, 55.
Brontë, Charlotte, 1949 Oct. p. 31.
Brontë, Emily, 1949 Oct. p. 31; 1958 Sept. p. 162.
Bronte-Stewart, B., 1956 Feb. p. 56.
Bronx High School of Science, 1958 Apr. p. 59.
Bronx Zoo, 1957 Dec. p. 50.
Brooke, Edward W., 1973 Nov. p. 27.
Brooke, John, 1963 July p. 56.
Brookhaven National Laboratory, 1948 June p. 24; Oct. p. 25; Nov. p. 24; Dec. p. 9; 1949 July p. 27; 1950 Jan. p. 29; Dec. p. 29; 1952

Mar. p. 40; June p. 19, 21; July p. 34; 1953 Mar. p. 44; May p. 40, 42, 43; June p. 46; Aug. p. 23, 24, 26-29; Sept. p. 64; Nov. p. 36, 39; 1954 Mar. p. 45; Sept. p. 74; 1955 Jan. p. 43; Feb. p. 49, 50; 1956 June p. 54; Sept. p. 112; 1957 Jan. p. 64, 84, 90; Apr. p. 45; Sept. p. 189; 1958 Mar. p. 66, 71; Apr. p. 37; June p. 39; Oct. p. 53; 1959 Feb. p. 64; 1960 Apr. p. 88; June p. 64; Sept. p. 99; 1961 May p. 76; July p. 55; Aug. p. 61; Nov. p. 52; 1962 May p. 74; Aug. p. 36, 37, 42, 43; Oct. p. 78, 79; 1963 Jan. p. 41; Mar. p. 60, 61, 68; June p. 41, 45; July p. 65; Aug. p. 106, 110; Oct. p. 42, 44, 54; Nov. p. 126; Dec. p. 122, 127, 129; 1964 Apr. p. 60, 61, 62; June p. 54; July p. 44; Sept. p. 128, 144; Oct. p. 36, 39, 40, 43; 1965 Apr. p. 78; Dec. p. 29, 32; 1966 Feb. p. 43; July p. 74, 77; Aug. p. 41; Nov. p. 112, 115, 116, 64; 1969 Mar. p. 48; 1970 Apr. p. 73; Aug. p. 71, 81; Sept. p. 66, 69, 70, 114; 1971 Oct. p. 86; 1972 Nov. p. 49; 1974 Aug. p. 46; Dec. p. 115; 1975 Jan. p. 48; Feb. p. 40; May p. 43; June p. 54, 58; July p. 46; Oct. p. 42; 1976 Apr. p. 55; Aug. p. 42; Oct. p. 49, 51; 1977 June p. 41; Aug. p. 112; Oct. p. 59, 69; 1978 Jan. p. 39; Mar. p. 69, 72.
Brooklyn College, 1964 Sept. p. 156.
Brooklyn Hospital, 1966 May p. 50.
Brooklyn Polytechnic Institute, 1964 July p. 105.
Brooks, C. J. W., 1977 Feb. p. 83.
Brooks, David B., 1963 Sept. p. 126.
Brooks, Harry M. Jr., 1949 Aug. p. 32.
Brooks, Harvey, 1969 Oct. p. 46; 1970 Feb. p. 13; 1971 Aug. p. 44; 1972 Feb. p. 13.
Brooks, Lee R., 1968 Sept. p. 212, 214.
Brooks, Neil H., 1971 Dec. p. 25.
Brooks, Overton, 1961 Aug. p. 62.
Brooks, Robert E., 1962 Dec. p. 130; 1968 Feb. p. 44, 45; 1976 Oct. p. 86.
Brooks, Robert R., 1970 Sept. p. 164.
Brooks, Virginia, 1971 Dec. p. 68.
Brooks, W. K., 1961 Jan. p. 150, 156.
Broom, Robert, 1948 May p. 16-18; 1949 Jan. p. 29; Mar. p. 40; Nov. p. 20, 24; 1950 Feb. p. 28; Sept. p. 90; 1953 Dec. p. 66; 1958 July p. 77; 1966 Nov. p. 50; 1970 June p. 52.
Broome, John D., 1968 Aug. p. 36.
Brorsen, T. J. C. A., 1971 Aug. p. 47.
Brosse, Thérèse, 1972 Feb. p. 85.
Brossel, J., 1960 Oct. p. 73.
Broström Shipping Combine, 1950 Aug. p. 43.
Brothman, A., 1949 Jan. p. 21.
Brotman, Herman, 1973 Sept. p. 51.
Brouwer, Dirk, 1959 Apr. p. 93; 1961 Apr. p. 69; 1973 Jan. p. 61.
Brouwer, L. E. J., 1949 May p. 23; 1950 Jan. p. 24; Sept. p. 40; 1953 Nov. p. 75; 1954 Apr. p. 86; 1964 Sept. p. 47; 1966 Jan. p. 106, 107, 108, 110; 1967 Dec. p. 112.
Broverman, Inge, 1974 Sept. p. 145, 146.
Brower, Lincoln P., 1967 June p. 109.
Brown, A. H., 1948 Aug. p. 31.
Brown, A. W. A., 1951 Apr. p. 35.
Brown, Adrian J., 1959 Aug. p. 120.
Brown, Allan, 1953 Mar. p. 72.
Brown, Barnum, 1951 Feb. p. 16.
Brown, Boveri and Company, Ltd., 1969 Apr. p. 102, 106; 1971 Jan. p. 81.
Brown, Clayton, 1975 Mar. p. 98, 99.
Brown, David, 1969 Feb. p. 43.
Brown, Donald D., 1968 Dec. p. 31; 1973 Sept. p. 69.
Brown, Douglas A., 1975 Aug. p. 39; 1976 Apr. p. 44, 45.
Brown, Dugald E. S., 1958 Oct. p. 37, 39, 43.
Brown, E. W., 1970 Mar. p. 48.
Brown, Ed, 1958 May p. 69.
Brown, Ernest W., 1948 May p. 41.
Brown, Frank A. Jr., 1955 July p. 92; Oct. p. 46; 1975 Feb. p. 73.
Brown, G. E., 1959 Jan. p. 82.
Brown, G. L., 1962 Aug. p. 53.
Brown, G. Spencer, 1953 Oct. p. 54.
Brown, G. W., 1963 Nov. p. 112.
Brown, George R., 1955 May. p. 50; 1956 Mar. p. 49.
Brown, George S., 1974 May p. 26.
Brown, Glenn H., 1956 July p. 52; 1964 Aug. p. 77.
Brown, Gordon C., 1952 Sept. p. 46; 1956 Jan. p. 52.
Brown, H. Rap, 1971 Dec. p. 13.
Brown, Harold, 1969 Aug. p. 18; 1971 Mar. p. 44; 1972 Nov. p. 17; 1973 Nov. p. 25.
Brown, Harrison S., 1948 May p. 42, 43; Oct. p. 24; 1949 Feb. p. 17; 1950 Oct. p. 14, 17; 1951 Oct. p. 33; 1954 Jan. p. 42; Nov. p. 41; 1955 Oct. p. 37; 1956 Sept. p. 82; 1957 Apr. p. 81; 1960 Jan. p. 82, 91, 93; Sept. p. 98, 202; Nov. p. 182; Dec. p. 76; 1963 Sept. p. 135; 1970 Sept. p. 132, 195, 51; 1974 Mar. p. 51; 1977 Dec. p. 86.
Brown, Harry D., 1971 Mar. p. 30.
Brown, Henry, 1951 Feb. p. 36.
Brown, Jack N., 1950 May p. 28.
Brown, James H., 1971 Nov. p. 104.
Brown, John F., 1958 July p. 50; 1959 July p. 58; 1962 Nov. p. 102.
Brown, John L., 1956 May p. 59; 1957 Apr. p. 46; 1964 June p. 59.
Brown, Joseph R., 1952 Sept. p. 105.
Brown, Kenneth S., 1971 Nov. p. 50.
Brown, Kenneth W. G., 1968 July p. 21.
Brown, Lester R., 1970 Sept. p. 161; 1976 Sept. p. 32, 36, 37.
Brown, M. S., 1967 Aug. p. 62.
Brown, Marcus, 1948 Aug. p. 14.
Brown, Martin, 1976 June p. 43.
Brown, Nicholas A., 1975 Dec. p. 70.
Brown, Nigel L., 1977 Dec. p. 56.
Brown, Paul K., 1950 Aug. p. 41; 1963 Oct. p. 93; Dec. p. 68; 1964 May p. 60; Nov. p. 57; Dec. p. 54, 56; 1972 May p. 50; 1977 Dec. p. 110.
Brown, R. H. J., 1962 Aug. p. 104; 1975 Nov. p. 87.
Brown, R. Hanbury, 1953 Jan. p. 20; Mar. p. 50; 1954 July p. 35; 1962 Mar. p. 42; 1971 July p. 74.
Brown, Ralph S. Jr., 1954 June p. 30.
Brown, Ray K., 1952 July p. 42.
Brown, Robert, 1949 June p. 30; 1950 July p. 49; 1951 Dec. p. 45; 1969 Mar. p. 67; 1975 Sept. p. 147.
Brown, Robert A., 1976 May p. 114, 115.
Brown, Robert L., 1976 Oct. p. 65.
Brown, Roland W., 1956 Sept. p. 116.
Brown, Sanborn C., 1959 Mar. p. 70; 1960 Oct. p. 164, 166; 1973 Oct. p. 24.
Brown, Stanley, 1966 May p. 88.
Brown, T. Graham, 1976 Dec. p. 72, 82-84, 86.
Brown, Thomas McP., 1951 Aug. p. 30.
Brown University, 1963 July p. 120; 1964 Mar. p. 94; July p. 27; 1965 Mar. p. 35, 39; 1968 June p. 27.
Brown, Vinson, 1949 Dec. p. 54.
Brown, William L., 1956 May p. 64; 1958 Mar. p. 39; 1963 May p. 95; 1967 Oct. p. 62.
Browne, C. I., 1956 Dec. p. 67.
Browne, J. S. L., 1950 Mar. p. 33-35.
Browne, Thomas, Sir, 1957 Oct. p. 109; 1975 Aug. p. 50, 60; 1977 June p. 129.
Browne, William R., 1972 Mar. p. 57.
Brownell, Gordon L., 1975 July p. 42.
Brownell, Lloyd E., 1954 Nov. p. 50; 1955 Oct. p. 41.
Browning, Elizabeth, 1949 Oct. p. 31.
Browning, Robert, 1952 Feb. p. 24; 1959 May p. 63.
Brownlee, George, 1973 Aug. p. 26; 1976 Jan. p. 73.
Brownlee, W. H., 1971 Nov. p. 73.
Brozek, Josef, 1952 June p. 34.
Bruce, David, Sir, 1962 Aug. p. 67.
Bruce, Helen, 1963 May p. 101.
Bruce, W. N., 1952 Oct. p. 23.
Bruce, William E., 1967 Sept. p. 113.
Bruce-Mitford, R. L. S., 1960 Feb. p. 74.
Brueckner, Keith A., 1959 Jan. p. 79; 1963 Jan. p. 41.
Bruegel, Pieter the Elder, 1978 Mar. p. 134-140.
Brueghel, Pieter the Elder, 1973 Sept. p. 23; 1974 Sept. p. 161.
Brueschke, Erich E., 1967 Feb. p. 97.
Brueschke, JoAnn, 1967 Feb. p. 97.
Brugmann, Karl, 1952 Apr. p. 84; 1972 Sept. p. 73.
Brugnatelli, Luigi, 1960 June p. 109, 110; 1963 Nov. p. 96.
Bruguières, Jean-Guillaume, 1975 Apr. p. 99.
Bruice, Thomas C., 1964 Dec. p. 72.
Brumley, George, 1973 Apr. p. 82.
Brummer, S. B., 1970 Nov. p. 53.
Brumpt, E., 1956 Nov. p. 130.
Brunauer, Stephan, 1964 Oct. p. 60.
Brundage, W. D., 1976 Oct. p. 65.
Brunel, Isambard K., 1977 July p. 82.
Brunel, Marc I., 1977 July p. 82.
Brunell, Philip A., 1969 Aug. p. 56.
Bruner, H. D., 1952 Feb. p. 32.
Bruner, Jan, 1970 July p. 59.
Bruner, Jerome S., 1968 Aug. p. 93; 1971 Mar. p. 104; 1972 Sept. p. 76; 1974 Dec. p. 25.
Brunetti, O. A., 1975 Jan. p. 102.
Brunhes, Bernard, 1967 Feb. p. 44, 48.
Bruni, Alessandro, 1968 Feb. p. 39.
Brunnock, J. V., 1975 June p. 92.
Bruno, Giordano, 1949 Aug. p. 46; 1966 Oct. p. 88; 1973 Apr. p. 86-94.
Bruno, Lorenzo, 1957 Jan. p. 77.
Bruns, P. D., 1955 Dec. p. 44.
Bruns, V. von, 1971 Jan. p. 98, 101.
Brunsting, Louis A., 1957 Mar. p. 140.
Brush, Charles, 1959 Nov. p. 99, 100, 105, 106.
Brussels Exhibition 1958, 1961 Aug. p. 84.
Bruton, Ogden C., 1956 Dec. p. 128; 1957 July p. 93, 94, 96; 1974 Nov. p. 59, 61, 70.
Bruun, Anton F., 1952 July p. 40; 1954 Feb. p. 50; 1957 Nov. p. 50; 1962 Aug. p. 46.
Bruyn, M. de, 1949 Nov. p. 21.
Bryan, Kirk, 1952 Dec. p. 73; 1970 Sept. p. 63.
Bryan, R. A., 1960 Mar. p. 111.
Bryan, William J., 1955 Feb. p. 70; 1959 Jan. p. 120-123, 126-128; 1967 July p. 42; 1969 Feb. p. 18-21, 19.
Bryant, Howard C., 1977 Apr. p. 127.
Bryant, Peter J., 1977 July p. 67, 76.
Bryant, Susan V., 1977 July p. 67, 69, 71.
Bryant, Vaugh M. Jr., 1975 Jan. p. 100.
Bryant, William C., 1951 Sept. p. 46.
Bryn Mawr College, 1958 Dec. p. 37; 1963 Jan. p. 109.
Bryson, Bernarda, 1951 Apr. p. 52; July p. 53; Sept. p. 29; 1952 Jan. p. 67; Mar. p. 49; June p. 23; 1953 Feb. p. 79; May p. 46; Aug. p. 77, 80; Nov. p. 74; 1954 Feb. p. 28; Sept. p. 60; Oct. p. 33; 1955 Jan. p. 29; May p. 33, 34; 1956 Jan. p. 71; Feb. p. 110; Aug. p. 44, 46; Sept. p. 136; 1961 May p. 107; Dec. p. 46; 1971 Mar. p. 50.

Bryson, Vernon, 1952 Sept. p. 68.
Bucha, V., 1971 Oct. p. 68.
Buchanan, Colin, 1965 Sept. p. 169.
Buchanan, J. Michael, 1974 Jan. p. 95.
Buchanan, John M., 1949 Feb. p. 35; 1961 June p. 146; 1968 Oct. p. 67.
Bucher, Nancy, 1958 Mar. p. 124.
Bucher, Walter H., 1951 Nov. p. 50; 1955 Apr. p. 77; 1956 Dec. p. 92; 1961 Aug. p. 54.
Buchhold, Theodore A., 1960 Mar. p. 74; 1961 July p. 125.
Buchi, George, 1964 Nov. p. 60.
Buchner, Eduard, 1948 Dec. p. 30, 31; 1950 Sept. p. 63; 1953 Apr. p. 85; 1959 June p. 90, 96; 1960 Feb. p. 140, 142; 1967 Nov. p. 26; 1968 Oct. p. 64.
Buchner, Hans, 1950 Sept. p. 63; 1951 Feb. p. 48; 1953 Apr. p. 85; 1959 June p. 90, 96; 1960 Feb. p. 140, 142.
Buchner, Paul, 1950 Nov. p. 31.
Buchsbaum, Ralph, 1956 Nov. p. 121.
Buchsbaum, S. J., 1963 Mar. p. 106.
Buchta, J. W., 1958 May p. 54.
Buck, Alfred A., 1975 Oct. p. 53; 1977 Aug. p. 97.
Buck, Carol W., 1959 Sept. p. 226, 229.
Buck, D. A., 1956 June p. 64.
Buck, Douglas L., 1966 June p. 100.
Buck, Dudley, 1961 July p. 125, 126.
Buck, John D., 1970 May p. 48.
Buck, Paul H., 1953 Mar. p. 44.
Buck, Pearl, 1967 Nov. p. 25.
Buck, Peter, 1956 Aug. p. 59, 60.
Buck, Richard, 1952 July p. 26.
Buckholz, E., 1970 Dec. p. 80.
Buckhout, Robert, 1974 Dec. p. 23.
Buckhurst, Lord, 1977 Nov. p. 142.
Buckingham, Sue, 1973 Apr. p. 80.
Buckland, Dean, 1948 July p. 17; 1959 Aug. p. 98.
Buckland, William, 1959 Nov. p. 168, 170.
Buckle, C., 1957 May p. 103.
Buckley, Edward S. Jr., 1954 Feb. p. 57.
Buckley, James L., 1976 June p. 24, 25.
Buckley, Oliver E., 1951 June p. 30; 1952 Mar. p. 34; 1975 Oct. p. 108, 109.
Buckley, W. Derek, 1977 May p. 44.
Budapest Technical University, 1950 July p. 26.
Budd, William, 1949 Oct. p. 36.
Buddenbrook, Hanno, 1957 Dec. p. 98.
Buddha, Gautama, 1950 Sept. p. 22; 1964 Feb. p. 89; 1967 Feb. p. 105; May p. 69.
Buddingh, G. J., 1949 Nov. p. 51.
Buder, Johannes, 1975 Aug. p. 36, 38.
Budge, J. L., 1974 June p. 64.
Budgett, H. M., 1963 Mar. p. 135.
Budinger, Thomas F., 1972 Sept. p. 35.
Budington, Sydney, 1969 Mar. p. 52.
Budker, Gersh I., 1956 Aug. p. 32; 1958 Mar. p. 74; 1966 Nov. p. 112; 1972 Apr. p. 27; 1977 Apr. p. 58.
Budyko, M. I., 1970 Sept. p. 62.
Budzanowski, A., 1974 July p. 70.
Budzilovich, T., 1963 Nov. p. 103.
Buechner, Eduard, 1971 Mar. p. 26.
Buechner, Helmut K., 1960 Nov. p. 133.
Buehl, Russell C., 1952 May p. 36.
Buehler, Ernest, 1962 June p. 62, 63.
Buehler, J. N., 1972 June p. 100.
Buehler, Karl, 1949 Oct. p. 52.
Buell, Donald N., 1973 June p. 86.
Buerger, Heinrich, 1956 July p. 43.
Buerger, Martin J., 1951 July. p. 57; 1956 Feb. p. 49.
Buescher, Edward L., 1962 Sept. p. 104; 1966 July p. 32.
Buff, Conrad, 1949 Dec. p. 55.
Buff, Mary, 1949 Dec. p. 55.
Buffalo General Hospital, 1963 Mar. p. 122, 125.
Buffon, Georges, Count de, 1948 Aug. p. 39; 1955 Oct. p. 100; 1959 May p. 62; 1975 Sept. p. 33.
Bugher, John C., 1951 June p. 47, 48; 1955 Mar. p. 65.
Bugnard, Louis, 1955 Oct. p. 28.
Buhl, David, 1969 May p. 54; 1973 Mar. p. 60; 1974 May p. 110; 1978 June p. 96.
Bühler, Charolotte, 1966 Aug. p. 82.
Bühler, Karl, 1972 Sept. p. 82.
Bukasov, S. M., 1962 Nov. p. 49.
Bukshpan, S., 1971 Oct. p. 94.
Bulen, William A., 1974 Oct. p. 69.
Bulfinch, Charles, 1957 Jan. p. 70.
Bull, Lionel B., 1954 Feb. p. 32.
Bull, Robert J., 1977 Jan. p. 104.
Bull, T. H., 1968 Oct. p. 45.
Bullard, B., 1975 Nov. p. 37.
Bullard, Edward C., Sir, 1949 Nov. p. 42; 1950 June p. 23, 24; Dec. p. 55, 56; 1956 Feb. p. 50; 1961 Dec. p. 56; 1963 Apr. p. 93; 1965 June p. 108; 1966 July p. 19; Aug. p. 40; 1967 Feb. p. 53; 1968 Apr. p. 53, 54, 59; 1969 Sept. p. 56, 127; Nov. p. 106, 114; 1970 Feb. p. 32; Oct. p. 34; 1972 May p. 59; 1977 Aug. p. 65.
Bullard, Ellen, 1974 July p. 101.
Bullard, Reuben G., 1978 Jan. p. 116, 120.
Bullen, K. E., 1955 Sept. p. 57; 1965 June p. 106; 1973 Mar. p. 26, 33.
Bullen, Ripley P., 1963 May p. 125.
Buller, Reginald, 1956 May p. 100.
Bullett, Gerald, 1975 June p. 50.
Bullière, Dersiré, 1977 July p. 68, 71.
Bullivant, Stanley, 1970 May p. 79.
Bullock, Theodore H., 1967 Mar. p. 52; May p. 49; 1972 July p. 93; 1973 May p. 97, 98; 1978 Feb. p. 100.
Bullough, W. S., 1967 July p. 44; 1974 Jan. p. 63.
Bulos, Bernard, 1968 Feb. p. 39.
Bulos, Fatin, 1967 Oct. p. 41, 43.
Bumba, Václav, 1966 Nov. p. 60; 1968 Jan. p. 107, 109, 111; 1975 Apr. p. 109.
Bump, Lavinia, 1967 July p. 102-105, 108.
Bumpass, Larry L., 1974 Sept. p. 143.
Bund, Christiaan van de, 1969 Apr. p. 97.
Bundesen, Herman N., 1955 Aug. p. 50.
Bundy, Francis B., 1975 Nov. p. 104.
Bundy, Francis P., 1955 Apr. p. 47; Nov. p. 46; 1960 Jan. p. 74; 1965 June p. 106; Oct. p. 35; 1974 Aug. p. 62.
Bundy, Gordon, 1971 Nov. p. 89.
Bundy, McGeorge, 1966 Feb. p. 53; Sept. p. 101; 1972 Jan. p. 22.
Bundy, R. P., 1970 Nov. p. 99.
Bunker, Don L., 1966 Sept. p. 165.
Bunker, John P., 1970 Mar. p. 60.
Bunker-Ramo Corporation, 1964 Sept. p. 188; 1966 Sept. p. 196.
Bunn, C. W., 1964 Nov. p. 83.
Bunner, Alan N., 1971 Dec. p. 26; 1975 Dec. p. 44.
Bünning, Erwin, 1976 Feb. p. 115, 118, 121.
Bunsen, Robert, 1953 May p. 29; 1961 Dec. p. 84; 1963 Jan. p. 89; 1968 Sept. p. 75; 1970 May p. 116.
Bunting, Henry, 1953 Dec. p. 40.
Bunting, Mary I., 1964 May p. 60; 1978 Feb. p. 76.
Bunyan, John, 1949 Oct. p. 31.
Burack, Benjamin, 1952 Mar. p. 70.
Burbank, Luther, 1949 Dec. p. 56; 1978 June p. 84.
Burbidge, E. Margaret, 1956 Sept. p. 88; 1961 June p. 119; 1962 Apr. p. 63; 1966 Feb. p. 50; July p. 54; Dec. p. 41, 43, 45, 52; 1970 Dec. p. 22; 1973 Dec. p. 40, 44; 1974 May p. 108; 1976 Dec. p. 95.
Burbidge, Geoffrey R., 1956 Sept. p. 88; 1959 July p. 80; 1961 June p. 119; Sept. p. 88, 90; 1962 Mar. p. 49; Apr. p. 63; 1963 Dec. p. 61; 1964 June p. 42, 43; 1966 July p. 54; Aug. p. 32; Dec. p. 40; 1969 Jan. p. 28; Feb. p. 58; 1970 Oct. p. 54; Dec. p. 24, 28; 1973 Dec. p. 40, 44; 1974 May p. 108; 1975 Aug. p. 32; 1976 Dec. p. 95.
Burch, J. M., 1968 Feb. p. 42.
Burchard, John, 1961 Dec. p. 116.
Burchenal, Joseph H., 1964 May p. 93.
Burd, A. C., 1951 Aug. p. 26.
Burden Neurological Institute, 1962 June p. 143.
Burden, Robert P., 1977 May p. 24.
Burdenko, N. N., 1970 Mar. p. 72.
Burdin, Marcel, 1969 Jan. p. 89.
Burg, Anton B., 1964 Jan. p. 90.
Burg, Stanley, 1976 June p. 54.
Burgeff, Hans, 1966 Jan. p. 75, 77.
Burgen, A. S. V., 1968 Apr. p. 73.
Burger, Charles, 1964 May p. 91.
Burger, Max M., 1974 Jan. p. 64; July p. 87; 1977 June p. 113.
Burgers, J. M., 1961 Oct. p. 109, 110; 1977 Dec. p. 135, 136, 144.
Burgess, David S., 1977 Apr. p. 26.
Burgess, Ernest, 1954 Mar. p. 41.
Burgess, Gelett, 1955 Apr. p. 84.
Burgess, Paul R., 1972 June p. 96.
Burgess, Richard, 1970 June p. 44.
Burgess, Thornton W., 1949 Dec. p. 52, 54, 55.
Burgos, M. H., 1961 Feb. p. 115.
Burgus, Roger, 1974 Sept. p. 53; 1977 Dec. p. 82.
Burgy, M. T., 1957 Oct. p. 56; 1959 Mar. p. 82.
Buridan, Jean, 1963 Feb. p. 144; 1970 Aug. p. 94.
Burk, Dean, 1949 Aug. p. 34; Sept. p. 16.
Burke, A. W., 1955 Mar. p. 60.
Burke, Bernard F., 1955 June p. 52; 1964 July p. 36; 1968 Dec. p. 42; 1973 June p. 34.
Burke, David, 1975 Apr. p. 93.
Burke, Derek C., 1958 Aug. p. 48; 1961 May p. 52; 1963 Oct. p. 46; 1977 Apr. p. 42.
Burke, Edmund, 1958 June p. 25; 1969 July p. 41; 1970 May p. 52.
Burke, John F., 1968 Feb. p. 43.
Burke, Kevin C., 1977 Mar. p. 102; Apr. p. 36.
Burket, Tom, 1977 Oct. p. 109.
Burkhalter, Res, 1976 July p. 110.
Burkhardt, G., 1950 Feb. p. 44.
Burkhart, William, 1950 Dec. p. 24; 1952 Mar. p. 73.
Burkholder, Paul R., 1949 June p. 28; Aug. p. 32, 34.
Burkitt, Denis, 1962 Apr. p. 74; 1973 Oct. p. 29.
Burkman, A. M., 1965 July p. 97.
Burleson, G. R., 1962 Aug. p. 36; 1972 Nov. p. 105.
Burlingame, Alma L., 1972 Oct. p. 89.
Burmester, Ben R., 1974 Nov. p. 61.
Burndy Library, 1971 Feb. p. 110.
Burnet, Frank Macfarlane, Sir, 1949 Nov. p. 51, 52; 1952 Dec. p. 28; 1953 Apr. p. 30; Dec. p. 39; 1954 June p. 73; Nov. p. 78; 1957 Feb. p. 37; Sept. p. 200; 1960 Dec. p. 74; 1961 May p. 53; Aug. p. 118; Sept. p. 144; 1962 Nov. p. 50; 1963 June p. 80; Nov. p. 106; 1964 Feb. p. 58; May p. 92; July p. 66, 71, 74; Dec. p. 115; 1967 Nov. p. 28; 1970 Aug. p. 34; 1972 June p. 30, 37; 1973 July p. 55, 56; 1974 Nov. p. 60, 67; 1976 May p. 30.
Burnett, L., 1954 Feb. p. 57.

Burney, Christopher, 1957 Jan. p. 56.
Burney, Leroy E., 1956 Oct. p. 67; 1959 Apr. p. 67; Aug. p. 65; 1960 Oct. p. 82.
Burnham, C. A., 1975 July p. 42.
Burnham, Charles R., 1951 Aug. p. 44.
Burnham, Daniel, 1955 Mar. p. 45.
Burns, Arthur F., 1975 Jan. p. 18; 1977 Nov. p. 45.
Burns, B. D., 1963 Oct. p. 28.
Burns, Delisle, 1958 Sept. p. 138.
Burns, Gerald, 1963 July p. 38.
Burns, J., 1956 Mar. p. 88.
Burns, Joseph A., 1978 Mar. p. 77.
Burns, Major, 1971 Feb. p. 47.
Burns, Richard C., 1974 Oct. p. 69.
Burns, Robert K., 1951 Oct. p. 66; 1954 Feb. p. 46.
Burnside, Mary Beth, 1978 June p. 109.
Burny, A., 1976 Aug. p. 63.
Burr, David, 1976 Mar. p. 85.
Burr, Harold S., 1949 June p. 26.
Burris, Robert H., 1953 Mar. p. 41; 1977 Mar. p. 73.
Burroughs, Alan, 1952 July p. 23.
Burroughs Corporation, 1966 Sept. p. 75, 82, 88; 1971 Feb. p. 76; 1973 June p. 66, 67; 1977 May p. 37, 46; Sept. p. 163.
Burroughs Wellcome and Company, 1964 May p. 93.
Burrows, William, 1971 Aug. p. 20.
Burrus, C. A., 1970 June p. 52.
Burström, D., 1961 June p. 139.
Burt, Cyril, Sir, 1963 Mar. p. 96; 1970 Oct. p. 24.
Burt, Olive W., 1949 Dec. p. 56.
Burt, Robert C., 1975 Jan. p. 44.
Burtman, V. S., 1977 Apr. p. 40.
Burton, A. C., 1956 Feb. p. 114.
Burton, C. E., 1953 May p. 67.
Burton, D. J., 1975 July p. 109.
Burton, E. T., 1949 June p. 33; 1956 Jan. p. 35.
Burton, Glenn W., 1975 June p. 15.
Burwell, J. T. Jr., 1951 Feb. p. 57.
Burwell, Robert L. Jr., 1971 Dec. p. 46.
Busa, Father Robert, 1957 Oct. p. 64.
Busch, H., 1950 Oct. p. 32.
Bush, Vannevar, 1948 June p. 9; Nov. p. 24; 1949 Feb. p. 14; Apr. p. 30; May p. 26; Nov. p. 29; 1950 July p. 11; 1952 Mar. p. 73; Sept. p. 148; 1953 Jan. p. 30; 1954 Mar. p. 30, 32; 1955 Feb. p. 52; 1957 Nov. p. 48; 1958 Jan. p. 44; Apr. p. 64; 1960 June p. 82.
Bushland, R. C., 1960 Oct. p. 56.
Busignies, Henri, 1972 Sept. p. 33.
Busk, George, 1959 Nov. p. 176.
Buskirk, Elsworth R., 1970 Feb. p. 53.
Busnel, René-Guy, 1956 Aug. p. 54; 1959 Nov. p. 120, 123, 124, 130, 131.
Buss, Irven O., 1960 Nov. p. 133.
Busse, Friedrich H., 1976 Mar. p. 53.
Bustamente, Roberto C., 1951 Apr. p. 32.
Bustard, Leo K., 1966 June p. 94, 97.
Buswell, Arthur M., 1966 Dec. p. 118.
Buswell, Guy T., 1968 Aug. p. 90.
Butcher, Reginald W., 1969 June p. 83, 84; 1977 Aug. p. 110, 111.
Butel, Janet S., 1966 Mar. p. 36.
Butenandt, Adolf F. J., 1949 Dec. p. 17; 1953 Dec. p. 54; 1955 Jan. p. 55, 56, 60; 1963 May p. 101; 1964 Aug. p. 23, 24; 1966 May p. 52; 1967 Nov. p. 27, 28; 1974 July p. 28, 35.
Butler, Bishop, 1952 Mar. p. 62.
Butler, Charles G., 1972 Sept. p. 56.
Butler, Colin G., 1950 June p. 28; 1952 Jan. p. 26; 1955 Aug. p. 57; 1956 Apr. p. 66.
Butler, Gilbert W., 1978 June p. 71.
Butler, H. E., 1952 July p. 57.
Butler, Howard C., 1961 June p. 124.
Butler, James N., 1975 June p. 90.
Butler, John W., 1969 Feb. p. 17-19.
Butler, Robert A., 1959 June p. 72; 1961 June p. 68; 1969 July p. 112.
Butler, Samuel, 1950 Oct. p. 47; 1952 Mar. p. 73; 1959 May p. 61, 64; 1967 Feb. p. 35.
Butler, W. H., 1964 Nov. p. 60.
Butler, Warren L., 1969 Dec. p. 64; 1976 June p. 43.
Bütschli, Otto, 1975 Aug. p. 36.
Butterfield, Herbert, 1959 Aug. p. 104.
Butterfield, William H., 1967 Mar. p. 81.
Buttrey, T. V., 1978 Jan. p. 113.
Butzer, Karl W., 1976 Aug. p. 31, 34.
Buu-Hoi, N. P., 1954 Nov. p. 49.
Buxton, Patrick A., 1969 Jan. p. 95.
Buytewech, Willem, 1974 Nov. p. 23.
Buz, Heinrich von, 1969 Aug. p. 109.
Buzzati-Traverso, Adriano A., 1951 Oct. p. 24; 1953 Aug. p. 46; 1967 Nov. p. 72; 1972 Jan. p. 100.
Byard, Margaret M., 1977 June p. 121.
Byatt, Pamela H., 1961 July p. 64.
Byer, R. L., 1968 Sept. p. 134.
Byerly, Perry, 1973 Mar. p. 28.
Byerly, T. C., 1960 Sept. p. 98.
Byers, Breck, 1967 Sept. p. 104.
Byers, Douglas S., 1966 June p. 109.
Byers, Horace R., 1950 June p. 48; 1953 July p. 38.
Bygdeman, Marc, 1971 Nov. p. 89.
Bygott, David, 1973 Aug p. 71.
Bykov, K. M., 1954 Sept. p. 82.
Byram, Edward T., 1959 June p. 57; 1963 Dec. p. 68; 1964 June p. 37; Sept. p. 86; 1966 Apr. p. 50.
Byrd, E. William, 1977 Nov. p. 129.
Byrd, Richard E., Admiral, 1951 July p. 16; 1955 Feb. p. 62; 1956 Jan. p. 70; 1957 Dec. p. 50; 1960 Jan. p. 120; 1962 Sept. p. 64.
Byrd, William, 1973 Sept. p. 139.
Byrnes, Frank, 1949 June p. 52, 53, 55.
Byron, George G., Lord, 1948 May p. 47; 1966 Sept. p. 68.
Bytchenko, B., 1968 Apr. p. 69, 70.
Byther, Ralph S., 1975 Jan. p. 81, 87, 88.

C

C. G. Conn Ltd., 1973 July p. 30.
Cabibbo, N., 1964 Dec. p. 62.
Cabot, Richard C., 1974 Nov. p. 22.
Cacace, F., 1968 Oct. p. 52.
Cade, J. F. J., 1973 Sept. p. 121.
Cadle, Richard D., 1971 Jan. p. 40.
Cady, Hamilton P., 1967 Feb. p. 77.
Cady, Walter G., 1952 Dec. p. 42.
Caedmon, 1952 Apr. p. 44.
Caek, L. C., 1976 Dec. p. 119.
Caen, Herb, 1973 Dec. p. 110.
Caesar, Augustus, *see:* Augustus Caesar.
Caesar, Julius, 1949 Aug. p. 11; 1951 June p. 58; 1952 June p. 23; 1953 Oct. p. 88; 1954 Nov. p. 100; 1956 Nov. p. 81; 1958 Mar. p. 42; 1963 Aug. p. 66; 1965 Sept. p. 63; 1971 June p. 93; 1972 Sept. p. 78; 1974 Nov. p. 96; Dec. p. 97, 121; 1977 Feb. p. 39.
Caffey, John, 1972 Oct. p. 47.
Cage, John, 1959 Dec. p. 112.
Cagle, F. W. Jr., 1955 Nov. p. 46.
Cahill, George F., 1965 Aug. p. 63; 1971 Oct. p. 16, 17, 19, 20.
Cahill, Laurence J., 1959 Mar. p. 40; Sept. p. 110; 1963 May p. 91; 1965 May p. 37; Dec. p. 58.
Cahn, J. W., 1974 Dec. p. 90.
Cahours, Auguste, 1963 Nov. p. 96, 98.
Cain, A. J., 1975 Aug. p. 53, 57.
Cain, Dan L., 1969 Mar. p. 80.
Cain, Harry P., 1949 July p. 26.
Caird, R. S., 1965 July p. 64, 65, 68.
Cairns, John, 1955 Apr. p. 98; 1957 Feb. p. 42; 1967 Feb. p. 40; 1975 Nov. p. 64; 1977 Feb. p. 85.
Cais, M., 1971 Nov. p. 30.
Caius, John, 1955 May p. 35.
Cajal, Santiago Ramón y, 1958 Aug. p. 86; 1965 Jan. p. 56; 1967 Nov. p. 26; 1969 Feb. p. 100; 1970 July p. 57, 58, 63; 1971 July p. 48, 60; 1975 Jan. p. 56, 58.
Cajlachjan, M. C., 1952 May p. 52, 53.
Calcagno, Philip L., 1957 July p. 96.
Calcar, Jan S. von, 1948 May p. 24-31.
Calcutta Metropolitan Planning Organization, 1965 Sept. p. 93, 95, 102; 1968 Nov. p. 30.
Caldwell, Joseph R., 1971 June p. 102.
Caldwell, Peter, 1970 Apr. p. 86, 88.
Caldwell, Roy L., 1976 Jan. p. 81, 84.
Calef, Wesley C., 1956 Apr. p. 68.
Calhoun, John B., 1963 May p. 101; 1967 Jan. p. 81; 1973 Aug. p. 47; 1976 Oct. p. 105.
California Academy of Sciences Steinhart Aquarium, 1977 Mar. p. 106, 108, 110.
California Agricultural Experiment Station, 1970 Feb. p. 93.
California Computer Products, Inc., 1966 Sept. p. 193.
California Division of Fish and Game, 1949 Sept. p. 20.
California Highway Commission, 1970 Feb. p. 96.
California Institute of Technology, 1949 May p. 16, 19, 34; Aug. p. 25; Nov. p. 28; Dec. p. 31; 1950 Sept. p. 48; Dec. p. 38; 1952 Feb. p. 43; Sept. p. 69; 1953 Sept. p. 69; 1956 Oct. p. 57; 1957 Apr. p. 84; 1958 Jan. p. 36, 68; Mar. p. 118; Apr. p. 109; June p. 34; Oct. p. 42; 1959 Nov. p. 151; 1960 Jan. p. 50; May p. 96; Nov. p. 184; 1962 Mar. p. 131; Apr. p. 63; June p. 58, 84; July p. 57, 84, 92; Aug. p. 40; Dec. p. 136; 1963 Jan. p. 42, 73; Mar. p. 64; July p. 70, 84; Sept. p. 135; Dec. p. 56, 60; 1964 Jan. p. 42, 43, 52, 108; Feb. p. 62; Apr. p. 50; May p. 52, 68, 70; June p. 43; July p. 27, 41, 105, 46; Oct. p. 36, 60; Nov. p. 40, 47, 72; Dec. p. 71; 1965 June p. 46, 47, 52; Aug. p. 21,26, 27, 74; Nov. p. 30, 31, 35-37; 1966 Mar. p. 42; June p. 31, 32; July p. 50; Nov. p. 58; 1968 Aug. p. 51, 53, 59; 1970 Nov. p. 44; 1971 Apr. p. 49; June p. 65, 66; Nov. p. 53; 1976 Apr. p. 55; 1977 Feb. p. 112-114; Sept. p. 224, 210; Oct. p. 56.
California Institute of Technology Jet Propulsion Laboratory, 1949 June p. 26; 1961 July p. 68; Oct. p. 67, 98; 1965 Aug. p. 42; 1966 Jan. p. 54, 61, 67; Mar. p. 106, 42, 45; Apr. p. 56, 60, 65, 66; May p. 62, 70; July p. 50; 1968 Sept. p. 82; 1970 May p. 27; 1973 Jan. p. 49, 61; 1974 Mar. p. 45; 1975 Sept. p. 71, 72; Nov. p. 56; 1976 Oct. p. 75; 1977 July p. 34.
California Marine Life Program, 1974 Aug. p. 21.
California Medical Association, 1977 Jan. p. 43.
California Public Outdoor Recreation Planning Committee, 1970 Feb. p. 91.
California Research and Development Company, 1954 Mar. p. 44.
California Research Organization, 1965 July p. 41, 42.
California State Board of Education, 1970 May

p. 55; 1971 Jan. p. 46; Mar. p. 17, 19, 20; 1973 Feb. p. 47.
California State Department of Industrial Relations, 1966 Dec. p. 69.
California State Department of Public Health, 1949 Sept. p. 20, 21; 1956 May p. 62; 1964 Jan. p. 26, 28, 30; 1965 May p. 52.
California State Department of Water Resources, 1977 Jan. p. 46.
California State Legislature, 1977 July p. 31.
California State Seismic Safety Commission, 1977 Jan. p. 47.
California Supreme Court, 1969 Nov. p. 56.
Caligula, 1954 Nov. p. 102.
Callan, H. G., 1961 Sept. p. 82, 125, 126.
Callan, Nicholas J., 1971 May p. 80, 84.
Callaway, Joseph, 1967 Sept. p. 188.
Callen, Eric O., 1975 Jan. p. 100, 103, 108, 109.
Callendar, G. S., 1959 July p. 43.
Cal-Tex Oil Company, 1948 Sept. p. 14.
Calvin, John, 1958 June p. 74; 1964 Feb. p. 117, 121.
Calvin, Melvin, 1948 Aug. p. 31, 32; 1951 Mar. p. 40; 1953 Feb. p. 37; Nov. p. 83; 1955 Oct. p. 42; 1957 Apr. p. 72; 1960 Nov. p. 108; 1961 Sept. p. 68; Dec. p. 74; 1962 June p. 92, 93, 96, 100; Dec. p. 71; 1963 Aug. p. 52; 1965 June p. 58; July p. 74; 1967 Jan. p. 37; Nov. p. 25, 28; 1969 July p. 95; Dec. p. 70; 1970 Aug. p. 73; 1972 Oct. p. 82, 85; 1973 Oct. p. 82.
Calvolini, Filippo, 1972 Dec. p. 94.
Camac, Morton, 1972 Nov. p. 104.
Camacho, Juan A., 1960 Sept. p. 102; 1967 June p. 57.
Cambel, Halet, 1964 Dec. p. 62; 1970 Mar. p. 51.
Cambridge Electron Accelerator, 1973 Oct. p. 106, 107, 109-112; 1975 June p. 57.
Cambridge Scientific Instrument Company, 1972 Nov. p. 39.
Camella, J. M., 1968 Oct. p. 30.
Cameron, A. G. W., 1960 Nov. p. 184; 1963 Oct. p. 76; 1964 June p. 38; 1965 May p. 36, 37; 1967 Aug. p. 32; 1969 July p. 32, 36; 1971 Jan. p. 51; Mar. p. 46; 1974 Jan. p. 77; Feb. p. 56; Dec. p. 42; 1975 Feb. p. 30; Sept. p. 83, 138; 1977 Dec. p. 86.
Cameron, Charles S., 1948 Dec. p. 27; 1954 Aug. p. 38.
Cameron, G. H., 1949 Mar. p. 30.
Cameron, Louis M., 1960 June p. 86.
Cameron, R. C., 1965 Apr. p. 114.
Cameron, T. W. M., 1975 Jan. p. 103.
Camhi, Jeffrey M., 1971 Aug. p. 74.
Camichel, H., 1953 May p. 68.
Camin, Joseph H., 1966 Dec. p. 106, 107, 114, 115.
Camisa, John M., 1977 Jan. p. 64.
Camoëns, Luiz Vaz de, 1969 Sept. p. 62.
Camp, Charles L., 1960 May p. 157.
Campbell, Allen, 1976 Dec. p. 103.
Campbell, Angus, 1967 Aug. p. 56.
Campbell, Arthur A., 1968 Apr. p. 49; 1974 Sept. p. 112.
Campbell, Bernard G., 1964 Aug. p. 43; 1966 Nov. p. 48, 49, 53.
Campbell, C. T., 1971 Dec. p. 22.
Campbell, Charles H., 1977 Dec. p. 92.
Campbell, Charles I., 1956 Dec. p. 58.
Campbell, Dan H., 1949 May p. 19; 1964 Feb. p. 62.
Campbell, Donald P., 1952 Sept. p. 46.
Campbell, Fergus W., 1962 Nov. p. 122, 126; 1964 Dec. p. 54; 1972 June p. 97; 1974 Nov. p. 106; 1976 Dec. p. 45.
Campbell, H. A., 1951 Mar. p. 19.
Campbell, John, 1975 Oct. p. 98.
Campbell, Joseph, 1953 Sept. p. 72; 1954 Aug. p. 36; Nov. p. 35; Dec. p. 52.
Campbell, Kate, 1955 Dec. p. 43; 1977 June p. 103.
Campbell, Leon, 1957 Dec. p. 39.
Campbell, Lewis, 1955 June p. 59.
Campbell, Norman B., 1956 Nov. p. 104.
Campbell, Richard, 1974 Dec. p. 49.
Campbell Soup Company, 1957 June p. 94.
Campbell, W., 1972 Oct. p. 54.
Campbell, W. W., 1950 Sept. p. 24; 1952 June p. 28.
Campbell, Wallace H., 1962 Sept. p. 77.
Campenon, Bernard, 1958 July p. 31.
Campos, Albizu, 1966 Oct. p. 25.
Camus, Albert, 1964 Feb. p. 117.
Canadian Agriculture Research Station, 1978 Jan. p. 86.
Canadian Algonquin Radio Observatory, 1975 May p. 83.
Canadian Chemical and Cellulose Company, Ltd., 1957 Sept. p. 164.
Canadian Defence Research Board, 1957 Jan. p. 52; 1962 Sept. p. 81, 83.
Canadian Department of Agriculture, 1971 Feb. p. 91.
Canadian Department of Energy, Mines and Resources, 1971 Dec. p. 84; 1977 Aug. p. 63, 66.
Canadian Department of National Health and Welfare, 1949 Sept. p. 43.
Canadian Deuterium-Uranium System (CANDU), 1975 July p. 45.
Canadian Dominion Observatory, 1970 Oct. p. 41.
Canadian Fisheries Research Board, 1962 June p. 134; 1965 Aug. p. 80, 84; 1970 Sept. p. 70; 1975 Mar. p. 79.
Canadian General Electric, 1975 Oct. p. 24.
Canadian Geological Survey, 1949 May p. 53, 52.
Canadian Institute on International Affairs, 1966 Aug. p. 40.
Canadian International Development Research Center, 1974 Aug. p. 74, 75, 77, 80; 1976 Sept. p. 38.
Canadian National Film Board, 1949 Sept. p. 43.
Canadian National Museum, 1966 June p. 109; 1970 June p. 113; 1975 Apr. p. 71.
Canadian National Radio Observatory, 1977 Aug. p. 32.
Canadian National Research Council, 1953 June p. 32; 1955 Jan. p. 58; Mar. p. 42, 40, 42; Sept. p. 54; 1962 Mar. p. 87; 1963 Nov. p. 133, 134; 1964 June p. 86; 1965 May p. 70; 1966 Nov. p. 90; 1975 Oct. p. 22.
Canadian Pulp and Paper Institute, 1967 Jan. p. 70.
Canadian Royal College of Physicians and Surgeons, 1973 Sept. p. 95.
Canales, Nemesio, 1966 Oct. p. 25.
Candela, Fèlix, 1961 Nov. p. 152, 154.
Candolle, Augustin de, 1949 Mar. p. 48.
CANDU, *see:* Canadian Deuterium-Uranium System.
Canestrini, Giovanni, 1971 Feb. p. 101.
Canfield, Ed, 1961 June p. 156.
Canfield, Robert E., 1966 Nov. p. 78, 87.
Canizares, Claude R., 1977 Oct. p. 53.
Cann, J. R., 1968 May p. 30.
Cannon, Helen L., 1957 July p. 46.
Cannon, John R., 1955 Sept. p. 76.
Cannon, Thomas M., 1975 July p. 48.
Cannon, Walter B., 1948 Sept. p. 48; 1949 Dec. p. 16; 1950 Jan. p. 55; Feb. p. 44; May p. 43; Sept. p. 71; 1952 Dec. p. 63, 66; 1954 June p. 78; 1955 Mar. p. 48; May p. 74, 80; Oct. p. 80, 101; 1956 Jan. p. 70, 71; Nov. p. 109, 110; 1961 Apr. p. 56; 1972 Feb. p. 90; 1974 June p. 64.
Cantell, Kari, 1977 Apr. p. 49.
Cantor, Charles R., 1976 Oct. p. 46.
Cantor, David G., 1978 June p. 117, 124.
Cantor, Georg, 1952 Nov. p. 76-78; 1954 Apr. p. 87; 1956 June p. 74; 1958 Sept. p. 69, 71, 73; 1962 Apr. p. 92-94; 1964 Jan. p. 56; Sept. p. 46, 48, 55, 56; 1967 Dec. p. 104-106, 111, 116; 1971 Mar. p. 51, 53, 58; Aug. p. 93, 97, 98.
Cantor, Harvey, 1976 May p. 34.
Cantril, Hadley, 1950 Sept. p. 23, 84; 1954 Mar. p. 39; 1959 Apr. p. 56.
Cantwell, R. F., 1949 Sept. p. 26.
Canutulachama, 1960 Nov. p. 166.
Capablanca, José, 1958 June p. 105; 1962 Dec. p. 110.
Capaldi, Roderick A., 1975 Oct. p. 32.
Cape Haze Marine Laboratory, 1962 July p. 66.
Capecchi, Mario, 1968 Jan. p. 38.
Capindale, John B., 1960 Nov. p. 105.
Capra, Donald, 1977 Oct. p. 101.
Capra, Frank, 1949 May p. 14; 1958 Apr. p. 64.
Capra, J. Donald, 1977 Jan. p. 50, 52.
Capron, William M., 1970 Feb. p. 44.
Caracalla, Emperor, 1961 June p. 130; 1974 Dec. p. 121, 122, 124, 125, 127.
Caraffa, Giovanni P., 1957 Mar. p. 121.
Carandini, A., 1978 Jan. p. 111.
Carayon, J., 1956 Nov. p. 124.
Carbide and Carbon Chemicals Corporation, 1949 July p. 41; 1955 July p. 65, 66.
Carbone, Richard, 1974 Dec. p. 23.
Carborundum Company, 1965 Mar. p. 56.
Cardano, Girolamo, 1964 Sept. p. 45, 52.
Cardarelli, Nathan F., 1968 Aug. p. 46.
Cárdenas, 1966 Oct. p. 25.
Cardi, Beatrice de, 1967 May p. 60; 1971 June p. 102.
Cardinal, C. U., 1970 Dec. p. 41; 1978 June p. 67.
Cardwell, William, 1973 July p. 33.
Careri, Gemelli, 1959 Aug. p. 52, 54; 1964 Dec. p. 116.
Carey, Dwight L., 1977 Feb. p. 56.
Carey, Francis G., 1973 Feb. p. 36.
Carey, Frank, 1948 Oct. p. 25; 1964 Mar. p. 36.
Carey, Niall, 1951 Dec. p. 42; 1956 Mar. p. 34.
Carey, S. W., 1966 Oct. p. 30; 1968 Apr. p. 54, 59.
Carey, William D., 1976 Nov. p. 66.
Carl, Marion E., 1953 Oct. p. 40.
Carl Zeiss, Inc., 1978 Apr. p. 64, 65.
Carlbom, L., 1956 Aug. p. 54.
Carlemalm, E., 1971 Mar. p. 28.
Carleton, Mark, 1953 July p. 57.
Carleton, Nathaniel P., 1971 Jan. p. 51; 1974 May p. 112, 115; 1975 Sept. p. 73.
Carlile, Richard, 1972 Feb. p. 96.
Carlisle, Anthony, 1960 June p. 108; 1965 Jan. p. 89.
Carlisle, David B., 1956 Apr. p. 66.
Carlisle, Edith M., 1972 July p. 60.
Carlitz, Robert D., 1974 May p. 117.
Carlo, James, 1949 July p. 44.
Carlsen, E. N., 1965 June p. 40.
Carlsmith, J. Merrill, 1962 Oct. p. 96; 1972 May p. 52.
Carlson, Anton J., 1948 Nov. p. 24; 1949 Jan. p. 29; Sept. p. 26; 1956 Nov. p. 109, 110.
Carlson, Bruce M., 1977 July p. 73.
Carlson, Chester, 1972 Mar. p. 50; 1977 May p. 36.

Carlson, David E., 1977 May p. 42.
Carlson, Francis D., 1961 Sept. p. 204.
Carlson, J. Gordon, 1961 Sept. p. 108.
Carlson, R. O., 1963 July p. 38.
Carlson, Robert M., 1968 July p. 50.
Carlsson, Arvid, 1974 June p. 65, 71; 1977 Aug. p. 112.
Carlton, Bruce C., 1967 May p. 91, 92.
Carlyle, Thomas, 1963 Nov. p. 39.
Carman, Harry J., 1952 Aug. p. 38.
Carmichael, Bruce, 1954 Aug. p. 77.
Carmichael, Stokely, 1971 Dec. p. 13.
Carmon, A., 1975 Oct. p. 104.
Carmona, Alfredo, 1969 Apr. p. 50; 1970 Jan. p. 32, 36.
Carnahan, J. E., 1962 Oct. p. 60; 1974 Oct. p. 69.
Carnahan, Judith, 1967 Dec. p. 19.
Carnap, Rudolf, 1952 Nov. p. 76; 1965 Oct. p. 46; 1973 May p. 83.
Carnegie, Andrew, 1952 Jan. p. 45.
Carnegie Corporation, 1953 May p. 46; 1954 May p. 31; Sept. p. 70; 1955 Aug. p. 48; 1956 June p. 56; Aug. p. 50; 1957 Jan. p. 38; 1958 May p. 69.
Carnegie Foundation, 1949 Sept. p. 14; 1951 July p. 15; 1966 Aug. p. 40; 1973 Sept. p. 140.
Carnegie Institute of Technology, 1955 July p. 62; 1958 July p. 50; 1960 Aug. p. 60; 1962 Dec. p. 110; 1963 Jan. p. 41; 1966 Sept. p. 247.
Carnegie Institution, 1955 Sept. p. 127; 1956 Mar. p. 88; Oct. p. 56, 57; 1958 Apr. p. 43; 1964 Apr. p. 66, 114; May p. 56; July p. 36, 37; Aug. p. 63; 1965 Dec. p. 77; 1969 Apr. p. 33; 1971 Dec. p. 84; 1975 Oct. p. 73.
Carnegie Institution of Washington, 1948 Nov. p. 24; 1950 Mar. p. 53; 1952 Feb. p. 43; July p. 70, 71; 1953 Oct. p. 31, 32, 33; 1955 May p. 84, 85; 1956 July p. 83, 86, 90; 1960 Jan. p. 126; 1965 July p. 80; 1968 Sept. p. 115; 1973 June p. 33; Aug. p. 61; Oct. p. 80.
Carneiro, Paulo, 1948 May p. 11.
Carnel, Alexis, 1967 Nov. p. 26.
Carnot, L. N. M., 1964 Sept. p. 65.
Carnot, Nicolas L. S., 1948 July p. 52; 1951 May p. 54, 55; 1954 Sept. p. 60, 61, 99, 123; 1955 Jan. p. 83; 1968 Jan. p. 117, 119-121; 1969 Apr. p. 106; Aug. p. 108, 110-117.
Caro, Lucien G., 1969 Feb. p. 103; 1975 Oct. p. 31.
Caroline Matilda, Queen of Denmark, 1969 July p. 42, 46.
Caroline of Brunswick, 1969 July p. 43.
Carothers, J. C., 1957 Aug. p. 104.
Carothers, Wallace H., 1957 Sept. p. 88. 99; 1974 Dec. p. 60.
Carp, Richard S., 1976 May p. 53.
Carpco Corporation, 1968 Jan. p. 33.
Carpenter, C. J. Charles, 1971 Aug. p. 18, 19.
Carpenter, C. R., 1954 May p. 79; 1960 Sept. p. 96.
Carpenter, Frank M., 1967 Oct. p. 62.
Carpenter, Martha S., 1958 Jan. p. 46.
Carpenter, Roland L., 1959 Aug p. 111; 1965 Dec. p. 40; 1968 July p. 34.
Carpio, Miguel, 1973 Sept. p. 46.
Carr, A. F. Jr., 1959 Jan. p. 114.
Carr, Bill, 1977 May p. 109.
Carr, Harvey, 1963 Oct. p. 116.
Carr, Michael, 1964 Dec. p. 46; 1973 Jan. p. 55; 1978 Mar. p. 81.
Carr, Thomas D., 1958 June p. 46; 1964 July p. 39.
Carranza, Venustiano, 1966 Oct. p. 25.
Carrel, Alexis, 1948 June p. 41; 1949 Dec. p. 14; 1956 Oct. p. 52; 1959 Oct. p. 57; 1961 Apr. p. 93; 1968 Mar. p. 32; 1969 June p. 49.
Carrick, Robert, 1964 Aug. p. 74.
Carrier Corporation, 1957 Mar. p. 45; 1962 Dec. p. 43.
Carrier, William L., 1967 Feb. p. 39.
Carriger, Barbara K., 1959 Apr. p. 67.
Carrington, John F., 1971 Dec. p. 90.
Carrington, Richard C., 1955 Feb. p. 40-42; 1968 Jan. p. 108; 1975 Apr. p. 106; Sept. p. 43.
Carroll, Burt H., 1961 Nov. p. 120.
Carroll, Charles, 1976 July p. 123.
Carroll, Edward J., 1977 Nov. p. 132, 134, 135.
Carroll, Lewis, *see:* Dodgson, Charles L.
Carroll, Robert L., 1967 Sept. p. 104.
Carroll, Rovert B., 1961 Oct. p. 66.
Carruthers, George R., 1971 Dec. p. 25.
Carson, Kit, 1967 Jan. p. 47.
Carson, Rachel, 1951 Feb. p. 30; 1963 July p. 64; 1967 July p. 15.
Carson, Robert K., 1970 Feb. p. 46.
Carson, Timothy J., 1971 Oct. p. 44.
Carswell, Elizabeth A., 1977 May p. 73.
Carswell, R. F., 1973 June p. 38.
Carswell, Robert, Sir, 1970 July p. 40.
Cartan, Henri, 1957 May p. 94.
Cartaud, Jean, 1977 Feb. p. 113.
Carter, Anne P., 1966 Apr. p. 25; 1967 Sept. p. 261; 1976 Sept. p. 123.
Carter, Brandon, 1972 May p. 45, 46; 1974 Dec. p. 35; 1977 Jan. p. 36.
Carter, F. Bayard, 1951 Apr. p. 35.
Carter, George F., 1953 Mar. p. 54; 1956 Apr. p. 68.
Carter, Helene, 1949 Dec. p. 55.
Carter, Howard, 1978 Mar. p. 74.
Carter, James, 1976 June p. 22, 23.
Carter, Jeanette S., 1956 Nov. p. 132.
Carter, Jimmy, 1976 Oct. p. 57; 1977 Mar. p. 61; Apr. p. 52; June p. 54; July p. 56; Aug. p. 24, 28, 52; Nov. p. 43, 45, 49-51; 1978 Feb. p. 76; Mar. p. 69.
Carter, Joseph C., 1966 Jan. p. 49; 1968 Dec. p. 40.
Carter, N. L., 1965 Oct. p. 33.
Carter, Neville L., 1978 Apr. p. 128.
Carter, William A., 1977 Apr. p. 44, 49.
Cartier, Jacques, 1948 Nov. p. 20; 1952 Jan. p. 50.
Cartier, M., 1972 Aug. p. 83.
Cartter, Allan M., 1977 May p. 50.
Cartwright, George E., 1968 May p. 105.
Caruso, Enrico, 1975 July p. 48.
Carver, George W., 1949 Dec. p. 56.
Carver, T. R., 1966 July p. 74.
Cary, Elizabeth, 1949 July p. 50.
Casals, Jordi, 1955 Mar. p. 67, 68.
Case, Clifford P., 1976 Nov. p. 27.
Case Institute of Technology, 1958 July p. 50; 1964 Feb. p. 56; Nov. p. 111, 114; Dec. p. 96; 1966 Feb. p. 41, 44, 46; 1967 Nov. p. 27.
Case, James D., 1961 July p. 104.
Case, James F., 1976 May p. 74, 76, 83, 84.
Case, Kenneth, 1968 Jan. p. 81.
Case Western Reserve School of Medicine, 1973 Sept. p. 146.
Casey, Richard G., 1971 Apr. p. 56.
Casey, William J., 1971 Mar. p. 44.
Cash, Richard A., 1971 Aug. p. 18.
Casimir, H. B. G., 1956 Mar. p. 96; 1960 July p. 49, 52, 53; 1962 Apr. p. 114; Dec. p. 97; 1968 Mar. p. 48.
Casimir-Jonker, J. M., 1961 July p. 125.
Caskey, C. Thomas, 1967 Apr. p. 48.
Casley-Smith, J. R., 1963 June p. 88.
Caslon, William, 1969 May p. 62.
Caspar, Donald L. D., 1963 Jan. p. 53; 1966 Dec. p. 34, 36; 1975 Nov. p. 39.
Caspari, Ernst, 1950 June p. 18.
Caspary, R., 1973 May p. 51.
Casper, Donald L. D., 1978 May p. 150.
Caspersson, Torbjörn, 1950 Sept. p. 57; 1953 Feb. p. 54; 1958 Mar. p. 120; May p. 40; 1960 Jan. p. 128, 134; 1961 Sept. p. 57, 78; 1974 July p. 38.
Cassell, Eric J., 1965 Sept. p. 186.
Cassen, Patrick, 1971 Aug. p. 70.
Casserio, Giulio, 1971 June p. 95.
Cassidy, William A., 1965 Nov. p. 50.
Cassie, A. B. D., 1951 July p. 44.
Cassini, Giovanni D., 1968 Feb. p. 76; 1975 Sept. p. 120, 122; 1977 May p. 81, 82.
Cassini, Jacques, 1967 Oct. p. 70.
Cassini, Jean Dominique, 1960 July p. 54, 56, 63; 1964 Mar. p. 107; 1970 May p. 27.
Cassinis, G., 1955 Sept. p. 167.
Cassirer, Ernst, 1957 June p. 150.
Castagnoli, C., 1956 June p. 41.
Castaldi, R., 1973 Nov. p. 42.
Castellano, Joseph A., 1970 Apr. p. 101.
Castellanos, Juan de, 1967 July p. 96.
Castelli, Benedetto, 1975 Mar. p. 102.
Castellucci, Vincent, 1970 July p. 64.
Castelnaud, Michel de, 1973 Apr. p. 86.
Caster, W. O., 1959 June p. 76.
Castiglioni, Arturo, 1964 Feb. p. 121.
Castillo, José del, 1975 Oct. p. 32.
Castle, Hempstead, 1963 Feb. p. 128.
Castle, Irene, 1950 Feb. p. 27.
Castle, John E., 1974 Oct. p. 69.
Castle, W. E., 1960 May p. 120, 128.
Castles, M. P., 1964 July p. 38.
Castor, John I., 1978 Jan. p. 81.
Castro, Baldorioty de, 1966 Oct. p. 25.
Castro, Fidel, 1963 Feb. p. 45; 1966 Oct. p. 23.
Castro, Nicolo di, 1957 Mar. p. 126.
Caswell, James L., 1976 June p. 105.
Cathcart, Edward R., 1965 May p. 88; 1971 Oct. p. 102.
Catherine The Great, 1972 Feb. p. 97; 1976 Jan. p. 116.
Catholic University of Louvain, 1963 May p. 64, 67, 70-72; Oct. p. 46; Nov. p. 116; 1977 Apr. p. 44.
Catlin, George, 1955 June p. 60.
Catling, H. W., 1972 Oct. p. 39.
Cato the Elder, 1949 June p. 42; 1954 Nov. p. 98; 1978 Jan. p. 111.
Caton, Richard, 1959 Aug. p. 89; 1962 June p. 142.
Catron, Damon, 1952 Apr. p. 54.
Cattanach, Bruce M., 1974 May p. 53.
Cattell, J. McKeen, 1958 Oct. p. 37, 43; 1974 Dec. p. 24.
Cauchy, Augustin, 1948 June p. 57; 1954 Apr. p. 87; 1964 Sept. p. 113, 134; 1977 July p. 126, 130.
Caus, Salamon de, 1964 Jan. p. 100.
Causey, Ottis R., 1955 Mar. p. 64, 65.
Cauwenberge, H. van, 1951 Nov. p. 34.
Cava, Michael P., 1954 Dec. p. 58.
Cavalieri, Bonaventura, 1975 Mar. p. 102.
Cavalieri, Liebe F., 1972 Jan. p. 31.
Cavalli-Sforza, Luigi L., 1956 July p. 116; 1967 July p. 110; 1970 Oct. p. 19; 1974 Sept. p. 31, 80, 88.
Cavallo, Tito, 1976 May p. 61.
Cavasinni, V., 1973 Nov. p. 42.
Cavendish, Henry, 1948 Aug. p. ; 1950 Feb. p. 41; 1955 June p. 70; 1956 May p. 85; 1960 Oct. p. 117; 1961 Mar. p. 95, 97; 1964 May p. 66; 1972 May p. 36; 1973 May p. 75; 1976 May p. 90, 91, 94-96.
Cavendish, Thomas, 1969 Sept. p. 60.

Cavers, David F., 1957 Sept. p. 107; 1958 Dec. p. 53.
Cavins, John, 1977 Feb. p. 85.
Cawley, John, 1964 Jan. p. 101.
Cayley, Arthur, 1954 May p. 86; 1955 Jan. p. 86; 1964 Sept. p. 54; 1977 Oct. p. 108.
Cayley, George, Sir, 1955 Jan. p. 37; 1977 Aug. p. 98.
Caywood, Thomas E., 1971 Nov. p. 48.
CBS, *see:* Columbia Broadcasting System.
Cebra, John J., 1976 Mar. p. 115.
Cecil, David, Lord, 1977 Dec. p. 88.
Cecil, W., 1948 July p. 52.
Cedarholm, J. P., 1958 Dec. p. 50; 1960 Mar. p. 84.
Cederbaum, Arthur I., 1976 Mar. p. 32.
Cefola, M., 1954 Feb. p. 76.
Ceglowski, M. J., 1958 Oct. p. 56.
Ceglowski, Walter, 1973 Jan. p. 31.
Celanese Corporation of America, 1957 Sept. p. 166; 1964 Sept. p. 188; 1975 Dec. p. 98, 101, 105.
Celebrezze, Anthony J., 1962 Sept. p. 98.
Celler, Emanuel, 1965 Nov. p. 25.
Cellini, Benvenuto, 1966 Apr. p. 73.
Celsino, Numerius P., 1958 Apr. p. 71.
Celsius, Anders, 1949 May p. 26; June p. 31; 1968 June p. 54.
Celsus, Aulus C., 1973 Oct. p. 40.
Censorinus, 1949 Nov. p. 49.
Center for Advanced Study in Behavioral Sciences, 1953 Mar. p. 44.
Center for Defense Information, 1975 Apr. p. 53; May p. 42; 1976 Oct. p. 57.
Center for Naval Analyses, 1972 Aug. p. 44.
Center for the Analysis of Public Issues, 1971 Oct. p. 28.
Centerwall, Willard R., 1974 Apr. p. 51.
Centifanto, Ysolina M., 1973 Oct. p. 33.
Central African Institute for Scientific Research, 1948 Oct. p. 24.
Central America and Panama Institute of Nutrition, 1963 Sept. p. 77, 79.
Central Bureau for Astronomical Telegrams, 1976 Dec. p. 90.
Central Institute for the Deaf, 1970 Dec. p. 34.
Central Maine General Hospital (Lewiston), 1948 Oct. p. 9, 12, 13.
Centre Océanologique de Bretagne, 1977 Apr. p. 32.
Cenwalh, King of Wessex, 1974 May p. 35.
Ceppellini, Ruggiero, 1957 Mar. p. 124; 1972 June p. 29.
Cerami, Anthony, 1975 Apr. p. 45.
Ceraso, John, 1971 Aug. p. 90.
Ceraso, Joseph M., 1977 July p. 104.
Cerenkov, Pavel A., 1949 Nov. p. 27; 1951 Oct. p. 54, 55; 1956 June p. 40; 1958 Dec. p. 52; 1967 Nov. p. 28; 1970 Feb. p. 72, 73.
CERN, *see:* European Organization for Nuclear Research.
Cerny, Joseph, 1970 Dec. p. 41; 1978 June p. 60, 66, 67.
Cerretelli, Paolo, 1972 Mar. p. 88.
Cerri, C., 1973 Nov. p. 42.
Cerro Tololo InterAmerican Observatory, 1971 Feb. p. 30, 31; Dec. p. 20, 27, 28; 1977 Oct. p. 43, 55.
Cervantes Saavedra, Miguel de, 1952 Aug. p. 60; 1953 Sept. p. 52; 1970 Aug. p. 97.
Cesalpino, Andrea, 1965 June p. 112; 1977 May p. 96.
Cesarsky, Diego A., 1974 May p. 110, 111, 113.
Cesler, Walker L., 1953 June p. 43.
Cessac, Gerald L., 1969 Sept. p. 90.
Cézanne, Paul, 1956 May p. 66.
Chadderton, Lewis T., 1968 Mar. p. 93.
Chadwick, James, 1948 June p. 27, 28; 1949 Nov. p. 41, 43; 1950 Apr. p. 44; Sept. p. 30; 1951 Oct. p. 46, 49; 1952 Jan. p. 23; 1958 Feb. p. 77; Aug. p. 29; 1960 Mar. p. 100; 1964 Mar. p. 80; 1967 Nov. p. 27; 1975 Sept. p. 45.
Chadwick, John, 1954 May p. 73; 1969 Nov. p. 62.
Chafe, William H., 1974 Sept. p. 139.
Chaffee, J. G., 1961 Oct. p. 97.
Chaffee, Rowland C., 1961 Sept. p. 115.
Chagas, Carlos, 1960 Oct. p. 119.
Chagla, Mahomedali C., 1975 Apr. p. 22.
Chagnon, Napoleon O., 1968 June p. 45.
Chaikoff, Israel L., 1951 Sept. p. 52; 1971 June p. 97.
Chain, Ernst B., 1949 Aug. p. 28; Dec. p. 17; 1952 Mar. p. 35; 1961 Mar. p. 70; 1965 Sept. p. 82; 1966 Nov. p. 88; 1967 Nov. p. 27; 1973 Sept. p. 106.
Chakravarty, Birendra N., 1975 Apr. p. 22.
Chalatow, S., 1966 Aug. p. 53.
Chalazonitis, N., 1963 July p. 130.
Chalfont, Lord, 1966 Aug. p. 40.
Chalk River Laboratory, 1960 Nov. p. 184.
Chalkley, G. Roger, 1975 Feb. p. 49.
Chalkley, H. W., 1957 Dec. p. 122.
Challis, James, 1966 Sept. p. 164.
Chalmers, Bruce, 1965 Jan. p. 39; 1967 Feb. p. 86, 88; 1976 Oct. p. 34.
Chalmers, T. A., 1950 Mar. p. 44.
Chaloner, William, 1958 Sept. p. 96.
Chamalaun, F. H., 1967 Feb. p. 51, 52.
Chamberlain, Joseph W., 1961 June p. 114.
Chamberlain, Owen, 1955 Dec. p. 47; 1956 June p. 38, 41; 1959 Dec. p. 78; 1960 Mar. p. 108; 1963 Mar. p. 74; 1966 July p. 77; 1967 Nov. p. 25, 28; 1978 Feb. p. 76.
Chamberlain, P. C., 1970 Sept. p. 183.
Chamberlain, T. J., 1967 June p. 116.
Chamberlin, T. C., 1948 May p. 44; 1952 Oct. p. 55; 1972 June p. 57, 59.
Chambers, Edward L., 1977 Nov. p. 134-136.
Chambers, Leslie A., 1955 Jan. p. 76; 1961 Oct. p. 51.
Chambers, Robert, 1950 Oct. p. 49; 1952 Dec. p. 62; 1956 Feb. p. 65, 67; 1959 Feb. p. 70, 75; Aug. p. 98.
Chambers, Whittaker, 1950 Mar. p. 29.
Chambliss, O. L., 1967 June p. 110.
Chambon, P., 1978 Feb. p. 76, 80.
Chamie, C., 1956 May p. 41.
Champagnat, Alfred, 1965 Jan. p. 49; Nov. p. 52.
Champe, S., 1963 Jan. p. 55.
Champion, Ronald, 1972 June p. 112.
Champolion, Jean F., 1958 June p. 61.
Chan, Shung K., 1969 July p. 87.
Chan, Stephen W., 1973 Feb. p. 60.
Chanaud, Robert C., 1970 Jan. p. 40.
Chan-bahlum, 1978 May p. 96.
Chance, Britton, 1958 July p. 62; 1959 Aug. p. 121; 1966 July p. 86; 1967 Oct. p. 50; 1968 Feb. p. 35; 1969 May p. 30.
Chandler, Francis W., 1978 Feb. p. 84.
Chandler, Knox, 1966 Mar. p. 81, 82.
Chandler, Paul A., 1977 June p. 100.
Chandler, S. C., 1971 Dec. p. 81-83, 86, 88.
Chandler, T. J., 1967 Aug. p. 21, 22, 23.
Chandragupta, 1966 Feb. p. 106; 1968 Oct. p. 114.
Chandrasekhar, Subrahmanyan, 1954 Sept. p. 136; 1963 Jan. p. 74; 1965 June p. 46; 1968 June p. 36; 1971 Feb. p. 26; 1972 May p. 38; 1975 Sept. p. 44; 1976 July p. 106; 1977 Oct. p. 47.
Chang, Annie C. Y., 1975 July p. 25, 28, 29, 31, 32.
Chang, C. C., 1962 July p. 78.
Chang, H. L., 1964 Jan. p. 81.
Chang, Hai Wong, 1977 Feb. p. 116.
Chang, Jen-hu, 1971 Sept. p. 94, 97.
Chang, Kwang-chih, 1972 Apr. p. 37, 40.
Chang, M. C., 1951 Mar. p. 45, 46, 47; 1966 Aug. p. 80.
Chang, T. H. P., 1972 Nov. p. 39.
Chang, Ying-Ying, 1969 June p. 83, 84.
Changeux, Jean-Pierre, 1964 Nov. p. 76; 1969 May p. 40; 1970 June p. 36; 1973 Apr. p. 26; Oct. p. 61; 1977 Feb. p. 111-113.
Changnon, Stanley A. Jr., 1968 Apr. p. 49.
Chanlatte, L., 1969 Nov. p. 46.
Chanock, Robert M., 1960 Dec. p. 91; 1962 Mar. p. 118.
Chant, C. A., 1964 Feb. p. 54.
Chantre, Ernest, 1963 Feb. p. 97.
Chantrenne, Henri, 1953 Sept. p. 105; 1976 Aug. p. 63.
Chao, Edward C. T., 1960 Sept. p. 104; 1961 Feb. p. 67; June p. 88; Aug. p. 51, 54, 56, 57; Nov. p. 60; 1964 Feb. p. 51, 55; 1965 Oct. p. 32.
Chapanis, Alphonse, 1952 May p. 64; 1953 Apr. p. 74, 80, 81; 1975 Mar. p. 36.
Chapell, J. Brian, 1964 Jan. p. 73.
Chaperon, E. A., 1974 Nov. p. 63.
Chapeville, François, 1962 Sept. p. 108; 1963 Mar. p. 91.
Chaplin, Charlie, 1956 Feb. p. 35; 1977 Sept. p. 187.
Chapman, Clark R., 1968 Feb. p. 82; 1973 Mar. p. 32; 1975 Sept. p. 144, 146; 1977 Jan. p. 94.
Chapman, David S., 1977 Aug. p. 60.
Chapman, Dean R., 1961 Nov. p. 63; 1964 Feb. p. 51-53, 56, 57; 1971 Nov. p. 50.
Chapman, Douglas G., 1966 Aug. p. 17.
Chapman, Frank M., 1957 July p. 120; 1963 Aug. p. 43.
Chapman, George B., 1961 Sept. p. 57, 59.
Chapman, H. H., 1961 Apr. p. 153.
Chapman, Janet, 1968 Dec. p. 22.
Chapman, Oscar L., 1952 Feb. p. 18.
Chapman, Seville, 1969 Jan. p. 50.
Chapman, Sydney, 1954 Apr. p. 45; 1955 Feb. p. 41; 1957 Apr. p. 138; Oct. p. 58; 1958 Oct. p. 47; 1959 Mar. p. 39; June p. 59; 1960 July p. 54, 63; 1962 Dec. p. 51; 1963 June p. 53; 1964 Apr. p. 66, 69, 70; 1965 Mar. p. 58, 61, 65; 1966 Mar. p. 104-108, 110; 1968 Nov. p. 90; 1975 Sept. p. 161.
Chapman-Andresen, Cicily, 1961 Apr. p. 122; Sept. p. 176, 178.
Chapnian, Gabriel, 1973 Sept. p. 50.
Chapontin, Père, 1952 Jan. p. 67.
Chappe, Claude, 1972 Sept. p. 99; 1977 Aug. p. 40.
Chappell, J. B., 1972 Feb. p. 34; 1975 Jan. p. 92.
Chappelow, Allan, 1952 May p. 31.
Charcot, Jean M., 1955 Nov. p. 31; 1964 Apr. p. 32; 1970 July p. 40, 46.
Chardin, Pierre T. de, 1953 Dec. p. 70.
Chargaff, Erwin, 1954 Oct. p. 55, 58; 1962 Feb. p. 42; 1972 Dec. p. 86, 88, 89; 1977 July p. 28, 30.
Charity Hospital, 1977 June p. 103.
Charles, David, 1975 Feb. p. 40.
Charles, Duke of Brunswick, 1969 July p. 43.
Charles E. Frosst and Company of Canada, 1953 Aug. p. 48.
Charles F. Kettering Research Laboratory, 1977 Mar. p. 72.
Charles I, King of England, 1952 June p. 57, 59; 1953 Oct. p. 84; 1959 Jan. p. 54; June p. 90; 1967 May p. 67, 69, 72; 1969 July p. 42; 1970 Oct. p. 114; 1971 Sept. p. 52.

Charles II, King of England, 1951 Feb. p. 60; 1953 June p. 25, 31; 1965 Sept. p. 153; 1967 June p. 19; 1969 July p. 42; Sept. p. 61; 1971 May p. 15.
Charles III, King of France, 1967 May p. 75.
Charles IX, 1956 Jan. p. 92.
Charles, J. A., 1967 Apr. p. 52.
Charles, J. A. C., 1951 Dec. p. 68.
Charles Pfizer and Company, Inc., 1950 July p. 29; 1952 Oct. p. 48; 1953 Apr. p. 30; 1955 Aug. p. 49; 1968 July p. 103.
Charles, Philip A., 1975 Dec. p. 38; 1978 Jan. p. 82.
Charles Stark Draper Laboratory, Inc., 1974 Sept. p. 74; 1978 Feb. p. 62, 63.
Charles the Bold, King, 1967 May p. 72.
Charles V, Emperor, 1948 May p. 25, 30; 1955 Jan. p. 74; 1956 Jan. p. 91.
Charlesby, A., 1954 Aug. p. 40; 1957 Sept. p. 149; 1959 Sept. p. 78.
Charlier, C. C., 1977 Nov. p. 90.
Charlier, C. V. L., 1954 Mar. p. 55, 56, 58; July p. 35.
Charlotte, Princess, 1965 Aug. p. 91; 1969 July p. 42, 46.
Charlwood, Peter, 1963 Oct. p. 46.
Charney, Evan, 1971 Feb. p. 23.
Charney, Jule G., 1952 Aug. p. 38; 1955 Aug. p. 42; 1956 Dec. p. 44; 1970 Jan. p. 116.
Charnley, John, 1978 Jan. p. 44, 46.
Charoenwongza, Pisit, 1976 Sept. p. 70.
Charpak, G., 1961 Mar. p. 80; July p. 54.
Charpie, Robert A., 1955 July p. 50.
Charter, S., 1967 Sept. p. 93.
Charters, A. C., 1960 Oct. p. 140.
Chase Aircraft Company, 1950 Jan. p. 26.
Chase, Arnold B., 1952 Aug. p. 25, 27.
Chase, L. R., 1970 Oct. p. 48.
Chase, Martha, 1953 May p. 37; 1954 Dec. p. 64, 65; 1956 Oct. p. 88; 1961 June p. 97; 1969 Dec. p. 49; 1972 Dec. p. 86.
Chase, Merrill W., 1949 July p. 18; 1974 Nov. p. 59.
Chase, Norman, 1949 June p. 49.
Chase, Peter P., 1951 June p. 38.
Chase, Sherret, 1951 Aug. p. 44.
Chasles, Michael, 1955 Jan. p. 83.
Chaso, E. C. T., 1962 Feb. p. 78, 81.
Chasseloup-Laubat, Comte de, 1972 May p. 109.
Chatin, A., 1959 Jan. p. 98.
Chatterjee, I. B., 1976 Sept. p. 51.
Chaucer, Geoffrey, 1948 Sept. p. 25; 1952 Apr. p. 83; Oct. p. 72; Dec. p. 30; 1955 Aug. p. 68, 78; 1967 Dec. p. 97; 1974 Jan. p. 104, 106.
Chaudhari, Praveen, 1978 Apr. p. 86, 87.
Chaudron, Georges, 1967 Dec. p. 67.
Chauveau, Auguste, 1956 May p. 120.
Chavaillon, Jean, 1978 Apr. p. 99.
Chayes, Abram, 1969 Aug. p. 23.
Cheadle, Edward, 1977 Sept. p. 232.
Chebyshëv, P. L., 1964 Sept. p. 95.
Check, Maru, 1956 Aug. p. 63.
Chedid, Louis, 1964 Mar. p. 44.
Cheeseman, Leonard E., 1968 Sept. p. 124.
Chein, Isador, 1974 Dec. p. 26.
Chekhov, Anton, 1949 Oct. p. 31; 1974 Nov. p. 54.
Chellaswami, T., 1954 Jan. p. 40.
Chemical Abstracts Service, 1966 Sept. p. 224, 238.
Chemical Construction Corporation, 1952 June p. 32; 1953 May p. 33-35.
Chemically Prestressed Concrete Corp., 1964 Oct. p. 60.
Chemie Grünenthal, 1955 Dec. p. 50; 1962 Aug. p. 30, 31, 33.
Chemstrand Research Centre, 1963 May p. 58; 1965 Aug. p. 76.
Chen, F. S., 1968 June p. 19.
Chen, Francis F., 1971 Feb. p. 54; 1972 July p. 67.
Chen, K. K., 1959 Nov. p. 78, 79.
Chen, Lincoln, 1971 Aug. p. 21.
Chen, Pi-chao, 1973 Nov. p. 50.
Ch'en, Shun, 1973 Feb. p. 51.
Chen, Susie, 1974 July p. 42.
Chen, T. R., 1974 July p. 40.
Cheng, Chu-yuan, 1966 Nov. p. 41.
Cheng, Hung, 1973 Nov. p. 44.
Cheng, K.-J., 1978 Jan. p. 86.
Cheng, Lanna, 1978 Apr. p. 134.
Cheng, Roger V., 1972 Mar. p. 56.
Cheng, T. P., 1977 May p. 56.
Cheops, *see:* Khufu.
Chernick, S. S., 1951 Sept. p. 52.
Chernysh, A. P., 1974 June p. 101.
Cherry, Colin A., 1962 Apr. p. 147; 1970 Dec. p. 35.
Cherry, John, 1975 May p. 45.
Cherry, Ruth, 1952 Feb. p. 31.
Chesley, Gilman D., 1972 Mar. p. 43.
Chesley, Paul, 1950 June p. 17.
Chess, James R., 1972 July p. 96.
Chess, Stella, 1970 Apr. p. 97; Aug. p. 102; 1972 Dec. p. 42.
Chesselet, Roger, 1974 May p. 67.
Chester Beatty Research Institute, 1962 Nov. p. 54; 1964 July p. 66; 1965 June p. 41, 45; 1977 May p. 76.
Chester, C. V., 1971 June p. 31.
Chester, K., 1952 Apr. p. 19.
Chester, P. F., 1971 Apr. p. 88.
Chesterfield, Lord, 1958 June p. 74.
Chesterton, G. K., 1972 Jan. p. 94, 102.
Chestnut Lodge Sanitarium, 1962 Aug. p. 71.
Chetverikov, S. S., 1950 Jan. p. 33.
Cheung, Albert C., 1969 Feb. p. 42; Apr. p. 50; 1973 Mar. p. 53.
Chevalier, A., 1948 Oct. p. 25.
Chevalier, Charles L., 1976 Aug. p. 72.
Chevalier, Roger A., 1976 Dec. p. 93, 100; 1978 Jan. p. 81.
Chevallier, Claude, 1957 May p. 94.
Chew, Geoffrey F., 1962 Feb. p. 74; Nov. p. 70; 1963 Jan. p. 44, 45; 1964 Jan. p. 54; Feb. p. 93; Apr. p. 60; July p. 44; Sept. p. 130; Oct. p. 36; 1965 Mar. p. 52; 1967 May p. 134; Dec. p. 90; 1969 Mar. p. 48; 1975 Feb. p. 63; Oct. p. 40.
Chew, William T., 1964 June p. 55.
Chhina, G. S., 1972 Feb. p. 85.
Chian, Pharoah, 1968 Mar. p. 46.
Chiang, Kwen-sheng, 1970 Nov. p. 28.
Chiao, Raymond Y., 1964 Aug. p. 40; 1968 Sept. p. 124, 132.
Chiarelli, James J., 1963 Nov. p. 91.
Chiarugi, Vincenzo, 1973 Sept. p. 119.
Chicago Housing Authority, 1965 Sept. p. 196.
Chicago Lincoln Park Zoo, 1955 Dec. p. 56.
Chicago Medical Society, 1952 Jan. p. 40; 1953 Sept. p. 73-73.
Chicago Natural History Museum, 1963 Aug. p. 43.
Chicago Urban League, 1965 Aug. p. 14.
Chieffi, Giovanni, 1963 Nov. p. 114.
Chikovani, G. E., 1967 Oct. p. 41, 45.
Child, Frank, 1974 Oct. p. 46.
Childe, V. Gordon, 1960 Sept. p. 148; 1965 Sept. p. 59; 1971 Oct. p. 64-67, 70; 1973 Oct. p. 41, 42.
Childeric I, King, 1951 Apr. p. 25.
Childerley, S., 1967 Sept. p. 93.
Children's Cancer Research Foundation, 1957 Sept. p. 174; 1962 July p. 45; 1966 Apr. p. 109; Dec. p. 34, 36; 1969 Apr. p. 33.
Children's Defense Fund, 1974 May p. 60.
Childs, Barton, 1963 Nov. p. 72; 1977 Feb. p. 82.
Childs, H. C., 1948 June p. 27.
Chilton, J. P., 1967 Feb. p. 88.
Chilton, Thomas H., 1956 May p. 54.
Chim, H. D., 1965 Feb. p. 57.
Chi-Ming, Chu, 1977 Dec. p. 94.
Chin, Chao-Wen, 1976 Feb. p. 50.
Chin-Chance, Selvin, 1978 Jan. p. 129.
Chingis, Khan, *see:* Genghis Khan.
Chinitz, Benjamin, 1965 Sept. p. 202.
Chinnery, M. A., 1971 Dec. p. 87.
Chinowsky, William, 1975 June p. 54, 56.
Chirikov, Aleksei, 1958 Nov. p. 115; 1961 May p. 89.
Chisholm, G. Brock, 1957 Sept. p. 107; 1958 Dec. p. 53.
Chisholm, J. H., 1957 Jan. p. 48.
Chisholm, Jack, 1954 Dec. p. 50.
Chisolm, J. Julian Jr., 1969 May p. 54; 1971 Feb. p. 15.
Chistyakov, I. G., 1964 Aug. p. 77.
Chittenden, Gertrude E., 1967 Mar. p. 80.
Chitty, Dennis, 1955 Oct. p. 92; 1967 Jan. p. 81; 1974 June p. 40, 42, 43, 46.
Chiu, Hong-Yee, 1964 June p. 38, 40, 41; 1971 Feb. p. 31.
Chladni, Ernst, 1948 July p. 36; 1975 Jan. p. 24.
Chleck, D. J., 1959 Aug. p. 68.
Chmutov, K. V., 1970 Nov. p. 71.
Chollet, R., 1974 Dec. p. 70.
Cholnoky, L., 1951 Mar. p. 38.
Chomsky, Noam, 1970 Feb. p. 44; 1972 Sept. p. 32, 34-36, 50, 78; 1973 Dec. p. 113; 1977 Feb. p. 101.
Chope, Harold D., 1956 Apr. p. 64.
Chopin, Frederic, 1949 Oct. p. 31; 1959 Dec. p. 111; 1972 Dec. p. 91, 92.
Choppin, G. R., 1956 Dec. p. 67.
Chopra, G. S., 1969 Dec. p. 22, 24, 25.
Chopra, R. N., 1969 Dec. p. 22, 24, 25.
Chopra, S. R. K., 1968 Aug. p. 45.
Chou, Tou-Wei, 1977 Dec. p. 138.
Chou, Y. R., 1963 June p. 127.
Chou-En-lai, 1966 July p. 48; 1975 May p. 20.
Chovitz, Bernard, 1956 July p. 50.
Chow, Kao Lang, 1955 Feb. p. 72.
Chown, Bruce, 1968 Nov. p. 52.
Chrambach, Andreas, 1972 June p. 33.
Chrisman, Nicholas, 1974 Sept. p. 35.
Christ Jesus, *see:* Jesus of Nazareth.
Christaller, Walter, 1975 May p. 66, 68, 72-78.
Christensen, Larry, 1976 July p. 51.
Christensen, Ralph, 1951 Aug. p. 24.
Christenson, James H., 1964 Sept. p. 82; Dec. p. 62; 1965 Apr. p. 56; Dec. p. 29, 32; 1969 Oct. p. 90.
Christian, C. L., 1967 Jan. p. 115.
Christian, Fletcher, 1955 Nov. p. 36.
Christian Heritage College, 1977 Dec. p. 87.
Christian, John J., 1974 June p. 40, 42.
Christian Science Church, 1952 Feb. p. 40; Mar. p. 44.
Christian V, King, 1976 Jan. p. 112.
Christiansen, Arthur, 1963 Aug. p. 41.
Christiansen, W. N., 1955 May p. 46; 1975 Aug. p. 29.
Christianson, Louise, 1977 Mar. p. 122.
Christie, Amos, 1948 June p. 13, 14.
Christie, Dugald, 1970 Dec. p. 79.
Christina, Queen of Sweden, 1959 Oct. p. 166; 1964 Sept. p. 149; 1973 Dec. p. 99.
Christison, Robert, Sir, 1971 Jan. p. 96.
Christofides, Nicos, 1978 Jan. p. 107, 109.

Christofilos, Nicholas C., 1953 June p. 48; Oct. p. 51; 1958 Oct. p. 53; 1959 Mar. p. 46; May p. 70; 1972 Apr. p. 25, 26, 33.
Christofori, Bartolommeo, 1965 Dec. p. 91, 93.
Christy, Henry, 1964 Aug. p. 86, 89.
Christy, Robert F., 1950 Jan. p. 45; 1975 June p. 74; 1976 Dec. p. 95; 1978 June p. 83.
Chrysler Corporation, 1960 Aug. p. 46; 1974 Aug. p. 57; 1975 Apr. p. 53; 1976 Nov. p. 106; 1977 Aug. p. 98, 99; Sept. p. 186.
Chrysler, Walter, 1977 Aug. p. 99-101.
Chrysler, William P., 1977 Aug. p. 98.
Chrysostomos, Dion, 1966 Dec. p. 99.
Chu, Elizabeth, 1965 July p. 56.
Chu, Geoffrey F., 1964 June p. 55.
Chuang, T., 1973 June p. 55.
Chubb, Frederick W., 1951 May p. 64-69.
Chubb, Talbot A., 1959 June p. 57; 1963 Dec. p. 68; 1964 June p. 37; Sept. p. 86; 1966 Apr. p. 50; 1969 July p. 52.
Chubbuck, Gerald, 1967 Jan. p. 44, 47, 48, 51, 52.
Chugach Electric Association, 1956 Dec. p. 54.
Chugainov, P. F., 1964 Aug. p. 18.
Chumakov, I. S., 1972 Dec. p. 35.
Chumakov, Michael P., 1959 Feb. p. 94; Aug. p. 65.
Chupka, William A., 1954 Nov. p. 49; 1968 Oct. p. 52.
Chupp, W., 1956 June p. 41.
Churaev, N. V., 1970 Nov. p. 62.
Church, A. H., 1952 July p. 22.
Church, Alonzo, 1971 Mar. p. 51, 57, 58, 60; 1973 Nov. p. 85, 90; 1975 Apr. p. 34; 1977 Oct. p. 111.
Church, Frank, 1972 Apr. p. 15.
Church of the Brethren, 1953 Aug. p. 76-81.
Church, Ron, 1961 Aug. p. 44; 1962 June p. 129.
Churcher, C. S., 1976 Aug. p. 32.
Churchill, Edward D., 1950 Jan. p. 15.
Churchill, John, 1958 June p. 74.
Churchill, John, Duke of Marlborough, 1976 Jan. p. 115.
Churchill, Winston S., Sir, 1948 June p. 17; 1950 June p. 11; 1952 Apr. p. 36; Dec. p. 34; 1954 May p. 47; 1955 Jan. p. 42; 1956 June p. 78; 1973 Sept. p. 45.
Churchman, C. West, 1972 Dec. p. 87, 88.
Ch'u-ts'ai, Yeh-lü, 1963 Aug. p. 64.
Chvapil, M., 1963 Apr. p. 106.
Chytil, Frank, 1972 Mar. p. 42.
C.I.A., *see:* U.S. Central Intelligence Agency.
Ciampi, Elgin, 1957 June p. 55.
CIBA Limited, 1949 July p. 44; 1963 July p. 51; 1970 Oct. p. 45, 50; 1971 Mar. p. 29.
Cicero, 1949 June p. 41; 1950 Oct. p. 44; 1952 Apr. p. 83; 1958 Apr. p. 70; 1963 Dec. p. 115; 1974 Apr. p. 50.
Cieciura, S. J., 1957 Aug. p. 93.
Cierva, Juan de la, 1955 Jan. p. 37; 1967 Apr. p. 39.
Cieza de Léon, Pedro, 1952 July p. 19, 20.
Cigliano, Eduardo, 1967 Nov. p. 45.
Cinader, Bernhard, 1964 Dec. p. 114; 1973 Nov. p. 61, 63; 1977 Jan. p. 50.
Cinci, 1949 Aug. p. 45.
Cincinnati Milacron Inc., 1975 Feb. p. 25.
Cioffi, P. P., 1962 June p. 67.
Cipriani, L., 1957 May p. 44.
Cita, Maria, 1972 Dec. p. 32.
Citarella, R. V., 1967 Dec. p. 25.
City of Hope Medical Center, 1963 July p. 61.
Claassen, Howard H., 1962 Nov. p. 76; 1966 Oct. p. 64.
Cladis, John B., 1960 Mar. p. 93.
Claesson, S., 1951 Mar. p. 41.
Clairaut, Alexis C., 1960 July p. 47; 1967 Oct. p. 70.
Claman, Henry N., 1973 July p. 58; 1974 Nov. p. 63.
Clamp, John, 1974 May p. 80.
Clapp, P. F., 1952 Oct. p. 30.
Clara, M., 1973 Apr. p. 75, 78, 82.
Clarendon, Lord, 1977 Nov. p. 150, 151.
Clark, Alison, 1977 Aug. p. 95.
Clark, Alvin, 1977 Oct. p. 46.
Clark, Alvin J., 1976 Dec. p. 109.
Clark, Barry G., 1972 Feb. p. 76.
Clark, Bennett C. Jr., 1950 Feb. p. 27.
Clark, Benton C., 1978 Mar. p. 86.
Clark, Brian F. C., 1968 Mar. p. 69; 1969 Mar. p. 50; 1978 Jan. p. 59.
Clark, Colin G., 1955 July p. 35; 1960 Sept. p. 202; 1963 Sept. p. ; 1965 Oct. p. 13.
Clark, David H., 1974 Nov. p. 84, 87, 95; 1976 June p. 49, 105; July p. 66.
Clark, Dwight E., 1955 Oct. p. 41.
Clark, E. T., 1949 Mar. p. 37.
Clark, Earl, 1953 July p. 57.
Clark, Eleanor L., 1969 June p. 48.
Clark, Eliot R., 1969 June p. 48.
Clark, Ellen, 1951 July p. 63.
Clark, Eugenie, 1962 July p. 66.
Clark, F. C., 1969 Oct. p. 34.
Clark, G. L., 1962 Apr. p. 68.
Clark, George W., 1959 Nov. p. 140; 1969 Nov. p. 58; 1976 Feb. p. 54; 1977 Oct. p. 42.
Clark, Grahame, 1965 Apr. p. 83; 1976 Oct. p. 126.
Clark, J. Desmond, 1969 May p. 49; 1976 Aug. p. 37; 1978 Apr. p. 104.
Clark, Joe, 1952 Oct. p. 68, 69.
Clark, John H., 1977 Feb. p. 95.
Clark, John M. Jr., 1967 Feb. p. 42.
Clark, Joseph S., 1977 Nov. p. 43.
Clark, Karl A., 1966 Feb. p. 21.
Clark, Kenneth C., 1966 Mar. p. 106.
Clark, Kenneth, Sir, 1969 Sept. p. 61.
Clark, Leland C., 1954 Aug. p. 25; 1968 Aug. p. 74.
Clark, Lincoln D., 1969 Dec. p. 20.
Clark, Master, 1963 Sept. p. 88.
Clark, Melville, 1974 Nov. p. 84.
Clark, R. T., 1955 Dec. p. 67.
Clark, Sam L. Jr., 1961 Sept. p. 167.
Clark, Sidney P. Jr., 1972 Jan. p. 47.
Clark, Stanley H., 1959 July p. 71.
Clark, Tom C., 1949 Feb. p. 19.
Clark University, 1963 Feb. p. 123.
Clark, W. A. Jr., 1962 June p. 143, 144.
Clark, Wilfred Le Gros, Sir, 1958 July p. 77.
Clark, Wilfrid Le Gros, Sir, 1948 May p. 18; July p. 19; 1953 Dec. p. 69; 1954 Jan. p. 38; 1964 July p. 61; 1966 Nov. p. 52.
Clark, William, 1948 Dec. p. 14.
Clarke, Alexander, 1967 Oct. p. 71.
Clarke, Arthur C., 1961 Oct. p. 90, 91; 1977 Feb. p. 58.
Clarke, C. A., 1971 Nov. p. 34; 1975 Jan. p. 95, 97, 98.
Clarke, David L., 1965 Apr. p. 83; 1976 Feb. p. 90.
Clarke, Delphine H., 1955 Mar. p. 68, 69.
Clarke, Donald A., 1977 May p. 76.
Clarke, Frank W., 1960 June p. 148.
Clarke, G. L., 1962 Aug. p. 48.
Clarke, G. R., 1969 Dec. p. 28.
Clarke, J. Christopher, 1971 Mar. p. 103.
Clarke, John, 1974 June p. 44.
Clarke, Neville P., 1959 Mar. p. 62.
Clarke, R. J., 1970 June p. 52.
Clarke, R. W., 1966 Dec. p. 40.
Clarke, Robert, 1969 Sept. p. 158.
Clarke, Ron, 1976 June p. 110.
Clarke, Samuel, 1968 May p. 98.
Clarke, W. J., 1966 June p. 97.
Clarke, William D., 1971 Jan. p. 72.
Clarke, William L., 1965 Sept. p. 210.
Clarkson, J. K., 1959 Mar. p. 66.
Classe, André, 1957 Apr. p. 111.
Claude, Albert, 1957 July p. 133; 1974 Dec. p. 56.
Claude, Georges, 1956 July p. 104; 1970 Sept. p. 141.
Claude, Philippa, 1978 May p. 142.
Claudius, Emperor, 1974 Dec. p. 124; 1977 Feb. p. 39; Dec. p. 161; 1978 May p. 159.
Claudius II, 1974 Dec. p. 123.
Claus, George, 1963 Mar. p. 45, 47-49.
Clausen, Roy E., 1951 Apr. p. 55, 56.
Clauser, Henry R., 1973 Dec. p. 17.
Clauser, John F., 1967 June p. 33, 34.
Clausius, Rudolf, 1949 July p. 12; 1952 Mar. p. 49; 1954 Sept. p. 123, 61; 1955 June p. 62; 1957 Dec. p. 104; 1958 Mar. p. 96; 1959 Oct. p. 114; 1964 Sept. p. 106; 1967 Nov. p. 104, 106; 1968 Jan. p. 119, 120; 1969 July p. 75; 1971 Sept. p. 180, 182; 1975 Dec. p. 60.
Claussen, Walter F., 1956 Apr. p. 88; 1962 July p. 84.
Clauswitz, Karl von, 1948 June p. 21; 1963 Aug. p. 57.
Clavius, Christopher, 1973 Dec. p. 97, 99.
Clay, Douglas, 1971 Aug. p. 70.
Clay, Henry, 1976 June p. 21.
Clay, J., 1949 Mar. p. 31.
Clayton, David A., 1968 Jan. p. 46.
Clayton, Derek, 1976 June p. 111.
Clayton, Donald D., 1974 Jan. p. 75.
Clayton, Richard M., 1968 Dec. p. 94.
Clayton, Robert N., 1978 Jan. p. 66.
Clayton, Roderick K., 1953 Mar. p. 39.
Cleary, John, 1973 Mar. p. 30.
Cleaver, Eldridge, 1971 Dec. p. 13.
Cleaves, Francis W., 1963 Aug. p. 56.
Cleeton, C. E., 1948 Sept. p. 18.
Clegg, James S., 1971 Dec. p. 32, 34.
Cleland, W. E., 1966 Apr. p. 98.
Clemence, G. M., 1956 Feb. p. 50; 1959 Apr. p. 93; 1973 Jan. p. 61.
Clemens, Lynwood, 1976 July p. 51.
Clemens Samuel L., 1951 Sept. p. 43.
Clemens, Samuel L., 1953 Oct. p. 48; 1954 Feb. p. 40; 1958 Apr. p. 50; 1968 Dec. p. 84, 85, 90.
Clemens, W. A., 1965 Aug. p. 84, 85.
Clemens, Wilbert A., 1955 Aug. p. 73.
Clement, Joseph, 1952 Apr. p. 67.
Clement XI, Pope, 1950 June p. 44.
Clement-Cormier, Yvonne, 1977 Aug. p. 115.
Clemente, Carmine D., 1969 Jan. p. 85.
Clemente, Robert, 1977 May p. 119, 121.
Clementi, A., 1968 Aug. p. 36.
Clements, E. M. B., 1968 Jan. p. 23.
Clements, F. W. A., 1971 June p. 99.
Clements, Frederick E., 1970 Sept. p. 67.
Clements, John A., 1963 Oct. p. 29, 30; 1966 Feb. p. 61; 1973 Apr. p. 79.
Clemons, K. I., 1967 June p. 25.
Clemson Agricultural College, 1957 Dec. p. 66.
Cleopatra, 1963 Dec. p. 115; 1964 Sept. p. 60.
Clerke, Agnes M., 1954 June p. 79.
Cleve, P. T., 1951 Nov. p. 30.
Cleveland Cliffs Iron Company, 1966 Feb. p. 27; 1968 Jan. p. 29.
Cleveland Clinic, 1958 Aug. p. 29; 1962 Mar. p. 65; 1965 July p. 57; Oct. p. 84; Nov. p. 39, 40.
Cleveland Clinic Foundation, 1957 June p. 74.
Cleveland, Grover, 1950 Nov. p. 11; 1976 June p. 21.
Cleveland, L. R., 1971 Aug. p. 50.

Cleveland, Newcomb, 1953 Feb. p. 34; 1954 Feb. p. 42.
Cleveland Psychiatric Institute, 1970 Aug. p. 83.
Cleveland, Thomas F., 1977 Mar. p. 91.
Clever, Ulrich, 1963 Nov. p. 118; 1964 Apr. p. 55; 1966 May p. 52.
Clever, Urlich, 1965 June p. 43.
Clifford, Clark, 1974 May p. 21.
Clifford, Lucy (Lane, Lucy), 1953 Feb. p. 82.
Clifford, Stewart H., 1977 June p. 100.
Clifford, William K., 1953 Feb. p. 78-82, 84.
Climax Molybdenum Company, 1954 July p. 38.
Cline, David B., 1974 Dec. p. 108, 114; 1975 Jan. p. 49; July p. 46; Oct. p. 50; 1976 Jan. p. 47; 1977 Apr. p. 58.
Cline, John W., 1952 Mar. p. 38.
Cline, Thomas, 1962 May p. 54; 1976 Oct. p. 75.
Clinton, De Witt, 1976 July p. 119, 121, 122.
Clisby, Kathryn H., 1971 June p. 97.
Cloez, S., 1963 Mar. p. 45.
Cloos, Hans, 1961 Feb. p. 98; 1976 Aug. p. 54.
Clos, Charles, 1978 June p. 117-129.
Cloud, Preston, 1963 Feb. p. 89; 1967 Jan. p. 39; 1969 Aug. p. 50; 1970 Sept. p. 111, 112, 52, 53, 64, 64; 1971 May p. 30.
Cloudsley-Thompson, J. L., 1968 July p. 108.
Clouet, Jean-Francois, 1975 Nov. p. 102.
Clough, Arthur H., 1968 Mar. p. 50.
Clowes, G. H. A., 1959 Apr. p. 155.
Clowes, Royston C., 1975 July p. 28.
Club des Haschichins, 1977 Oct. p. 132.
Clusius, Carolus, 1952 Dec. p. 52.
Clute, Kenneth F., 1963 Aug. p. 21.
Cnops, A. M., 1966 Nov. p. 64.
Cnut, King of Canute, 1974 May p. 41.
Coale, Ansley J., 1974 Sept. p. 31, 35.
Coan, Richard, 1963 Mar. p. 98, 104.
Coanda, Henri, 1964 Dec. p. 82, 83; 1966 June p. 84-89.
Coates and Welter Instrument Co., 1977 Sept. p. 120.
Coates, Christopher W., 1960 Oct. p. 119, 121; 1963 Mar. p. 52.
Coates, M. E., 1952 Oct. p. 48.
Coating Laboratories, Inc., 1954 June p. 46.
Cobb, Candler, 1951 Sept. p. 48.
Cobb, R., 1963 Nov. p. 102.
Cobb, Stanley, 1956 Feb. p. 101; 1968 June p. 74.
Cobbett, William, 1972 Feb. p. 95.
Cobble, J. W., 1969 Dec. p. 54.
Cobble, James W., 1957 Nov. p. 98.
Coble, Robert L., 1969 Mar. p. 33.
Coblentz, W. W., 1953 May p. 69, 70, 72, 70, 72; Oct. p. 43, 48; 1965 Aug. p. 23, 28.
Cocconi, Giuseppe, 1960 Jan. p. 76; 1973 Nov. p. 41; 1975 May p. 83.
Cocconi, Guiseppe, 1960 Apr. p. 63.
Cochise, 1956 May p. 78.
Cochran, W. G., 1953 Aug. p. 41.
Cock, H., 1978 Mar. p. 138.
Cockburn, A. J., 1963 Dec. p. 136.
Cockcroft, John, Sir, 1955 Oct. p. 37; 1958 Mar. p. 50.
Cocke, W. John, 1969 Mar. p. 46; 1971 Jan. p. 54.
Coddington, Henry, 1976 Aug. p. 77.
Code, Arthur D., 1955 May p. 46; 1956 Sept. p. 106; 1957 July p. 66; 1961 June p. 116; 1969 June p. 101; 1974 Feb. p. 55.
Codling, Keith, 1977 June p. 37.
Codman, Amory, 1957 Jan. p. 73.
Coe, Michael D., 1967 July p. 98.
Coe, William R., 1967 June p. 46.
Coemans, E., 1949 June p. 44.
Coensgen, Frederick H., 1960 Dec. p. 82.
Coes, Loring Jr., 1960 Sept. p. 104; 1961 Aug. p. 56; 1965 Oct. p. 32.
Coetzee, J. M., 1973 Aug. p. 47.
Coffe, M. S., 1971 Feb. p. 52.
Coffeen, D. L., 1975 Sept. p. 76.
Coffeen, Mary F., 1965 Feb. p. 99.
Coffin, John M., 1972 Jan. p. 30, 32.
Coffin, Louis F. Jr., 1964 May p. 64.
Coffinhal, J. Baptiste, 1956 May p. 94.
Coffman, Edward G., 1978 Mar. p. 130.
Coffman, John A., 1972 Mar. p. 57.
Coggeshall, Richard E., 1970 July p. 64.
Coghill, Robert D., 1952 Apr. p. 56.
Cohen, Alvin J., 1961 June p. 88; Nov. p. 64.
Cohen, Arthur R., 1962 Oct. p. 97.
Cohen, Bernard L., 1964 Mar. p. 86; 1976 Jan. p. 29; 1977 June p. 21, 54.
Cohen, Carolyn, 1969 Aug. p. 94; 1975 Nov. p. 36.
Cohen, Charles, 1975 Apr. p. 56.
Cohen, David, 1972 Nov. p. 105.
Cohen, E. Richard, 1970 Oct. p. 69, 76, 77.
Cohen, Flossie, 1968 Nov. p. 47.
Cohen, Georges, 1972 Feb. p. 36.
Cohen, Gerald, 1976 Mar. p. 33.
Cohen, Henry, 1970 July p. 40.
Cohen, Hirsch, 1964 Sept. p. 151.
Cohen, I. Bernard, 1954 Sept. p. 61.
Cohen, J. A., 1959 Aug. p. 123.
Cohen, Jesse M., 1959 Dec. p. 89.
Cohen, John, 1957 Nov. p. 128.
Cohen, Jonathan B., 1976 Oct. p. 78; 1977 Feb. p. 111, 111, 112.
Cohen, Karl, 1954 Dec. p. 53.
Cohen, Leonard, 1971 Dec. p. 71.
Cohen, Mandel E., 1969 Feb. p. 70, 71.
Cohen, Marvin L., 1964 June p. 56.
Cohen, Melvin J., 1967 May p. 50, 52.
Cohen, Morley, 1954 Aug. p. 24; 1960 Feb. p. 82.
Cohen, Morrel H., 1969 Nov. p. 33; 1977 May p. 39, 40.
Cohen, Morris, 1963 Aug. p. 80; 1973 May p. 77.
Cohen, Morton N., 1972 July p. 39.
Cohen, Paul J., 1964 Jan. p. 55; Sept. p. 55; 1967 Dec. p. 112; 1971 Aug. p. 93, 94, 98.
Cohen, Philip P., 1963 Nov. p. 112.
Cohen, S., 1967 Oct. p. 86.
Cohen, Seymour S., 1953 May p. 38; 1955 July p. 77; 1956 Feb. p. 48; 1970 Jan. p. 91.
Cohen, Stanley N., 1975 July p. 25; 1976 Aug. p. 42.
Cohen, Yehudi A., 1956 Feb. p. 48.
Cohen-Bazire, Germaine, 1965 Apr. p. 36.
Cohn, Byron E., 1949 Mar. p. 29, 38.
Cohn, Edwin J., 1950 June p. 33; Sept. p. 50; 1953 July p. 25, 27; 1954 Feb. p. 55-57, 61, 62; 1956 Mar. p. 58.
Cohn, Melvin, 1964 Dec. p. 109.
Cohn, Victor, 1952 Feb. p. 31.
Cohn, Zanvil A., 1963 May p. 70; 1967 Nov. p. 65.
Cohnheim, Julius, 1951 Feb. p. 48.
Coignet, Michel, 1976 Apr. p. 112.
Coiter, Volcher, 1964 May p. 112.
Coke, Edward, 1967 June p. 19.
Colbert, Edwin H., 1950 Nov. p. 53; 1959 Apr. p. 118; 1964 July p. 52; 1968 Apr. p. 44.
Colbert-Laplace, Comte de, 1954 June p. 77.
Colburn, David S., 1971 Aug. p. 66.
Colburn, Zerah, 1954 May p. 82.
Colby, Bainbridge, 1959 Jan. p. 121, 122.
Colby, Kenneth M., 1973 Feb. p. 48.
Colby, Walter F., 1949 July p. 33.
Cold Spring Harbor Laboratory, 1978 Apr. p. 68, 69, 72.
Cole, Fay-Cooper, 1959 Feb. p. 81.
Cole, Gerald A., 1973 Jan. p. 22, 25.
Cole, Glen H., 1961 Oct. p. 119; 1969 Dec. p. 39.
Cole, Jonathan R., 1977 Oct. p. 34.
Cole, Kenneth S., 1951 Apr. p. 67; 1952 Nov. p. 61; 1958 Dec. p. 84, 85, 88; 1964 Sept. p. 151; 1966 Mar. p. 74, 81.
Cole, R. D., 1955 Aug. p. 50.
Cole, Rufus, 1959 Jan. p. 41.
Cole, Sonia, 1964 Aug. p. 44.
Cole, Stephen, 1977 Oct. p. 34.
Cole, W. Sterling, 1949 July p. 26; 1953 Jan. p. 31; May p. 53; Oct. p. 50; 1954 May p. 52; June p. 44; Nov. p. 33, 34; 1957 Dec. p. 60.
Colebrook, Leonard, 1959 Jan. p. 41.
Coleburn, N. L., 1965 Oct. p. 33.
Colella, Roberto, 1976 Jan. p. 61.
Coleman, Aaron, 1954 June p. 30.
Coleman, Harold J., 1976 Mar. p. 42.
Coleman, James, 1974 Aug. p. 56.
Coleman, L., 1973 June p. 60.
Coleman, Paul J., 1963 July p. 84; 1965 Mar. p. 65.
Coleridge, Samuel T., 1951 Sept. p. 45; 1960 Mar. p. 145; June p. 108; 1964 Nov. p. 119.
Coles, D. K., 1948 Sept. p. 18.
Coley, William B., 1974 Apr. p. 51; 1977 May p. 76.
Colgate, Stirling A., 1957 Oct. p. 57; 1966 Aug. p. 35; Dec. p. 51; 1969 Jan. p. 37; Feb. p. 63; 1974 May p. 118; June p. 24; July p. 57; 1976 Oct. p. 78; Dec. p. 100.
Collard, J. G., 1977 June p. 109.
Collard, William, 1973 Oct. p. 28.
Colle, Giovanni, 1954 Aug. p. 24.
Collège de France, 1958 June p. 33; 1964 Apr. p. 53.
College de France, *see:* French Royal Academy.
College Entrance Examination Board, 1958 May p. 65-67.
College of the City of New York, 1965 Apr. p. 94.
College of William and Mary, 1964 June p. 87.
Collegium Carolinum, 1977 July p. 124.
Collen, Morris F., 1970 Apr. p. 19.
Colleoni, 1949 June p. 52.
Coller, Frederick, 1950 Dec. p. 29.
Collerson, Kenneth, 1977 Mar. p. 100.
Colles, M. J., 1973 June p. 60.
Collier, Donald, 1954 Aug. p. 29.
Collier, H. L., 1964 Jan. p. 81, 84.
Collier, H. O. J., 1963 Nov. p. 104.
Collier, John, 1960 Feb. p. 45; 1977 June p. 128.
Collier, Leslie H., 1976 Oct. p. 28.
Collier, Robert J., 1968 Feb. p. 44; Sept. p. 91.
Collins, F. D., 1967 June p. 72.
Collins, Frank, 1977 Nov. p. 131.
Collins, George B., 1951 Oct. p. 54, 55; 1952 July p. 34; 1955 Jan. p. 44; 1962 Oct. p. 79; 1973 June p. 47.
Collins, John, 1975 Nov. p. 45.
Collins, Michael, 1971 Oct. p. 50.
Collins, R. A., 1968 Apr. p. 42.
Collins, R. James, 1961 June p. 61; 1964 Mar. p. 49.
Collins Radio Company, 1957 Jan. p. 48; 1959 Apr. p. 70.
Collins, Robert J., 1963 July p. 34.
Collins, S. C., 1949 June p. 33, 34.
Collins, Samuel C., 1961 July p. 126.
Collins, T., 1966 Nov. p. 114.
Collins, Tucker, 1975 Apr. p. 56.
Collinson, David W., 1978 Mar. p. 87.
Collinson, Peter, 1976 May p. 98, 107.
Collinson, Thomas, 1948 Aug. p. 40.
Collip, J. B., 1961 Apr. p. 56.
Collip, J. H., 1949 Dec. p. 13.

Collyer, Robert, 1948 July p. 16, 18.
Colman, Alan, 1976 Aug. p. 71.
Colman of Kilmacduagh, Saint, 1960 Nov. p. 162.
Colombo, Giuseppe, 1968 July p. 33, 35; 1975 Sept. p. 61.
Colombo, Realdo, 1948 May p. 30; 1952 June p. 59.
Colony Development Company, 1966 Feb. p. 27.
Color Television, Inc., 1950 Oct. p. 25.
Colorado School of Mines Research Foundation, 1966 Feb. p. 25.
Colorado State University, 1958 Apr. p. 114; 1971 Apr. p. 77.
Colowick, S. P., 1948 Dec. p. 35.
Colp, Ralph Jr., 1957 Feb. p. 53.
Colquhoun, Patrick, 1963 Sept. p. 55.
Colt, Samuel, 1951 Sept. p. 46.
Coltman, John W., 1973 July p. 28, 29.
Colton, Harold S., 1958 Feb. p. 99.
Colton, Theodore, 1977 Jan. p. 43.
Columbia Broadcasting System, 1949 Sept. p. 26; 1950 Oct. p. 25; 1951 July p. 28; Dec. p. 34; 1971 Oct. p. 27; 1972 Sept. p. 153.
Columbia Broadcasting System Laboratories, 1967 Dec. p. 55; 1973 Feb. p. 18.
Columbia Carbon Company, 1973 May p. 35.
Columbia University, 1949 Feb. p. 17, 18; May p. 28; 1950 Nov. p. 12; 1951 Feb. p. 26; 1952 June p. 21; 1953 Sept. p. 58, 61, 62; 1957 Feb. p. 82, 118; Apr. p. 53; May p. 53; July p. 70; Nov. p. 56; 1958 Feb. p. 57; Sept. p. 74; Dec. p. 42; 1960 Oct. p. 95; 1961 May p. 61; July p. 49; Oct. p. 146; 1962 July p. 57; Oct. p. 30; 1963 Mar. p. 64, 67, 68; July p. 34, 91, 124; Aug. p. 22, 54; Oct. p. 39; Nov. p. 133, 140; Dec. p. 130; 1964 Mar. p. 86; 1965 May p. 65, 68, 69, 72; June p. 86; July p. 28; Sept. p. 41; Oct. p. 18; Nov. p. 30, 35; 1966 Feb. p. 43; Mar. p. 58; Apr. p. 95, 96; Aug. p. 40; Nov. p. 78; 1970 Mar. p. 58; 1971 May p. 19, 20; 1972 Nov. p. 49; 1973 June p. 93; 1974 June p. 50; Nov. p. 51; 1976 Apr. p. 56; 1977 Feb. p. 97; Apr. p. 52.
Columbia University College of Physicians and Surgeons, 1948 Sept. p. 28; 1949 Dec. p. 28; 1951 Dec. p. 47; 1952 Nov. p. 56; 1962 Aug. p. 66; Nov. p. 52; 1963 July p. 59, 60; Dec. p. 100; 1964 May p. 94; Nov. p. 75; 1970 May p. 80; 1971 Mar. p. 30; 1977 Feb. p. 113, 116.
Columbia University Lamont Geological Observatory, 1955 Nov. p. 41; 1956 Dec. p. 83 - 90, 92, 94; 1957 Apr. p. 76; 1960 Feb. p. 124; Aug. p. 77; Oct. p. 100; 1961 May p. 82; 1962 May p. 118, 121, 126; July p. 102.
Columbia University Lamont-Doherty Geological Observatory, 1972 Jan. p. 47; 1977 Apr. p. 32; Aug. p. 68; 1978 Feb. p. 56.
Columbia Valley Authority, 1949 Mar. p. 26.
Columbian National Rice Growers Federation, 1976 Sept. p. 190, 194.
Columbus, Christopher, 1948 Oct. p. 45; 1949 Jan. p. 43; 1950 June p. 20; July p. 20; 1951 Jan. p. 11, 16; Feb. p. 15; 1953 Jan. p. 50; 1955 Feb. p. 78, 82, 83; 1956 Jan. p. 98, 102; Nov. p. 75; 1958 Sept. p. 59; 1959 Feb. p. 124; June p. 90; 1960 Sept. p. 197; 1962 Dec. p. 79; 1966 Jan. p. 28; Apr. p. 73; 1967 May p. 76; Oct. p. 75; 1968 Oct. p. 116, 117; 1970 Mar. p. 80; Aug. p. 94; 1974 Jan. p. 97.
Columbus Ohio Psychiatric Institute, 1960 May p. 81.
Colwell, Robert N., 1969 Jan. p. 68.
Comandon, Jean, 1958 July p. 69.
Comar, C. L., 1959 Sept. p. 92; 1976 Jan. p. 31.
Combes, Raoul, 1950 Oct. p. 42.
Combrugghe, B. de, 1972 Aug. p. 101, 103.
Combustion Engineering, 1968 Feb. p. 29, 30.
Comeau, Andre, 1972 Sept. p. 55.
Comecon, *see:* Council for Mutual Economic Assistance.
Comer, James P., 1967 Sept. p. 102.
Comer, Joseph J., 1967 Sept. p. 117.
Comey, Arthur, 1954 Apr. p. 61.
Comfort, Alex, 1973 Sept. p. 49.
Comings, David E., 1975 Feb. p. 46.
Committee for the Scientific Investigation of Claims of the Paranormal, 1978 Apr. p. 78.
Commodus, Emperor, 1974 Dec. p. 123, 125, 127.
Common Market, *see:* European Economic Community.
Commoner, Barry, 1952 Nov. p. 44; 1953 Feb. p. 35; 1954 Feb. p. 42; 1955 Nov. p. 49; 1957 June p. 76; 1958 Feb. p. 42; Aug. p. 58, 66; 1960 Sept. p. 98; 1962 Feb. p. 72; 1963 May p. 75; 1965 Feb. p. 50; 1969 Mar. p. 48; 1970 Aug. p. 73.
Commonwealth, *see also:* British; U.K; Australian.
Commonwealth Edison Company, 1953 July p. 40; 1968 Feb. p. 28; 1972 Oct. p. 29; 1976 Dec. p. 37.
Commonwealth Scientific and Industrial Research Organization, 1954 Feb. p. 35; 1956 Oct. p. 68; 1965 July p. 30; 1966 Dec. p. 40; 1968 Jan. p. 66; 1969 Aug. p. 87, 89; 1974 Dec. p. 66; 1977 Aug. p. 81.
Communication Satellite Corporation, 1966 Jan. p. 19; Sept. p. 150.
Communications Satellite Corporation, 1971 Sept. p. 76; 1976 Apr. p. 55; 1977 Feb. p. 58.
Comnenus, Manuel, 1968 Oct. p. 115.
Compton, Arthur H., 1949 Mar. p. 32, 44; July p. 39; Dec. p. 14; 1950 Sept. p. 30; 1951 May p. 28; Oct. p. 54; 1952 Mar. p. 54; 1958 Jan. p. 51; 1967 Nov. p. 27; 1968 Sept. p. 54, 57; 1971 July p. 84, 95; 1977 Aug. p. 38.
Compton, Karl T., 1948 Oct. p. 24; Nov. p. 24; 1951 Feb. p. 30; Sept. p. 71; 1956 Nov. p. 83.
Comstat General Corporation, 1977 Feb. p. 68.
Comstock, Anthony, 1973 July p. 18.
Comte, Auguste, 1948 May p. 20; 1950 Mar. p. 38; 1954 Oct. p. 33; 1968 Sept. p. 75.
Conant, James B., 1948 June p. 10; 1950 Mar. p. 14, 24; June p. 13; Dec. p. 26; 1951 Feb. p. 30; Apr. p. 32; June p. 31; Oct. p. 32; 1956 Nov. p. 83; 1958 June p. 44; 1964 Nov. p. 65; 1975 Oct. p. 108, 109, 113.
Conant, John B., 1952 Jan. p. 40.
Conard, Robert, 1967 Mar. p. 29.
Concast A. G., 1963 Dec. p. 75, 76, 81, 83, 86, 88.
Conch International Methane Ltd., 1967 Oct. p. 36.
Condamine, Charles M. de la, 1956 Nov. p. 75; 1967 Oct. p. 70, 71; 1976 Jan. p. 115.
Condon, Edward U., 1948 June p. 34; Sept. p. 28; 1949 Feb. p. 16-21; June p. 29; Oct. p. 28; 1950 Dec. p. 13, 16; 1952 Feb. p. 30; 1953 Feb. p. 34; May p. 54; 1954 Feb. p. 42; July p. 42; 1955 Feb. p. 52; 1968 Sept. p. 158, 160; 1969 Feb. p. 36.
Condorcet, Marquis de, 1976 June p. 22, 23, 26, 27.
Cone, Charlotte, 1977 Nov. p. 138.
Cone, Clarence D., 1977 Nov. p. 138.
Cone, Richard A., 1972 May p. 50; 1976 June p. 43.
Confucius, 1950 May p. 48; 1973 Feb. p. 55.
Cong, Hong-Ih, 1978 Apr. p. 117.
Congress of Directors of National Ephemerides, 1961 Apr. p. 66, 67.
Congreve, William, Sir, 1949 May p. 31, 32, 35; 1958 June p. 74.
Conklin, Edward, 1970 June p. 33; 1978 May p. 69.
Conklin, Edwin G., 1949 Sept. p. 15.
Conklin, Marie E., 1968 July p. 76.
Conlan, John B., 1975 July p. 45; 1976 Apr. p. 34, 37, 39; 1977 Oct. p. 34, 36.
Conley, Joseph M., 1965 Aug. p. 27.
Conn, P. M., 1976 Feb. p. 43.
Connaught, Duchess of, 1965 Aug. p. 89.
Connaught Laboratories, Ltd., 1976 Oct. p. 29.
Connecticut Agricultural Experiment Station, 1952 Feb. p. 38; 1953 Aug. p. 37, 38; 1971 Aug. p. 35.
Connecticut River Survey, 1970 May p. 44, 51, 52.
Connecticut State Board of Fisheries and Game, 1953 June p. 54; 1970 May p. 44, 50.
Connecticut State Highway Department, 1953 Aug. p. 38.
Connecticut Water Resources Commission, 1970 May p. 44.
Connecticut Yankee Atomic Power Company, 1970 May p. 42, 44.
Conneff, Thomas, 1976 June p. 114.
Connell, Joseph H., 1970 Apr. p. 87.
Connes, Janine, 1968 Sept. p. 82; 1975 Sept. p. 74, 75.
Connes, Pierre, 1968 Sept. p. 51, 105; Nov. p. 56; 1975 Sept. p. 74, 75.
Conney, Allan H., 1975 June p. 30.
Connolly, R. C., 1969 Dec. p. 55.
Connor, Ralph A., 1952 Nov. p. 46.
Conover, Thomas E., 1968 Feb. p. 38.
Conrad, Charles Jr., 1970 Jan. p. 49; 1971 Aug. p. 62.
CONRAD Engineers, 1966 May p. 56.
Conrad, Peter W., 1962 Jan. p. 68.
Conrad, R., 1966 July p. 93.
Conrad, V., 1949 Oct. p. 14.
Conrady, A. E., 1976 Aug. p. 77.
Conrath, B. J., 1977 July p. 39.
Conroy, R. T. W. L., 1970 July p. 58.
Consalvi, Simón A., 1977 Nov. p. 70.
Consden, R., 1951 Mar. p. 39; 1960 Mar. p. 133.
Consolidated Edison Company of New York, Inc., 1953 Apr. p. 48; 1955 Apr. p. 46; July p. 48; 1957 May p. 62; 1968 Feb. p. 23; 1971 Sept. p. 152.
Consolidated University of North Carolina, 1951 Apr. p. 46, 49.
Consolidated-Vultee, 1949 May p. 38.
Consolidation Coal Company, 1967 Jan. p. 70; 1970 Sept. p. 125.
Constable, John D., 1971 Feb. p. 44.
Constantine I, Emperor, 1966 Feb. p. 102, 105; 1967 May p. 69; 1969 Dec. p. 46; 1971 Aug. p. 32; 1973 Sept. p. 128; 1976 Jan. p. 116.
Constantinides, P. C., 1951 Dec. p. 42; 1956 Mar. p. 34.
Constantinos, Prince, 1964 June p. 105, 112.
Constock, 1967 Oct. p. 35, 36.
Consultants Bureau Inc., 1958 Apr. p. 50.
Consultive Group on Food Production and Investment, 1976 Sept. p. 204.
Consultive Group on International Agricultural Research, 1976 Sept. p. 188, 190.
Contenau, G., 1971 June p. 109.
Conterio, Franco, 1969 Aug. p. 30.
Control Data Corporation, 1965 Nov. p. 59; 1966 Sept. p. 85, 86, 90; 1970 Oct. p. 104; 1972 Sept. p. 139; 1973 June p. 93; 1977 June p. 56.
Controulis, John, 1949 Aug. p. 32.
Converse, Philip E., 1970 June p. 17; 1974 Nov. p. 116, 118.

Conversi, M., 1962 Aug. p. 41.
Convit, J., 1953 Oct. p. 33.
Conway, Abby, 1973 Oct. p. 57.
Conway, Arthur, 1954 May p. 87.
Conway, E. J., 1949 Aug. p. 20; 1952 Nov. p. 59; 1954 Feb. p. 76.
Conway, R. G., 1963 Dec. p. 56.
Cook, Charles D., 1963 Oct. p. 28, 30.
Cook, Constance, 1974 Aug. p. 57.
Cook, Earl, 1971 Sept. p. 38, 135.
Cook, G. C., 1972 Oct. p. 73, 75.
Cook, G. D., 1965 Dec. p. 79.
Cook, James, 1953 Mar. p. 88, 89; 1954 Oct. p. 69; 1956 Aug. p. 59, 63, 66, 68; 1962 Sept. p. 64; 1967 Aug. p. 61; 1969 Sept. p. 58, 59, 62; 1972 Apr. p. 15; 1977 Aug. p. 81.
Cook, Joan E., 1961 Sept. p. 116.
Cook, Laurence M., 1975 Jan. p. 90; Aug. p. 57.
Cook, Newell C., 1967 Sept. p. 106; 1969 Aug. p. 38.
Cook, Robert A., 1970 Feb. p. 46.
Cook, Robert C., 1952 Oct. p. 44; 1958 Feb. p. 50.
Cook, Roy L., 1977 Jan. p. 28.
Cook, Stephen A., 1978 Jan. p. 106.
Cook, Stuart W., 1957 May p. 68.
Cooke, D. I., 1971 Dec. p. 27.
Cooke, J., 1976 Apr. p. 83.
Cooke, Morris L., 1951 Feb. p. 32.
Cooksey, Donald, 1948 June p. 27.
Cool, Terrill A., 1970 Feb. p. 44.
Cooledge, John W., 1962 Feb. p. 119, 120.
Cooley, C. H., 1950 Sept. p. 81.
Cooley, James W., 1964 Sept. p. 151; 1966 Oct. p. 46; 1968 Sept. p. 102.
Coolidge, Calvin, 1960 Feb. p. 43; 1970 May p. 23.
Coolidge, Julian, 1949 Jan. p. 45.
Coombs, John S., 1972 Aug. p. 86.
Coon, Carleton S., 1951 June p. 36; 1952 Feb. p. 32; 1953 Aug. p. 81; 1966 Nov. p. 53.
Coon, Hayden, 1969 Apr. p. 33.
Coons, Albert H., 1957 July p. 96; 1964 Dec. p. 106.
Coons, Steven A., 1966 Sept. p. 71, 177, 188.
Cooper, Alan F. Jr., 1971 Dec. p. 30, 35.
Cooper, Alfred W. M., 1967 July p. 81.
Cooper, B. F. C., 1962 Nov. p. 72; 1963 June p. 99.
Cooper, D. C., 1953 Feb. p. 49.
Cooper, Dexter P., 1963 Sept. p. 84.
Cooper, Elizabeth K., 1949 Dec. p. 53.
Cooper, Franklin S., 1969 Dec. p. 54.
Cooper, Grahame F., 1974 Nov. p. 111; 1977 Jan. p. 64.
Cooper, James F., 1956 Apr. p. 112.
Cooper, L. H. N., 1949 Oct. p. 17.
Cooper, Leon N., 1957 June p. 74; Nov. p. 96; 1961 July p. 132; 1964 June p. 56; Aug. p. 39; 1965 Feb. p. 22; Oct. p. 60; 1966 May p. 31; 1967 Mar. p. 117; 1971 Mar. p. 76; Apr. p. 83; Nov. p. 26; 1972 Dec. p. 41; 1973 Dec. p. 55; 1976 Dec. p. 64.
Cooper, Louis Z., 1966 July p. 30.
Cooper, Max D., 1974 Nov. p. 59, 61, 67, 69.
Cooper, Peter, 1949 Dec. p. 57; 1976 July p. 124.
Cooper, R., 1970 Oct. p. 24, 29.
Cooper, Ruth, 1959 Mar. p. 91.
Coopersmith, Alice L., 1968 Feb. p. 96.
Cope, A. S., 1957 Feb. p. 118.
Cope, Edward D., 1949 Mar. p. 40; 1950 Nov. p. 52, 54, 55.
Copeland, A. H., 1976 June p. 26, 27.
Copeland, Herbert F., 1971 Aug. p. 55.
Copeland, John, 1963 July p. 84; 1972 Feb. p. 13.
Copeland, L. E., 1964 Oct. p. 60.
Copeland, W. O., 1967 Nov. p. 54.
Copenhagen Academy of Science, 1966 Feb. p. 82.
Copenhagen Telephone Company, 1968 Aug. p. 103.
Copenhaver, W. M., 1967 Mar. p. 32.
Copernicus, Nicolaus, 1949 Apr. p. 47, 46; Aug. p. 40, 42, 43, 45, 46; Dec. p. 43, 56; 1950 Feb. p. 33; 1952 Oct. p. 53; 1953 Feb. p. 80, 81; 1954 July p. 30; 1956 Sept. p. 77, 79, 91, 224-226; 1958 Sept. p. 60, 61, 63; 1960 Sept. p. 180; 1961 Feb. p. 120, 125; Aug. p. 56; 1964 Mar. p. 101; Sept. p. 63, 130; 1966 Oct. p. 88, 89, 91-95, 97, 98; 1967 Oct. p. 69; Dec. p. 98; 1969 Nov. p. 105; 1970 Oct. p. 30; 1972 Mar. p. 94, 100, 105; 1973 Apr. p. 88-91, 93; Oct. p. 48; Dec. p. 87-90, 95-101; 1975 Sept. p. 23, 59; Dec. p. 66; 1977 June p. 121; Oct. p. 80.
Copp, D. Harold, 1970 Oct. p. 42, 44.
Coppleson, V. M., 1957 June p. 57-59.
Coram, Thomas, 1972 Feb. p. 94, 96, 99.
Corballis, Michael C., 1971 Mar. p. 96; 1976 Dec. p. 42.
Corbally, John E., 1978 June p. 83.
Corbató, Fernando I., 1966 Sept. p. 70, 196, 207, 86, 120, 129, 147, 162, 182.
Corbató, Fernando J., 1966 June p. 49.
Corben, H. C., 1956 Oct. p. 93; 1966 Apr. p. 93.
Corcoran, A. C., 1957 Dec. p. 53; 1959 Mar. p. 54.
Cordani, U., 1968 Apr. p. 59.
Corday, Eliot, 1963 Dec. p. 100.
Córdoba, 1975 Oct. p. 80.
Corelli, Arcangelo, 1967 Dec. p. 98.
Coren, Stanley, 1976 Apr. p. 52.
Corenzwit, Ernest, 1962 June p. 63, 82; 1970 May p. 57; 1971 Nov. p. 28.
Corey, Brian E., 1977 Nov. p. 72; 1978 May p. 64, 70, 72, 73.
Corey, Elias J., 1968 July p. 50; 1970 June p. 72; 1971 Nov. p. 89.
Corey, H. E., 1961 Oct. p. 110.
Corey, Robert B., 1949 May p. 21; 1951 Aug. p. 32; 1953 Sept. p. 102; 1954 Dec. p. 52; 1957 Sept. p. 173; 1961 Dec. p. 108; 1964 Nov. p. 72; 1966 June p. 47; Nov. p. 85; 1969 Aug. p. 91, 93, 94.
Cori, Carl F., 1948 Dec. p. 35; 1949 Dec. p. 14; 1950 June p. 33; 1967 Nov. p. 25, 27; 1971 Oct. p. 20; Dec. p. 38; 1974 Dec. p. 56.
Cori, Gerty T., 1948 July p. 31; 1949 Dec. p. 14; 1950 June p. 32; Dec. p. 26; 1967 Nov. p. 27; 1971 Dec. p. 38.
Coriell, Lewis L., 1949 Nov. p. 50; 1953 July p. 27.
Coriolis, G. G., 1952 May p. 72.
Cork, Bruce, 1956 June p. 41; Nov. p. 64; 1962 Aug. p. 42, 43.
Corley, James H., 1953 May p. 54.
Cornaro, Luigi, 1948 June p. 43.
Cornbleet, Theodore, 1950 Aug. p. 30.
Cornefert, Francine, 1969 Apr. p. 26.
Cornell Aeronautical Laboratory, Inc., 1953 June p. 32; Dec. p. 56; 1956 June p. 132; 1957 Apr. p. 70; 1958 Sept. p. 88; 1960 Dec. p. 52; 1965 Sept. p. 172; 1973 Feb. p. 78-80, 82-84, 86.
Cornell University, 1950 Nov. p. 12; 1956 Sept. p. 111, 112; Oct. p. 56; 1957 Jan. p. 38; Sept. p. 214; 1958 Feb. p. 72; Oct. p. 86; 1960 Apr. p. 64; Aug. p. 52; 1962 Jan. p. 89; Mar. p. 65; Apr. p. 60; Aug. p. 60; 1963 Jan. p. 44; Mar. p. 48, 86; Apr. p. 106; June p. 99; Oct. p. 107; Nov. p. 43, 49, 50, 118; 1964 Apr. p. 68, 108; June p. 40, 43, 54; Oct. p. 60; Nov. p. 86; Dec. p. 72; 1965 Mar. p. 33, 38, 39; Apr. p. 78; Dec. p. 62; 1966 Mar. p. 58; June p. 97; July p. 102, 103; Oct. p. 60; 1971 July p. 101; 1973 July p. 48.
Cornell University Medical College, 1952 Aug. p. 40; 1958 June p. 42; Oct. p. 37, 100; 1961 Apr. p. 95; 1962 July p. 45; Aug. p. 72, 105; 1963 June p. 85; 1964 June p. 67; 1965 Sept. p. 186; Dec. p. 68, 74.
Corner, E. D. S., 1960 July p. 122.
Corner, George W., 1952 Feb. p. 62; 1958 Apr. p. 41, 43, 45.
Cornford, Francis, 1951 Sept. p. 82.
Cornforth, John W., 1968 July p. 78; 1975 Dec. p. 48.
Corning Glass Works, 1948 Aug. p. 15; 1961 Jan. p. 93, 97-99, 103; 1968 Sept. p. 198; 1971 Feb. p. 47; 1977 Aug. p. 46.
Corning Museum of Glass, 1963 Nov. p. 121, 127.
Corning, William C., 1961 Dec. p. 78; 1963 Feb. p. 56, 57.
Cornish, Elizabeth, 1968 Mar. p. 114.
Cornish, Joseph J. III, 1956 Apr. p. 49.
Cornish, Vaughan, 1959 Aug. p. 77.
Cornwall, Earl of, 1967 Dec. p. 119.
Cornwallis, Lord, 1965 Sept. p. 98.
Corporacián Venezolana de Guayana, 1963 Sept. p. 136.
Corporación Venezolana de Guayana, 1965 Sept. p. 123, 128-130.
Correa, J. P., 1954 Dec. p. 46.
Correns, Carl, 1950 Sept. p. 55; Nov. p. 31, 32, 34, 35; 1956 Oct. p. 79, 81; 1965 Jan. p. 71; 1968 July p. 55.
Corsi, A., 1975 Nov. p. 38.
Corson, Ben, 1970 May p. 21.
Corson, Dale R., 1950 Apr. p. 43; 1978 June p. 83.
Corssen, Guenter, 1963 Sept. p. 86.
Cort, Henry, 1974 Aug. p. 96; 1977 Nov. p. 142, 146.
Cortelyou, George B., 1963 Mar. p. 118, 121, 128.
Cortez, Hernando, 1957 Feb. p. 114; 1964 July p. 96, 98; 1966 Jan. p. 28; Apr. p. 73; 1975 Oct. p. 80-82.
Corwin, Alsoph H., 1953 Feb. p. 38.
Cory, Joseph G., 1968 May p. 113.
Cosenza, Humberto, 1973 July p. 59.
Coser, Lewis A., 1970 Nov. p. 96.
Cosper, S. W., 1978 June p. 71.
Coss, Richard G., 1975 Nov. p. 117.
Costa, Erimino, 1955 Oct. p. 86; 1977 Aug. p. 119.
Costa, Giovanni, 1968 July p. 50.
Costas, Philip, 1966 Oct. p. 46.
Costerton, J. W., 1978 Jan. p. 86.
Cotell, R., 1954 Dec. p. 44.
Cotes, Roger, 1973 Apr. p. 44; 1976 May p. 98.
Cotran, Ramzi S., 1976 May p. 61, 64.
Cott, Hugh B., 1952 Apr. p. 44; 1957 Oct. p. 49.
Cottam, Clarence, 1967 Mar. p. 31.
Cotteau, E., 1949 Sept. p. 52.
Cotter, John L., 1966 June p. 105.
Cottler, Joseph, 1949 Dec. p. 56.
Cottrell, A. H., 1955 July p. 83, 84; 1967 Sept. p. 89.
Cottrell, Frederick G., 1954 Sept. p. 112; 1972 Mar. p. 48.
Cotugno, Domenico, 1964 May p. 115.
Cotzias, George C., 1973 Sept. p. 109; 1974 June p. 65; 1977 Aug. p. 112.
Coubertin, Baron Pierre de, 1968 Aug. p. 85.
Couceiro, A., 1960 Oct. p. 119.
Couch, John N., 1967 Nov. p. 112.
Couch, Robert B., 1968 Dec. p. 56.
Couchy, Augustin, 1971 Aug. p. 94.

Coues, Elliott, 1955 Mar. p. 90.
Coulomb, Charles A. de, 1948 Aug. p. 42; Oct. p. 16; 1951 Feb. p. 55, 57, 58; 1953 Apr. p. 33; 1955 June p. 64; 1956 May p. 109; 1960 July p. 48; 1961 Nov. p. 154; 1966 Oct. p. 68; 1971 Feb. p. 106; Oct. p. 99-102; 1975 July p. 50; 1976 May p. 89, 90, 91, 94, 96.
Coulson, Alan R., 1977 Dec. p. 56.
Coulson, C. A., 1953 Oct. p. 79.
Council for Mutual Economic Assistance (Comecon), 1970 Oct. p. 102.
Counselman, Charles, 1968 July p. 34.
Counts, George W., 1968 Feb. p. 91.
Courant, Ernest D., 1952 Nov. p. 41; 1953 June p. 48; 1954 Mar. p. 45; Oct. p. 43; 1958 Mar. p. 73; 1966 Nov. p. 112.
Courant, Richard, 1969 Mar. p. 70.
Courmont, Frederick, 1958 Aug. p. 85.
Cournand, André F., 1956 Dec. p. 52; 1967 Nov. p. 28.
Courtenay, Jan B., 1972 Sept. p. 73.
Courtillot, Michel, 1975 Mar. p. 100, 101.
Courtillot-Wielezynska, Barbara, 1975 Mar. p. 101.
Courtney-Pratt, J. S., 1962 Apr. p. 115.
Coury, John N., 1964 June p. 65, 68.
Cousins, T. E., 1962 Nov. p. 72.
Cousteau, Jacques-Yves, 1957 June p. 61; 1959 Mar. p. 102; 1964 May p. 64; 1966 Mar. p. 28, 31, 33.
Couteaux, R., 1965 June p. 86.
Coutts, Christine M., 1975 June p. 72.
Coutts, Douglas, 1960 Nov. p. 154.
Coven, A. W., 1949 Nov. p. 28.
Coventry Machinists' Company, Limited, 1973 Mar. p. 82.
Covington, A. E., 1955 Mar. p. 42.
Covino, Benjamin G., 1960 Feb. p. 79.
Cowan, Clyde L. Jr., 1953 Nov. p. 50; 1956 Jan. p. 58, 61, 68; Aug. p. 48; 1962 Aug. p. 92, 93; 1963 Mar. p. 63; Oct. p. 45; 1965 Oct. p. 38; 1966 Feb. p. 40, 43; 1973 Aug. p. 30, 33.
Cowan, E. G., 1948 Dec. p. 26.
Cowan, E. W., 1957 July p. 75.
Cowan, Pauline M., 1957 Sept. p. 182; 1961 May p. 122.
Cowan, Ruth, 1976 Apr. p. 61.
Cowan, S. L., 1958 Dec. p. 87.
Cowden, Ronald R., 1962 Feb. p. 113, 122.
Cowgill, Ursula M., 1970 Jan. p. 104.
Cowie, Dean B., 1958 Aug. p. 48.
Cowlard, F. C., 1968 Feb. p. 54.
Cowles, R. B., 1959 Apr. p. 107, 118.
Cowley, Anne P., 1970 Dec. p. 27.
Cowper, William, 1952 Jan. p. 31.
Cox, A. J., 1974 July p. 65, 67.
Cox, Allan, 1963 Oct. p. 62; 1967 July p. 33; Aug. p. 40; Dec. p. 55; 1968 Apr. p. 57, 58; Dec. p. 65.
Cox, Arthur N., 1969 July p. 36; 1975 June p. 73.
Cox, Charles S., 1973 Feb. p. 69, 73.
Cox, D. F., 1966 June p. 99.
Cox, Donald P., 1978 Jan. p. 83, 84.
Cox, Edward C., 1964 July p. 45.
Cox, Herald R., 1959 Aug. p. 64; 1960 Oct. p. 83.
Cox, Hiden T., 1958 Feb. p. 40.
Cox, J. M., 1974 Aug. p. 68, 69.
Cox, John P., 1975 June p. 73.
Cox, Keith G., 1978 Apr. p. 120.
Cox, Robert A., 1963 Oct. p. 48.
Coxeter, H. S. M., 1974 July p. 97-99.
Cozzarelli, Nicholas R., 1968 Oct. p. 75.
Craddock, James, 1975 June p. 90.
Crafoord, Clarence, 1950 Jan. p. 17; 1951 Mar. p. 21; 1960 Feb. p. 79; 1961 Apr. p. 91.
Craft, Harold D. Jr., 1968 Oct. p. 30; 1969 Jan. p. 46.
Craft, Robert P., 1961 Jan. p. 107.
Craig, Harmon, 1958 Feb. p. 57; 1974 May p. 112.
Craig, John, Sir, 1958 Sept. p. 96.
Craig, Lyman C., 1950 June p. 37; 1961 Feb. p. 88; Apr. p. 57, 59; 1963 July p. 50; 1966 Feb. p. 37; 1970 Aug. p. 37; 1977 Jan. p. 52.
Craig, Paul P., 1967 Mar. p. 122.
Craig, Richard A., 1957 Apr. p. 138, 139.
Craig, Roderick, 1954 Feb. p. 76, 79.
Craig, W., 1974 Nov. p. 20.
Craik, Fergus, 1971 Aug. p. 85.
Craik, K. J. W., 1966 Sept. p. 247; 1976 Jan. p. 99.
Craik, Kenneth, 1963 Oct. p. 85; 1972 June p. 97, 99.
Cram, Donald J., 1976 Feb. p. 112.
Cram, Thomas, 1974 Apr. p. 67.
Cramer, Friedrich D., 1962 July p. 88, 91.
Cramér, Kim, 1971 Feb. p. 18.
Cramp, Charles H., 1949 Dec. p. 35.
Crane, Charles, 1949 Sept. p. 13.
Crane, Diana, 1973 Sept. p. 60.
Crane, E. J., 1948 Dec. p. 26; 1951 Oct. p. 33.
Crane, H. R., 1961 July p. 54.
Crane, Robert K., 1959 Apr. p. 152.
Cranshaw, T. E., 1960 Mar. p. 84; Apr. p. 79, 80; 1962 Aug. p. 41, 42.
Cranwell, Lucy, 1954 Feb. p. 88.
Crary, Albert P., 1954 Dec. p. 44, 45; 1956 Dec. p. 85; 1960 Mar. p. 86; 1962 May p. 117.
Crashan, Richard, 1977 June p. 125, 126.
Crassus, Marcus L., 1965 Sept. p. 63.
Cratylus, 1967 Jan. p. 98.
Crawford, Bryce, 1966 July p. 106.
Crawford, Carl B., 1963 Nov. p. 134.
Crawford, David R., 1971 Dec. p. 25, 27.
Crawford, Frank S., 1957 Mar. p. 64; 1971 Sept. p. 84; 1974 June p. 56.
Crawford, Irving, 1967 May p. 88.
Crawford, John A., 1962 Apr. p. 63.
Crawford, O. G. S., 1975 Feb. p. 41.
Crawford, William H., 1976 June p. 21.
Cray Research, Inc., 1977 Sept. p. 170, 171, 216.
Creagan, Richard P., 1974 July p. 42.
Creaser, Edwin P., 1950 Oct. p. 28.
Creation Research Society, 1971 Jan. p. 46; Feb. p. 46; 1972 Aug. p. 44; 1973 Feb. p. 47; 1977 June p. 61.
Creech, John L., 1975 June p. 15.
Creech, Oscar Jr., 1959 June p. 85; 1961 Apr. p. 101.
Creed, E. R., 1975 Jan. p. 93, 98.
Creel, D. J., 1974 May p. 50.
Creer, K. M., 1966 Oct. p. 28; 1968 Apr. p. 58.
Creighton, Charles, 1977 Dec. p. 89.
Creighton, Philip E., 1976 Aug. p. 82.
Creighton, William S., 1958 Mar. p. 39.
Cremer, R. J., 1975 July p. 74.
Crenshaw, John W., 1970 Mar. p. 105, 106.
Cressman, Luther S., 1968 Oct. p. 62.
Creutz, Edward C., 1970 Feb. p. 13.
Crewdson, Richard C., 1969 May p. 83.
Crewe, Albert V., 1970 Aug. p. 48; 1971 Apr. p. 26; 1972 Jan. p. 58; Nov. p. 39.
Crewther, W. G., 1969 Aug. p. 90.
Crick, F. H. C., 1953 Sept. p. 105; 1954 July p. 59; Oct. p. 49; 1955 Oct. p. 70, 71, 74; 1956 Mar. p. 42; Apr. p. 68; May p. 62; Oct. p. 88, 90; Nov. p. 53; 1957 Sept. p. 182, 188, 192; 1958 Jan. p. 68; Mar. p. 122; Apr. p. 50; June p. 37; Nov. p. 54; 1959 Dec. p. 56, 58, 59; 1961 May p. 121; Aug. p. 64; Sept. p. 76, 80; 1962 Jan. p. 72, 83, 84; Feb. p. 42; Mar. p. 69; July p. 109, 110; Aug. p. 53; Dec. p. 66; 1963 Jan. p. 48; Mar. p. 80, 86, 89; Dec. p. 44; 1964 May p. 51; Oct. p. 47; 1965 Aug. p. 75; 1966 Jan. p. 37; Oct. p. 55; Dec. p. 34; 1967 May p. 80, 81; Nov. p. 28; 1968 Aug. p. 43; Oct. p. 64, 70; Dec. p. 49; 1969 Aug. p. 93, 94; Dec. p. 49; 1970 Nov. p. 44; 1972 Jan. p. 25, 26; Dec. p. 84, 86, 88-91; 1973 Oct. p. 51; 1975 Nov. p. 37; 1978 Jan. p. 59, 61.
Criddle, Richard S., 1964 Jan. p. 68, 73; 1968 Feb. p. 39.
Crikelair, George F., 51 Jan. p. 30.
Crile, George W., 1948 Aug. p. 47; 1976 Jan. p. 94.
Crimp, Paul, 1951 July p. 62.
Crismon, J. M., 1952 Feb. p. 56.
Crisp, D. J., 1970 Aug. p. 87.
Cristina, Grand Duchess, 1949 Aug. p. 46.
Criswell, David R., 1976 Mar. p. 61.
Critchfield, Charles, 1950 Jan. p. 43.
Critchley, Macdonald, 1970 Mar. p. 67.
Critoph, E., 1975 July p. 45.
Crittenden, E. C., 1955 Mar. p. 52.
Croce, Carlo M., 1978 Feb. p. 117.
Crocé-Spinelli, J. E., 1952 Jan. p. 68, 70, 72; 1955 Dec. p. 59, 65.
Crockcraft, John, Sir, 1958 Nov. p. 52.
Crockcroft, John, Sir, 1948 June p. 29; 1949 Nov. p. 43; 1950 Sept. p. 30; 1952 Jan. p. 38; 1955 Oct. p. 31, 33; 1958 Mar. p. 68; 1967 Nov. p. 28; 1970 Aug. p. 24.
Crocker, A., 1965 Apr. p. 58.
Crocker, Ernest C., 1952 Mar. p. 29, 30.
Crockett, Ivory, 1976 June p. 110.
Croesus, 1961 June p. 124, 129.
Crofts, A. R., 1972 Feb. p. 34.
Croker, Byron, 1973 June p. 91.
Crombie, J. M., 1971 Jan. p. 98.
Crompton, Samuel, 1972 Dec. p. 51.
Cromwell, Oliver, 1965 Sept. p. 68; 1967 Aug p. 97; 1976 Oct. p. 120.
Cromwell, Stephen, 1977 Feb. p. 81.
Cromwell, Townsend, 1961 Apr. p. 105, 108.
Croneis, Carey, 1953 May p. 54.
Cronin, James W., 1962 Aug. p. 42; 1964 Sept. p. 82; Dec. p. 62; 1965 Apr. p. 56; Dec. p. 29, 32, 34, 36; 1967 Mar. p. 50; 1969 Oct. p. 90.
Cronin, John, 1972 June p. 43.
Cronkite, Eugene P., 1961 Feb. p. 62, 63; 1963 Aug. p. 106.
Cronly-Dillon, John, 1973 Feb. p. 34.
Cronstedt, Baron, 1959 Jan. p. 85.
Crook, John, 1971 June p. 117.
Crook, R. Jr., 1972 July p. 51.
Crookes, William, Sir, 1950 Feb. p. 53; May p. 21, 22; Oct. p. 31, 32; 1951 Nov. p. 29; 1956 Nov. p. 93, 94; 1957 June p. 100, 101; Dec. p. 104; 1966 Aug. p. 89, 91-93; 1970 Sept. p. 141; 1971 May p. 86; 1972 Feb. p. 63; 1974 Mar. p. 93, 94; 1977 Mar. p. 81; 1978 June p. 88.
Crosby, John, 1951 Jan. p. 27.
Crosby, Roy, 1948 Oct. p. 10, 11.
Cross, Judson, 1958 Apr. p. 64.
Cross, Kenneth W., 1977 June p. 105.
Cross, Lloyd, 1976 Oct. p. 95.
Crosse, Mary, 1955 Dec. p. 44; 1977 June p. 103.
Crothers, Donald M., 1974 Aug. p. 85.
Crouch, Marshall F., 1965 Oct. p. 38.
Crough, Tom, 1977 Aug. p. 67.
Crouse, William H., 1949 Dec. p. 52, 53.
Crow, Horace E., 1956 July p. 50.
Crow, James F., 1957 Aug. p. 57; 1959 Sept. p. 98; 1966 Nov. p. 65; 1968 June p. 46.
Crow, Jim, 1949 May p. 13.
Crowe, John H., 1971 Dec. p. 30.
Crowe, S. J., 1950 Oct. p. 19.

Crowell, John C., 1968 Apr. p. 61.
Crowell, Sears, 1957 Jan. p. 68.
Crowle, Alfred J., 1960 Apr. p. 129; 1963 Jan. p. 119.
Crowley, J., 1949 Feb. p. 33.
Crowther, J. A., 1959 Sept. p. 95.
Crowther, J. G., 1949 Apr. p. 27.
Croze, Harvey, 1975 Aug. p. 58.
Cruikshank, Dale P., 1975 Jan. p. 28; Sept. p. 146, 147.
Crump, Robin, 1972 July p. 95, 97.
Crumpton, Michael, 1977 Oct. p. 104.
Crutcher, Richard, 1974 May p. 112.
Crutchfield, Richard L., 1948 Dec. p. 10, 11.
Crutchfield, Richard S., 1958 Sept. p. 151.
Cruveilhier, Jean, 1970 July p. 40.
Cruxent, José M., 1967 July p. 96; Nov. p. 45, 46.
Cruze, Wendell, 1950 July p. 16.
Csapó, Árpád, 1950 Mar. p. 55.
Cuadros, Alvaro, 1974 Sept. p. 59.
Cuatrecasas, Pedro, 1971 Mar. p. 33; 1972 Oct. p. 73, 75; 1977 Mar. p. 45.
Cuauhtémoc, 1966 Oct. p. 24.
Cubbit, William, Sir, 1971 Oct. p. 100.
Cubitto, John, 1976 Apr. p. 88.
Cudaback, David D., 1968 Dec. p. 42.
Cueto, Cipriano Jr., 1956 Feb. p. 49.
Cuff, Frank B. Jr., 1960 July p. 65; 1961 Oct. p. 109.
Cuff, K. F., 1964 June p. 75.
Cuidad Guayana Municipal Housing Institute, 1965 Sept. p. 129.
Culhane, J. Leonard, 1975 Dec. p. 38; 1978 Jan. p. 82.
Cullen, Esther, 1958 Dec. p. 70, 71; 1960 Dec. p. 118, 124.
Culler, Glen, 1966 Sept. p. 170, 172.
Culligan, G., 1965 Dec. p. 31.
Cullis, Ann F., 1964 Nov. p. 71.
Cullity, B. D., 1957 May p. 103.
Culpeper, Nicholas, 1973 Sept. p. 103.
Cumming, Gordon, 1975 July p. 96.
Cummings, Byron, 1951 Feb. p. 18.
Cummins, Harold, 1969 Dec. p. 73, 83.
Cummins, Herman Z., 1968 Sept. p. 124.
Cummins, J. J., 1967 Jan. p. 37.
Cummins, Joseph T., 1961 Dec. p. 68.
Cummins, Peter, 1975 Nov. p. 42.
Cummins, William A., 1978 Jan. p. 69.
Cumont, Franz, 1962 Feb. p. 86.
Cunha, Tony J., 1966 June p. 94.
Cunningham, Bruce A., 1977 Oct. p. 96.
Cunningham, Burris B., 1950 Apr. p. 47; 1963 Apr. p. 70.
Cunningham, Christopher, 1974 Dec. p. 40.
Cunningham, Glen, 1976 June p. 114.
Cunningham, W. J., 1956 May p. 66.
Cuppy, Will, 1977 Oct. p. 81.
Curie Foundation, 1977 Apr. p. 47.
Curie, Jacques, 1949 Dec. p. 46.
Curie, Marie, 1949 Mar. p. 29; Dec. p. 13; 1950 Apr. p. 47; Sept. p. 29; 1958 Feb. p. 76; 1959 Sept. p. 82, 176; 1963 Dec. p. 64; 1966 Aug. p. 89, 93; 1967 Nov. p. 26, 30; 1972 Dec. p. 41.
Curie, Pierre, 1949 Mar. p. 29; Dec. p. 13, 46; 1950 Apr. p. 47; Sept. p. 29; 1955 Aug. p. 35; 1959 Sept. p. 82, 176; 1966 Aug. p. 92, 93; 1967 Aug. p. 95; Sept. p. 222, 224; Nov. p. 26; 1970 Dec. p. 40; 1977 Aug. p. 60.
Curley, Francis, 1952 Feb. p. 64.
Curlin, George T., 1971 Aug. p. 21.
Curnen, Edward G., 1949 Oct. p. 28.
Curott, David, 1961 Dec. p. 91.
Curren, Edward M. Jr., 1974 June p. 21.
Currey, J. D., 1962 Oct. p. 65; 1975 July p. 102.
Currie, D. G., 1970 Mar. p. 38.
Curry, Stephen M., 1977 Apr. p. 60.
Curtin, Philip D., 1974 Sept. p. 97.
Curtis, Garniss H., 1960 May p. 95; 1961 Sept. p. 86; 1962 May p. 78; 1963 Feb. p. 69; 1967 Feb. p. 51; 1969 June p. 34; 1974 Aug. p. 50; 1976 Dec. p. 118.
Curtis, H. J., 1951 Apr. p. 67; 1952 Nov. p. 61; 1958 Dec. p. 84, 85.
Curtis, Heber D., 1973 Dec. p. 39.
Curtis, Howard J., 1970 Aug. p. 71, 81.
Curtis, W. C., 1959 Jan. p. 122.
Curtiss, Roy III, 1977 May p. 54.
Curtiss-Wright Corporation, 1953 Oct. p. 39; 1960 Aug. p. 46; 1972 Aug. p. 16, 19, 22.
Curtius, Theodor, 1953 July p. 30.
Curzon, Geoffrey, 1968 May p. 111.
Cushing, Harvey, 1948 May p. 25; Oct. p. 34; 1950 Feb. p. 44; Oct. p. 19; 1957 Jan. p. 73.
Cushny, Arthur, 1953 Jan. p. 41, 42; 1957 Jan. p. 77; 1965 June p. 115.
Custers, J. F. H., 1965 May p. 40.
Cutbush, Marie, 1952 May p. 42.
Cuthbert of Northumbria, Saint, 1960 Nov. p. 162.
Cutler, Elliott C., 1950 Jan. p. 17; 1960 Feb. p. 79.
Cutler, Richard L., 1958 Aug. p. 52.
Cutright, Phillips, 1972 May p. 50.
Cutts, J. A., 1973 Jan. p. 49.
Cuvier, Georges, Baron, 1948 July p. 16; 1949 July p. 48, 49, 51; 1963 Feb. p. 76, 77, 91; 1964 July p. 54, 59; 1973 Feb. p. 36.
Cuzin, François, 1965 Apr. p. 39.
Cuzzi, Jeffrey, 1976 Mar. p. 51, 54.
Cynader, Max, 1977 Jan. p. 71.
Cyprus Geological Survey, 1973 July p. 91.
Cyril of Alexandria, Saint, 1964 Feb. p. 54; 1968 May p. 37.
Cyrus, the Great, 1959 July p. 109; 1961 June p. 124.
Czapski, Gideon, 1967 Feb. p. 80.
Czech Institute of Industrial Hygiene, 1963 Apr. p. 106.
Czechoslovak Academy of Science, 1964 Dec. p. 76.
Czechoslovak Academy of Sciences Institute of Virology, 1977 Dec. p. 101.
Czechoslovak National Government, 1977 Jan. p. 23, 26.
Czerny, A., 1954 Dec. p. 46.
Czerny, Marianus, 1967 Feb. p. 101.
Czolgosz, Leon F., 1963 Mar. p. 121-123, 129.

D

d' *for names beginning thus, not listed here, see second element e.g., for* d'Alembert, Jean le Rond, *see:* Alembert, Jean le Rond d'.
D. K. Ivanovsky Institute of Virology, 1977 Dec. p. 103.
D. S. Kennedy & Co., 1956 Oct. p. 58.
da Gama, Vasco, 1958 Oct. p. 66; 1960 Apr. p. 158; 1963 Sept. p. 52; 1969 Sept. p. 62; 1970 Aug. p. 94.
Da Grosa, John "Ox", 1952 Oct. p. 46.
Da Gue, Michael G., 1977 July p. 105.
da Vinci, Leonardo, *see:* Leonardo da Vinci.
Dabye, Peter J. W., 1969 July p. 77.
Dacey, George C., 1973 Aug. p. 50.
DaCosta, Jacob M., 1969 Feb. p. 69, 70.
Daddario, Emilio Q., 1966 Dec. p. 57; 1969 Oct. p. 46; 1970 Feb. p. 13.
Daeniker, H. U., 1954 Dec. p. 58.
Dagan of Canaan, 1977 Sept. p. 102.
D'Agostino, Oscar, 1953 Oct. p. 51; 1958 Feb. p. 77.
Daguerre, Louis, 1952 Nov. p. 30.
Dahl, Carl S., 1974 Apr. p. 54.
Dahl, Lawrence F., 1971 Oct. p. 92, 95.
Dahl, Margaret M., 1976 Apr. p. 44.
Dahl, Odd, 1951 Nov. p. 33; 1952 Dec. p. 36.
Dahl, Ole-Johan, 1977 Sept. p. 232.
Dahlberg, Gunnar, 1968 Jan. p. 22, 27; 1969 Aug. p. 33.
Dahlgren, Ulric, 1977 Mar. p. 108.
Dahlström, Annica, 1967 Feb. p. 67, 68; 1974 Feb. p. 84.
Dailey, Gardner A., 1963 Nov. p. 90.
Daimler, Gottlieb, 1967 Mar. p. 102; 1972 May p. 102, 107; 1973 Mar. p. 87, 88.
Dainton, Frederick, Sir, 1968 May p. 49; 1972 Feb. p. 40.
Dainty, J., 1962 Oct. p. 107.
Dakin, Henry, 1954 Jan. p. 32.
Dakin, T. W., 1948 Sept. p. 18.
Dalby, David, 1977 Apr. p. 109, 110.
Dale, C. E. M., 1975 Jan. p. 97.
Dale, Henry, Sir, 1948 Sept. p. 48; 1949 July p. 43; Dec. p. 16; 1957 Jan. p. 79; 1958 Jan. p. 46; 1961 Sept. p. 217; 1963 Nov. p. 106; 1965 Jan. p. 56; 1967 Nov. p. 27; 1970 Dec. p. 39; 1974 June p. 59.
Dale, Walter M., 1959 Sept. p. 96.
Daleau, Francois, 1953 Aug. p. 32.
Dalén, Gustaf, 1967 Nov. p. 26.
Dales, George F., 1966 May p. 93.
Dales, Samuel, 1975 May p. 24.
Dalgarno, Alexander, 1974 May p. 114.
Dali Museum (Cleveland), 1971 Dec. p. 63.
Dali, Salvador, 1971 Dec. p. 63.
Dalitz, Richard H., 1962 Jan. p. 56; 1963 Jan. p. 43.
Dalke, Paul, 1978 May p. 120.
Dall, William H., 1958 Nov. p. 115.
Dalla Valle, Joseph M., 1950 Dec. p. 50.
Dalldorf, Gilbert, 1959 Jan. p. 66; Feb. p. 90.
Dalrymple, G. Brent, 1963 Oct. p. 62; 1967 July p. 33; Aug. p. 40; Dec. p. 55; 1968 Apr. p. 57; Dec. p. 65.
Dalta, Saswati, 1977 Feb. p. 92, 96.
Dalton, Albert J., 1953 Mar. p. 29; 1964 May p. 91.
Dalton, John, 1951 Mar. p. 49; 1953 Jan. p. 51; 1956 Nov. p. 93; 1957 Jan. p. 73; 1960 June p. 116; July p. 54; 1966 Sept. p. 164; 1967 May p. 128, 129; 1968 Jan. p. 117; 1974 May p. 67; 1975 Mar. p. 68.
Daly, John W., 1977 Aug. p. 111.
Daly, Marie M., 1961 Sept. p. 79.
Daly, Patricia, 1970 Mar. p. 52.
Daly, Reginald A., 1950 Sept. p. 36, 39; 1956 Aug. p. 36; 1960 Apr. p. 98.
Dalziel, Ian W. D., 1977 Mar. p. 102.
Dam, Henrik, 1967 Nov. p. 27.
Damas, H., 1962 June p. 105.
Dambara, T., 1975 May p. 19.
Damdinsüren, Ts., 1963 Aug. p. 56.
Damm, Arvid G., 1966 July p. 43.
Damme, Karel J. van, 1965 July p. 29.
Damon, Paul E., 1972 May p. 100.
Dampier, William, 1953 Mar. p. 88.
Dan, Katsuma, 1952 Dec. p. 32; 1953 Aug. p. 55, 56, 58; 1961 Sept. p. 108, 112; 1977 Apr. p. 86.
Dana, James D., 1950 May p. 38, 40; 1976 Aug. p. 49.
Dana, Richard H., 1969 Sept. p. 59.
Danby, Gordon T., 1962 Aug. p. 53; 1963 Mar. p. 68.
Danby, Robert, 1973 Oct. p. 22, 23.
Dandekar, V. M., 1968 Nov. p. 35.

Dane, Benjamin, 1967 May p. 45, 52.
Dane, D. S., 1977 July p. 46, 47.
Danforth, Charles, 1950 June p. 18.
D'Angelo, N., 1967 July p. 83.
Daniel, Charles, 1963 June p. 48.
Daniel, Glyn E., 1971 Oct. p. 64.
Daniel, John F., 1954 May p. 72.
Daniel, P. M., 1956 Dec. p. 62.
Danielli, James F., 1959 Sept. p. 96; 1961 Sept. p. 170; 1970 May p. 57; 1972 Feb. p. 31.
Daniels, E. W., 1959 Sept. p. 100.
Daniels, Farrington, 1953 May p. 33, 35; Nov. p. 52; 1954 Sept. p. 116, 134; 1956 May p. 55; July p. 106; 1960 Jan. p. 82, 83.
Danielsen, Edwin, 1971 Jan. p. 32.
Danielson, Robert, 1975 Sept. p. 132.
Danish Institute for Theoretical Physics, 1964 Mar. p. 86.
Danish Museum of Prehistory, 1953 Oct. p. 85.
Danish National Museum, 1953 Oct. p. 86; 1958 Mar. p. 47; 1960 Sept. p. 144; 1964 Apr. p. 97.
Danish Navy, 1957 Nov. p. 50.
Danjon, André-Louis, 1965 May p. 29, 30, 35.
Dankert, Marcello, 1969 Nov. p. 121.
Danley, R. A., 1965 May p. 21.
Danon, Arlette, 1976 June p. 42, 44.
Dansereau, Pierre, 1967 Mar. p. 94.
Dansgaard, W., 1962 Sept. p. 142, 144.
Dante, Alighieri, 1950 Jan. p. 40; May p. 48; 1958 Sept. p. 166; 1963 Dec. p. 121; 1968 Feb. p. 108; 1969 Sept. p. 147; 1970 Aug. p. 97; 1976 Aug. p. 90, 99, 100; 1977 June p. 128; Aug. p. 60.
Dantzig, George B., 1954 Aug. p. 21, 22; 1963 Sept. p. 151; 1975 Dec. p. 50.
Danysz, Marian, 1949 Jan. p. 50, 51, 53; 1957 Sept. p. 107.
Darby, Abraham, 1954 Nov. p. 66; 1974 Aug. p. 95; 1977 Nov. p. 142.
Darby, Henry C., 1978 Jan. p. 40.
Darcy, Henri P.G., 1967 Jan. p. 65, 66.
Dareste, Camille, 1950 June p. 16; 1957 Oct. p. 110.
Darius I, 1952 July p. 20; 1961 Mar. p. 117; 1966 July p. 38; 1968 Apr. p. 95, 99.
Darley, John M., 1968 June p. 46.
Darling, F. Fraser, 1954 Nov. p. 44; 1967 Feb. p. 31.
Darling, Samuel T., 1948 June p. 13.
Darlington, Cyril D., 1950 Jan. p. 33; Sept. p. 57; Nov. p. 38; 1953 July p. 81; 1960 Aug. p. 139; 1971 July p. 45.
Darlington, Gretchen, 1974 July p. 43.
Darmstaedter, Frank J., 1973 Jan. p. 80.
Darnell, James E., 1963 Dec. p. 51.
Darrow, Charles, 1967 July p. 42.
Darrow, Clarence, 1959 Jan. p. 120-123, 125, 126, 128; 1969 Feb. p. 19-21.
Darrow, D. C., 1958 Dec. p. 124.
Darrow, Karl K., 1948 May p. 51; 1951 May p. 30; 1958 Jan. p. 52.
Dart, Raymond A., 1948 May p. 16, 17; 1949 Nov. p. 21, 24; 1953 Dec. p. 66; 1954 Sept. p. 52; 1955 Mar. p. 57; Aug. p. 50; 1957 June p. 80; 1958 July p. 77; 1960 May p. 95; 1974 July p. 109.
Dartnall, H. J. A., 1964 Dec. p. 55; 1967 June p. 76.
Darwin, C. G., 1968 July p. 61, 62.
Darwin, Charles, 1948 May p. 16; July p. 16, 17, 19; Dec. p. 18, 44; 1949 Mar. p. 40; May p. 40; June p. 17; Sept. p. 53; Nov. p. 21, 51, 52; 1950 Jan. p. 32, 33, 39; Apr. p. 56; Sept. p. 58; Nov. p. 55; 1951 Feb. p. 34; June p. 64; Aug. p. 39, 40; Oct. p. 24; 1952 July p. 58; Aug. p. 61; Sept. p. 53; 1953 Feb. p. 78; Apr. p. 67, 68, 70, 72; May p. 88, 94; Oct. p. 78; Dec. p. 66, 92; 1954 Jan. p. 72, 76; Aug. p. 51; Nov. p. 42; 1955 Feb. p. 70; Oct. p. 100, 106, 108, 110; 1956 Jan. p. 39, 70; Feb. p. 62-70, 72; May p. 69, 80; June p. 49, 50, 91, 92; Oct. p. 79, 81; 1957 Oct. p. 49; 1958 June p. 74; Aug. p. 92, 94; Sept. p. 60, 101, 102, 108, 109, 144; 1959 Jan. p. 121, 122, 124; Feb. p. 70, 73-75, 77, 78, 80-82, 84; Mar. p. 48, 53; May p. 60-66; June p. 114; Aug. p. 98-106; Sept. p. 144, 156; Nov. p. 172, 175; 1960 June p. 72; Sept. p. 69, 113, 114, 207; Oct. p. 116; 1961 Nov. p. 107, 116; 1963 Feb. p. 77, 81; Sept. p. 56; 1964 Sept. p. 149; 1965 Jan. p. 99; Apr. p. 46; Oct. p. 88, 90; 1966 Jan. p. 75; 1967 Oct. p. 95; 1968 Oct. p. 118; 1969 Feb. p. 15, 17; Sept. p. 160; Nov. p. 106; 1970 Apr. p. 87, 88; July p. 57; Sept. p. 91; 1971 Apr. p. 72; July p. 45; Nov. p. 104; 1972 Jan. p. 94; Apr. p. 50; Nov. p. 60; Dec. p. 91; 1973 Feb. p. 60; Apr. p. 97; Dec. p. 67; 1974 Mar. p. 84; 1975 June p. 33; July p. 93; Aug. p. 50, 60; 1976 Jan. p. 90; Mar. p. 81; Apr. p. 33; May p. 79; Sept. p. 172; 1977 Aug. p. 60; 1978 Feb. p. 104, 108, 111, 114; May p. 114; June p. 88.
Darwin, Erasmus, 1954 Oct. p. 72; 1955 Oct. p. 110; 1956 Feb. p. 62, 66; 1959 May p. 61-65; 1963 Sept. p. 56; 1965 June p. 112, 114.
Darwin, Francis, 1956 Feb. p. 65.
Darwin, George, Sir, 1948 May p. 41; 1949 June p. 19, 20; Oct. p. 42; 1952 Oct. p. 55; 1966 Oct. p. 32; 1968 June p. 39; 1972 Apr. p. 50, 51.
Darwin, Susan, 1956 Feb. p. 62.
Das, Ashok, 1978 Feb. p. 141.
Das Gupta, M. K., 1953 Mar. p. 50; 1964 Nov. p. 40; 1975 Aug. p. 28.
Das, N. N., 1972 Feb. p. 85.
D'Asaro, L. A., 1971 July p. 38.
Dash, William C., 1958 Oct. p. 56; 1961 Oct. p. 107, 112, 113-114; 1963 Aug. p. 72.
Dasmann, Ray, 1960 Nov. p. 134.
Datta, Naomi, 1967 Dec. p. 23, 26.
Datta, Saswati, 1977 Feb. p. 86, 97.
Datz, Sheldon, 1968 Oct. p. 45.
Dauben, William G., 1957 Mar. p. 72.
Daubrée, Gabriel A., 1960 Apr. p. 101.
Daughters of the American Revolution, 1960 Feb. p. 44.
Daunt, John G., 1949 Jan. p. 28; 1953 Sept. p. 84; 1957 Nov. p. 98; 1958 June p. 32, 33; 1973 May p. 39.
Dausset, Jean, 1972 June p. 29.
Dautrich, Fred, 1962 Nov. p. 93.
Dauvillier, A., 1953 May p. 72.
Dávalos, Eusebio, 1967 June p. 39.
Davenport, William H., 1971 May p. 46.
Daves, Robert J., 1956 Aug. p. 50.
Davey, T., 1957 May p. 41.
David, Charles, 1974 Dec. p. 49.
David Dunlop Observatory, 1963 Jan. p. 73.
David, Edward E. Jr., 1956 May p. 128; 1961 Aug. p. 72; Dec. p. 100; 1969 Dec. p. 54; 1973 Mar. p. 44.
David, Ernest, 1952 Jan. p. 29.
David Grey Associates, Inc., 1976 Aug. p. 82.
David, Jacque L., 1956 May p. 85.
David, King, 1965 July p. 84, 86, 87-89, 91; 1970 Dec. p. 102; 1971 Nov. p. 80; 1973 Oct. p. 35, 40.
David, Paul, 1950 June p. 18.
David, Peter M., 1975 June p. 90.
Davidon, William, 1966 June p. 52.
Davidson, Ben, 1965 Sept. p. 187.
Davidson, Eric H., 1976 Feb. p. 34.
Davidson, Joseph J., 1974 June p. 51.
Davidson, Julian M., 1966 Apr. p. 89.
Davidson, K. S. M., 1966 Aug. p. 64.
Davidson, Maurice J., 1957 Oct. p. 58.
Davidson, Norman, 1953 May p. 31, 32; 1960 May p. 141; 1973 Aug. p. 27; 1976 Dec. p. 106, 112.
Davidson, R. G., 1977 Feb. p. 82.
Davidson, Richard L., 1969 Apr. p. 28, 35.
Davidson, Ronald G., 1963 Nov. p. 72.
Davidson, Wilda, 1973 Mar. p. 78.
Davidson, William M., 1963 July p. 58; 1970 Nov. p. 72.
Davie, Ronald, 1973 Oct. p. 50.
Davies, A. J. S., 1974 Nov. p. 63.
Davies, David R., 1961 Dec. p. 98; 1973 Mar. p. 33; 1974 July p. 77; 1977 Jan. p. 51, 53.
Davies, John, 1954 Dec. p. 48.
Davies, John A., 1968 Mar. p. 96.
Davies, Julian E., 1964 July p. 45; 1966 Apr. p. 106-108; 1969 Oct. p. 33.
Davies, M. G., 1970 Jan. p. 44, 46.
Davies, Merton E., 1970 May p. 27.
Davies, R. D., 1957 July p. 50; 1960 Nov. p. 94; 1968 Dec. p. 40; 1973 June p. 34.
Davies, R. E., 1955 Mar. p. 53; 1970 Apr. p. 85.
Davies, Robert R., 1969 Jan. p. 114.
Davies, Roderick D., 1977 Sept. p. 70.
Davies, W. H., 1956 Oct. p. 129.
Davis, Angela, 1974 Dec. p. 27.
Davis, B. T. C., 1978 Apr. p. 127.
Davis, Baruch J., 1972 June p. 33.
Davis, Bergen, 1970 Aug. p. 24, 25.
Davis, Bernard D., 1958 Oct. p. 110; 1977 July p. 29.
Davis, D. E., 1967 Jan. p. 81.
Davis, D. R., 1975 Sept. p. 144.
Davis, D. W., 1964 June p. 87.
Davis, Daniel, 1971 May p. 82.
Davis, Daniel T., 1963 July p. 45.
Davis, E. A., 1953 Oct. p. 32.
Davis, E. Mott, 1954 Sept. p. 53.
Davis, Edward E., 1975 July p. 105.
Davis, Everett, 1949 Mar. p. 51.
Davis, Frank W., 1968 Apr. p. 24, 31.
Davis, Frederick, 1967 Sept. p. 181.
Davis, George D., 1970 Apr. p. 98.
Davis, Harry M., 1949 Feb. p. 28; 1952 Aug. p. 46; 1953 Apr. p. 61; 1957 Feb. p. 73.
Davis, James A., 1978 June p. 44, 46.
Davis, Jeff, 1952 Oct. p. 69.
Davis, John H., 1978 June p. 96.
Davis, John W., 1950 Dec. p. 26.
Davis, Joseph S., 1950 June p. 14.
Davis, K. H., 1955 Feb. p. 93.
Davis, Kingsley, 1963 Sept. p. 61; 1964 Feb. p. 121; 1965 Sept. p. 62; 1972 Oct. p. 47; 1974 Sept. p. 34.
Davis, Leo, 1963 May p. 89, 91, 96; July p. 84; 1965 Mar. p. 66.
Davis, Leverett Jr., 1963 Jan. p. 73; 1965 June p. 46, 47; 1967 Oct. p. 110; 1976 May p. 96.
Davis, Martin, 1973 Mar. p. 103; Nov. p. 85, 91.
Davis, Nathan, 1978 Jan. p. 112.
Davis, R. D., 1954 Sept. p. 81.
Davis, Raymond Jr., 1956 Jan. p. 66; 1966 Feb. p. 48; 1968 July p. 48; 1969 July p. 28, 29, 32, 33, 36, 37; 1972 June p. 53; 1973 Aug. p. 33, 34; 1974 Jan. p. 50; 1975 Aug. p. 47; Sept. p. 47, 50; 1976 May p. 52.
Davis, Robert J., 1969 June p. 101.
Davis, Roger E., 1967 June p. 119.
Davis, Ronald W., 1975 July p. 28.
Davis, Russell, 1970 Apr. p. 98.
Davis, Virginia E., 1976 Mar. p. 32.
Davis, W. D., 1962 Mar. p. .
Davis, W. L. Jr., 1968 Aug. p. 46.
Davis, W. Marvin, 1965 Feb. p. 83, 86.
Davis, William M., 1967 Apr. p. 88.
Davison, Gerald C., 1967 Mar. p. 84.

Davisson, C. J., 1948 May p. 50-53; 1949 Dec. p. 14; 1953 Aug. p. 44; Sept. p. 54; 1958 Jan. p. 52, 55; 1965 Mar. p. 32; May p. 63; 1967 Nov. p. 27; 1971 Apr. p. 26.
Davson, Hugh, 1972 Feb. p. 31.
Davy, Edmund, 1949 Jan. p. 17.
Davy, Humphrey, Sir, 1948 Aug. p. 49; 1949 Aug. p. 16; 1951 Sept. p. 46; 1952 Apr. p. 67; 1953 Oct. p. 91, 92; 1957 Jan. p. 71, 72, 80; 1960 Mar. p. 145; June p. 106-116; 1962 Oct. p. 41; 1964 Jan. p. 88; 1965 Jan. p. 89, 90; 1966 Nov. p. 84; 1968 Jan. p. 116; July p. 42; 1971 Dec. p. 49.
Davy, John, 1968 July p. 42; 1973 Feb. p. 36.
Dawber, Thomas R., 1962 July p. 44.
Dawes, G. S., 1952 July p. 73.
Dawes, William R., 1968 Feb. p. 76.
Dawkins, Michael J. R., 1968 Mar. p. 110; 1970 Feb. p. 62.
Dawson, Chandler R., 1964 Jan. p. 84.
Dawson, Charles, 1954 Jan. p. 38.
Dawson, J. A., 1952 Apr. p. 58.
Dawson, J. B., 1975 Mar. p. 57.
Dawson, Martin, 1953 Feb. p. 50.
Dawson, R. M. C., 1973 Nov. p. 64.
Dawson, T. J., 1977 Aug. p. 78.
Dax, Marc, 1948 Oct. p. 29.
Day, Chon, 1956 Feb. p. 32, 33.
Day, Francis, 1963 July p. 102.
Day, Hughes W., 1968 July p. 21.
Day, Hyam, 1968 Aug. p. 93.
Day, M. F., 1954 Feb. p. 32, 35.
Day, Michael, 1967 Apr. p. 65, 66; 1969 Sept. p. 102.
Day, Thomas H., 1975 Aug. p. 59.
Dayhoff, E. S., 1956 Mar. p. 88.
Dayhoff, Margaret O., 1967 Jan. p. 41.
Daykin, Philip N., 1975 July p. 104.
Dayton, Seymour, 1969 Sept. p. 98.
Dazzo, Frank B., 1977 Mar. p. 70.
de *for names beginning thus, not listed here, see second element e.g., for* de Cervantes Saavedra, Miguel, *see:* Cervantes, Saavedra Miguel de.
De Bakey, Michael E., 1962 July p. 39, 41; 1964 Oct. p. 56.
De Beni, G., 1974 Oct. p. 79.
De Blois, R. W., 1960 July p. 69, 71, 72.
De Boer, J. H., 1954 July p. 38.
De Carli, Paul S., 1965 Oct. p. 32, 33.
de Duve, Christian, 1961 Sept. p. 56; 1963 Nov. p. 117; 1967 Jan. p. 115; Nov. p. 62, 65; 1968 July p. 45; 1969 July p. 52; 1970 Sept. p. 113; 1974 July p. 88; Dec. p. 56; 1975 Apr. p. 56.
De Forest, Lee, 1948 Sept. p. 52, 53; 1950 Oct. p. 31, 33; ; 1954 1951 Apr. p. Aug. p. 65, 67, 6913, 14; 1961 Aug. p. 76; 1965 Mar. p. 92-100; 1969 Mar. p. 107, 109, 111, 112.
De Gaulle, Charles, 1963 Sept. p. 82; 1973 Sept. p. 64.
De Golyer, E. L., 1948 Sept. p. 13.
De Groot, A. D., 1950 Feb. p. 50.
de la *for names beginning thus, not listed here, see second element e.g., for* de la Roche, M, *see:* Roche, M de la.
de La Hire, Philippe, *see:* La Hire, Philippe de.
De la Mare, Walter, 1957 Nov. p. 79.
de la Tour, Charles C., 1975 Nov. p. 102; 1976 June p. 36.
de la Tour, E. Boy, 1965 Feb. p. 70; 1966 Dec. p. 33, 38, 39; 1967 July p. 62.
De Laval, Carl G. P., 1961 Apr. p. 135, 136.
De Long, Howard, 1971 Mar. p. 50.
De Luca, Hector F., 1964 Jan. p. 73.
De Maeyer, Leo, 1966 Dec. p. 126; 1969 May p. 35.
De Maeyer-Guignard, Jacqueline, 1977 Apr. p. 47.
De Monbreun, W. A., 1948 June p. 13.
de Monet, Jean B., *see:* Lamarck, Chevalier de.
De Morgan, Augustus, 1954 June p. 79, 81; 1962 Apr. p. 84; 1977 Oct. p. 108.
De, P. K., 1953 Mar. p. 42.
De Pamphilis, M. L., 1975 July p. 48.
De Quincey, Thomas, 1966 Nov. p. 132.
De Robertis, Eduardo, 1977 Aug. p. 111.
De Rosier, David, 1975 Nov. p. 58.
De Rújula, Alvaro, 1975 Oct. p. 49.
De, S. N., 1971 Aug. p. 20.
de Salluste, Guillaume, 1965 Apr. p. 46.
de Saussure, Ferdinand, 1952 Apr. p. 84; 1972 Sept. p. 73.
de Saussure, Nicolas, 1965 June p. 65.
de Saussure, Nicolas T., 1948 Aug. p. 26.
De Shong, A. Jr., 1964 Feb. p. 71.
de Sitter, Willem, 1949 Mar. p. 54; Dec. p. 16; 1956 Sept. p. 137, 140, 145, 81; 1967 June p. 28.
de Sitter, William, 1954 Mar. p. 57.
de Solla Price, Derek J., 1959 Apr. p. 62; Oct. p. 86; 1969 Feb. p. 46.
De Valois, Russell, 1972 June p. 97.
de Vaucouleurs, Gérard, 1952 Aug. p. 33; 1953 May p. 69; Dec. p. 56; 1960 Dec. p. 84; 1964 Jan. p. 33, 34; 1971 Dec. p. 25; 1977 Nov. p. 90.
De Vorkin, Donald B., 1969 Nov. p. 62.
De Vries, Adrian, 1972 Oct. p. 51.
de Vries, Egbert, 1963 Apr. p. 49, 55.
De Vries, Hessel, 1977 May p. 85.
de Vries, Hugo, 1950 Sept. p. 55, 58; Nov. p. 38; 1955 Oct. p. 106, 110; 1956 Oct. p. 79, 81; 1966 July p. 88; 1968 July p. 55; 1977 July p. 111.
De Witt, Hugh H., 1965 Nov. p. 110.
De Witt, James B., 1970 Apr. p. 77.
De Witt, Nicholas, 1956 Jan. p. 45.
De Wolf Smyth, Henry, 1950 Oct. p. 24.
Deacon, A. B., 1948 Dec. p. 48.
Deacon, David A. G., 1977 June p. 64.
Deacon, G. R., 1962 Sept. p. 124.
Dean, G. A., 1974 May p. 69.
Dean, Geoffrey, 1957 Mar. p. 133; 1969 July p. 45; 1970 July p. 40.
Dean, Gordon, 1949 June p. 26; July p. 33; 1950 Aug. p. 28; Oct. p. 24; Dec. p. 26; 1951 Mar. p. 28; Nov. p. 32; 1952 Mar. p. 35; June p. 40; 1953 Apr. p. 45; July p. 40; Aug. p. 40; 1968 Feb. p. 22.
Dean, J. S., 1972 May p. 99.
Dean, Reginald S., 1949 Apr. p. 51.
Dean, Rex, 1954 Dec. p. 48.
Dean, Robert B., 1949 Aug. p. 20.
DeAngelis, Alexander P., 1975 June p. 15.
Dearborn, John H., 1962 Sept. p. 202.
Deardorff, Neva R., 1949 June p. 29.
Dearman, H. B., 1963 July p. 66; 1967 Jan. p. 30.
Dearnaley, Geoffrey, 1968 Mar. p. 96.
Dearolf, Kenneth, 1955 May p. 100.
Deaver, Bascom S., 1965 Oct. p. 60.
Deaver, Bascon S. Jr., 1971 Mar. p. 80.
DeBenedetti, Sergio, 1956 Oct. p. 93; 1960 Dec. p. 76; 1969 Aug. p. 63; 1972 Nov. p. 104.
Debenham, Frank, 1962 Sept. p. 171.
DeBlois, R. W., 1967 Sept. p. 231; 1969 June p. 39.
DeBoer, J. H., 1951 June p. 19.
DeBold, Richard C., 1966 Aug. p. 85.
Debs, Eugene V., 1959 Jan. p. 126.
Debuissy, Francis, 1977 Mar. p. 106.
Debussy, Claude A., 1959 Dec. p. 111; 1969 Sept. p. 55.
Debye, Peter J. W., 1948 Oct. p. 17; 1949 June p. 38; Dec. p. 17; 1951 Jan. p. 41; Oct. p. 28; 1953 Feb. p. 74; 1957 Sept. p. 174, 90; 1961 Mar. p. 152; 1966 Dec. p. 124; 1967 Sept. p. 182, 183, 184, 187, 188; Nov. p. 25, 27; 1968 July p. 63; 1969 Jan. p. 131; 1972 Feb. p. 67; 1976 July p. 65; Oct. p. 48; 1977 Apr. p. 124.
Decae, André, 1960 Nov. p. 97.
DeCampli, William, 1978 Apr. p. 117.
DeCarli, Leonore M., 1976 Mar. p. 27, 31.
DeChairo, D. C., 1973 Oct. p. 33.
Decima, Arredo, 1972 Dec. p. 33.
Decius, Emperor, 1974 Dec. p. 121, 121, 127.
Deckers, J., 1968 Oct. p. 48.
Declaux, Pierre E., 1949 Aug. p. 28.
Dedekind, Julius W. R., 1954 Apr. p. 87.
Dedekind, Richard, 1973 Mar. p. 101.
Dee, John, 1973 Apr. p. 87, 92.
Dee, M. I., 1956 Mar. p. 104.
Deere, John, 1967 Aug. p. 50.
Deering, R. A., 1967 Feb. p. 37.
Dees, James W., 1971 Aug. p. 84.
Deets, Lee E., 1953 Dec. p. 31.
Deevey, Edward S. Jr., 1954 Feb. p. 89; 1958 Oct. p. 119; 1966 June p. 112; 1970 Sept. p. 149.
DeFalco, Ralph, 1951 July p. 63.
Defant, Albert, 1955 Jan. p. 31.
Defense Plant Corporation, 1963 Sept. p. 230.
Deffeyes, Kenneth S., 1970 Sept. p. 91; 1974 June p. 78.
Defoe, Daniel, 1964 Feb. p. 117.
DeForest, Lee, 1954 Apr. p. 65, 67, 69.
Degan, J. W., 1951 July p. 30.
Degens, Egon T., 1970 Apr. p. 32; 1973 July p. 90; 1978 May p. 55.
Degerli, I. U., 1965 June p. 58.
DeHaan, Robert, 1959 Mar. p. 87, 91.
DeHart, Arnold O., 1975 July p. 62, 64.
Dehmelt, H. G., 1960 Oct. p. 74, 76-78.
Deibler, W. Phillip, 1974 Apr. p. 51.
Deicha, Georges, 1962 Oct. p. 43.
Deinomenes, 1963 Dec. p. 110.
Deitchman, Seymour, 1964 Mar. p. 28.
Dejerine, Joseph J., 1972 Apr. p. 80, 81.
Dekaneas, D., 1949 Aug. p. 24.
Dekhtyar, I. Ya., 1975 July p. 41.
del *for names beginning thus, not listed here, see second element e.g., for* del Castillo, José, *see:* Castillo, José del.
Del Prete, T., 1973 Nov. p. 42.
Del Villano, Bert, 1973 June p. 91.
Delabarre, E. B. A., 1964 July p. 27.
Delachet, André, 1957 May p. 99.
Delacroix, Ferdinand V.E., 1964 Feb. p. 117.
DeLamater, Edward D., 1951 Oct. p. 23; 1953 Aug. p. 53.
Delambre, B. J., 1977 Oct. p. 81.
Delambre, Jean B., 1968 June p. 53, 54.
Delaney, Edward, 1956 June p. 49.
Delasso, L. P., 1963 Nov. p. 79.
DeLatour, Christopher, 1975 Nov. p. 53.
Delattre, Pierre, 1972 Sept. p. 75.
Delavault, R. E., 1957 July p. 46.
Delay, John, 1973 Sept. p. 120.
Delbourgo, R., 1965 Mar. p. 53.
Delbrü ck, M., 1950 Nov. p. 38, 39.
Delbrück, M., 1948 Nov. p. 47, 50; 1960 Feb. p. 141, 142.
Delbrück, Mary B., 1969 Dec. p. 48.
Delbrück, Max, 1949 May p. 19; 1953 Mar. p. 39; 1954 Dec. p. 64; 1956 July p. 110; 1959 Oct. p. 106; 1962 Jan. p. 70; 1969 Dec. p. 48; 1972 Dec. p. 86; 1974 July p. 32.
DeLemos, Robert, 1973 Apr. p. 82.
Delessert, Benjamin, 1967 Aug. p. 55.
Delfs, Eleanor, 1958 Apr. p. 45.
Delft Technological University, 1962 Dec.

p. 136.
Delgado, H. R., 1956 Oct. p. 107, 114.
Delgado, José M., 1956 Nov. p. 109.
Deligne, Pierre, 1977 July p. 131.
della *for names beginning thus, not listed here, see second element e.g., for* della Francesca, Piero, *see;* Francesca, Piero della.
Delluva, Adelaide M., 1949 Feb. p. 35.
Delo, David M., 1949 Feb. p. 29.
DeLong, George W., 1961 May p. 91.
DeLong, Mahlon, 1973 July p. 99, 103.
Delsarte, Jean, 1957 May p. 93.
Delvaille, John P., 1972 July p. 73.
Delwiche, C. C., 1970 Sept. p. 137, 168; 1974 Oct. p. 67; 1978 Jan. p. 36.
Demarçay, E., 1951 Nov. p. 29, 30.
DeMarcus, Wendell C., 1968 Feb. p. 78.
Demarque, Pierre, 1961 June p. 115.
Dement, William, 1957 Oct. p. 62; 1958 Sept. p. 90; 1960 Aug. p. 72; Nov. p. 85-88; 1967 Feb. p. 62, 65, 72; 1968 Sept. p. 210.
Demeny, Paul, 1974 Sept. p. 175, 32.
Demerec, Milislav, 1949 Aug. p. 34; 1950 Jan. p. 33, 35; 1951 Oct. p. 25; 1958 Aug. p. 48; 1964 Apr. p. 50.
Demers, Fernie, 1975 June p. 72.
Demers, Pierre, 1956 May p. 41.
Demers, Serge, 1975 June p. 72.
Demetrius, Poliorcetes, 1974 Oct. p. 119.
Demikhov, Vladimir P., 1962 Oct. p. 56; 1965 Nov. p. 39.
Deming, Jean, 1953 Oct. p. 70.
Democritus, 1948 Oct. p. 16; 1949 Nov. p. 48, 49; 1950 May p. 20; 1952 Jan. p. 23; 1953 Sept. p. 52; 1967 May p. 126, 129; Sept. p. 72; 1969 Jan. p. 130; 1970 May p. 117, 122; 1972 June p. 78; 1975 June p. 62.
Demosthenes, 1949 June p. 42.
Dempster, Arthur, 1953 Mar. p. 69, 74.
Dempster, W. J., 1957 Apr. p. 63; 1959 Oct. p. 57.
Dence, Michael R., 1975 Sept. p. 159; 1977 Jan. p. 95.
Dendy, Arthur, 1968 July p. 108.
Deneau, Gerald A., 1964 Mar. p. 46, 47, 52.
Denenberg, Herbert S., 1973 Sept. p. 173.
Denenberg, Victor H., 1964 Oct. p. 110.
Denenstein, Arnold, 1970 Oct. p. 63.
Denes, Peter B., 1969 Dec. p. 54.
Dengate, James A., 1974 Oct. p. 114.
Deniker, Pierre, 1973 Sept. p. 120.
Denis, Jean, 1954 Feb. p. 54.
Denis, Jean B., 1972 May p. 75.
Denison, Edward, 1967 Feb. p. 28.
Denisse, J. F., 1955 Feb. p. 44.
Denisyuk, Yu. N., 1976 Oct. p. 81, 88, 92, 93.
Denkewalter, Robert G., 1969 Mar. p. 47.
Denner, Warren, 1973 Feb. p. 75.
Dennis, Clarence, 1954 Aug. p. 25.
Dennis, Jack B., 1966 Sept. p. 135.
Dennis, Michael, 1967 May p. 48.
Denny-Brown, Derek E., 1970 Mar. p. 68.
Densen, Paul H., 1963 Aug. p. 23.
Densen, Paul M., 1965 Jan. p. 24.
Denson, N. M., 1954 Oct. p. 36, 38.
Dent, Brian, 1973 July p. 51.
Dent, F. J., 1972 Oct. p. 30.
Dent, William A., 1960 Oct. p. 153; 1966 Feb. p. 50; Dec. p. 45, 48; 1972 Feb. p. 74.
Denton, Eric, 1971 Jan. p. 65.
Denton, Eric J., 1962 Aug. p. 48.
Denton, George H., 1970 June p. 101.
Denton, Richard T., 1968 June p. 19.
Denver Child Research Council, 1953 Oct. p. 65-68, 70-74, 76.
Denver Museum of Natural History, 1966 June p. 104, 110.
Deol, Malkiat S., 1974 May p. 53.
DePackh, D., 1966 Nov. p. 112.
DePamphilis, Melvin L., 1975 Aug. p. 42; 1976 Apr. p. 45, 46.
Deraniyagala, P. E. P., 1965 May p. 79.
Derham, C. J., 1964 Mar. p. 56; 1965 May p. 31.
Derjaguin, Boris V., 1960 July p. 47; 1962 Apr. p. 114; 1969 Sept. p. 90; 1970 Nov. p. 52; 1971 Feb. p. 89; 1973 Sept. p. 66; 1975 Nov. p. 102, 106.
Dermott, S. F., 1977 Aug. p. 57.
DeRosier, David, 1975 Nov. p. 41.
Derry, John A., 1951 May p. 34; 1966 Oct. p. 44.
Derryberry, Mayhew, 1959 Apr. p. 67.
Dersted, Hans C., 1958 Apr. p. 56.
Derthick, Lawrence G., 1958 Mayol p. 56.
Derx, H., 1953 Mar. p. 41.
Des Marteau, Darryl D., 1974 Aug. p. 48.
Desaguliers, John T., 1949 May p. 31, 32; 1964 Jan. p. 100, 101; 1971 Oct. p. 97, 99, 101.
Desai, U. D., 1976 Oct. p. 75.
Desargues, Gérard, 1955 Jan. p. 82,83,85,86; 1964 Sept. p. 63, 64; 1971 Feb. p. 107.
Descartes, René, 1949 Jan. p. 40, 42-45; 1950 May p. 50; Aug. p. 32, 34; 1951 Feb. p. 60; June p. 64; 1952 June p. 57; Nov. p. 76; 1953 Jan. p. 52; Mar. p. 84; Sept. p. 110; Nov. p. 93; 1954 Aug. p. 45; 1955 June p. 59; Dec. p. 76; 1956 June p. 71; Aug. p. 43, 46; 1958 Apr. p. 56; Sept. p. 142, 66, 67; 1959 Oct. p. 160-163, 165, 166, 168, 170, 171, 173; 1960 Sept. p. 180; Oct. p. 145; 1964 May p. 108, 112, 115, 116; Sept. p. 149, 64, 65, 69; 1965 July p. 52; 1967 Dec. p. 116; Aug p. 97, 98; 1968 May p. 98, 100; Sept. p. 204, 205, 212, 72, 97; Nov. p. 71; 1970 May p. 118; 1972 Aug. p. 84, 86; 1973 May p. 92; 1975 Sept. p. 33; 1976 Aug. p. 74; 1977 Apr. p. 116, 118, 119-122, 126; Nov. p. 150.
Deser, Stanley, 1977 July p. 59; 1978 Feb. p. 137.
Deshpande, V. K., 1970 Feb. p. 71.
DeSimone, John, 1974 June p. 93.
Deslandres, Henri A., 1969 June p. 96.
DeSomer, P., 1963 Oct. p. 46.
DeSoto, Hernando, 1952 Mar. p. 23.
Dessens, Jean, 1962 Mar. p. 76.
Dession, George H., 1953 June p. 50; 1960 Mar. p. 154.
Dessler, Alexander J., 1963 May p. 89; 1965 Mar. p. 68.
D'Este, Augustus, Sir, 1970 July p. 40.
Destriau, George, 1957 Aug. p. 41, 42; 1967 May p. 109.
de-Thé, Guy, 1973 Oct. p. 27, 33.
Dethier, Vincent G., 1957 May p. 72; 1961 May p. 137-139; 1967 June p. 107.
Détraz, Claude, 1972 Oct. p. 104.
Detroit City Council, 1964 Jan. p. 31.
Detroit Edison Company, 1952 Dec. p. 60; 1953 June p. 43; July p. 40; 1968 Feb. p. 31; 1972 Mar. p. 48.
Detroit Electric Car Company, 1966 Oct. p. 40.
Dettmers, Almut E., 1966 June p. 97.
Detweiler, D. K., 1966 June p. 100.
Deunff, Jean, 1965 Jan. p. 52.
Deuterium Corporation, 1975 Oct. p. 24.
Deutsch, Armin J., 1962 Apr. p. 60.
Deutsch, Diana, 1975 Oct. p. 92.
Deutsch, J. A., 1959 Mar. p. 66.
Deutsch, Karl W., 1961 May p. 84.
Deutsch, Martin, 1954 Dec. p. 90, 92.
Deutsch, Morton, 1962 May p. 47.
Deutsch, Thomas, 1969 Feb. p. 33.
Deutsches Elektronen-Synchrotron, 1971 July p. 94, 101, 102.
DeValois, Russel L., 1964 Dec. p. 51.
Devaux, Philippe, 1974 Mar. p. 32.
Devey, Gilbert B., 1978 May p. 98.
Devinney, Edward, 1974 Dec. p. 42.
Devlin, G. E., 1961 June p. 58.
Devonshire, Duke of, 1955 June p. 69.
DeVore, Irven, 1961 June p. 63; 1962 May p. 138; 1973 Jan. p. 33.
DeVries, Robert C., 1974 Aug. p. 69.
DeWald, Horace A., 1962 Aug. p. 114.
Dewald, J. F., 1969 Nov. p. 32.
Dewald, Robert, 1967 Feb. p. 80.
DeWall, Richard A., 1957 Feb. p. 60.
Dewar, James, Sir, 1949 June p. 32, 33, 39; 1950 Sept. p. 34; 1956 Dec. p. 114.
Dewar, Katherine M., 1955 June p. 64, 71.
Dewey, John, 1950 Sept. p. 80, 84; 1951 Sept. p. 102, 43; 1972 Mar. p. 30.
Dewey, John F., 1972 June p. 59; Nov. p. 51, 62; 1973 July p. 48, 86; Aug. p. 61; 1977 Mar. p. 102; Apr. p. 36.
Dewey, Thomas E., 1948 Oct. p. 24; 1950 Nov. p. 12, 13; 1954 May p. 34, 35.
Dewhirst, D. W., 1959 May p. 52.
DeWitt, Bryce S., 1978 Feb. p. 141.
Dewson, James H., 1969 Jan. p. 80, 82.
Dexter, Avery, 1950 Jan. p. 30.
Dexter, Ralph, 1978 Apr. p. 142.
Deyts, Simone-Antoinette, 1971 July p. 65.
Dezhnev, Semen, 1961 May p. 89.
D'Herelle, F., 1948 Nov. p. 47.
di *for names beginning thus, not listed here, see second element e.g., for* di Castro, Nicolo, *see:* Castro, Nicolo di.
Di Cara, Leo V., 1969 Apr. p. 50; 1970 Jan. p. 31.
Di George, Angelo, 1969 Feb. p. 43.
Di Marzio, Edmund A., 1966 Dec. p. 122.
Di Mayorca, G. P., 1967 Apr. p. 32.
Di Salvo, F. J., 1971 Nov. p. 30-32.
Diabetes Foundation, 1971 Oct. p. 16.
Diamond, H., 1956 Dec. p. 67.
Diamond, Marian C., 1965 Jan. p. 52.
Diamond Ordnance Fuze Laboratories, 1977 Sept. p. 64.
Diaz, Bartholomeu, 1969 Sept. p. 62.
Díaz, Bernal, 1975 Oct. p. 81.
Diaz, Porfirio, 1964 July p. 90.
Dibble, David S., 1971 June p. 59.
DiBerardino, Marie A., 1968 Dec. p. 30.
Dibner, Bern, 1971 Feb. p. 101, 107, 110.
DiCara, Leo V., 1972 Feb. p. 90.
Dice, Lee R., 1964 Oct. p. 109.
Dichgans, Johannes, 1974 Oct. p. 100.
Dick, Alexander, 1975 July p. 57.
Dick, G. W. A., 1955 Mar. p. 62.
Dick, Herbert, 1949 May p. 27; 1950 July p. 23; 1964 Nov. p. 31.
Dicke, Robert H., 1953 Dec. p. 43; 1957 Feb. p. 80; 1960 May p. 92; Oct. p. 108, 78; 1965 July p. 46; 1967 Mar. p. 48; May p. 54; June p. 28, 29, 31, 36, 37; 1968 Feb. p. 79; 1970 Mar. p. 38, 41; June p. 33; 1971 May p. 27, 29; 1974 Oct. p. 56; Nov. p. 27, 28, 31; 1975 Apr. p. 111, 112; July p. 34; 1977 Jan. p. 39; 1978 Apr. p. 64, 69.
Dickel, Helene R., 1964 Jan. p. 41.
Dickens, Charles, 1964 Jan. p. 101; 1971 Oct. p. 101; 1976 July p. 123.
Dickerson, Richard E., 1961 Dec. p. 98; 1972 July p. 56, 57; 1974 July p. 75, 77; 1975 Aug. p. 54; 1977 Jan. p. 47.
Dickey, Frank H., 1962 July p. 92.
Dickey, Marguerite, 1957 May p. 70.
Dickie, Margaret M., 1952 Sept. p. 74; 1956 Nov. p. 112.
Dickinson, Dale F., 1974 May p. 110; 1978 Apr. p. 115; June p. 90.

Dickinson, Henry W., 1964 Jan. p. 103.
Dickinson, William R., 1972 Mar. p. 30; 1973 Aug. p. 69.
Dickman, Robert L., 1977 June p. 67; 1978 Apr. p. 118.
Dickson, G. Q., 1968 Apr. p. 57.
Dickson, James G., 1966 Mar. p. 29, 32.
Dickson, M. R., 1971 Dec. p. 34.
Diddens, A. N., 1973 Nov. p. 41.
Diderot, Denis, 1948 Aug. p. ; 1970 Sept. p. 196; 1974 Aug. p. 93, 94; 1977 Nov. p. 142.
Diebold, John T., 1951 Sept. p. 58.
Dieckmann, Max, 1974 Mar. p. 101.
Diego, José de, 1966 Oct. p. 25.
Diehl, V., 1973 Oct. p. 30.
Diels, Otto, 1950 Dec. p. 27; 1967 Nov. p. 28.
Dienert, Frédéric, 1965 Apr. p. 38.
Dienes, A., 1973 June p. 60.
Diense, A. D., 1955 Jan. p. 67.
Diesel, Rudolf, 1949 Dec. p. 35; 1969 Aug. p. 108-117.
Dieter, Nannielou H., 1963 June p. 104; 1965 July p. 29; 1966 Jan. p. 48; 1968 Dec. p. 38; 1971 Mar. p. 46.
Dietz, Robert S., 1951 Aug. p. 26; 1952 Oct. p. 57; 1960 May p. 64; Oct. p. 103; 1961 Aug. p. 53; Nov. p. 64; 1962 Feb. p. 81; 1963 Apr. p. 98; 1968 Apr. p. 56; 1969 Aug. p. 50; Nov. p. 106; 1970 Oct. p. 30; 1971 Nov. p. 58; 1972 May p. 68; Nov. p. 64, 66; 1973 Aug. p. 65.
Dietz, S., 1978 Jan p. 112.
Dieudonné, Jean, 1957 May p. 94, 96, 99.
Digby, L. (Miss), 1951 Apr. p. 55.
DiGeorge, Angelo M., 1974 Nov. p. 61.
Digges, Thomas, 1956 Sept. p. 228, 77, 79; 1973 Apr. p. 87.
Digital Equipment Corporation, 1966 Sept. p. 130; 1977 Sept. p. 176, 218, 217.
Dijkgraaf, Sven, 1950 Aug. p. 53; 1958 July p. 42.
Dikushin, 1957 Dec. p. 58.
Dilger, William C., 1962 Jan. p. 89.
Diliberto, Stephen P., 1957 May p. 63.
Dill, D. Bruce, 1962 Jan. p. 104; 1965 May p. 88; 1972 Mar. p. 88.
Dill, F. H., 1963 July p. 38.
Dilley, K. J., 1975 Dec. p. 80.
Dillinger Hüttenwerke, 1963 Dec. p. 81, 83.
Dillon, J. F. Jr., 1968 June p. 22.
Dilworth, Michael, 1977 Mar. p. 73.
DiMaggio, Joe, 1949 Mar. p. 54.
Dimond, A. E., 1954 Dec. p. 65.
Dimsdale, Thomas, 1976 Jan. p. 116.
Dingane, King, 1960 Apr. p. 157, 165.
Dinger, Ann St. Clair, 1978 June p. 101.
Dingiswayo, 1960 Apr. p. 161, 162, 166.
Dingle, A. Nelson, 1967 Mar. p. 26.
Dingle, Herbert, 1953 July p. 81; 1956 Dec. p. 58.
Dingle, John H., 1949 Sept. p. 19; 1960 Dec. p. 100; 1967 Nov. p. 68; 1973 Sept. p. 27.
Dingman, C. Wesley II, 1967 June p. 116.
Dinneen, David A., 1962 June p. 72.
Dinnerstein, Dorothy, 1962 Jan. p. 49.
Dinsdale, M. T., 1977 Aug. p. 95.
Dintzis, Howard M., 1961 Sept. p. 81; Dec. p. 109; 1963 Dec. p. 46, 49; 1964 Nov. p. 70; 1966 Nov. p. 87.
Dintzis, M., 1961 June p. 81.
Diocletian, Emperor, 1974 Dec. p. 121-123.
Diodotus, I., 1966 Feb. p. 108, 111.
Dion, Comte de, 1972 May p. 105, 108-110.
Dionysius of Halicarnassus, 1962 Feb. p. 83.
Diophantus, 1951 July p. 53; 1973 Nov. p. 85, 87.
Dioscorides, 1950 Dec. p. 52; 1964 Jan. p. 79; 1966 Jan. p. 70; Nov. p. 131; 1973 Sept. p. 91; 1977 May p. 96.
Dippell, Ruth V., 1950 Nov. p. 37.
Dirac, P. A. M., 1948 June p. 32; Sept. p. 21, 22; 1949 June p. 29; Oct. p. 13; Nov. p. 42, 43; Dec. p. 15; 1950 Feb. p. 24; June p. 21; Sept. p. 21, 30, 41; 1951 Oct. p. 52; 1952 Feb. p. 36; 1953 Apr. p. 57; 1954 May p. 87; July p. 44; 1955 Dec. p. 46; 1956 June p. 37; 1957 July p. 74, 75, 77, 78, 79; Dec. p. 100; 1958 Sept. p. 77, 82; 1959 Mar. p. 83, 84; Apr. p. 68; July p. 78, 80, 82, 85, 86; 1960 May p. 92; Oct. p. 108; 1961 Mar. p. 100, 103, 104; July p. 51; Dec. p. 91; 1963 May p. 53; July p. 112; Dec. p. 122, 124, 131; 1964 Oct. p. 36; 1965 May p. 64, 65, 68, 70; Dec. p. 39; 1966 Apr. p. 99; 1967 Apr. p. 106; Nov. p. 27; 1968 Jan. p. 74, 80; Sept. p. 59; 1973 Oct. p. 104; 1974 Oct. p. 56; 1975 June p. 54; Oct. p. 52; 1976 Feb. p. 45, 46, 48, 49, 50, 51, 52; June p. 33, 35; 1978 Feb. p. 132.
Dirichlet, P. G. L., 1954 Nov. p. 84; 1969 Mar. p. 70-72.
Dirksen, Ellen R., 1974 Oct. p. 44, 48.
Dirkson, Everett M., 1965 Nov. p. 24.
Disney, Michael J., 1969 Mar. p. 46; 1971 Jan. p. 54; 1977 Aug. p. 32.
Disney, Walt, 1951 Oct. p. 66; 1972 Sept. p. 85; 1975 Nov. p. 117.
Display Technology Corporation, 1972 Mar. p. 58.
Disraeli, Benjamin, 1965 Aug. p. 90.
Distillation Products Industries, 1950 May p. 24.
Distillers (Biochemicals) Ltd., 1962 Aug. p. 30, 31, 33.
Distin, Henry, 1973 July p. 31.
District of Columbia Narcotics Treatment Administration, 1975 Feb. p. 41.
Ditchburn, R. W., 1961 June p. 72.
Ditmars, Raymond, 1949 Dec. p. 54.
Ditmars, Raymond L., 1957 Jan. p. 116.
Dittmar, Wilhelm, 1970 Nov. p. 105.
Dittmer, Howard J., 1973 May p. 48.
Diver, Cyril, 1975 Aug. p. 54, 57, 57.
Dix, Dorothea, 1978 Feb. p. 47, 53.
Dixon, C. C., 1970 Nov. p. 87.
Dixon, Frank J., 1953 Feb. p. 34; 1963 Jan. p. 127; 1973 Jan. p. 26; 1974 Feb. p. 37.
Dixon, G. H., 1963 Dec. p. 72; 1968 Mar. p. 71.
Dixon, H. B. F., 1961 July p. 102.
Dixon, H. H., 1952 Oct. p. 79; 1963 Mar. p. 134.
Dixon, J. E., 1968 May p. 30.
Dixon, J. R., 1965 Dec. p. 79.
Dixon, J. S., 1955 Aug. p. 50.
Dixon, James P. Jr., 1963 May p. 75.
Dixon, John, 1973 Feb. p. 34.
Dixon, Kingsley, 1978 Feb. p. 107.
Dixon, Noah M., 1957 Jan. p. 67.
Dixon, Ray A., 1977 Mar. p. 81.
Dixon, Wilfrid J., 1969 Sept. p. 98.
Djerassi, Carl, 1955 Jan. p. 58.
Djokic, Dragomir, 1977 Nov. p. 70.
Dmochowski, Leon, 1960 Nov. p. 63, 71; 1964 May p. 91.
Doak Aircraft Company, 1960 Aug. p. 46.
Doane, B. K., 1957 Jan. p. 52.
Dobelle, W. H., 1964 May p. 60; 1974 Mar. p. 45.
Dobelle, William, 1964 Dec. p. 56.
Dobereiner, Johanna, 1971 Dec. p. 49; 1977 Mar. p. 71.
Dobinson, R. W., 1973 Nov. p. 41.
Dobrin, Milton B., 1961 Feb. p. 98.
Dobriner, Konrad, 1953 Oct. p. 46.
Dobrotin, Nikolai, 1951 May p. 36.
Dobrovolskaia-Zavadskaia, Nellie, 1950 June p. 17.
Dobrzycki, Jerzy, 1966 Oct. p. 88; 1973 Dec. p. 88, 99.
Dobson, Austin, 1967 Jan. p. 98.
Dobson, G. M. B., 1949 Jan. p. 37.
Dobson, R. L., 1965 Feb. p. 57.
Dobson, Terence O., 1975 Aug. p. 59.
Dobzhansky, Theodosius, 1952 Feb. p. 66; 1955 Apr. p. 74; 1959 Sept. p. 149; 1960 Sept. p. 65; 1963 May p. 75; 1970 Mar. p. 101, 102, 105; 1973 Dec. p. 24.
Dochez, A. R., 1959 Jan. p. 41.
Dock, William, 1964 Aug. p. 56.
Doctor, B. P., 1966 Feb. p. 37.
Dodd, Katharine, 1949 Nov. p. 51.
Dodd, Thomas J., 1961 Aug. p. 60.
Dodds, Harold, 1954 Mar. p. 32.
Dodge, Fred, 1964 Sept. p. 151.
Dodge, Frederick A. Jr., 1972 June p. 96.
Dodge, Raymond, 1968 Aug. p. 88.
Dodgson, Charles L., 1948 Nov. p. 16; 1950 May p. 42; Dec. p. 22; 1952 Mar. p. 70; 1956 Mar. p. 102; Apr. p. 116-120, 122, 124, 126, 128; 1959 Sept. p. 156; 1965 Nov. p. 49; 1967 Jan. p. 102, 106; 1969 Apr. p. 37; 1971 May p. 15; 1972 July p. 38-46; 1973 Dec. p. 116; 1976 June p. 22.
Dodson, C. H., 1966 Jan. p. 74.
Dodson, Guy, 1969 Oct. p. 48.
Dodson, Helen W., 1965 May p. 36, 37.
Dodson, John D., 1963 May p. 130.
Dodson, Julian J., 1973 Mar. p. 97.
Dodson, Richard W., 1969 July p. 29.
Dodt, Eberhardt, 1965 July p. 53.
Doe, L., 1975 Apr. p. 110.
Doehring, Donald R., 1977 Apr. p. 60.
Doell, Richard R., 1963 Oct. p. 62; 1967 July p. 33; Aug. p. 40; Dec. p. 55; 1968 Apr. p. 57, 58; Dec. p. 65.
Doerfler, Walter, 1967 Feb. p. 42.
Doering, William, 1976 Feb. p. 102, 106, 108, 109.
Doering, William V. E., 1965 Dec. p. 40; 1966 Nov. p. 65.
Doermann, A. H., 1953 May p. 38; 1955 July p. 78.
Doetsch, Raymond N., 1975 Aug. p. 41.
Doherty, David G., 1959 Aug. p. 122.
Doherty, E. T., 1968 Feb. p. 44.
Doherty, Kenneth W., 1977 June p. 45.
Dohlman, Gösta, 1964 July p. 27.
Doisy, Edward A., 1949 Dec. p. 14; 1955 Jan. p. 55; 1967 Nov. p. 25, 27.
Dole, Malcolm, 1951 Jan. p. 42.
Dole, Stephen H., 1975 Sept. p. 30, 31.
Dole, Vincent P., 1959 Dec. p. 71; 1965 Apr. p. 64; 1968 Sept. p. 86; 1970 July p. 50.
Dolginov, S., 1959 Nov. p. 88.
Dolgu, Gheorghe, 1977 Nov. p. 70.
Dolidze, M., 1967 Aug. p. 34.
Doll, Elizabeth, 1957 Dec. p. 99.
Doll, Hans, 1971 Jan. p. 95.
Doll, R., 1965 Oct. p. 60; 1971 Mar. p. 80.
Doll, W. Richard, 1954 Aug. p. 38; 1962 July p. 41, 44, 51; 1964 Feb. p. 66.
Dollard, Charles, 1950 Dec. p. 26; 1954 Sept. p. 70.
Dollard, John, 1950 Mar. p. 43.
Dollfus, Audouin, 1953 May p. 66, 67, 70; 1959 May p. 52; 1967 Apr. p. 50; 1975 Sept. p. 149, 76.
Dollond, John, 1961 Jan. p. 99; 1976 Aug. p. 72.
Dolmetsch, Arnold, 1951 Apr. p. 30.
Dolnick, E. H., 1968 Dec. p. 56.
Dolphin, John, 1963 Nov. p. 112.
Domagk, Gerhard, 1949 Dec. p. 17; 1967 Nov. p. 27, 28.
Dombrovsky, V. A., 1957 Mar. p. 55; 1962 Mar.

p. 44.
Dome, R. B., 1950 Dec. p. 17.
Domna, Julia, 1961 June p. 130.
Donahoe, F. J., 1970 Nov. p. 71.
Donahue, Roger P., 1971 Apr. p. 110.
Donahue, Thomas M., 1977 July p. 39.
Donaldson, P. E. K., 1959 Jan. p. 69.
Dondes, S., 1956 Dec. p. 54.
Donelson, John, 1974 June p. 50; 1976 Jan. p. 73.
Donley, Ray, 1966 Dec. p. 72.
Donn, Bertram, 1956 Sept. p. 113.
Donn, William L., 1956 Aug. p. 50.
Donne, John, 1977 June p. 121-123.
Donnelly, Ignatius, 1970 Dec. p. 102.
Donnelly, Richard C., 1953 June p. 50.
Donner Foundation, 1957 June p. 74; 1958 July p. 47.
Donner, K. O., 1961 July p. 121.
Donohoe, W. T. A., 1968 Nov. p. 50.
Donskoy, Mikhail, 1974 Nov. p. 52.
Doob, Joseph, 1969 Mar. p. 70, 71.
Doob, Leonard W., 1969 Apr. p. 38.
Doohan, Mary E., 1975 Apr. p. 93.
Doolittle, James H., 1964 Mar. p. 25.
Doolon, Paul F., 1962 July p. 45.
Doorninck, Frederick Jr. van, 1971 Aug. p. 23, 24, 32.
Doppelmayer, Johann G., 1975 Sept. p. 23.
Doppler, Christian, 1965 May p. 66, 68.
Doré, Gustave, 1977 June p. 128.
Dorf, Erling, 1963 Feb. p. 81.
Dorfman, Albert, 1966 Dec. p. 65.
Dorfman, Leon M., 1967 Feb. p. 81; 1977 July p. 98.
Dorfmeister, Georg, 1949 Oct. p. 46.
Doring, G., 1974 Dec. p. 82.
Döring, W., 1972 Dec. p. 61, 69, 71.
Dorman, H. J., 1968 Dec. p. 65; 1975 May p. 16; Nov. p. 91.
Dorn, Friedrich E., 1966 Oct. p. 64.
Dorn, Harold F., 1962 July p. 41; 1966 Apr. p. 48; 1967 Oct. p. 49.
Dorodnitsyn, A. A., 1965 Mar. p. 105.
Dorp, David A. van, 1966 Oct. p. 81; 1971 Nov. p. 87.
Dorr-Oliver Corporation, 1968 Jan. p. 34.
Dorsey, N. E., 1955 Aug. p. 64-66.
dos *for names beginning thus, not listed here, see second element e.g., for* dos Santos, Reynaldo, *see:* Santos, Reynaldo dos.
Dotterweich, Heinz, 1972 June p. 73.
Doty, Paul, 1957 Sept. p. 107, 173, 209, 211; 1960 May p. 90; 1961 May p. 125; 1964 May p. 51; 1966 Nov. p. 65; 1968 Jan. p. 40.
Doty, Robert, 1963 Oct. p. 119, 120.
Doty, Robert W., 1974 May p. 52.
Double, D. D., 1977 July p. 82.
Dougherty, J. F., 1949 July p. 45.
Dougherty, Peter, 1977 Oct. p. 106.
Douglas, A. E., 1955 Aug. p. 65.
Douglas Aircraft Company, 1949 May p. 38; 1953 Aug. p. 64; Oct. p. 38; Nov. p. 67; 1966 Sept. p. 188.
Douglas, C. G., 1965 May p. 89.
Douglas, H. C., 1953 Mar. p. 41.
Douglas, Herndon F., 1964 Mar. p. 43, 45.
Douglas, J. W. B., 1951 Nov. p. 36,38.
Douglas, James N., 1964 July p. 39, 42.
Douglas, Kirk, 1964 Feb. p. 37, 38.
Douglas, Lewis W., 1954 Feb. p. 47.
Douglas, R. Gordon Jr., 1968 Dec. p. 56.
Douglas, Stewart, 1951 Feb. p. 48.
Douglas, William O., 1951 July p. 30; 1967 Nov. p. 59; 1972 Sept. p. 167.
Douglass, Andrew E., 1952 Jan. p. 54-58; Dec. p. 74; 1953 May p. 67, 71; 1975 Mar. p. 49; Sept. p. 50.
Dourmashkin, Robert R., 1973 Nov. p. 62, 64.
Dove, Heinrich W., 1965 Feb. p. 46; 1973 Oct. p. 94.
Dover Publications, Inc., 1951 Feb. p. 46.
Dover, Thomas, 1977 May p. 99.
Dow Chemical Company, 1951 May p. 34; 1952 Dec. p. 60; 1953 Jan. p. 32; May p. 32; July p. 40; 1963 Nov. p. 99; 1966 June p. 96; 1976 Oct. p. 60.
Dow Corning Corporation, 1965 Nov. p. 43.
Dowling, Harry F., 1960 Dec. p. 99, 100.
Dowling, Herndon G., 1962 Nov. p. 123.
Dowling, John E., 1966 Oct. p. 78, 82; 1967 June p. 72; 1969 May p. 104-106, 112; 1973 Jan. p. 72, 73; 1974 Mar. p. 36; 1978 Feb. p. 97.
Dowling, W. J., 1975 Oct. p. 97, 98.
Down, Langdon, 1952 Feb. p. 60; 1961 Nov. p. 66.
Downes, Dennis, 1968 Aug. p. 60; 1973 Apr. p. 40; 1976 June p. 105.
Downs, George S., 1971 Feb. p. 30; Dec. p. 28.
Downs, Wilbur G., 1955 Mar. p. 64, 65.
Dows, Sutherland C., 1955 May. p. 50; 1956 Mar. p. 49.
Doyle, Arthur C., 1959 Apr. p. 41.
Doyle, Conan, 1949 May p. 24; 1955 Dec. p. 40.
Doyle, F. P., 1961 Mar. p. 71.
Doyle, J. Collin, 1962 Feb. p. 134.
Doyle, Joseph T., 1962 July p. 44; 1974 Nov. p. 96.
Doyle, Michael, 1974 Feb. p. 38.
Doyle, William L., 1959 Jan. p. 116; 1961 Apr. p. 122; Sept. p. 172, 174.
Doyle, Worthie, 1960 Aug. p. 66.
Drabek, Charles M., 1969 Aug. p. 106.
Drabkin, David L., 1971 Feb. p. 90.
Draffan, Harry, 1972 Oct. p. 83.
Drake, Charles L., 1962 May p. 124; 1963 Nov. p. 69.
Drake, Edwin L., 1967 Jan. p. 62.
Drake, Elizabeth, 1977 Apr. p. 22.
Drake, Frank D., 1960 Jan. p. 49, 79; Feb. p. 66; Apr. p. 63; 1961 May p. 60, 61, 63, 65; 1964 July p. 41; 1968 Oct. p. 30; 1969 Mar. p. 80, 81; 1974 Jan. p. 52; 1975 May p. 80; 1977 Apr. p. 96; Dec. p. 86.
Drake, Jerry F., 1974 May p. 113.
Drake, Samuel, 1978 Feb. p. 68.
Drake, Stillman, 1975 Mar. p. 102; June p. 100, 101, 98; 1976 May p. 111.
Dransfeld, Klaus, 1972 Oct. p. 51.
Drapeau, Gabriel R., 1967 May p. 91, 92.
Draper, Charles S., 1957 June p. 71.
Draper, Claude, 1951 Nov. p. 20.
Draper, George, 1958 Feb. p. 27.
Draper, Henry, 1972 Dec. p. 43.
Draper, James W., 1957 Oct. p. 56.
Draper, M. F., 1958 Nov. p. 71.
Draper, P., 1969 Feb. p. 104.
Drayton, Michael, 1977 June p. 122.
Drebbel, Cornelis, 1970 Oct. p. 114, 115, 117.
Drechsler, Charles, 1958 July p. 68, 69.
Dreesman, Gordon R., 1977 July p. 44.
Dreher, John J., 1968 Jan. p. 46.
Drell, Sidney D., 1971 July p. 101; 1975 July p. 46; Oct. p. 47; 1976 Jan. p. 50; Nov. p. 27.
Dreser, Heinrich, 1963 Nov. p. 99-103.
Dresner, Lawrence, 1971 June p. 31.
Dresser, David W., 1973 July p. 56.
Drever, R., 1965 Jan. p. 108.
Drew, Linda G., 1972 May p. 97.
Drexhage, Karl H., 1970 Mar. p. 108; 1973 June p. 55.
Dreyer, Johan L., 1956 July p. 52; Sept. p. 102; 1961 Feb. p. 52; 1964 May p. 83.
Dreyer, William J., 1974 Nov. p. 69.
Dreyfuss, F., 1951 Sept. p. 58.
Driesch, Hans A. E., 1957 Nov. p. 82; 1977 July p. 67.
Drillman, Paula, 1965 Apr. p. 54.
Drinker, Cecil K., 1963 June p. 82-84.
Driscoll, Alfred E., 1950 May p. 27.
Driscoll, R. L., 1949 May p. 26.
Drobeck, Hans P., 1953 Feb. p. 92.
Drobisch, Moritz W., 1961 Mar. p. 139.
Dropkin, Victor, 1975 Jan. p. 87.
Dros, A. A., 1965 Apr. p. 125, 127.
Drouhin, G., 1973 Apr. p. 56.
Droz, Bernard, 1969 Feb. p. 103; 1970 Oct. p. 84, 86.
Drucker, Karl, 1951 June p. 49.
Drude, Paul K., 1952 Dec. p. 43, 44, 48; 1955 July p. 71; 1963 July p. 110-113; 1967 Sept. p. 195, 196, 200, 201, 96; 1971 Nov. p. 25.
Drummer, W. A., 1977 Sept. p. 64.
Drummond, Edward, 1974 June p. 19.
Drummond, James. E., 1963 Nov. p. 53.
Drummond, Robert R., 1966 Apr. p. 60.
Dryden, Hugh L., 1951 June p. 31; 1962 May p. 74; 1963 Jan. p. 60.
Dryden, John, 1948 June p. 43; 1967 Dec. p. 97; 1977 June p. 122.
Drysdale, George, 1954 Jan. p. 35.
du *for names beginning thus, not listed here, see second element e.g., for* du Fay, Charles, *see:* Fay, Charles du.
Du Bois, Cora, 1949 Aug. p. 14.
Du Bois, Emil, 1956 Feb. p. 109; 1958 Mar. p. 98.
Du Bois-Reymond, Emil, 1950 Feb. p. 42; 1951 Apr. p. 66, 67; Dec. p. 45; 1952 Nov. p. 57; 1960 Oct. p. 117-119, 121; 1968 June p. 84.
Du Bridge, Lee A., 1969 June p. 54.
Du Fay, Charles François De Cisternay, 1965 Jan. p. 82, 85.
Du Pont de Nemours and Company, 1949 Jan. p. 18, 20; Apr. p. 51; 1951 Jan. p. 28; Apr. p. 34; June p. 18; Dec. p. 35; 1953 July p. 32.
Du Pont de Nemours and Company., 1955 July p. 66.
Du Pont de Nemours and Company, 1957 Mar. p. 42; Apr. p. 128.
DU Pont de Nemours and Company, 1957 Sept. p. 101.
Du Pont de Nemours and Company, 1957 Sept. p. 164, 88; 1958 May p. 58; 1959 Feb. p. 68; 1962 Nov. p. 100, 109; 1966 Feb. p. 76, 77; July p. 107; 1968 Sept. p. 175.
Du Pont de Nemours and Company., 1968 Oct. p. 62.
Du Pont de Nemours and Company, 1973 July p. 42, 43; 1974 Oct. p. 69; 1976 Sept. p. 168; 1977 Mar. p. 80.
Du Pont de Nemours and Company., 1977 Apr. p. 42, 44.
Du Pont de Nemours and Company, 1977 July p. 98.
Du Pont, Irénée, 1956 May p. 91.
du Pont, Lammot, 1971 Oct. p. 100, 101, 103.
Du Pont, Pierre S., 1956 May p. 91.
du Pré, F. K., 1965 Apr. p. 121.
Du Toit, Alexander L., 1962 Sept. p. 180; 1963 Apr. p. 91, 99; 1968 Apr. p. 53; 1969 Nov. p. 104, 119; 1975 Feb. p. 93, 95.
du Vigneaud, Vincent, 1949 Feb. p. 33; 1953 Dec. p. 50; 1955 Dec. p. 46; 1956 Sept. p. 112, 113; 1959 Aug. p. 125; 1961 June p. 140, 142; 1967 Nov. p. 28; 1968 Mar. p. 74; 1972 Nov. p. 27.
Dubas, René, 1967 Feb. p. 27.
Dubinin, N. P., 1950 Jan. p. 33.
Dublin Institute for Advanced Studies, 1949 Oct. p. 11, 13, 12, 14.

Dublin, Louis I., 1953 Apr. p. 42; 1954 Nov. p. 88; 1956 Nov. p. 108.
Dublin, Thomas D., 1974 Sept. p. 65.
Dubois, Eugène, 1949 Nov. p. 21; 1953 Dec. p. 65, 69; 1966 Nov. p. 46, 47, 49; 1968 Oct. p. 118; 1970 Apr. p. 48; 1977 May p. 33.
Dubois, Jean, 1965 May p. 30, 31.
Dubois, Raphaē, 1950 Dec. p. 20.
Dubois, Raphaël, 1962 Dec. p. 76, 79, 83, 86.
Dubos, René J., 1949 Aug. p. 27, 28, 30, 34; 1952 Apr. p. 50; Dec. p. 29; 1955 June p. 106; 1958 Jan. p. 46; 1960 Aug. p. 138; 1963 May p. 75; 1964 Mar. p. 43; 1968 Feb. p. 84, 85; 1973 Sept. p. 84.
DuBridge, Lee A., 1950 Dec. p. 26; 1951 June p. 31; 1975 Oct. p. 108, 109.
Dubrin, James W., 1977 Feb. p. 93.
DuBuy, H. G., 1950 Nov. p. 36, 38; 1959 Feb. p. 89.
Ducas, Theodore W., 1976 Feb. p. 55.
Duce, Robert A., 1974 May p. 69.
Duchamp, Marcel, 1977 Jan. p. 61.
Duchow, Esther, 1953 Mar. p. 41.
Ducke, Adolfo, 1954 Jan p. 80.
Duckett, J. G., 1975 Jan. p. 93.
Duckworth, D. F., 1975 June p. 92.
Duclaux, Pierre E., 1959 Apr. p. 156.
Ducuing, J., 1964 Apr. p. 43, 45.
Duda, Marija, 1973 Feb. p. 30.
Duddington, C. L., 1958 July p. 67, 68.
Dudel, Joseph, 1970 July p. 61.
Dudgeon, J. A., 1966 July p. 34.
Dudley, C. B., 1975 July p. 57.
Dudley, Dud, 1974 Aug. p. 96.
Dudley, H. R., 1961 Apr. p. 62.
Dudley, H. W., 1955 Feb. p. 95, 96.
Dudley, Paul, 1955 Jan. p. 67.
Dudrick, Stanley, 1971 May p. 51.
Duelli, Peter, 1976 July p. 110.
Duerre, Donald E., 1977 Feb. p. 92.
Dufcy, J. P., 1966 Nov. p. 64.
Duff, Roger, 1954 Feb. p. 85.
Duffahel, Maurice de, 1957 May p. 91.
Duffey, Lowell, 1959 Mar. p. 96.
Duffield, Wendall A., 1977 Aug. p. 60.
Duffus, W. P. H., 1976 May p. 38.
Duflot, Marcelle, 1964 Jan. p. 35.
Dugal, Louis-Paul, 1954 Apr. p. 72.
Dugan, Michael T., 1977 June p. 61.
Duggar, B. B., 1965 July p. 79.
Duggar, Benjamin M., 1949 Apr. p. 18; Aug. p. 32, 34; 1952 Apr. p. 56.
Duhem, Pierre, 1973 May p. 81, 82.
Duijvestijn, J. W., 1978 June p. 86, 88.
Dujardin, Félix, 1956 Apr. p. 138.
Dukas, Helen, 1955 July p. 69, 73.
Duke, Charles M. Jr., 1972 June p. 51.
Duke Power Company, 1971 Sept. p. 42.
Duke University, 1957 May p. 47; 1958 Jan. p. 78; 1963 May p. 130; July p. 48; Nov. p. 113; 1964 June p. 48; Dec. p. 71; 1965 May p. 81; Aug. p. 38; 1970 May p. 92, 95; 1978 Jan. p. 53.
Dukleth, Gordon W., 1977 Jan. p. 47.
Dulbecco, Renato, 1951 May p. 24; 1968 Nov. p. 56; 1969 Nov. p. 124; 1975 Dec. p. 48; 1978 Feb. p. 120.
Dulles, John Foster, 1954 Feb. p. 44.
Dulong, Pierre L., 1960 Oct. p. 158; 1967 Sept. p. 182, 183.
Dumanovic, J., 1971 Jan. p. 95.
Dumas, Alexandre, 1969 Dec. p. 19; 1977 Oct. p. 132.
Dumas, Frédéric, 1957 June p. 61.
Dumas, Jean-Baptiste-André, 1976 Mar. p. 40, 45.
Dumbleton, L. J., 1954 Jan. p. 80.
Dumke, W. P., 1963 July p. 38.
DuMond, Jesse W. M., 1970 Oct. p. 69, 76, 77.
Dumont, Allan E., 1963 June p. 90.
Dunbabin, Katherine, 1978 Jan. p. 116.
Dunbar, Kenneth A., 1951 Feb. p. 36.
Dunbar, M. J., 1954 Dec. p. 56.
Duncan, Beverly, 1957 Oct. p. 33, 37.
Duncan, David D., 1956 Mar. p. 65.
Duncan, Donald C., 1971 Sept. p. 66.
Duncan, Garfield G., 1971 Oct. p. 14, 21.
Duncan, J. C., 1973 Dec. p. 39.
Duncan, Otis D., 1957 Oct. p. 33, 37.
Duncan, R. A., 1972 Nov. p. 51.
Duncker, H. R., 1971 Dec. p. 72, 79.
Duncker, Karl, 1963 Apr. p. 120-122.
Dunegan, J. C., 1955 June p. 90.
Dungan, Fred, 1964 Feb. p. 67.
Dungarvan, Charles, 1967 Aug p. 99.
Dungey, G. W., 1956 Jan. p. 37.
Dungey, James W., 1965 Mar. p. 68.
Dunham, Charles L., 1959 June p. 76.
Dunham, E., 1977 Aug. p. 57.
Dunham, Theodore Jr., 1975 Sept. p. 74.
Dunkerley, Harold B., 1963 Apr. p. 49.
Dunlap, J. R., 1968 Sept. p. 113.
Dunlop, John B., 1973 Mar. p. 87.
Dunlop, Justin, 1976 Dec. p. 90.
Dunn, D. B., 1955 July p. 78.
Dunn, H. K., 1962 Apr. p. 148.
Dunn, H. Searl, 1971 Sept. p. 80.
Dunn, John E. Jr., 1962 July p. 41.
Dunn, John J., 1970 June p. 44.
Dunn, Leslie C., 1957 Mar. p. 119, 124; June p. 127; 1959 Sept. p. 139, 152; 1960 May p. 120; 1977 Oct. p. 99.
Dunn, R. B., 1958 Aug. p. 35; 1962 Feb. p. 50.
Dunn, Stephen P., 1957 Mar. p. 119; June p. 127.
Dunnebacke, Thelma H., 1955 Sept. p. 76.
Dunnill, Peter, 1966 Nov. p. 87.
Dunning, Dorothy C., 1965 Apr. p. 102.
Dunning, John R., 1955 Mar. p. 50; May. p. 50; 1956 Jan. p. 44; Mar. p. 49; 1957 Oct. p. 57; 1958 Feb. p. 84; Dec. p. 54.
Dunnington, F. G., 1949 June p. 37.
Dunn-Rankin, Peter, 1978 Jan. p. 122.
Dunoyer, L., 1965 May p. 58, 60.
Dunstan, William M., 1971 May p. 50.
Dupasquier, Alfredo, 1975 July p. 41.
Dupin, Amandine A. L., 1972 Dec. p. 91, 92.
DuPont, Robert L., 1973 Oct. p. 50.
Dupouy, Gaston, 1961 Apr. p. 78.
Dupree, A. Hunter, 1970 Feb. p. 13.
Dupree, Andrea K., 1973 Oct. p. 74; 1975 Apr. p. 109.
Dupree, Louis, 1951 June p. 36; 1964 Aug. p. 40.
Dupuis, Marc, 1966 Dec. p. 124.
Duquay, Michel A., 1973 June p. 53, 55.
Duquesne Light Company, 1954 May p. 48; Dec. p. 36.
Durand, John D., 1960 Mar. p. 94; 1974 Sept. p. 43.
Durand, Paolo, 1972 Oct. p. 72.
Duran-Reynals, Francisco, 1954 June p. 71; 1960 Nov. p. 64, 67, 71.
Durbin, Richard P., 1960 Dec. p. 154-156.
Dürer, Albrecht, 1952 Aug. p. 65; 1959 Aug. p. 106; 1960 Sept. p. 173; 1971 June p. 95; 1974 Sept. p. 53.
Durham, Carl T., 1949 Aug. p. 25; 1953 Apr. p. 46.
Durham, Lois J., 1960 Nov. p. 105.
Durham, Monte, 1974 June p. 20, 21, 23.
Durham University, 1963 Apr. p. 93.
Durham, William F., 1956 Feb. p. 49.
Durkheim, Emile, 1954 Mar. p. 41; Nov. p. 88, 94; 1963 July p. 68; 1967 Nov. p. 33.
Durney, B. R., 1975 Apr. p. 114.
Durnford, Margaret, 1973 Mar. p. 73.
Durovic, Steven, 1952 Jan. p. 40; 1963 Oct. p. 54.
Dürr, Gottfried, 1975 July p. 41.
Dürre, Karl, 1977 Oct. p. 112, 114.
Durrer, D., 1961 Nov. p. 134.
Durrer, Robert, 1968 Apr. p. 24, 27.
Durrieu, L., 1972 Oct. p. 90.
Durrum, Emmett L., 1951 Dec. p. 51.
D'Urville, Jules S. C. D., 1962 Sept. p. 64.
Duryea, Charles E., 1967 June p. 25; 1973 Mar. p. 87.
Duryea, Frank, 1967 Mar. p. 107.
Dus, Karl M., 1969 July p. 87.
Düsseldorf Academy of Medicine, 1962 Aug. p. 111, 116.
Dussik, Karl T., 1978 May p. 98.
Duthie, J. J. R., 1963 Nov. p. 102.
Dutky, Samson R., 1956 Aug. p. 98.
Dutta, Nirmal K., 1971 Aug. p. 20.
Dutton, Geoffrey, 1974 Sept. p. 35.
Dutton, H. J., 1965 July p. 79.
Dutton, L. P., 1974 Dec. p. 77.
Dutton, Richard W., 1964 Feb. p. 61; 1973 July p. 58.
Duval, Xavier, 1973 May p. 34, 36.
Duverney, Joseph G., 1964 May p. 112, 114, 115.
Duvernoy, Henri, 1972 Nov. p. 31.
Duvigneaud, P., 1978 Jan. p. 40.
Duwez, Pol, 1954 Sept. p. 117, 130; 1960 Aug. p. 72; 1964 Sept. p. 88; 1967 July p. 44.
Duxbury, Thomas C., 1977 Feb. p. 30, 32, 33.
Duysens, Louis N. M., 1965 July p. 79, 81; 1969 Dec. p. 58, 64; 1974 Dec. p. 82.
Duyvendak, J. J. L., 1971 July p. 77.
Dvorov, I. M., 1972 Jan. p. 74.
Dyal, Palmer, 1970 Jan. p. 49; 1971 Aug. p. 63, 66.
Dycc, Rolf B., 1965 Junc p. 58; Dcc. p. 40; 1968 July p. 33; 1975 Sept. p. 61.
Dye, D. L., 1964 June p. 33, 34.
Dyer, H. M., 1975 Feb. p. 43.
Dyk, R. B., 1959 Feb. p. 51.
Dyke, W. P., 1962 Mar. p. 82.
Dykeman, Winston R., 1970 Sept. p. 69.
Dykman, R. A., 1950 Feb. p. 25; Nov. p. 21.
Dyment, J. C., 1971 July p. 38.
Dymphna, Saint, 1975 Jan. p. 49.
Dyson, Freeman J., 1953 Apr. p. 57; Oct. p. 96; 1955 May. p. 52; 1956 Aug. p. 29; 1966 Nov. p. 65; 1971 Sept. p. 51; 1974 July p. 53.
Dyson, Robert, 1957 Oct. p. 83.
Dyson-Hudson, Neville, 1969 Feb. p. 76.
Dyson-Hudson, Rada, 1969 Feb. p. 76.
Dziedzic, Joseph M., 1964 Apr. p. 43.
Dziemian, R. L., 1958 Oct. p. 56.

E

E. Walter, 1975 Mar. p. 49.
Eadberht of Northumbria, 1976 Oct. p. 127.
Eades, Charles, 1965 Feb. p. 86.
Eadie, Robert, 1954 Aug. p. 67.
Eads, James B., 1954 Nov. p. 66.
Eady, Eric T., 1964 Mar. p. 70, 71.
Eagen, C. F., 1976 Jan. p. 61.
Eagle, Harry, 1956 Oct. p. 52; 1962 May p. 152; 1964 Aug. p. 64.
Eaker, David, 1977 Feb. p. 109.
Eardley, A. J., 1949 June p. 20.
Earhart Foundation, 1957 June p. 85.
Earl, James A., 1961 Apr. p. 75.
Earle, Wilton R., 1956 Oct. p. 51-53; 1957 Aug.

p. 93; 1964 Aug. p. 63.
Earling Corporation, 1959 Mar. p. 70.
Earnshaw, William, 1977 Aug. p. 99.
Earth Resources Technology, 1975 Nov. p. 89; 1976 Oct. p. 114; 1977 Apr. p. 31, 41.
East, Edward M., 1951 Aug. p. 41, 42.
East, Hinton, 1953 Mar. p. 94.
East India Company, 1958 Oct. p. 66; 1974 Apr. p. 51.
East Orange Board of Education, 1964 Oct. p. 58; 1966 June p. 56.
East Rand Proprietary Mines, 1965 Oct. p. 38.
Easterday, Bernard C., 1977 Dec. p. 101.
Eastern Psychological Association, 1956 Feb. p. 48.
Eastern Telephone and Telegraph Company, 1955 Aug. p. 47.
Eastlund, Bernard J., 1971 Feb. p. 50; June p. 21; 1972 July p. 65; 1974 Oct. p. 80.
Eastman Kodak Company, 1949 Oct. p. 26; 1961 Jan. p. 103; Nov. p. 118; 1968 May p. 65, 66; Sept. p. 51; 1973 Feb. p. 18, 20; 1976 Aug. p. 79-82.
Eaton, Cyrus, 1952 Jan. p. 50; 1957 Sept. p. 106.
Eaton, G. Gray, 1976 Oct. p. 97.
Eaton, Jeanette, 1949 Dec. p. 56.
Eaton, Joseph W., 1951 June p. 38; 1954 Mar. p. 42.
Eban, Abba, 1963 Sept. p. 61.
Ebashi, Setsuro, 1970 Apr. p. 92; 1974 Feb. p. 59, 65; 1975 Nov. p. 38, 39, 45.
Ebbecke, U., 1958 Oct. p. 43.
Ebbinghaus, Hermann, 1950 Sept. p. 79; 1958 Aug. p. 68, 70, 72; 1964 Mar. p. 91; 1967 Oct. p. 120.
Eberhard, P., 1963 Jan. p. 40.
Eberhardt, W. H., 1966 July p. 106.
Eberhart, H. D., 1967 Apr. p. 57.
Eberle, Alfred M., 1954 Feb. p. 47.
Eberle, Irmengarde, 1949 Dec. p. 54.
Ebert, H., 1949 July p. 21, 22.
Ebert, Robert H., 1956 Nov. p. 136.
Ebner, Kurt E., 1969 July p. 62.
Eccles, John C., Sir, 1958 Sept. p. 64; 1960 Oct. p. 119; 1963 Dec. p. 64; 1965 Jan. p. 52; 1966 May p. 105-107, 109, 110; 1967 Nov. p. 28; 1969 Jan. p. 82; 1970 July p. 57, 59; 1971 July p. 51; 1975 Jan. p. 60, 62, 63; 1978 Feb. p. 94.
Eccles, Rosalind M., 1960 Oct. p. 121.
Echlin, Patrick, 1966 June p. 75.
Echols, Harrison, 1976 Dec. p. 109.
Eck, R. E., 1966 May p. 38.
Eckart, Carl, 1973 Feb. p. 65, 66.
Eckels, Ann, 1959 Mar. p. 61.
Eckersley, T. L., 1956 Jan. p. 35, 36.
Eckert, J. Presper Jr., 1949 Apr. p. 30; 1964 Sept. p. 203; 1966 Sept. p. 67, 68.
Eckert, Roger O., 1974 Oct. p. 52.
Eckert, W. J., 1949 Apr. p. 33; 1959 Apr. p. 93; 1970 Mar. p. 48.
Eckert-Mauchly Computer Corporation, 1949 Apr. p. 35, 38, 30.
Eckhardt, Gisela M., 1964 Apr. p. 49.
Eckhardt, W., 1957 May p. 46.
Eckhause, M., 1966 Apr. p. 98.
Eckstein, John W., 1968 Feb. p. 86.
École Biblique et Archéologique de Sainte-Ettienne, 1965 July p. 84.
Ecological Society of America, 1970 Sept. p. 80.
Ecuador National Institute of Statistics, 1973 Sept. p. 46.
Eddington, Arthur, Sir, 1949 July p. 12, 15; 1950 Jan. p. 42; Sept. p. 24, 41; 1953 June p. 59, 64, 65; 1955 Nov. p. 76; 1956 Feb. p. 77; Sept. p. 88; 1958 Sept. p. 82; 1959 July p. 48, 53; 1961 Mar. p. 100; Dec. p. 91; 1962 Aug. p. 97; 1964 Mar. p. 107; June p. 38; 1967 Jan. p. 99, 100; 1968 Oct. p. 32; 1969 July p. 29; 1974 Nov. p. 30; 1975 June p. 72, 73; Sept. p. 44; Dec. p. 56; 1977 Oct. p. 49; 1978 Feb. p. 131.
Eddy, Bernice E., 1960 Nov. p. 66, 67; 1961 Nov. p. 86; 1977 May p. 64.
Eddy, John A., 1972 Dec. p. 43; 1977 May p. 80.
Eddy, Nathan B., 1966 Nov. p. 133.
Edelin, Kenneth, 1975 Feb. p. 41.
Edelman, Gerald M., 1964 Dec. p. 114; 1967 Oct. p. 86; 1970 Aug. p. 34; 1971 Mar. p. 33; 1972 Dec. p. 41; 1973 June p. 85; July p. 55; Nov. p. 54; 1974 Nov. p. 65; 1976 May p. 38; 1977 Jan. p. 51, 52; June p. 108; Oct. p. 99, 106.
Edelman, Isodora S., 1949 July p. 26; 1965 June p. 37, 43; 1976 Feb. p. 35, 36.
Edelson, Burton I., 1977 Feb. p. 58.
Edelstein, Stephen, 1976 Feb. p. 55.
Eden, Anthony, 1956 Sept. p. 111.
Eden, Frederick, 1972 Feb. p. 95.
Eden, Murray, 1971 Dec. p. 68.
Edgar, King, 1970 July p. 18.
Edgar, Larry, 1961 Mar. p. 129, 132.
Edgar, R. S., 1966 Apr. p. 109; Dec. p. 35; 1967 May p. 58; July p. 62, 64.
Edgerton, Harold E., 1953 Oct. p. 100; 1954 Feb. p. 65; 1958 Dec. p. 94; 1959 Oct. p. 108.
Edgeworth, Francis Y., 1954 Jan. p. 74.
Edidin, Michael A., 1972 June p. 32; 1974 Mar. p. 32; 1975 Oct. p. 32; 1976 May p. 31, 38, 39.
Edie, Leslie C., 1963 Dec. p. 38, 40.
Edinburgh Western General Hospital, 1963 July p. 60.
Edison Electric Institute, 1966 Nov. p. 66; 1968 Feb. p. 24; 1969 Aug. p. 48; 1970 May p. 44; 1972 Apr. p. 87; 1973 Jan. p. 14; 1976 June p. 48; 1977 July p. 59.
Edison, Thomas A., 1948 June p. 43; Sept. p. 53; 1949 Dec. p. 35, 56; 1950 May p. 22; Oct. p. 33; 1954 Apr. p. 65; 1959 Nov. p. 98-106, 108, 110, 112, 114; 1961 Aug. p. 76; 1963 Mar. p. 130; 1965 Mar. p. 93, 96; 1967 Jan. p. 62; June p. 21; 1969 Mar. p. 104, 106-112; 1972 Aug. p. 83; Dec. p. 43; 1973 Apr. p. 45; 1974 Mar. p. 84.
Edlén, Bengt, 1954 June p. 46; 1958 Aug. p. 38-40; 1969 June p. 95.
Edleston, R. S., 1975 Jan. p. 92.
Edman, Pehr, 1961 Feb. p. 86; 1970 Aug. p. 40; 1977 Oct. p. 103.
Edmonds, C. Jack, 1970 July p. 103.
Edmonds, Charles J., 1962 Aug. p. 100.
Edmonds, Jack, 1978 Jan. p. 105.
Edmonds, Mary P., 1975 May p. 25.
Edmundson, Allen B., 1961 Dec. p. 108; 1964 Nov. p. 72; 1977 Jan. p. 50, 53; Oct. p. 101.
Edrich, Wolfgang, 1976 July p. 110.
Edsall, John T., 1966 Nov. p. 65.
Edström, Jan-Erik, 1961 Dec. p. 63, 64; 1964 Apr. p. 55.
Education Development Center, Inc., 1975 July p. 45.
Educational Facilities Laboratories, Inc., 1971 Mar. p. 20.
Edward, Duke of Kent, 1965 Aug. p. 91; 1969 July p. 42, 46.
Edward, Prince of Wales, 1965 Aug. p. 88, 90.
Edward the Confessor, 1958 Mar. p. 42; Sept. p. 65; 1974 May p. 41, 42.
Edward the Elder, 1974 May p. 41.
Edwards, Anthony, 1974 Sept. p. 88.
Edwards, Charles C., 1975 Feb. p. 18.
Edwards, Clive A., 1969 Apr. p. 88.
Edwards, D. Craig, 1972 July p. 100.
Edwards, David F., 1974 Oct. p. 57.
Edwards, Dayton J., 1958 Oct. p. 37, 43.
Edwards, H. T., 1955 Dec. p. 66; 1972 Mar. p. 88.
Edwards, J. Graham, 1961 Apr. p. 121.
Edwards, John, 1974 Aug. p. 44.
Edwards, Jonathan, 1967 July p. 103.
Edwards, L. K., 1965 Sept. p. 173.
Edwards, R. G., 1966 Aug. p. 73; 1970 Dec. p. 45, 50.
Edwards, William H., 1959 Feb. p. 75.
Eeckhout, Yves, 1963 May p. 70.
Eells, Walter C., 1948 Dec. p. 46, 47.
Eero Saarinen and Associates, 1968 Sept. p. 196.
Efremov, Y., 1959 July p. 48.
Efron, Bradley, 1977 May p. 119.
Egami, F., 1966 Feb. p. 33.
Egas Moniz, Antonio C. de A. F., 1949 Dec. p. 11.
Ege, Richard, 1953 Feb. p. 32.
Egeberg, Roger O., 1973 Sept. p. 171.
Egelstaff, P. A., 1960 Apr. p. 79.
Eggen, Olin J., 1952 Aug. p. 33; 1953 June p. 64; 1961 June p. 115; 1963 Feb. p. 65; 1964 Jan. p. 40; 1970 June p. 32.
Eggleton, M. G., 1953 Jan. p. 48.
Eggleton, Richard E., 1964 Dec. p. 41.
Eggman, Luther, 1958 Oct. p. 42.
Eggston, Andrew A., 1951 Aug. p. 30.
Eglinton, Geoffrey, 1969 July p. 95; 1972 Oct. p. 82; 1975 Jan. p. 72.
Eguchi, Goro, 1975 Aug. p. 40.
Egyptian Antiquities Service, 1968 Nov. p. 64.
Egyptian Department of Antiquities, 1957 July p. 106, 107.
Egyptian University in Cairo, 1963 Jan. p. 128.
Ehard, K. H. L., 1960 May p. 145.
Ehlin, Marvin, 1968 Dec. p. 105.
Ehmann, William D., 1961 Nov. p. 58.
Ehnebuske, David, 1974 Apr. p. 67.
Ehrenberg, Anders, 1970 Aug. p. 75.
Ehrenberg, Christian G., 1969 Nov. p. 106; 1975 Aug. p. 36.
Ehrenberg, Kurt, 1972 Mar. p. 60.
Ehrenberg, W., 1965 Mar. p. 35; 1971 Sept. p. 182.
Ehrenfest, Paul, 1955 July p. 72; 1964 Sept. p. 106.
Ehrenfest, Tatiana, 1964 Sept. p. 106.
Ehrenreich, Henry, 1967 Sept. p. 182, 211; 1972 Mar. p. 40.
Ehrenstein, Günther von, 1962 Sept. p. 108; 1963 Mar. p. 91; 1964 May p. 55.
Ehret, Christopher, 1977 Apr. p. 110.
Ehrlich, John, 1952 Apr. p. 56.
Ehrlich, Paul, 1948 July p. 31; 1951 Apr. p. 60; 1960 Jan. p. 101; 1961 Jan. p. 58; Mar. p. 66; 1967 Nov. p. 26; 1973 June p. 85; Sept. p. 106; 1976 Mar. p. 114; 1977 June p. 108.
Eibl-Eibesfeldt, Irenäus, 1961 Aug. p. 45; 1962 Mar. p. 56.
Eichelberger, Henry, 1977 Aug. p. 92.
Eichelberger, Robert J., 1960 Oct. p. 136, 137.
Eichenwald, Heinz F., 1961 Apr. p. 80.
Eichhorn, H., 1950 Nov. p. 49.
Eichwald, E. J., 1957 Apr. p. 65.
Eiffel, Alexandre G., 1966 June p. 84.
Eiffel, Gustave, 1974 Feb. p. 96-100.
Eigen, Manfred, 1966 Dec. p. 126; 1967 Feb. p. 80; Dec. p. 48; 1968 Sept. p. 164, 176; 1969 May p. 30, 32, 35, 36.
Eights, James, 1962 Oct. p. 60.
Eigner, Joseph, 1960 May p. 92.
Eijkman, Christiaan, 1966 July p. 57; 1967 Nov. p. 27.
Eilenberg, Samuel, 1957 May p. 94.
Eilmer of Wiltshire Abbey, 1961 June p. 90; 1970 Aug. p. 96, 98.
Einstein, Albert, 1948 June p. 28, 30, 38; Aug. p. 29; Sept. p. 17; Nov. p. 24; 1949 Feb. p. 19;

Mar. p. 34, 52-55; Apr. p. 38; June p. 36, 37; Sept. p. 29; Oct. p. 11; Dec. p. 16, 17, 56; 1950 Jan. p. 26, 43; Feb. p. 24; Mar. p. 27; Apr. p. 18; July p. 49; Aug. p. 30; Sept. p. 22, 24, 28-31, 41; Oct. p. 44, 46; 1951 Mar. p. 25; Apr. p. 52, 53; May p. 36; Sept. p. 101; Oct. p. 57; Dec. p. 45; 1952 Jan. p. 23, 26; Mar. p. 49, 50, 51; Aug. p. 45; Nov. p. 79; 1953 Jan. p. 51, 56; Feb. p. 38, 84; Mar. p. 69; Apr. p. 57, 59, 60; May p. 54; Aug. p. 50; Sept. p. 52, 54, 59, 78; Oct. p. 44, 91; 1954 Feb. p. 78; Mar. p. 57, 58, 60; Apr. p. 84; May p. 85; Sept. p. 82; Nov. p. 80, 83, 86; 1955 June p. 31, 32; July p. 68-73; Aug. p. 62; Oct. p. 100, 101, 38; 1956 June p. 38; Sept. p. 136, 137, 139, 140, 145, 159, 224, 79-81; Dec. p. 71; 1957 Feb. p. 102, 82; Sept. p. 106; Dec. p. 74; 1958 Jan. p. 51, 56, 57; Mar. p. 69; Apr. p. 34, 56; Sept. p. 102, 144, 178, 63, 82; 1959 Apr. p. 70; May p. 149-151; July p. 86; Oct. p. 160; 1960 Mar. p. 65, 84; Apr. p. 73, 75; May p. 88; July p. 144; Oct. p. 166; Dec. p. 76; 1961 Mar. p. 96-100, 102; Dec. p. 84, 87; 1962 Mar. p. 72; Dec. p. 108; 1963 Feb. p. 134-136, 142, 47; May p. 45-47, 51, 77; Oct. p. 38, 40; 1964 Mar. p. 108; Aug. p. 38; Sept. p. 130-133, 68, 69, 95; Nov. p. 107, 114, 122, 47; 1965 Mar. p. 104; Apr. p. 119; May p. 70, 71; Aug. p. 52; 1966 Jan. p. 21, 22; Aug. p. 38; Nov. p. 109; 1967 Jan. p. 86, 92, 93, 95; Mar. p. 48; May p. 129, 134; June p. 28, 81; Sept. p. 102, 182-184; Nov. p. 26, 29, 91, 92, 98; Dec. p. 116, 83; 1968 May p. 15, 98; July p. 30; Sept. p. 161, 53, 54, 57; 1969 Mar. p. 68, 69; Apr. p. 101; May p. 30; 1970 Feb. p. 69; Mar. p. 58; June p. 29; Aug. p. 44; Oct. p. 62; 1971 May p. 27, 29; June p. 71; July p. 37, 94; Aug. p. 99; Sept. p. 51; 1972 Feb. p. 71, 82; May p. 39, 40, 45, 46; Sept. p. 75, 80; 1973 Feb. p. 90; May p. 82; June p. 43; Oct. p. 104; 1974 July p. 54; Nov. p. 25, 30-32; Dec. p. 32, 40; 1975 June p. 98, 104; Aug. p. 48; Sept. p. 44; Nov. p. 60; Dec. p. 50, 66, 69; 1976 Feb. p. 44, 49, 52; Mar. p. 79; Apr. p. 65; May p. 88; Aug. p. 90-94, 96-99; 1977 Jan. p. 34, 75; July p. 128; 1978 Feb. p. 126, 128, 131, 138, 141; May p. 65.
Einthoven, Willem, 1950 Sept. p. 72; 1956 May p. 126; 1961 Nov. p. 132; 1967 Nov. p. 26.
Eiseley, Loren C., 1951 June p. 36; 1954 Jan. p. 38; 1959 May p. 63.
Eisenberg, Evan, 1974 Feb. p. 70.
Eisenberg, Leon, 1973 Sept. p. 109, 130.
Eisenberg, Shlomo, 1977 Dec. p. 56.
Eisenbud, Merrill, 1957 Aug. p. 56.
Eisenhower, Dwight D., 1950 June p. 15; 1953 Apr. p. 46; May p. 47; June p. 43; Aug. p. 40; 1954 Feb. p. 43, 46; Mar. p. 32, 48; Apr. p. 44; May p. 31-35, 47, 52; June p. 44; Aug. p. 36, 38; Sept. p. 71; Oct. p. 46; Nov. p. 31, 48; Dec. p. 52; 1955 Jan. p. 42; Mar. p. 51; Apr. p. 31, 34; May p. 50; June p. 48; Aug. p. 46; Oct. p. 27, 33; Dec. p. 52; 1956 Apr. p. 61; May p. 54; Sept. p. 113; Dec. p. 53; 1958 Aug. p. 50; Dec. p. 29; 1959 Jan. p. 62; Feb. p. 58; July p. 62; Sept. p. 102; Oct. p. 80; 1960 Feb. p. 43, 64; June p. 80; 1961 Mar. p. 80; 1962 Apr. p. 49, 50; May p. 75; 1964 Oct. p. 27, 28, 56; 1965 Mar. p. 28; Apr. p. 54; Aug. p. 42; 1968 Feb. p. 23; 1969 Aug. p. 27; 1970 May p. 24; 1973 Mar. p. 44; July p. 18; 1975 Oct. p. 111.
Eisenhower, Milton S., 1970 Feb. p. 42.
Eisenman, George, 1972 Feb. p. 35.
Eisenstaedt, Alfred, 1972 May p. 29.
Eisenstein, Reuben, 1976 May p. 64.
Eisenstein, Sergei, 1977 June p. 128.
Eisenthal, Kenneth B., 1973 June p. 55.
Eiserling, Fred, 1966 Dec. p. 38; 1967 July p. 62.
Eisleb, Otto, 1966 Nov. p. 133.
Eisler, F. R., 1957 July p. 74.
Eisner, Robert W., 1963 Dec. p. 98, 92.
Eisner, Thomas, 1968 Apr. p. 109; 1969 Sept. p. 102.
Ekers, Ronald D., 1970 Aug. p. 44.
Eklund, Carl R., 1962 Sept. p. 206, 208; 1964 Aug. p. 68.
Ekman, V. Walfrid, 1969 Sept. p. 79; 1970 Jan. p. 117, 119; 1973 Feb. p. 67.
Ekspong, A. G., 1967 Apr. p. 114.
El Goresy, A., 1965 Oct. p. 28.
El Paso Natural Gas Company, 1953 Nov. p. 69.
Elam, James O., 1958 June p. 49.
Elberg, Sanford, 1953 Sept. p. 84.
Elder, E. Waite, 1954 Feb. p. 40.
Elder, F. R., 1957 Mar. p. 53.
Elder, James L., 1950 June p. 53.
Elder, Robert L., 1971 June p. 59.
Elderfield, R. C., 1955 Jan. p. 56.
Electric Power Research Institute, 1977 July p. 58.
Electricité de France (EDF), 1977 Mar. p. 34.
Electro Data Corporation, 1956 Sept. p. 120.
Electronic Industries Association, 1971 Oct. p. 26.
Electro-Optical Systems, Inc., 1961 Mar. p. 61.
Electroprint, Inc., 1972 Mar. p. 57.
Elekessy, Eva I., 1974 May p. 48.
Elfeg, Bishop, 1970 Aug. p. 95, 96.
Elford, W. J., 1962 Mar. p. 117.
Elgin, Robert L., 1973 May p. 39.
Elgjo, K., 1967 July p. 44.
Eli Lilly and Company, 1952 Sept. p. 74; 1955 Aug. p. 50; 1961 Mar. p. 67; 1964 May p. 93; 1971 July p. 28.
Elias, Luis R., 1977 June p. 64.
Elias, Maxim, 1951 Apr. p. 58.
Elias, Thomas S., 1976 Nov. p. 111.
Eliasson, Baldur, 1968 Mar. p. 54; Aug. p. 60; Dec. p. 43.
Eliot, T. S., 1966 May p. 100; 1970 Sept. p. 150.
Elisha, 1957 Jan. p. 79.
Elizabeth I, Queen of England, 1949 Dec. p. 34; 1950 June p. 21; 1951 Mar. p. 42; Oct. p. 65; 1952 June p. 57; 1957 Oct. p. 87; 1958 Feb. p. 29; 1961 Feb. p. 125; 1964 Feb. p. 116; 1965 Sept. p. 68; 1973 Apr. p. 86-88, 93; 1977 Nov. p. 140, 146.
Elizabeth II, Queen of England, 1958 Mar. p. 29.
Elizabeth, Queen of Bohemia, 1969 July p. 42.
Elkins, Stanley M., 1967 Apr. p. 22.
Ellenby, C., 1971 Dec. p. 33.
Ellerman, Vilhelm, 1960 Nov. p. 64; 1972 Jan. p. 26; 1973 Oct. p. 26.
Elliker, Paul R., 1973 Nov. p. 50.
Ellington, C. P., 1975 Nov. p. 86.
Elliot, D. F., 1959 Mar. p. 56.
Elliot, Daniel G., 1951 June p. 32.
Elliot, Jeffrey, 1972 Mar. p. 27.
Elliott, Carl, 1958 Apr. p. 48.
Elliott, D. F., 1962 Aug. p. 114.
Elliott, G. F., 1965 Dec. p. 27.
Elliott, Herb, 1976 June p. 114.
Elliott, J., 1971 July p. 45.
Elliott, Jack H., 1962 Oct. p. 84.
Elliott, James M., 1963 Apr. p. 124.
Elliott, T. R., 1974 June p. 59.
Ellis, Charles A., 1951 Sept. p. 54.
Ellis, Frank W., 1952 June p. 34.
Ellis, Havelock, 1958 June p. 81; 1964 Apr. p. 32.
Ellis, John, 1976 May p. 107.
Ellis, Thomas O., 1966 Sept. p. 95.
Ellison, M. A., 1951 Dec. p. 20.
Ellison, Solon A., 1954 Apr. p. 52.
Ells, S. C., 1949 May p. 53.
Ellsberg, Daniel, 1972 Aug. p. 44.
Ellsworth, Harris, 1958 Feb. p. 40.
Ellsworth, Lincoln, 1962 Sept. p. 64.
Ellsworth, Phoebe C., 1972 May p. 52.
Elmadjian, Fred, 1949 July p. 44; 1956 Mar. p. 34.
Elman, Robert, 1951 June p. 35.
Elmegreen, Bruce G., 1978 Apr. p. 113-117.
El-Said, M. A. H., 1956 May p. 60.
Elsasser, Walter M., 1948 May p. 53; 1949 Nov. p. 42; 1950 June p. 23, 24; 1955 Sept. p. 158, 160; 1957 Feb. p. 64; 1959 June p. 78; 1960 Feb. p. 61; 1967 Feb. p. 53; May p. 132; 1968 Apr. p. 62.
Elsdale, T., 1976 Apr. p. 83.
Elster, Julius, 1952 Mar. p. 56; 1953 Apr. p. 33; 1966 Aug. p. 89; 1969 Mar. p. 106, 107.
El-Sum, Hussein M. A., 1965 June p. 24, 34; 1968 Jan. p. 46.
Elton, Charles S., 1963 Feb. p. 85; 1969 Jan. p. 114, 115; 1970 Sept. p. 67; 1974 June p. 38-40.
Elton, Norman W., 1956 Dec. p. 60.
Elvehjem, C. A., 1948 Sept. p. 38; Dec. p. 36; 1972 July p. 56.
Elvers, Douglas J., 1969 Sept. p. 138.
Elvey, C. T., 1956 Mar. p. 82; 1959 Mar. p. 39; 1965 Dec. p. 58.
Ely, K. R., 1977 Jan. p. 53.
Elyutin, V. P., 1969 June p. 22.
Embden, Gustav, 1954 Jan. p. 32, 34; 1962 June p. 96.
Emberson, Richard M., 1956 Oct. p. 61.
Embury, David, 1966 Feb. p. 76.
Emden, Jacob R., 1975 Sept. p. 43.
Emeis, R., 1967 Dec. p. 67.
Emelyanov, Vasily S., 1964 Nov. p. 56; 1977 Nov. p. 70.
Emerson, Gladys A., 1951 Oct. p. 33.
Emerson, R. A., 1973 Jan. p. 45.
Emerson, Ralph W., 1948 June p. 27; 1949 Oct. p. 31; 1951 May p. 62; 1954 Apr. p. 69; 1958 June p. 29; 1959 Aug. p. 98, 106.
Emerson, Robert, 1948 Aug. p. 34; 1949 Sept. p. 16; 1965 July p. 77-79, 82; 1969 Dec. p. 62.
Emerson, Sterling, 1949 May p. 20.
Emerson, Thomas I., 1972 Sept. p. 41.
Emerson, Victor F., 1976 Dec. p. 45.
Emery, Carlo, 1975 June p. 33, 36.
Emery, David A., 1962 Jan. p. 46.
Emery, Earle B., 1974 May p. 60.
Emery, K. O., 1955 July p. 36; 1969 Sept. p. 210, 64.
Emery, Robert F., 1966 Nov. p. 40.
Emery, Walter B., 1956 July p. 50.
EMI Ltd., 1975 Oct. p. 60.
Emiliani, Cesare, 1958 June p. 90; 1960 May p. 79; 1963 Feb. p. 70; 1972 June p. 62.
Emlen, John T. Jr., 1955 Dec. p. 94; 1966 Oct. p. 105.
Emlen, Stephen T., 1975 Aug. p. 102.
Emmanuel, Victor, 1957 Mar. p. 121.
Emmel, Victor E., 1951 Aug. p. 56.
Emmett, John L., 1968 Sept. p. 132; 1973 Mar. p. 46; Nov. p. 48.
Emmett, P. H., 1971 Dec. p. 50.
Emmons, Chester W., 1948 June p. 15; 1951 May p. 22.
Emmons, William H., 1956 May p. 66.
Emory, Kenneth, 1956 Aug. p. 59.
Emory University, 1963 June p. 43.
Empedocles, 1948 Aug. p. 41; 1950 May p. 49; 1967 May p. 126; 1968 Oct. p. 113; 1970 May p. 116.

Empeiros, 1953 Jan. p. 55, 56.
Enannatumma, Princess, 1957 Oct. p. 80.
Encke, J. F., 1974 Feb. p. 53.
Ende, H. A., 1965 Aug. p. 76.
Enders, John F., 1952 Nov. p. 27; 1953 Nov. p. 54; 1954 Nov. p. 52; Dec. p. 52; 1959 Feb. p. 89; 1960 Dec. p. 90; 1961 May p. 53; 1963 May p. 74; Oct. p. 46, 47; 1964 Jan. p. 81; 1967 Nov. p. 28; 41
Enderson, James H., 1970 Apr. p. 74.
Endo, Makato, 1975 Nov. p. 40.
Endo, Yanuparo, 1959 July p. 127.
Endroizi, Elemér, 1971 Jan. p. 27.
Energy Conversion Devices, 1977 May p. 44-47.
Enezib, Pharaoh, 1957 July p. 107.
Eng, Robert, 1978 May p. 120.
Engdahl, E. R., 1973 Mar. p. 26, 28.
Engel, Albert E. J., 1968 Oct. p. 59.
Engel, Bernard, 1970 Jan. p. 39.
Engel, Frank L., 1963 July p. 48.
Engel, Frédéric, 1965 Oct. p. 76.
Engel, George L., 1972 July p. 77.
Engel, Joseph H., 1971 Nov. p. 48.
Engel, Leonard, 1962 Sept. p. 154.
Engel, Leonhard, 1960 Feb. p. 77.
Engel, Niels, 1964 Aug. p. 40.
Engelbach, Reginald, 1957 July p. 116.
Engelberg, Joseph, 1961 July p. 61.
Engelbrecht, R. S., 1959 June p. 127.
Engelhardt, V. A., 1952 Dec. p. 19; 1953 Apr. p. 90; 1961 Sept. p. 200, 202.
Engelman, Donald M., 1974 June p. 50; 1976 July p. 65; Oct. p. 44.
Engelmann, T. W., 1959 Oct. p. 99; 1975 Aug. p. 36.
Engelmann, Theodor W., 1951 Nov. p. 69; 1960 Nov. p. 106.
Engels, Friedrich, 1958 Sept. p. 107, 108; 1966 Oct. p. 23.
Enger, Torr, 1977 Apr. p. 26.
Engineering Research Associates, 1953 May p. 55.
Engineering Supervision Company of New York, 1960 Apr. p. 90.
Engineers Joint Council, 1956 Dec. p. 60; 1960 Aug. p. 72.
England, David, 1966 June p. 97.
England, L. R., 1950 Apr. p. 33.
Engle, Earl T., 1951 Mar. p. 45.
Englert, Edwin Jr., 1975 Jan. p. 103.
Englesberg, Ellis, 1970 June p. 44.
English, John P., 1962 July p. 41.
English, Richard D., 1973 June p. 39.
Englund, Paul T., 1968 Oct. p. 75.
Engström, Arne, 1961 Dec. p. 64.
Engstrom, L. H., 1972 Feb. p. 30.
Ennos, A. E., 1968 Feb. p. 42.
Enoch, Jay M., 1961 Dec. p. 78.
Enos, John, 1967 June p. 23.
Enright, James T., 1975 Feb. p. 76.
Enroth-Cugell, Christina, 1974 Nov. p. 111.
Ensminger, Eugene, 1966 June p. 94.
Entz, Paul, 1967 July p. 108.
Enzmann, E. T., 1951 Mar. p. 46.
Eötvös, Joseph, Baron von Vásárosnemény, 1961 Dec. p. 84.
Eötvös, Roland, Baron von, 1961 Dec. p. 84, 86, 87, 90, 92-94; 1974 Nov. p. 28, 30; 1975 July p. 34.
Epel, David, 1977 Nov. p. 129.
Ephemerides, 1973 Dec. p. 90.
Ephrussi, Boris, 1950 Nov. p. 34; 1962 Apr. p. 108; 1969 Apr. p. 26, 28, 35; 1970 Nov. p. 27; 1974 July p. 36; 1978 Feb. p. 120.
Ephrussi-Taylor, Harriett, 1951 Oct. p. 23; 1956 Nov. p. 51.
Epicurus, 1948 Aug. p. 57; Oct. p. 16; 1952 Mar. p. 62; 1967 Aug p. 98; 1970 May p. 117.
Epimenides, 1962 Apr. p. 86, 88, 90, 91, 96; 1975 May p. 51.
Epling, Carl C., 1950 Jan. p. 40.
Epperson, Susan, 1969 Feb. p. 15-17, 19.
Epps, Elizabeth, 1964 Jan. p. 40.
Epstein, E., 1963 June p. 104.
Epstein, Emanuel, 1976 Aug. p. 44D.
Epstein, Eugene E., 1966 Dec. p. 46.
Epstein, Jermiah F., 1963 May p. 126, 128.
Epstein, M. A., 1973 Oct. p. 27, 30.
Epstein, R. H., 1966 Apr. p. 109; Dec. p. 35; 1967 May p. 58; July p. 62, 63.
Epstein, R. J., 1957 Oct. p. 56.
Epstein, R. S., 1966 Dec. p. 38.
Epstein, Samuel, 1958 Feb. p. 54, 56; 1972 Oct. p. 85.
Epstein, William, 1975 Mar. p. 47; Aug. p. 46; Nov. p. 25.
Epstein, Wolfgang, 1976 Apr. p. 44.
E.R. Squibb & Sons, 1952 Apr. p. 39.
Erasmus, Charles, 1956 May p. 74.
Erasmus, Desiderius, 1956 Jan. p. ; 1973 Apr. p. 86.
Erastov, E. M., 1968 Oct. p. 48.
Eratosthenes, 1953 Jan. p. 50; 1956 July p. 50; 1958 Dec. p. 107, 110, 111; 1959 Oct. p. 64; 1967 Oct. p. 68; 1973 Nov. p. 91; 1976 Aug. p. 94.
Erbario Tropicale, 1977 May p. 104.
Ercker, Lazarus, 1960 July p. 66; 1967 Sept. p. 70, 74.
E.R.D.A., *see:* U.S. Energy Research and Development Administration.
Erdelyi, Matthew H., 1970 May p. 104.
Erdl, Michael P., 1963 Mar. p. 50.
Erdös, Paul, 1978 Mar. p. 131.
Erginsoy, Cavid, 1968 Mar. p. 96.
Erhart, Louis, 1954 Dec. p. 43.
Eric the Red, 1967 May p. 77.
Erickson, A. Earl, 1966 Nov. p. 135; 1967 Jan. p. 60.
Erickson, Albert W., 1968 Feb. p. 112.
Erickson, Carl, 1964 Nov. p. 54.
Erickson, Ralph O., 1977 Dec. p. 140.
Ericson, David B., 1956 Dec. p. 90; 1959 May p. 74; 1963 Mar. p. 76; Nov. p. 140.
Ericson, Leif, 1949 Dec. p. 56; 1964 Jan. p. 56; 1967 May p. 77, 78.
Ericson, T. E. O., 1972 Nov. p. 106.
Ericson, Torleif, 1964 Mar. p. 86.
Erie Mining Company, 1968 Jan. p. 33, 35.
Eriksson, Erik, 1970 Sept. p. 154; 1971 Jan. p. 40; 1974 May p. 67.
Erismann, Theodor, 1962 May p. 64, 67, 72.
Erlang, A.K., 1968 Aug. p. 103.
Erlanger, Joseph, 1949 Dec. p. 14; 1950 Feb. p. 42; 1967 Nov. p. 25, 27.
Erlenmeyer-Kimling, L., 1970 Oct. p. 26, 28.
Ermakov, G. V., 1972 Dec. p. 70, 71.
Ermengem, Emile van, 1968 Apr. p. 71.
Ernst August, Duke of Hanover, 1968 May p. 97.
Ernst August, Elector of Hanover, 1969 July p. 42.
Ernst, Hans, 1952 Sept. p. 108.
Ernst, K. D., 1974 July p. 34.
Ernst, Prince, 1965 Aug. p. 91.
Eron, Larry, 1970 Jan. p. 50.
Erren, Rudolf A., 1973 Jan. p. 14.
Erspamer, V., 1957 Dec. p. 53.
Ervin, Frank R., 1961 Feb. p. 45.
Erving, Oscar R., 1948 Oct. p. 24.
Esaki, Leo, 1959 Sept. p. 106; 1973 Dec. p. 50.
Esau, Katherine, 1959 Feb. p. 47.
Escarraga, Lourdes A., 1958 June p. 49.
Esch, Harald, 1964 Apr. p. 118.
Escher, B. G., 1974 July p. 97.
Escher, George A., 1974 July p. 101.
Escher, Maurits C., 1968 Jan. p. 114; 1971 Dec. p. 63, 64; 1974 July p. 90-104; 1976 Mar. p. 68, 71; Aug. p. 97, 99.
Escher, William J. D., 1973 Jan. p. 20.
Escluse. Charles de l', 1952 Dec. p. 52.
Eshleman, Von R., 1960 Aug. p. 50; 1968 July p. 37.
Eskola, Kari A. Y., 1970 June p. 48.
Eskola, Pentti, 1951 June p. 32.
Eskola, Pirkko L., 1970 June p. 48.
Esmond, Henry, 1976 Jan. p. 116.
Esper, Johann F., 1959 Nov. p. 167, 168, 172.
Esquirol, Jean-Étienne-Dominique, 1879 Feb. p. 48.
Essen, L., 1954 July p. 46; 1955 Aug. p. 65, 66; 1956 Feb. p. 50; 1957 Feb. p. 76.
Essex, H., 1952 Feb. p. 52.
Essex Marine Laboratory, 1970 May p. 44, 51.
Essmann, Uwe, 1971 Mar. p. 75; 1972 Apr. p. 89.
Esso Research and Engineering Company, 1963 Mar. p. 45; Apr. p. 84; 1965 Nov. p. 53; 1967 Jan. p. 60; Sept. p. 106.
Estabrook, R. W., 1967 Oct. p. 50.
Esteban, M., 1972 Oct. p. 47.
Esterl, J. E., 1970 Dec. p. 41.
Esterl, J. E. , 1978 June p. 67.
Estermann, Immanuel, 1965 May p. 63, 64, 72.
Estes, J. Worth, 1975 Dec. p. 54.
Estrada, Emilio, 1962 Apr. p. 80; 1966 Jan. p. 30, 34.
Etana, King of Kish, 1957 Oct. p. 81.
Eteodes, 1954 May p. 73.
Etkin, William, 1963 Nov. p. 110; 1966 May p. 76.
Ettel, Peter C., 1970 Jan. p. 77; 1972 Jan. p. 102.
Etter, Clifton, 1954 July p. 26.
Ettingshausen, Albert von, 1961 Dec. p. 124.
Euathius, 1971 Mar. p. 50; 1972 July p. 40.
Eubulides, 1969 June p. 66.
Euclid, 1950 Mar. p. 28; May p. 51; Sept. p. 41, 42; 1952 Nov. p. 78; 1953 Jan. p. 51, 52, 56; Feb. p. 79-81; Mar. p. 84-86; 1954 Nov. p. 86; 1955 Jan. p. 84; 1956 Mar. p. 104-106, 108, 110, 112; Apr. p. 118; June p. 71, 73; Sept. p. 136, 137; 1958 Sept. p. 66, 67, 69; 1961 Sept. p. 119; 1964 May p. 110; Sept. p. 129, 42, 47, 55, 60, 66, 67, 96, 102; 1965 Nov. p. 98; 1967 July p. 53; Dec. p. 105, 106, 113, 116; 1969 June p. 70; 1971 Mar. p. 50-53, 59; Aug. p. 92; 1972 June p. 78, 86; 1973 May p. 82; Nov. p. 87; 1976 Mar. p. 69; Aug. p. 98, 99; 1977 July p. 123, 124, 130.
Euclide, 1957 Oct. p. 83.
Euclides, 1969 Nov. p. 87-92, 94, 98.
Eudoxus, 1949 Apr. p. 45; 1967 Dec. p. 116; 1969 Nov. p. 98; 1976 Aug. p. 90; 1977 July p. 124.
Eulenberg, Albertus, 1971 Jan. p. 102.
Euler, C. von, 1961 Jan. p. 137.
Euler, Hans von, 1970 Dec. p. 39.
Euler, Leonhard, 1948 June p. 57; 1949 Jan. p. 43, 35; 1950 Jan. p. 21, 22, 23; Sept. p. 40; 1951 July p. 53; 1953 Mar. p. 85; July p. 66, 67; 1954 Jan. p. 59, 61, 63; Nov. p. 82; 1955 Oct. p. 100; 1956 Apr. p. 120; 1957 Feb. p. 100; June p. 101; 1958 Mar. p. 94; June p. 33, 34; Sept. p. 69, 72, 82; 1961 May p. 157, 158; 1966 May p. 118; 1968 May p. 95; 1969 Sept. p. 69; 1970 July p. 94; 1971 Oct. p. 101; Dec. p. 80, 81, 83; 1972 June p. 80, 82; 1973 July p. 24; 1976 Apr. p. 77; Aug. p. 49; 1977 July p. 124; 1978 Jan. p. 96-100, 102.
Euler, Ulf S. von, 1955 May p. 78; 1958 Jan. p. 46; 1970 Dec. p. 38; 1971 Nov. p. 84; 1974

June p. 59.
Euler-Chelpin, H. K. A. S. von, 1967 Nov. p. 27.
Eumachia, 1958 Apr. p. 71, 73.
Eumenes, 1950 Aug. p. 50.
Eunatti, Abdelinajid, 1978 Jan. p. 111.
Eupalinus, 1964 June p. 104-107, 109, 110, 112.
Euratom, 1957 Apr. p. 68; 1969 May p. 52; 1972 July p. 75.
Euripides, 1949 June p. 41; 1963 June p. 111, 113, 115; 1966 Dec. p. 99; 1972 Dec. p. 91.
European Economic Community, 1963 Sept. p. 227, 240; 1965 Oct. p. 44; 1976 Sept. p. 38.
European Organization for Nuclear Research (CERN), 1954 Sept. p. 74; 1955 May. p. 50; 1957 Nov. p. 57; 1958 Mar. p. 65, 73; 1960 Feb. p. 65; Aug. p. 70; Sept. p. 99; Nov. p. 97; 1961 Mar. p. 80; May p. 76; July p. 50, 55; Aug. p. 61; Nov. p. 56; 1962 May p. 74; Aug. p. 36, 52; 1963 Mar. p. 70; Dec. p. 122, 127, 129; 1964 Mar. p. 54, 86; July p. 44; Oct. p. 45, 59; 1966 Apr. p. 27; July p. 74, 77, 78; Nov. p. 113, 115, 116, 64; 1967 Feb. p. 57; Mar. p. 50; Oct. p. 48; 1968 May p. 17; Aug. p. 42; Sept. p. 84; 1970 Aug. p. 45; Nov. p. 45; 1971 Jan. p. 47; Apr. p. 49; June p. 77; Sept. p. 75; 1972 Nov. p. 49; 1973 May p. 42; Aug. p. 33, 36, 38; Nov. p. 36-44, 48; 1974 Dec. p. 115, 117; 1975 July p. 46; 1976 Apr. p. 55; Aug. p. 42; 1977 Apr. p. 58; Oct. p. 69; 1978 Feb. p. 84; June p. 71, 72.
European Physical Society, 1974 Dec. p. 66.
European Southern Observatory, 1976 Oct. p. 78.
European Space Research Organization, 1960 Nov. p. 90; 1968 Nov. p. 92.
Euthanasia Educational Council, 1973 Sept. p. 59.
Evans, Alfred S., 1953 Apr. p. 29.
Evans and Sutherland Computer Corp., 1970 June p. 70; 1977 Sept. p. 231, 217.
Evans, Arthur, Sir, 1954 Jan. p. 44; May p. 71, 73-75; Dec. p. 72; 1955 July p. 45; 1957 Oct. p. 58; 1965 Feb. p. 102; 1968 Mar. p. 40, 42; May p. 33; 1972 Oct. p. 42; 1976 Apr. p. 56; Aug. p. 45.
Evans, C. A., 1956 Apr. p. 110.
Evans, Charles, 1967 Jan. p. 83.
Evans, Clifford Jr., 1954 Aug. p. 29; 1962 Apr. p. 80; 1975 May p. 44.
Evans, David C., 1966 Sept. p. 69, 75.
Evans, David R., 1950 Dec. p. 31.
Evans, E. F., 1975 Oct. p. 94.
Evans, E. J., 1969 Nov. p. 36.
Evans, Eva K., 1949 Dec. p. 55.
Evans, Francis C., 1964 Oct. p. 110.
Evans, H. C., 1970 Dec. p. 41; 1978 June p. 67.
Evans, Harold G., 1977 Mar. p. 74.
Evans, Herbert, 1956 Feb. p. 101.
Evans, Herbert M., 1950 Oct. p. 19, 22.
Evans, Howard E., 1975 Dec. p. 108.
Evans, John, 1959 Nov. p. 173, 174, 176.
Evans, John M. Jr., 1978 Feb. p. 64.
Evans, John V., 1959 May p. 54; 1968 July p. 37.
Evans, John W., 1958 Feb. p. 44; 1968 Jan. p. 102; 1973 Oct. p. 74.
Evans, Lee, 1976 June p. 111.
Evans, Luther H., 1953 Sept. p. 73.
Evans, Margiad, 1954 June p. 61.
Evans, Oliver, 1949 Dec. p. 57; 1964 Jan. p. 107; 1972 May p. 102.
Evans, Ralph L., 1968 May p. 53.
Evans, Ralph M., 1975 Aug. p. 69.
Evans, Robert B., 1971 Sept. p. 186, 188.
Evans, Robley D., 1949 May p. 28; 1967 Feb. p. 50.
Evans, Thomas, 1966 Sept. p. 248, 257.
Evans, Trevor, 1974 Aug. p. 68, 69.
Evans, U. R., 1956 May p. 36, 37.
Evans, W. G., 1959 July p. 98.
Evans, Walter, 1976 Sept. p. 40.
Evans, Ward V., 1954 June p. 44; July p. 42.
Evarts, Edward V., 1967 Feb. p. 70; 1974 Oct. p. 106.
Eve, A. S., 1966 Aug. p. 91.
Eveleth, Phyllis, 1968 Jan. p. 26.
Eveleth Taconite Company , 1968 Jan. p. 35.
Evelyn, John, 1953 June p. 25; 1954 Dec. p. 98; 1964 Jan. p. 25.
Evenari, Michael, 1956 Sept. p. 118.
Everest, Frank K., 1955 Oct. p. 45.
Everett, George A., 1965 May p. 48; 1966 Feb. p. 34.
Everett, J. E., 1968 Apr. p. 53, 59; 1970 Oct. p. 34; 1972 May p. 59.
Everhart, Thomas E., 1972 Sept. p. 43.
Everitt, B. J., 1972 Aug. p. 46.
Evernden, Jack F., 1961 Sept. p. 86; 1962 May p. 78; 1967 Feb. p. 51; 1972 Jan. p. 15; 1976 Dec. p. 118.
Evernden, John F., 1963 Feb. p. 69; June p. 73; 1969 June p. 34.
Everote, Warren, 1958 Apr. p. 64.
Evershed, John, 1960 Jan. p. 120; 1968 Jan. p. 102.
Eversole, H. O., 1957 June p. 85.
Eversole, William G., 1975 Nov. p. 106, 107.
Evoy, William H., 1967 May p. 51.
Ewen, Harold I., 1953 Jan. p. 21; 1955 Mar. p. 38; May p. 47; 1956 Jan. p. 48; Apr. p. 57; Oct. p. 56; 1957 July p. 48; 1959 Dec. p. 95; 1961 May p. 60, 63, 65; 1962 Nov. p. 61; 1963 June p. 94; 1965 July p. 26, 29; 1977 June p. 68.
Ewig, E., 1965 Sept. p. 61.
Ewing, A. W., 1970 July p. 85.
Ewing, Gifford C., 1955 Jan. p. 65.
Ewing, James A., 1967 Sept. p. 231, 93; 1969 Apr. p. 117.
Ewing, John, 1962 Jan. p. 64; May p. 121; 1967 Aug. p. 40.
Ewing, Maurice, 1950 May p. 38, 39; 1952 May p. 40; 1953 Apr. p. 50; 1955 Sept. p. 174; 1956 Aug. p. 38, 50; Dec. p. 84-90, 92, 94; 1957 Mar. p. 66; 1958 July p. 90; 1959 Mar. p. 138, 140; May p. 74; Oct. p. 82; 1960 May p. 92; Aug. p. 71; Oct. p. 100, 110, 95; 1961 Dec. p. 54, 60; 1962 Jan. p. 64; May p. 116; Sept. p. 154; 1963 Mar. p. 76; Nov. p. 140; 1965 Nov. p. 30; 1967 Aug. p. 40; 1968 Apr. p. 56; 1969 Sept. p. 127; Nov. p. 106; 1970 Jan. p. 50.
Ewing, Oscar R., 1950 Nov. p. 26.
Exley, D., 1965 Dec. p. 50.
Exline, Harriet, 1960 Apr. p. 122.
Exner, Felix M., 1974 July p. 60.
Experiment Incorporated, 1953 May p. 33, 34.
Export-Import Bank, 1948 July p. 31.
Exxon Corporation, 1975 Jan. p. 42; 1976 Jan. p. 56; 1977 Feb. p. 93.
Exxon Nuclear Company, 1974 Oct. p. 57; 1976 Dec. p. 38.
Eylar, Edwin H., 1969 Feb. p. 103.
Eyraud, F. E., 1958 June p. 61.
Eyring, Carl, 1951 Aug. p. 24.
Eyring, Henry, 1953 May p. 30; 1954 Sept. p. 66; 1955 Nov. p. 46; 1958 Oct. p. 43.
Eysenck, Hans J., 1963 Mar. p. 103.
Eyzaguirre, Carlos, 1961 Sept. p. 226.
Ezer, Dilhan, 1963 Oct. p. 76; 1969 July p. 36.
Ezrow, David H., 1971 May p. 26.

F

F. H. McGraw and Co., 1951 Feb. p. 34.
F. J. Stokes Machine Company, 1954 July p. 38.
Faber, Knud, 1968 Apr. p. 71.
Fabian, Andrew, 1975 Apr. p. 57; 1977 Oct. p. 49, 51.
Fabing, Howard D., 1955 Oct. p. 82; 1956 June p. 55.
Fabre, Jean H., 1950 July p. 53; 1958 Apr. p. 99; 1963 Apr. p. 147, 149; May p. 102; 1964 Aug. p. 20, 22; 1965 July p. 96; 1974 Apr. p. 101; July p. 28; 1976 Aug. p. 84, 87.
Fabricius, Ernst, 1964 June p. 105-107, 109.
Fabricius, Johannes, 1975 Sept. p. 49.
Fabricus, David, 1976 June p. 100, 105.
Fabri-Tek Incorporated, 1966 Sept. p. 82.
Fabroni, Stephano, 1958 Aug. p. 27.
Fabry, Charles, 1968 Sept. p. 77-79, 80-82.
Fabry, Johannes, 1973 Aug. p. 89, 92, 94, 97.
Factor, Mallory, 1973 Feb. p. 48.
Factor, Robert M., 1973 Aug. p. 47.
Fadlan, I., 1967 May p. 71.
Faegri, Knut, 1956 Apr. p. 71.
Fagan, J., 1978 Mar. p. 113.
Fagan, Joseph, 1972 Mar. p. 78.
Fagen, E. A., 1969 Nov. p. 31.
Fager, E. W., 1948 Aug. p. 31; 1953 Nov. p. 83.
Fagerlie, Joan, 1971 Aug. p. 31.
Fagraeus, Astrid, 1964 Dec. p. 106.
Fahey, John L., 1973 June p. 86.
Fahie, J. J., 1949 Aug. p. 40.
Fahlen, Theodore S., 1974 July p. 65, 67, 70.
Fahmy, Myrtle, 1961 Oct. p. 86, 88.
Fahmy, O., 1960 Jan. p. 106; 1961 Oct. p. 86, 88.
Fahraeus, Robin, 1954 Feb. p. 57.
Fahrenheit, Gabriel, 1949 June p. 31; 1956 June p. 105; 1957 June p. 62; 1965 Jan. p. 38; 1967 Feb. p. 95.
Fahy, Charles, 1949 Apr. p. 26.
Failla, G., 1954 Dec. p. 53.
Fairbairn, H. W., 1968 Apr. p. 59.
Fairbank, William M., 1956 June p. 64; 1965 Oct. p. 60; Dec. p. 42; 1968 June p. 44; 1969 Jan. p. 48; 1971 Mar. p. 80.
Fairbanks, Charles W., 1963 Mar. p. 124.
Fairbanks, Douglas, 1972 May p. 37.
Fairbanks, Grant, 1951 Feb. p. 36.
Fairbanks Whitney Corporation, 1962 Dec. p. 44, 47.
Fairbridge, Rhodes W., 1961 Mar. p. 82.
Fairchild Camera and Instrument Corporation, 1962 Mar. p. 79; 1965 Nov. p. 68; 1966 Sept. p. 65; 1970 Feb. p. 23, 25, 26; June p. 58; 1971 Feb. p. 79; 1972 Mar. p. 42; Aug. p. 78 , 78; 1973 Aug. p. 54; 1977 Sept. p. 140, 198, 64, 65, 67.
Fairchild Engine and Airplane Corporation, 1951 Apr. p. 32; 1953 Dec. p. 80; 1960 Aug. p. 45.
Fairey Aviation Company, Ltd., 1960 Aug. p. 44.
Fairmount Chemical Company, 1953 July p. 32.
Faison, S. Lane, 1956 May p. 66.
Faithorne, William, 1967 Aug p. 98.
Fajans, Casimir, 1956 Nov. p. 102.
Falbe, C. T., 1978 Jan. p. 112.
Falcon, Jacques de, 1972 Aug. p. 79.
Falcone, Giuseppe, 1960 Feb. p. 144.
Falconer, Hugh, 1959 Nov. p. 173, 176.
Falejczyk, Francis J., 1968 Aug. p. 74.
Falk, G., 1958 Jan. p. 46.
Falk, Sidney W., 1976 Dec. p. 93.
Falk, Theodore J., 1970 Feb. p. 44.
Falkenberg, Pål, 1977 Aug. p. 94.
Falkenstein, Adam, 1968 May p. 32; 1978 June p. 50.

Falkow, Stanley, 1967 Dec. p. 25.
Falla, Robert, 1954 Feb. p. 88.
Fallek, Joseph, 1967 June p. 26.
Faller, Alan, 1958 July p. 88.
Faller, James E., 1969 Dec. p. 93; 1970 Mar. p. 38; 1972 Apr. p. 47; 1976 May p. 95, 96.
Falloppio, Gabriele, 1948 May p. 30.
Fallot, Etienne-Louis A., 1950 Jan. p. 16, 17.
Fanale, Fraser P., 1975 Sept. p. 147; 1976 May p. 115; 1978 Mar. p. 76.
Fanconi, Guido, 1962 Aug. p. 29.
Fankboner, Peter V., 1975 Apr. p. 104.
Fankhauser, Gerhard, 1955 June p. 56.
Fankuchen, I., 1948 Oct. p. 17.
Fano, Robert M., 1962 Feb. p. 108; 1966 June p. 49; Sept. p. 120, 129, 133, 134, 147, 162, 182, 196, 207, 70, 86.
Fano, U., 1950 Oct. p. 28.
Fanon, Frantz, 1966 Oct. p. 24.
Fantes, Karl H., 1971 July p. 27.
Fanti, Roy, 1965 Feb. p. 37.
Fantz, Robert L., 1955 Feb. p. 71.
Farabaugh, E. N., 1966 Oct. p. 70.
Faraday, Michael, 1949 June p. 32; July p. 39; Dec. p. 35, 52, 57; 1950 Feb. p. 42; Apr. p. 14; June p. 23; Oct. p. 31; 1951 Dec. p. 45, 47; 1953 Apr. p. 58; Oct. p. 90-94, 96, 98; Nov. p. 94, 96; 1954 Apr. p. 64, 65, 69; July p. 73, 75; 1955 June p. 58, 62, 64-66, 70, 64-66; July p. 69; 1957 Jan. p. 72, 84, 85; Feb. p. 111; Aug. p. 84; 1958 Mar. p. 94, 102; Apr. p. 56; May p. 45; Sept. p. 76, 81, 82; 1959 Nov. p. 174; Dec. p. 90; 1960 Mar. p. 82; June p. 106, 116; 1961 Mar. p. 102; May p. 107-109, 110, 113, 116; 1963 Feb. p. 116; May p. 51, 52; Oct. p. 42; 1964 Apr. p. 38; Sept. p. 43; 1965 Mar. p. 35; Apr. p. 69; July p. 66; 1966 Nov. p. 84; 1968 June p. 22, 23; Sept. p. 56; 1970 May p. 116; July p. 19; 1971 May p. 80, 82, 86; Dec. p. 49; 1973 Feb. p. 101; 1974 Mar. p. 93; 1975 Jan. p. 52; 1976 Sept. p. 70.
Farber, John, 1975 Feb. p. 53.
Farber, Paul, 1973 Jan. p. 25.
Farber, Sidney, 1963 Oct. p. 27; 1964 May p. 93.
Farbri, Egisto, 1959 Nov. p. 100.
Farbwercke Hoechst, 1955 Oct. p. 44.
Farina, Philip, 1977 May p. 110.
Farley, F. J. M., 1961 Mar. p. 80; July p. 54.
Farley, Reynolds, 1970 Apr. p. 46.
Farlow, William G., 1952 Jan. p. 29.
Farmer, Crofton B., 1978 Mar. p. 81.
Farmer, Moses G., 1959 Nov. p. 99, 100, 105.
Farnham, A. E., 1963 Jan. p. 55; Oct. p. 48.
Farnsworth Electronic Company, 1956 Mar. p. 90.
Farnsworth, H. E., 1965 Mar. p. 35, 39, 41.
Farnsworth, Patricia N., 1971 Feb. p. 88.
Farnsworth, Philo T., 1950 Oct. p. 34.
Faron, Louis, 1956 May p. 74.
Farquhar, Marilyn G., 1978 May p. 141.
Farquharson, A. S. L., 1972 July p. 39.
Farr, Lee E., 1955 Oct. p. 41; 1956 Sept. p. 112.
Farr, Richard S., 1964 Mar. p. 42.
Farrand, William R., 1960 Sept. p. 66.
Farthing, E. D., 1957 Apr. p. 143.
Fatersonn, H. F., 1959 Feb. p. 51.
Fateyeva, M. N., 1955 Oct. p. 41.
Fatt, Paul, 1960 Oct. p. 119; 1970 Dec. p. 39; 1978 Feb. p. 94.
Faulkner, D. J., 1964 Jan. p. 41.
Faulkner, Edward H., 1977 Jan. p. 28, 30.
Faulkner, J., 1968 Oct. p. 35.
Faulkner, M., 1959 June p. 86.
Faulstich, Heinz, 1975 Mar. p. 101.
Faundes, Anibal, 1972 Nov. p. 50.
Faure, Gunter, 1977 Mar. p. 101.
Faure, Hugues, 1970 Feb. p. 35.
Faust, David L., 1976 Dec. p. 53.
Faust, W. L., 1963 July p. 38.
Fauteux, Mercier, 1950 Jan. p. 17.
Favaloro, Rene G., 1968 Oct. p. 42.
Favaro, Antonio, 1973 May p. 87.
Favorov, A. M., 1962 Nov. p. 48.
Favre, R., 1966 Dec. p. 38, 33.
Favreau, Robert D., 1962 Sept. p. 86.
Favret, Ewald A., 1971 Jan. p. 95.
Fawcett, Don W., 1958 June p. 42; 1961 Feb. p. 115; Sept. p. 145, 51, 58, 60; 1973 Oct. p. 27; 1974 Oct. p. 45.
Fay, Charles du, 1953 Aug. p. 69.
Fay, Temple, 1958 Mar. p. 106; 1959 Oct. p. 88.
Fazio, Giovanni G., 1978 Apr. p. 116.
Feast, M. W., 1964 Jan. p. 37.
Fechner, Gustav T., 1961 July p. 113.
Feddersen, Berend W., 1957 Dec. p. 100.
Feder, Donald P., 1976 Aug. p. 81, 82.
Federation of American Scientists, 1948 Oct. p. 24; Nov. p. 24; 1949 Apr. p. 24; Aug. p. 25; 1950 Mar. p. 26; Apr. p. 30; June p. 27; 1952 July p. 36; 1953 May p. 53; 1954 Feb. p. 44; June p. 29, 30; Aug. p. 36; 1955 Sept. p. 72; May. p. 54; 1956 Sept. p. 113; 1959 Apr. p. 64; Aug. p. 62; 1966 Nov. p. 64; 1967 Apr. p. 48; 1974 Apr. p. 48; 1976 July p. 60, 65; 1977 May p. 50.
Federation of American Societies for Experimental Biology, 1952 June p. 32.
Federation of British Industries, 1970 July p. 23.
Federer, Charles A., 1953 Feb. p. 35.
Federley, H., 1970 Dec. p. 108.
Federov, Yevgeni I., 1958 Oct. p. 52; 1960 Jan. p. 70.
Fedorov, E. S., 1974 July p. 97, 98.
Fedorov, Victor, 1972 Feb. p. 28.
Fedorowicz, R. J., 1968 Feb. p. 41.
Fedoseev, D. B., 1975 Nov. p. 102.
Fedyakin, N. N., 1969 Sept. p. 90; 1970 Nov. p. 58, 60-62.
Feely, Herbert W., 1956 Dec. p. 92.
Feher, George, 1961 June p. 55.
Fehrenbach, Charles, 1964 Jan. p. 35.
Fein, Jack M., 1978 Mar. p. 59.
Feinberg, Gerald, 1963 Mar. p. 67; Dec. p. 131; 1968 Sept. p. 121; 1970 Feb. p. 69.
Feinberg, Samuel M., 1950 May p. 29.
Feingold, David S., 1975 Dec. p. 34.
Feinleib, Julius, 1977 May p. 46.
Feinman, Lawrence, 1975 May p. 44; 1976 Mar. p. 30, 32.
Feiveson, Harold A., 1977 May p. 60.
Felch, E. P., 1961 June p. 156.
Feld, Bernard T., 1966 Nov. p. 65; 1978 Feb. p. 76.
Feld, Jacob, 1956 Oct. p. 59.
Feld, M. S., 1973 Dec. p. 81, 82.
Feldhaus, Franz M., 1971 Feb. p. 101.
Feldman, Gary J., 1978 Mar. p. 56.
Feldman, Harry A., 1953 Feb. p. 88.
Feldman, Jacob J., 1963 Aug. p. 23.
Feldman, Joseph, 1973 June p. 85.
Feldman, L. C., 1973 Apr. p. 69.
Feldman, Lawrence, 1977 Mar. p. 127.
Feldmann, Marc, 1976 May p. 31, 39.
Feldmeth, C. Robert, 1971 Nov. p. 104, 105.
Feldstein, Martin, 1973 Sept. p. 92.
Felici, A., 1955 Apr. p. 94; 1964 Jan. p. 84.
Felix, Guilia, 1958 Apr. p. 72, 78.
Felix, Robert H., 1956 June p. 55.
Felker, J. H., 1952 Sept. p. 116.
Fell, Honor B., 1959 May p. 133; 1963 May p. 72; 1967 Nov. p. 68.
Feller, Bob, 1959 May p. 73.
Feller, William, 1964 Sept. p. 149.
Fellgett, Peter B., 1968 Sept. p. 80.
Fellow, Abraham R., 1957 Feb. p. 67.
Fels Research Institute for the Study of Human Development, 1968 Jan. p. 23; 1970 Jan. p. 38.
Felsenfeld, Gary, 1973 Aug. p. 25.
Felsinger, John M. von, 1954 Nov. p. 54; 1955 Aug. p. 69.
Felton, James, 1966 Aug. p. 36.
Feltrinelli, Antonio, 1957 Nov. p. 83.
Fenaux, Robert, 1976 July p. 98.
Fender, Derek H., 1971 June p. 35.
Fendley, J. R., 1973 Feb. p. 89.
Fenn, John B., 1953 May p. 33; 1968 Oct. p. 48.
Fenn, Ruth, 1966 Nov. p. 84.
Fenn, Wallace O., 1956 May p. 54, 55.
Fenneman, Nevin M., 1967 Apr. p. 91.
Fenner, C. A., 1978 Feb. p. 108.
Fenner, Frank, 1954 Nov. p. 76, 78; 1955 May p. 32; 1957 Apr. p. 78; 1963 Oct. p. 47.
Fenner, G. E., 1963 July p. 38.
Fenton, Keith B., 1955 Sept. p. 54.
Fenton, Paul, 1956 Nov. p. 114.
Fentress, Jan L., 1969 Apr. p. 36.
Feodore, Princess of Sax-Meiningen, 1965 Aug. p. 89.
Ferchault, René A., 1974 July p. 28.
Ferdinand III, Emperor, 1950 May p. 20.
Ferdinand, Prince of Romania, 1965 Aug. p. 89.
Ferdinand V, King, 1957 Mar. p. 121.
Ferejohn, John A., 1976 June p. 26.
Ference, Michael Jr., 1966 Nov. p. 66.
Fergason, James L., 1967 Feb. p. 102; 1970 Apr. p. 101.
Ferge, S., 1974 Nov. p. 120.
Fergus, W., 1968 Jan. p. 23.
Ferguson, Charles W., 1971 Oct. p. 68, 72; 1972 May p. 97, 99, 100.
Ferguson, Eugene S., 1971 Oct. p. 96.
Ferguson, James, 1971 Oct. p. 99.
Ferguson, Margaret, 1970 Dec. p. 80.
Fergusson, G. J., 1957 Nov. p. 70.
Fermat, Pierre de, 1949 Jan. p. 40, 42-45; 1951 July p. 52, 53; 1958 Sept. p. 69; 1959 Oct. p. 163; 1964 Sept. p. 64, 65; 1971 Mar. p. 56, 57; 1973 Nov. p. 87; 1977 July p. 124; 1978 Jan. p. 103; Feb. p. 89.
Fermi, Enrico, 1948 June p. 38, 28; Aug. p. 52; 1949 Mar. p. 29, 38; July p. 43; Aug. p. 24; Dec. p. 17; 1950 Mar. p. 27; Apr. p. 44; Sept. p. 31; 1951 May p. 30, 33; 1952 Jan. p. 27; Dec. p. 44, 46; 1953 Jan. p. 30; Sept. p. 69, 70; Oct. p. 51; 1954 Mar. p. 62; Sept. p. 136; 1955 Jan. p. 42; Sept. p. 72; Dec. p. 85; 1956 Jan. p. 60, 62, 68; June p. 41; Aug. p. 48; Sept. p. 154; Oct. p. 102; Nov. p. 60; Dec. p. 71; 1957 July p. 77, 78, 80; Dec. p. 84; 1958 Feb. p. 77; Aug. p. 29; Sept. p. 77, 81, 82; Dec. p. 56; 1959 Jan. p. 62, 76, 78; Mar. p. 76; July p. 86; Nov. p. 135; 1960 June p. 64, 82; 1962 Aug. p. 92; 1963 Jan. p. 41, 60, 74; Mar. p. 60, 64; July p. 112, 113; 1964 Feb. p. 84; Nov. p. 38; 1965 Mar. p. 104; June p. 46; 1966 Feb. p. 40; Aug. p. 32; Oct. p. 64; 1967 June p. 24; Sept. p. 198, 202, 204; Nov. p. 27, 29; 1968 Feb. p. 21; Sept. p. 57; 1969 Jan. p. 131; Feb. p. 63; July p. 29, 33; 1971 Feb. p. 63; 1972 Feb. p. 72, 73; 1973 Aug. p. 30, 33, 35, 36; Nov. p. 48; 1975 Oct. p. 108, 109, 113; 1976 June p. 33, 35; July p. 36; Aug. p. 42; Dec. p. 30; 1977 May p. 38.
Fermi National Accelerator Laboratory (Fermilab), 1970 Aug. p. 44; 1974 Aug. p. 46; Dec. p. 108, 109, 117; 1975 Feb. p. 40; Oct. p. 42; 1976 Apr. p. 55; Aug. p. 42, 44A; 1977 Apr. p. 58; May p. 57; Oct. p. 69; 1978 Mar. p. 57, 72.
Fermi National Accelerator Laboratory Users

Organization, 1970 Aug. p. 44.
Fernaguut, Jan, 1978 Mar. p. 137.
Fernald, Merritt, 1949 May p. 51.
Fernandas, Mario, 1973 Jan. p. 25.
Fernandez-Moran, Humberto, 1962 Apr. p. 66, 70; 1963 June p. 77; 1964 Jan. p. 65, 66, 73; 1968 Feb. p. 35; 1971 Nov. p. 22, 31.
Fernie, John D., 1975 June p. 70.
Fernstrom, J. D., 1973 July p. 51.
Ferrar, Hartley T., 1962 Sept. p. 175.
Ferrara, Giorgio, 1970 Feb. p. 35.
Ferrara, Sergio, 1977 July p. 59; 1978 Feb. p. 137.
Ferraro, V. C. A., 1955 Feb. p. 41; 1964 Apr. p. 66; 1965 Mar. p. 58, 61, 65; 1975 Sept. p. 161.
Ferreira, S. H., 1971 Aug. p. 45.
Ferrel, William, 1955 Sept. p. 117, 122; 1970 Sept. p. 60-62.
Ferriar, John, 1965 June p. 115.
Ferrier, David, Sir, 1961 Oct. p. 135.
Ferris, Eugene B., 1949 Mar. p. 26.
Ferrone, Soldano, 1972 June p. 32, 35.
Ferry, John D., 1957 Sept. p. 214; 1962 Mar. p. 64.
Ferster, Charles B., 1961 Nov. p. 94.
Fertuck, Helen C., 1977 Feb. p. 118.
Fesenkov, Vasily G., 1961 Jan. p. 80.
Feshbach, Herman, 1964 Mar. p. 88.
Feshbach, Seymour, 1964 Feb. p. 35.
Fessenkov, Basil, 1950 June p. 42.
Fessler, John H., 1965 June p. 61.
Feulgen, Robert, 1953 Feb. p. 49, 52-54; 1961 Sept. p. 74; 1970 Feb. p. 103.
Few, Arthur A. Jr., 1975 Jan. p. 52; July p. 80.
Feynman, Richard P., 1956 Dec. p. 164, 166; 1958 June p. 34; 1959 Mar. p. 76; 1960 Nov. p. 144, 150; 1963 Mar. p. 64; Apr. p. 82; 1965 Feb. p. 51; Dec. p. 39; 1966 Feb. p. 48; 1967 Jan. p. 106-108; Nov. p. 28, 29; 1968 Jan. p. 74; 1971 June p. 73; Sept. p. 75; 1973 Aug. p. 34; Oct. p. 108-110, 113, 49; 1974 Feb. p. 81; July p. 53, 54; 1975 June p. 54; 1978 Feb. p. 132.
Fialkow, Philip J., 1977 Feb. p. 82; 1978 Feb. p. 118.
Fiasconaro, Marcello, 1976 June p. 111.
Fibiger, Johannes, 1967 Nov. p. 27.
Fibonacci, *see:* Leonardo of Pisa.
Fichte, Johan, 1958 Mar. p. 100.
Fichtel & Sachs AG, 1972 Aug. p. 14.
Ficino, Marsilio, 1973 Apr. p. 90, 92.
Fick, Adolf, 1975 Mar. p. 70.
Ficker, Heinz von, 1951 July p. 20.
Fiddes, John C., 1977 Dec. p. 55.
Fidler, I. J., 1968 Aug. p. 39.
Fieandt, Kai von, 1961 Mar. p. 139, 141; 1974 July p. 98-100.
Fiedler, Fred E., 1957 Oct. p. 62.
Field, A. Kirk, 1971 July p. 27.
Field, E. J., 1967 Jan. p. 113.
Field, George B., 1964 Aug. p. 38; 1966 May p. 54; Dec. p. 51; 1967 June p. 33; 1971 May p. 29.
Field, John, 1951 Dec. p. 34.
Field, Michael, 1971 Aug. p. 20, 21.
Field, Pauline M., 1976 July p. 55, 56.
Field, Richard J., 1974 June p. 85.
Field, Richard M., 1956 Dec. p. 85, 86; 1962 May p. 117.
Field, W. O., 1970 June p. 105, 110.
Fielding, Henry, 1958 June p. 74.
Fields, Bud, 1976 Sept. p. 40.
Fields, D. S. Jr., 1969 Mar. p. 28.
Fields, Howard, 1967 May p. 51.
Fields, K. E., 1955 June p. 47,48.
Fields, Kay, 1975 Dec. p. 34.
Fields, Paul R., 1956 Dec. p. 67; 1957 Aug. p. 58.
Fiers, Walter, 1977 Dec. p. 62.
Fies, Milton H., 1950 June p. 52, 53.
Fieser, Louis F., 1951 July p. 31.
Figgins, Jesse D., 1951 Feb. p. 16.
Figueira, Joseph F., 1973 June p. 53, 55.
Fildes, Paul, 1951 Apr. p. 60, 61.
Filler, William S., 1961 Aug. p. 68.
Filmer, D. L., 1958 July p. 56.
Filmer, David, 1973 Oct. p. 56.
Filosa, M. F., 1959 Dec. p. 158.
Filshie, B. K., 1969 Aug. p. 91, 93, 95.
Finamore, Frank J., 1963 Nov. p. 118.
Finch, John T., 1959 Aug. p. 66; 1963 Jan. p. 53; 1977 Nov. p. 72; Dec. p. 55.
Finch, R. H., 1951 Nov. p. 52.
Findeisen, Walter, 1952 Jan. p. 17; 1957 Oct. p. 43; 1961 Jan. p. 120, 121.
Findlay, George W. M., 1961 May p. 51; 1963 Oct. p. 46; 1971 July p. 26.
Findlay, John W., 1961 Nov. p. 79.
Findlay, Leonard, 1970 Dec. p. 79, 88.
Findley, G. P., 1978 Feb. p. 111.
Fine, Ben S., 1962 Nov. p. 121; 1963 Oct. p. 89.
Fine, M. M., 1966 June p. 58.
Finean, J. B., 1962 Apr. p. 70.
Fineman, Morton A., 1968 Oct. p. 46.
Fingerman, Milton, 1954 Apr. p. 35; 1955 July p. 92; 1975 Feb. p. 73.
Fink, Daniel J., 1969 Aug. p. 22.
Fink, P. T., 1965 Nov. p. 54.
Finke, L. L., 1953 Feb. p. 24.
Finkel, Miriam P., 1955 Aug. p. 37.
Finkelstein, David, 1964 Sept. p. 84.
Finkelstein, Jordan W., 1972 July p. 81.
Finkelstein, Richard G., 1971 Aug. p. 20.
Finkelstein, Theodore, 1973 Aug. p. 86.
Finland, Maxwell, 1950 Mar. p. 35.
Finley, Sara C., 1965 July p. 48.
Finley, Wayne H., 1965 July p. 48.
Finn, Ronald, 1966 Mar. p. 58; 1968 Nov. p. 50.
Finnell, H. H., 1954 July p. 25.
Finnish Geological Survey, 1963 Feb. p. 89.
Finnish National Republic, 1977 Jan. p. 23.
Finnish State Serum Institute, 1977 Apr. p. 49.
Fino, Paul A., 1965 Nov. p. 23.
Finocchiaro, G., 1966 Nov. p. 64; 1973 Nov. p. 42.
Finsen, Niels, 1967 Nov. p. 26; 1968 July p. 42.
Finter, Norman B., 1977 Apr. p. 48.
Fiorelli, Giuseppe, 1958 Apr. p. 70.
Fiorentini, Adriana, 1972 June p. 91.
Fireman, Edward L., 1960 Nov. p. 174; 1973 July p. 68.
Firestone, Floyd A., 1978 May p. 98.
Firestone Tire and Rubber Company, 1956 Nov. p. 82; 1957 Sept. p. 103; 1964 Nov. p. 102; 1974 Mar. p. 72.
Firmo, Marcus O., 1958 Apr. p. 72.
Firnas, John, 1961 June p. 90.
Firor, John W., 1973 Oct. p. 71.
Firth, C. M., 1957 July p. 106.
Firth, Ian M., 1974 Jan. p. 95.
Fischback, Julia, 1962 Jan. p. 48.
Fischberg, Michail, 1968 Dec. p. 24, 28.
Fischell, R. E., 1963 May p. 94.
Fischer, Bobby, 1973 June p. 93, 98, 100.
Fischer, Edmond H., 1972 Aug. p. 97, 99, 100.
Fischer, Emil, 1949 Sept. p. 51; 1950 June p. 35, 37; Sept. p. 62; 1953 July p. 30; Nov. p. 56; 1954 July p. 51; 1955 May p. 36; 1957 Sept. p. 87; 1958 Jan. p. 60; 1962 July p. 92; 1963 July p. 52; 1967 Nov. p. 26; 1968 Mar. p. 56; 1973 Oct. p. 52, 54.
Fischer, Erhard W., 1964 Nov. p. 84.
Fischer, Ernst O., 1973 Dec. p. 50.
Fischer, Franz, 1955 July p. 63; 1976 May p. 27.
Fischer, Hans, 1949 Dec. p. 36, 38, 39; 1950 Sept. p. 62, 73; 1967 Nov. p. 27.
Fischer, Irene, 1956 July p. 50.
Fischer, Klaus, 1965 May p. 81.
Fischer, Marjorie, 1967 Jan. p. 106.
Fishburn, Peter C., 1976 June p. 27.
Fisher, Adrian A., 1966 Aug. p. 40.
Fisher, Adrian S., 1949 July p. 33.
Fisher, Alan E., 1956 Oct. p. 72.
Fisher, C. Miller, 1978 Apr. p. 64.
Fisher, Charles, 1960 Nov. p. 88.
Fisher, David E., 1973 July p. 69.
Fisher, Gerald, 1971 Dec. p. 67.
Fisher, Glenn A., 1975 Jan. p. 75.
Fisher, H. W., 1957 Aug. p. 93.
Fisher, Howard, 1974 Sept. p. 35.
Fisher, Irving, 1951 Oct. p. 15; 1964 Sept. p. 168.
Fisher, John C., 1966 May p. 35; 1973 Dec. p. 55.
Fisher, Kenneth C., 1968 Mar. p. 115, 118; 1971 Apr. p. 72.
Fisher, Lester E., 1955 Dec. p. 56.
Fisher, R. A., 1950 Jan. p. 33; 1959 Sept. p. 142; 1964 Sept. p. 149.
Fisher, Robert A., 1953 Sept. p. 128; 1977 June p. 107.
Fisher, Robert L., 1973 May p. 67-69; 1977 Apr. p. 32.
Fisher, Ronald A., Sir, 1951 Nov. p. 23; 1957 May p. 126; 1970 Jan. p. 107; 1975 Dec. p. 79.
Fisher, Sterling, 1957 Oct. p. 57.
Fisher, W. Halder, 1971 Nov. p. 15.
Fishler, Max, 1951 Feb. p. 31.
Fishman, Jacob R., 1965 May p. 48.
Fisk, Harold N., 1951 Apr. p. 21; 1952 Mar. p. 24.
Fisk, James B., 1958 Oct. p. 52; 1960 Jan. p. 70; Feb. p. 64.
Fiske, John, 1959 Feb. p. 84.
Fiske, Virginia, 1965 July p. 55, 56.
Fitch, Frank, 1978 Apr. p. 99.
Fitch, Frank W., 1963 Mar. p. 48, 48.
Fitch, James M., 1960 Dec. p. 134.
Fitch, Thomas J., 1977 Apr. p. 36.
Fitch, Val L., 1953 July p. 41; 1956 July p. 64; Oct. p. 96, 98; 1964 Sept. p. 82; Dec. p. 62; 1965 Apr. p. 56; Dec. p. 29, 32, 34, 36; 1969 Oct. p. 91; 1972 Nov. p. 104.
Fitch, Walter M., 1972 Apr. p. 64; 1975 Aug. p. 56.
Fitting, James, 1966 June p. 112.
Fittkau, E. J., 1973 Dec. p. 62.
Fitts, Paul M., 1968 Aug. p. 92.
Fitzgerald, F. Scott, 1954 Apr. p. 64; 1967 Jan. p. 106.
Fitzgerald, George F., 1950 Sept. p. 28; 1953 Nov. p. 93, 94, 96, 98; 1964 Nov. p. 114; 1966 Aug. p. 95.
Fitzgerald, Patrick J., 1963 Aug. p. 104.
FitzGerald, William, 1953 Nov. p. 93.
Fitzpatrick, James L. G., 1953 Jan. p. 70.
Fitzpatrick, Thomas B., 1975 July p. 73.
Fitzroy, Robert, 1956 Feb. p. 62-64, 66, 68, 72.
Fiume, Luigi, 1975 Mar. p. 96-98.
Fizeau, Armand H. L., 1955 Aug. p. 62-64; 1964 Nov. p. 111, 113; 1971 May p. 83.
Fjeldbo, Gunnar, 1969 Mar. p. 81-83.
Flagg, John E., 1968 Feb. p. 96.
Flaks, Joel G., 1964 July p. 45; 1966 Apr. p. 106, 107.
Flament, Claude, 1970 Nov. p. 99.
Flamm, E. J., 1965 May p. 34, 35.
Flamsteed, John, 1955 Dec. p. 76; 1977 May p. 81.
Flandern, Thomass C. van, 1974 Oct. p. 56.

Flanigan, W. J., 1962 Aug. p. 100.
Flannelly, Kevin, 1977 May p. 106, 113.
Flannery, Kent V., 1968 Nov. p. 102.
Flashman, Stuart M., 1976 Jan. p. 74, 76.
Flatau, Theodor S., 1974 Mar. p. 84.
Flatgaard, Jeffrey, 1967 July p. 71.
Flather, Edith M., 1965 Feb. p. 96, 99, 100.
Flatt, Immanuel, 1976 July p. 110.
Flavius, 1977 Dec. p. 161.
Fleckenstein, A., 1955 Mar. p. 53.
Flehinger, B. J., 1969 Dec. p. 112, 113, 120.
Fleischer, R. L., 1967 June p. 51; 1969 Feb. p. 53; 1973 July p. 71, 72; 1976 Dec. p. 114, 116.
Fleischer, Sydney, 1964 Jan. p. 70, 72.
Fleischmann, T. Blaise, 1972 Feb. p. 27.
Fleming, Alexander, Sir, 1949 Mar. p. 48; Aug. p. 26, 28, 29, 35; 1950 Dec. p. 31; 1952 Jan. p. 32; 1953 Oct. p. 82; 1955 May p. 33; 1960 June p. 132, 133; 1961 Mar. p. 67; 1964 Oct. p. 80; 1966 Nov. p. 78, 90; 1967 Nov. p. 27; 1969 Apr. p. 116; May p. 96, 98; 1973 Sept. p. 106.
Fleming, G., 1964 Jan. p. 108.
Fleming, John A., 1948 Sept. p. 53; 1950 Oct. p. 33; 1954 Apr. p. 65; 1965 Mar. p. 96; 1969 Mar. p. 104-112.
Fleming, R., 1969 Nov. p. 31.
Fleming, Robben W., 1978 June p. 83.
Flemings, Merton C., 1974 Dec. p. 88, 92.
Flemming, Arthur S., 1949 Apr. p. 26; 1959 Oct. p. 80.
Flemming, Walther, 1953 Aug. p. 54; 1968 June p. 81, 83, 84, 86; July p. 55.
Flerkó, Bela, 1976 July p. 48.
Flerov, Georgii N., 1969 Apr. p. 59.
Fletcher, Andrew, 1972 Sept. p. 153.
Fletcher, Harvey, 1948 July p. 40; 1961 Aug. p. 82, 83; 1963 Nov. p. 89, 91; 1965 Dec. p. 88; 1974 Nov. p. 80.
Fletcher, Joseph O., 1954 Dec. p. 40-45, 44, 45.
Fletcher, Stuart L. Jr., 1956 Jan. p. 30.
Fleury, P. A., 1968 Sept. p. 124.
Flexner, Abraham, 1973 Sept. p. 140-142.
Flexner, Josefa B., 1967 June p. 116.
Flexner, Louis B., 1952 July p. 70; 1967 June p. 116, 120.
Fling, Marguerite, 1968 May p. 112.
Flinn, Edward A., 1973 Mar. p. 26, 28.
Flint, Richard F., 1952 Aug. p. 58, 59.
Floberg, John F., 1958 Aug. p. 50; 1959 Apr. p. 64; 1960 Apr. p. 88.
Flocks, Milton, 1963 July p. 42.
Flodin, N. W., 1953 Feb. p. 36.
Floersheim, George L., 1975 Mar. p. 98.
Flood, H. William, 1972 Oct. p. 30; 1976 July p. 78.
Flood, Merrill M., 1967 July p. 51.
Florence Academy, 1975 Nov. p. 102.
Florendo, Noel T., 1977 Aug. p. 109, 111.
Florensov, N. A., 1977 Apr. p. 38.
Flores, Jose, 1972 June p. 42.
Florey, Howard, Sir, 1949 Aug. p. 28, 33, 35; 1952 Jan. p. 32; 1961 Mar. p. 70; 1963 June p. 88; 1967 Nov. p. 27; 1969 Feb. p. 105; 1973 Sept. p. 106.
Florida Game and Fresh Water Fish Commission, 1969 Jan. p. 50.
Florida Livestock Board, 1960 Oct. p. 54, 58.
Florida State Board of Health, 1958 Mar. p. 41.
Florida State Museum, 1963 May p. 125.
Florida State University, 1963 Nov. p. 112, 113; 1964 Feb. p. 39; 1966 Sept. p. 208.
Florman, E. F., 1955 Aug. p. 65.
Flory, Donald A., 1972 Oct. p. 82.
Flory, Paul J., 1974 Dec. p. 60.
Flounders, Ben, 1961 Mar. p. 73, 74.
Flower, Andrew R., 1978 Mar. p. 42.
Flower, S. S., 1961 Aug. p. 113.
Flowerman, Samuel, 1954 Aug. p. 42.
Flowers, Edwin C., 1957 July p. 65.
Flowers, Harold M., 1969 May p. 97.
Fludd, Robert, 1968 Jan. p. 115-119.
Flügge, S., 1949 Nov. p. 27; 1958 Feb. p. 84.
Fluke, D. J., 1954 Dec. p. 65.
Flyger, Vagn, 1968 Feb. p. 109, 111.
Foà, L., 1973 Nov. p. 42.
Focas, J. H., 1968 Feb. p. 82.
Fock, Vladimir A., 1970 Apr. p. 54, 56-58, 70.
Focke, Heinrich, 1955 Jan. p. 37, 38; 1967 Apr. p. 39.
Focke, Wilhelm O., 1968 July p. 55.
Fodor, Jerry A., 1970 Dec. p. 30.
Foege, William H., 1976 Oct. p. 30.
Foelsche, Trutz, 1968 May p. 77, 78.
Foerster, C. S., 1948 Oct. p. 34.
Foerster, Otfrid, 1970 Feb. p. 86.
Foerster, Russell E., 1955 Aug. p. 73.
Foex, Gustave, 1974 June p. 114.
Fogarty, John E., 1971 Apr. p. 23.
Fogg Art Museum, 1973 Sept. p. 77.
Fogg, G. E., 1977 Aug. p. 90.
Fogh, Jorgen, 1955 Sept. p. 76.
Fogle, Benson, 1963 June p. 53.
Fokker, H., 1965 Apr. p. 124.
Fol, Hermann, 1959 July p. 126; 1968 June p. 84; 1976 July p. 100; 1977 Nov. p. 129.
Foley, Edward J., 1977 May p. 64.
Foley, H. M., 1965 Dec. p. 39.
Foley, Richard J., 1977 Feb. p. 93.
Folk, G. E., 1957 Nov. p. 112.
Folk, J. E., 1962 Mar. p. 63, 64.
Folkes, Joan P., 1954 Oct. p. 49; 1955 July p. 54.
Folkman, G. E., 1965 Apr. p. 114.
Folley, S. J., 1957 Oct. p. 128.
Follin, James W., 1954 Mar. p. 63.
Folling, Asbjorn, 1956 Dec. p. 127.
Folsom, Frank M., 1955 May. p. 50; 1956 Mar. p. 49.
Folsom, Marian B., 1958 Sept. p. 88.
Foltz, Calvin M., 1972 July p. 59.
Fomalont, Edward B., 1970 Aug. p. 44.
Fonbrune, Pierre de, 1950 Oct. p. 49; 1952 Apr. p. 59; 1958 July p. 69.
Foner, S. N., 1957 Mar. p. 96, 102.
Foner, Simon, 1965 Apr. p. 72; 1970 May p. 57; 1971 Nov. p. 30.
Fontaine, M., 1958 Oct. p. 43.
Fontaine, T. R., 1952 Apr. p. 57.
Fontan, Alfred, 1972 Jan. p. 94, 96.
Fontana, Domenico, 1951 June p. 58, 59; 1954 Nov. p. 102; 1963 Nov. p. 96.
Fontana, Franciscus, 1970 May p. 27.
Fonte, Ginny, 1975 Aug. p. 37.
Fontenelle, Bernard de, 1977 June p. 124.
Food Machinery and Chemical Corporation, 1953 May p. 33; 1954 Sept. p. 112; 1963 Sept. p. 136.
Foote, J. S., 1970 Mar. p. 92.
Foote, Robert S., 1963 Dec. p. 38, 40.
Forbes, Edward W., 1952 July p. 22, 25; 1953 May p. 88.
Forbes, Fred F., 1968 Aug. p. 59.
Forbes, James, 1955 June p. 59.
Forbes, William F., 1970 Aug. p. 81.
Forbus, Wiley, 1952 Feb. p. 52.
Forbush, Scott E., 1949 Mar. p. 29, 38; 1964 Apr. p. 66; 1975 Sept. p. 171.
Forchhammer, Johann, 1970 Nov. p. 105.
Ford, Alice, 1952 Jan. p. 64.
Ford, Charles E., 1961 Nov. p. 69; 1963 July p. 55.
Ford, Christopher, 1976 Aug. p. 71.
Ford, E. C., 1974 Nov. p. 61.
Ford, Edmund B., 1957 May p. 126.
Ford, Edsel, 1957 May p. 62.
Ford Foundation, 1953 Mar. p. 44; 1954 Sept. p. 70; 1955 July p. 52; 1958 Feb. p. 40; 1963 Sept. p. 171; 1966 Sept. p. 101; 1970 Sept. p. 162; 1971 Feb. p. 86; Mar. p. 20; 1974 Aug. p. 48; Sept. p. 182; 1975 Dec. p. 27; 1976 Sept. p. 38.
Ford, Frank, 1972 Apr. p. 82.
Ford, Frank R., 1959 Nov. p. 70.
Ford, Gerald R., 1975 Jan. p. 34, 48; Mar. p. 47, 48; 1976 Jan. p. 22, 24; Mar. p. 60A; June p. 22, 23; July p. 60; Nov. p. 64; Dec. p. 25; 1977 Sept. p. 100; Nov. p. 44; 1978 May p. 46.
Ford, Henry, 1957 May p. 62; 1973 Mar. p. 88; 1975 Feb. p. 23; Mar. p. 17.
Ford, James A., 1955 Mar. p. 98.
Ford, K. L., 1978 Jan. p. 78.
Ford, Kenneth W., 1965 Apr. p. 66; 1969 June p. 38; 1975 Oct. p. 52; 1977 Apr. p. 123.
Ford, Lester R. Jr., 1970 July p. 95.
Ford Motor Company, 1955 Oct. p. 44; 1957 May p. 62; 1959 Jan. p. 62; 1963 July p. 36, 42; Aug. p. 72, 73, 76, 77, 81; 1964 Apr. p. 42, 45, 49; 1966 Sept. p. 183, 188; Nov. p. 66; Dec. p. 65; 1973 Aug. p. 82, 83; 1975 Jan. p. 41; Apr. p. 53; Aug. p. 48; Nov. p. 58; 1977 Aug. p. 103, 106; 1978 Feb. p. 74.
Ford, N. C., 1968 Sept. p. 124.
Ford, P. J., 1969 Dec. p. 28.
Ford, Richard I., 1978 Jan. p. 117.
Ford, W. Kent Jr., 1973 June p. 32, 33, 36; 1978 May p. 73, 74.
Fordham University, 1963 Mar. p. 45.
Fordlandia, 1964 Nov. p. 102.
Forel, Auguste, 1948 June p. 18; 1953 July p. 60; 1974 July p. 28.
Forest, Herman S., 1970 Sept. p. 137.
Forestier, Jacques, 1961 Apr. p. 88.
Forlanini, Enrico, 1955 Jan. p. 37.
Formal, Samuel B., 1965 July p. 99.
Forman, Simon, 1952 Oct. p. 74.
Formozov, A. N., 1960 Jan. p. 67, 68.
Forn, Javier, 1977 Aug. p. 115, 117.
Forni, Luciana, 1976 May p. 38.
Forrat, F., 1968 June p. 23.
Forrest, David V., 1977 Mar. p. 64.
Forrest, H. S., 1962 Apr. p. 102, 108.
Forrest, M. J., 1969 Dec. p. 52.
Forrestal, James, 1949 Apr. p. 26.
Forro, F., 1954 Dec. p. 65.
Forsaith, J. A., 1963 Nov. p. 99.
Forsham, Peter H., 1963 July p. 51.
Forsheit, Arleen, 1973 Aug. p. 27.
Forshufvud, Sten, 1962 Aug. p. 56; 1967 Apr. p. 79.
Forskål, Peter, 1961 Jan. p. 150; 1969 Dec. p. 36.
Forsling, Wilhelm, 1957 Aug. p. 58.
Forssmann, Werner, 1956 Dec. p. 52; 1967 Nov. p. 28.
Forster, E. M., 1949 Dec. p. 32.
Forster, Georg, 1967 Aug. p. 61.
Forster, J. R., 1967 Aug. p. 61.
Förster, Theodor, 1974 Dec. p. 80.
Forsyth, W. D., 1974 Sept. p. 100.
Fortas, Abe, 1969 Feb. p. 15.
Fortes, Meyer, 1960 Sept. p. 81; 1963 Aug. p. 57.
Fortunatov, F. F., 1972 Sept. p. 80.
Forward, Paul, 1967 Jan. p. 47.
Forward, Robert L., 1969 Dec. p. 95.
Fosberg, F. R., 1963 June p. 43.
Foskett, D. J., 1954 Mar. p. 52.
Foster, Brendan, 1976 June p. 110, 111.
Foster, Delbert, 1970 Oct. p. 60.
Foster, Hal, 1953 Aug. p. 42.

Foster, John S. Jr., 1949 Feb. p. 19; 1953 Jan. p. 38; 1957 Sept. p. 107; 1967 July p. 33, 40; 1969 Aug. p. 18; 1971 Nov. p. 48; 1972 June p. 24; Aug. p. 44; Nov. p. 22; 1973 Nov. p. 23; 1975 Oct. p. 22.
Foster, Michael, 1968 June p. 84.
Foster, William C., 1969 Oct. p. 22; 1971 Mar. p. 44; 1972 Nov. p. 20, 22, 23.
Fothergill, Leroy D., 1949 Sept. p. 19.
Foti, G., 1971 Apr. p. 53.
Foucault, Jean B. L., 1951 Dec. p. 49; 1955 Aug. p. 63, 64; 1957 Feb. p. 100, 106; 1971 May p. 83, 84.
Fouché, M., 1973 July p. 30.
Foulds, Leslie, 1976 May p. 73.
Foundation for Child Development, 1976 July p. 65.
Foundation for Medical Technology, 1962 Oct. p. 54.
Foundation for Research on the Nature of Man, 1974 Sept. p. 72.
Fountain, John, 1968 Feb. p. 74.
Fourcroy, Antoine F. de, 1953 Jan. p. 40, 48.
Fourdrinier, Henry, 1974 Apr. p. 58.
Fourdrinier, Sealy, 1974 Apr. p. 58.
Fourier, Jean B. J., 1952 Sept. p. 59; 1953 Nov. p. 93; 1954 Oct. p. 33; 1961 Aug. p. 73; Dec. p. 100; 1968 Sept. p. 102, 76, 78, 80-82.
Fourier, Joseph, 1960 July p. 145.
Fournier, Georges, 1953 May p. 66, 71, 73.
Fourtner, C. R., 1978 Feb. p. 100.
Fourtner, Charles R., 1976 Dec. p. 83.
Fouts, James R., 1970 Apr. p. 75.
Fowler, C. M., 1965 Jan. p. 50; Apr. p. 72; July p. 64, 68, 73, 66, 65.
Fowler, Charles, 1974 Feb. p. 94.
Fowler, David H., 1976 Mar. p. 60D; Apr. p. 65.
Fowler, E. C., 1966 Aug. p. 42.
Fowler, Henry W., 1956 Aug. p. 59; 1977 Mar. p. 108.
Fowler, John, 1954 Nov. p. 67.
Fowler, John M., 1963 Nov. p. 64.
Fowler, Peter H., 1969 June p. 37; 1973 July p. 73.
Fowler, R. H., 1949 Nov. p. 43; 1964 Jan. p. 108; 1966 Dec. p. 119, 122; 1973 Dec. p. 55; 1977 Oct. p. 47.
Fowler, Richard G., 1954 Sept. p. 132.
Fowler, Ruth E., 1970 Dec. p. 45.
Fowler, T. K., 1966 Dec. p. 21; 1967 July p. 76.
Fowler, W. B., 1953 Sept. p. 80.
Fowler, William A., 1950 Jan. p. 44; 1956 June p. 60; Sept. p. 166, 93; 1960 Apr. p. 85; Nov. p. 184; 1961 Feb. p. 51; 1962 Apr. p. 63; 1963 Mar. p. 78; Sept. p. 86; Dec. p. 60-62; 1964 Nov. p. 47; 1966 Dec. p. 51; 1969 July p. 29, 30, 36; 1973 Feb. p. 103; 1974 Jan. p. 50, 72, 74; 1976 Dec. p. 95.
Fowles, G. R., 1973 Feb. p. 89.
Fox, Arthur L., 1952 May p. 68.
Fox, C. Fred, 1974 Mar. p. 27.
Fox, Charles J., 1969 July p. 41.
Fox, Clement A., 1975 Jan. p. 60.
Fox, Eugene N., 1966 Dec. p. 65.
Fox, Marshall, 1959 Nov. p. 114.
Fox, Sidney W., 1964 Apr. p. 64; 1972 Oct. p. 86.
Fox, Stephen S., 1970 Jan. p. 36.
Fox, William W., 1976 Apr. p. 56.
Foxboro Company, 1977 Sept. p. 188, 190.
Foy, P. W., 1970 Oct. p. 54.
Foyn, Svend, 1956 Dec. p. 46.
Fraas, Arthur P., 1971 June p. 21.
Fradkin, E. S., 1978 Feb. p. 141.
Fraenkel, Abraham, 1967 Dec. p. 106, 114, 116.
Fraenkel, Gottfried, 1953 Feb. p. 30, 31.
Fraenkel, Ludwig, 1958 Apr. p. 40.
Fraenkel-Conrat, Heinz, 1955 July p. 78; 1956 Oct. p. 88; 1957 Sept. p. 198; 1960 July p. 82; 1961 Jan. p. 80; Feb. p. 83; 1962 July p. 78; 1964 Oct. p. 53; 1966 Oct. p. 58; Dec. p. 32; 1968 Apr. p. 61.
France, Anatole, 1974 July p. 111.
Francesca, Piero della, 1973 May p. 24.
Franceschetti, A., 1957 Apr. p. 62.
Franchet, L., 1975 Feb. p. 41.
Francheteau, Jean, 1977 Apr. p. 32.
Francis, Thomas Jr., 1955 June p. 46,47.
Franck, James, 1948 Aug. p. 29; Nov. p. 24; 1949 Sept. p. 14, 16; Dec. p. 17; 1959 July p. 74; Oct. p. 98, 99; 1965 July p. 83; 1968 Sept. p. 158, 160; 1969 Feb. p. 36.
Franck, Kate, 1958 Sept. p. 154.
Francke, Christoph B., 1968 May p. 95.
Franco, Francesco, 1954 Mar. p. 39.
Franco, S. Charles, 1953 Apr. p. 48.
François, Henri, 1975 Feb. p. 42.
François, Marcel, 1964 Nov. p. 116.
Frank, Arlen W., 1959 July p. 116.
Frank, F. C., 1951 Oct. p. 54; 1955 Mar. p. 74, 76; July p. 82; 1960 July p. 69; 1961 Oct. p. 110, 111, 114; 1976 Aug. p. 54; 1977 Dec. p. 130.
Frank, Heddy, 1960 Dec. p. 154, 156.
Frank, Howard, 1970 July p. 94, 98, 100.
Frank, Ilya M., 1958 Dec. p. 52; 1967 Nov. p. 28.
Frank, James, 1967 Nov. p. 26.
Frank, Josette, 1969 Apr. p. 37.
Frank, Karl, 1966 May p. 109.
Frank, Lawrence K., 1960 Sept. p. 98.
Frank, Louis A., 1959 Nov. p. 87; 1963 May p. 89; 1965 Mar. p. 67; Dec. p. 59.
Frank, Michael, 1973 Nov. p. 66.
Frank, Neil, 1971 Mar. p. 46.
Frank, Otto, 1965 May p. 93.
Frank, S. G. F., 1965 Dec. p. 31.
Frank, Teney, 1974 Sept. p. 95.
Frank W. Horner Ltd., 1962 Aug. p. 30.
Frank, William H., 1955 June p. 56.
Frankel, Ludwig, 1958 Apr. p. 41.
Frankel, Stanley P., 1965 Aug. p. 56.
Franken, Peter A., 1960 Oct. p. 78; 1962 Jan. p. 62; 1963 July p. 42; 1964 Apr. p. 39, 40, 43.
Frankfurter, Felix, 1951 July p. 30.
Frankie, Gordon W., 1973 Apr. p. 97.
Frankl, L., 1950 Feb. p. 47.
Frankl, Paul, 1972 Nov. p. 91, 95.
Frankland, Edward, 1950 Sept. p. 32.
Frankland, Edward, Sir, 1973 Dec. p. 50.
Franklin, Benjamin, 1948 Aug. p. 36-39, 40-43; 1949 Feb. p. 22; Dec. p. 56; 1950 Feb. p. 40, 43; 1951 Sept. p. 43; 1954 July p. 73, 75; Sept. p. 60; Oct. p. 68; 1955 July p. 69, 70; 1957 July p. 119; Nov. p. 47; 1958 Apr. p. 56; June p. 74; 1959 May p. 61; 1963 Oct. p. 42; 1965 Jan. p. 82, 85, 86, 90; 1967 Dec. p. 58; 1970 Feb. p. 85; Aug. p. 92, 96; 1972 Mar. p. 57; Apr. p. 57; 1976 May p. 107, 89, 90; July p. 117, 124.
Franklin, Dean L., 1974 Nov. p. 96.
Franklin, Fred A., 1975 Jan. p. 25.
Franklin, G., 1972 Feb. p. 31.
Franklin, John C., 1949 July p. 33.
Franklin, John H., 1967 Apr. p. 23.
Franklin, Kenneth L., 1952 July p. 72; 1955 June p. 52.
Franklin, Philip, 1977 Oct. p. 112.
Franklin, Rosalind, 1954 Oct. p. 57; 1975 Nov. p. 37.
Frankuchen, I., 1956 Apr. p. 79.
Frantz, Samuel, 1975 Nov. p. 50.
Franz, Rudolph, 1967 Sept. p. 182.
Franz, Shephard I., 1954 Jan. p. 49; 1970 Mar. p. 68.
Franz, V., 1971 Jan. p. 69.
Franzblau, C., 1963 Apr. p. 107.
Franzinetti, C., 1956 June p. 41.
Franzini, Paolo, 1966 Aug. p. 42; 1967 Jan. p. 101.
Franzini-Armstrong, Clara, 1970 Apr. p. 86; 1974 Feb. p. 64.
Frasch, Herman, 1970 May p. 65, 66, 70, 72.
Fraser, Alistair B., 1976 Jan. p. 102.
Fraser, David W., 1978 Feb. p. 81.
Fraser, Dean, 1953 May p. 37; Nov. p. 54; 1954 Mar. p. 34; Dec. p. 62; 1956 June p. 44.
Fraser, Donald, 1972 Nov. p. 82.
Fraser, Frances C., 1962 Sept. p. 189; 1965 Nov. p. 113.
Fraser, Havelock, 1958 Jan. p. 62.
Frauenfelder, Hans, 1963 Oct. p. 45.
Fraunhofer, Joseph von, 1948 May p. 51; 1952 June p. 48; 1967 Sept. p. 239, 240, 245; 1968 Sept. p. 72, 74, 75, 77; 1970 May p. 116.
Frautschi, Steven C., 1964 Feb. p. 93; 1974 May p. 117; 1975 Feb. p. 63.
Frazer, James, Sir, 1950 Sept. p. 87; Oct p. 54; 1955 July p. 73; 1956 May p. 70; 1975 Dec. p. 84.
Frazer, William R., 1963 Jan. p. 44; 1971 July p. 100, 101.
Frazier, Bill, 1960 Feb. p. 44.
Frazier, Howard, 1971 Aug. p. 20.
Frazier, Wesley T., 1970 July p. 64.
Fred, Edwin B., 1950 Dec. p. 26; 1952 Jan. p. 40.
Freda, Vincent J., 1966 Mar. p. 58; 1968 Nov. p. 50.
Freden, Stanley C., 1963 May p. 87.
Frederick, Charles W., 1976 Aug. p. 79.
Frederick, Duke of York, 1969 July p. 42.
Frederick I, King of Prussia, 1969 July p. 43.
Frederick the Great, 1955 Oct. p. 100, 103; 1969 July p. 43, 46; 1976 Jan. p. 115.
Fredericq, Leon, 1968 May p. 106.
Fredericq, Pierre, 1975 Dec. p. 33.
Frederikse, H. P. R., 1973 May p. 36.
Fredickson, Donald S., 1977 May p. 55.
Fredj, Mohammed Ben, 1959 Dec. p. 140.
Fredriksson, Kurt, 1960 Feb. p. 126.
Free, Lloyd A., 1963 Feb. p. 41.
Free University of Berlin, 1963 Nov. p. 108; 1966 Nov. p. 88.
Free University of Brussels, 1957 Dec. p. 124; 1963 May p. 70; Dec. p. ; 1966 Nov. p. 118.
Freedman, D. G., 1958 May p. 60.
Freedman, Daniel, 1974 July p. 57; 1977 July p. 59.
Freedman, Daniel Z., 1978 Feb. p. 126, 141.
Freedman, H. L., 1969 Dec. p. 23-25.
Freedman, Lawrence Z., 1953 June p. 50; 1960 Mar. p. 145.
Freedman, Ronald, 1965 June p. 56.
Freedmen Hospital, 1950 July p. 29.
Freeman and Company, 1950 Sept. p. 32.
Freeman, Arthur J., 1965 Apr. p. 127; July p. 65; 1967 Mar. p. 115.
Freeman, B. M., 1959 Jan. p. 42.
Freeman, Clarence, 1965 Mar. p. 94, 95.
Freeman, Frank N., 1962 Aug. p. 67.
Freeman, H. A., 1967 Sept. p. 124.
Freeman, Harry, 1949 July p. 44.
Freeman, Ira, 1949 Dec. p. 56, 57.
Freeman, Mae, 1949 Dec. p. 56, 57.
Freeman, Natalie, 1972 Dec. p. 20.
Freeman, Richard R., 1976 Feb. p. 55.
Freeman, Smith, 1950 Mar. p. 35.
Freeman, Walter, 1948 Oct. p. 37; 1950 Feb. p. 44, 47.
Freeport Sulphur Company, 1951 Oct. p. 34.

Freer Gallery of Art, 1963 Nov. p. 130.
Freese, Ernst, 1958 June p. 42; 1961 Apr. p. 82; 1962 Jan. p. 83.
Freeze, R. Allan, 1974 Oct. p. 63.
Frege, Gottlob, 1962 Apr. p. 90; 1964 Sept. p. 116, 118; 1967 Dec. p. 105; 1969 June p. 70; 1973 Mar. p. 101, 103, 105; May p. 82.
Frei, Emil III, 1964 July p. 69.
Frei, Eva, 1968 June p. 105.
Freier, Phyllis, 1949 Mar. p. 34; 1950 Oct. p. 15; 1960 June p. 69.
Freimer, Earl, 1966 Dec. p. 65.
Freireich, Emil J., 1964 July p. 69.
Freistadt, Hans, 1949 July p. 26.
Frejka, Tomas, 1971 Apr. p. 50; 1973 Mar. p. 15; 1974 Sept. p. 33.
French Academy of Sciences, 1952 Jan. p. 72; 1956 May p. 109; 1957 May p. 91; 1958 Feb. p. 78; Oct. p. 37; 1960 Oct. p. 163; 1963 Oct. p. 65; 1964 Jan. p. 104; May p. 113; 1965 June p. 112; 1970 July p. 18; 1971 Oct. p. 96, 103.
French Agronomical Institute, 1965 Apr. p. 38.
French Atomic Energy Commission, 1949 Apr. p. 25; 1975 Apr. p. 21; June p. 44; 1976 July p. 36, 41, 43.
French Bureau de Recherches Géologiques et Minières, 1977 Nov. p. 75.
French Bureau of Longitudes, 1964 Feb. p. 54.
French, C. S., 1953 Oct. p. 32.
French, C. Stacy, 1965 July p. 80, 82; 1974 Dec. p. 73.
French Center for Nuclear Studies, 1966 July p. 77, 78; Nov. p. 64.
French Centre de Recherches Petrographiques et Géochimiques, 1977 Apr. p. 34.
French Conservatoire National des Arts et Métiers, 1963 Apr. p. 139.
French, Dexter, 1962 July p. 88.
French Haute-Provence Observatory, 1977 Aug. p. 33, 36.
French Institut National d'Études Démographiques, 1974 Sept. p. 46.
French Institute d'Astrophysique, 1962 Apr. p. 63.
French Institute for Cancer Research, 1964 June p. 48.
French Institute for the Chemistry of Natural Substances, 1977 May p. 76.
French, J. D., 1957 May p. 54; 1959 Aug. p. 95; 1966 Aug. p. 85; 1967 Feb. p. 66.
French Laboratoire de Génétique Physiologique (Gif), 1969 Apr. p. 28.
French Laboratoire de Recherches Techniques, 1962 May p. 104.
French Ministry of Culture, 1969 May p. 42.
French National Assembly, 1970 July p. 18.
French National Center for Scientific Research, 1954 Dec. p. 54; 1963 Jan. p. 44; 1965 Oct. p. 15; 1970 Aug. p. 46; 1972 Oct. p. 47.
French National Institute of Agronomic Research, 1975 Mar. p. 100.
French National Institute of Statistics, 1968 Jan. p. 24.
French National Museum of Natural History, 1966 Mar. p. 99.
French National Office of Aerospace Studies and Research, 1957 May p. 103; 1974 Dec. p. 92.
French National Utility Company, 1977 Mar. p. 34.
French, R. A., 1963 Dec. p. 136.
French Royal Academy of Architecture, 1974 Oct. p. 86.
French Society for the Encouragement of National Industry, 1970 Oct. p. 115.
French, Vernon, 1977 July p. 67, 71.
French-American Mid-Ocean Undersea Study, 1975 Aug. p. 79-81, 85.
Frenkel, Albert W., 1960 Nov. p. 112, 116; 1965 July p. 77.
Frenkel, Nizz, 1973 Oct. p. 33.
Frenkel, Y. I., 1949 Nov. p. 27; 1967 Sept. p. 224.
Frere, John, 1959 Nov. p. 168, 172.
Freshwater Biological Association, 1977 Aug. p. 97.
Fresnel, Augustin J., 1953 Nov. p. 94; 1954 May p. 83; 1958 Apr. p. 56; 1964 Mar. p. 108; Nov. p. 108; 1966 June p. 35, 36; 1968 Sept. p. 50, 67, 74; 1971 July p. 94, 103; 1977 Apr. p. 122.
Freter, Rolf, 1965 July p. 99; 1978 Jan. p. 91.
Fretter, W. B., 1949 Mar. p. 29, 36, 37; 1952 Jan. p. 22, 25.
Freud, Anna, 1949 Oct. p. 53.
Freud, Sheldon, 1966 Feb. p. 54.
Freud, Sigmund, 1949 Jan. p. 22-27; May p. 44-47; Oct. p. 50-54; 1950 Mar. p. 40, 43; Sept. p. 80, 87; Dec. p. 42; 1951 May p. 60, 62; July p. 20; 1953 Jan. p. 58; 1954 Jan. p. 48; Nov. p. 89; 1955 May p. 74, 80; Nov. p. 31; 1956 Feb. p. 31; 1957 Aug. p. 104; Nov. p. 138, 136; 1958 Sept. p. 60; 1962 Aug. p. 66; Nov. p. 137; 1964 Feb. p. 121; Apr. p. 32; 1967 Sept. p. 106; 1969 Feb. p. 69; 1970 May p. 105, 106; Aug. p. 102; 1972 Jan. p. 34; Sept. p. 93; 1973 Dec. p. 110; 1977 Jan. p. 49; Nov. p. 75.
Freudenberg, Karl, 1962 July p. 88.
Freund, Jules, 1949 July p. 17, 18.
Freund, Rudolf, 1961 Aug. p. 43.
Frey, A. J., 1956 July p. 50.
Frey, Edmund, 1967 Oct. p. 62.
Freye, G. M. Jr., 1969 Nov. p. 57.
Freyssinet, Eugène, 1958 July p. 26.
Friberg, Lars, 1971 Aug. p. 47.
Fricke, Hugo, 1959 Sept. p. 76.
Fricker, Peter E., 1969 Mar. p. 87, 88.
Friday, William C., 1978 June p. 83.
Fried, Marc, 1965 Sept. p. 199.
Fried, Mike, 1967 Apr. p. 32.
Fried, S., 1956 Dec. p. 67.
Friedel, G., 1964 Aug. p. 77, 79.
Friedel, R. A., 1955 July p. 66.
Frieden, Bernard, 1965 Sept. p. 197.
Frieden, Earl, 1966 May p. 76.
Friedewald, W. F., 1954 June p. 72.
Friedkin, Morris E., 1968 Oct. p. 67.
Friedlander, M. W., 1969 June p. 37.
Friedman, Arnold M., 1957 Aug. p. 58.
Friedman, G. M., 1972 Dec. p. 31.
Friedman, Henry T., 1955 Dec. p. 33; 1957 Jan. p. 68.
Friedman, Herbert, 1960 Mar. p. 88; 1963 Dec. p. 68; 1964 June p. 36; Sept. p. 86; 1966 Apr. p. 50; June p. 41; 1967 Dec. p. 39, 43; 1969 July p. 52; 1975 Sept. p. 44.
Friedman, Herman, 1973 Jan. p. 31.
Friedman, Irving, 1961 Nov. p. 60.
Friedman, Jerome I., 1957 Mar. p. 63; 1975 June p. 52.
Friedman, Lester, 1962 Nov. p. 99; 1971 Aug. p. 47.
Friedman, Milton, 1955 Feb. p. 80; 1972 Oct. p. 19; 1973 Sept. p. 165; 1976 Dec. p. 52.
Friedman, Miriam, 1964 Nov. p. 54.
Friedman, Theodore, 1971 Nov. p. 34.
Friedman, William F., 1966 July p. 42-44.
Friedmann, Alexander A., 1954 Mar. p. 58; 1956 Sept. p. 140, 145; 1967 June p. 28; 1970 June p. 29, 33.
Friedmann, Theodore, 1973 Aug. p. 94.
Friedrich, Josef, 1963 Mar. p. 134.
Friedrich, Walter, 1952 Dec. p. 40; 1961 Dec. p. 98.
Friedrichs, K. O., 1969 Mar. p. 70.
Friedrich-Wilhelm Institute of Medicine and Surgery, 1958 Mar. p. 94.
Frieman, Edward, 1951 June p. 32.
Friend, Charlotte, 1974 July p. 44.
Friend, Daniel S., 1978 May p. 143, 144.
Friend, James P., 1971 Jan. p. 40.
Friend, James R., 1968 Sept. p. 194.
Friend, W. G., 1978 June p. 140.
Friendly, Fred, 1966 Sept. p. 101.
Friesem, Albert, 1965 June p. 25; 1968 Feb. p. 41.
Friis, Harald T., 1958 Sept. p. 125, 128.
Frimmer, Max, 1975 Mar. p. 96.
Frings, Hubert, 1956 Aug. p. 54.
Frings, Mable, 1956 Aug. p. 54.
Frisch, H. L., 1962 Nov. p. 94, 100; 1975 Apr. p. 38.
Frisch, Ivan T., 1970 July p. 94.
Frisch, Karl von, 1948 Aug. p. 18-21; Dec. p. 24; 1949 Sept. p. 30; 1950 May p. 29; 1951 June p. 32; 1953 July p. 60, 62; 1954 Apr. p. 35; Oct. p. 74, 75; 1955 July p. 88-90; Aug. p. 57, 59, 60, 73; 1963 Feb. p. 62; May p. 104; 1964 Apr. p. 118; 1967 Apr. p. 97, 98, 100; 1970 Oct. p. 60; 1972 Sept. p. 53, 54; 1973 Dec. p. 50; 1976 July p. 106.
Frisch, Otto R., 1949 Oct. p. 26; Nov. p. 41; 1956 Mar. p. 93; 1958 Feb. p. 82; 1959 Feb. p. 37; 1966 Jan. p. 90; 1968 Oct. p. 45; 1972 Feb. p. 71.
Frisch, Ragnar, 1969 Dec. p. 48.
Frisch, Rose E., 1974 Sept. p. 46, 48, 162.
Frisken, William R., 1978 June p. 66.
Frith, H. J., 1974 Oct. p. 93.
Fritsch, Gustav T., 1948 Oct. p. 30, 33; 1973 July p. 96.
Fritsch, Klaus, 1968 Sept. p. 124.
Fritts, Donald, 1975 Jan. p. 86.
Fritz, Emanuel, 1961 Apr. p. 150.
Fritz, G., 1969 July p. 52.
Fritz, Hans von, 1971 Mar. p. 32.
Fritz, Kurt von, 1977 June p. 106.
Fritzche, Hellmut, 1969 Nov. p. 33.
Fritzsche, Hellmut, 1977 May p. 40, 41.
Frobenius, Leo, 1948 Dec. p. 48.
Froede, Walter G., 1972 Aug. p. 16.
Froehlich, Fritz, 1973 Feb. p. 97.
Fröhlich, Herbert, 1957 Nov. p. 94; 1971 Nov. p. 26.
Froissart, Marcel, 1973 Nov. p. 44.
Frolov, P. K., 1965 May p. 102.
Froman, Darol K., 1949 Oct. p. 21.
Fromm, Erich, 1958 May p. 77.
Fromm, Jacob E., 1966 Sept. p. 165.
Fromm-Reichmann, Frieda, 1962 Aug. p. 66.
Frontinus, Sextus Julius, 1978 May p. 154, 157.
Froome, K. D., 1955 Aug. p. 65, 66.
Frost, Kenneth J., 1976 Oct. p. 78.
Frost, Robert, 1963 Oct. p. 35; 1968 Mar. p. 80.
Froude, William, 1966 Aug. p. 64, 66.
Fruton, Joseph S., 1951 Mar. p. 41; 1953 Sept. p. 100; 1955 May p. 36; 1961 Feb. p. 86; 1964 Dec. p. 71.
Fry, F. E. J., 1969 Mar. p. 20.
Fry, Gary F., 1975 Jan. p. 103.
Fry, Glenn A., 1972 June p. 99.
Fry, James, 1977 Nov. p. 89.
Fry, John, 1973 Sept. p. 79, 80.
Fry, Patricia, 1955 Mar. p. 104.
Fry, William J., 1965 Nov. p. 40.
Frye, David, 1974 Mar. p. 32; 1975 Oct. p. 32.
Frye, Jearl F., 1974 Jan. p. 55, 59.
Frye, Larry D., 1976 May p. 31, 38, 39.
Fryell, Roald, 1968 June p. 44; 1972 Oct. p. 87.
Fuccillo, David A., 1974 Feb. p. 35.

Fuchs, Edward O., 1962 June p. 65.
Fuchs, Klaus, 1948 July p. 47; 1950 Apr. p. 22, 30; 1951 May p. 34.
Fuchs, L. H., 1975 Feb. p. 35.
Fuchs, Leonhard, 1965 June p. 110-112, 115.
Fuchs, Victor R., 1969 Apr. p. 48.
Fuchs, W., 1974 Apr. p. 91.
Fudenberg, H. Hugh, 1974 Nov. p. 69.
Fuerst, Clarence, 1961 June p. 94.
Fuerstenau, Douglas W., 1956 Dec. p. 108.
Fuglister, Frederick C., 1955 Sept. p. 102, 104; 1976 Aug. p. 44B.
Fujimoto, K., 1964 Dec. p. 54.
Fujimura, R. K., 1969 Oct. p. 29.
Fujimura, Y., 1971 May p. 20.
Fujita, T. Theodore, 1975 June p. 49.
Fukada, E., 1965 Oct. p. 18, 21.
Fukasawa, H., 1969 May p. 23, 24.
Fukasawa, Toshio, 1970 Jan. p. 91.
Fukuda, Kouhei, 1963 Dec. p. 72.
Fukui, S., 1961 July p. 74; 1962 Aug. p. 41-43.
Fulbright Foundation, 1953 Jan. p. 27; 1960 Nov. p. 133.
Fulbright, J. William, 1949 Feb. p. 28; 1955 Feb. p. 35; 1978 Feb. p. 76.
Fulco, Jose R., 1963 Jan. p. 44; 1971 July p. 101.
Fulkerson, Delbert R., 1970 July p. 95.
Fulkerson, William, 1971 May p. 18.
Fullam, Ernest F., 1961 Oct. p. 110; 1974 Dec. p. 56.
Fuller, Harry J., 1954 Dec. p. 60.
Fuller, K. L., 1972 Jan. p. 52.
Fuller, R. Buckminster, 1967 Sept. p. 76; 1977 Aug. p. 99.
Fuller, Ray W., 1974 Feb. p. 89.
Fullerton, Pamela, 1971 Feb. p. 20.
Fullman, R. L., 1955 July p. 81.
Fulton, C. D., 1956 June p. 64.
Fulton, John, 1975 Mar. p. 79.
Fulton, John F., 1948 Oct. p. 27, 37; 1955 Feb. p. 70; 1970 Mar. p. 69.
Fulton, R., 1960 May p. 88.
Fulton, R. J., 1976 Aug. p. 31, 35.
Fulton, Robert, 1949 Dec. p. 56; 1967 Mar. p. 105.
Fultz, Dave, 1955 Sept. p. 116; 1956 Dec. p. 44; 1970 July p. 73.
Fulwyler, Mack J., 1976 Mar. p. 111.
Funatsu, Gunku, 1964 Oct. p. 51.
Fund for the Republic, Inc., 1960 Dec. p. 76.
Fung, Ko, 1971 Sept. p. 59.
Fung Yi, 1978 June p. 74.
Funk, Casimir, 1970 Dec. p. 88.
Funke, G. L., 1949 Mar. p. 50.
Funkenstein, Daniel H., 1955 June p. 34; Oct. p. 80.
Funnel, Brian, 1967 July p. 33.
Funnelli, B. M., 1967 Feb. p. 53.
Fuortes, M. G. F., 1961 Sept. p. 228; 1966 May p. 109.
Furdyna, Jacek, 1965 Apr. p. 78.
Furia, Frank de, 1975 Apr. p. 48.
Furlong, Clement E., 1976 Apr. p. 44.
Furman, F. S., 1952 Feb. p. 56.
Furnas, Clifford, 1956 Sept. p. 118.
Furry, Wendell, 1969 Dec. p. 112.
Furshpan, Edwin J., 1970 May p. 80, 84; July p. 60; 1978 May p. 146, 147; June p. 112.
Furtado, Celso, 1963 Sept. p. 154.
Furtch, J. J., 1962 Feb. p. 76.
Furth, F. R., 1955 Dec. p. 54.
Furth, Harold P., 1958 Mar. p. 76.
Furth, Jacob, 1956 Nov. p. 114; 1957 Feb. p. 60; 1962 Apr. p. 77; Oct. p. 66; 1964 May p. 94; 1974 Nov. p. 61.
Fuxe, Kjell, 1967 Feb. p. 67, 68; 1974 Feb. p. 84; 1977 Aug. p. 115.
Fyfe, W. S., 1977 Mar. p. 104.
Fynn, Henry, 1960 Apr. p. 157, 158, 165.

G

G. A. Roe Insurance Services, 1977 Mar. p. 117.
G. D. Searle Company, 1949 July p. 44.
Gabor, Dennis, 1965 June p. 24, 33, 34; 1966 Jan. p. 48; 1968 Feb. p. 40; 1971 Sept. p. 184; Dec. p. 38; 1976 Oct. p. 80, 81, 86, 87, 93, 95.
Gabrielson, Ira N., 1949 Dec. p. 54.
Gabura, Andrew, 1951 May p. 66.
Gaddi, Taddeo, 1954 Nov. p. 62.
Gaddini, Eugenio, 1972 July p. 76.
Gaddini, Renata, 1972 July p. 76.
Gaddum, J. H., 1957 Dec. p. 55.
Gadel, J. N., 1957 Dec. p. 60.
Gadolin, J., 1950 Apr. p. 47; 1951 Nov. p. 30.
Gaede, W., 1950 May p. 22.
Gaffey, Michael, 1975 Jan. p. 28, 31.
Gaffron, Hans, 1948 Aug. p. 31, 34; 1953 Nov. p. 83.
Gafurio, Franchino, 1967 Dec. p. 96, 97.
Gagarin, Yuri A., 1961 May p. 74.
Gage, Thomas, 1959 Mar. p. 110; 1960 Oct. p. 162.
Gagliardi, D. D., 1949 Dec. p. 31.
Gahn, Gottlieb, 1965 June p. 65.
Gaidukov, Yv. P., 1963 July p. 120.
Gaillard, D. D., 1959 Aug. p. 80, 81.
Gaillard, Jean-Marc, 1962 Aug. p. 53; 1963 Mar. p. 68.
Gaillard, Pieter, 1961 Apr. p. 59.
Gaines, Helen F., 1977 Apr. p. 69.
Gaines, R. S., 1977 Sept. p. 226.
Gaither, H. Rowan Jr., 1954 Sept. p. 70.
Gajdusek, D. Carleton, 1967 Jan. p. 112, 113.
Gajdusek D. Carleton, 1974 Feb. p. 36.
Gajdusek, D. Carleton, 1976 Dec. p. 50.
Gakkel, Y., 1961 May p. 101.
Gal, Andrew E., 1973 Aug. p. 92.
Galambos, Robert, 1950 Aug. p. 52; 1959 Aug. p. 95; 1961 Oct. p. 138; 1969 Jan. p. 75; 1973 Oct. p. 99.
Galanter, Eugene H., 1971 Mar. p. 58.
Galasso, F. S., 1967 Feb. p. 90.
Galbraith, Alan S., 1960 Oct. p. 136, 137.
Galbraith, John K., 1978 Feb. p. 76.
Galbraithe, John K., 1963 Sept. p. 60.
Galbreth, Christine, 1977 May p. 115.
Gale, Arthur J. V., 1950 Jan. p. 46, 47.
Gale, Ernest F., 1954 Oct. p. 49; 1955 July p. 54; 1956 Mar. p. 57.
Gale, Henry G., 1952 June p. 50; 1963 July p. 45; 1976 Jan. p. 62.
Gale, N. H., 1977 Mar. p. 98.
Galef, Bennett G., 1977 May p. 113, 114.
Galen, 1948 May p. 25, 26, 29, 30; 1949 Nov. p. 49; 1952 June p. 57, 59; 1953 Feb. p. 80; 1957 Mar. p. 105, 107, 108, 110, 112, 114; 1960 Mar. p. 119; Sept. p. 178; 1964 May p. 110, 112; 1965 July p. 52; 1966 Nov. p. 131; 1968 Dec. p. 105; 1972 Aug. p. 84; 1977 May p. 96.
Galenson, Marjorie, 1974 Sept. p. 141.
Galilei, Vincenzio, 1949 Aug. p. 46; 1967 Dec. p. 97; 1975 June p: 101.
Galileo Galilei, 1948 May p. 25; Oct. p. 16; Nov. p. 28, 52; 1949 Apr. p. 47; July p. 21; Aug. p. 40-47; Dec. p. 57; 1950 May p. 20, 48, 50, 51; Sept. p. 55; Oct. p. 44; 1951 Sept. p. 46; Dec. p. 66; 1952 June p. 48, 57; 1954 Sept. p. 60; 1955 Mar. p. 36; July p. 69; Aug. p. 62, 63; Sept. p. 165; 1956 Sept. p. 79, 79, 228; 1957 Feb. p. 100, 102; Dec. p. 37; 1958 Apr. p. 56, 57; Aug. p. 34; Sept. p. 60, 63; 1959 Oct. p. 160, 162, 163, 168, 170; 1960 Sept. p. 178, 182, 184; 1961 Feb. p. 119; Mar. p. 94; Dec. p. 84; 1962 Nov. p. 49; 1963 Aug. p. 29; 1964 Jan. p. 100; Mar. p. 83; May p. 108; July p. 35; 1965 Mar. p. 104; Aug. p. 70; 1966 Apr. p. 54; Oct. p. 88; 1967 Feb. p. 95; May p. 134; Dec. p. 97; Aug p. 97, 98; 1968 Jan. p. 100; Feb. p. 75; June p. 53; Sept. p. 82; 1969 June p. 95; 1970 May p. 118; July p. 77; Aug. p. 19, 94, 98; Oct. p. 29, 30, 81; 1973 Apr. p. 86, 87, 89, 94; May p. 84-92; Dec. p. 101; 1975 Mar. p. 102-110, 49; Apr. p. 106; June p. 49, 98, 100-103; Sept. p. 119, 146, 25, 49; Nov. p. 97; Dec. p. 69; 1976 Apr. p. 104-110, 112; May p. 108, 111; June p. 100; 1977 Jan. p. 84; May p. 80, 82, 83; June p. 121, 122, 126; Nov. p. 151; 1978 Feb. p. 126, 131.
Galindo, Joroe, 1959 May p. 109.
Galindo, José F., 1964 July p. 95.
Galitzin, Prince, 1955 Sept. p. 56.
Gall, Franz J., 1948 Oct. p. 28, 30; 1958 Aug. p. 85.
Gall, Joseph G., 1961 Sept. p. 104, 105, 126; 1973 Aug. p. 29.
Gallagher, Patrick X., 1962 Feb. p. 108.
Gallagher, Thomas, 1976 Feb. p. 55.
Gallatin, Albert, 1976 July p. 118, 124.
Galle, Johann, 1956 Jan. p. 59, 62; 1966 Sept. p. 164; 1975 Sept. p. 131.
Galle, Philipp, 1978 Mar. p. 137.
Gallet, Roger M., 1964 July p. 35; 1968 Feb. p. 79.
Gallienus, Emperor, 1974 Dec. p. 125.
Gallik, D., 1969 Oct. p. 22.
Gallop, Paul M., 1963 Apr. p. 107, 114.
Gallup, George, 1948 Dec. p. 7, 10, 11; 1952 Jan. p. 62; 1961 Dec. p. 45.
Gallup Poll, 1948 Dec. p. 11, 7, 10; 1964 July p. 20, 21; 1970 June p. 17-21, 24.
Gally, Joseph A., 1967 Oct. p. 86; 1970 Aug. p. 37; 1972 Dec. p. 41.
Galois, Évariste, 1958 Sept. p. 69.
Galois, Evariste, 1964 Sept. p. 45, 46, 77, 78.
Galston, Arthur W., 1967 8 01 p. 44.
Galt, John K., 1955 July p. 85; 1960 July p. 65.
Galton, Emma, 1954 Jan. p. 74.
Galton, Francis, Sir, 1948 Dec. p. 46; 1951 Aug. p. 39; 1954 Jan. p. 72-76; 1959 May p. 62, 63, 65; 1962 Aug. p. 66; 1964 Apr. p. 32; Sept. p. 92; 1968 Jan. p. 23; Sept. p. 208; 1969 Dec. p. 73; 1970 Jan. p. 45, 46; 1976 Mar. p. 81.
Galton, Peter, 1969 Oct. p. 50; 1975 Apr. p. 78.
Galtsoff, Paul S., 1961 Sept. p. 146.
Galun, Esra, 1977 June p. 119.
Galun, Rachel, 1978 June p. 140.
Galvani, Lucia, 1950 Feb. p. 41, 42.
Galvani, Luigi, 1950 Feb. p. 40-43; 1952 Nov. p. 55, 57; 1960 Aug. p. 99; Oct. p. 117; 1965 Jan. p. 82, 86, 87, 89.
Gambetta, Léon, 1952 Jan. p. 67, 68.
Gambit, Evans, 1973 June p. 97.
Gamble, F. R., 1967 July p. 42; 1971 Nov. p. 30-32.
Gamgee, John, 1968 Jan. p. 120, 121.
Gammage, Kenneth, 1970 June p. 125.
Gammel, J. L., 1960 Mar. p. 111.
Gamow, George, 1948 July p. 21, 24; Dec. p. 26; 1949 Mar. p. 54; 1950 Jan. p. 43; Mar. p. 11, 13; 1951 Mar. p. 22; 1952 Mar. p. 40; Apr. p. 74; 1954 Mar. p. 56; July p. 30; Oct. p. 61; 1955 Oct. p. 72, 73; 1956 Mar. p. 42, 93; Sept. p. 85, 87, 88, 91, 150, 158, 166, 171, 180; Oct. p. 90; Dec. p. 52; 1957 Mar. p. 53; May p. 90, 91; 1958 Feb. p. 59; 1961 Mar. p. 124; 1962 Oct. p. 68; 1963 Mar. p. 82, 86; 1967 June

p. 36; 1970 June p. 29, 30, 32; 1974 May p. 108; 1976 Mar. p. 65; 1978 May p. 66.
Gandhi, Indira Nehru, 1976 Sept. p. 159.
Gandhi, Mahatma, 1956 Mar. p. 70; 1963 July p. 95; Sept. p. 189; 1965 Sept. p. 91; Dec. p. 13-16; 1975 Apr. p. 20, 29.
Gane, N., 1974 Aug. p. 68, 69.
Gangi, Anthony F., 1969 Dec. p. 93.
Gann, Thomas, 1977 Mar. p. 117.
Ganong, William F., 1965 July p. 58; 1972 Mar. p. 29.
Gans, Carl, 1970 June p. 82.
Gans, Daniel, 1973 July p. 30.
Gans, Herbert, 1965 Sept. p. 199.
Gansser, Augusto, 1977 Apr. p. 34.
Gantt, Horsley, 1950 Mar. p. 39; 1957 Dec. p. 50.
Ganz, Leo, 1977 Jan. p. 61.
Garbell, Maurice A., 1973 Apr. p. 60.
Garcés, Francisco T., 1958 Feb. p. 97.
Garcia, Carlos P., 1963 Feb. p. 45.
Garcia-Bellido, Antonio, 1968 Nov. p. 113; 1973 Dec. p. 32.
Garcia-Bellido, Merriam, 1973 Dec. p. 32.
Gard, Sven, 1951 Jan. p. 21; 1961 May p. 51.
Gardberg, Manuel, 1961 Nov. p. 134.
Gardell, Bertil, 1975 Mar. p. 18.
Gardiner, E. N., 1968 Aug. p. 82.
Gardiner, William, 1974 Mar. p. 84, 86.
Gardner, Allen, 1972 Oct. p. 92.
Gardner, Beatrice, 1969 Jan. p. 50; 1972 Oct. p. 92.
Gardner, Elinor, 1969 Dec. p. 36.
Gardner, Eugene, 1948 June p. 35; 1951 Jan. p. 27; Feb. p. 20; 1956 May p. 42.
Gardner, Frank F., 1962 Nov. p. 72; 1965 June p. 52; July p. 29; 1974 Apr. p. 72.
Gardner, Leroy, 1958 Aug. p. 31.
Gardner, Lytt I., 1973 Aug. p. 42.
Gardner, Martin, 1971 Mar. p. 104.
Gardner, R. A., 1969 Jan. p. 50.
Gardner, R. L., 1970 Dec. p. 53, 54.
Gardner, Sherwin, 1973 Sept. p. 166.
Gardner, Trevor, 1958 July p. 47.
Garen, Alan, 1965 Aug. p. 43.
Garey, Walter F., 1963 Dec. p. 96.
Garfield, J. W., 1967 June p. 25.
Garfield, James A., 1963 Mar. p. 121, 122, 129, 130; 1968 Jan. p. 121.
Garfield, Sidney R., 1963 Aug. p. 27; 1970 Apr. p. 15; 1972 Sept. p. 148; 1973 Apr. p. 17.
Garfinkel, Lawrence, 1962 July p. 46; 1965 Dec. p. 40; 1966 Aug. p. 42; 1968 Apr. p. 44.
Garito, Anthony F., 1973 May p. 43.
Garland, L. Henry, 1968 Aug. p. 92.
Garmany, J. D., 1975 May p. 18.
Garmire, Elsa, 1968 Sept. p. 131, 132.
Garmire, Gordon P., 1962 May p. 54; 1969 Nov. p. 58; 1975 Dec. p. 45.
Garn, Stanley M., 1953 Aug. p. 81; 1966 Aug. p. 56.
Garn, W. B,, 1965 July p. 64, 65, 68.
Garner, John B., 1964 Sept. p. 84.
Garner, W. W., 1952 May p. 50, 51; 1960 Dec. p. 56.
Garnett, E. I., 1971 Oct. p. 15.
Garnett, R. W. Jr., 1949 Aug. p. 24.
Garnham, P. C. C., 1962 May p. 88.
Garodz, Leo J., 1974 Mar. p. 76.
Garrard, Leonard E., 1977 June p. 98.
Garrels, Robert M., 1970 Nov. p. 110.
Garrett, C. G. B., 1963 July p. 34; 1964 Apr. p. 45.
Garrett, Helen, 1949 Dec. p. 54.
Garrett, Henry B., 1975 July p. 81.
Garrett, John W., 1962 Aug. p. 60.
Garrett, Merrill F., 1970 Dec. p. 30.
Garrett, William, 1974 May p. 65.
Garrison, Lloyd K., 1954 July p. 43.
Garrod, Alfred, Sir, 1958 June p. 76.
Garrod, Archibald, Sir, 1948 Sept. p. 34; 1956 Dec. p. 127, 136; 1961 Sept. p. 77; 1969 July p. 45; 1972 June p. 28.
Garrod, Dorthy, 1957 Nov. p. 59, 60.
Garrod, L. F., 1949 Aug. p. 34.
Garson, Greer, 1948 Sept. p. 50.
Garstang, John, 1954 Apr. p. 77, 78, 82.
Garten, Siegfried, 1950 Aug. p. 39.
Gartlein, Carl W., 1955 Sept. p. 143; 1965 Dec. p. 62.
Gartler, Stanley M., 1977 Feb. p. 82.
Garvey, Gerald T., 1978 June p. 64.
Garvey, Justine S., 1964 Feb. p. 62.
Garwin, E., 1966 Nov. p. 111.
Garwin, Richard L., 1957 Mar. p. 63; 1961 Mar. p. 80; July p. 50, 54; 1965 Oct. p. 40; 1968 Mar. p. 22; 1969 Apr. p. 15; Aug. p. 18, 24; 1972 Apr. p. 91; June p. 27; July p. 48; 1976 Nov. p. 29.
Gary-Bobo, C. M., 1971 Feb. p. 91.
Gascoigne, S. C. B., 1964 Jan. p. 39, 40.
Gasic, Gabriel J., 1969 Feb. p. 104.
Gaskell, Elizabeth, 1975 Jan. p. 91, 92.
Gaskell, T. F., 1959 Apr. p. 41.
Gasquet, Francis, 1964 Feb. p. 121.
Gassendi, Pierre, 1967 Aug p. 98.
Gasser, Herbert S., 1949 Dec. p. 14; 1950 Feb. p. 42; 1962 Apr. p. 66; 1967 Nov. p. 27.
Gassiot, John P., 1974 Mar. p. 93.
Gassner, Gustav, 1952 May p. 50.
Gassner, Saul, 1954 Mar. p. 74.
Gast, Paul W., 1969 Sept. p. 88; 1970 Aug. p. 19.
Gastaut, Henri, 1959 Aug. p. 95; 1972 Feb. p. 85.
Gates, David M., 1964 Oct. p. 70; 1971 Sept. p. 89.
Gates, Marshall, 1966 Nov. p. 131.
Gates, R. Ruggles, 1951 Apr. p. 55.
Gates, W. H., 1957 Nov. p. 112.
Gatos, Harry C., 1965 Jan. p. 106.
Gatti, Angelo, 1976 Jan. p. 115.
Gatti, Raymond C., 1963 Apr. p. 70.
Gattoni, Canon, 1965 Jan. p. 82.
Gatz, Donald F., 1967 Mar. p. 26.
Gaucher, Philippe C.E., 1973 Aug. p. 89-92, 94-96.
Gaudin, A. M., 1955 Oct. p. 31; 1968 Jan. p. 32.
Gauer, Otto H., 1974 Nov. p. 96.
Gauger, Joleroy, 1969 Dec. p. 92.
Gaugler, Richard S., 1968 May p. 38.
Gauguin, Paul, 1956 Aug. p. 59; 1972 Sept. p. 96.
Gaulli, Giovanni B., 1977 June p. 128.
Gault, Donald E., 1960 Oct. p. 135; 1961 Aug. p. 54; 1964 Feb. p. 50; 1975 Sept. p. 63, 66; 1977 Feb. p. 35, 36; 1978 Mar. p. 84.
Gauri, K. Lal, 1978 June p. 126.
Gauss, Karl F., 1948 June p. 54; 1950 Jan. p. 37; Apr. p. 15, 16; June p. 21; 1951 July p. 54; 1952 Nov. p. 76, 79; 1953 Feb. p. 79; 1954 Nov. p. 80, 82-84, 86; 1955 Sept. p. 158; Oct. p. 38; 1956 Mar. p. 106; 1958 Feb. p. 29; Mar. p. 100; Sept. p. 66, 69; Dec. p. 108; 1964 Sept. p. 66, 67, 206; 1965 Apr. p. 108; 1967 Dec. p. 115, 116; 1969 Nov. p. 87; 1971 Mar. p. 51, 52, 60; 1973 Nov. p. 87; 1976 Aug. p. 74, 96-99; 1977 May p. 119, 121, 122, 126; July p. 123-131; 1978 Feb. p. 131.
Gaut, Norman E., 1970 July p. 72.
Gautheret, Roger J., 1950 Mar. p. 49, 50.
Gautier, Hubert, 1954 Nov. p. 63.
Gautier, Marthe, 1961 Nov. p. 72.
Gautier, Théophile, 1956 Jan. p. 34; 1969 Dec. p. 19; 1977 Oct. p. 132.
Gaviola, Enrique, 1973 June p. 47.
Gay, Helen, 1960 Jan. p. 126.
Gaydon, A. G., 1953 May p. 30.
Gaydukov, Y. P., 1971 Apr. p. 84.
Gaylord, William H. Jr., 1953 Dec. p. 39, 40.
Gay-Lussac, Joseph L., 1950 Feb. p. 41; 1951 Dec. p. 68; 1954 June p. 80; 1964 Jan. p. 88; Aug. p. 46.
Gazin, L., 1964 July p. 54.
Gazis, Denos C., 1963 Dec. p. 35.
Gazzaniga, Michael S., 1964 Jan. p. 46, 51.
G.D.R. Astrophysical Observatory, 1964 Nov. p. 110, 111.
Geacentov, Nicholas E., 1969 May p. 56.
Geake, J. E., 1964 Mar. p. 56; 1965 May p. 31.
Geballe, T. H., 1962 June p. 63, 66; 1970 May p. 57; 1971 Nov. p. 22.
Gebbie, H. A., 1965 Apr. p. 58; 1968 Sept. p. 80.
Gebr. Böhler A. G., 1963 Dec. p. 76, 79.
GEC-Elliott Automation, 1970 Oct. p. 105.
Geddes, J. S., 1968 July p. 26.
Geddes, Patrick, 1965 Sept. p. 64 - 71.
Gedeon, Ethel, 1949 June p. 52-54.
Gedeon, Mary, 1949 June p. 52-55.
Gedeon, Veronica, 1949 June p. 52, 53, 55.
Geer, Charles de, 1978 Apr. p. 141.
Geer, Jack C., 1966 Aug. p. 53.
Geer, James, 1972 June p. 112.
Geertz, Clifford, 1971 Sept. p. 121.
Geesey, G. G., 1978 Jan. p. 86.
Gehenio, P. M., 1956 June p. 106.
Gehr, Herbert, 1948 Sept. p. 36.
Gehrels, Tom, 1965 May p. 29; 1975 Jan. p. 27; Sept. p. 76, 146.
Gehring, G. P., 1965 Mar. p. 95.
Gehring, Walter, 1968 Nov. p. 120.
Geiduschek, P., 1966 Dec. p. 38.
Geiger, Esther, 1976 July p. 112.
Geiger, H. Jack, 1960 Sept. p. 98; 1963 Aug. p. 21.
Geiger, Hans, 1950 July p. 40; 1956 Nov. p. 93, 96, 104; 1959 Sept. p. 76; 1962 Aug. p. 37, 40; 1971 June p. 61; 1972 Oct. p. 100.
Geiger, Robert E., 1978 Mar. p. 44.
Geilmann, Wilhelm, 1963 Nov. p. 125.
Geis, Irving, 1961 Dec. p. 98; 1966 Nov. p. 81; 1972 Apr. p. 58.
Geiss, Johannes, 1974 May p. 114, 115.
Geissler, Heinrich, 1950 Oct. p. 31; 1965 May p. 58; 1971 May p. 86; 1974 Mar. p. 92, 93, 96.
Geitel, Hans F., 1952 Mar. p. 56; 1953 Apr. p. 33; 1966 Aug. p. 89; 1969 Mar. p. 106, 107.
Gelb, Adhémar, 1963 Jan. p. 109.
Gelfand, Israel, 1975 Jan. p. 71.
Gell, Philip, 1976 May p. 35.
Gell, Philipp, 1973 July p. 55.
Geller, Myer, 1964 Apr. p. 49.
Geller, Seymour, 1962 June p. 63.
Gellert, Martin, 1968 Feb. p. 52; Oct. p. 75.
Gellhorn, Walter, 1952 June p. 36.
Gell-Mann, Murray, 1959 Apr. p. 68; 1962 Jan. p. 53; May p. 74; Nov. p. 70; 1963 Jan. p. 39, 42; Mar. p. 64, 67; Apr. p. 82; Oct. p. 36; Dec. p. 130; 1964 Jan. p. 54; Feb. p. 80, 83, 89; Apr. p. 60; June p. 54; July p. 44; Sept. p. 128, 130; Oct. p. 36, 39; 1965 Feb. p. 51; Mar. p. 52; 1966 Feb. p. 48; 1967 Nov. p. 59; Dec. p. 90; 1969 Mar. p. 48; Dec. p. 48; 1971 June p. 73; July p. 100; 1973 Aug. p. 34; Oct. p. 113; 1974 Feb. p. 72; July p. 55; 1975 Jan. p. 49; Feb. p. 62; June p. 51, 60, 62; Oct. p. 40, 41; 1976 Jan. p. 53; Nov. p. 48-50; 1977 Oct. p. 56; 1978 Feb. p. 143.
Gemeroy, Douglas, 1951 July p. 62.
General American Transportation Corporation, 1953 May p. 56.

General Aniline and Film Corporation, 1949 Jan. p. 16, 17, 20, 21.
General Atomics Laboratory, 1957 Dec. p. 84.
General Conference on Weights and Measures, 1970 July p. 19, 25.
General Dynamics Corporation, 1965 May p. 44; 1966 Nov. p. 66; Dec. p. 27, 31, 65; 1972 Jan. p. 47; 1974 Jan. p. 23; 1977 Feb. p. 21; Apr. p. 23, 24.
General Electric Company, 1948 Oct. p. 16, 46; Nov. p. 24; 1949 July p. 36, 39, 41, 42; 1952 June p. 21, 38; 1953 Feb. p. 76; June p. 43, 46; Oct. p. 38; Nov. p. 67-71; Dec. p. 48; 1954 July p. 44; 1955 Nov. p. 42, 44-46; Dec. p. 54; 1956 Mar. p. 57; 1957 Mar. p. 66; May p. 62; Oct. p. 43, 87; Dec. p. 84; 1958 May p. 58; 1959 June p. 127; Dec. p. 90; 1960 Mar. p. 76, 78; June p. 156; 1963 July p. 35, 38, 40; 1964 May p. 39-43, 46, 47; Sept. p. 204; 1965 Mar. p. 99; May p. 40; June p. 91; Oct. p. 32, 35; 1966 June p. 97; Sept. p. 136, 193, 200; 1968 Feb. p. 26, 28, 29; 1969 May p. 89; 1970 Oct. p. 102, 107; Dec. p. 93, 96; 1971 Jan. p. 82; July p. 32; Sept. p. 153, 157; 1972 Sept. p. 131; Oct. p. 27; 1973 July p. 36; 1974 Feb. p. 19; 1975 Nov. p. 102; 1976 Jan. p. 56; Dec. p. 37, 40, 114.
General Electric Research Laboratory, 1950 Apr. p. 53; June p. 27; 1954 July p. 37, 38; 1957 Sept. p. 133; 1960 Jan. p. 74; July p. 69, 72; 1962 Mar. p. 88, 90; July p. 86; Oct. p. 83; Nov. p. 102; Dec. p. 72; 1963 June p. 67; 1964 Dec. p. 31; 1965 Jan. p. 38, 40, 42, 43; Mar. p. 38; June p. 106; 1966 July p. 102, 107; 1969 Aug. p. 38; 1970 Mar. p. 108, 112.
General Electronics Research Lab., 1959 Sept. p. 108.
General Mills Incorporated, 1957 Sept. p. 108; 1959 May p. 54, 56.
General Motors Corporation, 1956 June p. 66; 1963 Dec. p. 35, 37; 1964 Dec. p. 113; 1966 Sept. p. 188; Dec. p. 65; 1970 Mar. p. 80, 82; 1971 Jan. p. 72; 1972 Aug. p. 16, 19, 20; 1975 Jan. p. 37; Apr. p. 53; July p. 59, 60, 64; Aug. p. 48; 1976 Nov. p. 101; 1977 Jan. p. 77, 79; Aug. p. 103, 106.
General Research Corporation, 1970 July p. 95.
General Telephone and Electronics Corporation, 1963 July p. 37; 1966 Oct. p. 48; 1977 Feb. p. 68.
Generali, F., 1961 Apr. p. 56.
Genetics Society of America, 1948 May p. 33.
Genet-Varcin, E., 1977 May p. 31.
Geneva Disarmament Committee, 1974 Oct. p. 27.
Genghis Kahn, 1950 Apr. p. 21.
Genghis Khan, 1948 June p. 17; 1963 Aug. p. 54-62, 64, 66, 68; 1969 Aug. p. 79; 1974 Sept. p. 95; 1976 June p. 55.
Gennes, P. G. de, 1977 Dec. p. 140.
Genouillac, Henri de, 1978 June p. 54.
Gentili, M., 1953 May p. 68.
Gentner, W., 1960 Nov. p. 173; 1962 Feb. p. 81.
Gentzen, Gerhard, 1956 June p. 84.
Genzel, L., 1957 May p. 46.
Geoffroy, Etienne F., 1967 Sept. p. 74.
Geoffry of Monmouth, 1953 June p. 26.
Geoghegan, M. J., 1953 Oct. p. 33.
Geological Society of America, 1948 Oct. p. 25; Dec. p. 26; 1949 Apr. p. 40; 1956 Dec. p. 85; 1960 Oct. p. 104.
Geophysics Corporation of America, 1963 Mar. p. 74; 1964 Mar. p. 70.
George, Abbot, 1970 Aug. p. 95.
George, Henry, 1965 Sept. p. 151.
George I, King, 1969 July p. 42, 46; 1976 Jan. p. 114.
George II, King, 1969 July p. 42.
George III, King, 1953 Mar. p. 88; 1954 July p. 30; Dec. p. 72; 1960 Oct. p. 158, 162; 1965 May p. 34; 1969 July p. 38, 39, 41-46.
George IV, King, 1968 Dec. p. 105; 1969 July p. 42, 46.
George, John L., 1965 Sept. p. 82; 1970 Apr. p. 77.
George, Lloyd, 1970 July p. 23.
George, Saint, 1958 Sept. p. 107.
George V, King, 1965 Aug. p. 90, 94.
George, Walter, 1976 June p. 114.
George, Walter F., 1951 Sept. p. 49.
George Washington University, 1971 Feb. p. 45.
Georgetown University, 1948 Dec. p. 27.
Georgetown University School of Medicine, 1964 Feb. p. 47.
Georgi, Howard, 1974 July p. 57, 58; 1975 Oct. p. 49.
Georgii, Hans, 1971 Jan. p. 42.
Georgopoulos, Costa P., 1970 Jan. p. 91.
Gerald, Park S., 1974 July p. 40.
Geralton, James, 1949 Dec. p. 52, 53.
Gerard, Ralph W., 1949 June p. 27; 1952 Nov. p. 57; 1958 Dec. p. 85; 1967 June p. 116; 1970 Feb. p. 13.
Gerard, Robert M., 1968 Sept. p. 200.
Gerard, Robert O., 1970 Dec. p. 20.
Gerasimov, Mikhail, 1965 Feb. p. 54.
Gerathewohl, Siegfried J., 1969 Aug. p. 57.
Gerber, D. A., 1966 May p. 50.
Gerber, Heinrich, 1954 Nov. p. 67.
Gerbier, Norbert, 1961 Mar. p. 134.
Gerbner, George, 1972 Sept. p. 39.
Gerbrandt, Lauren, 1969 Jan. p. 80.
Gerdien, H., 1957 Aug. p. 81.
Geren-Uzman, Betty B., 1961 Sept. p. 210, 211; 1962 Apr. p. 66-68.
Gerhardt, Charles F., 1963 Nov. p. 96, 97, 99.
Gerhardt, Paul R., 1950 July p. 29.
Gerhardt, Philipp, 1960 June p. 136.
Gerhardt, U., 1956 Nov. p. 127.
Gerhart, John C., 1965 Apr. p. 42, 45.
Gerlach, John L., 1976 July p. 49, 58.
Gerlach, Walther, 1965 May p. 59, 61, 72.
Gerlache, Adrien de, 1962 Sept. p. 64.
Gerland, H., 1963 Nov. p. 96, 98.
Gerling, E. K., 1960 Nov. p. 176.
Germain, George, Lord, 1960 Oct. p. 162, 163.
German, *see:* G.D.R. or G.F.R..
German Baptist Brethren, 1953 Aug. p. 78.
German, James L., 1963 July p. 55, 58; 1964 May p. 88; 1968 Apr. p. 50.
German Rocket Society, 1949 May p. 31, 33, 36.
Germann, John C., 1949 Mar. p. 42.
Germer, Lester H., 1948 May p. 50-53; 1953 Aug. p. 44; Sept. p. 54; 1958 Jan. p. 52, 55; 1965 May p. 63; 1971 Apr. p. 26.
Germuth, Frederick G. Jr., 1973 Jan. p. 26.
Gero, D. R., 1957 Aug. p. 53.
Geronimo, 1956 May p. 78.
Gerontology Research Center, 1970 Jan. p. 39.
Gerry, Edward T., 1970 July p. 52.
Gerry, Elbridge, 1965 Nov. p. 21.
Gershon, Elliot, 1969 Apr. p. 50.
Gershwin, George, 1956 Feb. p. 77.
Gerson, Samuel, 1978 Feb. p. 46.
Gersonides, 1969 Nov. p. 89, 92.
Gerstein, George L., 1962 June p. 150, 152.
Gerstenkorn, Horst, 1972 Apr. p. 50, 51.
Gerstner, Franz, 1959 Aug. p. 75.
Gertsch, Willis J., 1976 Mar. p. 105.
Gervais, Paul, 1956 June p. 98.
Geschwind, Irving I., 1955 Aug. p. 50; 1956 Nov. p. 70; 1961 July p. 102.
Geschwind, Norman, 1964 Jan. p. 47; 1972 Feb. p. 29; 1973 Mar. p. 70.
Gesell, Arnold, 1948 Sept. p. 18; 1952 Nov. p. 34; 1955 Feb. p. 74, 75; 1970 Jan. p. 50; Aug. p. 102.
Gesell, Gerhard A., 1970 Jan. p. 50.
Gesell, Robert, 1963 Dec. p. 94.
Geselle, P., 1955 Nov. p. 45.
Gessa, Gian L., 1970 Feb. p. 44.
Gest, Howard, 1953 Mar. p. 39, 40; May p. 39; 1960 Nov. p. 116.
Gesteland, R. C., 1964 Feb. p. 49.
Geta, 1961 June p. 130.
Getchell, Thomas V., 1978 Feb. p. 96.
Getmantsev, G. G., 1956 Jan. p. 46; 1969 Feb. p. 55.
Gettrup, Erik, 1968 May p. 86.
Getty Oil Company, 1976 Dec. p. 36.
Getty, Robert, 1966 June p. 100.
Geusic, J. E., 1968 Sept. p. 132.
Gey, George O., 1949 Sept. p. 20; 1968 Mar. p. 32.
Geyskes, D. C., 1967 July p. 95.
G.F.R. Academy of Sciences, 1957 Sept. p. 87.
G.F.R. Electron Synchrotron (DESY), 1975 June p. 62; Oct. p. 49; 1977 June p. 37, 41; Oct. p. 67; 1978 Mar. p. 72.
G.F.R. Electron Synchrotron Laboratory, 1978 Mar. p. 56.
G.F.R. Forestry Research Institute, 1963 Mar. p. 134.
G.F.R. Government, 1963 Apr. p. 59.
G.F.R. Institute for Research into Heredity, 1960 Aug. p. 139.
G.F.R. Institute for Virus Research, 1971 Mar. p. 26.
G.F.R. Institute of Human Genetics, 1962 Aug. p. 29, 33.
G.F.R. Ministry of Education, 1957 Sept. p. 87.
G.F.R. National Research Council, 1957 Sept. p. 87.
G.F.R. Pergamon Museum, 1978 June p. 59.
G.F.R. Research Institute for Soaring, 1961 Mar. p. 129.
G.F.R. Urban and Planning Institute, 1974 Aug. p. 61.
Gheorghian, Musat, 1978 May p. 60.
Ghiorso, Albert, 1950 Mar. p. 28; Apr. p. 47; May p. 27; 1955 July p. 52; 1956 Dec. p. 67; 1958 July p. 49; 1961 June p. 84; 1963 Apr. p. 70, 72; 1967 Oct. p. 56; 1969 Apr. p. 61, 63; June p. 56; 1970 June p. 48.
Ghosh, A. K., 1967 Oct. p. 50; 1976 Nov. p. 100.
Ghraib, Mohd, 1973 Sept. p. 47.
Ghuysen, Jean M., 1969 May p. 97.
Giacconi, Riccardo, 1963 Aug. p. 34; Dec. p. 67; 1964 June p. 36; 1972 July p. 32; 1973 Oct. p. 73; Nov. p. 48; 1975 Mar. p. 24; 1977 Oct. p. 50.
Giacomello, Giordano, 1965 Sept. p. 82.
Giacomoni, Dario, 1964 May p. 55.
Giaever, Ivar, 1966 May p. 35; Nov. p. 71; 1973 Dec. p. 50.
Giamati, Charles C., 1962 Aug. p. 98.
Giannini, Gabriel, 1961 Mar. p. 61.
Gianola, Umberto F., 1969 Oct. p. 47; 1971 June p. 84.
Giard, Jean-Baptiste, 1974 Dec. p. 129, 130.
Giarman, Nicholas J., 1965 July p. 54.
Giauque, William F., 1949 June p. 33, 38; Dec. p. 11, 14, 14; 1950 Sept. p. 34; 1951 Nov. p. 30; 1966 Dec. p. 121, 122; 1967 Nov. p. 25, 27.
Giban, Jacques, 1956 Aug. p. 54; 1959 Nov. p. 120.
Gibbard, Allan F., 1976 June p. 25.
Gibbon, Edward, 1955 May p. 32; 1958 June p. 74; Oct. p. 120.
Gibbon, John H. Jr., 1954 Aug. p. 25; 1960 Feb.

p. 81.
Gibbons, Barbara, 1974 Oct. p. 48.
Gibbons, Ian R., 1961 Sept. p. 196; 1966 Oct. p. 82; 1974 Oct. p. 48, 51.
Gibbons, Ronald J., 1978 Jan. p. 89-91.
Gibbs, Carol, 1976 July p. 56.
Gibbs, Clarence J. Jr., 1967 Jan. p. 112; 1974 Feb. p. 36.
Gibbs, J. Willard, 1948 Aug. p. 36; 1949 July p. 12; Dec. p. 15-17, 35; 1950 Sept. p. 34; 1951 Sept. p. 43; 1954 Sept. p. 61; 1955 Nov. p. 42, 43; 1957 Nov. p. 47; 1960 June p. 116; 1964 Sept. p. 95; 1965 May p. 38; 1967 Nov. p. 108; 1968 Dec. p. 49; 1970 Nov. p. 110, 111; 1971 Sept. p. 188; 1972 Dec. p. 60; 1974 May p. 68; 1975 Dec. p. 60, 63; 1976 Sept. p. 70.
Gibbs, O. S., 1971 May p. 20.
Gibbs, W. C., 1976 June p. 114.
Gibor, Aharon, 1964 Nov. p. 58; 1966 Nov. p. 118, 123; 1970 Sept. p. 64, 111.
Gibson, Alan R., 1976 Nov. p. 90.
Gibson, D. M., 1960 Feb. p. 49.
Gibson, Eleanor J., 1960 Apr. p. 64; 1961 Mar. p. 139; 1965 Nov. p. 94; 1967 May p. 96.
Gibson, Everett K. Jr., 1972 Oct. p. 87.
Gibson, H. S., 1948 Sept. p. 12.
Gibson, J. E., 1961 May p. 62.
Gibson, James J., 1961 May p. 72; 1962 Jan. p. 45-47; May p. 64, 67; 1967 May p. 99; 1968 Sept. p. 205; 1975 June p. 78, 79; 1976 Dec. p. 42.
Gibson, John G., 1954 Feb. p. 57.
Gibson, John W., 1964 June p. 56.
Gibson, Quentin H., 1968 May p. 104.
Giddings, J. L. Jr., 1951 Jan. p. 13; 1954 Sept. p. 78; 1968 June p. 27, 31, 32.
Giebisch, Gerhard H., 1962 Aug. p. 105, 107, 108.
Gielisse, Peter J. M., 1974 Aug. p. 64.
Gierasch, Peter J., 1975 Sept. p. 117; 1976 Mar. p. 48, 51; Oct. p. 108.
Gierer, Alfred, 1961 Apr. p. 82; 1963 Dec. p. 46, 52.
Gierer, Walter, 1976 Jan. p. 75.
Giffard, Pierre, 1972 May p. 104, 105.
Giffin, Charles E., 1969 Mar. p. 88.
Giglia, Gaetano, 1970 Feb. p. 35.
Gignoux, Maurice, 1972 Dec. p. 32; 1978 May p. 53.
Gilbert, Edgar N., 1975 Apr. p. 38.
Gilbert, F. W., 1954 Oct. p. 47.
Gilbert, Freeman, 1965 Nov. p. 36.
Gilbert, G. K., 1960 May p. 64, 66, 67; 1961 Aug. p. 51, 52; 1965 Oct. p. 26.
Gilbert, John, 1959 Aug. p. 53.
Gilbert, Lawrence, 1958 Feb. p. 72; 1959 Feb. p. 106; 1967 July p. 15.
Gilbert, Nathan, 1953 May p. 33.
Gilbert, Verne E., 1964 Mar. p. 42.
Gilbert, Walter, 1961 July p. 66; 1963 Dec. p. 45; 1964 July p. 46; 1966 Apr. p. 107; 1967 June p. 52; 1969 Oct. p. 33; 1970 June p. 36, 40; 1974 June p. 49; Aug. p. 90; 1976 Jan. p. 64, 66, 75; 1977 Dec. p. 56.
Gilbert, William, 1950 June p. 21; 1955 Sept. p. 152; 1957 Oct. p. 87; 1958 Feb. p. 29; Apr. p. 56; May p. 44; 1965 Apr. p. 66; 1967 Sept. p. 222, 234; 1970 May p. 119; 1971 Aug. p. 65; 1973 apr. p. 87, 92, 94.
Gilchrist, Alexander, 1958 Sept. p. 166.
Gilchrist, Fred, 1954 Feb. p. 62.
Gilchrist, Percy C., 1968 Apr. p. 24.
Gilden, Donald H., 1973 Jan. p. 22.
Gile, William, 1965 Nov. p. 31.
Giles, Joan P., 1966 July p. 33; 1970 Aug. p. 48; 1977 July p. 44.
Giles, Norman H., 1951 Oct. p. 23, 24.
Gilford, Hastings, 1967 July p. 103, 104, 108.
Gilgamesh, King of Uruk, 1957 Oct. p. 81; 1960 Sept. p. 162, 166; Oct. p. 69.
Gilkey, John C., 1977 Nov. p. 133.
Gill, David, 1950 Sept. p. 24.
Gill, Edmund D., 1966 Mar. p. 91.
Gill, J. R., 1954 Oct. p. 36.
Gill, Kulbin, 1973 Dec. p. 24.
Gille the Russian, 1967 May p. 71.
Gilleland, John, 1968 Jan. p. 85.
Gilleo, Alten, 1960 June p. 98.
Gillespie, D., 1973 Sept. p. 69.
Gillespie, E. B., 1951 Aug. p. 56; 1975 Apr. p. 46.
Gillespie, J. M., 1969 Aug. p. 90.
Gillett, J. D., 1960 June p. 72; 1968 Apr. p. 116; 1978 June p. 146.
Gillette, Peter N., 1975 Apr. p. 49.
Gillham, J. K., 1969 July p. 97, 99.
Gillie, R. Bruce, 1971 June p. 93.
Gillis, Richard A., 1975 Dec. p. 55.
Gillman, Joseph, 1954 Dec. p. 47.
Gillman, Theodore, 1954 Dec. p. 47.
Gillogly, James, 1973 June p. 93.
Gillon, Edmund V. Jr., 1974 Sept. p. 41.
Gillray, James, 1960 June p. 110; 1969 July p. 44.
Gilman, Alfred, 1960 Jan. p. 100.
Gilman, John J., 1960 Feb. p. 95; 1961 Oct. p. 111, 112.
Gilman, Peter A., 1968 Jan. p. 113; 1975 Apr. p. 114; 1977 May p. 84.
Gilman, Ralph, 1965 Nov. p. 30.
Gilman, Roger H., 1969 Sept. p. 214.
Gilmore, Marion H., 1949 Feb. p. 44.
Gilmore, Raymond M., 1955 Jan. p. 64, 66; 1962 Aug. p. 50; 1966 Aug. p. 13.
Gilmour, J. S. L., 1966 Dec. p. 107.
Gilmour, R. Stewart, 1975 Feb. p. 52, 54.
Gilpatric, Roswell L., 1962 Apr. p. 45; 1964 Dec. p. 61; 1968 Jan. p. 44.
Gilpin-Brown, John B., 1960 July p. 123, 128; 1971 Jan. p. 71, 72.
Gilson, Pierre, 1976 Apr. p. 95.
Gilula, N. Bernard, 1978 May p. 147.
Gimbrone, Michael A. Jr., 1976 May p. 60, 63, 71.
Gimenez, Maximo, 1966 Mar. p. 79.
Gingell, David, 1971 Oct. p. 82.
Gingerich, Owen, 1976 Aug. p. 91.
Ginos, James Z., 1966 Apr. p. 50.
Ginsburg, Michael, 1976 July p. 57.
Ginzberg, Eli, 1976 Dec. p. 25; 1977 Nov. p. 43, 48.
Ginzberg, N. I., 1971 Apr. p. 83.
Ginzburg, V. L., 1959 Sept. p. 103; 1962 Mar. p. 49; 1963 Dec. p. 54; 1966 Aug. p. 35; 1967 Mar. p. 117; 1971 Mar. p. 80; July p. 79; Nov. p. 24, 32; 1972 Feb. p. 72.
Ginzton, Edward L., 1954 Oct. p. 43; 1962 May p. 82.
Giordmaine, J. A., 1961 May p. 61; 1963 July p. 42; 1964 Aug. p. 40; 1967 May p. 56; 1969 Feb. p. 30; 1973 June p. 51.
Giorgi, Francesco, 1967 Dec. p. 97.
Giorgio, Lolli, 1963 Nov. p. 102.
Giovanelli, R. G., 1951 Dec. p. 20, 21; 1962 Feb. p. 56.
Giovanni, Count, 1963 Dec. p. 116.
Giovanni, Rosalie de, 1957 Oct. p. 60.
Giovanoli, Frederico, 1978 May p. 60.
Girard, André, 1968 Sept. p. 72, 81.
Girardi, Anthony J., 1978 Feb. p. 120.
Girl Scouts of America, 1952 Jan. p. 36.
Girling, R. L., 1977 Jan. p. 53.
Giromini, P., 1973 Nov. p. 42.
Girvin, J. P., 1974 Mar. p. 45.
Gish, O. H., 1953 Apr. p. 36, 37.
Gittelman, B., 1966 Nov. p. 111.
Gittings, Robert, 1973 June p. 40.
Givaudon, Pierre, 1974 Aug. p. 73.
Given, James B., 1977 Dec. p. 87.
Gjorksten Research Laboratories, 1963 Apr. p. 110.
Gladner, Jules A., 1962 Mar. p. 63, 64.
Gladstone, S. A., 1949 June p. 26.
Gladwin, Thomas, 1953 Nov. p. 60.
Glaeser, Robert, 1972 Oct. p. 46.
Glaessner, Martin F., 1964 Aug. p. 36.
Glage, Gustave, 1974 Mar. p. 101.
Glanvill, Joseph, 1963 Aug. p. 81.
Glanzer, Murray, 1971 Aug. p. 84, 85.
Glascock, R. F., 1957 Oct. p. 128.
Glascow School of Art, 1970 Apr. p. 48.
Glaser, Daniel, 1963 Nov. p. 43.
Glaser, Donald A., 1954 Jan. p. 39; 1955 May. p. 52; 1956 May p. 59; 1957 Jan. p. 85; Apr. p. 46; 1960 Dec. p. 74; 1962 Aug. p. 38, 39; 1967 Oct. p. 40; Nov. p. 28; 1978 Feb. p. 76.
Glaser, Peter E., 1971 Sept. p. 158.
Glasgow, L. A., 1963 Oct. p. 46.
Glashow, Lee, 1977 June p. 129.
Glashow, Sheldon L., 1974 July p. 57, 58; 1975 Jan. p. 49; June p. 60; July p. 46; Oct. p. 38, 53; 1976 Jan. p. 53, 54; Aug. p. 44B; Dec. p. 50; 1977 Oct. p. 60.
Glass, Bentley, 1957 Sept. p. 114.
Glass, Billy P., 1968 Dec. p. 69; 1969 Nov. p. 118.
Glass, H. Bentley, 1953 Aug. p. 76; 1960 July p. 81; Nov. p. 90.
Glasscock, Keith, 1954 Sept. p. 76.
Glasser, Otto, 1959 Sept. p. 165.
Glassman, Edward, 1962 Apr. p. 108.
Glasstone, Samuel, 1966 Aug. p. 92; 1976 Nov. p. 29, 31.
Glauber, Johan R., 1952 Oct. p. 76.
Glavitsch, Hans, 1974 Nov. p. 34.
Glaxo Laboratories, Ltd., 1971 July p. 27; 1977 Apr. p. 48.
Glazer, Nathan, 1965 Sept. p. 71, 146, 155.
Glazier, William H., 1973 July p. 23.
Glazounov, Alexander, 1948 July p. 37.
Gleadow, Andrew J. W., 1976 Dec. p. 118.
Gleason, Andrew M., 1953 Feb. p. 34.
Glebe, Brian, 1973 Mar. p. 96.
Glendenin, L. E., 1950 Apr. p. 43.
Glendinning, W. G., 1952 Feb. p. 38.
Glenn, John H. Jr., 1962 Apr. p. 74; May p. 74; July p. 76; 1963 Jan. p. 60.
Glenn L. Martin Company, 1955 Oct. p. 45; Dec. p. 54.
Glenn, W. E., 1960 Feb. p. 70.
Glennan, T. Keith, 1950 Oct. p. 24; 1952 Dec. p. 36; 1953 Sept. p. 72; 1955 May. p. 50; 1956 Mar. p. 49.
Glenny, W. T., 1968 Apr. p. 76.
Gley, Edouard, 1952 May p. 34.
Glick, Bruce, 1974 Nov. p. 60.
Glicksman, Maurice, 1963 Nov. p. 52, 53.
Glickstein, Mitchell, 1976 Nov. p. 90.
Glikson, A. Y., 1976 June p. 52.
Glimcher, Melvin J., 1961 Apr. p. 62; 1970 Oct. p. 46.
Glinka, G., 1972 Sept. p. 80.
Glob, Peter, 1953 Oct. p. 85.
Globe Industries Incorporated, 1965 Nov. p. 43.
Globe Marine, Inc., 1970 Aug. p. 45.
Globus, Albert, 1972 Feb. p. 27.
Glomset, John A., 1977 Feb. p. 85.
Glover, Rolfe E. III, 1971 Nov. p. 32.
Gluck, Henry, 1959 Aug. p. 91.
Gluck, Louis, 1973 Apr. p. 79, 85.

Gluckman, Max, 1960 Apr. p. 157.
Gluckman, P., 1974 Sept. p. 88.
Glucksberg, Sam, 1977 Feb. p. 100.
Glueck, Eleanor, 1950 Dec. p. 28.
Glueck, Nelson, 1956 Apr. p. 40, 42; Sept. p. 116, 118; 1963 Oct. p. 102.
Glueck, Sheldon, 1950 Dec. p. 28.
Gluecksohn-Schoenheimer, Salome, 1950 June p. 18.
Gmelin, Johann G., 1969 Aug. p. 75.
Gnagy, Jon, 1951 June p. 16.
Gnosis, 1966 Dec. p. 100, 105.
Gobbi, B., 1966 Nov. p. 64.
Gobel, Stephen, 1978 Feb. p. 97.
Gockel, Albert, 1949 Mar. p. 30.
Goddard, David R., 1969 Aug. p. 88.
Goddard, Jonathan, 1967 Aug p. 97.
Goddard, Robert H., 1949 May p. 31, 33, 35; 1956 Oct. p. 68; 1957 Nov. p. 68; 1960 Sept. p. 106; 1968 Dec. p. 95.
Goddart, David R., 1953 Aug. p. 57, 58.
Godel, Albert, 1972 Oct. p. 30, 31.
Gödel, Kurt, 1950 Sept. p. 40; 1956 June p. 71, 72, 76, 80-84, 86; 1962 Apr. p. 84, 94, 96; 1964 Jan. p. 56; Sept. p. 127; 1967 July p. 50, 52, 53; Dec. p. 106, 111, 112, 115, 116; 1968 May p. 95; 1969 June p. 76; 1971 Mar. p. 51, 56, 57, 59, 60; Aug. p. 93, 98, 99; 1972 June p. 83; Dec. p. 42; 1973 May p. 82; Nov. p. 85, 90, 91; 1975 May p. 47, 48, 50, 51, 52; 1977 Oct. p. 111.
Godell, John, 1972 Oct. p. 75.
Godette, McClure, 1975 Oct. p. 54.
Godfred, King, 1967 May p. 69.
Godin, Louis, 1967 Oct. p. 70.
Godlewski, Emil, 1949 Dec. p. 23.
Godley, E. J., 1954 Jan. p. 80.
Godman, Gabriel C., 1969 Feb. p. 105.
Godsey, James H. Jr., 1955 Feb. p. 41.
Godson, G. Nigel, 1977 Dec. p. 54, 56.
Godwin, A. N., 1976 Apr. p. 79.
Goebel, Karl I. E. von, 1978 Feb. p. 108.
Goebel, Walther F., 1959 June p. 82; 1964 Mar. p. 40.
Goedel, Kurt, 1951 May p. 36.
Goell, Kermit, 1956 July p. 43.
Goell, Theresa, 1956 July p. 42.
Goeppert-Mayer, Maria, 1967 Nov. p. 28.
Goeppert-Meyer, Maria, 1975 Dec. p. 48.
Goering, Hermann, 1955 Dec. p. 40.
Goethe, Johann W. von, 1949 Jan. p. 25; June p. 50; 1950 May p. 50; 1951 Jan. p. 51; July p. 59; Sept. p. 45; 1952 Aug. p. 60; 1958 Mar. p. 122, 94; June p. 74; Sept. p. 101, 102; 1970 Oct. p. 78; 1977 Apr. p. 116.
Goetz, Robert H., 1974 Nov. p. 96.
Gofman, John W., 1951 June p. 51; 1952 July p. 42; 1957 June p. 74.
Gogel, Walter C., 1978 May p. 126.
Goguen, Jay D., 1975 Sept. p. 27.
Golan, Simcha, 1967 May p. 25.
Golant, V. E., 1967 July p. 81.
Golay, Marcel J. E., 1961 Oct. p. 59, 65; 1965 Aug. p. 23; 1967 Dec. p. 67; 1970 Nov. p. 76.
Gold, Andrew V., 1963 July p. 118, 120.
Gold, Bernard, 1960 Aug. p. 60.
Gold, Edwin M., 1969 Jan. p. 23.
Gold, Thomas, 1954 Mar. p. 58; 1955 June p. 52; 1956 Sept. p. 157; 1959 May p. 70; 1960 May p. 64, 67, 69; 1961 Feb. p. 51; 1963 June p. 99; 1964 June p. 43, 45; 1966 Mar. p. 56; Dec. p. 51; 1967 Mar. p. 68; 1968 July p. 33; Oct. p. 34, 35; Nov. p. 84; 1969 Jan. p. 46, 48; Mar. p. 46; 1971 Jan. p. 52; Aug. p. 66; 1973 Feb. p. 100; 1974 May p. 108; 1975 Dec. p. 40; 1977 Aug. p. 57.
Goldacre, Reginald J., 1955 Jan. p. 44; 1961 Sept. p. 184, 186, 189; 1962 Feb. p. 115-117.
Gol'danskii, Vitalii I., 1969 Apr. p. 66; 1971 Oct. p. 93; 1978 June p. 70.
Goldbach, Christian, 1951 July p. 53; 1956 June p. 81.
Goldberg, Abraham, 1971 Feb. p. 18.
Goldberg, Barry B., 1978 May p. 99.
Goldberg, Burton D., 1973 Nov. p. 61, 65.
Goldberg, Edward D., 1960 Dec. p. 65; 1974 June p. 73; 1976 Mar. p. 39.
Goldberg, Irving H., 1974 Aug. p. 82.
Goldberg, Leo, 1959 Nov. p. 88; 1973 Oct. p. 72.
Goldberg, M. D., 1953 Aug. p. 29.
Goldberg, Michael E., 1972 Dec. p. 77, 80, 81.
Goldberg, Norman, 1976 Aug. p. 72.
Goldberg, Rube, 1952 Mar. p. 70; 1969 June p. 81.
Goldberger, M. L., 1962 Nov. p. 70; 1963 Mar. p. 107.
Goldblat, Jozef, 1972 Dec. p. 40.
Goldblatt, Harry, 1959 Mar. p. 54.
Goldblatt, Maurice W., 1971 Nov. p. 84.
Golden, Sidney, 1977 July p. 95, 96.
Goldenberg, H. Mark, 1962 Aug. p. 55; 1967 Mar. p. 48; 1974 Nov. p. 31.
Goldenberg, Leo, 1954 Dec. p. 58.
Goldhaber, Alfred S., 1976 May p. 96; 1977 Mar. p. 64.
Goldhaber, Gerson, 1956 June p. 41; 1975 June p. 54, 56; 1977 Oct. p. 69.
Goldhaber, Maurice, 1958 Apr. p. 37; 1963 Oct. p. 45; Dec. p. 131; 1969 July p. 29.
Goldhamer, Herbert, 1954 Mar. p. 41.
Goldhammer, Herbert, 1973 Sept. p. 123.
Goldmacher, Joel E., 1970 Apr. p. 101.
Goldman, Robert, 1951 Feb. p. 30.
Goldmark, Peter C., 1971 Oct. p. 27.
Goldmeier, Erich, 1974 Jan. p. 80.
Goldreich, Peter, 1968 July p. 33, 35; 1971 Jan. p. 56; Feb. p. 31; 1973 Feb. p. 102; Dec. p. 43; 1975 Sept. p. 38, 61, 154
Goldrich, Samuel S., 1977 Mar. p. 100.
Goldsborough, John P., 1973 Feb. p. 89.
Goldschmidt, Bertrand, 1955 Oct. p. 36.
Goldschmidt, Richard B., 1951 Oct. p. 24, 25.
Goldschmidt, Walter, 1973 July p. 74.
Goldsmith, D., 1966 Dec. p. 45, 47.
Goldsmith, H. H., 1948 Oct. p. 19, 25.
Goldsmith, Hyman, 1952 June p. 36.
Goldsmith, Myron, 1974 Feb. p. 102.
Goldsmith, Timothy H., 1976 July p. 108.
Goldstein, A. Jay, 1973 Nov. p. 79.
Goldstein, Alvin G., 1971 Dec. p. 68.
Goldstein, Avram, 1977 Mar. p. 45, 55.
Goldstein, Bernard, 1971 July p. 77.
Goldstein, Bernard R., 1965 May p. 57; 1976 June p. 102, 106.
Goldstein, C., 1971 Oct. p. 94.
Goldstein, David, 1960 Dec. p. 155.
Goldstein, Eugen, 1969 Mar. p. 106, 107; 1971 May p. 86; 1974 Mar. p. 93.
Goldstein, Hyman, 1950 July p. 29.
Goldstein, Irwin J., 1975 Jan. p. 85; 1977 June p. 111.
Goldstein, J. I., 1965 Oct. p. 29.
Goldstein, Joseph I., 1973 July p. 65.
Goldstein, Kurt, 1948 Oct. p. 37; 1949 Aug. p. 38; 1962 Aug. p. 74; 1963 Apr. p. 121.
Goldstein, Leon, 1971 Mar. p. 27.
Goldstein, Lester, 1956 Mar. p. 57.
Goldstein, Phillip J., 1974 Mar. p. 89.
Goldstein, Richard M., 1965 Dec. p. 40; 1968 July p. 29, 34; 1970 Mar. p. 62; 1973 Oct. p. 48; 1974 Mar. p. 45; 1975 Sept. p. 71; 1977 Jan. p. 90, 95.
Goldstein, Samuel J., 1965 July p. 31; 1968 Dec. p. 38.
Goldstein, Stuart, 1974 Oct. p. 46.
Goldstone, Jeffrey, 1978 Feb. p. 136.
Goldwater, Barry, 1965 Apr. p. 53, 54; 1968 Dec. p. 88.
Goldwater, Leonard G., 1971 May p. 15.
Goldwyn, Robert M., 1966 Apr. p. 49.
Goldzieher, J. W., 1956 Sept. p. 116.
Golfand, Y. A., 1978 Feb. p. 136.
Golgi, Camillio, 1978 Feb. p. 95.
Golgi, Camillo, 1948 Oct. p. 30; 1961 Sept. p. 57; 1967 Nov. p. 26; 1969 Feb. p. 100, 101; 1971 July p. 48; 1975 Jan. p. 56; Oct. p. 31.
Goliath of Gath, 1973 Oct. p. 35.
Gollan, Frank, 1968 Aug. p. 74.
Golovin, Igor N., 1966 Oct. p. 44.
Golub, Stephen, 1968 Nov. p. 64.
Gomberg, H. J., 1954 Nov. p. 50.
Gomberg, Moses, 1953 Dec. p. 74-76; 1957 Mar. p. 91, 94.
Gombrich, E. H., 1974 July p. 98.
Gomer, Robert, 1964 Jan. p. 108.
Gomori, George, 1963 May p. 69.
Gonor, Jefferson, 1972 July p. 100.
Gonsalves, L. M., 1973 Apr. p. 47, 60.
Gonzales, R. C., 1965 Jan. p. 98.
Gonzales, Thomas A., 1951 Oct. p. 40.
Gonzalez-Serratos, Hugo, 1970 Apr. p. 92.
Good, I. J., 1961 May p. 153, 154.
Good, Myron L., 1963 Jan. p. 40.
Good, Robert A., 1956 Feb. p. 48; Dec. p. 130; 1957 July p. 96, 100, 102; 1966 Feb. p. 90; 1973 Jan. p. 31; 1974 Nov. p. 60, 61, 69; 1977 May p. 72.
Good, William E., 1948 Sept. p. 18.
Goodall, Jane, 1964 July p. 48.
Goodchild, D. J., 1970 Sept. p. 144.
Goodell, Charles E., 1976 June p. 24, 25.
Goodenough, Daniel A., 1974 Mar. p. 32; 1978 May p. 142.
Goodenough, Donald R., 1959 Feb. p. 51; 1960 Nov. p. 87.
Goodenough, Ursula W., 1970 Nov. p. 22, 23, 29.
Goodeve, C. F., 1950 Aug. p. 40; 1967 June p. 76.
Goodfriend-Ostergaard Associates, 1966 Dec. p. 72.
Goodgal, S. H., 1951 May p. 24.
Gooding, Terence J., 1972 Oct. p. 103, 108.
Goodkind, John M., 1969 Dec. p. 34, 35.
Goodman, Howard M., 1963 Mar. p. 76; Dec. p. 52; 1964 May p. 55; 1975 July p. 25, 31.
Goodman, Joseph R., 1959 Jan. p. 42.
Goodman, Leslie, 1971 Aug. p. 77.
Goodman, Nelson, 1973 May p. 76.
Goodman, R. N., 1955 June p. 83.
Goodmanson, Lloyd T., 1964 June p. 34.
Goodrich, Cecilie A., 1967 Oct. p. 56; 1976 Aug. p. 24.
Goodrich, Edwin S., 1955 Dec. p. 39.
Goodrich, L. C., 1963 Aug. p. 54.
Goodrich-Gulf Chemical Company, 1955 Dec. p. 50.
Goodricke, John, 1968 June p. 34.
Goodspeed, T. Harper, 1951 Apr. p. 55, 56.
Goodstein, David L., 1973 May p. 39.
Goodwin, Angier L., 1955 Feb. p. 56.
Goodwin, Gorton M., 1976 Nov. p. 106.
Goodwin, R. H., 1957 Apr. p. 127.
Goody, Richard M., 1964 Mar. p. 70; 1976 Mar. p. 48; Oct. p. 108.
Goodyear Aerospace Corporation, 1971 June p. 51; Sept. p. 61; 1977 Oct. p. 86, 92, 93.
Goodyear, Charles, 1956 Nov. p. 75; 1957 Sept. p. 88.
Goodzeit, Carl L., 1955 Nov. p. 56; 1975 July p. 59.

Goosman, D. R., 1978 June p. 72.
Gordienko, P. A., 1961 May p. 88; 1962 Sept. p. 66.
Gordon, A. H., 1951 Mar. p. 39; 1960 Mar. p. 133; 1961 Apr. p. 57.
Gordon, Benjamin, 1975 Jan. p. 75.
Gordon, Cecil, 1951 Mar. p. 15.
Gordon, Charles, 1954 Feb. p. 62.
Gordon, Charles G., 1972 Nov. p. 54.
Gordon, Charlotte, 1976 Dec. p. 94.
Gordon, Cyrus H., 1957 Oct. p. 58; 1962 May p. 84.
Gordon, Donald A., 1948 Dec. p. 10, 11.
Gordon, Edmund I., 1957 Oct. p. 83.
Gordon, H. T., 1967 June p. 110.
Gordon, H. W., 1975 Oct. p. 103.
Gordon, Harry, 1955 Dec. p. 43, 44.
Gordon, J. E., 1960 July p. 66.
Gordon, J. W., 1958 Feb. p. 89.
Gordon, James P., 1957 Feb. p. 78; 1959 June p. 118; 1961 May p. 61; June p. 55; 1964 Dec. p. 60; 1965 May p. 72.
Gordon, Joyce K., 1977 Mar. p. 80, 81.
Gordon, Kermit, 1971 Mar. p. 44.
Gordon, Louis, 1949 Sept. p. 28.
Gordon, Malcolm S., 1967 Mar. p. 52.
Gordon, Richard, 1978 June p. 106.
Gordon, Samuel, 1953 Dec. p. 52.
Gordon, Tavis, 1971 May p. 44.
Gordon, W. E., 1957 Jan. p. 48.
Gordon, W. S., 1967 Jan. p. 111, 112.
Gordon, Ya. Ye., 1969 Feb. p. 55, 56.
Gordon-Smith, A. C., 1955 Aug. p. 65.
Gordy, Walter, 1957 May p. 46; 1970 Aug. p. 75.
Gore, Albert, 1954 Nov. p. 31; 1969 Aug. p. 20.
Goreau, Thomas F., 1966 Oct. p. 26; 1975 Mar. p. 86; Apr. p. 99.
Gorenstein, Marc V., 1977 Nov. p. 72; 1978 May p. 64.
Gorenstein, Paul, 1971 July p. 74; 1974 Oct. p. 42.
Gorer, Geoffrey, 1961 Dec. p. 45.
Gorer, Peter, 1977 May p. 66, 67; Oct. p. 96.
Gorgo, wife of Leonidas, 1966 July p. 38.
Gorin, Everett, 1952 Oct. p. 40.
Gorini, Luigi, 1964 July p. 46; 1966 Apr. p. 102; 1969 Oct. p. 33, 34.
Gorlen, Keith, 1973 June p. 93; 1977 June p. 56.
Gorman, Chester F., 1972 Apr. p. 34, 36, 37, 39; 1976 Sept. p. 70.
Gorman, Donald, 1969 Dec. p. 69.
Gorman, John G., 1966 Mar. p. 58; 1968 Nov. p. 50.
Goro, Fritz W., 1962 Dec. p. 78; 1973 Apr. p. 65; Dec. p. 25; 1975 Mar. p. 77, 86; 1976 May p. 59; July p. 82; Sept. p. 51; Oct. p. 80, 83; 1977 Feb. p. 86; May p. 96; Sept. p. 70.
Gorshkov, G. S., 1962 July p. 59.
Gorski, Jack, 1976 Feb. p. 36.
Gorski, Roger A., 1976 July p. 51, 55.
Gorter, Cornelius J., 1965 May p. 67; 1966 July p. 74; 1969 Dec. p. 34.
Görter, E. W., 1967 Feb. p. 48.
Goryachev, A. V., 1977 Apr. p. 35.
Goslin, David A., 1974 Aug. p. 57.
Gosling, J. T., 1977 Mar. p. 36.
Gosnell, Harold F., 1950 Nov. p. 11.
Goss, N. P., 1959 Apr. p. 128, 130, 132; 1967 Sept. p. 231, 232.
Goss, Richard J., 1971 Apr. p. 77.
Gosset, William S., 1957 May p. 89.
Gossette, Robert, 1968 June p. 66, 67.
Gossick, Lee V., 1977 July p. 56.
Gosz, James R., 1978 Mar. p. 93.
Gotlieb, Avrum, 1975 Apr. p. 56.
Goto, Eiichi, 1963 Dec. p. 125, 129.
Goto, Kakuji, 1966 Nov. p. 135.
Goto, Toshio, 1967 Aug. p. 67.
Gott, Yu V., 1966 Dec. p. 31.
Gottesman, S. T., 1973 June p. 34.
Gottesman, Susan, 1976 Dec. p. 109.
Gottleib, C. A., 1978 June p. 102.
Gottlieb, Carl A., 1974 May p. 110.
Gottlieb, Gilbert, 1972 Aug. p. 28.
Gottlieb, Melvin, 1959 Mar. p. 39.
Gottlieb, Paul D., 1970 Aug. p. 42.
Gottmann, Jean, 1965 Sept. p. 64, 134; 1966 Oct. p. 46.
Gottschalk, Alfred, 1974 May p. 78.
Gotwald, William H. Jr., 1972 Nov. p. 71.
Götze, W., 1962 Aug. p. 111, 116.
Goudsmit, Samuel A., 1950 Sept. p. 30; 1954 June p. 30; 1963 July p. 111; 1965 May p. 64, 66; 1966 July p. 68; 1968 Jan. p. 73; 1969 Dec. p. 112,120; 1973 Feb. p. 46.
Goudy, Frederic W., 1969 May p. 65.
Gough, Harrison G., 1958 Sept. p. 151.
Gough, R. A., 1970 Dec. p. 41; 1978 June p. 67.
Gough, William C., 1971 Feb. p. 50; June p. 21; 1972 July p. 65; 1974 Oct. p. 80.
Gould, Alice B., 1949 July p. 51.
Gould, Gordon, 1973 Feb. p. 89.
Gould, James L., 1970 Oct. p. 60.
Gould, Jay, 1959 Nov. p. 102.
Gould, John, 1953 Apr. p. 67; 1956 June p. 49, 50.
Gould, Laurence M., 1956 Aug. p. 49.
Gould, Robert J., 1964 June p. 42, 43.
Gould, S. E., 1954 Nov. p. 50.
Goulding, Frederick, 1969 July p. 52; 1972 Nov. p. 104.
Goulian, Mehran, 1968 Feb. p. 51.
Goulianos, Konstantin, 1962 Aug. p. 53; 1963 Mar. p. 68.
Gouras, Peter, 1973 Dec. p. 28.
Gow, Anthony J., 1962 Sept. p. 132, 134, 137.
Gowan, Clyde L. Jr., 1969 July p. 29.
Gowans, James L., 1964 July p. 74, 86; 1969 June p. 43; 1972 June p. 31; 1973 July p. 56; 1974 Nov. p. 65.
Gowers, William, Sir, 1970 Mar. p. 78.
Goy, Michael F., 1976 Apr. p. 46.
Goyer, Robert A., 1971 Feb. p. 16, 19.
Gozzini, A., 1962 Aug. p. 41.
Grabar, Pierre, 1960 Mar. p. 130, 136.
Grabau, A. W., 1972 June p. 57; Nov. p. 61, 62.
Gracchus, Sempronius, 1963 Dec. p. 115.
Grace, J. T. Jr., 1972 Jan. p. 29.
Grad, Harold, 1955 Nov. p. 54; 1967 Nov. p. 110; 1971 Feb. p. 52.
Graduate Research Center of the Southwest, 1964 Apr. p. 71; 1970 Sept. p. 118.
Grady, George F., 1971 Aug. p. 20.
Graebe, C., 1955 July p. 60; 1957 Feb. p. 114.
Graebner, F., 1950 Sept. p. 87.
Graetzer, Hans, 1954 June p. 30.
Gräfenberg, Ernst, 1964 Jan. p. 55.
Graff, Robert A., 1972 Oct. p. 29.
Graff, Samuel, 1949 May p. 28; 1969 Oct. p. 50.
Graffham, A. Allen, 1963 May p. 117.
Graham, A. J., 1960 Oct. p. 58.
Graham, C. D. Jr., 1960 July p. 72.
Graham, C. F., 1968 Dec. p. 30.
Graham, Clarence H., 1956 Dec. p. 115; 1961 Sept. p. 231.
Graham, Edward H., 1949 Dec. p. 53-55.
Graham, Evarts A., 1950 July p. 29.
Graham, George, 1964 Mar. p. 100, 102, 104.
Graham, John, 1967 Feb. p. 48.
Graham, John B., 1971 Apr. p. 106.
Graham, John S., 1958 Aug. p. 50; 1959 Apr. p. 64; 1960 Apr. p. 88; 1961 May p. 74.
Graham, L. C., 1977 Oct. p. 84.
Graham, Ronald L., 1978 Mar. p. 124, 130.
Graham-Smith, G. S., 1965 July p. 97.
Graig, John, Sir, 1957 July p. 96.
Grainger, John F., 1965 May p. 31.
Grajiano, W., 1963 Jan. p. 40.
Gram, Hans C. J., 1949 Aug. p. 28; 1964 Mar. p. 36; 1969 Jan. p. 111.
Gramet, Philippe, 1956 Aug. p. 54; 1959 Nov. p. 120.
Gramme, Zénobe T., 1959 Nov. p. 106; 1961 May p. 116.
Gran, H. H., 1949 Oct. p. 18.
Granboulan, Philippe, 1969 May p. 94.
Grange, Harold "Red", 1953 Sept. p. 72.
Granick, Ruth, 1961 Mar. p. 86.
Granick, S., 1948 Aug. p. 35; 1964 Nov. p. 58.
Granick, Sam, 1956 Jan. p. 81.
Granit, Ragnar A., 1956 Mar. p. 52; 1961 July p. 121; Sept. p. 224; 1964 Mar. p. 113; Dec. p. 48; 1967 Dec. p. 48.
Granner, Daryl, 1973 June p. 87.
Grannis, P., 1973 Nov. p. 42.
Granoff, Allan, 1973 Oct. p. 28.
Grant, Edward, 1973 May p. 85, 92.
Grant, Harold L., 1973 Feb. p. 72.
Grant, K., 1954 Feb. p. 78.
Grant, Lester, 1950 Feb. p. 26.
Grant, N. H., 1966 Dec. p. 65.
Grant, Patrick T., 1972 July p. 99.
Grant, T. J., 1969 Dec. p. 54.
Grant, W. A., 1972 Oct. p. 89.
Grant, Warren H., 1969 Sept. p. 90.
Grantham, Flora H., 1976 May p. 73.
Graphic Arts Research Foundation, 1949 Nov. p. 29.
Grashof, Franz, 1974 July p. 26.
Grassé, Pierre-Paul, 1956 Nov. p. 127, 130; 1961 July p. 138.
Grassi, Giovanni B., 1952 June p. 23; 1962 May p. 88.
Grassle, J. Frederick, 1977 June p. 50.
Grassle, Otto, 1949 Aug. p. 34.
Grassman, W., 1963 Apr. p. 107, 114.
Grassmann, Hermann G., 1978 Feb. p. 137.
Gratia, André, 1975 Dec. p. 33.
Gravell, Maneth, 1973 Oct. p. 27.
Gravelle, Clifton R., 1977 July p. 45.
Graves, Alvin C., 1957 Aug. p. 57.
Graves, Jennifer, 1974 Jan. p. 61.
Graves, Robert, 1960 Mar. p. 129.
Gravesande, Laurens S. van s', 1960 Oct. p. 117.
Gray, Asa, 1951 Aug. p. 39; 1956 Feb. p. 67, 94; 1959 Feb. p. 81; Aug. p. 98; 1977 May p. 101.
Gray, Bradford H., 1976 Feb. p. 28, 29.
Gray, E. G., 1961 Feb. p. 114.
Gray, Gary, 1972 Oct. p. 71.
Gray, George W., 1950 Feb. p. 26; 1953 Apr. p. 33; June p. 56, 60; 1954 July p. 32; 1955 Jan. p. 58; Mar. p. 69; May p. 42; 1956 Aug. p. 87; Sept. p. 80; 1957 Nov. p. 79; 1958 Sept. p. 86; Nov. p. 90; 1960 Mar. p. 131; 1970 Feb. p. 53.
Gray, Gordon, 1954 June p. 44; July p. 42.
Gray Herbarium, *see:* Harvard University Gray Herbarium.
Gray, James, Sir, 1960 May p. 148; 1961 Feb. p. 110; Sept. p. 146, 190; 1965 Aug. p. 80; 1970 June p. 85; 1976 Jan. p. 98.
Gray, John, 1960 Aug. p. 100.
Gray, M. F., 1977 Feb. p. 83.
Gray, Stephen, 1967 Sept. p. 195; 1976 May p. 100.
Gray, Thomas, 1958 June p. 74; 1962 Sept. p. 91, 92.
Graybill, Stuart, 1972 Apr. p. 29.
Grayson, H. J., 1952 June p. 46.
Grayston, J. Thomas, 1964 Jan. p. 84, 86.

Great Canadian Oil Sands, Ltd., 1966 Feb. p. 21, 28.
Great League of Peace, 1971 Feb. p. 32, 39, 42.
Greathouse, Glenn A., 1957 Aug. p. 60; Sept. p. 168.
Greek Archaeological Service, 1954 Dec. p. 74; 1958 May p. 111; 1965 Apr. p. 83; 1976 June p. 76.
Greek Department of Antiquities, 1970 July p. 52.
Greek National Archeological Museum, 1974 Apr. p. 50.
Greek Numismatic Museum, 1977 Oct. p. 125.
Greeley, Andrew M., 1971 Dec. p. 13; 1978 June p. 42.
Greeley, Ronald, 1975 Sept. p. 116.
Green, Anne, 1976 June p. 105.
Green, Arda A., 1950 June p. 32; 1974 Feb. p. 84.
Green, C. K., 1954 Aug. p. 62.
Green, David E., 1955 May. p. 54; 1958 July p. 59; Aug. p. 80; 1960 Feb. p. 47; 1963 June p. 77; 1965 June p. 80; 1968 Feb. p. 31, 35; 1974 Mar. p. 28.
Green, George, 1952 July p. 35; 1954 June p. 78; 1973 July p. 24.
Green, Harry W., 1978 Apr. p. 128.
Green, Harry W. II, 1975 Mar. p. 56.
Green, Howard, 1961 Dec. p. 72; 1967 Apr. p. 30; 1968 Jan. p. 46; 1969 Apr. p. 30; Nov. p. 128; 1971 Apr. p. 112; 1973 June p. 87; Nov. p. 61; 1974 July p. 36, 38; 1978 Apr. p. 69, 76.
Green, John, 1974 Apr. p. 105.
Green, Kenneth, 1963 Mar. p. 69.
Green, Leon J., 1967 Aug. p. 40.
Green, Margaret, 1971 Apr. p. 111.
Green, Margaret W., 1978 June p. 50.
Green, Michael, 1967 Oct. p. 81, 84.
Green, N. M., 1973 July p. 56, 57.
Green, Paul E. Jr., 1954 Dec. p. 44; 1959 May p. 76; 1968 July p. 31.
Green, Paul M., 1949 July p. 33.
Green, R. G., 1956 Apr. p. 110.
Green, Robert, 1974 Dec. p. 102, 103.
Green, Robert H., 1966 July p. 32, 33.
Green, Roger L., 1972 July p. 39.
Greenacre, James A., 1964 Feb. p. 67; 1965 May p. 31, 33, 35.
Greenberg, Arana, 1974 Apr. p. 51.
Greenberg, Bernard G., 1963 Aug. p. 20.
Greenberg, D. S., 1967 Nov. p. 28.
Greenberg, G. Robert, 1961 June p. 146.
Greenberg, Harold, 1963 Dec. p. 40.
Greenberg, Harry B., 1976 Nov. p. 70; 1977 Apr. p. 50.
Greenberg, Herbert, 1956 Oct. p. 67.
Greenberg, Jerry, 1962 June p. 129.
Greenberg, Joseph H., 1977 Apr. p. 110.
Greenberg, Leon A., 1957 Jan. p. 67; 1963 Nov. p. 102.
Greenberg, Oscar W., 1975 June p. 60; Oct. p. 43; 1976 Nov. p. 51.
Greenberg, Samuel, 1952 Mar. p. 44.
Greenberger, Martin, 1966 Sept. p. 193.
Greenblatt, Melvin, 1976 May p. 60.
Greenblatt, Richard D., 1976 July p. 66.
Greene, Charles H., 1963 Nov. p. 120.
Greene, Godfrey T., 1974 Feb. p. 95.
Greene, Jerry, 1949 July p. 26.
Greene, Mark H., 1973 Oct. p. 50; 1975 Feb. p. 41.
Greenewalt, Crawford H., 1958 Feb. p. 46.
Greenfield, B. S., 1971 Oct. p. 102.
Greenfield, Harry S., 1976 Dec. p. 28.
Greenfield, Robert E., 1955 Nov. p. 50.
Greengard, Olga, 1965 June p. 43.
Greengard, Paul, 1977 Aug. p. 108.
Greenglass, David, 1966 Oct. p. 43.
Greenhill, A. G., 1975 July p. 99.
Greenhow, J. Stanley, 1962 Dec. p. 51.
Green-Kelly, R., 1970 Nov. p. 55, 56.
Greenland Geological Survey, 1977 Mar. p. 97, 98, 100.
Greenler, Robert G., 1978 Apr. p. 144.
Greenough, William B. III, 1971 Aug. p. 15, 18, 20; 1972 Aug. p. 104.
Greenough, William T., 1972 Feb. p. 27.
Greenspan, Carol, 1964 May p. 56.
Greenspan, Martin, 1972 Dec. p. 68.
Greenstein, Jesse L., 1949 Nov. p. 31; 1951 June p. 31; 1956 June p. 60; 1959 July p. 49, 78; 1961 June p. 113; 1962 Apr. p. 58, 62, 63; 1963 Jan. p. 73; Apr. p. 63; May p. 77; 1964 June p. 45; Aug. p. 38; 1965 June p. 46, 47; July p. 32; 1966 June p. 30; Dec. p. 40; 1967 Aug. p. 35; Oct. p. 110; 1969 Apr. p. 51; 1970 Dec. p. 22; 1971 May p. 56; 1974 Feb. p. 56; 1976 Dec. p. 92; 1977 Dec. p. 86.
Greenstein, L. M., 1971 Jan. p. 65.
Greenwald, Isidor, 1961 Apr. p. 56.
Greenwood, J. R., 1964 Dec. p. 81.
Greer, Scott, 1965 Sept. p. 200.
Greer, Sheldon, 1957 Oct. p. 60.
Gregg, Alan, 1954 Apr. p. 31; 1973 Sept. p. 77.
Gregg, Donald, 1955 Dec. p. 68.
Gregg, James H., 1963 Aug. p. 90.
Gregg, Michael B., 1973 May p. 44.
Gregg, N. McAlister, 1966 June p. 55; July p. 30, 31.
Gregor, Harry P., 1955 Oct. p. 48.
Gregor, William, 1949 Apr. p. 48.
Gregory, Addie, 1948 Aug. p. 7.
Gregory, Derek P., 1974 Oct. p. 78.
Gregory III, Pope, 1951 Oct. p. 65.
Gregory IV, Pope, 1951 Oct. p. 65.
Gregory, J. W., 1950 Apr. p. 49.
Gregory, King, 1977 Nov. p. 140.
Gregory, P. C., 1973 Jan. p. 45.
Gregory, Peter B., 1976 Nov. p. 70.
Gregory, Richard L., 1950 Jan. p. 46; 1959 Jan. p. 69; 1970 Dec. p. 35; 1971 Oct. p. 30; 1972 Nov. p. 86.
Gregory the Great, Pope, 1951 Oct. p. 64; 1972 Sept. p. 95.
Gregory, William K., 1951 Dec. p. 54; 1956 June p. 98; 1964 July p. 50, 54, 60-62; 1972 Jan. p. 94, 98; 1976 May p. 56.
Greguss, Paul, 1968 Oct. p. 62.
Greks, I. A., 1957 Jan. p. 48.
Grelling, Kurt, 1962 Apr. p. 85, 90, 91.
Grendel, F., 1976 May p. 38.
Grenell, Robert G., 1955 Oct. p. 86.
Grenfell, Wilfred, 1948 Nov. p. 11.
Gresser, Ion, 1969 Oct. p. 50.
Greulach, Victor A., 1954 May p. 61; 1959 Feb. p. 44.
Greulich, William W., 1958 Aug. p. 52.
Grève, Jean-Pierre de, 1975 Mar. p. 30, 31, 33; 1977 Oct. p. 46.
Grevesse, Nicola, 1974 May p. 112.
Greville, Fulke, 1973 Apr. p. 87, 88.
Greville, Guy D., 1964 Jan. p. 73.
Grew, Nehemiah, 1954 Dec. p. 95; 1976 May p. 103.
Grey, Clifford E., 1960 Nov. p. 71.
Grey, David, 1959 May p. 89.
Grey, Howard M., 1964 Mar. p. 42.
Grey, Perry, 1975 Nov. p. 38.
Grey, T., 1975 Nov. p. 38.
Greytak, Thomas, 1968 Sept. p. 124.
Gribakin, F. G., 1976 July p. 112.
Gribor, V. N., 1969 July p. 36, 37.
Grieder, Terence, 1975 Oct. p. 54.
Griego, Richard J., 1969 Mar. p. 71, 72.
Griffin, B. I., 1967 Mar. p. 29.
Griffin, C. J., 1961 Oct. p. 110, 112.
Griffin, Donald R., 1954 Mar. p. 79; 1955 May p. 99; 1958 July p. 41; Aug. p. 43; 1959 Oct. p. 102; 1962 Apr. p. 78; 1965 Apr. p. 101.
Griffin, J. L., 1955 Mar. p. 76; 1959 July p. 130; 1962 Feb. p. 117, 120.
Griffin, James B., 1952 Mar. p. 23.
Griffin, John J., 1976 Mar. p. 39.
Griffin, S. L., 1959 Nov. p. 102.
Griffin, Walter, 1954 Apr. p. 56.
Griffith, Alan A., 1960 Feb. p. 95; 1969 Nov. p. 105; 1973 July p. 40.
Griffith, Fred, 1953 Feb. p. 50; 1956 Nov. p. 52; 1969 Jan. p. 38.
Griffith, J. S., 1959 Dec. p. 58.
Griffith, Jack D., 1975 July p. 48; 1977 July p. 24, 25, 27; Dec. p. 56.
Griffith, O. H., 1974 Mar. p. 31, 32.
Griffith Observatory, 1964 Aug. p. 14.
Griffiths, Jack, 1970 June p. 38.
Griffiths, Martha W., 1971 Apr. p. 20.
Griggs, David, 1950 Dec. p. 56; 1955 Nov. p. 45; 1960 Sept. p. 106; 1963 Apr. p. 92.
Grignard, Victor, 1963 Jan. p. 92; 1967 Nov. p. 26; 1973 Dec. p. 50.
Grigor'yev, A. A., 1976 Oct. p. 111.
Grijalva, 1975 Oct. p. 80-82.
Grillner, Sten, 1976 Dec. p. 82, 84.
Grillo, Hermes C., 1969 June p. 49.
Grilly, E. R., 1949 June p. 37; 1958 June p. 35.
Grimaldi, Francesco, 1966 June p. 35.
Grimm, Jakob, 1949 Oct. p. 54.
Grimmer, Gernot, 1976 Mar. p. 37.
Grimminger, G., 1949 Jan. p. 38, 39.
Grimstone, A. V., 1961 Sept. p. 196; 1965 Dec. p. 48, 51; 1971 Aug. p. 50, 53.
Grindlay, Jonathan E., 1976 Aug. p. 44B; 1977 Oct. p. 53.
Grindle, Paul, 1959 Mar. p. 70.
Gringauz, K. I., 1963 May p. 89.
Grinker, Roy R., 1957 Jan. p. 80; 1960 Mar. p. 152; 1963 Mar. p. 102.
Grinnel, A. D., 1958 July p. 44.
Grinspoon, Lester, 1963 Feb. p. 72; 1974 July p. 47.
Grinstein, Moisses, 1949 Feb. p. 36.
Gris, Eusebe, 1959 Jan. p. 98.
Grisaru, Marcus T., 1978 Feb. p. 142.
Grischkowsky, Daniel, 1968 Apr. p. 39.
Griswold, Rettig A., 1950 Jan. p. 14.
Grobstein, Clifford, 1959 May p. 142, 144; 1961 Sept. p. 144; 1969 Mar. p. 41; 1977 July p. 22.
Grodzins, Lee, 1965 Apr. p. 78.
Grodzins, Morton, 1957 Oct. p. 33; 1961 July p. 45; 1965 Aug. p. 12.
Groen, J. J., 1973 Oct. p. 96.
Groff, R. P., 1969 May p.
Grommé, C. S., 1967 Feb. p. 51, 52.
Gromyko, Andrei A., 1949 Mar. p. 19; 1968 Aug. p. 42.
Grondahl, Lars O., 1958 Nov. p. 32.
Gros, François, 1961 July p. 66; Sept. p. 79.
Grose, Vernon L., 1972 Aug. p. 43.
Gross, Alfred, 1957 July p. 125.
Gross, David, 1974 July p. 58; 1976 Nov. p. 56.
Gross, Erhard, 1970 Aug. p. 37.
Gross, Grant, 1974 Aug. p. 24.
Gross, Jerome, 1954 Aug. p. 50; 1957 Sept. p. 204, 208, 210; 1960 Mar. p. 122; 1969 June p. 49.
Gross, Larry P., 1972 Sept. p. 160.
Gross, Ludwik, 1960 Nov. p. 64, 65, 67; 1964 May p. 91; 1972 Jan. p. 26; 1977 May p. 64.
Gross, Paul M., 1950 Dec. p. 26; 1956 Feb. p. 50; Aug. p. 49.

Gross, Robert E., 1950 Jan. p. 15, 17; 1960 Feb. p. 79; 1961 Apr. p. 91.
Grossberg, Allan L., 1976 Mar. p. 116.
Grosse, Aristid V., 1950 Nov. p. 26; 1958 Dec. p. 54.
Grosseteste, Robert, 1978 Jan. p. 69.
Grossman, Lawrence, 1962 Dec. p. 137, 140; 1975 Jan. p. 24.
Grossman, Sebastian P., 1964 June p. 65; 1970 Apr. p. 98.
Grossweiner, Leonard I., 1960 May p. 135.
Groth, Edward J., 1977 Nov. p. 76.
Grotrain, Walter, 1949 Dec. p. 20; 1958 Aug. p. 38.
Grotrian, Walter, 1960 July p. 61.
Grötsch, G., 1951 Feb. p. 58.
Groupé, Vincent, 1972 Jan. p. 26.
Grove, J. F., 1957 Apr. p. 129.
Grove Laboratories Inc., 1950 Aug. p. 31.
Grove, William, Sir, 1959 Oct. p. 72; 1971 May p. 84, 86.
Grover, George, 1959 Jan. p. 66.
Grover, George M., 1968 May p. 38.
Groves, Leslie R., 1949 Nov. p. 26; 1950 Jan. p. 27; 1953 June p. 44; 1959 Feb. p. 68; 1969 June p. 23.
Grow, J. A., 1975 Nov. p. 97.
Grubb, Rune, 1970 Aug. p. 41.
Grubb, T. C., 1948 Oct. p. 22.
Grubb, Thomas, 1963 June p. 78.
Grubbs, Donald K., 1963 May p. 76.
Grubhofer, Nikolaus, 1971 Mar. p. 26.
Grueter, F., 1950 Oct. p. 20.
Grumbach, Melvin M., 1963 July p. 60.
Grumman Aircraft Engineering Corporation, 1963 Aug. p. 28.
Grumman Ecosystems, 1977 Oct. p. 92.
Grunberg-Manago, Marianne, 1957 Sept. p. 188; 1962 Feb. p. 43; 1963 Mar. p. 84, 86; 1968 Oct. p. 67.
Grundfest, Harry, 1958 Oct. p. 43; Dec. p. 87; 1960 Oct. p. 115; 1963 Mar. p. 50; 1966 Mar. p. 78; 1977 Feb. p. 115.
Grüneisen, E., 1967 Sept. p. 184, 186, 187.
Grunglass, David, 1951 May p. 33.
Gruntfest, L. J., 1949 Dec. p. 31.
Grüsser, O. J., 1974 Mar. p. 36.
Gryaznov, M. P., 1965 May p. 102; 1969 Aug. p. 79.
Grzimek, Bernhard, 1971 July p. 86.
Guadet, Julien, 1972 Nov. p. 98, 99.
Gualtierotti, T., 1968 Aug. p. 74.
Guarneri, Guiseppe, 1962 Nov. p. 79, 87, 90.
Guarneros, Gabriel, 1976 Dec. p. 109.
Gudden, Bernhard von, 1972 Aug. p. 87.
Gudea, Governor of Lagash, 1957 Oct. p. 83.
Guderjahn, C. A., 1973 Oct. p. 22, 23.
Gudernatsch, Frederick G., 1963 Nov. p. 110.
Gudernatsch, Friedrick G., 1966 May p. 76.
Gudov, V. F., 1962 Oct. p. 48.
Guedel, Arthur, 1957 Jan. p. 73.
Gueguen, Y., 1978 Apr. p. 128.
Guenther, P. L., 1955 Nov. p. 45.
Guericke, Otto von, 1950 May p. 20, 21; 1953 Aug. p. 65, 67; 1964 Jan. p. 100, 103; 1965 Jan. p. 82; 1967 Aug p. 99, 100; 1970 Aug. p. 98; 1977 Dec. p. 126.
Guérin, 1949 Oct. p. 36; 1964 June p. 104.
Guerlac, Henry, 1976 May p. 106.
Guest, John R., 1966 July p. 50; 1967 May p. 91, 92.
Guggenheim Foundation, 1952 Mar. p. 36; Nov. p. 21; 1967 Nov. p. 28.
Guggenheim, John S., 1966 Sept. p. 102.
Guidotti, Guido, 1972 Feb. p. 32.
Guidry, Marion A., 1966 Aug. p. 53.
Guilbault, George G., 1971 Mar. p. 31.
Guilford, J. P., 1958 Sept. p. 159.
Guillaumat, Pierre, 1955 Oct. p. 30.
Guillaume, C. E., 1967 Nov. p. 26.
Guillemin, Roger, 1974 Sept. p. 53; 1977 Feb. p. 55; Mar. p. 55; Dec. p. 82.
Guillery, R. W., 1973 Aug. p. 43.
Guillton, H., 1975 Nov. p. 102.
Guinand, L., 1961 Jan. p. 100.
Guinness, Edward A. Jr., 1978 Mar. p. 84.
Guinot, Bernard, 1971 Dec. p. 85; 1975 Sept. p. 72, 73.
Guinterius, *see:* Andernach, Guenther von.
Guiteau, Charles J., 1963 Mar. p. 129.
Guizot, François, 1964 Sept. p. 131.
Güldner, Fritz H., 1978 Feb. p. 98.
Gulf Energy and Environmental Systems Inc., 1971 Feb. p. 52; 1972 July p. 74.
Gulf General Atomic, Inc., 1976 Dec. p. 37.
Gulf Oil Corporation, 1948 Sept. p. 14; 1955 Sept. p. 165; 1956 Nov. p. 82; 1961 Feb. p. 98; 1968 Feb. p. 31; 1974 Jan. p. 23; 1976 Dec. p. 37.
Gull, Steven, 1975 Dec. p. 41, 43; 1976 June p. 105, 106.
Gulland, John A., 1966 Aug. p. 19.
Gulland, John M., 1966 Nov. p. 132.
Gullberg, J. E., 1954 Feb. p. 79.
Gulledge, Hugh C., 1949 Dec. p. 31.
Gullino, Pietro M., 1976 May p. 71, 73.
Gullstrand, Allvar, 1967 Nov. p. 26.
Gulyaev, Yuri, 1972 Oct. p. 62.
Gum, Colin S., 1959 Dec. p. 96; 1971 Dec. p. 21, 23, 25; 1972 Aug. p. 59.
Gumilla, José, 1967 July p. 97.
Gummert, F., 1953 Oct. p. 33.
Gumpert, Martin, 1953 Feb. p. 86.
Gundermann, Ellen, 1965 July p. 31; 1968 Dec. p. 38.
Gundersen, Gunnar, 1952 Mar. p. 38.
Gunet-Caplin, François, 1951 May p. 33.
Gunn, J. B., 1966 Aug. p. 22-30; 1972 Feb. p. 13.
Gunn, James E., 1966 Feb. p. 51; Dec. p. 43-45; 1970 Dec. p. 26; 1971 Jan. p. 56; May p. 69; 1973 Feb. p. 101; 1974 May p. 60; 1975 Dec. p. 50; 1976 Dec. p. 92.
Gunn, Ross, 1954 Feb. p. 68.
Gunsalus, Irwin C., 1966 Nov. p. 65.
Gunston, Frank H., 1978 Jan. p. 46, 47.
Gunter, Edmund, 1976 Apr. p. 104.
Gunter, Gordon, 1954 May p. 68; 1969 Mar. p. 26.
Gunther, E. R., 1954 Mar. p. 67; 1971 Jan. p. 71.
Günther, Kurt, 1965 Dec. p. 51.
Gupta, P. B., 1964 June p. 56.
Gurd, Frank, 1954 Feb. p. 61.
Gurdon, John B., 1961 Sept. p. 132; 1971 Dec. p. 40; 1975 Feb. p. 47; 1976 Aug. p. 61, 63, 66, 68, 71.
Guri, Charles D., 1967 Jan. p. 58.
Gurin, Samuel, 1960 Feb. p. 49.
Gurney, Ronald, 1952 Nov. p. 32, 33.
Gurr, Henry S., 1965 Oct. p. 38.
Gürs, K., 1968 June p. 23.
Gürsey, Feza, 1965 Mar. p. 53.
Gursky, Herbert, 1963 Aug. p. 34; Dec. p. 67; 1964 June p. 36, 42; 1967 Dec. p. 37; 1975 Mar. p. 24; Dec. p. 39; 1976 Aug. p. 44B; Oct. p. 78; 1977 Oct. p. 53.
Gurtler, Charles, 1968 May p. 77, 78.
Gurwitsch, Alexander, 1949 June p. 45.
Guseynov, O. Kh., 1974 Dec. p. 36.
Gusin, M. de, 1957 May p. 41.
Guskova, A. K., 1955 Oct. p. 31.
Gustafson, C. Don, 1977 Nov. p. 62, 67.
Gustafson, John K., 1949 July p. 33.
Gustafson, Tryggve, 1962 Feb. p. 115.
Gustafsson, Ake, 1951 Oct. p. 24; 1955 Oct. p. 38; 1971 Jan. p. 89; Nov. p. 96.
Gustafsson, Bengt E., 1958 Oct. p. 58.
Gutenberg, Beno, 1949 Feb. p. 42; 1955 Sept. p. 57-60; 1962 June p. 58; July p. 52-54, 57; 1969 Nov. p. 105; 1973 Mar. p. 25, 26; 1977 Apr. p. 35; Dec. p. 71.
Gutenberg, Johann, 1949 Dec. p. 56; 1960 Sept. p. 178; 1969 May p. 62, 63.
Guthridge, Sue, 1949 Dec. p. 56.
Guthrie, Christine, 1968 Sept. p. 86; 1969 Oct. p. 35.
Guthrie, Francis, 1977 Oct. p. 108.
Guthrie, Frederick, 1977 Oct. p. 108, 111.
Guthrie, Robert, 1964 July p. 46.
Gutman, Alexander, 1958 June p. 80.
Gutte, Bernd, 1969 Mar. p. 47.
Guttmacher, Manfred S., 1969 July p. 43.
Guttman, Charles, 1977 July p. 95.
Guttman, Ludwig, Sir, 1968 Apr. p. 50.
Guttman, Newman, 1975 Apr. p. 37.
Guttmann, S., 1961 July p. 102.
Gutzmann, Hermann, 1974 Mar. p. 84.
Guy, Thomas, 1973 Sept. p. 129, 136.
Guyer, Robert, 1970 May p. 101.
Guzewitsch, A. M., 1957 Mar. p. 53.
Guzmán, Eugénie de Montijo de, Empress, 1974 Oct. p. 84.
Guzmán, Fuentes y, 1959 Mar. p. 110.
Gwadz, Robert W., 1978 June p. 146.
Gwathmey, Allan T., 1954 July p. 37.
Gwei-Djen, Lu, 1964 Feb. p. 68.
Gwinner, Eberhard, 1971 Apr. p. 76, 77.
György, Paul, 1961 June p. 139, 140.
Gyorkey, Ferenc, 1977 July p. 50.
Gyrisco, George G., 1959 July p. 98.
Gzovsky, M. V., 1961 Feb. p. 98, 106.

H

Haadraade, Harald, 1967 May p. 72.
Haagensen, Cushman D., 1949 May p. 28.
Haagen-Smit, A. J., 1952 May p. 19; 1953 Jan. p. 34; 1955 May p. 63, 66, 69; 1961 Oct. p. 50; 1965 May p. 52.
Haan, Hendrick de, 1977 Nov. p. 70.
Haas, Gregory M., 1971 Sept. p. 67.
Haas, W. J. de, 1949 June p. 38; 1961 July p. 125; 1962 June p. 60; Dec. p. 97; 1967 Mar. p. 117; 1971 Apr. p. 83.
Habel, Karl, 1963 Oct. p. 46; 1967 Apr. p. 35; 1977 May p. 64.
Haber, Fritz, 1949 Dec. p. 15; 1951 Jan. p. 42; 1952 Dec. p. 42; 1954 Aug. p. 77; 1965 June p. 65; 1967 Nov. p. 26; 1970 Sept. p. 141, 143; 1974 Oct. p. 67; 1977 Mar. p. 68-72.
Haber, Ralph N., 1968 Sept. p. 210; 1969 Apr. p. 36; 1970 May p. 104; 1971 Mar. p. 99; 1974 Dec. p. 29.
Haberlandt, Gottlieb, 1950 Mar. p. 49; 1963 Oct. p. 107, 109; 1968 July p. 79.
Habgood, J. O., 1975 Dec. p. 80.
Habich, Hans, 1957 July p. 96.
Hablanian, Marsbed, 1955 July p. 81.
Hacienda Vicos, 1957 Jan. p. 38, 44.
Häcker, V., 1969 Nov. p. 127.
Hackett, William, 1949 Jan. p. 49.
Hackman, Gene, 1975 July p. 48.
Hadamard, Jaques, 1958 Dec. p. 108.
Hadassah Medical School in Jerusalem, 1964 Jan. p. 82.
Haddad, John G. Jr., 1975 July p. 73.
Haddock, Fred T., 1977 Dec. p. 86.
Haddon, R. A., 1973 Mar. p. 33.
Haddow, Alexander, 1955 Mar. p. 62; 1960 Jan. p. 100, 101, 108; 1968 Apr. p. 116.

Haderlie, Eugene C., 1972 July p. 93, 95.
Hadley, George, 1955 Sept. p. 117, 122; 1956 Dec. p. 40; 1970 Sept. p. 60-62.
Hadlow, William J., 1967 Jan. p. 111, 112.
Hadrian, 1965 July p. 84, 90, 91; 1974 Dec. p. 123; 1977 Jan. p. 104, 108; Feb. p. 38-41.
Haeckel, Ernst, 1953 May p. 94; 1959 May p. 64; Aug. p. 106; 1966 Nov. p. 46, 48; 1972 Sept. p. 87; 1973 Apr. p. 97; 1976 July p. 93.
Haedrich, Richard L., 1977 June p. 51.
Haefer, R. H., 1964 Jan. p. 111.
Haeff, Andrew V., 1950 Oct. p. 38.
Haeger, James S., 1963 Dec. p. 134.
Haegg, Gunder, 1952 Aug. p. 52; 1976 June p. 110, 114.
Haen, Anton de, 1967 Feb. p. 95.
Haensel, Vladimir, 1951 Oct. p. 33; 1971 Dec. p. 46.
Haenszel, William, 1956 Sept. p. 120.
Hafele, Joseph C., 1972 Sept. p. 67; 1973 May p. 80.
Haffley, James D., 1972 Jan. p. 50.
Hafner-Alteneck, F. von, 1961 May p. 116.
Hafstad, Lawrence R., 1949 July p. 33, 36; 1950 Aug. p. 16; 1951 Apr. p. 32; 1952 July p. 67; 1957 Feb. p. 60.
Haga, H., 1972 June p. 92.
Hagbarth, K.-E., 1961 Feb. p. 45.
Hagedorn, Rolf, 1975 Feb. p. 61, 62.
Hagelbarger, D. W., 1954 July p. 48.
Hagelin, Boris C. W., 1966 July p. 39, 44.
Hagen, Charles W. Jr., 1964 June p. 87.
Hagen, Donald, 1973 May p. 37.
Hagen, John P., 1955 Dec. p. 54; 1957 July p. 50.
Hagfors, Tor, 1968 July p. 37.
Haggard, Howard W., 1957 Jan. p. 73.
Haggerty, Patrick E., 1966 Mar. p. 55; 1977 Sept. p. 69.
Hagins, W. A., 1963 Oct. p. 87; 1972 May p. 50.
Hagiwara, Susumu, 1970 Apr. p. 89.
Hagström, Berndt, 1959 July p. 128, 130.
Hague, Frank, 1972 Sept. p. 168.
Hagy Museum, 1971 Oct. p. 101.
Hahn, Beat, 1956 July p. 64.
Hahn, E. L., 1967 June p. 57; 1968 Apr. p. 32.
Hahn, E. V., 1951 Aug. p. 56; 1975 Apr. p. 46.
Hahn, Hans, 1952 Nov. p. 76, 77; 1954 Apr. p. 84.
Hahn, Jan, 1957 Aug. p. 54; 1962 June p. 137.
Hahn, Otto, 1948 July p. 31; 1949 Dec. p. 15; 1950 Sept. p. 31; 1955 Oct. p. 34; 1957 June p. 72; 1958 Sept. p. 80; 1967 Nov. p. 27; 1970 June p. 48.
Hahn, Theodore J., 1975 July p. 73.
Hahn, W. C., 1954 Mar. p. 88.
Hahn, William E., 1963 Nov. p. 112.
Hailsham, Viscount, 1963 Apr. p. 82.
Haimbili, 1950 Oct p. 54.
Haimowitz, Natalie, 1952 Nov. p. 70.
Hajnal, John, 1974 Sept. p. 139.
Hajos, Anton, 1962 May p. 72.
Hajós, Marta, 1972 Dec. p. 33.
Haken, Wolfgang, 1976 Oct. p. 57; 1977 Oct. p. 108, 114; 1978 Jan. p. 105.
Hakimi, S. Louis, 1970 July p. 96, 103.
Hakomori, Sen-itiroh, 1975 Apr. p. 89.
Halaby, Najeeb E., 1963 Aug. p. 48.
Halban, H. von, 1958 Feb. p. 84.
Halberg, Franz, 1971 Apr. p. 72, 78.
Halberstaedter, L., 1964 Jan. p. 80.
Haldane, J. B. S., 1948 June p. 38; 1949 Mar. p. 19; 1950 Jan. p. 33, 35; 1951 Mar. p. 31; 1952 Feb. p. 66; 1953 Sept. p. 104; 1954 May p. 85; 1955 Sept. p. 80; Nov. p. 64; 1958 June p. 81; Sept. p. 100; 1959 Sept. p. 141, 156, 158; 1963 May p. 104; 1965 Aug. p. 95; 1971 Apr. p. 106; 1972 Feb. p. 40; June p. 41, 45.
Haldane, John S., 1950 Sept. p. 72; 1951 Oct. p. 57; 1965 May p. 88, 89.
Haldemann, Edward G., 1961 Oct. p. 119.
Hale, Edward E., 1957 Nov. p. 67.
Hale, Enoch, 1954 Nov. p. 64.
Hale, George E., 1948 Aug. p. 16; Nov. p. 38; 1949 Dec. p. 16; 1950 Sept. p. 24, 25; 1952 Feb. p. 43; Mar. p. 56; 1953 June p. 56; 1955 May p. 42; 1956 Sept. p. 79; 1960 Feb. p. 53-55, 59; 1961 Jan. p. 109; 1966 Nov. p. 54; 1969 June p. 96; 1971 Aug. p. 66; 1975 Apr. p. 109.
Hale, Herbert M., 1966 Mar. p. 86.
Hale, Mason E., 1963 Feb. p. 127.
Hale Observatories, 1971 July p. 77; 1977 Aug. p. 36.
Hale, William, 1949 May p. 32.
Hales, Anton L., 1960 May p. 95; 1973 Mar. p. 30.
Hales, Stephen, 1952 Oct. p. 78, 79, 82; 1976 May p. 98-107.
Haley, Jay, 1962 Aug. p. 71.
Halford, Henry, 1969 July p. 43.
Hall, A. R., 1954 Dec. p. 95; 1956 Aug. p. 59.
Hall, Asaph, 1977 Feb. p. 30, 31, 33.
Hall, Benjamin D., 1961 Sept. p. 82; 1962 Apr. p. 77, 78; 1964 May p. 49, 56.
Hall, C. A., 1949 June p. 22, 24.
Hall, Cecil E., 1957 Sept. p. 205, 208, 209, 214, 216; 1958 Nov. p. 71; 1960 Apr. p. 85; 1961 May p. 122, 125; 1962 Jan. p. 71; Feb. p. 48; Mar. p. 62, 65; July p. 109-111; 1963 Feb. p. 69; Dec. p. 48; 1969 Nov. p. 120.
Hall, Charles F., 1969 Mar. p. 52.
Hall, Chester M., 1961 Jan. p. 99.
Hall, D. A., 1959 Feb. p. 68.
Hall, David O., 1960 Nov. p. 105.
Hall, E. H., 1961 Dec. p. 124; 1968 Nov. p. 88, 89.
Hall, Elisa, 1974 May p. 78.
Hall, Freeman F. Jr., 1968 Aug. p. 52.
Hall, George M., 1963 Mar. p. 121.
Hall, H. Tracy, 1955 Apr. p. 47; Nov. p. 46; 1958 June p. 35; 1960 Jan. p. 74; Apr. p. 90; June p. 156; 1965 May p. 40, 41; 1974 Aug. p. 62; 1975 Nov. p. 105.
Hall, Harlow, 1952 Apr. p. 53.
Hall, Henry E., 1969 Dec. p. 28.
Hall, James, 1950 May p. 33.
Hall, Jeffrey, 1973 Dec. p. 23, 36, 37.
Hall, John A., 1977 Dec. p. 117.
Hall, John L., 1969 Dec. p. 92, 93.
Hall, John S., 1956 Mar. p. 88; 1959 Dec. p. 102; 1964 Feb. p. 67; 1965 June p. 46; 1967 Oct. p. 108.
Hall, K. R. L., 1961 Feb. p. 43.
Hall, L. N., 1966 July p. 107.
Hall, Michael, 1970 Oct. p. 86.
Hall, Prudence J., 1962 Feb. p. 119, 120.
Hall, R. N., 1950 Jan. p. 44.
Hall, Robert A. Jr., 1959 Feb. p. 128.
Hall, Robert N., 1963 July p. 38.
Hall, Thomas, 1957 Feb. p. 111.
Hall, Walter, 1974 May p. 78.
Hall, William, 1948 June p. 53.
Hall, William T., 1971 Aug. p. 53.
Hallam, A., 1975 Feb. p. 91.
Hallam, Kenneth L., 1955 Feb. p. 42.
Hall-Craggs, Joan, 1973 Aug p. 74, 78.
Halle, Morris, 1973 Dec. p. 113.
Haller, Albrecht von, 1972 May p. 32-34.
Haller, Edward E., 1976 June p. 37.
Hallermayer, Rudolf, 1975 Mar. p. 95.
Halley, Edmund, Sir, 1949 Jan. p. 31, 33, 41; 1950 Nov. p. 16; 1952 Aug. p. 36; 1954 June p. 77; 1955 July p. 69; Dec. p. 78, 73; 1964 Mar. p. 103, 106; 1967 Dec. p. 97; 1970 Nov. p. 104; 1972 Apr. p. 47; June p. 81; 1974 Aug. p. 26.
Halliday, Ian, 1963 Dec. p. 81.
Halliday, Martin, 1971 Mar. p. 65.
Halls, Sheila, 1967 Dec. p. 26.
Halmos, Paul R., 1957 May p. 88.
Halperin, Y., 1975 Oct. p. 104.
Halpern, Florence, 1969 Dec. p. 20.
Hals, Frans, 1959 Oct. p. 161.
Halsbury, Earl of, 1957 May p. 66.
Halsey, George D. Jr., 1973 May p. 36.
Halstead, Scott B., 1973 Jan. p. 26.
Halstead, Ward C., 1948 Oct. p. 38.
Halsted, William S., 1957 Jan. p. 74.
Halton, J. H., 1978 Jan. p. 109.
Hamblen, E. C., 1951 Apr. p. 35.
Hamburg University, 1958 June p. 62, 65.
Hamer, David, 1975 Dec. p. 98.
Hamerton, John, 1961 Nov. p. 69; 1974 July p. 40.
Hamilton, Alexander, 1957 Nov. p. 47; 1974 Sept. p. 44.
Hamilton, Archibald H., 1954 May p. 84.
Hamilton, Charles R., 1964 Jan. p. 49; 1967 May p. 97.
Hamilton, G. V., 1954 Jan. p. 51.
Hamilton, J. G., 1949 Feb. p. 33.
Hamilton, James B., 1958 Feb. p. 27.
Hamilton, Lawrence S., 1978 Jan. p. 41.
Hamilton, P. A., 1971 Dec. p. 27.
Hamilton, Paul B., 1972 June p. 44.
Hamilton, T. W., 1963 July p. 84.
Hamilton, Terrell H., 1972 Mar. p. 42; 1975 Feb. p. 52.
Hamilton, W. D., 1971 June p. 118.
Hamilton, Warren, 1971 Nov. p. 58.
Hamilton, William R., 1950 Sept. p. 42; 1953 Nov. p. 93; 1954 May p. 82-84, 85, 86, 87; June p. 78; 1955 Oct. p. 100; 1956 Aug. p. 43, 44, 44; 1958 Sept. p. 60, 63, 76, 82, 144; 1961 May p. 158; 1964 Sept. p. 54, 57, 73, 131, 132; 1977 Apr. p. 123; July p. 126; 1978 Jan. p. 101-105.
Hamilton, William T., 1964 June p. 34.
Hamkalo, Barbara A., 1973 Mar. p. 40.
Hamlet, John, 1960 May p. 148.
Hamlyn, L. H., 1965 Jan. p. 58.
Hammack, Francis R., 1949 July p. 33.
Hammar, S. L., 1973 Aug. p. 44.
Hammarskjold, Dag, 1955 July p. 50.
Hamme, Anna van, 1948 May p. 30.
Hammel, E. F., 1949 June p. 37; 1958 June p. 35.
Hammer, Clifford E. Jr., 1964 May p. 98.
Hämmerling, Joachim, 1953 Feb. p. 47; 1966 Nov. p. 118, 120.
Hammermesh, B., 1949 Mar. p. 37.
Hammersly, John M., 1978 Jan. p. 109.
Hammerstein, Einar, 1953 Feb. p. 57.
Hammerton, John L., 1963 July p. 55.
Hammes, Gordon G., 1969 May p. 35.
Hamming, Richard W., 1950 July p. 27; 1962 Feb. p. 100-102, 104.
Hammon, William McD., 1952 Nov. p. 29; Dec. p. 28; 1953 June p. 52; 1954 Apr. p. 45.
Hammond, Alexander R., 1963 Nov. p. 108.
Hammond, E. Cuyler, 1954 Aug. p. 37; 1962 July p. 44, 46; 1964 Feb. p. 66; 1965 Dec. p. 40; 1966 Apr. p. 48; Aug. p. 42; 1967 Oct. p. 49; 1968 Apr. p. 44; Dec. p. 50.
Hammond, Norman, 1977 Mar. p. 116, 122.
Hammond, P. C., 1963 Oct. p. 101.
Hammurabi, 1948 June p. 45-47; 1953 Jan. p. 27; 1957 Oct. p. 83.
Hamner, Karl C., 1952 May p. 52; 1958 Apr. p. 109, 114.

Hampel, Arnold, 1969 Mar. p. 50.
Hamstra, Roger, 1972 Jan. p. 50.
Hamza, V. M., 1977 Aug. p. 67.
Han, Moo-Young, 1975 June p. 60, 62; 1976 Nov. p. 51, 55.
Hanafusa, Hidesaburo, 1963 June p. 74; 1964 June p. 51, 52.
Hanafusa, Teruko, 1963 June p. 74.
Hanaoka, T., 1964 Dec. p. 54.
Hanawalt, Philip C., 1967 Feb. p. 39.
Hanbury-Brown, R., 1966 Aug. p. 35.
Hanby, W. E., 1954 July p. 57, 58.
Hancher, Virgil M., 1953 May p. 54.
Hancock, Thomas, 1956 Nov. p. 75, 76.
Handel, George F., 1957 Feb. p. 117; 1967 Dec. p. 103.
Handleby, John, 1963 Mar. p. 98.
Handlirsch, Anton, 1975 Dec. p. 110.
Handwenker, L. W. Jr., 1975 July p. 60.
Haneda, Yata, 1962 Dec. p. 77, 78; 1976 May p. 74, 78.
Hanel, Rudolf A., 1977 July p. 39.
Hanenson, Irwin B., 1962 Aug. p. 100.
Hanford Laboratories, 1966 June p. 98.
Hangen, Frederick P., 1961 Feb. p. 47.
Hanington, C. H., 1966 June p. 110.
Hankin, E. H., 1962 Apr. p. 133; 1973 Dec. p. 102.
Hanna, Gordie C., 1967 Aug. p. 59.
Hanna, Mark, 1948 Nov. p. 13; 1963 Mar. p. 124, 127.
Hannah, John A., 1974 Jan. p. 51.
Hannah-Alava, Aloha, 1960 May p. 119; 1961 Nov. p. 74.
Hannay, James B., 1955 Nov. p. 43; 1975 Nov. p. 102.
Hannay, N. Bruce, 1971 Nov. p. 30.
Hannibal, 1954 Nov. p. 62; 1963 Aug. p. 66; Dec. p. 115; 1969 Sept. p. 59, 60.
Hänsch, Theodore W., 1971 May p. 50.
Hansemann, D., 1970 Dec. p. 77.
Hansen, Carl L., 1976 Aug. p. 31, 34.
Hansen, Clarence M., 1967 Jan. p. 60.
Hansen, Emil C., 1959 June p. 96.
Hansen, Ernst, 1964 Nov. p. 54.
Hansen, J. E., 1975 Sept. p. 76.
Hansen, John W., 1973 June p. 53, 55.
Hansen, L. F., 1972 Oct. p. 103, 108.
Hansen, Marc F., 1964 Jan. p. 73.
Hansen, Richard, 1975 Apr. p. 108.
Hansen, S. F., 1975 Apr. p. 108.
Hansen, Thorkild, 1969 Dec. p. 36.
Hansen, W. H., 1954 Oct. p. 40, 43, 44.
Hansen, Walter L., 1976 June p. 37.
Hansen, William W., 1948 Sept. p. 23; 1954 Mar. p. 88; 1955 Aug. p. 65, 66; 1972 Nov. p. 104.
Hansmann, Gerald, 1974 Dec. p. 45.
Hanson, Arnold, 1963 June p. 53.
Hanson, Eskil, 1971 Nov. p. 86.
Hanson, Frank, 1976 May p. 74, 76 82, 83.
Hanson, Harley M., 1958 Jan. p. 80.
Hanson, Jean, 1958 Nov. p. 67, 70, 74; 1961 Sept. p. 185, 192; 1965 June p. 79, 86; Dec. p. 20, 24; 1974 Feb. p. 59; 1975 Nov. p. 38.
Hanson, K. J., 1969 Jan. p. 65.
Hanson, Lincoln F., 1956 Mar. p. 34.
Hanson, Thomas E., 1973 Dec. p. 35.
Hanson, Wayne C., 1967 Mar. p. 29.
Hanson, William B., 1964 Apr. p. 75; 1977 July p. 37.
Hansson, B., 1968 Dec. p. 42.
Hansson, Reine, 1975 Mar. p. 18, 19.
Hansteen, Christopher, 1955 Sept. p. 152.
Hanway, Jonas, 1976 Jan. p. 116.
Hao Li, Choh, 1950 Mar. p. 33, 36; Oct. p. 22; 1967 July p. 105; 1973 Sept. p. 41.
Hapgood, Charles H., 1963 Feb. p. 77.
Hapke, Bruce W., 1967 Mar. p. 68; 1975 Sept. p. 66.
Hapner, Kenneth, 1975 Jan. p. 85.
Happey, F., 1954 July p. 57, 58.
Harada, Kaoru, 1964 Apr. p. 64.
Harberger, Arnold C., 1960 Sept. p. 202.
Harbison, Frederick, 1963 Sept. p. 140, 142, 184.
Harborne, J. B., 1964 June p. 88.
Harcourt, R. A., 1977 Dec. p. 162.
Harden, Arthur, Sir, 1950 Sept. p. 63; 1953 Apr. p. 85, 86; 1960 Feb. p. 141; 1967 Nov. p. 27.
Harder, Richard, 1978 Feb. p. 104.
Hardie, Robert, 1959 Apr. p. 98.
Hardin, Clifford M., 1970 Jan. p. 48.
Harding, R. S., 1975 Jan. p. 71.
Harding, Warren G., 1963 Mar. p. 118; 1970 May p. 23.
Hardwick, D., 1975 Apr. p. 123.
Hardy, Edward P. Jr., 1967 Mar. p. 26.
Hardy, Edward S. C., 1956 Aug. p. 59.
Hardy, G. H., 1948 June p. 54, 56, 57; 1950 Sept. p. 42.
Hardy, Harriet L., 1958 Aug. p. 29, 31.
Hardy, J. D., 1967 Feb. p. 97.
Hardy, John C., 1978 June p. 66.
Hardy, Ralph W. F., 1976 Sept. p. 168; 1977 Mar. p. 80.
Hardy, William D. Jr., 1968 Aug. p. 40; 1977 May p. 73.
Hargitay, B., 1957 Apr. p. 102.
Hargrave, P. J., 1975 Aug. p. 30.
Hargraves, Robert B., 1961 Aug. p. 55; 1972 Nov. p. 51; 1977 Jan. p. 90; 1978 Mar. p. 87.
Hargreaves, James, 1952 Sept. p. 150; 1960 Sept. p. 189; 1972 Dec. p. 51.
Hargreaves, William A., 1965 Mar. p. 89.
Harington, Charles R., 1967 June p. 57; 1968 Feb. p. 108, 115; 1971 June p. 95.
Hariot, Thomas, 1977 June p. 122.
Harken, Dwight E., 1950 Jan. p. 14; 1960 Feb. p. 79.
Harker, David, 1966 July p. 101; 1967 Mar. p. 49.
Harkins, William D., 1948 June p. 32; 1961 Mar. p. 152.
Harkness, Edward S., Sir, 1974 Apr. p. 100.
Harlan, Eugene A., 1974 Oct. p. 39.
Harlan, Jack R., 1975 June p. 15; 1976 Sept. p. 34, 89.
Harlan, John M., 1969 Feb. p. 17.
Harland, W. Brian, 1964 Aug. p. 30.
Harley, Brian, 1964 Dec. p. 72, 76.
Harlow, Francis H., 1966 Sept. p. 165.
Harlow, Harry F., 1954 Feb. p. 70; 1961 June p. 68; 1962 Nov. p. 141; 1963 June p. 142; 1968 June p. 66; 1969 July p. 108, 114; 1970 Apr. p. 98; 1972 Feb. p. 28; Mar. p. 78; Dec. p. 25.
Harlow, Margaret K., 1963 June p. 142; 1969 July p. 108; 1972 Mar. p. 78.
Harman, Denham, 1969 Mar. p. 50; 1970 Aug. p. 70.
Harman, Ted, 1964 June p. 72, 79; 1965 Apr. p. 78.
Harmer, Don S., 1969 July p. 28, 29, 32.
Harmodica, 1949 June p. 42.
Harmodios, 1966 Dec. p. 105.
Harmon, Leon D., 1970 June p. 81; 1972 Sept. p. 34; 1974 Jan. p. 84.
Harmon, Lindsey R., 1961 May p. 84.
Harnoncourt, Anne d', 1977 Jan. p. 61.
Harnwell, Gaylord P., 1966 Feb. p. 53.
Haro, Guillermo, 1967 Aug. p. 34; 1972 Aug. p. 60.
Harp, Elmer J., 1976 Nov. p. 122.
Harper & Brothers, 1949 Jan. p. 22.
Harper, Peter, 1971 Apr. p. 113.
Harper, W. G., 1959 Mar. p. 69.
Harpstead, Dale D., 1969 Nov. p. 58; 1971 Aug. p. 34; 1974 Aug. p. 78.
Harpster, Hilda T., 1949 Dec. p. 54.
Harrap, B. S., 1969 Aug. p. 90.
Harrell, Nell, 1972 June p. 113.
Harries, C. D., 1956 Nov. p. 79, 81.
Harriman, W. Averell, 1949 Feb. p. 16, 19; 1973 Aug. p. 42.
Harrington, J. P., 1952 Dec. p. 17.
Harrington, R. H., 1964 May p. 78.
Harrington, R. W., 1958 Mar. p. 41.
Harrington, William J., 1961 Feb. p. 63.
Harriot, Thomas, 1975 June p. 49.
Harris, Charles S., 1967 May p. 100, 104.
Harris, Dale A., 1949 Aug. p. 34.
Harris, Edward D. Jr., 1974 Nov. p. 49.
Harris, F. S., 1959 June p. 124.
Harris, Florence R., 1967 Mar. p. 81.
Harris, Frank J., 1949 Oct. p. 28.
Harris, G. G., 1962 June p. 134.
Harris, Geoffrey W., 1964 Feb. p. 61; 1966 Apr. p. 86; 1972 Nov. p. 28.
Harris, Harry, 1970 Mar. p. 103, 104; 1974 Sept. p. 82; 1975 Aug. p. 55.
Harris, Henry, 1965 Apr. p. 62; 1969 Apr. p. 30, 35; 1973 June p. 87; 1974 July p. 36.
Harris, Isidore, 1959 Aug. p. 42.
Harris, Isodore, 1958 Apr. p. 50.
Harris, J. I., 1955 July p. 78; 1961 July p. 102; 1969 Oct. p. 28.
Harris, J. W. K., 1978 Apr. p. 96.
Harris, James A., 1970 June p. 48.
Harris, Jerome S., 1950 Mar. p. 53.
Harris, John M., 1978 Apr. p. 98.
Harris, John R., 1977 Nov. p. 142.
Harris, John W., 1951 Aug. p. 58.
Harris, Judith R., 1967 May p. 100, 104.
Harris, L. J., 1967 Jan. p. 84.
Harris, Louis S., 1966 Nov. p. 135.
Harris, Patricia, 1953 Aug. p. 61; 1961 Sept. p. 112, 118.
Harris, S. E., 1968 Sept. p. 134.
Harris, Stanton A., 1961 June p. 142.
Harris, Van T., 1964 Oct. p. 109, 110, 112, 113, 116.
Harris, Virgil, 1956 Apr. p. 100.
Harris, Warren W., 1973 Aug. p. 95.
Harris, William A., 1973 Dec. p. 37.
Harris, William F., 1975 Aug. p. 41; 1977 Dec. p. 130.
Harris, William N., 1970 Nov. p. 25.
Harris-Intertype Corporation, 1972 Sept. p. 140.
Harrison, Benjamin, 1976 June p. 21.
Harrison, Christopher, 1967 Feb. p. 53; July p. 33.
Harrison, Edward R., 1962 Apr. p. 77; 1970 June p. 34.
Harrison, Francis B., 1956 Jan. p. 61.
Harrison, George R., 1952 June p. 50, 54; 1953 Apr. p. 48.
Harrison, Harold E., 1971 Feb. p. 17, 21.
Harrison, Henry C., 1961 Aug. p. 77.
Harrison, Henry T., 1957 Apr. p. 139.
Harrison, Heslop, 1959 Mar. p. 48.
Harrison, J. Hartwell, 1959 Oct. p. 60.
Harrison, Ross G., 1956 Oct. p. 50, 51; 1957 Nov. p. 83, 86; 1969 Dec. p. 55; 1977 July p. 67, 76.
Harrison, Virginia F., 1964 Mar. p. 58.
Harrison, William, 1977 Nov. p. 141.
Harrisson, Tom, 1965 May p. 79.
Harrower, Molly R., 1974 July p. 90, 94-97, 103.
Hart, E. B., 1972 July p. 56.
Hart, Edwin J., 1963 Apr. p. 82; 1967 Feb. p. 80.
Hart, H. R. Jr., 1969 June p. 38.

Hart, Ivor, 1971 Feb. p. 101.
Hart, Larry G., 1970 Apr. p. 75.
Hart, Philip A., 1973 Aug. p. 42.
Hart, Roger, 1956 June p. 46.
Harteck, Paul, 1956 Dec. p. 54; 1974 Oct. p. 76.
Harter, Noble, 1970 Dec. p. 33.
Hartley, Brian, 1974 July p. 77, 82.
Hartley, David, 1951 Aug. p. 63; 1959 Aug. p. 89, 91.
Hartley, Ralph V. L., 1949 July p. 11; 1971 Dec. p. 93.
Hartley, Ruth E., 1972 Jan. p. 35.
Hartley, William, 1970 Feb. p. 93.
Hartline, H. K., 1956 Dec. p. 114, 115, 120; 1961 Sept. p. 224, 228, 231; 1963 July p. 123, 128; 1964 Mar. p. 113; Dec. p. 48; 1966 May p. 107; 1967 May p. 48; Dec. p. 48; 1969 May p. 107; 1972 June p. 95, 96.
Hartman, C. D., 1965 Mar. p. 33, 35.
Hartman, Chester, 1965 Sept. p. 199.
Hartman, David E., 1977 Apr. p. 26.
Hartman, Frank, 1954 Jan. p. 55.
Hartman, Homer J., 1961 Jan. p. 86 .
Hartman, Hyman, 1972 Jan. p. 67.
Hartman, Nile, 1976 Oct. p. 93.
Hartman, T., 1959 Nov. p. 95.
Hartmann, Johannes F., 1973 Mar. p. 51.
Hartmann, Julius, 1970 Jan. p. 45, 46.
Hartmann, Max, 1966 Nov. p. 120.
Hartmann, W. K., 1973 Jan. p. 66.
Hartmann, William K., 1978 Mar. p. 77.
Hartmann, William T., 1977 Jan. p. 84, 94.
Hartree, Douglas R., 1968 July p. 62, 68; 1970 Apr. p. 54, 56-58, 70.
Hartree, E. F., 1967 Nov. p. 69.
Hartree, William, 1970 Apr. p. 54, 56-58, 70.
Hartridge, Hamilton, 1950 Feb. p. 28; Aug. p. 52; 1960 Dec. p. 146; 1969 May p. 30.
Hartseker, Niklaas, 1956 June p. 92.
Hartsell, S. E., 1960 June p. 132, 133, 142; 1966 Nov. p. 78.
Hartsoeker, Niklaas, 1950 Feb. p. 53; 1970 May p. 117, 119.
Hartsough, Walter, 1948 June p. 37.
Hartsuck, J. A., 1968 Apr. p. 49.
Hartwell, Leland H., 1974 Jan. p. 58.
Hartwick, F. D. A., 1978 Apr. p. 80.
Hartzler, Jon, 1978 May p. 118.
Haruna, Ichiro, 1965 Nov. p. 50.
Harvard College Observatory, 1948 Nov. p. 34; 1950 Feb. p. 30, 34, 36, 38; 1952 July p. 47, 48; 1953 Dec. p. 43; 1956 Oct. p. 56-58, 61, 64.
Harvard College Observatory, 1958 Oct. p. 44; 1962 Apr. p. 59; 1963 Apr. p. 66; June p. 97, 102; July p. 82, 84; Dec. p. 60; 1964 Jan. p. 32, 40; May p. 78; 1966 Dec. p. 46; 1973 Oct. p. 69, 72-74, 76; 1974 Dec. p. 66; 1975 Sept. p. 43; 1977 Oct. p. 43, 53, 55.
Harvard Computation Center, 1965 Nov. p. 103; 1966 Apr. p. 29; Sept. p. 162, 163.
Harvard Seismographic Station, 1962 June p. 55, 57.
Harvard University, 1949 Sept. p. 32; 1951 Sept. p. 58; 1953 Apr. p. 44; Dec p. 35; 1955 Feb. p. 70, 77; July p. 52; Aug. p. 48; 1956 Apr. p. 72; June p. 71; July p. 26; Aug. p. 45; 1957 Jan. p. 56; Apr. p. 61; Sept. p. 174, 209; 1958 Jan. p. 78; Feb. p. 30, 70; Mar. p. 71, 118; June p. 42; July p. 49; Aug. p. 31, 56, 61; Sept. p. 110; Oct. p. 110; Dec. p. 46; 1959 July p. 67; 1960 Mar. p. 108; Oct. p. 168; Dec. p. 88, 90; 1961 Nov. p. 100; 1962 July p. 120; 1963 Feb. p. 82, 85; Mar. p. 83, 141; Apr. p. 121, 148, 149; May p. 102, 130; June p. 94, 99; July p. 42; Aug. p. 19, 56; Sept. p. 111; Oct. p. 41, 93; Nov. p. 113, 116; Dec. p. 45, 127, 130; 1964 Jan. p. 84, 86; Mar. p. 48, 70; Apr. p. 29, 43, 97; May p. 51, 98; June p. 94; July p. 44, 101; Aug. p. 43, 86; Oct. p. 102, 114, 116; Nov. p. 31, 35, 65, 73; Dec. p. 48, 54, 56; 1965 Mar. p. 42, 74; Apr. p. 33, 99, 101; May p. 38, 40, 59, 68, 70, 88; June p. 100, 101, 106, 108, 116; July p. 25, 26, 29-31; Sept. p. 123, 132; Oct. p. 68; 1966 Feb. p. 53; Mar. p. 58; May p. 52; July p. 70, 74; Sept. p. 69; 1968 Dec. p. 38, 41, 43; 1970 Jan. p. 114; Nov. p. 44; 1971 Feb. p. 45; May p. 33; 1974 Feb. p. 44; May p. 59; June p. 50; Sept. p. 170, 32, 33; 1976 Apr. p. 55; 1977 Dec. p. 153; 1978 Jan. p. 112, 115.
Harvard University Arnold Arboretum, 1977, 1976 May p. Nov. p. 96, 102117.
Harvard University Fogg Museum, 1952 July p. 22, 23, 25-27.
Harvard University Gray Herbarium, 1977 May p. 96, 102.
Harvard University Medical School, 1949 July p. 29; 1953 June p. 52; 1956, Nov. p. 108, 109; 1957 June p. 74; Oct. p. 112; Dec. p. 109, 112, 114; 1960 Dec. p. 146, 149; 1962 Apr. p. 66; Aug. p. 100, 106, 108; 1963 June p. 82; Aug. p. 20, 21, 24; Oct. p. 27, 28, 46; Nov. p. 54; 1964 Jan. p. 83, 84; Mar. p. 41; May p. 93; Dec. p. 51, 78, 106; 1965 July p. 52, 53, 55; Aug. p. 63; Sept. p. 199; Oct. p. 82; 1966 Apr. p. 102; Oct. p. 79, 82; 1970 Jan. p. 50; 1971 Aug. p. 20; 1972 Feb. p. 84, 86; 1974 Nov. p. 18.
Harvard University Museum of Comparative Zoology, 1970 May p. 44.
Harvard University Peabody Museum, 1960 Sept. p. 82; 1971 June p. 102.
Harvard University Peabody Museum of Archeology and Ethnology, 1950 July p. 23; 1972 May p. 84.
Harvard University Press, 1949 Oct. p. 14.
Harven, Etienne de, 1961 Sept. p. 103, 108, 1977 May p. 68.
Harvey, Bernard G., 1955 July p. 52; 1956 Dec. p. 67.
Harvey, E. Newton, 1962 Feb. p. 117; Dec. p. 76, 79, 86; 1972 Dec. p. 62; 1977 Mar. p. 106, 110, 112.
Harvey, Ethel B., 1954 Apr. p. 75; 1958 Dec. p. 36, 37.
Harvey, F. K., 1952 Aug. p. 43, 44.
Harvey, George R., 1974 May p. 64, 65, 77.
Harvey, H. W., 1949 Oct. p. 17.
Harvey, J. A., 1953 Aug. p. 29.
Harvey, Jack, 1975 Feb. p. 43.
Harvey, John W., 1975 Apr. p. 110.
Harvey Mudd College, 1960 June p. 82.
Harvey, Newton, 1953 Apr. p. 90.
Harvey, O. J., 1956 Nov. p. 54.
Harvey, Paul M., 1978 June p. 101.
Harvey, R. J., 1975 Jan. p. 65.
Harvey, William, 1948 May p. 25, 29; 1949 Dec. p. 56, 54; 1951 Oct. p. 57, 60; 1952 June p. 56-60, 62; Aug. p. 60; 1953 Jan. p. 40; 1954 Feb. p. 55; Aug. p. 24, 45; 1957 Mar. p. 114; 1958 June p. 74; 1959 Jan. p. 54; Feb. p. 100, 101; June p. 106; Oct. p. 173; 1960 Sept. p. 178; 1968 Feb. p. 86; 1972 May p. 75; 1976 May p. 98.
Harwick, Duane H., 1975 July p. 64.
Harza Engineering Company, 1965 Mar. p. 28.
Hasan al-Hasib, 1968 Apr. p. 96.
Hasebe, K., 1976 Oct. p. 97.
Haselgrove, C. B., 1961 June p. 115.
Haselgrove, John, 1974 Feb. p. 69, 71; 1975 Nov. p. 40.
Haseltine, Nathan S., 1954 Feb. p. 42.
Haseltine, William A., 1965 Aug. p. 26.
Haseman, Leonard, 1952 July p. 42.
Hasenfratz, Peter, 1977 Mar. p. 64.
Hashimoto, Sam, 1969 Sept. p. 98.
Hashmi, Saad M., 1977 Nov. p. 70.
Haskell, Peter T., 1971 Aug. p. 77.
Haskins Laboratories, 1958 Aug. p. 94, 98.
Hasler, A. F., 1969 Jan. p. 65.
Hasler, Arthur D., 1951 Sept. p. 56; 1955 Aug. p. 76.
Haslerud, George M., 1956 May p. 54.
Haslewood, G. A. D., 1967 Jan. p. 43.
Hass, Hans, 1961 Aug. p. 45.
Hassan ibn en Noman, 1978 Jan. p. 111.
Hassan, S. M., 1971 Dec. p. 86.
Hassel, Odd, 1969 Dec. p. 48; 1970 Jan. p. 58.
Hasselbach, Wilhelm, 1970 Apr. p. 86.
Hässig, A., 1957 July p. 96.
Hastings, F. W., 1965 Nov. p. 40.
Hastings, J. Woodland, 1977 Mar. p. 114.
Hasumura, Yasushi, 1976 Mar. p. 32.
Hatch, A. B., 1952 Apr. p. 56.
Hatch, Hal, 1973 Oct. p. 84.
Hatch, M. D., 1969 Dec. p. 70.
Hathaway, Anne, 1976 Oct. p. 117.
Hatherton, Trevor, 1973 Aug. p. 69.
Hatshepsut, 1954 Nov. p. 98; 1963 Nov. p. 123; 1969 Dec. p. 40.
Hatt, G., 1969 Nov. p. 46.
Hattman, Stanley, 1970 Jan. p. 91.
Hatton, C. J., 1978 Apr. p. 127.
Hatzakis, M., 1973 Apr. p. 65.
Hauck, Walter W. Jr., 1977 Jan. p. 43.
Haufe, Robert, 1949 Oct. p. 29.
Haught, Alan F., 1971 June p. 26.
Haughton, Samuel, 1950 Mar. p. 52, 55.
Hauksbee, Francis, 1953 Aug. p. 64-69; 1974 Mar. p. 92.
Haulenbeek, Joseph, 1953 Feb. p. 51.
Haurowitz, Felix, 1954 June p. 74; Nov. p. 78; 1964 Nov. p. 74.
Haury, Emil W., 1951 July p. 47; 1966 June p. 107.
Hauser, Henri, 1977 Nov. p. 151.
Hauser, Philip M., 1962 Oct. p. 30; 1971 Apr. p. 50; July p. 17, 43.
Hauser, Walter, 1964 Mar. p. 88.
Haüy, René J., 1953 Jan. p. 51, 54, 56; 1958 Aug. p. 27.
Havens, B. L., 1958 Dec. p. 50.
Haverford College, 1962 Mar. p. 66.
Haviland, R. P., 1955 Sept. p. 72.
Hawaiian Pineapple Company, 1952 May p. 49.
Hawaiian Sugar Planters' Association, 1953 June p. 79; 1973 Oct. p. 83.
Hawaiian Telephone Company, 1961 Sept. p. 84.
Hawker Aircraft, Ltd., 1960 Aug. p. 49.
Hawkes, Herbert E. Jr., 1957 July p. 42; 1958 Oct. p. 58.
Hawkes, Jacquetta, 1953 Dec. p. 58; 1960 Nov. p. 154.
Hawkesworth, C. J., 1977 Mar. p. 100.
Hawking, Frank, 1970 June p. 123.
Hawking, S. W., 1978 May p. 68.
Hawking, Stephen, 1972 May p. 44, 45; 1974 Dec. p. 35, 43.
Hawkins, Augustus F., 1977 Nov. p. 49.
Hawkins, Denis F., 1963 Nov. p. 108.
Hawkins, Gerald S., 1975 Sept. p. 153.
Hawkins, T. H., 1950 June p. 30.
Hawkins, W. D., 1951 Oct. p. 28.
Hawkins, Willard R., 1959 June p. 82.
Hawley, Paul R., 1949 Jan. p. 28.
Hawn, Clinton V. Z., 1962 Mar. p. 60, 64.
Haworth, Leland J., 1952 July p. 35; 1961 May p. 74; 1962 Sept. p. 100; 1963 May p. 74.
Haworth, W. N., 1967 Nov. p. 27.

Hawthorne, J. B., 1978 Apr. p. 123.
Hawthorne, M. F., 1966 July p. 107.
Haxel, O. P. L., 1969 Apr. p. 63.
Hay, H. J., 1960 Apr. p. 79.
Hay, Ian L., 1975 Dec. p. 101, 105.
Hay, J. J., 1963 Feb. p. 144.
Hay, John, 1965 Aug. p. 88.
Hay, John C., 1967 May p. 97.
Hay, R. L., 1967 Feb. p. 51, 52.
Hay, William, 1968 Dec. p. 106.
Hayakawa, S., 1964 June p. 42.
Hayashi, C. C., 1972 Aug. p. 59.
Hayashi, Chushiro, 1954 Mar. p. 63; 1967 Aug. p. 32, 33, 36.
Hayashi, Izuo, 1970 Oct. p. 54; 1971 July p. 32; 1973 Nov. p. 33.
Hayashi, Marie, 1964 May p. 56.
Hayashi, Masaki, 1964 May p. 53, 56.
Hayashi, Shinji, 1976 July p. 55.
Hayashi, Teru, 1951 July p. 32; 1962 Feb. p. 112; 1965 Mar. p. 73.
Hayatsu, Hikoya, 1965 June p. 57.
Hayatsu, Ryoichi, 1972 June p. 45.
Hayden, Bruce P., 1972 May p. 97.
Hayden Planetarium, 1962 July p. 122.
Haydn, Franz J., 1967 Dec. p. 103.
Hayek, Friedrich von, 1974 Dec. p. 60.
Hayes, Albert J., 1966 Mar. p. 55.
Hayes, Catherine, 1951 July p. 32; 1954 Feb. p. 48; 1962 May p. 133.
Hayes, Cathy, 1969 Jan. p. 50; 1972 Oct. p. 92.
Hayes, Colleen, 1975 Jan. p. 85.
Hayes, Commodore, 1959 Aug. p. 77.
Hayes, Dennis E., 1967 Feb. p. 54; 1969 Sept. p. 138.
Hayes, Earl, 1975 Aug. p. 80.
Hayes, Herbert K., 1951 Aug. p. 42; 1953 July p. 59.
Hayes, John, 1972 Oct. p. 83.
Hayes, John W., 1978 Jan. p. 113.
Hayes, Keith J., 1951 July p. 32; 1954 Feb. p. 48; 1955 Feb. p. 75, 76; 1957 June p. 146; 1962 May p. 133; 1969 Jan. p. 50; 1972 Oct. p. 92.
Hayes, Rutherford B., 1976 June p. 21.
Hayes, Wayland J. Jr., 1956 Feb. p. 49.
Hayes, William, 1956 July p. 116; 1961 June p. 94.
Hayflick, Leonard, 1962 Mar. p. 118; 1973 Sept. p. 51.
Hayford, J. F., 1955 Sept. p. 167; 1967 Oct. p. 71.
Hayhanen, Reino, 1966 July p. 45, 46.
Hayhow, W. R., 1974 May p. 50.
Haynes, C. Vance Jr., 1966 June p. 104; Dec. p. 58; 1967 Jan. p. 44; Nov. p. 50; 1968 Mar. p. 54.
Haynes, J. Richard, 1976 June p. 29, 31.
Haynes, M. P., 1976 Oct. p. 65.
Haynes, Norman, 1965 Sept. p. 78.
Haynie, John L., 1977 July p. 76.
Hays, Arthur G., 1959 Jan. p. 122, 123, 128; 1969 Feb. p. 19.
Hays, Donald F., 1975 July p. 60.
Hays, James D., 1968 Apr. p. 57.
Hays, Wayne L., 1954 Sept. p. 70; 1955 Feb. p. 56.
Haystack Observatory, 1975 May p. 85.
Hayward, Alan, 1972 Dec. p. 59.
Hayward, James N., 1969 Jan. p. 92.
Hayward, Roger, 1948 Sept. p. 30; 1950 Sept. p. 32; 1952 June p. 48, 52, 50; 1954 Dec. p. 52.
Hazan, A., 1969 Nov. p. 89.
Hazard, Cyril, 1954 July p. 35; 1962 Mar. p. 42; 1963 Dec. p. 56; 1966 June p. 39; Aug. p. 35; Dec. p. 40; 1971 July p. 74.
Hazard, Elia, 1968 Feb. p. 92.
Hazelbauer, Gerald L., 1976 Apr. p. 44.
Hazelden, John, 1972 May p. 84.
Hazeltine, Alan, 1954 Apr. p. 66.
Hazelwood, Robert, 1954 May p. 86.
Hazen, D. C., 1963 Aug. p. 85.
Heacock, R. L., 1966 Mar. p. 42.
Heady, Earl O., 1976 Sept. p. 34, 107.
Heald, C. W., 1969 July p. 66.
Heald, Mark A., 1954 June p. 30.
Healey, J. R., 1963 Oct. p. 60; 1964 Jan. p. 36, 37.
Healey, John E. Jr., 1963 Jan. p. 66.
Health Insurance Plan of Greater New York, 1963 Aug. p. 19, 23, 26.
Health Service Corporations, 1973 Sept. p. 175.
Healy, John H., 1975 May p. 18.
Heape, Walter, 1951 Mar. p. 45.
Hearder, J. N., 1971 May p. 84.
Hearn, David, 1977 Oct. p. 55.
Hearn, Richard L., 1975 Oct. p. 22.
Hearst, William R., 1949 Sept. p. 26; 1953 July p. 48.
Heath, F. G., 1970 Feb. p. 22.
Heath, James E., 1972 June p. 73, 75.
Heath, Robert D., 1956 June p. 54.
Heath, Robert G., 1970 Apr. p. 74.
Heath, T., Sir, 1969 Nov. p. 98.
Heatley, N. G., 1954 Feb. p. 77.
Heaviside, Oliver, 1949 Jan. p. 31; 1950 Sept. p. 41; 1952 Sept. p. 59; 1955 Sept. p. 126.
Heawood, Perry J., 1977 Oct. p. 111.
Hebb, D. O., 1956 Jan. p. 39; Oct. p. 107; 1957 Jan. p. 52; 1958 Sept. p. 141; 1960 June p. 128; 1961 June p. 72; 1964 June p. 60, 67; 1966 July p. 91; Aug. p. 82; 1967 Jan. p. 85; 1970 July p. 58; 1971 Aug. p. 82.
Heberden, William Jr., 1969 July p. 43.
Hebern, Edward H., 1966 July p. 40, 43.
Hebrew Union College, 1963 Oct. p. 102.
Hebrew University, 1963 Jan. p. 119.
Hecht, Friedrich, 1960 Feb. p. 132.
Hecht, Oscar, 1950 Mar. p. 36.
Hecht, Selig, 1956 Dec. p. 118, 120, 122; 1962 Nov. p. 120, 122, 125; 1963 July p. 124; 1966 Oct. p. 83; 1967 June p. 76.
Heck, N. H., 1961 Aug. p. 58.
Hecker, S. S., 1976 Nov. p. 100.
Heckly, Robert J., 1971 Dec. p. 33.
Heckman, Kenneth C., 1957 Mar. p. 40.
Hedberg, Hollis D., 1973 July p. 93.
Hedeman, E. R., 1965 May p. 37.
Hedge, Carl E., 1977 Mar. p. 100.
Hediger, Heine, 1963 July p. 101, 103; 1969 May p. 54.
Hediger, Henri, 1968 May p. 118.
Hedley, Charles, 1962 Sept. p. 169.
Hedlum, J. M., 1973 Oct. p. 102.
Hedqvist, Per, 1971 Nov. p. 91.
Heeger, Alan J., 1973 May p. 43.
Heer, C. V., 1953 Sept. p. 82.
Heer, David M., 1973 Jan. p. 46.
Heesch, Heinrich, 1977 Oct. p. 112, 115, 116, 118.
Heeschen, David S., 1956 Sept. p. 131; Oct. p. 57, 61, 66; 1957 Mar. p. 66; July p. 55; 1960 Jan. p. 51; 1961 Mar. p. 88; 1962 Apr. p. 57; 1963 Dec. p. 54; 1964 Nov. p. 38; 1965 Mar. p. 54.
Heezen, Bruce C., 1956 Dec. p. 90, 92; 1958 Apr. p. 32; 1959 May p. 74; Oct. p. 82; 1960 Apr. p. 98; May p. 92; Oct. p. 99; 1961 Oct. p. 156; Dec. p. 52, 61; 1962 May p. 124; July p. 104; 1963 Jan. p. 84; Nov. p. 140; 1966 Oct. p. 30; 1967 June p. 52; July p. 38; 1968 Apr. p. 56; Dec. p. 69; 1969 Nov. p. 106, 118.
Heezen, Keith L., 1968 Feb. p. 116.
Heflinger, Lee O., 1968 Feb. p. 44, 45; 1976 Oct. p. 86.
Hegel, Georg W. F., 1958 Mar. p. 100; Sept. p. 102, 104; 1967 July p. 50; 1972 Dec. p. 89.
Hegsted, Mark, 1967 Jan. p. 58.
Heiber, Walter, 1973 Dec. p. 55.
Heidegger, Martin, 1949 Oct. p. 53.
Heidelberg University, 1960 Nov. p. 182.
Heidelberger, Michael, 1954 June p. 71; 1959 Jan p. 41.
Heidenhain, Rudolf, 1951 Oct. p. 58.
Heider, Grace M., 1974 Apr. p. 93.
Heidmann, J., 1956 Apr. p. 58.
Heidorn, George E., 1976 Oct. p. 60.
Heidt, Herbert, 1974 Sept. p. 35.
Heidt, Lawrence J., 1950 Aug. p. 20; 1953 Mar. p. 50; Nov. p. 52.
Heifetz, Jascha, 1948 July p. 37; 1976 Dec. p. 28.
Heiken, Grant, 1972 Oct. p. 87.
Heil, A., 1954 Mar. p. 88.
Heil, O., 1954 Mar. p. 88.
Heilbrunn, L. V., 1954 Apr. p. 73; 1970 Apr. p. 86; 1973 Sept. p. 48; 1977 Nov. p. 133.
Heiles, Carl, 1978 Jan. p. 74.
Heilmeier, George H., 1970 Apr. p. 100; 1973 June p. 69.
Heim, Albert, 1950 Sept. p. 36.
Heim, Michael H., 1974 Nov. p. 54.
Heiman, Frederick P., 1973 Aug. p. 50.
Heimann, Hugo, 1967 Mar. p. 93.
Heimer, Lennart, 1971 July p. 48.
Heimer, Walter I., 1958 Aug. p. 70; 1974 Jan. p. 79.
Heimlich, Henry J., 1975 Dec. p. 50.
Hein, Robert A., 1964 June p. 56.
Heine, Bernd, 1977 Apr. p. 109, 110.
Heine, Heinrich, 1958 Sept. p. 162.
Heine, Ralph W., 1967 Mar. p. 78.
Heine, V., 1964 June p. 72.
Heinemann, Stephen F., 1968 May p. 112.
Heinmets, F., 1951 May p. 49.
Heinrich, Bernd, 1973 Apr. p. 97.
Heinroth, Oskar, 1958 Dec. p. 69; 1973 Dec. p. 50.
Heinz Steinitz Marine Biological Laboratory, 1977 Mar. p. 106.
Heinzelman, R. V., 1961 July p. 106.
Heirtzler, James R., 1962 Sept. p. 83; 1967 July p. 38; 1968 Apr. p. 57.
Heirzler, James R., 1963 Nov. p. 69; 1969 June p. 34; 1975 Aug. p. 81.
Heise, John, 1975 Mar. p. 31, 33; 1976 Aug. p. 44B.
Heisenberg, Martin, 1973 Dec. p. 28.
Heisenberg, Werner, 1948 May p. 20; 1949 Mar. p. 53; Apr. p. 25; Oct. p. 13; Dec. p. 15; 1950 Feb. p. 24; July p. 51; Sept. p. 30, 42; 1951 May p. 33; 1952 Feb. p. 34; June p. 28; 1953 Sept. p. 56; 1954 May p. 86, 87; 1955 Jan. p. 68; Apr. p. 34; June p. 32; Oct. p. 44; 1957 Apr. p. 68; June p. 72; July p. 74, 83; 1958 Jan. p. 52, 54, 55; Sept. p. 136, 77, 79, 81, 82; 1959 Jan. p. 77; Oct. p. 160; 1963 May p. 46, 47, 49, 53; 1964 Feb. p. 74; Sept. p. 131; 1967 Sept. p. 224, 83; Nov. p. 27, 59; 1968 May p. 25; 1969 Aug. p. 62; 1971 June p. 71; July p. 98; Aug. p. 98; 1973 Nov. p. 44; 1975 June p. 56; Dec. p. 61, 66; 1976 Jan. p. 45, 50; 1977 Mar. p. 64; 1978 Feb. p. 131.
Heitler, Walter, 1949 Mar. p. 35, 36; Oct. p. 11-14; 1967 June p. 66.
Heitz, Emil, 1964 Apr. p. 50.
Heizer, Robert F., 1975 Jan. p. 103.
Helbaek, Hans, 1952 Oct. p. 64; 1960 Sept. p. 144; 1964 Apr. p. 97, 99.
Held, Richard, 1962 Jan. p. 47; 1967 May p. 96, 99; 1976 Nov. p. 43.
Helena, Empress, 1965 July p. 90, 91.

Helinski, Donald R., 1967 May p. 92; 1977 May p. 55.
Hell, Maximilian, 1951 Mar. p. 48.
Hellawell, A., 1977 July p. 82.
Hellberg, Peter, 1975 Mar. p. 19.
Hellbruegge, Heinrich, 1968 Apr. p. 27.
Heller, Adam, 1966 Oct. p. 48; 1967 June p. 86, 87.
Heller, H. Craig, 1971 Apr. p. 75.
Heller, Joram, 1970 Oct. p. 82.
Helling, Robert B., 1975 July p. 25, 29, 31.
Helliwell, R. A., 1962 Sept. p. 81.
Hellman, G., 1952 Jan. p. 58.
Hellman, Karl H., 1975 Jan. p. 36, 37.
Hellman, Louis M., 1950 Mar. p. 53.
Hellström, Bo, 1973 Apr. p. 55.
Hellwarth, Robert W., 1963 July p. 40; 1964 Apr. p. 49.
Helm, Robert W., 1977 Apr. p. 52.
Helmer, Oscar, 1959 Mar. p. 54.
Helmholtz, Hermann von, 1949 Aug. p. 55; 1952 Mar. p. 49; 1953 Feb. p. 79; 1956 Feb. p. 77; 1957 Dec. p. 98, 99; 1958 Mar. p. 94, 95, 96, 98, 100, 102; 1959 May p. 84, 87; Nov. p. 102, 104, 112; 1960 June p. 122; Oct. p. 145; 1961 Aug. p. 73; Dec. p. 84; 1962 May p. 103, 69, 70; July p. 124; Nov. p. 83; 1963 Oct. p. 85; 1964 May p. 115, 116; Nov. p. 109; Dec. p. 54, 56; 1965 Nov. p. 84, 85; Dec. p. 92; 1966 Dec. p. 80; 1967 May p. 96, 99; Sept. p. 181; 1968 Jan. p. 117; June p. 84; Nov. p. 66; 1971 Mar. p. 99; Sept. p. 188; Oct. p. 30; 1972 May p. 30, 33-35; Aug. p. 86; 1973 July p. 29, 30, 31; Aug. p. 76-78; Oct. p. 98; 1974 Jan. p. 87-91, 94; Apr. p. 91; 1975 Mar. p. 64; June p. 78; Aug. p. 67, 72; 1976 Sept. p. 70; 1978 Jan. p. 126.
Helmont, Jan B. van, 1948 Aug. p. 26; 1950 May p. 20; 1954 Aug. p. 45.
Helpern, Milton, 1950 June p. 45.
Helsinki Conference on Security and Cooperation in Europe, 1977 Nov. p. 70.
Helsinki Opthalmologic Clinic, 1964 Jan. p. 86.
Helson, Harry, 1963 Jan. p. 109; 1964 Nov. p. 119.
Helson, Ravenna, 1958 Sept. p. 151.
Helsop-Harrison, John, 1968 Apr. p. 90.
Helversen, Otto von, 1976 July p. 110.
Hemenway, Curtis L., 1963 June p. 57.
Hemeon, W. C. L., 1954 Nov. p. 49.
Hemingway, Allan, 1953 Mar. p. 71.
Hemingway, Ernest, 1962 Mar. p. 60; July p. 62; 1967 Nov. p. 25.
Hemmerly, Thomas, 1959 Jan. p. 43.
Hemmings, E. Thomas, 1968 Mar. p. 54.
Hempel, Carl G., 1973 May p. 76.
Hench, Philip S., 1949 July p. 29; 1950 Mar. p. 31, 33; Oct. p. 21; Dec. p. 26; 1955 Jan. p. 58; 1963 July p. 50; 1967 Nov. p. 25, 28.
Hendel, Alfred Z., 1971 Sept. p. 59.
Hendel, H., 1967 July p. 88.
Hendershot, L. C., 1963 Nov. p. 99.
Henderson, Donald A., 1971 Feb. p. 20; 1976 Oct. p. 25; 1977 Mar. p. 61.
Henderson, J. E., 1963 Aug. p. 19; 1964 Jan. p. 108.
Henderson, Lawrence J., 1950 Sept. p. 73; 1951 Sept. p. 79; 1973 Apr. p. 14; 1974 Nov. p. 19.
Henderson, Lloyd F., 1952 Mar. p. 29.
Henderson, Luis M., 1949 Dec. p. 54.
Henderson, Richard, 1974 July p. 80; 1975 Nov. p. 58; 1976 June p. 40, 46.
Henderson, S. A., 1970 Dec. p. 46.
Hendl, R. G., 1975 Apr. p. 113.
Hendricks, Sterling B., 1959 Nov. p. 91; 1960 Dec. p. 56, 60, 61; 1968 Sept. p. 158, 51.
Hendrickson, John R., 1965 May p. 79.
Hendriks, Herbert E., 1961 Aug. p. 54.
Hendrix, Don, 1950 Dec. p. 38, 39.
Henery, Michael, 1970 Oct. p. 60.
Henery-Logan, K. R., 1957 May p. 63.
Henglein, A., 1968 Oct. p. 46.
Hengstenberg, Dennis, 1972 Dec. p. 69.
Henis, Yigal, 1966 July p. .
Henisch, H. K., 1977 May p. 44.
Henize, Karl G., 1963 Oct. p. 60.
Henkin, Leon A., 1972 June p. 83, 84.
Henkin, Robert I., 1961 July p. 64; 1971 Jan. p. 31; 1976 July p. 52.
Henkins, Henry, 1961 Aug. p. 113.
Henle, Gertrude, 1961 May p. 51, 53; 1973 Oct. p. 30, 31; 1976 May p. 54.
Henle, Walter, 1976 May p. 54.
Henle, Werner, 1961 May p. 51, 53; 1973 Oct. p. 30, 31.
Hennelly, Edward J., 1962 Nov. p. 109.
Hennessy, Douglas J., 1963 Mar. p. 45, 47.
Henning, Roland, 1977 Oct. p. 99.
Henning, U., 1967 May p. 92.
Hennock, Frieda B., 1951 May p. 36.
Henri, Frederic, 1962 Mar. p. 60.
Henri, Victor, 1959 Aug. p. 120.
Henrikson, Thormod, 1970 Aug. p. 76.
Henriot, E., 1951 June p. 45; 1961 Apr. p. 136-138.
Henrique, Dom, 1969 Sept. p. 61, 62.
Henriques, O. M., 1959 Aug. p. 119.
Henry Ford Hospital, 1963 Aug. p. 25.
Henry, Geoffrey H., 1972 Aug. p. 86.
Henry I, King, 1970 July p. 18; 1974 May p. 42.
Henry II, King, 1956 Jan. p. 92; 1974 May p. 42.
Henry III, King, 1956 Jan. p. 92; 1961 Feb. p. 125; 1967 Dec. p. 119; 1973 Apr. p. 86-88.
Henry IV, King, 1949 Jan. p. 43; 1971 June p. 92; 1973 Apr. p. 86-88.
Henry, James E., 1975 Nov. p. 60.
Henry, John, 1970 Jan. p. 104.
Henry, Joseph, 1953 Oct. p. 93; 1957 Nov. p. 47; 1965 July p. 66; 1970 July p. 19; 1971 May p. 80, 81, 82.
Henry, Joseph C., 1965 July p. 29; 1968 Dec. p. 37.
Henry, Louis, 1974 Sept. p. 46.
Henry, Marguerite, 1949 Dec. p. 54, 56.
Henry, O., 1953 Dec. p. 90.
Henry, Patrick, 1959 Jan. p. 127.
Henry, Paul, 1978 May p. 69, 772.
Henry, Prince of Battenburg, 1965 Aug. p. 89, 91, 94.
Henry, Prince of Prussia, 1965 Aug. p. 88, 93.
Henry, Prince of Russia, 1965 Aug. p. 91, 95.
Henry, Prince of Wales, 1969 July p. 42.
Henry, R. C., 1969 July p. 52.
Henry, Robert L., 1955 Aug. p. 29, 30, 33.
Henry the Navigator, *see:* Henrique, Dom.
Henry VIII, King, 1952 Jan. p. 30; 1956 June p. 78, 80; 1958 Mar. p. 45; 1973 Sept. p. 128; 1976 Oct. p. 117, 120.
Henry, Warren E., 1949 June p. 38.
Hensby, G. S., 1949 Mar. p. 36.
Henschen, G., 1978 Apr. p. 64.
Hensel, John C., 1976 June p. 34, 36.
Henseleit, K., 1963 Nov. p. 112.
Henshaw, Paul, 1953 Aug. p. 48.
Henson, Alexander, 1972 May p. 52.
Henson, Donald, 1973 Jan. p. 28.
Henz, John F., 1977 Apr. p. 60.
Henze, William Jr., 1975 Apr. p. 109.
Heoyi, Dennis J., 1974 May p. 112.
Hepler, Norva, 1976 Dec. p. 45.
Hepler, Peter, 1969 Dec. p. 59.
Heppel, Leon A., 1972 Aug. p. 98; 1976 Apr. p. 44.
Heppleston, A. G., 1967 Nov. p. 66.
Heppner, James P., 1955 Dec. p. 32; 1963 May p. 91; 1965 Mar. p. 61, 66.
Hepstinstall, Robert H., 1977 Feb. p. 82.
Heraclides, 1949 Apr. p. 45.
Heraclitus, 1953 Sept. p. 56; 1959 Dec. p. 122, 138; 1963 Oct. p. 36; 1967 Jan. p. 98; May p. 126; 1971 Mar. p. 50.
Heraclius, Emperor, 1961 June p. 133; 1971 Aug. p. 31.
Herb, R. G., 1970 Aug. p. 25, 26.
Herber, R. H., 1971 Oct. p. 86.
Herbert, George, 1977 June p. 123, 125.
Herbig, George H., 1955 Nov. p. 49; 1958 Oct. p. 47; 1964 Dec. p. 38; 1965 Feb. p. 92, 101; 1967 June p. 33; 1968 Aug. p. 59; Dec. p. 44; 1972 Aug. p. 60; 1973 Mar. p. 67; 1974 Oct. p. 39; 1975 Sept. p. 156; 1977 June p. 70; Dec. p. 86.
Herblock, *see:* Block, Herbert L..
Herbst, Curt, 1961 Sept. p. 146.
Herbst, Philip G., 1975 Mar. p. 18.
Herbst, W. E., 1977 June p. 81.
Herd, J. A., 1961 Oct. p. 88.
Heremans, Joseph, 1960 Mar. p. 140.
Herget, Paul, 1961 Nov. p. 79.
Hering, Ewald, 1959 May p. 87; 1962 May p. 68; 1964 Dec. p. 53, 54, 56; 1965 Feb. p. 46; 1968 Nov. p. 69; 1972 Aug. p. 86; 1974 Apr. p. 91; 1975 Aug. p. 67, 68, 72.
Hering, Wayne, 1964 Mar. p. 71.
Herion, John, 1967 Nov. p. 67.
Heritage, M. B., 1972 Nov. p. 40, 41.
Herk, A. W. H. van, 1966 July p. 86, 87.
Herlihy, David J., 1972 Feb. p. 93.
Herlinka, Josef, 1975 Mar. p. 98.
Herlofson, A., 1971 July p. 79.
Herlofson, A. N., 1969 Feb. p. 55.
Herlofson, N., 1964 Nov. p. 38.
Herman, Carlton M., 1957 Dec. p. 51.
Herman, Robert C., 1954 Mar. p. 62, 63; 1956 Sept. p. 82, 87; Dec. p. 60; 1963 Dec. p. 35, 43; 1967 June p. 36; 1978 May p. 66.
Herman, S. G., 1969 Feb. p. 44.
Herman, Zdenek, 1968 Oct. p. 46.
Hermann et Cie, 1957 May p. 93.
Hermann, L., 1952 Nov. p. 58, 60.
Hermann of Carinthia, 1974 Jan. p. 104.
Hermans, J. J., 1965 Aug. p. 76.
Hermans, T. G., 1962 July p. 123.
Hermelin, Beata, 1973 Mar. p. 76.
Hermens, Jos, 1976 June p. 110, 111.
Hermes, Robert, 1951 May p. 66.
Hermite, Gustave, 1951 Dec. p. 68.
Hermogenes, 1973 Dec. p. 111.
Hernandez, Homero, 1965 July p. 94.
Hernandez, William, 1969 Feb. p. 103.
Hernández-Peón, Raúl, 1959 Aug. p. 95; 1961 Feb. p. 42; 1964 June p. 68.
Hernberg, Sven, 1971 Feb. p. 18.
Her-Neit, Queen, 1956 July p. 52.
Herner, Albert E., 1963 Nov. p. 112, 113.
Hernqvist, K. G., 1973 Feb. p. 89, 97.
Hero of Alexandria, 1952 Aug. p. 25; 1959 June p. 61; 1964 June p. 112; 1965 Dec. p. 88; 1970 Aug. p. 94, 96; Oct. p. 112-114, 118; 1971 Sept. p. 38, 40.
Herod, Agrippa, 1965 July p. 90.
Herod Antipas, 1954 May p. 85.
Herod the Great, 1954 May p. 40; 1956 Apr. p. 42; 1965 July p. 84, 88 - 90; 1973 Jan. p. 83, 84.
Herodotus, 1949 Aug. p. 11; 1952 July p. 20; 1959 July p. 100, 102, 109; 1961 Jan. p. 73; Mar. p. 120; June p. 124, 127; 1962 Feb. p. 83, 87; 1963 July p. 90; 1964 June p. 104; 1965 May p. 101, 96; 1968 Oct. p. 113; 1969 Sept. p. 107; 1975 July p. 50; 1978 Mar. p. 134.

Heron, Woodburn, 1957 Jan. p. 52; 1961 June p. 72; 1962 Aug. p. 70.
Herostratus, 1949 June p. 54; 1952 Apr. p. 68.
Herr, Kenneth C., 1966 Apr. p. 36.
Herrell, Wallace E., 1950 July p. 29.
Herrera, Francisco C., 1962 Aug. p. 100.
Herreshoff, Halsey C., 1966 Aug. p. 61.
Herrick, James B., 1951 Aug. p. 56; 1956 Aug. p. 87; 1975 Apr. p. 45.
Herrick, Judson, 1948 Oct. p. 27.
Herrick, Samual, 1965 Apr. p. 106.
Herriman, Alan G., 1970 May p. 27.
Herring, Alika, 1968 Feb. p. 74.
Herring, W. Conyers, 1955 July p. 85; 1960 July p. 65; 1969 Mar. p. 33; 1971 Nov. p. 29.
Herrington, H. B., 1970 May p. 44.
Herriott, Donald R., 1961 June p. 54, 58; 1968 Sept. p. 100, 120, 52, 91.
Herriott, Roger M., 1948 Dec. p. 32; 1953 May p. 37; 1956 Oct. p. 82; 1961 Oct. p. 82, 84.
Herrling, Paul L., 1976 July p. 113.
Herrmann, G. F., 1959 June p. 124.
Herrmann, Heinz, 1957 Nov. p. 88.
Herron, Ellen M., 1977 Aug. p. 68.
Hers, H. G., 1963 May p. 72.
Hersch, Paul, 1965 May p. 52.
Herschbach, Dudley R., 1964 July p. 101, 103.
Hersche, William, 1968 Sept. p. 72.
Herschel, Caroline, 1950 Feb. p. 33.
Herschel, John, Sir, 1948 Nov. p. 28, 38; 1950 Feb. p. 33; 1952 Apr. p. 66, 67; Aug. p. 36; 1953 May p. 67; Oct. p. 43; 1956 Apr. p. 53; Sept. p. 102; 1965 Aug. p. 20.
Herschel, William, Sir, 1950 Feb. p. 32, 33; 1952 Apr. p. 66; 1953 Oct. p. 42, 43, 48; 1954 June p. 79; July p. 30, 33; Oct. p. 70; 1956 Sept. p. 102; 1957 May p. 46; 1963 June p. 94, 95, 97; 1965 Apr. p. 114; May p. 34, 35; Aug. p. 20, 23; 1967 Feb. p. 97; 1968 Aug. p. 51; 1970 June p. 26; 1973 Mar. p. 51; 1974 Oct. p. 34; 1975 Jan. p. 24; Sept. p. 131; 1977 Feb. p. 30; July p. 128; Oct. p. 43.
Herscovics, Annette, 1969 Feb. p. 107.
Hersey, John, 1949 Mar. p. 15; 1951 Aug. p. 27.
Hersh, Reuben, 1969 Mar. p. 71, 72; 1971 Aug. p. 93; 1973 Mar. p. 103.
Hershey, Alfred D., 1948 Nov. p. 47, 51; 1951 Oct. p. 23; 1953 May p. 37, 39; 1954 Dec. p. 64, 65; 1956 Oct. p. 88; 1961 June p. 97; 1962 Jan. p. 73; 1966 Jan. p. 38; 1969 Dec. p. 48; 1972 Dec. p. 86.
Hershey, John, 1955 Nov. p. 44.
Herskovits, Melville J., 1954 Oct. p. 81, 82.
Hertel, E., 1951 May p. 23.
Herter, Christian A., 1949 June p. 14.
Hertig, Arthur T., 1950 July p. 28.
Hertting, Georg, 1974 June p. 60.
Hertwig, Oskar, 1968 June p. 84, 86; July p. 55.
Hertwig, Richard von, 1974 Jan. p. 56.
Hertz, C. H., 1962 Oct. p. 117.
Hertz, Gustav, 1949 Nov. p. 27; 1967 Nov. p. 26.
Hertz, Hans G., 1975 Jan. p. 29.
Hertz, Heinrich, 1950 Apr. p. 14; 1952 Aug. p. 45-47, 49, 51; 1953 Oct. p. 43; Nov. p. 96; 1954 Apr. p. 64; July p. 73, 76, 77; 1955 June p. 69; 1957 Dec. p. 98, 100, 102, 104, 106; 1958 Mar. p. 102, 96; Sept. p. 66, 81; 1960 July p. 48; 1964 Sept. p. 129, 132, 44; 1965 Mar. p. 93; 1969 Mar. p. 104; 1971 May p. 86, 87; July p. 94; 1974 Mar. p. 93, 95.
Hertz, Mathilde, 1955 Aug. p. 58.
Hertz, Roy, 1958 Feb. p. 46.
Hertzberg, E., 1978 Mar. p. 105.
Hertzberg, Richard, 1967 Feb. p. 92.
Hertzman, M., 1959 Feb. p. 51.
Hertzsprung, Ejnar, 1950 Feb. p. 33; Sept. p. 24, 25; 1959 July p. 51; 1961 June p. 111; 1974 Jan. p. 70.
Herxheimer, Herbert, 1963 Nov. p. 106, 108.
Hery, Joseph, 1954 July p. 73-77.
Héry, Thierry de, 1956 Jan. p. 94.
Herz, Albert, 1977 Mar. p. 52, 53.
Herzberg, Gerhard, 1960 May p. 137; 1965 May p. 70; 1971 Dec. p. 38; 1972 Jan. p. 80.
Herzberg, Mendel, 1953 Sept. p. 84.
Herzenberg, Leonard A., 1973 July p. 59; 1976 May p. 34.
Herzenberg, Leonore A., 1976 May p. 34.
Herzfeld, Charles M., 1957 Mar. p. 91; 1960 May p. 137; 1966 Oct. p. 70; 1968 Mar. p. 31.
Herzog, Bertram, 1966 Sept. p. 188.
Herzog, G., 1949 Nov. p. 28.
Herzog, R. O., 1954 July p. 51, 55.
Hesiod, 1949 June p. 41; 1951 Nov. p. 54; Dec. p. 64; 1968 Oct. p. 113.
Heslin, A. Sandra, 1962 July p. 44.
Heslop-Harrison, Yolande, 1978 Feb. p. 104.
Hess, Albert, 1974 Mar. p. 94.
Hess, Alfred S., 1970 Dec. p. 80, 82.
Hess, Benno, 1976 June p. 43.
Hess, Bill, 1975 Jan. p. 85.
Hess, C., 1959 May p. 87.
Hess, Charles, 1953 Aug. p. 78.
Hess, Conrad, 1966 July p. 85.
Hess, Eckhard H., 1959 June p. 73; 1960 Sept. p. 146; 1964 Nov. p. 53; 1966 Aug. p. 85; 1968 Aug. p. 94; 1975 Nov. p. 110.
Hess, Felix, 1968 Nov. p. 124.
Hess, G. H., 1958 Mar. p. 96.
Hess, Harry H., 1959 Apr. p. 41; 1961 Dec. p. 58, 60; 1963 Apr. p. 92; 1967 Feb. p. 54; 1968 Apr. p. 56; Dec. p. 60, 61; 1969 Nov. p. 106, 108, 112, 113; 1971 Nov. p. 58; 1972 May p. 56; 1973 May p. 63.
Hess, Margaret, 1956 Nov. p. 132.
Hess, Seymour L., 1953 May p. 70; 1976 Mar. p. 50, 51.
Hess, Sidney W., 1964 Mar. p. 57; 1965 Nov. p. 26, 27.
Hess, Sol, 1969 May p. 65.
Hess, Victor F., 1949 Mar. p. 29, 30; Dec. p. 15, 17; 1950 Apr. p. 44; Sept. p. 31; 1951 May p. 27; 1953 Apr. p. 33; Sept. p. 64; 1964 Nov. p. 38; 1967 Nov. p. 25, 27.
Hess, W. M., 1973 May p. 35.
Hess, W. N., 1963 May p. 94.
Hess, Walter R., 1949 Dec. p. 11, 17; 1955 May p. 78; 1956 Oct. p. 106, 107, 114; 1962 Mar. p. 51; 1964 June p. 60; 1967 Feb. p. 67; Nov. p. 27.
Hess, Wilmot, 1970 Aug. p. 19.
Hessenberg, Gerhard, 1950 Sept. p. 41.
Hessler, Robert R., 1977 June p. 49.
Hessler, Victor P., 1962 Mar. p. 135; 1964 Apr. p. 70.
Hester, Harriet H., 1951 Jan. p. 27.
Hester, Jim J., 1963 Feb. p. 89.
Hestrin, Shlomo, 1957 Sept. p. 168.
Hetzler, Charles W., 1968 Aug. p. 51.
Heubner, Otto, 1965 July p. 52.
Heuer, George, 1950 Jan. p. 15.
Heuser, John E., 1975 Oct. p. 36; 1977 Feb. p. 106, 107.
Heusser, H., 1963 July p. 101, 103.
Heuvel, Edward P. J. van den, 1975 Mar. p. 24, 31, 33; Dec. p. 39; 1976 Oct. p. 78; 1977 Oct. p. 49.
Hevelius, Johannes, 1954 Dec. p. 97; 1977 May p. 81, 83-85.
Hevesi, J., 1976 Apr. p. 80, 81, 82.
Hevesy, Georg von, 1963 Aug. p. 104; 1967 Apr. p. 68.
Hevesy, George de, 1949 Feb. p. 31, 32; 1950 Sept. p. 68; 1951 Dec. p. 24, 25; 1955 Oct. p. 33; 1959 Jan. p. 62; 1967 Nov. p. 27.
Hevesy, Wilhelm von, 1958 June p. 62.
Heveszy, Guillaume de, 1949 Feb. p. 54.
Hewes, Gordon W., 1957 Feb. p. 123; 1967 Apr. p. 62; 1978 Apr. p. 108.
Hewish, Anthony, 1964 Nov. p. 58; 1968 Apr. p. 42; Dec. p. 50; 1969 Jan. p. 46; 1971 Jan. p. 48; 1974 Dec. p. 56.
Hewitt, H. B., 1960 Apr. p. 150.
Hewlett, Richard G., 1975 Oct. p. 109.
Hewlett-Packard, 1973 June p. 68; 1977 Sept. p. 184.
Hey, J. S., 1955 June p. 41; 1962 Mar. p. 42.
Heybey, O. W., 1967 Aug. p. 85.
Heyerdahl, Thor, 1956 Jan. p. 76; Aug. p. 59; 1958 June p. 68; 1975 June p. 92, 93.
Heymann, Dieter, 1965 Oct. p. 35, 36.
Heymann, Hans, 1955 Jan. p. 60.
Heymans, C. J. F., 1967 Nov. p. 27.
Heyrovsky, Jaroslav, 1959 Dec. p. 79; 1967 Nov. p. 28.
Heytesbury, William, 1973 May p. 85.
Hezekiah, 1970 Aug. p. 97.
Hiatt, H., 1961 July p. 66.
Hibben, Frank, 1953 Apr. p. 54; 1966 Apr. p. 51.
Hibino, Akemi, 1971 Nov. p. 22, 31.
Hickenlooper, Bourke B., 1949 Feb. p. 19; July p. 26; Aug. p. 25; Sept. p. 27; Dec. p. 27; 1950 Aug. p. 28; 1953 May p. 53; June p. 44; 1954 May p. 50.
Hickernell, Donald C., 1973 May p. 37.
Hicklin, Martin D., 1978 Feb. p. 84.
Hickman, Henry, 1957 Jan. p. 72.
Hickman, Martha, 1977 Mar. p. 100.
Hicks, John R., 1972 Dec. p. 41.
Hicks, John W., 1971 Mar. p. 31.
Hicks, Robert A., 1975 Nov. p. 112.
Hicks, Sue K., 1969 Feb. p. 18, 19.
Hidalgo, 1966 Oct. p. 25.
Hide, Raymond, 1973 Mar. p. 30; 1976 Mar. p. 55.
Hiesey, W. M., 1965 Dec. p. 77.
Hiestand, Dale L., 1976 Dec. p. 25, 26; 1977 Nov. p. 48.
Higa, A., 1975 July p. 28.
Higashi, Ototaka, 1967 Jan. p. 115.
Higashi-Fujime, Sugie, 1975 Nov. p. 44.
Higashino, Shoji, 1970 May p. 86.
Higgins, Elmer, 1967 Mar. p. 31.
Higgins, G. H., 1956 Dec. p. 67.
Higgins, Joseph J., 1967 Oct. p. 50.
Higgs, E. S., 1968 Nov. p. 101.
Higgs, Peter, 1974 July p. 56; 1978 Feb. p. 136.
High Voltage Engineering Corporation, 1964 Mar. p. 83; 1970 Aug. p. 25, 26, 28, 33.
Higham, Charles, 1972 Apr. p. 34.
Highberger, John H., 1957 Sept. p. 211; 1961 May p. 122.
Hight, Sylvester, 1954 Sept. p. 122; 1956 Apr. p. 51.
Higinbotham, W. A., 1948 Nov. p. 24; 1949 July p. 27.
Higonnet, René A., 1949 Nov. p. 29.
Hilberry, Norman, 1958 Aug. p. 52.
Hilbert, David, 1950 Sept. p. 42; 1953 Feb. p. 34; 1956 June p. 74-76, 80, 84, 86; 1958 May p. 69; Sept. p. 66, 69, 71; 1964 Sept. p. 44, 45, 47, 54, 95; 1965 Nov. p. 103; 1966 May p. 112; 1967 Dec. p. 105, 111, 116; 1970 Sept. p. 86; 1971 Aug. p. 97; 1973 Nov. p. 84, 85, 87, 88, 90, 91; 1975 May p. 51.
Hild, Walther, 1957 Mar. p. 84.
Hildebrand, Joel H., 1951 Oct. p. 33; 1955 Feb. p. 52; 1959 Oct. p. 120; 1960 Aug. p. 127; 1965 Jan. p. 45.

Hildebrand, Roger H., 1955 Feb. p. 47, 48; 1964 Feb. p. 71.
Hildebrandt, Alvin F., 1971 Sept. p. 67.
Hildemann, William H., 1963 Jan. p. 119.
Hilden, Arnold, 1953 Oct. p. 74.
Hilding, Anderson C., 1960 Jan. p. 146; 1962 July p. 46.
Hilf, Franklin D., 1973 Feb. p. 48.
Hill, A. Bradford, 1954 Aug. p. 38; 1962 July p. 41, 44; 1964 Feb. p. 66; 1973 Sept. p. 26; 1977 June p. 107.
Hill, A. Lewis, 1967 May p. 103.
Hill, A. V., 1953 Jan. p. 70; 1958 Apr. p. 43; Nov. p. 67; 1961 Sept. p. 192; 1965 May p. 88, 89; June p. 79, 82; 1967 Nov. p. 26; 1970 Apr. p. 85; Dec. p. 39; 1972 Mar. p. 88; 1976 June p. 110, 111.
Hill, Alan E., 1962 Jan. p. 62; 1963 July p. 42; 1964 Apr. p. 39, 40, 43.
Hill, Byron, 1952 Feb. p. 48, 49.
Hill, Charles H. Jr., 1968 May p. 105.
Hill, David L., 1965 Aug. p. 49, 53.
Hill, Edward L., 1963 Mar. p. 114, 116.
Hill, Eric R., 1976 June p. 107.
Hill, F. F., 1953 Mar. p. 44.
Hill, G. W., 1970 Mar. p. 48.
Hill, George A., 1950 Sept. p. 24.
Hill, Harris E., 1961 Feb. p. 43.
Hill, Henry, 1967 Mar. p. 48.
Hill, Henry A., 1975 Sept. p. 54; 1976 May p. 95, 96.
Hill, J. E., 1949 Apr. p. 26.
Hill, John, 1976 July p. 116.
Hill, Lee F., 1957 July p. 96.
Hill, Lester S., 1966 July p. 44.
Hill, Lister, 1949 June p. 14; 1958 Apr. p. 48; 1959 Sept. p. 102; 1971 Apr. p. 23.
Hill, Lynn, 1975 Nov. p. 112.
Hill, R., 1948 Aug. p. 32, 34; 1951 Sept. p. 52; 1960 Nov. p. 105.
Hill, R. D., 1964 Jan. p. 54; 1967 Dec. p. 89; 1975 June p. 57.
Hill, Robert, 1965 July p. 81; 1969 Dec. p. 63, 64, 69, 70; 1974 Dec. p. 71; 1976 Feb. p. 55.
Hill, Robert J., 1964 Nov. p. 72.
Hill, Robert L., 1970 Aug. p. 37, 41.
Hill, Robert M., 1965 Jan. p. 50; 1968 Apr. p. 40.
Hill, Robin, 1953 Nov. p. 82; 1958 Aug. p. 82.
Hill, Ruth, 1967 Feb. p. 38.
Hill, W. C. Osman, 1956 June p. 98.
Hill, W. E., 1971 Dec. p. 66.
Hillary, Edmund, Sir, 1956 Jan. p. 46; May p. 45; 1961 Oct. p. 68, 76.
Hilleboe, Herman E., 1956 Feb. p. 58.
Hilleman, Maurice R., 1960 Dec. p. 92; 1961 Nov. p. 86; 1969 Oct. p. 50; 1971 July p. 26; 1974 July p. 42; 1977 Apr. p. 49.
Hiller Aircraft Corporation, 1960 Aug. p. 45, 46.
Hiller, Kirby, 1965 Nov. p. 44.
Hiller, L. A., 1964 July p. 106.
Hillier, James, 1957 Jan. p. 97; 1961 Sept. p. 60.
Hillier, Philip C., 1975 Aug. p. 59.
Hillman, Dean E., 1975 Jan. p. 60, 61, 63, 64.
Hillman, Robert S., 1973 Aug. p. 90.
Hillman, William, 1973 Mar. p. 83, 84, 88.
Hills, J. I., 1971 Aug. p. 46.
Hills, Jack, 1977 Oct. p. 51.
Hilschmann, Norbert, 1970 Aug. p. 37, 40; 1977 Jan. p. 52.
Hilsum, C., 1966 Aug. p. 28, 30.
Hiltner, W. A., 1956 Mar. p. 88; 1959 Dec. p. 102; 1963 Jan. p. 73; 1965 June p. 46; 1967 Oct. p. 108; 1970 Dec. p. 27.
Hilton, James L., 1959 Mar. p. 69.
Hilton, Robert, 1970 Oct. p. 116.
Hilton, W. F., 1953 Oct. p. 36, 41.
Himes, Norman E., 1973 July p. 17; 1974 Sept. p. 46.
Himmelsbach, C. K., 1965 Feb. p. 80.
Himsworth, Harold, 1954 Dec. p. 47.
Himwich, Williamina A., 1955 Oct. p. 86.
Hindley, Henry, 1971 Feb. p. 109.
Hindman, J. V., 1953 Dec. p. 46; 1955 May p. 46; 1956 Apr. p. 57; 1958 Jan. p. 46; 1959 Dec. p. 96; 1964 Jan. p. 36.
Hines, Colin O., 1965 Mar. p. 68.
Hines, James, 1976 June p. 111.
Hines, M. N., 1954 Apr. p. 35.
Hines, Marion, 1948 Oct. p. 27.
Hines, Marion E., 1959 June p. 123.
Hinkle, Lawrence E. Jr., 1955 Jan. p. 48.
Hinkle, Maija, 1971 Aug. p. 80.
Hinkle, Peter C., 1978 Mar. p. 104, 121-123.
Hinks, A. R., 1961 Apr. p. 68.
Hinkson, Katharine T., 1956 Feb. p. 36.
Hinshelwood, Cyril N., Sir, 1953 Sept. p. 114; 1956 Dec. p. 52; 1964 July p. 105; 1967 Nov. p. 28.
Hintenberger, H., 1965 Oct. p. 35.
Hinton, Christopher, Sir, 1955 Oct. p. 27, 32, 32, 61, 62.
Hinton, H. E., 1970 Aug. p. 84.
Hinton, M. A. C., 1967 Jan. p. 79, 84.
Hinze, Harry C., 1973 Oct. p. 28.
Hipparchus, 1948 Oct. p. 42; 1949 Apr. p. 47; Nov. p. 48; 1950 May p. 51; 1961 Feb. p. 125; 1966 Oct. p. 89, 92; 1970 Mar. p. 38; 1974 Jan. p. 104; 1976 June p. 100.
Hippel, Frank von, 1976 Nov. p. 27, 29.
Hipple, J. A., 1949 May p. 26.
Hippocrates, 1948 May p. 25; 1949 Oct. p. 33, 35; 1950 Mar. p. 42; 1953 Apr. p. 29; 1956 Jan. p. 94; 1957 Mar. p. 107; June p. 62; 1958 June p. 73, 80; 1962 May p. 86; 1963 Oct. p. 27; 1966 Nov. p. 131; 1968 Apr. p. 69; Dec. p. 105; 1969 Jan. p. 21; 1973 Sept. p. 56; 1977 May p. 96; Dec. p. 88.
Hippodamos of Miletos, 1966 Dec. p. 99, 101.
Hipsley, E. H., 1971 Sept. p. 118.
Hirai, T., 1972 Feb. p. 85.
Hiraizumi, Yuichiro, 1959 Sept. p. 151.
Hiramoto, Y., 1961 Sept. p. 118.
Hire, Philippe de la, 1955 Jan. p. 83; 1961 Nov. p. 154; 1964 Jan. p. 104; 1971 Feb. p. 107, 109; Oct. p. 96.
Hirota, Jed, 1975 Mar. p. 79.
Hirs, C. H. W., 1961 Feb. p. 84-86; Dec. p. 108.
Hirsch, A., 1956 Dec. p. 67.
Hirsch, James G., 1963 May p. 69; 1967 Nov. p. 65.
Hirsch, Jerry, 1973 Dec. p. 24.
Hirsch, Jules, 1963 May p. 75; 1971 Oct. p. 16.
Hirsch, Martin S., 1973 Jan. p. 31; 1977 Apr. p. 50.
Hirsch, Morris, 1966 May p. 118.
Hirsch, P. B., 1961 Oct. p. 112, 113; 1967 Sept. p. 96; 1975 Apr. p. 118.
Hirsch, Philip F., 1970 Oct. p. 42.
Hirschfelder, Joseph O., 1949 Mar. p. 24.
Hirschhorn, Kurt, 1967 Nov. p. 69.
Hirschhorn, Norbert, 1971 Aug. p. 15, 18, 20; 1972 Aug. p. 104.
Hirschhorn, Rochelle, 1967 Nov. p. 69.
Hirschmann, Ralph F., 1969 Mar. p. 47.
Hirsh, Ira, 1970 Dec. p. 34.
Hirshfield, Henry I., 1958 Oct. p. 43; 1959 Sept. p. 96.
Hirshman, Jules, 1963 Nov. p. 69.
Hirsky, Alfred E., 1961 Sept. p. 74.
Hirst, George K., 1951 May p. 44, 48; 1955 Mar. p. 67; 1977 Dec. p. 90.
Hirst, Leslie L., 1951 Jan. p. 28.
Hirth, Harold, 1965 May p. 83.
Hirth, Wolf, 1961 Mar. p. 129.
His, Wilhelm, 1968 June p. 78, 80, 82, 84.
Hisada, Mituhiko, 1964 Oct. p. 82.
Hisinger, Wilhelm, 1951 Nov. p. 29.
Hiss, Alger, 1950 Mar. p. 29.
Hitachi, 1977 May p. 44.
Hitachi, Ltd., 1978 Feb. p. 68.
Hitchcock, Alfred, 1952 Jan. p. 21.
Hitchcock, F. A., 1953 Mar. p. 71.
Hitchcock, Griselda, 1961 May p. 53; 1966 July p. 32.
Hitchcock, John L., 1967 June p. 33.
Hitchcox, Sarah, 1975 Nov. p. 44.
Hitchings, George H., 1964 May p. 93.
Hitler, Adolf, 1949 Mar. p. 17; Oct. p. 13, 14; Dec. p. 17, 41; 1950 Nov. p. 12; 1954 Feb. p. 44; May p. 48; 1970 Sept. p. 123; 1971 Dec. p. 38.
Hitt, Parker, 1966 July p. 42.
Hittinger, William C., 1966 Sept. p. 83; 1970 Feb. p. 25; 1975 May p. 34; 1976 Mar. p. 88.
Hittorf, Johann W., 1971 May p. 86; 1974 Mar. p. 93.
Hittorf, Wilhelm, 1969 Mar. p. 106, 107.
Hitzig, E., 1948 Oct. p. 30, 33.
Hitzig, Eduard, 1973 July p. 96.
Hitzig, Walter H., 1957 July p. 96.
Hix, Ivan, 1955 Dec. p. 43.
Hjellming, R. M., 1973 Jan. p. 45.
Hjorth, Soren, 1961 May p. 116.
Hlavaty, Vaclav, 1953 Sept. p. 78.
HMW Industries, Inc., 1973 Aug. p. 49.
Hnilica, Lubomir S., 1975 Feb. p. 52.
Ho, H. C., 1973 Oct. p. 33.
Ho, Monto, 1961 May p. 53; 1971 July p. 27.
Hoag, Arthur, 1950 Aug. p. 30.
Hoagland, Dennis R., 1973 May p. 52.
Hoagland, Hudson, 1955 June p. 35; 1963 Mar. p. 102; 1964 Nov. p. 117, 118.
Hoagland, Mahlon B., 1958 Mar. p. 124; Aug. p. 31; 1960 Jan. p. 128; 1961 Sept. p. 78.
Hoar, T. P., 1956 May p. 36, 37.
Hoard, J. L., 1966 July p. 102.
Hoatumatua, 1949 Feb. p. 50, 53, 54.
Hobart, Michael A., 1977 Aug. p. 63, 66.
Hobbes, Thomas, 1951 May p. 60; 1952 Mar. p. 62; 1956 Feb. p. 31; 1960 Sept. p. 82.
Hobbs, Nicholas, 1974 Aug. p. 60.
Hobhouse, Leonard T., 1963 Oct. p. 116, 121, 122.
Hobson, J. P., 1962 Mar. p. 87.
Hoch, George E., 1969 Dec. p. 69.
Hochberg, Erich, 1972 Dec. p. 99.
Hochberg, Julian, 1967 May p. 97; 1968 Sept. p. 212; 1971 Dec. p. 68; 1975 Aug. p. 72, 73.
Hochberg, Seymore, 1953 Feb. p. 76.
Hochstrasser, Robin M., 1977 Feb. p. 96.
Hochwalt, C. A., 1952 Jan. p. 34.
Hock, Raymond J., 1948 Dec. p. 23; 1957 Dec. p. 51; 1958 Mar. p. 104; 1960 Feb. p. 79; 1970 Feb. p. 53.
Hockett, Charles F., 1960 Sept. p. 73.
Hocquenghem, A., 1962 Feb. p. 102, 104.
Hodge, Alan J., 1957 Sept. p. 209, 211; 1958 Nov. p. 71; 1961 May p. 122; Sept. p. 68; 1965 June p. 61; 1970 Oct. p. 46.
Hodge, Paul W., 1964 Jan. p. 40.
Hodge, Russ, 1976 June p. 109.
Hodges, David A., 1977 Sept. p. 94, 130, 169.
Hodges, Joseph L. Jr., 1977 May p. 122.
Hodges, Thomas K., 1973 May p. 54.
Hodgins, Eric, 1954 Feb. p. 42.
Hodgkin, Alan L., 1951 Apr. p. 67; 1952 Nov. p. 58, 60, 61, 63; 1958 Apr. p. 43; Dec. p. 85, 87, 88, 89; 1960 Oct. p. 119; 1961 Sept. p. 214; 1963 Dec. p. 64; 1964 Sept. p. 150-151; 1965 Jan. p. 60; 1966 Mar. p. 74, 78, 79, 81, 82;

1967 Aug. p. 71; Nov. p. 28; 1970 May p. 82; 1974 June p. 88.
Hodgkin, Dorothy C., 1964 Nov. p. 64; Dec. p. 60; 1967 Nov. p. 28; 1968 July p. 68-70; 1969 Oct. p. 47; 1973 Oct. p. 61.
Hodgkin, T., 1951 Oct. p. 57.
Hodgson, Edward S., 1961 May p. 140.
Hodgson, Gordon W., 1972 Oct. p. 86.
Hodgson, Thomas A., 1974 Jan. p. 25.
Hoeft, R. G., 1976 Jan. p. 62.
Hoering, Thomas C., 1967 Jan. p. 41; 1971 May p. 39.
Hoerlin, Herman, 1962 Feb. p. 73.
Hoerner, S. von, 1952 June p. 28.
Hoerni, Jean, 1977 Sept. p. 65.
Hoerr, Normand L., 1957 July p. 133.
Hoey, Clyde R., 1949 July p. 26.
Hofer, A. W., 1953 Mar. p. 40.
Hoff, Jacobus H. van 't, 1949 Dec. p. 13, 15; 1950 Sept. p. 32; 1954 Mar. p. 72; 1956 Nov. p. 81; 1957 Sept. p. 91; 1967 June p. 64-67, 72; Nov. p. 26; 1971 Feb. p. 89; 1972 June p. 71, 73, 76.
Hoffer, Barry, 1977 Aug. p. 115.
Hoffer, Gary, 1970 Dec. p. 96.
Hoffer Plastics Corporation, 1962 Oct. p. 55.
Hoff-Jorgensen, E., 1953 Feb. p. 50.
Hoffleit, E. Dorrit, 1952 July p. 49; 1963 July p. 67; Dec. p. 60; 1966 Dec. p. 45, 46; 1969 Jan. p. 32.
Hoffman, A. S., 1971 June p. 51.
Hoffman, Anna R., 1966 Mar. p. 55.
Hoffman, B. M., 1967 July p. 42.
Hoffman, Fred, 1969 Aug. p. 27.
Hoffman, George A., 1966 Oct. p. 34; Nov. p. 66; Dec. p. 65.
Hoffman, J. H., 1960 Nov. p. 174.
Hoffman, Jeffrey, 1977 Oct. p. 54.
Hoffman, Joseph F., 1957 Jan. p. 97.
Hoffman, K. P., 1972 Dec. p. 78.
Hoffman, Kenneth C., 1969 July p. 28, 29.
Hoffman, Lois W., 1974 Sept. p. 145.
Hoffman, Otto L., 1953 July p. 33.
Hoffman, Paul, 1955 Dec. p. 52; 1976 Aug. p. 57.
Hoffman, R. A., 1963 May p. 96.
Hoffmann, Banesh, 1964 Aug. p. 38; 1967 Jan. p. 106; 1975 Aug. p. 49.
Hoffmann, Dietrich, 1962 July p. 51.
Hoffmann, Frederic de, 1955 July p. 50.
Hoffmann, H. K. H., 1968 July p. 55.
Hoffmann, Heinrich, 1970 Apr. p. 94, 95.
Hoffmann, Klaus, 1974 Dec. p. 98.
Hoffmann, Roald, 1972 Aug. p. 40.
Hoffmann, William F., 1973 Apr. p. 40; 1974 April p. 71.
Hoffmann-Berling, Hartmut, 1961 Feb. p. 110; Sept. p. 198; 1974 Oct. p. 46.
Hoffmann-La Roche, Inc., 1952 Apr. p. 39; 1958 Apr. p. 52.
Hoffmeister, Cuno, 1967 Aug. p. 35; 1977 Aug. p. 33.
Hofmann, Albert W., 1955 June p. 34; 1957 Feb. p. 111, 114, 117; Dec. p. 55.
Hofmann, Cecilia, 1977 Dec. p. 145.
Hofmann, Felix, 1963 Nov. p. 96, 99.
Hofmann, Klaus H., 1961 Jan. p. 83; July p. 102; 1963 July p. 51; Oct. p. 57.
Hofmeister, Franz, 1950 June p. 37.
Hofstadter, Robert, 1953 Oct. p. 50; 1956 Feb. p. 52; 1958 Feb. p. 50; 1961 June p. 80; Nov. p. 54, 80; Dec. p. 72; 1963 Jan. p. 44; 1966 Nov. p. 65; 1967 Nov. p. 25, 28.
Hofstein, Stephen R., 1973 Aug. p. 50.
Hogarth, William, 1972 Feb. p. 92, 99; Sept. p. 87.
Hogben, John H., 1976 Mar. p. 81, 83.
Hogeboom, George H., 1957 July p. 133.
Hogg, A. R., 1964 Jan. p. 35.
Hogg, D. C., 1961 Oct. p. 95, 96.
Hogg, Helen S., 1975 June p. 72.
Hogner, Dorothy C., 1949 Dec. p. 54, 55.
Hogner, Nils, 1949 Dec. p. 54, 55.
Hogness, David, 1967 Feb. p. 42; May p. 87.
Hogness, Thorfin R., 1948 Oct. p. 24.
Hoh, F. C., 1967 July p. 81, 83.
Hohenberg, Pierre C., 1973 May p. 30.
Hokanson, J. E., 1964 Feb. p. 39.
Hokfelt, Bernt, 1955 May p. 80.
Hokfelt, Tomas, 1977 Aug. p. 115.
Hokusai, 1954 Aug. p. 60.
Holaday, William M., 1973 Nov. p. 20.
Holbein, Hans, 1952 July p. 26; 1964 Feb. p. 117; 1973 Sept. p. 77.
Holbrook, Stewart, 1948 June p. 52.
Holden, A. V., 1968 Mar. p. 53.
Holden, John C., 1970 Oct. p. 30; 1972 Mar. p. 35; Nov. p. 64, 66.
Holdstock, D. J., 1962 Aug. p. 117.
Holgate, John A., 1962 Aug. p. 117; 1963 Nov. p. 106.
Holifield, Chet, 1954 Sept. p. 72; Nov. p. 31, 35; 1957 Aug. p. 57; 1961 Aug. p. 60; 1966 Jan. p. 47; 1972 Nov. p. 22; 1974 Jan. p. 29.
Holik, Andrew S., 1970 Dec. p. 93.
Hollaender, Alexander, 1951 May p. 22; Oct. p. 25; 1955 Oct. p. 33; 1959 Sept. p. 180, 78; 1960 Jan. p. 107.
Holland, George P., 1965 Dec. p. 51.
Holland, Heinrich D., 1970 Nov. p. 110.
Holland, Ian B., 1965 Nov. p. 50.
Holland, James, 1961 Nov. p. 90, 95, 99; 1968 July p. 50.
Holland, T. H., 1964 Nov. p. 102.
Holland, V. F., 1963 May p. 58.
Hollbrook, John E., 1957 Jan. p. 116.
Hölldobler, Berthold K., 1971 Mar. p. 86; 1975 June p. 36; 1977 Dec. p. 146, 147.
Holler, Nicholas R., 1968 May p. 126.
Hollerith, Herman, 1949 Apr. p. 32; 1969 May p. 64.
Holley, Robert W., 1963 Jan. p. 61; 1965 May p. 48; 1966 Feb. p. 34; Oct. p. 60; 1968 Dec. p. 48; 1969 Mar. p. 50; 1970 July p. 50; 1978 Jan. p. 56.
Holliday, Leslie, 1970 May p. 116.
Hollinger, F. Blaine, 1977 July p. 44.
Hollingshead, August B., 1954 Mar. p. 41; 1962 Aug. p. 72.
Hollister, Dean S. C., 1951 Sept. p. 67.
Hollister, Leo E., 1955 Feb. p. 52.
Holloway, Ralph L., 1976 Jan. p. 96.
Hollowell, Joseph G., 1972 July p. 78.
Holly, Robert W., 1963 Mar. p. 86.
Holm, Johannes, 1948 June p. 24.
Holm, Lennart, 1957 Aug. p. 58.
Holman, R. T., 1967 Jan. p. 43.
Holman, Sidney P., 1950 June p. 18.
Holmberg, Allan R., 1954 Aug. p. 29; 1957 Jan. p. 38.
Holmberg, C. G., 1968 May p. 108.
Holmberg, Erik B., 1954 July p. 35; 1970 June p. 35; 1973 Dec. p. 48.
Holmberg, Scott, 1977 May p. 44.
Holmes, Arthur, 1949 Aug. p. 51; 1953 Mar. p. 74; 1956 July p. 50; 1963 Apr. p. 92; 1968 Apr. p. 54; 1969 Sept. p. 75; Nov. p. 105-108, 113, 114; 1975 Feb. p. 95, 97.
Holmes, Eric, 1954 Dec. p. 49.
Holmes, Frederick H., 1961 May p. 115.
Holmes, Gordon, 1973 Mar. p. 76.
Holmes, Kenneth C., 1965 Dec. p. 27; 1969 Aug. p. 94; 1975 Nov. p. 37.
Holmes, Leighton E., 1950 Nov. p. 49.
Holmes, Margaret C., 1962 Nov. p. 57.
Holmes, Oliver W., 1948 June p. 43; 1973 Sept. p. 103.
Holmes, Richard T., 1978 Mar. p. 93.
Holmes, W. H., 1964 Apr. p. 107.
Holmgren, Alf G. M., 1969 Feb. p. 71.
Holmgren, G., 1978 Apr. p. 65.
Holmgren, Harry D., 1969 July p. 32.
Holmgren, Nils, 1965 July p. 52, 55.
Holmquist, Nelson D., 1968 Aug. p. 37.
Holonyak, Nick, 1963 July p. 35, 40.
Holotron Corporation, 1969 Oct. p. 43.
Holst, Erich von, 1957 Oct. p. 52; 1965 Nov. p. 85.
Holst, Gilles, 1965 Apr. p. 119.
Holt, Anatol, 1973 Apr. p. 44.
Holt, David L., 1969 Mar. p. 35.
Holt, Helen K., 1973 Dec. p. 82.
Holt, J. R., 1965 Dec. p. 31.
Holt, Jane B., 1950 Mar. p. 55.
Holt, Sidney J., 1966 Aug. p. 17; 1969 Sept. p. 121, 156, 167, 64.
Holter, Heinz, 1961 Apr. p. 122; Sept. p. 167; Nov. p. 133; 1962 Apr. p. 65; 1965 Oct. p. 78.
Holtfreter, Johannes, 1953 May p. 76; Sept. p. 109; 1957 Nov. p. 86; 1958 Dec. p. 40; 1959 May p. 132; 1978 June p. 109.
Holton, Gerald, 1951 Apr. p. 33; 1972 Sept. p. 75.
Holton, William C., 1977 Sept. p. 82.
Holtz, R. Barry, 1975 Mar. p. 80.
Holtzer, Alfred M., 1975 Nov. p. 38.
Holtzer, Howard, 1962 Apr. p. 77.
Holtzoff, Alexander Jr., 1974 June p. 20.
Holway, Alfred H., 1962 July p. 122.
Holwill, Michael, 1974 Oct. p. 46.
Holzel, Aaron, 1972 Oct. p. 72.
Holzer, Helmut, 1973 Oct. p. 62.
Holzer, R. E., 1953 Apr. p. 37.
Homann, H., 1954 Dec. p. 84.
Homans, J., 1950 Oct. p. 19.
Homer, 1951 Mar. p. 49; 1954 Jan. p. 46; May p. 70, 71, 74; Nov. p. 99; Dec. p. 72, 73, 76, 78; 1958 May p. 111, 115; Aug. p. 92; 1963 Dec. p. 109; 1965 Feb. p. 102; 1968 Aug. p. 79-82; Oct. p. 113; 1972 Oct. p. 41; 1973 Oct. p. 35; 1975 Sept. p. 54.
Homestake Mining Company, 1969 July p. 29, 32.
Homma, Kazutaka, 1972 Mar. p. 27, 28.
Hommes, Frits A., 1962 Apr. p. 77.
Homskaya, E. D., 1969 Jan. p. 79.
Hon, Edward H. G., 1974 Mar. p. 89.
Honaman, R. Karl, 1955 Mar. p. 51.
Honda, K., 1967 Sept. p. 234.
Honda, Yutaka, 1972 July p. 81.
Hondius, 1952 July p. 22.
Honeywell Incorporated, 1970 Oct. p. 107.
Hong, Suk Ki, 1969 Aug. p. 106.
Hong, Sung-bong, 1969 Jan. p. 27.
Hongarian Medical University of Budapest, 1963 Apr. p. 106.
Hong-Yee, Chiu, 1962 Aug. p. 97, 98.
Honig, J. M., 1964 June p. 72, 79; 1965 Apr. p. 78.
Honig, W. K., 1958 Jan. p. 82.
Honnecourt, Villard de, 1958 Mar. p. 76.
Honnold and Rex, 1968 Sept. p. 194.
Honorius, Emperor, 1974 May p. 34.
Hood, H. P., 1961 Jan. p. 98.
Hood, Lee, 1970 Aug. p. 40.
Hood, Leroy E., 1977 Oct. p. 103.
Hood, M. S. F., 1967 Aug. p. 40.
Hood, Thomas, 1976 Apr. p. 104, 106, 109, 112, 113.
Hood, William R., 1956 Nov. p. 54.
Hooff, J. A. R. M. van, 1972 Sept. p. 60.

Hooft, Gerhard 't, 1972 Nov. p. 50; 1974 July p. 56, 57; 1975 Oct. p. 47; 1977 Mar. p. 64; 1978 Feb. p. 132, 141.
Hooke, Robert, 1950 Jan. p. 24; May p. 20; 1951 July p. 38; Dec. p. 66, 67; 1954 Jan. p. 58; Sept. p. 60; Dec. p. 94-98; 1955 July p. 69; Dec. p. 76, 78; 1956 May p. 120, 128; June p. 120; 1957 Jan. p. 78; 1958 Sept. p. 162; 1959 Dec. p. 122; 1960 Oct. p. 164; 1961 Sept. p. 52; 1962 Oct. p. 127; 1964 Mar. p. 101, 107; 1967 Sept. p. 75, 90; Aug p. 98, 99, 100, 101; 1968 Feb. p. 76, 78; 1969 Jan. p. 131; 1970 May p. 119; Oct. p. 114; 1971 Feb. p. 105; 1973 June p. 43; 1975 Sept. p. 25; 1978 Jan. p. 86.
Hooker, Joseph, 1956 Feb. p. 66, 67; 1959 Feb. p. 70, 74, 75, 81, 84; Aug. p. 98, 102, 103, 106.
Hooker, Joseph D., 1978 Feb. p. 108.
Hooley, Terah, 1973 Mar. p. 87.
Hooper, W. David, 1976 Sept. p. 197, 34.
Hooton, Earnest A., 1951 Dec. p. 40.
Hoover, Edgar M., 1974 Sept. p. 35.
Hoover, Herbert, 1948 Oct. p. 24; 1949 May p. 26; 1951 Feb. p. 46; 1953 Aug. p. 40; 1960 Feb. p. 43; 1971 Apr. p. 17.
Hoover, J. Edgar, 1949 Feb. p. 16; 1955 Feb. p. 37.
Hoover, Lou H., 1951 Feb. p. 46.
Hope, A. B., 1962 Oct. p. 107.
Hopewell, M. C., 1964 Dec. p. 90.
Hopfield, John J., 1964 Apr. p. 46.
Hôpital, Marquis de l', 1972 June p. 80, 81, 86.
Hopkins, B. D., 1973 Feb. p. 89.
Hopkins, D. E., 1960 Oct. p. 56.
Hopkins, David M., 1954 June p. 83; 1962 Jan. p. 112; 1968 June p. 32.
Hopkins, Frederick G., Sir, 1951 Oct. p. 57; 1964 Nov. p. 64; 1967 Nov. p. 27; 1970 Dec. p. 88.
Hopkins, George R., 1952 Feb. p. 16.
Hopkins, Gerard M., 1960 May p. 119.
Hopkins, Harold H., 1968 Sept. p. 102.
Hopkins, Harry L., 1950 Jan. p. 27.
Hopkins, Nancy, 1970 June p. 40.
Hopkins, Samuel, 1967 June p. 20.
Hopkins, William, 1955 June p. 60, 64.
Hopkinson, Edward, 1961 May p. 116.
Hopkinson, John, 1961 May p. 116.
Hopley, Russell J., 1950 Jan. p. 26.
Hopper, V. D., 1969 Nov. p. 57.
Hoppes, Dale D., 1965 Dec. p. 28.
Hoppe-Seyler, Felix, 1953 Feb. p. 50, 51; 1968 June p. 78, 79.
Hopping, Alvin, 1962 Nov. p. 89.
Hoppius, C. E., 1968 Oct. p. 116, 118.
Hopwood, A. T., 1964 July p. 61.
Horace, 1948 June p. 43; 1972 Sept. p. 85.
Hor-Aha, Pharaoh, 1957 July p. 107, 109.
Hore-Belisha, Lord, 1954 May p. 47.
Horecker, Bernard L., 1951 Oct. p. 33.
Horiguchi, Masaaki, 1969 June p. 58.
Horiuchi, Juro, 1971 Dec. p. 54.
Horkheimer, Max, 1948 Oct. p. 25.
Hörman, H., 1963 Apr. p. 107, 114.
Horn, Daniel, 1954 Aug. p. 38; 1962 July p. 41, 44, 46; 1964 Feb. p. 66.
Horn, F. Hubbard, 1961 Oct. p. 110.
Horn, Henry S., 1973 June p. 80; 1975 May p. 90.
Horn, Michael H., 1975 June p. 90.
Horne, R. W., 1961 June p. 99; 1962 Jan. p. 71; 1963 Oct. p. 48; 1966 Dec. p. 34.
Hornell, James, 1965 May p. 79.
Horner, Matina, 1974 Sept. p. 145.
Horner, Terence L., 1963 Apr. p. 84.
Horney, Karen, 1950 Mar. p. 43; 1958 May p. 77.
Hornig, Donald F., 1969 Aug. p. 18; 1978 Feb. p. 76.
Hornykiewicz, Oleh, 1974 June p. 65; 1977 Aug. p. 112.
Horowitz, Norman H., 1951 Oct. p. 23, 25; 1956 June p. 41; Nov. p. 53; 1968 May p. 112; 1970 May p. 27; 1977 Nov. p. 52.
Horowitz, Paul, 1971 Jan. p. 51; 1974 Feb. p. 44.
Horrer, Paul, 1959 Aug. p. 79.
Horridge, G. Adrian, 1977 July p. 105.
Horrigan, Leo, 1951 Mar. p. 29.
Horsburgh, G. D. L., 1967 Sept. p. 234.
Horsemen, Dana L., 1973 June p. 40.
Horsfall, Frank L., 1951 Dec. p. 47.
Horsfall, William R., 1968 Apr. p. 116.
Horsfield, Keith, 1975 July p. 96.
Horsley, David T., 1975 Aug. p. 52, 58.
Horst, Amos L., 1953 June p. 54.
Hörstadus, Sven, 1958 Dec. p. 37.
Horstman, Lawrence, 1968 Feb. p. 35.
Horstman, V. G., 1966 June p. 97.
Horstmann, Dorothy M., 1952 June p. 32; 1953 July p. 28; 1965 July p. 93.
Horta-Barbos, Luiz, 1974 Feb. p. 35.
Horton, B. M., 1964 Dec. p. 81.
Horton, E. W., 1962 Aug. p. 114.
Horton, John T., 1963 Mar. p. 118.
Horvath, Beni, 1958 Apr. p. 44.
Horvath, C., 1954 Dec. p. 44.
Horwitz, Nahmin, 1972 Nov. p. 105.
Horwitz, William A., 1965 Aug. p. 46.
Hose, Charles, 1950 Sept. p. 89.
Hoshing, Eric, 1961 Oct. p. 78.
Hoskins, Meredith, 1971 July p. 26.
Hoskins, Roy G., 1949 July p. 44.
Hoskins, W. G., 1976 Oct. p. 118.
Hoskins, W. M., 1952 Oct. p. 25.
Hosler, Charles L. Jr., 1968 Dec. p. 79.
Hosler, William R., 1964 June p. 56.
Hosoi, T., 1978 June p. 140.
Hosokawa, K., 1969 Oct. p. 31.
Hossli, Walter, 1969 Apr. p. 101.
Hostetler, John, 1967 July p. 108.
Hostingue, Charles d', 1972 May p. 103, 110.
Hotchin, John E., 1973 Jan. p. 28; 1974 Feb. p. 36.
Hotchkiss, Rollin D., 1949 Aug. p. 28; 1958 Nov. p. 40; 1969 Jan. p. 38.
Hotchkiss, W. O., 1948 Nov. p. 9.
Hotta, Yoshiki, 1973 Dec. p. 28, 31-33, 36, 37.
Hottel, Hoyt C., 1950 Aug. p. 21; 1951 Feb. p. 63; 1956 July p. 100.
Hottle, George A., 1952 Oct. p. 34.
Houck, James R., 1975 Sept. p. 110.
Houck, T. E., 1956 Sept. p. 106.
Hougen, J. T., 1968 Sept. p. 124.
Hough, Charles, 1971 Nov. p. 22.
Hough, G. W., 1968 Feb. p. 78.
Hough, Richard R., 1962 Jan. p. 60.
Houghton, Henry G., 1962 Sept. p. 93; 1964 Mar. p. 67, 69.
Houghton, R. A., 1978 Jan. p. 39.
Hounsfield, G. N., 1975 Oct. p. 60.
Houpt, T. R., 1959 Dec. p. 140.
House, Robert, 1960 Mar. p. 150.
Houses, G. Eastman, 1956 Feb. p. 63, 64.
Housman, A. E., 1959 June p. 90.
Houssay, Bernardo A., 1950 Oct. p. 20; 1958 Jan. p. 46; 1967 Nov. p. 27; 1970 Dec. p. 39; 1971 Dec. p. 38; 1972 July p. 80.
Houston, Edwin J., 1969 Mar. p. 104.
Houston, Paul L., 1977 Feb. p. 95.
Houstoun, R. A., 1955 Aug. p. 66, 67.
Houtermanns, F. G., 1950 Jan. p. 43.
Houtman, Jan, 1967 Apr. p. 79, 82.
Hovanitz, William, 1959 Nov. p. 151; 1967 Nov. p. 112.
Hove, Leon C. P. van, 1975 Dec. p. 65.
Hover, Kathleen van, 1972 Mar. p. 80.
Hovland, Carl I., 1958 Jan. p. 78.
Howard, Alma, 1974 Jan. p. 57.
Howard, Ebenezer, 1954 Apr. p. 61.
Howard, Edward C., 1963 Oct. p. 65.
Howard, H. C., 1955 July p. 62.
Howard, H. Seymour, 1974 Feb. p. 99.
Howard, H. Taylor, 1969 Mar. p. 82.
Howard, Nigel, 1967 July p. 51, 54, 56.
Howard, P. R., 1964 Feb. p. 71.
Howard, Richard J., 1973 Jan. p. 31.
Howard, Robert, 1966 Nov. p. 60; 1968 Jan. p. 107, 109, 111.
Howard-Flanders, Paul, 1967 Feb. p. 38, 39, 41, 42.
Howard-Jones, Norman, 1971 Jan. p. 96.
Howarter, Frederick, 1966 June p. 110.
Howatson, Allan F., 1964 Dec. p. 114; 1970 June p. 38.
Howden, Norman M., 1951 Feb. p. 30.
Howe, Bruce, 1970 Mar. p. 54.
Howe, C. D., 1975 Oct. p. 22.
Howe, Chester W., 1955 Feb. p. 56; 1959 Jan. p. 43.
Howe, Everett D., 1956 July p. 104.
Howe, George F., 1971 Jan. p. 46.
Howe, Howard A., 1952 June p. 33; Dec. p. 28.
Howe, J. P., 1955 Oct. p. 35.
Howe, John A., 1964 Apr. p. 46.
Howe, M. R., 1973 Feb. p. 75.
Howe, Mark de Wolfe, 1954 Feb. p. 42.
Howell, A. Brazier, 1960 May p. 148.
Howell, F. Clark, 1961 Oct. p. 119; 1969 June p. 57; 1970 June p. 52.
Howell, John A., 1974 Feb. p. 44.
Howell, Nancy, 1974 Sept. p. 48.
Howell, Stacey F., 1977 June p. 108, 111.
Howell, Stephen B., 1978 May p. 92.
Howell, T. F., 1967 June p. 32.
Howell, W. H., 1961 July p. 58; 1962 Mar. p. 60.
Howells, William W., 1967 Mar. p. 52; 1969 Apr. p. 82; Sept. p. 102.
Howes, Paul G., 1948 June p. 18.
Howes, V. R., 1974 Aug. p. 67.
Howitt, Beatrice, 1949 Sept. p. 19.
Howland, John, 1972 Oct. p. 72.
Howland, Joseph W., 1949 Dec. p. 27.
Howry, D. H., 1978 May p. 98.
Hoy, Ronald R., 1973 Dec. p. 37; 1974 Aug. p. 34, 42.
Hoyer, Bill H., 1970 Apr. p. 26, 31.
Hoyle, Fred, 1951 July p. 26; Dec. p. 21; 1953 Mar. p. 34, 36; 1954 Mar. p. 58; 1956 Aug. p. 114; Sept. p. 150, 171, 81, 88, 89; 1959 July p. 80; 1960 Apr. p. 85; July p. 62, 63; Nov. p. 184; 1961 Feb. p. 51; June p. 115; Dec. p. 76; 1962 Apr. p. 63; 1963 Mar. p. 78; Sept. p. 86; Dec. p. 61-62; 1964 June p. 43, 45; Nov. p. 47; 1966 Aug. p. 35; Dec. p. 49, 40, 51; 1969 Jan. p. 28; Feb. p. 58; 1973 Feb. p. 103; 1974 Jan. p. 74; May p. 108, 115, 118; Oct. p. 56; 1975 Aug. p. 47; Dec. p. 68; 1976 Feb. p. 45, 50; Dec. p. 95.
Hoyle, Graham, 1968 May p. 88, 90; 1970 Apr. p. 85.
Hoyle, L., 1963 Jan. p. 55.
Hoyt, H. C., 1965 July p. 68.
HRB-Singer, Inc., 1970 May p. 45.
Hrdlička, Aleš, 1948 July p. 18; 1949 Nov. p. 21; 1958 Nov. p. 117; 1967 Nov. p. 44.
Hren, J. J., 1967 Sept. p. 92.
Hrozný, Bedřich, 1963 Feb. p. 97, 98.
Hruschka, August A., 1965 Oct. p. 38.
Hsu, F. S. L., 1962 June p. 62, 63.
Hsü, Kenneth J., 1978 May p. 53.
Hsu, Leslie, 1975 July p. 28.

Hsu, Ming-Ta, 1976 Dec. p. 106.
Hsu, T. C., 1955 Nov. p. 59; 1960 Apr. p. 148; 1961 Nov. p. 70.
Hu, T. C., 1970 July p. 96; 1978 Mar. p. 127, 130.
Huang, Alice S., 1974 Feb. p. 38.
Huang, P. C., 1976 Sept. p. 54, 57.
Huang, Ru-chih, 1962 Sept. p. 106; 1975 Feb. p. 48, 49, 52.
Huang, Su-Shu, 1960 Apr. p. 55; 1977 Apr. p. 100.
Huang, W. H., 1967 June p. 52.
Huang, Y. T., 1964 Jan. p. 81.
Huang-ti, Emperor, 1958 Feb. p. 29.
Hubbard, L. Ron, 1950 Oct. p. 26.
Hubbard, Ruth, 1959 Oct. p. 102; 1961 Sept. p. 228, 232; 1966 Oct. p. 79; 1967 June p. 72.
Hubbard, William B., 1975 Sept. p. 121, 138.
Hubbell, David H., 1977 Mar. p. 70.
Hubbert, M. King, 1961 Jan. p. 138; Feb. p. 98; 1963 Sept. p. 118, 120; 1970 Sept. p. 176, 184; 1971 Sept. p. 61; 1976 Jan. p. 22.
Hubble, Edwin P., 1948 July p. 21-24; Aug. p. 15, 16; 1949 Aug. p. 25; 1950 Dec. p. 40; 1952 Feb. p. 43, 45, 46, 47, 49, 50; 1953 June p. 60, 63, 65, 66; 1954 Mar. p. 57, 58; July p. 33; 1956 Sept. p. 145, 146, 148, 175, 177, 182, 79-81, 93, 98; 1959 July p. 51, 53; 1961 Feb. p. 54, 56; 1963 Jan. p. 71, 75, 77, 84; June p. 97; Dec. p. 59; 1965 Apr. p. 64; 1966 Dec. p. 43; 1967 June p. 28; 1969 Jan. p. 28, 34, 35, 37; 1970 June p. 26, 28, 30, 31; Dec. p. 23, 24; 1971 July p. 77; 1972 Feb. p. 41; 1973 June p. 31; Dec. p. 39, 47; 1974 Jan. p. 69, 71; May p. 108; Aug. p. 26; 1975 Dec. p. 50; 1976 Mar. p. 62-65, 68-70, 72, 72B, 77, 79; Dec. p. 89; 1977 Aug. p. 35; 1978 May p. 65, 67.
Hubbs, Carl L., 1949 May p. 50; 1955 Jan. p. 65.
Hubby, John L., 1970 Mar. p. 103, 104; 1975 Aug. p. 55.
Hubel, David H., 1964 Mar. p. 114; Oct. p. 99; Dec. p. 53; 1965 Feb. p. 44; 1969 Jan. p. 77; May p. 108, 109, 113; 1970 July p. 57; 1971 May p. 89, 91, 92; June p. 37; 1972 Aug. p. 84, 86, 93; Sept. p. 49, 50; Dec. p. 74, 75, 77, 78; 1973 Mar. p. 74; 1974 May p. 44, 48, 49; July p. 104; Nov. p. 110, 111; 1976 Dec. p. 43-45.
Huber, Bruno, 1963 Mar. p. 134.
Huber, Franz, 1974 Aug. p. 35, 38, 42.
Huber, George, 1953 Nov. p. 56; 1966 Nov. p. 90.
Huber, James D., 1969 June p. 41.
Huber, Martin C. E., 1973 Oct. p. 74.
Huber, Pierre, 1975 June p. 35.
Huber, Robert, 1966 May p. 52; 1974 July p. 79; 1977 Jan. p. 59.
Huberman, Joel A., 1978 Apr. p. 86.
Hubert, B., 1953 Nov. p. 83.
Hubert, E., 1976 Aug. p. 69.
Hubert, William, 1949 Feb. p. 44.
Huck, Friedrich O., 1978 Mar. p. 87.
Huck, J. S., 1951 Aug. p. 56.
Hückel, Erich, 1951 Jan. p. 41; 1972 Aug. p. 36-39.
Hückel, Walter, 1970 Jan. p. 58.
Hudson, Jack W., 1961 Nov. p. 107, 114.
Hudson, Perry B., 1959 May p. 78.
Hudson, R. P., 1965 Dec. p. 28.
Hudson, Thomas, 1976 May p. 100.
Hudson, W. H., 1950 Jan. p. 52, 53; 1959 Feb. p. 73.
Hudson, William, 1972 Nov. p. 84-87.
Huebner, K. H., 1975 July p. 60.
Huebner, Robert J., 1954 Nov. p. 52; 1960 Dec. p. 91, 92; 1966 Mar. p. 34, 36; 1967 Apr. p. 36.
Hueper, Wilhelm C., 1949 Jan. p. 14; 1956 Oct. p. 68.
Huettel, A., 1955 Aug. p. 64, 66.
Huettner, Alfred F., 1950 Feb. p. 52.
Huey, E. B., 1972 July p. 91.
Huey, Edward G., 1949 Dec. p. 52.
Huez, G., 1976 Aug. p. 69.
Huff, Bradley G., 1973 May p. 39.
Huffaker, Robert M., 1962 Nov. p. 72; 1964 Feb. p. 52, 54, 55.
Hufnagel, Charles A., 1959 Oct. p. 57; 1962 Jan. p. 68.
Huggett, Arthur St. George J. McC., 1959 Oct. p. 83.
Huggins, Charles B., 1949 June p. 26; 1966 Dec. p. 56; 1967 Nov. p. 28.
Huggins, William, Sir, 1965 Feb. p. 91, 94; 1973 June p. 30; 1974 Oct. p. 34.
Hughes Aircraft Company, 1960 Apr. p. 88; Oct. p. 80; 1963 July p. 34, 40, 42; Sept. p. 84; 1964 Apr. p. 48, 49; 1966 July p. 50; Sept. p. 150, 152; 1967 Mar. p. 60; 1971 June p. 22; 1976 Apr. p. 54; 1977 Feb. p. 58, 59.
Hughes, Charles E., 1950 Nov. p. 11; 1970 May p. 23.
Hughes, David E., 1969 Mar. p. 104.
Hughes, Donald J., 1956 Sept. p. 85; 1958 Feb. p. 42; July p. 46.
Hughes, Ernest, 1970 Oct. p. 54.
Hughes, G. M., 1967 May p. 46, 47.
Hughes, G. W., 1965 Oct. p. 57.
Hughes, John, 1977 Feb. p. 50; Mar. p. 49.
Hughes, R. E., 1966 July p. 103.
Hughes, Thomas P., 1955 Mar. p. 60, 62; 1968 June p. 94, 95.
Hughes, Vernon W., 1966 Apr. p. 93, 96, 98.
Hughes, Walter H., 1951 Jan. p. 42.
Hughes, Walter L., 1957 Sept. p. 189; 1958 June p. 39; 1963 Aug. p. 106.
Hugo, Victor, 1977 Oct. p. 132.
Huguenard, E., 1961 Apr. p. 136, 137, 138.
Huguenin, Robert L., 1978 Mar. p. 87, 89.
Hui, Tzu, 1957 June p. 140.
Huichol Indian Tribe, 1977 Oct. p. 133.
Huie, William Bradford, 1949 July p. 26.
Huisken, Ronald H., 1977 Nov. p. 70.
Huizinga, Johan, 1956 Dec. p. 67; 1964 Feb. p. 121.
Huldschinsky, Kurt, 1970 Dec. p. 80, 82.
Hülegü Khan, 1963 Aug. p. 55, 61.
Hulett, H. Russell, 1976 Mar. p. 111.
Huling, Maurice, 1963 Apr. p. 122.
Hull, Albert W., 1968 July p. 63.
Hull, Barbara E., 1978 May p. 141; June p. 112.
Hull, Clark L., 1952 Mar. p. 70; 1957 Apr. p. 54; 1958 Jan. p. 78, 82; 1963 Apr. p. 118; May p. 130; 1965 Feb. p. 88.
Hull, David, 1968 Mar. p. 110; 1970 Feb. p. 62.
Hull, G. W. Jr., 1962 June p. 82; 1971 Nov. p. 28.
Hull, Gordon F., 1957 June p. 101; 1972 Feb. p. 63.
Hull, Howard K., 1973 Oct. p. 71.
Hulm, John K., 1957 Nov. p. 96; 1962 June p. 62, 64; 1964 June p. 56; 1971 Nov. p. 22, 27.
Hulse, Frederick S., 1968 Jan. p. 27.
Hulse, Russell A., 1975 Mar. p. 35.
Hulst, H. C. van de, 1953 Dec. p. 42, 43, 46; 1959 Dec. p. 95, 98, 103; 1960 Apr. p. 83; July p. 61, 62; 1963 June p. 94; 1973 Oct. p. 76; 1974 July p. 62, 66; 1977 June p. 68.
Hultén, Eric, 1962 Jan. p. 123.
Hultin, Tore J. M., 1961 Sept. p. 79.
Human, Mary L., 1955 Apr. p. 92; 1970 Jan. p. 88.
Humann, Karl, 1956 July p. 40, 41.
Humason, Milton L., 1950 Sept. p. 26; 1951 Aug. p. 31; 1952 Feb. p. 45; 1954 Mar. p. 57, 58; 1955 Dec. p. 48; 1956 Sept. p. 175-178, 182, 80; Oct. p. 66; 1959 Apr. p. 93; 1964 Aug. p. 14; 1966 Dec. p. 43; 1970 Dec. p. 23, 24; 1972 Feb. p. 41; 1975 Sept. p. 131; 1977 Aug. p. 35.
Humayun, Zafri, 1976 Jan. p. 74.
Humble Oil and Refining Company, 1956 Nov. p. 74; 1968 July p. 102; Sept. p. 86; 1971 Sept. p. 37.
Humboldt, Alexander von, 1948 May p. 12; 1949 Feb. p. 54; 1952 July p. 17; 1954 Mar. p. 79-81; June p. 80; 1956 Jan. p. 102; 1958 Mar. p. 94; 1959 Feb. p. 74, 75, 77; 1969 Nov. p. 104; 1973 June p. 22; Dec. p. 67.
Hume, David, 1976 Aug. p. 92.
Hume, David M., 1956 Mar. p. 60; 1959 Oct. p. 58.
Hume-Rothery, William, 1964 Aug. p. 40; 1968 July p. 66.
Humphrey, George D., 1950 Dec. p. 26; 1956 Aug. p. 49.
Humphrey, Hubert H., 1975 Aug. p. 46; 1977 Nov. p. 49.
Humphrey, John H., 1973 Nov. p. 62.
Humphreys Engineering Co., 1968 Jan. p. 34, 29.
Humphreys, Thomas, 1961 Sept. p. 146; 1970 May p. 81; 1972 June p. 28.
Humphreys, W. J., 1952 Apr. p. 74, 76, 80.
Humphries, Barbara, 1963 Feb. p. 57.
Humphries, Rolfe, 1967 Jan. p. 106.
Hunchback, Gao, 1960 Sept. p. 83.
Hund, Felix, 1970 Apr. p. 54.
Hundhausen, A. J., 1977 Mar. p. 36, 39.
Hundhausen, E., 1977 Apr. p. 123, 124.
Hunger, A., 1954 Dec. p. 58.
Hunger, Kurt, 1967 Aug. p. 35.
Hungerford, David A., 1978 Feb. p. 119.
Hunkapillar, Michael, 1974 July p. 81.
Hunnicutt, Richard P., 1975 July p. 59.
Hunt, B. G., 1971 Jan. p. 37.
Hunt, Charles B., 1959 July p. 72.
Hunt, Gilbert, 1969 Mar. p. 70.
Hunt, H. R., 1957 Dec. p. 116.
Hunt, J. D., 1967 Dec. p. 69.
Hunt, J. M., 1950 Dec. p. 32.
Hunt, J. McV., 1971 Oct. p. 30.
Hunt, John, Sir, 1950 Mar. p. 39; 1956 May p. 45; 1958 Jan. p. 72; 1959 July p. 64.
Hunt, Leon G., 1975 Feb. p. 41.
Hunt, Lois T., 1969 July p. 87.
Hunt, Morton M., 1953 Feb. p. 35.
Hunt, R. K., 1974 May p. 44.
Hunt, T., 1959 Jan. p. 41.
Hunt, V. O., 1971 Dec. p. 22.
Hunten, Donald M., 1970 Mar. p. 62; 1977 July p. 39.
Hunter, Charles, 1971 Jan. p. 100-102.
Hunter, Irving R., 1968 June p. 46.
Hunter, John, 1957 Mar. p. 77; June p. 63, 65; 1959 Feb. p. 79 ; 1961 Apr. p. 91; 1966 June p. 94; 1971 Dec. p. 73.
Hunter, Ronald, 1966 Aug. p. 78.
Hunter, W. D., 1959 June p. 55.
Hunter, W. F., 1954 Dec. p. 60; 1963 July p.
Hunter, W. M., 1972 July p. 81.
Hunter, Walter S., 1957 June p. 144.
Hunter, William, 1950 Jan. p. 16.
Hunting Survey Corporation Limited, 1963 Apr. p. 59.
Huntingdon, Countess of, 1977 June p. 123.
Huntington, Ellsworth, 1954 Apr. p. 73; 1956 Apr. p. 40.
Huntington, Harriet E., 1949 Dec. p. 54.
Huntington, Robert, 1956 Nov. p. 54.
Huntley, H. E., 1954 Nov. p. 39.

Huntoon, R. D., 1950 Oct. p. 28.
Huntsman, Benjamin, 1974 Aug. p. 94.
Huquenard, E., 1951 June p. 45.
Hurlbut, Frank, 1958 Jan. p. 39.
Hurley, Lloyd A., 1956 Aug. p. 54.
Hurley, Patrick M., 1954 Nov. p. 39; 1962 Dec. p. 69; 1967 Feb. p. 58; 1968 Apr. p. 44; Dec. p. 60; 1969 Mar. p. 54; 1970 Feb. p. 32; 1977 Mar. p. 101, 104.
Hurst, Henry, 1978 Jan. p. 111.
Hurst, John G., 1976 Oct. p. 126.
Hurst, R. W., 1977 Mar. p. 100.
Hurtado, Alberto, 1955 Dec. p. 60-68; 1958 Dec. p. 124; 1970 Feb. p. 53.
Hurvich, Leo M., 1959 May p. 87.
Hurwitz, Henry, 1969 Dec. p. 112.
Hurwitz, Jerard, 1961 Aug. p. 64; Sept. p. 82; 1962 Feb. p. 76; Apr. p. 77; Oct. p. 66; 1963 Mar. p. 83; 1968 Oct. p. 75.
Hürzeler, Johannes, 1956 Apr. p. 62; June p. 91, 96-98, 100; 1964 July p. 61; 1972 Jan. p. 96.
Husband & Co., 1956 Oct. p. 59.
Huskins, C. Leonard, 1951 Apr. p. 56.
Huston, E. Lee, 1976 May p. 42, 43.
Hutchings, V. W., 1952 Oct. p. 27.
Hutchins, Robert M., 1955 Mar. p. 50.
Hutchinson, D. P., 1961 July p. 51.
Hutchinson, Franklin, 1954 June p. 30; 1959 Sept. p. 96.
Hutchinson, G. Evelyn, 1949 May p. 50; 1954 June p. 30; 1955 Mar. p. 54; 1963 Aug. p. 38; 1970 Sept. p. 105, 45, 67; 1971 Aug. p. 55; 1978 Jan. p. 43.
Hutchinson, Harry S., 1970 Dec. p. 80, 82, 89.
Hutchinson, J. L., 1967 Jan. p. 62.
Hutchison, Clyde A. III, 1977 Dec. p. 56.
Hutchison, J. K. D., 1951 Apr. p. 25.
Hutchisson, Elmer, 1958 Feb. p. 40.
Hutner, S. H., 1949 Aug. p. 24; 1953 Mar. p. 40, 41.
Hutson, A. L., 1961 Nov. p. 84.
Hutson, A. R., 1963 June p. 63.
Hutt, F. B., 1971 June p. 59.
Hütt, Paul J., 1955 Feb. p. 72, 73.
Hutter, Jacob, 1951 June p. 36.
Hutterite Sect, 1953 Dec. p. 31-37.
Hutton, James, 1951 Dec. p. 67; 1957 Apr. p. 81; 1959 Aug. p. 99, 101, 102; Nov. p. 168, 170, 172; 1960 May p. 70; 1963 Feb. p. 77; 1973 Jan. p. 62; 1977 Mar. p. 92, 104.
Hutton, William, 1948 July p. 47.
Huxley, Aldous, 1950 Aug. p. 13; 1959 July p. 124, 134; 1963 Dec. p. 64; 1964 Apr. p. 35; 1974 May p. 61.
Huxley, Andrew F., 1951 Apr. p. 67; 1952 Nov. p. 61, 63; 1958 Nov. p. 74, 82; Dec. p. 85, 88, 89; 1961 Sept. p. 190, 194, 214; 1963 Dec. p. 64; 1964 Sept. p. 150-151; 1965 Jan. p. 60; Mar. p. 74; Dec. p. 20, 27; 1966 Mar. p. 74, 81; 1967 Aug. p. 71; Nov. p. 28; 1970 Apr. p. 86; 1974 June p. 88; 1975 Nov. p. 38.
Huxley, H. E., 1961 Sept. p. 185, 192, 198, 200, 218; 1965 Mar. p. 73; June p. 79, 82, 86; Dec. p. 18; 1974 Feb. p. 58, 59, 64, 69, 71; 1975 Nov. p. 38, 41.
Huxley, Julian, Sir, 1949 Jan. p. 29; Nov. p. 22; 1950 Jan. p. 33; 1952 Aug. p. 65; 1953 Sept. p. 74; 1954 Aug. p. 38; 1956 Apr. p. 71; 1957 May p. 128; 1958 Dec. p. 73; 1963 Dec. p. 64; 1972 Sept. p. 53, 59; 1976 Apr. p. 39.
Huxley, Leonard G. H., 1962 Dec. p. 51.
Huxley, Thomas H., 1948 July p. 18, 19; Sept. p. 36; 1949 Mar. p. 40; Aug. p. 38; Dec. p. 52; 1950 Oct. p. 48; 1953 May p. 93, 94; 1954 Mar. p. 52; Nov. p. 42; 1955 Oct. p. 100; Dec. p. 39; 1956 Feb. p. 65-69; June p. 49, 91, 92, 95; 1958 Dec. p. 68; 1959 Feb. p. 70, 72, 82, 84; May p. 63, 65, 66; Aug. p. 102, 103; Nov. p. 174, 175; 1972 Jan. p. 94; 1977 Aug. p. 60.
Huygens, Christian, 1948 July p. 52; 1949 Nov. p. 16; 1953 May p. 71; 1954 Dec. p. 95; 1955 Dec. p. 76; 1958 Apr. p. 56; Sept. p. 62, 63; 1959 Oct. p. 160, 173; 1962 May p. 119; 1963 Oct. p. 42; 1964 Jan. p. 100, 103; May p. 112; Sept. p. 188, 189; Nov. p. 108; 1966 Apr. p. 54; Sept. p. 163; 1967 Dec. p. 97; Aug p. 97, 98, 100; 1968 May p. 95, 98; Sept. p. 50, 74; 1970 Aug. p. 97; 1971 July p. 94; 1973 May p. 87; June p. 43; 1975 Sept. p. 25, 30; 1976 Jan. p. 63; 1977 Apr. p. 122.
Hvatum, H., 1961 May p. 65.
Hwang, C. F., 1956 June p. 64.
Hwang, San-Bao, 1976 June p. 46.
Hyatt, Alpheus, 1949 Sept. p. 13.
Hyde, Earl K., 1978 June p. 71.
Hyde, James F., 1948 Oct. p. 51.
Hyde, Raymond, 1964 July p. 36.
Hydén, Holger, 1953 Feb. p. 55; 1961 Dec. p. 62, 76; 1963 Feb. p. 56; 1964 Dec. p. 51.
Hylander, C. J., 1949 Dec. p. 56.
Hylean Amazon Institute, 1948 May p. 33.
Hy-Line Poultry Farms, 1971 June p. 59.
Hyman, Herbert H., 1962 May p. 47; 1971 Dec. p. 13.
Hyman, Hubert H., 1978 June p. 43.
Hyman, Libbie, 1950 May p. 53.
Hyman, O. W., 1950 Dec. p. 26.
Hynek, J. Allen, 1957 Dec. p. 37; 1958 Jan. p. 24.
Hyrcanus, 1973 Jan. p. 84, 85.

I

I. G. Farben Industries, 1949 Apr. p. 27; June p. 28; 1955 Oct. p. 44.
Iansley, Arthur G., 1970 Sept. p. 67.
Iaworsky, Georges, 1969 May p. 42.
Ibarra, Oscar H., 1978 Mar. p. 129.
Ibbetson, Alan, 1968 Feb. p. 80, 81.
Ibbi-Sin, King, 1957 Oct. p. 83.
Ibbotson, Derek, 1976 June p. 114.
Iben, Icko Jr., 1967 Aug. p. 34; 1969 July p. 35, 36; 1970 July p. 27; 1974 Jan. p. 70, 71; 1975 June p. 70; 1977 Oct. p. 48, 49.
I.B.M., *see:* International Business Machines Corporation.
ibn-al-Shatir, 1973 Dec. p. 96.
Ichikawa, K., 1973 Oct. p. 26.
Icon, Kwang W., 1970 May p. 57.
Idler, D. R., 1965 Aug. p. 84, 85.
Idso, Sherwood B., 1973 Jan. p. 46; 1976 Oct. p. 108.
Iersel, J. van, 1952 Dec. p. 22; 1954 Nov. p. 42.
I.G. Farben, 1949 Jan. p. 18, 20, 21.
Ignatowski, A., 1966 Aug. p. 53.
Igo, George, 1972 Oct. p. 103, 108.
Ihler, Garret, 1970 Jan. p. 50.
Iino, Tetsuo, 1975 Aug. p. 39.
Ijlstra, J., 1962 Dec. p. 136.
Ikeda, Karren, 1967 May p. 51, 99.
Ikeda, Kazuo, 1973 Dec. p. 32.
Ikhnaton, 1963 Nov. p. 123; 1968 Nov. p. 64; 1969 Dec. p. 55.
Ikle, Fred C., 1974 Apr. p. 48; May p. 31; Oct. p. 55; 1975 Mar. p. 47.
Iles, John F., 1976 Dec. p. 82.
Iliopoulos, John, 1975 June p. 60; Oct. p. 47; 1977 Oct. p. 60.
Illiac, 1959 Dec. p. 112, 113.
Illinois Bell Telephone Company, 1977 Aug. p. 40.
Illinois Institute of Technology, 1958 July p. 52; 1966 June p. 87; Sept. p. 181.
Illinois Institute of Technology Armour Research Foundation, 1960 Nov. p. 78.
Illinois State Museum, 1975 Aug. p. 97.
Illmensee, Karl, 1978 Feb. p. 125.
Ilych, Ivan, 1973 Sept. p. 57, 58.
Imagawa, David T., 1974 Feb. p. 35.
Imai, Yoshitaka, 1950 Nov. p. 38.
Immarco, Anthony, 1970 Dec. p. 41.
Immon, Thomas W., 1962 Aug. p. 34.
Imperial Cancer Research Fund, 1963 Jan. p. 119.
Imperial Chemical Industries, 1955 June p. 87; 1957 Sept. p. 139; 1963 Nov. p. 100, 104.
Imperial College London, 1964 Mar. p. 70.
Imperial College of Science and Technology, 1963 Dec. p. 137; 1965 Mar. p. 68; May p. 36; June p. 24; 1973 Oct. p. 73; 1977 Apr. p. 48.
Imperial Oil Limited, 1963 Mar. p. 48.
IMSAI Manufacturing Corporation, 1977 Sept. p. 66.
Imura, Tsuneo, 1972 Apr. p. 83.
Inaba, Takashi, 1968 May p. 112.
Inagami, T., 1973 Oct. p. 54.
Inbar, Michael, 1977 June p. 113.
Inch, William R., 1967 Feb. p. 43.
India-Harvard-Ludhiana Population Study, 1970 July p. 108.
Indian Agricultural Research Institute, 1971 Jan. p. 91, 93; 1976 Sept. p. 39.
Indian Atomic Energy Commission, 1974 July p. 46; 1975 Apr. p. 21.
Indian Central Drug Research Institute, 1950 Jan. p. 30.
Indian Community Development Program, 1976 Sept. p. 155, 157.
Indian Congress Party, 1965 Dec. p. 16.
Indian Council of Medical Research, 1955 Mar. p. 63.
Indian Department of Scientific Research, 1950 Jan. p. 30.
Indian Family Planning Program, 1970 July p. 108, 112.
Indian Geological Survey, 1964 July p. 56.
Indian Health Ministry, 1956 Mar. p. 69, 70.
Indian Intensive Agricultural District Program, 1976 Sept. p. 155.
Indian Irrigation Commission, 1974 Sept. p. 170.
Indian Panjab University, 1970 Jan. p. 79.
Indian Small and Marginal Farmer's Program, 1976 Sept. p. 155.
Indian Statistical Institute, 1964 June p. 56.
Indiana Civil Liberties Union, 1977 June p. 61; Dec. p. 87.
Indiana University, 1949 May p. 28; 1956 Apr. p. 60; 1957 Dec. p. 114; 1963 Jan. p. 41; 1964 Mar. p. 94; Dec. p. 51; 1973 Mar. p. 48; 1974 Oct. p. 112.
Indyk, Leonard, 1975 Sept. p. 57.
Infeld, Leopold, 1964 Aug. p. 38.
Ing, G. K. T., 1976 Oct. p. 111.
Ingall, Albert G., 1952 Dec. p. 30.
Ingalls, Richard P., 1968 July p. 31.
Ingebretsen, Robert B., 1975 July p. 48.
Ingenhousz, Jan, 1948 Aug. p. 26, 28, 37; 1960 Nov. p. 105.
Ingersoll, L. R., 1965 Jan. p. 41.
Ingersoll, Robert, 1949 June p. 50.
Ingersoll, Royal B., 1971 Aug. p. 47.
Ingersoll-Rand Company, 1975 Feb. p. 22-24.
Ingham, M. F., 1959 Oct. p. 69; 1960 July p. 54, 62, 63; 1965 May p. 36.
Inghram, Mark G., 1953 Mar. p. 72; 1954 Jan. p. 42; Nov. p. 49; 1976 July p. 41.
Ingle, Dwight J., 1949 July p. 44; 1958 Jan. p. 46.

Ingold, M., 1969 May p. 24.
Ingraham, J. L., 1969 Oct. p. 35.
Ingram, Diana, 1973 Mar. p. 76.
Ingram, Marylou, 1970 Nov. p. 72.
Ingram, R. S., 1973 Jan. p. 46.
Ingram, Vernon M., 1957 Aug. p. 58; Sept. p. 200; 1958 Mar. p. 120; 1959 July p. 64; 1963 Nov. p. 114, 115; 1966 Feb. p. 34; 1967 May p. 91; 1975 Apr. p. 46.
Ingstad, Helge, 1964 Jan. p. 56; 1967 May p. 78.
Inhelder, B., 1953 Nov. p. 77, 79.
Inhoffen, H., 1953 Dec. p. 54.
Inkeles, Alex, 1955 May. p. 56.
Inman, Robert E., 1971 Aug. p. 47.
Inman, Ross, 1973 Aug. p. 26.
Innamorati, Teresa F., 1977 May p. 104.
Innes, K. Keith, 1977 Feb. p. 95.
Innes, M. J. S., 1958 July p. 39.
Innocent III, Pope, 1964 Nov. p. 116.
Inokuchi, Kiyoshi, 1962 Oct. p. 50.
Inose, Hiroshi, 1972 Sept. p. 112, 132.
Inou, Tsunamasa, 1963 Jan. p. 66.
Inoue, Kozo, 1973 Nov. p. 64.
Inoué, Shinya, 1953 July p. 61; 1961 Sept. p. 108, 115, 118; 1977 Apr. p. 83.
Inouye, W. Y., 1961 July p. 61.
Inslerman, Felix, 1954 June p. 30.
Inslerman, Hans, 1954 June p. 30.
Institute for Advanced Study, 1951 May p. 36; 1954 Aug. p. 36; 1957 May p. 62; 1963 Mar. p. 64; 1975 May p. 90; 1977 Oct. p. 50.
Institute for Cancer Research (Phil.), 1978 Feb. p. 125.
Institute for Defense Analyses, 1962 May p. 46; 1968 May p. 48; 1972 Aug. p. 44.
Institute for Muscle Disease, 1965 June p. 43.
Institute for Research on Poverty, 1972 Oct. p. 23, 25.
Institute for Strategic Studies, 1966 Aug. p. 40; 1970 June p. 46.
Institute Gustave-Roussy, 1964 May p. 92.
Institute Merieux, 1969 June p. 55.
Institute of Aeronautical Sciences, 1964 Mar. p. 34.
Institute of Andean Research, 1954 Aug. p. 29.
Institute of Behavioral Research, 1964 May p. 98.
Institute of Gas Technology, 1972 Oct. p. 35.
Institute of Paper Chemistry, 1958 Oct. p. 106; 1969 July p. 54.
Institute of Radio Engineers, 1954 July p. 48.
Institute of Society, Ethics and Life Sciences, 1974 Sept. p. 64.
Institute of Textile Technology, 1953 Oct. p. 58.
Institution of Mechanical Engineers, 1966 Mar. p. 63.
Intel Corporation, 1977 Sept. p. 63, 126, 138, 147, 151, 153,.
Intelsat, *see:* International Telecommunications Satellite Organization.
Inter-American Development Bank, 1976 Sept. p. 38.
Intergovernmental Maritime Consultative Organization, 1962 Nov. p. 71.
International Agricultural Development Service, 1976 Sept. p. 38.
International Air Transport Association, 1968 Oct. p. 87.
International Assembly on Nuclear Weapons, 1966 Aug. p. 40.
International Association of Physical Oceanography, 1960 May p. 73.
International Astronomical Union, 1952 Nov. p. 46; 1953 May p. 56; 1961 Oct. p. 80; Nov. p. 78; 1964 Aug. p. 14; Oct. p. 60.
International Atomic Energy Agency, 1957 Dec. p. 60; 1958 Aug. p. 50; 1960 Jan. p. 71; Aug. p. 70; 1963 Apr. p. 58; Nov. p. 64; 1965 Sept. p. 80; 1966 Dec. p. 22; 1971 Jan. p. 94; 1972 Mar. p. 19; 1974 Jan. p. 50; July p. 46; Oct. p. 29; 1975 Apr. p. 19, 21-23, 28; Nov. p. 27; 1976 July p. 41; 1978 Apr. p. 51, 57.
International Bank, 1963 Sept. p. 182.
International Biological Program, 1967 Feb. p. 31, 32; 1970 Sept. p. 69; 1973 June p. 75.
International Bitumen Company, 1949 May p. 53.
International Bureau of Standards, 1955 Mar. p. 52.
International Bureau of Time, 1971 Dec. p. 83, 85-88.
International Bureau of Weights and Measures, 1950 Oct. p. 28; 1952 Nov. p. 46; 1960 Dec. p. 75; 1968 Jan. p. 46; June p. 52, 54; 1970 July p. 19; Oct. p. 68.
International Business Machines Corporation, 1948 Nov. p. 19; 1949 Apr. p. 30, 32, 35, 37, 39; 1953 May p. 55; 1954 Jan. p. 21, 23; 1955 June p. 93-95; 1958 June p. 97; Dec. p. 50; 1960 June p. 102; Dec. p. 52; 1961 July p. 130; 1962 Feb. p. 104; Dec. p. 72; 1963 June p. 124, 130; July p. 38; Dec. p. 35; 1964 Apr. p. 43; July p. 101; Sept. p. 151, 208, 203, 206; 1965 Mar. p. 106; Nov. p. 59; 1966 Aug. p. 22, 23; Sept. p. 85, 92, 112, 129, 177, 179, 200, 208, 228, 231; Oct. p. 46; 1968 Nov. p. 64; 1970 Feb. p. 25; June p. 58; Oct. p. 103, 106-108; Nov. p. 44; 1971 Apr. p. 57, 63; July p. 32; 1972 Nov. p. 35, 36, 40, 42; 1973 Apr. p. 67, 69; 1974 Sept. p. 88; 1976 Sept. p. 31; Oct. p. 95; Dec. p. 94; 1977 June p. 41; Sept. p. 144, 160, 172, 174.
International Catholic Institute for Social Research, 1956 Apr. p. 71.
International Center for Theoretical Physics, 1976 Nov. p. 55.
International Center of Tropical Nutrition, 1971 Aug. p. 40, 41.
International Children's Emergency Fund, 1948 June p. 24; Nov. p. 25; 1949 Apr. p. 26.
International Civil Aviation Organization, 1964 Mar. p. 27.
International Commission on Radiological Protection, 1955 Oct. p. 40.
International Commission on Zoological Nomenclature, 1966 Nov. p. 49.
International Committee on Geophysics, 1961 May p. 75.
International Committee on Radiation Protection, 1959 Dec. p. 80.
International Computers Limited, 1970 Oct. p. 105.
International Congress of Anthropological and Ethnological Sciences, 1957 May p. 43.
International Council of Scientific Unions, 1954 Apr. p. 45; 1958 Sept. p. 86; Dec. p. 53; 1960 Apr. p. 83; Aug. p. 70; 1962 June p. 78; 1967 May p. 55; 1969 Jan. p. 67; 1978 Jan. p. 39.
International Council of Scientific Unions Committee on Contamination by Extraterrestrial Exploration, 1958 Dec. p. 53.
International Crops Research Institute for the Semi-Arid Tropics, 1976 Sept. p. 188.
International Data, 1970 Oct. p. 104.
International Development Research Center, 1976 Sept. p. 68.
International Disposal Corporation, 1967 Jan. p. 58.
International Electrical Congress (1881-1908), 1970 July p. 19.
International Electrotechnical Commission, 1972 May p. .
International Enzyme Commission, 1971 Mar. p. 26.
International Federation for Information Processing, 1974 Nov. p. 52.
International Federation of Multiple Sclerosis Societies, 1970 July p. 40.
International Food Policy Research Institute, 1976 Sept. p. 32, 37.
International Fund for Agricultural Development, 1976 Sept. p. 204.
International Geodetic Association, 1971 Dec. p. 80.
International Geophysical Year, 1955 Sept. p. 68, 90; 1956 Jan. p. 45; 1957 Dec. p. 39; 1958 Jan. p. 28; 1959 Mar. p. 39, 44; 1960 June p. 64, 65, 69, 71; Oct. p. 100; Dec. p. 64; 1961 Apr. p. 108; July p. 87; Dec. p. 52; 1962 Sept. p. 65; 1973 Apr. p. 51, 53.
International Harvester Company, 1967 Aug. p. 57.
International High Altitude Expedition, 1955 Dec. p. 66.
International Hydrographic Bureau, 1966 Mar. p. 26.
International Indian Ocean Expedition, 1961 Apr. p. 116.
International Institute for Strategic Studies, 1973 Aug. p. 12.
International Institute of the Hylean Amazon, 1948 Oct. p. 24.
International Institute of Tropical Agriculture, 1976 Sept. p. 148, 188, 190.
International Laboratory for Research on Animal Diseases (ILRAD), 1976 Sept. p. 188.
International Labour Organization, 1963 Apr. p. 58.
International Latitude Service, 1971 Dec. p. 85, 86, 88.
International Liquid Xtal Company, 1973 June p. 71.
International Livestock Center for Africa (ILCA), 1976 Sept. p. 188.
International Maize and Wheat Improvement Center (CIMMYT), 1974 Aug. p. 74, 76, 80; 1976 Sept. p. 38, 140, 147, 188, 190.
International Meteorological Institution, 1970 Sept. p. 154.
International Minerals & Chemical Corporation, 1969 Aug. p. 50.
International Monetary Fund, 1966 July p. 43.
International Nickel Company, Inc., 1960 June p. 146; 1963 Aug. p. 72, 78, 80.
International Nuclear Fuel Cycle Evaluation (INFCE), 1978 May p. 81.
International Organization for Standardization, 1972 May p. 49.
International Paper Company, 1971 Nov. p. 98.
International Planned Parenthood Federation, 1973 Nov. p. 50.
International Polar Motion Service, 1971 Dec. p. 83.
International Potatoe Center (CIP), 1976 Sept. p. 188.
International Red Cross, 1976 Jan. p. 56.
International Rice Research Institute, 1970 Sept. p. 168; 1971 Jan. p. 94; 1974 Sept. p. 176; 1976 Sept. p. 38, 161, 181, 184, 186, 188.
International Scientific Radio Union, 1961 Oct. p. 91.
International Scientific Unions, 1958 Nov. p. 53.
International Seabed Authority, 1978 Apr. p. 78.
International Statistical Institute, 1974 Sept. p. 46.
International Telecommunications Satellite Organization (Intelsat), 1972 Sept. p. 122; 1976 Apr. p. 54; 1977 Feb. p. 58, 60.

International Telecommunications Union, 1959 Nov. p. 88; Dec. p. 82; 1964 Apr. p. 62.
International Telemeter Corporation, 1955 June p. 96; Sept. p. 74.
International Telephone and Telegraph Corporation, 1952 Aug. p. 50; 1957 Jan. p. 49; 1970 Feb. p. 30.
International Tidal Institute, 1960 May p. 73.
International Union against Cancer, 1956 Oct. p. 68.
International Union for the Conservation of Nature and Natural Resources, 1973 June p. 40.
International Union for the Protection of Nature, 1949 May p. 29.
International Union of Biological Sciences, 1967 May p. 55.
International Union of Chemistry Commission on Inorganic Nomenclature, 1949 Nov. p. 30.
International Union of Crystallography, 1948 June p. 25.
International Union of Food Science Technology, 1974 Aug. p. 75.
International Union of Geodesy and Geophysics, 1962 Mar. p. 130; 1963 Oct. p. 56, 58.
International Union of Pure and Applied Chemistry, 1961 Oct. p. 80; 1963 Apr. p. 70; 1969 Apr. p. 63; 1970 June p. 49.
International Union of Pure and Applied Physics, 1961 Oct. p. 80; 1962 Aug. p. 56.
International Whaling Commission, 1966 Aug. p. 16, 17, 20, 21.
International Wheat Improvement Program, 1975 June p. 16.
International Women's Year, 1977 Jan. p. 27.
Interprovincial Pipe Line Company, 1967 Jan. p. 70.
Interstate Commerce Commission, 1968 Feb. p. 27.
Interstate Oil Compact Commission, 1965 July p. 37.
Inter-Union Committee on Frequency Allocation for Radio Astronomy and Space Research Services, 1964 Apr. p. 62.
Ioffe, A. F., 1977 May p. 36.
Ioffe, M. S., 1966 Dec. p. 23, 31.
Iowa Nob Hill State Park, 1957 May p. 116.
Iowa State University, 1948 Dec. p. 9; 1956 Apr. p. 60; 1958 July p. 52; 1963 July p. 118; 1966 Mar. p. 58; 1978 Apr. p. 78.
Ipatieff, Vladimir N., 1949 Dec. p. 35, 36; 1971 Dec. p. 49, 50.
Ippen, E., 1973 June p. 60.
Ippen, Karin, 1970 Jan. p. 50.
Ipser, James, 1968 Apr. p. 43.
Iran Archaeological Service, 1971 June p. 103.
Iraq Directorate General of Antiquities, 1957 Nov. p. 59.
Iraq Government, 1957 Nov. p. 64.
Iraq Petroleum Company Ltd., 1948 Sept. p. 13, 14.
Ireene, W. W., 1957 Jan. p. 77.
Irene, Princess of Hesse, 1965 Aug. p. 88.
Iriki, Y., 1968 June p. 105.
Irish Dunsink Observatory, 1952 July p. 47, 57.
Irish Royal Academy, 1960 Nov. p. 160.
Iron Mines Company, 1965 Sept. p. 123.
Ironsides, Björn, 1967 May p. 74.
Iroquosis Indian Nation, 1971 Feb. p. 42.
Irving, E., 1963 June p. 73; 1969 Nov. p. 104; 1970 Oct. p. 41.
Irving, G. W. Jr., 1952 Apr. p. 57.
Irving, Laurence, 1949 July p. 53, 54; 1952 Oct. p. 70; 1963 Dec. p. 92, 94.
Irving, W. N., 1967 June p. 57.
Irwin, Fenelon A.S., *see:* Irwin, Robert.
Irwin, George R., 1960 Feb. p. 94.
Irwin, Howard S., 1976 Nov. p. 111; 1977 Aug. p. 98.
Irwin, James B., 1971 Sept. p. 74.
Irwin, John B., 1959 July p. 55.
Irwin, Robert, 1949 June p. 50-55.
Irwin-Williams, Cynthia, 1967 June p. 57.
Isaac, Glynn, 1974 Aug. p. 50; 1978 Apr. p. 90.
Isaacman, Richard, 1975 Sept. p. 30, 31.
Isaacs, Alick, 1958 Aug. p. 48; 1960 Dec. p. 100; 1961 May p. 51; 1963 Sept. p. 84; Oct. p. 46; 1971 July p. 26, 27; 1977 Apr. p. 42.
Isaacs, John D., 1960 Aug. p. 83; 1969 Sept. p. 64; 1974 Aug. p. 21, 22; 1977 June p. 49.
Isaacs, Norman, 1961 Mar. p. 153.
Isaacson, Leonard M., 1959 Dec. p. 112, 113.
Isaacson, Peter A., 1967 Mar. p. 27, 31.
Isaacson, Robert L., 1977 June p. 89, 90.
Isabella, Queen, 1957 Mar. p. 121.
Isaccs, Alick, 1969 Jan. p. 46.
Isaccs, John D., 1975 Oct. p. 85.
Isacks, Bryan L., 1972 May p. 63; 1975 Nov. p. 94, 96.
Isaiah, 1968 Oct. p. 115.
Isakson, Frank B., 1965 Jan. p. 28.
Isbell, Harris, 1958 Jan. p. 62; 1966 Nov. p. 135; 1969 Dec. p. 23.
Iseki, Shoei, 1969 Nov. p. 121.
Iselin, Columbus O'D., 1955 Sept. p. 102; 1956 Jan. p. 98; 1963 Nov. p. 66.
Isenberg, Gehard, 1965 Sept. p. 64.
Iseri, Oscar A., 1976 Mar. p. 26, 30.
Isherwood, B. F., 1968 Jan. p. 121.
Ishida, Yoichi, 1977 Dec. p. 138.
Ishihara, Fusao, 1967 Aug. p. 69.
Ishiko, Nobusada, 1960 Aug. p. 105.
Ishimoto, H., 1958 Aug. p. 80.
Isidore of Seville, 1968 Oct. p. 116.
Ising, Gustaf, 1954 Oct. p. 40, 43.
Iskian, Anahid, 1976 Apr. p. 104.
Isliker, H., 1957 July p. 96.
Israel, Werner, 1972 May p. 45; 1974 Dec. p. 35; 1977 Jan. p. 36.
Israeli Institute for Biological Research, 1975 July p. 109.
Israeli National Museum, 1971 Nov. p. 80.
Israeli National Physical Laboratory, 1956 Jan. p. 50; July p. 99, 102.
Israeli National Water Carrier, 1977 May p. 25.
Israeli Soil Conservation Service, 1960 Mar. p. 60, 62.
Israeli Soreg Nuclear Research Center, 1971 Oct. p. 94.
Israeli Water Planning Agency, 1960 Mar. p. 63.
Istanbul University, 1970 Mar. p. 53.
Italian Academy of Agriculture, 1967 Mar. p. 90.
Italian Aerospace Research Center, 1977 Oct. p. 51.
Italian Association of Women Physicians, 1951 Mar. p. 30.
Italian Department of Antiquities, 1975 Feb. p. 81.
Italian Higher Institute of Health, 1965 July p. 97.
Italian Institute of Industrial Chemistry, 1963 Jan. p. 98.
Italian Institute Superiore di Sanità, 1964 Jan. p. 84.
Italian National Central Library, 1973 May p. 84; 1975 Mar. p. 102, 103; June p. 100.
Italian National Laboratory, 1966 Nov. p. 111, 112, 116.
Italian National Library, 1971 Feb. p. 101.
Italian National Research Council, 1967 Mar. p. 90.
Italien Magistrato della Sanità, 1964 Feb. p. 115.
Itani, Junichiro, 1976 Oct. p. 104.
Itano, Harvey A., 1951 Aug. p. 57, 58; 1974 Sept. p. 81; 1975 Apr. p. 46.
Itek Corporation, 1968 Sept. p. 102, 107; 1973 Feb. p. 15, 24.
Iten, Laurie E., 1977 July p. 69.
Iterson, Woutera van, 1962 Mar. p. 117.
Ito, K., 1969 Mar. p. 70.
Ito, Masao, 1972 June p. 96; 1975 Jan. p. 63.
Ito, Shizuo, 1970 May p. 84, 81.
Ito, Susumu, 1961 Sept. p. 58; 1969 Feb. p. 105.
Ittelson, N. H., 1959 Apr. p. 56.
Ittelson, W. H., 1953 Mar. p. 64.
Ittner, William B., 1965 Oct. p. 57.
Ivan the Terrible, 1971 May p. 15.
Ivanov, Boris, 1976 June p. 109.
Ivanov, J. A., 1962 Sept. p. 126.
Ivanova, I. K., 1974 June p. 98.
Iversen, James D., 1975 Sept. p. 116.
Iversen, Leslie L., 1974 June p. 63; 1977 Aug. p. 115.
Iverson, O. H., 1967 July p. 44.
Iverson, Ray M., 1961 Sept. p. 115.
Ivey, Henry F., 1967 May p. 109.
Ivins, William M. Jr., 1972 Sept. p. 87.
Ivy, Andrew C., 1952 Jan. p. 40; 1976 Aug. p. 24.
Iwanowsky, D., 1962 Mar. p. 117.
Iwasa, Yukikazu, 1973 Oct. p. 24.
Izsak, Imre E., 1961 Apr. p. 76; Nov. p. 80.

J

Jacchia, Luigi G., 1959 Aug. p. 38, 40; 1974 Aug. p. 50.
Jack, Robert F., 1962 June p. 65.
Jackiw, Roman W., 1977 Mar. p. 64.
Jackson, Andrew, 1948 Sept. p. 41, 43; 1950 Nov. p. 11, 12; 1951 June p. 16; 1960 Feb. p. 38; 1976 June p. 21.
Jackson, David, 1975 July p. 26.
Jackson, Dennis, 1957 Jan. p. 78.
Jackson, Don D., 1953 Jan. p. 63.
Jackson, Donald C., 1969 Jan. p. 93.
Jackson, E. B., 1949 Aug. p. 32.
Jackson, George G., 1960 Dec. p. 99, 100.
Jackson, Henry M., 1957 Aug. p. 58; 1965 June p. 116; 1969 Aug. p. 26; 1974 Jan. p. 29.
Jackson, Hughlings, 1948 Oct. p. 29, 30; 1977 Oct. p. 140.
Jackson, John H., 1973 July p. 96.
Jackson, K. P., 1970 Dec. p. 41; 1978 June p. 67.
Jackson, Kenneth, 1960 Nov. p. 166; 1967 Feb. p. 86.
Jackson, L., 1976 Jan. p. 86.
Jackson Laboratories, 1965 Nov. p. 79; 1977 Oct. p. 96.
Jackson, N. H., 1965 June p. 111.
Jackson, P. H., 1958 July p. 26.
Jackson, Ray W., 1954 Apr. p. 44.
Jackson, Robert H., 1950 Aug. p. 28; 1951 July p. 30.
Jacob, 1958 June p. 52.
Jacob, François, 1961 July p. 66; 1962 Feb. p. 47; 1963 Mar. p. 83; 1964 May p. 52; Nov. p. 76; 1965 Apr. p. 37-39, 42; Dec. p. 38; 1967 Feb. p. 38; June p. 52; Nov. p. 28, 30; Dec. p. 22; 1968 Dec. p. 48; 1969 Apr. p. 35; Oct. p. 28, 29; Nov. p. 122; 1970 June p. 36, 38, 39, 42; 1974 June p. 49; 1976 Jan. p. 64; Feb. p. 33, 35.
Jacob, T. Mathai, 1964 June p. 56; 1965 June p. 57.
Jacobi, Abraham, 1972 Oct. p. 72.

Jacobi, Karl G., 1958 Sept. p. 82; 1968 June p. 39; 1977 July p. 125, 130.
Jacobi, Moritz H., 1969 May p. 63.
Jacobowitz, David, 1974 June p. 58.
Jacobs, George, 1961 Apr. p. 75.
Jacobs, I. S., 1969 June p. 38.
Jacobs, Jane, 1965 Sept. p. 196.
Jacobs, Joseph, 1956 Aug. p. 44.
Jacobs, Patricia A., 1961 Nov. p. 73; 1963 July p. 60.
Jacobs, R. B., 1965 June p. 101.
Jacobs, S., 1973 Feb. p. 89.
Jacobs, W. A., 1955 Jan. p. 56.
Jacobsen, Carlyle, 1948 Oct. p. 37; 1955 Feb. p. 70, 72.
Jacobsen, E. H., 1963 June p. 67.
Jacobsen, Erik, 1949 May p. 29.
Jacobsen, Thorkild, 1948 June p. 45; 1951 Nov. p. 54; 1960 Sept. p. 162.
Jacobsohn, Dora, 1966 Apr. p. 86.
Jacobson, Allan L., 1963 Feb. p. 55, 57.
Jacobson, Antone G., 1978 June p. 106.
Jacobson, Carl-Olof, 1978 June p. 110.
Jacobson, Ethel, 1973 July p. 59.
Jacobson, Helmut, 1973 Nov. p. 96.
Jacobson, Homer, 1959 June p. 105; 1964 Sept. p. 156.
Jacobson, Lenore, 1967 Nov. p. 54.
Jacobson, Leon O., 1959 Sept. p. 121.
Jacobson, Marcus, 1974 May p. 44.
Jacobson, Martin, 1963 May p. 101, 102; 1970 Apr. p. 48; 1974 July p. 28.
Jacobson, Oscar, 1950 Sept. p. 50.
Jacquard, Joseph M., 1952 Apr. p. 72; 1972 Aug. p. 76-80.
Jacques, J. S., 1957 Sept. p. 208.
Jacques, R., 1962 Aug. p. 113.
Jacquinot, Pierre, 1968 Sept. p. 80.
Jacquiot, Clément, 1959 July p. 118.
Jacus, M. A., 1949 June p. 22, 24.
Jaffe, Haym, 1949 Dec. p. 56.
Jaffe, Laurinda, 1977 Nov. p. 131.
Jaffe, Lionel, 1977 Nov. p. 133.
Jaffe, Walter, 1975 Aug. p. 26, 33.
Jagendorf, André T., 1978 Mar p. 113, 121.
Jager, G. de, 1968 Dec. p. 40.
Jaggar, T. A., 1951 Nov. p. 52.
Jahn, Albert, 1961 Dec. p. 138.
Jain, A. L., 1964 June p. 72.
Jain, Satish, 1976 June p. 25.
Jakobson, Roman, 1972 Sept. p. 35; 1973 Dec. p. 113.
Jakus, Marie A., 1958 Nov. p. 71; 1961 May p. 127, 128.
Jalavisto, Eeva, 1950 Sept. p. 50; 1953 Apr. p. 42.
James, A. T., 1953 Sept. p. 82; 1958 Apr. p. 52; 1961 Oct. p. 58, 62.
James, Francis, 1972 Dec. p. 14.
James, George, 1965 Jan. p. 20; Apr. p. 58.
James, Henry, 1951 June p. 16.
James I, King, 1949 July p. 12; 1953 June p. 26; 1959 Jan. p. 125, 128; Dec. p. 122; 1967 Feb. p. 27; 1969 July p. 40, 46; 1970 Oct. p. 114; 1977 Nov. p. 140.
James II, King, 1969 July p. 42.
James, Ioan, 1966 May p. 118.
James, J. N., 1966 Mar. p. 42; Apr. p. 57, 60; May p. 62; 1969 Mar. p. 80.
James, Jesse, 1956 Nov. p. 56; 1965 Feb. p. 54.
James, Paul E., 1967 Feb. p. 60.
James, R. A., 1950 Apr. p. 47.
James, Reginald, 1968 July p. 62.
James, Stanley, 1963 Dec. p. 100.
James, Thomas N., 1967 Mar. p. 36.
James VI, King, 1961 Feb. p. ; 1969 July p. 42, 46.
James, William, 1949 July p. 51; 1957 Jan. p. 80; 1960 Mar. p. 146; 1963 Apr. p. 128; 1964 Apr. p. 32, 37; Oct. p. 99; 1966 Dec. p. 80, 81; 1967 Jan. p. 108; 1968 Feb. p. 96; 1971 Aug. p. 82; 1972 Sept. p. 35, 36; 1977 May p. 120-122, 127.
Jameson, Dorothea, 1959 May p. 87.
Jameson, Michael H., 1961 Mar. p. 111; 1966 Feb. p. 54.
Jamieson, Alexander, 1971 Oct. p. 101.
Jamieson, James D., 1969 Jan. p. 41; 1975 Apr. p. 44.
Jamieson, John C., 1965 Oct. p. 32,33.
Jammet, Henri, 1955 Oct. p. 40.
Jamukha, 1963 Aug. p. 58, 60-62.
Jancke, W., 1954 July p. 51, 55.
Janes, G. Sargent, 1977 Feb. p. 93.
Janeway, Robert, 1950 Feb. p. 18.
Janick, Jules, 1976 Sept. p. 75.
Janke, J., 1955 Mar. p. 53.
Jankovic, Branislav D., 1974 Nov. p. 60.
Jannasch, Holger W., 1973 Apr. p. 45; 1977 June p. 42.
Janoff, Aaron, 1967 Nov. p. 67.
Jánossy, L., 1949 Mar. p. 37; Oct. p. 13, 14.
Janowitz, Morris, 1967 May p. 54.
Jansen, Eugene F., 1961 Feb. p. 90; 1964 Dec. p. 75; 1974 July p. 77.
Jansen, Jan, 1974 Jan. p. 38; 1975 Jan. p. 60.
Jansen, Laurens, 1966 Oct. p. 64.
Jansen, Zacharias, 1956 Sept. p. 232.
Jansky, Karl G., 1949 Sept. p. 35-38; 1950 Feb. p. 37; 1953 Jan. p. 17; 1955 Mar. p. 41; 1956 Sept. p. 205, 206; Oct. p. 56; 1957 Nov. p. 48; 1961 Oct. p. 95; 1962 Mar. p. 41; 1963 June p. 97; Aug. p. 29; 1964 Aug. p. 13; 1967 Dec. p. 36.
Janssen, Michael A., 1975 Sept. p. 77.
Janssen, Tepano, 1949 Feb. p. 53.
Jansson, Erik V., 1973 July p. 26.
Jansson, Gunnar, 1975 June p. 86.
Janzen, Daniel H., 1973 Dec. p. 60, 61.
Japan, Bank of, 1970 Mar. p. 33.
Japan Broadcasting Corporation, 1977 May p. 44.
Japan Electron Optics Company, 1970 Aug. p. 74.
Japan Monkey Center, 1976 Oct. p. 97.
Japanese Committee for Natality Problems, 1974 Sept. p. 117.
Japanese Economic Planning Agency, 1970 Mar. p. 34.
Japanese Hydrographic Office, 1961 Apr. p. 113.
Japanese Institute of Physical and Chemical Research, 1965 Oct. p. 18.
Japanese Institute of Public Health, 1971 July p. 43.
Japanese Institute of Radiation Breeding, 1971 Jan. p. 86, 88, 95.
Japanese Ministry of Finance, 1970 Mar. p. 34.
Japanese Ministry of Health Institute of Population Problems, 1956 Mar. p. 68.
Japanese Ministry of International Trade and Industry, 1970 Mar. p. 34.
Japanese Misaki Marine Biological Station, 1977 Apr. p. 86.
Japanese National Institute of Genetics, 1970 Mar. p. 99.
Japanese National Railroad, 1971 Nov. p. 22.
Japanese Population Problems Council, 1971 July p. 44.
Japanese Second Red Cross Hospital, Kyoto, 1965 Oct. p. 18.
Jaquet, A., 1960 Jan. p. 140.
Jarl, Birger, 1965 Sept. p. 107.
Jarmie, Nelson, 1977 Apr. p. 127.
Jarnum, S. A., 1959 Dec. p. 140.
Jarosch, Robert, 1975 Aug. p. 41.
Jarosewich, Eugene, 1972 June p. 44.
Jarrell-Ash Company, 1963 July p. 45.
Jarvik, Lissy F., 1965 Aug. p. 46; 1970 Oct. p. 26, 28.
Jaseja, T. S., 1963 July p. 42.
Jasper, Herbert H., 1948 Oct. p. 27; 1959 Aug. p. 95, 96; 1970 Mar. p. 66; 1973 July p. 98.
Jastrow, Joseph, 1971 Dec. p. 66.
Jastrow, R., 1958 Apr. p. 50.
Jaussen, Tepano, Bishop, 1958 June p. 63, 64.
Javan, Ali, 1961 Mar. p. 91; June p. 54, 58; 1963 July p. 42, 44; 1964 Apr. p. 49; 1967 Sept. p. 86, 211; 1973 Dec. p. 79, 80, 85.
Javits, Jacob K., 1949 June p. 14; 1975 Aug. p. 46.
Javreaux, Olga E., 1976 Dec. p. 42, 47.
Jazy, Michel, 1976 June p. 111, 114.
Jeanloz, Roger W., 1969 May p. 97.
Jeans, James, Sir, 1949 Jan. p. 38; Aug. p. 51; Oct. p. 42, 43; Dec. p. 52; 1950 May p. 51; Sept. p. 24; 1952 Feb. p. 45; Oct. p. 55; Nov. p. 49; 1954 Mar. p. 61; 1955 June p. 63; Oct. p. 101; 1956 Sept. p. 152; Nov. p. 104; 1964 Sept. p. 129; 1967 Mar. p. 63; 1968 June p. 39; 1970 June p. 35; 1978 Apr. p. 110.
Jecker, Jon, 1962 Oct. p. 95.
Jeener, R., 1953 Feb. p. 55; 1955 July p. 78.
Jeffcoate, T. N. A., 1968 Nov. p. 50.
Jefferies, John T., 1973 Oct. p. 75.
Jeffers, William M., 1956 Nov. p. 83.
Jefferson, Eirlys, 1955 Dec. p. 44.
Jefferson Medical College, 1965 July p. 99.
Jefferson, Thomas, 1951 Sept. p. 43; 1954 Oct. p. 73; 1956 May p. 88; 1957 Nov. p. 47; 1958 July p. 33; Sept. p. 170; 1960 Feb. p. 38; Oct. p. 163; 1965 Sept. p. 64, 158; 1967 June p. 20; 1968 June p. 53, 54; 1970 July p. 18; 1976 Jan. p. 117; July p. 118.
Jefferts, Keith B., 1970 June p. 49; 1974 May p. 112, 113.
Jeffress, L. A., 1973 Oct. p. 97.
Jeffrey, Dennis, 1976 Jan. p. 73.
Jeffrey, Lela M., 1970 Dec. p. 20.
Jeffreys, Harold, Sir, 1952 Oct. p. 55; 1953 Sept. p. 132; 1955 Sept. p. 57-59, 61; 1967 Oct. p. 71; 1968 Apr. p. 54; 1969 Nov. p. 105; 1971 Dec. p. 83; 1973 Mar. p. 26; 1975 Feb. p. 94, 97.
Jeffries, Carson D., 1963 Mar. p. 74; 1966 July p. 72, 74; 1976 June p. 37.
Jeffries, John, 1951 Dec. p. 68.
Jeffries, Zay, 1953 Aug. p. 41; 1955 Nov. p. 45.
Jefimenko, Oleg, 1972 Mar. p. 57.
Jegla, Thomas C., 1971 Apr. p. 77.
Jehl, Francis, 1959 Nov. p. 106.
Jelinek, J. E., 1972 Nov. p. 54.
Jelley, J., 1963 June p. 99.
Jelley, N. A., 1970 Dec. p. 41; 1978 June p. 67.
Jellinek, E. M., 1952 June p. 40.
Jellinek, Stefan, 1952 Jan. p. 35.
Jen, C. K., 1957 Mar. p. 96, 102.
Jencks, Christopher, 1974 Aug. p. 56.
Jenkin, David S., 1957 Mar. p. 37.
Jenkin, Fleeming, 1959 May p. 60.
Jenkins, Burton C., 1974 Aug. p. 74.
Jenkins, Edward B., 1969 June p. 101; 1971 Dec. p. 25, 29; 1974 May p. 113; 1978 Jan. p. 77.
Jenkins, Thomas L., 1965 Oct. p. 38.
Jenkins, Vincent E., 1974 June p. 21.
Jenks, James L. Jr., 1952 Oct. p. 68, 70.
Jenner, E. L., 1968 Sept. p. 175.
Jenner, Edward, 1951 May p. 43, 50; 1957 Oct. p. 105; 1961 Jan. p. 58; May p. 51; 1962 Nov. p. 48; 1965 Aug. p. 89; 1967 Jan. p. 111; 1972 Feb. p. 99; 1973 Sept. p. 105, 106; 1976 Jan.

p. 112, 117; Oct. p. 27, 28.
Jenner, William, Sir, 1965 Aug. p. 89.
Jenneret, Charles E., 1954 Apr. p. 61.
Jenney, W. L. B., 1955 Mar. p. 47.
Jennings, Margaret, 1969 Feb. p. 105.
Jennings, Peter R., 1976 Sept. p. 38, 181, 200.
Jennings, W. H., 1972 May p. 50.
Jennison, Roger C., 1953 Mar. p. 50; 1964 Nov. p. 40; 1975 Aug. p. 28.
Jens, Rachel, 1953 Oct. p. 70.
Jensen, Aksel T., 1968 Dec. p. 106.
Jensen, Arthur R., 1970 Oct. p. 19, 27-29.
Jensen, C. O., 1952 June p. 66.
Jensen, David, 1966 Feb. p. 84; 1975 Oct. p. 89.
Jensen, Elwood V., 1972 Mar. p. 42; 1976 Feb. p. 35, 36, 43.
Jensen, Fred C., 1968 Mar. p. 34; 1973 June p. 91.
Jensen, Frederick R., 1970 Jan. p. 64.
Jensen, Homer, 1961 Oct. p. 146; 1977 Oct. p. 84.
Jensen, J. H. D., 1959 Jan. p. 78; 1963 Dec. p. 64; 1966 July p. 70; 1967 Nov. p. 28; 1969 Apr. p. 63; 1975 Dec. p. 48.
Jensen, M. LeRoy, 1970 Sept. p. 154.
Jensen, Martin, 1956 Mar. p. 116, 120, 122.
Jensen, P. Boysen, 1949 May p. 40.
Jensen, R. C., 1973 Feb. p. 89.
Jensen, Reed J., 1977 Feb. p. 92, 96.
Jensen, Robert A., 1950 Nov. p. 42.
Jensen, Sören, 1971 May p. 17.
Jensen, T. E., 1977 Aug. p. 90.
Jenson, Nicolas, 1969 May p. 62.
Jeppesen and Company, 1964 Mar. p. 34.
Jeppesen, P. G. N., 1969 Nov. p. 58.
Jerkic, Sonja, 1976 Nov. p. 126.
Jerloo, Nils C., 1971 Jan. p. 65.
Jernberg, Sixten, 1965 May p. 88.
Jerne, Niels K., 1961 Jan. p. 63; 1970 Aug. p. 34; 1973 June p. 85; July p. 52, 53; 1974 Apr. p. 36.
Jernelöv, Arne, 1970 Sept. p. 86; 1971 May p. 17.
Jernigan, Garrett, 1977 Oct. p. 53.
Jerome, Saint, 1960 Nov. p. 162; 1968 Oct. p. 115.
Jerosch, H. Brockmann, 1978 Jan. p. 38.
Jersey Central Power and Light Co., 1966 Feb. p. 50.
Jervis, George, 1949 July p. 16; 1956 Dec. p. 128.
Jesse, 1973 Oct. p. 35.
Jesse, O., 1963 June p. 51.
Jessop, Alan M., 1977 Aug. p. 63, 66.
Jessup, R. S., 1955 Nov. p. 45.
Jesus of Nazareth, 1949 June p. 43; 1955 Mar. p. 99; 1960 Jan. p. 55; Apr. p. 73; 1964 Nov. p. 34; 1965 July p. 90; 1966 Apr. p. 75; 1970 Sept. p. 123; 1971 Nov. p. 73, 77; 1977 Jan. p. 100.
Jet Propulsion Laboratory, *see:* California Institute of Technology Jet Propulsion Laboratory.
Jetton, Anton, 1975 Dec. p. 34.
Jetton, Els, 1975 Dec. p. 34.
Jevons, Patricia, 1961 Apr. p. 80.
Jevons, William S., 1952 Mar. p. 69, 70, 73; 1956 Aug. p. 44.
Jewell, B. R., 1965 June p. 88.
Jewett, Theodore C. Jr., 1957 July p. 96.
Ji, Tae H., 1977 June p. 116, 118.
Jipa, Dan, 1978 May p. 59.
Jiříček, R., 1978 May p. 62.
Jiselius, Arne, 1948 Dec. p. 26.
Joan of Arc, 1977 Oct. p. 132.
Joannis, A., 1967 Feb. p. 77.
João VI, Dom, 1963 Sept. p. 214.
Job, 1958 Sept. p. 100.
Jobsis, Frans F., 1970 Apr. p. 89, 90, 91.
Jochelson, Waldemar, 1958 Nov. p. 117.
Jochi, 1963 Aug. p. 60.
Jodrell Bank Observatory, *see:* University of Manchester Jodrell Bank Radio Observatory.
Joensu, Oiva I., 1978 Feb. p. 56.
Joffe, Abram F., 1959 Jan. p. 64; 1961 Dec. p. 124; 1962 Dec. p. 96; 1964 June p. 70.
Johannsen, Wilhelm L., 1950 Sept. p. 55; 1951 Aug. p. 39, 40; 1953 July p. 56.
Johanson, Donald, 1976 May p. 56.
Johanson, Donald C., 1977 May p. 31.
Johanson, Karl, 1974 Dec. p. 64.
Johansson, Gunnar, 1959 July p. 60; 1978 May p. 126.
Johl, Albert, 1956 Sept. p. 113.
John, Erwin R., 1957 Nov. p. 74; 1959 Aug. p. 96; 1961 Dec. p. 78; 1963 Feb. p. 56, 57.
John Frederick, Duke of Hanover, 1968 May. p. 97.
John Innes Horticultural Institution, 1964 June p. 85, 91.
John of Salisbury, 1972 Sept. p. 78; 1978 Jan. p. 68.
John, Prester, 1968 Oct. p. 115, 116.
John the Baptist, Saint, 1964 June p. 105.
Johns, Harold, 1962 Dec. p. 136.
Johns Hopkins Hospital, 1950 Mar. p. 53; 1957 Feb. p. 51; 1958 Apr. p. 41, 45; 1963 Nov. p. 54; 1977 June p. 100.
Johns Hopkins Press, 1971 Oct. p. 40.
Johns Hopkins University, 1949 Feb. p. 28; 1950 May p. 28; 1952 June p. 45, 47, 49, 52; 1953 Aug. p. 40; 1957 Feb. p. 118; Mar. p. 92; Dec. p. 50; 1958 Apr. p. 106; Aug. p. 89; Sept. p. 141; 1962 Mar. p. 60; Dec. p. 137, 83, 86; 1963 Mar. p. 91; Apr. p. 114; Oct. p. 47; 1964 Jan. p. 108, 116, 73; Feb. p. 96, 97, 100; Mar. p. 113, 39; May p. 55; Nov. p. 111, 117; Dec. p. 48; 1965 July p. 53, 77; Oct. p. 86; 1966 Aug. p. 73; 1970 July p. 106, 111; Nov. p. 86; 1971 Aug. p. 20.
Johns Hopkins University Applied Physics Laboratory, 1949 May p. 38; 1963 May p. 94.
Johns Hopkins University Medical School, 1950 Feb. p. 27; 1962 Aug. p. 35; 1971 Apr. p. 110; 1977 Mar. p. 45; Apr. p. 47.
Johns, J. E., 1969 June p. 107.
Johnsen, Kjell, 1966 Nov. p. 115; 1973 Nov. p. 40.
Johnson, Adelaide M., 1954 June p. 50.
Johnson, Alan W., 1955 Sept. p. 76.
Johnson, B. A., 1952 Apr. p. 50.
Johnson, C. H., 1974 July p. 82.
Johnson, Carroll, 1972 Apr. p. 67.
Johnson, D. L., 1970 Oct. p. 60.
Johnson, Donald A., 1968 May p. 111.
Johnson, Donald C., 1976 Oct. p. 60.
Johnson, Donald E., 1961 Oct. p. 67.
Johnson, Douglas W., 1960 Aug. p. 81.
Johnson, Edward, 1977 Aug. p. 117.
Johnson, Edwin C., 1950 Jan. p. 28; Mar. p. 24; Aug. p. 28.
Johnson, Eric A., 1965 Mar. p. 28.
Johnson, Francis S., 1964 Apr. p. 75.
Johnson, Frank H., 1954 Sept. p. 66; 1958 Oct. p. 43; 1970 Apr. p. 90; 1977 June p. 42.
Johnson, Franklin M., 1975 Aug. p. 59.
Johnson, Frederick, 1977 Mar. p. 122.
Johnson, Gaylord, 1949 Dec. p. 53.
Johnson, George, 1972 Aug. p. 104.
Johnson, Gerald W., 1960 Sept. p. 106.
Johnson, Harold L., 1952 Mar. p. 58; 1953 June p. 64; 1961 June p. 116; 1965 Aug. p. 29; Oct. p. 42; 1966 Dec. p. 46; 1968 Aug. p. 59, 65; 1969 Jan. p. 32.
Johnson, Harwick, 1977 Sept. p. 64.
Johnson, Herbert F., 1974 May p. 103.
Johnson, Hiram, 1950 Nov. p. 11.
Johnson, Howard W., 1969 June p. 54; July p. 50.
Johnson, Hugh M., 1955 May p. 47; 1959 Dec. p. 96; 1964 Nov. p. 45; 1971 Dec. p. 25.
Johnson, Irving S., 1964 May p. 93.
Johnson, J. B., 1950 Oct. p. 34.
Johnson, J. W., 1960 Aug. p. 84.
Johnson, James D., 1977 Nov. p. 135.
Johnson, Jesse C., 1950 Oct. p. 25.
Johnson, Jotham, 1954 Dec. p. 73; 1957 Oct. p. 58; 1958 May p. 111.
Johnson, Kenneth A., 1976 July p. 60; Nov. p. 60.
Johnson, Louis A., 1949 July p. 28; 1950 July p. 26; 1975 Oct. p. 113.
Johnson, Louise N., 1965 July p. 48; 1966 Nov. p. 84, 88.
Johnson, Lyndon B., 1964 Feb. p. 66; June p. 54; Oct. p. 57; Dec. p. 60; 1965 Apr. p. 53 - 54, 56; Sept. p. 158, 187; 1966 July p. 50; Nov. p. 64; 1967 Jan. p. 54; Apr. p. 48; June p. 19, 26; July p. 40; 1968 Apr. p. 23; Aug. p. 42; 1969 Apr. p. 15, 20; Aug. p. 18, 21, 24; Sept. p. 226; 1970 Feb. p. 42; May p. 24; June p. 22, 23; Nov. p. 42; 1971 Jan. p. 44; Apr. p. 20; 1972 Nov. p. 17; 1973 Feb. p. 20; Mar. p. 44; July p. 20; 1974 Sept. p. 168; 1976 Sept. p. 38, 172; Dec. p. 25; 1977 Nov. p. 43, 44; 1964 Oct. p. 56.
Johnson, M. H., 1969 Feb. p. 63.
Johnson, Martin W., 1951 Aug. p. 24, 26; 1962 Aug. p. 44.
Johnson, Marvin J., 1952 Apr. p. 56.
Johnson, Maynard, 1954 Apr. p. 35.
Johnson, Michael S., 1975 Aug. p. 55.
Johnson, Montgomery, 1972 Nov. p. 105, 106.
Johnson, Philip A., 1954 Feb. p. 28.
Johnson, Robert L., 1958 Dec. p. 56; 1969 July p. 32.
Johnson, Robert T., 1969 Dec. p. 31; 1974 Jan. p. 61, 63.
Johnson, Samuel, 1950 Dec. p. 19; 1951 Feb. p. 60; June p. 368; 1958 June p. 74; 1959 Nov. p. 167; 1963 July p. 68; 1967 Aug. p. 44.
Johnson, Sheila K., 1971 Mar. p. 48.
Johnson, Thomas H., 1949 Mar. p. 33; 1951 May p. 28.
Johnson, Torrence V., 1970 Aug. p. 46; 1975 Jan. p. 27.
Johnson, V. A., 1969 May p. 24.
Johnson, Virginia E., 1966 June p. 54.
Johnson, W. C., 1954 Dec. p. 52.
Johnson, William, 1973 Aug. p. 97.
Johnsson, Gunnar, 1975 June p. 76.
Johnston, Harold S., 1953 May p. 32.
Johnston, James W. Jr., 1964 Feb. p. 47, 48; 1971 Aug. p. 46.
Johnston, K. J., 1978 June p. 91.
Johnston, L. M., 1949 Nov. p. 51.
Johnston, M. J. S., 1975 May p. 20.
Johnston, Muriel, 1956 Mar. p. 34.
Johnston, R. L., 1957 Apr. p. 55.
Johnston, William A., 1951 Jan. p. 14.
Johnston, William G., 1961 Oct. p. 111, 112.
Joint Oceanographic Institutions for Deep Earth Sampling (JOIDES), 1978 May p. 53, 54.
Joliet, Louis, 1952 Mar. p. 23.
Joliot, Pierre, 1974 Dec. p. 71.
Joliot-Curie, Frédéric, 1949 Jan. p. 28; Apr. p. 25; Nov. p. 42; 1950 Apr. p. 44; 1951 Oct. p. 46; 1958 Feb. p. 84; 1959 Sept. p. 85; Dec. p. 80; 1967 Apr. p. 68; Nov. p. 27.
Joliot-Curie, Irène, 1949 Nov. p. 42; 1950 Apr.

p. 44; 1951 Oct. p. 46; 1958 Feb. p. 78; 1959 Sept. p. 85; 1967 Apr. p. 68; Nov. p. 27.
Jollés, Pierre, 1966 Nov. p. 78.
Jolly, Clifford J., 1970 Jan. p. 81, 82.
Joly, Jean-Gil, 1976 Mar. p. 30.
Joly, John, 1952 Oct. p. 79; 1956 May p. 42; 1963 Mar. p. 134; 1970 Nov. p. 104.
Jonas, John J., 1975 Apr. p. 121.
Jones, A. H. M., 1974 Dec. p. 124.
Jones and Laughlin Steel Corporation, 1963 Sept. p. 129.
Jones, Bence, 1953 Oct. p. 98.
Jones, C. M., 1967 June p. 110.
Jones, Charles, 1972 Aug. p. 16.
Jones, D. E., 1963 July p. 84.
Jones, Daniel D., 1977 Aug. p. 94.
Jones, David E. H., 1970 May p. 58.
Jones, David S., 1965 June p. 57.
Jones, Donald, 1951 Aug. p. 41, 42, 45.
Jones, F. Wood, 1956 June p. 97, 98, 100.
Jones, Francis D., 1952 Mar. p. 42.
Jones, Frederic W., 1962 Dec. p. 56, 61.
Jones, Gavin, 1968 Dec. p. 50.
Jones, George, 1975 Nov. p. 48, 50.
Jones, Hardin B., 1963 May p. 75.
Jones, Harold S., 1961 Apr. p. 67, 68.
Jones, Henry B., 1970 Aug. p. 35-37.
Jones, Herbert S., Sir, 1949 Aug. p. 25.
Jones, Inigo, 1953 June p. 25.
Jones, J. J., 1961 Jan. p. 51.
Jones, J. O., 1971 Apr. p. 88.
Jones, Jack C., 1975 July p. 105; 1978 June p. 138.
Jones, Janet L., 1964 Mar. p. 45.
Jones, John P., 1948 June p. 52; 1976 June p. 114.
Jones, Kenneth, 1973 Aug. p. 29.
Jones, Kenneth J., 1977 Jan. p. 94.
Jones, Kenneth L., 1978 Mar. p. 76.
Jones, Le Roi, 1971 Dec. p. 13.
Jones, M. G. K., 1975 Jan. p. 87.
Jones, Mary C., 1967 Mar. p. 82.
Jones, Maxwell, 1971 Mar. p. 35.
Jones, Maxwell S., 1969 Feb. p. 71.
Jones, Morris, 1955 May p. 82, 84, 85.
Jones, Oliver W., 1963 Mar. p. 86; 1971 Nov. p. 38.
Jones, Patricia, 1976 Mar. p. 115.
Jones, R. E., 1968 Aug. p. 92.
Jones, Rhys, 1966 Mar. p. 93.
Jones, Robert A., 1973 Mar. p. 97.
Jones, Thomas D., 1959 Jan. p. 62.
Jones, W. R., 1972 Oct. p. 54.
Jones, William A., 1963 May p. 101; 1964 Aug. p. 24; 1970 Apr. p. 48.
Jones, William, Sir, 1958 Oct. p. 66, 67.
Jonkers, C. O., 1965 Apr. p. 122.
Jonson, Ben, 1952 Oct. p. 72; 1956 Sept. p. 82; 1958 June p. 74.
Jordan, C., 1964 Sept. p. 47, 49.
Jordan Department of Antiquities, 1954 Apr. p. 77.
Jordan, E. B., 1948 June p. 28.
Jordan, George R., 1950 Jan. p. 27.
Jordan, Julius, 1978 June p. 50.
Jordan, Karl, 1965 Dec. p. 51.
Jordan, Pascual, 1950 Sept. p. 30, 42; 1954 May p. 87; 1961 Dec. p. 91; 1967 Mar. p. 48.
Jorgensen, J., 1953 Oct. p. 33.
Jorgensen, Joseph G., 1971 May p. 46; 1972 Jan. p. 47.
Jörgensen, Svend, 1956 Mar. p. 37, 38.
Jorpes, J. E., 1951 Mar. p. 21.
Jortner, Joshua, 1967 Feb. p. 79.
Joseph, Alexander, 1958 Apr. p. 59.
Joseph C. Wilson Technology Center, 1977 May p. 43.
Joseph Forrestal Research Center, *see:* Princeton University James Forrestal Research Center.
Joseph, Joachim, 1953 June p. 35.
Joseph Lucas Limited, 1973 Mar. p. 90.
Joseph P. Kennedy Jr. Foundation, 1968 Sept. p. 91.
Josephson, Brian D., 1965 June p. 61; 1966 May p. 30, 35-37, 39; 1970 Oct. p. 66; 1973 Dec. p. 50.
Josephus, 1963 Oct. p. 97; 1965 July p. 84, 86, 90; 1971 Nov. p. 78; 1973 Jan. p. 85.
Joshua, King, 1954 Apr. p. 76, 77, 82.
Josiah, King, 1973 Jan. p. 85.
Josie, G. H., 1962 July p. 41.
Josse, John, 1968 Oct. p. 69.
Josselyn, John, 1948 June p. 50.
Jost, Alfred, 1963 July p. .
Jost, Ludwig, 1975 July p. 94.
Jost, Michael, 1977 Aug. p. 94.
Jost, Patricia C., 1974 Mar. p. 32.
Joule, James P., 1949 June p. 33; 1954 Sept. p. 60, 61; 1955 June p. 62; 1958 Mar. p. 96; Apr. p. 56, 61; 1960 Oct. p. 164, 168; 1967 Sept. p. 181; 1968 Jan. p. 117.
Jourdain, P. E. B., 1956 Apr. p. 124.
Jouret, C., 1972 Oct. p. 90.
Jouvet, Michel, 1959 Aug. p. 95; 1976 Aug. p. 29.
Jovin, Thomas, 1968 Oct. p. 75.
Joy, Alfred H., 1962 Apr. p. 58, 60; 1964 Aug. p. 14; 1967 Aug. p. 30, 32, 34, 36.
Joy, H., 1959 July p. 53.
Joyce, James, 1964 June p. 55; 1967 Jan. p. 98; 1973 May p. 89; 1976 Nov. p. 49.
Juárez, Benito P., 1966 Oct. p. 25.
Jubal, 1967 Dec. p. 96.
Juchau, Mont, 1977 Feb. p. 83.
Judas, 1977 Nov. p. 140.
Judd, Burke H., 1973 Dec. p. 27.
Judd, Charles, 1959 Jan. p. 122, 130.
Judd, Neil M., 1952 Jan. p. 56.
Judson, Charles L., 1968 Apr. p. 116.
Judson, Sheldon, 1964 Oct. p. 58.
Ju-kang, Woo, 1966 Nov. p. 47.
Jukes, T. H., 1950 June p. 29; 1952 Apr. p. 53.
Julesz, Bela, 1966 Sept. p. 161; 1970 Mar. p. 62; 1972 Aug. p. 86, 87; Sept. p. 37; 1973 Mar. p. 74, 75; Nov. p. 76; 1975 Apr. p. 36; 1976 Mar. p. 81, 85; Apr. p. 52.
Julian, Bruce, 1973 Mar. p. 33.
Julian, Desmond G., 1968 July p. 21.
Julian, William H., 1971 Jan. p. 56; 1973 Feb. p. 102.
Julien, Stanislas, 1949 May p. 31.
Julius, Michael, 1976 Mar. p. 115.
Jullian, Camille, 1969 May p. 50.
Jumber, J., 1956 Aug. p. 54.
Jump, E. B., 1966 June p. 100.
Jung, Carl G., 1948 Nov. p. 17; 1949 May p. 44-46; 1951 May p. 60; 1972 Sept. p. 50, 93.
Jung, H., 1970 Aug. p. 76.
Junge, C., 1957 Oct. p. 44.
Junge, Christian E., 1971 Jan. p. 39-42.
Junghans, Siegfried, 1963 Dec. p. 76, 79, 81.
Jurgen, Ronald K., 1975 Aug. p. 48.
Jurgens, Raymond F., 1968 July p. 28, 37.
Jurine, Louis, 1950 Aug. p. 52.
Just, Felix, 1965 Oct. p. 15.
Just, Kurt, 1959 July p. 68.
Justin, 1976 June p. 100.
Justinian, 1948 June p. 45; 1950 Aug. p. 50.
Justinian the Great, 1978 Jan. p. 111.
Jutila, John W., 1974 Nov. p. 69.
Juvenal, 1960 Mar. p. 119; 1971 June p. 93.
Juwaini, 1963 Aug. p. 55.

K

Ka-a, Pharaoh, 1957 July p. 107.
Kaas, J. H., 1973 Aug. p. 43.
Kaas, Jon H., 1974 May p. 46.
Kaback, H. Ronald, 1975 Dec. p. 31, 32, 37.
Kaback, Ron, 1972 Feb. p. 37.
Kabat, Elvin A., 1977 Jan. p. 52.
Kac, Mark, 1975 Dec. p. 65.
Kadenbach, Bernhard, 1970 Nov. p. 27.
Kadis, Solomon, 1969 Mar. p. 93.
Kadomtsev, Boris B., 1967 July p. 83.
Kaempfer, Engelbert, 1967 Aug. p. 61.
Kaempffert, Waldemar, 1954 Aug. p. 38.
Kaesberg, Paul, 1958 July p. 56.
Kafig, Emanuel, 1956 Mar. p. 58.
Kafka, Franz, 1949 May p. 47; 1954 Nov. p. 96.
Kafka, W. A., 1974 July p. 29.
Kagan, I. G., 1973 Dec. p. 56.
Kagan, Jerome, 1974 Nov. p. 50.
Kagawa, Yasuo, 1968 Feb. p. 38; 1978 Mar. p. 123.
Kahan, Barry D., 1973 Jan. p. 24; 1974 Apr. p. 36.
Kahn, David, 1966 July p. 38.
Kahn, Franz, 1955 Nov. p. 77.
Kahn, Harold A., 1962 July p. 44.
Kahn, Herman, 1976 Oct. p. 57.
Kahn, J. R., 1959 Mar. p. 56.
Kahn, Jhan, 1968 Mar. p. 97.
Kahn, Richard H., 1961 Jan. p. 137.
Kahng, Dawon, 1973 Aug. p. 50.
Kain, John, 1965 Sept. p. 167.
Kaira District Cooperative Milk Producers' Union Ltd., 1967 Dec. p. 122.
Kaiser, A. Dale, 1967 May p. 87; 1968 Oct. p. 69; 1970 June p. 39; 1975 July p. 26; 1976 Dec. p. 108.
Kaiser, Edgar, 1970 Apr. p. 17.
Kaiser, Henry J., 1970 Apr. p. 17.
Kaiser, Irwin H., 1959 Oct. p. 84.
Kaiser, W., 1964 Apr. p. 45.
Kaiser Wilhelm Institute, 1948 July p. 31; 1957 Dec. p. 56; 1958 Feb. p. 77.
Kaiser Wilhelm Society, 1949 Apr. p. 27.
Kaiser, Wolfgang, 1973 June p. 60.
Kaiser-Permanente, 1970 Apr. p. 15, 16, 18, 19, 23; 1973 Sept. p. 135, 171.
Kaiser-Permante, 1963 Aug. p. 19, 26.
Kaissling, K. E., 1974 July p. 29.
Kajubi, S., 1972 Oct. p. 73, 75.
Kakiuchi, Shiro, 1977 Aug. p. 111.
Kaku, Michio, 1978 Feb. p. 141.
Kakutani, Shizuo, 1969 Mar. p. 70, 71.
Kalckar, Herman M., 1956 Dec. p. 136; 1958 July p. 59; 1962 Apr. p. 104; 1976 Apr. p. 44.
Kalil, Ronald E., 1974 Oct. p. 100.
Kalin, Theodore A., 1950 Dec. p. 24; 1952 Mar. p. 73; 1955 July p. 88.
Kalinga Foundation, 1958 Apr. p. 48.
Kalish, D., 1963 Oct. p. 117, 121.
Kallinikos, Mithradates, 1956 July p. 40, 44.
Kallman, H., 1953 Nov. p. 36.
Kallmann, Franz J., 1962 Aug. p. 66, 67.
Kalme, Charles I., 1973 June p. 92, 93, 98-101, 104.
Kalmijn, Adrianus J., 1978 Mar. p. 72, 74.
Kalmus, Hans, 1953 July p. 60, 62; 1955 Aug. p. 56, 57.
Kalmus, P., 1962 Aug. p. 36.
Kaltenbach, Jane C., 1963 Nov. p. 118.
Kaluza, Th., 1949 Mar. p. 54.
Kaman Aircraft Corporation, 1960 Aug. p. 45.
Kamen, Martin D., 1948 Aug. p. 32; 1953 May p. 39; 1954 Feb. p. 76; 1955 Sept. p. 72; 1960 Nov. p. 116; 1962 June p. 92; 1969 July p. 87; 1970 Sept. p. 113.

Kamenkovitch, V. M., 1962 Sept. p. 126.
Kamentsky, Louis A., 1976 Mar. p. 111.
Kamerlingh Onnes, Heike, 1949 June p. 33, 37; 1950 Sept. p. 34; 1957 Nov. p. 92; 1958 June p. 30; 1960 Mar. p. 74, 77; 1961 July p. 125, 126; 1962 June p. 60; 1965 Feb. p. 21; Apr. p. 119; Oct. p. 57; 1966 May p. 30; Oct. p. 64; 1967 Mar. p. 115; Nov. p. 26; 1971 Mar. p. 75; Apr. p. 83; Nov. p. 22, 26; 1972 Apr. p. 89; Dec. p. 41.
Kamerlingh Onnes Laboratory, 1958 June p. 31.
Kamil, Alan C., 1977 June p. 82.
Kaminow, Ivan P., 1968 June p. 19.
Kamiya, Nobuo, 1961 Sept. p. 184, 186; 1962 Oct. p. 107.
Kamm, Oliver, 1955 Jan. p. 57.
Kammer, Ann E., 1973 Apr. p. 100.
Kamp, Peter van de, 1963 June p. 73; 1969 June p. 58; 1975 May p. 80.
Kan, L. S., 1971 Apr. p. 84.
Kanamori, Hiroo, 1977 Dec. p. 74.
Kanda, Siguru, 1977 May p. 83.
Kandatsu, Makoto, 1969 June p. 58.
Kandel, Eric R., 1967 May p. 47; 1970 July p. 57; 1971 Feb. p. 69.
Kandinsky, Wassily, 1970 Nov. p. 101; 1974 July p. 91, 103.
Kandutsch, Andrew A., 1972 June p. 34.
Kane, Elisha K., 1968 Feb. p. 108.
Kane, H. H., 1971 Jan. p. 102.
Kane, Jasper H., 1952 Apr. p. 56.
Kane, K. Kent, 1956 May p. 102.
Kaner, E. A., 1973 Jan. p. 97.
Kanfer, Julian, 1973 Aug. p. 91.
Kanizsa, Gaetano, 1974 Jan. p. 82; Apr. p. 91; 1975 Aug. p. 69.
Kankel, Douglas R., 1973 Dec. p. 36, 37.
Kankeleit, Egbert, 1965 Feb. p. 51.
Kannel, William B., 1962 July p. 44; 1971 May p. 44.
Kanno, Yoshinoba, 1970 May p. 79, 84.
Kanopka, Allan, 1977 Aug. p. 96.
Kansas State University, 1958 July p. 52; 1964 Nov. p. 119.
Kant, Immanuel, 1949 Dec. p. 29; 1950 Feb. p. 33; 1952 Nov. p. 78; 1953 Feb. p. 80; July p. 66; 1954 Apr. p. 84,87, 91; June p. 79; July p. 30; Nov. p. 86; 1956 Feb. p. 31; June p. 78; Sept. p. 79; 1958 Mar. p. 94, 100; 1960 June p. 129; 1967 July p. 51, 52; 1970 June p. 26; 1971 Aug. p. 92; 1972 Apr. p. 47; Sept. p. 50; 1975 Sept. p. 33; 1976 Aug. p. 90-94, 97-99.
Kantor, Ferenc, 1968 July p. 50.
Kantorovich, Leonid V., 1975 Dec. p. 48.
Kantrowitz, Adrian, 1962 Oct. p. 48.
Kantrowitz, Arthur, 1953 May p. 31; 1957 Aug. p. 88; 1967 Mar. p. 120; 1970 July p. 52; 1977 Dec. p. 86.
Kanwisher, John W., 1956 Mar. p. 57; 1973 Feb. p. 42.
Kao, C. Y., 1966 Mar. p. 78; 1967 Aug. p. 67.
Kapany, Narinder S., 1960 Nov. p. 72; 1961 Dec. p. 81; 1963 July p. 42.
Kapitza, Peter L., 1949 June p. 32, 34; Sept. p. 29; Nov. p. 27, 43; 1951 May p. 33; 1957 Feb. p. 57; 1958 Feb. p. 30; June p. 30-35; 1960 Jan. p. 72; Nov. p. 144, 147; 1963 Mar. p. 107, 110, 112, 116; 1965 Apr. p. 71, 78; 1967 Dec. p. 63.
Kaplan, Abraham, 1956 Jan. p. 30.
Kaplan, Bert, 1951 June p. 38; 1953 Dec. p. 32.
Kaplan, Daniel E., 1968 Apr. p. 40.
Kaplan, Fred M., 1978 May p. 44.
Kaplan, G. E., 1955 Oct. p. 36.
Kaplan, Henry S., 1974 Apr. p. 45.
Kaplan, Ian, 1972 June p. 46.
Kaplan, Ira T., 1968 Aug. p. 94.
Kaplan, Isaac R., 1972 Oct. p. 84, 85.
Kaplan, Jan R., 1971 May p. 42.
Kaplan, Joseph, 1954 Apr. p. 45; 1966 Mar. p. 106.
Kaplan, Leo, 1949 Oct. p. 53.
Kaplan, Lewis D., 1963 July p. 84; Aug. p. 52; 1965 Aug. p. 26.
Kaplan, Martin M., 1977 Dec. p. 88, 94, 101.
Kaplan, Melvin, 1965 Dec. p. 70.
Kaplan, Nathan O., 1978 May p. 92.
Kaplan, Norman, 1969 June p. 27; 1970 Feb. p. 13.
Kaplan, Paul, 1977 July p. 46.
Kaplan, Roberta, 1975 Apr. p. 56.
Kaplan, S., 1965 Aug. p. 43.
Kaplan, T. A., 1967 Sept. p. 230.
Kaplan, William D., 1973 Dec. p. 24, 32.
Kaplon, Morton F., 1950 Mar. p. 26.
Kappas, Attallah, 1975 June p. 22; 1976 Mar. p. 31.
Kappers, Johannes A., 1965 July p. 53-55, 58.
Kapteyn, Johannes C., 1949 Dec. p. 16; 1950 Feb. p. 32, 33; Sept. p. 24; 1954 July p. 30, 33; 1963 June p. 95, 97.
Karabacek, Hans, 1955 Nov. p. 45.
Karakashian, Stephen, 1971 Aug. p. 50.
Karas, Joseph S., 1965 June p. 58.
Karasek, F. W., 1969 June p. 112.
Karasev, V. V., 1970 Nov. p. 53, 60.
Karazin, V., 1975 Nov. p. 102.
Kardashev, N., 1970 Dec. p. 24.
Karelitz, Samuel, 1964 Oct. p. 78; 1974 Mar. p. 84.
Karl, Robert R., 1977 Feb. p. 95.
Karlberg, Petter, 1963 Oct. p. 28, 31-33, 35.
Karlgren, Bernhard, 1973 Feb. p. 53.
Karlin, Arthur, 1977 Feb. p. 111, 113.
Karlin, J. E., 1957 June p. 76.
Karlinsky, Simon, 1974 Nov. p. 54.
Karlsefni, Thorfinn, 1967 May p. 77.
Karlson, Karl E., 1954 Aug. p. 25.
Karlson, Peter, 1963 Nov. p. 118; 1966 May p. 52; 1976 Feb. p. 34.
Karlsson, Jan, 1972 Mar. p. 90.
Kármán, Theodor van, 1965 Mar. p. 106.
Kármán, Theodor von, 1952 June p. 28; 1966 June p. 85, 87; 1967 Jan. p. 66; Sept. p. 183, 184.
Karnaukhov, V. A., 1978 June p. 66.
Karnovsky, Ann, 1974 Nov. p. 50.
Karnovsky, Manfred L., 1965 Oct. p. 82; 1976 Aug. p. 28.
Karnovsky, Morris J., 1962 Aug. p. 108; 1976 May p. 38; 1978 May p. 144, 145.
Karolus, A., 1955 Aug. p. 64, 66.
Karp, Richard M., 1978 Jan. p. 107-109.
Karp, S. A., 1959 Feb. p. 51.
Karpechenko, G. D., 1951 Apr. p. 56.
Karpenko, A. G., 1955 Oct. p. 45.
Karplus, Robert, 1954 Dec. p. 92.
Karr, Arthur, 1975 Jan. p. 88.
Karr, Dale, 1975 Jan. p. 88.
Karrer, Jakob, 1948 May p. 29.
Karrer, Paul, 1951 Mar. p. 38; 1962 Apr. p. 102; 1967 June p. 72; Nov. p. 27.
Karsten, Frank M., 1955 Oct. p. 45.
Kartagener, Manes, 1976 Sept. p. 68.
Karten, Harvey, 1968 June p. 74.
Kartha, Gopinath, 1961 May p. 121; 1967 Mar. p. 49.
Kasac, Marjorie, 1975 Nov. p. 40.
Kasamatsu, A., 1972 Feb. p. 85.
Kasang, G., 1974 July p. 29.
Kashy, Edwin, 1978 June p. 67.
Kasiski, Friedrich, 1966 July p. 41.
Kasner, Edward, 1953 Feb. p. 84.
Kasper, Jerome V. V., 1965 Apr. p. 58; 1966 Apr. p. 32, 36-38.
Kasper, John S., 1961 Oct. p. 110; 1966 July p. 101, 107.
Kass, Edward H., 1978 Feb. p. 81.
Kassel, Louis S., 1964 July p. 105.
Kassel, Robert L., 1969 Oct. p. 50; 1977 May p. 73.
Kassowitz, M., 1970 Dec. p. 77.
Kast, W., 1964 Aug. p. 79.
Kasten, Paul R., 1968 June p. 44.
Kastenbaum, Robert, 1968 Oct. p. 60.
Kastenbein, Wolfgang, 1964 June p. 105, 108-110.
Kastler, Alfred, 1960 Oct. p. 73, 76; 1966 Dec. p. 56; 1967 Nov. p. 28.
Kastner, Marc A., 1977 May p. 40, 41.
Katagiri, Tameyoshi, 1973 Nov. p. 50.
Kataja, Eva, 1966 Apr. p. 106.
Katanga, Union Miniere de Haute, 1949 Sept. p. 27.
Katchalsky, Ephraim, 1971 Mar. p. 26, 27.
Katcher, David A., 1948 May p. 33.
Kates, Joseph, 1972 Jan. p. 29.
Kates, Morris, 1967 Jan. p. 37.
Kato, K., 1961 Mar. p. 69.
Katsoyannis, Panayotis G., 1953 Dec. p. 52; 1963 Dec. p. 72; 1966 Apr. p. 50; 1968 Mar. p. 69, 72, 74.
Kattamis, T. Z., 1974 Dec. p. 92.
Kattwinkel, 1954 Jan. p. 66, 69.
Katz, Bernhard, Sir, 1951 Apr. p. 67; 1958 Dec. p. 87, 88; 1960 Aug. p. 99, 102; Oct. p. 119; 1961 Sept. p. 209, 224, 226; Nov. p. 132; 1964 Sept. p. 151; 1965 Jan. p. 56, 60; June p. 79; 1966 Mar. p. 74, 81; 1970 Apr. p. 92; July p. 59; Dec. p. 38; 1974 June p. 60; 1975 Oct. p. 29, 32; 1977 Feb. p. 109, 112-114.
Katz, David, 1963 Jan. p. 111.
Katz, Jonathan, 1977 Oct. p. 50.
Katz, Joseph L., 1960 July p. 106; 1972 Dec. p. 69.
Katz, Louis N., 1974 Aug. p. 91; 1977 Feb. p. 78.
Katz, Milton, 1970 Feb. p. 13; 1971 Feb. p. 45; Sept. p. 191.
Katz, Thomas J., 1972 Aug. p. 38.
Katzev, Michael L., 1971 Aug. p. 27.
Katzman, Martin, 1972 July p. 84.
Kauer, John S., 1978 Feb. p. 96, 98.
Kauertz, E., 1969 Feb. p. 95.
Kaufer, Herbert, 1978 Jan. p. 44.
Kaufman, Herbert E., 1962 Apr. p. 80.
Kaufman, Irving R., 1951 May p. 34.
Kaufman, Leo, 1973 May p. 44.
Kaufman, Lloyd, 1971 June p. 42, 43.
Kaufman, Peter B., 1975 Apr. p. 81, 93.
Kaufman, Seymour, 1964 Dec. p. 71.
Kaufman, Sheldon, 1954 Apr. p. 40.
Kaufmann, Berwind P., 1950 Sept. p. 57; 1951 Oct. p. 24; 1959 Sept. p. 98.
Kaula, William M., 1961 Nov. p. 82; 1967 Oct. p. 75, 76; 1970 Mar. p. 38; 1972 Apr. p. 50; 1975 Sept. p. 159.
Kautsky, Hans, 1974 Dec. p. 79.
Kawaguti, S., 1971 Jan. p. 65.
Kawamura, K., 1961 Sept. p. 118.
Kawamura, N., 1961 Sept. p. 112.
Kawamura, Shunzo, 1976 Oct. p. 104.
Kay, Alan C., 1977 Sept. p. 232.
Kay, Garth, 1971 Mar. p. 26.
Kay, Lois M., 1951 Aug. p. 57; 1974 July p. 75, 77, 84.
Kay, Nai, 1960 Sept. p. 86.
Kay, Naoka, 1960 Sept. p. 86.
Kay, Ti, 1960 Sept. p. 86.
Kaye, Albert L., 1964 May p. 70.
Kaysen, Carl, 1978 Feb. p. 76.

Kazakov, George, 1958 Oct. p. 120.
Kazec, P., 1965 July p. 68.
Kealy, T. J., 1973 Dec. p. 50.
Kearns, C. W., 1952 Oct. p. 25.
Kearns, Carroll D., 1958 Apr. p. 48.
Kearsley, Richard, 1972 Mar. p. 74.
Keast, Robert W., 1956 Oct. p. 74.
Keate, physician to George III, 1969 July p. 45.
Keating, Richard E., 1972 Sept. p. 67.
Keats, Arthur S., 1966 Nov. p. 135.
Keats, John, 1949 Oct. p. 31; 1973 June p. 40; 1977 Apr. p. 116.
Keatts, Henry, 1968 Sept. p. 180; 1972 Mar. p. 25.
Kebabian, John W., 1977 Aug. p. 111, 113, 115.
Keck, Paul H., 1967 Dec. p. 67.
Keefer, Chester S., 1952 Apr. p. 55, 56.
Keegan, George J. Jr., 1973 Aug. p. 12.
Keegstra, Kenneth, 1975 Apr. p. 90.
Keegstra, W., 1977 Dec. p. 56.
Keele, C. A., 1962 Aug. p. 116.
Keeler, James, 1975 Sept. p. 152.
Keeler, John, 1971 Aug. p. 68.
Keeler, Leonarde, 1967 Jan. p. 25, 26.
Keeler, Stuart P., 1976 Nov. p. 105, 106, 108.
Keeley, Kim, 1960 Sept. p. 204.
Keeley, Lawrence H., 1977 Nov. p. 108.
Keeling, Charles D., 1970 Sept. p. 183; 1971 Jan. p. 41; 1978 Jan. p. 34, 37.
Keely, John E. W., 1968 Jan. p. 121, 122.
Keenan, Philip C., 1973 Dec. p. 39, 43, 47, 48.
Keener, Gladys M., 1953 May p. 54.
Keener, H. A., 1959 Jan. p. 102.
Keeney, Mark, 1969 July p. 64.
Keenleyside, M. H. A., 1962 June p. 134.
Keepax, Carole, 1977 Dec. p. 163.
Keesey, Ulker T., 1977 Jan. p. 60.
Keesom, A. P., 1958 June p. 31.
Keesom, W. H., 1958 June p. 31; 1962 June p. 60.
Keeton, William T., 1974 Dec. p. 96, 102; 1975 Aug. p. 103.
Kefauver, Estes, 1962 Sept. p. 98.
Kegeles, Gerson, 1952 Oct. p. 34.
Kehoe, J. Michael, 1977 Jan. p. 52.
Kehoe, Jacsue, 1964 Mar. p. 94.
Kehoe, Robert A., 1971 Feb. p. 16.
Keidanren, 1970 Mar. p. 35.
Keil, B., 1964 Dec. p. 76.
Keilin, David, 1949 Sept. p. 48; 1958 July p. 57, 58; 1959 Aug. p. 121; 1964 Nov. p. 64; 1971 Dec. p. 30.
Keiller, Alexander, 1970 Nov. p. 36; 1978 Jan. p. 69.
Keinen, 1972 June p. 100.
Keiner, Melvyn, 1976 July p. 53.
Keith, Arthur, 1948 July p. 18, 19.
Keith, Charles H., 1957 Oct. p. 47.
Keitt, G. W., 1955 June p. 84.
Kejo University, 1964 Dec. p. 56.
Kekulé, Frederich A., 1950 Sept. p. 32; 1953 June p. 68; 1957 Feb. p. 111, 114, 115; 1958 Jan. p. 60; Sept. p. 144; 1964 Dec. p. 118; 1970 Jan. p. 58; 1972 Aug. p. 35; 1976 Mar. p. 35.
Keldysh, L. V., 1976 June p. 29.
Keldysh, M. V., 1969 June p. 22.
Kellaway, C. H., 1963 Nov. p. 106.
Kellenberger, Edouard, 1961 June p. 93, 100, 101, 107; 1965 Feb. p. 73; 1966 Dec. p. 32; 1967 May p. 56; July p. 64.
Kellenberger, G., 1966 Dec. p. 38.
Keller, A., 1954 Dec. p. 46.
Keller, Andrew, 1964 Nov. p. 84.
Keller, D., 1956 June p. 41.
Keller, Ferdinand, 1961 Dec. p. 138, 139, 143.
Keller, Helen, 1957 June p. 150.
Keller, J. M., 1954 Feb. p. 67.
Keller, John, 1969 Nov. p. 123.
Keller, Joseph, 1952 Sept. p. 108; 1968 July p. 55; 1974 June p. 89.
Keller, Mark, 1952 June p. 40.
Keller, Roger, 1968 Aug. p. 46.
Kellerman, Kenneth I., 1966 Dec. p. 48; 1969 Jan. p. 36; 1977 Dec. p. 86.
Kellermann, Gottfried, 1975 June p. 30.
Kellermann, Odile, 1976 Apr. p. 44.
Kelley, David H., 1978 May p. 96.
Kelley, Fenton, 1970 Feb. p. 56.
Kelley, Wilbur E., 1949 July p. 33.
Kellner, Aaron, 1963 June p. 84.
Kellog, E. W., 1961 Aug. p. 80.
Kellogg, F. E., 1975 July p. 108.
Kellogg Foundation, 1976 Sept. p. 38.
Kellogg, Luella, 1972 Oct. p. 92.
Kellogg, N., 1969 Jan. p. 50.
Kellogg, Rhoda, 1970 Feb. p. 83, 86.
Kellogg, Winthrop, 1953 May p. 60; 1972 Oct. p. 92.
Kelly, Anthony, 1965 Mar. p. 56; 1967 Feb. p. 92; Sept. p. 100, 79.
Kelly, Douglas E., 1965 July p. 55, 57.
Kelly, George A., 1967 Mar. p. 80.
Kelly, Harry C., 1954 Mar. p. .
Kelly, Henry C., 1976 Nov. p. 29.
Kelly, Mervin J., 1953 June p. 46; Sept. p. 76; Dec. p. 50.
Kelly, P., 1963 Aug. p. 80-82.
Kelly, Thomas J. Jr., 1974 Aug. p. 90.
Kelly, William C., 1955 May. p. 58; 1958 Feb. p. 40.
Kelman, Arthur, 1975 June p. 15.
Kelman, Herbert C., 1957 Feb. p. 60.
Kelner, Albert, 1949 May p. 27; 1962 Dec. p. 138; 1967 Feb. p. 37.
Kelsall, Thomas, 1959 Aug. p. 43.
Kelser, Raymond, 1949 Sept. p. 18.
Kelsey, Frances O., 1962 Aug. p. 34; 1973 Sept. p. 164.
Kelsey, Francis W., 1978 Jan. p. 112.
Kelson, I., 1978 June p. 64.
Kelus, Andrew, 1973 July p. 55.
Kelvin, Lord, *see:* Thomson, William.
Kemeny, John G., 1956 Oct. p. 118; 1959 June p. 105.
Kemmer, Nicholas, 1953 Sept. p. 63; 1957 July p. 83; 1964 Sept. p. 139.
Kemp, James C., 1971 Aug. p. 66.
Kemp, L., 1970 June p. 38.
Kemp, William B., 1971 Sept. p. 105.
Kempe, Alfred B., 1977 Oct. p. 108, 111-114, 116.
Kempelen, Wolfgang von, 1950 Feb. p. 48; 1972 Feb. p. 50, 51, 52.
Kendall, Edward C., 1950 Mar. p. 31, 32, 36; Oct. p. 21; Dec. p. 26; 1955 Jan. p. 58, 60; 1963 July p. 50; 1967 Nov. p. 25, 28; 1971 June p. 95.
Kendall, Henry W., 1971 June p. 61; 1975 June p. 52; 1978 Feb. p. 76.
Kendall, J. P., 1949 Dec. p. 52.
Kendall, Norman, 1957 July p. 96.
Kenderline, S., 1971 July p. 79.
Kendrew, John C., 1959 June p. 77; 1961 Feb. p. 88; 1962 Jan. p. 70; Dec. p. 66; 1964 Nov. p. 64, 69-71, 73; 1965 May p. 113; Sept. p. 84; 1966 June p. 42, 45, 52; July p. 96; Sept. p. 161; Nov. p. 83, 85; 1967 Nov. p. 28; 1968 July p. 70.
Keniston, Kenneth, 1971 Mar. p. 36.
Kennamer, Earl F., 1948 Dec. p. 27.
Kennan, George F., 1975 Oct. p. 108.
Kennard, C. H. L., 1966 July p. 96.
Kennedy, Donald, 1963 Oct. p. 86; 1968 May p. 83; 1970 July p. 64; 1971 Feb. p. 69; 1974 Aug. p. 34; Oct. p. 100.
Kennedy, E. S., 1973 Dec. p. 96.
Kennedy, Edward M., 1969 Mar. p. 26; 1971 Apr. p. 18, 20, 23; 1975 July p. 45.
Kennedy, Eugene P., 1958 July p. 61; 1960 Feb. p. 51; 1972 Feb. p. 36.
Kennedy, George C., 1960 Feb. p. 68; 1965 Oct. p. 33.
Kennedy, Ian McC., 1971 Dec. p. 40.
Kennedy, Jacqueline, 1967 Nov. p. 25.
Kennedy, John F., 1955 Mar. p. 32; 1960 Aug. p. 144; 1961 Mar. p. 80; Apr. p. 76; May p. 74; Sept. p. 84, 90; Oct. p. 90; 1962 Apr. p. 50, 51, 53, 74; May p. 46, 48, 74; July p. 76; Sept. p. 99; 1963 Jan. p. 60; Feb. p. 64; May p. 74; Sept. p. 82; Dec. p. 136; 1964 June p. 25, 94, 95; Oct. p. 27, 28, 56; 1965 Apr. p. 54; 1966 Jan. p. 46, 54; Aug. p. 40; 1967 Nov. p. 25; 1968 Feb. p. 25; 1969 Jan. p. 52; 1970 Sept. p. 166; 1971 Jan. p. 17; 1972 Jan. p. 23; Nov. p. 23; 1973 Mar. p. 44; July p. 18; 1976 Apr. p. 33; June p. 21; 1977 Feb. p. 58; Nov. p. 44, 45; 1978 Feb. p. 48.
Kennedy, Joseph W., 1950 Apr. p. 46; 1953 May p. 39; 1955 Sept. p. 72; 1959 Feb. p. 66.
Kennedy, Robert F., 1970 Feb. p. 42.
Kennedy, Wallace A., 1970 Oct. p. 20, 26.
Kennelly, Arthur E., 1949 Jan. p. 31; 1955 Sept. p. 126.
Kenney, George C., 1950 June p. 13.
Kent, Earl le L., 1973 July p. 28, 31.
Kent, Frederick W., 1968 Feb. p. 84.
Kent, Paul, 1969 Feb. p. 104.
Kent State University, 1964 Aug. p. 77; 1978 June p. 48.
Kenton, John E., 1959 Oct. p. 81.
Kenya Waliangulu Game Management Scheme, 1960 Nov. p. 134.
Kenyan National Museum, 1978 Apr. p. 94.
Kenyon, Kathleen M., 1952 Nov. p. 49; 1956 Nov. p. 68; 1957 Sept. p. 116; 1960 Sept. p. 134; 1965 Sept. p. 59.
Kephart, William M., 1950 Nov. p. 28.
Kepler, Johannes, 1948 May p. 21; Oct. p. 16; 1949 Apr. p. 47; Aug. p. 40, 43; Oct. p. 44; Dec. p. 19; 1950 May p. 51; Aug. p. 32; 1952 June p. 57; Oct. p. 53; Dec. p. 41; 1953 Jan. p. 20; 1955 July p. 69, 70; Dec. p. 78; 1956 Sept. p. 212, 228, 79; 1957 June p. 101, 50; Dec. p. 37; 1958 Sept. p. 60; 1959 Oct. p. 163, 170; 1960 Mar. p. 64; 1961 Feb. p. 119, 128; Mar. p. 96; 1962 Apr. p. 54; Aug. p. 98; 1963 Dec. p. 35; 1964 May p. 108, 110-112, 115, 116; Sept. p. 129-133, 43, 63; 1965 Apr. p. 110; 1966 Oct. p. 28, 88, 97; 1967 Sept. p. 75; Dec. p. 97, 98; Aug p. 97; 1968 Sept. p. 97; 1969 Feb. p. 56; 1971 July p. 77; 1972 Feb. p. 63; Mar. p. 93-96, 99-106; May p. 38; June p. 80; 1973 Jan. p. 100; Dec. p. 97, 99, 101; 1974 July p. 98; 1975 Sept. p. 25; 1976 May p. 108; June p. 100, 105; Dec. p. 101; 1977 Feb. p. 30, 35; Apr. p. 125, 127; June p. 121, 122; Oct. p. 80; 1978 Feb. p. 126.
Kepner, W. A., 1956 Nov. p. 132.
Keppel, Geoffrey, 1964 Mar. p. 99; 1966 July p. 92.
Keppler, A., 1962 Aug. p. 111, 116.
Keramopoulos, A., 1954 Dec. p. 75.
Kerckhoffs, Auguste, 1966 July p. 42, 43.
Kerim, S. M. M., 1971 Nov. p. 89.
Kerker, Milton, 1953 Feb. p. 76.
Kermott, Henry, 1978 May p. 120.
Kern, W., 1976 Mar. p. 37, 45.
Kerner, Anton, 1968 July p. 55.
Kerr, Clark, 1953 Mar. p. 44.
Kerr, D. I. B., 1961 Feb. p. 45, 47.

Kerr, David N. S., 1968 Mar. p. 50.
Kerr, Frank J., 1953 Dec. p. 46; 1956 Apr. p. 57; 1958 Jan. p. 46; 1959 Dec. p. 96; 1963 Jan. p. 75; 1964 Jan. p. 33, 36.
Kerr, J. Austin, 1955 Mar. p. 63.
Kerr, John, 1964 Apr. p. 38; 1968 June p. 19; 1973 June p. 45-47, 53, 55.
Kerr, M. E., 1966 June p. 97.
Kerr, Paul F., 1955 Oct. p. 37; 1964 Aug. p. 31; 1965 Dec. p. 42.
Kerr, Robert S., 1951 Sept. p. 49.
Kerr, Roy P., 1972 May p. 45, 46.
Kerr, Warwick E., 1967 Apr. p. 100-102.
Kerridge, Eric, 1977 Nov. p. 151.
Kerst, Donald W., 1948 June p. 29; 1959 Jan. p. 69; 1967 July p. 88.
Kersten, W., 1974 Aug. p. 84, 86.
Kerstetter, James, 1968 Oct. p. 46.
Kertesz, Dennis J., 1968 May p. 112.
Kerwin, E. M. Jr., 1969 Jan. p. 102.
Keserstein, Ludwig, 1976 Nov. p. 100.
Kessner, David M., 1973 Sept. p. 65.
Kestenbaum, Clarice, 1965 Aug. p. 46.
Ketelle, B. H., 1950 Apr. p. 43.
Kettani, M. Ali, 1973 Apr. p. 60.
Kettlewell, H. B. D., 1975 Jan. p. 90, 95.
Kety, Seymour S., 1973 Sept. p. 123.
Keuffel, Jack W., 1962 Aug. p. 40, 41; 1966 Feb. p. 48; 1971 Oct. p. 42.
Keverne, E. B., 1971 Sept. p. 76.
Key, Francis S., 1968 Dec. p. 95.
Key, Joe L., 1968 July p. 81.
Key, John, 1963 Sept. p. 88.
Keydata Corporation, 1966 Sept. p. 199.
Keyes, Robert J., 1962 Sept. p. 104; 1963 July p. 38.
Keynes, John M., Lord, 1952 Sept. p. 53, 55; 1953 Sept. p. 130, 132, 136; 1954 Oct. p. 34; 1955 Dec. p. 80; 1964 Sept. p. 132, 133; 1965 Apr. p. 25; 1977 Dec. p. 84.
Keynes, Richard D., 1952 Nov. p. 58; 1958 Dec. p. 122; 1959 Jan. p. 112; 1960 Oct. p. 119, 123, 124; 1962 Oct. p. 107; 1966 Mar. p. 78.
Keys, Ancel B., 1956 Feb. p. 56; 1966 Aug. p. 54, 56; 1971 Oct. p. 14, 15; 1977 Dec. p. 86.
Keystone Steam Electric Station, 1971 May p. 70.
Kézdy, F. J., 1964 Dec. p. 73.
Khafra, Pharaoh, 1957 July p. 107.
Khambata, A. J., 1972 Dec. p. 14.
Khan, Fazlur R., 1974 Feb. p. 102.
Khan, Genghis, *see:* Genghis Khan.
Khan Krum, 1969 Aug. p. 79.
Khan, Kublai, *see:* Kublai Khan.
Khare, Vijay, 1977 Apr. p. 126, 127.
Khayỳm, Omar, *see:* Omar Khayỳm.
Khilko, S. D., 1977 Apr. p. 38.
Khoklov, Rem, 1967 May p. 56.
Kholopov, P., 1959 July p. 48.
Khoo, Uheng, 1971 Aug. p. 37.
Khorana, H. Gobind, 1964 June p. 56; 1965 June p. 57; 1966 Oct. p. 57, 58; 1967 Apr. p. 49; May p. 94; 1968 Jan. p. 40; Dec. p. 48; 1970 July p. 49; 1975 July p. 26.
Khosran II, 1961 June p. 133.
Khoury, George, 1978 Feb. p. 121.
Khromova, E. N., 1970 Nov. p. 60.
Khrunichev, Mikhail V., 1961 June p. 84.
Khrushchev, G. K., 1961 Nov. p. 70.
Khrushchev, K., 1975 Nov. p. 104.
Khrushchev, Nikita S., 1959 Feb. p. 62; 1962 Apr. p. 49-51, 53, 74; May p. 74; July p. 76; Nov. p. 41, 49; 1963 Jan. p. 60; Mar. p. 72; Aug. p. 48; Sept. p. 130, 82; Dec. p. 64; 1964 June p. 54; 1968 Aug. p. 42; Dec. p. 20, 22; 1972 Nov. p. 16; 1973 Nov. p. 25; 1975 Oct. p. 111.
Khufu (Cheops), Pharaoh, 1957 July p. 107.
Khuri, Raja N., 1962 Aug. p. 100.
Khvoschev, A. N., 1963 Nov. p. 53.
Kiang, Nelson, 1962 June p. 146.
Kiang, T., 1974 Feb. p. 53.
Kidd, John G., 1954 June p. 72; 1968 Aug. p. 34, 36, 39.
Kidd, Kenneth K., 1978 Jan. p. 66.
Kidd, W. S. F., 1976 Aug. p. 52; 1977 Mar. p. 102.
Kidder, A. V., 1957 Oct. p. 83.
Kidder, George W., 1949 June p. 26.
Kidder, Ray E., 1974 June p. 24.
Kidson, Chev, 1965 June p. 41, 45.
Kidson, John W., 1971 Jan. p. 36.
Kieffer, Hugh H., 1978 Mar. p. 81.
Kiehn, E. D., 1974 Feb. p. 33.
Kielley, W. W., 1968 Feb. p. 32.
Kiepenheuer, K. O., 1955 Feb. p. 44; 1969 Feb. p. 55; 1971 July p. 79.
Kiersch, George A., 1965 July p. 48.
Kierstead, R. W., 1956 July p. 50.
Kiessling, Roland, 1966 July p. 97.
Kiewiet, Cornelis W. de, 1954 Sept. p. 70.
Kihara, Hitoshi, 1951 Apr. p. 58; 1953 July p. 55; 1969 May p. 23; 1972 Apr. p. 34.
Kiil, Vilhelm, 1968 Jan. p. 24.
Kilborne, F. L., 1967 Jan. p. 111.
Kilbuck, John H., 1956 Mar. p. 34.
Kilby, B. A., 1964 Dec. p. 72.
Kilby, Jack S., 1977 Sept. p. 64.
Kilgore, Harley M., 1948 June p. 9; 1949 Feb. p. 28.
Kilham, Lawrence, 1954 Feb. p. 35; 1967 Jan. p. 113, 114.
Killam, Keith, 1959 Aug. p. 96.
Killander, Dick, 1974 Jan. p. 55.
Killen, J. T., 1972 Oct. p. 42.
Killian, James R. Jr., 1948 Nov. p. 24; 1951 June p. 31; 1953 May p. 54; 1954 Sept. p. 70; 1956 Feb. p. 49; 1957 May p. 62; 1958 Apr. p. 64; May p. 50; 1959 Feb. p. 58, 59; July p. 62; 1969 Aug. p. 18; 1971 Mar. p. 44; 1978 Feb. p. 76.
Killian, Lewis M., 1952 Mar. p. 44.
Kilmodin, Göran M., 1959 Oct. p. 84.
Kilpatrick, F. P., 1953 Mar. p. 64; 1959 Apr. p. 56.
Kilpatrick, Martin, 1953 May p. 32.
Kilston, Steven, 1966 Apr. p. 60.
Kim, Chul, 1978 Mar. p. 129.
Kim, Jewan, 1966 Aug. p. 42.
Kim, John S. S., 1976 Apr. p. 61.
Kim, Jung-Ja Park, 1978 Jan. p. 59.
Kim, Sung-Hou, 1969 Mar. p. 50; 1978 Jan. p. 52, 57.
Kim, Y. B., 1966 June p. 98.
Kimball, O. P., 1971 June p. 97.
Kimball, Richard F., 1951 May p. 24, 25.
Kimball, Stockton, 1963 Mar. p. 118.
Kimball, Wayne A., 1961 Mar. p. 153.
Kimberg, Daniel V., 1971 Aug. p. 21.
Kimberly-Clark Corporation, 1971 Nov. p. 101.
Kimble, Danial P., 1963 Feb. p. 55.
Kimble, George H. T., 1952 Apr. p. 74.
Kimble, Gregory A., 1963 May p. 130.
Kimmitt, M. F., 1965 Apr. p. 58.
Kimpton, Lawrence A., 1952 Mar. p. 35.
Kimura, Doreen, 1972 Apr. p. 83.
Kimura, Motoo, 1969 Aug. p. 32, 35.
Kimura, Toshio, 1975 Apr. p. 31.
Kincade, Paul W., 1974 Nov. p. 66.
Kindas-Mugge, Ingela, 1976 Aug. p. 63.
Kinder, Elaine, 1955 Feb. p. 74.
King, David, 1978 Feb. p. 98.
King, David S., 1977 Feb. p. 96.
King, E. A. Jr., 1975 Feb. p. 33.
King, Gilbert W., 1955 June p. 100; Sept. p. 74.
King, Ivan R., 1969 Jan. p. 30; 1971 Mar. p. 46.
King, James, 1976 July p. 95, 100.
King, John A., 1959 Oct. p. 128.
King, Jonathan, 1967 July p. 61, 62, 71.
King, Joseph, 1961 Apr. p. 108.
King, L. C., 1968 Apr. p. 54.
King, Laurain, 1973 Mar. p. 71.
King, M. Kenton, 1957 June p. 66.
King, MacKenzie, 1950 Jan. p. 13.
King, Martin Luther, 1968 Aug. p. 15; 1970 Feb. p. 42; 1971 Dec. p. 13.
King, Merrill, 1955 Dec. p. 40.
King, Philip G., 1956 Feb. p. 66, 67.
King Ranch of Texas, 1958 Feb. p. 38.
King, Richard A., 1976 Nov. p. 92.
King, Robert C., 1964 Apr. p. 118, 119.
King, Robert L., 1951 June p. 51; 1952 Oct. p. 68.
King, Thomas J., 1961 Sept. p. 132; 1968 Dec. p. 24, 27, 30.
Kingdon, K. H., 1954 Dec. p. 53.
Kingery, William D., 1962 Jan. p. 132.
Kings College Hospital, 1963 July p. 58.
Kings College London, 1954 Oct. p. 57, 58, 61; 1963 Mar. p. 91; 1965 June p. 79; Dec. p. 20, 24, 27.
Kings College Medical Research Council, 1958 Nov. p. 67, 70, 74.
Kings County Medical Society, 1949 Mar. p. 26.
Kingsburg, Douglas, 1977 Feb. p. 100, 101.
Kingsbury, Albert, 1966 Mar. p. 63, 64.
Kingslake, Rudolf, 1976 Aug. p. 81.
Kingsley, J. D., 1963 July p. 38.
Kingston, Robert H., 1964 Apr. p. 46.
Kingston, W. R., 1971 Oct. p. 91.
Kinkead, Eugene, 1951 Feb. p. 30.
Kinman, T. D., 1966 Dec. p. 41, 45, 47; 1969 Jan. p. 32; 1970 Dec. p. 28.
Kinney, Dennis K., 1972 Mar. p. 76.
Kino, Gordon S., 1972 Nov. p. 44; 1974 Feb. p. 30.
Kinoshita, Jin H., 1975 Dec. p. 81.
Kinosita, Riojun, 1961 Feb. p. 61.
Kinsel, T. S., 1968 June p. 19.
Kinsell, L. W., 1950 Mar. p. 36.
Kinsey, Alfred C., 1969 Jan. p. 23.
Kinsey, Everett, 1955 Dec. p. 40, 43.
Kinsky, Bertha, 1949 Dec. p. 11, 12, 15.
Kinzel, Augustus B., 1965 Feb. p. 51.
Kip, Arthur F., 1963 July p. 120.
Kipling, Rudyard, 1950 Apr. p. 54; 1951 Dec. p. 17; 1956 May p. 120; 1957 Jan. p. 118; 1970 Dec. p. 104.
Kippenhahn, Rudolf, 1975 Mar. p. 29.
Kipping, F. S., 1948 Oct. p. 51, 53.
Kirby, David, 1974 Apr. p. 39.
Kirby, K. S., 1965 June p. 41, 45.
Kircher, Athanasius, 1967 Dec. p. 103.
Kirchhoff, Gustav R., 1950 Jan. p. 22; 1952 Sept. p. 59; 1961 Dec. p. 84; 1962 Feb. p. 56, 57; 1967 Nov. p. 109, 110; 1968 Sept. p. 75; 1970 May p. 116; July p. 94.
Kirillin, V. A., 1969 June p. 22, 25.
Kirillos, Abbot, 1964 June p. 104.
Kirin Academy of Agricultural Sciences, 1975 June p. 16-18.
Kirk, Donn B., 1977 July p. 37.
Kirk, Dudley, 1960 Sept. p. 212.
Kirk, Martha, 1962 June p. 100.
Kirk, Nancy, 1971 Sept. p. 118.
Kirk, P. L., 1954 Feb. p. 76, 79.
Kirk, William, 1962 May p. 82.
Kirk, William T., 1978 Mar. p. 50, 72.
Kirkbride, Diana, 1963 Oct. p. 101.
Kirkendall, E. O., 1957 May p. 108.
Kirkland, Wallace, 1971 Oct. p. 14.

Kirkpatrick, Charles M., 1952 Nov. p. 50.
Kirkpatrick, John, 1976 Jan. p. 114, 115.
Kirkpatrick, Paul H., 1951 July. p. 57; 1963 Aug. p. 34, 37; 1965 June p. 24.
Kirkpatrick, Sidney, 1949 Oct. p. 27.
Kirkwood, John G., 1949 May p. 19; 1953 Aug. p. 41; 1956 Mar. p. 52.
Kirkwood, Kenneth, 1949 Dec. p. 40.
Kirlian, Semyon D., 1976 Dec. p. 53.
Kirman, David, 1966 Aug. p. 42.
Kirsanov, S., 1972 Sept. p. 80.
Kirsch, Lawrence, 1966 Aug. p. 42.
Kirschfeld, Kuno, 1976 July p. 112.
Kirschner, Kasper, 1969 May p. 40, 41.
Kirschner, Stanley, 1966 May p. 50.
Kirshner, Robert P., 1976 Mar. p. 77; Dec. p. 89.
Kirsten, Eva S. H., 1976 June p. 42.
Kirton, Kenneth T., 1971 Nov. p. 90.
Kiruna Geophysical Observatory, 1963 June p. 57.
Kirven, M. N., 1969 Feb. p. 44.
Kirwan, Richard, 1948 July p. 47; 1956 May p. 85.
Kisch, Bruno, 1951 Aug. p. 49; 1957 May p. 84.
Kiser, Ewin B. Jr., 1977 Aug. p. 57.
Kishida, K., 1976 Oct. p. 97.
Kishinouye, F., 1949 Feb. p. 42.
Kisieleski, Walter E., 1964 Feb. p. 58; Dec. p. 111; 1965 Oct. p. 81; 1966 Jan. p. 39.
Kisielow, Pawel, 1977 May p. 68.
Kissinger, Henry A., 1971 Mar. p. 44; 1974 July p. 46; 1976 Nov. p. 37.
Kistiakowsky, George B., 1952 Mar. p. 31; Dec. p. 36; 1953 May p. 31; 1959 July p. 62; Oct. p. 80; 1962 May p. 75; 1964 May p. 58; 1966 Mar. p. 106; Oct. p. 44; 1969 Aug. p. 18; 1970 Jan. p. 19; June p. 46; 1971 Jan. p. 24; 1964 Oct. p. 56.
Kistner, O. C., 1971 Oct. p. 86.
Kit, Saul, 1966 Mar. p. 37.
Kitai, Ruth, 1955 May p. 41.
Kitasato, Shibasaburo, 1967 Oct. p. 81; 1968 Apr. p. 71, 76; 1973 July p. 55.
Kitay, Julian I., 1965 July p. 52.
Kitchell, J. Roderick, 1968 July p. 21.
Kitching, James, 1975 Apr. p. 69.
Kitching, James W., 1960 May p. 96.
Kitching, John A., 1958 Oct. p. 43.
Kite, George L., 1950 Oct. p. 49, 50.
Kitt Peak National Radio Astronomy Observatory, 1958 Apr. p. 50; Aug. p. 50; Sept. p. 85; 1960 Apr. p. 61, 63; Nov. p. 97; 1963 July p. 66; 1964 May p. 85; July p. 41; Nov. p. 40; 1965 Aug. p. 24; 1966 June p. 31; Aug. p. 35; Nov. p. 54; Dec. p. 41, 45, 48; 1969 Jan. p. 46; May p. 53; 1970 June p. 52; Dec. p. 27, 28; 1971 Jan. p. 52; Feb. p. 31; Dec. p. 25; 1974 Dec. p. 66; 1975 Feb. p. 42; May p. 83; Sept. p. 136, 33, 46; 1976 Dec. p. 90; 1977 Apr. p. 96, 96, 97, 99, 101; June p. 68; July p. 39; Sept. p. 231.
Kittel, Charles, 1976 June p. 37.
Kitzinger, Charlotte, 1961 Jan. p. 138.
Kitzler, Gertraud, 1961 Dec. p. 116.
Klapisch, R., 1978 June p. 72.
Klapow, L. A., 1975 Feb. p. 76.
Klapper, Zelda S., 1963 Apr. p. 122.
Klaproth, Martin H., 1949 Apr. p. 48; 1951 June p. 19; Nov. p. 29; 1963 Nov. p. 125.
Klarman, Herbert E., 1965 Jan. p. 24, 26.
Klarmann, Joseph, 1969 June p. 37.
Klason, Peter, 1958 Oct. p. 106, 107.
Klatt, Dennis, 1972 Sept. p. 73.
Klaue, R., 1967 Feb. p. 62.
Klebahn, Hans, 1977 Aug. p. 90, 92.
Klebanoff, Seymour J., 1971 June p. 52.
Klebesadel, Ray W., 1976 Oct. p. 66; 1977 Oct. p. 54.
Klee, Paul, 1970 Nov. p. 101; 1971 June p. 34, 40; 1974 July p. 98.
Klee, Werner A., 1977 Mar. p. 54, 55.
Kleene, S. C., 1964 Sept. p. 150, 152.
Kleene, Stephen, 1973 Nov. p. 85, 90.
Kleiber, Max, 1958 Feb. p. 36.
Kleid, Dennis, 1976 Jan. p. 73, 74.
Klein, Abraham, 1954 Dec. p. 92.
Klein, Alexander, 1954 Apr. p. 61; 1964 Oct. p. 60.
Klein, Attila O., 1964 June p. 88.
Klein, D., 1957 Apr. p. 62.
Klein, Eva, 1976 May p. 73; 1977 May p. 64.
Klein, Felix, 1948 July p. 47; 1949 Jan p. 41; 1950 Jan. p. 18-21; Sept. p. 40, 42; 1955 Jan. p. 86; 1964 Sept. p. 42, 46; 1972 Sept. p. 73.
Klein, George, 1976 May p. 73; 1977 May p. 64.
Klein, Jan, 1977 Oct. p. 97.
Klein, Martin, 1956 Sept. p. 120.
Klein, Marvin B., 1973 Feb. p. 89.
Klein, Michael, 1971 Feb. p. 21.
Klein, Miles V., 1962 Dec. p. 97.
Klein, Morris, 1973 Jan. p. 20.
Klein, Morton, 1956 Apr. p. 64.
Klein, Oskar, 1967 Apr. p. 106-110, 112; June p. 35; 1975 July p. 34.
Kleindienst, Maxine R., 1961 Oct. p. 119, 126.
Kleinman, David A., 1964 Apr. p. 43.
Kleinmann, Douglas E., 1967 Oct. p. 60; 1968 Aug. p. 60; 1972 Aug. p. 59; 1973 Mar. p. 52; Apr. p. 37; 1977 Oct. p. 55; 1978 Apr. p. 115-118.
Kleinmann, Susan, 1977 Oct. p. 55.
Kleinschmidt, Albrecht K., 1970 Jan. p. 89.
Kleinschmidt, Walter J., 1971 July p. 28.
Kleinsmith, Lewis J., 1965 Nov. p. 81; 1975 Feb. p. 47, 51; 1976 Feb. p. 38.
Kleist, C., 1970 Mar. p. 68.
Kleitman, Daniel J., 1970 July p. 97, 99, 100.
Kleitman, Nathaniel, 1952 Nov. p. 37; 1957 Oct. p. 62; 1960 Aug. p. 72; Nov. p. 82; 1962 Aug. p. 69; 1967 Feb. p. 62, 66, 67, 70.
Kleman, M., 1977 Dec. p. 140.
Klemensiewitz, Z., 1951 Jan. p. 42.
Klement, William Jr., 1960 Aug. p. 72.
Klemer, Andrew, 1977 Aug. p. 96.
Klenk, Ernst, 1973 Aug. p. 90.
Kleppner, Daniel, 1962 Aug. p. 55; 1976 Feb. p. 55.
Klieforth, Harold E., 1961 Mar. p. 129.
Klien, Bertha, 1955 Dec. p. 43.
Klima, Edward S., 1962 June p. 71.
Kline, Leo, 1973 Nov. p. 50.
Kline, Morris, 1956 June p. 71; Sept. p. 136; 1958 May p. 71; 1964 Sept. p. 63.
Kline, Nathan S., 1955 Feb. p. 52.
Klinefelter, Harry F. Jr., 1961 Nov. p. 73; 1963 July p. 60.
Klinge, H., 1973 Dec. p. 62.
Klingenberg, Martin, 1978 Mar. p. 121.
Klinghammer, E., 1964 Nov. p. 53.
Klingman, W. O., 1949 Aug. p. 24.
Klinman, Norman R., 1974 Nov. p. 69.
Kliore, Arvydas J., 1969 Mar. p. 80, 82; 1975 Sept. p. 147; 1976 May p. 115.
Klock, John W., 1972 Dec. p. 42.
Klöckner, E., 1961 Mar. p. 129.
Kloet, Ronald de, 1976 July p. 52.
Kloet, S. R. de, 1962 May p. 78.
Kloot, W. G. van der, 1954 Feb. p. 42.
Klopsteg, Paul E., 1951 Dec. p. 34; 1957 Jan. p. 58; 1958 Feb. p. 44.
Klose, Peter, 1977 May p. 46.
Klotz, Irving M., 1972 June p. 33.
Kluckhohn, Clyde, 1956 July p. 25.
Klug, Aaron, 1959 Aug. p. 66; 1963 Jan. p. 53; 1966 Dec. p. 34, 36; 1969 Aug. p. 93; 1975 Aug. p. 40; Nov. p. 41, 58; 1977 Nov. p. 72; 1978 Jan. p. 59.
Klun, Jerome A., 1970 Apr. p. 48.
Klüver, Heinrich, 1977 Oct. p. 132, 133.
Kluyver, J. C., 1965 Dec. p. 31.
Klymkowsky, Michael W., 1977 Feb. p. 112.
Klystra, J. A., 1963 Apr. p. 83.
Kmet, J., 1974 May p. 61.
Knable, Norman, 1968 Sept. p. 124.
Knapp, R. H., 1951 July p. 16.
Knapp, Sherman R., 1969 July p. 52.
Knauss, John A., 1961 Sept. p. 94.
Knaust, Karl, 1956 May p. 102.
Knaver, Friedrich, 1965 May p. 63.
Knaysi, Georges, 1955 June p. 102.
Kneller, Godfrey, 1955 Dec. p. 74.
Kniffin, D. A., 1963 May p. 87.
Knight, Bruce W. Jr., 1972 June p. 96.
Knight, C. A., 1956 June p. 44; 1961 Jan. p. 80.
Knight, Charles, 1971 Apr. p. 97; 1973 Jan. p. 105.
Knight, Ernest Jr., 1977 Apr. p. 42, 44.
Knight, Nancy, 1971 Apr. p. 97; 1973 Jan. p. 105.
Knight, Vernon, 1949 Oct. p. 40; 1959 Jan. p. 43.
Knighton, David, 1976 May p. 70.
Knipling, Edward F., 1960 Oct. p. 54; 1962 Jan. p. 59; Oct. p. 63; 1966 Oct. p. 46; 1972 Sept. p. 66.
Knipping, C. M. Paul, 1952 Dec. p. 40; 1961 Dec. p. 98.
Knisely, R. M., 1964 May p. 91.
Knoblauch, E. J., 1952 Apr. p. 56.
Knoll, Fritz, 1966 July p. 83, 85.
Knoll, Max, 1970 Feb. p. 85; 1971 Apr. p. 27; 1972 Jan. p. 56.
Knoop, Franz, 1954 Jan. p. 32.
Knop, W., 1959 Jan. p. 98.
Knopf, Paul M., 1963 Dec. p. 45.
Knopoff, Leon, 1960 Feb. p. 68.
Knott, J. E., 1952 May p. 52.
Knowland, William F., 1949 Sept. p. 27.
Knowles, Jeremy, 1974 July p. 82.
Knowles, John H., 1973 Sept. p. 92.
Knowles, Ralph, 1968 Sept. p. 193.
Knowlton, Kenneth C., 1970 June p. 81.
Knox, Bruce, 1978 Feb. p. 107, 113.
Knox, James H. M. Jr., 1972 July p. 76.
Knox, Robert, 1961 Mar. p. 71.
Knox, William T., 1971 Oct. p. 22.
Knud, Bishop of Denmark, 1965 July p. 92.
Knudsen, Holger, 1972 July p. 93, 94.
Knudsen, Martin, 1958 Jan. p. 38.
Knudson, Alfred G. Jr., 1978 Feb. p. 118.
Knudson, Lewis, 1966 Jan. p. 75, 77, 78.
Knuth, Donald E., 1977 Apr. p. 63.
Knuth, Eldon L., 1968 Oct. p. 48.
Knutson, Ben M., 1955 Aug. p. 54.
Ko, H. C., 1953 Dec. p. 54; 1955 Sept. p. 69.
Koba, Harry, 1974 May p. 93.
Kobayashi, Mitsunas, 1971 Nov. p. 36.
Kobayashi, Teisaku, 1973 Jan. p. 101.
Kober, Alice E., 1954 May p. 72, 73.
Kobler, John, 1966 June p. 94.
Koby, F. E., 1972 Mar. p. 72.
Koch, Hugo, 1966 July p. 43.
Koch, J. P., 1975 Feb. p. 88.
Koch, John, 1977 Oct. p. 117, 118.
Koch, Marie L., 1956 July p. 50.
Koch, Robert, 1949 Oct. p. 32, 35, 36, 39; 1952 May p. 30; Oct. p. 32; 1955 May p. 31, 32; June p. 103, 104; 1967 Jan. p. 111; Nov. p. 26; 1968 Apr. p. 71.
Kocher, Emil T., 1963 Mar. p. 122.

Kocher, Theodor, 1967 Nov. p. 26.
Kock, W. E., 1952 Aug. p. 43, 44.
Kodama, Ayako, 1975 Nov. p. 39.
Koechlin, Maurice, 1974 Feb. p. 96.
Koehler, J. A., 1966 Feb. p. 51.
Koehler, James K., 1972 Jan. p. 64.
Koehler, Otto, 1968 June p. 73.
Koen, J. S., 1977 Dec. p. 89.
Koenig, Arthur, 1975 Mar. p. 69-71, 73.
Koenig, D. F., 1965 July p. 46; 1966 Nov. p. 84.
Koenig, P., 1960 Mar. p. 133.
Koenig, Samuel, 1955 Oct. p. 101.
Koeningswald, G. H. R. von, 1949 Nov. p. 22; 1953 Dec. p. ; 1963 Feb. p. 70; 1966 Nov. p. 46, 47; 1968 Aug. p. 45; 1970 Jan. p. 77, 78; 1972 Jan. p. 102; 1977 May p. 31.
Koepfli, Joseph B., 1956 Mar. p. 50.
Koepke, C. A., 1971 Oct. p. 102.
Koeppe, Roger E., 1974 July p. 82.
Koerte, Alfred, 1959 July p. 100, 102.
Koerte, Gustav, 1959 July p. 100, 102.
Koffka, Kurt, 1965 Feb. p. 42; 1966 Dec. p. 80; 1967 Oct. p. 120, 121; 1974 Apr. p. 91; July p. 90, 93-96, 102, 103; 1978 May p. 126.
Koffler, Henry, 1975 Aug. p. 39.
Kögl, Fritz, 1949 May p. 40, 41; 1961 June p. 139, 142.
Kogure, Makita, 1960 Feb. p. 109.
Kogut, John, 1975 Oct. p. 45.
Kogyo, Toyo, 1969 Feb. p. 96.
Köhler, A., 1958 May p. 39, 40.
Köhler, Heinz, 1973 July p. 59.
Kohler, Ivo, 1962 Jan. p. 49; 1965 Nov. p. 84; 1967 May p. 96, 104.
Köhler, J. W. L., 1973 Aug. p. 85.
Kohler, Robert, 1953 May p. 60.
Köhler, Wolfgang, 1949 Aug. p. 38; 1955 June p. 73; 1957 June p. 143, 144, 146; 1962 Jan. p. 45-49; 1963 Apr. p. 118, 124; 1972 Sept. p. 50; 1974 July p. 93.
Kohlrausch, Friedrich, 1955 June p. 66, 67.
Kohlschütter, H. W., 1960 July p. 66.
Kohlstaedt, Kenneth, 1959 Mar. p. 54.
Kohn, Hans, 1973 Apr. p. 80.
Kohn, Jane, 1957 Oct. p. 83.
Kohne, David E., 1970 Apr. p. 24.
Kohno, Todahiko, 1971 Jan. p. 46.
Kojima, H., 1974 Dec. p. 66.
Kojima, Ken-Ichi, 1975 Aug. p. 58.
Kok, Bessel, 1965 July p. 77, 82; 1969 Dec. p. 69; 1974 Dec. p. 71.
Koketsu, K., 1978 Feb. p. 94.
Kolb, Gertrude, 1976 July p. 112.
Kolbe, Hermann, 1963 Nov. p. 96, 98; 1967 June p. 64, 72.
Koldovsky, Paul, 1976 May p. 54.
Koldovsky, Ursula, 1976 May p. 54.
Kolehmainen, Hannes, 1976 June p. 114.
Kolers, Paul A., 1971 Mar. p. 100.
Kolff, Willem J., 1954 Aug. p. 26, 27; 1961 July p. 57, 58, 61.
Kolhörster, Werner, 1949 Mar. p. 30.
Kolin, Alexander, 1955 Feb. p. 60.
Koller, Dov, 1956 Sept. p. 118; 1959 July p. 121.
Koller, P. C., 1960 Jan. p. 99, 102.
Kölliker, Albrecht, 1968 June p. 86; July p. 55.
Kölliker, Anton, 1965 June p. 78, 79.
Kollsman Instrument Corporation, 1963 July p. 45.
Kolm, Henry H., 1963 Dec. p. 129; 1965 Apr. p. 127; 1967 Mar. p. 115.
Kolmen, Samuel K., 1963 June p. 88.
Kolmogorov, A. N., 1952 June p. 28; 1956 Jan. p. 30, 31; 1973 Feb. p. 69; 1975 May p. 48.
Koln, Henry H., 1965 July p. 65.
Kolobow, Theodor, 1975 Apr. p. 57.
Kolodny, Edwin, 1973 Aug. p. 94.
Kolomiets, B. T., 1977 May p. 36.
Kolovos, Ernest R., 1956 Mar. p. 34.
Kolstadt, George A., 1960 July p. 79.
Koltsov, N. K., 1958 Nov. p. 90.
Komarovsky, Mirrs, 1974 Sept. p. 145.
Komesaroff, M. M., 1971 Dec. p. 27.
Kompfner, Rudolf, 1954 Oct. p. 52; 1961 Nov. p. 79; 1972 Sept. p. 136.
Kondoleon, Anthony S., 1978 Feb. p. 72.
Kong, Yu-lin, 1968 Feb. p. 92.
Konigsberg, William H., 1964 Nov. p. 72.
Konigsberger, V. V., 1958 Mar. p. 122.
Konijn, Theo M., 1968 Oct. p. 60; 1969 June p. 82, 83, 88.
Konopacki, M., 1953 Feb. p. 49.
Konopka, Ronald, 1973 Dec. p. 27, 37.
Konorski, Jerzy, 1970 Mar. p. 68; 1971 Mar. p. 99.
Kontomichalou, P., 1967 Dec. p. 26.
Konzak, Calvin F., 1954 Jan. p. 44.
Kooi, C. F., 1964 June p. 75.
Kooijmans, P. H., 1974 Oct. p. 28.
Koopmann, Gary, 1970 Jan. p. 41.
Koopmans, Tjalling C., 1954 Aug. p. 21; 1975 Dec. p. 48.
Kopac, M. J., 1952 Apr. p. 59; 1959 Jan. p. 56.
Kopal, Zdeněk, 1960 May p. 68; 1962 Oct. p. 63; 1964 Mar. p. 56; 1969 Dec. p. 95.
Kopfermann, Hertha, 1974 July p. 94.
Kopp, George A., 1969 Nov. p. 128.
Kopp, Roger A., 1973 Oct. p. 75.
Köppen, Else, 1975 Feb. p. 90.
Köppen, Wladimir P., 1975 Feb. p. 90, 95.
Koppenaal, R., 1967 Oct. p. 119.
Koppers Company, Incorporated, 1955 July p. 63; 1961 Nov. p. 88; 1962 July p. 84; 1963 Sept. p. 136; Dec. p. 76, 87.
Koppers, W., 1957 May p. 41.
Koprowski, Hilary, 1957 Sept. p. 114; 1959 Aug. p. 64; 1960 Oct. p. 83; 1973 Jan. p. 25; 1974 Feb. p. 35; 1978 Feb. p. 117, 119.
Korchin, Sheldon, 1963 Mar. p. 102.
Kordesch, Karl, 1959 Oct. p. 75.
Kordylewski, Kazimierz, 1961 Aug. p. 71; 1967 Apr. p. 50.
Korenman, V., 1966 Nov. p. 110.
Korff, Serge A., 1948 June p. 27; 1949 Mar. p. 29, 33, 37.
Korkisch, Hans, 1960 Feb. p. 132.
Korman, Samuel, 1954 Sept. p. 117.
Korman, Z., 1949 Dec. p. 40, 41.
Kornberg, Arthur L., 1955 May. p. 54; 1956 Sept. p. 114; 1957 Sept. p. 188, 190; 1959 Dec. p. 56, 78; 1961 Sept. p. 76; 1962 Feb. p. 44; 1964 June p. 56; 1966 Jan. p. 37, 41; Nov. p. 65; 1967 Nov. p. 25, 28; 1968 Feb. p. 51; Aug. p. 44; 1970 July p. 49; 1977 Dec. p. 56.
Kornberg, H. L., 1957 July p. 66.
Kornberg, Roger D., 1975 July p. 48; 1976 May p. 38; 1977 Nov. p. 72.
Kornberg, Sylry, 1968 Oct. p. 68.
Kornfield, Jack, 1969 Jan. p. 65.
Kornorski, Jerzy, 1970 July p. 58.
Körös, E., 1974 June p. 85.
Korsten, Mark A., 1975 May p. 44; 1976 Mar. p. 32.
Kort, Edward N., 1976 Apr. p. 45, 46.
Korte, Adolf, 1964 Oct. p. 104.
Kortschak, Hugo, 1973 Oct. p. 83, 84.
Korwal, Charles T., 1976 Dec. p. 88.
Korzybski, Alfred, 1967 July p. 50.
Kosambi, D. D., 1966 Feb. p. 102.
Kosenow, W., 1962 Aug. p. 29, 30.
Koshkina, T. V., 1974 June p. 40.
Koshland, Daniel E. Jr., 1957 Nov. p. 70; 1959 Aug. p. 125; 1966 Nov. p. 89; 1970 Feb. p. 46; Aug. p. 46; 1975 Aug. p. 39; 1976 Apr. p. 44, 45, 46.
Koskenniemi, Seppo, 1969 Nov. p. 62.
Kosok, Michael, 1951 Aug. p. 20.
Kosok, Paul, 1951 Aug. p. 20.
Kosower, Edward M., 1970 Aug. p. 82.
Kosower, Nechama S., 1970 Aug. p. 82.
Kossel, Albrecht, 1950 June p. 35; 1953 Feb. p. 51, 56; 1967 Nov. p. 26; 1968 June p. 80, 82.
Kossiakoff, Tony, 1974 July p. 84.
Kossinna, Gustaf, 1971 Oct. p. 64.
Kossoff, George, 1978 May p. 108.
Kossuth University, 1966 Nov. p. 53.
Kosswig, Curt, 1964 Apr. p. 53.
Kostanecki, Stanislaus von, 1964 June p. 85.
Kostarev, A. I., 1976 Apr. p. 96.
Kosterlitz, Hans W., 1977 Feb. p. 50; Mar. p. 49.
Kosygin, Aleksei N., 1968 Aug. p. 42; Nov. p. 54; Dec. p. 23; 1969 June p. 22; Aug. p. 26; 1973 Nov. p. 26.
Kotarbiński, Tadeusz, 1969 June p. 66.
Kotas, Robert V., 1973 Apr. p. 82.
Kotelchuck, Milton, 1972 Mar. p. 75, 80.
Kotelnikov, V., 1961 July p. 68.
Kotin, Paul, 1962 July p. 46.
Kotok, Alan, 1973 Apr. p. 43.
Kotov, I. S., 1961 May p. 96.
Koukol, J. F., 1963 July p. 84.
Kourganoff, Vladimir, 1959 Apr. p. 93.
Kourilsky, Francois M., 1976 May p. 38.
Kourouniotis, Constantine, 1958 May p. 111.
Kouwenhoven, William B., 1968 July p. 19, 20.
Kovach, Robert, 1970 Aug. p. 19.
Kovacs, Sador J., 1975 Nov. p. 60.
Kovalevsky, Jean, 1964 Feb. p. 54.
Kowal, Charles T., 1975 Sept. p. 146, 149.
Kowal, Stephen C., 1971 Oct. p. 44.
Kowarski, L., 1948 June p. 24; 1958 Feb. p. 84.
Koyal, Sankar N., 1974 June p. 51.
Kozai, Yoshihide, 1961 Nov. p. 82; 1967 Oct. p. 74.
Kozlenkov, A. I., 1976 Apr. p. 96.
Kozloff, Eugene N., 1972 Dec. p. 94.
Kozloff, Lloyd M., 1953 May p. 38, 39.
Kozlova, A. V., 1955 Oct. p. 41.
Kozlowski, Joseph P., 1969 June p. 19.
Kozodayev, M. S., 1956 Aug. p. 30.
Kozyrev, Nikolai A., 1959 June p. 78; 1960 Jan. p. 72; May p. 64, 65; 1962 Oct. p. 63; 1964 Feb. p. 68; 1965 May p. 30, 31.
Kraemer, Hans, 1976 Aug. p. 91.
Kraemer, Helena C., 1973 Feb. p. 48.
Kraepelin, Emil, 1949 July p. 44; 1962 Aug. p. 65, 67.
Krafft, Bertrand, 1976 Mar. p. 102.
Kraft, Irvin A., 1970 Oct. p. 60.
Kraft, Robert P., 1968 June p. 40; 1970 Dec. p. 28, 29; 1975 June p. 70.
Krag, Cletus L., 1952 Aug. p. 33.
Krag, William E., 1963 July p. 38.
Krainin, James M., 1964 Apr. p. 62, 64.
Krakoff, Irwin H., 1969 Oct. p. 50; 1971 July p. 30.
Kramer, E., 1974 July p. 29.
Kramer, Gustav, 1954 Apr. p. 35; Oct. p. 75, 76; 1958 Aug. p. 43; 1966 Oct. p. 105; 1974 Dec. p. 97, 98, 101; 1975 Aug. p. 103, 111.
Kramer, Henry, 1973 Mar. p. 88, 91.
Kramer, Johannes, 1977 Jan. p. 74-76.
Kramer, Max O., 1960 Mar. p. 90.
Kramer, S. D., 1953 July p. 27.
Kramer, Samuel N., 1957 Oct. p. 71; Nov. p. 59; 1960 Sept. p. 154.
Kramers, H. A., 1958 Sept. p. 82; 1960 Oct. p. 153.
Krane, Stephen M., 1970 Oct. p. 46; 1974 Nov.

p. 49.
Kranzberg, Melvin, 1970 Feb. p. 13.
Krasilshchik, I. M., 1956 Aug. p. 97.
Krasne, S., 1972 Feb. p. 35.
Krasnovsky, A. A., 1953 Nov. p. 82.
Krasnow, Frances, 1951 Feb. p. 32.
Krateros, 1966 Dec. p. 104.
Kratochwil, K., 1965 Nov. p. 80.
Kratzenstein, Christian G., 1972 Feb. p. 50, 52.
Kraus, Charles J., 1965 Oct. p. 57; 1967 Feb. p. 77.
Kraus, F. R., 1953 Jan. p. 27.
Kraus, John D., 1953 Dec. p. 54; 1954 July p. 35; 1955 Sept. p. 70; 1956 Apr. p. 60; Aug. p. 50; Sept. p. 220; Oct. p. 61; 1959 Aug. p. 47; 1961 Jan. p. 88; 1966 Aug. p. 37; 1973 June p. 38.
Kraus, K. A., 1955 Oct. p. 36.
Krause, Arlington, 1955 Dec. p. 40, 43.
Krause, Richard M., 1965 Dec. p. 69.
Krause, Wilhelm, 1960 Oct. p. 121.
Kraushaar, William, 1959 Nov. p. 140; 1969 Nov. p. 58.
Krauss, Reinhard, 1972 Sept. p. 96.
Krauss, Robert M., 1977 Feb. p. 100, 101.
Kraut, Joseph, 1974 July p. 80, 84, 88.
Kraybill, H. L., 1954 June p. 30.
Krayer, Otto, 1954 Aug. p. 68.
Krebiozen Research Foundation, 1952 Jan. p. 40.
Krebs, Edwin G., 1972 Aug. p. 97, 99, 100; 1977 Aug. p. 117.
Krebs, Hans, Sir, 1949 Sept. p. 48; 1953 Dec. p. 48; 1954 Jan. p. 34; 1955 Mar. p. 53; 1957 July p. 66; 1958 July p. 59; 1961 Sept. p. 72; 1963 Nov. p. 112; 1967 Nov. p. 28; 1971 Oct. p. 17; 1973 Sept. p. 66.
Krech, David, 1955 Feb. p. 58; 1965 Jan. p. 52; 1972 Feb. p. 24.
Kreil, Gunther, 1976 Aug. p. 63.
Kreil, Karl, 1971 Aug. p. 66.
Kreisler, Michael N., 1970 Feb. p. 72, 76.
Kreith, Frank, 1965 Dec. p. 81.
Kreithen, Melvin L., 1974 Dec. p. 105, 106.
Kremer, Henry, 1977 Oct. p. 74.
Křenek, Ernst, 1967 Dec. p. 103.
Krenke, N. P., 1949 Oct. p. 24.
Kressel, H., 1971 July p. 32.
Krestnikov, V. N., 1977 Apr. p. 35.
Kreth, Wolfgang, 1973 July p. 55.
Kretschmer, Roberto, 1969 Feb. p. 43.
Kretsinger, Robert, 1975 Nov. p. 45.
Kretzmer, Ernest R., 1972 Sept. p. 120, 38.
Kretzoi, Miklos, 1966 Jan. p. 49; 1977 May p. 31.
Krieger, Ingeborg, 1972 July p. 80.
Krieger, Monty, 1974 July p. 75, 79.
Krikorian, Oscar H., 1977 Feb. p. 93.
Krinskii, V. I., 1974 June p. 85.
Kris, Ernst, 1956 Feb. p. 34; 1972 Sept. p. 94.
Krishna, Narendra, 1964 Oct. p. 84.
Kristensen, P., 1956 Mar. p. 94.
Kristensson, Folke, 1965 Sept. p. 108.
Kristiakowsky, George B., 1978 Feb. p. 76.
Kristian, Jerome, 1969 July p. 52; 1974 Dec. p. 35.
Krock, Arthur, 1950 Mar. p. 24.
Kroeber, A. L., 1950 Sept. p. 21, 23, 92.
Kroeger, H., 1961 Sept. p. 131, 136.
Kroemer, Herbert, 1966 Aug. p. 30; 1971 July p. 32.
Kroger, Helen, 1966 July p. 43.
Kroger, Peter, 1966 July p. 43.
Krogh, August, 1949 July p. 55; 1950 May p. 29; Sept. p. 73; 1951 Oct. p. 70; 1953 Feb. p. 30; July p. 60; 1954 Oct. p. 74; 1955 Aug. p. 56; 1956 Mar. p. 116; 1959 Jan. p. 56; 1962 Aug. p. 79; 1965 May p. 88; 1967 Apr. p. 97; Nov. p. 26; 1973 Apr. p. 100; 1974 Nov. p. 96, 100.
Krogstad, R. S., 1969 Dec. p. 90, 92.
Krohn, A., 1972 Dec. p. 94.
Krohn, Peter L., 1968 Mar. p. 35.
Krohn, V. E., 1957 Oct. p. 56; 1959 Mar. p. 82.
Krolbs, Jerry K., 1963 Nov. p. 118.
Kroll, Leon, 1965 Apr. p. 51.
Kroll, Norman M., 1964 Apr. p. 46.
Kroll, Wilhelm, 1949 Apr. p. 48-51; 1954 July p. 37, 38.
Kroll, William J., 1951 June p. 20.
Kron, G. E., 1964 Jan. p. 39.
Kronberger, Hans, 1969 Oct. p. 50.
Kronecker, Leopold, 1964 Sept. p. 57; 1973 Mar. p. 101.
Kronhuber, Hans H., 1973 July p. 103.
Kropf, Allen, 1967 June p. 76.
Kropotkin, Peter, 1977 Apr. p. 32.
Kropp, William R., 1965 Oct. p. 38.
Krotkov, Robert V., 1961 Dec. p. 91.
Krueckel, Barbara, 1955 Feb. p. 58.
Krueger, Bruce K., 1977 Aug. p. 115, 117.
Kruesi, Honest John, 1959 Nov. p. 105, 108, 114.
Krug, H. D., 1949 Feb. p. 42, 43.
Krugh, Thomas, 1974 Aug. p. 89.
Krugman, Saul, 1966 July p. 33; 1970 Aug. p. 48; 1977 July p. 44.
Kruit, Piet van der, 1975 Aug. p. 33.
Krukowski, Stefan, 1976 Feb. p. 88, 90, 96.
Krümmel, O., 1956 Jan. p. 98, 99.
Kruse, Walther, 1960 Dec. p. 88.
Krusen, F., 1952 Feb. p. 52.
Krushinsky, L. V., 1968 June p. 68, 73, 74.
Kruskal, Joseph B., 1978 Jan. p. 107.
Kruskal, Martin D., 1972 July p. 68, 69.
Kruszewski, Mikolaj, 1972 Sept. p. 73.
Krutilla, John V., 1963 Apr. p. 49.
Kruuk, Hans, 1973 Dec. p. 104.
Kryolitselskabet Oresund A/S, 1977 Mar. p. 99.
Krzemiński, Vojtek, 1975 Mar. p. 26.
Krzeminski, W., 1962 Apr. p. 62, 63.
Ktesias, 1968 Oct. p. 113.
Ktesibios, 1970 Oct. p. 110, 111, 113.
Kubicka, Jiri, 1975 Mar. p. 98.
Kubie, Lawrence S., 1952 Nov. p. 40; 1953 Dec. p. 58; 1954 Mar. p. 48; 1960 Mar. p. 152.
Kubis, Joseph F., 1967 Jan. p. 29, 30, 31.
Kubitschek, Wilhelm, 1974 Dec. p. 126, 127.
Kublai Kahn, 1958 June p. 74.
Kublai Khan, 1976 June p. 55.
Kubler, Helga, 1963 Nov. p. 117.
Kuboyana, Aikicki, 1954 Nov. p. 48.
Kubsch, Flora, 1963 Feb. p. 128.
Kudryavtsev, V. S., 1960 Nov. p. 100.
Kuehne, M. E., 1958 Oct. p. 56.
Kuenen, Philip H., 1956 Aug. p. 40; 1960 Apr. p. 95; Aug. p. 81.
Kuettner, Klaus, 1976 May p. 64.
Kuffler, Damien, 1974 Jan. p. 38.
Kuffler, Stephen W., 1961 Sept. p. 224, 226; 1963 Nov. p. 54, 57, 58; 1969 May p. 107, 109; 1970 May p. 79; July p. 61; 1972 Sept. p. 47, 48; 1977 Feb. p. 118.
Kugelman, Thomas P., 1968 May p. 113.
Kuhar, Michael J., 1977 Mar. p. 48, 51.
Kuhi, L. V., 1967 Aug. p. 35.
Kühn, A., 1962 Apr. p. 102.
Kuhn, C. G., 1957 Mar. p. 107.
Kühn, K., 1963 Apr. p. 114.
Kuhn, Richard, 1949 Dec. p. 17; 1951 Mar. p. 38; 1967 Nov. p. 27, 28; 1973 Sept. p. 121.
Kuhn, Werner, 1955 Sept. p. 61; Oct. p. 35; 1957 Apr. p. 102.
Kuhne, Walter, 1949 Mar. p. 42.
Kühne, Willy, 1948 Dec. p. 30; 1950 Aug. p. 37, 38, 39, 40; 1951 June p. 61; 1952 Dec. p. 19; 1960 Oct. p. 121; 1967 June p. 72; 1968 June p. 83; 1975 Mar. p. 64.
Kuijper, J., 1952 May p. 52.
Kuiper, Gerard P., 1948 May p. 41; 1949 Oct. p. 29; Dec. p. 29; 1950 July p. 28; Oct. p. 15; 1951 July p. 26; 1952 Oct. p. 55, 57; 1953 May p. 66, 67, 69, 70, 72; 1954 Nov. p. 41; 1956 May p. 56; 1957 Feb. p. 64; 1959 Apr. p. 93, 95, 98; 1960 Apr. p. 61; May p. 64, 66, 67; 1961 May p. 58, 61, 62; June p. 114; 1964 Sept. p. 80; 1966 Jan. p. 48, 62; 1974 Mar. p. 51; 1975 Jan. p. 27; Sept. p. 134, 143, 149, 153, 61; 1976 May p. 111, 113; 1977 Feb. p. 32; 1978 Jan. p. 43.
Kuiper, Ian, 1977 July p. 111.
Kuiper, Jan W., 1977 July p. 108.
Kuiper, Nicolaas, 1966 May p. 112.
Kukarkin, Boris V., 1949 Dec. p. 20; 1952 Nov. p. 46; 1959 July p. 48.
Kukulcan, 1955 May p. 82, 84, 88.
Kulagina, Nina, 1965 Mar. p. 57.
Kuleshova, Rosa, 1965 Mar. p. 57.
Kulikowski, Janos, 1977 Jan. p. 60.
Kulischer, Eugene, 1974 Sept. p. 101.
Kullenberg, Börje, 1950 Aug. p. 43; 1958 Feb. p. 57; 1960 Feb. p. 126.
Kuller, Lewis, 1968 July p. 25.
Kulp, J. Laurence, 1952 Feb. p. 31; 1956 Dec. p. 86, 92, 94; 1957 Aug. p. 56; 1960 Oct. p. 87; 1967 Mar. p. 24.
Külpe, Oswald, 1964 Oct. p. 98.
Kumamoto, Junji, 1972 Aug. p. 43.
Kumar, Shiv S., 1977 Apr. p. 103.
Kumar, Vimal, 1977 Apr. p. 34.
Kumor, C. Krishna, 1973 June p. 36.
K'un, Huang, 1972 Dec. p. 16.
Kunau, Wolfgang, 1976 June p. 40, 41.
Kundig, Werner, 1976 Apr. p. 44.
Kungler, J. E., 1961 Apr. p. 80.
Kunin, Calvin M., 1974 Nov. p. 20.
Kunitz, Moses, 1948 Dec. p. 31-33; 1950 June p. 33; Sept. p. 62; 1951 Dec. p. 45; 1953 Feb. p. 56; 1959 Aug. p. 119; 1961 Feb. p. 84; 1964 Dec. p. 68, 78.
Kunkel, Henry G., 1951 Dec. p. 51; 1955 Mar. p. 69; 1960 Sept. p. 210.
Kunkel, Louis O., 1953 June p. 79, 86; 1960 Aug. p. 141, 144.
Kunlin, Jean, 1961 Apr. p. 93.
Kuno, Susumu, 1966 Sept. p. 168.
Kunz, Dale, 1972 Oct. p. 108.
Kunz, Jacob, 1952 Mar. p. 56.
Kunz, Paul F., 1967 Mar. p. 50.
Kunzler, J. E., 1962 June p. 62, 63; 1965 Oct. p. 57; Apr p. 70; 1967 Mar. p. 115; 1971 Nov. p. 22.
Kuo, H. L., 1956 Dec. p. 44.
Kuo, J. F., 1977 Aug. p. 117.
Kuo, Zing Y., 1950 Apr. p. 55.
Kupalov, P. S., 1954 Jan. p. 54.
Kupfer, Sidney R., 1964 Feb. p. 72.
Kupfermann, Irving, 1970 July p. 64, 70.
Kupperian, James E. Jr., 1959 Feb. p. 66; June p. 57; 1962 May p. 55; 1963 Aug. p. 29.
Kuppermann, Aron, 1966 May p. 61.
Kuratowski, Casimir, 1950 Jan. p. 23; 1964 Sept. p. 114, 115.
Kurchatov, Igor V., 1956 June p. 58; 1966 Oct. p. 44; 1969 June p. 23, 38; 1970 June p. 49.
Kurdyumov, G. V., 1955 Oct. p. 30.
Kurien, V., 1967 Dec. p. 122.
Kurland, Charles G., 1961 July p. 66; 1976 Oct. p. 44.
Kurland, Leonard T., 1970 July p. 42.
Kurnit, Norman A., 1968 Apr. p. 37.
Kuroda, Paul K., 1974 Jan. p. 74; 1976 July

p. 41.
Kursanov, A. L., 1955 Oct. p. 33; 1959 Feb. p. 46.
Kurti, Nicholas, 1957 Sept. p. 110; 1969 Dec. p. 34, 35.
Kurtz, E. B. Jr., 1959 July p. 93.
Kurtz, Milton, 1968 May p. 103.
Kurtz, Paul, 1978 Apr. p. 78.
Kurtze, G., 1969 Jan. p. 105.
Kurtzke, John, 1970 July p. 44, 45.
Kurzrok, Raphael, 1971 Nov. p. 84.
Kus, Z. Y., 1951 Feb. p. 32; 1971 June p. 114.
Kusch, Polykarp, 1955 Dec. p. 46; 1958 Feb. p. 40; 1961 July p. 51; 1965 May p. 67, 70, 74; Dec. p. 39; 1967 Nov. p. 28, 30; 1968 Jan. p. 74.
Kusserow, Bert K., 1965 Nov. p. 40.
Kustaanheimo, Paul, 1974 Nov. p. 26.
Kuster, Ernst, 1964 July p. 78.
Kutner, M. L., 1977 June p. 81.
Kutoroff, Steven, 1974 Feb. p. 49.
Kuts, Vladimir, 1976 June p. 111.
Kutsch, Wolfram, 1974 Aug. p. 35.
Kutter, G. S., 1972 Feb. p. 71.
Kutzbach, John E., 1972 May p. 97.
Kutzner, H., 1975 Aug. p. 37.
Kuwabara, Toichiro, 1968 Sept. p. 178, 179; 1971 Aug. p. 57.
Kuwert, Ernest, 1973 Jan. p. 25.
Kuzin, A. M., 1957 Sept. p. 107.
Kuzma, Joseph F., 1966 May p. 47.
Kuzmin, A. D., 1961 May p. 62.
Kuznets, Simon, 1968 Nov. p. 29; 1971 Dec. p. 38; 1976 July p. 29.
Kuznetsov, Vasily V., 1962 Oct. p. 59.
Kvenvolden, Keith A., 1968 May p. 50.
Kwan, John, 1976 Mar. p. 77; Dec. p. 101.
Kwan, Sau-Ping, 1976 Aug. p. 65.
Kyburg, Henry E. Jr., 1973 May p. 76.
Kyes, Preston, 1970 Mar. p. 92.
Kyler, Harry J., 1976 Dec. p. 53.
Kyropoulos, Spyro, 1961 Oct. p. 114.

L

La Barre, Weston, 1951 Oct. p. 40.
La Bossiere, Eileen D., 1976 Nov. p. 92.
La Coste, Lucien, 1965 Nov. p. 30.
La Cour, L. F., 1958 Nov. p. 56.
La Guardia, Fiorello, H., 1950 Aug. p. 15.
La Guardia, Fiorello H., 1969 Dec. p. 19-21, 23, 24.
La Marche, Valmore C., 1972 May p. 99.
La Mer, Victor K., 1953 Feb. p. 72; Aug. p. 41; 1954 Nov. p. 48.
La Motte, Carol C., 1977 Mar. p. 52.
La Paz, Lincoln, 1951 Dec. p. 42.
La Pérouse, Count de, 1970 June p. 103.
La Pierre, C. W., 1961 June p. 155.
La Rosa, M., 1955 Nov. p. 45.
Laan, Harry van der, 1975 Aug. p. 33-35.
Laban, 1958 June p. 52.
Labco, 1966 June p. 97.
Labeyrie, A. E., 1968 Feb. p. 41; 1976 Oct. p. 93.
Labillardiere, Jacques, 1953 Mar. p. 89.
LaBine, Gilbert, 1951 May p. 20.
Labinowitch, Eugene I., 1961 Dec. p. 74.
Laborde, Albert, 1966 Aug. p. 92.
Laborit, Henri-Marie, 1958 Mar. p. 108; 1973 Sept. p. 120.
Labow, Louis W., 1977 Jan. p. 51.
Lacassagne, A. M. B., 1957 Sept. p. 107.
Laccasagne, A. M. B., 1963 Aug. p. 104.
Lacey, Beatrice, 1972 Mar. p. 80.
Lacey, John I., 1970 Jan. p. 38; 1972 Mar. p. 80.
Lacey, Leon B., 1973 Oct. p. 71.
LaChapelle, Edward R., 1966 Feb. p. 99.
Lachenbruch, Arthur H., 1977 Mar. p. 102; Aug. p. 67.
Lachinov, P., 1965 Oct. p. 26.
Lachmann, G. V., 1954 Aug. p. 77.
Lachmann, Peter, 1973 Nov. p. 60, 61, 64.
Lack, C. H., 1967 Nov. p. 67.
Lack, David, 1956 Feb. p. 70; 1957 July p. 121, 126; 1959 Mar. p. 69; 1964 Oct. p. 109; 1975 Nov. p. 112.
Lackey, Mary D., 1950 Nov. p. 36.
Lactantius, 1973 Apr. p. 92.
Lada, Charles J., 1978 Apr. p. 113-117; June p. 102.
Ladefoged, Peter, 1962 Apr. p. 146; 1970 Dec. p. 30.
Ladell, W. R. S., 1968 July p. 108.
Ladman, A. J., 1968 Sept. p. 178.
Ladoumegue, Jules, 1976 June p. 114.
Laemmert, Hugo W. Jr., 1955 Mar. p. 62.
Laeng, A., 1960 Jan. p. 52.
Laënnec, René T. H., 1949 Oct. p. 35, 36; 1956 May p. 120.
Laerm, Joshua, 1973 Sept. p. 70.
Laeyendecker-Roosenburg, D. M., 1967 July p. 95.
Lafargue, G. V., 1971 Jan. p. 97, 98.
Lafayette, Marquis de, 1956 May p. 88.
Lafferty, James M., 1962 Mar. p. 88.
Lafitte, L., 1971 Jan. p. 98.
Lagerman, Albert, 1969 May p. 64.
Lagios, Michael D., 1977 Mar. p. 110.
Lagrange, Joseph L., 1948 May p. 22; 1950 Sept. p. 40; 1953 Nov. p. 93; 1954 June p. 77, 78, 80; Aug. p. 61; 1955 Oct. p. 100; 1956 May p. 94; 1958 Sept. p. 82; 1960 Mar. p. 65; 1961 Aug. p. 71; 1964 Sept. p. 45; 1965 Apr. p. 111; 1973 July p. 24; 1975 Sept. p. 146.
Lahey Clinic, Boston, 1958 June p. 73.
Lahiri, S. C., 1963 Nov. p. 106.
Lahme, Hermann der, 1974 Jan. p. 104.
Laidlaw, Patrick P., Sir, 1957 Feb. p. 37; 1963 Nov. p. 106; 1977 Dec. p. 90.
Laidler, Keith J., 1953 June p. 48.
Laing, R. D., 1973 Mar. p. 46.
Laird, Melvin R., 1969 Aug. p. 18, 21, 22, 29; 1970 Jan. p. 25, 48; 1971 Jan. p. 16; Nov. p. 48; 1973 Aug. p. 12; 1978 May p. 46.
Laird, R., 1974 May p. 23.
Lake, Jane A., 1976 Oct. p. 45, 46.
Laki, K., 1949 June p. 24.
Lakin, H. W., 1957 July p. 42.
Lal, D., 1969 June p. 36.
Lalande, Joseph J. Lefrançais de, 1959 Apr. p. 90, 93.
Lallemand, André, 1956 Mar. p. 84, 86; 1968 Sept. p. 114, 116.
Lallemand, J., 1974 Dec. p. 129, 130.
Lamarck, Chevalier de, 1950 Sept. p. 58; 1953 Oct. p. 78; Dec. p. 92; 1955 Oct. p. 110; 1956 Feb. p. 62, 65; 1958 Apr. p. 83; 1959 May p. 61-65; Aug. p. 98, 102-104, 106; 1966 July p. 83; 1970 Sept. p. 45.
Lamarre, Y., 1975 Jan. p. 65.
Lamb, Charles, 1977 Apr. p. 116.
Lamb, Fred, 1977 Oct. p. 53.
Lamb, Horace, 1959 Aug. p. 75.
Lamb, Hubert H., 1977 May p. 87.
Lamb, I. M., 1963 Feb. p. 123.
Lamb, Richard C., 1972 Nov. p. 105.
Lamb, Willis E. Jr., 1948 Sept. p. 16-22; 1953 Apr. p. 61; 1955 July p. 43; Dec. p. 46; 1965 May p. 68, 70, 74; Dec. p. 39; 1967 Nov. p. 28, 30; 1968 Jan. p. 74; 1973 Dec. p. 79, 80.
Lamberg-Karlovsky, C. C., 1971 June p. 102.
Lamberg-Karlovsky, Martha, 1971 June p. 102.
Lambert, D., 1969 July p. 36.
Lambert, Jean, 1954 July p. 30, 35.
Lambert, Johann H., 1969 Nov. p. 89, 91; 1976 May p. 90; Aug. p. 97; 1977 Nov. p. 90.
Lambert, Joseph B., 1970 Jan. p. 58.
Lambert, P., 1977 Nov. p. 75.
Lambertsen, Christian J., 1966 Mar. p. 29; 1971 Oct. p. 44; 1975 Oct. p. 53.
Lambertson, Glen, 1956 Nov. p. 64.
Lambeth Company, 1971 Aug. p. 15.
Lamborg, Marvin, 1963 Mar. p. 83.
Lamfrom, Hildegarde, 1958 Dec. p. 58.
Laming-Emperaire, Annette, 1953 Aug. p. 35; 1968 Feb. p. 60.
Lamm, O., 1951 June p. 48.
Lamme, Alfred T., 1974 Dec. p. 68.
Lamont Geological Observatory, *see:* Columbia University Lamont Geological Observatory.
Lamont, Thomas W., 1956 Dec. p. 83, 84.
Lamphier, Timothy A., 1957 Jan. p. 67.
Lampland, C. O., 1953 May p. 70; 1973 Dec. p. 39.
Lamport, D. A., 1968 June p. 107.
Lampson, George P., 1963 Oct. p. 46; 1971 July p. 27.
Lancaster, Jane B., 1978 Apr. p. 104.
Lancefield, Rebecca, 1959 Jan. p. 41.
Lancel, S., 1978 Jan. p. 111.
Lancisi, Giovanni, 1950 June p. 44; 1952 June p. 23.
Land, Edwin H., 1959 Mar. p. 62; Apr. p. 138; 1962 Nov. p. 126, 129; 1966 Mar. p. 55; 1972 June p. 100; July p. 50; 1976 Feb. p. 58, 59; 1977 Dec. p. 108.
Land, M. F., 1971 Jan. p. 65.
Landa, Diego de, 1978 May p. 92.
Landau, Joseph V., 1958 Oct. p. 43; 1977 June p. 52.
Landau, Lev D., 1948 June p. 56; 1949 June p. 34, 37; 1956 Aug. p. 29, 31, 33; 1958 June p. 32-34; 1960 Nov. p. 142, 150; 1962 Dec. p. 67; 1967 Mar. p. 117; Sept. p. 230; Nov. p. 28; 1970 May p. 99, 100; 1971 Jan. p. 50; Mar. p. 80; 1973 May p. 30.
Landau, Lion, 1949 Nov. p. 27.
Landau, Robert, 1971 Mar. p. 45.
Landauer, Walter, 1949 Oct. p. 48.
Landé, Alfred, 1965 May p. 64; 1968 Jan. p. 73.
Lander, James J., 1965 Mar. p. 39-41.
Lander James J., 1973 May p. 30, 34.
Landergren, S., 1950 Aug. p. 44.
Landis, Carney, 1954 Jan. p. 50, 51.
Landisman, Mark, 1965 Nov. p. 37.
Landon, John, 1972 July p. 81.
Landsberg, Hans H., 1970 Feb. p. 13; Sept. p. 184.
Landsberg, Helmut E., 1949 Nov. p. 30; Dec. p. 30; 1967 Aug. p. 20-23.
Landsberger, Benno, 1951 Nov. p. 54; 1957 Oct. p. 72.
Landseer, E., 1972 Sept. p. 86.
Landsteiner, Ernest K., 1959 Oct. p. 58.
Landsteiner, Karl, 1949 May p. 16, 17; Dec. p. 14; 1951 Nov. p. 22; Dec. p. 47; 1954 Feb. p. 54; July p. 79; 1957 Oct. p. 100, 102; 1961 Jan. p. 58; 1967 Oct. p. 84; Nov. p. 27; 1970 Aug. p. 34; 1973 Sept. p. 103; 1974 Nov. p. 59; 1976 May p. 30; 1977 Jan. p. 50; June p. 108.
Landy, John, 1976 June p. 114.
Lane, Bernard P., 1976 Mar. p. 30.
Lane, C. D., 1971 Dec. p. 40.
Lane, C. T., 1949 June p. 33, 34.
Lane, Charles, 1976 Aug. p. 87.
Lane, Charles E., 1960 Mar. p. 158; 1961 Feb. p. 132.

Lane, Clayton, 1958 July p. 98.
Lane, Dorothy, 1960 May p. 92; 1964 May p. 51.
Lane, Lucy, *see:* Clifford, Lucy.
Lang, Anton, 1974 Apr. p. 49.
Lang, Dimitrij, 1973 Apr. p. 21.
Lang, Gladys E., 1968 June p. 42.
Lang, Herbert, 1963 Apr. p. 154.
Lang, Kurt, 1968 June p. 42.
Lang, Peter J., 1967 Mar. p. 84.
Langan, Thomas A., 1975 Feb. p. 52; 1977 Aug. p. 119.
Langbein, W. B., 1950 Nov. p. 15; 1966 June p. 60.
Lange, John, 1972 Mar. p. 44.
Lange, L. de, 1965 Apr. p. 123.
Lange, R., 1974 July p. 35.
Lange, Robert, 1949 Jan. p. 48, 49.
Langen, Eugen, 1967 Mar. p. 107, 108, 112.
Langenberg, Donald N., 1966 May p. 30; 1970 Oct. p. 62, 66; 1973 Dec. p. 55.
Langer, Carl, 1959 Oct. p. 72.
Langer, Jerome, 1976 Oct. p. 53.
Langer, William L., 1972 July p. 76; 1976 Oct. p. 27.
Langevin, Paul, 1949 Mar. p. 53; Dec. p. 47-49; 1957 June p. 104, 106, 108.
Langham, Wright H., 1956 Nov. p. 135; 1959 June p. 76.
Langley, J. N., 1950 Sept. p. 71; 1974 June p. 59.
Langley, John W., 1969 Feb. p. 21.
Langley Porter Neuropsychiatric Institute, 1965 Mar. p. 89.
Langley, Samuel P., 1949 Dec. p. 35; 1965 Aug. p. 23.
Langlois, G., 1969 Oct. p. 43.
Langlois, T. H., 1950 Apr. p. 55.
Langlykke, Asger F., 1952 Apr. p. 50, 56.
Langman, Louis, 1949 June p. 26.
Langmore, John, 1970 Aug. p. 48.
Langmuir, Alexander, 1956 Jan. p. 52.
Langmuir, Irving, 1948 Oct. p. 17; 1949 Dec. p. 14; 1950 Apr. p. 48, 51, 52; May p. 22; Sept. p. 48; Oct. p. 39; 1952 Jan. p. 17-20; 1953 Feb. p. 76; 1954 Feb. p. 47; 1956 Jan. p. 101; 1957 Aug. p. 83; Oct. p. 43, 87, 88; 1961 Mar. p. 152; 1965 May p. 67; 1966 Nov. p. 86; 1967 Nov. p. 27; 1970 Mar. p. 108, 112; 1971 Dec. p. 50; 1974 May p. 65.
Langmuir, Robert V., 1957 Mar. p. 53.
Langridge, Robert, 1966 June p. 51; Sept. p. 162.
Langsdorf, Alexander Jr., 1951 Jan. p. 30.
Langseth, Marcus G. Jr., 1972 Jan. p. 47.
Langston, Don, 1969 Feb. p. 15, 16.
Lankard, John R., 1967 June p. 83; 1969 Feb. p. 30.
Lankester, Edwin, 1972 Feb. p. 96.
Lanney, W., 1957 May p. 40.
Lanning, Edward P., 1966 Apr. p. 51; 1967 Nov. p. 45, 46; 1971 Apr. p. 45.
Lanphier, Edward H., 1967 May p. 37, 39; 1968 Aug. p. 68.
Lansdown, Edward L., 1968 Aug. p. 92.
Lansing, Albert I., 1951 June p. 63; 1953 Apr. p. 41.
Lansing, Robert W., 1959 Aug. p. 91.
Lanston, Tolbert, 1969 May p. 64, 65.
Lantz, P. W., 1950 Apr. p. 43.
Lao-tse, 1950 Sept. p. 22.
Laplace, Emile de, 1954 June p. 81.
Laplace, Pierre S. de, 1948 May p. 44; June p. 56; 1950 Sept. p. 41; 1952 Sept. p. 59; 1953 Sept. p. 128, 132, 138; Nov. p. 93; 1954 May p. 37-39, 82; June p. 76-81; Sept. p. 60; 1955 Feb. p. 80; 1956 May p. 85, 87; Sept. p. 79; 1958 Sept. p. 82; 1960 July p. 47; Oct. p. 158, 160; 1962 Dec. p. 49-51, 124; 1963 Feb. p. 110; 1964 Sept. p. 92, 95, 96, 104; 1965 Apr. p. 113; May p. 88; 1966 Jan. p. 110; 1972 May p. 40; 1975 Sept. p. 33; Dec. p. 69.
Laporte, Otto, 1954 Sept. p. 132.
Lapp, Ralph, 1955 Apr. p. 46; Nov. p. 62; 1971 Nov. p. 48.
Laqueur, Ernst, 1955 Jan. p. 56.
Larch, Almon E., 1961 June p. 84.
Lardy, Henry, 1954 Jan. p. 35.
Lardy, Henry A., 1955 May. p. 54; 1966 Dec. p. 126; 1968 Feb. p. 32, 34.
Large, E. C., 1952 Jan. p. 29.
Large, Michael I., 1968 Dec. p. 50; 1971 Dec. p. 28.
Larimer, J. W., 1975 Feb. p. 30.
Larkin, A. I., 1971 Nov. p. 32.
Larmor, Joseph, 1953 Nov. p. 93, 98; 1956 Nov. p. 104; 1957 June p. 104; 1965 July p. 70; 1966 Aug. p. 91; 1967 July p. 76, 79, 80, 83-86.
Larmore, Lewis, 1968 Jan. p. 46.
Larrabee, Martin G., 1965 Oct. p. 86; 1970 July p. 58.
Larramendi, Luis M. H., 1975 Jan. p. 60.
Larrey, D. J., 1958 Nov. p. 130.
Larry, D. J., 1954 Sept. p. 65.
Larsen, Helge, 1954 June p. 84, 86.
Larsen, Ole, 1977 Mar. p. 97.
Larsen, Paul J., 1950 June p. 14.
Larsen, Richard C., 1964 June p. 55.
Larsen, Steven H., 1975 Aug. p. 43.
Larsen, Thor, 1968 Feb. p. 112.
Larsh, Almon E., 1963 Apr. p. 72.
Larson, Donald A., 1968 Apr. p. 90.
Larson, Harold P., 1976 Mar. p. 47.
Larson, Howard K., 1964 Feb. p. 52.
Larson, John, 1974 Aug. p. 88.
Larson, John A., 1967 Jan. p. 25.
Larson, Richard B., 1972 Aug. p. 59; 1973 Mar. p. 55; 1976 May p. 54.
Larson, Roger L., 1977 Aug. p. 68, 94.
Larson, Stephen M., 1974 Feb. p. 53; 1975 Sept. p. 131.
Larson, Steven H., 1976 Apr. p. 45, 46.
Larsson, Folke, 1971 Mar. p. 27.
Larsson, Per-Olof, 1971 Mar. p. 29.
Larsson, Stig, 1956 Nov. p. 109.
Larter, Edward N., 1974 Aug. p. 75.
Lartet, Edouard, 1964 July p. 59, 60; Aug. p. 86, 89; 1972 Jan. p. 94.
Lary, B. G., 1952 Jan. p. 36.
Lasagna, Louis, 1954 Nov. p. 54; 1957 Aug. p. 62; 1966 Nov. p. 135.
Lash, Don, 1952 Aug. p. 52.
Lash, James W., 1962 Apr. p. 77.
Lash, Trude W., 1976 July p. 66.
Lasher, Gordon, 1963 July p. 38.
Lashley, Karl S., 1948 Dec. p. 22; 1953 Sept. p. 124; 1954 Jan. p. 49; 1955 Feb. p. 70, 72, 77; 1958 Sept. p. 142; 1959 Nov. p. 71; 1960 Apr. p. 69; 1964 Jan. p. 42; 1965 Mar. p. 42, 44; 1967 Jan. p. 85; 1969 Jan. p. 73, 75, 76; 1970 Mar. p. 69; 1971 May p. 90; 1973 Dec. p. 110; 1976 Jan. p. 90.
Lasker Foundation, 1955 Aug. p. 50.
Lasker, Reuben, 1972 July p. 99.
Laskowski, M. Sr., 1966 Feb. p. 34.
Lasky, C., 1959 Feb. p. 64.
Laslett, L. Jackson, 1972 Apr. p. 33.
Lassalle, J. C., 1966 Nov. p. 64.
Lasser, J. K., 1955 June p. 92.
Laster, Leonard, 1958 Aug. p. 50.
Lastovka, Joseph B., 1968 Sept. p. 124.
Latané, Bibb, 1968 June p. 46.
Latarjet, Raymond, 1959 Sept. p. 98.
Latham, Gary, 1969 Sept. p. 89; 1970 Sept. p. 86.
Latham, Thomas W., 1965 May p. 52.
Lathrop, Jay W., 1977 Sept. p. 64.
Latichev, George, 1949 May p. 26.
Latimer, Hugh, 1976 Oct. p. 117.
Latimer, Robert M., 1961 June p. 84; 1963 Apr. p. 72.
Latimer, Wendell M., 1975 Oct. p. 107.
Latter, Albert L., 1962 Feb. p. 72.
Lattes, C. M. G., 1948 June p. 28, 35; 1949 Mar. p. 29, 38; July p. 42; 1950 Dec. p. 27; 1951 Feb. p. 20; 1953 Sept. p. 63; 1956 May p. 42; 1963 Mar. p. 63.
Lattman, Eaton, 1975 Nov. p. 43.
Latypov, A. A., 1963 Apr. p. 67.
Laubach, G. D., 1955 Aug. p. 49.
Laubengayer, A. W., 1966 July p. 97, 102.
Laubereau, Alfred, 1973 June p. 60.
Lauchli, A., 1973 May p. 54.
Lauderman, N. S., 1962 Aug. p. 118.
Laudon, Thomas, 1962 Sept. p. 166.
Laue, Max von, 1949 June p. 29; 1950 Sept. p. 22, 23; 1952 Mar. p. 49; Dec. p. 40; 1953 Jan. p. 55; Sept. p. 54; 1957 June p. 72; 1961 Dec. p. 98; 1967 Nov. p. 26; 1968 Mar. p. 91; July p. 58; 1976 Apr. p. 96.
Laufer, Berthold, 1969 Aug. p. 80.
Lauffer, Max A., 1954 Nov. p. 50.
Laughlin, C. D., 1963 May p. 89, 94.
Laughlin, William S., 1958 Nov. p. 117.
Laurell, Carl-Bertil, 1958 Oct. p. 58; 1968 May p. 108.
Laurelli, P., 1973 Nov. p. 42.
Laurence, E. B., 1967 July p. 44.
Laurence, William L., 1953 Jan. p. 30; 1954 May p. 48.
Laurent, Pierre, 1969 Apr. p. 80.
Laurent, Torvard C., 1962 Mar. p. 64.
Laurie, A. P., 1952 July p. 22.
Laurie, Alec H., 1949 July p. 53, 55.
Lauritsen, Charles C., 1948 Oct. p. 24; 1949 Feb. p. 17; 1964 Jan. p. 108; 1969 July p. 30.
Lauritsen, Thomas, 1968 May p. 21.
Lautemann, E., 1963 Nov. p. 96, 98.
Lavachery, H., 1949 Feb. p. 50.
Lave, Lester, 1974 Jan. p. 24.
Lavender, Ray, 1961 Apr. p. 59.
Laver, Graeme, 1977 Dec. p. 103, 104.
Laveran, Charles L. A., 1962 May p. 86; 1967 Nov. p. 26; 1970 June p. 124.
Laverick, Charles, 1967 Mar. p. 120.
Lavine, Leroy S., 1965 Oct. p. 21.
Lavoisier, Antoine L., 1945 Sept. p. 84; 1948 Aug. p. 26; 1949 Jan. p. 45; 1950 Sept. p. 32; 1952 Aug. p. 15; 1953 Jan. p. 40; 1954 June p. 80; Sept. p. 60; 1956 May p. 85-88, 91, 92, 94; 1957 June p. 63; 1958 Mar. p. 96; July p. 56; 1960 Jan. p. 138; June p. 106, 110, 112, 113; Sept. p. 189; Oct. p. 158, 160; 1965 May p. 88; 1968 Jan. p. 116, 117; June p. 54; 1969 Jan. p. 130; 1970 Sept. p. 137; Nov. p. 104; 1972 Dec. p. 84; 1975 Nov. p. 102; 1976 May p. 106; 1977 Mar. p. 68.
Lavrentiev, Mikhail, 1949 May p. 26.
Law, John H., 1966 May p. 53; 1967 July p. 17.
Law, Lloyd W., 1956 Feb. p. 48; 1964 July p. 69; 1969 Oct. p. 50.
Lawes, Charles, 1976 June p. 111, 114.
Lawes, John B., 1965 June p. 65.
Lawick-Goodall, Jane van, 1973 Jan. p. 33, 34, 40.
Lawn, A. M., 1967 Dec. p. 23.
Lawrence, Abbot, 1949 July p. 50.
Lawrence, Barbara, 1975 Dec. p. 54.
Lawrence, David, 1950 Mar. p. 24.
Lawrence, Ernest O., 1948 June p. 27, 29, 30; 1949 Dec. p. 14; 1950 Apr. p. 44; Sept. p. 30, 31; 1951 Nov. p. 33; 1953 Jan. p. 38; 1954

Oct. p. 40, 43; 1955 Oct. p. 33; 1958 Jan. p. 44; Mar. p. 68, 69; 1961 Apr. p. 138; June p. 84; 1963 Apr. p. 68; 1967 Nov. p. 27, 30; 1970 Aug. p. 24; Oct. p. 65; 1972 Apr. p. 23; 1974 Feb. p. 74; 1975 Oct. p. 107; 1978 June p. 70.
Lawrence, H. Sherwood, 1972 June p. 36.
Lawrence, John H., 1949 Dec. p. 29; 1955 Dec. p. 60, 68.
Lawrence Livermore Laboratory, *see:* University of California at Berkeley Lawrence Livermore Radiation Laboratory.
Lawrence, Philip, 1955 Nov. p. 61.
Lawrence, R. F., 1968 July p. 109-111.
Lawrence Scientific School, 1949 July p. 50.
Lawrence, Thomas, Sir, 1960 June p. 107.
Lawrence, Walter, 1062 Apr. p. 146.
Lawrence, William, 1959 May p. 62-65.
Lawrence, Willis G., 1961 Jan. p. 95.
Lawrie, T. D. V., 1977 Feb. p. 83.
Lawry, Sylvia, 1970 July p. 40, 42.
Laws, Robert, 1972 Nov. p. 82.
Lawson, Harry J., 1973 Mar. p. 86.
Lawson, John D., 1956 Feb. p. 64; 1968 Sept. p. 84.
Lawson. John D., 1971 Feb. p. 57, 59.
Lawson, John D., 1972 Apr. p. 27; July p. 67; 1974 June p. 24.
Lawson, Katherine, 1972 Nov. p. 76.
Lawson, R. N., 1967 Feb. p. 95, 97.
Lawson, T. J., 1976 Oct. p. 110.
Lawton, Alexander R. III, 1974 Nov. p. 59.
Lawton, Gerald W., 1968 May p. 53.
Lawton, Willard E., 1976 May p. 91, 95, 96.
Lax, Benjamin, 1963 July p. 38; 1965 Apr. p. 73, 78.
Layleigh, R., Lord, 1959 Mar. p. 135.
Layton, J. M., 1968 Feb. p. 85.
Layzer, David, 1972 Aug. p. 60; 1975 Dec. p. 56.
Lazarev, B. G., 1971 Apr. p. 84.
Lazarides, Elias, 1978 Apr. p. 72.
Lazarsfeld, Paul, 1967 Nov. p. 29.
Lazurus, Arnold A., 1967 Mar. p. 84.
Lazzarini-Robertson, Abel Jr., 1966 Aug. p. 51.
le *for names beginning thus, not listed here, see second element e.g., for* le Bel, Jules A, *see:* Bel, Jules A. le.
Le Blond, Robert D., 1974 Aug. p. 48.
Le Châtelier, Henri L., 1955 Oct. p. 101; 1976 June p. 119.
Le Comber, Peter, 1977 May p. 42.
Le Corbeiller, Philippe, 1953 Jan. p. 56; 1964 Sept. p. 67.
Le Corbusier, 1961 Nov. p. 154; 1963 Sept. p. 189; 1974 Feb. p. 99.
Le Corbusier, *see:* Jenneret, Charles E..
Le Moyne, Simon, 1971 Feb. p. 40.
Le Pichon, Xavier, 1968 Apr. p. 57; 1969 Sept. p. 140; 1972 May p. 63.
Le Rond d'Alembert, Jean, *see:* Alembert, Jean le Rond d'.
Lea, D. E., 1953 Oct. p. 79.
Leachman, Robert D., 1969 Aug. p. 66; 1970 Oct. p. 60.
Leacock, Stephen, 1948 Sept. p. 25.
Leaders, Robert W., 1967 Nov. p. 65; 1974 Feb. p. 36.
League of Nations, 1948 July p. 14; 1949 Feb. p. 29; 1962 May p. 90; 1963 Sept. p. 61; 1970 May p. 24; 1976 Oct. p. 28.
Leake, Chauncey D., 1960 Feb. p. 66.
Leakey, L. S. B., 1958 July p. 77, 78, 80; 1959 Nov. p. 88; 1960 Sept. p. 64, 65, 67; 1961 Feb. p. 70; Apr. p. 74; June p. 71; Sept. p. 86; Oct. p. 119; 1962 May p. 76; Dec. p. 56; 1963 Feb. p. 69; 1964 May p. 62; July p. 60-62; Aug. p. 43; 1965 May p. 50; 1966 Nov. p. 50, 53; 1967 Apr. p. 65, 66; 1969 June p. 34, 56; Sept. p. 101; 1970 Jan. p. 81; 1971 Mar. p. 47; 1972 Jan. p. 96; 1973 June p. 40; 1974 July p. 109; 1976 May p. 56; Dec. p. 118; 1977 May p. 28, 30, 31, 35; 1978 Apr. p. 94.
Leakey, Mary, 1960 Sept. p. 64, 65, 67; 1962 May p. 76; Dec. p. 56; 1967 Apr. p. 65; Dec. p. 33; 1974 July p. 109; 1976 Oct. p. 60; Dec. p. 118; 1977 May p. 28, 35; Dec. p. 154; 1978 Apr. p. 94, 97, 99.
Leakey, Richard E., 1969 Sept. p. 101; 1971 Mar. p. 46; 1973 June p. 39; 1974 July p. 110; Aug. p. 50; Dec. p. 64; 1976 Feb. p. 54B; Oct. p. 60; 1977 May p. 35; 1978 Apr. p. 92, 94, 96.
Leaman, Robin, 1974 Jan. p. 80.
Lear, John, 1952 Feb. p. 31.
Leary, Timothy, 1950 June p. 46; 1977 Oct. p. 134, 135.
Leavitt, Allan, 1955 Feb. p. 36.
Leavitt, Henrietta S., 1950 Feb. p. 33; 1951 Feb. p. 26; 1953 June p. 57, 59, 60; 1956 Sept. p. 79; 1959 July p. 49-51, 53, 55; 1964 Jan. p. 32; 1970 June p. 26; 1975 June p. 70.
Leavitt, Ronald, 1974 Feb. p. 32.
LeBaron, Robert, 1975 Oct. p. 107.
Lebedev, A. A., 1961 Jan. p. 93.
Lebedev, A. F., 1960 Nov. p. 106.
Lebedev, Peter N., 1957 June p. 101, 104; 1960 July p. 48, 53; 1972 Feb. p. 63.
Lebedev, S. V., 1956 Nov. p. 75.
Lebek, G., 1967 Dec. p. 26.
LeBel, Joseph, 1950 Sept. p. 32.
Leben, C., 1955 June p. 84.
Leben, L. L., 1956 May p. 110.
Lebenthal, Emanuel, 1972 Oct. p. 75.
Lebesgue, Henri, 1964 Sept. p. 130, 96, 104; 1971 Aug. p. 95.
Leblanc, Nicolas, 1951 Feb. p. 60.
Lebleu, B., 1976 Aug. p. 69.
Leblond, Charles, 1960 Mar. p. 122.
Leblond, Charles P., 1963 Aug. p. 107; 1969 Feb. p. 103, 104; 1970 Oct. p. 86.
Lebovits, Alexander, 1955 Oct. p. 48.
Lebowitz, Joel L., 1975 Dec. p. 65.
LeBrasseur, Robin, 1975 Mar. p. 79.
LeBrie, Stephen J., 1963 June p. 83.
Lecar, Myron, 1975 Jan. p. 25.
Lechevalier, H. A., 1949 Aug. p. 31.
Leclerc, Louis, 1955 Oct. p. 100.
Leclercq, M., 1976 Aug. p. 69.
Lecoq de Boisbaudran, 1951 Nov. p. 29.
LeCraw, R. C., 1968 June p. 22, 23.
Ledbetter, Myron C., 1968 Sept. p. 184.
Leder, Philip, 1964 Sept. p. 82; 1966 Oct. p. 56, 57; 1968 Jan. p. 40; Dec. p. 49; 1977 May p. 55.
Lederberg, Esther M., 1956 July p. 116; 1976 Dec. p. 103.
Lederberg, Joshua, 1948 Nov. p. 47; 1951 Oct. p. 23, 25; 1953 Oct. p. 78, 79; 1956 July p. 113, 114, 116; 1958 Aug. p. 48; Nov. p. 38, 39; Dec. p. 52; 1961 Jan. p. 58; June p. 94, 101; 1964 July p. 86; 1967 Nov. p. 28; 1969 May p. 97; 1974 July p. 36; 1975 May p. 42; 1977 Dec. p. 86.
Lederberg, Seymour, 1955 Apr. p. 94.
Lederer, Edgar, 1951 Mar. p. 38; 1977 May p. 76.
Lederle Laboratories, 1949 Apr. p. 18, 19, 23; Aug. p. 32, 34; 1952 Dec. p. 28; 1956 May p. 62; 1958 July p. 100.
Lederman, Leon M., 1957 Mar. p. 63; 1961 July p. 50, 74; 1962 Aug. p. 53; 1963 Dec. p. 130; 1964 Mar. p. 54; Oct. p. 59; 1966 Feb. p. 43; 1969 July p. 36; 1973 Aug. p. 33; 1977 Oct. p. 74.
Ledger, Anthony, 1967 Sept. p. 181.
Ledinko, Nada, 1952 June p. 34.
Ledley, Robert S., 1966 Apr. p. 40, 45; Sept. p. 163.
Leduc, Elizabeth H., 1969 May p. 94.
Leduc, Sylvestre A., 1961 Dec. p. 124.
Lee., A. J., 1951 Aug. p. 26.
Lee, B. W., 1974 July p. 57.
Lee, Benjamin W., 1978 Feb. p. 132.
Lee, Bernard S., 1972 Oct. p. 30; 1976 July p. 78.
Lee, C. Y., 1977 Sept. p. 226.
Lee, Chen-Yuan, 1977 Feb. p. 109.
Lee, Chi-Yuan, 1970 Feb. p. 31.
Lee, David L., 1974 Nov. p. 28.
Lee, David M., 1967 Aug. p. 85; 1974 Dec. p. 66; 1976 Dec. p. 56, 57.
Lee, Edmund, 1970 Oct. p. 116.
Lee Huang, Sylvia, 1972 Jan. p. 31.
Lee, Isung Dao, 1957 Dec. p. 59.
Lee, Kien-yin, 1975 Nov. p. 43.
Lee, Leung, 1964 Mar. p. 43.
Lee, P. K., 1953 Feb. p. 72.
Lee, Richard B., 1974 Sept. p. 48; 1978 Apr. p. 102.
Lee, Richard F., 1975 Mar. p. 77.
Lee, S. van der, 1963 May p. 101.
Lee, Sylvan B., 1952 Apr. p. 56.
Lee, T. D., 1958 Sept. p. 77, 80-82; 1961 July p. 50; 1963 Mar. p. 64, 67, 70; Oct. p. 36, 40; 1964 Dec. p. 62; 1965 Dec. p. 28, 32; 1966 Feb. p. 43; July p. 78; 1967 Jan. p. 100; Nov. p. 28, 29, 59; 1969 Oct. p. 90.
Lee, Teh H., 1961 July p. 101.
Lee, Tsung-Dao, 1957 Mar. p. 62; Apr. p. 50; 1959 Mar. p. 72, 78, 84; 1966 Aug. p. 41.
Lee, Typhoon, 1978 Jan. p. 66.
Leech, R. E., 1962 Sept. p. 220.
Leeds and Northrup, 1956 Sept. p. 110.
Lee-Franzini, Juliet, 1966 Aug. p. 42.
Leeper, Robert, 1971 Dec. p. 66.
Lees, Anthony D., 1960 Feb. p. 109, 111; 1976 Feb. p. 119.
Lees, D. R., 1975 Jan. p. 93.
Lees, Robert, 1956 Aug. p. 67.
Leeser, D. O., 1954 Oct. p. 47.
Leet, L. Don, 1951 Mar. p. 30.
Leetch, George N. P., 1956 May p. 54.
Leete, Edward, 1959 July p. 118.
Leeuwen, G. van, 1962 Apr. p. 77.
Leeuwenhoek, Anton van, 1950 May p. 52, 54; 1952 Aug. p. 63; Oct. p. 32; 1954 Dec. p. 95; 1956 Oct. p. 90; 1957 Nov. p. 81; Dec. p. 118; 1960 Feb. p. 140; 1961 Feb. p. 108; Sept. p. 189; 1969 May p. 92; 1971 Dec. p. 30; 1975 Aug. p. 36, 44.
Lefebree, Paul, 1974 July p. 48.
Lefèvre, Théo, 1968 Mar. p. 48.
LeFort, Patrick, 1977 Apr. p. 34.
LefortTran, Marcelle, 1975 Oct. p. 33.
Lefrançais de Lalande, Joseph J., *see:* Lalande, Joseph J. Lefrançais de.
Lefroy, John H., 1954 May p. 38.
Lefschetz, S., 1950 Jan. p. 20.
Legallois, César, 1966 Feb. p. 65.
Legendre, Adrien M., 1958 Dec. p. 108; 1969 Nov. p. 89; 1977 May p. 119; July p. 124.
Legendre, R., 1967 Oct. p. 56.
Leger, J. Saint, 1971 June p. 94.
Legget, R. F., 1960 Apr. p. 92.
Leggett, Anthony J., 1976 Dec. p. 68.
Lehane, Dermot, 1968 Nov. p. 50.
Lehman, Ernst, 1950 Nov. p. 32.
Lehman, F. K., 1956 May p. 74.
Lehman, Paul R., 1974 Nov. p. 80, 82, 84, 87.
Lehman, Robert, 1968 Oct. p. 67, 75.
Lehmann, Erich L., 1977 May p. 122.
Lehmann, Harvey, 1951 Sept. p. 46; 1952 May p. 42.

Lehmann, Inge, 1955 Sept. p. 59; 1973 Mar. p. 26, 30.
Lehmann, O., 1964 Aug. p. 77.
Lehmer, D. H., 1958 Dec. p. 106; 1964 Sept. p. 208; 1978 Feb. p. 90.
Lehn, Jean-Marie, 1977 July p. 98.
Lehnert, B., 1967 July p. 81-83.
Lehnhardt, E., 1973 Oct. p. 96.
Lehninger, Albert L., 1958 July p. 61; 1960 Nov. p. 107; 1961 May p. 55; Sept. p. 73; 1962 Dec. p. 129; 1964 Jan. p. 73; 1968 Feb. p. 32; 1978 Mar. p. 121.
Leib, Fanny, 1960 July p. 50.
Leibnitz, Gottfried W. von, 1948 May p. 21, 22; June p. 38; 1949 Apr. p. 32; May p. 22; 1950 Apr. p. 15; 1952 Mar. p. 63, 68; Apr. p. 66; Nov. p. 76, 78; 1953 July p. 66; 1954 Apr. p. 84; Sept. p. 60; 1955 July p. 69; Oct. p. 100, 101; Dec. p. 76, 78; 1957 Apr. p. 45, 47; 1960 June p. 53, 55; Oct. p. 164; 1964 Sept. p. 113, 203, 53; 1967 May p. 134; Aug p. 97; 1968 May p. 95-98, 100; 1971 Aug. p. 93; 1972 June p. 78, 80, 81, 82, 84, 86; Aug. p. 80; Dec. p. 91; 1973 Mar. p. 103; Apr. p. 44; May p. 92; July p. 24; 1976 Apr. p. 104, 113, 65; Aug. p. 90, 91, 92, 93; 1977 Nov. p. 151.
Leibowitz, H., 1949 June p. 54; 1959 Nov. p. 95.
Leigh, J. S. Jr., 1974 Dec. p. 77.
Leighton, Alexander, 1954 Mar. p. 42.
Leighton, Alexander H., 1962 Aug. p. 72.
Leighton, D. C., 1965 May p. 21.
Leighton, Robert B., 1951 June p. 32; 1952 Jan. p. 24; 1953 Apr. p. 57; 1959 May p. 52; 1960 Feb. p. 57, 58; 1965 Sept. p. 76; Oct. p. 42; 1966 Apr. p. 54, 56; May p. 62; Nov. p. 58, 59; 1968 Jan. p. 102, 112; Dec. p. 44; 1969 Mar. p. 78, 84; Sept. p. 90; Dec. p. 52; 1970 May p. 27; 1973 Mar. p. 56; Apr. p. 28.
Leighty, J. A., 1952 Apr. p. 56.
Leim, A. H., 1973 Mar. p. 96.
Leinbach, Harold, 1962 Sept. p. 77.
Leipuner, Lawrence B., 1956 Oct. p. 102; 1964 June p. 55.
Leipunskii, O. I., 1975 Nov. p. 104.
Leitenberg, Milton, 1968 Jan. p. 45.
Leith, Emmett N., 1966 Jan. p. 48; 1968 Feb. p. 40; 1969 Jan. p. 76; 1971 Dec. p. 38; 1976 Oct. p. 80; 1977 Oct. p. 84.
Leitz Orthoplan, 1973 Apr. p. 65.
Lejeune Dirichlet, Peter G., 1951 July p. 53.
Lejeune, Jérôme, 1961 Nov. p. 72, 75; 1971 Nov. p. 34.
Lekagul, Boonsong, 1976 May p. 76.
Leland, Henry M., 1973 Mar. p. 88.
Lele, K. P., 1978 Feb. p. 119.
Leloir, Luis, 1954 Jan. p. 34.
Leloir, Luis F., 1970 Dec. p. 38.
Lelong, Marcel, 1955 Dec. p. 43.
Lelut, E., 1971 Jan. p. 98.
Lely, Peter, 1954 Dec. p. 94.
LeMagnen, J., 1963 May p. 112.
Lemaître, Abbé G., 1949 Mar. p. 38, 54; 1954 Mar. p. 58, 60, 62; 1956 Sept. p. 137, 145; 1958 Apr. p. 38; 1967 June p. 28; 1970 Dec. p. 24.
Lemaître, Canon, 1953 July p. 81.
Lemaître, Georges, 1951 May p. 30.
Lemal, David M., 1962 Nov. p. 99.
LeMay, Curtis E., 1949 Mar. p. 19; 1972 Nov. p. 22.
Lembcke, Paul A., 1963 Aug. p. 22.
Lemche, Henning, 1957 Sept. p. 114.
Lemere, Frederick, 1957 Jan. p. 68.
Lemieux, Raymond U., 1953 Nov. p. 56; 1966 Nov. p. 90.
Lemkey, Frank D., 1967 Feb. p. 92; Sept. p. 161, 176.
Lemmon, Richard M., 1963 Aug. p. 52; 1968 Oct. p. 52.
Lemmons, Reuel G., 1964 Oct. p. 57.
Lemoine, J., 1973 June p. 46.
Lemperle, Hermann, 1973 May p. 27.
Lempicki, Alexander, 1963 July p. 37; 1966 Oct. p. 48.
Lempke, R. E., 1952 Feb. p. 56.
Lenard, Philipp, 1956 Nov. p. 94, 96, 98, 104; 1959 Sept. p. 74.
Lenard, Philipp E. A., 1974 Mar. p. 93.
Lenard, Philipp von, 1967 Nov. p. 26.
Lenfant, Claude, 1968 Oct. p. 103.
Leng, E. R., 1958 Oct. p. 54.
Leng, Marc, 1973 Aug. p. 25.
Lengsfeld, Anneliese M., 1975 Mar. p. 96.
Lengyel, Peter, 1962 Feb. p. 76; Mar. p. 68.
Lenin, Nikolai, 1950 June p. 52.
Lenin, Vladimir I., 1954 Sept. p. 82; 1961 May p. 91; 1964 Sept. p. 131.
Leningrad Academy of Sciences, 1977 Nov. p. 108.
Lennox, Bernard, 1954 Dec. p. 60; 1963 July p. 60.
Lennox, Edwin S., 1964 Dec. p. 109; 1970 May p. 80, 84; 1978 May p. 147.
Lenoir, Étienne, 1967 Mar. p. 105-108.
Lenormant, Henri, 1957 Sept. p. 174.
Lenox Hill Hospital, 1958 Mar. p. 108.
Lense, Joseph, 1959 May p. 149, 165.
Lenski, Lois, 1962 June p. 71.
Lenz, Emil, 1958 Nov. p. 32.
Lenz, Widukind, 1962 Aug. p. 29, 31-34.
Leo, Maria-Anna, 1976 Mar. p. 33.
Leo X, Pope, 1957 Mar. p. 108.
Léon, Pedro Cieza, 1952 Dec. p. 50; 1966 Apr. p. 73.
Leonard, Donald A., 1970 July p. 52.
Leonard-Jones, J. E., 1970 Apr. p. 54.
Leonardo da Vinci, 1948 June p. 40; 1950 May p. 51; Sept. p. 63; Nov. p. 16; 1951 Feb. p. 55, 56; 1953 Feb. p. 69; 1954 Mar. p. 34, 72; Nov. p. 63; 1955 Jan. p. 37, 81, 82; Oct. p. 38; 1956 May p. 109, 124; 1958 Sept. p. 62-64; 1959 Sept. p. 158; 1963 Apr. p. 135-137; 1964 Jan. p. 104; May p. 110, 111; 1966 June p. 94; 1967 Apr. p. 39; 1970 May p. 118; July p. 18; Aug. p. 96-98, 100; Sept. p. 102; 1971 Feb. p. 101, 111; 1972 Sept. p. 91; Dec. p. 91; 1973 Nov. p. 71; 1975 July p. 50; 1976 July p. 117; Aug. p. 72.
Leonardo of Pisa, 1973 Nov. p. 90, 91.
Leonards, Jack R., 1954 Aug. p. 26.
Leoncavallo, 1975 July p. 48.
Leondes, Cornelius T., 1970 Mar. p. 80.
Leonidas, 1961 Mar. p. 117; 1966 July p. 38.
Leontic, B., 1962 Aug. p. 36.
Leontief, Wassily W., 1952 Sept. p. 47; 1961 Apr. p. 48; 1963 Sept. p. 200, 61; 1964 Sept. p. 180; 1965 Apr. p. 25; 1966 Apr. p. 27, 28; 1967 Sept. p. 261; 1973 Dec. p. 50.
Leopold, A. C., 1965 Dec. p. 79.
Leopold, A. Carl, 1952 Nov. p. 50.
Leopold, Duke of Albany, 1965 Aug. p. 90.
Leopold I, Emperor, 1973 Sept. p. 35.
Leopold, Luna B., 1952 Dec. p. 73; 1966 June p. 60, 66, 69.
Leopold, Nathan, 1959 Jan. p. 126.
Leopold, Prince, 1965 Aug. p. 88-91, 94.
Leovy, Conway B., 1970 May p. 27; 1977 July p. 34.
LePaige, Gustavo, 1967 Nov. p. 45.
Lepenshinskaia, Olga B., 1958 Sept. p. 89; 1962 Nov. p. 49.
Lepidus, Claudius A., 1961 June p. 130.
Lepow, Irwin H., 1973 Nov. p. 54, 57.
Leppik, E. E., 1951 Aug. p. 34.
Leprince-Ringuet, Louis, 1955 Oct. p. 33.
Lerici Foundation, 1962 Feb. p. 94.
Lerman, Leonard S., 1958 Oct. p. 54; 1971 Mar. p. 33; 1974 Aug. p. 85.
Lerman, Sidney, 1959 Nov. p. 81; 1962 Apr. p. 80; 1975 Dec. p. 70.
Lerman, Steven H., 1968 Sept. p. 102.
Lerner, Aaron B., 1961 July p. 102, 104; 1963 July p. 48; 1965 July p. 54, 53.
Lerner, Eugenio, 1973 May p. 39.
Lerner, I. M., 1966 July p. 64.
Lerner Marine Laboratory, 1962 June p. 128; 1965 May p. 81.
Lerner Marine Laboratory, *see:* American Museum of Natural History.
Lerner, Max, 1954 Feb. p. 44; June p. 30.
Lerner, Monroe, 1973 Sept. p. 62.
Leroux, H., 1963 Nov. p. 96, 98.
Les Eyzies Museum of Prehistory, 1964 Aug. p. 86.
LeSage, George L., 1953 Nov. p. 93.
Lescarbault, 1949 Sept. p. 29.
Lesieur, A. J., 1971 Jan. p. 96.
Lesk, Ann, 1973 Nov. p. 79.
Lesko, Leonard H., 1978 Mar. p. 74.
Leslie, Frank, 1959 Nov. p. 102, 103.
Leslie Salt Company, 1963 July p. 89.
Lesser, F. Ch., 1974 July p. 28.
Lessing, Lawrence P., 1955 Jan. p. 38; 1965 Nov. p. 59.
Lester, David, 1963 Nov. p. 102.
Lester, Henry A., 1977 Feb. p. 107; Aug. p. 117.
Lester, Richard K., 1978 Mar. p. 45.
Lestina, Juanita, 1955 Aug. p. 37.
Leston, Dennis, 1977 Dec. p. 148, 151.
Letavet, A. A., 1955 Oct. p. 40.
Letokhov, V. S., 1973 Dec. p. 78, 79; 1977 Feb. p. 96.
Lettvin, Jerome Y., 1960 June p. 122; 1961 May p. 135, 138; 1964 Mar. p. 113; 1969 May p. 108, 109; 1971 June p. 37.
Leuchtenberger, Cecilie, 1962 July p. 45.
Leuchtenberger, Rudolph, 1962 July p. 45.
Leucippus, 1949 Nov. p. 48; 1950 Apr. p. 13; 1953 Sept. p. 52; 1967 May p. 129; 1970 May p. 117.
Leupold, Jacob, 1971 Feb. p. 103.
Levan, Albert, 1961 Nov. p. 69; 1963 July p. 55.
Levassor, Emile, 1972 May p. 102, 103, 104, 107, 109, 110, 111.
Levatin, Paul, 1962 June p. 119.
Levene, P. A., 1953 Feb. p. 51.
Leventhal, Harold, 1972 Nov. p. 52.
Lever, A. F., 1963 June p. 88.
Leverrier, Urbain, 1956 Jan. p. 59, 62; 1959 Apr. p. 86, 98; May p. 153; 1966 Sept. p. 164; 1975 Sept. p. 131.
Levesque, René, 1976 Nov. p. 122.
Levey, Raphael H., 1956 May p. 102; 1964 July p. 66, 69.
Levi-Civita, Tullio, 1950 Sept. p. 41; 1964 Sept. p. 68.
Levick, William R., 1965 Jan. p. 50; 1969 May p. 109, 111.
Levi-Montalcini, Rita, 1976 Dec. p. 52.
Levin, Gilbert V., 1977 Nov. p. 59.
Levin, Jules S., 1964 Mar. p. 83.
Levin, Morton L., 1950 July p. 29.
Levin, P. A., 1978 Jan. p. 107.
Levin, Ronald, 1976 Feb. p. 112.
Levin, Yehudi, 1962 Mar. p. 64.
Levine, David W., 1978 Apr. p. 85.
Levine, Lawrence, 1973 Nov. p. 57.
Levine, Leon, 1950 Feb. p. 25.
Levine, Melvin, 1974 Nov. p. 22.
Levine, Milton I., 1949 Dec. p. 54.
Levine, Morton A., 1958 Mar. p. 51.

Levine, Philip, 1954 July p. 79; 1974 Apr. p. 43.
Levine, R. P., 1970 Nov. p. 22; 1974 Dec. p. 26, 71.
Levine, Samuel A., 1968 July p. 24.
Levine, Seymour, 1960 May p. 80; 1963 June p. 140; 1966 Apr. p. 89; 1971 Jan. p. 26.
Levinson, Eugene, 1977 Jan. p. 60, 64.
Levinson, Zvi, 1965 July p. 97.
Levinstein, H. J., 1968 Sept. p. 132.
Levinthal, Cyrus, 1957 Sept. p. 192, 194; 1963 Mar. p. 91; 1966 June p. 42, 49; Sept. p. 133, 162, 92; Nov. p. 87.
Levi-Setti, Riccardo, 1962 Jan. p. 53.
Lévi-Strauss, Claude, 1972 Sept. p. 50; Nov. p. 88; 1975 Dec. p. 84.
Levitan, Sam, 1977 Nov. p. 45.
Levitsky, David A., 1972 Feb. p. 28.
Levitsky, Walter, 1972 Feb. p. 29; Apr. p. 83.
Levitt and Sons, 1965 Sept. p. 152, 153.
Levitt, Barrie, 1975 Dec. p. 55.
Levitt, Michael D., 1969 Sept. p. 95.
Levitzki, Alexander, 1973 Oct. p. 58.
Levoy, Myron, 1960 Mar. p. 73; 1961 Mar. p. 57.
Levshin, V. L., 1973 June p. 45, 46.
Levy, David, 1950 Mar. p. 39; 1973 June p. 100, 101, 104; 1974 Nov. p. 52; 1977 June p. 56.
Levy, Elaine A., 1971 Aug. p. 47.
Levy, Gerald S., 1962 Aug. p. 58; 1969 Mar. p. 80.
Levy, Hilton B., 1969 Oct. p. 50; 1977 Apr. p. 49.
Lévy, Maurice, 1953 Sept. p. 63; 1971 Apr. p. 87, 92.
Levy, Richard H., 1972 Apr. p. 25, 26; 1977 Feb. p. 93.
Levy, Sander, 1967 Feb. p. 90.
Levy, Saul, 1975 Sept. p. 30; 1977 Apr. p. 96, 98.
Levy, Walter J. Jr, 1974 Aug. p. 68.
Lew, Edward A., 1957 Dec. p. 62.
Lewellen, John, 1949 Dec. p. 52, 53.
Lewin, Kurt, 1948 Nov. p. 15.
Lewin, Sherry, 1958 Nov. p. 92, 94.
Lewin, W. S., 1970 Feb. p. 86, 87; 1974 Mar. p. 45.
Lewin, Walpole, 1968 Mar. p. 50.
Lewin, Walter, 1975 Dec. p. 42.
Lewin, Walter H. G., 1977 Oct. p. 54, 55.
Lewis, Aaron, 1976 June p. 46.
Lewis, Bernard, 1954 Sept. p. 116.
Lewis, C. S., 1971 Oct. p. 103.
Lewis, Clayton, 1972 July p. 84.
Lewis, David H., 1956 Aug. p. 57.
Lewis, Deborah, 1972 Feb. p. 41.
Lewis, Edward B., 1959 Aug. p. 62; 1973 Dec. p. 28.
Lewis, Edwin R., 1972 Jan. p. 66, 67; Sept. p. 35, 43; 1973 Jan. p. 70.
Lewis, F. John, 1960 Feb. p. 80.
Lewis Flight Propulsion Laboratory, 1953 Oct. p. 41.
Lewis, Fulton Jr., 1949 July p. 26; 1950 Jan. p. 27.
Lewis, G. Edward, 1964 July p. 62; 1972 Jan. p. 96; 1976 May p. 56; 1977 May p. 30.
Lewis, G. P., 1962 Aug. p. 114.
Lewis, Gilbert N., 1950 Sept. p. 34; 1953 Dec. p. 74; 1960 July p. 106; Nov. p. 112; 1964 May p. 71, 73, 74; 1967 June p. 64; Nov. p. 29; 1968 Sept. p. 164; 1971 Sept. p. 182.
Lewis, H. B., 1959 Feb. p. 51.
Lewis, Harry R., 1978 Jan. p. 96; Mar. p. 128.
Lewis, Herman W., 1957 Sept. p. 216; 1975 Sept. p. 53.
Lewis, Irving J., 1971 Apr. p. 17.
Lewis, J. C., 1968 Feb. p. 54.
Lewis, John S., 1974 Mar. p. 45; 1975 Sept. p. 136, 76; 1976 Mar. p. 47, 48, 51, 52; May p. 113; 1977 Dec. p. 86; 1978 Mar. p. 70.
Lewis, M. J., 1966 Feb. p. 53; 1967 Dec. p. 25.
Lewis, Malcolm, 1973 Apr. p. 25.
Lewis, Meriwether, 1948 Dec. p. 14.
Lewis, Oscar, 1966 Oct. p. 19; 1967 Oct. p. 21; 1969 Oct. p. 115.
Lewis, P. R., 1958 Dec. p. 88.
Lewis, Paul A., 1957 Feb. p. 37.
Lewis, R., 1969 Oct. p. 22.
Lewis, Robert B., 1952 Feb. p. 56.
Lewis, Roy S., 1971 June p. 55; 1975 Feb. p. 31.
Lewis, Thomas, Sir, 1961 Nov. p. 134; 1968 July p. 42.
Lewis, W. Bennett, 1975 Oct. p. 21, 22.
Lewis, Warren H., 1961 Apr. p. 122; Sept. p. 174.
Lewit, Sarah, 1972 July p. 51; 1977 Jan. p. 21.
Lewontin, Richard C., 1970 Mar. p. 103, 104; 1974 Sept. p. 82; 1975 Aug. p. 55.
Lewy, H., 1969 Mar. p. 70.
Lexer, Erich, 1957 Apr. p. 62.
Ley, Willy, 1957 Nov. p. 67.
Leyson, Burr W., 1949 Dec. p. 52, 53.
Lezzi, M., 1967 Nov. p. 71.
L'Héritier, Philippe, 1950 Sept. p. 57; Nov. p. 33, 38.
Li, Choh Hao, 1953 May p. 58; 1955 Aug. p. 49; 1956 Nov. p. 70; 1961 Jan. p. 83; July p. 102; 1963 Oct. p. 57; 1964 May p. 62; 1977 Feb. p. 55; Mar. p. 55.
Li, Ling-Fong, 1977 May p. 56.
Li, Tingye, 1972 Feb. p. 42.
Li, Yao Tzu, 1972 Oct. p. 48.
Liais, Emmanuel, 1953 May p. 67.
Liang Chow, Kao, 1969 Jan. p. 75, 80.
Liao, Shutsung, 1976 Feb. p. 37.
Liapunov, A. M., 1949 Oct. p. 42; 1964 Sept. p. 188.
Libavius, 1952 Oct. p. 76.
Libbey-Owens-Ford, 1961 Jan. p. 101.
Libby, Raymond, 1951 July p. 60.
Libby, Willard F., 1949 July p. 43; Aug. p. 50; 1950 July p. 20, 21; Nov. p. 26; 1951 Feb. p. 18; Nov. p. 34; 1952 Feb. p. 24, 25; Oct. p. 64; 1953 Apr. p. 46; 1954 Nov. p. 35, 48; Dec. p. 52; 1955 May p. 50; July p. 49; Aug. p. 46; Oct. p. 33; 1956 Apr. p. 78; Aug. p. 49; Dec. p. 56; 1958 Aug. p. 50; Dec. p. 54; 1959 Jan. p. 63; Apr. p. 64; May p. 68; Sept. p. 86; 1960 Dec. p. 74; 1966 Jan. p. 82; 1967 Nov. p. 28; 1971 Oct. p. 66-68; 1975 May p. 42.
Liberia Mining Company, 1952 Jan. p. 52.
Liberian Tubman National Institute of Medical and Applied Sciences, 1948 Dec. p. 27.
Liburg, M., 1969 Dec. p. 28.
Licari, Gerald R., 1969 Aug. p. 50; 1970 Sept. p. 112.
Liceti, Fortunio, 1968 Oct. p. 115, 118.
Lichtenberg, Don B., 1966 Nov. p. 109.
Lichtenstein, A., 1968 Jan. p. 22.
Lick, James, 1954 July p. 77.
Lick Observatory, *see:* University of California Lick Observatory.
Licklider, J. C. R., 1966 Sept. p. 177; 1973 Oct. p. 95, 102.
Liddell, Alice, 1956 Apr. p. 116.
Liddell, Howard S., 1950 Mar. p. 39; 1953 Feb. p. 35; 1956 Mar. p. 34; 1963 Nov. p. 43.
Liddy, B., 1973 June p. 60.
Lidlington, Lord, 1977 Dec. p. 88.
Lie, Sophus, 1964 Feb. p. 89; Sept. p. 78; 1975 Oct. p. 40.
Lieb, Charles C., 1971 Nov. p. 84.
Lieb, John W., 1971 Feb. p. 110.
Liébault, A. A., 1955 Nov. p. 31; 1957 Apr. p. 54.
Lieber, Charles S., 1975 May p. 44.
Lieberburg, Ivan, 1976 July p. 51, 56.
Lieberman, M. A., 1976 June p. 48.
Lieberman, Purlaine, 1974 Feb. p. 45; 1977 Apr. p. 52.
Liebermann, K. T., 1955 July p. 60; 1957 Feb. p. 114.
Liebermann, Thomas R., 1971 Oct. p. 44.
Lieberson, Stanley, 1965 Aug. p. 15.
Liebig, Justus von, 1949 Aug. p. 16, 18; 1950 June p. 33; Sept. p. 62; 1952 Oct. p. 76; 1953 Aug. p. 36; 1957 Feb. p. 110, 111, 117; June p. 63; 1958 Mar. p. 95; 1959 July p. 118; 1964 Aug. p. 46; 1965 June p. 65; 1970 Sept. p. 167; 1976 Sept. p. 80, 84, 178.
Liebman, Paul A., 1964 Dec. p. 54-56.
Liebman, W. T., 1950 Jan. p. 54.
Liebmann, W. K., 1967 Feb. p. 90.
Liebowitz, M. R., 1961 Oct. p. 88.
Liepins, Andrejs, 1977 May p. 63.
Liepmann, Hugo, 1972 Apr. p. 82.
Lietzke, M. H., 1956 Nov. p. 70.
Lifshitz, Eugene M., 1960 July p. 47, 52, 53; Nov. p. 139; 1962 Apr. p. 114; Dec. p. 68; 1964 Dec. p. 116; 1967 Aug. p. 85; Sept. p. 230; 1970 May p. 99; June p. 30.
Lifton, Robert J., 1963 Feb. p. 72.
Liggett, Barbara, 1972 Apr. p. 57.
Liggins, G. C., 1973 Apr. p. 82, 85.
Light, F. W. Jr., 1952 July p. 72-74.
Light, H. C., 1968 Sept. p. 194.
Light Metals Refining Corporation, 1954 Sept. p. 117.
Light, S. F., 1953 May p. 74, 76.
Lighthill, James , 1975 Nov. p. 86.
Lighthill, Michael J., 1968 Feb. p. 80.
Lightman, Alan P., 1974 Nov. p. 28; 1977 Oct. p. 55.
Lightstone, Jack, 1974 June p. 56.
Likens, Gene E., 1970 Sept. p. 158, 68, 69; Oct. p. 92; 1978 Jan. p. 36, 39, 40, 42; Mar. p. 93.
Likhtman, E. P., 1978 Feb. p. 136.
Lilienfeld, Julius E., 1973 Aug. p. 48.
Lilienthal, David E., 1948 Aug. p. 31; Oct. p. 24; 1949 July p. 26, 31-33; Nov. p. 11, 12; 1950 Jan. p. 28; Mar. p. 24; May p. 27; Aug. p. 28; Oct. p. 24; 1952 Feb. p. 34; 1954 June p. 44; 1975 Oct. p. 109, 113.
Lilienthal, Otto, 1961 June p. 90; 1975 Nov. p. 81.
Liljestrom, Rita, 1974 Sept. p. 146.
Lill, Gordon, 1958 Dec. p. 56; 1959 Apr. p. 41; Aug. p. 66.
Lillard, Richard G., 1948 June p. 52.
Lillegraven, Jason A., 1977 Aug. p. 79.
Lillehei, C. Walton, 1957 Feb. p. 60; 1960 Feb. p. 76, 77, 82.
Lillehei, Clarence W., 1954 Aug. p. 24.
Lillehei, Richard C., 1962 June p. 80, 82.
Liller, William, 1975 Mar. p. 29; 1977 Oct. p. 43, 55.
Lilley, A. Edward, 1956 Feb. p. 48; Sept. p. 129; Oct. p. 61; 1960 Jan. p. 51; 1963 July p. 82, 84; 1965 July p. 28, 31; 1968 Dec. p. 38, 43; 1977 June p. 68, 76.
Lillie, Charles F., 1974 Feb. p. 55.
Lillie, Frank R., 1949 Sept. p. 16; 1950 Dec. p. 46; 1954 June p. 70; 1959 July p. 128.
Lillie, R. S., 1957 Jan. p. 70.
Lilliequist, Carl G., 1973 Oct. p. 71.
Lilliu, Giovanni, 1975 Feb. p. 81.
Lilly, John C., 1952 Feb. p. 31; 1956 June p. 55; Oct. p. 116; 1966 Feb. p. 63.
Lilly, Malcolm, 1971 Mar. p. 26.
Lillywhite, Jack W., 1969 June p. 48.
Lim, Robert K., 1963 Nov. p. 104.
Lima, Almeida, 1948 Oct. p. 37; 1950 Feb. p. 44.

Limbaugh, Conrad, 1961 Aug. p. 42.
Limber, D. N., 1963 Jan. p. 71.
Limeil Laboratory, 1971 June p. 27.
Limnological Society of America, 1948 May p. 33.
Lin, C. C., 1972 Aug. p. 54, 56.
Lin, L. H., 1968 Feb. p. 47.
Lin, Stephen C. H., 1967 July p. 44.
Lincoln, Abraham, 1954 July p. 77; 1963 Mar. p. 121; 1968 Sept. p. 191; 1973 Nov. p. 75, 77.
Lincoln Hospital, 1977 June p. 101.
Lincoln Laboratory, *see:* Massachusetts Institute of Technology Lincoln Laboratory.
Lincoln Park Zoo, *see:* Chicago Lincoln Park Zoo.
Lind, Charles D., 1977 Apr. p. 28.
Lind, John, 1963 Oct. p. 28, 31; 1974 Mar. p. 84.
Lind, S. C., 1959 Sept. p. 82.
Lindahl, Per E., 1958 Nov. p. 90.
Lindauer, Martin, 1955 Aug. p. 57; 1957 Mar. p. 70; 1962 Aug. p. 80, 87; 1967 Apr. p. 100, 102; 1974 Dec. p. 103; 1976 July p. 114.
Lindbeck, John M. H., 1961 Feb. p. 68.
Lindberg, Bengt, 1975 Apr. p. 89.
Lindbergh, Charles, 1957 Jan. p. 56.
Lindbergh, Jon, 1966 Mar. p. 30-32.
Lindblad, Bertil, 1950 Feb. p. 35; 1954 July p. 32; 1967 Oct. p. 110.
Linde Air Products Company, 1949 June p. 31.
Linde, Carl von, 1949 Dec. p. 35; 1968 Apr. p. 24; 1969 Aug. p. 108, 110.
Linde Company, 1959 Jan. p. 87.
Linde, D. von der, 1973 June p. 60.
Linde, Ronald K., 1969 May p. 83.
Lindegren, Carl, 1950 Nov. p. 34; 1951 Oct. p. 24.
Lindegren, Gertrude, 1950 Nov. p. 34.
Lindell, Shirley S., 1968 Feb. p. 91.
Lindeman, Edouard C., 1958 June p. 29.
Lindeman, Raymond, 1951 Oct. p. 71; 1956 Apr. p. 105.
Lindeman, Raymond L., 1970 Sept. p. 67.
Lindemann, Erich, 1954 Mar. p. 42; 1957 Jan. p. 80; 1960 Mar. p. 149; 1962 May p. 47.
Lindemann, Frederick A., 1949 Jan. p. 37; 1967 Sept. p. 184; 1975 Sept. p. 161.
Linden, George, 1962 July p. 41.
Lindenbaum, A., 1955 Aug. p. 39.
Lindenbaum, John, 1971 Aug. p. 18.
Lindenbaum, Seymour J., 1963 Jan. p. 41; 1967 Sept. p. 103.
Lindenmann, Jean, 1961 May p. 51; 1963 Sept. p. 84; 1971 July p. 26; 1977 Apr. p. 42.
Linder, David, 1977 Feb. p. 82.
Linder, Forrest E., 1966 June p. 21.
Linderstrom-Lang, Kai U., 1953 Sept. p. 112; 1954 Feb. p. 76-78; 1965 Aug. p. 73.
Lindesmith, Alfred R., 1965 Feb. p. 83.
Lindgren, D. L., 1952 Oct. p. 23.
Lindgren, Keith M., 1968 Dec. p. 56.
Lindhard, Jens, 1956 Mar. p. 94; 1968 Mar. p. 93; 1973 Apr. p. 67.
Lindley, Hugh, 1969 Aug. p. 95.
Lindley, John, 1966 Jan. p. 70.
Lindop, Patricia J., 1961 Aug. p. 118.
Lindquist, A. W., 1960 Oct. p. 55.
Lindquist, Bertil, 1971 Nov. p. 96.
Lindsay, Dale R., 1965 July p. 95.
Lindsay, E. M., 1952 July p. 57.
Lindsay, Franklin, 1974 Oct. p. 55.
Lindsay, John F., 1976 Mar. p. 61.
Lindsay, John S., 1963 Aug. p. 29.
Lindsley, Donald B., 1959 Aug. p. 91; 1969 Jan. p. 85.
Lindsley, Harold B., 1970 Mar. p. 66.
Lindsley, Ogden R., 1977 Oct. p. 134, 135.
Lindström, B., 1961 Dec. p. 64.
Lindstrom, E. S., 1953 Mar. p. 41.
Linehan, Daniel, 1949 Feb. p. 43; 1955 Sept. p. 54.
Linfield College, 1964 Jan. p. 111.
Linfield Research Institute, 1962 Mar. p. 82.
Linford, M. B., 1958 July p. 72.
Ling, Gilbert, 1958 Dec. p. 85.
Ling, Nicholas, 1977 Dec. p. 82.
Lingenfelter, R. E., 1965 May p. 34, 35.
Lingrel, Jerry B., 1976 Aug. p. 63, 66, 68.
Link, Edwin A., 1966 Mar. p. 24, 27-30.
Link, František, 1965 May p. 30.
Link, Heinrich, 1966 Jan. p. 76.
Link, Karl P., 1951 Mar. p. 19, 21.
Link, Vernon B., 1950 Dec. p. 31.
Link, William T., 1978 June p. 66.
Linke, F., 1949 Feb. p. 42.
Linker-Israeli, Mariana, 1977 June p. 119.
Linko, Eino, 1969 Feb. p. 71.
Linnaeus, 1952 Mar. p. 28, 29; 1955 Oct. p. 100; 1956 Apr. p. 134, 138; Dec. p. 46; 1959 Feb. p. 75; 1961 Jan. p. 150; 1962 Oct. p. 127; 1963 Feb. p. 123; 1966 Jan. p. 70; Feb. p. 82; Nov. p. 46; 1968 Oct. p. 113, 118; 1977 Apr. p. 52; May p. 96, 99, 102, 104.
Linschitz, Henry, 1966 Oct. p. 43.
Linscott, William D., 1973 Nov. p. 56.
Linsker, Ralph, 1970 Feb. p. 73.
Linsley, John, 1959 Nov. p. 140; 1961 July p. 74.
Linss, F., 1953 Apr. p. 33.
Linton, Adelin, 1951 Oct. p. 65.
Linton, Ralph, 1951 Oct. p. 65.
Linvill, John G., 1974 Jan. p. 51.
Linzell, J. L., 1969 July p. 66.
Lion, Kurt S., 1954 Mar. p. 46.
Lions Club International, 1950 Jan. p. 28.
Liotto, Domingo, 1965 Nov. p. 40.
Lipatov, V. B., 1976 Oct. p. 111.
Lipetz, Ben-Ami, 1966 Sept. p. 224, 71.
Lipit-Ishtar, King of Isin, 1948 June p. 45-47; 1953 Jan. p. 27; 1957 Oct. p. 81.
Lipkin, David, 1960 Nov. p. 112; 1972 Aug. p. 98.
Lipkin, Martin, 1963 Aug. p. 110.
Lipman, Jacob G., 1959 Jan. p. 122.
Lipmann, Fritz A., 1949 June p. 23; 1950 June p. 40; 1953 Apr. p. 86, 88; Dec. p. 48; 1954 Jan. p. 34; 1958 Mar. p. 124; 1962 Sept. p. 108; 1963 Mar. p. 90, 91, 93; 1964 May p. 55; 1966 Nov. p. 65; 1967 Nov. p. 25, 27, 28; 1978 Mar. p. 117.
Lippard, Vernon, 1953 Apr. p. 45.
Lippershey, Hans, 1956 Sept. p. 232.
Lippincott, Ellis R., 1969 Sept. p. 90; 1970 Nov. p. 69, 70.
Lippmann, Gabriel, 1967 Nov. p. 26; 1968 Sept. p. 91; 1976 Oct. p. 92, 93.
Lippmann, Walter, 1949 Nov. p. 11; 1950 Mar. p. 24; 1954 Feb. p. 44.
Lippold, Olof, 1971 Mar. p. 65.
Lips, M. H., 1963 Aug. p. 76, 80.
Lipschutz, Michael E., 1965 Oct. p. 30, 32, 33.
Lipscomb, Harry S., 1970 Oct. p. 60.
Lipscomb, William N. Jr., 1966 July p. 104, 106, 107; Sept. p. 161-163; 1968 Apr. p. 44; 1973 Oct. p. 53, 59; 1976 Dec. p. 50.
Lipsett, Deborah, 1974 Feb. p. 89.
Lipsett, Morley, 1967 Sept. p. 181.
Lipsky, S. R., 1958 Apr. p. 52.
Lipson, H., 1964 Nov. p. 68.
Lis, Halina, 1977 June p. 111, 113.
Lisk, Robert D., 1964 June p. 64; 1976 July p. 48, 53.
Lissajous, Jules A., 1974 Jan. p. 87; Mar. p. 97.
Lissamen, Peter, 1977 Oct. p. 74.
Lissmann, Hans W., 1960 Oct. p. 121, 124; 1970 June p. 85.
List, Robert J., 1967 Mar. p. 28; 1970 Sept. p. 58.
Lister Institute of Preventive Medicine, 1964 Jan. p. 81, 82, 84, 86; 1976 Oct. p. 28; 1977 June p. 111; Oct. p. 96.
Lister, Joseph J., 1948 May p. 25; 1950 Nov. p. 45; 1951 Feb. p. 48; 1963 Mar. p. 122; 1971 Jan. p. 102; 1973 Sept. p. 129; 1976 Aug. p. 72.
Lister, Robert, 1964 Nov. p. 31.
Litke, Alan M., 1973 Nov. p. 40; 1975 June p. 54.
Litman, Rose, 1957 Feb. p. 67; 1962 Jan. p. 81.
Litster, J. D., 1965 Jan. p. 105, 107.
Littauer, Raphael, 1972 May p. 23, 24.
Littauer, Uriel Z., 1968 Oct. p. 67; 1976 Aug. p. 69.
Litten, Walter, 1975 Mar. p. 91, 100.
Litteton, Jesse T., 1969 Nov. p. 114.
Little, Arthur D., 1965 June p. 61; 1966 Feb. p. 50.
Little, Clarence C., 1972 June p. 28.
Little, Gordon, 1959 Mar. p. 39.
Little, W. J., 1969 Oct. p. 77.
Little, William A., 1964 Aug. p. 39; 1965 Oct. p. 57; 1967 Sept. p. 204; 1971 Nov. p. 24.
Littlefield, Jean W., 1969 Apr. p. 27.
Littlefield, John W., 1974 July p. 36.
Littlewood, J. E., 1948 June p. 57; 1950 Sept. p. 42.
Littman, Michael G., 1976 Feb. p. 55.
Litton Industries, 1970 Mar. p. 81, 82; 1977 Oct. p. 92.
Littrow, Joseph J. von, 1951 Mar. p. 48.
Litumanya, John, 1971 Dec. p. 93.
Litvak, Marvin M., 1968 Dec. p. 43; 1973 Mar. p. 56.
Li-tze, Shao, 1955 Apr. p. 52.
Livanov, M. N., 1970 Mar. p. 68.
Liverman, James, 1958 Apr. p. 109.
Livers, Ronald W., 1969 May p. 24.
Livingston, M. Stanley, 1948 June p. 27; 1952 July p. 35; Nov. p. 42; 1953 May p. 43; 1962 May p. 82.
Livingston, Park, 1953 Sept. p. 73.
Livingston, R. T., 1951 Feb. p. 26.
Livingston, Robert B., 1966 Nov. p. 65.
Livingston, W. K., 1961 Feb. p. 45, 46, 49.
Livingston, William C., 1966 Nov. p. 54; 1968 Jan. p. 112; 1975 Apr. p. 110.
Livingstone, David, 1949 Dec. p. 35.
Livy (Titus Livius), 1954 Nov. p. 99; 1963 Dec. p. 109; 1973 Oct. p. 39, 40; 1977 June p. 64.
Ljubimova, M. N., 1952 Dec. p. 19; 1953 Apr. p. 90; 1961 Sept. p. 200.
Llano, George A., 1962 Sept. p. 187, 202.
Lliboutry, Louis, 1970 Aug. p. 46.
Llinás, Rodolfo R., 1975 Jan. p. 60.
Lloyd, David P. C., 1966 May p. 103, 104.
Lloyd, Francis E., 1978 Feb. p. 108.
Lloyd, Humphrey, 1953 Nov. p. 93; 1954 May p. 83.
Lloyd, James E., 1976 May p. 74, 79, 82, 83.
Lloyd's of London, 1974 Dec. p. 64.
Lloyd, R. M., 1972 Dec. p. 32.
Lloyd, Trevor, 1949 Dec. p. 55.
Lobachevski, Nikolai I., 1952 Nov. p. 79; 1953 Feb. p. 79, 80, 81; 1956 Mar. p. 106, 108; Sept. p. 136, 137; 1958 Mar. p. 100; 1967 Dec. p. 115, 116; 1969 Nov. p. 87-89; 1971 Mar. p. 51, 52, 60; 1976 Mar. p. 69; Aug. p. 98.
Lobban, Peter, 1975 July p. 26.
Lochbaum, Carol, 1966 Jan. p. 51.
Lockard, Raymond E., 1976 Aug. p. 63.
Locke, John, 1955 Dec. p. 80; 1956 Aug. p. 46; 1960 Oct. p. 164; 1964 May p. 116; 1967 Oct. p. 118; 1968 May p. 100.

Locke, William N., 1962 June p. 71.
Lockhart, James, 1958 Apr. p. 112.
Lockhead, Gregory R., 1972 June p. 100.
Lockheed Aircraft Corporation, 1957 Nov. p. 68; 1960 Aug. p. 45; 1964 June p. 35, 75, 76, 79; 1965 Aug. p. 30; Dec. p. 55; 1966 Sept. p. 188, 199; Dec. p. 67; 1978 May p. 72.
Lockie, J. D., 1970 Apr. p. 77.
Lockwood, John S., 1949 Aug. p. 19.
Lockwood, William W., 1963 Sept. p. 58.
Lockyer, Joseph, Sir, 1952 July p. 40.
Lockyer, Norman, 1950 Jan. p. 46; 1953 June p. 25; 1966 Aug. p. 95.
Lodbrok, Ragnar, 1967 May p. 72, 74.
Lodge, Henry Cabot Jr., 1955 Jan. p. 43; Oct. p. 27.
Lodge, Oliver, Sir, 1949 Sept. p. 35, 36, 38; 1953 Nov. p. 98; 1966 Aug. p. 92, 93.
Lodish, Harvey F., 1975 May p. 28.
Loeb, A. L., 1974 July p. 97.
Loeb, Jacques, 1949 Sept. p. 15, 16; 1950 Sept. p. 63; Dec. p. 47, 48; 1951 June p. 64; 1959 July p. 128; 1962 Sept. p. 187, 188; 1971 Aug. p. 74-76.
Loeb, Lawrence A., 1974 Jan. p. 62.
Loeb, Leo, 1972 June p. 30.
Loeb, Richard, 1959 Jan. p. 126.
Loeb, Robert F., 1950 Dec. p. 26; 1951 June p. 31; 1956 May p. 55.
Loeffler, Josef E., 1968 July p. 78.
Loeser, Guenter, 1961 Aug. p. 120.
Loevenhart, Arthur S., 1960 Mar. p. 149.
Loewe, F., 1952 Oct. p. 27.
Loewenstein, Matthew S., 1973 May p. 44.
Loewenstein, Werner R., 1959 Nov. p. 91; 1960 Aug. p. 99; Oct. p. 121; 1961 May p. 144; 1970 May p. 79; 1973 Feb. p. 34; 1974 Jan. p. 64; 1978 May p. 146, 150; June p. 112.
Loewi, Otto, 1948 Sept. p. 46-48; 1949 Sept. p. 14, 15; Dec. p. 16; 1950 Sept. p. 73; 1958 Jan. p. 46; 1960 Oct. p. 121; 1961 Sept. p. 219; 1965 Jan. p. 56; 1967 Nov. p. 27; 1974 June p. 59; 1977 Feb. p. 107.
Loewy, Ariel G., 1961 Sept. p. 200; 1962 Mar. p. 66.
Lof, George O. G., 1957 Mar. p. 42.
Löfberg, Jan, 1978 June p. 110.
Lofgren, Edward J., †92 34 p. ; 1950 Oct. p. 15; 1953 Jan. p. 38; 1955 Dec. p. 47; 1960 July p. 79.
Loftfield, R. B., 1949 Feb. p. 36.
Loftus, Beth, 1974 Dec. p. 27.
Loftus Engineering Corporation, 1963 Dec. p. 76.
Logan, James, 1951 Aug. p. 39.
Loh, Horace H., 1977 Mar. p. 46, 56.
Lohman, Rolf, 1965 June p. 57.
Lohmann, D. H., 1964 May p. 69.
Lohmann, Hans, 1976 July p. 95.
Lohmann, K., 1953 Apr. p. 86; 1961 Sept. p. 66.
Lohmar, Phoebe, 1964 May p. 62.
Loisel, C. J., 1964 Mar. p. 70.
Lok, Mei Tak, 1977 July p. 104.
Loma Linda University Institute of Nervous Diseases, 1964 Jan. p. 46.
Lombardy, William, 1973 June p. 93, 101.
Lombroso, Cesare, 1967 Jan. p. 25.
Lomdaard, B. V., 1949 Nov. p. 22.
Lomonosov, Mikhail V., 1959 Dec. p. 80; 1961 May p. 89.
London Climatic Survey, 1967 Aug. p. 21, 23.
London, Fritz, 1949 June p. 36, 37; 1950 Apr. p. 33; 1957 Nov. p. 92; 1960 July p. 49, 50, 52; 1961 July p. 132; 1962 June p. 60; 1965 Feb. p. 22, 23; Oct. p. 59, 60, 67; 1966 May p. 31; 1967 Mar. p. 116; June p. 66; 1971 Mar. p. 79; Nov. p. 24.
London Gliding Club, 1961 Mar. p. 129.
London, Heinz, 1961 July p. 132; 1962 June p. 60; 1967 Mar. p. 116; 1969 Dec. p. 28.
London Hospital, 1949 Dec. p. 28; 1964 Jan. p. 81.
London Institute of Ophtalmology, 1964 Dec. p. 55.
London, Jack, 1958 Mar. p. 105.
London Mathematical Society, 1977 Oct. p. 108.
London Medical and Chirurgical Society, 1971 Jan. p. 101, 102.
London Metropolitan Police, 1970 Jan. p. 45.
London School of Hygiene and Tropical Medicine, 1962 May p. 88.
London Zoological Society, 1965 Nov. p. 108; 1977 Oct. p. 81.
Lones, D. Peter, 1961 June p. 146.
Long, Crawford W., 1957 Jan. p. 72.
Long, Cyril N. H., 1949 July p. 44; 1950 Oct. p. 22.
Long, David M., 1967 Mar. p. 35.
Long, Esmond R., 1952 Apr. p. 55, 56; 1956 Nov. p. 135; 1961 Nov. p. 90.
Long Island Biological Association, 1964 Nov. p. 76; 1965 Apr. p. 36.
Long Island Jewish Hospital, 1964 Oct. p. 78, 80.
Long, John D., 1963 Mar. p. 124.
Long, Joseph A., 1950 Oct. p. 19.
Long, Perrin H., 1949 Aug. p. 34.
Long, Robert R., 1961 Mar. p. 131, 132.
Long, Roy A., 1969 Mar. p. 82.
Long, Russell B., 1971 Apr. p. 23.
Long, William E., 1968 Apr. p. 55.
Longfellow, H. W., 1976 Nov. p. 111.
Longhurst, William M., 1960 Nov. p. 133.
Longinotti, L. D., 1971 Nov. p. 28.
Longley, George H., 1956 Mar. p. 34.
Longley, William, 1975 Nov. p. 39.
Longsworth, Lewis G., 1951 Jan. p. 43; Dec. p. 47, 49, 51; 1953 Aug. p. 41; 1960 Mar. p. 131.
Longwell, Arlene, 1961 Sept. p. 100.
Lonnquest, Theodore C., 1953 Oct. p. 41.
Lonquet-Higgins, H. C., 1964 Jan. p. 89.
Lonsdale, Kathleen, Dame, 1955 Nov. p. 43; 1965 Oct. p. 32; 1966 Nov. p. 84; 1968 June p. 46; 1975 Nov. p. 102.
Loomis, Alfred L., 1954 May p. 62; 1959 Apr. p. 151.
Loomis, Chauncey Jr., 1969 Mar. p. 52.
Loomis, Harold G., 1975 Apr. p. 108.
Loomis, Robert S., 1971 Sept. p. 92, 94; 1976 Sept. p. 35, 99.
Loomis, W. F., 1957 Dec. p. 118; 1970 Dec. p. 77; 1974 Sept. p. 86.
Loomis, William F., 1978 Mar. p. 117.
Loon, Maurits N. van, 1966 May p. 53; 1970 Mar. p. 52.
Looney, W. B., 1955 Aug. p. 34.
Loor, Francis, 1976 May p. 38.
Loore, Camiel de, 1975 Mar. p. 30, 31, 33; 1977 Oct. p. 46.
Loosanoff, Victor L., 1970 Dec. p. 18.
Loper, Herbert B., 1959 May p. 68.
Lopez, Robert S., 1971 Aug. p. 24.
Lopez, Ruy, 1973 June p. 97.
Loput, 1969 Feb. p. 76, 78.
Lorand, Laszlo, 1962 Mar. p. 62, 63, 66.
Lorch, I. Joan, 1962 Feb. p. 115-117.
Lorch, Joan, 1952 Apr. p. 59; 1970 May p. 57.
Lord, H. W., 1950 Oct. p. 31.
Lord, Walter, 1963 Mar. p. 118.
Lore, Richard, 1977 May p. 106, 108.
Lorente de No, R., 1952 Nov. p. 60.
Lorentz, Hendrik A., 1950 Apr. p. 14, 15; Sept. p. 28; 1953 Oct. p. 98; 1954 May p. 86; 1955 July p. 72; 1956 Nov. p. 94; 1957 Mar. p. 51; 1958 Apr. p. 56; 1963 May p. 85, 88; July p. 110; 1964 Nov. p. 110, 111; 1967 Nov. p. 26; 1971 Nov. p. 25; 1973 Dec. p. 72.
Lorenz, Konrad Z., 1954 Aug. p. 70; Nov. p. 42; 1958 Mar. p. 81, 82; 1959 June p. 73; 1960 Dec. p. 118; 1961 Dec. p. 112; 1962 Mar. p. 50; 1972 Aug. p. 24, 25; Sept. p. 85; 1973 Aug. p. 73; Dec. p. 50; 1976 Apr. p. 65; 1977 May p. 110.
Lorenz, W. F., 1957 Jan. p. 80.
Lorenzen, Coby Jr., 1967 Aug. p. 59.
Loria, Gino, 1949 Jan. p. 45.
Lorrain, Dessamae, 1971 June p. 59.
Los Alamos Scientific Laboratory, 1948 Sept. p. 28; 1949 May p. 29; 1950 June p. 28; 1953 Aug. p. 40; Nov. p. 39; 1955 Nov. p. 54; 1956 Nov. p. 60; 1957 May p. 62; Dec. p. 73, 84; 1958 June p. 35; Nov. p. 52; Dec. p. 111; 1959 May p. 80; June p. 86; July p. 68; 1960 Nov. p. 138, 150; 1962 Oct. p. 86; Nov. p. 119; 1963 Feb. p. 116; Mar. p. 116; 1964 Mar. p. 79, 80, 86; July p. 101, 106; Sept. p. 203, 206, 214; 1965 Apr. p. 72; June p. 100, 106, 108; July p. 64 - 66, 68, 69, 72; Aug. p. 49, 53; 1966 Feb. p. 40, 43; Dec. p. 22, 43, 51; 1970 May p. 92, 95; 1971 Feb. p. 53, 54; June p. 29; 1974 Feb. p. 44; 1975 Oct. p. 106; 1976 Oct. p. 66; 1977 Feb. p. 96; Mar. p. 40.
Los Angeles County Air Pollution Control District, 1955 May p. 63; 1961 Oct. p. 51.
Los Angeles Department of Water and Power, 1974 Aug. p. 18.
Los, J. M., 1968 Oct. p. 49.
Losada, Manuel, 1960 Nov. p. 105.
Losch, August, 1975 May p. 66.
Losee, Fred L., 1956 Aug. p. 54.
Losey, George, 1971 May p. 100.
Lotan, Reuben, 1977 June p. 119.
Lothar, 1967 May p. 69.
Lotka, Alfred J., 1960 Nov. p. 127.
Lotze, R. H., 1972 July p. 43.
Loudon, Rodney, 1968 Sept. p. 124.
Louis Berger and Associates, 1966 Sept. p. 180.
Louis IV, Grand Duke of Hesse, 1965 Aug. p. 91, 90, 94.
Louis, Joe, 1952 May p. 44.
Louis, Prince of Battenburg, 1965 Aug. p. 89.
Louis, Saint, King of France, 1970 Aug. p. 97.
Louis the Pious, 1967 May p. 69; 1970 Aug. p. 95.
Louis XIV, King, 1955 Oct. p. 100; 1968 Dec. p. 105; 1969 Sept. p. 61; 1972 Jan. p. 94; 1977 May p. 82, 86.
Louis XV, King, 1948 Aug. p. 39, 40; 1976 Jan. p. 116.
Louis XVI, King, 1976 Jan. p. 116.
Louisell, William H., 1968 Jan. p. 79, 81, 82.
Louisiana State University, 1964 July p. 94; 1974 Dec. p. 43.
Lounasmaa, Olli V., 1974 Dec. p. 66; 1976 Dec. p. 68.
Lounsbury, Floyd G., 1978 May p. 96.
Lourie, J. M., 1948 Nov. p. 25.
Loutit, John F., 1955 Oct. p. 28; 1959 Sept. p. 168, 78.
Lövaas, O. Ivar, 1964 Feb. p. 39; 1967 Mar. p. 80.
Lovberg, Ralph H., 1969 Dec. p. 93.
Love, A. E. H., 1959 Mar. p. 135; 1965 Nov. p. 30, 32.
Love, John A., 1974 Jan. p. 29.
Love, R. Merton, 1955 June p. 50; 1970 Feb. p. 89.
Love, W. E., 1964 Dec. p. 55.
Lovegrove, W. J., 1976 Dec. p. 45.
Lovelace, Lady, 1966 Sept. p. 68.

Lovelace, Richard L., 1969 Jan. p. 46.
Loveland, R. P., 1952 Nov. p. 32.
Loveless, Richard, 1966 Aug. p. 42.
Lovell, Alfred C. B., 1953 Mar. p. 50; 1955 Mar. p. 41; 1957 Oct. p. 58.
Lovell, Bernard, Sir, 1961 Dec. p. 76; 1963 Sept. p. 83.
Lovell, John, 1951 June p. 54.
Lovelock, Jack, 1976 June p. 114.
Lovelock, James E., 1956 June p. 108; 1969 Mar. p. 88.
Lovering, John F., 1976 Dec. p. 118.
Lovering, T. S., 1957 July p. 42.
Lovett, Robert A., 1951 Nov. p. 32.
Low, Frank J., 1965 Aug. p. 24, 29; Oct. p. 42; 1966 Jan. p. 48; Dec. p. 46; 1967 Oct. p. 60; 1968 Aug. p. 59, 60, 65; 1969 Jan. p. 32; 1972 Aug. p. 59; 1973 Mar. p. 52; Apr. p. 37, 38; 1974 Apr. p. 71, 72; 1975 Sept. p. 154; 1978 Apr. p. 116.
Low, J. R., 1960 Feb. p. 95, 104.
Low, Joseph, 1952 Sept. p. 45.
Low, Samson, 1976 Jan. p. 117.
Lowdermilk, Walter C., 1960 Mar. p. 55; 1965 Mar. p. 25, 28.
Lowe, George, 1961 Oct. p. 68.
Lowe, Ronald, 1952 Feb. p. 62.
Lowe, Thaddeus S. C., 1949 Dec. p. 35.
Lowell Institute of Boston, 1949 July p. 50.
Lowell, James R., 1948 May p. 46; 1958 June p. 74.
Lowell Observatory, 1953 May p. 73; 1962 Apr. p. 62; 1964 Nov. p. 43; 1975 Sept. p. 131.
Lowell Observatory, *see:* U.S. Lowell Observatory.
Lowell, Percival, 1953 Feb. p. 20, 21; May p. 65, 70, 71, 72; 1959 Apr. p. 86, 88, 90, 93; 1971 Apr. p. 52; 1975 Sept. p. 131.
Löwenheim, Leopold, 1972 July p. 41.
Lowenstam, Heinz, 1958 Feb. p. 56.
Lowenstein, Bertrand E., 1976 Feb. p. 56.
Lowenstein, Otto E., 1962 July p. 64.
Lower, Richard, 1954 Feb. p. 54.
Lowey, Susan, 1974 Feb. p. 59; 1975 Nov. p. 38.
Lowie, Robert H., 1956 May p. 70.
Löwig, Karl J., 1963 Nov. p. 96-98.
Lowman, Guy S. Jr., 1950 Jan. p. 48.
Lowman, Paul D. Jr., 1975 Sept. p. 143.
Lown, Bernard, 1968 Oct. p. 36; 1971 Feb. p. 47.
Lowrey, Grosvenor, 1959 Nov. p. 100, 102, 105.
Lowry, Ira, 1965 Sept. p. 169.
Lowry, Olovir H., 1961 Dec. p. 65.
Lowy, David G., 1968 Feb. p. 96.
Lowy, Jack, 1965 Dec. p. 24, 27; 1975 Aug. p. 40, 41; Nov. p. 38.
Loyola, Ignatius, 1948 May p. 26.
Loyola University, 1958 July p. 52.
Lozier, Richard, 1976 June p. 43.
Lubbock, John, Sir, 1954 Sept. p. 52; 1965 July p. 92.
Lubchenko, Lula, 1955 Dec. p. 43, 44.
Luber, Johann, 1976 Nov. p. 100.
Lubin, Moshe J., 1969 Oct. p. 29; 1971 June p. 21.
Luborsky, Lester, 1968 Aug. p. 93.
Lubowitz, H. R., 1956 July p. 52.
Lubs, Herbert A. Jr., 1966 Apr. p. 42.
Lucas, Edouard, 1952 Feb. p. 40; 1953 Mar. p. 85, 86.
Lucas, Jeanette, 1949 Dec. p. 55.
Lucas, R. A., 1958 Oct. p. 56.
Luce, David, 1974 Nov. p. 84, 87, 95.
Luce, J. V., 1976 Apr. p. 56.
Luce, John S., 195 Nov. p. 54.
Lucey, E. C. A., 1973 Nov. p. 92.
Lucey, Jerold F., 1975 July p. 74.
Luchins, Abraham S., 1963 Apr. p. 128.
Lucht, C. M., 1966 July p. 101.
Lucia, Salvatore P., 1964 Aug. p. 56.
Lucian, 1972 Dec. p. 89.
Luciani, Luigi, 1958 Aug. p. 85; 1961 Oct. p. 141; 1971 Oct. p. 14; 1975 Jan. p. 56.
Luciano, David P., 1977 May p. 106.
Luck, David J. L., 1965 Jan. p. 78.
Lucké, Balduin, 1973 Oct. p. 26-28.
Luckhardt, A. B., 1957 Apr. p. 55.
Luckmann, Thomas, 1970 Nov. p. 98.
Lucknow University, 1977 Apr. p. 34.
Lucretius, 1952 Mar. p. 62; 1958 Feb. p. 28; 1959 Oct. p. 113; 1964 Feb. p. 42; 1965 Jan. p. 82; 1966 Sept. p. 164; 1967 Feb. p. 62; 1970 May p. 117-121; 1976 Jan. p. 117.
Lucy, Jack A., 1975 Oct. p. 36.
Lucy, Leon B., 1968 June p. 39; 1972 Feb. p. 71.
Luders, A. E., 1966 Aug. p. 67.
Ludwig, Carl F. W., 1949 Sept. p. 44; 1951 Oct. p. 58; 1953 Jan. p. 41, 42; 1961 May p. 137, 144; 1968 June p. 79, 84.
Ludwig, George, 1956 Nov. p. 47; 1959 Mar. p. 42.
Ludwig, Martha L., 1968 Apr. p. 49.
Luff, Peter P., 1978 Mar. p. 58.
Luft, John H., 1962 Apr. p. 70.
Luginbuhl, Hans, 1966 June p. 100.
Lugliani, Robert, 1974 June p. 51.
Luhn, H. P., 1958 June p. 48.
Luigi, Jacchia, 1962 Apr. p. 59.
Lukasiewicz, Jan, 1969 June p. 65.
Lukirsky, P. L., 1949 Nov. p. 27.
Lull, Ramón, 1952 Mar. p. 68; 1968 May p. 98.
Lum, Peter, 1949 Dec. p. 53.
Lum, William T., 1966 Jan. p. 48; 1968 Dec. p. 38.
Lumb, G. D., 1966 June p. 100.
Lumière, Louis, 1950 Aug. p. 39.
Lumley, Henry de, 1971 Dec. p. 42; 1975 Jan. p. 109.
Lumsden, Malvern, 1976 Jan. p. 61.
Luna, Enrique, 1957 Jan. p. 45.
Lunar Society of Birmingham, 1965 June p. 115.
Lund, Peter W., 1967 Nov. p. 44.
Lund, R. D., 1974 May p. 50.
Lundberg, Anders, 1975 Jan. p. 71.
Lundberg, Hans, 1950 June p. 52.
Lundblad, G., 1950 Dec. p. 49.
Lundby, A., 1955 Oct. p. 31.
Lundén, A., 1967 Dec. p. 72.
Lundin, Robert E., 1968 June p. 46.
Lundin, S. J., 1972 Apr. p. 54.
Lundmark, K., 1954 July p. 35; 1971 July p. 77.
Lundmark, Knut, 1976 June p. 106.
Lundquist, Charles A., 1962 May p. 55.
Lunts, A. G., 1956 Jan. p. 29-31.
Luntz, J. D., 1954 Dec. p. 53.
Luo, Huey-Lin, 1964 Sept. p. 88.
Luria, A. R., 1965 Mar. p. 91; 1969 Jan. p. 79; 1970 Mar. p. 66; 1972 Apr. p. 80, 83.
Luria, Salvador E., 1948 Nov. p. 51; 1951 May p. 24; Oct. p. 23; 1956 July p. 110; 1969 Dec. p. 48; 1970 Jan. p. 88; 1972 Dec. p. 87, 88; 1975 Dec. p. 30, 48; 1978 Feb. p. 76.
Lurie, A. A., 1952 Feb. p. 31.
Lurie, Max, 1955 June p. 104.
Lüscher, E. F., 1961 Feb. p. 64.
Lüscher, Martin, 1958 Dec. p. 39; 1961 July p. 138; 1963 May p. 100; 1967 Nov. p. 117.
Lusignan, Bruce B., 1969 Mar. p. 87.
Lusk, Graham, 1965 May p. 88.
Lusk, Joan, 1975 Dec. p. 34, 35.
Lüst, Rhea, 1958 Feb. p. 33; 1964 Apr. p. 68; 1974 Feb. p. 50.
Lusternick, L., 1950 Jan. p. 24.
Lustig, E. N., 1961 Feb. p. 98.
Lustig, Gerald J., 1975 Mar. p. 49.
Luten, Daniel B., 1971 Sept. p. 165.
Luther, Herman, 1970 Nov. p. 88.
Luther, Martin, 1952 Oct. p. 76; 1956 Jan. p. ; 1958 June p. 74; 1964 Feb. p. 121.
Lüttge, Ulrich, 1978 Feb. p. 114.
Lutwick, Larry L., 1976 Nov. p. 70.
Lutz, F., 1950 Jan. p. 40.
Lutz, Henry F., 1948 June p. 46, 47.
Lutzner, Marvin A., 1967 Jan. p. 115.
Luukkainen, Tampani, 1972 Nov. p. 50.
Luxton, R. E., 1965 Nov. p. 54.
Luyet, B. J., 1956 June p. 106.
Luyten, Willem J., 1971 May p. 59, 60.
Luyten, William J., 1964 Aug. p. 14.
Lvov, D. K., 1977 Dec. p. 103.
Lwoff, André, 1950 Nov. p. 36; 1954 June p. 73; 1955 Apr. p. 93; 1961 June p. 97; 1963 Aug. p. 51; 1965 Dec. p. 38; 1967 Nov. p. 28, 30; 1976 Dec. p. 103.
Lychnikov, D. C., 1970 Nov. p. 63.
Lycosthenes, 1950 June p. 19.
Lyden, Fremont J., 1963 Aug. p. 20, 24.
Lyden-Bell, Donald, 1970 June p. 32.
Lyell, Charles, Sir, 1956 Feb. p. 62, 63, 65-68, 72; 1957 Apr. p. 81; 1959 Feb. p. 70, 75, 77-79, 81, 84; May p. 64; Aug. p. 98-106; Nov. p. 170, 172-174; 1960 May p. 70; 1963 Feb. p. 77; 1972 Dec. p. 27, 36.
Lyman, Charles P., 1968 Mar. p. 110; 1969 Jan. p. 89.
Lyman, E. M., 1956 July p. 57, 58.
Lyman, John, 1951 Aug. p. 28.
Lyman, John L., 1977 Feb. p. 96.
Lyman, Joseph, 1964 Mar. p. 34.
Lyman, Richard W., 1978 June p. 83.
Lyman, Theodore, 1972 Jan. p. 80.
Lynch, David K., 1978 Apr. p. 144.
Lynch, Gary S., 1977 June p. 90.
Lynch, Harry, 1975 July p. 77.
Lynch, Paul, 1978 Feb. p. 71.
Lynden-Bell, Donald, 1963 Feb. p. 65; 1974 Dec. p. 43.
Lynds, Beverly T., 1977 June p. 68.
Lynds, C. Roger, 1963 Sept. p. 86; 1964 Nov. p. 40, 44; 1966 July p. 54; Dec. p. 41, 43, 45, 52; 1969 Mar. p. 46; 1970 June p. 35; Dec. p. 22, 27; 1971 Feb. p. 31; 1975 Feb. p. 43.
Lynds, Clarence R., 1968 July p. 49; 1978 Apr. p. 80.
Lyne, A. J., 1968 June p. 44; Oct. p. 30.
Lynen, Feodor, 1954 Jan. p. 34, 36; 1960 Feb. p. 47, 49; 1961 June p. 146; 1964 Dec. p. 60; 1967 Nov. p. 28; 1975 Mar. p. 95.
Lynip, A. W., 1974 Mar. p. 84.
Lynn, Walter, 1974 Sept. p. 169.
Lyon, Marcus, 1954 Aug. p. 66.
Lyon, Mary, 1963 Nov. p. 72; 1971 Nov. p. 34; 1974 May p. 53; 1977 Feb. p. 81.
Lyon, William S., 1971 May p. 18.
Lyons, E. Ann, 1963 Mar. p. 78.
Lyons, Gene M., 1968 Oct. p. 58; 1970 Feb. p. 13.
Lyons, Harold, 1949 Feb. p. 28; 1957 Feb. p. 71; 1958 Dec. p. 46; 1960 Apr. p. 74.
Lyot, Bernard, 1948 Nov. p. 34; 1953 May p. 68, 73; 1958 Aug. p. 37; 1959 Oct. p. 67; 1973 Oct. p. 74; 1975 Sept. p. 76.
Lyra, Gerhard, 1961 Mar. p. 129.
Lysenko, Trofim D., 1949 May p. 26; 1950 Feb. p. 24; 1953 Sept. p. 74; Dec. p. 92; 1954 Sept. p. 82; 1956 June p. 60; 1958 Sept. p. 89; Nov. p. 60; 1959 May p. 65; 1962 Nov. p. 41-46, 48; 1970 Oct. p. 29.
Lyst, Bernard, 1960 July p. 58.
Lythgoe, R. J., 1967 June p. 76.
Lytle, Farrel W., 1976 Apr. p. 96, 101, 102.

Lytle, Loy, 1974 Feb. p. 91.
Lyttleton, R. A., 1951 July p. 26; 1952 Nov. p. 49; 1953 Mar. p. 34; 1959 Apr. p. 93; Oct. p. 84; 1960 July p. 62; 1966 Oct. p. 30; 1975 Sept. p. 153.

M

M. A. Hanna Corporation, 1952 Jan. p. 50.
M. D. Anderson Hospital, 1960 Nov. p. 63, 71.
M. D. Anderson Hospital and Tumor Institute, 1964 May p. 91.
M. W. Kellogg Company, 1970 Sept. p. 143.
Maak, R., 1969 Aug. p. 80.
Maaloe, Ole, 1953 May p. 38, 39.
Maanen, Adriaan van, 1964 Aug. p. 14.
Maas, Klaus, 1967 Dec. p. 69.
Maaske, C. A., 1966 June p. 100.
MacAdam, David L., 1974 July p. 62.
Macapagal, Dios D., 1963 Feb. p. 45.
MacArthur, Ian, 1969 Aug. p. 93.
MacArthur, Robert H., 1973 Dec. p. 60, 61.
Macaulay, Thomas, 1955 Oct. p. 101.
MacCallum, F. O., 1961 May p. 51; 1963 Oct. p. 46; 1971 July p. 26.
MacCallum, W. G., 1961 Apr. p. 56.
Maccoby, Eleanor E., 1955 July p. 52.
Maccoby, Eleanor S., 1974 Sept. p. 145.
MacCready, Paul B., 1977 Oct. p. 74.
MacCullagh, Hamilton, 1953 Nov. p. 93.
MacCullagh, James, 1953 Nov. p. 93.
Macdonald, Alexander, 1974 Nov. p. 54.
MacDonald, Gordon J. F., 1960 May p. 62, 64; 1967 Mar. p. 62, 64; 1970 Mar. p. 38; 1972 Apr. p. 50.
Macdonald, Norman J., 1968 Jan. p. 111.
MacDonald, R., 1978 Apr. p. 122.
MacDonald, T. L., 1949 July p. 21.
Macdonell, W. R., 1950 Apr. p. 60.
MacDougal, D. T., 1952 Oct. p. 82.
MacDougal, J. H., 1948 Aug. p. 8.
MacDougald, T. J., 1951 June p. 51.
Macdougall, J. D., 1976 Dec. p. 114.
MacDougall, William, 1950 Sept. p. 81, 89.
MacDowell, Edward, 1965 Dec. p. 99.
Macek, Warren M., 1963 July p. 44, 45.
Macelwane, James B., 1953 May p. 54.
MacEnery, Father, 1959 Nov. p. 167, 170, 172.
MacEnery, J., 1948 July p. 16, 17.
MacEwan, Andrew A., 1966 June p. 51.
Macfadden, Bernarr, 1949 Jan. p. 52.
MacFarlane, D. A., 1963 Oct. p. 116.
MacFarlane, Jean W., 1952 Sept. p. 76.
MacFarlane, Malcom, 1969 July p. 52.
MacGillavry, Caroline H., 1974 July p. 97.
MacGinitie, George, 1971 May p. 100.
MacGregor, Frances C., 1973 May p. 27.
MacGregor, G. H. C., 1964 Jan. p. 56.
Mach, Ernst, 1949 Oct. p. 53; Nov. p. 15-19; 1950 Apr. p. 13; 1955 July p. 72, 73; 1957 Feb. p. 100, 104, 106; 1964 June p. 32; Sept. p. 133; Nov. p. 117; 1967 May p. 129, 134; 1969 Mar. p. 68; 1971 Dec. p. 68; 1972 June p. 91, 92; 1974 Jan. p. 78; 1976 Feb. p. 46; 1978 May p. 68.
Mach, Ludwig, 1962 May p. 108, 109; 1977 Aug. p. 98.
Machaa, 1949 Feb. p. 53.
MacHattie, Lorne, 1970 Jan. p. 50.
Machiavelli, Niccolò, 1952 Aug. p. 60.
Machin, Kenneth E., 1963 Mar. p. 52.
Machover, K., 1959 Feb. p. 51.
Macht, Stanley, 1955 Nov. p. 61.
Machta, Lester, 1970 Oct. p. 54.
MacInnes, Duncan A., 1951 Dec. p. 47.
MacInnis, Joseph B., 1966 Mar. p. 24, 58.
MacInnis, Marian, 1954 Apr. p. 64.
Macintosh, Charles, 1956 Nov. p. 76.
MacIntyre, Ferren, 1970 Nov. p. 104.
MacIntyre, Iain, 1970 Oct. p. 42.
MacIntyre, Ross J., 1973 Dec. p. 36.
Maciolek, John, 1953 May p. 83.
Mack, Arien, 1967 May p. 103.
Mack, D. J., 1967 Feb. p. 86, 88.
Mack, Dick A., 1972 Nov. p. 105.
Mack, Michael E., 1973 June p. 51, 52.
Mack, Pauline D., 1951 Feb. p. 31.
MacKay, D. M., 1974 July p. 104.
MacKay, J. S., 1969 June p. 58.
Mackay, M. B., 1966 June p. 39.
Mackenzie, C. J., 1975 Oct. p. 22.
MacKenzie, Cosmo G., 1971 June p. 97.
MacKenzie, Innes K., 1975 July p. 39.
MacKenzie, James, 1956 May p. 122; 1965 June p. 115.
MacKenzie, Julie B., 1971 June p. 97.
MacKenzie, K. R., 1950 Apr. p. 43.
Mackey, M. B., 1963 Dec. p. 56.
Mackie, Alexander M., 1972 July p. 99.
Mackie, I. M., 1968 June p. 105.
Mackie, W., 1968 June p. 107.
Mackintosh, A. R., 1965 Apr. p. 78; 1967 Sept. p. 202.
Mackintosh, N. A., 1973 Aug. p. 42.
Macklin, Charles C., 1962 Dec. p. 129.
Mackworth, Harold, 1957 Jan. p. 52.
Mackworth, Jane F., 1968 Aug. p. 90.
Mackworth, Norman H., 1968 Aug. p. 90-94; 1971 June p. 37.
Maclachlan, G. A., 1960 Nov. p. 114.
MacLachlan, James, 1975 Mar. p. 102; June p. 101.
MacLagen, T. J., 1963 Nov. p. 96, 98.
MacLane, Saunders, 1949 June p. 29; 1953 Feb. p. 34.
Maclean, Elizabeth C., 1962 July p. 109 111.
Maclean, John, 1954 Oct. p. 73.
MacLean, William R., 1960 Apr. p. 92.
MacLeish, Kenneth, 1952 Feb. p. 31.
MacLennan, R., 1968 Apr. p. 77.
MacLeod, Colin M., 1953 Feb. p. 50, 51; 1956 July p. 113; Oct. p. 88; Nov. p. 52; 1961 Sept. p. 74; Oct. p. 86; 1963 July p. 64; 1969 Jan. p. 38; 1972 Dec. p. 84.
MacLeod, Donald I. A., 1970 Apr. p. 48.
Macleod, J. M., 1977 Aug. p. 32, 33.
Macleod, John J. R., 1949 Dec. p. 13; 1958 May p. 99; 1967 Nov. p. 26.
MacLeod, Michael C., 1970 Oct. p. 60.
MacLeod, Norman H., 1970 Sept. p. 54.
Maclusky, Neil J., 1976 July p. 57.
MacMahon, Brian, 1963 July p. 68.
Macmillan, A. M., 1965 May p. 21.
MacMillan and Co., Ltd., 1950 Jan. p. 46, 47.
MacMillan, Donald B., 1956 Feb. p. 89; 1976 Jan. p. 102, 109.
MacMillan, Harold, 1960 June p. 80; 1963 Feb. p. 64.
MacMillan, James M., 1961 Aug. p. 105.
Macmillan, Kirkpatrick, 1973 Mar. p. 82.
Macnab, Robert M., 1975 Aug. p. 39; 1976 Apr. p. 45, 46.
MacNeish, Richard S., 1971 Apr. p. 36; 1976 Sept. p. 95.
MacNichol, Edward F. Jr., 1961 Sept. p. 228; 1964 May p. 60; 1969 May p. 113; 1970 Oct. p. 83; 1975 Mar. p. 68, 74.
Macpherson, Ian A., 1963 Jan. p. 51; 1967 Apr. p. 30.
MacPhillamy, H. B., 1958 Oct. p. 56.
MacRae, A. V., 1965 Mar. p. 37.
MacRae, T. P., 1969 Aug. p. 93, 94.
MacSwiney, Terence, 1971 Oct. p. 14.
MacTaggart, Kenneth W., 1951 May p. 66.
Macumber, P. G., 1972 Oct. p. 48.
Macy, Obed, 1958 Jan. p. 84.
Madagascar Institute of Scientific Research, 1955 Dec. p. 34.
Madden, J. S., 1967 Aug. p. 44.
Maddin, Robert, 1977 May p. 61; June p. 37; Oct. p. 122.
Maddock, Alfred, 1968 Oct. p. 52.
Madey, John M. J., 1977 June p. 64.
Madigan, Francis C., Father, 1958 Feb. p. 22.
Madigan, John R., 1964 June p. 71, 79.
Madison, James, 1957 Nov. p. 47; 1966 Oct. p. 60.
Madison, James T., 1965 May p. 48; 1966 Feb. p. 34.
Madras, Bertha, 1974 Feb. p. 89.
Madsen, B. M., 1960 Sept. p. 104; 1961 Aug. p. 56; 1965 Oct. p. 32.
Maegraith, B. G., 1953 Apr. p. 50.
Maeno, Hiroo, 1977 Aug. p. 117.
Maestlin, Michael, 1973 Dec. p. 97, 99.
Maeterlinck, Maurice, 1948 June p. 18, 19.
Maffei, Lamberto, 1974 Nov. p. 106, 111; 1976 Dec. p. 45.
Maffei, Paolo, 1971 Mar. p. 45.
Magaria, Rodolfo, 1968 Aug. p. 74.
Magasanik, Boris, 1977 Mar. p. 79.
Mage, Samuel, 1963 Jan. p. 66.
Magee, Donal F., 1966 June p. 97.
Magee, John F., 1971 Nov. p. 48.
Magellan, Ferdinand, 1953 Jan. p. 50; May p. 88; June p. 57; 1958 Jan. p. 51; 1964 Jan. p. 32.
Magendie, François, 1957 Mar. p. 112; 1971 Jan. p. 96.
Magendie, Françoise, 1958 Aug. p. 85.
Maglic, B. C., 1961 Nov. p. 80; 1963 Jan. p. 45.
Magnan, Antoine, 1958 Dec. p. 92.
Magnan, Christian, 1967 Aug. p. 36.
Magnel, G., 1958 July p. 26.
Magnus, Albertus, 1952 Oct. p. 76; 1977 June p. 126.
Magnus, Ian, 1967 Nov. p. 69.
Magnus, W., 1952 June p. 66.
Magnus-Levy, Adolf, 1971 June p. 95.
Magnuson, Paul B., 1952 Mar. p. 38; 1953 Feb. p. 42.
Magnuson, Warren G., 1948 June p. 9; 1950 Jan. p. 26.
Magnusson, R. P., 1978 Mar. p. 113.
Magono, Choji, 1954 Feb. p. 66, 67.
Magoun, Horace W., 1956 Oct. p. 106; 1957 May p. 55; 1959 Aug. p. 95; 1961 Jan. p. 137; 1962 June p. 148; 1967 Feb. p. 66; 1970 Mar. p. 66.
Magrath, C. Peter, 1978 June p. 83.
Mahaffy, A. F., 1955 Mar. p. 60, 62, 69.
Mahan, Alfred T., 1969 Sept. p. 59, 60, 63.
Mahboubi, E., 1974 May p. 61.
Mahew, Clarence W., 1963 Aug. p. 27.
Mahl, George F., 1958 Oct. p. 96.
Mahler, Henry, 1954 Jan. p. 35.
Mahoney, J. F., 1952 Apr. p. 56.
Mahoney, M. J., 1977 June p. 77.
Mahr, Herbert, 1973 June p. 53, 55.
Mahudel, Abbé, 1974 Dec. p. 127.
Mahut, Helen, 1956 Jan. p. 39; 1977 June p. 89.
Maiani, Luciano, 1975 June p. 60; Oct. p. 47; 1977 Oct. p. 60.
Maico Company, 1953 Feb. p. 40.
Maier, Hans, 1969 Feb. p. 95.
Maier, Michael, 1952 Oct. p. 74.
Maier, Norman, 1952 Aug. p. 28.
Maier, Robert, 1977 Mar. p. 80.
Maier, Steven, 1972 June p. 113.

Maiman, Theodore H., 1960 Oct. p. 80; Dec. p. 80; 1961 June p. 56; 1963 July p. 34, 37; 1964 Dec. p. 60; 1968 Sept. p. 129; 1971 June p. 22; 1974 June p. 24.
Maimonides Hospital, 1962 Oct. p. 48.
Maimonides, Moses, 1967 Feb. p. 28; July p. 50.
Main, Charles T., 1965 Mar. p. 28.
Main, Joan M., 1977 May p. 64.
Main, Robert M., 1967 Oct. p. 56.
Mair, G. A., 1965 July p. 46; 1966 Nov. p. 84.
Mairan, Jean B. D. de, 1971 Apr. p. 72.
Maisel, Albert Q., 1954 Feb. p. 42.
Maita, J. P., 1971 Nov. p. 28.
Maiuri, Amedeo, 1963 Dec. p. 117, 121.
Maizels, Nancy, 1974 June p. 50.
Majnarich, John J., 1949 Feb. p. 29.
Majno, Guido, 1969 June p. 48.
Major, John K., 1954 June p. 30.
Makaronas, Ch. J., 1966 Dec. p. 99.
Makarov, Stepan O., 1961 May p. 88.
Maker, Paul D., 1963 July p. 42; 1964 Apr. p. 42, 43.
Makinodan, Takashi, 1973 Sept. p. 52.
Makman, Richard, 1972 Aug. p. 100.
Makowski, Lee, 1978 May p. 150.
Malacarne, Michele G., 1972 Feb. p. 22.
Malamud, William, 1949 July p. 44.
Malawista, Stephen, 1974 July p. 43.
Malaya Tropical Fish Culture Research Institute, 1963 May p. 152.
Malcev, Anatoli, 1972 June p. 83, 84.
Maldonado, H., 1977 July p. 118.
Malécot, Gustave, 1969 Aug. p. 32.
Malenkov, Georgi M., 1953 Oct. p. 50; 1954 May p. 46.
Malhotra, R. P., 1958 Nov. p. 56.
Malin, Michael C., 1973 Jan. p. 61; 1977 Jan. p. 94.
Malina, Frank J., 1949 May p. 38.
Malinovsky, Rodion Y., 1962 Apr. p. 46.
Malinowski, Bronislaw, 1950 Sept. p. 81.
Malkasian, Dennis, 1972 Feb. p. 27.
Malkus, Joanne S., 1954 June p. 34; 1957 Aug. p. 34; 1964 Dec. p. 27.
Mallery, Garrick, 1974 Sept. p. 93.
Mallet, Robert, 1962 May p. 116.
Mallina, R. F., 1962 Oct. p. 50, 54, 55.
Mallison, George F., 1973 May p. 44.
Mallock, A., 1977 July p. 111.
Mallowan, Max, 1977 Oct. p. 127.
Mallucci, Livio, 1967 Nov. p. 69.
Malm, John G., 1962 Nov. p. 76; 1966 Oct. p. 64.
Malmberg, John H., 1966 Dec. p. 31.
Malo of Brittany, Saint, 1960 Nov. p. 162.
Malone, Dudley F., 1959 Jan. p. 120-122, 127, 128; 1969 Feb. p. 19, 20.
Malpighi, Marcello, 1952 June p. 62; 1953 Jan. p. 40; Feb. p. 28; 1954 Dec. p. 95; 1959 Jan. p. 54, 56; 1976 May p. 99, 103.
Maltby, Per, 1963 Dec. p. 56; 1966 June p. 32; Dec. p. 48.
Malter, L., 1966 Nov. p. 111.
Malthus, Thomas, 1950 Feb. p. 11-13, 15; Aug. p. 11, 13; 1952 Aug. p. 18, 60; 1954 Oct. p. 33; 1956 Feb. p. 65; Mar. p. 64, 66; 1958 Sept. p. 108; 1959 Feb. p. 74, 80; May p. 62, 64; 1960 Sept. p. 195; 1962 Feb. p. 139; 1964 Sept. p. 149; 1965 Sept. p. 151; 1967 Feb. p. 30; 1970 Jan. p. 108; Aug. p. 54; 1972 Feb. p. 93, 95, 99; 1974 Sept. p. 166; 1976 July p. 34; Sept. p. 31, 34, 165; 1978 Jan. p. 99.
Maly, Jaromir, 1969 Apr. p. 61.
Man, Albon, 1959 Nov. p. 102.
Manabe, Synkuro, 1970 Sept. p. 63.
Manabe, Syukurs, 1971 Jan. p. 37.
Manaker, Robert A., 1972 Jan. p. 26.
Manchester College of Science and Technology, 1964 Nov. p. 68.
Mandel, Elizabeth, 1967 July p. 106.
Mandel, George, 1967 July p. 106, 108, 110.
Mandel, J. L., 1978 Feb. p. 76.
Mandel, John, 1967 July p. 106, 108.
Mandel, Lawrence, 1967 July p. 106, 108.
Mandel, Leonard, 1968 Sept. p. 55.
Mandel, Morton, 1975 July p. 28.
Mandel, Sarah, 1967 July p. 106, 108.
Mandel'shtam, S. L., 1961 Oct. p. 86.
Mandelstam, Stanley, 1975 Feb. p. 65.
Mandey, Venturus, 1964 Jan. p. 104.
Maner, James, 1971 Aug. p. 39, 40.
Manfredini, A., 1956 June p. 41.
Mange, Arthur P., 1968 Jan. p. 27.
Mangelsdorf, Paul C., 1951 July p. 50; Sept. p. 60; 1964 Nov. p. 30, 31; 1971 Aug. p. 38; 1973 Jan. p. 45.
Mangold, Hilde, 1958 Dec. p. 38.
Mangoliash, Emanuel, 1975 Aug. p. 56.
Mangonès, E., 1969 Nov. p. 45.
Manheim, Frank T., 1978 May p. 62.
Maniatis, Tom, 1974 June p. 50; 1976 Jan. p. 73.
Manitoba Provincial Legislature, 1953 Dec. p. 31.
Manley, J. H., 1949 May p. 29.
Manley, Oscar, 1967 Dec. p. 42.
Mann, Alfred K., 1974 Dec. p. 108; 1975 Jan. p. 49; July p. 46; Oct. p. 50; 1976 Jan. p. 47; 1977 May p. 56.
Mann, Edward D., 1963 Mar. p. 121.
Mann, George V., 1955 Nov. p. 48; 1957 Dec. p. 64; 1960 Nov. p. 86; 1977 Dec. p. 86.
Mann, Matthew D., 1963 Mar. p. 121-126, 128-130.
Mann, S. D., 1969 May p. 24.
Mann, Thaddeus, 1959 Aug. p. 121.
Mann, Thomas, 1957 Dec. p. 98.
Mannesmann-Hüttenwerke A. G., 1963 Dec. p. 76, 79.
Mannheim, Karl, 1950 Sept. p. 81.
Manniche, E., 1958 Jan. p. 46.
Manning, A. W. G., 1970 July p. 85.
Manning, Dean W., 1974 Nov. p. 69.
Manning, James M., 1975 Apr. p. 47, 49.
Manning, L. A., 1955 Sept. p. 136.
Manning, W. H., 1965 JUly p. 79.
Manning, W. M., 1956 Dec. p. 67.
Mansfield, Mike, 1970 Apr. p. 46.
Mansfield, R. J. W., 1976 Dec. p. 45.
Mansinha, L., 1968 Nov. p. 60; 1971 Dec. p. 80.
Manson, Patrick, 1952 June p. 23; 1958 July p. 96-98.
Manton, Irene, 1961 Feb. p. 114; 1974 Oct. p. 45.
Manufacturers Bank, 1966 Sept. p. 147.
Manufacturing Chemists Association, 1953 Mar. p. 46; 1957 Feb. p. 56.
Manville, R. H., 1957 Apr. p. 76.
Manwell, James C., 1972 Nov. p. 50.
Manwell, Reginald D., 1953 Feb. p. 92.
Manzoni, Alessandro, 1964 Feb. p. 117.
Mao Tse-tung, 1972 Nov. p. 50; 1974 Apr. p. 20-22; 1975 May p. 20; Oct. p. 113; 1978 June p. 74.
Maqia, Daniel, 1956 Apr. p. 66.
Maqsood, Ali S., 1973 Sept. p. 47.
Maraini, Fosco, 1967 May p. 35.
Maramorosch, Karl, 1956 Feb. p. 49; 1960 Aug. p. 143; 1963 Aug. p. 51.
Maran, Stephaen P., 1971 Feb. p. 31.
Maran, Stephen P., 1968 July p. 49; 1969 Mar. p. 46; 1971 Dec. p. 21; 1972 Aug. p. 59.
Marbaix, Gerard, 1971 Dec. p. 40; 1976 Aug. p. 63, 69.
Marcadel, James, 1963 May p. 46.
Marcatili, Enrique A. J., 1972 Feb. p. 42.
Marceau, Ian W., 1971 Feb. p. 84.
Marcel Breuer and Associates, 1968 Sept. p. 195.
Marcellus, Marcus Claudius, 1954 May p. 82; 1977 Feb. p. 46; June p. 64.
Marcet, A. M., 1953 Oct. p. 91; 1970 Nov. p. 105.
March of Dimes, 1953 Mar. p. 52.
March, R. B., 1952 Oct. p. 22, 23, 25.
Marchal, Elias, 1951 Apr. p. 55.
Marchal, Émile, 1951 Apr. p. 55.
Marchand, James, 1959 Feb. p. 74.
Marchase, Richard B., 1974 June p. 50.
Marches, J. R., 1953 Aug. p. 48.
Marchesi, Vincent T., 1974 Mar. p. 27, 30; 1975 Dec. p. 31; 1978 Jan. p. 86.
Marchessault, Robert H., 1968 June p. 105.
Marchetti, Cesare, 1973 Jan. p. 17, 18; 1974 Oct. p. 79.
Marchi, Vitorio, 1971 July p. 51.
Marcinkevic, L. D., 1965 Nov. p. 114.
Marcker, Kjeld A., 1968 Jan. p. 40; Mar. p. 69; 1969 Oct. p. 34.
Marconi, Guglielmo, 1949 Dec. p. 15; 1950 Sept. p. 28; 1951 Sept. p. 46; 1954 Apr. p. 64, 69; 1955 Sept. p. 126, 136; 1957 Jan. p. 47; Dec. p. 104; 1958 Sept. p. 66; 1965 Mar. p. 93-95, 96, 97; 1967 Nov. p. 26; 1969 Mar. p. 104, 106, 109-111; 1971 May p. 87; 1972 Sept. p. 104; 1974 Mar. p. 100.
Marcus Aurelius Antonius, 1957 Mar. p. 105; 1974 Dec. p. 121.
Marcus, Philip I., 1957 Jan. p. 64; Aug. p. 93.
Marcus, R. A., 1964 July p. 105.
Marcy, Barton C. Jr., 1970 May p. 52.
Marean, John, 1958 Apr. p. 64.
Marek, Joseph, 1973 Oct. p. 28.
Maresh, Marian, 1953 Oct. p. 70, 71, 73.
Marey, Etienne J., 1958 Dec. p. 95; 1975 Nov. p. 87; 1977 Aug. p. 98.
Marey Institute, 1970 July p. 61.
Marg, Elwin, 1971 June p. 37.
Margalef, Ramón, 1971 Sept. p. 127, 129, 130, 132.
Margaret, Saint, 1974 Sept. p. 122.
Margaria, Rodolfo, 1959 Mar. p. 62.
Margarita Marie, Infanta, 1973 Sept. p. 35.
Margenau, Henry, 1951 Mar. p. 24, 26.
Margerie, Emmanuel de, 1950 Sept. p. 36.
Marglin, Arnold, 1966 Dec. p. 64; 1968 Mar. p. 74.
Margoliash, Emanuel, 1969 July p. 87; 1972 Apr. p. 64, 65; July p. 57; 1973 July p. 52.
Margolin, Abe, 1972 July p. 93.
Margolin, Sol, 1963 Nov. p. 104.
Margolis, George, 1967 Jan. p. 113, 114.
Margolis, Lester H., 1955 Feb. p. 52.
Margoshes, Marvin, 1975 Jan. p. 52.
Margossian, Sarkis S., 1975 Nov. p. 44.
Margulis, Lynn, 1970 Sept. p. 53; 1971 May p. 42; Aug. p. 49.
Maria Theresa, Empress, 1948 Aug. p. 26; 1976 Jan. p. 115, 116.
Marianna of Austria, 1973 Sept. p. 35.
Mariano, Agnolo di, 1964 Nov. p. 124.
Marie Antoinette, 1972 Jan. p. 94.
Marie, Pierre, 1950 Oct. p. 19.
Marie, Queen of Romania, 1965 Aug. p. 89.
Marignac, J. C. G., 1951 Nov. p. 30.
Marín, Munoz, 1966 Oct. p. 25.
Marinatos, Spyridon, 1954 Dec. p. 75; 1970 July p. 52; 1976 Apr. p. 56.
Marine Biological Association, 1962 Aug. p. 48; 1971 Jan. p. 71.
Marine, David, 1960 Mar. p. 119, 120; 1971 June p. 97.
Marinelli, Giorgio, 1970 Feb. p. 35.

Mariner, Ruth, 1963 Aug. p. 52.
Marinin, M., 1949 Apr. p. 24.
Marinsky, J. A., 1950 Apr. p. 43.
Marion, Leo, 1959 July p. 116.
Mariotte, Edmé, 1964 May p. 114.
Marius, Simon, 1973 June p. 30.
Mark, Hans M., 1978 May p. 70.
Mark, Herman F., 1957 Sept. p. 81; 1962 Nov. p. 102; 1967 Sept. p. 266, 79, 89.
Mark, J., 1978 Feb. p. 119.
Mark, J. Carson, 1978 Feb. p. 76.
Mark, Muster, 1964 June p. 55.
Mark, Richard F., 1964 Jan. p. 50.
Mark, Robert, 1974 Feb. p. 93.
Mark, Vernon H., 1961 Feb. p. 45.
Marker, Russell E., 1955 Jan. p. 57, 58.
Markert, Clement L., 1969 Apr. p. 33.
Markert, Thomas H., 1977 Oct. p. 50.
Markgraf, Richard, 1967 Dec. p. 30-32.
Markham, Roy, 1955 July p. 76, 77.
Markiewicz, Robert S., 1976 June p. 37.
Markley, Joan F., 1966 May p. 49.
Markley, Kehl, 1958 Dec. p. 124.
Markov, A. A., 1964 Sept. p. 95.
Marks, Robert, 1952 Mar. p. 68.
Marks, William B., 1964 May p. 60; Dec. p. 54-56.
Markstein, George H., 1954 Sept. p. 90.
Markush, Robert E., 1968 Mar. p. 54.
Marlborough, Duke of, *see:* Churchill, John, Duke of Marlborough.
Marler, P., 1955 Sept. p. 80.
Marling, John B., 1977 Feb. p. 95.
Marmelzat, Willard L., 1957 Jan. p. 68.
Marmer, H. A., 1954 May p. 68.
Marmet, Jung, 1961 Oct. p. 75.
Marmont, George, 1949 Sept. p. 14, 16; 1958 Dec. p. 88.
Marmorston, Jessie, 1958 Feb. p. 27.
Marmur, Julius, 1960 May p. 90; 1962 Dec. p. 137, 140; 1964 May p. 51, 56.
Marotta, Domenico, 1965 Sept. p. 82.
Marples, B. J., 1960 Apr. p. 122.
Marples, Mary J., 1969 Dec. p. 134.
Marquand, Allan, 1952 Mar. p. 70.
Marquette, Jacques, 1952 Mar. p. 23.
Marquette University, 1958 July p. 52.
Marquez, E. D., 1975 Mar. p. 80.
Marquisee, Mark, 1965 May p. 48; 1966 Feb. p. 33, 38.
Marr, David, 1976 Feb. p. 84.
Marrack, J. R., 1954 June p. 71.
Marrazzi, Amedeo S., 1957 Feb. p. 87; Dec. p. 56; 1958 June p. 48; Aug. p. 95.
Marre, Jacob de, 1960 Oct. p. 130.
Marret, Mario, 1964 Feb. p. 94.
Marriotte, Edmé, 1950 Nov. p. 16.
Marschak, Jacob, 1955 Feb. p. 80.
Marsden, Brian G., 1974 Feb. p. 53; 1975 Sept. p. 144.
Marsden, C. D., 1972 May p. 37.
Marsden, Ernest, 1956 Nov. p. 96; 1962 Aug. p. 37; 1971 June p. 61; 1972 Oct. p. 100.
Marsden, Halsey M., 1968 May p. 126.
Marsden, K., 1968 Mar. p. 53.
Marseilles Observatory, 1964 Jan. p. 35.
Marsh, B., 1975 Nov. p. 38.
Marsh, James, 1959 Aug. p. 95, 96.
Marsh, Othniel C., 1969 Oct. p. 50.
Marsh, Richard E., 1962 July p. 84.
Marsh, S. P., 1965 June p. 106, 108.
Marshak, Robert E., 1948 June p. 27; 1949 Dec. p. 30; 1950 Mar. p. 11, 27; Apr. p. 20; 1953 Sept. p. 80; 1954 Sept. p. 146; 1956 May p. 42; Aug. p. 29-31, 34; 1957 Jan. p. 84; July p. 78; 1958 Feb. p. 40; 1960 Mar. p. 107, 99, 112; July p. 79; 1966 Feb. p. 48.
Marshall, A. J., 1963 Aug. p. 45.
Marshall, Alfred, 1953 Feb. p. 78; 1954 Mar. p. 41; 1973 Sept. p. 123.
Marshall, Carter L., 1973 Sept. p. 32.
Marshall, E. K. Jr., 1953 Jan. p. 43.
Marshall, Ernie, 1960 Feb. p. 44.
Marshall, F. H. A., 1966 Apr. p. 86.
Marshall, F. R., 1949 June p. 49.
Marshall, Frank J., 1962 Dec. p. 110.
Marshall, George C., 1949 May p. 11; 1951 Sept. p. 89; 1967 Nov. p. 25.
Marshall, John, 1948 June p. 53; 1960 Feb. p. 38, 39.
Marshall, John M. Jr., 1961 Apr. p. 126; Sept. p. 178.
Marshall, Laurence K., 1960 Sept. p. 82.
Marshall, Lauriston C., 1970 Sept. p. 118, 120.
Marshall, Norman, 1956 Nov. p. 111; 1960 July p. 120.
Marshall, Ray, 1977 Nov. p. 43, 49.
Marshall, Richard E., 1966 Apr. p. 107; 1967 Apr. p. 48.
Marshall, Robin, 1974 May p. 81.
Marshall, Roy K., 1951 Jan. p. 27.
Marshall, Ruth, 1963 July p. 57.
Marshall, W. A., 1973 Sept. p. 40.
Marshall, W. H., 1948 Oct. p. 31.
Marshall, Walter, 1978 May p. 81, 84.
Marsland, Douglas, 1950 Feb. p. 26; 1953 Aug. p. 55; 1962 Feb. p. 117.
Marston, Peter, 1975 Nov. p. 46, 47, 51.
Marston, William M., 1967 Jan. p. 25.
Martel, Charles, 1975 Oct. p. 73.
Martell, Arthur E., 1953 June p. 69.
Martell, E. A., 1959 Sept. p. 77.
Martensen-Larsen, O., 1949 May p. 29.
Martin, A. J. P., 1950 June p. 35; 1951 Mar. p. 39; 1952 Dec. p. 29; 1953 Sept. p. 82; 1955 May p. 37; 1958 Apr. p. 52; 1960 Mar. p. 133; 1961 Feb. p. 81; Oct. p. 58, 62; 1962 June p. 93; 1963 July p. 50; 1967 Nov. p. 28.
Martin, Charles, Sir, 1951 Oct. p. 59; 1954 Feb. p. 32; 1959 Apr. p. 105.
Martin, Charlie, 1967 Oct. p. 43, 45.
Martin Company, 1959 July p. 68.
Martin, D. D., 1975 Aug. p. 109.
Martin, David S., 1949 Aug. p. 12; Nov. p. 20; 1950 Feb. p. 20, 21, 22; Aug. p. 45; 1951 Apr. p. 65; 1954 Nov. p. 88; 1964 Mar. p. 70.
Martin, David W. Jr., 1973 June p. 87.
Martin, Edgar T., 1961 May p. 75.
Martin, Frederic T., 1967 Mar. p. 31.
Martin, George M., 1977 Feb. p. 85.
Martin, Herman, 1974 Dec. p. 104.
Martin, John, 1977 June p. 128.
Martin, M. H., 1961 May p. 158.
Martin Marietta Corporation, 1974 Feb. p. 44.
Martin, Nicholas, 1957 July p. 96.
Martin, Paul, 1973 May p. 44.
Martin, Paul S., 1963 Feb. p. 82; 1966 Dec. p. 58.
Martin, Robert, 1970 July p. 59, 60.
Martin, Robert G., 1963 Mar. p. 91.
Martin, Samuel P., 1949 Oct. p. 39.
Martin, W. P., 1953 Aug. p. 37.
Martin, Willard J., 1956 May p. 36.
Martin, William R., 1965 Feb. p. 86; 1966 Nov. p. 136.
Martinazzi, M., 1964 Oct. p. 86.
Martinez, Carlos, 1963 June p. 71.
Martinez, Hector, 1957 Jan. p. 45.
Martini, Marino, 1970 Feb. p. 35.
Martini, Simone, 1952 July p. 27; 1955 Jan. p. 81.
Martins-Ferreira, H., 1960 Oct. p. 119.
Martius, 1948 May p. 12, 13.
Martius, Carl, 1959 Nov. p. 82, 83.
Martland, Harrison, 1955 Aug. p. 35.
Marton, L., 1953 Aug. p. 44; 1956 Mar. p. 88.
Martsinkevitch, L. D., 1962 Sept. p. 192.
Martyn, D. F., 1950 Oct. p. 39.
Martz, D. E., 1965 Oct. p. 42.
Marvel, Carl S., 1957 Sept. p. 88; 1969 July p. 105.
Marvell, Andrew, 1977 June p. 129.
Marx, A., 1957 Nov. p. 86.
Marx, Karl, 1952 Sept. p. 150; 1954 Oct. p. 33; 1958 Sept. p. 107, 108; 1963 Sept. p. 55, 56; 1965 Sept. p. 68; 1966 Oct. p. 23; 1972 Apr. p. 19; Dec. p. 89; 1973 Feb. p. 57; 1976 July p. 34; 1977 Nov. p. 151.
Marx, Paul C., 1967 Jan. p. 41.
Mary Imogene Bassett Hospital, 1963 Aug. p. 25.
Mary of Magdalena, 1977 June p. 125.
Mary, Queen, 1948 June p. 51; 1977 Dec. p. 88.
Mary, Queen of Scots, 1949 Dec. p. 34; 1969 July p. 42, 46; 1973 Apr. p. 87.
Maryon, Herbert, 1966 Apr. p. 78.
Masayasu, Nomura, 1976 Oct. p. 49.
Mascolo, R. W., 1954 Sept. p. 122.
Māshā'allāh, 1974 Jan. p. 104.
Mashburn, Louise T., 1968 Aug. p. 37.
Masland, Richard F., 1976 Dec. p. 47.
Masland, Richard L., 1958 Mar. p. 60.
Mason, B. J., 1961 Mar. p. 132; 1962 Oct. p. 43.
Mason, Brian, 1971 Oct. p. 49; 1972 June p. 38; 1975 Jan. p. 30.
Mason, Edward S., 1963 Sept. p. 111, 61; 1974 Sept. p. 173.
Mason, George F., 1949 Dec. p. 54, 55.
Mason, Henry R., 1974 Sept. p. 65.
Mason, Howard S., 1968 May p. 112; 1975 June p. 26.
Mason, Iona, 1968 July p. 78.
Mason, Karen O., 1974 Sept. p. 143.
Mason, Max, 1951 June p. 43.
Mason, Miriam E., 1949 Dec. p. 56.
Mason, Ronald G., 1961 Oct. p. 146, 152; Dec. p. 54; 1968 Apr. p. 57; Dec. p. 60, 61.
Mason, W. P., 1960 Oct. p. 151, 154.
Mason, William A., 1962 Nov. p. 138.
Massachusettes Institute of Technology, 1976 Feb. p. 85.
Massachusetts Bay Colony, 1961 Apr. p. 150; 1971 Feb. p. 21.
Massachusetts Department of Mental Health, 1978 Feb. p. 49.
Massachusetts Eye and Ear Infirmary, 1962 June p. 146, 146, 150.
Massachusetts General Hospital, 1957 Jan. p. 70, 71, 73, 76; Sept. p. 204, 211; 1958 Mar. p. 118; Aug. p. 31; 1959 July p. 67; 1963 Mar. p. 83; 1966 Nov. p. 135; 1977 June p. 111.
Massachusetts Institute of Technology, 1949 Apr. p. 26, 30, 32; 1951 Feb. p. 61-63; May p. 36; 1952 Mar. p. 20; June p. 21; Sept. p. 109, 114, 58, 61; 1953 May p. 53; Aug. p. 42; 1955 Aug. p. 40; Sept. p. 69; 1956 Jan. p. 29-32; Feb. p. 49; Sept. p. 110, 111; Oct. p. 58; Dec. p. 40; 1957 Feb. p. 57; Sept. p. 205, 206, 208, 209, 211, 214, 216; Dec. p. 114; 1958 Feb. p. 33; Mar. p. 71; Apr. p. 64; May p. 73; June p. 33; July p. 49; Nov. p. 60, 71; Dec. p. 94; 1960 Aug. p. 50, 58, 60; 1961 Mar. p. 69; July p. 74; Oct. p. 93; 1962 Feb. p. 134; Mar. p. 62, 78; June p. 142, 143, 150-152; July p. 109, 110; Sept. p. 102, 93; Dec. p. 72; 1963 Mar. p. 91, 93; May p. 91; July p. 38, 42, 44, 82, 84; Aug. p. 34, 80; Sept. p. 112, 130, 140; Nov. p. 114; Dec. p. 129, 44, 46, 48, 51; 1964 Feb. p. 49; Mar. p. 113, 114, 62, 64, 67, 69, 88; Apr. p. 46, 49; May p. 51, 55; June p. 36, 72, 79, 94; July p. 36, 44; Sept. p. 142, 149-150;

Dec. p. 81; 1965 Apr. p. 66, 72-74, 78; July p. 27, 29, 65, 70; Aug. p. 30; Sept. p. 123, 132, 136, 197, 210, 214, 218; Oct. p. 29, 30; Nov. p. 84; 1966 Mar. p. 58; Apr. p. 93; May p. 63; June p. 42; Aug. p. 66, 68; Sept. p. 129, 130, 133-136, 138, 163, 177, 182, 188, 196, 247; 1967 Feb. p. 58; 1968 July p. 99; Aug. p. 60; Dec. p. 37-42; 1969 June p. 54; July p. 50; 1970 Mar. p. 41, 60; June p. 52, 68; July p. 80; Sept. p. 78, 82; Nov. p. 44; 1971 Apr. p. 60; June p. 65, 66, 72; July p. 94; Sept. p. 51; 1972 Jan. p. 47; July p. 72, 73; 1973 Jan. p. 44; Apr. p. 47, 53; 1974 Sept. p. 74; Nov. p. 51, 82, 84, 87; 1975 Jan. p. 48; Feb. p. 23, 26, 27; Aug. p. 48; 1976 July p. 66; Sept. p. 52, 55; 1977 Jan. p. 79; Apr. p. 27; Aug. p. 63, 66; Sept. p. 153; Oct. p. 45, 50, 51, 54, 59; 1978 Jan. p. 53.
Massachusetts Institute of Technology Francis Bitter National Magnetic Laboratory, 1964 June p. 79; 1970 May p. 57.
Massachusetts Institute of Technology Francis Bitter National Magnet Laboratory, 1971 Nov. p. 30.
Massachusetts Institute of Technology Francis Bitter National Magnetic Laboratory, 1975 Nov. p. 51.
Massachusetts Institute of Technology Lincoln Laboratory, 1955 Sept. p. 69.
Massachusetts Institute Of Technology Lincoln Laboratory, 1957 Jan. p. 49, 51.
Massachusetts Institute of Technology Lincoln Laboratory, 1961 Apr. p. 72; July p. 68; Oct. p. 81; Dec. p. 76; 1962 Feb. p. 104, 108; May p. 58; June p. 143, 144, 150, 62, 66; 1966 Sept. p. 93; 1971 July p. 32; 1972 Aug. p. 44.
Massam, T., 1965 Dec. p. 31.
Massasoit, 1960 Feb. p. 37.
Massé, Pierre, 1968 Mar. p. 48.
Massell, Benedict F., 1949 Dec. p. 28.
Massenbach, W. von, 1962 Aug. p. 32.
Masserman, Jules H., 1961 Feb. p. 42.
Massey, A. G., 1966 July p. 96.
Massini, Peter, 1962 June p. 96, 98.
Massmann, William H., 1973 Mar. p. 95.
Masson, Paul, 1977 June p. 56.
Mast, Samuel O., 1950 May p. 53; 1961 Apr. p. 122; Sept. p. 172, 174; 1962 Feb. p. 115, 118; 1971 Jan. p. 37.
Masters, Robert V., 1949 Dec. p. 55.
Masters, William H., 1966 June p. 54.
Masuda, Senichi, 1972 Mar. p. 57.
Masuda, Tohru, 1976 Mar. p. 115.
Masugi, M., 1949 July p. 17.
Masursky, Harold, 1973 Jan. p. 49; Oct. p. 48.
Matalon, S., 1977 July p. 96.
Matas, Rudolph, 1961 Apr. p. 91.
Matejka, Ladislav, 1977 Nov. p. 70.
Material Service Corporation, 1958 July p. 29.
Matern, Ulrich, 1978 June p. 86.
Mathé, Georges, 1964 May p. 92.
Mathematica, 1972 Oct. p. 21, 23.
Mathematical Association of America, 1948 Nov. p. 25; 1958 May p. 71.
Mather, Cotton, 1951 Aug. p. 39; 1957 Nov. p. 47; 1976 Jan. p. 114, 117.
Mather, Increase, 1957 Nov. p. 47.
Mather, John P., 1966 Feb. p. 53.
Mather, Kenneth, 1970 Mar. p. 102.
Mather, Kirtley F., 1950 Feb. p. 24; 1951 Feb. p. 30; 1952 Feb. p. 30; 1953 Feb. p. 34; 1959 Jan. p. 122.
Mather, R., 1950 Jan. p. 33.
Mathes, F. E., 1967 Apr. p. 93.
Mathew, Patrick, 1959 May p. 63.
Mathews, Max, 1966 Jan. p. 51.
Mathews, Peter, 1978 May p. 96.
Mathews, Shailer, 1959 Jan. p. 121, 122, 130.
Mathewson, D. S., 1963 Oct. p. 60; 1964 Jan. p. 36, 37, 41; 1978 Jan. p. 78.
Mathias, A. P., 1962 Aug. p. 117.
Mathias, L. E. S., 1965 Apr. p. 58.
Mathieson Chemical Corporation, 1953 July p. 32.
Mathieson, Eunice, 1949 Aug. p. 38.
Mathur, Pracheeshwar S., 1969 Mar. p. 35.
Mathushek, Frederick, 1965 Dec. p. 92.
Matijasevic, Yu V., 1970 Sept. p. 86.
Matisoo, Juri, 1972 Apr. p. 91.
Matloff, Jacob J., 1962 Oct. p. 56.
Matrone, Gennard, 1968 May p. 111.
Matson, Dennis, 1975 Jan. p. 28.
Matsuoka, M., 1964 June p. 42.
Matsushita Electric Industrial Co., 1970 Mar. p. 32.
Matsuzaki, Shohei, 1975 May p. 44; 1976 Mar. p. 32.
Mattauer, Maurice, 1977 Apr. p. 34.
Mattern, C. F. T., 1959 Feb. p. 89.
Matteucci, Carlo, 1952 Nov. p. 57; 1960 Oct. p. 117.
Mattews, Thomas A., 1966 Dec. p. 40.
Matthaei, J. Heinrich, 1961 Dec. p. 81; 1962 Feb. p. 49, 76; Mar. p. 68, 69; July p. 78; Oct. p. 66, 74; 1963 Mar. p. 84, 86; 1966 Apr. p. 107; 1968 Jan. p. 36; Dec. p. 48; 1969 Oct. p. 28.
Matthes, François E., 1970 June p. 101, 102.
Matthes, Gerard H., 1952 Mar. p. 24.
Matthews, B. C., 1952 Nov. p. 57.
Matthews, D. H., 1964 Nov. p. 53; 1965 Nov. p. 108; 1967 Feb. p. 54; 1968 Apr. p. 57; Dec. p. 61; 1969 Nov. p. 103, 114; 1972 May p. 56; 1973 May p. 67.
Matthews, F.E., 1956 Nov. p. 79, 81.
Matthews, G. V. T., 1954 Oct. p. 75; 1958 Aug. p. 43; 1974 Dec. p. 98, 101.
Matthews, J. M., 1966 Mar. p. 90.
Matthews, Larry S., 1978 Jan. p. 44.
Matthews, R. E. F., 1955 July p. 78.
Matthews, Robert W., 1975 Dec. p. 108.
Matthews, Thomas, 1970 Dec. p. 22; 1971 May p. 56.
Matthews, Thomas A., 1963 May p. 77; Dec. p. 56, 60; 1964 May p. 59; 1966 June p. 32.
Matthey, Robert, 1956 May p. 48.
Matthiae, G., 1973 Nov. p. 41.
Matthiae, Paolo, 1977 Sept. p. 101.
Matthias, Bernd T., 1957 Nov. p. 92, 96, 100; 1958 June p. 30; 1960 Mar. p. 77, 78; 1961 Apr. p. 80; 1962 June p. 62-64, 66, 82; 1963 Mar. p. 106; 1967 July p. 42; 1970 May p. 57; 1971 Nov. p. 22, 27, 28.
Matthiessen, G. C., 1970 Dec. p. 16.
Mattiasson, Bo, 1971 Mar. p. 28.
Mattiesen, Augustus, 1963 Jan. p. 89.
Mattingly, Harold B., 1974 Dec. p. 129, 130.
Maturana, Humberto R., 1964 Mar. p. 113; 1969 May p. 114; 1971 June p. 37.
Matuyama, Motonori, 1967 Feb. p. 48, 49.
Matyasevich, Yuri, 1973 Nov. p. 84, 85, 87, 90, 91.
Matzke, Edwin B., 1954 Jan. p. 64.
Mauborgne, Joseph O., 1966 July p. 42.
Mauchly, John W., 1949 June p. 30; 1964 Sept. p. 203; 1966 Sept. p. 67, 68.
Mauchly, S. J., 1953 Apr. p. 36.
Maude, David L., 1962 Aug. p. 100.
Maudslay, Henry, 1952 Sept. p. 102, 104, 107, 114; 1957 Nov. p. 47; 1963 Apr. p. 133, 139, 140, 142.
Maudsly Hospital, 1963 Mar. p. 103.
Maugenet, Jacques, 1972 Apr. p. 96.
Maugham, Somerset, 1949 Nov. p. 15.
Maughs, Sydney B., 1950 Mar. p. 29.
Maunder, E. Walter, 1952 Jan. p. 55; 1977 May p. 92, 80-83, 85-87.
Maupas, Philippe, 1977 July p. 49.
Maupassant, Guy de, 1958 June p. 74.
Maupertuis, Pierre-Louis M. de, 1955 Oct. p. 100-103, 106, 108, 110; 1957 Dec. p. 42; 1967 Oct. p. 70.
Maurer, Russell A., 1976 Jan. p. 75.
Maurette, Michel, 1969 June p. 35, 36; 1973 July p. 72.
Maurice of Nassau, Prince, 1959 Oct. p. 162.
Maurolico, Francesco, 1964 May p. 108.
Maurolycus, Franciscus, 1958 Apr. p. 62.
Mausner, Bernard, 1955 Feb. p. 36.
Mauss, Marcel, 1957 Feb. p. 123; 1978 Apr. p. 106.
Mauvissière, Marquis de, 1973 Apr. p. 86.
Mauzey, Karl P., 1972 July p. 96, 97.
Mauzy, R., 1968 Nov. p. 56.
Mawson, C. A., 1955 Oct. p. 39.
Mawson, Douglas, Sir, 1961 Mar. p. 72; 1962 Sept. p. 64; 1970 Nov. p. 89.
Max, Gabriel, 1966 Nov. p. 46.
Max Planck Institute, 1970 Nov. p. 45.
Max Planck Institute for Biochemistry, 1963 Apr. p. 114; May p. 101; 1964 Aug. p. 24; Nov. p. 72.
Max Planck Institute for Biology, 1963 Nov. p. 118; Dec. p. 46, 52; 1964 Apr. p. 50, 51; 1965 June p. 43, 44.
Max Planck Institute for Biophysical Chemistry, 1977 Feb. p. 113.
Max Planck Institute for Chemistry, 1965 Oct. p. 35.
Max Planck Institute for Coal Research, 1963 Jan. p. 96.
Max Planck Institute for Comparative Ethology, 1958 Dec. p. 71, 72.
Max Planck Institute for Marine Biology, 1964 Apr. p. 53; 1966 Nov. p. 118, 124.
Max Planck Institute for Molecular Genetics, 1976 Oct. p. 46.
Max Planck Institute for Nuclear Physics, 1965 Oct. p. 28.
Max Planck Institute for Protein Chemistry, 1963 Apr. p. 114.
Max Planck Institute for Psychiatry, 1977 Mar. p. 52.
Max Planck Institute for the Physiology of Behavior, 1962 Mar. p. 51, 52.
Max Planck Society for the Advancement of Learning, 1949 Apr. p. 27.
Max Planck Society for the Advancement of Science, 1948 July p. 31.
Max Vollmer Institute, 1965 July p. 82.
Maxam, Allan, 1976 Jan. p. 66, 75; 1977 Dec. p. 56.
Maxfield, Joseph P., 1961 Aug. p. 77.
Maxim, Hiram P. Jr., 1973 Mar. p. 88.
Maximilian I, 1948 May p. 25.
Maximov, Alexander, 1949 Oct. p. 32, 33, 39.
Maxwell, Arthur E., 1962 May p. 124; 1968 Aug. p. 60; 1973 Apr. p. 40.
Maxwell, Emanuel, 1965 Apr. p. 76.
Maxwell, Hu, 1948 June p. 53.
Maxwell, James C., 1948 Sept. p. 18; Nov. p. 14; Dec. p. 18; 1949 Mar. p. 53, 54; Nov. p. 41; 1950 Jan. p. 22; Feb. p. 24; Apr. p. 14; May p. 21; Sept. p. 31; Oct. p. 39; 1951 Feb. p. 20; Oct. p. 15; 1952 Mar. p. 62, 63; Aug. p. 43, 45, 51; 1953 Jan. p. 52, 56; Feb. p. 70, 78; Apr. p. 58, 59; Sept. p. 52; Oct. p. 43, 91, 98; Nov. p. 96; 1954 July p. 73, 77; Sept. p. 145; 1955 June p. 58-71; July p. 69; Aug. p. 62, 64; 1957 Jan. p. 84; June p. 99, 100, 106; Dec. p. 100, 104; 1958 Mar. p. 102, 94; Apr. p. 56; Sept. p. 66, 74-76, 77, 81, 82; 1959 May p. 84, 87,

96; Oct. p. 114; Dec. p. 130; 1960 Aug. p. 125; Oct. p. 165; 1961 May p. 113; Nov. p. 118-120, 125, 128; 1962 Mar. p. 128; Nov. p. 126; Dec. p. 123; 1963 Dec. p. 122, 124; 1964 Apr. p. 38; Sept. p. 129, 132, 43, 44, 95; Nov. p. 108; 1965 May p. 58, 59; 1966 Aug. p. 89; 1967 May p. 129; July p. 50; Sept. p. 181; Nov. p. 103, 104, 105, 109, 110; 1968 Sept. p. 50, 51, 56; 1969 Mar. p. 106; 1970 May p. 120; July p. 19, 72, 94; 1971 June p. 78; July p. 94; Sept. p. 181, 182, 184; Dec. p. 80; 1972 Feb. p. 63; May p. 30; 1973 June p. 43; Dec. p. 85; 1974 July p. 52, 54; Dec. p. 108; 1975 Mar. p. 64, 69; Aug. p. 49; Sept. p. 138, 152; 1976 Apr. p. 65, 77; May p. 86, 90, 91, 96; June p. 32, 33, 35; Sept. p. 70; Nov. p. 55; 1977 Mar. p. 64; Apr. p. 124, 126; June p. 32; 1978 Feb. p. 126, 128, 129, 134, 138.
Maxwell, James R., 1975 Jan. p. 72.
Maxwell Laboratories, 1973 July p. 48.
Maxwell, Morton H., 1961 July p. 64.
Maxwell Motorcar Corporation, 1977 Aug. p. 98.
Maxworthy, Tony, 1976 Mar. p. 56.
May, Everett L., 1966 Nov. p. 133; 1977 Mar. p. 47.
May, Jacques M., 1953 Feb. p. 26; Oct. p. 54.
May, John W., 1965 Mar. p. 38, 39.
May, Raoul M., 1971 Dec. p. 32.
May, Robert M., 1969 July p. 31.
May, Stella B., 1949 Dec. p. 55.
Maya Airways, 1977 Mar. p. 117.
Mayall, Nicholas U., 1948 May p. 37; 1955 Dec. p. 48; 1956 Sept. p. 98; 1971 July p. 77; 1973 June p. 30.
Maybach, Wilhelm, 1949 Dec. p. 35; 1967 Mar. p. 102; 1972 May p. 102, 107.
Maybank, John, 1961 Jan. p. 122.
Maybridge, Eadweard, 1976 Dec. p. 72.
Maycock, William d'A., 1968 Nov. p. 50.
Mayeda, Toshiko, 1958 Feb. p. 56.
Mayer, Alfred M., 1968 Feb. p. 76, 78.
Mayer, Cornell H., 1956 Aug. p. 50; 1960 Jan. p. 49; 1961 May p. 60; 1964 July p. 39.
Mayer, Jean, 1952 Sept. p. 74; 1964 June p. 65; 1968 Jan. p. 45; 1976 Sept. p. 31, 40.
Mayer, Johann T., 1976 May p. 90.
Mayer, Joseph E., 1953 Aug. p. 41.
Mayer, Julius R. von, 1948 Aug. p. 26, 28; 1954 Sept. p. 60; 1958 Mar. p. 96; 1968 Jan. p. 115-117.
Mayer, Ludwig, 1955 Dec. p. 54.
Mayer, Manfred M., 1949 June p. 27; 1974 July p. 87; Nov. p. 67.
Mayer, Maria G., 1951 Mar. p. 24; 1953 Aug. p. 27; 1955 Dec. p. 89; 1959 Jan. p. 78, 79; 1963 Dec. p. 64; 1964 Mar. p. 85; Apr. p. 46; 1965 Aug. p. 55; Oct. p. 41; 1966 July p. 70; 1969 Apr. p. 63.
Mayer, Robert, 1965 July p. 74.
Mayer, Simon, 1976 May p. 108.
Mayer, Walter G., 1963 June p. 60.
Mayer, William F., 1969 July p. 52.
Mayer-Gross, W., 1950 Feb. p. 47.
Mayfield, Myles, 1957 Sept. p. 214.
Mayhew, Henry, 1971 Oct. p. 101.
Mayhew, John E. W., 1976 Dec. p. 45.
Maynard, C. J., 1954 Aug. p. 67, 68.
Maynard, Donald M., 1967 Mar. p. 35.
Mayne, K. I., 1954 Nov. p. 40; 1960 Nov. p. 173.
Mayo Clinic, 1949 July p. 29; 1961 Apr. p. 95; 1962 July p. 41; 1963 Aug. p. 24; 1970 Oct. p. 44; 1975 Oct. p. 64.
Mayo Foundation for Medical Education and Research, 1950 Mar. p. 31, 33; 1958 July p. 52; 1963 July p. 50.
Mayo, John S., 1968 June p. 17; 1977 Sept. p. 192.
Mayo, Louis H., 1970 Feb. p. 13.
Mayow, John, 1954 Dec. p. 96.
Mayr, Ernst, 1950 Jan. p. 33; 1957 July p. 120, 128; 1963 Aug. p. 38; 1964 Oct. p. 116; 1966 Nov. p. 48.
Mayr, Otto, 1970 Oct. p. 111.
Mazelsky, Robert, 1964 June p. 56.
Mazevich, A., 1957 Dec. p. 58.
Mazia, Daniel, 1952 Dec. p. 32; 1953 Feb. p. 47, 49; Aug. p. 53, 56; 1954 Sept. p. 81; 1955 Feb. p. 53,54; 1961 Sept. p. 108, 54; 1977 Nov. p. 132-135.
Mazur, Abraham, 1952 Dec. p. 66; 1964 Dec. p. 75.
Mazur, Jacob, 1964 July p. 106.
Mazzarella, Lelio, 1964 Nov. p. 75.
Mbu, Matthew T., 1963 Feb. p. 64.
Mc Namara, D. H., 1963 Feb. p. 50.
MCA Inc., 1975 May p. 45.
McAfee, Donald A., 1977 Aug. p. 111, 113.
McAfee, K. B., 1958 July p. 52.
McAlister, E. D., 1969 Sept. p. 85.
McAllester, David P., 1951 Oct. p. 40.
McAuslan, B. R., 1972 Jan. p. 29.
McBain, J. W., 1951 Oct. p. 28; 1959 Jan. p. 87.
McBride, C. N., 1977 Dec. p. 90.
McBride, W. G., 1962 Aug. p. 31.
McBryde, Isabel, 1966 Mar. p. 91.
McBryde, Webster, 1954 Aug. p. 29.
McBurney, Charles, 1963 Mar. p. 126-130.
McCabe, Selwyn, 1965 Nov. p. 40.
McCaffrey, Michael T., 1970 Apr. p. 101.
McCaleb, Harvey C., 1975 May p. 45.
McCammon, Dan, 1973 Oct. p. 75.
McCammon, Robert, 1953 Oct. p. 72, 73.
McCandless, W. J., 1965 Mar. p. 99.
McCann, John J., 1972 June p. 100; 1976 Feb. p. 58, 59; 1977 Dec. p. 112, 116, 117.
McCann, William P., 1957 Aug. p. 62.
McCarrison, Robert, 1971 June p. 99.
McCarthy, Brian J., 1964 May p. 56; 1969 Oct. p. 35; 1970 Apr. p. 25, 31.
McCarthy, Duncan A. Jr., 1962 Aug. p. 114.
McCarthy, Eugene, 1967 Jan. p. 38, 42; 1973 Nov. p. 27; 1978 Feb. p. 76.
McCarthy, Frederick D., 1966 Mar. p. 91.
McCarthy, John, 1964 Sept. p. 149; 1966 Sept. p. 130, 170, 247, 250, 65.
McCarthy, Joseph R., 1954 Feb. p. 44; Apr. p. 44; June p. 29-31, 44.
McCarthy, Kevin, 1966 July p. 37.
McCarthy, Robert D., 1969 July p. 61.
McCarthy, Walter J., 1967 Nov. p. 59.
McCarty, Maclyn, 1953 Feb. p. 50, 51; 1956 July p. 113; Oct. p. 88; Nov. p. 52; 1961 Sept. p. 74; Oct. p. 88; 1966 Dec. p. 65; 1969 Jan. p. 38; 1972 Dec. p. 84.
McCarty, Richard, 1968 Feb. p. 37.
McCarty, Richard E., 1978 Mar. p. 104, 113, 122.
McCauley, John F., 1973 Jan. p. 55.
McCay, Clive M., 1948 June p. 41, 43; 1953 Apr. p. 38, 42; 1961 Aug. p. 116, 118; 1963 Apr. p. 106; 1973 Sept. p. 49.
McClain, Edward F. Jr., 1956 Feb. p. 48; Sept. p. 129; Oct. p. 61; 1957 July p. 50, 53; 1960 Jan. p. 45, 51; Aug. p. 52; 1962 Sept. p. 102.
McClaren, Ann, 1970 Apr. p. 26.
McClellan, John L., 1975 Apr. p. 53.
McClellan, Roger, 1966 June p. 99.
McClendon, Jesse F., 1950 Oct. p. 48.
McClennen, Eliza, 1974 Sept. p. 35.
McClintock, Barbara, 1951 Oct. p. 24, 25; 1961 June p. 105.
McClintock, Marshall, 1949 Dec. p. 55.
McCloy, John J., 1971 Mar. p. 44.
McClung, Frederick J. Jr., 1964 Apr. p. 49.
McClure, James N. Jr., 1968 Feb. p. 54; 1969 Feb. p. 72; 1972 Feb. p. 88.
McClure, W. R., 1968 Aug. p. 46.
McCollough, Celeste, 1976 Dec. p. 44, 45, 48.
McCollum, Elmer V., 1970 Dec. p. 88.
McColm, D. W., 1966 Apr. p. 96.
McComb, Robert D., 1956 June p. 62.
McCone, John A., 1958 Aug. p. 50; 1959 Apr. p. 64; May p. 69; Sept. p. 104; 1960 Apr. p. 88; June p. 80; 1967 June p. 50.
McConnaughey, Bayard H., 1972 Dec. p. 99.
McConnell, Harden M., 1967 July p. 42; 1971 Nov. p. 31, 32; 1972 Feb. p. 37; 1974 Mar. p. 31, 32; 1976 May p. 38.
McConnell, James V., 1958 Aug. p. 52; 1963 Feb. p. 55, 57.
McConnell, Richard B., 1968 Nov. p. 49.
McCook, Henry C., 1948 June p. 18.
McCord, Carey P., 1961 July p. 101; 1965 July p. 53.
McCord, Thomas B., 1970 Aug. p. 46; 1975 Jan. p. 27, 30, 32; Sept. p. 144; 1976 May p. 114.
McCormack, James Jr., 1949 July p. 33; 1975 Oct. p. 107.
McCormack, Mike, 1974 Jan. p. 29.
McCormick, Andrew, 1967 Jan. p. 38.
McCormick, Cyrus, 1967 Aug. p. 50, 52.
McCormick, F. J., 1963 June p. 45, 46.
McCosker, John E., 1977 Mar. p. 106.
McCoy, H. N., 1951 Nov. p. 30.
McCoy, Herbert N., 1966 Aug. p. 91, 92.
McCoy, Thomas A., 1968 Aug. p. 34, 36.
McCracken, George, 1973 July p. 33.
McCrady, Edward, 1953 May p. 54.
McCray, Richard, 1978 Jan. p. 81.
McCrea, William H., 1956 Sept. p. 157; Dec. p. 58; 1957 July p. 69; 1960 Sept. p. 102; 1962 Feb. p. 53, 57.
McCreary, R. L., 1948 June p. 27.
McCrosky, Richard E., 1965 Oct. p. 35; 1970 Mar. p. 60.
McCullaugh, T. P., 1961 May p. 60.
McCulloch, Warren S., 1948 Dec. p. 14; 1949 Apr. p. 29; 1950 Dec. p. 24; 1951 Aug. p. 17; 1955 Apr. p. 60; 1964 Jan. p. 42; Mar. p. 113; Sept. p. 150; 1966 Sept. p. 247; 1969 Jan. p. 84; 1971 June p. 37.
McCullough, E. A., 1974 Nov. p. .
McCullough, Timothy, 1960 Jan. p. 49.
McCurdie, Dennis S., 1971 Jan. p. 46.
McCutcheon, F. H., 1963 Nov. p. 113.
McCutcheon, W. H., 1977 June p. 77.
McDade, Joseph E., 1978 Feb. p. 84.
McDaniel, Boyce, 1960 Jan. p. 86.
McDavid, Raven I., 1950 Jan. p. 48.
McDermott, Walsh, 1949 Aug. p. 31, 34; 1964 Jan. p. 27.
McDermott, William V. Jr., 1956 July p. 50.
McDevitt, Hugh O., 1973 July p. 57; 1977 Oct. p. 97.
McDivitt, James A., 1969 Sept. p. 107.
McDonald, Alison D., 1977 June p. 104.
McDonald, Frank B., 1966 Oct. p. 44.
McDonald, Henry, 1966 Jan. p. 51.
McDonald, James E., 1955 Jan. p. 30; 1961 Apr. p. 106.
McDonald, Kent, 1977 Apr. p. 86.
McDonald, L., 1972 Jan. p. 65.
McDonald, M. R., 1948 Dec. p. 32.
McDonald Observatory, *see:* University of Texas McDonald Observatory.
McDonald, Peter, 1976 July p. 57, 58.
McDonnell Aircraft Corporation, 1960 Aug. p. 44.
McDonnell Douglas, 1977 Feb. p. 25.
McDonogh School, 1958 Mar. p. 84.

McDougall, Ian, 1967 Feb. p. 51, 52.
McDougall, James K., 1974 July p. 40, 41.
McDowell, A. N., 1949 Feb. p. 18; 1961 Feb. p. 98.
McElroy, Michael, 1975 Sept. p. 111, 29; 1977 July p. 39.
McElroy, W. E., 1953 Apr. p. 90.
McElroy, William D., 1953 Jan. p. 22; 1965 July p. 46.
McEvedy, Colin P., 1967 Feb. p. 58.
McEwan, R. J., 1961 May p. 62.
McEwen, Bruce S., 1971 Jan. p. 31.
McFadden, Edgar S., 1951 Apr. p. 58; 1953 July p. 54, 55, 59; 1956 Feb. p. 48.
McFadyen, John, 1966 Aug. p. 42.
McFadzean, J. A., 1958 July p. 99.
McFarlan, John, 1972 Feb. p. 95.
McFarland, B. B., 1969 Feb. p. 34.
McFarland, Ross A., 1957 Aug. p. 58.
McFarlane, R. A., 1963 July p. 38.
McFee, A. F., 1966 June p. 99.
McFee, J. H., 1961 Nov. p. 84; 1963 June p. 63.
McFeely, R. A., 1966 June p. 99.
McGarrah, Robert E. Jr, 1974 Sept. p. 64.
McGavin, S., 1961 May p. 122.
McGee, J. D., 1956 Mar. p. 90; 1968 Sept. p. 114.
McGee, R. X., 1964 Jan. p. 36, 37, 41.
McGee, W. J., 1950 Nov. p. 15; 1956 Jan. p. 70, 75.
McGeehan, W. O., 1952 Oct. p. 48.
McGeer, Patrick L., 1966 Nov. p. 74.
McGeoch, John, 1967 Oct. p. 117, 118, 124.
McGhee, Robert G., 1976 Nov. p. 122.
McGill University, 1958 Sept. p. 138, 141; Dec. p. 38; 1963 Aug. p. 107; Oct. p. 28; 1964 June p. 60; 1965 Mar. p. 83; 1971 Feb. p. 21.
McGill, William J., 1978 Jun p. 83.
McGlone, Jeannette, 1973 Mar. p. 78.
McGoon, Dwight C., 1962 Jan. p. 68.
McGovern, George, 1972 Oct. p. 19; 1978 June p. 48.
McGovern, Joseph, 1959 July p. 67.
McGranahan, Donald V., 1961 Dec. p. 45.
McGraw, Alva, 1964 Dec. p. 96.
McGraw-Hill, Inc., 1970 Apr. p. 54; 1971 Feb. p. 101.
McGregor, Douglas, 1973 July p. 56.
McGregor, V. R., 1977 Mar. p. 97-99.
McGuire, A. D., 1949 Feb. p. 28.
McGuire, James B., 1961 July p. 68.
McGuire, Joseph C., 1956 Apr. p. 64.
McGuire, William L., 1976 Feb. p. 43.
McHose, Allen I., 1956 Feb. p. 84.
McIlwain, Carl E., 1958 Oct. p. 54; 1959 Mar. p. 40, 42, 45; 1965 Mar. p. 67; Dec. p. 55.
McIndoe, Archibald, Sir, 1957 Apr. p. 62.
McIntosh, Richard J., 1972 Nov. p. 104.
McIntyre, Hugh C., 1975 Nov. p. 33.
McIntyre, Peter M., 1977 Apr. p. 58.
McIrvine, Edward C., 1971 Oct. p. 77.
McIsaac, William M., 1965 July p. 57.
McKee, Edwin D., 1976 Oct. p. 113, 114.
McKee, Jack E., 1952 Oct. p. 39.
McKee, Suzanne P., 1975 July p. 60; 1976 Feb. p. 59; 1977 Dec. p. 116, 117.
McKeehan, L. W., 1954 Apr. p. 44; 1961 Sept. p. 144.
McKellar, Andrew, 1967 June p. 33.
McKelvey, Richard, 1976 June p. 25.
McKenzie, D. P., 1970 Sept. p. 91; 1972 May p. 63; 1976 Nov. p. 72; 1977 Mar. p. 101, 104; Apr. p. 32, 40.
McKeown, M. H., 1972 July p. 51.
McKeown, Thomas, 1951 Apr. p. 35.
McKerrel, Hugh, 1975 Feb. p. 42.
McKerrell, H., 1971 June p. 105.
McKinley, D. W. R., 1951 June p. 27; 1952 Aug. p. 52.
McKinley, William, 1963 Mar. p. 118-130.
McKinney, Robert, 1955 May p. 50; 1956 Mar. p. 49.
McKinnon, Donald W., 1958 Sept. p. 151.
McKusick, Victor A., 1971 Sept. p. 179; 1974 July p. 36.
McLachlan, Andrew, 1975 Nov. p. 43.
McLane, S. Brooks, 1968 Mar. p. 53.
McLarney, William, 1971 Apr. p. 104.
McLaughlin, Dean B., 1962 Apr. p. 59.
McLaughlin, Donald H., 1950 Dec. p. 26.
McLaughlin, Patricia J., 1969 July p. 87.
McLean, Eugene O., 1973 May p. 37.
McLean, Franklin C., 1965 Oct. p. 18.
McLean, I. W., 1949 Aug. p. 32.
McLean, James D., 1975 Nov. p. 118, 119.
McLean, Jay, 1961 July p. 58.
McLeish, W. L., 1969 Sept. p. 85.
McLennan, A. M., 1952 Feb. p. 38.
McLennan, J. Ferguson, 1956 May p. 70.
McLennan, John C., 1949 Mar. p. 29.
McLouth Steel Corporation, 1963 Dec. p. 86.
McLuhan, Marshall, 1968 July p. 82.
McMahon, Brien, 1949 Mar. p. 24; Apr. p. 24; July p. 26; Aug. p. 25; 1950 Mar. p. 25; Apr. p. 23; May p. 14; June p. 13; Aug. p. 15, 28; 1951 Nov. p. 32; 1952 Apr. p. 37; 1953 Jan. p. 31; 1975 Oct. p. 107.
McMahon, D. O., 1949 June p. 33.
McMath-Hulbert Observatory, 1948 Nov. p. 27; 1949 July p. 23.
McMenamy, Rapier H., 1974 Feb. p. 89.
McMillan, Alan F., 1953 Mar. p. 50.
McMillan, Edwin M., 1948 June p. 29; 1949 Mar. p. 25; 1950 Apr. p. 45, 46; 1951 Feb. p. 22; Nov. p. 33; 1952 Jan. p. 38; 1954 Dec. p. 52; 1958 Feb. p. 78; Mar. p. 69; 1961 Mar. p. 80; 1967 Nov. p. 25, 28; 1975 May p. 42.
McMillan, James, 1967 Nov. p. 103, 105.
McMullan, Dennis, 1972 Jan. p. 56.
McMurrey Refining Co., 1952 Sept. p. 82, 86.
McNair Scott, T. F., 1949 Nov. p. 50.
McNally, Derek, 1972 Aug. p. 59.
McNally, J. Rand Jr., 1963 Mar. p. 107; 1971 Feb. p. 58.
McNamara, D. H., 1971 May p. 106.
McNamara, David, 1964 Feb. p. 66.
McNamara, E., 1956 June p. 52.
McNamara, Robert S., 1962 Apr. p. 45; Sept. p. 100; 1963 Feb. p. 64; Aug. p. 48; 1966 Jan. p. 46; 1967 July p. 40; Nov. p. 52; 1968 Jan. p. 44; Feb. p. 50; Mar. p. 21, 23, 24, 31; Nov. p. 54; 1969 Apr. p. 15, 20; Aug. p. 18; 1972 Nov. p. 16; 1973 Feb. p. 18; Aug. p. 12, 19; Nov. p. 24, 26, 27; 1974 May p. 20, 21, 24; 1978 May p. 44.
McNeil, Mary, 1965 June p. 62.
McNeil, Michael, 1975 Apr. p. 93.
McNeill, Patricia, 1970 Apr. p. 88, 89.
McNiel, Elton B., 1958 Aug. p. 52.
McNiff, Edward J. Jr., 1970 May p. 57.
McPherson, Aimee S., 1969 Feb. p. 17, 18, 21.
McPherson, Alexander, 1978 Jan. p. 59.
McPherson, Ross, 1978 June p. 66.
McQueen, Hugh J., 1975 Apr. p. 121.
McQueen, R. G., 1965 June p. 106, 108.
McQuillen, Kenneth, 1960 June p. 138.
McReynolds, Andrew W., 1976 Jan. p. 61.
McShane, Edward J., 1956 Aug. p. 49.
McTear, Houston, 1976 June p. 110.
McVay, Scott, 1966 Aug. p. 13.
McWhirter, K. G., 1956 Dec. p. 62.
McWhorter, Alan L., 1963 July p. 38.
McWhorter, Frank P., 1960 Aug. p. 138.
Mead, Carver A., 1977 Sept. p. 210.
Mead Corporation, 1966 Sept. p. 177.
Mead, George H., 1950 Sept. p. 81; 1968 Feb. p. 96.
Mead, Jeremiah, 1973 Apr. p. 80.
Mead, Margaret, 1948 Nov. p. 15; 1950 Sept. p. 88; 1955 Feb. p. 52; 1960 Sept. p. 98; 1962 Feb. p. 72; 1963 May p. 75; 1971 May p. 46; 1972 Jan. p. 47; 1973 May p. 27.
Mead, Thomas, 1970 Oct. p. 116.
Mead, W. C., 1966 June p. 110.
Mead-Briggs, Anthony R., 1965 Dec. p. 46.
Meade, James E., 1977 Dec. p. 84.
Meador, D. L., 1968 Sept. p. 193.
Meadows, Arthur J., 1963 Feb. p. 50.
Means, W. J., 1961 June p. 156.
Mearl Corporation, 1971 Jan. p. 65.
Mech, J. F., 1956 Dec. p. 67.
Mechanic, David, 1973 July p. 23.
Meckling, William, 1961 Sept. p. 85.
Medawar, Peter B., 1954 Nov. p. 74-76; 1956 Nov. p. 66; 1957 Apr. p. 62, 64; July p. 102; 1959 Oct. p. 62; 1960 Dec. p. 74; 1961 Aug. p. 118; 1965 Sept. p. 190; 1967 Nov. p. 28; 1972 June p. 30-32; Dec. p. 90; 1973 July p. 55; 1974 Apr. p. 43.
Medici, Cosimo de, 1976 Apr. p. 112.
Medici, Lorenzo de, 1951 Mar. p. 42.
Medici, Maria de, 1971 June p. 92, 93.
Medieval Village Research Group, 1976 Oct. p. 125.
Medvedev, S. A., 1971 Nov. p. 33.
Meech, Robert, 1977 Nov. p. 137.
Meegeren, Han van, 1952 July p. 22, 23.
Meehl, Paul E., 1956 Mar. p. 60.
Meek, Arnold, 1974 Dec. p. 80.
Meek, E. S., 1974 Dec. p. 80.
Meek, J. M., 1949 Feb. p. 23, 24.
Meekins, J. F., 1969 July p. 52.
Meeks, M. Littleton, 1965 July p. 29; 1966 Jan. p. 49; 1968 Aug. p. 60; Dec. p. 37, 40; 1973 Apr. p. 40.
Meen, V. B., 1951 Oct. p. 34; 1958 July p. 33; 1961 Aug. p. 51.
Meene, J. G. C. van de, 1969 June p. 83.
Meer, Simon van der, 1973 Nov. p. 40, 41; 1977 Apr. p. 58.
Meerwein, Hans, 1976 Feb. p. 109.
Meeuse, Bastiaan J. D., 1966 July p. 80.
Mefferd, Roy B., 1963 Mar. p. 102.
Megasthenes, 1968 Oct. p. 114.
Megaw, E. C. F. S., 1957 Jan. p. 48.
Megaw, J. V. S., 1966 Mar. p. 91.
Meggers, Betty J., 1962 Apr. p. 80; 1975 May p. 44.
Meggers, William F., 1968 June p. 56.
Mehrabian, Robert, 1974 Dec. p. 93.
Meier, Albert H., 1975 Aug. p. 109.
Meier, David L., 1976 May p. 54.
Meier, Richard L., 1950 Aug. p. 19; 1956 July p. 106; 1960 Sept. p. 202.
Meijer, R. J., 1971 Sept. p. 84.
Meikle, Andrew, 1970 Oct. p. 117.
Meikle, Thomas H. Jr., 1964 Jan. p. 48; 1972 Dec. p. 75, 77.
Meiklejohn, Alexander, 1972 Sept. p. 164.
Meillon, Botha de, 1962 May p. 89.
Meindl, James D., 1977 Sept. p. 64, 70, 85, 171.
Meinel, Aden B., 1955 Feb. p. 40; Sept. p. 144; 1958 Apr. p. 50; 1971 Sept. p. 66, 158; 1972 Jan. p. 79.
Meinel, Hermann, 1962 Nov. p. 87.
Meinel, Majorie P., 1971 Sept. p. 66, 158.
Meinesz, Felix A., 1950 May p. 38; 1963 Apr. p. 92.
Meinhardt, Hans, 1974 Dec. p. 53.
Meinhof, Carl, 1971 Dec. p. 90.
Meinschein, Warren G., 1963 Mar. p. 45, 46;

1967 Jan. p. 37, 38; 1972 Oct. p. 84.
Meinzer, O. E., 1950 Nov. p. 15.
Meissel, M. N., 1955 Oct. p. 38.
Meissner, P. B., 1959 Feb. p. 51.
Meissner, W., 1957 Nov. p. 92; 1965 Oct. p. 57; 1966 May p. 31; 1967 Mar. p. 116, 117; 1971 Mar. p. 75; Nov. p. 22, 26.
Meister, Alton, 1961 Oct. p. 67.
Meitner, Lise, 1958 Feb. p. 76, 77.
Mejdahl, Vogn, 1975 Feb. p. 42.
Mela, Pomponius, 1968 Oct. p. 114.
Melaart, James, 1965 Apr. p. 87.
Melander, A. L., 1952 Oct. p. 22.
Melbourne, W. G., 1961 June p. 115.
Melcher, G. C., 1968 Apr. p. 59.
Meldgaard, Jorgen, 1953 Oct. p. 85; 1954 June p. 86.
Meldrum, N. U., 1959 Aug. p. 119.
Melendez, Luis V., 1973 Oct. p. 33.
Meleney, F. L., 1952 Apr. p. 50.
Mellaart, James, 1955 July p. 43, 44, 46; 1961 Aug. p. 86; 1964 Apr. p. 94; Aug. p. 43; 1976 Sept. p. 94.
Mellan, Claude, 1972 Sept. p. 88, 91.
Mellanby, Edward, Sir, 1949 Jan. p. 28; 1970 Dec. p. 82, 88.
Mellin, Gilbert W., 1966 July p. 31.
Mellinger, Raymond, 1972 July p. 80.
Mellink, Machteld J., 1961 June p. 128.
Mellitus, Abbot, 1951 Oct. p. 64.
Mello, Nancy K., 1971 Mar. p. 99, 101.
Mellon Institute, 1965 Dec. p. 22.
Mellon, Melvin G., 1951 Oct. p. 33.
Mellor, John W., 1976 Sept. p. 155, 37.
Mellors, Malcolm, 1960 Oct. p. 84.
Mellors, Robert C., 1961 Jan. p. 59; 1962 July p. 45.
Melman, Seymour, 1962 Feb. p. 72.
Melmon, Kenneth L., 1974 Nov. p. 18.
Melner, Robert J., 1977 Oct. p. 99.
Melnick, Joseph L., 1949 Oct. p. 28; 1952 June p. 34; 1953 Apr. p. 29; 1965 July p. 93; 1966 Mar. p. 34; 1977 July p. 44.
Melton, Arthur W., 1966 July p. 91, 92, 94; 1967 Oct. p. 117-119, 121.
Meltzer, D. W., 1968 Apr. p. 42.
Meltzer, Lawrence E., 1968 July p. 21.
Melvill, Thomas, 1951 Dec. p. 68.
Melville, Herman, 1956 Dec. p. 46; 1966 Aug. p. 13.
Melzack, Ronald, 1961 Feb. p. 41.
Memorial University of Newfoundland, 1970 June p. 113; 1976 Nov. p. 127.
Menaechmus, 1949 Jan. p. 41, 44.
Menaker, Michael, 1968 Sept. p. 180.
Menander, 1959 Oct. p. 88; 1966 Feb. p. 106, 111.
Menard, Henry W., 1959 Oct. p. 83; 1960 Dec. p. 64; 1961 Dec. p. 54; 1963 Apr. p. 97; 1968 Apr. p. 56; 1969 Sept. p. 56; Nov. p. 107, 114.
Mencken, H. L., 1959 Jan. p. 125; 1969 Feb. p. 19.
Mencola, D., 1975 Nov. p. 37.
Menday, D. C., 1977 Aug. p. 97.
Mendel, Gregor J., 1948 Sept. p. 30, 34; 1949 May p. 26; Dec. p. 56; 1950 Jan. p. 32, 36; Sept. p. 55, 56, 57; Nov. p. 30, 31; 1951 Oct. p. 22, 57; 1952 Feb. p. 66; 1953 Jan. p. 51; 1954 Jan. p. 72, 74; Oct. p. 82; 1955 Oct. p. 100, 106, 108, 110; 1956 Oct. p. 79-81; 1957 Oct. p. 110; 1959 Mar. p. 48; May p. 60, 63; 1961 Sept. p. 74; Nov. p. 68; 1964 June p. 85; Sept. p. 146; 1965 Jan. p. 71; 1966 July p. 58; 1967 May p. 87; 1968 June p. 88; July p. 55; 1970 Nov. p. 27; Dec. p. 102; 1972 Dec. p. 86, 87, 91; 1975 Aug. p. 50.
Mendeleev, Dmitri I., 1949 May p. 35; 1950 June p. 52; 1951 Nov. p. 30; 1955 Oct. p. 37; 1956 May p. 35, 39; Dec. p. 77; 1957 July p. 88; 1963 Jan. p. 89; Apr. p. 70; 1964 Oct. p. 36; 1969 Apr. p. 66; June p. 56; 1975 Nov. p. 102; 1978 June p. 88.
Mendelssohn, H., 1970 June p. 95.
Mendelssohn, Kurt, 1958 June p. 32, 33; 1962 June p. 60, 62.
Mendenhall, Charles E., 1965 Jan. p. 41; 1973 June p. 45.
Mendlowitz, Harold, 1968 Jan. p. 81.
Mendoza, Carlos, 1977 July p. 62.
Mendoza, Eugenio, 1967 Aug. p. 36; 1968 Aug. p. 58, 59; 1969 Dec. p. 28; 1972 Aug. p. 60.
Menendez, Eduardo B., 1959 Mar. p. 55.
Menes, J., 1961 July p. 51.
Menger, K., 1954 Apr. p. 88.
Menkaura, Pharaoh, 1957 July p. 107.
Menninger, Karl, 1954 Nov. p. 89; 1974 June p. 20.
Menninger, William C., 1971 Mar. p. 35.
Menon, T. K., 1956 Oct. p. 57; 1965 Feb. p. 95, 96, 100; 1968 Mar. p. 54.
Mensdorff, Count, 1965 Aug. p. 89.
Mensik, J., 1977 Dec. p. 101.
Mental Health Information Service, 1964 June p. 54.
Menten, Maud L., 1969 May p. 39, 40.
Menter, J. W., 1961 Oct. p. 114; 1967 Sept. p. 96.
Menth, A., 1971 Nov. p. 31, 32.
Menton, Maude, 1959 Aug. p. 120, 122; 1966 Nov. p. 88.
Menuhin, Yehudi, 1976 Dec. p. 28.
Menzel, Donald H., 1948 May p. 42; 1950 Feb. p. 26; 1951 Dec. p. 21; 1952 Oct. p. 56; 1953 May p. 70; Sept. p. 67; 1960 Dec. p. 84; 1973 Oct. p. 69, 77; 1976 Feb. p. 52.
Menzel, Randolf, 1976 July p. 112, 113.
Menzies, Robert J., 1956 Dec. p. 90, 92.
Menzinger, M., 1968 Oct. p. 52.
Menzione, A., 1973 Nov. p. 42.
Mercantile Trust Company N.A., 1966 Sept. p. 147.
Mercer, E. H., 1969 Aug. p. 88; 1971 Dec. p. 34.
Mercer, John, 1957 Sept. p. 166.
Merceux, C., 1968 Apr. p. 76.
Mercier, J.-C., 1978 Apr. p. 128.
Mercier, Jean, 1955 Aug. p. 64-66.
Merck Institute for Therapeutic Research, 1963 Nov. p. 103, 104; 1966 Nov. p. 135, 136; 1971 July p. 27.
Merck, Sharpe and Dohme Company, 1949 July p. 29; Aug. p. 30, 31, 33, 34; 1950 Mar. p. 31, 33, 36; 1951 July p. 31; 1955 Jan. p. 58-60; 1957 May p. 64; 1963 July p. 50; Oct. p. 46; 1976 Dec. p. 50.
Merck, Sharpe and Dohme Research Laboratory, 1969 Mar. p. 46; June p. 54; 1977 Apr. p. 45.
Mere, Chevalier de, 1950 Oct. p. 44.
Meredith, George, 1973 Dec. p. 110.
Meredith, J. E., 1976 June p. 118.
Meredith, James, 1967 Apr. p. 21.
Meredith, Leslie, 1959 Mar. p. 39.
Mergen, François, 1963 June p. 45.
Mergenhagen, Stephen E., 1973 Jan. p. 31.
Mergenthaler Linotype Company, 1963 June p. 130; 1967 Dec. p. 55.
Mergenthaler, Ottmar, 1969 May p. 63, 64.
Merhaut, Josef, 1973 July p. 28.
Merigan, Thomas C., 1968 Feb. p. 52; 1971 July p. 27; 1976 Nov. p. 70; 1977 Apr. p. 49.
Merimee, Thomas J., 1967 July p. 105.
Mering, Joseph von, 1958 Jan. p. 60.
Meritt, Benjamin D., 1959 June p. 61; 1961 Mar. p. 115.
Merkel, Freidrich, 1974 Dec. p. 103.
Mermin, N. David, 1976 Dec. p. 56.
Mero, John, 1958 Oct. p. 58.
Merriam, C. Hart, 1954 Aug. p. 66; 1970 Feb. p. 57.
Merriam, Charles E., 1950 Nov. p. 11.
Merriam, John D., 1974 July p. 96.
Merriam, John R., 1973 Dec. p. 27.
Merriam, Robert W., 1968 Dec. p. 35.
Merrick, Harry V., 1978 Apr. p. 99.
Merrifield, R. B., 1965 Aug. p. 46; 1966 Dec. p. 58; 1969 Mar. p. 47; 1971 Mar. p. 31.
Merrifield, Richard E., 1969 May p. 56.
Merrihue, Craig M., 1963 Mar. p. 73; Oct. p. 67.
Merrill, John P., 1960 Apr. p. 137; 1962 Oct. p. 56; 1963 Jan. p. 119.
Merrill, Paul W., 1948 Aug. p. 16; 1953 Mar. p. 37.
Merrill, Susan H., 1965 May p. 48; 1966 Feb. p. 37.
Merriman, Daniel, 1949 Oct. p. 18; 1955 Mar. p. 54; 1970 May p. 42.
Mersenne, Marin, 1953 Mar. p. 84-86; 1959 Oct. p. 162, 166; 1960 Oct. p. 145; 1964 May p. 113, 115; 1967 Dec. p. 97; 1971 June p. 56.
Mersenne, Père, 1949 Aug. p. 45.
Merton, Robert, 1967 Nov. p. 29; 1972 Dec. p. 91.
Merton, Robert K., 1949 Feb. p. 17; 1953 Mar. p. 44.
Mertz, Edwin T., 1965 Aug. p. 44; 1969 Nov. p. 58; 1971 Aug. p. 35, 36.
Mertz, Janet, 1975 July p. 28.
Mertz, Lawrence, 1968 Sept. p. 80.
Mertz, Walter, 1972 July p. 59.
Meryman, Harold T., 1956 Mar. p. 58.
Meryt-Nit, Queen, 1957 July p. 109.
Merz, James L., 1973 Apr. p. 69.
Merzhanov, K. M., 1970 Nov. p. 63.
Mesannepadda, 1957 Oct. p. 81.
Mescheryakov, M. G., 1956 Aug. p. 30.
Meselson, Matthew S., 1958 Apr. p. 50; 1962 Feb. p. 47; 1964 May p. 51, 52; 1965 Aug. p. 74, 75; 1966 Jan. p. 37; Nov. p. 65; 1967 Feb. p. 39, 42; 1969 Oct. p. 29, 31; 1970 Jan. p. 90; Feb. p. 43; May p. 15; 1971 Feb. p. 44; 1973 Nov. p. 47.
Meserve, Frederick H., 1954 July p. 73.
Meservey, Robert, 1965 Apr. p. 78.
Mesibov, Robert E., 1976 Apr. p. 44.
Mesilim, King of Kish, 1957 Oct. p. 83.
Messenger, Harry, 1977 June p. 100.
Messier, Charles-Joseph, 1956 Sept. p. 102; 1963 Apr. p. 60; 1973 June p. 30; Dec. p. 39; 1977 Nov. p. 77.
Meszler, Richard M., 1973 May p. 97, 99.
Metacomet, 1960 Feb. p. 37.
Metcalf, G. F., 1954 Mar. p. 88.
Metcalf, Maynard, 1959 Jan. p. 122, 125.
Metcalf, Theodore G., 1975 Nov. p. 53.
Metcalfe, A. G., 1956 Jan. p. 52.
Metchnikoff, Elie, 1949 Dec. p. 17; 1951 Feb. p. 48, 49, 52; 1956 Aug. p. 97; 1961 Sept. p. 174; 1967 Nov. p. 26, 65; 1977 May p. 76.
Metelli, Fabio, 1975 Aug. p. 75.
Metherell, Alexander F., 1968 Jan. p. 46.
Methodius, Saint, 1968 May p. 37.
Methuselah, 1961 Aug. p. 113.
Metlay, William, 1968 Aug. p. 94.
Meton, 1974 Sept. p. 72.
Métraux, Alfred, 1949 Feb. p. 50, 54; 1952 Nov. p. 50.
Metropolis, Nicholas C., 1965 Aug. p. 56.
Metropolitan Edison Company, 1968 Nov. p. 56.
Metropolitan Life Insurance Company, 1949 Mar. p. 26; 1950 Apr. p. 31; 1953 Apr. p. 42,

50; 1958 Feb. p. 25; 1966 Sept. p. 102; 1971 Feb. p. 46.
Metropolitan Museum of Art (N.Y.), 1960 Sept. p. 173, 194.
Metropolitan Vickers Electrical Company, Ltd., 1953 Nov. p. 70, 71.
Metsik, M. S., 1970 Nov. p. 54, 55.
Metz, Charles W., 1953 Aug. p. 54.
Metz, D. H., 1972 Oct. p. 47.
Metzger, Albert E., 1976 Oct. p. 75.
Metzger, Wolfgang, 1961 Mar. p. 139, 141, 142; 1974 Apr. p. 91, 92.
Metzner, Peter, 1975 Aug. p. 36.
Meulen, V. ter, 1974 Feb. p. 35.
Meumann, Ernst, 1964 Nov. p. 117, 119; 1971 Aug. p. 82.
Meves, Hans, 1966 Mar. p. 81, 82.
Mexican Institute of Health and Tropical Diseases, 1965 July p. 94.
Mexican Ministry of Agriculture, 1976 Sept. p. 129, 132.
Mexican Ministry of Hydraulic Resources, 1976 Sept. p. 140, 142, 147.
Mexican National Government, 1953 July p. 59; 1976 Sept. p. 129, 184.
Mexican National Institute of Agricultural Research, 1976 Sept. p. 140, 144, 147.
Mexican National Museum of Anthropology, 1964 July p. 93, 96.
Mexican Royal Artillery Band, 1963 Mar. p. 118.
Mexico National Institute of Anthropology, 1967 June p. 39.
Meyer, Adolf, 1954 Mar. p. 40; 1957 Aug. p. 104.
Meyer, Barbara, 1976 Jan. p. 76.
Meyer, Basil, 1965 Oct. p. 38.
Meyer, D. L., 1957 Apr. p. 46.
Meyer, Edith, 1953 Nov. p. 76.
Meyer, Grant, 1970 Jan. p. 79.
Meyer, Grant E., 1967 Dec. p. 32, 33.
Meyer, H., 1961 Jan. p. 137.
Meyer, Hans, 1957 Jan. p. 75, 76.
Meyer, Harry M. Jr., 1966 June p. 55; July p. 37; 1969 June p. 54.
Meyer, Horst, 1967 Aug. p. 95.
Meyer, Jerome S., 1949 Dec. p. 52, 53.
Meyer, Karl F., 1949 Sept. p. 18; 1952 Feb. p. 60; 1964 Jan. p. 81; 1966 Nov. p. 88; 1969 May p. 96.
Meyer, Kurt H., 1957 Sept. p. 88.
Meyer, L., 1960 Nov. p. 148.
Meyer, Leo de, 1967 Feb. p. 80.
Meyer, Leonard B., 1959 Dec. p. 112.
Meyer, Lothar, 1963 Jan. p. 89; 1964 Dec. p. 116; 1966 Oct. p. 69.
Meyer, Peter, 1961 Apr. p. 75; 1964 Feb. p. 71; 1969 Feb. p. 55; Mar. p. 70.
Meyer, Stefan, 1950 Apr. p. 44.
Meyerhof, Otto, 1949 June p. 23; Dec. p. 17; 1950 Sept. p. 21, 64; 1953 Sept. p. 86; 1960 Feb. p. 141; 1967 Nov. p. 26.
Meyerhoff, Howard A., 1950 Oct. p. 24; 1953 May p. 54; 1954 Feb. p. 42; Aug. p. 38.
Meyerhoff, Otto, 1965 May p. 88.
Meyerriecks, Andrew J., 1972 Sept. p. 60.
Meyers, Adula, 1953 Oct. p. 73.
Meyers, V. H., 1969 May p. 56.
Meyer-Schwickerath, D. G., 1963 July p. 42.
Meyerson, Seymour, 1959 Sept. p. 83.
Meynell, Elinor, 1967 Dec. p. 23.
Meynert, Theodor, 1972 Apr. p. 78.
Meyre, Abraham, 1954 Aug. p. 24.
Mezger, Peter, 1972 Aug. p. 60.
Mezrich, Reuben S., 1969 Sept. p. 98.
Mhlangane, 1960 Apr. p. 165.
Michael, Charles R., 1972 Dec. p. 73; 1973 Jan. p. 71.
Michael, Daniel N., 1972 Nov. p. 105.
Michael, Donald N., 1962 May p. 47.
Michael, Harris, 1966 Apr. p. 89.
Michael Reese Cardiovascular Research Center, 1966 Aug. p. 55.
Michael Reese Hospital, 1958 May p. 99; 1963 Mar. p. 102.
Michael, Richard, 1966 Apr. p. 89; 1971 Sept. p. 76; 1976 July p. 48.
Michael, William H. Jr., 1968 May p. 77.
Michaela, Alan S., 1956 July p. 52.
Michaelis, Leonor, 1953 Aug. p. 57-59; 1959 Aug. p. 120, 122; 1966 Nov. p. 88; 1969 May p. 39, 40; Aug. p. 88; 1970 Aug. p. 73.
Michaelis, Paul C., 1969 Oct. p. 47; 1971 June p. 84.
Michaelis, Peter, 1950 Nov. p. 32-34.
Michaels, Richard H., 1966 July p. 31.
Michaelson, A. A., 1950 Sept. p. 28; 1976 Jan. p. 62.
Michaelson, I. C., 1977 June p. 103, 104.
Michajlow, W., 1949 Dec. p. 40.
Michanowsky, George, 1976 July p. 66.
Michaux, Ernest, 1973 Mar. p. 82, 83.
Michaux, Francois, 1948 June p. 52.
Michaux, Pierre, 1973 Mar. p. 82, 83, 86, 88.
Michel, F. Curtis, 1971 Aug. p. 66.
Michel, Francois, 1967 Feb. p. 62.
Michel, Maynard, 1971 June p. 55.
Michelangelo, 1950 Sept. p. 68; 1972 Sept. p. 95.
Michelin, André, 1972 May p. 107, 111.
Michelin, Edouard, 1972 May p. 107, 111.
Michell, A. G. M., 1966 Mar. p. 63, 64, 66.
Michelon, L. C., 1954 Feb. p. 46.
Michels, Kenneth M., 1971 June p. 36.
Michels, Walter C., 1958 May p. 73.
Michelson, A. A., 1948 Aug. p. 36, 39, 49, 51; 1949 Mar. p. 54; Dec. p. 14; 1952 June p. 50; 1953 Nov. p. 98; 1954 July p. 46; 1955 Aug. p. 63-66; 1960 Mar. p. 84; July p. 146; Oct. p. 164; 1963 Feb. p. 134; July p. 42, 44, 45; 1964 Mar. p. 108; Nov. p. 107-111, 113, 114; 1967 July p. 50; Nov. p. 26; 1968 June p. 56, 58, 59; Sept. p. 105, 148, 74, 76-80, 82; 1972 Feb. p. 72; 1976 Sept. p. 70; 1977 Nov. p. 72; 1978 Feb. p. 131; May p. 64.
Michener, Charles D., 1966 Dec. p. 111; 1976 Mar. p. 101, 102.
Michener, Martin, 1974 Dec. p. 104.
Michet, D., 1977 Aug. p. 33.
Michigan Civil Liberties Union, 1977 Dec. p. 87.
Michigan Environmental Research Institute, 1977 Oct. p. 92, 94.
Michigan State Agricultural Commission, 1969 June p. 57.
Michigan State University, 1956 Apr. p. 60; 1957 Dec. p. 114, 116; 1958 July p. 52; Nov. p. 92, 94; 1963 June p. 60; 1965 Oct. p. 57; 1966 Oct. p. 70; 1977 July p. 96; Dec. p. 87; 1978 Apr. p. 78.
Mick, Stephen S., 1975 Feb. p. 14.
Mickelsen, Olaf, 1956 Nov. p. 114; 1966 Aug. p. 56.
Mickelwait, Audrey B., 1963 July p. 74.
Microwave Associates Inc., 1959 June p. 127, 129.
Midas, King, 1959 July p. 100-105, 107, 109.
Middendorf, W. H. H., 1956 July p. 52.
Middlebrook, Gardner, 1949 Oct. p. 38.
Middlebush, Frederick A., 1950 Dec. p. 26; 1956 Aug. p. 49.
Middlesex Hospital, 1962 Aug. p. 116.
Middleton, John T., 1953 Jan. p. 32.
Middleton, Lord of Birdsall, 1976 Oct. p. 120, 126.
Middleton, William S., 1957 Jan. p. 68; 1966 Aug. p. 42.
Midgley, Alvin, 1963 Jan. p. 127.
Midgley, Thomas Jr., 1950 Feb. p. 16.
Midgley, Wilfred, 1976 Oct. p. 126.
Midwestern Universities Research Association, 1956 Apr. p. 60; 1958 Mar. p. 73; July p. 50; 1961 Nov. p. 56; 1966 Nov. p. 109, 110.
Mie, Gustav, 1953 Feb. p. 72, 74, 76; 1972 Feb. p. 68; 1974 July p. 65, 67, 70; 1977 Apr. p. 124.
Miescher, Friedrich, 1953 Feb. p. 50, 51, 53, 55, 56; 1961 Sept. p. 74; 1968 June p. 78-84, 86, 88; 1972 Dec. p. 84, 86.
Miethke, E., 1969 Feb. p. 36.
Migalkin, G., 1963 Aug. p. 97.
Miggiano, Vincenzo, 1965 July p. 97.
Mihalyi, Elemer, 1962 Mar. p. 62-65.
Mikhailov, V. P., 1958 Sept. p. 89.
Milankovich, Milutin, 1958 Feb. p. 59.
Milankovitch, Milutin, 1948 Oct. p. 44; 1960 May p. 79.
Milbank Memorial Fund, 1954 Mar. p. 42; 1973 July p. 17.
Milburn, John G., 1963 Mar. p. 121, 124-126.
Milch, R. A., 1963 Apr. p. 114.
Miledi, Ricardo, 1970 Apr. p. 92; 1977 Feb. p. 109, 113, 114.
Miles, Catharine C., 1951 Sept. p. 43, 45.
Miles Laboratories, 1963 Nov. p. 104.
Miles, Vaden W., 1950 Feb. p. 25.
Miley, George K., 1973 Sept. p. 72; 1975 Mar. p. 28; Aug. p. 26, 33-35; Oct. p. 56.
Milford, Frederick J., 1973 May p. 37.
Mili, Gjon, 1967 Apr. p. 58.
Milicer, Halina, 1968 Jan. p. 27.
Milik, J. T., 1973 Jan. p. 82.
Milkey, Robert W., 1975 Apr. p. 111.
Milkman, Roger D., 1967 Nov. p. 54.
Mill, James, 1971 Aug. p. 82.
Mill, James S., 1951 Oct. p. 15.
Mill, John S., 1951 Sept. p. 103; 1952 Sept. p. 150; 1954 June p. 31; Oct. p. 33; 1963 Sept. p. 56; 1965 Sept. p. 151; 1971 Aug. p. 82; 1972 Feb. p. 95; Sept. p. 164.
Millar, J. A., 1971 Feb. p. 18, 19.
Millardet, Pierre, 1952 Jan. p. 29.
Miller, Benjamin F., 1959 Oct. p. 58.
Miller, C. Philip, 1949 Aug. p. 33; 1955 May p. 33.
Miller, Carl W., 1954 Apr. p. 44.
Miller, Carlos O., 1968 July p. 77.
Miller, Charles E., 1967 Dec. p. 69.
Miller, D. M., 1971 Feb. p. 91.
Miller, David , 1959 Oct. p. 60.
Miller, Dayton C., 1964 Nov. p. 114.
Miller, Denis, 1975 Apr. p. 48.
Miller, Dorothy, 1974 July p. 42.
Miller, E. A., 1967 Feb. p. 90.
Miller, Edward E., 1977 Mar. p. 110.
Miller, Fletcher, 1953 Mar. p. 71.
Miller, Frank C., 1967 Sept. p. 106.
Miller, Fritz, 1963 May p. 68.
Miller, G. F., 1969 Aug. p. 75.
Miller, G. L., 1955 July p. 77, 78.
Miller, Gaylord R., 1972 Apr. p. 48.
Miller, George A., 1964 June p. 99; 1969 Jan. p. 84; 1971 Aug. p. 82; 1972 July p. 87; Sept. p. 35; 1974 Dec. p. 31.
Miller, George Jr., 1973 Oct. p. 33.
Miller, Gerrit, 1954 Jan. p. 38.
Miller, Henry, 1974 July p. 60.
Miller, J. C. P., 1952 Feb. p. 40.
Miller, Jack R., 1967 Sept. p. 262.
Miller, Jacques F. A. P., 1962 Apr. p. 82; Nov. p. 54, 55; 1964 July p. 66, 65; 1973 July p. 58; 1974 Nov. p. 60.

Miller, James A., 1975 June p. 26.
Miller, Jeffrey, 1970 June p. 44.
Miller, John D., 1976 Sept. p. 70.
Miller, John G., 1971 Aug. p. 47.
Miller, Joseph S., 1969 Mar. p. ; 1971 Jan. p. 49, 50.
Miller, Naomi, 1978 Jan. p. 117.
Miller, Neal E., 1956 Oct. p. 107, 114; 1957 Feb. p. 58; 1958 Jan. p. 82; 1961 Feb. p. 46, 48; 1966 Aug. p. 85; 1969 Apr. p. 49; 1970 Jan. p. 32-37, 39.
Miller, O. J., 1963 July p. 59.
Miller, O. L., 1973 Aug. p. 25, 26.
Miller, Perry, 1955 May. p. 56.
Miller, Ralph, 1955 Feb. p. 98.
Miller, Richard S., 1974 May p. 91.
Miller, Robert C., 1964 Apr. p. 43; June p. 56; 1967 May p. 56.
Miller, Robert E., 1971 Jan. p. 27.
Miller, Robert R., 1949 May p. 50.
Miller, Robert W., 1973 Oct. p. 32.
Miller, Stanley L., 1953 July p. 42; 1954 Aug. p. 48, 52; 1963 Mar. p. 45; Aug. p. 52; 1972 June p. 41.
Miller, Stewart E., 1968 Mar. p. 107; June p. 17; Sept. p. 153.
Miller, Tracy B., 1967 Oct. p. 56; 1976 Aug. p. 24.
Miller, W. D., 1957 Dec. p. 110.
Miller, W. E., 1966 July p. 107.
Miller, William C., 1957 Mar. p. 55; 1962 Apr. p. 55; 1964 July p. 46; Nov. p. 41, 45; 1967 Oct. p. 107.
Miller, William H., 1961 Feb. p. 114; Sept. p. 223; 1963 Jan. p. 71; July p. 123, 124; 1967 May p. 48; Dec. p. 48; 1968 Sept. p. 182; 1977 July p. 112.
Millett, A., 1972 Oct. p. 39.
Millican, R. C., 1958 Dec. p. 122, 124.
Milligan, James E., 1959 Feb. p. 66.
Millihan, C. H., 1961 Apr. p. 95.
Millikan, Robert A., 1949 Mar. p. 29-31; Dec. p. 14, 56; 1950 Sept. p. 22, 23; Oct. p. 32; 1951 May p. 27, 30; 1952 Mar. p. 50; June p. 50; 1953 Sept. p. 64; 1964 Jan. p. 108; 1967 Jan. p. 86, 87, 91-95; Nov. p. 26, 27; 1970 Oct. p. 64; 1971 July p. 94.
Milliken, Christine, 1973 Apr. p. 25, 26.
Milliken, Robert S., 1966 Dec. p. 56.
Millikin, Eugene D., 1950 Aug. p. 28.
Millis, Walter, 1954 Feb. p. 44.
Millman, B. M., 1965 Dec. p. 27.
Millman, Peter M., 1950 Sept. p. 52; 1951 June p. 27; 1954 Feb. p. 42; 1958 July p. 35.
Millman, Sydney, 1965 May p. 67.
Millon, René, 1965 Sept. p. 58; 1972 May p. 83; 1975 Oct. p. 73.
Millot, Jacques, 1954 Nov. p. 56; 1955 July p. 54; 1957 Sept. p. 114.
Millott, N., 1963 July p. 130.
Mills, B. Y., 1955 Mar. p. 41; 1956 Apr. p. 57; Sept. p. 166, 210; 1959 Aug. p. 49; Dec. p. 97; 1962 Mar. p. 42; 1964 Jan. p. 36; 1968 Dec. p. 50.
Mills, Bernard J., 1971 Dec. p. 28.
Mills, Donald R., 1965 Nov. p. 50; 1967 Sept. p. 103.
Mills, Dox H., 1971 Dec. p. 40.
Mills, Jack, 1957 Nov. p. 70.
Mills, Robert, 1978 Feb. p. 136.
Mills, Robert L., 1974 July p. 55; 1976 Nov. p. 55.
Mills, Wilbur D., 1971 Apr. p. 23.
Millward, G. R., 1969 Aug. p. 93, 94.
Milne, David B., 1972 July p. 59.
Milne, Douglas K., 1971 Dec. p. 27; 1976 June p. 105, 106.
Milne, E. A., 1974 Nov. p. 26; 1976 Feb. p. 52.
Milne, E. Arthur, 1949 Jan. p. 38.
Milne, John, 1949 Feb. p. 42; 1955 Sept. p. 56.
Milne, Lorus J., 1952 Jan. p. 29; 1957 Oct. p. 49; 1978 Apr. p. 134.
Milne, Margery, 1978 Apr. p. 134.
Milne, Margery J., 1952 Jan. p. 29; 1957 Oct. p. 49.
Milner, Brenda, 1965 Mar. p. 45; 1973 Mar. p. 70; 1977 June p. 98.
Milner, Harold W., 1953 Oct. p. 31; 1965 Dec. p. 77.
Milner, Paul, 1974 Nov. p. 84.
Milojcic, Vladimir, 1971 Oct. p. 67.
Milsted, John, 1957 Aug. p. 58.
Milstein, C., 1967 Oct. p. 86; 1970 Aug. p. 40, 41.
Miltiades, 1963 June p. 116.
Milton, Daniel, 1973 Jan. p. 55.
Milton, John, 1955 Oct. p. 74, 76; 1958 June p. 74; 1967 Aug p. 97; 1968 Feb. p. 108; Aug. p. 92; 1977 June p. 121, 125, 126, 128.
Minard, David, 1956 Mar. p. 34.
Mincham, Hans, 1961 Mar. p. 73.
Minck, Robert W., 1964 Apr. p. 49.
Miner, F. A., 1966 July p. 107.
Miner, John R., 1950 Apr. p. 58, 59.
Miner, Nancy M., 1959 Nov. p. 74.
Mineralogical Society of America, 1948 Dec. p. 26.
Mink, D., 1977 Aug. p. 57.
Minkowski, Herman, 1950 Sept. p. 28; 1967 Jan. p. 107.
Minkowski, Rudolph, 1949 Mar. p. 54; Dec. p. 19; 1953 Jan. p. 21; 1956 Sept. p. 205, 210; Oct. p. 61; 1957 July p. 50, 53; 1958 Apr. p. 37; 1960 Aug. p. 70; 1963 Dec. p. 59; 1964 Nov. p. 38; 1967 Dec. p. 116; 1970 June p. 28; 1971 July p. 74, 82; Dec. p. 25; 1973 Dec. p. 43; 1975 Aug. p. 26; 1976 Dec. p. 89, 92.
Minnesota Mining and Manufacturing Company, 1951 Dec. p. 40; 1973 Oct. p. 24.
Minnich, D. E., 1961 May p. 137.
Minnick, William A., 1968 Sept. p. 102.
Minor, A. H., 1954 Feb. p. 57.
Minot, George R., 1949 Dec. p. 14, 15; 1967 Nov. p. 27.
Minsky, A. E., 1949 May p. 16.
Minsky, Marvin L., 1966 Sept. p. 112, 166, 247, 69; 1971 Dec. p. 63; 1975 Apr. p. 34, 35.
Minster, Jean-Bernard, 1976 Aug. p. 49.
Minton, R. B., 1974 Feb. p. 49, 53; 1975 Sept. p. 146; 1976 May p. 110.
Minton, Sherman A. Jr., 1957 Jan. p. 114.
Mintz, Beatrice, 1978 Feb. p. 125.
Mintz, Sidney W., 1975 May p. 66.
Mirabeau, *see:* Riqueti, Honoré G. V..
Mirelman, David, 1969 May p. 97; 1977 June p. 119.
Mirick, George S., 1960 Aug. p. 77; 1966 July p. 33.
Mirsky, Alfred E., 1949 Mar. p. 25; 1950 June p. 37; Sept. p. 57; 1953 Feb. p. 49, 57; May p. 36; 1954 Oct. p. 55; 1956 Nov. p. 53; 1958 Dec. p. 63; 1962 May p. 78; 1975 Feb. p. 48, 49, 55.
Mirsky, Arthur I., 1954 Nov. p. 49.
Miser, Hugh J., 1971 Nov. p. 48.
Mises, Richard von, 1953 Sept. p. 128.
Mishell, Robert I., 1973 July p. 58.
Mishima, T., 1967 Sept. p. 234.
Misner, Charles W., 1970 June p. 33.
Misra, Prem S., 1976 Mar. p. 31.
Misrahy, George A., 1964 Dec. p. 64.
Missiroli, Albert, 1952 June p. 23.
Mississippi State Supreme Court, 1971 Feb. p. 46.
Mistry, Nariman, 1962 Aug. p. 53; 1963 Mar. p. 68.
Mitani, Michiko, 1973 Apr. p. 19-21.
Mitarai, Genyo, 1964 Dec. p. 51.
Mitchell, Alfred, 1977 Mar. p. 108.
Mitchell, Andrew, 1972 Mar. p. 30.
Mitchell, Donald E., 1975 Mar. p. 71; 1976 Dec. p. 42.
Mitchell, Edgar D., 1971 Aug. p. 64, 67.
Mitchell, Graham F., 1973 July p. 58; 1974 Nov. p. 63.
Mitchell, Herschel K., 1962 Apr. p. 101, 102, 108.
Mitchell, J. Murray Jr., 1961 Mar. p. 81; 1967 Aug. p. 21; 1970 Sept. p. 184, 188.
Mitchell, J. S., 1955 Oct. p. 41.
Mitchell, J. W., 1949 May p. 43; 1955 June p. 83, 84; 1961 Oct. p. 111, 113.
Mitchell, John, 1950 Feb. p. 33.
Mitchell, Neal, 1971 Mar. p. 21, 23-25.
Mitchell, Peter, 1968 Feb. p. 37; 1975 Dec. p. 32; 1976 June p. 44, 45, 46; 1978 Mar. p. 104, 113, 115, 116, 121.
Mitchell, R. B., 1955 May p. 34.
Mitchell, Ralph, 1975 Nov. p. 53.
Mitchell, Richard L., 1968 Sept. p. 102.
Mitchell, Robert, 1965 Sept. p. 164.
Mitchell, Silas W., 1964 Apr. p. 32, 33.
Mitchell, Wesley C., 1975 Jan. p. 18.
Mitchison, J. M., 1953 Aug. p. 56; 1957 Jan. p. 102; 1961 Apr. p. 123, 125; Sept. p. 110; 1974 Jan. p. 55, 56, 58.
Mitchison, N. Avrion, 1973 July p. 56, 59; 1976 May p. 30, 33, 34, 35.
Mithridates the Great, King of Pontus, 1971 May p. 20.
Mitlin, Norman, 1960 Oct. p. 60.
Mitra, Asok, 1965 Sept. p. 92, 93, 100.
Mitra, Shashanka, 1968 Oct. p. 75.
Mitre Corporation, 1972 Aug. p. 44.
Mittelstädt, Horst, 1965 Nov. p. 85.
Mittelstaedt, O., 1955 Aug. p. 64, 66.
Mitten, Annie, 1959 Feb. p. 82.
Mittenthal, Robert, 1966 Oct. p. 83.
Mittler, Tom E., 1963 Mar. p. 138.
Mittner, P., 1966 Nov. p. 64.
Mitton, Simon, 1973 Feb. p. 101.
Mittwoch, Ursula, 1961 Nov. p. 72.
Mivart, George J., 1956 June p. 92.
Miwa, T., 1968 June p. 105.
Miyamoto, Eishichi, 1977 Aug. p. 117.
Miyamoto, S., 1961 July p. 74; 1962 Aug. p. 41, 42, 43.
Miyamoto, Y., 1976 Nov. p. 51.
Mize, Johnny, 1949 Mar. p. 54.
Mizushima, S., 1969 Oct. p. 33.
Mizutani, Satoshi, 1970 Sept. p. 82; 1972 Jan. p. 29, 31.
M'Kendrick, J. G., 1956 Dec. p. 114.
Mladejovsky, M. G., 1974 Mar. p. 45.
Møllgaard, Kjeld, 1972 Feb. p. 27, 29.
M'Naghten, Daniel, 1974 June p. 19-21.
Moang, T. F., 1962 Aug. p. 36.
Moberg, Eva, 1974 Sept. p. 143.
Mobil Oil Corporation, 1969 June p. 113.
Mobil Tyco Solar Energy Corporation, 1976 Oct. p. 34, 41.
Möbius, Karl, 1969 Mar. p. 22.
Mobley, R. M., 1966 Apr. p. 98.
Mobley, Ralph C., 1964 Mar. p. 83.
Mochel, Jack M., 1965 Oct. p. 62.
Modahl, Kurt B., 1976 Oct. p. 100.
Modell, F. B., 1956 Feb. p. 31-33.
Modell, Walter, 1969 Apr. p. 114.
Modha, M. L., 1976 Apr. p. 119.
Moe, Henry A., 1966 Sept. p. 102.
Moebius, A. F., 1950 Jan. p. 18-21, 23, 24.

Moerman, Michael, 1971 May p. 46.
Moeser, Justus, 1965 Sept. p. 64.
Moffet, Alan T., 1966 Feb. p. 51; Dec. p. 48; 1974 May p. 110, 113.
Moffet, Allen T., 1963 Dec. p. 56; 1966 June p. 32.
Moffett, James W., 1953 May p. 81; 1955 Dec. p. 35; 1966 Feb. p. 82; Nov. p. 99.
Moffitt, William, 1957 Sept. p. 177, 178.
Mohamed, Zema ben Saïd, 1955 July p. 56.
Mohl, Anna von, 1958 Mar. p. 98.
Mohler, Stanley R., 1969 Aug. p. .
Mohorovicic, Andrija, 1955 Sept. p. 59; 1962 July p. 53; 1973 Mar. p. 24.
Mohr, Charles, 1955 May p. 106.
Mohr, Jenka, 1964 Jan. p. 32.
Mohr, Otto, 1952 July p. 60.
Mohs, Friedrich, 1974 Aug. p. 62.
Moilliet, Anthony, 1973 Feb. p. 72.
Moir, Reid, 1948 July p. 18.
Moisés-Chédiak, 1967 Jan. p. 115.
Moissan, Henri, 1955 Nov. p. 43, 44; 1967 Nov. p. 26; 1975 Nov. p. 104.
Moivre, Abraham de, 1978 June p. 120.
Mo-jo, Kuo, 1966 Nov. p. 39.
Mole, R. H., 1959 Sept. p. 130.
Molière, *see:* Poquelin, Jean B..
Molisch, Hans, 1951 Nov. p. 69.
Molitor, Hans, 1949 Aug. p. 34.
Moll, Sheldon H., 1963 Nov. p. 129.
Molla, A. C., 1964 Mar. p. 70.
Mollard, F. R., 1974 Dec. p. 92.
Möller, Fritz, 1970 Sept. p. 183.
Möller, Göran L., 1972 June p. 31; 1976 May p. 34, 35.
Mollison, P. L., 1956 June p. 108.
Molnar, Charles E., 1973 Apr. p. 44.
Molnar, Peter, 1972 May p. 63; 1975 Nov. p. 94, 96; 1977 Apr. p. 30.
Moloney, John B., 1964 May p. 91.
Molotov, Vyacheslav M., 1948 Sept. p. 50, 51; 1949 Nov. p. 26; 1954 Aug. p. 38.
Molyneux, Samuel, 1964 Mar. p. 100-104.
Molyneux, William, 1950 Aug. p. 32.
Mommaerts, W. F. H. M., 1955 Mar. p. 53.
Mommsen, Thcodor, 1952 Apr. p. 84.
Monaco, Anthony P., 1965 Dec. p. 40.
Monash University, 1963 Aug. p. 45.
Monboddo, Lord, 1959 May p. 61.
Moncada, S., 1971 Aug. p. 45.
Mönckeberg, Fernando, 1971 Oct. p. 20.
Monconys, Balthasar de, 1970 Oct. p. 114.
Moncrieff, R. W., 1952 Mar. p. 28; 1964 Feb. p. 45; 1971 Aug. p. 46.
Mond Laboratory, 1958 June p. 35.
Mond, Ludwig, 1959 Oct. p. 72; 1971 Dec. p. 49; 1972 Oct. p. 26, 35.
Mondrian, Piet, 1977 Dec. p. 111.
Money, John W., 1972 July p. 82.
Mongar, Jack L., 1963 Nov. p. 108.
Monge, Carlos, 1955 Dec. p. 60, 62, 66; 1970 Feb. p. 53.
Monge, Gaspard, 1949 Jan. p. 45; 1955 Jan. p. 83; 1964 Sept. p. 65.
Möngke, Khan, 1963 Aug. p. 55, 59.
Moniz, Antôbnio de Egas, 1978 Mar. p. 63.
Moniz, Egas, 1948 Oct. p. 37; 1950 Feb. p. 44; 1955 Feb. p. 70; 1962 Aug. p. 71; 1967 Nov. p. 27.
Monjan, Andrew A., 1973 Jan. p. 22, 25.
Monnier, Alexander, 1956 Mar. p. 52.
Monnier, Marcel, 1974 Jan. p. 51; 1976 Aug. p. 25.
Monod, Jacques, 1953 Sept. p. 114; 1961 June p. 96; July p. 66; 1962 Feb. p. 47; 1963 Mar. p. 83; 1964 Nov. p. 76; 1965 Apr. p. 36-39, 42, 44, 45; Dec. p. 38; 1967 June p. 52; Nov. p. 28, 30; 1968 Dec. p. 48; 1969 Apr. p. 35; May p. 40; Oct. p. 28; 1970 June p. 36, 38, 39, 42; 1972 Feb. p. 36; 1973 Oct. p. 55; 1974 June p. 49; 1976 Jan. p. 64; Feb. p. 33, 35; Dec. p. 103.
Monroe, George, 1962 June p. 71.
Monroy, Alberto, 1951 Mar. p. 45; 1967 Nov. p. 70.
Monsanto Chemical Company, 1952 Jan. p. 34; 1953 May p. 32; June p. 43; July p. 40; Aug. p. 36; 1966 July p. 97; 1967 Apr. p. 50; 1968 Aug. p. 44; Nov. p. 56; 1976 Oct. p. 60.
Monsiau, Nicholas, 1972 Feb. p. 98.
Montagu, Ashley, 1951 Feb. p. 32.
Montagu, Edward W., 1976 Jan. p. 112.
Montagu, John, Earl of Sandwich, 1974 Sept. p. 76.
Montaigne, Michel de, 1968 Dec. p. 105.
Montalto, Cardinal, 1951 June p. 58.
Montalvo, Joseph H., 1971 Mar. p. 31.
Monte, Guidobaldo del, 1976 Apr. p. 106, 107, 112, 113.
Montecatini, 1961 Aug. p. 41.
Montefiore Hospital and Medical Center, 1978 Apr. p. 64.
Montefuscolo, Goffredo di, 1963 Dec. p. 116.
Montejan, Maneschal de, 1956 Jan. p. 91.
Montelius, Oskar, 1971 Oct. p. 64.
Montero, Vicente M., 1974 May p. 50.
Montes, Leopoldo F., 1969 Jan. p. 111, 115.
Montesano, Roberto, 1978 May p. 144.
Monteverdi, Claudio, 1967 Dec. p. 98.
Montezuma II, 1966 Apr. p. 73.
Montgolfier, Jacques E., 1950 Dec. p. 30; 1964 July p. 98; 1970 Aug. p. 100.
Montgolfier, Joseph M., 1970 Aug. p. 100.
Montgomery, David B., 1965 Apr. p. 67, 74, 76, 78; 1972 July p. 73, 95.
Montgomery, G. Franklin, 1952 June p. 38; 1977 Dec. p. 47.
Montgomery, Hugh, 1978 Mar. p. 131.
Montgomery, John, 1961 June p. 90.
Montgomery, Raymond, 1961 Apr. p. 108.
Montgomery, W. Linn, 1977 Mar. p. 108, 112.
Montie, Thomas C., 1969 Mar. p. 93.
Montreal Neurological Institute, 1960 Sept. p. 74; 1961 Oct. p. 135; 1965 Mar. p. 45.
Montroll, Elliott W., 1963 Dec. p. 35.
Montzka, Thomas, 1966 Nov. p. 135.
Moody, John D., 1978 Mar. p. 44.
Moody, Lewis F., 1967 Jan. p. 66.
Moody, Michael, 1965 Feb. p. 72; 1966 Dec. p. 35.
Moog, Florence, 1948 Oct. p. 25; 1973 Apr. p. 82, 85.
Mook, H. A., 1967 Sept. p. 224.
Moon, Philip B., 1960 Apr. p. 76; 1965 May p. 72, 74; 1968 Oct. p. 45.
Moon, Virgil H., 1949 Sept. p. 26.
Mooney, Harold A., 1965 Dec. p. 84; 1972 May p. 99.
Moorbath, Stephen, 1977 Mar. p. 92, 98-101, 104.
Moore, A. D., 1972 Mar. p. 40.
Moore, C. Bradley, 1965 Jan. p. 30; 1977 Feb. p. 95.
Moore, Carl V., 1949 Feb. p. 36.
Moore, Carleton B., 1971 May p. 42; 1972 June p. 43; Oct. p. 83, 84.
Moore, Charlotte E., 1951 Sept. p. 54.
Moore, Dan H., 1949 May p. 28; 1954 Apr. p. 52; 1957 Feb. p. 40, 43.
Moore, David G., 1955 Apr. p. 50.
Moore, E. G., 1951 July p. 29.
Moore, Edward F., 1964 Sept. p. 150; 1977 Oct. p. 109, 118.
Moore, Francis D., 1970 Mar. p. 60.
Moore, Franklin, 1959 Mar. p. 62.
Moore, G. W., 1954 Oct. p. 36.
Moore, Gordon E., 1977 Sept. p. 65, 67.
Moore, Henry, 1958 Sept. p. 64, 65; 1973 May p. 27.
Moore, Henry J. II, 1978 Mar. p. 89.
Moore, Hilary, 1951 Aug. p. 27.
Moore, J. H., 1952 June p. 28; 1956 Feb. p. 56.
Moore, John N., 1977 Dec. p. 87.
Moore, John P., 1955 Apr. p. 54.
Moore, John W., 1967 Aug. p. 69.
Moore, Joseph E., 1952 Apr. p. 55, 56.
Moore, Lowi D. Jr., 1957 Nov. p. 72.
Moore, Malcolm A. S., 1974 Nov. p. 64.
Moore, Paul, 1958 May p. 69.
Moore, Peter B., 1976 July p. 65; Oct. p. 44.
Moore, Richard K., 1967 Aug. p. 40.
Moore, Robert A., 1962 Jan. p. .
Moore, Robert B., 1978 June p. 66.
Moore, Roger C., 1957 June p. 72.
Moore, Roland C., 1957 Aug. p. 58.
Moore, Stanford, 1950 June p. 35; 1955 May p. 37; July p. 76; 1961 Jan. p. 79; Feb. p. 81; Apr. p. 58; Oct. p. 58, 67; Dec. p. 96; 1964 Dec. p. 71; 1967 Mar. p. 49; 1972 Dec. p. 41; 1975 Apr. p. 47.
Moore, Thomas, 1966 Oct. p. 79, 81; 1972 Apr. p. 56.
Moore, W. H., 1953 May p. 43.
Moorehead, Warren K., 1975 Aug. p. 98.
Moorer, Thomas H., 1972 June p. 27; 1973 Aug. p. 12.
Moorfields Eye Hospital, 1962 Mar. p. 110.
Moorhead, Paul S., 1968 Mar. p. 33, 35.
Moorhouse, F. W., 1965 May p. 79.
Moorsteen, Richard, 1968 Dec. p. 19.
Moos, Carl, 1974 Feb. p. 70.
Mooseker, Mark S., 1978 May p. 145.
Morales, George, 1974 Dec. p. 23.
Moran, James M. Jr., 1968 Dec. p. 42.
Moran, Louis J., 1963 Mar. p. 102.
Morand, J. F. C., 1974 Aug. p. 97.
Morandi, A. J., 1971 June p. 37.
Morasso, Piero, 1974 Oct. p. 100.
Moray, Neville, 1962 Apr. p. 151.
More, Henry, 1977 June p. 122, 123, 125, 126.
More, Louis T., 1954 Dec. p. 98; 1955 Dec. p. 73.
More, Thomas, Sir, 1948 June p. 18; 1972 Nov. p. 54.
Moreau, Jacques, 1977 Oct. p. 132, 139.
Morehead, Frederick F. Jr., 1971 July p. 32.
Morehead, James T., 1949 Jan. p. 17.
Morehead, John M., 1955 Nov. p. 44.
Moreland, Edward L., 1950 Dec. p. 26.
Moreland, W. B., 1962 Sept. p. 91, 94.
Morell, Anatol G., 1968 May p. 103; 1974 May p. 85.
Morelos, Father, 1966 Oct. p. 25.
Moresco, R. L., 1972 July p. 51.
Morey, George W., 1961 Jan. p. 101, 92; 1976 Aug. p. 79.
Morgan, Councilman, 1954 Apr. p. 52; Dec. p. 64, 70; 1957 Feb. p. 40, 43; 1961 Sept. p. 61; 1963 Apr. p. 118.
Morgan, George W., 1970 Jan. p. 116.
Morgan, Herbert R., 1972 Jan. p. 28, 30.
Morgan, Isabel, 1949 July p. 18.
Morgan, J. P., 1959 Nov. p. 100; 1963 Mar. p. 129.
Morgan, James, 1967 Sept. p. 188.
Morgan, L. O., 1950 Apr. p. 47.
Morgan, Lewis H., 1949 Jan. p. 24; 1956 May p. 70, 71; 1959 June p. 154, 155.
Morgan, Lillian V., 1960 May p. 124.
Morgan, Millett G., 1956 Jan. p. 37.
Morgan, Philip D., 1975 Aug. p. 59.

Morgan, Russell H., 1959 May p. 68; 1962 July p. 73; 1963 May p. 75.
Morgan, Thomas H., 1949 May p. 17; Sept. p. 16; Dec. p. 13, 14; 1950 Jan. p. 32; Sept. p. 56, 58; Nov. p. 30; 1951 Sept. p. 43; 1954 June p. 44; July p. 42; 1956 Oct. p. 80, 81; 1958 Oct. p. 82; 1959 July p. 128; 1960 Jan. p. 128; May p. 124; 1961 Nov. p. 68; 1967 Nov. p. 27; 1968 June p. 88; 1969 Dec. p. 48; 1977 July p. 68, 74.
Morgan, W. Jason, 1968 Dec. p. 63; 1969 Sept. p. 130; 1970 Sept. p. 91; 1972 May p. 63; Nov. p. 51; 1973 July p. 48; 1976 Aug. p. 49.
Morgan, W. W., 1952 July p. 49, 50; 1959 Dec. p. 93-99; 1961 Jan. p. 108; 1963 Jan. p. 76; 1969 Jan. p. 29.
Morgan, Walter, 1977 June p. 111.
Morgenstern, Larry L., 1974 Sept. p. 55.
Morgenstern, Oskar, 1948 Nov. p. 15; 1955 Feb. p. 78, 80; 1957 Apr. p. 68; 1962 Dec. p. 108, 118.
Morgenthau, Henry Jr., 1975 Jan. p. 18.
Morguleff, N., 1967 Nov. p. 60.
Moriarty, 1949 May p. 24.
Moricard, R., 1951 Mar. p. 46.
Morin, A., 1951 Feb. p. 55; 1956 May p. 109.
Morin, A. J., 1975 July p. 50.
Morin, Bernard, 1966 May p. 120; 1976 Apr. p. 79.
Morin, F. J., 1962 June p. 66.
Morin, James G., 1977 Mar. p. 106, 110.
Morin, Richard A., 1967 May p. 37.
Morison, Roberts, 1948 Oct. p. 27.
Morison, Samuel E., 1977 Nov. p. 146.
Morita, Hiromichi, 1961 May p. 144.
Morita, Richard Y., 1957 Nov. p. 54.
Moriyama, Iwao M., 1960 July p. 81.
Morle, K. D. F., 1952 Jan. p. 36.
Morlet, A., 1975 Feb. p. 41.
Morley, Edward W., 1948 Aug. p. 51, 49; 1949 Mar. p. 54; 1950 Sept. p. 28; Dec. p. 31; 1953 Nov. p. 98; 1954 July p. 46; 1960 Mar. p. 84; 1963 Feb. p. 134; July p. 42; 1964 Mar. p. 108; Nov. p. 107, 111, 113, 114; 1967 July p. 50; 1977 Nov. p. 72; 1978 Feb. p. 131; May p. 64.
Morley, R. L., 1976 Aug. p. 84.
Morley, Sylvanus G., 1972 May p. 91.
Morokhov, I. D., 1968 July p. 50.
Moroni, Antonio, 1969 Aug. p. 30, 34.
Morot, F. S., 1950 Oct. p. 40.
Morowitz, Harold J., 1967 Feb. p. 43.
Moroz, V. I., 1965 Aug. p. 28, 29; 1975 Sept. p. 74, 77.
Morozumi, Henry, 1962 Sept. p. 76.
Morrell, Joan I., 1976 July p. 50.
Morrelli, Howard F., 1974 Nov. p. 18.
Morris, Byron, 1975 June p. 92, 93.
Morris, Carl, 1977 May p. 119.
Morris, D., 1954 Nov. p. 42.
Morris, David, 1964 July p. 46; 1965 June p. 51-53.
Morris, G. A., 1971 Dec. p. 28.
Morris, George E., 1952 May p. 42.
Morris, H. N., 1953 May p. 60.
Morris, Henry, 1971 Jan. p. 46.
Morris, Henry M., 1976 Apr. p. 37.
Morris, John McL., 1966 June p. 56.
Morris, Joseph C., 1950 Dec. p. 26; 1953 May p. 54.
Morris, Robert, 1974 May p. 65, 66.
Morris, Samuel B., 1955 May. p. 50; 1956 Mar. p. 49; 1959 Nov. p. 174.
Morris, William, Lord Nuffield, 1963 Sept. p. 58; 1973 Mar. p. 88.
Morris-Goodall, Jane, 1962 May p. 134, 138.
Morrison, David, 1975 Jan. p. 28.
Morrison, Emily, 1953 Aug. p. 23; 1957 Dec. p. 98.
Morrison, John A., 1965 Mar. p. 39-41; 1973 May p. 30, 34.
Morrison, L. R., 1949 July p. 18.
Morrison, Philip, 1949 Apr. p. 24; July p. 43; 1953 Aug. p. 23; 1956 Aug. p. 48; 1957 Apr. p. 45; July p. 86; Oct. p. 56; Dec. p. 59, 98; 1959 Mar. p. 76; 1960 Jan. p. 76; Apr. p. 63; 1961 Mar. p. 102; 1963 Mar. p. 48; 1964 Apr. p. 68; June p. 40; 1966 Apr. p. 94; July p. 74; Aug. p. 36; Oct. p. 43; 1967 Jan. p. 100; 1969 Jan. p. 48; 1973 Feb. p. 104; 1975 May p. 83; Dec. p. 65; 1976 Feb. p. 54B; Oct. p. 78; Dec. p. 94; 1977 Dec. p. 84.
Morrow, John F., 1975 July p. 25, 31, 33.
Morrow, R. H. Jr., 1973 Oct. p. 29.
Morrow, Robert S., 1969 Dec. p. 19.
Morrow, W. R., 1948 Oct. p. 51.
Morrow, Walter E. Jr., 1961 Oct. p. 91.
Morse, Dean, 1976 Dec. p. 29.
Morse, Harold M., 1950 Dec. p. 26.
Morse, M. Laurence, 1976 Dec. p. 111.
Morse, Philip M., 1948 June p. 27; Oct. p. 24; 1949 Feb. p. 17; 1971 Nov. p. 48.
Morse, Ralph, 1958 Sept. p. 59.
Morse, Robert W., 1963 July p. 120.
Morse, Roger A., 1976 Jan. p. 63.
Morse, Samuel F. B., 1949 Dec. p. 56; 1954 July p. 76, 77; 1957 Nov. p. 47; 1960 Sept. p. 96; 1972 Sept. p. 117, 99; 1977 July p. 130.
Morse, Stephen I., 1967 Dec. p. 26.
Mortensen, C. F., 1975 May p. 20.
Mortensen, Otto A., 1964 Mar. p. 58.
Mortenson, Leonard E., 1962 Oct. p. 60; 1974 Oct. p. 69; 1977 Mar. p. 73.
Morton, A. Q., 1964 Jan. p. 56.
Morton, Avery, 1957 Sept. p. 101.
Morton, Donald C., 1964 June p. 38, 41, 42; 1969 June p. 101; 1970 Dec. p. 26, 27; 1971 Dec. p. 25; 1972 Feb. p. 71; Apr. p. 57; 1974 May p. 113; 1977 May p. 73.
Morton, G. A., 1956 Mar. p. 90.
Morton, H. B., 1972 May p. 37.
Morton, H. S., 1964 Jan. p. 116.
Morton, Harry E., 1959 Mar. p. 65.
Morton, Henry, 1959 Nov. p. 108.
Morton, R. A., 1967 June p. 72.
Morton, Richard, 1949 Oct. p. 35.
Morton, Rogers C. B., 1975 Apr. p. 53.
Morton Salt Company, 1962 Aug. p. 90, 98; 1963 July p. 96.
Morton, William T. G., 1957 Jan. p. 70, 72; 1973 Sept. p. 130.
Moruzzi, Gianni, 1972 Mar. p. 88.
Moruzzi, Giuseppe, 1957 May p. 55; 1962 June p. 148; 1967 Feb. p. 66-68, 70; 1970 Mar. p. 66.
Mosander, Karl G., 1951 Nov. p. 29, 30.
Mosauer, Walter, 1970 June p. 82, 93.
Mosbach, Klaus, 1971 Mar. p. 26.
Moscati, Sabatino, 1975 Feb. p. 80.
Moscona, Aron A., 1959 Dec. p. 162; 1961 May p. 121; Sept. p. 142; 1962 May p. 146; 1969 Feb. p. 100; 1970 May p. 81; 1972 June p. 28; 1977 June p. 113.
Mose, Eric, 1955 May p. 91; 1958 Sept. p. 63.
Moseley, Francis L., 1964 Mar. p. 34.
Moseley, H. G. J., 1950 Apr. p. 38; 1956 Nov. p. 102; 1968 July p. 62.
Moseley, H. N., 1953 May p. 94.
Moseley, W. H., 1971 Aug. p. 20.
Mosely, David, 1973 Mar. p. 87.
Moser, John C., 1967 Nov. p. 113, 118.
Moses, 1948 June p. 45; 1949 Jan. p. 52; 1950 Jan. p. 54; 1957 Mar. p. 37; 1965 July p. 92; 1973 Jan. p. 85; Apr. p. 91; 1977 Jan. p. 104.
Moses, J. B., 1953 Jan. p. 45.
Moses, Montrose J., 1958 June p. 41, 42.
Moses, Paul J., 1965 Mar. p. 82.
Moses, Robert, 1965 Sept. p. 199.
Mosher, Harry S., 1967 Aug. p. 62, 67.
Moskowitz, Meyer, 1956 Nov. p. 79.
Moskowitz, Michael, 1975 July p. 77.
Mosna, E., 1952 Oct. p. 22.
Mosquin, Theodore, 1973 Apr. p. 97.
Moss, Calvin, 1972 Oct. p. 104.
Möss, Dieter, 1974 Aug. p. 35.
Moss, John E., 1958 July p. 46; 1965 May p. 50; 1967 Jan. p. 28.
Moss, M. L., 1973 Aug. p. 95.
Moss, Ned S., 1977 Feb. p. 78, 84.
Moss, Peter D., 1967 Feb. p. 58.
Moss, R. W., 1969 Dec. p. 92.
Moss, Simon C., 1977 May p. 45.
Mössbauer, Rudolf L., 1960 Jan. p. 74; Apr. p. 73, 75, 76, 78; May p. 89; 1961 Mar. p. 98; Dec. p. 72, 73; 1963 Feb. p. 142; Oct. p. 40; 1965 Jan. p. 107; 1967 Nov. p. 25, 27; 1971 Oct. p. 86; 1973 Dec. p. 69, 85.
Mossop, Stanley, 1961 Jan. p. 125.
Mostek Corporation, 1977 Sept. p. 131.
Mosteller, Frederick, 1955 Feb. p. 80; Aug. p. 69.
Mosteller, G. G., 1972 Dec. p. 59.
Mostler, Georg, 1957 Oct. p. 52.
Mote, C. D. Jr., 1976 May p. 56.
Mote, John R., 1950 Mar. p. 33.
Motley, Hurley L., 1961 Oct. p. 54.
Motley, R. W., 1967 July p. 83.
Motomura, I., 1959 July p. 127.
Motorola Aerial Remote Sensing, Inc., 1977 Oct. p. 92.
Motorola Semiconductor Products, Incorporated, 1965 Nov. p. 61, 68; 1966 Sept. p. 85; 1970 Feb. p. 24; 1977 Sept. p. 65; Oct. p. 92.
Mott, Nevill, Sir, 1952 Nov. p. 32, 33; 1966 July p. 69; 1967 Sept. p. 196, 76, 98; 1968 Jan. p. 79; 1969 Nov. p. 33; 1977 May p. 39, 41; Dec. p. 82.
Mottelson, Ben, 1959 Jan. p. 82; 1964 Mar. p. 86; 1975 Dec. p. 48.
Motulsky, Arno G., 1971 Nov. p. 38, 40.
Motz, Gottlieb, 1961 Mar. p. 129.
Motz, Lloyd, 1951 May p. 33; June p. 32.
Moudy, J. M., 1976 Apr. p. 35, 39.
Mougey, H. C., 1975 July p. 60.
Mouhot, Henri, 1964 Nov. p. 97.
Moulton, F. R., 1948 May p. 44; 1952 Oct. p. 55.
Moulton, James M., 1962 June p. 134.
Mount Holyoke College, 1963 Nov. p. 118.
Mount Palomar Observatory, 1953 Feb. p. 17; Mar. p. 35; June p. 56; 1954 July p. 31, 34, 35 Aug. p. 38; 1956 Jan. p. 48; 1957 Mar. p. 53; 1961 June p. 113-115; 1962 Apr. p. 58, 60; 1963 Apr. p. 60, 67; June p. 98, 106; Dec. p. 54, 56-58; 1964 Jan. p. 40; May p. 78; July p. 46; Nov. p. 38, 41, 45; 1966 Aug. p. 37; Nov. p. 54; Dec. p. 52; 1970 June p. 26; July p. 27; 1971 July p. 74; 1976 Dec. p. 89, 90; 1977 Oct. p. 43; 1978 Jan. p. 82; Apr. p. 110.
Mount Sinai Hospital, 1958 June p. 80; 1964 Mar. p. 39.
Mount Stromlo Observatory, 1957 Dec. p. 40; 1964 Jan. p. 33-36, 39, 41.
Mount Wilson Observatory, 1948 Nov. p. 27, 35; 1950 Dec. p. 40; 1952 June p. 46, 50, 52; 1953 Feb. p. 72; May p. 69, 73; 1954 July p. 32, 33, 35; Aug. p. 40; 1956 Jan. p. 48; 1957 Mar. p. 58; 1960 Feb. p. 55, 57, 62; Apr. p. 56; 1961 June p. 112; 1962 Feb. p. 56; Apr. p. 58, 60; 1963 Apr. p. 60, 67; June p. 97, 98,

106; Oct. p. 65; Dec. p. 54, 56-58; 1964 Jan. p. 40; May p. 78; June p. 38; July p. 46; Aug. p. 14; Nov. p. 38, 41, 45; 1966 Aug. p. 37; Nov. p. 54, 58, 60; 1970 June p. 28; 1971 July p. 77.
Mountcastle, Vernon, 1958 Sept. p. 141; 1971 May p. 92.
Mouschovias, T. Ch., 1977 June p. 78.
Mouton, Gabriel, 1970 July p. 18.
Movius, Hallam, 1948 July p. 19; 1949 May p. 48.
Mowbot, Inc., 1969 Apr. p. 52.
Mower, George D., 1976 Nov. p. 93.
Mower, Howard F., 1974 Oct. p. 69.
Mowrer, O. H., 1950 Mar. p. 39.
Moxon, James, 1964 Jan. p. 104.
Moyer, B., 1956 June p. 41.
Moyer, Carl A., 1950 Dec. p. 29.
Moyle, Jennifer M., 1978 Mar. p. 104, 116, 121.
Moynihan, Daniel P., 1967 Apr. p. 25.
Moynihan, Martin H., 1954 Nov. p. 42; 1960 Dec. p. 118; 1972 Sept. p. 56.
Moyroud, Louis, 1949 Nov. p. 29.
Mozart, Wolfgang A., 1948 July p. 38; 1950 Dec. p. 22; 1951 Sept. p. 45; 1954 Apr. p. 65; 1956 Feb. p. 86; 1959 Sept. p. 158; Dec. p. 111, 112, 120; 1967 Dec. p. 103; 1973 May p. 29; July p. 31; Aug. p. 78; 1974 Nov. p. 78, 79.
Mozley, Robert F., 1967 Oct. p. 43.
Mørch, E. T., 1960 Sept. p. 208.
Mrosovsky, N., 1971 Apr. p. 72.
Mudd, Stuart, 1953 Aug. p. 53; 1954 June p. 74; 1959 May p. 78; 1961 Mar. p. 66.
Muelle, Jorge C., 1954 Aug. p. 29; 1955 Mar. p. 100.
Mueller, George G., 1963 Mar. p. 45.
Mueller, Gerald C., 1975 Feb. p. 49; June p. 26.
Mueller, John E., 1978 JJune p. 48.
Mueller, Paul, 1948 Dec. p. 26.
Mueller, Werner J., 1970 Mar. p. 95.
Muetterties, E. L., 1966 July p. 107.
Muffly, Gary, 1961 June p. 156.
Mügge, Otto, 1956 May p. 41.
Muggleton, J., 1975 Jan. p. 90.
Muggli, Rcto, 1975 Apr. p. 84.
Muhleman, Duane O., 1968 July p. 29; 1970 Aug. p. 44.
Mühlmann, Hans, 1957 Oct. p. 52.
Muhly, James D., 1977 Oct. p. 122.
Muir, Darwin W., 1976 Dec. p. 42.
Muirhead, Hilary, 1964 Nov. p. 71, 74.
Muirhead-Thomson, R. C., 1951 Aug. p. 36.
Mukai, Terumi, 1970 Mar. p. 99.
Mukherjee, B. B., 1963 July p. 59.
Mukherjee, D. P., 1971 June p. 51.
Mukherjee, K. L., 1968 Feb. p. 92.
Mukherjee, Tapen M., 1978 May p. 142.
Mulder, Gerard J., 1950 June p. 33, 34.
Mulder, J., 1965 Apr. p. 123.
Mulholland, J. D., 1970 Mar. p. 38.
Mulholland, John H., 1963 June p. 90.
Mullard Research Laboratories, 1972 Jan. p. 52.
Mullen, James W. II, 1953 May p. 33.
Muller, A., 1966 Nov. p. 64.
Muller, A. J., 1956 Oct. p. 81, 82.
Muller, C. A., 1953 Dec. p. 46; 1959 Dec. p. 96.
Müller, Erwin W., 1957 June p. 114; 1964 Jan. p. 113; 1967 May p. 127; Sept. p. 93; 1968 Mar. p. 53; 1971 Apr. p. 29.
Müller, Franz, 1974 Mar. p. 96.
Müller, Fritz, 1969 Feb. p. 27, 28.
Muller, Hermann J., 1949 Dec. p. 14, 15; 1950 Jan. p. 32; Sept. p. 56, 58; 1952 Aug. p. 61; 1955 Nov. p. 52; 1956 June p. 60; 1957 Sept. p. 107; 1958 Dec. p. 53; 1959 Sept. p. 138, 142, 225; 1960 Jan. p. 101; Apr. p. 144; Oct. p. 55, 56; Nov. p. 105; 1964 Apr. p. 50; 1967 Nov. p. 25, 27; 1968 July p. 55; 1970 Mar. p. 98, 99; 1971 Jan. p. 87, 88; 1972 Aug. p. 87; Dec. p. 84; 1976 Apr. p. 33.
Müller, Johannes, 1958 Mar. p. 94, 96, 100; 1964 May p. 116; 1966 Oct. p. 92; 1973 Feb. p. 36.
Muller, Kenneth J., 1974 Jan. p. 38.
Müller, Paul H., 1967 Nov. p. 27; 1970 Sept. p. 169.
Muller, Paul M., 1968 Oct. p. 58; 1969 Oct. p. ; 1976 Feb. p. 50.
Müller, R., 1968 June p. 23.
Muller, Richard A., 1977 Nov. p. 72; 1978 May p. 64.
Muller, T., 1961 Mar. p. 80; July p. 54.
Müller, W., 1950 July p. 40.
Müller, Walther, 1962 Aug. p. 40.
Müller, Werner, 1962 May p. 104; 1974 Aug. p. 85.
Muller, William H. Jr., 1962 Jan. p. 68.
Müller-Beck, Hansjürgen, 1961 Dec. p. 138.
Müller-Eberhard, Hans, 1973 Nov. p. 56, 57.
Müller-Hill, Benno, 1967 June p. 52; 1970 June p. 40, 44; 1974 June p. 49.
Müller-Lyer, Franz, 1968 Nov. p. 68-71, 74.
Mulliken, Robert S., 1967 June p. 66, 67; Nov. p. 28; 1970 Apr. p. 54.
Mullin, M. M., 1975 Mar. p. 80.
Mullinger, Ann M., 1963 Mar. p. 57, 58.
Mullins, Lorin, 1949 Aug. p. 21.
Multiplex Company, 1976 Oct. p. 95.
Mulvaney, D. J., 1966 Mar. p. 84.
Mumford, F. E., 1968 Sept. p. 175.
Mumford, Lewis, 1950 June p. 52; 1965 Sept. p. 64.
Mun, Thomas, 1963 Sept. p. 55.
Munch, Edvard, 1973 Sept. p. 117.
Münch, Ernst, 1963 Mar. p. 140.
Münch, Guido, 1959 Dec. p. 100; 1960 June p. 84; 1963 Jan. p. 75; Aug. p. 52; Dec. p. 57; 1965 Feb. p. 99; Aug. p. 26; 1971 July p. 75; 1973 Oct. p. 75; 1974 Mar. p. 65.
Münch, Luis, 1960 June p. 84.
Munchausen, Baron, 1953 July p. 60.
Munger, Henry M., 1975 June p. 15.
Muni, Paul, 1972 Dec. p. 91, 93.
Munk, Walter H., 1952 Oct. p. 58, 60; 1955 Jan. p. 31; 1958 July p. 88; 1959 Apr. p. 41; Aug. p. 76; 1970 Jan. p. 115; 1971 Dec. p. 85, 86.
Munn, E. A., 1973 Nov. p. 55, 64.
Münnich, Karl O., 1971 Oct. p. 68.
Muñoz, J. M., 1954 Jan. p. 34.
Munro, A. F., 1963 Nov. p. 112.
Munro, Hamish, 1974 Feb. p. 89.
Munson, Paul, 1961 Apr. p. 57.
Munson, Paul L., 1970 Oct. p. 42.
Munson, Thurman, 1977 May p. 119.
Munson, W. A., 1974 Nov. p. 80.
Münster Zoological Institute, 1957 Feb. p. 44, 46, 49.
Munsterberg, Hugo, 1967 Jan. p. 25.
Muntz, W. R. A., 1963 Jan. p. 62; 1964 July p. 32; 1965 Feb. p. 44.
Müntzing, Arne, 1951 Apr. p. 56.
Munyon, William, 1972 Jan. p. 29.
Munz, F., 1966 May p. 40, 41.
Muqqadasi, 1967 May p. 71.
Murachi, T., 1973 Oct. p. 54.
Muralt, Alexander von, 1956 Mar. p. 52.
Muramatsu, Minoru, 1971 July p. 43.
Muratori, Lodovico A., 1968 May p. 97.
Murayama, Makio, 1975 Apr. p. 47.
Murca-Pires, João, 1955 Apr. p. 74.
Murch, Gerald M., 1976 Dec. p. 46, 47.
Murchison, Roderick, Sir, 1959 Feb. p. 76; Nov. p. 174.
Murdin, Paul, 1975 Mar. p. 28.
Murdock, Bennet B. Jr., 1966 July p. 92, 94; 1971 Aug. p. 84, 85.
Murdock, George P., 1953 Nov. p. 60.
Murdock, John R., 1951 Apr. p. 32.
Murgatroyd, R. J., 1964 Mar. p. 70.
Murie, Adolph, 1968 Nov. p. 101, 102.
Murphey, George E., 1965 Dec. p. 68, 74.
Murphey, Rodney K., 1974 Aug. p. 42, 44; 1978 Apr. p. 134.
Murphree, Robert, 1966 June p. 99.
Murphy, Douglas P., 1950 Mar. p. 52, 55.
Murphy, Frank, 1951 July p. 30.
Murphy, Franklin D., 1953 May p. 54.
Murphy, Frederick V., 1962 Aug. p. 36; 1971 July p. 94.
Murphy, Gardner, 1974 Dec. p. 26.
Murphy, George, 1957 Mar. p. 45.
Murphy, Judith A., 1970 Sept. p. 149.
Murphy, Mary T. J., 1967 Jan. p. 38.
Murphy, Patrick, 1974 June p. 91.
Murphy, Robert, 1971 Jan. p. 27.
Murphy, Robert C., 1955 Mar. p. 89, 90; 1962 Sept. p. 113, 213; 1973 June p. 27.
Murphy, Robert F., 1956 May p. 74, 75.
Murphy, W. P., 1967 Nov. p. 25, 27.
Murphy, William P., 1949 Dec. p. 14, 15.
Murray, A. T., 1970 Dec. p. 107.
Murray, Arthur, 1956 Nov. p. 135.
Murray, Bruce C., 1965 Sept. p. 76; Oct. p. 42; 1966 Apr. p. 56, 67; 1968 Feb. p. 78; Aug. p. 51; 1969 Mar. p. 84; 1970 May p. 27; 1972 Mar. p. 40; 1974 Apr. p. 48; 1977 Dec. p. 86; 1978 Mar. p. 80.
Murray, E. S., 1955 Jan. p. 75.
Murray, Edwina E., 1976 Sept. p. 55.
Murray, Gilbert, 1949 Dec. p. 17.
Murray, Gordon, 1951 Mar. p. 21.
Murray, H. C., 1952 May p. 40.
Murray, Henry A., 1950 Sept. p. 82; 1952 Nov. p. 22.
Murray, J. J. Jr., 1975 Aug. p. 53, 54, 57.
Murray, John, 1960 Feb. p. 125, 126; 1970 Nov. p. 105.
Murray, John M., 1974 Oct. p. 50; 1975 Nov. p. 37.
Murray, John, Sir, 1953 May p. 94; 1956 June p. 41; 1961 Dec. p. 52; 1969 Sept. p. 131.
Murray, Joseph, 1972 Nov. p. 105.
Murray, Joseph E., 1959 Oct. p. 60.
Murray, Merritt J., 1971 Jan. p. 93.
Murray, R. C., 1949 Apr. p. 27.
Murray, Thomas E., 1950 May p. 27; Aug. p. 28; Oct. p. 24; 1953 Sept. p. 72; Dec. p. 48; 1954 July p. 46; Aug. p. 36; Nov. p. 34; Dec. p. 52; 1955 May p. 50.
Murraye, Lord, 1977 Dec. p. 88.
Murti, Gopal, 1977 Dec. p. 90.
Mūsā, Banū, 1970 Oct. p. 112, 113.
Musa, Sextius F., 1954 Nov. p. 98.
Musacchio, José M., 1977 Mar. p. 47.
Musallam, Basim, 1974 Sept. p. 46.
Muscatine, Leonard, 1975 Mar. p. 82.
Musil, Rudolf, 1972 Mar. p. 70.
Muskie, Edmund S., 1969 Mar. p. 26; 1970 Apr. p. 44.
Musschenbroek, Pieter van, 1948 Aug. p. 39-41; 1970 May p. 119.
Musselman, T.E., 1957 July p. 126.
Musset, Alfred de, 1949 Oct. p. 31.
Musset, Paul, 1975 July p. 46.
Mussolini, Benito, 1953 July p. 59.
Musson, A. E., 1964 Jan. p. 106.
Mustard, R., 1973 Nov. p. 42.
Mustin, Lloyd M., 1972 Nov. p. 19.
Mutawakkil, 1968 Apr. p. 95.
Muybridge, Eadweard, 1960 May p. 148; 1967 Apr. p. 56, 64, 65; 1974 Oct. p. 82.

Muyderman, E. A., 1966 Mar. p. 60.
Myachkin, V. I., 1975 May p. 23.
Mycology Society of America, 1948 May p. 33.
Myerhof, O., 1949 Sept. p. 14.
Myers, Charles A., 1963 Sept. p. 140, 142.
Myers, George S., 1963 July p. 102.
Myers, Henry R., 1972 Nov. p. 16.
Myers, J. E., 1951 Dec. p. 38; 1953 Oct. p. 32, 33.
Myers, R. J., 1956 Nov. p. 128, 130.
Myers, Ronald E., 1964 Jan. p. 43; 1967 Aug. p. 24.
Myers, W. D., 1969 Apr. p. 63.
Mynter, Herman, 1963 Mar. p. 121-126, 128, 130.
Myrdal, Alva, 1974 July p. 46; Oct. p. 21.
Myrdal, Gunnar, 1948 July p. 9; 1954 Sept. p. 70; 1956 Dec. p. 39; 1963 Sept. p. 225; 1965 Aug. p. 18, 19; 1968 Nov. p. 27; 1974 Sept. p. 37; Dec. p. 60.
Myres, John, 1954 May p. 73.
Myrianthopoulos, Ntinos C., 1971 Feb. p. 46.
Myrick, Robert M., 1966 June p. 66.

N

Nabarro, Frank R. N., 1969 Mar. p. 33; 1977 Dec. p. 135.
Näbauer, M., 1971 Mar. p. 80.
Näbaver, M., 1965 Oct. p. 60.
Nabrit, Samuel M., 1956 Aug. p. 49.
Nachmansohn, David, 1958 Dec. p. 88; 1959 Nov. p. 81, 83, 84; 1961 Feb. p. 90.
Nachshon, I., 1975 Oct. p. 104.
Nadel, Lynn, 1977 June p. 89, 92, 93, 98.
Nadler, Ronald D., 1976 July p. 55.
Naegele, Robert F., 1973 Oct. p. 28.
Naeser, C. W., 1976 Dec. p. 119.
Naeye, Richard L., 1966 July p. 36.
Nafe, John E., 1959 June p. 78; 1962 May p. 124.
Naftolin, Frederick, 1976 July p. 51, 56.
Nagai, Takashi, 1951 June p. 31.
Nagao, Makoto, 1973 Nov. p. 78.
Nagaoka, Hantaro, 1956 Nov. p. 94, 96, 104.
Nagashima, Catherine, 1966 Oct. p. 46.
Nagata, Naokazu, 1970 Oct. p. 49.
Nagata, Toshio, 1963 July p. 69; 1967 Feb. p. 48.
Nagel, Ernest, 1958 Dec. p. 112; 1962 Apr. p. 94; 1967 Dec. p. 106; 1971 Mar. p. 56; Aug. p. 93; 1973 May p. 82; 1975 May p. 51.
Nagel, Stuart, 1965 Nov. p. 27.
Nagel, Wilibald A., 1963 July p. 124.
Nägeli, Carl von, 1956 Oct. p. 79; 1968 July p. 55.
Nagington, Jack, 1963 Jan. p. 52, 55, 56.
Nagle, David, 1975 Apr. p. 56.
Nagle, John, 1966 Dec. p. 122.
Nagoya City University, 1960 Feb. p. 109.
Nagy, Bartholomew S., 1963 Mar. p. 45, 47-49; 1965 Jan. p. 52; 1972 Oct. p. 85; 1977 Mar. p. 100.
Nagy, George, 1971 Apr. p. 56.
Nagy, Lois A., 1977 Mar. p. 100.
Nahm, Milton C., 1949 Nov. p. 48.
Nahm, Werner, 1974 May p. 117.
Nahmias, André J., 1973 Oct. p. 33.
Nail, Virginia McK., 1964 Jan. p. 32.
Naitoh, Yutaka, 1974 Oct. p. 52.
Naji-al-Asil, 1952 Oct. p. 63.
Nakagami, Kazuyoshi, 1969 Feb. p. 105.
Nakai, Noboyuki, 1970 Sept. p. 154.
Nakanishi, K., 1967 Nov. p. 54.
Nakano, Masayasu, 1971 July p. 28.
Nakano, T., 1967 Aug. p. 32, 36.
Nakas, Muhamed, 1970 May p. 81.
Nakashima, Edwin N., 1969 Dec. p. 20.
Nakaya, Ukichiro, 1971 Apr. p. 103.
Nakazato, Hiroshi, 1975 May p. 25.
Nalbandian, Robert M., 1975 Apr. p. 47.
Nalco Chemical Company, 1967 Apr. p. 50.
Nalin, David, 1971 Aug. p. 18.
Nambu, Yoichiro, 1963 Jan. p. 45; 1971 July p. 100; 1975 Feb. p. 63, 64; June p. 60, 62; 1976 July p. 60; Nov. p. 48, 70.
Namias, Jerome, 1953 Nov. p. 31; 1955 Aug. p. 41.
Nampeyo, 1957 June p. 136.
Nangeroni, A. L., 1965 May p. 21.
Nansen, Fridtjof, 1954 Dec. p. 44; 1961 May p. 91.
Napier, John, 1949 Apr. p. 31; 1976 Apr. p. 104; 1977 Nov. p. 151.
Napoleon Bonaparte, *see:* Bonaparte, Napoléon.
Napoleon III, 1967 July p. 103; 1970 Aug. p. 92; 1971 May p. 83.
Napton, Lewis K., 1975 Jan. p. 102, 103.
Naraghi, Ehsan, 1966 July p. 49.
Narahashi, Toshio, 1967 Aug. p. 69.
Narang, H. K., 1974 Feb. p. 36.
Narang, Saran A., 1977 Jan. p. 47.
Nardi, George L., 1956 July p. 50.
Nares, George S., 1953 May p. 88.
Narin, F., 1965 Nov. p. 50.
Narlikar, J. V., 1966 Dec. p. 51; 1974 Oct. p. 56; 1975 Dec. p. 68; 1976 Feb. p. 45.
Narses, 1963 Dec. p. 116.
N.A.S.A., *see:* National Aeronautics and Space Administration (NASA).
Nase, Siglinda, 1976 May p. 34.
Nash, Ogden, 1967 Jan. p. 98.
Nashimoto, H., 1969 Oct. p. 35.
Nasmyth, Patrick W., 1973 Feb. p. 71.
Nasr, Jemdet, 1957 July p. 116.
Nasr-ed-din, 1969 Nov. p. 87-89, 91.
Nassau, Jason J., 1950 Feb. p. 37; 1952 July p. 50, 56; 1963 May p. 75.
Nasse, Christian F., 1965 Aug. p. 88.
Nasser, Gamal A., 1963 Sept. p. 147.
Nassim, J. R., 1963 Nov. p. 102.
Nasu, N., 1949 Feb. p. 42.
Natali, P. G., 1972 June p. 35.
Nath, Pran, 1978 Feb. p. 138.
Nathan, M., 1963 July p. 38.
Nathans, Daniel, 1964 Oct. p. 52.
Nathanson, James A., 1977 Aug. p. 108.
Nathanson, Neal, 1973 Jan. p. 22, 25.
Nathenson, Stanley, 1972 June p. 34; 1977 Oct. p. 99, 103.
National Academy of Engineering, 1965 Feb. p. 50; 1970 Feb. p. 13, 16; 1972 Sept. p. 143; 1974 Aug. p. 48.
National Academy of Sciences, 1948 July p. 30; Oct. p. 25; 1949 Mar. p. 27; June p. 28; July p. 26; Nov. p. 22; 1950 Apr. p. 30; June p. 26, 29; Sept. p. 46; 1951 June p. 32; 1953 May p. 53; June p. 44; 1954 Jan. p. 38; Apr. p. 45; 1955 June p. 47; Dec. p. 33, 54; 1956 Jan. p. 45; July p. 46; Sept. p. 110; Nov. p. 41, 44; Dec. p. 56; 1957 Mar. p. 68; Aug. p. 56; 1958 Mar. p. 58; Apr. p. 50; Sept. p. 171, 84; Dec. p. 56; 1959 Jan. p. 43; Mar. p. 44; Apr. p. 63; May p. 68; June p. 78; 1961 May p. 75; Oct. p. 81; Nov. p. 79; 1963 Sept. p. 118; 1964 May p. 58; July p. 46; 1965 Jan. p. 48; Feb. p. 50; Mar. p. 54; July p. 20, 46; 1966 Mar. p. 56-58; Apr. p. 48; May p. 52; Aug. p. 42; 1967 Aug. p. 38; 1968 Nov. p. 55; 1969 Oct. p. 46; 1970 Feb. p. 13; 1972 Mar. p. 40; 1974 Apr. p. 49; Aug. p. 48; Nov. p. 50; 1975 June p. 15; July p. 32; Dec. p. 27; 1976 Aug. p. 42; Dec. p. 41; 1977 Jan. p. 27; June p. 21; July p. 22, 56; Sept. p. 96; Oct. p. 34; 1978 Feb. p. 76; Apr. p. 51.
National Aeronautics and Space Administration Ames Research Center, 1953 Oct. p. 41; 1958 Jan. p. 36; 1960 Oct. p. 129, 135; 1964 Feb. p. 50-52, 56; 1977 Mar. p. 39; Dec. p. 84.
National Aeronautics and Space Administration George C. Marshall Space Flight Center, 1964 Feb. p. 52, 57.
National Aeronautics and Space Administration Goddard Space Flight Center, 1963 May p. 89, 94; Aug. p. 29; 1964 Feb. p. 50, 52, 54; 1965 Mar. p. 61, 63, 66; 1966 Apr. p. 43; May p. 63; Oct. p. 44; 1970 Mar. p. 41, 44; 1971 Feb. p. 31; Dec. p. 25, 29; 1976 Oct. p. 70, 75, 78.
National Aeronautics and Space Administration Langley Research Center, 1978 Mar. p. 87.
National Aeronautics and Space Administration (NASA), 1959 Jan. p. 62; Mar. p. 60; Apr. p. 62; Sept. p. 102; 1960 Apr. p. 60; May p. 62; Aug. p. 41, 42, 44, 46, 47; 1961 July p. 80; Sept. p. 85; Oct. p. 94, 98; May. p. 76; 1962 Jan. p. 36; Feb. p. 56, 66; Apr. p. 75; May p. 55; June p. 78; Aug. p. 97, 98; 1963 Feb. p. 65; May p. 87, 91, 94; June p. 57; July p. 70, 74, 75, 84; Sept. p. 84; Oct. p. 76; Dec. p. 65; 1964 Mar. p. 65; June p. 25-30, 32, 34; Oct. p. 29; 1965 July p. 22; Nov. p. 44, 46; 1966 Jan. p. 54; Mar. p. 58; Apr. p. 48, 56; Sept. p. 238; Oct. p. 43; Nov. p. 72; 1967 Nov. p. 37, 41; Dec. p. 50; 1968 Jan. p. 68; Feb. p. 108, 115, 116; May p. 59, 60, 71, 75-77; Nov. p. 92; 1969 Jan. p. 52, 53, 62; June p. 96, 101; 1970 Jan. p. 49; Feb. p. 31; Mar. p. 44, 59; Apr. p. 104, 45; May p. 27, 54; Sept. p. 54, 161; 1971 May p. 22, 30; Aug. p. 63, 66, 68, 70; 1973 Apr. p. 46; July p. 40; Oct. p. 72, 75, 77, 78; Nov. p. 24; 1974 Feb. p. 42, 44; May p. 59; Oct. p. 22; Dec. p. 42; 1975 May p. 86; Sept. p. 110, 131, 143, 29, 63, 64; 1976 Apr. p. 54; Nov. p. 111, 64; 1977 Feb. p. 35, 36, 58; Apr. p. 22; July p. 37, 39; Oct. p. 51, 53, 55; Nov. p. 59; Dec. p. 84; 1978 Feb. p. 69; May p. 64, 72.
National Association for the Repeal of Abortion Laws, 1973 Mar. p. 45.
National Association of Biology Teachers, 1972 Aug. p. 44.
National Association of Manufacturers, 1970 Mar. p. 35.
National Bank of Mexico, 1976 Sept. p. 136.
National Board of Medical Examiners, 1975 Feb. p. 16.
National Bureau of Standards, 1948 Aug. p. 52, 49; Dec. p. 27; 1949 Feb. p. 28; 1950 Oct. p. 28; Dec. p. 16; 1951 June p. 27; 1952 Feb. p. 58, 59; Mar. p. 34; 1953 Mar. p. 84-86; Apr. p. 37; May p. 53; June p. 38, 44, 52; Sept. p. 53, 76; Oct. p. 52; Nov. p. 51; Dec. p. 50, 56; 1954 Jan. p. 38; Mar. p. 29; July p. 40; Sept. p. 74; 1955 Mar. p. 38; Aug. p. 29, 32, 33; Sept. p. 134, 136, 69; 1956 July p. 48; Oct. p. 56; 1957 Jan. p. 50, 51; Feb. p. 73, 75; Mar. p. 91, 92; Aug. p. 62; 1958 Sept. p. 80; 1959 Jan. p. 62; 1960 Oct. p. 78; 1961 Jan. p. 88; 1962 Feb. p. 81; Sept. p. 77; 1964 Apr. p. 82; July p. 35; Oct. p. 70; 1965 Mar. p. 99; June p. 101; Nov. p. 59; 1966 Feb. p. 43; July p. 107, 74; Oct. p. 70; 1968 June p. 52-62; Nov. p. 60; 1969 Sept. p. 90; 1970 Oct. p. 52, 65; Nov. p. 69, 70; 1971 Mar. p. 20, 21, 23; Sept. p. 76; Nov. p. 26; 1972 May p. 49; 1973 Sept. p. 69; 1975 Aug. p. 47; Oct. p. 54; 1976 Feb. p. 80, 83; Mar. p. 60A; 1977 Feb. p. 50;

June p. 37; Sept. p. 64; Dec. p. 138, 144, 47, 49, 51, 52.
National Committee on Radiation Production, 1960 Nov. p. 91.
National Company, 1957 Feb. p. 79.
National Council of Teachers of Mathematics, 1958 July p. 47.
National Dental Institute, 1948 July p. 30.
National Education Association, 1954 Feb. p. 29; 1956 Dec. p. 60.
National Federation of Sciences, 1958 Apr. p. 49.
National Foundation for Infantile Paralysis, 1948 Oct. p. 25; 1949 May p. 19; Aug. p. 33; Sept. p. 20; 1952 June p. 33; Dec. p. 28; 1953 Mar. p. 52; June p. 50; July p. 27, 28; Dec. p. 52; 1954 Apr. p. 45; June p. 48; 1955 Apr. p. 47; June p. 46; 1959 Feb. p. 90.
National Geographic Society, 1949 Jan. p. 48; Aug. p. 25; 1950 Dec. p. 40; 1952 Jan. p. 56; 1953 Apr. p. 33, 36; 1954 Aug. p. 38; 1964 July p. 48; 1975 Oct. p. 77; 1978 Apr. p. 94.
National Geographic Society-Palomar Observatory Sky Survey, 1968 Oct. p. 30, 31; 1971 May p. 55; 1977 June p. 68-70; Aug. p. 33; Nov. p. 77.
National Lead Company Titanium Alloy Manufacturing Division, 1951 June p. 20.
National Research Corporation, 1954 July p. 38, 39.
National Science Foundation, 1948 May p. 32; June p. 24, 7, 9, 10; July p. 30; 1949 Feb. p. 11-15; May p. 26; Aug. p. 25; Dec. p. 27; 1950 Feb. p. 24; Apr. p. 30; June p. 26; Sept. p. 46; Nov. p. 25; Dec. p. 26; 1951 Apr. p. 32; Sept. p. 45; Oct. p. 32; Dec. p. 34; 1952 Jan. p. 40; Mar. p. 34, 36, 38; Apr. p. 37; 1953 Aug. p. 40; Sept. p. 51; Nov. p. 50, 51; 1954 Mar. p. 29-33; Apr. p. 45; June p. 64; Dec. p. 54; 1955 Sept. p. 78; Dec. p. 54; 1956 Jan. p. 44, 45; Mar. p. 49; Apr. p. 72; Aug. p. 49; Oct. p. 56, 58; Nov. p. 61, 62; 1957 Jan. p. 58, 64; Feb. p. 56, 57; July p. 64; Sept. p. 106; Nov. p. 45, 47; 1958 Jan. p. 44; Feb. p. 40; Mar. p. 52; Apr. p. 49, 64; May p. 52, 73; July p. 47; Sept. p. 171, 172, 85; 1959 Jan. p. 62; Feb. p. 58; Apr. p. 42; Aug. p. 60; 1960 Feb. p. 68; June p. 82; July p. 74, 81; 1961 Jan. p. 78; Feb. p. 67; Aug. p. 62; Sept. p. 84; 1962 Feb. p. 56; Sept. p. 94; 1963 Apr. p. 82; May p. 74; Sept. p. 82; 1964 Feb. p. 35, 94; Sept. p. 84; Oct. p. 56; Nov. p. 33; Dec. p. 32; 1965 Mar. p. 54; May p. 79; June p. 101; July p. 19-24; 1966 Jan. p. 34; July p. 48; Sept. p. 102; Nov. p. 41; 1967 Jan. p. 55; Mar. p. 50; 1968 Apr. p. 20; June p. 27; Oct. p. 58; Nov. p. 97; 1969 Apr. p. 84; 1970 Feb. p. 20; Mar. p. 53; Aug. p. 45; 1971 Apr. p. 75; Sept. p. 80; Oct. p. 40; 1972 Apr. p. 34, 65; June p. 52; Dec. p. 27, 26, 33; 1973 Nov. p. 102, 104, 46; 1974 Feb. p. 44; Sept. p. 74; 1975 July p. 45; 1976 Apr. p. 33-35, 37; May p. 50; Nov. p. 64; 1977 May p. 52; June p. 37; Sept. p. 96; Oct. p. 34, 36-41; 1978 Feb. p. 62, 74; Mar. p. 69; Apr. p. 94.
National Science Teachers Association, 1958 Apr. p. 64.
National Society for Medical Research, 1963 June p. 71; 1964 Oct. p. 58; 1966 Mar. p. 55; Nov. p. 65.
National Steel Corporation, 1963 Dec. p. 86; 1976 Nov. p. 106.
National Weather Improvement Association, 1951 Mar. p. 29.
National Welfare Rights Organization, 1972 Oct. p. 20.
National Wildlife Federation, 1972 Sept. p. 68.
Native American Church, 1951 Oct. p. 38; 1960 Mar. p. 145.
N.A.T.O., *see:* North Atlantic Treaty Organization.
Natowitz, Joseph B., 1978 June p. 71.
Natta, Giulio, 1958 Aug. p. 66; 1963 Jan. p. 98; Dec. p. 64; 1967 Nov. p. 28; 1971 Dec. p. 50.
Natta, Guilio, 1957 Sept. p. 98, 104.
Natter, R. E., 1969 July p. 52.
Naudet, Roger, 1976 July p. 43.
Naudin, Charles, 1959 May p. 63.
Naugle, John E., 1963 May p. 87.
Nauta, Walle J. H., 1977 June p. 89.
Nauts, Helen C., 1977 May p. 76.
Navaho Scholarship Committee, 1960 Feb. p. 42.
Navarre, Prince of, 1967 May p. 74.
Navarro, J. M. de, 1960 Jan. p. 56.
Naves, Yves R., 1951 Oct. p. 33.
Navier, Louis, 1959 Dec. p. 122.
Nayak, Debi P., 1972 Jan. p. 28.
Naylor, Alfred, 1971 Feb. p. 46.
Naylor, Aubrey W., 1952 May p. 49, 56; Nov. p. 50; 1957 June p. 90; 1958 Apr. p. 109; 1960 Dec. p. 56.
Naylor, Ernst, 1975 Feb. p. 72, 74, 75.
Naylor, G. W., 1967 June p. 26.
Nazerian, Keyvan, 1973 Oct. p. 28.
Nazia, Daniel C., 1957 May p. 63.
Neal, John R., 1959 Jan. p. 120, 123; 1969 Feb. p. 20.
Neal Mitchell Associates Inc., 1971 Mar. p. 21, 23-25.
Neal, Victor T., 1973 Feb. p. 75.
Neale, R. E., 1969 Nov. p. 34, 39.
Nealson, Kenneth, 1977 Mar. p. 110, 112, 114.
Nebel, Bernard, 1951 Apr. p. 56; 1970 Feb. p. 84.
Nebuchadnezzar, 1954 Apr. p. 56; 1968 Oct. p. 115.
Necheles, Hans, 1961 July p. 58.
Necker, Louis A., 1964 Oct. p. 103; 1968 Nov. p. 66, 68, 70, 72, 76; 1971 Dec. p. 63, 66, 67, 70; 1974 July p. 98, 99, 101, 102.
Neddermeyer, Seth H., 1948 June p. 28; 1950 Sept. p. 29; 1952 Jan. p. 25; 1961 July p. 46.
Nedospasov, A. V., 1967 July p. 83.
Needham, A. E., 1965 Feb. p. 56.
Needham, Dorothy, 1953 Apr. p. 90.
Needham, John T., 1954 Aug. p. 45; 1958 Sept. p. 100.
Needham, Joseph, 1952 Aug. p. 66; 1953 Sept. p. 109; 1959 Oct. p. 86; 1963 Nov. p. 110; 1964 Feb. p. 68.
Needham, Lesley, 1975 Aug. p. 59.
Needham, Paul R., 1953 May p. 81.
Neel, James V., 1950 Jan. p. 35; 1951 Aug. p. 58; 1958 Jan. p. 68; 1968 June p. 45; 1971 Nov. p. 38; 1974 Sept. p. 81; 1978 Jan. p. 66.
Néel, Louis, 1960 June p. 98; 1967 Feb. p. 48, 49; Sept. p. 228, 230, 234; 1970 Dec. p. 38, 95.
Ne'eman, Yuval, 1964 Jan. p. 54; Feb. p. 89; Apr. p. 60; June p. 55; Sept. p. 128, 130; Oct. p. 36; 1965 Mar. p. 52; 1969 Mar. p. 48; 1974 Feb. p. 72; July p. 55; 1975 Oct. p. 40; 1976 Nov. p. 49.
Neer, Robert, 1975 July p. 73.
Neergaard, Karl von, 1962 Dec. p. 122.
Neet, Kenneth, 1970 Aug. p. 46.
Nef, John U., 1952 Mar. p. 35; 1974 Aug. p. 93-95; 1977 Nov. p. 140.
Nefertiti, Queen, 1968 Nov. p. 64; 1971 June p. 37.
Neff, Lawrence R., 1961 Jan. p. 140.
Neff, William D., 1961 Oct. p. 141.
Neganov, B. S., 1969 Dec. p. 28.
Nehemiah, 1965 July p. 89.
Nehemias, J. V., 1954 Nov. p. 50.
Neher, Erwin, 1977 Feb. p. 113, 114.
Neher, H. Victor, 1963 July p. 84; 1966 May p. 62.
Neher, R., 1970 Oct. p. 45.
Nehru, Jawaharlal, 1954 May p. 47; 1963 Sept. p. 194; 1975 Apr. p. 20, 24.
Nehru, Pandit, 1950 Jan. p. 30.
Neiburger, Morris, 1969 Jan. p. 52, 61.
Neidergerke, R., 1958 Nov. p. 74.
Neidigh, Rodger V., 1967 July p. 79, 81.
Neilson, Francis, 1964 Apr. p. 94.
Neiman, Paul E., 1973 Sept. p. 69.
Neish, A. C., 1964 June p. 86.
Neison, E., 1949 July p. 21.
Neisser, Ulric, 1964 June p. 100; 1974 Dec. p. 24, 29.
Nell, M. B., 1969 Apr. p. 33.
Nelsen, Judith M., 1969 Feb. p. 44; Dec. p. 20, 24.
Nelson, D., 1969 Nov. p. 39.
Nelson, D. F., 1961 June p. 61.
Nelson, David, 1953 Mar. p. 88.
Nelson, David F., 1975 Sept. p. 161.
Nelson, Donald F., 1963 July p. 34, 37.
Nelson, Frieda, 1971 Oct. p. 42.
Nelson, Gaylord, 1972 May p. 29.
Nelson, Howard J., 1956 Apr. p. 68.
Nelson, Jack, 1971 May p. 100.
Nelson, Judith, 1968 Feb. p. 91.
Nelson, Leonard, 1960 May p. 145; 1961 Sept. p. 202.
Nelson, N. C., 1951 Jan. p. 14; 1954 June p. 83; 1960 July p. 133.
Nelson, Oliver E., 1965 Aug. p. 44; 1969 Nov. p. 58; 1971 Aug. p. 35.
Nelson, P. G., 1975 Oct. p. 94.
Nelson, Richard S., 1968 Mar. p. 91, 93, 96.
Nelson, Robert A. Jr., 1949 June p. 27; 1973 Nov. p. 56, 64.
Nelson, Wilbur, 1959 Jan. p. 122.
Ne-ma 'et-Rê', 1952 Aug. p. 24.
Nemes, Marjorie, 1971 July p. 27.
Némethy, George, 1973 Oct. p. 56.
Nemiroff, Martin J., 1977 Aug. p. 57.
Nemzek, Thomas A., 1976 May p. 50.
Nenquin, Jacques, 1977 Apr. p. 109.
Nepi, Emma di, 1957 Mar. p. 126.
Neprochnov, Yuri, 1978 May p. 55.
Nerales, Dorornauch, 1960 Nov. p. 166.
Nernst, Walther H., 1950 Sept. p. 22, 34; 1952 Mar. p. 51; 1967 Nov. p. 26; 1969 May p. 30.
Nernst, Weather, 1961 Dec. p. 124.
Nero, 1949 June p. 41; 1958 Apr. p. 77.
Nersesov, I. L., 1975 May p. 16, 18.
Nervi, Pier L., 1961 Nov. p. 154.
Nesbitt, L. M., 1970 Feb. p. 34.
Neshyba, Steve, 1973 Feb. p. 75.
Nesmeyanov, Alexander N., 1956 Aug. p. 30; 1958 Feb. p. 41.
Ness, Norman F., 1965 Mar. p. 63; Dec. p. 58; 1973 Oct. p. 75; 1975 Sept. p. 64.
Nestel, Paul J., 1973 May p. 43.
Nestor, King of Pylos, 1954 Jan. p. 46; 1958 May p. 111, 112, 114, 118.
Neter, Erwin, 1964 Mar. p. 42.
Netherlands, 1977 Jan. p. 24.
Netherlands Antilles Veterinary Service, 1955 Oct. p. 52.
Netherlands Cancer Institute, 1977 June p. 109.
Netherlands Department of Health Statistics, 1968 Jan. p. 25.
Netherlands Foundation for Radio Astronomy, 1975 Aug. p. 28.
Netherlands Geological Survey, 1970 Jan. p. 77.
Netherlands National Medical Biological Laboratory, 1957 Oct. p. 60.

Netherlands Plant Protection Service, 1969 Apr. p. 97.
Netherlands Rijksinstituut voor de Volksgezondheid, 1976 Oct. p. 29.
Nettleton, Lewis L., 1961 Feb. p. 98.
Nettley, P. T., 1967 Sept. p. 186.
Network Analysis Corporation, 1970 July p. 94, 96.
Neuberg, Carl, 1949 Sept. p. 14; 1960 Feb. p. 141.
Neuberger, Albert, 1974 May p. 81.
Neugebauer, Gerry, 1963 July p. 84; 1965 Oct. p. 42; 1967 June p. 52; Aug. p. 36; 1968 Dec. p. 43, 44; 1972 Aug. p. 59; 1973 Mar. p. 52, 56; Apr. p. 28; Oct. p. 75; 1974 Apr. p. 70, 72; 1978 Apr. p. 116.
Neugebauer, M. M., 1963 July p. 84.
Neugebauer, Otto, 1956 July p. 41.
Neuman, William F., 1957 Aug. p. 56.
Neumann, A. C., 1969 Sept. p. 203.
Neumann, John von, 1948 Nov. p. 14; 1949 Apr. p. 30; May p. 23; July p. 11; 1952 Aug. p. 36; Sept. p. 147; 1954 Aug. p. 21; Dec. p. 52; 1955 Feb. p. 62, 78, 80, 82; Apr. p. 58, 64, 66, 67; May p. 50, 90; Aug. p. 42; Oct. p. 76; 1956 Oct. p. 118, 119; 1957 Apr. p. 68; 1958 Sept. p. 66; 1959 June p. 105, 110, 129; 1962 Dec. p. 108, 118; 1964 Sept. p. 118, 150, 152, 154, 156-158, 203; 1966 Sept. p. 68; 1967 Nov. p. 110; 1971 Sept. p. 180.
Neurath, Hans, 1949 Sept. p. 15; 1959 Aug. p. 125; 1961 Feb. p. 91; 1968 Apr. p. 49; 1974 July p. 74, 77.
Neurath, Marie, 1949 Dec. p. 52, 53; 1972 Sept. p. 91.
Neurath, Otto, 1952 Nov. p. 76; 1972 Sept. p. 91.
Neuringer, Leo, 1965 Apr. p. 78.
Neurosciences Research Program, 1978 Feb. p. 103.
Neutra and Alexander, 1968 Sept. p. 194.
Neutra, Marian, 1970 Oct. p. 86.
Neva, Franklin A., 1962 Sept. p. 104; 1966 July p. 32, 34.
Nevenzel, Judd C., 1975 Mar. p. 77.
Nevers, Noel de, 1966 Feb. p. 22; Mar. p. 58.
Neveu, André, 1975 Feb. p. 67; 1978 Feb. p. 136.
Nevins, James L., 1976 Feb. p. 83; 1978 Feb. p. 63, 67.
Nevis Laboratory, *see:* Columbia University Nevis Laboratory.
New England Medical Center, 1948 Oct. p. 7-12.
New Jersey Agricultural Experimental Station, 1955 June p. 85; 1958 July p. 70.
New Jersey Central Power & Light Company, 1968 Feb. p. 26, 27, 30.
New Jersey Department of Health, 1964 Oct. p. 58.
New Jersey Society for the Prevention of Cruelty to Animals, 1966 June p. 56.
New Jersey State Department of Health, 1966 June p. 56.
New Jersey Turnpike Authority, 1966 Sept. p. 180.
New Jersey Zinc Company, 1954 July p. 36.
New Mexico Institute of Mining and Technology, 1955 Sept. p. 78.
New Mexico School of Mines, 1952 Jan. p. 20.
New Mexico State Museum, 1963 Feb. p. 89.
New School for Social Research, 1958 Aug. p. 72; 1963 Apr. p. 128.
New York Academy of Medicine, 1948 May p. 25; 1952 Mar. p. 42; 1955 Aug. p. 50; 1969 Jan. p. 23.
New York Academy of Sciences, 1953 Apr. p. 42; 1961 Mar. p. 81; 1964 Dec. p. 64; 1971 Aug. p. 85.
New York Air Brake Co., 1968 Sept. p. 196.
New York Aquarium, 1963 Mar. p. 52.
New York Blood Center, 1977 July p. 44.
New York Botanical Garden, 1966 Dec. p. 112; 1977 May p. 96, 100, 104.
New York City, 1977 Jan. p. 23, 24.
New York City Health Department, 1951 Apr. p. 36.
New York City Traffic Dept., 1970 Feb. p. 14.
New York County Medical Society, 1955 Feb. p. 58.
New York Grand Central Station, 1964 July p. 48.
New York Memorial Hospital, 1949 Dec. p. 28.
New York Metropolitan Rapid Transit Commission, 1965 Sept. p. 145.
New York Port Authority, 1963 Dec. p. 36, 38, 40; 1965 Sept. p. 136-137, 144-147, 174, 187; 1966 Dec. p. 74; 1968 Oct. p. 80, 85, 87.
New York Public Health Research Institute, 1977 Dec. p. 90.
New York Public Library, 1974 June p. 50.
New York Regional Plan Association, 1965 Sept. p. 138, 143, 144.
New York State Athletic Commission, 1952 Oct. p. 46.
New York State Board of Health, 1956 May p. 62.
New York State Board of Regents, 1951 June p. 17.
New York State Building Code Council, 1971 Mar. p. 24.
New York State College of Medicine, 1958 Feb. p. 27.
New York State Committee for Equality in Education, 1952 Aug. p. 40.
New York State Court of Appeals, 1966 Dec. p. 66.
New York State Department of Education, 1952 Feb. p. 38; Mar. p. 42.
New York State Experimental Station, 1953 Aug. p. 38.
New York State Joint Hospital Survey and Planning Commission, 1948 Aug. p. 32.
New York State Legislature, 1952 Apr. p. 40.
New York State Mental Health Commission, 1954 Mar. p. 42.
New York State University, 1964 Mar. p. 93.
New York State Willard Asylum for the Insane, 1978 Feb. p. 49.
New York Teachers' Guild, 1952 Mar. p. 44.
New York Telephone Company, 1953 Apr. p. 50.
New York University, 1953 Sept. p. 68; 1955 Nov. p. 54; 1956 Sept. p. 110; 1957 Dec. p. 84; 1958 May p. 71; Oct. p. 37, 39; 1964 Oct. p. 63, 69; 1965 Sept. p. 187; Oct. p. 21; 1966 Mar. p. 58; 1967 Aug. p. 23; 1972 Nov. p. 49.
New York University Courant Institute, 1966 Sept. p. 86.
New York University Medical Center, 1963 Mar. p. 45, 47; 1977 Mar. p. 47.
New York University School of Medicine, 1962 Oct. p. 66; 1963 Mar. p. 83, 84; May p. 72; June p. 87, 88, 90; 1964 Mar. p. 40, 44; 1966 July p. 34; Oct. p. 60; 1977 July p. 44.
New York University-Bellevue Consultation Clinic for Alcoholism, 1953 Apr. p. 48.
New York Yacht Club, 1974 Dec. p. 64.
New York Zoological Society, 1969 Apr. p. 114, 117.
New York-La Guardia Airport, 1960 Dec. p. 55.
New Zealand Department of Internal Affairs, 1970 Nov. p. 84.
New Zealand Royal Society, 1970 Nov. p. 74.
Newborn, Monroe M., 1974 Nov. p. 52.
Newbould, B. B., 1963 Nov. p. 100, 104.
Newcomb, Eldon H., 1970 Sept. p. 122; Nov. p. 24; 1975 Apr. p. 80, 93.
Newcomb, Simon, 1949 Dec. p. 56; 1950 Sept. p. 24; 1951 Mar. p. 48; 1955 Aug. p. 66; 1959 June p. 78; 1961 Apr. p. 67; 1971 Dec. p. 80.
Newcombe, Howard B., 1951 May p. 24.
Newcomen Society for the Study of the History of Engineering and Technology, 1964 Jan. p. 98.
Newcomen, Thomas, 1964 Jan. p. 98, 100-105, 107; 1969 Apr. p. 104; 1974 Aug. p. 95, 96.
Newcomer, Mark H., 1977 Nov. p. 116, 120.
Newell, Allen, 1960 Aug. p. 60; 1962 Dec. p. 110; 1966 Sept. p. 247, 250.
Newell, Homer E. Jr., 1957 May p. 66.
Newell, K. W., 1968 Apr. p. 77.
Newell, Norman D., 1972 Dec. p. 30.
Newell, Reginald E., 1970 Sept. p. 57; 1971 Jan. p. 32.
Newfoundland Department of Provincial Affairs, 1970 June p. 113.
Newfoundland Memorial University, 1971 Dec. p. 85.
Newgard, John J., 1960 Mar. p. 73; 1961 Mar. p. 57.
Newkirk, Gordon A., 1957 Apr. p. 144.
Newkirk, Gordon Jr., 1973 Oct. p. 75.
Newkirk, Marc, 1973 Jan. p. 20.
Newman, Arnold, 1956 June p. 72.
Newman, Ezra, 1972 May p. 45.
Newman, Horatio H., 1950 Sept. p. 55; 1959 Jan. p. 121, 122, 130; 1962 Aug. p. 67; 1970 Oct. p. 28; 1972 Feb. p. 42.
Newman, Ian A., 1977 Nov. p. 138.
Newman, James R., 1953 Feb. p. 84; July p. 66; 1954 Nov. p. 31; 1955 Aug. p. 64; 1958 Dec. p. 112; 1962 Apr. p. 94; 1966 Aug. p. 61; 1967 Dec. p. 106; 1971 Mar. p. 56; Aug. p. 93; 1973 May p. 82; 1975 May p. 51.
Newman, Marshall T., 1954 Apr. p. 46.
Newman, Melvin M., 1967 Dec. p. 58; 1972 Jan. p. 50.
Newman, Murray A., 1966 Nov. p. 74.
Newman, R. A., 1967 Sept. p. 92.
Newsome, A. E., 1977 Aug. p. 81.
Newton, Humphrey, 1951 Dec. p. 20; 1955 Dec. p. 76.
Newton, Isaac, Sir, 1948 May p. 21, 38; June p. 34; Aug. p. 36, 38, 43; Oct. p. 16, 43; Nov. p. 15; 1949 Jan. p. 44, 45; Mar. p. 53, 54; Apr. p. 32; May p. 31, 32; Sept. p. 29; Nov. p. 11; Dec. p. 15; 1950 Feb. p. 24; Apr. p. 13, 14, 15, 16; May p. 48, 51, 50; Aug. p. 36; Sept. p. 28, 40, 41; 1951 Feb. p. 20, 60; Apr. p. 66; Oct. p. 57; 1952 Mar. p. 48, 63; Apr. p. 66; May p. 26, 72; June p. 45; Oct. p. 53, 55; Dec. p. 41; 1953 Jan. p. 52, 56; Mar. p. 36; Oct. p. 91, 98; Nov. p. 65, 93; 1954 Apr. p. 84; May p. 36, 82; June p. 77, 81; Aug. p. 45; Sept. p. 59, 60; Dec. p. 96-98; 1955 June p. 31; July p. 69-72; Sept. p. 164; Oct. p. 100, 38; Dec. p. 73-76, 78, 80; 1956 Jan. p. 59; Aug. p. 107, 108; Sept. p. 224, 228, 230, 79, 81; Nov. p. 104; 1957 Feb. p. 99, 102, 104; June p. 99; July p. 68; Dec. p. 37; 1958 Apr. p. 56, 64; June p. 74; Sept. p. 107, 162, 60, 62, 76, 82, 96; 1959 Apr. p. 68; May p. 149, 151, 152, 154, 84, 87, 88; Sept. p. 158; Oct. p. 113, 114, 122, 160, 166; Dec. p. 122; 1960 Mar. p. 64, 65; July p. 47; Sept. p. 182, 184; 1961 Mar. p. 94, 96; Dec. p. 86; 1962 Apr. p. 114, 126; 1963 Feb. p. 110, 144; Apr. p. 86; May p. 45, 46; Sept. p. 55, 88; Oct. p. 42; 1964 May p. 112; Aug. p. 38; Sept. p. 113, 133, 43, 51; Nov. p. 108; 1966 Jan. p. 110; June p. 35; Sept. p. 164; Oct.

p. 88; 1967 Apr. p. 106; May p. 129, 134; Sept. p. 181, 239, 248, 74; Oct. p. 69, 70; Nov. p. 91; Dec. p. 97; Aug p. 98, 101; 1968 May p. 96, 97, 98; June p. 34, 50, 91, 92; Sept. p. 50, 51, 55, 72, 74, 75, 81, 82, 97; Dec. p. 105; 1969 Jan. p. 131; 1970 Mar. p. 115, 38; May p. 119, 120; Aug. p. 94; 1971 June p. 63; Aug. p. 93; Dec. p. 82; 1972 Feb. p. 63, 64; Mar. p. 106; June p. 78, 80, 81, 82; Aug. p. 84, 87; Dec. p. 91; 1973 Mar. p. 103; Apr. p. 44; May p. 75; June p. 43; July p. 24; Dec. p. 87, 101; 1974 Apr. p. 93; Nov. p. 25; Dec. p. 35; 1975 June p. 49, 74; Nov. p. 102; Dec. p. 60; 1976 Feb. p. 44, 51; Mar. p. 65; Apr. p. 65; May p. 108, 89, 90, 98, 101; Aug. p. 74, 77, 90-93; 1977 Jan. p. 34; Apr. p. 116, 119-121; May p. 82; June p. 125, 32; July p. 123, 124, 128; Nov. p. 151; Dec. p. 126; 1978 Feb. p. 126, 128; Apr. p. 110.
Newton, James R., 1961 Nov. p. 82.
Newton, Robert R., 1972 Apr. p. 47; 1977 Oct. p. 80.
Newton, Roger, 1966 Nov. p. 109.
Ney, Edward P., 1949 Mar. p. 34; 1950 Oct. p. 15; 1951 Dec. p. 36; 1957 Feb. p. 64; 1960 June p. 69.
Neyman, Jerzy, 1957 May p. 63; 1977 May p. 122.
Neynaber, Roy H., 1968 Oct. p. 48.
Nezahualcóyotl, King, 1964 July p. 98.
Nezrick, Frank A., 1975 July p. 46.
Ng, N. W., 1968 Sept. p. 132.
Ng, Won K., 1964 Apr. p. 48, 49.
Niacet Chemicals Corporation, 1949 Jan. p. 18.
Niagara Mohawk Power Corporation, 1968 Feb. p. 30.
Niall, Hugh, 1970 Aug. p. 40; 1973 Sept. p. 41.
Niazi, Mansour, 1973 Mar. p. 30.
Nicely, Vincent, 1977 July p. 98.
Nichiporovich, A. A., 1955 Oct. p. 42.
Nichmansohn, David, 1949 Sept. p. 16.
Nicholas II, Czar, 1949 Dec. p. 17; 1965 Aug. p. 88, 93.
Nicholas of Autrecourt, 1973 Apr. p. 92.
Nicholas of Cusa, 1972 June p. 78, 80, 86; 1973 Apr. p. 90, 91.
Nicholl, James, 1976 Aug. p. 24.
Nicholls, John G., 1970 July p. 67.
Nichols, Edward, 1953 Oct. p. 43.
Nichols, Ernest F., 1950 Aug. p. 18; 1957 May p. 51; June p. 101; 1972 Feb. p. 63.
Nichols, J. Burton, 1951 June p. 43, 50.
Nichols, John R., 1964 Mar. p. 46.
Nichols, Kenneth D., 1953 Nov. p. 50; 1954 July p. 42; 1955 June p. 48.
Nicholson, A. J., 1953 Feb. p. 32.
Nicholson, C., 1975 Jan. p. 71.
Nicholson, Garth, 1974 Feb. p. 36.
Nicholson, John F., 1978 Jan. p. 66.
Nicholson, Seth B., 1953 Feb. p. 20; May p. 70; 1965 Apr. p. 113; Aug. p. 23, 27.
Nicholson, William, 1960 June p. 106, 108; 1965 Jan. p. 89.
Nickel, Louis G., 1952 Oct. p. 48.
Nickerson, Rita J., 1977 Jan. p. 43.
Nickerson, Walter J., 1960 Feb. p. 144; 1968 June p. 46.
Nicol, J. A. C., 1971 Jan. p. 65.
Nicol, P., 1973 Nov. p. 64.
Nicolai, Jürgen, 1974 Oct. p. 93.
Nicolaides, Ernest D., 1962 Aug. p. 114.
Nicolaier, Arthur, 1968 Apr. p. 71.
Nicolle, Charles J. H., 1953 Feb. p. 86; 1955 Jan. p. 74; 1964 Jan. p. 80, 81; 1967 Nov. p. 27.
Nicolson, Garth L., 1974 Mar. p. 32, 33; 1975 Oct. p. 32; 1976 May p. 38; 1977 June p. 115, 116, 118.
Nicolson, Marjorie H., 1977 June p. 122.
Nicon, 1957 Mar. p. 105.
Nicot, Jean, 1962 July p. 39.
Nie, Norman, 1971 Dec. p. 18.
Niebuhr, Carsten, 1969 Dec. p. 36.
Nieburg, H. L., 1968 June p. 42.
Niedergerke, R., 1965 Dec. p. 20; 1975 Nov. p. 38.
Niedrach, Leonard W., 1963 June p. 78.
Niedrach, R. J., 1953 Oct. p. 100.
Niel, C. B. van, 1948 Aug. p. 34; 1951 Nov. p. 69; 1959 Oct. p. 96; 1960 Nov. p. 106, 114; 1962 June p. 90.
Niels Bohr Institute, 1976 Nov. p. 58.
Nielsen, Betty, 1965 Oct. p. 33.
Nielsen, Diane, 1973 June p. 76.
Nielsen, E. Steemann, 1956 Jan. p. 104.
Nielsen, Holger B., 1952 Jan. p. 35; 1975 Feb. p. 64; 1976 Nov. p. 58.
Nielsen, Karl O., 1968 Mar. p. 98.
Nielsen, N., 1956 Aug. p. 54.
Nielsen, N. A., 1966 Feb. p. 76-79.
Nielsen, Paul, 1968 Apr. p. 20.
Nielsen, Steeman, 1957 Nov. p. 55.
Nielsen, Steemann, 1949 Oct. p. 18.
Nielsen, T. W., 1966 June p. 100.
Nielson, Duncan R. Jr., 1970 July p. 63.
Nielson, E. T., 1963 Dec. p. 134.
Nielson, J. M., 1948 Oct. p. 27, 34, 36.
Nielson, Torsten, 1967 May p. 99.
Niemala, L., 1962 Aug. p. 36.
Niemann, Carl, 1964 Dec. p. 71.
Niemi, Richard G., 1976 June p. 25.
Niemitz, Carsten, 1976 Aug. p. 84.
Niepce, J. Nicéphore, 1952 Nov. p. 30.
Niepce, Joseph N., 1976 Aug. p. 72, 74.
Nier, Alfred O. C., 1949 Aug. p. 48; 1953 Mar. p. 72, 74; 1958 Dec. p. 54; 1960 Nov. p. 174; 1977 July p. 37.
Nieto, Michael M., 1976 May p. 96.
Nieuwenhuizen, Peter van, 1977 July p. 59; 1978 Feb. p. 126, 142.
Nieuwenhuys, R., 1975 Jan. p. 71.
Nieuwpoort, W. C., 1966 Apr. p. 39.
Niewodniczanski, H., 1949 Dec. p. 42.
Nigerian Citizens National Convention, 1963 Sept. p. 171.
Nigerian Federal University, 1963 Sept. p. 171.
Nigerian Northern Peoples Congress, 1963 Sept. p. 171.
Nigerian United Peoples Party, 1963 Sept. p. 171.
Nigerian University of Ibadan, 1977 Apr. p. 108.
Niggli, Paul, 1958 Feb. p. 54.
Nightingale, Florence, 1967 Feb. p. 27; 1973 Sept. p. 128.
Nije, L. J. J., 1971 Feb. p. 19.
Nikara, Tosaku, 1972 Aug. p. 90.
Nikator, Seleukos, 1966 Feb. p. 106.
Nikitin, V. N., 1961 Aug. p. 117, 118.
Nilausen, Karlin, 1973 Junel p. 87.
Nilson, L. F., 1951 Nov. p. 30.
Nilsson, Gösta, 1969 Apr. p. 63, 64.
Nilsson, Inga M., 1961 Feb. p. 62.
Nilsson, Marianne, 1960 Feb. p. 128.
Nilsson, R., 1961 June p. 139.
Ninian, Saint, 1960 Nov. p. 154, 155.
Nininger, H. H., 1965 Oct. p. 29, 30, 33.
Niordson, Frithiof I., 1968 July p. 55.
Nippon Sheet Glass Co., Ltd., 1977 Aug. p. 46.
Nippon Telegraph and Telephone Public Corporation, 1977 May p. 47.
Nirenberg, Marshall W., 1961 Dec. p. 81; 1962 Feb. p. 49, 76; Mar. p. 68, 69; July p. 78; Oct. p. 66, 74; 1963 Mar. p. 76; Aug. p. 50; Dec. p. 44, 45; 1964 Sept. p. 82; Oct. p. 47, 51, 52; 1966 Feb. p. 37; Apr. p. 102, 106-108; Oct. p. 56, 57; 1967 Apr. p. 48; May p. 94; 1968 Jan. p. 36; Dec. p. 48; 1969 Oct. p. 28; 1977 Mar. p. 54, 55.
Nisenoff, Martin, 1963 July p. 42; 1964 Apr. p. 42.
Nishida, Atsuhiro, 1965 Mar. p. 64.
Nishijima, Kazuhiko, 1957 July p. 84; 1959 Apr. p. 68; 1962 Jan. p. 53; May p. 74; 1963 Dec. p. 130; 1964 Feb. p. 83.
Nishijima, Yasunori, 1965 Aug. p. 72.
Nishikawa, O., 1967 May p. 127.
Nishimura, Shimpe, 1948 Aug. p. 34.
Nishimura, Susuma, 1965 June p. 57.
Nishioka, David, 1977 Nov. p. 138.
Nishioka, Kusuya, 1973 Nov. p. 56.
Nisioka, Taizo, 1973 Apr. p. 20.
Nisman, Bernard, 1963 Mar. p. 84.
Nisonoff, Alfred, 1973 July p. 52, 59.
Nissen, Cathy H., 1955 Feb. p. 75, 76.
Nissen, Hans J., 1978 June p. 50.
Nissen, Henry W., 1955 Feb. p. 67, 68, 73, 75; 1960 Sept. p. 83; 1962 May p. 134; 1972 July p. 78.
Nissl, Franz, 1948 Oct. p. 30; 1971 July p. 48.
Nitowsky, Harold, 1977 Feb. p. 82.
Nitowsky, Harold M., 1963 Nov. p. 72.
Nitsch, Jean, 1954 May p. 40.
Nitzan, David, 1976 Feb. p. 86.
Niu, M. C., 1957 Nov. p. 79, 86.
Nix, J. R., 1965 Aug. p. 53.
Nixon, H. L., 1953 July p. 62; 1964 Oct. p. 46.
Nixon, P. H., 1978 Apr. p. 127, 128.
Nixon, Richard M., 1969 Apr. p. 18; Aug. p. 21, 24, 27; 1970 Jan. p. 21, 48; Feb. p. 43; Apr. p. 44, 45; May p. 15, 21, 54; June p. 17, 19, 20, 22, 23, 46; Sept. p. 80; Dec. p. 40; 1971 Jan. p. 44; Mar. p. 44, 48; Apr. p. 17, 20, 21, 24, 48; 1972 June p. 15, 24; July p. 48; Sept. p. 136, 40; Oct. p. 19; Nov. p. 18; Dec. p. 40; 1973 Mar. p. 44; July p. 20; Sept. p. 169, 171; 1974 May p. 20, 23; Oct. p. 55; 1975 Jan. p. 34; Mar. p. 47; Apr. p. 20, 30; 1976 Apr. p. 54; July p. 60; Nov. p. 27; Dec. p. 25; 1977 Nov. p. 43-45, 50; 1978 May p. 46.
Nizery, André, 1956 July p. 104.
Nkrumah, Kwame, 1961 Oct. p. 80.
No, Lorente de, 1948 Nov. p. 15.
Nó, Rafel L. de, 1970 July p. 58.
Noah, 1959 Jan. p. 128; 1963 Sept. p. 57; 1967 Mar. p. 38.
Nobécourt, Pierre, 1950 Mar. p. 49.
Nobel, Alfred, 1949 May p. 34; Dec. p. 11-13, 15-17; 1957 Sept. p. 87; 1966 Dec. p. 56; 1970 Dec. p. 38.
Nobel Foundation, 1949 Dec. p. 13, 17; 1951 June p. 45; 1967 Nov. p. 25-30, 33.
Nobel Institute for Physics, 1957 Aug. p. 58; 1963 Apr. p. 70.
Nobel, Park S., 1964 July p. 33.
Nobel, Robert, 1949 Dec. p. 13.
Nobert, F. A., 1952 June p. 48.
Nobes, M. J., 1972 Oct. p. 89.
Nobili, Leopoldo, 1953 Oct. p. 93.
Noble, John, 1971 Mar. p. 98, 100.
Noble, Joseph, 1969 Feb. p. 46.
Noble, Robert L., 1964 May p. 93.
Noble, W. C., 1969 Jan. p. 114.
Nobs, Malcolm A., 1965 Dec. p. 77; 1973 Oct. p. 93.
Nocard, E. I. E., 1962 Mar. p. 117.
Noddack, Ida, 1958 Feb. p. 78; 1963 Oct. p. 65.
Noddack, Walter, 1963 Oct. p. 65.
Noel-Baker, Philip J., 1972 Nov. p. 23.
Noell, Werner K., 1966 Oct. p. 84.
Noelpp, B., 1952 Aug. p. 30.

Noelpp, I., 1952 Aug. p. 30.
Noguchi, Hideyo, 1951 May p. 43.
Noirot, Charles, 1961 July p. 138.
Nolder, R. L., 1963 Aug. p. 78; 1967 Sept. p. 218, 97.
Noll, A. Michael, 1966 Sept. p. 73.
Noll, Hans, 1963 July p. 66; Dec. p. 46; 1964 Mar. p. 45, 55.
Noll, Marcus, 1977 Nov. p. 72.
Noll, Michael, 1974 May p. 61.
Noller, Carl H., 1976 Sept. p. 75.
Noller, Carl R., 1955 Jan. p. 57.
Nollet, Antoine Abbé, 1965 Jan. p. 82.
Nollet, F., 1961 May p. 115.
Nomura, Masayasu, 1964 May p. 49; 1968 Sept. p. 86; Nov. p. 56; 1975 Dec. p. 33.
Nonidez, Jose F., 1970 Oct. p. 44.
Nooker, Eugene, 1964 Jan. p. 116.
Norax, 1959 Dec. p. 63.
Norberg, R. A., 1975 Nov. p. 87.
Norberg, Richard E., 1957 June p. 76.
Norberg, Ulla, 1975 Nov. p. 87.
Nord, F. F., 1959 July p. 118.
Nordberg, Gunnar, 1971 Aug. p. 47.
Nordberg, M. E., 1961 Jan. p. 98.
Nordberg, William, 1963 June p. 57.
Nordenskiöld, Erland, 1967 July p. 93.
Nordenskjöld, N. A. E., 1961 May p. 91.
Nordheim, Lothar, 1964 Jan. p. 108; 1973 Dec. p. 55.
Nordin, Albert, 1973 July p. 53.
Nordland, W. A., 1967 May p. 56.
Nordtvedt, Kenneth Jr., 1974 Nov. p. 28.
Norlyn, Jack, 1976 Aug. p. 44D.
Norman, A. Geoffrey, 1956 July p. 48.
Norman, Irwin, 1955 Jan. p. 46.
Normann, Richard, 1973 Jan. p. 76.
Normet, L., 1954 Dec. p. 46.
Norris, Earl R., 1949 Feb. p. 29.
Norris, John F., 1969 Feb. p. 18, 21.
Norris, K. H., 1960 Dec. p. 60.
Norris, Louisa, 1962 June p. 100.
Norris, Richard, 1962 June p. 100.
Norris, W. P., 1955 Aug. p. 39.
Norrish, R. G. W., 1953 May p. 31, 32; Dec. p. 76; 1960 May p. 137, 145; 1964 July p. 101; 1967 Dec. p. 48; 1968 Sept. p. 164, 176.
Norrman Company, 1957 Dec. p. 41.
Norsk Hydro, 1951 Dec. p. 31.
Norstad, Lauris, 1971 Mar. p. 44.
North, A. C. T., 1965 July p. 46; 1966 Nov. p. 84.
North American Air Defense Command, 1966 Sept. p. 88; 1973 Aug. p. 12.
North American Aviation, Incorporated, 1949 May p. 38; 1953 Oct. p. 36; Nov. p. 67; 1954 May p. 50; 1957 Jan. p. 105; 1962 June p. 66; 1963 Feb. p. 50; 1964 June p. 35; 1972 Oct. p. 59.
North American Philips Corporation, 1975 May p. 45.
North American Rockwell, 1969 Sept. p. 95; 1971 Sept. p. 157; 1973 June p. 71; 1974 Nov. p. 35.
North Atlantic Treaty Organization, 1962 Apr. p. 52; 1963 Apr. p. 80; 1966 Jan. p. 46; 1970 May p. 24, 56; 1973 Aug. p. 11; 1974 Oct. p. 55; 1977 May p. 52; 1978 May p. 44-51.
North Carolina Agricultural Experiment Station, 1971 Nov. p. 96.
North Carolina State College, 1950 Dec. p. 29; 1957 May p. 62; Dec. p. 66.
North Carolina State University, 1956 Sept. p. 110; 1971 Nov. p. 96; 1973 July p. 48.
North Carolina Tree Improvement Cooperative, 1971 Nov. p. 103.
North, Harper Q., 1959 June p. 123.
North, Tony C. T., 1964 Nov. p. 71.
North Vietnam Government, 1970 June p. 21.
Northampton Dental Society, 1955 Feb. p. 36.
Northampton Non-Political Anti-Fluoridation Committee, 1955 Feb. p. 37.
Northcote, Donald, 1969 Feb. p. 107.
Northeast Illinois Natural Resource Service Center, 1971 Feb. p. 86.
Northeast Utilities, Inc., 1968 Feb. p. 29.
Northeastern University, 1963 June p. 55.
Northern General Hospital in Edinburgh, 1963 Nov. p. 102.
Northern Rhodesia National Monuments Commission, 1958 July p. 78.
Northover, W. R., 1969 Nov. p. 32.
Northrop, F. S. C., 1956 May p. 70.
Northrop, John H., 1948 Nov. p. 24; Dec. p. 31, 32; 1949 Dec. p. 14; 1950 June p. 33; 1951 Dec. p. 45, 46; 1956 Oct. p. 82; 1959 Aug. p. 119; 1961 Sept. p. 77; 1967 Nov. p. 27.
Northwestern University, 1956 Apr. p. 60; 1957 May p. 55; 1958 July p. 52; 1962 Jan. p. 53; 1963 Aug. p. 110; 1964 Dec. p. 72, 73; 1965 Sept. p. 200; 1974 Nov. p. 51; 1978 Jan. p. 49, 50.
Northwood, T. D., 1960 Apr. p. 92.
Nortman, Dorothy, 1968 Dec. p. 50.
Norton, Allen C., 1964 Dec. p. 64.
Norton Company, 1965 Oct. p. 32; 1974 Dec. p. 92.
Norton, Grady, 1954 June p. 36.
Norton, James J., 1971 Feb. p. 53.
Norton, Kenneth A., 1948 Dec. p. 27.
Norton, Paul, 1975 Nov. p. 40.
Norton, S. H., 1965 Nov. p. 43, 44, 46.
Norton, Thomas, 1952 Oct. p. 74.
Norwegian Bureau of International Whaling Statistics, 1966 Aug. p. 20.
Norwegian Computing Center, 1977 Sept. p. 232.
Norwegian Geotechnical Institute, 1963 Nov. p. 133.
Norwood, W. D., 1966 May p. 47.
Nosanchuk, T. A., 1974 June p. 56.
Nosanow, L., 1967 Aug. p. 89.
Nosco, Henri, 1974 Nov. p. 87.
Noshkin, Victor E. Jr., 1975 June p. 90.
Nossal, G. J. V., 1973 July p. 56, 59; 1974 Nov. p. 59.
Noteboom, E., 1961 Apr. p. 68, 71.
Notestein, Frank W., 1960 Sept. p. 98.
Nöthiger, Rolf, 1968 Nov. p. 113.
Noton, David, 1971 June p. 35; 1972 July p. 88.
Nottebohm, Fernando, 1972 Apr. p. 76.
Nottingham, Wayne B., 1962 Mar. p. 78.
Noufflard, Henriette, 1949 Oct. p. 38.
Nouguier, Emile, 1974 Feb. p. 96.
Noüy, Pierre L. du, 1950 Nov. p. 52.
Novacky, Anton, 1975 Jan. p. 87.
Novaco, Anthony, 1973 May p. 37.
Novak, Arthur F., 1972 Apr. p. 95.
Novara, Comenicus M. de, 1966 Oct. p. 98.
Novelli, G. David, 1961 July p. 66; 1963 Mar. p. 83, 85.
Nover, A., 1964 Oct. p. 86.
Novey, T. B., 1957 Oct. p. 56; 1959 Mar. p. 82.
Novick, Aaron, 1948 June p. 25; 1951 May p. 23, 24; Oct. p. 24, 25; 1955 Nov. p. 64; 1965 Apr. p. 40; 1967 Feb. p. 36.
Novick, David, 1960 Feb. p. 70.
Novick, Richard P., 1967 Dec. p. 26.
Novick, Robert, 1968 Sept. p. 124; 1975 Dec. p. 40.
Novikoff, Alex B., 1949 Dec. p. 54; 1963 May p. 67, 69.
Novikoff, Igor D., 1974 Dec. p. 40.
Novikov, Igor D., 1967 Nov. p. 97.
Novogrodsky, Abraham, 1977 June p. 118.
Novy, Frederick G., 1953 Mar. p. 54.
Nowell, Peter C., 1961 Nov. p. 70; 1964 Feb. p. 61; May p. 90; 1977 June p. 116; 1978 Feb. p. 119.
Noyce, Robert N., 1977 Sept. p. 63.
Noyes, Arthur A., 1949 May p. 16, 17, 19.
Noyes, Richard M., 1974 June p. 85.
Noyes, Robert W., 1973 Oct. p. 74; 1978 Apr. p. 116.
Noyes, W. A., Jr., 1968 Sept. p. 164.
Nozaki, Mitsuhiro, 1960 Nov. p. 105.
N.R.C. Equipment Corporation, 1962 Mar. p. 90.
N.S.F., *see:* National Science Foundation.
NSU, 1972 Aug. p. 14, 16, 23.
Nuckolls, John H., 1973 Mar. p. 46; Nov. p. 48; 1974 June p. 24.
Nuclear Development Corporation of America, 1956 Dec. p. 54.
Nuclear Fuel Services Inc., 1976 Dec. p. 30, 36.
Nuclear Power Group, Inc., 1955 July p. 48.
Nudel, Uri, 1976 Aug. p. 69.
Nuffield Foundation, 1952 Apr. p. 64; 1965 Mar. p. 42.
Nuffield Institute for Medical Research, 1952 July p. 72, 73; 1965 Aug. p. 62.
Nuffield, Lord, *see:* Morris, William.
Nukiyama, Shiro, 1954 June p. 64, 66.
Nundinio, 1973 Apr. p. 87, 88.
Nunn, Joseph, 1957 Dec. p. 41.
Nüno, Hiroshi, 1969 Oct. p. 48.
Nur, Amos M., 1975 May p. 17.
Nurmi, Paavo, 1976 June p. 114.
Nurmia, Matti, 1970 June p. 48.
Nussenzveig, H. Moijsés, 1974 July p. 70; 1977 Apr. p. 116.
Nutrilite Products, Inc., 1969 Aug. p. 50.
Nutrition Foundation, 1949 May p. 19.
Nutt, D. C., 1956 Mar. p. 57; 1967 July p. 108.
Nuttall, George H. F., 1951 July p. 63; 1964 July p. 78.
Nutting, J., 1963 Aug. p. 80, 81; 1966 Feb. p. 75, 81.
Nutting, M. D. F., 1974 July p. 77.
Nybelin, Orvar, 1965 Nov. p. 108.
Nye, J. F., 1955 July p. 81.
Nye, William P., 1963 Apr. p. 150.
Nygaard, Kristen, 1977 Sept. p. 232.
Nylin, K. G. V., 1961 Apr. p. 91.
Nyquist, H., 1949 July p. 11.
Nyswander, Marie, 1968 Sept. p. 86.

O

Oak Ridge National Laboratory, 1948 Sept. p. 28; 1949 Nov. p. 30; 1952 June p. 21; July p. 35; 1953 May p. 53; Aug. p. 27, 28; 1954 July p. 40; 1955 July p. 50; Oct. p. 33, 59, 62, 64, 66; Nov. p. 54; 1956 Apr. p. 72; 1957 Dec. p. 84; 1958 Mar. p. 73; June p. 46; 1960 Jan. p. 87; Apr. p. 148, 153, 88; Oct. p. 58; 1962 Dec. p. 136, 137, 138; 1963 Mar. p. 107, 116, 83; Apr. p. 76; 1964 May p. 49, 91; 1965 Aug. p. 74, 76; 1966 Sept. p. 231; 1969 Apr. p. 66; 1970 Mar. p. 60; Nov. p. 14; 1971 Feb. p. 55, 58; May p. 18; June p. 28, 29, 31; 1973 Aug. p. 95; 1977 June p. 54.
Oakland University, 1964 Mar. p. 83.
Oakley, Kenneth P., 1954 Jan. p. 38; 1958 July p. 77; 1966 Nov. p. 52; 1971 Mar. p. 47.
Oates, L. E. C., 1962 Sept. p. 65.
Oatley, C. W., 1971 Apr. p. 27; 1972 Jan. p. 56.
Obermaier, Hugo, 1959 Nov. p. 170.
Oberon, Merle, 1972 Dec. p. 91, 92.

Oberth, Hermann, 1949 May p. 35, 36; 1957 Nov. p. 67; 1959 May p. 50.
O'Brian, Brian J., 1964 June p. 76, 79; 1965 Mar. p. 67; Dec. p. 55.
O'Brien, Herbert, 1954 May p. 48.
O'Brien, Hugh, 1977 Feb. p. 103.
O'Brien, James C., 1950 Sept. p. 46.
O'Brien, John, 1971 Nov. p. 36, 41.
O'Brien, John S., 1973 Aug. p. 94.
O'Brien, Lawrence C., 1961 Oct. p. 66.
O'Brien, Morrough P., 1960 Aug. p. 83.
O'Brien, Patricia J., 1972 Sept. p. 68.
O'Brien, Robert T., 1966 July p. .
O'Brien, Vivian, 1972 June p. 99.
Obusek, Charles J., 1970 Dec. p. 30.
Occhialini, G. P. S., 1948 June p. 28; 1949 Nov. p. 42; 1950 Dec. p. 27; 1953 Sept. p. 63; 1963 Mar. p. 63.
O'Ceallaigh, C., 1969 Feb. p. 53; June p. 38.
Ocean Systems, Inc., 1966 Mar. p. 27.
Oceanography International Corp., 1973 Sept. p. 74.
Ochiai, Kunitaro, 1967 Dec. p. 20.
Ochoa, Severo, 1953 Nov. p. 82; 1954 Jan. p. 36; 1956 June p. 54; Sept. p. 114; 1957 Sept. p. 188; 1959 Dec. p. 78; 1962 Feb. p. 43, 76; Mar. p. 68, 69; Oct. p. 66, 74; 1963 Mar. p. 84; Aug. p. 50; 1964 July p. 46; Sept. p. 82; 1966 Oct. p. 60; Nov. p. 65; 1967 Nov. p. 28; 1968 Jan. p. 40; Oct. p. 67.
Ochsenfeld, R., 1966 May p. 31; 1967 Mar. p. 116; 1971 Mar. p. 75; Nov. p. 22.
Ochsman, Robert B., 1975 Mar. p. 40.
Ochsner, Alton, 1962 July p. 39, 41.
O'Connell, D. J. K., 1960 Jan. p. 112; 1973 Dec. p. 99.
O'Connell, Daniel T., 1953 Apr. p. 37.
O'Connell, Donald N., 1962 Jan. p. 47; 1968 Sept. p. 206.
O'Connor, Frank, 1977 May p. 124.
O'Connor, Garrett J., 1965 May p. 48.
O'Connor, Michael, 1970 Apr. p. 89.
O'Connor, Neil, 1973 Mar. p. 76.
Octavian, *see:* Augustus, Caesar.
Oda, Takuzo, 1963 June p. 77; 1964 Jan. p. 73.
O'Day, William R. Jr., 1967 Sept. p. 98.
O'Dell, A. C., 1960 Nov. p. 154, 157.
O'Dell, Boyd L., 1968 May p. 106.
Odell, Floyd A., 1964 Jan. p. 116.
Odian, Allen C., 1967 Oct. p. 43.
Odilo, 1951 Oct. p. 65.
Odishaw, Hugh, 1958 Mar. p. 54; 1959 Feb. p. 59.
Odland, George F., 1966 Aug. p. 52; 1969 June p. 43.
Odlum, Doris, 1951 Mar. p. 30.
Odoacer, 1965 Sept. p. 63.
Odoi, Hiroshi, 1955 Feb. p. 72, 73.
Odum, Eugene P., 1969 Jan. p. 111; 1971 Sept. p. 129, 130.
Odum, Howard T., 1964 Mar. p. 59; 1971 Sept. p. 91, 99, 100, 127.
O.E.C.D., *see:* Organization for Economic Cooperation and Development.
Oehler, E., 1969 May p. 24.
Oehlert-Lorenz, Beatrice, 1961 Dec. p. 116.
Oen, Ordean S., 1959 Sept. p. 201; 1968 Mar. p. 91.
Oenslager, George, 1956 Nov. p. 77.
Oerskov, J., 1951 Feb. p. 51.
Oersted, Hans C., 1953 Oct. p. 91, 92; 1954 July p. 73; 1955 June p. 64; 1958 Feb. p. 29; Nov. p. 31; 1961 May p. 107-109.
Oesterhelt, Dieter, 1976 June p. 41-43.
Oettinger, Anthony G., 1956 Jan. p. 30, 32; 1966 Sept. p. 161, 168, 193.
Offa of Mercia, King, 1966 Feb. p. 106.
Ogata, Shoitsu, 1960 Nov. p. 105.
Ogawa, I., 1957 Sept. p. 107.
Ogedei, Khan, 1963 Aug. p. 55, 58-60.
Ogg, Richard, 1967 Feb. p. 79.
Ogilvie, R. E., 1965 Oct. p. 29.
Ogston, Alexander, 1968 Feb. p. 84, 93.
Oh, K. P., 1975 July p. 60.
O'Hanlon, James F., 1974 Apr. p. 51.
O'Hara, Charles E., 1953 Feb. p. 58.
O'Hare, Robert, 1954 Oct. p. 73.
Ohio Agricultural Experiment Station, 1953 Aug. p. 37, 38.
Ohio Agricultural Research and Development Center, 1975 Nov. p. 60; 1977 Jan. p. 31, 33.
Ohio State University, 1949 Nov. p. 30; 1956 Apr. p. 60; July p. 32, 33; Oct. p. 56, 57; 1958 Mar. p. 73; 1963 Feb. p. 48; June p. 124; 1964 July p. 83; 1966 Mar. p. 58.
Ohio State University Hospital, 1960 May p. 81.
Ohio State University Radio Observatory, 1977 Aug. p. 34.
Ohio-Nuclear, 1975 Oct. p. 57.
Ohkawa, T., 1967 July p. 88.
Ohlin, Bertil, 1977 Dec. p. 84.
Ohm, Georg S., 1954 July p. 73, 76; 1958 Apr. p. 61; 1969 Jan. p. 131; 1970 Oct. p. 67.
Ohman, Olof, 1958 Dec. p. 64.
Ohnishi, Kunihiko, 1976 Mar. p. 31.
Ohno, Susumo, 1963 July p. 61.
Ohnuki, Yasushi, 1970 Feb. p. 108.
Ohring, George, 1964 Mar. p. 70.
Ohtaki, Tetsuya, 1967 Nov. p. 54.
Ohtsuka, Eiko, 1965 June p. 57.
Ohtsuki, Iwao, 1975 Nov. p. 38, 40, 45.
Ohtsuki, Mitsuo, 1971 Nov. p. 22, 31.
Ohwaki, Sonoko, 1961 Apr. p. 76.
Oigarden, Tarald, 1970 Dec. p. 41.
Oil Shale Corporation, 1966 Feb. p. 26, 27, 29.
Ojala, Eric, 1972 Jan. p. 46.
Okabe, Hiromi, 1973 Sept. p. 69.
Okada, Shintaro, 1973 Aug. p. 94.
Okada, Tadashi, 1975 Feb. p. 46.
Okada, Y., 1969 Apr. p. 30.
Okamoto, S., 1967 Dec. p. 26.
Okazaki, Kayo, 1977 Apr. p. 83, 86, 92.
Okazaki, R., 1968 Aug. p. 43.
Oke, J. B., 1963 May p. 77; Dec. p. 58; 1967 Dec. p. 50; 1969 Jan. p. 30, 31; 1974 May p. 60; 1975 Dec. p. 50; 1976 Dec. p. 92, 98.
O'Keefe, J. A., 1959 Mar. p. 61.
O'Keefe, John, 1977 June p. 89, 92, 93, 96, 98.
O'Keeffe, Mary, 1965 Mar. p. 89.
Okellus, 1949 Apr. p. 44.
Oken, Donald E., 1962 Aug. p. 100.
Oklahoma Mining and Agricultural College, 1957 Feb. p. 58.
Oklahoma State University, 1958 July p. 52; 1971 Sept. p. 157.
Okochi, K., 1977 July p. 44.
Okotie-Eboh, Festus S., 1963 Sept. p. 169.
Okrent, David, 1976 June p. 48.
Okubo, Susumu, 1964 Apr. p. 61.
Okunuki, Kazuo, 1972 Apr. p. 67.
Olaf, King, 1967 May p. 73, 75, 76.
Olaf, Saint, 1967 July p. 44.
Olbers, Heinrich W. M., 1954 Mar. p. 55-57; 1965 Apr. p. 115; Oct. p. 29; 1974 Aug. p. 26.
Olconius, 1958 Apr. p. 71.
Olcott, William T., 1949 Dec. p. 53.
Old, B. S., 1948 May p. 57.
Old, Donald, 1966 Apr. p. 107.
Old, Lloyd J., 1973 Oct. p. 32; 1974 Nov. p. 63; 1976 May p. 37; 1977 May p. 62; Oct. p. 97.
Old, William D., 1954 Dec. p. 42, 43.
Oldenburg, Henry, 1954 Dec. p. 95, 97; 1967 Aug p. 98; 1968 May p. 98.
Oldham, R. D., 1955 Sept. p. 56, 57; 1973 Mar. p. 24.
Oldham, William G., 1977 Sept. p. 68, 111, 135.
Olds, Elizabeth, 1949 Dec. p. 57.
Olds, James, 1956 June p. 55; Oct. p. 72; Nov. p. 109; 1957 Jan. p. 56; Feb. p. 58; 1958 Jan. p. 78; 1964 June p. 60; 1971 Nov. p. 48.
Olds, Leland, 1951 Nov. p. 20.
Olds, R. E., 1973 Mar. p. 88.
Oldstone, Michael B. A., 1973 Jan. p. 28; 1974 Feb. p. 37.
O'Leary, B. T., 1965 Aug. p. 26.
O'Leary, Brian, 1975 Sept. p. 144.
Olesen, P., 1976 Nov. p. 58.
Olins, Ada L., 1975 July p. 48.
Olins, Donald E., 1975 July p. 48.
Oliphant, Marcus L. E., 1949 Nov. p. 42, 43; 1951 Feb. p. 23; 1957 Sept. p. 106, 107.
Olive, Edgar, 1949 June p. 44.
Oliver, Bernard M., 1968 Mar. p. 103; 1974 Jan. p. 52; 1975 May p. 86; 1977 Sept. p. 180; Dec. p. 86.
Oliver, Douglas, 1950 Sept. p. 88.
Oliver, Edward J., 1962 Sept. p. 135.
Oliver, Francis W., 1978 Feb. p. 104.
Oliver, Jack, 1960 Aug. p. 77; 1962 July p. 57; 1965 Nov. p. 30, 36.
Olivera, Baldomero M., 1968 Oct. p. 75.
Olivetti, S.p.A., 1978 Feb. p. 70.
Ollis, W. D., 1954 Dec. p. 58.
Olmo, Harold P., 1974 June p. 115.
Olmstead, David L., 1971 May p. 46.
O'Loughlin, J. L. N., 1952 Apr. p. 44.
Olsen, G. J., 1969 Nov. p. 45.
Olsen, Jorgen L., 1971 Apr. p. 87, 92.
Olsen, Kai, 1972 July p. 99.
Olsen, Karl M., 1954 July p. 39; 1962 June p. 65.
Olsen, Kenneth H., 1973 Oct. p. 75.
Olsen, Marlow W., 1956 May p. 64; 1961 Feb. p. 72.
Olsen, Sigurd, 1967 Jan. p. 44, 47, 48, 51, 52.
Olsen, Steinar, 1965 Nov. p. 109, 110.
Olshansky, Phyllis, 1974 Jan. p. 80.
Olson, Erik, 1963 Dec. p. 76, 83.
Olson, Harry F., 1961 Aug. p. 76.
Olson, John M., 1970 Sept. p. 114.
Olson, Loren K., 1961 May p. 74.
Olton, David S., 1977 June p. 82.
O'Maeley, Bert W., 1972 Mar. p. 42.
O'Mahoney, Joseph C., 1949 July p. 26.
O'Malley, Bert W., 1976 July p. 49.
Omar Khayyám, 1949 Jan. p. 42, 44; 1969 Nov. p. 89.
Omnidata Services, Inc., 1966 Sept. p. 180.
Oncley, John L., 1951 June p. 50; 1974 Feb. p. 89.
Onderdonk, Andrew B., 1978 Jan. p. 91, 94.
O'Neill, Gerard K., 1962 Aug. p. 36; 1963 Mar. p. 69; 1966 Nov. p. 107, 110, 114; 1967 Oct. p. 40; 1975 June p. 54.
O'Neill, Lawrence H., 1957 Oct. p. 57.
O'Neill, Mary, 1973 Mar. p. 28.
O'Neill, William L., 1974 Sept. p. 137, 139.
Onetor, 1963 June p. 115.
Onias III, 1973 Jan. p. 85.
O'Nions, R. K., 1977 Mar. p. 99, 100.
Onnard, C. E., 1976 Feb. p. 54B.
Onnes, Heike, *see:* Kamerlingh Onnes, Heike.
Onondaga Indian Reservation, 1971 Feb. p. 42.
Onsager, Lars, 1948 Oct. p. 17; 1956 Aug. p. 108; 1958 June p. 34; 1966 Dec. p. 122, 124; 1968 Dec. p. 48; 1973 May p. 33, 37; 1977 Dec. p. 82.
Onslow, Muriel W., 1964 June p. 85.
Ontario Cancer Institute, 1977 Jan. p. 50.
Ontario Hydroelectric Commission, 1964 May p. 40; 1975 July p. 45; Oct. p. 17, 20.
Ontario Provencial Government, 1961 June

p. 153.
Ontario Royal Museum, 1964 Apr. p. 94; 1965 July p. 84.
Ontario Veterinary College, 1966 June p. 100.
Onyango-Abuje, J., 1978 Apr. p. 96.
Ooi, Tatsuo, 1975 Nov. p. 44.
Oort, Abraham H., 1964 Mar. p. 69; 1970 Sept. p. 54, 64.
Oort, Jan H., 1948 May p. 36; 1950 Feb. p. 35; 1951 July p. 22, 23; 1953 Dec. p. 46; 1954 July p. 32; Sept. p. 138; 1955 May p. 46, 47; Nov. p. 73; 1956 Jan. p. 48; Feb. p. 39; 1957 Mar. p. 53; 1958 Apr. p. 35; Oct. p. 44; 1959 Dec. p. 95, 103; 1960 June p. 86; 1961 Feb. p. 54; Dec. p. 76; 1962 Mar. p. 44; 1964 Aug. p. 14; 1967 Oct. p. 111; 1971 July p. 77; 1974 Feb. p. 54, 56; Apr. p. 70; 1975 Aug. p. 29; Sept. p. 40, 41; Oct. p. 56.
Oparin, A. I., 1954 Aug. p. 45, 51; 1958 Sept. p. 100; 1962 Nov. p. 49; 1967 Jan. p. 42; 1971 May p. 30; 1972 June p. 41, 45.
Opdycke, Leonard Jr., 1952 Apr. p. 86.
Opdyke, Neil D., 1967 Feb. p. 53, 54; July p. 33; 1968 Apr. p. 57.
OPEC, *see:* Organization of Petroleum Exporting Countries.
Operations Research Society of America, 1953 Jan. p. 32; 1971 Nov. p. 48.
Opfinger, Elizabeth, 1955 Aug. p. 60.
Öpik, Ernst, 1951 July p. 22; 1953 May p. 72; 1964 Feb. p. 50, 51, 55; 1965 Oct. p. 26, 36; 1966 Apr. p. 67; 1975 Jan. p. 25; Sept. p. 156.
Opler, Marvin K., 1962 Aug. p. 72.
Opler, Paul, 1973 Apr. p. 97.
Oporinus, 1948 May p. 29.
Oppenheim, A. Leo, 1978 June p. 52.
Oppenheim, Leo A., 1963 Nov. p. 125.
Oppenheimer, Carl H., 1961 Aug. p. 45.
Oppenheimer, Ella H., 1977 June p. 104.
Oppenheimer, Frank, 1949 Mar. p. 34; 1950 Oct. p. 15.
Oppenheimer, J. Robert, 1948 June p. 27; Sept. p. 28; Oct. p. 25; 1949 Mar. p. 35; July p. 28, 39, 42, 43; 1950 Mar. p. 13, 14; June p. 12; Sept. p. 21; 1951 May p. 36; June p. 31; 1953 Apr. p. 44; 1954 Mar. p. 33; June p. 44; July p. 42; Aug. p. 36; Dec. p. 52; 1955 May. p. 54; 1964 June p. 38; 1965 Dec. p. 39; 1966 Oct. p. 44; 1967 Nov. p. 90; 1969 June p. 23; 1970 Apr. p. 57; 1971 Jan. p. 50; 1972 May p. 38, 39; 1973 Dec. p. 55; 1975 Oct. p. 107-112; 1977 Oct. p. 48.
Oppenheimer, Valerie K., 1974 Sept. p. 141, 143.
Oppers, V. M., 1968 Jan. p. 25.
Oppers, Victor, 1973 Sept. p. 42.
Oppert, Jules, 1957 Oct. p. 71, 72.
Optel Corporation, 1973 June p. 71.
Optical Coating Laboratory, 1976 Aug. p. 80.
Optical Society of America, 1948 Sept. p. 29; 1949 Feb. p. 29; 1976 Oct. p. 93.
Optics Technology Incorporated, 1963 July p. 42.
Optriker, Jeremiah P., 1971 Jan. p. 48.
Orbach, Jack, 1955 Feb. p. 74.
Orbach, Ruth, 1955 Feb. p. 74.
Orci, Lelio, 1978 May p. 144, 145.
Ord, Muriel, 1952 Apr. p. 59; 1959 Sept. p. 96.
Ordal, George W., 1976 Apr. p. 44.
Ordstrand, Howard S. van, 1958 Aug. p. 29.
Orear, Jay, 1960 Apr. p. 82.
Oregon Regional Primate Research Center, 1976 Oct. p. 96-98.
Oregon State University, 1967 Apr. p. 52; 1978 Feb. p. 57.
O'Reilly, J., 1950 Jan. p. 45.
O'Reilly, Neville, 1974 Oct. p. 82.
Orekhovich, V. N., 1961 May p. 122.
Orellana, 1948 May p. 12, 13.
Oresme, Nicole, 1949 Jan. p. 42, 43, 45; 1959 Oct. p. 163; 1966 Oct. p. 88; 1973 May p. 85.
Organization for Comparative Social Research, 1961 Dec. p. 47.
Organization for Economic Cooperation and Development, 1966 July p. 49; 1968 Mar. p. 48; 1969 Apr. p. 48; June p. 19; 1970 Aug. p. 56; 1971 Aug. p. 44; 1974 Jan. p. 50; 1976 Sept. p. 204; 1978 Apr. p. 50.
Organization of African Unity, 1975 Nov. p. 30.
Organization of Petroleum Exporting Countries, 1974 July p. 47; 1976 Sept. p. 44, 48, 204; 1977 May p. 53; 1978 Mar. p. 45-49.
Orgel, Leslie E., 1959 Dec. p. 58; 1968 Mar. p. 37; 1973 Oct. p. 51.
Orians, Gordon H., 1970 July p. 48.
Original Plastic Bike Co., The, 1973 May p. 43.
Orinoco Mining Company, 1965 Sept. p. 123, 129.
Orkin, Philip A., 1957 Dec. p. 119.
Orland, Frank J., 1957 Dec. p. 112.
Orlando, A., 1960 Aug. p. 141.
Orlanski, Isidoro, 1970 July p. 80.
Orleans, Cherubin d', 1963 Apr. p. 132, 137.
Orléans, Duc d', 1976 Jan. p. 115.
Orleans, Leo A., 1973 Nov. p. 50.
Orlovskii, G. N., 1976 Dec. p. 74.
Orme-Johnson, William H., 1977 Mar. p. 73.
Ormerod, M. G., 1970 Aug. p. 76.
Ormiston, Kenneth G., 1969 Feb. p. 21.
Ornstein, Leonard, 1964 Aug. p. 79; 1972 June p. 33.
Ornstein, Severo, 1973 Apr. p. 44.
Oró, Juan, 1972 June p. 43, 45; Oct. p. 87.
Orosius, Paulus, 1953 Oct. p. 88.
Orowan, Egon, 1955 July p. 80, 81; 1958 June p. 81; 1961 Oct. p. 107; 1963 Aug. p. 72; 1968 Apr. p. 62; 1975 Apr. p. 117.
Orrall, Frank Q., 1973 Oct. p. 75.
Orsini, Margaret W., 1963 Jan. p. 127.
Ortho Research Foundation, 1966 June p. 56.
Orton, Glenn S., 1976 Mar. p. 52.
Orton, Samuel T., 1971 Mar. p. 100.
Orvieto, Ugolino d', 1967 Dec. p. 97.
Orville, Howard T., 1954 Feb. p. 47.
Orwell, George, 1953 Dec. p. 37; 1958 Sept. p. 104.
Osaki, Shigemasa, 1968 May p. 111.
Osawa, S., 1969 Oct. p. 35.
Osborn, Fairfield, 1950 Aug. p. 11.
Osborn, Frederick, 1949 Jan. p. 28; Dec. p. 26.
Osborn, Henry F., 1956 June p. 97; 1959 May p. 61; 1969 Mar. p. 54.
Osborne, D. W., 1949 June p. 37; 1958 June p. 35.
Osborne, Thomas B., 1950 June p. 35; 1971 Aug. p. 35.
Osborne, W. Zack, 1975 Oct. p. 52.
Oscar II, King, 1949 Dec. p. 13.
Oscarsson, Olov, 1975 Jan. p. 65.
Oschenfeld, R., 1965 Oct. p. 57, 58.
Oseen, C. W., 1964 Aug. p. 79.
Oserezki, N. I., 1953 Oct. p. 60.
Osgood, Edwin B., 1969 Dec. p. 34, 35.
Osgood, Edwin E., 1963 July p. 56.
O'Shaughnessy, Laurence F., 1968 Oct. p. 36.
Osheroff, Douglas D., 1974 Dec. p. 66; 1976 Dec. p. 67.
Oshman, M. K., 1968 Sept. p. 134.
Osiander, Andreas, 1966 Oct. p. 88; 1973 Dec. p. 97-99.
Osiecki, J. H., 1971 Nov. p. 30-32.
Osipov, B. P., 1963 Nov. p. 53.
Oskanjan, V., 1964 Aug. p. 14.
Osler, Abraham G., 1973 Nov. p. 61, 65.
Osler, William, Sir, 1948 May p. 25; 1949 Jan. p. 53; 1961 Sept. p. 53; 1967 Jan. p. 116; 1973 Sept. p. 56.
Osokina, D. N., 1961 Feb. p. 106.
Ostenso, Ned A., 1960 Mar. p. 86; 1962 Sept. p. 151.
Oster, Gerald, 1954 Nov. p. 50; 1957 Sept. p. 139; 1968 Sept. p. 176; 1970 Feb. p. 83; 1974 Mar. p. 45.
Osterbrock, Donald E., 1955 May p. 46; 1959 Dec. p. 94; 1963 Jan. p. 76; 1965 Feb. p. 94, 96, 100.
Osterburg, James W., 1953 Feb. p. 58.
Osterhout, Suydam, 1961 Sept. p. 75.
Osterman, Justus, 1963 Nov. p. 137.
Ostrach, Simon, 1964 Feb. p. 56.
Ostriker, Jeremiah P., 1968 Oct. p. 34; 1971 Feb. p. 24; 1973 Feb. p. 101; 1977 Oct. p. 51, 53.
Ostroff, Eugene, 1966 Dec. p. 65.
Ostrom, John A., 1975 Apr. p. 70, 71.
Ostrom, John H., 1973 Aug. p. 44.
Ostwald, Wilhelm, 1949 Dec. p. 15, 35; 1952 Nov. p. 32; 1955 July p. 72; 1967 Nov. p. 26, 33; 1969 Mar. p. 68.
O'Sullivan, A., 1969 June p. 38.
O'Sullivan, Cornelius, 1959 Aug. p. 120.
O'Sullivan, D., 1969 Feb. p. 53.
Oswald, Victor A., 1956 Jan. p. 30.
Otis, R. M., 1949 Mar. p. 30.
Ott, Hugh H., 1967 June p. 26.
Otten, Jack, 1972 Aug. p. 105.
Ottinger, Richard L., 1976 June p. 24.
Otto, Ditmar, 1974 Aug. p. 35.
Otto, John, 1965 Aug. p. 88.
Otto, Nicolaus A., 1949 Dec. p. 35; 1950 Feb. p. 17; 1967 Mar. p. 102-110, 112; 1969 Feb. p. 90, 93; Aug. p. 111, 112, 115, 116; 1972 May p. 102; Aug. p. 14, 16, 23.
Ottolenghi, Elena, 1969 Jan. p. 41.
Ottolenghi, Michael, 1977 July p. 96.
Ouchterlony, Orjan, 1960 Mar. p. 131, 133, 134, 136; 1977 July p. 46.
Oudin, Jacques, 1960 Mar. p. 131, 133, 134; 1970 Aug. p. 41; 1973 July p. 55, 58.
Oura, Hikokichi, 1964 Mar. p. 55.
Outboard Marine Corporation, 1972 Aug. p. 16, 17.
Ovdath, King, 1956 Apr. p. 42.
Over, Ray F., 1976 Dec. p. 45.
Overath, Peter, 1972 Feb. p. 37.
Overbeek, J. T. G., 1958 Mar. p. 122.
Overbeek, J. van, 1949 May p. 42; 1952 May p. 55; 1957 Apr. p. 126.
Overberger, Charles G., 1955 Oct. p. 48.
Overhauser, Albert W., 1966 July p. 74; 1976 Jan. p. 61.
Overholser, Winfred, 1974 June p. 20.
Overseas Development Council, 1976 Sept. p. 202.
Overseth, Oliver E., 1975 Dec. p. 58.
Overton, E., 1957 Jan. p. 75; 1958 Dec. p. 87.
Ovid, 1973 Apr. p. 88.
Ovshinsky, Stanford R., 1968 Feb. p. 52; 1969 Nov. p. 30, 32, 33, 37; 1972 Mar. p. 40; 1977 May p. 36, 40-42, 44-47.
Ovtsin, 1961 May p. 89.
Owen, David I., 1971 Apr. p. 53.
Owen, George, 1967 Nov. p. 110.
Owen, John J. T., 1974 Nov. p. 64, 67, 69; 1976 May p. 33.
Owen, Oliver E., 1971 Oct. p. 17.
Owen, Ray D., 1957 Apr. p. 64; 1959 July p. 67; 1966 Nov. p. 65; 1972 June p. 30; 1973 July p. 55.
Owen, Richard, Sir, 1949 Mar. p. 40; 1954 Feb. p. 85; 1956 Feb. p. 62; June p. 92, 95, 98; 1959 Aug. p. 103; 1961 Apr. p. 56.
Owen, Tobias C., 1977 July p. 38.

Owens, Albert H. Jr., 1974 Apr. p. 43.
Owens, Ella U., 1952 Aug. p. 52; 1955 Dec. p. 40; 1977 June p. 100, 101.
Owens, L. D., 1969 July p. 54.
Owens, Wayne, 1974 Oct. p. 55.
Owens, William, 1955 Dec. p. 40.
Owens, William C., 1977 June p. 100, 101, 103.
Owens-Corning Fiberglass Corporation, 1961 Jan. p. 101; 1962 Jan. p. 124.
Oxley, C. L., 1960 Mar. p. 108.
Oyama, Vance I., 1972 Oct. p. 84; 1977 Nov. p. 58.
Ozaki, M., 1969 Oct. p. 33.
Ozernoi, Leonid, 1970 June p. 34.
Ozgüc, Tahsin, 1971 June p. 110.

P

Paál, A., 1949 May p. 40.
Pacchiani, 1960 June p. 109, 110.
Pace, Nello, 1956 Mar. p. 34; 1970 Feb. p. 53.
Pacheco, Anthony L., 1973 Mar. p. 95.
Pacific Gas and Electric Company, 1953 July p. 40; 1958 May p. 58; 1972 Jan. p. 71.
Pacific Power and Light Company, 1973 Dec. p. 21.
Pacific Science Center, 1965 Nov. p. 48.
Pacini, Franco, 1971 Jan. p. 52, 56; 1976 Oct. p. 78.
Pacinotti, Antonio, 1961 May p. 116.
Packard, A. S., 1955 May p. 101.
Packard, Charles, 1949 Sept. p. 15.
Packard, David, 1969 Aug. p. 18-21, 25, 28.
Packard, Martin, 1948 Sept. p. 23; 1958 Aug. p. 62, 63.
Packard, Vance, 1958 June p. 29; 1971 Nov. p. 48.
Packer, D. M., 1959 June p. 55.
Paczyński, Bogdan, 1975 Mar. p. 29, 30.
Paddock, Charles, 1976 June p. 118.
Paddock, Franklin, 1969 Mar. p. 52.
Paddock, John, 1967 June p. 45.
Paderewski, Ignace J., 1949 June p. 50.
Padgett, Billie L., 1974 Feb. p. 35.
Padgett, George A., 1967 Jan. p. 115, 116.
Padilla, S. G., 1950 July p. 16.
Padlan, Eduardo A., 1977 Jan. p. 53.
Paffanhöfer, G. A., 1976 July p. 100.
Paffenhöfer, G. A., 1975 Mar. p. 80.
Paganelli, Charles V., 1960 Dec. p. 149; 1968 Aug. p. 68.
Paganini, Nicolò, 1949 Oct. p. 31.
Page, Charles G., 1971 May p. 81, 82.
Page, Don N., 1977 Jan. p. 39.
Page, Irvine H., 1957 Dec. p. 52; 1958 Feb. p. 44; 1961 Feb. p. 74; 1962 Mar. p. 65; 1965 Oct. p. 84; 1967 Feb. p. 67; 1974 Feb. p. 84.
Page, John, 1974 Dec. p. 40.
Page, Sally G., 1965 Dec. p. 26.
Page, Thornton, 1963 Jan. p. 78.
Pagenstecher, Johann S., 1963 Nov. p. 96, 97.
Paget, Richard, 1972 Feb. p. 48.
Paget, Stephen, 1950 Jan. p. 14; 1955 June p. 71; 1965 Aug. p. 89.
Pain, Janine, 1972 Apr. p. 96.
Paine, I. O., 1957 Jan. p. 62.
Paine, Thomas, 1959 Feb. p. 73; May p. 63.
Painter, T. S., 1961 Nov. p. 68; 1964 Apr. p. 50.
Painter, William, 1972 Dec. p. 89.
Pais, Abraham, 1957 July p. 82; 1965 Mar. p. 53; 1976 Jan. p. 53.
Paivarinta, Pekka, 1976 June p. 110, 111.
Pak, William L., 1973 Dec. p. 28.
Pake, George E., 1963 June p. 67; 1965 Apr. p. 66; 1970 Aug. p. 73.
Pakiser, L. C., 1963 Oct. p. 56.
Pakistan Department of Archeology, 1966 May p. 93.
Pakistan-SEATO Cholera Research Laboratory, 1971 Aug. p. 20.
Pakter, Jean, 1971 Oct. p. 42.
Pakula, Roman, 1969 Jan. p. 44.
Pal, Yash, 1973 Nov. p. 43.
Palacio, Joseph O., 1977 Mar. p. 117.
Palade, George E., 1953 Nov. p. 80, 81; 1954 Jan. p. 33; 1957 July p. 131, 132, 137; 1958 Mar. p. 118; Sept. p. 137; 1959 Dec. p. 55; 1960 Feb. p. 51; 1961 Sept. p. 57, 64, 79; 1962 Apr. p. 71; 1965 Jan. p. 70; Oct. p. ; 1969 Feb. p. 103; Mar. p. 39; June p. 46; 1972 Feb. p. 38; 1974 Dec. p. 56; 1975 Oct. p. 31; 1978 May p. 141.
Palay, Sanford L., 1958 Sept. p. 137; 1962 Apr. p. 71; 1975 Jan. p. 61.
Paleg, L. G., 1968 July p. 79.
Palerm, Angel, 1964 July p. 98.
Palestrina, Giovanni, 1959 Dec. p. 112, 113.
Palevitz, B. A., 1975 Apr. p. 80.
Paley, William S., 1952 Sept. p. 70.
Palfrey, John G., 1962 Sept. p. 100; 1964 May p. 60.
Palissy, Bernard, 1950 Nov. p. 16.
Palka, John M., 1974 Aug. p. 44.
Palladii, Archimandrite, 1963 Aug. p. 56.
Palladio, Andrea, 1954 Nov. p. 63; 1961 Feb. p. 123; 1967 Dec. p. 97.
Pallas, Peter S., 1967 Jan. p. 79.
Pallottino, Massimo, 1962 Feb. p. 87.
Palm, Theobald, 1970 Dec. p. 79, 89.
Palmén, Erik H., 1952 Oct. p. 29; 1955 Sept. p. 117, 120, 122; 1970 Sept. p. 63.
Palmer, Carroll E., 1948 June p. 13, 14; 1955 Jan. p. 44.
Palmer, H. E., 1967 Mar. p. 29.
Palmer, H. P., 1961 Feb. p. 76; 1963 Dec. p. 56.
Palmer, J. F., 1970 May p. 84.
Palmer, Patrick, 1968 Dec. p. 43; 1969 May p. 54; 1973 Mar. p. 60; 1974 May p. 110.
Palmer, Samuel, 1958 Sept. p. 166.
Palo Alto Medical Research Foundation, 1963 July p. 42; 1973 Sept. p. 132; 1977 May p. 76.
Pálsson, Pall A., 1967 Jan. p. 113.
Palumbo, G. G. C., 1976 Oct. p. 70.
P'An, S. Y., 1955 Aug. p. 49.
Pan-American Health Organization, 1962 May p. 93, 96; 1975 Feb. p. 19; Oct. p. 53.
Pan-American Sanitary Bureau, 1948 Aug. p. 31; 1962 May p. 90; 1976 Oct. p. 28.
Pan-American Union, 1964 July p. 98.
Pan-American World Airways, Inc., 1968 Oct. p. 85, 86; 1970 Mar. p. 84, 86.
Paneth, F. A., 1948 May p. 35; 1949 Jan. p. 33; 1950 Apr. p. 44; 1953 Dec. p. 75; 1954 Nov. p. 39-41; 1957 Apr. p. 89; 1960 Nov. p. 172, 173; 1973 July p. 67.
Panhard, René, 1972 May p. 102.
Panini, 1958 Oct. p. 66.
Panish, Morton B., 1970 Oct. p. 54; 1971 July p. 32; 1973 Nov. p. 33.
Panitz, John A., 1968 Mar. p. 53.
Pankhurst, R. J., 1977 Mar. p. 98, 99, 101.
Panofsky, Erwin, 1974 Sept. p. 53.
Panofsky, Hans A., 1976 Mar. p. 50, 51.
Panofsky, Wolfgang K. H., 1958 Mar. p. 67; 1960 Jan. p. 70; 1961 Nov. p. 49; 1966 Nov. p. 111; 1969 Aug. p. 21; 1971 June p. 61; Nov. p. 48; 1975 June p. 52; Sept. p. 53.
Panousis, Peter, 1963 July p. 118.
Pansky, Ben, 1963 Jan. p. 127.
Pantin, C. F. A., 1962 Feb. p. 115.
Pantle, Allen, 1977 Jan. p. 72.
Pantridge, J. F., 1968 July p. 26.
Pao, Yen-Ching, 1975 Oct. p. 67.
Paoincaré, Henri, 1958 Sept. p. 130.
Paoletti, E., 1972 Jan. p. 29.
Paolillo, D. J., 1974 Dec. p. 70.
Paolini, Frank R., 1963 Aug. p. 34; Dec. p. 67; 1964 June p. 36; 1967 Dec. p. 37.
Papadimitriou, Christos H., 1978 Jan. p. 96; Mar. p. 128.
Papadimitriou, John, 1954 Dec. p. 74, 75; 1963 June p. 111.
Papaliolios, C. D., 1971 Jan. p. 51.
Papanastassiou, Dimitri A., 1974 July p. 47; 1975 Jan. p. 31.
Papenfuss, Emma, 1957 Dec. p. 120, 122.
Papermaster, Ben, 1966 Feb. p. 90.
Papert, Seymour A., 1975 Apr. p. 34, 35.
Papez, James W., 1956 Oct. p. 106; 1964 June p. 66, 67.
Papi, Floriano, 1954 Oct. p. 76, 78; 1974 Dec. p. 104.
Papin, Denis, 1964 Jan. p. 100, 103; 1970 Aug. p. 97; Oct. p. 117.
Pappas, George D., 1959 Jan. p. 54; 1961 Apr. p. 120, 126, 126, 128; Sept. p. 59, 64; 1962 Nov. p. 52.
Pappenheimer, Alwin Jr., 1960 Apr. p. 131; 1970 Dec. p. 88.
Pappenheimer, John R., 1960 Dec. p. 149, 155; 1967 Oct. p. 56.
Pappus, 1949 Jan. p. 42, 44.
Papworth, Neil, 1976 Aug. p. 60.
Paracelsus, Philippus A., 1949 May p. 16; 1952 Oct. p. 76; 1956 Jan. p. ; 1965 Feb. p. 80; 1967 Sept. p. 73; 1969 Jan. p. 130 ; 1973 Apr. p. 92.
Paramount Pictures Corporation, 1951 Nov. p. 33.
Paraskevopoulos, John S., 1952 July p. 47, 48; 1964 Jan. p. 36.
Pardee, Arthur B., 1957 Feb. p. 67; 1962 Jan. p. 81; 1965 Apr. p. 38, 40, 45.
Pardi, L., 1954 Oct. p. 76, 78.
Pardies, Father, 1955 Dec. p. 76.
Pardue, Mary Lou, 1973 Aug. p. 29.
Paré, Ambroise, 1951 Mar. p. 42; 1956 Jan. p. 90-92, 94, 96; 1961 Feb. p. 46; 1964 Feb. p. 116.
Paré, Jacqueline R., 1956 Jan. p. 94.
Paré, Jeanne M., 1956 Jan. p. 91.
Parenago, P. P., 1949 Dec. p. 20; 1958 Nov. p. 48; 1959 July p. 48; 1965 Feb. p. 101.
Parent, Antoine, 1971 Oct. p. 96.
Parent, Robert J., 1969 Sept. p. 77.
Parent-Teacher Association, 1956 Jan. p. 45.
Pareto, Vilfredo, 1951 Oct. p. 15.
Parham, R. A. , 1974 Apr. p. 53.
Parijsky, Yuri N., 1970 June p. 33.
Paris, Matthew, 1963 Aug. p. 55.
Park, C. R., 1958 May p. 104.
Park, Chan M., 1969 July p. 87.
Park, Edwards A., 1949 June p. 14; 1970 Dec. p. 82, 88.
Park, James T., 1957 Mar. p. 70; 1969 May p. 97, 98.
Park, John H., 1969 Jan. p. 46.
Park, Julian, 1963 Mar. p. 118, 124.
Park, Kwangjai, 1964 Apr. p. 46.
Park, Mark, 1971 May p. 106.
Park, Mungo, 1962 May p. 86.
Park, Robert A., 1963 July p. 74.
Park, Roderick B., 1965 July p. 75, 83.
Park, Roswell, 1963 Mar. p. 122-124, 126, 128, 130.
Park, Stephen K., 1978 Mar. p. 87.
Park, Thomas, 1960 Feb. p. 66.
Park, William, 1952 Oct. p. 34.
Parke, Davis and Company, 1949 Aug. p. 32;

1962 Aug. p. 114, 117; 1963 Nov. p. 104, 106.
Parker, Bruce C., 1968 Oct. p. 60.
Parker, D. M., 1966 Mar. p. 107.
Parker, E. N., 1965 Mar. p. 58; Dec. p. 58; 1975 Mar. p. 49; Sept. p. 164.
Parker, Earl R., 1955 July p. 86; 1958 Apr. p. 50; 1968 Nov. p. 36.
Parker, Frank W., 1965 Jan. p. 51; 1966 Aug. p. 52.
Parker, George H., 1962 July p. 64; 1971 May p. 99.
Parker, George W., 1950 Apr. p. 43; 1956 May p. 36.
Parker, Harley, 1968 Aug. p. 92.
Parker, James W., 1949 Feb. p. 28.
Parker, John, 1953 July p. 59.
Parker, K. D., 1968 June p. 105.
Parker, Marion, 1952 May p. 53.
Parker, Marion L., 1972 May p. 100.
Parker, Marion W., 1960 Dec. p. 56.
Parker, Peter D., 1969 July p. 36.
Parker, Travis J., 1961 Feb. p. 98.
Parker, William H., 1970 Oct. p. 62.
Parkes Observatory, 1966 June p. 31.
Parkin, Curtis W., 1971 Aug. p. 63.
Parkin, David T., 1975 Aug. p. 59.
Parkinson, C. N., 1951 Oct. p. 57; 1958 Sept. p. 172.
Parkinson, James, 1970 July p. 40.
Parkinson, John S. Jr., 1976 Apr. p. 41.
Parkinson, Truman B., 1977 July p. 39.
Parkinson, William A., 1973 Oct. p. 74 .
Parkman, Paul D., 1966 June p. 55; July p. 32, 37; 1969 June p. 54.
Park-Ross, G. A., 1962 May p. 89.
Parks, John, 1972 Aug. p. 101.
Parks, Perry, 1962 Sept. p. 163.
Parks, R. D., 1971 Mar. p. 75.
Parlov, Ivan, 1950 Nov. p. 22.
Parmenides, 1971 Mar. p. 50.
Parnas, Jakob, 1962 June p. 96.
Parnell, R. W., 1954 Nov. p. 52.
Parpart, Arthur K., 1957 Jan. p. 97.
Parpola, Asko, 1969 Nov. p. 62.
Parpola, Simo, 1969 Nov. p. 62.
Parr, Albert E., 1956 Jan. p. 101, 102; 1962 June p. 134.
Parrent, George Jr., 1965 June p. 35; 1968 Feb. p. 43.
Parrish, John A., 1975 July p. 73.
Parrish, R. G., 1961 Dec. p. 109.
Parry, Albert, 1965 Mar. p. 57.
Parry, David A. D., 1975 Nov. p. 40.
Parry, H. B., 1956 Dec. p. 62.
Parry, J. V. L., 1956 Feb. p. 50; 1957 Feb. p. 76.
Parry, William, Sir, 1978 Apr. p. 148.
Parsignault, D. R., 1976 Aug. p. 44B.
Parsons, Charles A., 1955 Nov. p. 44; 1969 Apr. p. 101, 104, 105.
Parsons, Clifford G., 1962 Aug. p. 34.
Parsons, Donald F., 1968 Feb. p. 35.
Parsons, James J., 1965 May p. 80, 81.
Parsons, John, 1969 Feb. p. 22.
Parsons, William, 1953 Sept. p. 90; 1965 Aug. p. 23; 1973 June p. 30.
Parsons, William B., 1971 Feb. p. 101.
Partridge, Robert B., 1967 May p. 54; June p. 28; 1969 Apr. p. 50; 1970 June p. 34; 1973 Oct. p. 48; 1978 May p. 69.
Partridge, S. M., 1951 Mar. p. 41; 1971 June p. 49.
Pasadena Foundation for Medical Research, 1970 Feb. p. 100.
Pascal, Blaise, 1950 May p. 20; Oct. p. 44; 1955 Jan. p. 82, 83, 85, 86; Feb. p. 80; 1959 Oct. p. 160, 173, 66; 1964 Jan. p. 100; Sept. p. 203, 204, 92; 1966 Sept. p. 67; 1967 Aug p. 99; 1968 May p. 97; 1972 June p. 80; 1976 Apr. p. 104, 113.
Pascual, Camilo, 1959 May p. 73.
Pashley, D. W., 1967 Sept. p. 96.
Pasik, Pedro, 1972 Dec. p. 75.
Pasik, Tauba, 1972 Dec. p. 75.
Pasqualini, Gioacchino, 1962 Nov. p. 87.
Pastan, Ira, 1973 Oct. p. 54; 1974 June p. 62.
Pasternak, Gavril W., 1977 Mar. p. 46, 50.
Pasteur Institute, 1959 Mar. p. 65; July p. 67; 1960 Nov. p. 108; 1963 Mar. p. 83, 84; Nov. p. 106; 1964 Mar. p. 36, 44; Nov. p. 76; 1965 Apr. p. 36, 38, 39, 45; 1969 Apr. p. 35; 1970 June p. 36, 43; 1976 Dec. p. 103; 1977 Feb. p. 111-113.
Pasteur Institute of Tunis, 1964 Jan. p. 80.
Pasteur, Louis, 1948 Oct. p. 21; Dec. p. 30, 31, 33; 1949 July p. 16; Aug. p. 27-29; 1950 Sept. p. 32, 63; Nov. p. 45; 1951 Feb. p. 48; May p. 43; 1952 Jan. p. 68; Aug. p. 63; Oct. p. 32; 1953 Mar. p. 54; Apr. p. 85; 1954 Feb. p. 32, 34; Aug. p. 45, 46, 68; 1955 May p. 31; Oct. p. 38; 1956 Aug. p. 97; 1957 Nov. p. 48; Dec. p. 110; 1958 Sept. p. 100, 102; 1959 June p. 90, 96; 1960 Feb. p. 140, 142; Nov. p. 63; 1961 Aug. p. 33; 1962 Mar. p. 117; Nov. p. 48; 1963 Mar. p. 122; 1964 July p. 78; Aug. p. 46; 1965 Jan. p. 52; 1966 July p. 57; 1967 Jan. p. 111; 1968 Oct. p. 64; 1970 Sept. p. 113; 1972 Dec. p. 91, 93; 1973 Sept. p. 105, 106, 129; Oct. p. 26.
Pastore, Annibale, 1952 Mar. p. 70.
Pastore, John O., 1954 Nov. p. 35.
Pastore, Nicholas, 1968 June p. 68.
Pastori, Tullio, 1970 Feb. p. 34.
Pate, John S., 1978 Feb. p. 107.
Patel, C. K. N., 1963 July p. 38; 1965 Apr. p. 58; 1968 Sept. p. 129.
Patel, M. D., 1964 Nov. p. 53, 54.
Patel, V. L., 1965 Mar. p. 65.
Paterson, Mabel, 1958 Dec. p. 37, 38.
Paterson (N.J.) City Traffic Dept., 1970 Feb. p. 14.
Pathania, N. S., 1958 Nov. p. 56.
Patlach, A., 1961 July p. 51.
Patnaik, B., 1952 Aug. p. 40; 1956 Dec. p. 52.
Patnode, Winton, 1948 Oct. p. 51.
Paton, Gillian, 1967 Nov. p. 70.
Paton, Noel, 1970 Dec. p. 80.
Patrick, A. J. R., 1975 Aug. p. 94.
Patrick, J. C., 1956 Nov. p. 79.
Patrick, Thomas E., 1974 Nov. p. 96.
Patston, G. E., 1964 Aug. p. 19.
Patt, Harvey M., 1960 Apr. p. 153.
Patten, Bradley M., 1959 Mar. p. 90, 96; 1967 Mar. p. 35.
Patten, David, 1972 Apr. p. 76.
Patterson, Bryan, 1967 Mar. p. 52; 1969 June p. 56; 1971 Apr. p. 52; 1976 Feb. p. 54B.
Patterson, Claire C., 1954 Jan. p. 42; 1957 Apr. p. 83, 89, 90; 1966 May p. 42; 1971 Feb. p. 23.
Patterson, John L. Jr., 1974 Nov. p. 96.
Patterson, John T., 1950 Jan. p. 33; 1951 June p. 32.
Patterson, John W., 1978 Apr. p. 78.
Patterson, Robert, 1978 May p. 114, 116.
Patterson, Thomas C., 1965 Oct. p. 68; 1967 Nov. p. 46, 49; 1971 Apr. p. 45.
Patterson, Thomas N. L., 1964 Apr. p. 75.
Pattison, I. H., 1967 Jan. p. 113.
Pattle, Richard, 1973 Apr. p. 79.
Patton, H. D., 1948 Oct. p. 34.
Patton, H. P., 1967 June p. 26.
Patton, Melvin, 1952 Aug. p. 52, 54.
Patton, Robert G., 1972 July p. 78, 79, 82.
Patton, Stuart, 1972 Oct. p. 71.
Patuxent Wildlife Research Center, 1970 Apr. p. 73, 74.
Patz, Arnall, 1955 Dec. p. 44; 1977 June p. 103.
Paucker, Kurt, 1977 Apr. p. 44.
Paul Ehrlich Institute for Vaccines, 1948 July p. 31.
Paul, Gordon L., 1967 Mar. p. 84.
Paul, Grand Duke of Russia, 1965 Aug. p. 89; 1976 Jan. p. 116.
Paul, Hermann, 1973 Dec. p. 110.
Paul II, Pope, 1968 Oct. p. 117.
Paul, J. H., 1955 Mar. p. 60.
Paul, John, 1975 Feb. p. 52, 54.
Paul, John R., 1950 Aug. p. 26; 1955 Mar. p. 63; 1965 July p. 93.
Paul, K. S., 1969 May p. 66.
Paul, Lewis, 1972 Dec. p. 51.
Paul, Miles R., 1977 Nov. p. 135.
Paul, Robert, 1973 Dec. p. 37; 1974 Aug. p. 42.
Paul, Saint, 1949 June p. 43; 1954 Nov. p. 104; 1962 Apr. p. 86; 1964 Jan. p. 56; 1973 Jan. p. 84.
Paul, Vincent de, 1972 Feb. p. 97, 98.
Paul, W., 1962 Mar. p. 90; 1965 May p. 72.
Paul, William, 1977 May p. 42.
Paulet, Pedro, 1968 Dec. p. 95.
Pauli, Wolfgang, 1948 June p. 28, 29, 32; 1949 July p. 42; Dec. p. 14, 17; 1950 Sept. p. 30; 1951 Mar. p. 23, 26; 1952 Jan. p. 24-26; Dec. p. 41, 43, 44; 1953 Nov. p. 50; 1954 May p. 87; 1955 Dec. p. 89; 1956 Jan. p. 60; Aug. p. 48; 1957 July p. 74, 76, 83, 88; 1958 Sept. p. 79; 1959 Jan. p. 75, 77; Mar. p. 76; July p. 74-78, 80, 82, 85, 86; 1962 Aug. p. 92; 1963 Mar. p. 60; 1964 Oct. p. 36; 1965 Feb. p. 23; 1966 Feb. p. 40; 1967 June p. 64; Sept. p. 198, 200, 202, 83; Nov. p. 27; 1968 Sept. p. 57; 1969 July p. 29, 78; Aug. p. 73; 1971 Feb. p. 24; 1972 May p. 38; 1973 Aug. p. 30; 1975 June p. 60; Sept. p. 45; 1976 June p. 33; Nov. p. 51; 1977 May p. 37; Oct. p. 47; 1978 Feb. p. 132, 137.
Paulikas, G. A., 1967 July p. 83.
Paulin, Robert, 1975 July p. 41, 42.
Pauling, Crellin, 1967 Feb. p. 42.
Pauling, Linus, 1948 Oct. p. 16; 1949 May p. 16, 17, 19, 20; 1950 June p. 37; Sept. p. 21, 32, 34; 1951 Aug. p. 32, 56, 57, 58; 1952 July p. 38; Sept. p. 72; 1953 Sept. p. 100, 102; 1954 June p. 71, 74; Nov. p. 78; Dec. p. 52; 1955 May. p. 54; 1956 Apr. p. 88; Oct. p. 86; 1957 Sept. p. 173; 1958 Jan. p. 68; Dec. p. 53; 1959 Jan. p. 62; 1961 Jan. p. 58; Sept. p. 77; Dec. p. 108; 1962 July p. 84, 88; 1963 Nov. p. 65; Dec. p. 64; 1964 May p. 68; Aug. p. 40; Nov. p. 72; 1965 May p. 115, 116; 1966 June p. 47; July p. 106; Nov. p. 85; Dec. p. 121, 122; 1967 June p. 69, 74; Nov. p. 28; 1968 July p. 65; 1969 Aug. p. 93, 94; 1972 Apr. p. 64; Dec. p. 41; 1974 Sept. p. 81; 1975 Apr. p. 46; Nov. p. 37; 1976 Sept. p. 51; 1978 Feb. p. 76.
Pauliny-Toth, Ivan I. K., 1965 Mar. p. 54; 1966 Dec. p. 48; 1969 Jan. p. 36.
Paulson, D. N., 1974 Dec. p. 66.
Paulus, J. M., 1968 Oct. p. 52.
Pauly, H., 1977 Apr. p. 123, 124.
Paulze-Lavoisier, Marie A. P., 1956 May p. 85, 86, 88.
Pausanias, 1950 Aug. p. 49; 1954 Dec. p. 72.
Pauson, P. L., 1973 Dec. p. 50.
Paust, Joachim, 1968 July p. 50.
Pavan, Clodowaldo, 1961 Sept. p. 130; 1964 Apr. p. 53, 54.
Paviour-Smith, Kitty, 1969 Jan. p. 112.
Pavlov, Ivan P., 1948 Sept. p. 46; 1949 Sept. p. 44-47; Dec. p. 17, 54; 1950 Mar. p. 39; Sept. p. 71; 1951 Aug. p. 60; Oct. p. 59, 60; 1954 Jan. p. 48, 49, 52-55, 57; 1955 Mar. p.

47; 1958 Jan. p. 78; Sept. p. 60; 1959 Aug. p. 91, 92, 95; 1961 Feb. p. 42; 1963 Feb. p. 55; Apr. p. 118; Nov. p. 43; 1966 June p. 94; Aug. p. 85; 1967 Nov. p. 26; 1969 Dec. p. 104; 1970 Mar. p. 66; 1971 Mar. p. 99, 100; 1976 Dec. p. 79.
Pavlovsky, Evgeny N., 1960 May p. 163.
Pawley, James, 1972 Jan. p. 54; Sept. p. 35.
Pawlik, Kurt, 1963 Mar. p. 98.
Pawsey, Joseph L., 1975 Aug. p. 26.
Paxton, Hugh C., 1959 June p. 86.
Paxton, Joseph, 1955 Mar. p. 44.
Payem, Anselme, 1958 Oct. p. 104.
Payman, W., 1949 Nov. p. 18.
Payne, A. M. M., 1959 Aug. p. 65.
Payne, Eugene, 1949 Aug. p. 32.
Payne, Frank, 1955 Dec. p. 43.
Payne, Jerry A., 1966 Jan. p. 51.
Payne, Roger, 1965 Apr. p. 99.
Payne-Gaposchkin, Cecilia H., 1956 Apr. p. 57.
Peabody Coal Company, 1975 Dec. p. 28, 29.
Peabody Museum, 1956 Aug. p. 63.
Peabody, Robert S., *see:* R.S. Peabody Foundation.
Peach, P. A., 1962 Oct. p. 47.
Peacham, Henry, 1973 Dec. p. 110.
Peacock, George, 1952 Apr. p. 66.
Peacock, N. J., 1969 Dec. p. 52.
Peakall, David B., 1969 Feb. p. 44; 1970 Apr. p. 73.
Peale, Rembrandt, 1960 Oct. p. 159.
Peale, Stanton J., 1968 July p. 33; 1975 Sept. p. 61.
Peano, Giuseppe, 1950 Sept. p. 40; Dec. p. 22; 1954 Apr. p. 85; 1964 Sept. p. 57; 1973 Mar. p. 101, 103, 105.
Pearce, Dick, 1952 Feb. p. 31.
Pearce, Joseph A., 1952 Aug. p. 36.
Pearce, Morton L., 1969 Sept. p. 98.
Pearl, Raymond, 1950 Apr. p. 58, 59; 1952 July p. 61; 1962 July p. 39.
Pearle, David L., 1975 Dec. p. 55.
Pearmain, G., 1964 Feb. p. 61.
Pearsall, W. H., 1971 July p. 86.
Pearse, A. G. E., 1970 Oct. p. 42, 44.
Pearse, C. A., 1959 Aug. p. 41.
Pearson, A. D., 1969 Nov. p. 32.
Pearson, Bradford D., 1962 Aug. p. 106.
Pearson, Carl M., 1963 Nov. p. 104.
Pearson, Claude E., 1969 Mar. p. 28.
Pearson, David, 1973 Sept. p. 32.
Pearson, Drew, 1950 Mar. p. 24.
Pearson, Egon S., 1977 May p. 122.
Pearson, F., 1976 Jan. p. 62.
Pearson, Fred, 1955 Aug. p. 63, 66.
Pearson, Gerald L., 1973 Aug. p. 50.
Pearson, Karl, 1950 Apr. p. 60; 1954 Jan. p. 73, 74, 76; 1964 Sept. p. 146.
Pearson, Keir, 1976 Dec. p. 72; 1978 Feb. p. 100.
Pearson, Lester B., 1949 Dec. p. 26; 1967 Nov. p. 25.
Pearson, Oliver P., 1950 Mar. p. 35; 1953 Jan. p. 69; 1954 Aug. p. 66; 1955 Mar. p. 96; 1957 Nov. p. 111; 1959 Apr. p. 105.
Pearson, Ralph G., 1965 Aug. p. 46.
Pearson, T. A., 1977 Feb. p. 82.
Peart, W. S., 1959 Mar. p. 56; 1963 June p. 88.
Peary, Robert E., 1954 Nov. p. 36; Dec. p. 41, 43; 1961 May p. 91; 1976 Jan. p. 102, 109, 111.
Pease, Daniel C., 1958 Oct. p. 43; 1960 Aug. p. 101.
Pease, F. G., 1972 Feb. p. 72; 1973 June p. 30.
Pease, Francis G., 1955 Aug. p. 63, 66.
Pease, Josephine Van Dolzen, 1949 Dec. p. 55, 56.
Pease, Paul L., 1972 June p. 97.
Peat, S., 1957 Sept. p. 168.
Peay, Austin, 1969 Feb. p. 18.
Pechet, Maurice M., 1970 Oct. p. 42; Dec. p. 89.
Peck, Charles H., 1975 Mar. p. 93.
Peck, Merton, 1967 June p. 23.
Peck, N., 1953 Aug. p. 37.
Pecker, Charlotte, 1954 June p. 48.
Pecora, William T., 1966 Nov. p. 66.
Pecora, William, T., 1969 Dec. p. 94.
Pecquet, Jean, 1967 Aug p. 99.
Pedersen, Charles J., 1977 July p. 98.
Pederson, Harry, 1961 Aug. p. 45.
Pederson, P. O., 1968 Nov. p. 88, 89.
Pederson, Vern, 1961 Aug. p. 45.
Pedler, C. M. H., 1962 Nov. p. 121.
Pedro II, Dom, 1963 Sept. p. 214.
Peebles, Florence, 1957 Dec. p. 120.
Peebles, James E., 1977 Nov. p. 76.
Peebles, P. J. E., 1965 July p. 46; 1966 May p. 54; 1967 Mar. p. 48; 1968 Feb. p. 79; 1969 Feb. p. 59; Apr. p. 50; 1970 June p. 29, 33, 34; 1974 Jan. p. 70; May p. 108; Aug. p. 29; 1978 May p. 69.
Peebles, Thomas C., 1963 May p. 74.
Peek, Bertrand M., 1968 Feb. p. 78, 80; 1976 Mar. p. 48, 54, 55.
Peel, Robert, Sir, 1952 Jan. p. 29; 1974 June p. 19.
Pegg, John H., 1963 Apr. p. 84.
Pegram, George B., 1948 Oct. p. 24; 1949 Feb. p. 17.
Pehek, John O., 1976 Dec. p. 53.
Pehl, Richard, 1969 July p. 52; 1972 Nov. p. 104.
Pei, Wen-chung, 1970 Jan. p. 78.
Peierls, Ronald E., 1956 Aug. p. 30; 1962 June p. 80; 1973 May p. 30.
Peierls, Rudolf E., 1949 Nov. p. 41, 43; 1967 Sept. p. 186-188; 1973 Nov. p. 39.
Peimbert, Manuel, 1967 Nov. p. 61.
Peirce, Charles S., 1972 Mar. p. 93; Sept. p. 73, 76, 77, 76, 77, 80.
Peixoto, José P., 1973 Apr. p. 51, 53, 60.
P'ei-Yuan, Chou, 1972 Dec. p. 16.
Pekas, Jerome C., 1966 June p. 97.
Pekeris, Chaim L., 1955 Sept. p. 132; 1965 Nov. p. 30; 1969 Nov. p. 107.
Pelc, C. R., 1958 Nov. p. 56.
Pelc, S. R., 1966 June p. 56.
Pelikan, Edward W., 1965 June p. 113.
Pell, Claiborne, 1968 Apr. p. 42.
Pell, E. M., 1962 Oct. p. 83.
Pellam, John R., 1949 June p. 30, 34; 1957 Mar. p. 92, 94.
Pellas, Paul, 1969 June p. 35.
Pellegrino, Michele, 1972 June p. 34, 35.
Pelletan, Pierre, 1957 Mar. p. 40.
Pelling, Claus, 1964 Apr. p. 54, 55; 1965 June p. 44.
Peltier, Jean C. A., 1958 Nov. p. 32, 35; 1961 Dec. p. 126.
Pelzer, H., 1966 Nov. p. 88.
Pemberton, Henry, 1964 Sept. p. 132.
Pempey, Sextus, 1963 Dec. p. 115.
Peña, Hornos de la, 1953 Aug. p. 32.
Penbharkkul, Saree, 1964 Oct. p. 78.
Penefsky, Harvey, 1968 Feb. p. 32; 1978 Mar. p. 113.
Penfield, Hayes, 1968 Dec. p. 43.
Penfield, Wilder, 1948 Oct. p. 27, 34; 1960 Sept. p. 74; 1961 Oct. p. 135; 1965 Mar. p. 45; 1970 Feb. p. 86; 1977 Oct. p. 139.
Peng, H. W., 1949 Mar. p. 36.
Pengelley, Eric T., 1968 Mar. p. 115, 118.
Pengelly, Eric T., 1971 Apr. p. 72.
Pengelly, William, 1959 Nov. p. 172-175.
Penman, H. L., 1970 Sept. p. 99.
Penman, Sheldon, 1961 July p. 51; 1963 Dec. p. 51.
Penn, Robert D., 1970 May p. 86.
Penn, William, 1958 Mar. p. 94; 1967 June p. 19.
Pennak, Robert W., 1959 July p. 98.
Pennell, Maynard L., 1964 June p. 34.
Penney, Richard L., 1966 Oct. p. 105.
Penney, W. G., 1952 Dec. p. 34.
Penney, William, Sir, 1960 Jan. p. 70.
Penning, F. M., 1973 Feb. p. 94, 95, 97.
Pennington, James E., 1971 Feb. p. 47.
Pennington, Keith S., 1968 Sept. p. 156.
Pennsylvania Agricultural Experiment Station, 1953 Aug. p. 38.
Pennsylvania Athletic Commission, 1952 Oct. p. 46.
Pennsylvania Electric Company, 1964 May p. 40.
Pennsylvania State College, 1949 Nov. p. 46; 1954 May p. 58, 59.
Pennsylvania State Medical Society, 1951 Oct. p. 34.
Pennsylvania State University, 1956 Sept. p. 110; 1966 Sept. p. 208; 1970 Feb. p. 52; 1974 Sept. p. 76.
Penny, Richard L., 1964 Feb. p. 97.
Pennycuick, Colin, 1965 May p. 85, 86.
Penrose, Lionel S., 1952 Feb. p. 66; 1956 Dec. p. 127; 1958 Feb. p. 27; 1959 Sept. p. 225; 1960 Sept. p. 217; 1962 Aug. p. 66; 1964 Sept. p. 149, 156; 1968 Nov. p. 70, 72; 1974 July p. 101; 1978 Feb. p. 119.
Penrose, Roger, 1959 June p. 105; 1967 Nov. p. 97, 98; 1968 Nov. p. 70, 72; 1974 July p. 101; Dec. p. 32.
Pense, J., 1976 Apr. p. 91.
Penso, Guiseppe, 1965 July p. 97.
Penston, M. V., 1968 Aug. p. 59.
Penston, Michael, 1976 Dec. p. 92.
Penswick, John R., 1965 May p. 48; 1966 Feb. p. 35.
Penzias, Arno A., 1965 July p. 31, 45; 1966 May p. 54; Aug. p. 36; 1967 June p. 28, 30, 32; 1969 Feb. p. 59; 1970 June p. 33, 49; 1973 Mar. p. 60; 1974 May p. 112, 113; Aug. p. 29; 1976 Mar. p. 63, 65; 1978 May p. 64, 66.
People's Republic of China, 1966 July p. 48; Nov. p. 37; 1969 Apr. p. 17, 20; 1970 Jan. p. 19-21; May p. 24; June p. 46; 1972 Nov. p. 51; Dec. p. 17; 1975 Sept. p. 56; Oct. p. 106; 1977 Jan. p. 21.
People's Republic of China Academia Sinica, 1961 Feb. p. 68; 1970 Jan. p. 78; 1978 Feb. p. 84.
People's Republic of China Academy of Sciences, 1966 Nov. p. 47.
People's Republic of China Chinchu People's Commune, 1978 Feb. p. 84, 89.
People's Republic of China Department of Science and Technology, 1978 June p. 74.
People's Republic of China Department of State Science and Technology, 1966 Nov. p. 39.
People's Republic of China Geological Institute, 1977 Apr. p. 39.
People's Republic of China Kweyang Institute of Geochemistry, 1978 Feb. p. 84.
People's Republic of China National Institute of Science and Technology, 1966 Nov. p. 39.
People's Republic of China National Science Department, 1966 Nov. p. 39.
People's Republic of China National Vaccine and Serum Institute, 1964 Jan. p. 81; 1977 Dec. p. 94.
People's Republic of China Northwest College of Agriculture, 1975 June p. 16.

People's Republic of China Peking University, 1978 Feb. p. 84.
People's Republic of China Song-Chiang County Commune, 1972 Dec. p. 17.
Peoples, Joe W., 1969 Oct. p. 50.
Pepin, Robert O., 1963 Oct. p. 68.
Pepin the Short, 1970 Aug. p. 95.
Peppers, N. A., 1963 July p. 42.
Pepys, Samuel, 1953 June p. 25, 31; 1954 Feb. p. 54; Dec. p. 94, 95; 1955 Dec. p. 76; 1963 Sept. p. 88; 1964 Feb. p. 117; 1968 Dec. p. 105.
Peracchia, Camillo, 1978 May p. 147, 150.
Percival, Elizabeth, 1968 June p. 105.
Percival, John, 1951 Apr. p. 57.
Perdeck, A. C., 1969 Dec. p. 103, 104.
Peregrinus, Peter, 1958 Feb. p. 29.
Pereira, H. G., 1960 Dec. p. 93-95.
Peretz, Bertram, 1970 July p. 70.
Perey, M., 1950 Apr. p. 44.
Pergamon Institute, 1958 Jan. p. 46.
Pericles, 1949 Jan. p. 40; 1954 Nov. p. 99; 1965 Feb. p. 111; 1974 Sept. p. 95.
Perkin, George F., 1957 Feb. p. 111.
Perkin, Thomas, 1957 Feb. p. 118.
Perkin, William H. Jr., Sir, 1951 Sept. p. 46; 1955 July p. 60; 1956 Nov. p. 81; 1957 Feb. p. 117, 110-112, 114, 118, 118; 1964 June p. 85.
Perkin-Elmer Corporation, 1952 July p. 47, 48; 1957 Sept. p. 108; Dec. p. 41; 1959 May p. 54; 1961 Jan. p. 93; 1963 Aug. p. 31; 1970 Mar. p. 41; Nov. p. 74.
Perkins, David, 1949 June p. 46.
Perkins, Dexter Jr., 1964 Apr. p. 97; 1970 Mar. p. 52.
Perkins, H. R., 1969 May p. 97.
Perkins, Herbert, 1950 Aug. p. 30.
Perkins, Walton A. III, 1966 Dec. p. 26.
Perl, M. L., 1956 May p. 59; 1957 Apr. p. 46.
Perl, Martin L., 1975 June p. 54, 56; 1978 Mar. p. 50, 72.
Perle, George, 1961 May p. 149.
Perlman, I., 1950 Apr. p. 47; 1951 Nov. p. 29; 1956 Dec. p. 67.
Perlman, Robert, 1972 Aug. p. 100.
Perloff, A., 1966 July p. 107.
Perlow, G. J., 1971 Oct. p. 92.
Perlow, M. R., 1971 Oct. p. 92.
Perlow, William H., 1976 Mar. p. 30.
Perlstein, Meyer A., 1971 Feb. p. 22.
Pernis, Benvenuto, 1973 July p. 56, 58, 59; 1974 Nov. p. 70, 72; 1976 May p. 35, 37, 38.
Pernter, Josef M., 1974 July p. 60.
Pero, R. W., 1977 Feb. p. 83, 84.
Perola, Cesare, 1975 Aug. p. 33.
Péron, Juan D., 1951 May p. 32; 1974 Sept. p. 118.
Perot, Alfred, 1968 Sept. p. 77-82.
Perrault, Claude, 1964 May p. 113.
Perrault, Pierre, 1950 Nov. p. 16.
Perrelet, Alain, 1978 May p. 144.
Perret, Frank, 1951 Nov. p. 52.
Perri, Fausto, 1975 Sept. p. 39, 41.
Perrier, C., 1950 Apr. p. 41; 1956 May p. 36.
Perrin, Francis, 1952 Feb. p. 34; 1955 Oct. p. 30.
Perrin, Jean B., 1950 Oct. p. 32; 1967 Nov. p. 27; 1969 Mar. p. 68, 69; 1974 Mar. p. 93.
Perring, J. K., 1964 Dec. p. 62.
Perronet, Jean, 1954 Nov. p. 63, 64.
Perrot, Jean, 1970 Mar. p. 52.
Perry, A. S., 1952 Oct. p. 25; 1959 Nov. p. 174.
Perry, Dennis G., 1978 June p. 71.
Perry, John, 1973 June p. 40.
Perry, Josephine, 1949 Dec. p. 56.
Perry, Ray, 1968 Jan. p. 66.
Perry, Samuel V., 1975 Nov. p. 38.
Perry, Wilbur, 1952 June p. 50.
Perryman, P. W., 1975 July p. 74.
Persham, Peter S., 1963 July p. 42; 1964 Apr. p. 43.
Persky, Harold, 1963 Mar. p. 102.
Person, Ethel, 1965 Aug. p. 46.
Persons, Warren, 1975 Jan. p. 17.
Pert, Candace B., 1977 Feb. p. 50; Mar. p. 45, 48.
Perthes, Boucher de, 1959 Nov. p. 172-176.
Perthes, Jacques B. de, 1954 Jan. p. 69.
Peru Ministry of Public Health, 1967 Oct. p. 27.
Perutz, Max F., 1954 July p. 59; 1959 June p. 77; 1961 Feb. p. 88; Dec. p. 104, 110; 1962 Dec. p. 66; 1964 Dec. p. 77; 1965 Apr. p. 44, 45; May p. 113; July p. 46; 1966 June p. 42; Sept. p. 161; Nov. p. 83, 85; 1967 Mar. p. 49; June p. 64; Nov. p. 28; 1968 July p. 70; 1969 Aug. p. 91; Oct. p. 48; 1971 Feb. p. 90; 1972 Apr. p. 70; 1973 Oct. p. 58; 1974 July p. 77.
Peruvian Air Force, 1955 Mar. p. 99.
Peruvian Government, 1957 Jan. p. 41.
Peruvian Institute of Andean Biology, 1955 Dec. p. 60-63, 66-68; 1958 June p. 30; 1970 Feb. p. 53.
Peruvian National Housing Authority, 1967 Oct. p. 25, 26.
Peruvian Sea Institute, 1977 July p. 62.
Pesce, Gennaro, 1975 Feb. p. 81.
Peschanskii, V. G., 1973 Jan. p. 97.
Pescor, Frank, 1965 Feb. p. 86.
Peshkov, V. P., 1949 June p. 34; 1958 June p. 34.
Pestka, S., 1966 Apr. p. 107.
Pétard, H., 1957 May p. 91.
Peter, Apostle, 1954 May p. 85.
Peter Bent Brigham Hospital, 1949 July p. 29; 1961 July p. 61.
Peter of Colechurch, 1954 Nov. p. 62.
Peter the Great, 1961 May p. 89; 1965 May p. 102; 1968 May p. 97; Dec. p. 105; 1976 Jan. p. 116.
Peter, Walter G. III, 1971 Jan. p. 46.
Péterfi, Tibor, 1950 Oct. p. 49.
Peterlin, Anton, 1964 Nov. p. 80.
Peters, Bernard, 1950 Mar. p. 26.
Peters, C. Wilbur, 1962 Jan. p. 62; 1963 July p. 42; 1964 Apr. p. 39, 40, 43.
Peters, D. B., 1959 May p. 78.
Peters, G. A., 1957 Dec. p. 60.
Peters, Hans M., 1954 Dec. p. 80.
Peters, Henry N., 1952 Mar. p. 42; 1957 Nov. p. 72.
Peters, Rudolph, Sir, 1959 Nov. p. 82, 83; 1966 May p. 40.
Peters, S., 1949 Mar. p. 34.
Petersen, C. G. J., 1951 Jan. p. 53.
Petersen, D. H., 1952 May p. 40.
Petersen, H., 1976 Apr. p. 96.
Petersen, Jerry, 1974 July p. 43.
Petersen, Kurt E., 1977 May p. 44-46, 48.
Petersen, N., 1972 Nov. p. 51.
Petersen, Robert C., 1977 Nov. p. 75.
Petersen, Val, 1954 May p. 48.
Petersen, W. E., 1957 Oct. p. 124.
Peterson, Allen M., 1955 Sept. p. 136; 1960 Aug. p. 50.
Peterson, Bruce A., 1966 Feb. p. 51; Dec. p. 43-45.
Peterson, Charles M., 1975 Apr. p. 45.
Peterson, D. D., 1969 Feb. p. 53; June p. 38.
Peterson, Donald R., 1968 July p. 25.
Peterson, Elbert A., 1958 Aug. p. 50.
Peterson, Etta, 1972 June p. 42.
Peterson, Jane A., 1975 Apr. p. 72.
Peterson, Lloyd R., 1964 Mar. p. 94; 1966 July p. 90; 1971 Aug. p. 86.
Peterson, Margaret J., 1964 Mar. p. 94; 1971 Aug. p. 86.
Peterson, Osler L., 1977 Jan. p. 43.
Peterson, Peter G., 1971 Mar. p. 44.
Peterson, R. L., 1967 Sept. p. 103.
Peterson, Raymond D. A., 1974 Nov. p. 61.
Peterson, Roger T., 1969 Nov. p. 133.
Petford, A. D., 1973 Oct. p. 77.
Pethica, B. A., 1970 Nov. p. 70.
Pethick, Christopher J., 1970 Feb. p. 45; 1971 Feb. p. 30.
Petit, Alexis, 1960 Oct. p. 158; 1967 Sept. p. 182, 183.
Petit, M., 1964 Aug. p. 14.
Petrarch, 1948 May p. 30.
Petrick, Stanley R., 1976 Oct. p. 64.
Petrides, George A., 1960 Nov. p. 133.
Petrie, Flinders, 1957 July p. 106.
Petrie, Flinders, Sir, 1954 Apr. p. 78; 1963 Nov. p. 125; 1973 Aug. p. 82-84.
Petris, Stefanello de, 1976 May p. 31, 35, 36, 37, 39.
Petronius, 1949 June p. 41; 1954 Nov. p. 98; 1963 Dec. p. 116.
Petrovich, Slobodan, 1972 Aug. p. 31.
Petrovsky, Boris V., 1972 Apr. p. 55.
Petrunkevitch, Alexander, 1950 July p. 53; 1970 Sept. p. 53.
Petrusewiczowa, E., 1960 Apr. p. 119.
Petruska, Frantisek, 1976 Aug. p. 86.
Petruska, John A., 1965 June p. 61; 1970 Oct. p. 46.
Petsas, Photios, 1965 Apr. p. 83.
Petschek, Harry, 1954 Sept. p. 132.
Pettengill, Gordon H., 1962 Aug. p. 60; 1965 Dec. p. 40; 1968 July p. 29, 31, 33, 35; 1969 Mar. p. 84; 1975 Sept. p. 61.
Pettersson, Hans, 1950 Dec. p. 55; 1954 Feb. p. 78; 1958 Feb. p. 57; 1960 Feb. p. 123, 126; Dec. p. 65, 68; 1963 June p. 55.
Pettigrew, John D., 1968 Feb. p. 52; 1977 Jan. p. 71.
Pettigrew, Thomas J., 1970 Nov. p. 96.
Pettijohn, David, 1967 Feb. p. 39.
Pettijohn, Francis J., 1975 Sept. p. 85.
Pettinato, Giovanni, 1977 Sept. p. 101.
Pettingill, Gordon H., 1965 June p. 58.
Pettit, Edison, 1953 May p. 70; 1965 Aug. p. 23, 27.
Petty, William, Sir, 1970 May p. 117-119.
Petzold, Gary L., 1977 Aug. p. 113.
Petzval, Józef M., 1976 Aug. p. 77.
Peucer, Casper, 1973 Dec. p. 99.
Peugeot, Armand, 1972 May p. 102, 107.
Peurbach, Georg, 1966 Oct. p. 89, 92.
Pevsner, A., 1962 Feb. p. 74.
Peyrony, Denis, 1964 Aug. p. 86.
Pezzi, 1955 Dec. p. 43.
Pfaff, Donald W., 1976 July p. 49, 50, 53.
Pfann, W. G., 1954 Apr. p. 50; July p. 39; 1961 Oct. p. 110.
Pfeffer, Arnold Z., 1953 Apr. p. 48.
Pfeffer, Robert, 1972 Oct. p. 29.
Pfeffer, Wilhelm, 1976 Apr. p. 40.
Pfeiffer, Carroll A., 1966 Apr. p. 85, 86.
Pfeiffer, E. W., 1970 July p. 48.
Pfeiffer, John E., 1952 Mar. p. 68; 1956 June p. 76.
Pfeiffer, R. A., 1962 Aug. p. 29, 30.
Pfeiffer, Richard F. J., 1977 Dec. p. 89.
Pfennig, Norbert, 1975 Aug. p. 38.
Pfenninger, Werner, 1954 Aug. p. 77.
Pfiffelmann, J. P., 1976 July p. 41.
Pfizer and Company, Inc., *see:* Charles Pfizer and Company, Inc..
Pfleegor, Robert L., 1968 Sept. p. 55.
Pfleiderer, Jorg, 1973 Dec. p. 44, 45, 47.
Pfleumer, F., 1961 Aug. p. 79.

Pfost, Gracie, 1955 Feb. p. 56.
Phanes, 1964 Nov. p. 116.
Phearman, Leo, 1951 Sept. p. 45.
Pheidippides, 1965 May p. 96.
Phelps, Harvey W., 1961 Oct. p. 55.
Phelps, John B., 1954 June p. 30.
Phelps, William H. Jr., 1954 Mar. p. 79, 81.
Phidias, 1958 Sept. p. 60.
Philadelphia Academy of Natural Sciences, 1965 Nov. p. 114; 1966 June p. 105.
Philadelphia Electric Power Company, 1974 Nov. p. 35.
Philadelphia, Thea, 1956 July p. 40.
Philco Corporation, 1954 Feb. p. 47.
Philco-Ford Corporation, 1971 Aug. p. 68.
Philētas of Cos, 1969 June p. 66.
Philip IV, King, 1973 Sept. p. 35.
Philip, King, *see:* Metacomet.
Philip of Macedonia, 1948 May p. 30; 1961 Mar. p. 114; 1966 Dec. p. 99, 101; 1969 Sept. p. 59; 1973 Oct. p. 41.
Philip, Princess of Saxe-Coburg-Gotha, 1965 Aug. p. 89.
Philip V, King, 1966 Dec. p. 104, 105.
Philippe, M., 1965 Aug. p. 93.
Philippina, 1969 July p. 43.
Philippine Republic, 1970 Dec. p. 17.
Philips Chemical Company, 1957 Sept. p. 146, 152.
Philips N.V., 1950 July p. 26; 1951 June p. 20; 1971 Feb. p. 88.
Philips Research Laboratories, 1948 July p. 52; 1960 June p. 98; 1965 Apr. p. 121; 1966 Mar. p. 60, 65; Aug. p. 29; 1968 Aug. p. 30; Sept. p. 115; 1970 Dec. p. 96; 1972 Aug. p. 46.
Philips, Roxane, 1969 June p. 54.
Philipson, Agneta, 1975 Feb. p. 40.
Phillips, Anthony, 1966 May p. 112.
Phillips, Bruce A., 1975 May p. 25.
Phillips, C. W., 1951 Apr. p. 24, 25.
Phillips, Carey, 1965 July p. 48.
Phillips, Charles, 1978 Feb. p. 94, 95.
Phillips, David C., 1961 Dec. p. 98, 109; 1965 July p. 46; 1966 Nov. p. 87, 78; 1967 June p. 64; 1968 July p. 70.
Phillips, David M., 1974 Sept. p. 54.
Phillips, Llad, 1963 Apr. p. 70.
Phillips, Norman A., 1956 Dec. p. 44.
Phillips, O. M., 1975 Mar. p. 53.
Phillips, Philip, 1952 Mar. p. 23, 24.
Phillips, Robert A., 1971 Aug. p. 17.
Phillips, Teregrine, 1971 Dec. p. 49.
Phillips, Thomas G., 1976 June p. 34.
Phillips, Vance, 1969 Mar. p. 109.
Phillips, W. C., 1978 May p. 150.
Phillips, Wendell, 1949 Nov. p. 22; 1969 Dec. p. 36.
Phillipson, D. W., 1977 Apr. p. 106.
Philolaus, 1949 Apr. p. 44; 1967 Dec. p. 96.
Philoponos, John, 1949 Aug. p. 44; 1974 Jan. p. 104.
Philoponus, John, 1950 May p. 51.
Philostratus, 1950 Aug. p. 49.
Philpot, J. St. L., 1951 Dec. p. 49.
Phinney, Bernard O., 1956 Oct. p. 72; 1957 Apr. p. 132; 1968 July p. 76.
Phinney, Robert A., 1973 Mar. p. 30.
Phleger, Fred B. Jr., 1950 Aug. p. 44.
Phygepris, 1972 Oct. p. 37.
Physics International Company, 1969 May p. 61; 1972 Apr. p. 27-29; 1973 July p. 48.
Piaget, Jean, 1950 Sept. p. 81; 1953 Nov. p. 74-79; 1957 Mar. p. 46; 1964 Nov. p. 122; 1966 Aug. p. 84; 1972 Mar. p. 82; 1973 Mar. p. 105.
Piantanida, Thomas, 1975 Mar. p. 74.
Piasecki Helicopter Corporation, 1960 Aug. p. 46.
Piazza, A., 1974 Sept. p. 88.
Piazzi, Giuseppi, 1965 Apr. p. 108, 115; 1977 July p. 128.
Picard, Charles E., 1957 May p. 91.
Picard, Jean, 1953 Aug. p. 64, 65; 1968 June p. 53.
Picard, Robert, 1953 Mar. p. 40.
Picasso, Pablo, 1950 Jan. p. 18; 1952 Mar. p. 69; 1969 Nov. p. 98; 1972 Dec. p. 85, 89; 1974 July p. 103; Sept. p. 137.
Picatinny Arsenal, 1977 May p. 44.
Piccard, Auguste, 1958 Apr. p. 27; 1960 July p. 128.
Piccard, Jaques, 1958 Apr. p. 27.
Piccioni, Oreste, 1956 Nov. p. 64.
Piccolomini, Enea S., 1963 Sept. p. 52, 61.
Pichotka, Josef, 1952 Feb. p. 56; 1955 Dec. p. 44.
Pick, Herbert Jr., 1967 May p. 97.
Pick, Ruth, 1977 Feb. p. 78.
Pickels, Edward G., 1950 June p. 36; 1951 June p. 45-47, 50.
Pickering, Edward C., 1949 Dec. p. 16; 1950 Sept. p. 24; 1977 Feb. p. 30, 32.
Pickering, Howard, 1966 Feb. p. 76.
Pickering, Ray, 1961 Oct. p. 119.
Pickering, S. C., 1949 Mar. p. 48.
Pickering, William H., 1959 Apr. p. 86, 90, 93; 1966 Apr. p. 66; 1967 Apr. p. 50; 1971 Aug. p. 47; 1975 Sept. p. 131.
Pickersgill, Barbara, 1977 Mar. p. 127.
Pickett, James M., 1969 Dec. p. 54.
Pickett, Richard A., 1971 Aug. p. 39.
Pickett-Heaps, J. P., 1969 Feb. p. 107.
Pickford, Grace E., 1969 Mar. p. 21.
Pickford, R. W., 1970 Apr. p. 48.
Picou, D., 1976 Sept. p. 54.
Pictet, Amé, 1959 July p. 113.
Pidd, Robert W., 1959 Jan. p. 66; 1961 July p. 54; 1968 Jan. p. 79.
Piddington, J. H., 1965 Dec. p. 58.
Piearcey, B. J., 1967 Feb. p. 60.
Piel, Gerard, 1950 May p. 26; 1970 Feb. p. 13; 1972 Nov. p. 71; 1974 Sept. p. 173.
Pienkowski, Stefan, 1949 Dec. p. 40-42.
Pierce, Barry, 1963 Jan. p. 123.
Pierce, Charles, 1952 Mar. p. 73.
Pierce, Cynthia H., 1949 Oct. p. 39.
Pierce, G. Barry Jr., 1965 Nov. p. 81.
Pierce, G. W., 1950 Aug. p. 52.
Pierce, John A., 1951 June p. 24, 25, 27.
Pierce, John R., 1954 Mar. p. 84; Oct. p. 52; 1957 June p. 76; 1958 Sept. p. 64; 1959 Dec. p. 112; 1961 Oct. p. 80; 1962 Aug. p. 114; 1965 Dec. p. 42; 1966 Sept. p. 145; Nov. p. 112; 1968 Mar. p. 103; 1972 Sept. p. 136, 34, 43; 1975 Apr. p. 56; 1977 Feb. p. 58.
Pierce, Nathaniel F., 1971 Aug. p. 18.
Piéron, Henri, 1964 Nov. p. 116; 1967 Oct. p. 56; 1976 Aug. p. 24, 25, 28.
Pierpont Morgan Library, 1960 Sept. p. 178.
Pierre, François, 1977 Oct. p. 69.
Pierrepont, Mary, 1976 Jan. p. 112, 114.
Pierson, Willard J. Jr., 1959 Aug. p. 76.
Piette, Edouard, 1953 Aug. p. 32.
Piette, Lawrence H., 1970 Aug. p. 74.
Piez, Karl A., 1963 Apr. p. 106; 1971 June p. 51.
Pigafetta, Marco A., 1956 Apr. p. 53.
Pigalayev, I. A., 1955 Oct. p. 38.
Piggott, Stuart, 1959 Aug. p. 70; 1966 May p. 93; 1974 Sept. p. 72, 94.
Pigman, Ward, 1957 Feb. p. 58.
Pignocco, Arthur J., 1965 Mar. p. 36.
Pigón, Andrew, 1971 Dec. p. 32, 33.
Pijper, Adrianus, 1975 Aug. p. 39.
Pike, John E., 1971 Nov. p. 84.
Pike, Lawrence H., 1973 June p. 75, 77.
Pike, M., 1973 Oct. p. 29.
Pike, Sumner T., 1949 July p. 33; 1950 May p. 27; June p. 27; July p. 26; Aug. p. 28; Oct. p. 24; Dec. p. 27; 1952 Feb. p. 32; Mar. p. 34.
Pikelner, S. B., 1967 Oct. p. 111; 1969 Feb. p. 57.
Pilar, Guillermo R. J., 1970 July p. 59, 60.
Pilat, Albert, 1975 Mar. p. 100.
Pilâtre de Rozier, Jean F., 1951 Dec. p. 68.
Pilbeam, David R., 1970 Jan. p. 82; 1974 July p. 108; 1976 May p. 56; 1977 May p. 30, 31.
Pilcher, Cal B., 1976 May p. 111, 114.
Pilcher, Carl, 1975 Sept. p. 152.
Pilgrim, G. E., 1964 July p. 56, 62.
Pilgrim, Guy, 1972 Jan. p. 94, 98.
Pilgrim State Hospital, 1962 Aug. p. 68.
Pilkington Brothers Limited, 1961 Jan. p. 105; 1971 Apr. p. 52.
Pilkington, J. D. H., 1968 Apr. p. 42.
Pillemer, Louis, 1954 Oct. p. 50; 1955 May p. 34; 1973 Nov. p. 57, 60.
Pillinger, Colin T., 1975 Jan. p. 72.
Pillinger, Sally, 1966 July p. 37.
Piltch, Martin, 1973 Feb. p. 89.
Pimentel, David, 1974 Sept. p. 169; 1976 Sept. p. 168.
Pimentel, George C., 1965 Apr. p. 58; Aug. p. 26; 1966 Apr. p. 32.
Pinard, Jacques, 1968 Sept. p. 82.
Pinching, Anthony, 1978 Feb. p. 96.
Pinchot, Gifford B., 1964 Jan. p. 73; 1967 Mar. p. 52; 1970 Dec. p. 15.
Pincus, Gerald, 1970 Dec. p. 59.
Pincus, Gregory, 1949 July p. 44, 45; 1950 Mar. p. 36; 1955 June p. 35; 1966 Aug. p. 77.
Pindar, 1968 Aug. p. 85.
Pine, Milton R., 1975 Sept. p. 36.
Pinel, Philippe, 1973 Sept. p. 119.
Pines, David, 1963 July p. 114; Nov. p. 53; 1970 Feb. p. 45; 1971 Feb. p. 30.
Pinkerton, Frederick, 1975 Jan. p. 88.
Pinkerton, H., 1978 Apr. p. 122.
Pinkerton, Richard C., 1956 May p. 66; 1959 Dec. p. 112.
Pinkham, Roger S., 1969 Dec. p. 112, 118, 120.
Pinotti, Mario, 1962 May p. 94.
Pinsker, Harold, 1970 July p. 64.
Pinsker, M. S., 1978 June p. 120, 123, 124.
Pinsky, Lawrence S., 1975 Oct. p. 52.
Pinson, W. H. Jr., 1968 Apr. p. 59.
Piore, Emanuel R., 1964 Oct. p. 56.
Piore, Nora, 1972 Feb. p. 41; 1974 Feb. p. 45; 1977 Apr. p. 52.
Piotrowsky, S., 1975 Jan. p. 25.
Pippard, A. B., 1963 July p. 111, 119.
Pippenger, Nicholas, 1978 June p. 114.
Piranesi, Giambattista, 1957 Mar. p. 122; 1962 Feb. p. 84.
Piranesi, Giovanni B., 1974 July p. 101, 102.
Pirani, M. von, 1965 May p. 63.
Piria, 1963 Nov. p. 96.
Pirola, Romano C., 1976 Mar. p. 32.
Pirquet, Clemens von, 1948 July p. 26-28; 1973 Jan. p. 22, 26, 31.
Pirrotta, Vincenzo, 1970 June p. 42; 1976 Jan. p. 71, 74, 75.
Pisa, E. J., 1969 Oct. p. 37.
Pisani, T. M., 1949 July p. 18.
Piscator, Magnus, 1971 Aug. p. 47.
Piscopo, Irene, 1971 Feb. p. 88.
Pisharody, R., 1971 Nov. p. 30.
Pitakpaivan, Kaset, 1961 Nov. p. 65.
Pitha, Paula M., 1977 Apr. p. 47.
Pitman, Gary B., 1966 Dec. p. 65.
Pitman, Walter C. III, 1967 July p. 38; 1968 Apr. p. 57; 1969 Sept. p. 138; 1972 May p. 63; 1973 Aug. p. 65; 1977 Apr. p. 32; Aug. p. 68.

Pitman-More Company, 1966 June p. 96, 97.
Pitochelli, A. R., 1966 July p. 107.
Pitot, Henri, 1954 Aug. p. 73.
Pitt, F. H. G., 1962 Nov. p. 128.
Pitt, G. A. J., 1967 June p. 72.
Pitt, William, 1969 July p. 41.
Pitt, William the Younger, 1965 Sept. p. 153.
Pittendrigh, Colin S., 1963 Feb. p. 86; 1973 Dec. p. 27; 1976 Feb. p. 118.
Pitt-Rivers, Rosalind, 1960 Mar. p. 122.
Pitts, Ferris N. Jr., 1968 Feb. p. 54; 1972 Feb. p. 88.
Pitts, Walter H., 1948 Nov. p. 14; 1950 Dec. p. 22, 24; 1955 Apr. p. 60; 1964 Mar. p. 113; Sept. p. 150; 1966 Sept. p. 247; 1971 June p. 37.
Pittsburgh Consolidation Coal Co., 1955 July p. 67.
Pitzer, Kenneth S., 1949 June p. 29; July p. 26, 33, 36; 1970 Jan. p. 58, 63.
Pitzkhelauri, G. Z., 1973 Sept. p. 48.
Pius II, Pope, 1963 Sept. p. 52.
Pius XII, Pope, 1959 Apr. p. 52.
Pixii, Hyppolyte, 1961 May p. 113.
Pizarro, Francisco, 1950 Sept. p. 90; 1952 Apr. p. 21; 1954 Aug. p. 34.
Pizzarello, Donald J., 1963 Mar. p. 78.
Pizzichini, G., 1976 Oct. p. 70.
Placet, P., 1968 Apr. p. 53.
Placzek, George, 1973 Nov. p. 39.
Plake, E., 1951 Feb. p. 58.
Planck, Max, 1948 May p. 51; June p. 28; July p. 31; Sept. p. 17; 1949 Mar. p. 53, 55; Oct. p. 13; Dec. p. 13; 1950 July p. 51; Aug. p. 17; Sept. p. 22, 23, 30; 1951 Mar. p. 23; 1952 Mar. p. 47-50; Dec. p. 42; 1953 Jan. p. 51; Sept. p. 52, 54, 56, 60; Oct. p. 43, 44, 48; 1954 May p. 86, 87; Sept. p. 145; Dec. p. 52; 1955 June p. 31; July p. 72; Aug. p. 49; 1957 Jan. p. 86; 1958 Jan. p. 51; Feb. p. 77; Mar. p. 97; Apr. p. 56; Sept. p. 144, 63, 64; Dec. p. 42; 1959 Jan. p. 75; 1961 June p. 55; 1963 May p. 46, 48; Dec. p. 64; 1965 May p. 60; 1966 May p. 37; July p. 68; 1967 Sept. p. 183, 83; Nov. p. 108, 26; 1968 May p. 15; Sept. p. 53, 54, 56; 1969 Jan. p. 131; Apr. p. 102; Aug. p. 62; 1970 Oct. p. 63, 70; 1971 June p. 64, 71; Sept. p. 51; 1973 June p. 43; 1976 Apr. p. 97; May p. 88; Nov. p. 49.
Planned Parenthood Federation of America, 1953 Aug. p. 48; 1954 Apr. p. 32; 1969 Jan. p. 23; 1971 Oct. p. 42; 1972 Oct. p. 46.
Planned Parenthood-World Population, 1973 Mar. p. 45.
Plano, R. J., 1957 July p. 74.
Plant, Thomas, 1953 Dec. p. 32.
Plapinger, Linda, 1976 July p. 57, 58.
Plasil, Franz, 1978 June p. 71.
Plaskett, H. H., 1968 Jan. p. 111; 1975 Apr. p. 114.
Plasmadyne Corporation, 1961 Mar. p. 59.
Plass, Gilbert N., 1953 July p. 44; 1970 Sept. p. 183.
Plate, Charles, 1975 Dec. p. 34.
Plateau, Felix, 1958 Dec. p. 95.
Plateau, Joseph, 1949 Oct. p. 42; 1958 Dec. p. 95; 1976 July p. 82, 89, 91, 93; Dec. p. 42.
Plater, Felix, 1964 May p. 110.
Plath, Warren J., 1976 Oct. p. 60.
Plato, 1948 June p. 18; Aug. p. 46; 1949 Apr. p. 44; Aug. p. 46; 1950 May p. 48, 50; 1952 Aug. p. 66; 1953 Jan. p. 51; 1954 May p. 74; Aug. p. 61; 1958 Dec. p. 69; 1959 June p. 66; 1964 May p. 116; Sept. p. 69; 1965 Feb. p. 111; 1966 Jan. p. 70; 1967 Jan. p. 102, 106; Dec. p. 93, 97, 98; 1968 May p. 95, 98; 1969 Jan. p. 21; Nov. p. 98; 1970 May p. 118; 1972 Feb. p. 95; 1973 Dec. p. 111; 1974 July p. 98; 1975 Dec. p. 69; 1977 June p. 121; July p. 124; 1978 Jan. p. 68.
Platt, J. B., 1948 June p. 27.
Platt, John R., 1960 June p. 121.
Platt, Joseph B., 1972 Nov. p. 104.
Platt, Robert B., 1963 June p. 43, 45, 46, 48.
Plattner, Stuart, 1975 May p. 66.
Platzman, Robert L., 1959 Sept. p. 180, 95; 1963 Apr. p. 83; 1967 Feb. p. 79, 80.
Plaut, Walter S., 1956 Mar. p. 57; Apr. p. 66.
Plautus, Titus Maccius, 1962 Apr. p. 84.
Plavec, Miroslav, 1975 Mar. p. 29.
Playfair, John, 1964 Sept. p. 66; 1967 Dec. p. 113, 115.
Playfair, Lyon, Sir, 1957 Feb. p. 111, 117.
Plenderleith, H. J., 1960 Nov. p. 157.
Plendl, J. N., 1974 Aug. p. 64.
Plesch, J., 1955 Aug. p. 38.
Plimpton, Samuel J., 1976 May p. 91, 95, 96.
Pliny the Elder, 1948 May p. 46; Oct. p. 50; 1949 Aug. p. 17; 1952 Jan. p. 28; 1954 Nov. p. 98; 1958 Apr. p. 69; 1959 Dec. p. 140; 1960 Jan. p. 52; Mar. p. 119; 1968 Oct. p. 114, 118; 1969 Dec. p. 40, 41; 1975 July p. 50; 1976 June p. 100; 1977 May p. 96.
Pliny the Younger, 1958 Apr. p. 69.
Plotkin, Henry H., 1970 Mar. p. 38, 41.
Plotkin, Stanley A., 1966 July p. 34, 36; 1969 June p. 55.
Plott, Charler R., 1976 June p. 26.
Plotz, H., 1955 Jan. p. 76.
Plowden, William, 1963 May p. 125.
Plücker, Julius, 1970 May p. 116; 1971 May p. 86; 1974 Mar. p. 92, 93.
Plumb, Robert K., 1951 Feb. p. 30.
Plumier, Charles, 1963 Apr. p. 137-139.
Plummer, Norman, 1955 Jan. p. 48.
Plummer, William T., 1965 Jan. p. 33; 1970 Feb. p. 46.
Plumstead, Edna, 1968 Apr. p. 61.
Plutarch, 1949 June p. 42, 50; Nov. p. 49; 1952 Mar. p. 66; 1959 July p. 100; 1961 Mar. p. 115; 1963 July p. 89; 1966 Feb. p. 102; 1972 Dec. p. 89; 1977 June p. 64.
Plyler, E. K., 1955 Aug. p. 65-67.
Plymale, C. E., 1960 Dec. p. 110.
Plymouth Marine Laboratory, 1960 July p. 128.
Pneuman, Gerald W., 1973 Oct. p. 75.
Pneumatic Breakwaters Ltd., 1959 Jan. p. 70.
Pniewski, Jerzy, 1962 Jan. p. 50, 51, 53.
Poag, William, 1951 May p. 66.
Pocahontas, 1960 Feb. p. 37.
Pochhammer, L., 1973 July p. 24.
Pockels, F., 1968 June p. 19, 21.
Pocklinton, Roger, 1975 June p. 93, 96.
Pocock, Mary A., 1950 May p. 53, 54.
Podolak, Morris, 1975 Sept. p. 36.
Poe, Edgar A., 1950 Feb. p. 48; 1956 Jan. p. 75; 1967 Oct. p. 107; 1972 Sept. p. 77.
Poggendorff, Johann, 1968 Nov. p. 68.
Pohl, Herbert A., 1960 Dec. p. 107; 1972 Mar. p. 52.
Pohl, Julius, 1966 Nov. p. 135.
Pohl, R., 1955 Jan. p. 54.
Pohl, R. W., 1967 Sept. p. 86.
Pohl, Robert O., 1962 Dec. p. 97, 99; 1970 May p. 101.
Poincaré, Henri, 1948 June p. 54; Aug. p. 54-57; 1949 Oct. p. 42; Dec. p. 16; 1950 Jan. p. 22, 24; Sept. p. 24, 28, 40, 42; Oct. p. 46; 1952 Nov. p. 79; 1953 Nov. p. 75; 1955 June p. 68; 1958 Sept. p. 69, 73; 1964 Sept. p. 46-48, 95, 108; Nov. p. 114; 1967 Dec. p. 112; 1968 June p. 39; 1973 Nov. p. 84; 1976 Aug. p. 98; 1977 Apr. p. 125; 1978 Feb. p. 134-137.
Poincaré, Raymond, 1948 Aug. p. 54.
Poiseuille, Jean L. M., 1960 Dec. p. 149.
Poisson, Albert, 1952 Oct. p. 72.
Poisson, Siméon D., 1953 Nov. p. 93; 1954 June p. 80; 1965 Nov. p. 30; 1971 July p. 103.
Pokrovskii, Yaroslav E., 1976 June p. 30, 31, 34.
Polacca, Tom, 1957 June p. 127, 136.
Polach, Jaroslav G., 1963 Sept. p. 126.
Polani, Paul E., 1963 July p. 60.
Polanyi, J. C., 1966 Apr. p. 37, 39; 1968 Oct. p. 49.
Polanyi, Michael, 1952 Mar. p. 35; 1953 May p. 31, 30; 1961 Oct. p. 107; 1963 Aug. p. 72; 1971 Dec. p. 54; 1972 Dec. p. 86, 88; 1975 Feb. p. 97; Apr. p. 117.
Polaroid Corporation, 1958 May p. 69; 1976 Oct. p. 80, 94.
Polder, D., 1960 July p. 49, 52, 53.
Pole, Robert V., 1976 Oct. p. 95.
Polezhayev, L. W., 1958 Oct. p. 88.
Polge, Christopher, 1956 June p. 106; 1966 Aug. p. 78.
Polge, Hubert, 1972 May p. 100.
Polhem, Christopher, 1963 Apr. p. 139.
Polish, Edwin, 1958 Oct. p. 100.
Polish Institute of the History of Material Culture, 1978 Jan. p. 112.
Polish Jagellonian University, 1977 Nov. p. 77, 88.
Polish Ministry of Education, 1949 Dec. p. 40, 42, 43.
Polish Physical Education Research Institute, 1968 Jan. p. 27.
Polissar, Milton J., 1954 Sept. p. 66; 1958 Oct. p. 43.
Politecnico di Milano, 1957 Sept. p. 101, 104; 1961 Aug. p. 33.
Politoff, Alberto, 1970 May p. 82.
Politzer, H. David, 1974 July p. 58; 1975 June p. 62; Oct. p. 47; 1976 July p. 60; Nov. p. 56; 1977 Oct. p. 66.
Poljak, Roberto J., 1965 July p. 46; 1966 Nov. p. 84; 1977 Jan. p. 53.
Pollack, Gerald L., 1966 Oct. p. 64; 1967 Aug. p. 85.
Pollack, Henry N., 1977 Aug. p. 60.
Pollack, James B., 1969 Mar. p. 86; 1975 Sept. p. 150, 29; 1976 May p. 113; 1977 Feb. p. 35; 1978 Mar. p. 76, 89.
Pollack, L. W., 1949 Oct. p. 13, 14.
Pollack, William, 1966 Mar. p. 58; 1968 Nov. p. 50.
Pollard, Ernest C., 1954 Apr. p. 50; June p. 30; 1956 Oct. p. 68.
Pollard, Richard B., 1976 Nov. p. 70.
Pollard, W. G., 1954 Dec. p. 53.
Polley, Howard F., 1950 Mar. p. 33.
Pollister, Arthur W., 1949 Sept. p. 30.
Pollock, Frederick, Sir, 1953 Feb. p. 78, 84.
Pollock, H. C., 1957 Mar. p. 53.
Pollock, H. E. D., 1955 May p. 85.
Pollock, Lady, 1953 Feb. p. 78, 82.
Polnarev, Andrei, 1974 Dec. p. 40.
Polo, Marco, 1949 Dec. p. 56; 1963 Aug. p. 57; 1964 Feb. p. 40; 1970 Aug. p. 96; 1977 Oct. p. 81.
Polonius, 1949 June p. 55.
Polt, James M., 1965 Apr. p. 46.
Polunin, Ivan, 1976 May p. 74, 75, 79, 83.
Polyak, S. L., 1960 June p. 121.
Polyakov, Alexander M., 1977 Mar. p. 64.
Polybius, 1954 Nov. p. 99; 1968 Apr. p. 95; 1973 Oct. p. 38; 1977 June p. 64.
Polycasta, 1958 May p. 111, 115.
Polycrates, 1964 June p. 104, 106.
Polytechnic Institute of Brooklyn, 1965 Aug. p. 72.
Polzunov, I. I., 1970 Oct. p. 114.

Pomeranchuk, Isaak Ya., 1956 Aug. p. 33; 1969 Dec. p. 27, 31-35; 1973 May p. 42; 1975 Feb. p. 66.
Pomerantz, Martin A., 1964 Dec. p. 62.
Pomerat, Charles M., 1961 Nov. p. 70.
Pommery, Madame, 1954 Feb. p. 34.
Pompeiano, Ottavio, 1967 Feb. p. 70.
Pompey, 1954 Nov. p. 102; 1956 July p. 39, 41; 1965 Sept p. 63.
Poncelet, Jean V., 1955 Jan. p. 83; 1964 Sept. p. 65.
Pond, Wilson G., 1966 June p. 97.
Ponder, Eric, 1957 Jan. p. 95.
Pondiczery, E. S., 1957 May p. 89.
Ponnamperuma, Cyril A., 1963 Aug. p. 52; 1971 May p. 30, 42; 1972 June p. 42; Oct. p. 85.
Ponte, Antonio da, 1954 Nov. p. 63.
Pontecorvo, Bruno M., 1953 Oct. p. 51; 1956 Jan. p. 66; 1961 May p. 78; 1962 Aug. p. 98; 1963 Mar. p. 68; 1969 July p. 32, 36, 37.
Pontecorvo, Guido, 1960 May p. 124; 1974 July p. 36.
Ponting, Herbert G., 1964 Feb. p. 94, 96.
Pontoppidan, H., 1969 Nov. p. 27.
Ponzo, Mario, 1968 Nov. p. 68, 69, 71.
Poole, D. F. G., 1972 Feb. p. 42.
Poole, J. H. J., 1952 Oct. p. 60.
Poole, John, 1977 Feb. p. 81.
Pooley, Anthony C., 1976 Apr. p. 118, 122.
Pope, Albert A., 1973 Mar. p. 88.
Pope, Alexander, 1954 Aug. p. 24; 1955 Dec. p. 80, 92; 1966 July p. 107.
Pope, Clifford H., 1949 Dec. p. 55.
Pope, Daniel H., 1977 June p. 52.
Pope, Martin, 1969 May p. 56.
Popham, E. J., 1975 Aug. p. 57, 58.
Popjak, G., 1957 Oct. p. 128.
Popov, Fedot, 1961 May p. 89.
Poppaea, wife of Nero, 1969 Dec. p. 40.
Popular Democratic Party, 1966 Oct. p. 24.
Population Council, 1960 Sept. p 212; 1972 Nov. p. 50; 1973 Mar. p. 15; Nov. p. 49; 1974 Sept. p. 182, 33, 54, 59.
Population Council of New York, 1966 June p. 56.
Population Reference Bureau, 1966 Nov. p. 71.
Poquelin, Jean B., 1957 Aug. p. 80; 1963 Sept. p. 244.
Porai-Koshits, E. A., 1961 Jan. p. 97.
Porath, Jerker O., 1970 Aug. p. 38; 1971 Mar. p. 26.
Porcello, Leonard J., 1977 Oct. p. 84.
Porcius, M., 1954 Nov. p. 98.
Porsche, Ferdinand, 1977 Aug. p. 103.
Porsild, M. P., 1951 Mar. p. 42, 43.
Porta, Giambattista della, 1964 May p. 110.
Portal, Guy, 1975 Feb. p. 42.
Porter, David D., 1973 Jan. p. 22, 29.
Porter, George, 1955 Jan. p. 46; 1960 May p. 137, 138; 1964 May p. 91; 1965 June p. 37, 43; 1967 Dec. p. 48; 1968 Sept. p. 164; 1969 Feb. p. 39.
Porter, Helen K., 1960 Nov. p. 114.
Porter, J., 1960 Feb. p. 49.
Porter, Keith R., 1948 Aug. p. 35; 1958 Nov. p. 40; 1961 Feb. p. 114, 116; Sept. p. 108, 144, 145, 56, 57; 1962 Mar. p. 60, 64; Apr. p. 71; 1965 June p. 82; 1966 Nov. p. 65; 1970 Apr. p. 85, 86; Nov. p. 26; 1971 Oct. p. 77; 1974 Jan. p. 55, 59; Feb. p. 64; Oct. p. 45; Dec. p. 56; 1975 Oct. p. 31; 1978 Jan. p. 68; May p. 145.
Porter, Neil A., 1977 Jan. p. 39.
Porter, R. R., 1958 Nov. p. 58; 1970 Aug. p. 34, 35; 1973 July p. 55; Nov. p. 54; 1974 Nov. p. 65.
Porter, Richard D., 1970 Apr. p. 74.
Porter, Richard W., 1957 Dec. p. 39.
Porter, Robert R., 1972 June p. 108; 1976 May p. 37.
Porter, Rodney R., 1964 Dec. p. 114; 1972 Dec. p. 41; 1977 Jan. p. 51.
Porter, Russell W., 1948 Aug. p. 13, 17.
Porter, Rutherford B., 1963 Mar. p. 98.
Porter, Stephen C., 1970 June p. 101.
Porter, William, 1965 Sept. p. 210.
Porter, William A., 1950 Nov. p. 42.
Porter, William N., 1952 June p. 32.
Porterfield, James S., 1961 May p. 52.
Portis, A. R. Jr., 1978 Mar. p. 122.
Portland Cement Association, 1964 Apr. p. 82, 85, 86.
Porto, Esecchia di, 1957 Mar. p. 124.
Porto, Sergio P. S., 1968 Sept. p. 124.
Posada, Rafael, 1976 Sept. p. 192.
Poseidonius, 1967 Oct. p. 68.
Poskanzer, Arthur M., 1969 July p. 34; 1978 June p. 60, 66, 67.
Poskanzer, David C., 1961 Sept. p. 88; 1967 Jan. p. 113; 1970 July p. 43.
Posner, E., 1968 July p. 55.
Post, Austin S., 1970 June p. 101.
Post, Emil, 1971 Mar. p. 58; 1973 Nov. p. 85, 90.
Post, Emily, 1955 Apr. p. 84.
Post, Helen M., 1960 Feb. p. 38.
Post, Lennart von, 1954 Feb. p. 88; 1958 Oct. p. 120.
Post, Richard F., 1956 Nov. p. 60; 1957 Dec. p. 73; 1958 Feb. p. 28; Mar. p. 50; June p. 46; Oct. p. 28; 1963 Mar. p. 107; 1966 Dec. p. 21; 1967 July p. 76; 1971 Feb. p. 58, 60; 1973 July p. 48; 1975 Jan. p. 43.
Post, Stephen F., 1975 Jan. p. 43.
Posternak, Theo, 1970 Oct. p. 48.
Postgate, John, 1958 Aug. p. 80.
Postgate, John R., 1977 Mar. p. 81.
Posthumus, K., 1961 May p. 158.
Postic, Bosko, 1971 July p. 27.
Postman, Leo, 1971 Aug. p. 84; 1974 Dec. p. 25.
Postumus, Emperor, 1974 Dec. p. 121, 130.
Potalos, 1973 Oct. p. 41.
Pottasch, Stuart R., 1962 Feb. p. 55.
Potter, Andrey A., 1950 Dec. p. 26.
Potter, Charles F., 1959 Jan. p. 122, 125.
Potter, David D., 1970 May p. 79, 80, 84; July p. 60; 1978 May p. 146, 147; June p. 112.
Potter, Humphry, 1964 Jan. p. 101.
Potter, John, 1973 Mar. p. 88, 91.
Potter, John M., 1977 Jan. p. 49.
Potter, Ralph K., 1948 July p. 34; 1956 May p. 128; 1969 Nov. p. 128.
Potter, Richard, 1977 Apr. p. 121.
Potter, Truman S., 1970 Mar. p. 92.
Potter, Van R., 1955 Dec. p. 68; 1958 July p. 61.
Potts, John T. Jr., 1970 Oct. p. 44.
Potts, Renfrey B., 1963 Dec. p. 35.
Potts, Willis J., 1950 Jan. p. 17.
Pouchet, Felix, 1954 Aug. p. 46.
Pouchon, M., 1966 Nov. p. 64.
Poulik, Dave, 1977 Oct. p. 101.
Poulsen, Valdimar, 1961 Aug. p. 79.
Poulson, Donald F., 1973 Dec. p. 32.
Poulson, Thomas L., 1971 Apr. p. 75, 77.
Poulson, Vladimar, 1965 Mar. p. 96.
Poulter, Thomas C., 1965 May p. 45.
Poultry Science Association, 1966 July p. 57.
Pound, Robert V., 1948 Sept. p. 22; 1954 Sept. p. 62, 63; 1960 Jan. p. 72; Mar. p. 84; Apr. p. 80; May p. 88; Dec. p. 78; 1963 Oct. p. 41; 1965 Jan. p. 108; 1974 Nov. p. 28, 30, 31.
Pounds, Kenneth A., 1977 Oct. p. 55.
Pourbus, Pieter the Elder, 1978 Mar. p. 137.
Poussin, Charles de la V., 1958 Dec. p. 108.
Pouyanne, A., 1966 Jan. p. 74.
Powdermaker, Hortense, 1957 Jan. p. 60.
Powell, A., 1975 Aug. p. 59.
Powell, B. L., 1975 Feb. p. 73, 74.
Powell, Cecil F., 1948 June p. 28; 1950 Dec. p. 27; 1951 May p. 28; 1952 Jan. p. 25; 1953 Sept. p. 63; 1955 Apr. p. 46; 1956 May p. 42; 1957 Sept. p. 107; 1963 Mar. p. 63; 1967 Nov. p. 28.
Powell, David C., 1977 Mar. p. 108.
Powell, Diane S., 1975 Mar. p. 73.
Powell, George, 1972 July p. 80.
Powell, H. M., 1951 July p. 32; 1962 July p. 82.
Powell, James, 1973 Oct. p. 22, 23.
Powell, Richard, 1969 July p. 42.
Powell, Robert L., 1965 June p. 35; 1968 Feb. p. 45, 46.
Powell, Thomas P. S., 1971 July p. 55; 1978 Feb. p. 93-96.
Powell, Wilson, 1952 Jan. p. 24; 1958 Apr. p. 37; 1959 July p. 84.
Power, Henry, 1964 May p. 108.
Power, Rámon, 1966 Oct. p. 25.
Power Reactor Development Co., 1967 Nov. p. 59.
Power, Wilson, 1948 June p. 27, 37.
Powers, Charles F., 1966 Nov. p. 95.
Powers, Francis G., 1973 Feb. p. 17.
Powers, John B., 1967 Aug. p. 55.
Powers, T. C., 1964 Apr. p. 86.
Powers, William E., 1956 Feb. p. 96.
Powhatan, 1960 Feb. p. 37.
Poynting, John H., 1949 Nov. p. 41; 1970 May p. 120; 1972 Feb. p. 63.
PPG Industries, Inc., 1968 Sept. p. 191; 1971 Apr. p. 52.
Pradenne, Vayson de, 1975 Feb. p. 41.
Pradilla, Alberto G., 1971 Aug. p. 41.
Praetorius, Michael, 1962 Nov. p. 78.
Prairie, Richard L., 1968 Feb. p. 38.
Prakash, Satya, 1970 Mar. p. 104.
Prall, E. D., 1952 June p. 52.
Pramer, David E., 1957 May p. 120; 1958 July p. 70.
Prampero, Pietro di, 1972 Mar. p. 88.
Prandtl, Ludwig, 1954 Aug. p. 72, 73, 75, 76; 1959 Dec. p. 130; 1962 Nov. p. 74; 1967 Jan. p. 66; 1975 Nov. p. 85.
Prasad, R. N., 1972 Sept. p. 47.
Prasky, Charles, 1966 June p. 58.
Prast, G., 1965 Apr. p. 124.
Pratt and Whitney Aircraft, 1953 Nov. p. 67, 68.
Pratt, Christopher J., 1970 May p. 63.
Pratt, Joseph H., 1948 Oct. p. 9-12; 1965 June p. 116.
Pratt, Vaughan, 1978 Jan. p. 104.
Pravaz, Charles G., 1971 Jan. p. 96.
Prechtl, Heinz, 1971 Oct. p. 31.
Precision Instrument Company, 1971 Feb. p. 83.
Preece, William H., 1950 Oct. p. 33; 1969 Mar. p. 106, 107.
Preele, William, Sir, 1959 Nov. p. 103.
Preer, John R. Jr., 1950 Nov. p. 37.
Preger, Paul D. Jr., 1976 Feb. p. 56.
Pregl, Fritz, 1967 Nov. p. 26.
Prehn, Richmond T., 1977 May p. 64.
Preisendorfer, Rudolph W., 1971 Jan. p. 65.
Preiss, Frank, 1971 Dec. p. 87.
Preload Company Incorporated, 1958 July p. 30.
Prelog, Vladimir, 1962 Nov. p. 94; 1975 Dec. p. 48.
Premack, David, 1971 July p. 44; 1972 Sept. p. 60.
Prendergast, Kevin H., 1974 Apr. p. 72, 77.
Prentiss, Thomas, 1967 Aug. p. 74.
Preparatory Commission for the Denuclearization of Latin America, 1975

Nov. p. 27.
Prepost, R., 1966 Apr. p. 96, 98.
Prescott, David M., 1961 Sept. p. 178; 1973 June p. 87; 1974 Jan. p. 55, 59.
Present, R. D., 1948 June p. 34.
Press, Frank, 1953 Apr. p. 50; 1959 Mar. p. 138; 1960 Sept. p. 106; 1965 Nov. p. 52; 1972 Apr. p. 43; 1973 Mar. p. 30; 1978 Mar. p. 69.
Press, Joan L., 1974 Nov. p. 69.
Press Wireless, Incorporation, 1961 Sept. p. 84.
Pressey, Sidney L., 1951 Sept. p. 46; 1961 Nov. p. 95.
Pressley, R. J., 1963 July p. 38.
Pressly, Eleanor, 1955 Dec. p. 30.
Pressman, Berton C., 1977 Nov. p. 134.
Pressman, David, 1973 June p. 86; 1976 Mar. p. 116.
Preston, E. Noel, 1970 Nov. p. 45.
Preston, Kendall Jr., 1970 Nov. p. 72.
Preston, R. D., 1957 Sept. p. 156; 1958 Oct. p. 104.
Preston, Samuel H., 1970 Oct. p. 53.
Prestwich, John, Sir, 1972 Sept. p. 93.
Prestwich, Joseph, 1959 Nov. p. 173, 174, 176.
Pretty, E. M., 1951 Apr. p. 25, 27.
Prévost, Jean-Louis, 1951 July p. 18; 1957 Dec. p. 48; 1968 July p. 19.
Pribram, Karl H., 1970 Mar. p. 68.
Price, Charles C., 1966 Nov. p. 65.
Price, Derek J. de Solla, 1952 Dec. p. 30; 1974 Apr. p. 50.
Price, Don K., 1965 July p. 25.
Price, E.P., 1967 Sept. p. 149.
Price, George R., 1956 Mar. p. 60.
Price, Joseph L., 1971 July p. 55; 1978 Feb. p. 93.
Price, Melvin, 1954 Sept. p. 72.
Price, P. Buford Jr., 1967 June p. 51; 1969 Feb. p. 53; 1971 Sept. p. 58; 1973 July p. 71, 72, 71-73; 1975 Oct. p. 52; 1976 Dec. p. 114, 116, 119, 122.
Price, R. M., 1962 Nov. p. 72.
Price, Richard, 1974 Dec. p. 41.
Price, Robert, 1959 May p. 76; 1968 July p. 31.
Price, Stephan D., 1973 Apr. p. 32, 35.
Price, Vincent E., 1955 Nov. p. 50.
Price, Winston H., 1948 Dec. p. 35; 1955 Jan. p. 76, 77; Feb. p. 53; 1957 Nov. p. 72.
Prichard, James C., 1959 May p. 62, 63, 65, 66.
Prichard, M. M. L., 1952 July p. 72, 73.
Priesner, E., 1974 July p. 29, 34.
Priest, J., 1975 Nov. p. 37.
Priest, Percy, 1949 Aug. p. 25.
Priester, W., 1959 Aug. p. 39.
Priestley, Joseph, 1948 Aug. p. 25, 26, 28, 36, 41, 42; 1954 Jan. p. 72; Oct. p. 68-70, 72, 73; 1955 Dec. p. 44; 1956 May p. 85, 87; Nov. p. 75; 1957 Jan. p. 71; 1959 May p. 60; 1960 Aug. p. 72; Oct. p. 158; Nov. p. 105; 1965 Jan. p. 82, 84, 85; June p. 115; 1970 Sept. p. 152; 1972 Dec. p. 84; 1974 Sept. p. 76; 1976 May p. 89.
Priestley, Robert J., 1955 Nov. p. 50.
Priestly, John G., 1950 Sept. p. 72; 1965 May p. 88.
Prigogine, Ilya, 1963 Dec. p. 43; 1975 Dec. p. 65; 1977 Dec. p. 82.
Primakoff, Henry, 1977 May p. 56.
Prime, Norman, 1967 Feb. p. 45.
Prince, Alfred M., 1977 July p. 44.
Princeton Theological Seminary, 1963 Oct. p. 101.
Princeton University, 1949 May p. 11; 1955 Nov. p. 54; 1957 Dec. p. 84; 1958 July p. 49; Oct. p. 28, 29, 43, 86; Dec. p. 37; 1960 Dec. p. 107, 108; 1961 Dec. p. 88, 94; 1962 Feb. p. 56; Mar. p. 82; May p. 117; Aug. p. 40, 42, 43, 98; 1963 Feb. p. 109, 111, 41, 81; Mar. p. 107; Apr. p. 92; Aug. p. 84-86; 1964 Apr. p. 71; June p. 38, 64; Sept. p. 129, 149, 160; Oct. p. 114; 1965 Apr. p. 42, 45; June p. 46; Aug. p. 49; Dec. p. 29, 32; 1966 Mar. p. 58; Aug. p. 36; Nov. p. 110, 107, 111; Dec. p. 26; 1967 Mar. p. 50; 1970 Sept. p. 86; 1973 Mar. p. 15; 1977 Oct. p. 68.
Princeton University James Forrestal Research Center, 1956 Apr. p. 47, 49, 51; 1960 July p. 143, 152.
Princeton University Plasma Physics Laboratory, 1970 Mar. p. 60; 1971 Feb. p. 51-53; 1975 Mar. p. 48.
Prindle, Richard, 1952 Feb. p. 62.
Prineas, John, 1974 Feb. p. 35.
Pring, Duncan, 1977 Mar. p. 118.
Pringle, J. W. S., 1965 June p. 77, 88.
Pringle, James, 1965 Dec. p. 27; 1974 Dec. p. 39, 40; 1975 Apr. p. 57; 1977 Oct. p. 49, 51.
Pringle, Robert W., 1950 July p. 28.
Prinn, Ronald G., 1975 Sept. p. 76.
Pritchard, Andrew L., 1955 Aug. p. 73.
Pritchard, J. M., 1973 Jan. p. 46.
Pritchard, Roy M., 1961 June p. 72.
Priteca, B. M., 1963 Nov. p. 91.
Probus, Emperor, 1974 Dec. p. 128.
Proca, Alexandre, 1950 Sept. p. 31; 1976 May p. 88, 89, 94.
Prockop, Darwin J., 1970 Oct. p. 47.
Proclus, 1969 Nov. p. 87, 89.
Procter, William, 1953 Feb. p. 35; 1954 Feb. p. 42; 1963 Nov. p. 96, 98.
Proctor, R. C., 1969 Dec. p. 25.
Proctor, R. J., 1972 July p. 51.
Proescholdt, Hilde, 1957 Nov. p. 85.
Proetus, King, 1954 May p. 71.
Proger, Samuel H., 1948 Oct. p. 11; 1949 Aug. p. 24.
Prohaska, John T., 1969 Nov. p. 62.
Prokhorov, Aleksandr M., 1958 Dec. p. 42; 1964 Dec. p. 60; 1965 Oct. p. 41; 1967 Nov. p. 28.
Proskouriakoff, Tatiana, 1975 Oct. p. 73, 76.
Prosser, C. Ladd, 1962 Feb. p. 118; 1968 Mar. p. 110; 1970 July p. 63.
Protagoras, 1971 Mar. p. 50, 53; 1972 July p. 40.
Proudhon, Pierre J., 1954 Oct. p. 33.
Proudman, James, 1968 Feb. p. 80.
Prout, William, 1949 Feb. p. 31; 1956 Sept. p. 85; Nov. p. 93.
Prouty, Winston L., 1977 Nov. p. 43.
Provasoli, Luigi, 1949 Aug. p. 24.
Provost, Maurice W., 1963 Dec. p. 134.
Prowazek, Stanislas von, 1955 Jan. p. 75; 1964 Jan. p. 80.
Proxmire, William, 1975 July p. 45; 1976 Apr. p. 35.
Prudential Insurance Company, 1964 July p. 48.
Prudhommeau, Germaine, 1968 Aug. p. 83.
Pruitt, William O. Jr., 1960 Jan. p. 61.
Pryce, M. H. L., 1956 Feb. p. 54.
Pryor, Helen S., 1949 Dec. p. 56.
Pryor, M. G. M., 1954 Mar. p. 76.
Pryor, William A., 1970 Aug. p. 70.
Pryor, William C., 1949 Dec. p. 56.
Prytherch, H. F., 1953 Nov. p. 91.
Przibram, Hans, 1977 July p. 69.
Psotka, J., 1970 Mar. p. 62.
Ptahhotep, 1964 Aug. p. 46.
Ptashne, Mark S., 1967 June p. 52; 1970 June p. 36, 40-42; 1974 June p. 49; Aug. p. 90; 1976 Jan. p. 64, 74; Dec. p. 103.
Ptolemaeus, Claudius, 1950 Apr. p. 49.
Ptolemy, 1949 Apr. p. 47; 1950 May p. 49; 1952 Aug. p. 36; 1953 Feb. p. 80; 1956 Sept. p. 76, 77; 1962 July p. 120; 1964 May p. 110; Sept. p. 132; 1966 Oct. p. 88, 89, 91, 94, 97; 1967 Dec. p. 95; 1968 Sept. p. 97; 1972 Mar. p. 99-101; 1973 Dec. p. 86, 87, 95, 97; 1974 Jan. p. 104.
Ptolemy, Claudius, 1959 June p. 66; 1969 Nov. p. 87, 89; 1977 Oct. p. 79.
Ptolemy II, 1954 Nov. p. 104; 1970 Oct. p. 112.
Public Citizens' Health Research Group, 1974 Sept. p. 64.
Public Service Company of Northern Illinois, 1953 July p. 40.
Public Service Company of Oklahoma, 1971 May p. 72.
Puccini, Giacomo, 1962 Dec. p. 113.
Puchstein, Otto, 1956 July p. 40, 41.
Puck, Theodore T., 1953 Aug. p. 44; 1954 Dec. p. 64; 1956 Oct. p. 53; 1957 Jan. p. 64; 1959 Sept. p. 222; 1960 Apr. p. 145; May p. 123; Sept. p. 207; 1961 Nov. p. 70; 1962 May p. 142; 1964 Aug. p. 63 .
Puckle, James, 1977 Nov. p. 151.
Pugh, H. L., 1952 Apr. p. 56.
Pugh, L. G., 1967 May p. 43; 1968 Jan. p. 51; 1970 Feb. p. 53.
Pugh, Thomas F., 1963 July p. 68.
Pukowski, Erna, 1976 Aug. p. 84, 87, 89.
Puleston, Dennis, 1967 Mar. p. 27.
Puleston, Dennis E., 1977 Mar. p. 128.
Pulitzer, Joseph, 1963 Mar. p. 129.
Pullman Company, 1977 Aug. p. 98.
Pullman, Maynard, 1968 Feb. p. 32, 34.
Pullman, Maynard E., 1978 Mar. p. 113.
Pullman, Theodore, 1961 Apr. p. 59.
Pulvertaft, R. J. V., 1973 Oct. p. 30.
Pupin, Michael, 1954 Apr. p. 64; 1958 Sept. p. 74, 77, 78, 81.
Purcell, Edward M., 1948 Sept. p. 22, 23; 1952 June p. 38; Dec. p. 29; 1953 Jan. p. 21; Dec. p. 43; 1954 Sept. p. 62, 63; 1956 Jan. p. 48; Oct. p. 56; 1957 Jan. p. 49; May p. 53; July p. 48; 1958 Apr. p. 64; Aug. p. 58-61, 64, 66; 1959 Dec. p. 95; 1961 Nov. p. 79; 1963 June p. 94; Dec. p. 127; 1965 May p. 68; July p. 26; 1967 Nov. p. 28; 1974 Feb. p. 44; 1975 May p. 42; 1977 June p. 68.
Purcell, J. D., 1959 June p. 55.
Purchas, Samuel, 1953 June p. 88.
Purdue University, 1956 Apr. p. 60; 1958 Jan. p. 74; June p. 25; July p. 52; 1963 Mar. p. 86; June p. 138; 1964 Dec. p. 75; 1965 Oct. p. 33; Dec. p. 79; 1966 Mar. p. 58; June p. 97; 1971 Aug. p. 35, 36, 39.
Purdy, Corydon T., 1974 Feb. p. 98.
Purdy, J. M., 1970 Dec. p. 51.
Purkinje, Jan, 1972 May p. 30; 1977 Jan. p. 60.
Purkinje, Johannes E., 1950 Aug. p. 36; Oct. p. 48; 1958 Aug. p. 85; 1970 Feb. p. 85; 1975 Jan. p. 58.
Purves, Dale, 1974 Jan. p. 38.
Pushkov, N., 1959 Nov. p. 88.
Pussin, Jean-Baptiste, 1973 Sept. p. 119.
Putnam, Frank W., 1953 May p. 38, 39; 1967 Oct. p. 86; 1970 Aug. p. 40; 1977 Jan. p. 52.
Putnam, Hilary, 1967 Apr. p. 52; 1973 Nov. p. 85, 91.
Putnam, Palmer, 1953 Nov. p. 52.
Putnam, Sidney, 1972 Apr. p. 29.
Putnam, Tracy J., 1953 Oct. p. 58.
Puttemans, Emiel, 1976 June p. 110, 111.
Pye, David, 1965 Apr. p. 102.
Pye, Kendall, 1967 Oct. p. 50.
Pylarini, James, 1976 Jan. p. 112.
Pyle, G. L., 1956 Dec. p. 67.
Pyle, Robert V., 1967 July p. 83.
Pyle, Robert W. Jr., 1973 July p. 31.
Pym, Arthur G., 1956 Jan. p. 75.
Pythagoras, 1949 Apr. p. 44; 1950 Mar. p. 28; 1952 Nov. p. 84; 1953 Jan. p. 52, 55; 1954

Nov. p. 82, 84; 1958 Sept. p. 60, 69; 1960 Oct. p. 145; 1962 Nov. p. 83; 1963 Feb. p. 134, 136; Nov. p. 78; 1964 June p. 104, 110; Sept. p. 52; 1965 Dec. p. 88; 1967 Dec. p. 116, 93, 95, 96, 98, 103; 1971 Sept. p. 180; 1972 June p. 82; 1973 Mar. p. 101; 1975 Mar. p. 110; 1977 July p. 124.

Q

Qamar, Anthony I., 1973 Mar. p. 26, 28.
Qidong, Deng, 1977 Apr. p. 39.
Quabbe, Hans-Jürgen, 1972 July p. 81.
Quadagno, David M., 1976 July p. 51.
Quadfasel, Fred, 1972 Apr. p. 80.
Quadros, Jânio, 1963 Feb. p. 45.
Quaker Oats Company, 1967 Feb. p. 29, 35.
Quam, Lynn H., 1973 Oct. p. 69.
Quarinonius, Hippolitus, 1968 Jan. p. 26.
Quarles, Donald A. Jr., 1959 May p. 71; 1972 June p. 94.
Quarrie, Donald, 1976 June p. 111.
Quastel, J. H., 1954 Jan. p. 34.
Quastler, Henry, 1961 Sept. p. 102; 1963 Aug. p. 106.
Quate, Calvin F., 1972 Oct. p. 60, 62.
Quay, Wilbur, 1965 July p. 60.
Quayle, H. J., 1952 Oct. p. 22.
Qubilai, Khan, 1963 Aug. p. 55, 57, 59, 66, 68.
Quebec Cartier Mining Company Ltd., 1968 Jan. p. 29.
Quebec Hydroelectric Commission, 1964 May p. 39, 41.
Quechua Indian Nation, 1970 Feb. p. 55.
Quevedo, L. Torres y, 1950 Feb. p. 48, 51.
Quibell, J. E., 1957 July p. 106.
Quick, Armand J., 1951 Mar. p. 21.
Quigley, Gary J., 1978 Jan. p. 58.
Quilliam, T. A., 1960 Aug. p. 101.
Quine, W. V., 1953 Apr. p. 54; 1973 May p. 82; 1975 May p. 51.
Quinn, Helen, 1974 July p. 58.
Quinn, William G. Jr., 1973 Dec. p. 37.
Quintanilla, R., 1952 Feb. p. 52.
Quiocho, F. A., 1968 Apr. p. 49.
Quiring, Daniel P., 1976 Jan. p. 94.
Quist, T. M., 1962 Sept. p. 104; 1963 July p. 38.

R

R. R. Donnelley & Sons, Co., 1972 Sept. p. 31.
R. S. Peabody Foundation, 1964 Nov. p. 33; 1966 June p. 109; 1971 Apr. p. 36, 39.
Raab, O., 1968 Sept. p. 170.
Raacke, I. D., 1955 Aug. p. 50.
Raath, Michael, 1975 Apr. p. 59.
Rabe, Eugene K., 1961 Apr. p. 67, 68; 1976 June p. 62.
Rabelais, François, 1948 June p. 52; 1955 Feb. p. 83, 80; 1973 Aug. p. 36; Dec. p. 110.
Rabi, Isador I., 1948 Sept. p. 21; 1949 Apr. p. 24; Dec. p. 14; 1954 Dec. p. 52; 1955 Mar. p. 50; June p. 32; July p. 50; Oct. p. 30; Dec. p. 46; 1956 Mar. p. 52; 1958 Apr. p. 64; 1965 May p. 65-66, 74; 1967 Nov. p. 25, 27, 30, 33; 1975 May p. 42; Oct. p. 108, 109, 113.
Rabin, M. O., 1968 Oct. p. 98.
Rabinovich, Sergio, 1968 Feb. p. 92.
Rabinovich, Ya. S., 1970 Nov. p. 63.
Rabinowicz, Ernest, 1962 Feb. p. 127; 1977 Jan. p. 74.
Rabinowitch, Eugene I., 1950 Aug. p. 21; 1953 Nov. p. 80, 82; Dec. p. 48; 1956 Apr. p. 105, 108; 1957 Sept. p. 107; 1960 Apr. p. 82; May p. 145; Sept. p. 202; Nov. p. 105; 1965 July p. 74; 1966 Nov. p. 65; 1974 Dec. p. 68.
Rabinowitz, P., 1973 Feb. p. 89.
Raboy, S., 1957 Oct. p. 56.
Rabson, Alan S., 1969 Oct. p. 50.
Racine, Jean B., 1954 June p. 81.
Racker, Efraim, 1968 Feb. p. 92; 1976 June p. 46; 1978 Mar. p. 113, 123.
Rackham, Thomas W., 1964 Mar. p. 56.
Rackman, Thomas W., 1965 May p. 29, 31, 35.
Raczynski, Jan, 1970 Dec. p. 80.
Radcliffe College, 1961 Nov. p. 100.
Radcliffe-Brown, A. R., 1957 May p. 43; 1959 June p. 156, 158.
Radde, I., 1970 Oct. p. 50.
Radford, H. E., 1965 July p. 33.
Radhakrishnan, V., 1960 July p. 81; 1961 May p. 65; 1964 July p. 41; 1965 June p. 51, 52; 1968 Dec. p. 43; 1971 Dec. p. 27.
Radicati, Luigi, 1965 Mar. p. 53.
Radike, Arthur W., 1949 Aug. p. 18.
Radio Corporation of America, 1949 Oct. p. 35; 1950 Oct. p. 25; Dec. p. 51; 1951 July p. 28; Dec. p. 34; 1952 June p. 38; Aug. p. 38, 51; Sept. p. 122, 123; 1953 Dec. p. 58; 1956 Mar. p. 88; 1961 July p. 91, 94; Sept. p. 84; 1962 Sept. p. 100; 1966 Jan. p. 58; Sept. p. 66, 81, 85; 1968 May p. 38, 44, 71; Sept. p. 114-116; 1970 Feb. p. 31; Apr. p. 100, 101; 1971 July p. 32; 1973 June p. 72; Aug. p. 49, 56, 57; 1977 Feb. p. 68, 73; May p. 42; Sept. p. 186, 64, 65.
Radio Corporation of America Laboratories, 1953 Sept. p. 53; 1959 May p. 58; 1963 July p. 38; Nov. p. 52; 1973 Feb. p. 89, 97.
Radio Corporation of Puerto Rico, 1961 Sept. p. 84.
Radlov, V. V., 1965 May p. 102.
Rado, William G., 1964 Apr. p. 49.
Radok, U., 1952 Oct. p. 27.
Radon, J., 1975 Oct. p. 56.
Raehlman, E., 1952 July p. 22.
Raether, H., 1949 Feb. p. 23, 24, 26.
Raff, Arthur D., 1961 Dec. p. 54; 1963 Nov. p. 70; 1967 Feb. p. 54; 1968 Apr. p. 57; Dec. p. 60, 61.
Raff, Martin C., 1974 Nov. p. 63, 67, 69.
Rafferty, Keen A. Jr., 1974 Feb. p. 38.
Rafter, T. A., 1957 Nov. p. 70.
Raftery, Michael A., 1977 Feb. p. 112, 113.
Ragan, Richard, 1964 Aug. p. 44.
Raghavan, V., 1966 Jan. p. 78.
Raglan, Lord, 1954 Oct. p. 84.
Rahm, David C., 1955 Feb. p. 48.
Rahm, P. G., 1971 Dec. p. 31.
Rahm, Urs, 1961 July p. 138.
Rahn, Hermann, 1952 Nov. p. 38; 1960 Jan. p. 144; 1968 Aug. p. 68; 1969 Aug. p. 106.
Raikes, Robert L., 1966 May p. 95.
Railsback, O. L., 1948 July p. 40.
Raimond, Ernst, 1968 Mar. p. 54; Aug. p. 60; Dec. p. 43.
Rainbow, Cyril, 1961 June p. 146.
Rainey, Froelich G., 1957 Oct. p. 83; 1968 June p. 27; 1969 Nov. p. 45.
Rainey, R. C., 1963 Dec. p. 132.
Rainwater, L. James, 1953 July p. 41; 1956 July p. 64; Oct. p. 96, 98; 1961 July p. 53; 1964 Mar. p. 86; 1972 Nov. p. 104; 1975 Dec. p. 48.
Raisbeck, Gordon, 1956 July p. 104.
Raisman, Geoffrey, 1976 July p. 55, 56.
Raistrick, Harold, 1949 Aug. p. 33.
Raitt, Russel W., 1961 Dec. p. 54.
Raitt, Russell, 1951 Aug. p. 24.
Raja of Goalpara, 1965 Oct. p. 26.
Rajagopalan, S., 1955 Jan. p. 60.
Rajan, R. S., 1969 June p. 36.
Rajewsky, Klaus, 1976 May p. 33.
Rake, Geoffrey W., 1949 Nov. p. 50.
Rakic, Pasko, 1978 Feb. p. 103.
Rakob, F., 1978 Jan. p. 111.
Raleigh Cycle Company, 1973 Mar. p. 88, 90.
Raleigh, Elizabeth, 1976 Dec. p. 107.
Raleigh, Walter, Sir, 1957 Jan. p. 74; 1975 June p. 49.
Rall, Theodore W., 1969 June p. 78; 1971 Dec. p. 38; 1972 Aug. p. 97; 1977 Aug. p. 109, 111.
Rall, Waldo, 1954 June p. 30.
Rall, Wilfrid, 1978 Feb. p. 95.
Ralls, Katherine, 1976 Sept. p. 68.
Ram, Jagjivan, 1974 July p. 46.
Ram, Sunkar, 1970 Jan. p. 79.
Ramachandran, G. N., 1961 May p. 121.
Raman, Chandrasekhara V., Sir, 1962 Nov. p. 83; 1964 Apr. p. 38, 48; 1967 Nov. p. 27; 1968 Sept. p. 124, 131; 1973 June p. 44; 1974 Jan. p. 89, 91.
Ramanis, Zenta, 1965 Jan. p. 75.
Ramanujan ('Aiyangar'), Srinivasa, 1948 June p. 54-57; 1950 Sept. p. 41; 1958 Sept. p. 178; 1964 Sept. p. 206.
Ramaty, Reuven, 1976 Oct. p. 78.
Ramazzini, Bernardino, 1958 Aug. p. 33.
Rambourg, Alain, 1969 Feb. p. 103.
Rameau, Jean-Philippe, 1956 Feb. p. 84; 1967 Dec. p. 98.
Rameses II, 1960 May p. 98.
Ramey, James T., 1962 Sept. p. 100; 1964 May p. 60.
Ramian, Gerald J., 1977 June p. 64.
Ramirez, J. Emilio, 1949 Feb. p. 43.
Ramon, G., 1968 Apr. p. 76.
Ramón y Cajal, Santiago, *see:* Cajal, Santiago Ramón y.
Ramond, Pierre, 1975 Feb. p. 67; 1978 Feb. p. 136.
Ramón-Moliner, Enrique, 1971 July p. 49.
Ramos, A. Escalona, 1975 Oct. p. 77.
Ramos, Pedro, 1959 May p. 73.
Ramsay, Allan, 1969 July p. 39.
Ramsay, D. A., 1960 May p. 137.
Ramsay, J. A., 1962 Aug. p. 104.
Ramsay, O. A., 1958 Mar. p. 84.
Ramsay, William, Sir, 1950 June p. 52; 1957 Jan. p. 80; 1958 Feb. p. 76; 1964 May p. 66; 1966 Aug. p. 91-93; Oct. p. 64; 1967 Nov. p. 26; 1975 Sept. p. 43.
Ramsbottom, John, 1952 Jan. p. 30; 1956 May p. 100; 1966 Jan. p. 77.
Ramseier, René O., 1962 Sept. p. 135.
Ramses II, 1952 July p. 20.
Ramses XI, 1954 Nov. p. 98.
Ramsey, Norman F., 1953 Dec. p. 43; 1962 Aug. p. 55; 1963 July p. 65; 1965 May p. 59, 70, 72, 74; 1974 Feb. p. 74.
Ramsey, William H., 1954 Feb. p. 78; 1955 Sept. p. 61.; 1966 Oct. p. 30; 1968 Feb. p. 75.
Ramskou, Thorkild, 1967 July p. 44; 1976 July p. 107.
Ramsperger, H. C., 1964 July p. 105.
Ramus, 1950 May p. 48.
Ranck, James B. J., 1977 June p. 93.
Rand, Austin L., 1963 Aug. p. 43.
Rand Corporation, 1960 Aug. p. 60; Oct. p. 137; 1965 Sept. p. 167, 169; Oct. p. 26; 1970 July p. 95; 1971 Feb. p. 44; 1972 Aug. p. 44; 1973 Nov. p. 21, 23; 1977 Sept. p. 222.
Randall, Henry T., 1949 May p. 28.
Randall, John, Sir, 1974 Oct. p. 51.
Randall, M. J., 1973 Mar. p. 33.
Randasji, Shri, 1951 Mar. p. 31.
Randell, John E., 1961 Aug. p. 45, 48.
Randers, Gunnar, 1951 Nov. p. 33; Dec. p. 31.

Randolph, Edmund, 1967 June p. 20.
Randolph, Isaac M., 1977 Nov. p. 70.
Randolph, Lord, 1977 Dec. p. 88.
Random House, 1969 Apr. p. 37.
Randt, Clark T., 1970 Jan. p. 39.
Ranelagh, Lady, 1967 Aug p. 97.
Rangecroft, P. D., 1974 May p. 67.
Rank, D. H., 1955 Aug. p. 65-67.
Rank, David M., 1969 Feb. p. 42; Apr. p. 50; 1973 Mar. p. 53.
Rankin, William, 1959 Jan. p. 66.
Rankine, William J. M., 1977 Aug. p. 98.
Ranney, Helen M., 1964 Nov. p. 75.
Ransburg Electro-Coating Corp., 1972 Mar. p. 47, 53.
Ransmeier, Robert E., 1953 Sept. p. 120.
Ransom, 1948 Oct. p. 34; 1963 Mar. p. 124.
Ransome-Kuti, Olikoye, 1972 Oct. p. 75.
Ranson, Gilbert, 1957 Aug. p. 113, 118.
Ranson, S. W., 1956 Nov. p. 109.
Rao, D. B. R. Ramachandra, 1948 June p. 55-56.
Rao, Potu N., 1974 Jan. p. 59, 61, 63.
Rao, Y. K., 1977 Oct. p. 123.
Rapacki, Adam, 1975 Nov. p. 28, 29.
Raper, Henry S., 1961 July p. 99.
Raper, Kenneth B., 1949 June p. 44; 1959 Dec. p. 154, 156, 158; 1961 Sept. p. 144; 1963 Aug. p. 84, 91, 93; 1969 June p. 80.
Raphael, 1956 Jan. p. ; 1964 Feb. p. 115, 117; Sept. p. 60; 1977 June p. 126.
Rapkin, Chester, 1965 Sept. p. 164.
Rapoport, I. A., 1960 Jan. p. 102.
Rapoport, Stanley I., 1973 Aug. p. 96.
Rapp, Fred, 1966 Mar. p. 34.
Rapp, Herbert J., 1973 Nov. p. 57.
Rappaport, Roy A., 1971 Sept. p. 117.
Rappaport, Saul A., 1969 July p. 52; 1977 Oct. p. 55.
Rappleyea, George W., 1959 Jan. p. 121, 124, 125; 1969 Feb. p. 18, 19.
Rappoport, J. A., 1949 Oct. p. 48.
Rapport, Maurice M., 1974 Feb. p. 84.
Rarita, William R., 1978 Feb. p. 137.
Raschig, Friedrich, 1953 July p. 30.
Rasetti, Franco, 1953 Oct. p. 51; 1958 Feb. p. 77.
Rasmussen, Howard, 1964 Jan. p. 73; 1970 Oct. p. 49, 42, 48; Dec. p. 89.
Rasmussen, Norman C., 1976 Jan. p. 25, 26.
Rasmussen, Theodore B., 1955 Dec. p. 56.
Rasmusson, Eugene M., 1970 Sept. p. 62; 1973 Apr. p. 56.
Raspet, August, 1954 Aug. p. 77.
Rasputin, 1965 Aug. p. 93.
Ratcliffe, Derek, 1970 Apr. p. 73, 77.
Ratcliffe, F. N., 1954 Feb. p. 32, 33.
Ratcliffe, H. E., 1962 Aug. p. 118.
Rathje, William L., 1975 Oct. p. 73.
Rathjens, Carl, 1969 Dec. p. 36.
Rathjens, George W., 1969 Apr. p. 15; Aug. p. 18, 22, 29; 1970 Jan. p. 19; June p. 46; 1971 Jan. p. 24; Nov. p. 48; 1972 Dec. p. 40; 1973 Nov. p. 27; 1977 Apr. p. 52; 1978 Feb. p. 76.
Rathkamp, R., 1960 Aug. p. 100, 101.
Rathmayer, Werner, 1963 Apr. p. 149.
Ratliff, Floyd, 1961 July p. 113; 1963 July p. 123; 1966 May p. 107; 1967 May p. 48; Dec. p. 48; 1977 Jan. p. 73.
Raulston, John T., 1959 Jan. p. 123-125, 128; 1969 Feb. p. 19, 20.
Rault, Jacques, 1977 Dec. p. 140.
Rauwolfia, Leonhard, 1955 Oct. p. 81.
Ravdin, I. S., 1958 Jan. p. 46.
Raven, H. C., 1951 Mar. p. 42.
Ravenhall, G. D., 1956 July p. 63, 64.
Ravetz, Jerome R., 1966 Oct. p. 88; 1973 Dec. p. 97.
Ravitch, Mark M., 1962 Oct. p. 48.
Ravitz, Leonard J. Jr., 1960 Mar. p. 154.
Rawitz, E., 1956 Apr. p. 43.
Rawles, Mary E., 1959 Mar. p. 90, 92.
Rawlinson, Henry, 1960 Oct. p. 69.
Rawlinson, W. R., 1969 Nov. p. 57.
Rawson, Don C., 1978 June p. 88.
Ray, Carleton, 1957 June p. 55.
Ray, Ernest, 1959 Mar. p. 42.
Ray, Isaac, 1969 July p. 43.
Ray, John, 1956 Aug. p. 63.
Ray, Peter M., 1975 Apr. p. 95.
Ray, Verne F., 1954 Oct. p. 50.
Ray, William J. Jr., 1962 Sept. p. 108; 1963 Mar. p. 91.
Ray-Chaudhuri, D. K., 1962 Feb. p. 102, 104, 106.
Rayfield, George W., 1964 Dec. p. 117.
Rayleigh, Lord, 1976 Aug. p. 77*see:* Strutt, John W..
Rayment, J. C., 1969 Feb. p. 95.
Raymond Rich Associates, 1949 June p. 29.
Raynaud, Jean-Pierre, 1976 July p. 57, 58.
Rayner, C. A. A., 1962 Apr. p. 122.
Raytheon Corporation, 1949 Apr. p. 30; 1953 Aug. p. 42; 1955 June p. 94; 1957 Sept. p. 110; 1965 Apr. p. 78; 1968 Aug. p. 30; 1970 Sept. p. 99; Dec. p. 96; 1973 Oct. p. 24; 1977 Oct. p. 92.
R.C.A., *see:* Radio Corporation of America.
RCA-Victor of Canada, 1960 Apr. p. 90.
Rea, D. G., 1965 Aug. p. 26.
Reaction Motors, Inc., 1953 Oct. p. 37, 38.
Reaction Motors, Inc, 1966 July p. 107.
Read, Deborah, 1972 Apr. p. 57.
Read, John, 1959 Sept. p. 98.
Read, W. Thornton Jr., 1955 July p. 82; 1961 Oct. p. 114; 1966 Aug. p. 31; 1972 Feb. p. 13.
Reader, Robert W., 1976 Apr. p. 45.
Reading, Harold, 1972 Mar. p. 30.
Ready, Donald F., 1973 Dec. p. 35, 36.
Reagan, Ronald, 1976 June p. 22, 23.
Real, James, 1960 Dec. p. 76.
Reaney, Tom, 1975 Nov. p. 112.
Reasbeck, P., 1960 Nov. p. 173.
Reasoner, David L., 1976 Mar. p. 61.
Réaumur, René A. F. de, 1948 Dec. p. 29; 1955 Oct. p. 100; 1957 Dec. p. 119; 1967 Sept. p. 74; 1970 Occt. p. 114, 115; 1972 Jan. p. 87.
Reaves, Gibson, 1964 May p. 80.
Reba, Imants, 1966 June p. 84.
Rebbi, Claudio, 1977 Mar. p. 64.
Rebentisch, W., 1955 Nov. p. 45.
Reber, Grote, 1950 Feb. p. 37; Oct. p. 39; 1953 Jan. p. 18, 20; 1955 Mar. p. 41, 42; 1956 July p. 37; Oct. p. 56; 1964 Aug. p. 13, 14.
Rebhun, Lionel I., 1974 July p. 48.
Rebka, Glen A. Jr., 1960 Jan. p. 72; Mar. p. 84; Apr. p. 80; May p. 88; Dec. p. 78; 1963 Oct. p. 41; 1974 Nov. p. 28.
Rebstock, Mildred C., 1949 Aug. p. 32.
Reck, Hans, 1954 Jan. p. 67.
Record, R. G., 1951 Apr. p. 35.
Recovery Incorporated, 1971 Mar. p. 41.
Reddi, K. K., 1966 Feb. p. 34.
Reddick, Donald, 1959 May p. 102.
Reddish, V. C., 1963 Dec. p. 56; 1968 Aug. p. 59; 1973 June p. 34.
Redekopp, Larry G., 1976 Mar. p. 56.
Redfearn, Joe, 1971 Mar. p. 65.
Redi, Francesco, 1950 Feb. p. 41; 1954 Aug. p. 45; 1956 Oct. p. 90.
Rediker, R. H., 1963 July p. 38.
Redl, Fritz, 1954 Mar. p. 40; 1963 June p. 146.
Redlich, Frederick C., 1953 Apr. p. 44; June p. 50; 1954 Mar. p. 41; 1956 Feb. p. 31; 1960 Mar. p. 154; 1962 Aug. p. 72.
Redman, Colvin M., 1975 Oct. p. 31.
Redman, R. O., 1962 Feb. p. 53, 54, 56.
Reece, B. Carroll, 1949 Feb. p. 19; 1954 Mar. p. 44; Sept. p. 70; 1955 Feb. p. 56; Mar. p. 51.
Reed, Charles A., 1960 Sept. p. 146, 197; 1975 Dec. p. 54.
Reed, Murray O., 1969 Feb. p. 15.
Reed, Stanley F., 1951 July p. 30.
Reed, Thomas B., 1971 Nov. p. 28.
Reed, W. Maxwell, 1949 Dec. p. 52, 53.
Reed, Walter, 1951 May p. 43; 1967 Jan. p. 111.
Reed, William M., 1949 Dec. p. 54.
Reeke, G. N., 1968 Apr. p. 49.
Rees, Abraham, 1971 Oct. p. 96, 101.
Rees, D., 1961 May p. 158.
Rees, John, 1977 Oct. p. 61.
Rees, John R., 1975 June p. 55.
Rees, Martin J., 1963 Jan. p. 55; 1970 June p. 26; Dec. p. 25; 1971 May p. 29; 1972 Feb. p. 80; 1974 Dec. p. 40, 43; 1975 Aug. p. 31; 1977 Oct. p. 49, 51.
Rees, Mina S., 1970 Feb. p. 44.
Rees, William, 1974 Aug. p. 96.
Reese, Algernon B., 1955 Dec. p. 43.
Reese, D. F., 1975 Oct. p. 65.
Reese, David, 1978 Jan. p. 117.
Reese, Thomas S., 1975 Oct. p. 36; 1978 Feb. p. 96.
Reeves, Alec H., 1968 Mar. p. 104; 1972 Sept. p. 103, 110.
Reeves, Edmond M., 1973 Oct. p. 74, 78.
Reeves, Hubert, 1962 Aug. p. 94, 95; 1974 Jan. p. 77; May p. 114, 115.
Reeves Instrument Company, 1949 Apr. p. 30.
Reeves, Lige, 1960 Feb. p. 44.
Reeves, Robert G., 1950 July p. 22; 1973 Jan. p. 45.
Reeves, W. C., 1949 Sept. p. 20.
Regan, Timothy J., 1965 June p. 58.
Regel, A. R., 1977 May p. 36.
Regelson, William, 1968 Feb. p. 52.
Regener, Victor H., 1964 Mar. p. 71.
Regge, Tullio, 1962 Nov. p. 70; 1964 Jan. p. 54; Feb. p. 86; 1974 July p. 71; 1975 Feb. p. 62; 1976 Nov. p. 58; 1977 Apr. p. 125, 127.
Regiomontanus, *see:* Müller, Johannes.
Regnard, Paul, 1958 Oct. p. 37.
Regnier, Fred E., 1971 July p. 45; 1975 June p. 34, 35.
Rehn, Louis, 1960 Feb. p. 79.
Reich, Edward, 1965 Jan. p. 78; 1974 July p. 87; Aug. p. 82.
Reichard, Peter, 1968 Oct. p. 75.
Reichardt, Louis, 1976 Jan. p. 76.
Reiche, P., 1969 Feb. p. 44.
Reichenau, Hermann von, 1974 Jan. p. 104.
Reichenbach, Hans, 1953 Sept. p. 128; 1967 Jan. p. 102.
Reichley, Paul E., 1971 Feb. p. 30.
Reichsman, Franz K., 1972 July p. 77.
Reichstein, Tadeus, 1950 Mar. p. 33; Dec. p. 26; 1951 Mar. p. 36; 1953 Nov. p. 56; 1955 Jan. p. 59, 60; Sept. p. 76; 1967 Nov. p. 28; 1969 Feb. p. 22, 24, 25.
Reid, Allen F., 1953 Nov. p. 58.
Reid, Charles E., 1957 Mar. p. 45.
Reid, D. D., 1961 Oct. p. 54.
Reid, E. Emmet, 1956 Nov. p. 79.
Reid, Harry F., 1977 Dec. p. 69.
Reid, J. Gilman, 1955 Aug. p. 29, 33.
Reid, J. M., 1978 May p. 98.
Reid, James, 1966 May p. 49.
Reid, Mark J., 1978 June p. 101.
Reid, Robert C., 1977 Apr. p. 22.
Reif, Arnold E., 1976 May p. 30, 33.
Reif, F., 1952 Aug. p. 52; 1964 Dec. p. 116; 1965

Oct. p. 67.
Reifenstein, E. C. III, 1971 Jan. p. 52.
Reifler, Erwin, 1956 Jan. p. 30-33.
Reik, Theodor, 1960 Mar. p. 154; 1966 Aug. p. 28.
Reiling, Victor G., 1951 Oct. p. 54, 55.
Reilly, E. F., 1977 June p. 70.
Reilly, James J., 1973 Jan. p. 20.
Reinach, Salomon, 1975 Feb. p. 41.
Reiner, Marcus, 1962 Feb. p. 117.
Reiners, W. A., 1978 Jan. p. 36.
Reines, Frederick, 1953 Nov. p. 50; 1956 Jan. p. 58, 61, 68; Aug. p. 48; 1962 Aug. p. 90, 92, 93, 98; 1963 Mar. p. 63; Oct. p. 45; 1965 Oct. p. 38; 1966 Feb. p. 40, 43, 40, 43, 43; 1969 July p. 29; 1973 Aug. p. 30, 33.
Reinhard, Don, 1977 May p. 48.
Reinhardt, William O., 1953 May p. 58.
Reinhart, F. K., 1968 June p. 21.
Reinhart, Warren H., 1970 Mar. p. 90.
Reinhold, Erasmus, 1973 Dec. p. 97-99.
Reinitzer, Friedrich, 1964 Aug. p. 77.
Reisberg, Ruth, 1969 June p. 82.
Reisch, Gregor, 1964 May p. 109.
Reisfeld, Ralph A., 1974 Apr. p. 36.
Reish, Donald, 1974 Aug. p. 24.
Reisman, David, 1958 June p. 26.
Reisner, Yair, 1977 June p. 119.
Reiss, Eric, 1963 Nov. p. 65.
Reiss, O. K., 1957 Oct. p. 128.
Reist, Adolf, 1961 Oct. p. 76.
Reitman, Judith, 1971 Aug. p. 87.
Reitz, Sandra, 1969 Jan. p. 84.
Reiz, A., 1954 July p. 35.
Rékésy, Georg von, 1973 Oct. p. 98.
Relton, Frederick E., 1963 Jan. p. 128, 130.
Rembrandt van Rijn, 1971 June p. 95; 1973 Sept. p. .
Remensnyder, John P., 1969 June p. 48.
Remington, Charles L., 1967 June p. 113.
Remington, Frederic, 1970 Dec. p. 108.
Remington, Jack S., 1977 May p. 76.
Remington Rand Inc., 1953 May p. 55; 1954 Jan. p. 22, 23, 25; 1955 June p. 95.
Remmers, H. H., 1958 June p. 25.
Rempel, William E., 1966 June p. 97.
Remsberg, Louis P., 1978 June p. 71.
Remus, 1963 Aug. p. 60.
Renck, Richard, 1955 Apr. p. 50.
Rencontres Internationales de Genève, 1953 Sept. p. 52.
Reneker, Darrell H., 1977 Dec. p. 138.
Renfrew, Colin, 1968 May p. 30; 1971 Feb. p. 47; Oct. p. 63; 1972 May p. 100; 1976 June p. 81.
Renkin, Eugene M., 1960 Dec. p. 155, 156.
Renkonen, K. O., 1977 June p. 111.
Renner, J., 1961 Dec. p. 84.
Renner, Max, 1962 Aug. p. 78.
Renner, Otto, 1950 Nov. p. 35.
Rennie, Donald W., 1967 May p. 43.
Rennie, John, 1954 Nov. p. 64; 1970 Oct. p. 117.
Rennie, Thomas A., 1962 Aug. p. 72.
Rennie, Thomas A. C., 1954 Mar. p. 42.
Rennilson, J. J., 1967 Nov. p. 35; 1973 Jan. p. 49.
Reno High School, 1958 Apr. p. 64.
Renoir, Pierre A., 1955 Nov. p. 82; 1974 Sept. p. 109.
Renold, Hans, 1973 Mar. p. 86, 88.
Rensch, Bernhard, 1950 Jan. p. 33; 1956 June p. 66; 1957 Feb. p. 44; 1968 June p. 73.
Renshaw, Birdsey, 1978 Feb. p. 94.
Renshaw, Bridsey, 1966 May p. 103, 104, 107.
Rentzepis, Peter M., 1973 June p. 55; 1974 Dec. p. 80.
Renwick, J. A. A., 1966 Dec. p. 65.
Renwick, James H., 1971 Apr. p. 110.
Renzetti, N. A., 1963 July p. 84.
Reppe, J. Walther, 1949 Jan. p. 18, 20.
Reppy, John D., 1976 Dec. p. 69, 70.
Republic Steel Corporation, 1948 May p. 54, 56, 57; 1952 Jan. p. 50, 51; 1963 Dec. p. 76.
Resad, 1960 Nov. p. 166.
Research Corporation, 1972 Dec. p. 42.
Research Institute for Advanced Studies, Baltimore, 1965 July p. 77.
Research Institute for Educational Problems, 1970 Nov. p. 44.
Research Triangle Institute, 1964 Nov. p. 80.
Research-Cottrell, Inc., 1972 Mar. p. 51.
Reshevsky, Samuel, 1973 June p. 93.
Reske, Konrad, 1977 Oct. p. 99.
Resler, Edwin L., 1954 Sept. p. 132.
Resources for the Future, Inc., 1963 Sept. p. 113, 126; 1970 Feb. p. 91; Sept. p. 184.
Ressler, Charlotte, 1953 Dec. p. 52.
Retherford, Robert C., 1948 Sept. p. 16, 20-22; 1953 Apr. p. 61; 1955 Dec. p. 46; 1965 May p. 68, 69; Dec. p. 39.
Reti, Ladislao, 1971 Feb. p. 101; 1975 July p. 50.
Reti, Richard, 1974 Nov. p. 52.
Rettenmeyer, Carl W., 1972 Nov. p. 72.
Retzius, Gustaf M., 1974 Jan. p. 41.
Reu, Warren de la, 1971 May p. 86.
Reubens, Beatrice, 1976 Dec. p. 25.
Reusch, Hans H., 1964 Aug. p. 29, 30, 32.
Reuss, Alexander, 1951 Dec. p. 45.
Reuter, O. M., 1963 Apr. p. 145.
Reuther, Walter P., 1956 Mar. p. 49; 1966 Mar. p. 55.
Revel, Helen R., 1970 Jan. p. 91.
Revel, Jean-Paul, 1969 Feb. p. 105; 1974 Oct. p. 44; 1978 May p. 145.
Revel, Michel, 1976 Aug. p. 69.
Revelle, Roger, 1951 Jan. p. 29; 1952 Oct. p. 58, 60; 1956 July p. 48; 1958 Aug. p. 49; 1959 Apr. p. 41; 1960 Apr. p. 83; 1961 Dec. p. 56; 1970 Sept. p. 166; 1971 Oct. p. 40; 1974 Sept. p. 161, 169, 34; 1976 Sept. p. 165, 39, 201.
Reverdin, Jacques L., 1957 Apr. p. 62.
Reverdy, Georges, 1964 Nov. p. 116.
Rey, Lars, 1963 June p. 55.
Reyer, Eduard, 1961 Feb. p. 98.
Reynafarje, Baltazar, 1978 Mar. p. 121.
Reynafarji, Baltazar, 1955 Dec. p. 68.
Reyniers, James A., 1950 Oct. p. 49; Dec. p. 26; 1955 May p. 34; 1964 July p. 78.
Reynolds, Barbara, 1976 Aug. p. 99.
Reynolds, C. N., 1950 Jan. p. 23.
Reynolds, Colin, 1977 Aug. p. 97.
Reynolds, Donald M., 1952 Jan. p. 38.
Reynolds, Edward S., 1975 June p. 23.
Reynolds, Harold C., 1953 June p. 88.
Reynolds, John H., 1954 July p. 35; 1960 Feb. p. 72; Apr. p. 85; 1961 June p. 86; Nov. p. 63; 1963 Mar. p. 73; Oct. p. 65, 68; 1965 Oct. p. 35; 1971 June p. 55; 1974 Jan. p. 74.
Reynolds, Osborne, 1952 June p. 26; 1954 Aug. p. 73; 1964 Oct. p. 67, 68; 1966 Mar. p. 62, 63; Aug. p. 64; 1967 Jan. p. 65, 66; 1968 Jan. p. 109, 110; 1970 July p. 72, 73; 1975 July p. 52; Nov. p. 83, 84, 85; 1976 Nov. p. 74.
Reynolds, Ray T., 1969 Mar. p. 87, 88.
Reynolds, S. R. M., 1958 Apr. p. 43.
Reynoso, Plácido G., 1977 Nov. p. 70.
Rhaese, H. J., 1970 Aug. p. 75.
Rhazes, 1948 May p. 25.
Rheem Manufacturing Company, 1961 Nov. p. 98.
Rheticus, Georg, 1973 Dec. p. 97-99.
Rhian, Morris, 1953 Apr. p. 29.
Rhijn, Pieter J. van, 1972 Jan. p. 81; 1977 Apr. p. 101, 104.
Rhind, A. Henry, 1952 Aug. p. 24, 25, 27; 1964 Sept. p. 41.
Rhine, Joseph B., 1956 Mar. p. 60; 1972 Dec. p. 87; 1974 Sept. p. 72.
Rho, Joon H., 1972 Oct. p. 86.
Rhoades, Marcus, 1950 Nov. p. 32, 35; 1951 Aug. p. 45.
Rhoads, Jonathan, 1971 May p. 51.
Rhoden, Curtis H., 1952 Aug. p. 52; 1968 Feb. p. 92.
Rhodes, Cecil, 1949 Oct. p. 31.
Rhodes-Livingstone Museum, 1958 July p. 78.
Rhodin, Johannes A., 1963 June p. 87, 88.
Rhôhne-Poulenc Research Centre, 1964 Jan. p. 83.
Rhykerd, Charles L., 1976 Sept. p. 75.
Ribak, Charles E., 1978 Feb. p. 97.
Ribbands, C. R., 1953 July p. 62.
Ribble, Margaret A., 1972 July p. 76.
Ribe, Fred L., 1966 Dec. p. 21.
Ribera, José, 1952 July p. 25.
Ribicoff, Abraham A., 1961 Oct. p. 49.
Ricardo, David, 1954 Oct. p. 33.
Ricardo, Harry, 1950 Feb. p. 18; 1967 Mar. p. 112.
Riccardi, Niccolo, 1973 Apr. p. 94.
Ricci, Gregorio, 1964 Sept. p. 68.
Riccioli, G. B., 1973 Dec. p. 87.
Ricciuti, C., 1974 July p. 40.
Rice, C. W., 1961 Aug. p. 80.
Rice, Francis O., 1953 Dec. p. 75, 76; 1957 Mar. p. 92; 1964 July p. 35.
Rice Institute, 1965 Mar. p. 68.
Rice, Oscar K., 1964 July p. 105.
Rice, Robert V., 1965 Dec. p. 22.
Rice, T. Maurice, 1976 June p. 34, 36.
Rice University, 1963 May p. 89; 1965 Dec. p. 55; 1966 July p. 75.
Rich, Alexander, 1955 Oct. p. 76; 1957 Sept. p. 182, 188; 1961 May p. 121; 1963 Feb. p. 69; Mar. p. 76, 91; 1964 Mar. p. 55; May p. 51, 55; 1965 Jan. p. 48; 1966 Apr. p. 104; 1969 Mar. p. 50; 1978 Jan. p. 52.
Rich, Arthur, 1968 Jan. p. 85.
Rich, Wilma S., 1949 June p. 29.
Richard, Alain, 1972 Dec. p. 99.
Richard II, King, 1951 Feb. p. 60.
Richards, A. G., 1953 Feb. p. 31.
Richards, Alfred N., 1949 July p. 26; 1953 Jan. p. 41; 1962 Aug. p. 100, 102.
Richards, D. H., 1975 July p. 74.
Richards, David W., 1969 Jan. p. 46.
Richards, Dickinson W., 1956 Dec. p. 52.
Richards, Dickinson W. Jr., 1967 Nov. p. 28.
Richards, Felix, 1961 Feb. p. 91; 1965 Nov. p. 109.
Richards, John H., 1974 July p. 81.
Richards, Oscar W., 1961 Sept. p. 53.
Richards, Paul L., 1965 June p. 61; 1973 Oct. p. 23; 1978 May p. 66.
Richards, Stephanie, 1966 July p. 107.
Richards, Theodore W., 1949 Dec. p. 14; 1953 Mar. p. 72; 1954 July p. 36; 1967 Nov. p. 26.
Richards, Whitman, 1971 May p. 89; June p. 42, 43.
Richards, William C., 1950 Oct. p. 31.
Richards, Witman A., 1977 Jan. p. 72.
Richardson, Bob, 1977 Oct. p. 79.
Richardson, Bruce, 1952 Nov. p. 36, 37.
Richardson, Charles C., 1968 Oct. p. 75.
Richardson, David, 1952 June p. 50.
Richardson, E. G., 1960 Oct. p. 151.
Richardson, Elliot L., 1971 Apr. p. 18; 1972 Apr. p. 55; 1973 June p. 38; Aug. p. 12, 14; 1978 Apr. p. 78.
Richardson, Henrietta, 1951 Nov. p. 30.

Richardson, Jack, 1964 Mar. p. 93.
Richardson, John, Sir, 1965 Nov. p. 110.
Richardson, L. F., 1951 Dec. p. 35; 1952 June p. 27; 1964 Oct. p. 69, 70.
Richardson, Martin C., 1973 June p. 60.
Richardson, O. W., 1950 Oct. p. 33; 1965 Mar. p. 96; 1967 Nov. p. 27; 1969 Mar. p. 111.
Richardson, O.W., 1956 Nov. p. 104.
Richardson, Philip, 1976 Aug. p. 44D.
Richardson, Robert C., 1974 Dec. p. 66; 1976 Dec. p. 67.
Richardson, Robert S., 1949 Dec. p. 53; 1951 June p. 31; 1960 Feb. p. 62; 1975 Sept. p. 71, 72.
Richardson, Stephen H., 1968 Feb. p. 39; 1971 Aug. p. 20.
Richdale, L. E., 1957 Dec. p. 48; 1970 Nov. p. 84.
Riche, W. H. le, 1969 June p. 58.
Richens, R. H., 1949 Dec. p. 30; 1956 Jan. p. 30.
Richet, Charles, 1948 July p. 28; 1951 July p. 20; 1961 Jan. p. 134; 1963 Dec. p. 92; 1964 Mar. p. 41; 1967 Nov. p. 26.
Richey, Frederick D., 1951 Aug. p. 42.
Richley, Paul, 1971 Dec. p. 28.
Richmond, Duke of, 1957 Dec. p. 118.
Richmond, H. W., 1977 July p. 123.
Richmond, Timothy J., 1974 June p. 50.
Richter, Burton, 1966 Nov. p. 111; 1975 Jan. p. 48; June p. 54, 56; Oct. p. 47; 1976 Dec. p. 50; 1977 Oct. p. 59, 61; 1978 Mar. p. 50.
Richter, Charles F., 1955 Sept. p. 57, 59; 1962 June p. 58; 1969 Nov. p. 105; 1971 Nov. p. 54; 1973 Mar. p. 26; 1977 Apr. p. 35; Dec. p. 71, 72.
Richter, Curt P., 1948 Dec. p. 52; 1950 Mar. p. 39; 1951 Dec. p. 42; 1957 Dec. p. 50; 1958 Apr. p. 106; 1960 Mar. p. 126; Sept. p. 71; 1964 Nov. p. 117; 1966 Apr. p. 89; 1971 June p. 97.
Richter, Frank, 1976 Nov. p. 72.
Richter, Ronald, 1951 May p. 33.
Richter, Rudolf, 1967 Aug. p. 72, 75.
Richthofen, Ferdinand von, 1963 July p. 90.
Richtmyer, R. D., 1949 Aug. p. 24.
Rick, John P., 1977 Feb. p. 96.
Rickenberg, Howard, 1972 Feb. p. 36.
Ricker, William E., 1970 Sept. p. 70.
Rickett, B. J., 1968 Oct. p. 30.
Ricketts, Howard T., 1955 Jan. p. 75.
Rickover, Hyman G., 1953 Dec. p. 48; 1972 June p. 23.
Riddiford, Lynn M., 1956 Aug. p. 31; 1967 July p. 16.
Riddle, Jeanne M., 1972 Jan. p. 87, 93; Oct. p. 70.
Riddle, Oscar, 1970 Mar. p. 90.
Rideal, Eric, Sir, 1959 Oct. p. 77; 1961 Mar. p. 152; 1966 Nov. p. 86; 1971 Dec. p. 50.
Ridenour, Louis N., 1949 Mar. p. 16, 18; 1950 Apr. p. 18, 20, 22; June p. 11, 14; Sept. p. 46; 1952 July p. 29; Sept. p. 62.
Ridgeon, Colenso, Sir, 1968 Mar. p. 49.
Ridgeway, S. T., 1976 May p. 114.
Ridgway, Ellis B., 1970 Apr. p. 84, 90; 1977 Nov. p. 133.
Ridgway, Sam H., 1970 Mar. p. 64.
Ridker, Ronald G., 1974 Feb. p. 42.
Ridley, B. K., 1966 Aug. p. 28-30.
Ridley, Frederick T., 1962 Mar. p. 110.
Ridwan, Ali ibn, 1965 May p. 57.
Riecken, Henry W., 1961 Jan. p. 79.
Rieckert, H., 1972 Feb. p. 88.
Rieckhoff, Klaus E., 1968 Sept. p. 132.
Ried, Hugh, 1966 May p. 43.
Riedel, Klaus, 1949 May p. 36.
Rieder, Werner, 1971 Jan. p. 76.
Riedl, R. J., 1969 Apr. p. 52.
Riedman, Sarah H., 1949 Dec. p. 54.
Riege, Walter H., 1971 Sept. p. 84; 1972 Feb. p. 27.
Riegler, Guenter, 1966 Oct. p. 44.
Riehl, Herbert, 1953 Nov. p. 33.
Rieke, George H., 1973 Apr. p. 38; 1974 Apr. p. 71, 72.
Riemann, Bernhard, 1950 Jan. p. 20, 22; Apr. p. 15, 16; 1952 Nov. p. 78; 1954 Nov. p. 80, 82-86; 1956 Mar. p. 108, 110; June p. 76; Sept. p. 137; 1967 Dec. p. 111, 115, 116; 1969 Nov. p. 88, 89, 98; 1976 Aug. p. 98, 99; 1977 July p. 128; 1978 Feb. p. 131.
Riemann, George F. B., 1953 Feb. p. 79-81; 1958 Mar. p. 100; 1963 Feb. p. 110, 111; 1964 Sept. p. 47, 48, 67-69.
Ries, Herman E. Jr., 1970 Mar. p. 111.
Riesen, Austin H., 1955 Feb. p. 74, 75; 1961 May p. 69; 1965 Nov. p. 94; 1972 July p. 78.
Rieser, Peter, 1951 June p. 62.
Riesfeld, Ralph A., 1973 Jan. p. 24.
Riesman, David, 1962 May p. 47, 48.
Riess, L., 1963 Nov. p. 96, 98.
Rietdijk, J. A., 1965 Apr. p. 125.
Riffenburgh, Robert H., 1962 June p. 138.
Rifkind, Richard A., 1962 Nov. p. 52.
Rigal, W. M., 1972 July p. 81.
Rigaud, S. P., 1964 Mar. p. 100, 105, 106.
Rigby, Malcolm, 1961 Feb. p. 68.
Rigden, J., 1973 Feb. p. 89.
Rigden, J. D., 1963 July p. 38.
Riggs, Arthur D., 1970 June p. 43; 1977 Jan. p. 47.
Riggs, Austen F., 1963 Nov. p. 113.
Riggs, Lorrin A., 1961 June p. 72.
Righi, Augusto, 1961 Dec. p. 124.
Righini, Guglielmo, 1961 Dec. p. 76.
Riker, William H., 1976 June p. 23.
Rilchey, G. W., 1956 Sept. p. 79.
Riley, Conrad M., 1957 July p. 96.
Riley, Gordon A., 1951 Aug. p. 24; 1957 Nov. p. 55; 1964 Nov. p. 60; 1970 Sept. p. 47.
Riley, J. A., 1978 Jan. p. 113.
Riley, J. W., 1949 Sept. p. 26.
Riley, William B., 1969 Feb. p. 18, 20.
Rimbaud, J. N. Arthur, 1958 Sept. p. 162.
Rimpau, W., 1974 Aug. p. 73.
Rinaldi, F., 1955 Oct. p. 81.
Rinard, Phillip M., 1976 Nov. p. 70.
Rinde, H., 1951 June p. 43.
Riney, Thane, 1960 Nov. p. 134.
Ring, James, 1965 May p. 31.
Ringer, Sydney, 1957 May p. 85.
Ringo, G. R., 1957 Oct. p. 56; 1959 Mar. p. 82.
Ringwood, Albert E., 1963 Mar. p. 49; 1975 Nov. p. 95; 1977 Mar. p. 104.
Ringwood, Alfred E., 1978 Apr. p. 132.
Rinia, Herre, 1965 Apr. p. 121; 1966 Mar. p. 66; 1973 Aug. p. 82, 83.
Rink, John P., 1977 Feb. p. 96.
Rinkel, Murice, 1961 Apr. p. 108.
Rinzel, John, 1974 June p. 88.
Riordan, John T., 1952 June p. 34.
Ripley, S. D., 1963 Aug. p. 44.
Ripley, S. Dillon, 1953 Jan. p. 38.
Rippel, Wally, 1975 Jan. p. 42, 43.
Riqles, Armand, 1975 Apr. p. 68.
Riqueti, Honoré G. V., 1963 Sept. p. 56.
Ris, Hans, 1949 Mar. p. 25; 1953 Feb. p. 49, 53; 1961 Sept. p. 74.
Ris, Walter, 1961 Oct. p. 141.
Risebrough, R. W., 1961 July p. 66; 1969 Feb. p. 44.
Risebrough, Robert, 1970 Apr. p. 74; 1974 Aug. p. 21.
Risk, Winthrop S., 1967 Mar. p. 50.
Ristori, L., 1973 Nov. p. 42.
Ritchey, G. W., 1954 July p. 33.
Ritchie, Benbow F., 1963 Oct. p. 117, 121.
Ritchie, E. S., 1971 May p. 84.
Ritchie, Jess M., 1953 Aug. p. 41; 1956 July p. 48; 1962 Feb. p. 81.
Ritchie, William A., 1970 June p. 121; 1971 Feb. p. 35.
Ritchie-Calder, Lord, 1970 July p. 17.
Ritman, E. L., 1975 Oct. p. 66.
Ritson, D., 1966 Nov. p. 112.
Rittenberg, David, 1949 Feb. p. 33, 36, 37.
Rittenhouse, David, 1961 Mar. p. 139.
Rittenhouse, William, 1969 May p. 63.
Ritter, Dale F., 1964 Oct. p. 58.
Ritter, Johann W., 1957 May p. 46; 1958 Feb. p. 29; 1960 June p. 109, 110; 1968 Sept. p. 72.
Ritter, Rogers C., 1976 Feb. p. 51, 52.
Rittmann, A., 1955 Sept. p. 61.
Ritz, W., 1956 Nov. p. 104.
Rivera, Munoz, 1966 Oct. p. 25.
Rivère, Emile, 1953 Aug. p. 32.
Rivers, Thomas M., 1949 July p. 16; 1954 June p. 48.
Rivier, Catherine, 1977 Dec. p. 82.
Rixey, Presley M., 1963 Mar. p. 123, 126.
Rizzolati, Giacomo, 1967 Aug. p. 29.
RKO Radio Pictures, 1949 Jan. p. 48.
Roach, Arvid E., 1955 Nov. p. 56; 1975 July p. 59.
Roach, Franklin E., 1956 Mar. p. 82; 1959 Mar. p. 39; 1960 July p. 56.
Roanhorse, Emily, 1960 Feb. p. 42.
Roanoke Electric Steel Company, 1963 Dec. p. 76, 86, 87.
Roath, S., 1964 Feb. p. 61.
Robb, R. A., 1975 Oct. p. 66.
Robb, Walter L., 1964 Nov. p. 59.
Robbins, Elliot, 1975 Feb. p. 49.
Robbins, Frederick C., 1952 Nov. p. 27; 1954 Dec. p. 52; 1959 Feb. p. 89; 1960 Dec. p. 90; 1967 Nov. p. 25, 28; 1975 Feb. p. 41.
Robbins, Herbert E., 1977 May p. 127.
Robbins, R. C., 1971 Jan. p. 37.
Robbins, Richard, 1978 Feb. p. 111.
Robbins, Sidney, 1955 Feb. p. 36.
Robbins, W. E., 1965 July p. 48.
Robbins, W. J., 1949 Aug. p. 33, 34; 1952 Apr. p. 56.
Robbins, William, 1956 Mar. p. 52.
Roberson, Floyd, 1967 Nov. p. 38.
Robert A. Taft Sanitary Engineering Center, 1958 Sept. p. 88.
Robert, Andre, 1971 Nov. p. 90.
Robert Beck Brigham Hospital, 1949 July p. 29.
Roberts, Arthur, 1948 Sept. p. 50; 1962 Aug. p. 36.
Roberts, B. L., 1971 Jan. p. 72.
Roberts, Carleton W., 1953 Dec. p. 52.
Roberts, Charles, 1968 Jan. p. 23.
Roberts, E. C., 1953 July p. 27.
Roberts, Eugene, 1969 June p. ; 1978 Feb. p. 97.
Roberts, Frank H. H. Jr., 1951 Jan. p. 13; 1952 Feb. p. 26; 1966 June p. 104.
Roberts, Herbert, 1953 July p. 57.
Roberts, J. A., 1960 July p. 81; 1961 May p. 65; 1964 July p. 41.
Roberts, J. L., 1973 Mar. p. 30.
Roberts, Jane C., 1970 Feb. p. 62.
Roberts, John D., 1957 Nov. p. 117.
Roberts, Lawrence G., 1966 Sept. p. 247, 257, 95, 96; 1970 June p. 73; 1972 June p. 53.
Roberts, Maria, 1973 Oct. p. 27.
Roberts, Morton S., 1965 July p. 26; 1968 Dec. p. 43; 1973 June p. 34; 1976 Oct. p. 65.
Roberts, Owen J., 1949 Apr. p. 26; 1951 July p. 30.

Roberts, R. B., 1969 Oct. p. 28, 35.
Roberts, R. E., 1972 Dec. p. 87, 88.
Roberts, Richard, 1963 Apr. p. 142.
Roberts, Richard J., 1972 Mar. p. 27; 1976 Jan. p. 73.
Roberts, W. W., 1956 Oct. p. 107, 114; 1972 Aug. p. 54.
Roberts, Walter O., 1954 June p. 48; 1955 June p. 41; Sept. p. 140; May. p. 56; 1957 Apr. p. 138; 1958 Oct. p. 47.
Roberts-Austen, William, Sir, 1957 May p. 103, 104.
Robertshaw, David, 1969 Jan. p. 92.
Robertson, Andrew, 1966 Nov. p. 95.
Robertson, Donald, 1964 July p. 96.
Robertson, J. David, 1961 Sept. p. 170, 171.
Robertson, J. M., 1966 Nov. p. 84; 1967 June p. 70.
Robertson, Philip W., 1952 Jan. p. 36; 1957 May p. 42.
Robertus, Jon, 1978 Jan. p. 59.
Robeson, Paul, 1949 Oct. p. 28; 1954 June p. 30.
Robespierre, Maximillian, 1963 Sept. p. 56.
Robin, Gordon de Q., 1962 Sept. p. 154.
Robin, Melvin B., 1971 Nov. p. 30.
Robinow, C. F., 1956 Nov. p. 48.
Robinson, Abraham, 1971 Aug. p. 94, 98, 99; 1972 June p. 81-84; 1973 Mar. p. 103.
Robinson, Allan, 1970 Jan. p. 114, 118.
Robinson, Brian J., 1966 Jan. p. 48; June p. 41.
Robinson, C. Paul, 1977 Feb. p. 92, 96, 96.
Robinson, Charles E., 1949 Dec. p. 35.
Robinson, Charles V., 1960 Dec. p. 149.
Robinson, David A., 1972 Dec. p. 77.
Robinson, David C., 1969 Dec. p. 52; 1977 Jan. p. 36.
Robinson, David M., 1973 Oct. p. 41.
Robinson, E., 1971 Jan. p. 37.
Robinson, E. A. G., 1964 Jan. p. 106.
Robinson, George M., 1971 Jan. p. 40; 1975 Oct. p. 104.
Robinson, Gertrude, 1964 June p. 85.
Robinson, Holton D., 1954 Nov. p. 68.
Robinson, Jackie, 1952 May p. 44.
Robinson, John P., 1974 Nov. p. 116, 118.
Robinson, John T., 1949 Nov. p. 22; 1953 Dec. p. 66; 1958 July p. 77; 1966 Nov. p. 50; 1970 June p. 52; 1971 Oct. p. 99, 101; 1973 June p. 40.
Robinson, Julia, 1973 Nov. p. 85, 91.
Robinson, K. W., 1973 Oct. p. 107.
Robinson, Mark T., 1968 Mar. p. 91.
Robinson, Robert, Sir, 1953 Mar. p. 84-86; 1955 Feb. p. 85; June p. 90; 1956 Feb. p. 54; 1957 Feb. p. 110; 1959 July p. 114; 1964 June p. 85; 1966 Nov. p. 132; 1967 Nov. p. 27; 1968 July p. 69; 1969 Aug. p. 62; 1975 Dec. p. 48.
Robinson, Sid, 1976 June p. 111.
Robinson, Trevor, 1959 Nov. p. 84.
Robinson, W. E., 1967 Jan. p. 37.
Robinson, W. J., 1972 May p. 99.
Robinson, William S., 1976 Nov. p. 70; 1977 Apr. p. 49; July p. 46.
Robison, G. Alan, 1977 Aug. p. 110.
Robison, John, 1976 May p. 89-91.
Robles, Alfonso G., 1975 Nov. p. 27, 28.
Roblin-Seaway Industries Incorporated, 1963 Dec. p. 87.
Robson, John G., 1974 Nov. p. 106, 111; 1977 Jan. p. 64.
Robson, William, 1960 Jan. p. 102.
Roca-Garcia, Manuel, 1955 Mar. p. 62.
Roch, Saint, 1960 May p. 161.
Rocha e Silva, M., *see:* Silva, M. Rocha e.
Roche, Edouard A., 1975 Mar. p. 30.
Roche, J., 1960 Mar. p. 92, 122.
Roche, M. de la, 1953 Oct. p. 91.
Rochester, G. D., 1949 Mar. p. 36, 37; 1950 June p. 28; 1952 Jan. p. 26.
Rochester, M. G., 1959 June p. 78; 1971 Dec. p. 85.
Rochow, Eugene G., 1954 Feb. p. 57.
Rock, Irvin, 1967 May p. 97, 103, 104.
Rock, John, 1948 Oct. p. 13; 1950 July p. 28.
Rock-Carling, Ernest, 1955 Oct. p. 38.
Rockefeller Foundation, 1948 Aug. p. 16; Oct. p. 9; 1949 Apr. p. 27; May p. 19; Sept. p. 14, 15; Dec. p. 41, 42; 1950 July p. 14; 1951 June p. 43, 45, 47; Oct. p. 61; Dec. p. 46, 47, 50, 51; 1952 Mar. p. 38; Apr. p. 64; June p. 24; 1953 July p. 59; 1954 Sept. p. 70; 1955 Feb. p. 70, 77; Mar. p. 60, 62-65; Sept. p. 78; Dec. p. 61, 60; 1956 Jan. p. 29, 30, 38; July p. 26; 1959 May p. 101; 1962 May p. 90; Aug. p. 80; 1964 Nov. p. 35; 1967 Nov. p. 28, 30; 1970 July p. 112; Sept. p. 162; 1971 July p. 26; 1974 Sept. p. 182; 1976 Sept. p. 36, 38, 129, 161, 184.
Rockefeller Institute, 1953 June p. 79, 80; 1958 Mar. p. 124; Sept. p. 137; Nov. p. 40; 1960 Nov. p. 64; 1962 Mar. p. 60; Apr. p. 66, 68, 70, 71; 1963 Mar. p. 90, 91; May p. 67, 68, 70; July p. 123, 124, 50, 58; Oct. p. 111; 1964 Mar. p. 40, 43; May p. 55; Oct. p. 51; Nov. p. 72; Dec. p. 114, 68, 70, 78; 1965 June p. 42; Oct. p. 78; Nov. p. 79; 1970 Aug. p. 34.
Rockefeller Institute for Medical Research, 1951 June p. 46; 1953 Aug. p. 41; 1956 Mar. p. 50; Oct. p. 82, 88; 1957 Dec. p. 55; 1958 Mar. p. 118, 124; Apr. p. 42; June p. 41, 42; 1963 Dec. p. 100; 1971 July p. 28; 1977 Jan. p. 50; June p. 108; Dec. p. 90.
Rockefeller International Education Board, 1951 June p. 45; 1953 June p. 56, 60.
Rockefeller, John D., 1949 Sept. p. 14; Dec. p. 35; 1959 Nov. p. 100; 1967 Jan. p. 62.
Rockefeller University, 1965 Dec. p. 69; 1966 Nov. p. 123; 1969 Mar. p. 46; 1977 Oct. p. 102, 99.
Rockland State Hospital, 1958 Apr. p. 52.
Rockmore, M. J., 1969 Dec. p. 23-25.
Rockwell International Corporation, 1977 Sept. p. 64.
Rockwood, Stephen D., 1977 Feb. p. 92, 96.
Rodahl, Kaare, 1956 Feb. p. 110; 1961 May p. 96.
Rodbard, David, 1972 June p. 33.
Rodd, Curtis R., 1970 Dec. p. 93.
Roddier, F., 1962 Mar. p. 74.
Rodebush, Worth H., 1966 Dec. p. 118.
Rodenhiser, H. A., 1951 July p. 29.
Roderick, Lee M., 1951 Mar. p. 19.
Rodewald, Richard D., 1978 May p. 144.
Rodgers, A. W., 1971 Dec. p. 22.
Rodhakrishnan, V., 1968 July p. 50.
Rodieck, R. W., 1969 Jan. p. 77.
Rodin, J. Otto, 1966 Dec. p. 65.
Rodin, L. E., 1970 Sept. p. 149.
Rodin, Paul, 1964 Mar. p. 91.
Rodnick, Eliot, 1949 July p. 44.
Rodulf, 1967 July p. 44.
Rodwell, G. F., 1968 Jan. p. 23.
Roe, Anne, 1951 Sept. p. 43; 1953 Dec. p. 60; 1955 Jan. p. 29.
Roebling, John A., 1954 Nov. p. 67.
Roebling, Washington, 1954 Nov. p. 67.
Roedder, Edwin W., 1972 Dec. p. 58.
Roeder, Kenneth D., 1957 Dec. p. 66; 1961 May p. 135, 138; 1965 June p. 77.
Roehling, D. J., 1959 Jan. p. 66.
Roelofs, Wendell L., 1972 Sept. p. 55; 1974 July p. 35.
Roels, Oswald A., 1970 Dec. p. 20.
Roemer, Elizabeth, 1956 Feb. p. 56.
Roemer, Olaus, 1971 Feb. p. 107; 1975 Mar. p. 68.
Roemer, Ole, 1955 Aug. p. 62; 1964 Mar. p. 107; Nov. p. 109.
Roentgen, Wilhelm K., 1948 June p. 27; 1949 Mar. p. 44; Dec. p. 13, 17; 1950 Sept. p. 29; 1952 July p. 22; Dec. p. 40; 1959 Sept. p. 165, 173, 176, 76, 78; 1960 Apr. p. 142; 1967 Nov. p. 26; 1969 Mar. p. 109; 1971 May p. 86; 1972 June p. 92; 1973 Sept. p. 130; 1974 Mar. p. 92, 93, 95.
Roeske, Roger, 1956 Sept. p. 113.
Roesler, Frederick L., 1974 May p. 115.
Roffo, A. H., 1962 July p. 39.
Rogachev, A. A., 1976 June p. 29.
Rogers, Alan, 1968 July p. 37.
Rogers, Alan E. E., 1966 Jan. p. 49; 1968 Dec. p. 40, 42.
Rogers, Carl R., 1957 Jan. p. 58.
Rogers, Eric, 1955 July p. 73.
Rogers, Ernest H., 1975 Sept. p. 161.
Rogers, F. R., 1959 Jan. p. 122.
Rogers, George E., 1969 Aug. p. 91, 93, 95.
Rogers, Howard J., 1969 May p. 97.
Rogers, John, 1970 May p. 101.
Rogers, John S., 1948 June p. 56; 1950 July p. 22.
Rogers, Stanfield, 1967 Feb. p. 58; 1968 Oct. p. 78.
Rogers, Terence A., 1958 June p. 51; 1959 Dec. p. 144.
Rogerson, John B. Jr., 1958 Feb. p. 44; 1959 May p. 58; 1974 May p. 113, 114.
Roget, Peter, 1960 Mar. p. 145.
Roggeveen, Jacob, 1949 Feb. p. 50.
Rohan, Vicomte de, 1956 Jan. p. 91, 92.
Rohde, Richard A., 1971 Dec. p. 32.
Rohde, S. M., 1975 July p. 60.
Rohlf, F. James, 1966 Dec. p. 116.
Rohloff, E., 1962 Nov. p. 87.
Rohm and Haas Company, 1966 July p. 107.
Rohr Industries, Inc., 1973 Oct. p. 21, 22.
Rohrer, F., 1960 Jan. p. 140.
Rolfe, Benjamin, 1960 Oct. p. 162.
Rolfe, John, 1960 Feb. p. 37.
Rolfsmeyer, Melvin, 1969 Feb. p. 95.
Rolfsmeyer, Virginia, 1969 Feb. p. 95.
Roll, P. G., 1965 July p. 46; 1966 May p. 54; 1967 June p. 28; 1975 Oct. p. 95.
Roll, Peter, 1961 Dec. p. 91.
Rollefson, Robert J., 1973 May p. 38.
Roller, Duane, 1954 Feb. p. 42.
Röller, Herbert, 1967 July p. 16.
Rollo, 1967 May p. 75.
Rolls-Royce, 1953 Nov. p. 67.
Rolt, L. T. C., 1964 Jan. p. 101.
Roman, Nancy G., 1960 Apr. p. 60.
Romanges, Charlotte de Courty de, 1954 June p. 80, 81.
Romania, 1977 Jan. p. 25.
Romano, Giulio, 1952 July p. 24.
Romanoff, Louis, 1949 July p. 44.
Romanovski, T. A., 1962 Aug. p. 36.
Romaňuk, M., 1967 July p. 16, 17.
Romell, Dag, 1954 Oct. p. 52.
Romer, Alfred S., 1967 Sept. p. 106; 1969 Mar. p. 57; 1975 Apr. p. 67.
Romney, Carl F., 1960 Jan. p. 70; 1973 Mar. p. 26.
Romney, Gordon, 1970 June p. 79.
Romney, Seymour, 1952 July p. 71.
Romuald II, Duke, 1963 Dec. p. 116.
Romulo, Carlos P., 1949 Dec. p. 26; 1950 Jan. p. 11, 12.
Romulus, 1963 Aug. p. 60.
Ronov, A. B., 1974 June p. 78.
Rood, Jan van, 1972 June p. 29.

Rood, Robert, 1974 Jan. p. 70, 71.
Rood, Robert T., 1977 Oct. p. 48, 49.
Roos, Paul, 1961 July p. 102.
Roosen, Robert G., 1971 Aug. p. 47.
Roosevelt, Franklin D., 1948 June p. 9; Nov. p. 21; Dec. p. 27, 8; 1949 June p. 14, 26; 1950 June p. 15; July p. 11; 1951 Aug. p. 56; 1954 May p. 31; 1956 Nov. p. 83; 1959 May p. 118; 1960 Feb. p. 43; 1962 Dec. p. 108; 1963 Sept. p. 225, 226; 1965 Apr. p. 25; 1970 May p. 24; 1971 Dec. p. 19; 1974 Jan. p. 79.
Roosevelt, Theodore, 1948 June p. 53; 1963 Mar. p. 124, 126, 129; 1973 Sept. p. 163.
Root, Elihu, 1970 May p. 23.
Root, Elisha, 1976 Nov. p. 100.
Roots, E. F., 1953 Jan. p. 34.
Ropar, Nicholas, 1962 Sept. p. 88, 91, 92.
Roper, Christopher, 1973 Mar. p. 88, 91.
Roper, Derek, 1961 Mar. p. 129.
Roper, E., 1961 Dec. p. 45.
Roper, Elmo, 1948 Dec. p. 7, 11.
Roques, P. E., 1964 Aug. p. 14.
Rorke, J., 1963 Aug. p. 84, 86.
Rorschach, H., 1949 Aug. p. 12-14.
Rosa, E. B., 1955 Aug. p. 64-66.
Rösch, G. A., 1953 July p. 62.
Rösch, Jurgen, 1959 May p. 52.
Roscoe B. Jackson Memorial Laboratory, 1960 Aug. p. 75.
Rose, Albert, 1968 Sept. p. 116.
Rose, Anthony H., 1960 Feb. p. 139.
Rose, Arnold M., 1953 Feb. p. 35.
Rose, Ben, 1975 Mar. p. 103; June p. 98.
Rose, Birgit, 1970 May p. 82; 1973 Feb. p. 34; 1977 Nov. p. 134.
Rose, David, 1962 Oct. p. 53, 54.
Rose, David J., 1971 Sept. p. 69; 1978 Apr. p. 45.
Rose, Dorothy, 1963 Sept. p. 88.
Rose, George, 1969 July p. 42.
Rose, George G., 1961 Apr. p. 130.
Rose, Gustav, 1963 Oct. p. 65.
Rose, Harry M., 1954 Apr. p. 52; 1957 Feb. p. 40, 43.
Rose, I. A., 1959 Oct. p. 99.
Rose, M. E., 1966 July p. 74.
Rose, Peter H., 1970 Aug. p. 24.
Rose, S. Meryl, 1952 Oct. p. 42; 1953 May p. 78; 1958 Oct. p. 88.
Rose, Timothy, 1968 Oct. p. 46.
Rose, Wickliffe, 1953 June p. 56.
Rosebury, Theodor, 1949 Apr. p. 26.
Rosecrans, Clarence J., 1965 July p. 48.
Roseman, Saul, 1974 May p. 82; 1975 Dec. p. 32; 1976 Apr. p. 44.
Rosembaum, E. P., 1963 Jan. p. 39.
Rosen, Charles A., 1963 May p. 47; 1976 Feb. p. 86.
Rosen, Fred, 1973 Nov. p. 65.
Rosen, Fred S., 1969 Feb. p. 43.
Rosen, Milton W., 1952 Dec. p. 30.
Rosenau, Milton J., 1964 Mar. p. 41.
Rosenbaum, E. P., 1959 Jan. p. 80; Feb. p. 62; Apr. p. 68; 1962 Jan. p. 53; 1963 Oct. p. 36; 1964 Feb. p. 80; Mar. p. 86; 1969 Dec. p. 49.
Rosenbaum, Joel, 1974 July p. 48.
Rosenbaum, R., 1969 Dec. p. 31.
Rosenberg, Ethel, 1951 May p. 34; 1966 Oct. p. 43.
Rosenberg, Gary, 1973 Jan. p. 25.
Rosenberg, Ivan, 1975 Dec. p. 41.
Rosenberg, Jerome L., 1965 July p. 83.
Rosenberg, Julius, 1951 May p. 34; 1954 June p. 30; 1966 Oct. p. 43.
Rosenberg, Lawson L., 1960 Nov. p. 105.
Rosenberg, Leon E., 1978 Jan. p. 66.
Rosenberg, Morris, 1968 Feb. p. 98.
Rosenberg, S. A., 1972 Feb. p. 32.
Rosenberg, Thomas, 1962 Aug. p. 105.
Rosenblatt, Frank, 1958 Sept. p. 89, 90.
Rosenblatt, Jay S., 1972 Nov. p. 52.
Rosenblatt, Murray, 1975 Apr. p. 37.
Rosenblatt, Richard H., 1977 Mar. p. 108, 112.
Rosenblith, Walter A., 1962 June p. 151.
Rosenblueth, Arturo, 1948 Nov. p. 14; 1966 Sept. p. 247; 1974 June p. 85.
Rosenblum, E. D., 1953 Mar. p. 41.
Rosenblum, Jack, 1949 June p. 54.
Rosenbluth, Jack, 1965 Sept. p. 86; 1966 May p. 88.
Rosenbluth, Marshall, 1956 July p. 58.
Rosenbluth, Marshall N., 1967 July p. 83.
Rosendale, F., 1952 Nov. p. 38.
Rosenfeld, Arthur H., 1961 Nov. p. 80; 1963 Jan. p. 45; 1964 Apr. p. 60; June p. 55; July p. 44; Sept. p. 130; Oct. p. 36; 1965 Mar. p. 52; 1975 Oct. p. 40.
Rosenfeld, G., 1962 Aug. p. 113, 117.
Rosenfeld, Leon, 1949 Nov. p. 40, 41.
Rosenfield, Arthur, 1969 Mar. p. 48.
Rosenhain, Walter, 1967 Sept. p. 93.
Rosenhan, David L., 1973 Mar. p. 46.
Rosenheim, Otto, 1970 Dec. p. 80.
Rosenhof, August J. R. von, 1974 July p. 28; Dec. p. 46.
Rosenkranz, Georg, 1955 Jan. p. 57, 58.
Rosenkranz, Herbert, 1958 Nov. p. 54.
Rosenquist, I. T., 1963 Nov. p. 132.
Rosenstock, Irwin M., 1959 Apr. p. 67.
Rosensweig, Norton S., 1972 Oct. p. 73, 75.
Rosenthal, Adolph H., 1963 July p. 45.
Rosenthal, D., 1973 Sept. p. 123.
Rosenthal, G., 1963 Aug. p. 84, 86.
Rosenthal, Joel, 1973 Jan. p. 26.
Rosenthal, Marcia W., 1955 Aug. p. 38; 1966 May p. 49.
Rosenthal, Richard J., 1972 July p. 96.
Rosenthal, Robert, 1967 Nov. p. 54; 1968 Apr. p. 19; 1974 Dec. p. 28.
Rosenthal, Sanford M., 1950 Dec. p. 29.
Rosenwald, Lessing R., 1974 July p. 94, 95, 101.
Rosenwasser, Herman, Rabbi, 1959 Jan. p. 122.
Rosenzweig, Mark R., 1955 Feb. p. 58; 1961 Oct. p. 134; 1965 Jan. p. 52; 1973 Oct. p. 97.
Roser, W., 1963 Aug. p. 78.
Rosi, Fred D., 1967 Dec. p. 72.
Rosina, G., 1970 Feb. p. 34.
Rosing, Boris, 1974 Mar. p. 101.
Roskam, Jacques, 1961 Feb. p. 62.
Roslansky, John D., 1953 Aug. p. 54; 1961 Sept. p. 110; 1962 Feb. p. 117.
Ross, David A., 1970 Apr. p. 32; 1973 July p. 88, 90; 1978 May p. 55.
Ross, Douglas, 1966 Sept. p. 188.
Ross, E. J., 1958 May p. 104.
Ross, Elizabeth K., 1973 Sept. p. 57, 62.
Ross, F. E., 1965 Apr. p. 107.
Ross, Frank E., 1975 Sept. p. 72, 75.
Ross, Ian M., 1973 Aug. p. 50.
Ross, James C., 1962 Sept. p. 204, 64.
Ross, John, 1978 Jan. p. .
Ross, Malcolm, 1959 May p. 54; 1965 Jan. p. 28, 30.
Ross, Marc H., 1959 Jan. p. 54; 1966 Nov. p. 109; 1971 July p. 101.
Ross, Michael J., 1977 Feb. p. 112.
Ross, Ronald, 1952 June p. 23; 1958 July p. 97; 1962 May p. 88, 92; 1967 Nov. p. 26.
Ross, Russell, 1971 June p. 44, 52; 1977 Feb. p. 85.
Ross, W. M., 1969 May p. 23, 24.
Rossard, Claude, 1975 Apr. p. 123.
Rossby, Carl-Gustaf, 1952 Oct. p. 27, 30; 1955 Aug. p. 42; 1968 Feb. p. 81; 1974 May p. 67.
Rosse, Earl of, *see:* Parsons, William, Earl of Rosse.
Rossel, J., 1955 July p. 78; 1957 Feb. p. 75.
Rossel, Samuel, 1976 July p. 114.
Rossi, A. J., 1949 Apr. p. 48.
Rossi, Alice S., 1974 Sept. p. 145.
Rossi, Bruno B., 1949 Mar. p. 29, 32; 1954 July p. 44; 1957 June p. 70; 1959 Nov. p. 135; 1960 Nov. p. 91; 1963 Aug. p. 34; Dec. p. 67; 1964 June p. 36; 1967 Dec. p. 37, 40.
Rossi, G. Bernard, 1956 Dec. p. 67, 77.
Rossi, Irving, 1963 Dec. p. 76, 81.
Rossini, Frederick D., 1955 Nov. p. 45; 1956 July p. 90.
Rossmann, Michael G., 1964 Nov. p. 69, 71; 1970 June p. 48; 1974 Mar. p. 45.
Rostand, Jean, 1956 June p. 108.
Rostoker, Norman, 1972 Apr. p. 29.
Rostow, W. W., 1966 Nov. p. 45.
Roswell Park Memorial Institute, 1977 Apr. p. 44.
Rotblad, Joseph, 1955 July p. 50; Nov. p. 61, 62; 1957 Sept. p. 107; 1961 Aug. p. 118.
Rotblat, Joseph, 1955 May. p. 54.
Rotem, Zeev, 1963 Oct. p. 46, 48.
Roth, Emery, 1974 Feb. p. 105.
Roth, H. L., 1957 May p. 41.
Roth, Ivan L., 1978 Jan. p. 86.
Roth, Jesse, 1972 July p. 80; 1976 May p. 37.
Roth, John R., 1971 Jan. p. 46.
Roth, L. M., 1953 Dec. p. 54.
Roth, Louis M., 1968 Apr. p. 112.
Roth, R. F., 1969 Oct. p. 94.
Roth, Stephen, 1974 June p. 50.
Roth, Walter L., 1948 Oct. p. 53.
Roth, Willard, 1965 July p. 55.
Roth, William, 1977 Sept. p. 113.
Rothamsted Experimental Station, *see:* U.K. Rothamsted Experimental Station.
Rothbergl, J. E., 1966 Apr. p. 98.
Rothblat, George, 1959 Mar. p. 65.
Rothe, Erhard W., 1968 Oct. p. 48.
Rothen, Alexandre, 1948 Oct. p. 14-17; 1950 Mar. p. 28.
Rothenberg, Sanford F., 1953 Oct. p. 58.
Rother, Klaus, 1973 Nov. p. 66.
Rother, Ursula, 1973 Nov. p. 66.
Rothery, Richard W., 1963 Dec. p. 35, 43.
Rothfarb, Bill, 1970 July p. 96, 100.
Rothman, Milton A., 1961 Nov. p. 50.
Rothschild, G. H., 1967 June p. 116.
Rothschild, Kurt W., 1977 Nov. p. 70.
Rothschild, Lord, 1959 July p. 130; 1962 Oct. p. 123; 1972 Feb. p. 40; 1977 Nov. p. 131.
Rothschild, Marcus A., 1976 Mar. p. 32.
Rothschild, Miriam, 1973 Nov. p. 92; 1976 Aug. p. 87.
Rothwell, Pamela, 1960 June p. 67.
Rotman, Raquel, 1962 Jan. p. 73.
Rotruck, J. T., 1972 July p. 59.
Rots, A. H., 1976 Oct. p. 65.
Rotschi, Henri, 1950 Aug. p. 44; 1960 Feb. p. 132.
Roubet, Colette, 1970 Feb. p. 35.
Roudabush, R. L., 1957 Dec. p. 120; 1961 Sept. p. 145.
Rouget, Charles, 1959 Jan. p. 56, 58.
Roughton, F. J. W., 1959 Aug. p. 119; 1960 Dec. p. 146; 1964 Nov. p. 74; 1969 May p. 30.
Rougoor, G. W., 1960 June p. 86; 1974 Apr. p. 70.
Roulland-Dussoix, Daisey, 1970 Jan. p. 88.
Roulston, Kenneth I., 1950 July p. 28.
Rounds, Donald E., 1970 Feb. p. 99.
Rountree, Phyllis, 1959 Jan. p. 42.
Rous, Peyton, 1958 Jan. p. 46; 1960 Nov. p. 64, 67; 1964 June p. 46, 49; 1966 Dec. p. 56; 1967

Jan. p. 111; Nov. p. 28; 1972 Jan. p. 25, 26; 1973 Oct. p. 26; 1974 Dec. p. 56.
Rouse, Stanley R., 1977 Jan. p. 82.
Rousseau, Jean J., 1949 Jan. p. 52; 1956 Aug. p. 59.
Roussel-UCLAF, 1976 July p. 57.
Routh, Edward, 1952 Sept. p. 59; 1955 June p. 62.
Routh, Joseph I., 1968 Feb. p. 91.
Routledge, Scoresby, 1949 Feb. p. 50, 54; 1957 May p. 43.
Roux, Emile, 1952 Oct. p. 32; 1968 Apr. p. 71.
Roux, P. P. E., 1962 Mar. p. 117.
Roux, Wilhelm, 1950 Feb. p. 53; 1957 Nov. p. 82.
Rover Company, 1973 Mar. p. 88.
Rowan, Archibald H., 1954 May p. 82.
Rowan, William, 1948 Dec. p. 21, 24; 1971 Apr. p. 75.
Rowe, A. J., 1974 Oct. p. 48.
Rowe, B., 1970 Mar. p. 64.
Rowe, David S., 1973 July p. 56; 1974 Nov. p. 70.
Rowe, Ednor M., 1977 June p. 32.
Rowe, Gilbert T., 1977 June p. 51.
Rowe, Hartley, 1975 Oct. p. 108, 109.
Rowe, Wallace, 1977 May p. 69.
Rowe, Wallace P., 1960 Dec. p. 92; 1973 Jan. p. 22, 24.
Rowell, John, 1966 May p. 36, 37.
Rowen, Robert, 1976 June p. 38, 41.
Rowland, F. S., 1966 Jan. p. 86.
Rowland, Henry A., 1949 May p. 21; 1950 May p. 28; 1952 June p. 48-50, 52, 54; 1968 Sept. p. 76; 1976 Sept. p. 70.
Rowlandson, Thomas, 1969 July p. 44.
Rowley, Janet, 1978 Feb. p. 119.
Rowntree, L. G., 1961 July p. 58.
Rowsell, H. C., 1966 June p. 100.
Rowson, B., 1961 Feb. p. 76; 1963 Dec. p. 56.
Roxburgh, Ian W., 1968 June p. 39.
Roy, Robert F., 1977 Aug. p. 66.
Roy, Sujoy B., 1968 Feb. p. 94.
Royal Canadian Air Force, 1958 July p. 32.
Royal Canadian Mounted Police, 1971 Sept. p. 108.
Royal Dutch Shell Group, 1948 Sept. p. 14; 1963 Sept. p. 180; 1976 Dec. p. 37.
see also: Shell Oil Company.
Royal Institution of Great Britain, 1953 Oct. p. 93, 98.
Royal Society of London, 1952 Apr. p. 64; 1963 July p. 100; Nov. p. 97; 1964 Jan. p. 100; Mar. p. 100, 104, 108; 1965 Sept. p. 98; 1974 Sept. p. 72; 1976 Jan. p. 63.
Royall, Kenneth C., 1948 May p. 32; 1950 Aug. p. 30.
Roybal, Edward R., 1966 Mar. p. 56.
Roy-Burman, P., 1973 Sept. p. 69.
Royen, Willebrord S. van, 1976 Aug. p. 74.
Roys, Ralph L., 1975 Oct. p. 74.
Royse, Donald, 1965 Sept. p. 210.
Rozsa, G., 1949 June p. 24, 25.
R-S-Harvie, R.B., 1968 Sept. p. 84.
Ruark, Arthur E., 1958 June p. 46.
Rubber Survey Committee, 1956 Nov. p. 83.
Rubbia, Carlo, 1974 Dec. p. 108; 1975 Jan. p. 49; July p. 46; Oct. p. 50; 1976 Jan. p. 47; 1977 Apr. p. 58.
Ruben, Ira, 1974 Nov. p. 54.
Ruben, Samuel, 1948 Aug. p. 31, 32; 1962 June p. 92; 1970 Sept. p. 111.
Rubens, Peter P., 1952 Mar. p. 49; 1971 June p. 92, 93.
Rubenstein, Irvin, 1963 Feb. p. 57, 59, 61.
Rubenstein, Leonard, 1965 Mar. p. 83.
Rubey, W. W., 1974 June p. 75.
Rubey, William W., 1951 Jan. p. 28; 1970 Sept. p. 115-117.
Rubin, Edgar, 1971 Dec. p. 63, 64; 1974 July p. 90-92, 94, 96, 102.
Rubin, Emanuel, 1976 Mar. p. 30, 32.
Rubin, Harry, 1963 June p. 74; 1966 Mar. p. 40; 1972 Jan. p. 26; 1974 Jan. p. 62.
Rubin, Leonard, 1977 Oct. p. 34.
Rubin, Martin, 1964 Feb. p. 47; 1966 May p. 43; 1971 Aug. p. 46.
Rubin, Max, 1975 Feb. p. 43.
Rubin, Meyer, 1958 Feb. p. 59.
Rubin, V. Cooper, 1954 July p. 35.
Rubin, Vera C., 1978 May p. 73, 74.
Rubinowicz, W., 1949 Dec. p. 42.
Rubinstein, Pablo, 1978 Jan. p. 66.
Rubsamen, David S., 1975 Mar. p. 48.
Ruby, Edward, 1977 Mar. p. 112.
Ruby, Stanley L., 1971 Oct. p. 91.
Ruch, T., 1948 Oct. p. 34.
Ruckelshaus, William D., 1973 June p. 15, 21.
Ruckmick, C. A., 1976 May p. 74.
Rudall, K. M., 1969 Aug. p. 88.
Ruddle, Frank H., 1966 Apr. p. 40; Sept. p. 163; 1977 Apr. p. 46, 47.
Rudel, H. W., 1955 Aug. p. 49.
Rudenco, S. I., 1965 May p. 102, 103.
Ruderman, James, 1974 Feb. p. 105.
Ruderman, Malvin A., 1970 Feb. p. 45; 1971 Feb. p. 24; 1976 Oct. p. 78.
Rudnicki, Konrad, 1977 Nov. p. 77, 88-90.
Rudolph, Harvey, 1972 Oct. p. 104.
Rudolph II, 1952 Oct. p. 74, 76.
Rudolph, Stephan A., 1977 Aug. p. 118.
Rudörff, Watler, 1971 Nov. p. 30.
Rudzinska, Maria A., 1961 Sept. p. 60.
Rue, F. Ferber de, 1949 May p. 31.
Rüegg, J. C., 1965 June p. 88.
Ruemke, H. C., 1953 Oct. p. 60.
Ruesch, J., 1955 May p. 78.
Ruff, Arthur W. Jr., 1974 May p. 95.
Ruff, O., 1955 Nov. p. 44.
Ruffini, P., 1964 Sept. p. 45.
Ruffini, Remo J., 1975 Mar. p. 28.
Rufus, William, 1974 May p. 42.
Ruggera, Paul S., 1971 June p. 59.
Ruggieri, Giuliano, 1972 Dec. p. 36.
Ruggles, John, 1967 June p. 20.
Ruhe, Jacob, 1955 Oct. p. 106.
Ruhmkorff, Heinrich D., 1971 May p. 82-84, 86.
Ruina, Jack P., 1971 Mar. p. 44; 1974 Apr. p. 48; 1977 Apr. p. 52.
Ruiter, Leen de, 1957 Oct. p. 50, 54.
Ruiz-Castañeda, Maximiliano, 1964 Mar. p. 44.
Ruiz-Gomes, Juan, 1963 Oct. p. 47.
Rule, Bruce, 1948 Aug. p. 13; 1965 Apr. p. 113.
Rumford, Count, *see:* Thompson, Benjamin.
Rumford Premium, 1967 Nov. p. 25.
Rumsey, Howard C. Jr., 1973 Oct. p. 48.
Runcorn, S. K., 1963 Apr. p. 93, 95; 1964 Jan. p. 61; 1966 Oct. p. 26; 1968 Apr. p. 54, 57, 59; 1969 Nov. p. 104; 1971 Dec. p. 85; 1972 Apr. p. 48; 1977 Mar. p. 104.
Rundle, Robert E., 1962 July p. 88; 1966 July p. 106.
Rundus, Dewey, 1971 Aug. p. 85, 86.
Runnels, L. K., 1966 Dec. p. 118.
Runner, G. A., 1960 Oct. p. 55.
Runnström, John, 1950 Dec. p. 48, 49; 1959 July p. 126, 128; 1962 Feb. p. 116.
Runyon, Ernest, 1949 June p. 45.
Runyon, Ernest H., 1969 June p. 80.
Rupert, Claude S., 1962 Dec. p. 138, 140; 1967 Feb. p. 37.
Rupert, Viscount T., 1965 Aug. p. 95.
Rupley, John A., 1966 Nov. p. 90.
Rupp, A. F., 1952 Feb. p. 32.
Rupp, W. Dean, 1973 Apr. p. 23.
Rüppell, Werner, 1948 Dec. p. 21, 22, 24; 1958 Aug. p. 42.
Ruppert, Karl, 1955 May p. 85.
Rusa I, King, 1967 Mar. p. 45, 46.
Rusa II, King, 1967 Mar. p. 46.
Rusa III, King, 1967 Mar. p. 46.
Rush, J. H., 1957 May p. 51.
Rush, James, 1965 Mar. p. 82.
Rush, Joseph H., 1973 Oct. p. 71.
Rushizky, G. W., 1966 Feb. p. 34.
Rushoff, Louis L., 1953 Nov. p. 58.
Rushton, W. A. H., 1963 Oct. p. 87; Dec. p. 68, 71; 1964 Nov. p. 57; Dec. p. 54; 1966 Oct. p. 81; 1975 Mar. p. 64, 68, 70, 73, 74.
Rusk, Dean, 1952 Jan. p. 40; 1954 Sept. p. 71; 1955 Feb. p. 56; 1970 May p. 21; 1971 Mar. p. 44; 1972 Nov. p. 23.
Rusk, Howard A., 1951 Feb. p. 36; Sept. p. 82.
Ruska, E. A. F., 1970 Feb. p. 85.
Ruska, Ernst, 1971 Apr. p. 27.
Ruskin, John, 1952 Dec. p. 51; 1963 Sept. p. 58.
Russel, D. E., 1964 July p. 52.
Russel, W. C., 1963 Jan. p. 51.
Russell, Alexander, 1956 Nov. p. 102.
Russell, Bertrand, 1949 May p. 51; 1950 Sept. p. 40; Dec. p. 22, 27; 1953 Feb. p. 78; Nov. p. 75, 93; 1956 Mar. p. 60; Apr. p. 122; June p. 73, 74, 76; 1957 Feb. p. 100; Sept. p. 106; 1958 Apr. p. 48; Dec. p. 53; 1960 Aug. p. 60; 1962 Apr. p. 84, 87, 89-94; 1964 Sept. p. 127; Nov. p. 107; 1967 July p. 52; Dec. p. 105, 112, 116; 1968 May p. 95; 1969 June p. 66; 1971 Mar. p. 51, 53, 57, 58; 1972 July p. 39; 1973 Mar. p. 101, 103, 105, 109; May p. 76, 77, 82; 1975 May p. 51; 1977 Feb. p. 100.
Russell, Dale A., 1975 Apr. p. 71.
Russell, Elizabeth B. S., 1960 Aug. p. 75.
Russell, G. F., 1971 Aug. p. 46.
Russell, Henry N., 1948 May p. 41, 44; 1950 Jan. p. 44; Sept. p. 24, 25; 1951 July p. 22; 1952 Oct. p. 56; 1953 May p. 69; 1957 Aug. p. 80; 1961 June p. 111; 1963 Oct. p. 65; 1974 Jan. p. 71.
Russell, J. C., 1963 Sept. p. 63.
Russell, James T., 1960 Apr. p. 69.
Russell, Liane B., 1960 Apr. p. 153; 1963 Nov. p. 72.
Russell, Paul, 1959 July p. 67.
Russell, Paul F., 1962 May p. 90.
Russell, Paul S., 1965 Dec. p. 40; 1974 Apr. p. 45.
Russell, Philip K., 1973 Jan. p. 26.
Russell, Richard J., 1951 Apr. p. 21.
Russell Sage Foundation, 1956 Mar. p. 50.
Russell, Sterling A., 1973 June p. 77.
Russell, W. L., 1955 Oct. p. 38; Nov. p. 58, 61; 1959 Sept. p. 100; 1960 Apr. p. 153.
Rust, Alfred, 1969 Apr. p. 78; 1976 Feb. p. 88-90.
Rust, John, 1967 Aug. p. 57.
Rust, Mack, 1967 Aug. p. 57.
Rustad, Ditlef, 1965 Nov. p. 108.
Rustad, Lynne, 1961 Apr. p. 123.
Rustad, Ronald C., 1959 July p. 68; 1961 Apr. p. 122; Sept. p. 174.
Rustigian, Robert, 1974 Feb. p. 35.
Rutgers University, 1949 Sept. p. 26; 1953 Apr. p. 52; 1964 May p. 56; Nov. p. 48.
Ruth, 1955 Aug. p. 66.
Ruth, George H. "Babe", 1974 Oct. p. 63.
Ruthardt, R., 1971 Nov. p. 31.
Rutherford, Alison, 1977 Feb. p. 46.
Rutherford, Ernest, Lord, 1948 June p. 27, 28; 1949 Feb. p. 32; Mar. p. 29; Nov. p. 42, 43; 1950 July p. 40; Sept. p. 29, 30; Nov. p. 26; 1951 Mar. p. 22, 23; Oct. p. 46; 1952 Mar.

p. 51, 52; Oct. p. 73; 1953 Nov. p. 37, 39; 1954 Feb. p. 78; 1956 May p. 41; July p. 56, 57; Sept. p. 88; Nov. p. 93, 94, 96, 98, 100, 102, 104; 1957 Apr. p. 81; 1958 Feb. p. 76; Sept. p. 77, 80, 81; 1959 Jan. p. 75, 76; Sept. p. 74, 76; 1960 Mar. p. 99; July p. 49; 1962 Jan. p. 50; Aug. p. 37; 1964 Nov. p. 66; 1966 Aug. p. 89-95; 1967 May p. 129; Nov. p. 26, 92, 95; 1968 May p. 19, 26; 1970 June p. 49; 1971 June p. 61-63, 65, 66; 1972 Oct. p. 100; 1974 Feb. p. 81; 1975 June p. 52; Sept. p. 45; Oct. p. 38.
Rutherford, H. M., 1956 Dec. p. 85; 1962 May p. 117.
Rutherford, John L., 1967 Dec. p. 67.
Rutherford Laboratory, 1966 July p. 78.
Rutherford, R., 1973 Oct. p. 98.
Rutherfurd, L. M., 1952 June p. 48.
Rutledge, Wiley B., 1951 July p. 30.
Rutten, M., 1967 Feb. p. 51.
Rutter, John W., 1967 Feb. p. 86; Dec. p. 67.
Ruttiger, K. F., 1949 Sept. p. 26.
Rutz, Richard F., 1963 Apr. p. 84.
Ruud, Johan T., 1966 Aug. p. 14.
Ruysdael, Jacob van, 1952 July p. 23.
Ružicka, Leopold, 1955 Jan. p. 55, 56, 58, 60; 1962 Nov. p. 94; 1967 Nov. p. 27.
Ruzicki, Jiri, 1971 Nov. p. 29.
Ryan Aeronautical Company, 1960 Aug. p. 45.
Ryan, Francis J., 1952 June p. 42.
Ryan, James H., 1977 Mar. p. 64.
Ryan, John D., 1973 Aug. p. 15.
Ryan, Kenneth J., 1976 July p. 51.
Ryan, Robert H., 1966 Mar. p. 55.
Ryan, William B., 1972 Feb. p. 96; Dec. p. 27, 28, 35.
Ryckmans, Pierre, 1954 Mar. p. 45.
Rydbeck, O., 1968 Dec. p. 42.
Ryder, Norman B., 1974 Sept. p. 32.
Ryder, Robert M., 1959 June p. 124.
Ryerson, William N., 1969 Feb. p. 25.
Rylander, Gösta, 1948 Oct. p. 38.
Ryle, Martin, 1949 Sept. p. 38; 1953 Jan. p. 18, 20; 1955 Mar. p. 42; 1956 Sept. p. 166; 1957 Mar. p. 55; 1961 Dec. p. 76; 1963 Dec. p. 54; 1968 Apr. p. 43; Oct. p. 29, 35; 1971 May p. 56, 59; July p. 80, 83, 82; 1973 Feb. p. 101; Sept. p. 72; 1974 Dec. p. 56; 1975 Aug. p. 29, 30, 32.
Ryman, W. P., 1971 Sept. p. 65, 69.
Rynd, F., 1971 Jan. p. 98, 99.
Rynn, N., 1967 July p. 88.
Ryrie, I. J., 1978 Mar. p. 113.
Ryther, John H., 1970 Sept. p. 70, 71; Dec. p. 16; 1971 May p. 50.
Ryun, James, 1976 June p. 110, 114.

S

S. A. Levine Cardiac Center, 1968 July p. 19, 21, 24, 25.
S. Smith and Sons, 1967 Feb. p. 102.
Saacke, R. G., 1969 July p. 66.
Saba, Hussein, 1967 Nov. p. 67.
Sabath, Leon, 1975 Feb. p. 40.
Sabatier, Paul, 1949 Dec. p. 35, 36; 1967 Nov. p. 26; 1971 Dec. p. 49, 50.
Sabatini, David D., 1975 Oct. p. 31.
Sabet, Sohair, 1975 Dec. p. 34.
Sabin, Albert B., 1949 Mar. p. 26; 1953 Feb. p. 88; 1957 Sept. p. 112; 1959 Aug. p. 64; 1960 Oct. p. 82; 1966 Mar. p. 34, 36; 1977 Sept. p. 96.
Sabin, Florence R., 1959 Mar. p. 89.
Sabloff, Jeremy A., 1975 Oct. p. 73.
Saccá, Giuseppe, 1952 Oct. p. 22; 1965 July p. 97.
Saccheri, Girolamo, 1956 Mar. p. 106, 108; 1969 Nov. p. 88-91, 94.
Sacchi, Andrea, 1977 June p. 126.
Sachs, Abraham J., 1976 June p. 100.
Sachs, Bernard, 1973 Aug. p. 88-90, 92, 94-97.
Sachs, J., 1961 Jan. p. 134, 136.
Sachs, Julius von, 1952 May p. 51; 1959 Jan. p. 98; 1968 June p. 86; 1971 Aug. p. 74.
Sachs, Paul J., 1973 Sept. p. 77.
Sachse, Hermann, 1970 Jan. p. 58, 63.
Sack, R. B., 1971 Aug. p. 18, 19.
Sackett, Gene P., 1969 July p. 112.
Sackett, Walter G., 1972 Apr. p. 93.
Sacks, Leo, 1977 June p. 113.
Sacks, Milton S., 1953 Aug. p. 76.
Sacramento Peak Observatory, 1962 Feb. p. 50.
Sadacca, Robert, 1968 Aug. p. 93.
Sadeh, D., 1963 May p. 78.
Sadowsky, Norman, 1967 Jan. p. 58.
Saenger, Gerhart, 1954 Aug. p. 42.
Safar, Peter, 1958 June p. 49.
Safronov, V. S., 1975 Jan. p. 25.
Sagan, Carl, 1960 June p. 86; 1961 May p. 62; 1963 July p. 84; 1966 Apr. p. 60; 1969 Mar. p. 86, 88; 1973 Jan. p. 60, 66; Aug. p. 43; 1974 Jan. p. 52; 1975 May p. 80; Sept. p. 116; 1977 Dec. p. 86; 1978 Mar. p. 77.
Sagan, L. A., 1976 Jan. p. 31.
Sagan, Linda S., 1975 May p. 89.
Sagan, Lynn, 1962 Mar. p. 76.
Sager, Ruth, 1970 Nov. p. 27.
Sagik, Bernard, 1953 Aug. p. 44.
Sagnac, G., 1963 July p. 45.
Sagredo, 1976 May p. 108.
Sahagún, Bernardino de, 1966 Apr. p. 73, 75.
Sahlins, Marshall D., 1960 Sept. p. 74; 1961 June p. 70; 1969 July p. 109.
Sahni, Ashok, 1977 Apr. p. 34.
Sahni, M. R., 1966 May p. 95.
Sahni, Sartaj K., 1978 Mar. p. 129.
Saines, Nicholas, 1949 June p. 49.
Saint John, Ruth N., 1964 Apr. p. 108.
Saint Joseph, J. K. S., 1977 Dec. p. 157.
Saint Louis University, 1958 July p. 52; 1963 Mar. p. 83.
Saint Méry, Moreau de, 1960 Aug. p. 114.
Saint-Gobain Techniques Nouvelles, 1976 Dec. p. 38, 34.
Saint-Hilaire, Isidore G., 1950 June p. 16; 1957 Oct. p. 110.
Saint-Simon, Claude H., 1954 Oct. p. 33; 1963 Sept. p. 56.
Saint-Venant, Barré de, 1959 Dec. p. 122.
Sainz, Anthony A., 1955 Feb. p. 52.
Saito, Kihachi, 1978 Feb. p. 97.
Saito, Saburo, 1960 May p. 119.
Sakamura, T., 1951 Apr. p. 57; 1953 July p. 51.
Sakata, Schoichi, 1966 Feb. p. 43.
Sakel, Manfred, 1962 Aug. p. 68.
Sakharov, Andrei D., 1959 Feb. p. 62; 1969 Aug. p. 24, 29.
Saki, Tatsuo, 1969 Nov. p. 121.
Sakita, B., 1965 Mar. p. 53.
Sakmann, Bert, 1977 febr. p. 113, 144.
Saks, V. N., 1961 May p. 101.
Sakurai, J. J., 1962 Feb. p. 74.
Sakuri, J. J., 1971 July p. 98.
Sala Magnetics, Inc., 1975 Nov. p. 46, 54.
Sala, Monte, 1976 Mar. p. 81.
Salaev, M. V., 1970 Nov. p. 62.
Salam, Abdus, 1965 Mar. p. 53; 1973 Nov. p. 49; 1974 Feb. p. 72; July p. 56; Dec. p. 114; 1975 Jan. p. 49; Oct. p. 47; 1976 Nov. p. 55; 1978 Feb. p. 129, 138.
Salaman, Redcliffe N., 1959 May p. 101.
Salerne, 1965 June p. 112.
Salinas, Francesco, 1967 Dec. p. 97.
Salisbury, Frank B., 1957 Apr. p. 125; 1959 Apr. p. 80; 1968 July p. 76.
Salisbury, J. H., Lord, 1955 Apr. p. 33.
Salisbury, John W., 1962 Oct. p. 63.
Salisbury, Morse, 1949 July p. 33.
Salisbury, Peter, 1965 Nov. p. 40.
Salisbury, Peter F., 1954 Aug. p. 25, 27.
Salisbury, Richard, 1966 Jan. p. 76.
Salisbury, Winfield W., 1952 June p. 38; 1953 Sept. p. 67.
Salk Institute for Biological Studies, 1964 Dec. p. 109; 1970 May p. 80; June p. 43; 1977 Mar. p. 55; June p. 115, 118.
Salk, Jonas E., 1953 May p. 58; Dec. p. 52; 1954 June p. 48; 1955 June p. 46,47; 1977 Sept. p. 96.
Salkind, Michael J., 1967 Feb. p. 92; Sept. p. 161, 176.
Salmi, E. W., 1959 Jan. p. 66.
Salmi, M. J., 1963 Feb. p. 89.
Salmon, George, 1953 Nov. p. 93.
Salmon, Thomas, 1955 Dec. p. 76.
Salmon, William, 1965 June p. 112; 1970 Oct. p. 114.
Salomon, R., 1976 Aug. p. 69.
Salomonovich, A. E., 1961 May p. 62.
Salomonsen, Finn, 1967 Oct. p. 96.
Salpeter, Edwin E., 1953 Jan. p. 34; 1961 June p. 120; 1962 Apr. p. 60; 1966 Dec. p. 45; 1967 Aug. p. 34.
Salpeter, Miriam M., 1977 Feb. p. 117, 118.
Saltin, Bengt, 1972 Mar. p. 90.
Salton, Milton R. J., 1960 June p. 133; 1966 Nov. p. 88; 1969 May p. 93, 95, 96.
Salvador, Miguel, 1973 Sept. p. 46.
Salviati, 1975 Mar. p. 110; 1976 May p. 108.
Salvioni, E., 1954 Feb. p. 78, 79.
Salzen, Eric, 1972 Mar. p. 76.
Samarski, 1951 Nov. p. 29.
Samayda, Jorge, 1959 Mar. p. 100.
Sambin, Paolo, 1976 Apr. p. 52.
Sambrook, Joseph, 1968 Nov. p. 56.
Samelson, H., 1963 July p. 37.
Samios, Nicholas P., 1957 July p. 74; 1964 Apr. p. 61; 1975 July p. 46; Oct. p. 44, 50.
Samorajski, Thaddeus, 1970 Aug. p. 83.
Sampson, John J., 1963 June p. 84.
Sampson, William, 1965 Apr. p. 78.
Sampson, William B., 1967 Mar. p. 114.
Sams, G. Kenneth, 1971 Aug. p. 32.
Sams, Joan, 1958 Aug. p. 48.
Samson, 1977 Sept. p. 102.
Samuel, 1960 May p. 161; 1973 Oct. p. 35.
Samuel and Saidye Bronfman Family Foundation, 1974 Aug. p. 74.
Samuel, Arthur L., 1960 Aug. p. 60; 1966 Sept. p. 112, 114, 116, 247, 248.
Samuel, E. W., 1963 Aug. p. 84.
Samuels, Leonard E., 1968 June p. 91, 93, 94.
Samuelson, Paul A., 1970 Dec. p. 38.
Samuelsson, Sune, 1971 Nov. p. 84, 86, 91.
San Diego Gas and Electric Company, 1968 Feb. p. 27; 1973 Dec. p. 21.
San Diego State College, 1971 May p. 99.
San Francisco Bay Bridge Authority, 1965 Sept. p. 170.
San Francisco City Traffic Department, 1970 Feb. p. 14.
San Pietro, Anthony, 1965 July p. 77; 1969 Dec. p. 69.
Sanarelli, Giuseppe, 1954 Feb. p. 30; 1964 Mar. p. 39.
Sanctorius, 1957 June p. 62; 1967 Feb. p. 95.
Sanctuary, W. C., 1956 Feb. p. 43.
Sand, George, *see:* Dupin, Amandine A.L..

Sandage, Allan R., 1953 Mar. p. 37; June p. 63, 64; 1954 Sept. p. 147, 148; 1955 Jan. p. 44; Feb. p. 53; Dec. p. 48; 1956 Sept. p. 154, 166; Oct. p. 66; 1957 Apr. p. 70; 1958 Sept. p. 86; 1959 July p. 55; 1960 Mar. p. 85; 1961 Feb. p. 51; June p. 112, 115; 1963 Feb. p. 65; Sept. p. 86; Dec. p. 56, 60; 1964 Jan. p. 40; July p. 46; 1965 Mar. p. 55; July p. 32, 45; 1966 Aug. p. 33, 38; Dec. p. 40, 41, 45, 52; 1967 Dec. p. 43, 45, 50; 1969 Jan. p. 37; 1970 June p. 32; Dec. p. 24; 1971 May p. 56, 59, 60; 1972 Feb. p. 41; 1974 Jan. p. 70; Apr. p. 70; May p. 117; 1975 June p. 70; 1976 Mar. p. 77; Dec. p. 101.
Sandberg, Ann L., 1973 Nov. p. 61.
Sandberg, L. B., 1971 June p. 51.
Sandeen, M. I., 1954 Apr. p. 35.
Sanders, F. K., 1965 Mar. p. 42.
Sanders, Howard, 1955 Mar. p. 54,57; 1977 June p. 48, 50.
Sanders, John E., 1969 Sept. p. 210.
Sanders, R. H., 1974 May p. 60.
Sanders, William T., 1967 June p. 39, 46; 1975 Oct. p. 77.
Sanderson, Kenneth J., 1974 May p. 51, 53.
Sanderson, Peter, 1970 Oct. p. 42, 44.
Sandia Corporation, 1971 June p. 29; 1973 July p. 48.
Sandiford, David J., 1970 May p. 92.
Sandine, William E., 1973 Nov. p. 50.
Sando, W. J., 1959 Jan. p. 64.
Sandow, Alexander, 1970 Apr. p. 86.
Sandoz Laboratories, 1962 Aug. p. 114; 1963 July p. 52; 1970 Oct. p. 45; 1977 Apr. p. 44.
Sandrocottus, *see:* Chandragupta.
Sands, D. E., 1966 July p. 103.
Sands, Sidney, 1949 July p. 44.
Sandström, Ivor, 1961 Apr. p. 56.
Sandwich, John Montagu, Earl of, 1954 Oct. p. 69; 1969 Sept. p. 58; 1974 Sept. p. 76.
Sanes, Samuel, 1963 Mar. p. 118.
Sanford, Roscoe F., 1962 Apr. p. 58.
Sänger, Eugen, 1949 May p. 36.
Sanger, Frederick, 1950 June p. 37; 1953 Sept. p. 100; 1955 May p. 36-38, 41; 1956 Mar. p. 42; 1958 Mar. p. 120; May p. 99; Dec. p. 52; 1961 Jan. p. 79; Feb. p. 81, 83, 91; Dec. p. 96; 1963 Dec. p. 72; 1966 Dec. p. 58; 1967 Nov. p. 28; 1968 Mar. p. 70; 1969 Nov. p. 58; 1970 Aug. p. 37; 1973 Aug. p. 27; 1974 July p. 77; 1976 Jan. p. 73; 1977 May p. 50; Dec. p. 56.
Sanjivayya, D., 1965 Dec. p. 16.
Sannikov, V. V., 1969 Dec. p. 52.
Sanquinetti, G., 1973 Nov. p. 42.
Santangelo, J. G., 1954 June p. 64.
Santayana, George, 1953 July p. 86; Dec. p. 71.
Santen, Richard, 1967 June p. 122.
Santorio, Santorio, 1976 May p. 100, 101.
Santos, George W., 1974 Apr. p. 43.
Santos, Jean C. dos, 1961 Apr. p. 91.
Santos, Reynaldo dos, 1961 Apr. p. 88.
Santschi, F., 1955 July p. 88, 90.
Sanz, Manuel, 1957 Jan. p. 105.
Sapir, Edward, 1950 Sept. p. 92; 1960 Sept. p. 89; 1972 Sept. p. 76, 78; 1973 Feb. p. 51; 1976 Jan. p. 101.
Sar, Madhabaranda, 1972 Sept. p. 47; 1976 Feb. p. 33.
Sarabhai, A. S., 1964 Mar. p. 54.
Saranac Laboratory, 1958 Aug. p. 31.
Sarantsev, V. P., 1968 Sept. p. 84; 1969 Oct. p. 48.
Sarasin, F., 1952 Apr. p. 74.
Sarasin, P., 1952 Apr. p. 74.
Sarason, Seymour B., 1953 Nov. p. 60; 1958 Mar. p. 60.
Sarazin, Edouard, 1972 May p. 102.
Sarduri I, King, 1967 Mar. p. 45.
Sarduri II, King, 1967 Mar. p. 45.
Sarduri III, King, 1967 Mar. p. 46.
Sarett, Lewis H., 1950 Mar. p. 31; 1955 Jan. p. 58, 60; 1963 July p. 50.
Sargeant, Howland H., 1953 Jan. p. 30.
Sargent, John R., 1975 Mar. p. 80.
Sargent, M. C., 1949 Oct. p. 18.
Sargent, Wallace L. W., 1969 Jan. p. 30, 31, 34; Apr. p. 51; 1978 Apr. p. 80.
Sargon II, King, 1957 Oct. p. 83; 1959 July p. 100, 102; 1963 Nov. p. 123; 1967 Mar. p. 41; 1968 Apr. p. 95.
Sargon of Akkad, 1968 May p. 32, 37.
Sargrove, John A., 1955 Aug. p. 29.
Sarich, Vincent M., 1970 Feb. p. 46; 1978 Apr. p. 93.
Sarkany, Imrich, 1969 Jan. p. 112.
Sarkar, N., 1972 Jan. p. 25.
Sarko, Anatole, 1975 Apr. p. 84.
Sarles, Harry E., 1967 May p. 58.
Sarles, L. R., 1961 June p. 58.
Sarma, Padman S., 1973 Sept. p. 68.
Sarma, V. R., 1965 July p. 46; 1966 Nov. p. 84.
Sarnoff, David, 1954 Apr. p. 64; 1956 Mar. p. 52.
Sarnoff, Stanley J., 1972 Aug. p. 45.
Sarpi, Paolo, 1973 May p. 87, 90-92; 1975 June p. 100.
Sarton, George, 1976 June p. 102.
Sasaki, K., 1975 Jan. p. 60, 62, 63.
Saslaw, W. C., 1968 Oct. p. 35.
Sass, Jeremy, 1975 June p. 96; 1976 Mar. p. 44.
Sassen, Bernard, 1952 Sept. p. 108.
Sassetti, Filippo, 1958 Oct. p. 66.
Sass-Kortsak, Andrew, 1957 July p. 96.
Satinoff, Evelyn, 1968 Mar. p. 118.
Satir, Birgit, 1974 Oct. p. 44, 47; 1975 Oct. p. 29, 33.
Satir, Peter, 1961 Feb. p. 132; 1974 Oct. p. 45; 1975 Aug. p. 40; 1976 Sept. p. 68.
Sato, Gordon H., 1978 May p. 92.
Sato, Masayasu, 1960 Aug. p. 105.
Sato-Asano, K., 1966 Feb. p. 33.
Satterthwait, Arnold C., 1962 June p. 72.
Satterthwaite, Mark A., 1976 June p. 25.
Satyrus, 1957 Mar. p. 108.
Saudek, Robert, 1951 June p. 16.
Sauer, Bruno, 1950 Aug. p. 47.
Sauer, Carl, 1954 Sept. p. 55, 56.
Sauer, E. G. F., 1975 Aug. p. 103.
Sauerbrun, Baron von Drais de, 1973 Mar. p. 81, 82.
Saul, Frank P., 1977 Mar. p. 127.
Saul, King, 1973 Oct. p. 35.
Saulnier, Raymond J., 1975 Jan. p. 19.
Saunders, A. R., 1957 Dec. p. 66.
Saunders, Arthur, 1953 July p. 59.
Saunders, Charles, 1953 July p. 57.
Saunders, David R., 1963 Mar. p. 98.
Saunders, Frederick A., 1962 Nov. p. 81, 87-90; 1974 Jan. p. 90.
Saunders, James C., 1967 July p. 42.
Saunders, John W. Jr., 1968 Mar. p. 37.
Saunders, M. J., 1974 July p. 65.
Saunders, William, 1953 July p. 59.
Sauvestre, Stephen, 1974 Feb. p. 96.
Sauveur, Joseph, 1967 Dec. p. 103.
Savage, A., 1964 Apr. p. 43.
Savage, Blair D., 1971 Dec. p. 29; 1975 Sept. p. 132; 1978 Jan. p. 77.
Savage, Carleton M., 1963 July p. 42; 1964 Apr. p. 42, 43.
Savage, Donald E., 1964 July p. 58.
Savage, John L., 1949 June p. 29.
Savage, L. J., 1955 Feb. p. 80; 1973 May p. 83.
Savage, R. J. G., 1960 May p. 153.
Savart, Félix, 1954 Dec. p. 98; 1962 Nov. p. 83, 90, 93; 1976 Mar. p. 111.
Savedoff, Malcolm P., 1972 Feb. p. 71.
Savenkov, I. T., 1969 Aug. p. 75.
Savery, Roeland, 1978 Mar. p. 137.
Savery, Thomas, 1948 July p. 52; 1964 Jan. p. 98, 100, 101, 104; 1969 Apr. p. 104; 1974 Aug. p. 95.
Savignac, Raymond, 1972 Sept. p. 93.
Savile, H., Sir, 1969 Nov. p. 90.
Saville, Marshall, 1959 Mar. p. 102.
Savino, J., 1969 Dec. p. 93.
Savitch, P., 1958 Feb. p. 78.
Savitz, David, 1971 Feb. p. 93.
Savory, Theodore H., 1960 Apr. p. 115; 1966 Mar. p. 95; 1968 July p. 110; 1970 Dec. p. 102.
Sawdo, R., 1976 Mar. p. 41.
Sawicki, Ludwik, 1976 Feb. p. 89, 95.
Sawicki, Wojciech, 1973 Jan. p. 31.
Sawkins, Frederick, 1973 July p. 88.
Sawrey, William L., 1958 Oct. p. 96.
Sawyer, Eric, 1976 Jan. p. 63.
Sawyer, William, 1949 Feb. p. 19; 1958 May p. 71, 72; 1959 Nov. p. 102.
Sax, Karel, 1951 Apr. p. 57; 1953 July p. 51.
Saxe-Coburg-Gotha, Duchess of, 1965 Aug. p. 89.
Saxe-Coburg-Gotha, Duke of, 1965 Aug. p. 89.
Saxe-Meiningen, Princess of, 1965 Aug. p. 89.
Saxon, D. S., 1953 Apr. p. 37.
Saxon, David, 1978 June p. 83.
Saxton, Joseph, 1961 May p. 115.
Say, Burnhan, 1969 Feb. p. 43.
Sayers, Dale E., 1976 Apr. p. 96, 101.
Saypol, Irving, 1951 May p. 34.
Sayre, A. N., 1951 Feb. p. 34.
Sayre, Edward V., 1963 Nov. p. 126.
Sbarra, A. J., 1962 June p. 86.
Scala, John, 1978 Feb. p. 113.
Scalapino, Douglas J., 1966 May p. 30, 38; 1970 Oct. p. 66; 1973 Dec. p. 55.
Scalo, J. M., 1977 June p. 78.
Scanlon, Thomas M. Jr., 1972 Sept. p. 166.
S.C.A.R., *see:* International Geophysical Year.
Scarascia-Mugnozza, G. T., 1971 Jan. p. 93, 95.
Scarfe, C. D., 1965 May p. 31.
Scargle, Jeffrey D., 1975 Dec. p. 42; 1976 May p. 96.
Scarlet, Richard I., 1973 June p. 53.
Schaaffhausen, Hermann, 1959 Nov. p. 176.
Schachman, Howard K., 1968 Oct. p. 68.
Schachter, Mel, 1962 Aug. p. 113, 117; 1963 Nov. p. 106.
Schachter, Stanley, 1961 Dec. p. 47, 51.
Schade, Arthur L., 1949 Aug. p. 34.
Schade, Otto H. Jr., 1976 Aug. p. 83.
Schade, William, 1966 Mar. p. 106.
Schaedel, Richard P., 1954 Aug. p. 31; 1955 Mar. p. 98, 102.
Schaedler, Russel, 1964 Mar. p. 43.
Schaefer, Hermann J., 1950 Dec. p. 30.
Schaefer, Karl E., 1966 Mar. p. 27.
Schaefer, Vincent J., 1950 Apr. p. 52; 1952 Jan. p. 17-19; Apr. p. 78; 1953 Feb. p. 76; 1956 Apr. p. 76; 1957 Oct. p. 43; 1959 Feb. p. 115; 1961 Jan. p. 121; 1965 Jan. p. 42.
Schaeffer, Asa A., 1961 Sept. p. 174.
Schaeffer, Bobb, 1955 Dec. p. 37.
Schaeffer, Claude F. A., 1965 Feb. p. 102.
Schafer, David E., 1971 Aug. p. 21.
Schäfer, E. P., 1969 Feb. p. 33.
Schaffer, Frederick L., 1955 Dec. p. 48; 1956 Mar. p. 34, 35.
Schaffer, Robert, 1959 Aug. p. 125.
Schalen, Carl, 1950 Feb. p. 35.

Schalkwijk, W. F., 1965 Apr. p. 123.
Schaller, F. W., 1963 Aug. p. 81.
Schaller, George B., 1975 May p. 55.
Schaller, Hildegard, 1974 Dec. p. 51.
Schally, Andrew V., 1972 Nov. p. 30; 1977 Dec. p. 82.
Schantz, Bruce, 1973 July p. 31.
Scharf, David, 1977 July p. 25.
Scharfetter, D. L., 1972 Feb. p. 20.
Scharff, Matthew D., 1973 Apr. p. 67; June p. 89, 90; 1975 Feb. p. 49.
Scharrer, Berta, 1966 May p. 79, 80; 1972 Nov. p. 28.
Scharrer, Ernst A., 1957 Mar. p. 80; 1966 May p. 79, 80, 88; 1972 Nov. p. 28.
Schatten, Gerald P., 1977 Nov. p. 132-134.
Schatten, K. H., 1975 Apr. p. 114.
Schatten, Kenneth, 1973 Oct. p. 75.
Schatz, Albert, 1949 Aug. p. 24; 1955 Oct. p. 52.
Schatz, Gottfried, 1968 Feb. p. 35, 37.
Schatzman, Evry, 1950 Jan. p. 45; 1959 Jan. p. 48; 1967 Aug. p. 36.
Schatzmann, Hans J., 1962 Aug. p. 100.
Schaub, B., 1967 Dec. p. 67.
Schawlow, Arthur L., 1957 Nov. p. 92; 1960 Dec. p. 80; 1962 Jan. p. 62; 1963 July p. 34; 1964 Apr. p. 39; Dec. p. 60; 1966 Jan. p. 21; 1967 June p. 82; 1968 Sept. p. 146, 52; 1971 May p. 50; 1973 Dec. p. 80.
Schechtman, A. M., 1959 Mar. p. 91.
Scheele, Karl, 1958 June p. 76.
Scheele, Leonard A., 1950 Dec. p. 30; 1951 Mar. p. 30; 1952 Apr. p. 56; 1956 Oct. p. 67.
Scheetz, Vincent R., 1977 Apr. p. 60.
Scheffer, Robert P., 1975 Jan. p. 82.
Scheibel, A., 1957 May p. 60.
Scheibel, M., 1957 May p. 60.
Scheibner, E. J., 1965 Mar. p. 33, 35.
Scheidegger, Jean J., 1960 Mar. p. 139.
Scheider, William P., 1971 Nov. p. 89.
Scheier, Ivan H., 1963 Mar. p. 102.
Schein, Marcel, 1949 Mar. p. 29, 34.
Schein, Martin, 1968 Feb. p. 111.
Scheinberg, I. H., 1968 May p. 111.
Scheiner, Christoph, 1959 Oct. p. 170; 1964 May p. 111; 1975 Apr. p. 106; 1977 May p. 83-85.
Scheiner, Julius, 1973 June p. 30.
Scheinfeld, Amram, 1958 Aug. p. 52.
Scheits, Andreas, 1968 May p. 95.
Schele, Linda, 1978 May p. 96.
Schelleng, John C., 1962 Nov. p. ; 1969 Feb. p. 45.
Schelling, Hermann von, 1966 June p. 62.
Schelling, Thomas C., 1974 Oct. p. 55.
Scheltema, R. S., 1969 Jan. p. 48.
Schenker, K., 1954 Dec. p. 58.
Schenker, Victor, 1950 Mar. p. 34.
Scher, Harvey, 1977 May p. 43.
Scher, Stanley, 1962 Mar. p. 76.
Scheraga, Harold A., 1962 Mar. p. 65.
Scherbius, Arthur, 1966 July p. 43.
Scherer, James R., 1968 June p. 46.
Scherer, Paul A., 1954 Feb. p. 42.
Schering Corporation, 1949 July p. 44; 1963 Nov. p. 104; 1977 May p. 64.
Scherphof, Gerrit, 1976 June p. 40.
Scherrer, Klaus, 1963 Dec. p. 51.
Scherrer, Paul, 1968 July p. 63.
Schetky, L. McD., 1960 July p. 65; 1961 Oct. p. 109.
Scheuchzer, Johann, 1948 July p. 47.
Scheuer, Peter A. G., 1966 June p. 37, 39; Dec. p. 43.
Schevill, William, 1955 Jan. p. 67; 1966 Nov. p. 74.
Schiaparelli, Giovanni, 1953 May p. 65, 68, 70, 72, 73; 1968 July p. 32; 1971 Aug. p. 47.
Schick, Anita F., 1961 Sept. p. 96.
Schick, Michael, 1973 May p. 37.
Schicklgruber, Adolf, 1967 Jan. p. 30.
Schiemann, Elisabeth, 1953 July p. 55.
Schiemenz, Paul, 1972 July p. 93.
Schierer, J. Philip, 1973 Oct. p. 71.
Schiff, Gilbert M., 1962 Sept. p. 106.
Schiff, Leonard I., 1960 May p. 89; 1974 Nov. p. 28; 1975 July p. 34.
Schiff, Terhune and Co., Inc., 1949 Oct. p. 26.
Schiffer, J. P., 1960 Mar. p. 84; Apr. p. 79, 80.
Schiffer, Marianne T., 1977 Jan. p. 53.
Schild, Geoffrey, 1977 Dec. p. 103.
Schild, H. O., 1963 Nov. p. 108.
Schild, Rudolph, 1970 Dec. p. 27.
Schildknecht, Hermann, 1967 Dec. p. 69.
Schildkraut, Carl, 1960 May p. 92.
Schiller, Friedrich, 1949 Oct. p. 31.
Schiller, Johann C. F. von, 1973 Dec. p. 110.
Schiller, Paul, 1949 Aug. p. 38.
Schiller, Peter H., 1972 Dec. p. 77, 81.
Schilling, Charles W., 1970 Feb. p. 44.
Schilling, Elizabeth, 1964 July p. 92.
Schilling, G. F., 1959 Aug. p. 39.
Schilling, Jean-Guy, 1973 July p. 48.
Schillinger, Joseph, 1956 Feb. p. 77.
Schindewolf, Otto, 1963 Feb. p. 79, 81.
Schipp, Joseph C., 1962 Aug. p. 100.
Schippen, Katherine B., 1949 Dec. p. 52, 53.
Schirra, Walter M. Jr., 1962 Nov. p. 68.
Schjelderup-Ebbe, T., 1956 Feb. p. 43.
Schlegel, J. U., 1953 Jan. p. 45.
Schleicher, August, 1966 Nov. p. 46.
Schleiden, Matthias J., 1953 Aug. p. 53; 1961 Sept. p. 51.
Schleith, Lotte, 1971 Mar. p. 26.
Schlemmer, F. C., 1949 July p. 33.
Schlenk, W. Jr., 1962 July p. 85.
Schlenk, Wilhelm, 1957 Sept. p. 86.
Schlesinger, Edward, 1955 Dec. p. 40.
Schlesinger, H. I., 1964 Jan. p. 90.
Schlesinger, James R., 1971 Dec. p. 40; 1973 Nov. p. 18, 27; 1974 Apr. p. 48; May p. 20, 24-27, 29, 31; Nov. p. 60; 1975 Mar. p. 47; July p. 14, 23; 1976 Nov. p. 27; 1978 May p. 46.
Schlesinger, M. Jr., 1950 Nov. p. 11.
Schlesinger, Max, 1954 Dec. p. 64.
Schlesinger, Michael, 1976 May p. 33.
Schlesinger, R. Walter, 1951 May p. 47.
Schlessinger, D., 1969 Oct. p. 35.
Schlessinger, James R., 1975 Apr. p. 25.
Schlichte, H. J., 1974 Dec. p. 97, 105.
Schlichting, Hermann, 1954 Aug. p. 75, 76.
Schliemann, Heinrich, 1954 May p. 71; Dec. p. 72, 74, 76; 1955 July p. 43; 1965 Feb. p. 102; 1972 Oct. p. 38; 1975 Sept. p. 54; 1976 Aug. p. 45.
Schlier, C., 1968 Oct. p. 49.
Schlipköter, H. W., 1967 Nov. p. 65.
Schlonsky, Joseph S., 1950 Oct. p. 39.
Schlosberg, H., 1950 Dec. p. 32.
Schlosser, John A., 1963 July p. 100.
Schlosser, Max, 1967 Dec. p. 30-32.
Schlosser, Wolfhard, 1974 May p. 109.
Schluchter, Alfred W., 1975 July p. 62.
Schlundt, Herman, 1955 Aug. p. 38.
Schlüter, A., 1958 Feb. p. 33.
Schluter, R. A. , 1972 Nov. p. 105.
Schmalhausen, I. I., 1950 Jan. p. 33.
Schmalhausen, Ivan F., 1968 July p. 55.
Schmalz, Robert F., 1969 July p. 54.
Schmandt-Basserat, Denise, 1978 June p. 50.
Schmandt-Besserat, Denise, 1977 Aug. p. 58.
Schmatz, D. J., 1963 Aug. p. 81.
Schmid, Wilhelm, 1949 Jan. p. 26.
Schmideberg, Melitta, 1963 Nov. p. 41.
Schmidt, Alexander, 1951 June p. 61.
Schmidt, Allan, 1974 Sept. p. 35.
Schmidt, Bernhard, 1950 Feb. p. 30, 35-38; Dec. p. 37; 1976 Aug. p. 81.
Schmidt, E. R., 1956 Aug. p. 45.
Schmidt, Edwin L., 1977 Mar. p. 70.
Schmidt, Erhard, 1964 Sept. p. 45.
Schmidt, Erich F., 1965 Sept. p. 55.
Schmidt, Ernst, 1961 Oct. p. 75.
Schmidt, Harold, 1967 Dec. p. 55.
Schmidt, Henry D., 1950 Oct. p. 48.
Schmidt, J. F. J., 1949 July p. 21.
Schmidt, John W., 1969 May p. 24.
Schmidt, Karl P., 1949 Dec. p. 54.
Schmidt, Maarten, 1959 Dec. p. 96; 1963 Jan. p. 73; May p. 77; Dec. p. 57-59; 1964 Feb. p. 56; May p. 59; 1965 Mar. p. 55; July p. 44; 1966 July p. 54; Dec. p. 40, 52; 1970 Dec. p. 22, 26; 1971 Jan. p. 47; May p. 55, 59, 64; 1972 Feb. p. 81; 1973 June p. 38.
Schmidt, O., 1961 May p. 91.
Schmidt, Richard A., 1962 Dec. p. 69.
Schmidt, T., 1951 Mar. p. 25.
Schmidt, W. J., 1953 July p. 59; 1962 Apr. p. 67.
Schmidt, Wilhelm, 1964 Oct. p. 69.
Schmidt-Koenig, Klaus, 1974 Dec. p. 97, 101, 105.
Schmidt-Nielsen, Bodil, 1953 July p. 73; 1957 Dec. p. 51; 1959 Jan. p. 116; July p. 97; Dec. p. 140; 1961 Nov. p. 108; 1969 Oct. p. 104.
Schmidt-Nielsen, Knut, 1953 July p. 73; 1955 June p. 50; 1957 Dec. p. 51; 1959 Jan. p. 116; July p. 97; 1961 Nov. p. 108; 1965 Oct. p. 83; 1967 Mar. p. 52; 1969 Jan. p. 89, 90, 93; Oct. p. 104, 107; 1970 Nov. p. 46; 1971 Dec. p. 73; 1977 Aug. p. 82.
Schmitt, Francis O., 1949 June p. 22, 24; 1957 Jan. p. 95; Sept. p. 180; 1958 Nov. p. 71; 1961 May p. 122; Sept. p. 210; 1962 Apr. p. 68; 1965 June p. 61; 1966 Mar. p. 78; 1978 Feb. p. 103.
Schmitt, J. L., 1977 Aug. p. 33.
Schmitt, Otto, 1949 Sept. p. 16.
Schmitt, Walter R., 1969 Sept. p. 150.
Schmitz, Henry, 1955 May. p. 54.
Schmoller, Gustav, 1963 Sept. p. 58.
Schmorl, G., 1970 Dec. p. 81.
Schnaitman, Carl A., 1975 Dec. p. 34.
Schneck, Larry, 1973 Aug. p. 94.
Schnedorf, Jerome G., 1976 Aug. p. 24.
Schneider, Dietrich, 1964 Aug. p. 25; 1972 Sept. p. 54.
Schneider, Eric, 1969 July p. 54.
Schneider, Gerald E., 1973 Mar. p. 76; 1974 Mar. p. 42.
Schneider, Herman, 1949 Dec. p. 52, 53, 56.
Schneider, Howard, 1955 May p. 34.
Schneider, Mischa, 1962 Nov. p. 91.
Schneider, Nina, 1949 Dec. p. 52, 53, 56.
Schneider, Theodore, 1952 June p. 48.
Schneider, Walter C., 1957 July p. 133; 1958 July p. 61; 1963 May p. 66.
Schneiderman, Howard A., 1958 Feb. p. 72; 1959 Feb. p. 106; 1967 July p. 15.
Schneirla, Theodore C., 1948 June p. 17-20, 22; 1949 Feb. p. 13; 1957 June p. 140, 141; 1962 June p. 133; 1972 Nov. p. 71, 73, 74; Dec. p. 18.
Schneyerson, B. L., 1961 Feb. p. 98.
Schnirelmann, L., 1950 Jan. p. 24.
Schnopper, H., 1976 Aug. p. 44B.
Schnopper, Herbert W., 1972 July p. 73.
Schnoss, Maria, 1977 July p. 26.
Schocken, Victor, 1955 Nov. p. 83.
Schoeder, M. R., 1961 Aug. p. 84.
Schoenberg, Arnold, 1967 Dec. p. 103.
Schoenberg, David, 1949 June p. 32.

Schoenborn, Benno P., 1965 Sept. p. 86; 1976 July p. 65; Oct. p. 51.
Schoene, D. L., 1953 July p. 33.
Schoenenberger, G. A., 1974 Jan. p. 51.
Schoener, Thomas W., 1973 Dec. p. 60.
Schoenheimer, Rudolf, 1948 June p. 42; 1949 Feb. p. 33, 35.
Schoeppel, R. J., 1973 Jan. p. 20.
Schofield, F. L., 1967 Jan. p. 111.
Schofield, F. W., 1951 Mar. p. 19.
Schofield, R. K., 1959 Dec. p. 135.
Scholander, Per F., 162 Sept. p. 142; 1949 July p. 54, 55; 1954 Feb. p. 76, 77; 1956 Mar. p. 57; 1957 Apr. p. 97; Dec. p. 51; 1959 Jan. p. 110; June p. 81; 1960 July p. 119; 1963 Mar. p. 136; 1966 Jan. p. 97; 1967 Mar. p. 52; May p. 40; 1969 Aug. p. 102, 103, 106; 1973 Feb. p. 38; 1977 Aug. p. 57.
Scholem, Gershom G., 1973 Jan. p. 84.
Scholes, France V., 1975 Oct. p. 74.
Scholl, D. A., 1961 Sept. p. 209.
Scholl, David W., 1969 Sept. p. 142.
Schöllhorn, Robert, 1977 Mar. p. 73.
Scholz, Christopher H., 1975 May p. 17, 23.
Schönberg, Arnold, 1959 Dec. p. 113.
Schönberg, Mario, 1949 Dec. p. 21.
Schöner, Johannes, 1973 Dec. p. 97, 98.
Schönherr, H., 1974 July p. 35.
Schonland, B. J. F., 1948 Aug. p. 39; 1949 Feb. p. 23, 25; 1956 June p. 60.
Schonstedt, Erick, 1965 Mar. p. 61.
Schonstedt Instrument Company, 1965 Mar. p. 61.
Schoof, H. F., 1952 Oct. p. 22.
Schoolcraft, Henry, 1967 July p. 98.
Schooley, James F., 1964 June p. 56.
Schopenhauer, Arthur, 1949 June p. 54.
Schopf, J. William, 1967 Jan. p. 38; 1968 May p. 50; 1971 May p. 33, 34, 40; 1972 Oct. p. 84; 1975 May p. 82.
Schopf, James M., 1954 Oct. p. 36; 1962 Sept. p. 173, 182.
Schorderet, Michel, 1977 Aug. p. 111, 113.
Schorn, Ronald A., 1975 Sept. p. 74.
Schott, Gaspar, 1967 Aug p. 99.
Schott, H. E., 1973 Apr. p. 67.
Schott, Otto, 1961 Jan. p. 101.
Schott, W., 1950 Aug. p. 44.
Schotté, Oscar E., 1951 June p. 35; 1957 Nov. p. 86; 1958 Oct. p. 82; Dec. p. 38; 1961 Sept. p. 143.
Schottky, Walter, 1973 Aug. p. 49.
Schottky, Werner, 1964 Jan. p. 108.
Schottler, W. H. A., 1957 Jan. p. 114.
Schou, Mogens, 1973 Sept. p. 121.
Schouten, S. L., 1950 Oct. p. 49.
Schrader, William T., 1972 Mar. p. 42; 1976 July p. 49.
Schraml, Johann B., 1970 June p. 33.
Schramm, Gerhard, 1957 Sept. p. 198; 1961 Feb. p. 83; Sept. p. 79.
Schrank, A. R., 1962 Oct. p. 117.
Schreiber, Donald E., 1974 Sept. p. 88.
Schreier, Ethan J., 1975 Mar. p. 26.
Schreiner, Oswald, 1949 Mar. p. 50.
Schrieffer, J. Robert, 1957 June p. 74; Nov. p. 96; 1961 July p. 132; 1964 June p. 56; Aug. p. 39; 1965 Feb. p. 22; Oct. p. 60; 1966 May p. 31; 1967 Mar. p. 117; 1971 Mar. p. 76; Apr. p. 83; Nov. p. 26; 1973 Dec. p. 55; 1976 Dec. p. 64.
Schrieffer, John R., 1972 Dec. p. 41.
Schrier, Allan, 1961 July p. 122.
Schrijver, J., 1976 Aug. p. 44B.
Schröder, H., 1974 July p. 101.
Schröder, V. N., 1958 Nov. p. 90, 92.
Schrödinger, Erwin, 1949 Mar. p. 53; May p. 16; Oct. p. 11-14; Dec. p. 15; 1950 Feb. p. 24; July p. 51; Sept. p. 30, 58; Oct. p. 46; 1953 Sept. p. 52, 58; 1955 June p. 64; 1956 Oct. p. 79; 1957 Apr. p. 68; 1958 Jan. p. 52; Sept. p. 77, 82; 1962 Mar. p. 124; 1963 May p. 46, 47, 50-53; 1964 Feb. p. 74; Sept. p. 131, 132; 1967 June p. 66; Sept. p. 83; Nov. p. 105, 106, 27; 1968 May p. 16, 17; 1970 Apr. p. 54, 56, 58, 68; 1976 May p. 96; 1978 Feb. p. 131.
Schroeder, Henry A., 1969 June p. 58.
Schroeder, Manfred R., 1963 Nov. p. 87.
Schroeder, Thomas, 1971 Oct. p. 79.
Schroeder, W. A., 1951 Aug. p. 57.
Schroeder, W. C., 1952 Feb. p. 16.
Schroeder, Walter A., 1964 Nov. p. 72.
Schröter, E. H., 1975 Sept. p. 49.
Schröter, J. H., 1949 July p. 21, 22; 1968 July p. 32.
Schröter, Moritz, 1969 Aug. p. 109.
Schubart, J., 1975 Jan. p. 29.
Schubert, Jack, 1955 Oct. p. 40; 1966 May p. 40, 47; 1968 May p. 104; 1969 May p. 54.
Schubert, Walter J., 1959 July p. 118.
Schubiger, Gerold, 1977 July p. 74, 76.
Schubot, Earl D., 1967 Mar. p. 84.
Schuchert, Charles, 1963 Feb. p. 90.
Schulert, Arthur R., 1967 Mar. p. 24.
Schulman, Edmund, 1971 Oct. p. 68; 1972 May p. 100.
Schulman, Irving, 1961 Feb. p. 62.
Schulman, Sidney, 1965 Feb. p. 52.
Schulsinger, F., 1973 Sept. p. 123.
Schulte, D. H., 1968 Sept. p. 99.
Schulte, Harry J., 1972 Nov. p. 104.
Schultes, Richard E., 1977 May p. 99.
Schulthess, Emil, 1962 Sept. p. 124, 85, 86.
Schultz, B. D., 1965 Apr. p. 123.
Schultz, Claude, 1966 July p. 77.
Schultz, George P., 1977 Nov. p. 45.
Schultz, Joel H., 1973 Oct. p. 24.
Schultz, Peter, 1975 Sept. p. 66.
Schultze, Max, 1970 Oct. p. 82.
Schultze, W., 1955 Mar. p. 74.
Schulz, August, 1953 July p. 51.
Schulze, J. H., 1952 Nov. p. 30.
Schumacher, Earle E., 1967 Dec. p. 63.
Schumacher, Rolf, 1976 Aug. p. 88.
Schumaker, Verne N., 1961 Apr. p. 125.
Schuman, Howard, 1970 June p. 17.
Schuman, Robert, 1949 Dec. p. 41.
Schumann, W. O., 1961 Feb. p. 70.
Schumar, James F., 1959 July p. 65; 1960 Jan. p. 91.
Schumm, S. A., 1970 Nov. p. 45.
Schupp, Arthur A., 1961 July p. 54; 1968 Jan. p. 84.
Schur, Erna, 1962 July p. 122.
Schurmeier, H. M., 1966 Mar. p. 42.
Schurr, Sam H., 1952 July p. 67; 1963 Sept. p. 129.
Schuster, Danver, 1962 Aug. p. 58.
Schutt-Aine, Joseph, 1972 July p. 81.
Schwab, D., 1978 Feb. p. 113.
Schwab, Robert S., 1961 Sept. p. 88.
Schwabe, Heinrich, 1968 Feb. p. 76; 1975 Sept. p. 50; 1977 May p. 80, 82.
Schwabedissen, Hermann, 1976 Feb. p. 93.
Schwalbe, E., 1950 June p. 19.
Schwann, Theodor, 1948 Dec. p. 30, 31; 1953 Aug. p. 53; 1961 Sept. p. 51; 1962 Apr. p. 65.
Schwar, James P., 1960 Dec. p. 108.
Schwarcz, Henry P., 1962 June p. 84, 86.
Schwartz, Anna J., 1976 Dec. p. 52.
Schwartz, Barry, 1967 Oct. p. 62.
Schwartz, Judah L., 1970 June p. 68.
Schwartz, M., 1957 July p. 74.
Schwartz, Maxime, 1976 Apr. p. 44.
Schwartz, Melvin, 1961 May p. 78; 1962 Aug. p. 53; 1963 Mar. p. 68; 1973 Aug. p. 33.
Schwartz, Morris S., 1962 Aug. p. 71.
Schwartz, Philip R., 1978 June p. 101.
Schwartz, Robert S., 1973 Jan. p. 31; 1974 Apr. p. 45.
Schwartz, Stephen, 1977 Feb. p. 84.
Schwartzlose, Richard A., 1975 Oct. p. 85.
Schwartzman, V. F., 1974 Dec. p. 43.
Schwarz, F., 1974 July p. 35.
Schwarz, Harold, 1967 Feb. p. 80.
Schwarz, John H., 1975 Feb. p. 61, 67; 1978 Feb. p. 136.
Schwarz, Klaus, 1972 July p. 56, 59, 60.
Schwarz, Steven E., 1964 Apr. p. 49.
Schwarz, W. M., 1969 June p. 38.
Schwarzenbach, Gerold, 1953 June p. 69.
Schwarzschild, Barbara, 1963 Aug. p. 29; 1965 Jan. p. 31; 1966 Nov. p. 61.
Schwarzschild, Karl, 1950 Sept. p. 24; 1960 July p. 57; 1964 Nov. p. 47; 1975 Sept. p. 44.
Schwarzschild, Martin, 1950 Jan. p. 45; 1951 June p. 31; 1952 Feb. p. 50; 1953 Mar. p. 37; June p. 64, 65; 1957 Sept. p. 108; Nov. p. 70; 1958 Feb. p. 44; 1959 Jan. p. 52; 1960 Feb. p. 62; 1961 Nov. p. 79; 1963 Aug. p. 29; 1964 Apr. p. 71; 1965 Jan. p. 30, 31; 1966 Nov. p. 61; 1968 Jan. p. 101, 102; 1969 June p. 102.
Schweet, Richard, 1958 Dec. p. 56; 1961 Sept. p. 81.
Schweidler, E., 1950 July p. 49.
Schweiger, Hans, 1966 Nov. p. 124.
Schweikart, Russell L., 1969 Sept. p. 107.
Schwendener, Simon, 1959 Oct. p. 144.
Schwentker, F. F., 1949 July p. 16.
Schwerdt, Carleton E., 1954 Jan. p. 42; 1955 Dec. p. 48.
Schwert, George, 1964 Dec. p. 71.
Schwettman, Alan H., 1965 Dec. p. 42.
Schwettman, H. Alan, 1968 June p. 44; 1977 June p. 64.
Schwinck, Ilse, 1963 May p. 102.
Schwind, Joseph L., 1963 Nov. p. 118.
Schwinger, Julian, 1948 Sept. p. 22; 1951 May p. 36; 1956 Mar. p. 94; 1961 July p. 51; 1965 Dec. p. 38; 1967 Nov. p. 28, 33, 59; 1968 Jan. p. 74; 1973 Oct. p. 108; 1974 July p. 53; Dec. p. 114; 1975 Oct. p. 47; 1978 Feb. p. 132, 137.
Schwinner, Robert von, 1960 Feb. p. 130.
Schwitters, Roy F., 1977 Oct. p. 56, 74.
Schwyzer, Robert, 1963 July p. 51; Oct. p. 57.
Sciama, Dennis, 1957 Feb. p. 99; 1961 Dec. p. 91; 1967 May p. 134; 1971 May p. 29.
Science Research Associates, Inc., 1968 Apr. p. 20.
"Scientific American", 1949 Feb. p. 17.
Scientific Publishing Company, 1972 Dec. p. 14.
Scientific Research Society of America, 1954 Feb. p. 42; 1955 Feb. p. 52.
Scientists' Committee on Loyalty and Security, 1954 June p. 29, 30.
Scientists' Committee on Loyalty Problems, 1949 Aug. p. 25.
Scientists' Institute for Public Information, 1963 May p. 74; 1967 July p. 40; 1972 May p. 20, 21.
Scipio Aemilianus, 1978 Jan. p. 111.
Scipio Africanus, Publicus C., 1963 Dec. p. 115.
Sclater, John G., 1977 Apr. p. 32; Aug. p. 63, 66.
Scobie, Grant, 1976 Sept. p. 192.
Scoeuy, H. de, 1961 Sept. p. 144.
Scopes, John T., 1959 Feb. p. 81; 1967 July p. 42; 1969 Feb. p. 15, 17-21.
Scopes, Thomas J., 1959 Jan. p. 120-128, 130.
Scotch, Norman A., 1963 Oct. p. 60.
Scott, Dana S., 1971 Aug. p. 97.
Scott, David B., 1953 June p. 41; 1957 Dec.

p. 109.
Scott, David R., 1969 Sept. p. 107; 1971 Sept. p. 74.
Scott, E. H., 1975 July p. 59.
Scott, Gary L., 1967 July p. 42.
Scott, George, Sir, 1957 May p. 42.
Scott, Grayson L., 1974 May p. 53.
Scott, H. S., 1962 Oct. p. 47.
Scott, J. P., 1960 Feb. p. 68; 1961 Dec. p. 119.
Scott, Jesse F., 1959 Dec. p. 59.
Scott, John, 1976 Dec. p. 100; 1978 May p. 114, 116.
Scott, John W., 1963 Aug. p. 41.
Scott, K. G., 1949 Feb. p. 33.
Scott, P. F., 1964 Nov. p. 58; 1968 Apr. p. 42.
Scott, Robert B., 1971 Jan. p. 47.
Scott, Robert F., 1962 Sept. p. 64, 65, 77, 83; 1964 Feb. p. 94, 96; 1970 Dec. p. 104.
Scott, Ronald F., 1967 June p. 50; Nov. p. 53.
Scott, Russell, 1949 June p. 30.
Scott, Sarah J., 1961 Oct. p. 67.
Scott, T. H., 1957 Jan. p. 52.
Scott, Thea, 1972 Sept. p. 35.
Scott, Walter, Sir, 1955 Aug. p. 68.
Scott, William R., 1949 Dec. p. 55, 56.
Scott-Blair, G. W., 1959 Dec. p. 135.
Scottish Institute of Virology, 1963 Jan. p. 51.
Scottish Marine Biological Association, 1953 June p. 32.
Scott-Moncrieff, Rose, 1964 June p. 85.
Scovil, H. E. D., 1961 June p. 55; 1971 June p. 78.
Scoville, Herbert Jr., 1971 Jan. p. 15; 1972 Jan. p. 14, 20; July p. 14; 1973 Nov. p. 27; 1977 Aug. p. 24; 1978 Feb. p. 76.
Scoville, Nicholas Z., 1974 Apr. p. 70.
Scoville, W. E., 1965 Mar. p. 45.
Scranton, William W., 1971 Mar. p. 44.
Scribner, Belding H., 1961 July p. 62; 1968 Mar. p. 50.
Scrimshaw, Nevin S., 1963 Sept. p. 216; 1967 July p. 41; 1971 Oct. p. 14; 1976 Sept. p. 51.
Scripps Foundation for Research in Population Problems, 1973 July p. 17.
Scripps Institution of Oceanography, 1949 Apr. p. 40, 42, 43; 1953 Mar. p. 41; 1954 Mar. p. 67; 1955 July p. 36; Nov. p. 36-38; 1957 Oct. p. 49; 1958 Feb. p. 54; Aug. p. 49; Oct. p. 120, 58; 1960 Apr. p. 61; Dec. p. 64, 65; 1961 Apr. p. 105; Dec. p. 52, 56; 1962 May p. 123; Sept. p. 115, 142; 1963 Apr. p. 97; Dec. p. 92, 96, 98, 106; 1966 Mar. p. 32; 1967 Mar. p. 50; 1970 Jan. p. 116; Aug. p. 45; Sept. p. 128, 183; 1971 Jan. p. 41; May p. 100; 1972 Dec. p. 27, 26; 1973 May p. 68; 1974 Aug. p. 21; 1975 Mar. p. 80; Aug. p. 87; Oct. p. 85; 1976 Dec. p. 120; 1977 Mar. p. 106, 108, 110, 112, 106, 108, 110; Apr. p. 32; June p. 42, 49; Nov. p. 130, 135; 1978 Jan. p. 34; May p. 53.
Scriven, Edward, 1960 June p. 107.
Scriven, L. E., 1974 June p. 93.
Scriven, Michael, 1956 Mar. p. 60.
Scronce, B. L., 1970 Mar. p. 64.
Scrutton, Colin T., 1966 Oct. p. 26, 28; 1972 Apr. p. 48.
Scylax, 1968 Apr. p. 95.
Scyld, King, 1951 Apr. p. 27.
Seaboard World Airlines, 1968 Oct. p. 85.
Seaborg, Glenn T., 1948 July p. 31; 1949 Dec. p. 53; 1950 Mar. p. 28; Apr. p. 45, 46, 47; May p. 27; 1951 Nov. p. 29; 1952 Jan. p. 38; 1954 Apr. p. 48; 1955 July p. 49, 52; Sept. p. 72; 1956 Dec. p. 67; 1958 Dec. p. 56; 1959 Feb. p. 66; 1960 June p. 82; 1961 Jan. p. 78; Mar. p. 80; May p. 74; 1962 Sept. p. 100; 1963 July p. 65; 1964 May p. 60; Nov. p. 56; 1967 Nov. p. 27, 28; 1968 Dec. p. 56; 1969 Apr. p. 57; June p. 37, 56; 1970 Nov. p. 13; 1971 Feb. p. 52; 1975 May p. 42; Oct. p. 108, 112; 1976 Dec. p. 30.
Seah, Eric, 1978 Feb. p. 89, 90.
Seale, Bobby, 1971 Dec. p. 13.
Searl, Milton F., 1963 Sept. p. 112, 116.
Searle, Leonard, 1973 June p. 36; 1976 Dec. p. 92.
Sears, E. R., 1957 Apr. p. 74; 1971 Jan. p. 94.
Sears, Ernest, 1951 Apr. p. 58; 1953 July p. 54, 55.
Sears, G. W., 1960 July p. 69, 70.
Sears, Paul B., 1955 Feb. p. 52; 1956 Feb. p. 48; 1957 Feb. p. 60; 1964 July p. 98.
Sears, Richard L., 1969 July p. 36.
Sears, Robert R., 1953 Mar. p. 44.
Seashore, C. E., 1948 July p. 34, 40.
Seaton, Frederick A., 1960 Feb. p. 43.
Sebokht, Severus, 1974 Jan. p. 104.
Sechaud, J., 1966 Dec. p. 38.
Sechzer, Jeri A., 1964 Jan. p. 48; June p. 59; 1969 Oct. p. 83.
Sedar, A. W., 1961 Feb. p. 114.
Sedat, John, 1976 Jan. p. 73.
Sedgwick, Adam, 1959 Aug. p. 101.
Sée, Germain, 1963 Nov. p. 96, 99.
Seebeck, Thomas J., 1958 Nov. p. 31-33; 1961 Dec. p. 126.
Seeburg Corporation, 1973 July p. 33.
Seed, H. Bolton, 1977 Jan. p. 46.
Seedner, Michael, 1977 Nov. p. 76.
Seeger, Raymond J., 1954 Mar. p. 32.
Seegers, Walter H., 1962 Mar. p. 60.
Seelegir, Jeanne, 1972 Feb. p. 41.
Seeman, Enoch, 1963 May p. 46.
Seeman, Julius, 1952 Nov. p. 67, 70.
Seeman, Nadrian C., 1978 Jan. p. 59.
Seevers, Charles H., 1971 Mar. p. 93.
Seevers, Maurice H., 1964 Mar. p. 46.
Segal, Aaron L., 1975 Oct. p. 19.
Segal, David M., 1977 Jan. p. 53.
Segal, Harry L., 1972 July p. 77.
Segal, Sheldon J., 1964 Jan. p. 55; 1965 June p. 42; 1974 Sept. p. 37.
Segall, Malcolm M., 1965 Aug. p. 64.
Segarra, Jose, 1972 Apr. p. 80.
Segnit, E. Ralph, 1976 Apr. p. 89, 91.
Segrè, Diego, 1966 June p. 98.
Segrè, Emilio, 1950 Apr. p. 41, 43, 46; 1953 Oct. p. 51; 1955 Sept. p. 72; Dec. p. 47; 1956 May p. 36; June p. 41; Aug. p. 30; 1957 July p. 75; 1958 Feb. p. 77; Apr. p. 34, 37, 37; 1959 July p. 84; Dec. p. 78; 1960 Mar. p. 108; 1965 May p. 67; 1967 Nov. p. 28.
Seguin, Armand, 1956 May p. 87.
Seibert, Michael, 1973 June p. 55; 1974 Dec. p. 79.
Seidel, George R., 1949 Dec. p. 31.
Seidel, H., 1961 June p. 55.
Seidel, Ludwig, 1976 Aug. p. 77, 78.
Seidl, F. G., 1953 Aug. p. 27.
Seidler, Ramon J., 1973 Nov. p. 50.
Seielstad, George A., 1967 Oct. p. 109; 1970 Aug. p. 44.
Seifert, Herbert, 1949 June p. 26; 1950 Jan. p. 21.
Seiff, Alvin, 1977 July p. 37.
Seifriz, William, 1950 Oct. p. 49.
Seifter, Sam, 1963 Apr. p. 107.
Seiler, Walter, 1971 Jan. p. 39, 41.
Seilern-Aspang, Friedrich, 1965 Nov. p. 80.
Seitz, Frederick, 1952 Dec. p. 44.
Séjourné, Laurette, 1967 June p. 47.
Sekanina, Zdenek, 1974 Feb. p. 53.
Sekera, Zdenek, 1976 July p. 106.
Sekul, A. A., 1970 Apr. p. 48.
Sekuler, Robert, 1977 Jan. p. 60, 72, 73.
Sela, Ben-Ami, 1977 June p. 113.
Sela, Michael, 1973 July p. 57; 1977 Oct. p. 97.
Selander, Robert K., 1970 Mar. p. 104.
Selander, Stig, 1971 Feb. p. 18.
Selberg, Atle, 1951 July p. 53; 1958 Dec. p. 108.
Selenyi, Paul, 1970 Mar. p. 116.
Seler, Eduard, 1959 Mar. p. 102.
Selexcus I, King, 1968 Oct. p. 114.
Selexus I, King, 1961 June p. 129.
Selfridge, John L., 1978 Feb. p. 90.
Selfridge, Oliver G., 1964 June p. 100.
Selig, Henry, 1962 Nov. p. 76; 1966 Oct. p. 64.
Seligman, Martin, 1972 June p. 113.
Seligmann, Jean H., 1949 Dec. p. 54.
Seligmann, Maxime, 1974 Nov. p. 72.
Selkirk, Andrew, 1972 May p. 54; 1978 Jan. p. 69.
Selkirk, Wendy, 1972 May p. 54.
Sell, Stewart, 1976 May p. 35.
Sell, Stuart, 1964 Mar. p. 40.
Sellars, C. Michael, 1975 Apr. p. 123.
Sellen, D. B., 1968 June p. 107.
Sellers, Robert, 1963 Oct. p. 47.
Sellers, William D., 1970 Sept. p. 62.
Sellschop, J. P. F., 1965 Oct. p. 38; 1966 Feb. p. 43, 44.
Selous, Edmund, 1978 May p. 114.
Selous, F. C., 1954 Nov. p. 42.
Selov, W., 1957 Sept. p. 107.
Selove, Walter, 1957 Aug. p. 57.
Selsam, Millicent E., 1949 Dec. p. 54.
Seltzer, Donald S., 1978 Feb. p. 68.
Selye, Hans, 1948 Aug. p. 47; 1949 Mar. p. 20, 22, 23; July p. 44; 1950 Mar. p. 33-35; Oct. p. 22; 1955 Aug. p. 49; 1956 Mar. p. 34; 1957 Mar. p. 79, 84; 1960 Sept. p. 197; 1963 Mar. p. 102; 1971 Jan. p. 26; 1974 June p. 40; 1976 May p. 60.
Semenov, A. N., 1975 May p. 16, 18.
Semenov, Nikolai N., 1956 Dec. p. 52; 1967 Nov. p. 28.
Semenov, S. A., 1977 Nov. p. 108.
Semmes, Josephine, 1969 Jan. p. 75.
Semple, W. T., 1958 May p. 111.
Sénay, P., 1978 Jan. p. 111.
Senders, John W., 1963 Nov. p. 74.
Sendivogius, Michael, 1952 Oct. p. 76.
Senebier, Jean, 1948 Aug. p. 26, 28.
Seneca, 1951 July p. 26.
Senez, Jaques, 1965 Oct. p. 15.
Sengün, Atif, 1964 Apr. p. 53.
Senior, Nassau W., 1972 Feb. p. 95.
Sennacherib, King, 1968 Apr. p. 95.
Seno, Tamikazu, 1960 May p. 119.
Senot, 1963 Apr. p. 139.
Sens, J. C., 1961 Mar. p. 80; July p. 54.
Sensory Systems Laboratory, 1965 Apr. p. 101.
Septimus Severus, 1963 Oct. p. 102; 1974 Dec. p. 121; 1977 Feb. p. 40, 41.
Sequana, 1971 July p. 66, 67, 72.
Sequoia Process Corporation, 1957 Mar. p. 68.
Serber, Robert, 1948 June p. 27; 1955 May p. 52; 1972 May p. 38; 1975 Oct. p. 108.
Serge, Grand Duke of Russia, 1965 Aug. p. 89.
Sergeev, E. A., 1957 July p. 42, 43.
Serin, Bernard, 1949 June p. 37.
Serlemitsos, Peter, 1966 Oct. p. 44.
Serological Museum, 1951 July p. 63.
Sertürner, Friedrich, 1966 Nov. p. 132; 1977 Mar. p. 44.
Service Bureau Corporation, 1958 June p. 97.
Servomechanisms Incorporated, 1964 Apr. p. 118.
Seskin, Eugene, 1974 Jan. p. 25.
Sessa, Grazia L., 1971 Mar. p. 32; 1975 Apr. p. 56.
Sessions, Meredith, 1975 Oct. p. 85.

Sessler, Andrew M., 1966 Nov. p. 112, 113; 1972 Apr. p. 33.
Sester, Carl, 1956 July p. 40.
Sethna, H. N., 1974 July p. 46.
Setlow, Jane K., 1962 Dec. p. 138; 1967 Feb. p. 37.
Setlow, Richard B., 1962 Dec. p. 136-138; 1967 Feb. p. 37, 39, 41.
Seto, F. Y. B., 1974 May p. 69.
Setterfield, George A., 1975 Apr. p. 95.
Settle, Thomas B., 1975 June p. 100.
Seurat, Georges P., 1972 Sept. p. 96.
Seuss, Hans, 1958 Oct. p. 120; 1972 May p. 100.
Sever, John L., 1962 Sept. p. 106; 1974 Feb. p. 35.
Severin, F. V., 1976 Dec. p. 74.
Severinghaus, John W., 1963 Apr. p. 84.
Severny, A. B., 1960 Feb. p. 57; 1966 Nov. p. 62.
Seward, Frederick D., 1971 Dec. p. 29; 1975 Dec. p. 42, 44.
Sewell, William H., 1952 Nov. p. 40; 1968 Oct. p. 40, 41.
Sextro, R. G., 1970 Dec. p. 41; 1978 June p. 67.
Seyfert, Carl K., 1969 Jan. p. 28-37; 1970 Dec. p. 29; 1974 Apr. p. 67-69, 71, 72.
Sgaramella, Vittorio, 1975 July p. 28.
Sgaramella-Zonta, L., 1974 Sept. p. 88.
Shachnowich, A. R., 1965 Apr. p. 49.
Shackelford, Richard, 1974 May p. 53.
Shackleton, Ernest, Sir, 1962 Sept. p. 169, 64.
Shackleton, Nicholas, 1971 Feb. p. 47.
Shaefer, Vincent J., 1964 Dec. p. 31.
Shaffer, Brian M., 1959 Dec. p. 152, 154; 1961 July p. 51; Sept. p. 144; 1963 Aug. p. 89; 1969 June p. 81-84, 88.
Shaffer, Peter T., 1967 Sept. p. 174.
Shafranov, V. D., 1972 July p. 68, 69.
Shafrir, Uri, 1964 Feb. p. 71.
Shah, Ibriham, 1973 Sept. p. 47.
Shah, Vinod K., 1977 Mar. p. 72.
Shahn, Ben, 1949 June p. 50; 1950 Dec. p. 43, 44; 1953 Sept. p. 49, 50; 1954 Mar. p. 39, 41.
Shahr Yagil Yuhargib, King, 1969 Dec. p. 45.
Shain, C. A., 1964 Jan. p. 36; July p. 36, 37; 1974 Aug. p. 26.
Shainoff, John R., 1962 Mar. p. 65.
Shaka, King, 1960 Apr. p. 157-159, 161, 162, 164-166, 168.
Shakeshaft, J. R., 1967 June p. 32.
Shakespeare, William, 1948 May p. 46; Oct. p. 27, 37; 1949 June p. 50; July p. 44; Oct. p. 29; 1951 Feb. p. 60; Apr. p. 52, 53; Sept. p. 80; 1952 Apr. p. 83; June p. 57; Aug. p. 60, 63; 1953 July p. 80; 1954 Aug. p. 66; Dec. p. 95; 1955 Aug. p. 78; 1956 Apr. p. 117; 1957 June p. 150; 1958 Sept. p. 59, 60, 62, 63; 1959 Sept. p. 158; 1961 Feb. p. 119; 1968 Jan. p. 121; Oct. p. 117; 1970 Dec. p. 104; 1972 Dec. p. 89-92; 1973 Dec. p. 110; 1974 Sept. p. 81; 1976 Oct. p. 117; 1977 June p. 121.
Shakow, David, 1949 July p. 44; 1953 Apr. p. 45.
Shakura, Nikolai, 1974 Dec. p. 40.
Shalloway, A. M., 1968 Nov. p. 56.
Shamos, Morris H., 1965 Oct. p. 21.
Shan, Ben, 1950 Apr. p. 17.
Shane, C. D., 1952 June p. 28, 30; 1954 July p. 34; 1956 Sept. p. 188, 192.
Shane, C. Donald, 1977 Nov. p. 76, 84, 87-89, 96.
Shane, Charles D., 1952 Feb. p. 46.
Shanes, Abraham M., 1970 Apr. p. 86.
Shanghai Heavy Machine Tool Plant, 1966 Nov. p. 45.
Shank, S., 1973 June p. 60.
Shanks, W., 1949 Dec. p. 30.
Shankweiler, Donald, 1973 Mar. p. 71.
Shannon, Claude E., 1949 Apr. p. 29; July p. 11, 12, 14; 1950 Dec. p. 24; 1952 Mar. p. 70, 73; Apr. p. 83, 84; Sept. p. 135, 137; 1954 July p. 48; 1956 Jan. p. 29; Aug. p. 44; 1958 June p. 97; 1962 Feb. p. 97, 98; 1964 Feb. p. 103; Sept. p. 149; 1965 Nov. p. 49; 1966 Sept. p. 145, 146, 182; 1968 Mar. p. 103, 104; 1971 Sept. p. 179-183; 1972 Sept. p. 131, 32, 33, 34, 37, 40; 1973 May p. 21; June p. 93-96, 98, 101; 1975 Dec. p. 60; 1977 Sept. p. 82; 1978 June p. 118, 120, 123, 124.
Shannon, Donald, 1967 Mar. p. 84.
Shannon, John P., 1966 Sept. p. 166.
Shannon, Paul, 1967 Mar. p. 84.
Shannon, Robert R., 1968 Sept. p. 102.
Shao-chi, Lin, 1954 Sept. p. 132.
Shapeley, Harlow, 1953 June p. 60, 63, 64.
Shapiro, Arnold, 1966 May p. 112, 117, 120.
Shapiro, Arthur K., 1974 Nov. p. 17.
Shapiro, Ascher H., 1962 Nov. p. 74; 1965 Nov. p. 54.
Shapiro, David, 1969 Apr. p. 50; 1970 Jan. p. 37; 1973 Aug. p. 91.
Shapiro, Gilbert, 1966 July p. 68.
Shapiro, Gustave, 1951 Aug. p. 17.
Shapiro, H., 1951 Mar. p. 47.
Shapiro, Irwin I., 1965 Mar. p. 56; 1974 Nov. p. 31; 1975 Sept. p. 61.
Shapiro, Jim, 1970 Jan. p. 50.
Shapiro, Ralph, 1957 Apr. p. 139.
Shapiro, Sam, 1963 Aug. p. 23; 1965 June p. 61; 1966 May p. 37.
Shapiro, Stuart, 1973 June p. 49, 51; 1974 May p. 117; 1977 Oct. p. 55.
Shapiro, Teresa R., 1951 May p. 32.
Shapley, Harlow, 1948 Oct. p. 25; 1949 Oct. p. 45; 1950 Feb. p. 33, 35, 38; 1952 Feb. p. 49, 50; June p. 28; July p. 48; Nov. p. 46, 48; 1953 Mar. p. 48; 1954 July p. 30, 32, 34; 1956 Sept. p. 175, 79; 1959 July p. 51, 53, 55; 1963 June p. 95, 97; 1964 Jan. p. 32, 36, 41; May p. 78; 1975 June p. 72; 1977 Oct. p. 43.
Shapley, Willis H., 1976 Nov. p. 64.
Sharman, G. B., 1977 Aug. p. 80.
Sharon, Nathan, 1969 Nov. p. 121; 1977 June p. 108; 1978 Jan. p. 89.
Sharov, A., 1975 Apr. p. 68, 70.
Sharp, Frank R., 1978 Feb. p. 97, 98.
Sharp, Geoffrey W. G., 1971 Aug. p. 21.
Sharp, Philip A., 1976 Dec. p. 106; 1977 May p. 55.
Sharp, Robert P., 1965 Sept. p. 76; 1966 Apr. p. 56; 1970 May p. 27; 1977 Feb. p. 56.
Sharpey-Schaefer, Edward A., 1951 July p. 20, 21.
Sharpey-Schafer, E. P., 1959 June p. 86.
Sharpless, A. B., 1977 Feb. p. 30.
Sharpless, Robert, 1966 Mar. p. 107.
Sharpless, Stewart, 1955 May p. 46; 1956 Mar. p. 88; 1963 Jan. p. 76.
Shartle, Caroll, 1951 Feb. p. 27.
Shastri, Lal B., 1964 Dec. p. 62; 1975 Apr. p. 22.
Shatsky, Nicolas, 1976 Aug. p. 55-57.
Shatzman, Evry, 1962 Apr. p. 63.
Shaub, Marcus, 1963 Apr. p. 112.
Shaviv, Giora, 1968 July p. 49; 1969 July p. 36.
Shaw, Bernard, 1964 Sept. p. 51.
Shaw, Byron T., 1952 Aug. p. 32.
Shaw, Carles E., 1961 Dec. p. 115, 116.
Shaw, Clifford, 1966 Sept. p. 247, 250.
Shaw, E., 1957 Dec. p. 55.
Shaw, Elliott N., 1964 Dec. p. 75.
Shaw, Ernest W., 1949 Oct. p. 28.
Shaw, George B., 1955 May p. 31; 1959 Dec. p. 140; 1968 Mar. p. 49.
Shaw, I. T., 1966 Mar. p. 78.
Shaw, J. C., 1957 Oct. p. 124; 1960 Aug. p. 60.
Shaw, John, 1952 Sept. p. 108; 1972 Nov. p. 44; 1974 Feb. p. 30.
Shaw, Melvin P., 1977 May p. 44.
Shaw, Ralph, 1949 May p. 27; 1952 Sept. p. 148.
Shaw, T. J., 1960 July p. 128; 1961 Sept. p. 168, 172.
Shaw, William, 1973 Apr. p. 26.
Shawinigan Company of Canada, 1949 Jan. p. 18.
Shay, Oscar, 1953 Apr. p. 54.
Shcherbina, V. V., 1955 Oct. p. 37.
Sheaffer, Craig, 1953 May p. 53.
Sheahan, George M. Jr., 1956 Aug. p. 63.
Sheals, J. G., 1969 Apr. p. 97.
Shear, M. J., 1951 June p. 63.
Shear, William A., 1976 Mar. p. 105.
Sheard, Fred W., 1967 Sept. p. 186, 188.
Sheatsley, Paul B., 1971 Dec. p. 13; 1978 June p. 42, 43.
Shebalin, I. Yu., 1971 Nov. p. 33.
Shebeski, Leonard H., 1974 Aug. p. 75.
Shedlovsky, Theodore, 1951 July p. 32.
Sheehan, David, 1974 Sept. p. 35.
Sheehan, John C., 1957 May p. 63; 1960 Nov. p. 91; 1961 Mar. p. 69, 70.
Sheer, Charles, 1954 Sept. p. 117.
Sheerer, Elizabeth, 1952 Nov. p. 70.
Sheldon, Ralph E., 1962 July p. 62.
Sheldon, W. H., 1952 Nov. p. 37; 1954 Nov. p. 52.
Sheldon, W. R., 1964 June p. 33, 34.
Sheldon, William H., 1951 Dec. p. 40.
Shelford, Victor E., 1970 Sept. p. 67.
Shell Oil Company, 1963 Sept. p. 118, 120; 1964 Apr. p. 94; 1966 Feb. p. 22, 28; 1972 Oct. p. 33; 1974 Jan. p. 21; 1975 Dec. p. 48.
see also: Royal Dutch-Shell Group.
Shelleng, John H., 1973 July p. 31.
Shelley, Mary, 1952 Sept. p. 68.
Shelley, Percy B., 1949 Oct. p. 31; 1950 Oct. p. 41; 1952 Mar. p. 66; June p. 22; 1957 July p. 126.
Shelton, J., 1973 June p. 53.
Shelton, Thomas, 1963 Sept. p. 88.
Shemin, David, 1949 Feb. p. 36, 37.
Shen Nung, Emperor, 1969 Jan. p. 21; Dec. p. 17.
Shen, Sheldon, 1977 Nov. p. 138, 136.
Shêng-Tao, Chang, 1964 Feb. p. 68.
Shepard, Alan B. Jr., 1961 June p. 80; 1971 Aug. p. 64, 67.
Shepard, Francis P., 1954 Aug. p. 62; 1955 Mar. p. 85; July p. 36; 1956 Aug. p. 36.
Shepard, James, 1978 June p. 84.
Shepard, Odell, 1951 Mar. p. 42.
Shepher, Joseph, 1972 Dec. p. 43.
Shepherd, Gordon M., 1978 Feb. p. 93.
Shepherd, Robert G., 1963 July p. 51.
Shepherd, W. F. C., 1949 Nov. p. 18.
Shepp, Lawrence A., 1975 Apr. p. 38.
Sheppard, P. M., 1968 Nov. p. 46, 49; 1975 Jan. p. 95, 97, 98; Aug. p. 53, 57.
Sheppard, Percival A., 1964 Mar. p. 70.
Sheppard, Robert, 1973 Mar. p. 33.
Sheppard, S. E., 1952 Nov. p. 31, 32.
Sheps, Mendel C., 1961 July p. 71.
Shereshefsky, S. L., 1970 Nov. p. 71.
Sheridan, Judson, 1970 May p. 84.
Sheridan, Richard B., 1969 July p. 41.
Sheridan, Robert E., 1977 Feb. p. 115.
Sherif, Carolyn W., 1956 Nov. p. 54.
Sherif, Mehmet A., 1972 Feb. p. 41.
Sherif, Muzafer, 1970 Nov. p. 102.
Sherman, F. S., 1958 Jan. p. 39.
Sherman, Fred, 1970 Nov. p. 27.
Sherman, Frederik, 1961 Sept. p. 102.
Sherman, Henry C., 1970 Dec. p. 88.

Sherman, Joseph, 1963 Mar. p. 118.
Sherman, N., 1960 May p. 88.
Sherrill, William M., 1964 July p. 38.
Sherrington, Charles S., Sir, 1948 Oct. p. 27, 34; 1949 Sept. p. 47; Dec. p. 13; 1950 Sept. p. 71; Nov. p. 20; 1951 Oct. p. 57; 1952 May p. 30, 31; 1953 Mar. p. 65, 66; 1954 June p. 62; 1958 Aug. p. 85; Sept. p. 142; 1961 Dec. p. 62; 1964 Nov. p. 124; 1965 Jan. p. 56; 1966 May p. 103; 1967 Nov. p. 27; 1970 July p. 63; 1971 Aug. p. 74, 75, 77; 1972 May p. 35; 1973 July p. 96; 1974 Oct. p. 100; 1975 Jan. p. 56, 71; 1976 Dec. p. 72, 74, 79, 86.
Sherritt Gordon Mines, Ltd., 1952 June p. 32.
Sherry, Sol, 1949 Dec. p. 29.
Sherwin, C. W., 1960 Dec. p. 78.
Sherwood, Helen K., 1957 Apr. p. 72.
Sherwood, R. C., 1971 June p. 84.
Sherwood, Richard C., 1969 Oct. p. 47.
Shettles, Landrum B., 1966 Aug. p. 81; 1972 Sept. p. 45.
Shiers, George, 1971 May p. 80.
Shiffrin, Richard M., 1971 Aug. p. 82.
Shih, Yi Wang, 1962 Dec. p. 136.
Shih-Chen, Li, 1964 Feb. p. 68.
Shihkingshan Iron and Steel Works, 1966 Nov. p. 42.
Shih-ying, Chao, 1975 June p. 19.
Shik, M. L., 1975 Jan. p. 71; 1976 Dec. p. 74.
Shiku, Hiroshi, 1977 May p. 68.
Shils, Edward A., 1949 Apr. p. 24; 1954 June p. 44.
Shimada, K., 1976 Dec. p. 111.
Shimazu, Akira, 1972 June p. 100.
Shimizu, M., 1968 May p. 111.
Shimkin, Demitri, 1949 Mar. p. 24; 1953 Jan. p. 31.
Shimkin, Michael B., 1956 Sept. p. 120.
Shimmins, A. J., 1963 Dec. p. 56; 1966 June p. 39.
Shimomura, Osamu, 1970 Apr. p. 90.
Shin, Hyun S., 1973 Nov. p. 57, 60, 65.
Shinefield, Henry R., 1969 Jan. p. 115.
Shipek, E. J., 1975 July p. 62.
Shipley, E. D., 1955 Nov. p. 54.
Shipley, Reginald A., 1951 Dec. p. 47.
Shiraiwa, T., 1976 Apr. p. 96.
Shiren, Norman S., 1963 June p. 67; 1965 Oct. p. 40.
Shirk, Edward K., 1975 Oct. p. 52.
Shirk, James S., 1965 Aug. p. 26.
Shirkov, D. V., 1956 Aug. p. 29.
Shirley, J. W., 1975 June p. 49.
Shiskin, Julius, 1975 Jan. p. 19.
Shizume, K., 1961 July p. 102.
Shklovsky, I. S., 1957 Mar. p. 53, 55; 1961 July p. 68; Sept. p. 88; 1962 Jan. p. 66; Mar. p. 44; Apr. p. 57; 1963 Jan. p. 84; Dec. p. 54; 1964 Aug. p. 14; Nov. p. 38; 1967 Dec. p. 42; 1968 Dec. p. 43; 1970 Dec. p. 24; 1971 Jan. p. 58; July p. 79; 1977 Oct. p. 50.
Shlank, Mordecai, 1970 Feb. p. 85.
Shnek, Zachary, 1974 Nov. p. 87.
Shock, Nathan W., 1968 Mar. p. 32.
Shock, William, 1977 Sept. p. 74.
Shockley, William B., 1951 Aug. p. 14; 1952 July p. 29, 30, 32; 1956 Dec. p. 52; 1958 Feb. p. 40; Sept. p. 118, 123, 124; 1966 Aug. p. 28, 29; 1967 Nov. p. 25, 28; 1968 Mar. p. 103; 1969 Oct. p. 47; 1970 Oct. p. 19; 1971 June p. 84; 1973 Apr. p. 65; Aug. p. 48-50.
Shoemaker, Eugene M., 1960 Sept. p. 104; Oct. p. 140; 1961 Aug. p. 54, 56; 1964 Feb. p. 50; Sept. p. 80; 1965 Oct. p. 26, 32, 34; 1966 Jan. p. 62; 1967 Mar. p. 74; Nov. p. 41; 1975 Sept. p. 144, 153.
Shoemaker, William, 1974 Feb. p. 85.
Shoenberg, David, 1963 July p. 119, 120.
Shoffner, Bruce M., 1965 Oct. p. 38.
Shoji, Kobe, 1977 Nov. p. 62.
Sholl, D. A., 1958 Sept. p. 135.
Shook, Edwin M., 1955 May p. 85.
Shope, Richard E., 1949 Aug. p. 33, 34; 1952 Apr. p. 56; 1954 Feb. p. 34, 35; 1957 Feb. p. 37; 1960 Nov. p. 64, 67; 1971 July p. 28; 1977 Dec. p. 100, 101, 90.
Shope, Thomas C., 1973 Oct. p. 33.
Shor, G. G. Jr., 1961 Dec. p. 54.
Shor, V. A., 1977 Feb. p. 30.
Shorb, Mary S., 1952 Apr. p. 53.
Shore, V. C., 1961 Dec. p. 98.
Shorey, H. H., 1974 July p. 35.
Shorley, Patricia G., 1962 Aug. p. 117; 1963 Nov. p. 104, 106.
Shorr, Dorothy, 1973 May p. 27.
Shorr, Ephraim, 1952 Dec. p. 64, 66.
Short Bros. and Harland, Ltd., 1960 Aug. p. 47.
Short, Nicholas M., 1967 Mar. p. 70, 72.
Short, R. V., 1977 Oct. p. 81.
Shorten, Monica, 1967 Jan. p. 81.
Shorthill, Richard W., 1965 Aug. p. 27.
Shortino, T. J., 1965 July p. 48.
Shortridge, Keith, 1978 Apr. p. 80.
Shortt, H. E., 1962 May p. 88.
Shostakovich, Dmitri, 1956 Feb. p. 86.
Shotton, David, 1974 July p. 77.
Shoumsky, Pyotr, 1960 Oct. p. 84.
Shoupp, W. E., 1949 Apr. p. 26; 1954 Dec. p. 53.
Shou-wu, Wang, 1972 Dec. p. 14.
Shreffler, Donald C., 1977 Oct. p. 97.
Shrödinger, Erwin, 1963 July p. 115; 1965 May p. 63, 68.
Shryock, Richard H., 1958 Jan. p. 46.
Shu, Frank H., 1972 Aug. p. 54, 56.
Shub-Ad, Queen, 1957 Oct. p. 82.
Shubert, Karel, 1977 Mar. p. 74.
Shubik, Philippe, 1976 May p. 60.
Shubnikov, Aleksei V., 1971 Mar. p. 79.
Shugg, Carleton, 1949 July p. 33; 1950 Oct. p. 24; Dec. p. 26.
Shuler, Kurt E., 1966 Apr. p. 32.
Shull, A. F., 1954 Aug. p. 66, 67.
Shull, C. G., 1949 July p. 41; 1951 Oct. p. 49; 1953 Aug. p. 28.
Shull, C. H., 1967 Sept. p. 224.
Shull, George H., 1951 Aug. p. 39, 40-42.
Shulman, L. E., 1956 Feb. p. 112, 114.
Shulman, Robert, 1962 Oct. p. 66.
Shults, Wilbur D., 1971 May p. 18.
Shultz, George P., 1973 Mar. p. 44.
Shumacker, H. B., 1952 Feb. p. 56.
Shumway, Norman, 1962 June p. 82; 1978 May p. 88.
Shumway, Norman E., 1972 Apr. p. 56.
Shurrager, H. C., 1950 Nov. p. 21.
Shurrager, Phil S., 1950 Feb. p. 25.
Shuster, Arthur, 1949 Jan. p. 38.
Shute, Barbera E., 1964 Feb. p. 54.
Shuter, W. L. H., 1977 June p. 77.
Shutt, R. P., 1953 Sept. p. 80.
Shutt, Ralph P., 1964 Apr. p. 61.
Shutts, Richard, 1975 Oct. p. 85.
Shwartzman, Gregory, 1964 Mar. p. 39.
Sibatani, Atuhiro, 1962 May p. 78.
Sibbald, Robert, 1956 Dec. p. 46.
Sibiriakov, A., 1961 May p. 91.
Sibulkin, Merwin, 1962 Nov. p. 74.
Sicard, Jean, 1961 Apr. p. 88.
Sicharulidze, T. A., 1962 Mar. p. 114.
Siculus, Diodorus, 1963 Oct. p. 97; 1973 Oct. p. 39, 40.
Siddall, J. B., 1966 May p. 52.
Siddigi, Obaid, 1973 Dec. p. 27.
Siddon, Robert L., 1973 May p. 37.
Sidel, Ruth, 1975 June p. 20.
Sidel, Victor W., 1960 Dec. p. 150, 156; 1966 Apr. p. 49; 1971 Feb. p. 93; 1975 June p. 20.
Sidman, Richard L., 1966 Oct. p. 82; 1969 May p. 104.
Sidney, Philip, 1973 Apr. p. 87; 1977 June p. 123.
Sieber, P., 1963 Oct. p. 57.
Sieburth, John M., 1974 May p. 65.
Sieburth, John McN., 1958 Oct. p. 56.
Siedentopf, H., 1960 July p. 62, 63.
Siegal, Seymour, 1952 Mar. p. 42.
Siegbahn, Manne, 1967 Nov. p. 26.
Siegel, B. M., 1957 Sept. p. 214.
Siegel, Lester, 1968 Sept. p. 124.
Siegel, Peter V., 1969 Aug. p. 57.
Siegel, Richard, 1971 Aug. p. 50.
Siegel, Ronald K., 1977 Oct. p. 132.
Siegel, Sanford M., 1971 May p. 37.
Siegelman, H. W., 1960 Dec. p. 60, 61.
Siekevitz, Philip, 1958 Mar. p. 118; July p. 61; 1961 Sept. p. 79; 1969 Mar. p. 39; 1972 Feb. p. 38; 1974 Dec. p. 56; 1975 Oct. p. 31.
Siemens, Alfred, 1977 Mar. p. 128.
Siemens and Halske, 1961 Aug. p. 80.
Siemens, J. C., 1976 Jan. p. 62.
Siemens, Werner von, 1961 Aug. p. 80.
Siemens, William, 1976 July p. 68, 69, 78.
Siemens, William, Sir, 1948 Aug. p. 32; 1950 June p. 52.
Siemiensky, Jennie S., 1964 Mar. p. 36, 40.
Sierpinski, W., 1954 Apr. p. 88.
Siewert, Horst, 1961 Dec. p. 116.
Sigal, Heidi, 1976 July p. 66.
Sigerist, Henry, 1954 Mar. p. 38, 39.
Siggers, David C., 1976 Dec. p. 52.
Siggins, George, 1977 Aug. p. 115.
Sigismund, Prince, 1965 Aug. p. 93.
Sigmatron, Inc., 1973 June p. 73.
Signac, Paul, 1972 June p. 91, 92.
Signell, P. S., 1960 Mar. p. 111.
Signer, Ethan, 1970 June p. 43.
Sigurbjörnsson, Björn, 1971 Jan. p. 86.
Sikkeland, Torbjorn, 1961 June p. 84; 1963 Apr. p. 70, 72; 1969 Apr. p. 63.
Sikorsky, Igor, 1955 Jan. p. 37, 38; 1967 Apr. p. 39; 1969 Aug. p. 93.
Silberg, Paul, 1965 Apr. p. 78.
Silberschmidt, Karl M., 1960 Aug. p. 139, 141.
Silby, E., 1973 Sept. p. 103.
Silcox, John, 1967 Sept. p. 89.
Silfast, William T., 1973 Feb. p. 89.
Silk, E. C. H., 1969 June p. 30, 32; 1976 Dec. p. 114.
Silk, George, 1959 Feb. p. 77, 82.
Silk, Joseph, 1970 June p. 26; 1971 Dec. p. 28, 29; 1977 Oct. p. 51.
Sill, Godfrey, 1975 Sept. p. 76.
Sill, William, 1971 Aug. p. 66.
Sillén, Lars G., 1970 Nov. p. 110; 1974 June p. 75.
Silliman, Benjamin, 1949 Dec. p. 56; 1950 May p. 21; 1954 July p. 74, 75; 1971 May p. 81.
Silman, Israel H., 1971 Mar. p. 28.
Silmser, C. R., 1957 Apr. p. 65.
Siltec Corporation, 1977 Sept. p. 119.
Silva, M. Rocha e, 1962 Aug. p. 113, 114, 117.
Silva, Robert J., 1969 Apr. p. 63.
Silver, Arnold H., 1961 Jan. p. 97.
Silver, Jack, 1977 Oct. p. 103.
Silver, L. T., 1960 Jan. p. 82.
Silver, Marvin, 1977 May p. 44.
Silverman, Margaret, 1953 Feb. p. 35.
Silverman, Michael R., 1975 Aug. p. 41, 43; 1976 Apr. p. 45.
Silverman, Milton, 1953 Feb. p. 35.
Silverman, Shirleigh, 1965 Jan. p. 28.

Silverman, William A., 1977 June p. 100.
Silvers, Willys K., 1974 Apr. p. 38.
Silverstein, Arthur M., 1974 Apr. p. 45.
Silverstein, Robert M., 1966 Dec. p. 65.
Silvertooth, E. W., 1965 Jan. p. 35.
Silvester, Charles F., 1977 Mar. p. 108.
Silvester, Norman, 1974 Oct. p. 46.
Simantov, Rabi, 1977 Feb. p. 50; Mar. p. 50, 51.
Simkiss, Kenneth, 1970 Mar. p. 91.
Simmonds, Sofia, 1950 June p. 40.
Simmons, E., 1978 Feb. p. 113.
Simmons, Gene, 1970 Aug. p. 19.
Simmons, R. O., 1966 Oct. p. 70.
Simmons, Richard L., 1974 Apr. p. 45.
Simms, D. L., 1977 June p. 64.
Simms, Ernest, 1968 Oct. p. 67.
Simms, Thomas M., 1975 Nov. p. 110, 112.
Simon, Albert, 1955 Nov. p. 54; 1967 July p. 79-81.
Simon, Charles W., 1956 May p. 66.
Simon, E. W., 1966 July p. 86.
Simon, Eric J., 1963 Sept. p. 86.
Simon, Franz E., 1969 Dec. p. 34.
Simon, George W., 1975 Apr. p. 113.
Simon, Herbert A., 1960 Aug. p. 60; 1962 Dec. p. 110; 1966 Sept. p. 247, 250; 1970 Feb. p. 13.
Simon, Hermann, 1971 Mar. p. 35.
Simon, Lee, 1969 Nov. p. 121.
Simon, Melvin I., 1975 Aug. p. 41, 43; 1976 Apr. p. 45.
Simon, William E., 1974 Jan. p. 29.
Simoneit, Bernd R., 1972 Oct. p. 82.
Simonett, David S., 1967 Aug. p. 40.
Simons, Donald M., 1975 Mar. p. 91, 99, 100, 99.
Simons, Elwyn L., 1964 May p. 62; 1965 May p. 50; 1967 Apr. p. 59; Dec. p. 31; 1968 Aug. p. 45; 1970 Jan. p. 77, 82; 1972 Jan. p. 96, 102; 1974 July p. 108; 1976 Nov. p. 70; 1977 May p. 28.
Simons, J. H., 1951 Dec. p. 40.
Simoons, Frederick J., 1972 Oct. p. 77, 78.
Simplicio, 1949 Aug. p. 45, 46.
Simplicius, 1949 Nov. p. 48; 1950 May p. 51.
Simpson, George G., 1950 Jan. p. 33; Nov. p. 54; 1951 Jan. p. 13; July p. 62; 1952 Apr. p. 74; 1953 Apr. p. 36; 1956 May p. 72, 73; 1959 Sept. p. 142; 1963 Feb. p. 85, 86; 1964 July p. 52; Oct. p. 114; 1969 Feb. p. 29; 1972 Nov. p. 58, 61.
Simpson, H. E., 1950 Nov. p. 15.
Simpson, J. Wesley, 1967 Apr. p. 50.
Simpson, James Y., Sir, 1957 Jan. p. 79; 1965 Aug. p. 88.
Simpson, Joe R., 1977 Feb. p. 92.
Simpson, John A., 1953 Aug. p. 44; 1955 Sept. p. 54; 1964 Apr. p. 66; 1966 May p. 64.
Simpson, Miriam E., 1950 Oct. p. 22.
Simpson, R. H., 1957 Aug. p. 34; 1964 Dec. p. 27.
Simpson, Ruth D., 1955 Aug. p. 50.
Simpson, Sutherland, 1954 Jan. p. 49.
Simson, Otto von, 1967 Dec. p. 95, 97; 1972 Nov. p. 95.
Sinclair, David, 1953 Feb. p. 72.
Sinclair Oil Corporation, 1966 Feb. p. 27.
Sinclair, Upton, 1973 Sept. p. 163.
Singer, H. W., 1963 Sept. p. 225.
Singer, Jerome L., 1957 Aug. p. 106.
Singer, Marcus, 1954 Feb. p. 42.
Singer, Maxine F., 1963 Mar. p. 91.
Singer, S. Fred, 1957 Apr. p. 90; Nov. p. 67; 1960 Feb. p. 130; Nov. p. 172; 1970 Sept. p. 175; 1972 Apr. p. 50; 1975 Sept. p. 153.
Singer, S. J., 1950 Mar. p. 29; 1951 Aug. p. 57; 1957 Oct. p. 99, 106; 1961 Sept. p. 96; 1970 Aug. p. 41; 1974 Mar. p. 33; Sept. p. 81; 1975 Jan. p. 88; Apr. p. 46; Oct. p. 32; 1976 May p. 35, 38; 1977 Jan. p. 53.
Singer, Susan B., 1974 July p. 47.
Singh, Baldeu, 1972 Feb. p. 85.
Singh, R. N., 1966 June p. 79, 80.
Singh, S., 1968 Sept. p. 124, 132.
Singleton, F., 1964 Mar. p. 70.
Sinsheimer, Robert L., 1958 July p. 54; 1962 Nov. p. 102; 1963 Jan. p. 53; 1964 May p. 56; 1968 Oct. p. 75, 76, 78; 1969 July p. 50; 1973 Apr. p. 21; 1977 July p. 28-30; Dec. p. 61.
Sinsteden, W. J., 1968 Nov. p. 66.
Sinton, William M., 1955 Sept. p. 70; 1965 Jan. p. 37; Aug. p. 23, 25, 26; 1975 Sept. p. 74, 77.
Sinunovic, Sergio N., 1978 Feb. p. 67.
Siperstein, M. D., 1951 Sept. p. 52.
Siple, Paul A., 1949 Nov. p. 29; 1951 Feb. p. 63, 64; 1957 July p. 65; 1962 Sept. p. 220.
SIPRI, *see:* Stockholm International Peace Research Institute.
Sisler, F. D., 1953 Mar. p. 41.
Sisler, Frederick D., 1963 Mar. p. 48.
Sismondi, Jean C., 1963 Sept. p. 56.
Situs, Stan, 1956 Mar. p. 93.
Sivard, R., 1969 Oct. p. 22.
Sivard, Ruth L., 1976 Apr. p. 54.
Sivel, H. T., 1952 Jan. p. 68, 70, 72; 1955 Dec. p. 59, 65.
Sivitsur, V. R., 1977 Dec. p. 161.
Sixtus V, Pope, 1954 Nov. p. 102.
Sizer, Irwin W., 1968 May p. 113.
Sizmann, Rudolf, 1968 Mar. p. 97.
Sizoo, G., 1971 Apr. p. 83.
Sjögren, Hans O., 1967 Apr. p. 35; 1977 May p. 64.
Sjogren, William L., 1968 Oct. p. 58; 1969 Oct. p. .
Sjöstrand, Fritiof, 1957 July p. 137; 1958 Mar. p. 118; 1962 Apr. p. 66, 71.
Sjövall, Jan, 1971 Nov. p. 84.
Skarnes, Robert, 1964 Mar. p. 44.
Skeels, Harold M., 1951 Sept. p. 102; 1968 Sept. p. 91.
Skeggs, Leonard T. Jr., 1954 Aug. p. 26; 1959 Mar. p. 56.
Skell, Philip, 1976 Feb. p. 106, 108, 109.
Skelly Oil Company, 1976 Dec. p. 36.
Skelton, Owen R., 1977 Aug. p. 98, 99, 103.
Skerfving, Staffan, 1971 May p. 21.
Skertchly, S. B., 1963 Dec. p. 136.
Skilling, William T., 1949 Dec. p. 53.
Skinner, B. F., 1956 Oct. p. 107, 110, 114; Nov. p. 109; 1957 Jan. p. 58; 1958 Jan. p. 78; Dec. p. 58; 1961 July p. 114; Nov. p. 91; 1964 Mar. p. 48; May p. 98; 1966 Dec. p. 81; 1967 Mar. p. 81; 1968 June p. 64.
Skinner, G. William, 1975 May p. 72-79.
Skinner, H. D., 1956 Aug. p. 59.
Skinner, H. W. B., 1956 July p. 48.
Skipper, Howard E., 1964 May p. 94.
Skjöldebrand, R., 1956 Aug. p. 54.
Sklifosovsky Institute, 1962 Oct. p. 56.
Skobeltsyn, Dmitri V., 1949 Nov. p. 27; 1951 May p. 36.
Skobeltzyn, D. F., 1957 Sept. p. 107.
Skodak, Marie, 1951 Sept. p. 102; 1968 Sept. p. 91.
Skolem, Thoralf A., 1972 June p. 83.
Skoog, Folke, 1963 Oct. p. 112; 1965 Nov. p. 79; 1968 July p. 76, 77, 79, 81.
Skora, Irena, 1963 Sept. p. 86.
Skornyakova, I. S., 1978 Feb. p. 56.
Skoultchi, Arthur, 1974 July p. 44.
Skripov, V. P., 1972 Dec. p. 70, 71.
Skulachev, V. P., 1976 June p. 46.
Skutil, J., 1968 July p. 55.
Skvarla, John, 1968 Apr. p. 90.
SLAC, *see:* Stanford Linear Accelerator Center.
Slack, C. M., 1964 Jan. p. 115.
Slack, C. R., 1969 Dec. p. 70.
Slack, Christina, 1970 May p. 84.
Slack, Glen A., 1962 Dec. p. 99.
Slack, Roger, 1973 Oct. p. 84.
Slack, Warner V., 1955 June p. 56.
Slade, D. V., 1969 Dec. p. 92.
Slade, Walter, 1976 June p. 114.
Sladen, Frank, 1955 Aug. p. 57.
Sladen, William J. L., 1957 Dec. p. 45, 50; 1964 Feb. p. 95, 96, 100; 1965 Sept. p. 82.
Sláma, Karel, 1965 Oct. p. 39; 1966 May p. 53; 1967 July p. 16, 17; 1968 May p. 54.
Slamecka, Norman J., 1964 Mar. p. 93.
Slate, David J., 1973 June p. 93; 1977 June p. 56.
Slater, Daniel, 1953 May p. 81.
Slater, E. C., 1968 Feb. p. 36; May p. 124; 1978 Mar. p. 113.
Slater, J. H., 1948 May p. 57.
Slater, James, 1973 Mar. p. 86.
Slater, James C., 1970 Apr. p. 54.
Slater, John C., 1966 Dec. p. 56.
Slater, N. B., 1964 July p. 105.
Slater, William E., 1962 Jan. p. 53, 54.
Slatis, Herman, 1955 Nov. p. 59.
Slavkin, Harold C., 1976 May p. 64.
Slavsov, P. A., 1952 May p. 76.
Slawinski, Matthew, 1966 Dec. p. 66.
Slay, Alton D., 1977 Mar. p. 60.
Slayter, Games, 1965 Feb. p. 34; Oct. p. 21.
Slayter, Henry S., 1962 Feb. p. 48; Mar. p. 62; 1963 Dec. p. 48, 51; 1966 Apr. p. 109.
Slee, Bruce, 1975 Aug. p. 26.
Slee, O. B., 1949 Sept. p. 41; 1964 Aug. p. 18; 1966 June p. 30.
Slee, Vergil, 1963 Aug. p. 22.
Sleet, W. E., 1973 June p. 60.
Sleight, Robert, 1953 Apr. p. 78, 82.
Slepian, David, 1975 Apr. p. 37.
Slettebak, Arne, 1963 Feb. p. 48, 49.
Sletten, Knut, 1969 July p. 87.
Slichter, Charles P., 1966 July p. 74.
Slichter, Louis B., 1950 Dec. p. 57; 1966 Oct. p. 30, 32, 33; 1972 Apr. p. 50.
Slifer, Eleanor H., 1961 May p. 138.
Slijper, E. J., 1966 Aug. p. 17.
Slipher, E. C., 1953 May p. 65, 67, 68, 70, 72, 73.
Slipher, V. M., 1952 Feb. p. 45; 1953 May p. 69; 1956 Sept. p. 175, 80; 1964 Nov. p. 43; 1973 June p. 30; 1975 Sept. p. 74.
Sliwinski, Marian, 1973 Oct. p. 48.
Sloan, Alfred P., 1963 May p. 75.
Sloan, D. H., 1948 June p. 29.
Sloan, David H., 1954 Oct. p. 40, 43.
Sloan Foundation, 1973 Oct. p. 24.
Sloan, Gilbert J., 1967 Dec. p. 72.
Sloan, Richard K., 1966 Apr. p. 57; May p. 62.
Sloanaker, R. M., 1978 June p. 91.
Sloanaker, Russell, 1960 Jan. p. 49; 1961 May p. 60, 65.
Sloan-Kettering Institute for Cancer Research, 1953 Aug. p. 48; 1956 Oct. p. 54; 1957 Dec. p. 54; 1960 Mar. p. 93; 1968 Aug. p. 35, 36, 39, 40; 1971 July p. 30; 1977 May p. 63, 68, 79, 76; July p. 44; Oct. p. 97.
Slobodkin, L. B., 1964 Sept. p. 153.
Slocombe, Patrick M., 1977 Dec. p. 56.
Slocumb, Charles H., 1950 Mar. p. 33.
Slomovits, Miriam, 1974 Dec. p. 30.
Slonczewski, T. S., 1961 June p. 156.
Slonimski, Piotr P., 1970 Nov. p. 27.
Slotkin, J. S., 1951 Oct. p. 40.
Slotnick, D. L., 1971 Feb. p. 76.
Sloviter, Henry A., 1956 June p. 106, 108.

Slusher, Harold S., 1977 Dec. p. 87.
Slusius, 1955 Dec. p. 75.
Smadel, Joseph E., 1949 July p. 17; Aug. p. 34; 1952 Apr. p. 55, 56; 1955 Jan. p. 76.
Smagorinsky, Joseph, 1970 Sept. p. 63.
Smale, Stephan, 1966 May p. 112, 117, 118, 120.
Small, K. A., 1962 Dec. p. 52, 54.
Smallcombe, Stephen, 1974 July p. 81.
Smart, Ian, 1974 May p. 29.
Smart, J. J. C., 1967 Jan. p. 98.
Smart, J. S., 1953 Aug. p. 28.
Smeaton, John, 1954 Oct. p. 72; 1964 Jan. p. 102, 103; 1974 Feb. p. 95.
Smedley-Maclean, Ida, 1960 Feb. p. 46.
Smee, Alfred, 1952 Mar. p. 73.
Smenkhkare, 1969 Dec. p. 55.
Smigelskas, Alice, 1957 May p. 108.
Smiley, Charles H., 1973 Nov. p. 50.
Smillie, Lawrence B., 1975 Nov. p. 42.
Smith, A. W., 1964 Apr. p. 43.
Smith, Adam, 1949 May p. 24; 1951 Oct. p. 15; 1954 Oct. p. 33; Nov. p. 35; 1963 Sept. p. 52, 55; 1966 Sept. p. 202; 1970 Oct. p. 118; 1974 Sept. p. 163; 1976 July p. 33; Dec. p. 28.
Smith, Alan, 1977 Nov. p. 150.
Smith, Albert E., 1962 July p. 85.
Smith, Alex G., 1964 July p. 39, 42; 1968 Apr. p. 53, 59; 1970 Oct. p. 34; 1972 May p. 59.
Smith, Alexander C., 1968 Apr. p. 77.
Smith, Alexander H., 1975 Mar. p. 93.
Smith, Andrew M., 1971 Dec. p. 25.
Smith, Archie L., 1964 Jan. p. 73.
Smith, Audrey U., 1956 June p. 106, 108, 112.
Smith, B. A., 1977 Feb. p. 32.
Smith, B. M., 1963 July p. 66.
Smith, Barham W., 1978 Jan. p. 83, 84.
Smith, Barnabas, 1963 Sept. p. 88.
Smith, Barry E., 1977 Mar. p. 73.
Smith, Bob H., 1967 Oct. p. 56.
Smith, Bradford A., 1968 Feb. p. 82; 1970 May p. 27; July p. 50.
Smith, Bruce, 1966 July p. 83, 85.
Smith, Bruce D., 1949 Apr. p. 26.
Smith, Bruce J., 1968 Aug. p. 59.
Smith, C. A. B., 1971 Apr. p. 106.
Smith, C. Earle, 1949 May p. 27.
Smith, Carl A., 1963 June p. 88.
Smith, Carol A., 1975 May p. 76-79.
Smith, Christopher, 1953 Mar. p. 89.
Smith, Colin, 1972 May p. 34.
Smith, Cyril S., 1952 Jan. p. 35; June p. 36; 1955 Oct. p. 30; 1965 Oct. p. 30; 1970 Feb. p. 13; 1975 Oct. p. 108, 109.
Smith, D. R., 1970 Nov. p. 72.
Smith, David H., 1967 Oct. p. 74; Dec. p. 24, 26, 27.
Smith, David R., 1963 July p. 58.
Smith, David S., 1964 Jan. p. 63, 73; 1965 Sept. p. 86.
Smith, Douglas, 1967 Feb. p. 43.
Smith, Dwight M., 1976 Mar. p. 39.
Smith, Edward J., 1963 July p. 84; 1965 Mar. p. 66; 1966 May p. 62; 1971 Aug. p. 65.
Smith, Edwin, 1952 Aug. p. 24.
Smith, Elloitt, 1950 Sept. p. 87.
Smith, Elske van P., 1959 Dec. p. 102.
Smith, Emil L., 1961 Feb. p. 91; 1964 Dec. p. 71; 1969 July p. 87; 1972 Apr. p. 64; July p. 57.
Smith, Erwin F., 1952 June p. 66.
Smith, F. Graham, 1949 Sept. p. 38; 1955 July p. 91; 1956 Sept. p. 125, 210; 1962 Oct. p. 47; 1966 June p. 30, 31; 1968 June p. 44; 1971 July p. 80, 82; 1975 Aug. p. 26.
Smith, Gary R., 1965 Oct. p. 38.
Smith, George, 1974 July p. 48.
Smith, George E., 1964 June p. 72, 74, 75; 1972 June p. 52.
Smith, Gerald, 1976 Jan. p. 76.
Smith, Gerard C., 1967 Sept. p. 93; 1970 May p. 56.
Smith, Grafton E., Sir, 1949 Jan. p. 52; 1971 Oct. p. 64.
Smith, H. Alexander, 1948 June p. 7, 9, 10; 1958 Apr. p. 48.
Smith, H. L., 1956 Dec. p. 67.
Smith, Hamilton, 1962 Aug. p. 56; 1967 Apr. p. 79.
Smith, Hamilton O., 1974 Aug. p. 90; 1976 Jan. p. 75.
Smith, Harlan J., 1963 July p. 67; Dec. p. 60; 1964 July p. 39; 1966 Dec. p. 45, 46; 1969 Jan. p. 32.
Smith, Harold A., 1975 Oct. p. 22.
Smith, Harry S., 1957 July p. 57.
Smith, Herbert A., 1963 Mar. p. 118.
Smith, Homer W., 1953 Jan. p. 48; July p. 76; 1954 May p. 67; 1967 Dec. p. 26.
Smith, Howard A., 1950 Apr. p. 30.
Smith, Hugh M., 1963 July p. 102; 1976 May p. 74, 78.
Smith, Ian, 1967 Oct. p. 43, 45.
Smith, J. B., 1971 Aug. p. 45.
Smith, J. Cecil, 1972 July p. 59.
Smith, J. D., 1955 July p. 76-78.
Smith, J. L. B., 1953 Feb. p. 36; 1955 Dec. p. 34, 37, 39.
Smith, J. Lewis, 1966 July p. 30.
Smith, J. Maynard, 1960 May p. 153; 1961 Aug. p. 117.
Smith, J. V., 1959 Aug. p. 68.
Smith, James H. C., 1956 Jan. p. 81.
Smith, Jason W., 1972 Jan. p. 51.
Smith, John, 1976 June p. 110.
Smith, Joseph, 1956 July p. 28; 1977 Mar. p. 102.
Smith, Judson, 1955 Dec. p. 43.
Smith, Kenneth, 1963 Jan. p. 49.
Smith, Kline & French Labs, 1969 June p. 55.
Smith, L. F., 1955 May p. 41.
Smith, L. W., 1958 Mar. p. 106.
Smith, Ledyard A., 1955 May p. 85.
Smith, Levering, 1972 June p. 27.
Smith, Lincoln G., 1949 Nov. p. 18.
Smith, Lindsey F., 1971 Dec. p. 27.
Smith, Lloyd, 1953 May p. 40; 1954 May p. 52; Oct. p. 40.
Smith Machine Company, 1973 Mar. p. 85.
Smith, Margaret C., 1949 Feb. p. 28; Sept. p. 21.
Smith, Mary, 1970 Jan. p. 104.
Smith, Mary A., Lady, 1965 Aug. p. 95.
Smith, Maynard E., 1950 Aug. p. 20.
Smith, Michael, 1977 Dec. p. 56.
Smith, Norman, 1978 May p. 154.
Smith, P. E., 1961 July p. 101.
Smith, Paul F., 1959 Mar. p. 65.
Smith, Paul V. Jr., 1956 Dec. p. 94.
Smith, Philip E., 1950 Oct. p. 19; 1951 Mar. p. 45; 1966 May p. 77.
Smith, R. G., 1968 Sept. p. 132.
Smith, Ray F., 1954 June p. 38; 1956 Aug. p. 99.
Smith, Ray W., 1963 Nov. p. 126; 1968 Nov. p. 64.
Smith, Raymond L., 1967 Dec. p. 67.
Smith, Richard B., 1957 Mar. p. 64.
Smith, Richard E., 1970 Feb. p. 62.
Smith, Robert, 1952 Oct. p. 44; 1962 July p. 123.
Smith, Robert E., 1955 May p. 85; 1965 Aug. p. 63.
Smith, Robert F., 1959 Sept. p. 182, 94.
Smith, S. L., 1956 Aug. p. 45.
Smith, Sidney, 1951 Feb. p. 26.
Smith, Stephen J., 1957 May p. 53.
Smith, Stewart, 1965 Nov. p. 35.
Smith, Sydney, 1958 June p. 73.
Smith, T. V., 1958 June p. 29.
Smith, Theobald, 1948 July p. 28; 1949 Nov. p. 53; 1953 June p. 86; 1967 Jan. p. 111.
Smith, Todd I., 1977 June p. 64.
Smith, Tommie, 1976 June p. 110, 111, 114.
Smith, William, 1959 Feb. p. 73; Nov. p. 168, 170, 172.
Smith, William B., 1968 July p. 29, 31, 34, 37.
Smith, William M., 1961 Jan. p. 86.
Smith, William R., 1972 Mar. p. 43.
Smith, William S., 1954 Nov. p. 66.
Smith, Wilson, 1957 Feb. p. 37; 1977 Dec. p. 90.
Smithburn, Kenneth C., 1955 Mar. p. 60, 62, 64, 65.
Smithers, David W., 1974 Apr. p. 45.
Smithies, Oliver, 1970 Mar. p. 103; 1977 Oct. p. 101.
Smithsonian Astrophysical Observatory, 1963 Aug. p. 29, 37; 1964 Aug. p. 14, 16, 18; 1965 Aug. p. 25; Oct. p. 35; 1967 Oct. p. 67, 74, 76; 1970 Mar. p. 59; Aug. p. 14, 20; 1974 Dec. p. 66; 1977 Oct. p. 53.
Smithsonian Institution, 1948 Dec. p. 13; 1952 Mar. p. 23; Aug. p. 59; 1955 July p. 52; 1956 Sept. p. 116; 1957 Jan. p. 38; Nov. p. 59; Dec. p. 38, 39; 1958 Nov. p. 117; 1960 Sept. p. 134, 82; Nov. p. 171; 1963 Feb. p. 127; 1964 Feb. p. 52; 1965 Oct. p. 26; 1966 Dec. p. 65; 1970 May p. 44; Sept. p. 131; 1978 Jan. p. 112.
Smithy, Horace G., 1950 Jan. p. 17.
Smolens, Joseph, 1956 Mar. p. 58.
Smoluchowski, Marian, 1950 July p. 49; Sept. p. 29; 1964 Sept. p. 95; 1967 Nov. p. 105-107, 109.
Smoluchowski, R., 1957 May p. 106.
Smoot, George F., 1977 Nov. p. 72; 1978 May p. 64.
Smoot, John J., 1959 May p. 109.
Smorodinsky, Y., 1962 Aug. p. 98.
Smorodintsev, A. A., 1959 Aug. p. 65.
Smuts, J. C., 1949 Nov. p. 21, 22.
Smuts, Robert, 1974 Sept. p. 139.
Smylie, D. E., 1968 Nov. p. 60; 1971 Dec. p. 80.
Smyrnaeus, Thaeon, 1955 Dec. p. 76.
Smyth, Henry D., 1948 Nov. p. 24; 1949 June p. 26; July p. 33; 1950 Aug. p. 28; 1951 Feb. p. 30; June p. 51; 1953 Sept. p. 72; 1954 July p. 46; Aug. p. 36; Nov. p. 31, 35, 48.
Smyth, Joseph R., 1978 Apr. p. 127.
Smyth, Tom Jr., 1970 Apr. p. 87.
Smythe, Dallas W., 1952 Mar. p. 40.
Smythe, Edwin H., 1965 Mar. p. 94, 95.
Smythe, Francis, 1956 Feb. p. 94.
Snapp, Roy B., 1949 July p. 33.
Sneath, Peter H. A., 1966 Dec. p. 111.
Sneden, Daryll, 1978 Jan. p. 59.
Sneferu, 1949 Aug. p. 50.
Snell, Esmond E., 1954 Jan. p. 34.
Snell, George, 1967 July p. 108; 1972 June p. 28, 29; 1977 Oct. p. 96.
Snell, Peter, 1965 May p. 88; 1976 June p. 114.
Snell, Willebrord, 1958 Apr. p. 62; 1959 Oct. p. 170; 1967 Oct. p. 69; 1968 Sept. p. 97; 1977 Apr. p. 118.
Snelling, N. J., 1968 Apr. p. 59.
Snider, Alexander, 1969 Nov. p. 104.
Snider, Antonio, 1968 Apr. p. 53.
Snider, Joseph L., 1974 Nov. p. 28, 30, 31.
Snider, Ray S., 1975 Jan. p. 58; 1976 Nov. p. 91.
Snider-Pellegrini, Antonio, 1975 Feb. p. 88.
Snijder, Allan, 1977 July p. 112.
Snitzer, Elias, 1971 June p. 22.
Snodgrass, A., 1977 Oct. p. 122.
Snoek, J. L., 1960 June p. 98; 1967 Sept. p. 230.
Snoke, John, 1964 Dec. p. 71.
Snow, C. P., 1969 Dec. p. 25.

Snow, Catherine E., 1977 Feb. p. 101.
Snow, Charles E., 1956 Aug. p. 65.
Snow, Charles, Sir, 1961 Feb. p. 66; 1963 Dec. p. 67.
Snow, John, 1971 Aug. p. 15.
Snyder, Allan W., 1976 July p. 112.
Snyder, C. W., 1963 July p. 84.
Snyder, Conway, 1971 Aug. p. 70.
Snyder, Elmer, 1974 June p. 115.
Snyder, Hartland, S., 1948 June p. 27.
Snyder, Hartland S., 1952 Nov. p. 42.
Snyder, Hartland, S., 1953 May p. 43.
Snyder, Hartland S., 1967 Nov. p. 90; 1972 May p. 39.
Snyder, J. C., 1955 Jan. p. 75.
Snyder, John C., 1963 July p. 42; 1964 Jan. p. 84.
Snyder, Laurens H., 1955 Feb. p. 77; 1956 Feb. p. 48; 1957 Feb. p. 60; 1958 Feb. p. 44.
Snyder, Lewis E., 1969 May p. 54; 1973 Mar. p. 60; 1974 May p. 110; 1978 June p. 96.
Snyder, Solomon H., 1974 June p. 71; 1977 Feb. p. 50; Mar. p. 44, 48.
Snyder, William, 1952 Nov. p. 68.
Snyderman, Ralph B., 1973 Jan. p. 26; Nov. p. 65.
Snyderman, Reuven K., 1958 Apr. p. 52.
Soal, S. G., 1956 Mar. p. 60.
Soane, Ian D., 1975 Aug. p. 58.
Sobel, André, 1977 Feb. p. 113.
Sobel, Edna H., 1972 July p. 78.
Sobell, Henry M., 1974 Aug. p. 82.
Sobell, Morton, 1951 May p. 34; 1954 June p. 30; 1966 Oct. p. 43.
Sober, Herbert A., 1958 Aug. p. 50; 1966 Feb. p. 34.
Soberman, Robert K., 1961 Aug. p. 66.
Sobin, L. H., 1968 Aug. p. 39.
Sobolev, G. A., 1975 May p. 21, 23.
Sobolev, S. L., 1954 Sept. p. 82.
Sochard, Minnie R., 1969 July p. 87.
Social Research Foundation, 1953 Apr. p. 44.
Société de Navigation Aérienne, 1952 Jan. p. 70.
Société Française des Pétroles, B.P., 1965 Jan. p. 49; Oct. p. 13, 16.
Society for American Archeology, 1948 Dec. p. 13; 1956 Feb. p. 48.
Society for Medieval Archeology, 1976 Oct. p. 125.
Society for Physical Research, 1978 June p. 88.
Society for the Prevention of Cruelty to Animals, 1964 Oct. p. 58.
Society of American Bacteriologists, 1948 May p. 33.
Society of Automotive Engineers, 1948 May p. 33; Sept. p. 29; Dec. p. 27; 1949 May p. 29.
Society of Friends, 1973 Sept. p. 120.
Society of Naval Architects and Marine Engineers, 1966 Aug. p. 61, 66.
Socolar, Sidney J., 1960 Aug. p. 105; 1970 May p. 81, 82.
Socony-Vacuum Oil Company, 1948 Sept. p. 14; 1953 Oct. p. 58.
Socrates, 1949 Apr. p. 44; Oct. p. 50; 1950 Aug. p. 47; 1957 Mar. p. 105; 1958 Sept. p. 60; 1967 Jan. p. 102; Feb. p. 33; 1971 Mar. p. 50; 1973 Dec. p. 111; 1974 July p. 98.
Soddy, Frederick, 1948 June p. 34; 1949 Feb. p. 32; Mar. p. 29; 1950 Sept. p. 30; 1955 May. p. 54; 1956 Nov. p. 102; 1958 Feb. p. 76; 1966 Aug. p. 89-92, 94, 95; 1967 Nov. p. 26.
Soderblom, Laurence A., 1973 Jan. p. 63; 1976 Jan. p. 42, 43; 1977 Jan. p. 94.
Soderblom, Lawrence A., 1978 Mar. p. 89.
Sodi-Pallares, Demetrio, 1961 Nov. p. 134.
Soell, Dieter, 1965 June p. 57.
Soergel, Wolfgang, 1972 Mar. p. 69.
Soffer, Bernard, 1969 Feb. p. 34.
Sognnaes, Reidar F., 1957 Dec. p. 109, 110.
Sokal, Robert R., 1966 Dec. p. 106, 114-116; 1971 Apr. p. 62.
Sokoloff, Louis, 1978 Feb. p. 97.
Sokolov, Eugene, 1969 Jan. p. 78.
Sokolov, S. Y., 1978 May p. 98.
Solberg, Thorvald A., 1949 Feb. p. 12, 14, 15.
Soldan, Björn, 1952 Aug. p. 60.
Solecki, Ralph S., 1951 Feb. p. 15; 1954 June p. 82; 1957 Dec. p. 96; 1958 Aug. p. 52; 1960 Sept. p. 134; 1968 Nov. p. 97; 1969 Apr. p. 81.
Solez, Kim, 1977 Feb. p. 82.
Solheim, Wilhelm G., 1976 Sept. p. 70.
Solinus, Caius J., 1968 Oct. p. 114.
Sollas, William J., 1949 Nov. p. 21; 1953 Dec. p. 65.
Solliday, A. L., 1952 Feb. p. 16.
Solomon, Arthur K., 1960 Dec. p. 146, 149; 1961 Apr. p. 121; Sept. p. 171; 1962 Oct. p. 107; 1963 June p. 86; 1964 Aug. p. 19; 1965 Oct. p. 78; 1971 Feb. p. 89.
Solomon, D. J., 1975 Oct. p. 104.
Solomon, Fredric, 1965 May p. 48.
Solomon, King, 1950 Dec. p. 53; 1960 Apr. p. 158; 1965 July p. 88, 89; 1969 Dec. p. 41; 1973 Jan. p. 85, 87.
Solomon, Philip M., 1968 Dec. p. 43; 1972 Feb. p. 71.
Solomon, Richard L., 1972 June p. 113.
Solomonoff, Ray J., 1975 May p. 48, 49.
Solon the Wise, 1950 Aug. p. 47; 1966 Feb. p. 102.
Solonenko, V. P., 1977 Apr. p. 40.
Solow, Robert M., 1966 Mar. p. 55.
Sols, Alberto, 1973 Oct. p. 54.
Soltys, T. J., 1963 July p. 38.
Solvay Process Company, 1949 Dec. p. 35.
Someren, V. G. van, 1963 Aug. p. 45.
Somers, G. F., 1962 Aug. p. 33.
Sommerfeld, Arnold, 1949 May p. 16; 1950 Sept. p. 30; 1952 Mar. p. 49; Dec. p. 44; 1963 July p. 112, 113, 115.
Somov, M. M., 1961 May p. 96.
Sondergaard, Arensa, 1949 Dec. p. 55, 56.
Sondheimer, Franz, 1972 Aug. p. 39.
Soneira, Raymond M., 1977 Nov. p. 76.
Sones, F. Mason Jr., 1968 Oct. p. 38-40.
Sonett, Charles P., 1963 July p. 84; 1965 Mar. p. 61; 1971 Aug. p. 66; 1975 Jan. p. 31.
Sonne, John C., 1949 Feb. p. 35.
Sonneborn, Tracy M., 1949 Dec. p. 24; 1950 Feb. p. 24; Sept. p. 57; 1953 Apr. p. 38, 41.
Sonnerup, Bengt, 1965 Mar. p. 63.
Sonnino, T., 1971 Oct. p. 94.
Sonotone Corporation, 1953 Feb. p. 40.
Sonstegard, David A., 1978 Jan. p. 44.
Soper, Fred L., 1976 Oct. p. 28.
Soper, Robert, 1977 Apr. p. 108.
Sophia, 1969 July p. 42.
Sophia Charlotte, 1969 July p. 43.
Sophia Dorothea, 1969 July p. 43.
Sophocles, 1949 Jan. p. 22-26; 1958 Sept. p. 60, 61; 1972 Dec. p. 91.
Soranus, 1950 Mar. p. 42.
Sörbo, Bo, 1959 Nov. p. 79.
Sorby, Henry C., 1962 Oct. p. 44; 1963 Oct. p. 67; 1967 Sept. p. 75, 90; 1975 Apr. p. 116.
Sorensen, Christian, 1969 May p. 64.
Sörensen, Sven P. L., 1950 June p. 33; 1951 Jan. p. 40.
Sorenson, J. H., 1970 Nov. p. 84.
Soreq, Hermona, 1976 Aug. p. 69.
Soret, J. L., 1951 Nov. p. 30.
Soria, Raphael, 1954 Apr. p. 61.
Soriano, A., 1959 Apr. p. 82.
Soriano, M., 1970 Apr. p. 48.
Sorieul, Serge, 1969 Apr. p. 26.
Sŏrm, F., 1964 Dec. p. 76; 1967 Nov. p. 54; 1974 July p. 77.
Sorokin, P. P., 1961 June p. 58; 1965 Oct. p. 40.
Sorokin, Peter, 1967 June p. 83.
Sorokin, Sergei, 1973 Apr. p. 79, 80.
Sorokina, 1951 Oct. p. 34.
Sorski, Jack, 1972 Mar. p. 42.
Sosman, Merrill, 1948 Oct. p. 10.
Sosnowski, Thomas, 1973 Feb. p. 97.
Sotavalta, O., 1965 June p. 77.
Soter, S., 1975 Sept. p. 66.
Sotter, J. George, 1968 Dec. p. 94.
Souffrin, S., 1969 Jan. p. 31.
Soum, J. M., 1971 Dec. p. 74.
Soupart, Pierre, 1974 Sept. p. 55.
Soutar, Andrew, 1969 Sept. p. 154; 1974 Aug. p. 21.
South African Institute for Medical Research, 1957 Mar. p. 134.
South African Multiple Sclerosis Society, 1970 July p. 42.
South African National Physics Research Laboratory, 1971 Apr. p. 97.
South African Transvaal Museum, 1970 June p. 52.
South Australian Museum, 1961 Mar. p. 73.
South Puerto Rico Sugar Company, 1961 Sept. p. 84.
South West Essex Technical College, 1958 Nov. p. 92.
Southbury Training School, 1963 July p. 59.
Southeastern Louisiana College, 1964 Mar. p. 46.
Southern California Edison Company, 1950 Jan. p. 30; 1968 Feb. p. 27; 1974 Aug. p. 18.
Southern Cayuga Atmospherium-Plantiarium, 1975 Aug. p. 102.
Southern, H. N., 1955 Oct. p. 92, 94; 1957 May p. 125.
Southern Illinois University, 1963 Nov. p. 118; 1964 July p. 94.
Southern Natural Gas Company, 1967 Jan. p. 62.
Southern Research Institute, 1964 May p. 94.
Southey, Reginald, 1956 Apr. p. 116.
Southey, Robert, 1960 Mar. p. 145; June p. 108.
Southwest Research Institute, 1964 July p. 38.
Southwick and Vauxhall, 1971 Aug. p. 15.
Southwick, Charles, 1960 Sept. p. 96; 1969 July p. 109, 110.
Southwood, T. R., 1963 Dec. p. 137.
Southworth, G. C., 1949 Sept. p. 38; 1950 Oct. p. 39; 1956 Oct. p. 56.
Souttar, Henry, Sir, 1960 Feb. p. 79.
Soviet Physical Society, 1949 Nov. p. 27.
Soviet Union, *see:* U.S.S.R..
Sowa, J., 1964 Jan. p. 81.
Space Technology Laboratories Inc., 1961 Oct. p. 97; 1963 Aug. p. 32.
Spackman, D. H., 1961 Feb. p. 84, 86.
Spaeth, M. L., 1969 Feb. p. 33.
Spafary, Nikolai, 1969 Aug. p. 75.
Spain, David M., 1951 Aug. p. 30; 1966 Aug. p. 48, 54.
Spain, Robert S., 1963 Aug. p. 20.
Spallanzani, Lazzaro, 1948 Dec. p. 29; 1950 Aug. p. 52; 1954 Aug. p. 45; 1956 June p. 105; 1958 July p. 40; Sept. p. 100, 102; Oct. p. 80, 88; 1960 Oct. p. 117.
Spangler, Eugene R., 1961 July p. 68.
Spanish Astronomical Center Aleman Almeria, 1978 Apr. p. 115.
Spanway, Helen, 1954 May p. 76, 79, 80.
Sparks, Alton, 1970 Apr. p. 48.
Sparks, Morgan, 1954 June p. 45; 1958 Nov. p. 33; 1959 June p. 120; 1966 Sept. p. 83; 1970

Feb. p. 25.
Sparks, R. S. J., 1978 Apr. p. 122.
Sparnaay, M. J., 1962 Apr. p. 114.
Sparrow, Arnold H., 1953 Feb. p. 48, 50; 1959 Sept. p. 94; 1963 June p. 45.
Sparrow, James G., 1971 Jan. p. 42.
Sparrow, John H. A., 1972 July p. 39.
Spassky, B. A., 1950 Jan. p. 35.
Spassky, Boris, 1973 June p. 93.
Spassky, G. I., 1969 Aug. p. 75.
Spatz, Lawrence, 1972 Feb. p. 33; 1974 Mar. p. 30.
Spealman, C. R., 1955 Apr. p. 48.
SPEAR Laboratory, 1976 Aug. p. 44A, 44B.
Spear, Patricia G., 1974 Nov. p. 69.
Spear, Walter E., 1977 May p. 42.
Spearman, C. E., 1970 Mar. p. 72.
Spearman, Charles E., 1963 Mar. p. 96.
Speck, John F., 1950 June p. 40.
Spector, Deborah H., 1975 Dec. p. 48.
Spectra-Physics, Inc., 1973 Feb. p. 89, 97.
Spedden, H. Rush, 1956 Dec. p. 108.
Speer, Albert, 1949 Mar. p. 17.
Speirs, A. L., 1962 Aug. p. 31.
Speiser, Andreas, 1976 Aug. p. 99.
Speiser, Ephraim, 1953 Nov. p. 43.
Spelsberg, Thomas C., 1972 Mar. p. 42; 1975 Feb. p. 52; 1976 Feb. p. 38.
Spemann, Hans, 1950 Feb. p. 53, 54; June p. 18; 1953 Sept. p. 108, 109; 1957 Nov. p. 83-86; 1958 Dec. p. 37, 38; 1961 Sept. p. 143; 1967 Nov. p. 27.
Spence, R. W., 1956 Dec. p. 67.
Spencer, A. E., 1965 Nov. p. 58.
Spencer, A. N., 1967 Sept. p. 186.
Spencer, Cornelia, 1949 Dec. p. 55.
Spencer, David, 1974 Dec. p. 95.
Spencer, Douglas A., 1961 Nov. p. 120.
Spencer, Herbert, 1950 Apr. p. 58; 1953 Feb. p. 78; 1954 Jan. p. 73; 1956 May p. 72; 1965 Oct. p. 88, 90.
Spencer, Herta, 1966 May p. 47.
Spencer, L. J., 1961 Aug. p. 51; Nov. p. 58.
Spencer, M., 1962 Aug. p. 53; 1975 Aug. p. 40, 41.
Spencer, W. Alden, 1970 July p. 58, 63, 64.
Spencook, Stephen, 1962 Nov. p. 123.
Spenser, Edmund, 1949 June p. 46; 1969 June p. 80.
Sperber, Zanwil, 1973 May p. 24, 27.
Sperling, George, 1966 July p. 92, 93; 1968 Sept. p. 207.
Sperling, Harry G., 1975 Mar. p. 74.
Sperry, Elmer A., 1970 Mar. p. 80.
Sperry Gyroscope Company, 1963 July p. 44, 45.
Sperry, R. W., 1959 Nov. p. 73; 1961 Aug. p. 66; 1970 July p. 57, 58; 1974 June p. 50.
Sperry Rand Corporation, 1966 Sept. p. 85, 95, 96; 1974 Nov. p. 51.
Sperry, Roger W., 1967 June p. 122; Aug. p. 24; 1969 Jan. p. 75; 1973 Feb. p. 26; July p. 103.
Spevack, Jerome, 1975 Oct. p. 24.
Speyer, Joseph F., 1962 Feb. p. 76; Mar. p. 68.
Spiegel, John C., 1960 Mar. p. 152.
Spiegel, Melvin, 1954 June p. 74, 75.
Spiegelman, Sol, 1950 Nov. p. 34, 38; 1952 June p. 72; 1953 Sept. p. 114; 1961 Sept. p. 82; 1962 Apr. p. 77; 1963 Mar. p. 83; 1965 Nov. p. 50; 1967 Sept. p. 103; 1970 Sept. p. 82.
Spiegler, Gottfried, 1972 Sept. p. 89.
Spielman, Andrew, 1968 Apr. p. 113.
Spier, Leslie, 1948 Dec. p. 45.
Spilhaus, Athelstan F., 1954 Feb. p. 64; 1966 May p. 52; 1974 Aug. p. 16.
Spiller, Eberhard A., 1977 June p. 41.
Spinak, S., 1969 Oct. p. 37, 38.
Spindel, William, 1956 Feb. p. 52.
Spindrad, Hyron, 1967 Nov. p. 61.
Spinelli, D., 1968 Aug. p. 74.
Spinelli, Nico, 1969 Jan. p. 76, 79, 80.
Spink, Wesley W., 1964 Mar. p. 42, 44, 45.
Spinoza, Baruch, 1949 Oct. p. 13; 1952 Mar. p. 73; 1953 Feb. p. 84; 1958 Sept. p. 101, 102; 1967 Aug p. 98.
Spinrad, Bernard, 1975 Nov. p. 30-31.
Spinrad, Hyron, 1963 Aug. p. 52; 1965 May p. 30; Aug. p. 26; 1971 Mar. p. 46.
Spiro, Robert G., 1974 May p. 82.
Spitaler, Rudolf, 1971 Dec. p. 86.
Spitger, Lyman Jr., 1956 Nov. p. 60.
Spitsyn, B. V., 1975 Nov. p. 106.
Spitz, Armand, 1957 Dec. p. 39.
Spitz, René, 1972 July p. 76, 82.
Spitzer, Lyman Jr., 1948 May p. 38, 42, 44; Nov. p. 24; 1949 Jan. p. 38; Aug. p. 25; 1952 Oct. p. 55; 1953 Aug. p. 82; Sept. p. 69; 1955 Nov. p. 54, 77; 1956 Feb. p. 41; Sept. p. 108, 131; 1957 Dec. p. 84; 1958 Mar. p. 50; June p. 45; 1959 May p. 52, 58; 1960 July p. 152; 1965 June p. 46; 1966 Dec. p. 24; 1967 July p. 78; 1974 May p. 113; 1978 Apr. p. 117.
Spitzer, Paul, 1970 Apr. p. 73.
Spitznagel, John K., 1967 Nov. p. 67.
Spoehr, H. A., 1953 Oct. p. 31.
Spooner, William A., 1973 Dec. p. 110, 111; 1977 Jan. p. 49.
Spörer, Gustav, 1977 May p. 80, 88, 92.
Sporn, M. B., 1967 June p. 116.
Sporn, Philip, 1949 Oct. p. 27; 1953 July p. 42; 1954 Dec. p. 53; 1966 Mar. p. 55; 1968 Feb. p. 27.
Spottiswoode, William, 1971 May p. 84-86.
Spotts, Charles R., 1966 Apr. p. 106.
Spragg, S. D. Shirley, 1964 Mar. p. 46; 1965 Feb. p. 83.
Spraggins, R. L., 1971 Nov. p. 89.
Sprague, George F., 1975 June p. 15.
Sprague, James M., 1972 Dec. p. 75, 77.
Sprat, Thomas, 1977 June p. 128, 129.
Spratling, Mansel G., 1977 Dec. p. 163.
Spratt, Nelson, 1959 Mar. p. 94, 96.
Sprecher, W., 1969 Oct. p. 22.
Sprigg, R. C., 1961 Mar. p. 72-74, 75, 77.
Spring, Francis, Sir, 1948 June p. 56.
Springer, John S., 1948 June p. 52.
Springfield, Franklyn, 1958 Aug. p. 72.
Sproll, Walter P., 1969 Aug. p. 50; 1970 Oct. p. 34, 40.
Sproule, D. O., 1978 May p. 98.
Sprunt, D. H., 1949 July p. 16.
Spurr, A. R., 1973 May p. 54.
Spurr, Stephen H., 1970 Feb. p. 96.
Spusscio, 1960 Nov. p. 166.
Spyrides, George, 1963 Mar. p. 90, 93.
Squire, John M., 1974 Feb. p. 60; 1975 Nov. p. 40.
Squires, R. K., 1959 Mar. p. 61.
Sramek, Richard A., 1970 Aug. p. 44; 1972 Feb. p. 82.
Srejović, Dragoslav, 1968 Apr. p. 50.
Srinivas, M. N., 1967 Feb. p. 105.
Srinivasan, P. R., 1968 Nov. p. 56.
Sriranganathan, N., 1973 Nov. p. 50.
Sromovsky, Lawrence, 1974 July p. 70.
St. Christopher's Hospice, 1973 Sept. p. 56-58.
St. Groth, Stephen F. de, 1973 July p. 56.
St. Joe Minerals Corporation, 1973 July p. 43.
St. Louis Children's Hospital, 1970 Apr. p. 94, 96, 97.
St. Louis Citizens Committee for Nuclear Information, 1963 Nov. p. 65.
St. Louis Medical Society, 1955 Feb. p. 35.
St. Louis University, 1964 Oct. p. 29.
St. Mary's Hospital Medical School, 1963 June p. 88.
St. Paul's Cathedral, 1960 Apr. p. 116; 1961 Aug. p. 84.
St. Petersburg Academy, 1958 Nov. p. 32.
St. Thomas Hospital Medical School, 1961 Mar. p. 66.
Staats, Arthur W., 1967 Mar. p. 81.
Stacey, K. A., 1960 Jan. p. 108.
Stacey, Michael, 1957 Sept. p. 168; 1972 May p. 34.
Stachelin, Andrew, 1977 July p. 24.
Stackelberg, M. von, 1956 Apr. p. 88; 1962 July p. 84.
Stackpole, Peter, 1962 July p. 62.
Stadius, Johannes, 1973 Dec. p. 90, 99.
Stadler, L. J., 1951 Oct. p. 25; 1956 Oct. p. 82; 1959 Sept. p. 138, 98.
Stadtman, Earl, 1954 Jan. p. 35.
Stadtman, Earl R., 1973 Oct. p. 62.
Staehelin, L. Andrew, 1978 May p. 141, 142; June p. 112.
Staehelin, M., 1966 Feb. p. 34.
Staehelin, Theophil, 1963 July p. 66; Dec. p. 46; 1964 Mar. p. 55; 1969 Oct. p. 31.
Stafne, Marilyn J., 1953 Aug. p. 29.
Stagg, Frederick, 1951 Dec. p. 40.
Stahl, Franklin W., 1958 Apr. p. 50; 1964 May p. 51; 1965 Aug. p. 74, 75; 1966 Jan. p. 37; 1967 Feb. p. 39; 1969 Oct. p. 29.
Stahl, Georg E., 1960 June p. 106.
Stahl, George E., 1958 Mar. p. 95.
Staib, J. A., 1969 Nov. p. 57.
Stair, Alva T., 1968 Oct. p. 48.
Staïs, Valerios, 1959 June p. 61, 64.
Stakman, Elvin C., 1949 Feb. p. 29; 1950 Dec. p. 26; 1951 June p. 32; 1953 July p. 59.
Stalin, Joseph, 1949 May p. 26; Dec. p. 40; 1950 Aug. p. 15; 1951 Nov. p. 32; 1953 Sept. p. 74; 1962 Nov. p. 41, 45, 46; 1968 Dec. p. 23; 1972 Apr. p. 16; 1975 Oct. p. 113.
Stallard, H. B., 1978 Feb. p. 119.
Stallcup, William, 1973 Oct. p. 58.
Stallings, Herbert, 1959 June p. 82.
Stallman, F. W., 1949 Apr. p. 26.
Stamires, George, 1959 June p. 63.
Stamler, Jeremiah, 1966 Aug. p. 55; 1977 Feb. p. 78.
Stamm, Alfred J., 1955 Oct. p. 50.
Stamm, John S., 1964 Jan. p. 44.
Stampar, Andrija, 1948 Aug. p. 31.
Stanbury, John B., 1965 June p. 58.
Standard Oil Company, 1948 Sept. p. 13, 14; 1967 Jan. p. 62.
Standard Oil Company of California, 1954 Mar. p. 44; 1965 July p. 35.
Standard Oil Company of New Jersey, 1953 Apr. p. 50; 1966 Sept. p. 200; 1971 Sept. p. 65.
Standard Oil Company of Ohio, 1966 Feb. p. 27.
Standard Oil Development Company, 1953 Oct. p. 58; 1968 July p. 99.
Standard Telephones and Cables, Ltd., 1952 Aug. p. 49.
Standing, Lionel G., 1970 May p. 104.
Standish, M. M., 1972 Feb. p. 34.
Stanford Linear Accelerator Center, 1961 Nov. p. 49-54; 1967 Oct. p. 41-46; 1968 June p. 44; 1971 June p. 60, 61, 65, 66, 72; July p. 96, 99-104; 1973 Oct. p. 105; 1974 May p. 59; Aug. p. 46; Dec. p. 118; 1975 Jan. p. 48; Feb. p. 40, 66; May p. 43; June p. 51-55, 58; July p. 46; Oct. p. 48; 1976 Apr. p. 55; Aug. p. 42; 1977 June p. 37, 41; Oct. p. 59-61, 67, 70; 1978 Mar. p. 51, 72.
Stanford Research Institute, 1952 June p. 21; 1956 Jan. p. 48; 1957 Dec. p. 43; 1960 Jan.

p. 79; Aug. p. 58; 1965 May p. 45; Oct. p. 32; 1966 Mar. p. 103, 107; 1969 May p. 83; 1970 Mar. p. 58; 1976 Feb. p. 55.
Stanford University, 1953 Jan. p. 38; Feb. p. 40; 1956 July p. 55, 56, 58; 1958 Aug. p. 58, 62; 1960 Aug. p. 50, 54, 55; 1962 June p. 90; Sept. p. 81; 1963 Jan. p. 44; June p. 140; Aug. p. 26, 35; 1964 Feb. p. 39; Sept. p. 149, 55; 1965 May p. 68; June p. 24; July p. 21; Oct. p. 60; 1966 Mar. p. 58; Sept. p. 208; Nov. p. 110, 107, 111; 1970 Mar. p. 58; 1973 Oct. p. 80; 1974 Dec. p. 43; 1977 Oct. p. 68.
Stanford University Press, 1977 Dec. p. 87.
Stanford University School of Medicine, 1963 June p. 83; July p. 42; 1965 Mar. p. 82; 1977 Mar. p. 45; July p. 50.
Stanford Unversity Medical Center, 1977 May p. 54.
Stanhope, Charles, 1952 Mar. p. 68, 69.
Stanier, Roger Y., 1966 Apr. p. 106.
Stankevitch, K. S., 1956 Jan. p. 46.
Stanley, Gordon, 1949 Sept. p. 38, 41; 1962 Mar. p. 42; 1966 June p. 30; 1975 Aug. p. 26.
Stanley, Henry M., 1971 Dec. p. 94.
Stanley, Karen, 1977 Dec. p. 163.
Stanley, Patrica, 1965 Mar. p. 57.
Stanley, Wendell M., 1948 Dec. p. 31; 1949 May p. 20, 28; Dec. p. 14; 1950 June p. 32; Sept. p. 63, 66; 1951 June p. 47; 1952 Dec. p. 28; 1953 June p. 79; 1954 Jan. p. 44; 1955 July p. 75, 77, 78; 1956 June p. 42, 54; 1961 Jan. p. 80; Feb. p. 83; 1967 Nov. p. 25, 27.
Stannard, F. Russell, 1967 Jan. p. 102.
Stannard, J. N., 1951 Feb. p. 30.
Stans, Maurice H., 1971 Sept. p. 76; 1973 June p. 16.
Stansly, P. G., 1952 Apr. p. 50.
Stanton, Alfred H., 1962 Aug. p. 71.
Stanton, Frank, 1953 Mar. p. 44.
Stanush, Claude, 1952 Feb. p. 31.
Stanway, S., 1968 Jan. p. 23.
Stapledon, Olaf, 1971 Sept. p. 51.
Stapleton, George E., 1959 Sept. p. 180, 78; 1960 Jan. p. 107.
Staplin, Frank L., 1963 Mar. p. 48.
Stapp, John P., 1955 Oct. p. 45; 1962 Feb. p. 67.
Stare, Fredrick J., 1967 Jan. p. 58.
Stark, Banker F., 1973 Dec. p. 110.
Stark, Freya, 1969 Dec. p. 36.
Stark, George, 1975 Apr. p. 47.
Stark, Harold M., 1977 July p. 131.
Stark, Johannes, 1956 Nov. p. 96; 1966 Aug. p. 92; 1967 Nov. p. 26; 1968 Mar. p. 91, 95.
Stark, Lawrence, 1971 June p. 35; 1972 July p. 88.
Stark, Nellie M., 1973 Dec. p. 63.
Stark, William, 1949 Oct. p. 35.
Starkey, R. L., 1955 June p. 90.
Starkweather, John A., 1965 Mar. p. 89.
Starley, J. K., 1973 Mar. p. 81-83, 85-88.
Starley, James, 1973 Mar. p. 82-85, 87, 88.
Starley, William, 1973 Mar. p. 82, 83, 85, 88.
Starling, Ernest H., 1949 Sept. p. 44, 45; 1950 Sept. p. 71; 1951 Oct. p. 56-61; 1957 Feb. p. 53; Mar. p. 77; 1958 Dec. p. 118; 1963 June p. 80, 83, 84; 1965 May p. 93.
Starobin, Oscar, 1950 Aug. p. 41.
Staron, Thadée, 1975 Mar. p. 100, 101.
Starr, Chauncey, 1971 Sept. p. 37.
Starr, Mortimer P., 1952 Jan. p. 38; 1954 July p. 59.
Starr, Victor P., 1964 Mar. p. 62; 1968 Jan. p. 111; 1970 July p. 72; Sept. p. 63; 1973 Apr. p. 57, 58, 60.
Stasiak, Eugene, 1968 Aug. p. 93.
Stasicrates, 1954 May p. 71.
Stass, John W., 1975 Nov. p. 112.
State University of Iowa, 1958 July p. 52; 1962 Sept. p. 76; 1963 May p. 84, 92; Nov. p. 118; 1965 Mar. p. 67; Dec. p. 59; 1966 May p. 64.
State University of New York, 1963 Mar. p. 118; Aug. p. 104; 1964 Aug. p. 56; 1977 Dec. p. 87.
State University of New York at Buffalo, 1970 June p. 84; 1978 Apr. p. 78.
State University of New York at Stony Brook, 1973 Jan. p. 44; 1975 Sept. p. 53; 1976 Apr. p. 56.
State University of New York College of Medicine, 1963 Apr. p. 122; 1964 Feb. p. 58.
State University of New York Downstate Medical Center, 1960 Nov. p. 87.
Statehood Republican Party, 1966 Oct. p. 24.
Staub, A. M., 1963 Nov. p. 106.
Staudinger, Hermann, 1953 Dec. p. 49; 1956 Nov. p. 81; 1957 Sept. p. 88; 1961 Jan. p. 92; 1967 Nov. p. 28.
Staughton, Roger, 1970 May p. 21.
Stavenga, Doekele G., 1977 July p. 108.
Staverman, A. J., 1960 Dec. p. 154, 155.
Stavis, Benedict, 1975 June p. 15, 20.
Stearns, Martin, 1956 Oct. p. 102.
Stearns, Mary, 1956 Oct. p. 102.
Stebbings, R. F., 1968 Oct. p. 46.
Stebbins, G. Ledyard Jr., 1950 Jan. p. 33; 1953 July p. 51; 1959 Sept. p. 142.
Stebbins, Joel C., 1948 July p. 24; 1952 Feb. p. 47; 1954 Mar. p. 58, 59; 1956 Sept. p. 165.
Steche, Wolfgang, 1967 Apr. p. 97.
Steck, Theodore L., 1972 Feb. p. 31, 32.
Stecker, Floyd W., 1976 Oct. p. 78.
Stedman, Donald J., 1967 Dec. p. 50.
Stedman, Edgar, 1975 Feb. p. 48.
Stedman, Ellen, 1975 Feb. p. 48.
Stedman, R. J., 1956 Sept. p. 113.
Steel Company of Wales, 1963 Dec. p. 79, 86.
Steel Improvement and Forge Company, 1961 Jan. p. 84.
Steele, B. D., 1954 Feb. p. 78.
Steele, Francis R., 1953 Jan. p. 27.
Steele, J. H., 1973 Dec. p. 56.
Steele, M. C., 1963 Nov. p. 52, 53.
Steele, William, 1973 May p. 36.
Steelman, John R., 1948 June p. 7; 1950 July p. 11, 12; Oct. p. 24.
Steen, Jon, 1965 Nov. p. 112.
Steen, Lynn A., 1971 Aug. p. 92.
Steenbock, Harry, 1968 July p. 46; 1970 Dec. p. 80.
Steenken, William, 1949 Oct. p. 39.
Steensberg, Axel, 1956 Mar. p. 39.
Steer, Charles, 1950 Mar. p. 55.
Stefansson, Evelyn, 1960 Dec. p. 137.
Stefansson, Vilhjalmur, 1954 Dec. p. 41; 1960 Dec. p. 137; 1962 Sept. p. 213.
Steffy, J. Richard, 1971 Aug. p. 23.
Steggerda, F. G., 1955 Dec. p. 68.
Steggles, Alan W., 1972 Mar. p. 42.
Stehli, F. G., 1968 Apr. p. 59.
Steiglitz, Kenneth, 1970 July p. 100.
Stein, Aurel, Sir, 1971 June p. 102.
Stein, Charles, 1977 May p. 119-123, 126, 127.
Stein, Clarence, 1954 Apr. p. 61.
Stein, Gabriel, 1970 Aug. p. 76.
Stein, Gary S., 1975 Feb. p. 47, 53; 1976 Feb. p. 38.
Stein, Janet S., 1975 Feb. p. 47; 1976 Feb. p. 38.
Stein, John F., 1976 Nov. p. 92, 92, 93.
Stein, Morris I., 1958 July p. 54.
Stein, P. R., 1964 Sept. p. 214.
Stein, W. D., 1961 Feb. p. 91.
Stein, William H., 1950 June p. 35; 1955 May p. 37; July p. 76; May. p. 56; 1961 Jan. p. 79; Feb. p. 81; Apr. p. 58; Oct. p. 58, 67; Dec. p. 96; 1964 Dec. p. 71; 1967 Mar. p. 49; 1972 Dec. p. 41; 1975 Apr. p. 47.
Steinart, Harold, 1976 Oct. p. 65.
Steinbach, H. B., 1949 Sept. p. 15.
Steinbach, H. Burr, 1954 Mar. p. 32.
Steinberg, Arthur, 1954 Feb. p. 57.
Steinberg, Saul, 1949 Apr. p. 45.
Steinberger, Jack, 1956 Aug. p. 31; 1957 July p. 74; 1962 Aug. p. 53; 1963 Mar. p. 68; Oct. p. 39.
Steinbrecht, R. A., 1974 July p. 29, 33.
Steiner, André, 1963 Apr. p. 149.
Steiner, Bruce, 1968 Nov. p. 64.
Steiner, Donald F., 1969 Mar. p. 36.
Steiner, Gary W., 1975 Jan. p. 81, 82, 87, 88.
Steiner, Herbert, 1955 Dec. p. 47; 1956 June p. 41.
Steiner, Jakob, 1964 Sept. p. 210; 1978 Jan. p. 107.
Steiner, Paul E., 1955 Dec. p. 56.
Steinfeld, George, 1974 Jan. p. 82.
Steinhardt, Richard A., 1977 Nov. p. 134, 135, 138.
Steinhardt, Robert, 1970 May p. 82.
Steinhart, Carol E., 1974 June p. 48; Sept. p. 169; 1976 Sept. p. 170.
Steinhart, John S., 1974 June p. 48; Sept. p. 169; 1976 Sept. p. 170.
Steiniger, F., 1954 May p. 79.
Steinman, David B., 1954 Feb. p. 42.
Steinmann, E., 1965 July p. 83.
Steinmetz, David, 1965 Oct. p. 42.
Steinway, Henry, 1965 Dec. p. 92.
Steitz, Thomas A., 1968 Apr. p. 49; 1974 June p. 50.
Stekel, Wilhelm, 1949 Oct. p. 54; 1951 May p. 60.
Steketee, J. A., 1971 Dec. p. 87.
Stekly, Z. J. J., 1967 Mar. p. 120.
Stell, William, 1971 July p. 57.
Stellar, Eliot, 1965 Mar. p. 45; 1967 June p. 116.
Stelle, Charles C., 1963 Jan. p. 58.
Stendhal, *see:* Beyle, Marie H..
Sten-Knudsen, Ove, 1970 Apr. p. 85.
Steno, 1953 Jan. p. 51.
Stent, Gunther S., 1953 May p. 36, 38; Dec. p. 39; 1957 Sept. p. 196; 1972 Sept. p. 31; Dec. p. 84; 1974 Jan. p. 38, 48; 1975 Feb. p. 97.
Sténuit, Robert, 1966 Mar. p. 27, 30-32.
Step, Edward, 1972 Nov. p. 71.
Stephan, Heinz, 1974 July p. 112, 113.
Stephens, F. E., 1949 Dec. p. 29.
Stephens, G. C., 1954 Apr. p. 35; 1955 July p. 92.
Stephens, G. G., 1975 June p. 92.
Stephens, Ronald R., 1970 Feb. p. 44.
Stephenson, F. Richard, 1976 July p. 66.
Stephenson, Gordon R., 1976 Oct. p. 104.
Stephenson, Marjorie, 1951 Apr. p. 60.
Stephenson, Mary L., 1959 Dec. p. 59.
Stephenson, Richard, 1976 June p. 49.
Stephenson, William, 1952 Nov. p. 72.
Steptoe, P. C., 1970 Dec. p. 48, 50, 51.
Sterlegov, Marie, 1961 May p. 89.
Sterling, Julian A., 1962 Oct. p. 50.
Sterling, Peter, 1972 Dec. p. 77-79.
Sterling-Winthrop Institute for Therapeutic Research, 1966 Nov. p. 135, 136.
Stern, Curt, 1960 May p. 123, 124; 1974 July p. 36.
Stern, E. R., 1949 July p. 18.
Stern, Edward A., 1977 June p. 41.
Stern, Isaac, 1974 Nov. p. 87.
Stern, Joshua, 1958 Nov. p. 62.
Stern, Kurt G., 1948 Dec. p. 35; 1951 Dec. p. 47, 53; 1959 Aug. p. 121.

Stern, Melvin, 1969 Apr. p. 50.
Stern, Otto, 1949 Dec. p. 14; 1965 May p. 58-61, 63-65, 67, 72, 74; 1967 Nov. p. 27.
Stern, Richard M., 1965 Mar. p. 38.
Sternbach, Richard A., 1967 Jan. p. 31.
Sternberg, J., 1952 Oct. p. 25.
Sternberg, Michel, 1976 May p. 35.
Sternberg, Saul, 1971 Aug. p. 83.
Sternglass, E. J., 1956 Mar. p. 90.
Sternlieb, Irmin, 1968 May p. 103, 111.
Stetson, Chandler A., 1964 Mar. p. 40, 43.
Stetson, Karl, 1965 June p. 35; 1968 Feb. p. 45, 46.
Stetson, R. E., 1974 Apr. p. 43.
Stetten, De Witt Jr., 1958 Aug. p. 50.
Stevens, Audrey, 1961 Aug. p. 64; 1962 Feb. p. 45; 1963 Mar. p. 83.
Stevens, Charles F., 1977 Feb. p. 115.
Stevens Institute of Technology, 1957 Oct. p. 88; 1971 Feb. p. 110.
Stevens, Jack G., 1974 Feb. p. 33.
Stevens, Johanna, 1968 Dec. p. 106.
Stevens, Kenneth N., 1969 Dec. p. 54.
Stevens, Robertson, 1961 May p. 82.
Stevens, S. S., 1948 July p. 40; 1974 Nov. p. 84.
Stevenson, Adlai, 1953 May p. 48, 47; 1954 May p. 31-35.
Stevenson, Augusta, 1949 Dec. p. 56.
Stevenson, C. H., 1973 Mar. p. 92.
Stevenson, E. C., 1948 June p. 28; 1949 Nov. p. 42; 1952 Jan. p. 25.
Stevenson, J. A. F., 1950 Mar. p. 34.
Stevenson, M. L., 1961 June p. 58; Nov. p. 80; 1963 Jan. p. 45.
Stevenson, R. W. H., 1967 Sept. p. 186.
Stevenson, Robert L., 1949 Oct. p. 31; 1956 Aug. p. 59.
Stever, H. Guyford, 1973 Mar. p. 44; 1975 July p. 45.
Stevin, Simon, 1970 July p. 18; 1977 Nov. p. 151.
Steward, F. C., 1957 Apr. p. 126, 127.
Steward, Frederick C., 1949 Aug. p. 17.
Steward, Oswald, 1977 June p. 90.
Stewart, Alec T., 1969 Feb. p. 19; 1975 July p. 39.
Stewart, Balfour, 1949 Jan. p. 38; 1955 Feb. p. 41; Sept. p. 126, 132; 1968 Nov. p. 90.
Stewart, F. H. C., 1956 Sept. p. 113.
Stewart, G. Alexander, 1973 May p. 39.
Stewart, George, 1958 Apr. p. 57.
Stewart, Ian, 1977 July p. 123.
Stewart, John, 1975 Sept. p. 37.
Stewart, John M., 1965 Aug. p. 46; 1968 Mar. p. 70.
Stewart, John N., 1973 Oct. p. 75.
Stewart, Lyman, 1969 Feb. p. 18.
Stewart, Mark A., 1970 Apr. p. 94; 1974 July p. 47.
Stewart, Milton, 1969 Feb. p. 18.
Stewart, Murray, 1975 Nov. p. 43.
Stewart, Omer C., 1951 Oct. p. 40; 1954 Sept. p. 55.
Stewart, Potter, 1969 Feb. p. 17.
Stewart, Robert W., 1969 Sept. p. 150, 64; 1970 Jan. p. 115; 1973 Feb. p. 72.
Stewart, Sarah E., 1960 Nov. p. 67; 1961 June p. 106; 1962 Apr. p. 75; 1977 May p. 64.
Stewart, T. Dale, 1954 Sept. p. 76; 1958 Aug. p. 52; 1960 July p. 85; 1961 Sept. p. 86.
Stewart, William B., 1978 Feb. p. 97.
Stewart, William H., 1967 Oct. p. 49.
Stewartson, Keith, 1968 Feb. p. 80.
Stewert, William E., 1977 Apr. p. 44.
Stibitz, George R., 1949 Apr. p. 33; 1966 Sept. p. 67.
Stice, Glen F., 1963 Mar. p. 98.
Stiebel, Fritz, 1961 Mar. p. 160.
Stief, L. J., 1973 Mar. p. 61.
Stiefel, Edward I., 1977 Mar. p. 72.
Stiefel, Tina, 1978 Jan. p. 68, 69.
Stiesdal, Hans, 1958 Mar. p. 47.
Stigler, George J., 1957 Sept. p. 106.
Stiles, W. S., 1964 Nov. p. 58; Dec. p. 56.
Stillé, Alfred, 1969 Feb. p. 69.
Stille, Hans, 1972 June p. 57.
Stillinger, Frank H. Jr., 1966 Dec. p. 122.
Stillman, R. M., 1966 Feb. p. 99.
Stimson, J. Frank, 1956 Aug. p. 59, 63, 67.
Stine, James H., 1975 May p. 68.
Stirling, James, 1948 July p. 52-54; 1978 June p. 120.
Stirling, Robert, 1948 July p. 52-54; 1965 Apr. p. 119 - 121; 1973 Aug. p. 80-87.
Stirnimann, F., 1961 May p. 68.
Stirpe, F., 1975 Mar. p. 97.
Stishov, S. M., 1962 Feb. p. 78.
Stjarne, Lennart, 1971 Nov. p. 91.
Stock, Alfred E., 1964 Jan. p. 88-91; 1966 July p. 101; 1971 May p. 19, 20.
Stockard, Charles R., 1952 Feb. p. 62.
Stocker, Bruce, 1958 Nov. p. 43; 1975 Aug. p. 41.
Stockert, Elizabeth, 1977 May p. 68.
Stockert, Elizabeth , 1977 Oct. p. 97.
Stockham, Thomas G. Jr., 1975 July p. 48.
Stockhausen, Karlheinz, 1959 Dec. p. 113; 1967 Dec. p. 103.
Stockholm International Peace Research Institute, 1962 May p. 46, 47; 1970 May p. 17; 1972 Nov. p. 19; Dec. p. 40; 1974 Oct. p. 32; Dec. p. 60; 1975 Jan. p. 48; Apr. p. 22; Nov. p. 30.
Stockholm Metropolitan Traffic Company, 1965 Sept. p. 118.
Stockholm School of Economics, 1965 Sept. p. 108.
Stockler, H. A., 1971 Oct. p. 92.
Stockley, William, 1948 Sept. p. 54, 55.
Stockton, Alan N., 1966 July p. 54; Dec. p. 41, 43, 52, 45; 1970 Dec. p. 27, 28.
Stockton, Charles G., 1963 Mar. p. 118, 127, 130.
Stockton, Charles W., 1972 May p. 97.
Stocum, David L., 1977 July p. 69.
Stoddard, George D., 1953 Sept. p. 72.
Stodola, F. H., 1957 Apr. p. 132.
Stodolsky, Leo, 1971 July p. 101.
Stoeckenius, Walther, 1962 Apr. p. 68; 1975 Nov. p. 58; 1977 Aug. p. 94; 1978 Mar. p. 123.
Stoerk, H. C., 1963 Nov. p. 103.
Stoffers, Peter, 1978 May p. 61.
Stöffler, Georg, 1976 Oct. p. 44.
Stoicheff, Boris P., 1964 Aug. p. 40; 1968 Sept. p. 124.
Stoker, Michael G. P., 1963 Jan. p. 51; 1967 Apr. p. 30.
Stokes, Allen W., 1971 June p. 112.
Stokes, George G., Sir, 1953 Nov. p. 93; 1955 Sept. p. 168; 1956 Nov. p. 93; 1959 Dec. p. 122.
Stokes, J. Lort, 1956 June p. 48, 49.
Stokes, John H., 1958 Feb. p. 24.
Stokes, Joseph Jr., 1953 June p. 52; July p. 27; 1954 Feb. p. 62; 1956 Mar. p. 58.
Stokes, Marvin A., 1972 May p. 97.
Stokols, Daniel S., 1976 Oct. p. 106.
Stokowski, Leopold, 1948 July p. 33.
Stokstad, E. L. R., 1950 June p. 29; 1952 Apr. p. 53.
Stoll, M., 1962 Nov. p. 94.
Stoller, Marianne L., 1956 Aug. p. 63.
Stolpe, M., 1975 Nov. p. 83.
Stoltenhoff, 1953 May p. 91.
Stommel, Henry M., 1950 June p. 48; 1953 Nov. p. 33; 1955 Sept. p. 96, 104; 1970 Jan. p. 115; 1974 May p. 62; 1975 June p. 93.
Stone and Webster, 1970 May p. 47.
Stone, Arthur H., 1956 Dec. p. 162, 164, 166.
Stone, C. A., 1965 Nov. p. 50.
Stone, David, 1949 July p. 44.
Stone, Edmond, 1963 Nov. p. 96-98.
Stone, Edward, 1963 Nov. p. 97.
Stone, Edward D., 1974 Feb. p. 105.
Stone, Eric, 1970 Jan. p. 36.
Stone, Erik A., 1972 June p. 113.
Stone, Harlan F., 1951 July p. 30; Oct. p. 25.
Stone, I. T., 1965 May p. 21.
Stone, J. F. S., 1953 Dec. p. 58.
Stone, Joseph K., 1975 Mar. p. 49.
Stone, Joyce D., 1951 May p. 44; Dec. p. 45.
Stone, L. B., 1972 Jan. p. 31.
Stone, L. F., 1949 Dec. p. 26.
Stone, Leon, 1973 Feb. p. 27.
Stone, Leon S., 1956 May p. 48; 1959 Nov. p. 73.
Stone, Melvin L., 1968 July p. 31.
Stone, Peter H., 1976 Mar. p. 52.
Stonehouse, Bernard, 1957 Dec. p. 48.
Stoney, G. Johnstone, 1950 Oct. p. 31.
Stoney, George J., 1953 Nov. p. 93.
Stonier, Tom T., 1962 Feb. p. 72.
Stonor, C. R., 1963 Aug. p. 38.
Stookey, S. Donald, 1964 Mar. p. 59.
Stope, Marie, 1959 May p. 62.
Storck, R., 1960 June p. 134.
Storer, Arthur, 1963 Sept. p. 88.
Storer, John H., 1955 Mar. p. 90; 1956 Mar. p. 116; 1957 Aug. p. 48.
Storey, H. H., 1953 June p. 80.
Storey, L. R. O., 1955 Sept. p. 55; 1960 July p. 63; 1963 Nov. p. 49.
Storkerson, Storker, 1954 Dec. p. 41.
Storm, Dan R., 1970 Aug. p. 46.
Störmer, Carl, 1949 Jan. p. 32; 1959 Mar. p. 44; Aug. p. 41-43; 1975 Sept. p. 161.
Storruste, A., 1960 Apr. p. 76.
Story-Maskelyne, N., 1955 Nov. p. 43.
Stothers, Richard, 1976 Feb. p. 50.
Stotler, W. A., 1961 Oct. p. 138.
Stotz, Robert, 1966 June p. 50, 52.
Stouffer, Samuel A., 1978 June p. 46.
Stout, Arthur, 1962 July p. 46.
Stout, George L., 1952 July p. 22.
Stout, Glenn E., 1968 Apr. p. 49.
Stout, J. W., 1966 Dec. p. 121, 122.
Stout, John, 1974 Aug. p. 42.
Stout, Robert, 1976 Mar. p. 116.
Stout, William B., 1964 June p. 30.
Stoutenberg, D. V., 1955 Sept. p. 69.
Stowell, Averill, 1958 Aug. p. 89.
Straat, Patricia A., 1977 Nov. p. 59.
Strabo, 1954 Nov. p. 98, 101; 1956 July p. 39; 1963 Oct. p. 97; Dec. p. 109; 1968 Oct. p. 114.
Strachey, Christopher, 1966 Sept. p. 112, 120, 69.
Strachey, William, 1948 Sept. p. 41.
Stradivari, Antonio, 1948 July p. 37; 1962 Nov. p. 79, 87, 90; 1969 Feb. p. 45.
Stradler, L. J., 1971 Jan. p. 88.
Stradner, Herbert, 1972 Dec. p. 33.
Straelen, Viktor van, 1962 June p. 105.
Strahler, Arthur N., 1975 July p. 94-96.
Strain, H. H., 1951 Mar. p. 35, 38.
Strait, Louis, 1956 Feb. p. 102.
Straka, William C., 1978 Jan. p. 82.
Stram, B., 1969 Oct. p. 22.
Strampelli, Alzareno, 1953 July p. 59.
Strand, Kaj Aa., 1952 Aug. p. 52; 1960 Apr. p. 61.
Strandberg, B. E., 1961 Dec. p. 98.

Strander, Hans, 1977 Apr. p. 49.
Strang, Gerald, 1972 Sept. p. 38.
Strang, Leonard B., 1973 Apr. p. 85.
Strange and Graham, Ltd., 1956 Nov. p. 79, 81.
Strasburger, Eduard, 1952 Oct. p. 79; 1968 June p. 86, 88.
Straschill, M., 1972 Dec. p. 78.
Strassburger, Eduard, 1968 July p. 55.
Strassmann, Fritz, 1950 Sept. p. 31; 1955 Oct. p. 34; 1958 Feb. p. 76.
Strategic Materials Corporation, 1963 Sept. p. 136.
Strathdee, J., 1965 Mar. p. 53.
Strathdee, John, 1978 Feb. p. 138.
Strato, 1950 May p. 20.
Straton, John R., 1969 Feb. p. 17, 18.
Stratton, Charles S., 1967 July p. 102-105, 108.
Stratton, George M., 1962 May p. 64; 1967 May p. 96, 102, 104.
Stratton, Julias A., 1954 Mar. p. 32; 1956 May p. 54; Aug. p. 49.
Stratton, W. R., 1950 Jan. p. 44.
Straub, F. B., 1949 June p. 23; 1952 Dec. p. 19.
Straus, Werner, 1963 May p. 69.
Straus, William, 1953 Dec. p. 66, 70.
Straus, William L. Jr., 1956 June p. 98; 1967 Apr. p. 60.
Strauss, Lewis L., 1948 Dec. p. 26; 1949 July p. 26, 33; 1950 Mar. p. 24; May p. 27; 1951 May p. 36; 1953 Apr. p. 46; Aug. p. 40; Sept. p. 72; Oct. p. 50; Nov. p. 50; 1954 May p. 47; June p. 44; Aug. p. 36; Nov. p. 34, 35, 48; Dec. p. 52; 1955 Jan. p. 43; Mar. p. 50; May p. 50; Oct. p. 27, 30; Nov. p. 52, 54; 1956 Jan. p. 44; Mar. p. 48; 1958 Mar. p. 50; Aug. p. 50; 1975 Oct. p. 107.
Strauss, Maurice J., 1953 Dec. p. 40.
Strauss, Wallace P., 1956 Aug. p. 63.
Stravinsky, Igor F., 1959 Dec. p. 110; 1967 Dec. p. 93.
Strecher, Theodore P., 1971 Dec. p. 25.
Street, J. C., 1948 June p. 27, 28; 1949 Nov. p. 42; 1952 Jan. p. 25; 1961 July p. 46.
Street, Kenneth Jr., 1950 May p. 27; 1956 Dec. p. 67.
Streeter, George L., 1948 Oct. p. 27.
Strehler, Arnold, 1974 Dec. p. 82.
Strehler, Bernard L., 1951 Sept. p. 54; 1970 Aug. p. 83; 1974 Dec. p. 82.
Streisinger, George, 1963 Jan. p. 55; 1966 Oct. p. 59.
Streissle, Gert, 1963 Aug. p. 51.
Strelsin, Alfred A., 1959 Mar. p. 70.
Streseman, Erwin, 1963 Nov. p. 108.
Stresemann, Erwin, 1963 Aug. p. 45.
Stretton, A. O. W., 1964 Mar. p. 54; 1965 Aug. p. 43.
Stricker, P., 1950 Oct. p. 20.
Stricker, S., 1963 Nov. p. 96, 98.
Stride, E., 1961 Feb. p. 43.
Strittmatter, P. A., 1968 Oct. p. 35; 1973 June p. 38.
Strittmatter, Phillip, 1972 Feb. p. 33; 1974 Mar. p. 30.
Størmer, Carl, 1964 Apr. p. 66.
Strnat, Karl, 1970 Dec. p. 96.
Strobel, Gary A., 1978 June p. 86.
Stroke, G. W., 1968 Feb. p. 41, 43; 1976 Oct. p. 93.
Strom, Richard G., 1975 Aug. p. 26, 29; Oct. p. 56.
Strom, Robert G., 1975 Sept. p. 63.
Stromberg, Robert R., 1969 Sept. p. 90; 1970 Nov. p. 70.
Stromeyer, Charles F., 1970 Mar. p. 62; 1976 Dec. p. 45.
Strömgren, Bengt, 1955 May p. 44; 1963 Apr. p. 66, 67; 1974 Oct. p. 38, 39.
Stromgren, E., 1951 July p. 22.
Strominger, Jack L., 1957 Mar. p. 70; 1969 May p. 97, 98; 1977 Oct. p. 104.
Strommel, Henry, 1973 Feb. p. 74.
Strömsvik, Gustav, 1955 May p. 85.
Strong, F. M., 1968 July p. 77.
Strong, Herbert M., 1955 Apr. p. 47; Nov. p. 46; 1960 Jan. p. 74; 1974 Aug. p. 62; 1975 Nov. p. 105.
Strong, Ian B., 1976 Oct. p. 66; 1977 Oct. p. 54.
Strong, John, 1949 Mar. p. 46; 1950 May p. 28; 1952 June p. 52, 54, 50; 1963 July p. 60; 1965 Aug. p. 23; 1968 Sept. p. 79, 80; 1975 Sept. p. 74, 77; 1976 Aug. p. 79.
Strong, Leonell, 1952 July p. 60.
Strong, Maurice F., 1972 Aug. p. 42.
Strong, William D., 1954 Aug. p. 29.
Strope, W. E., 1962 Feb. p. 72.
Stroppini, E. W., 1977 Jan. p. 47.
Stross, Fred H., 1972 May p. 90.
Stroud, Robert M., 1973 Nov. p. 56; 1977 Feb. p. 112.
Strouhal, Vincenz, 1970 Jan. p. 40.
Stroup, Richard, 1961 Apr. p. 108.
Strowger, Almon B., 1962 July p. 134.
Struever, Stuart, 1977 June p. 61.
Strumwasser, Felix, 1965 Oct. p. 41; 1967 May p. 47, 48; 1968 Mar. p. 110; 1971 Feb. p. 71.
Strutinskii, V. M., 1969 Apr. p. 63.
Strutt, John W., 1950 May p. 21, 24, 50; Dec. p. 51; 1953 Feb. p. 70, 72, 74; 1955 Nov. p. 43; 1957 June p. 102, 104, 106; 1958 Sept. p. 80; 1960 Oct. p. 145, 153; 1961 Oct. p. 132; 1962 Apr. p. 131; 1963 May p. 57; 1964 May p. 66; Sept. p. 45; Nov. p. 110, 111, 113; 1965 Nov. p. 32; Dec. p. 94; 1966 Mar. p. 106; Aug. p. 94; Oct. p. 64; 1967 Nov. p. 26; 1968 June p. 93; Sept. p. 101, 64, 65, 75; 1969 Nov. p. 105; 1970 Jan. p. 40; 1972 May p. 30; Oct. p. 51; 1973 Nov. p. 32; 1975 Mar. p. 72, 73; Sept. p. 56; 1976 Mar. p. 111; June p. 31; July p. 106; Aug. p. 77, 83; Nov. p. 74; 1977 Apr. p. 124.
Strutt, R. J., 1966 Aug. p. 94.
Struve, Otto, 1950 Sept. p. 24; 1953 May p. 56; 1955 May p. 44; 1958 July p. 35, 46; 1960 Apr. p. 61; Nov. p. 97; 1963 Feb. p. 49; 1971 Dec. p. 21.
Struwe, Fredrich G. W., 1977 June p. 68.
Stuart, Ann, 1974 Jan. p. 38.
Stuart, James, 1950 Aug. p. 47.
Stuck, Hudson, 1949 Jan. p. 47.
Stuckelberg, E. C. G., 1963 Oct. p. 44.
Studdert-Kennedy, Michael, 1973 Mar. p. 71.
Student Mobilization Committee to End the War in Vietnam, 1971 May p. 46.
Studier, M. H., 1956 Dec. p. 67.
Stuiver, Minze, 1970 Sept. p. 155; 1978 Jan. p. 42, 43.
Stukeley, William, 1953 June p. 26; 1976 May p. 98.
Stumer, Louis M., 1955 Mar. p. 104.
Stumpf, Walter E., 1972 Sept. p. 47; 1976 Feb. p. 33, 35; July p. 50.
Stunkard, Albert, 1956 Nov. p. 110.
Sturgeon, William, 1954 July p. 74; 1958 Feb. p. 29; 1971 May p. 80.
Sturm, R. E., 1956 Mar. p. 90.
Sturner, Harry W., 1967 Sept. p. 80.
Sturtevant, A. H., 1954 Nov. p. 48; 1956 Oct. p. 81; 1961 Nov. p. 68; 1973 Dec. p. 32; 1976 Dec. p. 105; 1977 Feb. p. 81.
Sturtevant, E. Lewis, 1950 July p. 23.
Sturtevant, J. M., 1954 June p. 30.
Sturtevant, Julian M., 1962 Mar. p. 65.
Stuttgart Natural History Museum, 1972 Mar. p. 67, 70.
Stuttgart Technische Hochschule, 1965 Mar. p. 35.
Styles, J. A., 1967 Nov. p. 66.
Subba-Row, Y., 1949 Apr. p. 18.
Subbotin, V. G., 1978 June p. 66.
Subrahmanyan, V., 1954 Oct. p. 49.
Subtelny, Stephen, 1968 Dec. p. 35.
Sucher, Irving, 1949 Feb. p. 38.
Suciu-Foca, Nicole, 1978 Jan. p. 66.
Sudarshan, E. C. G., 1966 Feb. p. 48; 1970 Feb. p. 71.
Suddath, Fred L., 1978 Jan. p. 58.
Suddeth, J. A., 1953 Aug. p. 44.
Suemoto, Z., 1962 Feb. p. 53.
Suess, Eduard, 1950 Sept. p. 36; 1962 Sept. p. 175; 1968 Apr. p. 53; 1969 Sept. p. 72; 1970 Sept. p. 45.
Suess, Hans E., 1957 Apr. p. 89; June p. 52; 1958 Feb. p. 59; 1969 Apr. p. 63; 1970 July p. 52; 1971 Oct. p. 68.
Suetonius, 1951 Oct. p. 63.
Sugawara, Ken, 1974 May p. 67.
Sugi, Y., 1972 Feb. p. 85.
Sugihara, T. F., 1973 Nov. p. 50.
Sugimoto, Kazunori, 1973 Aug. p. 29.
Sugino, Nobuhiro, 1962 Aug. p. 100.
Suit, Joan L., 1975 Dec. p. 34.
Suits, C. G., 1967 Sept. p. 256, 261.
Sukhatme, P. V., 1968 Nov. p. 33, 34.
Suleiman the Magnificent, 1965 July p. 84.
Sulkin, S. Edward, 1949 Sept. p. 21.
Sulla, 1963 Dec. p. 115.
Sulla, Lucius C., 1958 Apr. p. 71.
Sullenger, Don B., 1966 July p. 96.
Sullivan, Anne, 1957 June p. 150; 1958 June p. 81.
Sullivan, Arthur, 1972 Feb. p. 97.
Sullivan, E. C., 1948 Oct. p. 51.
Sullivan, Harry S., 1948 Oct. p. 25; 1953 Jan. p. 63; 1957 Aug. p. 103; 1962 Aug. p. 66, 67.
Sullivan, Louis, 1955 Mar. p. 45.
Sullivan, Walter, 165 Jan. p. 52.
Sullivan, William T., 1968 May p. 53.
Sully, Thomas, 1958 Mar. p. 68.
Sulzano, F. M., 1963 Nov. p. 115.
Sulzer, J. G., 1950 Feb. p. 41.
Summerfield, Martin, 1962 Oct. p. 59.
Summerford, W. T., 1952 Oct. p. 25.
Summers, Claude M., 1971 Sept. p. 149, 174, 42; 1973 Jan. p. 15.
Summers, James L., 1960 Oct. p. 129, 137, 140.
Summers, Keith E., 1974 Oct. p. 51.
Summerson, John, 1972 Nov. p. 91.
Sumner, F. B., 1952 Mar. p. 64, 65; 1957 Oct. p. 49.
Sumner, James B., 1948 Dec. p. 30, 31; 1949 Dec. p. 14; 1950 Sept. p. 66; 1959 Aug. p. 119; 1961 Sept. p. 77; 1967 Nov. p. 27; 1971 Mar. p. 26; 1977 June p. 108, 111.
Sump, C. H., 1956 Jan. p. 52.
Sumski, S., 1970 Oct. p. 54.
Sun, Dah-Chen, 1975 July p. 64.
Sun Dynasty, 1971 July p. 77.
Sun Oil Refinery, 1963 Sept. p. 111.
Sunday, Billy, 1953 Jan. p. 63.
Sundberg, Johan, 1977 Mar. p. 82.
Sunderlin, Charles E., 1954 Mar. p. 30, 32.
Sundstrand Corporation, 1975 Feb. p. 22.
Suneson, C. A., 1959 Jan. p. 64.
Sung, Su, 1959 Oct. p. 86.
Sunshine, Philip, 1972 Oct. p. 72, 75.
S.U.N.Y., *see:* State University of New York.
Sunyaev, Rashid, 1974 Dec. p. 40.
Sunyar, A. W., 1971 Oct. p. 86.
Suomalainen, Paavo, 1968 Mar. p. 116.
Suomi, Verner E., 1969 Jan. p. 65; Sept. p. 77;

1971 Sept. p. 92; 1974 Apr. p. 48.
Superior Tube Company, 1962 June p. 65.
Suppes, Patrick, 1966 Sept. p. 207, 72, 170.
Surgenov, Douglas M., 1951 Sept. p. 54.
Surgent, Louis V., 1965 Oct. p. 62.
Suri, J. C., 1968 Apr. p. 77.
Survival Technology, Inc., 1972 Aug. p. 45.
Susskind, Leonard, 1975 Feb. p. 63; Oct. p. 45.
Sussman, Joel L., 1978 Jan. p. 59.
Sussman, Marvin B., 1956 Nov. p. 54.
Sussman, Maurice, 1959 Dec. p. 152; 1961 Sept. p. 144; 1963 Aug. p. 90; 1969 June p. 82.
Sussman, Raquel, 1961 Sept. p. 144.
Sustruta, 1958 Feb. p. 29.
Sutcliffe, W. H., 1964 Nov. p. 60.
Sutherland, Duke, 1951 Feb. p. 44.
Sutherland, Earl W. Jr., 1968 Oct. p. 61; 1969 June p. 78; 1970 Oct. p. 48; 1971 Dec. p. 38; 1972 Aug. p. 97, 98, 100; 1973 Oct. p. 61; 1977 Aug. p. 109-111.
Sutherland, Ian, 1955 Sept. p. 76.
Sutherland, Ian W., 1978 Jan. p. 86.
Sutherland, Ivan E., 1966 Sept. p. 182-184, 86; 1970 June p. 57, 73; 1977 Sept. p. 210.
Sutherland, Stuart, 1965 Mar. p. 43; 1976 Dec. p. 44.
Sutherland, William R., 1966 Sept. p. 184, 186, 93.
Suthers, Roderick A., 1971 Dec. p. 74.
Sutleffe, Edward, 1969 July p. 42.
Suttner, Baron von, 1949 Dec. p. 11.
Sutton, Daniel, 1976 Jan. p. 115, 116.
Sutton, Everett, 1952 Oct. p. 44.
Sutton, John E., 1969 Jan. p. 46.
Sutton, Peter, 1976 Dec. p. 45.
Sutton, Robert, 1976 Jan. p. 115.
Sutton, Thomas, 1961 Nov. p. 118-120, 122, 125, 128.
Sutton, W. H., 1965 Feb. p. 36.
Sutton, Walter S., 1950 Sept. p. 56; 1961 Nov. p. 66.
Sutton, William, 1973 Mar. p. 87, 88.
Sutton-Gersh, Eileen, 1949 Oct. p. 48.
Suzuki, David, 1973 Dec. p. 27, 36.
Suzuki, K., 1973 Aug. p. 94.
Suzuki, Y., 1967 Dec. p. 26.
Svaasand, L. O., 1972 Oct. p. 67.
Svaetichin, Gunnar, 1964 Dec. p. 48, 51.
Svalgaard, Leif, 1975 Apr. p. 108.
Svedberg, Thé, 1950 June p. 34; 1951 June p. 43-46, 48-50; Dec. p. 46, 47, 52; 1957 Sept. p. 88; 1967 Nov. p. 27.
Svedberg, Theodor, 1961 Apr. p. 138; 1963 Nov. p. 115.
Svennerholm, Lars, 1973 Aug. p. 90.
Svenson, Eric, 1965 Sept. p. 210.
Svensson, Harry, 1951 Dec. p. 49, 51; 1965 Aug. p. 76.
Sverdrup, Harald U., 1955 Jan. p. 31; 1959 Aug. p. 76; 1962 Sept. p. 115, 118, 124; 1969 Sept. p. 153; 1970 Jan. p. 115.
Sveriges Riksbank, 1969 Dec. p. 50.
Svistunova, K. I., 1976 June p. 30, 31, 34.
Swadésh, Morris, 1956 Aug. p. 67.
Swainson, William, 1959 Feb. p. 77.
Swallow, John C., 1958 July p. 88.
Swaminathan, M., 1954 Oct. p. 49.
Swaminathan, M. S., 1971 Jan. p. 91, 95.
Swammerdam, Jan, 1950 Feb. p. 41; 1959 Feb. p. 100, 101.
Swan, John M., 1953 Dec. p. 52.
Swan, Joseph W., 1969 Mar. p. 104, 106, 107.
Swan, Lawrence W., 1961 Oct. p. 68; 1970 Sept. p. 47.
Swank, R. L., 1970 July p. 43.
Swank, Wendell G., 1960 Nov. p. 133.
Swann, M. M., 1953 Aug. p. 56, 59; 1959 July p. 130.
Swann, Michael M., 1961 Sept. p. 105; 1977 Nov. p. 131.
Swann, Peter R., 1963 Aug. p. 78; 1966 Feb. p. 75, 81.
Swann, W. F. G., 1949 Aug. p. 24; 1953 Sept. p. 67.
Swanson, C. P., 1953 Jan. p. 22.
Swanson, Vernon E., 1971 Sept. p. 66.
Swart, Edward, 1977 Oct. p. 117.
Swarthmore College, 1958 Sept. p. 156; 1963 Jan. p. 109; Oct. p. 120; Dec. p. 94.
Swartout, J. A., 1951 Feb. p. 31; 1955 Oct. p. 64.
Swartz, Fred, 1974 Nov. p. 54.
Swartz, Harold M., 1971 Dec. p. 33.
Sweden, 1977 Jan. p. 26.
Swedenborg, Emanuel, 1954 July p. 30; 1978 June p. 88.
Swedish Central Organization of Salaried Employees, 1975 Mar. p. 19.
Swedish Confederation of Trade Unions, 1975 Mar. p. 19, 23.
Swedish Employers Confederation, 1975 Mar. p. 19, 25.
Swedish General Electric Company, 1965 May p. 44.
Swedish International Peace Research Institute (SIPRI), 1972 Jan. p. 44; Apr. p. 54; 1976 Jan. p. 61.
Swedish Karolinska Institute, 1957 Nov. p. 83; 1962 Mar. p. 64; 1971 Nov. p. 91; 1977 Apr. p. 49; May p. 64; July p. 46; Aug. p. 115.
Swedish Medical Board, 1971 May p. 15.
Swedish National Bacteriological Laboratory, 1977 July p. 47.
Swedish National Bank, 1975 Mar. p. 19.
Swedish National Defense Research Institute, 1975 Apr. p. 26.
Swedish National Institute of Public Health, 1971 May p. 21.
Swedish National Labor Board, 1965 Sept. p. 109.
Swedish Natural Science Research Council, 1951 Jan. p. 21.
Swedish Royal Academy of Sciences, 1973 Dec. p. 55.
Swedish Royal Carolina Medico-Surgical Institute, 1964 Mar. p. 113.
Swedish Royal Geotechnical Institute in Stockholm, 1963 Nov. p. 133, 137, 138.
Swedish Royal Institute of Technology, 1977 Mar. p. 91.
Swedish Royal Society of Göteborg, 1950 Aug. p. 43.
Swedish Royal Technological Institute, 1965 Mar. p. 63.
Swedish Royal Veterinary College, 1971 Nov. p. 86.
Swedish Space Committee, 1963 June p. 57, 58.
Swedish Water and Air Pollution Research Laboratory, 1971 May p. 17.
Sweedie, M. W. F., 1957 Jan. p. 116.
Sweeney, Thomas E., 1974 May p. 61.
Sweet, Henry, 1972 Sept. p. 73.
Sweet, Leon A., 1949 Aug. p. 34.
Sweet, Richard G., 1976 Mar. p. 111; May p. 34.
Sweet, William H., 1955 Oct. p. 41.
Swenson, Leland, 1968 June p. 73.
Swett, John E., 1972 May p. 36.
Swezey, Kenneth M., 1949 Dec. p. 56, 57.
Swiatecki, Wladyslaw J., 1965 Aug. p. 55; 1969 Apr. p. 63, 64; June p. 38.
Swift, Dean, 1948 Nov. p. 55.
Swift, Hewson, 1975 Feb. p. 49.
Swift, Jonathan, 1948 Nov. p. 52, 53; 1952 Mar. p. 68; 1958 Sept. p. 162; 1960 May p. 81; 1962 Oct. p. 41; 1974 July p. 111.
Swift, Lewis, 1949 Sept. p. 29.
Swinburne, Algernon C., 1956 May p. 47.
Swineshead, Richard, 1973 May p. 85.
Swings, Polydore, 1965 May p. 35.
Swinton, Alan A. C., 1974 Mar. p. 101.
Swiss Federal Institute for Snow and Avalanche Research, 1966 Feb. p. 97; 1971 Apr. p. 97.
Swiss Federal Institute of Technology, 1962 Apr. p. 101; 1963 Feb. p. 135; July p. 114; 1966 Nov. p. 64; 1977 Apr. p. 34.
Swiss Institute for Nuclear Research, 1977 May p. 56.
Swiss Institute of Experimental Gerontology, 1963 Apr. p. 104.
Swiss Laboratory for Time Keeping Research, 1957 Feb. p. 75.
Swithenbank, J., 1968 Dec. p. 94.
Switsur, Roy, 1977 Mar. p. 119.
Swizychi, Stefan J., 1970 Nov. p. 28.
Swope, Henrietta H., 1950 Feb. p. 38; 1964 May p. 78.
Sydenham, P. H., 1978 Feb. p. 111.
Sydenham, Thomas, 1954 Dec. p. 98; 1965 July p. 92; Dec. p. 67; 1966 Nov. p. 131; 1977 Mar. p. 44.
Sydoriak, S. G., 1949 June p. 37; 1958 June p. 35.
Sykes, James E., 1973 Mar. p. 93.
Sykes, Lynn R., 1972 May p. 58; 1975 May p. 17, 23.
Sylvania Electric Products, Inc., 1951 Mar. p. 28.
Sylvester, Henry R., 1951 July p. 21.
Sylvester, J. J., 1956 Mar. p. 110; 1964 Sept. p. 54.
Sylvius, Franciscus de le Boe, 1948 Oct. p. 28, 33.
Sylvius, Jacobus, 1948 May p. 26, 30.
Symington, Stuart, 1954 May p. 48; 1962 Apr. p. 52; 1973 Oct. p. 47.
Symko, O. G., 1969 Dec. p. 31, 34, 35.
Symon, Keith R., 1958 Mar. p. 73; 1966 Nov. p. 113.
Symonds, Neville, 1953 May p. 39.
Symons, Robert, 1975 July p. 26.
Synanon, 1971 Mar. p. 41.
Synge, John L., 1949 Oct. p. 11, 12, 14.
Synge, R. L. M., 1950 June p. 35; 1951 Mar. p. 39; 1952 Dec. p. 29; 1955 May p. 37; 1961 Feb. p. 81; 1962 June p. 93; 1963 July p. 50; 1967 Nov. p. 28.
Syntex Research, 1966 May p. 52.
Syr, Sigurd, 1967 July p. 44.
Syracuse University, 1963 July p. 124; 1965 Oct. p. 21; 1971 Feb. p. 35.
Syrovatskii, S. I., 1969 Feb. p. 55, 63.
Syrovatsky, S. S., 1966 Aug. p. 35.
Systems Development Corporation, 1966 Sept. p. 129, 208.
Syva Research Institute, 1971 Nov. p. 30, 31, 33.
Szabó, George, 1968 July p. 41, 42; 1972 Feb. p. 35.
Szabo, T., 1960 Oct. p. 124.
Szalai, Alexander, 1974 Sept. p. 143.
Szasz, Thomas S., 1973 Mar. p. 46.
Sze, Kenneth C., 1963 Jan. p. 66.
Szekely, George, 1959 Nov. p. 73.
Szenberg, Aleksander, 1962 Nov. p. 55; 1974 Nov. p. 60.
Szentágothai, János, 1975 Jan. p. 63; 1976 July p. 48.
Szentágothai, John, 1966 May p. 107.
Szent-Györgyi, Albert, 1949 Sept. p. 14, 15; 1950 Sept. p. 64; 1951 July p. 32; 1952 Dec. p. 19; 1953 Apr. p. 90; 1954 Mar. p. 74; 1957 Sept. p. 208, 212; 1958 Apr. p. 42, 44; Nov. p. 68; 1961 Sept. p. 196, 200; 1962 Mar. p. 62;

1967 Nov. p. 25, 27; 1974 Jan. p. 63; Feb. p. 59; 1978 Feb. p. 76.
Szent-Györgyi, Andrew G., 1965 Dec. p. 22; 1974 Feb. p. 65; 1975 Nov. p. 37, 44.
Szer, Wlodzmierz, 1964 July p. 46.
Szeto, Leo, 1973 Feb. p. 97.
Szewczyk, T. S., 1955 Dec. p. 44.
Szilard, Leo, 1949 July p. 42; 1950 Mar. p. 44; Dec. p. 27; 1951 May p. 23, 24; Oct. p. 24; 1955 Nov. p. 64; 1957 Sept. p. 107; 1960 June p. 82; 1965 Apr. p. 40; 1967 Feb. p. 36; July p. 50; Nov. p. 105, 107-109.
Szmelcman, Sevec, 1976 Apr. p. 44.
Szmuszkovicz, J., 1961 July p. 106.
Szöke, Abraham, 1973 Dec. p. 79, 80.
Szulman, A. E., 1964 June p. 59.
Szurek, S. A., 1954 June p. 50.
Szwarc, Michael, 1957 Sept. p. 101.
Szybalski, Waclaw T., 1974 July p. 36; 1976 Dec. p. 106.
Szymanowski, W., 1973 June p. 47.
Szymanski, J. S., 1954 Apr. p. 34.

T

't *for names beginning thus, not listed here, see second element e.g., for* 't Hooft, Gerhard, *see:* Hooft, Gerhard 't.
Taber, Norman, 1976 June p. 114.
Taber, Stephen III, 1972 Apr. p. 95.
Tabershaw, Irving R., 1958 Aug. p. 29.
Tabor, David, 1966 Mar. p. 62.
Tabor, H., 1956 Jan. p. 50.
Tabour, Herbert, 1958 Dec. p. 122.
Taccolo, Mariano, 1970 Aug. p. 96-99.
Tacitus, 1949 Aug. p. 11; 1958 Aug. p. 92; 1974 Dec. p. 130.
Tadmor, N., 1956 Apr. p. 43.
Taft, Robert A., 1949 June p. 14; 1961 Oct. p. 57.
Tagawa, Kunio, 1962 Oct. p. 60.
Tagliamonte, Alessandro, 1970 Feb. p. 44.
Tagliamonte, Paola, 1970 Feb. p. 44.
Tagliasco, Vincenzo, 1974 Oct. p. 100.
Tagore, Rabindranath, 1965 Sept. p. 98.
Taguchi, Kazumi, 1958 Mar. p. 112.
Tahara, Masuto, 1951 Apr. p. 55.
Tahara, Yoshizumi, 1967 Aug. p. 62.
T'ai Tsu, Emperor, 1974 Sept. p. 161.
Taieb, Maurice, 1974 Dec. p. 64.
Tainter, M. L., 1955 May p. 74.
Tait, Peter G., 1952 Mar. p. 62, 63; 1953 Nov. p. 93; 1967 Nov. p. 106.
Tait, R. I., 1973 Feb. p. 75.
Tajfel, Henri, 1970 Nov. p. 96.
Takahara, Shigeo, 1956 Dec. p. 134.
Takahashi, Toshitada, 1977 May p. 68.
Takahashi, Y., 1961 July p. 104.
Takahashi, Yasuro, 1972 July p. 81.
Takaki, T., 1968 Apr. p. 73.
Takamoto, T., 1967 Nov. p. 54.
Takaro, Timothy, 1962 Oct. p. 50.
Takase, Kunio, 1976 Sept. p. 200.
Takata, Kazuo, 1972 Dec. p. 69.
Take, F. W., 1967 Sept. p. 106.
Takeda, Kimihisa, 1963 Mar. p. 58.
Takeda Lace Company, 1972 Dec. p. 47.
Takemoto, Kenneth K., 1972 Jan. p. 31.
Takeuchi, H., 1955 Sept. p. 58.
Takpuk, 1954 Dec. p. 41.
Talalay, Paul, 1958 Feb. p. 44.
Talbot, Curtis, 1952 Jan. p. 18.
Talbot, Gerald B., 1973 Mar. p. 93.
Talbot, John, 1956 Feb. p. 116.
Talbot, Mary, 1975 June p. 35.
Talbot, Nathan B., 1972 July p. 78.
Talbot, Samuel A., 1948 Oct. p. 31.
Talbot, William H. F., 1952 Nov. p. 30; 1966 May p. 104; Dec. p. 65.
Talerico, Robert L., 1978 Mar. p. 93.
Talleyrand, Charles M. de, 1968 June p. 54.
Talmadge, Kenneth, 1975 Apr. p. 90.
Talmage, David W., 1961 Jan. p. 64.
Talmon, Shemaryahu, 1971 Nov. p. 73; 1973 Jan. p. 83; 1977 Jan. p. 100, 104.
Talrose, V. Z., 1970 Nov. p. 69.
Talwani, Manik, 1969 Sept. p. 130; 1972 May p. 63; 1977 Apr. p. 32.
Talwar, G. P., 1965 June p. 42.
Tam, Nguyen D., 1964 Aug. p. 23.
Tamelen, Eugene E. van, 1974 Oct. p. 70, 75.
Tamerlane, 1961 June p. 124, 133.
Tamhane, A. S., 1969 June p. 36.
Tamiya, H., 1953 Oct. p. 31, 32.
Tamm, Igor Y., 1949 Nov. p. 27; 1951 Oct. p. 54; 1956 Aug. p. 29, 30, 33; 1958 Dec. p. 52; 1960 Jan. p. 72; 1967 Nov. p. 28.
Tammann, Gustav A., 1972 Feb. p. 41; 1974 May p. 117; 1975 June p. 70; 1976 Mar. p. 77; Dec. p. 101.
Tammaro, A., 1949 July p. 33.
Tampieri, G., 1974 Jan. p. 82.
Tamplin, Morgan, 1976 Aug. p. 35.
Tan, P. T., 1963 Apr. p. 49.
Tan, Y. H., 1974 July p. 42; 1977 Apr. p. 46.
Tanaka, S., 1971 Jan. p. 88, 95.
Tananbaum, Harvey D., 1975 Mar. p. 28.
Tandler, Bernard, 1961 Sept. p. 76; 1962 Feb. p. 41.
Tanenbaum, Morris, 1965 Apr. p. 70; Oct. p. 57; 1967 Mar. p. 115; 1970 Feb. p. 13.
T'ang, F. F., 1964 Jan. p. 81.
Tanganyika Department of Geological Survey, 1961 Oct. p. 119.
Tanghe, Leo J., 1975 Mar. p. 99, 100.
Tanner, J. M., 1970 Jan. p. 108.
Tanner, Nancy, 1978 Apr. p. 100.
Tanner, R. I., 1965 Nov. p. 54.
Tanner, R. W., 1971 Dec. p. 84.
Tanni, L., 1955 Sept. p. 170.
Tannock, Ian F., 1976 May p. 71.
Tansley, Katherine, 1966 Oct. p. 79.
Tanzanian Gombe National Park, 1978 Apr. p. 93.
Tanzanian Serengeti National Park, 1971 July p. 86, 93; 1975 May p. 54-65.
Tape, Gerald F., 1963 May p. 74; 1964 May p. 60.
Tappan, Donald W., 1955 Dec. p. 68.
Tappel, A. L., 1970 Aug. p. 82.
Tapponnier, Paul, 1977 Apr. p. 30.
Tarascon, 1972 Sept. p. 96.
Tarba, Temur, 1973 Sept. p. 50.
Tarde, Gabriel, 1955 Nov. p. 31.
Tarkow, Harold, 1955 Oct. p. 50.
Tarling, D. H., 1967 Feb. p. 51.
Tarney, John, 1977 Mar. p. 102.
Tarski, Alfred, 1962 Apr. p. 87, 90; 1964 Sept. p. 55; 1968 May p. 95; 1972 July p. 45.
Tartaglia, Nicolò, 1960 Sept. p. 182; 1964 Sept. p. 45; 1976 Apr. p. 107, 108.
Tarussov, B. N., 1955 Oct. p. 39.
Tasaki, Ichiji, 1966 Mar. p. 78.
Tashpulator, N., 1973 Dec. p. 44.
Tasman, P., 1957 Oct. p. 64.
Tate, John T., 1953 Mar. p. 74.
Tatum, Edward L., 1948 Sept. p. 36; Nov. p. 47; 1956 July p. 113, 114; Aug. p. 49; Oct. p. 85; 1958 Nov. p. 38; Dec. p. 52; 1961 June p. 94; Sept. p. 77; 1962 Apr. p. 101; 1963 May p. 75; 1965 Feb. p. 72; 1966 Apr. p. 102; Nov. p. 65; 1967 May p. 81; Nov. p. 28; 1976 Sept. p. 51.
Taub, Irwin, 1967 Feb. p. 81.
Tauber, Henrik, 1971 Oct. p. 68.
Tauber, Stuart, 1970 Oct. p. 44.
Tauc, Jan, 1968 Feb. p. 52.
Tauc, Ladislav, 1967 May p. 46, 47; 1970 July p. 59, 61.
Taussig, Helen, 1960 Feb. p. 79.
Taussig, Helen A., 1950 Jan. p. 15, 16.
Taussig, Helen B., 1962 Sept. p. 98.
Tavara, Metoro, 1958 June p. 63, 64.
Taver, K. J., 1965 Apr. p. 78.
Tavkhelidze, A., 1976 Nov. p. 51.
Tawney, R. H., 1950 Feb. p. 12; 1963 Sept. p. 55.
Tax, Sol, 1951 Oct. p. 40.
Tay, Warren, 1973 Aug. p. 88-90, 92, 94-97.
Tayler, Robert J., 1974 May p. 108.
Taylor, A. R., 1959 Feb. p. 88.
Taylor, Barry N., 1966 May p. 30, 38; 1970 Oct. p. 62, 66; 1973 Dec. p. 55.
Taylor, Bayard, 1969 Dec. p. 19.
Taylor, C. Richard, 1970 Nov. p. 46; 1977 Aug. p. 82.
Taylor, Carl E., 1970 July p. 106.
Taylor, Cecil A., 1961 Sept. p. 155; 1964 Nov. p. 68.
Taylor, Charles V., 1950 Oct. p. 49.
Taylor, D. Garth, 1978 June p. 42.
Taylor, Donald J., 1969 Mar. p. 46; 1971 Jan. p. 54.
Taylor, Edwin W., 1961 Sept. p. 104.
Taylor, Elizabeth, 1964 Sept. p. 51.
Taylor, Ellison H., 1968 Oct. p. 45.
Taylor, F. B., 1968 Apr. p. 53.
Taylor, Frank B., 1969 Nov. p. 104.
Taylor, Frederic W., 1974 May p. 115.
Taylor, Frederick W., 1971 Oct. p. 96, 100-102.
Taylor, Geoffrey I., 1955 July p. 80, 81; 1961 Oct. p. 107, 109; 1963 Aug. p. 72; 1964 Oct. p. 69; 1967 Sept. p. 87; 1968 Feb. p. 75, 79-82; Sept. p. 55; 1972 Apr. p. 48; 1975 Apr. p. 117.
Taylor, Grant, 1962 May p. 80.
Taylor, H. Dennis, 1976 Aug. p. 77, 78.
Taylor, H. S., 1971 Dec. p. 50.
Taylor, Harry W., 1950 July p. 28; 1961 Jan. p. 140.
Taylor, Hugh S., 1950 Nov. p. 26.
Taylor, Irving A., 1958 Feb. p. 44.
Taylor, J. Herbert, 1957 Feb. p. 58; Sept. p. 189, 196; 1958 Nov. p. 56; 1960 Jan. p. 129; 1961 Sept. p. 104; 1963 July p. 60; Aug. p. 106.
Taylor, Jack, 1971 Feb. p. 47.
Taylor, Jean G., 1956 Mar. p. 34.
Taylor, Jeanne, 1949 Dec. p. 57.
Taylor, Joan, 1970 Mar. p. 64.
Taylor, John B., 1965 May p. 67.
Taylor, John W., 1953 Jan. p. 30.
Taylor, Joseph H. Jr., 1975 Mar. p. 35.
Taylor, P. N., 1977 Mar. p. 100.
Taylor, Richard E., 1975 June p. 52.
Taylor, Richard M., 1955 Mar. p. 64.
Taylor, Robert E., 1970 Apr. p. 86.
Taylor, Robert L., 1975 Feb. p. 17, 18.
Taylor, Roger B., 1976 May p. 33, 35, 38.
Taylor, Stewart, 1974 Nov. p. 87.
Taylor, T. G., 1970 Mar. p. 89; Apr. p. 76.
Taylor, T. L., 1956 Feb. p. 52.
Taylor, Theodore B., 1975 Nov. p. 33; 1977 May p. 60.
Taylor, Thomas H., 1977 Dec. p. 116, 117.
Taylor Winery, 1964 Aug. p. 51, 52, 54.
Taylor-Robinson, C. H., 1966 July p. 37.
Tazieff, Haroun, 1970 Feb. p. 32.
Tchaikovksy, Peter I., 1952 June p. 26.
Tchaikovsky, Peter I., 1970 July p. 89.
Tchernia, M. P., 1951 Aug. p. 26.
Teague, Olin E., 1951 Sept. p. 48; 1976 Apr.

p. 35.
Teal, G. K., 1952 July p. .
Teal, John M., 1975 June p. 90.
Tear, James D., 1957 May p. 51.
Technical Operations Incorporated, 1965 June p. 35.
Tedd, J. G., 1959 Mar. p. 69.
Tedford, Richard, 1966 Mar. p. 90.
Tefft, Richard, 1955 Dec. p. 43.
Tegart, W. J. McGregor, 1975 Apr. p. 121.
Tegin, Kül, 1963 Aug. p. 68.
Tegner, Mia, 1977 Nov. p. 128, 130, 134.
Tehan, Frederick J., 1977 July p. 104.
Teichberg, Vivian, 1977 June p. 108.
Teichmann, Harold, 1971 May p. 99.
Teitelbaum, H. A., 1948 Oct. p. 27, 37.
Teitelbaum, Perry D., 1963 Sept. p. 126.
Teitelbaum, Philip, 1968 Mar. p. 112, 114, 116.
Teitelman, Warren, 1966 Sept. p. 258.
Tekkaya, Ibrahim, 1977 May p. 31.
Tektronix, Inc., 1973 Oct. p. 71.
Tel Aviv University, 1964 Oct. p. 36.
Tel Aviv University Wise Observatory, 1977 Aug. p. 33.
Teledyne, Inc., 1977 Feb. p. 26.
Telegdi, V. L., 1957 Mar. p. 63; Oct. p. 56; 1959 Mar. p. 82; 1961 Mar. p. 80; July p. 54; 1962 Jan. p. 53.
Telemachus, 1958 May p. 111, 115.
Telemann, Georg P., 1974 Nov. p. 78.
Telephonic Material of France, 1952 Aug. p. 50.
Telesensory Systems, Inc., 1974 Jan. p. 51.
Telford, Jane R., 1966 Nov. p. 135.
Telford, John N., 1978 Mar. p. 105.
Telkes, Maria, 1951 Feb. p. 63, 64; 1957 Mar. p. 40, 42.
Telle, Hans-Joachim, 1977 May p. 110.
Tellemann, Georg P., 1975 Oct. p. 103.
Teller, Edward, 1949 Aug. p. 24; 1950 Jan. p. 43; 1953 Sept. p. 67; 1955 Nov. p. 54; 1956 Nov. p. 60; 1957 Dec. p. 84; 1958 Jan. p. 44; 1960 June p. 80; 1961 Mar. p. 104; Aug. p. 60; 1970 Jan. p. 58; 1972 Nov. p. 105, 106, 16, 20, 22; 1974 June p. 24; Oct. p. 25; 1975 Oct. p. 106, 107, 110, 112.
Teller, Joseph D., 1968 Aug. p. 38.
Temin, Howard, 1952 Feb. p. 64.
Temin, Howard M., 1970 Sept. p. 80; 1973 June p. 89; 1975 Dec. p. 48; 1978 Feb. p. 123.
Temmink, J. H. M., 1977 June p. 109.
Temple, Stanley A., 1977 Oct. p. 82.
Temple University, 1958 Mar. p. 106; 1965 June p. 95.
Temüjin, 1963 Aug. p. 57-59.
Ten Broeck, Carl, 1949 Sept. p. 18.
Tenenhouse, Alan M., 1970 Oct. p. 50.
Tener, G. M., 1966 Feb. p. 33, 34.
Teng, Ching-Sung, 1975 Feb. p. 52.
Tennant, Smithson, 1955 Nov. p. 42; 1975 Nov. p. 102.
Tennes, Katherine, 1953 Oct. p. 76.
Tennessee Eastman Company, 1963 Jan. p. 64.
Tennessee Valley Authority, 1952 June p. 25; 1954 Sept. p. 72; 1964 Sept. p. 186; 1969 Apr. p. 102.
Tenney, Gerold H., 1962 Nov. p. 119.
Tennyson, Alfred, Lord, 1950 Nov. p. 52; 1958 June p. 74; 1959 May p. 63; 1964 Oct. p. 78.
Teofilo, 1973 Apr. p. 88.
Tera, Fouad, 1974 July p. 47.
Ter-Akopian, G. M., 1978 June p. 66.
Terblanche, Gert, 1949 Nov. p. 22.
Terenin, A., 1965 May p. 66.
Terenin, Aleksander N., 1974 Dec. p. 79.
Terenius, Lars, 1977 Mar. p. 50.
Terepka, A. R., 1970 Mar. p. 89.
Terhune, Robert W., 1963 July p. 35, 42; 1964 Apr. p. 42, 43, 45, 49.
Terkel, Joseph, 1972 Nov. p. 52.
Terkeltoub, Richard W., 1971 May p. 50.
Terman, Lewis M., 1955 Jan. p. 26; 1977 Sept. p. 163.
Terra, G. J. A., 1968 July p. 81.
Terra, Noël de, 1961 Apr. p. 122.
Terrace, Herbert S., 1961 Nov. p. 93.
Terrell, Charles, 1972 Aug. p. 43.
Terrell, James, 1960 July p. 74; 1966 Dec. p. 43.
Terry, Luther L., 1964 Jan. p. 25; Feb. p. 67.
Terry, Robert D., 1973 Aug. p. 89.
Terry, Theodore, 1955 Dec. p. 40.
Terry, Theodore L., 1977 June p. 100.
Teschke, Rolf, 1976 Mar. p. 31.
Tesla, Nikola, 1949 Dec. p. 35; 1954 Apr. p. 64; 1965 Mar. p. 93.
Tessman, Ethel S., 1977 Dec. p. 61.
Tessman, Irwin, 1977 Dec. p. 61.
Tester, Albert L., 1962 July p. 62.
Tester, John R., 1968 Feb. p. 116.
Tetley, F. W., 1967 Sept. p. 234.
Tetricus I, 1974 Dec. p. 125, 127.
Teuber, Hans-Lucas, 1977 June p. 98.
Teubner, F. G., 1958 Feb. p. 44.
Tevis, Lloyd Jr., 1959 July p. 94.
Texaco Incorporated, 1972 Oct. p. 32, 33.
Texas A&M University, 1973 Sept. p. 74; 1975 Jan. p. 100; Aug. p. 48.
Texas Company, 1948 Sept. p. 14; 1951 Oct. p. 34.
Texas Forest Service, 1971 Nov. p. 96.
Texas Gulf Sulphur Company, 1970 May p. 63.
Texas Instruments, Incorporated, 1965 Aug. p. 24; Nov. p. 56, 57, 62, 64, 68; 1966 July p. 75; Sept. p. 80; 1970 Feb. p. 25, 26; 1973 Aug. p. 55; 1976 Mar. p. 88; 1977 Sept. p. 64, 140.
Texas Technical College, 1963 Nov. p. 112.
Texas Textbook Committee, 1965 Jan. p. 50.
Thach, W. Thomas Jr., 1973 July p. 99.
Thackeray, A. D., 1953 June p. 64; 1959 July p. 53; 1964 Jan. p. 32, 37.
Thackeray, William M., 1963 Sept. p. 57; 1976 Jan. p. 116, 117.
Thackombau, King, 1953 May p. 92.
Thaddeus, Patrick, 1967 June p. 33; 1978 Apr. p. 117; June p. 96.
Thailand Royal Department of Mines, 1961 Nov. p. 65.
Thailand Royal Irrigation Department, 1963 Apr. p. 58.
Thaler, R. M., 1960 Mar. p. 111.
Thales, Lucius A., 1977 Feb. p. 44.
Thales of Miletus, 1948 June p. 27; 1953 Jan. p. 56; 1960 June p. 93; 1967 May p. 126, 129; Dec. p. 105, 116; 1970 May p. 116, 122; 1971 Mar. p. 50; 1972 Mar. p. 53; 1973 May p. 82.
Thambyahpillai, T., 1965 May p. 36.
Thampy, Kishore J., 1974 Sept. p. 68.
Thant, U, 1969 Aug. p. 48; 1970 May p. 24.
Tharp, Marie, 1960 Oct. p. 100, 104; 1961 Dec. p. 61.
Thatcher, Jonathan S., 1949 Aug. p. 18.
Thayer, William S., 1978 Mar. p. 121, 122.
The, Pik-Sin, 1967 Aug. p. 34.
Thede, Robert, 1974 July p. 70.
Theiler, Max, 1951 Dec. p. 34; 1955 Mar. p. 65, 70; 1967 Nov. p. 28, 30.
Thellier, Emil, 1957 Feb. p. 64; 1963 Apr. p. 95.
Thellier, O., 1957 Feb. p. 64.
Themistocles, 1961 Mar. p. 113-116, 118, 120.
Thénard, Louis J., 1964 Jan. p. 88.
Theobald, Archbishop, 1967 Dec. p. 92.
Theodoric of Freiberg, 1977 Apr. p. 116, 118, 119.
Théodoridès, Jean, 1976 Aug. p. 87.
Theophilus, 1967 May p. 69.
Theophrastus, 1949 Nov. p. 49; 1966 Jan. p. 70; 1969 Dec. p. 40.
Theopompus, 1967 Jan. p. 106.
Theorell, Hugo, 1951 Dec. p. 49; 1955 Dec. p. 46; 1959 Aug. p. 122; 1967 Nov. p. 28.
Thérien, Mercedes, 1954 Apr. p. 72.
Therleff, 1977 Feb. p. 112.
Therman, E., 1951 Oct. p. 34.
Thernoe, K. A., 1961 Dec. p. 76.
Theseus, 1949 June p. 51.
Thesleff, Stephen, 1977 Feb. p. 112.
Thetford, William, 1952 Nov. p. 70.
Theuerer, Henry C., 1967 Dec. p. 67.
Thewlis, James, 1962 Nov. p. 109.
Thibault, C., 1951 Mar. p. 47; 1978 June p. 72.
Thiederman, H. L., 1963 Aug. p. 27.
Thiel, E. C., 1960 Mar. p. 86.
Thiela, Everett, 1964 July p. 106.
Thiele, Ernest W., 1949 Aug. p. 25.
Thieme, Paul, 1960 Dec. p. 118.
Thierfelder, H., 1964 July p. 78.
Thierry of Chartres, 1978 Jan. p. 68.
Thiery, A., 1968 Nov. p. 68, 69, 71.
Thiessen, Albert, 1973 Nov. p. 48; 1974 June p. 25.
Thiessen, G., 1959 May p. 52.
Thilly, William G., 1978 Apr. p. 85.
Thilorier, C., 1949 June p. 32.
Thimann, Kenneth V., 1957 Apr. p. 129.
Thimm, Fred, 1960 Jan. p. 144.
Thiokol Chemical Company, 1966 July p. 107.
Thirion, Marcel, 1974 Feb. p. 96; Dec. p. 129, 130.
Thirring, Hans, 1950 Mar. p. 14; Sept. p. 46; 1952 Oct. p. 39; 1957 Sept. p. 107; 1959 May p. 149, 154.
Thiry, Lise, 1963 Oct. p. 47.
Thiselton-Dyer, William, 1978 Feb. p. 108.
Thoday, J. M., 1959 Sept. p. 98.
Thode, H. G., 1955 Nov. p. 50.
Thom, Alexander, 1965 Mar. p. 105.
Thom, Charles, 1949 Aug. p. 28.
Thom, René, 1966 May p. 120; 1976 Mar. p. 60D; Apr. p. 65, 75, 80, 82, 83.
Thoma, Andor, 1966 Nov. p. 53.
Thomas, Albert, 1966 July p. 48.
Thomas, Alexander, 1970 Apr. p. 97; Aug. p. 102.
Thomas Alva Edison Foundation, 1956 Jan. p. 44.
Thomas, Charles A., 1950 July p. 26; Aug. p. 29; 1951 June p. 31; Oct. p. 32; 1952 Jan. p. 34; Feb. p. 31; 1953 June p. 43; 1955 Feb. p. 54.
Thomas, Charles A. Jr., 1973 Mar. p. 40.
Thomas, Charles X., 1968 May p. 97.
Thomas, David R., 1971 Mar. p. 99.
Thomas, E. A., 1963 Feb. p. 129.
Thomas, E. E., 1961 Oct. p. 110.
Thomas, E. Llewellyn, 1971 June p. 35.
Thomas, Emery, 1966 May p. 118.
Thomas, Gareth, 1963 Aug. p. 78; 1967 Sept. p. 97; 1972 Oct. p. 46.
Thomas, H. A., 1949 May p. 26.
Thomas, H. H., 1978 Jan. p. 69.
Thomas, Harold A. Jr., 1977 May p. 24.
Thomas, J. Parnell, 1949 Feb. p. 16, 18, 19, 21.
Thomas, Jean O., 1975 July p. 48.
Thomas, Julius A., 1951 Sept. p. 50; 1969 Nov. p. 57.
Thomas, L. H., 1958 Mar. p. 73.
Thomas, Lewis, 1963 May p. 72; 1964 Mar. p. 44; 1972 June p. 37.
Thomas, Mervyn, 1968 Aug. p. 90.
Thomas, Norman, 1968 Dec. p. 88.
Thomas, Percy H., 1949 Aug. p. 24.
Thomas, R. C., 1966 May p. 106.
Thomas, Richard N., 1962 Feb. p. 55, 56, 59.

Thomas, S., 1973 June p. 60.
Thomas, Sidney G., 1968 Apr. p. 24.
Thomas, Stanley L., 1977 Dec. p. 141.
Thomas, Steven, 1971 Dec. p. 74.
Thomas, Trevor, 1966 Mar. p. 58.
Thomas Y. Crowell Company, 1952 Jan. p. 64.
Thomer, G., 1962 May p. 104.
Thompson, A., 1969 Feb. p. 53; June p. 38.
Thompson, A. R., 1971 Nov. p. 33.
Thompson, Benjamin, 1954 Sept. p. 60; 1956 May p. 85; 1958 Apr. p. 56; 1960 June p. 108, 110; Oct. p. , 158-168; 1968 Jan. p. 116; 1969 Aug. p. 111.
Thompson, Brian J., 1965 June p. 35; 1968 Feb. p. 43; Sept. p. 54, 58.
Thompson, C. G., 1956 Aug. p. 99, 100.
Thompson, D. B., 1965 July p. 65.
Thompson, D'Arcy W., 1951 Mar. p. 43; 1952 Aug. p. 24, 60-64, 66; 1962 Mar. p. 119; 1969 Mar. p. 22; 1976 Apr. p. 83; July p. 92, 93; 1977 Aug. p. 98; 1978 June p. 106, 109-112.
Thompson, E. O. P., 1955 Aug. p. 49; 1956 Mar. p. 42; 1957 Sept. p. 173; 1968 Mar. p. 70.
Thompson, E. W., 1968 June p. 107.
Thompson, Eric, Sir, 1977 Mar. p. 117.
Thompson, George P., 1965 May p. 63.
Thompson, George, Sir, 1965 Mar. p. 32.
Thompson, Gertrude C., 1969 Dec. p. 36.
Thompson, Guy A. Jr., 1975 Oct. p. 33.
Thompson, Henry, 1968 Dec. p. 108.
Thompson, J. Eric S., 1975 Oct. p. 74, 76.
Thompson, J. J., 1958 Sept. p. 63; 1963 July p. 110; 1965 May p. 58.
Thompson, K., 1969 Dec. p. 28.
Thompson, L. S., 1969 Dec. p. 25.
Thompson, M. J., 1965 July p. 48.
Thompson, Margaret, 1954 Dec. p. 48.
Thompson, Michael W., 1968 Mar. p. 93, 96.
Thompson, Richard F., 1970 July p. 63, 64.
Thompson, Robert, 1963 Feb. p. 55, 57; 1973 Nov. p. 60.
Thompson, Silvanus, 1969 Mar. p. 104.
Thompson, Stanley G., 1950 Mar. p. 28; Apr. p. 47; May p. 27; 1955 July p. 52; 1956 Dec. p. 67; 1958 Nov. p. 53; 1965 Aug. p. 50.
Thompson, Sylvanus, 1949 Dec. p. 52.
Thompson, T. J., 1971 Oct. p. 15.
Thompson, W. L., 1959 Jan. p. 123.
Thompson, William, 1977 Aug. p. 60, 73.
Thompson, William B., 1953 June p. 78, 79.
Thompson, William R., 1960 Sept. p. 204; 1961 Feb. p. 41.
Thompson, William, Sir, 1964 Nov. p. 110, 111, 113.
Thompson-Ramo-Wooldridge Corporation, 1965 Nov. p. 44, 46.
Thomsen, Christian J., 1959 Nov. p. 170; 1971 Oct. p. 63.
Thomsen, John S., 1970 Oct. p. 69.
Thomsen, Thomas, 1969 Mar. p. 35.
Thomson, Charles W., 1953 May p. 88, 90, 94; 1957 Nov. p. 50.
Thomson, E. O. P., 1961 Feb. p. 81.
Thomson, Elihu, 1969 Mar. p. 104.
Thomson, George P., Sir, 1948 May p. 53; 1949 Nov. p. 41; 1952 Feb. p. 34; 1956 July p. 57; Oct. p. 49; 1967 Nov. p. 27.
Thomson, Godfrey, Sir, 1951 June p. 32.
Thomson, Joseph J., Sir, 1948 June p. 27, 28; Aug. p. 38; 1949 Nov. p. 43; Dec. p. 13; 1950 May p. 21, 22; Sept. p. 29; Oct. p. 31, 32, 33; 1952 Dec. p. 41; 1953 Jan. p. 51; Mar. p. 69, 74; Apr. p. 33; 1956 Nov. p. 94, 96, 104; 1957 Dec. p. 106; 1959 Sept. p. 74; 1964 Dec. p. 64; 1966 Aug. p. 89, 92-94; 1967 May p. 129; Sept. p. 195; Nov. p. 26; 1969 Mar. p. 109; 1971 May p. 86; 1974 Feb. p. 81; Mar. p. 92, 95, 99, 100.
Thomson, R. W., 1973 Mar. p. 87.
Thomson, Thomas, 1964 Mar. p. 105.
Thomson, William, 1949 Feb. p. 50, 54; June p. 31, 33; 1950 Dec. p. 56; 1951 May p. 54, 56-58; Sept. p. 46; 1952 Sept. p. 59; 1953 Feb. p. 78; Nov. p. 93, 96; 1954 Jan. p. 62; Sept. p. 61; 1955 Mar. p. 52; 1956 Nov. p. 94; 1957 May p. 42; 1958 Mar. p. 96, 102; Apr. p. 56; 1959 Apr. p. 43; Nov. p. 103; Dec. p. 130, 131; 1960 Jan. p. 112; 1962 May p. 103; July p. 52; Dec. p. 51; 1966 Aug. p. 92-94; 1967 Sept. p. 181; Nov. p. 104, 105; 1968 June p. 54, 61; 1969 Aug. p. 116; 1970 May p. 120; July p. 19; 1971 Dec. p. 49, 80, 81; 1975 Dec. p. 60; 1977 Aug. p. 60, 83.
Thomy, André, 1973 May p. 34, 36.
Thor, Don, 1977 May p. 113.
Thoreau, Henry D., 1948 Sept. p. 16; 1949 Oct. p. 31; 1953 Dec. p. 31; 1959 Feb. p. 74, 84.
Thoreau, W., 1948 June p. 52.
Thorn, George, 1953 Apr. p. 45; 1959 Oct. p. 58.
Thorndike, A. M., 1953 Sept. p. 80.
Thorndike, Edward L., 1950 Sept. p. 79; 1955 Nov. p. 32; 1957 June p. 150; 1963 Mar. p. 96; Apr. p. 118; 1965 Jan. p. 99, 100.
Thorne, A. G., 1972 Oct. p. 48.
Thorne, H. M., 1966 Feb. p. 24.
Thorne, Kip S., 1968 Apr. p. 42; 1971 Jan. p. 54; 1974 Dec. p. 34, 36; 1975 Mar. p. 24; Nov. p. 60; 1977 Jan. p. 34.
Thornthwaite, C. Warren, 1964 Oct. p. 76.
Thornton, Douglas D., 1969 Feb. p. 42; Apr. p. 50; 1973 Mar. p. 53.
Thorp, Edward, 1961 Apr. p. 84.
Thorpe, Herbert A., 1967 June p. 26.
Thorpe, Lyle M., 1970 May p. 44.
Thorpe, S. A., 1973 Feb. p. 72, 73.
Thorpe, T. E., 1954 Oct. p. 72.
Thorpe, W. H., 1949 Sept. p. 30; 1959 Nov. p. 128, 130; 1962 Apr. p. 78; 1964 Oct. p. 115; 1970 Aug. p. 87; 1972 Sept. p. 55.
Thorson, Gunnar, 1972 Nov. p. 59, 60.
Thorsrud, Einar, 1975 Mar. p. 18.
Thorsteinson, A. J., 1967 June p. 108.
Thouless, Robert, 1974 Jan. p. 82.
Thovert, J., 1951 Dec. p. 49.
Thrall, Robert M., 1971 Nov. p. 48.
Throckmorton, Peter, 1971 Aug. p. 23.
Thucydides, 1954 Nov. p. 99; 1958 May p. 112; 1963 Dec. p. 110; 1964 Feb. p. 117; 1973 Oct. p. 40.
Thudichum, J. W. L., 1965 Oct. p. 84.
Thun, R., 1973 Nov. p. 42.
Thunberg, Torsten, 1958 July p. 57, 58.
Thurber, James, 1956 Feb. p. 34.
Thürkauf, M., 1966 Dec. p. 126.
Thurlow, John, 1952 May p. 55.
Thurmond, Strom, 1972 Nov. p. 16.
Thurston, Robert H., 1975 July p. 50.
Thurstone, L. L., 1950 June p. 29; 1951 July p. 29; 1963 Mar. p. 96; 1968 Dec. p. 88; 1970 Mar. p. 72.
Thut, H. F., 1952 Oct. p. 82.
Thutmose, 1963 Nov. p. 123.
Thuwybum, 1969 Dec. p. 45.
Ti, Ch'in Shih Huang Ti, 1975 Sept. p. 54.
Tibals, Cam, 1965 Dec. p. 81.
Tibbitts, Clark, 1954 Feb. p. 46.
Tibiloz, A., 1973 Feb. p. 89.
Tice, Lois, 1965 June p. 86.
Tichener, E. B., 1960 Feb. p. 49.
Ticho, Harold K., 1963 Jan. p. 40.
Tickell, W. L. N., 1970 Nov. p. 84.
Tidewater Pipeline Company, 1967 Jan. p. 62.
Tieghem, M. van, 1949 June p. 44.
Tietz, A., 1960 Feb. p. 49.
Tietze, Christopher, 1963 Sept. p. 67; 1972 July p. 51; 1973 Mar. p. 45; 1977 Jan. p. 21, 27.
Tiffany, L. H., 1963 Feb. p. 86.
Tighe, N. J., 1967 Sept. p. 118.
Tight, William G., 1952 June p. 74.
Tikhonov, A. N., 1972 Jan. p. 74.
Tilak, Manohar A., 1966 Apr. p. 50.
Tilden, Samuel J., 1976 June p. 21.
Tilden, W. A., 1956 Nov. p. 75, 76.
Tiling, Reinhold, 1949 May p. 33.
Till, James E., 1974 Nov. p. 61.
Till, P. H., 1964 Nov. p. 84.
Tiller, William A., 1967 Feb. p. 86, 88.
Tillett, William S., 1949 Dec. p. 29; 1952 Apr. p. 50.
Tillich, Paul, 1958 May p. 82.
Tillman, Coyt, 1966 Sept. p. 177.
Tillotson, L. C., 1970 Dec. p. 41.
Tilney, Lewis G., 1971 Oct. p. 77; 1977 Nov. p. 138; 1978 May p. 145.
Tilton, George, 1954 Jan. p. 42.
Timaeus, 1959 Dec. p. 63.
Time Inc., 1971 Oct. p. 15.
Timiras, Paola S., 1970 Feb. p. 56.
Timocharis, 1961 Feb. p. 125.
Timofeeff-Ressovsky, N. W., 1950 Jan. p. 33, 36, 37.
Timofiev, B. V., 1962 Sept. p. 169.
Timonen, S., 1951 Oct. p. 34.
Timoni, Emanuel, 1976 Jan. p. 112, 115.
Timosthenes, 1973 Oct. p. 41.
Timostratos, 1973 Oct. p. 41.
Tinbergen, Jan, 1969 Dec. p. 48; 1973 Dec. p. 50.
Tinbergen, Lukas, 1975 Aug. p. 58.
Tinbergen, Nikolaas, 1954 Jan. p. 51; Nov. p. 42, 44; 1957 Oct. p. 48; 1958 Dec. p. 70, 71, 72; 1960 Sept. p. 88; Dec. p. 118; 1961 May p. 67; 1963 Apr. p. 147; 1969 Dec. p. 103, 104; 1973 Dec. p. 50.
Tinch, Robert, 1951 Sept. p. 54; 1954 Feb. p. 62.
Tinctoris, Johannes, 1967 Dec. p. 97.
Tindale, Norman B., 1966 Mar. p. 86, 88, 90.
Tindbergen, Niko, 1959 Mar. p. 50.
Ting, Samuel C. C., 1975 Jan. p. 48; June p. 54, 58, 59; Oct. p. 47; 1976 Dec. p. 50; 1977 Oct. p. 59; 1978 Mar. p. 50.
Tingsten, Herbert L. G., 1950 Nov. p. 11.
Tinkham, Michael, 1973 Oct. p. 23.
Tinoco, Ignacio, 1962 Mar. p. 64.
Tinsley, Beatrice M., 1975 Dec. p. 50.
Tintoretto, Il., 1952 July p. 25; 1977 June p. 122.
Tiro, 1949 June p. 41.
Tiselius, Arne W. K., 1951 Jan. p. 21; Mar. p. 41; Dec. p. 46, 47, 49, 51-53; 1957 July p. 93; 1960 Mar. p. 131, 133; 1963 July p. 50; 1967 Nov. p. 27.
Tishler, Max, 1955 Jan. p. 59.
Tissandier, Gaston, 1952 Jan. p. 70; 1955 Dec. p. 65, 59; 1974 July p. 60.
Tissières, Alfred, 1963 Mar. p. 83, 85; 1969 Oct. p. 28.
Tisza, Laszlo, 1949 June p. 36, 37; 1950 Apr. p. 33; 1958 June p. 32, 34; 1970 May p. 99.
Titchener, Edward B., 1950 Sept. p. 79, 80; 1961 Feb. p. 47.
Titian, 1948 May p. 25, 30; June p. 43; 1956 Jan. p. ; 1967 Dec. p. 97.
Titius, J. D., 1965 Apr. p. 110.
Titius, Johann, 1977 July p. 128.
Titov, Gherman, 1962 Feb. p. 70.
Titus, 1965 July p. 84, 91.
Titus Livius, *see:* Livy.
Tizard, Henry, Sir, 1966 Aug. p. 92.
Tjio, J. H., 1959 Sept. p. 222; 1960 Apr. p. 148; Sept. p. 207; 1961 Nov. p. 69; 1963 July p. 55; 1964 May p. 90.

T'so, Paul O. P., 1958 Oct. p. 42.
Tobari, Y. N., 1975 Aug. p. 58.
Tobias, C. A., 1959 Sept. p. 96.
Tobias, J. V., 1973 Oct. p. 101, 102.
Tobias, Philip, 1967 Apr. p. 65.
Tobler, Heinz, 1968 Nov. p. 113, 118.
Tobolsky, Arthur V., 1957 Sept. p. 121; 1959 Apr. p. 126.
Tocchini-Valentini, Glauco P., 1964 May p. 56.
Tocqueville, Alexis de, 1961 Dec. p. 45.
Todaro, George J., 1967 Apr. p. 30; 1972 Jan. p. 30; 1974 Feb. p. 36; 1978 Apr. p. 69.
Todd, Alexander, Sir, 1955 Sept. p. 76; 1957 Dec. p. 60; 1967 Nov. p. 28.
Todd, David P., 1964 Nov. p. 108.
Todd, Dennis, 1972 Dec. p. 99.
Todd, John H., 1971 May p. 99.
Todd, Neil B., 1977 Nov. p. 100.
Todd, Tweedy J, 1958 Oct. p. 84.
Todd, W. R., 1972 July p. 56.
Toepler, A., 1951 Dec. p. 49.
Toevs, Lois, 1971 Feb. p. 71.
Toft, David O., 1976 Feb. p. 36.
Toikka, William, 1974 Nov. p. 54.
Toksöz, M. Nafil, 1975 Nov. p. 89, 93.
Tokushima University, 1964 Jan. p. 82.
Tokyo Shibaura Electric Company, 1970 Mar. p. 37.
Tokyo University Hospital, 1977 July p. 44.
Tolansky, Samuel, 1954 Aug. p. 54; 1969 Sept. p. 88; 1972 Oct. p. 82; 1974 Aug. p. 67.
Toledo, José, 1973 Aug. p. 46.
Tollmien, Walter, 1954 Aug. p. 75, 76.
Tolmach, L. J., 1953 Nov. p. 82.
Tolman, Edward C., 1963 Oct. p. 117, 121, 122; 1977 June p. 82.
Tolman, R. C., 1967 June p. 36.
Tolstoy, Ivan, 1961 Dec. p. 60.
Tolstoy, Leo N., 1973 Sept. p. 57.
Tom Thumb, *see:* Stratton, Charles S..
Tomasko, Martin, 1975 Sept. p. 132.
Tombaugh, Clyde W., 1959 Apr. p. 88, 98; 1965 Sept. p. 77; 1966 Apr. p. 67; 1975 Sept. p. 131.
Tombrello, Thomas A., 1969 July p. 36.
Tometsko, Andrew M., 1963 Dec. p. 72; 1966 Apr. p. 50.
Tomita, Tsuneo, 1964 Dec. p. 56.
Tomiyasu, Uwamie, 1969 Sept. p. 98.
Tomkins, Gordon M., 1973 June p. 87; 1976 Feb. p. 38.
Tomlinson, R. V., 1966 Feb. p. 33.
Tomonaga, Sin-Itiro, 1965 Dec. p. 39; 1968 Jan. p. 74; 1974 July p. 53.
Tomonaga, Sinitiro, 1978 Feb. p. 132.
Tomonage, Sin-Itiro, 1957 Sept. p. 107; 1967 Nov. p. 28; 1973 Oct. p. 108.
Tompkins, E. S., 1973 Mar. p. 87.
Tompkins, Edwin H., 1963 July p. 74.
Tompsett, D. H., 1973 Apr. p. 80.
Tompsett, Ralph, 1949 Aug. p. 31; 1952 Apr. p. 53.
Tompson, F. W., 1959 Aug. p. 120.
Toms, Bryan A., 1970 Oct. p. 60.
Tondo, Casemiro V., 1963 Nov. p. 115.
Töndvry, Gian, 1958 Dec. p. 40.
Tong, Winton, 1966 Feb. p. 84.
Tonks, Lewi, 1950 Oct. p. 39.
Toolan, Helene W., 1953 July p. 46; 1958 Apr. p. 52.
Toole, Eben H., 1960 Dec. p. 59.
Toon, O. Brian, 1978 Mar. p. 77.
Toon, Owen B., 1975 Sept. p. 117, 29.
Toong, Hoo-Min D., 1977 Sept. p. 91, 146, 153.
Topchiev, A. V., 1957 Sept. p. 107; 1958 Dec. p. 53.
Töpke, Manfred, 1959 Mar. p. 102.
Topper, Yale J., 1969 July p. 64.
Topplick, Thomas G., 1971 Jan. p. 38.
Topsell, Edward, 1954 Aug. p. 67.
Toran-Allerand, Dominique, 1976 July p. 56.
Torda, T. Paul, 1966 June p. 87.
Torgerson, Richard, 1972 Nov. p. 76.
Torquato, 1973 Apr. p. 87, 88.
Torres, Lloréns, 1966 Oct. p. 25.
Torres y Quevedo, L., *see:* Quevedo, L. Torres y.
Torrey, E. Fuller, 1975 Feb. p. 17, 18.
Torrey, H. C., 1948 Sept. p. 22.
Torrey, John, 1956 Dec. p. 83, 84; 1977 May p. 101.
Torrey, John G., 1966 Jan. p. 78.
Torrey, Marjorie, 1969 Apr. p. 37.
Torricelli, Evangelista, 1950 May p. 20, 24; 1951 Dec. p. 66; 1962 Mar. p. 78; 1964 Jan. p. 100; 1965 May p. 58; 1967 Aug p. 97, 99.
Toscanini, Arturo, 1974 Nov. p. 87, 95.
Tosi, J. A., 1971 Apr. p. 36.
Totila, 1963 Dec. p. 116.
Totten, Roger, 1978 June p. 84.
Toulmin, Priestley III, 1978 Mar. p. 85.
Toulmin, Stephen, 1964 June p. 105.
Tourara, Metoro, 1949 Feb. p. 53.
Touroff, Arthur S. W., 1950 Jan. p. 15.
Tours, Jacques J. M. de, 1969 Dec. p. 24.
Tourtellotte, Mark E., 1967 Feb. p. 43.
Touschek, Bruno, 1966 Nov. p. 112.
Tousey, Richard, 1959 June p. 54-56; 1969 June p. 94; 1973 Oct. p. 72.
Touster, Oscar, 1957 Feb. p. 60.
Tovey, Donald, 1972 Sept. p. 38.
Tower, Beauchamp, 1966 Mar. p. 63, 65; 1975 July p. 52.
Towers, Shoma H., 1968 Nov. p. 50.
Townes, Charles H., 1948 Sept. p. 18, 19; 1957 Feb. p. 78; 1958 June p. 46; Dec. p. 42; 1960 Mar. p. 84; 1961 May p. 61; June p. 55, 56; 1963 July p. 34, 37, 42; 1964 Apr. p. 49; Aug. p. 40; Dec. p. 60; 1965 May p. 70, 72, 74; July p. 28; 1966 Jan. p. 21; 1967 June p. 82; Nov. p. 28, 30, 31; 1968 Sept. p. 131, 132; 1969 Feb. p. 42; Apr. p. 50; 1971 May p. 50; 1973 Mar. p. 53; 1977 Dec. p. 86; 1978 June p. 90.
Townsend, C. O., 1952 June p. 66.
Townsend, Jonathan, 1957 June p. 76; 1958 Aug. p. 66.
Townsend, Paul, 1978 Feb. p. 141.
Toynbee, Arnold, 1963 Aug. p. 55; Sept. p. 56; 1977 Jan. p. 49.
Toyo Kogyo of Japan, 1972 Aug. p. 16, 23.
Toyoda, Jun-ichi, 1972 June p. 96.
Trabacchi, Guilio, 1953 Oct. p. 51.
Tracy, A. S., 1955 Aug. p. 34.
Tracy, Diane M., 1973 June p. 76.
Trader, C. D., 1963 Nov. p. 114, 115.
Trafton, Laurence M., 1975 Sept. p. 134.
Trager, William L., 1960 May p. 163.
Traherne, Thomas, 1977 June p. 126, 129.
Train, Russell E., 1972 Aug. p. 43.
Trainin, Nathan, 1964 July p. 69.
Trajan, Emperor, 1954 Nov. p. 62; 1956 Apr. p. 45; 1963 Oct. p. 97, 102; 1973 Oct. p. 36; 1978 May p. 157.
Trams, Eberhard G., 1973 Aug. p. 90.
Trans World Airlines, 1957 Apr. p. 143.
Trans-Canada Airlines, 1953 June p. 54.
Trapeznikov, Vadim A., 1969 June p. 20, 21.
Trask, D. W., 1963 July p. 84.
Trask, Newell J. Jr., 1975 Sept. p. 67.
Traub, Erich, 1954 Nov. p. 75.
Traub, Peter, 1968 Nov. p. 56; 1969 Oct. p. 32; 1976 Oct. p. 49.
Traub, W., 1961 June p. 146.
Traub, Wesley A., 1974 May p. 112, 115; 1975 Sept. p. 73.
Traüble, Hermann, 1971 Mar. p. 75; 1972 Apr. p. 89.
Trauger, John T., 1974 May p. 115.
Traut, Robert R., 1976 Oct. p. 44.
Trautwine, John C., 1971 Oct. p. 101.
Travelers Insurance Company, 1967 Aug. p. 23.
Travers, Andrew, 1970 June p. 44.
Travers, Morris W., 1964 May p. 66.
Travers, William M., 1966 Oct. p. 64.
Traverse, Alfred, 1978 May p. 58.
Travis, Dorothy, 1950 Oct. p. 28.
Treanor, Patrick J., Father, 1963 Feb. p. 50.
Treat, Asher E., 1957 Dec. p. 66; 1965 Apr. p. 94.
Trebst, Achim V., 1960 Nov. p. 105; 1969 Dec. p. 69.
Trefethen, Lloyd M., 1965 Nov. p. 54.
Trefil, James S., 1971 July p. 101; 1973 Nov. p. 43.
Treibs, Alfred, 1967 Jan. p. 32, 41.
Treiman, Donald, 1971 Dec. p. 14.
Treiman, Donald J., 1978 June p. 43.
Treiman, Sam B., 1961 Nov. p. 55; 1962 June p. 80; 1976 Jan. p. 53.
Treisman, Anne M., 1962 Apr. p. 151.
Treitschke, Heinrich von, 1963 Sept. p. 57.
Trembley, Abraham, 1955 Oct. p. 100; 1957 Dec. p. 118, 119; 1974 Dec. p. 44, 46.
Trench, Robert K., 1974 Dec. p. 68.
Trent, H. M., 1959 Feb. p. 68.
Trentin, John J., 1962 May p. 80; 1974 Nov. p. 61.
Tresca, Henri E., 1959 Dec. p. 122.
Trescher, John, 1972 Apr. p. 82.
Trethewie, E. R., 1963 Nov. p. 106.
Treub, Melchior, 1949 Sept. p. 52.
Treusch, C., 1960 Jan. p. 114, 117.
Trevarthen, Colwijn B., 1961 Aug. p. 68; 1964 Jan. p. 49.
Trever, J. C., 1971 Nov. p. 73.
Treveris, Peter, 1965 June p. 111.
Trevithick, Richard, 1964 Jan. p. 107; 1969 Apr. p. 104; 1972 May p. 102.
Trevorrow, Virginia, 1953 Oct. p. 73.
Trexler, James H., 1960 Jan. p. 47, 50.
Trexler, P. C., 1964 July p. 78.
Triad Oil Company, 1966 Sept. p. 193.
Tribe, Laurence H., 1970 Feb. p. 13.
Triborough Bridge and Tunnel Authority, 1965 Sept. p. 144, 145, 174.
Tribus, Myron, 1971 Sept. p. 179, 180.
Tricker, R. A. R., 1974 July p. 60.
Triewald, Maarten, 1964 Jan. p. 98, 99, 101, 103.
Trigg, George L., 1965 May p. 50.
Trilling, George H., 1975 June p. 54, 56.
Trimalchio, 1949 June p. 41.
Trimble, Virginia, 1974 Dec. p. 36, 38.
Tring Museum, 1965 Dec. p. 51.
Tringham, Ruth, 1977 Nov. p. 110.
Trinkhaus, J. P., 1970 May p. 84.
Triplett, Glover B. Jr., 1975 Nov. p. 60; 1977 Jan. p. 28.
Triplett, R. F., 1974 Nov. p. 63.
Trismegistus, Hermes, 1973 Apr. p. 89, 91.
Trithemius, Johannes, 1966 July p. 41.
Trivedi, Vishnuprasad C., 1975 Apr. p. 22.
Trivelli, A. P. H., 1952 Nov. p. 32.
Troels-Smith, Jörgen, 1956 Mar. p. 37, 38, 41.
Troitsky, V. S., 1956 Jan. p. 46.
Trombe, Felix, 1950 Aug. p. 21.
Tronchin, Theodore, 1976 Jan. p. 115.
Tronick, E., 1971 Oct. p. 32.
Tropfke, Johannes, 1949 Jan. p. 45.
Tropical Metabolism Research Unit, 1976 Sept. p. 54.
Tropical Radio Telegraph Company, 1961 Sept. p. 84.
Tropsch, Franz, 1949 Dec. p. 36, 38, 39.

Tropsch, Hans, 1955 July p. 63; 1976 May p. 27.
Trosman, Harry, 1960 Nov. p. 88.
Trotter, Dorothy E., 1977 May p. 84.
Trousseau, Armand, 1972 Apr. p. 76.
Trouvelot, Leopold, 1964 Aug. p. 23.
Trowill, Jay, 1970 Jan. p. 32.
Troxel, Bennie W., 1969 Aug. p. 50.
Troyer, J. Robert, 1968 Mar. p. 118.
Truax, Frederick L., 1958 Nov. p. 128.
Trubetzkoy, N. S., 1972 Sept. p. 75.
Trubnikov, B. A., 1960 Nov. p. 100.
Truby, Henry M., 1974 Mar. p. 84.
Trudinger, P. A., 1960 Nov. p. 108.
True, Frederick W., 1956 Dec. p. 46.
Truelove, L. H., 1963 Nov. p. 102.
Trueta, Josep, 1948 Aug. p. 46.
Truex, Raymond C., 1967 Mar. p. 35.
Truganini, 1957 May p. 40.
Trujillo, Stephen M., 1968 Oct. p. 48.
Truman, Harry S., 1948 Aug. p. 31; Sept. p. 29; Oct. p. 24; Dec. p. 7; 1949 Feb. p. 14, 16, 18, 28; July p. 27; Aug. p. 25; Sept. p. 27; Oct. p. 28; Nov. p. 11, 26,27; Dec. p. 26,27; 1950 Jan. p. 13, 28; Mar. p. 16, 24; Apr. p. 21, 22, 23; May p. 12, 27; July p. 11; Aug. p. 28, 30; Sept. p. 46; Oct. p. 24; Nov. p. 13, 14, 18, 24, 25; Dec. p. 26; 1951 Jan. p. 28; Feb. p. 30, 32; Apr. p. 32; June p. 30; Sept. p. 50; Oct. p. 32, 33; 1952 Feb. p. 34; Mar. p. 34, 38; 1953 Mar. p. 44; Aug. p. 40; 1954 May. p. 31, 32, 34, 35; 1955 May p. 50; 1960 Feb. p. 43; 1961 Apr. p. 78; 1970 May p. 24; 1975 Oct. p. 110, 112, 113; 1976 Sept. p. 38.
Trumbo, Donald E., 1968 July p. 49; 1969 Mar. p. 46.
Trump, John G., 1970 Aug. p. 25.
Trumpler, Robert J., 1950 Feb. p. 35; 1963 June p. 97; 1974 Oct. p. 34; 1977 June p. 68.
Trunkline Gas Company, 1970 July p. 95.
Trurnit, Hans J., 1950 Mar. p. 28.
Trussel, Ray E., 1963 Aug. p. 23.
TRW Inc., 1976 Oct. p. 86; 1977 Sept. p. 216.
Tryon, Thomas, 1959 June p. 95.
Trytten, M. H., 1951 May p. 32; 1956 Sept. p. 111.
Tsai, Loh Seng, 1951 Feb. p. 32; 1953 Feb. p. 36.
Tsamgao, 1960 Sept. p. 87.
Tsang, Chin Fu, 1969 Apr. p. 64.
Tsang, Nora, 1976 Apr. p. 45.
Tschaikovsky, Anastasia, 1965 Aug. p. 94.
Tschanz, Beat, 1972 Sept. p. 55; 1973 Aug. p. 79.
Tschermak, E. von, 1950 Sept. p. 55.
Tschermak, Erich, 1956 Oct. p. 79, 81; 1968 July p. 55.
Tscherning, Kurt, 1955 Jan. p. 55.
Tschesche, Rudolf, 1955 Jan. p. 56.
Tschiegg, Carl, 1972 Dec. p. 68.
Tschirgi, Robert T., 1949 June p. 27.
Tschopik, Harry, 1950 Sept. p. 88.
Tschudi, Traugott, 1969 Feb. p. 91, 94, 95.
Tsien, Hsue-Shen, 1956 Oct. p. 68; 1958 Jan. p. 36.
Tsiolkovsky, Konstantin E., 1957 Nov. p. 68; 1959 Dec. p. 80.
Tsipis, Kosta, 1975 Jan. p. 48; June p. 41; 1977 Feb. p. 20; Mar. p. 61; Aug. p. 30.
Tso, Wung-Wai, 1976 Apr. p. 40, 44, 45.
Tsou, Benjamin K., 1973 Feb. p. 60.
Tsountas, Crestos, 1954 Dec. p. 72.
Tsuda, Kyosuke, 1967 Aug. p. 62, 67.
Tsugita, Akira, 1960 July p. 82; 1962 July p. 78; 1964 Oct. p. 51; 1966 Oct. p. 58.
Tsuji, F. I., 1977 Mar. p. 110.
Tsujimoto, Harry Y., 1960 Nov. p. 105.
Tsujino, Akira, 1967 Mar. p. 57.
Tsujioka, Bien, 1963 Mar. p. 98.
Tsun Wu, Tai, 1973 Nov. p. 44.
Tsuruoka, Senjin, 1975 Apr. p. 26.
Tswett, Michael, 1950 June p. 35; Sept. p. 33; 1951 Mar. p. 35-39; 1961 Oct. p. 58.
Tube Investments Limited, 1960 July p. 66; 1964 Sept. p. 186.
Tubman, William S., 1948 Dec. p. 27.
Tuccio, Sam A., 1977 Feb. p. 93.
Tuck, James, 1956 Nov. p. 60; 1957 Dec. p. 84.
Tuck, James A., 1960 Nov. p. 100; 1970 June p. 113; 1971 Feb. p. 32; 1976 Nov. p. 122.
Tuck, Mike, 1973 Dec. p. 110.
Tucker, Albert W., 1950 Jan. p. 22; 1953 July p. 66; 1967 July p. 51.
Tucker, C. W., 1965 Mar. p. 38.
Tucker, E. B., 1963 June p. 67.
Tucker, Gordon, 1951 Aug. p. 28.
Tucker, K. D., 1977 June p. 81.
Tucker, Raymond R., 1964 Jan. p. 26.
Tucker, Robert B., 1973 Oct. p. 69.
Tucker, Vance A., 1969 May p. 70; 1971 Dec. p. 73; 1973 Mar. p. 90; 1978 Apr. p. 140.
Tucker, Wallace, 1971 July p. 74; 1974 Oct. p. 42.
Tuckerman, Bryant, 1956 Dec. p. 164; 1971 June p. 56; 1973 Dec. p. 89, 96.
Tuckerman, Louis B., 1956 Dec. p. 166.
Tuddenham, William J., 1968 Aug. p. 92.
Tudor, Guy, 1967 Oct. p. 95.
Tudor-Hart, B., 1974 Apr. p. 91.
Tuft College Institute for Applied Experimental Psychology, 1949 Dec. p. 29.
Tufts University, 1965 Apr. p. 94, 99, 102; June p. 77.
Tuke, Daniel H., 1972 June p. 104.
Tuke, Samuel, 1973 Sept. p. 120.
Tuke, William, 1973 Sept. p. 119, 120.
Tukey, John W., 1952 Sept. p. 135; 1956 Dec. p. 164, 166; 1961 Nov. p. 79; 1964 Sept. p. 160; 1965 June p. 46; 1966 Oct. p. 46; 1968 Sept. p. 102.
Tulane University, 1964 July p. 96; Dec. p. 75.
Tulinov, A. F., 1968 Mar. p. 98.
Tullar, B. F., 1955 May p. 74.
Tullis, James L., 1954 Feb. p. 58.
Tulloss, I., 1969 July p. 87.
Tulving, Endel, 1971 Aug. p. 85.
Tumin, Melvin M., 1957 Nov. p. 77.
Tunisian National Institute of Archeology and Art, 1978 Jan. p. 111, 113, 116.
Tupasi, T., 1974 Nov. p. 20.
Tuppy, Hans, 1955 May p. 38.
Turba, Fritz, 1951 Dec. p. 51.
Turbeville, Gus, 1953 Aug. p. 48.
Turbin, N. V., 1954 Sept. p. 82.
Turco Products, Inc., 1957 Jan. p. 105.
Turekian, Karl K., 1977 June p. 50.
Turgenev, Ivan, 1974 July p. 111.
Turing, A. M., 1955 Apr. p. 60-64; 1958 June p. 97; 1964 Sept. p. 152; 1965 Nov. p. 98; 1966 Sept. p. 166, 65, 68; 1971 Mar. p. 58; 1973 Nov. p. 85, 90; 1974 Dec. p. 52; 1976 Oct. p. 64; 1978 Jan. p. 101, 103.
Turkevich, Anthony L., 1954 Mar. p. 62; 1956 Sept. p. 154; 1967 Nov. p. 53; 1969 Sept. p. 88; 1970 Aug. p. 18, 20.
Turkewitz, Gerald, 1972 Dec. p. 18.
Turkington, Roger W., 1969 July p. 62.
Turkish Historical Foundation, 1963 Feb. p. 98; 1967 Mar. p. 38.
Turkish National Department of Antiquities and Museums, 1963 Feb. p. 98; 1967 Mar. p. 38; 1970 Mar. p. 53.
Turkstra, J., 1967 Apr. p. 79, 82.
Turlay, René, 1964 Sept. p. 82; Dec. p. 62; 1965 Apr. p. 56; Dec. p. 29, 32; 1969 Oct. p. 91.
Turman, B. N., 1977 Sept. p. 106.
Turnbull, David, 1971 Apr. p. 98; 1978 Apr. p. 86, 87.
Turneaure, John, 1965 Dec. p. 42.
Turner, B. B., 1961 July p. 58.
Turner, B. R., 1968 Oct. p. 46.
Turner, Barry E., 1973 Apr. p. 35.
Turner, C. W., 1957 Oct. p. 124.
Turner, Carles H., 1961 Aug. p. 48.
Turner, Henry, 1961 Nov. p. 74; 1963 July p. 60.
Turner, J. M. W., 1969 Sept. p. 55.
Turner, J. S., 1973 Feb. p. 74.
Turner, John, 1967 Oct. p. 29.
Turner, Kenneth C., 1973 June p. 34.
Turner, P. G., 1977 June p. 81.
Turner, Robert, 1950 Oct. p. 26.
Turner, Rowley, 1973 Mar. p. 82.
Turner, Ruth D., 1977 June p. 50.
Turner, W. E. S., 1963 Nov. p. 125.
Turpin, Raymond, 1961 Nov. p. 72.
Tursky, Bernard, 1969 Apr. p. 50.
Tuscany, Duke of, 1950 Feb. p. 41.
Tushingham, A. Douglas, 1954 Apr. p. 77.
Tustin, Arnold, 1952 Sept. p. 44, 59; 1961 Jan. p. 136.
Tutankhamen, 1963 Nov. p. 123; 1966 July p. 56; 1969 Dec. p. 55; 1978 Mar. p. 74.
Tuttle, O. Frank, 1955 Sept. p. 64.
Tuttle, Thomas R. Jr., 1977 July p. 95.
Tuve, Merle A., 1948 June p. 34; 1955 Sept. p. 126, 127; 1968 Sept. p. 115; 1973 June p. 34.
Tuyn, W., 1971 Nov. p. 26.
Tuzet, Odette, 1956 Nov. p. 123.
Tuzo Wilson, J., 1968 Apr. p. 54, 57.
Tvy, Andrew C., 1953 Sept. p. 72.
Twain, Mark, *see:* Clemens, Samuel L..
Tweedell, K. S., 1973 Oct. p. 27.
Tweet, A. G., 1961 Oct. p. 107; 1963 Aug. p. 72.
Twente University of Technology, 1978 June p. 86.
Twiesselmann, François, 1962 June p. 105.
Twitchell, Paul F., 1974 May p. 62.
Twitty, Victor C., 1957 Nov. p. 86; 1967 Aug. p. 62; 1978 June p. 108.
Twyman, F., 1968 Sept. p. 101, 100, 105.
Tyche, Cominia, 1960 Sept. p. 194.
Tycho Brahe, *see:* Brahe, Tycho.
Tyco Laboratories, Inc., 1970 Nov. p. 53; 1976 Oct. p. 41.
Tydings, Millard, 1950 Apr. p. 23.
Tylecote, R. F., 1971 June p. 105.
Tyler, Albert, 1949 Sept. p. 16; 1961 Sept. p. 174, 180.
Tyler, Carroll L., 1949 July p. 33; 1953 Apr. p. 94.
Tyler, Cyril, 1970 Mar. p. 92.
Tyler, Edward B., 1950 Sept. p. 87.
Tyler, G. L., 1968 July p. 37.
Tyler, James C., 1965 Nov. p. 111, 114.
Tyler, John, 1950 Nov. p. 11.
Tyler, John E., 1971 Jan. p. 65.
Tyler, Leona E., 1974 Nov. p. 50.
Tyler, Stanley A., 1956 July p. 92; 1962 Dec. p. 70; 1965 Apr. p. 60; 1967 Jan. p. 38; 1970 Sept. p. 45, 52; 1971 May p. 34, 38; 1975 Sept. p. 85.
Tyler, William, 1975 Apr. p. 40.
Tylor, Edward B., 1956 May p. 70.
Tylor, Edward, Sir, 1957 May p. 41.
Tynan, Paul, 1977 Jan. p. 72, 73.
Tyndall, John, 1949 Dec. p. 52; 1953 Feb. p. 69, 70, 72, 74; 1955 May p. 69, 70; 1959 Feb. p. 122; July p. 41; Nov. p. 103; 1960 Nov. p. 72.
Tyrrell, D. A. J., 1960 Dec. p. 89, 94, 95; 1966 July p. 32.
Tyshchenko, V. P., 1976 Feb. p. 118.

Tyson, Bill, 1967 Sept. p. 100.
Tyson, J. A., 1973 Feb. p. 48.
Tytell, Alfred A., 1971 July p. 26; 1974 July p. 42; 1977 Apr. p. 49.
Tzagoloff, Alexander, 1974 Mar. p. 29.
Tzuzuki, Masao, 1954 May p. 46.

U

Uadji, Pharaoh, 1957 July p. 107, 110.
Ubisch, G. von, 1968 Apr. p. 89.
Uccelli, Arturo, 1971 Feb. p. 101.
Uchida, Genko, 1966 Nov. p. 37; 1972 Dec. p. 13.
Uchida, Irene A., 1965 Feb. p. 62.
Uchida, Takahiro, 1969 Nov. p. 123.
Uchizono, Koji, 1976 Aug. p. 29.
Udall, Stewart L., 1963 Sept. p. 84.
Udenfriend, Sidney, 1957 Dec. p. 54.
Udimu, Pharaoh, 1957 July p. 106, 107, 112.
Udjus, Ludwig, 1968 Jan. p. 24.
Udy, Martin, 1963 Sept. p. 136.
Ueda, Tetsufumi, 1977 Aug. p. 115, 117.
Uenohara, M., 1959 June p. 124.
Uetake, Hisao, 1969 Nov. p. 122, 123.
Uexküll, Jakob J. von, 1958 Dec. p. 68; 1976 Jan. p. 99.
Uffen, Robert, 1967 Feb. p. 54; July p. 33.
Uganda Queen Elizabeth National Park, 1960 Nov. p. 133.
Uganda Veterinary Department, 1969 Feb. p. 78.
Uglum, John, 1972 Apr. p. 29.
Uhlenbeck, George, 1950 Sept. p. 30; 1963 July p. 111; 1965 May p. 64, 66; 1966 July p. 68; 1968 Jan. p. 73.
Uhlenberg, Peter R., 1974 Sept. p. 139.
Uhlig, Herbert H., 1954 Nov. p. 37; 1956 May p. 37, 39.
Uhlir, Arthur Jr., 1956 Apr. p. 62.
Uhr, Jonathan W., 1977 Oct. p. 103.
Uipoignamet, 1960 Nov. p. 166.
Uitert, L. G. van, 1968 Sept. p. 132.
U.K., *see also:* British; Commonwealth.
U.K. Ancient Monuments Laboratory, 1977 Dec. p. 163.
U.K. Anti-Locust Research Center, 1963 Dec. p. 132; 1971 Aug. p. 77.
U.K. Armagh Observatory, 1952 July p. 47, 57; 1964 Feb. p. 50.
U.K. Central Electricity Generation Board, 1978 Jan. p. 64.
U.K. Church Commissioners, 1976 Oct. p. 126.
U.K. Common Cold Research Unit, 1960 Dec. p. 88, 93, 100, 102.
U.K. Department of Defense and Technology, 1970 July p. 23.
U.K. Department of Environment, 1976 Oct. p. 126.
U.K. Harwell Atomic Energy Establishment, 1978 JuneE p. 67.
U.K. Marine Biological Laboratory, 1952 July p. 68; 1960 Mar. p. 166.
U.K. Ministry of Public Buildings and Works, 1970 May p. 58; July p. 23; Nov. p. 30.
U.K. Ministry of Technology, 1970 July p. 22, 23.
U.K. National Hospital for Nervous Diseases, 1971 Mar. p. 65.
U.K. National Institutes for Medical Research, 1957 Oct. p. 128; 1958 July p. 98; 1962 Mar. p. 117; Aug. p. 113-115; 1963 May p. 101; Oct. p. 46; 1970 June p. 125; 1971 July p. 26; 1977 Apr. p. 42, 48, 49; Dec. p. 90.
U.K. National Physical Laboratory, 1963 May p. 57; 1968 June p. 55; 1970 July p. 22.
U.K. National Physics Laboratory, 1964 Dec. p. 56.
U.K. Natural Environment Research Council, 1975 Jan. p. 90.
U.K. Nautical Almanac Office, 1966 June p. 35.
U.K. Nuffield Radio Astronomy Laboratories, 1961 Feb. p. 74.
U.K. Political and Economic Planning Organization, 1956 Mar. p. 67, 76.
U.K. Public Health Laboratory, 1963 Jan. p. 52.
U.K. Radiobiological Research Unit at Harwell, 1963 July p. 55.
U.K. Rothamsted Experimental Station, 1963 Dec. p. 132, 136; 1964 Oct. p. 46; 1969 Apr. p. 88, 90.
U.K. Royal Greenwich Observatory, 1964 Jan. p. 40.
U.K. Social Sciences Research Council, 1948 June p. 24.
U.K. Society for the Encouragement of the Arts, Manufactures and Commerce, 1960 Sept. p. 189.
U.K. Standing Joint Committee on Metrication, 1970 July p. 23.
U.K. University Grants Committee, 1958 Sept. p. 172.
Ukrainian Academy of Sciences, 1966 May p. 39.
Ulam, Stanislas M., 1950 Jan. p. 24; 1955 May p. 90; 1958 Dec. p. 111; 1966 Dec. p. 51; 1967 Dec. p. 116.
Ulfilas, 1968 May p. 37.
Ullman, Jeffrey D., 1978 Mar. p. 132.
Ullmann, E., 1959 Oct. p. 57.
Ullmann, John E., 1964 June p. 54.
Ullmo, Yves, 1977 Nov. p. 70.
Ulloa, Antonio de, 1974 July p. 60.
Ullrich, Ludwig, 1968 July p. 50.
Ulmer, David, 1959 July p. 72.
Ulomov, V. I., 1977 Apr. p. 36.
Ulrich, Roger, 1969 July p. 36.
Ulrichs, J., 1975 Sept. p. 66.
Umbarger, H. E., 1964 Nov. p. 76; 1965 Apr. p. 36, 40.
Umbreit, W. W., 1949 Aug. p. 34.
Umemoto, Takao, 1956 May p. 54.
U.N. Atomic Bomb Casualty Commission, 1954 Jan. p. 40.
U.N. Atomic Energy Commission, 1948 June p. 25; Oct. p. 25; Nov. p. 24; 1951 May p. 36; 1955 Jan. p. 43.
U.N. Atoms for Peace Agency, 1956 June p. 58.
U.N. Center for Disarmament, 1977 Nov. p. 70.
U.N. Committee on the Peaceful Uses of Atomic Energy, 1958 Nov. p. 52.
U.N. Committee on the Peaceful Uses of Outer Space, 1962 Apr. p. 74; 1967 Jan. p. 54.
U.N. Conference on the International Year of Women, 1975 Sept. p. 53.
U.N. Department of Economic Affairs, 1949 Mar. p. 26.
U.N. Department of Economics and Social Affairs, 1961 May p. 74; 1972 Sept. p. 64.
U.N. Development Program, 1966 May p. 29; 1973 June p. 27; 1974 Sept. p. 178; 1976 Sept. p. 190.
U.N. Disarmament and Atomic Development Authority, 1954 Aug. p. 38.
U.N. Disarmament Committee, 1953 Oct. p. 50; 1966 Jan. p. 47; 1971 Nov. p. 47; 1975 Mar. p. 47.
U.N. Economic and Social Council, 1949 May p. 29; Nov. p. 30; 1950 Aug. p. 14; 1974 Sept. p. 68; 1976 Sept. p. 47.
U.N. Economic Commission, 1949 Mar. p. 27.
U.N. Economic Commission for Asia and the Far East, 1963 Apr. p. 49, 50, 57, 58.
U.N. Economic Commission for Europe, 1948 July p. 9.
U.N. Educational, Scientific, and Cultural Organization, 1948 May p. 11, 33; July p. 31; Oct. p. 25; 1949 Jan. p. 29; May p. 29; Nov. p. 30; 1950 Mar. p. 16; 1953 Jan. p. 30; Apr. p. 45; Sept. p. 73; 1954 June p. 50; Aug. p. 38; 1955 June p. 48; Sept. p. 78; 1956 Dec. p. 52; 1957 May p. 43; 1960 May p. 98; 1962 Nov. p. 71; 1963 Oct. p. 58; 1965 Jan. p. 49; Nov. p. 49; 1967 Mar. p. 90; 1970 Aug. p. 46; 1976 Aug. p. 30; 1978 Jan. p. 110.
U.N. Environment Program, 1974 Oct. p. 33.
U.N. Food and Agriculture Organization, 1948 July p. 31; 1949 Apr. p. 27; 1950 Mar. p. 16, 18; Aug. p. 12, 14, 15; 1951 July p. 31; 1954 Dec. p. 47, 49, 50; 1960 Mar. p. 58; July p. 86-103; 1963 Apr. p. 57; May p. 145; Sept. p. 73, 74; 1965 Oct. p. 14, 15; 1966 May p. 21, 29; Aug. p. 17; 1967 Feb. p. 28, 30, 35; 1968 Nov. p. 32; 1969 Dec. p. 50; 1970 Jan. p. 49; Aug. p. 54, 60, 66, 68; Sept. p. 164; Dec. p. 17; 1971 Jan. p. 86, 94; May p. 19; Oct. p. 41; 1972 Mar. p. 15, 19, 21; 1973 June p. 28; 1974 Aug. p. 78; Sept. p. 163, 164; 1976 Sept. p. 34, 35, 38, 42, 48, 55, 60, 91, 101, 132, 190, 202; 1977 July p. 62; 1978 Jan. p. 39.
U.N. General Assembly, 1948 June p. 25; 1949 Mar. p. 27; Dec. p. 26; 1955 Jan. p. 42; Oct. p. 27; 1956 Jan. p. 44; 1961 Dec. p. 72; 1962 Jan. p. 58; 1966 Jan. p. 47; 1967 Jan. p. 54; 1968 July p. 48; 1969 Nov. p. 56; 1970 Jan. p. 48; May p. 24; 1971 Jan. p. 44; Nov. p. 46; 1974 July p. 47; Oct. p. 55; 1975 Nov. p. 56; 1977 Nov. p. 70.
U.N. Governing Council for Environmental Programs, 1972 Aug. p. 42.
U.N. Institute for Advanced Studies in Nuclear Research, 1952 Feb. p. 34.
U.N. International Children's Emergency Fund, 1962 May p. 96; 1976 Oct. p. 29.
U.N. International Civil Aviation Organization, 1953 Dec. p. 49.
U.N. International Disarmament Control Organization, 1974 Oct. p. 22, 29-33.
U.N. International Task Force on Child Nutrition, 1976 Sept. p. 44.
U.N. International Whaling Commission, 1965 June p. 58.
U.N. Organization, 1949 Apr. p. 24; Aug. p. 24; Sept. p. 29; Nov. p. 26; Dec. p. 26; 1950 Jan. p. 11; 1954 Feb. p. 43; Oct. p. 46; Nov. p. 35; 1955 Mar. p. 50; 1956 Mar. p. 64; 1957 Aug. p. 58; 1960 Jan. p. 70; Feb. p. 64; Aug. p. 70; Sept. p. 195; Dec. p. 72; 1962 Apr. p. 51, 53; 1963 Sept. p. 111, 113, 134, 135, 164, 166, 226, 229, 238, 240, 60, 61, 63, 65; Nov. p. 64; 1965 Mar. p. 28, 30; Apr. p. 35; June p. 64, 66; Sept. p. 155, 42, 53; 1966 July p. 43, 50; Nov. p. 40, 66; 1967 Oct. p. 48; 1968 Nov. p. 29; 1969 Aug. p. 48; 1970 June p. 17; Aug. p. 56, 66; 1972 Jan. p. 11; Aug. p. 42; Sept. p. 64; 1973 Apr. p. 43; June p. 39; July p. 48; 1974 Sept. p. 113, 176, 31, 35, 41, 51; Nov. p. 49; 1975 Apr. p. 19, 21-23, 27, 31; Aug. p. 46; Nov. p. 27-35; 1976 Sept. p. 33, 42, 188, 201; 1978 Apr. p. 78.
U.N. Political Committee, 1974 Oct. p. 21.
U.N. Protein Advisory Group, 1972 Oct. p. 71.
U.N. Relief and Rehabilitation Administration, 1948 Nov. p. 25; 1949 Apr. p. 27; 1952 June p. 24.
U.N. Scientific Committee on the Effects of Atomic Radiation, 1958 Sept. p. 84; 1960 Apr. p. 145; 1977 June p. 23.
U.N. Security Council, 1948 June p. 25; 1949

Nov. p. 12, 13; 1974 Oct. p. 31.
U.N. Special Fund, 1966 July p. 49.
U.N. Statistical Office, 1958 Apr. p. 92.
U.N. Technical Assistance Administration, 1951 Oct. p. 38; 1962 May p. 96.
U.N. Working Group on Remote Sensing of the Earth, 1974 Oct. p. 27.
U.N. World Bank for Reconstruction and Development, 1950 Aug. p. 14.
U.N. World Health Assembly, 1948 May p. 33; July p. 30.
U.N. World Meteorological Organization, 1953 Dec. p. 49.
U.N. World Water Conference, 1977 Nov. p. 68.
Unanue, Emil R., 1976 May p. 35, 38.
Undemann, Frederick A., 1964 July p. 103.
Underhay, E. E., 1963 Nov. p. 112.
Underhill, E. W., 1964 June p. 86.
Underwood, Arthur F., 1975 July p. 64.
Underwood, Benton J., 1966 July p. 92; 1967 Oct. p. 118, 119; 1971 Aug. p. 90.
Underwood, Herbert, 1972 Mar. p. 27, 29.
U.N.E.S.C.O., *see:* U.N. Educational, Scientific and Cultural Organization.
Ungerstedt, Urban, 1974 June p. 71.
Unilever Research Laboratory, 1970 Nov. p. 70.
Union Carbide and Carbon Corporation, 1949 Jan. p. 18; 1951 Feb. p. 34; 1952 July p. 35; Oct. p. 39; 1953 May p. 35; 1958 Jan. p. 46; 1972 Apr. p. 90, 89; 1973 July p. 38.
Union Carbide Nuclear Corporation, 1960 June p. 147; 1965 May p. 44.
Union College, 1963 June p. 55, 57.
Union Electric Company, 1953 July p. 40.
Union of Concerned Scientists, 1978 Feb. p. 76.
Union of Soviet Socialist Republics, 1956 Jan. p. 48, 49, 50; 1966 July p. 26; 1969 Apr. p. 15-25, 58, 61, 63; 1970 Jan. p. 19-29; 1971 Jan. p. 17, 25; Apr. p. 48; 1975 May p. 42; 1976 Nov. p. 36, 37; 1977 Jan. p. 21; Feb. p. 20; Aug. p. 24-31.
Union Oil Company, 1970 Nov. p. 115.
Union Oil Company of California, 1966 Feb. p. 25, 26, 28, 29.
Union Pacific Railroad, 1953 Nov. p. 71.
Union Pharmaceutical Company, Inc., 1950 May p. 29; Aug. p. 31.
Union Shell, 1959 Apr. p. 49.
United Air Lines, 1957 Apr. p. 139.
United Aircraft, 1971 June p. 26; Sept. p. 155; 1973 July p. 40.
United Arab Republic, 1963 Sept. p. 240; 1966 May p. 27, 29.
United Automobile Workers, 1974 Aug. p. 57.
United Engineering and Foundry Company, 1963 Dec. p. 76.
United Engineers and Constructors, 1973 Oct. p. 24.
United Jewish Appeal, 1949 Oct. p. 28.
United Press, 1948 Oct. p. 24.
United Reprocessors GmbH, 1976 Dec. p. 36, 39.
United Shoe Machinery Corporation, 1957 Sept. p. 211.
United Vintners, 1964 Aug. p. 52.
Univeirisity of Cambridge, 1960 May p. 141.
Univeristy of Wisconsin, 1956 Apr. p. 60.
Universal Oil Products Company, 1971 Dec. p. 47, 58.
University College Hospital London, 1962 Aug. p. 66; 1963 Nov. p. 106, 108.
University College Hospital Medical School, 1963 July p. 55.
University College Ibadan, 1963 Sept. p. 171, 172.
University College London, 1957 Apr. p. 63; 1958 Sept. p. 135; Dec. p. 84, 87; 1961 Aug. p. 116; 1962 Aug. p. 117; 1963 Mar. p. 45; 1965 Mar. p. 43; Apr. p. 102; June p. 79; Sept. p. 190; Oct. p. 47; Dec. p. 26, 27; 1966 Oct. p. 79; 1970 July p. 59; 1975 Dec. p. 38, 39; 1978 Apr. p. 80.
University of Aberdeen, 1960 Nov. p. 154, 158; 1963 Nov. p. 112; 1964 Aug. p. 74.
University of Adelaide, 1961 Mar. p. 73; 1962 Dec. p. 51; 1963 June p. 88; Dec. p. 35.
University of Alaska, 1953 Sept. p. 68; 1962 Mar. p. 135; Sept. p. 77; 1963 June p. 53; 1964 Apr. p. 70; 1965 Mar. p. 67; Dec. p. 54, 55, 58, 62.
University of Alaska Geophysical Institute, 1955 Sept. p. 142-144, 146.
University of Alaska Institute of Artic Biology, 1966 Jan. p. 94.
University of Alberta, 1961 Mar. p. 56.
University of Amsterdam, 1962 Mar. p. 117; 1977 Oct. p. 49.
University of Arizona, 1956 Jan. p. 48; 1963 Feb. p. 82; Mar. p. 104; 1965 May p. 29; Aug. p. 29.
University of Berlin, 1958 Feb. p. 76; Mar. p. 95; 1963 Apr. p. 120; 1964 Nov. p. 109, 111.
University of Berne, 1963 May p. 70; Nov. p. 117.
University of Besançon, 1966 July p. 74.
University of Birmingham, 1953 May p. 44; 1965 May p. 74; 1973 Mar. p. 48.
University of Bonn, 1962 Mar. p. 90; July p. 84; 1963 July p. 42.
University of Bordeaux, 1964 Aug. p. 86.
University of Breslau, 1958 Apr. p. 40.
University of British Colombia, 1964 May p. 69, 93.
University of Brussels, 1962 June p. 105; 1963 Oct. p. 47.
University of Budapest, 1958 Apr. p. 42; 1962 Mar. p. 62.
University of Buffalo, 1956 Sept. p. 110; 1963 Mar. p. 118, 124, 124; 1964 Mar. p. 42.
University of Calcutta, 1965 Sept. p. 102.
University of California, 1950 June p. 28; 1951 Oct. p. 36; 1952 Dec. p. 28; 1953 May p. 84; Sept. p. 70; 1954 Mar. p. 44; 1955 Dec. p. 52; 1956 May p. 62; July p. 104; Sept. p. 111; 1957 Mar. p. 41; May p. 62; Sept. p. 198; Oct. p. 44; 1958 Jan. p. 36; Feb. p. 29, 33, 36; Mar. p. 65, 69; Apr. p. 114, 34, 64; July p. 31; Sept. p. 150, 151, 155; Nov. p. 92; Dec. p. 106, 29; 1960 Mar. p. 108; Apr. p. 88; June p. 82; Aug. p. 83, 89; Nov. p. 105, 108, 109, 112, 182; Dec. p. 64; 1961 Jan. p. 79; 1962 Apr. p. 63; June p. 88, 92; 1963 Jan. p. 49; Mar. p. 136, 138, 43; Apr. p. 65, 66, 68, 70, 72, 73, 92; May p. 95; June p. 124, 127, 63, 84; July p. 120, 46, 51, 84; Aug. p. 22, 78; Oct. p. 116, 117, 68; Nov. p. 104, 110, 78, 90; Dec. p. 100, 61; 1964 Jan. p. 68, 73, 82; Feb. p. 53, 90, 93; Mar. p. 99; Apr. p. 118, 46; June p. 38, 42, 49; July p. 101, 58; Sept. p. 208, 55; Oct. p. 48; Dec. p. 117, 72; 1965 Mar. p. 65, 82, 89; Apr. p. 106, 113, 42, 45; May p. 30, 34, 80; June p. 37, 40; July p. 29, 58, 60, 74, 75, 77, 83; Aug. p. 26, 50, 55, 63; Sept. p. 169, 200, 41; Oct. p. 33, 46; Nov. p. 35-37, 94; Dec. p. 55, 84; 1966 Mar. p. 58; 1970 Feb. p. 93; May p. 65; 1971 Oct. p. 69; 1977 Mar. p. 119.
University of California Agricultural Extension Service, 1966 July p. 62; 1977 Nov. p. 67.
University of California at Berkeley, 1950 May p. 27; 1954 May p. 52; 1964 July p. 44; 1966 July p. 58, 64, 69, 70, 72, 75, 77, 78; 1968 Dec. p. 38, 39; 1969 May p. 53; 1970 Nov. p. 46; 1973 Jan. p. 44; 1974 Dec. p. 118; 1978 June p. 90.
University of California at Berkeley Lawrence Livermore Radiation Laboratory, 1949 Mar. p. 25; 1953 June p. 46; 1955 Dec. p. 47; 1957 Oct. p. 88; Dec. p. 84; 1962 May p. 141; June p. 92; Aug. p. 39, 42; Oct. p. 84; 1963 Jan. p. 39, 40, 44, 45, 47; 1964 Aug. p. 56; 1966 July p. 69; Sept. p. 164, 88; Dec. p. 29; 1969 Apr. p. 59, 61, 63, 64; 1970 June p. 48; 1971 Feb. p. 53, 58, 60; June p. 27; Dec. p. 29; 1973 Mar. p. 46; July p. 48; 1974 Feb. p. 44; Oct. p. 57; 1975 Jan. p. 72, 76; July p. 42; 1976 Apr. p. 55; 1977 Feb. p. 92, 93; Oct. p. 59, 63, 69; 1978 May p. 44.
University of California at Davis, 1966 July p. 57; 1971 Dec. p. 31; 1977 Nov. p. 129, 136.
University of California at Irvine, 1972 Feb. p. 84, 86.
University of California at Livermore, 1955 Nov. p. 54.
University of California at Los Angeles, 1970 Oct. p. 83, 91; 1971 Feb. p. 110; 1977 Oct. p. 132.
University of California at Riverside, 1952 Oct. p. 21-24.
University of California at San Diego, 1977 Oct. p. 68.
University of California at San Francisco, 1977 Feb. p. 106.
University of California at San Francisco Medical Center, 1964 Jan. p. 81, 84.
University of California at Santa Barbara, 1966 Sept. p. 208.
University of California Barcroft Laboratory, 1970 Feb. p. 52, 56, 62.
University of California Hat Creek Radio Observatory, 1978 Jan. p. 74-76.
University of California Lick Observatory, 1948 July p. 21; Nov. p. 39; 1953 Feb. p. 20; 1954 July p. 34, 35; 1960 May p. 63; 1961 June p. 119; 1962 Mar. p. 47; 1963 Apr. p. 66; June p. 97; 1964 Jan. p. 39, 40; May p. 78-80, 86; Nov. p. 40, 45; Dec. p. 38, 40; 1968 Aug. p. 51, 58, 59.
University of Cambridge, 1956 Oct. p. 129; 1957 Sept. p. 200; 1958 Jan. p. 68; Feb. p. 30, 72, 77; Mar. p. 120, 68; Apr. p. 43; May p. 99; July p. 57; Nov. p. 74; Dec. p. 84, 85; 1960 Nov. p. 172; 1961 Feb. p. 82; Nov. p. 120; Dec. p. 107; 1962 Feb. p. 129; Mar. p. 63; Apr. p. 145, 63; May p. 134; Aug. p. 104, 37; 1963 Jan. p. 49; Mar. p. 86; Apr. p. 93; May p. 72; July p. 111, 119, 120; Aug. p. 89; Oct. p. 48, 85-87; Nov. p. 110; Dec. p. 54, 60; 1964 Jan. p. 106, 108, 73, 89; Mar. p. 113; May p. 52; June p. 72, 85; July p. 101; Aug. p. 43; Sept. p. 150, 180; Nov. p. 47, 64, 66, 69, 74; Dec. p. 54, 72, 76; 1965 Mar. p. 43, 74; Apr. p. 39, 71, 83; May p. 113, 31, 36, 85; June p. 108, 50, 77; July p. 81; Dec. p. 20, 46, 48, 51; 1966 June p. 31; Aug. p. 73; Oct. p. 79, 81; Nov. p. 114; Dec. p. 34, 36, 38; 1972 May p. 84; 1973 Aug. p. 72; 1974 Aug. p. 27; 1977 Mar. p. 116, 119, 121; Dec. p. 161; 1978 June p. 86.
University of Canterbury in New Zealand, 1964 Apr. p. 94.
University of Chicago, 1950 Nov. p. 12; 1952 Apr. p. 42; June p. 50; Aug. p. 34; 1955 Sept. p. 54; 1956 Apr. p. 60; July p. 76; Nov. p. 135, 136; 1957 May p. 62; Aug. p. 35; 1958 Feb. p. 54; Mar. p. 82; Apr. p. 109; July p. 52, 61; Dec. p. 85; 1960 Nov. p. 82, 87; 1961 May p. 66; July p. 49; 1963 Jan. p. 41, 43, 45, 74; Feb. p. 55; Mar. p. 46-48, 83; May p. 131, 69; Oct. p. 116; Nov. p. 125; 1964 Jan. p. 108, 42, 43, 65, 66, 82, 90; Feb. p. 51, 84, 85; Apr. p.

66, 70; May p. 56; June p. 72; July p. 16; Nov. p. 53; Dec. p. 116; 1965 Mar. p. 68; Apr. p. 40, 46, 53, 54; June p. 46; Aug. p. 14, 19, 56; Oct. p. 18, 28, 30, 32, 35, 36; 1966 May p. 68; 1971 Apr. p. 26, 28; 1972 Nov. p. 39; 1974 Oct. p. 112; 1978 Jan. p. 112, 115.
University of Chicago Institute for Computer Research, 1969 Apr. p. 79.
University of Chicago National Opinion Research Center, 1948 Dec. p. 11; 1954 Mar. p. 48; 1956 Dec. p. 35-37, 39; 1962 Oct. p. ; 1963 Aug. p. 23; 1964 July p. 16, 19, 21; 1971 Dec. p. 13-15, 19; 1973 Sept. p. 155; 1978 June p. 42, 47.
University of Chicago Oriental Art Institute, 1952 Oct. p. 63; 1957 Oct. p. 78; 1960 Sept. p. 134, 146; 1965 Sept. p. 55; 1970 Mar. p. 51-53.
University of Chicago Press, 1958 Jan. p. 46.
University of Chicago Yerkes Observatory, 1953 Feb. p. 20; 1962 Mar. p. 49; Apr. p. 57, 63; Nov. p. 58; 1963 Jan. p. 73, 76; Feb. p. 50.
University of Cincinnati, 1958 May p. 111; July p. 52.
University of Cologne, 1966 Oct. p. 60.
University of Colorado, 1948 Nov. p. 34; 1958 Aug. p. 34, 39; Oct. p. 96; 1959 May p. 54; 1960 Apr. p. 145; 1963 Mar. p. 82; 1964 Feb. p. 35; June p. 47; Aug. p. 63; 1965 July p. 74; Dec. p. 81; 1968 Oct. p. 51.
University of Colorado High Attitude Observatory, 1962 Feb. p. 50, 54, 55, 58.
University of Connecticut, 1965 June p. 77; 1970 May p. 44, 48.
University of Copenhagen, 1962 Aug. p. 106; 1963 Apr. p. 66.
University of Dorpat, 1977 June p. 108.
University of Edinburgh, 1963 Apr. p. 92; Nov. p. 106; 1964 Apr. p. 94; 1965 June p. 111, 112.
University of Florence, 1949 Nov. p. 30.
University of Florida, 1963 Aug. p. 90; 1964 July p. 39; 1965 May p. 79, 83, 84, 86; 1970 Oct. p. 91.
University of Frankfurt, 1963 Jan. p. 109; 1965 May p. 59.
University of Georgia, 1961 June p. 144; 1970 Nov. p. 38.
University of Ghent, 1977 Dec. p. 62.
University of Glasgow, 1964 Jan. p. 105.
University of Göteborg, 1963 Feb. p. 56; Oct. p. 28; 1964 Apr. p. 56; Dec. p. 51.
University of Göttingen, 1961 Dec. p. 84; 1964 Apr. p. 68.
University Of Halle, 1958 Dec. p. 84.
University of Hamburg, 1964 Apr. p. 50; 1965 May p. 61.
University of Hawaii, 1972 Jan. p. 47; 1973 Oct. p. 71; 1976 Apr. p. 55; 1977 Nov. p. 63.
University of Helsingfors, 1963 Apr. p. 145.
University of Helsinki, 1965 June p. 77.
University of Hull, 1964 July p. 105.
University of Illinois, 1949 Nov. p. 30; 1953 Sept. p. 72; 1956 Apr. p. 60; 1958 May p. 64, 69, 71; July p. 52, 72; Oct. p. 88; Dec. p. 37, 40; 1962 July p. 84; 1963 Feb. p. 50; Mar. p. 83, 96, 98; Nov. p. 43, 53; 1964 May p. 49, 56; July p. 106; 1965 July p. 77, 79, 94; Oct. p. 60; Nov. p. 27, 40; 1966 Mar. p. 58; Sept. p. 208; 1970 Feb. p. 23; 1971 Feb. p. 76, 86; 1976 Nov. p. 115; 1977 Oct. p. 116.
University of Illinois Press, 1949 July p. 14.
University of Indiana, 1964 June p. 87, 88; 1965 Apr. p. 114.
University of Innsbruck 1962 May p. 63, 64, 72.
University of Iowa, 1956 Apr. p. 60.
University of Istanbul, 1964 Apr. p. 53.
University of Kansas, 1958 July p. 52; 1963 Apr. p. 122, 124; 1966 Dec. p. 115.
University of Karlsruhe, 1970 Nov. p. 45.
University of Kenchreai, 1974 Oct. p. 112.
University of Leeds, 1962 Mar. p. 62, 63; 1963 Aug. p. 80, 82.
University of Leiden, 1949 Jan. p. 28; 1958 June p. 30; 1963 June p. 94; 1964 Jan. p. 35; 1965 July p. 79.
University of Liège, 1965 May p. 35.
University of Liverpool, 1960 Mar. p. 108; 1963 Feb. p. 110; 1965 Dec. p. 31.
University of London, 1962 Nov. p. 121; 1963 Jan. p. 53; Apr. p. 95; July p. 130; 1964 Feb. p. 61; Apr. p. 94; 1965 Mar. p. 96; June p. 115; Oct. p. 32; 1977 Oct. p. 125.
University of Louisville, 1978 June p. 126.
University of Lund, 1963 June p. 57; July p. 55.
University of Manchester, 1957 Nov. p. 128, 129; 1963 Dec. p. 56; 1964 Jan. p. 106; Nov. p. 118, 40; 1965 May p. 31.
University of Manchester Institute of Science and Technology, 1970 Feb. p. 30.
University of Manchester Jodrell Bank Observatory, 1952 July p. 36; 1953 Jan. p. 20; 1960 Jan. p. 47, 51; 1961 Apr. p. 70; July p. 68; 1966 June p. 31, 39; Aug. p. 35.
University of Manchester Jodrell Bank Radio Observatory, 1955 Aug. p. 48; 1963 Jan. p. 74; 1964 Aug. p. 15-17, 19; Nov. p. 40.
University of Manchester Nuffield Radio Astronomy Laboratories, 1962 Dec. p. 51; 1975 Aug. p. 28, 30.
University of Manitoba, 1963 May p. 122; 1974 Aug. p. 74, 76, 80.
University of Marburg, 1964 Apr. p. 57.
University of Maryland, 1958 Dec. p. 42; 1969 Sept. p. 90; 1971 May p. 23, 25; 1974 Dec. p. 66; 1977 Oct. p. 68.
University of Melbourne, 1963 Jan. p. 128.
University of Miami, 1960 Mar. p. 161.
University of Michigan, 1949 Aug. p. 25; 1950 Dec. p. 29; 1952 June p. 21; 1955 May. p. 58; 1956 Apr. p. 60; Sept. p. 110; Oct. p. 57; 1958 Jan. p. 68; July p. 52; Nov. p. 118; 1961 Apr. p. 47; 1962 Apr. p. 59; 1963 Feb. p. 56, 57; July p. 42; Dec. p. 94; 1964 Mar. p. 36, 46, 47, 52; Apr. p. 39; May p. 29; Sept. p. 153; Oct. p. 109, 110, 112; Nov. p. 33; 1965 May p. 37; June p. 24-26; Sept. p. 72; Nov. p. 81; 1966 Mar. p. 58; Sept. p. 208; 1968 Aug. p. 15; 1971 May p. 99; 1973 Jan. p. 44; July p. 17; 1975 Sept. p. 60; 1977 Aug. p. 58, 62, 63; 1978 Jan. p. 112, 114, 115, 44, 45, 49.
University of Michigan McMath-Hulbert Observatory, 1960 May p. 66; June p. 67.
University of Michigan Survey Research Center, 1948 Dec. p. 9; 1954 May p. 31, 33; Oct. p. 31; 1962 May p. 48; Oct. p. 30; 1970 June p. 17, 18, 20, 22-24.
University of Milan, 1962 Jan. p. 53.
University of Minnesota, 1953 June p. 39; 1956 Apr. p. 60; 1958 July p. 52; 1960 Feb. p. 76, 81, 82, 84, 88; June p. 68; Nov. p. 182; 1963 Feb. p. 89; Mar. p. 114; May p. 126, 96; 1964 Mar. p. 42; Aug. p. 14; 1965 July p. 77 ; Dec. p. 62; 1966 June p. 97; July p. 74.
University of Missouri, 1958 July p. 52.
University of Montpellier, 1963 Apr. p. 149.
University of Montreal, 1949 Mar. p. 20, 21.
University of Moscow, 1974 Dec. p. 43.
University of Munich, 1963 Mar. p. 50; Apr. p. 149; May p. 102, 68; Nov. p. 110; 1964 Apr. p. 117.
University of Nagoya, 1964 Dec. p. 51.
University of Nairobi, 1977 Apr. p. 109, 110.
University of Naples, 1963 Nov. p. 114.
University of Nebraska, 1966 June p. 97.
University of Nevada, 1963 July p. 84.
University of New Hampshire, 1963 May p. 91; 1965 Mar. p. 61, 62.
University of New Mexico, 1963 Sept. p. 96; 1964 Mar. p. 71.
University of Nijmegen, 1962 Apr. p. 77.
University of North Carolina, 1958 Feb. p. 22; 1963 May p. 69; Aug. p. 20.
University of Notre Dame, 1956 Apr. p. 60; 1957 Dec. p. 112; 1958 July p. 52; 1964 Jan. p. 82; July p. 78, 80, 84, 88.
University of Okayama, 1958 Mar. p. 112; 1964 Jan. p. 73.
University of Oklahoma, 1963 Feb. p. 115; May p. 116, 117, 122, 126; July p. 60.
University of Oregon, 1963 July p. 56; 1970 Apr. p. 90.
University of Oslo, 1963 Dec. p. 92; 1965 Nov. p. 108.
University of Otago, 1962 Nov. p. 57.
University of Oxford, 1957 Oct. p. 128; 1958 June p. 32; Dec. p. 70; 1962 June p. 60; 1963 Feb. p. 85; Apr. p. 147; June p. 88; Nov. p. 112; 1964 Feb. p. 45; Mar. p. 101, 117, 70; July p. 61; 1965 Mar. p. 105, 42, 43; May p. 89; June p. 88; Dec. p. 27, 50; 1966 July p. 74; 1971 Aug. p. 20.
University of Padav, 1965 May p. 31.
University of Paris, 1963 Apr. p. 95; July p. 62; Nov. p. 51; 1965 June p. 86; 1966 Nov. p. 78.
University of Pavia, 1977 Oct. p. 68.
University of Pennsylvania, 1949 Apr. p. 30, 32; 1952 Apr. p. 42; 1957 Oct. p. 70, 78, 83; 1958 July p. 49, 62; 1960 Sept. p. 154; 1962 Apr. p. 77; Aug. p. 100; 1963 May p. 125; Nov. p. 41; 1964 Jan. p. 47; Feb. p. 61; Apr. p. 96; May p. 90; Sept. p. 205; Oct. p. 82; Dec. p. 48, 54; 1965 Mar. p. 45; Sept. p. 164; 1966 Feb. p. 53; May p. 93, 95; 1968 Aug. p. 93; 1971 Aug. p. 23; Oct. p. 44; 1973 Jan. p. 44; Mar. p. 48; 1974 Oct. p. 111; Dec. p. 118; 1975 Oct. p. 53; 1976 Apr. p. 55; 1977 Sept. p. 82; Oct. p. 127.
University of Pennsylvania Museum, 1948 June p. 45, 46; 1959 July p. 102; 1963 July p. 51; 1964 Mar. p. 40, 42; June p. 65.
University of Pittsburgh, 1957 June p. 74; 1963 Jan. p. 127; Dec. p. 46; 1964 Mar. p. 86; 1965 July p. 83; 1966 Sept. p. 208.
University of Prague, 1964 Nov. p. 74.
University of Rochester, 1950 Mar. p. 26; 1957 Dec. p. 114; 1958 Apr. p. 41; Nov. p. 128, 130; 1960 Mar. p. 98, 106, 108; 1962 Mar. p. 114; Apr. p. 71; 1963 Feb. p. 56; 1964 July p. 106; 1965 Sept. p. 58; Oct. p. 61, 62; 1966 July p. 70; 1971 June p. 29; Aug. p. 47; 1976 Aug. p. 81, 82.
University of Rome, 1964 Jan. p. 83; Mar. p. 39; 1975 Feb. p. 81.
University of San Marcos, 1957 Jan. p. 44; 1958 Dec. p. 124; 1965 Oct. p. 68; 1967 Oct. p. 27; 1970 Feb. p. 53.
University of São Paulo, 1962 Aug. p. 113, 117; 1964 Apr. p. 53; 1967 Feb. p. 58.
University of Sheffield, 1963 Nov. p. 125.
University of Southern California, 1958 Sept. p. 159; 1973 June p. 92.
University of Southern Ohio, 1960 Sept. p. 96.
University of Stockholm, 1957 Oct. p. 44; 1963 June p. 57; Oct. p. 28, 31.
University of Sydney, 1964 June p. 76; 1965 June p. 106.
University of Texas, 1958 Feb. p. 27; May p. 38; 1963 Feb. p. 55; Mar. p. 102; May p. 126; June p. 88; Sept. p. 226; 1964 Jan. p. 33, 82; Apr. p. 50; July p. 39; 1966 Mar. p. 58; Sept. p. 208; 1973 Jan. p. 44.

University of Texas McDonald Observatory, 1953 Feb. p. 20; 1963 Feb. p. 47, 48, 50; 1978 Apr. p. 115.
University of the Witwatersrand, 1966 Feb. p. 41, 44, 46.
University of Tokyo, 1963 Mar. p. 58; Dec. p. 125.
University of Toronto, 1958 Mar. p. 110; May p. 99; June p. 32; 1963 Aug. p. 20; 1964 Feb. p. 54; Dec. p. 114; 1966 Aug. p. 86; 1968 Aug. p. 88; 1973 May p. 87.
University of Tübingen, 1957 Sept. p. 198; 1964 Oct. p. 51, 52, 54; 1965 June p. 115; 1972 Nov. p. 41.
University of Uppsala, 1964 July p. 27; Aug. p. 79; 1975 June p. 76, 85.
University of Utah, 1963 Oct. p. 119; 1964 Dec. p. 71; 1970 June p. 70, 73, 79; 1971 June p. 51.
University of Utrecht, 1958 July p. 42.
University of Vermont, 1964 Mar. p. 93; 1965 Nov. p. 40.
University of Vienna, 1963 Mar. p. 98.
University of Virginia, 1964 Jan. p. 63, 73; 1977 Aug. p. 52.
University of Washington, 1958 Oct. p. 84; 1963 June p. 124, 53; 1964 Jan. p. 108; Dec. p. 71; 1965 July p. 55, 57; 1970 Apr. p. 87; 1971 June p. 44; 1977 Feb. p. 78.
University of Waterloo, 1964 Feb. p. 39; 1974 Nov. p. 51.
University of Western Ontario, 1963 July p. 58, 62.
University of Wisconsin, 1956 Sept. p. 111; 1957 Feb. p. 58; Sept. p. 214; 1958 May p. 87; July p. 56, 61; Nov. p. 117, 39; 1960 Feb. p. 47, 49; Sept. p. 73; 1962 Mar. p. 64; Sept. p. 151, 163, 166; Nov. p. 138; 1963 Jan. p. 127; Aug. p. 29, 84; Oct. p. 112; Nov. p. 112; 1964 Jan. p. 68, 73, 74; Feb. p. 35, 56; Sept. p. 150; Nov. p. 53; 1965 June p. 66; July p. 79; Aug. p. 15; Oct. p. 78; Nov. p. 80; 1966 Mar. p. 58; 1970 Sept. p. 82; 1974 Dec. p. 118; 1975 Apr. p. 57; Aug. p. 99; 1976 Apr. p. 55; 1977 Mar. p. 69, 70; June p. 41.
University of Wittenberg, 1965 Apr. p. 110, 113.
University of Würzburg, 1958 Dec. p. 87.
University of Zambia, 1977 Aug. p. 62.
University of Zurich, 1963 July p. 101, 103; 1964 June p. 60.
Unsöld, Albrecht, 1949 Oct. p. 44; 1958 Oct. p. 47; 1964 Aug. p. 14; 1967 Aug. p. 36.
Untash-Gal, 1961 Jan. p. 69.
Unwin, Nigel, 1976 June p. 40, 46.
Upatnieks, Juris, 1966 Jan. p. 48; 1968 Feb. p. 40; 1969 Jan. p. 76; 1971 Dec. p. 38; 1976 Oct. p. 80, 92.
Updike, John, 1969 Jan. p. 130.
Updike, Stuart J., 1971 Mar. p. 31.
Uphof, J. C. Th., 1977 May p. 102.
Upjohn Company, 1952 May p. 40; 1953 Aug. p. 48; 1963 Dec. p. 72; 1964 Mar. p. 48; 1971 Nov. p. 89, 90.
Upton, Francis R., 1959 Nov. p. 102-104, 108, 110, 112, 114.
Urbain, G., 1951 Nov. p. 30.
Urban League, 1951 Sept. p. 50.
Ure, Andrew, 1970 Oct. p. 115.
Uretz, Robert B., 1970 Feb. p. 102.
Urey, Harold C., 1948 Oct. p. 24; Nov. p. 24; 1949 Feb. p. 17, 19, 33; Dec. p. 14, 15, 30; 1950 Apr. p. 22; Dec. p. 54; 1951 June p. 51; 1953 Jan. p. 30; Mar. p. 74; July p. 42; 1954 Aug. p. 48; Nov. p. 41; 1956 Apr. p. 77; Sept. p. 113; 1958 Feb. p. 54; June p. 86; July p. 46; 1959 June p. 78; 1960 Apr. p. 61; May p. 61, 62, 79; July p. 106; 1961 Nov. p. 58, 64; 1963 Aug. p. 52; 1964 Feb. p. 53, 55-57, 68; 1965 Oct. p. 29; 1966 Jan. p. 62; Oct. p. 30, 44; 1967 Mar. p. 63; July p. 34; Nov. p. 25, 27; 1968 Oct. p. 58; 1972 Oct. p. 81; 1973 July p. 68; 1974 Mar. p. 51.
Uribe, Ernest G., 1978 Mar. p. 121.
Urk, A. van, 1961 Aug. p. 83.
Ur-Nammu, King, 1953 Jan. p. 26-28; 1957 Oct. p. 83.
Ursey, Harold, 1949 July p. 42.
Urukagina, King, 1957 Oct. p. 83.
Uryson, Pavel, 1954 Apr. p. 88.
U.S., *see also:* Argonne National Laboratory; Brookhaven National Laboratory; Fermi National Accelerator Laboratory (Fermilab); Kitt Peak National Radio Astronomy Observatory; Los Alamos Scientific Laboratory; National Academy of Sciences; National Aeronautics and Space Administration; National Bureau of Standards; National Science Foundation; Oak Ridge National Laboratory; Smithsonian Institution.
U.S. Agency for Internal Development, 1963 Sept. p. 130.
U.S. Agency for International Development, 1970 Jan. p. 49; July p. 112; 1971 May p. 46; 1974 Jan. p. 51; Sept. p. 64; 1976 Sept. p. 38.
U.S. Air Force, 1949 Jan. p. 51, 48; Mar. p. 16, 17; Aug. p. 25; 1950 Jan. p. 26; June p. 48; 1951 Apr. p. 32; 1952 Jan. p. 18; 1953 Apr. p. 36; May p. 70; Oct. p. 37-39, 41; 1954 Aug. p. 21, 23; Dec. p. 41-44; 1955 Aug. p. 42; Dec. p. 61, 63, 68; 1956 June p. 131, 132; Oct. p. 56; 1957 Jan. p. 118, 51; Sept. p. 108; 1958 Apr. p. 50; 1959 Jan. p. 52; Mar. p. 62; 1960 Aug. p. 44, 47, 52; Oct. p. 82; 1961 Feb. p. 66; Oct. p. 102; Nov. p. 78; Dec. p. 76; 1962 Apr. p. 50; 1963 June p. 124, 130; Sept. p. 151; 1964 Oct. p. 28; 1965 Mar. p. 43; Apr. p. 25, 66, 73; May p. 28, 31; July p. 20, 29; 1966 Sept. p. 188; 1968 May p. 38, 41, 44; Aug. p. 92; Nov. p. 73; 1969 Apr. p. 19; 1970 May p. 16, 30; Dec. p. 96; 1972 Nov. p. 22; 1973 May p. 42; July p. 36, 42, 48; Aug. p. 11; Nov. p. 19, 23-26; 1974 Sept. p. ; 1975 June p. 41; 1976 Aug. p. 82; Nov. p. 64; 1977 Feb. p. 26; Mar. p. 58.
U.S. Air Force Cambridge Research Center, 1955 Sept. p. 174; 1957 Apr. p. 138, 139; 1958 Feb. p. 29; 1961 Aug. p. 120, 66; 1963 June p. 51, 55, 57, 59; Nov. p. 133; 1964 Mar. p. 71; 1970 Mar. p. 44.
U.S. Air Force Weather Service, 1953 July p. 34, 38; 1954 June p. 32; 1975 Sept. p. 16.
U.S. Air Transport Association, 1968 Dec. p. 81.
U.S. Arecibo Radio Observatory, 1971 Jan. p. 52, 53; 1975 May p. 83-85.
U.S. Arms Control and Disarmament Agency, 1966 Aug. p. 40; 1970 May p. 15, 15, 56; June p. 46; 1971 Mar. p. 44; Apr. p. 48; July p. 42; 1972 Nov. p. 21; 1974 Apr. p. 48; Oct. p. 55; 1975 Mar. p. 47; Apr. p. 25; 1976 July p. 60.
U.S. Army, 1948 May p. 32; 1949 Feb. p. 29; May p. 32; Aug. p. 14, 25; Sept. p. 20; 1951 Oct. p. 36; 1952 Jan. p. 36; May p. 38; 1954 Sept. p. 112; 1956 Mar. p. 33; Aug. p. 58; 1958 Jan. p. 28; Mar. p. 52; 1962 Nov. p. 121; 1963 Apr. p. 49.; Oct. p. 89; 1964 Jan. p. 116, 118; Dec. p. 81, 83, 85; 1965 Mar. p. 95; Apr. p. 78; May p. 39; Nov. p. 45; 1968 Aug. p. 22, 23; Sept. p. 113; 1970 Feb. p. 53; May p. 16, 18, 21; Sept. p. 99; Dec. p. 104, 106; 1973 Aug. p. 17; 1976 Oct. p. 29; 1977 Oct. p. 92; Dec. p. 89.
U.S. Army Ballistics Research Laboratory, 1949 Apr. p. 32, 33; Dec. p. 30; 1964 Jan. p. 114; Sept. p. 205.
U.S. Army Chemical Corps, 1953 Feb. p. 72; 1955 Oct. p. 50; 1964 Dec. p. 75; 1970 May p. 23.
U.S. Army Corps of Engineers, 1948 Dec. p. 13, 16; 1960 Aug. p. 83, 85, 94; 1970 May p. 44; Dec. p. 40.
U.S. Army Human Factors Research Branch, 1968 Aug. p. 93.
U.S. Army Map Service, 1956 July p. 50; 1966 Apr. p. 58; 1967 Oct. p. 76.
U.S. Army Ordinance Department, 1964 Sept. p. 203, 205.
U.S. Army Ordnance Department, 1949 Dec. p. 31; 1960 Oct. p. 136, 137.
U.S. Army Ordnance Missile Command, 1963 July p. 84.
U.S. Army Quartermaster Corps, 1952 Jan. p. 31; 1956 Feb. p. 116.
U.S. Army Research Office, 1949 Feb. p. 29; 1962 Sept. p. 206, 220; 1965 Aug. p. 35, 38; 1972 Aug. p. 44; 1977 Jan. p. 80.
U.S. Army Signal Corps, 1949 Jan. p. 48; 1952 Jan. p. 18, 19; 1953 July p. 35; Aug. p. 42; Dec. p. 58; 1954 Feb. p. 44; June p. 29-31; 1956 Nov. p. 47; 1957 Jan. p. 47; 1960 Aug. p. 50; 1964 Mar. p. 65; 1966 July p. 42, 42, 44; 1974 Dec. p. 97.
U.S. Atomic Development Authority, 1949 Nov. p. 12.
U.S. Atomic Energy Commission, 1948 May p. 32; June p. 24, 8-10; Aug. p. 31; Sept. p. 28; Nov. p. 24, 25; 1949 Feb. p. 16, 17, 19-21, 28; Mar. p. 12, 24; Apr. p. 17, 26; May p. 26; June p. 26, 36, 37; July p. 26, 31-36, 38, 39, 40-43; Aug. p. 25; Sept. p. 27; Oct. p. 21, 26-28, 27; Dec. p. 21, 26, 27; 1950 Jan. p. 26, 28; Mar. p. 11, 13-15, 24, 26; Apr. p. 30; May p. 13, 26; June p. 12, 27; July p. 26; Aug. p. 28, 30; Sept. p. 44, 46; Oct. p. 24; Nov. p. 24; Dec. p. 26, 29, 30; 1951 Feb. p. 23, 34; Mar. p. 28; Apr. p. 32, 43, 46, 47, 50; May p. 20, 34; June p. 30; Sept. p. 45, 50; Nov. p. 28, 29; Dec. p. 34; 1952 Feb. p. 32,34; Mar. p. 20, 34, 38; June p. 19, 21, 40; July p. 62; Sept. p. 70; Oct. p. 39; Nov. p. 44; Dec. p. 36, 58; 1953 Jan. p. 30; Mar. p. 44, 45; Apr. p. 44, 45, 94, 96, 98; June p. 43, 46; July p. 40; Aug. p. 40; Sept. p. 72; Oct. p. 51; Nov. p. 50, 51; Dec. p. 48; 1954 Mar. p. 29, 33, 44, 45; Apr. p. 44; May p. 46, 48, 52; June p. 44; July p. 42, 46; Aug. p. 36; Oct. p. 36, 39, 46; Nov. p. 31-35, 48; Dec. p. 33, 34, 37, 39, 52, 54; 1955 Feb. p. 77; Mar. p. 50; Apr. p. 34, 46; June p. 47; July p. 48, 50; Sept. p. 70; Oct. p. 27; Nov. p. 52, 54; Dec. p. 52; May. p. 50, 52; 1956 Jan. p. 44; Mar. p. 48, 49; Apr. p. 60, 72; May p. 55; Aug. p. 76, 84; Sept. p. 110; Nov. p. 60, 62; Dec. p. 108, 54; 1957 Jan. p. 58, 64; Mar. p. 64; May p. 62; July p. 64; Aug. p. 56, 58; Dec. p. 84; 1958 Jan. p. 44; Feb. p. 40, 46; Mar. p. 50, 60; May p. 58; July p. 50; Aug. p. 31, 50; Sept. p. 171, 86; Oct. p. 54; Dec. p. 29, 54; 1959 Jan. p. 62; Mar. p. 60; Apr. p. 64; May p. 68; June p. 76; July p. 63; Aug. p. 62; Sept. p. 103; Oct. p. 80; 1960 Jan. p. 71, 82, 83, 92; Feb. p. 132; Apr. p. 88; June p. 80; July p. 74, 76; Oct. p. 84; Nov. p. 91; 1961 Mar. p. 80; Apr. p. 78; May p. 74; Aug. p. 56, 62; Nov. p. 49; 1962 Feb. p. 73; June p. 55; July p. 70; Sept. p. 100; Oct. p. 58; 1963 Jan. p. 59; Mar. p. 68; Apr. p. 74; May p. 74; July p. 64; Sept. p. 112, 116, 124; 1964 Feb. p. 53; May p. 59, 73; June p. 54; Oct. p. 57; Dec. p. 62; 1965 July p. 20-22, 24; Oct. p. 38; 1966 Feb. p. 46; Mar. p. 58; June p. 95, 99; July p. 19, 48, 97; Aug. p. 40; Sept. p. 238; Nov. p. 111; 1967 Feb. p. 56; Mar. p. 24, 26, 29;

June p. 50; 1968 Feb. p. 21-27, 30, 31; June p. 44; Aug. p. 42; 1969 Apr. p. 50; Dec. p. 52; 1970 Feb. p. 19; Mar. p. 34, 60; Apr. p. 45; May p. 44; June p. 47; Aug. p. 44, 48; Nov. p. 13, 15, 18, 19, 21, 15; 1971 Jan. p. 42; Feb. p. 64; June p. 54; Sept. p. 67, 68; Dec. p. 40; 1972 Nov. p. 20, 21; 1973 Jan. p. 14, 18, 44; Aug. p. 43; 1974 Feb. p. 44; July p. 46; 1975 Apr. p. 23; Sept. p. 53; Oct. p. 106, 17; 1976 Jan. p. 25, 28; Nov. p. 29; Dec. p. 36; 1977 Aug. p. 52; 1978 May p. 46.

U.S. Atomic Energy Commission Personnel Security Board (Gray Board), 1948 Sept. p. 28; 1949 Apr. p. 26; 1954 June p. 44; July p. 42; Aug. p. 36.

U.S. Atomic Industrial Forum, 1976 Mar. p. 60A.

U.S. Book Exchange, 1948 Nov. p. 25.

U.S. Borax and Chemical Co., 1970 Dec. p. 107.

U.S. Bureau of American Ethnology, 1974 Sept. p. 93.

U.S. Bureau of Customs, 1968 Oct. p. 88.

U.S. Bureau of Home Economics, 1974 Nov. p. 116.

U.S. Bureau of Indian Affairs, 1958 Nov. p. 120; 1960 Feb. p. 41, 43.

U.S. Bureau of Internal Revenue, 1952 Mar. p. 36; 1955 Oct. p. 44.

U.S. Bureau of Labor Statistics, 1951 Oct. p. 16, 18-20; 1952 Nov. p. 41; 1954 Nov. p. 54; 1962 Oct. p. 30; 1963 Sept. p. 149; 1966 Apr. p. 27.

U.S. Bureau of Mines, 1948 May p. 32; Aug. p. 32; 1949 Apr. p. 51; Dec. p. 33-35; 1950 June p. 52, 53; 1951 Jan. p. 28; June p. 20; 1952 Jan. p. 36; Feb. p. 15-19; 1953 Sept. p. 76; 1954 July p. 37, 38; Oct. p. 39; 1955 July p. 62, 64, 66; 1956 Oct. p. 46, 48; Nov. p. 79; 1963 Sept. p. 130, 136; 1965 Nov. p. 52; 1966 Feb. p. 24-26, 28, 29; June p. 58; 1971 Sept. p. 39; 1972 Oct. p. 33; 1974 July p. 47; 1977 Apr. p. 26.

U.S. Bureau of Narcotics and Dangerous Drugs, 1970 July p. 50; 1977 Mar. p. 44.

U.S. Bureau of Public Roads, 1965 Sept. p. 143, 148, 164.

U.S. Bureau of Reclamation, 1948 Dec. p. 13; 1969 Apr. p. 50; 1970 Feb. p. 16; 1976 June p. 96.

U.S. Bureau of Ships, 1949 Apr. p. 40.

U.S. Bureau of the Census, 1948 Dec. p. 9; 1953 Nov. p. 51; 1957 Mar. p. 70; 1962 Oct. p. 30; 1964 Mar. p. 57; July p. 17; Sept. p. 204; 1965 Aug. p. 15, 16; Sept. p. 134, 42, 64; 1966 Sept. p. 193; 1968 Oct. p. 58; 1970 Apr. p. 46; Oct. p. 29, 52; 1971 July p. 17; 1973 Feb. p. 46; Sept. p. 78, 78, 79; 1974 Sept. p. 124, 127, 36; 1975 Jan. p. 19; 1976 Nov. p. 67.

U.S. Center for Defense Information, 1973 May p. 42.

U.S. Center for Disease Control, 1970 Nov. p. 72; 1976 Oct. p. 30, 31; 1977 July p. 26, 45.

U.S. Central Intelligence Agency, 1966 July p. 38; 1970 May p. 15; 1973 Feb. p. 17.

U.S. Chamber of Commerce, 1965 July p. 20; 1970 Mar. p. 35.

U.S. Civil Defense Administration, 1950 Jan. p. 26; Nov. p. 24; 1952 Jan. p. 36; 1954 May p. 48; 1955 Apr. p. 46; 1962 May p. 46.

U.S. Civil Defense Preparedness Agency, 1976 Oct. p. 57; Nov. p. 37.

U.S. Civil Service Commission, 1958 Feb. p. 40.

U.S. Civilian Conservation Corps, 1960 July p. 134.

U.S. Civilian Mobilization Office, 1950 Mar. p. 26.

U.S. Coast and Geodetic Survey, 1949 Jan. p. 48-50; 1954 Aug. p. 61, 62; 1955 July p. 36; 1956 Dec. p. 85, 86; 1959 Apr. p. 64; 1960 Oct. p. 88; 1961 Aug. p. 58; Oct. p. 146; Dec. p. 54; 1962 May p. 117; June p. 58; 1970 Dec. p. 40; 1971 Dec. p. 80; 1975 May p. 14, 18, 20, 22.

U.S. Coast Guard, 1977 Apr. p. 25; June p. 51.

U.S. Congress, 1948 May p. 32; June p. 52, 53; July p. 14; Sept. p. 29; Oct. p. 24; 1949 Feb. p. 28; Oct. p. 26; 1950 Jan. p. 26; June p. 26; 1951 Oct. p. 32; 1953 Sept. p. 51; 1954 Nov. p. 31-35; 1956 Sept. p. 110; 1957 Mar. p. 37; 1958 Apr. p. 49, 50; Oct. p. 52; 1961 July p. 43; 1962 Jan. p. 36; Dec. p. 41; 1963 Feb. p. 45; Mar. p. 130; Aug. p. 25; Sept. p. 240; 1964 July p. 16; 1965 May p. 50; July p. 20, 21, 23, 25; Sept. p. 158, 187; Nov. p. 48; 1966 Sept. p. 100; Nov. p. 65; 1969 Apr. p. 15-25; 1970 Apr. p. 45; May p. 16; July p. 50; Nov. p. 42; 1971 Jan. p. 17; Mar. p. 17; Apr. p. 17; 1972 Jan. p. 73; May p. 48; Sept. p. 170; Nov. p. 18, 19; 1973 Sept. p. 136, 162-164, 166; 1974 Oct. p. 55; 1975 Feb. p. 40; May p. 42; July p. 45; Aug. p. 46; 1976 Nov. p. 27, 64; 1977 Jan. p. 22; Feb. p. 50; June p. 105; Sept. p. 100; Nov. p. 43, 45, 49.

U.S. Congressional Commission on the Organization of the Executive Branch, 1955 Aug. p. 46.

U.S. Congressional Committee on Educational Television, 1951 June p. 15.

U.S. Congressional Office of Technology Assessment, 1978 Mar. p. 70.

U.S. Congressional Research Service, 1978 Apr. p. 46.

U.S. Consumer Product Safety Commission, 1977 Dec. p. 47, 52.

U.S. Court of Appeals, 1971 Dec. p. 40; 1972 Nov. p. 51.

U.S. Court of Claims, 1962 Feb. p. 81.

U.S. Defense Production Administration, 1953 Apr. p. 44.

U.S. Department of Agriculture, 1948 May p. 32; June p. 25; Aug. p. 10; Dec. p. 27; 1949 Feb. p. 28; May p. 26; Oct. p. 31; 1950 Apr. p. 32; 1951 Aug. p. 42, 44; Sept. p. 60; 1952 May p. 36, 37, 50, 51; Aug. p. 18, 19; Oct. p. 38; 1953 July p. 32, 54, 57; Nov. p. 51; 1954 Mar. p. 29; July p. 28, 26; Dec. p. 54; 1955 Aug. p. 40; Oct. p. 50; 1956 Aug. p. 98, 99; 1957 Jan. p. 58; May p. 112; Dec. p. 66; 1958 Jan. p. 44; Mar. p. 37; Apr. p. 109; July p. 68; 1959 Jan. p. 62, 63; 1960 Mar. p. 63; Oct. p. 54-56, 58-60; Dec. p. 56, 60, 84; 1961 Feb. p. 72; Mar. p. 66; June p. 139; 1963 May p. 101, 102; July p. 64; Sept. p. 79; 1964 Aug. p. 23-25, 27; Dec. p. 75; 1965 July p. 20; Sept. p. 82; 1966 Aug. p. 42; Oct. p. 44, 60; Nov. p. 65; 1968 Sept. p. 182; 1969 May p. 52; Aug. p. 50; 1970 Feb. p. 16, 91, 93; Apr. p. 48; Sept. p. 91; Oct. p. 60; 1972 Feb. p. 44; 1973 May p. 49; Sept. p. 74; Oct. p. 28; 1974 Oct. p. 87; 1975 June p. 18; jan. p. 82; 1976 Apr. p. 61; Sept. p. 40, 47, 103, 66; Oct. p. 108; Nov. p. 64; 1977 Jan. p. 32; Sept. p. 100; Dec. p. 51, 89, 90, 92, 101; 1978 Mar. p. 69.

U.S. Department of Commerce, 1948 May p. 32; July p. 30; 1949 Feb. p. 16, 19-21; 1953 May p. 53; Nov. p. 51; 1955 June p. 48; 1956 Sept. p. 113; 1957 Jan. p. 58; 1959 Jan. p. 62; 1965 Apr. p. 25,33, 56; Aug. p. 30; Sept. p. 143, 172, 181, 182; 1966 Apr. p. 27; 1969 Jan. p. 52; 1970 Dec. p. 40; 1971 Nov. p. 16; 1973 Jan. p. 14; Sept. p. 69; 1974 Nov. p. 20, 21; 1975 Jan. p. 19; 1976 Nov. p. 64; 1977 July p. 28; Dec. p. 48.

U.S. Department of Defense, 1950 Jan. p. 26, 29; June p. 26; July p. 26; 1951 Oct. p. 32; 1952 Jan. p. 35; May p. 42; 1953 Apr. p. 44; Aug. p. 40; Nov. p. 51; 1954 Sept. p. 70; Dec. p. 54; 1955 Aug. p. 46; Dec. p. 52; 1956 Mar. p. 49; Nov. p. 41; 1957 Jan. p. 46, 58; Feb. p. 57; Nov. p. 48; 1958 Jan. p. 44; Feb. p. 40; Mar. p. 52; Apr. p. 50; July p. 46; Sept. p. 171, 172, 86; 1959 Jan. p. 62; May p. 68; 1960 June p. 80; July p. 74; 1961 Apr. p. 78; 1962 Apr. p. 46; May p. 75; Dec. p. 108; 1963 Mar. p. 74; 1964 May p. 59; June p. 26; Oct. p. 33; 1965 Mar. p. 54; Apr. p. 73; July p. 20, 22, 24; 1966 Jan. p. 47; Mar. p. 58; 1968 Mar. p. 21, 23, 24; 1969 Jan. p. 52; July p. 50; 1970 Jan. p. 48; Apr. p. 45; May p. 15, 16, 54; June p. 46; Aug. p. 46; Oct. p. 102; 1971 Jan. p. 17, 25; May p. 45; 1972 Aug. p. 44; Sept. p. 127, 126; Nov. p. 20-22; 1973 Jan. p. 44; Feb. p. 15, 20, 23; Mar. p. 26; June p. 39; Aug. p. 11, 12, 14, 18, 19; Nov. p. 18-21, 23-26; Dec. p. 56; 1974 Mar. p. 44; Apr. p. 48, 49; Oct. p. 55, 56; 1975 Jan. p. 48; Apr. p. 25, 53; Oct. p. 106; 1976 Sept. p. 68; Oct. p. 57; Nov. p. 36, 35, 33, 27, 29, 31, 64; Dec. p. 53; 1977 Apr. p. 22; Aug. p. 25-31; 1978 Mar. p. 69.

U.S. Department of Energy, 1978 Jan. p. 39; Mar. p. 69.

U.S. Department of Health, Education and Welfare, 1953 Nov. p. 51; 1954 Dec. p. 54; 1955 Aug. p. 46; 1957 Jan. p. 58; 1958 Jan. p. 44, 45, 46; May p. 56; Sept. p. 88; 1959 Jan. p. 62; 1960 July p. 74; 1963 July p. 64; 1965 July p. 20, 22; 1966 June p. 21; Sept. p. 101; 1967 Feb. p. 56; 1969 Aug. p. 17-19, 21; 1970 Jan. p. 48; Sept. p. 82; 1971 Apr. p. 18, 20, 23, 20, 52; 1972 Oct. p. 25; 1973 July p. 20; Sept. p. 51, 95, 156, 171; 1974 Jan. p. 51; 1975 Feb. p. 21; 1976 Feb. p. 25, 29, 31; Nov. p. 64; 1978 Feb. p. 48, 50; Mar. p. 69.

U.S. Department of Housing and Urban Development, 1965 Sept. p. 148; 1966 May p. 56; 1969 July p. 19, 27; 1972 Sept. p. 150; Oct. p. 25; 1975 Oct. p. 54; 1976 Nov. p. 64.

U.S. Department of Interior, 1975 Aug. p. 47.

U.S. Department of Justice, 1950 Aug. p. 28; 1966 Sept. p. 71; 1970 Sept. p. 86.

U.S. Department of Labor, 1951 Sept. p. 49; 1963 Sept. p. 149; 1965 Apr. p. 25; 1966 Apr. p. 27; 1977 Nov. p. 49.

U.S. Department of Public Health, 1952 Mar. p. 38; 1955 Nov. p. 64; Dec. p. 68; 1956 Feb. p. 106; 1962 June p. 79.

U.S. Department of Science and Technology, 1958 Jan. p. 44.

U.S. Department of State, 1948 Dec. p. 27; 1950 Jan. p. 27; July p. 26; 1952 Mar. p. 35; July p. 38; 1955 Sept. p. 72; 1956 Mar. p. 50; Sept. p. 113; 1959 Jan. p. 62; Apr. p. 64; 1961 Feb. p. 68; 1963 Nov. p. 66; 1966 July p. 38, 43, 48; 1968 Oct. p. 58; 1970 Jan. p. 48; May p. 15; 1974 Sept. p. 102; 1975 Feb. p. 15.

U.S. Department of the Interior, 1948 Dec. p. 16; 1957 Jan. p. 58; Mar. p. 41, 42; 1959 Jan. p. 62; 1963 Apr. p. 49; 1965 June p. 98; July p. 42; Nov. p. 50; 1966 Feb. p. 23, 28, 29, 29; Nov. p. 66; 1968 Jan. p. 68; 1970 Feb. p. 89, 91; Sept. p. 190; 1974 Feb. p. 44; 1976 May p. 24; Nov. p. 64.

U.S. Department of the Treasury, 1952 Mar. p. 36; 1962 Mar. p. 95; 1963 Sept. p. 226; 1971 Mar. p. 48; 1973 June p. 16.

U.S. Department of Transportation, 1975 Jan. p. 34-44; Apr. p. 56; 1976 Nov. p. 64.

U.S. Economic Cooperation Administration, 1949 June p. 28; 1952 June p. 24.

U.S. Electric Power Research Institute (EPRI), 1978 May p. 84.

U.S. Energy Research and Development

Administration, 1975 Apr. p. 26; 1976 Jan. p. 21-25, 27, 28; Mar. p. 60A, 60B; May p. 24, 27, 50; June p. 48; Sept. p. 66; Oct. p. 41; Nov. p. 64; Dec. p. 36, 38; 1977 Mar. p. 58; Apr. p. 22, 57; July p. 59; Aug. p. 57.
U.S. Environmental Protection Agency, 1970 Sept. p. 80; Dec. p. 40; 1971 Aug. p. 47; 1972 Nov. p. 20; 1973 Feb. p. 48; June p. 14-21; 1974 Feb. p. 42; 1975 Jan. p. 34-44; Apr. p. 53; Nov. p. 56; 1976 Nov. p. 64; 1977 Jan. p. 43.
U.S. Environmental Science Services Administration, 1967 Aug. p. 23; 1969 Jan. p. 52, 55, 56, 62, 64, 65, 67, 68; 1970 July p. 80; Sept. p. 63, 188; Dec. p. 40; 1971 Jan. p. 37; Nov. p. 58.
U.S. Federal Arts Project, 1952 July p. 27.
U.S. Federal Aviation Administration, 1960 Dec. p. 47, 51, 52; 1962 Jan. p. 36, 60; 1964 Mar. p. 33; June p. 35; 1965 July p. 20; Sept. p. 143; 1966 Feb. p. 53; Dec. p. 74, 76; 1970 Feb. p. 16, 19; Mar. p. 83; 1973 Oct. p. 101.
U.S. Federal Bureau of Investigation, 1948 May p. 32; Aug. p. 31; 1949 Feb. p. 16, 18-21; July p. 26; Aug. p. 25; Oct. p. 28; Dec. p. 28; 1950 Apr. p. 30; June p. 26; 1958 June p. 26; 1974 Aug. p. 56; 1977 July p. 56.
U.S. Federal Communications Commission, 1948 Dec. p. 26; 1950 Oct. p. 25; Dec. p. 13; 1951 Jan. p. 27; May p. 34; June p. 15, 16, 17; July p. 28; Dec. p. 34; 1952 Mar. p. 42; 1953 Dec. p. 46; 1954 Apr. p. 67-69; 1961 Sept. p. 84; 1963 July p. 66; 1964 Apr. p. 62; 1966 Sept. p. 101; 1971 Oct. p. 25, 28, 29; 1972 Sept. p. 168.
U.S. Federal Council on Environmental Quality, 1970 Apr. p. 44; 1971 Mar. p. 48.
U.S. Federal Government, 1949 May p. 26; June p. 11-14; Aug. p. 28; Dec. p. 27; 1950 Apr. p. 51; 1954 Dec. p. 54; 1956 May p. 41; 1957 Nov. p. 46, 47; 1958 Sept. p. 170-172, 176; 1959 Mar. p. 60; 1960 Feb. p. 38-41, 43, 44; Dec. p. 47; 1961 Apr. p. 47; July p. 39, 41, 45; Sept. p. 92; 1962 Apr. p. 50; 1963 Aug. p. 19, 22, 25; Sept. p. 226-228, 232, 58; 1964 June p. 25; Sept. p. 86; 1965 Apr. p. 25,33; July p. 19-22, 25; Aug. p. 30; Sept. p. 136, 143, 144, 146, 148, 158, 165, 195, 202, 204; Nov. p. 22; 1966 Sept. p. 67, 68; Dec. p. 76; 1967 June p. 21, 20; 1970 Jan. p. 19-29; Feb. p. 19, 20, 42; Apr. p. 44; Sept. p. 80; 1971 Apr. p. 17, 20, 23; May p. 44; Sept. p. 44; Nov. p. 15; 1973 June p. 14-17, 21; Sept. p. 132, 136, 140-142, 146, 148, 156, 158, 159, 163, 169, 171, 173, 174; 1975 Apr. p. 53; 1976 Sept. p. 118; Dec. p. 29, 25, 27, 40; 1977 Apr. p. 57; June p. 106; July p. 26, 31; Oct. p. 34; Nov. p. 49-51.
U.S. Federal Power Commission, 1978 Jan. p. 64.
U.S. Federal Radiation Council, 1959 Oct. p. 80; 1962 July p. 71; 1963 Aug. p. 48; 1964 Oct. p. 28; 1967 Mar. p. 29.
U.S. Federal Railroad Administration, 1973 Oct. p. 18, 24.
U.S. Federal Reserve System, 1966 Nov. p. 40.
U.S. Federal Security Administration, 1948 Oct. p. 24; 1950 Apr. p. 31; Nov. p. 26; 1952 June p. 24.
U.S. Federal Trade Commission, 1950 May p. 29; Aug. p. 30; 1956 July p. 48; 1964 Feb. p. 67; 1973 Sept. p. 162.
U.S. Federal Water Pollution Control Administration, 1968 Sept. p. 92; 1969 Mar. p. 19, 24, 26; 1970 May p. 48.
U.S. Fish and Wildlife Service, 1949 Oct. p. 18; 1953 May p. 82; 1955 Jan. p. 65; Apr. p. 38; 1957 Dec. p. 51; 1958 Aug. p. 49, 95; 1959 Dec. p. 84; 1961 Apr. p. 108; 1962 Sept. p. 206; 1964 Feb. p. 94; 1970 Apr. p. 77; May p. 44; Dec. p. 18; 1972 Sept. p. 69.
U.S. Food and Drug Administration, 1949 Feb. p. 29; Apr. p. 18; Aug. p. 25; Oct. p. 27; 1950 May p. 28; July p. 29; 1952 Sept. p. 72; Oct. p. 44; 1956 Oct. p. 71; 1962 Aug. p. 29, 30, 34, 35; 1963 July p. 64; Oct. p. 54; 1964 Apr. p. 36; 1966 June p. 56, 97; Aug. p. 42; Oct. p. 44; 1970 July p. 50; Sept. p. 169, 86; 1971 May p. 20; 1972 Aug. p. 46; 1973 Sept. p. 112, 162-166; 1975 Mar. p. 99 ; Apr. p. 49; 1976 Feb. p. 25, 31.
U.S. Forest Service, 1948 Aug. p. 8; 1953 May p. 84; 1954 Jan. p. 31; 1955 Oct. p. 50; 1966 Feb. p. 99; 1970 Oct. p. 92, 97; 1978 Mar. p. 93.
U.S. General Accounting Office, 1977 Mar. p. 58; July p. 56; 1978 Jan. p. 64; Feb. p. 49.
U.S. Geological Survey, 1948 May p. 32; 1949 Jan. p. 48, 50; 1950 Jan. p. 30; Nov. p. 15; 1951 May p. 20; 1952 Jan. p. 49; Feb. p. 24; 1954 Oct. p. 36, 38, 39; 1956 Sept. p. 116; Oct. p. 47; 1958 Feb. p. 59; July p. 30; 1960 Oct. p. 140; 1961 June p. 156, 161; Aug. p. 51, 54, 55; Nov. p. 60; 1962 Sept. p. 170, 173, 182, 71; Oct. p. 42; 1963 Mar. p. 48; June p. 43; Sept. p. 114, 116, 118, 120, 124, 132, 136; 1964 Feb. p. 50, 51; Apr. p. 107; Dec. p. 38, 41; 1965 July p. 19; Oct. p. 26, 32, 34; Nov. p. 53; 1966 Feb. p. 27; June p. 60; 1967 Jan. p. 60; June p. 95, 99; 1969 Mar. p. 20, 21; 1970 May p. 45; Sept. p. 176, 184; Dec. p. 40; 1971 Feb. p. 53; May p. 18; Sept. p. 64, 66, 135; Nov. p. 58; 1973 Mar. p. 48; 1974 June p. 52; 1975 Feb. p. 43; Sept. p. 67; 1976 Oct. p. 113; Dec. p. 119; 1977 Jan. p. 85, 94; Mar. p. 100, 102; Aug. p. 60, 67; Oct. p. 93.
U.S. Government Nuclear Regulatory Commission, 1976 Dec. p. 30, 37.
U.S. Government Printing Office, 1978 Apr. p. 47.
U.S. Hoover Commission on the Organization of the Executive Branch of the Government, 1949 Feb. p. 29.
U.S. House Appropriations Committee, 1951 Oct. p. 32.
U.S. House Armed Services Committe, 1974 Oct. p. 55.
U.S. House Committee on Government Operations, 1954 Sept. p. 70; 1956 Sept. p. 113; 1966 Mar. p. 58.
U.S. House Committee on Science and Astronautics, 1960 June p. 82; 1961 Aug. p. 62; 1962 May p. 75; 1966 Dec. p. 57; 1970 Feb. p. 13.
U.S. House Committee on Science and Technology, 1966 Dec. p. 57; 1977 Oct. p. 34.
U.S. House Committee on Un-American Activities, 1948 Sept. p. 28; 1949 Feb. p. 16, 18-21; 1950 Jan. p. 27; 1954 July p. 42.
U.S. House of Representatives, 1954 Mar. p. 44; 1961 July p. 39; 1965 Nov. p. 22, 23, 25; 1966 July p. 48; 1971 July p. 25; 1974 Oct. p. 55.
U.S. House Rules Committee, 1948 July p. 30; 1949 Dec. p. 27.
U.S. House Special Committee to Investigate Tax-Exempt Foundations and Comparable Organizations, 1954 Sept. p. 70; 1955 Feb. p. 54.
U.S. House Special Subcommittee on Government Information, 1958 July p. 46.
U.S. House Ways and Means Committee, 1971 Apr. p. 21.
U.S. Housing and Home Finance Agency, 1965 Sept. p. 148, 195, 197.
U.S. Hydrographic Office, 1949 Apr. p. 40; 1955 July p. 37.
U.S. Internal Revenue Service, 1966 Feb. p. 29.
U.S. Joint Congressional Commission on Mental Health, 1978 Feb. p. 47.
U.S. Joint Congressional Committee on Atomic Energy, 1948 May p. 32; 1949 Mar. p. 24; July p. 26; Aug. p. 25; Sept. p. 27; Dec. p. 27; 1950 Jan. p. 26, 27; Mar. p. 24; May p. 26; June p. 12, 13, 14; July p. 26; Aug. p. 28; 1951 May p. 34; 1953 Jan. p. 30; Apr. p. 46; May p. 53; June p. 43; 1954 Apr. p. 44; July p. 44; Sept. p. 71; Oct. p. 46; 1955 Apr. p. 46; July p. 49; Dec. p. 52; May. p. 50; 1956 Mar. p. 48; 1957 May p. 62; Aug. p. 56; 1959 May p. 68; June p. 76; 1960 June p. 80; 1961 Aug. p. 60; 1962 July p. 73.
U.S. Joint Congressional Committee on Food Additives, 1972 Mar. p. 21.
U.S. Library of Congress, 1955 Sept. p. 74; 1966 Sept. p. 224.
U.S. Marine Biological Laboratory, 1948 July p. 30.
U.S. Medicaid, 1974 Feb. p. 45; 1977 Jan. p. 23; Apr. p. 52; 1978 Feb. p. 51, 52.
U.S. Medicare, 1973 Sept. p. 95; 1974 Feb. p. 45; 1977 Apr. p. 52; 1978 Feb. p. 51, 52; Mar. p. 69.
U.S. Medicare and Medicaid, 1970 Apr. p. 15, 19; 1971 Apr. p. 18, 20, 23-25.
U.S. Metric Board, 1970 Oct. p. 52; 1976 Mar. p. 60A.
U.S. National Accelerator Laboratory, 1971 Apr. p. 50; July p. 104; Sept. p. 75; 1972 Jan. p. 46; July p. 51.
U.S. National Advisory Committee for Aeronautics, 1948 May p. 32; 1950 June p. 48; 1953 Oct. p. 36, 37, 39, 41; Nov. p. 51, 67; 1954 Dec. p. 54; 1957 Jan. p. 58; 1958 Jan. p. 36; Sept. p. 86; 1959 Mar. p. 61; 1961 Apr. p. 78; 1964 June p. 25; 1969 Apr. p. 66.
U.S. National Air Pollution Control Administration, 1970 Nov. p. 44.
U.S. National Astronomical Observatory, 1958 May p. 54.
U.S. National Bureau of Economic Research, 1975 Jan. p. 18-20, 22-23.
U.S. National Bureau of Standards, 1948 May p. 32; 1953 June p. 74; 1966 Apr. p. 28; 1977 Dec. p. 53.
U.S. National Cancer Institute, 1948 July p. 30; Dec. p. 27; 1949 Jan. p. 14; Nov. p. 30; 1956 Sept. p. 120; 1957 Dec. p. 122; 1960 June p. 86; 1963 Oct. p. 55; 1964 May p. 91, 92, 94, 96; July p. 68; 1965 July p. 56; 1966 Apr. p. 48; 1970 Apr. p. 78; 1973 Oct. p. 32; 1976 Dec. p. 109; 1977 May p. 64, 73.
U.S. National Center for Atmospheric Research, 1971 Jan. p. 34; Apr. p. 97; 1974 Oct. p. 58.
U.S. National Center for Health Statistics, 1962 Oct. p. 30; 1966 June p. 22; 1968 Apr. p. 49; 1971 Apr. p. 52; 1972 Jan. p. 50; Aug. p. 45.
U.S. National Commission for Environmental Protection, 1966 May p. 52.
U.S. National Commission for Manpower Policy, 1977 Nov. p. 45.
U.S. National Commission for U.N.E.S.C.O., 1952 Sept. p. 72.
U.S. National Commission on Technology, Automation and Economic Progress, 1966 Mar. p. 54; Apr. p. 25.
U.S. National Commission on the Causes and Prevention of Violence, 1970 Feb. p. 42.
U.S. National Committee for the Development of Scientists and Engineers, 1956 May p. 54; Sept. p. 118.
U.S. National Committee for the I.G.Y., 1957

Dec. p. 39, 42; 1958, May p. 56.
U.S. National Committee on International Trade Documentation, 1968 Oct. p. 88.
U.S. National Committee on Mental Health, 1964 Jan. p. 55.
U.S. National Committee on Radiation Protection and Measurement, 1957 Mar. p. 68; 1959 June p. 76; Dec. p. 80.
U.S. National Conference of States on Building Codes and Standards, 1971 Mar. p. 23.
U.S. National Conference on Weights and Measures, 1971 Mar. p. 23.
U.S. National Dental Institute, 1957 Dec. p. 109, 114; 1963 Apr. p. 106; 1964 July p. 83; 1968 Aug. p. 46; 1978 Feb. p. 97.
U.S. National Earthquake Information Service, 1977 Dec. p. 71.
U.S. National Environmental Laboratories, 1970 Sept. p. 80.
U.S. National Environmental Satellite Service, 1970 Dec. p. 40.
U.S. National Foundation on the Arts and the Humanities, 1966 Sept. p. 102.
U.S. National Geophysical and Solar Terrestrial Data Center, 1977 Aug. p. 64.
U.S. National Guard, 1951 July p. 28; 1976 Nov. p. 33.
U.S. National Heart and Lung Institute, 1948 May p. 33; July p. 30; 1952 July p. 42; 1957 Dec. p. 54; 1962 Mar. p. 64; 1965 Nov. p. 39; 1970 Feb. p. 44; 1972 Aug. p. 46; 1975 Apr. p. 57; June p. 26.
U.S. National Highway Traffic Safety Administration, 1973 Feb. p. 78, 80.
U.S. National Institute for International Medical Research, 1959 Sept. p. 102.
U.S. National Institute for Occupational Safety and Health, 1977 July p. 26.
U.S. National Institute of Allergy and Infectious Disease, 1960 Sept. p. 106; 1977 Oct. p. 97.
U.S. National Institute of Arthritis and Metabolic Disease, 1962 Mar. p. 63; 1971 Mar. p. 33.
U.S. National Institute of Arthritis, Metabolism and Digestive Diseases, 1977 Mar. p. 47; Aug. p. 111; 1978 Jan. p. 86.
U.S. National Institute of Child Health and Human Development, 1971 Nov. p. 37; 1972 Oct. p. 71; 1974 Sept. p. 112.
U.S. National Institute of Education, 1972 May p. 48.
U.S. National Institute of Mental Health, 1948 Sept. p. 28; 1952 Nov. p. 21; 1953 Dec. p. 32; 1954 Jan. p. 56; 1962 May p. 47; Aug. p. 71; 1965 July p. 52; 1966 Nov. p. 135, 136; 1967 Oct. p. 27; 1968 Feb. p. 96, 98; 1970 Apr. p. 94; 1971 May p. 50; 1972 Sept. p. 160; Dec. p. 77, 81; 1973 p. 97, 99, 100, 103; Aug. p. 96; Sept. p. 119, 120; 1976 Oct. p. 105; 1977 Aug. p. 115, 119; Oct. p. 104; 1978 Feb. p. 48, 51-53, 97.
U.S. National Institute of Neurological Diseases and Blindness, 1958 Aug. p. 94; 1965 July p. 55.
U.S. National Institute of Neurological Diseases and Stroke, 1970 July p. 42; 1971 Feb. p. 46; 1973 Aug. p. 90; 1978 Feb. p. 96.
U.S. National Institute on Drug Abuse, 1977 Nov. p. 75.
U.S. National Institutes of Health, 1950 Dec. p. 29; 1953 June p. 41; Sept. p. 65; 1956 Nov. p. 62; Dec. p. 136; 1957 Sept. p. 188; 1958 Apr. p. 43; May p. 52; Sept. p. 171, 88; Dec. p. 115; 1959 Jan. p. 45; 1960 Mar. p. 93; Nov. p. 66; 1961 Jan. p. 78; 1962 Mar. p. 118, 63; Aug. p. 114; Oct. p. 66; 1963 Mar. p. 81, 83, 91, 94; May p. 66; Oct. p. 46; Dec. p. 45; 1964 May p. 58, 90; July p. 80; Aug. p. 63; Oct. p. 51; 1965 July p. 20, 23, 24; Sept. p. 82; 1966 Mar. p. 34, 37, 58; June p. 45; Aug. p. 56, 86; Nov. p. 134; 1968 Oct. p. 67, 75; Nov. p. 34; 1970 Apr. p. 86; July p. 42; Aug. p. 38; Oct. p. 44, 48; 1971 Jan. p. 47; Feb. p. 46; Apr. p. 18, 24; June p. 51; July p. 57; Aug. p. 53; Nov. p. 50; 1972 Apr. p. 65; Aug. p. 45; 1973 July p. 19; Aug. p. 96; Sept. p. 141, 146; 1974 Nov. p. 67; 1975 July p. 45; 1976 Feb. p. 25, 29, 30; May p. 50; Aug. p. 42; Dec. p. 111; 1977 Jan. p. 51, 53; Mar. p. 54; Apr. p. 49, 50; May p. 54, 64, 69; June p. 103; July p. 22, 26, 28, 31-33; Sept. p. 100; 1978 Mar. p. 69; June p. 78.
U.S. National Kidney Foundation, 1973 Mar. p. 45.
U.S. National Library of Medicine, 1966 Sept. p. 231, 232, 240.
U.S. National Marine Fisheries Service, 1970 Dec. p. 40; 1972 Sept. p. 69.
U.S. National Microbiological Institute, 1960 Dec. p. 91, 92.
U.S. National Multiple Sclerosis Society, 1970 July p. 40, 42, 46.
U.S. National Museum of Art, 1960 May p. 118; 1974 Dec. p. 97.
U.S. National Naval Medical Center, 1978 Apr. p. 65.
U.S. National Oceanic and Atmospheric Administration, 1953 Aug. p. 38; 1970 Dec. p. 40; 1971 Mar. p. 46; 1972 Sept. p. 69; 1973 July p. 90; 1974 Aug. p. 16.
U.S. National Oceanographic Instrumentation Center, 1970 Dec. p. 40.
U.S. National Office of Vital Statistics, 1960 Sept. p. 208.
U.S. National Park Service, 1948 Dec. p. 13; 1949 Jan. p. 48; 1955 Jan. p. 62; 1960 July p. 134, 135.
U.S. National Research Council, 1948 May p. 33; Oct. p. 25; Dec. p. 13, 26; 1949 July p. 26; Nov. p. 30; 1950 Mar. p. 31; 1951 Aug. p. 44; Sept. p. 60; Dec. p. 34; 1952 Jan. p. 35; Mar. p. 38; Sept. p. 72; Oct. p. 44; 1953 Mar. p. 52; 1954 Apr. p. 45; 1956 Jan. p. 45; Sept. p. 111; Oct. p. 71; 1957 May p. 63; 1959 Apr. p. 63; 1961 May p. 82; 1965 July p. 46; 1966 Mar. p. 57; Aug. p. 42; 1968 Oct. p. 58; 1972 Apr. p. 56; 1973 Sept. p. 97.
U.S. National Scientific Balloon Facility, 1974 Oct. p. 58.
U.S. National Scientific Register Project, 1950 Sept. p. 46; 1951 Dec. p. 34.
U.S. National Security Council, 1950 Jan. p. 26; Mar. p. 26; Sept. p. 46; Nov. p. 24; 1962 May p. 46; 1966 July p. 38; 1970 May p. 15, 15, 16; 1975 Oct. p. 106.
U.S. National Synchrotron Light Source, 1977 June p. 37, 41.
U.S. National Water Commission, 1974 Aug. p. 16.
U.S. Naval Air Development Center, 1962 Feb. p. 60, 62-64.
U.S. Naval Electronics Laboratory, 1955 July p. 36, 38, 39; 1960 May p. 64; Oct. p. 103; Dec. p. 70; 1962 Apr. p. 145; Aug. p. 47; 1963 Apr. p. 98.
U.S. Naval Medical Research Laboratory, 1964 Oct. p. 102; Dec. p. 51, 56; 1966 Mar. p. 27.
U.S. Naval Observatory, 1957 Feb. p. 77; 1960 Apr. p. 61; 1965 June p. 46; July p. 19; 1977 Feb. p. 30.
U.S. Naval Oceanographic Office, 1975 Aug. p. 82.
U.S. Naval Ordnance Laboratory, 1957 Aug. p. 60; 1961 Aug. p. 68; 1964 Jan. p. 116; 1965 Oct. p. 33; 1970 July p. 94; 1971 Mar. p. 47; 1976 Oct. p. 79A.
U.S. Naval Weapons Center, 1977 Apr. p. 28.
U.S. Navy, 1949 Feb. p. 29, 44; Apr. p. 40; Aug. p. 25; 1950 June p. 48; 1952 Apr. p. 19; 1953 Apr. p. 98; Nov. p. 31, 33, 34; 1954 Apr. p. 44; Dec. p. 36; 1955 Feb. p. 72; Aug. p. 42; Sept. p. 115, 50, 55; 1956 Jan. p. 45; July p. 63; Sept. p. 118; Dec. p. 87, 84; 1957 Jan. p. 47, 50; June p. 80; 1958 Sept. p. 172; 1959 Oct. p. 81; 1960 May p. 96; Aug. p. 52; Oct. p. 60, 82; 1961 Feb. p. 132; 1962 May p. 126; Sept. p. 170; 1963 Apr. p. 78; 1964 Jan. p. 84; May p. 64; Dec. p. 32; 1965 Mar. p. 95; Nov. p. 59; 1966 Mar. p. 28, 30; Aug. p. 60, 66, 67; Oct. p. 106; Dec. p. 69; 1970 Sept. p. 86; 1971 Aug. p. 17; Dec. p. 88; 1972 July p. 15, 21-23; 1975 May p. 42; June p. 41; 1977 Feb. p. 21, 22, 26; Mar. p. 58.
see also: U.S. Office of Naval Research.
U.S. Navy Bureau of Aeronautics, 1953 Oct. p. 41; 1955 Aug. p. 29, 32.
U.S. Navy Hydrographic Office, 1955 Sept. p. 102; 1958 Aug. p. 92.
U.S. Navy Nautical Almanac Office, 1964 Nov. p. 108.
U.S. Navy Radiological Defense Laboratory, 1957 June p. 80; 1966 June p. 99.
U.S. Navy Training Device Center, 1970 June p. 70.
U.S. Nuclear Regulatory Commission, 1976 Jan. p. 56; Nov. p. 64; 1977 July p. 56; 1978 Apr. p. 51, 57.
U.S. Office of Business Economics, 1965 Apr. p. 33.
U.S. Office of Civil Defense Mobilization, 1962 July p. 70.
U.S. Office of Defense Mobilization, 1951 June p. 30; 1952 Mar. p. 34; 1953 June p. 52.
U.S. Office of Economic Opportunity, 1966 Oct. p. 19; 1970 Feb. p. 96; 1971 Apr. p. 24; 1972 Oct. p. 19, 21, 25; 1973 July p. 20.
U.S. Office of Education, 1951 Sept. p. 48; Dec. p. 34; 1952 Mar. p. 36; 1957 Oct. p. 56; 1958 Apr. p. 48.
U.S. Office of Emergency Preparedness, 1973 Mar. p. 48.
U.S. Office of Management and Budget, 1978 June p. 78.
U.S. Office of Naval Research, 1948 May p. 32; 1949 Feb. p. 11-15; Apr. p. 40; June p. 30, 38; July p. 41, 44; 1950 Aug. p. 44; 1951 May p. 28; 1952 Jan. p. 18, 19; June p. 52; Aug. p. 34; 1953 July p. 32; 1955 Jan. p. 25; Sept. p. 109, 112, 127; 1956 Apr. p. 47, 93, 95, 100, 102; May p. 112; Oct. p. 56, 56, 57, 61, 64; Nov. p. 41, 62; 1957 Feb. p. 79; May p. 51; Sept. p. 108; Nov. p. 67; Dec. p. 38, 40; 1958 Jan. p. 27, 28; Apr. p. 27, 50; Aug. p. 50; Dec. p. 42, 43; 1959 May p. 69; Aug. p. 60, 66; 1960 Jan. p. 47, 50; May p. 67; Dec. p. 107; 1961 May p. 61; June p. 80; 1962 Feb. p. 56; Mar. p. 134; July p. 61; 1963 Feb. p. 115; Aug. p. 29; 1964 June p. 37; July p. 39; 1965 Apr. p. 72 - 73; July p. 28; Dec. p. 42; 1966 Mar. p. 107; Nov. p. 111, 112; 1969 Sept. p. 228; 1970 Jan. p. 118, 41; June p. 52; 1971 Jan. p. 37; Dec. p. 25; 1973 July p. 48; Oct. p. 72; 1975 Sept. p. 44.
U.S. Office of Science and Technology, 1948 Nov. p. 24; 1965 July p. 20; Nov. p. 52; 1968 Oct. p. 58; 1969 Oct. p. 46; 1970 Feb. p. 20; May p. 15, 16; Sept. p. 178; 1971 Sept. p. 191; 1973 Mar. p. 44.
U.S. Office of Strategic Information, 1955 Mar. p. 51; June p. 48; 1956 Sept. p. 113.
U.S. Office of Technology Assessment and

Forecast, 1972 May p. 48; 1973 July p. 46; 1975 Nov. p. 58.
U.S. Office of Vocational Rehabilitation, 1958 Sept. p. 88.
U.S. Office of War Information, 1956 Dec. p. 36.
U.S. Patent Office, 1949 May p. 27; 1953 June p. 46; 1958 Dec. p. 54; 1973 July p. 46.
U.S. Post Office, 1953 May p. 53; 1971 Apr. p. 56.
U.S. Postal Service, 1976 Dec. p. 26.
U.S. President's Science Advisory Committee, 1949 May p. 26; 1958 May p. 50; 1959 Feb. p. 58; Mar. p. 60; July p. 62; 1961 Jan. p. 78; Mar. p. 80; Sept. p. 84; Nov. p. 78; Dec. p. 76; 1963 July p. 64; 1965 Aug. p. 43; 1966 Nov. p. 115; 1967 Apr. p. 50; 1970 May p. 54; 1973 Mar. p. 44; 1974 Sept. p. 168; 1976 Sept. p. 36, 172, 174.
U.S. Project Head Start, 1968 Sept. p. 91; 1974 Aug. p. 56.
U.S. Public Health Service, 1948 May p. 32, 33; July p. 30; Sept. p. 28, 29; Oct. p. 8, 12; Dec. p. 27; 1949 Feb. p. 29; Apr. p. 27; May p. 26; July p. 44; Sept. p. 20; Oct. p. 28; Nov. p. 30; 1950 Jan. p. 26; Dec. p. 29; 1952 Jan. p. 30, 35; Mar. p. 20; May p. 37; June p. 24, 25; Aug. p. 32; Oct. p. 22, 25; 1953 Aug. p. 48; 1954 Apr. p. 44; 1956 Jan. p. 52; Sept. p. 118; Dec. p. 60; 1957 Mar. p. 37, 70; 1958 Jan. p. 46, 62; Aug. p. 29, 94; Sept. p. 88; Dec. p. 124; 1959 Jan. p. 43, 45; Apr. p. 67; May p. 68; Aug. p. 62, 65; Oct. p. 80; 1960 July p. 79; Nov. p. 65; 1961 Jan. p. 79; Sept. p. 92; Oct. p. 57; Nov. p. 79; Dec. p. 72; 1962 Oct. p. 30; Nov. p. 69; Dec. p. 43; 1963 May p. 74; Aug. p. 20; Nov. p. 43; 1964 Jan. p. 27; May p. 64; Nov. p. 58; 1965 June p. 98; July p. 95, 97; Sept. p. 179, 184, 187; 1966 Nov. p. 102; 1967 Feb. p. 60; May p. 58; Oct. p. 48; 1970 Feb. p. 19; Oct. p. 99; 1971 Apr. p. 24; June p. 59; 1973 June p. 14; Sept. p. 78; 1978 Feb. p. 81, 84.
U.S. Rubber Company, 1953 July p. 33; 1960 Mar. p. 90.
U.S. Scientific Manpower Commission, 1951 Feb. p. 30; 1954 Aug. p. 38.
U.S. Scientist's Committee on Security, 1956 Oct. p. 68.
U.S. Selective Service, 1948 Aug. p. 31; 1949 Feb. p. 29; 1951 Sept. p. 48; 1954 Aug. p. 38.
U.S. Senate, 1948 June p. 7; 1956 Aug. p. 49; 1970 May p. 16; 1977 Feb. p. 29.
U.S. Senate Advisory Committee on Color Television, 1950 Dec. p. 13-15.
U.S. Senate Appropriations Committee, 1949 July p. 26; 1951 Oct. p. 32; 1975 Apr. p. 53.
U.S. Senate Commerce Committee, 1975 Nov. p. 58.
U.S. Senate Committee on Government Operations, 1958 Jan. p. 44.
U.S. Senate Foreign Relations Committee, 1966 Aug. p. 40; 1970 May p. 23; 1973 Aug. p. 42; 1975 Mar. p. 47; 1976 Nov. p. 27, 29.
U.S. Senate Labor and Public Welfare Committee, 1952 Apr. p. 36; 1971 Apr. p. 23; 1975 July p. 45.
U.S. Senate Public Works Committee, 1969 Mar. p. 26; 1970 Sept. p. 80.
U.S. Senate Small Business Committee, 1953 May p. 53; June p. 44; Aug. p. 41.
U.S. Social Security Administration, 1971 Apr. p. 21, 24.
U.S. Steel Corporation, 1952 Jan. p. 50, 53; Sept. p. 62, 63; 1954 Jan. p. 25; 1963 Aug. p. 77, 78; Sept. p. 136; Dec. p. 88; 1965 Mar. p. 36; May p. 42; 1966 Feb. p. 76; 1968 Aug. p. 46; 1975 Apr. p. 117.
U.S. Strategic Air Command, 1962 Apr. p. 46; 1964 Oct. p. 33; 1976 Nov. p. 35.
U.S. Strategic Bombing Survey, 1949 Mar. p. 13, 14, 16.
U.S. Supreme Court, 1949 Aug. p. 25; 1950 Jan. p. 30; 1951 July p. 28, 30; 1962 Oct. p. 30; 1970 Jan. p. 50; 1971 Feb. p. 46; Oct. p. 28, 29; 1973 Mar. p. 44; 1975 Feb. p. 41; 1977 Jan. p. 22.
U.S. Tennessee Valley Authority, 1948 May p. 32; 1951 Feb. p. 36; 1970 Mar. p. 34; 1971 Sept. p. 149.
U.S. Urban Renewal Authority, 1965 Sept. p. 196.
U.S. Veterans Administration, 1949 Feb. p. 29; Mar. p. 26; 1951 Sept. p. 45; 1952 Mar. p. 42; 1956 Nov. p. 62; 1960 Nov. p. 64; 1961 Apr. p. 78; 1964 Jan. p. 47; May p. 91.
U.S. Walter Reed Army Medical Center, 1957 Mar. p. 68; 1958 Oct. p. 96; 1960 Dec. p. 92; 1962 Aug. p. 118; 1963 Feb. p. 57; 1964 July p. 80; Dec. p. 85; 1965 July p. 99; 1966 July p. 32; 1971 Dec. p. 33.
U.S. War Department, 1949 May p. 11-15; 1963 Mar. p. 126.
U.S. War Production Board, 1948 May p. 56.
U.S. Weather Bureau, 1949 Jan. p. 48; Oct. p. 14; 1950 Apr. p. 51; June p. 48; Sept. p. 48; 1952 Oct. p. 27, 30; 1953 Apr. p. 34; July p. 38; 1955 Aug. p. 40, 42, 44; 1957 Apr. p. 147; Aug. p. 35; Sept. p. 108; 1958 May p. 31, 33-37; 1960 Sept. p. 98; 1961 July p. 80, 82; 1962 Sept. p. 128, 91, 94; 1963 June p. 53; Aug. p. 94; 1964 Mar. p. 64; May p. 43; Sept. p. 216; Oct. p. 69; Dec. p. 30-32; 1965 Mar. p. 95; 1968 Dec. p. 78; 1969 Jan. p. 52; 1970 Dec. p. 40.
U.S. White House Conference on Children and Youth, 1966 Aug. p. 56; 1974 Aug. p. 55, 60.
U.S. White House Conference on International Cooperation, 1966 Jan. p. 46.
U.S. Works Progress Administration, 1949 Nov. p. 29; Dec. p. 56; 1952 June p. 24.
U.S. Yellowstone National Park, 1966 Dec. p. 108; 1977 Aug. p. 60.
Usconbuts, 1960 Nov. p. 166.
Usher, Abbott P., 1971 Feb. p. 101.
U.S.-Liberia Radio Corporation, 1961 Sept. p. 85.
Ussher, James, Archbishop, 1949 Aug. p. 50; 1954 Jan. p. 69; 1959 Nov. p. 167, 173; 1960 Sept. p. 113; 1974 Jan. p. 69.
Ussing, Hans H., 1960 Dec. p. 149; 1962 Aug. p. 106.
Ussing, Marie J., 1953 June p. 41.
U.S.S.R. Academy of Sciences, 1949 Dec. p. 42; 1953 Sept. p. 74; 1955 Feb. p. 62; May. p. 51; 1958 Feb. p. 42; 1960 July p. 50; Dec. p. 65; 1961 Jan. p. 80, 92; Feb. p. 68, 97; June p. 84; 1962 Sept. p. 126; 1966 Aug. p. 40; Nov. p. 39; 1969 Apr. p. 48; 1970 Nov. p. 52, 69; 1971 Feb. p. 51, 53; June p. 37; 1975 Apr. p. 70; May p. 83; 1977 May p. 66.
U.S.S.R. Administration of Navigational Safety, 1963 Aug. p. 97.
U.S.S.R. Commissariat of Agriculture, 1962 Nov. p. 45, 46.
U.S.S.R. Committee for the Exploration of the Stratosphere, 1957 Nov. p. 67.
U.S.S.R. Crimean Astrophysical Observatory, 1964 Aug. p. 18; 1966 Nov. p. 62; 1974 Dec. p. 43.
U.S.S.R. Electron Accelerator Center, 1973 Oct. p. 113.
U.S.S.R. Gorky University, 1975 May p. 83.
U.S.S.R. Hermitage Museum, 1965 May p. 101, 102.
U.S.S.R. I. V. Kurchatov Institute of Atomic Energy, 1972 July p. 66, 70, 72; 1975 Mar. p. 48.
U.S.S.R. Institute for High Energy Physics, 1968 Sept. p. 84.
U.S.S.R. Institute for High Energy Research, 1970 Oct. p. 107.
U.S.S.R. Institute for Problems of Information Transmission, 1971 June p. 37.
U.S.S.R. Institute for the Study of Poliomyelitis, 1956 July p. 48.
U.S.S.R. Institute of Chemical Physics, 1971 Oct. p. 92.
U.S.S.R. Institute of Control Science, 1974 Nov. p. 52.
U.S.S.R. Institute of Health of Children and Young Persons, 1968 Jan. p. 24.
U.S.S.R. Institute of High Pressure Physics, 1965 May p. 40; June p. 106, 108.
U.S.S.R. Institute of Nuclear Problems, 1956 July p. 48.
U.S.S.R. Institute of Physics of the Earth, 1975 May p. 17.
U.S.S.R. Ioffe Institute, 1971 July p. 32.
U.S.S.R. Joint Institute for Nuclear Research, 1960 Jan. p. 94; 1966 July p. 74, 77; 1976 Nov. p. 51.
U.S.S.R. Kurchatov Institute of Atomic Energy, 1969 Dec. p. 51.
U.S.S.R. Lebedev Physics Institute, 1971 Nov. p. 33.
U.S.S.R. Lenin All-Union Academy of Agricultural Sciences, 1962 Nov. p. 41, 43.
U.S.S.R. Linear Accelerator Program, 1961 Nov. p. 56.
U.S.S.R. Main Administration for Utilization of Atomic Energy, 1960 Jan. p. 71.
U.S.S.R. Marine Antarctic Expedition, 1962 Sept. p. 115, 118, 128.
U.S.S.R. Mineralogical Institute St. Petersburg, 1965 Oct. p. 26.
U.S.S.R. Ministry of Health, 1956 July p. 48; 1962 Oct. p. 48.
U.S.S.R. Moscow State University, 1971 Apr. p. 83, 84.
U.S.S.R. Novosibirsk Accelerator Center, 1971 July p. 101.
U.S.S.R. Scientific Research Institute for Experimental Surgical Apparatus and Instruments, 1962 Oct. p. 48.
U.S.S.R. Serpukhov Institute for High Energy Physics, 1978 Mar. p. 72.
U.S.S.R. Serpukhov Laboratory, 1971 Apr. p. 50; 1974 Aug. p. 46.
U.S.S.R. State Committee for Coordination of Scientific Research Work, 1961 June p. 84.
U.S.S.R. State Committee for Science and Technology, 1969 Apr. p. 48.
U.S.S.R. State Planning Committee, 1969 Apr. p. 48.
U.S.S.R. Tsniichermet Laboratory, 1963 Dec. p. 79.
U.S.S.R. Washington Embassy, 1957 Dec. p. 39.
Utah International, Inc., 1975 Dec. p. 24.
Utica Drop Forge & Tool Corporation, 1954 July p. 38.
Utley, Clifton, 1952 June p. 36.
Utterback, Nyle, 1968 Oct. p. 51.
Uumpopual, 1960 Nov. p. 166.
Uwin, Nigel, 1975 Nov. p. 58.
Uyeda, S., 1967 Feb. p. 48.
Uyematsu, Tomomasa, 1966 May p. 78.

V

Vacek, M., 1973 Sept. p. 45.
Vachakidze, M. A., 1962 Mar. p. 44.
Vachon, Max, 1966 Mar. p. 99.
Vacqier, Victor D., 1968 Dec. p. 60, 61.
Vacquier, Victor D., 1961 June p. 156.
Vacquier Victor D., 1961 Oct. p. 148.
Vacquier, Victor D., 1961 Dec. p. 54; 1977 Nov. p. 129, 135, 136.
Vacroux, André G., 1975 Aug. p. 48.
Vagner, Nikolai, 1978 June p. 88.
Vaiana, Giuseppe, 1975 Sept. p. 44.
Vaimberg, Paya, 1966 Feb. p. 37.
Vainshtein, B. K., 1975 Oct. p. 60.
Vakil, Rustom J., 1951 Mar. p. 31.
Valcarcel, Luis E., 1955 Mar. p. 99.
Valdata, M., 1973 Nov. p. 42.
Vale, Wylie, 1977 Dec. p. 82.
Valentine, R. C., 1962 Oct. p. 60.
Valentine, Raymond, 1977 Mar. p. 81.
Valentine, Robin, 1967 Oct. p. 81, 84; 1973 July p. 56, 57.
Valera, Eamon de, 1949 Oct. p. 12-15.
Valera, Gerardo, 1965 July p. 94.
Valerian, Emperor, 1965 Sept. p. 61; 1974 Dec. p. 121.
Valgo, C. Q., 1958 Apr. p. 71.
Vali, W., 1969 Dec. p. 90.
Valkenburg, A. von, 1965 June p. 101.
Vall, Andrew, 1950 Nov. p. 42.
Vallarta, Manuel S., 1949 Apr. p. 24.
Vallee, Bert L., 1955 May. p. 54; 1959 July p. 72; 1964 Dec. p. 78, 79; 1968 Apr. p. 49; 1976 May p. 64.
Valley, George E., 1948 June p. 27, 38.
Vallois, Henri, 1948 July p. 16, 19; 1953 Dec. p. 69.
van *for names beginning thus, not listed here, see second element e.g., for* van Beethoven, Ludwig, *see:* Beethoven, Ludwig van.
Van Allen, James A., 1958 June p. 44; 1959 Mar. p. 41; May p. 52, 70; Sept. p. 110; Nov. p. 87; 1962 Mar. p. 68; May p. 75; 1963 May p. 84, 89, 94; July p. 84; 1965 Dec. p. 59; 1966 May p. 64, 68; 1975 Sept. p. 125.
Van Arkel, A. E., 1951 June p. 19-21; 1954 July p. 38.
Van Bekkum, D. W., 1955 Oct. p. 40.
Van Buren, Martin, 1950 Nov. p. 11.
Van Citters, Robert L., 1974 Nov. p. 96.
van de *for names beginning thus, not listed here, see second element e.g., for* van de Kamp, Peter, *see:* Kamp, Peter van de.
Van de Graaff, Robert J., 1948 June p. 29; 1949 Dec. p. 42; 1951 May p. 30; 1959 Jan. p. 70; 1964 Mar. p. 83; 1970 Aug. p. 24-28, 30, 32.
van den *for names beginning thus, not listed here, see second element e.g., for* van den Bergh, Sidney, *see:* Bergh, Sidney van den.
van der *for names beginning thus, not listed here, see second element e.g., for* van der Laan, Harry, *see:* Laan, Harry van der.
Van der Pol, Balthus, 1977 Apr. p. 126.
van der Rohe, Mies, 1974 Feb. p. 99.
van der Waals, J. D., 1948 Oct. p. 16; 1966 Oct. p. 64; 1967 May p. 129; Nov. p. 26; 1971 Sept. p. 182; 1976 Apr. p. 77.
Van Dersal, William R., 1949 Dec. p. 53-55.
Van Dilla, Marvin A., 1976 Mar. p. 111.
Van Dolzen Pease, Josephine, *see:* Pease, Josephine Van Dolzen.
Van Doren, David M. Jr., 1977 Jan. p. 28.
Van Doren, Donald M. Jr., 1975 Nov. p. 60.
van Eyck, Jan, 1951 Feb. p. 60; 1952 July p. 23; 1974 Sept. p. 123.
Van Gelder, R. G., 1957 Apr. p. 76.
van Gogh, Theo, 1972 Sept. p. 96.
van Gogh, Vincent, 1958 Sept. p. 162; 1972 Sept. p. 85, 96.
Van Gulick, Norman M., 1962 Nov. p. 100.
Van Gundy, S. D., 1971 Dec. p. 36.
Van Horn, Hugh M., 1971 Feb. p. 26.
Van Ligten, Raoul F., 1968 Feb. p. 42, 43.
Van Riet Lowe, C., 1955 Mar. p. 57.
van Rijn, Rembrandt, *see:* Rembrandt van Rijn.
Van Riper, Walker, 1953 Oct. p. 100.
Van Scott, E. J., 1968 May p. 113.
Van Slyke, Donald, 1959 Mar. p. 54.
Van Slyke, Donald D., 1950 June p. 35; Sept. p. 73; 1963 Dec. p. 100.
Van Stone, J. M., 1958 Oct. p. 86.
Van Syckel, Samuel, 1967 Jan. p. 62.
van 't *for names beginning thus, not listed here, see second element e.g., for* van 't Hoff, Jacobus H., *see:* Hoff, Jacobus H. van 't.
Van Valin, Charles C., 1957 Oct. p. 56.
Van Vlack, Lawrence H., 1967 Sept. p. 211.
Van Vleck, John H., 1948 Sept. p. 16; 1977 Dec. p. 82.
Van Wyk, Judson J., 1963 July p. 60.
Vanasse, George, 1968 Sept. p. 80.
Vance, Cyrus R., 1964 Oct. p. 28; 1971 Mar. p. 44; 1977 Aug. p. 24.
Vance, Harold S., 1955 Dec. p. 52; 1958 Aug. p. 50; 1959 Apr. p. 64; 1960 Apr. p. 88.
Vance, Rupert B., 1958 Feb. p. 22.
Vancouver, George, 1970 June p. 103.
Vandenberg, Arthur W., 1950 Mar. p. 24.
Vandenbergh, J. G., 1972 June p. 53.
Vanderbilt University, 1958 May p. 104; 1964 Jan. p. 27.
Vanderbilt, William H., 1959 Nov. p. 100.
Vanderlaan, Martin, 1977 Feb. p. 83.
Vanderslice, Thomas A., 1962 Mar. p. 90.
Vanderwinkel, E., 1960 June p. 134.
Vanderwolf, Case H., 1977 June p. 96.
Vane, J. R., 1971 Aug. p. 45; Nov. p. 91.
Vann, Edwin, 1970 Mar. p. 102, 103, 105.
Vanselou, C. H., 1949 Sept. p. 28.
Vanselow, W., 1952 Nov. p. 32.
Vapnek, Daniel, 1973 Apr. p. 23.
Varco, Richard L., 1957 July p. 102; 1960 Feb. p. 82.
Varet, Jacques, 1970 Feb. p. 35.
Vargas, Don D. de, 1957 June p. 128.
Vargas, Getúlio, 1963 Sept. p. 214.
Varian Associates, 1958 Aug. p. 63; 1960 Oct. p. 77; 1965 Mar. p. 33; 1966 Aug. p. 23.
Varian, Russell, 1954 Mar. p. 88; 1958 Aug. p. 63.
Varian, Sigurd, 1954 Mar. p. 88.
Varley, Cromwell, 1971 May p. 84.
Varmus, H., 1972 Aug. p. 101.
Varner, Joseph E., 1968 July p. 79, 81.
Varolio, Constanzo, 1976 Nov. p. 90, 91.
Varro, Marcus, 1952 June p. 23; 1962 May p. 86.
Varsanyi, Frank L., 1971 May p. 50; Nov. p. 49.
Vasarely, Victor, 1974 July p. 98, 103, 104.
Vasil'ev, O. B., 1970 Nov. p. 71.
Vasiliev, J. M., 1971 Oct. p. 79.
Vasiliev, M. A., 1978 Feb. p. 141.
Vasilov, S. I., 1973 June p. 45, 46.
Vaslow, Fred, 1959 Aug. p. 122.
Vasquez, Mario, 1957 Jan. p. 41, 44.
Vassale, G., 1961 Apr. p. 56.
Vassar College, 1958 Dec. p. 37, 38.
Vatican Observatory, 1963 Feb. p. 50.
Vatner, Stephen F., 1974 Nov. p. 96.
Vatter, A. E., 1955 Apr. p. 92; 1960 Nov. p. 104; 1961 Sept. p. 62, 63; 1965 July p. 74.
Vaucanson, Jacques de, 1963 Apr. p. 139; 1972 Aug. p. 79.
Vaucouleurs, Gérard de, 1953 May p. 65, 66, 71.
Vaughan, A. E., 1968 Dec. p. 50; 1971 Dec. p. 28.
Vaughan, Henry, 1977 June p. 126.
Vaughan, Maurice H. Jr., 1975 May p. 25.
Vaughn, James E., 1978 Feb. p. 97.
Vauquelin, Louis N., 1958 Aug. p. 27; 1963 Jan. p. 89, 90.
Vavilin, V. A., 1974 June p. 85.
Vavilov, Nikolai, 1953 July p. 51, 53-55; 1956 June p. 60; 1962 Nov. p. 43, 49; 1976 Sept. p. 89.
Vavilov, Viktor S., 1955 Oct. p. 27, 31.
V-C. Chemical Company, Florida, 1965 June p. 71.
Veblen, Oswald, 1949 Mar. p. 54; 1964 Sept. p. 129.
Vecchietti, Giuseppe, 1954 Aug. p. 24, 25.
Vedijs, Edwin, 1968 July p. 50.
Veen, H. J. van, 1969 Dec. p. 93.
Veerman, C. C., 1977 Jan. p. 75, 81.
Vegard, L., 1957 Mar. p. 92.
Vegetius, 1973 Oct. p. 37.
Veihmeyer, Frank J., 1970 Sept. p. 106.
Veillon, J. P., 1978 Jan. p. 41.
Veksler, Vladimir I., 1948 June p. 29; 1951 Feb. p. 22; 1955 Oct. p. 30, 33; 1956 Aug. p. 29-31; 1958 Mar. p. 69; 1972 Apr. p. 31.
Vela, Guillermo, 1973 Sept. p. 46.
Velasquez, Tulio, 1955 Dec. p. 68.
Velazquez, Diego, 1973 Sept. p. 35.
Velde, Jan van de, 1974 Nov. p. 23.
Velianas, Thefarie, 1975 Feb. p. 87.
Velick, Sidney F., 1959 Aug. p. 122.
Velikovsky, Immanuel, 1963 Feb. p. 77; 1973 May p. 77; 1976 Apr. p. 39.
Velten, Olga von, 1958 Mar. p. 98.
Veltman, M., 1974 July p. 57.
Veltman, Martin J. G., 1978 Feb. p. 132, 141.
Vendrcley, C., 1953 Feb. p. 49.
Vendreley, R., 1953 Feb. p. 49.
Vendrely, Colette, 1961 Sept. p. 74.
Vendrely, Roger, 1961 Sept. p. 74.
Vendryes, Georges A., 1977 Mar. p. 26, 58.
Veneklasen, Paul S., 1963 Nov. p. 91.
Veneziano, Gabriele, 1975 Feb. p. 63; 1976 Nov. p. 57.
Venezuelan Agency for Internal Development, 1965 Sept. p. 129.
Venezuelan Foundation for Popular Housing, 1965 Sept. p. 129.
Venezuelan Government, 1965 Sept. p. 129.
Venezuelan Institute for Neurology and Brain Research, 1957 Jan. p. 60.
Venezuelan Institute of Scientific Investigation, 1963 Oct. p. 47; 1964 Dec. p. 51.
Venezuelan Ministry of Education, 1965 Sept. p. 129.
Vening Meinesz, F. A., 1955 July p. 40, 41; Sept. p. 165, 168, 174; 1956 Dec. p. 87; 1960 May p. 92; 1961 Dec. p. 56; 1968 Apr. p. 54; 1969 Sept. p.
Venkataraman, 1951 June p. 25.
Venn, John, 1966 Sept. p. 76; 1968 May p. 95.
Vennes, John W., 1960 June p. 136.
Venning, Eleanor, 1950 Mar. p. 34.
Ventris, Michael, 1954 Jan. p. 46; May p. 73-75; 1957 Oct. p. 58; 1958 May p. 114; 1962 May p. 84; 1978 May p. 96.
Venturi, Giovanni B., 1961 Oct. p. 132.
Ver Snyder, F. L., 1967 Feb. p. 60.
Veranzio, Fausto, 1970 Aug. p. 100.
Verbeck, George J., 1964 Apr. p. 85.
Verbeek, H., 1965 Apr. p. 124.
Verdi, Giuseppe, 1948 June p. 43; 1973 Sept. p. 45.
Vereshchagin, L. F., 1965 May p. 40; 1975 Nov.

p. 105.
Vergil, 1963 Dec. p. 109-111, 116, 121.
Verhoeff, Frederick H., 1977 June p. 100.
Verhoogen, John, 1967 Feb. p. 48, 49.
Verkes, Robert E., 1963 May p. 130.
Verlaine, Paul, 1956 July p. 109.
Vermaseren, J. A. M., 1978 Feb. p. 142.
Vermeer, Jan, 1951 Feb. p. 60; 1952 July p. 22, 23.
Vermeulen, Roelof, 1961 Aug. p. 84.
Vernadsky, Vladimir I., 1958 Apr. p. 83; 1970 Sept. p. 45, 53.
Vernam, Gilbert S., 1966 July p. 42, 43.
Verne, Jules, 1952 Apr. p. 19; 1959 Apr. p. 41; 1960 Jan. p. 112.
Verney, E. B., 1953 Jan. p. 46; 1956 Jan. p. 72.
Vernon, Jack A., 1955 June p. 56.
Vernon, Leo P., 1958 Aug. p. 82; 1960 Nov. p. 116.
Vernov, Sergei, 1949 May p. 26; 1959 Mar. p. 46.
Veron, Olivia A., 1965 Aug. p. 44.
Veron, Philippe, 1965 Mar. p. 55; 1966 Dec. p. 49; 1977 Aug. p. 32.
Veronesi, R., 1968 Apr. p. 70, 77.
Verrill, A. Hyatt, 1972 Nov. p. 71, 72.
Verrocchio, Andrea del, 1958 Sept. p. 62.
Versari, Riccardo, 1955 Dec. p. 42, 44.
Verschaeffelt, E., 1967 June p. 108.
Verschuur, Gerrit L., 1968 Nov. p. 56; Dec. p. 40.
Vértes, László, 1966 Jan. p. 49; Nov. p. 52; 1969 May p. 45.
Vertol, 1960 Aug. p. 45.
Verus, Emperor, 1974 Dec. p. 126.
Verus, Lucius, 1961 June p. 130.
Verwey, J., 1954 Nov. p. 42.
Verworn, Max, 1949 June p. 45.
Very, Frank W., 1965 Aug. p. 23.
Verzár, Frederic, 1968 Mar. p. 32; 1973 Sept. p. 46.
Vesalius, Andreas, 1948 May p. 25-31; 1950 Oct. p. 19; 1951 Mar. p. 18; 1952 June p. 59; 1953 Feb. p. 80; Sept. p. 119; 1956 Jan. p. 91, 94; 1957 Jan. p. 78; Mar. p. 114; 1960 Mar. p. 119; 1965 Sept. p. 62; 1968 June p. 82; 1972 Nov. p. 24; 1973 Sept. p. 138, 139; 1976 Mar. p. 25.
Vesell, Elliot S., 1975 June p. 26.
Vespasian, Titus F. S., 1956 July p. 40; 1958 Apr. p. 73.
Vesper, Howard G., 1952 Feb. p. 15.
Vestine, E. H., 1971 Dec. p. 84.
Vetter, H., 1967 Dec. p. 69.
Vetulani, T., 1950 Apr. p. 54.
Veverka, Joseph, 1977 Feb. p. 30.
Veverka, Joseph F., 1973 Aug. p. 43; 1975 Sept. p. 149; 1977 Apr. p. 57.
Vick, James, 1964 Mar. p. 42.
Victor, Jack, 1967 May p. 97.
Victor, Paul, 1955 Sept. p. 90.
Victor, W. D., 1952 July p. 50, 52, 54, 55.
Victor, Walton K., 1961 May p. 82.
Victoria, Empress of Germany, 1965 Aug. p. 89.
Victoria, Eugénie, 1965 Aug. p. 94, 95.
Victoria, Queen, 1950 Oct p. 54; 1952 May p. 65; 1953 Apr. p. 94, 98; 1956 Apr. p. 116; 1957 Feb. p. 114; 1959 May p. 63; 1965 Aug. p. 88-90, 93-95; 1967 July p. 103; 1969 July p. 42, 46; 1970 Aug. p. 92; 1971 Aug. p. 15; 1973 Mar. p. 84, 85.
Victoria, Queen of Spain, 1965 Aug. p. 91.
Vicus II, 1977 Feb. p. 41-43.
Vidyasagar, T. R., 1976 Dec. p. 46.
Vieille, Paul M., 1949 Nov. p. 18; 1963 Feb. p. 111.
Viertl, J. R. M., 1969 June p. 34.
Vietcong National Liberation Front, 1970 July p. 48.
Viète, Francois, 1949 Jan. p. 42-45.
Vigani, 1976 May p. 98.
Vignard, Edmond, 1976 Aug. p. 30, 34.
Vigue, C. L., 1975 Aug. p. 59.
Vilches, Oscar E., 1973 May p. 37.
Vilcsek, E., 1965 Oct. p. 35.
Vilkuna, Kustaa, 1956 Mar. p. 38.
Villa, Francesco, 1967 Oct. p. 43.
Villain, J., 1967 Sept. p. 230.
Villa-Kamaroff, Lydia, 1975 May p. 28.
Villar, Luisa M., 1965 Nov. p. 50.
Villard, O. G. Jr., 1955 Sept. p. 136.
Villareal, Luis, 1974 Feb. p. 38.
Villegas, L., 1966 Mar. p. 79.
Villegas, R., 1966 Mar. p. 79.
Villemin, Jean A., 1949 Oct. p. 36.
Villon, François, 1957 Nov. p. 128.
Vince, Margaret, 1972 Aug. p. 30.
Vincent, Dayton G., 1971 Jan. p. 36.
Vincente, R. O., 1971 Dec. p. 83.
Vincke, I. H., 1951 July p. 63.
Vine, F. J., 1967 Feb. p. 54; 1968 Apr. p. 57; Dec. p. 61, 65; 1969 Nov. p. 103, 114; 1972 May p. 56; 1973 May p. 67.
Vineberg, Arthur M., 1968 Oct. p. 36, 39-41.
Vinen, W. F., 1958 June p. 35.
Vineyard, Elizabeth, 1972 July p. 59.
Vinicio, Vibius, 1958 Apr. p. 71.
Vinograd, Jerome R., 1958 Oct. p. 42; 1964 May p. 51; 1967 Feb. p. 39; 1968 Jan. p. 46; Oct. p. 77; 1969 Oct. p. 29; 1973 Apr. p. 21.
Vinogradov, Aleksandr P., 1965 Jan. p. 48.
Vinogradov, N. A., 1948 Aug. p. 31.
Vinš, Bohuslav, 1972 May p. 100.
Vinson, J. W., 1967 Sept. p. 104.
Violet-le-Duc, Eugène, 1958 Mar. p. 76; 1972 Nov. p. 91, 92.
Virchow, Rudolf, 1949 Jan. p. 54; 1952 May p. 30; 1961 Sept. p. 51; 1977 Feb. p. 76.
Virdung, Sebastian, 1967 Dec. p. 97.
Virgil, 1951 Nov. p. 54; 1953 Dec. p. 31; 1959 Oct. p. 88; 1968 Aug. p. 79; 1972 Sept. p. 93.
Virginia Polytechnic Institute, 1956 Sept. p. 110.
Virtanen, A. I., 1966 Aug. p. 42; 1967 Nov. p. 27.
Viscontini, Max, 1962 Apr. p. 102, 103.
Vishinsky, Andrei Y., 1949 Dec. p. 26.
Vishniac, Roman, 1957 Dec. p. 118; 1962 July p. 96.
Vishniac, Wolf, 1953 Nov. p. 82; 1959 Oct. p. 99.
Visscher, Maurice B., 1949 Oct. p. 27; 1953 Feb. p. 34.
Viste, Elizabeth, 1964 Feb. p. 51.
Visvanathan, N., 1964 Jan. p. 36.
Vita Vet Laboratories, 1966 June p. 97.
Vitale, Joseph N., 1970 Mar. p. 105, 106.
Vité, Jean, 1966 Dec. p. 65.
Vitelli, Karen D., 1971 Aug. p. 32.
Viterbi, Antonio, 1956 Jan. p. 73.
Vitrari, 1967 Sept. p. 71.
Vitruvius, 1950 May p. 50; Nov. p. 16; 1952 June p. 23; 1959 June p. 61; 1960 Mar. p. 119; Dec. p. 134; 1961 June p. 129; 1963 Oct. p. 102; Nov. p. 79; 1965 Dec. p. 88; 1968 Apr. p. 96; 1969 Feb. p. 46; 1970 Aug. p. 97; Oct. p. 112; 1971 June p. 93; 1974 Oct. p. 85; 1978 May p. 159, 160.
Vitry, Philippe de, 1967 Dec. p. 95.
Vittum, M. T., 1953 Aug. p. 37.
Vivaldi, Antonio, 1974 Nov. p. 78.
Vizzoli, Gary C., 1977 May p. 44.
Vladimir, Grand Duke of Russia, 1965 Aug. p. 89.
Vladimirtsov, B. Y., 1963 Aug. p. 55, 61.
Vlassa, N., 1967 Aug. p. 40; 1968 May p. 31-33.
Vlastovsky, V. G., 1968 Jan. p. 24.
Vlattas, Isidoros, 1968 July p. 50.
Voegtlin, Carl, 1961 Apr. p. 56.
Voellmy, Adolf, 1966 Feb. p. 97.
Vogel, F. Lincoln, 1961 Oct. p. 110; 1969 May p. 56.
Vogel, Hermann, 1956 Sept. p. 172; 1968 Sept. p. 168; 1975 Apr. p. 109.
Vogel, J., 1966 Aug. p. 53.
Vogel, Philip J., 1964 Jan. p. 46; 1967 Aug. p. 24.
Vogel, R., 1969 Nov. p. 36.
Vogel, Stefan, 1966 July p. 83.
Vogel, Steven, 1975 Nov. p. 85.
Vogelfanger, I. J., 1962 Oct. p. 50.
Vogt, H., 1950 Jan. p. 44 .
Vogt, Karl, 1973 Apr. p. 97.
Vogt, Peter K., 1964 June p. 47, 49.
Vogt, Peter R., 1973 July p. 48.
Vogt, Rochus, 1961 Apr. p. 75.
Vogt, Thoralf, 1957 July p. 42.
Vogt, William, 1950 Aug. p. 11.
Voice of America, 1957 Jan. p. 49.
Voitkevich, A., 1963 Nov. p. 110.
Volcani, Benjamin E., 1959 Sept. p. 110.
Volhard, Franz, 1959 Mar. p. 54.
Volkin, Elliot, 1961 Sept. p. 82; 1962 Feb. p. 46; 1964 May p. 49, 51, 52.
Volkind, R. A., 1975 Jan. p. 65.
Volkman, Alvin, 1969 June p. 43.
Volkoff, G. M., 1964 June p. 38; 1971 Jan. p. 50; 1972 May p. 38, 39; 1977 Oct. p. 48.
Volkov, D. V., 1978 Feb. p. 136, 138.
Volkov, V. V., 1978 June p. 72.
Volkswagen, 1977 Aug. p. 103.
Vollrath, Richard E., 1956 Feb. p. 54.
Volmer, M., 1955 Mar. p. 74.
Volshage, H., 1965 Oct. p. 35.
Volta, Alessandro, 1948 Aug. p. 42; 1950 Feb. p. 40-42; 1952 Nov. p. 57; 1954 Apr. p. 64; July p. 73; 1960 June p. 108; Aug. p. 99; Oct. p. 117, 118; 1961 May p. 107; 1965 Jan. p. 82-91; 1970 Feb. p. 85.
Volta, Filippo, 1965 Jan. p. 82.
Volta, Zanino, 1965 Jan. p. 85.
Voltaire, 1951 Sept. p. 45; 1955 Oct. p. 101-103, 110; 1957 Dec. p. 42; 1959 Oct. p. 163; 1965 Jan. p. 86; 1967 Oct. p. 70; 1971 Dec. p. 63; 1976 Jan. p. 115; 1977 Feb. p. 35.
von *for names beginning thus, not listed here, see second element e.g., for* von Helmholtz, Hermann, *see:* Helmholtz, Hermann von.
Von Bellingshausen, Thaddeus G., 1962 Sept. p. 64.
Von Chamisso, Adelbert, 1961 Jan. p. 150, 153.
Von Daniken, Erich, 1976 Apr. p. 39.
von der *for names beginning thus, not listed here, see second element e.g., for* von der Linde, D, *see:* Linde, D. von der.
von Drais de Sauerbrun, Baron, *see:* Sauerbrun, Baron von Drais de.
von Eötvös, Roland, Baron, *see:* Eötvös, Roland Baron von.
Von Gesner, Konrad, 1965 Aug. p. 62.
Von Herzen, Richard P., 1961 Oct. p. 152; Dec. p. 56.
Von Klüber, H., 1960 July p. 58.
von Linné, Carl, *see:* Linnaeus.
Von Petz, Aladàr, 1962 Oct. p. 48.
Vonder Haar, Thomas H., 1971 Sept. p. 92.
Vonk, G., 1965 Apr. p. 123.
Vonnegut, Bernard, 1957 Oct. p. 43; 1961 Jan. p. 121, 127; 1965 Jan. p. 42, 44.
Voogd, Jan, 1962 June p. 60; 1967 Mar. p. 117; 1975 Jan. p. 65.
Voorhess, Mary, 1972 July p. 79.

Voorhis, Arthur D., 1961 Sept. p. 94.
Voorhis, S. N., 1948 June p. 27.
Voorhoeve, P. E., 1975 Jan. p. 63.
Vorderman, A. G., 1977 Mar. p. 107.
Voronin, V., 1961 May p. 91.
Vorontsov-Velyaminov, B. A., 1961 Feb. p. 50, 55, 57; 1973 Dec. p. 40, 43, 44, 46.
Voroshilova, Marina K., 1959 Feb. p. 94.
Vos, Antoon de, 1957 Apr. p. 76.
Vosburgh, Frederick G., 1952 Feb. p. 31.
Voshage, H., 1973 July p. 68, 70.
Voss, G. A., 1973 Oct. p. 107.
Voysey, R. G., 1959 Dec. p. 90.
Voznesenskij, A., 1972 Sept. p. 80.
Vozza, R., 1964 Jan. p. 84.
Vrba, Elizabeth, 1978 Apr. p. 102.
Vrey, Harold C., 1963 Mar. p. 43.
Vrubel, J., 1961 May p. 78.
Vuillaume, Jean B., 1962 Nov. p. 93.
Vulca, 1962 Feb. p. 86.
Vulfson, K. S., 1957 Feb. p. 62.

W

Waaland, J. Robert, 1977 Aug. p. 95.
Wabash College, 1963 Feb. p. 62.
Waber, Rudolph, 1963 May p. 70.
Wace, Alan J. B., 1954 May p. 74; Dec. p. 72-74.
Wachtel, Henry K., 1949 June p. 26.
Wachtel, M. M., 1956 Mar. p. 90.
Wacker, Warren, 1959 July p. 72.
Wada, Juhn A., 1972 Apr. p. 83; 1973 Mar. p. 70.
Wada, Seiji K., 1959 July p. 134.
Waddington, C. H., 1953 Sept. p. 108, 109; 1957 Nov. p. 86; 1964 Oct. p. 114; 1968 Mar. p. 48; 1976 Apr. p. 39, 83.
Wade, Campbell M., 1965 Mar. p. 54; 1969 Jan. p. 36; 1971 Dec. p. 25.
Wade, Clarence Jr., 1977 Apr. p. 100 .
Wadleigh, Cecil H., 1970 Feb. p. 89.
Wadley Institute of Molecular Biology, 1968 Aug. p. .
Wadsworth, James J., 1962 May p. 46.
Wadsworth, James W., 1949 Dec. p. 27.
Wagenen, Gertrude van, 1959 June p. 68; 1966 June p. 56.
Wagner, 1959 Dec. p. 111.
Wagner, C. J., 1967 Nov. p. 66.
Wagner, Carl, 1960 July p. 66.
Wagner Electric Corporation, 1973 June p. 72.
Wagner, Franz von, 1961 Aug. p. 42.
Wagner, Günther A., 1976 Dec. p. 118.
Wagner, Henry G., 1961 Sept. p. 228; 1964 Dec. p. 51; 1969 May p. 113.
Wagner, Philip L., 1969 Apr. p. 70.
Wagner, Richard, 1959 June p. 86; 1961 Feb. p. 72.
Wagner, Richard S., 1967 Dec. p. 72.
Wagner, Robert F., 1949 Feb. p. 28; June p. 14; 1960 Aug. p. 77; 1965 Jan. p. 27.
Wagner, Robert R., 1963 Oct. p. 47.
Wagner-Jauregg, Julius, 1967 Nov. p. 27.
Wagoner, Robert V., 1970 Dec. p. 29; 1974 May p. 108, 115, 116, 118.
Wagstaff, Samuel S., 1978 Feb. p. 90.
Wagtendonk, Willem van, 1950 Nov. p. 37.
Wahl, Arnold C., 1970 Apr. p. 54.
Wahl, Arthur C., 1950 Apr. p. 45, 46; 1955 Sept. p. 72; 1959 Feb. p. 66.
Wahl, Charles, 1962 June p. 62.
Wahlgren, Erik, 1958 Dec. p. 64.
Wahlund, Sten, 1951 Jan. p. 50.
Wahrenbrock, Eric A., 1963 Apr. p. 84.
Waife, S. O., 1958 Jan. p. 46.

Wainwright, Geoffrey, 1970 Nov. p. 30; 1977 Dec. p. 157.
Wainwright, Lillian, 1952 June p. 42.
Wainwright, Thomas E., 1960 Aug. p. 127; 1969 Mar. p. 66.
Waisbren, Burton A., 1968 Feb. p. 93.
Wait, G. R., 1953 Apr. p. 36, 37.
Waite, Amory H., 1955 Sept. p. 55.
Waitt, Alden H., 1949 Apr. p. 26.
Wakeshima, Hiromu, 1972 Dec. p. 69.
Wakil, Salih J., 1954 Jan. p. 35; 1960 Feb. p. 49; 1961 June p. 146.
Waksman, Byron H., 1974 Nov. p. 60.
Waksman, Selman A., 1949 Aug. p. 27, 30-32, 34; 1952 Dec. p. 29; 1955 Oct. p. 52; 1967 Nov. p. 25, 28; 1974 Aug. p. 82.
Walbot, Virginia E., 1976 Sept. p. 173.
Walcott, Charles, 1974 Dec. p. 102, 103, 107.
Wald, Abraham, 1954 Aug. p. 23; 1955 Feb. p. 78, 80; 1977 May p. 122.
Wald, George, 1949 Sept. p. 15; 1952 June p. 34; 1953 July p. 58; 1956 Dec. p. 118; 1961 July p. 121; Sept. p. 228, 232; 1963 Oct. p. 93; Nov. p. 116; Dec. p. 68; 1964 Apr. p. 62, 64; May p. 60; Nov. p. 57; Dec. p. 54, 56; 1966 Oct. p. 78, 79; Nov. p. 65; 1967 June p. 72; Dec. p. 48; 1968 Sept. p. 175; 1970 Oct. p. 82; 1977 July p. 28; 1977 Dec. p. 110.
Waldemar, Prince of Prussia, 1965 Aug. p. 93.
Walden, Mayo K., 1968 June p. 46.
Waldenström, Jan, 1957 Mar. p. 140; 1974 Nov. p. 72.
Waldheim, Kurt, 1977 Nov. p. 70.
Waldmeier, M., 1959 Oct. p. 64.
Waldron, Ingrid, 1973 Aug. p. 47.
Waldron, L. R., 1953 July p. 59.
Wales, 1977 Jan. p. 23, 25, 26.
Walford, Lionel A., 1952 Apr. p. 21; 1969 Sept. p. 194.
Waling, Joseph, 1969 May p. 56.
Walk, Richard D., 1960 Apr. p. 64; 1961 Mar. p. 139; 1965 Nov. p. 94; 1967 May p. 96, 97.
Walker, Alan, 1967 Apr. p. 59; 1976 Nov. p. 70.
Walker, Duard L., 1973 Jan. p. 24; 1974 Feb. p. 35.
Walker, Elaine, 1956 Mar. p. 34.
Walker, Eric A., 1951 Sept. p. 72.
Walker, G. B., 1962 July p. 41.
Walker, J. L., 1965 Jan. p. 43.
Walker, John, 1976 June p. 110, 114.
Walker, John A., 1977 June p. 83.
Walker, Merle F., 1959 Apr. p. 98; 1961 June p. 119; 1962 Apr. p. 58, 60, 62; 1969 Jan. p. 31, 33; 1974 Oct. p. 39.
Walker, N. A., 1962 Oct. p. 107.
Walker, P. M. B., 1970 Apr. p. 26.
Walker, Robert M., 1967 June p. 51; 1973 July p. 71; 1976 Dec. p. 114, 116.
Walker, Russell G., 1973 Apr. p. 32, 35.
Walker, Thomas J., 1974 Aug. p. 42.
Walker, Walter L., 1965 May p. 48.
Wall, F. T., 1964 July p. 106.
Wall, Joseph, 1970 Aug. p. 48.
Wall, N. Sanders, 1971 May p. 26.
Wall, Patrick D., 1961 Feb. p. 43, 44; 1966 May p. 109.
Wallace, Alfred R., 1948 May p. 12; 1953 Dec. p. 66, 71, 72; 1955 Oct. p. 110; 1956 Feb. p. 63, 66, 67; 1957 July p. 119, 120, 121; 1959 Jan. p. 121; Feb. p. 70-82, 84; May p. 63, 65; Aug. p. 98, 99, 106; 1964 Sept. p. 149; 1972 Dec. p. 91; 1973 Dec. p. 61, 67; 1978 June p. 88.
Wallace, C. S., 1964 June p. 76, 79.
Wallace, Craig K., 1971 Aug. p. 17.
Wallace, E. M., 1950 Sept. p. 58.
Wallace, George, 1964 July p. 16; 1968 Dec.

p. 88; 1971 Dec. p. 13; 1976 June p. 21.
Wallace, Henry A., 1950 Nov. p. 12; 1951 Aug. p. 42.
Wallace, Herbert, 1959 Feb. p. 70.
Wallace, Hugh, 1973 Aug. p. 24.
Wallace, John, 1959 Feb. p. 73.
Wallace, L. W., 1975 Sept. p. 136.
Wallace, R., 1956 June p. 41.
Wallace, Robert C., 1973 Oct. p. 24.
Wallace, Robert E., 1970 Dec. p. 41; 1975 May p. 15.
Wallace, Robin A., 1971 May p. 18.
Wallace, William, 1959 Feb. p. 73, 75; Nov. p. 99, 100, 105, 110.
Wallach, Donald F. H., 1972 Feb. p. 32.
Wallach, Hans, 1962 Jan. p. 46; 1968 Sept. p. 206; 1975 Aug. p. 75.
Wallach, Otto, 1967 Nov. p. 26.
Wallaston, William H., 1968 Sept. p. 72.
Walldius, Börje, 1978 Jan. p. 45-49.
Waller, Augustus V., 1971 July p. 51.
Waller, Fletcher C., 1949 Aug. p. 33.
Waller, Ivar, 1968 July p. 62.
Waller, J. P., 1969 Oct. p. 28.
Waller, R., 1954 Dec. p. 98.
Wallerstein, George, 1971 Dec. p. 28, 29.
Wallin, J. E., 1971 Aug. p. 52.
Wallis, John, 1967 Aug p. 97; 1968 May p. 95; 1969 Nov. p. 87, 88, 91; 1976 Aug. p. 92.
Wallis, Robert , 1968 Apr. p. 116.
Wallman, James C., 1963 Apr. p. 70.
Wallman, Joshua, 1965 Apr. p. 99.
Waloff, Z. V., 1963 Dec. p. 132.
Walpole, Horace, 1948 Aug. p. 38; 1952 June p. 22; 1958 June p. 74; 1973 Sept. p. 120.
Walras, Léon, 1951 Oct. p. 15.
Walraven, J., 1964 Jan. p. 35.
Walraven, Theodore, 1957 Mar. p. 55; 1962 Mar. p. 44; 1964 Jan. p. 35.
Walsby, A. E., 1977 Aug. p. 90.
Walsh, A. D., 1953 Dec. p. 75.
Walsh, Donal, 1972 Aug. p. 99.
Walsh, John, 1960 Oct. p. 117.
Walsh, K. A., 1964 Dec. p. 76.
Walsh, Michael J., 1976 Mar. p. 32.
Walsh, P. J., 1969 Nov. p. 36.
Walsh, Thomas F., 1967 Dec. p. 32.
Walshe, Barbara, 1951 Oct. p. 69, 70.
Walshe, J. M., 1966 May p. 45; 1968 May p. 111.
Walsingham, Francis, Sir, 1977 Nov. p. 142.
Walske, Carl, 1978 June p. 74.
Walske, M. Carl Jr., 1972 Nov. p. 21.
Walter and Eliza Hall Institute of Medical Research, 1964 Dec. p. 106.
Walter, Carl, 1954 Feb. p. 57; 1961 July p. 61.
Walter, David, 1974 Nov. p. 87.
Walter, Grey, 1962 June p. 143.
Walter, Leo, 1953 Sept. p. 80.
Walter, Richard, 1969 June p. 49.
Walter, T. J., 1976 Feb. p. 113.
Walter, W. Grey, 1954 June p. 57, 62; 1959 Aug. p. 91; 1970 Mar. p. 68.
Walter, William, 1973 Feb. p. 89.
Walters, Daniel A., 1972 Sept. p. 78.
Walters, Richard H., 1964 Feb. p. 39; 1968 Aug. p. 94.
Walther, Fritz, 1961 Dec. p. 116, 119.
Walton, Ernest T. S., 1948 June p. 29; 1950 Sept. p. 30; 1952 Jan. p. 38; 1958 Mar. p. 68; 1967 Nov. p. 28; 1970 Aug. p. 24.
Walton, Harold F., 1951 Mar. p. 41; Nov. p. 28; 1952 July p. 65; 1955 Feb. p. 91; Aug. p. 39; 1958 Aug. p. 32; 1966 May p. 40; 1971 Feb. p. 22.
Walton, Izaak, 1974 May p. 33.
Walton, John R., 1963 Apr. p. 70.

Walton, Michael, 1972 May p. 84; 1977 Mar. p. 122.
Walton, Ray D. Jr., 1976 July p. 46.
Walvig, Finn, 1965 Nov. p. 112, 114.
Walz, Alfred, 1976 Jan. p. 75.
Walzl, Edward M., 1948 Oct. p. 34.
Wampler, E. Joseph, 1969 Jan. p. 33; Mar. p. 49; 1970 Mar. p. 38; 1971 Jan. p. 49, 50; 1972 Apr. p. 47.
Wanamaker, John, 1959 Nov. p. 99.
Wang, A., 1977 Feb. p. 82.
Wang, An-Chuan, 1974 Nov. p. 69.
Wang, Andrew H.-J., 1978 Jan. p. 59.
Wang, Daniel I. C., 1978 Apr. p. 85.
Wang, F. W., 1973 Feb. p. 59.
Wang, K. C., 1964 Jan. p. 81.
Wang, K. P., 1961 Feb. p. 67.
Wang, Nai-San, 1973 Apr. p. 74, 80.
Wang, Tung-Yue, 1975 Feb. p. 52.
Wangensteen, Owen H., 1962 July p. 74.
Wänke, H., 1965 Oct. p. 35.
Wankel, Felix, 1969 Feb. p. 90, 95; 1972 Aug. p. 14, 16, 17, 23.
Wapner, S., 1959 Feb. p. 51.
Warburg, Otto, 1948 Aug. p. 29, 30; 1949 Sept. p. 14-16; 1950 June p. 33; Sept. p. 63, 66; Dec. p. 47; 1958 July p. 56-58; 1959 Apr. p. 156; Oct. p. 97; 1961 May p. 55; 1967 June p. 72; Nov. p. 27.
Ward, Alan, 1977 Mar. p. 119.
Ward, Darrell N., 1956 Sept. p. 113.
Ward, Fred W., 1968 Jan. p. 109, 110; 1970 July p. 78; 1975 Apr. p. 113.
Ward, H. M., 1949 Aug. p. 27.
Ward, Joan S., 1968 Jan. p. 24; 1974 Oct. p. 87, 90.
Ward, John, 1954 Dec. p. 98; 1966 June p. 50, 52; 1978 Feb. p. 129.
Ward, Julian E., 1959 June p. 82.
Ward, Leslie, 1973 Dec. p. 111.
Ward, Peter, 1973 Nov. p. 65.
Ward, Robert, 1966 July p. 33.
Ward, Seth, 1967 Aug p. 97.
Ward, William R., 1973 Jan. p. 61; 1975 Sept. p. 117, 154, 38; 1978 Mar. p. 77.
Warden, Herbert E., 1960 Feb. p. 82.
Wardlaw, A. C., 1968 Mar. p. 71.
Wareing, P. F., 1968 July p. 78, 79.
Waring, Edward, 1950 Sept. p. 42.
Waring, Michael, 1970 Apr. p. 26; 1974 Aug. p. 85.
Warner, A., 1969 July p. 36.
Warner, Brian, 1969 July p. 52.
Warner, Fred D., 1974 Oct. p. 47, 50, 51.
Warner, John C., 1948 Oct. p. 24; 1949 Feb. p. 17; 1953 Aug. p. 41; 1958 Feb. p. 40.
Warner, Jonathan R., 1963 Feb. p. 69; Dec. p. 45, 53.
Warner, Noel A., 1962 Nov. p. 54, 55.
Warner, Noel L., 1974 Nov. p. 60.
Warner, Robert C., 1966 Feb. p. 37.
Warner, Roger S. Jr., 1949 July p. 33.
Warner-Lambert Research Institute, 1966 June p. 100.
Warnke, Paul C., 1974 May p. 24; 1977 Apr. p. 52.
Warnock, John, 1970 June p. 73, 74, 79, 81.
Warren, B. E., 1961 Jan. p. 94, 96.
Warren, Bruce A., 1976 May p. 60.
Warren, Charles R., 1958 Feb. p. 59.
Warren, D. C., 1956 Feb. p. 45.
Warren, Earl, 1969 Feb. p. 15.
Warren, Eugene R., 1969 Feb. p. 15, 16.
Warren, H. V., 1957 July p. 46.
Warren, J. M., 1968 June p. 68.
Warren, James V., 1974 Nov. p. 96.
Warren, Joseph, 1949 Dec. p. 28.
Warren, Minnie, 1967 July p. 103.
Warren, R. W., 1964 Dec. p. 81, 83.
Warren, Richard M., 1970 Dec. p. 30, 35.
Warren, Robert, 1970 Nov. p. 26.
Warren, Robert E., 1961 Oct. p. 148.
Warren, Roslyn P., 1970 Dec. p. 30.
Warren, Shields, 1949 July p. 26, 33; 1950 May p. 26; 1953 Feb. p. 35; 1955 Oct. p. 28; 1956 July p. 48; 1957 Aug. p. 57; 1959 Sept. p. 219.
Warsaw Pact, 1966 Jan. p. 46; 1970 May p. 24, 56; 1977 May p. 53; 1978 May p. 44-51.
Warshawsky, Hershey, 1969 Feb. p. 103.
Warwick, Donald P., 1974 Sept. p. 64.
Warwick, James W., 1964 July p. 36.
Wasdin, Eugene, 1963 Mar. p. 128.
Washburn, Alfred H., 1953 Oct. p. 65-67, 72, 73, 76.
Washburn, Bradford, 1955 Sept. p. 85; 1970 June p. 108.
Washburn, J., 1955 July p. 86.
Washburn, Jack, 1967 Sept. p. 97.
Washburn, Sherwood L., 1960 Sept. p. 76; 1962 May p. 138; Dec. p. 61; 1967 Apr. p. 62; 1973 Jan. p. 33; 1975 Jan. p. 71; 1978 Apr. p. 99.
Washburn, Stanley, 1960 Sept. p. 76.
Washington Children's Hospital, 1966 May p. 43.
Washington, George, 1949 Dec. p. 57; 1954 Oct. p. 73; 1960 Feb. p. 38; Oct. p. 158; 1967 June p. 20; 1968 Sept. p. 191; 1970 Dec. p. 102; 1973 Nov. p. 71; 1976 July p. 118, 123.
Washington, Henry S., 1960 June p. 148.
Washington National Airport, 1966 Dec. p. 74.
Washington State Supreme Court, 1950 Jan. p. 30.
Washington University, 1949 May p. 28; 1956 Apr. p. 60; 1957 Sept. p. 189; 1958 July p. 52; Aug. p. 58, 61, 66, 82; 1962 Apr. p. 68; 1964 Oct. p. 29; 1970 Apr. p. 94, 97; 1975 Aug. p. 98.
Wassén, Anders, 1962 Aug. p. 56; 1967 Apr. p. 79.
Wasserburg, Gerald J., 1960 Apr. p. 85; 1971 Jan. p. 45; 1974 Jan. p. 74, 75; July p. 47; 1975 Jan. p. 31; 1977 Jan. p. 89; 1978 Jan. p. 66.
Wasserman, August von, 1968 Apr. p. 73.
Wasserman, E., 1960 Nov. p. 94.
Wasserman, Karlman, 1963 June p. 83; 1974 June p. 51.
Wasserman, Paul M., 1975 July p. 48.
Wasz-Höckert, Ole, 1974 Mar. p. 84.
Watanabe, Akira, 1963 Mar. p. 58.
Watanabe, Astushi, 1966 June p. 79.
Watanabe, Tsutomu, 1968 Jan. p. 45; 1973 Apr. p. 19; 1975 July p. 28.
Waterhouse, Benjamin, 1976 Jan. p. 117.
Waterhouse, George R., 1963 Jan. p. 118.
Waterman, Alan T., 1949 Feb. p. 12, 15; 1951 Apr. p. 32; June p. 30; 1952 Apr. p. 37; 1953 Mar. p. 44; 1954 Mar. p. 30-32; 1958 Mar. p. 54; 1961 Jan. p. 78; Aug. p. 62; 1963 May p. 74.
Waterman, Talbot H., 1955 Aug. p. 58; 1976 July p. 107.
Waterson, A. P., 1963 Jan. p. 55; Oct. p. 48.
Watkin, J. E., 1964 June p. 86.
Watkins, Gary, 1970 June p. 56, 79.
Watkins, J. C., 1972 Feb. p. 34.
Watkins, Julian F., 1965 Apr. p. 62; 1969 Apr. p. 30; 1972 Nov. p. 72, 73.
Watkins, Richard E., 1969 May p. 26.
Watkins, Ron, 1978 Apr. p. 99.
Watkins, T. B., 1966 Aug. p. 28, 30.
Watkins, William A., 1966 Nov. p. 74.
Watkins, Winifred, 1977 June p. 111.
Watling, J. L., 1965 Oct. p. 47.
Wats, Gilbert, 1972 Aug. p. 79.
Watson, Cecil, 1957 Mar. p. 140.
Watson, D. J., 1970 Feb. p. 93.
Watson, D. M. S., 1953 Dec. p. 69.
Watson, Dennis W., 1966 June p. 98.
Watson, Fletcher G., 1951 July p. 23; 1954 Mar. p. 32; 1960 Feb. p. 132.
Watson, G. N., 1977 Apr. p. 125, 126.
Watson, Herman C., 1961 Dec. p. 98; 1964 Nov. p. 73; 1965 Sept. p. 86; 1966 June p. 52; 1974 July p. 77, 81.
Watson, Hewett, 1956 Feb. p. 67.
Watson, James C., 1949 Sept. p. 29.
Watson, James D., 1953 May p. 39; Sept. p. 105; 1954 Oct. p. 57; 1955 Oct. p. 70, 71, 74; 1956 May p. 62; Oct. p. 88, 90; 1958 Mar. p. 122; Apr. p. 50; June p. 37; Nov. p. 54; 1959 Dec. p. 56; 1961 July p. 66; Aug. p. 64; Sept. p. 76; 1962 Jan. p. 72, 83, 84; Feb. p. 42; July p. 109, 110; Aug. p. 53; Dec. p. 66; 1963 Jan. p. 48; Mar. p. 80; 1964 May p. 51; 1965 Aug. p. 75; 1966 Jan. p. 37; Dec. p. 34; 1967 May p. 80; Nov. p. 27, 28; 1968 Jan. p. 39; Aug. p. 43; Oct. p. 64, 70; 1969 Oct. p. 28; Dec. p. 49; 1971 Feb. p. 47; 1972 Dec. p. 84, 86, 88-91; 1978 Jan. p. 59.
Watson, John B., 1948 Dec. p. 22; 1950 Sept. p. 79; 1956 Jan. p. 39; 1963 Apr. p. 118; Oct. p. 116, 121, 122; 1972 Aug. p. 26.
Watson, Michael, 1957 July p. 132, 136.
Watson, Michael L., 1962 Apr. p. 71.
Watson, Paul C., 1978 Feb. p. 68.
Watson, R. M., 1971 July p. 86.
Watson, Rulon, 1974 Oct. p. 39.
Watson, Thomas J. Jr., 1966 Mar. p. 55.
Watson, William, 1974 Mar. p. 92.
Watson, William W., 1964 Sept. p. 84.
Watson-Watt, Robert, Sir, 1949 Apr. p. 27; 1952 Mar. p. 38; 1958 Dec. p. 53.
Watt, James, 1948 July p. 52; Oct. p. 21; 1949 Dec. p. 34; 1952 Sept. p. 101, 102, 50, 59; 1953 Nov. p. 65; 1954 Jan. p. 72; Apr. p. 64; Oct. p. 72; 1960 Sept. p. 187; 1963 Sept. p. 55, 56; 1964 Jan. p. 98, 100, 104-107; Sept. p. 188, 189; 1965 Jan. p. 82; June p. 115; July p. 95; 1967 Mar. p. 105, 108, 110; 1969 Apr. p. 104; Aug. p. 108, 113; 1970 Oct. p. 117, 118; 1971 Oct. p. 97, 98; 1972 May p. 102; 1974 Aug. p. 92.
Watten, Raymond H., 1971 Aug. p. 17.
Wattiaux, Robert, 1963 May p. 71.
Watts, C. Robert, 1971 June p. 112.
Watts, H. M., 1970 Oct. p. 69.
Watts, Harold, 1972 Oct. p. 23.
Watts, James W., 1948 Oct. p. 37; 1950 Feb. p. 44, 47.
Watts, Robert G., 1976 Jan. p. 63.
Wattson, Richard B., 1962 Aug. p. 36.
Watts-Tobin, Richard J., 1962 Mar. p. 69; Oct. p. 66.
Watzenrode, Lucas, 1973 Dec. p. 88.
Waud, Russell A., 1954 Aug. p. 26.
Waugh, Nancy C., 1968 Mar. p. 83.
Waung, Hsi-Fong, 1975 July p. 41.
Wawzonek, Stanley, 1967 Apr. p. 50.
Way, E. Leong, 1977 Mar. p. 46.
Way, J. T., 1950 Nov. p. 48.
Waymack, W. W., 1949 June p. 26.
Wayne State University, 1966 May p. 50; 1970 Nov. p. 44.
Wayne State University College of Medicine, 1962 Mar. p. 60.
Wayne University, 1958 July p. 52.
Waziri, Rafiq, 1970 July p. 64, 70.
Weakland, John H., 1962 Aug. p. 71.
Weakliem, H. A., 1966 July p. 103.
Weart, Harry W., 1967 Feb. p. 86, 88.

Weaver, Harold F., 1961 Dec. p. 76; 1965 July p. 29; 1966 Jan. p. 48; 1968 Dec. p. 38.
Weaver, James B., 1964 Mar. p. 57; 1965 Nov. p. 26, 27.
Weaver, John C., 1978 June p. 83.
Weaver, John H., 1977 June p. 32.
Weaver, M. E., 1966 June p. 100.
Weaver, Robert, 1978 Jan. p. 81.
Weaver, Thomas, 1973 Nov. p. 48.
Weaver, Warren, 1949 July p. 11, 14; Dec. p. 30; 1951 June p. 43; 1953 Feb. p. 34; May p. 54; 1954 Feb. p. 42; 1955 Feb. p. 52, 77; 1956 Jan. p. 29, 30; Feb. p. 77; July p. 48; Aug. p. 49; 1958 Feb. p. 42; 1959 Dec. p. 110; 1963 May p. 75; 1965 Nov. p. 48; 1972 Sept. p. 32-35.
Webb, H. M., 1954 Apr. p. 35.
Webb, J. H., 1949 Oct. p. 26; 1952 Nov. p. 32.
Webb, James E., 1961 Apr. p. 76.
Webb, Marguerite, 1975 Feb. p. 73.
Webb, Walter P., 1963 Sept. p. 226.
Webb, Watts R., 1965 June p. 57.
Webbe, Edward, 1968 Oct. p. 116.
Webber, Irma E., 1949 Dec. p. 55.
Webber, Melvin, 1965 Sept. p. 200.
Weber, Alfons, 1968 Sept. p. 124.
Weber, Annemarie, 1970 Apr. p. 86; 1974 Oct. p. 50; 1975 Nov. p. 37, 38.
Weber, C. A., 1958 Oct. p. 120.
Weber, Ernst, 1948 Sept. p. 44; 1959 Aug. p. 75.
Weber, Hans H., 1952 Dec. p. 19; 1961 Sept. p. 200.
Weber, J., 1958 Dec. p. 42.
Weber, John H., 1976 May p. 42, 43.
Weber, Joseph, 1970 Mar. p. 58; 1971 May p. 22; 1972 May p. 46; 1973 Feb. p. 48; 1975 Nov. p. 60.
Weber, Klaus, 1969 Nov. p. 58; 1978 Apr. p. 72.
Weber, Max, 1977 Mar. p. 107; Nov. p. 151.
Weber, Richard, 1973 Mar. p. 90.
Weber, Rudolf, 1963 Nov. p. 117; 1967 Nov. p. 62.
Weber, Sylvia, 1973 Feb. p. 48.
Weber, Wilhelm, 1948 Sept. p. 44; 1954 Nov. p. 80; 1955 June p. 66, 67; 1959 Aug. p. 75; 1973 July p. 29-31; 1977 July p. 124, 129, 130.
Webster, A. G., 1960 Oct. p. 151; 1973 July p. 24.
Webster, Adrian, 1974 Aug. p. 26.
Webster, Donald M., 1971 Mar. p. 100.
Webster, Edward, 1959 July p. 67.
Webster, Frederic, 1965 Apr. p. 95, 101.
Webster, George C., 1964 Jan. p. 72.
Webster, J. C., 1973 Oct. p. 102.
Webster, John C., 1962 Apr. p. 145.
Webster, Leslie T., 1949 Sept. p. 19.
Webster, Louise, 1975 Mar. p. 28.
Webster, M. E., 1962 Aug. p. 114, 118.
Webster, Medford S., 1964 Oct. p. 39, 40.
Webster, Noah, 1954 Oct. p. 34; 1955 Aug. p. 81.
Webster, Robert G., 1977 Dec. p. 88, 92, 104.
Webster, T. F., 1970 July p. 77.
Webster, Thomas A., 1970 Dec. p. 80.
Webster, William T., 1951 June p. 30.
Weckler, J. E., 1957 Dec. p. 89.
Weddell, James, 1962 Sept. p. 64; 1969 Aug. p. 101.
Wedgwood, Emma, 1956 Feb. p. 64.
Wedgwood, Josiah, 1969 July p. 46.
Wedgwood, Thomas, 1952 Nov. p. 30, 31.
Weekes, Trevor C., 1977 Jan. p. 39.
Weeks, James R., 1965 Feb. p. 83; 1971 Nov. p. 87.
Weeks, K., 1955 Sept. p. 132.
Weeks, Lewis G., 1948 Sept. p. 13; 1956 Oct. p. 45.
Weeks, Sinclair, 1953 May p. 53; June p. 44; Oct. p. 51; Dec. p. 50; 1955 Mar. p. 51; 1956 July p. 48.
Weertman, Johannes, 1962 Sept. p. 146; 1969 Mar. p. 33.
Weesner, Frances, 1953 May p. 78.
Weetall, Howard H., 1971 Mar. p. 31.
Wefel, J. P., 1969 June p. 37.
Wefers, Bernie, 1976 June p. 114.
Wegener, Alfred L., 1949 June p. 17; 1950 May p. 38, 40; 1959 Oct. p. 82; 1963 Apr. p. 86, 87, 89-91, 99; 1968 Apr. p. 53, 59; 1969 Nov. p. 104, 105, 119; 1970 Oct. p. 30, 41; 1972 Nov. p. 57; 1975 Feb. p. 88, 90-97; 1977 Apr. p. 30.
Wegener, Jonathan, 1962 Jan. p. 47.
Wegener, Kurt, 1975 Feb. p. 88.
Weger, Meier, 1971 Nov. p. 30.
Weglarska, Barbara, 1971 Dec. p. 32, 33.
Wegner, G., 1961 July p. 58.
Wegner, Harvey E., 1962 Oct. p. 86.
Wehnelt, A. R. B., 1950 Oct. p. 33.
Wei, Eddie T. F., 1977 Mar. p. 56.
Wei Po-Yang, 1952 Oct. p. 73.
Weibull, Claes, 1951 Jan. p. 21, 23, 24; 1960 June p. 137; 1975 Aug. p. 39.
Weibull, W., 1950 Aug. p. 43, 44.
Weidel, W., 1966 Nov. p. 88.
Weidemann, Volker, 1959 Jan. p. 52.
Weidenreich, Franz, 1949 Nov. p. 22; 1960 Sept. p. 113; 1970 Jan. p. 77; 1972 Jan. p. 102.
Weidenschilling, S. J., 1975 Sept. p. 159.
Weidhaas, Donald E., 1962 Oct. p. 63.
Weidman, Rita, 1960 Dec. p. 118.
Weidman, Silvio, 1970 May p. 80.
Weidman, Uli, 1960 Dec. p. 118.
Weierstrass, Karl, 1954 Apr. p. 84, 87; 1971 Aug. p. 94; 1972 June p. 78, 80-82, 86; 1973 Mar. p. 101, 103.
Weigand, Heribert, 1959 Jan. p. 66.
Weigert, Alfred, 1975 Mar. p. 29.
Weigert, Karl, 1948 Oct. p. 30.
Weigert, Martin G., 1965 Aug. p. 44.
Weigl, Rudolf, 1953 June p. 80.
Weigle, Jean J., 1970 Jan. p. 88.
Weil, André, 1957 May p. 93, 94, 99; 1977 July p. 131.
Weil, Andrew T., 1969 Dec. p. 20, 24.
Weil, George, 1955 July p. 50.
Weil, Max H., 1964 Mar. p. 42.
Weil, Paul, 1950 Mar. p. 34.
Weil, Robert J., 1951 June p. 38; 1954 Mar. p. 42.
Weil, Rudolf, 1977 Apr. p. 44.
Weil, Simone, 1957 May p. 93.
Weiland, I. Hyman, 1973 May p. 24, 27.
Weiler, K. W., 1970 Aug. p. 44.
Weiler, Reto, 1976 July p. 110.
Weimar, Virginia, 1951 June p. 62.
Weinberg, Alvin M., 1953 May p. 53; 1954 Dec. p. 53; 1955 July p. 48; May. p. 50; 1958 Dec. p. 53; 1961 Mar. p. 82; 1963 Jan. p. 59; 1967 May p. 25.
Weinberg, Gladys, 1959 June p. 61.
Weinberg, S. Kirson, 1952 May p. 44.
Weinberg, Steven, 1967 Nov. p. 59; 1971 Nov. p. 48; 1972 Nov. p. 50; 1973 Nov. p. 49; 1974 Feb. p. 72, 80; Dec. p. 108, 114; 1975 Jan. p. 49; Oct. p. 47; 1976 Jan. p. 48; Nov. p. 55; 1977 May p. 56; 1978 Feb. p. 129.
Weindling, Richard, 1949 Mar. p. 48.
Weiner, Daniel, 1964 Apr. p. 49.
Weiner, J. S., 1954 Jan. p. 38; 1966 Nov. p. 52.
Weiner, Louis, 1963 Aug. p. 23.
Weinheimer, Alfred J., 1971 Nov. p. 89.
Weinreb, Neal, 1973 Aug. p. 90.
Weinreb, Sander, 1965 July p. 27-29; 1966 Jan. p. 49; 1968 Nov. p. 56; Dec. p. 37, 40; 1974 May p. 110.
Weinreich, Gabriel, 1962 Jan. p. 62; 1963 July p. 42; 1964 Apr. p. 39, 40.
Weinrich, Marcel, 1961 July p. 50.
Weinstein, I. Bernard, 1963 Aug. p. 50.
Weinstock, Alfred, 1969 Feb. p. 105.
Weinstock, B., 1949 June p. 37; 1958 June p. 35.
Weinstock, Bernard, 1964 May p. 69.
Weinzierl, Jon, 1978 Jan. p. 59.
Weir, A., 1965 June p. 101.
Weisbach, Julius, 1967 Jan. p. 65, 66.
Weisberg, Leonard R., 1967 Dec. p. 72.
Weisberger, William I., 1967 Nov. p. 59.
Weisblum, Bernard, 1962 Sept. p. 108; 1963 Jan. p. 61; Mar. p. 86, 91.
Weis-Fogh, Torkel, 1950 May p. 29; 1958 Jan. p. 31; 1967 May p. 52; 1968 May p. 85; 1971 June p. 47; Aug. p. 76, 77; 1972 June p. 73; 1973 Nov. p. 94, 98; 1975 Nov. p. 81.
Weiskopf, V. F., 1948 Nov. p. 24.
Weiskrantz, L., 1971 July p. 45.
Weisman, Avery D., 1968 Oct. p. 60.
Weismann, August, 1957 Nov. p. 82, 84; 1959 May p. 65; 1961 Sept. p. 74; 1968 June p. 86, 88; Dec. p. 24.
Weisner, Jerome B., 1966 Aug. p. 40; 1971 Nov. p. 48.
Weiss, Armin, 1971 Nov. p. 31.
Weiss, Bernard, 1968 Oct. p. 75.
Weiss, David W., 1977 May p. 73.
Weiss, Esther A., 1958 Nov. p. 40; 1969 Jan. p. 38; 1975 Mar. p. 97.
Weiss, Francis J., 1952 Apr. p. 36.
Weiss, Joseph, 1953 Nov. p. 82.
Weiss, Leopold, 1969 May p. 64.
Weiss, Martin, 1973 Aug. p. 89.
Weiss, Mary C., 1968 Jan. p. 46; 1969 Apr. p. 26, 30, 33; 1971 Apr. p. 112; 1974 July p. 36, 38, 43; 1978 Feb. p. 120.
Weiss, Paul, 1949 June p. 45; 1955 Feb. p. 53; 1957 Nov. p. 87, 88; 1959 May p. 138, 144; Nov. p. 70, 73; 1961 Sept. p. 155; 1977 July p. 67.
Weiss, Pierre, 1955 Jan. p. 69; 1967 Sept. p. 222, 224, 228.
Weiss, Pierre-Ernst, 1971 June p. 78.
Weiss, Samuel, 1961 Aug. p. 64; Sept. p. 82; 1962 Feb. p. 45; 1963 Mar. p. 83.
Weissbach, Herbert, 1965 July p. 54.
Weissenberg, Karl, 1959 Dec. p. 136.
Weisskopf, Victor F., 1953 Dec. p. 43; 1955 May. p. 56; 1956 July p. 48; 1957 Sept. p. 107; 1958 Dec. p. 53; 1959 Jan. p. 79, 80, 82; 1960 July p. 75; 1964 Mar. p. 54, 86; 1968 Aug. p. 43; Sept. p. 51; 1969 Aug. p. 61; 1975 Jan. p. 49; Feb. p. 40; Sept. p. 53; 1978 Feb. p. 76.
Weissman, Gerald, 1963 May p. 72; 1975 Apr. p. 56.
Weissman Institute of Science, 1977 June p. 108, 113, 119.
Weissmann, Charles, 1971 Mar. p. 32.
Weissmann, Ernest, 1949 Mar. p. 27.
Weissmann, Gerald, 1967 Nov. p. 69, 72.
Weisz, John D., 1958 Oct. p. 96.
Weisz, Judith, 1976 July p. 56.
Weisz, Paul B., 1953 Mar. p. 76.
Weiszacker, Carl F. von, 1948 May p. 44; 1949 Oct. p. 43-45; Dec. p. 29; 1950 Jan. p. 43; 1952 Oct. p. 55, 56; 1953 Mar. p. 34; 1967 June p. 36; Nov. p. 105; 1969 July p. 30; 1973 Oct. p. 111.
Weitnauer, E., 1954 July p. 61.
Weitzel, Daniel H., 1957 Oct. p. 56.
Weitzman, Lenore J., 1974 Sept. p. 146.
Weizmann, Chaim, 1956 Nov. p. 79.
Weizmann Institute of Science, 1949 Oct. p. 29; 1962 Mar. p. 64; 1965 Nov. p. 30; 1976 Nov.

p. 57; 1977 Oct. p. 97.
Welch, Charles K., 1973 Mar. p. 87.
Welch, Henry, 1952 Apr. p. 56; 1955 Dec. p. 52.
Welch, Richard M., 1975 June p. 30.
Welch, W. Keasley, 1978 Apr. p. 64.
Welch, William J., 1969 Feb. p. 42; Apr. p. 50; 1973 Mar. p. 53.
Welde, Christine V., 1963 Nov. p. 104.
Welder Wildlife Refuge, 1971 June p. 112, 116, 118.
Weldon, W. F. R., 1954 Jan. p. 73, 74.
Weliachew, Leonid N., 1971 Sept. p. 80.
Weliky, Norman, 1971 Mar. p. 31.
Welker, Wallace, 1954 Feb. p. 71.
Welkome Foundation, 1963 Nov. p. 106.
Wellcome Research Laboratories, 1971 July p. 26; 1977 Apr. p. 48; July p. 46.
Weller, Thomas H., 1952 Nov. p. 27; 1954 Dec. p. 52; 1959 Feb. p. 89; 1960 Dec. p. 90; 1962 Sept. p. 104; 1966 July p. 32, 34; 1967 Nov. p. 25, 28; 1975 Feb. p. 41.
Welles, Orson, 1954 Mar. p. 39.
Wellesley College, 1965 July p. 55.
Wellhausen, Edwin J., 1976 Sept. p. 129, 36.
Wellings, S. R., 1969 July p. 59.
Wellington, Kelvin, 1975 Aug. p. 34, 35.
Wells, C., 1978 Jan. p. 111.
Wells, Carolyn, 1950 Jan. p. 18.
Wells Fargo Bank, 1966 Sept. p. 147.
Wells, H. G., 1949 Nov. p. 40; 1952 Jan. p. 60; 1961 Mar. p. 104.
Wells, Horace, 1957 Jan. p. 72.
Wells, Ibert C., 1951 Aug. p. 57; 1974 Sept. p. 81; 1975 Apr. p. 46.
Wells, John W., 1963 May p. 78; 1966 Oct. p. 26-28; 1972 Apr. p. 48.
Wells, Joyce, 1965 Mar. p. 48.
Wells, Mark B., 1964 Sept. p. 207.
Wells, Martin J., 1965 Mar. p. 43, 48.
Wells, Peter N. T., 1978 May p. 98.
Wells, Robert D., 1965 June p. 57; 1974 Aug. p. 88.
Wells, Ronald A., 1970 Mar. p. 62.
Wells, William C., 1959 May p. 62; 1969 June p. 37.
Wells, William F., 1951 Feb. p. 43.
Wels, Philip B., 1963 Mar. p. 118.
Welsbacch, Carl A. von, 1951 Nov. p. 29, 30.
Welsh, J. H., 1954 Apr. p. 34.
Welsh National Museum, 1974 Dec. p. 124, 125, 127, 128.
Weltha, David A., 1978 Apr. p. 78.
Welther, Barbara, 1963 Apr. p. 66.
Welton, M. G. E., 1966 June p. 56.
Welty, Carl, 1956 June p. 51; 1962 June p. 137.
Wenckebach, Karl, 1965 June p. 115.
Wendell, Oliver C., 1977 Feb. p. 30.
Wendelstadt, G., 1970 Dec. p. 77.
Wender, Irving, 1955 July p. 62.
Wender, P. H., 1973 Sept. p. 123.
Wendler, Gernot, 1968 May p. 85.
Wendorf, Fred, 1954 Sept. p. 76.
Wenger, M. A., 1972 Feb. p. 85.
Wenham, Francis, 1977 Aug. p. 98.
Wenk, Edward Jr., 1969 Sept. p. 121, 64.
Wenner, Adrian M., 1962 Dec. p. 70; 1967 Apr. p. 99; 1970 Oct. p. 60.
Wenner-Gren Foundation for Anthropological Research, 1956 Apr. p. 61; 1964 Apr. p. 94; 1965 Apr. p. 83; May p. 50; 1970 Mar. p. 53.
Wennmalm, Ake, 1971 Nov. p. 91.
Wensink, Pieter, 1973 Aug. p. 20, 26, 28, 29.
Went, Frits W., 1949 Mar. p. 50, 51; May p. 40; 1957 Apr. p. 125, 126, 128, 129; 1962 Oct. p. 116, 117; 1968 July p. 76; 1973 Dec. p. 63; 1975 July p. 93; 1976 Sept. p. 170.
Went, Hans, 1961 Sept. p. 110.
Wentorf, Robert H. Jr., 1955 Apr. p. 47; Nov. p. 46; 1957 Apr. p. 69; 1960 Jan. p. 74; 1974 Aug. p. 62; 1975 Nov. p. 105.
Wentworth, John, 1948 June p. 51.
Wentzel, Gregor, 1952 Jan. p. 27; 1960 Oct. p. 153.
Wenyon, Charles, 1953 Feb. p. 86.
Wenzel, Martin, 1966 Nov. p. 88.
Wenzel, William, 1956 June p. 41; Nov. p. 64.
Werblin, Frank S., 1978 Feb. p. 97.
Wergin, William P., 1970 Nov. p. 24.
Werle, E., 1962 Aug. p. 111, 116.
Werner, Alfred, 1967 Nov. p. 26.
Werner, J. H., 1960 Dec. p. 92.
Werner, L. B., 1950 Apr. p. 47; 1954 Feb. p. 76.
Werner, Samuel A., 1976 Jan. p. 61.
Wernholm, Olle, 1972 Apr. p. 23.
Wernick, Jack H., 1962 June p. 63, 66.
Wernicke, Carl, 1972 Apr. p. 76, 78-83.
Wernwag, Louis, 1954 Nov. p. 66.
Wertham, Fredric, 1949 June p. 50, 51.
Wertheim, G. K., 1971 Oct. p. 91, 92.
Wertheim, Gunther, 1955 Sept. p. 102.
Wertheimer, Max, 1956 Aug. p. 42; 1963 Apr. p. 118, 120, 128; 1964 Oct. p. 99, 100; 1965 Feb. p. 42; 1974 July p. 93, 103; 1975 Oct. p. 97, 103.
Wescott, Barbara, 1963 Aug. p. 93.
Wesley, Frank, 1968 June p. 73.
Wesley, John, 1958 June p. 74; 1960 Sept. p. 192; 1968 Jan. p. 84.
Wesleyan University, 1963 Jan. p. 78.
Wess, Julius, 1978 Feb. p. 136.
Wessel, Caspar, 1964 Sept. p. 54.
Wesselink, A. J., 1953 June p. 64; 1959 July p. 53; 1964 Jan. p. 32, 37.
Wessells, Catherine T., 1956 Feb. p. 78.
Wessells, Norman K., 1969 Mar. p. 37; 1971 Oct. p. 77.
West, Charles A., 1956 Oct. p. 72.
West, G. B., 1955 May p. 80.
West, John B., 1948 Dec. p. 27.
West, Louis J., 1977 Oct. p. 140.
West, Philip M., 1952 June p. 34; 1961 June p. 139.
West, Robert, 1964 July p. 94.
West, Roger, 1972 Feb. p. 27.
West Virginia Agricultural Experiment Station, 1952 May p. 36; 1953 Aug. p. 38.
West Virginia Pulp & Paper Co., 1951 Apr. p. 34.
Westerhout, Gart, 1959 Dec. p. 95, 103; 1964 Aug. p. 14; 1968 Dec. p. 38; 1973 Apr. p. 37; 1978 Apr. p. 114.
Westerlund, B. E., 1963 Oct. p. 60; 1964 Jan. p. 34, 35, 38, 38-40.
Westermann, William L., 1974 Sept. p. 95.
Westermarck, Edward, 1956 May p. 70.
Western Corporation, 1968 Sept. p. 92.
Western Electric Company, 1949 Sept. p. 28; 1953 Mar. p. 30; 1955 Aug. p. 47; Oct. p. 50; 1965 Mar. p. 93, 99; Nov. p. 62, 66, 68; 1967 Jan. p. 58; 1968 Apr. p. 23; 1975 Dec. p. 24; 1976 Dec. p. 53; 1977 Aug. p. 48.
Western Geophysical Company of America, 1977 Oct. p. 87.
Western Oil and Gas Association, 1952 May p. 19.
Western Reserve University, 1958 July p. 52; 1960 Dec. p. 100; 1961 May p. 69; 1964 Nov. p. 111; 1965 Dec. p. 70; 1969 Apr. p. 28; 1973 Sept. p. 81.
Western Union and Postal Telegraph, 1965 Mar. p. 95; 1966 Sept. p. 130, 154; 1977 Feb. p. 68.
Westerskov, K. E., 1970 Nov. p. 84.
Westervelt, Donald R., 1962 Feb. p. 73; 1977 Apr. p. 52.
Westfall, Richard S., 1963 Sept. p. 88; 1973 Apr. p. 44.
Westgren, Arne F., 1968 July p. 66.
Westheimer, Frank H., 1957 Nov. p. 117.
Westing, Arthur H., 1971 Feb. p. 44; 1972 May p. 20, 27.
Westinghouse Electric Corporation, 1949 Feb. p. 41; Mar. p. 24; Apr. p. 26; July p. 38; 1950 June p. 27; 1951 June p. 20; 1952 July p. 36; 1953 Mar. p. 44; Nov. p. 67, 71; Dec. p. 48; 1954 Apr. p. 64; July p. 38-40; 1955 July p. 48; 1957 Dec. p. 68; 1958 Feb. p. 46; Nov. p. 60; 1962 Mar. p. 78; June p. 62, 66; 1964 Jan. p. 115; Feb. p. 103; May p. 40, 64; Aug. p. 77; 1965 Nov. p. 68; 1966 Sept. p. 194, 200; 1967 Aug. p. 44; 1968 Feb. p. 27, 28, 29, 31; 1971 Jan. p. 77; Sept. p. 157; Oct. p. 91; 1973 Aug. p. 13; 1974 Jan. p. 23; 1975 Mar. p. 48; 1977 Oct. p. 91, 92.
Westinghouse, George, 1948 Oct. p. 25; 1953 Feb. p. 35; 1973 Apr. p. 45.
Westoff, Charles F., 1972 Oct. p. 46; 1974 Sept. p. 32; 1978 May p. 81.
Westphal, Heiner, 1968 Nov. p. 56.
Westphal, James A., 1965 Oct. p. 42; 1968 Aug. p. 51.
Westphal, W., 1969 Jan. p. 105.
Westwater, J. W., 1968 July p. 95.
Wetherald, R. T., 1970 Sept. p. 183.
Wetherell, A. M., 1973 Nov. p. 41.
Wetherill, George W., 1957 Feb. p. 58; 1975 Jan. p. 29; Sept. p. 159, 67; 1976 July p. 40; 1977 Jan. p. 89; Mar. p. 100.
Wetmore, F. Alexander, 1951 June p. 32.
Wettstein, Albert, 1955 Sept. p. 76.
Wettstein, Felix O., 1963 July p. 66; Dec. p. 46; 1964 Mar. p. 55.
Wettstein, Fritz von, 1950 Nov. p. 31.
Wever, Ernest G., 1973 Oct. p. 99.
Wexler, Harry, 1952 Aug. p. 58; 1953 Jan. p. 34; 1954 May p. 37; June p. 36; 1956 July p. 48; Dec. p. 40; 1958 Feb. p. 59; 1962 Sept. p. 128, 91, 94; 1969 Jan. p. 52, 61; 1971 Jan. p. 40.
Wexler, Solomon, 1968 Oct. p. 52.
Weyant, W. S., 1962 Sept. p. 91, 94.
Weye, Hermann, 1951 May p. 36.
Weyer, Edward M. Jr., 1971 Sept. p. 105.
Weyerhaeuser Company, 1971 Nov. p. 101, 102.
Weyl, Hermann, 1949 Mar. p. 54; 1950 Sept. p. 41; 1956 Sept. p. 157; 1964 Sept. p. 129, 130, 68; 1967 Dec. p. 112; 1975 May p. 52; 1978 Feb. p. 141.
Weyl, W., 1967 Feb. p. 77; 1977 July p. 93.
Weylard, John, 1966 Nov. p. 135.
Weymouth, George, 1948 June p. 50.
Weymouth, Thomas, 1948 June p. 50.
Wezel, A. L. van, 1978 Apr. p. 85.
W.F. Loomis, 1957 Dec. p. 118.
Whalen, Richard E., 1976 July p. 51.
Whang, Jacqueline J., 1964 May p. 90.
Wharton, Charles, 1966 Dec. p. 31.
Wharton, Clifton R. Jr., 1977 Dec. p. 87.
Wharton, Lennard, 1968 Oct. p. 44, 49.
Wharton, Thomas, 1960 Mar. p. 119; 1971 June p. 95.
Whatley, Frederick R., 1960 Nov. p. 105.
Wheatley, John C., 1969 Dec. p. 31-33; 1974 Dec. p. 66; 1976 Dec. p. 68.
Wheatstone, 1959 Nov. p. 174.
Wheatstone, Charles, Sir, 1954 July p. 73, 75, 76; 1965 Feb. p. 46; 1966 July p. 44; 1972 Feb. p. 51, 52; Aug. p. 86; 1976 Mar. p. 80.
Wheeler, D. J., 1952 Feb. p. 40.
Wheeler, John A., 1948 June p. 27, 36, 38; 1949 Mar. p. 29; July p. 43; 1962 Aug. p. 98; 1965 Aug. p. 49-51; 1967 Jan. p. 106, 107; June

p. 28; Nov. p. 92; 1969 Apr. p. 63; 1971 Jan. p. 51, 52; Mar. p. 44; 1972 Nov. p. 20; 1973 Oct. p. 49; 1977 Apr. p. 123.
Wheeler, Mortimer, Sir, 1956 Nov. p. 68; 1971 June p. 111.
Wheeler, Paul C., 1967 Mar. p. 50.
Wheeler, Raymond A., 1963 Apr. p. 49.
Wheeler, Tamara S., 1977 Oct. p. 122.
Wheeler, William M., 1948 June p. 18; 1950 July p. 53; 1963 Apr. p. 148; 1975 June p. 32; Dec. p. 110.
Wheelock, Charles D., 1960 Dec. p. 64.
Whelan, M. J., 1967 Sept. p. 96.
Whelpton, P. K., 1951 Apr. p. 16; Sept. p. 33.
Whepley, William, 1963 May p. 91.
Wherry, Kenneth S., 1948 May p. 32.
Whipp, Brian J., 1974 June p. 51.
Whipple, Fred L., 1949 Jan. p. 36; Dec. p. 30; 1951 June p. 24; 1953 Apr. p. 36, 98; 1954 Nov. p. 37, 39; 1955 July p. 52; 1956 Mar. p. 54; Sept. p. 113; 1957 Oct. p. 58; Dec. p. 37; 1958 Jan. p. 24; Oct. p. 44; 1960 Apr. p. 55; 1961 Nov. p. 79; 1962 May p. 76; 1964 Aug. p. 16, 43; 1973 July p. 68; 1975 Jan. p. 29; Sept. p. 144, 40.
Whipple, George H., 1949 Dec. p. 14, 15; 1967 Nov. p. 27.
Whistler, James McN., 1969 Sept. p. 55.
Whiston, William, 1976 May p. 98.
Whitaker, Douglas M., 1951 May p. 23.
Whitaker, Ewen A., 1966 Jan. p. 62; 1967 Nov. p. 41.
Whitby, Gordon, 1974 June p. 60.
Whitcomb, James H., 1973 Mar. p. 28; 1975 May p. 18.
Whitcomb, Richard T., 1969 Sept. p. 95.
White, A. D., 1963 July p. 38.
White, A. H., 1973 Feb. p. 89.
White, Abraham, 1949 July p. ; 1951 Dec. p. 47; 1965 Mar. p. 95.
White, Arthur, 1959 Jan. p. 43.
White, B. Jack, 1956 Nov. p. 54.
White, Burton, 1971 Oct. p. 30.
White, C. M., 1948 Nov. p. 10.
White, D. L., 1961 Nov. p. 84; 1963 June p. 63.
White, Donald E., 1963 May p. 76.
White, Dwain M., 1958 July p. 50; 1962 July p. 86.
White, Edward, 1978 Feb. p. 96.
White, Frank, 1952 Oct. p. 36.
White, Gilbert F., 1963 Sept. p. 106; 1964 Nov. p. 97.
White, Harvey E., 1958 Apr. p. 64; 1962 June p. 119.
White, J. H., 1963 Dec. p. 136.
White, Jack L., 1977 Dec. p. 140.
White, James R., 1964 July p. 45.
White, John M., 1966 May p. 61.
White, Jonathan W., 1972 Apr. p. 95.
White, Keith, 1975 Mar. p. 73.
White, Kerr L., 1967 Nov. p. 59.
White, Leslie A., 1954 Sept. p. 57; 1956 May p. 73; 1971 Sept. p. 131.
White, Lynn Jr., 1961 June p. 90; 1970 Aug. p. 92.
White, M. G., 1952 July p. 35; 1953 May p. 45.
White, Paul D., 1952 Oct. p. 68, 70; 1966 Nov. p. 65; 1969 Feb. p. 70, 71; 1975 Dec. p. 54.
White, Philip R., 1952 June p. 66; 1956 Oct. p. 52; 1965 Nov. p. 79.
White, R. H., 1974 July p. 57.
White, R. S., 1963 May p. 87.
White, Ralph T., 1956 Aug. p. 98.
White, Robert M., 1964 Mar. p. 64; 1972 Oct. p. 54, 60.
White, Stanford, 1965 Aug. p. 19.
White, Stephen, 1958 Apr. p. 64.
White, T. H., 1971 Jan. p. 49.
White, Thomas O., 1972 Nov. p. 105.
White, Walter, 1969 Feb. p. 18, 19.
White, William A., 1973 July p. 51.
Whitehall Pharmacal Company, 1950 May p. 29; Aug. p. 31.
Whitehead, A. B., 1960 Mar. p. 84; Apr. p. 80.
Whitehead, Alfred N., 1949 Aug. p. 40; 1950 Sept. p. 40; Dec. p. 22; 1952 Sept. p. 47; 1954 May p. 86; 1956 June p. 76; 1960 Aug. p. 60; 1966 Sept. p. 112; 1967 July p. 52; 1972 July p. ; 1973 Mar. p. 103; Dec. p. 64.
Whitehead, E. V., 1967 Jan. p. 37.
Whitehorn, John, 1953 Apr. p. 45.
Whitehouse, R. H., 1973 Sept. p. 40.
Whitehurst, Robert, 1973 June p. 34.
Whiteley, Barbara, 1963 Nov. p. 108.
Whitemarsh, R. P., 1959 Aug. p. 77.
Whiteoak, D. B., 1974 Apr. p. 72.
Whiteoak, J. B., 1962 Nov. p. 72; 1965 June p. 52; 1971 Dec. p. 22.
Whiteside, D. T., 1975 June p. 49.
Whitfield, Allen, 1952 Aug. p. 52; 1955 May p. 50; Dec. p. 52.
Whitford, Albert E., 1948 July p. 24; 1952 Feb. p. 47; Mar. p. 56, 58; 1954 Mar. p. 58, 59; 1955 May p. 46; 1956 Sept. p. 165, 166; 1957 July p. 65; 1963 Apr. p. 66.
Whitman, C. O., 1956 Nov. p. 128.
Whitman, Charles, 1958 Dec. p. 69.
Whitman, Loring, 1955 Mar. p. 69.
Whitman, Walt, 1951 Sept. p. 43.
Whitman, Walter G., 1955 Mar. p. 50; July p. 50; Oct. p. 27.
Whitmore, Dean F., 1955 Jan. p. 57.
Whitmyre, John W., 1954 Mar. p. 48.
Whitnah, Carrell H., 1951 Oct. p. 33.
Whitney, Charles A., 1975 June p. 73.
Whitney, Daniel E., 1976 Feb. p. 79, 83; 1978 Feb. p. 62.
Whitney, Eli, 1952 Sept. p. 102, 104, 105; 1957 Nov. p. 47.
Whitney Foundation, 1964 July p. 16.
Whitney, Hassler, 1966 May p. 115.
Whitney, Richard R., 1973 Mar. p. 95.
Whitson, L. S., 1971 Oct. p. 102.
Whittaker, Edmund, Sir, 1950 Sept. p. 42; Dec. p. 22; 1953 Nov. p. 93; 1954 June p. 77; 1955 June p. 67.
Whittaker, Ewen, 1967 Mar. p. 63, 68.
Whittaker, R. H., 1978 Jan. p. 36, 39, 40, 42.
Whittaker, Robert H., 1970 Sept. p. 68, 69; 1971 Aug. p. 50, 55, 56.
Whittembury, Guillermo, 1962 Aug. p. 100.
Whitten, Wesley K., 1963 May p. 101; 1970 Dec. p. 51; 1974 May p. 53.
Whittingham, D. G., 1970 Dec. p. 51.
Whittington, H. B., 1963 Feb. p. 82.
Whittle, Frank, Sir, 1952 Mar. p. 38; 1953 Nov. p. 65, 68.
Whittlesey House Publishers, 1949 Mar. p. 13, 17; Apr. p. 26.
Whitworth, Joseph, 1952 Apr. p. 73; 1963 Apr. p. 142.
Whitworth, Tom, 1977 May p. 28.
Whorf, Benjamin L., 1960 June p. 53, 55; 1976 Jan. p. 101.
Whur, Paul, 1969 Feb. p. 107.
Whymper, Edward, 1978 Apr. p. 149.
Wiame, J. M., 1960 June p. 134, 142.
Wickens, Delos D., 1966 July p. 92.
Wicker, Fred, 1977 May p. 30.
Wickham, Henry, 1956 Nov. p. 76.
Wickler, Wolfgang, 1958 Dec. p. 71.
Wickman, Ivar, 1950 Aug. p. 22.
Widdemer, Mabel C., 1949 Dec. p. 56.
Widdowson, Elsie M., 1972 July p. 76, 82.
Wideroe, Rolf, 1966 Nov. p. 109.
Widmanstätten, A. B., 1965 Oct. p. 29.
Widom, Benjamin, 1969 Sept. p. 102.
Widom, Joanne M., 1969 Sept. p. 102.
Wiebe, Peter, 1976 Aug. p. 44D.
Wiechert, E., 1949 Feb. p. 42; 1955 Sept. p. 56.
Wied, David de, 1971 Jan. p. 27.
Wiedemann, Gustav, 1967 Sept. p. 182.
Wiedemann, H. R., 1962 Aug. p. 30.
Wieder, I., 1961 June p. 58.
Wiegand, Clyde E., 1955 Dec. p. 47; 1957 July p. 75; 1958 Apr. p. 34; 1969 July p. 52.
Wiel, Andrew T., 1969 Feb. p. 44.
Wieland, Heinrich, 1955 Jan. p. 54, 60; 1958 July p. 57, 58; 1967 Nov. p. 27.
Wieland, Heinrich O., 1975 Mar. p. 95.
Wieland, Theodor H. F., 1975 Mar. p. 94-96, 100, 101.
Wieland, Theodore, 1951 Dec. p. 51.
Wieland, Ulrich, 1975 Mar. p. 95.
Wieleitner, Heinrich, 1949 Jan. p. 45.
Wiemeyer, Stanley N., 1970 Apr. p. 74.
Wien, Wilhelm, 1967 Nov. p. 26.
Wiener, Alexander S., 1951 Nov. p. 22, 24.
Wiener, Norbert, 1948 Nov. p. 14; 1949 July p. 11; Sept. p. 16; 1950 Feb. p. 25; May p. 43; Dec. p. 24; 1952 Apr. p. 83; 1954 June p. 54; 1955 Apr. p. 58; 1956 Jan. p. 29; Aug. p. 44; 1962 June p. 151; 1964 Sept. p. 105, 114, 115, 200; 1966 Sept. p. 247; 1967 Jan. p. 102; 1968 May p. 95; 1969 Mar. p. 68-70; 1970 Oct. p. 111; 1972 Sept. p. 32, 40, 41; 1974 June p. 85, 88.
Wiener, Otto, 1970 Mar. p. 114.
Wienert, Helgard, 1969 June p. 19.
Wiercinski, Floyd, 1951 June p. 62.
Wiercinski, Floyd J., 1970 Apr. p. 86.
Wiersma, C. A. G., 1955 July p. 94.
Wiersma, Cornelis A. G., 1967 May p. 50, 51; 1974 Oct. p. 100.
Wiersum, L. K., 1952 May p. 52.
Wiese, Konrad, 1978 Apr. p. 138.
Wiesel, Leon L., 1966 May p. 50.
Wiesel, Torsten N., 1963 Nov. p. 54, 59; 1964 Dec. p. 53; 1969 May p. 108, 109, 113; 1971 May p. 91; June p. 37; 1972 Aug. p. 84, 93; Sept. p. 49, 50; Dec. p. 74, 77, 75; 1973 Mar. p. 74; 1974 May p. 48, 49; Nov. p. 110; 1976 Dec. p. 44, 45.
Wiesmann, R., 1952 Oct. p. 22.
Wiesner, Jerome B., 1950 Feb. p. 25; 1952 June p. 38; 1957 Jan. p. 46; 1961 Mar. p. 80; Nov. p. 79; 1964 Oct. p. 56; 1966 Jan. p. 46; 1969 Aug. p. 18, 23; 1972 Jan. p. 22; Nov. p. 15; 1973 Mar. p. 44; 1978 Feb. p. 76; June p. 83.
Wigdor, Reuben, 1970 July p. 58.
Wiggers, Carl J., 1957 May p. 74; 1965 Nov. p. 40.
Wiggins, J. R., 1955 Mar. p. 51.
Wigglesworth, V. B., 1950 Apr. p. 24; 1953 Feb. p. 32; 1958 Feb. p. 67; 1960 Feb. p. 116; June p. 72; 1976 Feb. p. 114, 115.
Wigglesworth, Vincent, Sir, 1965 Dec. p. 46.
Wightman, E., 1978 Jan. p. 111.
Wigner, Eugene P., 1948 June p. 32; Nov. p. 24; 1949 July p. 43; 1952 Dec. p. 44; 1956 Aug. p. 108; 1958 Feb. p. 48; Dec. p. 53; 1959 Jan. p. 62; 1960 June p. 82; 1961 Mar. p. 82; 1963 Oct. p. 44; Dec. p. 64; 1964 Sept. p. 129, 130; 1965 Mar. p. 52; 1966 July p. 75; 1967 Jan. p. 100; May p. 132; Nov. p. 27, 28, 30; 1975 May p. 42.
Wijk, Uco van, 1952 July p. 52.
Wijngaarden, A. van, 1974 June p. 44.
Wikelgren, Barbara, 1970 July p. 63.
Wikler, Abraham, 1965 Feb. p. 86.
Wiktor, Tadeusz J., 1973 Jan. p. 25.

Wilberforce, Bishop, 1954 Mar. p. 52; 1956 Feb. p. 67; 1959 May p. 66.
Wilberforce, Samuel, 1969 Feb. p. 17.
Wilbur B. Driver Company, 1962 June p. 65.
Wilbur, Ray L., 1949 June p. 12; 1963 Aug. p. 26; 1971 Apr. p. 17.
Wilchek, Meir, 1971 Mar. p. 33.
Wilcock, P. D., 1969 Dec. p. 52.
Wilcox, Ansley, 1963 Mar. p. 129.
Wilcox, Ella W., 1958 Sept. p. 59, 60.
Wilcox, John M., 1973 Oct. p. 75; 1975 Apr. p. 109.
Wilcox, Kent W., 1976 Jan. p. 75.
Wilcox, R. Stimson, 1978 Apr. p. 137.
Wilczek, Frank, 1974 July p. 58; 1976 Nov. p. 56.
Wild, J. J., 1978 May p. 98.
Wild, J. P., 1957 July p. 51; 1965 June p. 47; 1968 Nov. p. 56.
Wild, R. K., 1974 Aug. p. 68, 69.
Wild, R. L., 1967 Sept. p. 242.
Wilde, Charles E. Jr., 1959 May p. 142.
Wilde, Cornel, 1972 Dec. p. 91, 92.
Wilde, Henry, 1961 May p. 116.
Wilder, Barry, 1975 Apr. p. 93.
Wilder, Dan, 1954 May p. 38.
Wildermuth, Hansruedi, 1968 Nov. p. 118.
Wildey, Robert L., 1965 Aug. p. 21.
Wildiers, E., 1961 June p. 139.
Wildt, Rupert, 1950 Oct. p. 15; 1968 Feb. p. 78; Oct. p. 51; 1974 Mar. p. 51; 1975 Sept. p. 138.
Wildy, P., 1963 Jan. p. 51, 55; Oct. p. 48.
Wiles, James, 1953 Mar. p. 89, 94.
Wiley, Alexander, 1953 Oct. p. 50.
Wiley, Harvey W., 1973 Sept. p. 163.
Wiley, R. Haven Jr., 1978 May p. 114.
Wiley, Robert S., 1952 June p. 50.
Wilhelm, Emperor, 1949 Dec. p. 17.
Wilhelm II, Kaiser, 1958 Feb. p. 77; 1965 Aug. p. 89, 95.
Wilhelm, Richard H., 1966 Apr. p. 50.
Wilhelms, Don, 1973 Jan. p. 55.
Wilhelmy, Ludwig F., 1949 Dec. p. 35.
Wiliamson, Allan, 1973 July p. 55.
Wilk, Richard, 1977 Mar. p. 130.
Wilke, Johann K., 1954 June p. 80.
Wilkes, Charles, 1953 May p. 91; 1962 Sept. p. 64.
Wilkes, Donald F., 1967 Dec. p. 58.
Wilkie, Douglas, 1970 Apr. p. 93.
Wilkie Foundation, 1962 May p. 128.
Wilkins, Bishop, 1968 Jan. p. 118.
Wilkins, H. F., 1962 Dec. p. 66.
Wilkins, Hubert, 1962 Sept. p. 64.
Wilkins, John, 1967 Aug p. 97; 1968 Jan. p. 115.
Wilkins, Lawson, 1963 July p. 60; 1971 June p. 93.
Wilkins, M. F., 1972 Feb. p. 31.
Wilkins, Maurice F., 1954 Oct. p. 57, 58; 1962 Aug. p. 53.
Wilkins, Maurice H. F., 1963 Mar. p. 80; 1967 Nov. p. 28.
Wilkinson, David T., 1963 Apr. p. 139; 1965 July p. 46; 1966 May p. 54; 1967 May p. 54; 1968 Jan. p. 84; 1969 Feb. p. 59; 1970 Mar. p. 38; 1974 Jan. p. 70; Aug. p. 29; 1977 Nov. p. 72; 1978 May p. 64, 69, 70, 72, 73.
Wilkinson, Denys, 1966 Feb. p. 47.
Wilkinson, Geoffrey, 1973 Dec. p. 50.
Wilkinson, John, 1952 Sept. p. 101, 102; 1954 Nov. p. 66; 1974 Aug. p. 97.
Wilkinson, Peter N., 1975 Aug. p. 30.
Wilkinson, William, 1974 Aug. p. 97.
Wilks, E. M., 1974 Aug. p. 69.
Wilks, John, 1974 Aug. p. 69.
Wilkson, David I., 1970 June p. 29.
Willard, H. H., 1949 Sept. p. 28.
Willems, George A., 1963 Nov. p. 52, 53.
Willems, Ronald H., 1970 May p. 57.
Willenegger, H., 1963 Apr. p. 112.
Willens, Ronald H., 1960 Aug. p. 72; 1964 Sept. p. 88; 1971 Nov. p. 28.
Willerman, Lee, 1971 Feb. p. 46.
Willett, Hurd C., 1969 Nov. p. 62.
Willey, Gordon R., 1954 Aug. p. 29; 1977 Mar. p. 119.
William I, the Conqueror, 1948 June p. 51; 1950 Apr. p. 49; 1951 July p. 50; 1953 Oct. p. 84; 1958 Mar. p. 42; Sept. p. 65; 1967 May p. 72; 1970 July p. 18; 1974 May p. 41; 1976 Oct. p. 120, 127.
William of Conches, 1978 Jan. p. 68.
Williams, Agnes I., 1949 Feb. p. 33.
Williams, Albert III, 1973 Feb. p. 77.
Williams, Barbara, 1975 Feb. p. 72, 74, 75.
Williams, Carroll M., 1951 Feb. p. 30; 1952 Oct. p. 35, 36; 1953 Feb. p. 32; 1956 Apr. p. 132; Oct. p. 71; 1960 Feb. p. 116; 1965 Oct. p. 39; 1966 May p. 53; 1967 Mar. p. 52; June p. 113; Sept. p. 104; Nov. p. 54; 1968 May p. 54.
Williams, Cicely, 1954 Dec. p. 46.
Williams, Curtis A. Jr., 1960 Mar. p. 130.
Williams, David, 1965 July p. 29.
Williams, David R. W., 1954 Sept. p. 81; 1966 Jan. p. 48; 1968 Dec. p. 38.
Williams, E. J., 1973 Oct. p. 111.
Williams, Edward R., 1963 Dec. p. 79.
Williams, Edwin R., 1976 May p. 95, 96.
Williams, Gareth P., 1976 Mar. p. 47, 55.
Williams, George A., 1963 Nov. p. 52, 53.
Williams, Henry L., 1949 Dec. p. 53.
Williams, Hugh C., 1978 Feb. p. 89, 90.
Williams, J. D., 1967 July p. 54.
Williams, J. W., 1951 June p. 50; Dec. p. 49.
Williams, James G., 1975 Jan. p. 29; Sept. p. 144.
Williams, John H., 1960 Apr. p. 88.
Williams, K. Lloyd, 1967 Feb. p. 97.
Williams, L. W., 1951 Apr. p. 66.
Williams, N. H., 1948 Sept. p. 18.
Williams, N. T., 1954 Oct. p. 52.
Williams Research Corporation, 1977 Feb. p. 26.
Williams, Robert J., 1971 Mar. p. 100.
Williams, Robert R., 1956 Feb. p. 48.
Williams, Robley C., 1952 Jan. p. 36; 1953 Apr. p. 28; May p. 37; Nov. p. 54; 1954 Mar. p. 34; July p. 59; Dec. p. 62, 64; 1955 Feb. p. 53; 1956 June p. 43, 45, 46; 1963 Jan. p. 49.
Williams, Roger J., 1958 Feb. p. 27; 1972 Jan. p. 50.
Williams, Simon, 1953 Jan. p. 67.
Williams, Steven, 1976 June p. 111.
Williams, W., 1957 July p. 50.
Williams, Walter J., 1949 July p. 33.
Williams Waterman Fund, 1949 July p. 44.
Williams, William A., 1971 Sept. p. 92, 94.
Williams-Dean, Glenna, 1975 Jan. p. 100.
Williamson, C. S., 1959 Oct. p. 57.
Williamson, Hugh, 1960 Oct. p. 117.
Williamson, J. M., 1963 May p. 89.
Williamson, Peter, 1969 Jan. p. 111, 112.
Williamson, Robert B., 1965 Jan. p. 39; 1975 Dec. p. 101.
Willis, A. L., 1971 Aug. p. 45.
Willis, Bailey, 1961 Feb. p. 97; 1967 Nov. p. 44.
Willis, E. P., 1968 Jan. p. 118, 119.
Willis, Eric H., 1971 Oct. p. 68.
Willis, Francis, 1969 July p. 38, 44, 45.
Willis, Frank N., 1975 Nov. p. 112.
Willis, Thomas, Sir, 1958 Aug. p. 85; 1964 May p. 112, 113, 115.
Willis, Tony, 1975 Aug. p. 29.
Willis, William, 1956 Jan. p. 76.
Williston, S. H., 1971 May p. 19.
Willius, Frederick A., 1962 July p. 41.
Willmer, E. N., 1959 May p. 133.
Willowa, A. O. D., 1971 Feb. p. 69.
Willows, A. O. D., 1970 July p. 70.
Willrich, Mason, 1975 Nov. p. 33.
Wills, Christopher, 1970 Mar. p. 98.
Wills, D., 1964 Nov. p. 58.
Wills Eye Hospital, 1964 Oct. p. 84.
Wills, Philip, 1961 Mar. p. 125, 129, 134.
Willson, Thomas L., 1949 Jan. p. 17.
Willstätter, Richard, 1948 Dec. p. 30, 31; 1957 Sept. p. 87; 1962 Nov. p. 94; 1964 June p. 85; 1967 Nov. p. 26; 1972 Aug. p. 36.
Wilsdorf, H. G. F., 1961 Oct. p. 114.
Wilsey Tool Company, 1977 Sept. p. 187.
Wilska, Alvar, 1964 Dec. p. 48.
Wilson, A. H., 1967 Sept. p. 83.
Wilson, A. J., 1968 July p. 64.
Wilson, A. Stephen, 1974 Aug. p. 73.
Wilson, Alan H., 1952 Dec. p. 47.
Wilson, Albert G., 1956 Mar. p. 90; 1964 May p. 78.
Wilson, Alexander, 1951 Dec. p. 68; 1962 June p. 98.
Wilson, Allan C., 1970 Feb. p. 46.
Wilson, Andrew, 1975 Aug. p. 29.
Wilson, Barry, 1957 June p. 59.
Wilson, C. B., 1959 July p. 98.
Wilson, C. T. R., 1949 Dec. p. 15; 1950 Sept. p. 31; 1953 Apr. p. 33-37; 1956 Nov. p. 98; 1960 Dec. p. 74; 1962 Aug. p. 38; 1967 Oct. p. 39; Nov. p. 27; 1974 July p. 60.
Wilson, C. W., 1958 Aug. p. 61; 1960 Apr. p. 150; 1961 Aug. p. 54.
Wilson, Carroll L., 1949 July p. 27, 33; 1950 Oct. p. 24; Dec. p. 26; 1970 Sept. p. 78; 1978 Mar. p. 42.
Wilson, Charles E., 1950 Dec. p. 26; 1951 June p. 30; 1953 June p. 46; 1955 June p. 48.
Wilson, Charles H., 1974 Sept. p. 174.
Wilson, Charles T. R., 1949 Nov. p. 43.
Wilson, Curtis, 1973 June p. 82.
Wilson, Daniel, 1959 Nov. p. 170.
Wilson, David J., 1964 July p. 106.
Wilson, Donald M., 1959 June p. 133; 1967 May p. 52; 1971 Feb. p. 74; Aug. p. 76; 1974 Aug. p. 35; Oct. p. 100.
Wilson, Douglas P., 1960 Mar. p. 166.
Wilson, E. Bright Jr., 1948 Sept. p. 21.
Wilson, E. Justin Jr., 1953 May p. 33.
Wilson, Edmund B., 1950 Nov. p. 30; 1961 Sept. p. 54; 1963 July p. 54; 1968 June p. 88.
Wilson, Edward, 1962 Sept. p. 65.
Wilson, Edward A., 1957 Dec. p. 47; 1964 Feb. p. 97; 1969 Aug. p. 101.
Wilson, Edward O., 1956 May p. 64; 1962 Sept. p. 206; 1967 Oct. p. 62; 1968 May p. 116; 1971 Mar. p. 86; May p. 100; July p. 45; 1972 July p. 95; Sept. p. 36; 1973 Dec. p. 60; 1974 July p. 28; 1975 June p. 33; 1976 Mar. p. 101; 1977 Dec. p. 146, 154.
Wilson, Frank N., 1961 Nov. p. 134.
Wilson, George, 1965 Mar. p. 82.
Wilson, H. R., 1954 Oct. p. 57.
Wilson, Harold, 1963 Aug. p. 48; 1975 Apr. p. 26.
Wilson, Henry V., 1959 May p. 132, 144; 1961 Sept. p. 146.
Wilson, Herbert A., 1964 June p. 30.
Wilson, Irwin B., 1959 Nov. p. 81, 83, 84; 1961 Feb. p. 90.
Wilson, J. A., 1969 May p. 23, 24.
Wilson, J. F., 1977 Mar. p. 100.
Wilson, J. Tuzo, 1949 Aug. p. 50; 1951 Dec. p. 69; 1960 May p. 92; Oct. p. 110; 1961 Feb. p. 67; 1963 June p. 74; 1964 Aug. p. 28; 1967

Feb. p. 54; 1968 Dec. p. 60, 61, 65; 1970 Oct. p. 39, 41; 1972 May p. 61; Nov. p. 62; 1973 July p. 48.
Wilson, Jack, 1970 July p. 52.
Wilson, James, 1963 Mar. p. 124; 1974 July p. 57.
Wilson, James L., 1963 Oct. p. 27.
Wilson, James T., 1963 Mar. p. 128.
Wilson, John C., 1972 July p. 39, 42, 44, 46.
Wilson, John T., 1978 June p. 83.
Wilson, Kenneth G., 1975 Oct. p. 45; 1976 Nov. p. 60.
Wilson, Kinnier, 1956 Dec. p. 132; 1968 May p. 111.
Wilson, Mitchell, 1958 Apr. p. 64.
Wilson, Olin C., 1963 Apr. p. 67; 1965 Feb. p. 99; 1967 Aug. p. 35.
Wilson, Ove, 1962 Sept. p. 228.
Wilson, P. W., 1953 Mar. p. 41; 1961 June p. 139.
Wilson, Perry B., 1965 Dec. p. 42.
Wilson, R. N., 1956 July p. 63.
Wilson, R. R., 1975 Feb. p. 40.
Wilson, R. W., 1966 May p. 54; Aug. p. 36; 1973 Mar. p. 60.
Wilson, Richard, 1973 Nov. p. 40; 1975 June p. 54.
Wilson, Robert E., 1960 Apr. p. 88; 1961 May p. 74; 1962 Sept. p. 100; 1964 May p. 60.
Wilson, Robert R., 1956 Aug. p. 29-31, 34; 1960 July p. 79; 1963 Jan. p. 44; 1970 Aug. p. 44; 1971 Sept. p. 75.
Wilson, Robert W., 1965 July p. 45; 1967 June p. 28, 30, 32; 1969 Feb. p. 59; 1970 June p. 33, 49; 1974 May p. 112, 113; Aug. p. 29; 1976 Mar. p. 63, 65; 1978 May p. 64, 66.
Wilson, Rodney, 1967 Feb. p. 49.
Wilson, S. S., 1973 May p. 43.
Wilson, Victor J., 1966 May p. 102, 106; 1970 July p. 62; 1972 June p. 96.
Wilson, W. J., 1973 Mar. p. 56.
Wilson, Wilbor O., 1966 July p. 56.
Wilson, William J., 1968 Dec. p. 44; 1978 June p. 94.
Wilson, Woodrow, 1950 Nov. p. 11.
Wilt, Fred H., 1969 Mar. p. 44.
Wiltschko, Wolfgang, 1974 Dec. p. 103.
Wimmer, Eckard, 1975 May p. 25, 28.
Wimsatt, William A., 1957 Nov. p. 105, 112; 1958 July p. 41.
Winchell, Alexander, 1969 Feb. p. 17.
Winchell, P. G., 1963 Aug. p. 80.
Winchell, Walter, 1949 June p. 54; 1954 June p. 48.
Winckler, Hugo, 1955 July p. 42, 43.
Winckler, John R., 1957 Feb. p. 64; 1960 Feb. p. 57; June p. 69; 1963 May p. 95, 96; 1965 Dec. p. 62.
Wind, C. H., 1972 June p. 92.
Windaus, Adolf, 1955 Jan. p. 53-57, 59, 60; 1967 Nov. p. 27; 1970 Dec. p. 80, 88.
Windhager, Erich E., 1962 Aug. p. 100.
Windhorst, Dorothy B., 1967 Jan. p. 115.
Windley, B. F., 1977 Mar. p. 102.
Windram, M. D., 1973 Sept. p. 72; 1975 Aug. p. 32.
Windsor, Maurice W., 1968 Sept. p. 164; 1969 Feb. p. 39.
Winegard, Saul, 1970 Apr. p. 91, 92.
Winegard, William C., 1967 Feb. p. 88.
Winfree, Arthur T., 1974 Dec. p. 52.
Wing, Elizabeth S., 1972 May p. 85; 1977 Mar. p. 127.
Wing, Robert F., 1967 Nov. p. 61.
Winge, Ojvind, 1950 Nov. p. 34; 1951 Apr. p. 55, 56; 1956 Jan. p. 98, 99, 101.
Winget, Clifford L., 1977 June p. 45.
Winick, Charles, 1965 Feb. p. 88.
Winick, Myron, 1971 Oct. p. 20.
Winkelstein, Jerry A., 1973 Nov. p. 65.
Winkler, Clemens, 1966 Aug. p. 94; 1971 Dec. p. 49.
Winkler, Pavel, 1957 Dec. p. 60.
Winne, Harry A., 1953 June p. 46.
Winograd, Samuel, 1968 Mar. p. 50.
Winogradsky, Sergei, 1960 Nov. p. 106.
Winstein, Saul, 1976 Feb. p. 102.
Winsten, Benjamin, 1949 Aug. p. 38.
Winston, Roland, 1976 Oct. p. 43.
Winteler, Jost, 1972 Sept. p. 73, 75.
Winter, Charles A., 1966 Nov. p. 136.
Winter, Rudolph E. K., 1968 July p. 50.
Winters, C. E., 1955 Oct. p. 33.
Wintrobe, M. M., 1968 May p. 105.
Wiograd, Joseph, 1974 Nov. p. 52.
Wipf, S. L., 1973 Oct. p. 22, 23.
Wipke, W. Todd, 1970 June p. 72.
Wirgin, Jan, 1973 Feb. p. 53.
Wirsen, Carl O., 1973 Apr. p. 45; 1977 June p. 42.
Wirtanen, Carl A., 1977 Nov. p. 76, 84, 87-89, 96.
Wirth, Michael, 1966 Jan. p. 75.
Wirz, H., 1957 Apr. p. 102.
Wisby, W. J., 1955 Aug. p. 76.
Wisby, Warren, 1951 Sept. p. 56.
Wisconsin Department of Natural Resources, 1969 June p. 57.
Wisconsin Industrial Commission, 1966 Dec. p. 66.
Wise, David, 1974 June p. 50.
Wise, Donald U., 1967 Mar. p. 63.
Wise, George N., 1973 Aug. p. 90.
Wishart, J. W., 1971 June p. 99.
Wislicenus, G. F., 1952 July p. 71, 72, 74.
Wislocki, George, 1954 Aug. p. 68.
Wismer, K. L., 1972 Dec. p. 69, 70.
Wisniewski, Henryk M., 1971 Oct. p. 77; 1973 Aug. p. 89.
Wisselingh, C. van, 1950 Nov. p. 35.
Wissmann, Hermann von, 1969 Dec. p. 36.
Wistar Institute of Anatomy and Biology, 1962 Mar. p. 119; 1963 Jan. p. 118; 1978 Feb. p. 118, 119.
Wiswall, Richard H. Jr., 1973 Jan. p. 20.
Wit, Roland de, 1977 Dec. p. 144.
Witcofski, Richard L., 1963 Mar. p. 78.
Withbroe , George L., 1973 Oct. p. 74.
Wither, George, 1964 Feb. p. 117.
Withering, William, 1965 June p. 110-115; 1975 Dec. p. 54.
Withey, Stephen B., 1962 May p. 47; 1963 Feb. p. 72.
Withington, Virginia, 1954 Apr. p. 44.
Withner, Carl L., 1966 Jan. p. 75.
Witkin, Evelyn, 1967 Feb. p. 38.
Witkin, Herman, 1963 Apr. p. 122.
Witkin, Herman A., 1974 Jan. p. 81.
Witkop, Bernhard, 1970 Aug. p. 37.
Witt, Georg, 1963 June p. 50, 57.
Witt, Gustav, 1961 Apr. p. 68, 71; 1965 Apr. p. 114.
Witt, H. T., 1978 Mar. p. 112.
Witt, Horst, 1965 July p. 82.
Witt, Horst T., 1974 Dec. p. 82.
Witte, Sergei Y., 1963 Sept. p. 58.
Witteborn, Frank, 1969 Jan. p. 48.
Wittemore, W. L., 1953 Sept. p. 80.
Wittenberg, Jonathan, 1960 July p. 119.
Witthauer, Kurt, 1963 Nov. p. 96, 100.
Wittig, Jörg, 1965 Nov. p. 50; 1971 Apr. p. 86, 87, 90.
Wittkopp, R. W., 1973 May p. 54.
Wittkower, Andrew B., 1970 Aug. p. 24.
Wittkower, Rudolf, 1967 Dec. p. 97, 103.
Wittmann, Hans, 1964 Oct. p. 51, 52, 54; 1966 Oct. p. 58.
Wittner, M. K., 1966 Dec. p. 65.
Wittry, Warren L., 1964 Sept. p. 84.
Wittwer, S. H., 1958 Feb. p. 44.
Wlérick, G., 1977 Aug. p. 33.
Wm. S. Merrell Company, 1962 Aug. p. 30, 34; Sept. p. 98.
Wober, W., 1977 Aug. p. 94.
Wochner, D., 1961 Sept. p. 167.
Wodehouse, Roger P., 1968 Apr. p. 90.
Woerkom, J. J. van, 1951 July p. 22; 1958 Oct. p. 44.
Woese, C., 1954 Dec. p. 65.
Wogan, Gerald N., 1964 Nov. p. 60.
Wohlenberg, Charles, 1973 Jan. p. 26.
Wöhler, Friedrich, 1950 Sept. p. 32, 62; 1954 Aug. p. 48; 1957 Feb. p. 110, 111; Sept. p. 81; Nov. p. 117; 1958 Aug. p. 27; 1963 Mar. p. 45; 1975 Apr. p. 47.
Wohlgemut, Julius, 1963 Nov. p. 96, 100.
Wohlhieter, J. A., 1967 Dec. p. 25.
Wohlhuter, Richard C., 1976 June p. 110.
Wohlstetter, Albert, 1969 Aug. p. 27; 1971 Nov. p. 48.
Wohlthausen, Edward, 1966 June p. 87.
Wojcicki, Stanley G., 1963 Jan. p. 40.
Wolbach, Burton, 1969 June p. 50.
Wolbarsht, Myron L., 1961 May p. 138; 1964 Dec. p. 51; 1969 May p. 113.
Wolcott, Jesse P., 1955 Feb. p. 56.
Woldenberg, Michael J., 1975 July p. 96.
Wolf, A. V., 1958 Nov. p. 130.
Wolf, Abner, 1949 July p. 17.
Wolf, Eric, 1956 May p. 74.
Wolf, Eric R., 1972 Jan. p. 47.
Wolf, Ernst, 1955 Aug. p. 60.
Wolf, George, 1970 Jan. p. 37.
Wolf, James, 1975 Mar. p. 99.
Wolf, Katherine, 1972 July p. 76, 82.
Wolf, Max, 1965 Apr. p. 111.
Wolf, Maxmilian, 1977 June p. 68.
Wolf, Montrose M., 1967 Mar. p. 81.
Wolf, Rudolf, 1977 May p. 80.
Wolf, Stewart, 1974 Nov. p. 20.
Wolf, Stewart G., 1958 Oct. p. 100.
Wolfe, A. E., 1966 Mar. p. 42.
Wolfe, A. M., 1970 Oct. p. 54; 1976 Oct. p. 65.
Wolfe, David, 1965 July p. 53, 55 .
Wolfe, Harold R., 1962 Nov. p. 55.
Wolfe, Hugh C., 1954 June p. 30.
Wolfe, James P., 1976 June p. 37.
Wolfe, James W., 1975 Jan. p. 66.
Wolfe, John H., 1977 Dec. p. 86.
Wolfe, R. A., 1968 Feb. p. 44.
Wolfe, Ralph S., 1978 Jan. p. 93.
Wolfe, Thomas, 1958 May p. 77; 1967 Jan. p. 98.
Wolfenstein, Martha, 1951 Nov. p. 34.
Wolff, Dieter, 1954 Dec. p. 84.
Wolff, Georg, 1972 July p. 82.
Wolff, H. G., 1955 May p. 74.
Wolff, J. R., 1978 Feb. p. 98.
Wolff, Jan, 1971 June p. 97.
Wolff, Julius, 1965 Oct. p. 18.
Wolff, Kasper F., 1949 Feb. p. 52; 1957 Nov. p. 81.
Wolff, N. E., 1963 July p. 37.
Wolff, Sheldon, 1960 Apr. p. 148.
Wolfgang, Richard, 1968 Oct. p. 44; 1975 Jan. p. 75.
Wolfle, Dael, 1951 Sept. p. 104, 73; 1954 Feb. p. 42; 1960 Sept. p. 98; 1970 Feb. p. 13.
Wolinsky, Emanuel, 1956 July p. 50.
Wolken, J. J., 1956 Jan. p. 80, 84.
Woll, Robert J., 1972 Dec. p. 20.

Wollan, E. O., 1949 July p. 41; 1951 Oct. p. 49.
Wollaston, William H., 1953 Oct. p. 91, 92; 1958 June p. 76.
Wollin, Goesta, 1963 Mar. p. 76.
Wollman, Elie L., 1965 Dec. p. 38; 1967 Feb. p. 38; July p. 108; Dec. p. 22; 1969 Nov. p. 122.
Wollman, William, 1963 Sept. p. 96.
Wollman, Zach, 1967 July p. 108.
Wolman, Abel, 1956 July p. 48; 1965 Sept. p. 169, 68.
Wolpe, Joseph, 1967 Mar. p. 82.
Wolpert, Edward A., 1958 Sept. p. 90; 1960 Nov. p. 87, 88.
Wolpert, Lewis, 1973 Feb. p. 30; 1974 Dec. p. 51; 1977 July p. 67.
Wolsey, Thomas, Cardinal, 1958 June p. 74.
Wolstenholme, David R., 1974 Jan. p. 60.
Wolstenholme, G. E. W., 1958 Jan. p. 46.
Woltjer, L. J., 1973 Feb. p. 100.
Wolverton, Charles A., 1948 June p. 9.
Wong, James, 1974 July p. 70.
Wong, Lem, 1961 July p. 68.
Wong, Winston A., 1975 Apr. p. 121.
Wood, A., 1965 Oct. p. 36.
Wood, Alexander, 1971 Jan. p. 96-100, 102.
Wood, B. J., 1978 Apr. p. 128.
Wood, E. H., 1975 Oct. p. 66.
Wood, Fae D., 1963 Nov. p. 104.
Wood, Harland G., 1949 Feb. p. 33.
Wood, John A., 1970 Aug. p. 14; 1972 Apr. p. 52; 1975 Jan. p. 24; Sept. p. 144.
Wood, John M., 1970 Sept. p. 86.
Wood, Lowell, 1973 Nov. p. 48; 1977 Feb. p. 92.
Wood, Marshall, 1954 Aug. p. 21.
Wood, Marshall K., 1963 Sept. p. 151.
Wood, Mary, 1965 Dec. p. 40.
Wood, Robert C., 1965 Sept. p. 136.
Wood, Robert W., 1952 June p. 50; 1954 May p. 62; 1957 June p. 104; 1964 Jan. p. 108; Feb. p. 100; 1973 June p. 44, 45.
Wood, Sumner Jr., 1976 May p. 60.
Wood, Sutton T., 1970 Oct. p. 113.
Wood, Timothy, 1978 Jan. p. 40.
Wood, W. Barry Jr., 1956 Jan. p. 52; 1964 Feb. p. 58; Mar. p. 39; 1973 Nov. p. 65.
Wood, Walter A., 1952 Aug. p. 57.
Wood, William B., 1967 May p. 58; July p. 64.
Woodbury, Eric J., 1963 July p. 42; 1964 Apr. p. 48, 49; 1968 Sept. p. 132.
Woodcock, Alfred H., 1952 Apr. p. 29; 1953 Nov. p. 33; 1957 Oct. p. 42, 45; 1974 May p. 75.
Woodcock, L. F., 1970 Nov. p. 26.
Wooddell, Charles E., 1974 Aug. p. 64.
Wooderson, Sydney, 1952 Aug. p. 52; 1976 June p. 114.
Woodhall, Branes, 1959 Nov. p. 70.
Woodhouse, James, 1954 Oct. p. 73.
Woodland, Hugh R., 1968 Dec. p. 31; 1976 Aug. p. 63, 66, 68, 71.
Woodrow, Herbert, 1968 June p. 68.
Woodrow, Joseph C., 1968 Nov. p. 50.
Woodruff, A. W., 1966 Sept. p. 104.
Woodruff, Boyd, 1949 Aug. p. 34.
Woodruff, J. C., 1952 Apr. p. 56.
Woodruff, L. L., 1948 June p. 41; 1949 Apr. p. 53.
Woodruff, Lois A., 1955 Aug. p. 34, 39.
Woodruff, M. F. A., 1968 Mar. p. 50.
Woods, D. D., 1951 Apr. p. 60, 61.
Woods, E. F., 1955 Apr. p. 54.
Woods, E. J., 1966 Nov. p. 110.
Woods, H. J., 1969 Aug. p. 87-89.
Woods Hole Institute for Muscle Research, 1965 Dec. p. 22.
Woods Hole Marine Biological Laboratory, 1978 Jan. p. 36, 40.
Woods Hole Oceanographic Institution, 1948 July p. 30; 1949 Oct. p. 18; 1953 Nov. p. 33, 34; 1957 Aug. p. 33, 35, 39; Oct. p. 44, 46; Dec. p. 120; 1958 July p. 88; 1960 Feb. p. 126; Oct. p. 121; 1961 Sept. p. 142; 1962 May p. 123; June p. 128, 134, 137; July p. 62; Aug. p. 48; 1964 Apr. p. 62; May p. 64; Sept. p. 151; 1967 Jan. p. 60; 1970 Jan. p. 115; Apr. p. 32, 34; May p. 84; July p. 77; Sept. p. 70; Dec. p. 16; 1971 May p. 99, 108; Oct. p. 79; 1973 Feb. p. 36; Apr. p. 45; July p. 88; 1975 Feb. p. 70; June p. 90, 93, 96; Aug. p. 80, 83; Nov. p. 97; 1977 Apr. p. 86; June p. 44, 45, 48, 50-52; Nov. p. 138, 74; 1978 Feb. p. 57.
Woods, John D., 1973 Feb. p. 65, 74.
Woods, Mark, 1950 Nov. p. 36, 38.
Woods, Philip S., 1957 Sept. p. 189; 1958 June p. 39; 1960 Jan. p. 129.
Woodson, Riley D., 1971 May p. 70.
Woodward, Frederick, 1959 Jan. p. 130.
Woodward, Herbert P., 1963 Nov. p. 70.
Woodward, J. J., 1961 Sept. p. 52.
Woodward, John, 1976 Jan. p. 115.
Woodward, Kenneth, 1965 Nov. p. 45.
Woodward, Robert B., 1951 June p. 30; July p. 31; 1954 Dec. p. 56; 1955 Jan. p. 60; 1956 July p. 50; 1959 July p. 114; 1965 Dec. p. 40; 1967 Aug. p. 67; Nov. p. 28; 1972 Aug. p. 40; 1976 Feb. p. 102.
Woodwell, George M., 1968 Mar. p. 53; 1969 June p. 57; 1970 Apr. p. 73; Sept. p. 64; 1978 Jan. p. 34, 39.
Woodworth, Robert S., 1968 Nov. p. 68; 1972 July p. 86.
Woolf, Neville J., 1966 May p. 54; 1967 June p. 33.
Woolf, Virginia, 1961 Feb. p. 49; 1964 Nov. p. 116.
Woolf, William L., 1963 Nov. p. 89, 91.
Woollard, George P., 1962 Sept. p. 136, 184.
Woolley, D. W., 1957 Dec. p. 55.
Woolley, J. T., 1959 May p. 78.
Woolley, John, 1977 June p. 62.
Woolley, Leonard, Sir, 1965 Sept. p. 56.
Woolley, Richard, Sir, 1964 Jan. p. 35, 40.
Woollum, Clarence A., 1967 Aug. p. 19.
Woolrich, John S., 1961 May p. 115.
Woolsey, Clinton N., 1948 Oct. p. 27, 31, 34; 1960 Sept. p. 73.
Woolworth, Joseph, 1974 Sept. p. 41.
Woolworth, Naomi, 1974 Sept. p. 41.
Woolworth, Ritchard, 1974 Sept. p. 41.
Wooster, Warren S., 1969 Sept. p. 173, 56.
Worcester, David, 1977 Aug. p. 94.
Worcester Foundation for Experimental Biology, 1953 Aug. p. 48; 1963 Mar. p. 102; 1964 Nov. p. 117, 118; 1966 Aug. p. 80.
Word, Jack, 1974 Aug. p. 24.
Worden, Alfred M., 1971 Sept. p. 74; 1975 Sept. p. 93.
Worden, Frederic G., 1959 Aug. p. 95, 96.
Worden, Peter, 1975 Feb. p. 43.
Wordsworth, William, 1950 Jan. p. 46; 1953 Feb. p. 69; June p. 25; 1955 Dec. p. 74, 80.
Work, T. S., 1957 Oct. p. 128.
Workman, R. D., 1966 Mar. p. 28.
Workshop on Alternative Energy Strategies, 1978 Mar. p. 42.
World Academy of Art and Science, 1967 Mar. p. 90.
World Bank, 1963 Sept. p. 226; 1974 Sept. p. 170, 180; 1976 Sept. p. 38, 190.
World Book Encyclopedia, 1961 Oct. p. 68.
World Disarmament Conference, 1977 Nov. p. 70.
World Federation for Mental Health, 1953 Oct. p. 60.
World Federation of Scientific Workers, 1948 June p. 24.
World Food Council, 1970 Aug. p. 54; 1976 Sept. p. 204.
World Health Organization, 1948 May p. 33; June p. 24; July p. 30; Aug. p. 31; Nov. p. 25; 1949 Feb. p. 29; Mar. p. 27; Apr. p. 11, 14, 13, 26; June p. 28; 1950 Mar. p. 16; Aug. p. 11; 1951 Apr. p. 32; 1952 June p. 25; 1953 Feb. p. 25; Apr. p. 30; 1954 Dec. p. 47, 49, 50; 1955 Mar. p. 53; 1956 July p. 48; 1957 Jan. p. 118; Aug. p. 104; Sept. p. 112; 1958 June p. 46; 1962 May p. 86, 87, 90, 93, 96, 98; 1963 Apr. p. 57; Sept. p. 79; 1964 Jan. p. 83; Mar. p. 46; Aug. p. 20; 1965 Sept. p. 93; 1968 Apr. p. 70, 69; 1969 Aug. p. 50; 1970 May p. 16, 17, 20; July p. 112; 1971 May p. 19, 20; June p. 95; Aug. p. 16, 18; 1972 Mar. p. 15, 17-19, 21; Aug. p. 46; 1973 Sept. p. 25-27; Oct. p. 27, 33; 1974 Nov. p. 70; 1975 Feb. p. 18; Aug. p. 17, 18; Oct. p. 53; 1976 Jan. p. 62; Sept. p. 41, 55, 60; Oct. p. 25, 26, 28-31, 28, 29; 1977 Jan. p. 25; Mar. p. 61; July p. 47; Dec. p. 94.
World Linkage Center, 1971 Apr. p. 110.
World Meteorological Organization, 1963 Apr. p. 57; Oct. p. 58; 1969 Jan. p. 55, 67.
World Population Conference, 1977 Jan. p. 27.
Worldwide Network of Standard Seismographs, 1977 Dec. p. 73.
Worlock, John M., 1964 Apr. p. 46.
Worman, Walter, 1973 July p. 30, 31, 32.
Wormington, H. Marie, 1960 Sept. p. 102.
Worms, Michael J., 1970 June p. 125, 127.
Wortham, James T., 1951 Apr. p. 35.
Wortham, Joseph S., 1963 Nov. p. 115.
Worthington, C. R., 1976 May p. 38.
Worthington, E. B., 1948 Oct. p. 25.
Worthington, L. V., 1955 Jan. p. 34; Sept. p. 102.
Wortis, Henry H., 1976 May p. 33.
Wortis, Rochelle, 1964 Nov. p. 53.
Wortman, Sterling, 1975 June p. 13; 1976 Sept. p. 31.
Worzel, J. Lamar, 1955 Sept. p. 174; 1956 Dec. p. 88; 1959 May p. 74; 1970 Dec. p. 20.
Wosilait, Walter D., 1972 Aug. p. 97.
Wotherspoon, Neil, 1973 Oct. p. 100.
Wotton, Henry, Sir, 1974 Oct. p. 82.
Woytinsky, Emma S., 1960 Sept. p. 197.
Woytinsky, Wladimir S., 1960 Sept. p. 197.
Wozencraft, John M., 1962 Feb. p. 108.
W.R. Grace and Company, 1957 Mar. p. 68; 1965 Aug. p. 71; 1976 Dec. p. 36.
Wren, Christopher, 1954 Dec. p. 94, 97, 98; 1967 Aug p. 98; 1970 Oct. p. 114; 1972 May p. 75; 1976 Jan. p. 63.
Wrenn, C. Gilbert, 1950 July p. 14.
Wrenn, Joan, 1971 Oct. p. 80.
Wriedt, Christian, 1952 July p. 60.
Wright Aeronautical Company, 1953 Nov. p. 68.
Wright, Almroth, 1951 Feb. p. 48.
Wright, Andrew, 1969 Nov. p. 121.
Wright, Barbara, 1959 Dec. p. 154; 1969 June p. 82.
Wright, Brian, 1973 July p. 55.
Wright, Charles, 1972 May p. 90.
Wright, D. H., 1973 Oct. p. 30.
Wright, Edward L., 1977 Oct. p. 55; 1978 Apr. p. 115-118; June p. 102.
Wright, Ernest V., 1972 Sept. p. 34, 36.
Wright, Frank L., 1961 Nov. p. 154; 1963 Nov. p. 92; 1965 Sept. p. 74.
Wright, Fred E., 1951 June p. 32.
Wright, Herbert E., 1970 Mar. p. 53.
Wright, Irving S., 1961 Apr. p. 95.
Wright, James R., 1971 Mar. p. 17.

Wright, Kenneth E., 1962 Aug. p. 36.
Wright, Lauren A., 1969 Aug. p. 50.
Wright, Lloyd, 1963 Nov. p. 92.
Wright, M. Ruth, 1961 July p. 102.
Wright, Orville, 1949 Dec. p. 35, 56; 1953 Nov. p. 65; 1954 Apr. p. 64; 1957 July p. 118; 1967 June p. 24; 1973 Mar. p. 88; 1977 Aug. p. 99.
Wright, P. G., 1971 Jan. p. 71.
Wright, R. H., 1975 July p. 104.
Wright, R. V. S., 1966 Mar. p. 90, 91.
Wright, Robert, 1970 Sept. p. 72.
Wright, Sewall, 1950 Jan. p. 33, 38; Nov. p. 38; 1951 Nov. p. 25; 1952 July p. 60; 1964 Sept. p. 149; 1969 Aug. p. 32; 1972 June p. 28.
Wright, T. P., 1953 May p. 54.
Wright, Thomas, 1950 Feb. p. 33; 1954 July p. 30.
Wright, Wilbur, 1949 Dec. p. 35, 56; 1953 Nov. p. 65; 1954 Apr. p. 64; 1957 July p. 118; 1967 June p. 24; 1973 Mar. p. 88.
Wright-Fleming Institute, 1964 Dec. p. 114.
Wrigley, E. A., 1970 Jan. p. 108; 1974 Sept. p. 139.
Wrigley, Walter, 1957 June p. 71.
Wriston, Henry M., 1956 May p. 55.
Wriston, John C. Jr., 1968 Aug. p. 37.
Wrixon, G. T., 1974 May p. 60.
Wróblewski, Felix, 1957 Feb. p. 58; 1961 Aug. p. 99, 105.
Wronski, Christopher R., 1977 May p. 42.
Wroughton, R. C., 1948 June p. 18.
Wu, Chien-Shiung, 1957 Mar. p. 62; 1958 Sept. p. 80, 81; 1959 Mar. p. 72, 80; 1963 Apr. p. 82; 1965 Dec. p. 28-32, 35; 1966 July p. 74.
Wu, Francis T., 1977 Apr. p. 36.
Wu, L. Y. Frank, 1974 Nov. p. 72.
Wu, Madeleine C., 1976 Dec. p. 112.
Wu, Ray J., 1977 Jan. p. 47.
Wu, T. T., 1977 Jan. p. 52.
Wuerker, Ralph F., 1968 Feb. p. 44, 45; 1976 Oct. p. 86.
Wuest, Georg, 1955 Jan. p. 31, 32, 34.
Wulff, Daniel L., 1962 Dec. p. 138.
Wulff, Hans E., 1967 Sept. p. 70; 1973 Apr. p. 60.
Wulff, Theodor, 1949 Mar. p. 29, 30.
Wunderlich, C. A., 1957 June p. 62, 63, 64.
Wunderlich, Carl, 1967 Feb. p. 95.
Wundt, Wilhelm, 1950 Sept. p. 79, 80; 1968 Nov. p. 66, 68, 69; 1971 Aug. p. 82; 1975 Feb. p. 97.
Wurm, Ole, 1951 Mar. p. 42.
Wurster, Catherine B., 1965 Sept. p. 196.
Wurster, Charles F. Jr., 1967 Mar. p. 27, 31.
Wurtman, Richard J., 1965 July p. 55; 1973 July p. 51; 1974 June p. 62; 1975 July p. 69.
Wurtz, Robert H., 1972 Dec. p. 77, 80, 81.
Wüst, Georg, 1958 July p. 88; 1962 Sept. p. 118.
Wyant, D. G., 1954 Oct. p. 36.
Wyatt, G. R., 1954 Oct. p. 55; 1955 July p. 77.
Wyatt, Gerard R., 1970 Jan. p. 91.
Wyatt, John, 1972 Dec. p. 51.
Wychoff, R. D., 1961 June p. 156.
Wyckoff, H. W., 1961 Dec. p. 109.
Wyckoff, R. W. G., 1949 June p. 24; 1950 Sept. p. 63, 76; 1951 May p. 45, 50; June p. 46; 1953 June p. 41; 1954 Dec. p. 63; 1969 Aug. p. 93.
Wycliffe, John, 1964 Feb. p. 117, 121.
Wyeth Laboratories, 1976 Oct. p. 30.
Wylie, C. C., 1948 May p. 41; 1949 July p. 24.
Wylie, L. R., 1959 Apr. p. 93.
Wyman Gordon Company, 1965 May p. 46.
Wyman, Jeffries, 1953 Nov. p. 33; 1965 Apr. p. 42, 45; 1969 May p. 40; 1973 Oct. p. 61.
Wynder, Ernest L., 1950 July p. 29; 1962 July p. 45, 51; 1977 Feb. p. 84.
Wynne-Edwards, V. C., 1968 May p. 126.
Wynn-Williams, C. G., 1978 Apr. p. 116.
Wynn-Williams, G., 1973 Apr. p. 37.
Wyrtki, Klaus, 1962 Sept. p. 128.

X

Xantippe, 1957 Mar. p. 105.
Xenophon, 1955 Mar. p. 94; 1966 Dec. p. 99; 1973 Oct. p. 37, 39.
Xerox Corporation, 1972 Mar. p. 47, 50, 52, 54, 55; 1977 May p. 36, 44; Sept. p. 160, 236, 231.
Xerxes, 1954 Nov. p. 62; 1961 Mar. p. 111, 115, 117, 118, 120.

Y

Yabe, Yoshiro, 1962 May p. 80.
Yagoda, Herman, 1951 Dec. p. 36; 1953 Sept. p. 65; 1954 Apr. p. 38; 1959 Sept. p. 84.
Yahara, Ichiro, 1976 May p. 38.
Yahraes, Herbert, 1948 Oct. p. 25; 1950 Feb. p. 26.
Yakowitz, Harvey, 1973 July p. 65.
Yale Clinic of Child Development, 1950 Feb. p. 20.
Yale University, 1952 June p. 21; 1953 Apr. p. 44; Dec. p. 90; 1955 Feb. p. 70, 77; 1957 Oct. p. 106; 1958 Jan. p. 78; Feb. p. 76; May p. 73; June p. 34; July p. 49; Nov. p. 38; Dec. p. 124; 1962 Mar. p. 119, 65; 1963 Feb. p. 128, 90; May p. 130; June p. 45; Aug. p. 38, 44; Oct. p. 54; Nov. p. 102; Dec. p. 60; 1964 Feb. p. 121; June p. 65; July p. 39, 42, 54, 57, 58, 61, 98; 1965 Mar. p. 93, 95; July p. 93; Sept. p. 61; 1966 July p. 74; 1970 Jan. p. 79; 1974 June p. 50.
Yale University School of Medicine, 1951 Dec. p. 47, 53; 1958 Oct. p. 96; 1962 Aug. p. 72; 1963 Mar. p. 122; 1964 Jan. p. 42; Mar. p. 39, 46; Dec. p. 70; 1965 July p. 54, 53; 1966 Sept. p. 231, 232; 1977 Aug. p. 109, 111.
Yale-New Haven Hospital, 1971 Mar. p. 34, 42.
Yalow, Rosalyn S., 1967 July p. 105; 1970 Oct. p. 44; 1977 Dec. p. 82.
Yamada, Eichi, 1961 Feb. p. 116.
Yamada, Kenneth, 1971 Oct. p. 79.
Yamagiwa, K., 1973 Oct. p. 26.
Yamamoto, Issei, 1959 Apr. p. 93.
Yamamoto, Kohtaro, 1969 Apr. p. 35.
Yamamoto, Robert T., 1963 May p. 102; 1964 Aug. p. 27; 1965 July p. 48.
Yamasaki, Minoru, 1974 Feb. p. 105.
Yamashita, Saroru, 1961 May p. 144.
Yamashita, Satoshi, 1968 Feb. p. 39.
Yamashita, Takashi, 1969 Dec. p. 64.
Yamdagni, N. K., 1967 Apr. p. 114.
Yanagimachi, Ryuzo, 1977 Nov. p. 134.
Yanagita, Tomoji, 1964 Mar. p. 47, 52.
Yanamoto, Masahide, 1965 Aug. p. 73.
Yancey, Patrick H., 1950 Dec. p. 26.
Yang, Chen Ning, 1950 Mar. p. 27; 1952 Jan. p. 27; 1957 Mar. p. 62; Apr. p. 50; Dec. p. 59; 1958 Feb. p. 40; Sept. p. 77, 80-82; 1959 Mar. p. 72, 78, 84; 1961 July p. 50; 1963 Mar. p. 64, 67; Oct. p. 36, 40; 1965 Dec. p. 28, 32; 1966 Feb. p. 43; 1967 Jan. p. 100; Nov. p. 25, 28, 29; 1969 Oct. p. 90; 1974 July p. 55; 1976 Nov. p. 55; 1978 Feb. p. 136.
Yankofsky, Saul A., 1964 May p. 54.
Yanofsky, Charles, 1966 Apr. p. 105; July p. 50; Oct. p. 58; 1976 Dec. p. 113.
Yanowsky, Vassily, 1969 Dec. p. 134.
Yao, Andrew C., 1977 Apr. p. 69.
Yao, F. Frances, 1977 Apr. p. 69.
Yarbus, Alfred L., 1971 June p. 37, 38.
Yarger, Harold, 1966 Aug. p. 42.
Yarnell, John L., 1960 Nov. p. 138, 150.
Yasuda, I., 1965 Oct. p. 18, 21.
Yates, Frances, 1972 Sept. p. 87.
Yawata Iron and Steel Company, 1963 Dec. p. 86.
Yazargil, M. Gazi, 1978 Apr. p. 65.
Yĉas, Martinas, 1955 Oct. p. 76.
Yeager, Charles, 1953 Oct. p. 40.
Yeager, Charles E., 1964 June p. 25.
Yeagley, H. L., 1952 May p. 76, 78.
Yeh, Noel K., 1970 Feb. p. 73.
Yeh, Yen, 1968 Sept. p. 124.
Yehuda, B. Haas, 1977 Feb. p. 95.
Yellin, Edward L., 1961 Aug. p. 61.
Yemelyanov, Vasily S., 1966 Aug. p. 40.
Yemen, Michael R., 1977 July p. 105.
Yen, Douglas, 1972 Apr. p. 36, 37.
Yennie, D. R., 1956 July p. 63.
Yerganian, George, 1969 Apr. p. 33.
Yerkes Laboratories of Primate Biology, 1958 Sept. p. 142; 1960 Sept. p. 83; 1962 May p. 133, 134; Nov. p. 138; 1964 Jan. p. 42.
Yerkes, Robert M., 1955 Feb. p. 69, 70, 73-75; 1957 June p. 144; 1960 Apr. p. 67.
Yerofeyev, M., 1965 Oct. p. 26.
Yersin, Alexandre, 1968 Apr. p. 71.
Yeung, Edward S., 1977 Feb. p. 95.
Yeung, Sze, 1973 Jan. p. 61.
Yilmaz, Hüseyin, 1976 Feb. p. 52.
Yin, T. P., 1968 May p. 53.
Ying-Hsing, Sung, 1963 July p. 90.
Yngve, Victor H., 1956 Jan. p. 30, 32, 33; 1966 Sept. p. 257; 1972 Sept. p. 34.
Yntema, G. B., 1962 June p. 62; 1967 Mar. p. 117.
Yntema, Theodore, 1953 Mar. p. 44.
Yocum, Charles, 1969 Dec. p. 69.
Yodh, Gaurang B., 1971 May p. 26; 1973 Nov. p. 43.
Yoeli, Meir, 1960 Sept. p. 106.
Yoffa, Ellen, 1977 May p. 41.
Yoffe, Abram, 1949 Nov. p. 27.
Yogi, Maharishi, 1972 Feb. p. 86.
Yogo, Yoshiaki, 1975 May p. 25.
Yoke, Ho Peng, 1976 June p. 103, 106.
Yokoo, Akira, 1967 Aug. p. 62.
Yokosuka City Museum, 1962 Dec. p. 77.
Yomo, Haraguro, 1968 July p. 79.
Yonas, Gerold, 1972 Apr. p. 29.
York, Donald G., 1974 May p. 113, 114.
York, Herbert, 1954 Mar. p. 44; 1956 Nov. p. 60; 1957 Dec. p. 84.
York, Herbert F., 1969 Aug. p. 18; Sept. p. 61; 1972 Jan. p. 22; 1973 Dec. p. 55.
York Museum, 1960 Nov. p. 160.
York University, 1973 Oct. p. 73.
Yoshikawa, Akira, 1977 May p. 47.
Yoshikawa, Shoichi, 1967 July p. 88.
Yoshimori, A., 1967 Sept. p. 230.
Yoshimori, Robert N., 1975 July p. 28.
Yoshimura, Hisato, 1962 Aug. p. 100.
Yost, Don M., 1953 May p. 32; 1964 May p. 70.
Young, Andrew, 1970 May p. 27; 1975 Sept. p. 84.
Young, Archibald, 1971 Jan. p. 97.
Young, C. M., 1964 Aug. p. 74.
Young, Charles, 1969 Oct. p. 50.
Young, Charles W., 1971 July p. 30.
Young, Cung Chien, 1949 Mar. p. 42.
Young, Donald R., 1968 Oct. p. 58.
Young, E. D., 1967 Aug. p. 29.
Young, Edward S., 1977 Feb. p. .
Young, Frank, 1969 Jan. p. 40.

Young, Frank G., 1950 Oct. p. 20.
Young, Frank N., 1957 Jan. p. 68.
Young, Howard, 1955 Dec. p. 94.
Young, J. Z., 1951 Apr. p. 66, 68; 1958 Dec. p. 84; 1965 Mar. p. 42, 43, 49, 50; 1966 Mar. p. 78; 1968 Sept. p. 134.
Young, James, 1949 Dec. p. 35.
Young, John, 1972 June p. 51.
Young, John A., 1956 Oct. p. 68.
Young, John W., 1972 Oct. p. 81.
Young, Louise, 1975 Sept. p. 84.
Young, M. R., 1967 Nov. p. 62, 69.
Young, Milton R., 1951 Oct. p. 33.
Young, Peter J., 1978 Apr. p. 80.
Young, Richard W., 1970 Oct. p. 81.
Young, Robert A., 1966 Mar. p. 102.
Young, Robert C., 1963 July p. 120.
Young, Rodney S., 1959 July p. 102, 103.
Young, Thomas, 1953 Nov. p. 93, 94; 1958 Mar. p. 98; Apr. p. 56; Sept. p. 60, 63; 1959 May p. 84; 1961 June p. 59; Nov. p. 118, 125; 1963 Dec. p. 68; 1964 May p. 60; Nov. p. 108, 57; Dec. p. 48, 54, 55, 56; 1967 Dec. p. 48; 1968 Sept. p. 121, 122, 50, 55, 58; 1971 July p. 94; 1972 May p. 30; 1973 June p. 43; 1975 Mar. p. 64, 68; 1977 Apr. p. 120-122, 126.
Young, Vernon R., 1971 Oct. p. 14; 1976 Sept. p. 51.
Young, W. J., 1953 Apr. p. 85, 86.
Young, Whitney M. Jr., 1966 Mar. p. 55.
Young, William C., 1966 Apr. p. 86.
Youngblood, William W., 1976 Mar. p. 39.
Younger, John G., 1976 Aug. p. 45.
Yount, David E., 1971 July p. 94.
Yourno, Joseph, 1971 Jan. p. 46.
Youtz, Richard P., 1965 Mar. p. 57.
Ypsilantis, Thomas, 1955 Dec. p. 47; 1956 June p. 38.
Yron, Ilana, 1976 May p. 33.
Yuan, Ching, 1966 May p. 53.
Yuan, Chou Pei, 1957 Sept. p. 107.
Yuan, Luke, 1955 May. p. 51.
Yuan, Robert T. Y., 1970 Jan. p. 90.
Yu-Cheng, Liu, 1974 Apr. p. 22.
Yudkin, John, 1972 Nov. p. 54.
Yukawa, Hideki, 1948 June p. 34; 1949 June p. 29; Dec. p. 11, 14; 1950 Mar. p. 27; Sept. p. 31; 1951 Oct. p. 52; 1952 Jan. p. 25; 1953 Sept. p. 60, 63; 1954 May p. 46; 1956 May p. 42; 1957 Jan. p. 85; July p. 77-79, 83, 84; Sept. p. 107; 1958 Dec. p. 53; 1959 Jan. p. 76; 1960 Mar. p. 114; 1961 July p. 46; 1963 Mar. p. 63, 65; 1967 Nov. p. 27; 1976 Jan. p. 47; May p. 94, 95.
Yunge, G. C. A., 1955 Jan. p. 67.
Yushmanov, E. E., 1966 Dec. p. 31.
Yutang, Lin, 1963 June p. 130.
Yutoku, M., 1976 Mar. p. 116.
Yvan, Luke C., 1963 Jan. p. 41.

Z

Zabawski, Ronald, 1974 June p. 24.
Zabriskie, John, 1965 Dec. p. 69.
Zacharias, E., 1968 June p. 86.
Zacharias, Jerrold R., 1957 Feb. p. 57, 78; Apr. p. 50; 1958 Apr. p. 64; 1965 May p. 67.
Zacharias, Leona, 1975 July p. 77.
Zacharias, Leonz, 1955 Dec. p. 40, 43.
Zachariasen, William H., 1961 Jan. p. 92-94.
Zachau, Hans, 1966 Oct. p. 60.
Zackay, Victor F., 1963 Sept. p. 130; 1965 Feb. p. 28; 1968 Nov. p. 36.
Zafiratos, Chris D., 1964 Mar. p. 83; 1972 Nov. p. 105.
Zagreb Archaeological Museum, 1962 Feb. p. 90.
Zahl, Harold, 1957 Jan. p. 48.
Zahl, Paul A., 1958 Aug. p. 98.
Zahn, Helmut, 1968 Mar. p. 69, 72.
Zähringer, Josef, 1960 Nov. p. 173; 1961 June p. 86; Nov. p. 63.
Zaidins, Clyde, 1972 Oct. p. 104.
Zaikin, A. N., 1974 June p. 82, 85.
Zajac, E. E., 1966 Sept. p. 92.
Zakharov, S. A., 1977 Apr. p. 35.
Zakhavaeva, N. N., 1970 Nov. p. 53, 69.
Zaleski, Eugène, 1969 June p. 19.
Zalut, Clyde, 1966 Apr. p. 50.
Zambonin, A., 1970 Mar. p. 95.
Zamecnik, Paul C., 1958 Dec. p. 58; 1959 Dec. p. 59; 1961 Sept. p. 79; 1963 Mar. p. 83; 1969 Oct. p. 28.
Zamenhof, Stephen, 1957 Feb. p. 67; Oct. p. 60; 1970 Oct. p. 28.
Zamir, Ada, 1965 May p. 48; 1966 Feb. p. 34, 38.
Zammatti, Carlo, 1971 Feb. p. 101.
Zanartu, Juan, 1951 Apr. p. 35.
Zander, Rodolphe, 1965 Jan. p. 37.
Zanella, P., 1966 Nov. p. 64.
Zanello, Dino, 1966 Aug. p. 42.
Zangemeister, K., 1973 Oct. p. 39.
Zanker, V., 1969 Feb. p. 36.
Zapata, Emiliano, 1966 Oct. p. 25.
Zapol, Warren M., 1975 Apr. p. 57.
Zapp, Alfred D., 1963 Sept. p. 118, 120.
Zare, Richard N., 1977 Feb. p. 86.
Zarem, A. M., 1949 June p. 49.
Zaretsky, Malcolm, 1974 Aug. p. 42.
Zarlino, 1967 Dec. p. 98.
Zarlino, Gioseffe, 1967 Dec. p. 97.
Zátopek, Emil, 1952 Aug. p. 52, 54; 1976 June p. 114.
Zatsepin, Georgi, 1951 May p. 36.
Zaumeyer, W. J., 1955 June p. 83, 84.
Zavoisky, E. K., 1958 Aug. p. 64, 66.
Zebroski, Edward, 1976 June p. 49.
Zechmeister, Laszlo T., 1949 May p. 19; 1951 Mar. p. 38; 1967 June p. 70, 74.
Zeder, Fred M., 1977 Aug. p. 98, 99, 103.
Zeegers, G. H. L., 1956 Apr. p. 71.
Zeeman, E. C., 1976 Mar. p. 60D.
Zeeman, Pieter, 1950 June p. 22, 23, 24; 1956 Nov. p. 94, 104; 1960 Feb. p. 53, 55; 1965 Apr. p. 72; May p. 60, 61; 1966 Nov. p. 54; 1967 Nov. p. 26; 1968 Jan. p. 101, 73.
Zeevi, Yehoshua Y., 1972 Jan. p. 66, 67; Sept. p. 43; 1973 Jan. p. 70.
Zehnder, Ludwig A., 1962 May p. 108, 109.
Zei, Gianna, 1969 Aug. p. 30.
Zeidenberg, Phillip, 1977 Mar. p. 64.
Zeidner, Joseph, 1968 Aug. p. 93.
Zeiger, Herbert J., 1957 Feb. p. 78; 1961 June p. 55; 1963 July p. 38; 1964 Dec. p. 60; 1965 May p. 72.
Zeilik, Michael, 1978 Apr. p. 110; June p. 102.
Zeiss, Carl, 1976 Aug. p. 77.
Zeist, Willem van, 1970 Mar. p. 53.
Zelazo, Philip, 1972 Mar. p. 81.
Zel'dovich, Ia. B., 1959 Feb. p. 62; 1962 Aug. p. 98; 1968 Dec. p. 98; 1974 Dec. p. 36.
Zeleny, John, 1966 Aug. p. 95.
Zelickson, Alvin S., 1967 Jan. p. 115.
Zelikoff, Murray, 1956 May p. 56.
Zeller, H. D., 1954 Oct. p. 36, 38.
Zellner, Benjamin H., 1973 Aug. p. 43; 1975 Jan. p. 28; 1977 Feb. p. 35.
Zeman, Frederic D., 1961 Mar. p. 84.
Zener, Clarence M., 1969 Mar. p. 29.
Zengerle, L., 1969 Oct. p. 22.
Zenith Radio Corporation, 1953 June p. 46.
Zenkevitch, N. L., 1960 Dec. p. 65.
Zenneck, Jonathan, 1974 Mar. p. 99, 100.
Zeno, 1949 Apr. p. 44; 1952 Nov. p. 76; 1954 Nov. p. 104; 1956 Mar. p. 112, 114; 1962 Apr. p. 85, 89, 94; 1967 July p. 50; Dec. p. 105, 116; 1971 Mar. p. 50; Aug. p. 93; 1972 June p. 78; 1973 Apr. p. 44.
Zer, Pharaoh, 1957 July p. 107.
Zermelo, Ernst, 1962 Apr. p. 94; 1967 Dec. p. 106, 114, 116.
Zernike, Frits, 1953 Dec. p. 48; 1967 Nov. p. 28.
Zeta, 1948 June p. 57.
Zetterberg, Anders, 1974 Jan. p. 55.
Zeuner, Frederick, 1948 July p. 19.
Zeuthen, Erik, 1953 Feb. p. 50; 1961 Dec. p. 65; 1972 June p. 73; 1974 Jan. p. 59.
Zeuxis, 1966 Dec. p. 99.
Zeve, Victor H., 1968 Apr. p. 111.
Zeya, Hassan, 1967 Nov. p. 67.
Zhabotinsky, A. M., 1974 June p. 82, 85.
Zhelegnyi, B. V., 1970 Nov. p. 62.
Zhevakin, S. A., 1975 June p. 73.
Zhinkin, L. N., 1958 Sept. p. 89.
Zhivlyuk, Yu. N., 1961 Oct. p. 86.
Zhōu, Shě, 1973 Feb. p. 56.
Zhuzgov, L.N., 1971 Aug. p. 66.
Zichichi, A., 1961 Mar. p. 80; July p. 54.
Ziegler, C. A., 1959 Aug. p. 68.
Ziegler, H. P., 1968 June p. 74.
Ziegler, Karl, 1955 Aug. p. 49; 1956 Nov. p. 82; 1957 Sept. p. 101; 1963 Jan. p. 96; Dec. p. 64; 1967 Nov. p. 28; 1971 Dec. p. 50.
Ziegler, "Skip", 1953 Oct. p. 39.
Zieglgansberger, Walter, 1977 Mar. p. 52, 53.
Ziegner, Erika von, 1955 Jan. p. 55.
Ziff, Edward, 1976 Jan. p. 73.
Zigmond, Richard E., 1976 July p. 50.
Zihlman, Adrienne, 1978 Apr. p. 100.
Zilboorg, Gregory, 1954 Nov. p. 89; 1974 June p. 20.
Zilinski, Algird, 1956 Mar. p. 34, 35.
Zilliken, F., 1962 Apr. p. 77.
Zillinsky, Frank J., 1974 Aug. p. 75.
Zilog Inc., 1977 Sept. p. 114, 119, 120.
Zim, Herbert S., 1949 Dec. p. 53-55, 57.
Ziman, John M., 1963 July p. 110; 1969 July p. 82.
Zimmer, James E., 1977 Dec. p. 140.
Zimmer, K., 1975 Nov. p. 83.
Zimmerman, Arthur M., 1958 Oct. p. 43; 1961 Sept. p. 110.
Zimmerman, Ben, 1956 May p. 74.
Zimmerman, George, 1957 June p. 65; 1965 Apr. p. 76; 1973 Nov. p. 48; 1974 June p. 25.
Zimmerman, Myron L., 1976 Feb. p. 55.
Zimmerman, Peter D., 1975 Jan. p. 29.
Zimmerman, Steven B., 1968 Oct. p. 68.
Zimmerman, W. J., 1973 Dec. p. 56.
Zimmermann, Martin H., 1975 July p. 102.
Zimring, Franklin E., 1971 May p. 50.
Zinberg, Dorothy, 1977 Aug. p. 52.
Zinberg, Norman E., 1969 Feb. p. 44; Dec. p. 20, 24.
Zinder, Norton D., 1960 Aug. p. 141; Nov. p. 70; 1961 June p. 101; 1968 Jan. p. 39.
Zinkernagel, Rolf, 1977 Oct. p. 106.
Zinn, Walter H., 1952 Nov. p. 42; Dec. p. 58, 60; 1954 May p. 50; Dec. p. 37; 1955 Oct. p. 41, 68; 1960 Jan. p. 89; 1968 Feb. p. 21.
Zinn-Justin, J., 1974 July p. 57; 1978 Feb. p. 132.
Zinsser, Hans, 1951 Jan. p. 53; 1955 Jan. p. 74, 75.
Ziock, K., 1966 Apr. p. 96, 98.
Ziolkovsky, Konstantin E., 1949 May p. 35.
Zipf, George K., 1948 May p. 21; 1952 Apr. p. 83; 1960 June p. 58.

Zipser, David, 1968 Apr. p. 44.
Zirin, Harold, 1959 June p. 55.
Zirkel, Ferdinand, 1962 Oct. p. 47.
Zirker, Jack B., 1973 Oct. p. 75.
Zirkle, Raymond E., 1959 Sept. p. 96; 1970 Feb. p. 102.
Zitcer, Elsa M., 1955 Sept. p. 76.
Zobel, Bruce J., 1971 Nov. p. .
ZoBell, Claude E., 1952 July p. 38; 1953 Mar. p. 41; 1957 Nov. p. 54; 1977 June p. 42.
Zocher, Hans, 1961 Mar. p. 160.
Zoë, 1967 May p. 72.
Zoll, Paul M., 1968 July p. 20.
Zöllner, Johann , 1968 Nov. p. 68.
Zolotnisky, N., 1963 July p. 100.
Zondek, Bernhard, 1951 Jan. p. 50; 1955 Jan. p. 55.
Zondervan Publishing House, 1977 June p. 61.
Zopf, Frederich W., 1958 July p. 68, 69.
Zorin, Z. M., 1970 Nov. p. 55.
Zornetzer, Michelle, 1975 Feb. p. 50.
Zoser, 1949 Aug. p. 50.
Zoster, S. M., 1968 Feb. p. 96.
Zotterman, Y., 1972 June p. 92.
Zsigmondy, Richard, 1967 Nov. p. 26.
Zu Rhein, Gabriele M., 1974 Feb. p. 35.
Zubay, Geoffrey L., 1972 Aug. p. 101.
Zubek, John P., 1970 Oct. p. 24, 29.
Zubrod, C. Gordon, 1964 May p. 96.
Zucchi, Nicolas, 1968 Feb. p. 75.
Zucker, Marjorie, 1957 Dec. p. 54; 1961 Feb. p. 58; 1964 May p. 88.
Zuckerkandl, Emile, 1969 July p. 87; 1972 Apr. p. 64; 1976 Nov. p. 70.
Zuckerman, B. M., 1973 Mar. p. 60.
Zuckerman, Ben, 1974 May p. 110.
Zuckerman, Benjamin, 1968 Dec. p. 43; 1969 May p. 54.
Zuckerman, Solly, Sir, 1956 June p. 100; 1960 Sept. p. 78.
Zuckert, Eugene M., 1952 Mar. p. 34; 1953 Sept. p. 72; 1954 July p. 46; Aug. p. 36; Nov. p. 48.
Zuilen, H. van, 1963 Aug. p. 76, 80.
Zuloaga, Guillermo, 1954 Mar. p. 78.
Zumino, Bruno, 1967 Nov. p. 59; 1977 July p. 59; 1978 Feb. p. 136, 137.
Zurich Technische Hochschule, 1958 Feb. p. 54; 1965 July p. 83.
Zusne, Leonard, 1971 June p. 36.
Zvara, Ivo, 1969 Apr. p. 63.
Zwaardemaker, Hendrik C., 1952 Mar. p. 29, 30.
Zweifach, Benjamin W., 1950 Sept. p. 72; 1959 Mar. p. 54.
Zweifel, Richard G., 1973 May p. 95.
Zweig, George, 1965 Mar. p. 53; 1967 Dec. p. 90; 1971 June p. 73; July p. 100; 1973 Aug. p. 34; 1974 Feb. p. 72; 1975 Jan. p. 49; Feb. p. 62; June p. 51, 60, 62; Oct. p. 41; 1976 Jan. p. 53; Nov. p. 48; 1977 Oct. p. 56.
Zweng, Harold C., 1963 July p. 42.
Zwick, Martin, 1966 June p. 52.
Zwick, Moshe M., 1954 Mar. p. 74.
Zwicky, Fritz, 1949 Dec. p. 20; 1954 July p. 30, 34; 1956 Apr. p. 58; 1964 June p. 38; 1965 Feb. p. 28; 1966 Aug. p. 32; 1970 June p. 35; 1971 Jan. p. 50, 52; July p. 77; 1973 Dec. p. 39, 40, 43, 47; 1976 Dec. p. 89, 100; 1977 Oct. p. 47; Nov. p. 76, 77, 84, 87-90.
Zwingli, Ulrich, 1964 Feb. p. 121.
Zworykin, Katharine P., 1953 Mar. p. 40.
Zworykin, Vladimir K., 1949 Apr. p. 30; 1950 Oct. p. 34; 1959 May p. 58; 1972 Jan. p. 56.
Zybach, Frank, 1976 June p. 90, 95.
Zych, A. D., 1969 Nov. p. 57.

Subscriptions and Back Issues

For information about subscription rates and terms,
write to Circulation Manager, SCIENTIFIC AMERICAN, INC.,
415 Madison Avenue, New York, N. Y. 10017.
A list of back issues still in stock is also available upon request.

Offprints

All of the articles published in SCIENTIFIC AMERICAN
from the issue of January, 1977, on
and some 1,000 articles from earlier issues
are available as Offprints.
For information write to W. H. Freeman & Company,
660 Market Street, San Francisco, California 94104.
Current catalogue of Offprints available upon request.